U0160661

现代兽医基础研究经典著作

COLOR ATLAS OF ANIMAL ANATOMY

动物解剖学

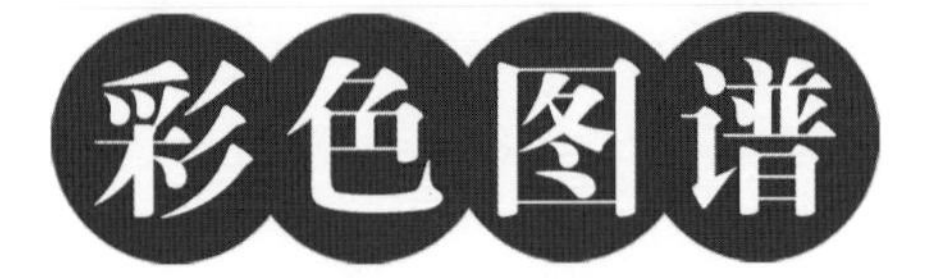

（第2版）

陈耀星　曹　静　主编

中国农业出版社
北　京

图书在版编目（CIP）数据

动物解剖学彩色图谱/陈耀星，曹静主编．—2版．—北京：中国农业出版社，2021.12
（现代兽医基础研究经典著作）
国家出版基金项目
ISBN 978-7-109-28701-3

Ⅰ.①动… Ⅱ.①陈… ②曹… Ⅲ.①动物解剖学-图谱 Ⅳ.①Q954.5-64

中国版本图书馆CIP数据核字（2021）第165069号

动物解剖学彩色图谱
DONGWU JIEPOUXUE CAISE TUPU

中国农业出版社出版
地址：北京市朝阳区麦子店街18号楼
邮编：100125
责任编辑：肖　邦
版式设计：王　晨　　责任校对：刘丽香　沙凯霖　周丽芳
责任印制：王　宏
印刷：北京通州皇家印刷厂
版次：2013年12月第1版　2021年12月第2版
印次：2021年12月第2版北京第1次印刷
发行：新华书店北京发行所
开本：880mm×1230mm　1/16
印张：55.75
字数：1708千字
定价：660.00元

第二版编写人员

主　编　陈耀星　曹　静

副主编　李　健　董玉兰　王子旭　胡　满　马保臣

编　者（按汉语拼音排序）

白欣洁　白　雪　曹鹤馨　曹　静　陈付菊
陈耀星　程俊锋　董　艳　董玉兰　冯明慧
高　婷　关青云　郭建英　郭青云　胡　满
胡愉娟　蒋　南　靳二辉　荆海霞　李　剑
李　健　李伟天　李媛媛　林如涛　刘冠慧
刘　琪　刘雅梦　马保臣　马俊兴　马淑慧
马韫韬　任文姬　侣蓉蓉　宋　超　孙雪威
唐菀琪　王　璐　王　铁　王团结　王　伟
王心彤　王子旭　熊娟娟　许凤娟　于佳玉
余　燕　张利卫　张雅倩　张艺佳　张自强
赵俊杰

主　审　彭克美

第一版编写人员

主　编　陈耀星

副主编（按姓氏笔画排序）

胡　满　曹　静　董玉兰

参　编（按姓氏笔画排序）

王　卓　王　冠　王　铁　王　瑶　王子旭
王文利　王团结　王海东　白欣洁　边　疆
刘为民　刘冠慧　刘振彬　齐旺梅　孙海云
李　芳　李　剑　李　健　李素琪　李福宝
杨　昊　杨晨玉　余　燕　宋金远　宋恩亮
张玉仙　张自强　张利卫　陈付菊　杭　超
周　楠　郑世学　赵晓玲　荆海霞　胡　格
祖国红　贺俊平　郭青云　梅　兰　蒋　南
蒋书东　韩亚楠　靳二辉　额尔敦木图

主　审　董常生

审　校（按姓氏笔画排序）

王海东　刘为民　李　健　李福宝　陈耀星
胡　格　胡　满　贺俊平　曹　静　董玉兰
靳二辉　额尔敦木图

第二版前言

本图谱是在2013年出版的《动物解剖学彩色图谱》的基础上增加牛体结构等152幅解剖结构照片编撰而成。

全书共15章，内容包括动物体表结构、骨和骨连结、肌肉、内脏概论、消化系统、呼吸系统、泌尿系统、雄性生殖系统、雌性生殖系统、心血管系统、淋巴系统、神经系统、内分泌系统、感觉器官和被皮系统，涉及牛、羊、猪、马、驴、犬、猫、骆驼、羊驼、马鹿、熊、长颈鹿、麋鹿、原麝、兔、鼠、鸡、鸭、鹅、鸽、斑头雁、孔雀等27种动物。共收集图片1 640幅，选图考究，并对各知识点和动物种间差异做了简要的文字说明，较全面地覆盖了动物解剖学知识。为了便于读者阅读和使用，本图谱对解剖学名词采用了中英文注释的方式，方便参考查阅。

参加本版图谱编著及修订工作的有中国农业大学的陈耀星、曹静、董玉兰、王子旭、王铁、高婷、王心彤、张艺佳、李伟天、刘琪、于佳玉、马俊兴、刘雅梦、白雪、关青云、程俊锋、佀蓉蓉、郭建英、李媛媛、王璐、曹鹤馨、冯明慧、任文姬、宋超、王伟、董艳、唐菀琪、张雅倩、马韫韬、胡愉娟、孙雪威，阜阳师范大学李健，河北农业大学胡满，中国牧工商集团有限公司马保臣，河南牧业经济学院张利卫，浙江大学李剑，青海大学荆海霞和陈付菊，安徽科技学院靳二辉，青岛农业大学蒋南，河北工程大学刘冠慧，中国兽医药品监察所王团结、赵俊杰，北京麋鹿生态实验中心郭青云，天津农学院马淑慧，北京农业职业学院白欣洁，河南科技大学张自强，河南科技学院余燕，金陵科技学院熊娟娟，贵州大学林如涛，北京市朝阳区动植物疫病预防控制中心许凤娟。在购买动物，制作和挑选标本，拍摄、精选照片，修图，标注，中英文注释等过程中，无不凝聚了全体编者的心血和汗水。特别是阜阳师范大学的李健副教授细心制作了大量的牛的解剖标本，感谢他的精心付出。本书由华中农业大学彭克美教授校勘图稿，提出宝贵修改意见。在付梓之际，衷心地感谢上述为本图谱编著努力工作和提供热情帮助的所有朋友！

鉴于我们的水平有限，错误和欠妥之处难免，竭诚希望广大读者和同行批评指正。

陈耀星

2021年10月于北京

第一版前言

动物解剖学是研究动物体的形态结构及其规律性的科学。它为人们认识动物体的生理功能、行为活动、病理变化、饲养管理、繁殖改良和防治疾病提供了重要的理论基础，是畜牧兽医科学中的一门重要的基础学科。无论是在校的畜牧兽医专业学生，还是临床工作者，普遍感到学习动物解剖学的最大难点是对动物体形态、结构特征的观察与识别，殷切希望有一本能如实反映动物体形态结构的彩色图谱，为他们提供实践指导。为此，我们编著了这本《动物解剖学彩色图谱》。

本图谱共15章，内容包括动物体表结构、骨和骨连结、肌肉、内脏概论、消化系统、呼吸系统、泌尿系统、雄性生殖系统、雌性生殖系统、心血管系统、淋巴系统、神经系统、内分泌系统、感觉器官和被皮系统，涉及牛、羊、猪、马、驴、犬、猫、骆驼、马鹿、熊、长颈鹿、原麝、兔、鼠、鸡、鸭、鹅、鸽、斑头雁、孔雀等25种动物。选图考究，共收集图片1 540幅，特别包括先进的成像技术图片，还有对各知识点和动物种间差异的简要文字说明，比较全面地覆盖了动物解剖学知识，不但能满足高等院校动物医学、动物科学和生物科学等专业的教学需要，而且适合作为本学科的科研人员、研究生和临床工作者的基础参考资料。为了便于读者阅读和使用，本图谱对解剖学名词采用了中英文注释的方式，方便参考查阅。

参加本图谱编著工作的有中国农业大学的陈耀星、王子旭、董玉兰、曹静、祖国红、王团结、刘冠慧、王冠、张利卫、郭青云、蒋南、王铁、李素琪、李芳、韩亚楠、王瑶、白欣洁、杨晨玉、梅兰、边疆、宋金远和王卓，河北农业大学的胡满、郑世学、孙海云、周楠、刘振彬和杨昊，安徽农业大学的李福宝和蒋书东，佛山科学技术学院的刘为民，北京农学院的胡格，山西农业大学的贺俊平和王海东，内蒙古农业大学的额尔敦木图和齐旺梅，浙江大学的李剑，西藏大学农牧学院的赵晓玲，青海大学的荆海霞和陈付菊，河南科技大学的张自强和李健，河南科技学院的余燕，北京农业职业学院的张玉仙和王文利，山东农业科学院的宋恩亮，塔里木大学的杭超，安徽科技学院的靳二辉。本图谱的编著工作自2010年正式启动，历经3年多时间。在购买动物，制作和挑选标本，拍摄、精选照片，修图，标注，中英文注释等过程中，无不凝聚了全体参编人员的心血和汗水。

本图谱的大部分标本是由中国农业大学和河北农业大学的参编人员重新制作的，特别是河北农业大学的胡满和郑世学两位教授及其研究生团队细心制作了大量的牛、羊和驴解剖标本，谢谢他们精湛的解剖学技术。感谢河北农业大学家畜解剖学教研室的董振起老师、任旭兵老师、崔亚利老师、韩淑敏老师和耿梅英老师在标本制作中给予的大力支持。感谢中国农业大学动物医学院家畜解剖学教研室、安徽农业大学动物科技学院家畜解剖学教研室、内蒙古农业大学动物医学院家畜解剖学教研室、山西农业大学动物科技学院家畜解剖学教研室、塔里木大学动物科技学院家畜解剖学教研室、北京农学院家畜解剖学教研室为我们无私提供大量干制标本和瓶装标本，特别感谢制作这些珍贵标本的专家。衷心地感谢大连鸿峰塑化标本有限公司无私提供了塑化标本，北京农业职业学院的王文利先生无私提供了珍藏多年的X光影像图片，李振忠先生和杨述林博士为我们提供了猫和猪的图片。这些解剖学标本图片不仅帮助学生认识解剖学结构，也方便他们了解临床应用的图像科技。衷心地感谢中国农业大学动物科技学院王楚端教授和李俊英高级畜牧师帮助我们购买试验用猪和鸡，使我们的图谱工作得以顺利进行。

解剖标本的拍摄和图片制作是本图谱编著工作的又一项艰巨任务。感谢王子旭高级实验师为本图谱的标本拍摄提供技术指导，她和王团结博士、曹静副教授、胡满教授运用他们扎实的专业知识和出众的摄影技巧为我们提供了卓越的作品。中国农业大学动物医学专业本科生潘麒伊、钟奇、沈应博、殷立伟、张骏驰、栗婷婷、王靖媛、张洋、俞东才、王哲、刘骅鑫、杨幸、林洋、刘梦瀛、孙浩然、王延璘、张艳雯、周栩、杨慧明、许志强、方茜、李祎宇、李家骥、陈宋杰等同学参与了解剖标本图片的加工处理，衷心感谢他们的辛勤劳动。

本图谱的另一项庞大工程是对图片的标注和中英文注释，主要由陈耀星教授、董玉兰副教授、曹静副教授和王子旭高级实验师完成。然后由董常生教授、李福宝教授、刘为民教授、胡满教授、贺俊平教授、额尔敦木图教授、王海东副教授、胡格副教授及李健博士、靳二辉博士等认真校勘图稿，提出宝贵的修改意见。最后，由中国农业大学陈耀星教授统稿。在付梓之际，衷心地感谢上述为本图谱编著努力工作和提供热情帮助的所有朋友！

图谱编著工作是一项浩瀚的工程。鉴于我们的经验不足和水平有限，加之时间仓促，错误和欠妥之处难免，竭诚希望广大读者和同行批评指正。

陈耀星

2013年11月于北京

目　录

第一章 动物体表结构

动物体表结构图谱

畜禽有机体可分成运动系统、消化系统、呼吸系统、泌尿系统、生殖系统、心血管系统、淋巴系统、神经系统、内分泌系统、被皮系统和感觉器官，从外表可划分成头部、躯干、前肢和后肢。

1.头部（head） 包括颅部和面部。

（1）颅部（skull） 位于颅腔周围，可分为枕部（occipital region，位于颅部后方，两耳根之间）、顶部（parietal region，位于枕部的前方，牛在两角根之间）、额部（frontal region，在两眼眶之间）、颞部（temporal region，在耳和眼之间）、耳部（aural region，指耳及耳根）和眼部（ocular region，包括眼及眼睑）。

（2）面部（face） 位于口腔和鼻腔周围，可分为眶下部（infraorbital region，在眼眶前下方）、鼻部（nasal region，包括鼻孔、鼻背和鼻侧）、咬肌部（masseteric region，为咬肌所在部位）、颊部（buccal region，为颊肌所在部位）、唇部（labial region，包括上唇和下唇）、颏部（mental region，在下唇腹侧）和下颌间隙部（intermandibular region，在下颌支之间）。

2.躯干（trunk） 分为①颈部（cervical region），包括颈背侧部、颈侧部和颈腹侧部；②胸背部（dorsal region of chest），包括胸椎部（region of thoracic vertebrae，分鬐甲部和背部）、胸侧部（lateral thoracic region，又称肋部costal region）和胸腹侧部（ventral thoracic region，分胸前部和胸骨部）；③腰腹部，分为腰部（lumbar region）和腹部（abdominal region）；④荐臀部（sacral-gluteal region），包括荐部（sacral region）和臀部（gluteal region）；⑤尾部（tail region）。

3.前肢（forelimb） 包括肩（胛）部（scapular region）、臂部（brachial region）、前臂部（antebrachial region）和前脚部（manus）。前脚部又可分腕部（carpal region）、掌部（metacarpal region）和指部（digital region）。

4.后肢（hindlimb） 分为臀部（gluteal region）、股部（femoral region，或大腿部thigh region）、膝部（stifle region）、小腿部（crural region）和后脚部（pes）。后脚部又可分跗部（tarsal region）、跖部（metatarsal region）和趾部（digital region）。

动物体表结构图谱见图1-1至图1-6。

图1-1　牛体各部解剖名称

1. 背部 back
2. 鬐甲部 withers
3. 颅部 skull
4. 颈部 cervical region
5. 面部 face
6. 肩胛部 scapular region
7. 肩关节 shoulder joint
8. 臂部 brachial region
9. 肘部 elbow region
10. 前臂部 antebrachial region
11. 胸骨部 sternal region
12. 腕部 carpal region
13. 掌部 metacarpal region
14. 指部 digital region
15. 趾部 digital region
16. 跖部 metatarsal region
17. 肋部 costal region
18. 跗部 tarsal region
19. 小腿部 crural region
20. 腹部 abdominal region
21. 膝部 stifle region
22. 股部 femoral region
23. 髋结节 coxal tuberosity
24. 尾部 tail region
25. 荐臀部 sacral-gluteal region
26. 腰部 lumbar region

图1-2　马体各部解剖名称

1. 颅部 skull
2. 面部 face
3. 肩关节 shoulder joint
4. 臂部 brachial region
5. 肘部 elbow region
6. 前臂部 antebrachial region
7. 胸骨部 sternal region
8. 腕部 carpal region
9. 掌部 metacarpal region
10. 指部 digital region
11. 趾部 digital region
12. 跖部 metatarsal region
13. 跗部 tarsal region
14. 小腿部 crural region
15. 膝部 stifle region
16. 股部 femoral region
17. 腹部 abdominal region
18. 坐骨结节部 ischial tuberosity region
19. 荐臀部 sacral-gluteal region
20. 髋结节 coxal tuberosity
21. 腰部 lumbar region
22. 肋部 costal region
23. 背部 back
24. 鬐甲部 withers
25. 肩胛部 scapular region
26. 颈部 cervical region

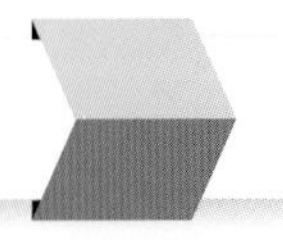

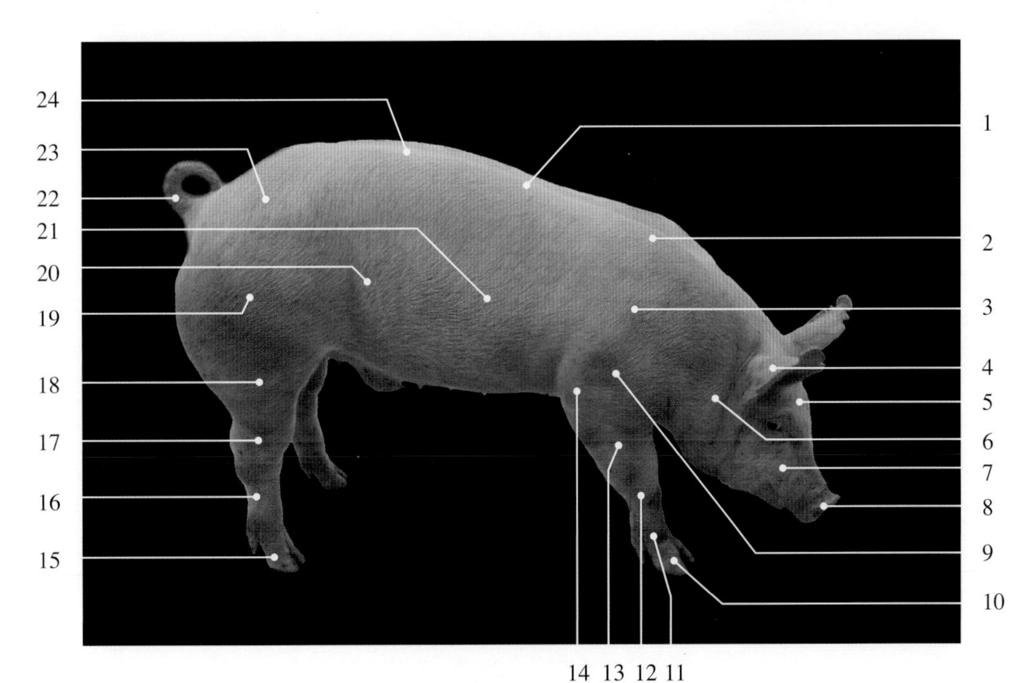

图1-3　猪体各部解剖名称

1. 背部 back
2. 鬐甲部 withers
3. 肩胛部 scapular region
4. 耳部 aural region
5. 颅部 skull
6. 颈部 cervical region
7. 面部 face
8. 吻突 snout
9. 臂部 brachial region
10. 指部 digital region
11. 掌部 metacarpal region
12. 腕部 carpal region
13. 前臂部 antebrachial region
14. 肘部 elbow region
15. 趾部 digital region
16. 跖部 metatarsal region
17. 跗部 tarsal region
18. 小腿部 crural region
19. 股部 femoral region
20. 腹部 abdominal region
21. 肋部 costal region
22. 尾部 tail region
23. 荐臀部 sacral-gluteal region
24. 腰部 lumbar region

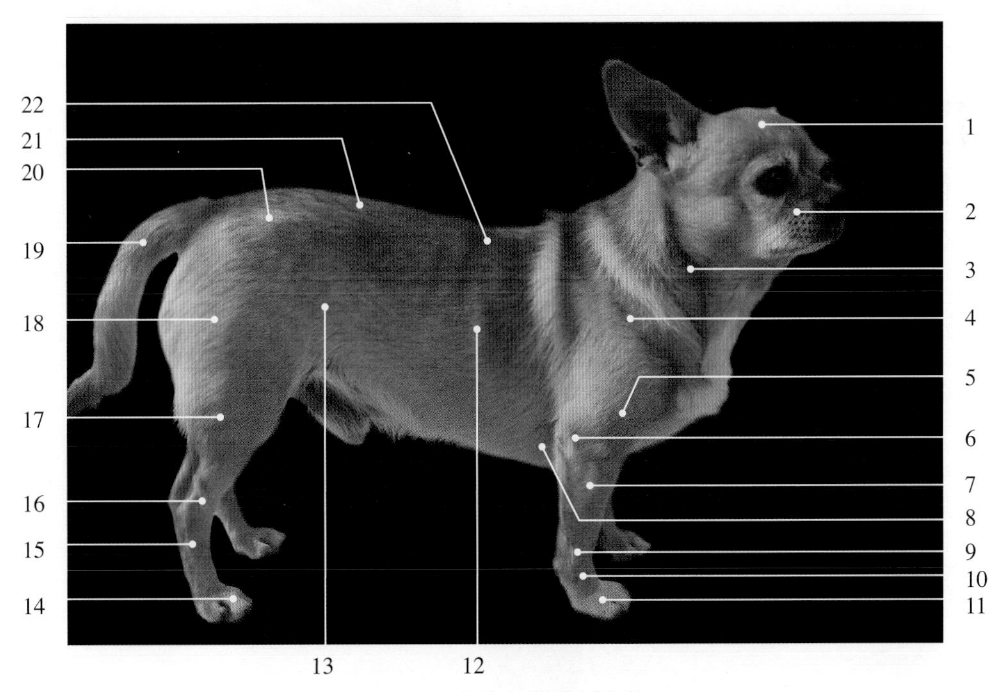

图1-4　犬体各部解剖名称

1. 颅部 skull
2. 面部 face
3. 颈部 cervical region
4. 肩胛部 scapular region
5. 臂部 brachial region
6. 肘部 elbow region
7. 前臂部 antebrachial region
8. 胸骨部 sternal region
9. 腕部 carpal region
10. 掌部 metacarpal region
11. 指部 digital region
12. 肋部 costal region
13. 腹部 abdominal region
14. 趾部 digital region
15. 跖部 metatarsal region
16. 跗部 tarsal region
17. 小腿部 crural region
18. 股部 femoral region
19. 尾部 tail region
20. 荐臀部 sacral-gluteal region
21. 腰部 lumbar region
22. 背部 back

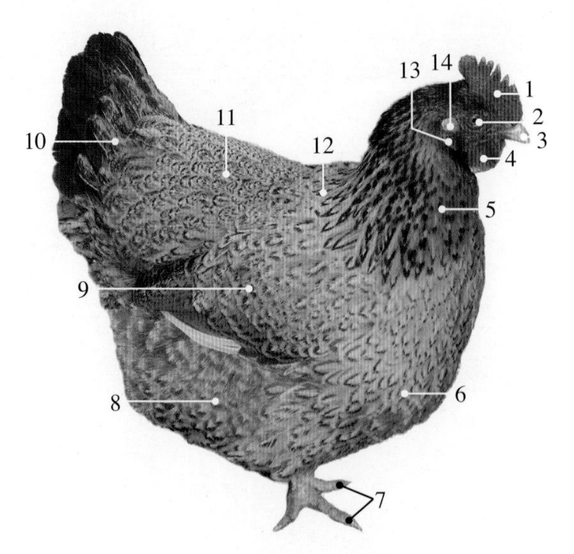

图1-5　鸡体各部解剖名称

1. 冠 comb
2. 眼 eye
3. 喙 bill
4. 肉垂（肉髯）wattle
5. 颈部 cervical region
6. 胸部 thoracic region
7. 趾部 digital region
8. 腹部 abdominal region
9. 翼 wing
10. 尾部 tail region
11. 腰部 lumbar region
12. 背部 back
13. 耳叶 ear lobe
14. 耳孔 external auditory canal

图1-6　斑头雁体各部解剖名称

1. 颅部 skull
2. 眼 eye
3. 喙 bill
4. 颈部 cervical region
5. 胸部 thoracic region
6. 蹼 interdigital web
7. 趾部 digital region
8. 跖部 metatarsal region
9. 小腿部 crural region
10. 翼 wing
11. 腹部 abdominal region
12. 尾部 tail region
13. 腰部 lumbar region
14. 背部 back

第二章
骨和骨连结

骨和骨连结图谱

运动系统（locomotor system）由骨、骨连结和肌肉三部分组成。全身骨借骨连结形成骨骼，构成畜体的支架，使畜体形成一定的形态。

一、骨

骨（bone）是主要由骨组织构成的器官，坚硬而富有弹性，有丰富的血管和神经，能不断地进行新陈代谢和生长发育，并具有改建、修复和再生的能力。

1.骨的类型 根据骨的大小和形状，可分为长骨、短骨、扁骨和不规则骨4种类型。

（1）长骨（long bone） 呈长管状，其中部为骨干或骨体，内有骨髓腔，含有骨髓；两端为骺或骨端。在骨干和骺之间有软骨板，称骺板，幼龄时明显。长骨多分布于四肢的游离部，主要作用是支持体重和形成运动杠杆。

（2）短骨（short bone） 一般呈立方形，多见于结合坚固，并有一定灵活性的部分，如腕骨、跗骨等，有支持、分散压力和缓冲震动的作用。

（3）扁骨（flat bone） 多呈板状，主要位于颅腔、胸腔的周围以及四肢带部，可保护脑和内脏器官，或供大量肌肉附着。

（4）不规则骨（irregular bone） 形状不规则，一般构成畜体中轴，如椎骨等，起支持、保护和供肌肉附着等作用。

2.骨的构造 每个骨器官均由骨膜、骨质、骨髓和血管、神经组成。

（1）骨膜 包括骨外膜（periosteum）和骨内膜（endosteum）。骨外膜位于骨质的外表面，骨内膜内衬于骨髓腔的内表面。在骨的关节面没有骨膜，由关节软骨覆盖着。骨外膜富有血管、淋巴管及神经，故呈粉红色，对骨的营养、再生和感觉有重要意义，故在骨的手术中应尽量保留骨膜，以免发生骨的坏死和延迟骨的愈合。

（2）骨质（bone substance） 是构成骨的主要成分，分骨密质（compact bone）和骨松质（spongy bone）。骨密质位于骨的外周，坚硬、致密。骨松质位于骨的深部，呈海绵状，由互相交错的骨小梁构成。骨松质小梁的排列方向与受力的作用方向一致。骨密质和骨松质的这种配合，使骨既坚固又轻便。

（3）骨髓（bone marrow） 分红骨髓和黄骨髓。红骨髓位于骨髓腔（medullary cavity of bone）和所有骨松质的间隙内，具有造血机能。成年家畜长骨骨髓腔内的红骨髓被富于脂肪的黄骨髓代替，但长骨两端、短骨和扁骨的骨松质内终生保留红骨髓。当机体大量失血或贫血时，黄骨髓又能转化为红骨髓而恢复造血机能。骨松质中的红骨髓终生存在，所以临床上常进行骨髓穿刺，检查骨髓象，诊断疾病。

（4）血管、神经 骨具有丰富的血液供应，血管的一部分骨膜穿入骨质，另一部分由骨端的滋养孔穿入骨内。神经与血管伴行，分布于骨膜、骨质和骨髓。

3.物理特性和化学成分 骨的最基本物理特性是具有硬度和弹性。这与骨的形状、内部结构及其化学成分有密切的关系。骨的化学成分主要包括无机物和有机物。有机物主要是骨胶原（bone collagen），在成年家畜约占1/3，使骨具有弹性和韧性；无机物主要是磷酸钙和碳酸钙，在成年家畜约占2/3，使骨具有硬性和脆性。有机物和无机物在骨中的比例，随年龄和营养健康状况不同而变化。幼畜的骨，有机物较多，所以骨的弹性大，硬度小，不易发生骨折，但容易弯曲变形。老年家畜则相反，骨的无机物多，只有硬度而缺乏弹性，因此脆性较大，易发生骨折。

4.畜体全身骨骼的分布 畜体全身骨骼分为中轴骨骼、四肢骨骼和内脏骨（表2-1）。

5.家禽骨骼特点 为适应飞翔时的生理功能，禽类骨骼进行了漫长的进化。其特点是重量轻，强度大。重量轻是由于骨密质薄，气囊腔扩展到许多骨内形成了含气骨所致；强度大体现在骨密质非常致密，并且一些骨发生了愈合而取代了关节，从而形成牢固的骨骼结构。骨性骨盆腔的腹侧面是开放的，以适应产卵的需要。

表2-1 畜体全身骨骼的划分

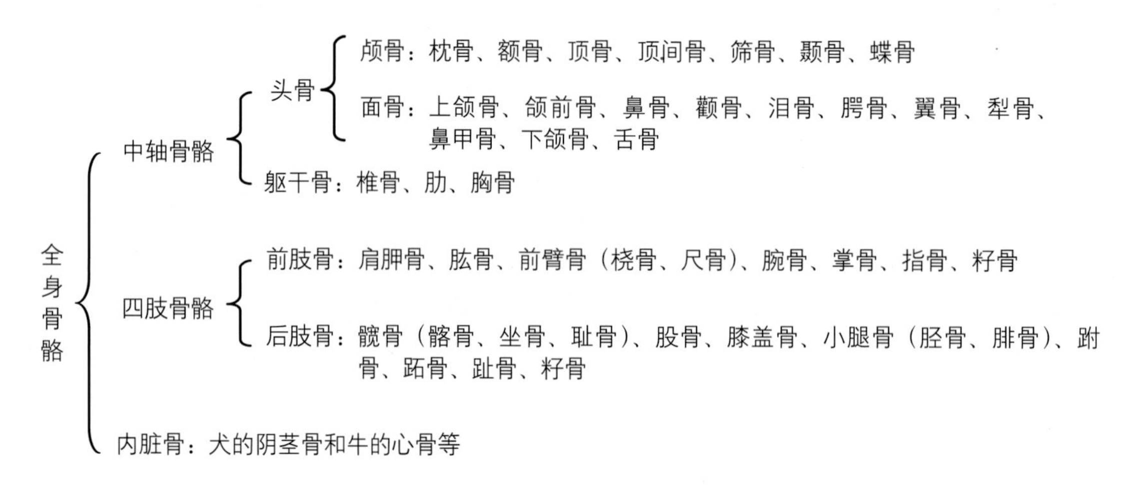
全身骨骼
- 中轴骨骼
  - 头骨
    - 颅骨：枕骨、额骨、顶骨、顶间骨、筛骨、颞骨、蝶骨
    - 面骨：上颌骨、颌前骨、鼻骨、颧骨、泪骨、腭骨、翼骨、犁骨、鼻甲骨、下颌骨、舌骨
  - 躯干骨：椎骨、肋、胸骨
- 四肢骨骼
  - 前肢骨：肩胛骨、肱骨、前臂骨（桡骨、尺骨）、腕骨、掌骨、指骨、籽骨
  - 后肢骨：髋骨（髂骨、坐骨、耻骨）、股骨、膝盖骨、小腿骨（胫骨、腓骨）、跗骨、跖骨、趾骨、籽骨
- 内脏骨：犬的阴茎骨和牛的心骨等

二、骨连结

1.骨连结的类型 根据骨间连结及其运动形式不同，可分为纤维连结、软骨或滑膜组织连结。

（1）纤维连结（fibrous joint） 即两骨间借纤维结缔组织相连，连结牢固，一般无活动性，故又称不动连结。这种连结有缝（suture）和韧带连结（ligamentous joint）两种方式，如头骨诸骨之间的缝，椎弓间的黄韧带以及桡骨与尺骨间的韧带连结等。纤维连结常随年龄的增长而骨化，成为骨性连结，不再具有活动性。

（2）软骨连结（cartilaginous joint） 两骨间借软骨组织相连，具有弹性和韧性，能微量活动或基本不活动，故又称微动连结。软骨连结包括两种形式：透明软骨连结，如长骨的骨干与骺之间的结合，这种连结一般为暂时性的，随着年龄增长逐渐骨化，成为骨性连结；纤维软骨连结，如椎体间的椎间盘（intervertebral disc）和骨盆联合等，这种连结在正常情况下一般不骨化。

（3）滑膜连结（synovial joint）　简称关节（articulation），两骨间借由结缔组织构成的关节囊相连，不直接相连，其间有腔隙，周围有滑膜包围，活动度较大。

2.关节的结构　畜体内任何关节均具备下列基本结构：关节面（articular surface）、关节软骨（articular cartilage）、关节囊（articular capsule）、关节腔（articular cavity）和血管、神经与淋巴管等。部分关节为适应特殊功能而形成一些辅助结构，主要包括韧带（ligament）、关节盘（articular disc）和关节唇（articular labrum）。

3.躯干骨的连结　包括脊柱连结和胸廓连结。其中脊柱连结包括椎体间连结、椎弓间连结（如项韧带nuchal ligament）、寰枕关节和寰枢关节；胸廓连结包括肋椎关节（costovertebral joint）和肋胸关节（costosternal joint）。

4.头骨的连结　多为直接连结，颅顶大部分形成骨缝，颅底各骨间为软骨连结或骨性连结，其特点是彼此间结合较为牢固，不能活动。颞下颌关节（temporomandibular joint）又称下颌关节（mandibular joint），是头骨间唯一一对滑膜连结。由颞骨腹侧关节结节与下颌骨的髁突构成。颞下颌关节属于联动关节，同时运动，可进行开口、闭口和侧向运动。

5.前肢骨的连结　前肢各骨之间自上向下依次形成肩关节（shoulder joint）、肘关节（elbow joint）、腕关节（carpal joint）和指关节（phalangeal joints）。指关节又包括掌指关节［metacarpophalangeal joint，又称系关节（fetlock joint）］、近指节间关节［proximal interphalangeal joint，又称冠关节（coronal joint）］和远指节间关节［distal interphalangeal joint，又称蹄关节（coffin joint）］。

6.后肢骨的连结　包括荐髂关节（sacroiliac joint）、髋关节（hip joint）、膝关节（stifle joint）、跗关节［tarsal joint，又称飞节（hock）］和趾关节（phalangeal joints）。趾关节包括系关节（跖趾关节）、冠关节（近趾节间关节）和蹄关节（远趾节间关节）。

三、骨和骨连结图谱

1.动物全身骨骼　图2-1-1至图2-1-17。

2.骨的形态构造　图2-2-1至图2-2-9。

3.头骨　图2-3-1至图2-3-49。

4.躯干骨　图2-4-1至图2-4-76。

5.前肢骨　图2-5-1至图2-5-52。

6.后肢骨　图2-6-1至图2-6-66。

7.骨连结　图2-7-1至图2-7-74。

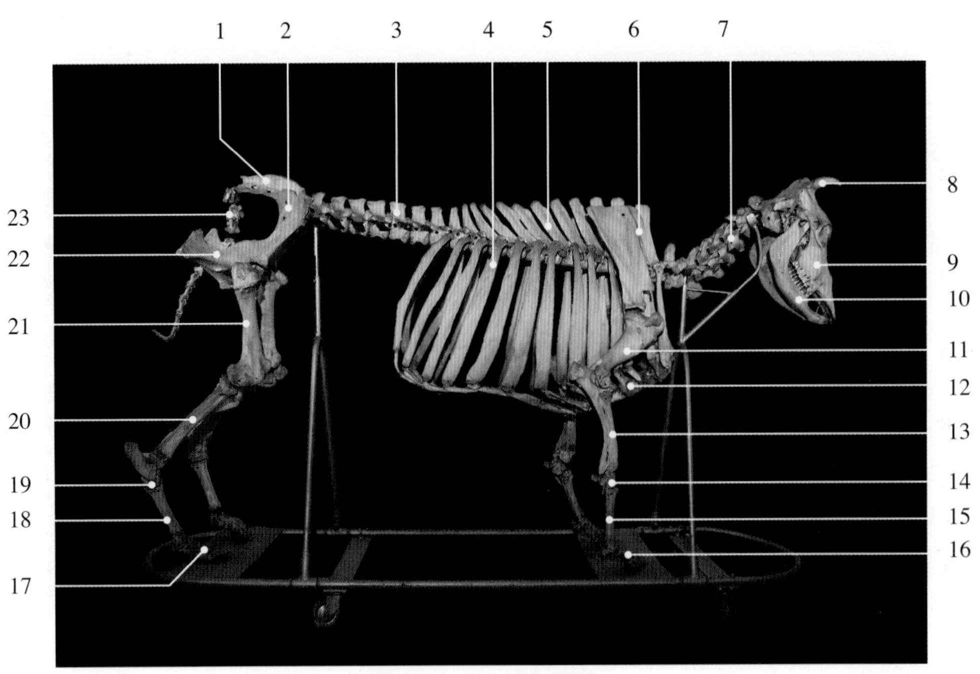

图2-1-1　牛全身骨骼

1. 荐骨 sacral bone
2. 髂骨 ilium
3. 腰椎 lumbar vertebrae
4. 肋骨 costal bone
5. 胸椎 thoracic vertebrae
6. 肩胛骨 scapula
7. 颈椎 cervical vertebrae
8. 角突 cornual process
9. 上颌骨 maxillary bone
10. 下颌骨 mandible
11. 肱骨 humerus
12. 胸骨 breast bone, sternum
13. 桡骨 radius
14. 腕骨 carpal bone
15. 掌骨 metacarpal bone
16. 指骨 digital bone
17. 趾骨 digital bone
18. 跖骨 metatarsal bone
19. 跗骨 tarsal bone
20. 胫骨 tibia
21. 股骨 femoral bone
22. 坐骨 ischium
23. 尾椎 coccygeal vertebrae

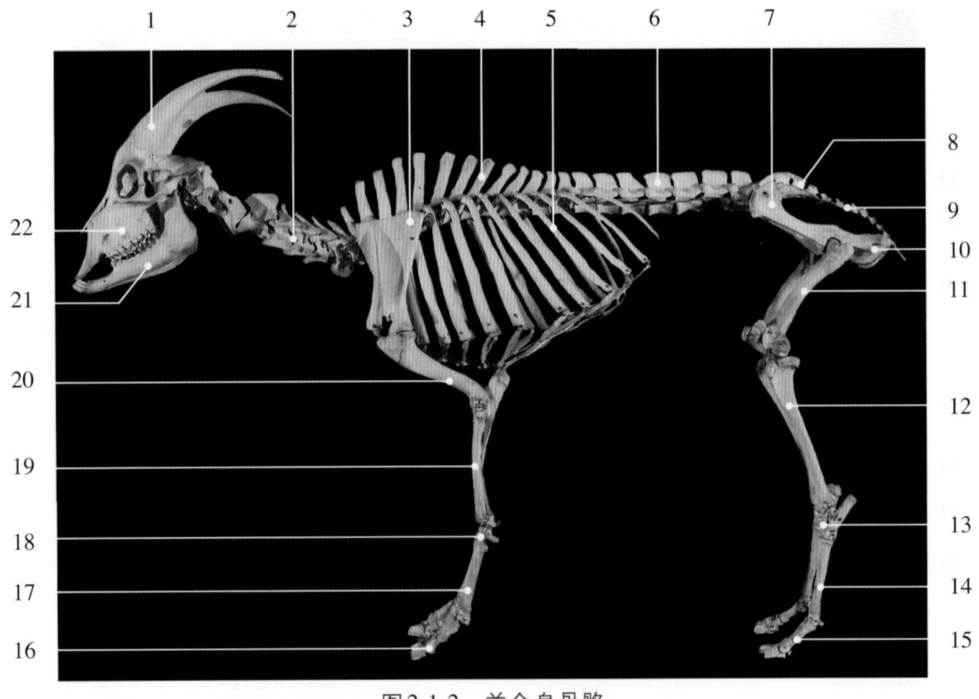

图2-1-2　羊全身骨骼

1. 角突 cornual process
2. 颈椎 cervical vertebrae
3. 肩胛骨 scapula
4. 胸椎 thoracic vertebrae
5. 肋骨 costal bone
6. 腰椎 lumbar vertebrae
7. 髂骨 ilium
8. 荐骨 sacral bone
9. 尾椎 coccygeal vertebrae
10. 坐骨 ischium
11. 股骨 femoral bone
12. 胫骨 tibia
13. 跗骨 tarsal bone
14. 跖骨 metatarsal bone
15. 趾骨 digital bone
16. 指骨 digital bone
17. 掌骨 metacarpal bone
18. 腕骨 carpal bone
19. 桡骨 radius
20. 肱骨 humerus
21. 下颌骨 mandible
22. 上颌骨 maxillary bone

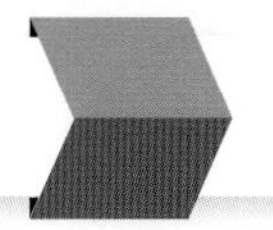

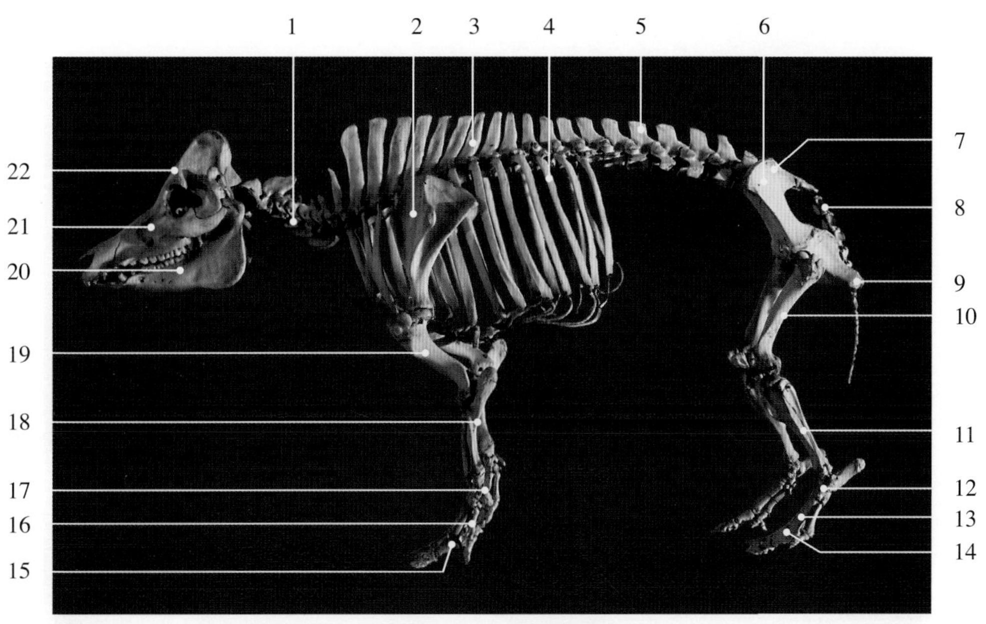

图2-1-3　猪全身骨骼

1. 颈椎 cervical vertebrae
2. 肩胛骨 scapula
3. 胸椎 thoracic vertebrae
4. 肋骨 costal bone
5. 腰椎 lumbar vertebrae
6. 髂骨 ilium
7. 荐结节 sacral tuber
8. 尾椎 coccygeal vertebrae
9. 坐骨 ischium
10. 股骨 femoral bone
11. 胫骨和腓骨 tibia and fibula
12. 跗骨 tarsal bone
13. 跖骨 metatarsal bone
14. 趾骨 digital bone
15. 指骨 digital bone
16. 掌骨 metacarpal bone
17. 腕骨 carpal bone
18. 桡骨和尺骨 radius and ulna
19. 肱骨 humerus
20. 下颌骨 mandible
21. 上颌骨 maxillary bone
22. 额骨 frontal bone

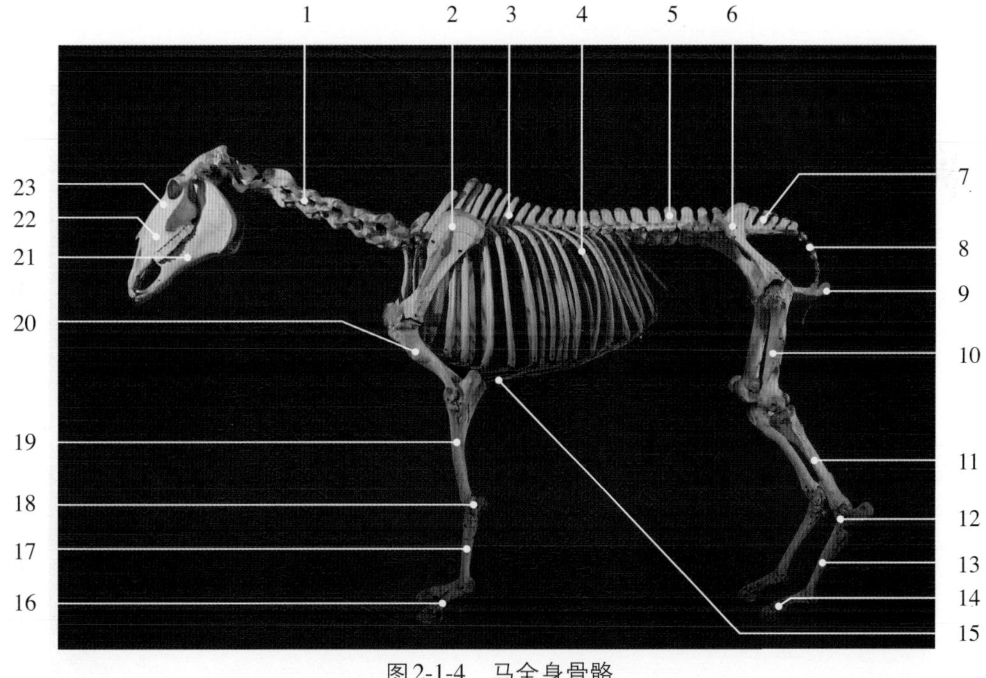

图2-1-4　马全身骨骼

1. 颈椎 cervical vertebrae
2. 肩胛骨 scapula
3. 胸椎 thoracic vertebrae
4. 肋骨 costal bone
5. 腰椎 lumbar vertebrae
6. 髂骨 ilium
7. 荐骨 sacral bone
8. 尾椎 coccygeal vertebrae
9. 坐骨 ischium
10. 股骨 femoral bone
11. 胫骨 tibia
12. 跗骨 tarsal bone
13. 跖骨 metatarsal bone
14. 趾骨 digital bone
15. 肋软骨 costal cartilage
16. 指骨 digital bone
17. 掌骨 metacarpal bone
18. 腕骨 carpal bone
19. 桡骨 radius
20. 肱骨 humerus
21. 下颌骨 mandible
22. 上颌骨 maxillary bone
23. 颧骨 zygomatic bone

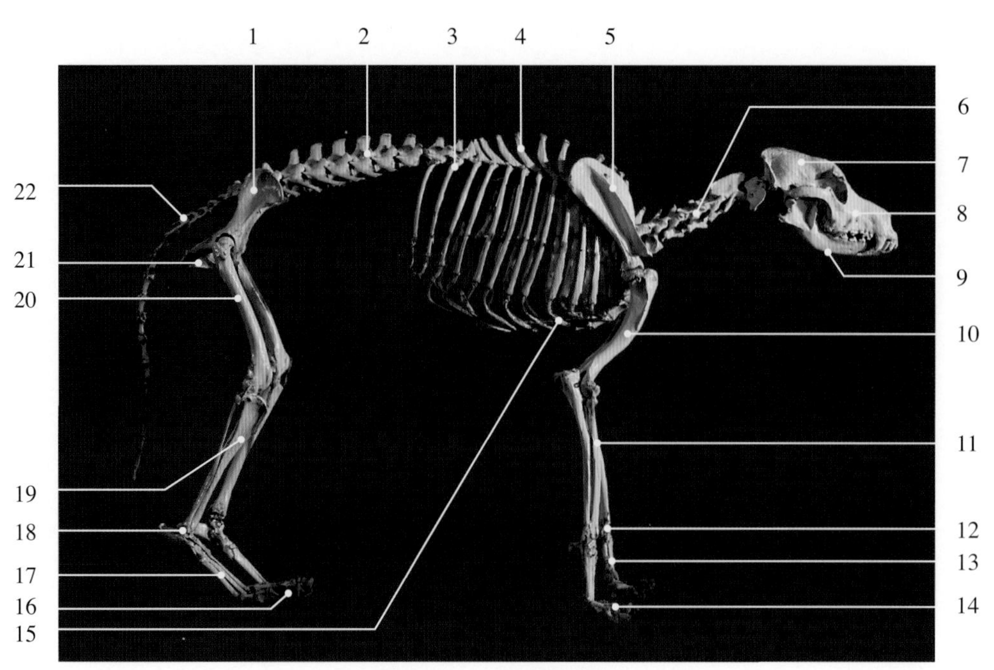

图2-1-5 犬全身骨骼

1. 髂骨 ilium
2. 腰椎 lumbar vertebrae
3. 肋骨 costal bone
4. 胸椎 thoracic vertebrae
5. 肩胛骨 scapula
6. 颈椎 cervical vertebrae
7. 顶骨 parietal bone
8. 上颌骨 maxillary bone
9. 下颌骨 mandible
10. 肱骨 humerus
11. 桡骨 radius
12. 腕骨 carpal bone
13. 掌骨 metacarpal bone
14. 指骨 digital bone
15. 胸骨 breast bone, sternum
16. 趾骨 digital bone
17. 跖骨 metatarsal bone
18. 跗骨 tarsal bone
19. 胫骨 tibia
20. 股骨 femoral bone
21. 坐骨 ischium
22. 尾椎 coccygeal vertebrae

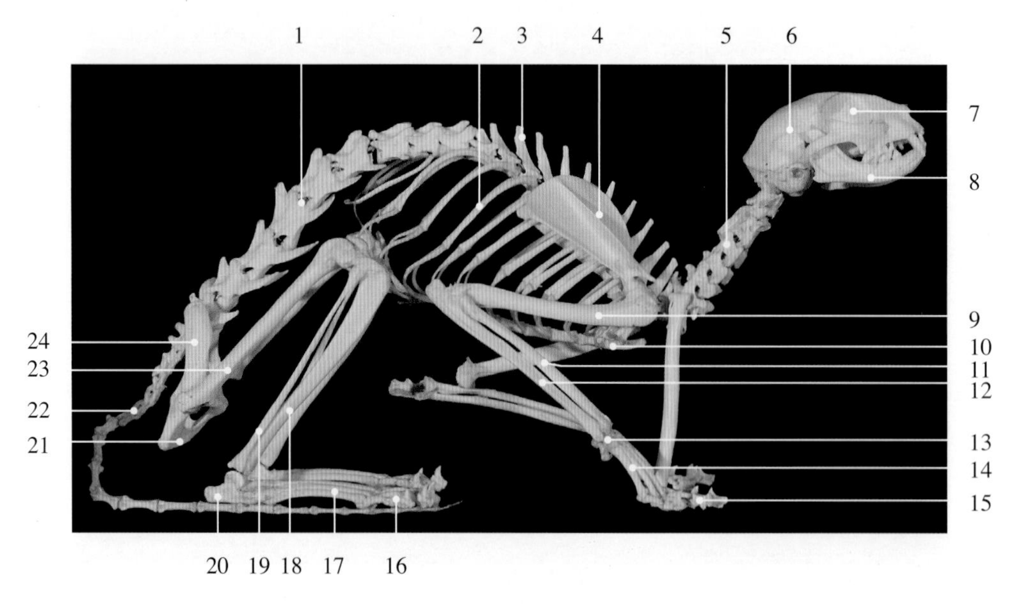

图2-1-6 猫全身骨骼

1. 腰椎 lumbar vertebrae
2. 肋骨 costal bone
3. 胸椎 thoracic vertebrae
4. 肩胛骨 scapula
5. 颈椎 cervical vertebrae
6. 颅骨 skull
7. 面骨 facial bone
8. 下颌骨 mandible
9. 肱骨 humerus
10. 胸骨 breast bone, sternum
11. 桡骨 radius
12. 尺骨 ulna
13. 腕骨 carpal bone
14. 掌骨 metacarpal bone
15. 指骨 digital bone
16. 趾骨 digital bone
17. 跖骨 metatarsal bone
18. 胫骨 tibia
19. 腓骨 fibula
20. 跗骨 tarsal bone
21. 坐骨 ischium
22. 尾椎 coccygeal vertebrae
23. 股骨 femoral bone
24. 髂骨 ilium

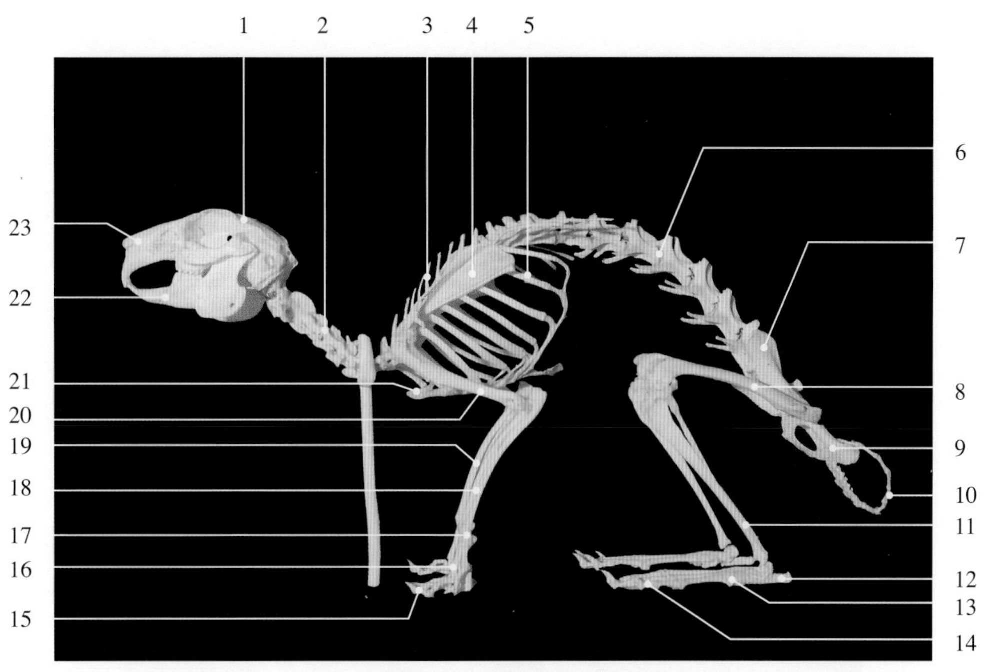

图2-1-7　兔全身骨骼

1. 颅骨 skull
2. 颈椎 cervical vertebrae
3. 胸椎 thoracic vertebrae
4. 肩胛骨 scapula
5. 肋骨 costal bone
6. 腰椎 lumbar vertebrae
7. 髂骨 ilium
8. 股骨 femoral bone
9. 坐骨 ischium
10. 尾椎 coccygeal vertebrae
11. 胫骨 tibia
12. 跗骨 tarsal bone
13. 跖骨 metatarsal bone
14. 趾骨 digital bone
15. 指骨 digital bone
16. 掌骨 metacarpal bone
17. 腕骨 carpal bone
18. 尺骨 ulna
19. 桡骨 radius
20. 肱骨 humerus
21. 胸骨 breast bone, sternum
22. 下颌骨 mandible
23. 面骨 facial bone

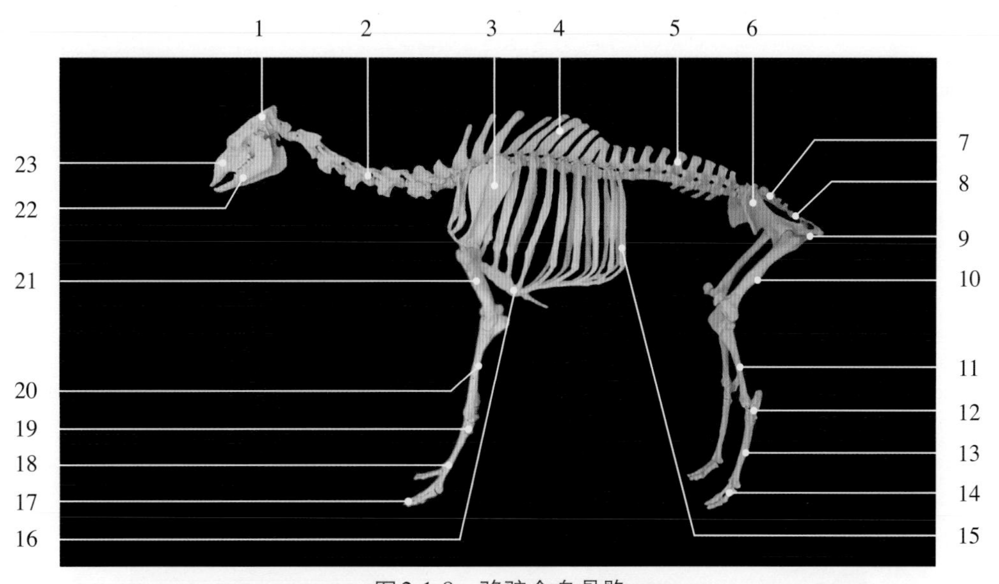

图2-1-8　骆驼全身骨骼

1. 额骨 frontal bone
2. 颈椎 cervical vertebrae
3. 肩胛骨 scapula
4. 胸椎 thoracic vertebrae
5. 腰椎 lumbar vertebrae
6. 髂骨 ilium
7. 荐骨 sacral bone
8. 尾椎 coccygeal vertebrae
9. 坐骨 ischium
10. 股骨 femoral bone
11. 胫骨 tibia
12. 跗骨 tarsal bone
13. 跖骨 metatarsal bone
14. 趾骨 digital bone
15. 肋骨 costal bone
16. 胸骨 breast bone, sternum
17. 指骨 digital bone
18. 掌骨 metacarpal bone
19. 腕骨 carpal bone
20. 桡骨 radius
21. 肱骨 humerus
22. 下颌骨 mandible
23. 上颌骨 maxillary bone

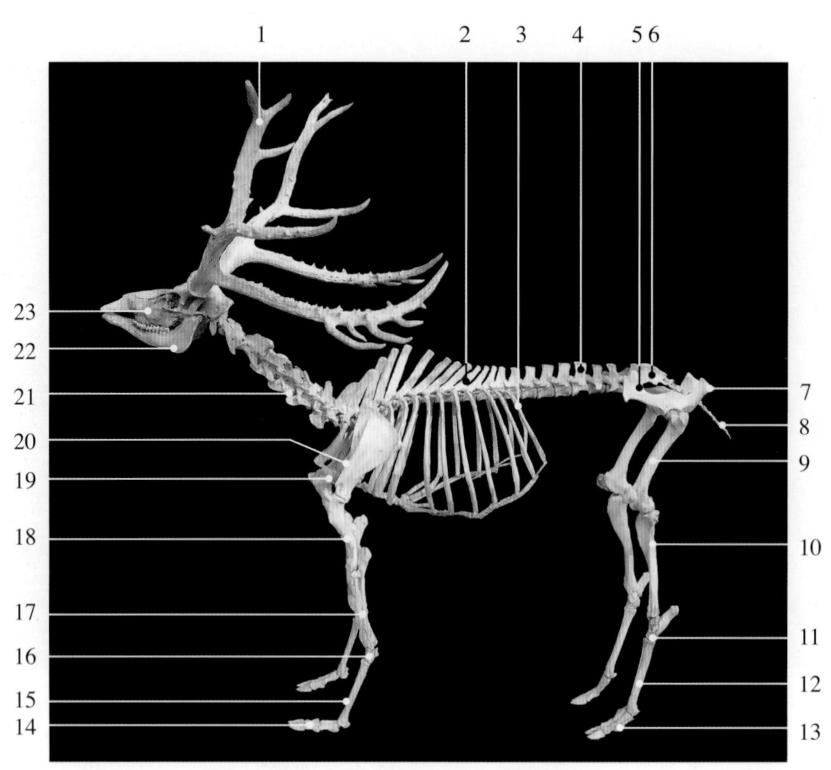

图2-1-9　雄性麋鹿全身骨骼

1. 角　horn
2. 胸椎　thoracic vertebrae
3. 肋骨　costal bone
4. 腰椎　lumbar vertebrae
5. 髂骨　ilium
6. 荐骨　sacral bone
7. 坐骨　ischium
8. 尾椎　coccygeal vertebrae
9. 股骨　femoral bone
10. 胫骨　tibia
11. 跗骨　tarsal bone
12. 跖骨　metatarsal bone
13. 趾骨　digital bone
14. 指骨　digital bone
15. 掌骨　metacarpal bone
16. 腕骨　carpal bone
17. 桡骨和尺骨　radius and ulna
18. 肱骨　humerus
19. 胸骨　breast bone, sternum
20. 肩胛骨　scapula
21. 颈椎　cervical vertebrae
22. 下颌骨　mandible
23. 上颌骨　maxillary bone

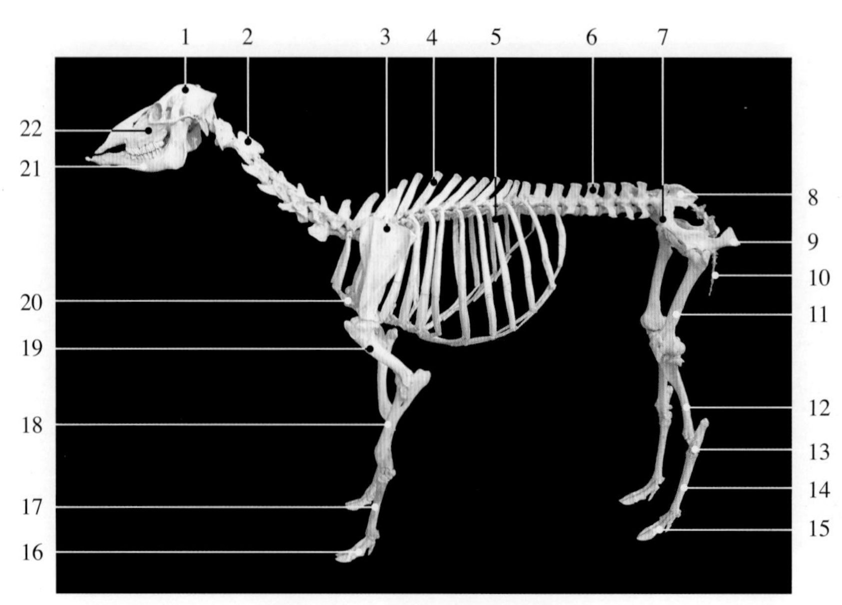

图2-1-10　雌性麋鹿全身骨骼

1. 额骨　frontal bone
2. 颈椎　cervical vertebrae
3. 肩胛骨　scapula
4. 胸椎　thoracic vertebrae
5. 肋骨　costal bone
6. 腰椎　lumbar vertebrae
7. 髂骨　ilium
8. 荐骨　sacral bone
9. 坐骨　ischium
10. 尾椎　coccygeal vertebrae
11. 股骨　femoral bone
12. 胫骨　tibia
13. 跗骨　tarsal bone
14. 跖骨　metatarsal bone
15. 趾骨　digital bone
16. 指骨　digital bone
17. 掌骨　metacarpal bone
18. 桡骨和尺骨　radius and ulna
19. 肱骨　humerus
20. 胸骨　breast bone, sternum
21. 下颌骨　mandible
22. 上颌骨　maxillary bone

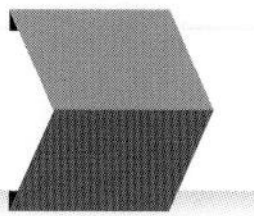

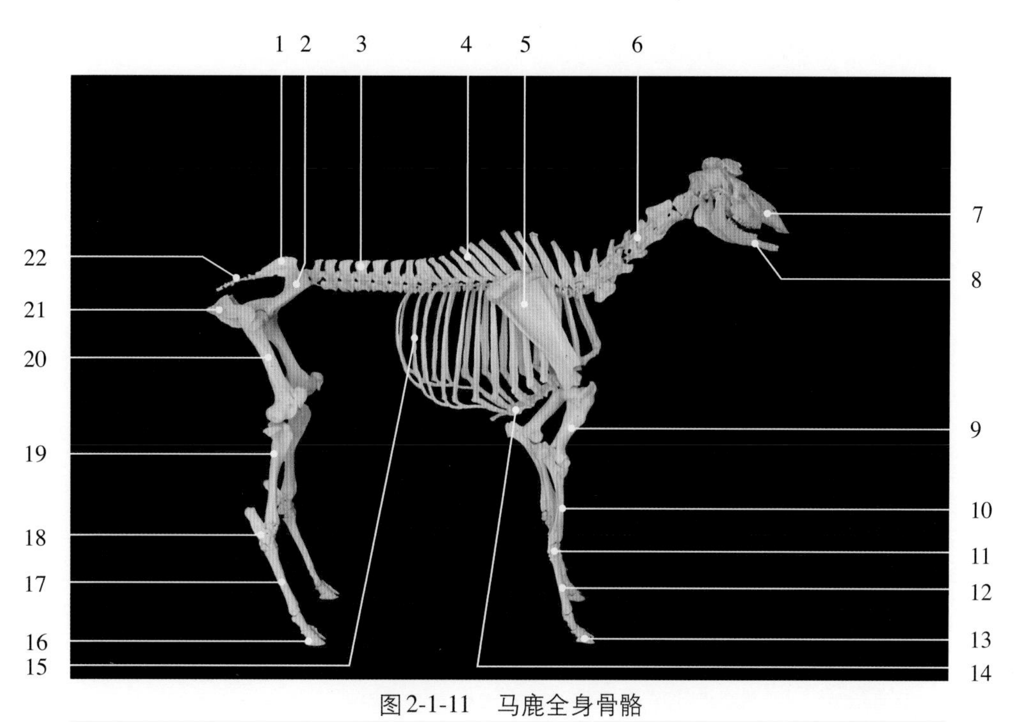

图2-1-11　马鹿全身骨骼

1. 荐骨 sacral bone
2. 髂骨 ilium
3. 腰椎 lumbar vertebrae
4. 胸椎 thoracic vertebrae
5. 肩胛骨 scapula
6. 颈椎 cervical vertebrae
7. 上颌骨 maxillary bone
8. 下颌骨 mandible
9. 肱骨 humerus
10. 桡骨 radius
11. 腕骨 carpal bone
12. 掌骨 metacarpal bone
13. 指骨 digital bone
14. 胸骨 breast bone, sternum
15. 肋骨 costal bone
16. 趾骨 digital bone
17. 跖骨 metatarsal bone
18. 跗骨 tarsal bone
19. 胫骨 tibia
20. 股骨 femoral bone
21. 坐骨 ischium
22. 尾椎 coccygeal vertebrae

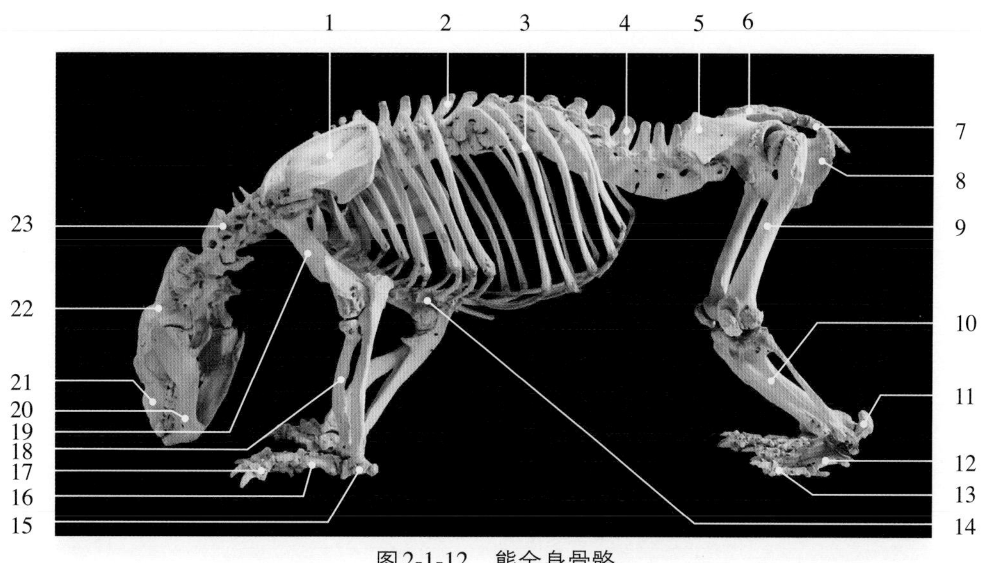

图2-1-12　熊全身骨骼

1. 肩胛骨 scapula
2. 胸椎 thoracic vertebrae
3. 肋骨 costal bone
4. 腰椎 lumbar vertebrae
5. 髂骨 ilium
6. 荐骨 sacral bone
7. 尾椎 coccygeal vertebrae
8. 坐骨 ischium
9. 股骨 femoral bone
10. 胫骨 tibia
11. 跗骨 tarsal bone
12. 跖骨 metatarsal bone
13. 趾骨 digital bone
14. 胸骨 breast bone, sternum
15. 腕骨 carpal bone
16. 掌骨 metacarpal bone
17. 指骨 digital bone
18. 桡骨 radius
19. 肱骨 humerus
20. 下颌骨 mandible
21. 上颌骨 maxillary bone
22. 额骨 frontal bone
23. 颈椎 cervical vertebrae

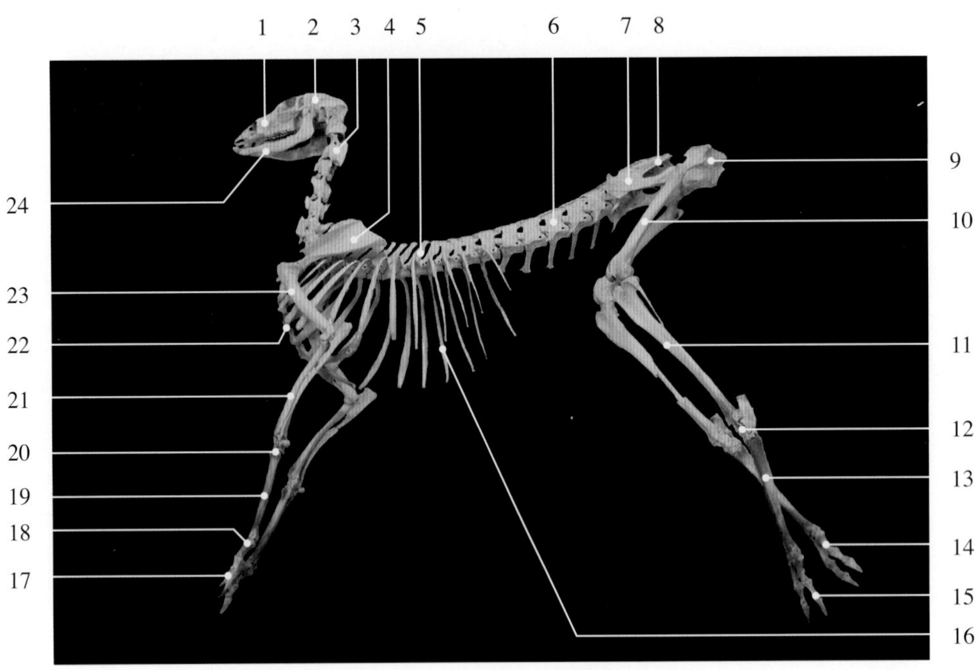

图2-1-13　原麝全身骨骼

1. 上颌骨 maxillary bone
2. 额骨 frontal bone
3. 颈椎 cervical vertebrae
4. 肩胛骨 scapula
5. 胸椎 thoracic vertebrae
6. 腰椎 lumbar vertebrae
7. 髂骨 ilium
8. 荐骨 sacral bone
9. 坐骨 ischium
10. 股骨 femoral bone
11. 胫骨 tibia
12. 跗骨 tarsal bone
13. 跖骨 metatarsal bone
14. 近趾节骨（系骨）proximal phalanges (pastern bone)
15. 中趾节骨（冠骨）middle phalanges (coronal bone)
16. 肋骨 costal bone
17. 远指节骨（蹄骨）distal phalanges (coffin bone)
18. 近指节骨（系骨）proximal phalanges (pastern bone)
19. 掌骨 metacarpal bone
20. 腕骨 carpal bone
21. 桡骨 radius
22. 胸骨 breast bone, sternum
23. 肱骨 humerus
24. 下颌骨 mandible

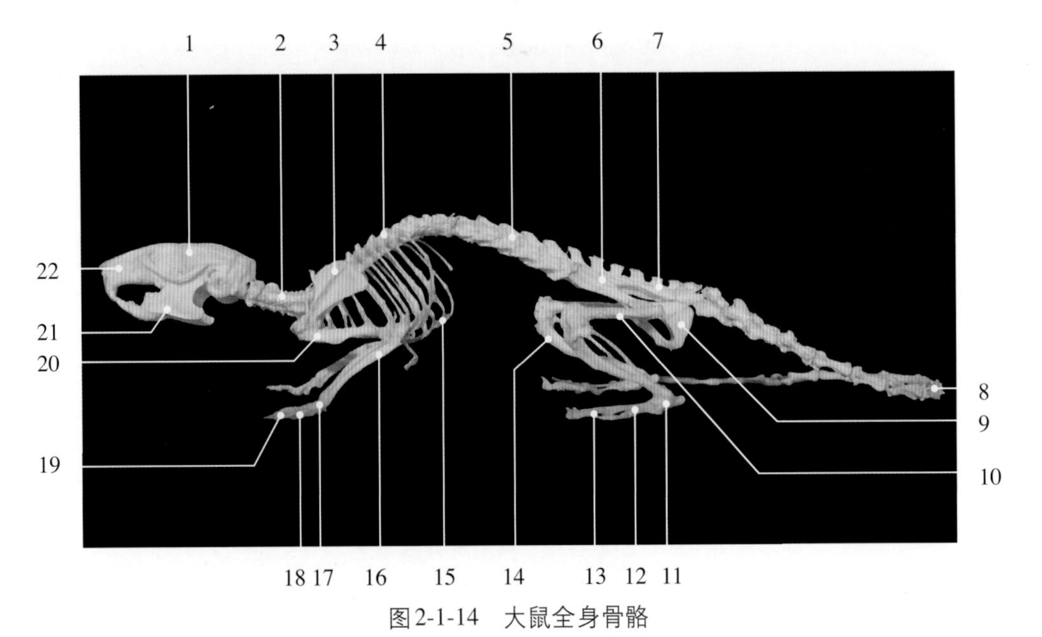

图2-1-14　大鼠全身骨骼

1. 颅骨 skull
2. 颈椎 cervical vertebrae
3. 肩胛骨 scapula
4. 胸椎 thoracic vertebrae
5. 腰椎 lumbar vertebrae
6. 髂骨 ilium
7. 荐骨 sacral bone
8. 尾椎 coccygeal vertebrae
9. 坐骨 ischium
10. 股骨 femoral bone
11. 跗骨 tarsal bone
12. 跖骨 metatarsal bone
13. 趾骨 digital bone
14. 胫骨 tibia
15. 肋骨和肋软骨 costal bone and costal cartilage
16. 桡骨和尺骨 radius and ulna
17. 腕骨 carpal bone
18. 掌骨 metacarpal bone
19. 指骨 digital bone
20. 肱骨 humerus
21. 下颌骨 mandible
22. 面骨 facial bone

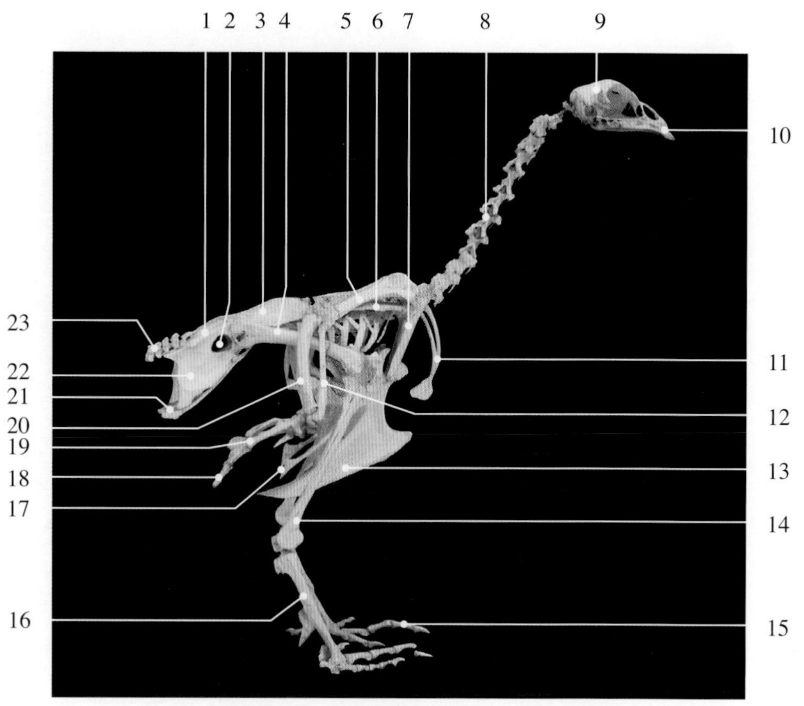

图2-1-15 鸡全身骨骼（去尾综骨）

1. 综荐骨 synsacrum
2. 坐骨孔 sciatic foramen
3. 髂骨 ilium
4. 股骨 femoral bone
5. 肱骨 humerus
6. 肩胛骨 scapula
7. 乌喙骨 coracoid bone
8. 颈椎 cervical vertebrae
9. 头骨 skeleton of the head
10. 切齿骨和下颌骨 incisive bone and mandible
11. 锁骨（叉骨）clavicle (furcula)
12. 桡骨 radius
13. 胸骨嵴（龙骨）sternal crest (carina)
14. 胫骨 tibia
15. 趾骨 digital bone
16. 跖骨 metatarsal bone
17. 胸骨外侧突 lateral process of sternum
18. 指骨 digital bone
19. 掌骨 metacarpal bone
20. 尺骨 ulna
21. 耻骨 pubis
22. 坐骨 ischium
23. 尾椎 coccygeal vertebrae

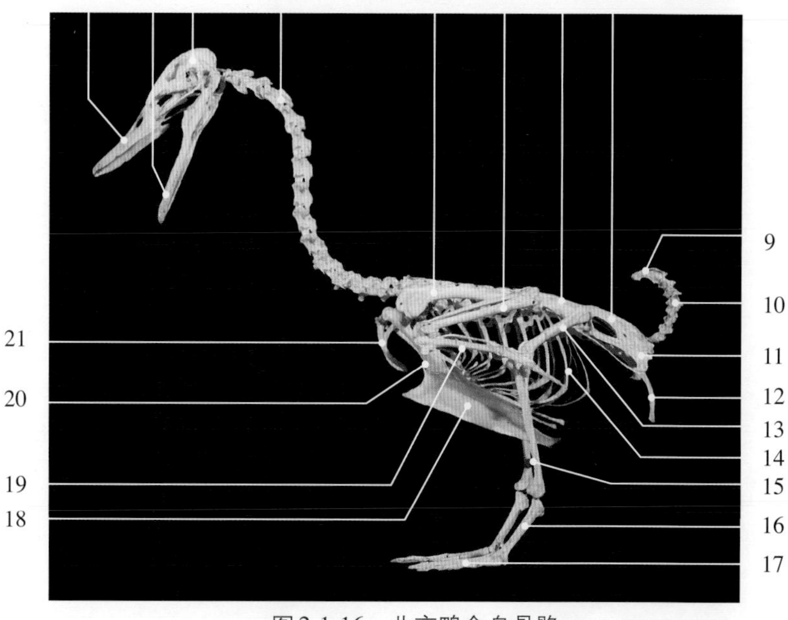

图2-1-16 北京鸭全身骨骼

1. 切齿骨（颌前骨）incisive bone (premaxillae bone)
2. 下颌骨 mandible
3. 头骨 skeleton of the head
4. 颈椎 cervical vertebrae
5. 肱骨 humerus
6. 尺骨 ulna
7. 髂骨 ilium
8. 综荐骨 synsacrum
9. 尾综骨 pygostyle
10. 尾椎 coccygeal vertebrae
11. 坐骨 ischium
12. 耻骨 pubis
13. 股骨 femoral bone
14. 椎肋 vertebral rib
15. 胫骨 tibia
16. 跖骨 metatarsal bone
17. 趾骨 digital bone
18. 胸骨嵴（龙骨）sternal crest (carina)
19. 掌骨 metacarpal bone
20. 乌喙骨 coracoid bone
21. 锁骨（叉骨）clavicle (furcula)

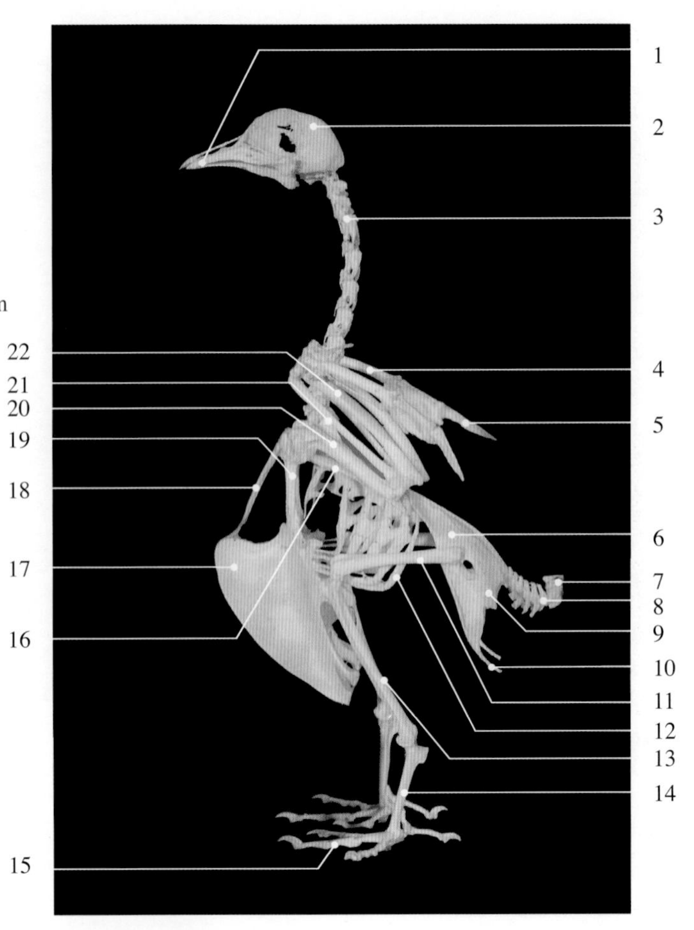

图2-1-17　鸽全身骨骼

1. 下颌骨 mandible
2. 头骨 skeleton of the head
3. 颈椎 cervical vertebrae
4. 掌骨 metacarpal bone
5. 指骨 digital bone
6. 髂骨 ilium
7. 尾综骨 pygostyle
8. 尾椎 coccygeal vertebrae
9. 坐骨 ischium
10. 耻骨 pubis
11. 股骨 femoral bone
12. 椎肋 vertebral rib
13. 胫骨 tibia
14. 跖骨 metatarsal bone
15. 趾骨 digital bone
16. 肩胛骨 scapula
17. 胸骨 breast bone, sternum
18. 锁骨 clavicle
19. 乌喙骨 coracoid bone
20. 肱骨 humerus
21. 桡骨 radius
22. 尺骨 ulna

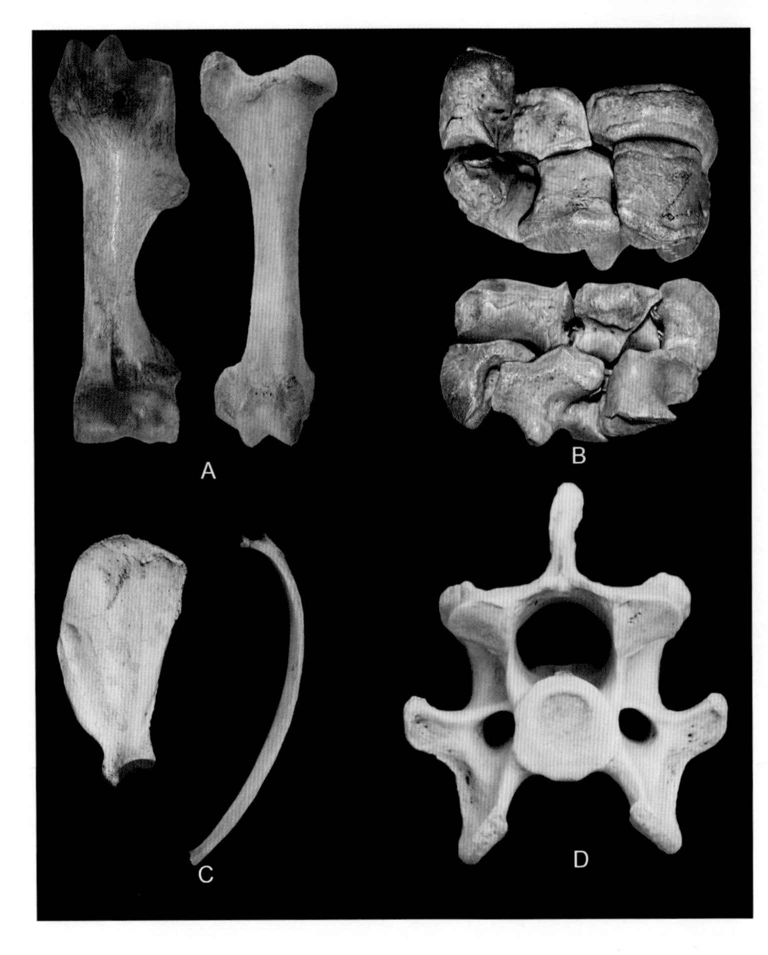

图2-2-1　骨的类型

A. 长骨 long bone
B. 短骨 short bone
C. 扁骨 flat bone
D. 不规则骨 irregular bone

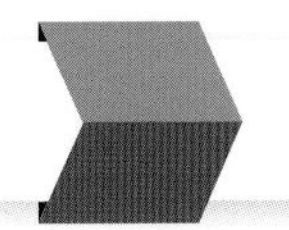

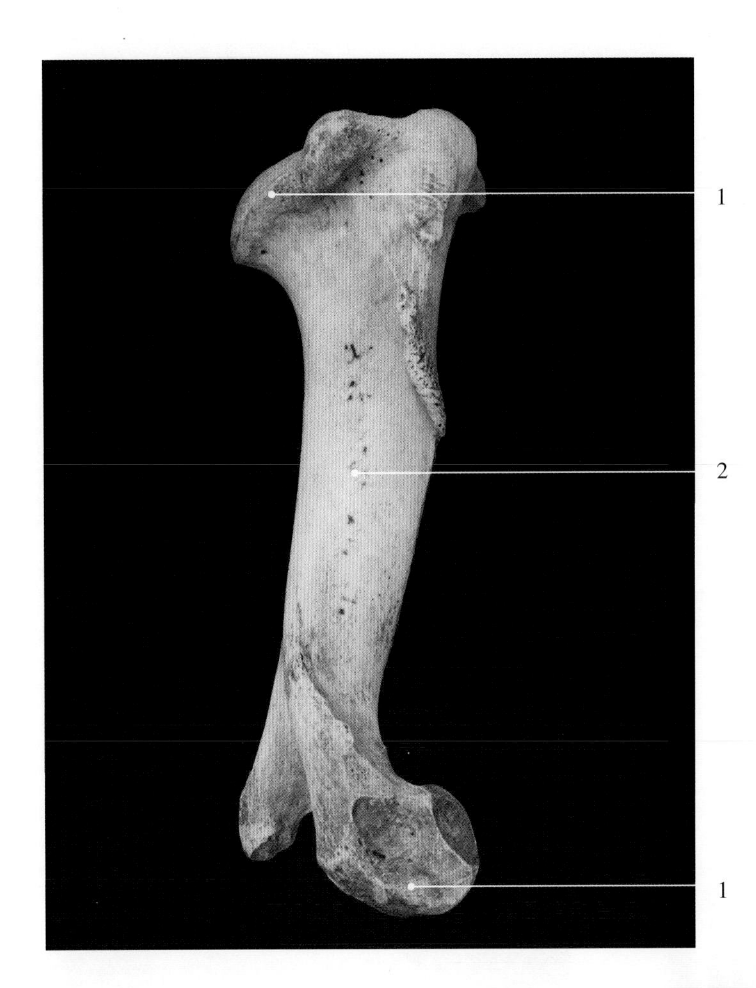

图2-2-2 长骨的形态

1. 骨端（骺）extremities（epiphysis）
2. 骨干/骨体 diaphysis / shaft

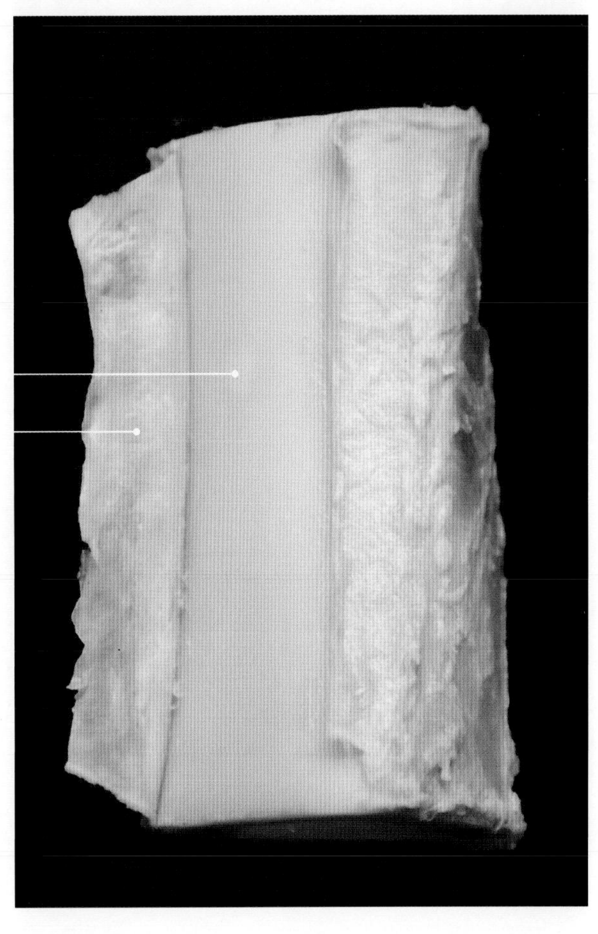

图2-2-3 骨的构造（示骨膜和骨质）

1. 骨质 substantia ossea
2. 骨外膜 periosteum

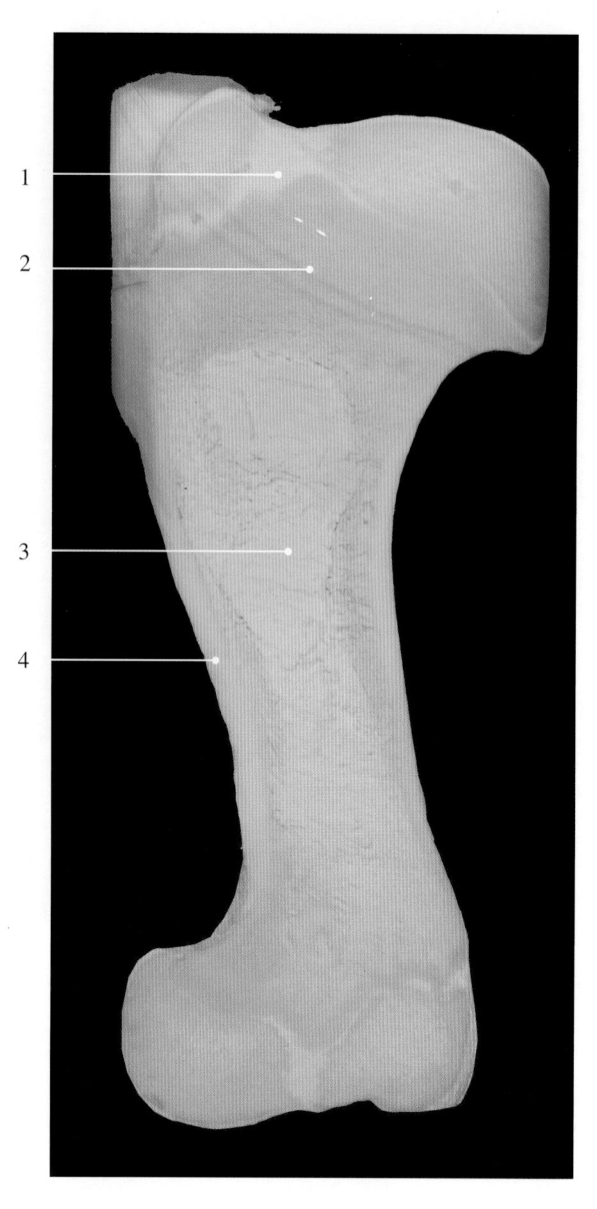

图2-2-4　骨的构造（示骨质和骨髓）

1. 骺软骨（骺线）epiphysial cartilage（epiphysial line）
2. 骨松质 spongy bone
3. 骨髓 bone marrow
4. 骨密质 compact bone

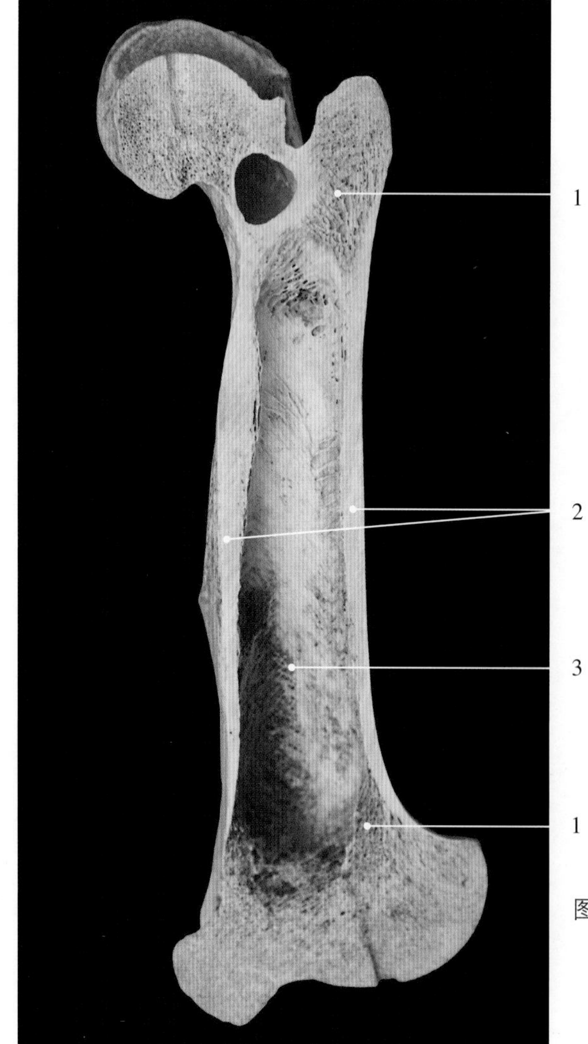

图2-2-5　长骨的构造（示骨质和骨髓腔）

1. 骨松质 spongy bone
2. 骨密质 compact bone
3. 骨髓腔 medullary cavity of bone

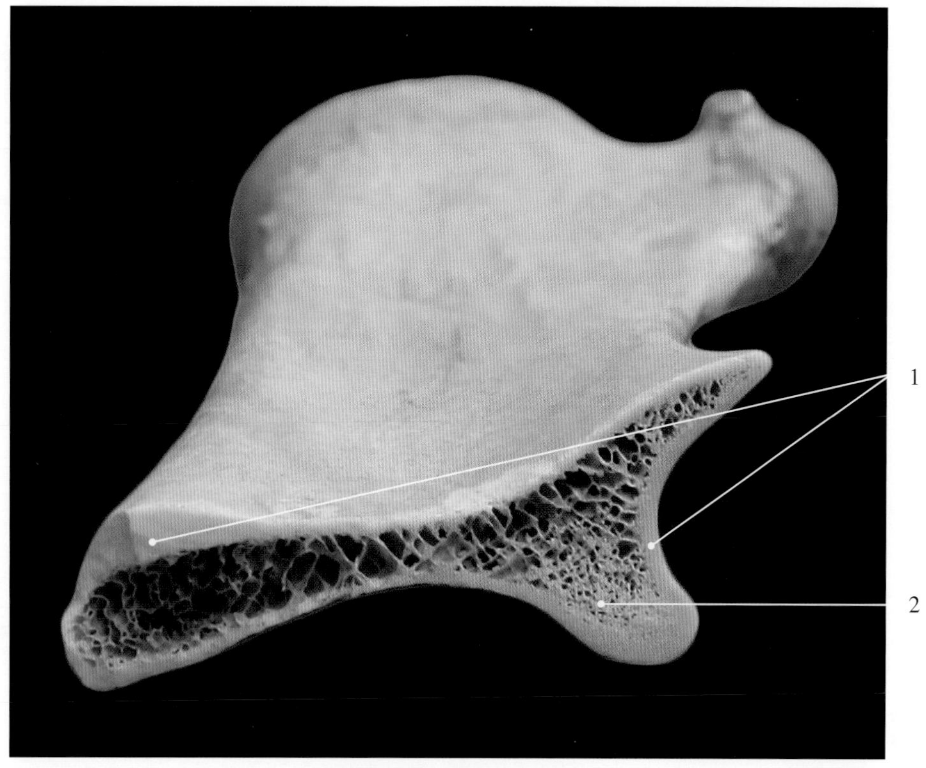

图2-2-6　扁骨的构造

1. 骨密质 compact bone　　2. 骨松质 spongy bone

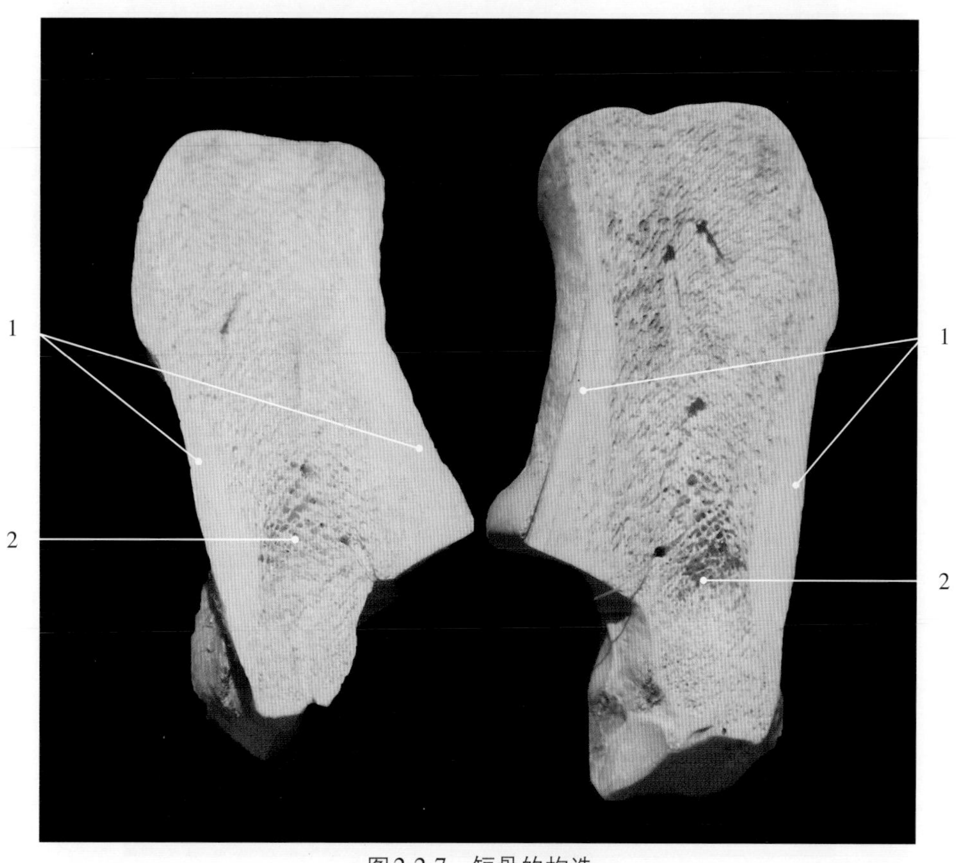

图2-2-7　短骨的构造

1. 骨密质 compact bone　　2. 骨松质 spongy bone

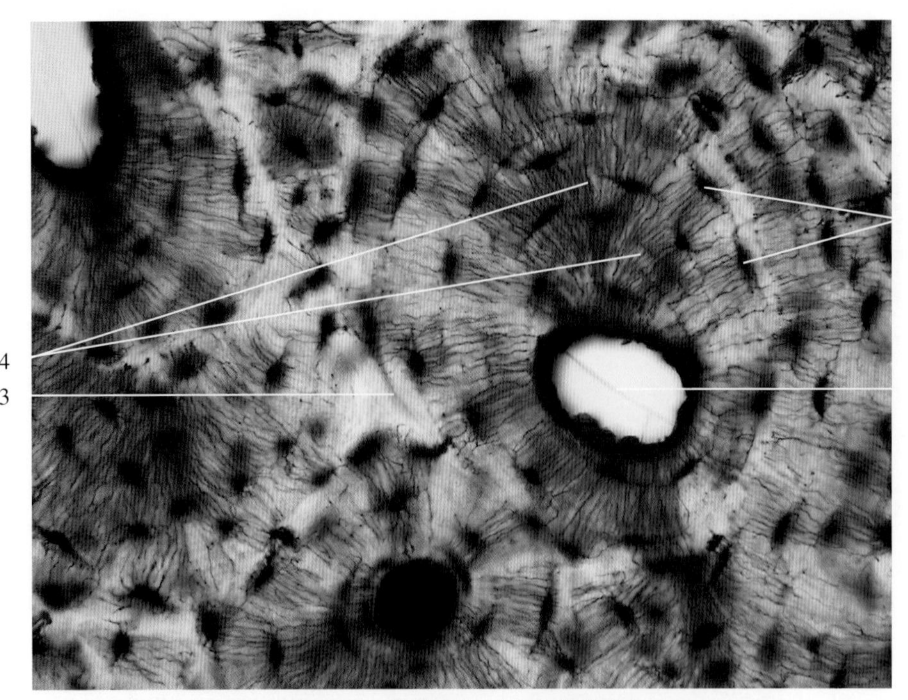

图2-2-8　股骨磨片（大力紫染色）

1. 骨陷窝 bone lacuna
2. 哈弗氏管 Haversian canal
3. 骨黏合线 cement line of bone
4. 骨小管 bone canaliculus

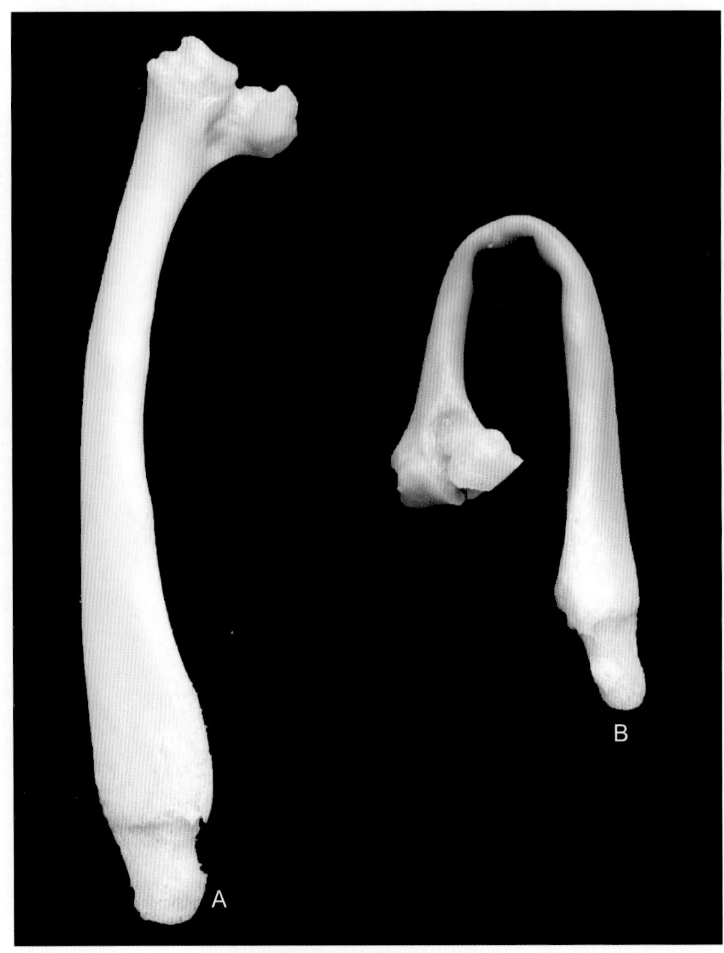

图2-2-9　骨的成分

A. 未经盐酸处理的肋骨 no-hydrochloric acid treated costal bone
B. 经盐酸处理的肋骨 hydrochloric acid treated costal bone

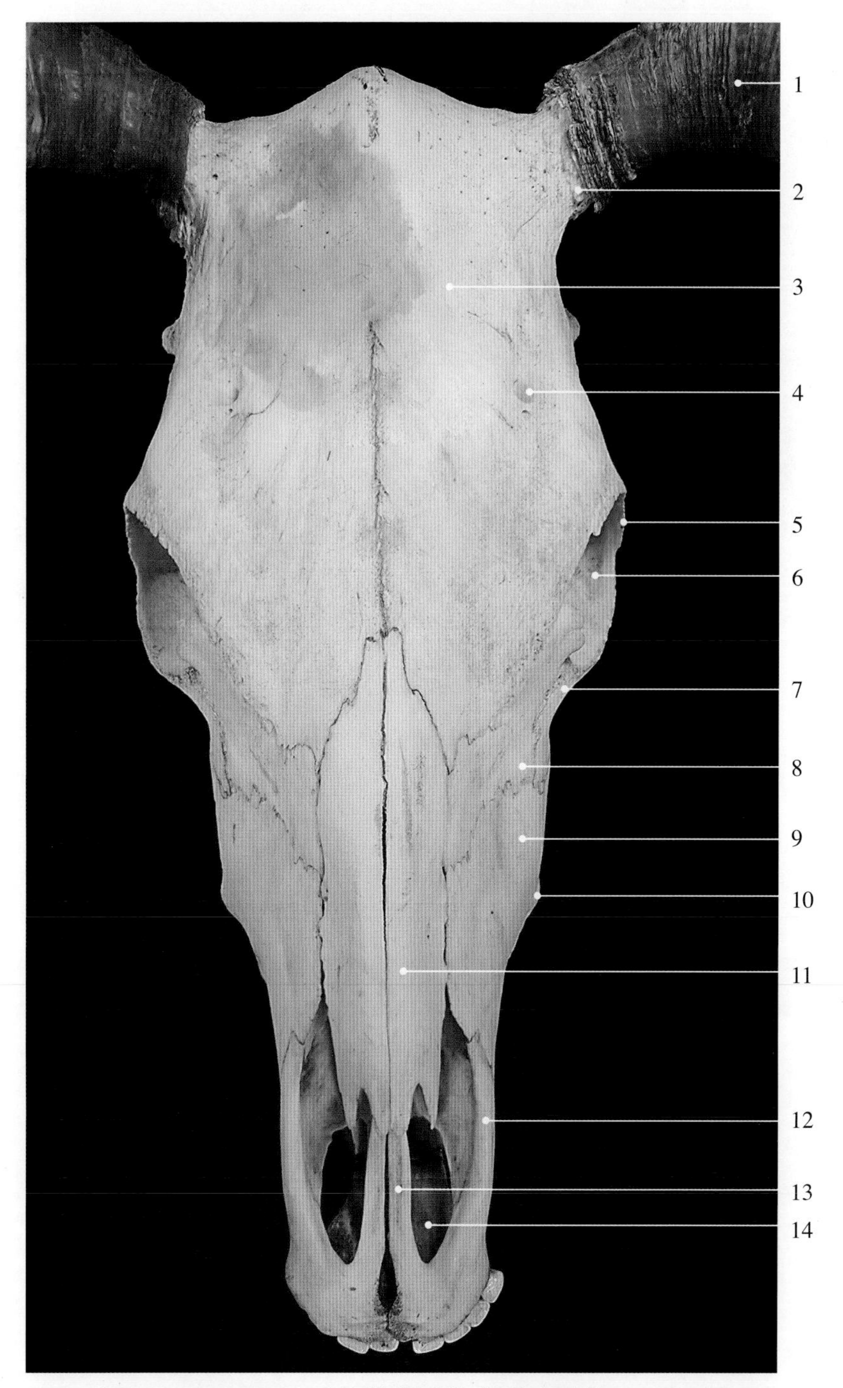

图2-3-1　牛头骨背侧观（原色标本）

牛头骨的特征是头骨比马短，额面扁平而宽。额骨特别发达，有角突。眶上突向外侧接于颧弓。颧弓平直藏于顶面下，颞窝不大。有发达的鼓泡。上切齿骨缺切齿齿槽。

1. 角　horn
2. 角突　cornual process
3. 额骨　frontal bone
4. 眶上孔　supraorbital foramen
5. 眶缘　orbital margin
6. 眼眶　orbit
7. 颧骨　zygomatic bone
8. 泪骨　lacrimal bone
9. 上颌骨　maxillary bone
10. 面结节　facial tubercle
11. 鼻骨　nasal bone
12. 切齿骨鼻突　nasal process of the incisive bone
13. 切齿骨腭突　palatine process of the incisive bone
14. 腭裂　palatine fissure

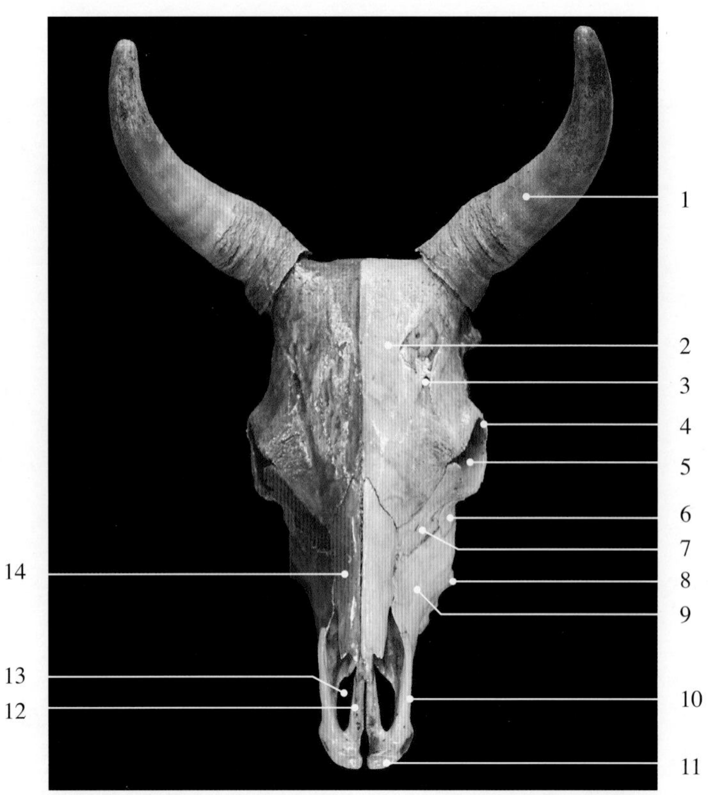

图2-3-2　牛头骨背侧观（染色标本）

1. 角 horn
2. 额骨 frontal bone
3. 眶上孔 supraorbital foramen
4. 眶缘 orbital margin
5. 眼眶 orbit
6. 颧骨 zygomatic bone
7. 泪骨 lacrimal bone
8. 面结节 facial tubercle
9. 上颌骨 maxillary bone
10. 切齿骨鼻突 nasal process of the incisive bone
11. 切齿骨体 body of the incisive bone
12. 切齿骨腭突 palatine process of the incisive bone
13. 腭裂 palatine fissure
14. 鼻骨 nasal bone

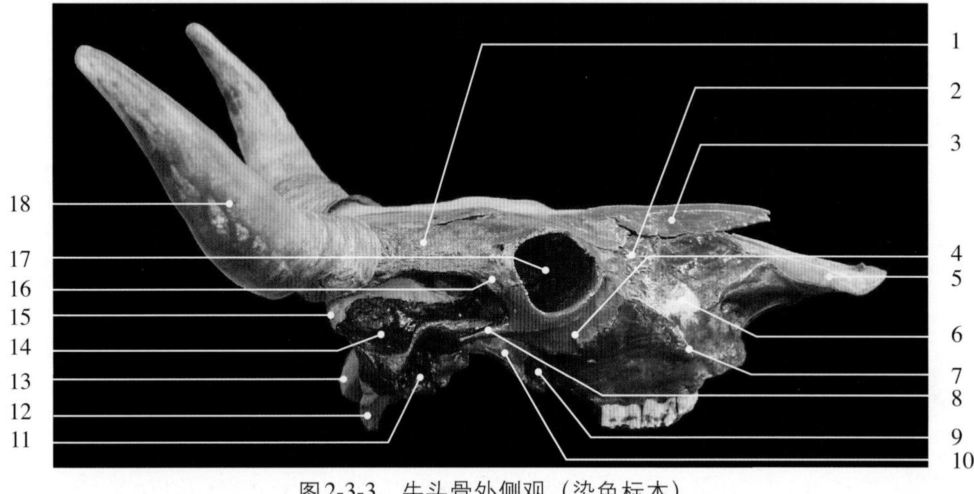

图2-3-3　牛头骨外侧观（染色标本）

1. 额骨 frontal bone
2. 泪骨 lacrimal bone
3. 鼻骨 nasal bone
4. 颧骨 zygomatic bone
5. 切齿骨（颌前骨）incisive bone（premaxillae bone）
6. 上颌骨 maxillary bone
7. 面结节 facial tubercle
8. 颧弓 zygomatic arch
9. 腭骨垂直部 perpendicular part of the palatine bone
10. 蝶骨翼突 pterygoid process of sphenoid bone
11. 颞骨岩部 petrous part of temporal bone
12. 枕骨颈静脉突（髁旁突）jugular process of the occipital bone（paracondylar process）
13. 枕骨髁 occipital condyle
14. 颞骨鳞部 squamous part of temporal bone
15. 顶骨 parietal bone
16. 眶上突 supraorbital process
17. 眼眶 orbit
18. 角 horn

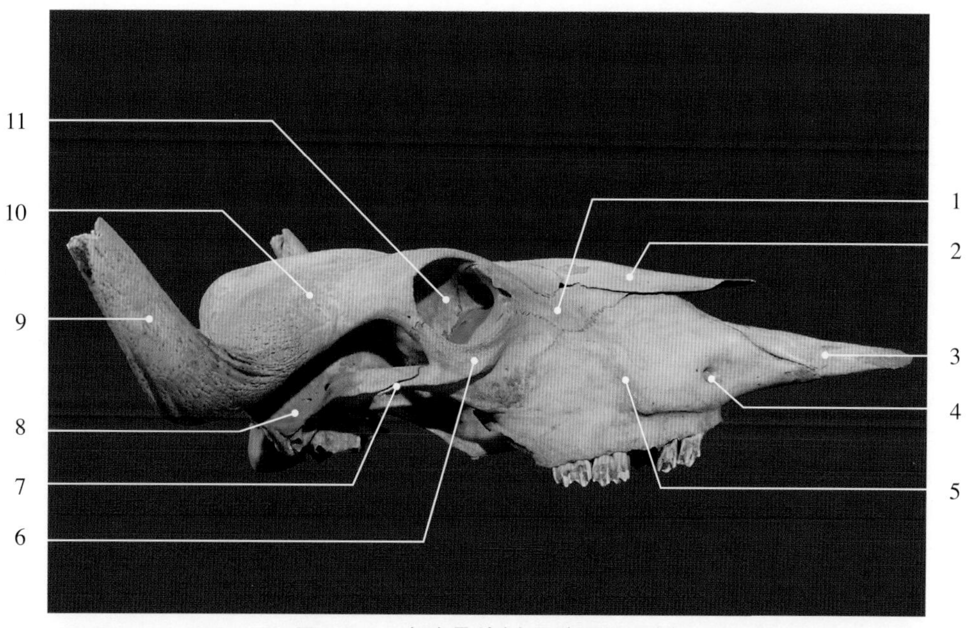

图2-3-4　牛头骨外侧观（原色标本）

1. 泪骨 lacrimal bone
2. 鼻骨 nasal bone
3. 切齿骨（颌前骨）incisive bone（premaxillae bone）
4. 眶下孔 infraorbital foramen
5. 上颌骨 maxillary bone
6. 颧骨 zygomatic bone
7. 颧弓 zygomatic arch
8. 颞骨 temporal bone
9. 角突 cornual process
10. 额骨 frontal bone
11. 眼眶 orbit

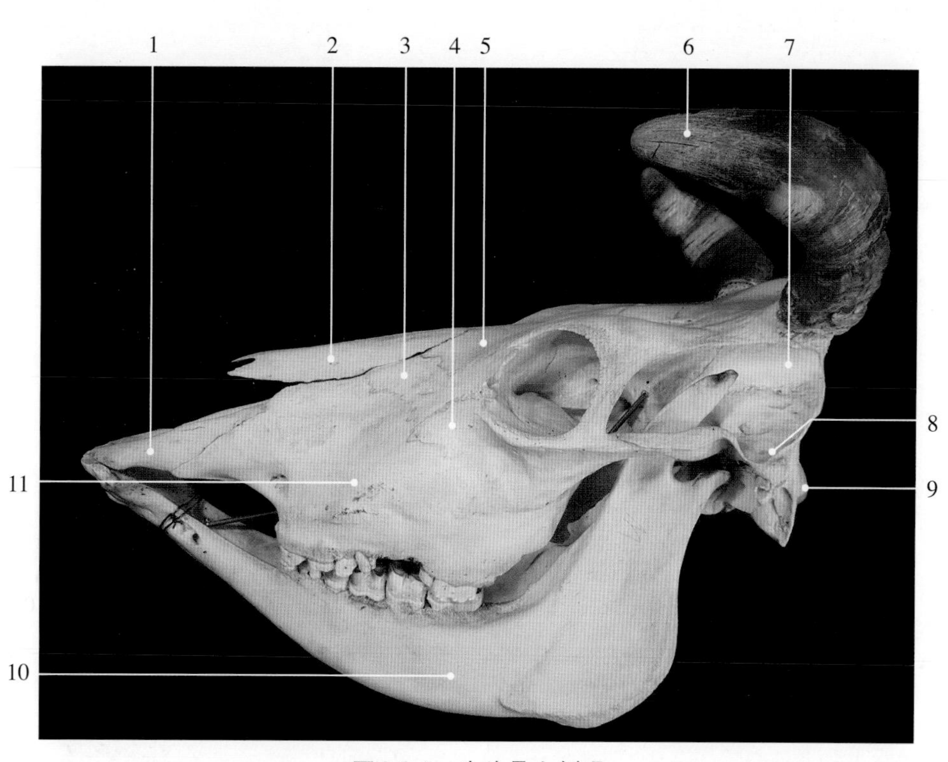

图2-3-5　牛头骨左侧观

1. 切齿骨 incisive bone
2. 鼻骨 nasal bone
3. 泪骨 lacrimal bone
4. 颧骨 zygomatic bone
5. 额骨 frontal bone
6. 角 horn
7. 顶骨 parietal bone
8. 颞骨 temporal bone
9. 枕骨 occipital bone
10. 下颌骨 mandible
11. 上颌骨 maxillary bone

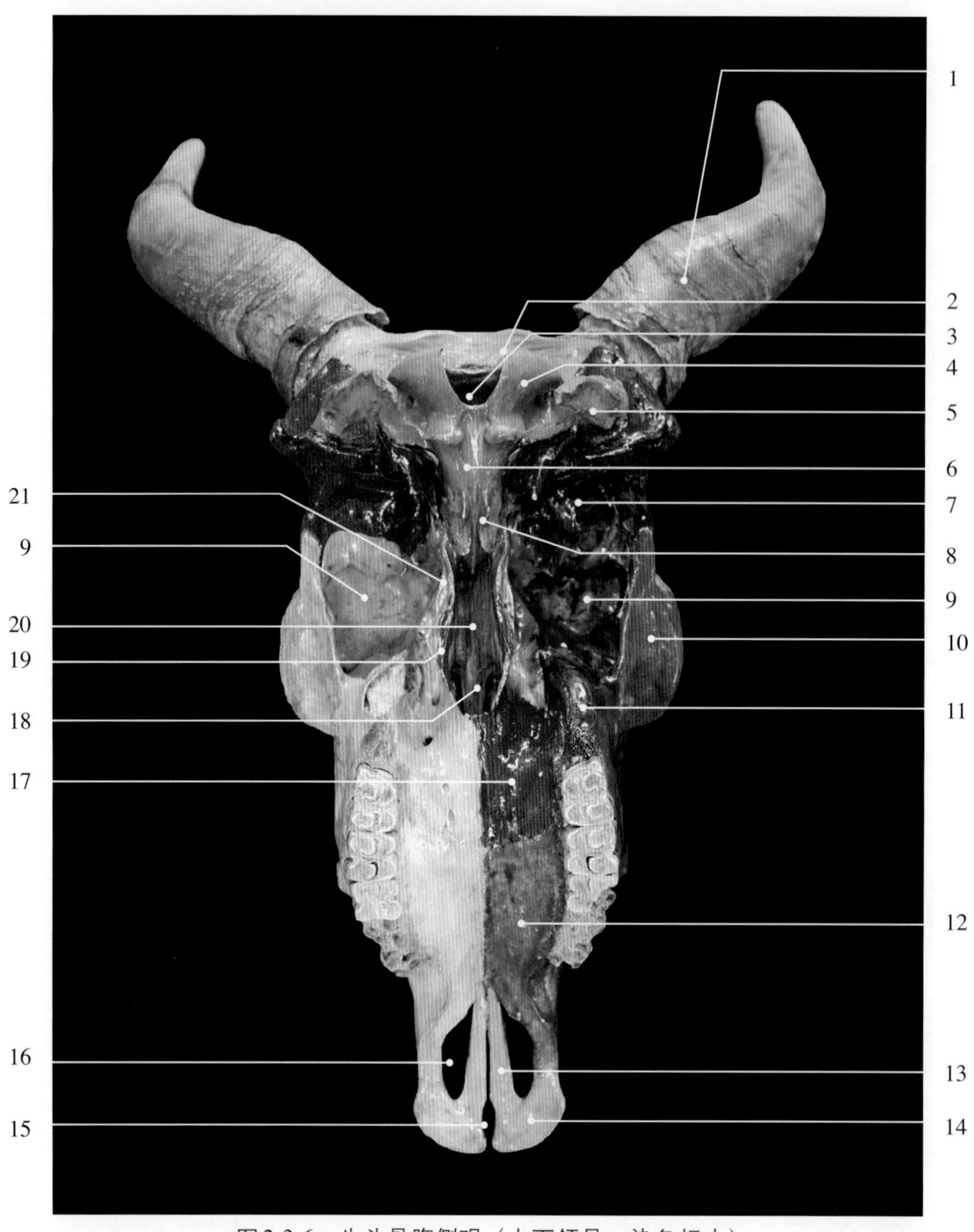

图2-3-6 牛头骨腹侧观（去下颌骨，染色标本）

1. 角 horn
2. 顶骨 parietal bone
3. 枕骨大孔 foramen magnum
4. 枕骨髁 occipital condyle
5. 枕骨颈静脉突（髁旁突） jugular process of the occipital bone (paracondylar process)
6. 枕骨基部 basioccipital bone
7. 颞骨鳞部 squamous part of temporal bone
8. 蝶骨体 basisphenoid
9. 额骨眶部 orbital part of the frontal bone
10. 颧骨 zygomatic bone
11. 上颌骨 maxillary bone
12. 上颌骨腭突 palatine process of the maxillary bone
13. 切齿骨腭突 palatine process of the incisive bone
14. 切齿骨（颌前骨）incisive bone (premaxillae bone)
15. 切齿裂 incisive fissure
16. 腭裂 palatine fissure
17. 腭骨水平部 horizontal part of the palatine bone
18. 鼻后孔 posterior nasal apertures
19. 翼骨 pterygoid bone
20. 犁骨 vomer
21. 蝶骨翼 wing of sphenoid bone

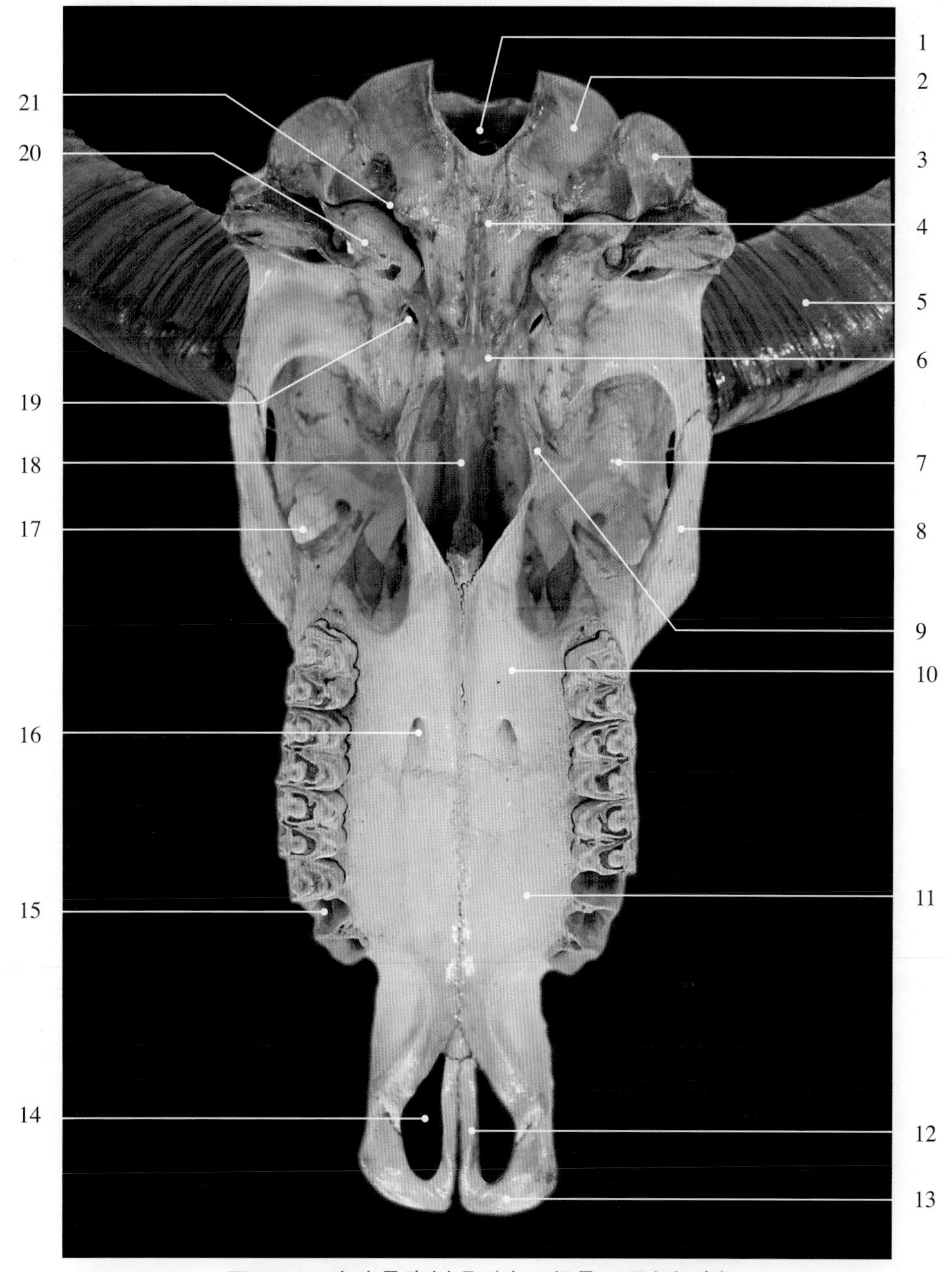

图2-3-7　牛头骨腹侧观（去下颌骨，原色标本）

1. 枕骨大孔 foramen magnum
2. 枕骨髁 occipital condyle
3. 枕骨颈静脉突（髁旁突）
jugular process of the occipital bone
(paracondylar process)
4. 枕骨基部 basioccipital bone
5. 角 horn
6. 蝶骨体 basisphenoid
7. 额骨眶部 orbital part of the frontal bone
8. 颧弓 zygomatic arch
9. 翼骨 pterygoid bone
10. 腭骨水平部 horizontal part of the palatine bone
11. 上颌骨 maxillary bone
12. 切齿骨腭突 palatine process of the incisive bone
13. 切齿骨体 body of the incisive bone
14. 腭裂 palatine fissure
15. 臼齿槽 molar alveolus
16. 腭大孔 greater palatine foramen
17. 泪泡 lacrimal bulla
18. 犁骨 vomer
19. 卵圆孔 oval foramen
20. 鼓泡 tympanic bulla
21. 颈静脉孔 jugular foramen

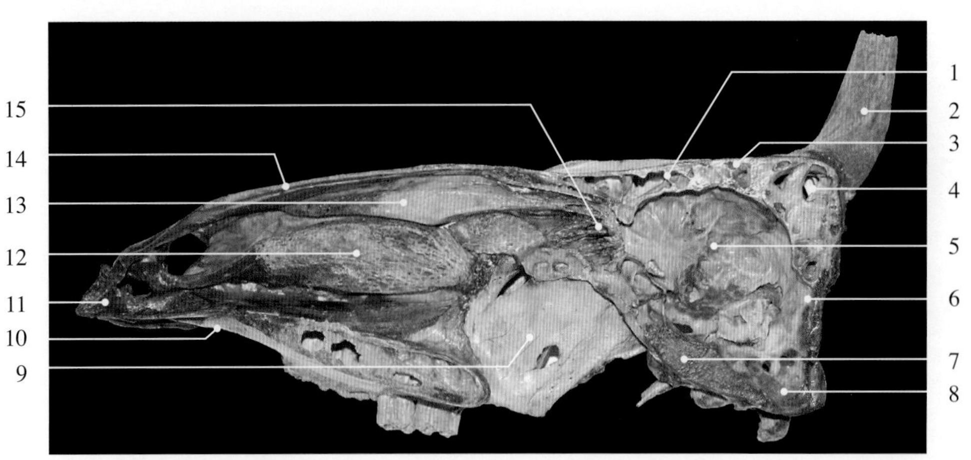

图2-3-8 牛头骨矢状面（去下颌骨，原色标本）

1. 额窦 frontal sinus
2. 角突 cornual process
3. 额骨 frontal bone
4. 角窦 cornual sinus
5. 颅腔 cranial cavity
6. 顶骨 parietal bone
7. 蝶骨 sphenoid bone
8. 枕骨 occipital bone
9. 腭骨矢板 sagittal plate of palatine bone
10. 上颌骨腭突 palatine process of the maxillary bone
11. 切齿骨（颌前骨）incisive bone（premaxillae bone）
12. 下鼻甲骨 ventral turbinal bone, ventral nasal concha
13. 上鼻甲骨 dorsal turbinal bone
14. 鼻骨 nasal bone
15. 筛骨 ethmoid bone

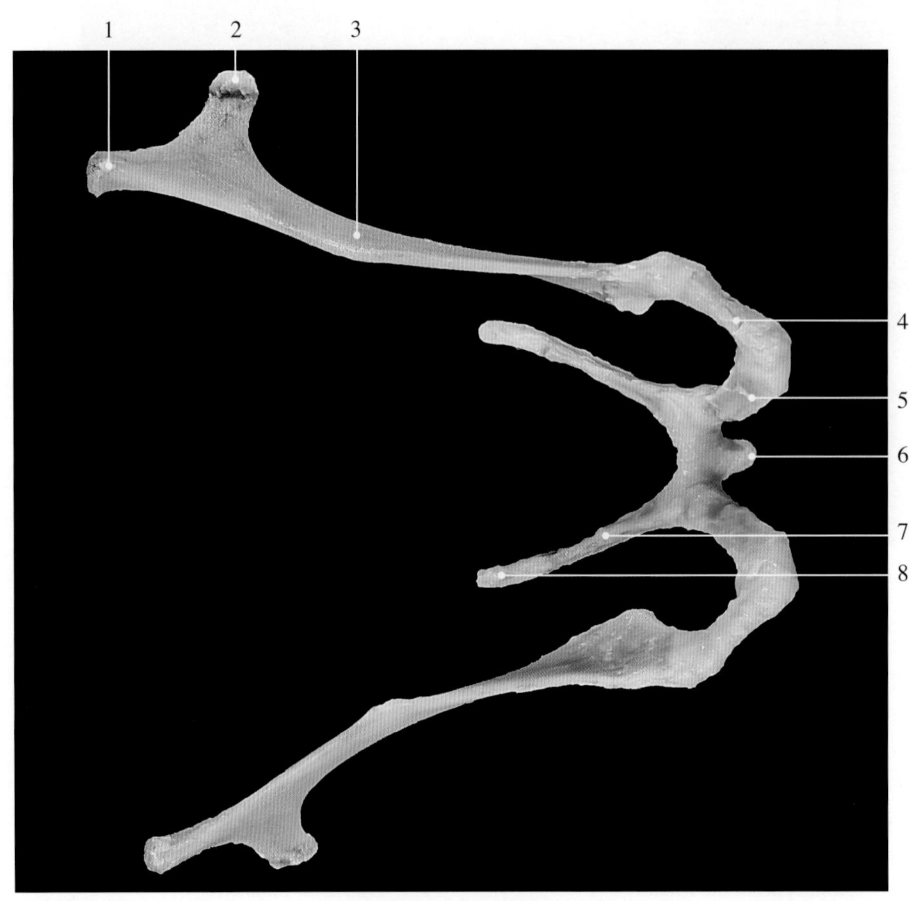

图2-3-9 牛舌骨

1. 鼓舌骨 tympanohyoid
2. 茎突角 styloid angle
3. 茎突舌骨 stylohyoid
4. 上舌骨 epihyoid
5. 角舌骨 ceratohyoid
6. 底舌骨舌突 lingual process of the basihyoid bone
7. 甲状舌骨 thyrohyoid
8. 甲状舌骨软骨 cartilage of the thyrohyoid bone

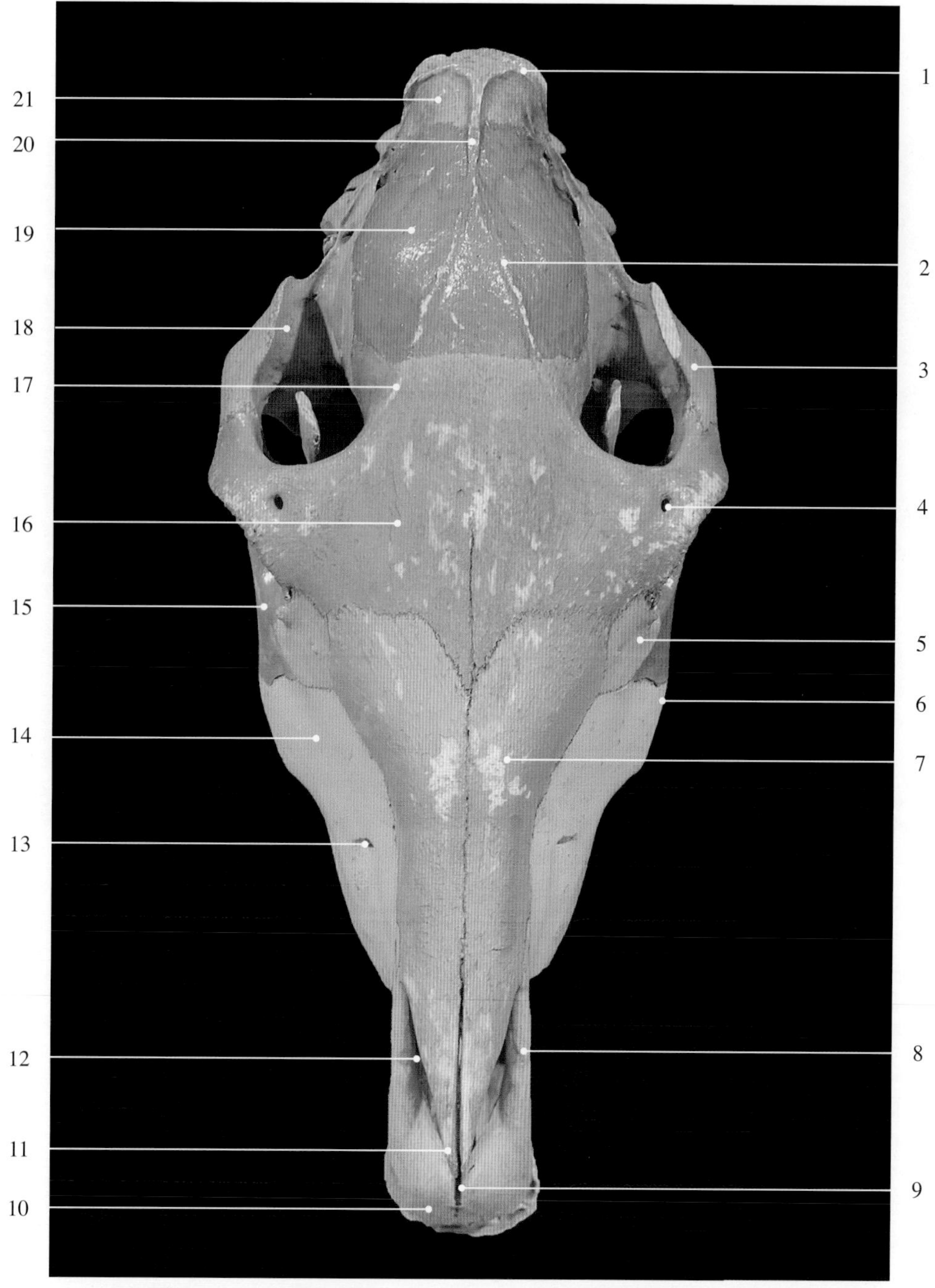

图2-3-10 马头骨背侧观（染色标本）

马头骨的特征是头骨呈长锥状，面部较长。顶面或额面有枕骨、顶间骨、顶骨、额骨、鼻骨和切齿骨，自后向吻端依次排列。顶面不宽，稍圆隆，两侧颧弓几乎平行。眶窝不大，眶上突向外侧接于颧弓。切齿与前臼齿间有较长的齿槽间隙，面部有长的面嵴。

1. 枕嵴/项嵴 occipital crest / nuchal crest
2. 外矢状嵴 external sagittal crest
3. 颧弓 zygomatic arch
4. 眶上孔 supraorbital foramen
5. 泪骨 lacrimal bone
6. 面嵴 facial crest
7. 鼻骨 nasal bone
8. 切齿骨鼻突 nasal process of the incisive bone
9. 切齿孔 incisive foramen
10. 切齿骨体 body of the incisive bone
11. 鼻棘 nasal spine
12. 鼻颌切迹 nasomaxillary notch
13. 眶下孔 infraorbital foramen
14. 上颌骨鼻板 nasal plate of maxilla
15. 颧骨 zygomatic bone
16. 额骨额鼻部 frontal-nasal part of frontal bone
17. 额外嵴（颞线）external frontal crest（temporal line）
18. 颞骨鳞部 squamous part of temporal bone
19. 顶骨 parietal bone
20. 顶间骨 interparietal bone
21. 枕骨 occipital bone

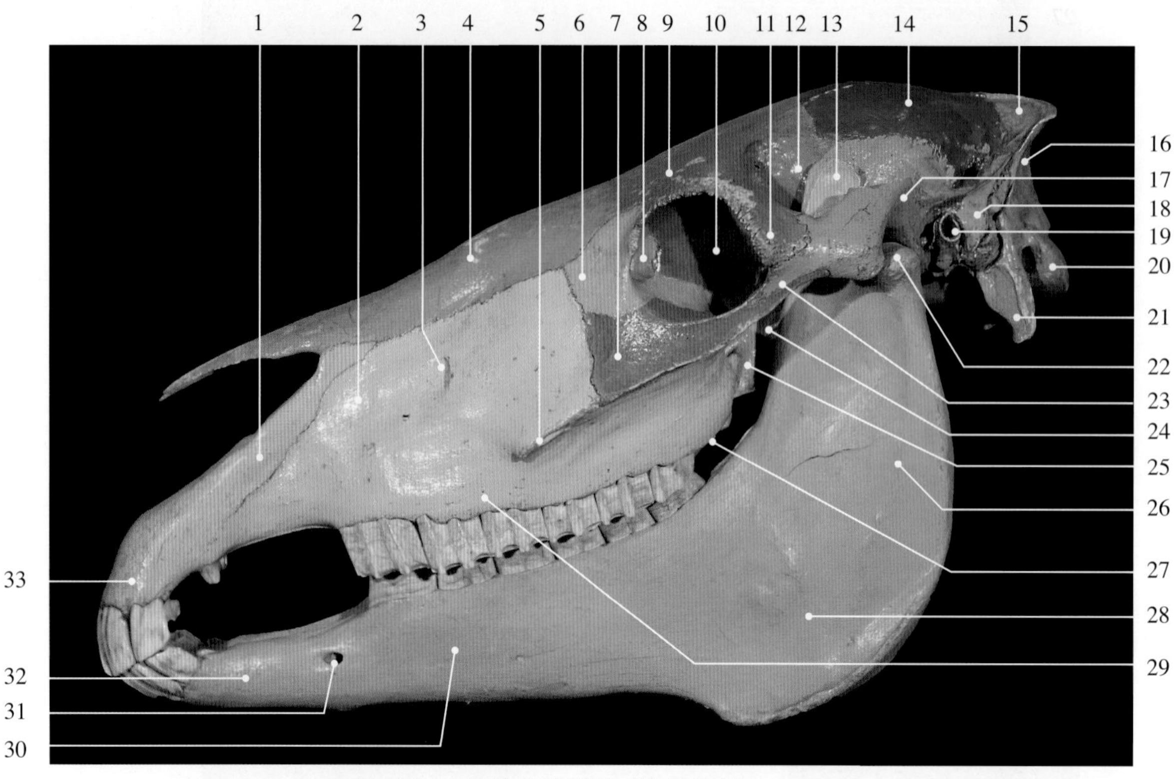

图2-3-11　马头骨外侧观（染色标本）

1. 切齿骨鼻突 nasal process of the incisive bone
2. 上颌骨鼻板 nasal plate of maxilla
3. 眶下孔 infraorbital foramen
4. 鼻骨 nasal bone
5. 面嵴 facial crest
6. 泪骨颜面 facial surface of lacrimal bone
7. 颧骨 zygomatic bone
8. 泪骨眶面 orbital surface of lacrimal bone
9. 额骨额鼻部 frontal-nasal part of frontal bone
10. 额骨眶颞部 orbit-temporal part of frontal bone
11. 额骨颧突（眶上突）zygomatic process of frontal bone（supraorbital process）
12. 颞窝 temporal fossa
13. 冠状突 coronoid process
14. 顶骨 parietal bone
15. 枕骨 occipital bone
16. 枕骨鳞部 squamous part of occipital bone
17. 颞骨鳞部 squamous part of temporal bone
18. 颞骨岩部 petrous part of temporal bone
19. 外耳道 external auditory meatus
20. 枕骨外侧部（枕骨髁）lateral part of occipital bone（occipital condyle）
21. 枕骨颈静脉突（髁旁突）jugular process of the occipital bone（paracondylar process）
22. 髁状突 condylar process
23. 颧弓 zygomatic arch
24. 蝶骨翼突 pterygoid process of sphenoid bone
25. 腭骨垂直部 perpendicular part of the palatine bone
26. 下颌支垂直部 vertical part of mandible
27. 上颌结节 maxillary tuberosity
28. 咬肌窝 masseteric fossa
29. 上颌骨体 body of maxilla
30. 下颌支水平部 horizontal part of mandible
31. 颏孔 mental foramen
32. 下颌骨体 body of mandible
33. 切齿骨体 body of the incisive bone

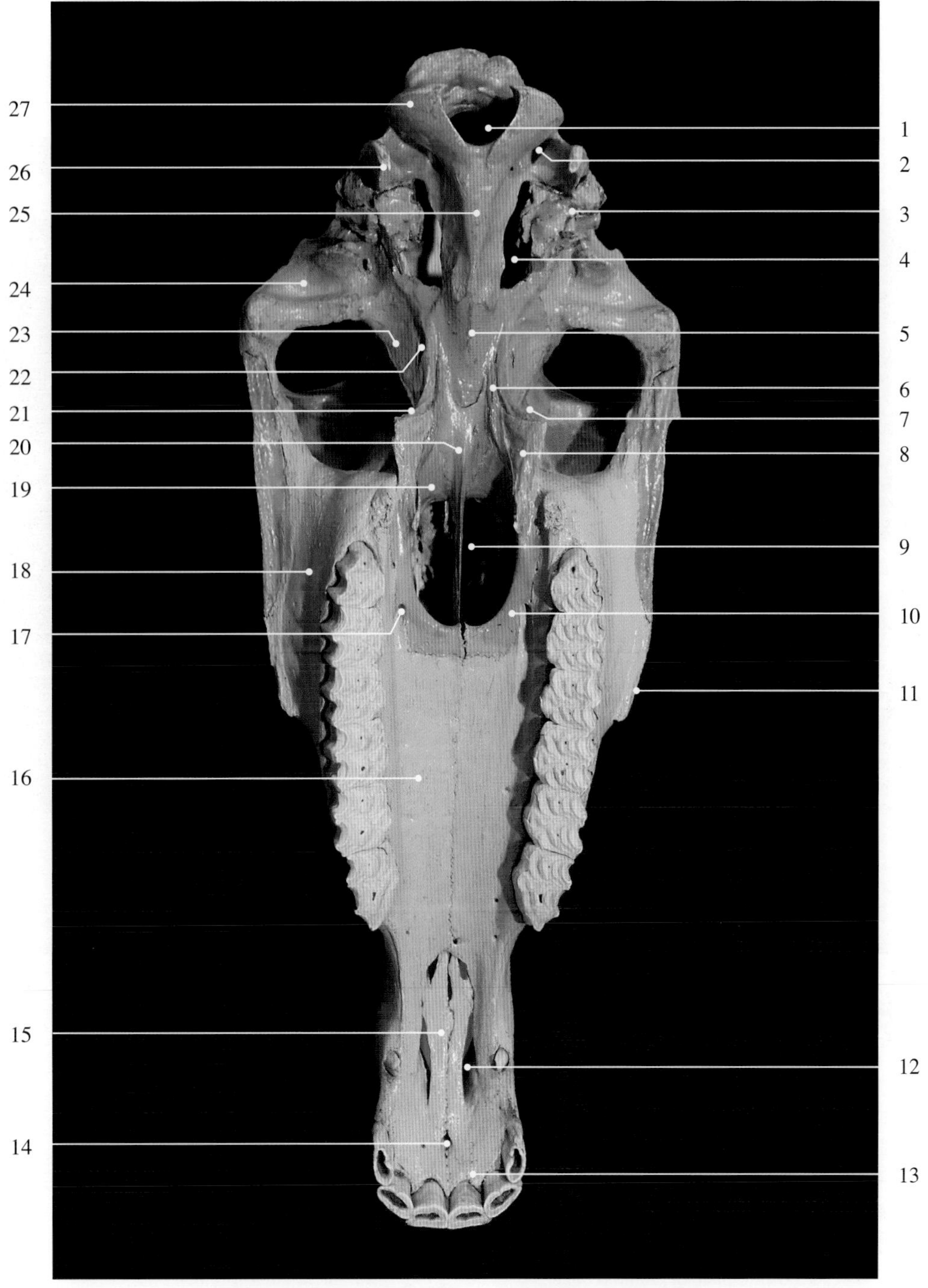

图2-3-12　马头骨腹侧观（去下颌骨，染色标本）

1. 枕骨大孔 foramen magnum
2. 舌下神经孔 hypoglossal foramen
3. 颞骨岩部 petrous part of temporal bone
4. 破裂孔 foramen lacerum
5. 蝶骨体 basisphenoid
6. 翼骨 pterygoid bone
7. 蝶骨眶翼 orbital alar of sphenoid bone
8. 腭骨垂直部外板 outer plate of perpendicular part of the palatine bone
9. 鼻后孔 posterior nasal apertures
10. 腭骨水平部 horizontal part of the palatine bone
11. 面嵴 facial crest
12. 腭裂 palatine fissure
13. 切齿骨体 body of the incisive bone
14. 切齿乳头孔 incisive papilla foramen
15. 切齿骨腭突 palatine process of the incisive bone
16. 上颌骨腭突 palatine process of the maxillary bone
17. 腭前孔 anterior palatine foramen
18. 上颌骨体 body of maxilla
19. 腭骨垂直部内板 inner plate of perpendicular part of the palatine bone
20. 犁骨 vomer
21. 蝶骨翼突 pterygoid process of sphenoid bone
22. 后翼孔 caudal pterygoid foramen
23. 蝶骨颞翼 temporal alar of sphenoid bone
24. 颞骨鳞部 squamous part of temporal bone
25. 枕骨基部 basioccipital bone
26. 枕骨颈静脉突（髁旁突）jugular process of the occipital bone (paracondylar process)
27. 枕骨髁 occipital condyle

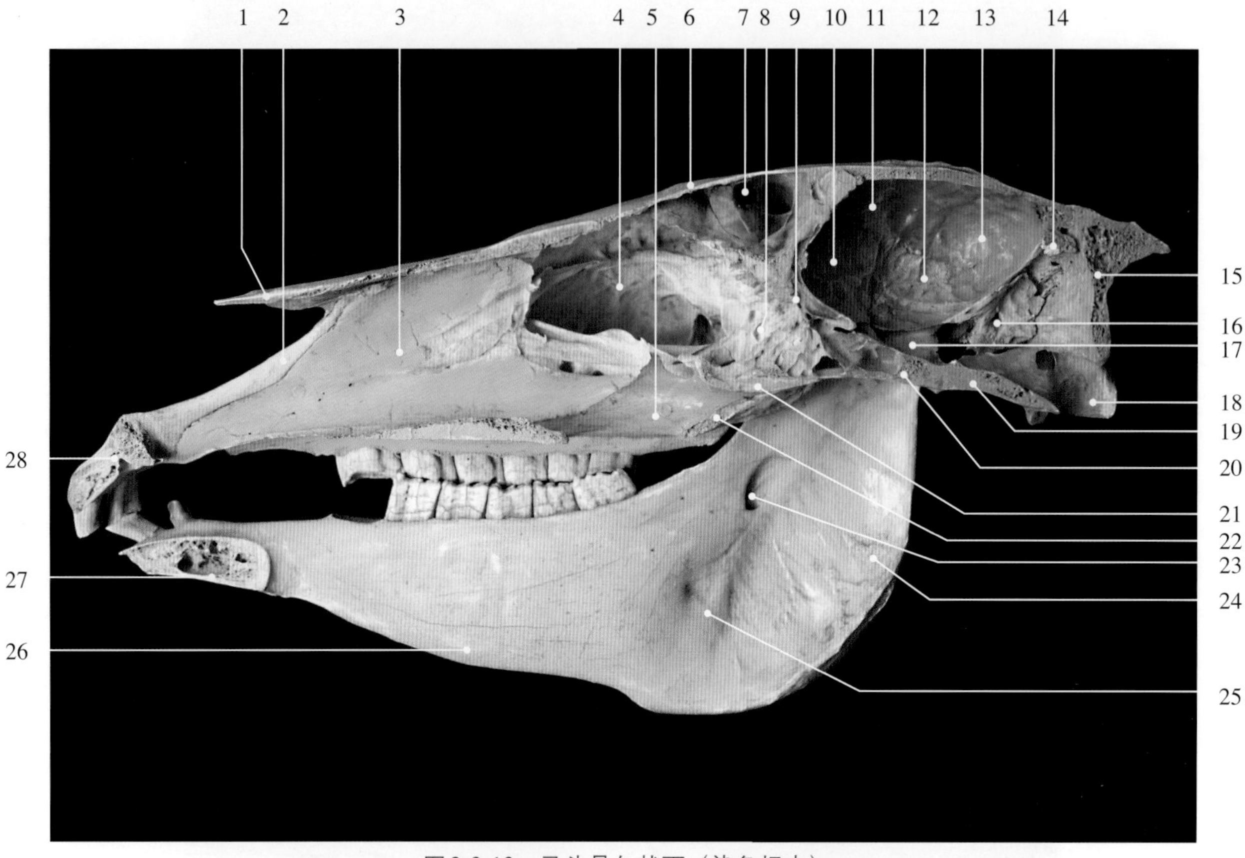

图2-3-13 马头骨矢状面（染色标本）

1. 鼻骨 nasal bone
2. 切齿骨鼻突 nasal process of the incisive bone
3. 上颌骨 maxillary bone
4. 上颌窦 maxillary sinus
5. 腭骨水平部 horizontal part of the palatine bone
6. 额骨额鼻部 frontal-nasal part of frontal bone
7. 额窦 frontal sinus
8. 筛骨侧块 ectethmoid
9. 筛骨筛板 cribriform plate of ethmoid bone
10. 蝶骨眶翼 orbital alar of sphenoid bone
11. 额骨眶颞部 orbit-temporal part of frontal bone
12. 颞骨鳞部 squamous part of temporal bone
13. 顶骨 parietal bone
14. 顶间骨 interparietal bone
15. 枕骨鳞部 squamous part of occipital bone
16. 颞骨岩部 petrous part of temporal bone
17. 蝶骨颞翼 temporal alar of sphenoid bone
18. 枕骨髁 occipital condyle
19. 枕骨基部 basioccipital bone
20. 蝶骨体 basisphenoid
21. 犁骨 vomer
22. 翼骨 pterygoid bone
23. 下颌孔 mandibular foramen
24. 下颌支垂直部 vertical part of mandible
25. 翼肌窝 pterygoid fossa
26. 下颌支水平部 horizontal part of mandible
27. 下颌骨体 body of mandible
28. 切齿骨体 body of the incisive bone

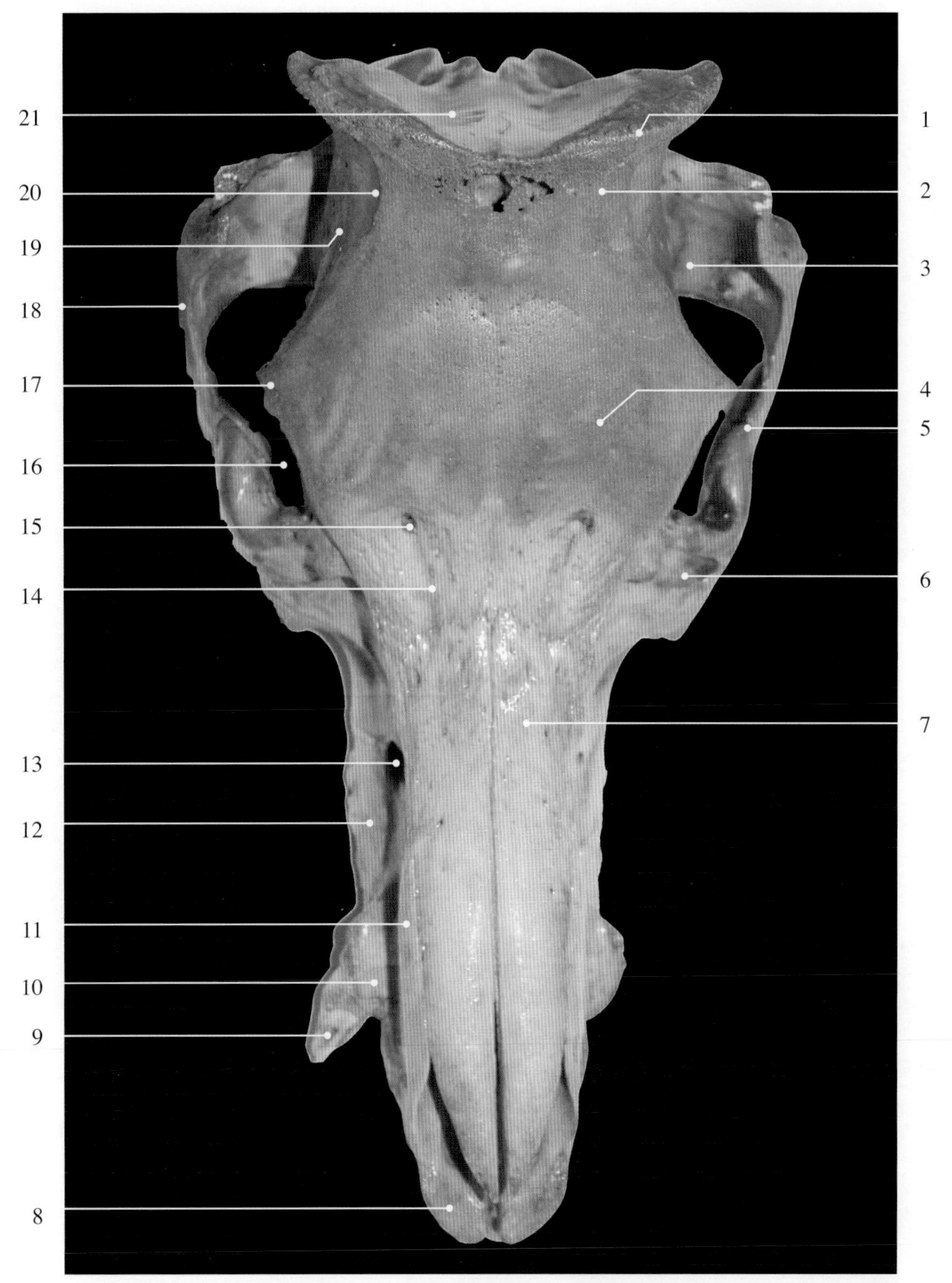

图2-3-14　猪头骨背侧观（原色标本）

猪头骨的特征是头骨呈锥状，枕骨较高，面部稍凹，吻端有吻骨，眶窝较小。额骨眶上突达不到颧弓，颧弓背腹侧向宽。面部较长，颅腔较小。

1. 枕嵴/项嵴　occipital crest / nuchal crest
2. 顶骨　parietal bone
3. 颞窝　temporal fossa
4. 额骨　frontal bone
5. 颧弓　zygomatic arch
6. 颧骨　zygomatic bone
7. 鼻骨　nasal bone
8. 切齿骨体　body of the incisive bone
9. 犬齿　canine tooth
10. 犬齿窝　canine fossa
11. 切齿骨鼻突　nasal process of the incisive bone
12. 上颌骨　maxillary bone
13. 眶下孔　infraorbital foramen
14. 眶上沟　supraorbital groove
15. 眶上孔　supraorbital foramen
16. 眶窝　orbital fossa
17. 额骨颧突　zygomatic process of frontal bone
18. 颞骨颧突　zygomatic process of temporal bone
19. 颞骨　temporal bone
20. 顶嵴　parietal crest
21. 枕骨　occipital bone

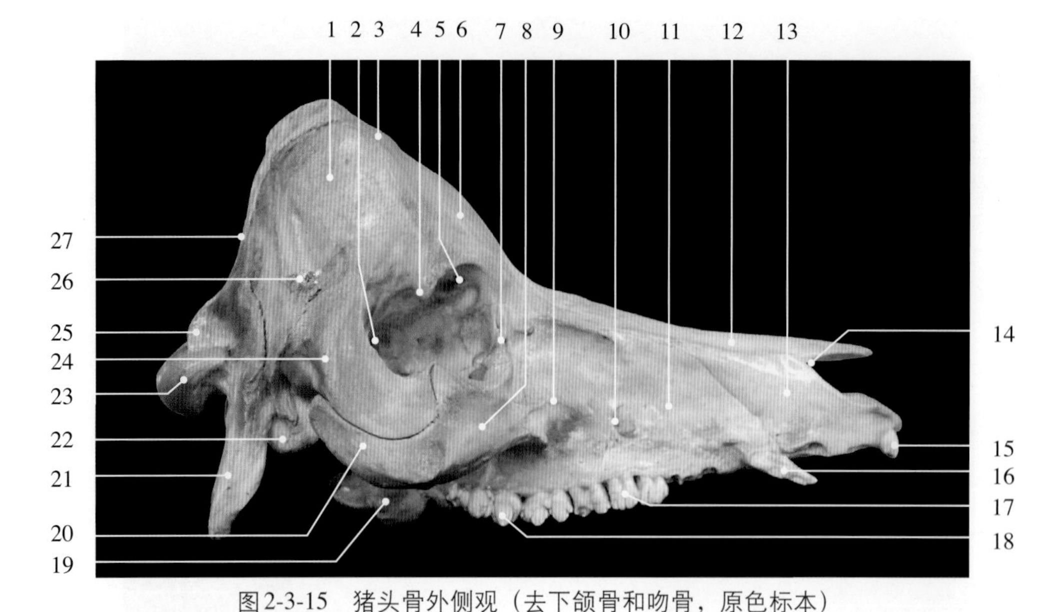

图2-3-15 猪头骨外侧观（去下颌骨和吻骨，原色标本）

1. 颞窝 temporal fossa
2. 视神经孔 optic canal, optic foramen
3. 顶骨 parietal bone
4. 额骨颧突 zygomatic process of frontal bone
5. 眶上管口 opening of supraorbital canal
6. 额骨 frontal bone
7. 泪骨 lacrimal bone
8. 颧骨 zygomatic bone
9. 面嵴 facial crest
10. 眶下孔 infraorbital foramen
11. 上颌骨 maxillary bone
12. 鼻骨 nasal bone
13. 切齿骨（颌前骨）incisive bone（premaxillae bone）
14. 鼻颌切迹 nasomaxillary notch
15. 切齿 incisor
16. 犬齿 canine tooth
17. 前臼齿 premolar
18. 臼齿 molar
19. 腭骨翼突 pterygoid process of palatine bone
20. 颧骨颞突 temporal process of zygomatic bone
21. 枕骨颈静脉突（髁旁突）jugular process of the occipital bone（paracondylar process）
22. 鼓泡 tympanic bulla
23. 枕骨髁 occipital condyle
24. 颞骨 temporal bone
25. 项结节 nuchal tubercle
26. 外耳道 external auditory meatus
27. 枕骨 occipital bone

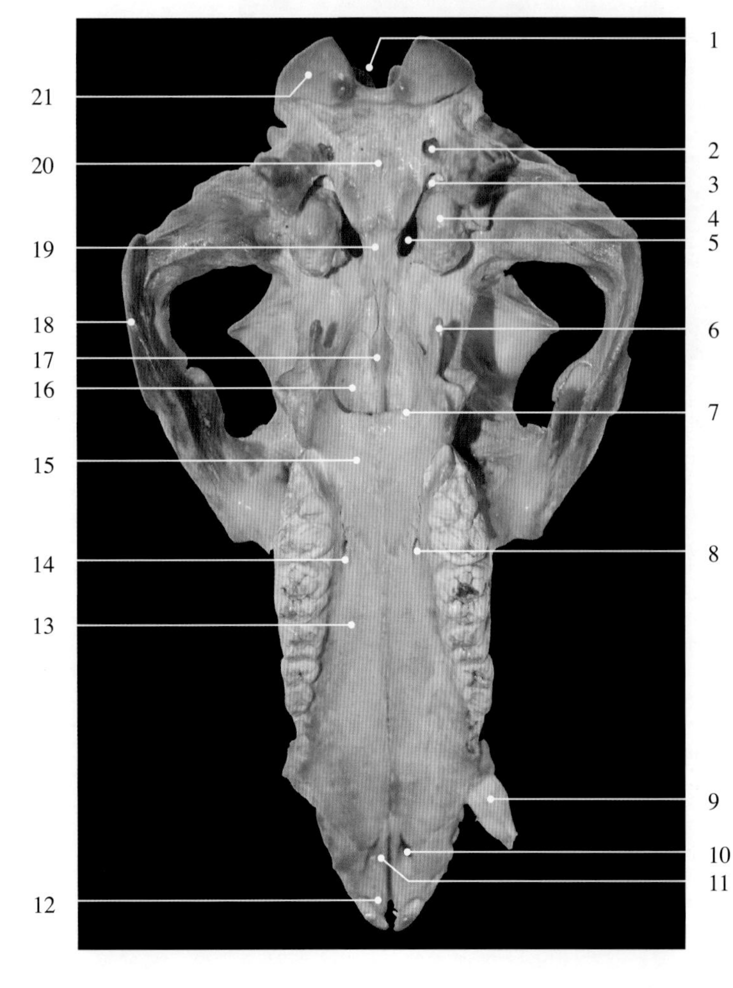

图2-3-16 猪头骨腹侧观（去下颌骨，原色标本）

1. 枕骨大孔 foramen magnum
2. 舌下神经孔 hypoglossal foramen
3. 颈静脉孔（后破裂孔）jugular foramen（posterior lacerate foramen）
4. 鼓泡 tympanic bulla
5. 破裂孔 foramen lacerum
6. 翼突钩 hamular process
7. 鼻后孔 posterior nasal apertures
8. 腭大孔 greater palatine foramen
9. 犬齿 canine tooth
10. 腭裂 palatine fissure
11. 切齿骨腭突 palatine process of the incisive bone
12. 切齿骨（颌前骨）incisive bone（premaxillae bone）
13. 上颌骨腭突 palatine process of the maxillary bone
14. 腭大沟 greater palatine sulcus
15. 腭骨水平板 horizontal plate of palatine bone
16. 腭骨垂直板 perpendicular plate of palatine bone
17. 犁骨 vomer
18. 颧弓 zygomatic arch
19. 蝶骨体 basisphenoid
20. 枕骨基部 basioccipital bone
21. 枕骨髁 occipital condyle

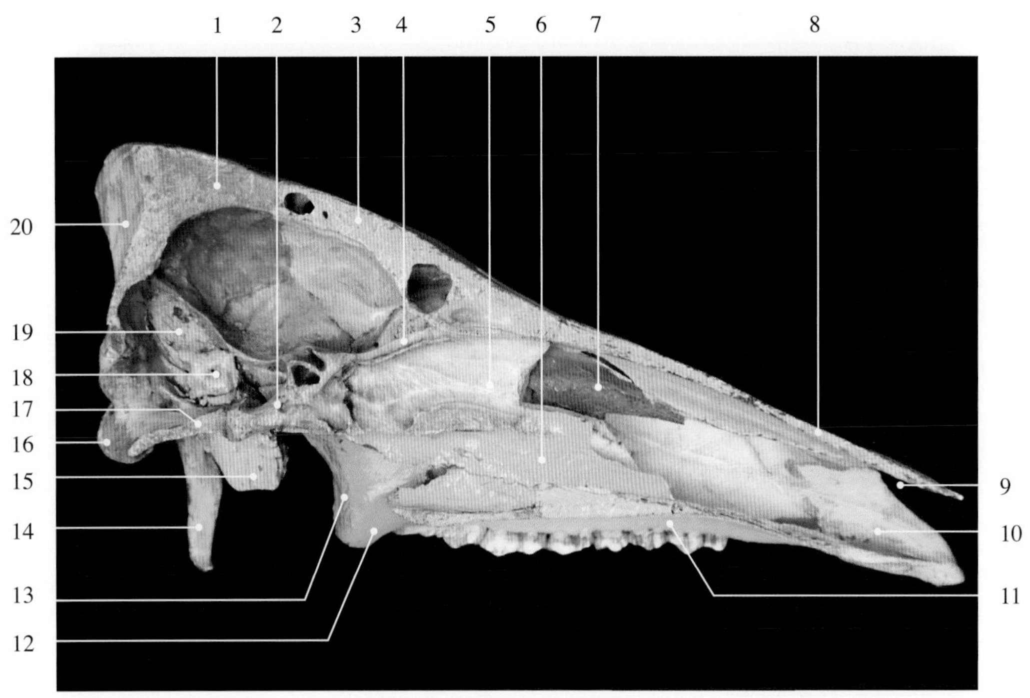

图2-3-17　猪头骨矢状面（去下颌骨和吻骨，染色标本）

1. 顶骨 parietal bone
2. 蝶骨体 basisphenoid
3. 额骨 frontal bone
4. 筛骨板 ethmoidal plate
5. 筛骨侧块 ectethmoid
6. 下鼻甲骨 ventral turbinal bone, ventral nasal concha
7. 上鼻甲骨 dorsal turbinal bone
8. 鼻骨 nasal bone
9. 鼻颌切迹 nasomaxillary notch
10. 切齿骨（颌前骨）incisive bone (premaxillae bone)
11. 上颌骨 maxillary bone
12. 腭骨 palatine bone
13. 翼骨 pterygoid bone
14. 枕骨颈静脉突（髁旁突）jugular process of the occipital bone (paracondylar process)
15. 鼓泡 tympanic bulla
16. 枕骨大孔 foramen magnum
17. 枕骨基部 basioccipital bone
18. 内耳道 internal auditory meatus
19. 颞骨岩部 petrous part of temporal bone
20. 枕骨 occipital bone

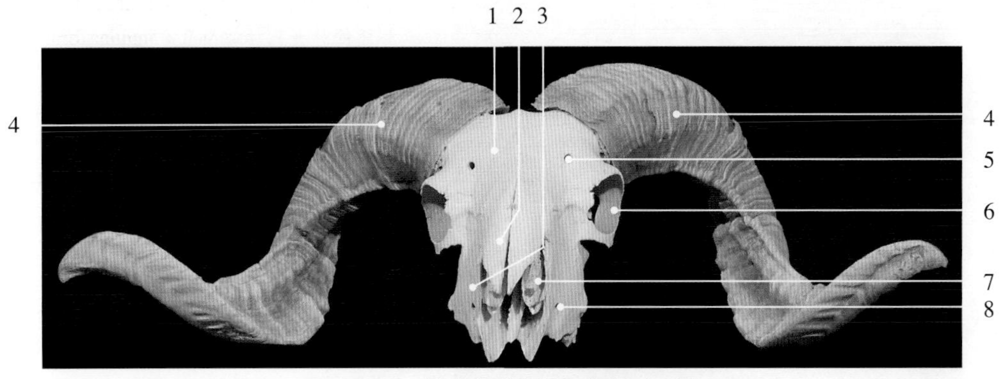

图2-3-18　羊头骨背侧观（原色标本）

羊的头骨特征为额面稍隆凸，枕骨、顶间骨和顶骨均在额面上，母羊缺角突。上切齿骨缺切齿齿槽。

1. 额骨 frontal bone
2. 鼻骨 nasal bone
3. 上颌骨 maxillary bone
4. 角 horn
5. 眶上孔 supraorbital foramen
6. 眶窝 orbital fossa
7. 鼻甲骨 nasal conchae bone
8. 眶下孔 infraorbital foramen

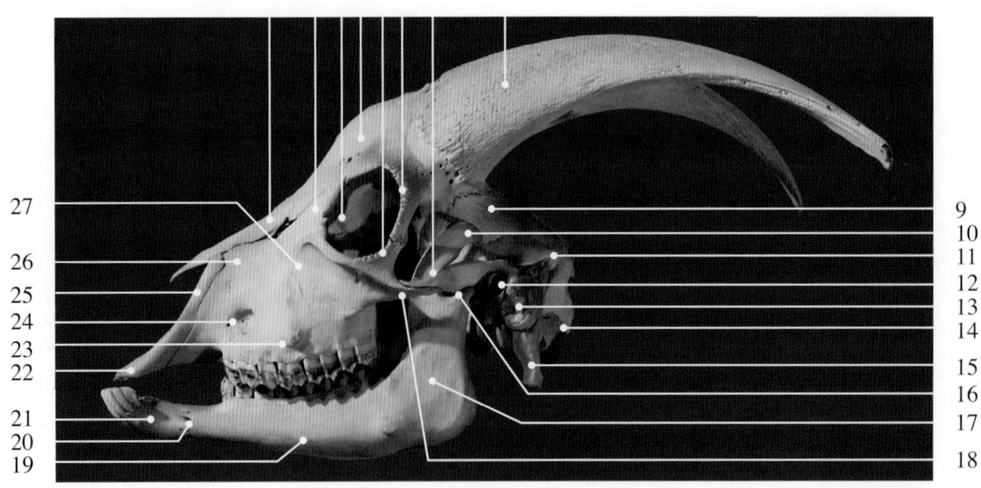

图2-3-19　羊头骨外侧观（原色标本）

1. 鼻骨 nasal bone
2. 泪骨 lacrimal bone
3. 眶窝 orbital fossa
4. 额骨 frontal bone
5. 颧骨眶突 orbital process of zygomatic bone
6. 额骨颧突 zygomatic process of frontal bone
7. 颞骨颧突 zygomatic process of temporal bone
8. 角突 cornual process
9. 顶骨 parietal bone
10. 下颌骨冠状突 coronoid process of mandible
11. 颞骨鳞部 squamous part of temporal bone
12. 外耳道 external auditory meatus
13. 颞骨岩部 petrous part of temporal bone
14. 枕骨 occipital bone
15. 枕骨颈静脉突（髁旁突）jugular process of the occipital bone（paracondylar process）
16. 颞下颌关节面 articular surface of temporomandibular joint
17. 下颌支垂直部 vertical part of mandible
18. 颧骨颞突 temporal process of zygomatic bone
19. 下颌支水平部 horizontal part of mandible
20. 颏孔 mental foramen
21. 下颌骨体 body of mandible
22. 切齿骨体 body of the incisive bone
23. 面结节 facial tubercle
24. 眶下孔 infraorbital foramen
25. 切齿骨腭突 palatine process of the incisive bone
26. 上颌骨 maxillary bone
27. 颧骨 zygomatic bone

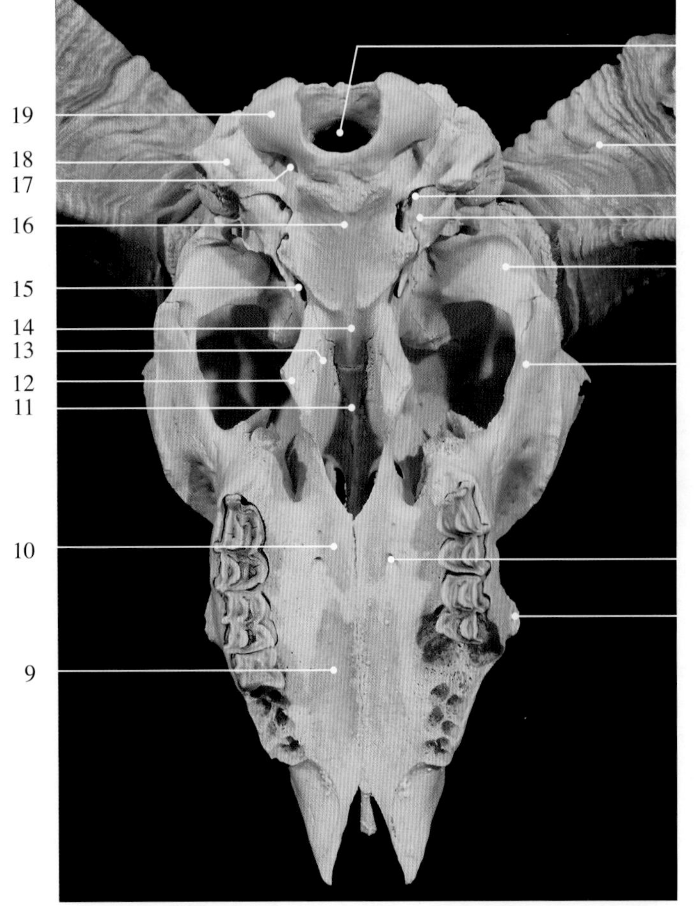

图2-3-20　羊头骨腹侧观（去下颌骨，原色标本）

1. 枕骨大孔 foramen magnum
2. 角 horn
3. 颈静脉孔 jugular foramen
4. 鼓泡 tympanic bulla
5. 颞骨鳞部 squamous part of temporal bone
6. 颧弓 zygomatic arch
7. 腭大孔 greater palatine foramen
8. 面结节 facial tubercle
9. 上颌骨腭突 palatine process of the maxillary bone
10. 腭骨水平部 horizontal part of the palatine bone
11. 犁骨 vomer
12. 蝶骨颞突 temporal process of sphenoid bone
13. 翼骨 pterygoid bone
14. 蝶骨体 basisphenoid
15. 卵圆孔 oval foramen
16. 枕骨基部 basioccipital bone
17. 舌下神经孔 hypoglossal foramen
18. 枕骨颈静脉突（髁旁突）jugular process of the occipital bone（paracondylar process）
19. 枕骨髁 occipital condyle

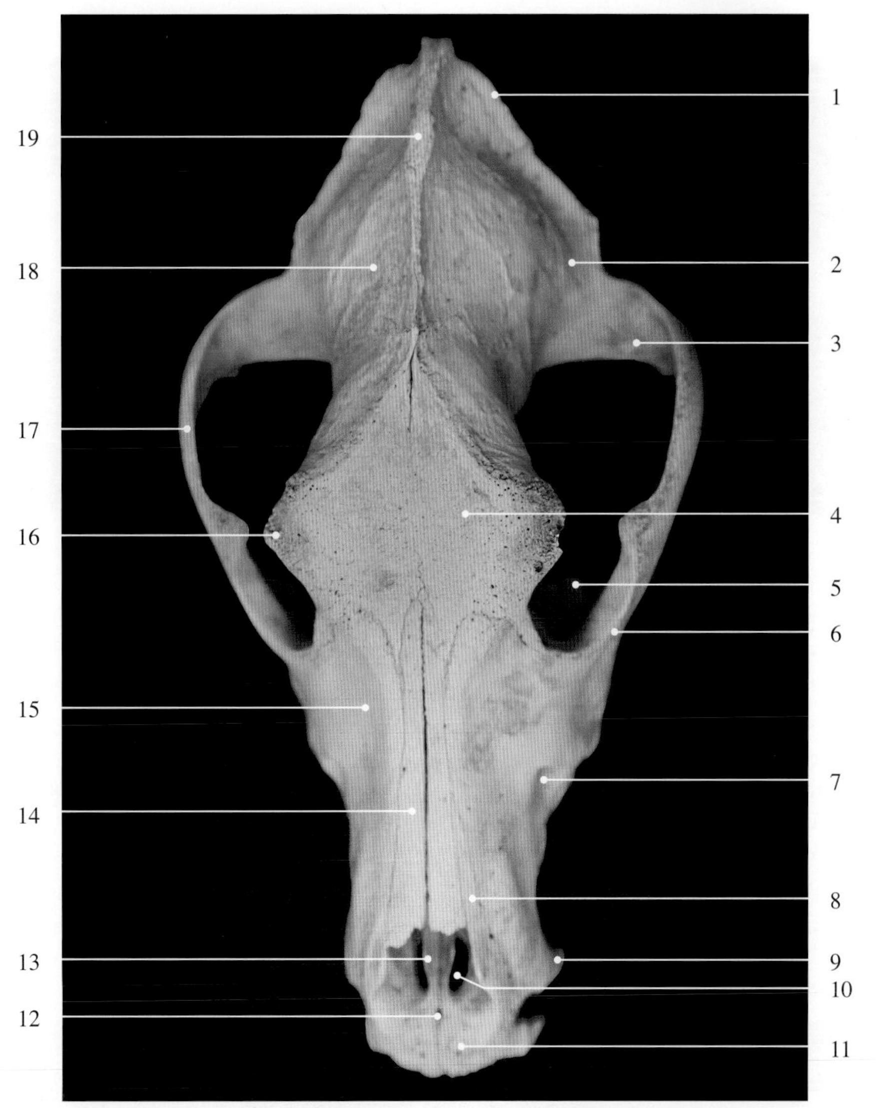

图2-3-21　犬头骨背侧观

犬头骨的特征为面部较短，颧弓向外侧弯，颅宽较大。

1. 枕嵴/项嵴　occipital crest / nuchal crest
2. 颞窝　temporal fossa
3. 颞骨颧突　zygomatic process of temporal bone
4. 额骨　frontal bone
5. 眶窝　orbital fossa
6. 颧骨颞突　temporal process of zygomatic bone
7. 眶下孔　infraorbital foramen
8. 切齿骨鼻突　nasal process of the incisive bone
9. 犬齿　canine tooth
10. 腭裂　palatine fissure
11. 切齿骨体　body of the incisive bone
12. 切齿孔　incisive foramen
13. 切齿骨腭突　palatine process of the incisive bone
14. 鼻骨　nasal bone
15. 上颌骨　maxillary bone
16. 额骨颧突　zygomatic process of frontal bone
17. 颧弓　zygomatic arch
18. 顶骨　parietal bone
19. 外矢状嵴　external sagittal crest

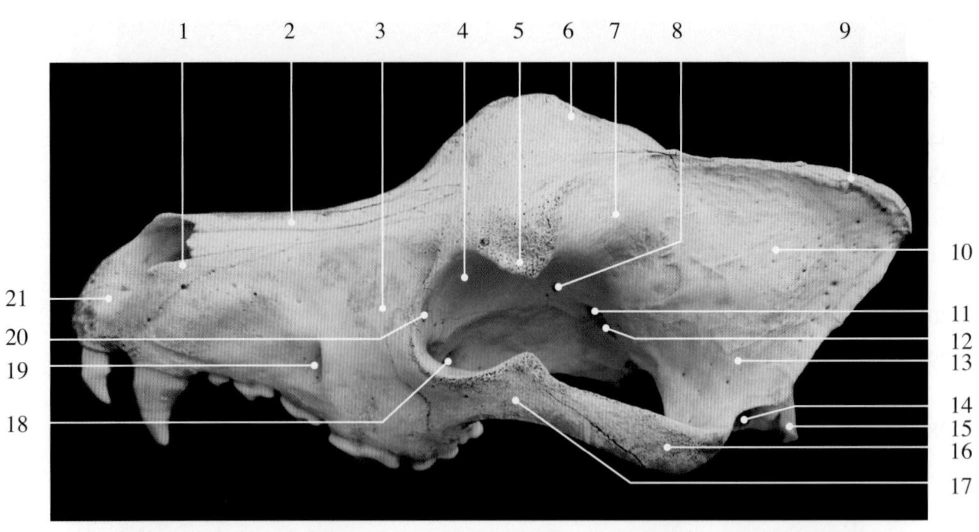

图2-3-22　犬头骨背外侧观（去下颌骨）

1. 切齿骨腭突 palatine process of the incisive bone
2. 鼻骨 nasal bone
3. 上颌骨 maxillary bone
4. 眶窝 orbital fossa
5. 额骨颧突 zygomatic process of frontal bone
6. 额骨 frontal bone
7. 额骨眶颞面 orbital-temporal surface of frontal bone
8. 筛孔 ethmoidal foramina
9. 外矢状嵴 external sagittal crest
10. 顶骨 parietal bone
11. 视神经孔 optic canal, optic foramen
12. 眶孔 orbital foramen
13. 颞骨鳞部 squamous part of temporal bone
14. 外耳道 external auditory meatus
15. 枕骨颈静脉突（髁旁突）jugular process of the occipital bone（paracondylar process）
16. 颞骨颧突 zygomatic process of temporal bone
17. 颧骨颞突 temporal process of zygomatic bone
18. 上颌孔 maxillary foramen
19. 眶下孔 infraorbital foramen
20. 泪孔 lacrimal foramen
21. 切齿骨体 body of the incisive bone

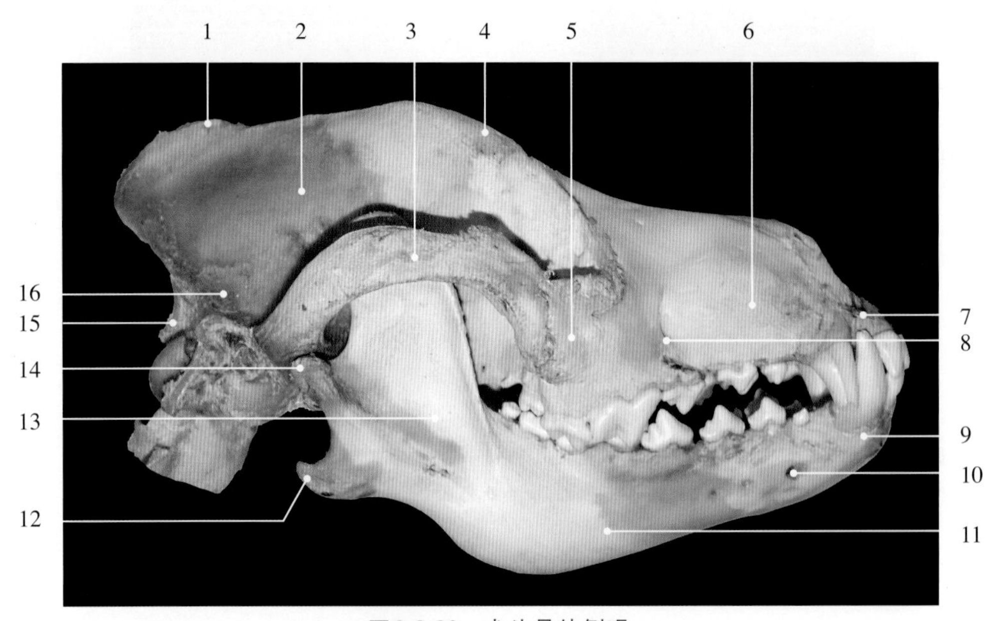

图2-3-23　犬头骨外侧观

1. 外矢状嵴 external sagittal crest
2. 顶骨 parietal bone
3. 颧弓 zygomatic arch
4. 额骨 frontal bone
5. 颧骨 zygomatic bone
6. 上颌骨 maxillary bone
7. 切齿骨 incisive bone
8. 眶下孔 infraorbital foramen
9. 下颌骨体 body of mandible
10. 颏孔 mental foramen
11. 下颌支水平部 horizontal part of mandible
12. 下颌角突 angular process of mandible
13. 下颌支垂直部 vertical part of mandible
14. 髁状突 condylar process
15. 枕骨 occipital bone
16. 颞骨 temporal bone

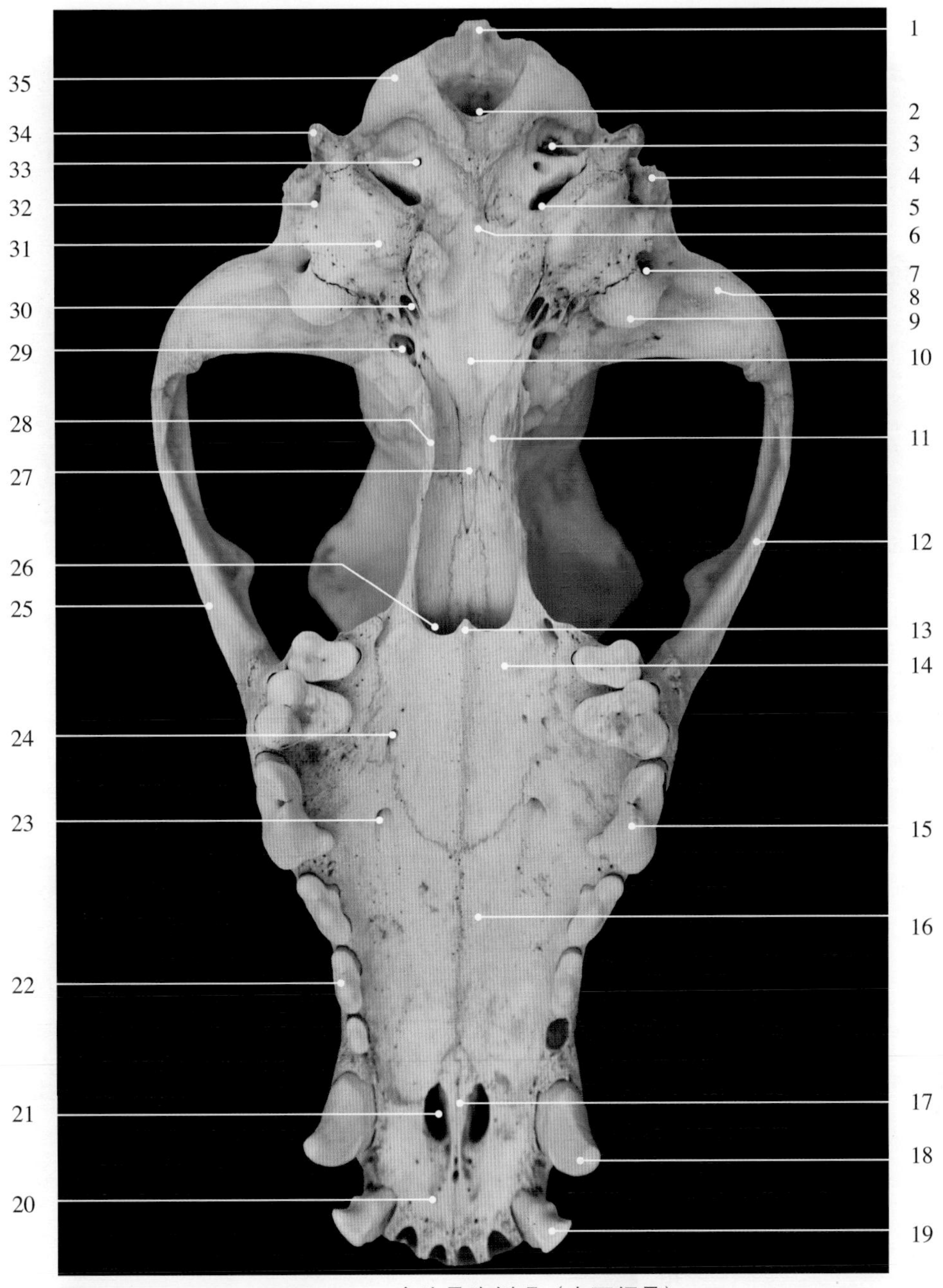

图2-3-24　犬头骨腹侧观（去下颌骨）

1. 枕外隆凸 external occipital protuberance
2. 枕骨大孔 foramen magnum
3. 髁腹侧窝 ventral condylar fossa
4. 颞骨乳突 mastoid process of temporal bone
5. 颈静脉孔 jugular foramen
6. 枕骨基部 basioccipital bone
7. 颞管前口 rostral opening of temporal canal
8. 颞骨鳞部 squamous part of temporal bone
9. 关节后突 retroarticular process
10. 蝶骨体 basisphenoid
11. 蝶骨颞翼 temporal alar of sphenoid bone
12. 颧弓 zygomatic arch
13. 腭骨鼻后棘 posterior nasal spine of palatine bone
14. 腭骨水平部 horizontal part of the palatine bone
15. 臼齿 molar
16. 上颌骨腭突 palatine process of the maxillary bone
17. 切齿骨腭突 palatine process of the incisive bone
18. 犬齿 canine tooth
19. 切齿 incisor
20. 切齿骨体 body of the incisive bone
21. 腭裂 palatine fissure
22. 前臼齿 premolar
23. 腭大孔 greater palatine foramen
24. 腭小孔 lesser palatine foramen
25. 颧骨 zygomatic bone
26. 鼻后孔 posterior nasal apertures
27. 犁骨 vomer
28. 翼骨 pterygoid bone
29. 卵圆孔 oval foramen
30. 颈动脉孔 carotid foramen
31. 鼓泡 tympanic bulla
32. 茎乳突孔 stylomastoid foramen
33. 舌下神经孔 hypoglossal foramen
34. 枕骨颈静脉突（髁旁突）jugular process of the occipital bone（paracondylar process）
35. 枕骨髁 occipital condyle

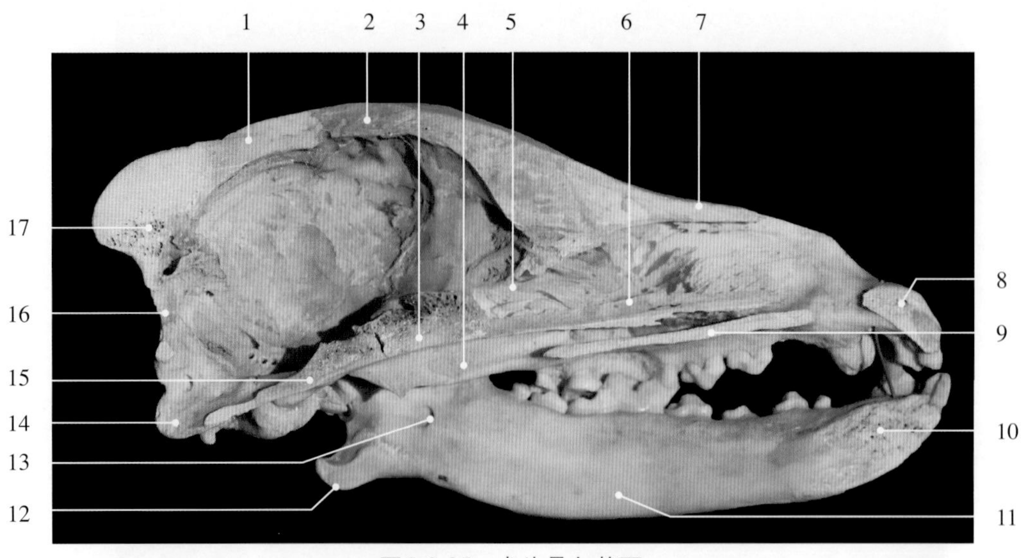

图2-3-25　犬头骨矢状面

1. 顶骨　parietal bone
2. 额骨　frontal bone
3. 蝶骨　sphenoid bone
4. 翼骨　pterygoid bone
5. 筛骨　ethmoid bone
6. 鼻甲骨　nasal conchae bone
7. 鼻骨　nasal bone
8. 切齿骨体　body of the incisive bone
9. 上颌骨腭突　palatine process of the maxillary bone
10. 下颌骨体　body of mandible
11. 下颌支水平部　horizontal part of mandible
12. 下颌角突　angular process of mandible
13. 下颌孔　mandibular foramen
14. 枕骨大孔　foramen magnum
15. 枕骨基部　basioccipital bone
16. 枕骨外侧部　lateral part of occipital bone
17. 枕骨鳞部　squamous part of occipital bone

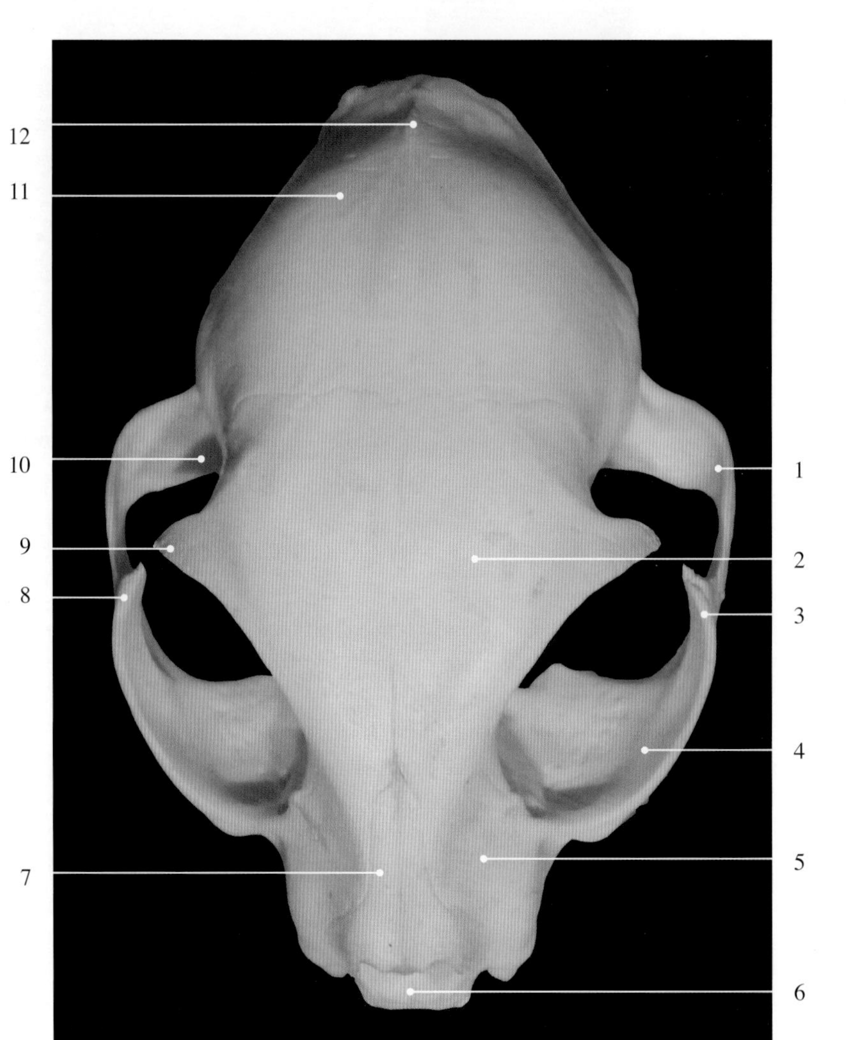

图2-3-26　猫头骨背侧观

猫头骨的特征为面部较短，颧弓特别向外凸出。自颧弓向背侧突出一额突。

1. 颞骨颧突　zygomatic process of temporal bone
2. 额骨　frontal bone
3. 颧弓　zygomatic arch
4. 颧骨颞突　temporal process of zygomatic bone
5. 上颌骨　maxillary bone
6. 切齿骨　incisive bone
7. 鼻骨　nasal bone
8. 颧骨额突　frontal process of zygomatic bone
9. 额骨颧突（眶上突）zygomatic process of frontal bone（supraorbital process）
10. 颞窝　temporal fossa
11. 顶骨　parietal bone
12. 顶间骨　interparietal bone

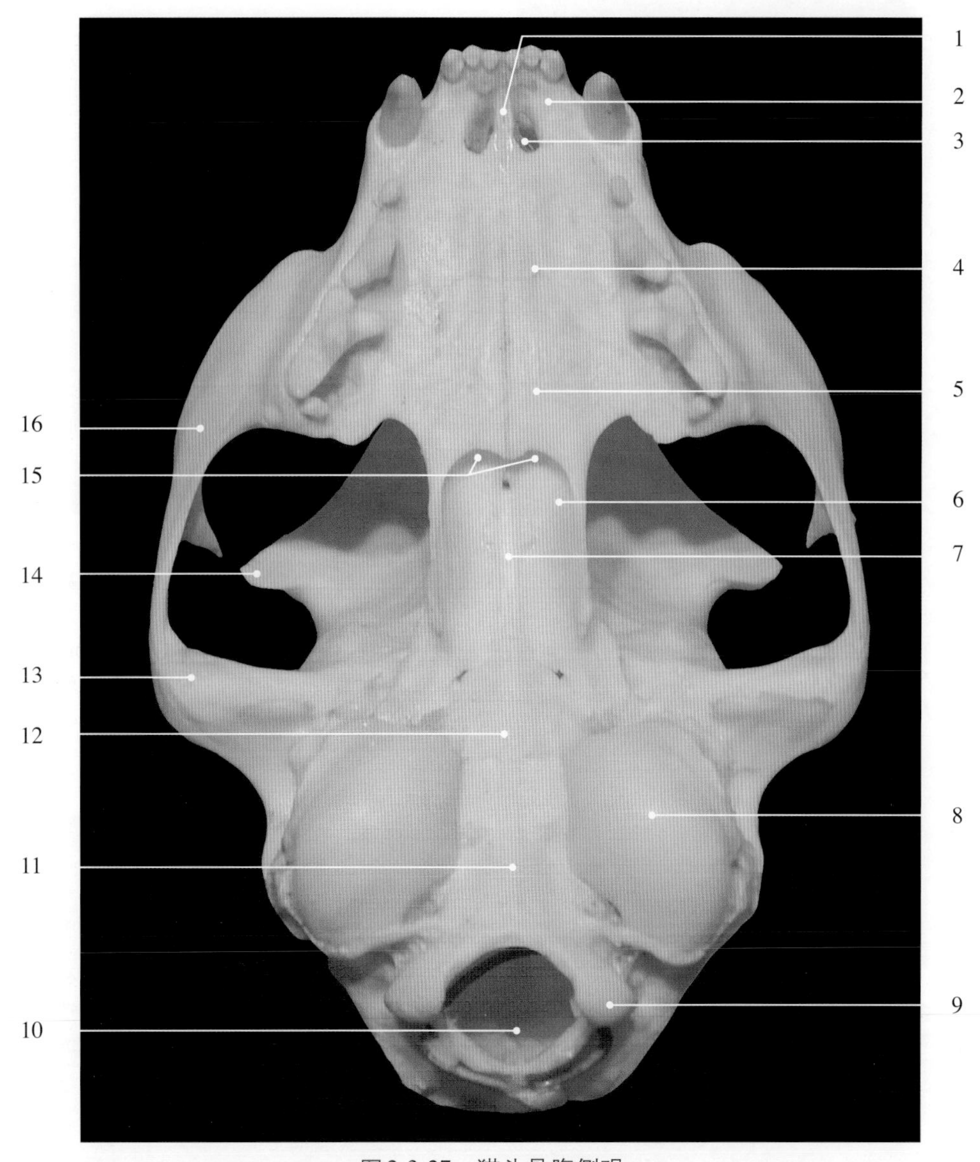

图2-3-27　猫头骨腹侧观

1. 切齿骨腭突 palatine process of the incisive bone
2. 切齿骨体 body of the incisive bone
3. 腭裂 palatine fissure
4. 上颌骨腭突 palatine process of the maxillary bone
5. 腭骨 palatine bone
6. 翼骨 pterygoid bone
7. 犁骨 vomer
8. 鼓泡 tympanic bulla
9. 枕骨髁 occipital condyle
10. 枕骨大孔 foramen magnum
11. 枕骨基部 basioccipital bone
12. 蝶骨 sphenoid bone
13. 颞骨颧突 zygomatic process of temporal bone
14. 额骨颧突 zygomatic process of frontal bone
15. 鼻后孔 posterior nasal apertures
16. 颧骨 zygomatic bone

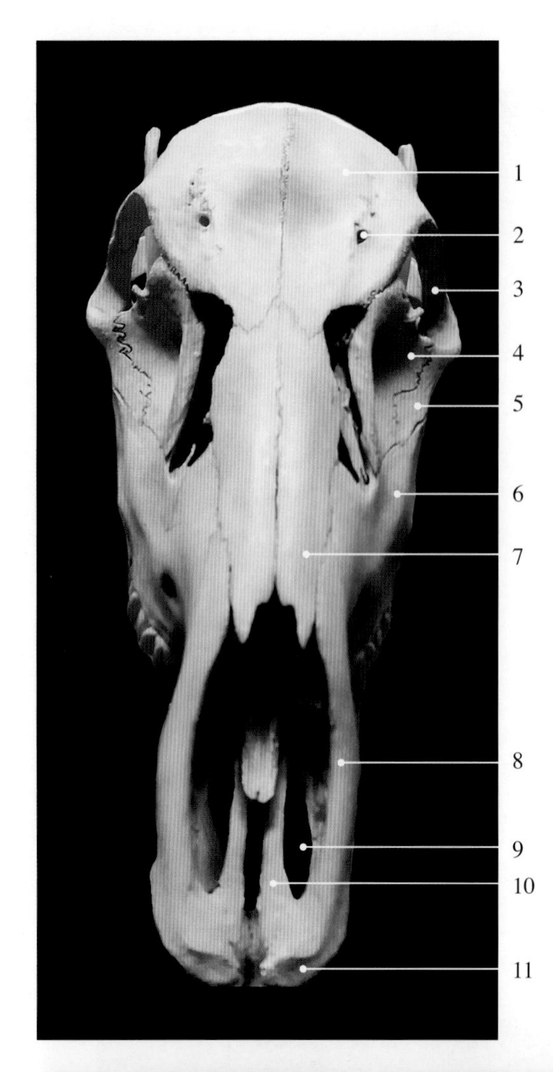

图2-3-28　雌性麋鹿头骨背侧观

1. 额骨　frontal bone
2. 眶上孔　supraorbital foramen
3. 眼眶　orbit
4. 泪骨　lacrimal bone
5. 颧骨　zygomatic bone
6. 上颌骨　maxillary bone
7. 鼻骨　nasal bone
8. 切齿骨鼻突　nasal process of the incisive bone
9. 腭裂　palatine fissure
10. 切齿骨腭突　palatine process of the incisive bone
11. 切齿骨体　body of the incisive bone

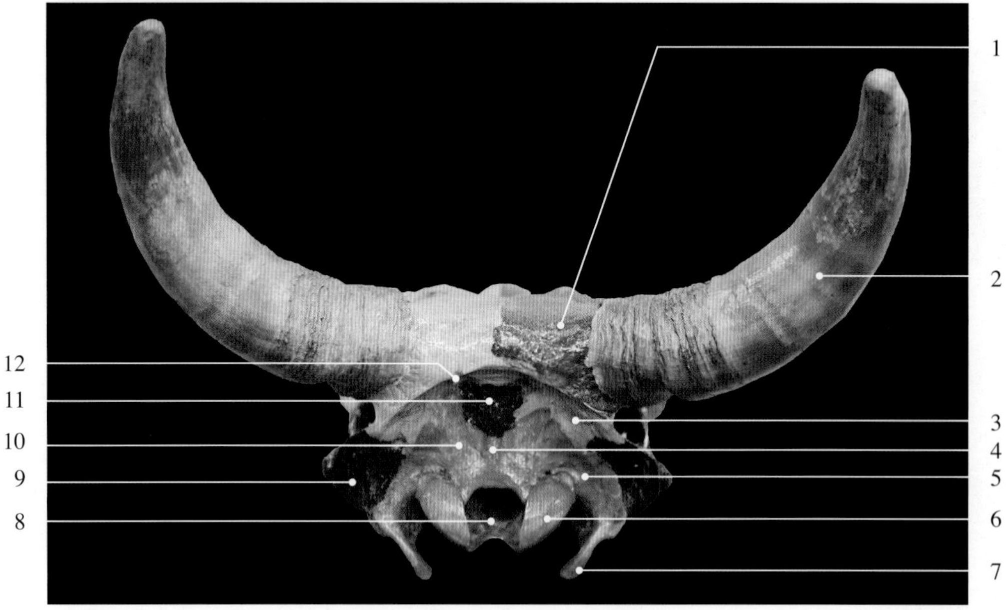

图2-3-29　牛枕骨和枕骨大孔

1. 额骨　frontal bone
2. 角　horn
3. 顶骨　parietal bone
4. 枕正中嵴　sagittal occipital crest
5. 枕骨外侧部　lateral part of occipital bone
6. 枕骨髁　occipital condyle
7. 枕骨颈静脉突（髁旁突）jugular process of the occipital bone（paracondylar process）
8. 枕骨大孔　foramen magnum
9. 颞骨　temporal bone
10. 枕骨鳞部　squamous part of occipital bone
11. 枕外隆凸　external occipital protuberance
12. 枕嵴/项嵴　occipital crest / nuchal crest

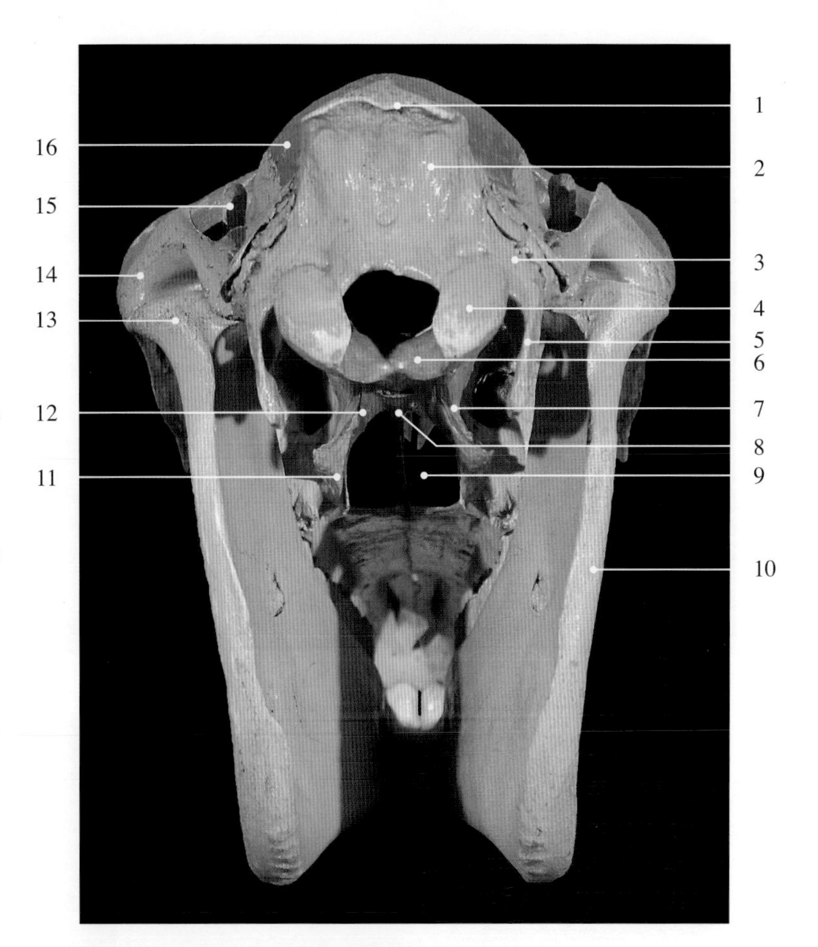

图2-3-30　马枕骨和枕骨大孔

1. 枕嵴/项嵴 occipital crest / nuchal crest
2. 枕骨鳞部 squamous part of occipital bone
3. 枕骨外侧部 lateral part of occipital bone
4. 枕骨髁 occipital condyle
5. 枕骨颈静脉突（髁旁突）jugular process of the occipital bone（paracondylar process）
6. 枕骨基部 basioccipital bone
7. 腭骨垂直部 perpendicular part of the palatine bone
8. 蝶骨 sphenoid bone
9. 鼻后孔 posterior nasal apertures
10. 下颌支垂直部 vertical part of mandible
11. 腭骨水平部 horizontal part of the palatine bone
12. 翼骨 pterygoid bone
13. 下颌骨髁状突 condylar process
14. 颞骨 temporal bone
15. 下颌骨冠状突 coronoid process of mandible
16. 顶骨 parietal bone

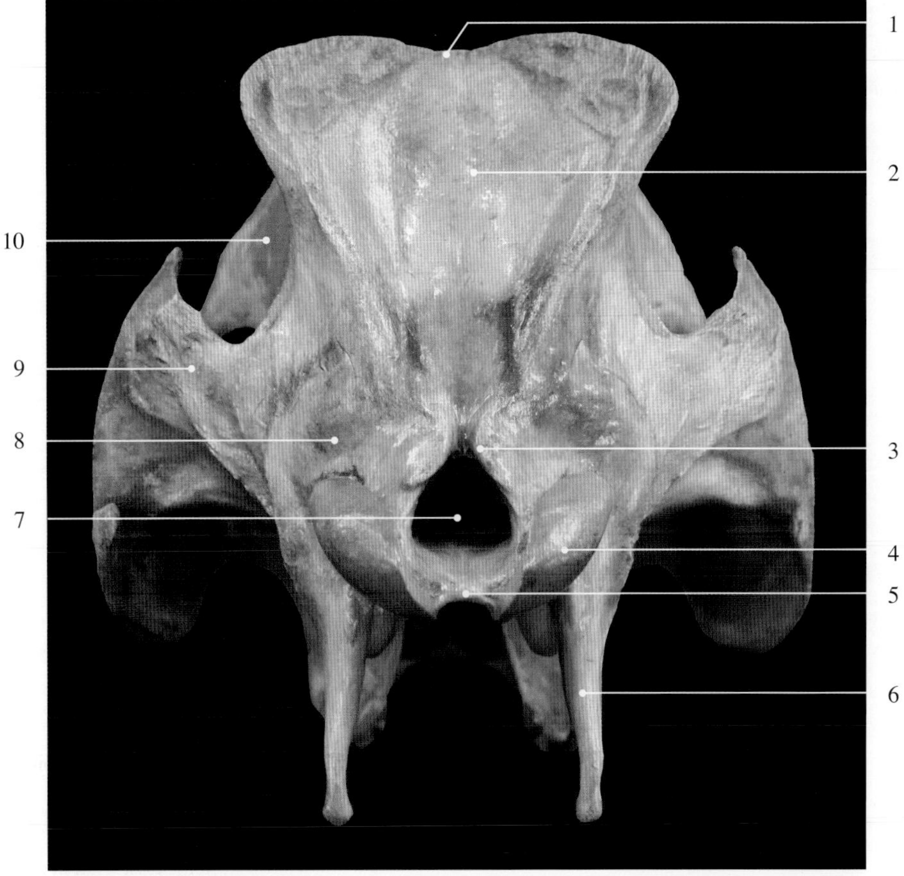

图2-3-31　猪枕骨和枕骨大孔

1. 枕嵴/项嵴 occipital crest / nuchal crest
2. 枕骨鳞部 squamous part of occipital bone
3. 项结节 nuchal tubercle
4. 枕骨髁 occipital condyle
5. 枕骨基部 basioccipital bone
6. 枕骨颈静脉突（髁旁突）jugular process of the occipital bone（paracondylar process）
7. 枕骨大孔 foramen magnum
8. 枕骨外侧部 lateral part of occipital bone
9. 颞骨 temporal bone
10. 顶骨 parietal bone

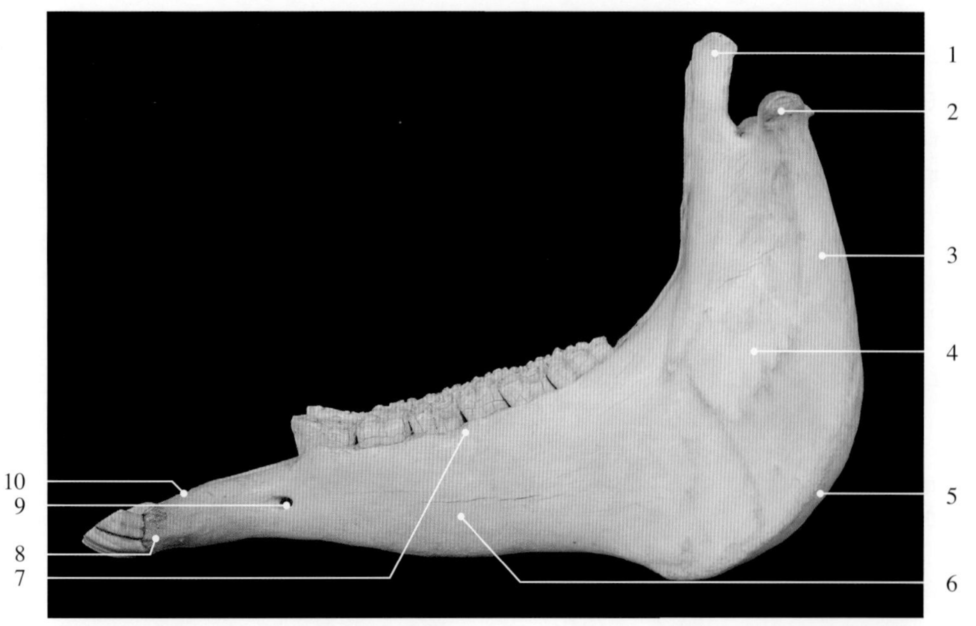

图2-3-32　马下颌骨外侧观

下颌骨（mandible）是头骨中最大的骨，有齿槽的部分为下颌骨体，下颌骨体之后没有齿槽的部分为下颌支。下颌骨体呈水平位，前部为切齿齿槽，后部为臼齿齿槽。切齿齿槽与臼齿齿槽之间为齿槽间隙。下颌骨体外侧前部有颏孔。下颌支呈垂直位，上部有下颌髁，与颞骨的髁状关节面成关节。下颌髁之前有较高的冠状突。下颌支内侧面有下颌孔。两侧下颌骨体和下颌支之间，形成下颌间隙。

1. 冠状突 coronoid process
2. 髁状突 condylar process
3. 下颌支垂直部 vertical part of mandible
4. 咬肌窝 masseteric fossa
5. 下颌角 angle of mandible
6. 下颌支水平部 horizontal part of mandible
7. 齿槽缘 alveolar border
8. 下颌骨体 body of mandible
9. 颏孔 mental foramen
10. 齿槽间缘 interalveolar margin

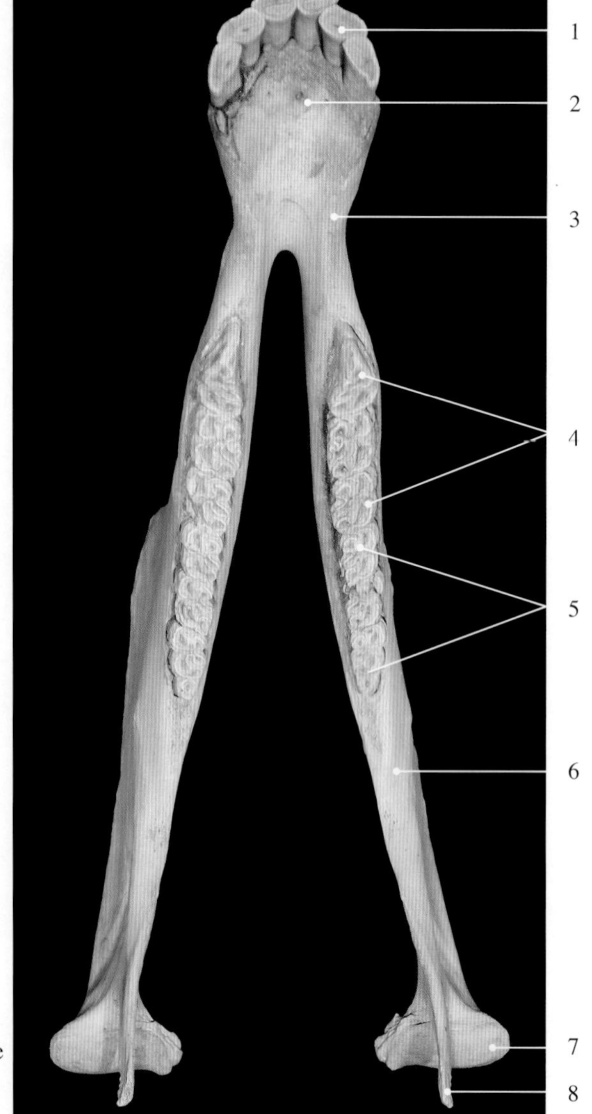

图2-3-33　马下颌骨背侧观

1. 切齿 incisor
2. 下颌骨体切齿部 incisive part of mandible body
3. 齿槽间缘 interalveolar margin
4. 前臼齿 premolar
5. 臼齿 molar
6. 下颌支 ramus of mandible
7. 髁状突 condylar process
8. 冠状突 coronoid process

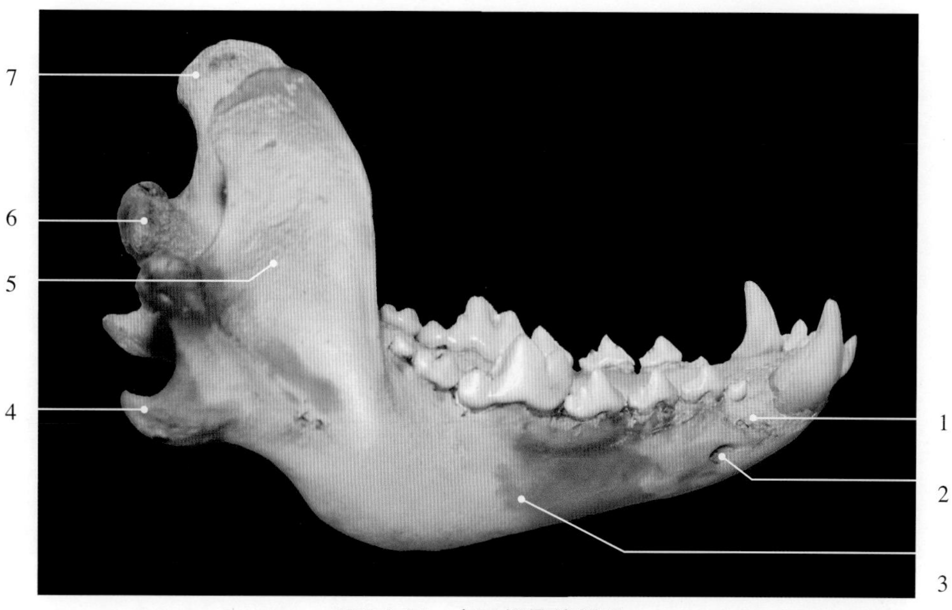

图2-3-34 犬下颌骨外侧观

1. 下颌骨体 body of mandible
2. 颏孔 mental foramen
3. 下颌支水平部 horizontal part of mandible
4. 下颌角突 angular process of mandible
5. 下颌支垂直部 vertical part of mandible
6. 髁状突 condylar process
7. 冠状突 coronoid process

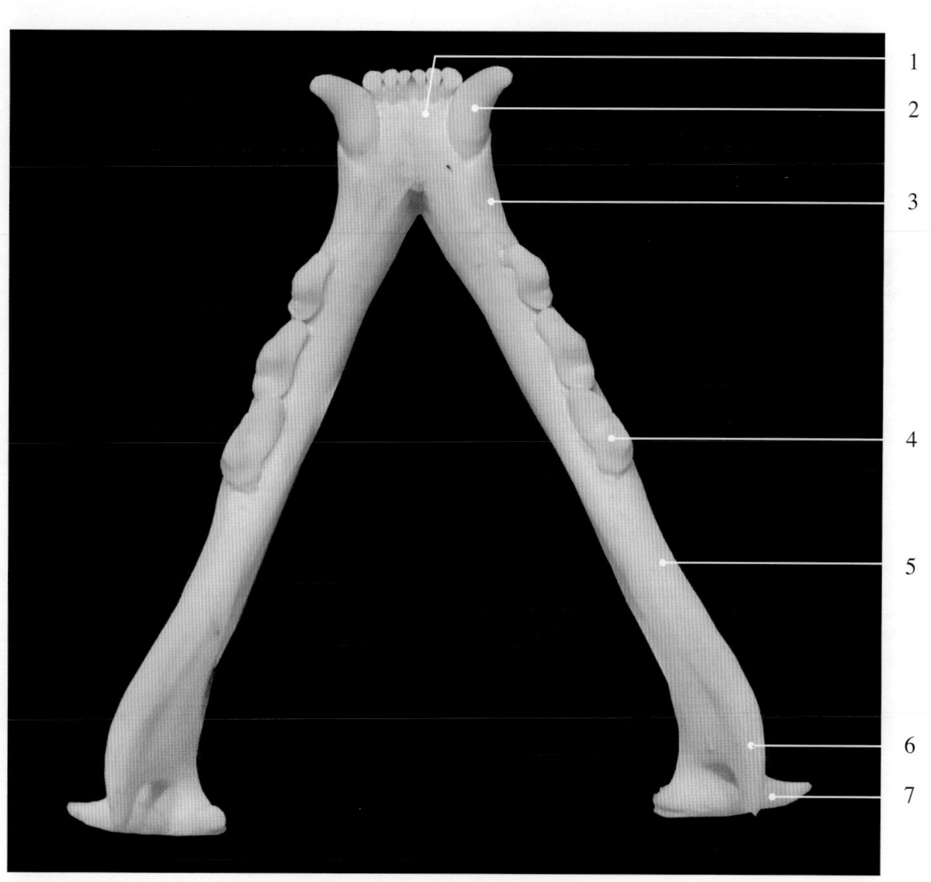

图2-3-35 猫下颌骨背侧观

1. 下颌骨体 body of mandible
2. 犬齿 canine tooth
3. 齿槽间缘 interalveolar margin
4. 臼齿 molar
5. 下颌支 ramus of mandible
6. 冠状突 coronoid process
7. 髁状突 condylar process

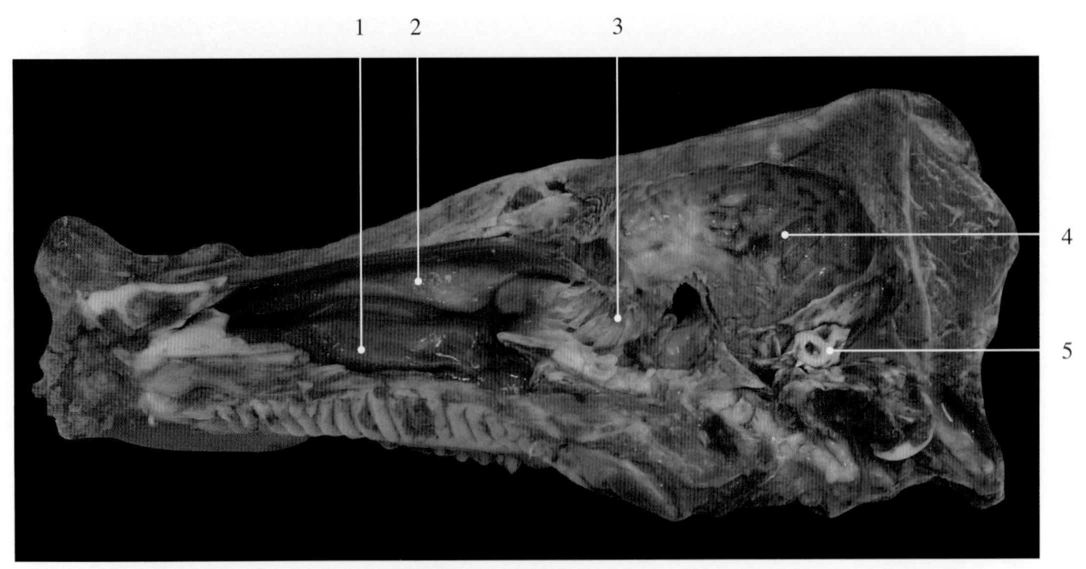

图2-3-36　猪颅腔与鼻腔

1. 下鼻甲 ventral nasal concha
2. 上鼻甲 dorsal nasal concha
3. 筛板 cribriform plate
4. 颅腔 cranial cavity
5. 内耳道 internal auditory meatus

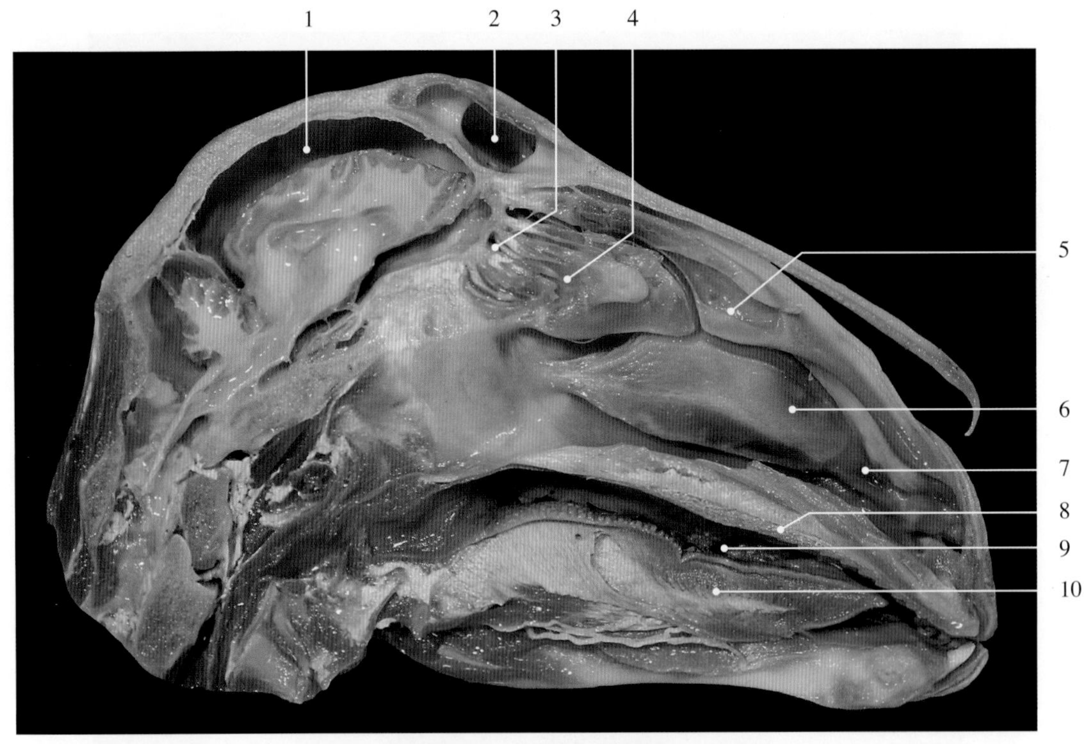

图2-3-37　羊颅腔与鼻腔

1. 颅腔 cranial cavity
2. 额窦 frontal sinus
3. 筛板 cribriform plate
4. 筛鼻甲 ethmoidal nasal concha
5. 上鼻甲 dorsal nasal concha
6. 下鼻甲 ventral nasal concha
7. 鼻腔 nasal cavity
8. 硬腭 hard palate
9. 口腔 oral cavity
10. 舌 tongue

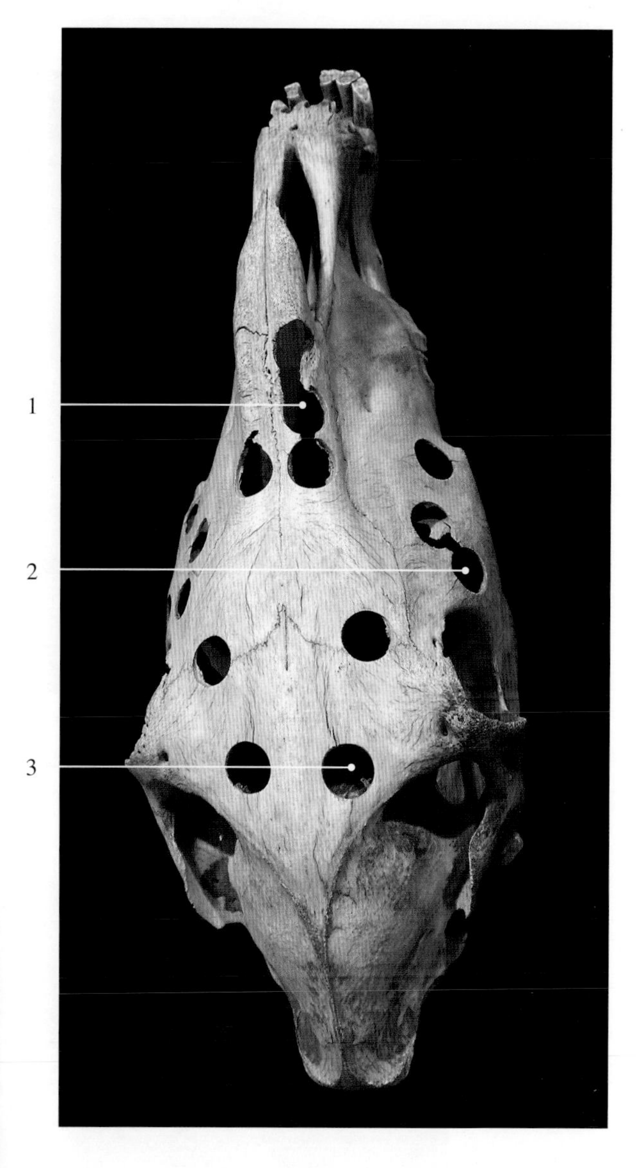

图2-3-38　马鼻旁窦

鼻旁窦（paranasal sinuses）是一些头骨的内、外骨板之间的腔洞，直接或间接与鼻腔相通，可增加头骨的体积而不增加其重量，并对眼球和脑起保护、隔热的作用，包括上颌窦、额窦、蝶腭窦和筛窦等。鼻旁窦内的黏膜和鼻腔的黏膜相延续，当鼻腔黏膜发炎时，常蔓延到鼻旁窦，引起鼻旁窦炎。

1. 鼻腔 nasal cavity
2. 上颌窦 maxillary sinus
3. 额窦 frontal sinus

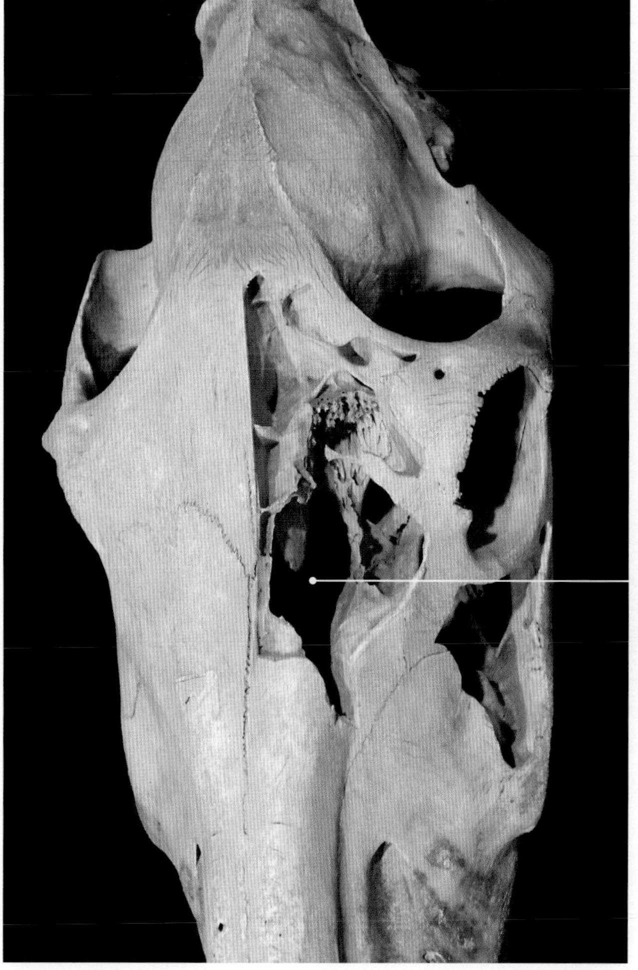

图2-3-39　马的额窦

1. 额窦 frontal sinus

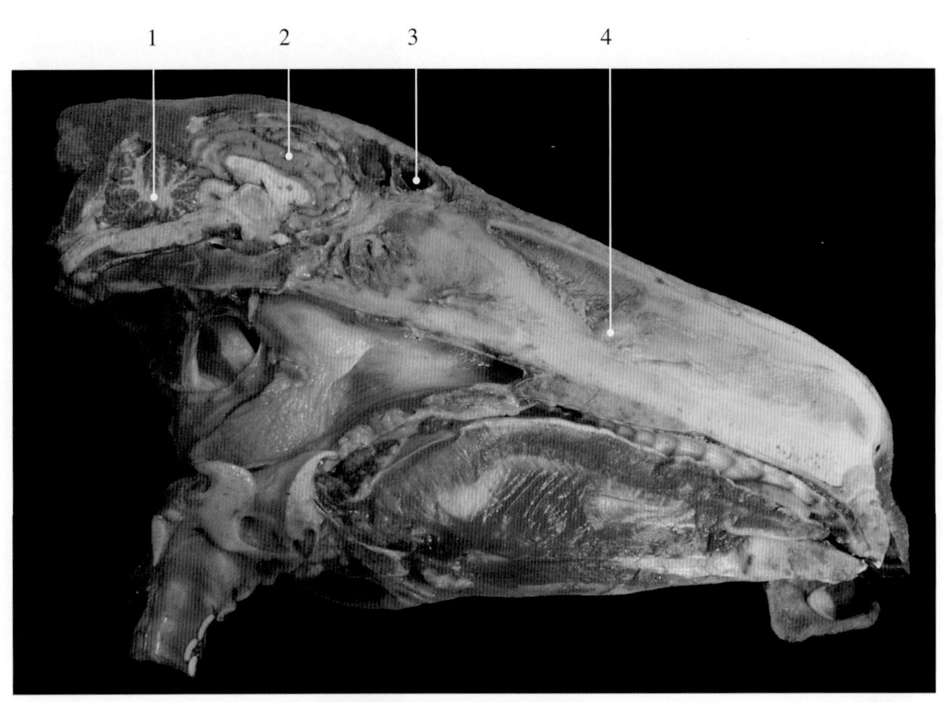

图2-3-40　驴的额窦

1. 小脑 cerebellum
2. 大脑 cerebrum
3. 额窦 frontal sinus
4. 鼻中隔 nasal septum

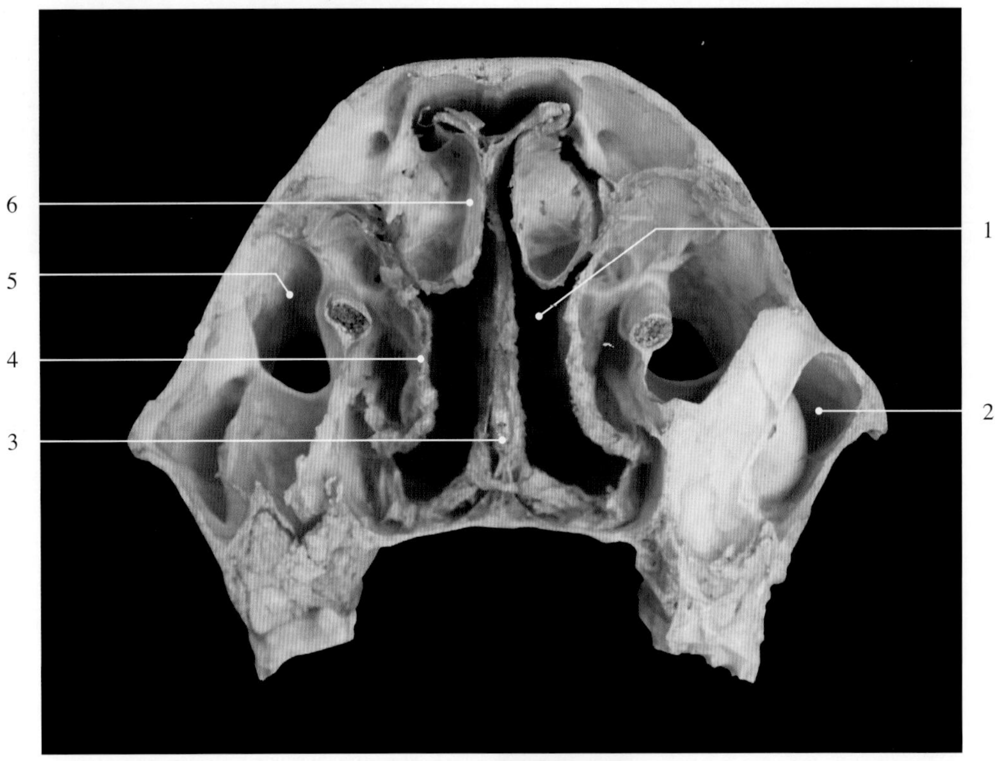

图2-3-41　鼻腔和鼻旁窦

1. 总鼻道 common nasal meatus
2. 上颌窦 maxillary sinus
3. 鼻中隔 nasal septum
4. 下鼻甲骨 ventral turbinal bone, ventral nasal concha
5. 额窦 frontal sinus
6. 上鼻甲骨 dorsal turbinal bone

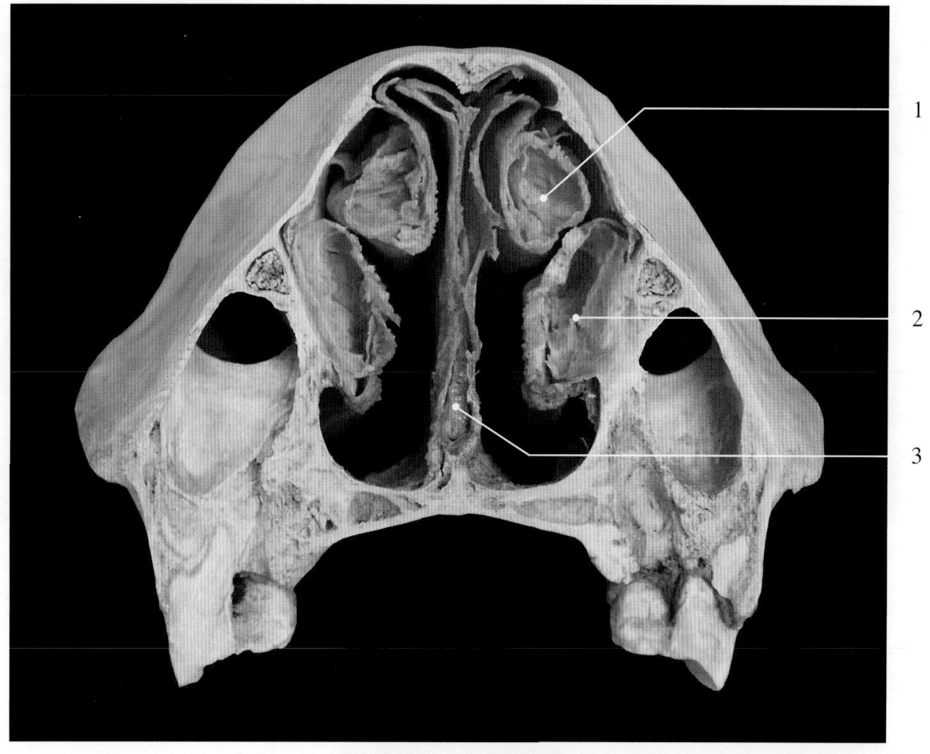

图2-3-42　马鼻甲骨

1. 上鼻甲骨 dorsal turbinal bone
2. 下鼻甲骨 ventral turbinal bone, ventral nasal concha
3. 鼻中隔 nasal septum

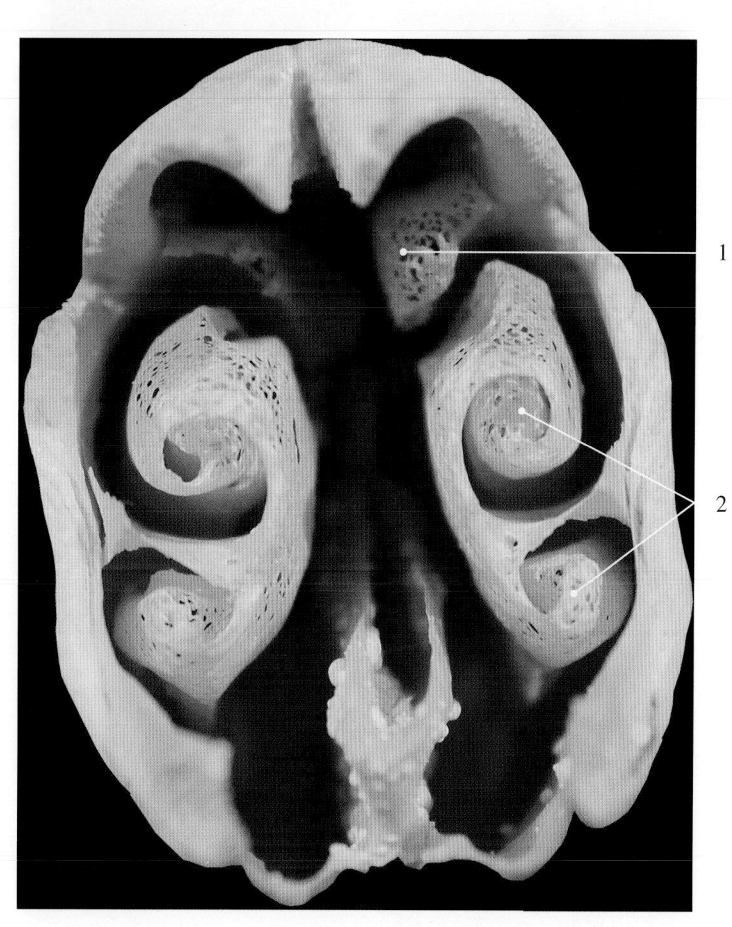

图2-3-43　羊鼻甲骨

1. 上鼻甲骨 dorsal turbinal bone
2. 下鼻甲骨 ventral turbinal bone, ventral nasal concha

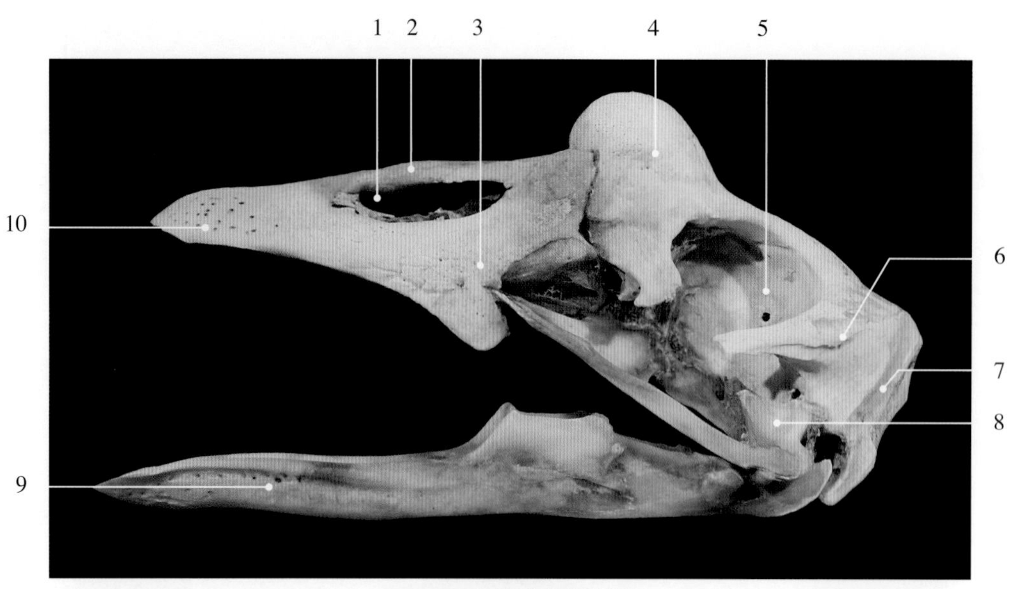

图2-3-44　鹅头骨外侧观

1. 鼻孔 nostril, nasal opening
2. 鼻骨 nasal bone
3. 上颌骨 maxillary bone
4. 额骨 frontal bone
5. 眶窝 orbital fossa
6. 颞骨 temporal bone
7. 枕骨 occipital bone
8. 方骨 quadrate bone
9. 下颌骨 mandible
10. 切齿骨 incisive bone

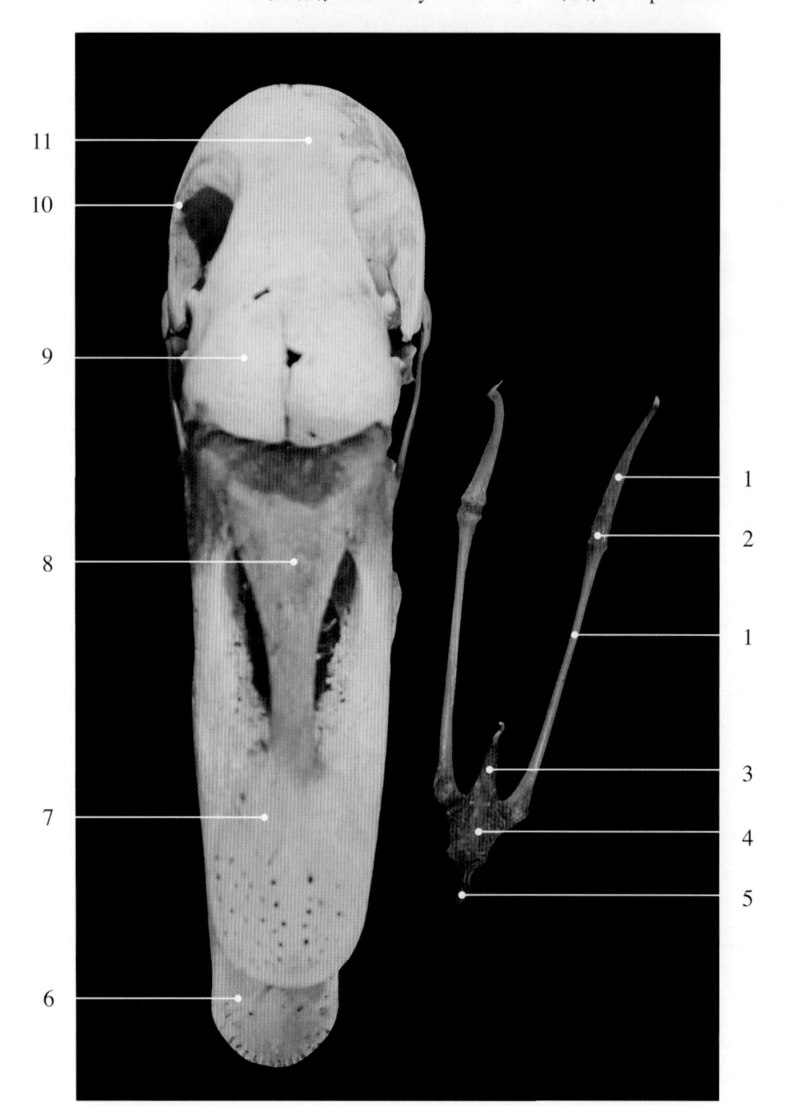

图2-3-45　鹅头骨背侧观和舌骨

1. 舌骨角 angle of hyoid bone
2. 软骨 cartilage
3. 舌骨柄 petiole of hyoid bone
4. 底舌骨 basihyoid bone
5. 中舌骨 middle hyoid bone
6. 下颌骨 mandible
7. 上颌骨 maxillary bone
8. 鼻骨 nasal bone
9. 额骨 frontal bone
10. 颞骨 temporal bone
11. 顶骨 parietal bone

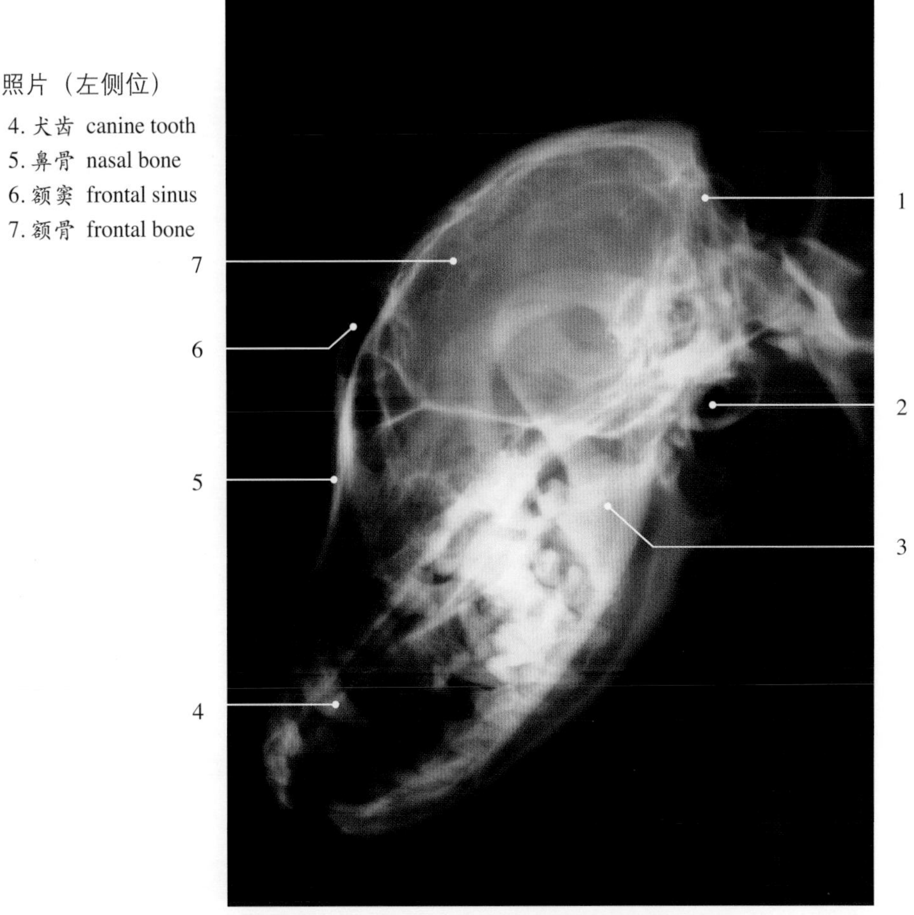

图2-3-46　犬头部X光照片（左侧位）

1. 枕骨 occipital bone
2. 外耳道 external auditory meatus
3. 下颌骨 mandible
4. 犬齿 canine tooth
5. 鼻骨 nasal bone
6. 额窦 frontal sinus
7. 额骨 frontal bone

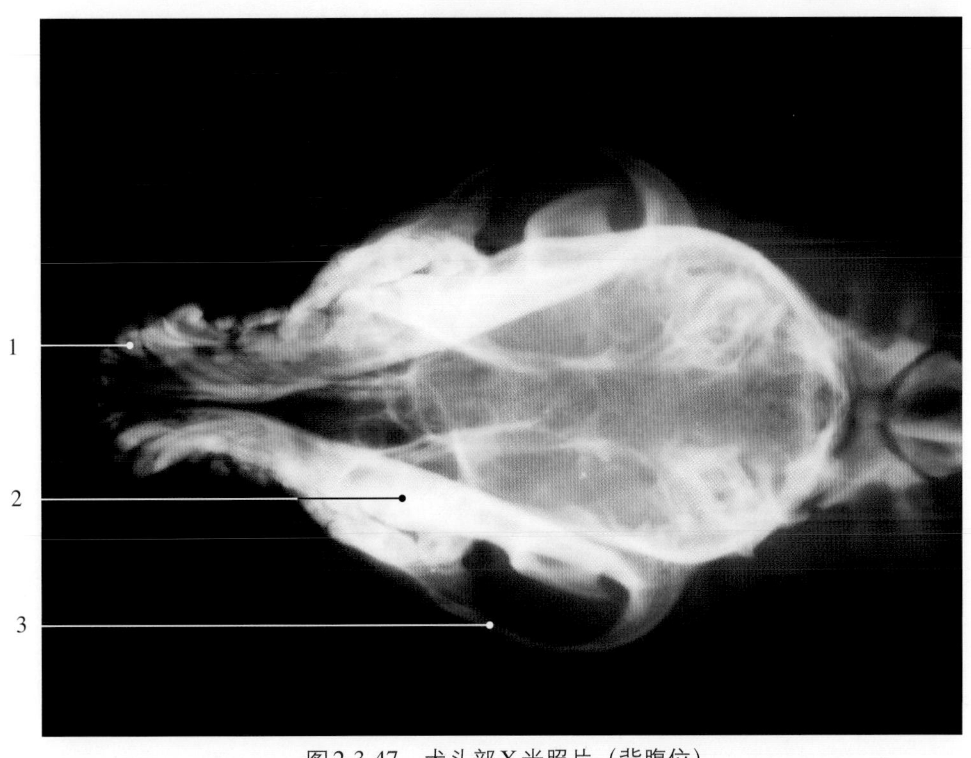

图2-3-47　犬头部X光照片（背腹位）

1. 切齿 incisor
2. 下颌骨 mandible
3. 颧弓 zygomatic arch

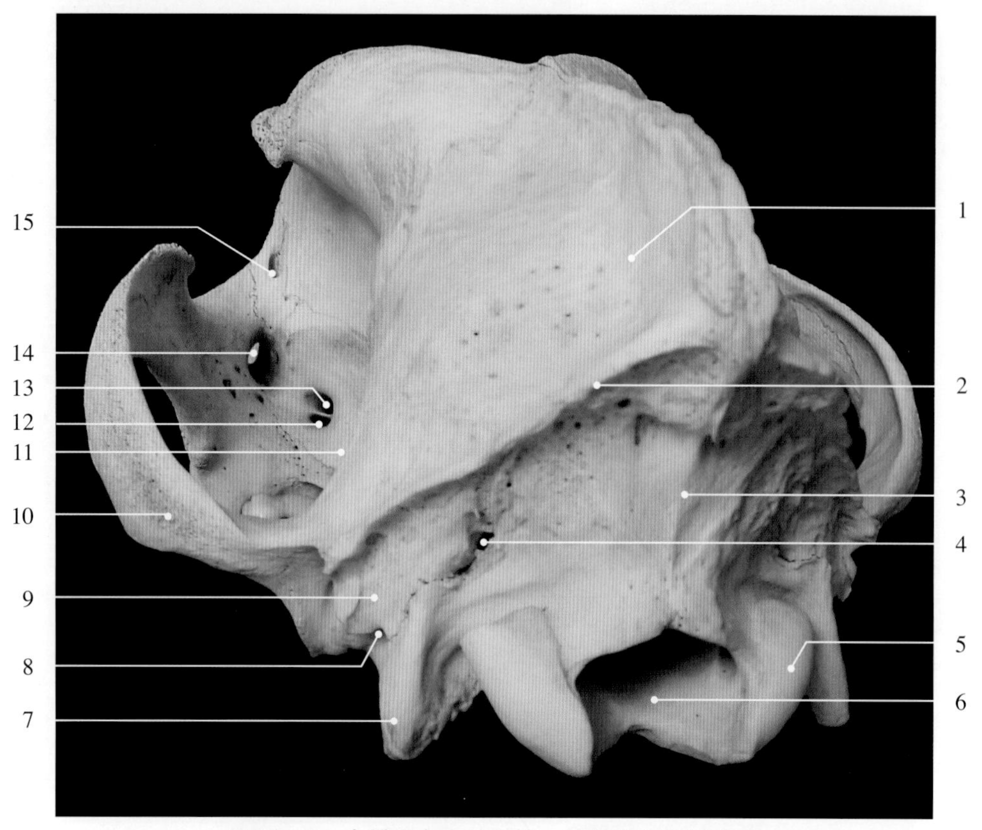

图2-3-48　犬蝶腭窝内的血管、神经出入孔后面观

蝶腭窝位于颞窝的前下方，前界为上颌结节，后界为翼嵴，内侧面为腭骨垂直部的外板及蝶骨的眶翼，外侧面是咬肌，颊肌和下颌支的前缘。在蝶腭窝的前壁上有上颌孔、蝶腭孔和腭后孔。在蝶腭窝的内侧壁上，从上到下有筛孔、视神经孔、眶孔和圆孔。①上颌孔：呈椭圆形，是眶下管的后口。眶下管为眶下神经和血管的通路。眶下管的前口为眶下孔。②蝶腭孔：位于上腭孔的内下方，呈圆形，是鼻后神经和蝶腭动、静脉通过的孔。③腭后孔：为不正圆形，直径约1cm，为腭管的后口。腭大神经与腭大动、静脉经腭后孔入腭管。④筛孔：位于翼嵴的前上方，呈卵圆形，为筛动脉、静脉和神经的通道。⑤视神经孔：位于翼嵴的前缘，在筛孔的后下方，呈卵圆形，为视神经的入口。⑥眶孔：位于视神经孔的后下方，为卵圆形孔，是眼神经、动眼神经、滑车神经和外展神经的通道。有些动物的眶孔背侧缘附近，还有一小孔，为滑车神经的出口，即滑车神经孔。⑦圆孔：眶孔的后下方，为不正的椭圆形。圆孔的后口有2个，一个通颅腔为上颌神经的出口；一个通后翼孔，为颌内动脉的入口。后翼孔与圆孔之间以翼骨相通连，翼管内的颌内动脉向背侧分出颞深前动脉。由于后翼孔又称为大翼孔，所以颞深前动脉的出口称为小翼孔。

1. 顶骨 parietal bone
2. 枕嵴/项嵴 occipital crest / nuchal crest
3. 枕骨 occipital bone
4. 乳突孔（脑膜后动脉口）mastoid foramen (posterior meningeal artery)
5. 枕骨髁 occipital condyle
6. 枕骨大孔 foramen magnum
7. 枕骨颈静脉突（髁旁突）jugular process of the occipital bone (paracondylar process)
8. 茎乳突孔 stylomastoid foramen
9. 颞骨乳突 mastoid process of temporal bone
10. 颧弓 zygomatic arch
11. 翼嵴 pterygoid ridge
12. 腭后孔 caudal palatine foramen
13. 蝶腭孔 sphenopalatine foramen
14. 上颌孔 maxillary foramen
15. 泪孔 lacrimal foramen

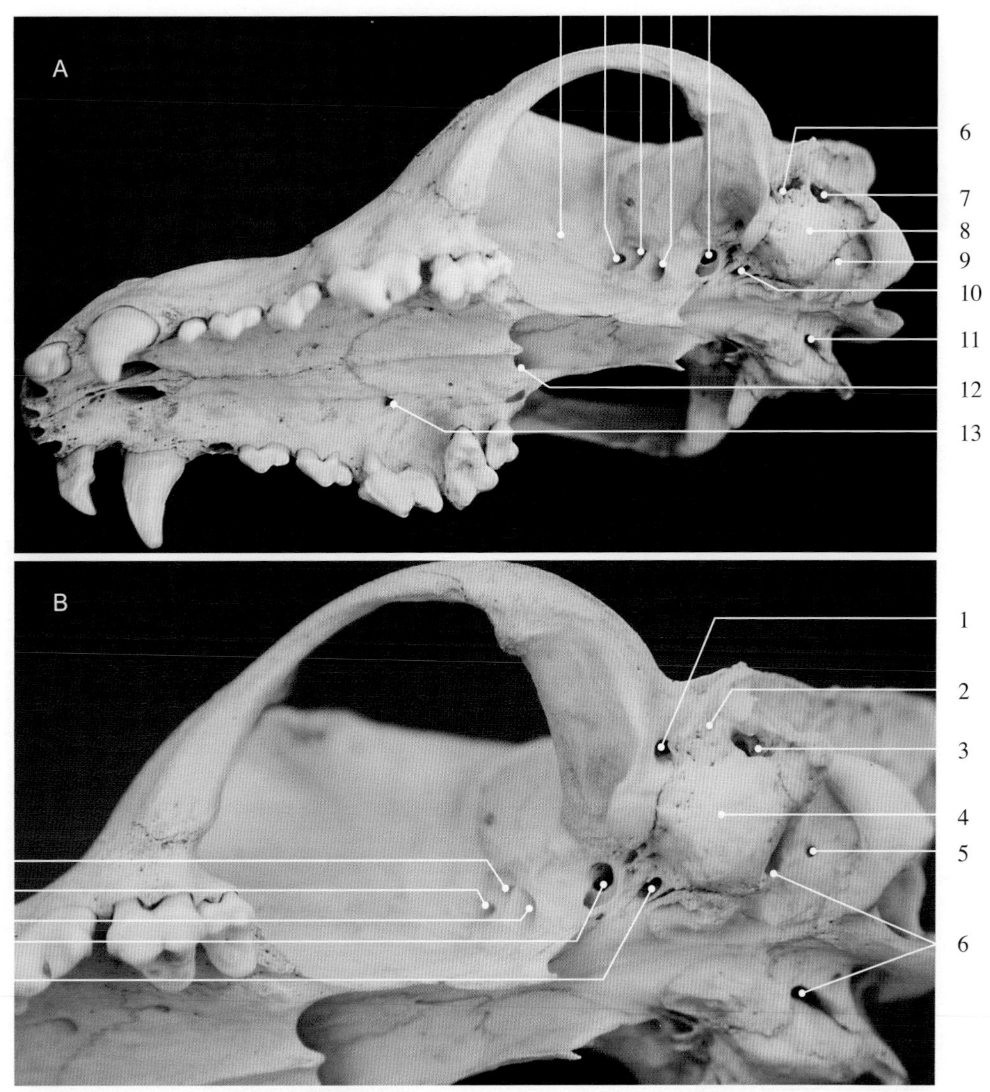

图2-3-49　犬头骨中的血管、神经出入孔

在头骨外侧面出入颅腔的血管、神经的孔还有①颞管前口：位于外耳道的前内方，是大脑上静脉的出口。颞管位于颅腔的背外侧壁，颞脊的内面，由颞骨、顶骨和枕骨形成。颞管内有大脑上静脉通过。②破裂孔：包括卵圆孔、颈动脉孔等小孔，位于颅腔底部，枕骨体的两侧，似三角形，前宽后窄，由枕骨、颞骨及蝶骨形成，是血管、神经出入颅腔的主要孔道。出入破裂孔的血管、神经有颈内动脉、大脑下静脉、下颌神经、舌咽神经、迷走神经、副神经、颈内动脉神经等。③茎乳突孔：位于外耳道的外下方，乳突的前方，为不正卵圆形，是面神经管的外口。④乳突孔（又称脑膜后动脉口）：位于乳突上方，为不正卵圆形。在乳突孔的下方，乳突的后上方，有一条沟，脑膜后动脉就位于沟内，经乳突孔，通过颞管到颅腔。

A：犬头骨腹外侧面

1. 筛孔　ethmoidal foramina
2. 视神经孔　optic canal, optic foramen
3. 眶孔　orbital foramen
4. 圆孔　rotund foramen
5. 卵圆孔　oval foramen
6. 外耳道　external auditory meatus
7. 茎乳突孔　stylomastoid foramen
8. 鼓泡　tympanic bulla
9. 舌下神经孔　hypoglossal foramen
10. 颈动脉孔　carotid foramen
11. 颈静脉孔　jugular foramen
12. 鼻后孔　posterior nasal apertures
13. 腭大孔　greater palatine foramen

B：A的局部放大

1. 颞管前口　rostral opening of temporal canal
2. 外耳道　external auditory meatus
3. 茎乳突孔　stylomastoid foramen
4. 鼓泡　tympanic bulla
5. 舌下神经孔　hypoglossal foramen
6. 颈静脉孔　jugular foramen
7. 颈动脉孔　carotid foramen
8. 卵圆孔　oval foramen
9. 圆孔　rotund foramen
10. 眶孔　orbital foramen
11. 视神经孔　optic canal, optic foramen

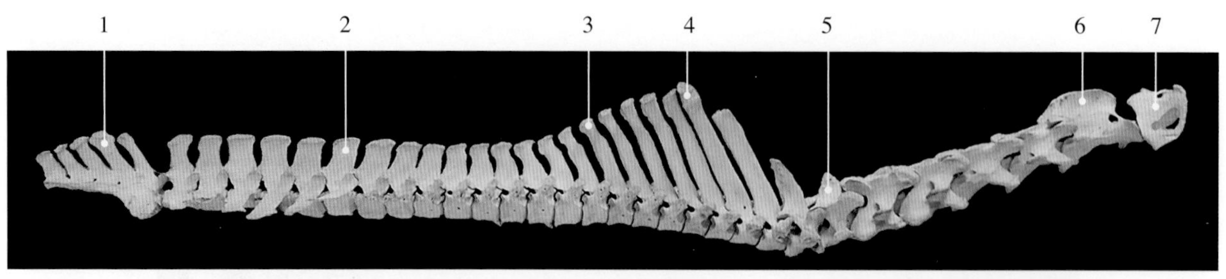

图2-4-1　马脊柱

脊柱（vertebral column）是指所有的椎骨按从前到后的顺序排列，由软骨、关节和韧带连接在一起形成身体的中轴，按其位置分为颈椎、胸椎、腰椎、荐椎和尾椎，有保护脊髓、支持头部、悬挂内脏、传递冲力等作用。几种动物的脊柱式：牛的为$C_7T_{13}L_6S_5Cy_{16\sim21}$，羊为$C_7T_{13}L_{6\sim7}S_4Cy_{16\sim18}$，猪为$C_7T_{14\sim16}L_{6\sim7}S_4Cy_{20\sim23}$，马为$C_7T_{18}L_6S_5Cy_{17\sim20}$，犬和猫为$C_7T_{13}L_7S_3Cy_{20\sim23}$，兔为$C_7T_{12}L_7S_4Cy_{16}$。

1. 荐骨 sacral bone
2. 第1腰椎 1st lumbar vertebrae
3. 第8胸椎 8th thoracic vertebrae
4. 第3胸椎 3rd thoracic vertebrae
5. 第7颈椎 7th cervical vertebrae
6. 枢椎 axis
7. 寰椎 atlas

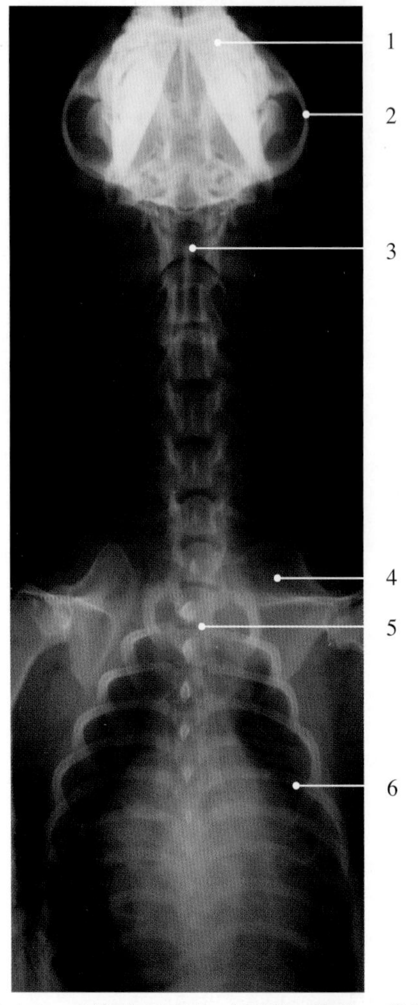

图2-4-2　犬脊柱X光片（示颈、胸椎，背腹位）

1. 头骨 skeleton of the head
2. 颧弓 zygomatic arch
3. 颈椎 cervical vertebrae
4. 肩胛骨 scapula
5. 胸椎 thoracic vertebrae
6. 肋骨 costal bone

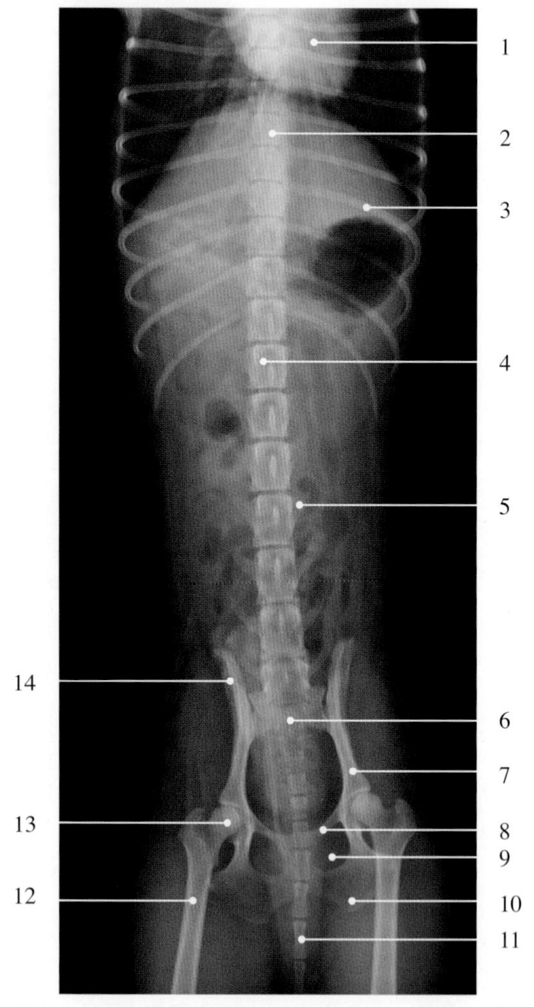

图2-4-3　犬脊柱X光片（示胸、腰、荐椎，背腹位）

1. 心脏 heart
2. 胸椎 thoracic vertebrae
3. 肋骨 costal bone
4. 腰椎 lumbar vertebrae
5. 腰椎横突 transverse process of lumbar vertebra
6. 荐骨 sacral bone
7. 髂骨 ilium
8. 耻骨 pubis
9. 闭孔 obturator foramen
10. 坐骨 ischium
11. 尾椎 coccygeal vertebrae
12. 股骨 femoral bone
13. 股骨头 head of the femur
14. 髂骨翼 wing of ilium

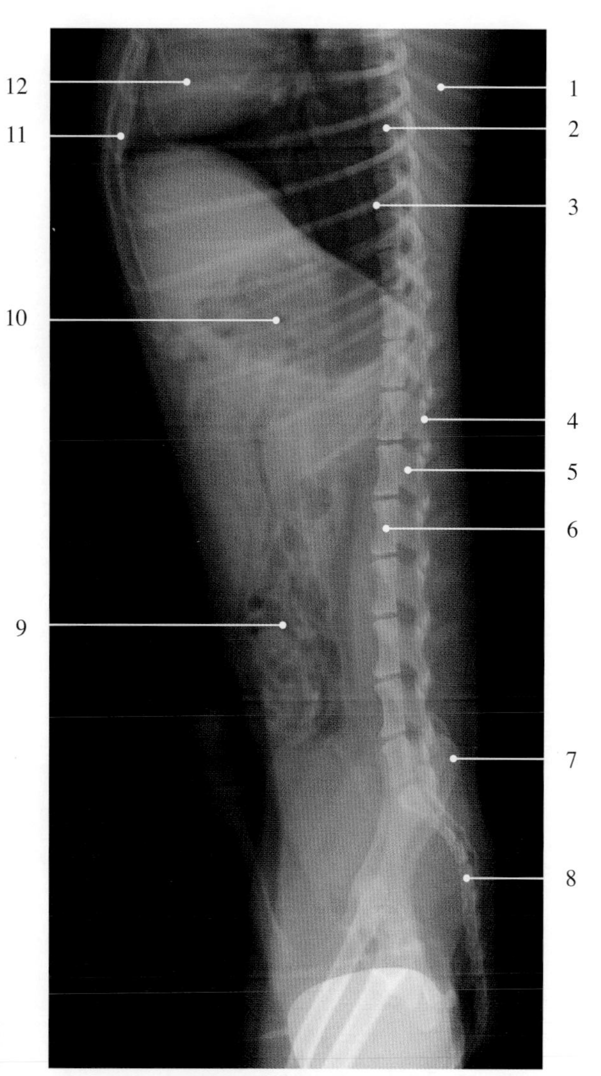

图2-4-4 犬脊柱X光片（示胸、腰椎，左侧位）

1. 胸椎棘突 spinous process of thoracic vertebrae
2. 胸椎椎体 vertebral body of thoracic vertebrae
3. 肋骨 costal bone
4. 腰椎椎弓 vertebral arch of lumbar vertebra
5. 腰椎椎管 vertebral canal of lumbar vertebra
6. 腰椎椎体 vertebral body of lumbar vertebra
7. 荐结节 sacral tuber
8. 尾椎 coccygeal vertebrae
9. 肠 intestine
10. 膈 diaphragm
11. 胸骨 breast bone, sternum
12. 心脏 heart

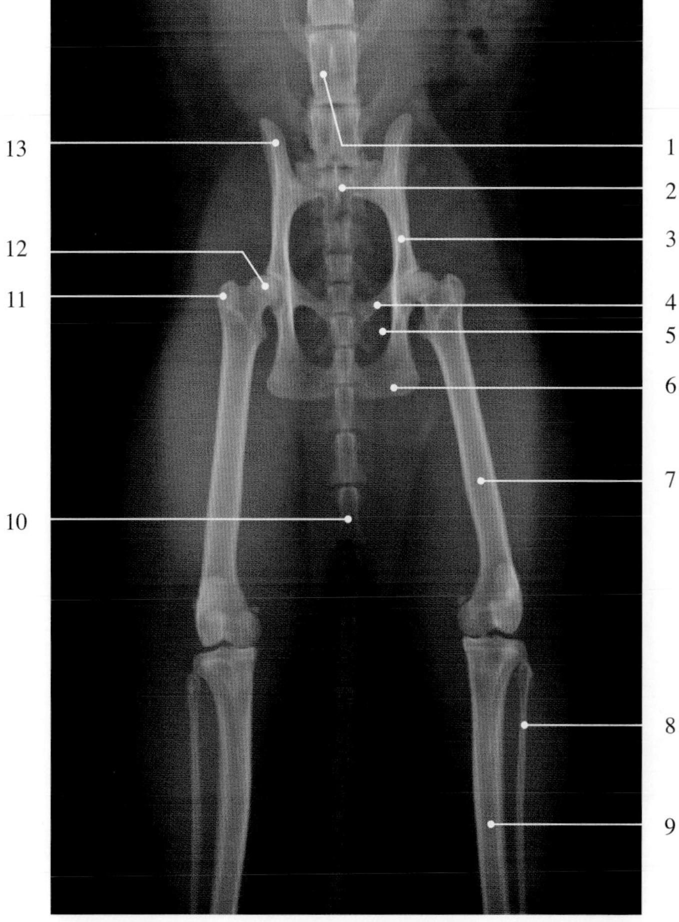

图2-4-5 犬脊柱X光片（示荐、尾椎，腹侧位）

1. 腰椎 lumbar vertebrae
2. 荐骨 sacral bone
3. 髂骨 ilium
4. 耻骨 pubis
5. 闭孔 obturator foramen
6. 坐骨 ischium
7. 股骨 femoral bone
8. 腓骨 fibula
9. 胫骨 tibia
10. 尾椎 coccygeal vertebrae
11. 大转子 greater trochanter
12. 股骨头 head of the femur
13. 髂骨翼 wing of ilium

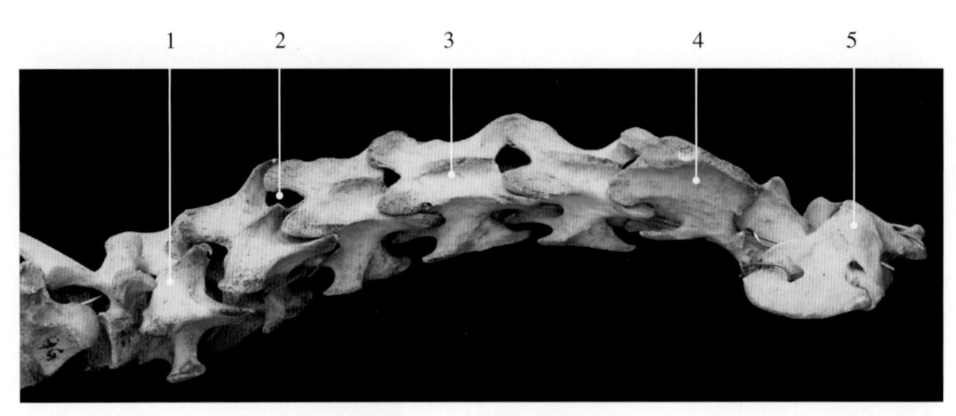

图2-4-6　马颈椎右侧观

家畜的颈椎（cervical vertebrae）一般有7枚。第1颈椎为寰椎（atlas），由背侧弓和腹侧弓构成。第2颈椎为枢椎（axis），椎体发达，前端突出为齿状突。第3～6颈椎的椎体发达，椎头和椎窝明显；关节突发达，横突分前后两支；在横突基部有横突孔（transverse foramen），各颈椎横突孔连结在一起形成横突管（transverse canal），供血管和神经通过。第7颈椎的椎体短而宽，椎窝两侧有与第1肋骨成关节的关节面，棘突明显。

1. 第7颈椎　7th cervical vertebrae　　3. 第4颈椎　4th cervical vertebrae　　5. 寰椎　atlas
2. 椎间孔　intervertebral foramen　　4. 枢椎　axis

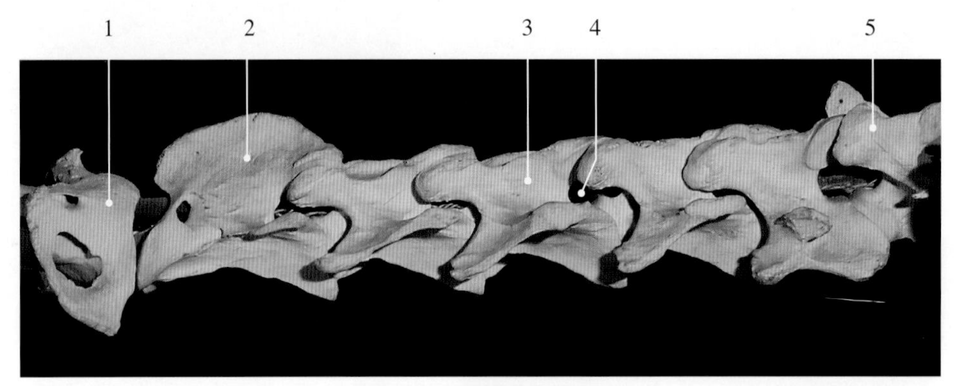

图2-4-7　马颈椎左侧观

1. 寰椎　atlas　　4. 椎间孔　intervertebral foramen
2. 枢椎　axis　　5. 第7颈椎　7th cervical vertebrae
3. 第4颈椎　4th cervical vertebrae

1　2　3　4

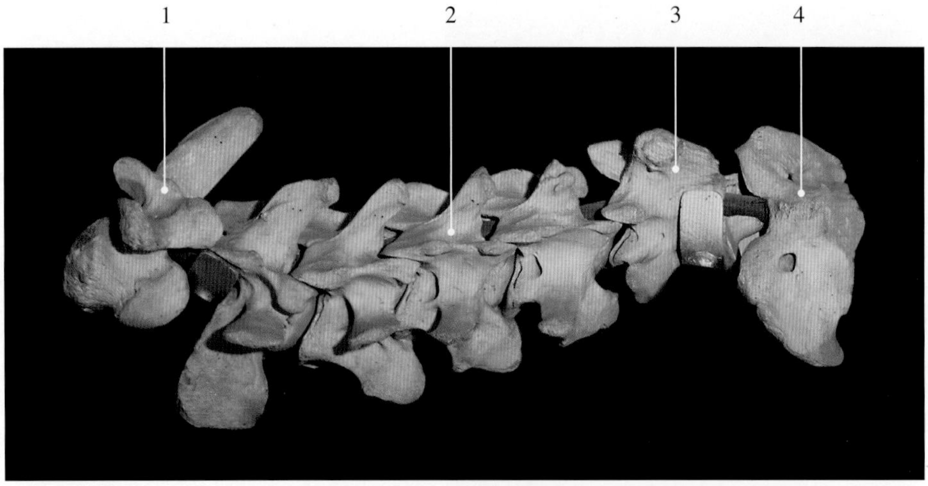

图2-4-8　牛颈椎右侧观

1. 第7颈椎　7th cervical vertebrae　　3. 枢椎　axis
2. 第4颈椎　4th cervical vertebrae　　4. 寰椎　atlas

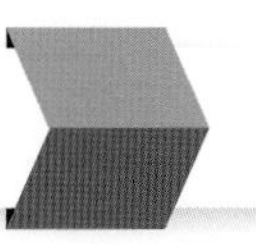

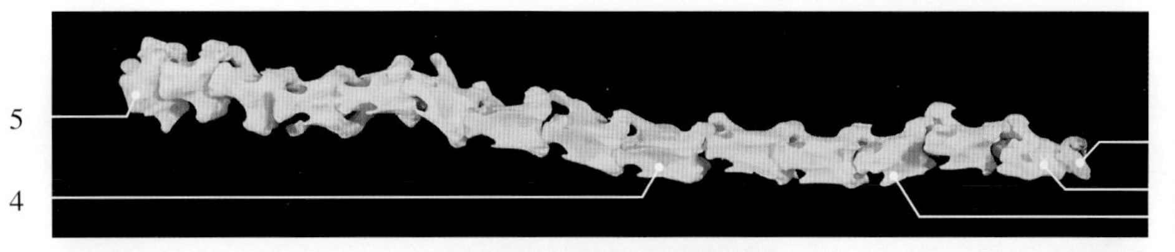

图2-4-9 鸭颈椎右侧观

禽类的颈椎较长，呈S形弯曲，数目较多（鸡13～14枚，鸭14～16枚，鹅17～18枚，鸽12枚），椎体和关节突发达，椎体间形成鞍状的椎体间关节，取代了椎间盘而形成可动连结，运动更加灵活。

1. 寰椎 atlas
2. 枢椎 axis
3. 第4颈椎 4th cervical vertebrae
4. 第7颈椎 7th cervical vertebrae
5. 第15颈椎 15th cervical vertebrae

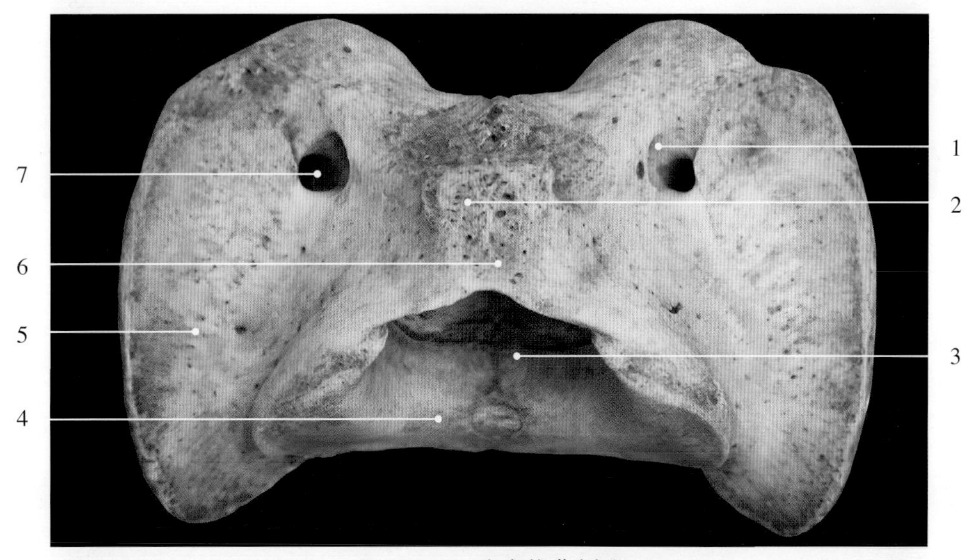

图2-4-10 牛寰椎背侧观

1. 椎外侧孔 lateral vertebral foramen
2. 背侧结节 dorsal tubercle
3. 后关节凹 caudal articular fovea
4. 腹侧弓 ventral arch
5. 寰椎翼 wing of atlas
6. 背侧弓 dorsal arch
7. 翼孔 alar foramen

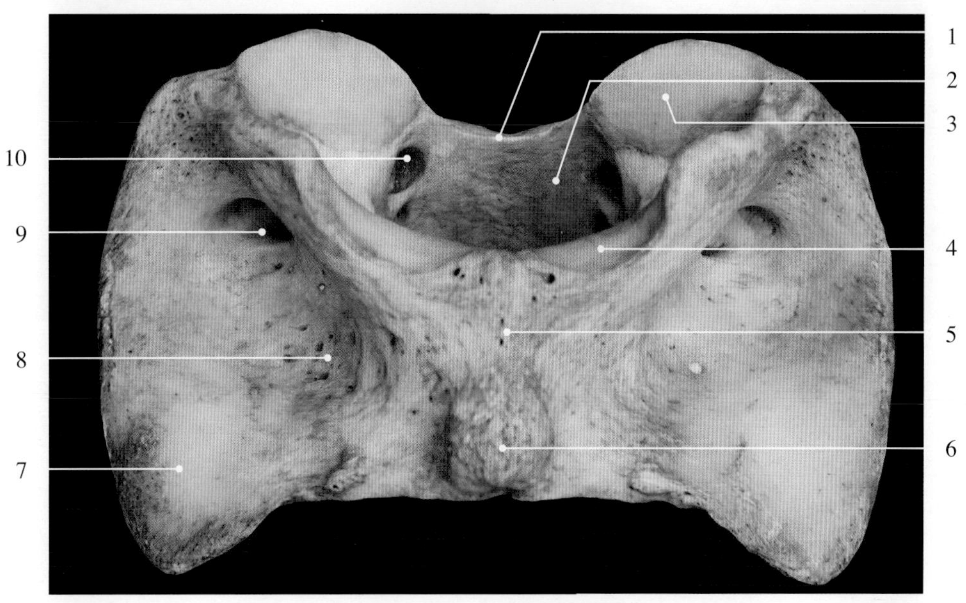

图2-4-11 牛寰椎腹侧观

1. 背侧弓 dorsal arch
2. 椎孔 vertebral foramen
3. 关节窝 articular fovea
4. 前关节凹 cranial articular fovea
5. 腹侧弓 ventral arch
6. 腹侧结节 ventral tubercle
7. 寰椎翼 wing of atlas
8. 翼窝 alar fovea
9. 翼孔 alar foramen
10. 椎外侧孔 lateral vertebral foramen

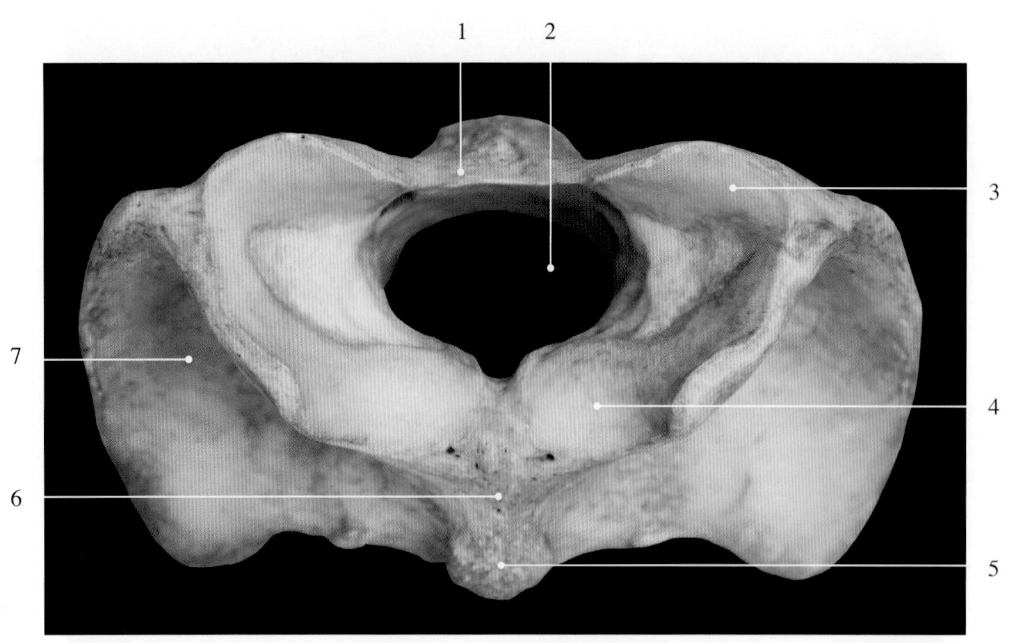

图2-4-12　牛寰椎前面观

1. 背侧弓 dorsal arch
2. 椎孔 vertebral foramen
3. 关节窝 articular fovea
4. 前关节凹 cranial articular fovea
5. 腹侧结节 ventral tubercle
6. 腹侧弓 ventral arch
7. 翼窝 alar fovea

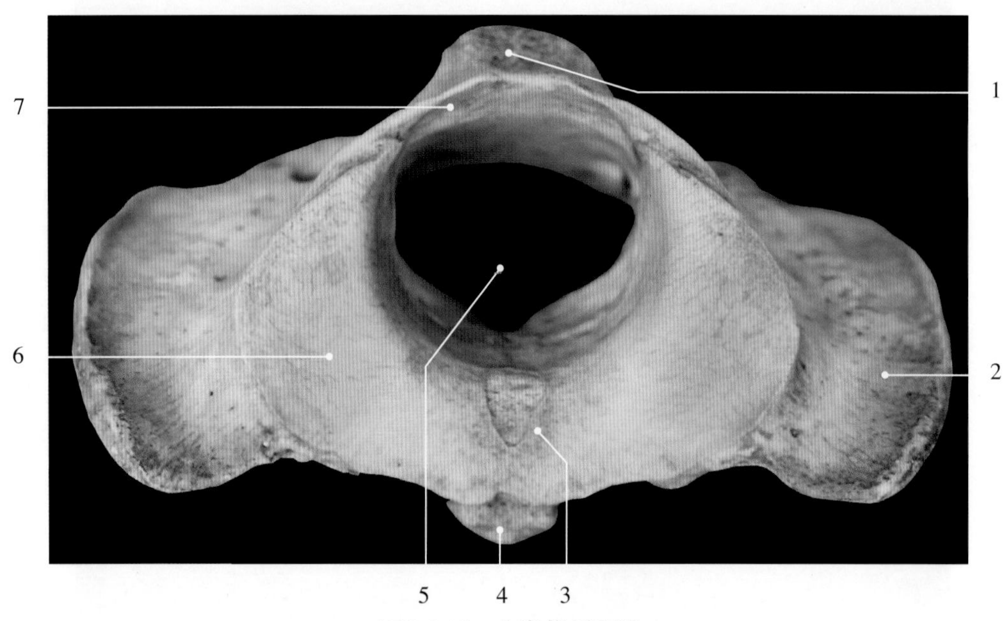

图2-4-13　牛寰椎后面观

1. 背侧结节 dorsal tubercle
2. 寰椎翼 wing of atlas
3. 腹侧弓 ventral arch
4. 腹侧结节 ventral tubercle
5. 椎孔 vertebral foramen
6. 后关节凹 caudal articular fovea
7. 背侧弓 dorsal arch

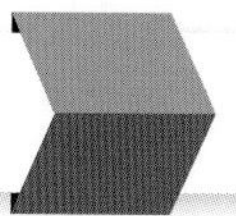

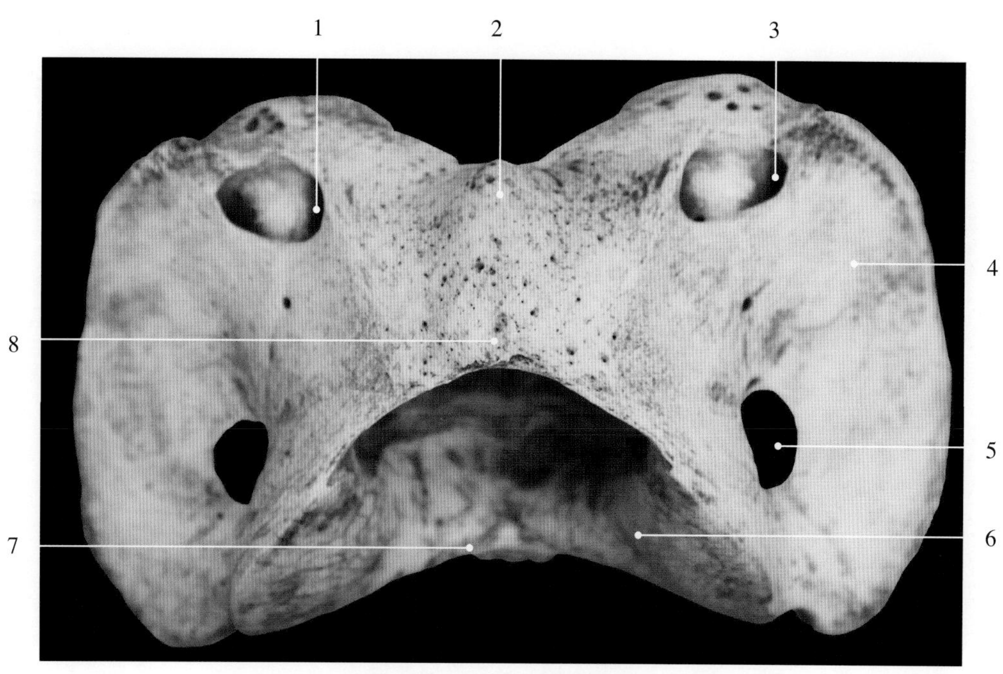

图2-4-14　马寰椎背侧观

1. 椎外侧孔　lateral vertebral foramen
2. 背侧结节　dorsal tubercle
3. 翼孔　alar foramen
4. 寰椎翼　wing of atlas
5. 横突孔　transverse foramen
6. 后关节凹　caudal articular fovea
7. 腹侧弓　ventral arch
8. 背侧弓　dorsal arch

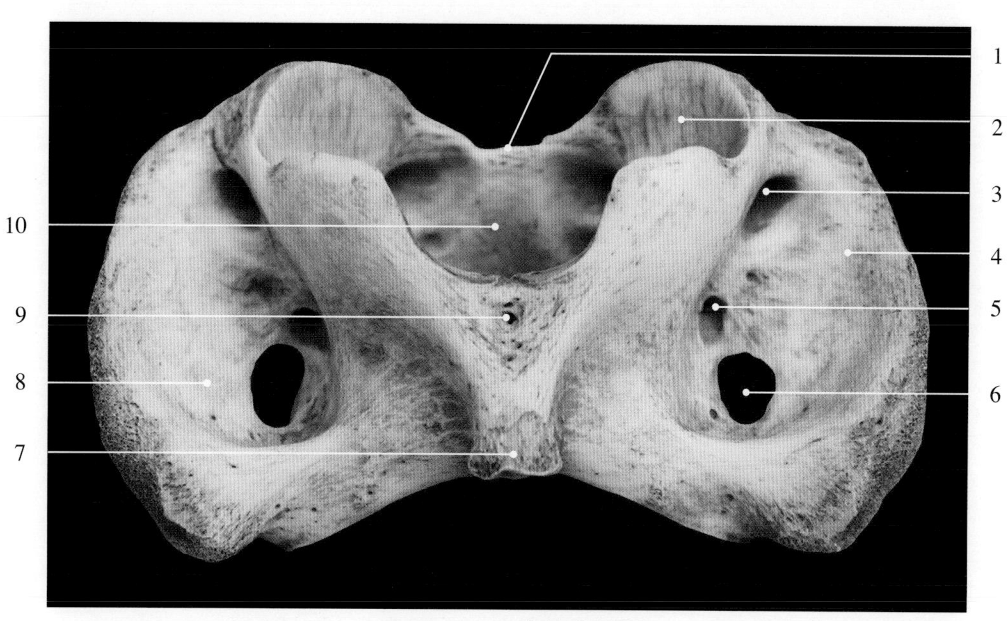

图2-4-15　马寰椎腹侧观

1. 背侧弓　dorsal arch
2. 关节窝　articular fovea
3. 翼孔　alar foramen
4. 寰椎翼　wing of atlas
5. 滋养孔　nutrient foramen
6. 横突孔　transverse foramen
7. 腹侧结节　ventral tubercle
8. 翼窝　alar fovea
9. 腹侧弓　ventral arch
10. 椎孔　vertebral foramen

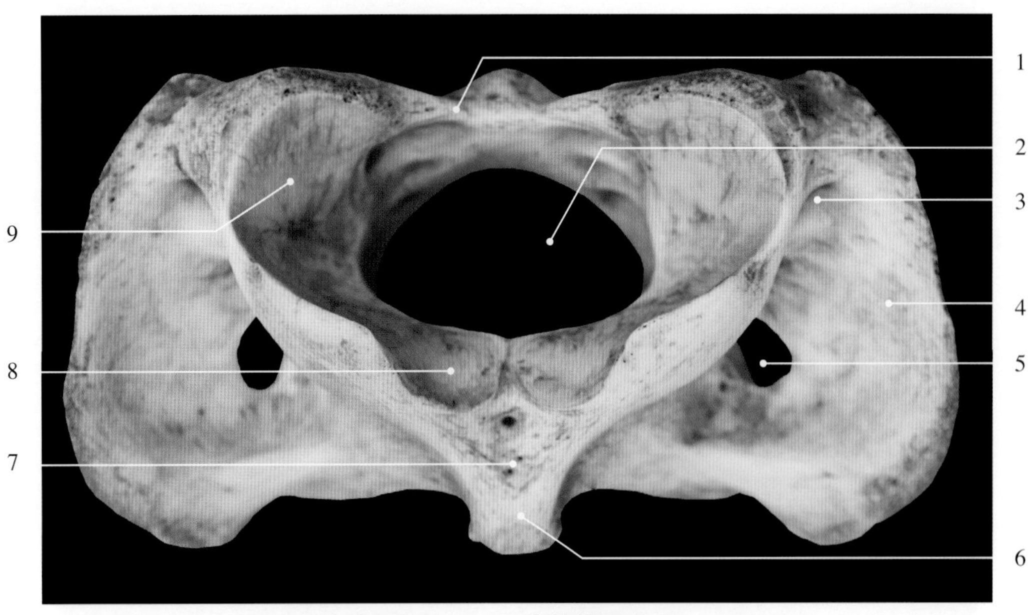

图2-4-16　马寰椎前面观

1. 背侧弓　dorsal arch
2. 椎孔　vertebral foramen
3. 翼孔　alar foramen
4. 寰椎翼　wing of atlas
5. 横突孔　transverse foramen
6. 腹侧结节　ventral tubercle
7. 腹侧弓　ventral arch
8. 前关节凹　cranial articular fovea
9. 关节窝　articular fovea

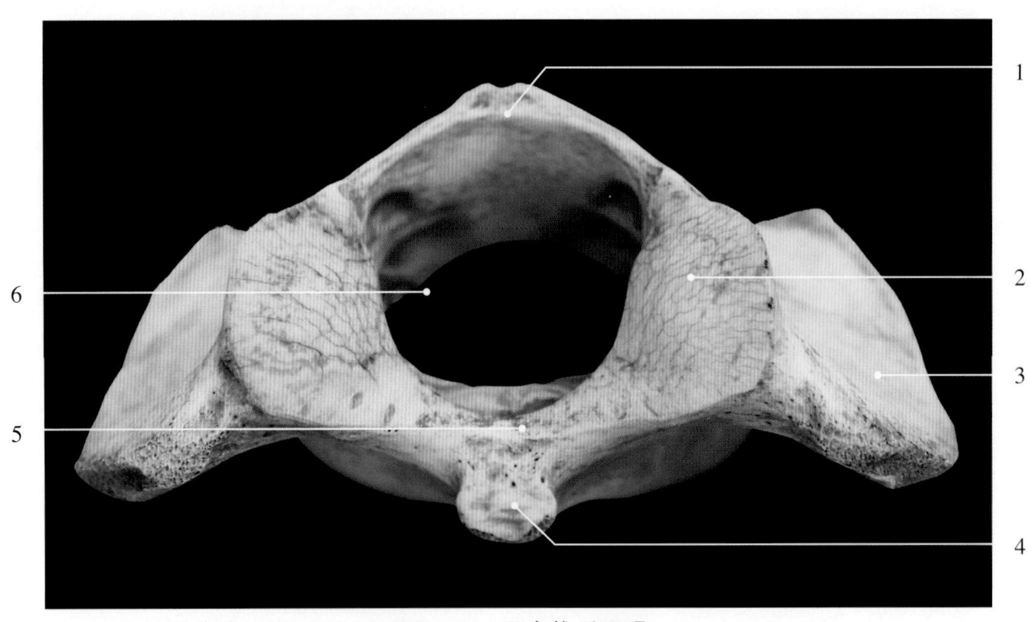

图2-4-17　马寰椎后面观

1. 背侧弓　dorsal arch
2. 后关节凹　caudal articular fovea
3. 寰椎翼　wing of atlas
4. 腹侧结节　ventral tubercle
5. 腹侧弓　ventral arch
6. 椎孔　vertebral foramen

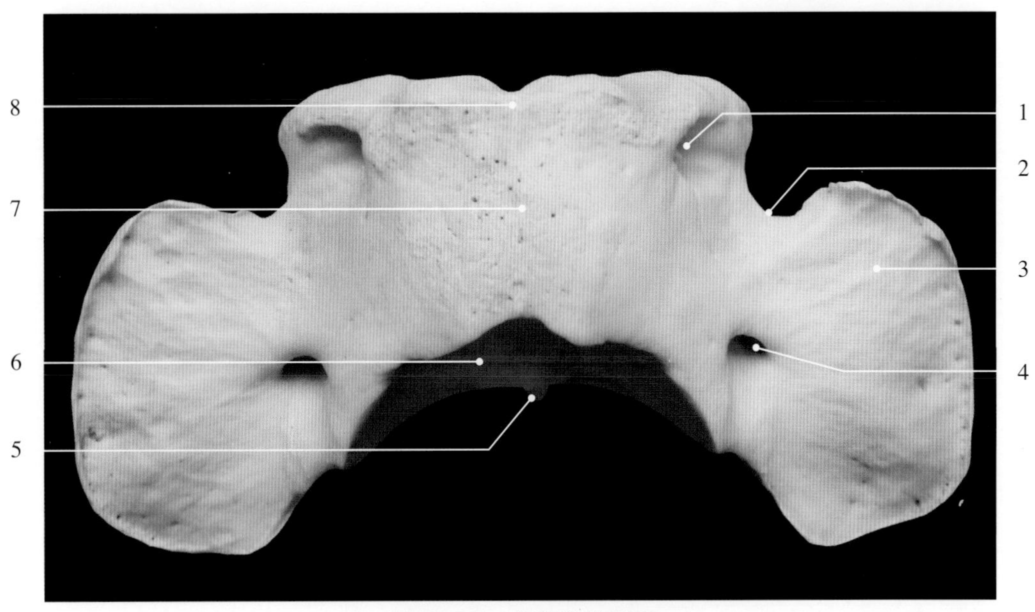

图2-4-18　犬寰椎背侧观

1. 椎外侧孔 lateral vertebral foramen
2. 翼切迹（翼孔）alar notch（alar foramen）
3. 寰椎翼 wing of atlas
4. 横突孔 transverse foramen
5. 腹侧结节 ventral tubercle
6. 后关节凹 caudal articular fovea
7. 背侧弓 dorsal arch
8. 背侧结节 dorsal tubercle

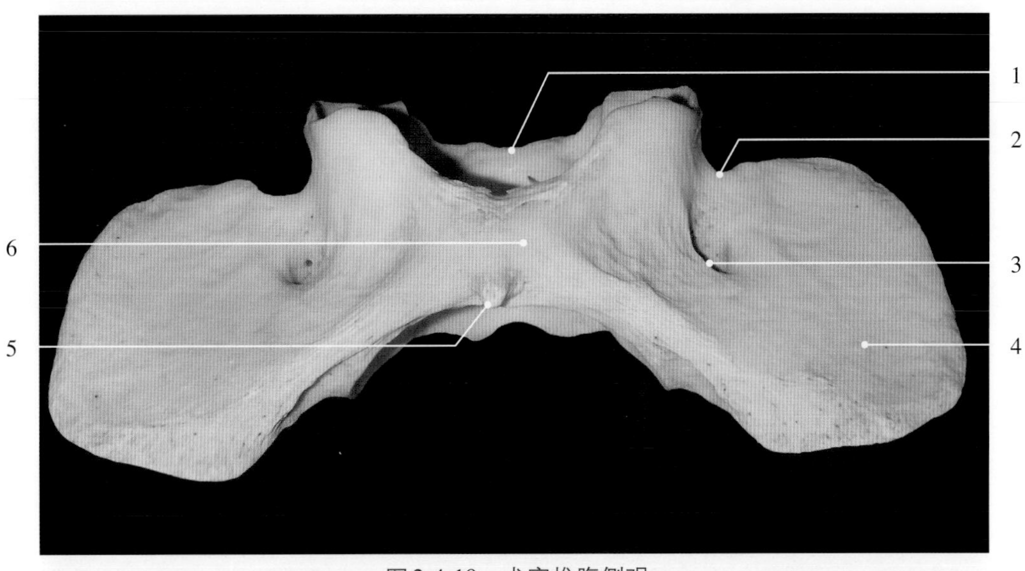

图2-4-19　犬寰椎腹侧观

1. 背侧弓 dorsal arch
2. 翼切迹（翼孔）alar notch（alar foramen）
3. 横突孔 transverse foramen
4. 寰椎翼 wing of atlas
5. 腹侧结节 ventral tubercle
6. 腹侧弓 ventral arch

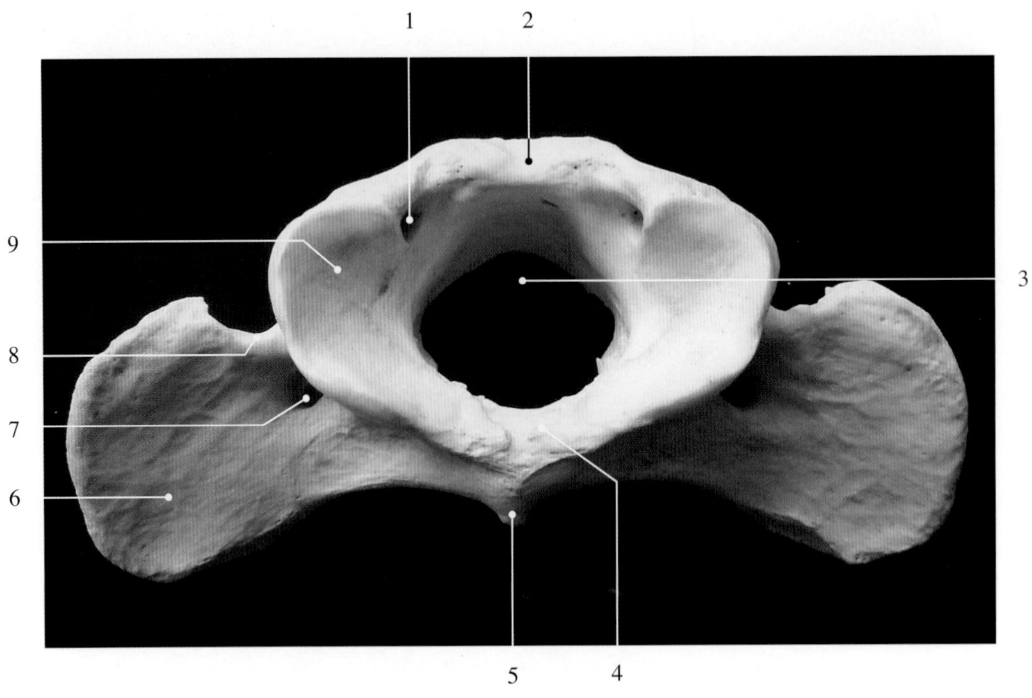

图2-4-20　犬寰椎前面观

1. 椎外侧孔 lateral vertebral foramen
2. 背侧弓 dorsal arch
3. 椎孔 vertebral foramen
4. 腹侧弓 ventral arch
5. 腹侧结节 ventral tubercle
6. 寰椎翼 wing of atlas
7. 横突孔 transverse foramen
8. 翼切迹（翼孔）alar notch（alar foramen）
9. 前关节凹 cranial articular fovea

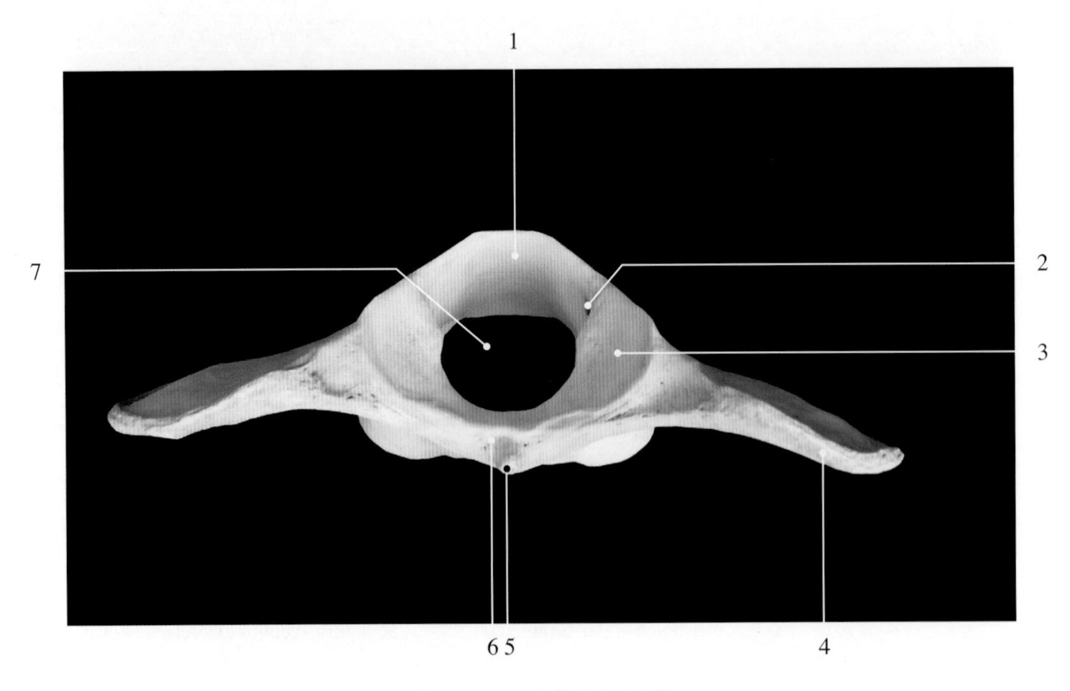

图2-4-21　犬寰椎后面观

1. 背侧弓 dorsal arch
2. 滋养孔 nutrient foramen
3. 后关节凹 caudal articular fovea
4. 寰椎翼 wing of atlas
5. 腹侧结节 ventral tubercle
6. 腹侧弓 ventral arch
7. 椎孔 vertebral foramen

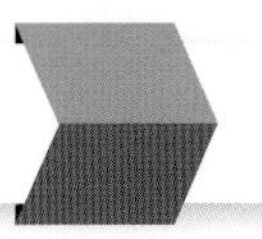

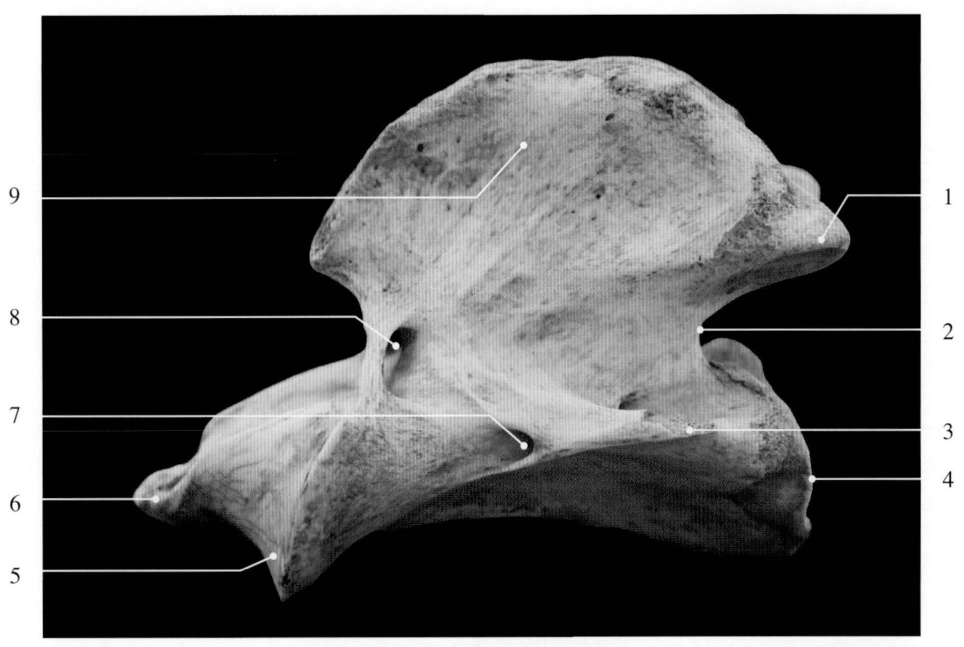

图2-4-22 马枢椎外侧观

1. 后关节突 caudal articular process
2. 椎后切迹 caudal vertebral notch
3. 横突 transverse process
4. 椎窝 vertebral fossa
5. 前关节突 cranial articular process
6. 齿突 dens
7. 横突孔 transverse foramen
8. 椎外侧孔 lateral vertebral foramen
9. 棘突 spinous process

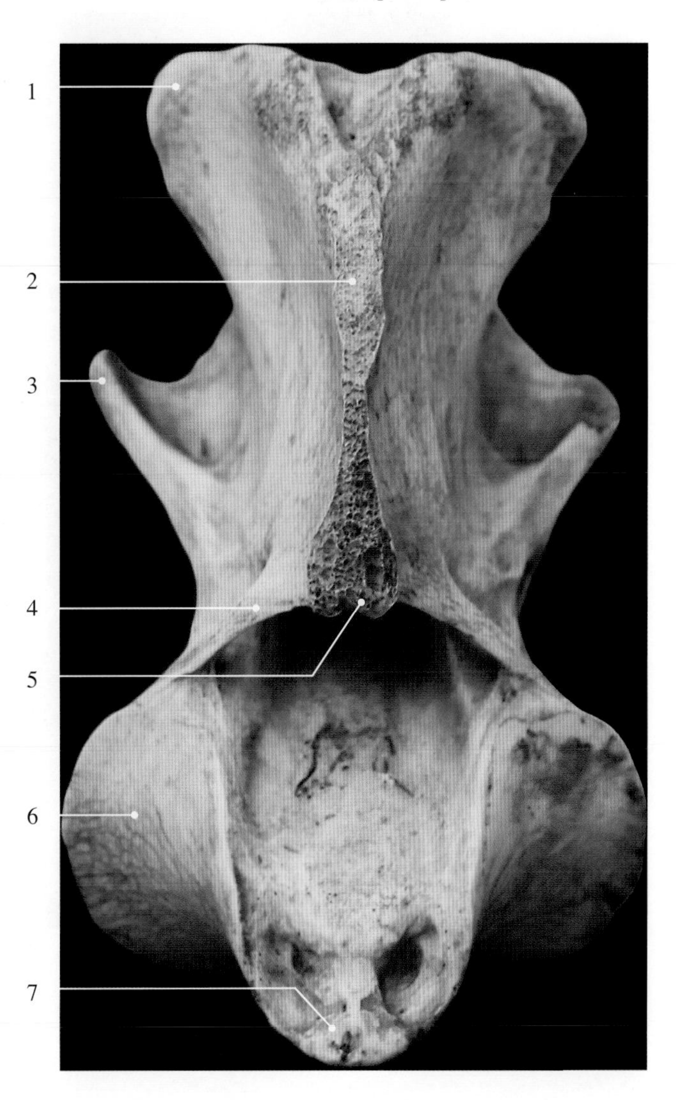

图2-4-23 马枢椎前面观

1. 后关节突 caudal articular process
2. 棘突 spinous process
3. 横突 transverse process
4. 椎弓 vertebral arch
5. 椎孔 vertebral foramen
6. 前关节突 cranial articular process
7. 齿突 dens

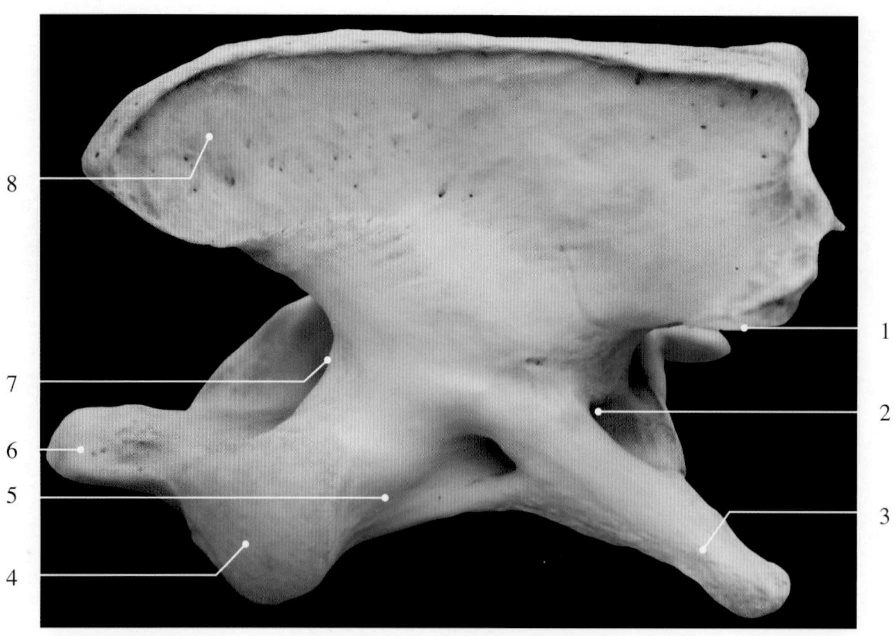

图2-4-24　犬枢椎外侧观

1. 后关节突　caudal articular process
2. 横突孔　transverse foramen
3. 横突　transverse process
4. 前关节突　cranial articular process
5. 椎体　vertebral body
6. 齿突　dens
7. 椎前切迹　cranial vertebral notch
8. 棘突　spinous process

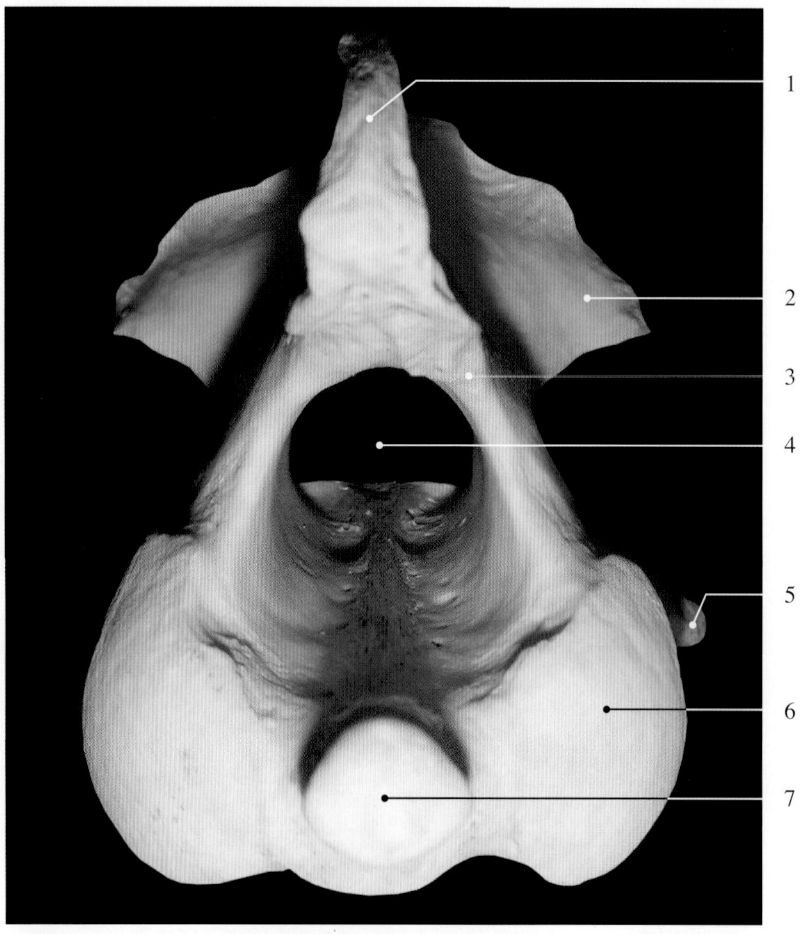

图2-4-25　犬枢椎前面观

1. 棘突　spinous process
2. 后关节突　caudal articular process
3. 椎弓　vertebral arch
4. 椎孔　vertebral foramen
5. 横突　transverse process
6. 前关节突　cranial articular process
7. 齿突　dens

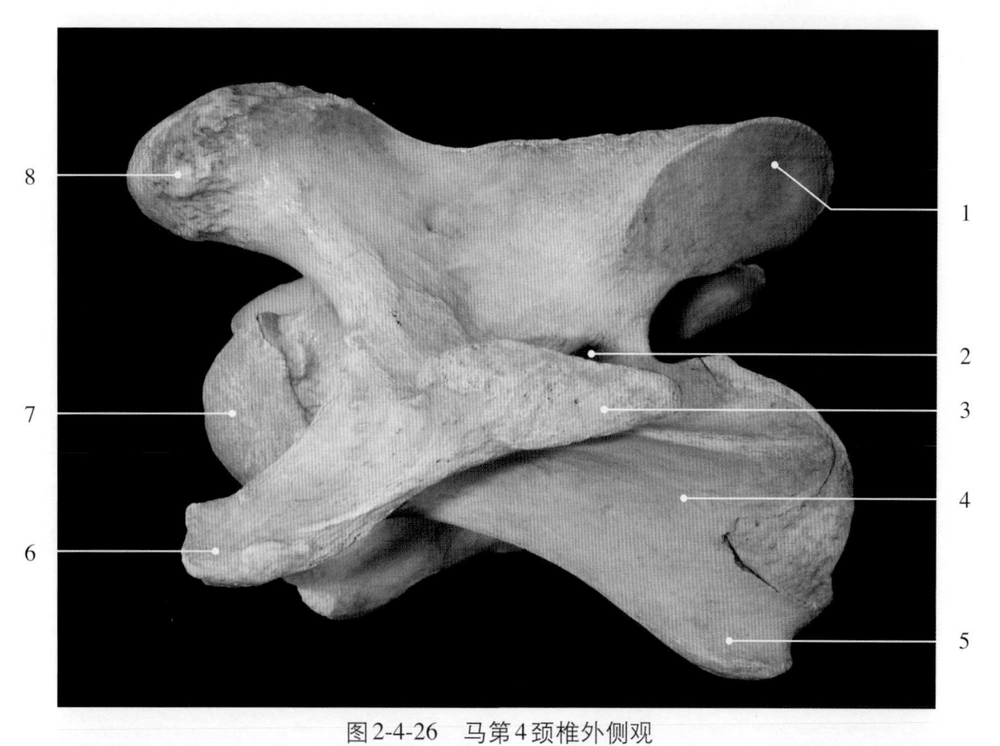

图2-4-26 马第4颈椎外侧观

1. 后关节突 caudal articular process
2. 横突孔 transverse foramen
3. 横突后支 caudal branch of transverse process
4. 椎体 vertebral body
5. 腹侧结节 ventral tubercle
6. 横突前支 cranial branch of transverse process
7. 椎头 vertebral head
8. 前关节突 cranial articular process

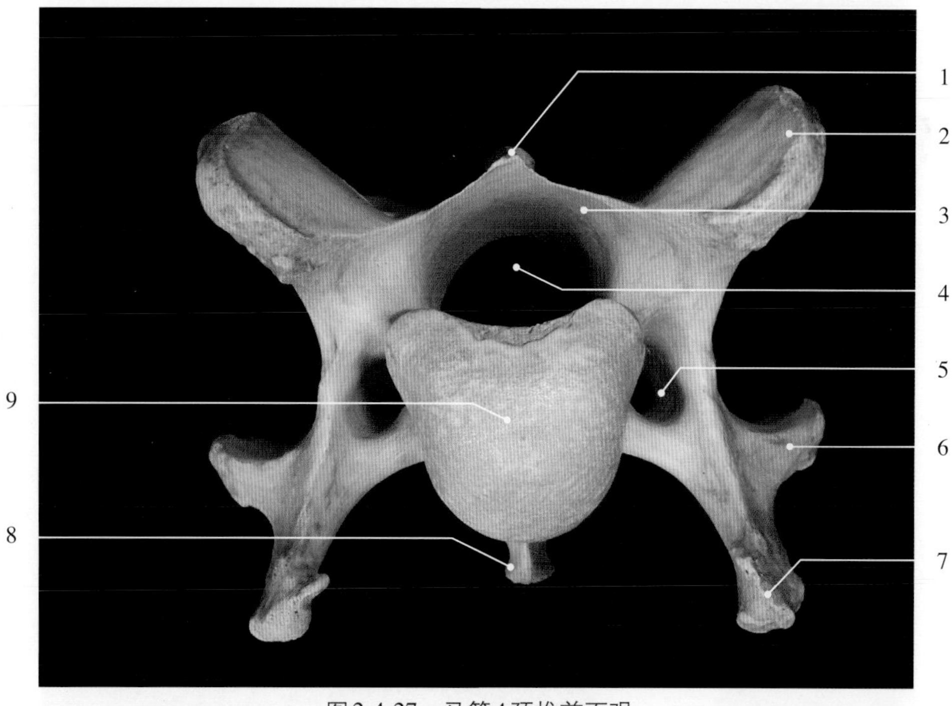

图2-4-27 马第4颈椎前面观

1. 棘突 spinous process
2. 前关节突 cranial articular process
3. 椎弓 vertebral arch
4. 椎孔 vertebral foramen
5. 横突孔 transverse foramen
6. 横突后支 caudal branch of transverse process
7. 横突前支 cranial branch of transverse process
8. 腹侧结节 ventral tubercle
9. 椎头 vertebral head

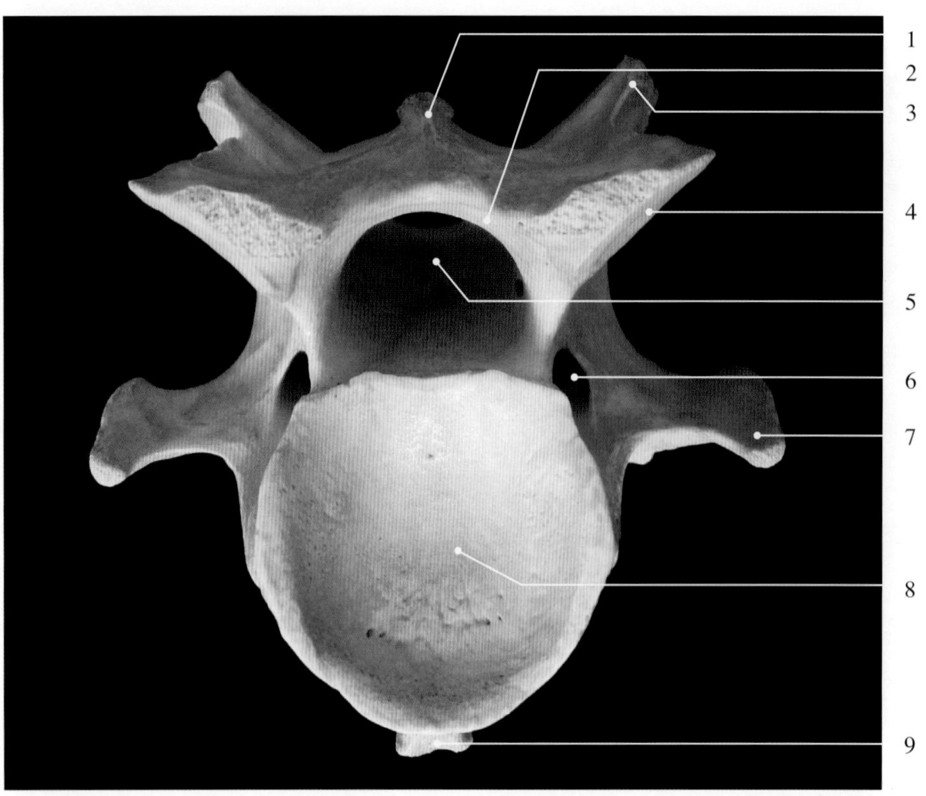

图2-4-28　马第4颈椎后面观

1. 棘突　spinous process
2. 椎弓　vertebral arch
3. 前关节突　cranial articular process
4. 后关节突　caudal articular process
5. 椎孔　vertebral foramen
6. 横突孔　transverse foramen
7. 横突后支　caudal branch of transverse process
8. 椎窝　vertebral fossa
9. 腹侧结节　ventral tubercle

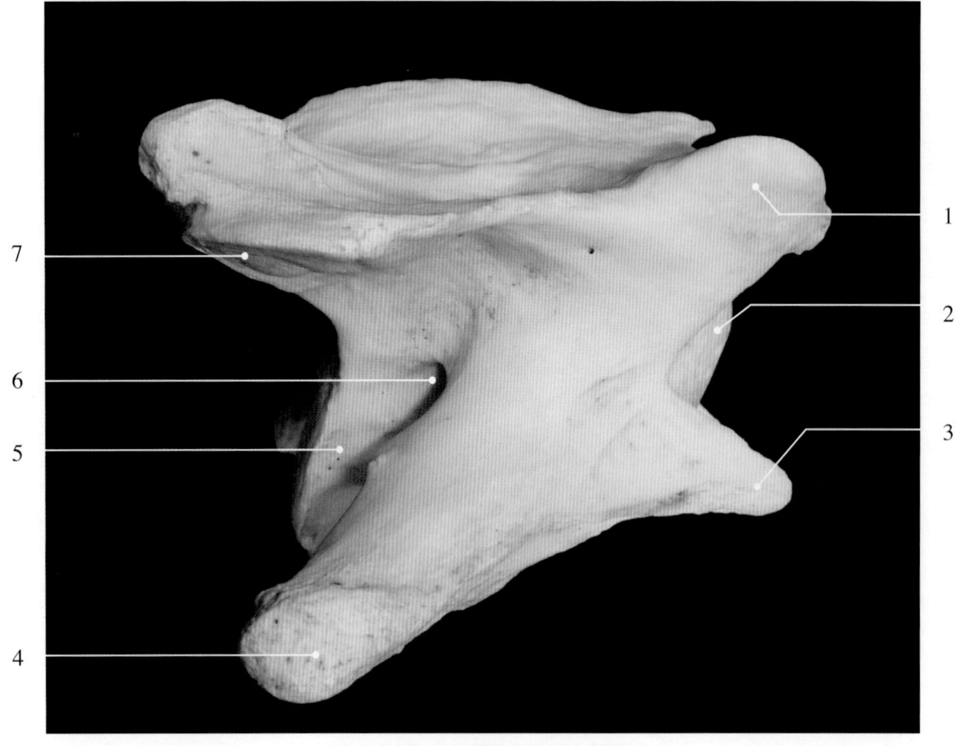

图2-4-29　犬第3颈椎外侧观

1. 前关节突　cranial articular process
2. 椎头　vertebral head
3. 横突前支　cranial branch of transverse process
4. 横突后支　caudal branch of transverse process
5. 椎体　vertebral body
6. 横突孔　transverse foramen
7. 后关节突　caudal articular process

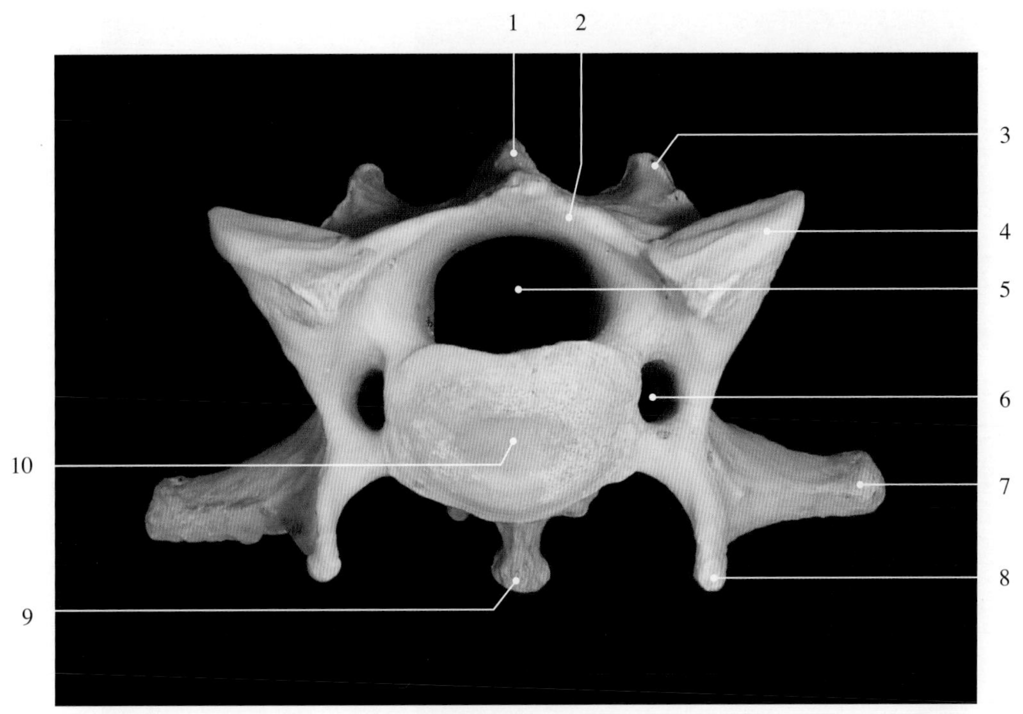

图2-4-30　犬第3颈椎前面观

1. 棘突 spinous process
2. 椎弓 vertebral arch
3. 后关节突 caudal articular process
4. 前关节突 cranial articular process
5. 椎孔 vertebral foramen
6. 横突孔 transverse foramen
7. 横突后支 caudal branch of transverse process
8. 横突前支 cranial branch of transverse process
9. 腹侧结节 ventral tubercle
10. 椎头 vertebral head

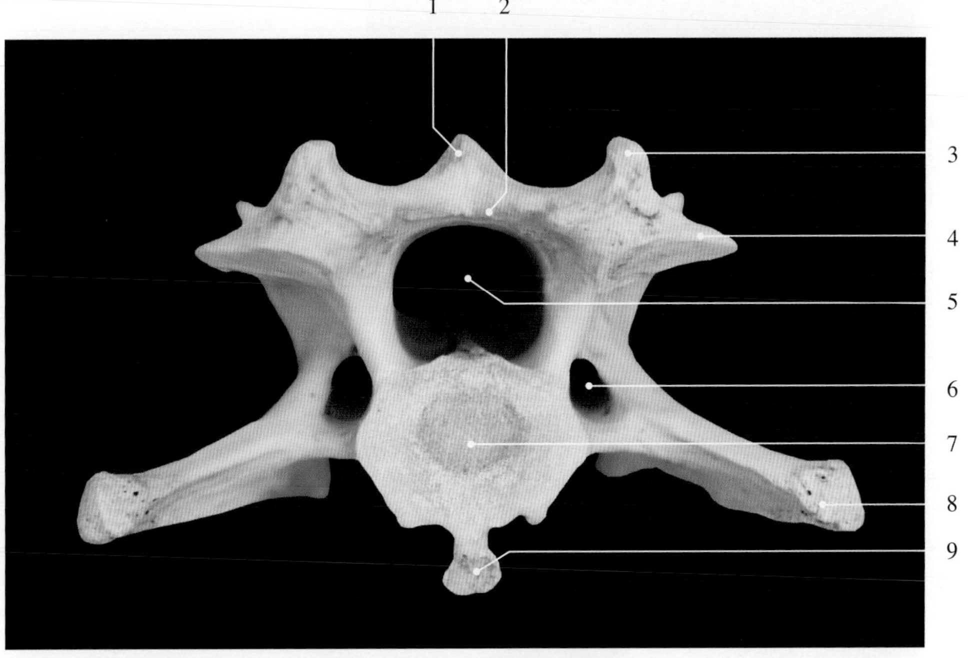

图2-4-31　犬第3颈椎后面观

1. 棘突 spinous process
2. 椎弓 vertebral arch
3. 前关节突 cranial articular process
4. 后关节突 caudal articular process
5. 椎孔 vertebral foramen
6. 横突孔 transverse foramen
7. 椎窝 vertebral fossa
8. 横突后支 caudal branch of transverse process
9. 腹侧结节 ventral tubercle

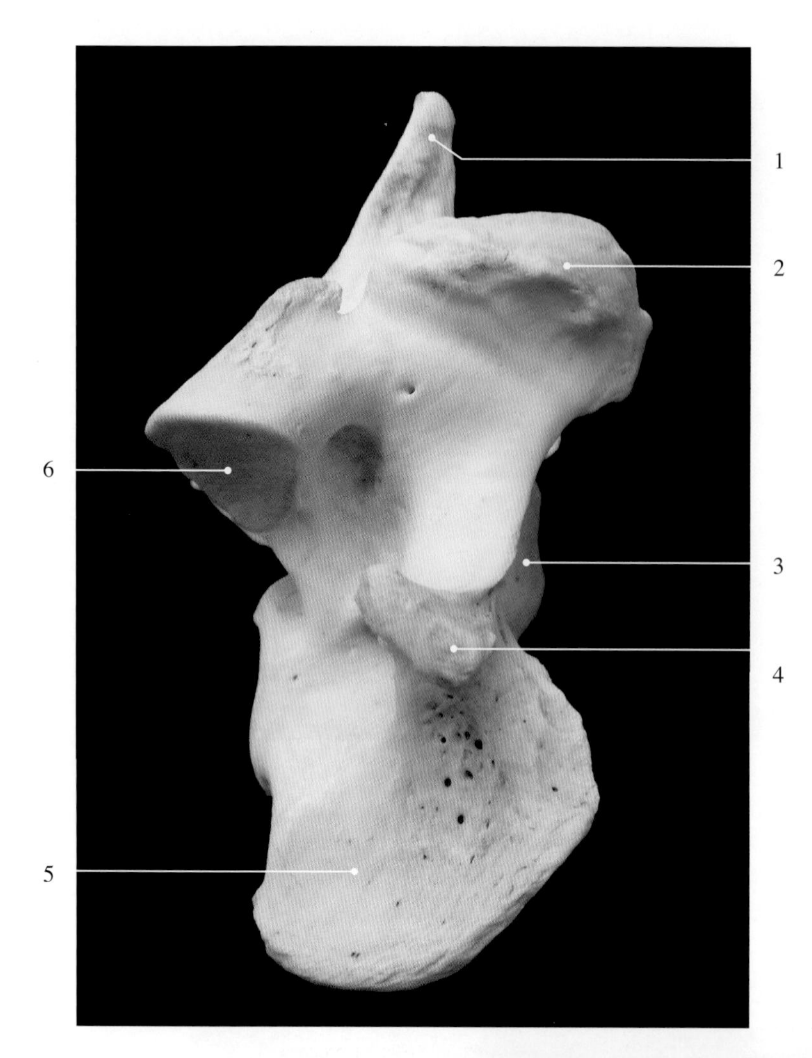

图2-4-32　犬第6颈椎外侧观

1. 棘突 spinous process
2. 前关节突 cranial articular process
3. 椎头 vertebral head
4. 横突前支 cranial branch of transverse process
5. 横突后支 caudal branch of transverse process
6. 后关节突 caudal articular process

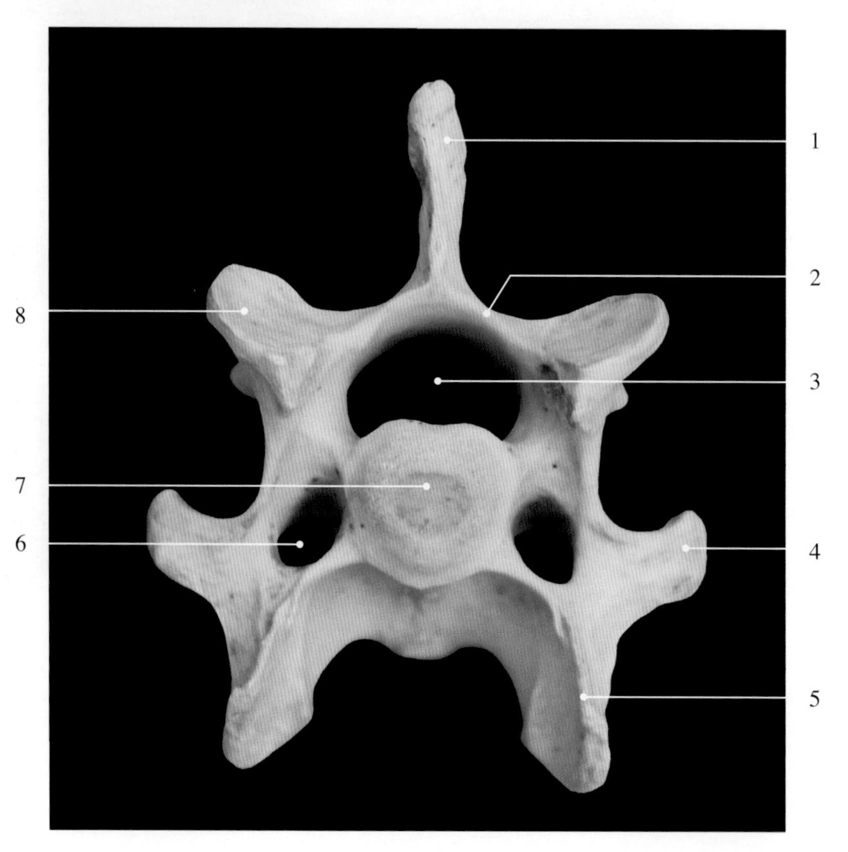

图2-4-33　犬第6颈椎前面观

1. 棘突 spinous process
2. 椎弓 vertebral arch
3. 椎孔 vertebral foramen
4. 横突后支 caudal branch of transverse process
5. 横突前支 cranial branch of transverse process
6. 横突孔 transverse foramen
7. 椎头 vertebral head
8. 前关节突 cranial articular process

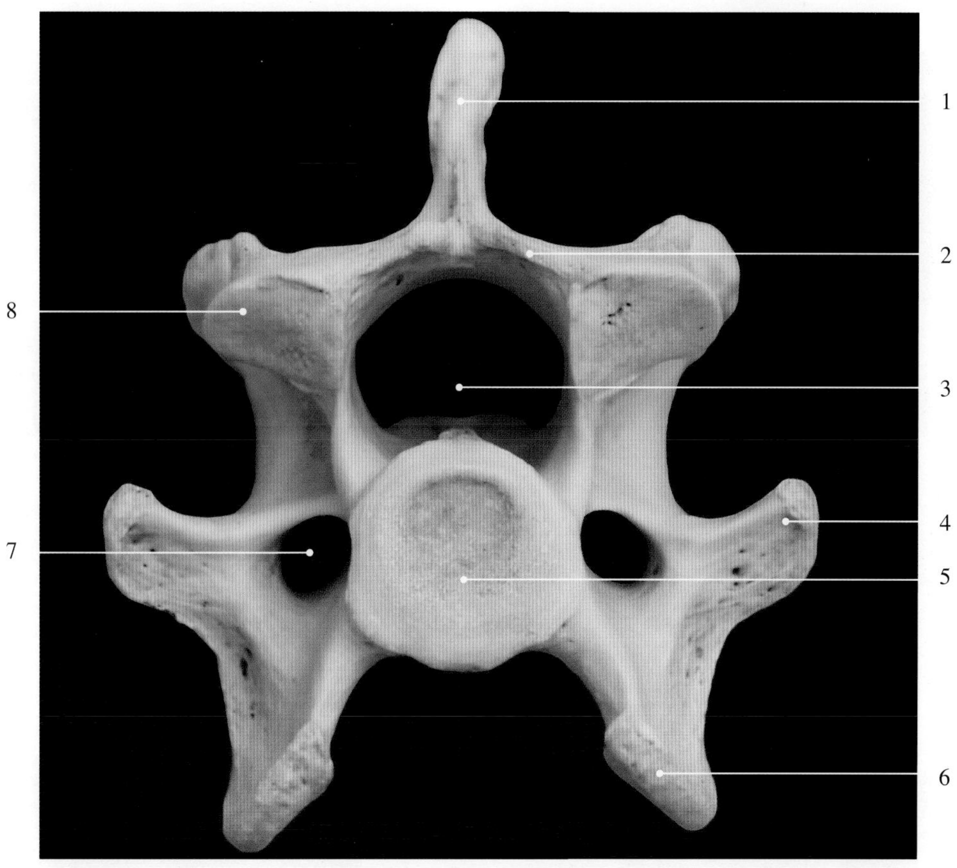

图2-4-34 犬第6颈椎后面观

1. 棘突 spinous process
2. 椎弓 vertebral arch
3. 椎孔 vertebral foramen
4. 横突前支 cranial branch of transverse process
5. 椎窝 vertebral fossa
6. 横突后支 caudal branch of transverse process
7. 横突孔 transverse foramen
8. 后关节突 caudal articular process

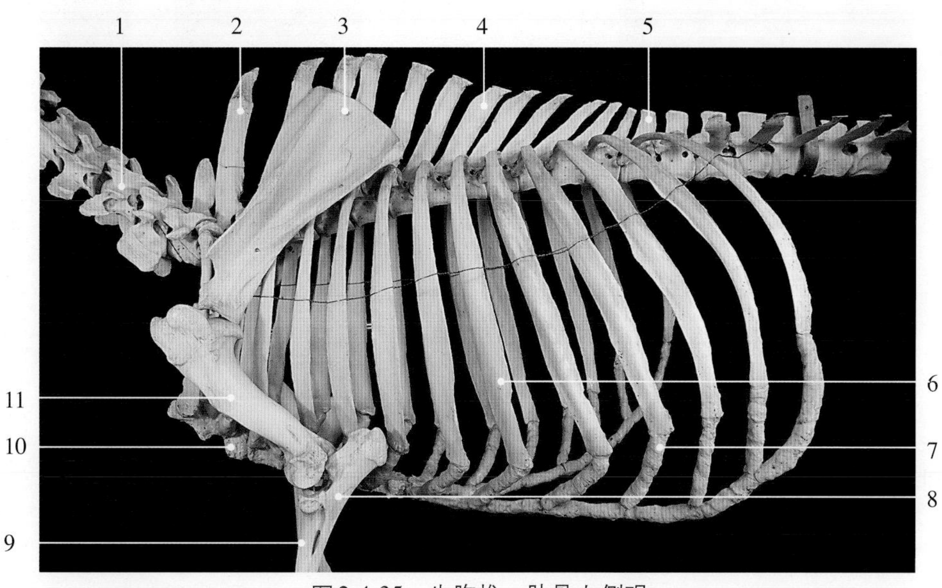

图2-4-35 牛胸椎、肋骨左侧观

1. 第6颈椎 6th cervical vertebrae
2. 第2胸椎 2nd thoracic vertebrae
3. 肩胛骨 scapula
4. 第8胸椎 8th thoracic vertebrae
5. 第1腰椎 1st lumbar vertebrae
6. 第8肋骨 8th costal bone
7. 第10肋软骨 10th costal cartilage
8. 尺骨 ulna
9. 桡骨 radius
10. 胸骨 breast bone, sternum
11. 肱骨 humerus

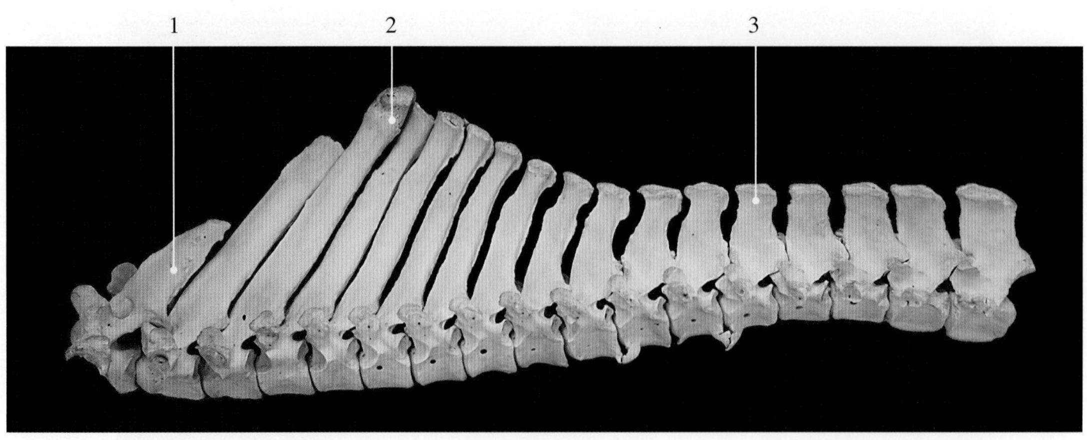

图2-4-36　马胸椎左侧观

胸椎（thoracic vertebrae）：牛、羊13枚，猪14或15枚，马18枚，犬、猫13枚，兔12枚。椎体大小较一致，在椎头和椎窝的两侧均有与肋骨头成关节的前、后肋窝。棘突发达，以2～6（牛）或3～5（马）胸椎的棘突最高，是构成鬐甲的基础。横突短，有小关节面与肋骨结节成关节。

1. 第1胸椎　1st thoracic vertebrae
2. 第3胸椎　3rd thoracic vertebrae
3. 第13胸椎　13th thoracic vertebrae

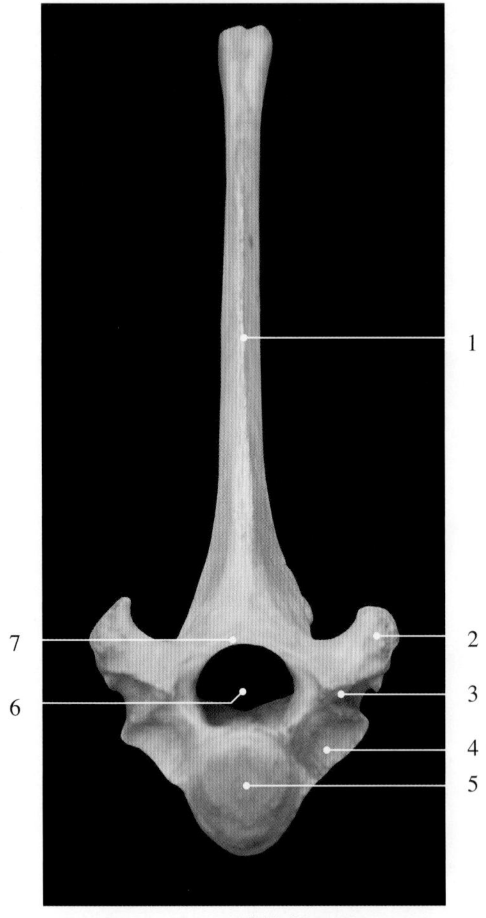

图2-4-37　马胸椎前面观

1. 棘突　spinous process
2. 横突　transverse process
3. 前关节突　cranial articular process
4. 前肋窝　cranial costal fovea
5. 椎头　vertebral head
6. 椎孔　vertebral foramen
7. 椎弓　vertebral arch

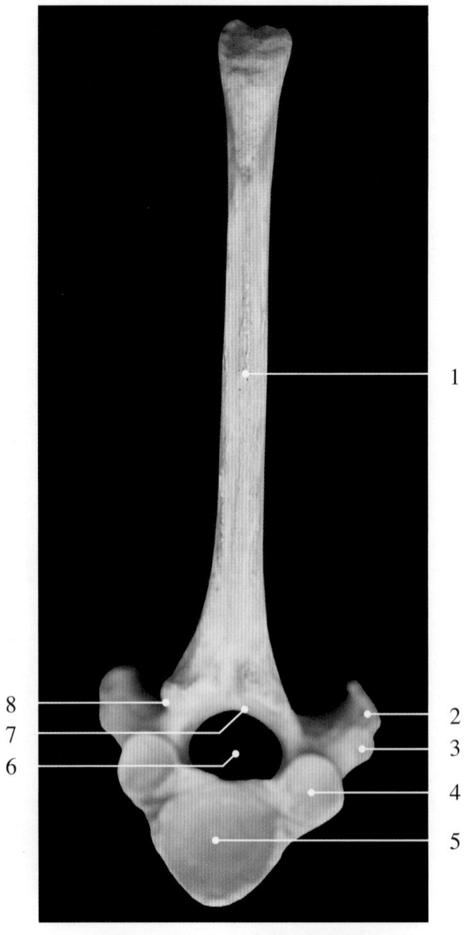

图2-4-38　马胸椎后面观

1. 棘突　spinous process
2. 横突　transverse process
3. 横突肋窝　costal fovea of transverse process
4. 后肋窝　caudal costal fovea
5. 椎窝　vertebral fossa
6. 椎孔　vertebral foramen
7. 椎弓　vertebral arch
8. 后关节突　caudal articular process

图2-4-39　马胸椎外侧观

1. 棘突　spinous process
2. 横突　transverse process
3. 前关节突　cranial articular process
4. 前肋窝　cranial costal fovea
5. 椎头　vertebral head
6. 椎体　vertebral body
7. 横突肋窝　costal fovea of transverse process
8. 后肋窝　caudal costal fovea
9. 椎后切迹　caudal vertebral notch
10. 后关节突　caudal articular process

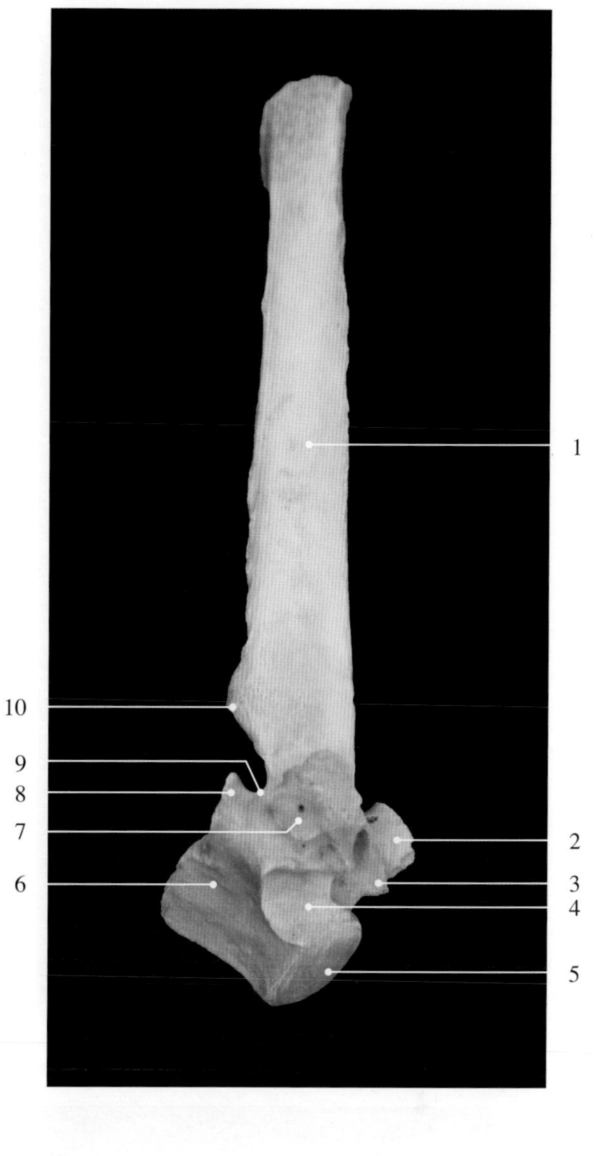

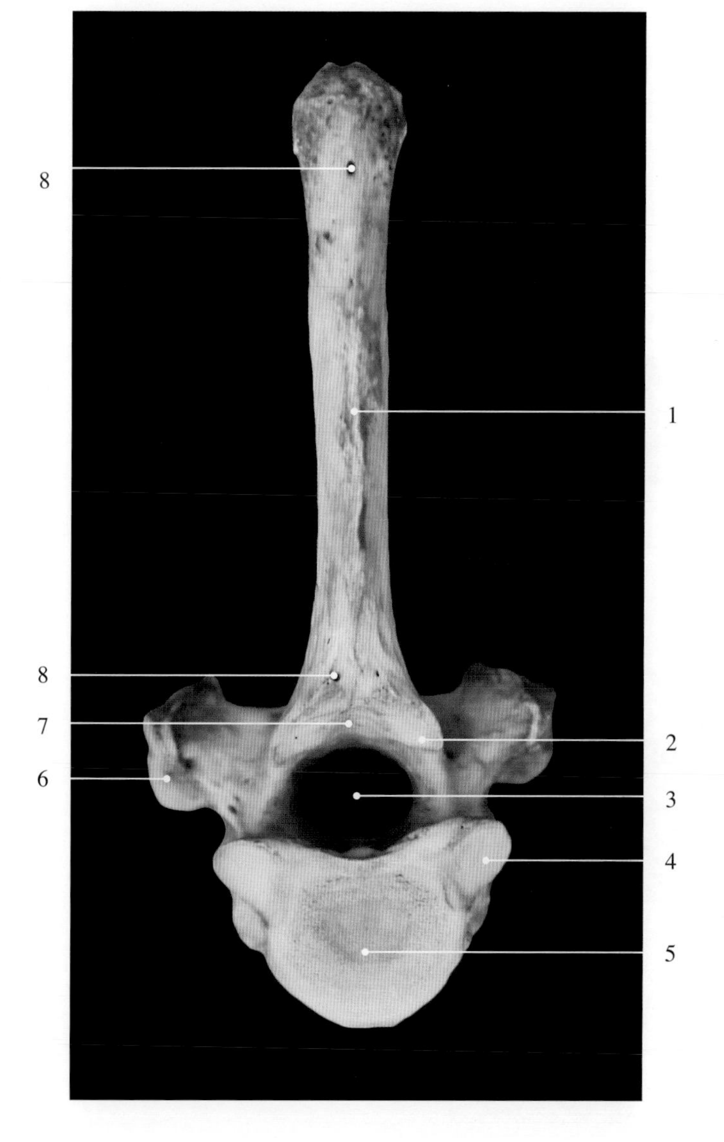

图2-4-40　犬胸椎后面观

1. 棘突　spinous process
2. 后关节突　caudal articular process
3. 椎孔　vertebral foramen
4. 后肋窝　caudal costal fovea
5. 椎窝　vertebral fossa
6. 横突　transverse process
7. 椎弓　vertebral arch
8. 滋养孔　nutrient foramen

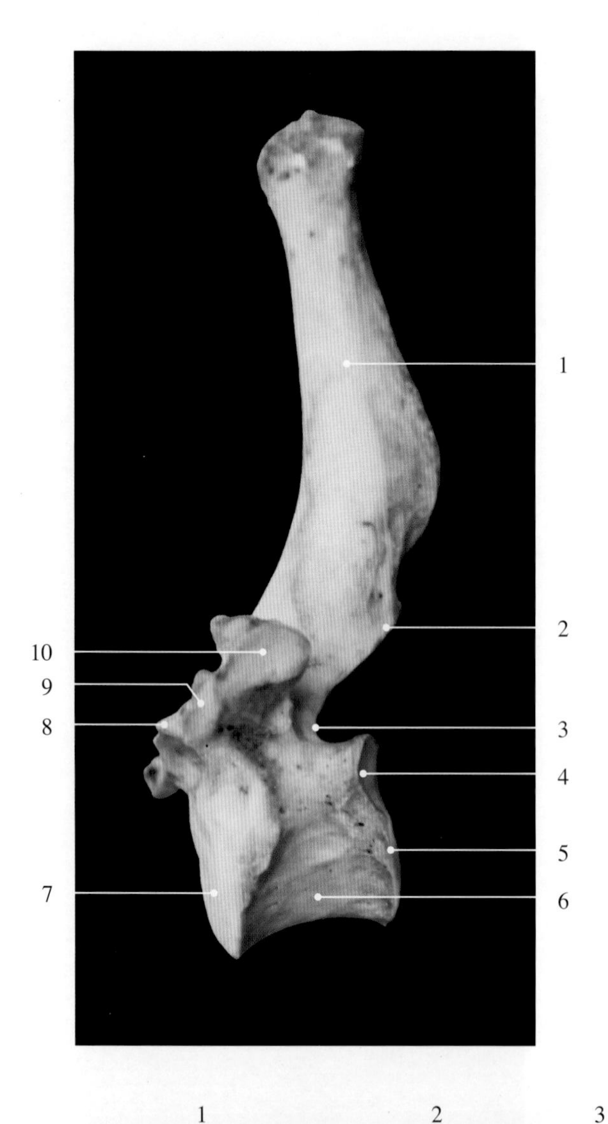

图2-4-41　犬胸椎外侧观

1. 棘突　spinous process
2. 后关节突　caudal articular process
3. 椎后切迹　caudal vertebral notch
4. 后肋窝　caudal costal fovea
5. 椎窝　vertebral fossa
6. 椎体　vertebral body
7. 椎头　vertebral head
8. 椎弓　vertebral arch
9. 前关节突　cranial articular process
10. 横突　transverse process

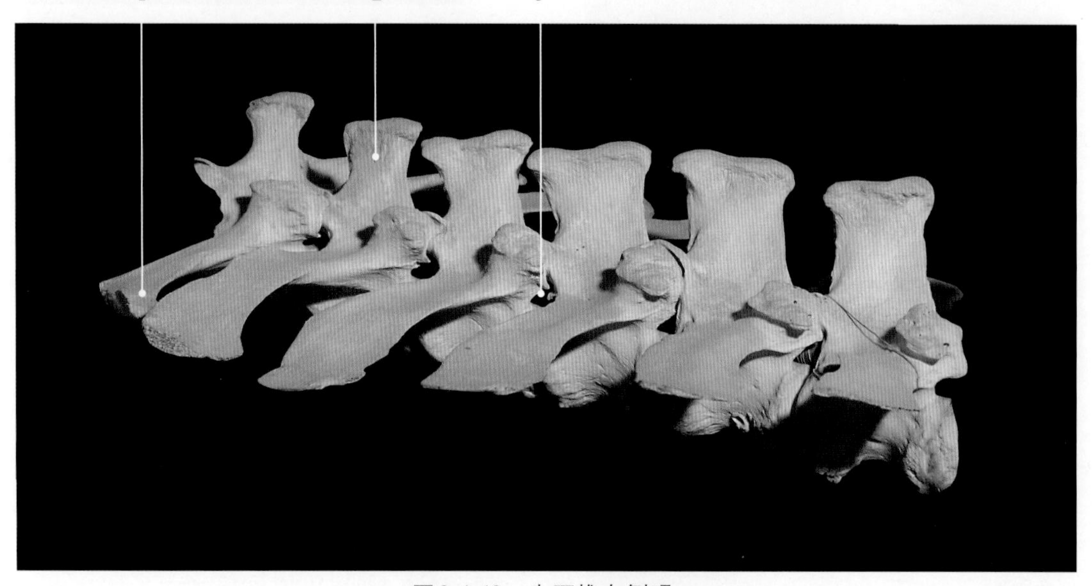

图2-4-42　牛腰椎右侧观

腰椎（lumbar vertebrae）：牛和马6枚，驴和骡常为5枚，猪和羊6或7枚，犬、猫和兔为7枚。腰椎椎体长度与胸椎相近；棘突较发达，其高度与后段胸椎的相等；横突长，牛的腰椎横突更长，呈上下压扁的板状，伸向外侧，有利于扩大腹腔顶壁的横径。

1. 横突　transverse process　　2. 棘突　spinous process　　3. 椎间孔　intervertebral foramen

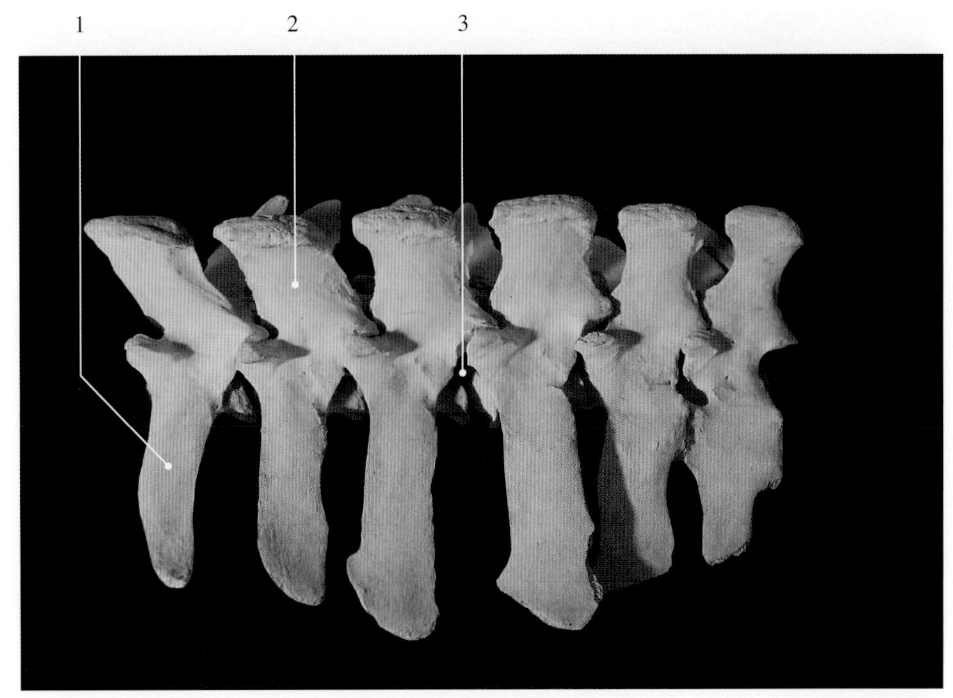

图2-4-43　马腰椎左侧观

1. 横突　transverse process
2. 棘突　spinous process
3. 椎间孔　intervertebral foramen

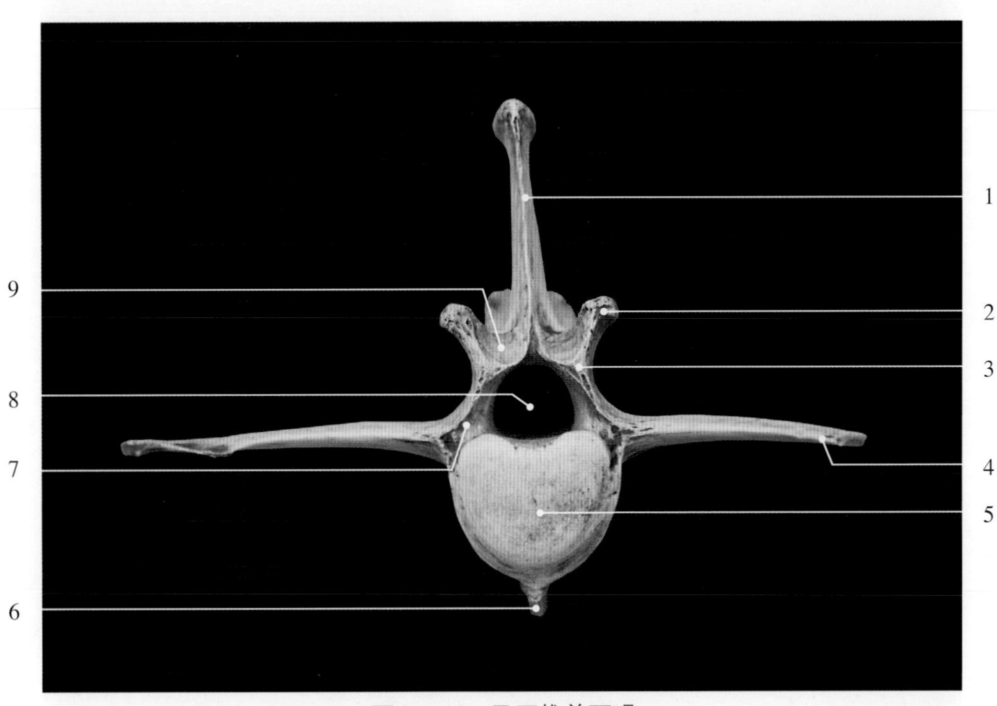

图2-4-44　马腰椎前面观

1. 棘突　spinous process
2. 乳突　mamillary process
3. 椎弓　vertebral arch
4. 横突　transverse process
5. 椎头　vertebral head
6. 腹侧嵴　ventral crest
7. 椎前切迹　cranial vertebral notch
8. 椎孔　vertebral foramen
9. 前关节突　cranial articular process

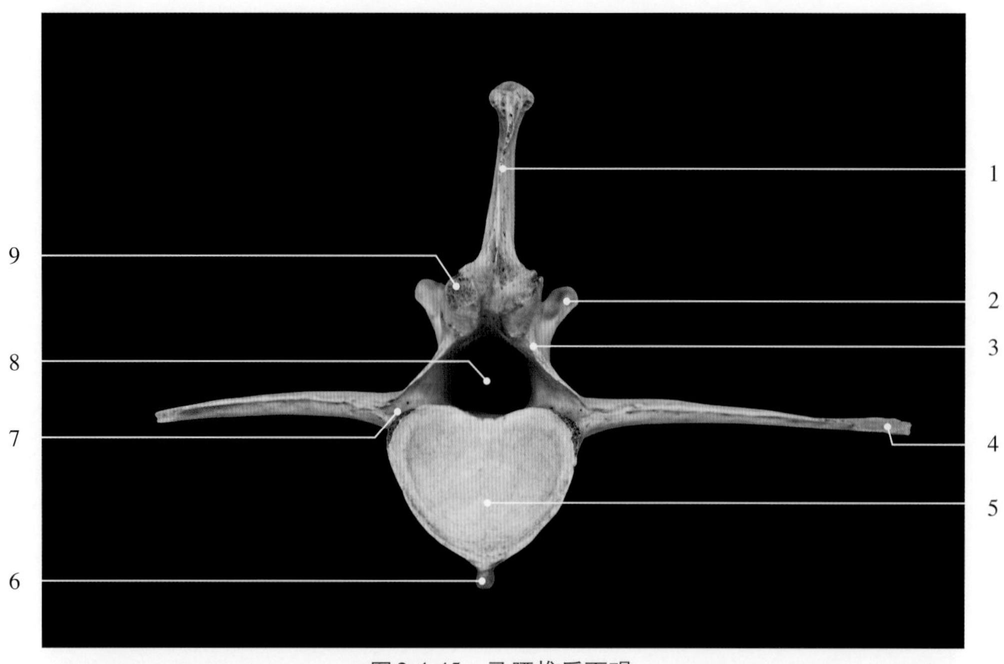

图2-4-45 马腰椎后面观

1. 棘突 spinous process
2. 乳突 mamillary process
3. 椎弓 vertebral arch
4. 横突 transverse process
5. 椎窝 vertebral fossa
6. 腹侧嵴 ventral crest
7. 椎后切迹 caudal vertebral notch
8. 椎孔 vertebral foramen
9. 后关节突 caudal articular process

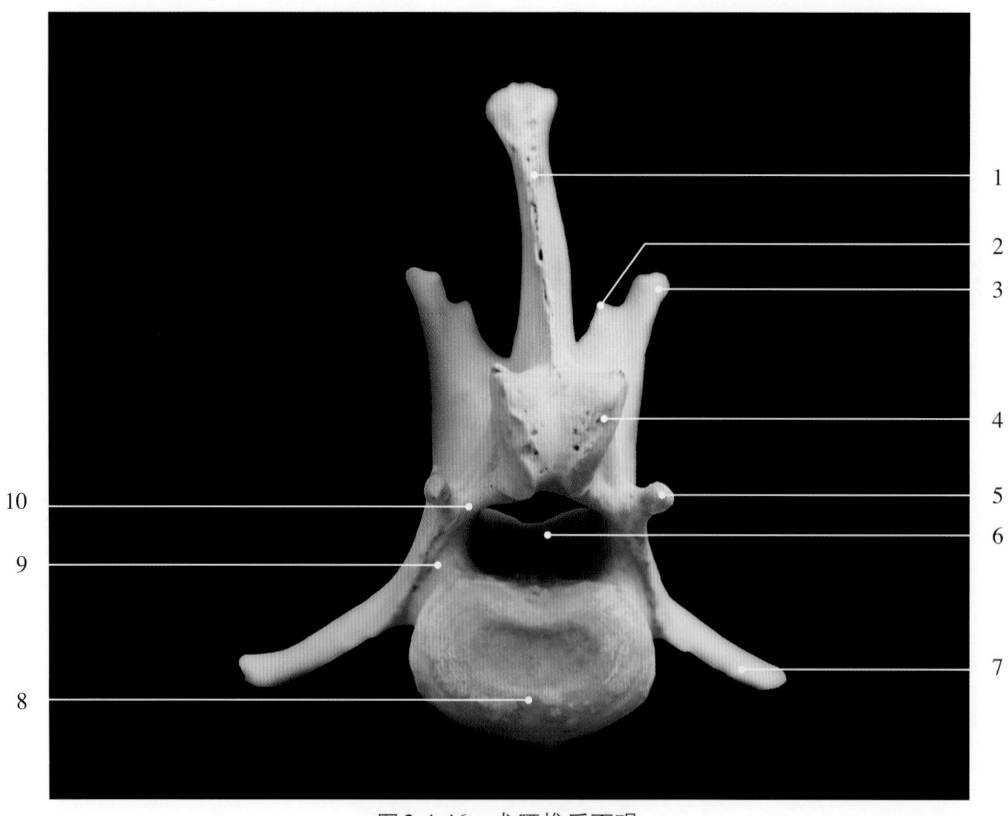

图2-4-46 犬腰椎后面观

1. 棘突 spinous process
2. 前关节突 cranial articular process
3. 乳突 mamillary process
4. 后关节突 caudal articular process
5. 副突 accessory process
6. 椎孔 vertebral foramen
7. 横突 transverse process
8. 椎窝 vertebral fossa
9. 椎后切迹 caudal vertebral notch
10. 椎弓 vertebral arch

图2-4-47　犬腰椎前面观

1. 棘突 spinous process
2. 后关节突 caudal articular process
3. 乳突 mamillary process
4. 椎弓 vertebral arch
5. 横突 transverse process
6. 椎头 vertebral head
7. 椎孔 vertebral foramen
8. 前关节突 cranial articular process
9. 副突 accessory process

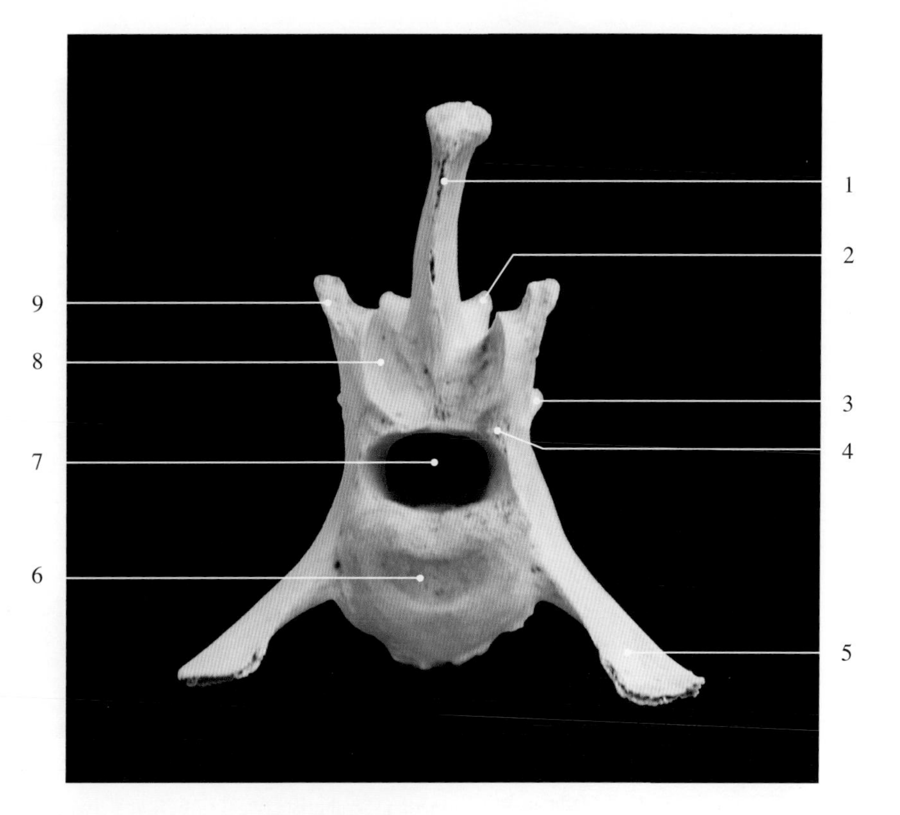

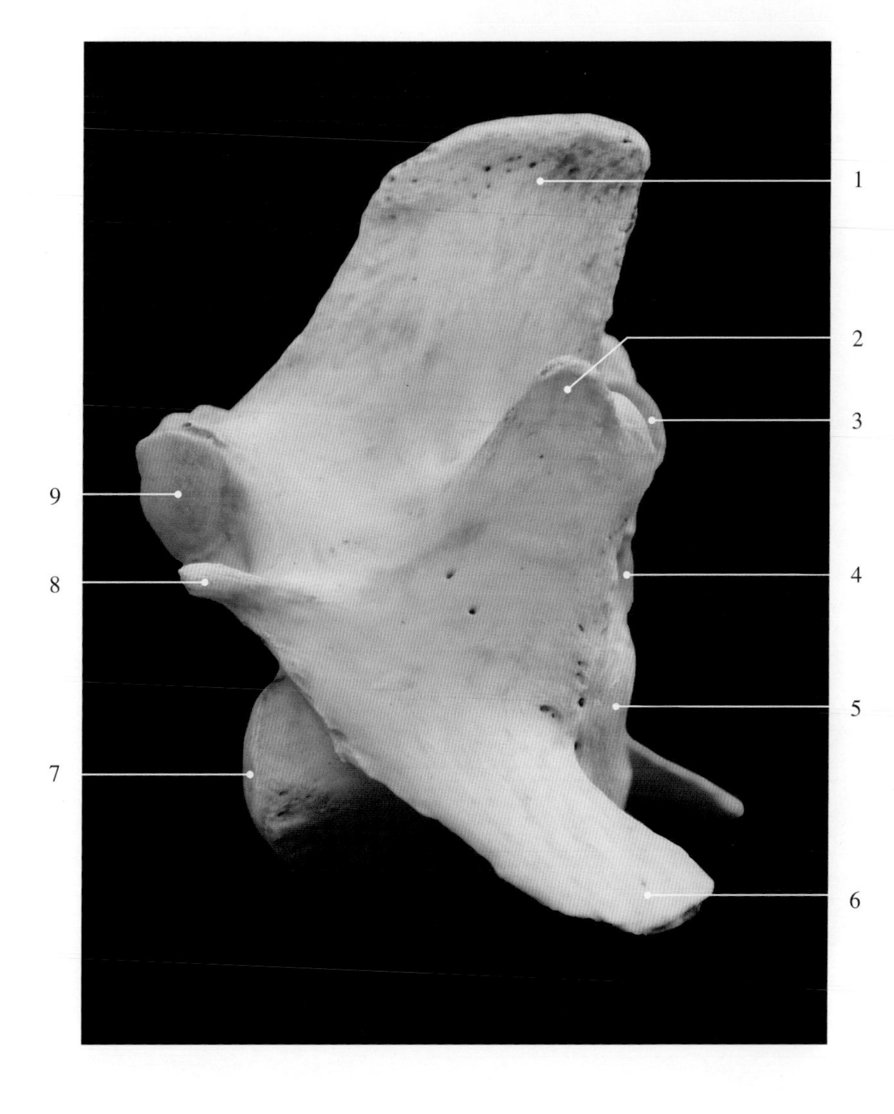

图2-4-48　犬腰椎外侧观

1. 棘突 spinous process
2. 乳突 mamillary process
3. 前关节突 cranial articular process
4. 椎孔 vertebral foramen
5. 椎头 vertebral head
6. 横突 transverse process
7. 椎窝 vertebral fossa
8. 副突 accessory process
9. 后关节突 caudal articular process

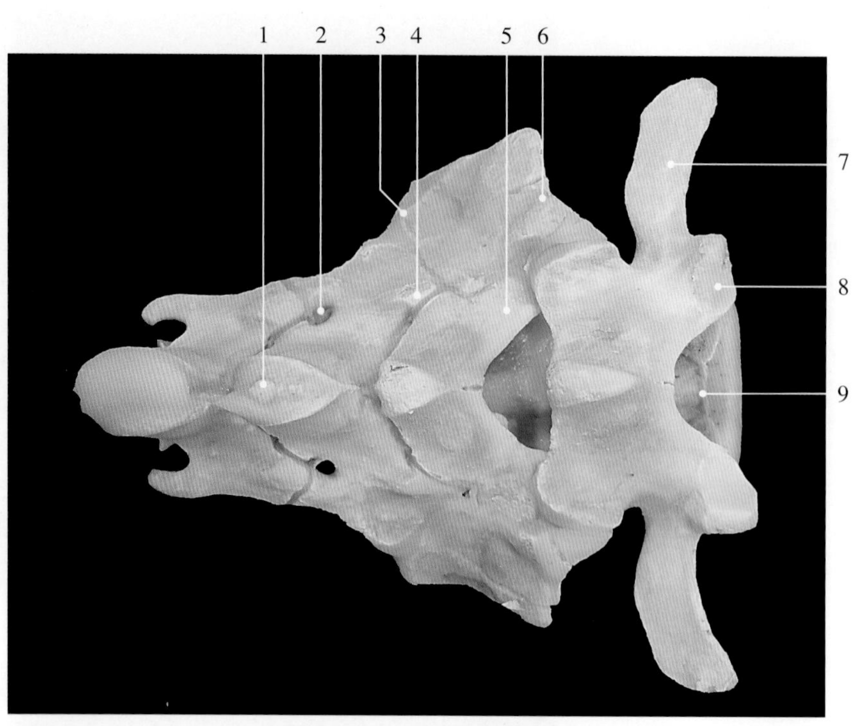

图2-4-49　犊牛荐骨背侧观

1. 荐正中嵴　intermedial sacral crista
2. 荐背侧孔　dorsal sacral foramen
3. 荐外侧嵴　lateral sacral crest
4. 荐中间嵴　intermediate sacral crest
5. 椎弓　vertebral arch
6. 荐骨翼　wing of sacrum
7. 腰椎横突　transverse process of lumbar vertebra
8. 前关节突　cranial articular process
9. 椎孔　vertebral foramen

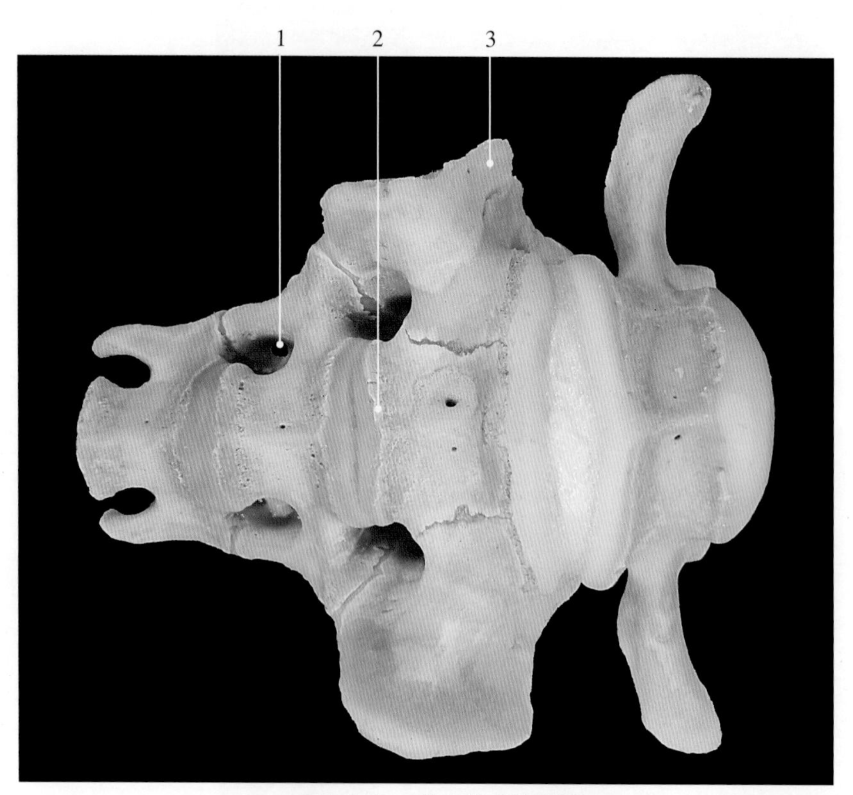

图2-4-50　犊牛荐骨腹侧观

1. 荐腹侧孔　ventral sacral foramen
2. 横线　transverse line
3. 荐骨翼　wing of sacrum

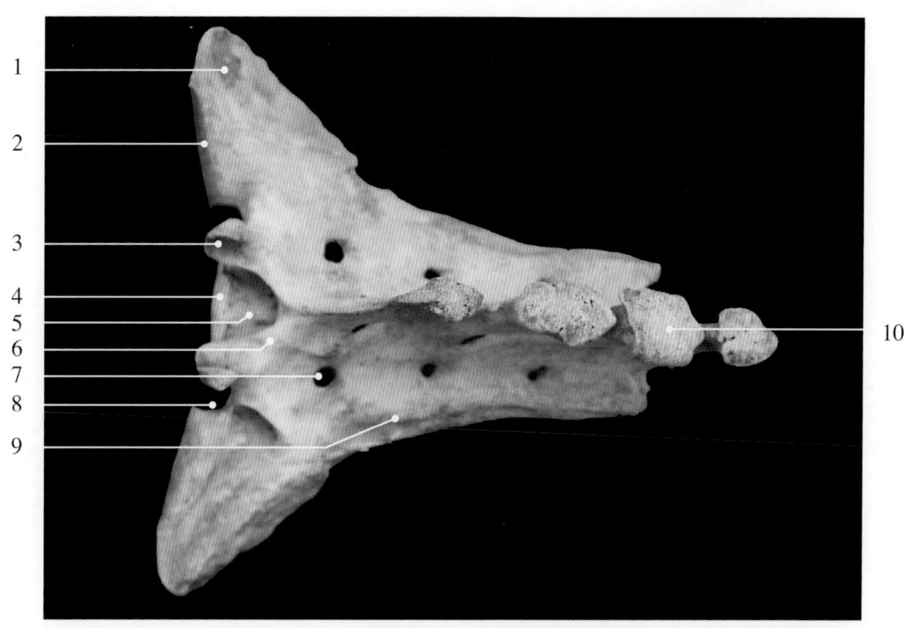

图2-4-51　马荐骨背侧观

荐椎（sacral vertebrae）：牛和马均5枚，驴常为6枚，羊、猪和兔4枚，犬和猫3枚，是构成骨盆腔顶壁的基础。成年家畜的荐椎愈合在一起，称为荐骨。荐骨前端两侧的突出部叫荐骨翼。第1荐椎椎体腹侧缘前端的突出部叫荐骨岬。荐骨的背面和盆面每侧各有4个孔，分别叫荐背侧孔和荐盆侧孔，是血管和神经的通路。牛的荐骨愈合较完全，腹侧面凹，荐盆侧孔也大，棘突顶端愈合形成粗厚的荐骨正中嵴。马的荐骨呈三角形，棘突未愈合。猪的荐骨愈合较晚，棘突不发达。

1. 荐骨翼及耳状关节面　wing of sacrum and auricular articular surface
2. 关节面　articular surface
3. 前关节突　cranial articular process
4. 第1荐椎椎头　vertebral head of 1st sacrum
5. 椎孔　vertebral foramen
6. 椎弓　vertebral arch
7. 荐背侧孔　dorsal sacral foramen
8. 切迹　notch
9. 荐外侧嵴　lateral sacral crest
10. 棘突　spinous process

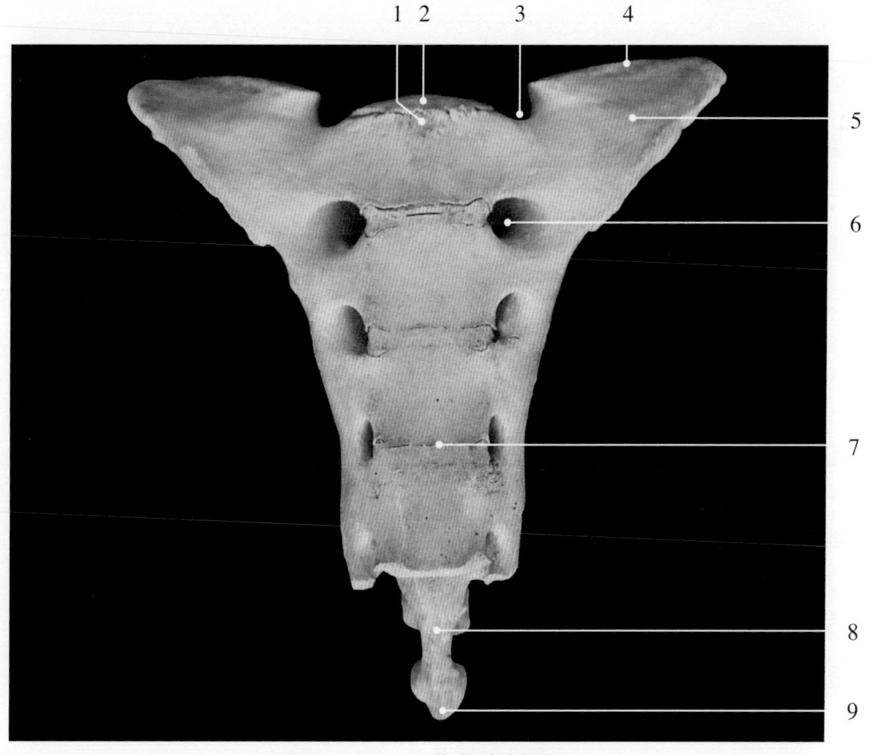

图2-4-52　马荐骨腹侧观

1. 荐骨岬　promontory of sacrum
2. 第1荐椎椎头　vertebral head of 1st sacrum
3. 切迹　notch
4. 关节面　articular surface
5. 荐骨翼　wing of sacrum
6. 荐腹侧孔　ventral sacral foramen
7. 横线　transverse line
8. 荐骨尖　apex of sacrum
9. 尖突　cuspides

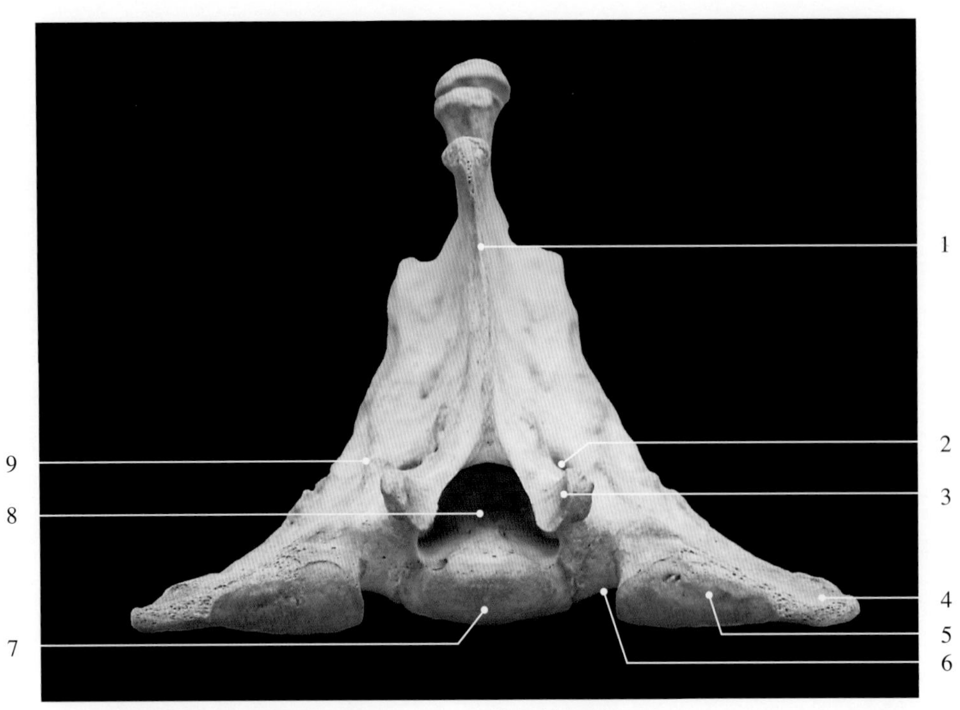

图2-4-53　马荐骨前面观

1. 棘突 spinous process
2. 荐背侧孔 dorsal sacral foramen
3. 前关节突 cranial articular process
4. 荐骨翼 wing of sacrum
5. 关节面 articular surface
6. 切迹 notch
7. 第1荐椎椎头 vertebral head of 1st sacrum
8. 椎孔 vertebral foramen
9. 荐外侧嵴 lateral sacral crest

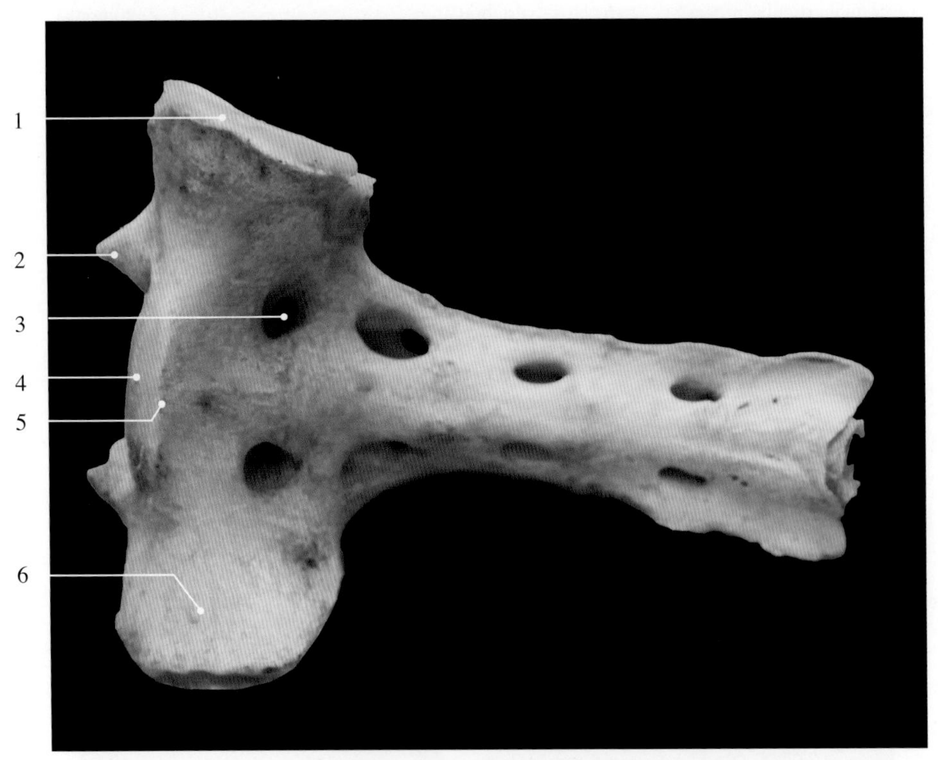

图2-4-54　犬荐骨腹侧观

1. 耳状关节面 auricular articular surface
2. 前关节突 cranial articular process
3. 荐腹侧孔 ventral sacral foramen
4. 第1荐椎椎头 vertebral head of 1st sacrum
5. 荐骨岬 promontory of sacrum
6. 荐骨翼 wing of sacrum

图2-4-55　牛尾椎

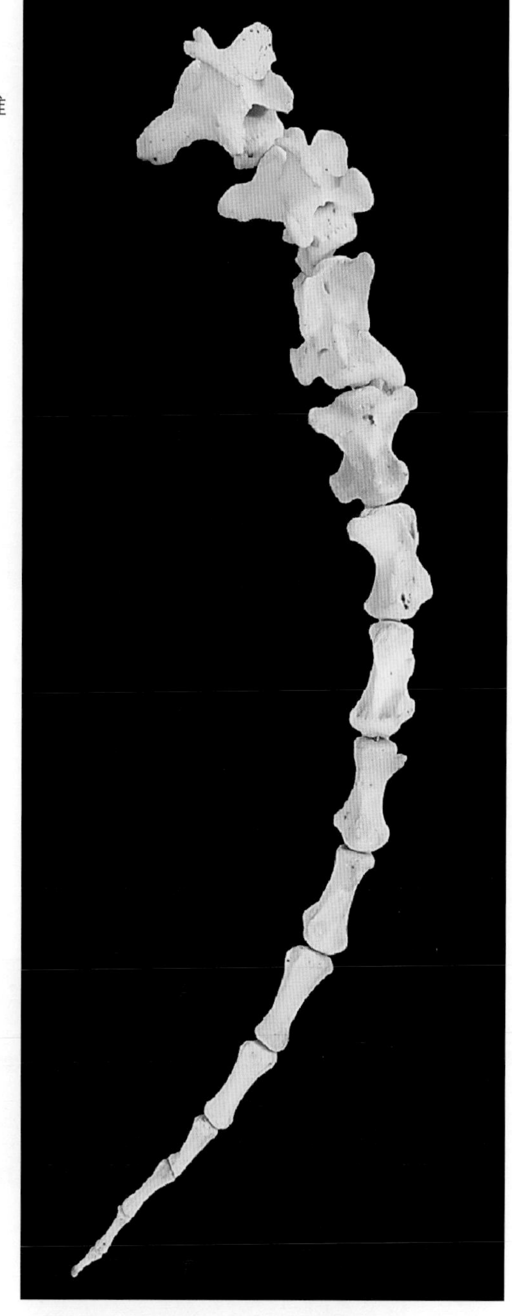

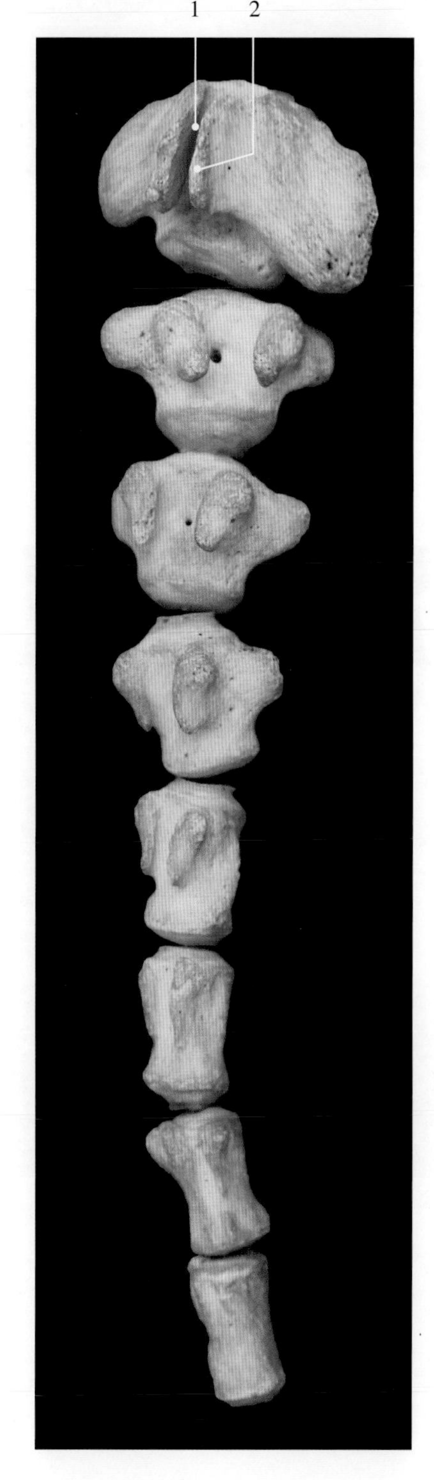

图2-4-56　马尾椎腹侧观

尾椎（coccygeal vertebrae）：数目变化大，牛有18～20枚，马有14～21枚，羊有3～24枚，猪有20～23枚，兔有10枚，犬有20～30枚。除前3或4枚尾椎具有椎骨的一般构造外，其余尾椎椎弓、棘突和横突则逐渐退化，仅保留有椎体。牛前几个尾椎椎体腹侧有成对腹棘，中间形成一血管沟，供尾中动脉通过。

1. 血管弓 hemal arch　　2. 血管突 hemal process

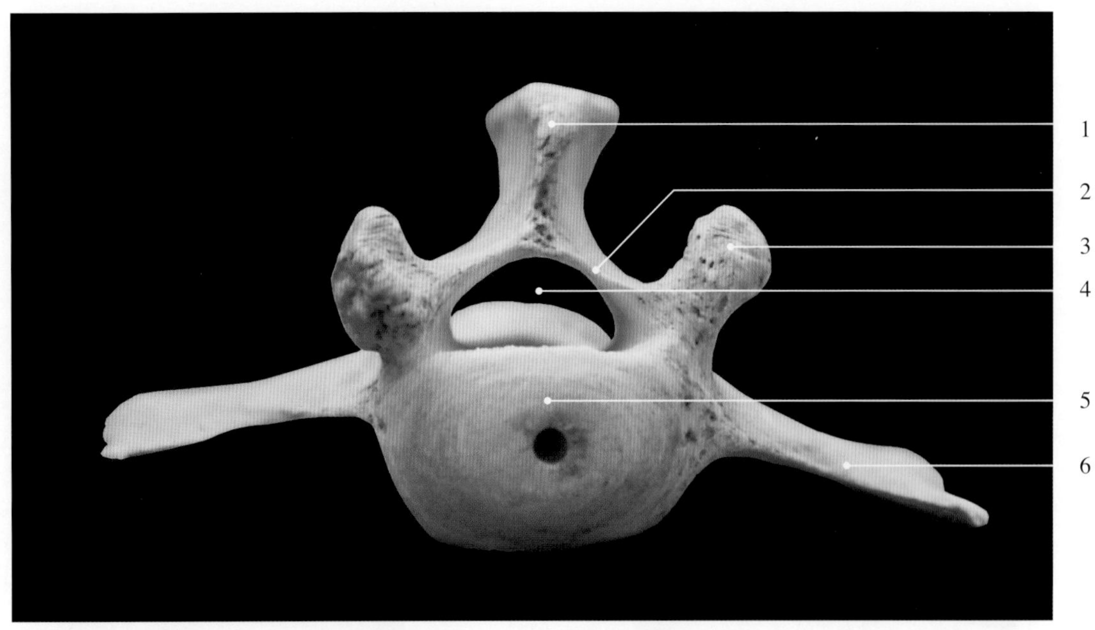

图2-4-57　马第1尾椎前面观

1. 棘突　spinous process
2. 椎弓　vertebral arch
3. 关节突　articular process
4. 椎孔　vertebral foramen
5. 椎头　vertebral head
6. 横突　transverse process

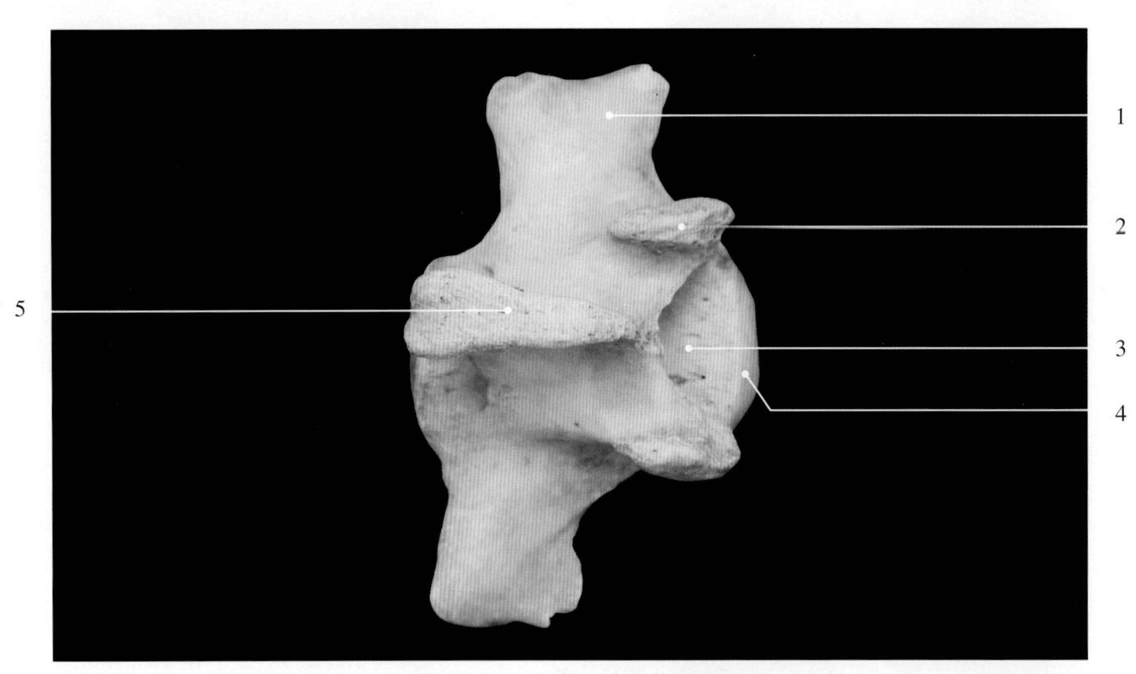

图2-4-58　马第1尾椎背侧观

1. 横突　transverse process
2. 关节突　articular process
3. 椎孔　vertebral foramen
4. 椎头　vertebral head
5. 棘突　spinous process

图2-4-59　牛肋骨外侧观

肋（rib）包括肋骨和肋软骨。肋骨（costal bone）构成胸廓的侧壁，左右成对。其对数与胸椎数目相同。肋骨的椎骨端（近端）有肋骨小头和肋骨结节，分别与相应的胸椎椎体和横突成关节；肋骨的下端接肋软骨（costal cartilage），经肋软骨与胸骨直接相接的肋骨称真肋。一般真肋有8对，但猪、犬分别为7和9对。肋软骨不与胸骨直接相连，而是连于前一肋软骨上的肋骨为假肋。肋软骨不与其他肋相接的肋骨为浮肋。最后肋骨与各假肋的肋软骨依次连结形成的弓形结构称为肋弓，作为胸廓的后界。

1. 肋（骨）角　angle of rib
2. 肋（骨）结节　costal tubercle
3. 肋（骨）颈　neck of rib
4. 肋（骨）小头　head of rib
5. 肋骨干　shaft of rib

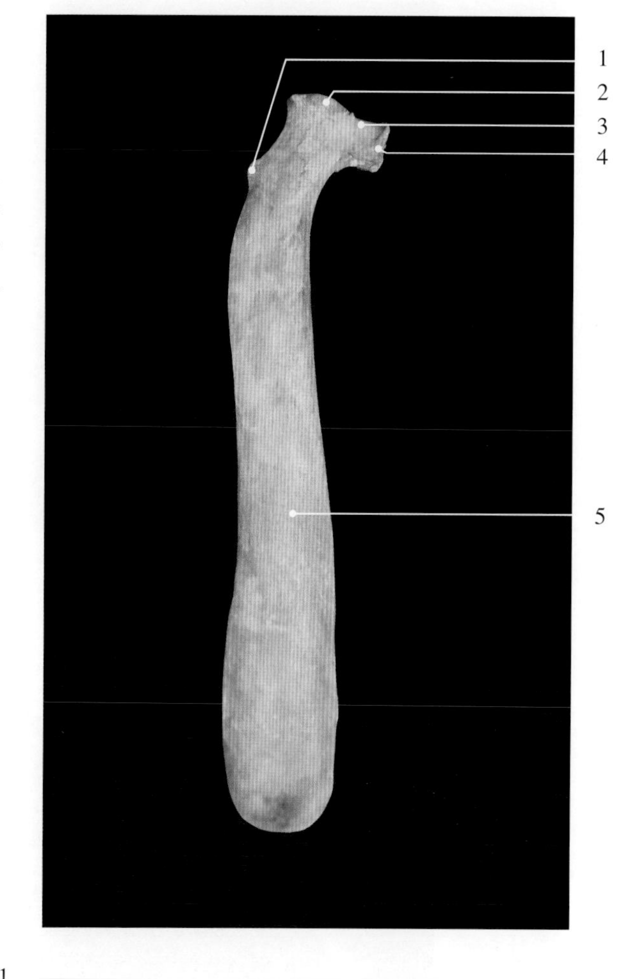

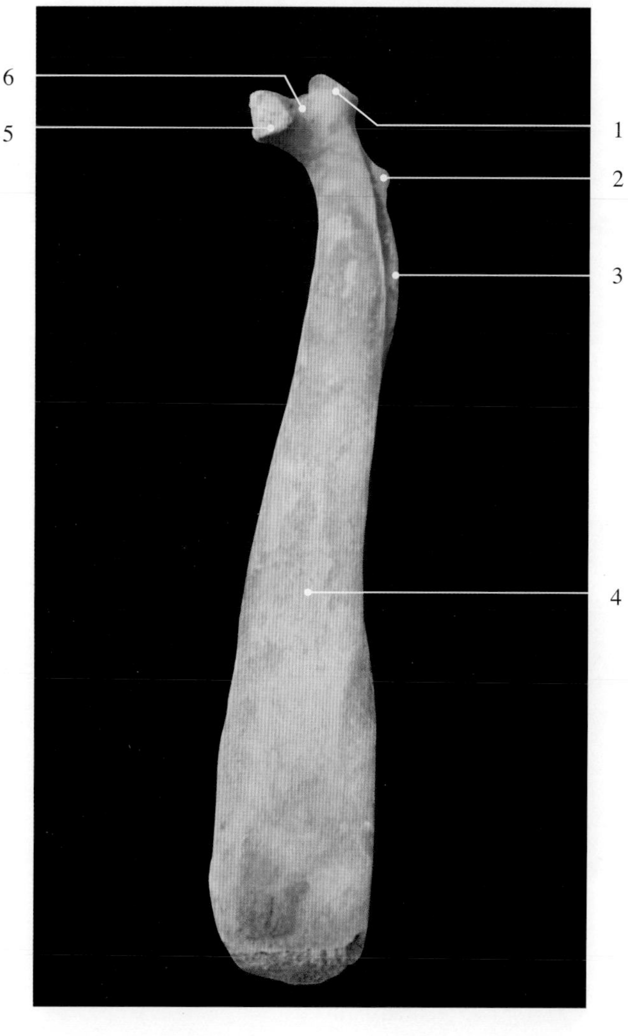

图2-4-60　牛肋骨内侧观

1. 肋（骨）结节　costal tubercle
2. 肋（骨）角　angle of rib
3. 肋（骨）沟　costal groove
4. 肋骨干　shaft of rib
5. 肋（骨）小头　head of rib
6. 肋（骨）颈　neck of rib

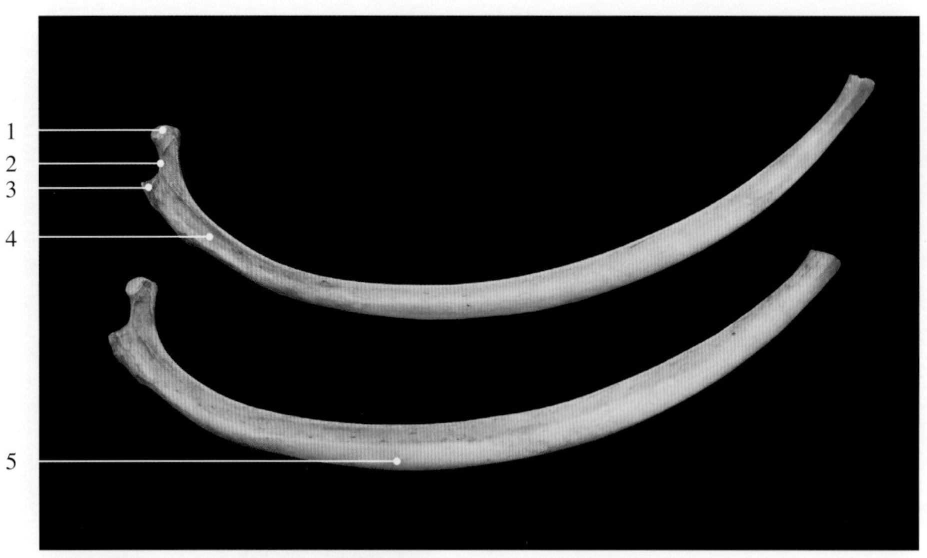

图2-4-61　马肋骨后外侧观

1. 肋（骨）小头 head of rib
2. 肋（骨）颈 neck of rib
3. 肋（骨）结节 costal tubercle
4. 肋（骨）沟 costal groove
5. 肋骨干 shaft of rib

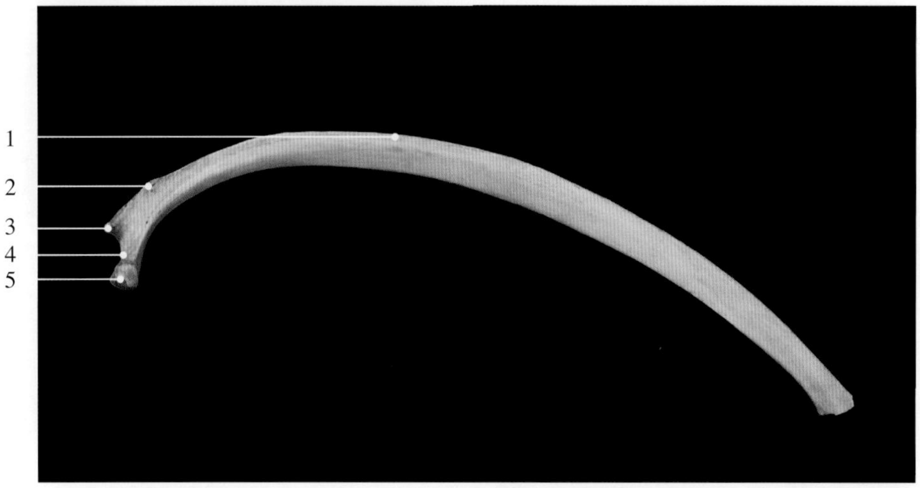

图2-4-62　马肋骨前内侧观

1. 肋骨干 shaft of rib
2. 肋（骨）角 angle of rib
3. 肋（骨）结节 costal tubercle
4. 肋（骨）颈 neck of rib
5. 肋（骨）小头 head of rib

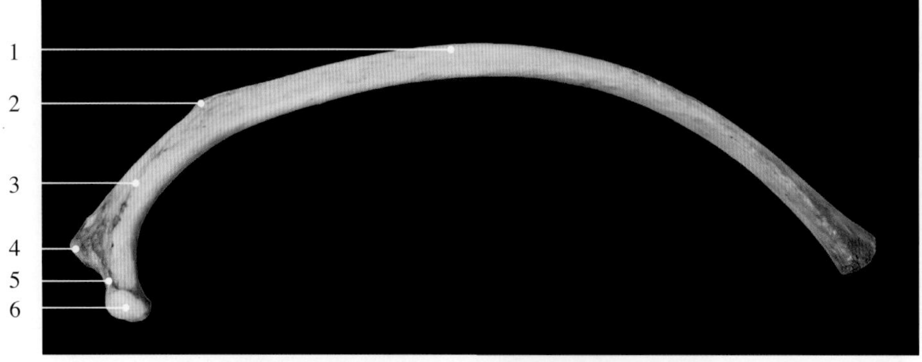

图2-4-63　犬肋骨外侧观

1. 肋骨干 shaft of rib
2. 肋（骨）角 angle of rib
3. 肋（骨）沟 costal groove
4. 肋（骨）结节 costal tubercle
5. 肋（骨）颈 neck of rib
6. 肋（骨）小头 head of rib

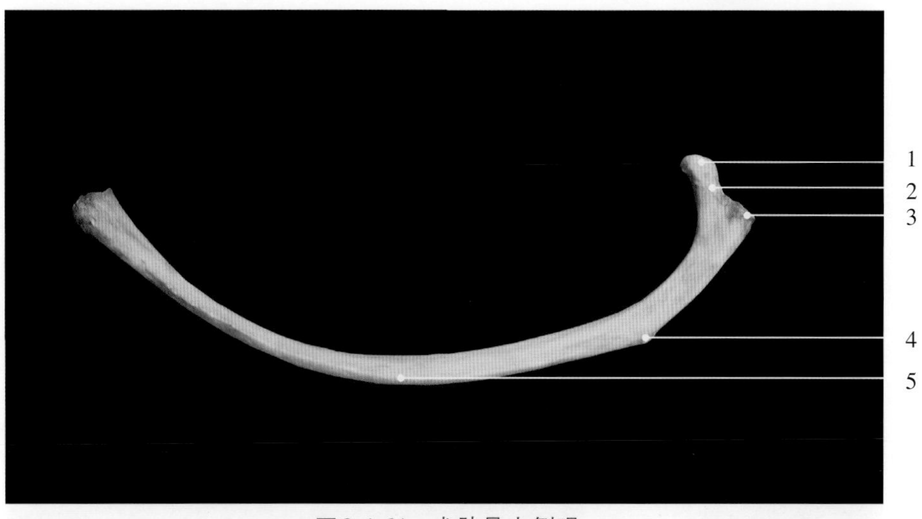

图2-4-64　犬肋骨内侧观

1. 肋（骨）小头　head of rib
2. 肋（骨）颈　neck of rib
3. 肋（骨）结节　costal tubercle
4. 肋（骨）角　angle of rib
5. 肋骨干　shaft of rib

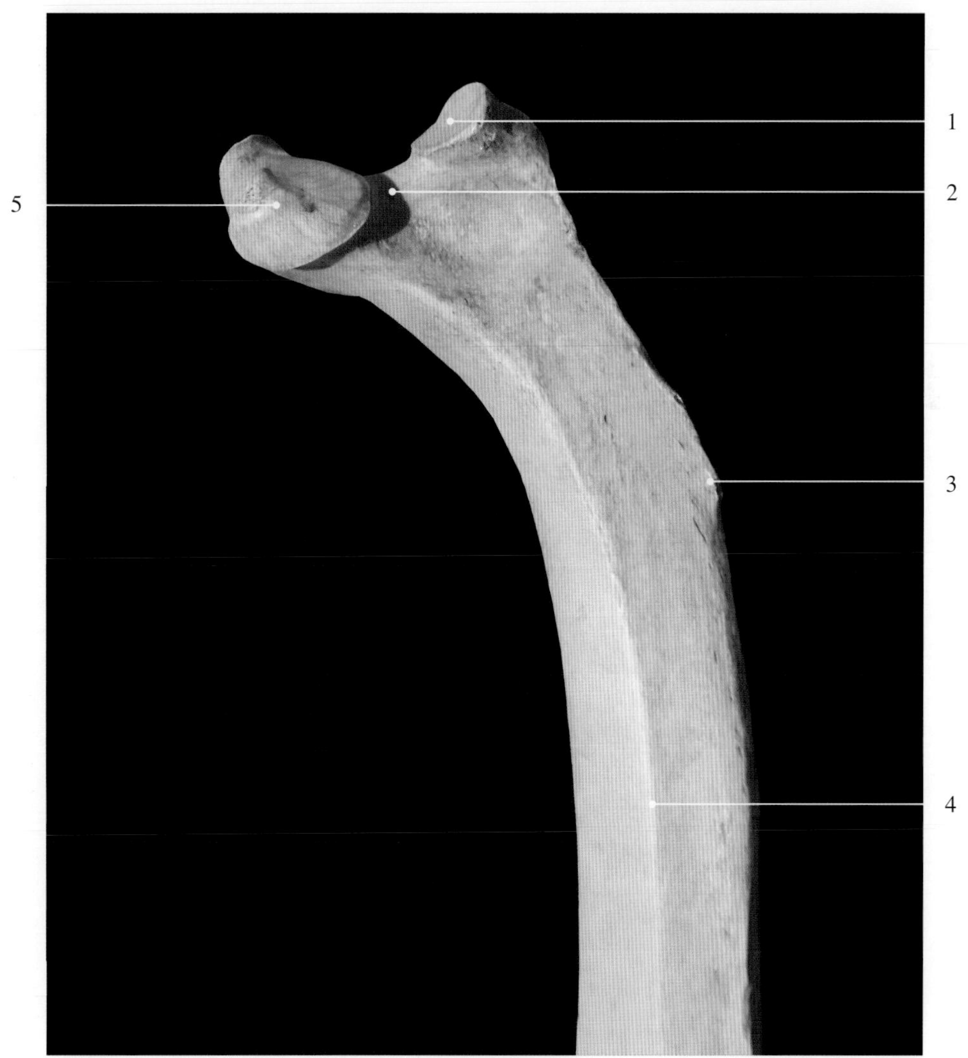

图2-4-65　马肋骨头内侧观

1. 肋（骨）结节　costal tubercle
2. 肋（骨）颈　neck of rib
3. 肋（骨）角　angle of rib
4. 肋骨干　shaft of rib
5. 肋（骨）小头　head of rib

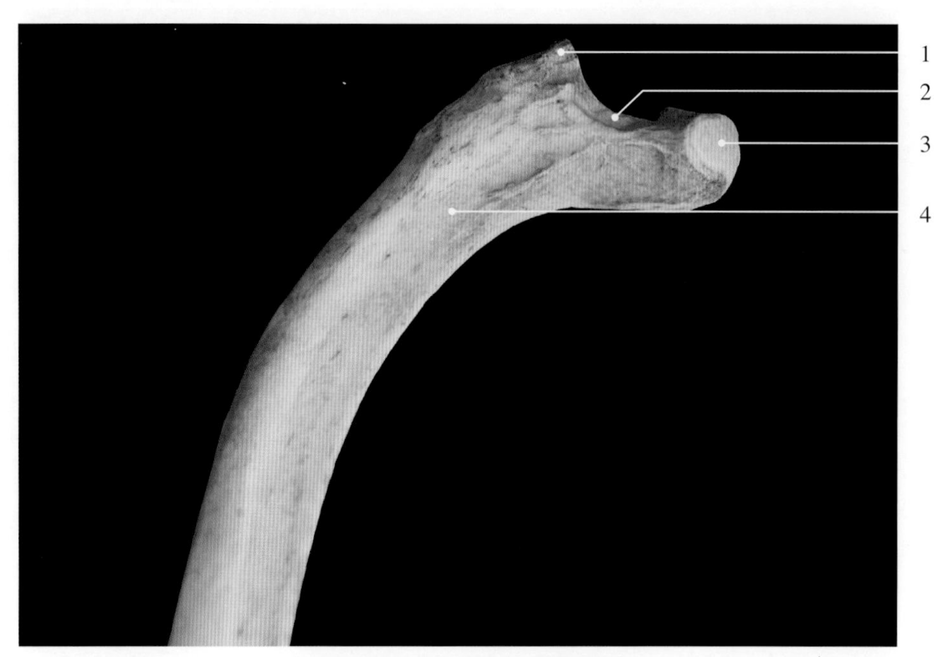

图2-4-66　马肋骨头外侧观

1. 肋（骨）结节 costal tubercle
2. 肋（骨）颈 neck of rib
3. 肋（骨）小头 head of rib
4. 肋（骨）沟 costal groove

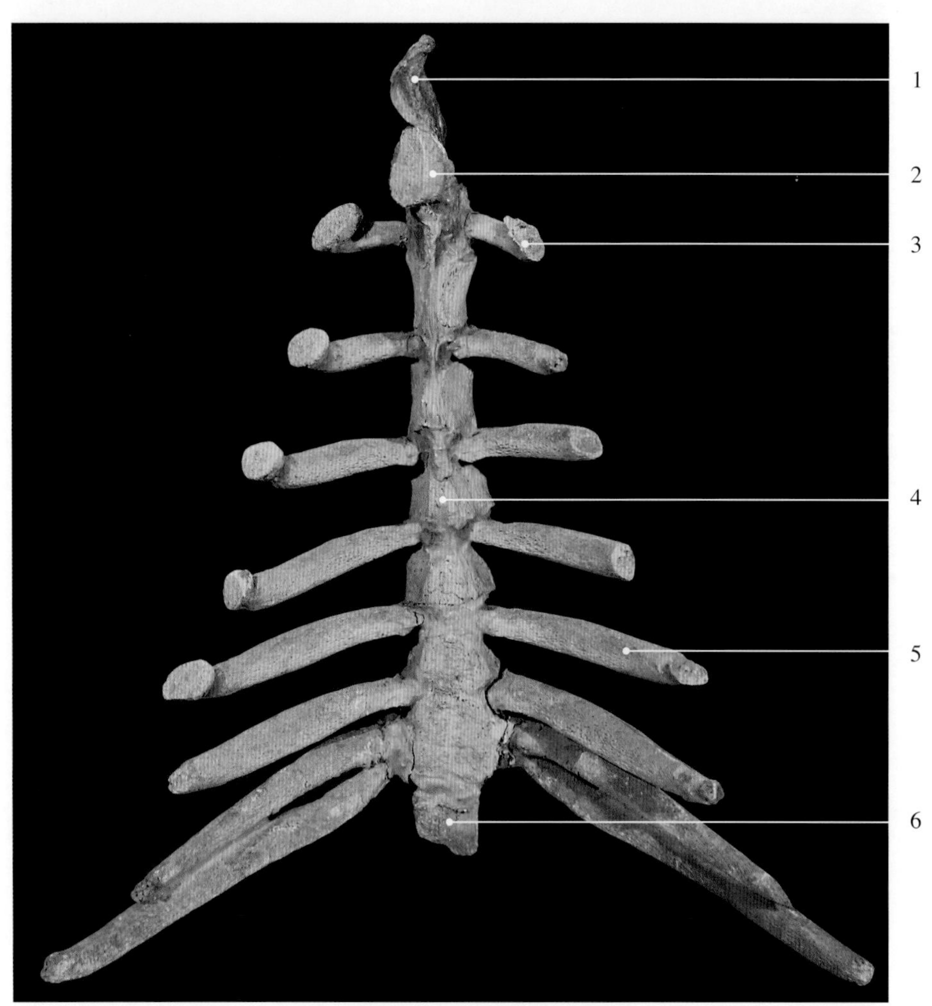

图2-4-67　马肋软骨和胸骨背侧观

1. 胸骨柄软骨 manubrian cartilage
2. 胸骨柄 manubrium
3. 第1肋软骨 1st costal cartilage
4. 胸骨体 body of sternum
5. 第5肋软骨 5th costal cartilage
6. 剑状软骨 xiphoid cartilage

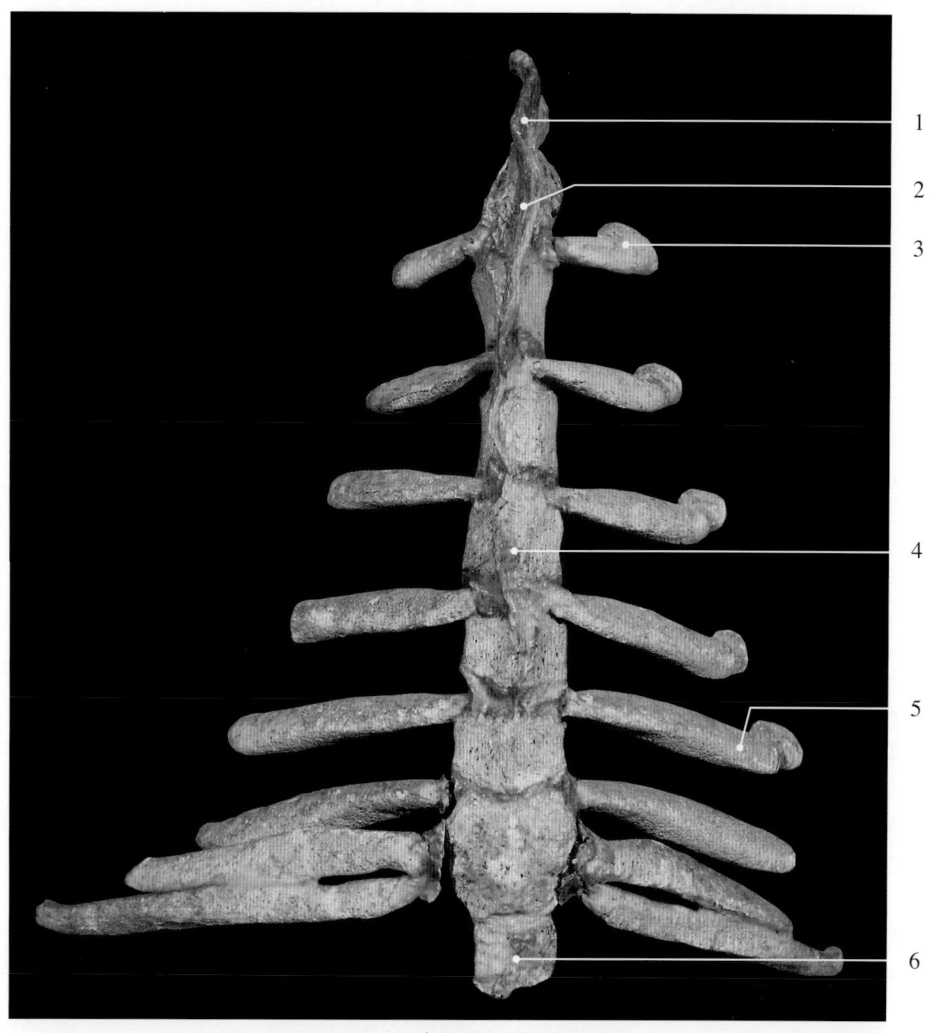

图2-4-68 马肋软骨和胸骨腹侧观

1. 胸骨柄软骨 manubrian cartilage
2. 胸骨柄 manubrium
3. 第1肋软骨 1st costal cartilage
4. 胸骨体 body of sternum
5. 第5肋软骨 5th costal cartilage
6. 剑状软骨 xiphoid cartilage

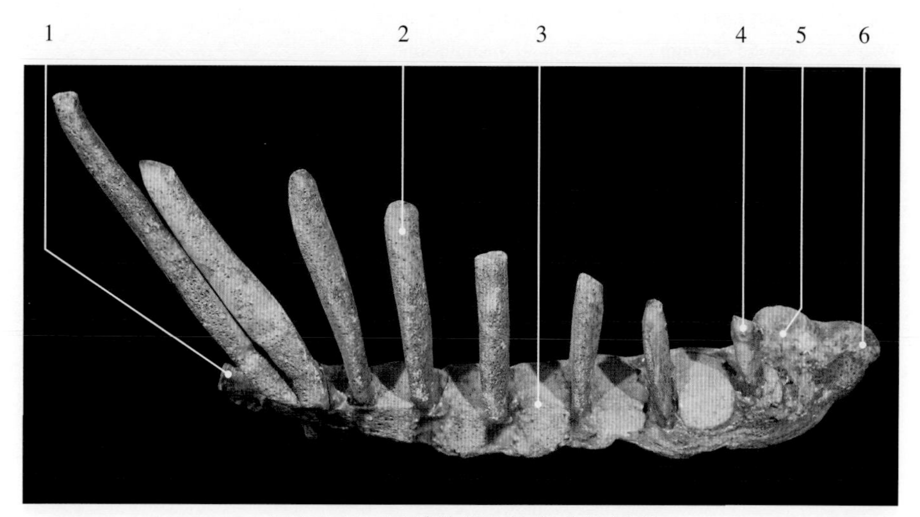

图2-4-69 马肋软骨和胸骨右外侧观

1. 剑状软骨 xiphoid cartilage
2. 第5肋软骨 5th costal cartilage
3. 胸骨体 body of sternum
4. 第1肋软骨 1st costal cartilage
5. 胸骨柄 manubrium
6. 胸骨柄软骨 manubrian cartilage

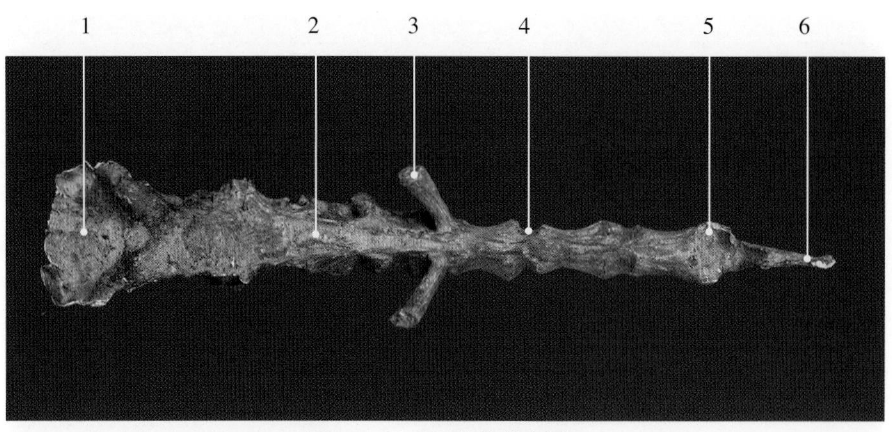

图2-4-70　马胸骨背侧观

胸骨（breast bone, sternum）位于胸底部，由6~8个胸骨节片借软骨连结而成。其前端为胸骨柄；中部为胸骨体，两侧有肋窝，与真肋的肋软骨相接；后端为剑状软骨。牛的胸骨较长，呈上下压扁状，无胸骨嵴，马的胸骨呈舟形，前部左右压扁，有发达的胸骨嵴，后部上下压扁。猪的胸骨与牛的相似，但胸骨柄明显突出。

1. 剑状软骨　xiphoid cartilage
2. 胸骨体　body of sternum
3. 肋软骨　costal cartilage
4. 肋窝　costal fovea
5. 胸骨柄　manubrium
6. 胸骨柄软骨　manubrian cartilage

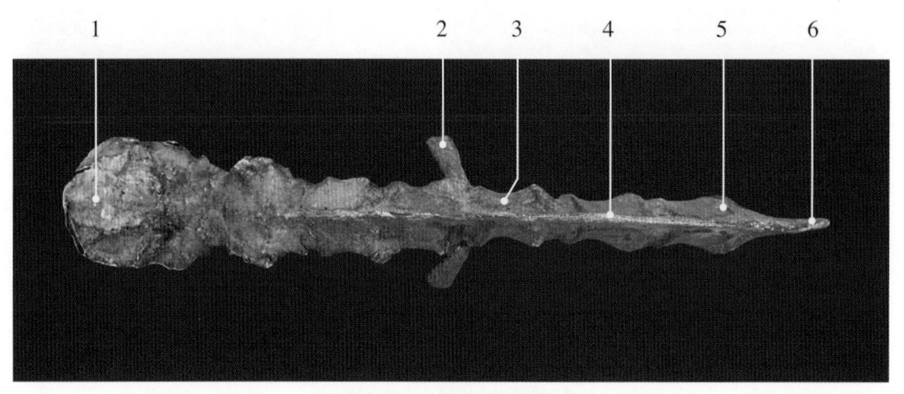

图2-4-71　马胸骨腹侧观

1. 剑状软骨　xiphoid cartilage
2. 肋软骨　costal cartilage
3. 胸骨体　body of sternum
4. 胸骨嵴（龙骨）sternal crest（carina）
5. 胸骨柄　manubrium
6. 胸骨柄软骨　manubrian cartilage

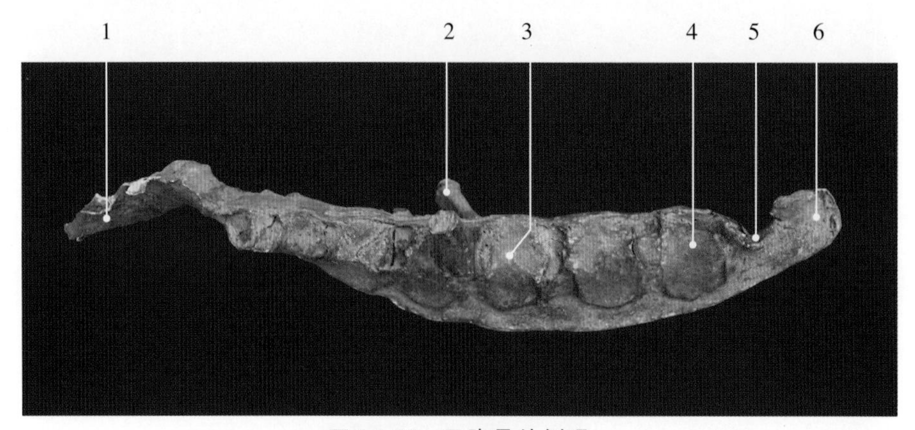

图2-4-72　马胸骨外侧观

1. 剑状软骨　xiphoid cartilage
2. 肋软骨　costal cartilage
3. 胸骨体　body of sternum
4. 胸骨柄　manubrium
5. 肋窝　costal fovea
6. 胸骨柄软骨　manubrian cartilage

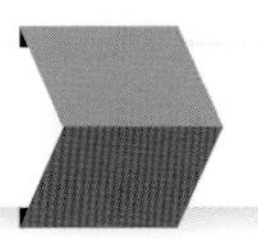

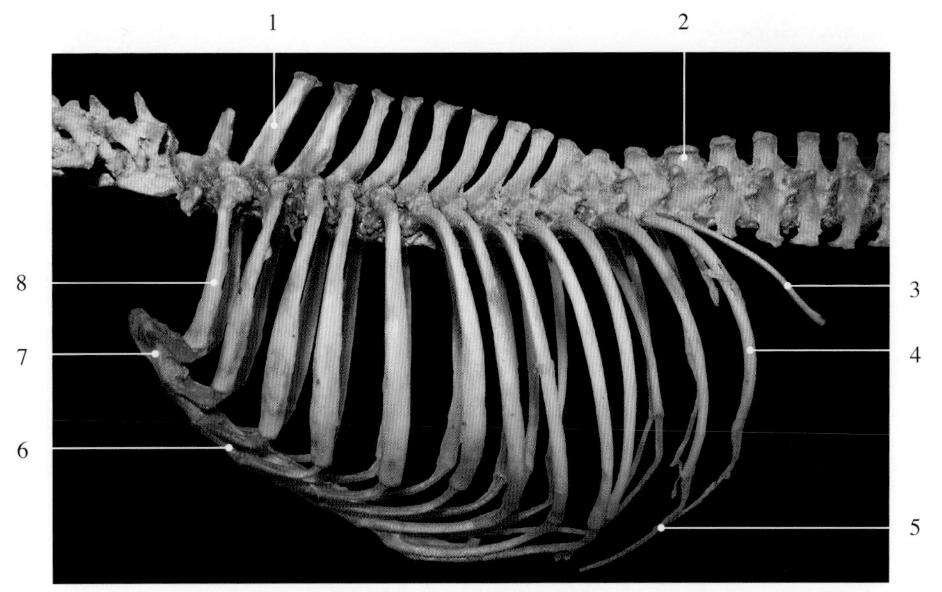

图2-4-73　牛胸廓左侧观

胸廓为由背侧的胸椎、两侧的肋骨和肋软骨以及腹侧的胸骨围成胸部的轮廓。胸前口由第1胸椎、两侧的第1肋和胸骨柄构成。胸后口则由最后胸椎、两侧的肋弓和腹侧的剑状软骨构成。马的胸廓前部两侧显著压扁，向后逐渐扩大。牛的胸廓较马的短。

1. 第1胸椎　1st thoracic vertebrae
2. 第13胸椎　13th thoracic vertebrae
3. 浮肋　floating rib
4. 肋骨　costal bone
5. 肋软骨　costal cartilage
6. 胸骨体　body of sternum
7. 胸骨柄　manubrium
8. 第1肋　1st rib

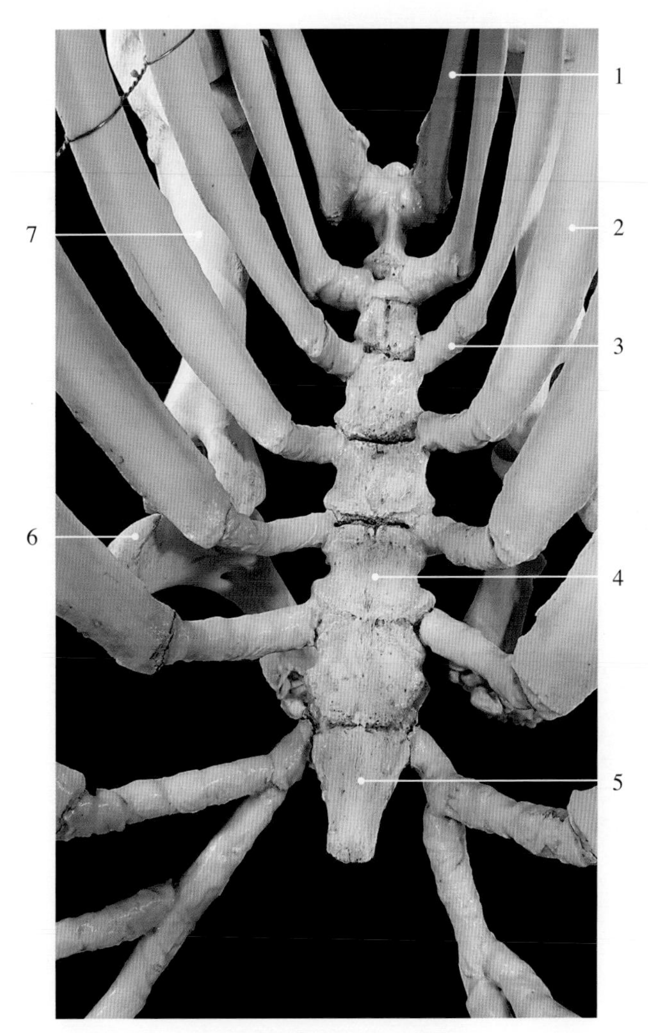

图2-4-74　牛胸骨背侧观

1. 第1肋　1st rib
2. 第4肋骨　4th costal bone
3. 第3肋软骨　3rd costal cartilage
4. 胸骨节　sternebra
5. 剑状软骨　xiphoid cartilage
6. 肘突　anconeal process
7. 肱骨　humerus

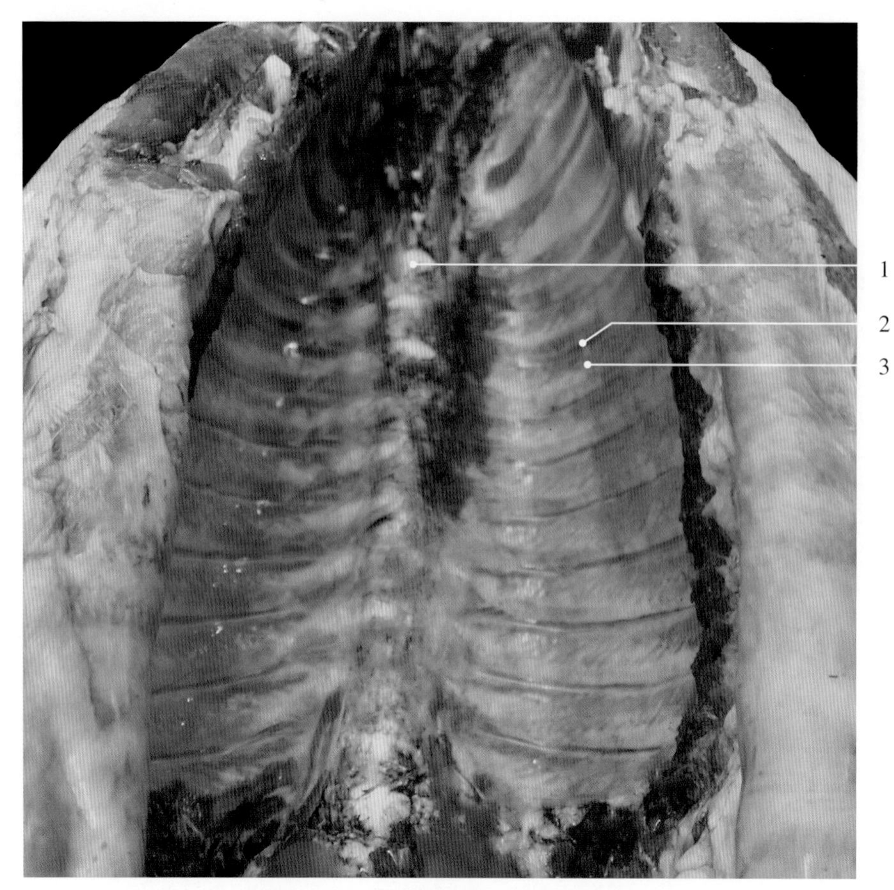

图2-4-75　猪胸廓顶壁（新鲜标本）

1. 胸椎（椎体）thoracic vertebrae（vertebral body）　3. 肋间内肌 internal intercostal muscle
2. 肋骨 costal bone

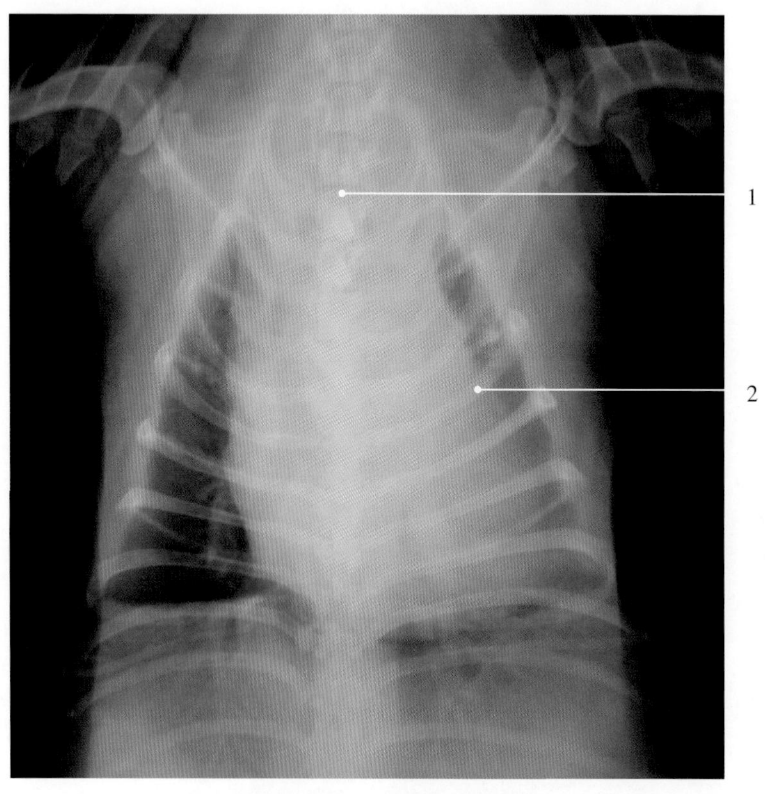

图2-4-76　犬胸廓X光片（腹侧位）

1. 胸椎 thoracic vertebrae　2. 肋骨 costal bone

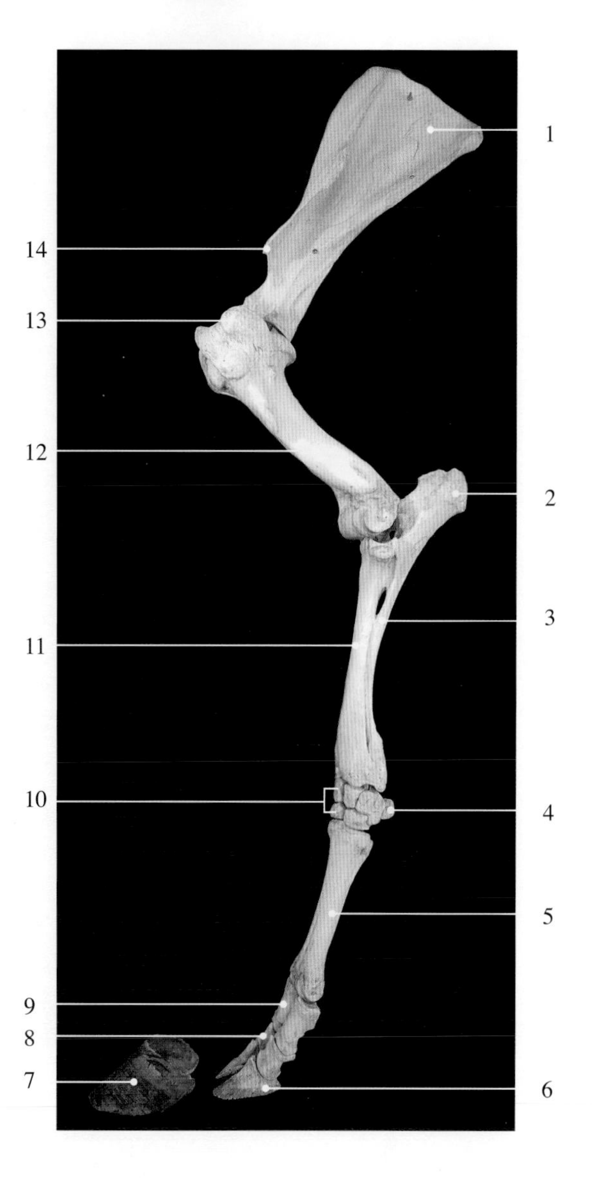

图2-5-1　牛左前肢骨骼外侧观

前肢骨包括肩胛骨、肱骨、前臂骨和前脚骨。其中，前臂骨包括桡骨和尺骨，前脚骨包括腕骨、掌骨、指骨（又分为系骨、冠骨和蹄骨）和籽骨。

1. 肩胛骨 scapula
2. 鹰嘴结节 olecranal tuber
3. 尺骨 ulna
4. 副腕骨 accessory carpal bone
5. 掌骨 metacarpal bone
6. 蹄骨 coffin bone（远指节骨 distal phalanges）
7. 蹄匣 hoof capsule
8. 冠骨 coronal bone（中指节骨 middle phalanges）
9. 系骨 pastern bone（近指节骨 proximal phalanges）
10. 腕骨 carpal bone
11. 桡骨 radius
12. 肱骨 humerus
13. 大结节 greater tubercle
14. 肩峰 acromion

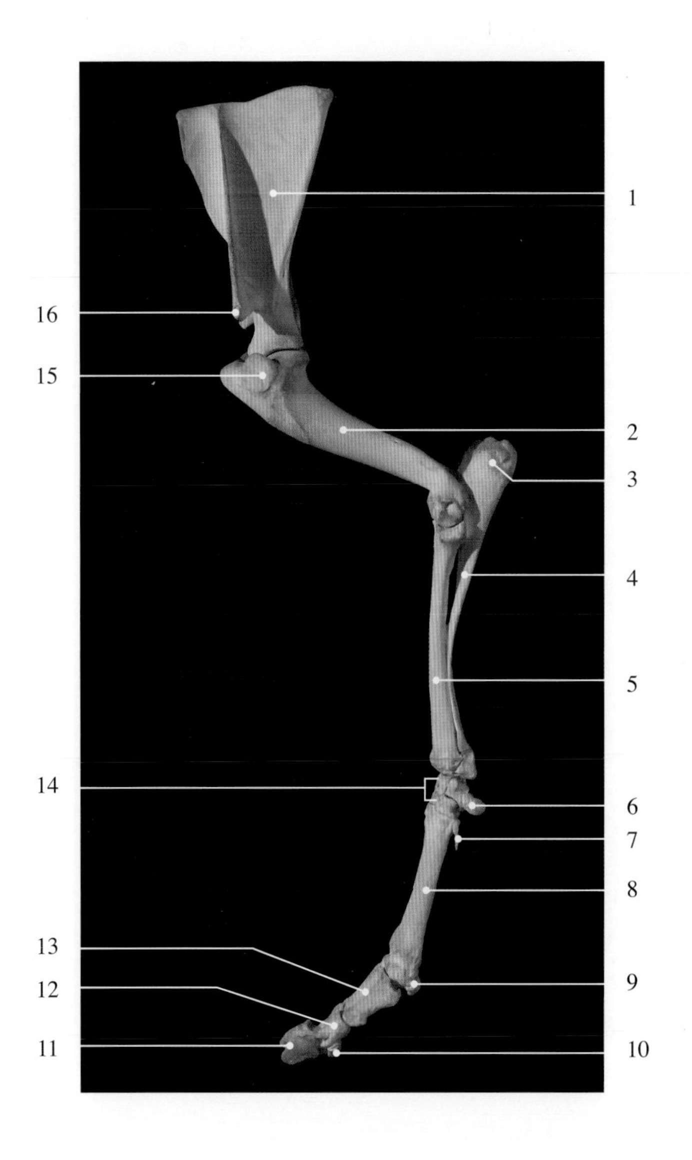

图2-5-2　羊左前肢骨骼外侧观

1. 肩胛骨 scapula
2. 肱骨 humerus
3. 鹰嘴结节 olecranal tuber
4. 尺骨 ulna
5. 桡骨 radius
6. 副腕骨 accessory carpal bone
7. 第5掌骨 5th metacarpal bone
8. 大掌骨 major metacarpal bone
9. 近籽骨 proximal sesamoid bone
10. 远籽骨 distal sesamoid bone
11. 蹄骨 coffin bone（远指节骨 distal phalanges）
12. 冠骨 coronal bone（中指节骨 middle phalanges）
13. 系骨 pastern bone（近指节骨 proximal phalanges）
14. 腕骨 carpal bone
15. 大结节 greater tubercle
16. 肩峰 acromion

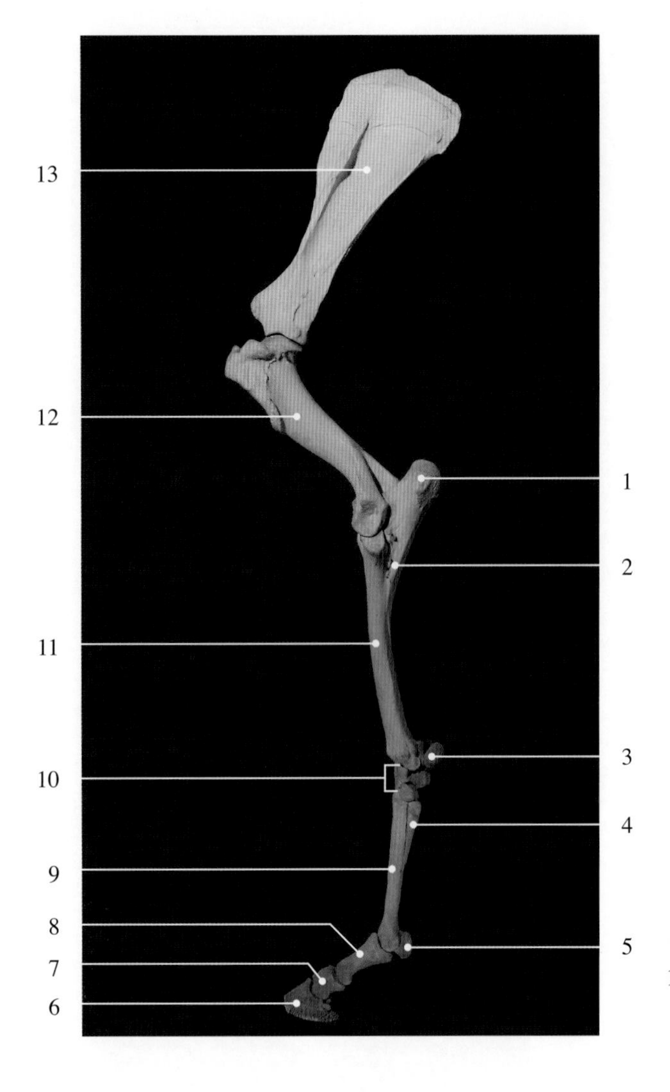

图2-5-3　马左前肢骨骼外侧观

1. 鹰嘴结节 olecranal tuber
2. 尺骨 ulna
3. 副腕骨 accessory carpal bone
4. 第4掌骨（小掌骨）4th metacarpal bone (lesser metacarpal bone)
5. 近籽骨 proximal sesamoid bone
6. 蹄骨 coffin bone (远指节骨 distal phalanges)
7. 冠骨 coronal bone（中指节骨 middle phalanges)
8. 系骨 pastern bone（近指节骨 proximal phalanges)
9. 大掌骨 major metacarpal bone
10. 腕骨 carpal bone
11. 桡骨 radius
12. 肱骨 humerus
13. 肩胛骨 scapula

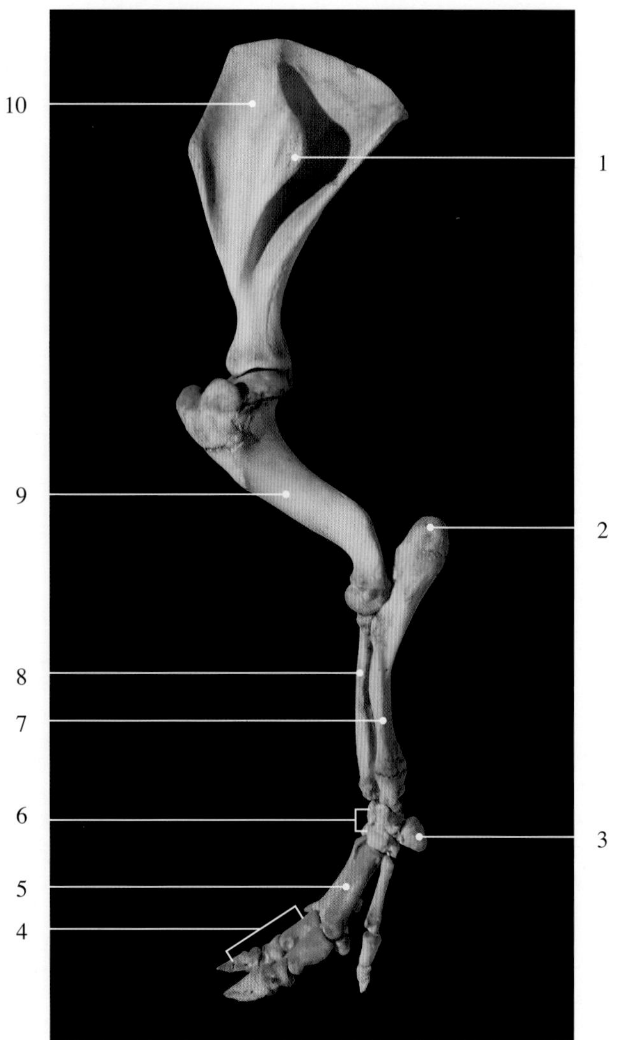

图2-5-4　猪左前肢骨骼外侧观

1. 冈结节 tuberosity of scapular spine
2. 鹰嘴结节 olecranal tuber
3. 副腕骨 accessory carpal bone
4. 指骨 digital bone
5. 掌骨 metacarpal bone
6. 腕骨 carpal bone
7. 尺骨 ulna
8. 桡骨 radius
9. 肱骨 humerus
10. 肩胛骨 scapula

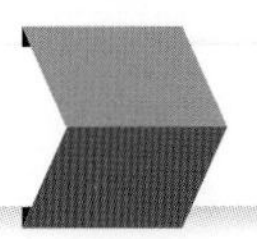

图2-5-5　犬右前肢骨骼外侧观

1. 肩胛骨 scapula
2. 肱骨 humerus
3. 桡骨 radius
4. 尺骨 ulna
5. 腕骨 carpal bone
6. 掌骨 metacarpal bone
7. 指骨 digital bone
8. 副腕骨 accessory carpal bone
9. 鹰嘴结节 olecranal tuber

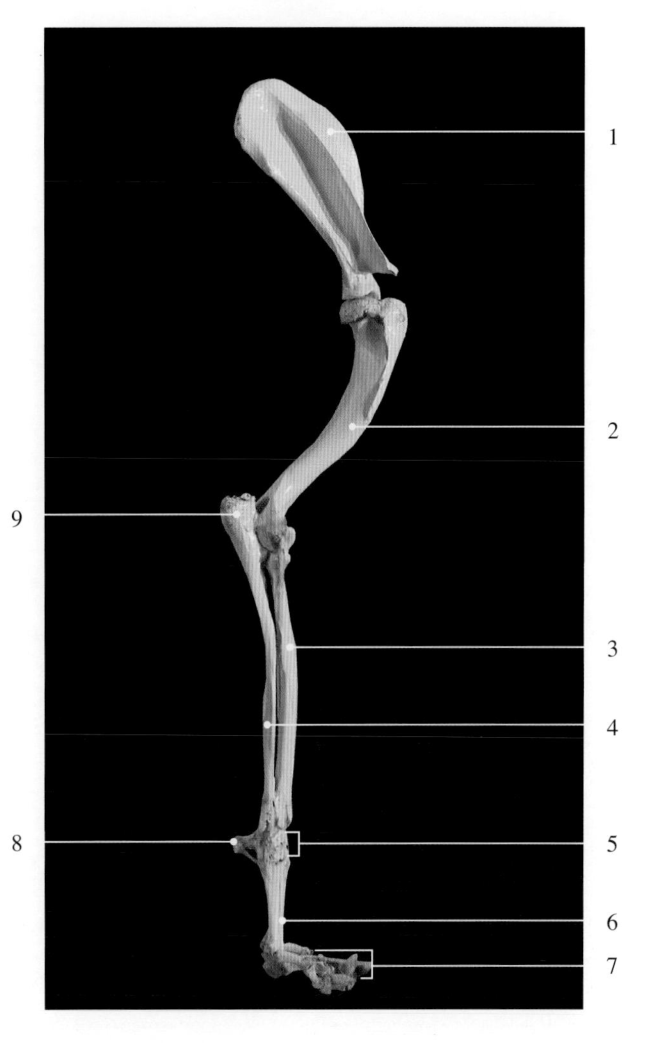

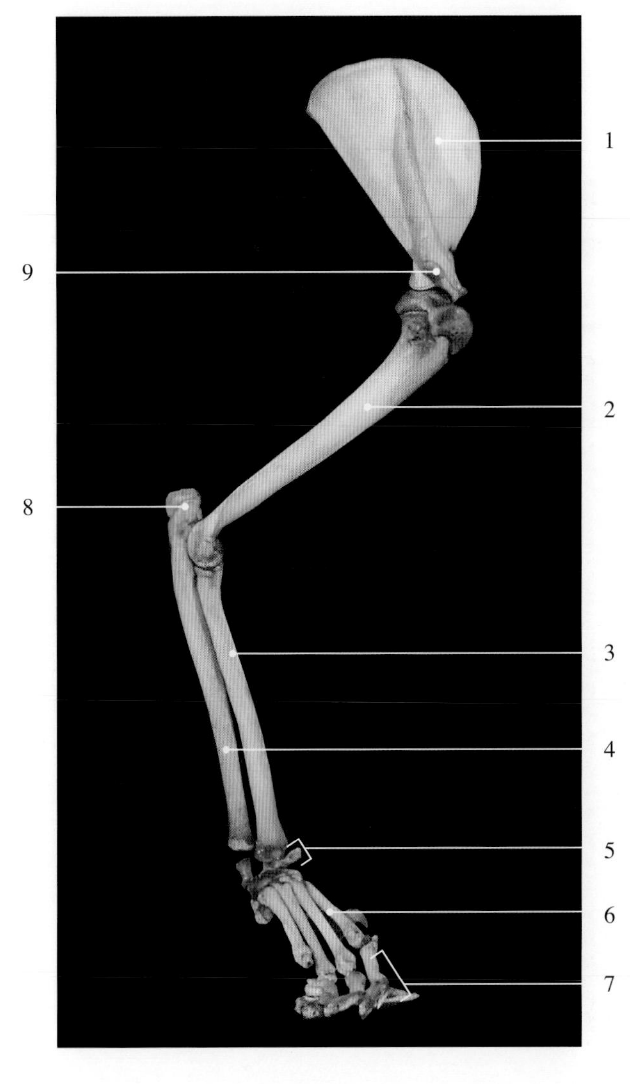

图2-5-6　猫右前肢骨骼外侧观

1. 肩胛骨 scapula
2. 肱骨 humerus
3. 桡骨 radius
4. 尺骨 ulna
5. 腕骨 carpal bone
6. 掌骨 metacarpal bone
7. 指骨 digital bone
8. 鹰嘴结节 olecranal tuber
9. 肩峰 acromion

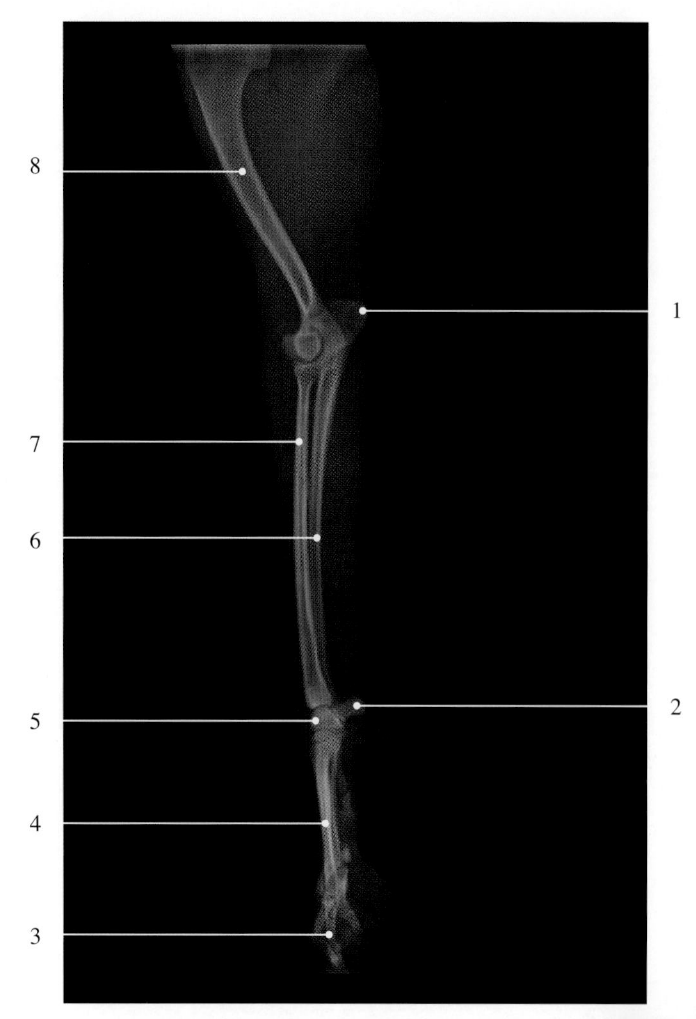

图2-5-7　犬前肢骨X光片（侧位）

1. 鹰嘴结节 olecranal tuber
2. 副腕骨 accessory carpal bone
3. 指骨 digital bone
4. 掌骨 metacarpal bone
5. 腕骨 carpal bone
6. 尺骨 ulna
7. 桡骨 radius
8. 肱骨 humerus

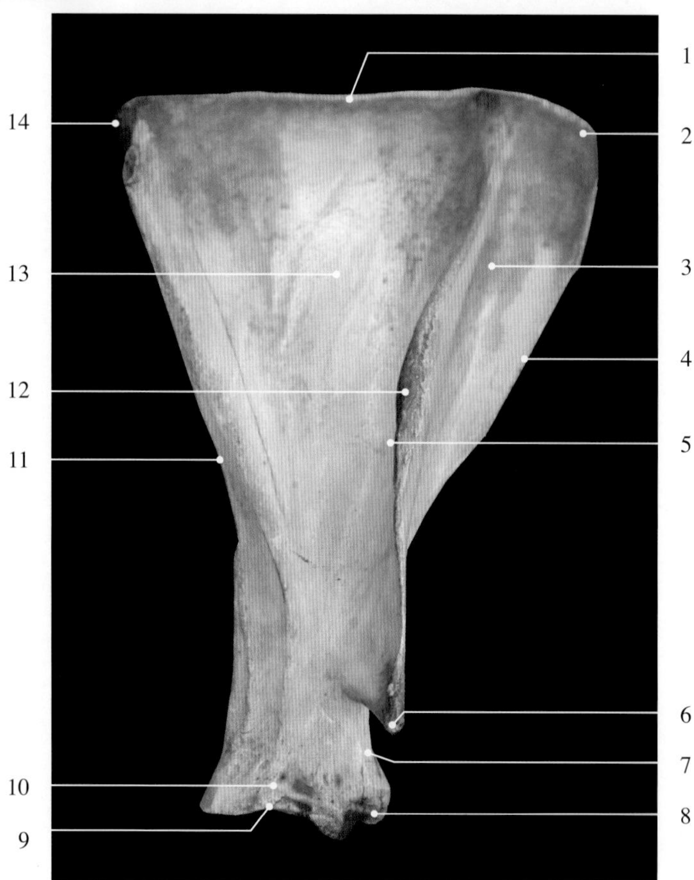

图2-5-8　牛肩胛骨外侧观

肩胛骨（scapula）为三角形扁骨，外侧面有一纵形隆起为肩胛冈。肩胛冈的中部有较粗大的肩胛冈结节（肉食动物除外）。牛、兔和猫的肩胛冈远端突出明显的肩峰。猪的冈结节特别发达且弯向后方，肩峰不明显。肩胛冈前方称冈上窝，后方为冈下窝，供肌肉附着。肩胛骨的上缘附有肩胛软骨，远端较粗大，有一圆形浅凹为关节盂（肩臼）。肩臼前方突出部为盂上结节（肩胛结节）。

1. 背缘 dorsal border
2. 前角 cranial angle
3. 冈上窝 supraspinous fossa
4. 前缘 cranial border
5. 肩胛冈 spine of scapula
6. 肩峰 acromion
7. 肩胛颈 neck of scapula
8. 盂上结节（肩胛结节）supraglenoid tubercle (scapular tuber)
9. 关节盂（肩臼）glenoid cavity
10. 腹侧角 ventral horn
11. 后缘 caudal border
12. 冈结节 tuberosity of scapular spine
13. 冈下窝 infraspinous fossa
14. 后角 caudal angle

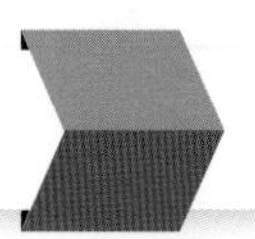

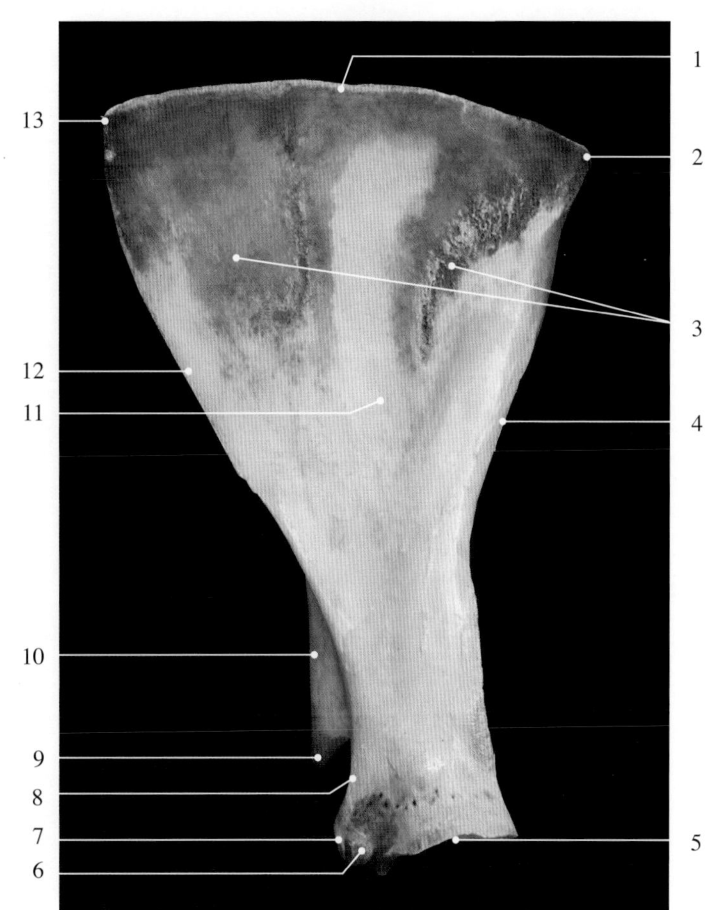

图2-5-9　牛肩胛骨内侧观

肩胛骨内侧面的上部为三角形粗糙面是锯肌面；中、下部凹窝，为肩胛下窝。

1. 背缘 dorsal border
2. 后角 caudal angle
3. 锯肌面 face for serrate muscle
4. 后缘 caudal border
5. 关节盂（肩臼）glenoid cavity
6. 喙突 coracoid process
7. 盂上结节（肩胛结节）supraglenoid tubercle (scapular tuber)
8. 肩胛颈 neck of scapula
9. 肩峰 acromion
10. 肩胛冈 spine of scapula
11. 肩胛下窝 subscapular fossa
12. 前缘 cranial border
13. 前角 cranial angle

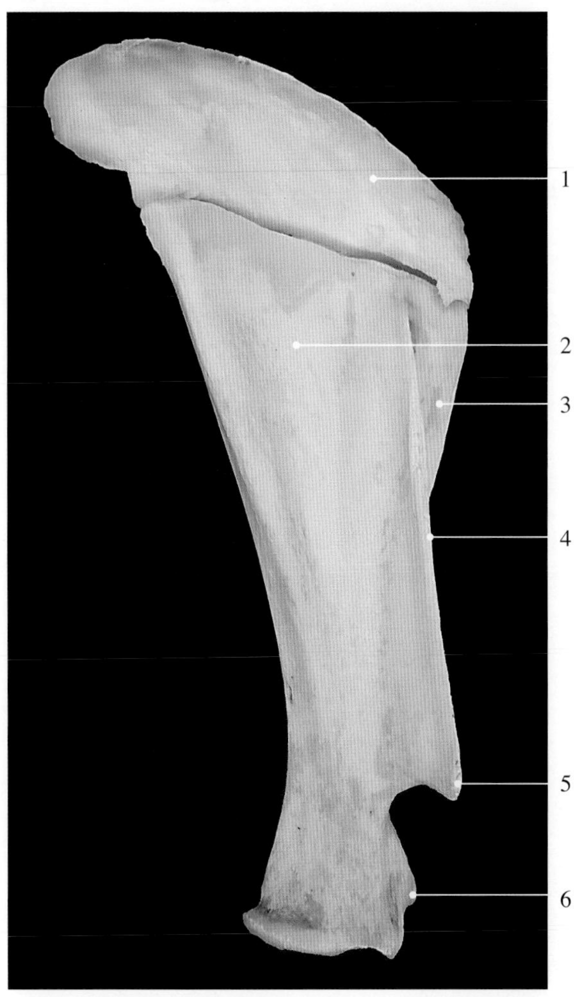

图2-5-10　牛右侧肩胛骨外侧观（示肩胛软骨）

1. 肩胛软骨 scapular cartilage
2. 冈下窝 infraspinous fossa
3. 冈上窝 supraspinous fossa
4. 肩胛冈 spine of scapula
5. 肩峰 acromion
6. 盂上结节（肩胛结节）supraglenoid tubercle（scapular tuber）

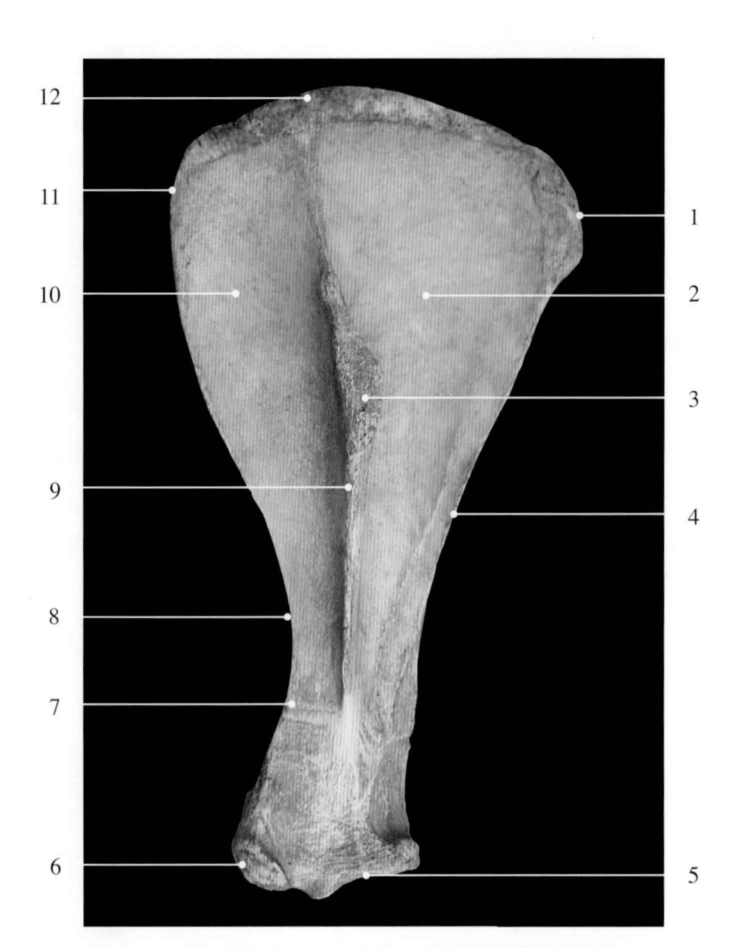

图2-5-11　马肩胛骨外侧观

1. 后角　caudal angle
2. 冈下窝　infraspinous fossa
3. 冈结节　tuberosity of scapular spine
4. 后缘　caudal border
5. 关节盂（肩臼）glenoid cavity
6. 盂上结节（肩胛结节）supraglenoid tubercle (scapular tuber)
7. 肩胛切迹　scapular notch
8. 前缘　cranial border
9. 肩胛冈　spine of scapula
10. 冈上窝　supraspinous fossa
11. 前角　cranial angle
12. 肩胛软骨　scapular cartilage

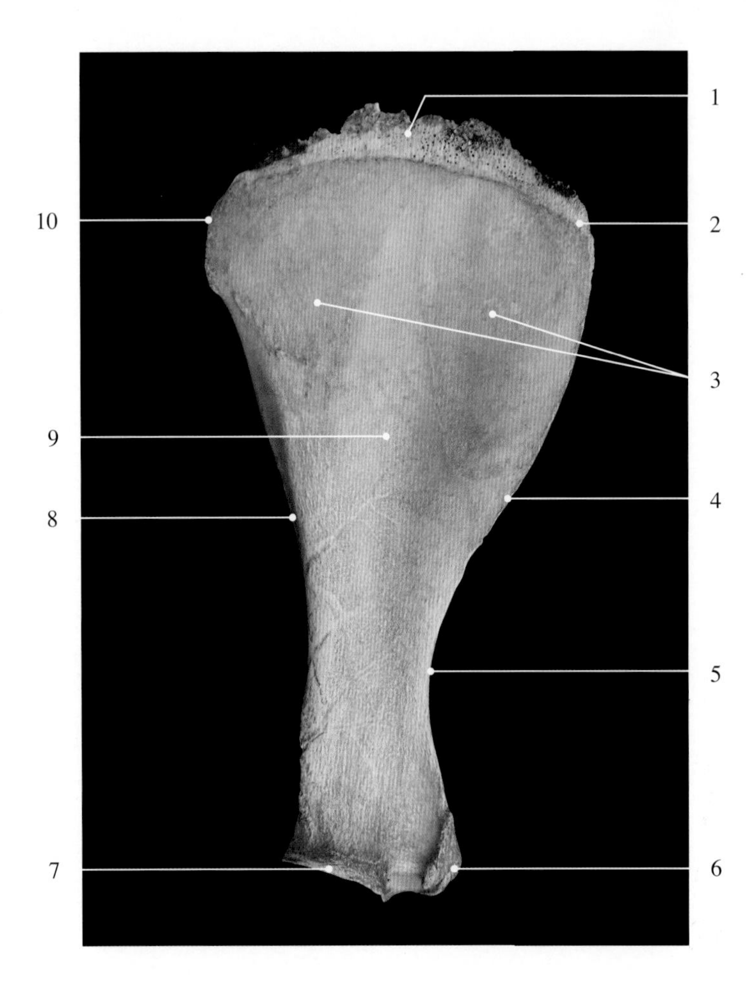

图2-5-12　马肩胛骨内侧观

1. 肩胛软骨　scapular cartilage
2. 前角　cranial angle
3. 锯肌面　face for serrate muscle
4. 前缘　cranial border
5. 肩胛切迹　scapular notch
6. 盂上结节（肩胛结节）supraglenoid tubercle (scapular tuber)
7. 关节盂（肩臼）glenoid cavity
8. 后缘　caudal border
9. 肩胛下窝　subscapular fossa
10. 后角　caudal angle

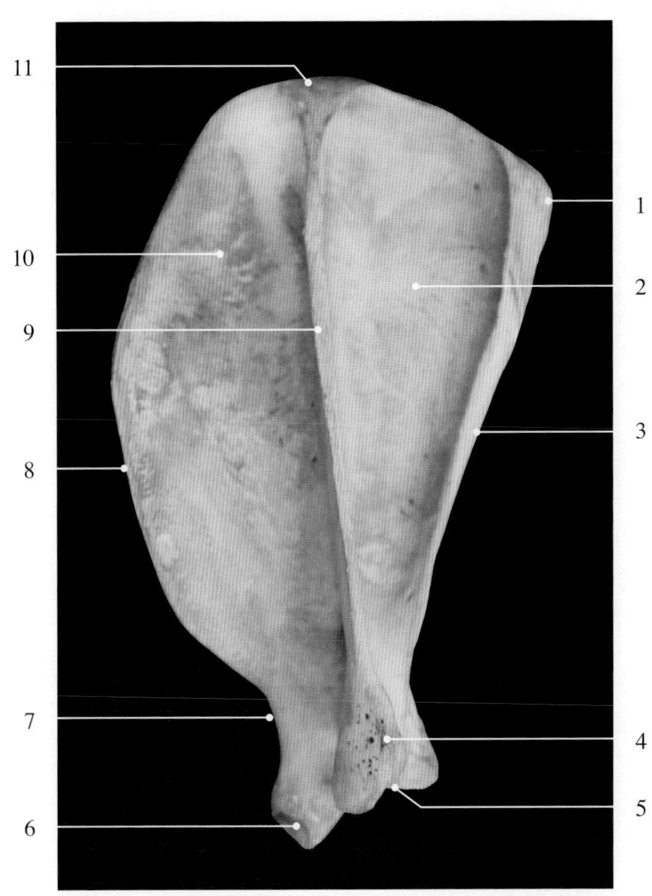

图2-5-13 犬肩胛骨外侧观

1. 后角 caudal angle
2. 冈下窝 infraspinous fossa
3. 后缘 caudal border
4. 肩峰 acromion
5. 关节盂（肩臼）glenoid cavity
6. 盂上结节（肩胛结节）supraglenoid tubercle（scapular tuber）
7. 肩胛颈 neck of scapula
8. 前缘 cranial border
9. 肩胛冈 spine of scapula
10. 冈上窝 supraspinous fossa
11. 背缘 dorsal border

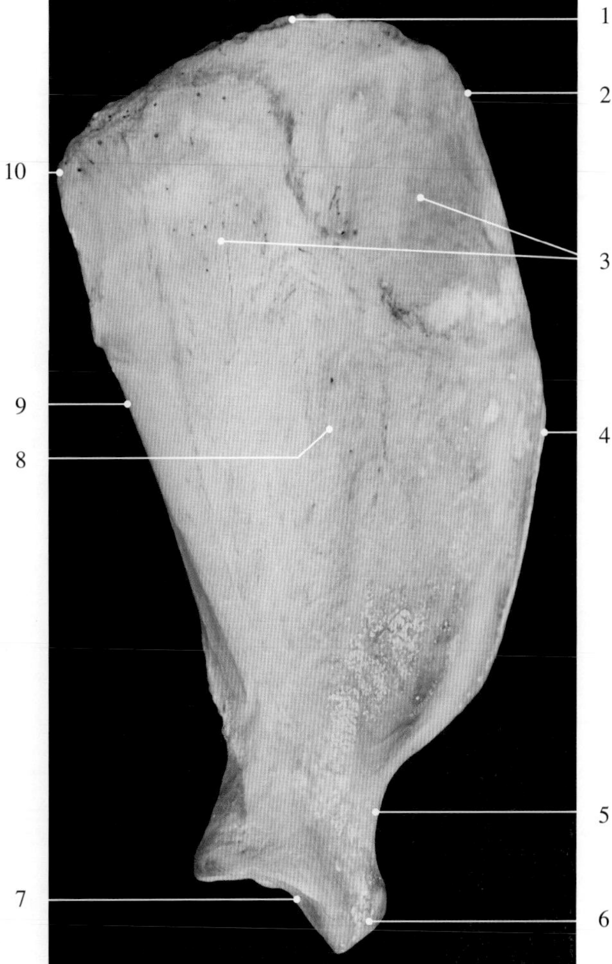

图2-5-14 犬肩胛骨内侧观

1. 背缘 dorsal border
2. 前角 cranial angle
3. 锯肌面 face for serrate muscle
4. 前缘 cranial border
5. 肩胛颈 neck of scapula
6. 盂上结节（肩胛结节）supraglenoid tubercle（scapular tuber）
7. 关节盂（肩臼）glenoid cavity
8. 肩胛下窝 subscapular fossa
9. 后缘 caudal border
10. 后角 caudal angle

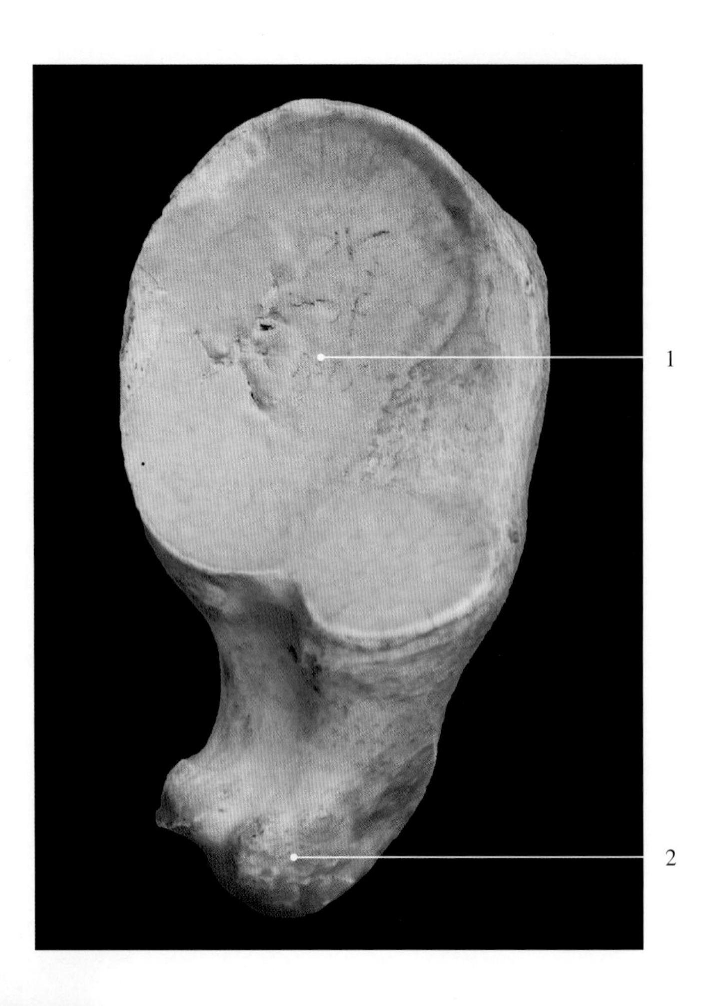

图2-5-15　肩　臼

1. 关节盂（肩臼）glenoid cavity
2. 盂上结节（肩胛结节）supraglenoid tubercle（scapular tuber）

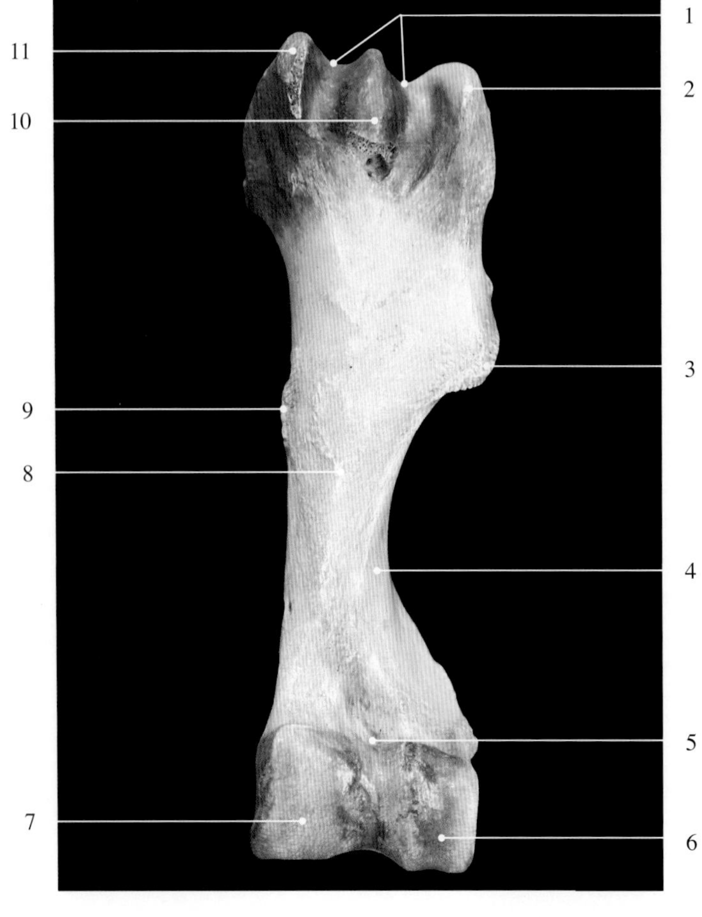

图2-5-16　牛肱骨前面观

肱骨（humerus）又称臂骨（bone of arm），为管状长骨，可分为骨干和两个骨端。近端后部球状关节面是肱骨头，前部内侧是小结节，外侧是大结节。两结节之间为肱二头肌沟。骨干呈不规则的圆柱状，形成一螺旋状沟为臂肌沟，外侧上部有三角肌粗隆，内侧中部有卵圆形的大圆肌粗隆。肱骨远端有内、外侧髁。髁间是肘窝。窝的两侧是内、外侧上髁。马的三角肌粗隆发达，而牛、羊、猪则不太发达，但大结节粗大。

1. 结节间沟（肱二头肌沟）intertubercular sulcus（bicipital groove）
2. 大结节 greater tubercle
3. 三角肌粗隆 deltoid tuberosity
4. 臂肌沟 groove for brachialis
5. 桡骨窝 radial fossa
6. 肱骨髁（外侧髁）condyle of humerus（lateral condyle）
7. 肱骨髁（内侧髁）condyle of humerus（medial condyle）
8. 肱骨体 shaft of humerus
9. 大圆肌粗隆 teres major tuberosity
10. 中间结节 intermediate tubercle
11. 小结节 lesser tubercle

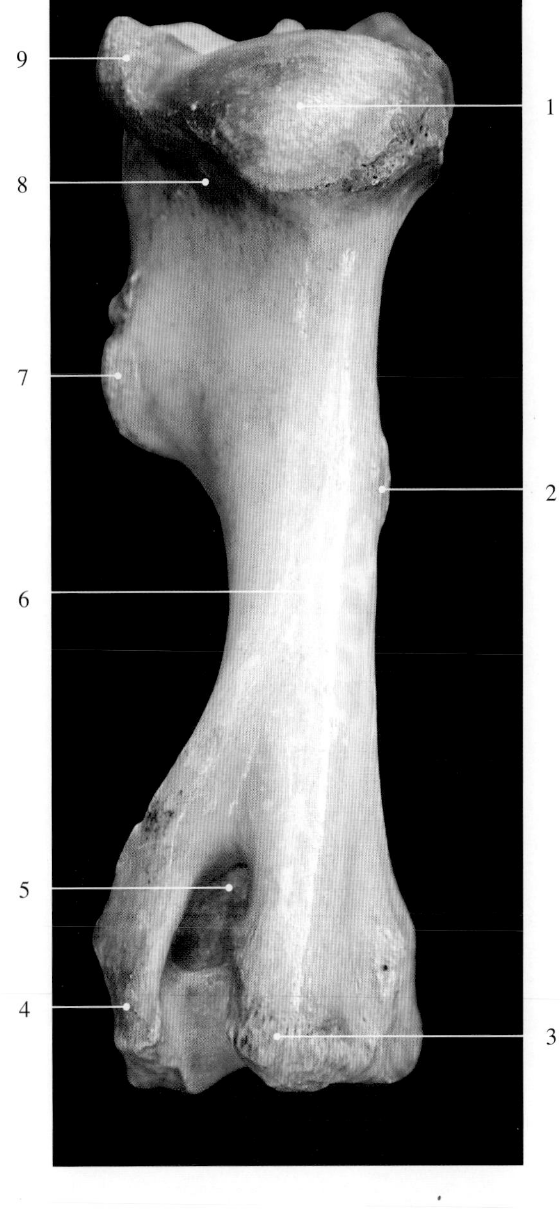

图2-5-17　牛肱骨后面观

1. 肱骨头　head of humerus
2. 大圆肌粗隆　teres major tuberosity
3. 内侧上髁　medial epicondyle
4. 外侧上髁　lateral epicondyle
5. 鹰嘴窝（肘窝）olecranon fossa（cubital fossa）
6. 肱骨体　shaft of humerus
7. 三角肌粗隆　deltoid tuberosity
8. 肱骨颈　neck of humerus
9. 大结节　greater tubercle

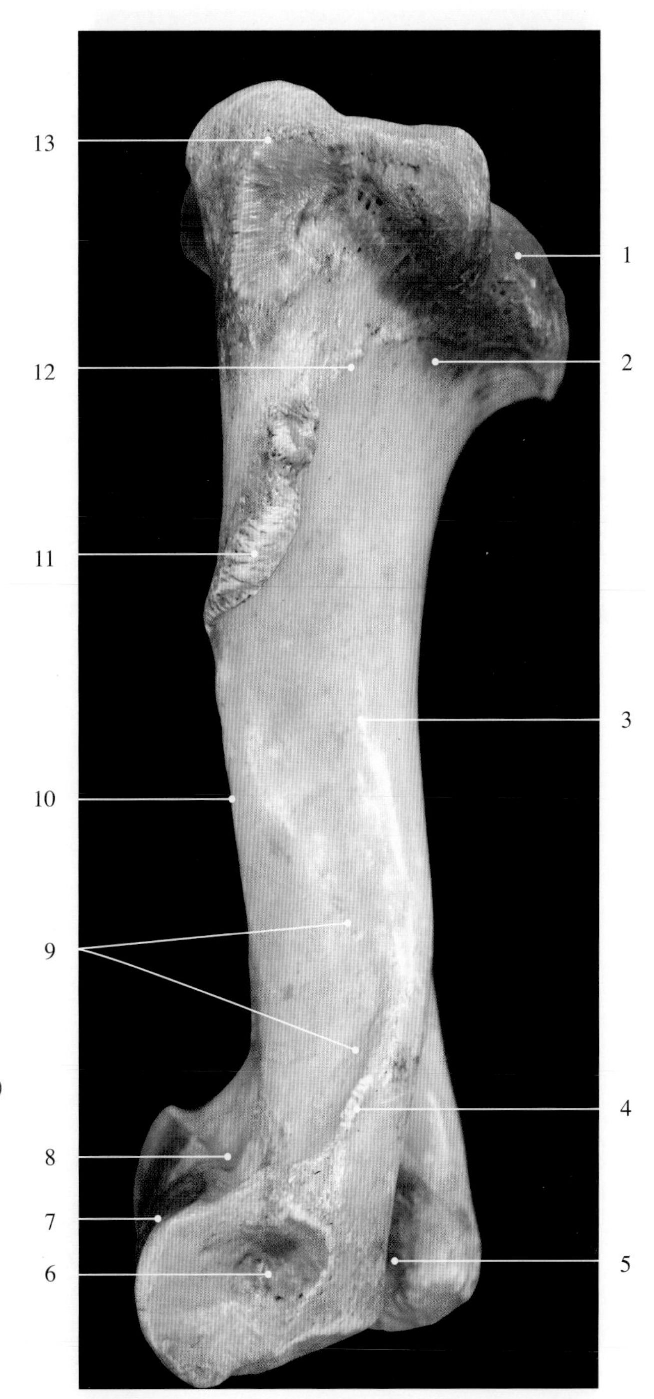

图2-5-18　牛肱骨外侧观

1. 肱骨头　head of humerus
2. 肱骨颈　neck of humerus
3. 肱骨体　shaft of humerus
4. 外侧上髁嵴　lateral supracondylar crest
5. 鹰嘴窝（肘窝）olecranon fossa（cubital fossa）
6. 韧带窝　ligament fossa
7. 肱骨髁　condyle of humerus
8. 桡骨窝　radial fossa
9. 臂肌沟　groove for brachialis
10. 肱骨嵴　humeral crest
11. 三角肌粗隆　deltoid tuberosity
12. 臂三头肌线　tricipital line
13. 大结节　greater tubercle

图2-5-19　牛肱骨内侧观

1. 大结节 greater tubercle
2. 近端 proximal extremity
3. 三角肌粗隆 deltoid tuberosity
4. 远端 distal extremity
5. 韧带窝 ligament fossa
6. 肱骨体 shaft of humerus
7. 大圆肌粗隆 teres major tuberosity
8. 肱骨颈 neck of humerus
9. 肱骨头 head of humerus

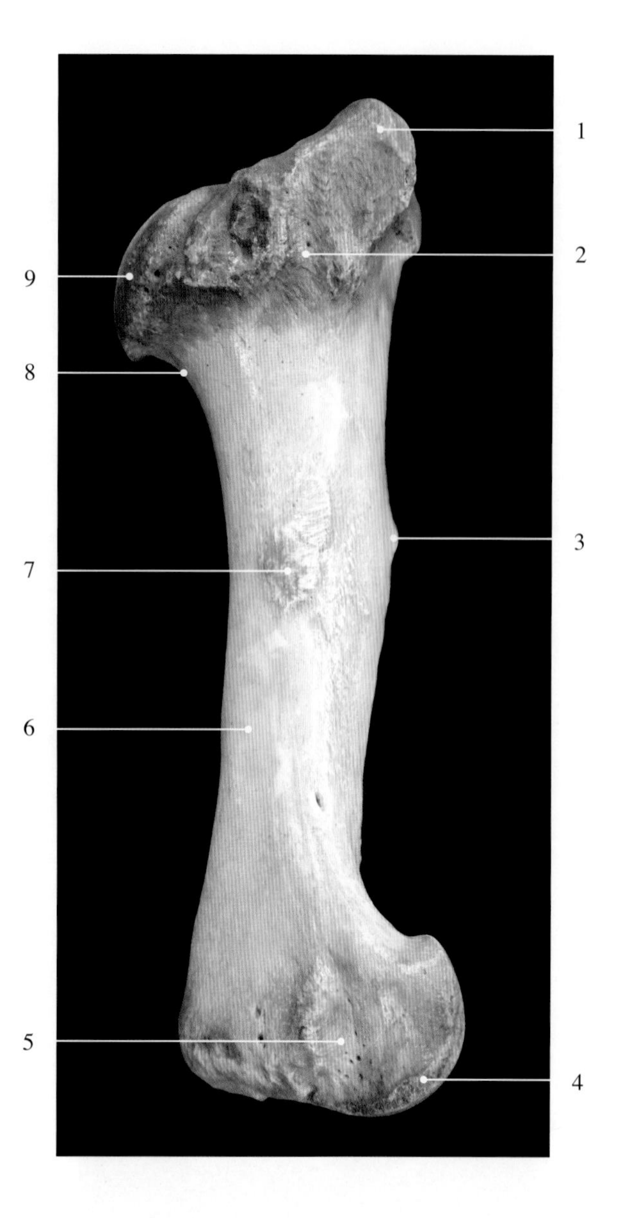

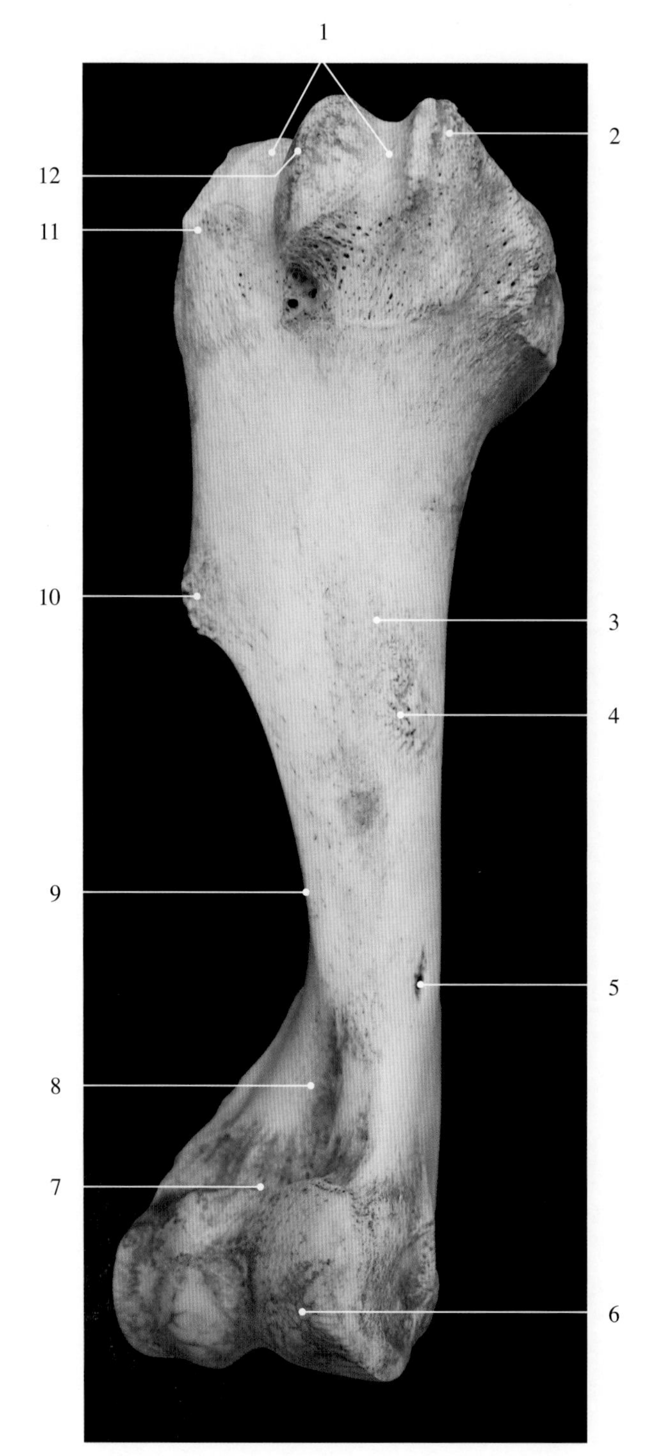

图2-5-20　马肱骨前面观

1. 结节间沟（肱二头肌沟）intertubercular sulcus（bicipital groove）
2. 小结节 lesser tubercle
3. 肱骨体 shaft of humerus
4. 大圆肌粗隆 teres major tuberosity
5. 滋养孔 nutrient foramen
6. 肱骨髁 condyle of humerus
7. 桡骨窝 radial fossa
8. 臂肌沟 groove for brachialis
9. 肱骨嵴 humeral crest
10. 三角肌粗隆 deltoid tuberosity
11. 大结节 greater tubercle
12. 中间结节 intermediate tubercle

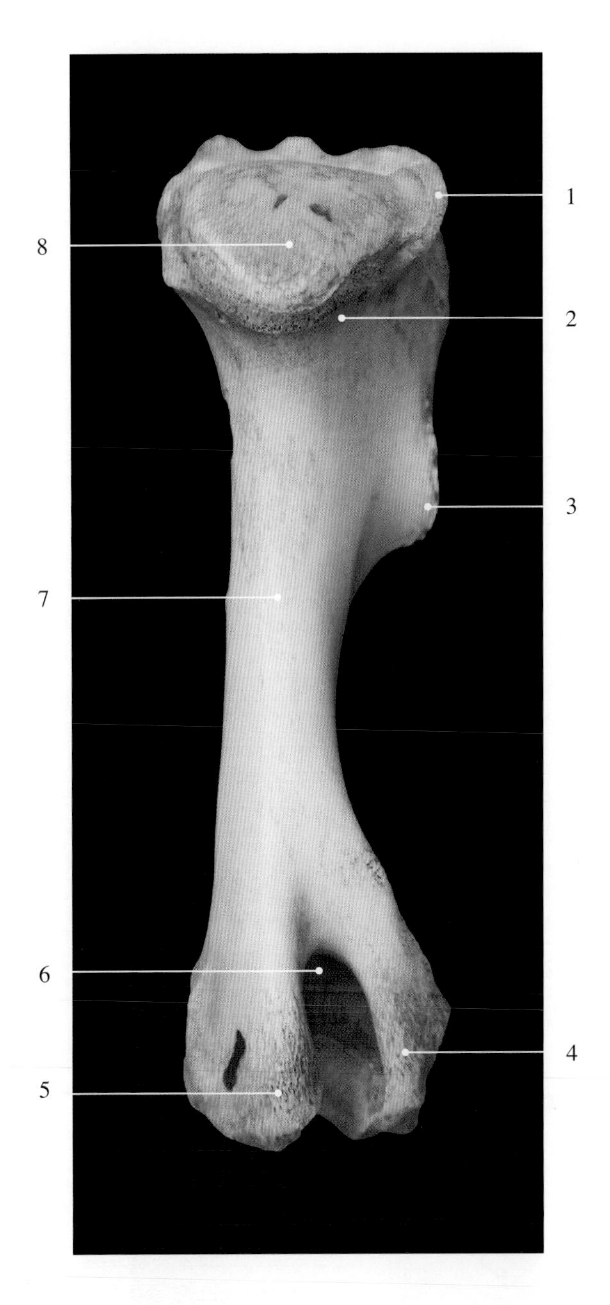

图2-5-21　马肱骨后面观

1. 大结节 greater tubercle
2. 肱骨颈 neck of humerus
3. 三角肌粗隆 deltoid tuberosity
4. 外侧上髁 lateral epicondyle
5. 内侧上髁 medial epicondyle
6. 鹰嘴窝（肘窝）olecranon fossa（cubital fossa）
7. 肱骨体 shaft of humerus
8. 肱骨头 head of humerus

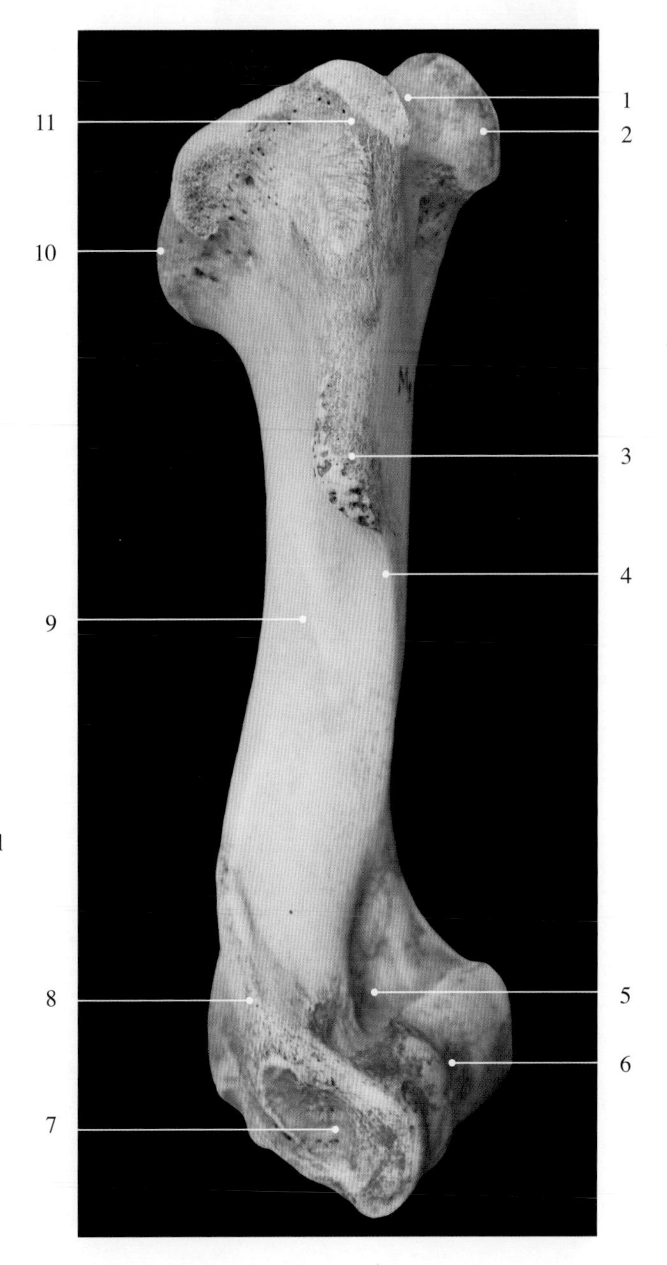

图2-5-22　马肱骨外侧观

1. 结节间沟（肱二头肌沟）intertubercular sulcus（bicipital groove）
2. 中间结节 intermediate tubercle
3. 三角肌粗隆 deltoid tuberosity
4. 肱骨嵴 humeral crest
5. 桡骨窝 radial fossa
6. 肱骨髁 condyle of humerus
7. 韧带窝 ligament fossa
8. 外侧上髁嵴 lateral supracondylar crest
9. 肱骨体 shaft of humerus
10. 肱骨头 head of humerus
11. 大结节 greater tubercle

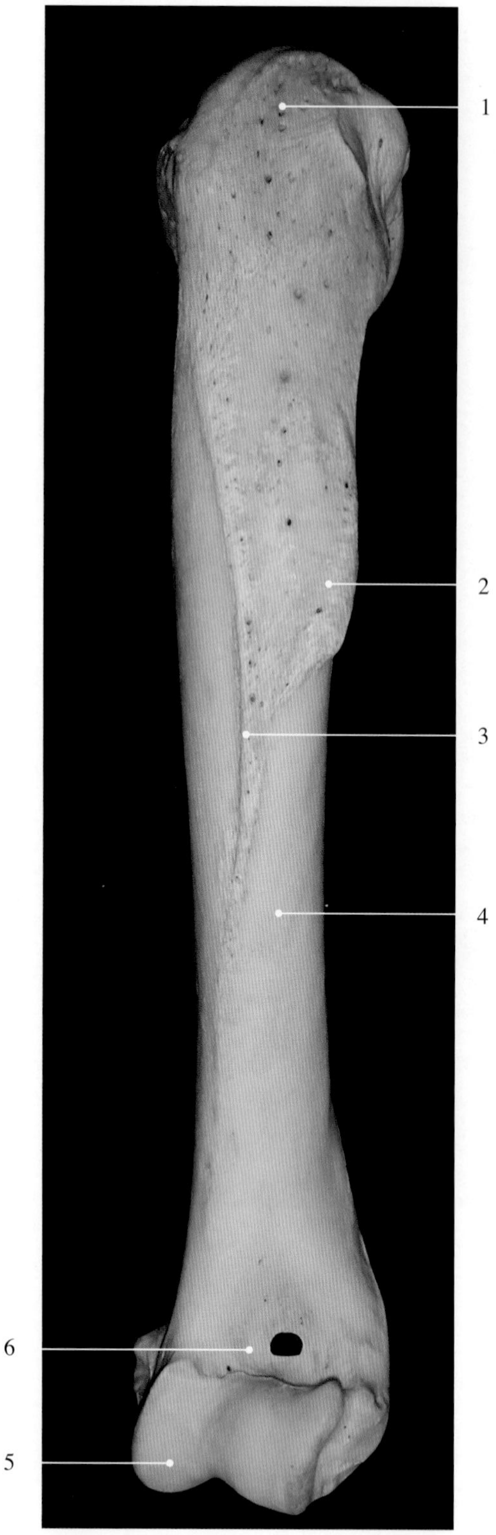

图2-5-23　犬肱骨前面观

1. 大结节　greater tubercle
2. 三角肌粗隆　deltoid tuberosity
3. 肱骨嵴　humeral crest
4. 肱骨体　shaft of humerus
5. 肱骨髁　condyle of humerus
6. 桡骨窝　radial fossa

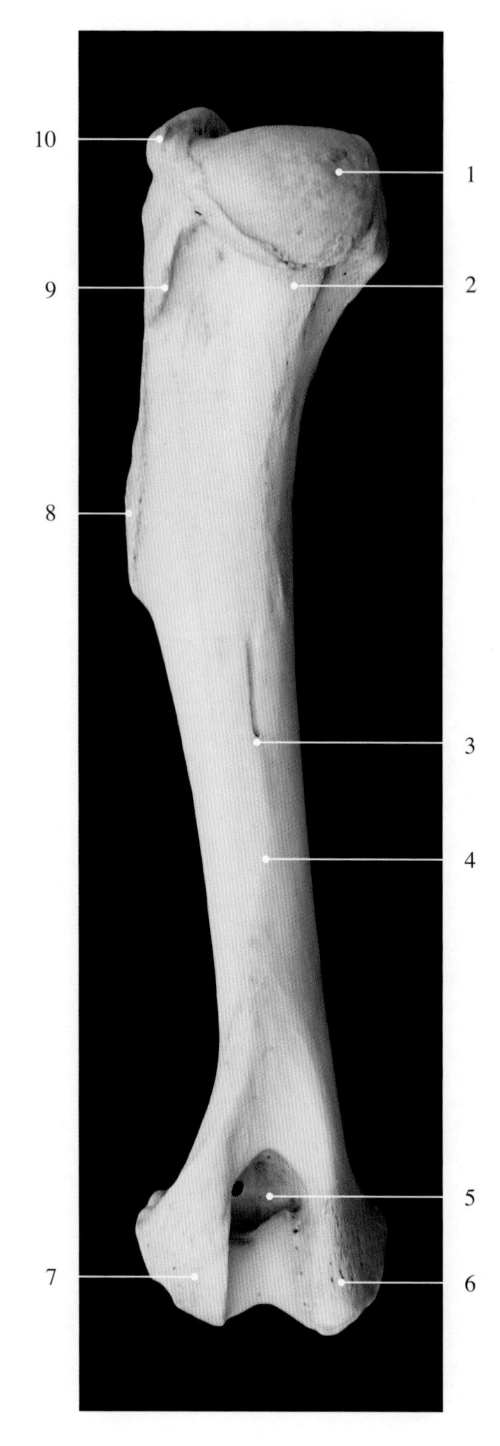

图2-5-24　犬肱骨后面观

1. 肱骨头　head of humerus
2. 肱骨颈　neck of humerus
3. 滋养孔　nutrient foramen
4. 肱骨体　shaft of humerus
5. 鹰嘴窝（肘窝）olecranon fossa (cubital fossa)
6. 内侧上髁　medial epicondyle
7. 外侧上髁　lateral epicondyle
8. 三角肌粗隆　deltoid tuberosity
9. 臂三头肌线　tricipital line
10. 大结节　greater tubercle

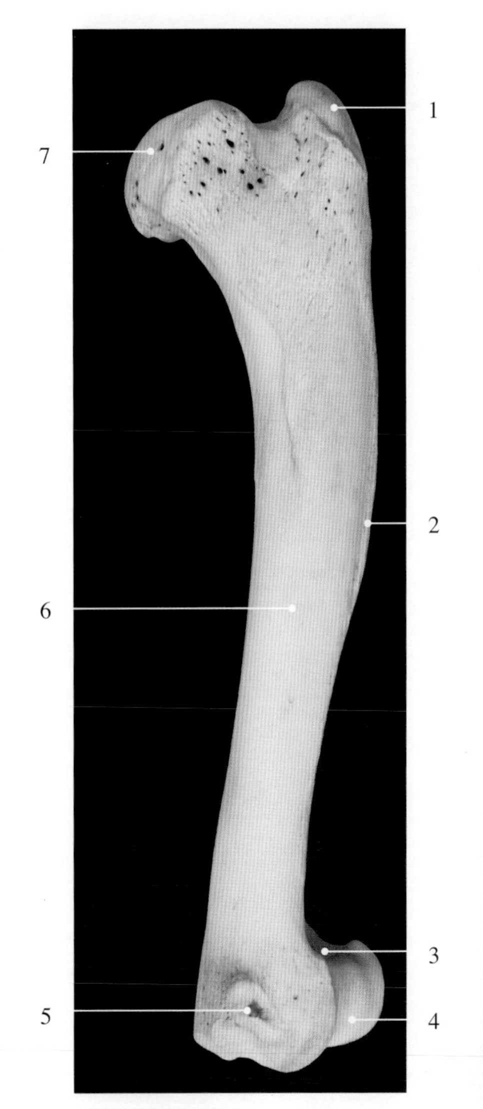

图2-5-25　犬肱骨内侧观

1. 大结节 greater tubercle
2. 肱骨嵴 humeral crest
3. 桡骨窝 radial fossa
4. 肱骨髁 condyle of humerus
5. 韧带窝 ligament fossa
6. 肱骨体 shaft of humerus
7. 肱骨头 head of humerus

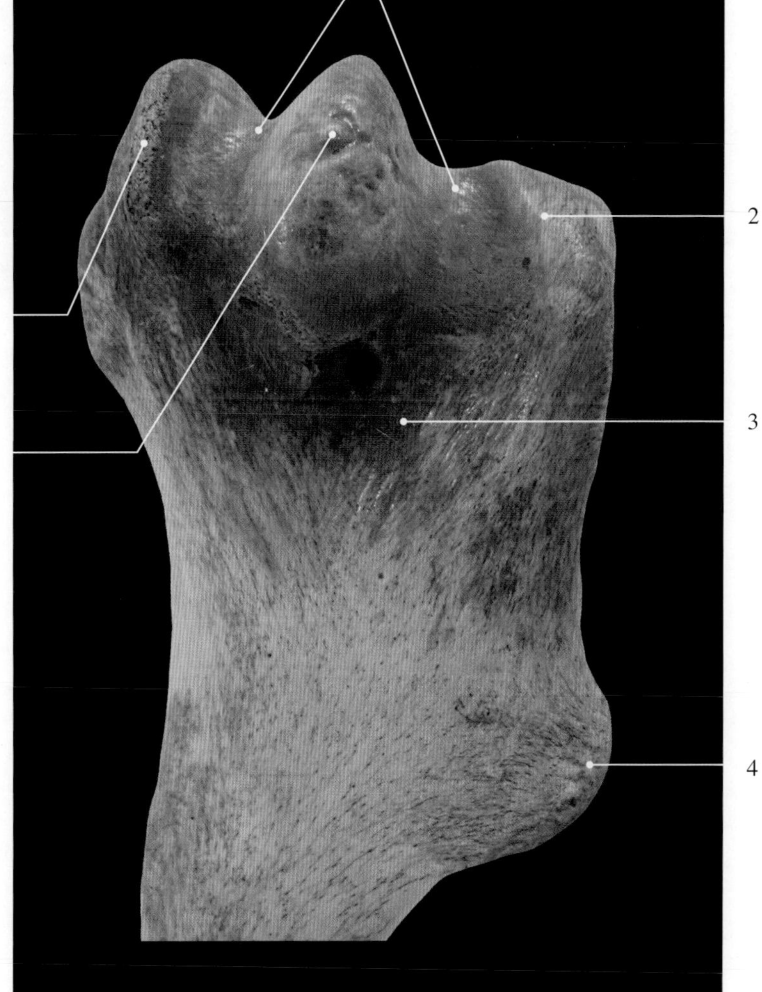

图2-5-26　马肱骨头前面观

1. 结节间沟（肱二头肌沟）intertubercular sulcus（bicipital groove）
2. 大结节 greater tubercle
3. 肱骨近端 proximal extremity of humerus
4. 三角肌粗隆 deltoid tuberosity
5. 中间结节 intermediate tubercle
6. 小结节 lesser tubercle

图2-5-27　牛前臂骨外侧观

1. 鹰嘴结节 olecranal tuber
2. 鹰嘴 olecranon
3. 外侧冠突 lateral coronoid process
4. 尺骨体 body of ulna
5. 桡骨外侧粗隆 lateral eminence of radius
6. 近侧前臂间隙 proximal space of forearm
7. 血管沟 vascular channel
8. 远侧前臂间隙 distal space of forearm
9. 尺骨茎突 styloid process of ulna
10. 桡骨远端 distal extremity of radius
11. 桡骨体 body of radius
12. 桡骨近端 proximal extremity of radius
13. 桡骨凹（关节面）radial foveae（articular surface）
14. 滑液窝 fossa of synovial fluid
15. 滑车切迹 trochlear notch
16. 肘突 anconeal process

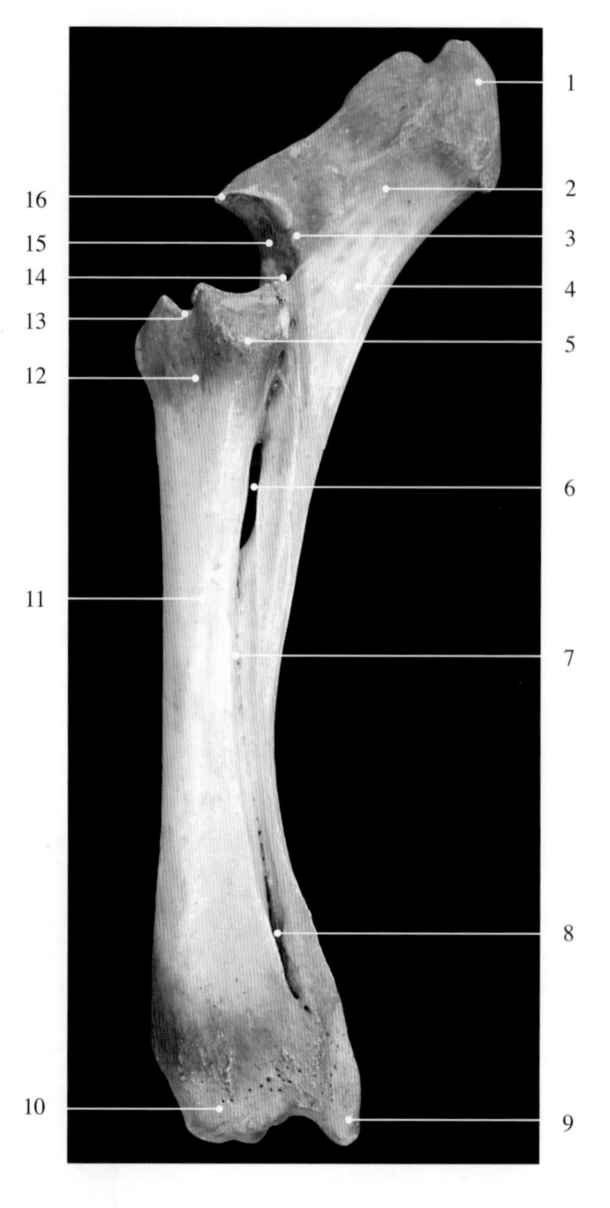

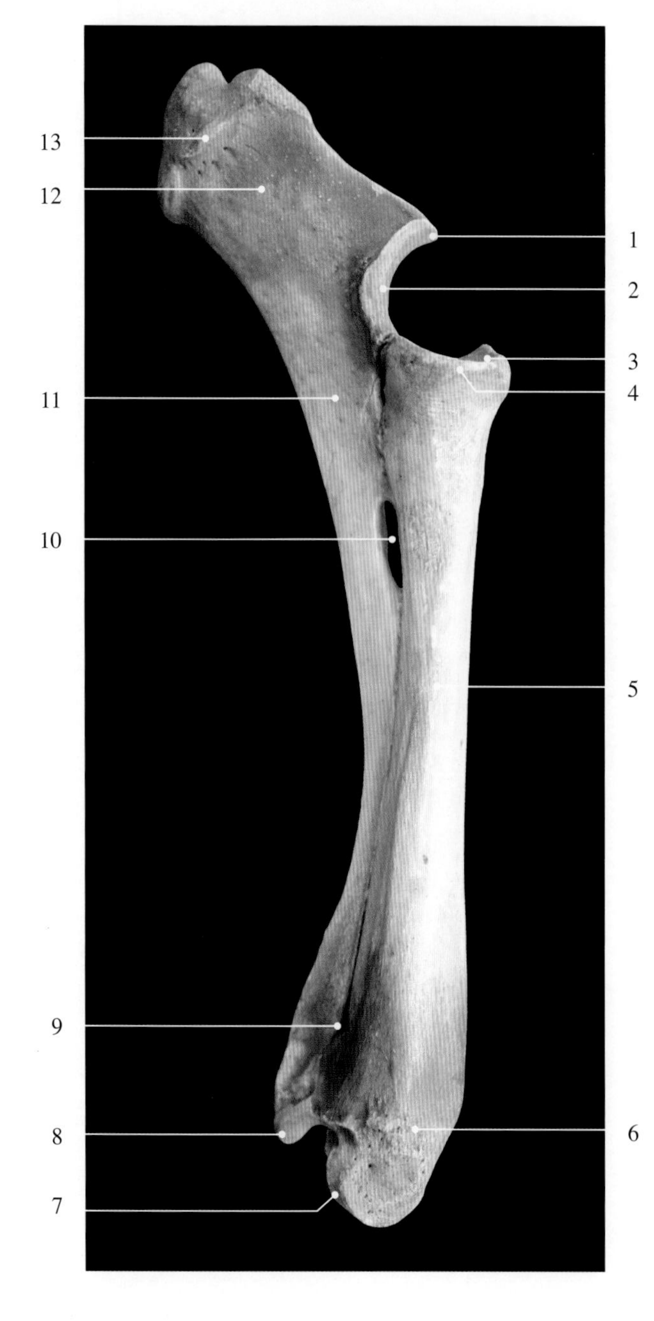

图2-5-28　牛前臂骨内侧观

前臂骨（skeleton of forearm）包括桡骨和尺骨。桡骨（radius）在前内侧，尺骨（ulna）在后外侧。在马、牛和羊，桡骨发达；尺骨显著退化，仅近端发达，骨体向下逐渐变细，与桡骨愈合，近侧有间隙，称前臂骨间隙。尺骨近端突出部称肘突。在猪、犬、兔和鼠等动物，尺骨比桡骨长，两骨之间有较大的前臂间隙。

1. 肘突 anconeal process
2. 内侧冠突 medial coronoid process
3. 桡骨凹（关节面）radial foveae（articular surface）
4. 桡骨内侧粗隆 medial eminence of radius
5. 桡骨体 body of radius
6. 桡骨远端 distal extremity of radius
7. 桡骨滑车（对腕关节面）radial trochlea（articular surface for carpal joint）
8. 尺骨茎突 styloid process of ulna
9. 远侧前臂间隙 distal space of forearm
10. 近侧前臂间隙 proximal space of forearm
11. 尺骨体 body of ulna
12. 鹰嘴 olecranon
13. 鹰嘴结节 olecranal tuber

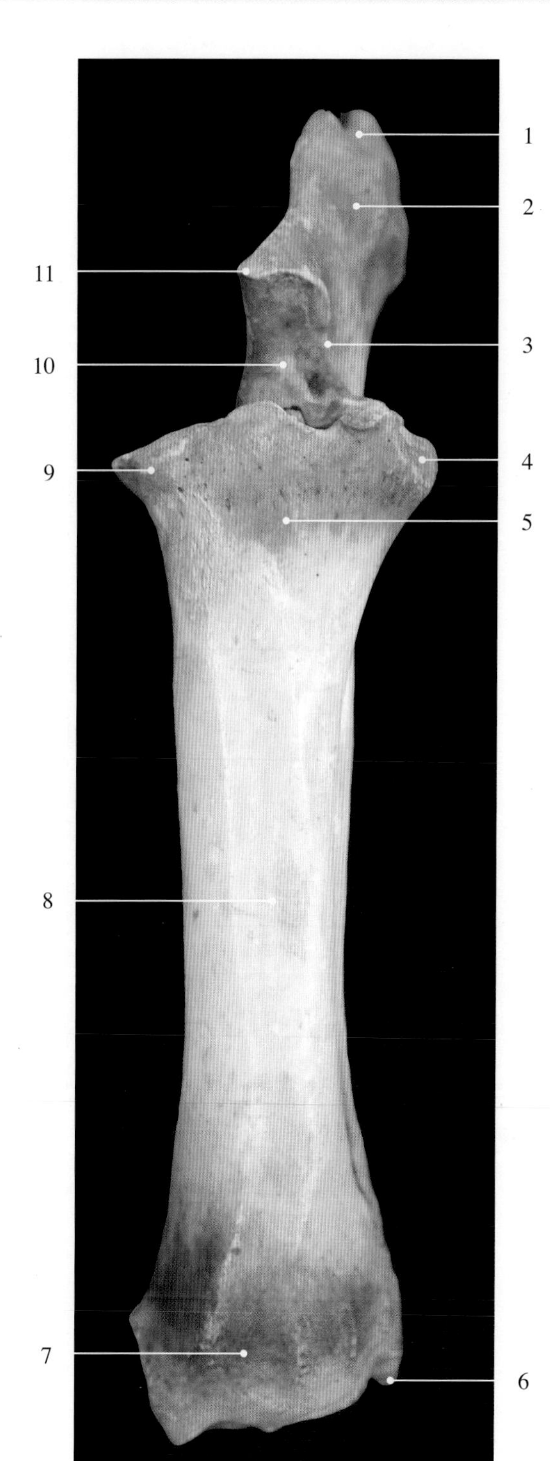

图2-5-29　牛前臂骨背侧观

1. 鹰嘴结节 olecranal tuber
2. 鹰嘴 olecranon
3. 外侧冠突 lateral coronoid process
4. 桡骨外侧粗隆 lateral eminence of radius
5. 桡骨近端 proximal extremity of radius
6. 尺骨茎突 styloid process of ulna
7. 桡骨远端 distal extremity of radius
8. 桡骨体 body of radius
9. 桡骨内侧粗隆 medial eminence of radius
10. 滑车切迹 trochlear notch
11. 肘突 anconeal process

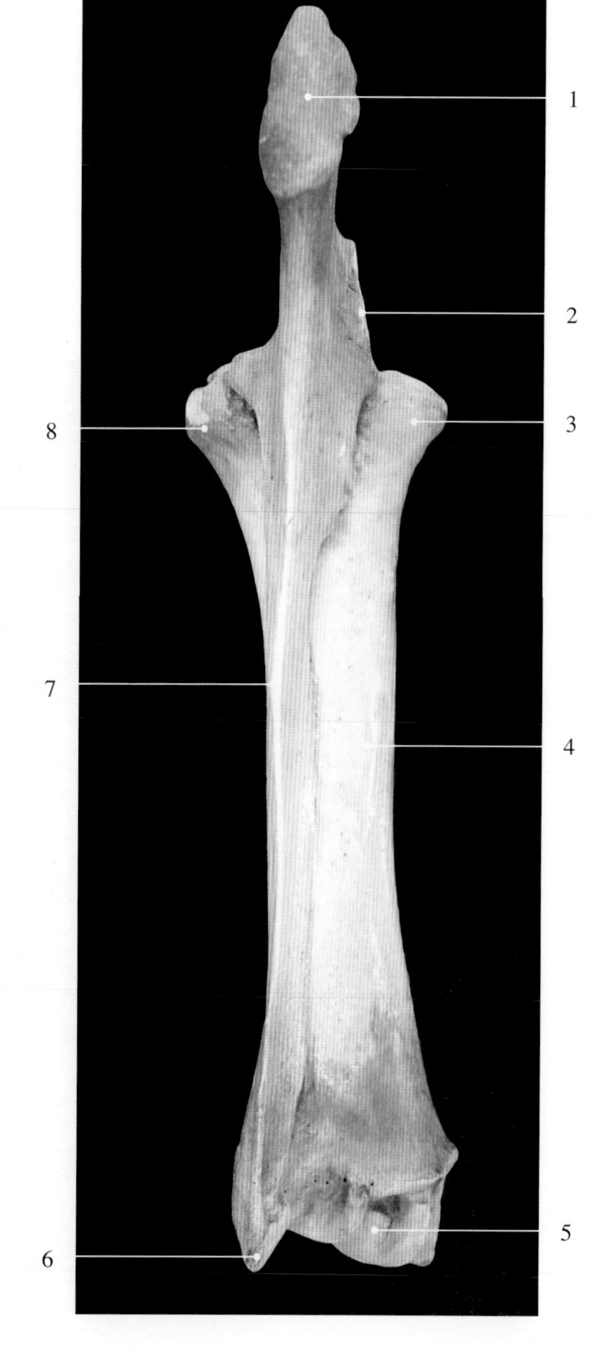

图2-5-30　牛前臂骨掌侧观

1. 鹰嘴结节 olecranal tuber
2. 内侧冠突 medial coronoid process
3. 桡骨内侧粗隆 medial eminence of radius
4. 桡骨体 body of radius
5. 桡骨滑车（对腕关节面）radial trochlea (articular surface for carpal joint)
6. 尺骨茎突 styloid process of ulna
7. 尺骨体 body of ulna
8. 桡骨外侧粗隆 lateral eminence of radius

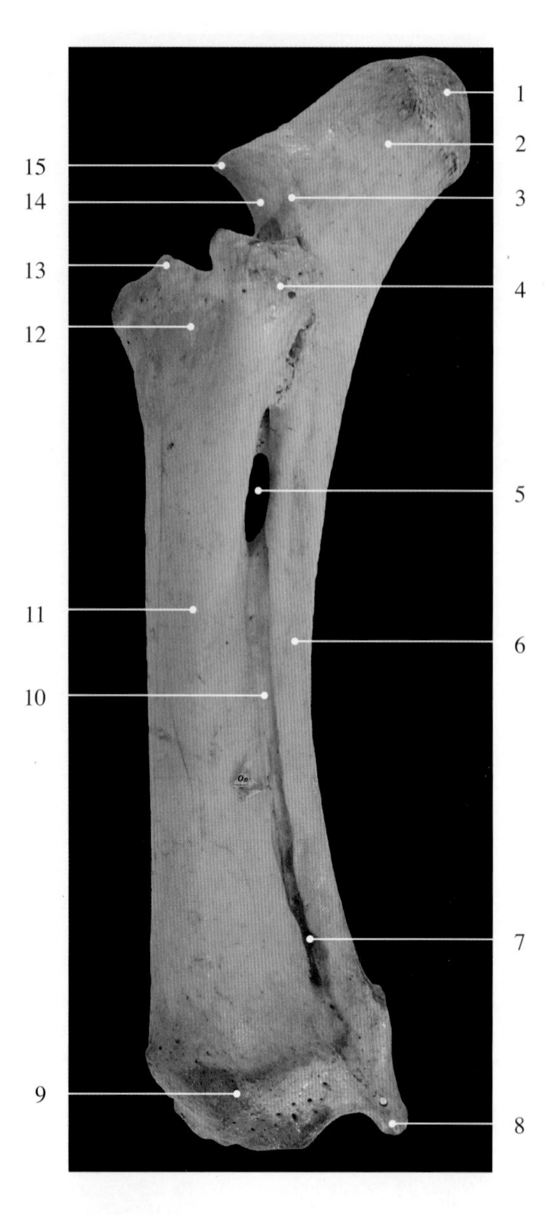

图2-5-31　牛前臂骨外侧观（示前臂间隙）

1. 鹰嘴结节 olecranal tuber
2. 鹰嘴 olecranon
3. 外侧冠突 lateral coronoid process
4. 桡骨外侧粗隆 lateral eminence of radius
5. 近侧前臂间隙 proximal space of forearm
6. 尺骨体 body of ulna
7. 远侧前臂间隙 distal space of forearm
8. 尺骨茎突 styloid process of ulna
9. 桡骨远端 distal extremity of radius
10. 血管沟 vascular channel
11. 桡骨体 body of radius
12. 桡骨近端 proximal extremity of radius
13. 矢状嵴 sagittal crest
14. 滑车切迹 trochlear notch
15. 肘突 anconeal process

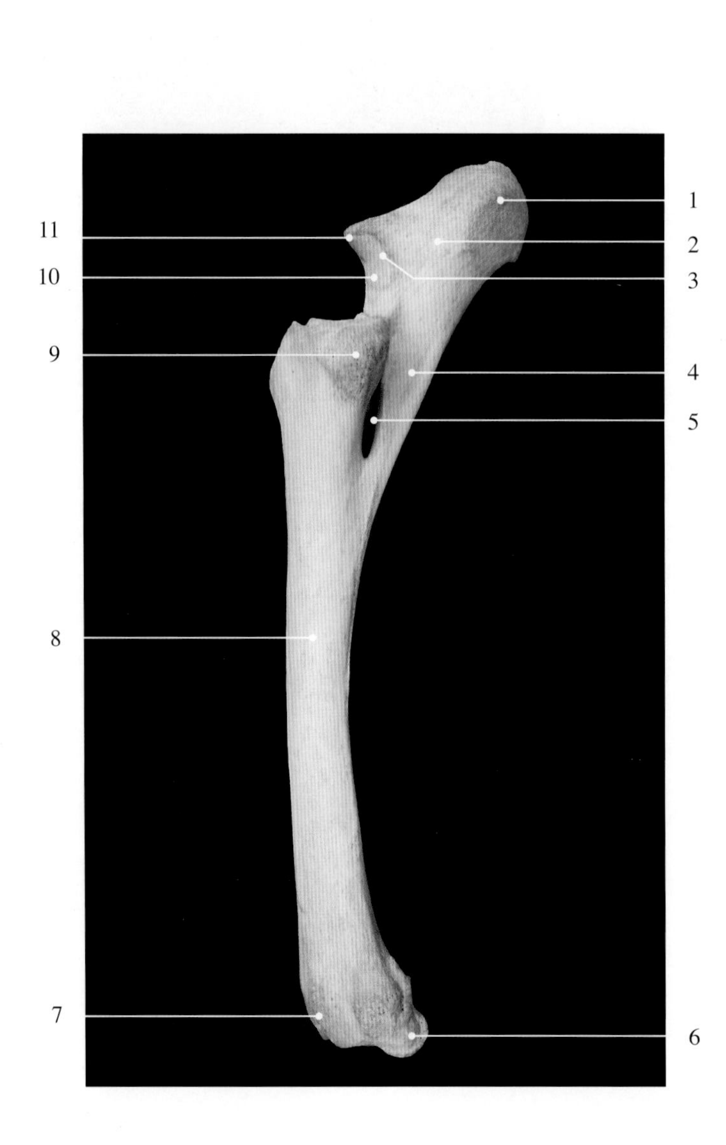

图2-5-32　马前臂骨外侧观

1. 鹰嘴结节 olecranal tuber
2. 鹰嘴 olecranon
3. 外侧冠突 lateral coronoid process
4. 尺骨体 body of ulna
5. 前臂间隙 space of forearm
6. 尺骨茎突 styloid process of ulna
7. 桡骨远端 distal extremity of radius
8. 桡骨体 body of radius
9. 桡骨外侧粗隆 lateral eminence of radius
10. 滑车切迹 trochlear notch
11. 肘突 anconeal process

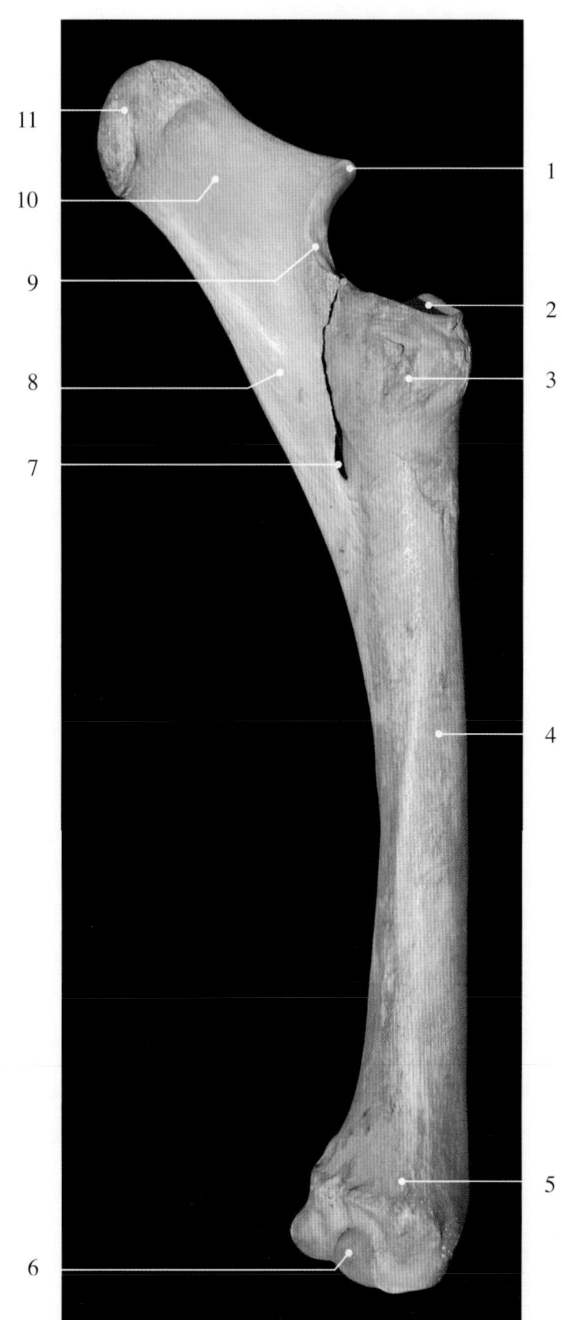

图2-5-33　马前臂骨内侧观

1. 肘突 anconeal process
2. 桡骨凹（关节面）radial foveae（articular surface）
3. 桡骨内侧粗隆 medial eminence of radius
4. 桡骨体 body of radius
5. 桡骨远端 distal extremity of radius
6. 桡骨滑车 radial trochlea
7. 前臂间隙 space of forearm
8. 尺骨体 body of ulna
9. 内侧冠突 medial coronoid process
10. 鹰嘴 olecranon
11. 鹰嘴结节 olecranal tuber

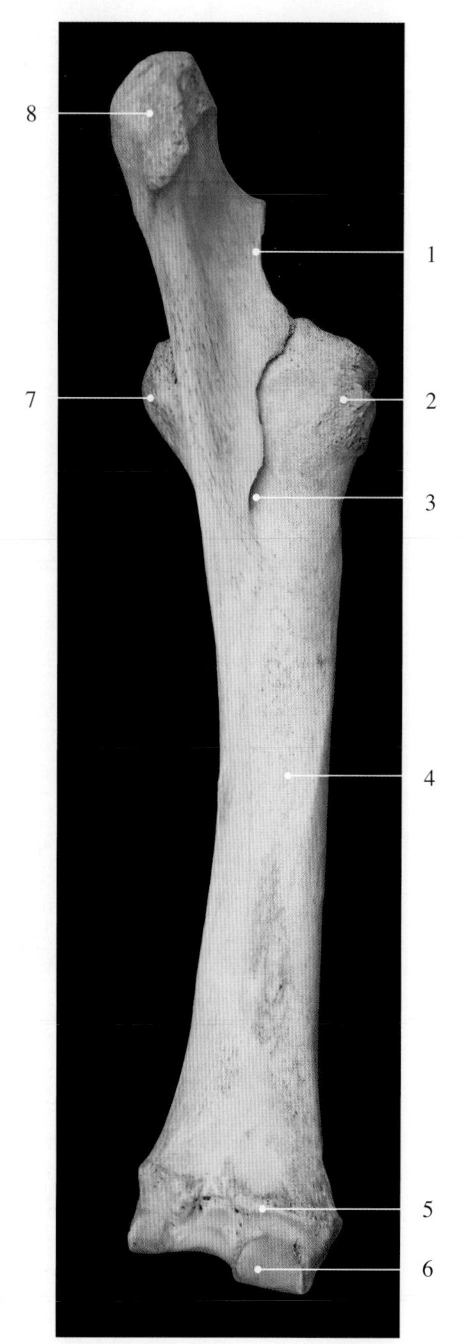

图2-5-34　马前臂骨掌侧观

1. 内侧冠突 medial coronoid process
2. 桡骨内侧粗隆 medial eminence of radius
3. 前臂间隙 space of forearm
4. 桡骨体 body of radius
5. 横嵴 transverse crest
6. 桡骨滑车 radial trochlea
7. 桡骨外侧粗隆 lateral eminence of radius
8. 鹰嘴结节 olecranal tuber

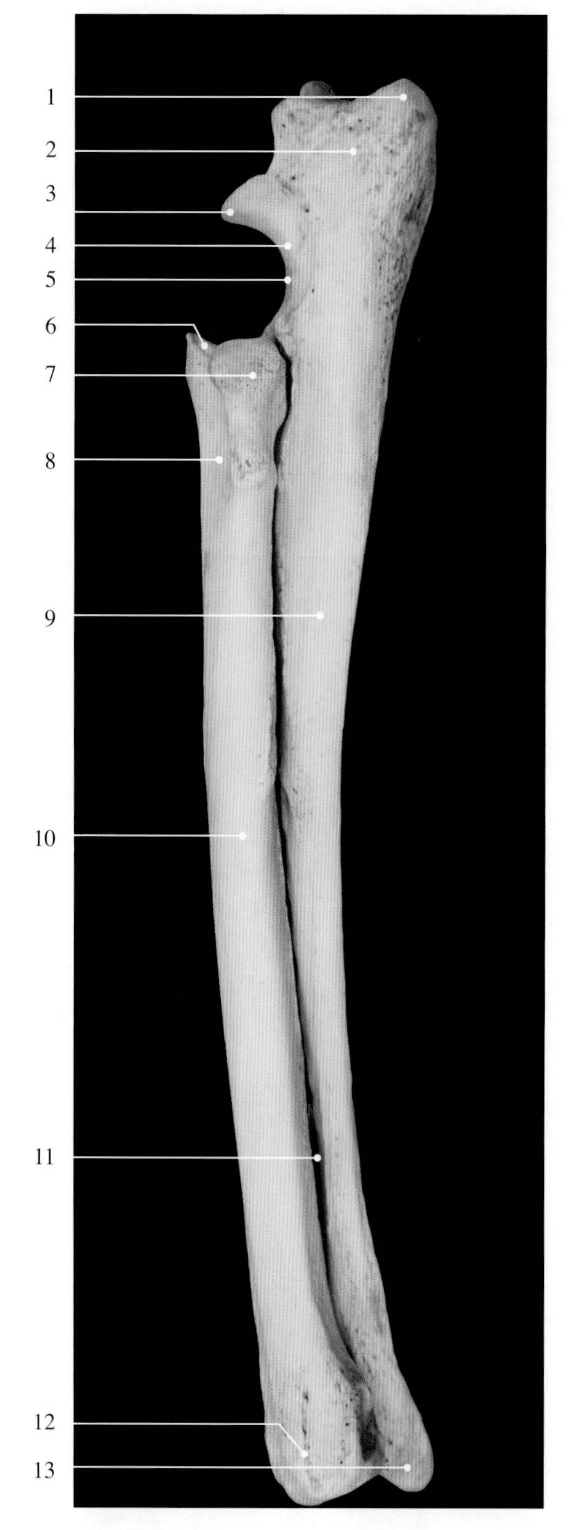

图2-5-35　犬前臂骨外侧观

1. 鹰嘴结节 olecranal tuber
2. 鹰嘴 olecranon
3. 肘突 anconeal process
4. 外侧冠突 lateral coronoid process
5. 滑车切迹 trochlear notch
6. 桡骨凹 radial foveae
7. 桡骨外侧粗隆 lateral eminence of radius
8. 桡骨近端 proximal extremity of radius
9. 尺骨体 body of ulna
10. 桡骨体 body of radius
11. 前臂间隙 space of forearm
12. 桡骨远端 distal extremity of radius
13. 尺骨茎突 styloid process of ulna

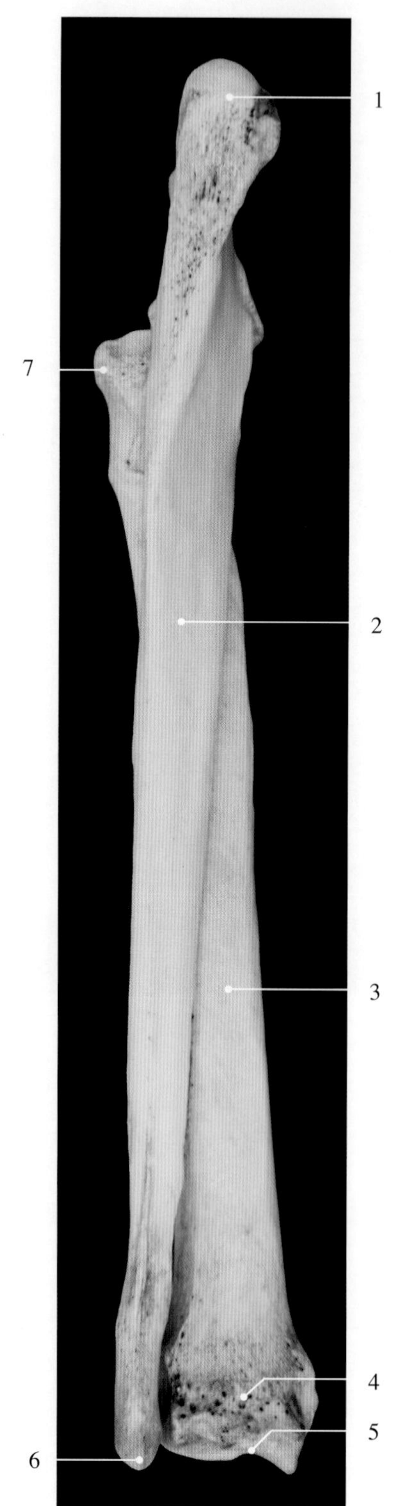

图2-5-36　犬前臂骨掌侧观

1. 鹰嘴结节 olecranal tuber
2. 尺骨体 body of ulna
3. 桡骨体 body of radius
4. 桡骨远端 distal extremity of radius
5. 桡骨滑车 radial trochlea
6. 尺骨茎突 styloid process of ulna
7. 桡骨外侧粗隆 lateral eminence of radius

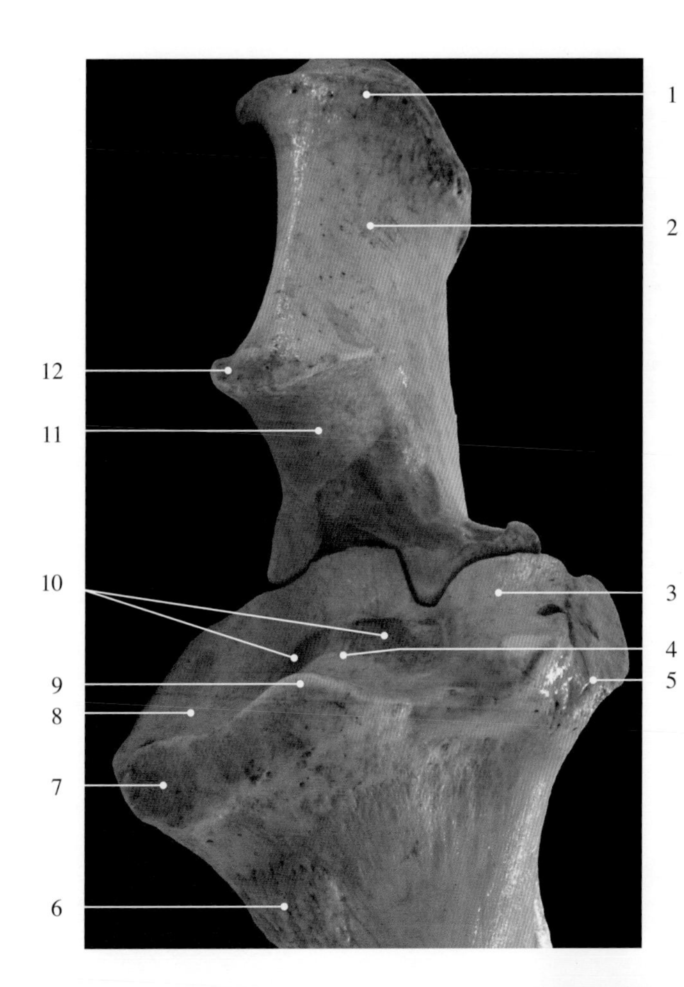

图2-5-37 前臂骨近端

1. 鹰嘴结节 olecranal tuber
2. 鹰嘴 olecranon
3. 外侧桡骨凹 lateral radial foveae
4. 矢状嵴 sagittal crest
5. 桡骨外侧粗隆 lateral eminence of radius
6. 桡骨粗隆 radial tuberosity
7. 桡骨内侧粗隆 medial eminence of radius
8. 内侧桡骨凹 medial radial foveae
9. 冠状突 coronoid process
10. 滑液窝 fossa of synovial fluid
11. 滑车切迹 trochlear notch
12. 肘突 anconeal process

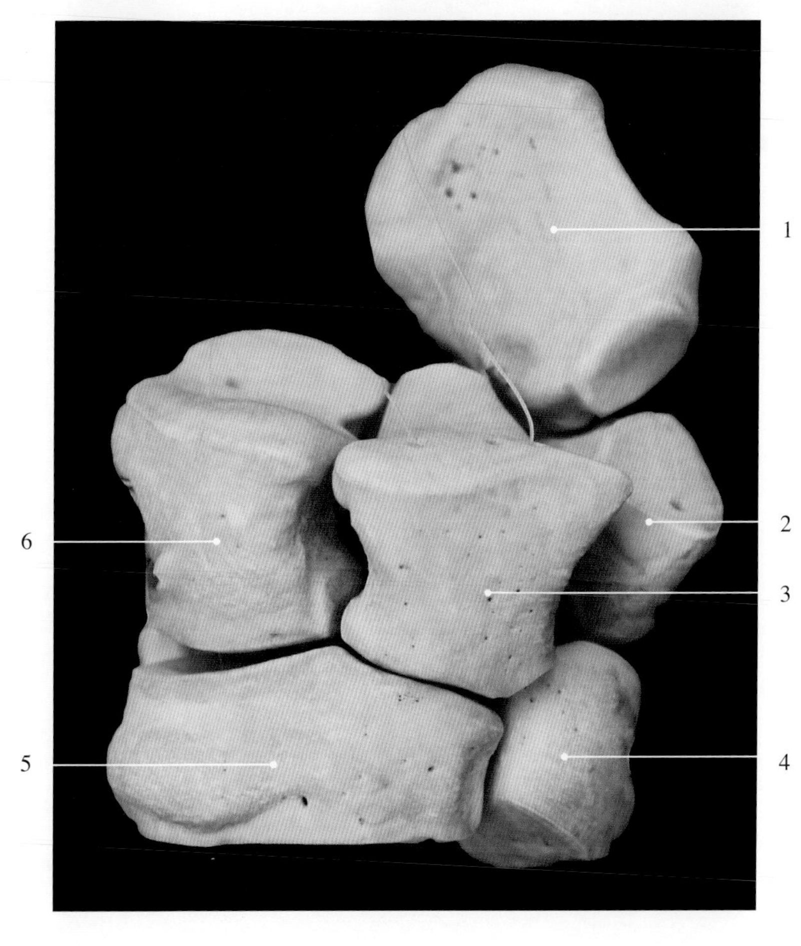

图2-5-38 马腕骨背侧观

腕骨（carpal bone）位于前臂骨与掌骨之间，排成上下两列。近列腕骨有4枚，自内向外为桡腕骨、中间腕骨、尺腕骨和副腕骨；但犬仅有3枚，其桡腕骨和中间腕骨愈合为1块。远列一般为4枚，自内向外依次为第1、2、3和4腕骨，如猪和犬。但牛缺第1腕骨，而第2和3腕骨愈合。在马，第1和2腕骨愈合为1块。

1. 副腕骨 accessory carpal bone
2. 尺腕骨 ulnar carpal bone
3. 中间腕骨 intermediate carpal bone
4. 第4腕骨 4th carpal bone
5. 第3腕骨 3rd carpal bone
6. 桡腕骨 radial carpal bone

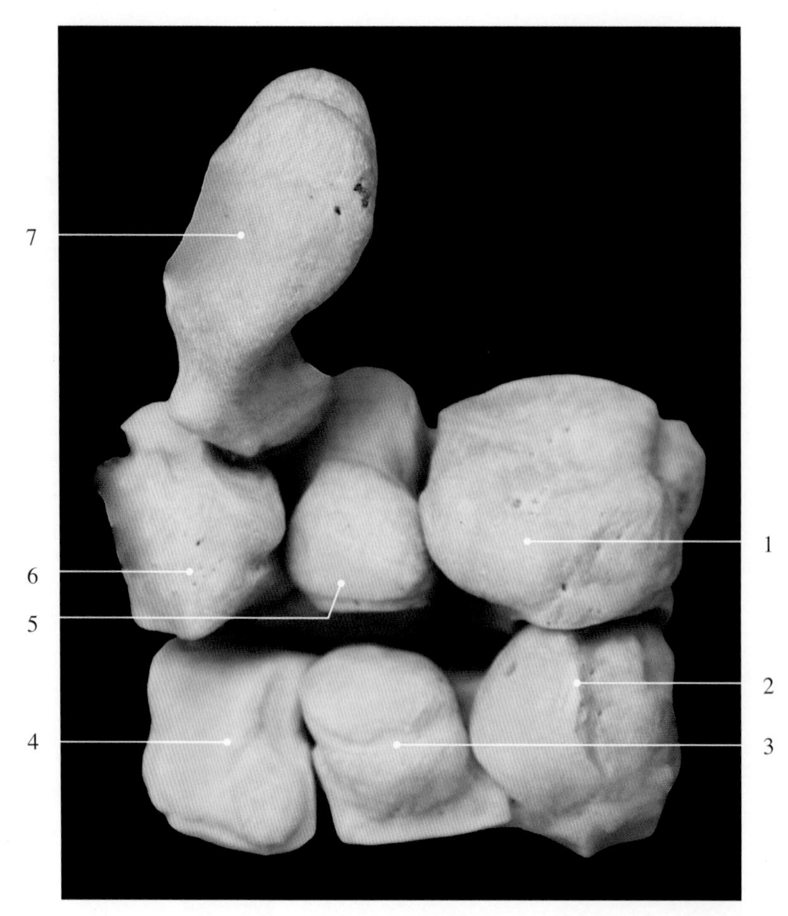

图2-5-39　马腕骨掌侧观

1. 桡腕骨 radial carpal bone
2. 第1、2腕骨 1st and 2nd carpal bones
3. 第3腕骨 3rd carpal bone
4. 第4腕骨 4th carpal bone
5. 中间腕骨 intermediate carpal bone
6. 尺腕骨 ulnar carpal bone
7. 副腕骨 accessory carpal bone

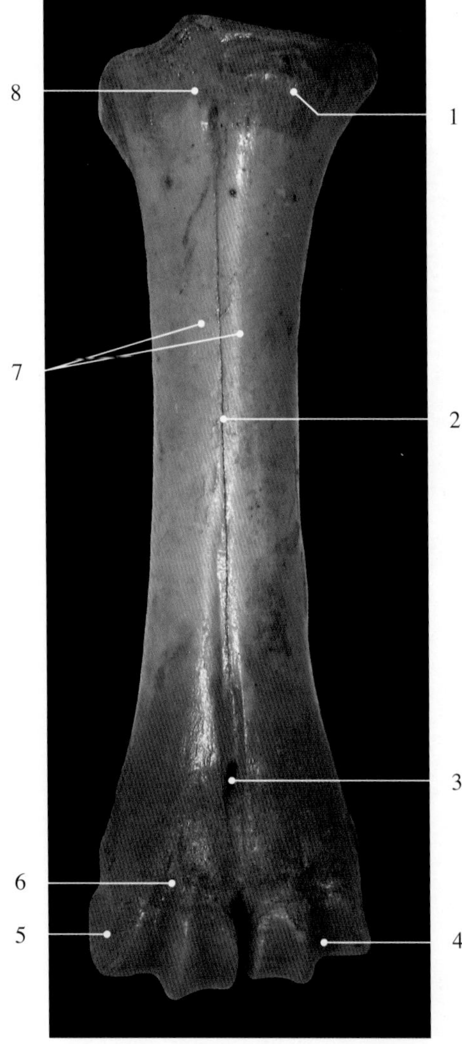

图2-5-40　牛掌骨背侧观

反刍动物的第3和4掌骨的近端和中部联合形成大掌骨，远端分离，与近端指节骨成关节；第5掌骨变小，称为小掌骨；第1和2掌骨缺失。猪的第3和4掌骨发育良好，第2和5掌骨则变小，第1掌骨缺失。

1. 掌骨粗隆 metacarpal tuberosity
2. 背侧纵沟 dorsal longitudinal sulcus
3. 远掌骨管 distal metacarpal canal
4. 关节面 articular surface
5. 韧带窝 ligament fossa
6. 掌骨远端 distal extremity of metacarpal bone
7. 第3、4掌骨体（大掌骨）bodies of 3rd and 4th metacarpal bone (major metacarpal bone)
8. 掌骨近端 proximal extremity of metacarpal bone

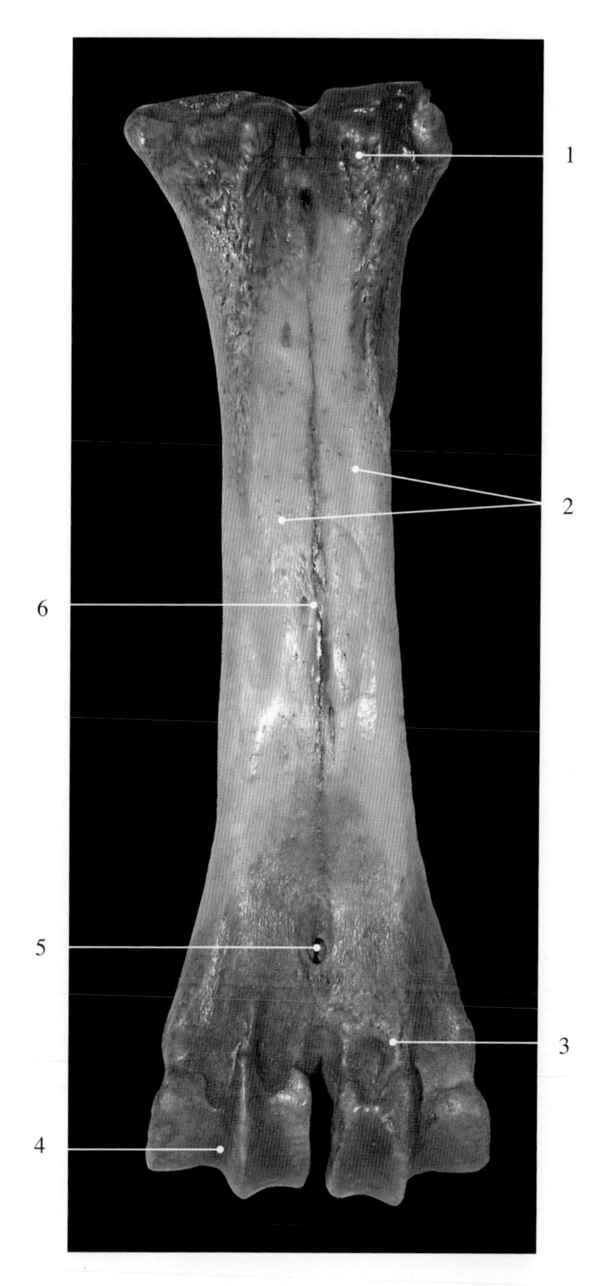

图2-5-41　牛掌骨掌侧观

1. 掌骨近端　proximal extremity of metacarpal bone
2. 第3、4掌骨体（大掌骨）bodies of 3rd and 4th metacarpal bone (major metacarpal bone)
3. 掌骨远端　distal extremity of metacarpal bone
4. 关节面　articular surface
5. 远掌骨管　distal metacarpal canal
6. 掌侧纵沟　palmar longitudinal sulcus

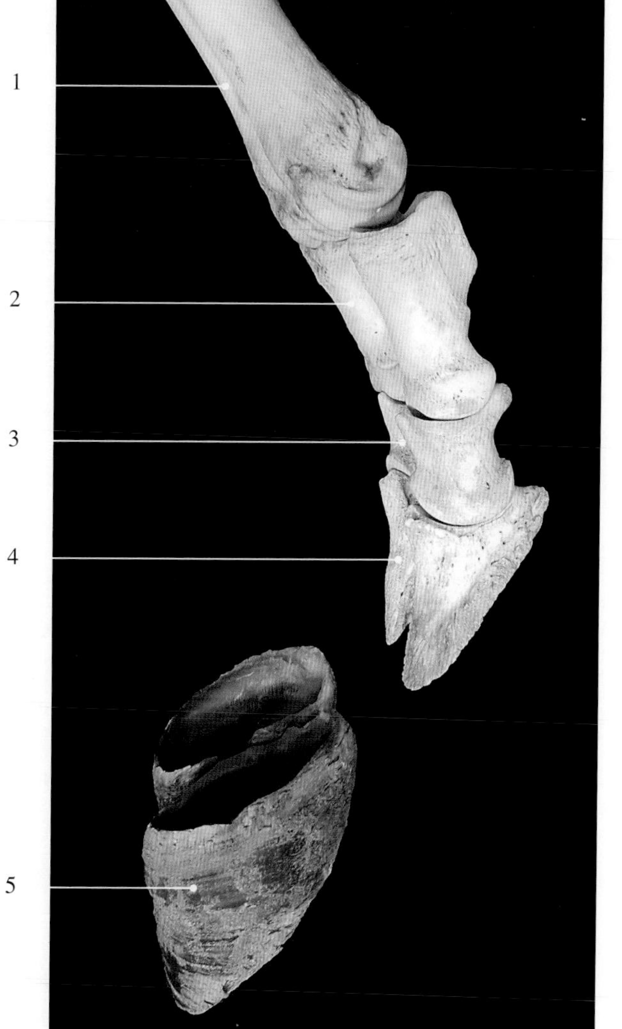

图2-5-42　牛左前脚骨外侧观

1. 掌骨　metacarpal bone
2. 系骨　pastern bone（近指节骨 proximal phalanges）
3. 冠骨　coronal bone（中指节骨 middle phalanges）
4. 蹄骨　coffin bone（远指节骨 distal phalanges）
5. 蹄匣　hoof capsule

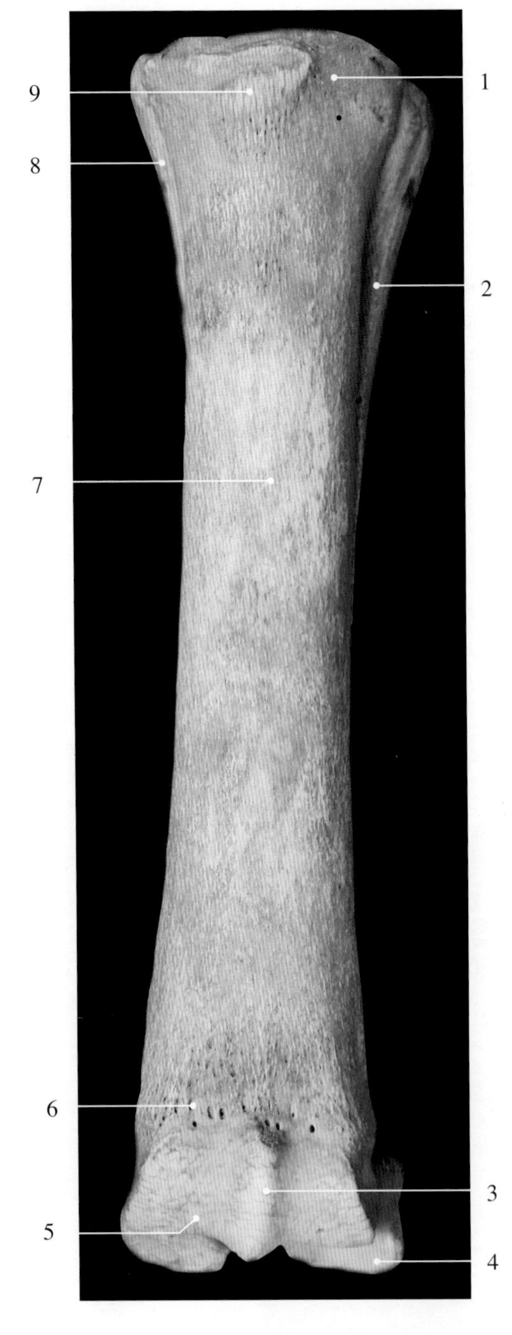

图2-5-43　马左掌骨背侧观

马只有第3掌骨完全发育，形成单指（奇蹄类）；第2和4掌骨退化为小掌骨，第1和5掌骨缺失。

1. 大掌骨近端 proximal extremity of major metacarpal bone
2. 第4掌骨（小掌骨）4th metacarpal bone（lesser metacarpal bone）
3. 矢状嵴 sagittal crest
4. 外侧近籽骨 lateral proximal sesamoid bone
5. 关节面 articular surface
6. 大掌骨远端 distal extremity of major metacarpal bone
7. 第3掌骨（大掌骨）3rd metacarpal bone（major metacarpal bone）
8. 第2掌骨（小掌骨）2nd metacarpal bone（lesser metacarpal bone）
9. 掌骨粗隆 metacarpal tuberosity

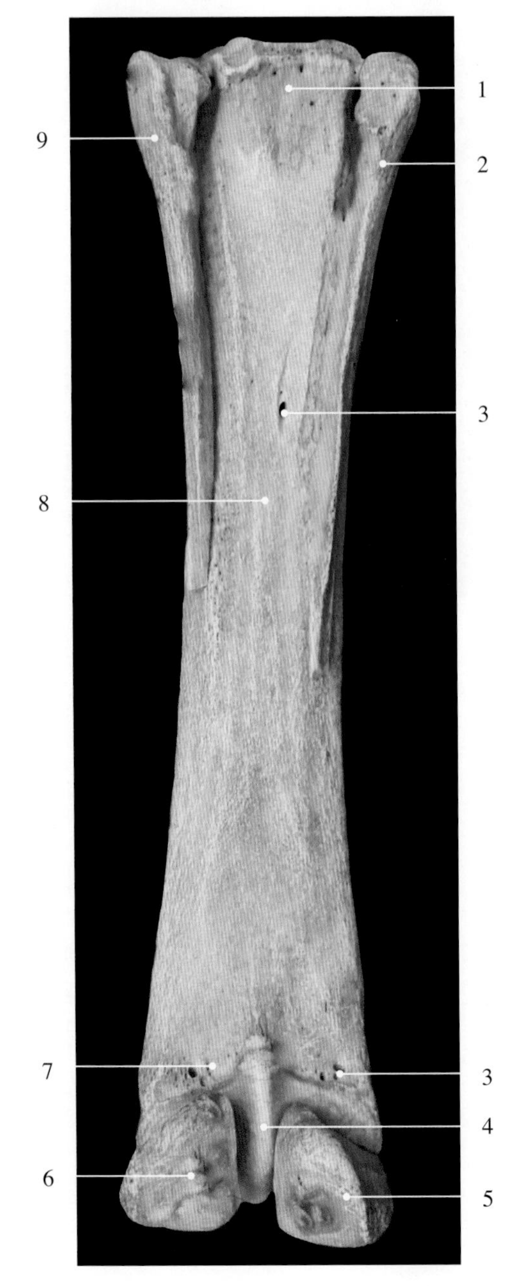

图2-5-44　马左掌骨掌侧观

1. 大掌骨近端 proximal extremity of major metacarpal bone
2. 第2掌骨（小掌骨）2nd metacarpal bone（lesser metacarpal bone）
3. 滋养孔 nutrient foramen
4. 矢状嵴 sagittal crest
5. 内侧近籽骨 medial proximal sesamoid bone
6. 外侧近籽骨 lateral proximal sesamoid bone
7. 大掌骨远端 distal extremity of major metacarpal bone
8. 第3掌骨（大掌骨）3rd metacarpal bone（major metacarpal bone）
9. 第4掌骨（小掌骨）4th metacarpal bone（lesser metacarpal bone）

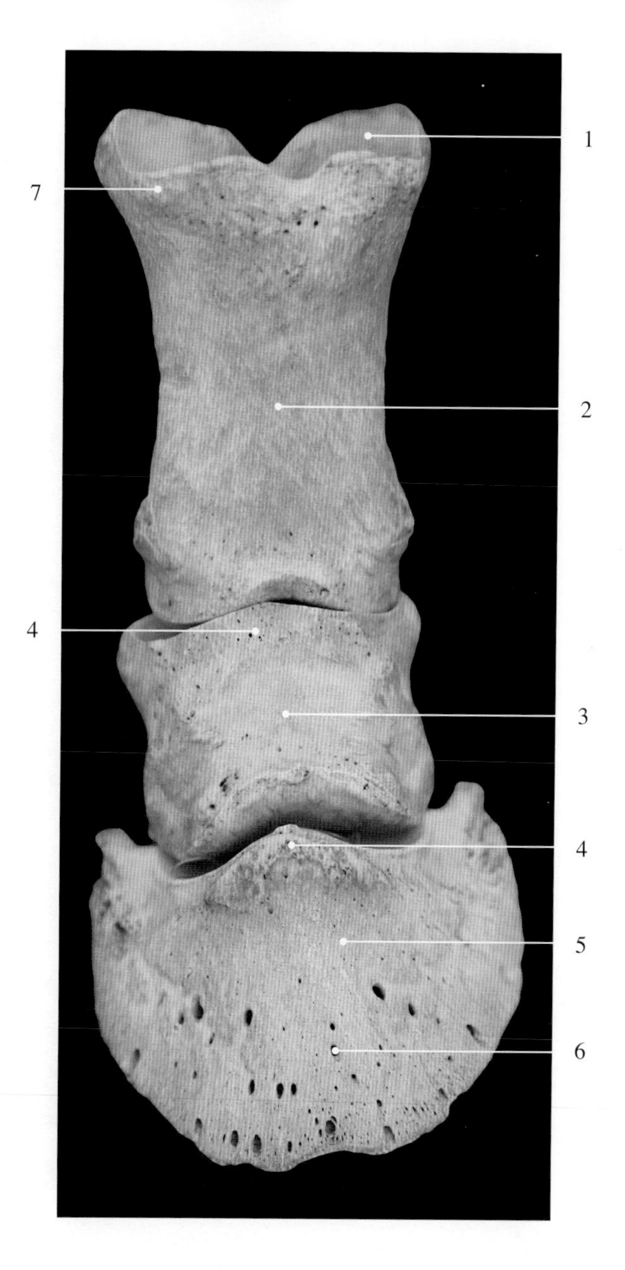

图2-5-45　马左指骨背侧观

指骨（digital bone）一般每一指骨从上至下顺次包括近指节骨（系骨）、中指节骨（冠骨）和远指节骨（蹄骨）。蹄骨近端前缘突出称伸腱突，底面凹且粗糙，称屈腱面。牛、羊有4指，第3、4指发育完全，每指有三节；第2、5指仅两节，包括系骨和蹄骨，又称悬蹄。马只有第3指。猪有4指。第3、4指发达，第2、5指小。籽骨（sesamoid bone）一般每指有3枚籽骨，包括近籽骨和远籽骨。近籽骨位于掌骨远端掌侧，2枚。远籽骨位于冠骨和蹄骨交界部掌侧，1枚。但是，牛的悬指无籽骨，猪的第2、5指仅有1对近籽骨。

1. 关节面　articular surface
2. 近指节骨（系骨）proximal phalanges（pastern bone）
3. 中指节骨（冠骨）middle phalanges（coronal bone）
4. 伸腱突　extensor process
5. 远指节骨（蹄骨）distal phalanges（coffin bone）
6. 滋养孔　nutrient foramen
7. 供韧带附着的隆突　prominence for ligament attachment

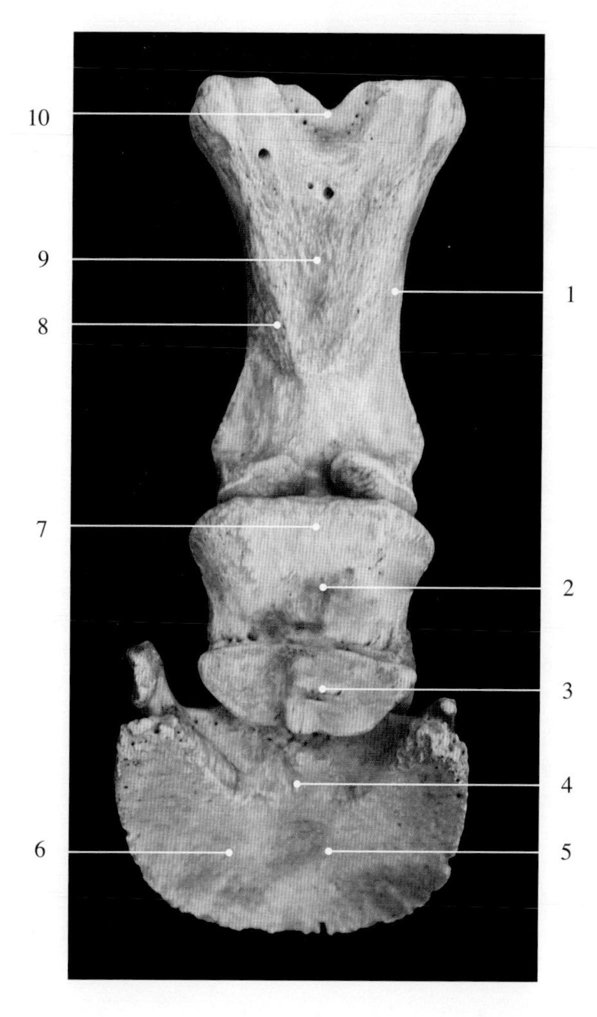

图2-5-46　马指骨掌侧观

1. 近指节骨（系骨）proximal phalanges（pastern bone）
2. 中指节骨（冠骨）middle phalanges（coronal bone）
3. 远籽骨　distal sesamoid bone
4. 屈腱面　flexor surface
5. 远指节骨（蹄骨）distal phalanges（coffin bone）
6. 蹄底面　solar surface
7. 屈肌结节　flexor tuberosity
8. 骨嵴　bony ridge
9. 三角区　triangular area
10. 矢状沟　sagittal groove

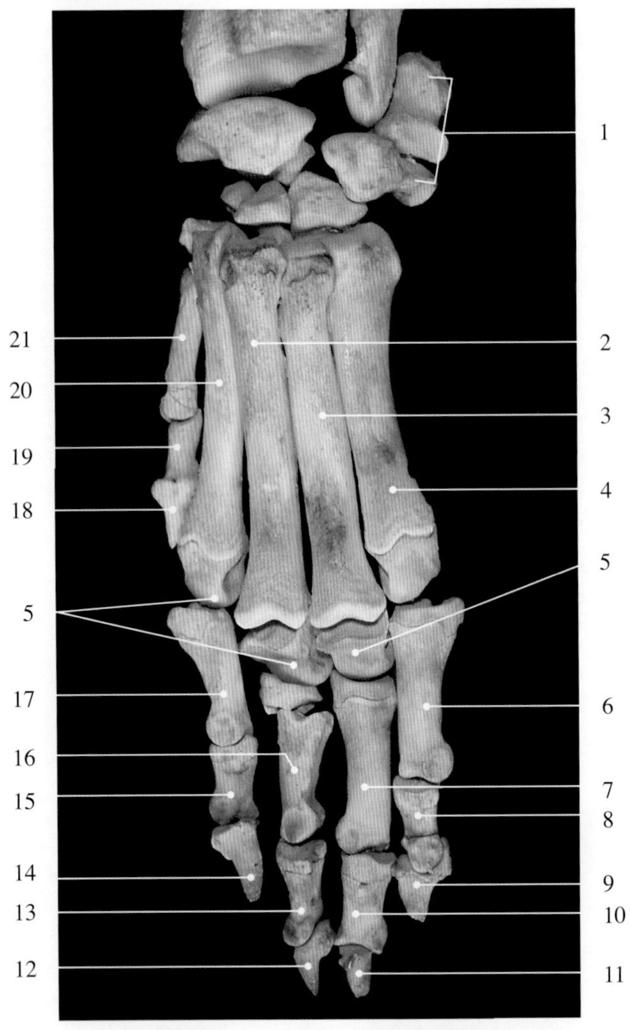

图2-5-47　犬前脚骨背侧观

肉食动物的掌骨由内向外分别称为第1、2、3、4和5掌骨。第3和4掌骨长，第2和5掌骨较短，第1掌骨则最短。犬、猫、兔和鼠有5指，但第1指仅含两指节。犬的籽骨特殊，包括掌籽骨、近籽骨和背侧籽骨，其中掌籽骨1枚，位于桡腕骨后内侧处，近籽骨9枚，第1掌骨远端掌侧1枚，第2～5掌骨各2枚，背侧籽骨5枚，位于第2～5掌指关节囊背侧。

1. 腕骨 carpal bone
2. 第3掌骨 3rd metacarpal bone
3. 第4掌骨 4th metacarpal bone
4. 第5掌骨 5th metacarpal bone
5. 骺软骨 epiphysial cartilage
6. 第5指系骨 5th pastern bone
7. 第4指系骨 4th pastern bone
8. 第5指冠骨 5th coronal bone
9. 第5指蹄骨 5th coffin bone
10. 第4指冠骨 4th coronal bone
11. 第4指蹄骨 4th coffin bone
12. 第3指蹄骨 3rd coffin bone
13. 第3指冠骨 3rd coronal bone
14. 第2指蹄骨 2nd coffin bone
15. 第2指冠骨 2nd coronal bone
16. 第3指系骨 3rd pastern bone
17. 第2指系骨 2nd pastern bone
18. 第1指蹄骨 1st coffin bone
19. 第1指系骨 1st pastern bone
20. 第2掌骨 2nd metacarpal bone
21. 第1掌骨 1st metacarpal bone

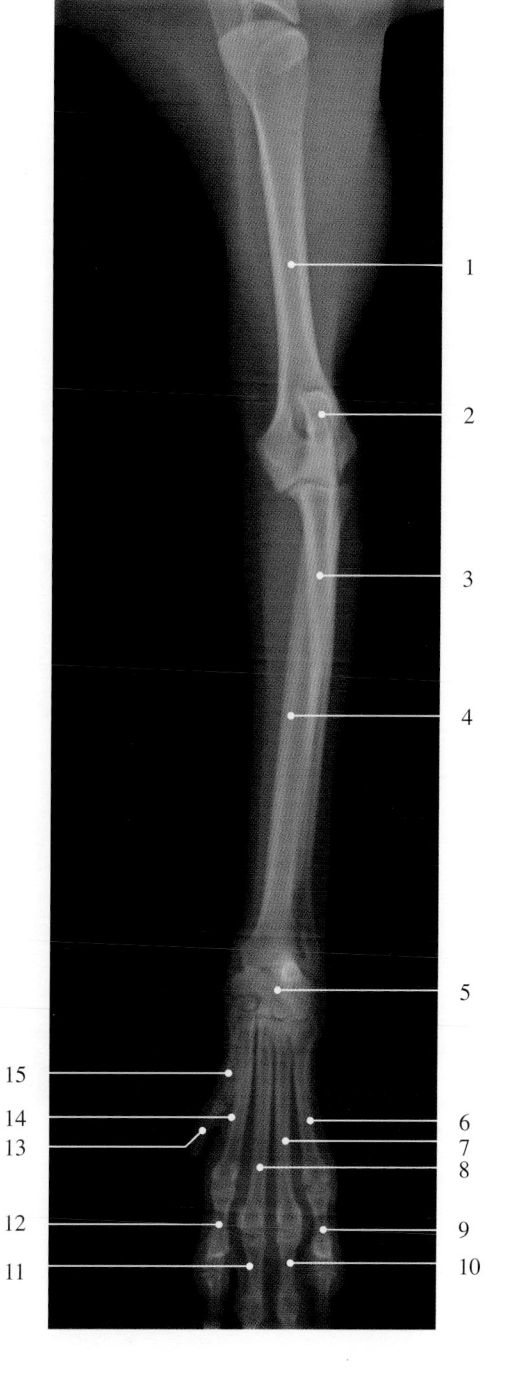

图2-5-48　犬前脚骨X光片（掌侧位）

1. 肱骨 humerus
2. 鹰嘴结节 olecranal tuber
3. 尺骨 ulna
4. 桡骨 radius
5. 腕骨 carpal bone
6. 第5掌骨 5th metacarpal bone
7. 第4掌骨 4th metacarpal bone
8. 第3掌骨 3rd metacarpal bone
9. 第5指指骨 5th digital bone
10. 第4指指骨 4th digital bone
11. 第3指指骨 3rd digital bone
12. 第2指指骨 2nd digital bone
13. 第1指指骨 1st digital bone
14. 第2掌骨 2nd metacarpal bone
15. 第1掌骨 1st metacarpal bone

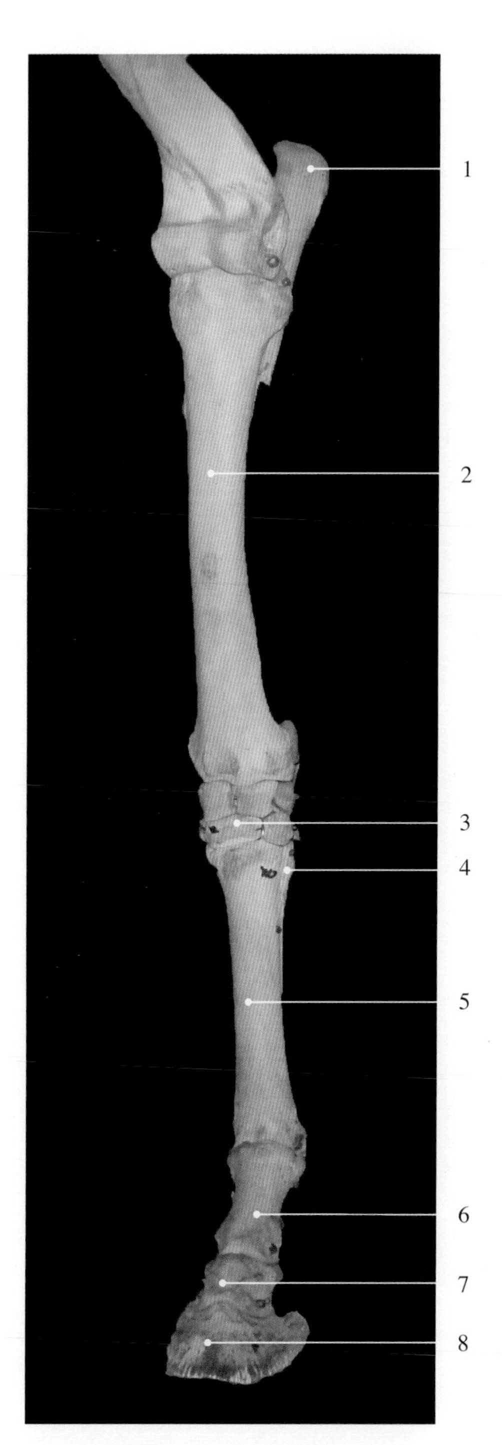

图2-5-49　马左前臂骨和前脚骨背侧观

1. 肘突 anconeal process
2. 桡骨 radius
3. 腕骨 carpal bone
4. 小掌骨 lesser metacarpal bone
5. 大掌骨 major metacarpal bone
6. 系骨 pastern bone（近指节骨 proximal phalanges）
7. 冠骨 coronal bone（中指节骨 middle phalanges）
8. 蹄骨 coffin bone（远指节骨 distal phalanges）

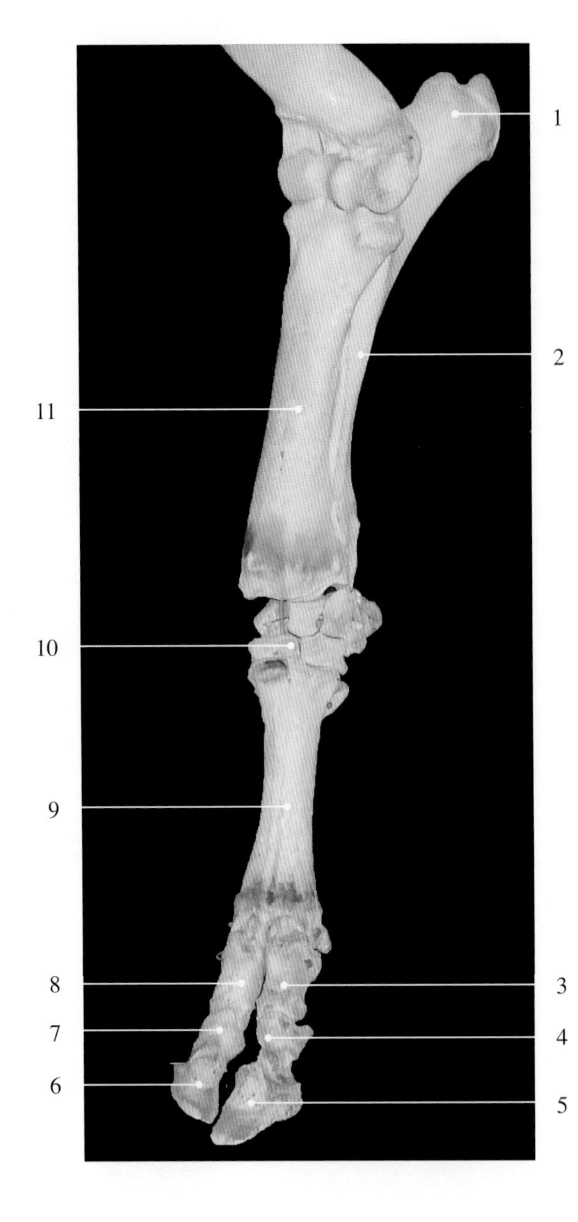

图2-5-50　牛左前臂骨和前脚骨背侧观

1. 肘突 anconeal process
2. 尺骨 ulna
3. 第4指系骨 4th pastern bone
4. 第4指冠骨 4th coronal bone
5. 第4指蹄骨 4th coffin bone
6. 第3指蹄骨 3rd coffin bone
7. 第3指冠骨 3rd coronal bone
8. 第3指系骨 3rd pastern bone
9. 掌骨 metacarpal bone
10. 腕骨 carpal bone
11. 桡骨 radius

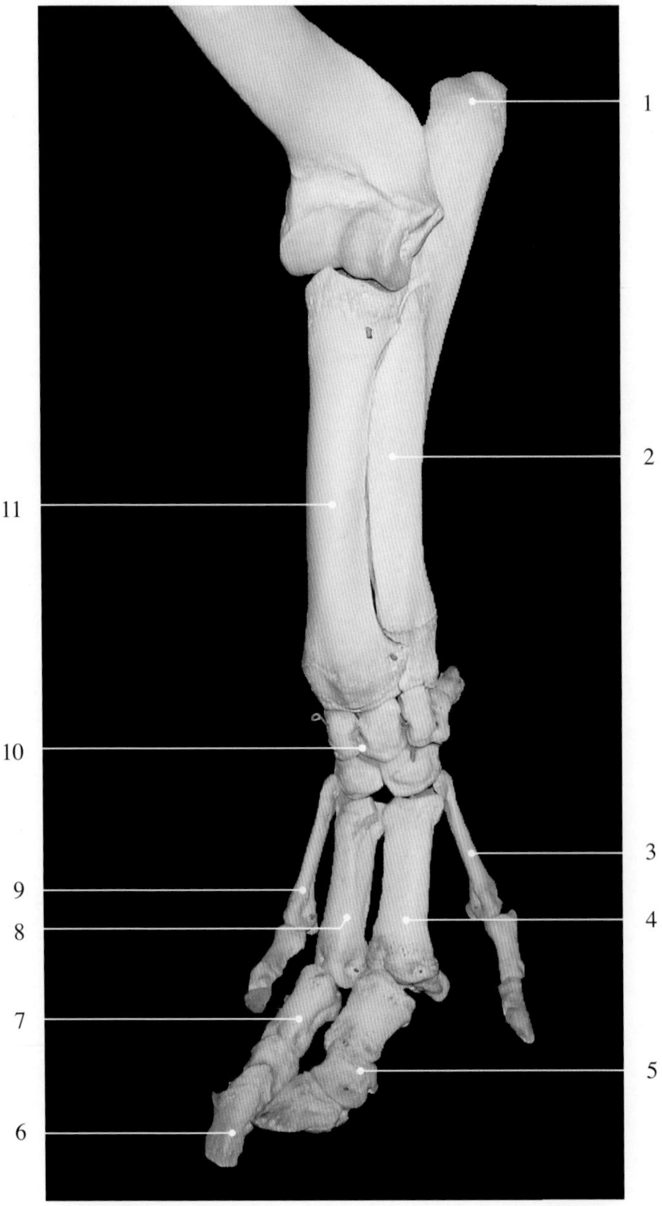

图2-5-51　猪左前臂骨和前脚骨背侧观

1. 肘突 anconeal process
2. 尺骨 ulna
3. 第5掌骨 5th metacarpal bone
4. 第4掌骨 4th metacarpal bone
5. 第4指冠骨 4th coronal bone
6. 第3指蹄骨 3rd coffin bone
7. 第3指系骨 3rd pastern bone
8. 第3掌骨 3rd metacarpal bone
9. 第2掌骨 2nd metacarpal bone
10. 腕骨 carpal bone
11. 桡骨 radius

图2-5-52　犬左前臂骨和前脚骨背侧观

1. 尺骨 ulna
2. 桡骨 radius
3. 腕骨 carpal bone
4. 第3掌骨 3rd metacarpal bone

Ⅰ. 第1指 1st toe
Ⅱ. 第2指 2nd toe
Ⅲ. 第3指 3rd toe
Ⅳ. 第4指 4th toe
Ⅴ. 第5指 5th toe

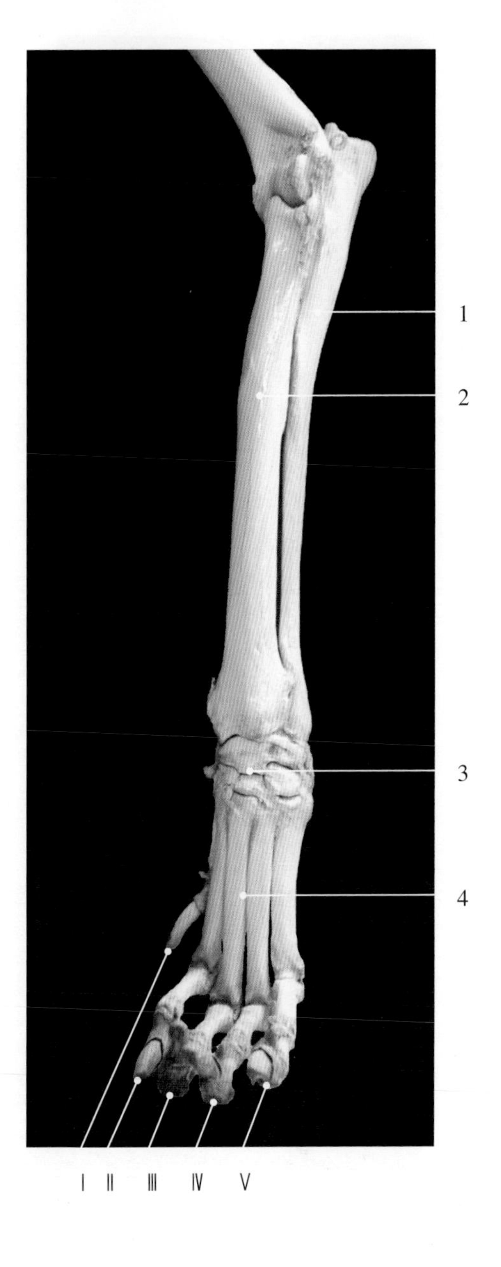

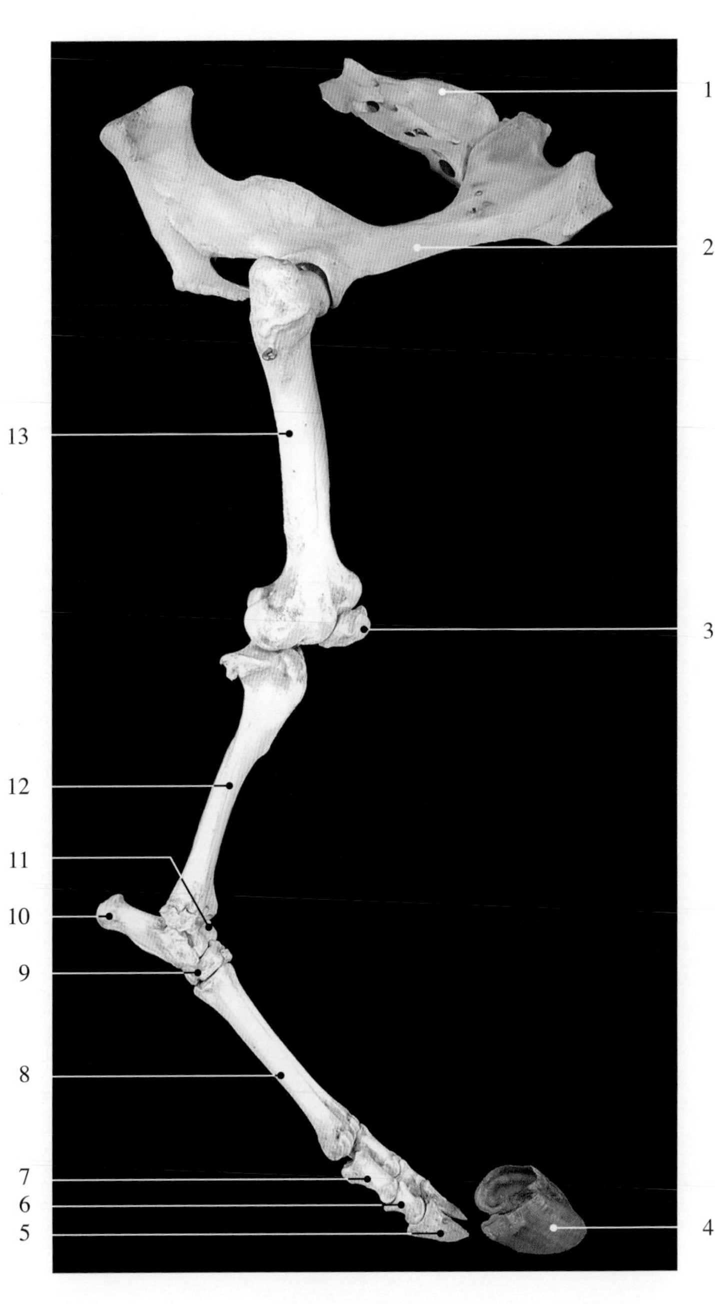

图2-6-1　牛右侧后肢骨骼外侧观

后肢骨包括髋骨、股骨、膝盖骨（髌骨）、小腿骨和后脚骨。髋骨是髂骨、坐骨和耻骨的合称。小腿骨由胫骨和腓骨（fibula）组成。后脚骨包括跗骨、跖骨、趾骨和籽骨。

1. 荐骨 sacral bone
2. 髋骨 hip bone
3. 膝盖骨 kneecap, patella
4. 蹄匣 hoof capsule
5. 蹄骨 coffin bone
6. 冠骨 coronal bone
7. 系骨 pastern bone
8. 跖骨 metatarsal bone
9. 第4跗骨 4th tarsal bone
10. 跟骨 calcaneus
11. 距骨 talus
12. 胫骨 tibia
13. 股骨 femoral bone

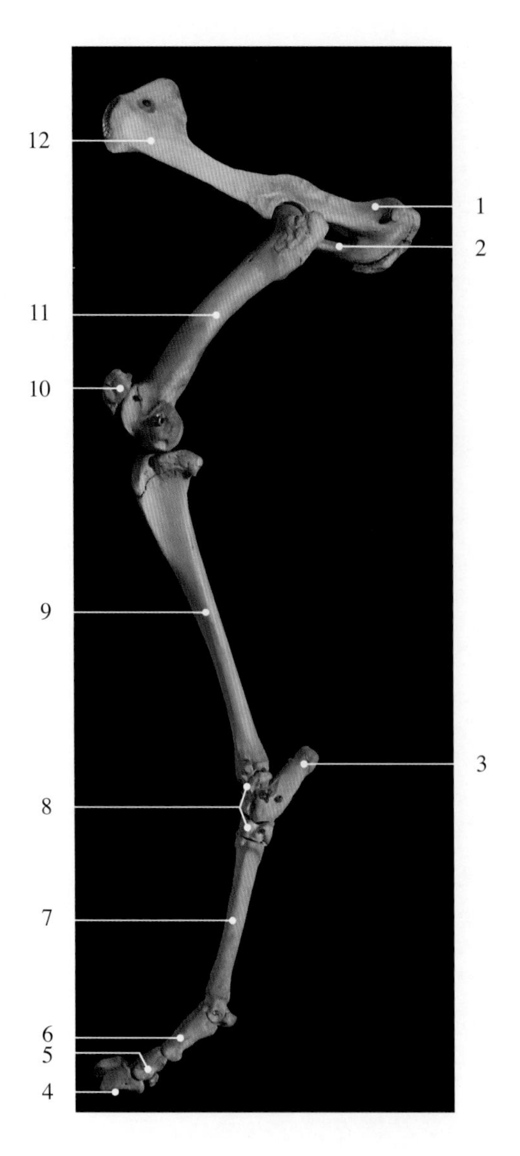

图2-6-2　羊左侧后肢骨骼外侧观

1. 坐骨 ischium
2. 耻骨 pubis
3. 跟结节 calcaneal tuberosity
4. 远趾节骨（蹄骨）distal phalanges（coffin bone）
5. 中趾节骨（冠骨）middle phalanges（coronal bone）
6. 近趾节骨（系骨）proximal phalanges（pastern bone）
7. 跖骨 metatarsal bone
8. 跗骨 tarsal bone
9. 胫骨 tibia
10. 膝盖骨 kneecap, patella
11. 股骨 femoral bone
12. 髂骨 ilium

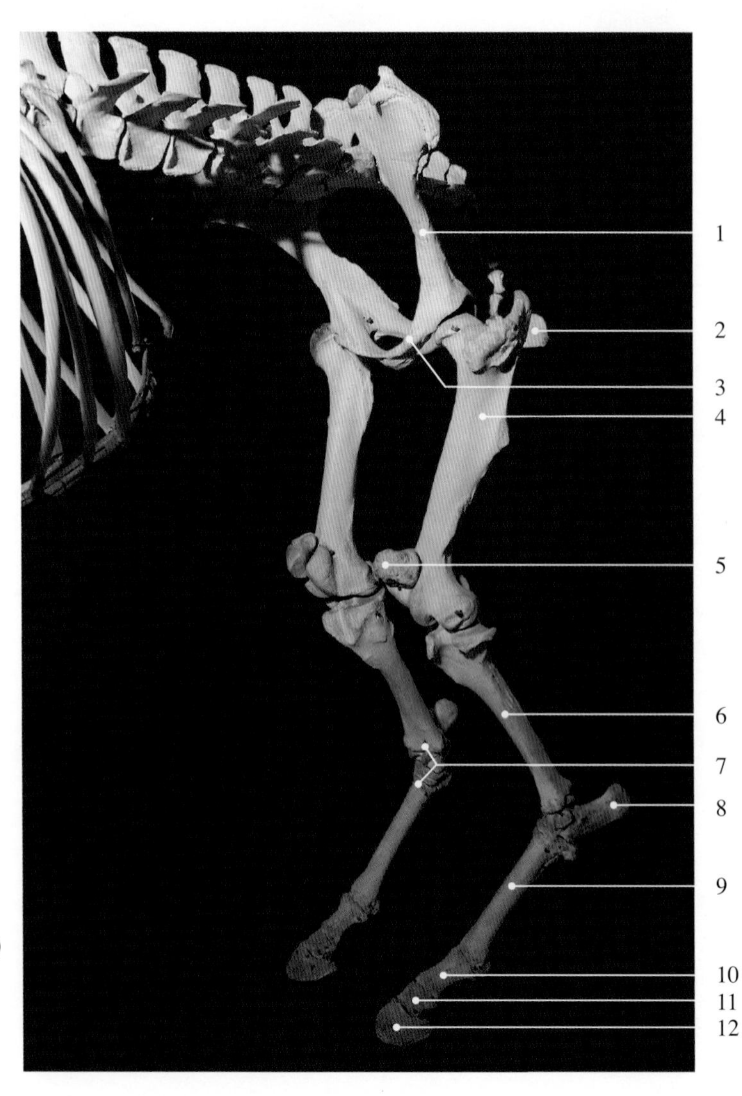

图2-6-3　马后肢骨骼外侧观

1. 髂骨 ilium
2. 坐骨 ischium
3. 耻骨 pubis
4. 股骨 femoral bone
5. 膝盖骨 kneecap, patella
6. 胫骨 tibia
7. 跗骨 tarsal bone
8. 跟结节 calcaneal tuberosity
9. 跖骨 metatarsal bone
10. 近趾节骨（系骨）proximal phalanges（pastern bone）
11. 中趾节骨（冠骨）middle phalanges（coronal bone）
12. 远趾节骨（蹄骨）distal phalanges（coffin bone）

图2-6-4　猪后肢骨骼外侧观

1. 髂骨 ilium
2. 耻骨 pubis
3. 坐骨 ischium
4. 股骨 femoral bone
5. 膝盖骨 kneecap, patella
6. 腓骨 fibula
7. 胫骨 tibia
8. 跟结节 calcaneal tuberosity
9. 跗骨 tarsal bone
10. 第3、4跖骨 3rd and 4th metatarsal bone
11. 第5跖骨 5th metatarsal bone
12. 第5趾骨 5th digital bone
13. 第4趾近趾节骨（系骨）4th proximal phalanges（pastern bone）
14. 第4趾中趾节骨（冠骨）4th middle phalanges（coronal bone）
15. 第4趾远趾节骨（蹄骨）4th distal phalanges（coffin bone）

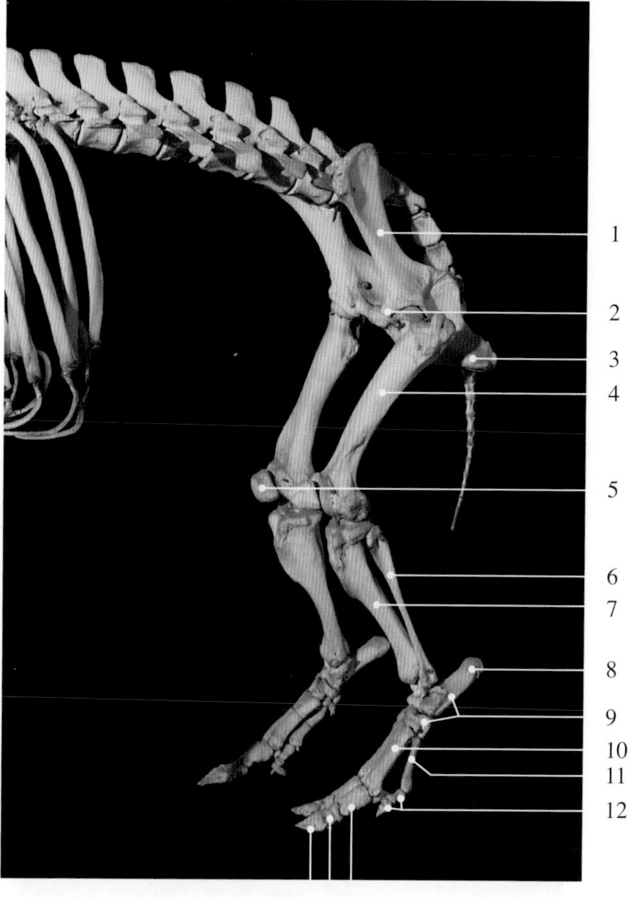

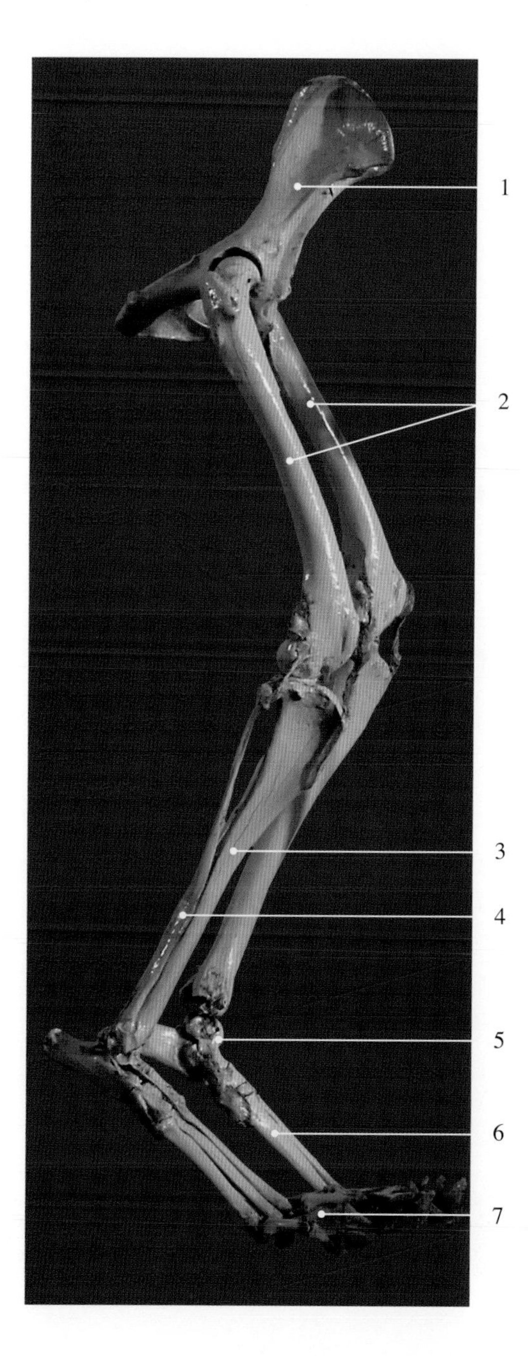

图2-6-5　犬后肢骨骼外侧观

1. 髂骨 ilium
2. 股骨 femoral bone
3. 胫骨 tibia
4. 腓骨 fibula
5. 跗骨 tarsal bone
6. 跖骨 metatarsal bone
7. 趾骨 digital bone

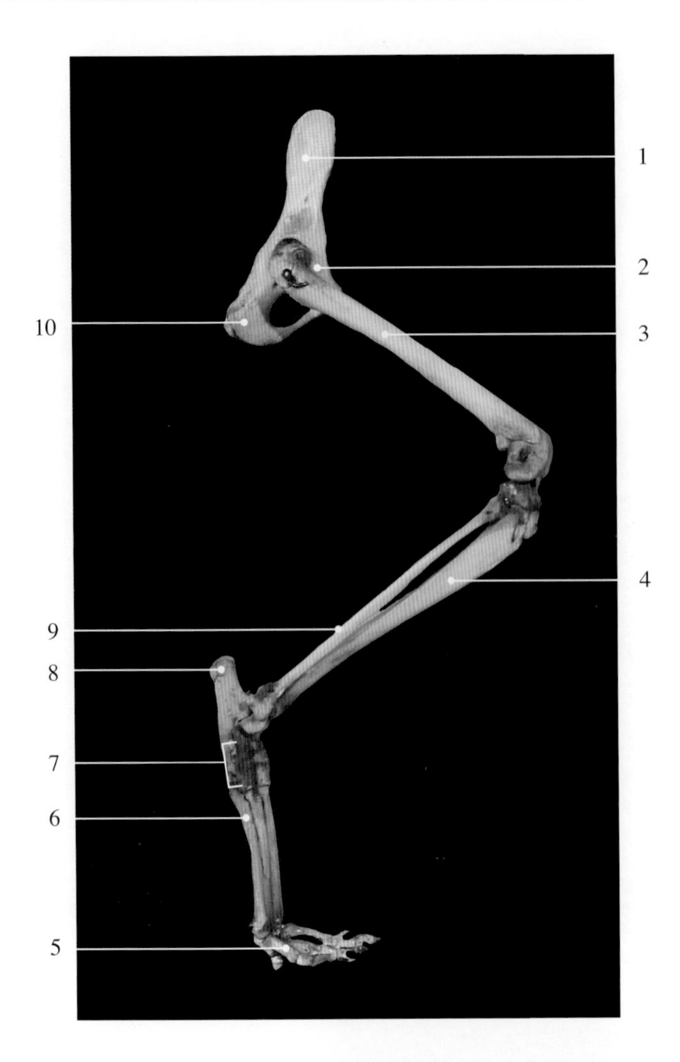

图2-6-6　猫右侧后肢骨骼外侧观

1. 髂骨 ilium
2. 耻骨 pubis
3. 股骨 femoral bone
4. 胫骨 tibia
5. 趾骨 digital bone
6. 跖骨 metatarsal bone
7. 跗骨 tarsal bone
8. 跟结节 calcaneal tuberosity
9. 腓骨 fibula
10. 坐骨 ischium

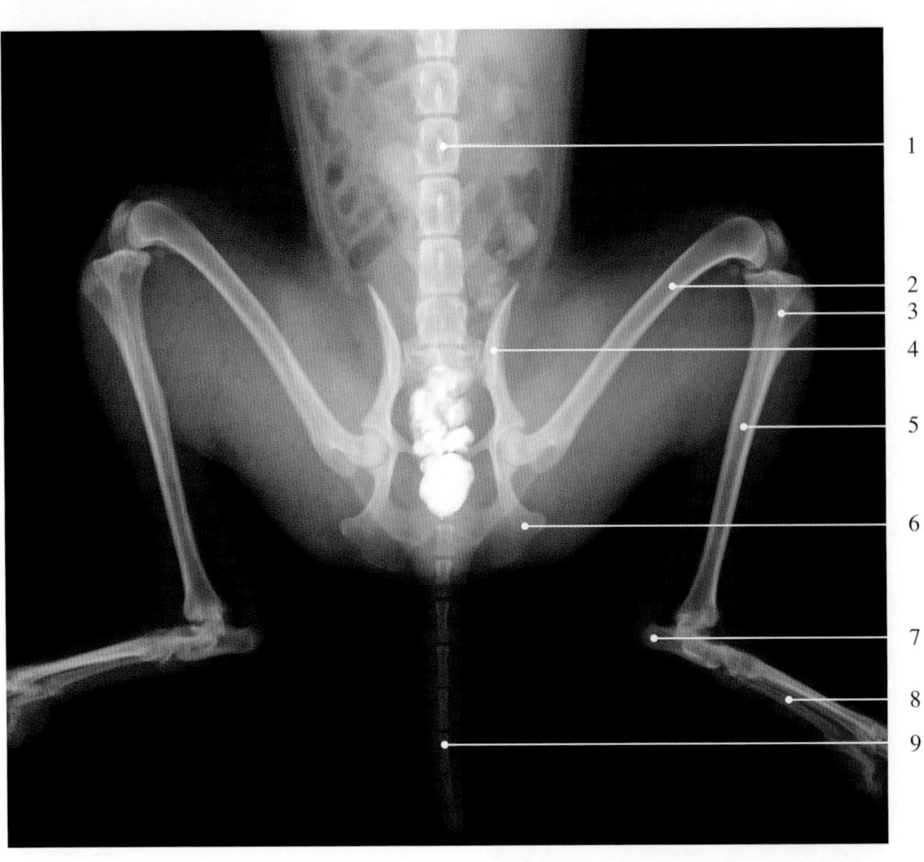

图2-6-7　犬后肢骨X光片

1. 腰椎 lumbar vertebrae
2. 股骨 femoral bone
3. 腓骨 fibula
4. 髂骨 ilium
5. 胫骨 tibia
6. 坐骨 ischium
7. 跟骨 calcaneus
8. 跖骨 metatarsal bone
9. 尾椎 coccygeal vertebrae

图2-6-8　马髋骨背侧观

髋骨（hip bone）由髂骨、坐骨和耻骨结合而成。三块骨在外侧中部结合处形成深杯状的关节窝为髋臼，与股骨头成关节。左、右侧髋骨在骨盆中线处以软骨连接形成骨盆联合。

1. 髋结节　coxal tuberosity
2. 髂骨翼　wing of ilium
3. 髂骨体　body of ilium
4. 坐骨大切迹　greater sciatic notch
5. 坐骨棘　ischial spine
6. 髋臼　acetabulum
7. 坐骨体　body of ischium
8. 坐骨小切迹　lesser sciatic notch
9. 坐骨板　plate of ischium
10. 坐骨结节　ischial tuberosity
11. 坐骨弓　ischial arch
12. 坐骨联合　ischiatic symphysis
13. 坐骨支　ramus of ischium
14. 闭孔　obturator foramen
15. 耻骨后支　caudal branch of pubis
16. 耻骨联合　pubic symphysis
17. 耻骨前支　cranial branch of pubis
18. 耻骨体　body of pubis
19. 耻骨梳　pecten pubis
20. 髂嵴　iliac crest
21. 荐结节　sacral tuber

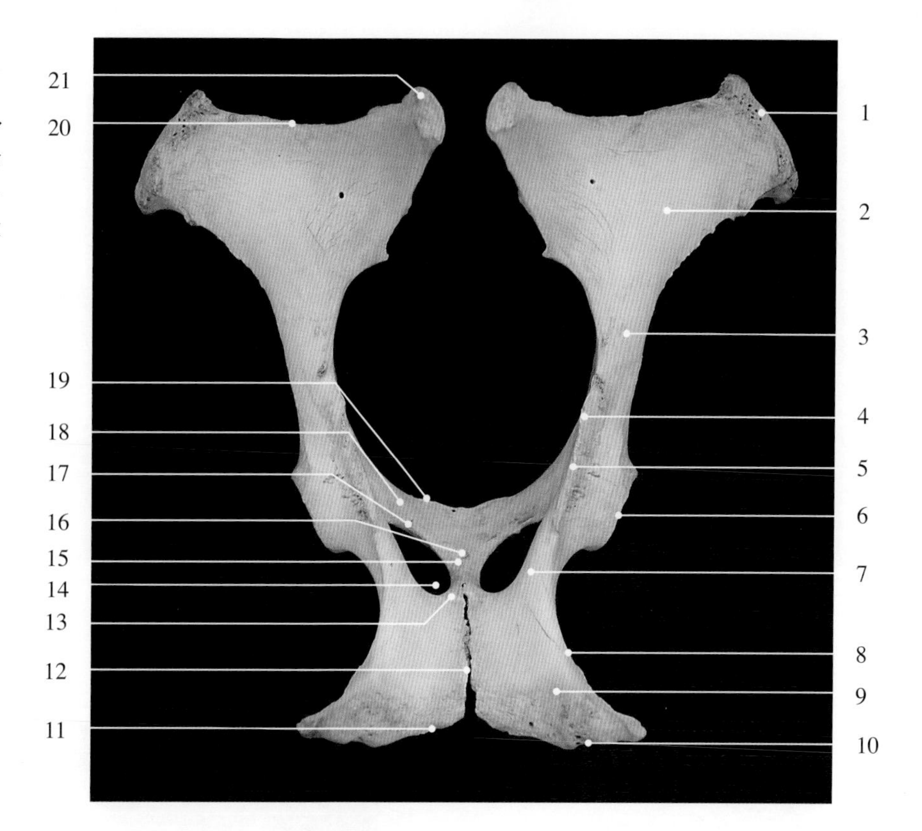

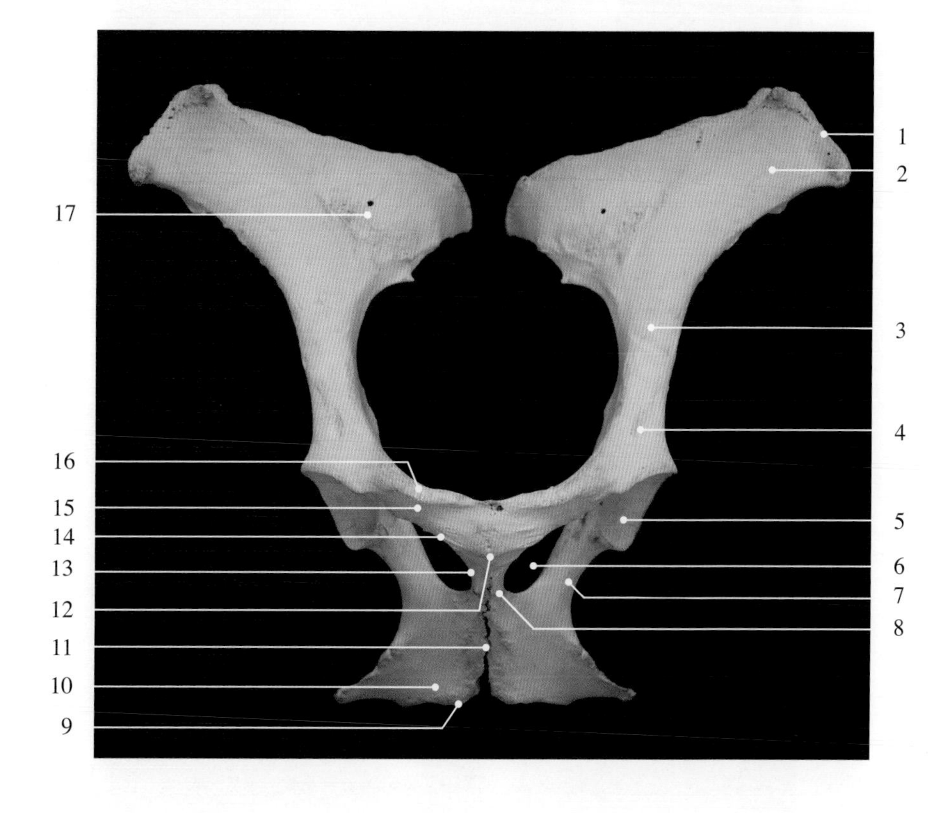

图2-6-9　马髋骨前腹侧观

1. 髋结节　coxal tuberosity
2. 髂骨翼　wing of ilium
3. 髂骨体　body of ilium
4. 股直肌窝　fossa of straight femoral muscle
5. 髋臼　acetabulum
6. 闭孔　obturator foramen
7. 坐骨体　body of ischium
8. 坐骨支　ramus of ischium
9. 坐骨结节　ischial tuberosity
10. 坐骨板　plate of ischium
11. 坐骨联合　ischiatic symphysis
12. 耻骨联合　pubic symphysis
13. 耻骨后支　caudal branch of pubis
14. 耻骨前支　cranial branch of pubis
15. 耻骨体　body of pubis
16. 耻骨梳　pecten pubis
17. 荐髂关节面　face of sacroiliac joint

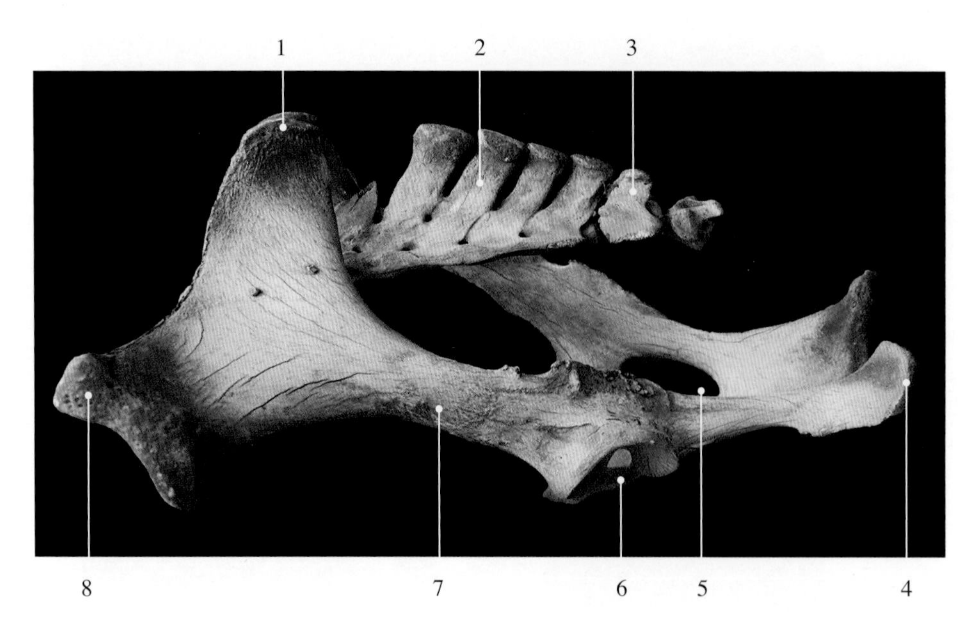

图2-6-10　马骨盆外侧观

1. 荐结节　sacral tuber
2. 荐骨　sacral bone
3. 尾椎　coccygeal vertebrae
4. 坐骨结节　ischial tuberosity
5. 闭孔　obturator foramen
6. 髋臼　acetabulum
7. 髂骨　ilium
8. 髋结节　coxal tuberosity

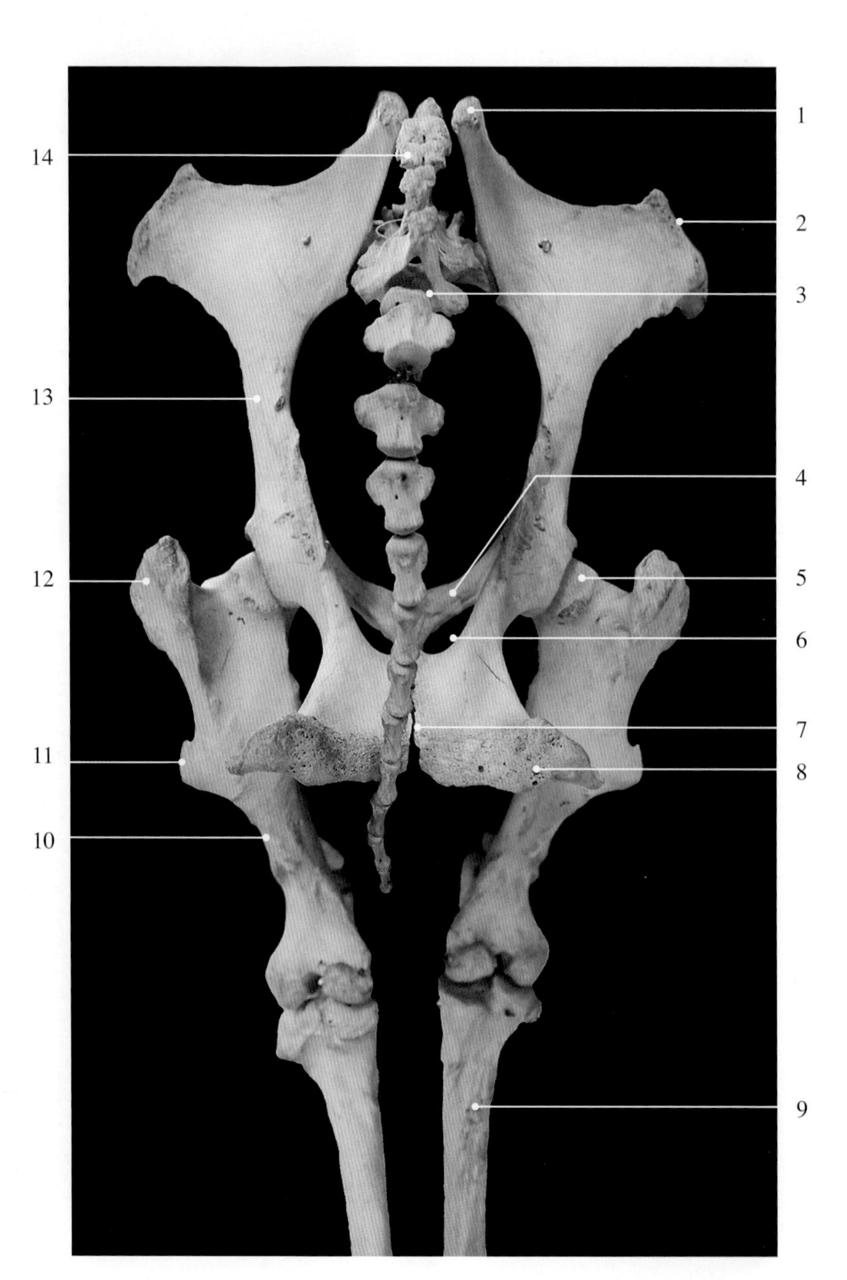

图2-6-11　马骨盆后面观

1. 荐结节　sacral tuber
2. 髋结节　coxal tuberosity
3. 第1尾椎　1st coccygeal vertebrae
4. 耻骨　pubis
5. 股骨头　head of the femur
6. 闭孔　obturator foramen
7. 坐骨联合　ischiatic symphysis
8. 坐骨结节　ischial tuberosity
9. 胫骨　tibia
10. 股骨　femoral bone
11. 第3转子　3rd trochanter
12. 大转子　greater trochanter
13. 髂骨　ilium
14. 荐骨　sacral bone

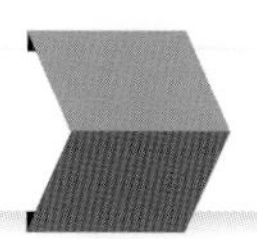

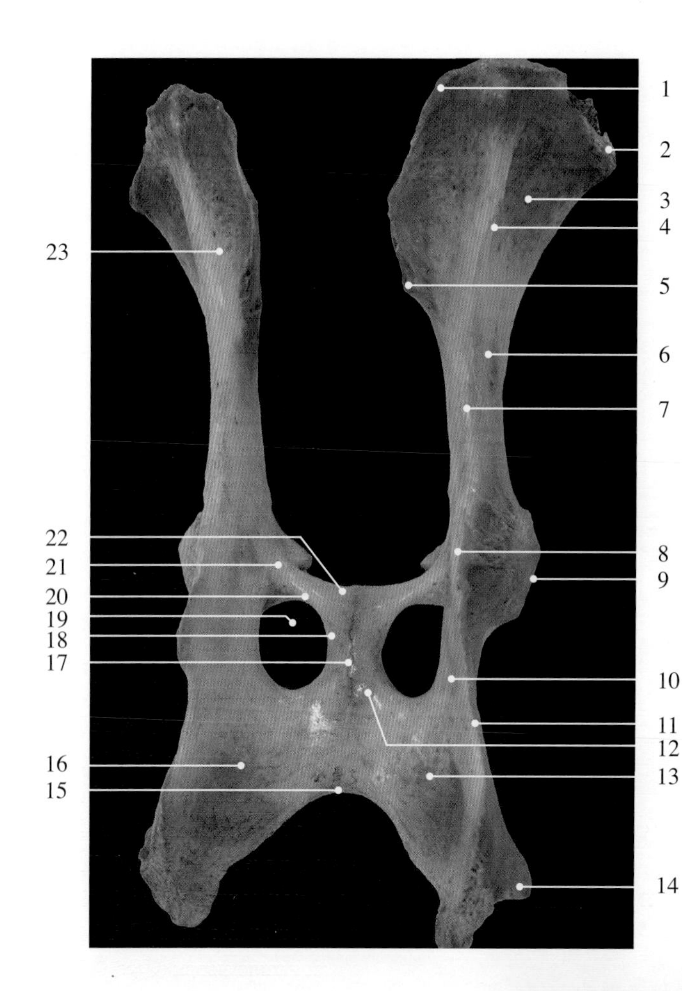

图2-6-12　猪髋骨背侧观

1. 髂嵴 iliac crest
2. 髋结节 coxal tuberosity
3. 髂骨翼 wing of ilium
4. 臀线 gluteal line
5. 荐结节 sacral tuber
6. 髂骨体 body of ilium
7. 坐骨大切迹 greater sciatic notch
8. 坐骨棘 ischial spine
9. 髋臼 acetabulum
10. 坐骨体 body of ischium
11. 坐骨小切迹 lesser sciatic notch
12. 坐骨支 ramus of ischium
13. 坐骨板 plate of ischium
14. 坐骨结节 ischial tuberosity
15. 坐骨弓 ischial arch
16. 坐骨 ischium
17. 耻骨联合 pubic symphysis
18. 耻骨后支 caudal branch of pubis
19. 闭孔 obturator foramen
20. 耻骨前支 cranial branch of pubis
21. 耻骨体 body of pubis
22. 耻骨梳 pecten pubis
23. 髂骨 ilium

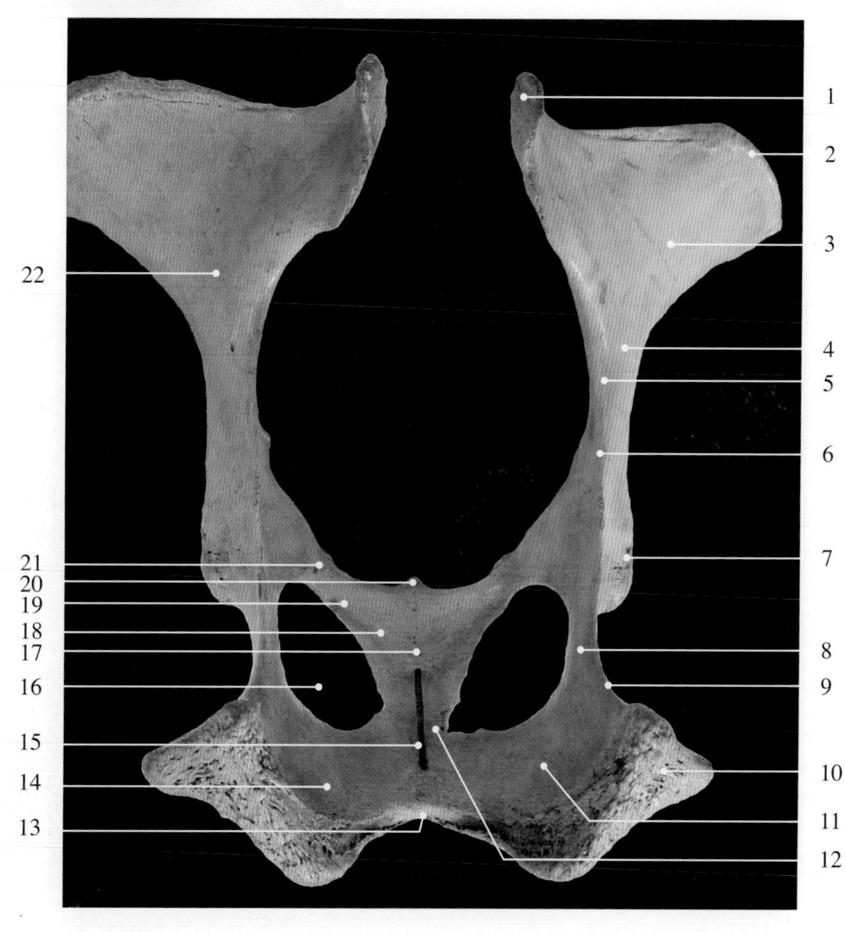

图2-6-13　牛髋骨背侧观

1. 荐结节 sacral tuber
2. 髋结节 coxal tuberosity
3. 髂骨翼 wing of ilium
4. 髂骨体 body of ilium
5. 坐骨大切迹 greater sciatic notch
6. 坐骨棘 ischial spine
7. 髋臼 acetabulum
8. 坐骨体 body of ischium
9. 坐骨小切迹 lesser sciatic notch
10. 坐骨结节 ischial tuberosity
11. 坐骨板 plate of ischium
12. 坐骨支 ramus of ischium
13. 坐骨弓 ischial arch
14. 坐骨 ischium
15. 坐骨联合 ischiatic symphysis
16. 闭孔 obturator foramen
17. 耻骨联合 pubic symphysis
18. 耻骨后支 caudal branch of pubis
19. 耻骨前支 cranial branch of pubis
20. 耻骨梳 pecten pubis
21. 耻骨体 body of pubis
22. 髂骨 ilium

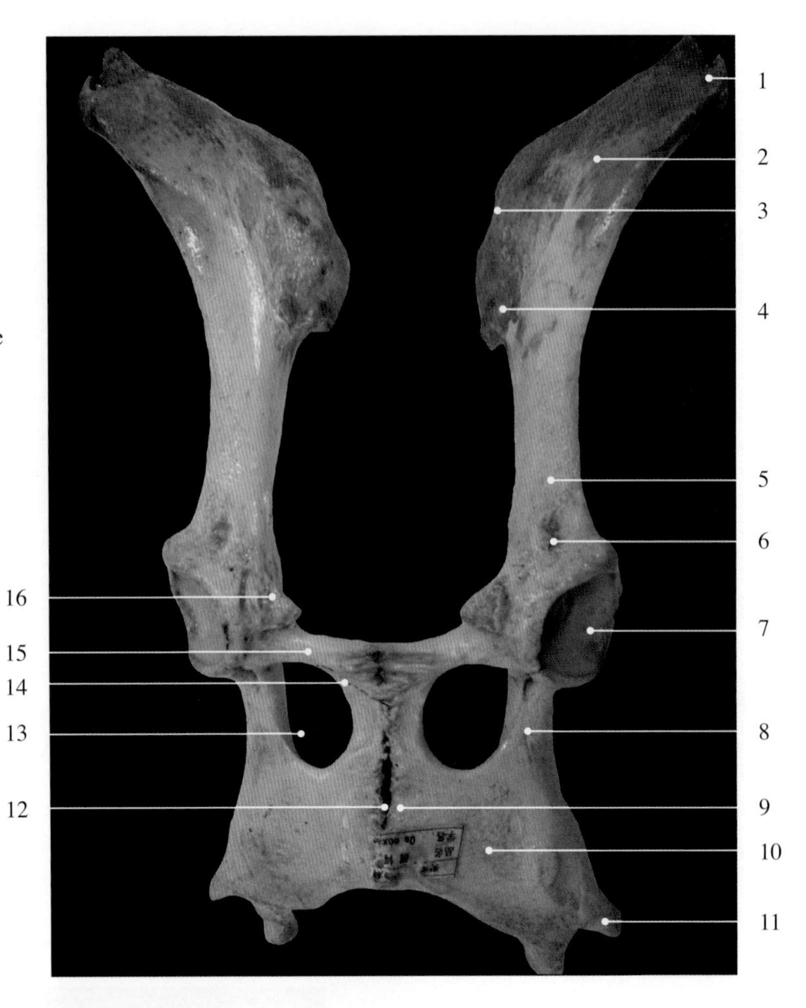

图2-6-14　猪髋骨腹侧观

1. 髋结节　coxal tuberosity
2. 髂肌面　iliac surface
3. 荐结节　sacral tuber
4. 耳状关节面　auricular articular surface
5. 髂骨体　body of ilium
6. 股直肌止点　insertion of straight femoral muscle
7. 髋臼　acetabulum
8. 坐骨体　body of ischium
9. 坐骨支　ramus of ischium
10. 坐骨板　plate of ischium
11. 坐骨结节　ischial tuberosity
12. 坐骨联合　ischiatic symphysis
13. 闭孔　obturator foramen
14. 耻骨后支　caudal branch of pubis
15. 耻骨前支　cranial branch of pubis
16. 髂耻隆起　iliopubic eminence

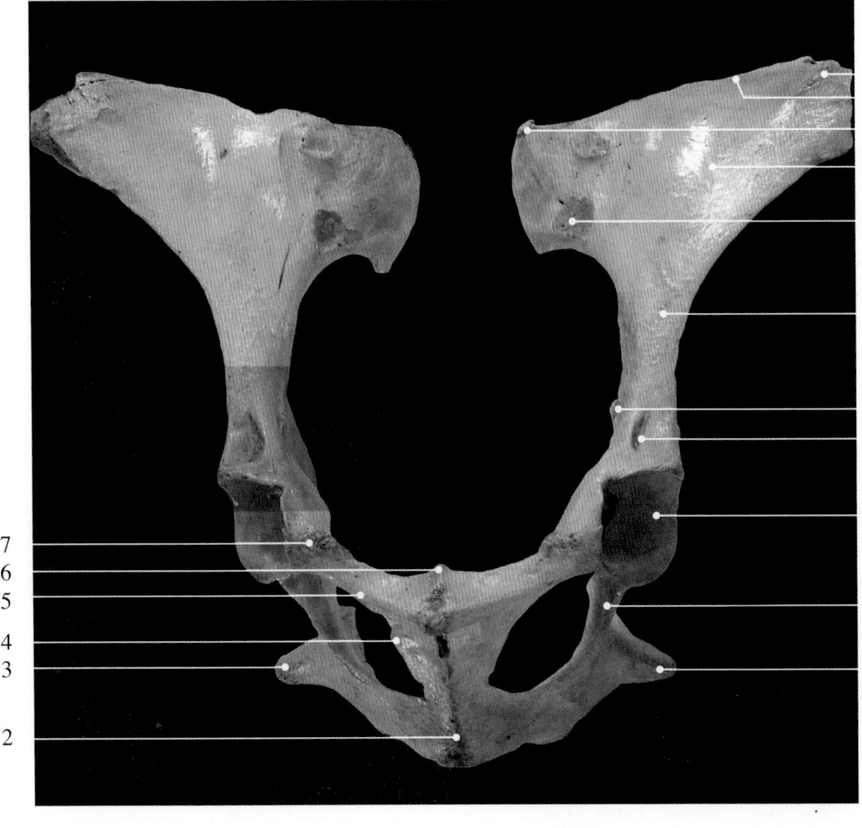

图2-6-15　牛髋骨前腹侧观

1. 髋结节　coxal tuberosity
2. 髂嵴　iliac crest
3. 荐结节　sacral tuber
4. 髂肌面　iliac surface
5. 耳状关节面　auricular articular surface
6. 髂骨体　body of ilium
7. 腰小肌结节　tubercle for lesser-psoas muscle
8. 股直肌止点　insertion of straight femoral muscle
9. 髋臼　acetabulum
10. 坐骨体　body of ischium
11. 坐骨结节　ischial tuberosity
12. 坐骨联合　ischiatic symphysis
13. 坐骨结节　ischial tuberosity
14. 耻骨后支　caudal branch of pubis
15. 耻骨前支　cranial branch of pubis
16. 耻骨梳　pecten pubis
17. 髂耻隆起　iliopubic eminence

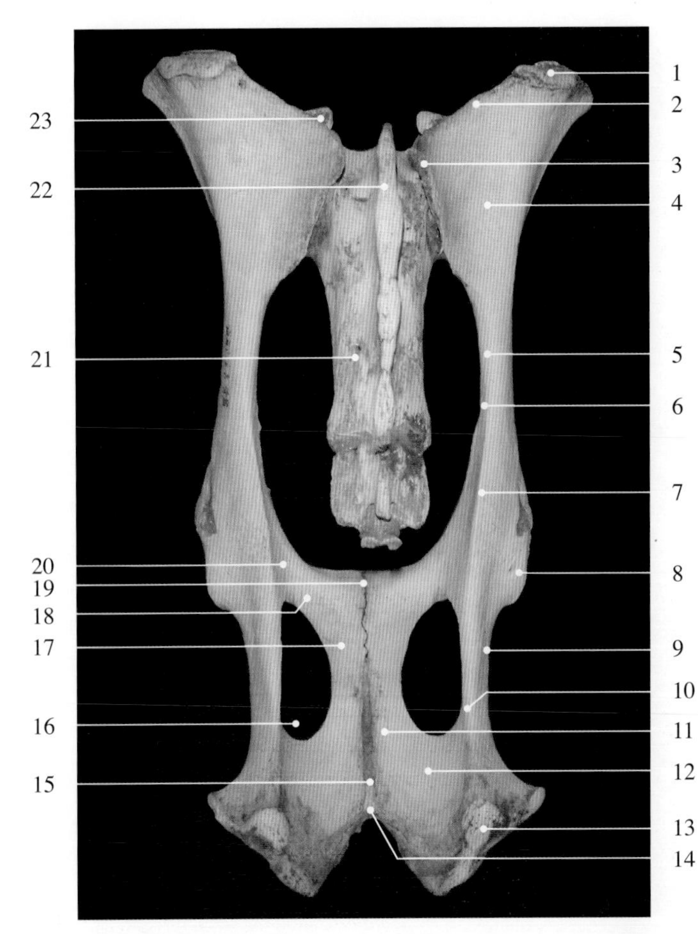

图2-6-16　成年公山羊髋骨背侧观

1. 髋结节 coxal tuberosity
2. 髂嵴 iliac crest
3. 荐结节 sacral tuber
4. 髂骨翼 wing of ilium
5. 髂骨体 body of ilium
6. 坐骨大切迹 greater sciatic notch
7. 坐骨棘 ischial spine
8. 髋臼 acetabulum
9. 坐骨体 body of ischium
10. 坐骨小切迹 lesser sciatic notch
11. 坐骨支 ramus of ischium
12. 坐骨板 plate of ischium
13. 坐骨结节 ischial tuberosity
14. 坐骨弓 ischial arch
15. 坐骨联合 ischiatic symphysis
16. 闭孔 obturator foramen
17. 耻骨后支 caudal branch of pubis
18. 耻骨前支 cranial branch of pubis
19. 耻骨梳 pecten pubis
20. 耻骨体 body of pubis
21. 荐背侧孔 dorsal sacral foramen
22. 荐正中嵴 intermedial sacral crista
23. 荐骨前关节突 cranial articular process of sacral bone

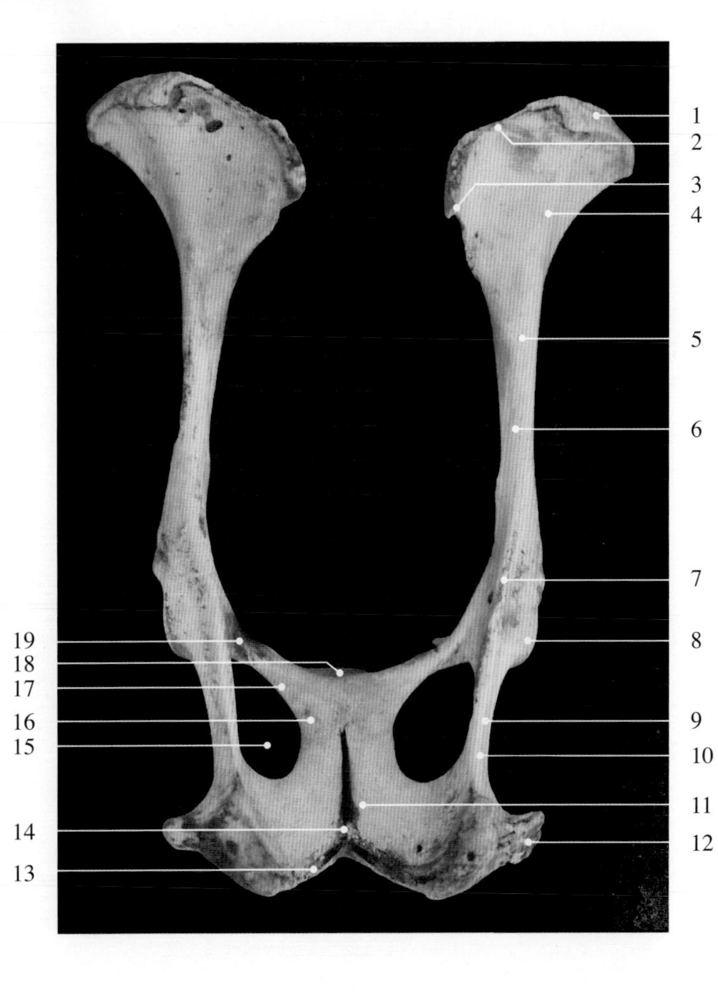

图2-6-17　成年母山羊髋骨背侧观

1. 髋结节 coxal tuberosity
2. 髂嵴 iliac crest
3. 荐结节 sacral tuber
4. 臀线 gluteal line
5. 髂骨体 body of ilium
6. 坐骨大切迹 greater sciatic notch
7. 坐骨棘 ischial spine
8. 髋臼 acetabulum
9. 坐骨体 body of ischium
10. 坐骨小切迹 lesser sciatic notch
11. 坐骨支 ramus of ischium
12. 坐骨结节 ischial tuberosity
13. 坐骨弓 ischial arch
14. 坐骨联合 ischiatic symphysis
15. 闭孔 obturator foramen
16. 耻骨后支 caudal branch of pubis
17. 耻骨前支 cranial branch of pubis
18. 耻骨梳 pecten pubis
19. 耻骨体 body of pubis

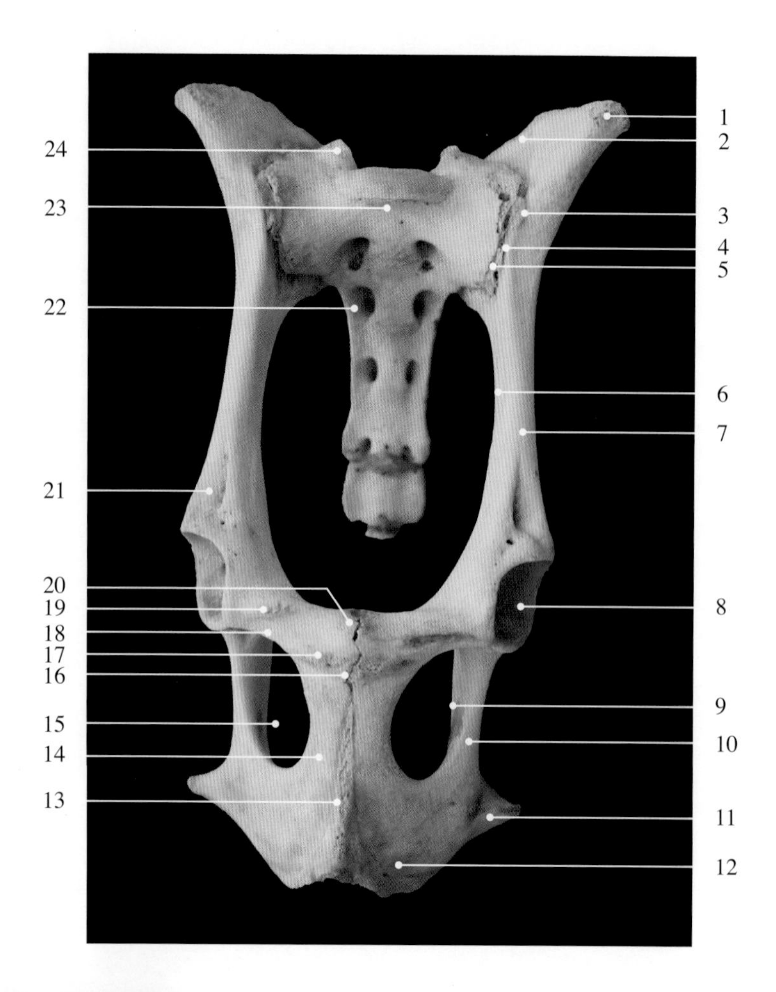

图2-6-18　成年公山羊髋骨腹侧观

1. 髋结节　coxal tuberosity
2. 髂嵴　iliac crest
3. 髂骨翼　wing of ilium
4. 髂肌线　lineae iliaca
5. 荐髂关节　sacroiliac joint
6. 坐骨大切迹　greater sciatic notch
7. 髂骨体　body of ilium
8. 髋臼　acetabulum
9. 坐骨小切迹　lesser sciatic notch
10. 坐骨体　body of ischium
11. 坐骨结节　ischial tuberosity
12. 坐骨板　plate of ischium
13. 坐骨联合　ischiatic symphysis
14. 坐骨支　ramus of ischium
15. 闭孔　obturator foramen
16. 耻骨联合　pubic symphysis
17. 耻骨后支　caudal branch of pubis
18. 耻骨前支　cranial branch of pubis
19. 髂耻隆起　iliopubic eminence
20. 耻骨梳　pecten pubis
21. 股直肌窝　fossa of straight femoral muscle
22. 荐腹侧孔　ventral sacral foramen
23. 荐骨岬　promontory of sacrum
24. 前关节突　cranial articular process

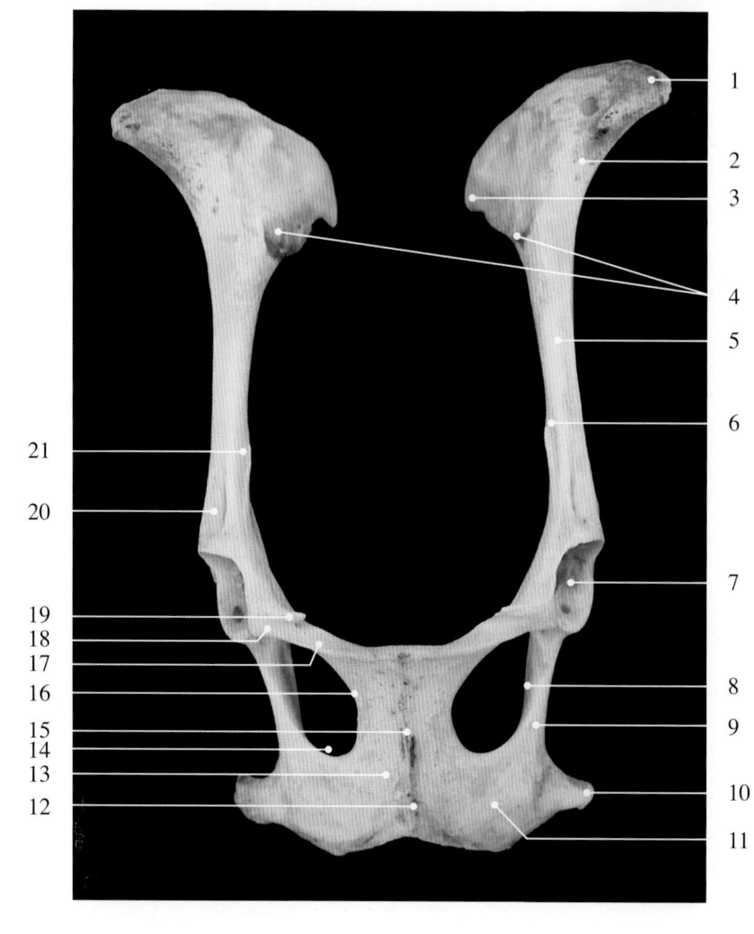

图2-6-19　成年母山羊髋骨腹侧观

1. 髋结节　coxal tuberosity
2. 髂骨翼　wing of ilium
3. 荐结节　sacral tuber
4. 耳状关节面　auricular articular surface
5. 髂骨体　body of ilium
6. 左侧腰小肌结节　left tubercle for lesser psoas muscle
7. 髋臼　acetabulum
8. 坐骨小切迹　lesser sciatic notch
9. 坐骨体　body of ischium
10. 坐骨结节　ischial tuberosity
11. 坐骨板　plate of ischium
12. 坐骨联合　ischiatic symphysis
13. 坐骨支　ramus of ischium
14. 闭孔　obturator foramen
15. 耻骨联合　pubic symphysis
16. 耻骨后支　caudal branch of pubis
17. 耻骨前支　cranial branch of pubis
18. 耻骨体　body of pubis
19. 髂耻隆起　iliopubic eminence
20. 股直肌窝　fossa of straight femoral muscle
21. 右侧腰小肌结节　right tubercle for lesser psoas muscle

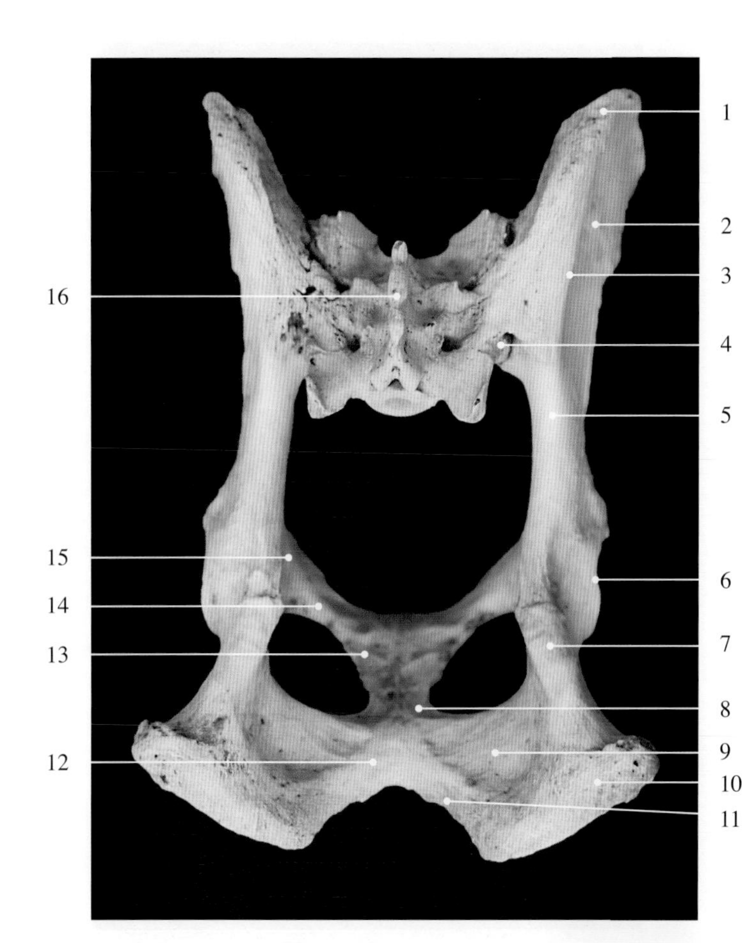

图2-6-20　犬髋骨背侧观

1. 髋结节 coxal tuberosity
2. 髂骨翼 wing of ilium
3. 臀线 gluteal line
4. 荐髂关节 sacroiliac joint
5. 髂骨体 body of ilium
6. 髋臼 acetabulum
7. 坐骨体 body of ischium
8. 坐骨支 ramus of ischium
9. 坐骨板 plate of ischium
10. 坐骨结节 ischial tuberosity
11. 坐骨弓 ischial arch
12. 坐骨联合 ischiatic symphysis
13. 耻骨后支 caudal branch of pubis
14. 耻骨前支 cranial branch of pubis
15. 耻骨体 body of pubis
16. 荐正中嵴 intermedial sacral crista

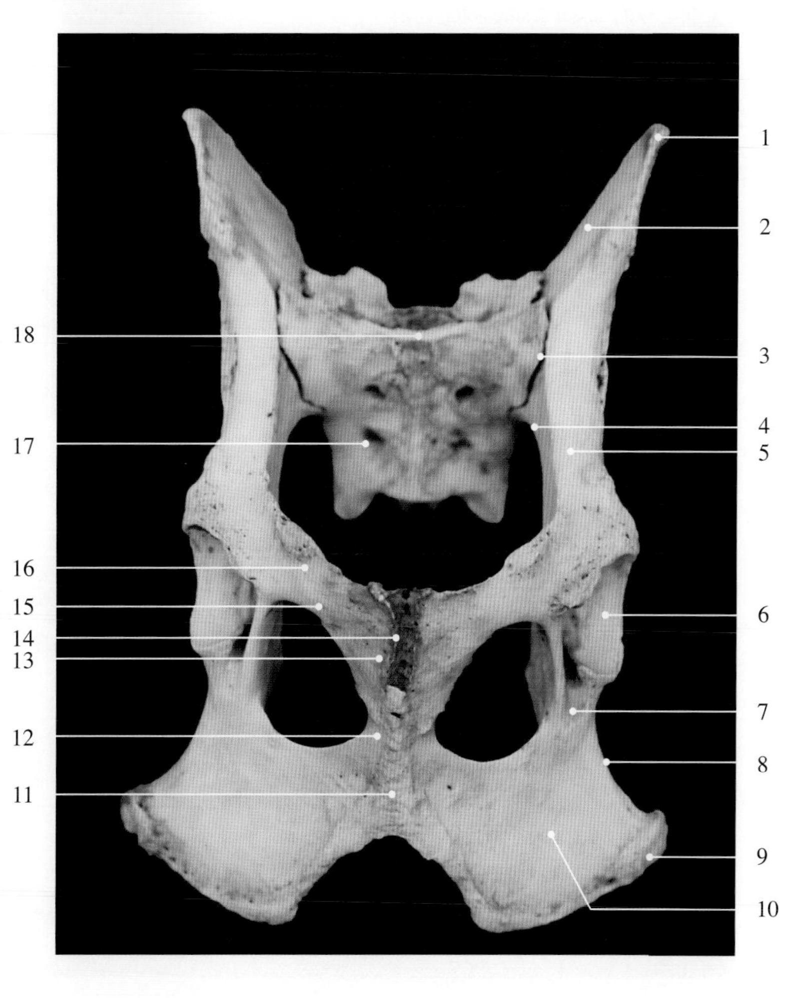

图2-6-21　犬髋骨腹侧观

1. 髋结节 coxal tuberosity
2. 髂骨翼 wing of ilium
3. 荐髂关节 sacroiliac joint
4. 坐骨大切迹 greater sciatic notch
5. 髂骨体 body of ilium
6. 髋臼 acetabulum
7. 坐骨体 body of ischium
8. 坐骨小切迹 lesser sciatic notch
9. 坐骨结节 ischial tuberosity
10. 坐骨板 plate of ischium
11. 坐骨联合 ischiatic symphysis
12. 坐骨支 ramus of ischium
13. 耻骨后支 caudal branch of pubis
14. 耻骨联合 pubic symphysis
15. 耻骨前支 cranial branch of pubis
16. 耻骨体 body of pubis
17. 荐腹侧孔 ventral sacral foramen
18. 荐骨岬 promontory of sacrum

图2-6-22　犬髋骨外侧观

1. 荐结节 sacral tuber
2. 髋结节 coxal tuberosity
3. 髂骨翼 wing of ilium
4. 髂骨体 body of ilium
5. 髋臼 acetabulum
6. 闭孔 obturator foramen
7. 耻骨 pubis
8. 坐骨结节 ischial tuberosity
9. 坐骨棘 ischial spine
10. 荐骨 sacral bone

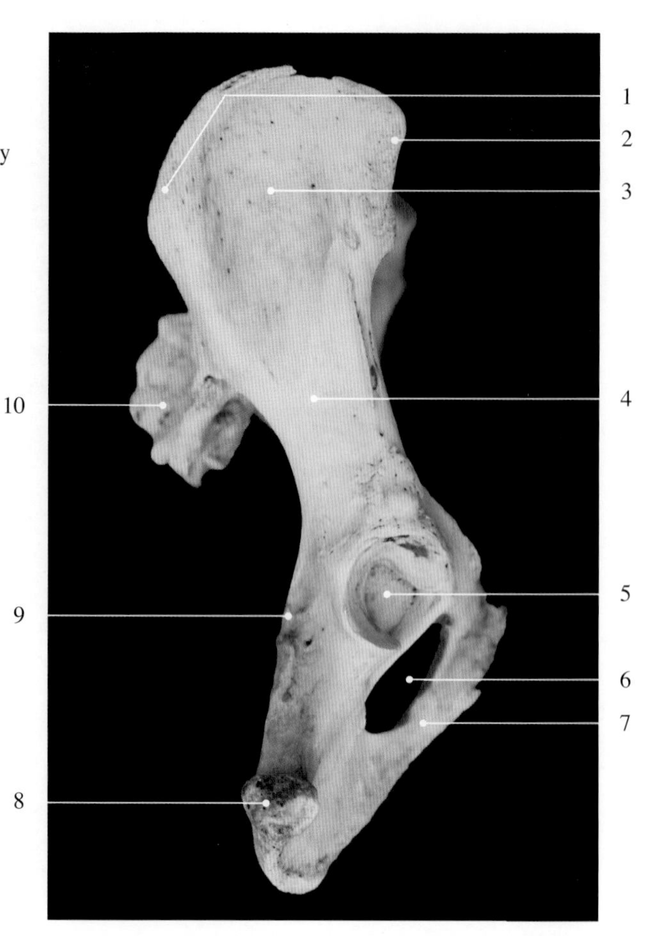

图2-6-23　绵羊骨盆背侧观

骨盆（pelvis）是指由两侧髋骨、背侧的荐骨和前4枚尾椎以及两侧的荐结节阔韧带共同围成的结构，呈前宽后窄的圆锥形腔。前口以荐骨岬、髂骨和耻骨为界；后口的背侧为尾椎，腹侧为坐骨，两侧为荐结节阔韧带后缘。雌性动物骨盆的底壁平而宽，雄性动物则较窄。

1. 腰椎前关节突 cranial articular process of lumbar vertebrae
2. 棘突 spinous process
3. 髋结节 coxal tuberosity
4. 腰椎后关节突 caudal articular process of lumbar vertebrae
5. 髂骨翼 wing of ilium
6. 荐结节 sacral tuber
7. 荐正中嵴 intermedial sacral crista
8. 荐背侧孔 dorsal sacral foramen
9. 髂骨体 body of ilium
10. 坐骨大切迹 greater sciatic notch
11. 髋臼 acetabulum
12. 坐骨棘 ischial spine
13. 耻骨 pubis
14. 坐骨小切迹 lesser sciatic notch
15. 坐骨体 body of ischium
16. 闭孔 obturator foramen
17. 坐骨支 ramus of ischium
18. 坐骨板 plate of ischium
19. 坐骨结节 ischial tuberosity

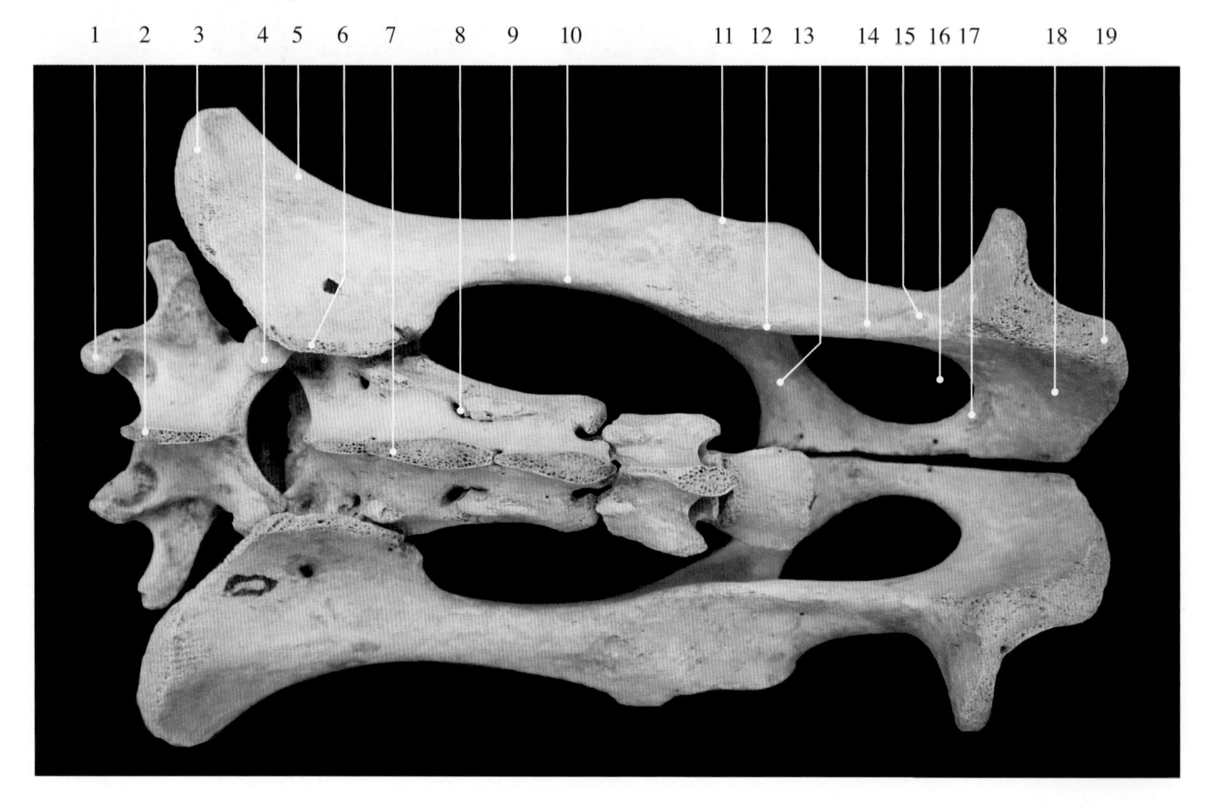

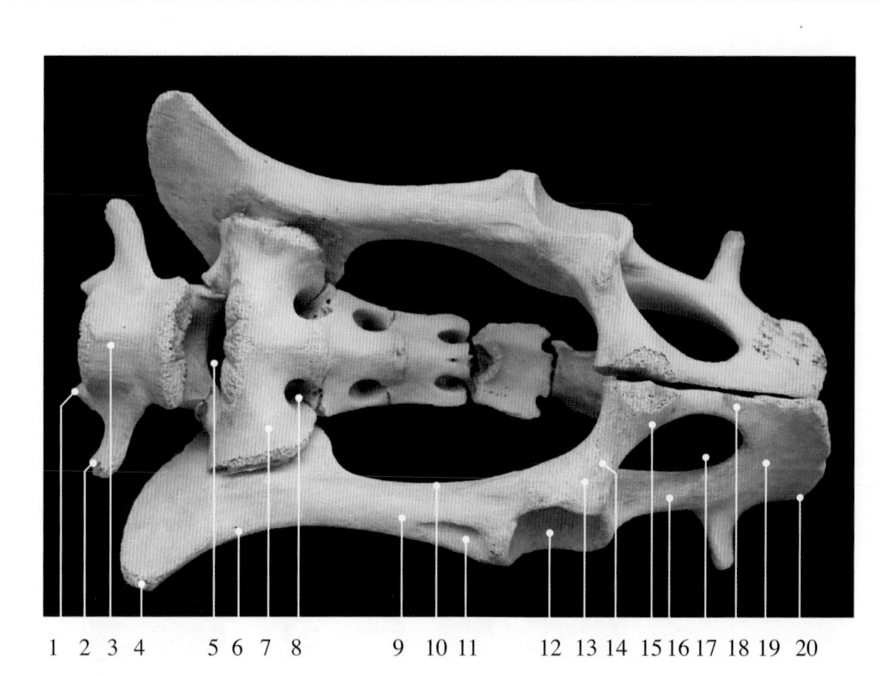

图2-6-24　绵羊骨盆腹侧观

1. 腰椎前关节突 cranial articular process of lumbar vertebrae
2. 横突 transverse process
3. 椎体 vertebral body
4. 髋结节 coxal tuberosity
5. 腰荐椎弓间隙 lumbosacral interarcuate space
6. 髂骨翼 wing of ilium
7. 荐骨翼 wing of sacrum
8. 荐腹侧孔 ventral sacral foramen
9. 髂骨体 body of ilium
10. 坐骨大切迹 greater sciatic notch
11. 股直肌窝 fossa of straight femoral muscle
12. 髋臼 acetabulum
13. 耻骨体 body of pubis
14. 耻骨前支 cranial branch of pubis
15. 耻骨后支 caudal branch of pubis
16. 坐骨体 body of ischium
17. 闭孔 obturator foramen
18. 坐骨支 ramus of ischium
19. 坐骨板 plate of ischium
20. 坐骨结节 ischial tuberosity

1 2 3 4 5 6 7 8 9 10 11 12 13

图2-6-25　犬骨盆X光片(腹侧位)

1. 腰椎椎体 vertebral body of lumbar vertebra
2. 腰椎横突 transverse process of lumbar vertebra
3. 髂骨 ilium
4. 荐髂关节 sacroiliac joint
5. 荐骨 sacral bone
6. 尾椎 coccygeal vertebrae
7. 髋关节 hip joint
8. 耻骨 pubis
9. 闭孔 obturator foramen
10. 坐骨 ischium
11. 股骨 femoral bone
12. 腓骨 fibula
13. 胫骨 tibia

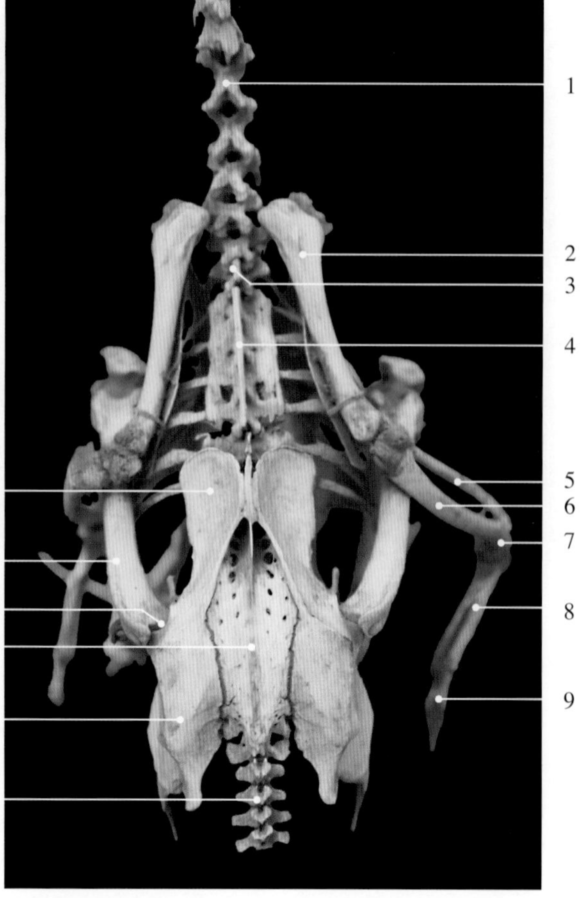

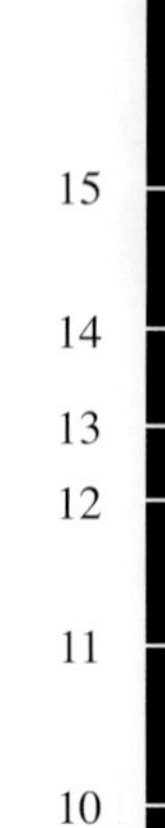

图2-6-26　鸡骨盆综、荐骨背侧观

家禽的盆带骨与家畜相似，也包括髂骨、坐骨和耻骨，互相愈合而成髋骨。但最大的特点有二：一是与腰荐骨形成牢固的连结；二是左、右侧的髋骨并不对接形成骨盆联合，因此骨性骨盆腔的腹侧面是开放的，以适应产卵的需要。两耻骨间距离大小，以及耻骨后端与胸骨嵴后端的距离大小，常作为产卵多少的标志之一。

1. 颈椎　cervical vertebrae
2. 肱骨　humerus
3. 胸椎　thoracic vertebrae
4. 背骨　notarium
5. 桡骨　radius
6. 尺骨　ulna
7. 腕骨　carpal bone
8. 掌骨　metacarpal bone
9. 指骨　digital bone
10. 尾椎　coccygeal vertebrae
11. 坐骨　ischium
12. 综荐骨　synsacrum
13. 髋关节　hip joint
14. 股骨　femoral bone
15. 髂骨　ilium

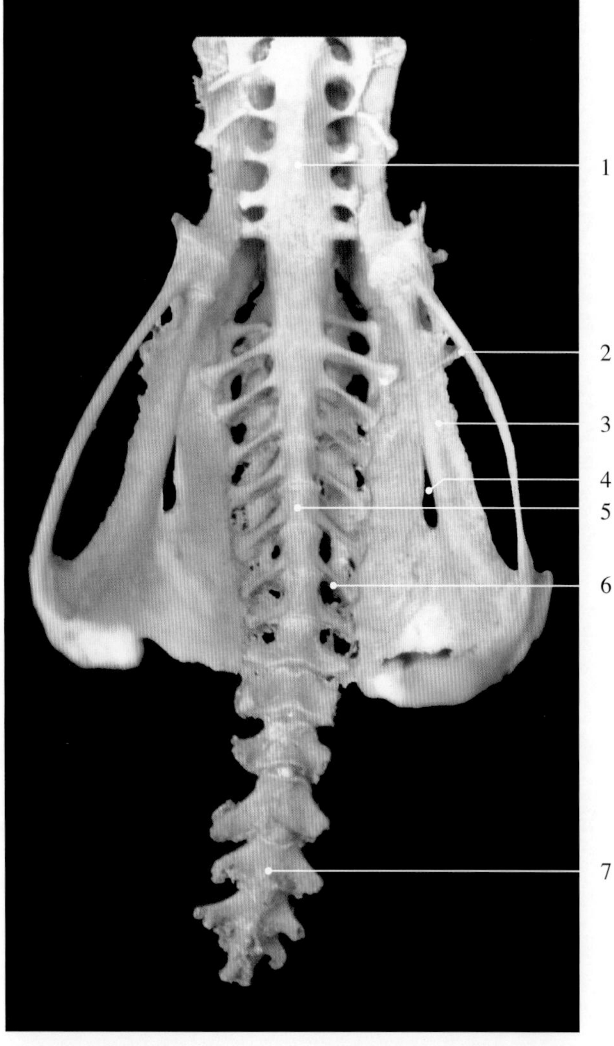

图2-6-27　鸡开放性骨盆腹侧观

1. 胸椎　thoracic vertebrae
2. 耻骨　pubis
3. 坐骨　ischium
4. 坐骨孔　sciatic foramen
5. 综荐骨　synsacrum
6. 横突　transverse process
7. 尾椎　coccygeal vertebrae

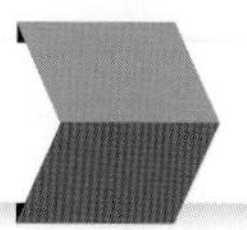

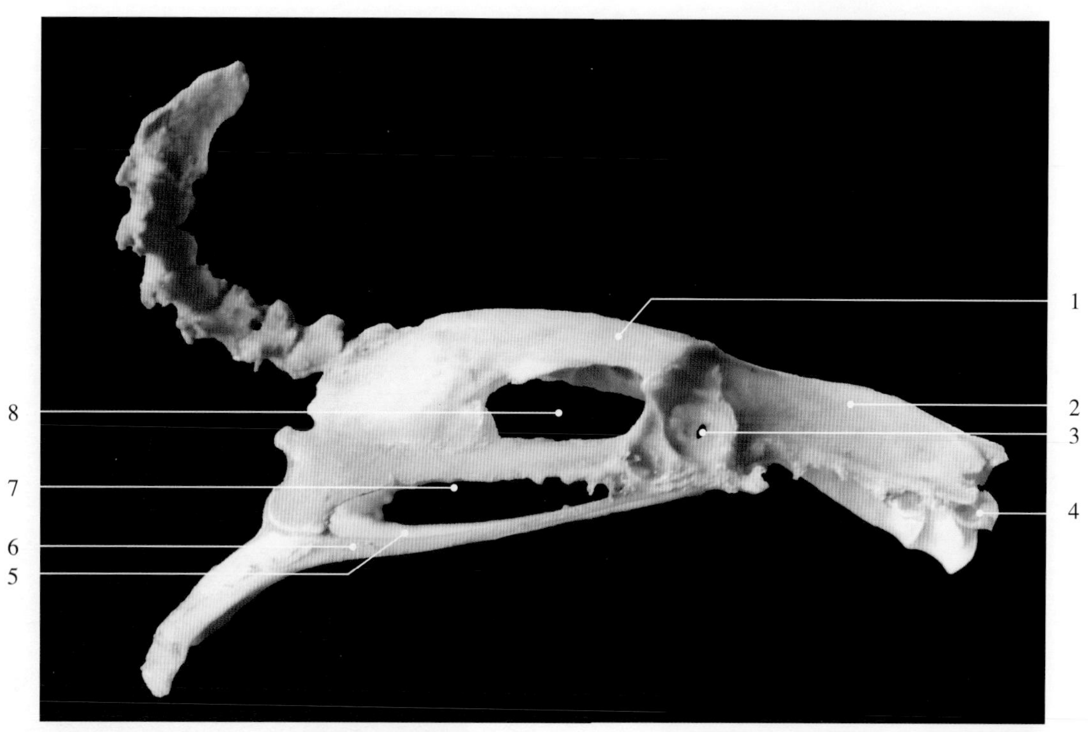

图2-6-28 鸡尾综骨外侧观

1. 髂骨 ilium
2. 坐骨 ischium
3. 髋臼 acetabulum
4. 尾综骨 pygostyle
5. 对侧耻骨 contralateral pubis
6. 耻骨 pubis
7. 闭孔 obturator foramen
8. 坐骨孔 sciatic foramen

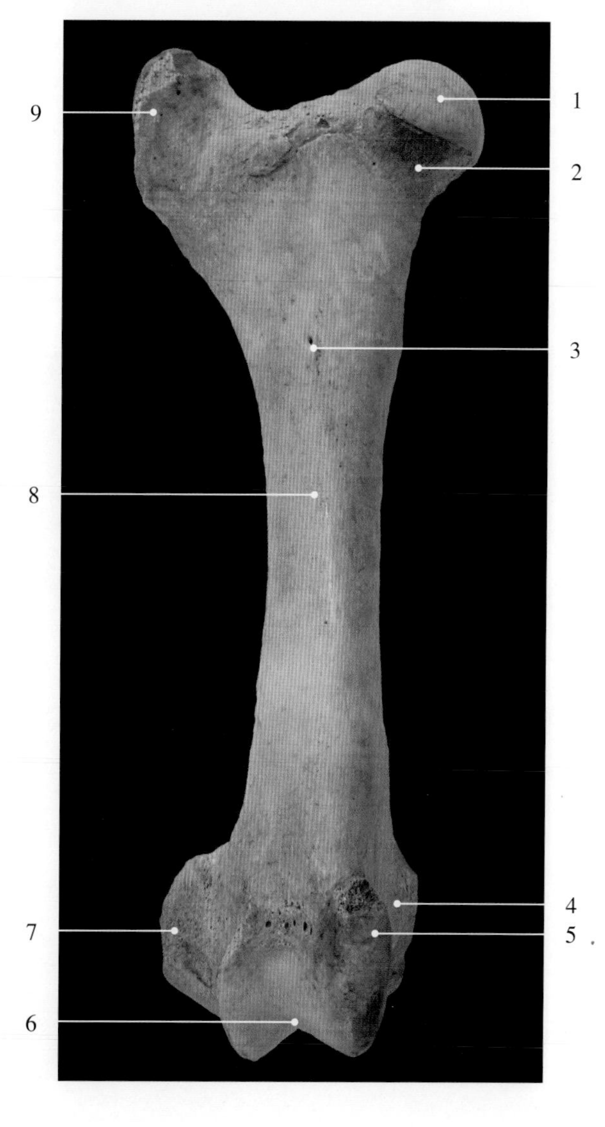

图2-6-29 牛股骨前面观

股骨（femoral bone）为管状长骨。近端粗大，内侧是球状的股骨头，头的中央有一凹陷称头窝，供圆韧带附着，与髋臼成关节；外侧有粗大的突起为大转子。骨干呈圆柱状，内侧近1/3处的嵴为小转子；外侧缘在与小转子相对处有一较大的突为第3转子。牛、猪和犬的第3转子不明显，马的第3转子发达。股骨远端粗大，前部是滑车关节面，由内侧嵴和外侧嵴组成，内侧嵴高，与膝盖骨成关节；后部由股骨内、外侧髁构成，与胫骨成关节。在两髁间有深的髁间窝，而髁内、外侧的上方有内、外侧上髁，供肌肉、韧带附着。

1. 股骨头 head of the femur
2. 股骨颈 neck of femur
3. 滋养孔 nutrient foramen
4. 内侧上髁 medial epicondyle
5. 股骨滑车粗隆 trochleal tuberosity of femur
6. 股骨滑车 trochlea of femur
7. 外侧上髁 lateral epicondyle
8. 股骨干/股骨体 shaft of femur
9. 大转子 greater trochanter

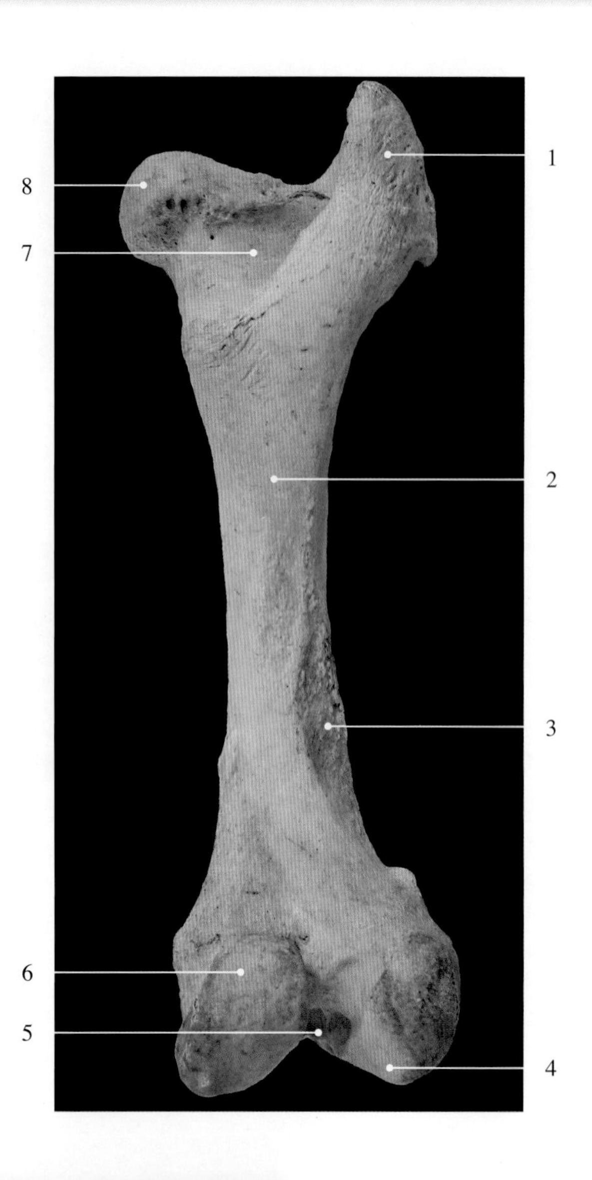

图2-6-30　牛股骨后面观

1. 大转子　greater trochanter
2. 股骨干/股骨体　shaft of femur
3. 髁上窝　supracondylar fossa
4. 外侧髁　lateral condyle
5. 髁间窝　intercondylar fossa
6. 内侧髁　medial condyle
7. 转子窝　trochanteric fossa
8. 股骨头　head of the femur

图2-6-31　牛股骨近端

1. 转子窝　trochanteric fossa
2. 大转子　greater trochanter
3. 股骨头　head of the femur

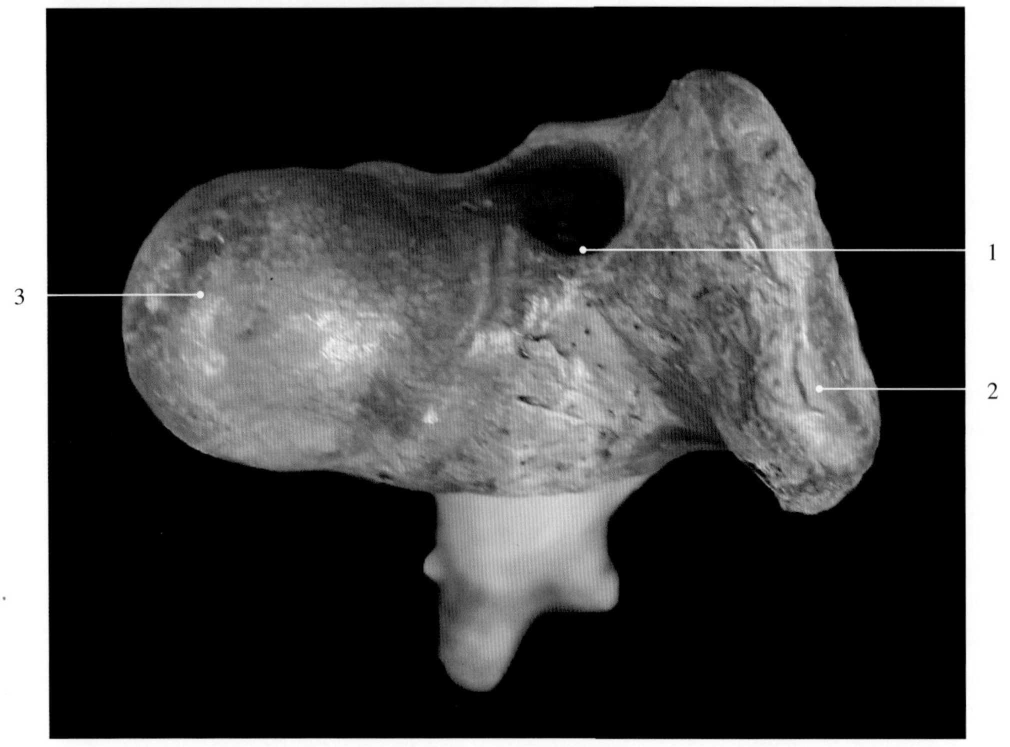

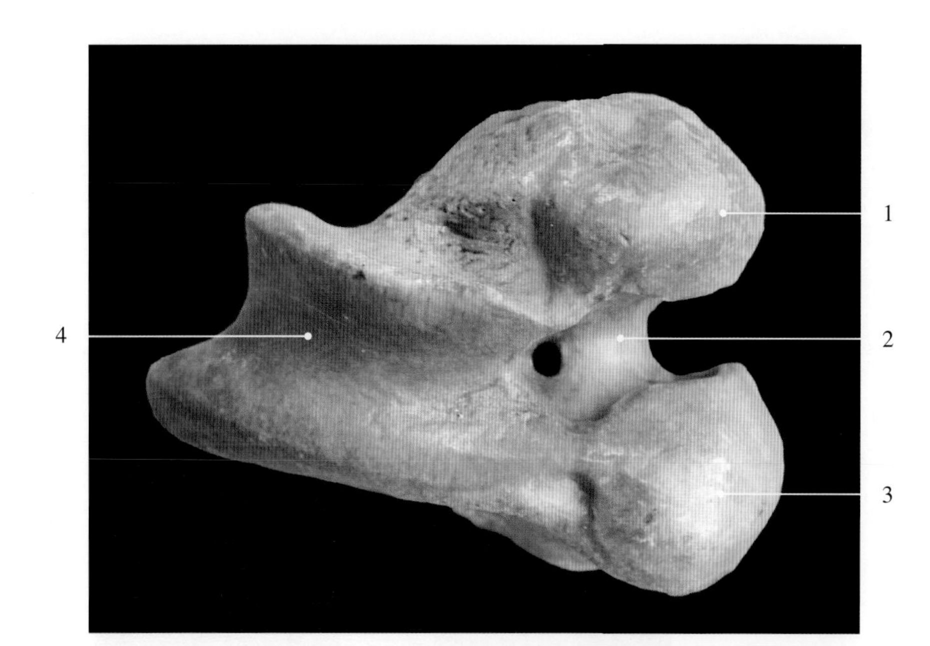

图2-6-32　牛股骨远端

1. 外侧髁 lateral condyle
2. 髁间窝 intercondylar fossa
3. 内侧髁 medial condyle
4. 股骨滑车 trochlea of femur

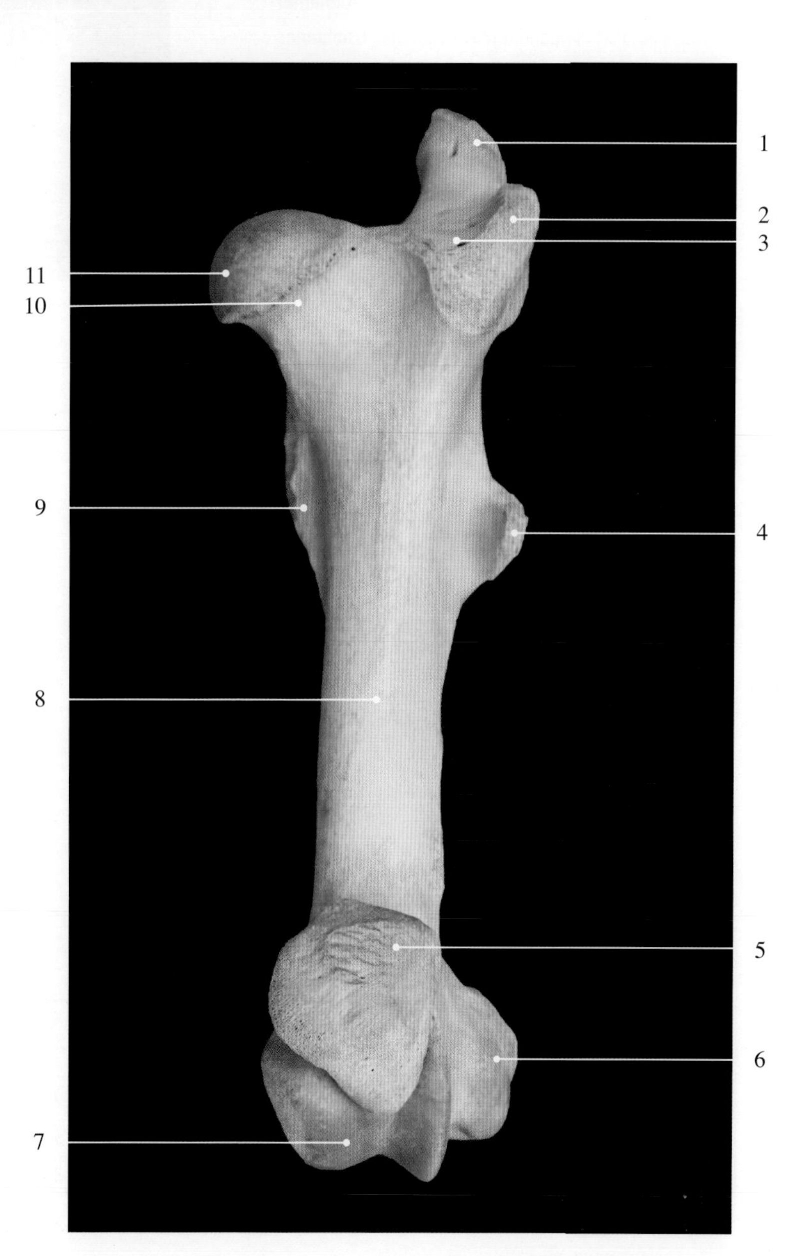

图2-6-33　马股骨和膝盖骨前面观

1. 大转子后部 caudal part of greater trochanter
2. 大转子前部 cranial part of greater trochanter
3. 转子切迹 trochanteric incision
4. 第3转子 3rd trochanter
5. 膝盖骨 kneecap, patella
6. 外侧上髁 lateral epicondyle
7. 股骨滑车 trochlea of femur
8. 股骨干/股骨体 shaft of femur
9. 小转子 lesser trochanter
10. 股骨颈 neck of femur
11. 股骨头 head of the femur

图2-6-34　马股骨和膝盖骨后面观

1. 股骨头 head of the femur
2. 股骨头凹 fovea of femoral head
3. 转子窝 trochanteric fossa
4. 小转子 lesser trochanter
5. 粗糙面 rough surface
6. 内侧缘 medial border / medial margin
7. 腘肌面 popliteal surface
8. 内侧上髁 medial epicondyle
9. 内侧髁 medial condyle
10. 髁间窝 intercondylar fossa
11. 外侧髁 lateral condyle
12. 髁上窝 supracondylar fossa
13. 二头肌粗隆 bicipital tuberosity
14. 第3转子 3rd trochanter
15. 大转子前部 cranial part of greater trochanter
16. 大转子后部 caudal part of greater trochanter

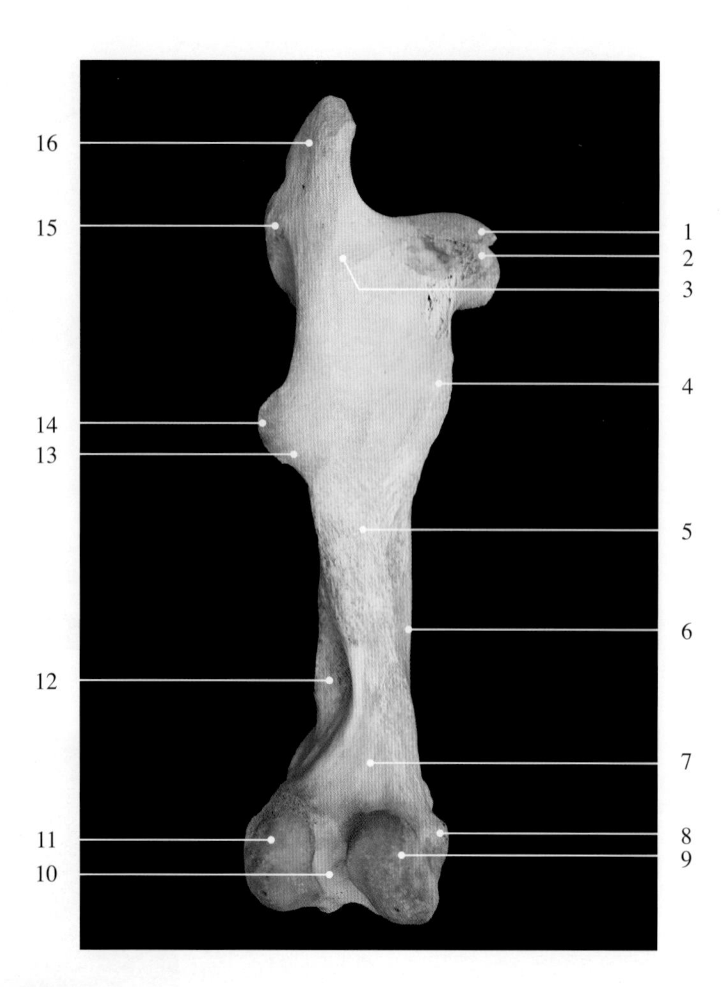

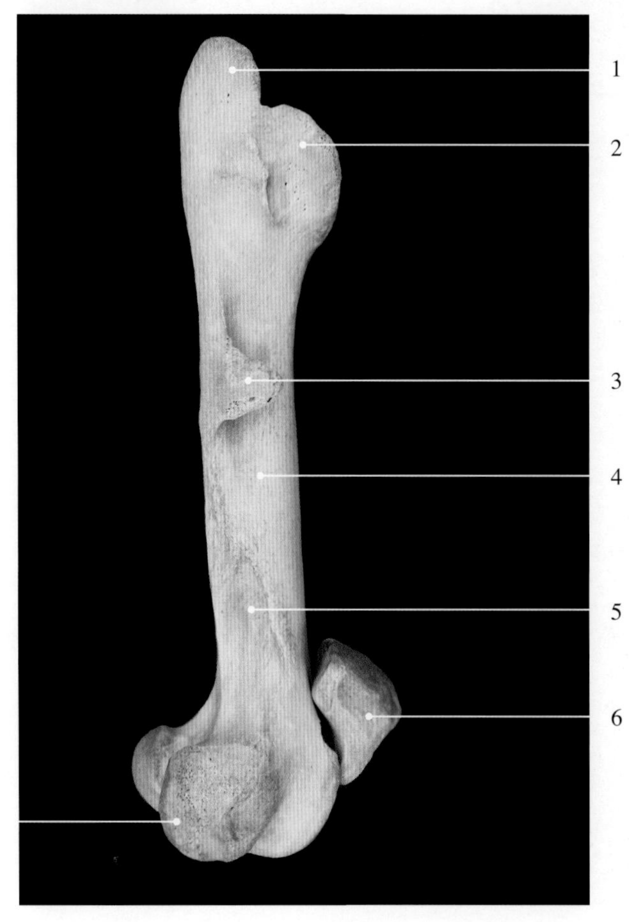

图2-6-35　马股骨和膝盖骨外侧观

1. 大转子后部 caudal part of greater trochanter
2. 大转子前部 cranial part of greater trochanter
3. 第3转子 3rd trochanter
4. 股骨干 / 股骨体 shaft of femur
5. 髁上窝 supracondylar fossa
6. 膝盖骨 kneecap, patella
7. 外侧上髁 lateral epicondyle

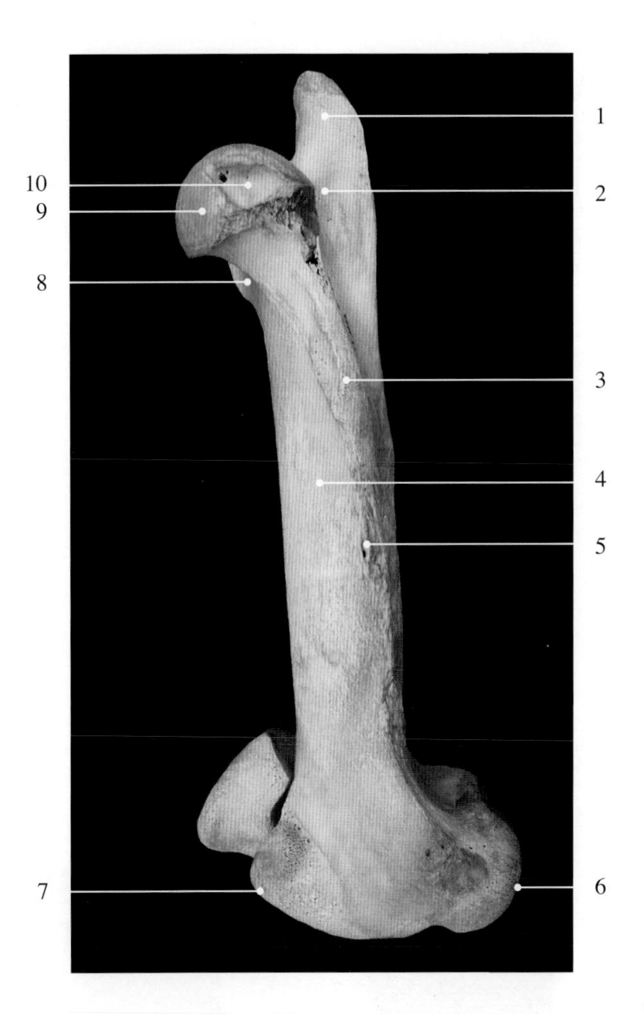

图2-6-36　马股骨和膝盖骨内侧观

1. 大转子后部　caudal part of greater trochanter
2. 转子窝　trochanteric fossa
3. 小转子　lesser trochanter
4. 股骨干/股骨体　shaft of femur
5. 滋养孔　nutrient foramen
6. 内侧髁　medial condyle
7. 股骨滑车　trochlea of femur
8. 大转子前部　cranial part of greater trochanter
9. 股骨头　head of the femur
10. 股骨头凹　fovea of femoral head

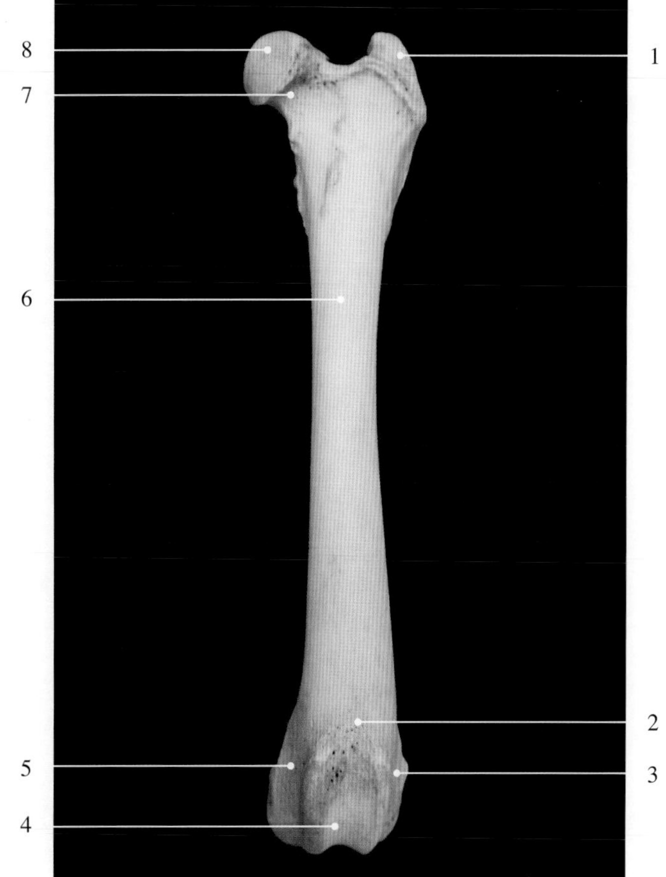

图2-6-37　犬股骨前面观

1. 大转子　greater trochanter
2. 膝上窝　suprapatellar fossa
3. 外侧上髁　lateral epicondyle
4. 股骨滑车　trochlea of femur
5. 内侧上髁　medial epicondyle
6. 股骨干/股骨体　shaft of femur
7. 股骨颈　neck of femur
8. 股骨头　head of the femur

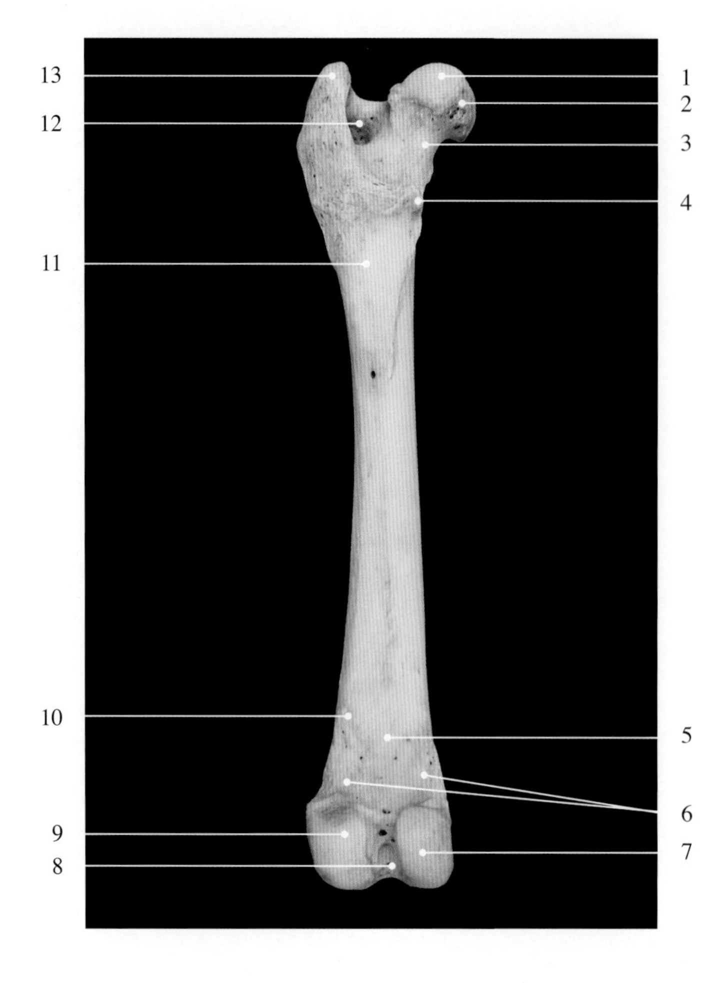

图2-6-38　犬股骨后面观

1. 股骨头　head of the femur
2. 股骨头凹　fovea of femoral head
3. 股骨颈　neck of femur
4. 小转子　lesser trochanter
5. 腘肌面　popliteal surface
6. 腓肠豆关节面　articular surface of fabellae
7. 内侧髁　medial condyle
8. 髁间窝　intercondylar fossa
9. 外侧髁　lateral condyle
10. 外侧髁上粗隆　lateral epicondylar tuberosity
11. 转子平面　trochanteric plane
12. 转子窝　trochanteric fossa
13. 大转子　greater trochanter

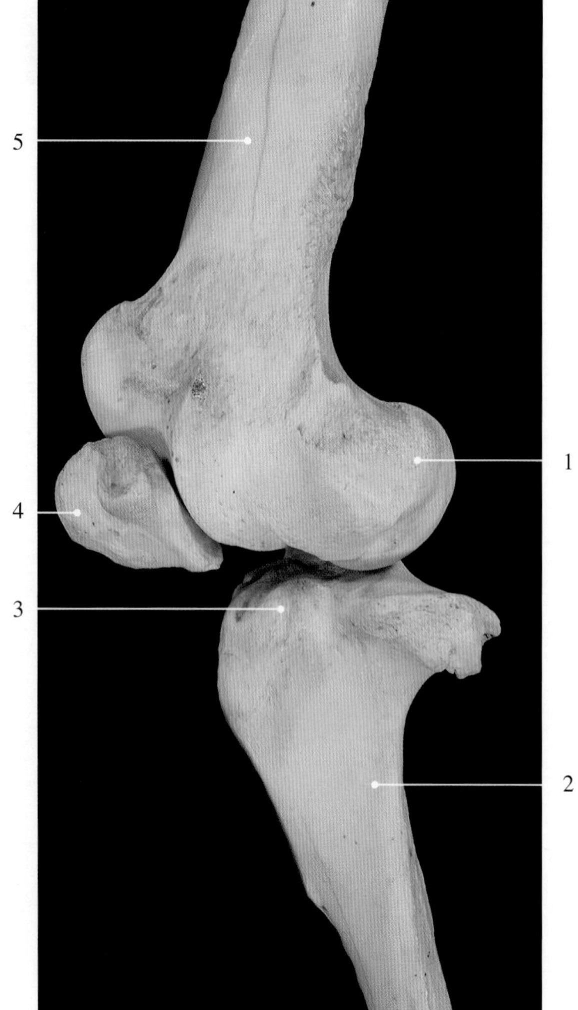

图2-6-39　牛左侧膝关节外侧观（示膝盖骨）

1. 股骨外侧髁　lateral condyle of the femur
2. 胫骨　tibia
3. 胫骨外侧髁　lateral condyle of the tibia
4. 膝盖骨　kneecap, patella
5. 股骨　femoral bone

图2-6-40　牛右侧小腿骨背侧观

小腿骨（skeleton of leg）包括胫骨和腓骨。胫骨（tibia）位于内侧，粗大，呈三面棱柱状长骨。近端粗大，有胫骨内、外侧髁，与股骨髁成关节。骨干为三面体，背侧缘隆起，称胫骨嵴。远端有螺旋状滑车，与胫跗骨成关节。腓骨（fibula）细小，位于胫骨外侧。腓骨近端较大，称腓骨头，远端细小。在牛、羊，腓骨更退化，仅有两端，无骨体，其远端腓骨又称踝骨（malleolar bone）。猪、犬的腓骨发达。

1. 髁间隆起　intercondylar eminence
2. 胫骨内髁　internal condyle of tibia
3. 内侧髁　medial condyle
4. 外侧髁　lateral condyle
5. 胫骨　tibia
6. 腓骨头　fibular head
7. 胫骨外髁　external condyle of tibia

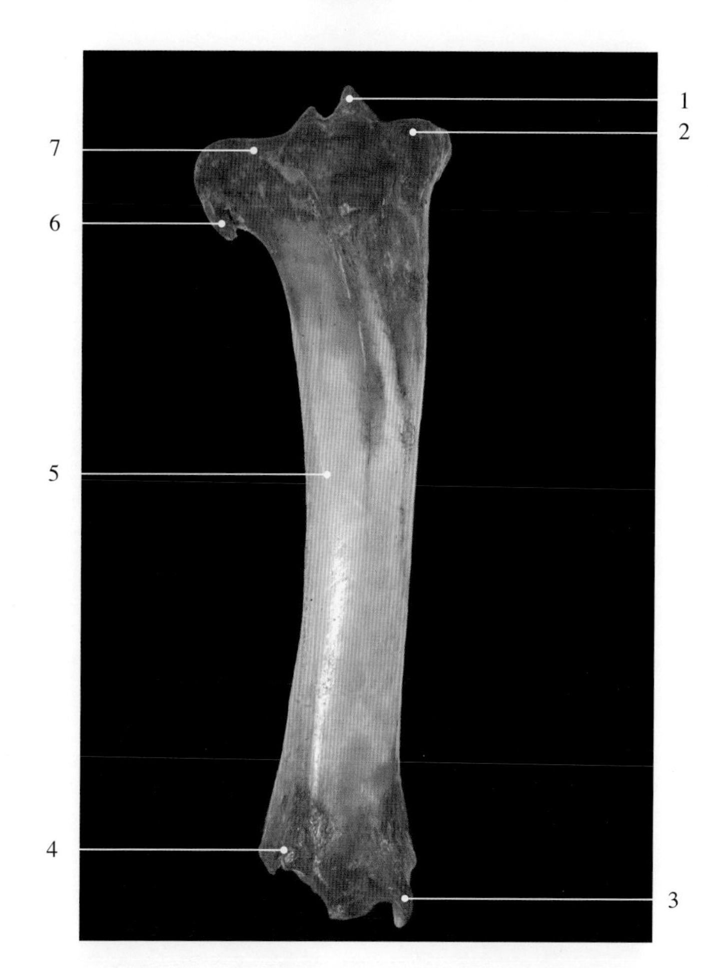

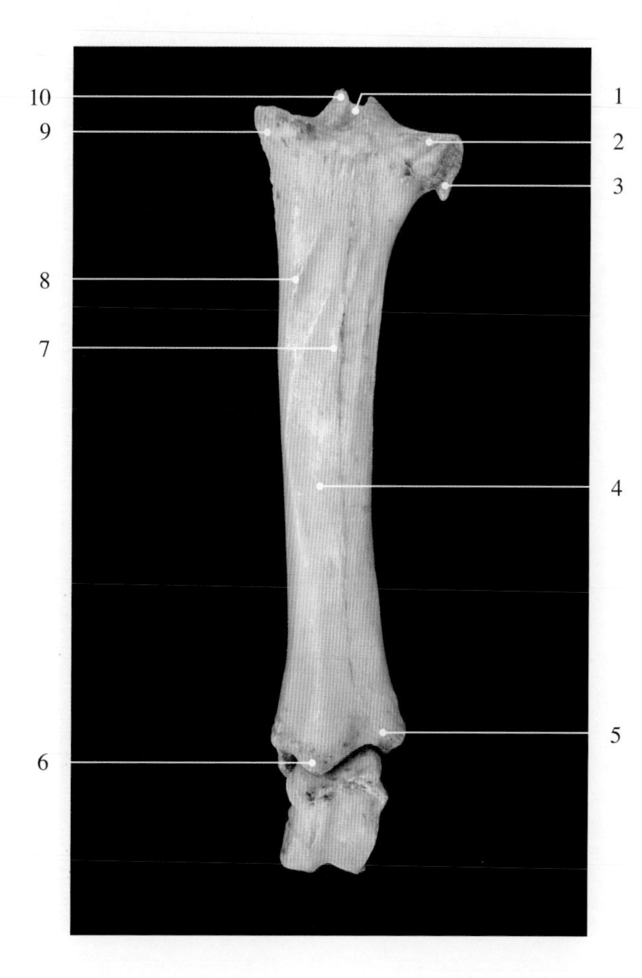

图2-6-41　牛右侧小腿骨跖侧观

1. 中央髁间区　central intercondyloid area
2. 胫骨外髁　external condyle of tibia
3. 腓骨　fibula
4. 胫骨　tibia
5. 外侧髁　lateral condyle
6. 内侧髁　medial condyle
7. 肌线　muscular line
8. 腘肌线　popliteal line
9. 胫骨内髁　internal condyle of tibia
10. 髁间隆起　intercondylar eminence

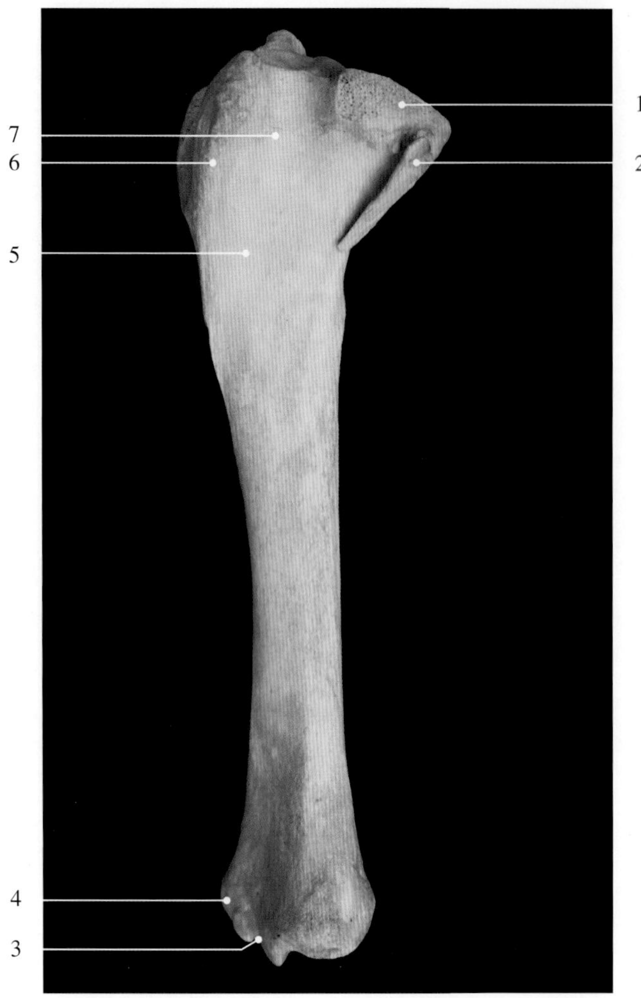

图2-6-42　马左侧小腿骨外侧观

1. 胫骨外髁 external condyle of tibia
2. 腓骨 fibula
3. 滑车 trochlea
4. 内侧髁 medial condyle
5. 胫骨 tibia
6. 胫骨粗隆 tibial tuberosity
7. 伸肌沟 extensor groove

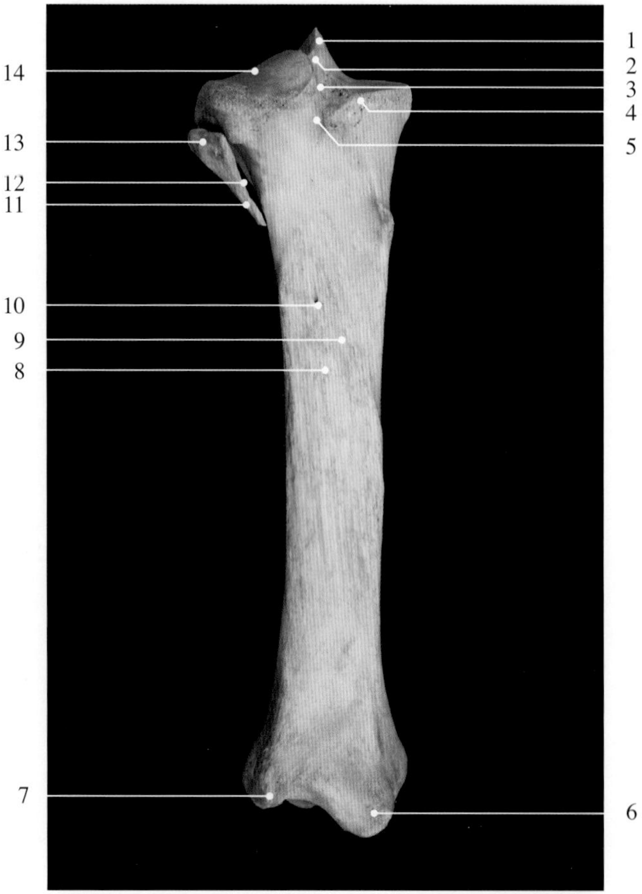

图2-6-43　马左侧小腿骨跖侧观

1. 髁间隆起 intercondylar eminence
2. 中央髁间区 central intercondyloid area
3. 后髁间区 caudal intercondyloid area
4. 胫骨内髁 internal condyle of tibia
5. 腘肌切迹 popliteal notch
6. 内侧髁 medial condyle
7. 外侧髁 lateral condyle
8. 肌线 muscular line
9. 腘肌线 popliteal line
10. 滋养孔 nutrient foramen
11. 腓骨 fibula
12. 骨间隙 interosseous space
13. 腓骨头 fibular head
14. 胫骨外髁 external condyle of tibia

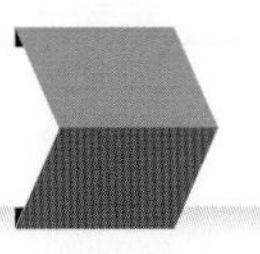

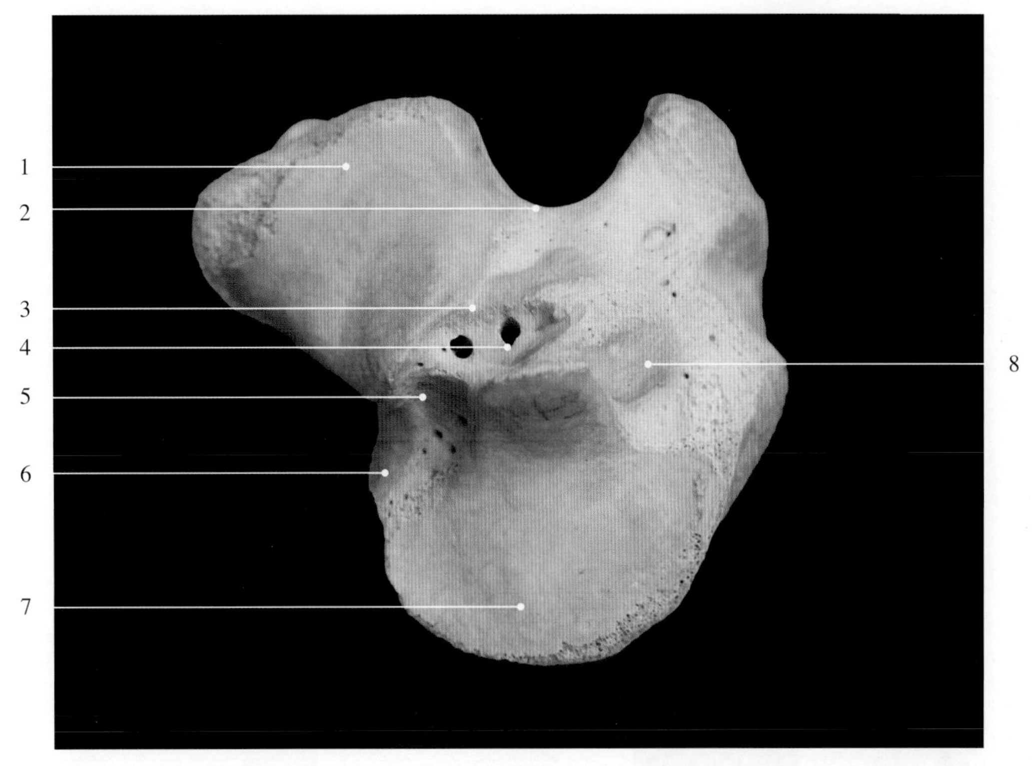

图2-6-44　马左侧胫骨近端关节面

1. 外侧髁 lateral condyle
2. 伸肌沟 extensor groove
3. 外侧髁间隆起 lateral intercondylar eminence
4. 中央髁间区 central intercondyloid area
5. 后髁间区 caudal intercondyloid area
6. 腘肌切迹 popliteal notch
7. 内侧髁 medial condyle
8. 前髁间区 cranial intercondyloid area

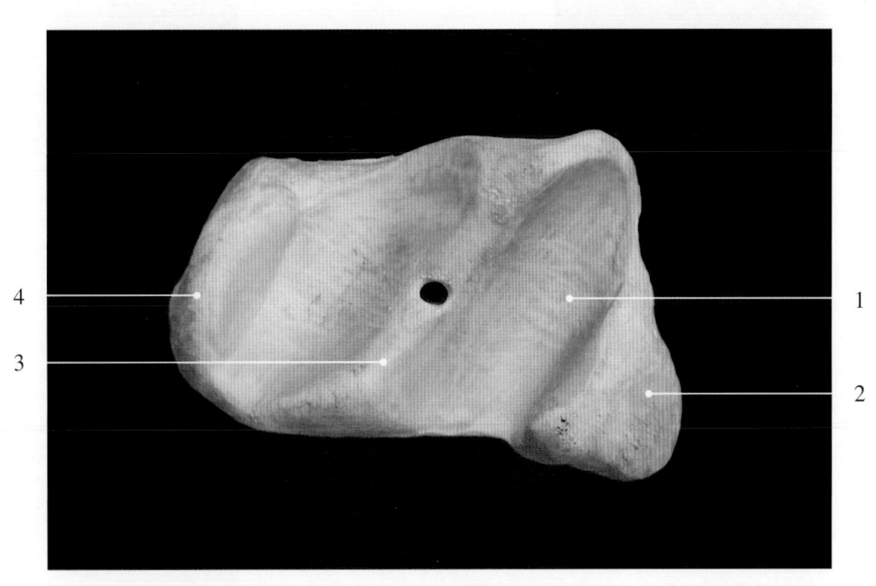

图2-6-45　马左侧胫骨远端关节面

1. 矢状沟 sagittal groove
2. 内侧髁 medial condyle
3. 中间嵴 intermedial crista
4. 外侧髁 lateral condyle

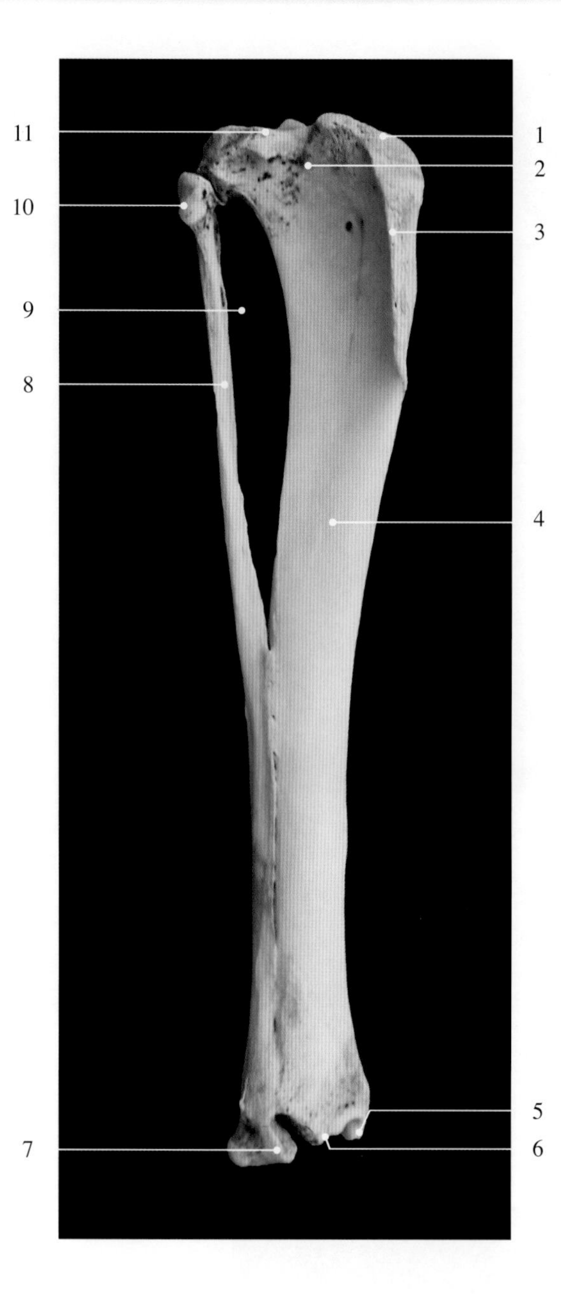

图2-6-46 犬右侧小腿骨背外侧观

1. 胫骨内髁 internal condyle of tibia
2. 伸肌沟 extensor groove
3. 胫骨粗隆 tibial tuberosity
4. 胫骨 tibia
5. 内侧髁 medial condyle
6. 滑车 trochlea
7. 外侧髁 lateral condyle
8. 腓骨 fibula
9. 骨间隙 interosseous space
10. 腓骨头 fibular head
11. 胫骨外髁 external condyle of tibia

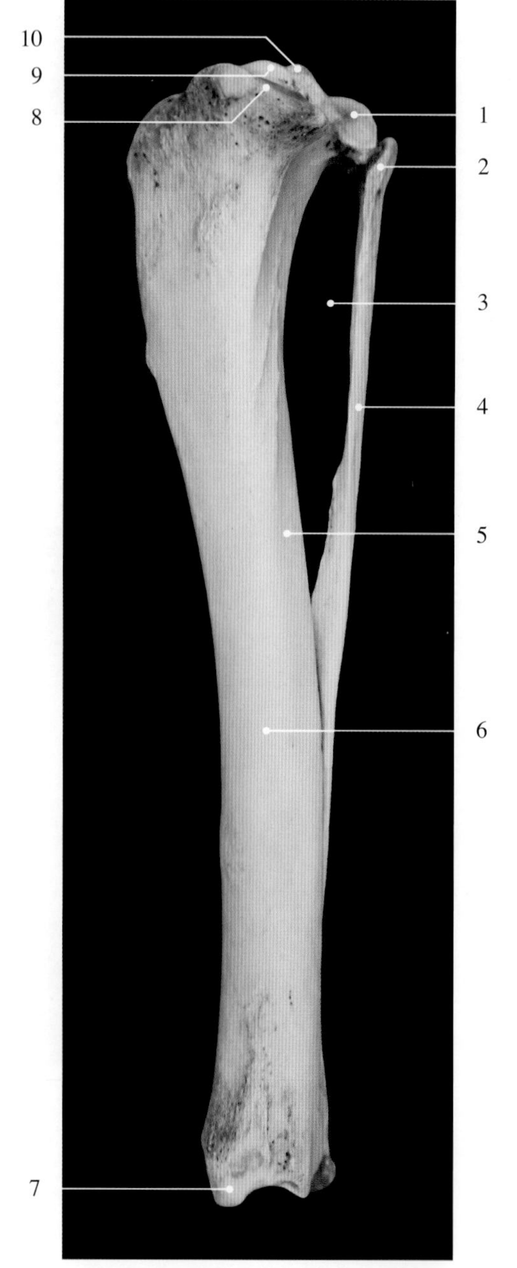

图2-6-47 犬右侧小腿骨跖内侧观

1. 胫骨外髁 external condyle of tibia
2. 腓骨头 fibular head
3. 骨间隙 interosseous space
4. 腓骨 fibula
5. 肌线 muscular line
6. 胫骨 tibia
7. 内侧髁 medial condyle
8. 胫骨内髁 internal condyle of tibia
9. 内侧髁间结节 medial intercondyloid tubercle
10. 外侧髁间结节 lateral intercondyloid tubercle

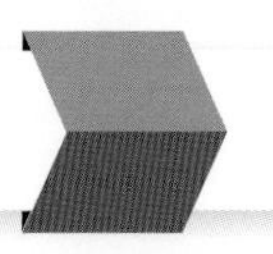

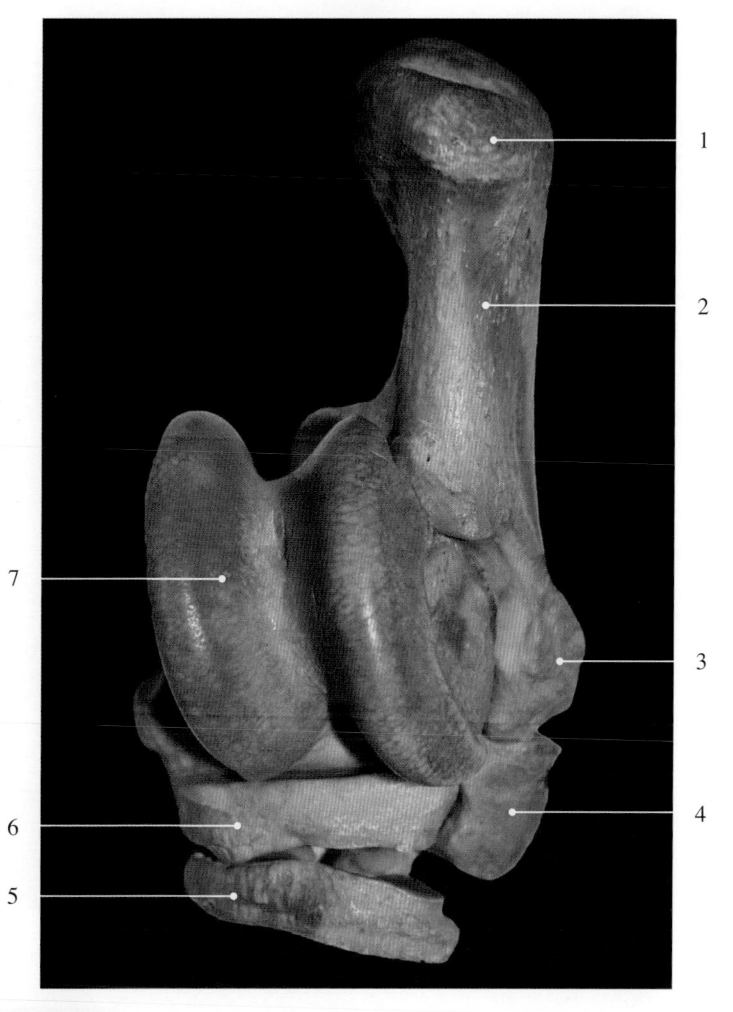

图2-6-48　马跗骨背侧观

跗骨（tarsal bone）　位于小腿骨与跖骨之间，一般分为近、中、远三列。近列有2枚，内侧是距骨（胫跗骨），外侧是跟骨（腓跗骨）。跟骨近端粗大，称跟结节。中列仅有1枚中央跗骨。远列由内向外依次是第1、2、3和4跗骨。牛、羊的跗骨共5枚，第2、3跗骨愈合，第4跗骨与中央跗骨愈合；马的跗骨共6枚，第1、2跗骨愈合；猪、犬共有7枚跗骨。

1. 跟结节　calcaneal tuberosity
2. 跟骨　calcaneus
3. 跟骨体（跟骨底）body of calcaneus（basis of calcaneus）
4. 第4跗骨　4th tarsal bone
5. 第3跗骨　3rd tarsal bone
6. 中央跗骨　central tarsal bone
7. 距骨滑车　trochlea of talus

图2-6-49　马跗骨外侧观

1. 跟结节　calcaneal tuberosity
2. 跟骨　calcaneus
3. 跟骨体（跟骨底）body of calcaneus（basis of calcaneus）
4. 第4跗骨　4th tarsal bone
5. 第3跗骨　3rd tarsal bone
6. 中央跗骨　central tarsal bone
7. 距骨滑车　trochlea of talus
8. 韧带附着的外侧凹　lateral fovea with ligament attachment
9. 距骨　talus
10. 喙突　coracoid process

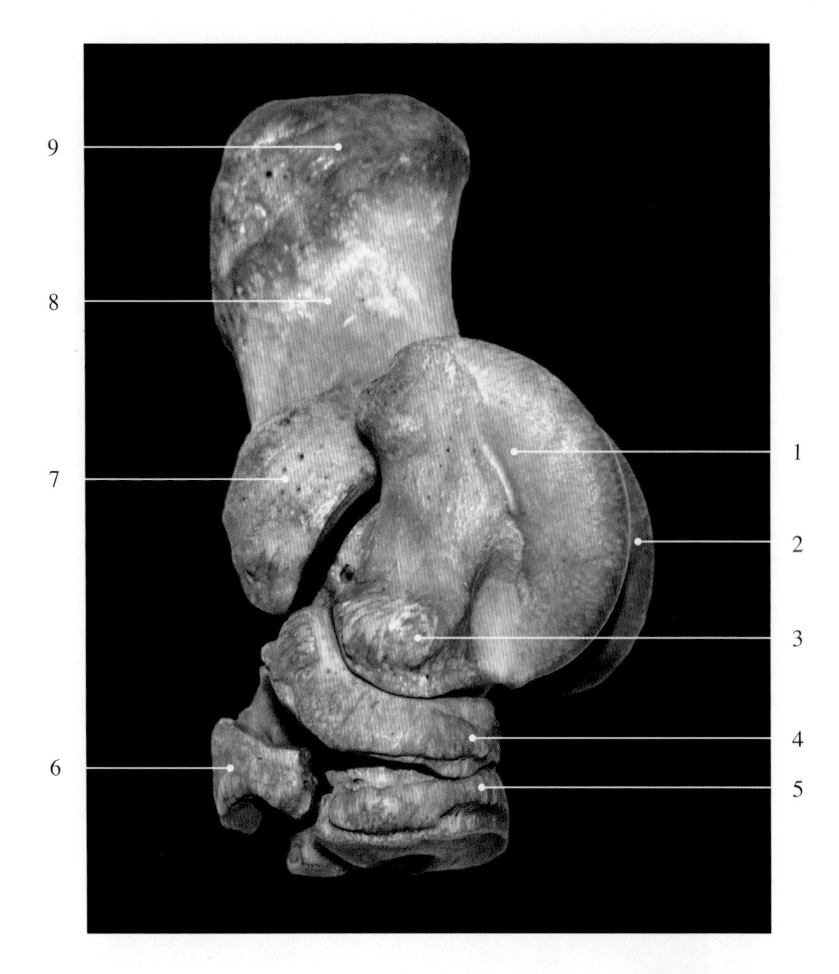

图2-6-50　马跗骨内侧观

1. 距骨 talus
2. 距骨滑车 trochlea of talus
3. 韧带附着的外侧凹 lateral fovea with ligament attachment
4. 中央跗骨 central tarsal bone
5. 第3跗骨 3rd tarsal bone
6. 第1、2跗骨 1st and 2nd tarsal bone
7. 载距突 sustentaculum tali
8. 跟骨 calcaneus
9. 跟结节 calcaneal tuberosity

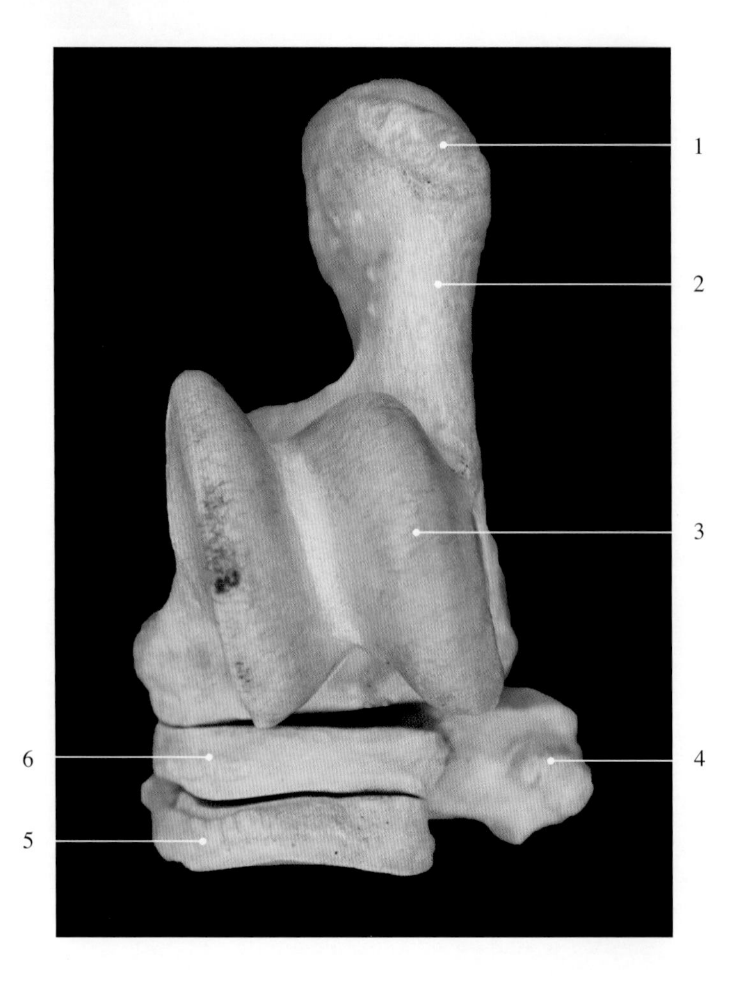

图2-6-51　马左侧跗骨背侧观

1. 跟结节 calcaneal tuberosity
2. 跟骨 calcaneus
3. 距骨滑车 trochlea of talus
4. 第4跗骨 4th tarsal bone
5. 第3跗骨 3rd tarsal bone
6. 中央跗骨 central tarsal bone

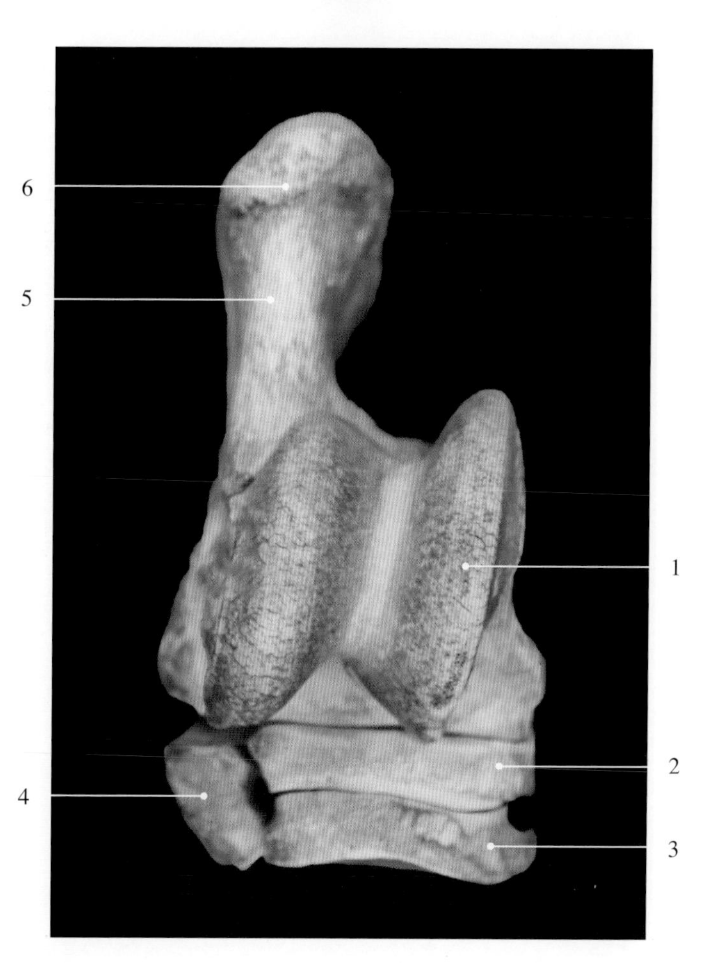

图2-6-52　马右侧跗骨背侧观

1. 距骨滑车 trochlea of talus
2. 中央跗骨 central tarsal bone
3. 第3跗骨 3rd tarsal bone
4. 第4跗骨 4th tarsal bone
5. 跟骨 calcaneus
6. 跟结节 calcaneal tuberosity

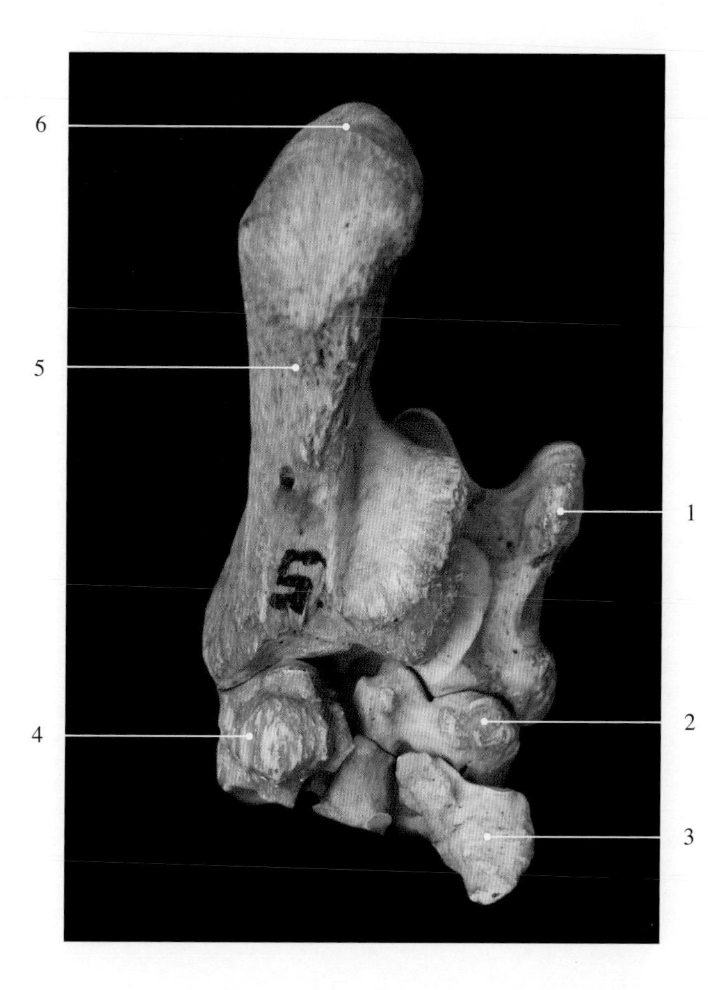

图2-6-53　马左侧跗骨跖侧观

1. 距骨 talus
2. 中央跗骨 central tarsal bone
3. 第1、2跗骨 1st and 2nd tarsal bone
4. 第4跗骨 4th tarsal bone
5. 跟骨 calcaneus
6. 跟结节 calcaneal tuberosity

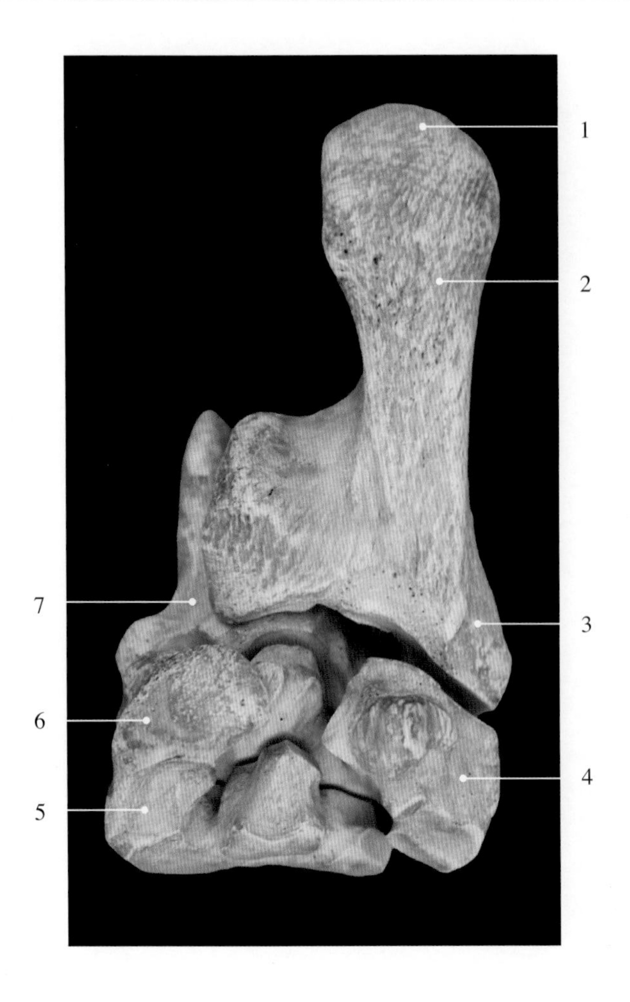

图2-6-54　马右侧跗骨跖侧观

1. 跟结节 calcaneal tuberosity
2. 跟骨 calcaneus
3. 载距突 sustentaculum tali
4. 第4跗骨 4th tarsal bone
5. 第1、2跗骨 1st and 2nd tarsal bone
6. 中央跗骨 central tarsal bone
7. 距骨 talus

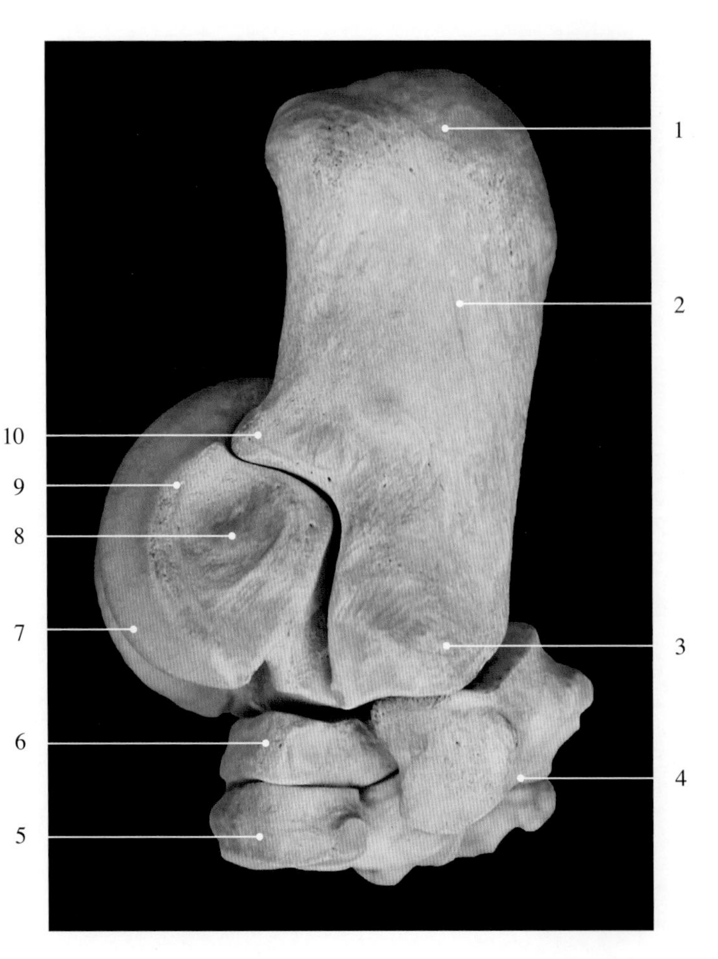

图2-6-55　马左侧跗骨外侧观

1. 跟结节 calcaneal tuberosity
2. 跟骨 calcaneus
3. 跟骨底（跟骨体）basis of calcaneus (body of calcaneus)
4. 第4跗骨 4th tarsal bone
5. 第3跗骨 3rd tarsal bone
6. 中央跗骨 central tarsal bone
7. 距骨滑车 trochlea of talus
8. 韧带附着的外侧凹 lateral fovea with ligament attachment
9. 距骨 talus
10. 喙突 coracoid process

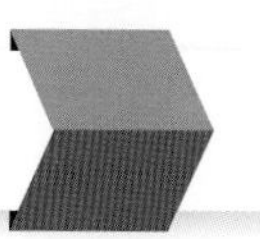

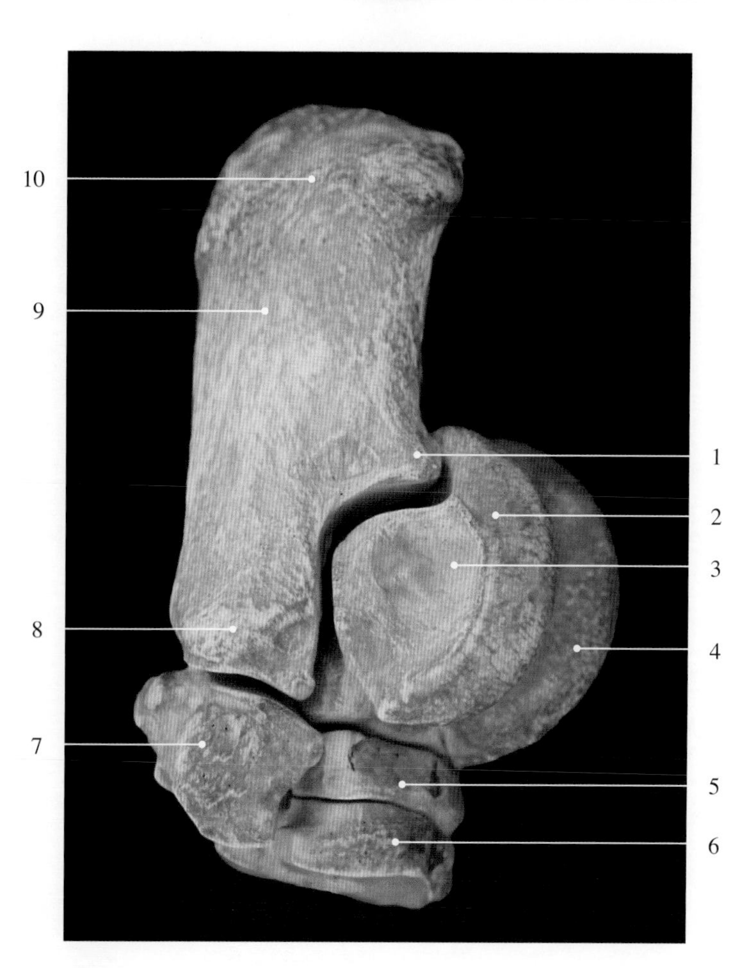

图2-6-56　马右侧跗骨外侧观

1. 喙突 coracoid process
2. 距骨 talus
3. 韧带附着的外侧凹 lateral fovea with ligament attachment
4. 距骨滑车 trochlea of talus
5. 中央跗骨 central tarsal bone
6. 第3跗骨 3rd tarsal bone
7. 第4跗骨 4th tarsal bone
8. 跟骨底（跟骨体）basis of calcaneus (body of calcaneus)
9. 跟骨 calcaneus
10. 跟结节 calcaneal tuberosity

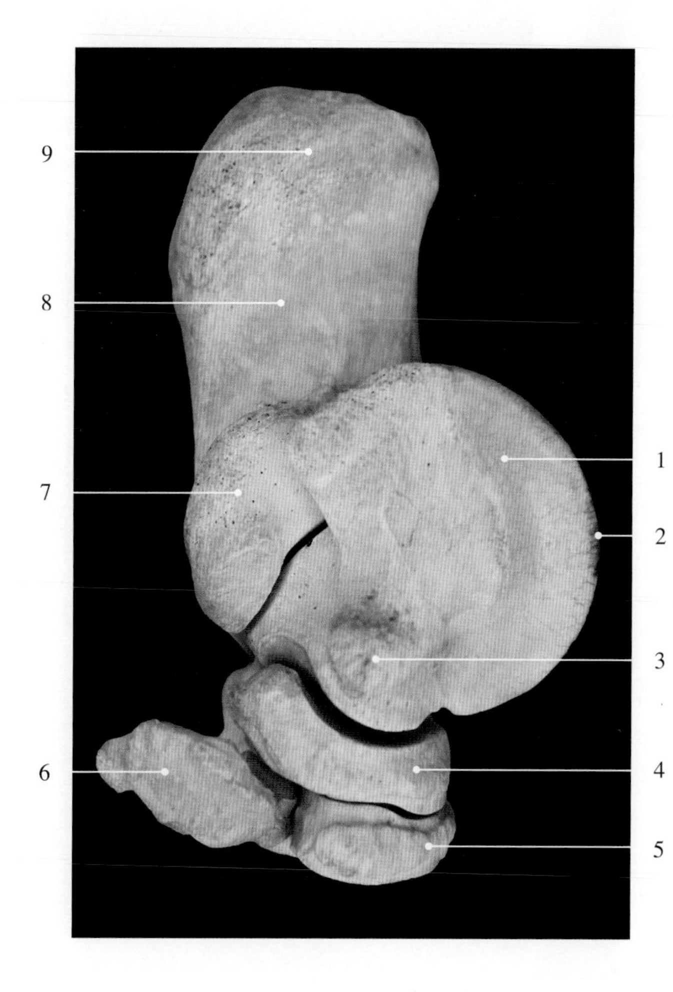

图2-6-57　马左侧跗骨内侧观

1. 距骨 talus
2. 距骨滑车 trochlea of talus
3. 韧带附着的外侧凹 lateral fovea with ligament attachment
4. 中央跗骨 central tarsal bone
5. 第3跗骨 3rd tarsal bone
6. 第1、2跗骨 1st and 2nd tarsal bone
7. 载距突 sustentaculum tali
8. 跟骨 calcaneus
9. 跟结节 calcaneal tuberosity

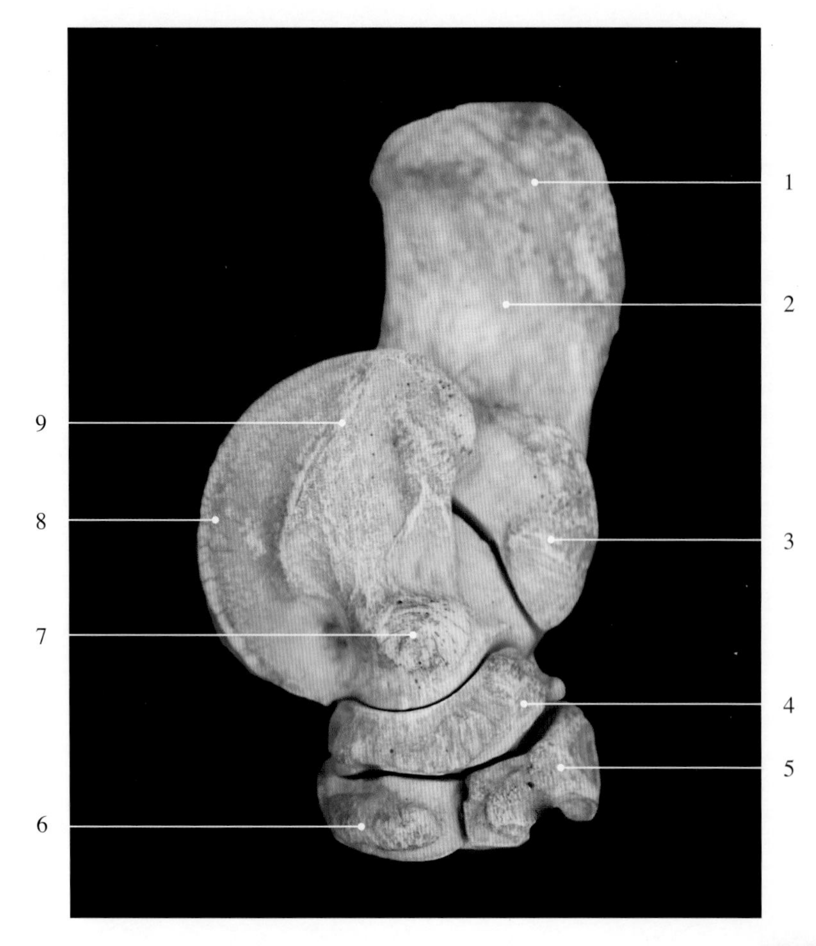

图2-6-58　马右侧跗骨内侧观

1. 跟结节 calcaneal tuberosity
2. 跟骨 calcaneus
3. 载距突 sustentaculum tali
4. 中央跗骨 central tarsal bone
5. 第1、2跗骨 1st and 2nd tarsal bone
6. 第3跗骨 3rd tarsal bone
7. 韧带附着的外侧凹 lateral fovea with ligament attachment
8. 距骨滑车 trochlea of talus
9. 距骨 talus

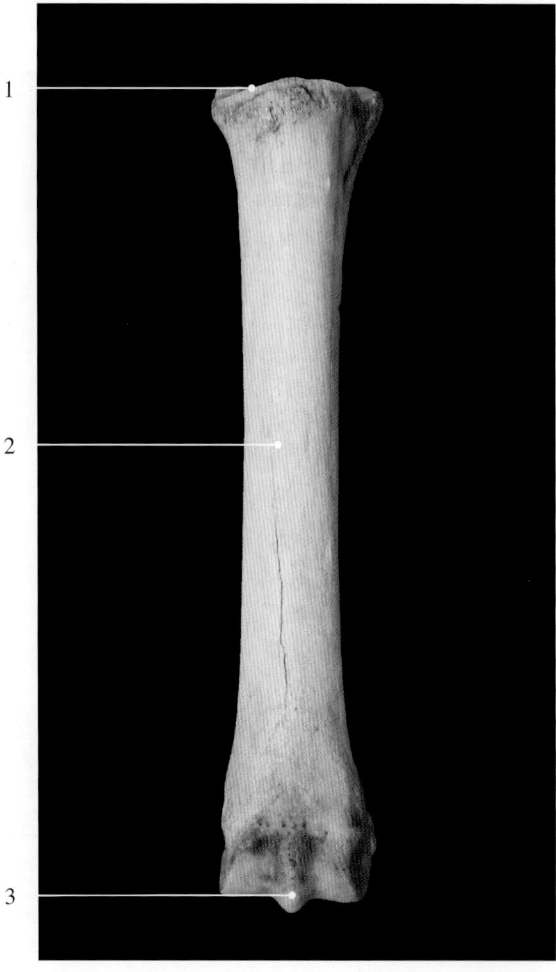

图2-6-59　马跖骨背侧观

跖骨（metatarsal bone）与前肢掌骨相似，但较细长。

1. 跖骨关节面 articular surface of the metatarsal bone
2. 第3跖骨 3rd metatarsal bone
3. 滑车矢状嵴 sagittal crest of trochlea

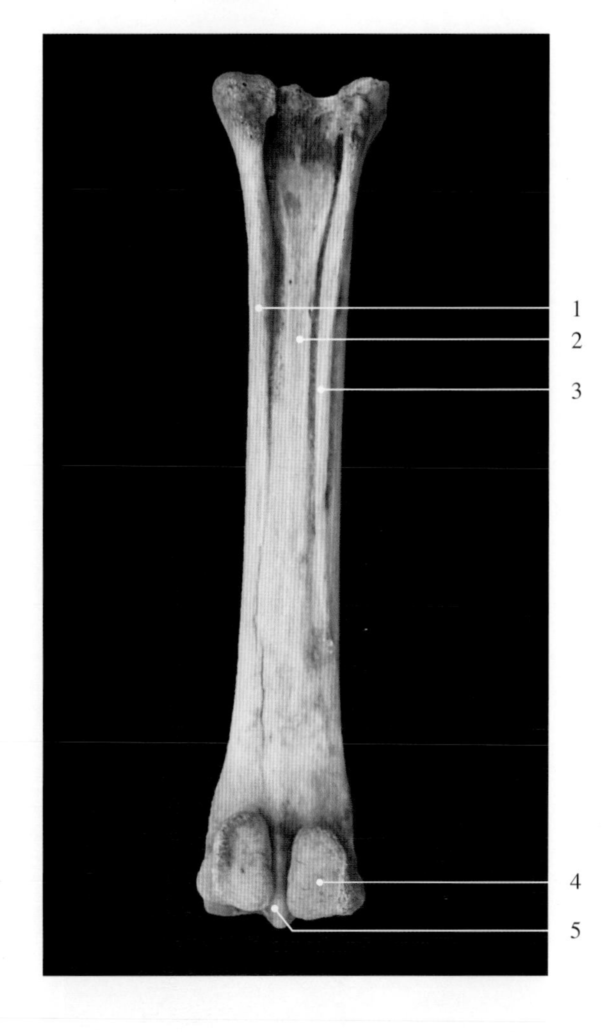

图2-6-60　马跖骨跖侧观

1. 第4跖骨 4th metatarsal bone
2. 第3跖骨 3rd metatarsal bone
3. 第2跖骨 2nd metatarsal bone
4. 近籽骨 proximal sesamoid bone
5. 滑车矢状嵴 sagittal crest of trochlea

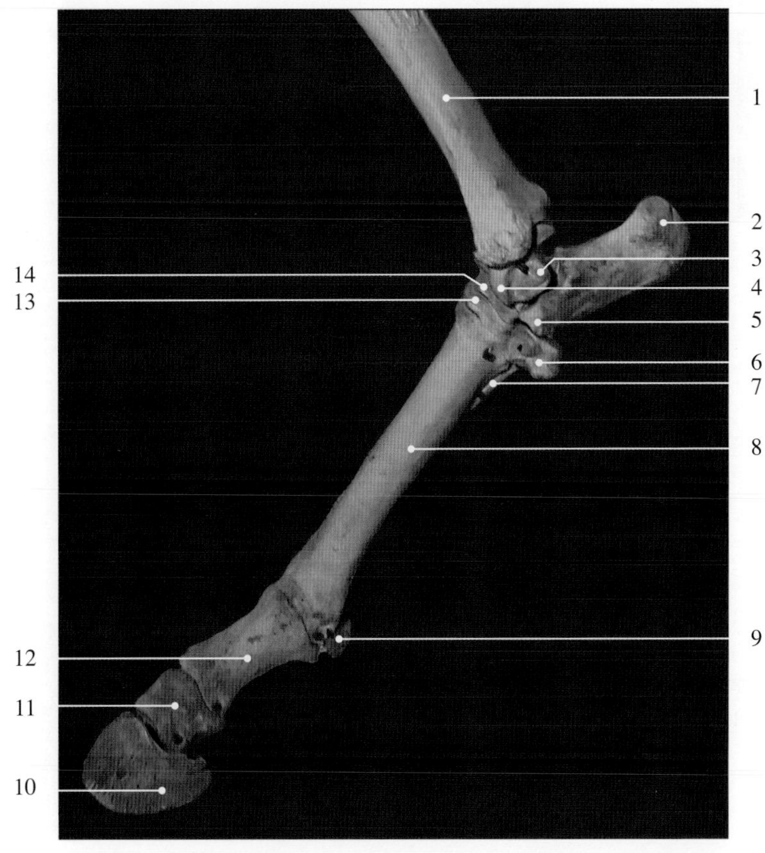

图2-6-61　马左侧后脚骨外侧观

趾骨（digital bone）分系骨、冠骨和蹄骨，与前肢指骨相似，犬缺第1趾。

1. 胫骨 tibia
2. 跟结节 calcaneal tuberosity
3. 外侧凹 lateral fovea
4. 距骨 talus
5. 跟骨体 body of calcaneus
6. 第4跗骨 4th tarsal bone
7. 第4跖骨 4th metatarsal bone
8. 第3跖骨 3rd metatarsal bone
9. 近籽骨 proximal sesamoid bone
10. 远趾节骨（蹄骨）distal phalanges（coffin bone）
11. 中趾节骨（冠骨）middle phalanges（coronal bone）
12. 近趾节骨（系骨）proximal phalanges（pastern bone）
13. 第3跗骨 3rd tarsal bone
14. 中央跗骨 central tarsal bone

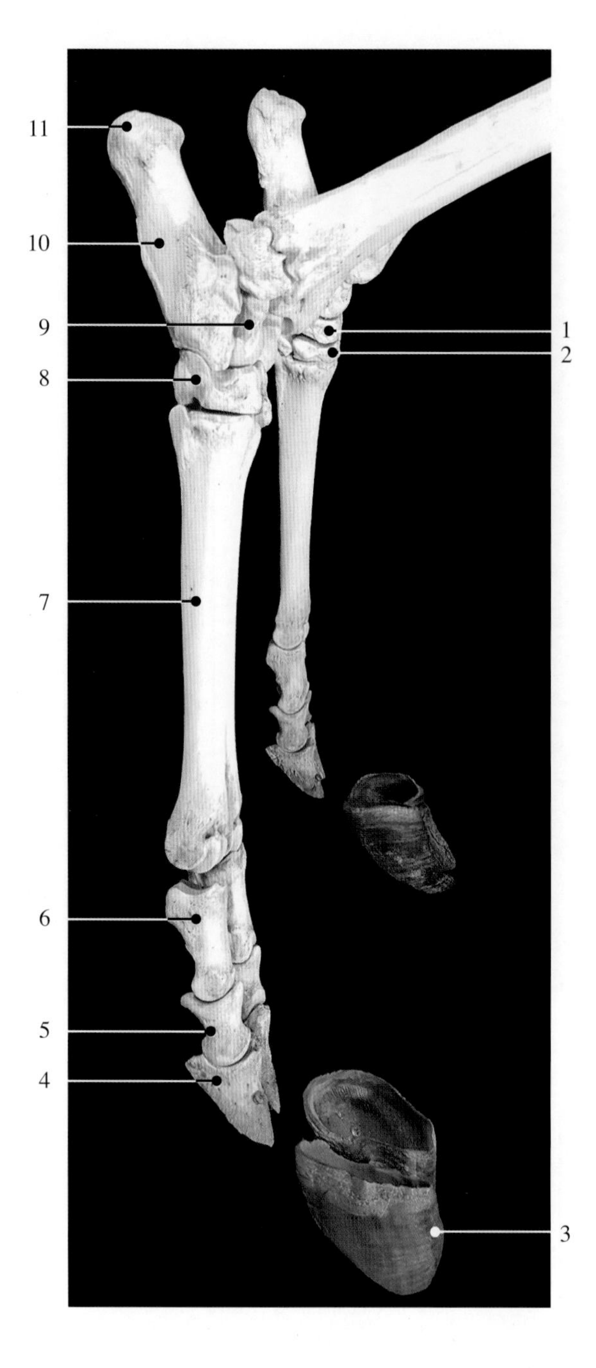

图2-6-62　牛后脚骨

1. 中央跗骨 central tarsal bone
2. 第2和第3跗骨 2nd and 3rd tarsal bone
3. 蹄匣 hoof capsule
4. 蹄骨 coffin bone（远趾趾骨 distal phalanges）
5. 冠骨 coronal bone（中趾趾骨 middle phalanges）
6. 系骨 pastern bone（近趾趾骨 proximal phalanges）
7. 跖骨 metatarsal bone
8. 第4跗骨 4th tarsal bone
9. 距骨 talus
10. 跟骨 calcaneus
11. 跟结节 calcaneal tuberosity

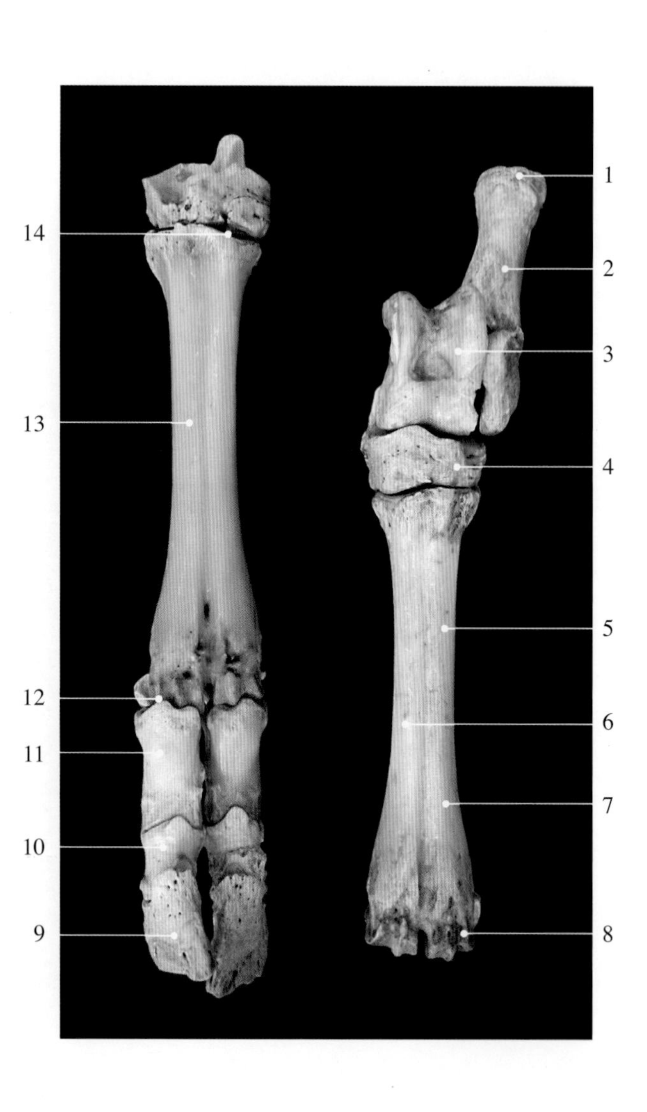

图2-6-63　牛左侧后脚骨背侧观

1. 跟结节 calcaneal tuberosity
2. 跟骨 calcaneus
3. 距骨 talus
4. 中央跗骨与第2、3、4跗骨愈合 central tarsal bone and 2nd, 3rd, 4th tarsal bone
5. 大跖骨 major metatarsal bone
6. 第3跖骨 3rd metatarsal bone
7. 第4跖骨 4th metatarsal bone
8. 滑车关节面 articular surface
9. 远趾节骨（蹄骨）distal phalanges（coffin bone）
10. 中趾节骨（冠骨）middle phalanges（coronal bone）
11. 近趾节骨（系骨）proximal phalanges（pastern bone）
12. 跖趾关节 metatarsophalangeal joint
13. 大跖骨 major metatarsal bone
14. 跗跖关节 tarsometatarsal joint

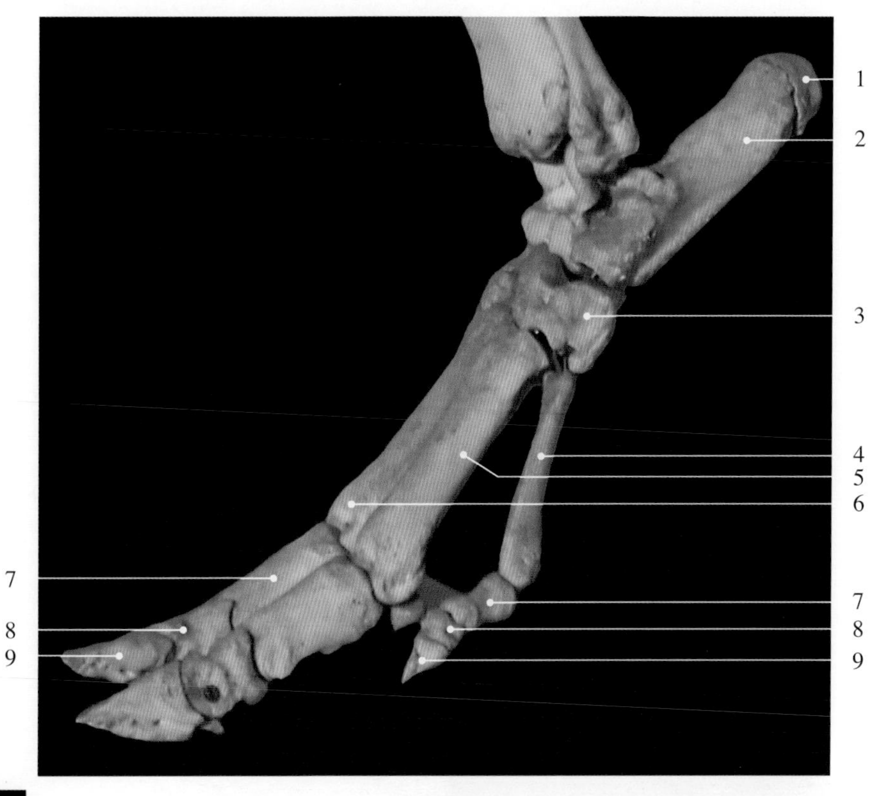

图2-6-64　猪左侧后脚骨外侧观

1. 跟结节 calcaneal tuberosity
2. 跟骨 calcaneus
3. 跗骨 tarsal bone
4. 第5跖骨 5th metatarsal bone
5. 第4跖骨 4th metatarsal bone
6. 第3跖骨 3rd metatarsal bone
7. 近趾节骨（系骨）proximal phalanges（pastern bone）
8. 中趾节骨（冠骨）middle phalanges（coronal bone）
9. 远趾节骨（蹄骨）distal phalanges（coffin bone）

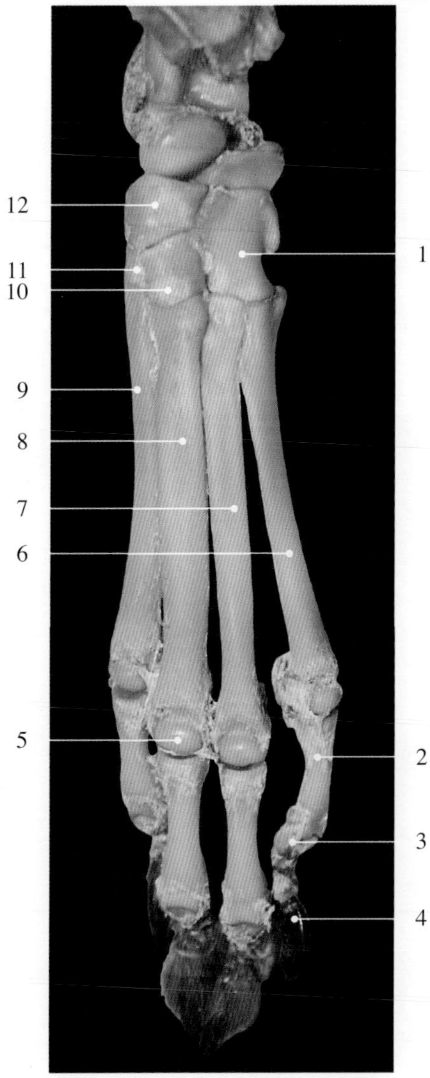

图2-6-65　犬左侧后脚骨背侧观

1. 第4跗骨 4th tarsal bone
2. 近指节骨（系骨）proximal phalanges（pastern bone）
3. 中指节骨（冠骨）middle phalanges（coronal bone）
4. 远指节骨（蹄骨）distal phalanges（coffin bone）
5. 籽骨 sesamoid bone
6. 第5跖骨 5th metatarsal bone
7. 第4跖骨 4th metatarsal bone
8. 第3跖骨 3rd metatarsal bone
9. 第2跖骨 2nd metatarsal bone
10. 第3跗骨 3rd tarsal bone
11. 第2跗骨 2nd tarsal bone
12. 中央跗骨 central tarsal bone

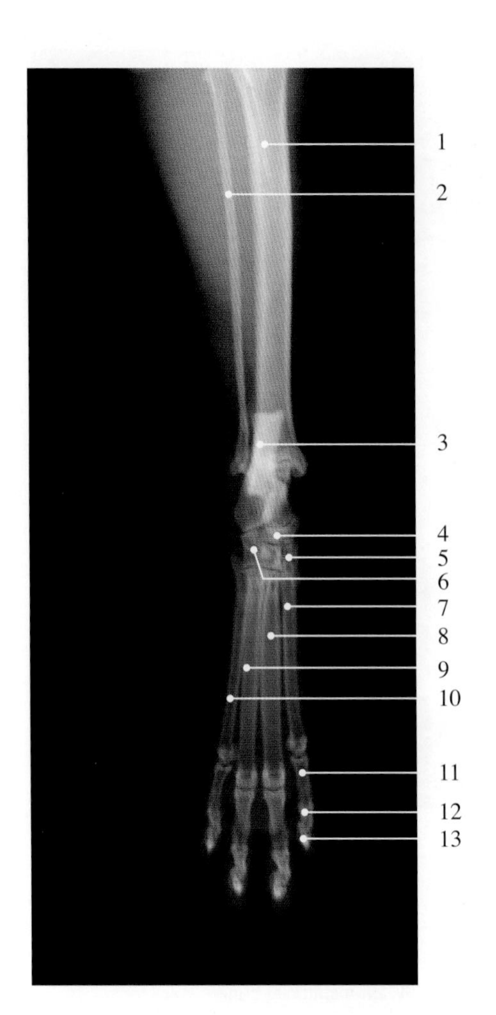

图2-6-66　犬左侧后脚骨X光片（跖侧位）

1. 胫骨 tibia
2. 腓骨 fibula
3. 跟骨 calcaneus
4. 中央跗骨 central tarsal bone
5. 第3跗骨 3rd tarsal bone
6. 第4跗骨 4th tarsal bone
7. 第2跖骨 2nd metatarsal bone
8. 第3跖骨 3rd metatarsal bone
9. 第4跖骨 4th metatarsal bone
10. 第5跖骨 5th metatarsal bone
11. 近趾节骨（系骨）proximal phalanges（pastern bone）
12. 中趾节骨（冠骨）middle phalanges（coronal bone）
13. 远趾节骨（蹄骨）distal phalanges（coffin bone）

图2-7-1　牛头骨纤维连结

1. 骨缝 seam

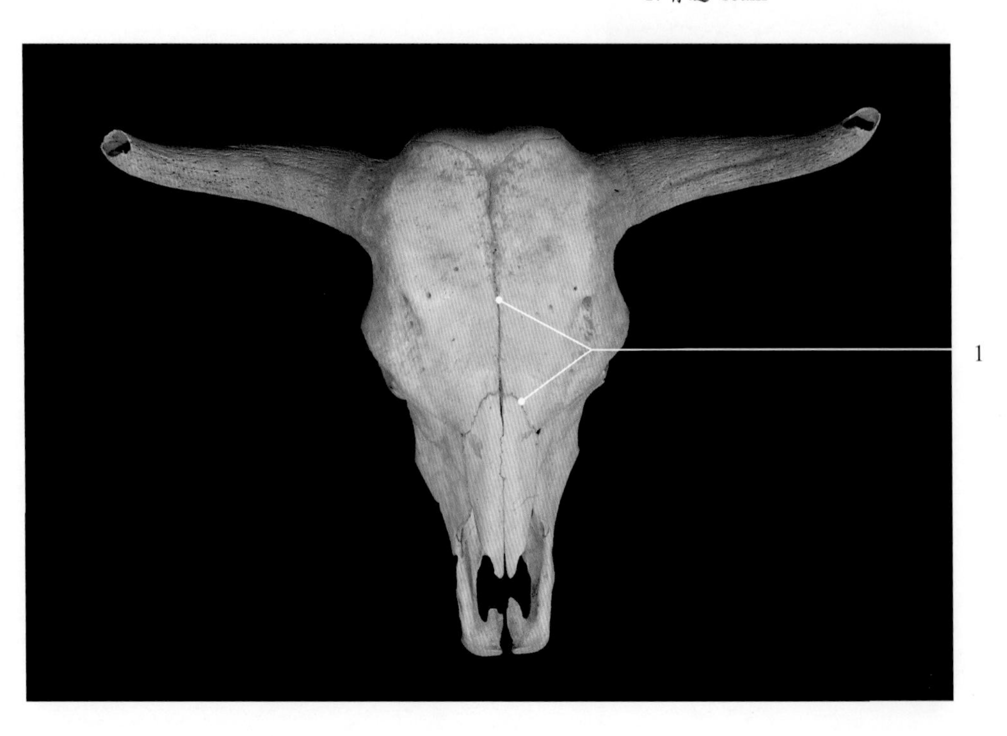

图2-7-2　马头骨纤维连结

1. 骨缝 seam

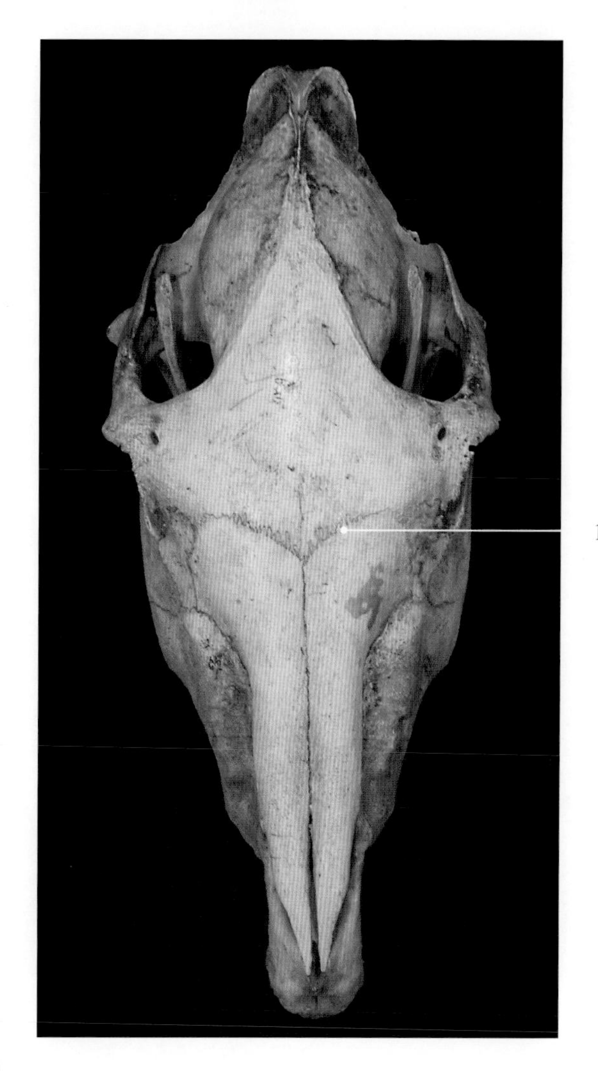

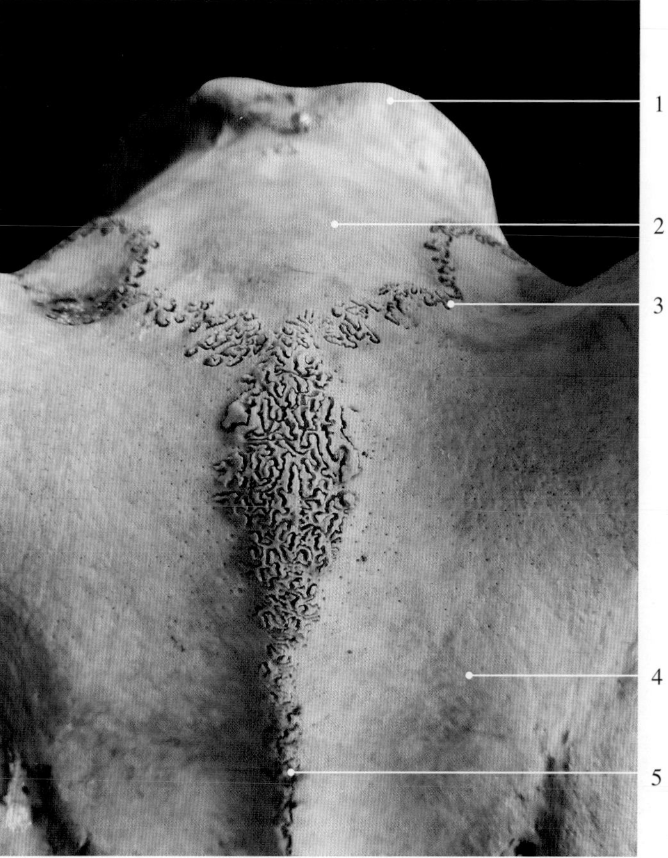

图2-7-3　雄性麋鹿颅骨前背侧观

1. 枕骨 occipital bone
2. 顶骨 parietal bone
3. 冠状缝 coronal suture
4. 额骨 frontal bone
5. 矢状缝 sagittal suture

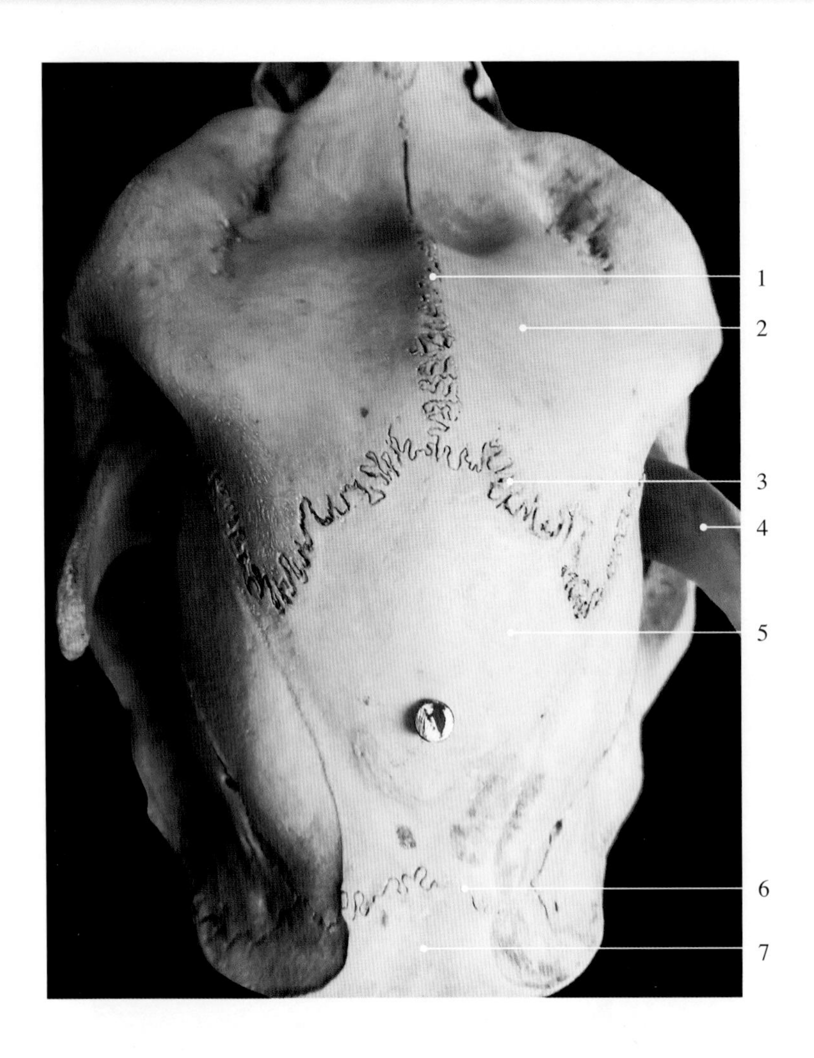

图2-7-4　雌性麋鹿颅骨后背侧观

1. 矢状缝 sagittal suture
2. 额骨 frontal bone
3. 冠状缝 coronal suture
4. 下颌骨冠突 coronoid process of the mandible
5. 顶骨 parietal bone
6. 人字缝 lambdoid suture
7. 枕骨 occipital bone

图2-7-5　马下颌关节

1. 颞骨颧突 zygomatic process of temporal bone
2. 关节囊 articular capsule
3. 下颌骨 mandible

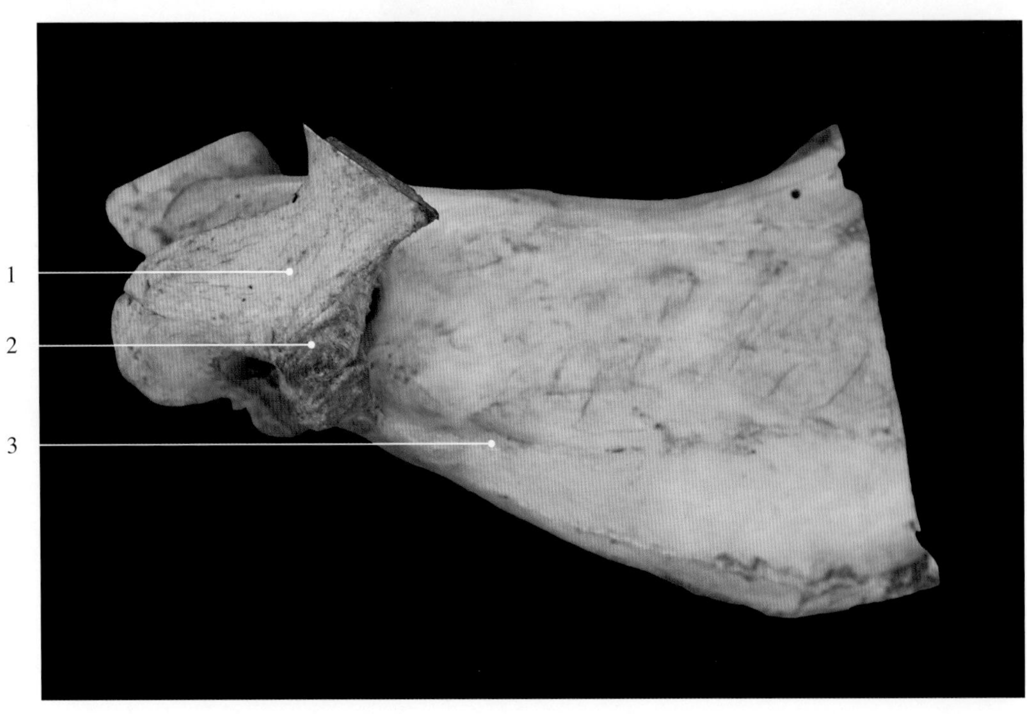

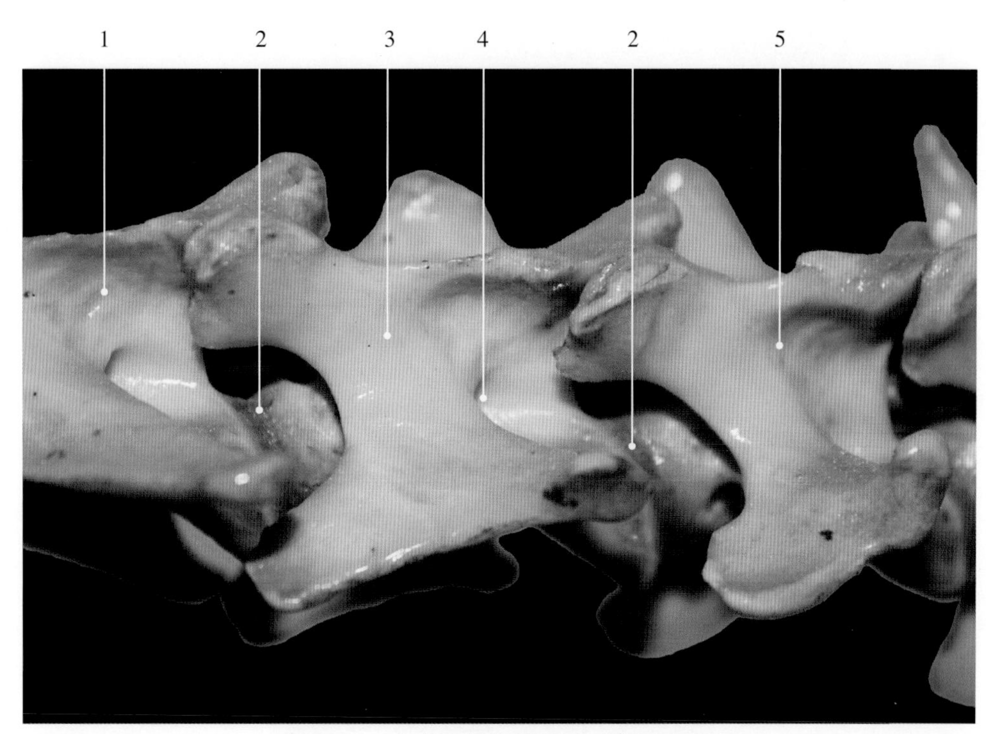

图2-7-6　犬颈椎椎体间连结（软骨连结）

1. 第5颈椎　5th cervical vertebrae
2. 椎体间连结（椎间盘）intervertebral join（intervertebral disc）
3. 第6颈椎　6th cervical vertebrae
4. 横突孔　transverse foramen
5. 第7颈椎　7th cervical vertebrae

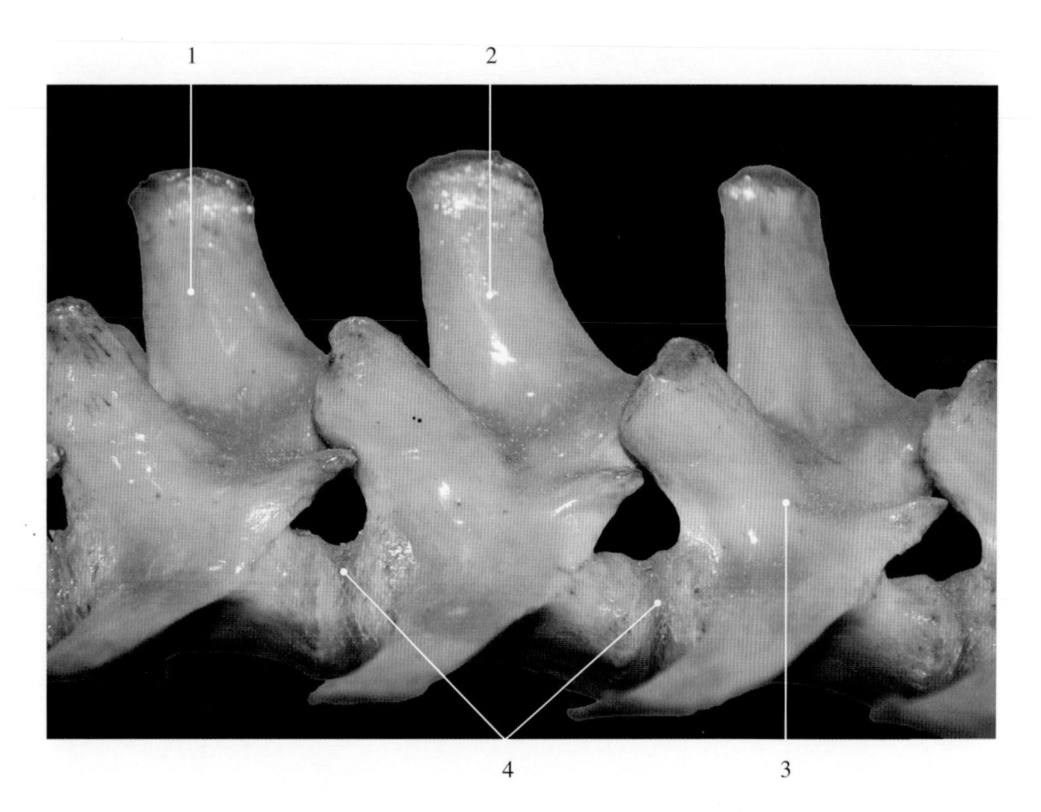

图2-7-7　犬腰椎椎体间连结（软骨连结）

1. 第2腰椎　2nd lumbar vertebrae
2. 第3腰椎　3rd lumbar vertebrae
3. 第4腰椎　4th lumbar vertebrae
4. 椎体间连结（椎间盘）intervertebral join（intervertebral disc）

图2-7-8 猪椎骨间连结（软骨连结）

1. 椎体 vertebral body　　2. 椎间盘 intervertebral disc

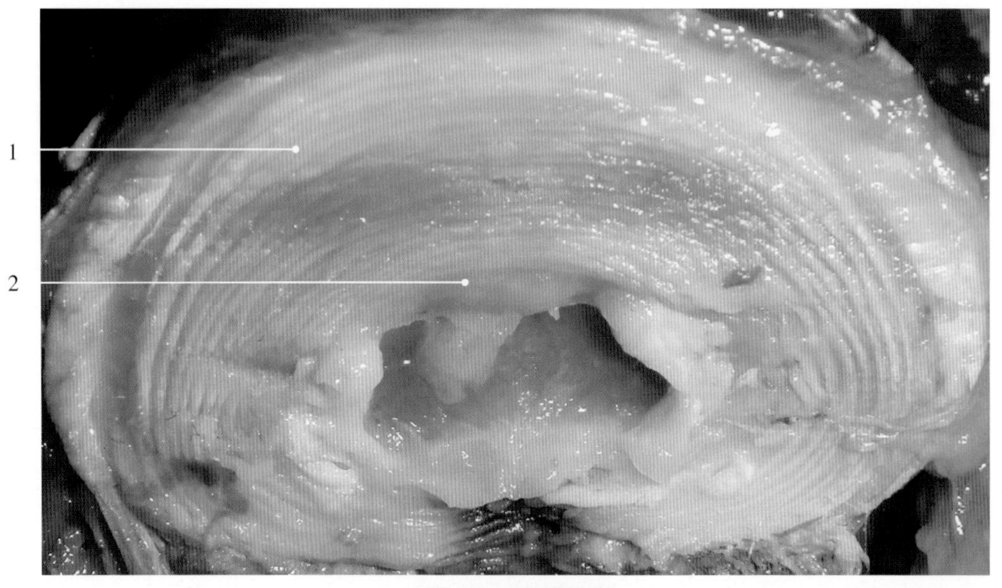

图2-7-9 犬椎间盘

1. 纤维环 fibrous ring　　2. 髓核 pulpy nucleus

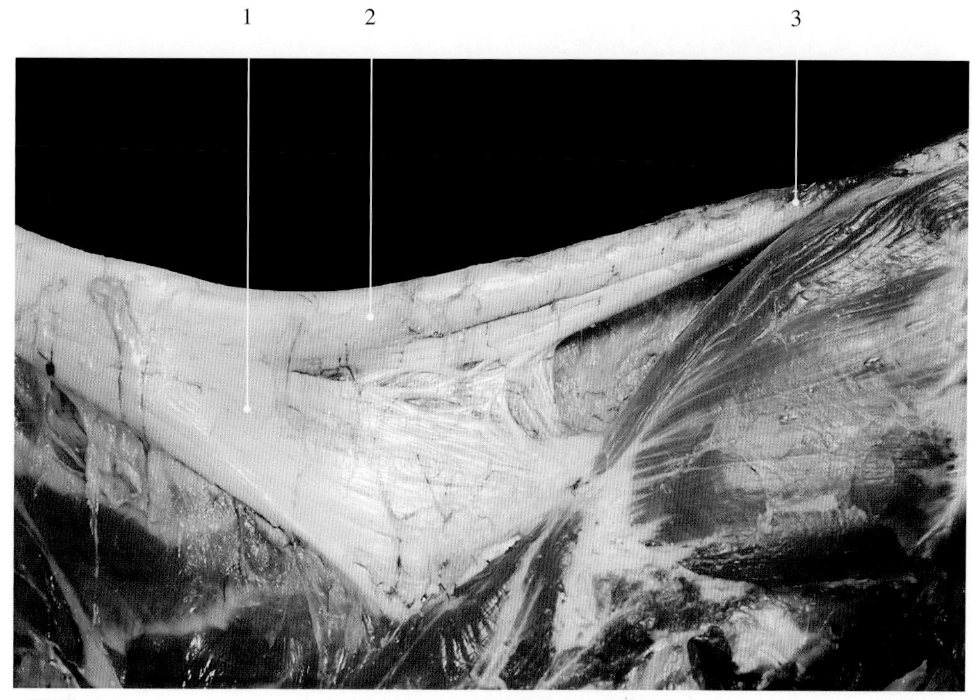

图2-7-10 牛项韧带和棘上韧带

1.项韧带板状部 membranous part of nuchal ligament
2.项韧带索状部 funicular part of nuchal ligament
3.棘上韧带 supraspinal ligament

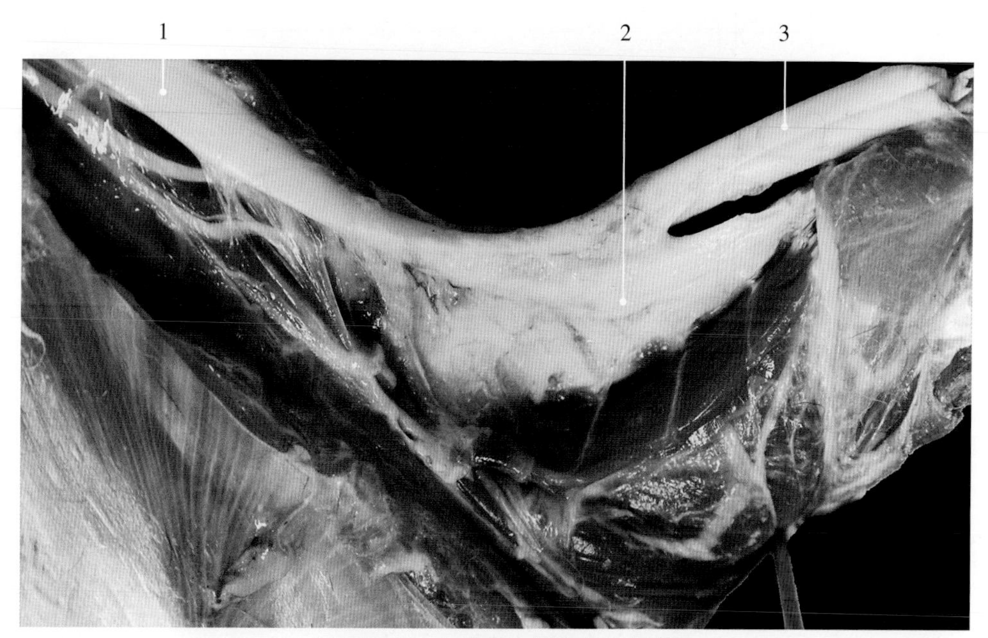

图2-7-11 山羊项韧带和棘上韧带

1.棘上韧带 supraspinal ligament
2.项韧带板状部 membranous part of nuchal ligament
3.项韧带索状部 funicular part of nuchal ligament

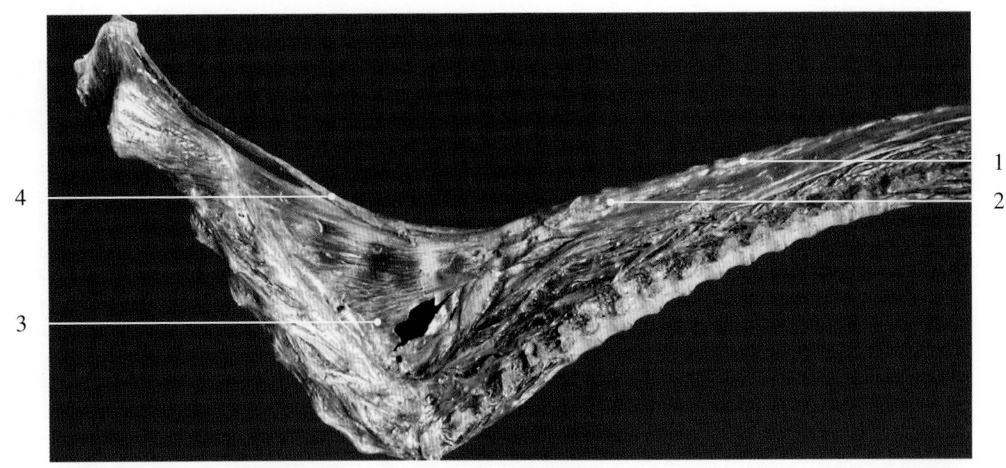

图2-7-12 驴项韧带

项韧带（nuchal ligament）是指颈部和胸前部的棘上韧带，特别强大而富有弹性，主要由弹性纤维构成，呈黄色，并分为左右两侧部，每侧又分索状部和板状部。索状部（nuchal funiculus）呈圆索状，起始于枕外隆凸，由枢椎向后，左右并列，沿颈的背侧缘向后延伸至第3～4胸椎棘突两侧，逐渐加宽变扁，并逐渐变小，至腰部消失。板状部（nuchal lamina）呈板状，位于索状部和颈椎棘突之间，由左右两层构成，两层间以疏松结缔组织相连，由第2～3胸椎棘突及索状部，向前下方伸延止于颈椎棘突。牛、马的项韧带很发达，牛项韧带板状部后部为单层。猪的项韧带不发达。

1. 棘上韧带 supraspinal ligament
2. 帽状韧带（肩胛上韧带）suprascapular ligament
3. 项韧带板状部 membranous part of nuchal ligament
4. 项韧带索状部 funicular part of nuchal ligament

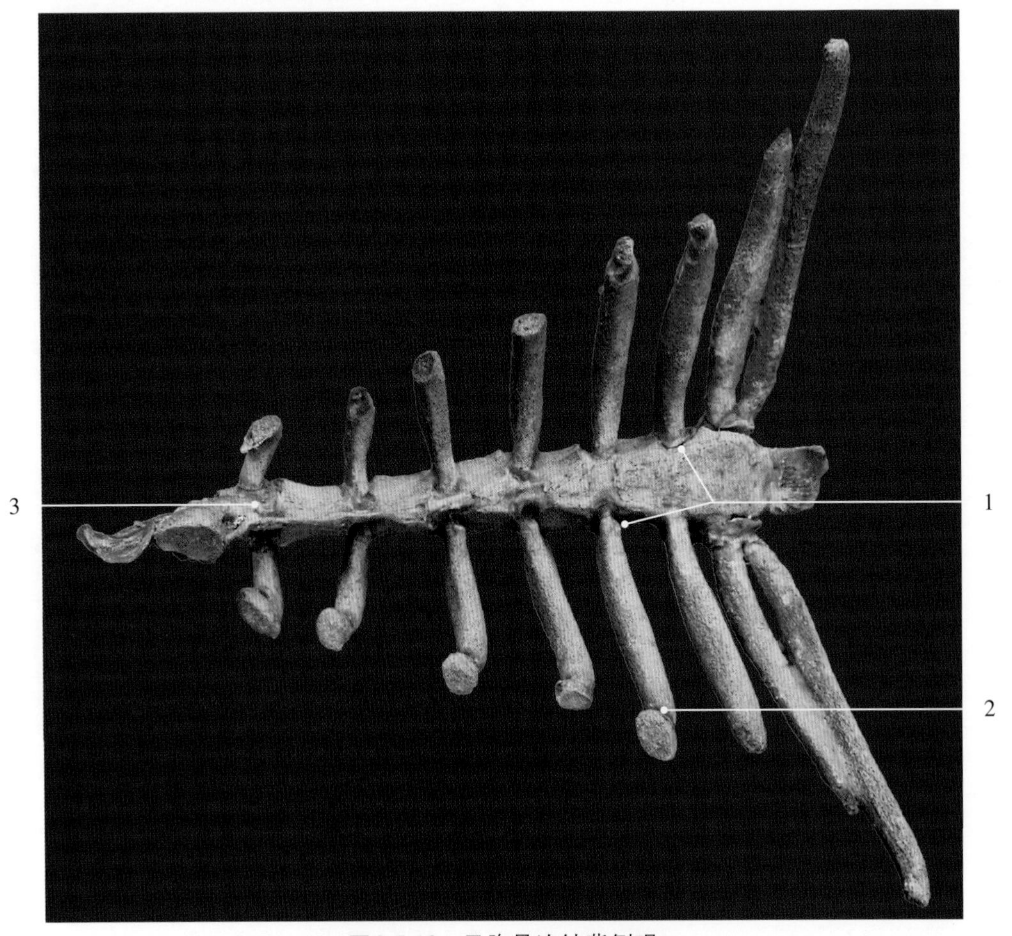

图2-7-13 马胸骨连结背侧观

1. 肋胸关节 costosternal joints
2. 肋骨肋软骨关节 costochondral joint
3. 胸骨间连结 intersternal joint

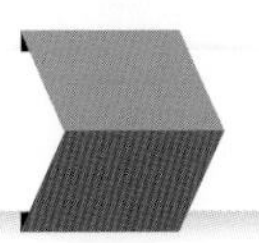

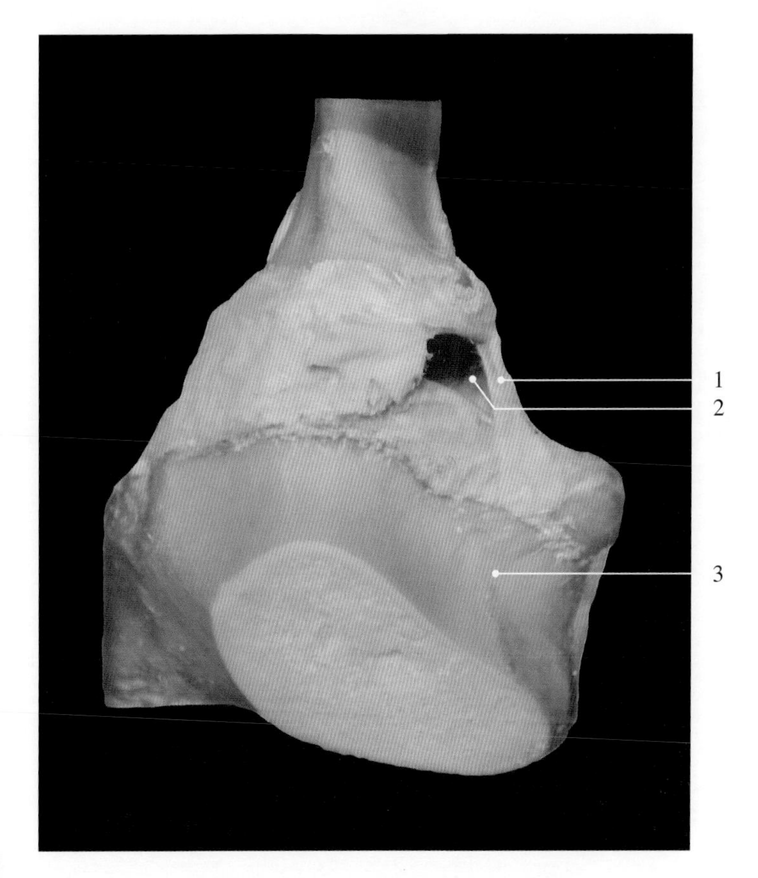

图2-7-14　马肩关节（滑膜连结）

1. 关节囊 articular capsule
2. 关节腔 articular cavity
3. 骨 bone

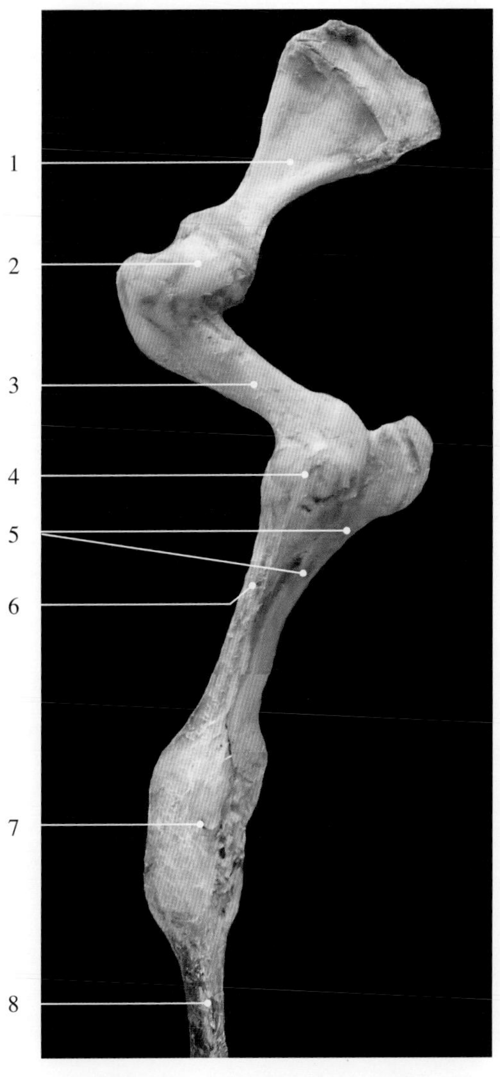

图2-7-15　犊牛前肢关节

前肢各骨之间自上向下依次形成肩关节、肘关节、腕关节和指关节。指关节又包括掌指关节、近指节间关节和远指节间关节。

1. 肩胛骨 scapula
2. 肩关节 shoulder joint
3. 肱骨 humerus
4. 肘关节 elbow joint
5. 尺骨 ulna
6. 桡骨 radius
7. 腕关节 carpal joint
8. 掌骨 metacarpal bone

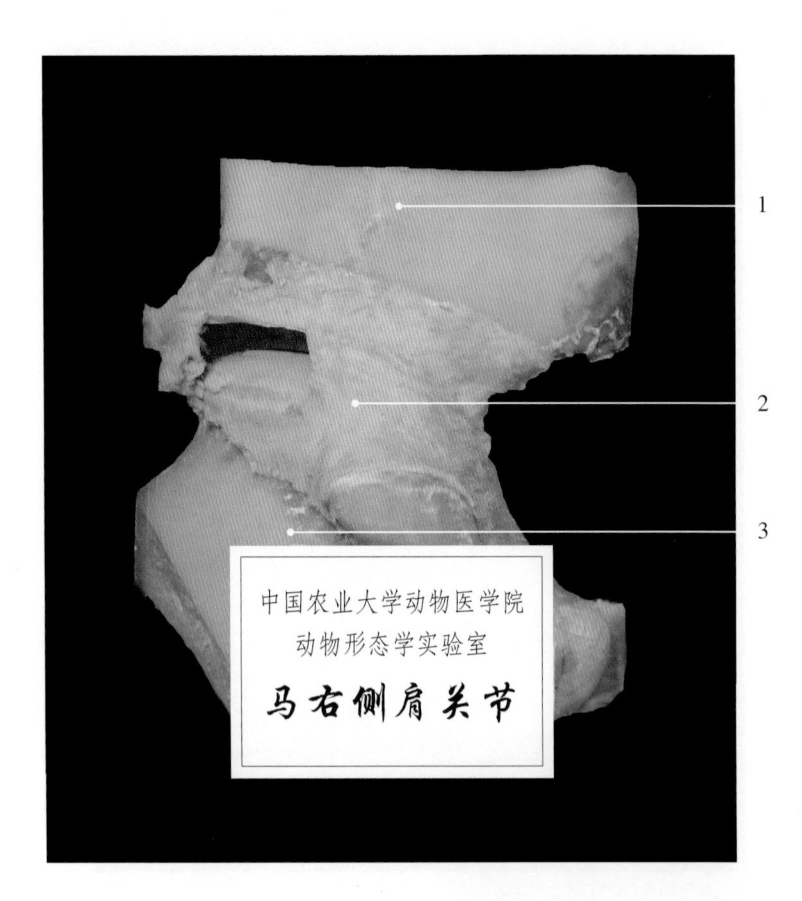

图2-7-16　马右侧肩关节内侧观

1. 肩胛骨 scapula
2. 肩关节囊 capsule of humeral joint
3. 肱骨 humerus

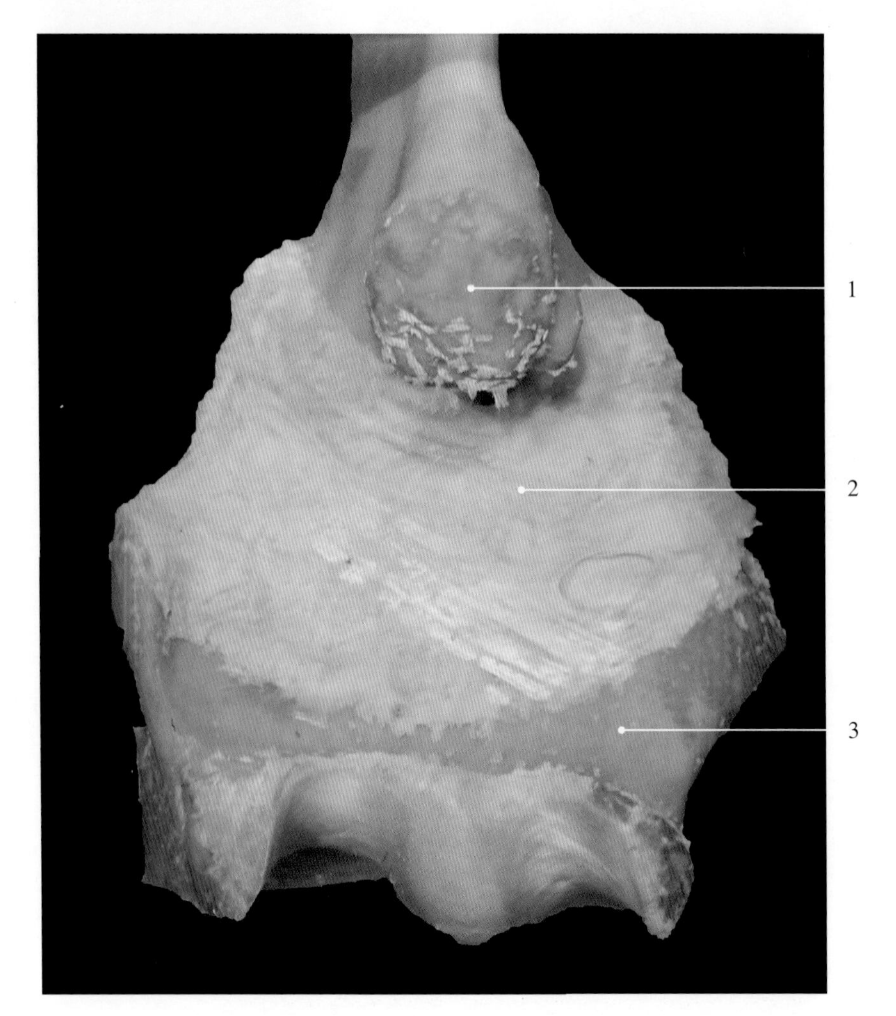

图2-7-17　肩关节前面观

1. 肩胛结节 scapular tuber
2. 肩关节囊 capsule of humeral joint
3. 肱骨 humerus

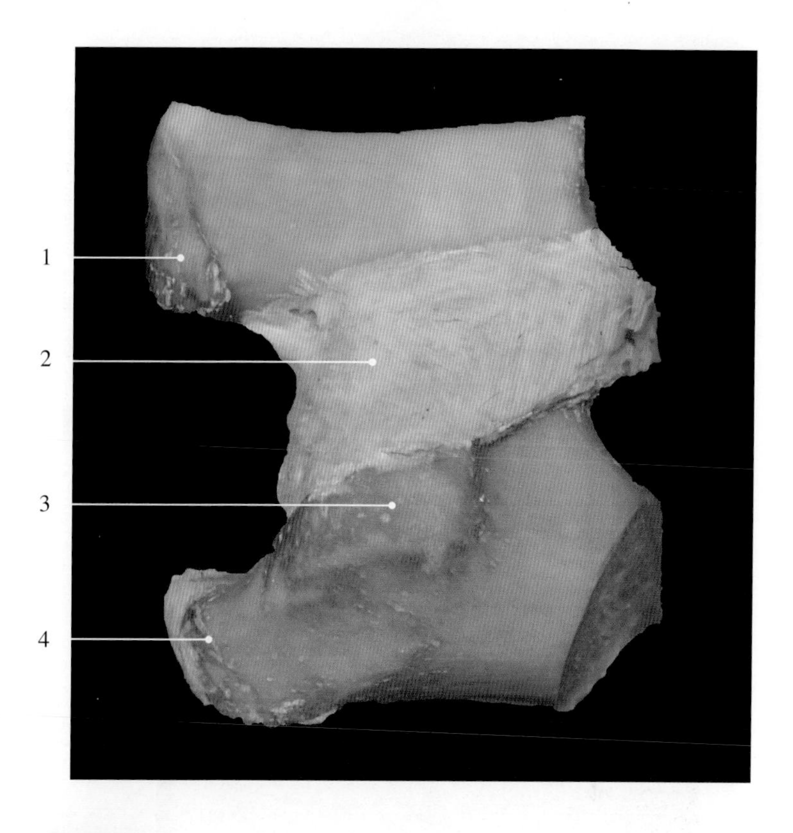

图2-7-18　肩关节外侧观

1. 肩胛结节 scapular tuber
2. 肩关节囊 capsule of humeral joint
3. 肱骨头 head of humerus
4. 大结节 greater tubercle

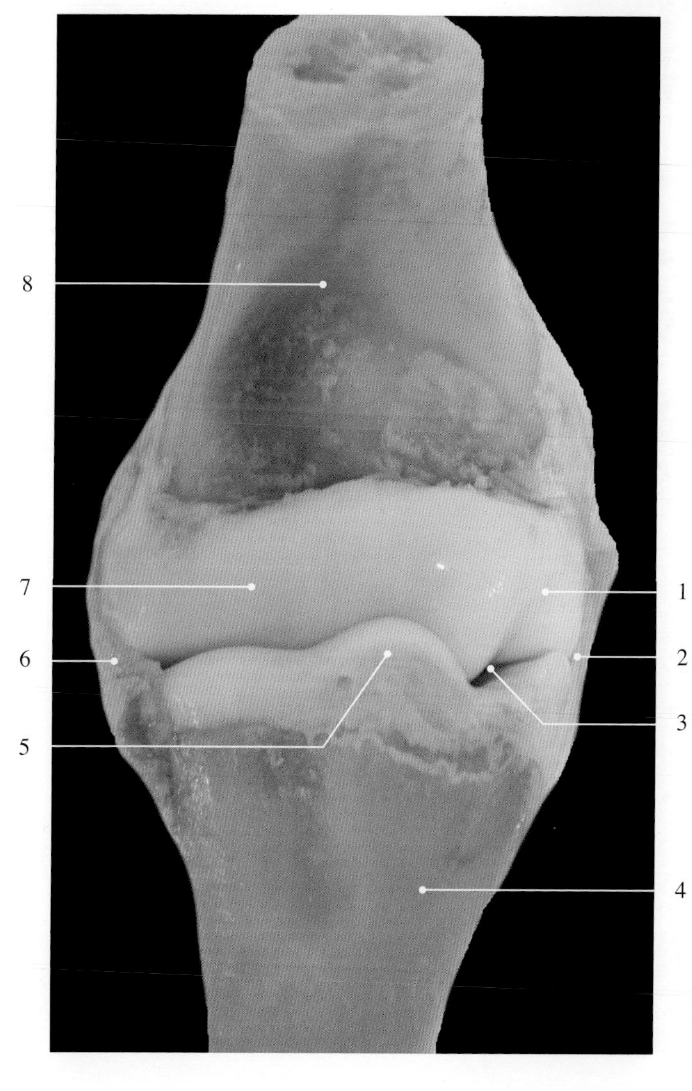

图2-7-19　马肘关节前面观

1. 外侧髁 lateral condyle
2. 外侧侧副韧带 lateral collateral ligament
3. 关节腔 articular cavity
4. 桡骨 radius
5. 冠状突 coronoid process
6. 内侧侧副韧带 medial collateral ligament
7. 内侧髁 medial condyle
8. 肱骨 humerus

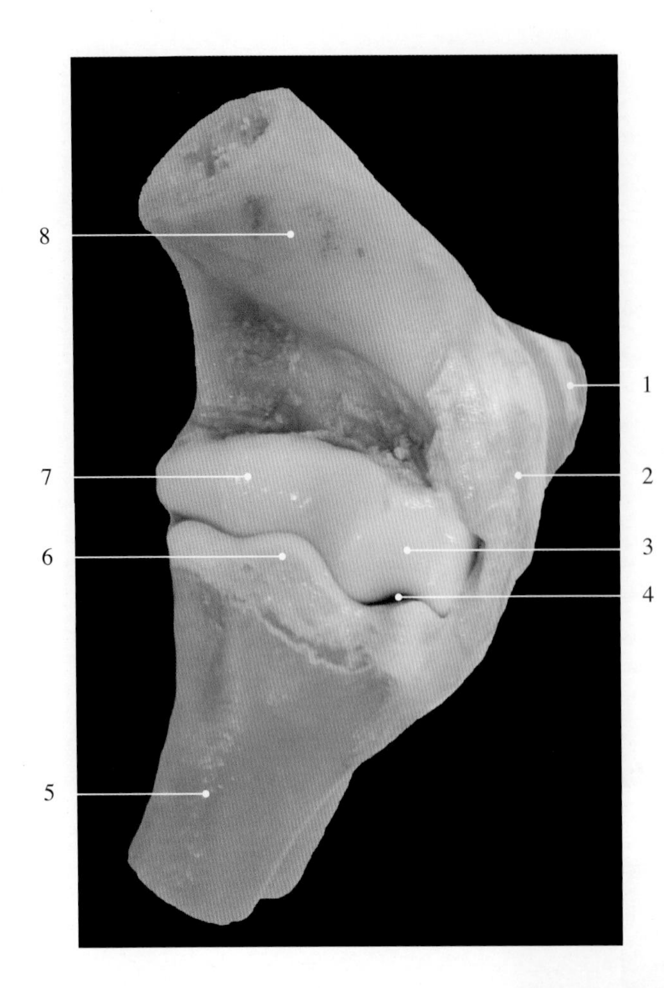

图2-7-20 马肘关节前内侧观

1. 尺骨 ulna
2. 内侧侧副韧带 medial collateral ligament
3. 外侧髁 lateral condyle
4. 关节腔 articular cavity
5. 桡骨 radius
6. 冠状突 coronoid process
7. 内侧髁 medial condyle
8. 肱骨 humerus

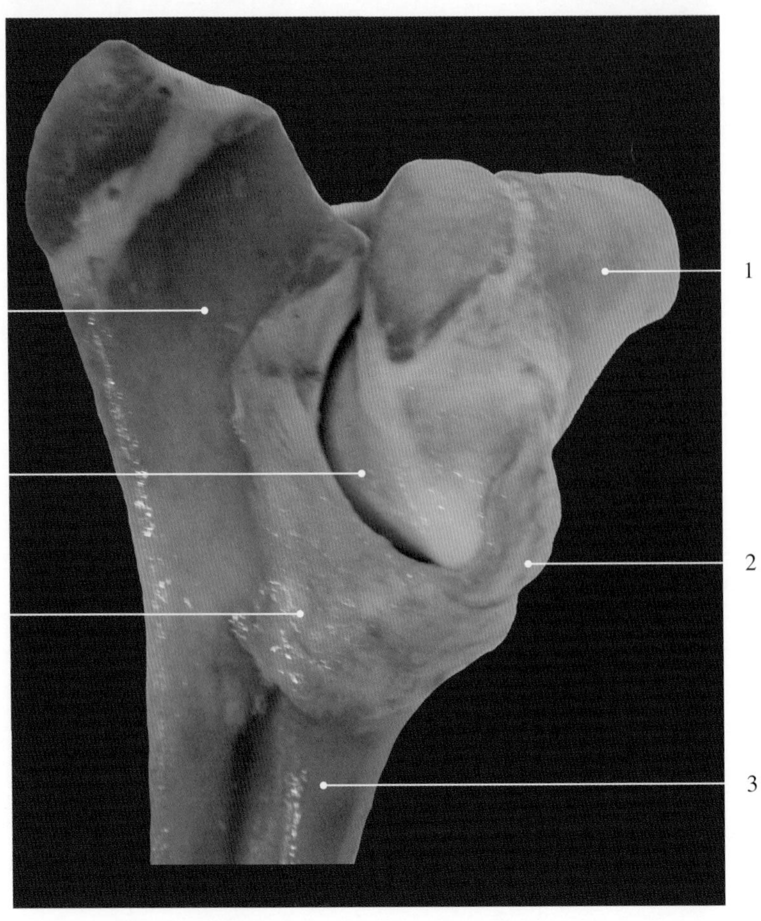

图2-7-21 马肘关节外侧观

1. 肱骨 humerus
2. 关节囊 articular capsule
3. 桡骨 radius
4. 桡尺骨间外侧横韧带 lateral radioulnar transverse ligament
5. 关节腔 articular cavity
6. 尺骨 ulna

图2-7-22　马腕关节的骨（去副腕骨，掌侧观）

1. 中间腕骨 intermediate carpal bone
2. 对副腕骨的关节面 articular surface for accessory carpal bone
3. 尺腕骨 ulnar carpal bone
4. 第4腕骨 4th carpal bone
5. 第4掌骨 4th metacarpal bone
6. 第3掌骨 3rd metacarpal bone
7. 第2掌骨 2nd metacarpal bone
8. 第2腕骨 2nd carpal bone
9. 第3腕骨 3rd carpal bone
10. 桡腕骨 radial carpal bone
11. 桡骨滑车（对腕关节面）radial trochlea (articular surface for carpal joint)
12. 桡骨 radius

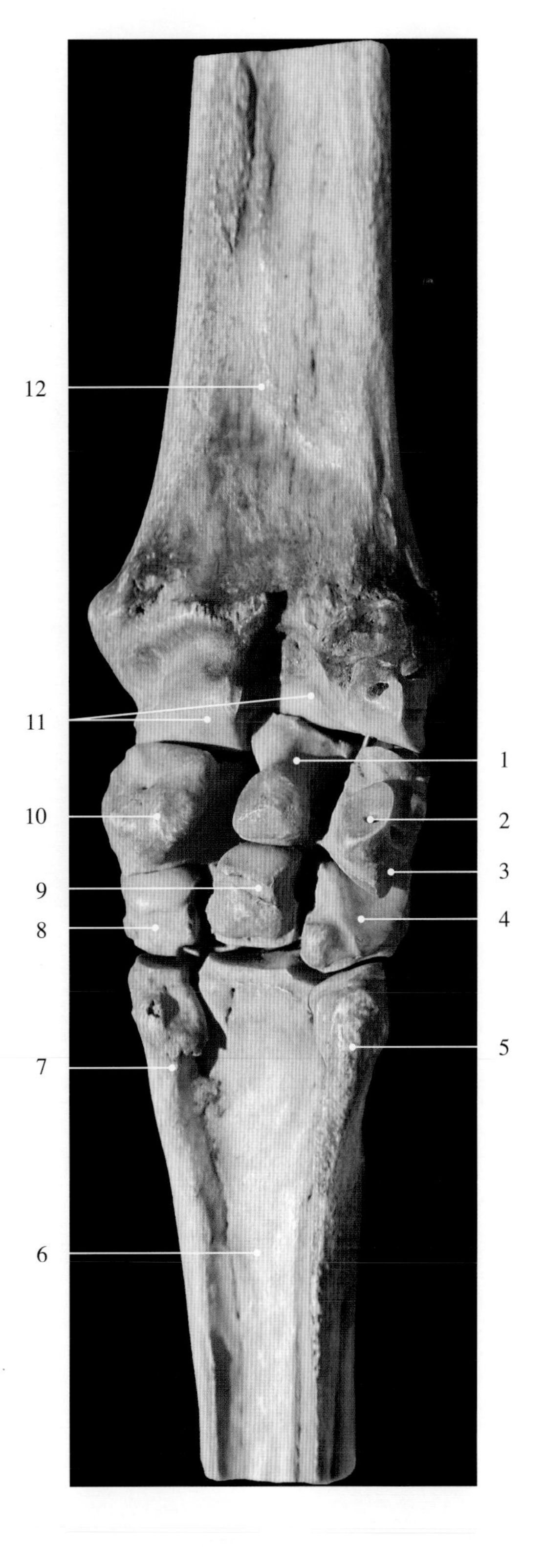

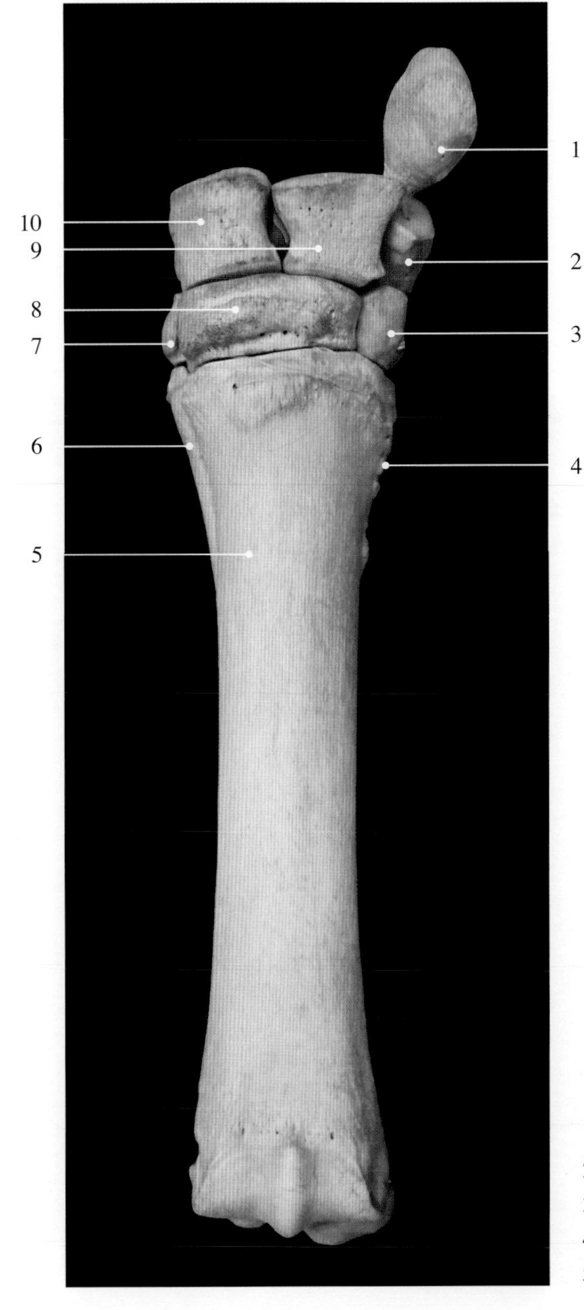

图2-7-23　马左侧腕关节的骨（去桡骨，背侧观）

1. 副腕骨 accessory carpal bone
2. 尺腕骨 ulnar carpal bone
3. 第4腕骨 4th carpal bone
4. 第4掌骨 4th metacarpal bone
5. 第3掌骨 3rd metacarpal bone
6. 第2掌骨 2nd metacarpal bone
7. 第2腕骨 2nd carpal bone
8. 第3腕骨 3rd carpal bone
9. 中间腕骨 intermediate carpal bone
10. 桡腕骨 radial carpal bone

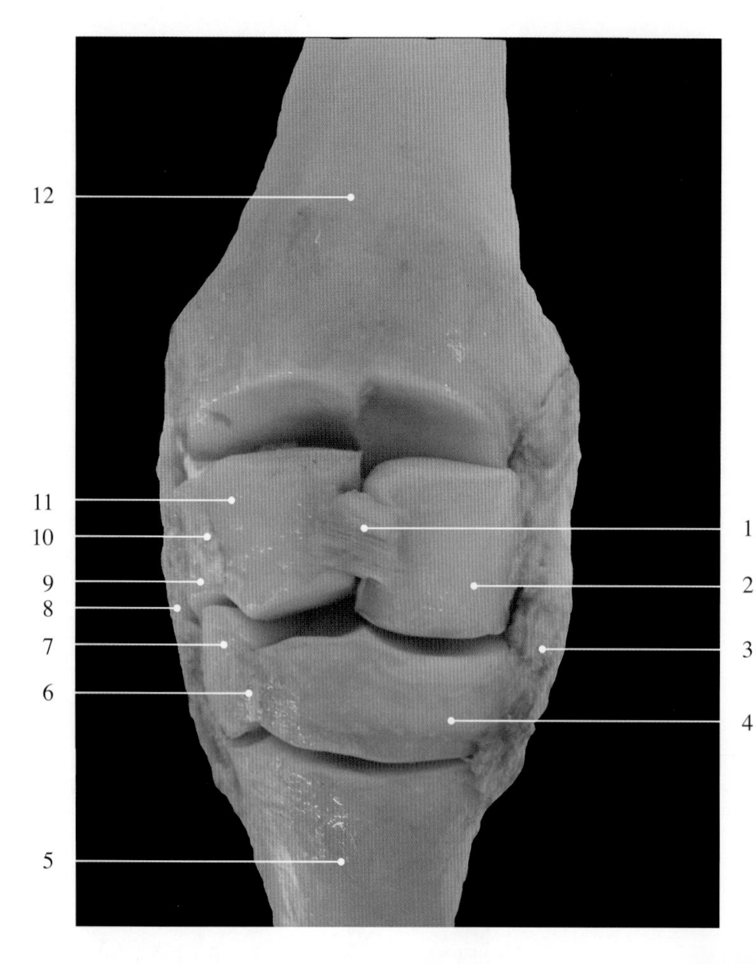

图2-7-24 马腕关节背侧观

1. 桡及中间腕骨间背侧横韧带 dorsal intermedioradial carpal transverse ligament
2. 桡腕骨 radial carpal bone
3. 内侧侧副韧带 medial collateral ligament
4. 第3腕骨 3rd carpal bone
5. 掌骨 metacarpal bone
6. 第3、4腕骨间背侧横韧带 dorsal intercarpal transverse ligament of 3rd and 4th carpal bones
7. 第4腕骨 4th carpal bone
8. 外侧侧副韧带 lateral collateral ligament
9. 尺腕骨 ulnar carpal bone
10. 中间及尺腕骨间背侧横韧带 dorsal intermedioulnar carpal transverse ligament
11. 中间腕骨 intermediate carpal bone
12. 桡骨 radius

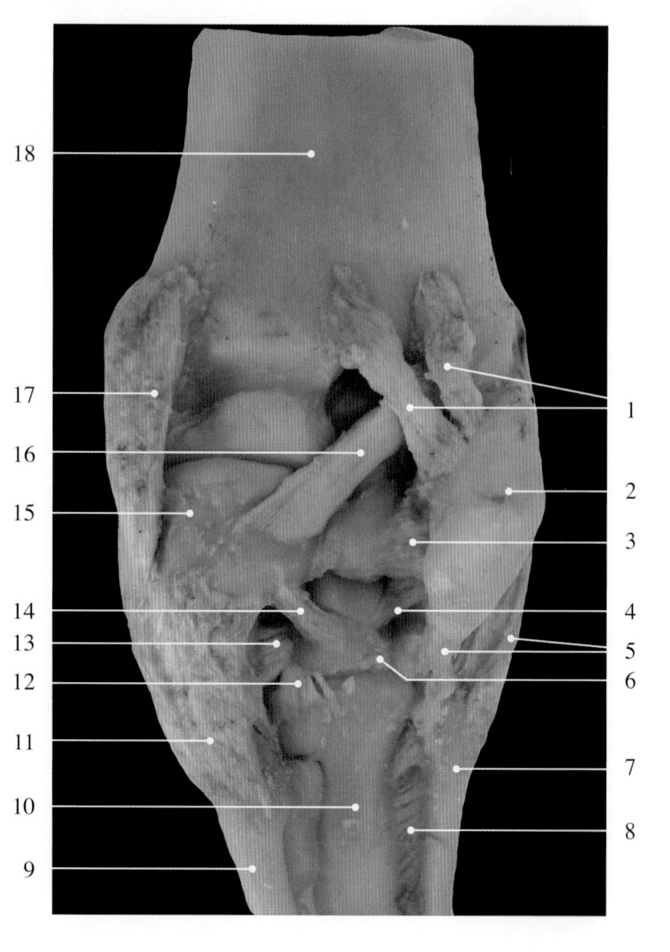

图2-7-25 马腕关节掌侧观

1. 桡骨及副腕骨间掌侧韧带 accessory radial carpal ligament
2. 副腕骨 accessory carpal bone
3. 中间及尺腕骨间掌侧韧带 palmar ulnar intermediate carpal ligament
4. 尺腕骨及第3腕骨间掌侧韧带 palmar intercarpal ligament of ulnare and 3rd carpal bone
5. 副腕骨下韧带 accessory carpal inferior ligament
6. 第3、4腕骨间掌侧韧带 palmar intercarpal ligament of 3rd and 4th carpal bone
7. 第4掌骨 4th metacarpal bone
8. 掌骨间韧带 intermetacarpal ligament
9. 第2掌骨 2nd metacarpal bone
10. 大掌骨 major metacarpal bone
11. 第2腕骨及掌骨间韧带 2nd carpometacarpal ligament
12. 第3腕骨及掌骨间韧带 3rd carpometacarpal ligament
13. 第2、3腕骨间掌侧韧带 palmar intercarpal ligament of 2nd and 3rd carpal bone
14. 桡腕骨及第3腕骨掌侧斜韧带 palmar intercarpal oblique ligament of radiale and 3rd carpal bone
15. 桡腕骨 radial carpal bone
16. 桡骨及桡腕骨掌侧斜韧带 palmar radiusradial carpal oblique ligament
17. 桡骨及桡腕骨侧副韧带 radius and radial carpal collateral ligament
18. 桡骨 radius

图2-7-26　牛腕骨外侧观

1. 尺骨 ulna
2. 尺腕骨 ulnar carpal bone
3. 副腕骨 accessory carpal bone
4. 第4腕骨 4th carpal bone
5. 掌骨 metacarpal bone
6. 第2和第3腕骨 2nd and 3rd carpal bone
7. 中间腕骨 intermediate carpal bone
8. 桡腕骨 radial carpal bone
9. 桡骨 radius

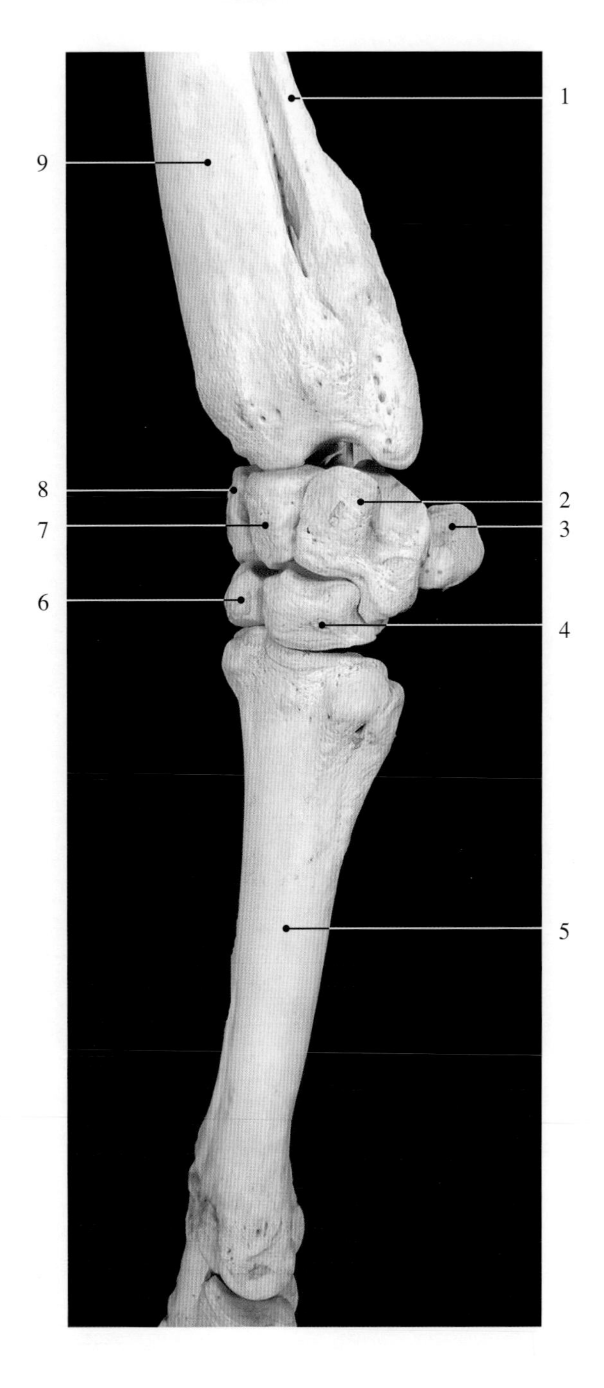

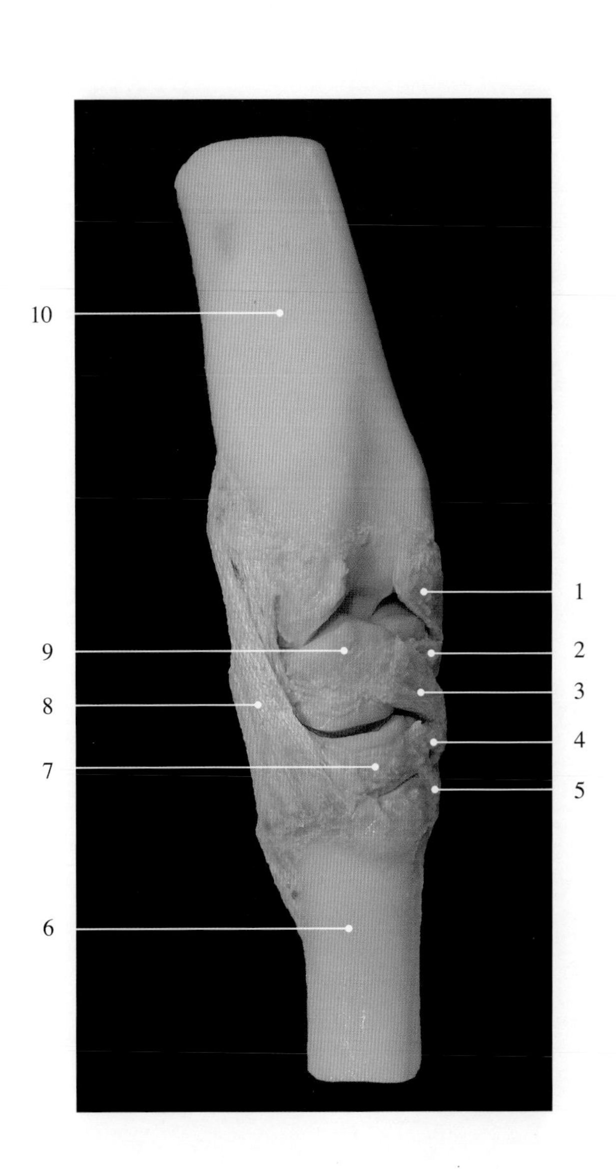

图2-7-27　牛腕关节背内侧观

1. 桡骨及尺腕骨间斜韧带 radius and ulnar carpal ligament
2. 桡及中间腕骨间横韧带 intermedioradial carpal transverse ligament
3. 桡及第4腕骨间斜韧带 intercarpal oblique ligament of radiale and 4th carpal bone
4. 第2、3及4腕骨间横韧带 intercarpal transverse ligament of 2nd, 3rd and 4th carpal bone
5. 第2、3腕骨及掌骨间韧带 2nd and 3rd carpometacarpal ligament
6. 大掌骨 major metacarpal bone
7. 第2、3腕骨 2nd and 3rd carpal bone
8. 内侧侧副韧带 medial collateral ligament
9. 桡腕骨 radial carpal bone
10. 桡骨 radius

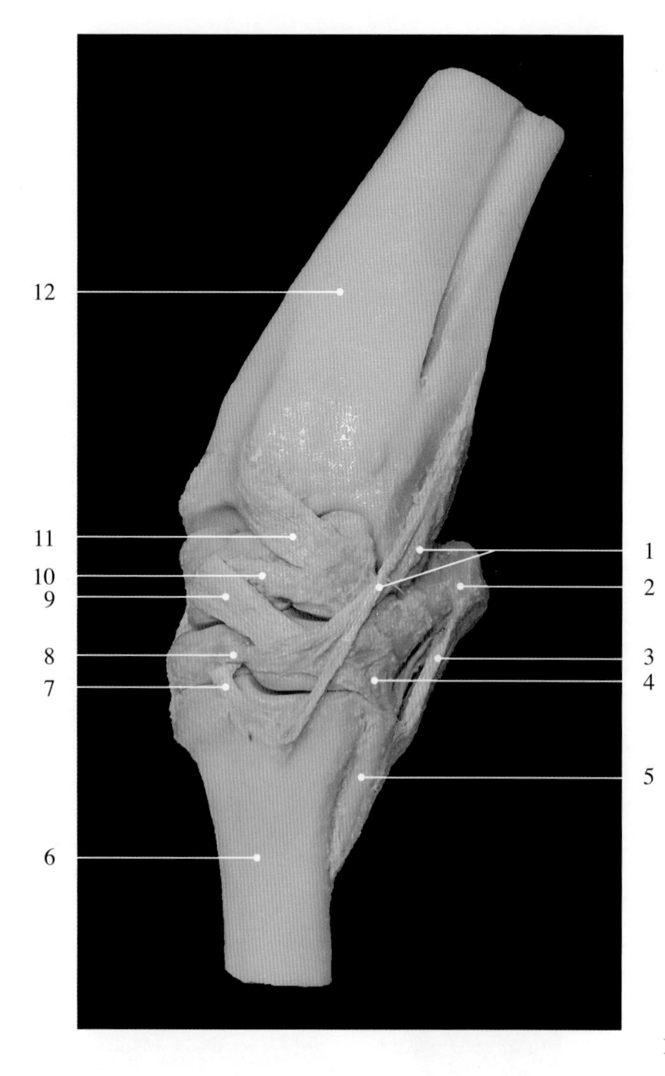

图2-7-28　牛腕关节背外侧观

1. 外侧侧副韧带 lateral collateral ligament
2. 副腕骨 accessory carpal bone
3. 副腕骨下韧带 accessory carpal inferior ligament
4. 第4腕骨及掌骨间韧带 4th carpometacarpal ligament
5. 第5掌骨 5th metacarpal bone
6. 大掌骨 major metacarpal bone
7. 第2、3腕骨及掌骨间韧带 2nd and 3rd carpometacarpal ligament
8. 第2、3及4腕骨间横韧带 intercarpal transverse ligament of 2nd, 3rd and 4th carpal bone
9. 桡及第4腕骨间斜韧带 intercarpal oblique ligament of radiale and 4th carpal bone
10. 中间及尺腕骨间横韧带 ulnar intermediate carpal transverse ligament
11. 桡骨及尺腕骨间斜韧带 radius and ulnar carpal oblique ligament
12. 桡骨 radius

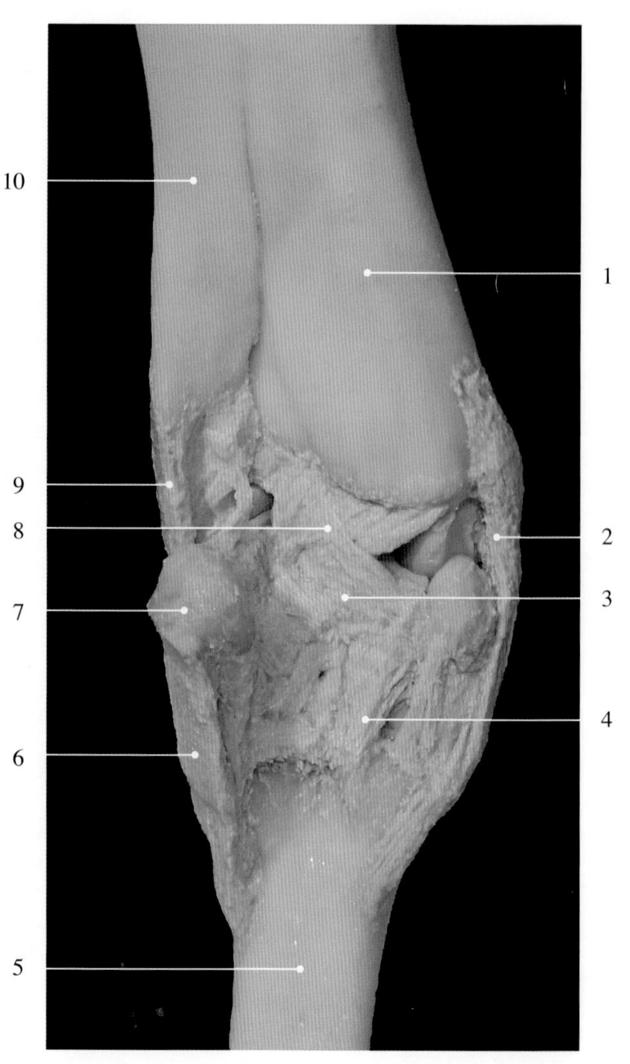

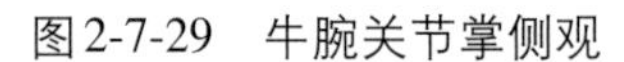
图2-7-29　牛腕关节掌侧观

1. 桡骨 radius
2. 内侧侧副韧带 medial collateral ligament
3. 腕骨间掌侧韧带 palmar intercarpal ligament
4. 第2、3腕骨及掌骨间掌侧韧带 palmar 2nd and 3rd carpometacarpal ligament
5. 大掌骨 major metacarpal bone
6. 副腕骨下韧带 accessory carpal inferior ligament
7. 副腕骨 accessory carpal bone
8. 桡骨及中间腕骨间掌侧韧带 palmar radiusintermediate carpal ligament
9. 尺骨及副腕骨间掌侧韧带 palmar ulnar accessory carpal ligament
10. 尺骨 ulna

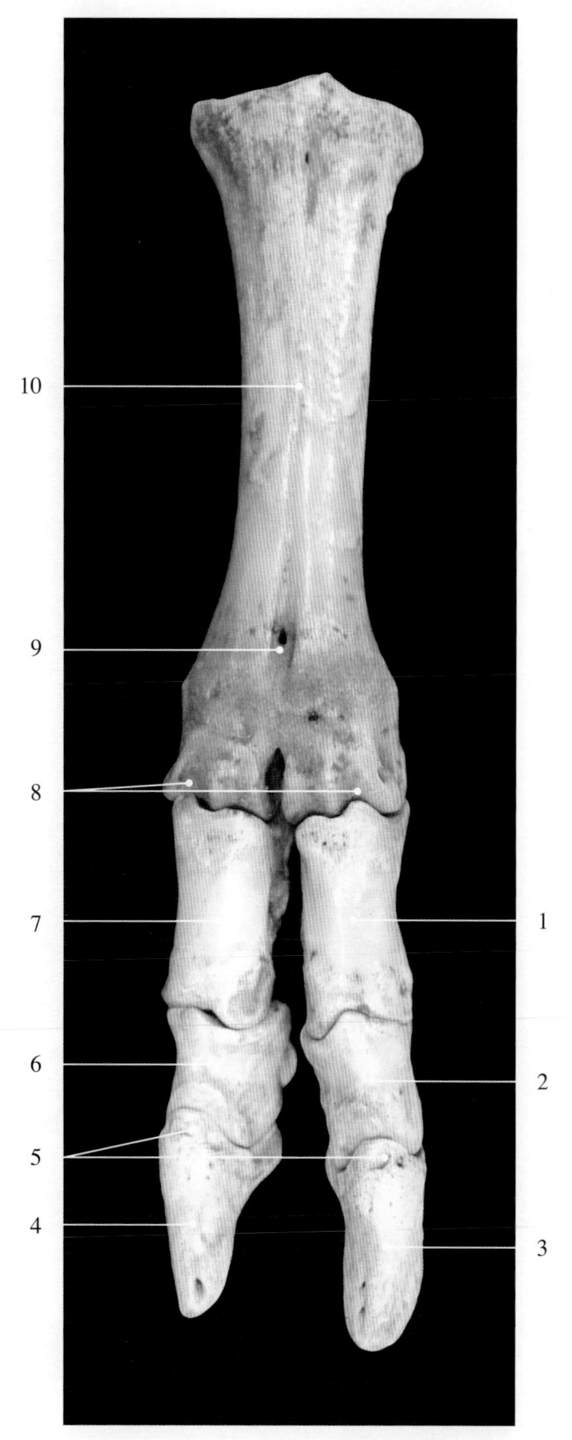

图2-7-30　牛指关节的骨背侧观

1. 第4指近指节骨（系骨）4th proximal phalanges（pastern bone）
2. 第4指中指节骨（冠骨）4th middle phalanges（coronal bone）
3. 第4指远指节骨（蹄骨）4th distal phalanges（coffin bone）
4. 第3指远指节骨（蹄骨）3rd distal phalanges（coffin bone）
5. 伸腱突 extensor process
6. 第3指中指节骨（冠骨）3rd middle phalanges（coronal bone）
7. 第3指近指节骨（系骨）3rd proximal phalanges（pastern bone）
8. 掌骨远端关节面 articular surface for distal extremity of metacarpal bone
9. 远掌骨管 distal metacarpal canal
10. 大掌骨 major metacarpal bone

图2-7-31　牛指关节的骨掌侧观

1. 近籽骨 proximal sesamoid bone
2. 第3指近指节骨（系骨）3rd proximal phalanges（pastern bone）
3. 第3指中指节骨（冠骨）3rd middle phalanges（coronal bone）
4. 屈腱面 flexor surface
5. 第3指远指节骨（蹄骨）3rd distal phalanges（coffin bone）
6. 第4指远指节骨（蹄骨）4th distal phalanges（coffin bone）
7. 远籽骨 distal sesamoid bone
8. 第4指中指节骨（冠骨）4th middle phalanges（coronal bone）
9. 第4指近指节骨（系骨）4th proximal phalanges（pastern bone）
10. 掌骨远端关节面 articular surface for distal extremity of metacarpal bone
11. 远掌骨管 distal metacarpal canal
12. 大掌骨 major metacarpal bone

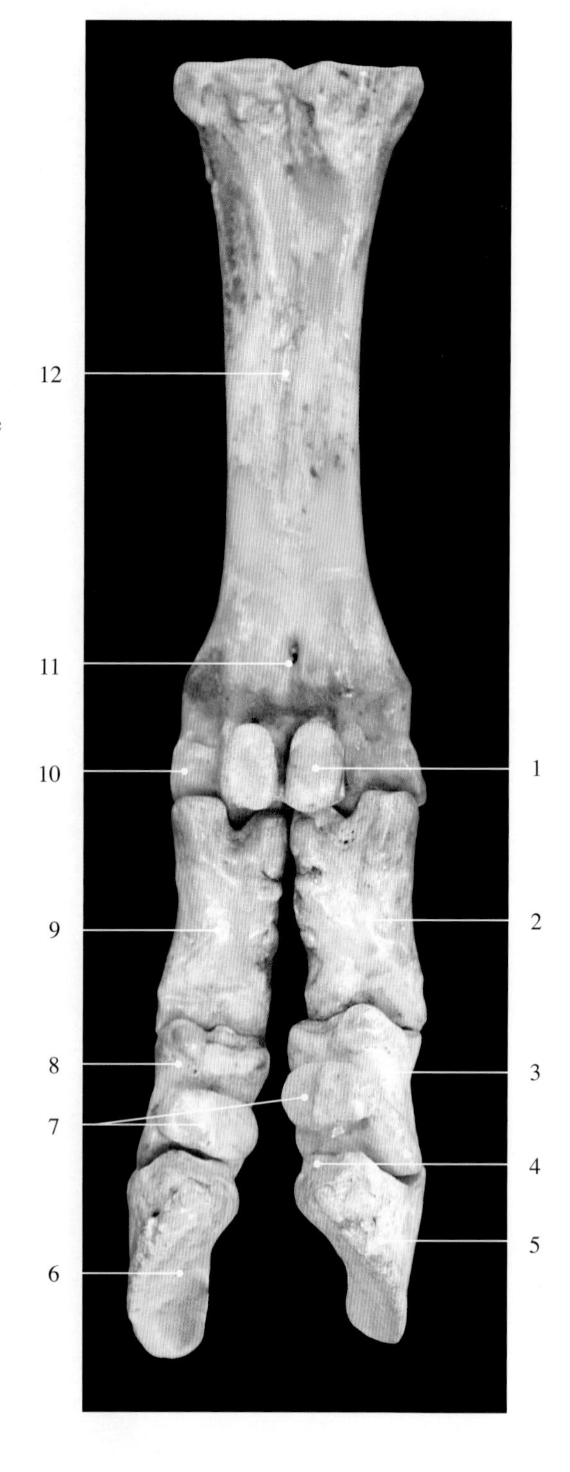

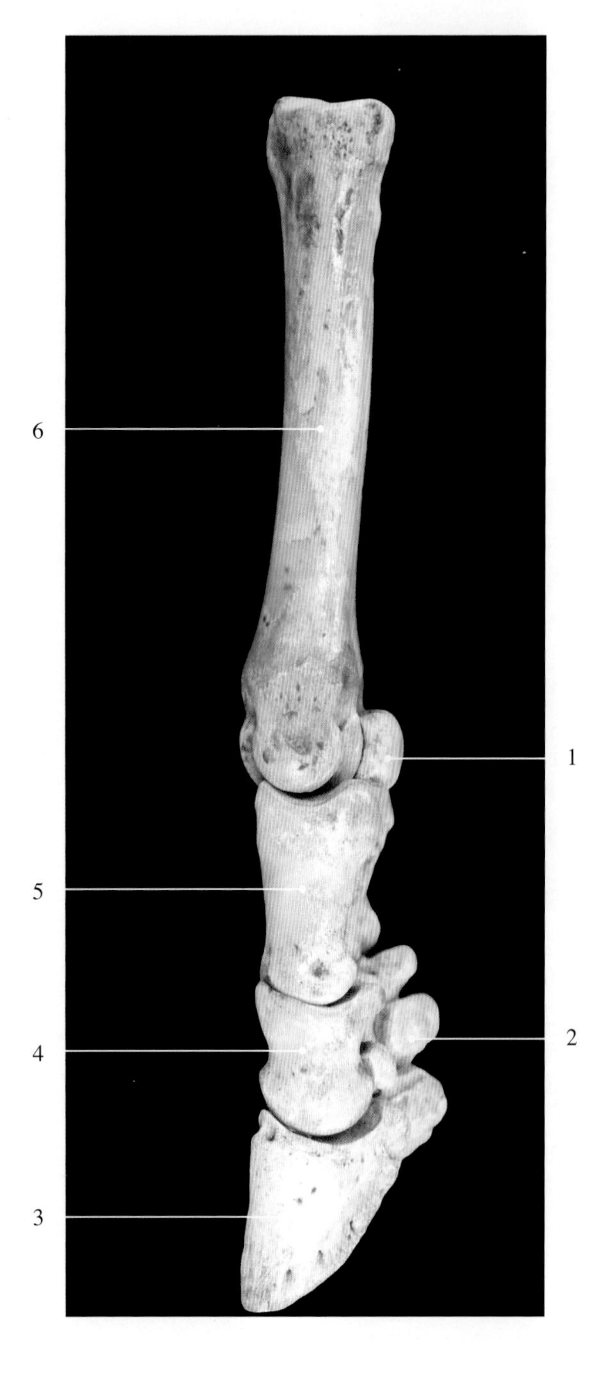

图2-7-32　牛指关节的骨外侧观

1. 近籽骨 proximal sesamoid bone
2. 远籽骨 distal sesamoid bone
3. 远指节骨（蹄骨）distal phalanges（coffin bone）
4. 中指节骨（冠骨） middle phalanges（coronal bone）
5. 近指节骨（系骨）proximal phalanges（pastern bone）
6. 大掌骨 major metacarpal bone

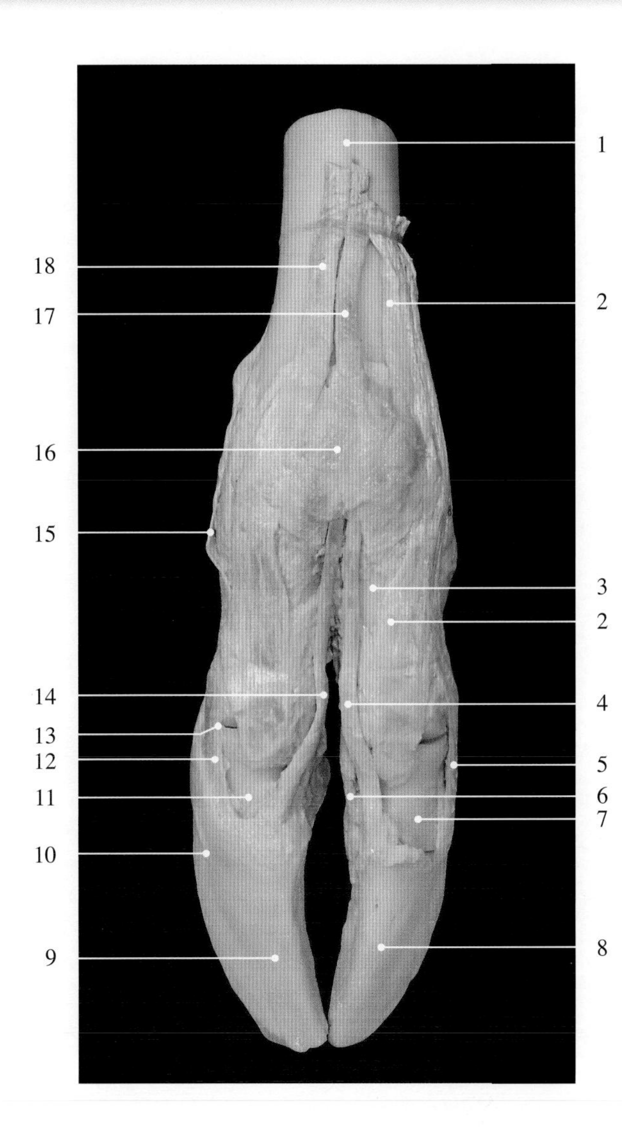

图2-7-33　牛指关节背侧观

1. 第3、4掌骨（大掌骨）3rd and 4th metacarpal bone（major metacarpal bone）
2. 指外侧伸肌腱 lateral digital extensor tendon
3. 第4指近指节骨（系骨）4th proximal phalanges（pastern bone）
4. 第4指伸肌腱 4th extensor tendon
5. 第4指远轴侧侧副韧带 4th abaxial collateral ligament
6. 轴侧侧副韧带 axial collateral ligament
7. 第4指中指节骨（冠骨）4th middle phalanges（coronal bone）
8. 第4指远指节骨（蹄骨）4th distal phalanges（coffin bone）
9. 第3指远指节骨（蹄骨）3rd distal phalanges（coffin bone）
10. 远指节间关节（蹄关节）distal interphalangeal joint（coffin joint）
11. 第3指中指节骨（冠骨）3rd middle phalanges（coronal bone）
12. 远轴侧侧副韧带 abaxial collateral ligament
13. 近指节间关节（冠关节）proximal interphalangeal joint（coronal joint）
14. 第3指伸肌腱 3rd extensor tendon
15. 掌指关节（系关节，球节）metacarpophalangeal joint（fetlock joint）
16. 腱鞘 tendon sheath
17. 指总伸肌腱 common extensor tendon
18. 指内侧伸肌腱 medial digital extensor tendon

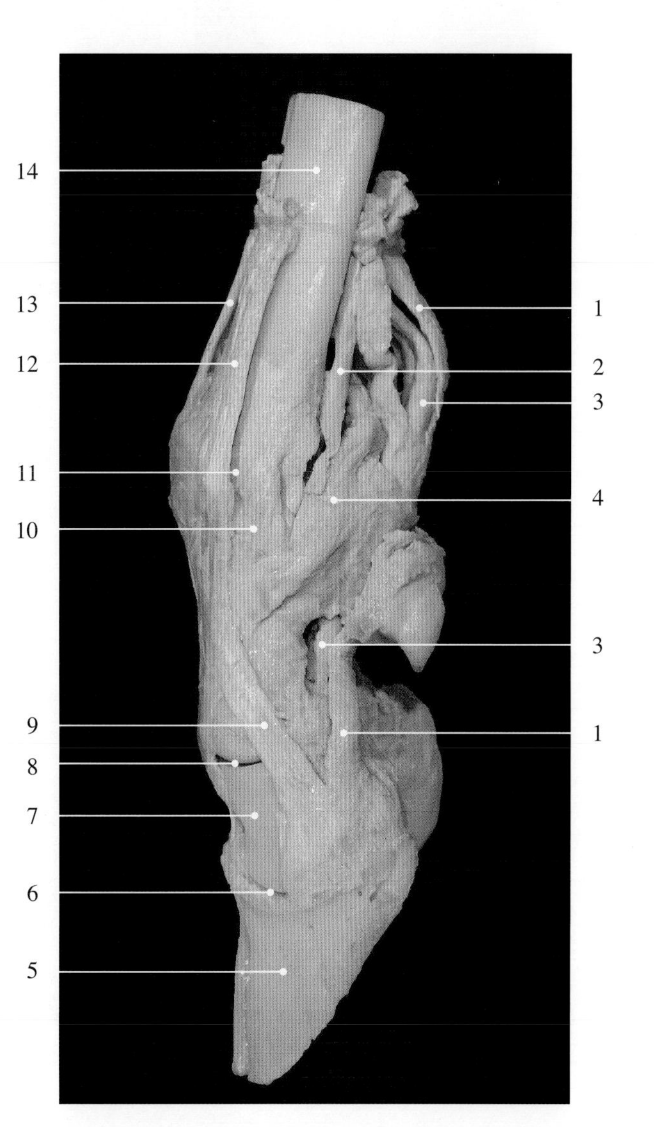

图2-7-34　牛指关节外侧观

1. 指浅屈肌腱 superficial digital flexor tendon
2. 骨间肌 interosseus muscle（悬韧带 suspensory ligament）
3. 指深屈肌腱 deep digital flexor tendon
4. 籽骨外侧侧副韧带 lateral collateral sesamoid ligament
5. 第4指远指节骨（蹄骨）4th distal phalanges（coffin bone）
6. 远指节间关节（蹄关节）distal interphalangeal joint（coffin joint）
7. 第4指中指节骨（冠骨）4th middle phalanges（coronal bone）
8. 近指节间关节（冠关节）proximal interphalangeal joint（coronal joint）
9. 远轴侧侧副韧带 abaxial collateral ligament
10. 掌指关节外侧侧副韧带 lateral collateral ligament of metacarpophalangeal joint
11. 掌指关节（系关节，球节）metacarpophalangeal joint（fetlock joint）
12. 指外侧伸肌腱 lateral digital extensor tendon
13. 指总伸肌腱 common extensor tendon
14. 第3、4掌骨（大掌骨）3rd and 4th metacarpal bone（major metacarpal bone）

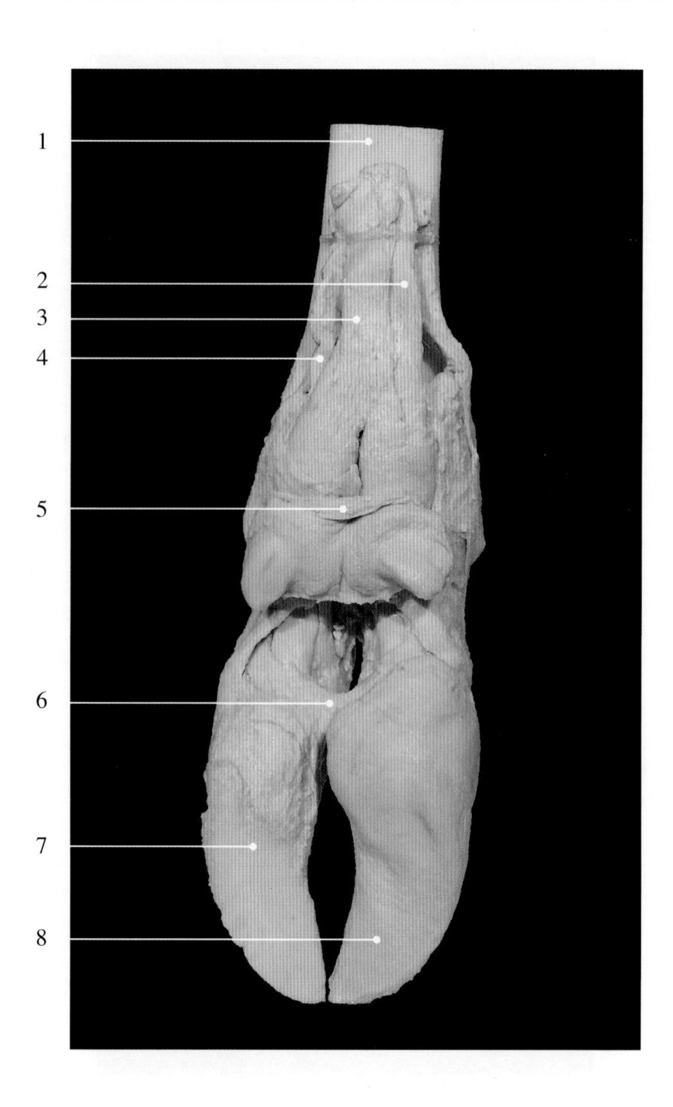

图2-7-35　牛指关节掌侧观

1. 第3、4掌骨（大掌骨）3rd and 4th metacarpal bone（major metacarpal bone）
2. 指深屈肌腱 deep digital flexor tendon
3. 指浅屈肌腱 superficial digital flexor tendon
4. 骨间肌 interosseus muscle（悬韧带 suspensory ligament）
5. 球节掌环状韧带 palmar anular ligament of fetlock
6. 指间韧带 interdigital ligament
7. 第4指远指节骨（蹄骨）4th distal phalanges（coffin bone）
8. 第3指远指节骨（蹄骨）3rd distal phalanges（coffin bone）

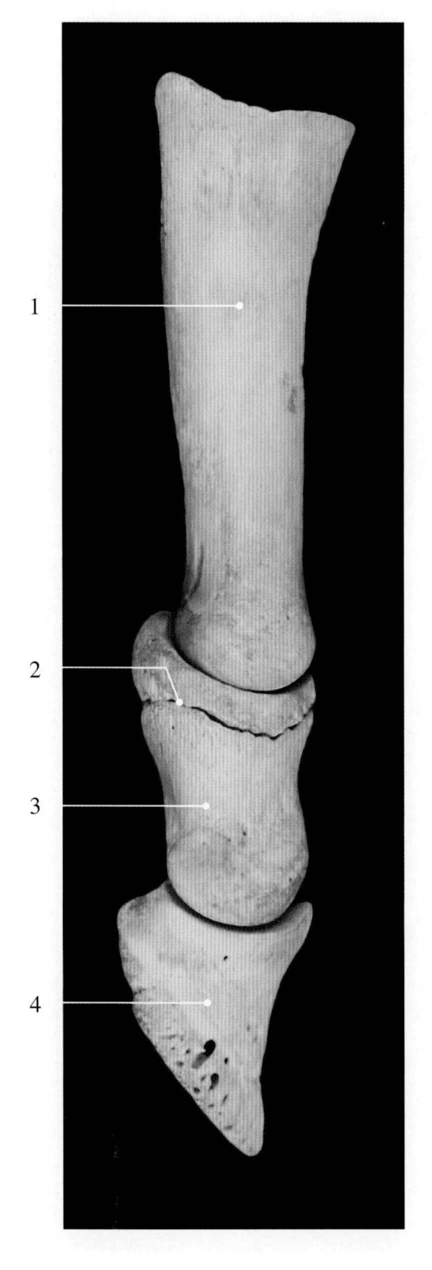

图2-7-36　马驹指关节的骨外侧观

1. 近指节骨（系骨）proximal phalanges（pastern bone）
2. 冠骨骺软骨 epiphysial cartilage of coronal bone
3. 中指节骨（冠骨）middle phalanges（coronal bone）
4. 远指节骨（蹄骨）distal phalanges（coffin bone）

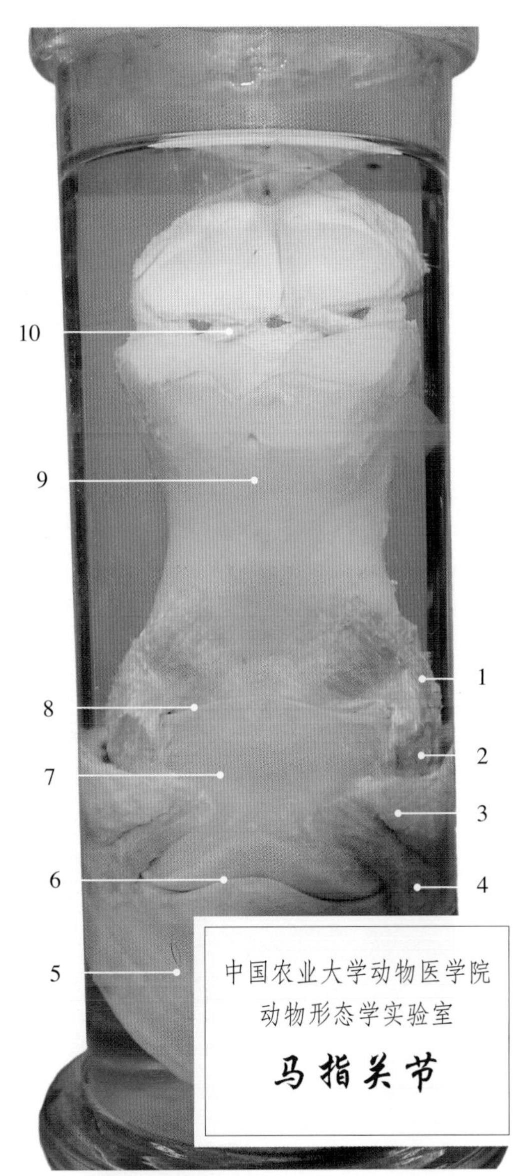

图2-7-37 马指关节背侧观

1. 籽骨外侧侧副韧带 lateral collateral sesamoid ligament
2. 冠关节外侧侧副韧带 lateral collateral ligament of coronal joint
3. 蹄软骨冠骨韧带 chondrocoronal ligament
4. 蹄关节外侧侧副韧带 lateral collateral ligament of coffin joint
5. 远指节骨（蹄骨）distal phalanges（coffin bone）
6. 远指节间关节（蹄关节）distal interphalangeal joint（coffin joint）
7. 中指节骨（冠骨）middle phalanges（coronal bone）
8. 近指节间关节（冠关节）proximal interphalangeal joint（coronal joint）
9. 近指节骨（系骨）proximal phalanges（pastern bone）
10. 掌指关节（系关节，球节）metacarpophalangeal joint（fetlock joint）

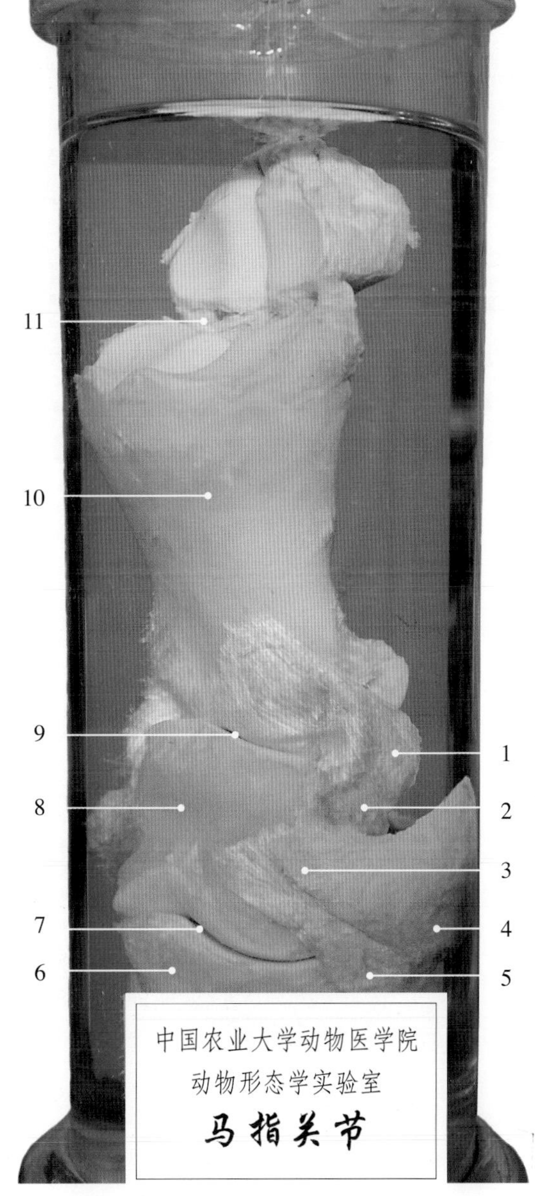

图2-7-38 马指关节背外侧观

1. 籽骨外侧侧副韧带 lateral collateral sesamoid ligament
2. 冠关节外侧侧副韧带 lateral collateral ligament of coronal joint
3. 蹄软骨冠骨韧带 chondrocoronal ligament
4. 蹄软骨 hoof cartilage
5. 蹄关节外侧侧副韧带 lateral collateral ligament of coffin joint
6. 远指节骨（蹄骨）distal phalanges（coffin bone）
7. 远指节间关节（蹄关节）distal interphalangeal joint（coffin joint）
8. 中指节骨（冠骨）middle phalanges（coronal bone）
9. 近指节间关节（冠关节）proximal interphalangeal joint（coronal joint）
10. 近指节骨（系骨）proximal phalanges（pastern bone）
11. 掌指关节（系关节，球节）metacarpophalangeal joint（fetlock joint）

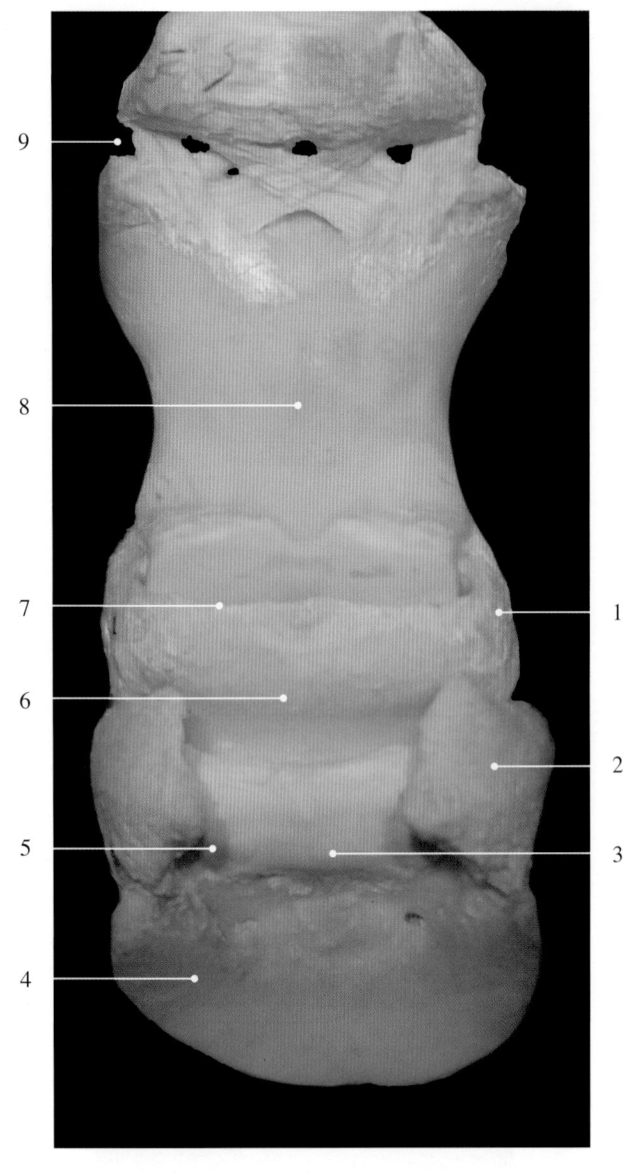

图2-7-39　马指关节掌侧观

1. 冠关节外侧侧副韧带 lateral collateral ligament of coronal joint
2. 蹄软骨 hoof cartilage
3. 远籽骨韧带 distal sesamoid ligament
4. 远指节骨（蹄骨）distal phalanges（coffin bone）
5. 远指节间关节（蹄关节）distal interphalangeal joint（coffin joint）
6. 中指节骨（冠骨）middle phalanges（coronal bone）
7. 近指节间关节（冠关节）proximal interphalangeal joint（coronal joint）
8. 近指节骨（系骨）proximal phalanges（pastern bone）
9. 掌指关节（系关节，球节）metacarpophalangeal joint（fetlock joint）

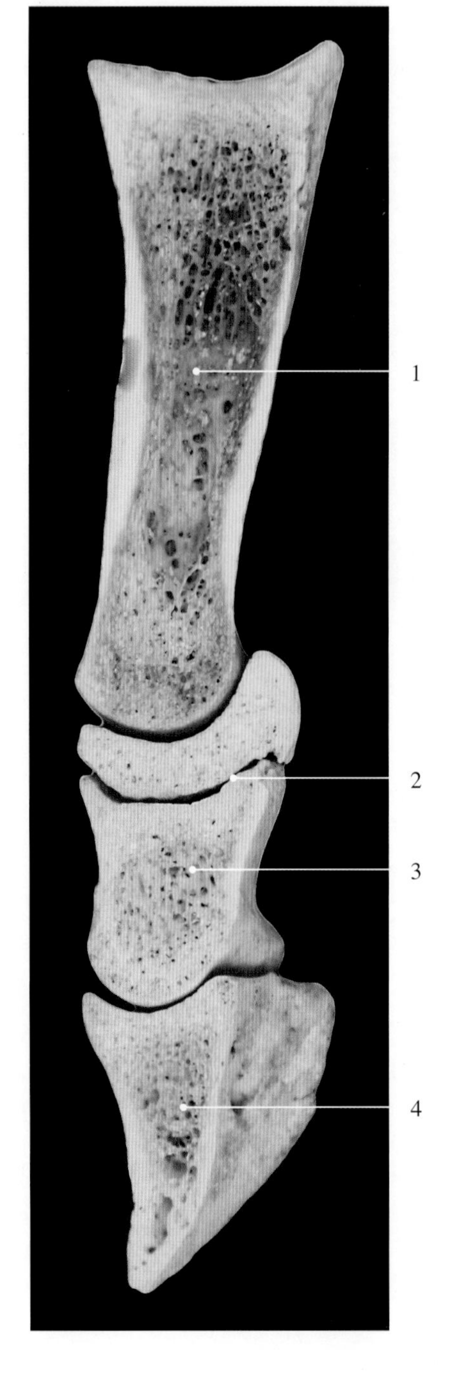

图2-7-40　马指关节的骨纵切面

1. 近指节骨（系骨）proximal phalanges（pastern bone）
2. 中指节骨骺软骨 epiphysial cartilage of middle phalanges
3. 中指节骨（冠骨）middle phalanges（coronal bone）
4. 远指节骨（蹄骨）distal phalanges（coffin bone）

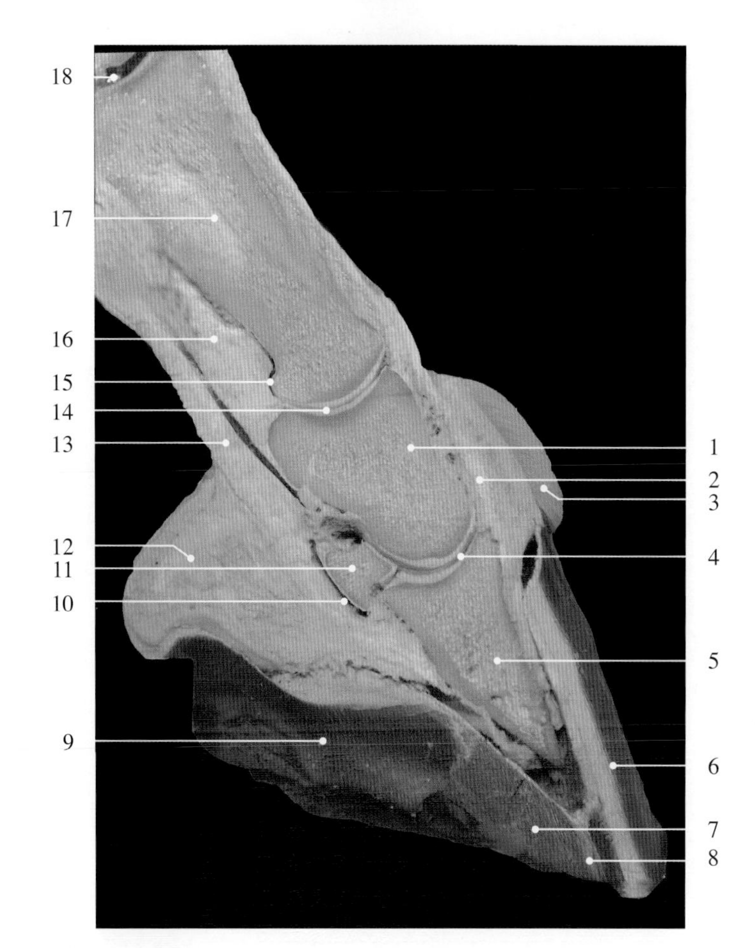

图2-7-41　马指关节矢状面左侧观

1. 中指节骨（冠骨）middle phalanges（coronal bone）
2. 指总伸肌腱 common extensor tendon
3. 蹄冠 coronet
4. 蹄关节软骨及关节腔 joint cartilage and cavity of coffin joint
5. 远指节骨（蹄骨）distal phalanges（coffin bone）
6. 蹄壁 wall of hoof
7. 蹄底 sole
8. 白线 white line
9. 蹄叉 frog
10. 黏液囊 bursa
11. 远籽骨 distal sesamoid bone
12. 指枕 digital cushion
13. 指深屈肌腱 deep digital flexor tendon
14. 冠关节软骨及关节腔 joint cartilage and cavity of coronal joint
15. 冠关节囊 capsule of coronal joint
16. 籽骨直韧带 straight sesamoidean ligament
17. 近指节骨（系骨）proximal phalanges（pastern bone）
18. 系关节腔 cavity of fetlock joint

图2-7-42　马指关节矢状面右侧观

1. 大掌骨 major metacarpal bone
2. 悬韧带 suspensory ligament
3. 近籽骨 proximal sesamoid bone
4. 指深屈肌腱 deep digital flexor tendon
5. 指浅屈肌腱 superficial digital flexor tendon
6. 籽骨直韧带 straight sesamoidean ligament
7. 冠关节囊 capsule of coronal joint
8. 蹄关节囊 capsule of coffin joint
9. 远籽骨 distal sesamoid bone
10. 指枕 digital cushion
11. 黏液囊 bursa
12. 蹄叉 frog
13. 白线 white line
14. 蹄底 sole
15. 蹄壁 wall of hoof
16. 远指节骨（蹄骨）distal phalanges（coffin bone）
17. 蹄关节软骨及关节腔 joint cartilage and cavity of coffin joint
18. 中指节骨（冠骨）middle phalanges（coronal bone）
19. 冠关节软骨及关节腔 joint cartilage and cavity of coronal joint
20. 指总伸肌腱 common extensor tendon
21. 近指节骨（系骨）proximal phalanges（pastern bone）
22. 系关节软骨及关节腔 joint cartilage and cavity of fetlock joint

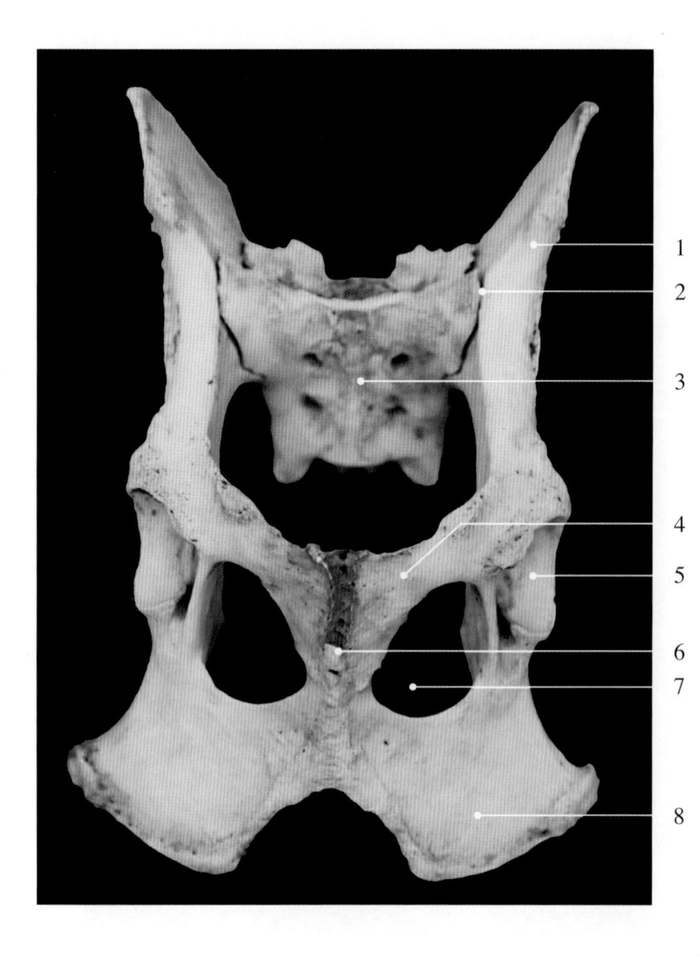

图2-7-43　犬荐髂关节

后肢关节包括荐髂关节、髋关节、膝关节、跗关节和趾关节。后肢各关节与前肢各关节相对应，除趾关节外，各关节角方向相反，这种结构特点有利于家畜站立时保持姿势稳定。

1. 髂骨翼 wing of ilium
2. 荐髂关节 sacroiliac joint
3. 荐骨 sacral bone
4. 耻骨 pubis
5. 髋臼 acetabulum
6. 骨盆联合 pelvic symphysis
7. 闭孔 obturator foramen
8. 坐骨 ischium

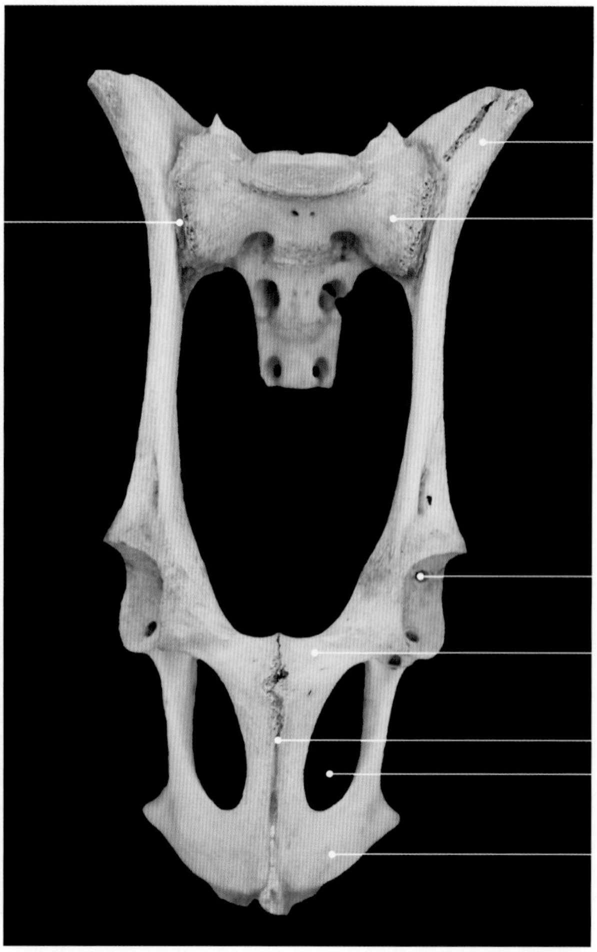

图2-7-44　山羊荐髂关节

1. 髂骨翼 wing of ilium
2. 荐骨 sacral bone
3. 髋臼 acetabulum
4. 耻骨 pubis
5. 骨盆联合 pelvic symphysis
6. 闭孔 obturator foramen
7. 坐骨 ischium
8. 荐髂关节 sacroiliac joint

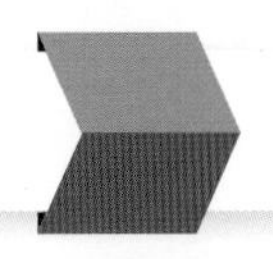

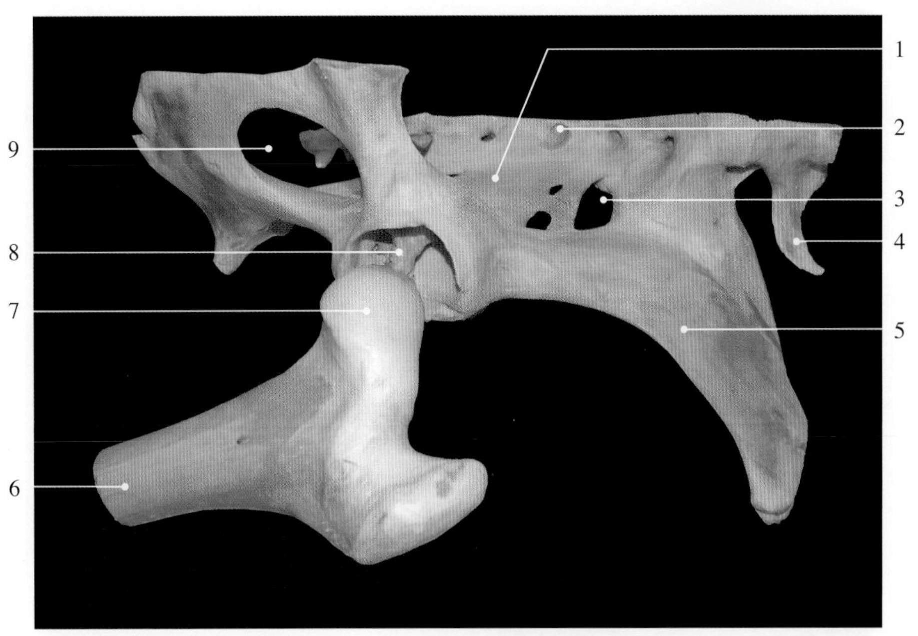

图2-7-45　山羊骨盆韧带及股骨头韧带

1. 荐结节阔韧带 broad sacrotuberous ligament
2. 荐腹侧孔 ventral sacral foramen
3. 坐骨大孔 lesser ischiatic foramen
4. 腰椎横突 transverse process of lumbar vertebra
5. 髂骨 ilium
6. 股骨 femoral bone
7. 股骨头 head of the femur
8. 股骨头韧带（圆韧带）ligament of femoral head（round ligament）
9. 闭孔 obturator foramen

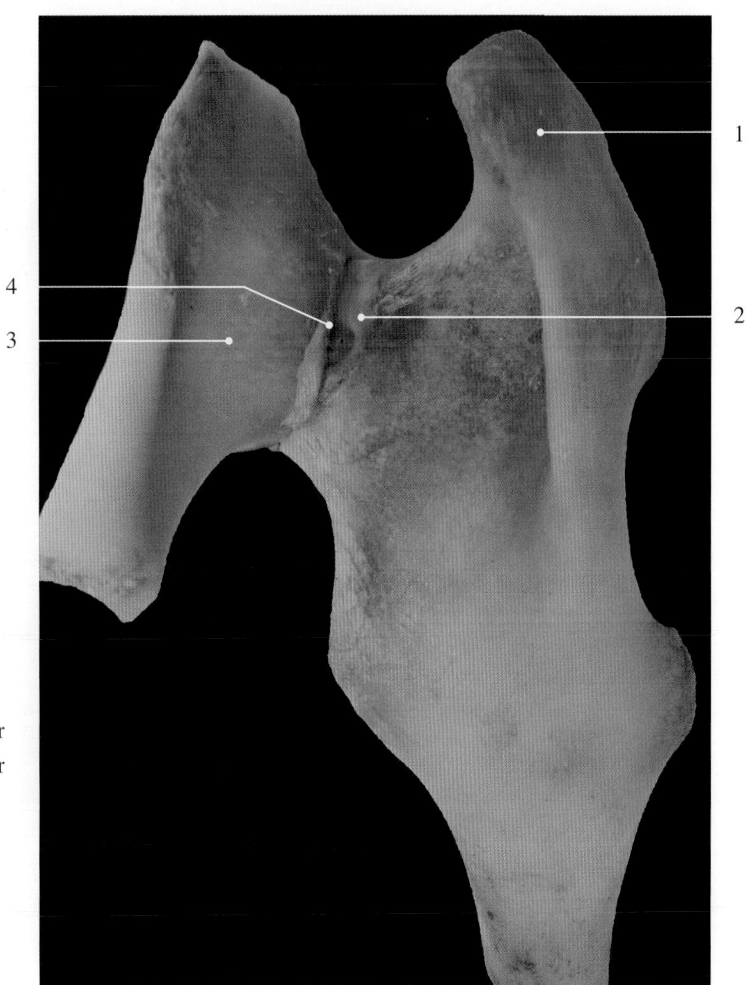

图2-7-46　髋关节

1. 大转子 greater trochanter
2. 股骨头 head of the femur
3. 髋骨 hip bone
4. 髋关节 hip joint

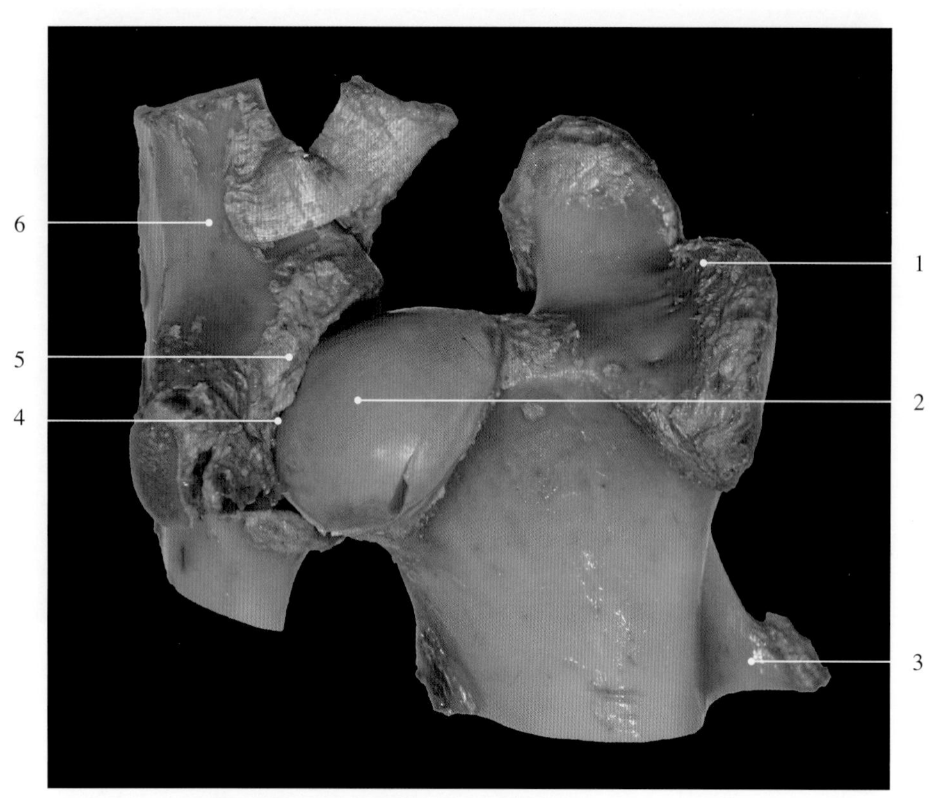

图2-7-47 马髋关节

1. 大转子 greater trochanter
2. 股骨头 head of the femur
3. 第3转子 3rd trochanter
4. 髋臼 acetabulum
5. 髋臼横韧带 acetabular transversal ligament
6. 髋骨 hip bone

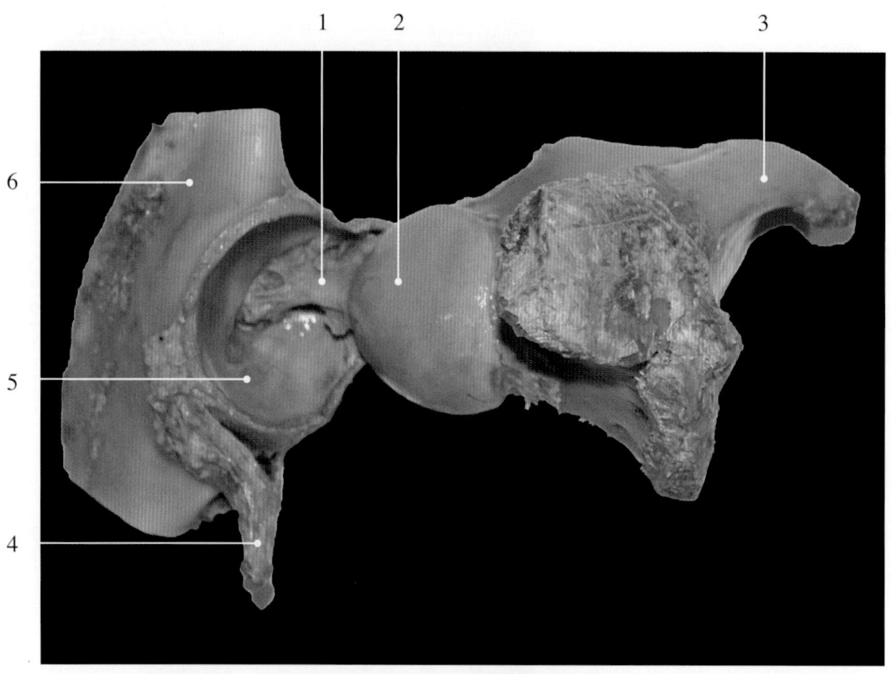

图2-7-48 马髋关节圆韧带

1. 股骨头韧带（圆韧带）ligament of femoral head（round ligament）
2. 股骨头 head of the femur
3. 大转子 greater trochanter
4. 耻前韧带 cranial pubic ligament
5. 髋臼 acetabulum
6. 髋骨 hip bone

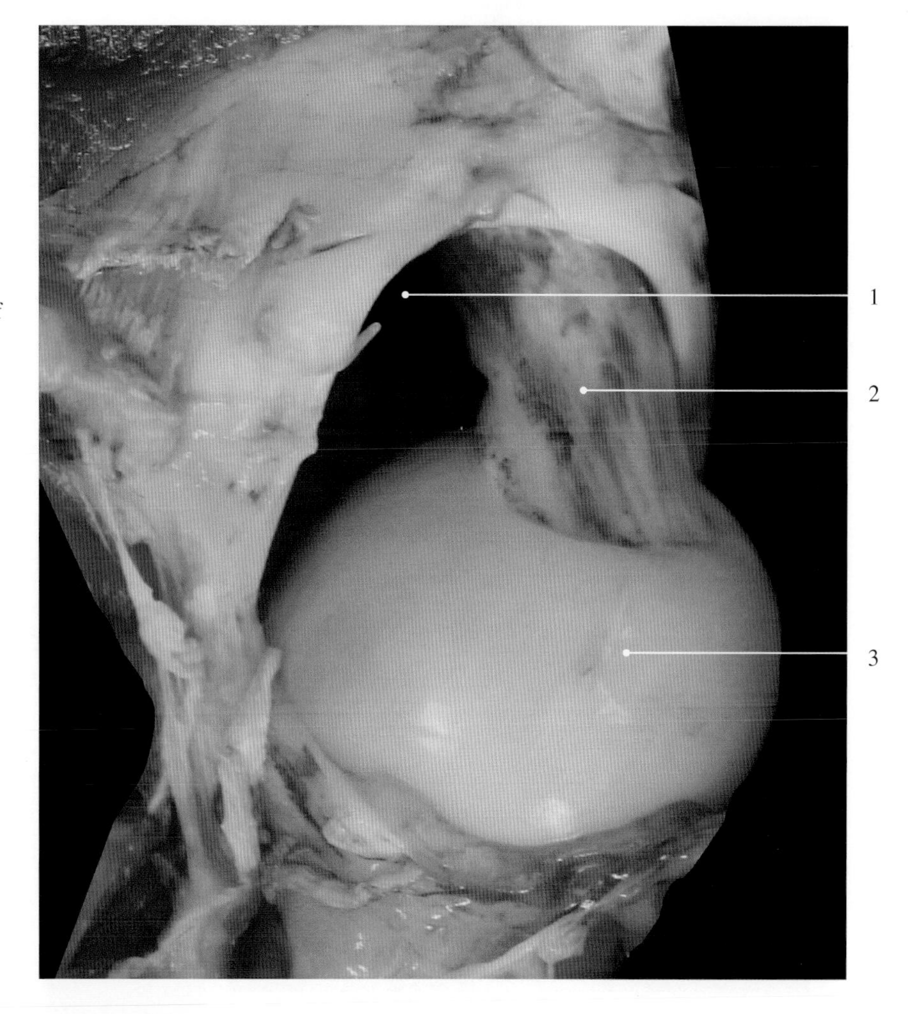

图2-7-49　猪髋关节圆韧带
（新鲜标本）

1. 髋臼 acetabulum
2. 股骨头韧带（圆韧带）ligament of femoral head（round ligament）
3. 股骨头 head of the femur

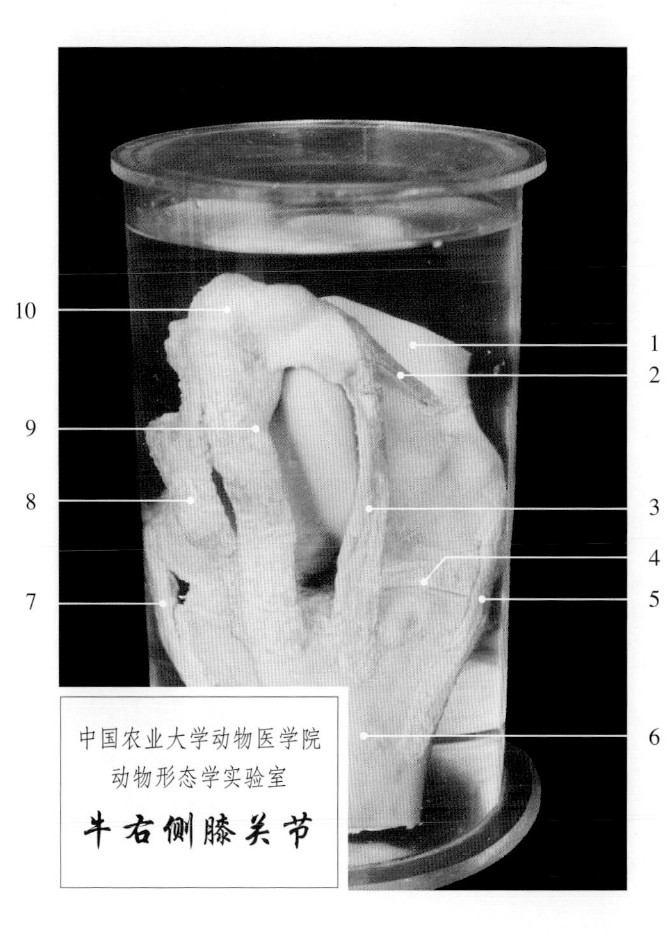

图2-7-50　牛右侧膝关节前面观

1. 股骨 femoral bone
2. 股膝内侧韧带 medial femoropatellar ligament
3. 膝内侧直韧带 medial patellar ligament
4. 内侧半月板 medial meniscus
5. 股胫内侧韧带 medial femorotibial ligament
6. 胫骨 tibia
7. 股胫外侧韧带 lateral femorotibial ligament
8. 膝外侧直韧带 lateral patellar ligament
9. 膝中间直韧带 intermediate patellar ligament
10. 膝盖骨 kneecap, patella

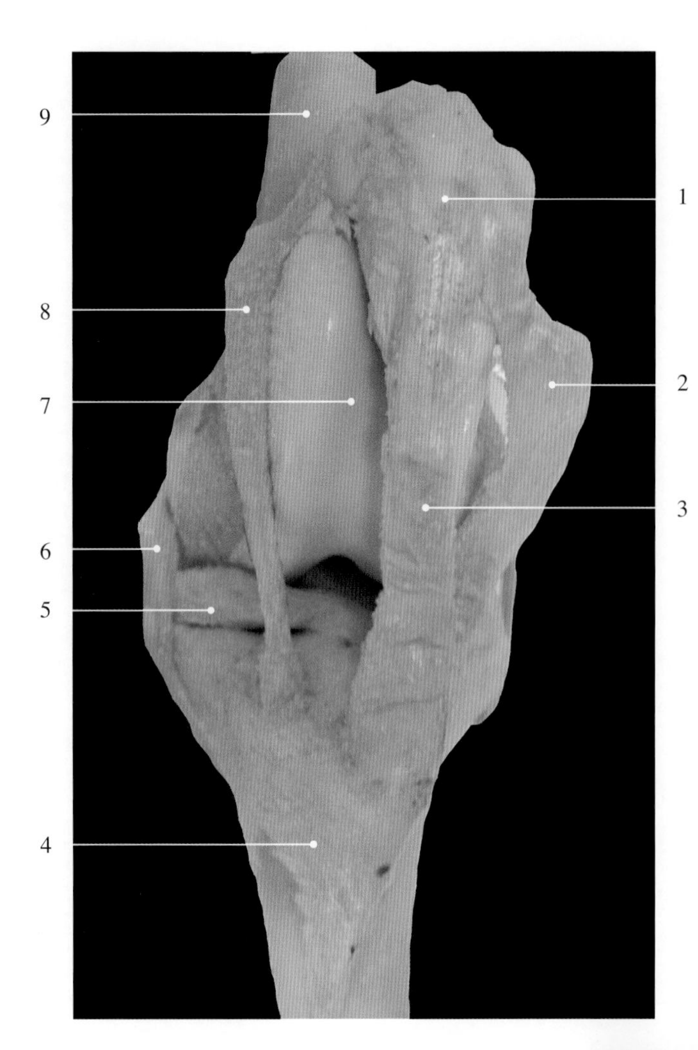

图2-7-51　马左侧膝关节前面观

1. 膝盖骨 kneecap, patella
2. 膝外侧直韧带 lateral patellar ligament
3. 膝中间直韧带 intermediate patellar ligament
4. 胫骨 tibia
5. 内侧半月板 medial meniscus
6. 股胫内侧韧带 medial femorotibial ligament
7. 股骨滑车 trochlea of femur
8. 膝内侧直韧带 medial patellar ligament
9. 股骨 femoral bone

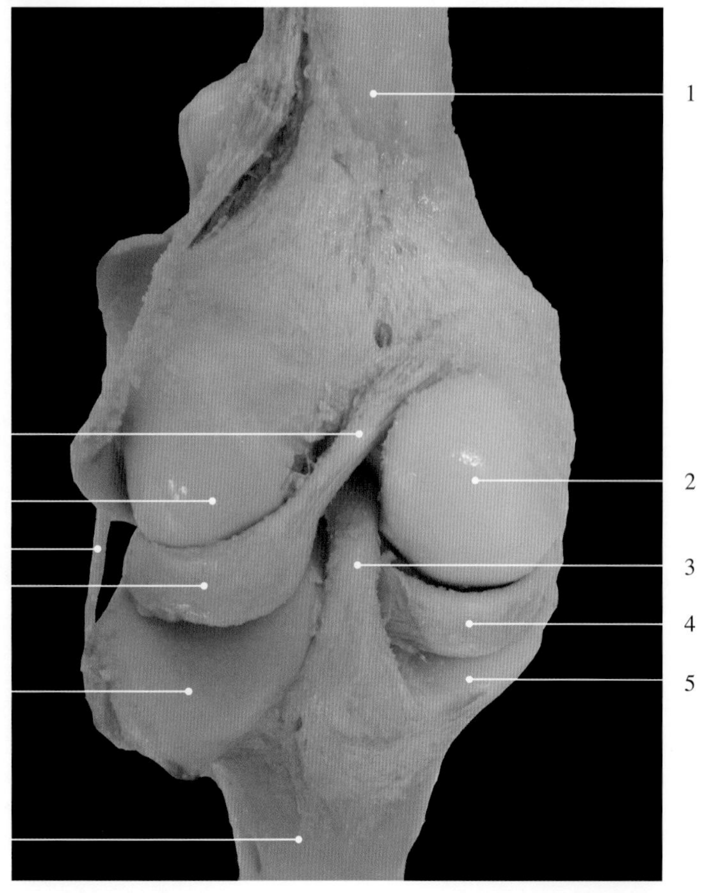

图2-7-52　马左侧膝关节后面观

1. 股骨 femoral bone
2. 股骨内髁 medial femoral condyle
3. 后交叉韧带 caudal cruciate ligament
4. 内侧半月板 medial meniscus
5. 胫骨内髁 internal condyle of tibia
6. 胫骨 tibia
7. 胫骨外髁 external condyle of tibia
8. 外侧半月板 lateral meniscus
9. 股胫外侧韧带 lateral femorotibial ligament
10. 股骨外髁 lateral femoral condyle
11. 外侧半月板后韧带 caudal ligament of lateral meniscus

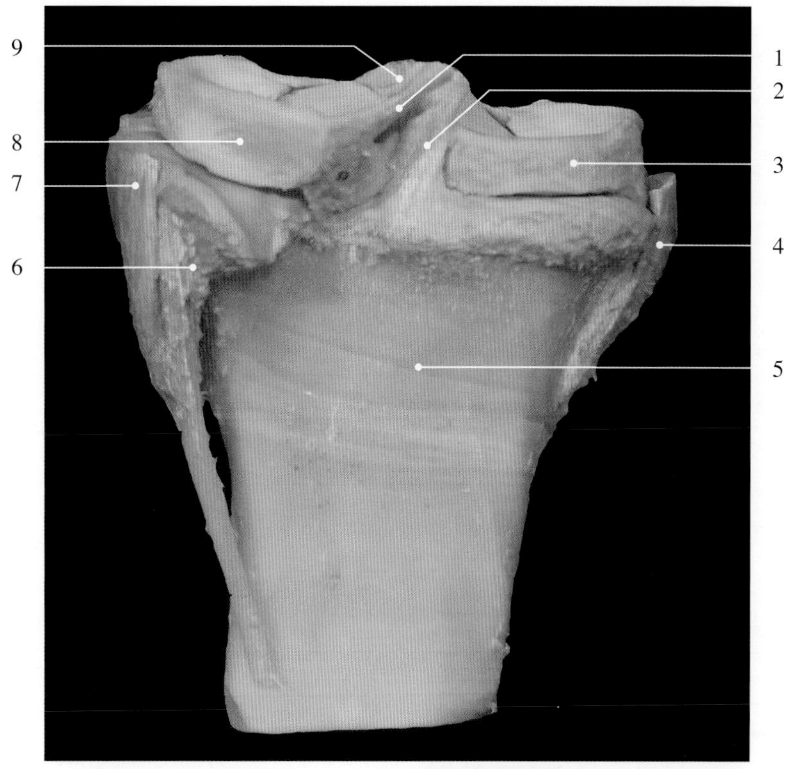

图2-7-53　马左侧膝关节半月板

1. 外侧半月板后韧带 caudal ligament of lateral meniscus
2. 后交叉韧带 caudal cruciate ligament
3. 内侧半月板 medial meniscus
4. 股胫内侧韧带 medial femorotibial ligament
5. 胫骨 tibia
6. 腓骨 fibula
7. 股胫外侧韧带 lateral femorotibial ligament
8. 外侧半月板 lateral meniscus
9. 前交叉韧带 cranial cruciate ligament

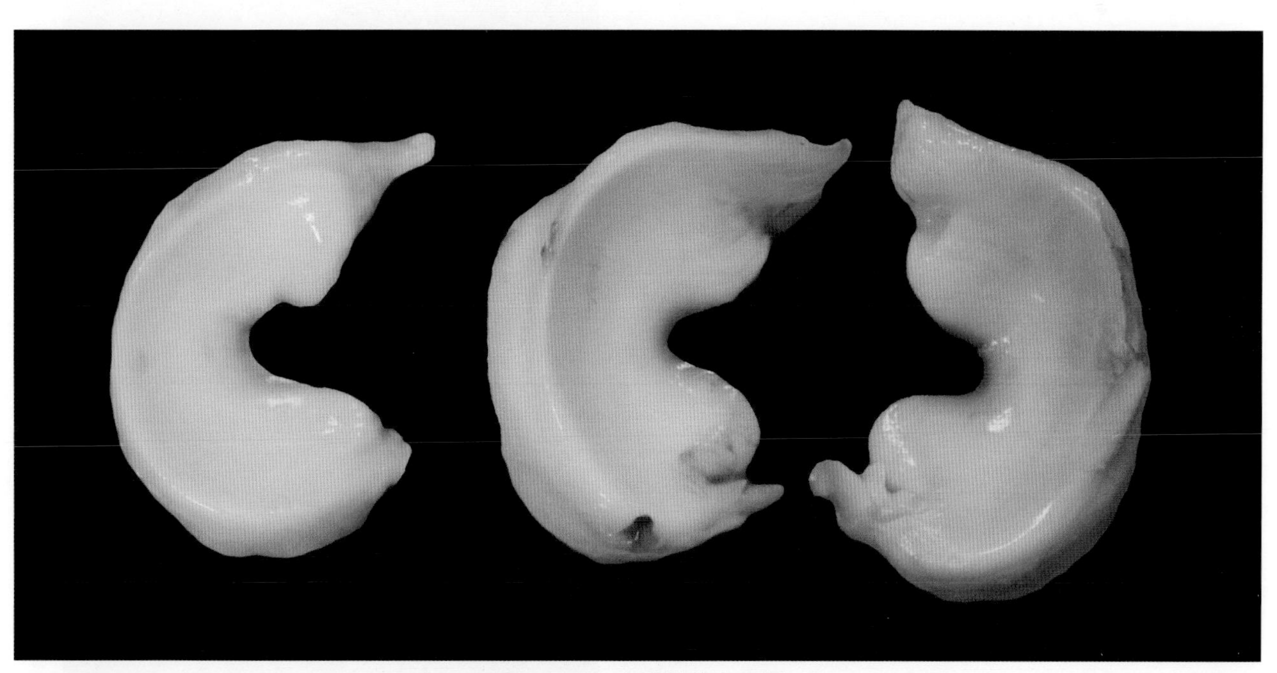

图2-7-54　牛膝关节半月板

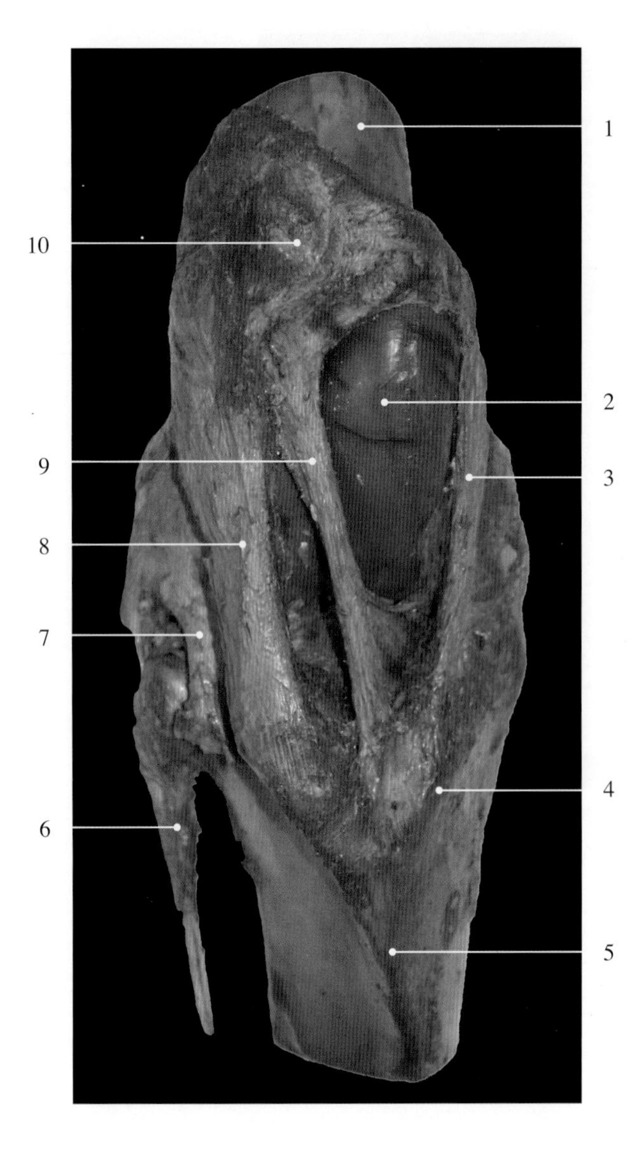

图2-7-55　马右侧膝关节前面观（干制标本）

1. 股骨 femoral bone
2. 股骨滑车 trochlea of femur
3. 膝内侧直韧带 medial patellar ligament
4. 胫骨 tibia
5. 胫骨嵴 tibial crest
6. 腓骨 fibula
7. 股胫外侧韧带 lateral femorotibial ligament
8. 膝外侧直韧带 lateral patellar ligament
9. 膝中间直韧带 intermediate patellar ligament
10. 膝盖骨 kneecap, patella

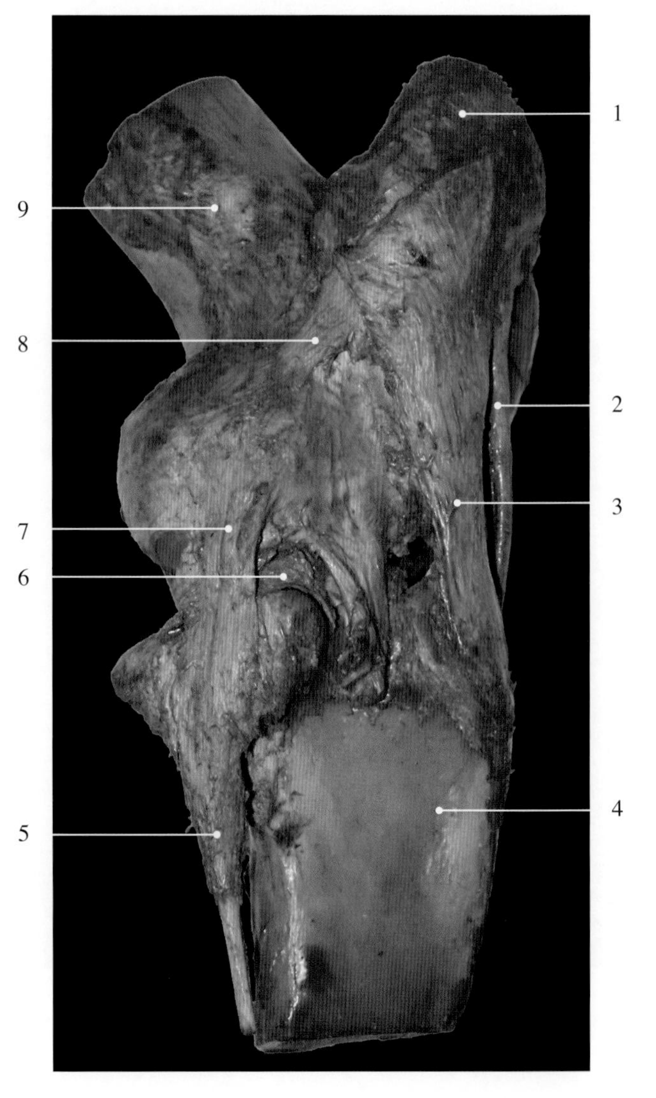

图2-7-56　马右侧膝关节外侧观（干制标本）

1. 膝盖骨 kneecap, patella
2. 膝中间直韧带 intermediate patellar ligament
3. 膝外侧直韧带 lateral patellar ligament
4. 胫骨 tibia
5. 腓骨 fibula
6. 外侧半月板 lateral meniscus
7. 股胫外侧韧带 lateral femorotibial ligament
8. 股膝外侧韧带 lateral femoropatellar ligament
9. 股骨 femoral bone

图2-7-57　马右侧膝关节内侧观（干制标本）

1. 股骨 femoral bone
2. 股胫内侧韧带 medial femorotibial ligament
3. 内侧半月板 medial meniscus
4. 胫骨 tibia
5. 膝中间直韧带 intermediate patellar ligament
6. 膝内侧直韧带 medial patellar ligament
7. 股膝内侧韧带 medial femoropatellar ligament
8. 膝盖骨 kneecap, patella

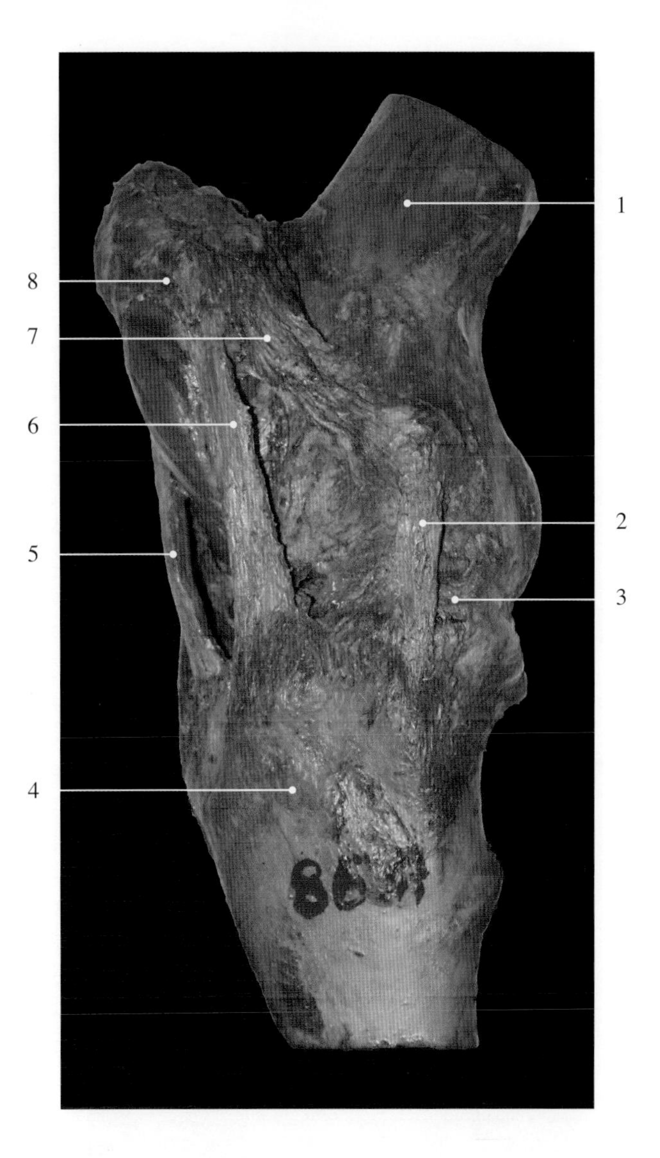

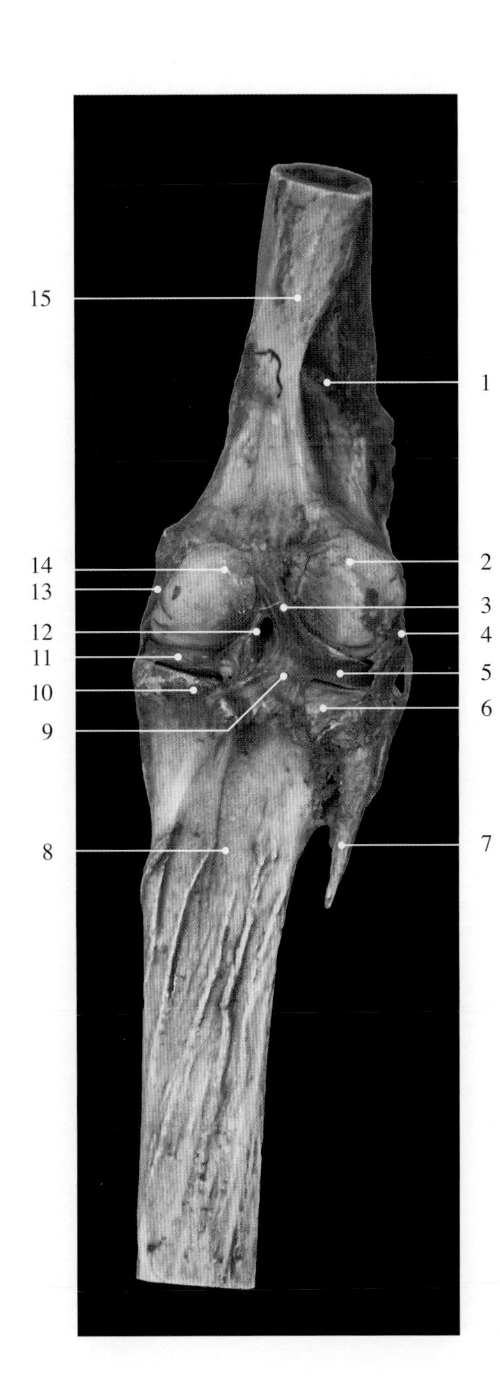

图2-7-58　马右侧膝关节后面观（干制标本）

1. 髁上窝 supracondylar fossa
2. 股骨外髁 lateral femoral condyle
3. 外侧半月板后韧带（上支）caudal ligament of lateral meniscus (superior branch)
4. 股胫外侧韧带 lateral femorotibial ligament
5. 外侧半月板 lateral meniscus
6. 胫骨外髁 external condyle of tibia
7. 腓骨 fibula
8. 胫骨 tibia
9. 外侧半月板后韧带（下支）caudal ligament of lateral meniscus (inferior branch)
10. 胫骨内髁 internal condyle of tibia
11. 内侧半月板 medial meniscus
12. 后交叉韧带 caudal cruciate ligament
13. 股胫内侧韧带 medial femorotibial ligament
14. 股骨内髁 medial femoral condyle
15. 股骨 femoral bone

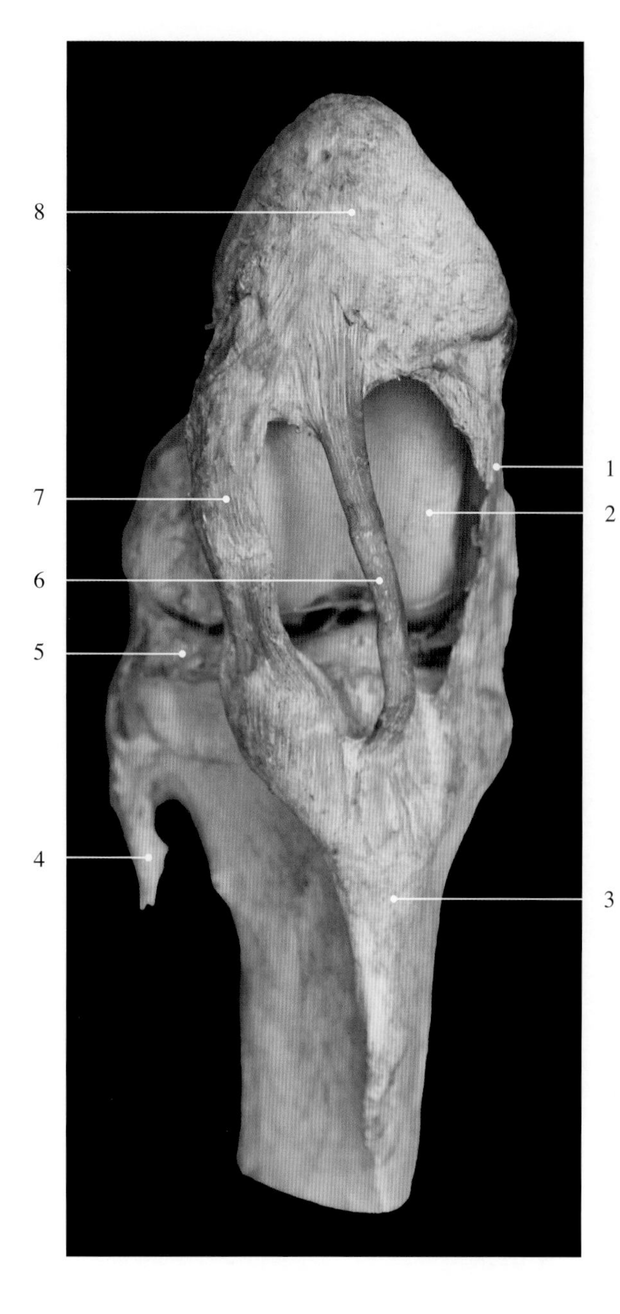

图2-7-59　驴右侧膝关节前面观（干制标本）

1. 膝内侧直韧带 medial patellar ligament
2. 股骨滑车 trochlea of femur
3. 胫骨嵴 tibial crest
4. 腓骨 fibula
5. 外侧半月板 lateral meniscus
6. 膝中间直韧带 intermediate patellar ligament
7. 膝外侧直韧带 lateral patellar ligament
8. 膝盖骨 kneecap, patella

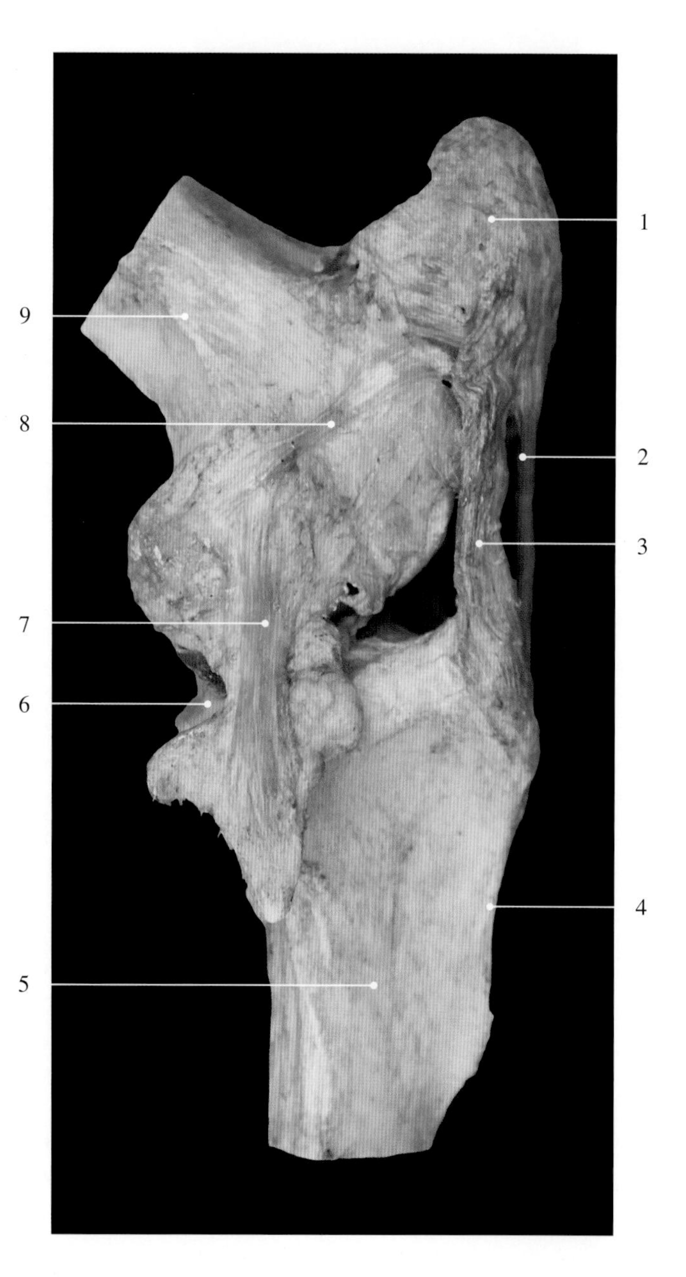

图2-7-60　驴右侧膝关节外侧观（干制标本）

1. 膝盖骨 kneecap, patella
2. 膝中间直韧带 intermediate patellar ligament
3. 膝外侧直韧带 lateral patellar ligament
4. 胫骨嵴 tibial crest
5. 胫骨 tibia
6. 外侧半月板 lateral meniscus
7. 股胫外侧韧带 lateral femorotibial ligament
8. 股膝外侧韧带 lateral femoropatellar ligament
9. 股骨 femoral bone

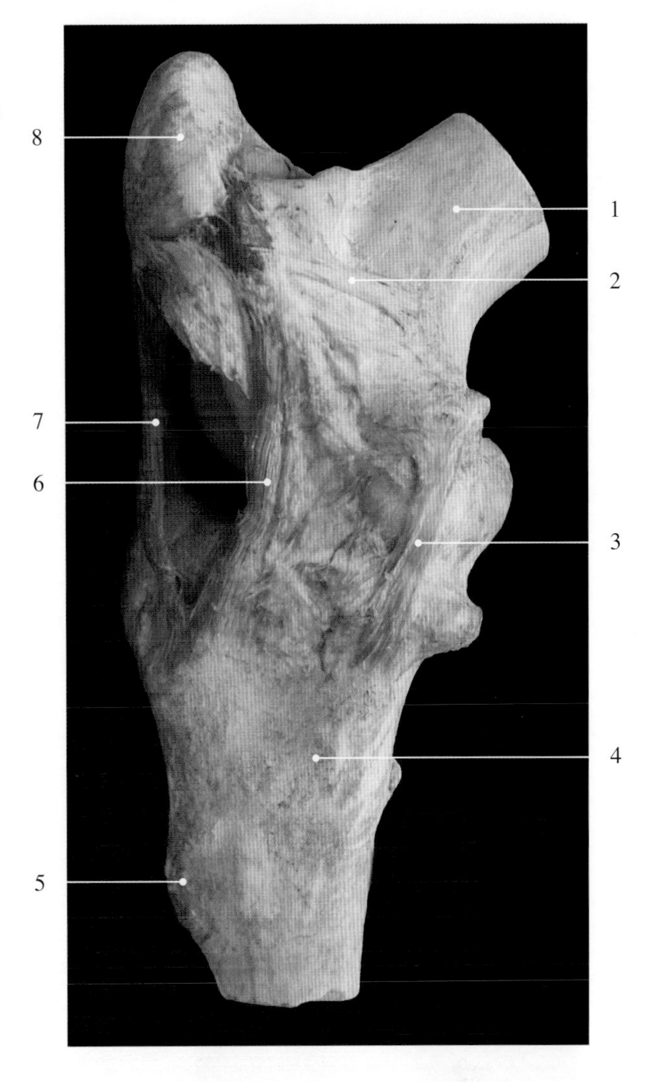

图2-7-61　驴右侧膝关节内侧观（干制标本）

1. 股骨 femoral bone
2. 股膝内侧韧带 medial femoropatellar ligament
3. 股胫内侧韧带 medial femorotibial ligament
4. 胫骨 tibia
5. 胫骨嵴 tibial crest
6. 膝内侧直韧带 medial patellar ligament
7. 膝中间直韧带 intermediate patellar ligament
8. 膝盖骨 kneecap, patella

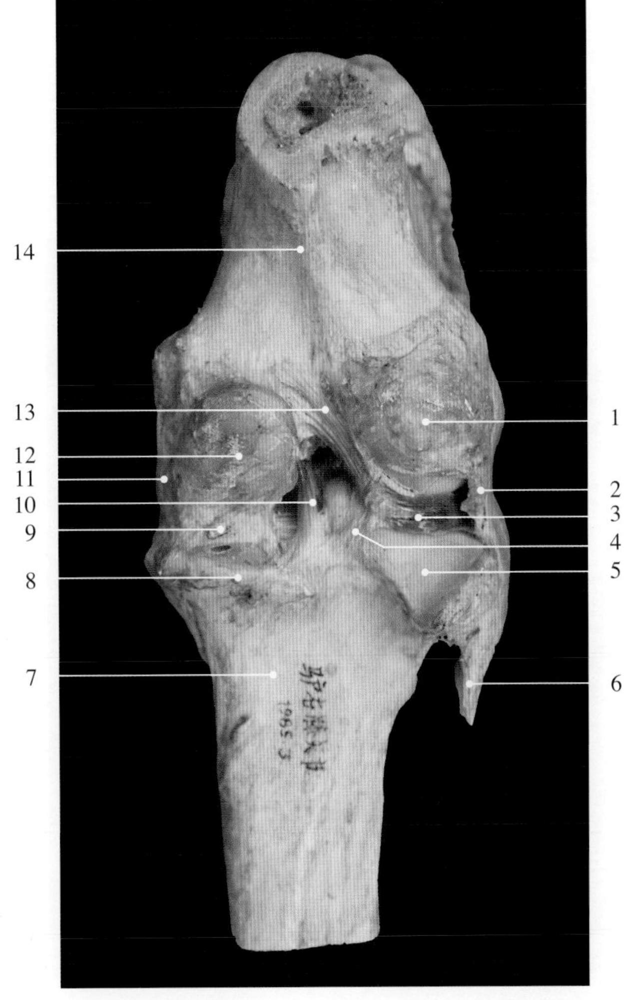

图2-7-62　驴右侧膝关节后面观（干制标本）

1. 股骨外髁 lateral femoral condyle
2. 股胫外侧韧带 lateral femorotibial ligament
3. 外侧半月板 lateral meniscus
4. 外侧半月板后韧带（下支）caudal ligament of lateral meniscus（inferior branch）
5. 胫骨外髁 external condyle of tibia
6. 腓骨 fibula
7. 胫骨 tibia
8. 胫骨内髁 internal condyle of tibia
9. 内侧半月板 medial meniscus
10. 后交叉韧带 caudal cruciate ligament
11. 股胫内侧韧带 medial femorotibial ligament
12. 股骨内髁 medial femoral condyle
13. 外侧半月板后韧带（上支）caudal ligament of lateral meniscus（superior branch）
14. 股骨 femoral bone

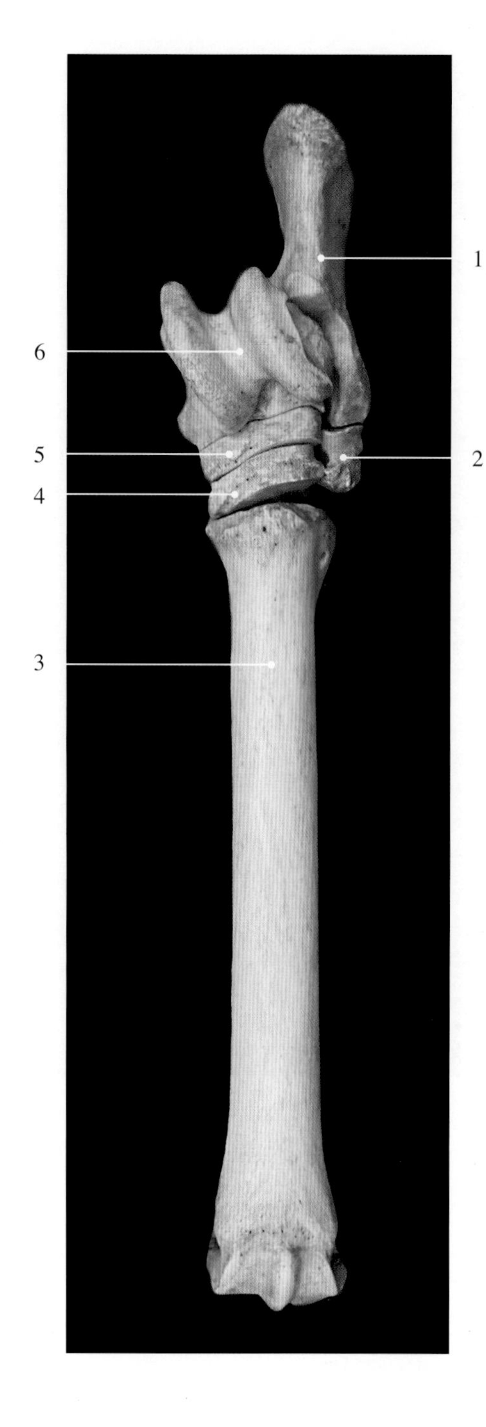

图2-7-63　马跗关节的骨（去胫骨，背侧观）

1. 跟骨 calcaneus
2. 第4跗骨 4th tarsal bone
3. 大跖骨 major metatarsal bone
4. 第3跗骨 3rd tarsal bone
5. 中央跗骨 central tarsal bone
6. 距骨 talus

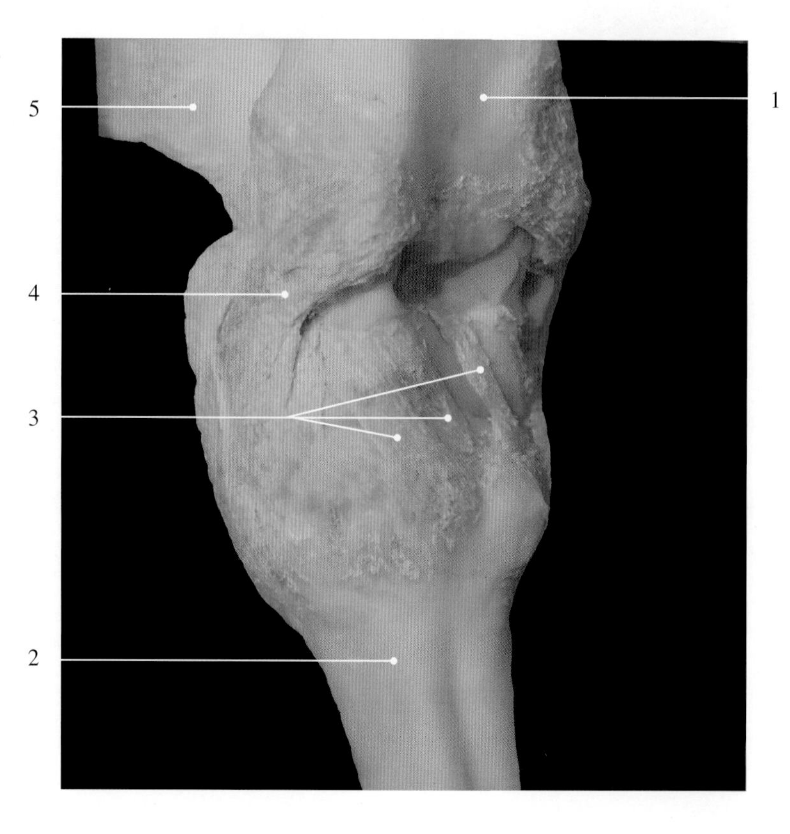

图2-7-64　马跗关节背内侧观

1. 胫骨 tibia
2. 大跖骨 major metatarsal bone
3. 跗背侧韧带 dorsal tarsal ligaments
4. 内侧侧副韧带 medial collateral ligament
5. 跟骨 calcaneus

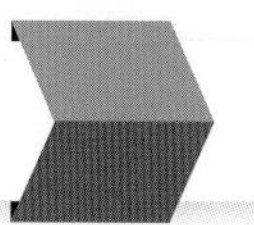

图 2-7-65　马跗关节背侧观

1. 外侧侧副韧带 lateral collateral ligament
2. 距骨滑车 trochlea of talus
3. 大跖骨 major metatarsal bone
4. 跗背侧韧带 dorsal tarsal ligaments
5. 内侧侧副韧带 medial collateral ligament
6. 胫骨 tibia

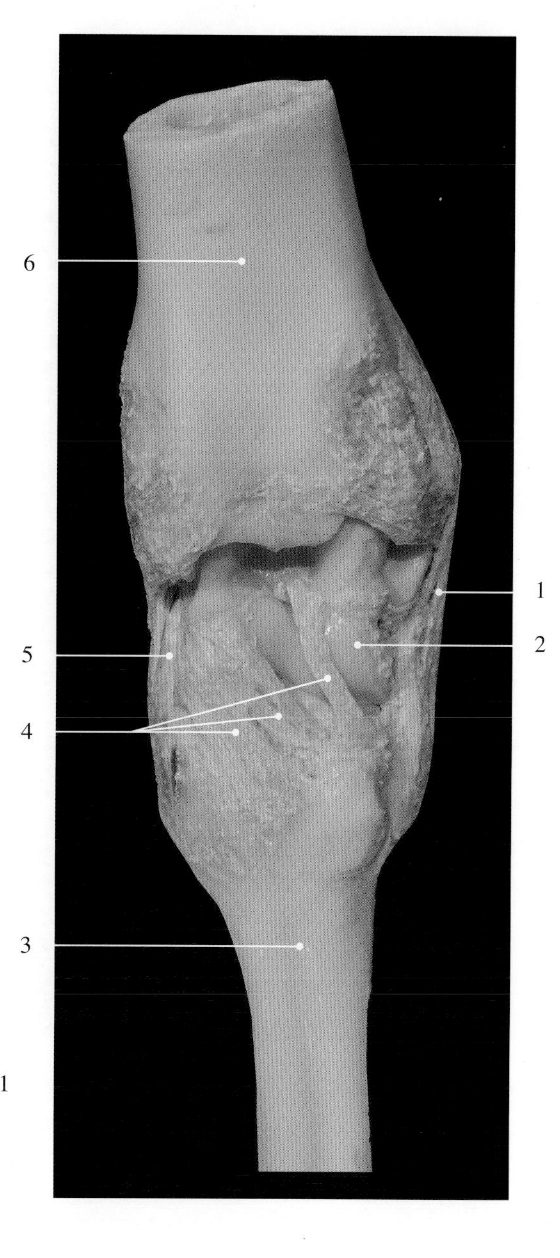

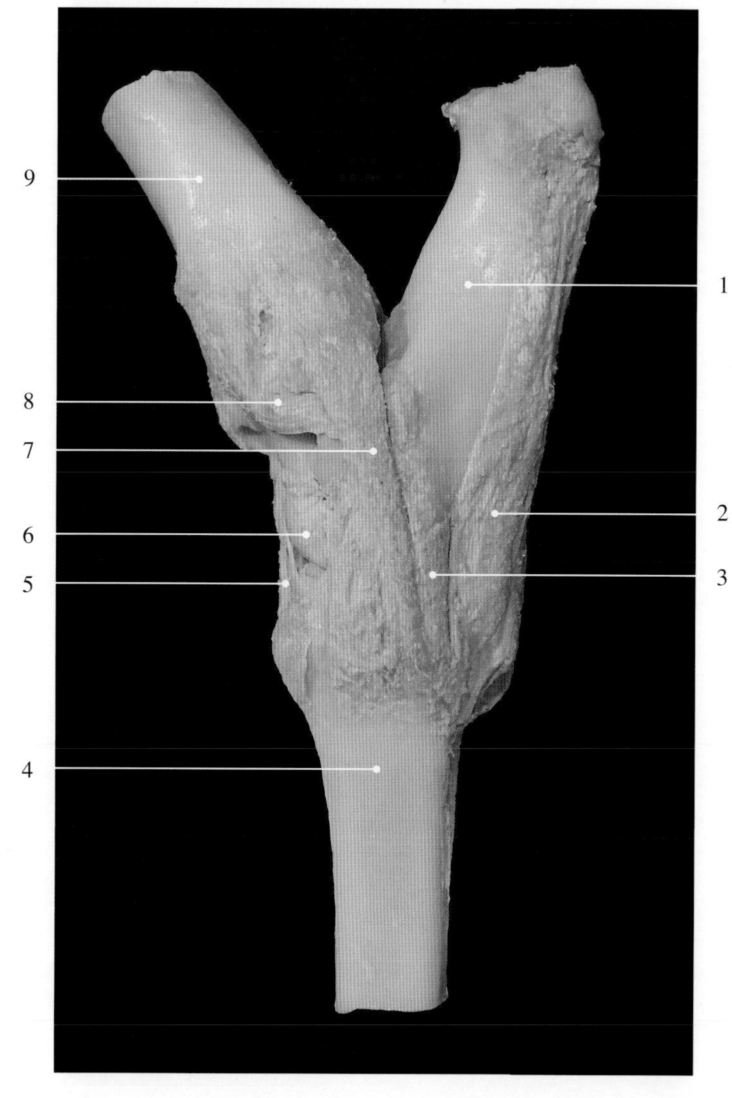

图 2-7-66　马跗关节外侧观

1. 跟骨 calcaneus
2. 跖侧长韧带 long plantar ligament
3. 短外侧副韧带跟跖部 calcaneometatarsal part of short lateral collateral ligament
4. 大跖骨 major metatarsal bone
5. 跗背侧韧带 dorsal tarsal ligament
6. 距骨 talus
7. 外侧侧副韧带 lateral collateral ligament
8. 短外侧副韧带胫距部 tibiotalar part of short lateral collateral ligament
9. 胫骨 tibia

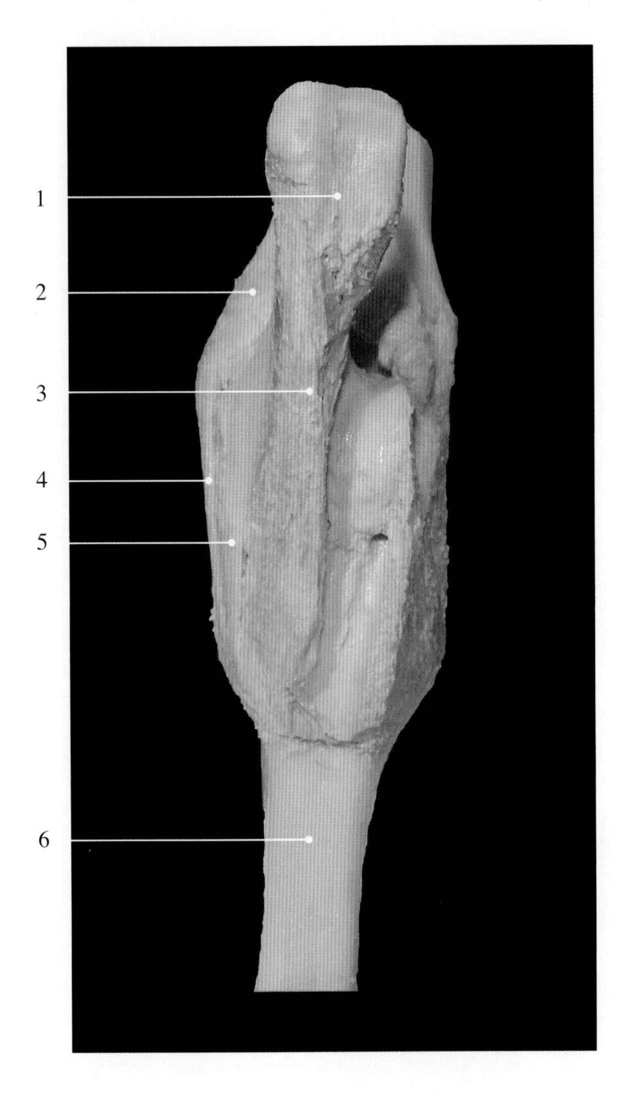

图2-7-67　马跗关节跖侧观

1. 跟骨 calcaneus
2. 胫骨 tibia
3. 跖侧长韧带 long plantar ligament
4. 外侧侧副韧带 lateral collateral ligament
5. 短外侧侧副韧带跟跖部 calcaneometatarsal part of short lateral collateral ligament
6. 大跖骨 major metatarsal bone

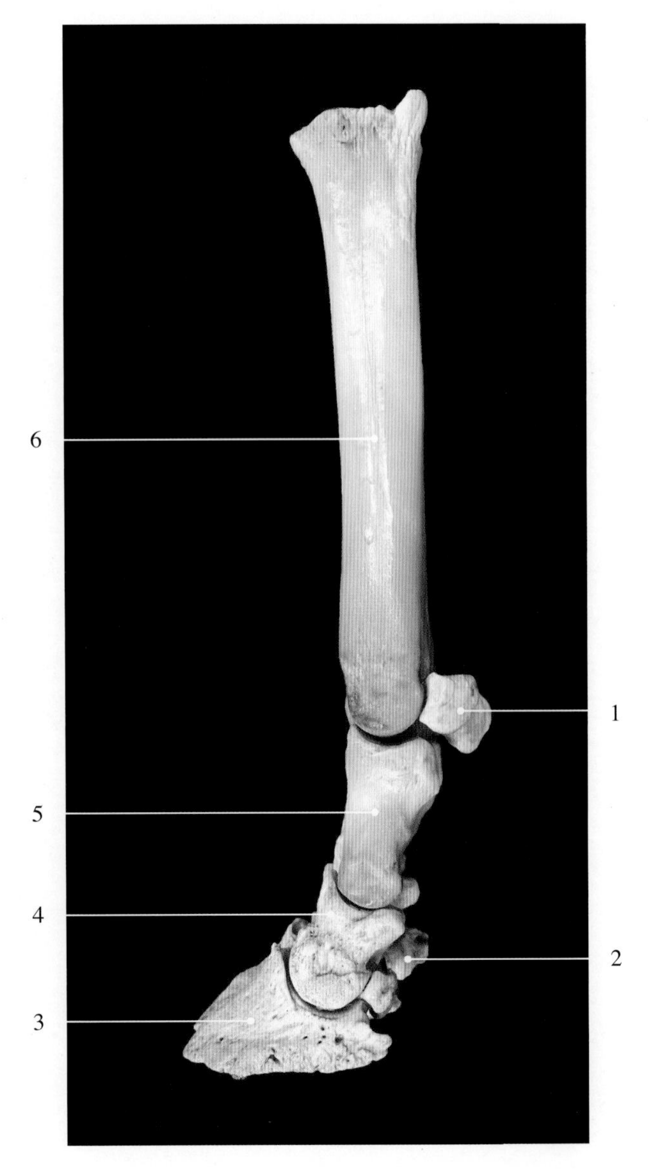

图2-7-68　牛趾关节的骨外侧观

1. 近籽骨 proximal sesamoid bone
2. 远籽骨 distal sesamoid bone
3. 远趾节骨（蹄骨）distal phalanges（coffin bone）
4. 中趾节骨（冠骨）middle phalanges（coronal bone）
5. 近趾节骨（系骨）proximal phalanges（pastern bone）
6. 跖骨 metatarsal bone

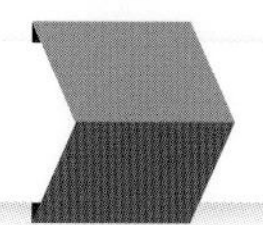

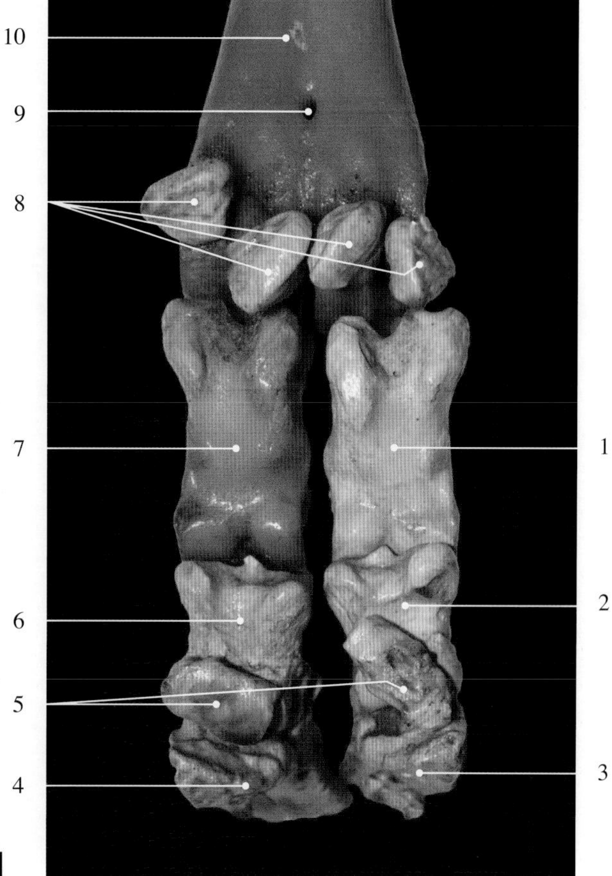

图2-7-69　牛趾关节的骨跖侧观

1. 第3趾近趾节骨（系骨）3rd proximal phalanges（pastern bone）
2. 第3趾中趾节骨（冠骨）3rd middle phalanges（coronal bone）
3. 第3趾远趾节骨（蹄骨）3rd distal phalanges（coffin bone）
4. 第4趾远趾节骨（蹄骨）4th distal phalanges（coffin bone）
5. 远籽骨 distal sesamoid bone
6. 第4趾中趾节骨（冠骨）4th middle phalanges（coronal bone）
7. 第4趾近趾节骨（系骨）4th proximal phalanges（pastern bone）
8. 近籽骨 proximal sesamoid bone
9. 远跖骨管 distal metatarsal canal
10. 跖骨 metatarsal bone

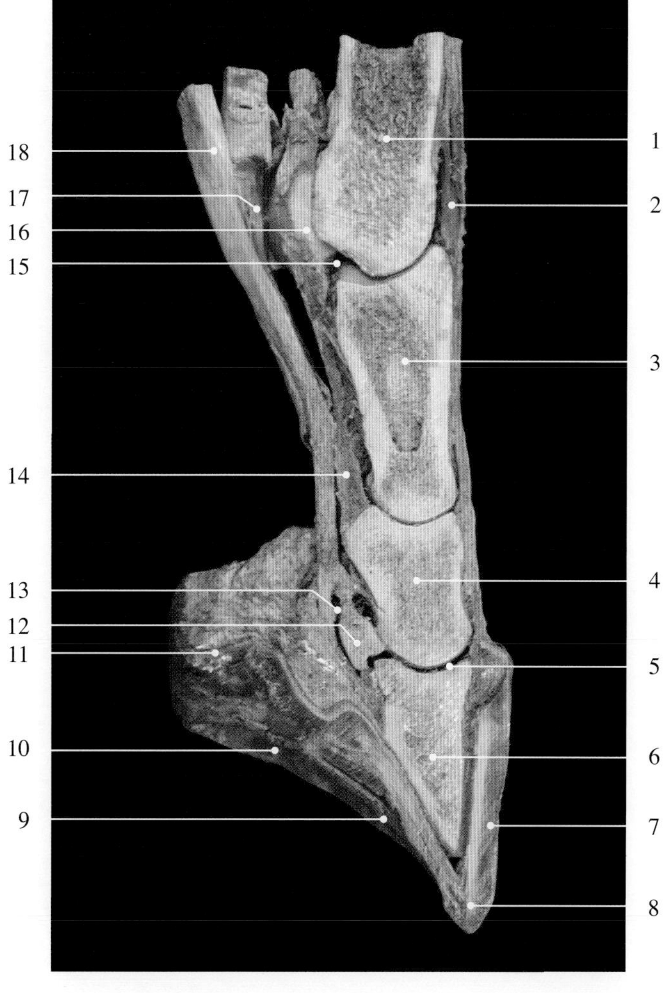

图2-7-70　马趾关节矢状面（干制标本）

1. 跖骨 metatarsal bone
2. 趾长伸肌腱 long digital extensor tendon
3. 近趾节骨（系骨）proximal phalanges（pastern bone）
4. 中趾节骨（冠骨）middle phalanges（coronal bone）
5. 蹄关节腔 cavity of coffin joint
6. 远趾节骨（蹄骨）distal phalanges（coffin bone）
7. 蹄壁 wall of hoof
8. 白线 white line
9. 蹄底 sole
10. 蹄叉 frog
11. 趾枕 digital cushion
12. 远籽骨 distal sesamoid bone
13. 黏液囊 bursa
14. 籽骨直韧带 straight sesamoidean ligament
15. 系关节腔 cavity of fetlock joint
16. 近籽骨 proximal sesamoid bone
17. 趾深屈肌腱 deep digital flexor tendon
18. 趾浅屈肌腱 superficial digital flexor tendon

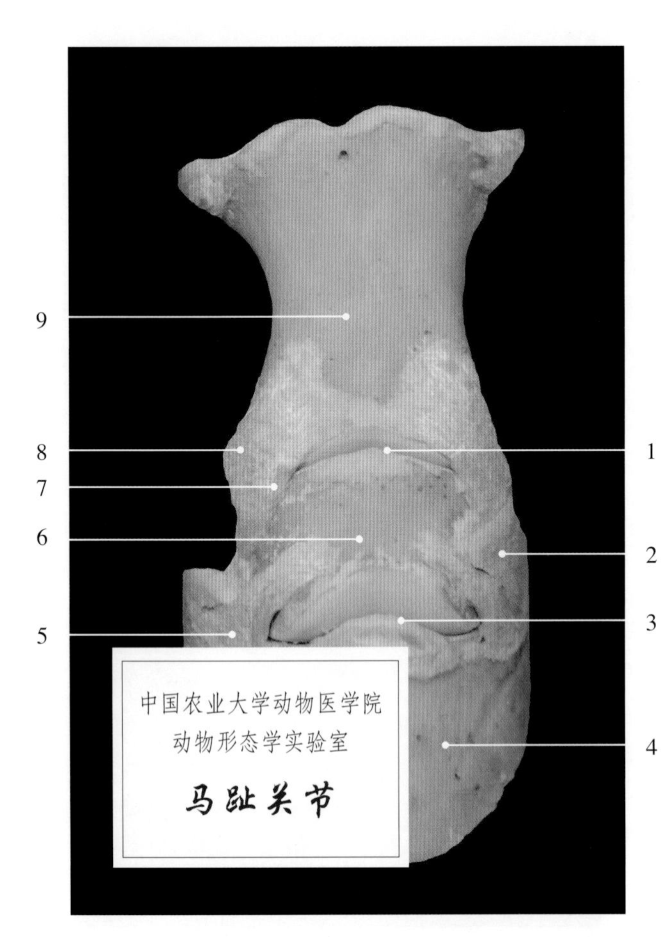

图2-7-71　马趾关节背侧观

1. 冠关节腔 cavity of coronal joint
2. 蹄软骨冠骨韧带 chondrocoronal ligament
3. 蹄关节腔 cavity of coffin joint
4. 远趾节骨（蹄骨）distal phalanges（coffin bone）
5. 蹄关节外侧侧副韧带 lateral collateral ligament of coffin joint
6. 中趾节骨（冠骨）middle phalanges（coronal bone）
7. 冠关节外侧侧副韧带 lateral collateral ligament of coronal joint
8. 籽骨外侧侧副韧带 lateral collateral sesamoid ligament
9. 近趾节骨（系骨）proximal phalanges（pastern bone）

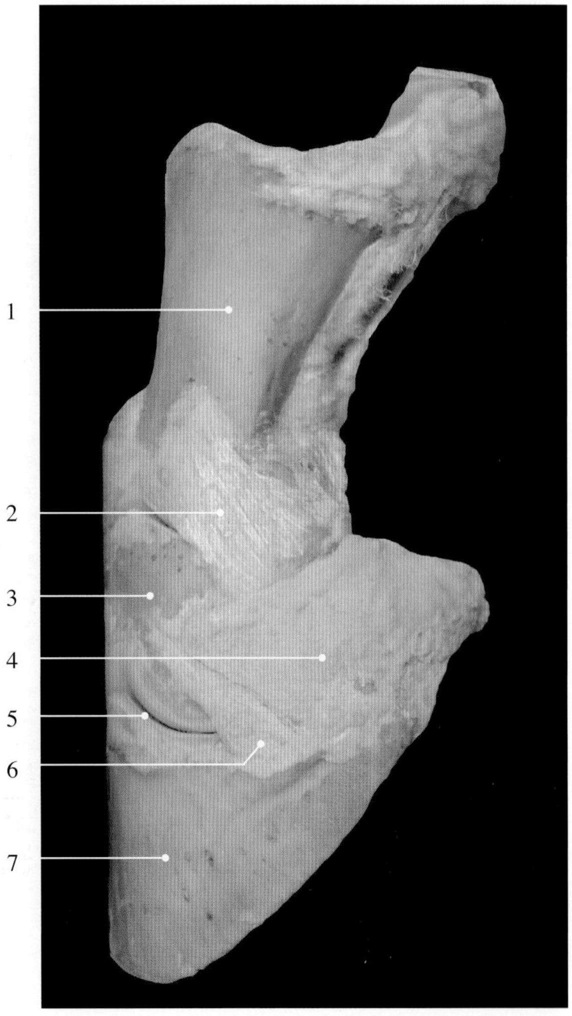

图2-7-72　马趾关节外侧观

1. 近趾节骨（系骨）proximal phalanges（pastern bone）
2. 冠关节外侧侧副韧带 lateral collateral ligament of coronal joint
3. 中趾节骨（冠骨）middle phalanges（coronal bone）
4. 蹄软骨冠骨韧带 chondrocoronal ligament
5. 蹄关节腔 cavity of coffin joint
6. 蹄关节外侧侧副韧带 lateral collateral ligament of coffin joint
7. 远趾节骨（蹄骨）distal phalanges（coffin bone）

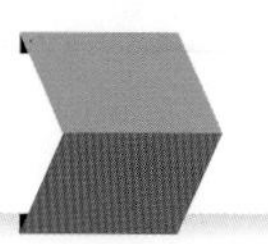

图2-7-73　马趾关节内侧观

1. 近趾节骨（系骨）proximal phalanges（pastern bone）
2. 冠关节内侧侧副韧带 medial collateral ligament of coronal joint
3. 中趾节骨（冠骨）middle phalanges（coronal bone）
4. 蹄关节腔 cavity of coffin joint
5. 远趾节骨（蹄骨）distal phalanges（coffin bone）
6. 蹄关节内侧侧副韧带 medial collateral ligament of coffin joint
7. 蹄软骨冠骨韧带 chondrocoronal ligament
8. 籽骨内侧侧副韧带 medial collateral sesamoid ligament

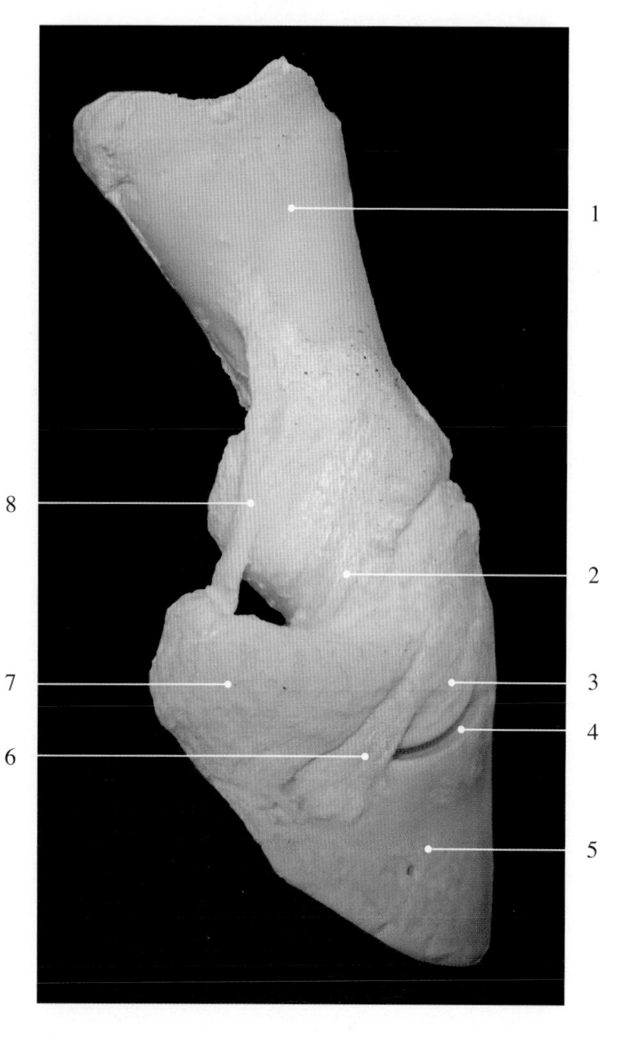

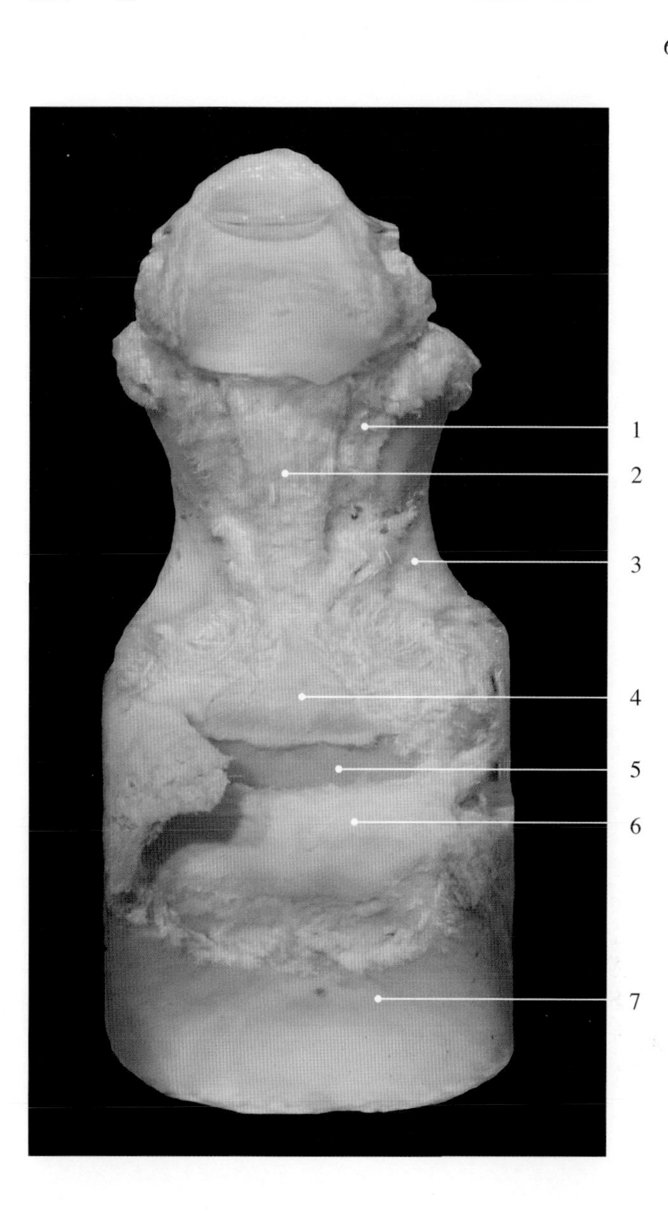

图2-7-74　马趾关节跖侧观

1. 籽骨直韧带 straight sesamoidean ligament
2. 趾深屈肌腱 deep digital flexor tendon
3. 近趾节骨（系骨）proximal phalanges（pastern bone）
4. 冠关节囊 capsule of coronal joint
5. 中趾节骨（冠骨）middle phalanges（coronal bone）
6. 蹄关节囊 capsule of coffin joint
7. 远趾节骨（蹄骨）distal phalanges（coffin bone）

第三章 肌　　肉

肌肉图谱

运动系统（locomotor system）所描述的肌肉（muscle）由横纹肌构成，它们附着于骨骼上，又称为骨骼肌，是运动的动力部分。

一、肌肉的构造

每一块肌肉就是一个肌器官，主要由骨骼肌纤维（肌细胞）构成，此外还有结缔组织、血管和神经。肌器官可分为能收缩的肌腹和不能收缩的肌腱两部分。

1.肌腹（muscle belly） 是肌器官的主要部分，位于肌器官的中间，由无数骨骼肌纤维借结缔组织结合而成，具有收缩能力。肌纤维为肌器官的实质部分，在肌肉内部先集合成肌束，肌束再集合成一块肌肉。肌肉的结缔组织形成肌膜，构成肌器官的间质部分。包在每一条肌纤维外面的肌膜为肌内膜（endomysium）。若干肌纤维组成肌束，肌束外面包有肌束膜（perimysium）。肌外膜（epimysium）包裹整块肌肉外面。肌膜是肌肉的支持组织，使肌肉具有一定的形状。血管、淋巴管和神经随着肌膜进入肌肉内，对肌肉的代谢和机能调节有重要意义。当动物营养良好的时候，在肌膜内蓄积有脂肪组织，使肌肉横切面上呈大理石状花纹。

2.肌腱（muscle tendon） 位于肌腹的两端或一端，由规则的致密结缔组织构成。在四肢多呈索状；在躯干多呈薄板状，又称腱膜。腱纤维借肌内膜直接连结肌纤维的两端或贯穿于肌腹中。腱不能收缩，但有很强的韧性和抗张力，不易疲劳。它传导肌腹的收缩力，以提高肌腹的工作效力。其纤维伸入骨膜和骨质中，使肌肉牢固附着于骨上。

3.肌肉的辅助器官 包括筋膜、黏液囊、腱鞘、滑车和籽骨，其作用是保护和辅助肌肉的工作。

（1）筋膜（fascia）为被覆在肌肉表面的结缔组织膜，分浅筋膜和深筋膜。浅筋膜（superficial fascia）位于皮下（也称皮下组织），由疏松结缔组织构成，覆盖在全身肌的表面。有些部位的浅筋膜中有皮肌。营养良好的家畜在浅筋膜内蓄积有脂肪，形成脂肪层，参与脂肪贮存和体温的维持。深筋膜（deep fascia）由致密结缔组织构成，位于浅筋膜下。在某些部位深筋膜形成包围肌群的筋膜鞘；或伸入肌间，附着于骨上，形成肌间隔；或提供肌肉的附着面。深筋膜主要起保护、固定肌肉位置的作用，为肌肉的工作创造有利条件。在病理情况下，深筋膜可局限炎症扩散，但同时肌肉与深筋膜形成的间隙又可成为病变蔓延途径。

（2）黏液囊（bursa）多位于骨的突起与肌肉、腱和皮肤之间，是密闭的结缔组织囊，囊壁内衬有滑膜，腔内有滑液，起减少摩擦的作用。位于关节附近的黏液囊多与关节腔相通，常称为滑膜囊（synovial bursa）。当发生黏液囊炎，可因液体渗出而引起黏液囊肿胀。

（3）腱鞘（tendon sheath）由黏液囊包裹于腱外而成，呈筒状包围于腱的周围，多位于腱通过活动范围较大的关节处，可减少腱活动时的摩擦。在病理因素刺激下，可导致腱鞘发炎肿胀，引起腱鞘炎。

（4）滑车（trochlea）与籽骨（sesamoid bone）前者多位于骨的突出部，为具有沟的滑车状突起，表面覆有软骨，腱与滑车之间常垫有黏液囊。后者是位于关节角顶部的小骨。它们的作用是改变肌肉力的方向，减少腱与骨或关节之间摩擦。

二、皮肌

皮肌（cutaneous muscle）是分布于浅筋膜内的薄板状肌，大部分与皮肤深层紧密相连，多分布于面部、颈部、肩臂部和胸腹部，分别称为面皮肌（facial cutaneus muscle）、额皮肌（forehead cutaneous muscle）、颈皮肌（cervical cutaneous muscle）、肩臂皮肌（shoulder-arm cutaneous muscle ）和胸腹皮肌［躯干皮肌（trunk cutaneous muscle）］。犬躯干皮肌非常发达，几乎覆盖整个胸、腹部，牛、羊缺乏颈皮肌，马没有额皮肌。皮肌收缩时，可使皮肤抖动，以驱赶蚊蝇和抖掉皮肤上的灰尘。

三、头部肌

头部肌分为面部肌、咀嚼肌和舌骨肌。面部肌位于口和鼻腔周围，主要有鼻唇提肌（nasolabial levator muscle）、上唇提肌（levator muscle of the upper lip）、犬齿肌（canine muscle）、下唇降肌（depressor muscle of the lower lip）、口轮匝肌（orbicular muscle of the mouth）和颊肌（buccinator muscle）。咀嚼肌包括闭口肌（咬肌masseter muscle、翼肌pterygoid muscle和颞肌temporal muscle）和开口肌（枕颌肌occipitomandibular muscle和二腹肌digastric muscle）。舌骨肌主要包括下颌舌骨肌（mylohyoid muscle）和茎舌骨肌（stylohyoid muscle）。

四、躯干肌

躯干肌包括脊柱肌、颈腹侧肌、胸廓肌和腹壁肌。

1.脊柱肌 支配脊柱活动的肌肉，分为脊柱背侧肌群和脊柱腹侧肌群。脊柱背侧肌群很发达，位于脊柱的背外侧，包括背腰最长肌（dorsal-lumbus longest muscle）、髂肋肌（iliocostal muscle）、夹肌（splenius muscle）、头半棘肌（semispinal muscle of the head）［又称复肌（complexus muscle）］和颈多裂肌（cervical multifidus muscle）。脊柱腹侧肌群不发达，仅位于颈部和腰部脊柱椎体的腹侧，包括颈部的斜角肌（scalene muscle）、头长肌（long muscle of head）和颈长肌（long muscle of neck），腰部的腰大肌（major psoas muscle ）、腰方肌（lumbar quadrate muscle）和腰小肌（minor psoas muscle）。

2.颈腹侧肌 包括胸头肌（sternocephalic muscle）、胸骨甲状舌骨肌（sternothyrohyoid muscle）和肩胛舌骨肌（omohyoid muscle）。牛和犬的胸头肌分浅、深两部，浅部止于下颌骨下缘，称胸下颌肌（sternomandibular muscle）；深部止于颞骨，称胸乳突肌（sternomastoid muscle）。胸骨甲状舌骨肌的外侧支止于喉的甲状软骨，称为胸骨甲状肌（sternothyroid muscle）；内侧支止于舌骨，称为胸骨舌骨肌（sternohyoid muscle）。

3. 胸廓肌 位于胸侧壁和胸腔后壁，参与呼吸，可分为吸气肌和呼气肌。

（1）吸气肌 有肋间外肌（external intercostal muscle）、前背侧锯肌（cranial dorsal serrate muscle）和膈（diaphragm）。膈是一圆拱形凸向胸腔的板状肌，构成胸腔和腹腔间的分界；其周围由肌纤维构成，称肉质缘；中央是强韧的腱质，称中心腱（central tendon）。膈上有主动脉裂孔（aortic foramen / hiatus）、食管裂孔（esophageal hiatus）和后腔静脉裂孔（postcaval vein hiatus）分别供主动脉、食管和后腔静脉通过。前背侧锯肌和肋间外肌均位于胸侧壁，肌纤维斜向后下方，收缩时肋骨前移，使胸腔横径增大，造成吸气动作。

（2）呼气肌 有后背侧锯肌（caudal dorsal serrate muscle）和肋间内肌（internal intercostal muscle），肌纤维斜向前下方，可向后牵引肋骨，使胸腔横径减小，造成呼气动作。

4.腹壁肌 构成腹侧壁和腹底壁，由四层纤维方向不同的板状肌构成，自浅至深分别有腹外斜肌（external oblique abdominal muscle）、腹内斜肌（internal oblique abdominal muscle）、腹直肌（rectus abdominis muscle）和腹横肌（transverse abdominal muscle）。腹壁肌表面覆盖有腹壁筋膜。左右两侧腹壁肌在腹底正中线上以腱质相连，形成腹白线（abdominal linea alba）。在牛和马等草食动物，腹壁肌外包的深筋膜含有大量的弹性纤维，呈黄色，称为腹黄膜，但犬腹壁肌没有腹黄膜。它可加强腹壁的强韧性。

腹股沟管（inguinal canal）位于腹底壁后部，耻前腱两侧，是腹内斜肌（形成管的前内侧壁）与腹股沟韧带（形成管的后外侧壁）之间的斜行裂隙。公畜的腹股沟管明显，是胎儿时期睾丸从腹腔下降到阴囊的通道，内有精索、总鞘膜、提睾肌和脉管、神经通过。如生后腹股沟管腹环未缩小或扩大时，小肠可进入管内，形成腹股沟疝。给公马去势时，也注意防止小肠从腹股沟管脱出。母畜的腹股沟管仅供脉管、神经通过。

五、前肢肌肉

前肢肌按部位分为肩带肌、肩部肌、臂部肌、前臂部肌和前脚部肌。

1.肩带肌 连结前肢与躯干的肌肉，多数为板状肌。一般起于躯干，止于肩部和臂部。主要包括斜方肌（trapezius muscle）、菱形肌（rhomboid muscle）、背阔肌（broadest muscle of the back）、臂头肌（brachiocephalic muscle）、胸肌（pectoral muscle）和腹侧锯肌（ventral serrate muscle）。胸肌位于前臂内侧与胸骨之间，分为胸前浅肌、胸后浅肌、胸前深肌和胸后深肌。牛、羊、猪、犬还有肩胛横突肌（omotransverse muscle ）。

2.肩部肌 分布于肩胛骨的外侧及内侧面，起自肩胛骨，止于肱骨，跨越肩关节，可伸、屈肩关节和内收、外展前肢。可分为外侧和内侧两组。外侧组有冈上肌（supraspinous muscle）、冈下肌（infraspinous muscle）、三角肌（deltoid muscle）和小圆肌（minor teres muscle）。内侧组有肩胛下肌（subscapular muscle）、大圆肌（major teres muscle）和喙臂肌（coracobrachial muscle）。

3.臂部肌 分布于肱骨周围，起于肩胛骨和肱骨，跨越肩关节及肘关节，止于肱骨和前臂骨，主要作用在肘关节。可分伸、屈两组。伸肌组位于肱骨后方，有臂三头肌（triceps brachii muscle）、前臂筋膜张肌（tensor muscle of antebrachial fascia）和肘肌（anconeus muscle）。臂三头肌位于肩胛骨和肱骨后方的夹角内，呈三角形，肌腹大，分长头、外侧头和内侧头；在犬的长头稍下方，还有一个副头起始，故犬的臂三头肌有四个头。屈肌组在肱骨前方，有臂二头肌（biceps brachii muscle）和臂肌（brachial muscle）。

4.前臂及前脚部肌 肌腹分布于前臂骨的背侧、外侧和掌侧面，多为纺锤形。均起自肱骨远端和前臂骨近端。在腕关节上部变为腱质，作用于腕关节的肌肉的腱短，止于腕骨及掌骨。作用于指关节的肌肉，其腱较长，跨过腕关节和指关节，止于指骨。除腕尺侧屈肌外，其他各肌的肌腱在经过腕关节时，均包有腱鞘。前臂及前脚部肌可分为背外侧肌群和掌内侧肌群。

（1）背外侧肌群 分布于前臂骨的背侧和外侧面，由前向后依次为腕桡侧伸肌（radial extensor muscle of the carpus）、指总伸肌（common digital extensor muscle）和指外侧伸肌（lateral digital extensor muscle），在前臂下部还有腕斜伸肌［extensor carpiobliquus muscle，又称拇长外展肌（abductor pollicis longus muscle）］。牛的指总伸肌腱向下伸延至掌骨远端分为两支，分别沿第3和4指背侧面下行，止于蹄骨。犬的指总伸肌有4个肌腹末端腱分别止于第2、3、4和5指的蹄骨。在牛，腕桡侧伸肌和指总伸肌之间还有指内侧伸肌（medial digital extensor muscle，又称第3指固有伸肌，马无此肌）。它们是作用于腕、指关节的伸肌。

（2）掌内侧肌群 分布于前臂骨的掌侧面，为腕和指关节的屈肌。肌群的浅层为屈腕的肌肉，包括腕外侧屈肌（lateral flexor muscle of the carpus，又称尺外侧肌）、腕尺侧屈肌（ulnar flexor muscle of the carpus）和腕桡侧屈肌（radial flexor muscle of the carpus）；深层为屈指的肌肉，有指浅屈肌（superficial digital flexor muscle）和指深屈肌（deep digital flexor muscle）。牛的指浅屈肌腱分别止于第3、4指冠骨近端的两侧。犬的指浅屈肌腱远端分为4个腱，止于第2、3、4和5指的冠骨。马的指浅屈肌腱在系骨远端分为两支，分别止于系骨和冠骨的两侧。马的指深屈肌腱止于第3指蹄骨的屈腱面，牛的分支分别止于第3、4指蹄骨的屈腱面，犬的分为5支，止于第1 ~ 5指的指节骨。

前肢肌肉还有骨间肌［interosseus muscle，或称悬韧带（suspensory ligament）］和屈肌间肌（interflexor muscle），前者位于掌骨的掌侧面，下部接近籽骨，主要由腱质组成；后者分腕上部和腕下部，由指浅屈肌腱走向指深屈肌腱。另外，犬前臂肌还有旋前圆肌（round pronator muscle）位于前臂内侧，腕桡侧伸肌与腕桡侧屈肌之间，起于肱骨内上髁，止于桡骨中部背内侧缘；旋前方肌（quadrate pronator muscle）位于桡骨和尺骨之间，可向前旋前臂和爪；旋后肌（supinator muscle）位于腕桡侧伸肌深面，起于臂骨外侧上髁，止于桡骨上端的背内侧面；第1、2指固有伸肌是位于指总伸肌深部的一块肌肉，伴随指总伸肌下行，止于第1、2指。

六、后肢肌肉

后肢肌肉较前肢肌肉发达，是推动身体前进的主要动力，可分为臀部肌、股部肌、小腿和后脚部肌，髋关节除了有伸、屈肌群外，还有内收和旋转肌群。

1.臀部肌 有臀浅肌（superficial gluteal muscle，牛、羊无此肌）、臀中肌（middle gluteal muscle）、臀深肌（deep gluteal muscle）和髂肌（iliac muscle），分布于臀部，跨越髋关节，止于股骨。可伸、屈髋关节及外旋大腿。髂肌因与腰大肌的止部紧密结合在一起，故常合称为髂腰肌（iliopsoas muscle）。

2. 股部肌 分布于股骨周围，可分为股前、股后和股内侧肌群。

（1）股前肌群 位于股骨前面，有阔筋膜张肌（tensor muscle of the fascia lata）和股四头肌（quadriceps femoris muscle）。股四头肌有4个肌头，包括股直肌（straight femoral muscle）、股内侧肌（medial vastus muscle）、股外侧肌（lateral vastus muscle）和股中间肌（intermediate vastus muscle）。

（2）股后肌群 位于股后部，有股二头肌（biceps femoris muscle）、半腱肌（semitendinous muscle）和半膜肌（semimembranous muscle）。股二头肌长而宽大，位于股后外侧，有两个头，一是椎骨头（长头），起于荐骨，二是坐骨头（短头），起自坐骨结节，牛和猪的椎骨头还起于荐结节阔韧带，与臀浅肌融合，形成臀股二头肌（glutaeofemorales biceps muscle）。

（3）股内侧肌群 位于股部内侧，有股薄肌（gracilis muscle）、耻骨肌（pectineal muscle）、内收肌（adductor muscle）和缝匠肌（sartorius muscle）。犬缝匠肌分为前后两部，前部起于髋结节和胸腰筋膜，后部起于髂骨翼腹侧缘，止于胫骨内侧。

股内侧肌群还有股方肌（quadrate muscle），呈长方形，在内收肌外侧的前上方，由坐骨腹侧面至股骨小转子，可内收后肢，并使股骨向外传动。在深层，骨盆底壁和股骨之间还有一些小肌，其作用是旋外股骨。包括闭孔外肌（external obturator muscle），呈扇状，起于骨盆底壁和闭孔的腹侧面，止于股骨转子窝；闭孔内肌（internal obturator muscle）呈扇形，起于坐骨和耻骨的骨盆面，其扁腱经闭孔止于股骨转子窝；孖肌（gemellus muscle）为三角形薄肌，位于股二头肌的深面，起于坐骨外侧缘，止于股骨转子窝。

3.小腿和后脚部肌 多为纺锤形肌，肌腹位于小腿部，在跗关节均变为腱，作用于跗关节和趾关节。可分为背外侧肌群和跖侧肌群。

（1）小腿背外侧肌群 有趾长伸肌（long digital extensor muscle）、趾外侧伸肌（lateral digital extensor muscle)、第3腓骨肌（3rd fibular muscle)、胫骨前肌（cranial tibial muscle）和腓骨长肌（long fibular muscle，马无此肌)。

（2）小腿跖侧肌群 有腓肠肌（gastrocnemius muscle)、趾浅屈肌（superficial digital flexor muscle)、趾深屈肌（deep digital flexor muscle)、腘肌（popliteus muscle）和比目鱼肌（soleus muscle）等。腓肠肌腱以及附着于跟结节的趾浅屈肌腱、股二头肌腱和半腱肌腱合成一粗而坚硬的腱索，称为跟（总）腱（common calcaneal tendon)。牛的趾浅屈肌腱分两支，分别止于第3、4趾的冠骨；犬的分为4支，分别止于第1 ～ 5趾；马的止于冠骨两侧。趾深屈肌肌腹有三个头，即外侧浅头、外侧深头和内侧头，三部肌腱在跗关节处合成一总腱，沿趾浅屈肌深面下行。犬趾深屈肌腱分为4支，止于第1 ～ 5趾的趾节；牛分两支，止于第3、4趾的蹄骨；马骨止于蹄骨的屈腱面。

七、肌肉图谱

1. **皮肌、筋膜和肌器官结构** 图3-1-1至图3-1-12。
2. **全身肌肉** 图3-2-1至图3-2-8。
3. **头部肌肉** 图3-3-1至图3-3-15。
4. **颈部肌肉** 图3-4-1至图3-4-17。
5. **前肢肌肉** 图3-5-1至图3-5-41。
6. **胸、腹部肌肉** 图3-6-1至图3-6-30。
7. **后肢肌肉** 图3-7-1至图3-7-49。

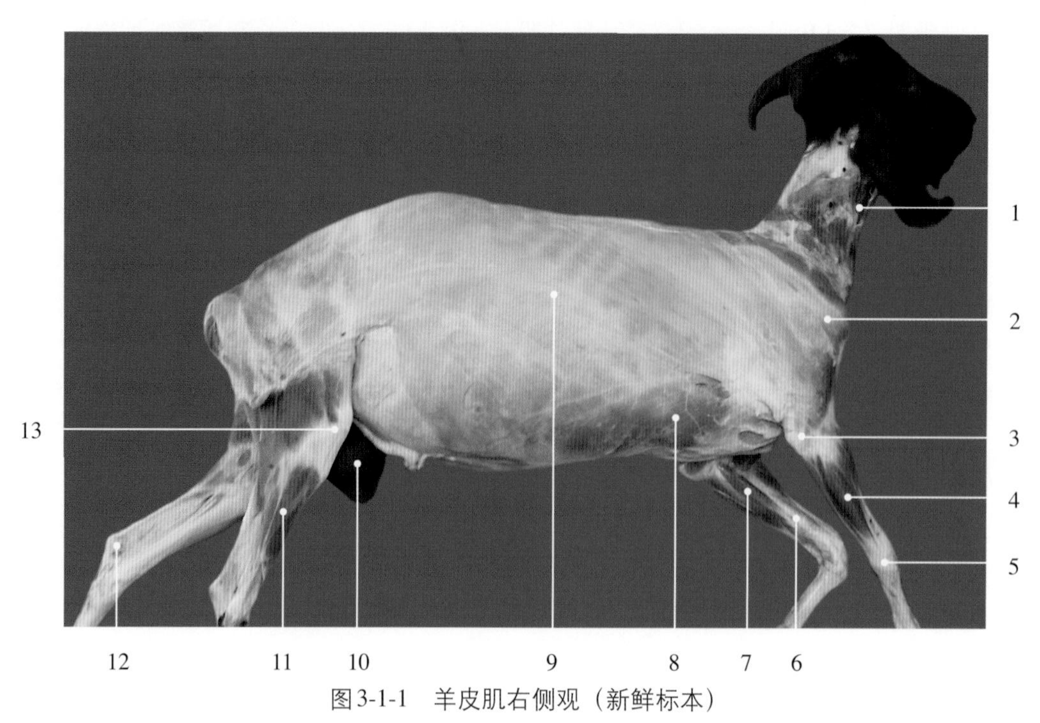

图3-1-1　羊皮肌右侧观（新鲜标本）

1. 右颈静脉　right jugular vein
2. 肩关节　shoulder joint
3. 肘关节　elbow joint
4. 指总伸肌　common digital extensor muscle
5. 腕关节　carpal joint
6. 桡骨　radius
7. 腕桡侧屈肌　radial flexor muscle of the carpus
8. 胸肌　pectoral muscle
9. 躯干皮肌　trunk cutaneous muscle
10. 阴囊　scrotum
11. 小腿部肌　muscles of the leg
12. 跟结节　calcaneal tuberosity
13. 膝关节　stifle joint

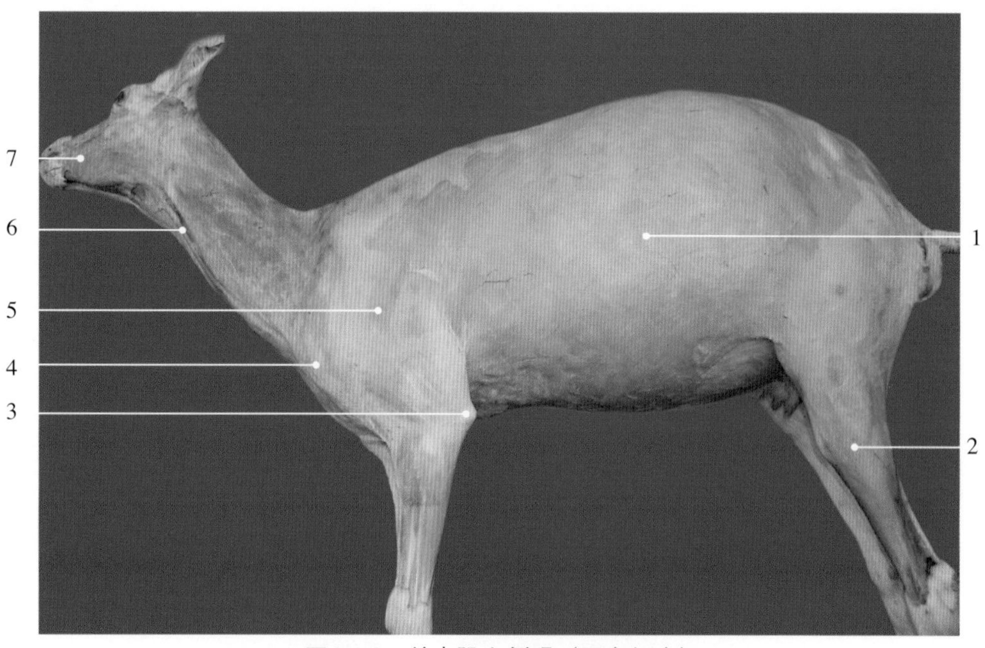

图3-1-2　羊皮肌左侧观（固定标本）

1. 躯干皮肌　trunk cutaneous muscle
2. 膝关节　stifle joint
3. 肘突　olecranon
4. 肩关节　shoulder joint
5. 肩臂皮肌　shoulder-arm cutaneous muscle
6. 颈静脉　jugular vein
7. 面皮肌　facial cutaneus muscle

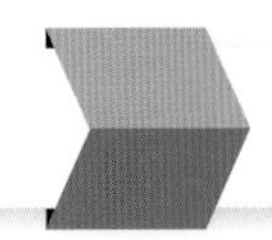

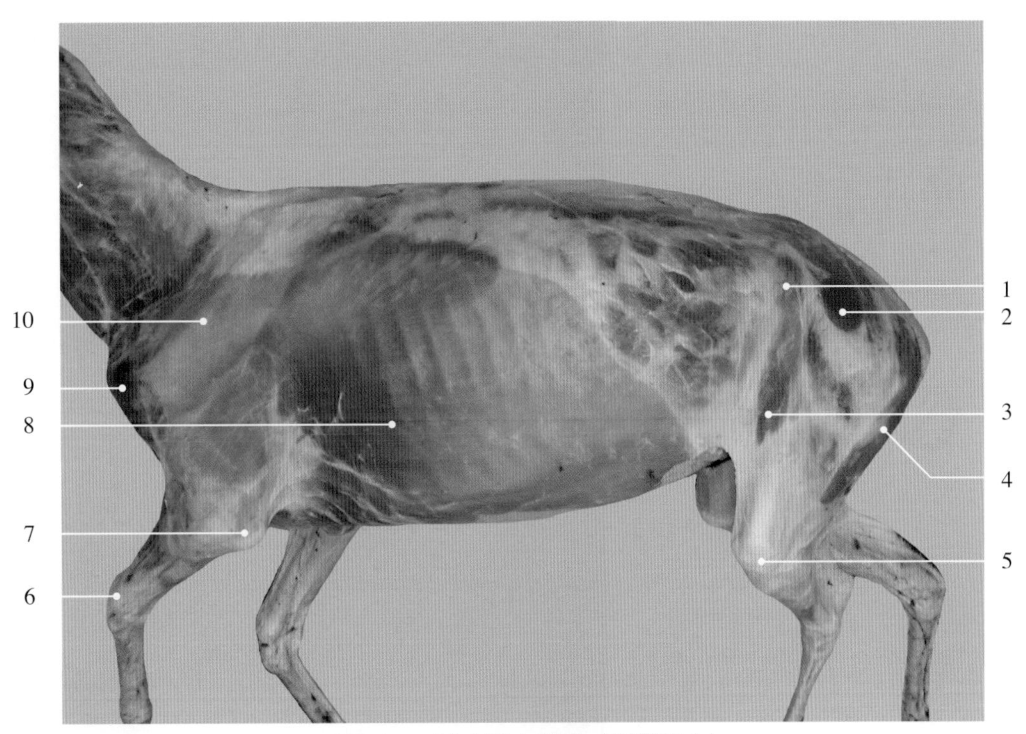

图3-1-3　驴皮肌左侧观（新鲜标本）

1. 髋结节 coxal tuberosity
2. 臂肌 brachial muscle
3. 股四头肌 quadriceps femoris muscle
4. 股二头肌 biceps femoris muscle
5. 膝关节 stifle joint
6. 腕关节 carpal joint
7. 鹰嘴 olecranon
8. 躯干皮肌 trunk cutaneous muscle
9. 肩关节 shoulder joint
10. 肩臂皮肌 shoulder-arm cutaneous muscle

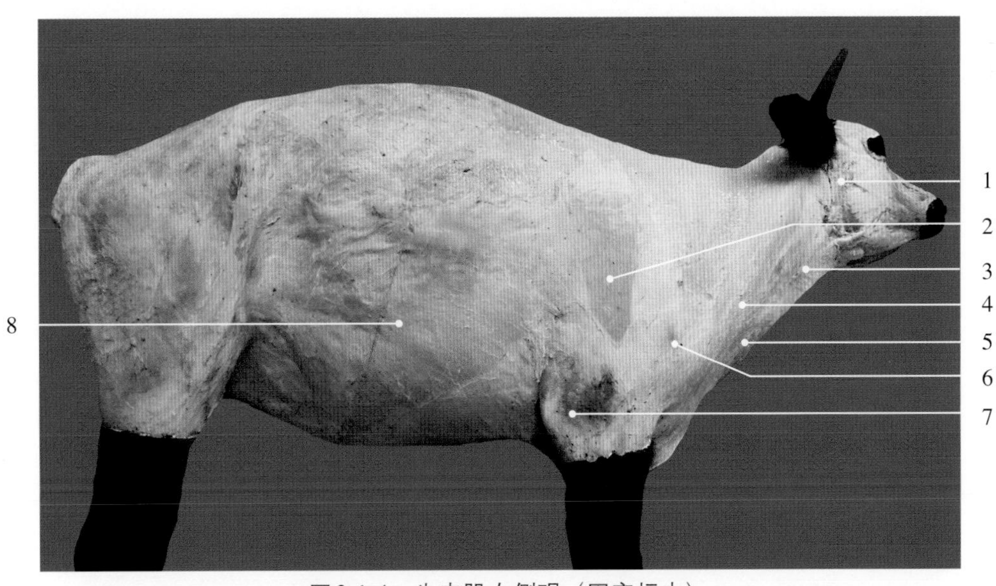

图3-1-4　牛皮肌右侧观（固定标本）

1. 腮腺 parotid gland
2. 肩臂皮肌 shoulder-arm cutaneous muscle
3. 颈静脉沟 jugular vein groove
4. 臂头肌 brachiocephalic muscle
5. 胸头肌 sternocephalic muscle
6. 肩关节 shoulder joint
7. 鹰嘴 olecranon
8. 躯干皮肌 trunk cutaneous muscle

图3-1-5　猪皮肤与筋膜（新鲜标本）

1. 肌肉 muscle
2. 浅筋膜（皮下组织）superficial fascia (subcutaneous tissue)
3. 皮肤 skin
4. 膝关节 stifle joint
5. 跟结节 calcaneal tuberosity

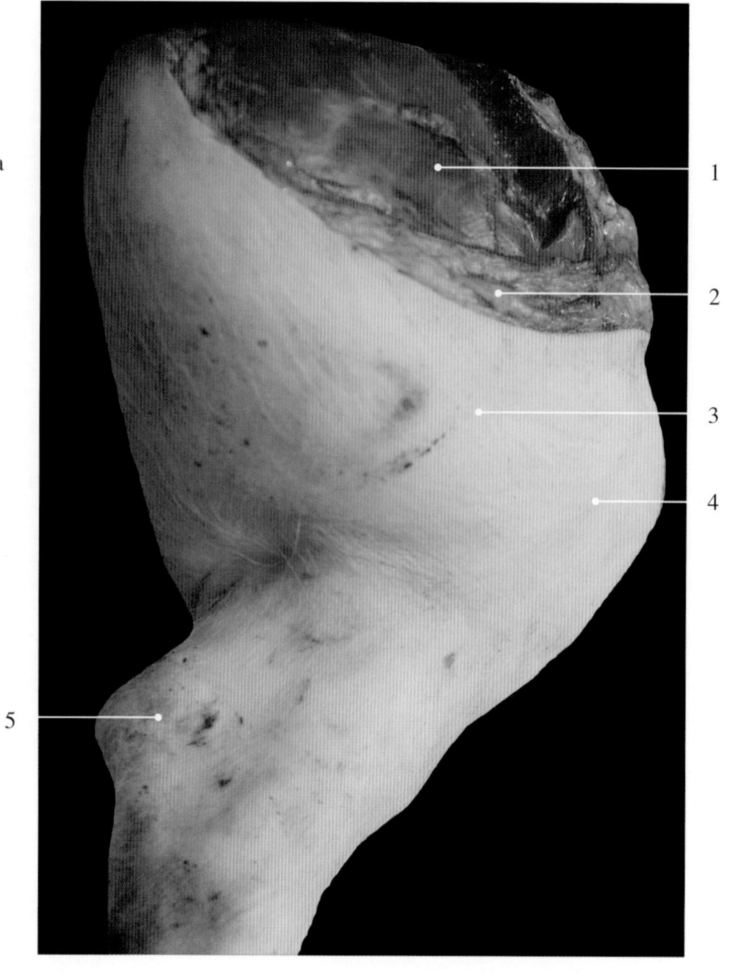

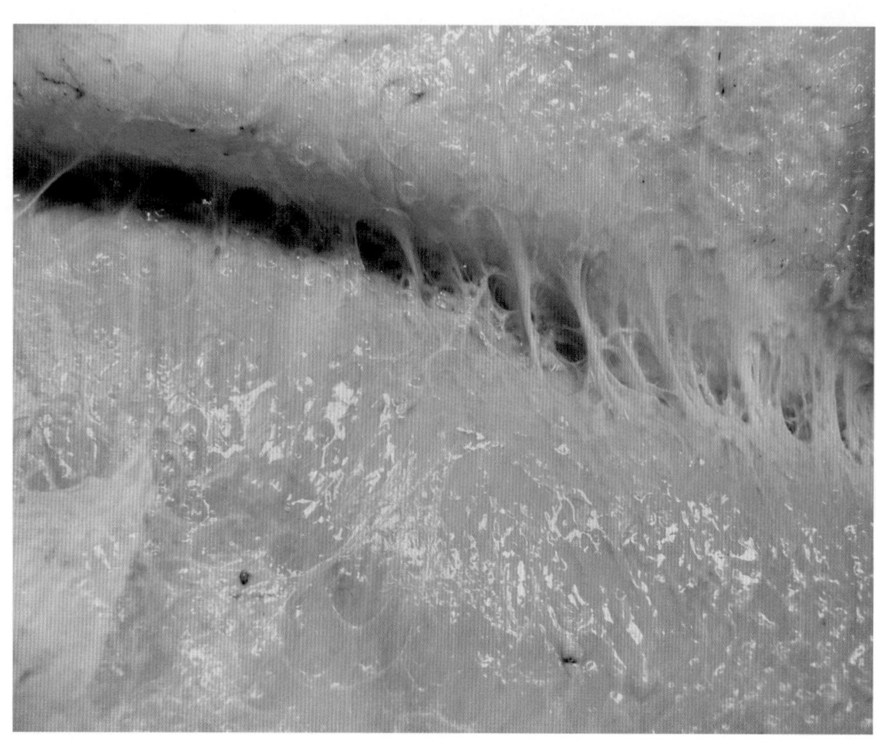

图3-1-6　牛浅筋膜（固定标本）

图3-1-7　牛皮下血管与神经

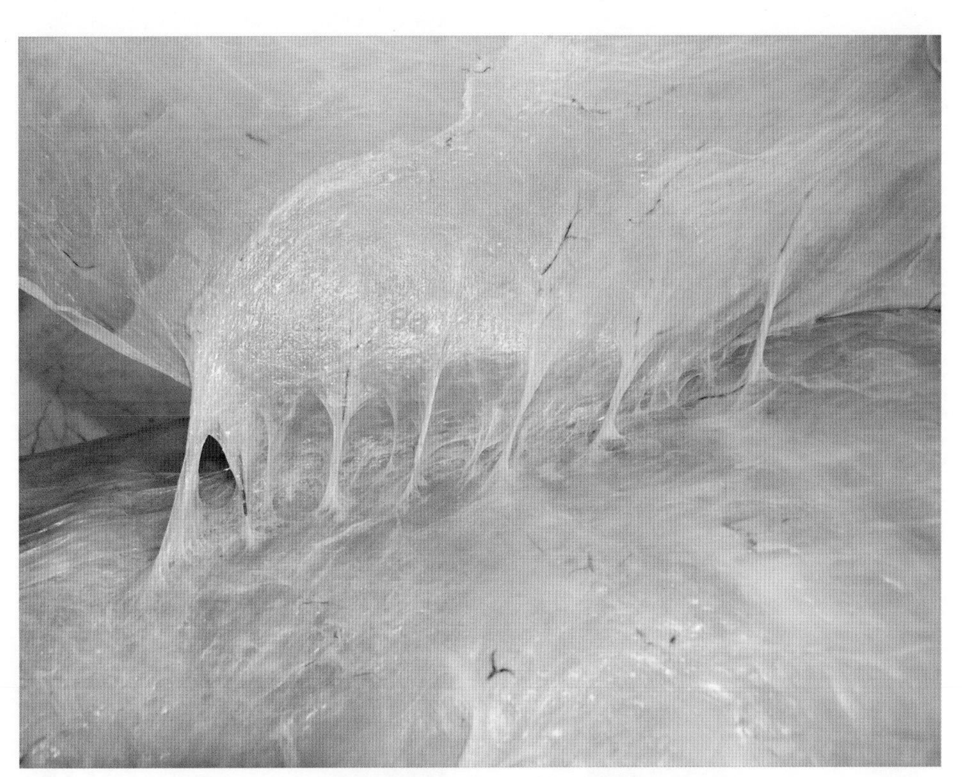

图3-1-8　羊皮下血管与神经

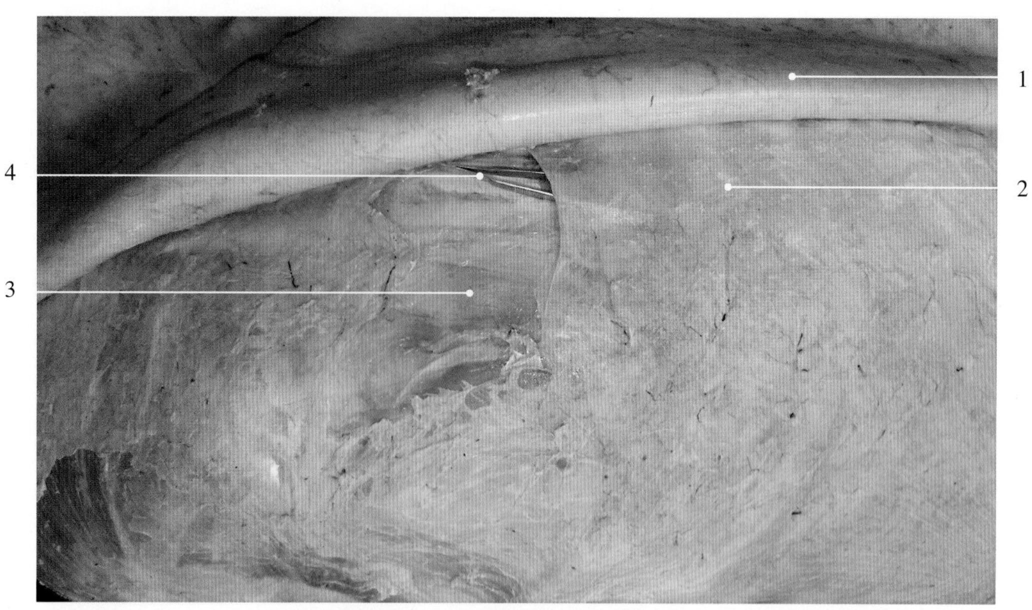

图3-1-9　牛深筋膜（固定标本）

1. 皮肤 skin
2. 深筋膜（腰背筋膜） deep fascia（lumbodorsal fascia）
3. 背最长肌 dorsal part of longest muscle
4. 镊子 forceps

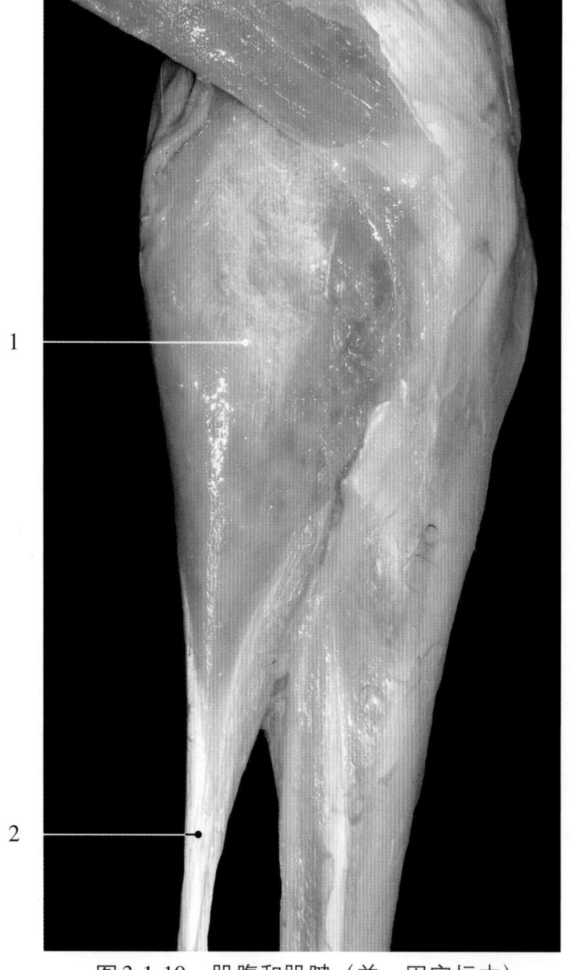

图3-1-10　肌腹和肌腱（羊，固定标本）

1. 肌腹 muscle belly　2. 肌腱 muscle tendon

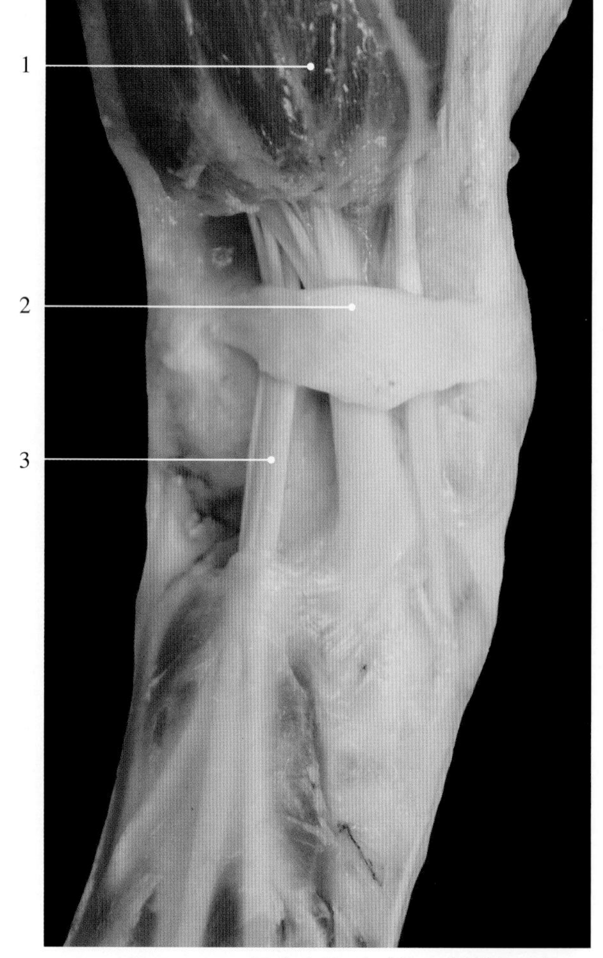

图3-1-11　肌腹和肌腱（猪，新鲜标本）

1. 肌腹 muscle belly
2. 支持带 retinaculum
3. 肌腱 muscle tendon

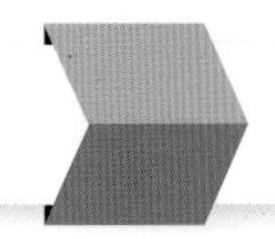

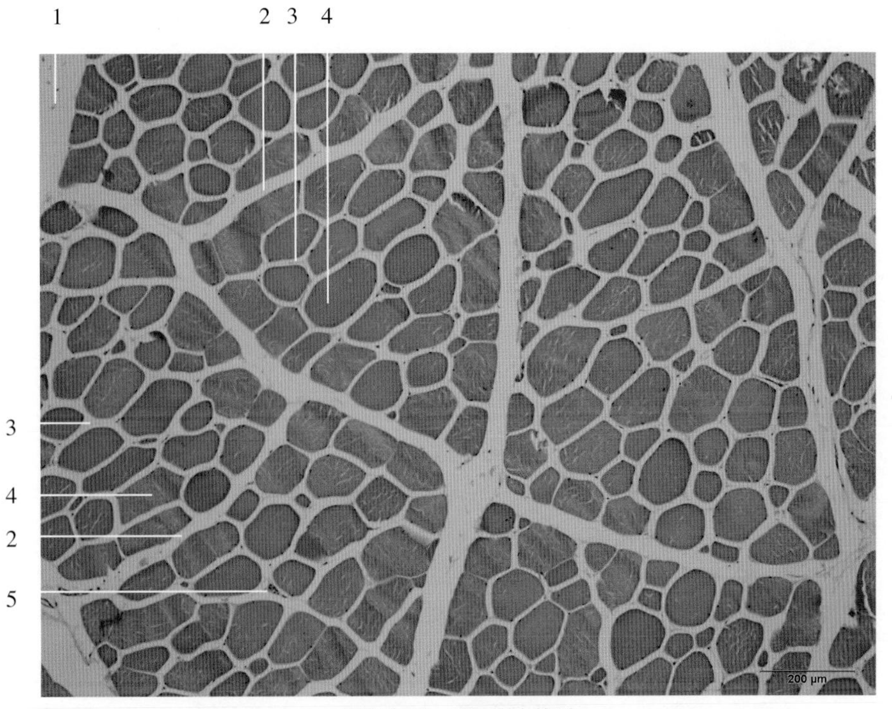

图3-1-12 肌肉的构造

1. 肌外膜 epimysium
2. 肌束膜 perimysium
3. 肌内膜 endomysium
4. 肌纤维 muscle fiber
5. 血管 blood vessel

图3-2-1 牛全身浅层肌肉右侧观（固定标本）

1. 阔筋膜张肌 tensor muscle of the fascia lata
2. 腹外斜肌 external oblique abdominal muscle
3. 腰背筋膜 lumbodorsal fascia
4. 背阔肌 broadest muscle of the back
5. 胸斜方肌 thoracic part of trapezius muscle
6. 颈斜方肌 cervical part of trapezius muscle
7. 锁枕肌 cleido-occipital muscle
8. 咬肌 masseter muscle
9. 颧肌 zygomatic muscle
10. 颊肌 buccinator muscle
11. 锁乳突肌 cleidomastoid muscle
12. 肩胛横突肌 omotransverse muscle
13. 颈静脉 jugular vein
14. 胸头肌 sternocephalic muscle
15. 臂头肌 brachiocephalic muscle
16. 三角肌 deltoid muscle
17. 臂三头肌 triceps brachii muscle
18. 前臂筋膜张肌 tensor muscle of antebrachial fascia
19. 胸升肌（胸后深肌） pectoral ascendent muscle
20. 腹侧锯肌 ventral serrate muscle
21. 腹外斜肌腱膜 aponeurosis of oblique abdominal muscle
22. 髂下淋巴结 subiliac lymph node
23. 臀股二头肌 glutaeofemorales biceps muscle
24. 半腱肌 semitendinous muscle

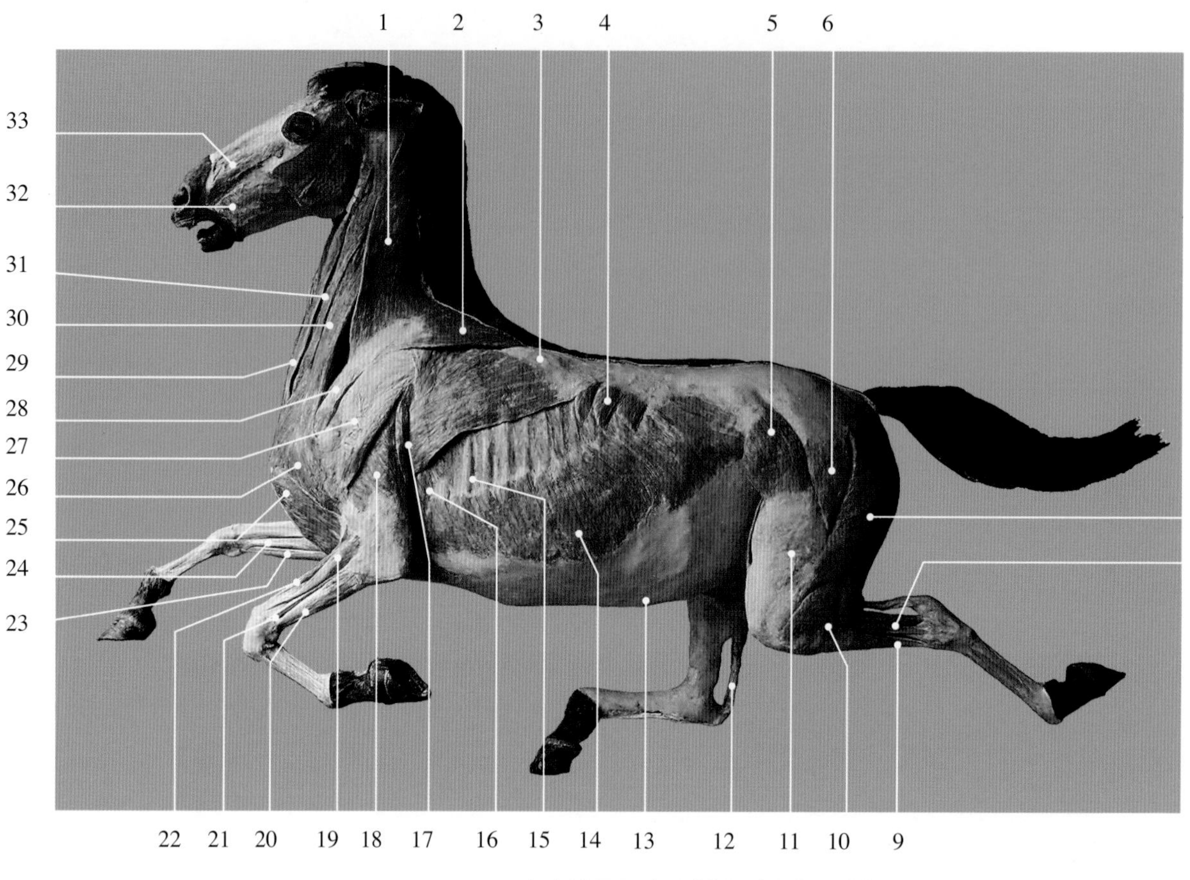

图3-2-2　马全身浅层肌肉左侧观（塑化标本）

1. 颈斜方肌 cervical part of trapezius muscle
2. 胸斜方肌 thoracic part of trapezius muscle
3. 背阔肌 broadest muscle of the back
4. 后背侧锯肌 caudal dorsal serrate muscle
5. 阔筋膜张肌 tensor muscle of the fascia lata
6. 臀浅肌 superficial gluteal muscle
7. 股二头肌椎骨头 vertebrae head of biceps femoris muscle
8. 趾外侧伸肌 lateral digital extensor muscle
9. 趾长伸肌 long digital extensor muscle
10. 臀股二头肌坐骨头 ischium head of glutaeofemorales biceps muscle
11. 股四头肌 quadriceps femoris muscle
12. 跟（总）腱 common calcaneal tendon
13. 腹直肌 rectus abdominis muscle
14. 腹外斜肌 external oblique abdominal muscle
15. 肋间外肌 external intercostal muscle
16. 腹侧锯肌 ventral serrate muscle
17. 前臂筋膜张肌 tensor muscle of antebrachial fascia
18. 臂三头肌长头 long head of triceps brachii muscle
19. 指总伸肌 common digital extensor muscle
20. 腕外侧屈肌 lateral flexor muscle of the carpus
21. 指外侧伸肌 lateral digital extensor muscle
22. 腕桡侧伸肌 radial extensor muscle of the carpus
23. 腕尺侧屈肌 ulnar flexor muscle of the carpus
24. 腕桡侧屈肌 radial flexor muscle of the carpus
25. 胸浅肌 superficial pectoral muscle
26. 三角肌 deltoid muscle
27. 冈下肌 infraspinous muscle
28. 冈上肌 supraspinous muscle
29. 胸骨甲状舌骨肌 sternothyrohyoid muscle
30. 臂头肌 brachiocephalic muscle
31. 胸头肌 sternocephalic muscle
32. 颊肌 buccinator muscle
33. 颧肌 zygomatic muscle

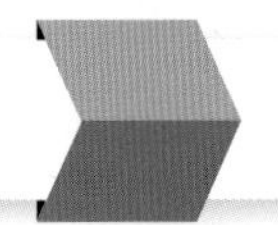

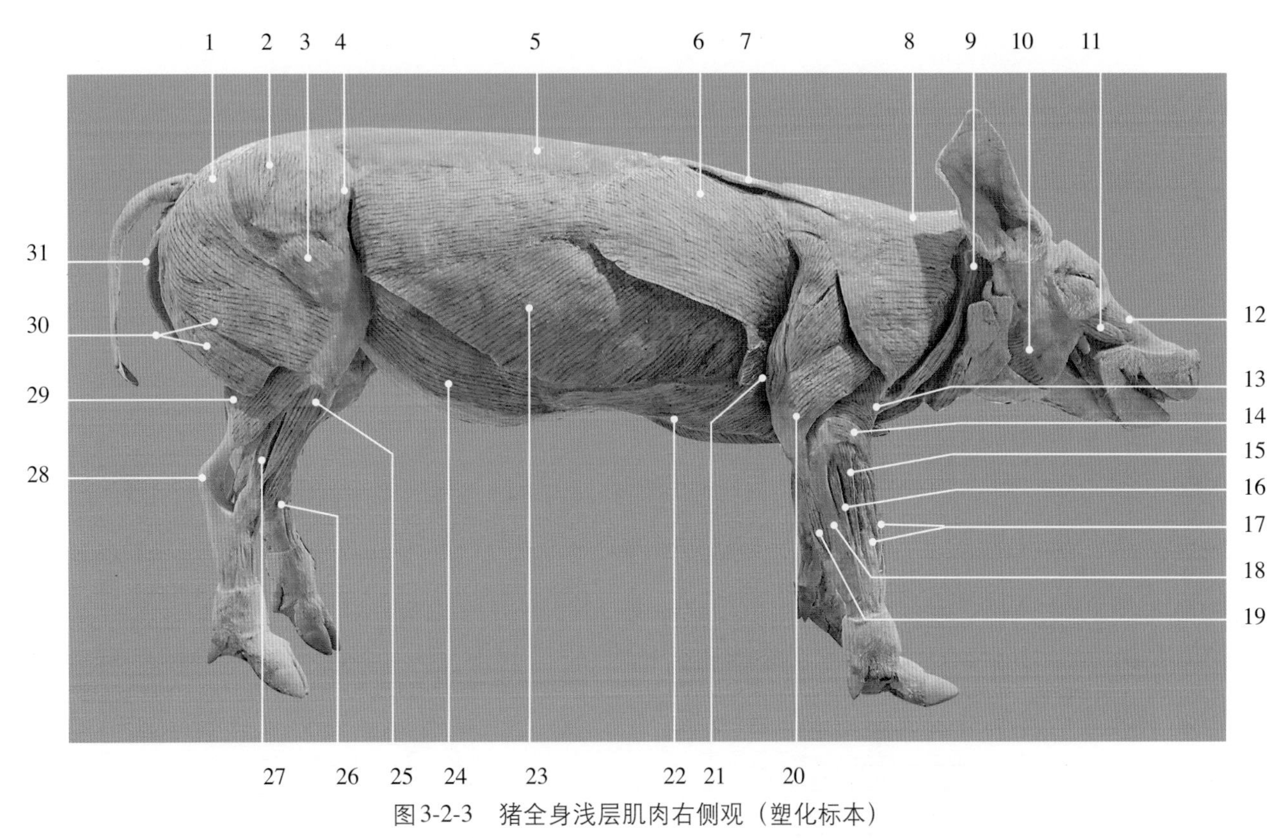

图3-2-3　猪全身浅层肌肉右侧观（塑化标本）

1. 臀浅肌 superficial gluteal muscle
2. 臀中肌 middle gluteal muscle
3. 股四头肌 quadriceps femoris muscle
4. 阔筋膜张肌 tensor muscle of the fascia lata
5. 背腰最长肌 dorsal-lumbus longest muscle
6. 背阔肌 broadest muscle of the back
7. 胸斜方肌 thoracic part of trapezius muscle
8. 颈斜方肌 cervical part of trapezius muscle
9. 臂头肌 brachiocephalic muscle
10. 咬肌 masseter muscle
11. 上唇降肌 depressor muscle of the upper lip
12. 上唇提肌 levator muscle of the upper lip
13. 臂肌 brachial muscle
14. 腕桡侧伸肌 radial extensor muscle of the carpus
15. 指外侧伸肌（第4指伸肌）lateral digital extensor muscle (4th digital extensor muscle)
16. 指外侧伸肌（第5指伸肌）lateral digital extensor muscle (5th digital extensor muscle)
17. 指总伸肌 common digital extensor muscle
18. 腕外侧屈肌 lateral flexor muscle of the carpus
19. 指浅屈肌 superficial digital flexor muscle
20. 臂三头肌 triceps brachii muscle
21. 前臂筋膜张肌 tensor muscle of antebrachial fascia
22. 胸深肌 deep pectoral muscle
23. 腹外斜肌，切断 external oblique abdominal muscle, sectioned
24. 腹直肌 rectus abdominis muscle
25. 腓骨长肌 long fibular muscle
26. 第3腓骨肌 3rd fibular muscle
27. 趾外侧伸肌 lateral digital extensor muscle
28. 跟结节 calcaneal tuberosity
29. 腓肠肌 gastrocnemius muscle
30. 股二头肌 biceps femoris muscle
31. 半腱肌 semitendinous muscle

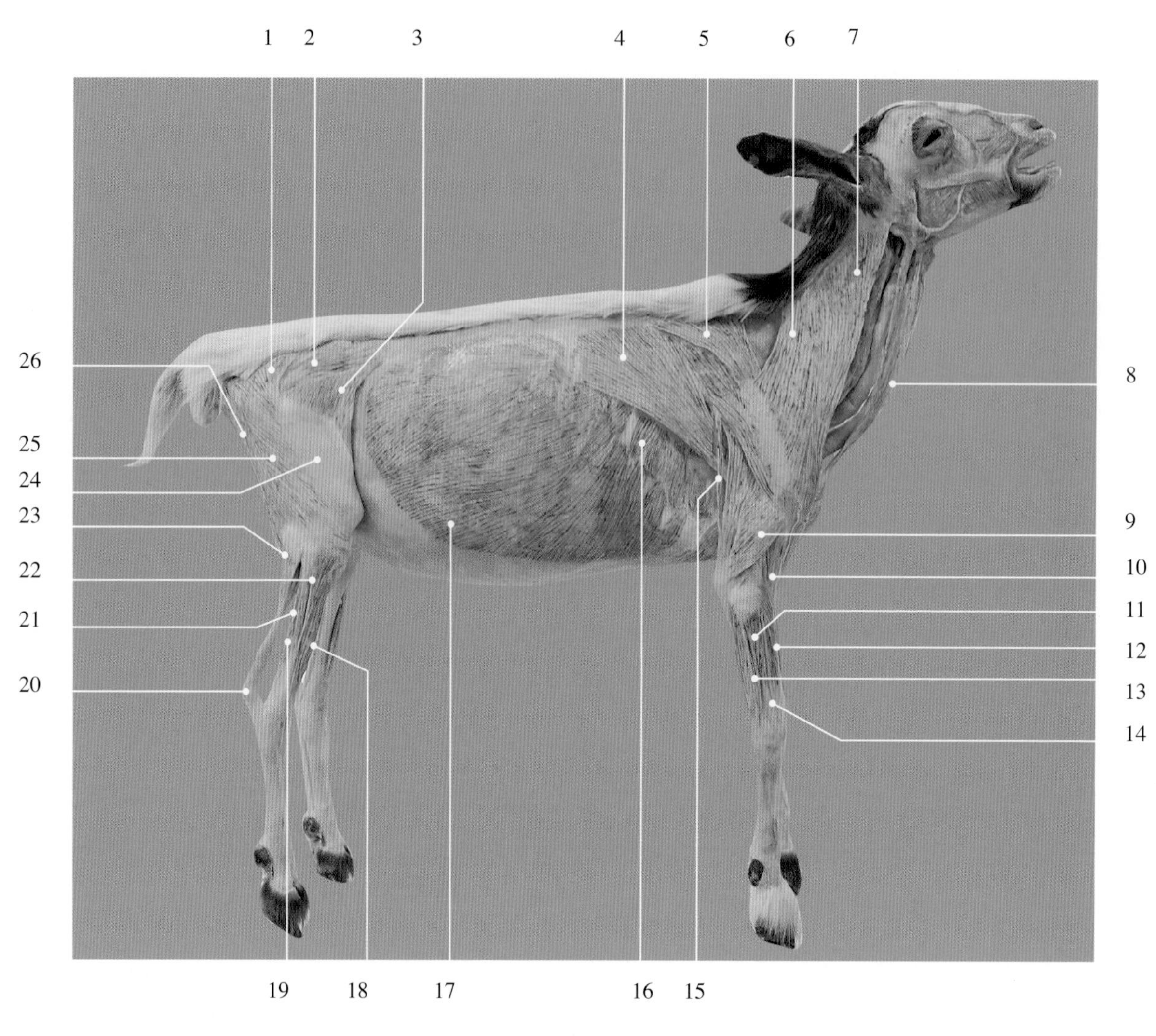

图3-2-4　羊全身浅层肌肉右侧观（塑化标本）

1. 臀浅肌 superficial gluteal muscle
2. 臀中肌 middle gluteal muscle
3. 阔筋膜张肌 tensor muscle of the fascia lata
4. 背阔肌 broadest muscle of the back
5. 胸斜方肌 thoracic part of trapezius muscle
6. 颈斜方肌 cervical part of trapezius muscle
7. 臂头肌 brachiocephalic muscle
8. 胸头肌 sternocephalic muscle
9. 臂三头肌 triceps brachii muscle
10. 臂二头肌 biceps brachii muscle
11. 指外侧伸肌 lateral digital extensor muscle
12. 腕桡侧伸肌 radial extensor muscle of the carpus
13. 腕外侧屈肌 lateral flexor muscle of the carpus
14. 指总伸肌 common digital extensor muscle
15. 前臂筋膜张肌 tensor muscle of antebrachial fascia
16. 胸腹侧锯肌 thoracic part of ventral serrate muscle
17. 腹外斜肌 external oblique abdominal muscle
18. 趾长伸肌 long digital extensor muscle
19. 趾深屈肌 deep digital flexor muscle
20. 跟（总）腱 common calcaneal tendon
21. 趾外侧伸肌 lateral digital extensor muscle
22. 腓骨长肌 long fibular muscle
23. 腓肠肌 gastrocnemius muscle
24. 股四头肌 quadriceps femoris muscle
25. 股二头肌 biceps femoris muscle
26. 半腱肌 semitendinous muscle

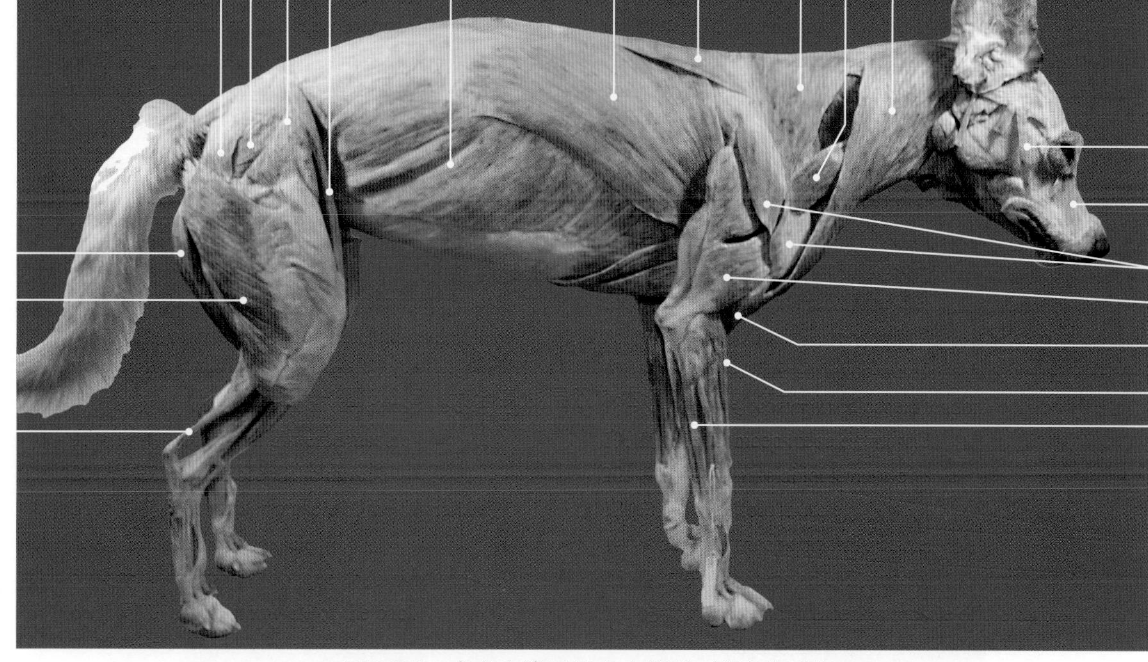
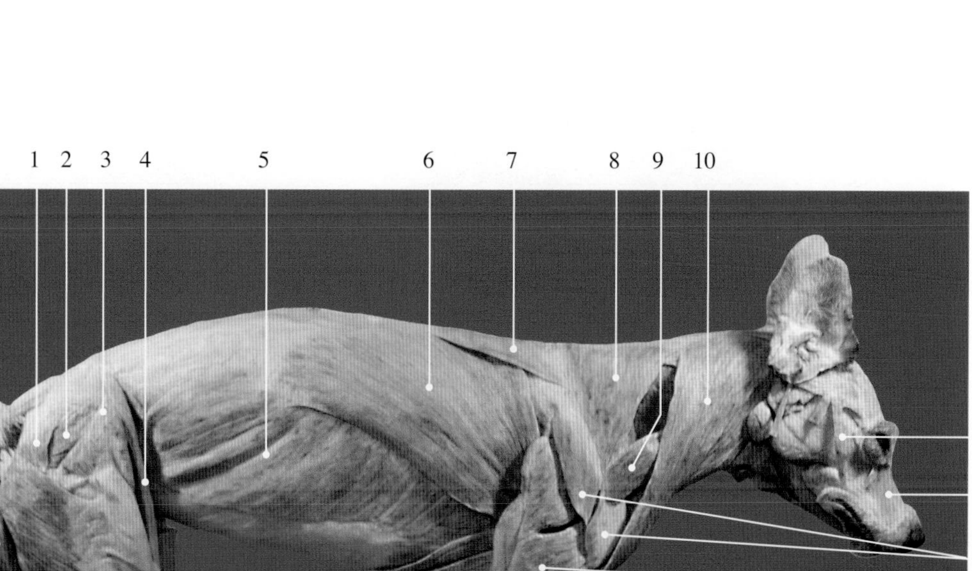

图3-2-5 犬全身浅层肌肉右侧观（塑化标本）

1. 臀浅肌 superficial gluteal muscle
2. 臀中肌 middle gluteal muscle
3. 阔筋膜张肌 tensor muscle of the fascia lata
4. 缝匠肌 sartorius muscle
5. 腹外斜肌 external oblique abdominal muscle
6. 背阔肌 broadest muscle of the back
7. 胸斜方肌 thoracic part of trapezius muscle
8. 颈斜方肌 cervical part of trapezius muscle
9. 肩胛横突肌 omotransverse muscle
10. 臂头肌 brachiocephalic muscle
11. 颧肌 zygomatic muscle
12. 鼻唇提肌 nasolabial levator muscle
13. 三角肌 deltoid muscle
14. 臂三头肌 triceps brachii muscle
15. 臂二头肌 biceps brachii muscle
16. 腕桡侧伸肌 radial extensor muscle of the carpus
17. 腕外侧屈肌 lateral flexor muscle of the carpus
18. 跟（总）腱 common calcaneal tendon
19. 股二头肌 biceps femoris muscle
20. 半腱肌 semitendinous muscle

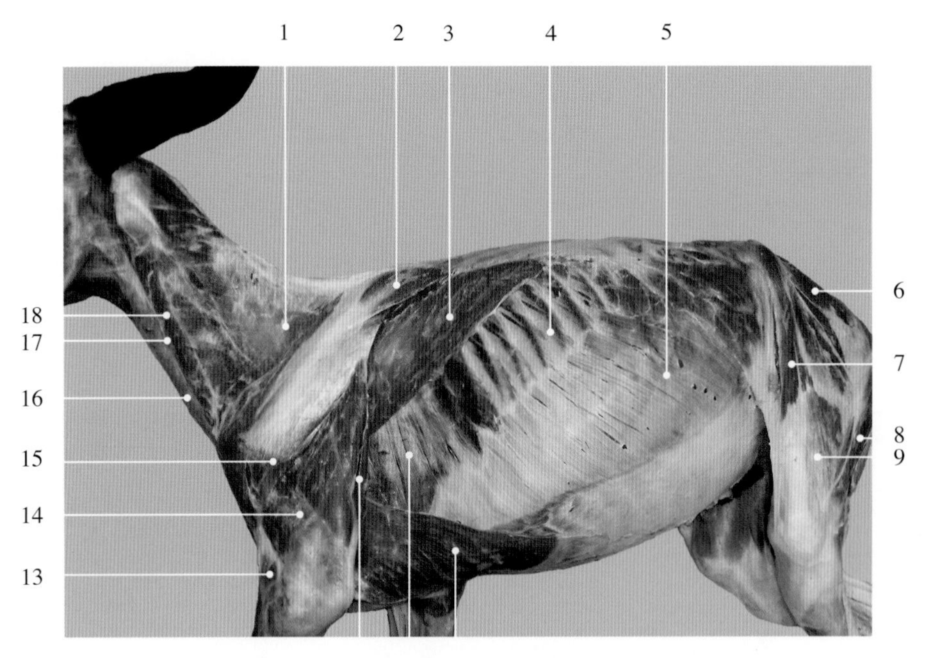

图3-2-6　驴全身浅层肌肉左侧观（新鲜标本）

1. 颈斜方肌 cervical part of trapezius muscle
2. 胸斜方肌 thoracic part of trapezius muscle
3. 背阔肌 broadest muscle of the back
4. 肋间外肌 external intercostal muscle
5. 腹外斜肌 external oblique abdominal muscle
6. 臀肌 gluteus muscle
7. 阔筋膜张肌 tensor muscle of the fascia lata
8. 股二头肌 biceps femoris muscle
9. 股四头肌 quadriceps femoris muscle
10. 胸肌 pectoral muscle
11. 胸腹侧锯肌 thoracic part of ventral serrate muscle
12. 前臂筋膜张肌 tensor muscle of the antebrachial fascia
13. 臂肌 brachial muscle
14. 臂三头肌 triceps brachii muscle
15. 三角肌 deltoid muscle
16. 胸头肌 sternocephalic muscle
17. 颈静脉沟 jugular vein groove
18. 臂头肌 brachiocephalic muscle

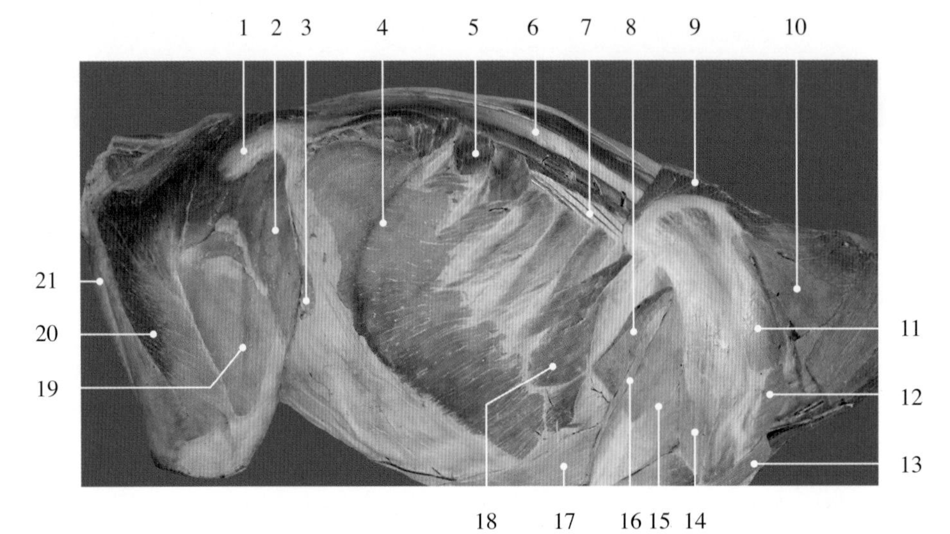

图3-2-7　牛全身中层肌肉右侧观（固定标本）

1. 臀中肌 middle gluteal muscle
2. 阔筋膜张肌 tensor muscle of the fascia lata
3. 髂下淋巴结 subiliac lymph node
4. 腹外斜肌 external oblique abdominal muscle
5. 后背侧锯肌 caudal dorsal serrate muscle
6. 背腰最长肌 dorsal-lumbus longest muscle
7. 髂肋肌 iliocostal muscle
8. 背阔肌 broadest muscle of the back
9. 菱形肌 rhomboid muscle
10. 颈腹侧锯肌 cervical part of ventral serrate muscle
11. 冈上肌 supraspinous muscle
12. 肩胛横突肌 omotransverse muscle
13. 臂头肌 brachiocephalic muscle
14. 三角肌 deltoid muscle
15. 臂三头肌 triceps brachii muscle
16. 前臂筋膜张肌 tensor muscle of antebrachial fascia
17. 胸肌 pectoral muscle
18. 胸腹侧锯肌 thoracic part of ventral serrate muscle
19. 股四头肌 quadriceps femoris muscle
20. 臀股二头肌 glutaeofemorales biceps muscle
21. 半腱肌 semitendinous muscle

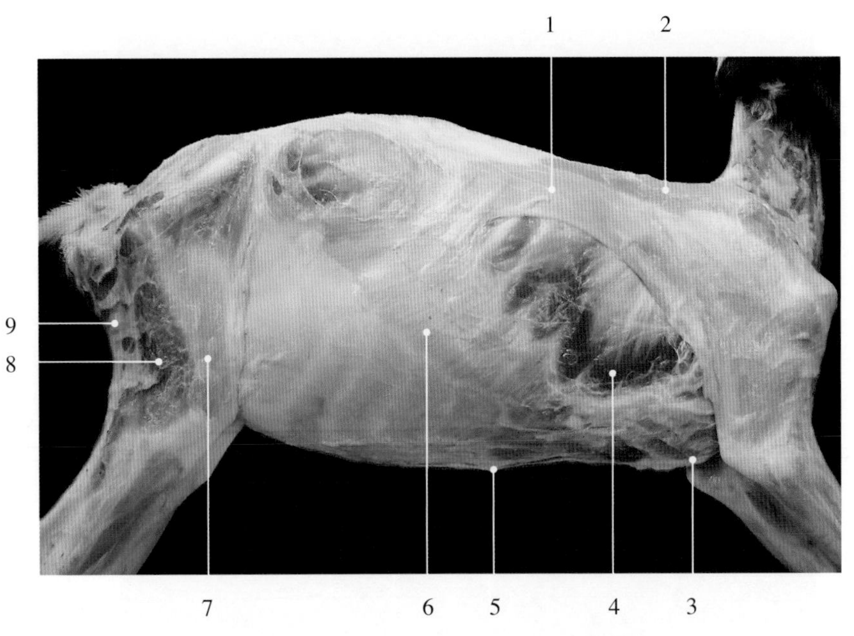

图3-2-8 波尔山羊全身浅层肌肉外侧观

1. 背阔肌 broadest muscle of the back
2. 斜方肌 trapezius muscle
3. 胸后深肌 pectoral ascendent muscle
4. 胸腹侧锯肌 thoracic part of ventral serrate muscle
5. 腹直肌 rectus abdominis muscle
6. 腹外斜肌 external oblique abdominal muscle
7. 股四头肌 quadriceps femoris muscle
8. 股二头肌 biceps femoris muscle
9. 半腱肌 semitendinous muscle

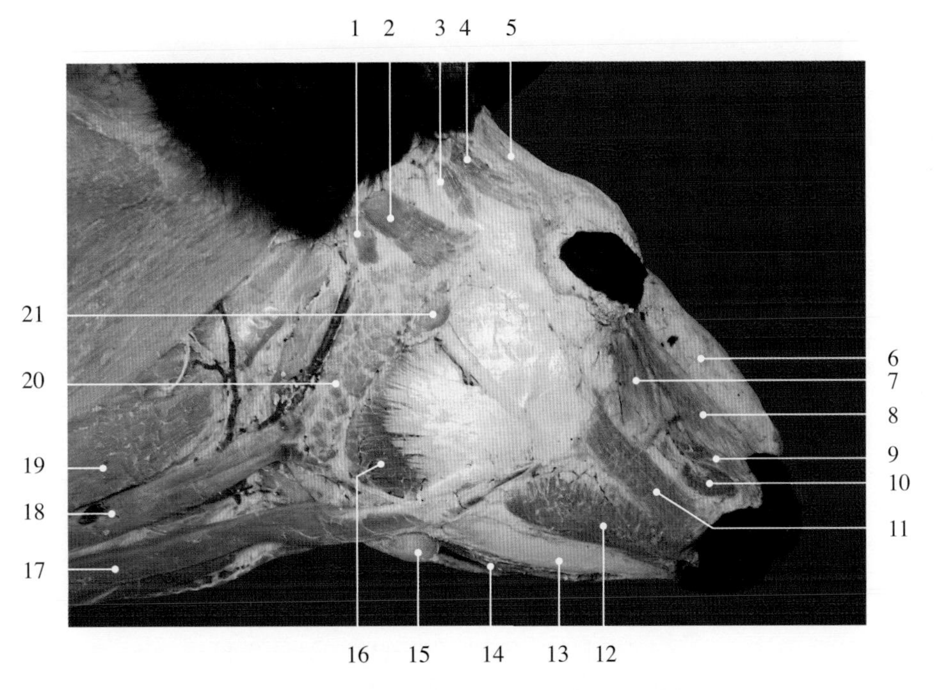

图3-3-1 牛头部肌肉右侧观（固定标本）

1 ～ 4. 耳肌 auricular muscles
5. 额皮肌 forehead cutaneous muscle
6. 皮肤 skin
7. 颊提肌 elevator muscle of cheek
8. 鼻唇提肌 nasolabial levator muscle
9. 犬齿肌 canine muscle
10. 上唇降肌 depressor muscle of the upper lip
11. 颧肌 zygomatic muscle
12. 颊肌 buccinator muscle
13. 下颌骨 mandible
14. 下颌舌骨肌 mylohyoid muscle
15. 颌下腺 submandibular gland
16. 咬肌 masseter muscle
17. 胸头肌 sternocephalic muscle
18. 颈静脉 jugular vein
19. 臂头肌 brachiocephalic muscle
20. 腮腺 parotid gland
21. 腮腺淋巴结 parotid lymph node

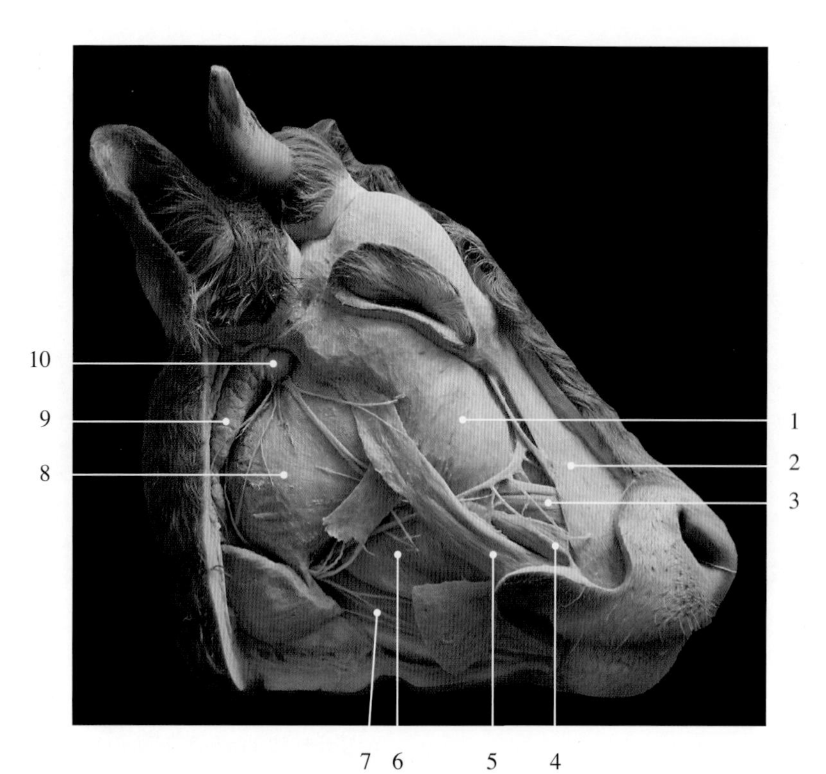

图3-3-2　牛头部肌肉右侧观（塑化标本）

1. 颊提肌 elevator muscle of cheek
2. 鼻唇提肌 nasolabial levator muscle
3. 上唇提肌 levator muscle of the upper lip
4. 上唇降肌 depressor muscle of the upper lip
5. 颧肌 zygomatic muscle
6. 颊肌 buccinator muscle
7. 下唇降肌 depressor muscle of the lower lip
8. 咬肌 masseter muscle
9. 腮腺 parotid gland
10. 腮腺淋巴结 parotid lymph node

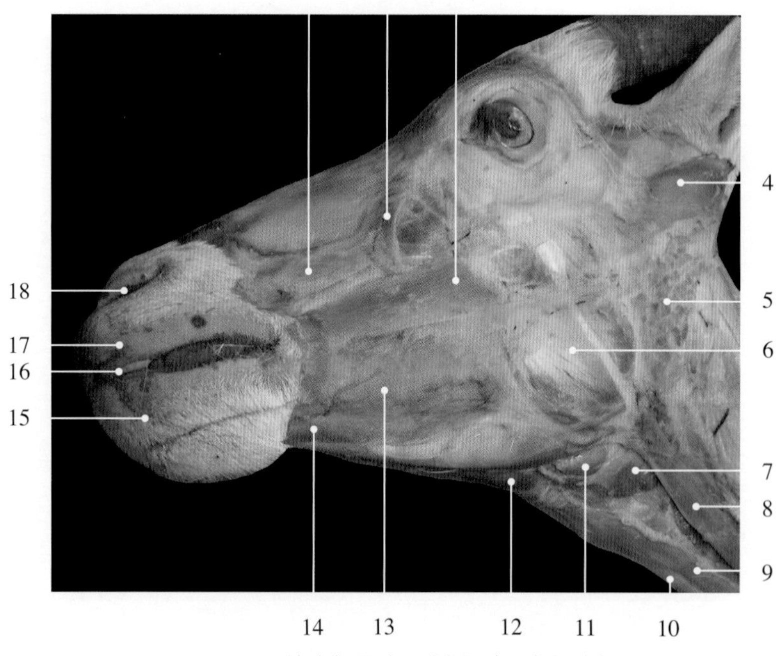

图3-3-3　羊头部肌肉左侧观（固定标本）

1. 鼻唇提肌 nasolabial levator muscle
2. 颊提肌 elevator muscle of cheek
3. 颧肌 zygomatic muscle
4. 耳肌 auricular muscle
5. 腮腺 parotid gland
6. 咬肌 masseter muscle
7. 颌下腺 submandibular gland
8. 胸头肌 sternocephalic muscle
9. 胸骨甲状肌 sternothyroid muscle
10. 胸骨舌骨肌 sternohyoid muscle
11. 下颌淋巴结 mandibular lymph node
12. 下颌舌骨肌 mylohyoid muscle
13. 颊肌 buccinator muscle
14. 下唇降肌 depressor muscle of the lower lip
15. 下唇 lower lip
16. 口裂 oral fissure
17. 上唇 upper lip
18. 鼻孔 nostril, nasal opening

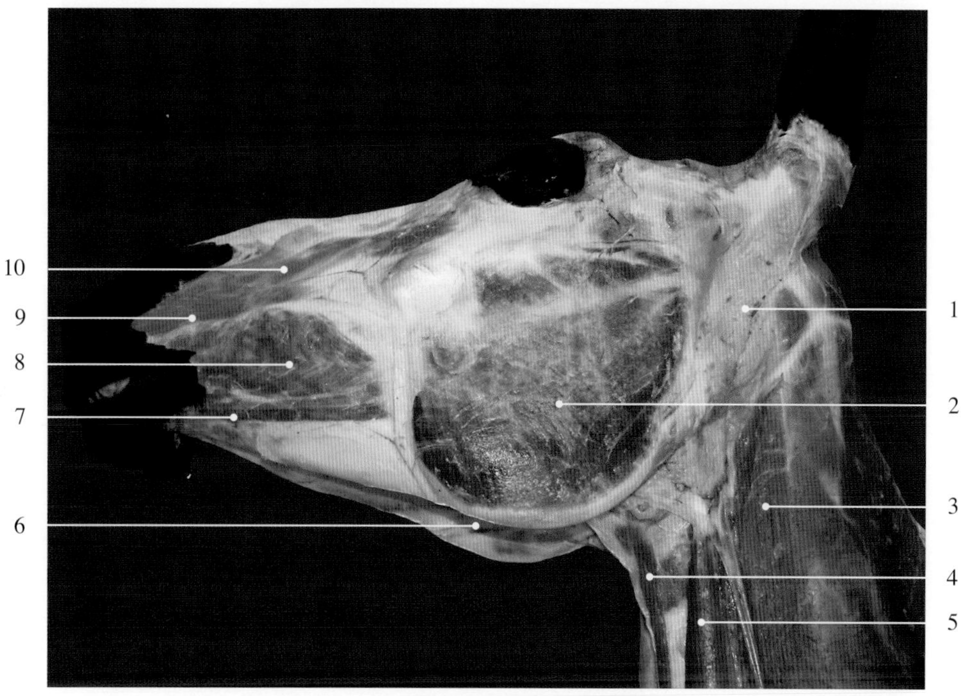

图3-3-4 驴头部肌肉左侧观（新鲜标本）

1. 腮腺 parotid gland
2. 咬肌 masseter muscle
3. 臂头肌 brachiocephalic muscle
4. 胸骨甲状肌 sternothyroid muscle
5. 胸头肌 sternocephalic muscle
6. 下颌间隙 intermandibular space
7. 下唇降肌 depressor muscle of the lower lip
8. 颊肌 buccinator muscle
9. 上唇提肌 levator muscle of the upper lip
10. 鼻唇提肌 nasolabial levator muscle

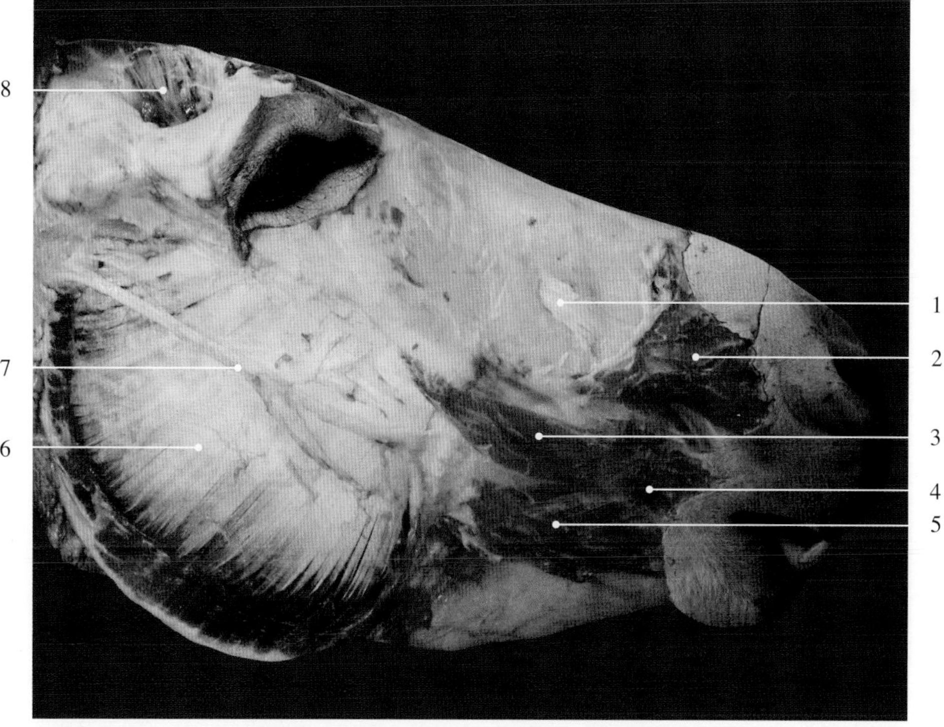

图3-3-5 驴头部肌肉右侧观（新鲜标本）

1. 眶下神经 infraorbital nerve
2. 鼻唇提肌 nasolabial levator muscle
3. 颧肌 zygomatic muscle
4. 颊肌 buccinator muscle
5. 下唇降肌 depressor muscle of the lower lip
6. 咬肌 masseter muscle
7. 面神经 facial nerve
8. 颞肌 temporal muscle

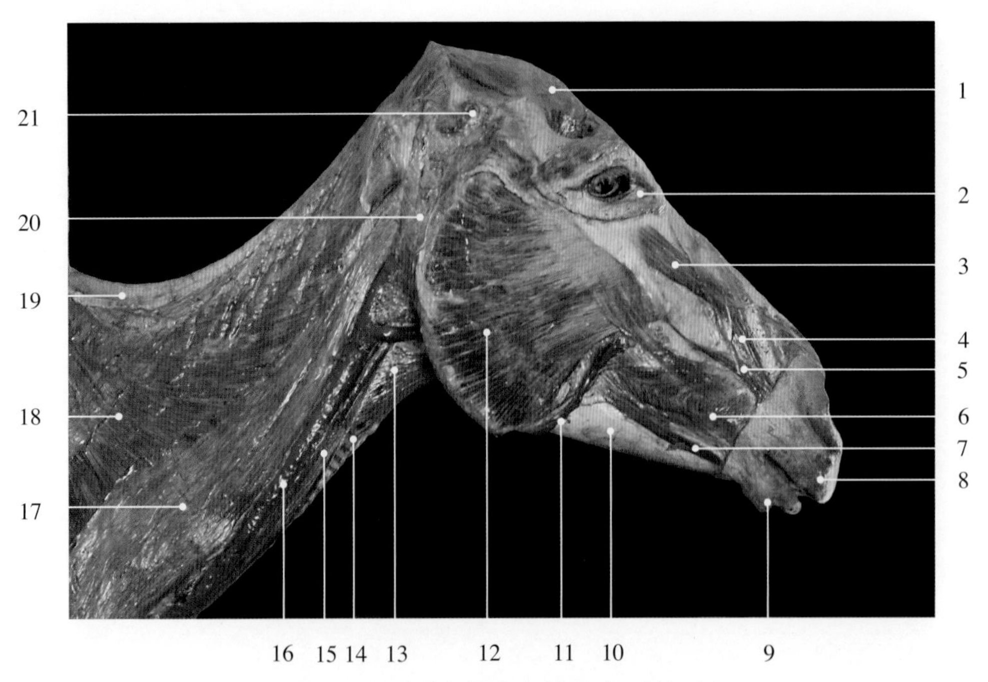

图3-3-6　驴头部肌肉右侧观（干制标本）

1. 颞肌 temporal muscle
2. 眼轮匝肌 musculus orbicularis oculi
3. 上唇提肌 levator muscle of the upper lip
4. 鼻唇提肌 nasolabial levator muscle
5. 犬齿肌 canine muscle
6. 颊肌 buccinator muscle
7. 下唇降肌 depressor muscle of the lower lip
8. 上唇 upper lip
9. 下唇 lower lip
10. 下颌骨 mandible
11. 面动、静脉及腮腺管 facial artery, vein and parotid duct
12. 咬肌 masseter muscle
13. 肩胛舌骨肌 omohyoid muscle
14. 气管 trachea
15. 胸头肌 sternocephalic muscle
16. 颈静脉 jugular vein
17. 臂头肌 brachiocephalic muscle
18. 颈腹侧锯肌 cervical part of ventral serrate muscle
19. 项韧带 nuchal ligament
20. 腮腺 parotid gland
21. 外耳道 external auditory meatus

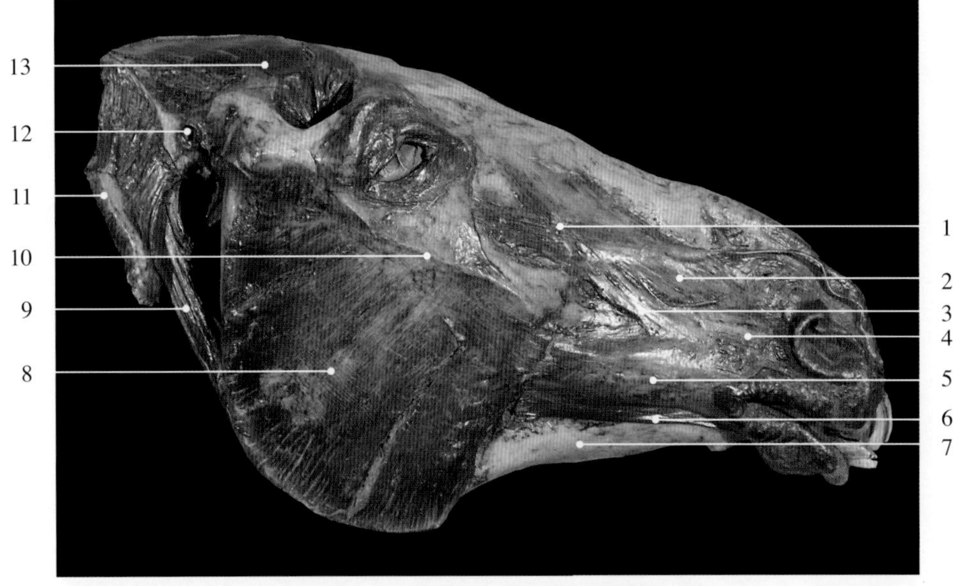

图3-3-7　马头部肌肉右侧观（干制标本）

1. 上唇提肌 levator muscle of the upper lip
2. 鼻唇提肌浅部 superficial part of nasolabial levator muscle
3. 鼻唇提肌深部 deep part of nasolabial levator muscle
4. 犬齿肌 canine muscle
5. 颊肌 buccinator muscle
6. 下唇降肌 depressor muscle of the lower lip
7. 下颌骨 mandible
8. 咬肌 masseter muscle
9. 枕颌肌 occipitomandibular muscle
10. 面嵴 facial crest
11. 枕骨颈静脉突（髁旁突）jugular process of the occipital bone（paracondylar process）
12. 外耳道 external auditory meatus
13. 颞肌 temporal muscle

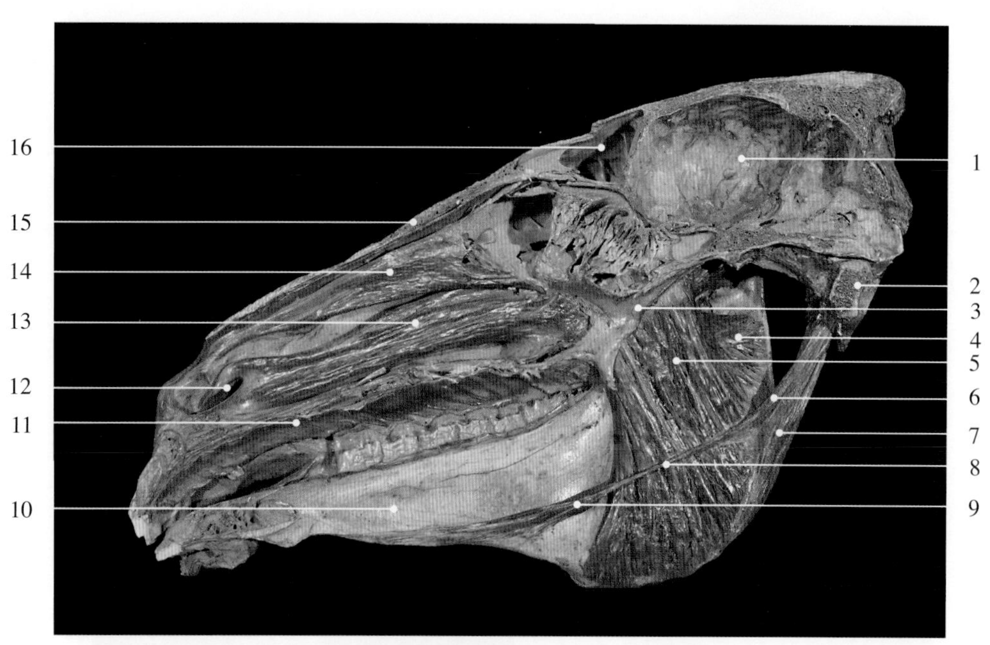

图3-3-8 马头部肌肉矢状面（干制标本）

1. 颅腔 cranial cavity
2. 枕骨颈静脉突（髁旁突）jugular process of the occipital bone（paracondylar process）
3. 翼骨 pterygoid bone
4. 翼外肌 lateral pterygoid muscle
5. 翼内肌 medial pterygoid muscle
6. 二腹肌的后腹 posterior belly of digastric muscle
7. 枕颌肌 occipitomandibular muscle
8. 中间腱 intermediate tendon
9. 二腹肌的前腹 anterior belly of digastric muscle
10. 下颌骨 mandible
11. 硬腭 hard palate
12. 鼻前庭 nasal vestibule
13. 下鼻甲 ventral nasal concha
14. 上鼻甲 dorsal nasal concha
15. 鼻骨 nasal bone
16. 额窦 frontal sinus

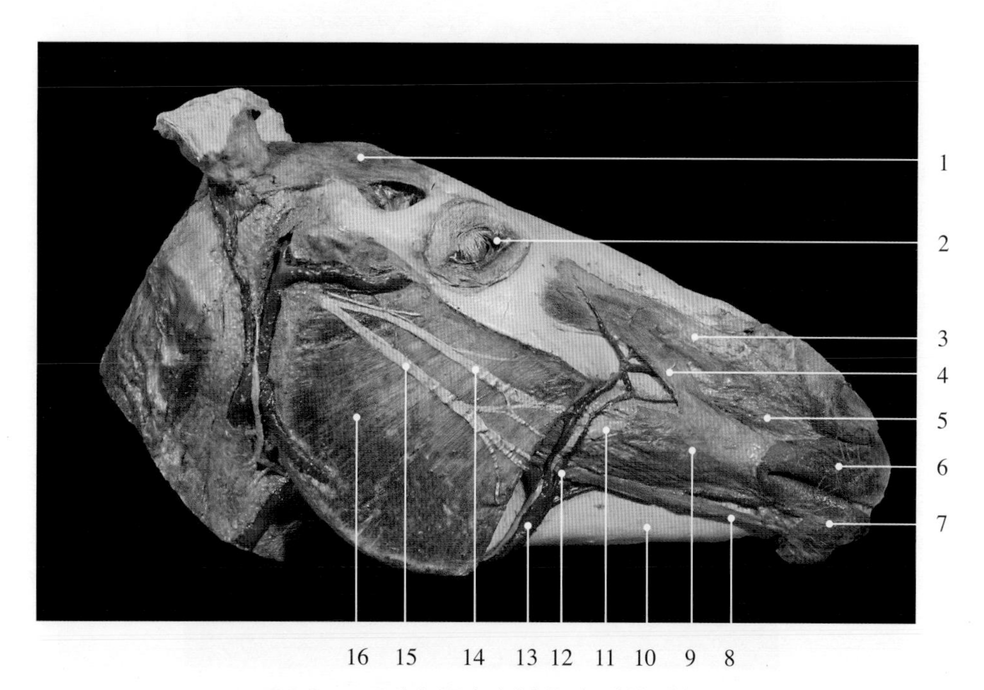

图3-3-9 马头部肌肉右侧观（干制标本）

1. 颞肌 temporal muscle
2. 眼 eye
3. 鼻唇提肌浅部 superficial part of nasolabial levator muscle
4. 鼻唇提肌深部 deep part of nasolabial levator muscle
5. 犬齿肌 canine muscle
6. 上唇 upper lip
7. 下唇 lower lip
8. 下唇降肌 depressor muscle of the lower lip
9. 颊肌 buccinator muscle
10. 下颌骨 mandible
11. 腮腺管 parotid duct
12. 面动脉 facial artery
13. 面静脉 facial vein
14. 面神经颊背侧支 dorsal buccal branch of facial nerve
15. 面神经颊腹侧支 ventral buccal branch of facial nerve
16. 咬肌 masseter muscle

图3-3-10 马头部肌肉背侧观（干制标本）

1. 颧弓 zygomatic arch
2. 额骨 frontal bone
3. 鼻骨 nasal bone
4. 上唇 upper lip
5. 鼻孔 nostril, nasal opening
6. 颊肌 buccinator muscle
7. 鼻唇提肌 nasolabial levator muscle
8. 眼轮匝肌 musculus orbicularis oculi
9. 颞肌 temporal muscle

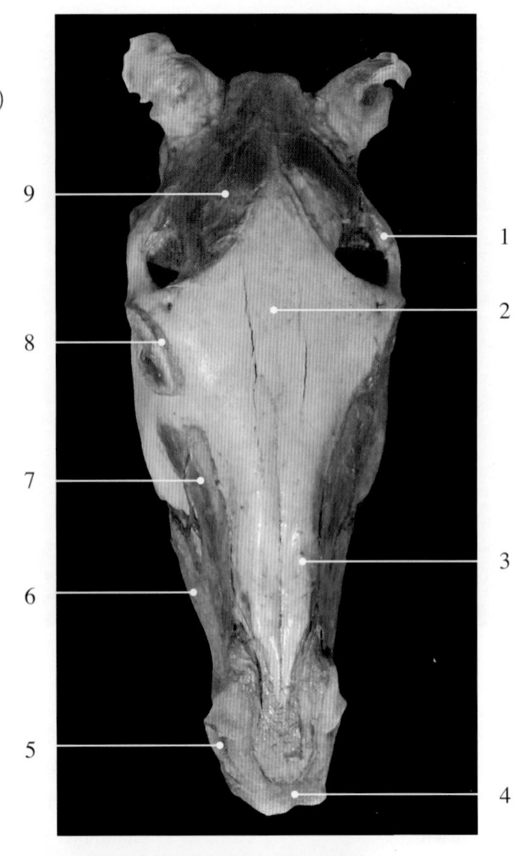

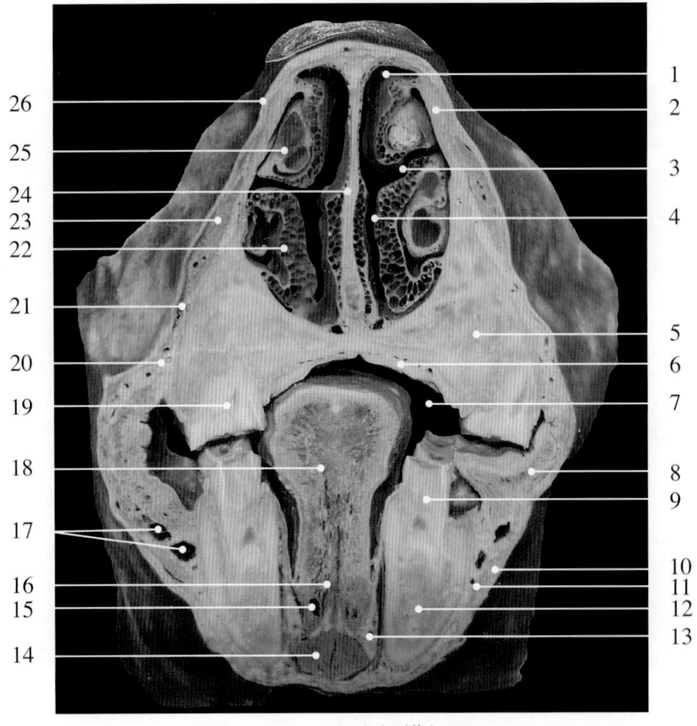

图3-3-11 马头部横切面1

1. 上鼻道 dorsal nasal meatus
2. 鼻骨 nasal bone
3. 中鼻道 medium nasal meatus
4. 总鼻道 common nasal meatus
5. 上颌骨 maxillary bone
6. 硬腭 hard palate
7. 口腔 oral cavity
8. 颊肌 buccinator muscle
9. 下臼齿 inferior molar
10. 下唇降肌 depressor muscle of the lower lip
11. 下唇动脉 inferior labial artery
12. 下颌骨 mandible
13. 舌下腺 sublingual gland
14. 颏舌骨肌 geniohyoid muscle
15. 舌下静脉 sublingual vein
16. 颏舌肌 musculus genioglossus
17. 唇静脉 labial veins
18. 舌 tongue
19. 上臼齿 superior molar
20. 下颊神经 inferior buccal nerve
21. 上颊神经 superior buccal nerve
22. 下鼻甲 ventral nasal concha
23. 上唇提肌 levator muscle of the upper lip
24. 鼻中隔 nasal septum
25. 上鼻甲 dorsal nasal concha
26. 皮肤 skin

图3-3-12　马头部横切面2

1. 上鼻道 dorsal nasal meatus
2. 鼻中隔 nasal septum
3. 上颌窦 maxillary sinus
4. 上颌骨 maxillary bone
5. 唇静脉 labial vein
6. 下颌骨 mandible
7. 舌 tongue
8. 舌动脉 lingual artery
9. 舌下腺 sublingual gland
10. 舌静脉 lingual vein
11. 舌骨 hyoid bone
12. 面动脉 facial artery
13. 面静脉 facial vein
14. 腮腺管 parotid duct
15. 翼内肌 medial pterygoid muscle
16. 舌下静脉 sublingual vein
17. 鼻唇提肌 nasolabial levator muscle
18. 上唇提肌 levator muscle of the upper lip
19. 颊肌 buccinator muscle
20. 硬腭 hard palate
21. 上颌静脉 maxillary vein
22. 下鼻甲 ventral nasal concha
23. 总鼻道 common nasal meatus
24. 皮肤 skin
25. 额窦 frontal sinus
26. 额骨 frontal bone

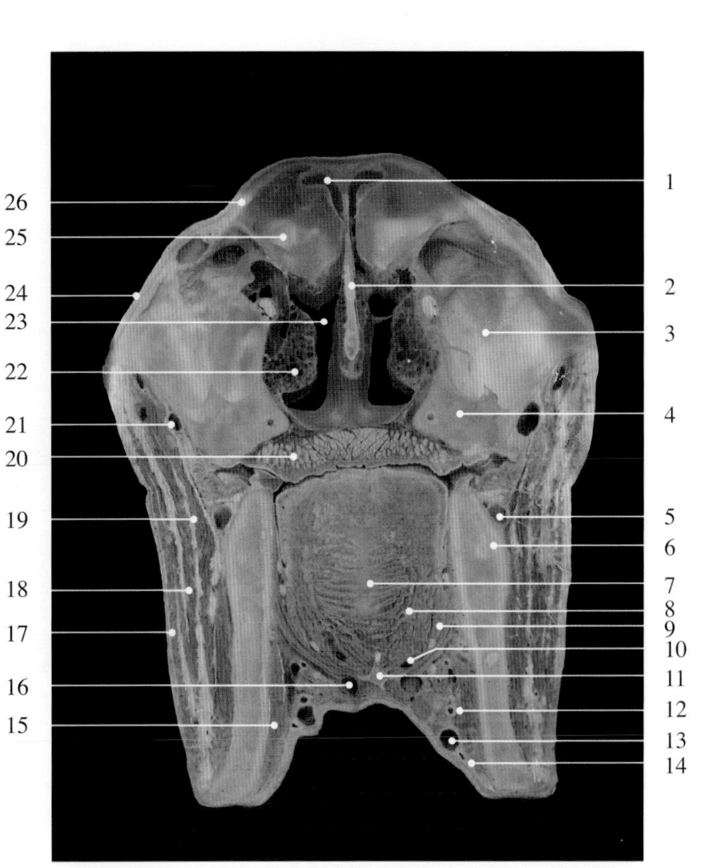

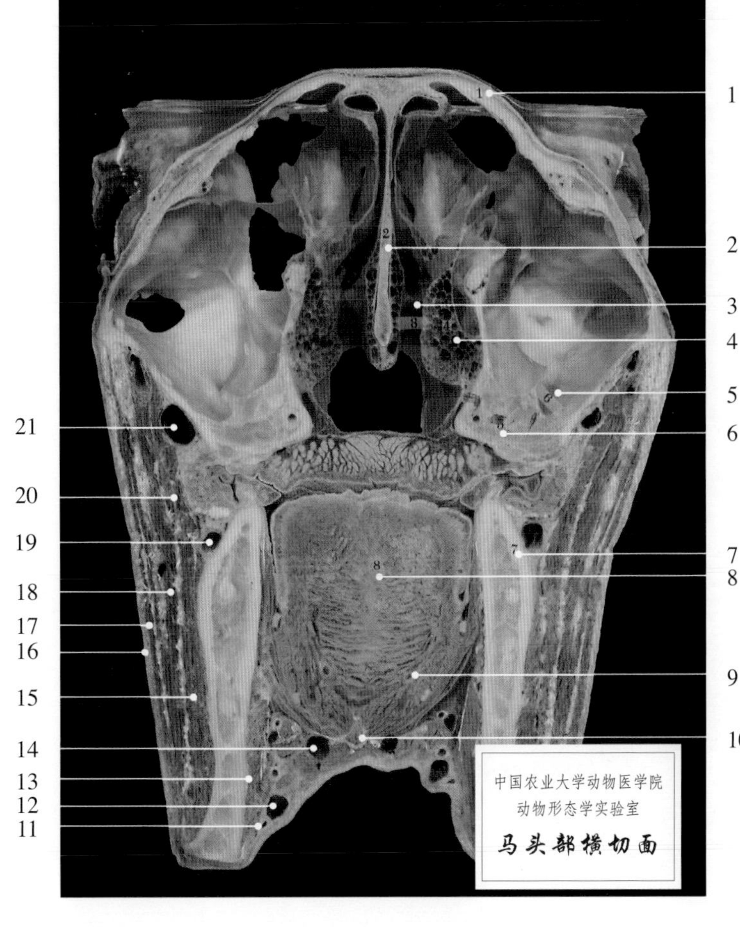

图3-3-13　马头部横切面3

1. 额窦 frontal sinus
2. 鼻中隔 nasal septum
3. 总鼻道 common nasal meatus
4. 下鼻甲 ventral nasal concha
5. 上颌窦 maxillary sinus
6. 上颌骨 maxillary bone
7. 下颌骨 mandible
8. 舌 tongue
9. 舌动脉 lingual artery
10. 舌骨 hyoid bone
11. 腮腺管 parotid duct
12. 面静脉 facial vein
13. 翼内肌 medial pterygoid muscle
14. 舌下静脉 sublingual vein
15. 下唇降肌 depressor muscle of the lower lip
16. 皮肤 skin
17. 鼻唇提肌 nasolabial levator muscle
18. 上唇提肌 levator muscle of the upper lip
19. 唇静脉 labial vein
20. 颊肌 buccinator muscle
21. 上颌静脉 maxillary vein

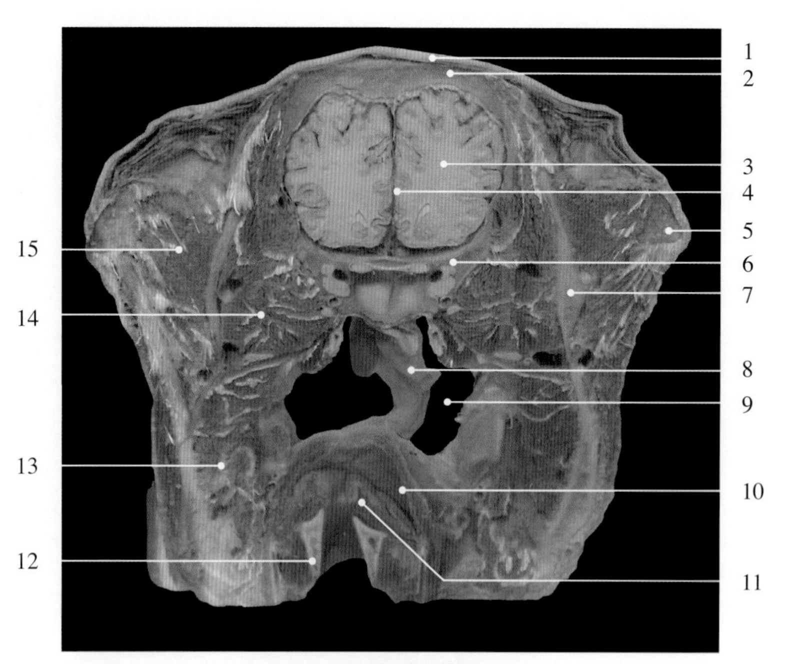

图3-3-14　马头部横切面4

1. 皮肤 skin
2. 顶骨 parietal bone
3. 大脑半球 cerebral hemisphere
4. 大脑纵裂 cerebral longitudinal fissure
5. 颞骨颧突 zygomatic process of temporal bone
6. 蝶骨 sphenoid bone
7. 下颌骨 mandible
8. 喉囊壁 gular pouch wall
9. 喉囊 gular pouch, gular sac
10. 软腭 soft palate
11. 咽 pharynx
12. 杓状软骨 arytenoid cartilage
13. 翼内肌 medial pterygoid muscle
14. 翼外肌 lateral pterygoid muscle
15. 颞肌 temporal muscle

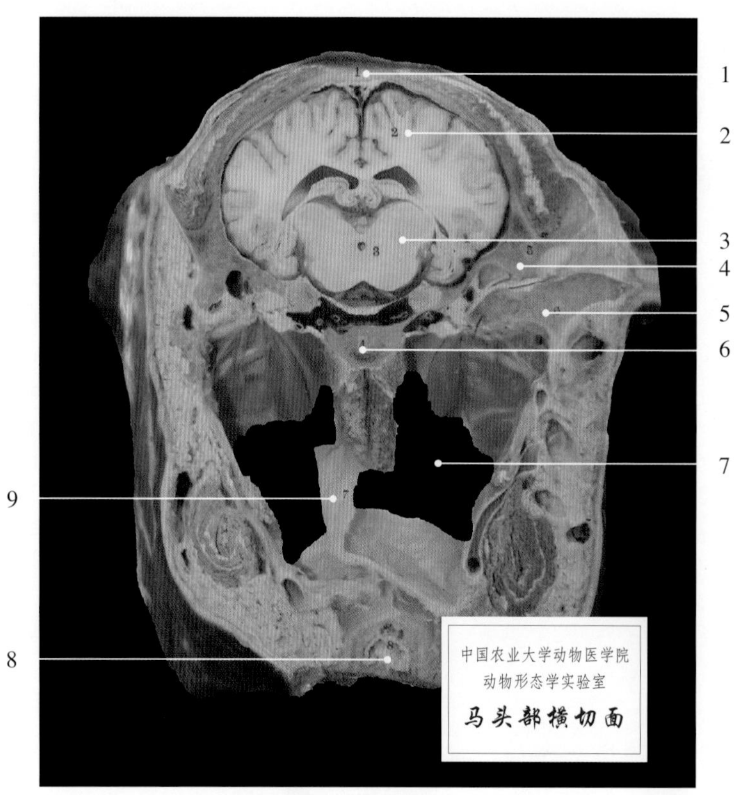

图3-3-15　马头部横切面5

1. 顶骨 parietal bone
2. 大脑半球 cerebral hemisphere
3. 中脑 mesencephalon
4. 颞骨 temporal bone
5. 下颌骨 mandible
6. 蝶骨 sphenoid bone
7. 喉囊 gular pouch, gular sac
8. 食管 esophagus
9. 喉囊壁 gular pouch wall

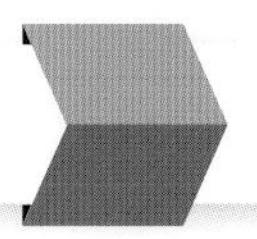

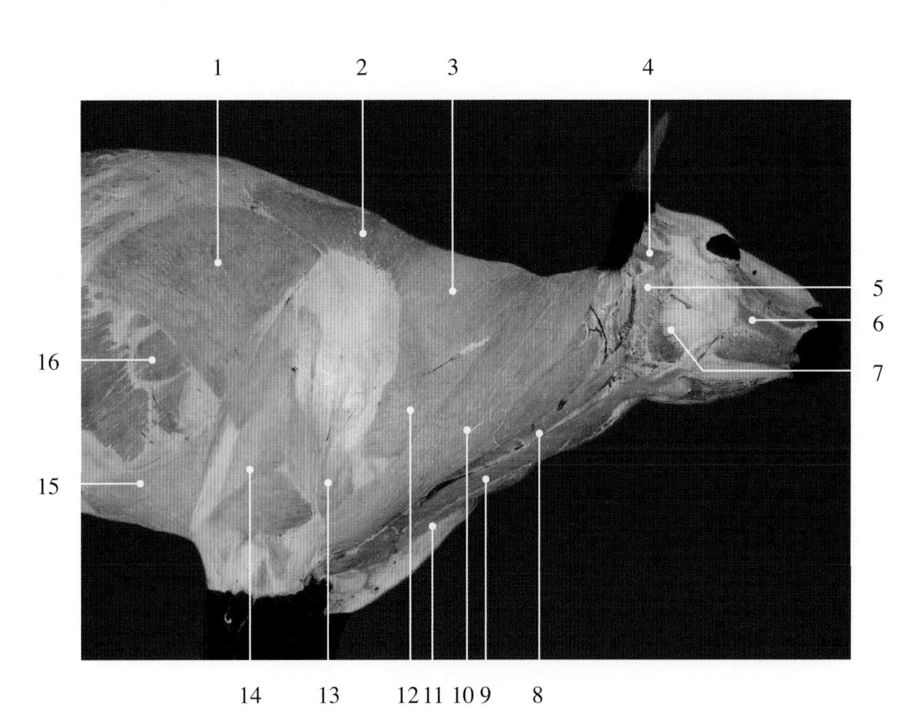

图3-4-1　牛颈侧部浅层肌肉右侧观

1. 背阔肌 broadest muscle of the back
2. 胸斜方肌 thoracic part of trapezius muscle
3. 颈斜方肌 cervical part of trapezius muscle
4. 耳肌 auricular muscle
5. 腮腺 parotid gland
6. 颧肌 zygomatic muscle
7. 咬肌 masseter muscle
8. 颈静脉 jugular vein
9. 胸头肌 sternocephalic muscle
10. 臂头肌 brachiocephalic muscle
11. 胸骨甲状舌骨肌 sternothyrohyoid muscle
12. 肩胛横突肌 omotransverse muscle
13. 三角肌 deltoid muscle
14. 臂三头肌 triceps brachii muscle
15. 胸肌 pectoral muscle
16. 腹侧锯肌 ventral serrate muscle

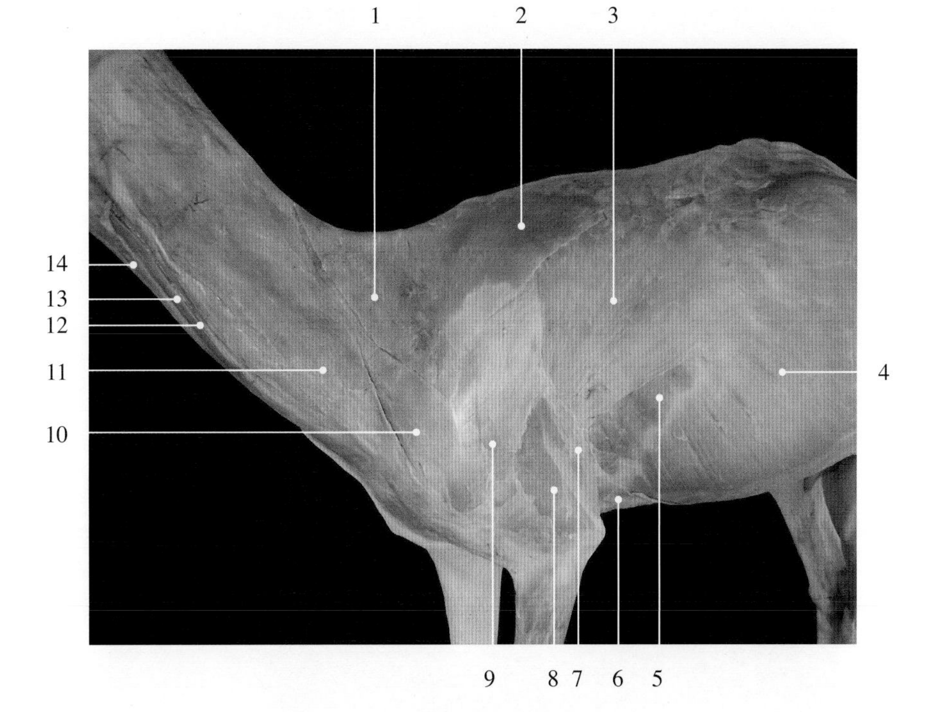

图3-4-2　羊颈侧部浅层肌肉左侧观

1. 颈斜方肌 cervical part of trapezius muscle
2. 胸斜方肌 thoracic part of trapezius muscle
3. 背阔肌 broadest muscle of the back
4. 腹外斜肌 external oblique abdominal muscle
5. 腹侧锯肌 ventral serrate muscle
6. 胸肌 pectoral muscle
7. 前臂筋膜张肌 tensor muscle of antebrachial fascia
8. 臂三头肌 triceps brachii muscle
9. 三角肌 deltoid muscle
10. 肩胛横突肌 omotransverse muscle
11. 臂头肌 brachiocephalic muscle
12. 颈静脉沟 jugular vein groove
13. 胸头肌 sternocephalic muscle
14. 胸骨甲状舌骨肌 sternothyrohyoid muscle

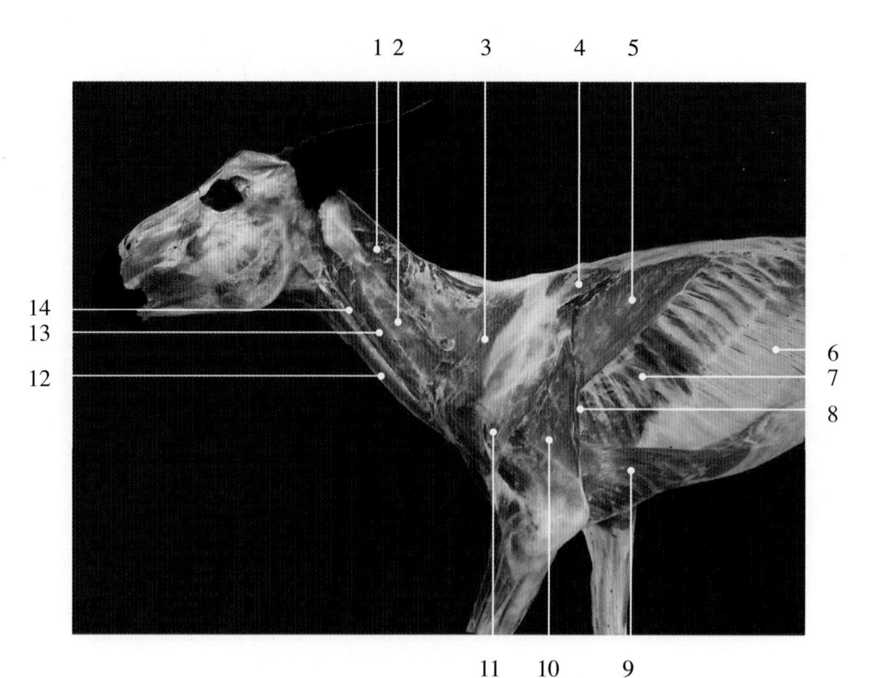

图3-4-3　驴颈侧部浅层肌肉左侧观1

1. 夹肌 splenius muscle
2. 臂头肌横突部 transverse part of brachiocephalic muscle
3. 颈斜方肌 cervical part of trapezius muscle
4. 胸斜方肌 thoracic part of trapezius muscle
5. 背阔肌 broadest muscle of the back
6. 腹外斜肌 external oblique abdominal muscle
7. 胸腹侧锯肌 thoracic part of ventral serrate muscle
8. 前臂筋膜张肌 tensor muscle of antebrachial fascia
9. 胸肌 pectoral muscle
10. 臂三头肌 triceps brachii muscle
11. 三角肌 deltoid muscle
12. 胸头肌 sternocephalic muscle
13. 臂头肌乳突部 mastoid part of brachiocephalic muscle
14. 颈静脉 jugular vein

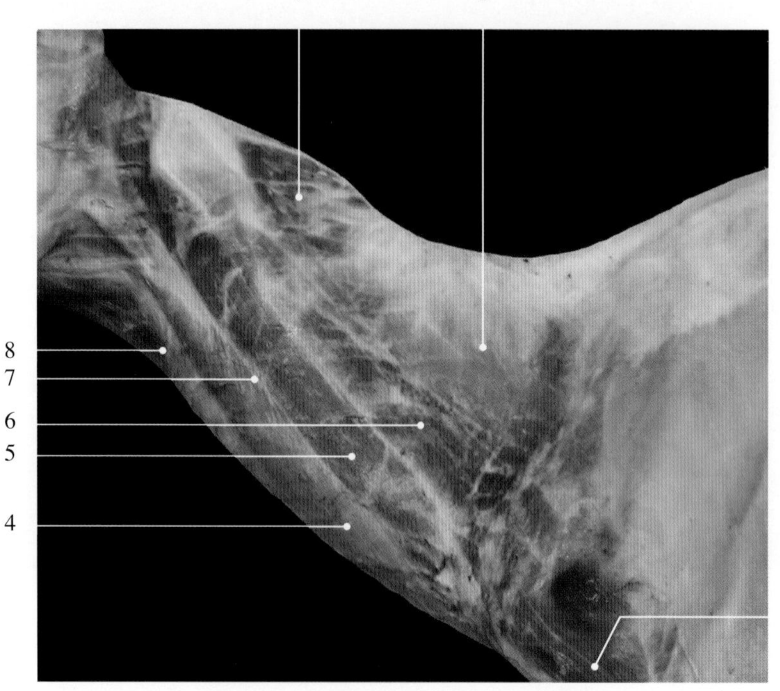

图3-4-4　驴颈侧部浅层肌肉左侧观2

1. 夹肌 splenius muscle
2. 颈斜方肌 cervical part of trapezius muscle
3. 臂头肌 brachiocephalic muscle
4. 胸头肌 sternocephalic muscle
5. 臂头肌乳突部 mastoid part of brachiocephalic muscle
6. 臂头肌横突部 transverse part of brachiocephalic muscle
7. 颈静脉沟 jugular vein groove
8. 胸骨甲状舌骨肌 sternothyrohyoid muscle

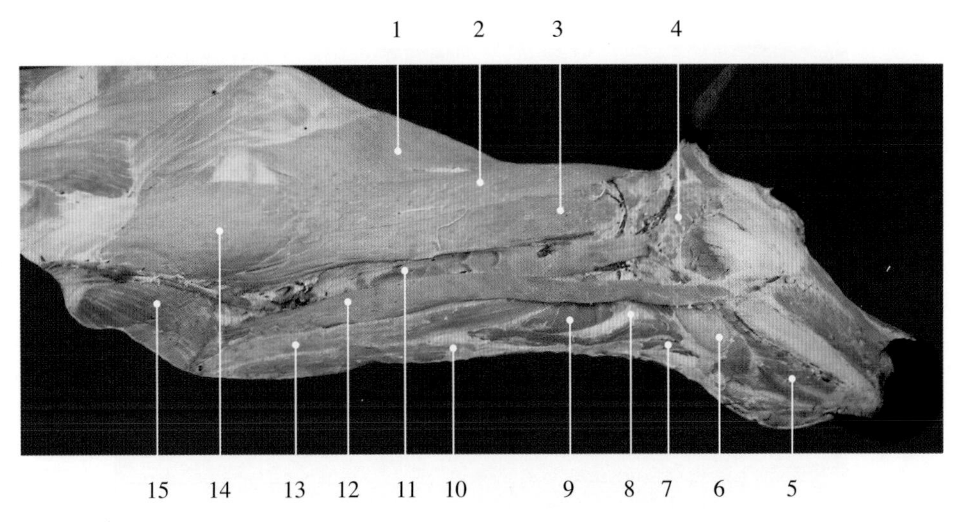

图3-4-5 牛颈腹侧部浅层肌肉右侧观

1. 肩胛横突肌 omotransverse muscle
2. 臂头肌上部（锁枕肌 cleido-occipital muscle）
3. 臂头肌下部（锁乳突肌 cleidomastoid muscle）
4. 腮腺 parotid gland
5. 下颌舌骨肌 mylohyoid muscle
6. 颌下腺 submandibular gland
7. 胸骨舌骨肌 sternohyoid muscle
8. 气管 trachea
9. 胸骨甲状肌 sternothyroid muscle
10. 胸头肌深部（胸乳突肌 sternomastoid muscle）
11. 颈静脉 jugular vein
12. 胸头肌浅部（胸下颌肌 sternomandibular muscle）
13. 胸头肌深部（胸乳突肌 sternomastoid muscle）
14. 臂头肌 brachiocephalic muscle
15. 胸浅肌 superficial pectoral muscle

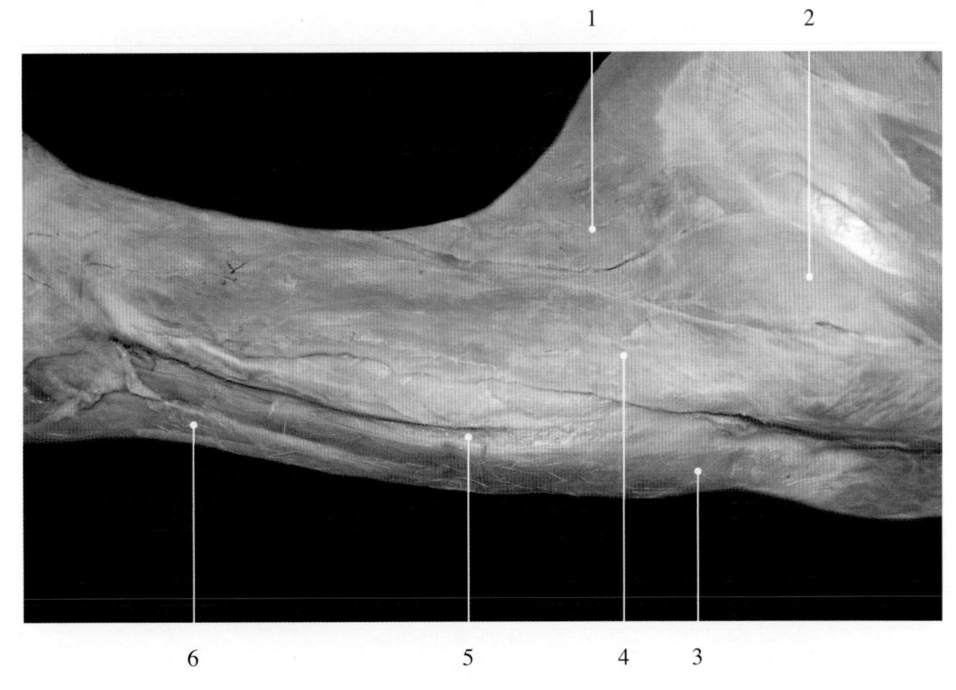

图3-4-6 羊颈腹侧部浅层肌肉左侧观

1. 斜方肌 trapezius muscle
2. 肩胛横突肌 omotransverse muscle
3. 胸头肌 sternocephalic muscle
4. 臂头肌 brachiocephalic muscle
5. 颈静脉沟 jugular vein groove
6. 胸骨甲状舌骨肌 sternothyrohyoid muscle

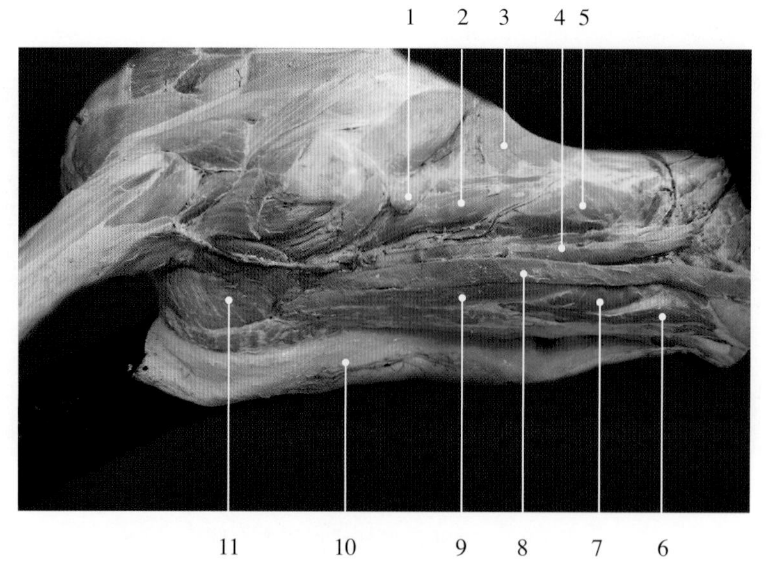

图3-4-7　牛颈腹侧部中层肌肉右侧观1

1. 颈浅淋巴结 superficial cervical lymph node
2. 腹侧斜角肌 ventral scalene muscle
3. 颈腹侧锯肌 cervical part of ventral serrate muscle
4. 颈静脉 jugular vein
5. 横突间肌 intertransverse muscle
6. 胸骨舌骨肌 sternohyoid muscle
7. 胸骨甲状肌 sternothyroid muscle
8. 胸头肌浅部（胸下颌肌 sternomandibular muscle）
9. 胸头肌深部（胸乳突肌 sternomastoid muscle）
10. 皮肤 skin
11. 胸浅肌 superficial pectoral muscle

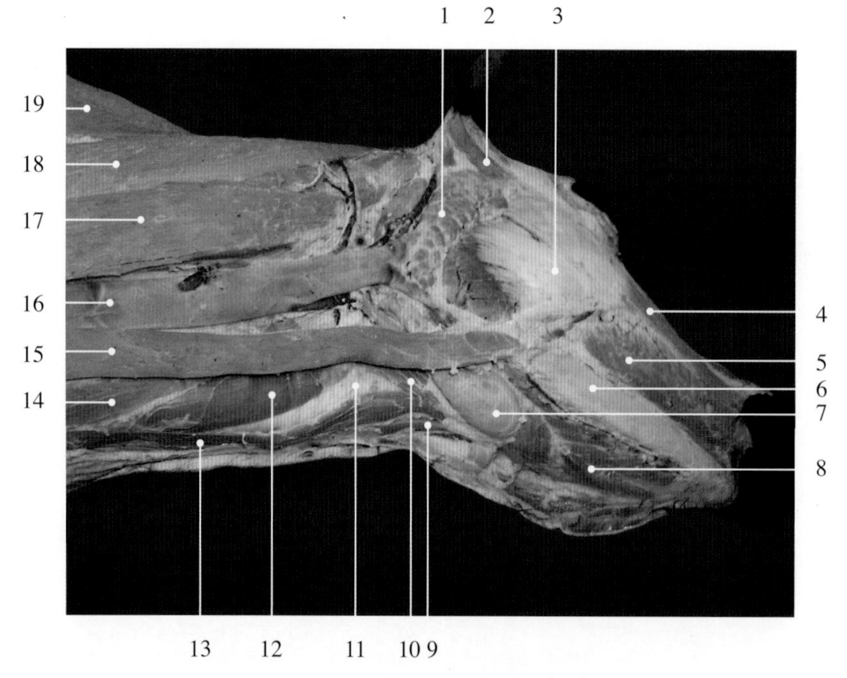

图3-4-8　牛颈腹侧部中层肌肉右侧观2

1. 腮腺 parotid gland
2. 耳肌 auricular muscle
3. 咬肌 masseter muscle
4. 颧肌 zygomatic muscle
5. 颊肌 buccinator muscle
6. 下颌骨 mandible
7. 颌下腺 submandibular gland
8. 下颌舌骨肌 mylohyoid muscle
9. 胸骨舌骨肌 sternohyoid muscle
10. 肩胛舌骨肌 omohyoid muscle
11. 气管 trachea
12. 胸骨甲状肌 sternothyroid muscle
13. 胸骨甲状舌骨肌 sternothyrohyoid muscle
14. 胸头肌深部（胸乳突肌 sternomastoid muscle）
15. 胸头肌浅部（胸下颌肌 sternomandibular muscle）
16. 颈静脉 jugular vein
17. 臂头肌下部（锁乳突肌 cleidomastoid muscle）
18. 臂头肌上部（锁枕肌 cleidooccipital muscle）
19. 颈斜方肌 cervical part of trapezius muscle

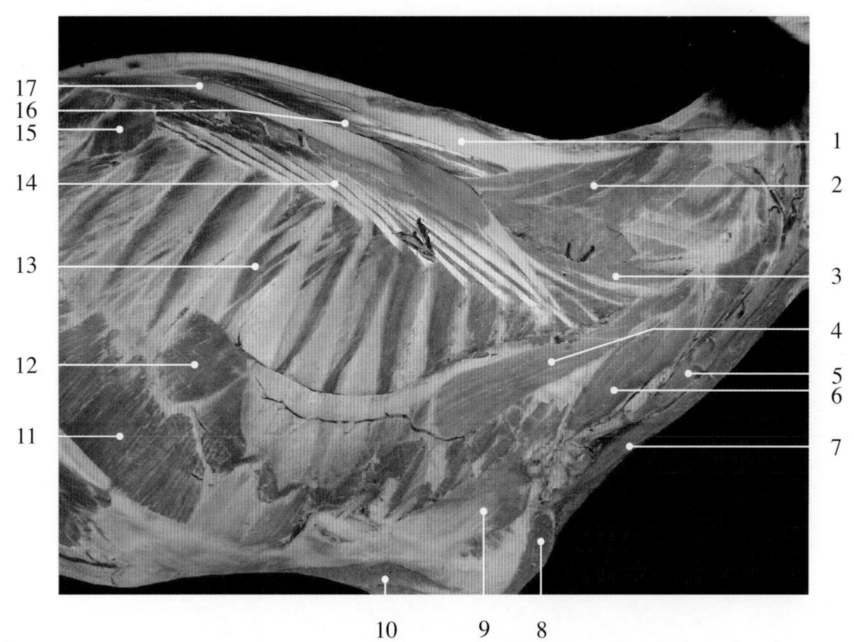

图3-4-9 牛颈腹侧部中层肌肉右侧观3

1. 项韧带 nuchal ligament
2. 颈腹侧锯肌 cervical part of ventral serrate muscle
3. 颈最长肌 longest muscle of neck
4. 背侧斜角肌 dorsal scalene muscle
5. 颈静脉 jugular vein
6. 腹侧斜角肌 ventral scalene muscle
7. 胸头肌 sternocephalic muscle
8. 胸浅肌 superficial pectoral muscle
9. 胸直肌 rectal thoracic muscle
10. 胸深肌 deep pectoral muscle
11. 腹外斜肌 external oblique abdominal muscle
12. 胸腹侧锯肌 thoracic part of ventral serrate muscle
13. 肋间外肌 external intercostal muscle
14. 髂肋肌 iliocostal muscle
15. 后背侧锯肌 caudal dorsal serrate muscle
16. 棘肌和半棘肌 spinal muscle and semispinal muscle
17. 背最长肌 dorsal part of longest muscle

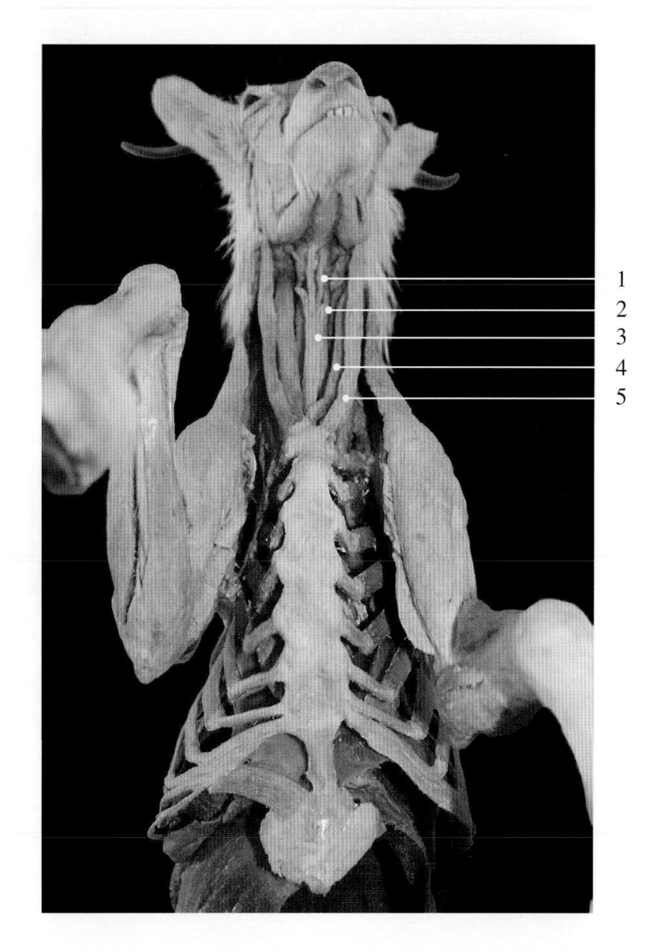

图3-4-10 羊颈腹侧部肌肉腹侧观（塑化标本）

1. 胸骨甲状肌 sternothyroid muscle
2. 胸骨舌骨肌 sternohyoid muscle
3. 胸骨甲状舌骨肌 sternothyrohyoid muscle
4. 胸头肌深部（胸乳突肌 sternomastoid muscle）
5. 胸头肌浅部（胸下颌肌 sternomandibular muscle）

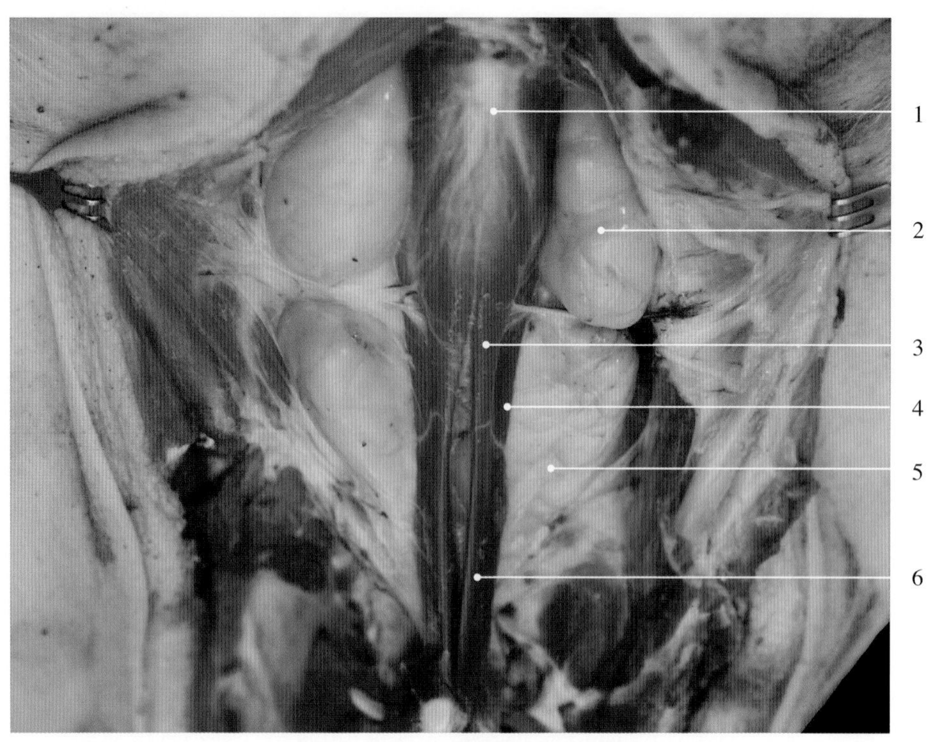

图3-4-11　猪颈腹侧部肌肉腹侧观

1. 喉 larynx
2. 颌下腺 submandibular gland
3. 胸骨舌骨肌 sternohyoid muscle
4. 胸骨甲状肌 sternothyroid muscle
5. 胸腺 thymus
6. 胸骨甲状舌骨肌 sternothyrohyoid muscle

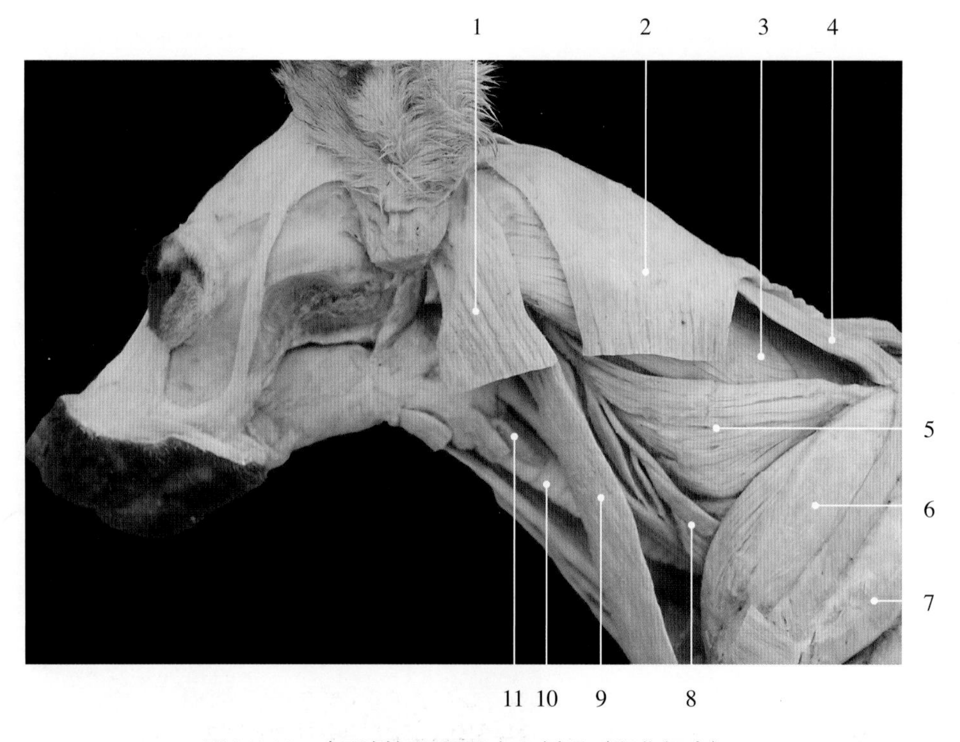

图3-4-12　犬颈侧部深层肌肉左侧观（塑化标本）

1. 臂头肌下部（锁乳突肌 cleidomastoid muscle）
2. 臂头肌上部（锁枕肌 cleidooccipital muscle）
3. 夹肌 splenius muscle
4. 颈菱形肌 cervical part of rhomboid muscle
5. 颈腹侧锯肌 cervical part of ventral serrate muscle
6. 冈上肌 supraspinous muscle
7. 冈下肌 infraspinous muscle
8. 斜角肌 scalene muscle
9. 胸头肌 sternocephalic muscle
10. 气管 trachea
11. 甲状腺 thyroid gland

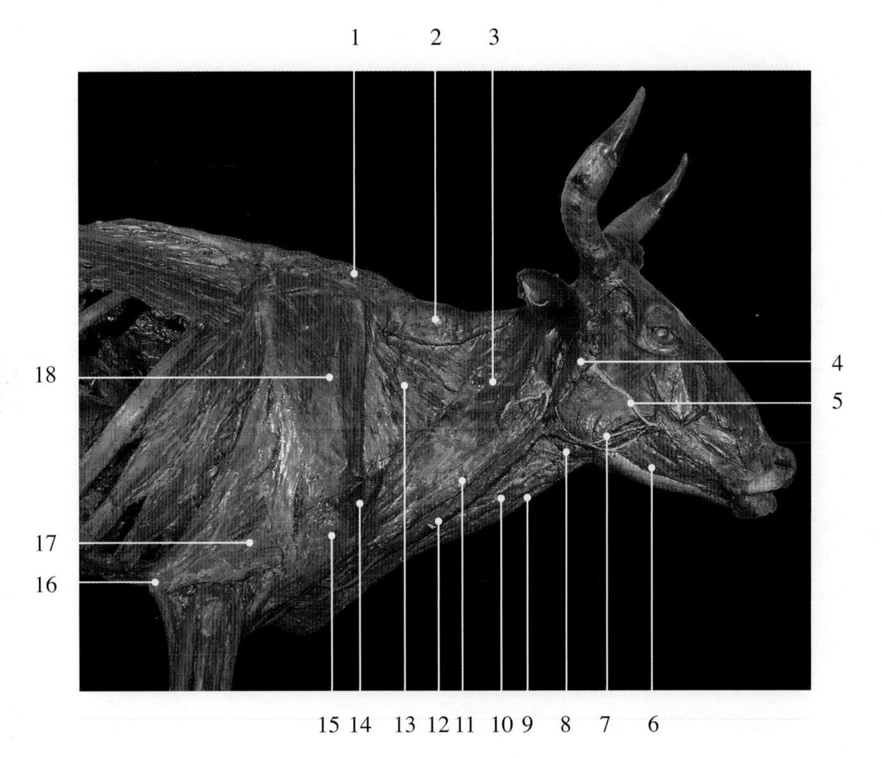

图3-4-13　牛右侧颈静脉沟

1. 胸菱形肌 thoracic part of rhomboid muscle
2. 颈菱形肌 cervical part of rhomboid muscle
3. 臂头肌上部（锁枕肌 cleidooccipital muscle）
4. 腮腺 parotid gland
5. 面神经 facial nerve
6. 下唇降肌 depressor muscle of the lower lip
7. 腮腺管 parotid duct
8. 颌下腺 submandibular gland
9. 胸骨甲状舌骨肌 sternothyrohyoid muscle
10. 胸头肌 sternocephalic muscle
11. 臂头肌下部（锁乳突肌 cleidomastoid muscle）
12. 颈静脉 jugular vein
13. 颈腹侧锯肌 cervical part of ventral serrate muscle
14. 肩胛横突肌 omotransverse muscle
15. 肩关节 shoulder joint
16. 鹰嘴 olecranon
17. 臂三头肌 triceps brachii muscle
18. 肩胛冈 spine of scapula

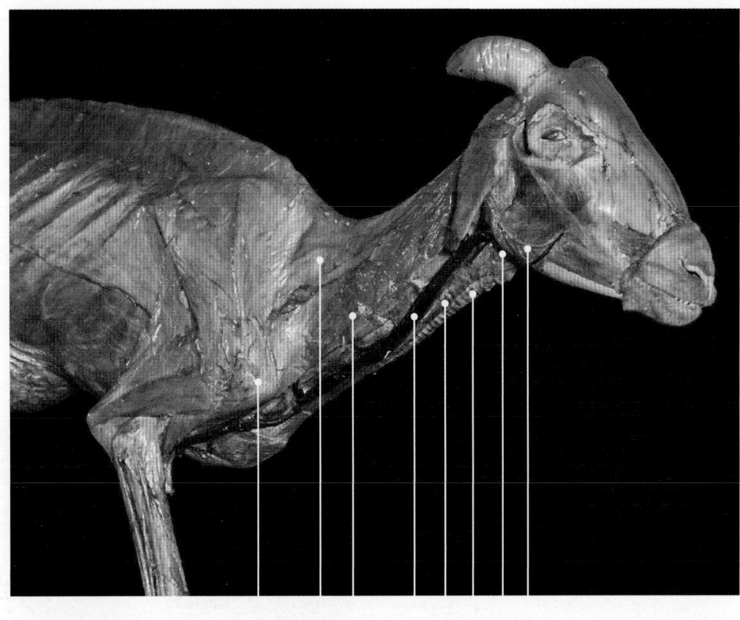

图3-4-14　羊右侧颈静脉沟

1. 腮腺管 parotid duct
2. 面静脉 facial vein
3. 气管 trachea
4. 胸头肌 sternocephalic muscle
5. 颈外静脉 external jugular vein
6. 臂头肌 brachiocephalic muscle
7. 颈斜方肌 cervical part of trapezius muscle
8. 肩关节 shoulder joint

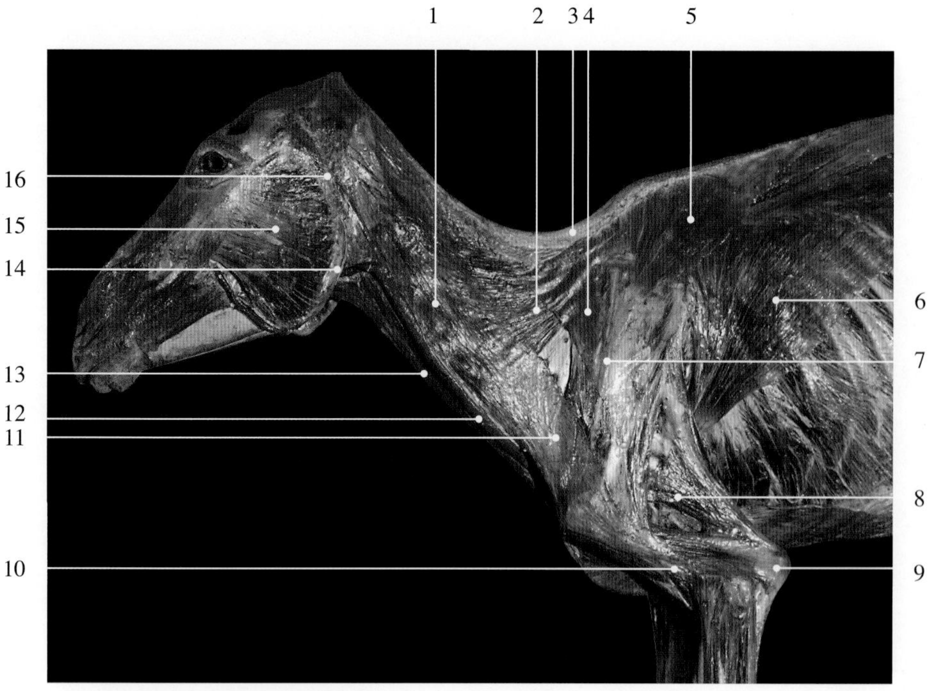

图3-4-15　驴左侧颈静脉沟

1. 臂头肌 brachiocephalic muscle
2. 颈腹侧锯肌 cervical part of ventral serrate muscle
3. 项韧带 nuchal ligament
4. 颈斜方肌 cervical part of trapezius muscle
5. 胸斜方肌 thoracic part of trapezius muscle
6. 背阔肌 broadest muscle of the back
7. 肩胛冈 spine of scapula
8. 臂三头肌 triceps brachii muscle
9. 鹰嘴 olecranon
10. 臂二头肌 biceps brachii muscle
11. 臂头肌 brachiocephalic muscle
12. 颈静脉 jugular vein
13. 胸头肌 sternocephalic muscle
14. 腮腺管 parotid duct
15. 咬肌 masseter muscle
16. 腮腺 parotid gland

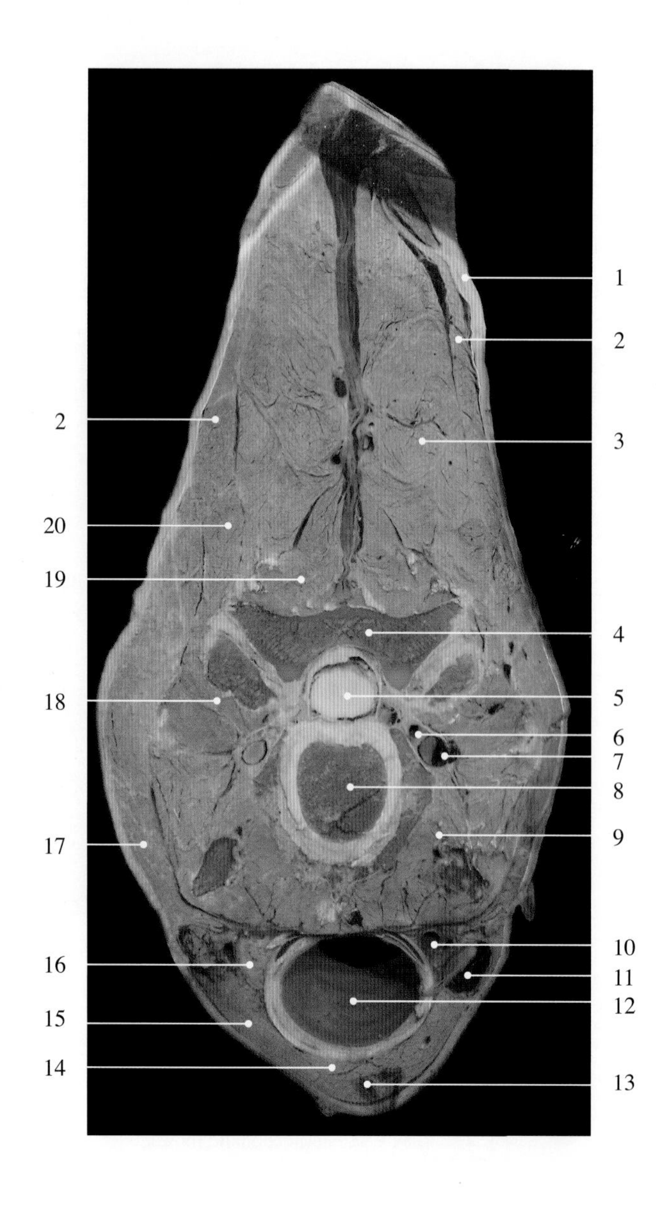

图3-4-16　马颈部横切面1

1. 皮肤 skin
2. 夹肌 splenius muscle
3. 棘肌和半棘肌 spinal muscle and semispinal muscle
4. 椎弓 vertebral arch
5. 脊髓 spinal cord
6. 椎动脉 vertebral artery
7. 椎静脉 vertebral vein
8. 椎体 vertebral body
9. 颈长肌 long muscle of neck
10. 颈总动脉 common carotid artery
11. 颈静脉 jugular vein
12. 气管 trachea
13. 胸骨舌骨肌 sternohyoid muscle
14. 胸骨甲状肌 sternothyroid muscle
15. 胸头肌 sternocephalic muscle
16. 食管 esophagus
17. 臂头肌 brachiocephalic muscle
18. 横突间肌 intertransverse muscle
19. 多裂肌 multifidus muscle
20. 寰最长肌 atlantal longest muscle

图3-4-17　马颈部横切面2

1. 皮肤 skin
2. 斜方肌 trapezius muscle
3. 夹肌 splenius muscle
4. 棘肌和半棘肌 spinal muscle and semispinal muscle
5. 菱形肌 rhomboid muscle
6. 脊髓 spinal cord
7. 多裂肌 multifidus muscle
8. 臂头肌上部 superior part of brachiocephalic muscle
9. 颈长肌 long muscle of neck
10. 头上腹侧直肌 capitis upper abdomen rectus muscle
11. 胸头肌 sternocephalic muscle
12. 气管 trachea
13. 颈静脉 jugular vein
14. 颈总动脉 common carotid artery
15. 食管 esophagus
16. 椎体 vertebral body
17. 椎动、静脉 vertebral artery and vein
18. 棘突 spinous process

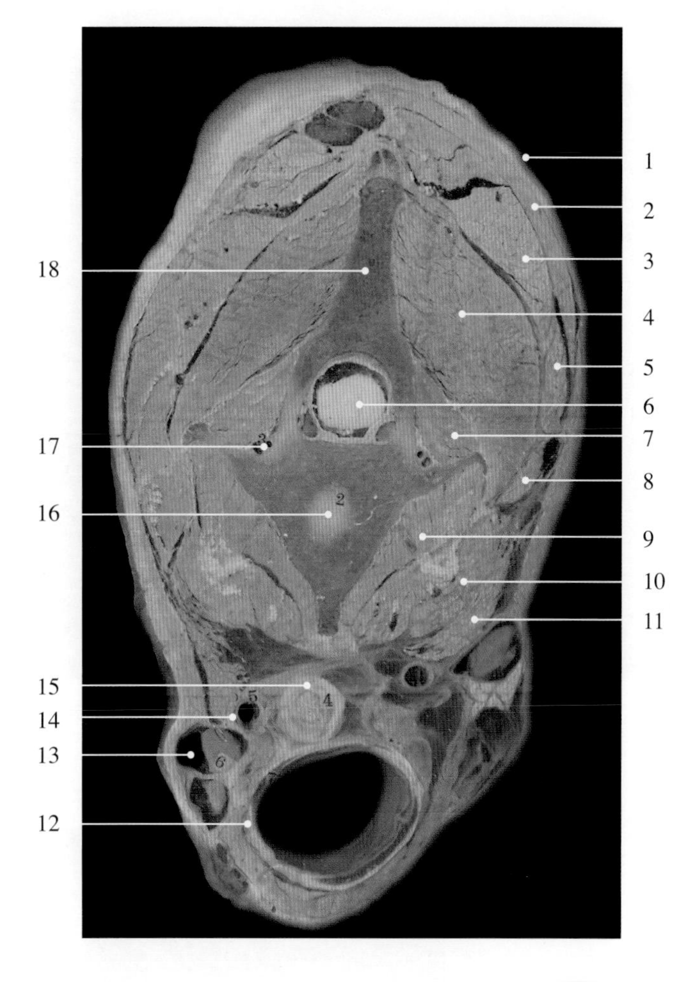

图3-5-1　牛右侧肩带部浅层肌肉

1. 胸斜方肌 thoracic part of trapezius muscle
2. 颈斜方肌 cervical part of trapezius muscle
3. 锁枕肌（臂头肌上部）cleidooccipital muscle
4. 锁乳突肌（臂头肌下部）cleidomastoid muscle
5. 颈外静脉 external jugular vein
6. 胸头肌 sternocephalic muscle
7. 肩胛横突肌 omotransverse muscle
8. 臂头肌 brachiocephalic muscle
9. 三角肌 deltoid muscle
10. 胸后深肌（胸升肌 pectoral ascendent muscle）
11. 胸腹侧锯肌 thoracic part of ventral serrate muscle
12. 背阔肌 broadest muscle of the back

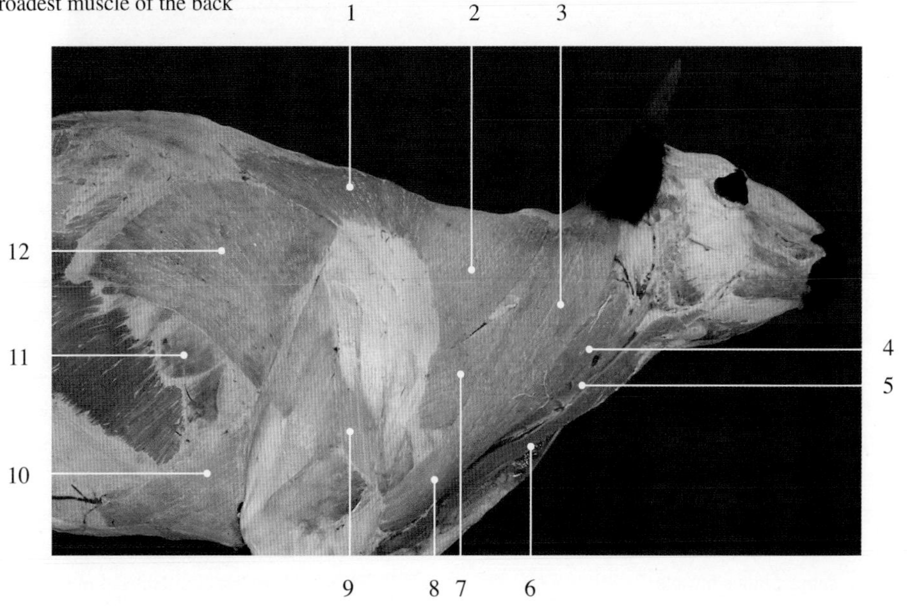

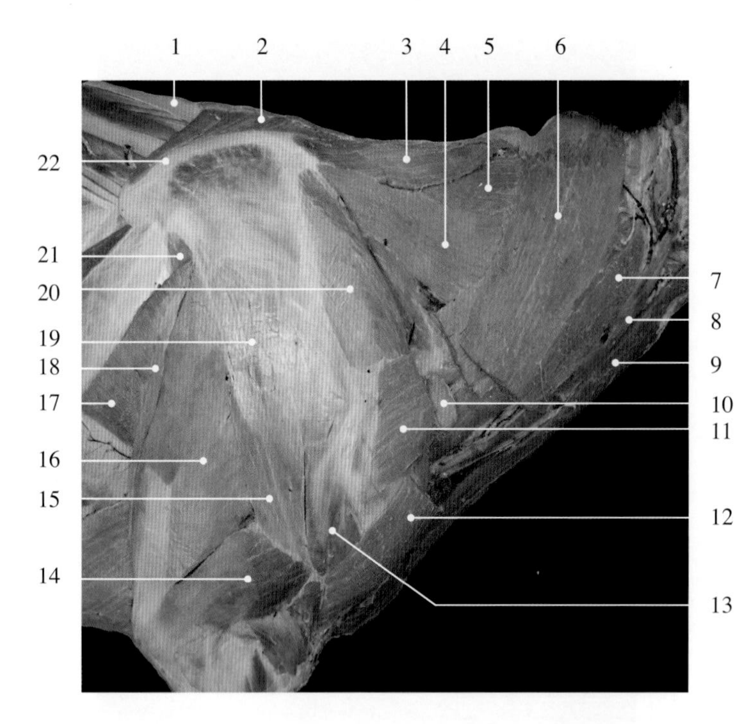

图3-5-2　牛菱形肌和肩前淋巴结

（右侧观，去斜方肌）

1. 项韧带 nuchal ligament
2. 胸菱形肌 thoracic part of rhomboid muscle
3. 颈菱形肌 cervical part of rhomboid muscle
4. 颈腹侧锯肌 cervical part of ventral serrate muscle
5. 夹肌 splenius muscle
6. 锁枕肌 cleidooccipital muscle
7. 锁乳突肌 cleidomastoid muscle
8. 颈外静脉 external jugular vein
9. 胸头肌 sternocephalic muscle
10. 颈浅淋巴结（肩前淋巴结）superficial cervical lymph node
11. 肩胛横突肌 omotransverse muscle
12. 臂头肌 brachiocephalic muscle
13. 三角肌肩峰部 acromial part of deltoid muscle
14. 臂三头肌外侧头 lateral head of triceps brachii muscle
15. 三角肌肩胛部 scapular part of deltoid muscle
16. 臂三头肌长头 long head of triceps brachii muscle
17. 背阔肌断端 section of broadest muscle of the back
18. 前臂筋膜张肌 tensor muscle of antebrachial fascia
19. 冈下肌 infraspinous muscle
20. 冈上肌 supraspinous muscle
21. 大圆肌 major teres muscle
22. 肩胛软骨 scapular cartilage

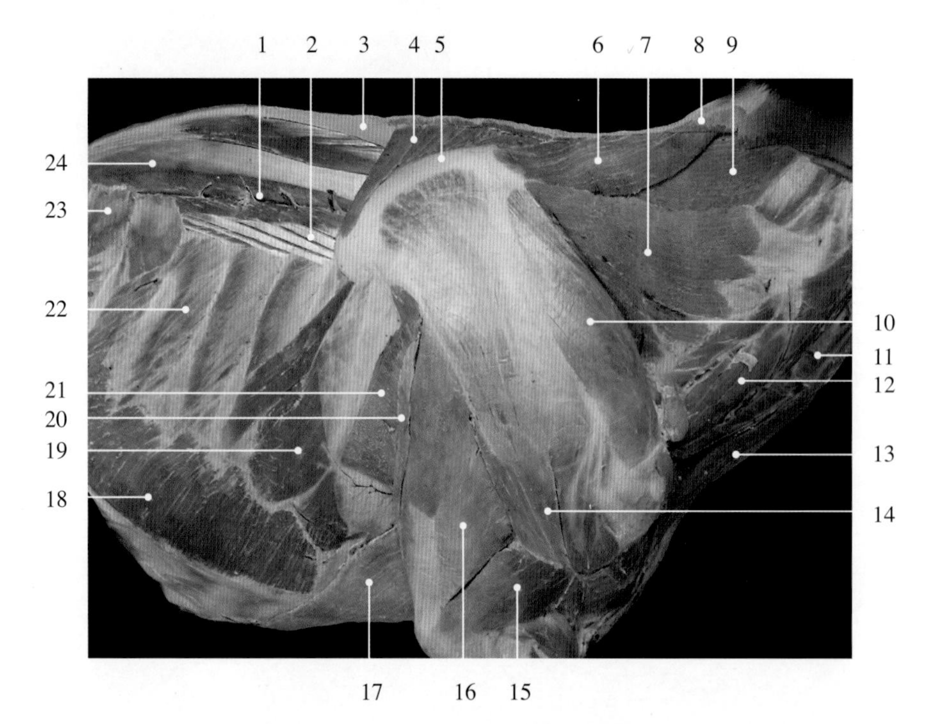

图3-5-3　牛颈腹侧锯肌右侧观

1. 髂肋肌沟 iliocostal muscle sulcus
2. 髂肋肌 iliocostal muscle
3. 项韧带 nuchal ligament
4. 胸菱形肌 thoracic part of rhomboid muscle
5. 肩胛软骨 scapular cartilage
6. 颈菱形肌 cervical part of rhomboid muscle
7. 颈腹侧锯肌 cervical part of ventral serrate muscle
8. 颈斜方肌 cervical part of trapezius muscle
9. 夹肌 splenius muscle
10. 冈上肌 supraspinous muscle
11. 颈外静脉 external jugular vein
12. 斜角肌 scalene muscle
13. 胸头肌 sternocephalic muscle
14. 三角肌 deltoid muscle
15. 臂三头肌外侧头 lateral head of triceps brachii muscle
16. 臂三头肌长头 long head of triceps brachii muscle
17. 胸后深肌（胸升肌 pectoral ascendent muscle）
18. 腹外斜肌 external oblique abdominal muscle
19. 胸腹侧锯肌 thoracic part of ventral serrate muscle
20. 前臂筋膜张肌 tensor muscle of antebrachial fascia
21. 背阔肌断端 section of broadest muscle of the back
22. 肋间外肌 external intercostal muscle
23. 后背侧锯肌 caudal dorsal serrate muscle
24. 背腰最长肌 dorsal-lumbus longest muscle

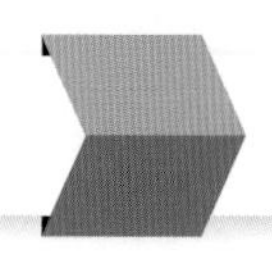

图3-5-4　牛胸肌和前背侧锯肌
右侧观

1. 髂肋肌 iliocostal muscle
2. 背最长肌 dorsal part of longest muscle
3. 项韧带 nuchal ligament
4. 背侧锯肌 dorsal serrate muscle
5. 胸菱形肌 thoracic part of rhomboid muscle
6. 颈菱形肌 cervical part of rhomboid muscle
7. 斜方肌 trapezius muscle
8. 颈腹侧锯肌 cervical part of ventral serrate muscle
9. 腹侧斜角肌 ventral scalene muscle
10. 颈静脉 jugular vein
11. 背侧斜角肌 dorsal scalene muscle
12. 臂神经丛 brachial plexus
13. 胸头肌 sternocephalic muscle
14. 胸直肌 rectal thoracic muscle
15. 胸骨甲状舌骨肌 sternothyrohyoid muscle
16. 胸前浅肌（胸降肌 pectoral descendent muscle）
17. 胸后浅肌（胸横肌 pectoral transverse muscle）
18. 胸长神经 long thoracic nerve
19. 胸后深肌（胸升肌 pectoral ascendent muscle）
20. 腹外斜肌 external oblique abdominal muscle
21. 胸腹侧锯肌 thoracic part of ventral serrate muscle
22. 肋间外肌 external intercostal muscle
23. 后背侧锯肌 caudal dorsal serrate muscle

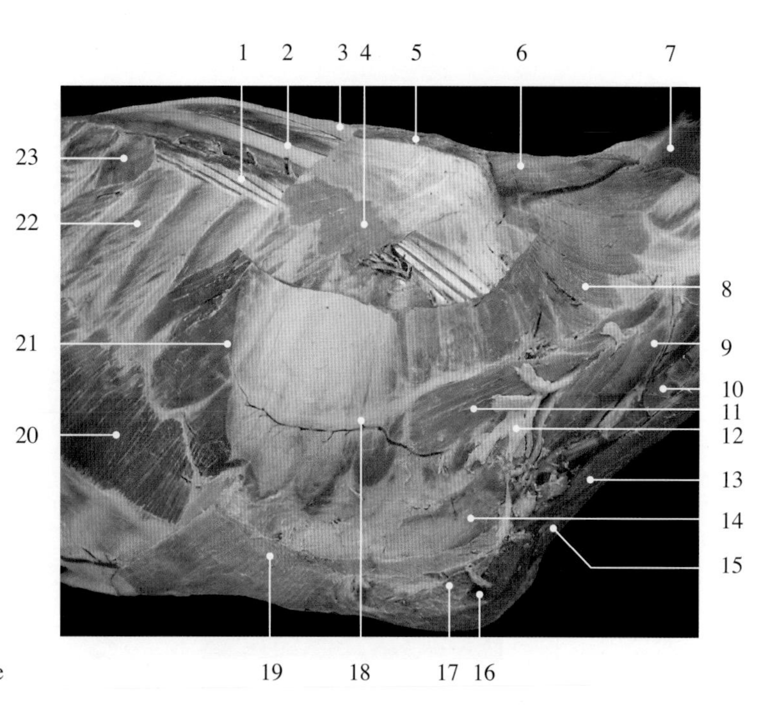

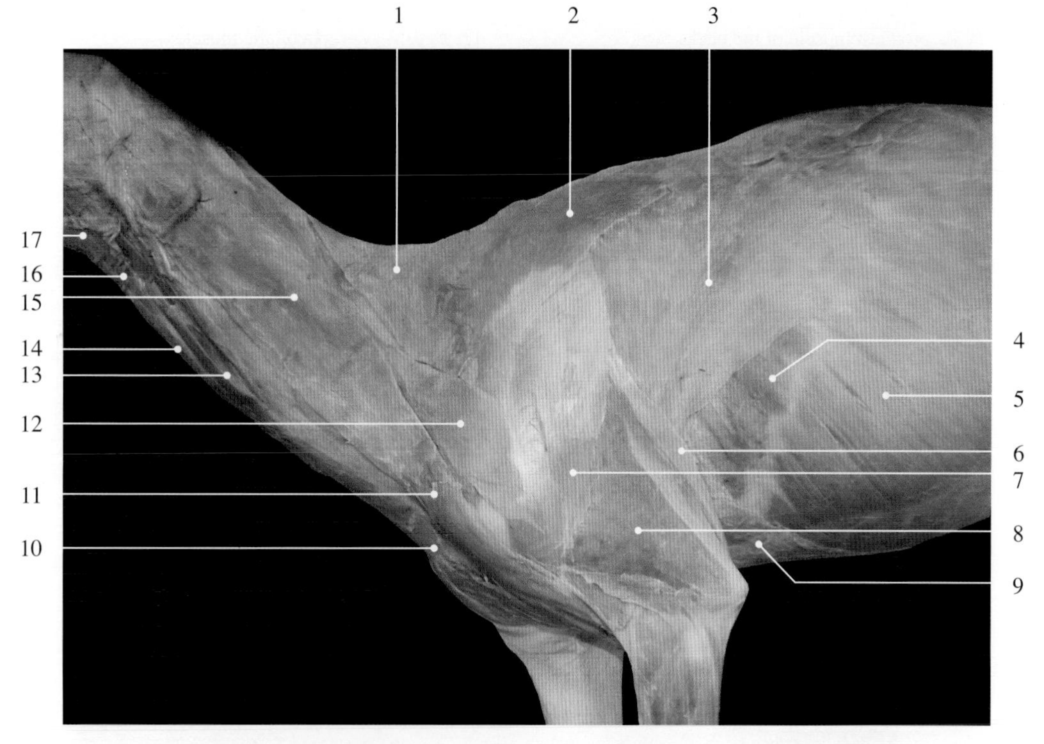

图3-5-5　羊右侧肩带部浅层肌肉

1. 颈斜方肌 cervical part of trapezius muscle
2. 胸斜方肌 thoracic part of trapezius muscle
3. 背阔肌 broadest muscle of the back
4. 胸腹侧锯肌 thoracic part of ventral serrate muscle
5. 腹外斜肌 external oblique abdominal muscle
6. 前臂筋膜张肌 tensor muscle of antebrachial fascia
7. 三角肌 deltoid muscle
8. 臂三头肌 triceps brachii muscle
9. 胸后深肌（胸升肌 pectoral ascendent muscle）
10. 胸头肌 sternocephalic muscle
11. 臂头肌 brachiocephalic muscle
12. 肩胛横突肌 omotransverse muscle
13. 颈静脉沟 jugular vein groove
14. 胸骨甲状舌骨肌 sternothyrohyoid muscle
15. 锁枕肌 cleidooccipital muscle
16. 胸骨甲状肌 sternothyroid muscle
17. 肩胛舌骨肌 omohyoid muscle

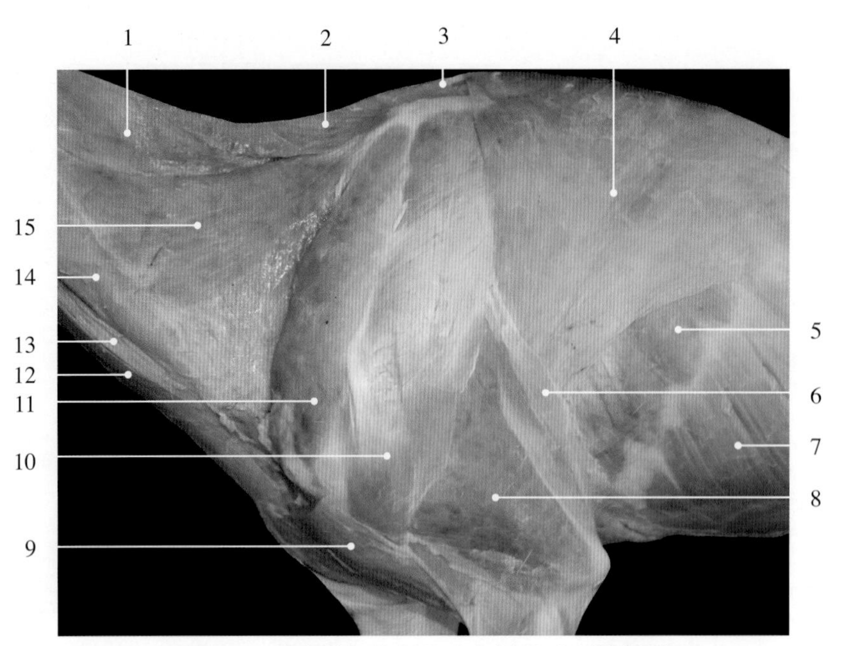

图3-5-6　羊肩带部浅层肌肉右侧观（去斜方肌）

1. 夹肌 splenius muscle
2. 颈菱形肌 cervical part of rhomboid muscle
3. 胸菱形肌 thoracic part of rhomboid muscle
4. 背阔肌 broadest muscle of the back
5. 胸腹侧锯肌 thoracic part of ventral serrate muscle
6. 前臂筋膜张肌 tensor muscle of antebrachial fascia
7. 腹外斜肌 external oblique abdominal muscle
8. 臂三头肌 triceps brachii muscle
9. 臂头肌 brachiocephalic muscle
10. 三角肌 deltoid muscle
11. 冈上肌 supraspinous muscle
12. 胸头肌 sternocephalic muscle
13. 颈静脉沟 jugular vein groove
14. 臂头肌 brachiocephalic muscle
15. 颈腹侧锯肌 cervical part of ventral serrate muscle

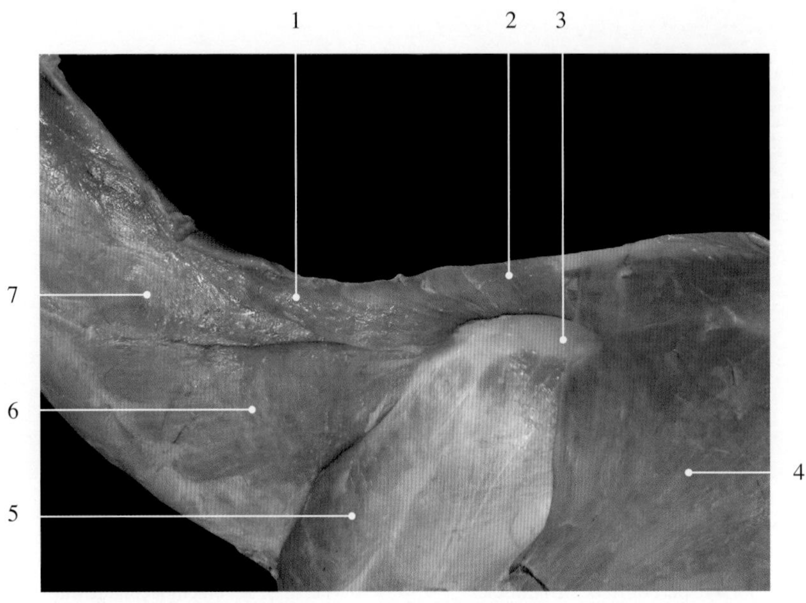

图3-5-7　羊菱形肌右侧观

1. 颈菱形肌 cervical part of rhomboid muscle
2. 胸菱形肌 thoracic part of rhomboid muscle
3. 肩胛软骨 scapular cartilage
4. 背阔肌 broadest muscle of the back
5. 冈上肌 supraspinous muscle
6. 颈腹侧锯肌 cervical part of ventral serrate muscle
7. 夹肌 splenius muscle

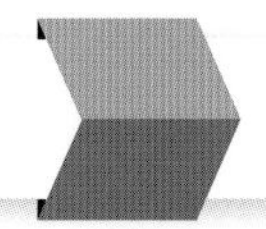

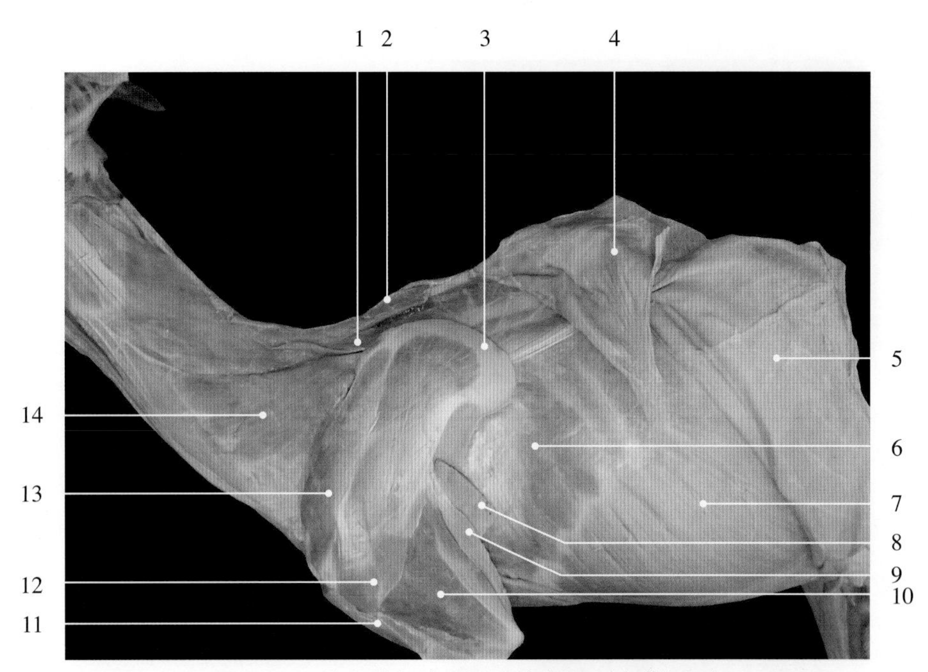

图3-5-8 羊肩带部浅层肌肉右侧观（去背阔肌）

1. 菱形肌 rhomboid muscle
2. 斜方肌 trapezius muscle
3. 肩胛软骨 scapular cartilage
4. 背阔肌（外翻）broadest muscle of the back（sectioned）
5. 皮肌（外翻）cutaneous muscle（sectioned）
6. 胸腹侧锯肌 thoracic part of ventral serrate muscle
7. 腹外斜肌 external oblique abdominal muscle
8. 背阔肌 broadest muscle of the back
9. 前臂筋膜张肌 tensor muscle of antebrachial fascia
10. 臂三头肌 triceps brachii muscle
11. 臂二头肌 biceps brachii muscle
12. 三角肌 deltoid muscle
13. 冈上肌 supraspinous muscle
14. 颈腹侧锯肌 cervical part of ventral serrate muscle

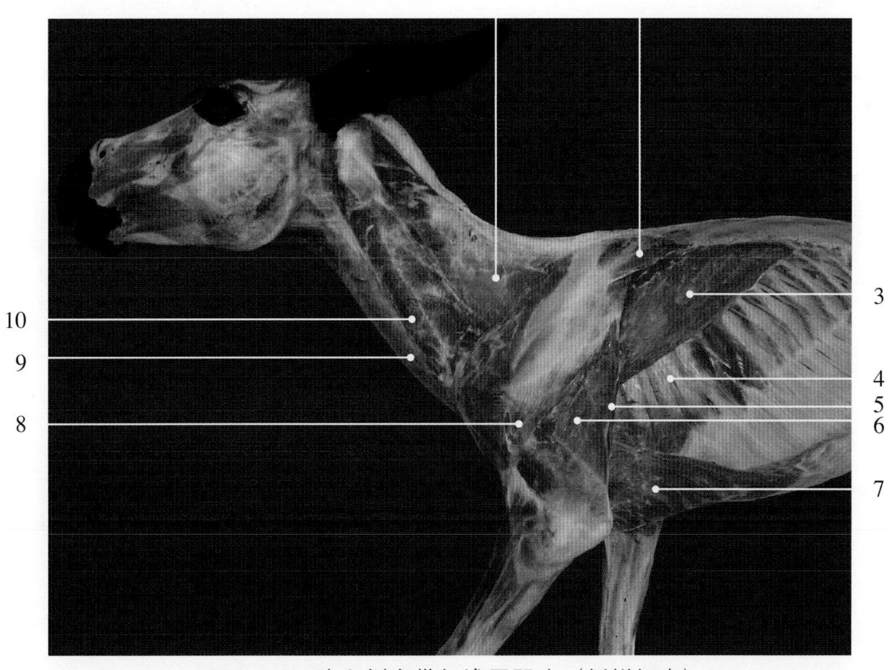

图3-5-9 驴左侧肩带部浅层肌肉（新鲜标本）

1. 颈斜方肌 cervical part of trapezius muscle
2. 胸斜方肌 thoracic part of trapezius muscle
3. 背阔肌 broadest muscle of the back
4. 胸腹侧锯肌 thoracic part of ventral serrate muscle
5. 前臂筋膜张肌 tensor muscle of antebrachial fascia
6. 臂三头肌 triceps brachii muscle
7. 胸后深肌（胸升肌 pectoral ascendent muscle）
8. 三角肌 deltoid muscle
9. 胸头肌 sternocephalic muscle
10. 臂头肌 brachiocephalic muscle

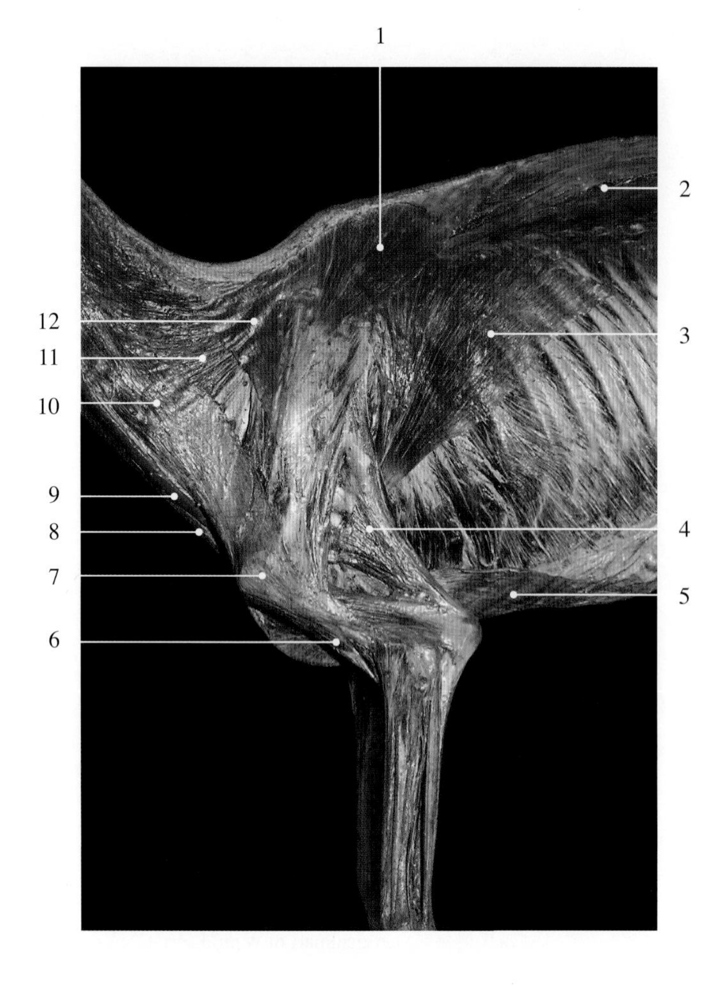

图3-5-10　驴左侧肩带部浅层肌肉（干制标本）

1. 胸斜方肌 thoracic part of trapezius muscle
2. 背最长肌 dorsal part of longest muscle
3. 背阔肌 broadest muscle of the back
4. 臂三头肌长头 long head of triceps brachii muscle
5. 胸后深肌（胸升肌 pectoral ascendent muscle）
6. 臂二头肌 biceps brachii muscle
7. 臂头肌 brachiocephalic muscle
8. 胸头肌 sternocephalic muscle
9. 颈静脉 jugular vein
10. 臂头肌 brachiocephalic muscle
11. 颈腹侧锯肌 cervical part of ventral serrate muscle
12. 颈斜方肌 cervical part of trapezius muscle

图3-5-11　驴腹侧锯肌左侧观

1. 项韧带 nuchal ligament
2. 菱形肌 rhomboid muscle
3. 斜方肌 trapezius muscle
4. 背阔肌 broadest muscle of the back
5. 腹外斜肌 external oblique abdominal muscle
6. 胸后浅肌（胸横肌 pectoral transverse muscle）
7. 胸后深肌（胸升肌 pectoral ascendent muscle）
8. 胸前浅肌（胸降肌 pectoral descendent muscle）
9. 胸腹侧锯肌 thoracic part of ventral serrate muscle
10. 颈腹侧锯肌 cervical part of ventral serrate muscle

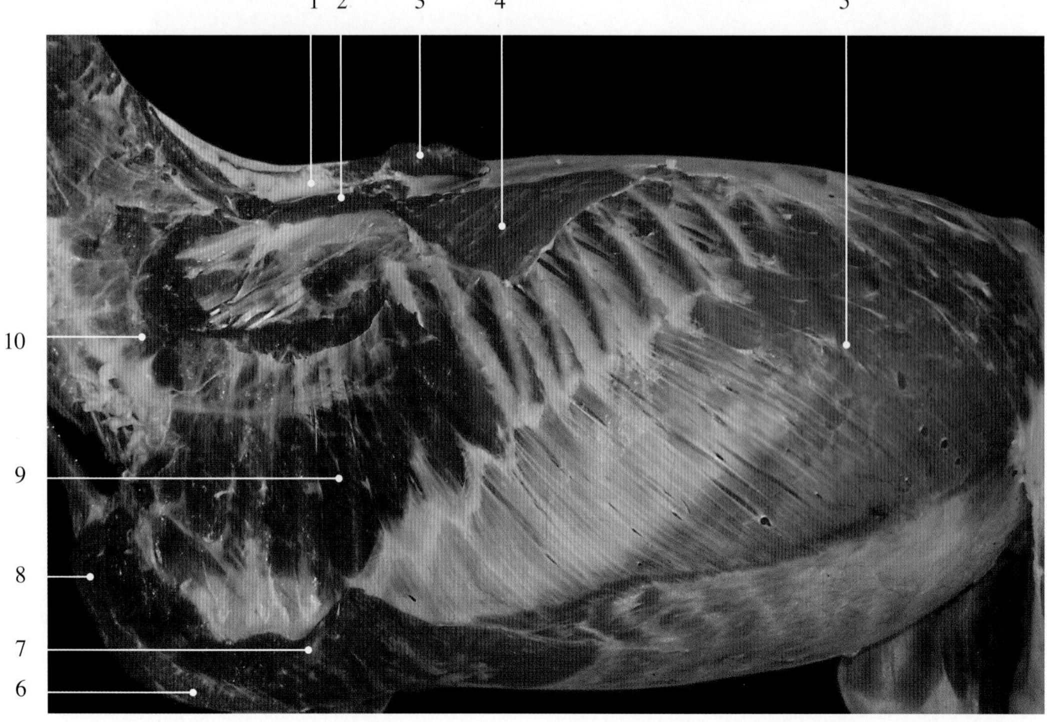

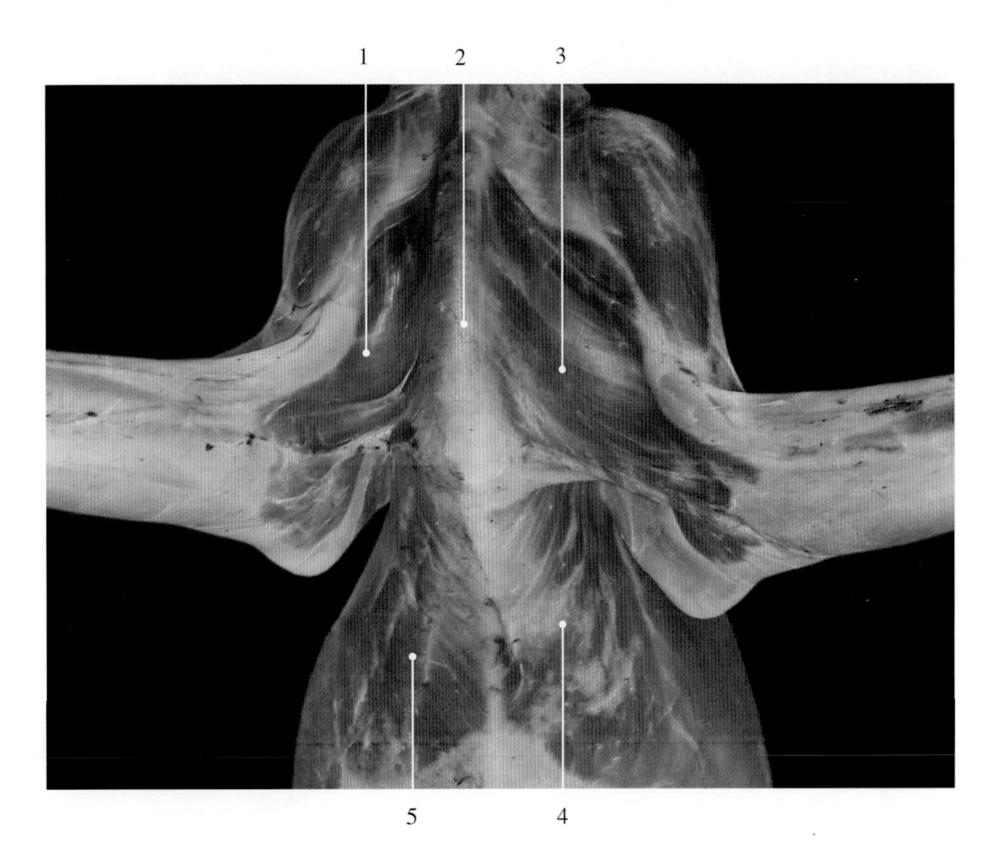

图3-5-12 驴胸肌腹侧观

1. 右胸浅肌 right superficial pectoral muscle
2. 胸骨嵴（龙骨）sternal crest（carina）
3. 左胸浅肌 left superficial pectoral muscle
4. 左胸深肌 left deep pectoral muscle
5. 右胸深肌 right deep pectoral muscle

图3-5-13 羊胸深肌腹侧观

1. 胸浅肌 superficial pectoral muscle
2. 胸深肌 deep pectoral muscle

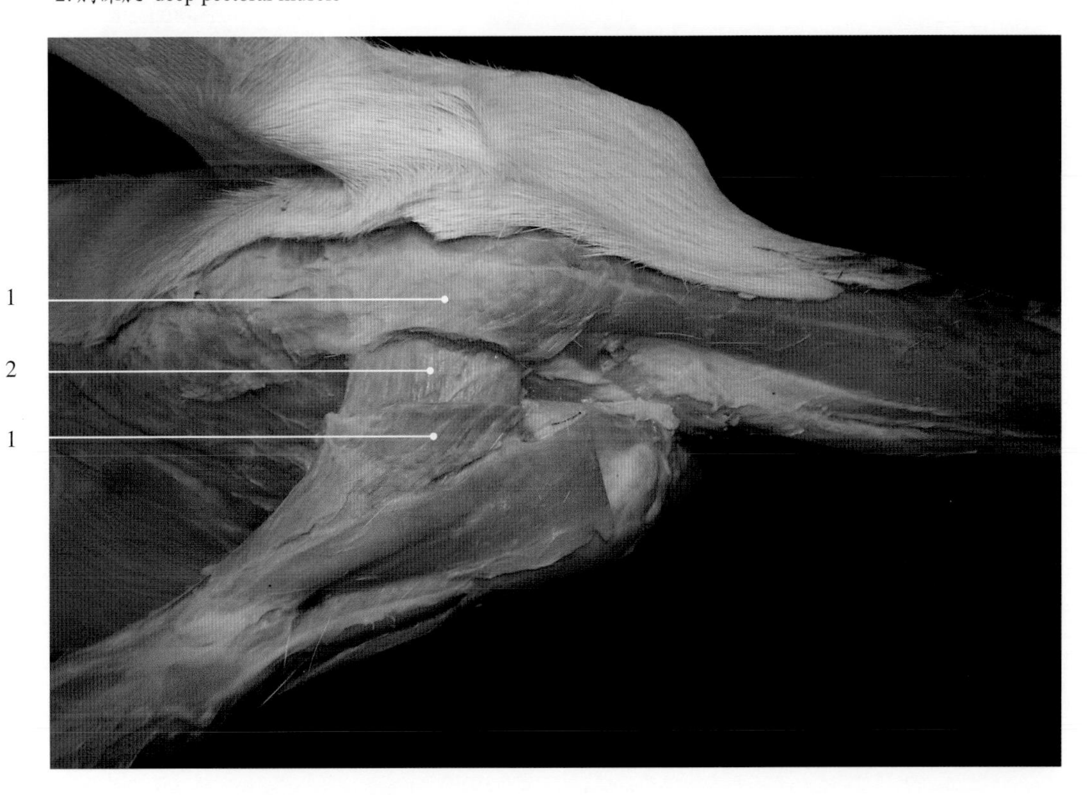

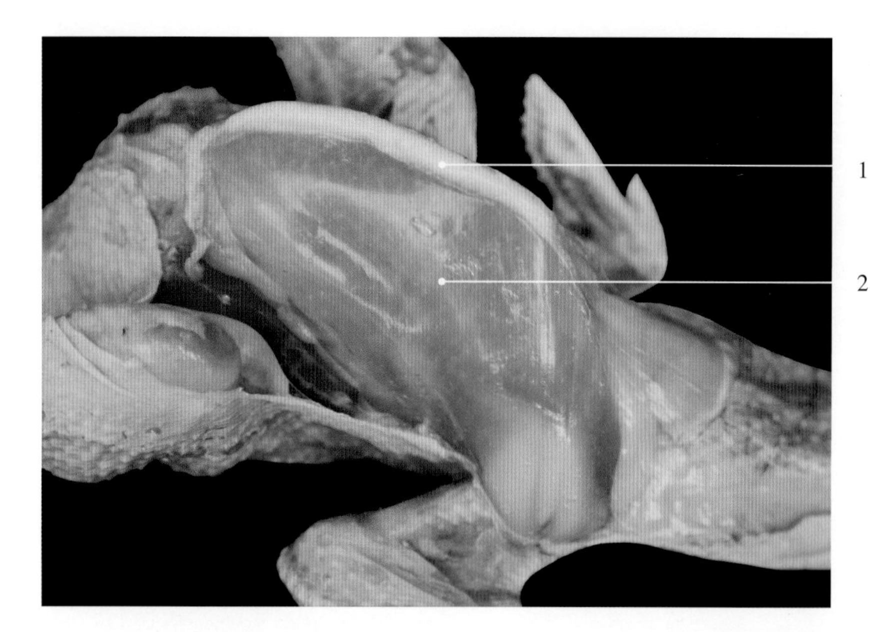

图3-5-14　鸡胸大肌腹侧观

1. 胸骨嵴（龙骨）sternal crest（carina）
2. 胸大肌 pectoralis major muscle

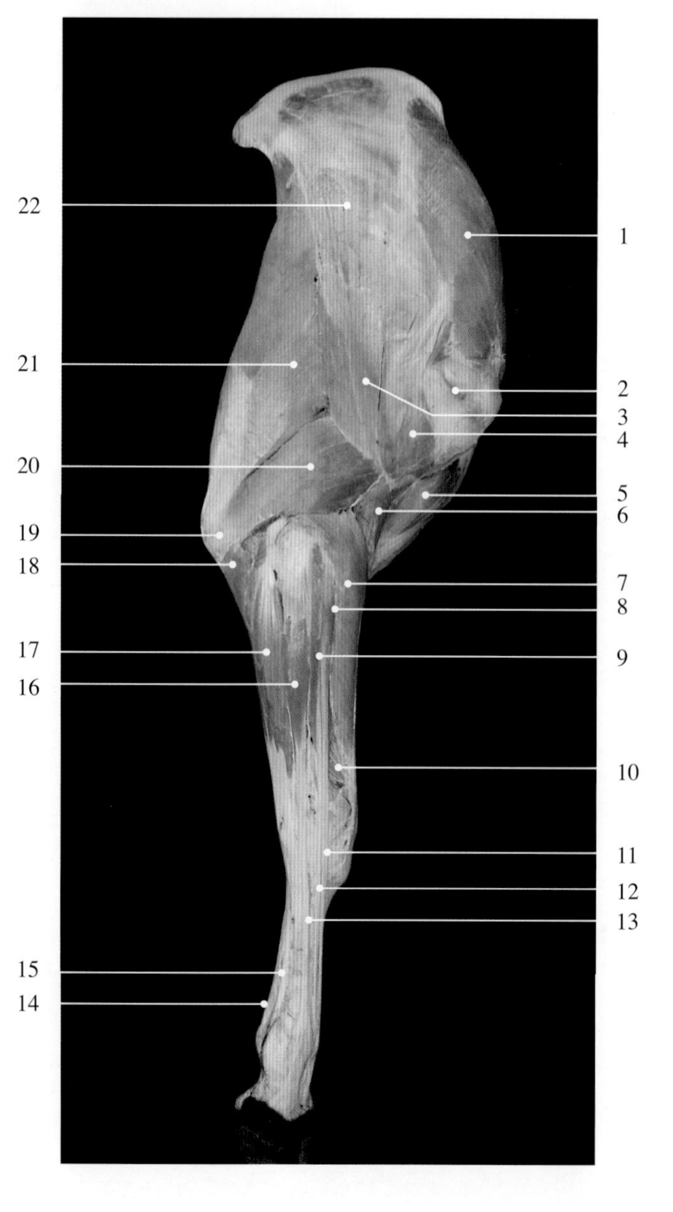

图3-5-15　牛右侧前肢肌外侧观（固定标本）

1. 冈上肌 supraspinous muscle
2. 肩关节 shoulder joint
3. 三角肌肩胛部 scapular part of deltoid muscle
4. 三角肌肩峰部 acromial part of deltoid muscle
5. 臂二头肌 biceps brachii muscle
6. 臂肌 brachial muscle
7. 腕桡侧伸肌 radial extensor muscle of the carpus
8. 指内侧伸肌 medial digital extensor muscle
9. 指总伸肌 common digital extensor muscle
10. 腕斜伸肌（拇长外展肌）extensor carpiobliquus muscle（abductor pollicis longus muscle）
11. 指内侧伸肌腱 medial digital extensor tendon
12. 指总伸肌腱 common extensor tendon
13. 指外侧伸肌腱 lateral digital extensor tendon
14. 指浅屈肌腱 superficial digital flexor tendon
15. 指深屈肌腱 deep digital flexor tendon
16. 指外侧伸肌 lateral digital extensor muscle
17. 指深屈肌尺骨头 ulnar head of deep digital flexor muscle
18. 腕尺侧屈肌 ulnar flexor muscle of the carpus
19. 鹰嘴 olecranon
20. 臂三头肌外侧头 lateral head of triceps brachii muscle
21. 臂三头肌长头 long head of triceps brachii muscle
22. 冈下肌 infraspinous muscle

图3-5-16 牛右侧前肢肌外侧观（新鲜标本）

1. 冈上肌 supraspinous muscle
2. 三角肌肩胛部 scapular part of deltoid muscle
3. 三角肌肩峰部 acromial part of deltoid muscle
4. 臂二头肌 biceps brachii muscle
5. 臂肌 brachial muscle
6. 腕桡侧伸肌 radial extensor muscle of the carpus
7. 指内侧伸肌 medial digital extensor muscle
8. 指总伸肌 common digital extensor muscle
9. 腕斜伸肌 extensor carpiobliquus muscle
10. 指总伸肌腱 common extensor tendon
11. 指外侧伸肌腱 lateral digital extensor tendon
12. 指外侧伸肌 lateral digital extensor muscle
13. 腕外侧屈肌 lateral flexor muscle of the carpus
14. 臂三头肌外侧头 lateral head of triceps brachii muscle
15. 臂三头肌长头 long head of triceps brachii muscle
16. 冈下肌 infraspinous muscle

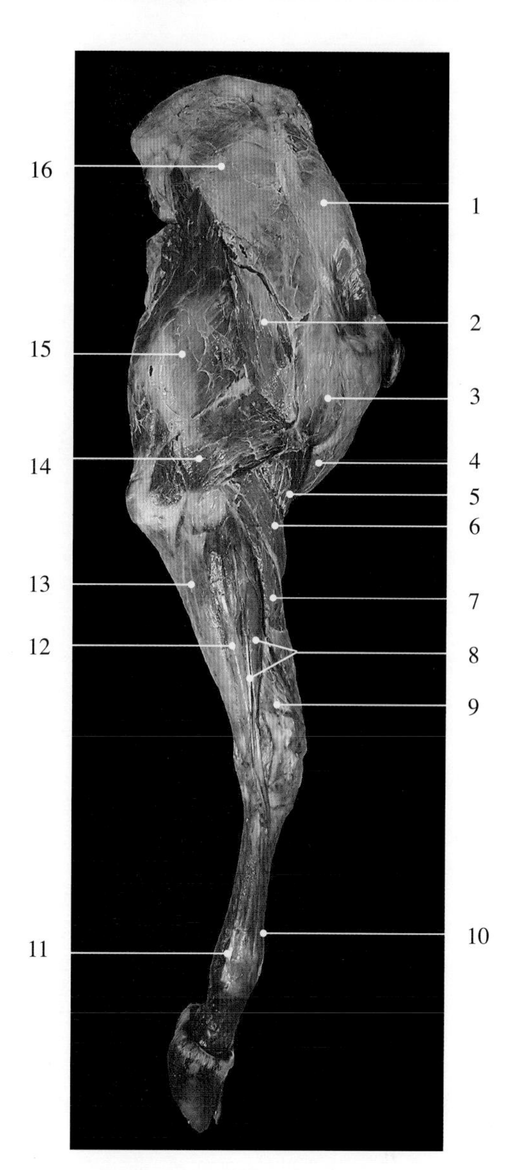

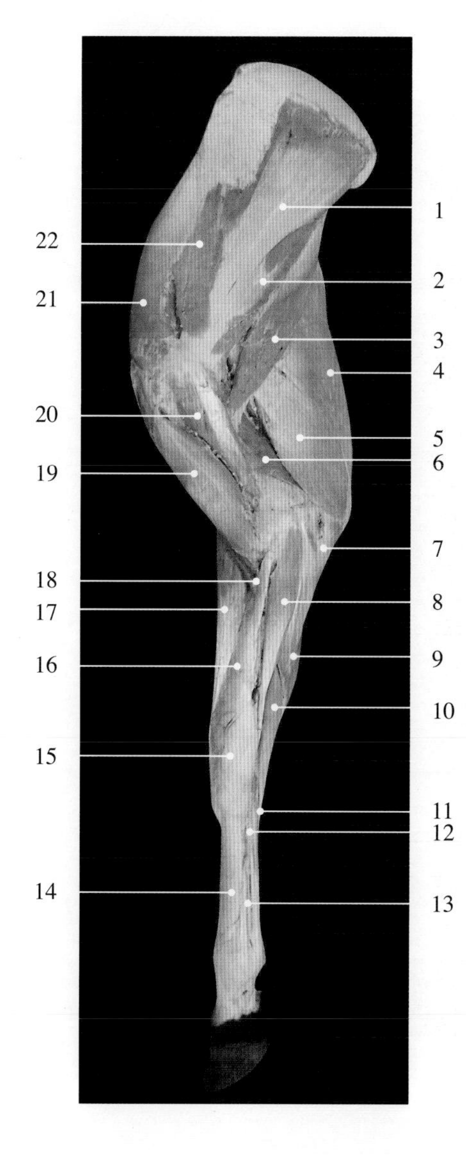

图3-5-17 牛右侧前肢肌内侧观（固定标本）

1. 肩胛下肌中部 middle part of subscapular muscle
2. 肩胛下肌后部 posterior part of subscapular muscle
3. 大圆肌 major teres muscle
4. 前臂筋膜张肌 tensor muscle of antebrachial fascia
5. 臂三头肌长头 long head of triceps brachii muscle
6. 臂三头肌内侧头 medial head of triceps brachii muscle
7. 指深屈肌尺骨头 ulnar head of deep digital flexor muscle
8. 腕桡侧屈肌 radial flexor muscle of the carpus
9. 腕尺侧屈肌 ulnar flexor muscle of the carpus
10. 指浅屈肌 superficial digital flexor muscle
11. 指浅屈肌腱 superficial digital flexor tendon
12. 指深屈肌腱 deep digital flexor tendon
13. 骨间肌（悬韧带）interosseus muscle（suspensory ligament）
14. 掌骨 metacarpal bone
15. 腕关节 carpal joint
16. 桡骨 radius
17. 腕桡侧伸肌 radial extensor muscle of the carpus
18. 旋前圆肌 round pronator muscle
19. 臂二头肌 biceps brachii muscle
20. 喙臂肌 coracobrachial muscle
21. 冈上肌 supraspinous muscle
22. 肩胛下肌前部 anterior part of subscapular muscle

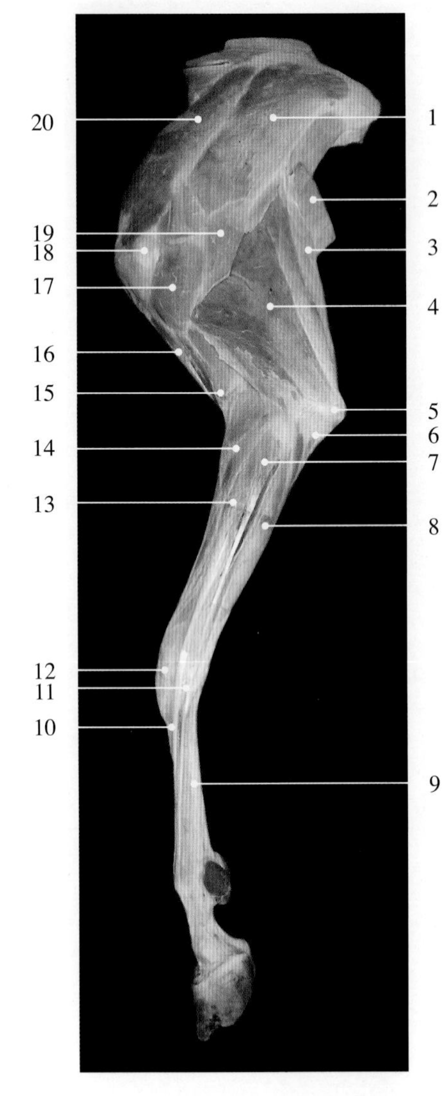

图3-5-18　羊左侧前肢肌外侧观

1. 冈下肌 infraspinous muscle
2. 背阔肌 broadest muscle of the back
3. 前臂筋膜张肌 tensor muscle of antebrachial fascia
4. 臂三头肌 triceps brachii muscle
5. 鹰嘴 olecranon
6. 指深屈肌尺骨头 ulnar head of deep digital flexor muscle
7. 指外侧伸肌 lateral digital extensor muscle
8. 腕外侧屈肌 lateral flexor muscle of the carpus
9. 掌骨 metacarpal bone
10. 指总伸肌腱 common extensor tendon
11. 指外侧伸肌腱 lateral digital extensor tendon
12. 腕关节 carpal joint
13. 指总伸肌 common digital extensor muscle
14. 腕桡侧伸肌 radial extensor muscle of the carpus
15. 臂肌 brachial muscle
16. 臂二头肌 biceps brachii muscle
17. 三角肌肩峰部 acromial part of deltoid muscle
18. 肩关节 shoulder joint
19. 三角肌肩胛部 scapular part of deltoid muscle
20. 冈上肌 supraspinous muscle

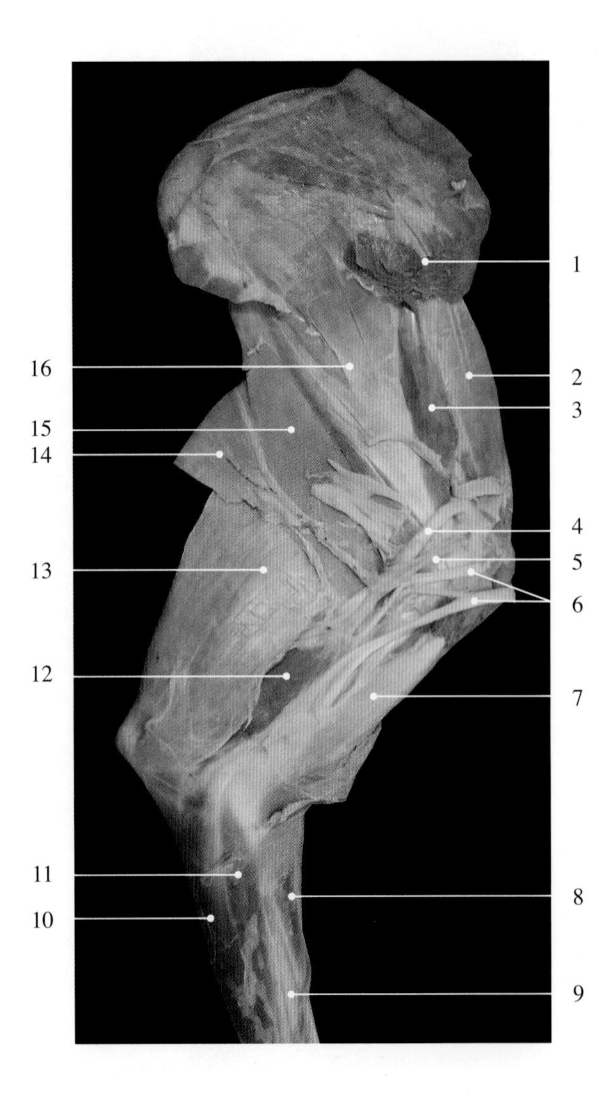

图3-5-19　羊左侧前肢肌内侧观

1. 腹侧锯肌 ventral serrate muscle
2. 冈上肌 supraspinous muscle
3. 肩胛下肌前部 anterior part of subscapular muscle
4. 腋动脉 axillary artery
5. 腋静脉 axillary vein
6. 臂丛的神经支 nerves of brachial plexus
7. 臂二头肌 biceps brachii muscle
8. 腕桡侧伸肌 radial extensor brachii muscle
9. 掌骨 metacarpal bone
10. 腕尺侧屈肌 ulnar flexor muscle of the carpus
11. 腕桡侧屈肌 radial flexor muscle of the carpus
12. 臂三头肌内侧头 medial head of triceps brachii muscle
13. 臂三头肌长头 long head of triceps brachii muscle
14. 背阔肌 broadest muscle of the back
15. 大圆肌 major teres muscle
16. 肩胛下肌中部 middle part of subscapular muscle

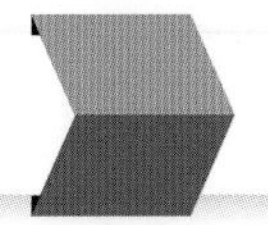

图3-5-20　马右侧前肢肌外侧观（干制标本）

1. 冈上肌 supraspinous muscle
2. 三角肌 deltoid muscle
3. 肩关节 shoulder joint
4. 肱骨 humerus
5. 臂二头肌 biceps brachii muscle
6. 臂肌 brachial muscle
7. 腕桡侧伸肌 radial extensor muscle of the carpus
8. 指总伸肌 common digital extensor muscle
9. 腕关节 carpal joint
10. 指总伸肌腱 common extensor tendon
11. 指外侧伸肌腱 lateral digital extensor tendon
12. 指浅和深屈肌腱 superficial and deep digital flexor tendon
13. 腕外侧屈肌 lateral flexor muscle of the carpus
14. 指外侧伸肌 lateral digital extensor muscle
15. 鹰嘴 olecranon
16. 臂三头肌外侧头 lateral head of triceps brachii muscle
17. 臂三头肌长头 long head of triceps brachii muscle
18. 前臂筋膜张肌 tensor muscle of antebrachial fascia
19. 冈下肌 infraspinous muscle

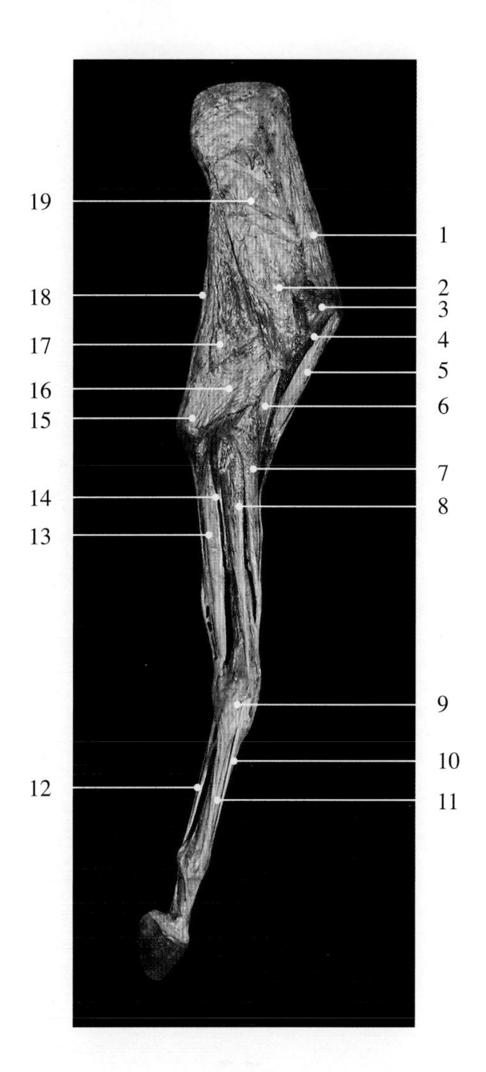

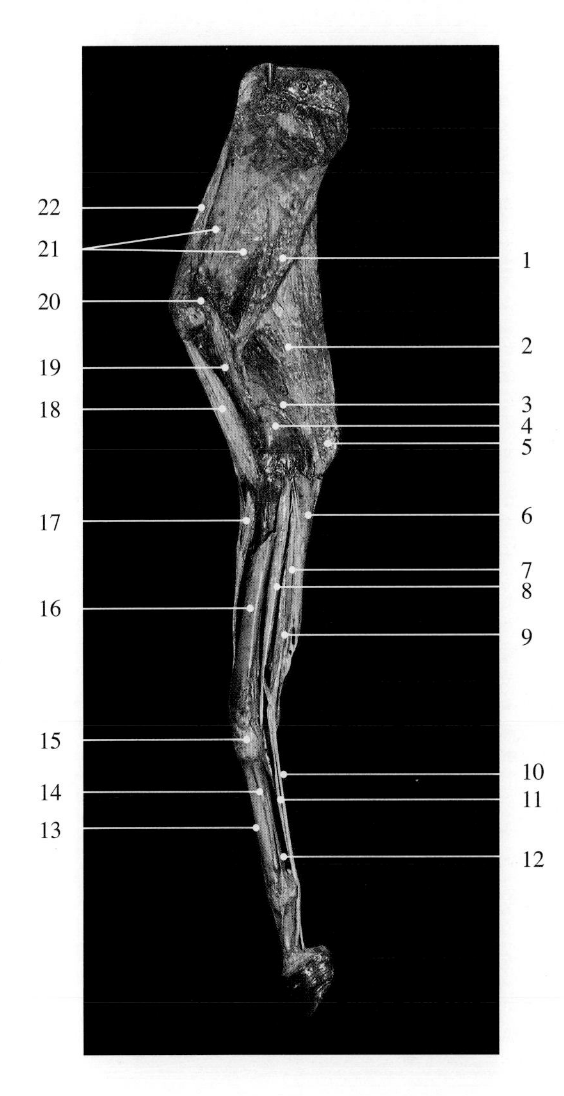

图3-5-21　马右侧前肢肌内侧观（干制标本）

1. 大圆肌 major teres muscle
2. 臂三头肌长头 long head of triceps brachii muscle
3. 臂三头肌内侧头 medial head of triceps brachii muscle
4. 肱骨 humerus
5. 鹰嘴 olecranon
6. 腕尺侧屈肌 ulnar flexor muscle of the carpus
7. 指浅屈肌 superficial digital flexor muscle
8. 腕桡侧屈肌 radial flexor muscle of the carpus
9. 指深屈肌 deep digital flexor muscle
10. 指浅屈肌腱 superficial digital flexor tendon
11. 指深屈肌腱 deep digital flexor tendon
12. 悬韧带（骨间肌） suspensory ligament（interosseus muscle）
13. 大掌骨 major metacarpal bone
14. 小掌骨 lesser metacarpal bone
15. 腕关节 carpal joint
16. 桡骨 radius
17. 腕桡侧伸肌 radial extensor brachii muscle
18. 臂二头肌 biceps brachii muscle
19. 喙臂肌 coracobrachial muscle
20. 肩关节 shoulder joint
21. 肩胛下肌 subscapular muscle
22. 冈上肌 supraspinous muscle

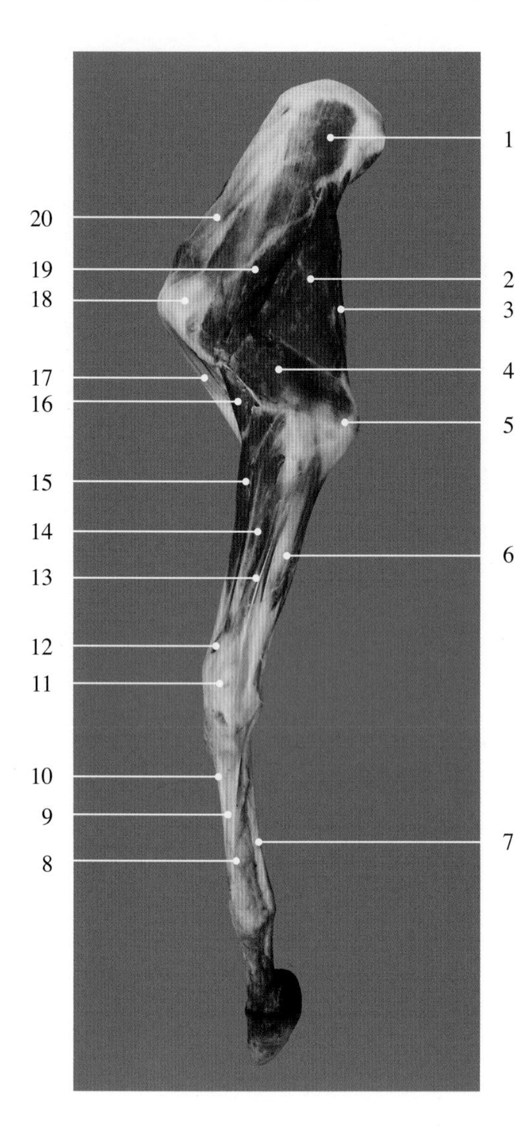

图3-5-22　驴左侧前肢肌外侧观

1. 冈下肌 infraspinous muscle
2. 臂三头肌长头 long head of triceps brachii muscle
3. 前臂筋膜张肌 tensor muscle of antebrachial fascia
4. 臂三头肌外侧头 lateral head of triceps brachii muscle
5. 鹰嘴 olecranon
6. 腕外侧屈肌 lateral flexor muscle of the carpus
7. 指关节屈肌腱 flexor tendon of phalangeal joint
8. 掌骨 metacarpal bone
9. 指外侧伸肌腱 lateral digital extensor tendon
10. 指总伸肌腱 common extensor tendon
11. 腕关节 carpal joint
12. 腕斜伸肌 extensor carpiobliquus muscle
13. 指外侧伸肌 lateral digital extensor muscle
14. 指总伸肌 common digital extensor muscle
15. 腕桡侧伸肌 radial extensor muscle of the carpus
16. 臂肌 brachial muscle
17. 臂二头肌 biceps brachii muscle
18. 肩关节 shoulder joint
19. 三角肌 deltoid muscle
20. 冈上肌 supraspinous muscle

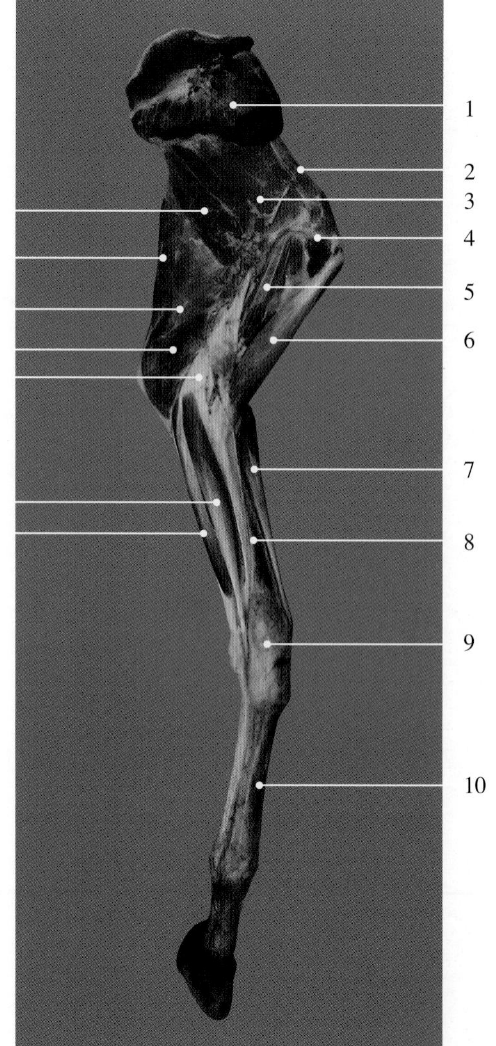

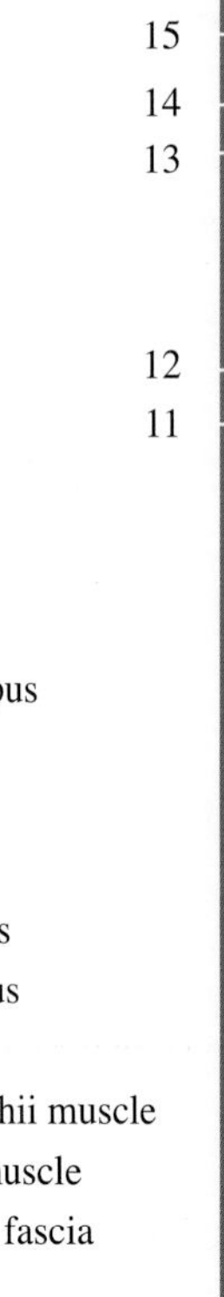

图3-5-23　驴左侧前肢肌内侧观

1. 腹侧锯肌 ventral serrate muscle
2. 冈上肌 supraspinous muscle
3. 肩胛下肌 subscapular muscle
4. 肩关节 shoulder joint
5. 喙臂肌 coracobrachial muscle
6. 臂二头肌 biceps brachii muscle
7. 腕桡侧伸肌 radial extensor muscle of the carpus
8. 桡骨 radius
9. 腕关节 carpal joint
10. 大掌骨 major metacarpal bone
11. 腕尺侧屈肌 ulnar flexor muscle of the carpus
12. 腕桡侧屈肌 radial flexor muscle of the carpus
13. 肘关节 elbow joint
14. 臂三头肌内侧头 medial head of triceps brachii muscle
15. 臂三头肌长头 long head of triceps brachii muscle
16. 前臂筋膜张肌 tensor muscle of antebrachial fascia
17. 大圆肌 major teres muscle

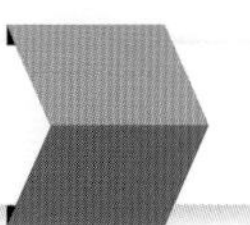

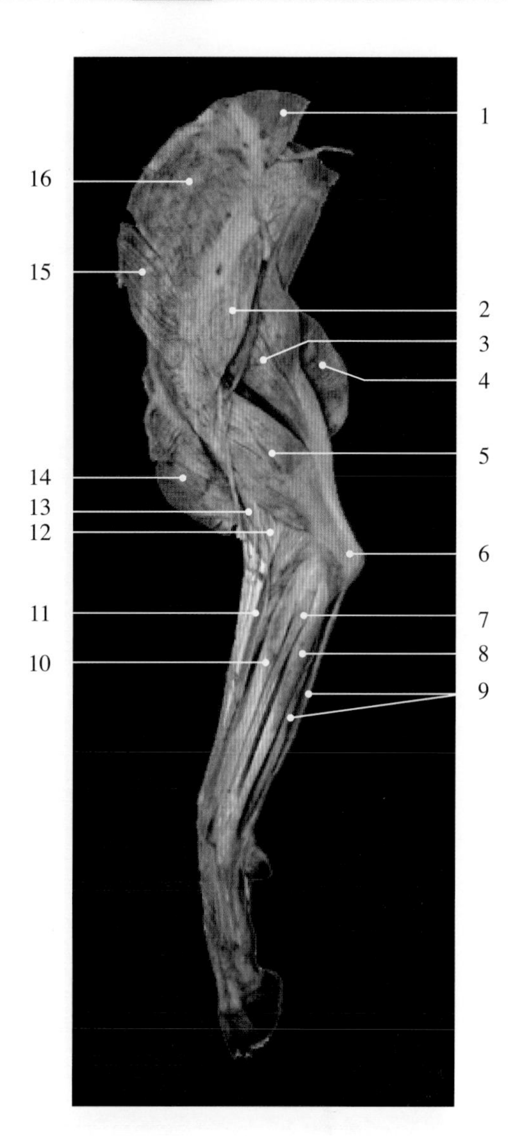

图3-5-24 犬左侧前肢肌外侧观

1. 胸斜方肌 thoracic part of trapezius muscle
2. 三角肌 deltoid muscle
3. 臂三头肌长头 long head of triceps brachii muscle
4. 背阔肌 broadest muscle of the back
5. 臂三头肌外侧头 lateral head of triceps brachii muscle
6. 鹰嘴 olecranon
7. 指外侧伸肌 lateral digital extensor muscle
8. 腕外侧屈肌 lateral flexor muscle of the carpus
9. 腕尺侧屈肌 ulnar flexor muscle of the carpus
10. 指总伸肌 common digital extensor muscle
11. 腕桡侧伸肌和桡神经 radial extensor muscle of the carpus and radial nerve
12. 臂肌 brachial muscle
13. 臂二头肌 biceps brachii muscle
14. 臂头肌 brachiocephalic muscle
15. 肩胛横突肌 omotransverse muscle
16. 颈斜方肌 cervical part of trapezius muscle

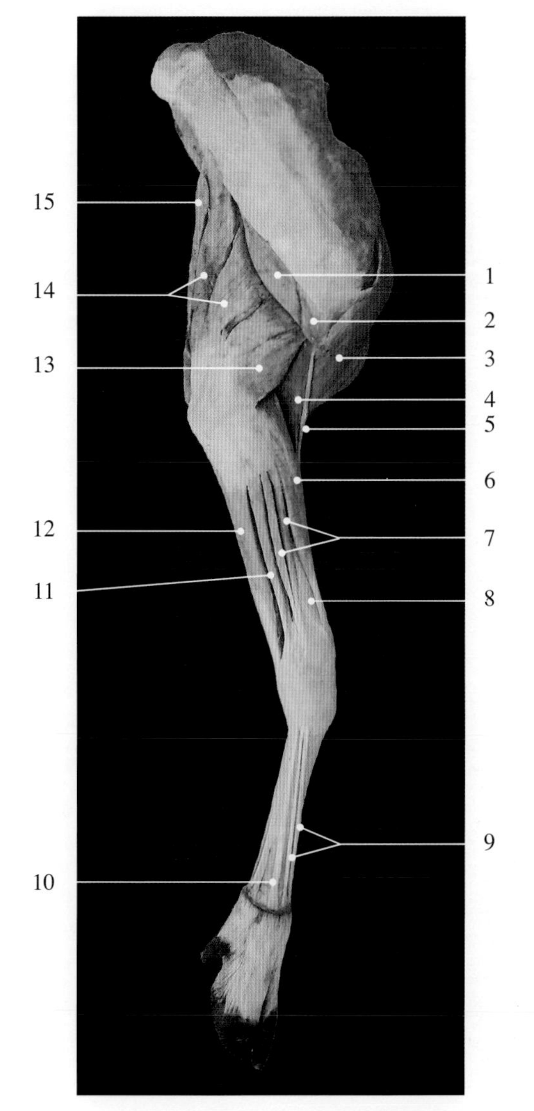

图3-5-25 麋鹿右侧前肢肌外侧观

1. 三角肌肩胛部 scapular part of deltoid muscle
2. 三角肌肩峰部 acromial part of deltoid muscle
3. 臂头肌 brachiocephalic muscle
4. 臂肌 brachial muscle
5. 头静脉 cephalic vein
6. 腕桡侧伸肌 radial extensor muscle of the carpus
7. 指总伸肌 common digital extensor muscle
8. 腕斜伸肌 extensor carpiobliquus muscle
9. 指总伸肌腱 common extensor tendon
10. 指外侧伸肌腱 lateral digital extensor tendon
11. 指外侧伸肌 lateral digital extensor muscle
12. 腕外侧屈肌 lateral flexor muscle of the carpus
13. 臂三头肌外侧头 lateral head of triceps brachii muscle
14. 臂三头肌长头 long head of triceps brachii muscle
15. 前臂筋膜张肌 tensor muscle of antebrachial fascia

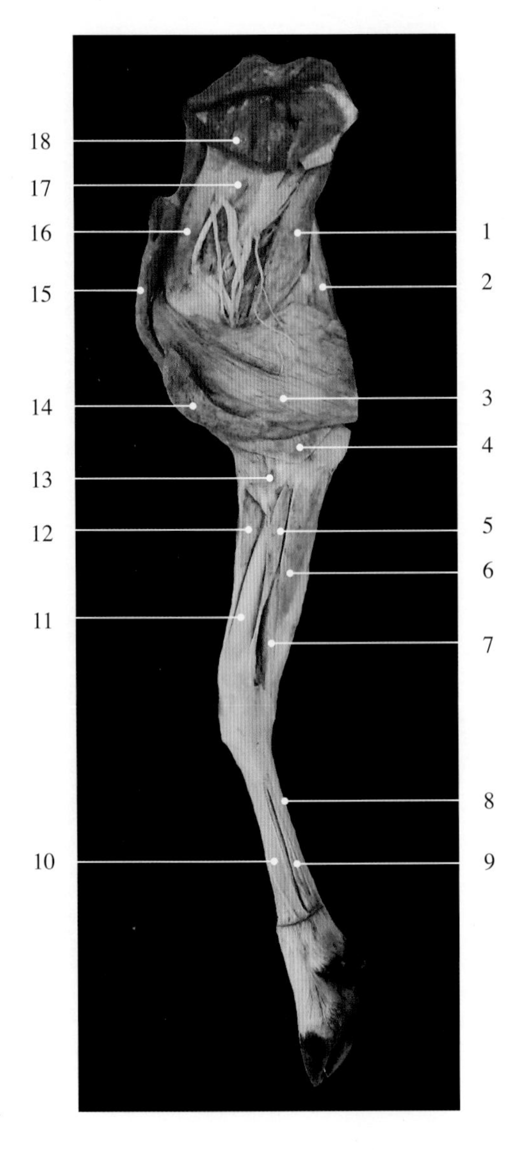

图3-5-26　麋鹿右侧前肢肌内侧观

1. 大圆肌 major teres muscle
2. 前臂筋膜张肌 tensor muscle of antebrachial fascia
3. 胸深肌 deep pectoral muscle
4. 胸后浅肌 pectoral transverse muscle
5. 腕桡侧屈肌 radial flexor muscle of the carpus
6. 腕尺侧屈肌 ulnar flexor muscle of the carpus
7. 指浅屈肌 superficial digital flexor muscle
8. 指浅屈肌腱 superficial digital flexor tendon
9. 指深屈肌腱 deep digital flexor tendon
10. 掌骨 metacarpal bone
11. 桡骨 radius
12. 腕桡侧伸肌 radial extensor muscle of the carpus
13. 旋前圆肌 round pronator muscle
14. 胸前浅肌 pectoral descendent muscle
15. 臂头肌 brachiocephalic muscle
16. 冈上肌 supraspinous muscle
17. 肩胛下肌 subscapular muscle
18. 胸腹侧锯肌 thoracic part of ventral serrate muscle

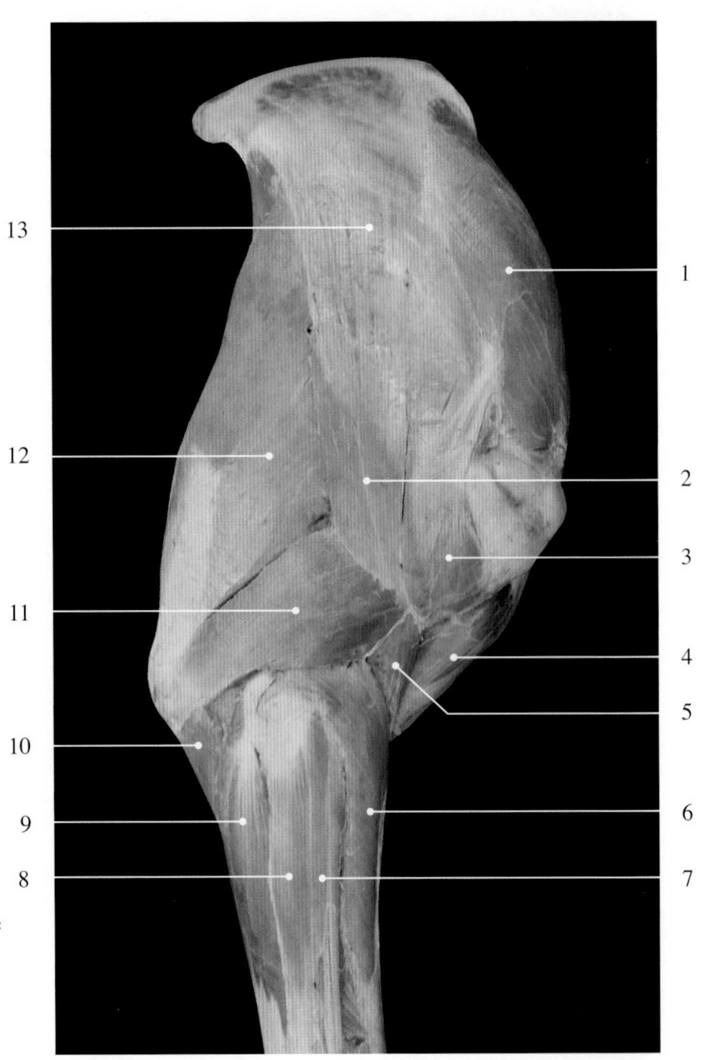

图3-5-27　牛右侧肩臂部肌外侧观

1. 冈上肌 supraspinous muscle
2. 三角肌肩胛部 scapular part of deltoid muscle
3. 三角肌肩峰部 acromial part of deltoid muscle
4. 臂二头肌 biceps brachii muscle
5. 臂肌 brachial muscle
6. 腕桡侧伸肌 radial extensor muscle of the carpus
7. 指总伸肌 common digital extensor muscle
8. 指外侧伸肌 lateral digital extensor muscle
9. 腕外侧屈肌 lateral flexor muscle of the carpus
10. 指深屈肌尺骨头 ulnar head of deep digital flexor muscle
11. 臂三头肌外侧头 lateral head of triceps brachii muscle
12. 臂三头肌长头 long head of triceps brachii muscle
13. 冈下肌 infraspinous muscle

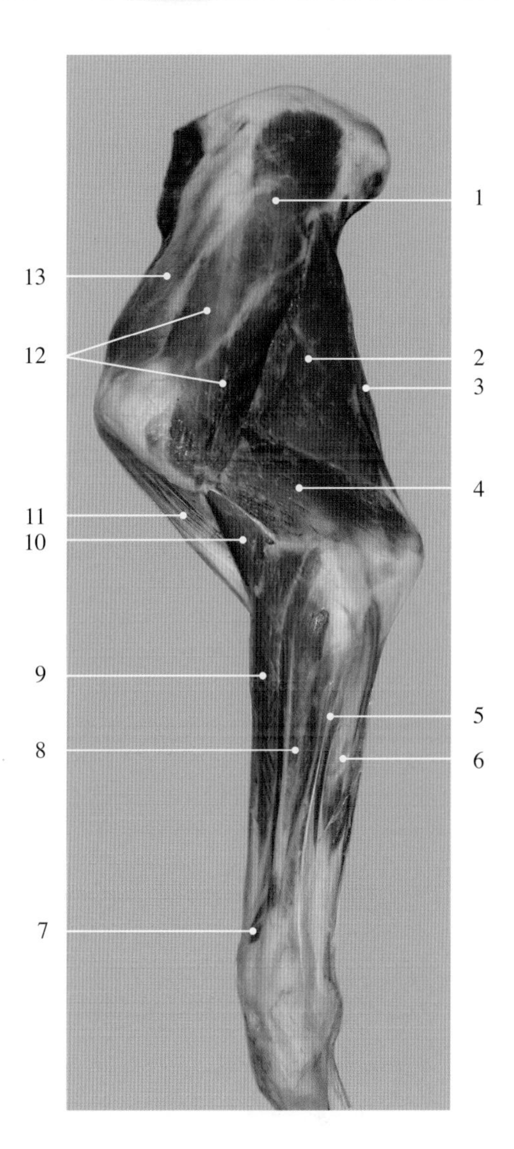

图3-5-28 驴左侧肩臂部肌外侧观

1. 冈下肌 infraspinous muscle
2. 臂三头肌长头 long head of triceps brachii muscle
3. 前臂筋膜张肌 tensor muscle of antebrachial fascia
4. 臂三头肌外侧头 lateral head of triceps brachii muscle
5. 指外侧伸肌 lateral digital extensor muscle
6. 腕外侧屈肌 lateral flexor muscle of the carpus
7. 腕斜伸肌 extensor carpiobliquus muscle
8. 指总伸肌 common digital extensor muscle
9. 腕桡侧伸肌 radial extensor brachii muscle
10. 臂肌 brachial muscle
11. 臂二头肌 biceps brachii muscle
12. 三角肌 deltoid muscle
13. 冈上肌 supraspinous muscle

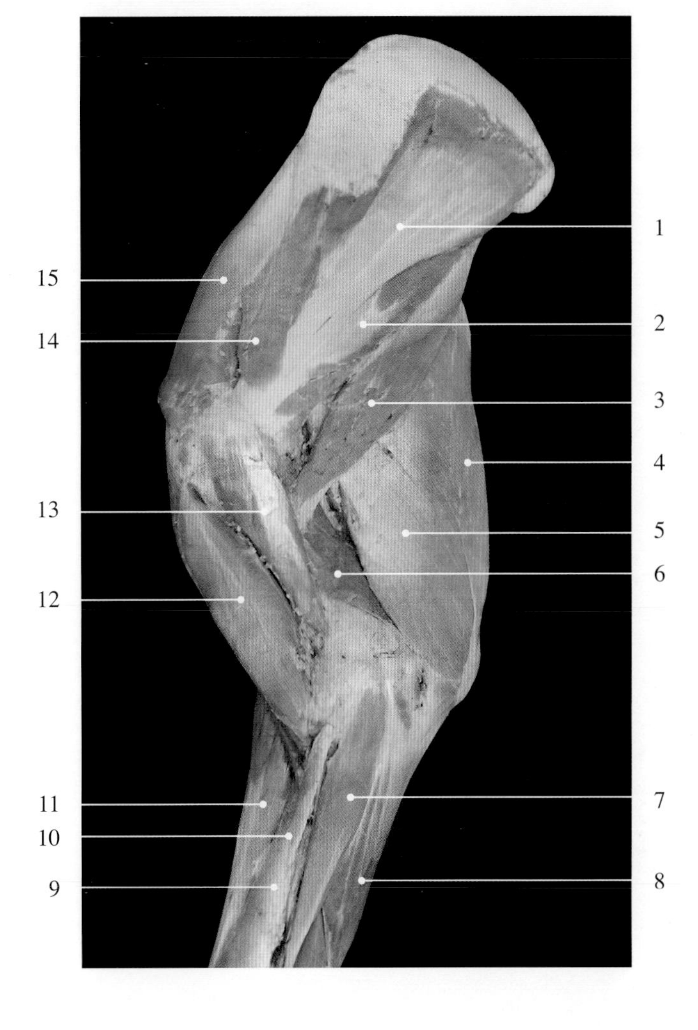

图3-5-29 牛右侧肩臂部肌内侧观

1. 肩胛下肌中部 middle part of subscapular muscle
2. 肩胛下肌后部 posterior part of subscapular muscle
3. 大圆肌 major teres muscle
4. 前臂筋膜张肌 tensor muscle of antebrachial fascia
5. 臂三头肌长头 long head of triceps brachii muscle
6. 臂三头肌内侧头 medial head of triceps brachii muscle
7. 腕桡侧屈肌 radial flexor muscle of the carpus
8. 腕尺侧屈肌 ulnar flexor muscle of the carpus
9. 桡骨 radius
10. 旋前圆肌 round pronator muscle
11. 腕桡侧伸肌 radial extensor muscle of the carpus
12. 臂二头肌 biceps brachii muscle
13. 喙臂肌 coracobrachial muscle
14. 肩胛下肌前部 anterior part of subscapular muscle
15. 冈上肌 supraspinous muscle

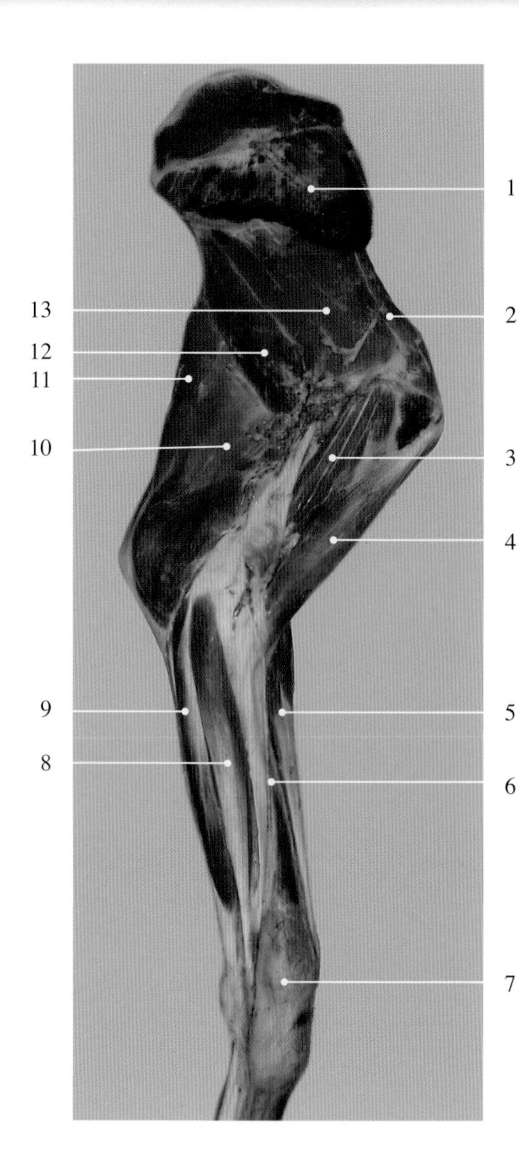

图3-5-30　驴左侧肩臂部肌内侧观

1. 腹侧锯肌 ventral serrate muscle
2. 冈上肌 supraspinous muscle
3. 喙臂肌 coracobrachial muscle
4. 臂二头肌 biceps brachii muscle
5. 腕桡侧伸肌 radial extensor muscle of the carpus
6. 桡骨 radius
7. 腕关节 carpal joint
8. 腕桡侧屈肌 radial flexor muscle of the carpus
9. 腕尺侧屈肌 ulnar flexor muscle of the carpus
10. 臂三头肌 triceps brachii muscle
11. 前臂筋膜张肌 tensor muscle of antebrachial fascia
12. 大圆肌 major teres muscle
13. 肩胛下肌 subscapular muscle

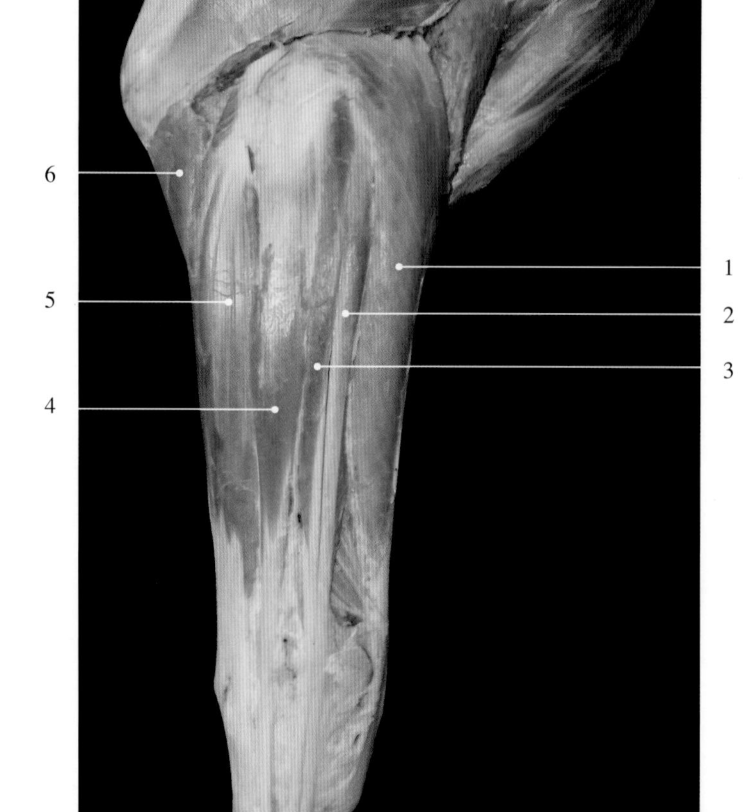

图3-5-31　牛右侧前臂部肌外侧观

1. 腕桡侧伸肌 radial extensor muscle of the carpus
2. 指内侧伸肌 medial digital extensor muscle
3. 指总伸肌 common digital extensor muscle
4. 指外侧伸肌 lateral digital extensor muscle
5. 腕外侧屈肌 lateral flexor muscle of the carpus
6. 指深屈肌尺骨头 ulnar head of deep digital flexor muscle

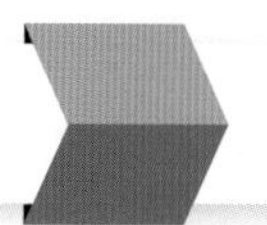

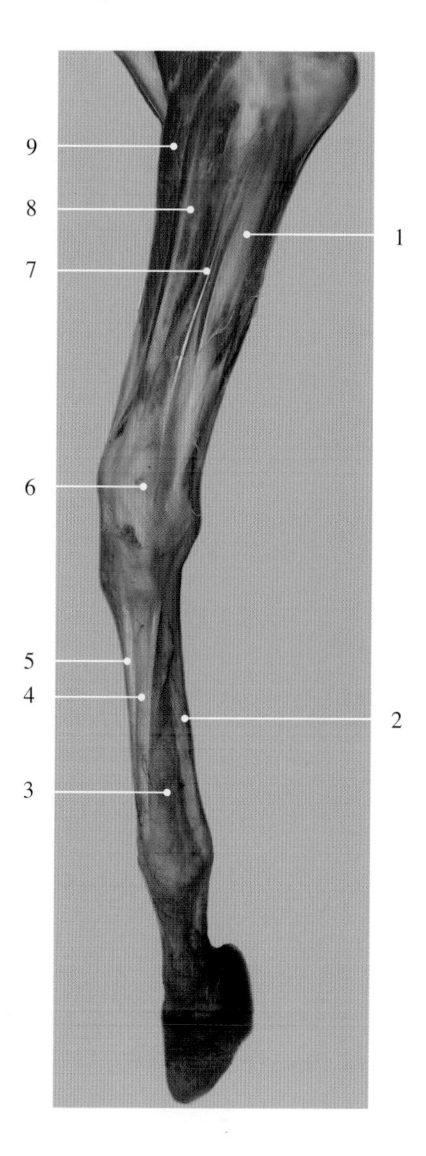

图3-5-32 驴左侧前臂部肌外侧观

1. 腕外侧屈肌 lateral flexor muscle of the carpus
2. 指关节屈肌腱 flexor tendon of phalangeal joint
3. 大掌骨 major metacarpal bone
4. 指外侧伸肌腱 lateral digital extensor tendon
5. 指总伸肌腱 common extensor tendon
6. 腕关节 carpal joint
7. 指外侧伸肌 lateral digital extensor muscle
8. 指总伸肌 common digital extensor muscle
9. 腕桡侧伸肌 radial extensor muscle of the carpus

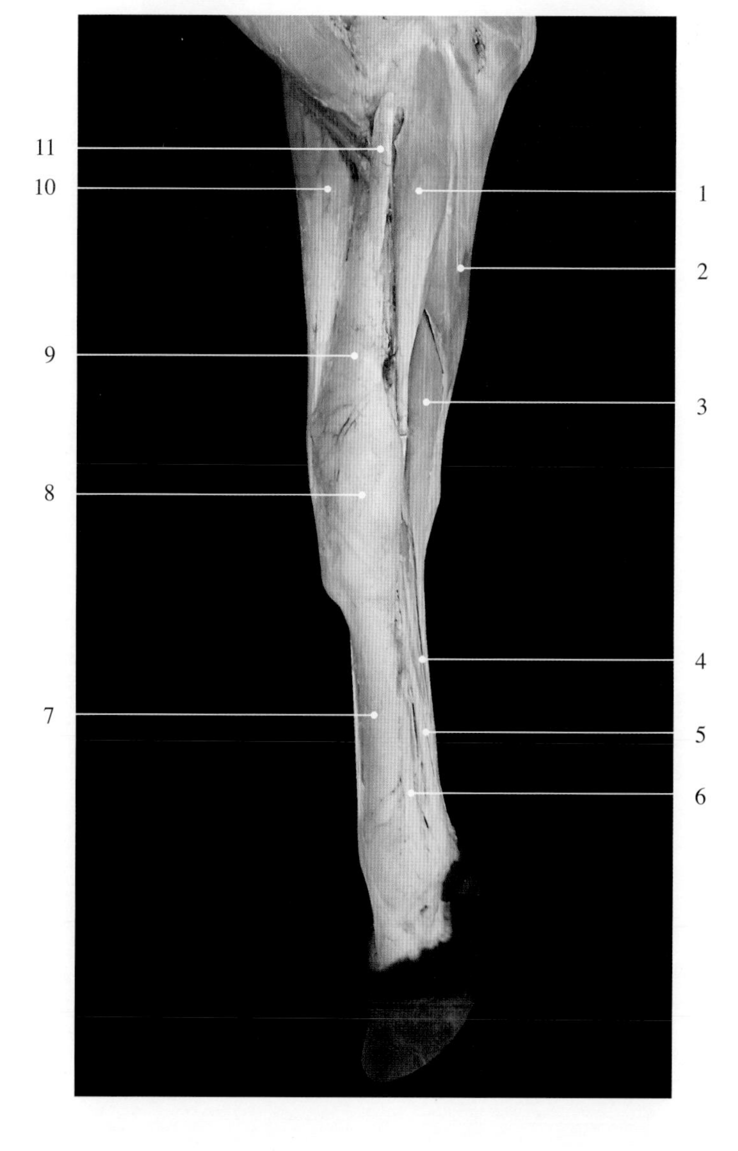

图3-5-33 牛右侧前臂部肌内侧观

1. 腕桡侧屈肌 radial flexor muscle of the carpus
2. 腕尺侧屈肌 ulnar flexor muscle of the carpus
3. 指浅屈肌 superficial digital flexor muscle
4. 指浅屈肌腱 superficial digital flexor tendon
5. 指深屈肌腱 deep digital flexor tendon
6. 悬韧带（骨间肌）suspensory ligament（interosseus muscle）
7. 掌骨 metacarpal bone
8. 腕关节 carpal joint
9. 桡骨 radius
10. 腕桡侧伸肌 radial extensor muscle of the carpus
11. 旋前圆肌 round pronator muscle

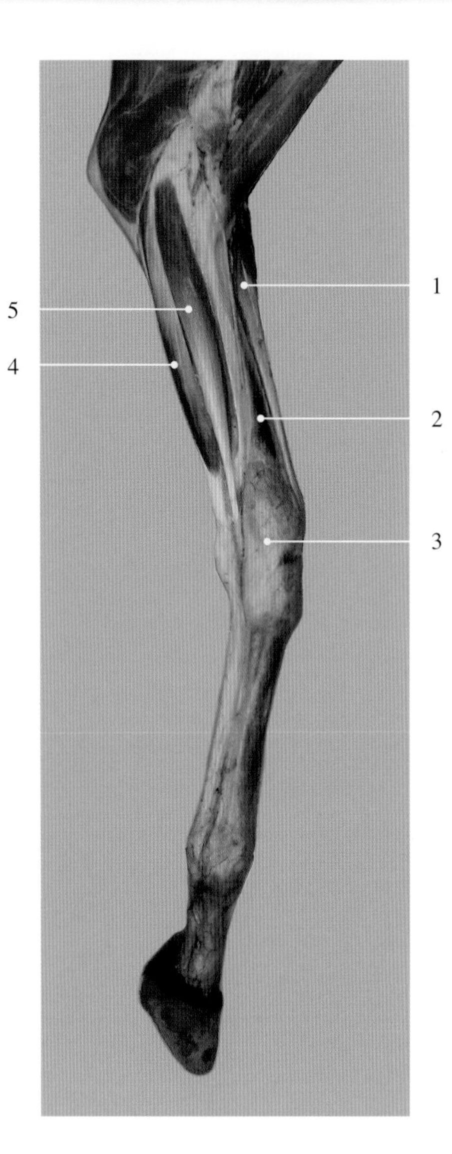

图3-5-34　驴左侧前臂部肌内侧观

1. 腕桡侧伸肌 radial extensor muscle of the carpus
2. 桡骨 radius
3. 腕关节 carpal joint
4. 腕尺侧屈肌 ulnar flexor muscle of the carpus
5. 腕桡侧屈肌 radial flexor muscle of the carpus

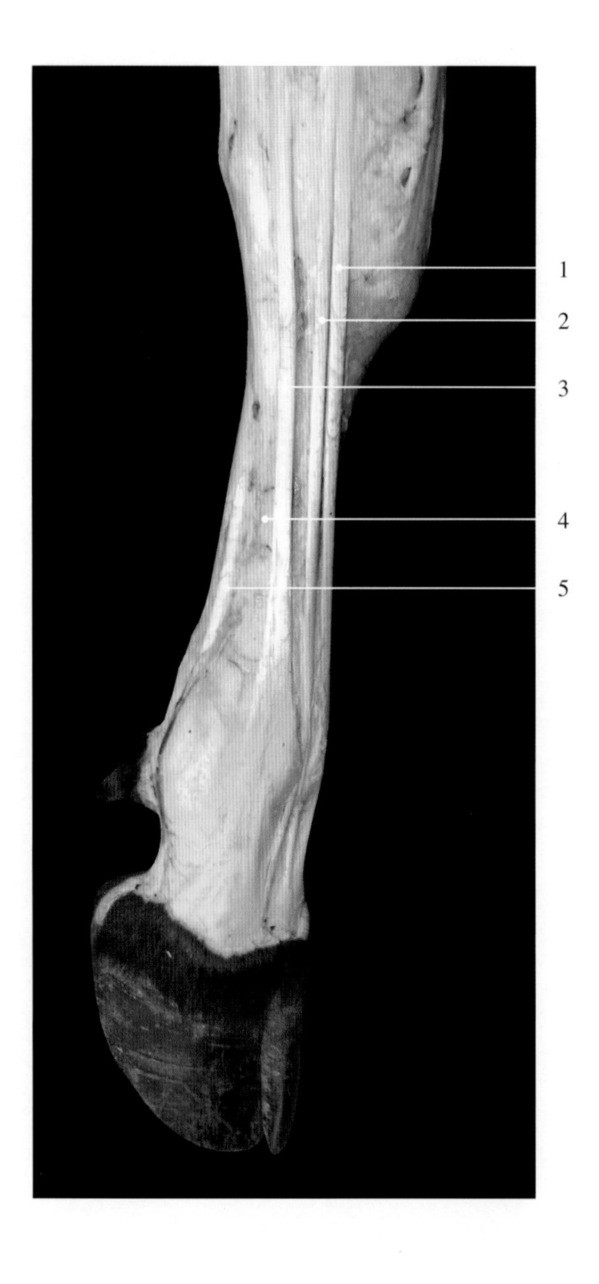

图3-5-35　牛右侧前脚部肌外侧观

1. 指内侧伸肌腱 medial digital extensor tendon
2. 指总伸肌腱 common extensor tendon
3. 指外侧伸肌腱 lateral digital extensor tendon
4. 掌骨 metacarpal bone
5. 指深屈肌腱 deep digital flexor tendon

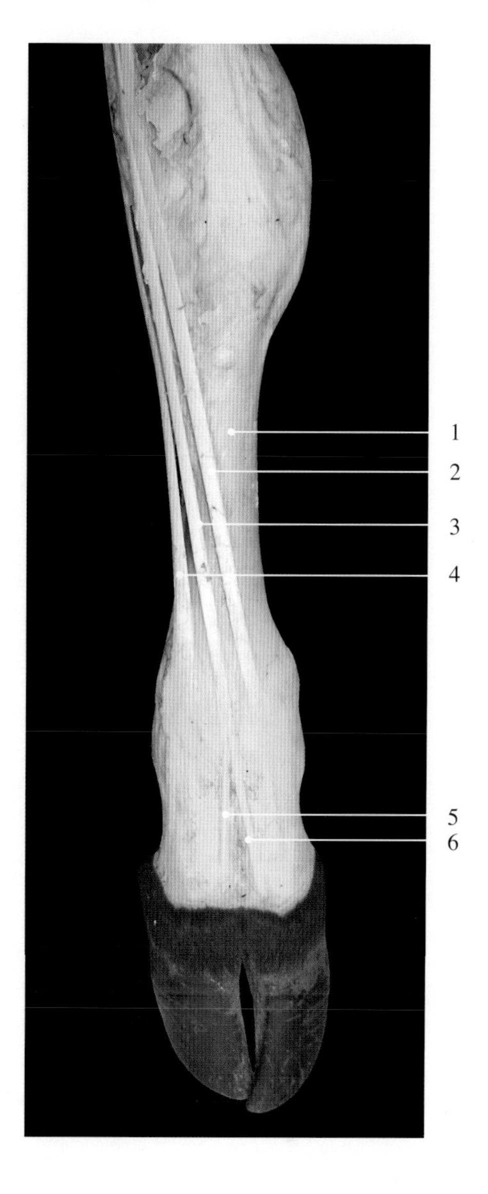

图3-5-36　牛右侧前脚部肌背侧观

1. 掌骨 metacarpal bone
2. 指内侧伸肌腱 medial digital extensor tendon
3. 指总伸肌腱 common extensor tendon
4. 指外侧伸肌腱 lateral digital extensor tendon
5. 第4指伸肌腱 4th digital extensor tendon
6. 第3指伸肌腱 3rd digital extensor tendon

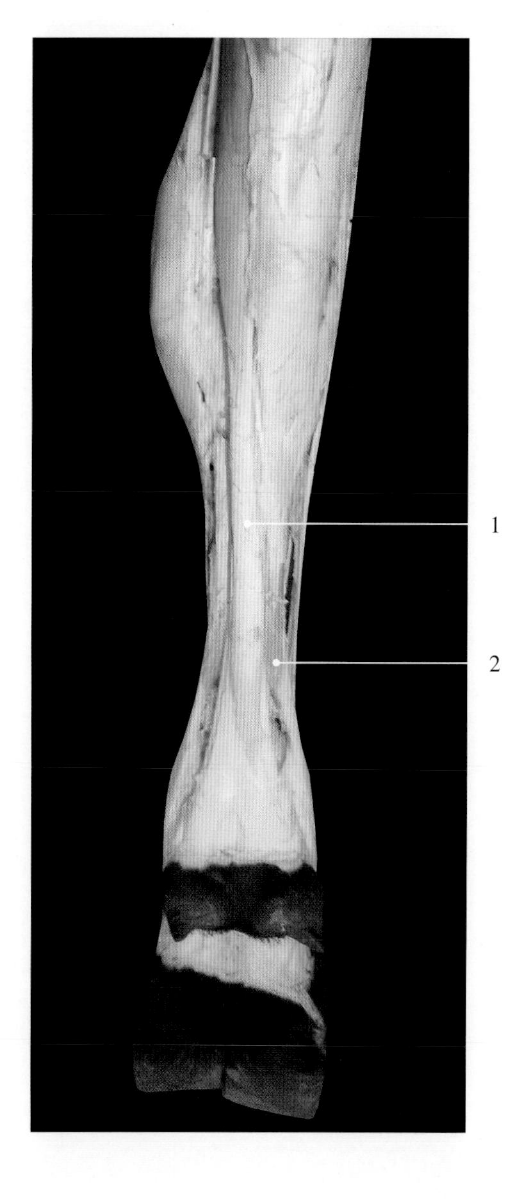

图3-5-37　牛右侧前脚部肌掌侧观

1. 指浅屈肌腱 superficial digital flexor tendon
2. 骨间肌 interosseus muscle

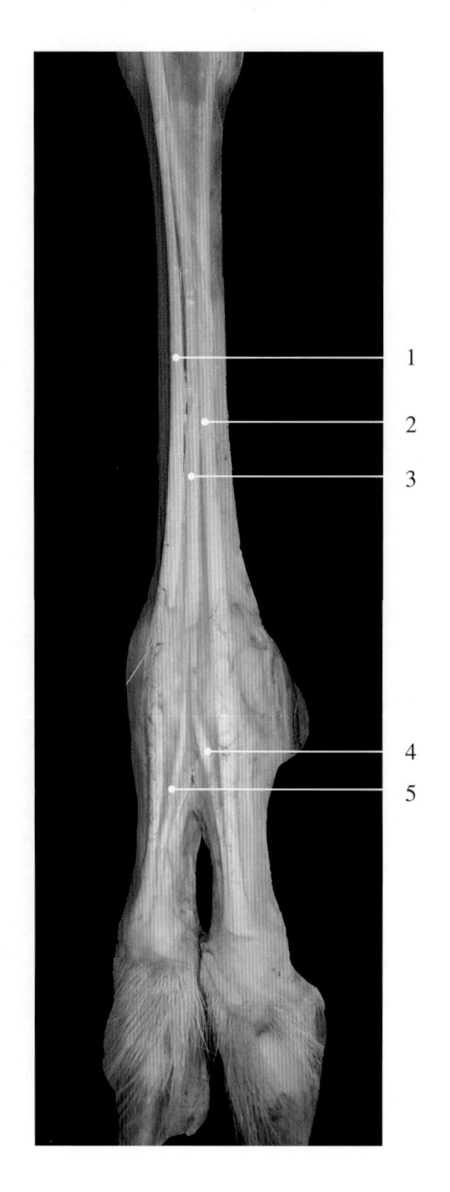

图3-5-38　羊指总伸肌腱背侧观

1. 指内侧伸肌腱 medial digital extensor tendon
2. 指外侧伸肌腱 lateral digital extensor tendon
3. 指总伸肌腱 common extensor tendon
4. 第4指伸肌腱 4th digital extensor tendon
5. 第3指伸肌腱 3rd digital extensor tendon

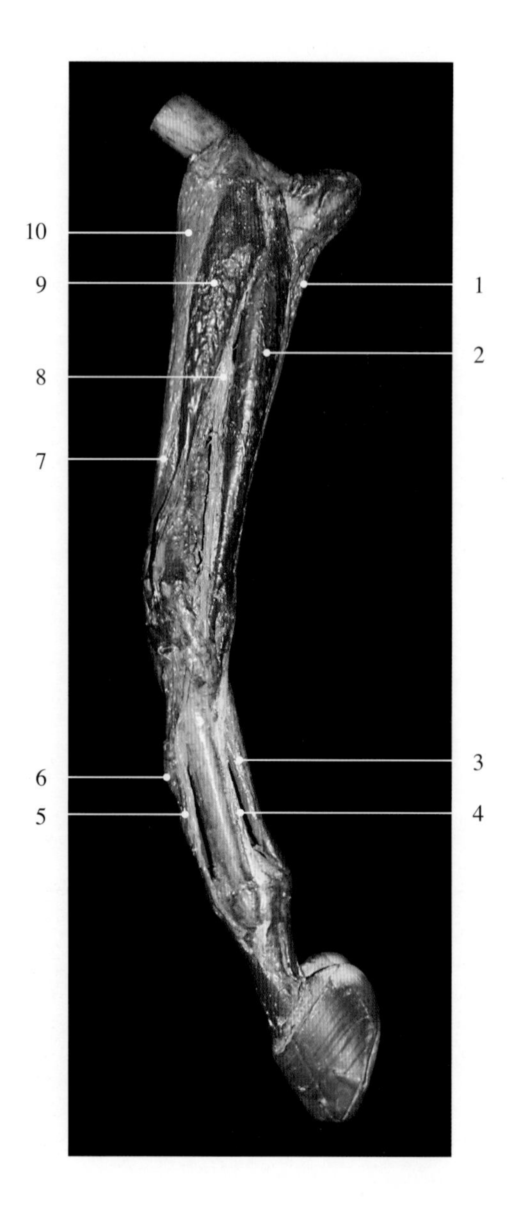

图3-5-39　前臂部及前脚部肌与肌腱比较—马

1. 指深屈肌 deep digital flexor muscle
2. 腕外侧屈肌 lateral flexor muscle of the carpus
3. 指浅和深屈肌腱 superficial and deep digital flexor tendon
4. 悬韧带 suspensory ligament
5. 指外侧伸肌腱 lateral digital extensor tendon
6. 指总伸肌腱 common extensor tendon
7. 腕斜伸肌 extensor carpiobliquus muscle
8. 指外侧伸肌 lateral digital extensor muscle
9. 指总伸肌 common digital extensor muscle
10. 腕桡侧伸肌 radial extensor muscle of the carpus

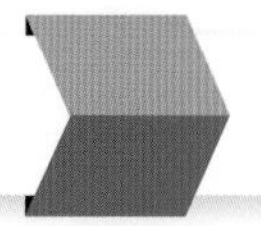

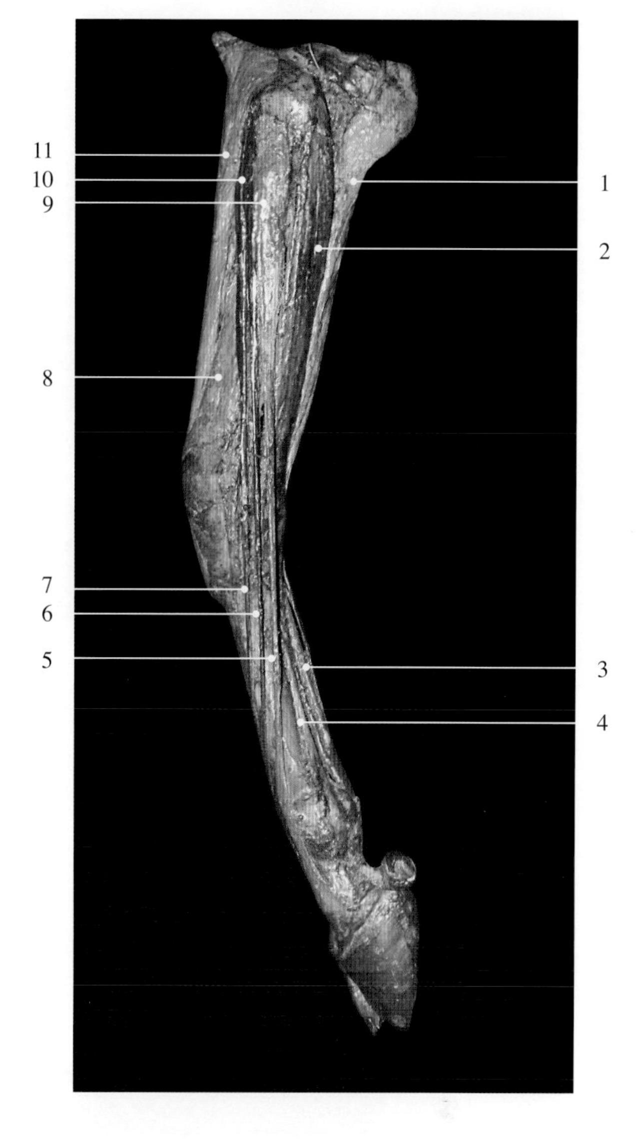

图3-5-40　前臂部及前脚部肌与肌腱比较—牛

1. 指深屈肌 deep digital flexor muscle
2. 腕外侧屈肌 lateral flexor muscle of the carpus
3. 指浅和深屈肌腱 superficial and deep digital flexor tendon
4. 悬韧带 suspensory ligament
5. 指外侧伸肌腱 lateral digital extensor tendon
6. 指总伸肌腱 common extensor tendon
7. 指内侧伸肌腱 medial digital extensor tendon
8. 腕斜伸肌 extensor carpiobliquus muscle
9. 指外侧伸肌 lateral digital extensor muscle
10. 指总伸肌 common digital extensor muscle
11. 腕桡侧伸肌 radial extensor muscle of the carpus

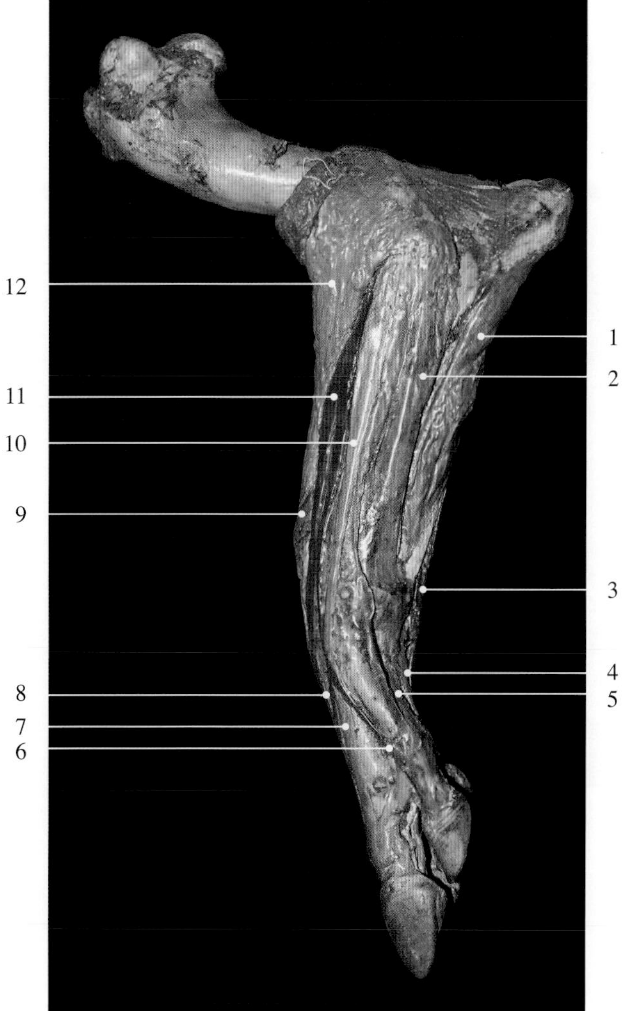

图3-5-41　前臂部及前脚部肌与肌腱比较—猪

1. 指深屈肌 deep digital flexor muscle
2. 腕外侧屈肌 lateral flexor muscle of the carpus
3. 指浅屈肌腱 superficial digital flexor tendon
4. 指深屈肌腱 deep digital flexor tendon
5. 悬韧带 suspensory ligament
6. 第5指伸肌腱 5th digital extensor tendon
7. 指外侧伸肌腱 lateral digital extensor tendon
8. 指总伸肌腱 common extensor tendon
9. 腕斜伸肌 extensor carpiobliquus muscle
10. 指外侧伸肌 lateral digital extensor muscle
11. 指总伸肌 common digital extensor muscle
12. 腕桡侧伸肌 radial extensor muscle of the carpus

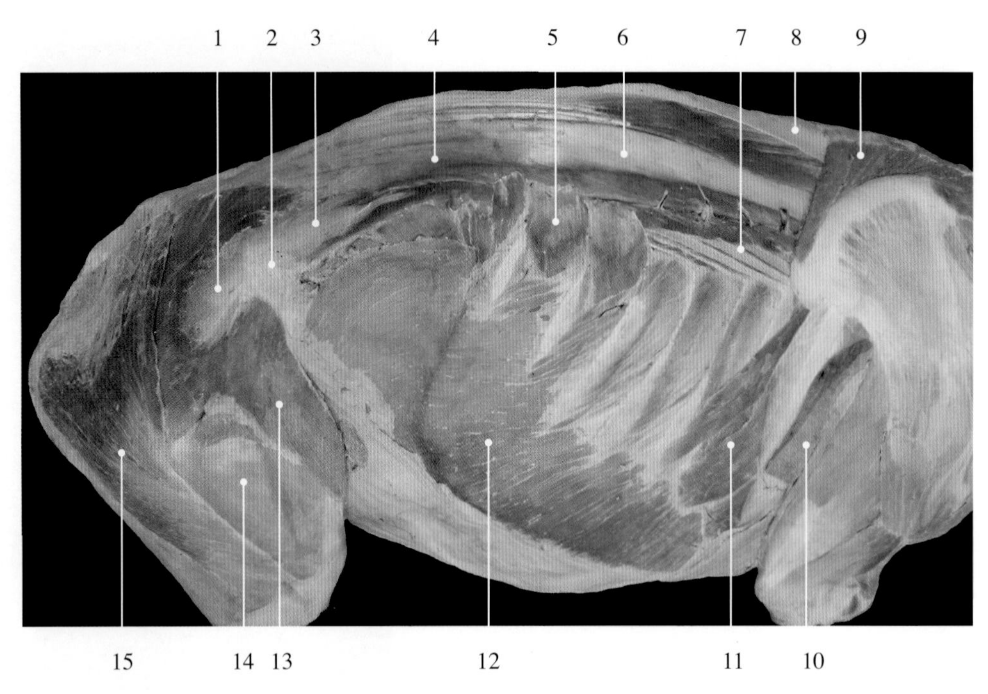

图3-6-1 牛背腰最长肌

1. 臀中肌 middle gluteal muscle
2. 髋结节 coxal tuberosity
3. 腰髂肋肌 lumbar part of iliocostal muscle
4. 腰最长肌 lumbar part of longest muscle
5. 后背侧锯肌 caudal dorsal serrate muscles
6. 背最长肌 dorsal part of longest muscle
7. 背髂肋肌 dorsal part of iliocostal muscle
8. 项韧带 nuchal ligament
9. 胸菱形肌 thoracic part of rhomboid muscle
10. 背阔肌 broadest muscle of the back
11. 胸腹侧锯肌 thoracic part of ventral serrate muscle
12. 腹外斜肌 external oblique abdominal muscle
13. 阔筋膜张肌 tensor muscle of the fascia lata
14. 股四头肌 quadriceps femoris muscle
15. 臀股二头肌 glutaeofemorales biceps muscle

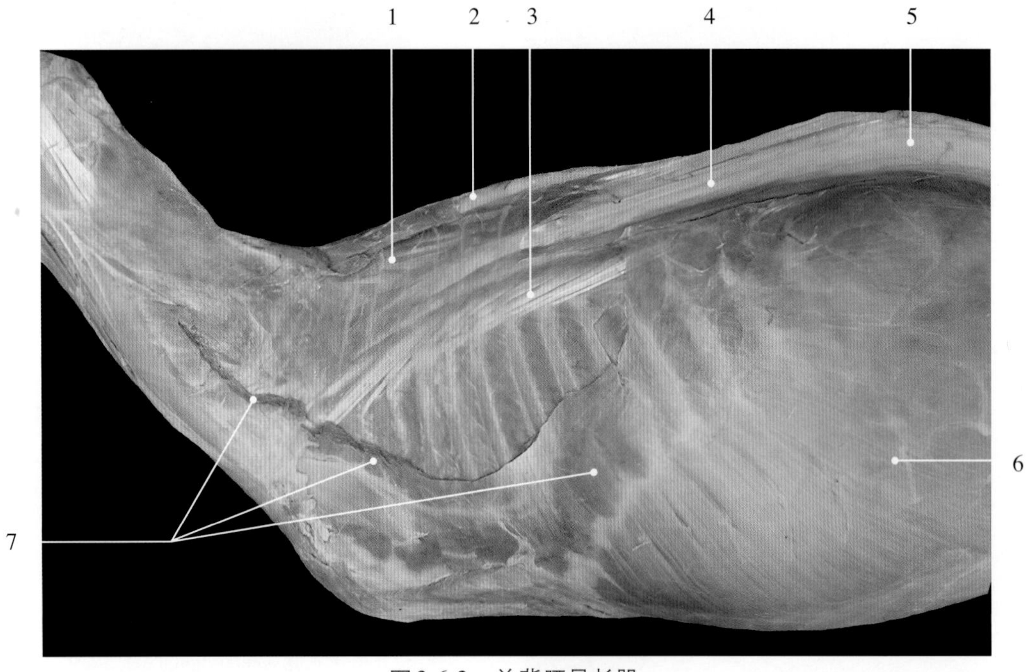

图3-6-2 羊背腰最长肌

1. 背颈棘肌和半棘肌 dorsal cervical spinal muscle and semispinal muscle
2. 项韧带 nuchal ligament
3. 背髂肋肌 dorsal part of iliocostal muscle
4. 背最长肌 dorsal part of longest muscle
5. 腰最长肌 lumbar part of longest muscle
6. 腹外斜肌 external oblique abdominal muscle
7. 腹侧锯肌 ventral serrate muscle

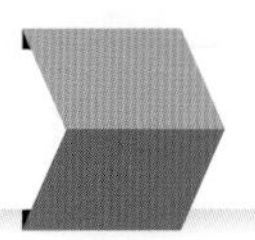

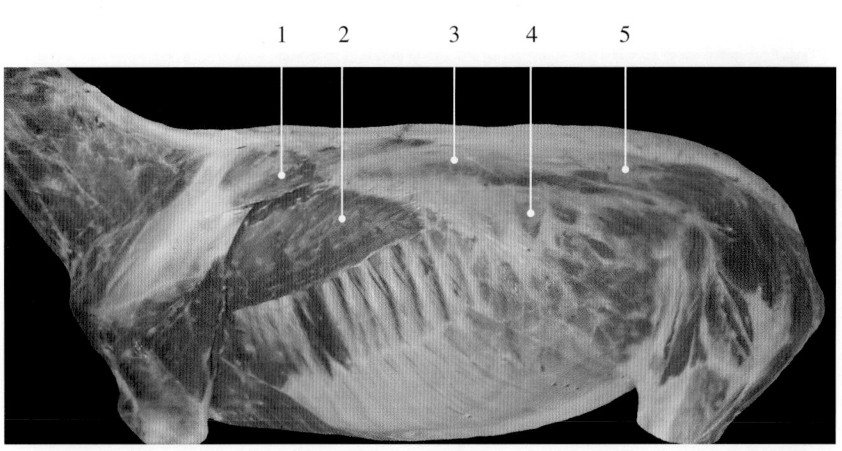

图3-6-3　驴背腰最长肌

1. 胸斜方肌 thoracic part of trapezius muscle
2. 背阔肌 broadest muscle of the back
3. 腰背筋膜 lumbodorsal fascia
4. 后背侧锯肌 caudal dorsal serrate muscles
5. 腰最长肌 lumbar part of longest muscle

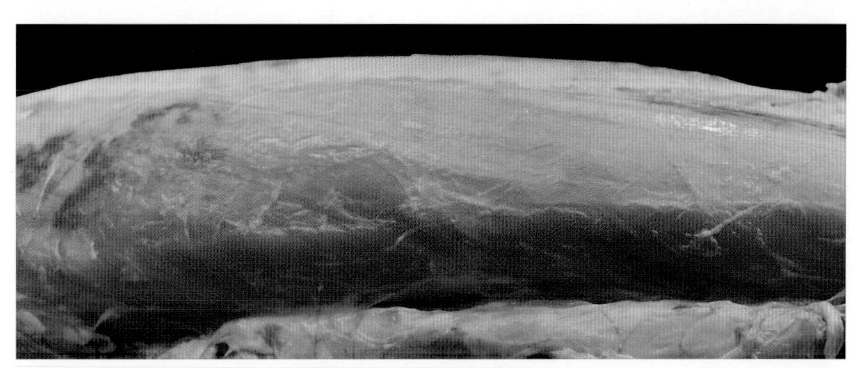

图3-6-4　猪背腰最长肌

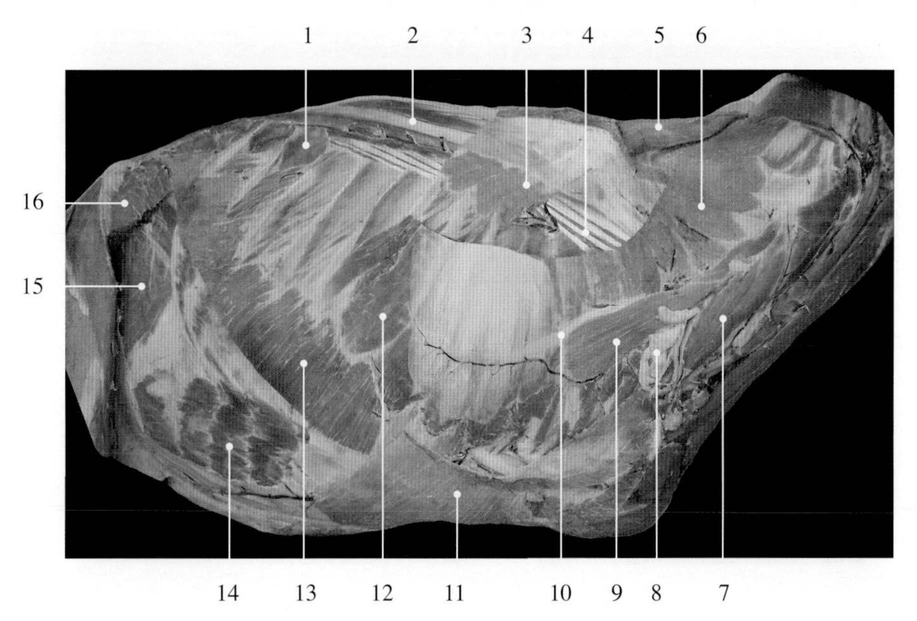

图3-6-5　牛右侧前、后背侧锯肌

1. 后背侧锯肌 caudal dorsal serrate muscles
2. 背最长肌 dorsal part of longest muscle
3. 前背侧锯肌 cranial dorsal serrate muscles
4. 背髂肋肌 dorsal part of iliocostal muscle
5. 颈菱形肌 cervical part of rhomboid muscle
6. 颈腹侧锯肌 cervical part of ventral serrate muscle
7. 腹侧斜角肌 ventral scalene muscle
8. 臂丛 brachial plexus
9. 背侧斜角肌 dorsal scalene muscle
10. 胸长神经 long thoracic nerve
11. 胸升肌 pectoral ascendent muscle
12. 胸腹侧锯肌 thoracic part ventral serrate muscle
13. 腹外斜肌 external oblique abdominal muscle
14. 腹直肌 rectus abdominis muscle
15. 腹横肌 transverse abdominal muscle
16. 腹内斜肌 internal oblique abdominal muscle

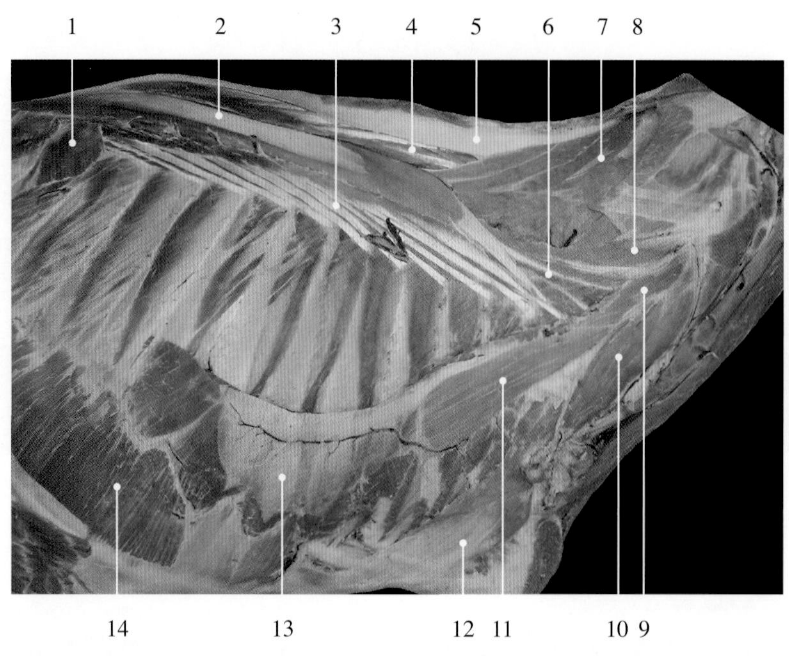

图3-6-6　牛右侧髂肋肌

1. 后背侧锯肌 caudal dorsal serrate muscles
2. 背最长肌 dorsal part of longest muscle
3. 髂肋肌 iliocostal muscle
4. 背颈棘肌和半棘肌 dorsal cervical spinal muscle and semispinal muscle
5. 项韧带 nuchal ligament
6. 颈最长肌 longest muscle of neck
7. 头半棘肌 semispinal muscle of the head
8. 头最长肌 longest muscle of head
9. 横突间肌 intertransverse muscle
10. 腹侧斜角肌 ventral scalene muscle
11. 背侧斜角肌 dorsal scalene muscle
12. 胸直肌 rectal thoracic muscle
13. 胸腹侧锯肌 thoracic part of ventral serrate muscle
14. 腹外斜肌 external oblique abdominal muscle

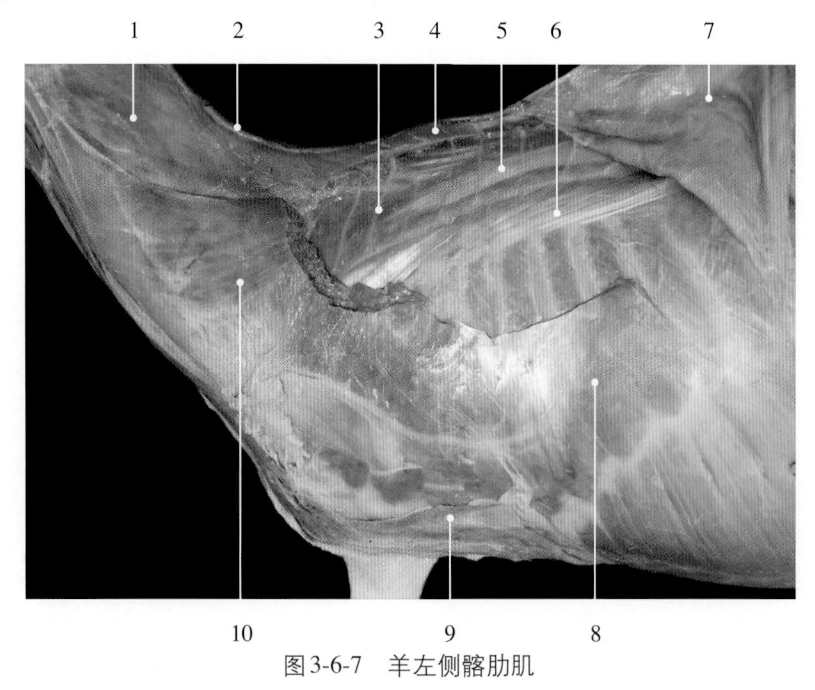

图3-6-7　羊左侧髂肋肌

1. 夹肌 splenius muscle
2. 斜方肌断端 section of trapezius muscle
3. 背颈棘肌和半棘肌 dorsal cervical spinal muscle and semispinal muscle
4. 菱形肌 rhomboid muscle
5. 背最长肌 dorsal part of longest muscle
6. 背髂肋肌 dorsal part of iliocostal muscle
7. 背阔肌（外翻）sectioned broadest muscle of the back
8. 胸腹侧锯肌 thoracic part of ventral serrate muscle
9. 胸肌 pectoral muscle
10. 颈腹侧锯肌 cervical part of ventral serrate muscle

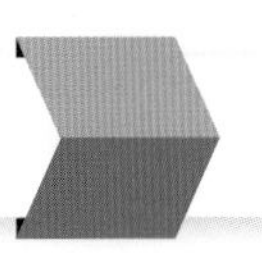

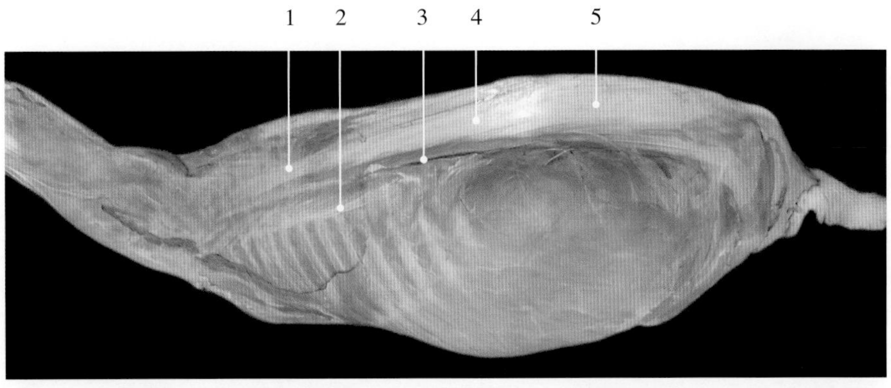

图3-6-8 羊左侧髂肋肌沟背侧观

1. 胸最长肌 thoracic part of longest muscle
2. 背髂肋肌 dorsal part of iliocostal muscle
3. 髂肋肌沟 iliocostal muscle sulcus
4. 背最长肌 dorsal part of longest muscle
5. 腰最长肌 lumbar part of longest muscle

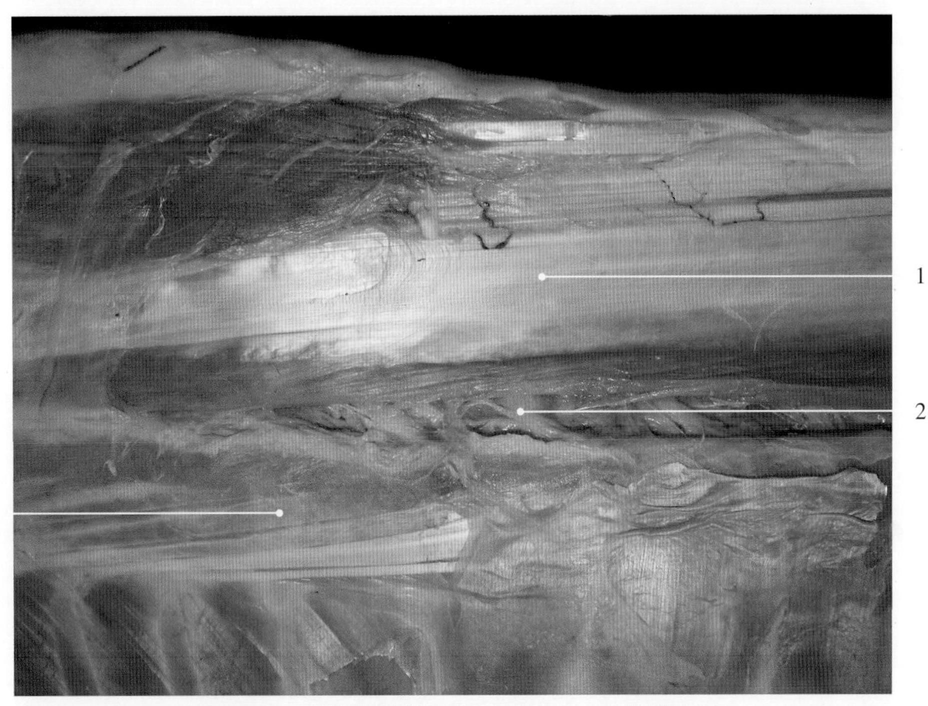

图3-6-9 羊左侧髂肋肌沟（背侧观，局部放大）

1. 背最长肌 dorsal part of longest muscle
2. 髂肋肌沟 iliocostal muscle sulcus
3. 背髂肋肌 dorsal part of iliocostal muscle

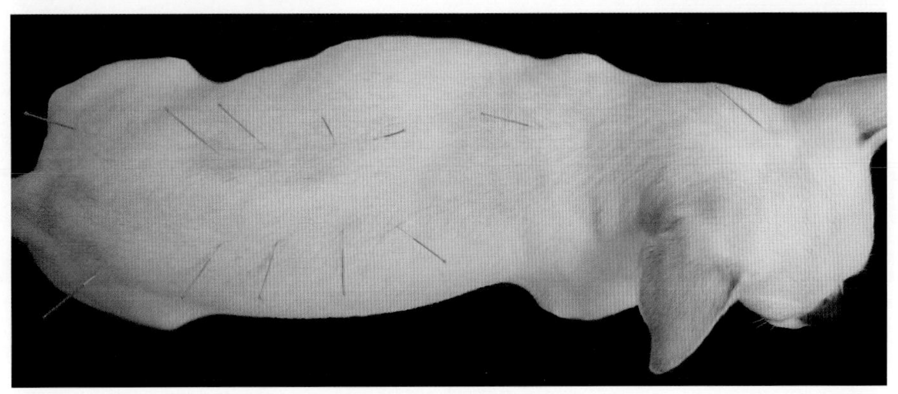

图3-6-10 犬髂肋肌沟

髂肋肌与背腰最长肌之间形成髂肋肌沟（iliocostal muscle sulcus），沟内有针灸穴位，如肺俞、厥阴俞、心俞、督俞、膈俞、肝俞、胆俞、脾俞、胃俞等。

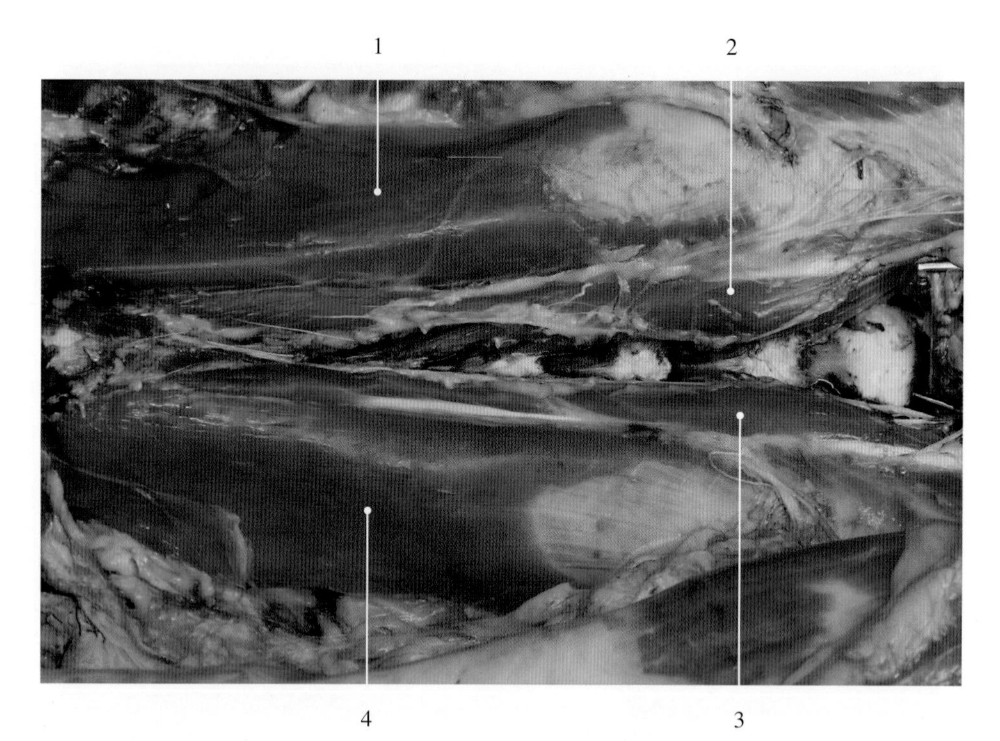

图3-6-11　猪髂腰肌和腰小肌腹侧观

1. 左髂腰肌 left iliopsoas muscle
2. 左腰小肌 left minor psoas muscle
3. 右腰小肌 right minor psoas muscle
4. 右髂腰肌 right iliopsoas muscle

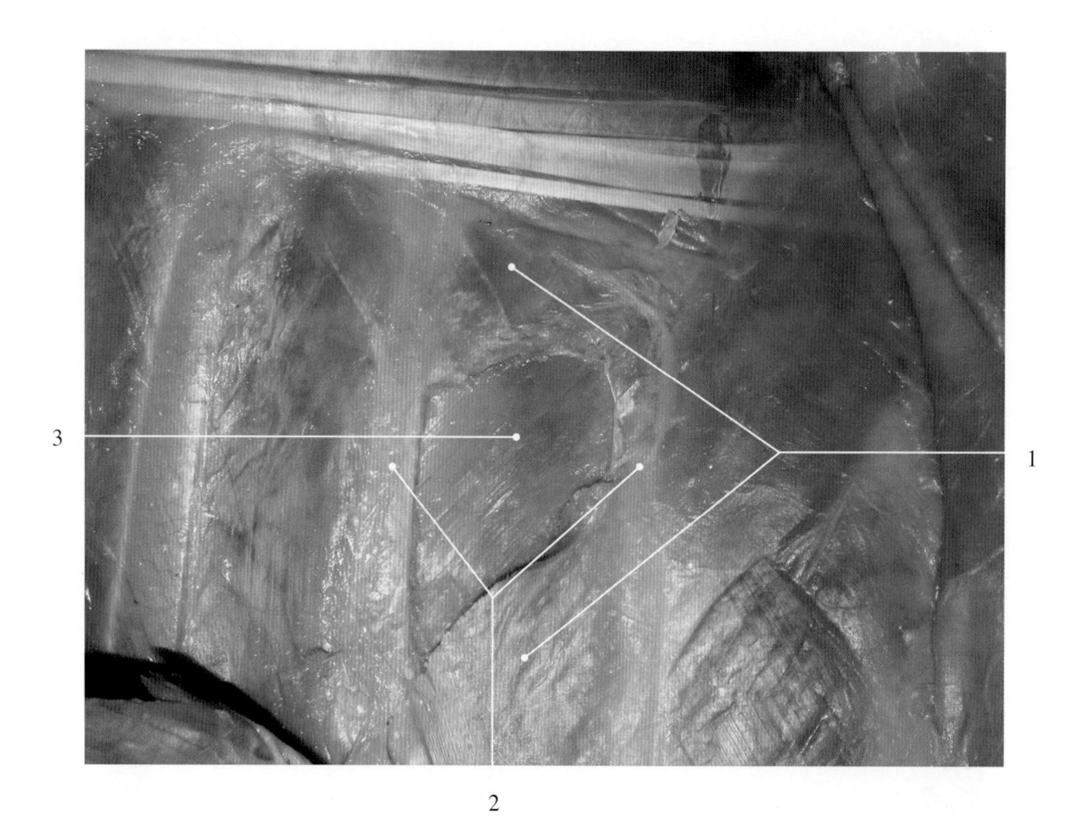

图3-6-12　羊肋间外肌和肋间内肌

1. 肋间外肌 external intercostal muscles
2. 肋骨 costal bones
3. 肋间内肌 internal intercostal muscle

图3-6-13　马膈后面观（干制标本）

1. 棘突　spinous process
2. 椎弓　vertebral arch
3. 椎体　vertebral body
4. 主动脉裂孔　aortic foramen / hiatus
5. 食管裂孔　esophageal hiatus
6. 后腔静脉裂孔　postcaval vein hiatus
7. 膈肉质缘　pulpa part of diaphragm
8. 膈中心腱　central tendon of diaphragm

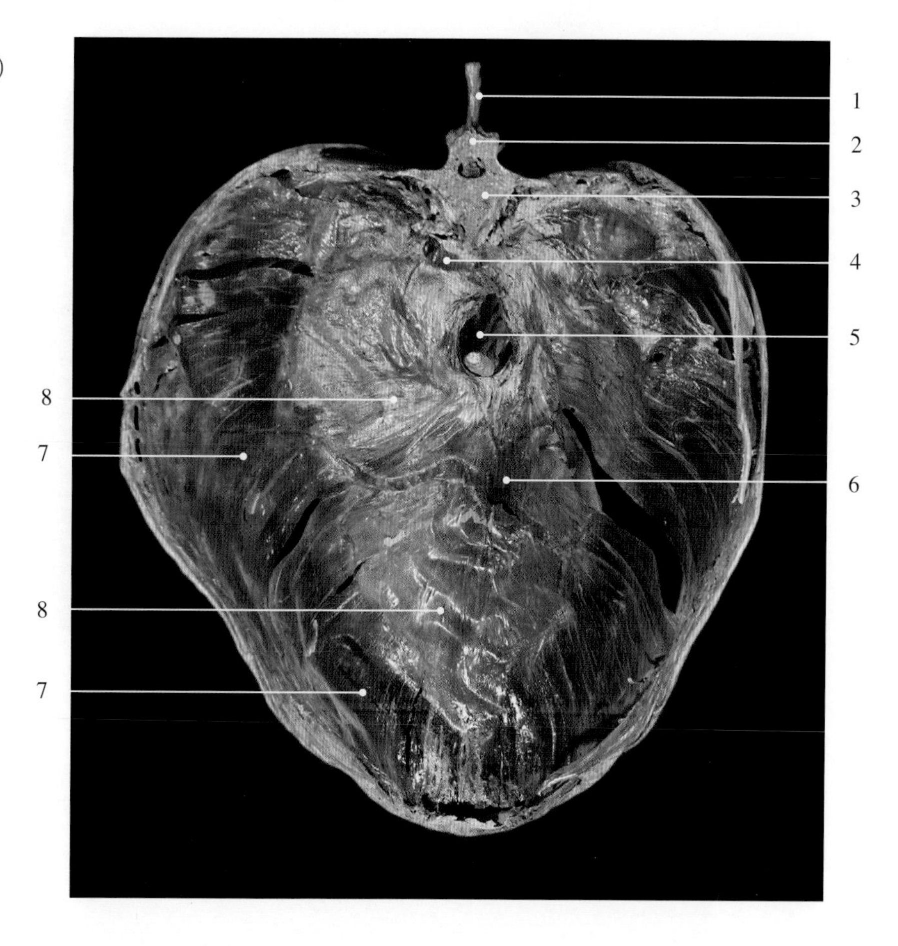

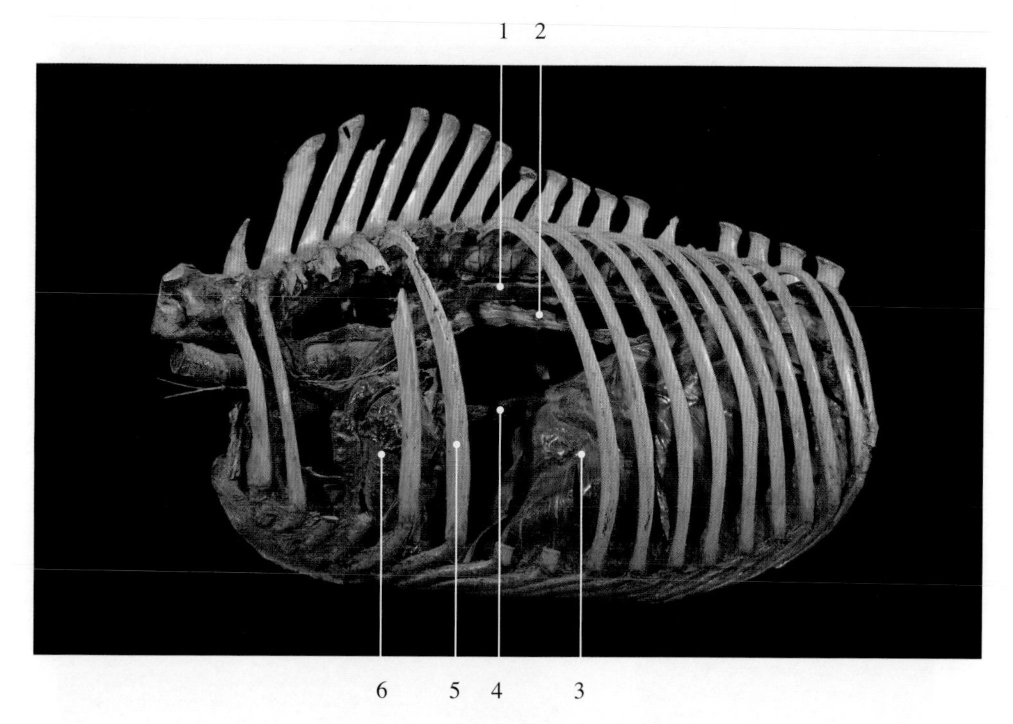

图3-6-14　马膈左侧观（干制标本）

1. 胸主动脉　thoracic aorta
2. 食管　esophagus
3. 膈　diaphragm
4. 后腔静脉　caudal vena cava
5. 第6肋　6th rib
6. 心脏　heart

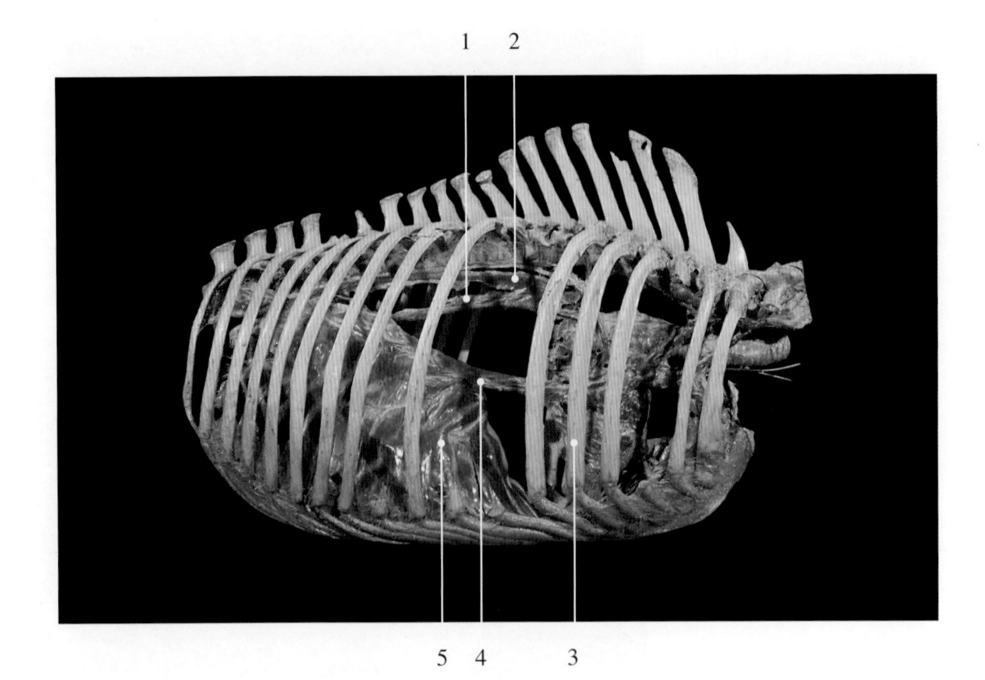

图3-6-15　马膈右侧观（干制标本）

1. 食管 esophagus
2. 胸主动脉 thoracic aorta
3. 第5肋 5th rib
4. 后腔静脉 caudal vena cava
5. 膈 diaphragm

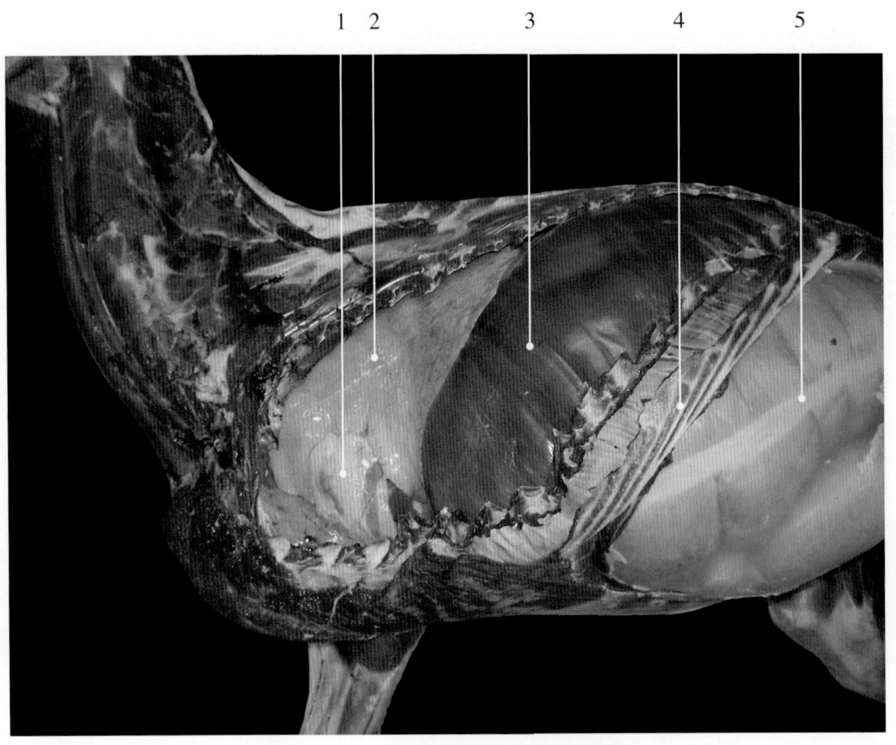

图3-6-16　驴膈左侧观（新鲜标本）

1. 心脏 heart
2. 肺 lung
3. 膈肉质缘 pulpa part of diaphragm
4. 肋弓 costal arch
5. 腹腔（大结肠）peritoneal cavity（large colon）

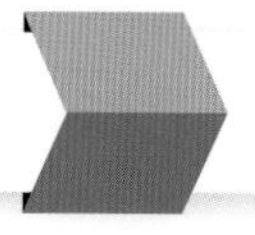

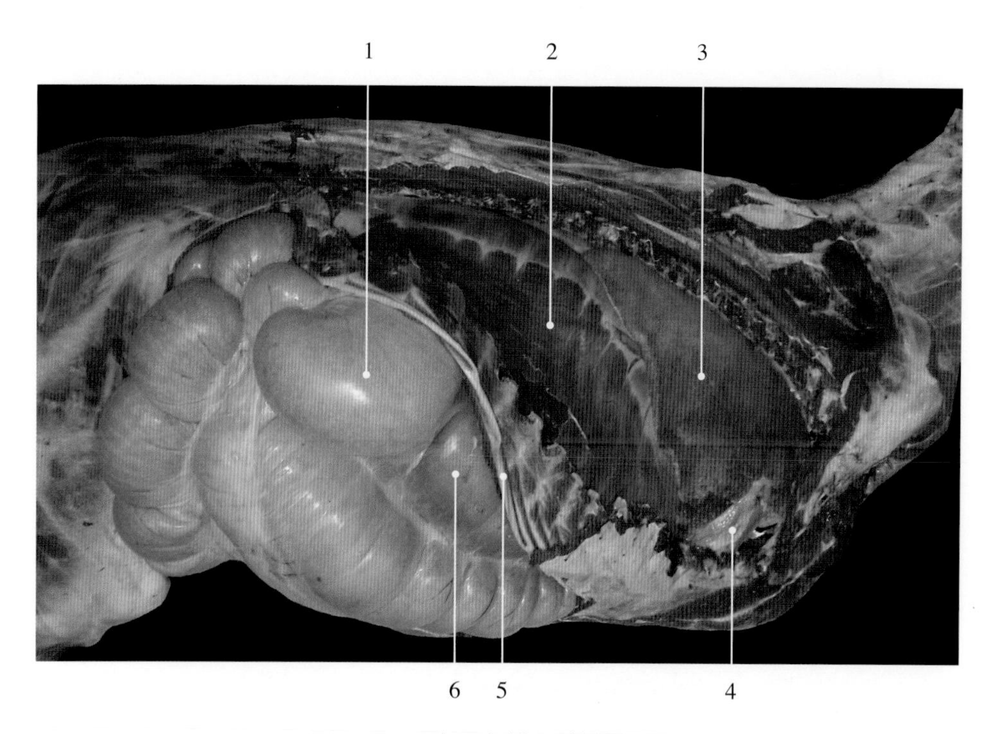

图3-6-17 驴膈右侧观（新鲜标本）

1. 盲肠 caecum
2. 膈肉质缘 pulpa part of diaphragm
3. 肺 lung
4. 心脏 heart
5. 肋弓 costal arch
6. 大结肠 large colon

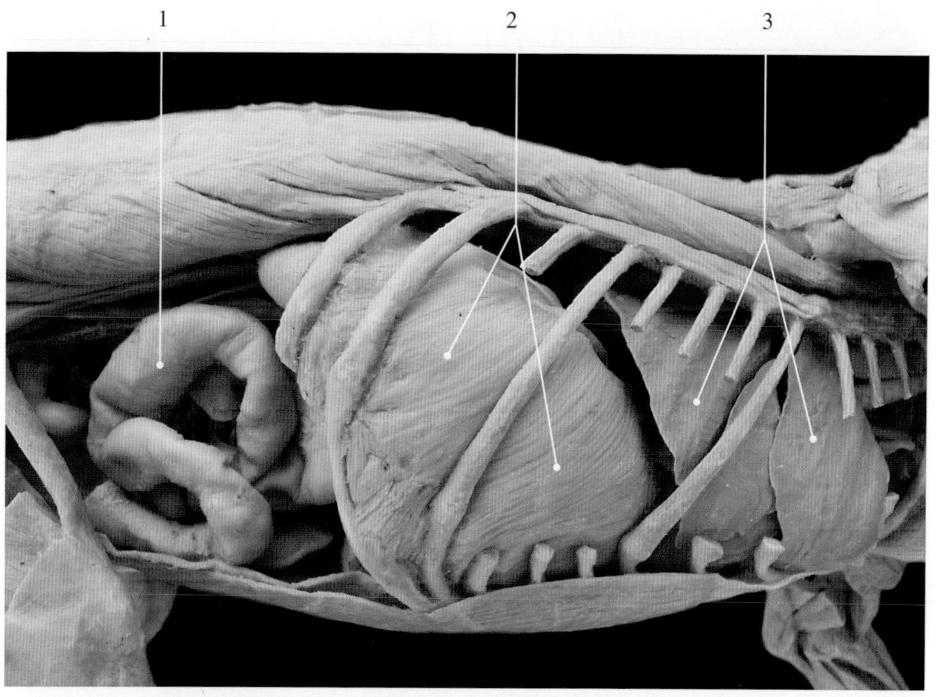

图3-6-18 犬膈右侧观（塑化标本）

1. 肠 intestine
2. 膈肉质缘 pulpa part of diaphragm
3. 肺 lung

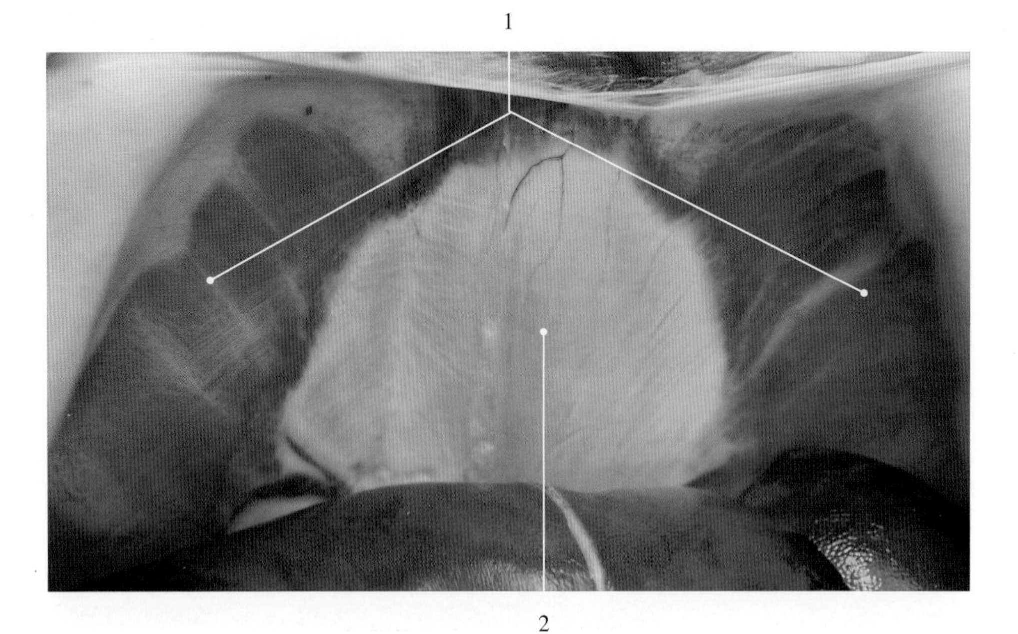

图3-6-19　猪膈后面观（新鲜标本）

1. 膈肉质缘 pulpa part of diaphragm
2. 膈中心腱 central tendon of diaphragm

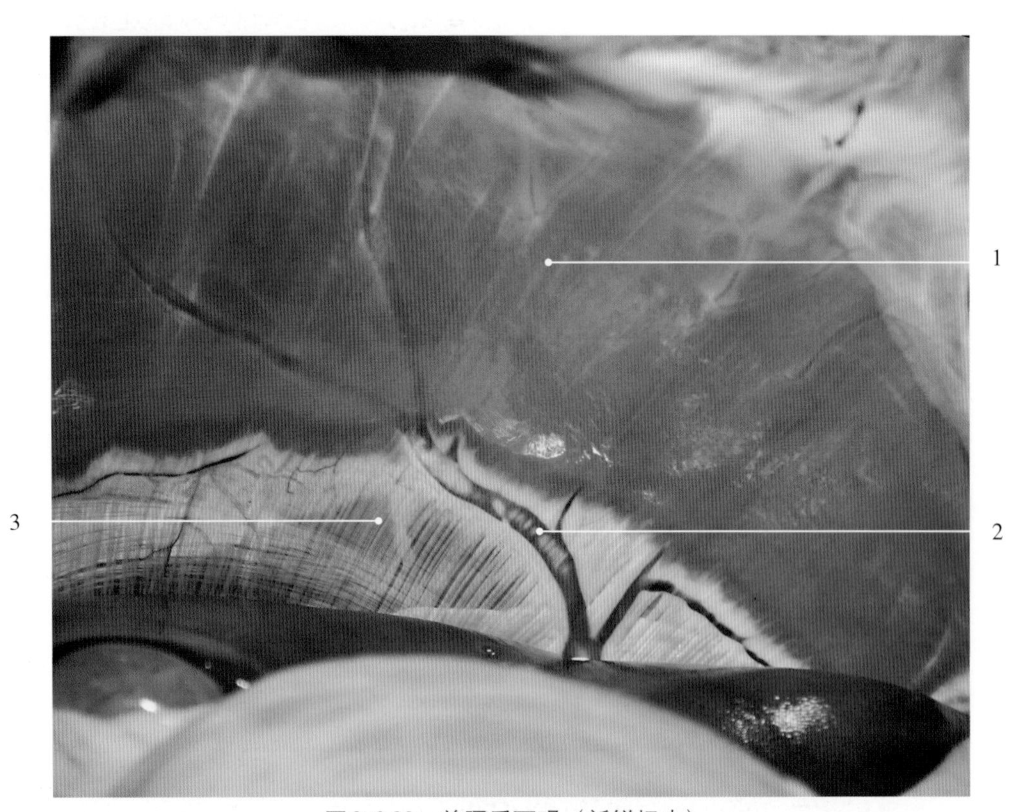

图3-6-20　羊膈后面观（新鲜标本）

1. 膈肉质缘 pulpa part of diaphragm
2. 膈静脉 vena phrenica
3. 膈中心腱 central tendon of diaphragm

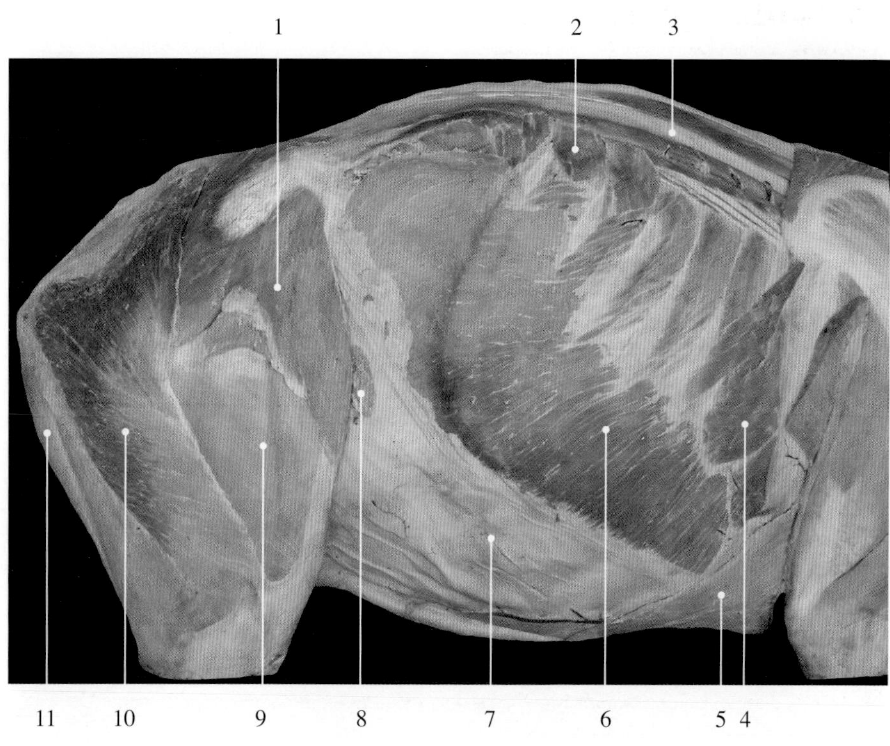

图3-6-21 牛右侧腹外斜肌

1. 阔筋膜张肌 tensor muscle of the fascia lata
2. 后背侧锯肌 caudal dorsal serrate muscles
3. 背最长肌 dorsal part of longest muscle
4. 胸腹侧锯肌 thoracic part of ventral serrate muscle
5. 胸升肌 pectoral ascendent muscle
6. 腹外斜肌 external oblique abdominal muscle
7. 腹外斜肌腱膜 aponeurosis of external oblique abdominal muscle
8. 髂下淋巴结 subiliac lymph node
9. 股四头肌 quadriceps femoris muscle
10. 臀股二头肌 glutaeofemorales biceps muscle
11. 半腱肌 semitendinous muscle

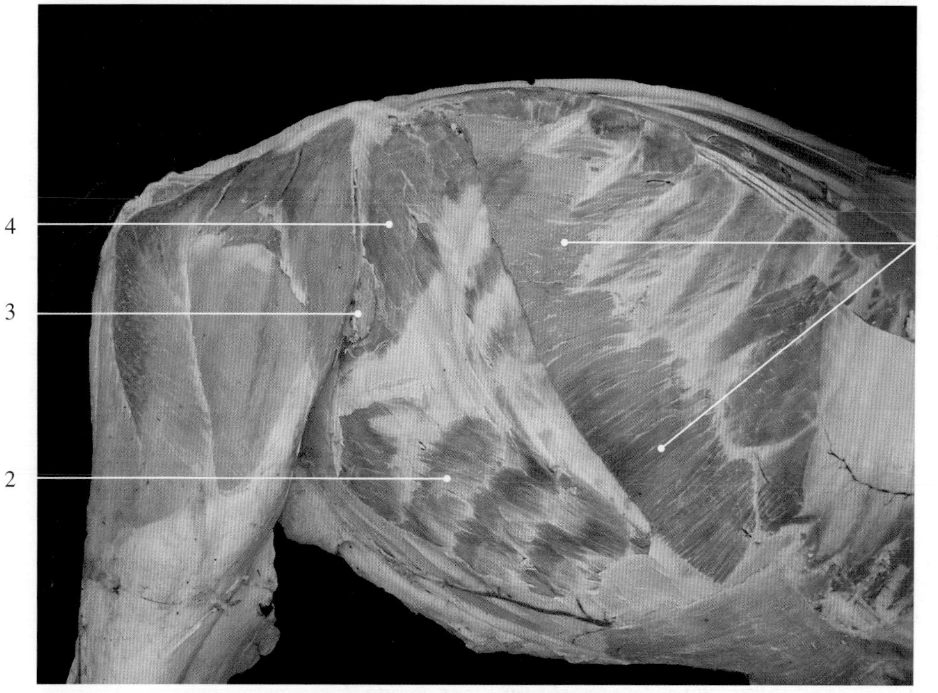

图3-6-22 牛右侧腹内斜肌

1. 腹外斜肌 external oblique abdominal muscle
2. 腹直肌 rectus abdominis muscle
3. 髂下淋巴结 subiliac lymph node
4. 腹内斜肌 internal oblique abdominal muscle

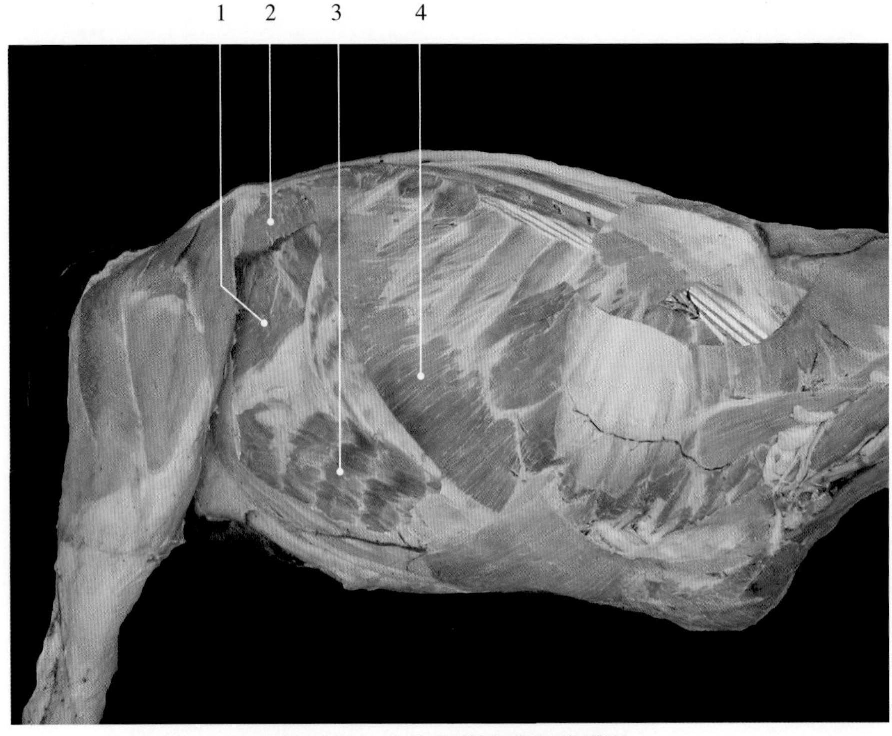

图3-6-23 牛右侧腹直肌和腹横肌

1. 腹横肌 transverse abdominal muscle
2. 腹内斜肌 internal oblique abdominal muscle
3. 腹直肌 rectus abdominis muscle
4. 腹外斜肌 external oblique abdominal muscle

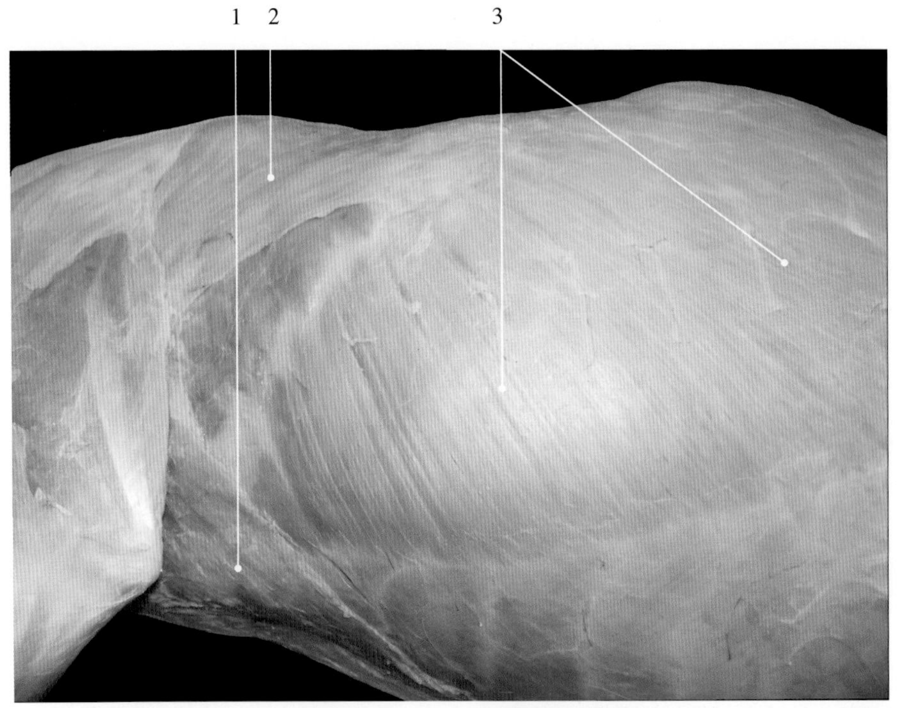

图3-6-24 羊左侧腹外斜肌

1. 胸后深肌（胸升肌 pectoral ascendent muscle）
2. 背阔肌 broadest muscle of the back
3. 腹外斜肌 external oblique abdominal muscle

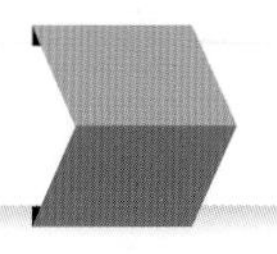

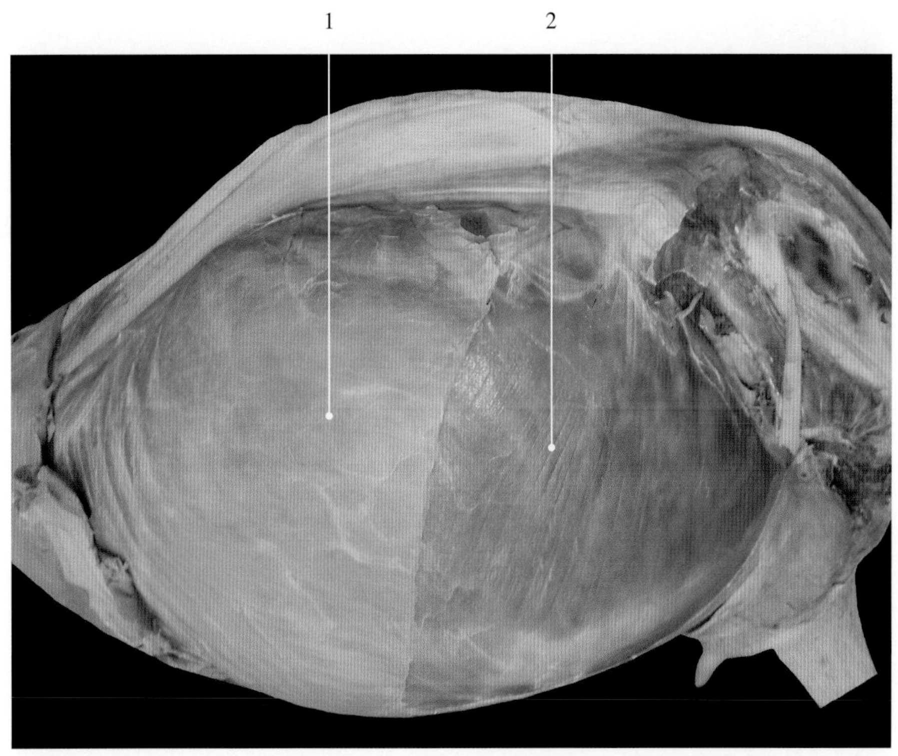

图3-6-25 羊左侧腹内斜肌

1. 腹外斜肌 external oblique abdominal muscle
2. 腹内斜肌 internal oblique abdominal muscle

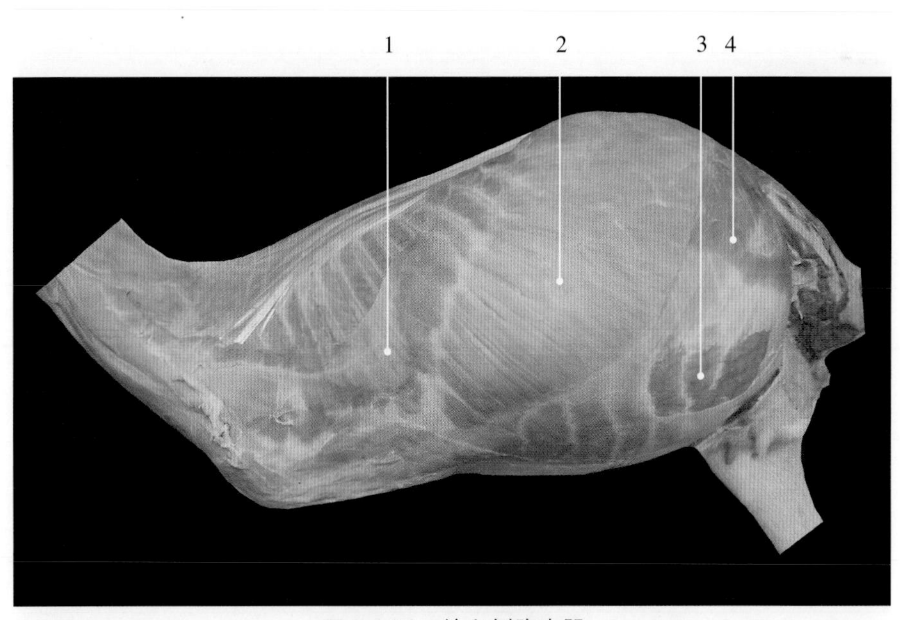

图3-6-26 羊左侧腹直肌

1. 胸腹侧锯肌 thoracic part of ventral serrate muscle
2. 腹外斜肌 external oblique abdominal muscle
3. 腹直肌 rectus abdominis muscle
4. 腹内斜肌 internal oblique abdominal muscle

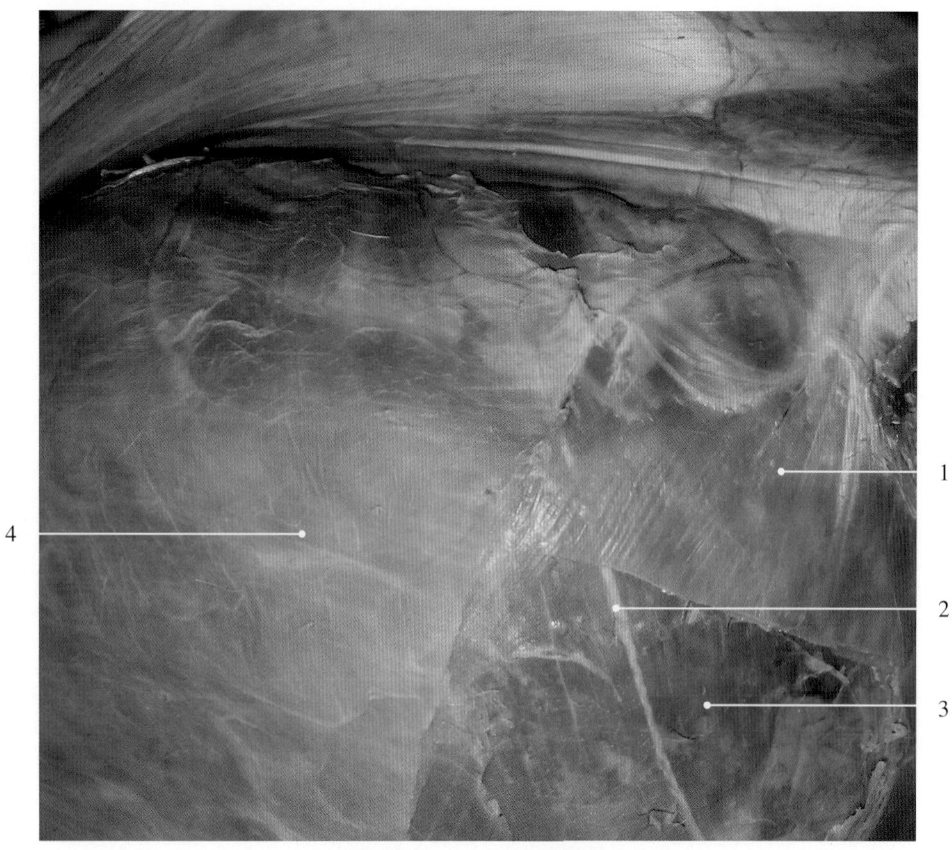

图3-6-27　羊左侧腹横肌

1. 腹内斜肌 internal oblique abdominal muscle
2. 腹壁神经 nerve of abdominal wall
3. 腹横肌 transverse abdominal muscle
4. 腹外斜肌 external oblique abdominal muscle

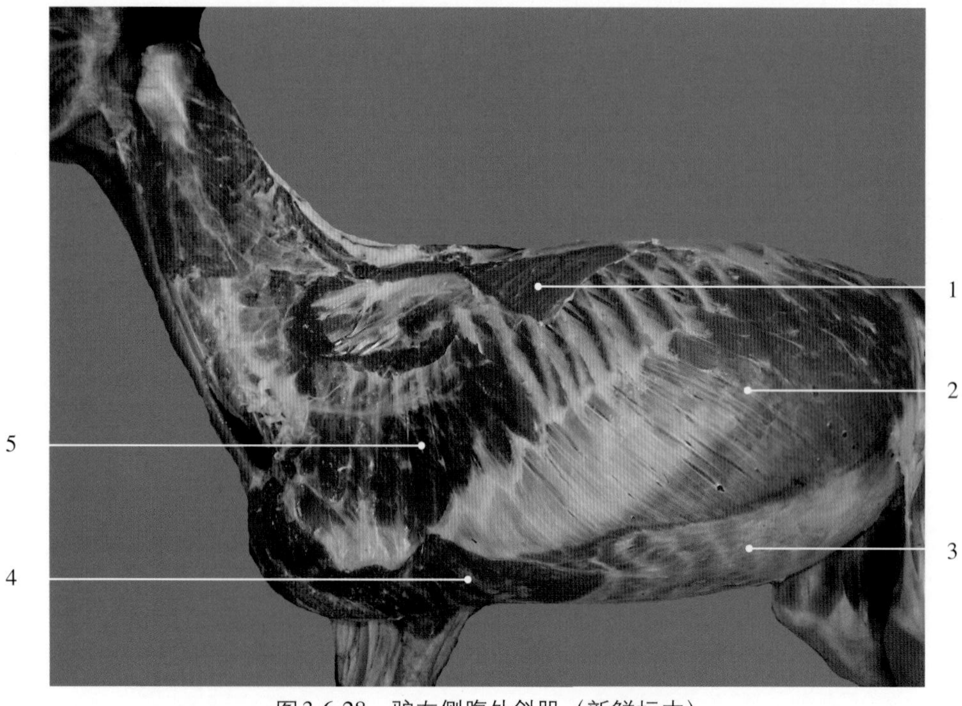

图3-6-28　驴左侧腹外斜肌（新鲜标本）

1. 背阔肌 broadest muscle of the back
2. 腹外斜肌 external oblique abdominal muscle
3. 腹外斜肌腱膜 aponeurosis of external oblique abdominal muscle
4. 胸后深肌 caudal deep pectoral muscle
5. 胸腹侧锯肌 thoracic part of ventral serrate muscle

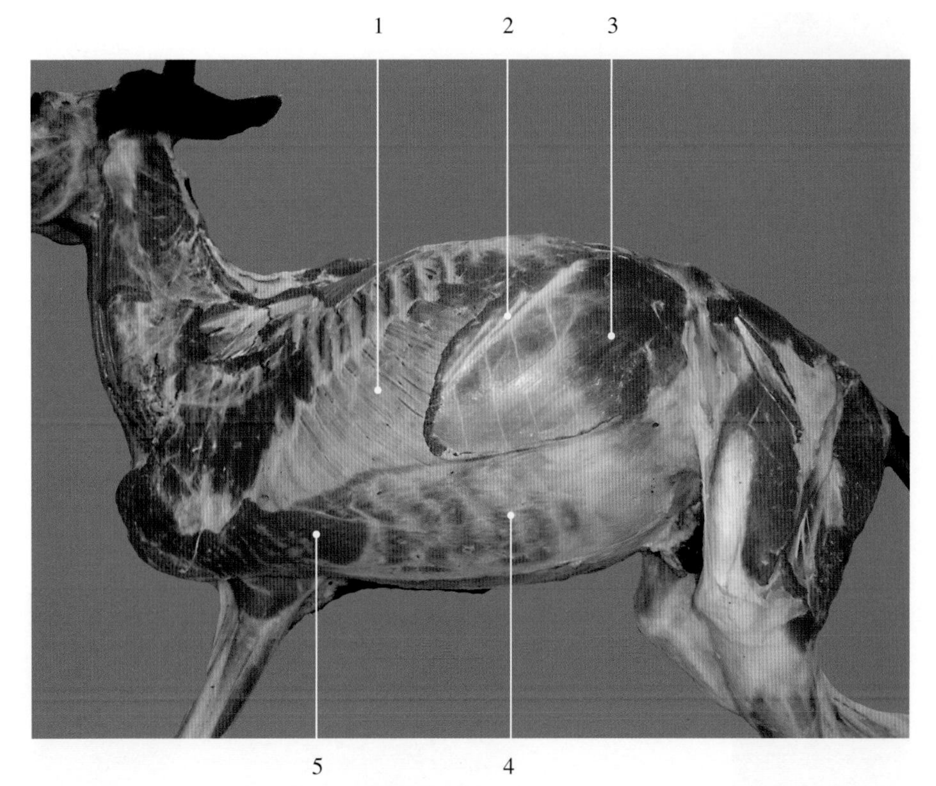

图3-6-29 驴左侧腹内斜肌（新鲜标本）

1. 腹外斜肌 external oblique abdominal muscle
2. 肋弓 costal arch
3. 腹内斜肌 internal oblique abdominal muscle
4. 腹外斜肌腱膜和腹直肌 aponeurosis of external oblique abdominal muscle and rectus abdominis muscle
5. 胸升肌 pectoral ascendent muscle

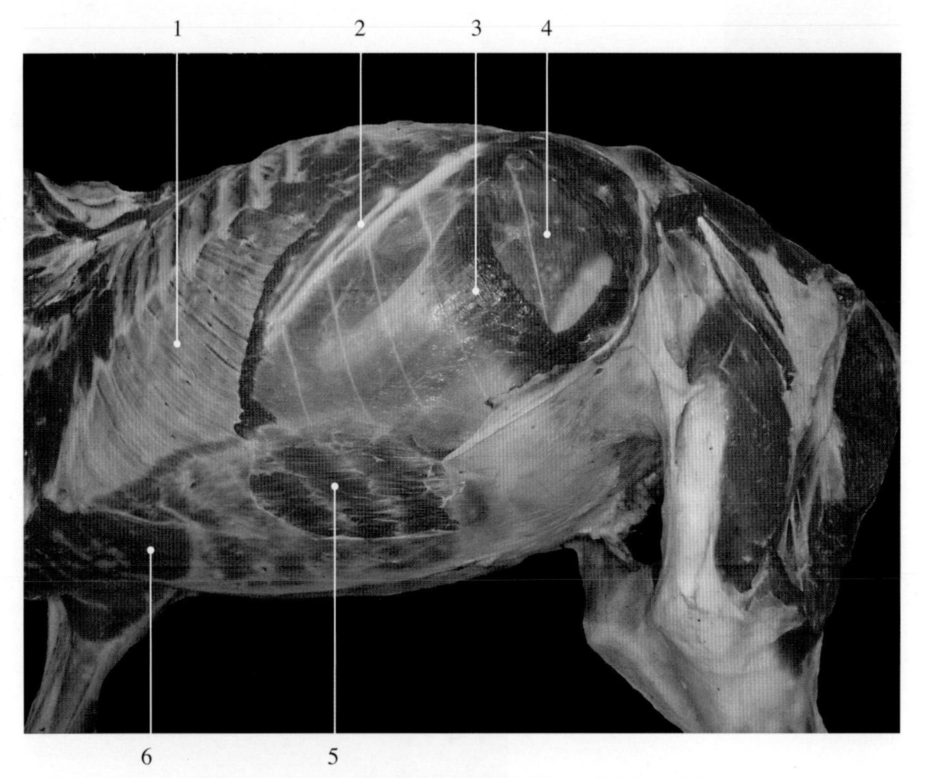

图3-6-30 驴左侧腹直肌和腹横肌（新鲜标本）

1. 腹外斜肌 external oblique abdominal muscle
2. 肋弓 costal arch
3. 腹内斜肌 internal oblique abdominal muscle
4. 腹横肌 transverse abdominal muscle
5. 腹直肌 rectus abdominis muscle
6. 胸升肌 pectoral ascendent muscle

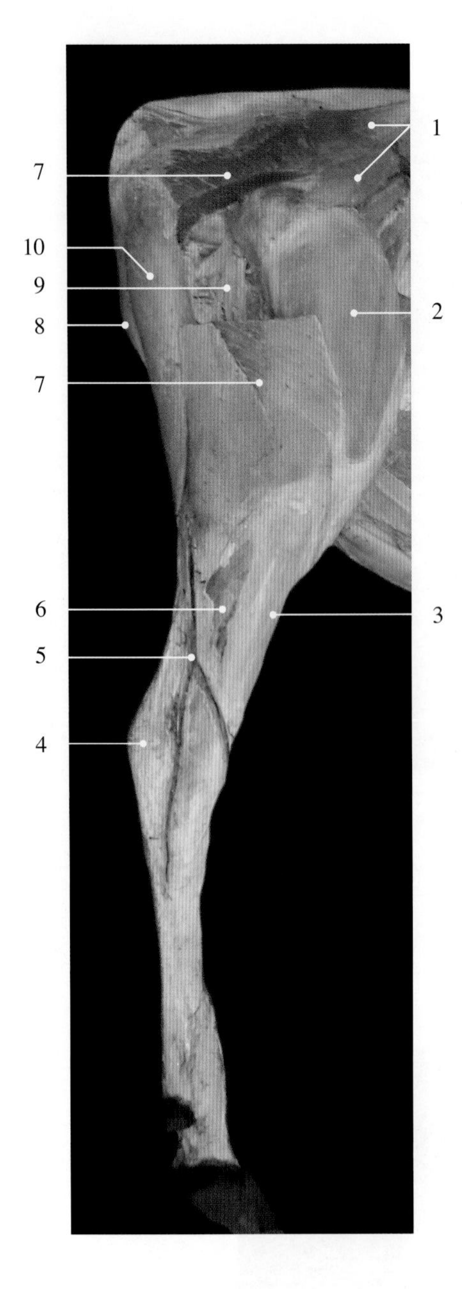

图3-7-1　牛右侧后肢肌外侧观

1. 臀中肌 middle gluteal muscle
2. 股四头肌 quadriceps femoris muscle
3. 第3腓骨肌 3rd fibular muscle
4. 跟结节 calcaneal tuberosity
5. 外侧隐静脉 lateral saphenous vein
6. 趾深屈肌 deep digital flexor muscle
7. 臀股二头肌断端 section of glutaeofemorales biceps muscle
8. 半膜肌 semimembranous muscle
9. 坐骨神经 sciatic nerve
10. 半腱肌 semitendinous muscle

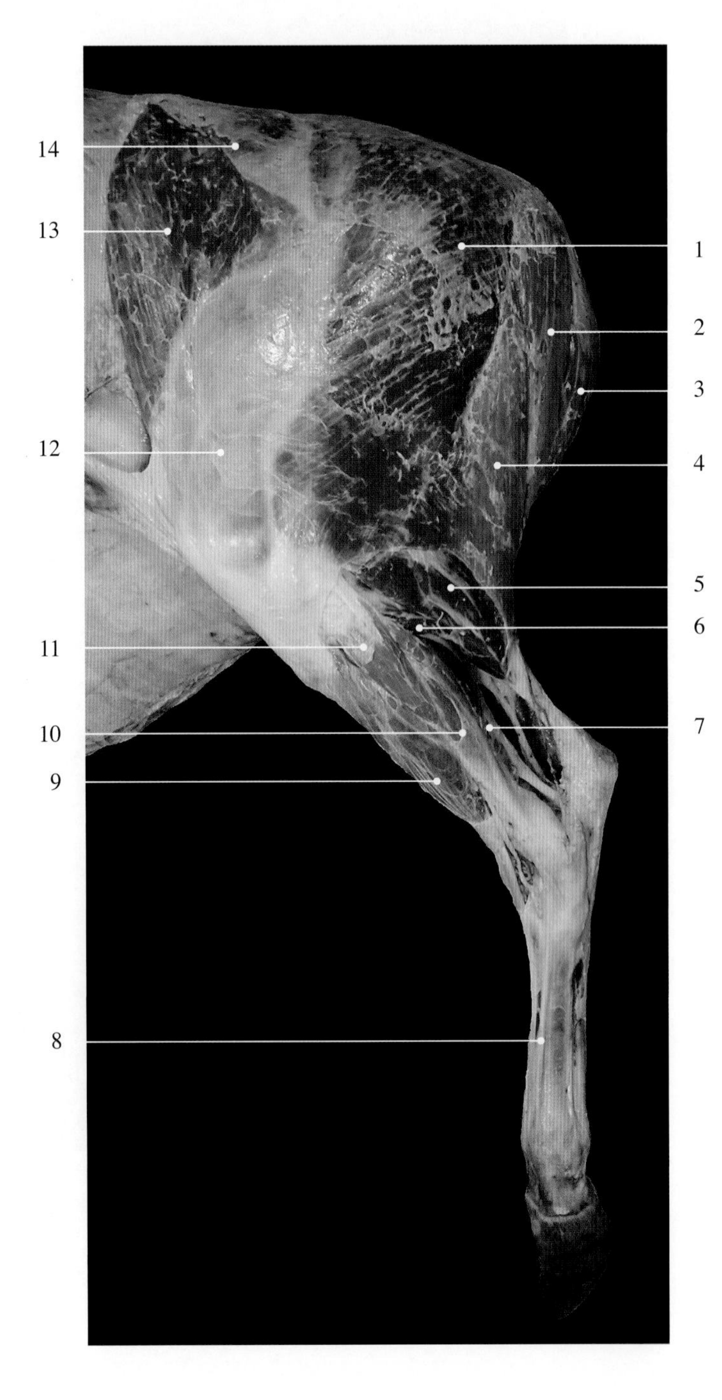

图3-7-2　牛左侧后肢肌外侧观

1. 臀股二头肌前部 cranial part of glutaeofemorales biceps muscle
2. 半腱肌 semitendinous muscle
3. 半膜肌 semimembranous muscle
4. 臀股二头肌后部 caudal part of glutaeofemorales biceps muscle
5. 腓肠肌外侧头 lateral head of gastrocnemius muscle
6. 比目鱼肌 soleus muscle
7. 趾深屈肌 deep digital flexor muscle
8. 趾外侧伸肌腱 lateral digital extensor tendon
9. 第3腓骨肌 3rd fibular muscle
10. 趾外侧伸肌 lateral digital extensor muscle
11. 腓骨长肌 long fibular muscle
12. 股外侧肌 lateral vastus muscle
13. 阔筋膜张肌 tensor muscle of the fascia lata
14. 臀中肌 middle gluteal muscle

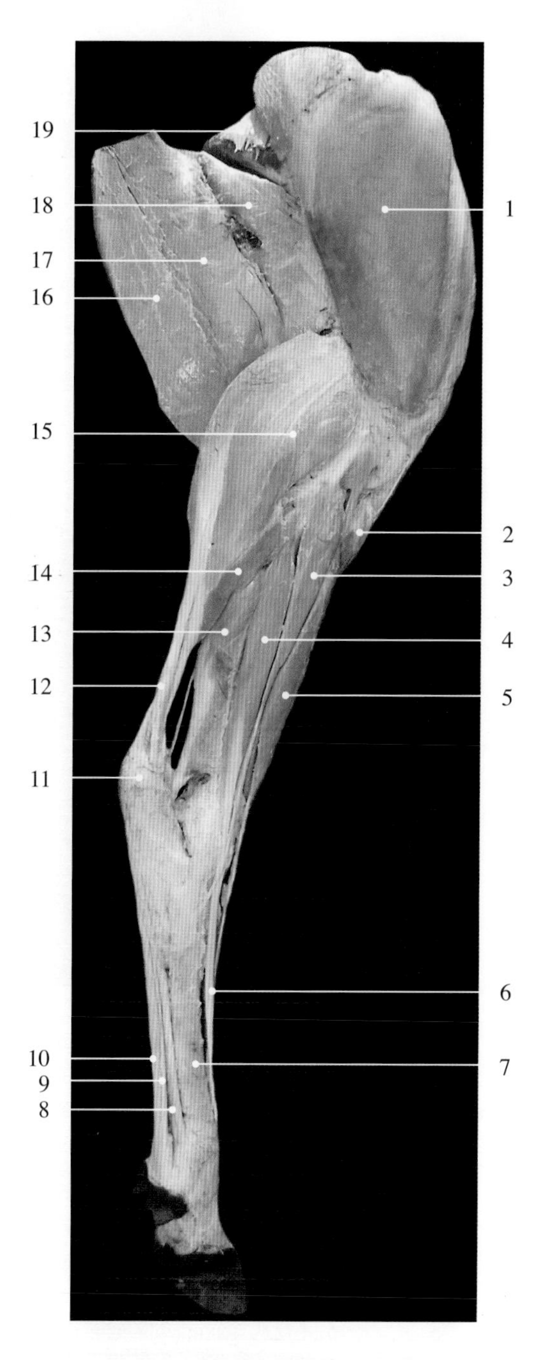

图3-7-3 牛右侧后肢肌外侧观（去除臀股二头肌）

1. 股四头肌 quadriceps femoris muscle
2. 胫骨前肌 cranial tibial muscle
3. 腓骨长肌 long fibular muscle
4. 趾外侧伸肌 lateral digital extensor muscle
5. 第3腓骨肌 3rd fibular muscle
6. 趾外侧伸肌腱 lateral digital extensor tendon
7. 跖骨 metatarsal bone
8. 悬韧带（骨间肌）suspensory ligament（interosseus muscle）
9. 趾深屈肌腱 deep digital flexor tendon
10. 趾浅屈肌腱 superficial digital flexor tendon
11. 跟结节 calcaneal tuberosity
12. 跟（总）腱 common calcaneal tendon
13. 趾深屈肌 deep digital flexor muscle
14. 比目鱼肌 soleus muscle
15. 腓肠肌 gastrocnemius muscle
16. 半腱肌 semitendinous muscle
17. 半膜肌 semimembranous muscle
18. 内收肌 adductor muscle
19. 耻骨肌 pectineal muscle

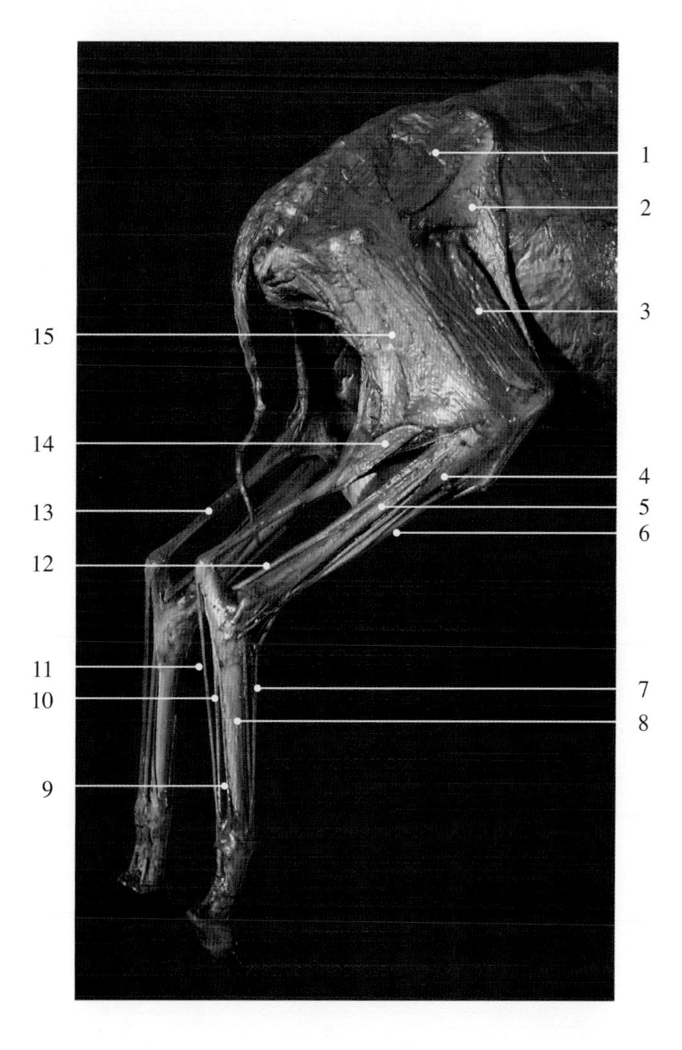

图3-7-4 羊右侧后肢肌外侧观（干制标本）

1. 臀中肌 middle gluteal muscle
2. 阔筋膜张肌 tensor muscle of the fascia lata
3. 股四头肌 quadriceps femoris muscle
4. 腓骨长肌 long fibular muscle
5. 趾外侧伸肌 lateral digital extensor muscle
6. 第3腓骨肌 3rd fibular muscle
7. 趾长伸肌腱 long digital extensor tendon
8. 跖骨 metatarsal bone
9. 悬韧带（骨间肌）suspensory ligament（interosseus muscle）
10. 趾深屈肌腱 deep digital flexor tendon
11. 趾浅屈肌腱 superficial digital flexor tendon
12. 趾深屈肌及腱 deep digital flexor muscle and tendon
13. 跟（总）腱 common calcaneal tendon
14. 腓肠肌 gastrocnemius muscle
15. 臀股二头肌 gluteaofemorales biceps muscle

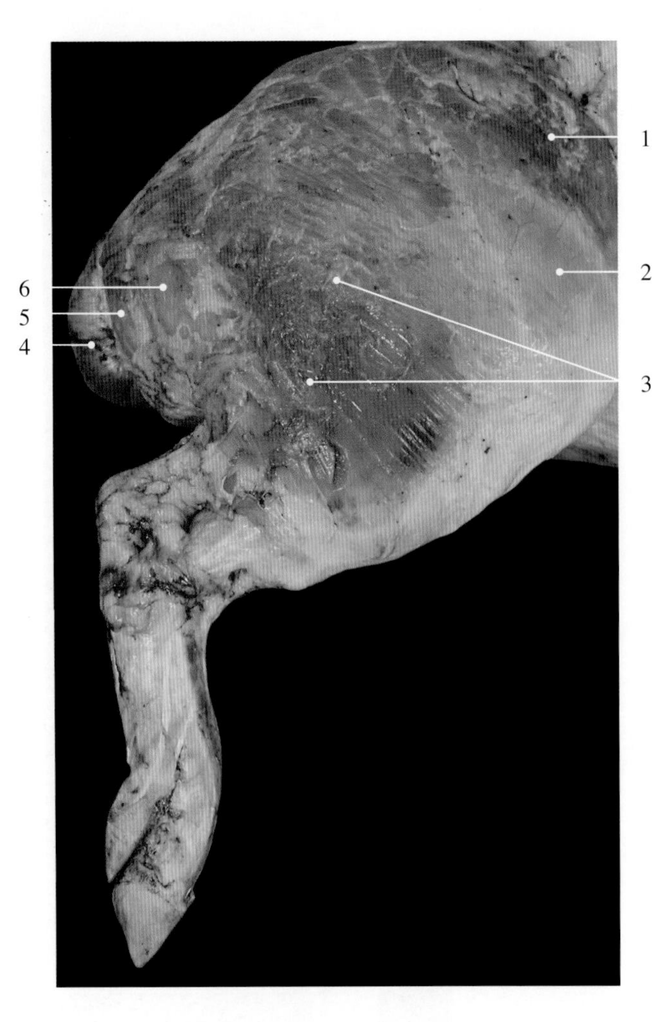

图3-7-5 猪右侧后肢肌外侧观（新鲜标本）

1. 阔筋膜张肌 tensor muscle of the fascia lata
2. 股四头肌 quadriceps femoris muscle
3. 股二头肌 biceps femoris muscle
4. 睾丸 testis
5. 半腱肌 semitendinous muscle
6. 半膜肌 semimembranous muscle

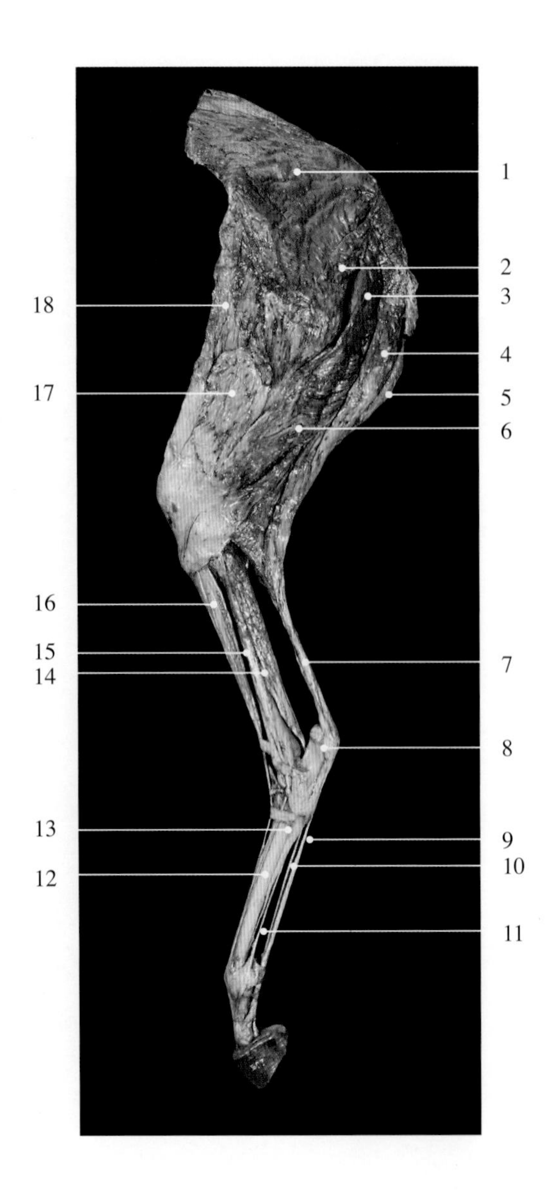

图3-7-6 马左侧后肢肌外侧观（干制标本）

1. 臀中肌 middle gluteal muscle
2. 臀浅肌 superficial gluteal muscle
3. 股二头肌 biceps femoris muscle
4. 半腱肌 semitendinous muscle
5. 半膜肌 semimembranous muscle
6. 股二头肌 biceps femoris muscle
7. 跟（总）腱 common calcaneal tendon
8. 跟结节 calcaneal tuberosity
9. 趾浅屈肌腱 superficial digital flexor tendon
10. 趾深屈肌腱 deep digital flexor tendon
11. 悬韧带（骨间肌）suspensory ligament（interosseus muscle）
12. 大跖骨 major metatarsal bone
13. 小跖骨 minus metatarsal bone
14. 趾深屈肌 deep digital flexor muscle
15. 趾外侧伸肌 lateral digital extensor muscle
16. 趾长伸肌 long digital extensor muscle
17. 股四头肌 quadriceps femoris muscle
18. 阔筋膜张肌 tensor muscle of the fascia lata

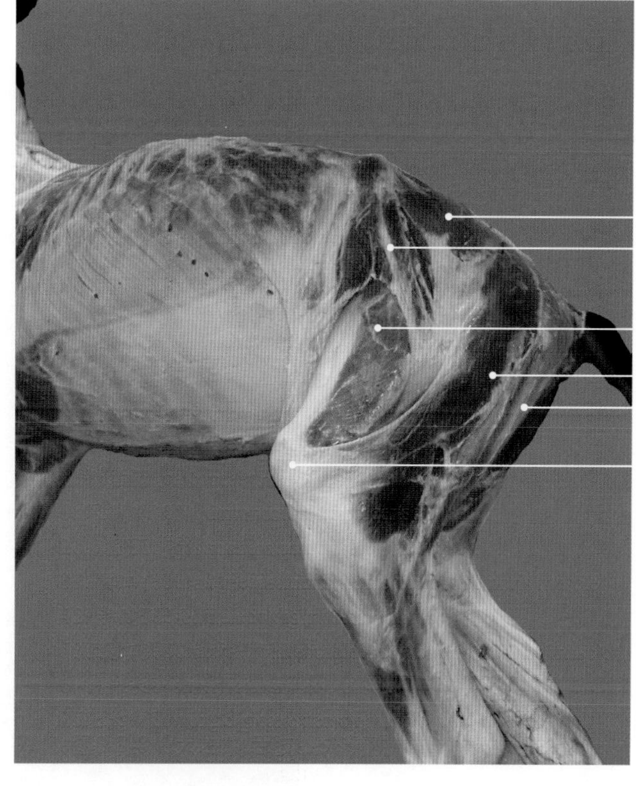

图3-7-7 驴左侧后肢肌外侧观（新鲜标本）

1. 臀中肌 middle gluteal muscle
2. 阔筋膜张肌 tensor muscle of the fascia lata
3. 股四头肌 quadriceps femoris muscle
4. 股二头肌 biceps femoris muscle
5. 半腱肌 semitendinous muscle
6. 膝盖骨 kneecap，patella

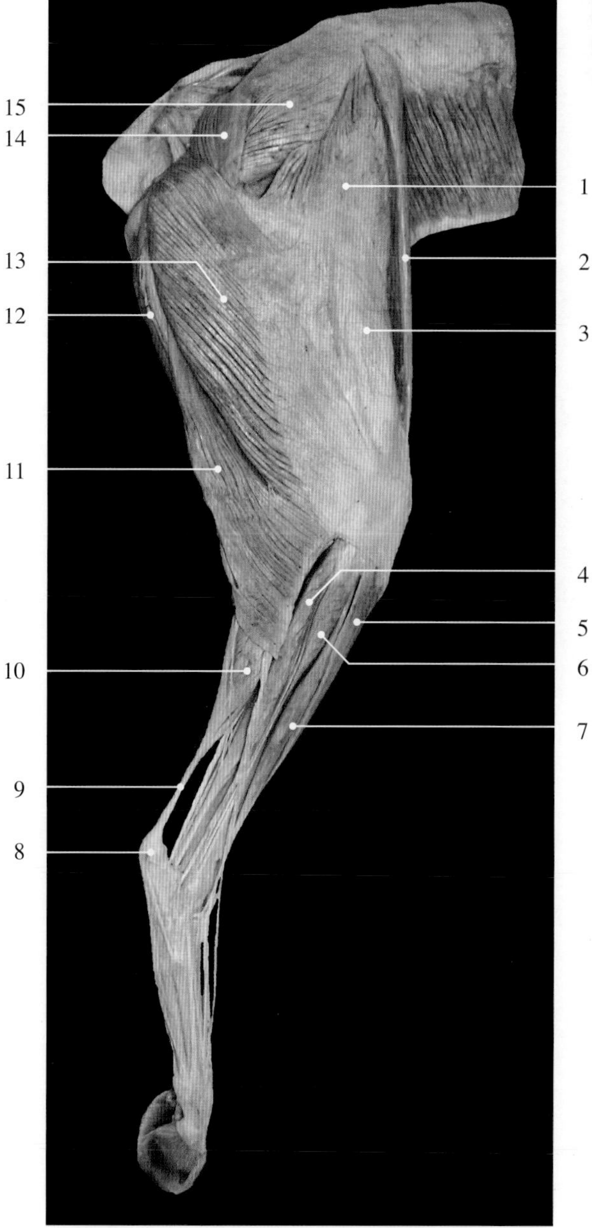

图3-7-8 犬右侧后肢肌外侧观（塑化标本）

1. 阔筋膜张肌 tensor muscle of the fascia lata
2. 缝匠肌前部 anterior part of sartorius muscle
3. 股四头肌 quadriceps femoris muscle
4. 外侧趾深屈肌 deep digital flexor muscle
5. 胫骨前肌 cranial tibial muscle
6. 腓骨长肌 long fibular muscle
7. 趾长伸肌 long digital extensor muscle
8. 跟结节 calcaneal tuberosity
9. 跟（总）腱 common calcaneal tendon
10. 腓肠肌 gastrocnemius muscle
11. 股二头肌坐骨头 ischium head of biceps femoris muscle
12. 半腱肌 semitendinous muscle
13. 股二头肌椎骨头 vertebrae head of biceps femoris muscle
14. 臀浅肌 superficial gluteal muscle
15. 臀中肌 middle gluteal muscle

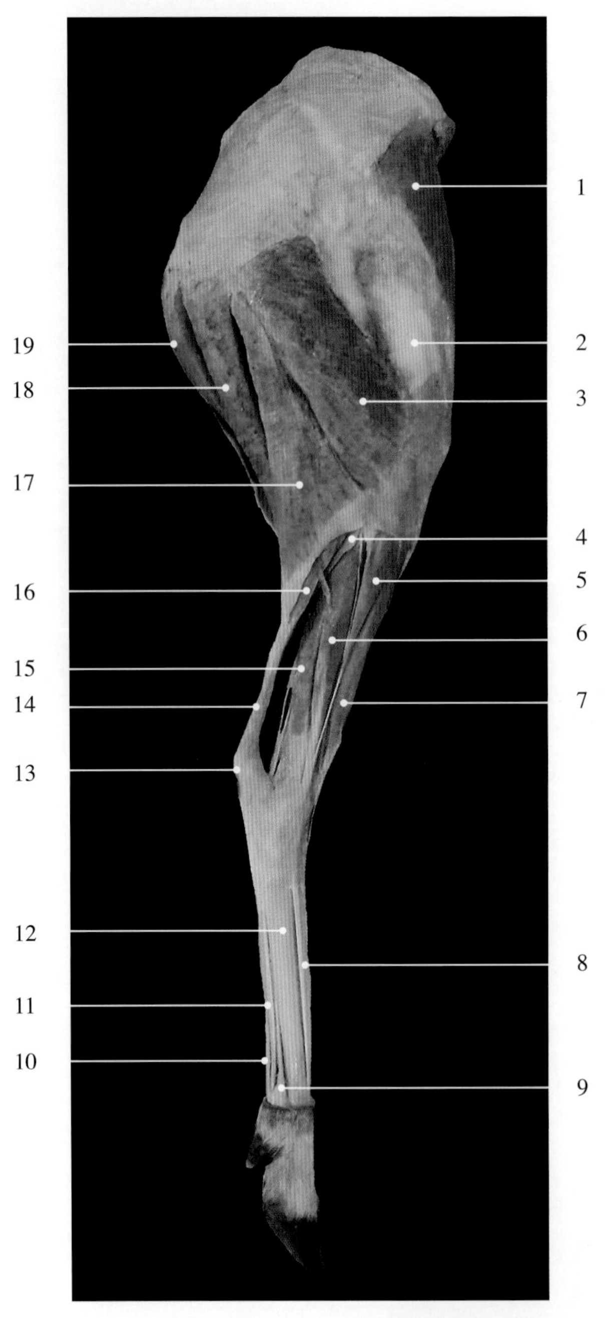

图3-7-9　麋鹿右侧后肢肌外侧观

1. 阔筋膜张肌 tensor muscle of the fascia lata
2. 股外侧肌 lateral vastus muscle
3. 股二头肌椎骨头 vertebrae head of biceps femoris muscle
4. 比目鱼肌 soleus muscle
5. 腓骨长肌 long fibular muscle
6. 趾外侧伸肌 lateral digital extensor muscle
7. 第3腓骨肌 3rd fibular muscle
8. 趾外侧伸肌腱 lateral digital extensor tendon
9. 悬韧带（骨间肌）suspensory ligament（interosseus muscle）
10. 趾浅屈肌腱 superficial digital flexor tendon
11. 趾深屈肌腱 deep digital flexor tendon
12. 跖骨 metatarsal bone
13. 跟结节 calcaneal tuberosity
14. 跟（总）腱 common calcaneal tendon
15. 趾深屈肌 deep digital flexor muscle
16. 腓肠肌外侧头 lateral head of gastrocnemius muscle
17. 股二头肌坐骨头 ischium head of biceps femoris muscle
18. 半腱肌 semitendinous muscle
19. 半膜肌 semimembranous muscle

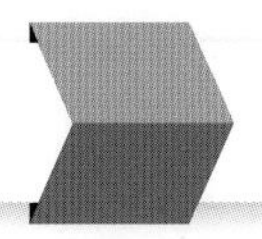

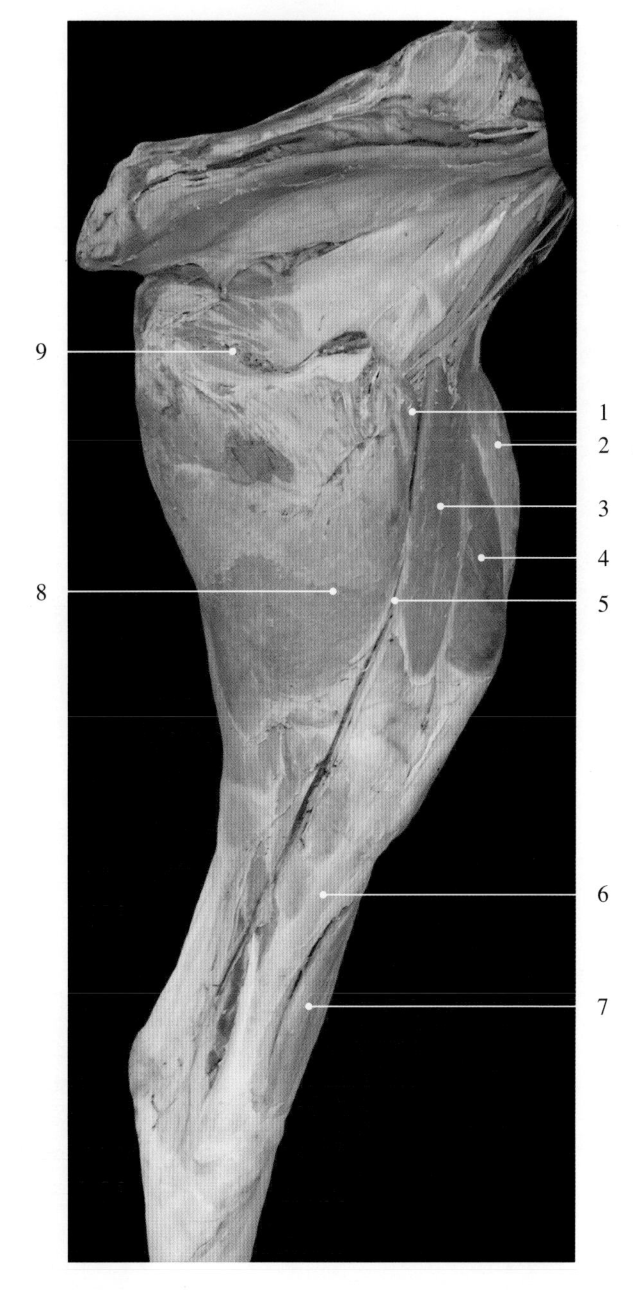

图3-7-10 牛左侧后肢肌内侧观

1. 耻骨肌 pectineal muscle
2. 阔筋膜张肌 tensor muscle of the fascia lata
3. 缝匠肌 sartorius muscle
4. 股四头肌 quadriceps femoris muscle
5. 股动、静脉和神经 femoral artery, vein and nerve
6. 胫骨 tibia
7. 第3腓骨肌 3rd fibular muscle
8. 股薄肌 gracilis muscle
9. 骨盆联合 pelvic symphysis

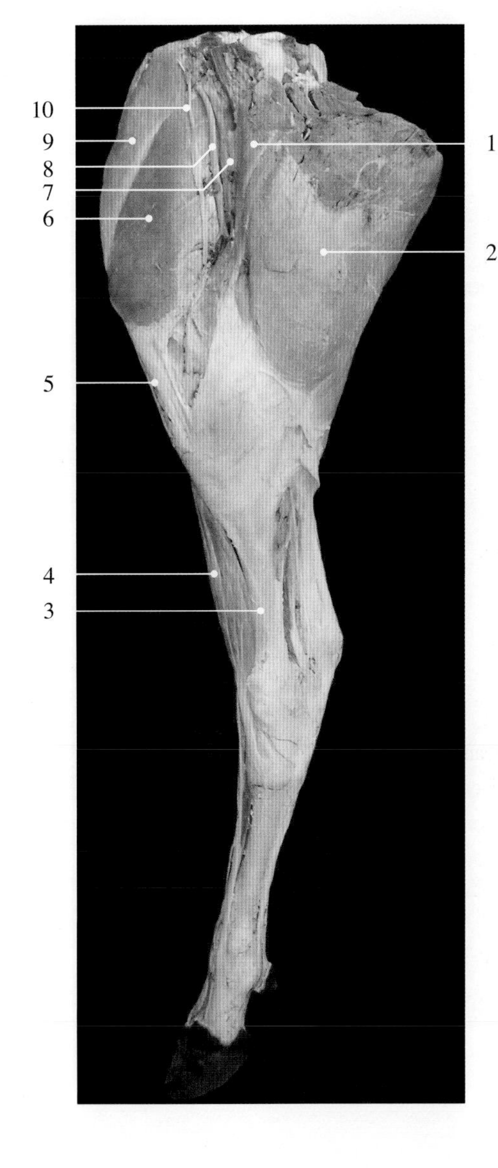

图3-7-11 牛左侧后肢肌内侧观（去除缝匠肌）

1. 耻骨肌 pectineal muscle
2. 股薄肌 gracilis muscle
3. 胫骨 tibia
4. 第3腓骨肌 3rd fibular muscle
5. 膝外侧直韧带 lateral patellar ligament
6. 股四头肌 quadriceps femoris muscle
7. 股静脉 femoral vein
8. 股动脉 femoral artery
9. 阔筋膜张肌 tensor muscle of the fascia lata
10. 股神经 femoral nerve

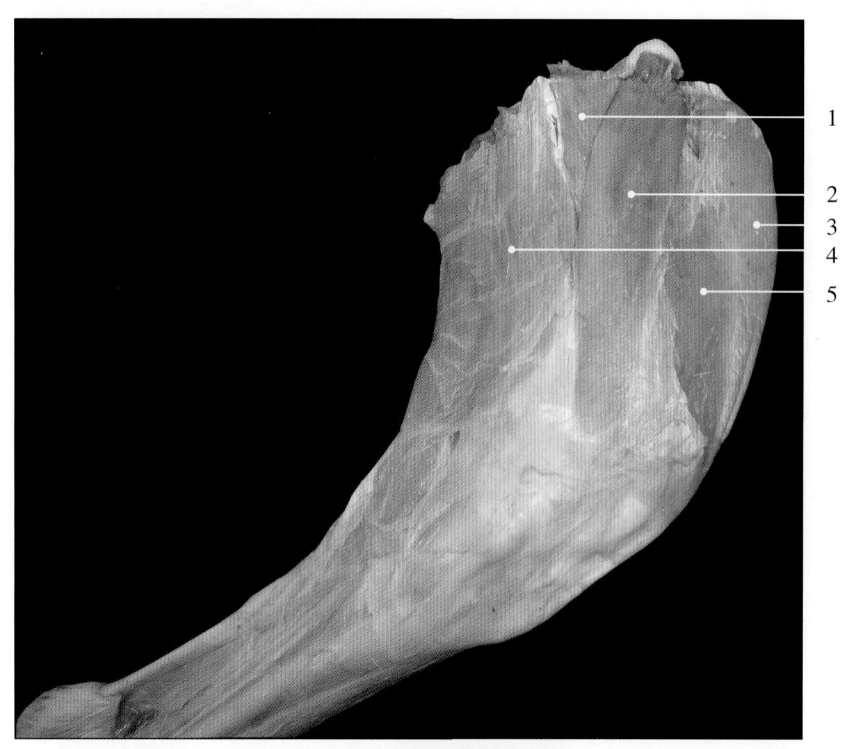

图3-7-12　羊左侧后肢肌内侧观

1. 耻骨肌 pectineal muscle
2. 缝匠肌 sartorius muscle
3. 股直肌 straight femoral muscle
4. 股薄肌 gracilis muscle
5. 股内侧肌 medial vastus muscle

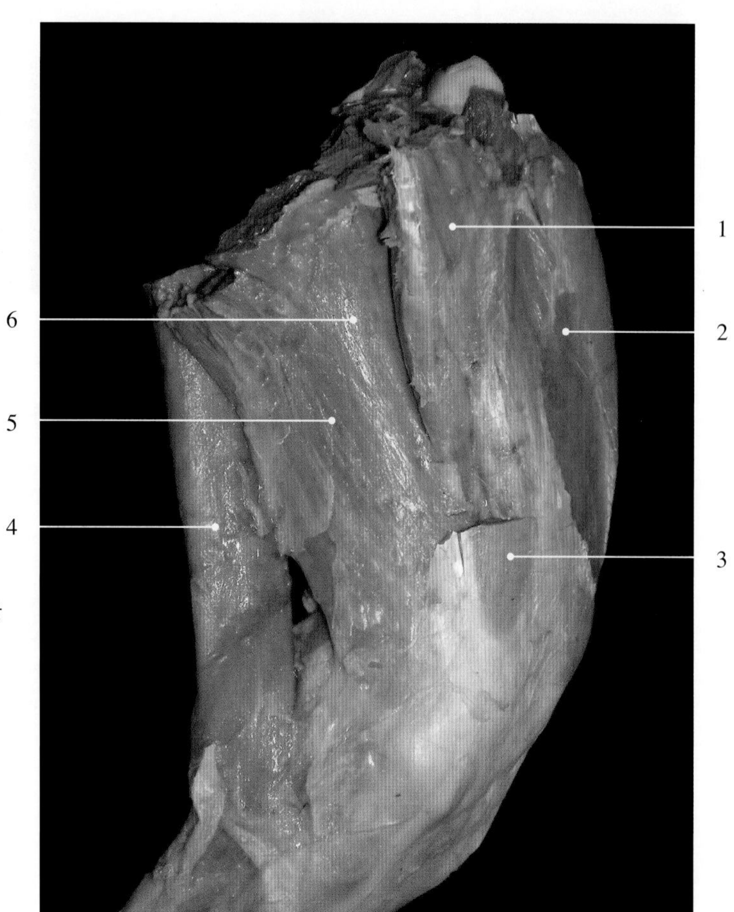

图3-7-13　羊左侧后肢肌内侧观（去除缝匠肌和股薄肌）

1. 耻骨肌 pectineal muscle
2. 股四头肌（股直肌）quadriceps femoris muscle（straight femoral muscle）
3. 缝匠肌断端 section of sartorius muscle
4. 半腱肌 semitendinous muscle
5. 半膜肌 semimembranous muscle
6. 内收肌 adductor muscle

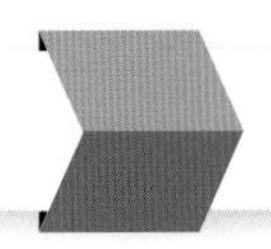

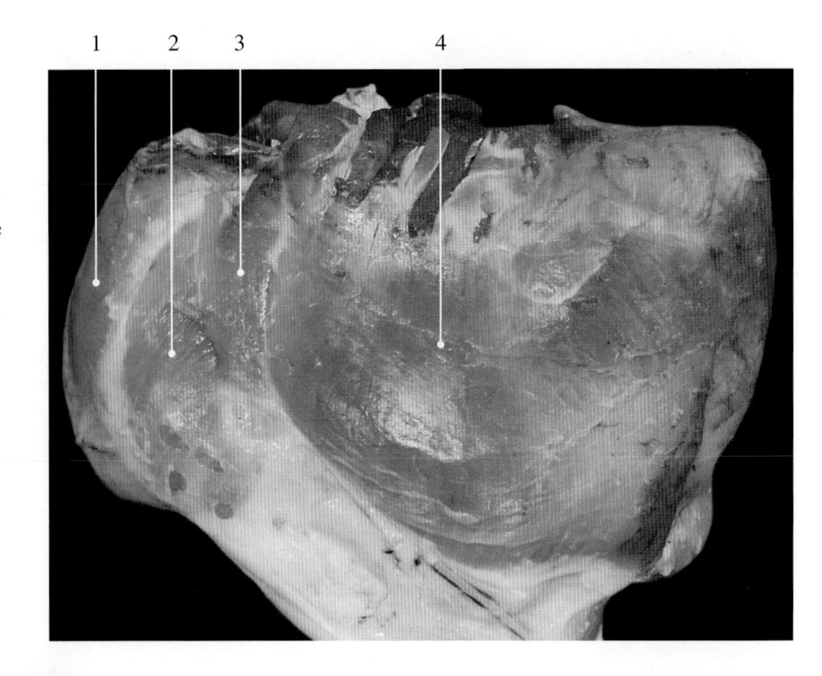

图3-7-14 猪右侧后肢肌内侧观（新鲜标本）

1. 股直肌 straight femoral muscle
2. 股内侧肌 medial vastus muscle
3. 缝匠肌 sartorius muscle
4. 股薄肌 gracilis muscle

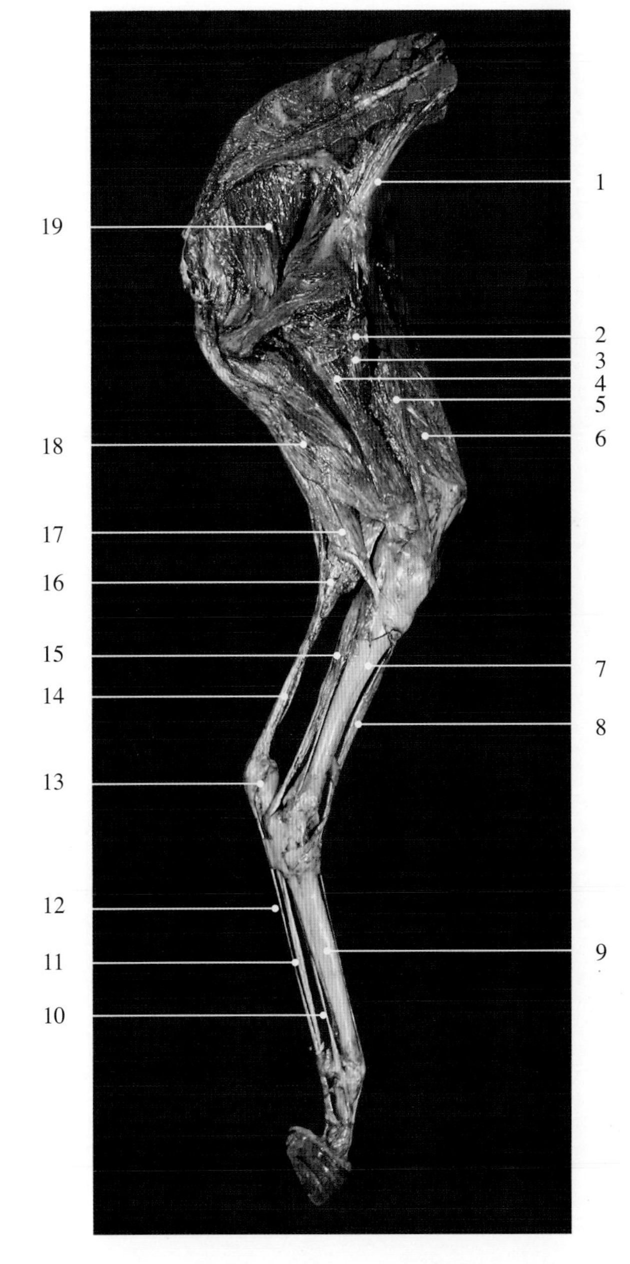

图3-7-15 马左侧后肢肌内侧观（干制标本）

1. 髂腰肌 iliopsoas muscle
2. 股薄肌断端 section of gracilis muscle
3. 耻骨肌 pectineal muscle
4. 内收肌 adductor muscle
5. 缝匠肌 sartorius muscle
6. 股四头肌 quadriceps femoris muscle
7. 胫骨 tibia
8. 趾长伸肌 long digital extensor muscle
9. 跖骨 metatarsal bone
10. 悬韧带（骨间肌）suspensory ligament（interosseus muscle）
11. 趾深屈肌腱 deep digital flexor tendon
12. 趾浅屈肌腱 superficial digital flexor tendon
13. 跟结节 calcaneal tuberosity
14. 跟（总）腱 common calcaneal tendon
15. 趾深屈肌 deep digital flexor muscle
16. 腓肠肌 gastrocnemius muscle
17. 半腱肌 semitendinous muscle
18. 半膜肌 semimembranous muscle
19. 臀深肌 deep gluteal muscle

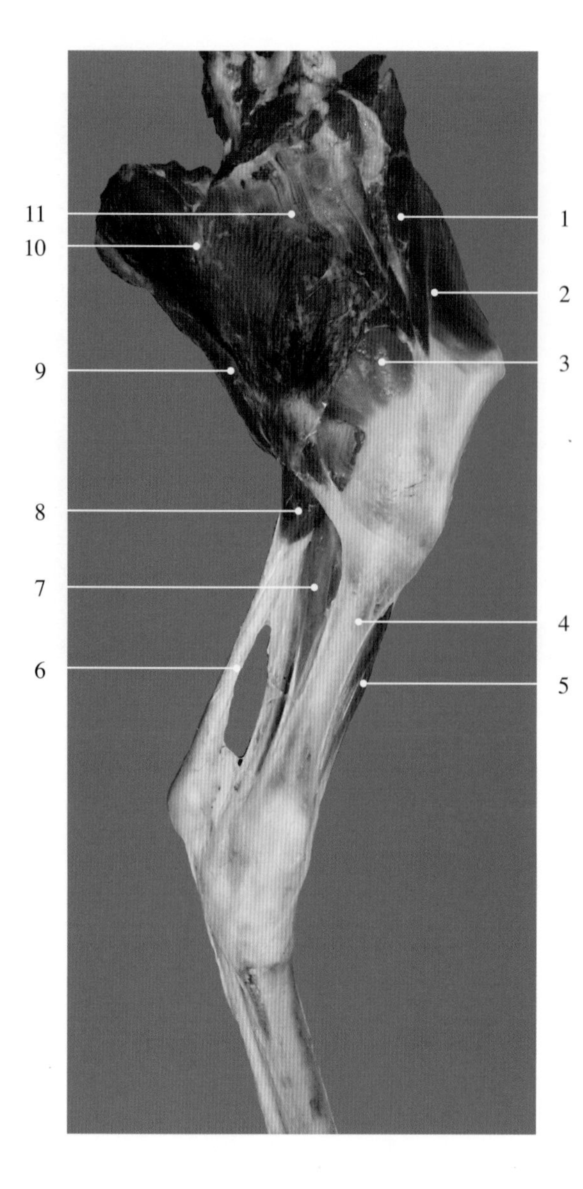

图3-7-16　驴左侧后肢肌内侧观（新鲜标本）

1. 缝匠肌 sartorius muscle
2. 股四头肌 quadriceps femoris muscle
3. 内收肌 adductor muscle
4. 胫骨 tibia
5. 趾长伸肌 long digital extensor muscle
6. 跟（总）腱 common calcaneal tendon
7. 趾深屈肌 deep digital flexor muscle
8. 腓肠肌 gastrocnemius muscle
9. 半腱肌 semitendinous muscle
10. 半膜肌 semimembranous muscle
11. 股薄肌 gracilis muscle

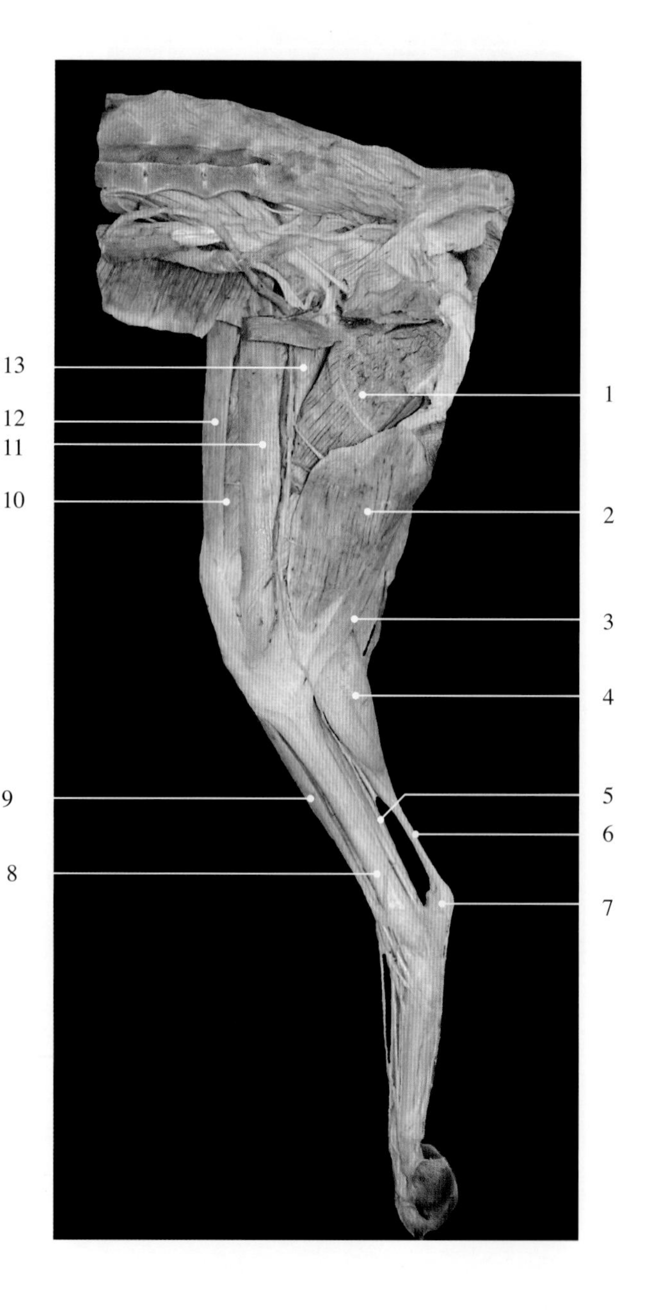

图3-7-17　犬右侧后肢肌内侧观（塑化标本）

1. 内收肌 adductor muscle
2. 股薄肌 gracilis muscle
3. 半腱肌 semitendinous muscle
4. 腓肠肌 gastrocnemius muscle
5. 趾深屈肌 deep digital flexor muscle
6. 跟（总）腱 common calcaneal tendon
7. 跟结节 calcaneal tuberosity
8. 胫骨 tibia
9. 胫骨前肌 cranial tibial muscle
10. 股四头肌 quadriceps femoris muscle
11. 缝匠肌后部 posterior part of sartorius muscle
12. 缝匠肌前部 anterior part of sartorius muscle
13. 耻骨肌 pectineal muscle

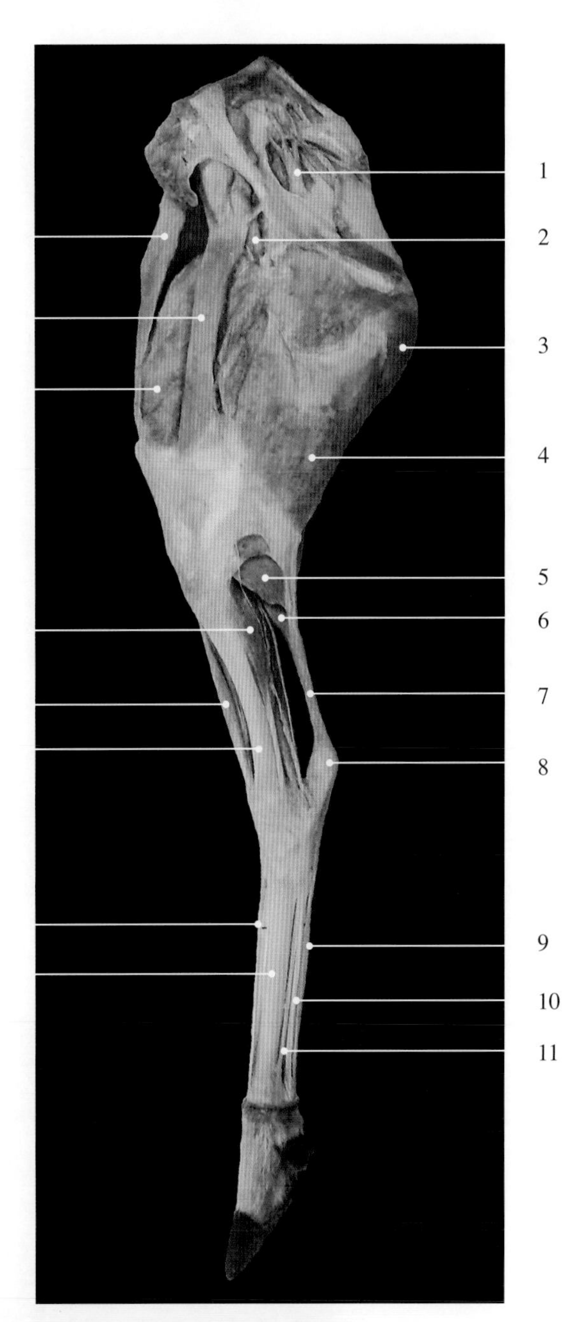

图3-7-18 麋鹿右侧后肢肌内侧观

1. 坐骨神经 sciatic nerve
2. 耻骨肌 pectineal muscle
3. 半膜肌 semimembranous muscle
4. 股薄肌 gracilis muscle
5. 腓肠肌内侧头 medial head of gastrocnemius muscle
6. 趾浅屈肌 superficial digital flexor muscle
7. 跟（总）腱 common calcaneal tendon
8. 跟结节 calcaneal tuberosity
9. 趾浅屈肌腱 superficial digital flexor tendon
10. 趾深屈肌腱 deep digital flexor tendon
11. 骨间肌（悬韧带）interosseus muscle（suspensory ligament）
12. 跖骨 metatarsal bone
13. 趾长伸肌腱 long digital extensor tendon
14. 胫骨 tibia
15. 第3腓骨肌 3rd fibular muscle
16. 趾深屈肌 deep digital flexor muscle
17. 股内侧肌 medial vastus muscle
18. 缝匠肌 sartorius muscle
19. 阔筋膜张肌 tensor muscle of the fascia lata

图3-7-19 牛右侧臀股部肌外侧观

1. 阔筋膜张肌 tensor muscle of the fascia lata
2. 髂下淋巴结（膝上淋巴结）subiliac lymph node
3. 股四头肌 quadriceps femoris muscle
4. 臀股二头肌坐骨头 ischium head of glutaeofemorales biceps muscle
5. 半膜肌 semimembranous muscle
6. 半腱肌 semitendinous muscle
7. 臀股二头肌椎骨头 vertebrae head of glutaeofemorales biceps muscle
8. 臀中肌 middle gluteal muscle

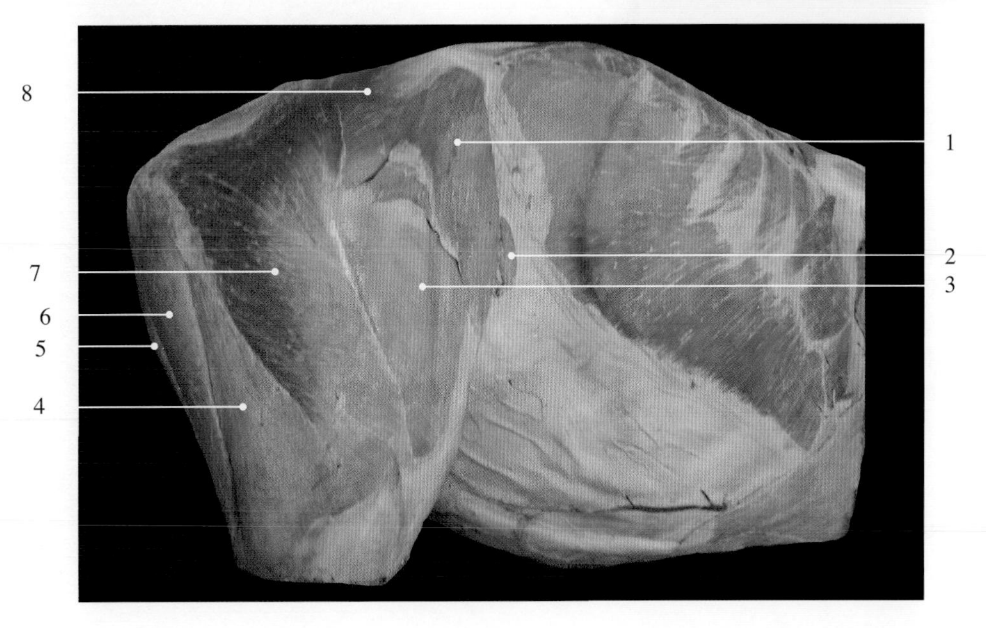

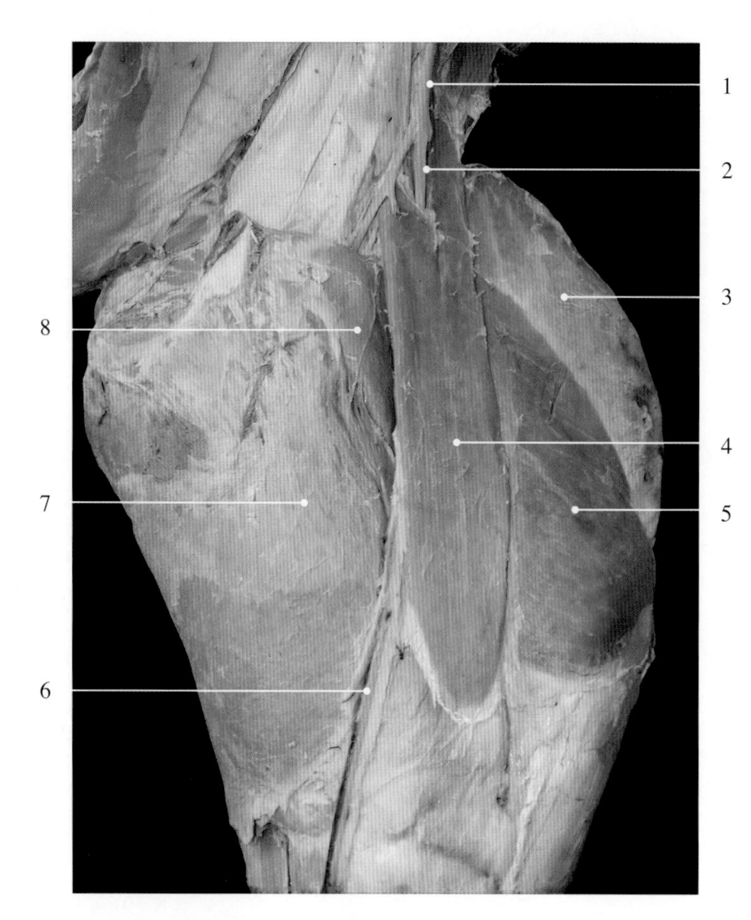

图3-7-20　牛右侧股内侧肌群

1. 髂外动脉 external iliac artery
2. 股动脉 femoral artery
3. 股直肌 straight femoral muscle
4. 缝匠肌 sartorius muscle
5. 股内侧肌 medial vastus muscle
6. 股动、静脉和神经 femoral artery, vein and nerve
7. 股薄肌 gracilis muscle
8. 耻骨肌 pectineal muscle

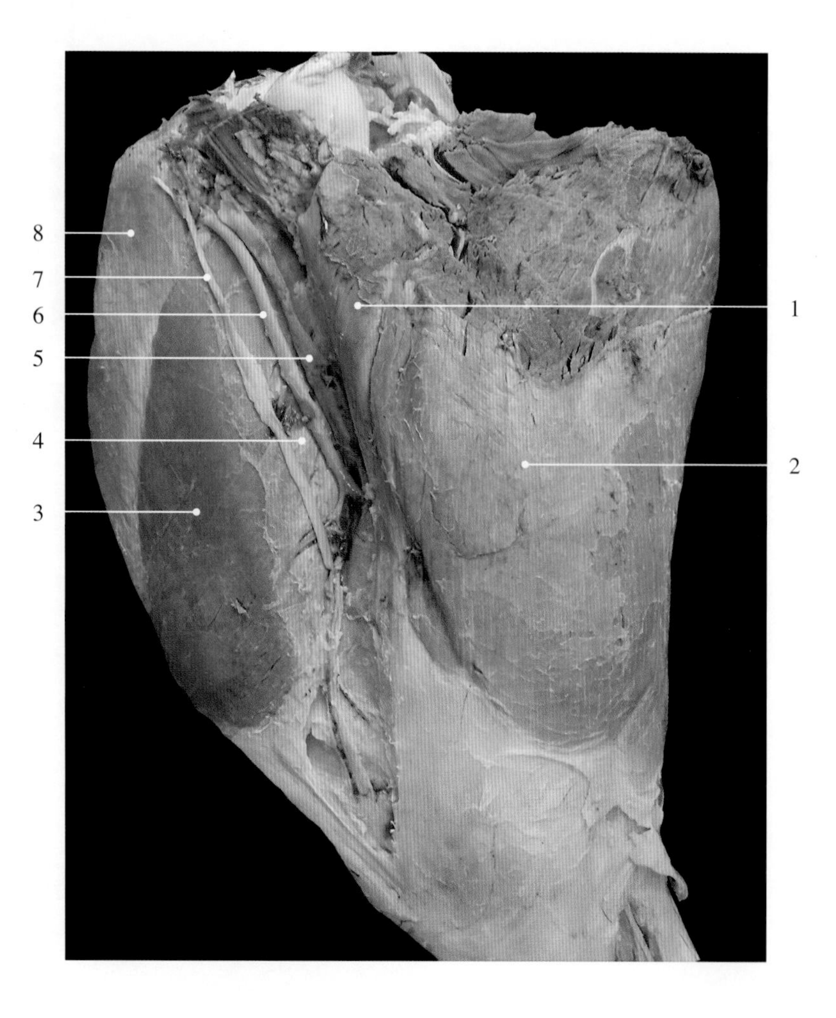

图3-7-21　牛右侧股管

1. 耻骨肌 pectineal muscle
2. 股薄肌 gracilis muscle
3. 股内侧肌 medial vastus muscle
4. 股管 femoral canal
5. 股静脉 femoral vein
6. 股动脉 femoral artery
7. 股神经 femoral nerve
8. 股直肌 straight femoral muscle

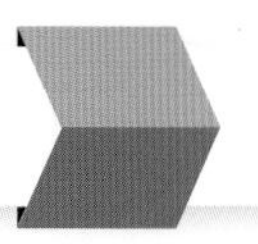

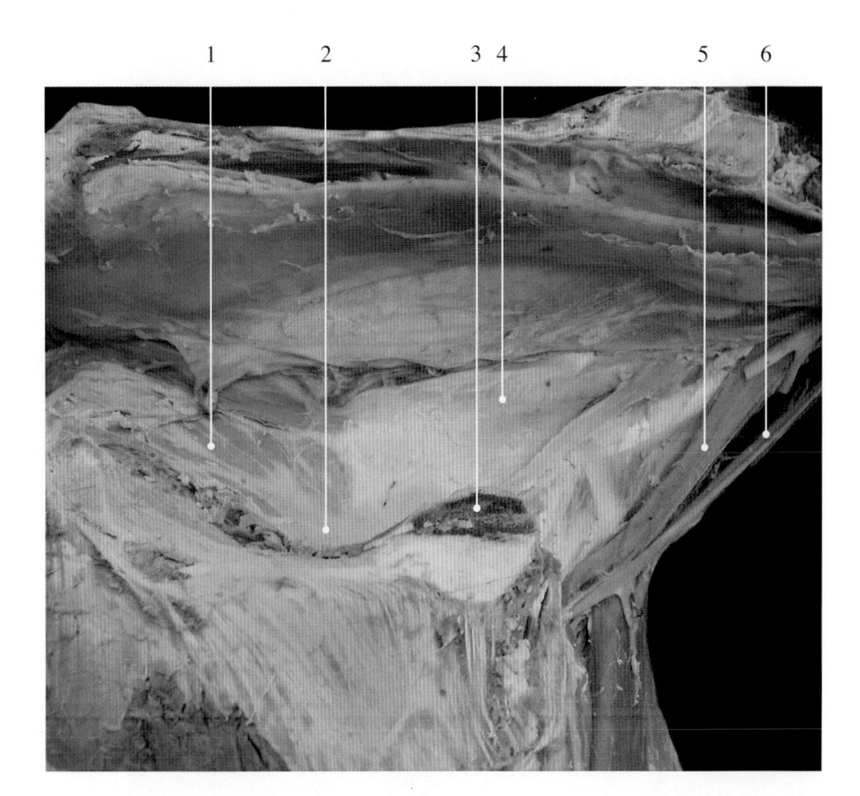

图3-7-22　牛右侧骨盆壁内侧观

1. 闭孔肌 obturator muscle
2. 闭孔 obturator foramen
3. 耻骨联合 pubic symphysis
4. 荐结节阔韧带 broad sacrotuberous ligament
5. 髂外静脉 external iliac vein
6. 髂外动脉 external iliac artery

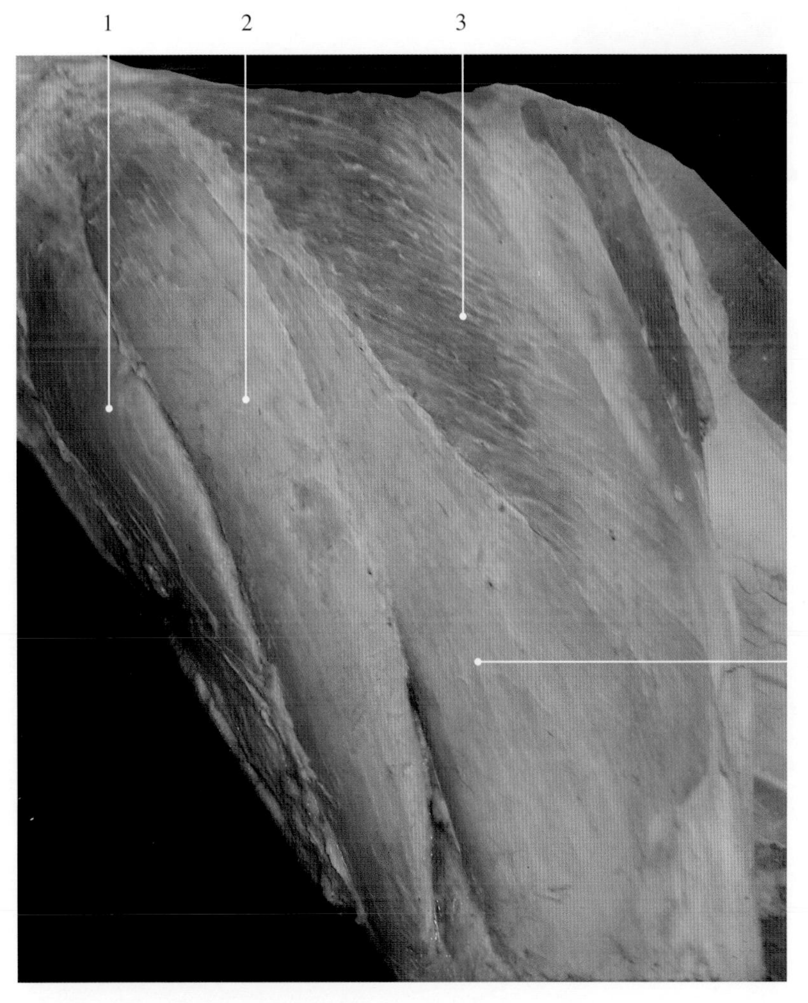

图3-7-23　牛右侧股后肌群后面观

1. 半膜肌 semimembranous muscle
2. 半腱肌 semitendinous muscle
3. 臀股二头肌椎骨头 vertebrae head of glutaeofemorales biceps muscle
4. 臀股二头肌坐骨头 ischium head of glutaeofemorales biceps muscle

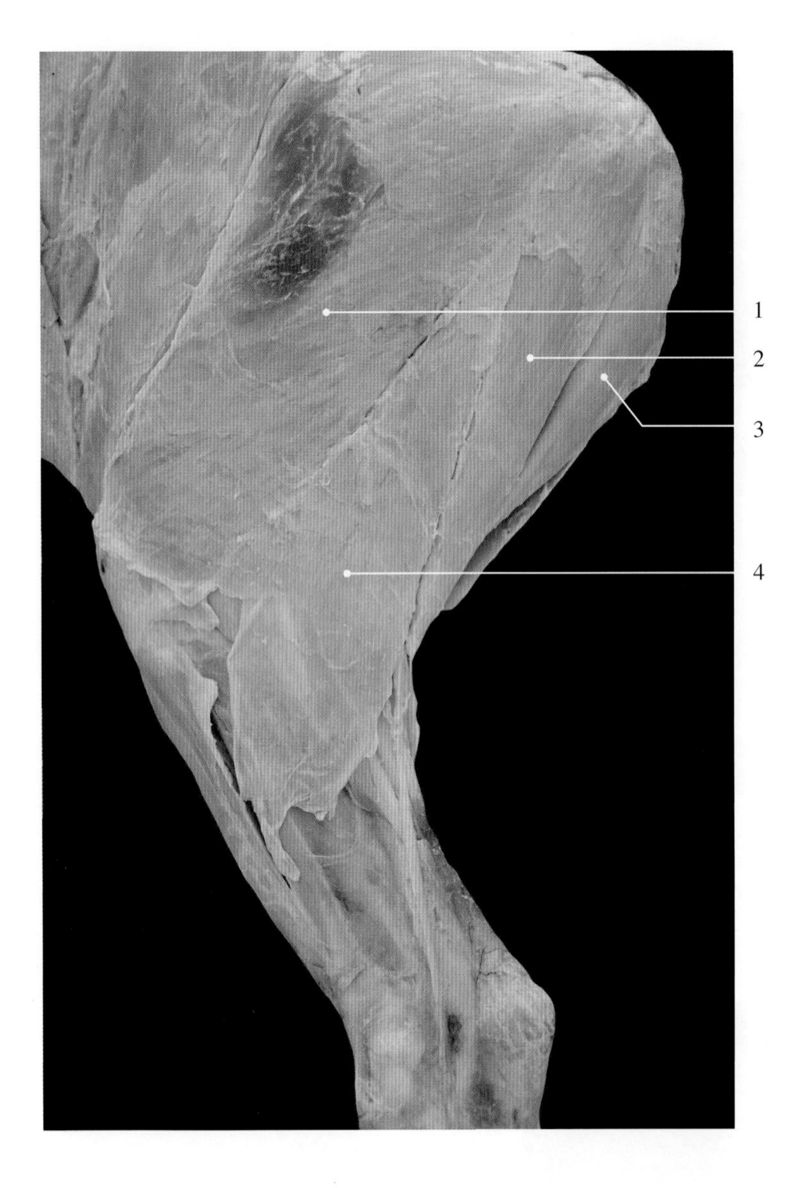

图3-7-24 牛左侧股后肌群外侧观

1. 臀股二头肌椎骨头 vertebrae head of glutaeofemorales biceps muscle
2. 半腱肌 semitendinous muscle
3. 半膜肌 semimembranous muscle
4. 臀股二头肌坐骨头 ischium head of glutaeofemorales biceps muscle

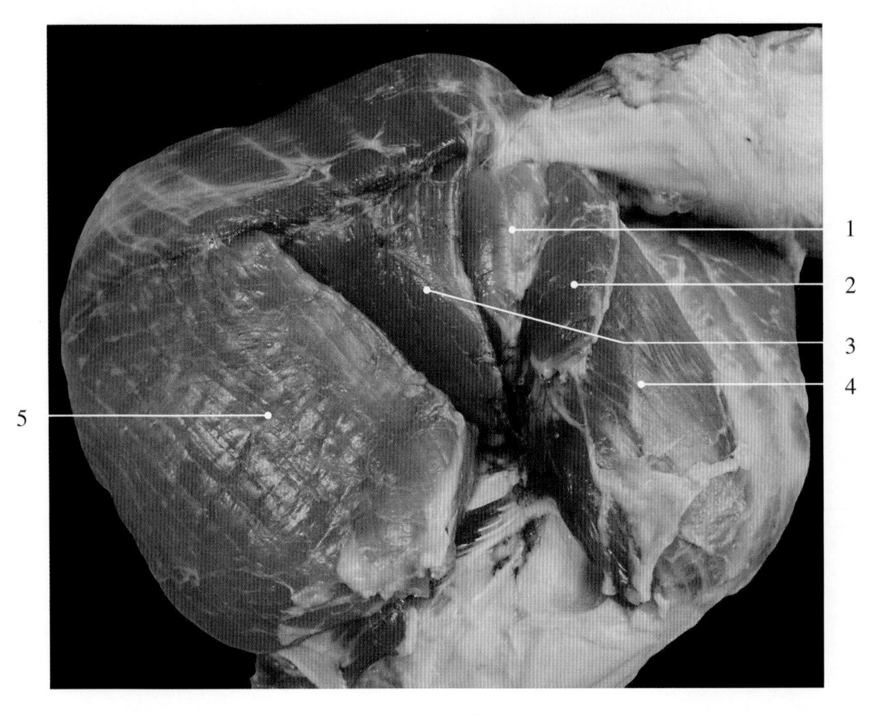

图3-7-25 猪左侧股内侧肌群（新鲜标本）

1. 耻骨肌 pectineal muscle
2. 缝匠肌 sartorius muscle
3. 内收肌 adductor muscle
4. 股内侧肌 medial vastus muscle
5. 半膜肌 semimembranous muscle

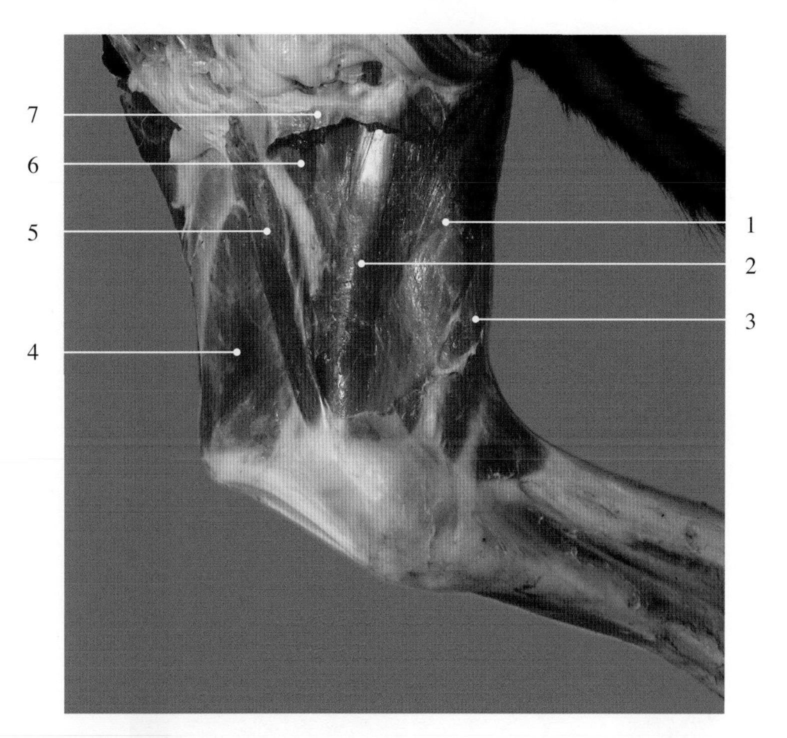

图3-7-26 驴右侧股内侧肌群（去除股薄肌，新鲜标本）

1. 半膜肌 semimembranous muscle
2. 内收肌 adductor muscle
3. 半腱肌 semitendinous muscle
4. 股四头肌 quadriceps femoris muscle
5. 缝匠肌 sartorius muscle
6. 耻骨肌 pectineal muscle
7. 股薄肌断端 section of gracilis muscle

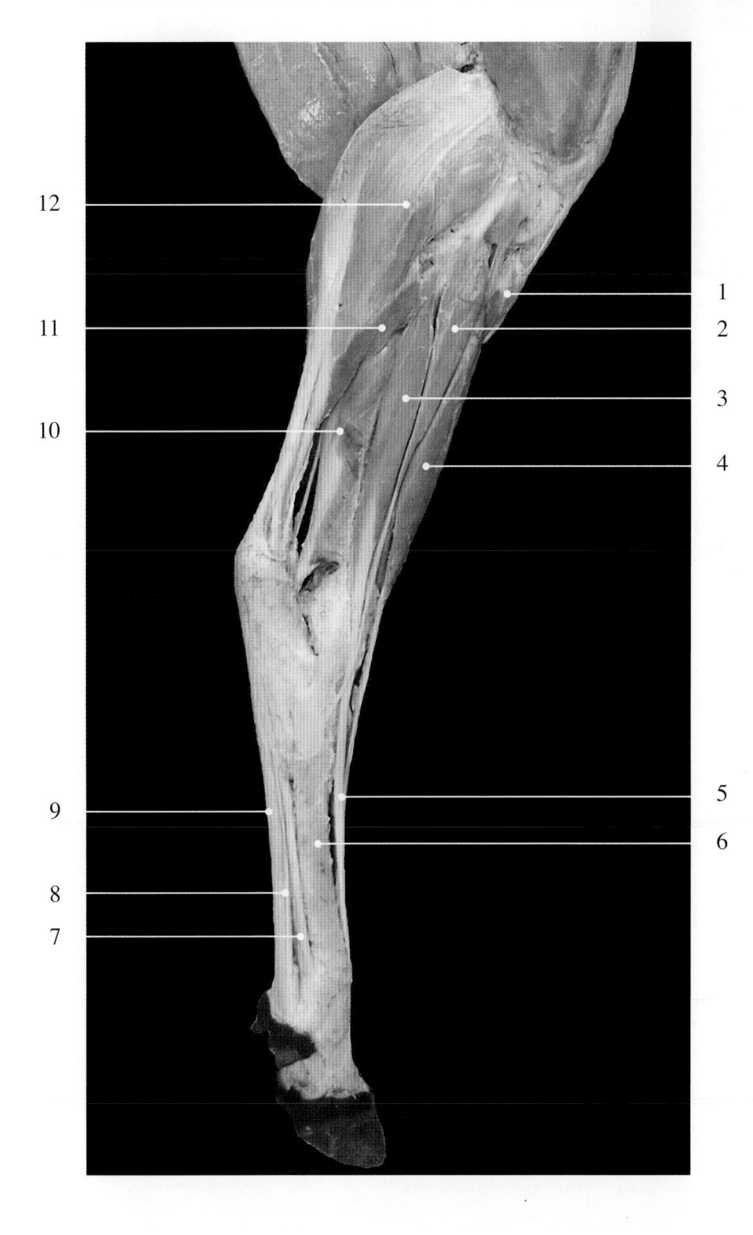

图3-7-27 牛右侧小腿部肌外侧观

1. 胫骨前肌 cranial tibial muscle
2. 腓骨长肌 long fibular muscle
3. 趾外侧伸肌 lateral digital extensor muscle
4. 第3腓骨肌 3rd fibular muscle
5. 趾外侧伸肌腱 lateral digital extensor tendon
6. 跖骨 metatarsal bone
7. 悬韧带（骨间肌）suspensory ligament（interosseus muscle）
8. 趾深屈肌腱 deep digital flexor tendon
9. 趾浅屈肌腱 superficial digital flexor tendon
10. 趾深屈肌 deep digital flexor muscle
11. 比目鱼肌 soleus muscle
12. 腓肠肌外侧头 lateral head of gastrocnemius muscle

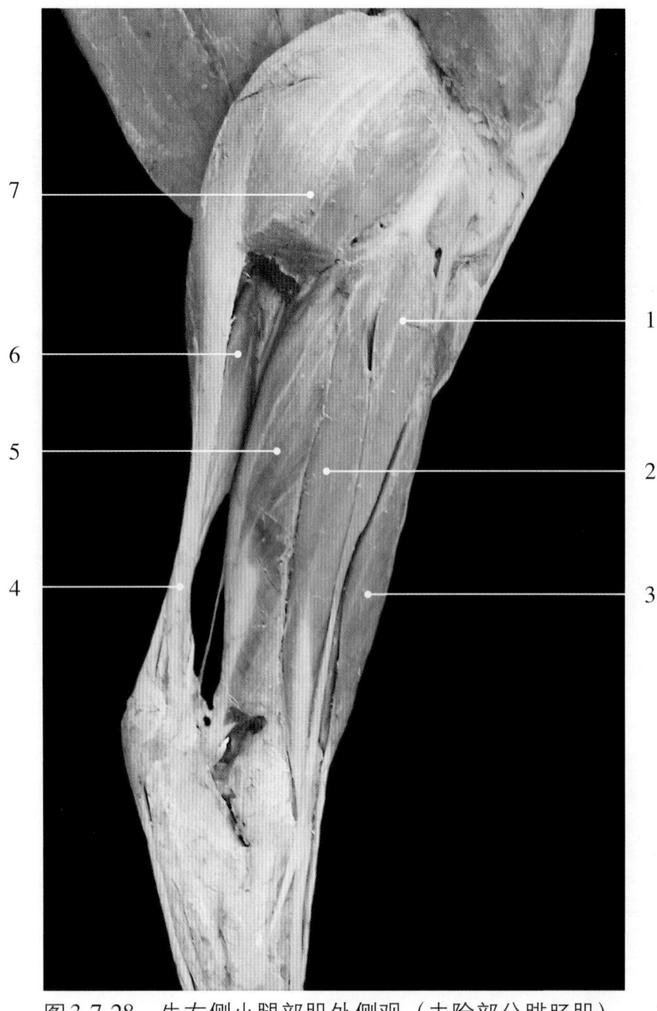

图3-7-28　牛右侧小腿部肌外侧观（去除部分腓肠肌）

1. 腓骨长肌 long fibular muscle
2. 趾外侧伸肌 lateral digital extensor muscle
3. 第3腓骨肌 3rd fibular muscle
4. 跟（总）腱 common calcaneal tendon
5. 趾深屈肌 deep digital flexor muscle
6. 趾浅屈肌 superficial digital flexor muscle
7. 腓肠肌外侧头断端 section of lateral head of gastrocnemius muscle

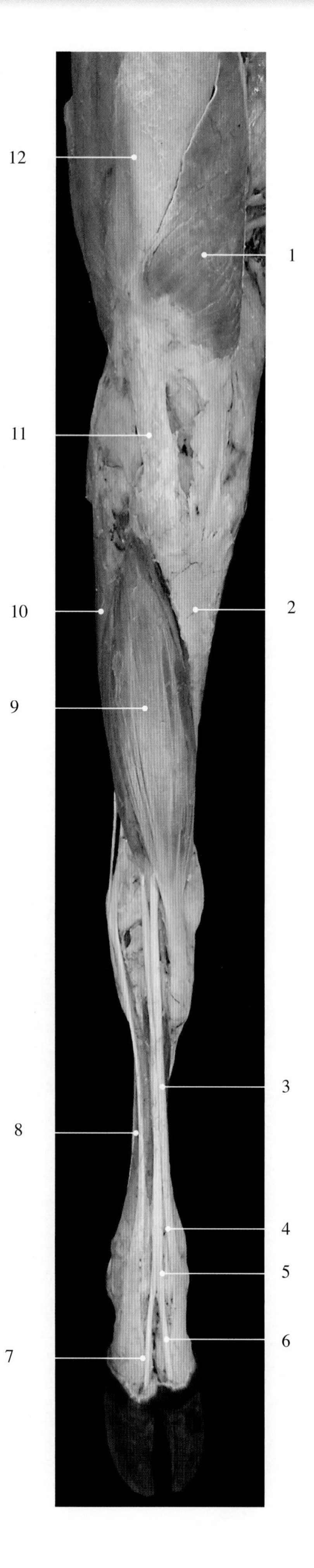

图3-7-29　牛右侧小腿部肌背侧观

1. 股内侧肌 medial vastus muscle
2. 胫骨 tibia
3. 趾长伸肌腱和趾内侧伸肌腱 long digital extensor tendon and medial digital extensor tendon
4. 趾内侧伸肌腱 medial digital extensor tendon
5. 趾长伸肌腱 long digital extensor tendon
6. 第3趾伸肌腱 3rd digital extensor tendon
7. 第4趾伸肌腱 4th digital extensor tendon
8. 趾外侧伸肌腱 lateral digital extensor tendon
9. 第3腓骨肌 3rd fibular muscle
10. 趾长伸肌 long digital extensor muscle
11. 膝中间（直）韧带 intermediate patellar ligament
12. 股直肌 straight femoral muscle

图3-7-30　羊左侧小腿部肌外侧观

1. 腓肠肌外侧头 lateral head of gastrocnemius muscle
2. 跟（总）腱 common calcaneal tendon
3. 趾深屈肌 deep digital flexor muscle
4. 跟结节 calcaneal tuberosity
5. 第3腓骨肌 3rd fibular muscle
6. 趾外侧伸肌 lateral digital extensor muscle
7. 腓骨长肌 long fibular muscle

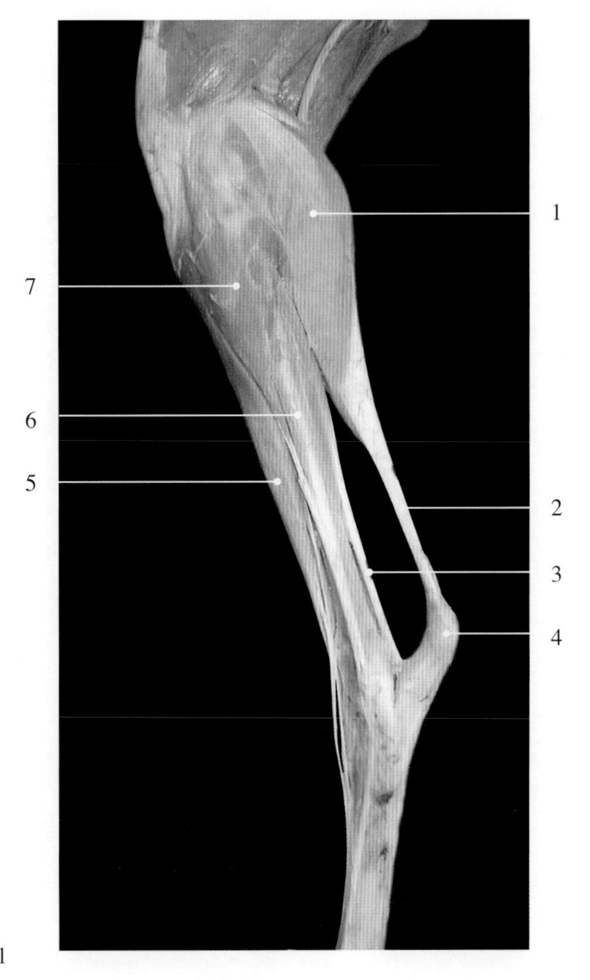

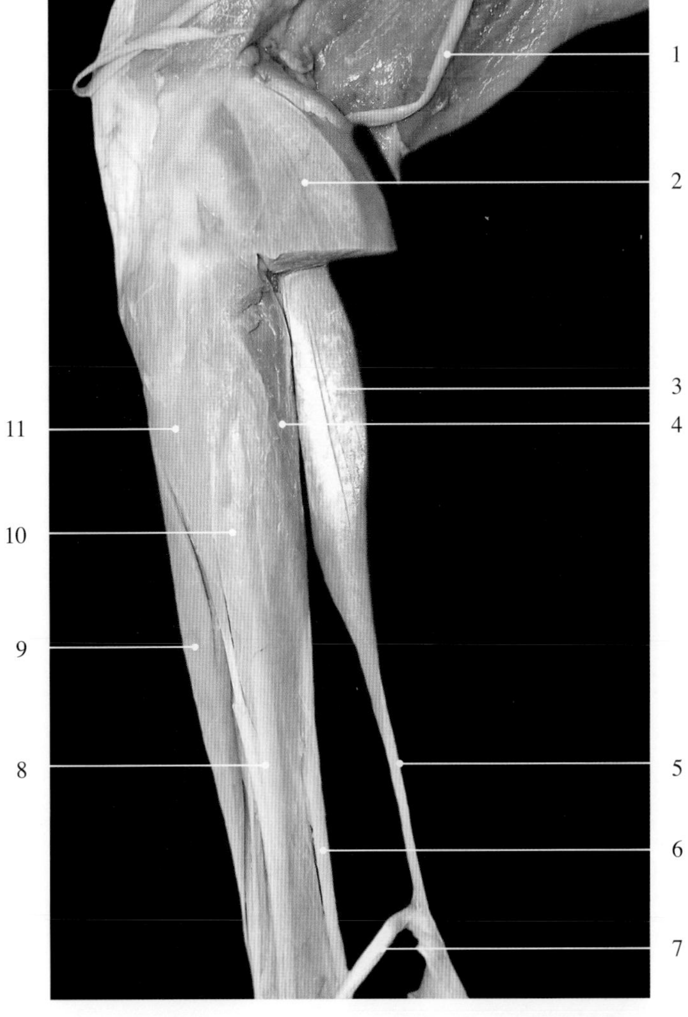

图3-7-31　羊左侧小腿部肌外侧观（去腓肠肌）

1. 胫神经 tibial nerve
2. 腓肠肌外侧头断端 section of lateral head of gastrocnemius muscle
3. 趾浅屈肌 superficial digital flexor muscle
4. 趾深屈肌 deep digital flexor muscle
5. 趾浅屈肌腱 superficial digital flexor tendon
6. 趾深屈肌腱 deep digital flexor tendon
7. 腓肠肌腱断端 section of tendon of gastrocnemius muscle
8. 趾外侧伸肌腱 lateral digital extensor tendon
9. 第3腓骨肌 3rd fibular muscle
10. 趾外侧伸肌 lateral digital extensor muscle
11. 腓骨长肌 long fibular muscle

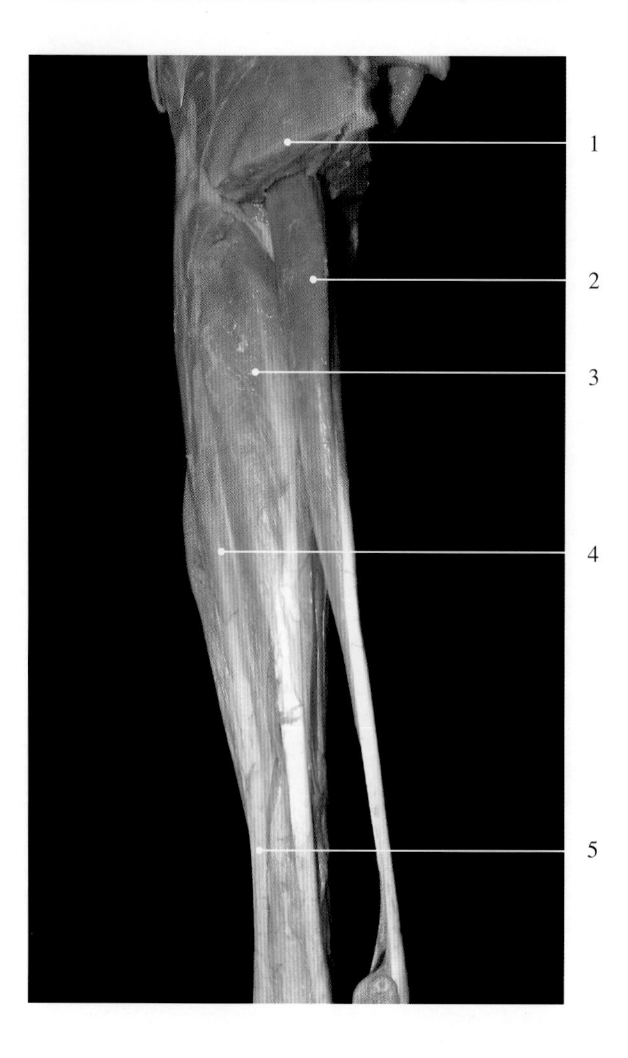

图3-7-32 羊左侧小腿部肌跖侧观（去腓肠肌）

1. 腓肠肌断端 section of gastrocnemius muscle
2. 趾浅屈肌 superficial digital flexor muscle
3. 趾深屈肌 deep digital flexor muscle
4. 趾外侧伸肌 lateral digital extensor muscle
5. 趾外侧伸肌腱 lateral digital extensor tendon

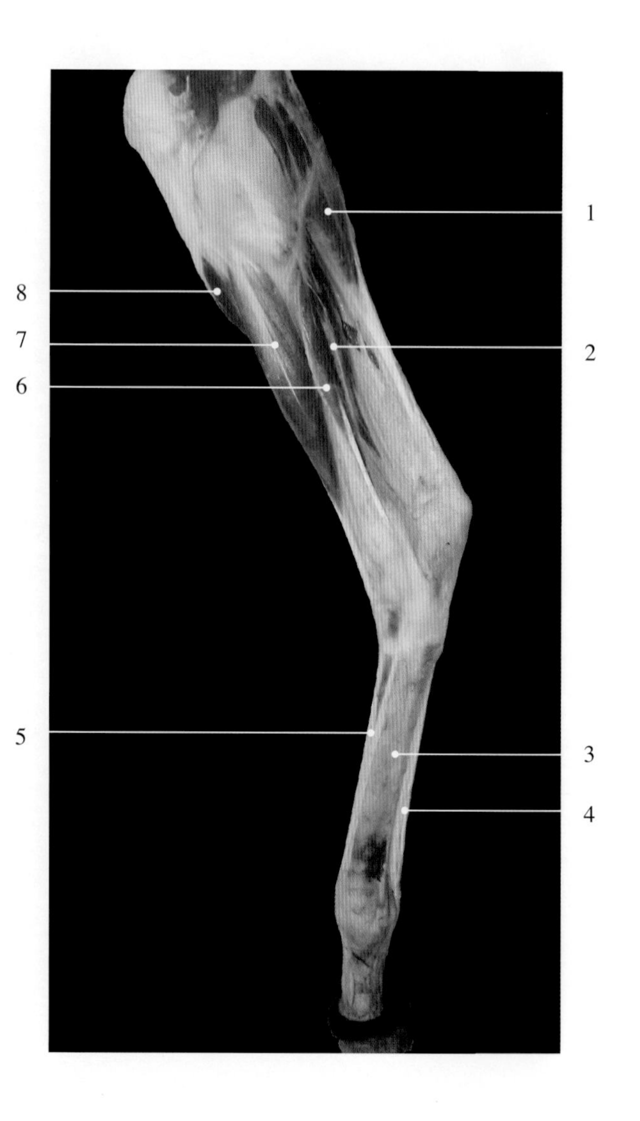

图3-7-33 驴左侧小腿部肌外侧观（新鲜标本）

1. 腓肠肌外侧头 lateral head of gastrocnemius muscle
2. 趾深屈肌 deep digital flexor muscle
3. 大跖骨 major metatarsal bone
4. 趾关节屈肌腱 flexor tendon of phalangeal joint
5. 趾长伸肌腱和趾外侧伸肌腱 long digital extensor tendon and lateral digital extensor tendon
6. 趾外侧伸肌 lateral digital extensor muscle
7. 趾长伸肌 long digital extensor muscle
8. 胫骨前肌 cranial tibial muscle

图3-7-34　马右侧小腿部肌外侧观（干制标本）

1. 膝盖骨 kneecap，patella
2. 膝外侧（直）韧带 lateral patellar ligament
3. 胫骨前肌 cranial tibial muscle
4. 趾长伸肌 long digital extensor muscle
5. 趾外侧伸肌 lateral digital extensor muscle
6. 趾长伸肌腱 long digital extensor tendon
7. 大跖骨 major metatarsal bone
8. 悬韧带 suspensory ligament
9. 趾深屈肌腱 deep digital flexor tendon
10. 小跖骨 minus metatarsal bone
11. 趾浅屈肌腱 superficial digital flexor tendon
12. 跟结节 calcaneal tuberosity
13. 跟（总）腱 common calcaneal tendon
14. 趾深屈肌 deep digital flexor muscle
15. 腓肠肌外侧头 lateral head of gastrocnemius muscle

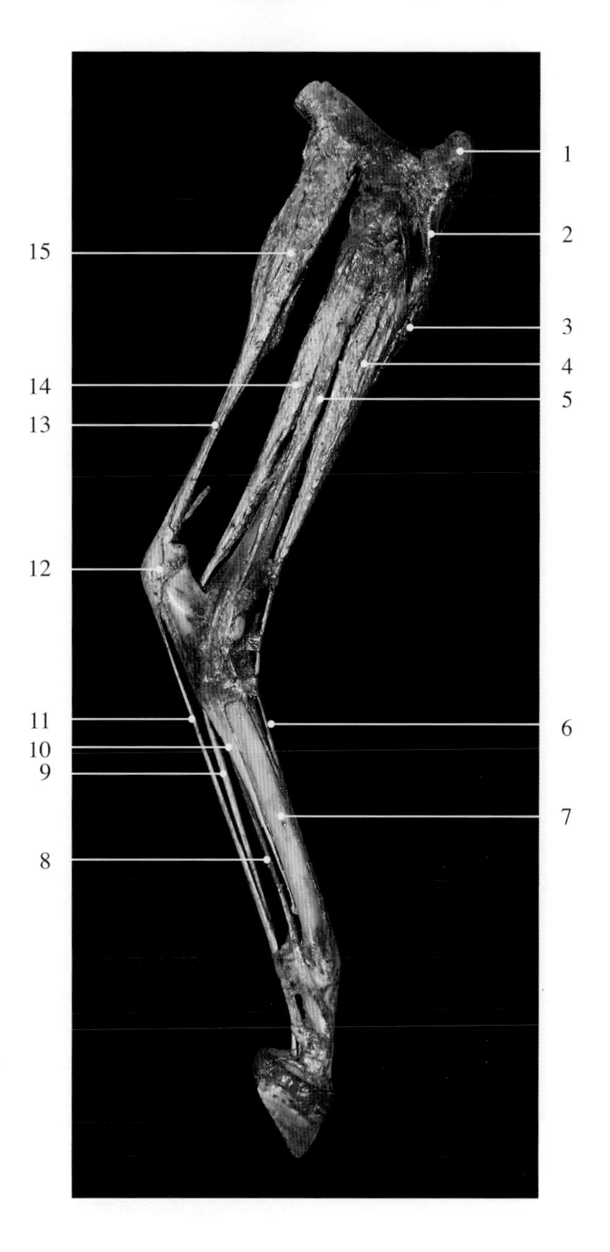

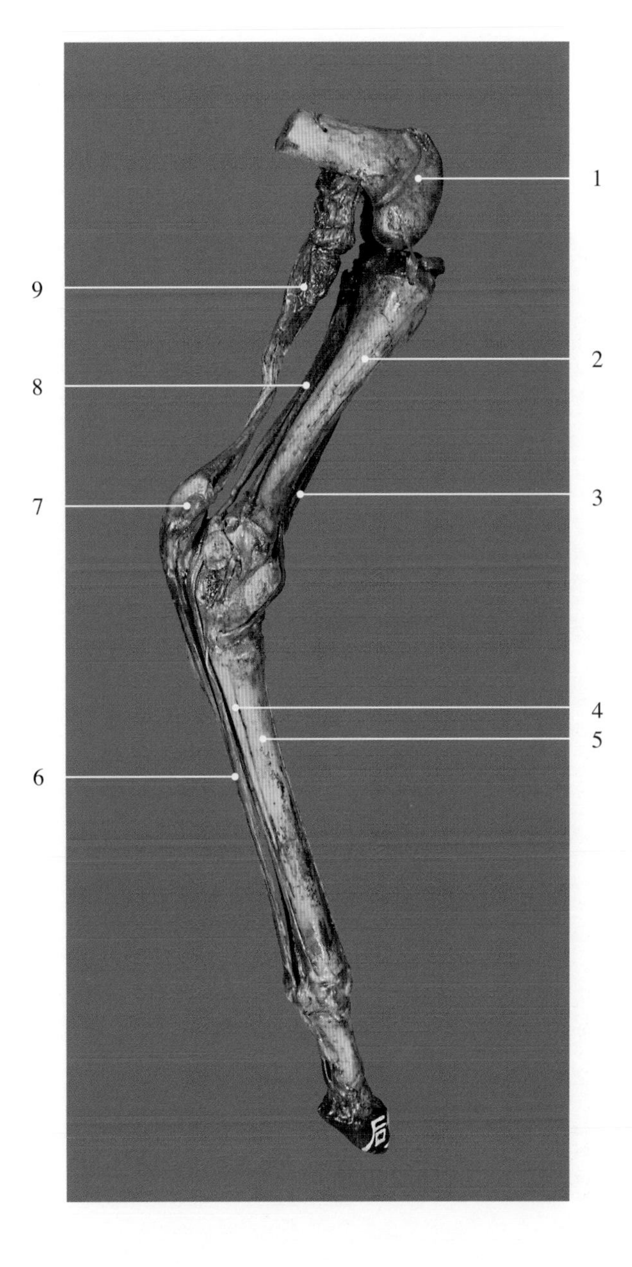

图3-7-35　马左侧小腿部肌内侧观（示趾浅屈肌，干制标本）

1. 股骨 femoral bone
2. 胫骨 tibia
3. 胫骨前肌 cranial tibial muscle
4. 小跖骨 minus metatarsal bone
5. 大跖骨 major metatarsal bone
6. 趾浅和深屈肌腱 superficial and deep digital flexor tendons
7. 跟结节 calcaneal tuberosity
8. 趾深屈肌 deep digital flexor muscle
9. 趾浅屈肌 superficial digital flexor muscle

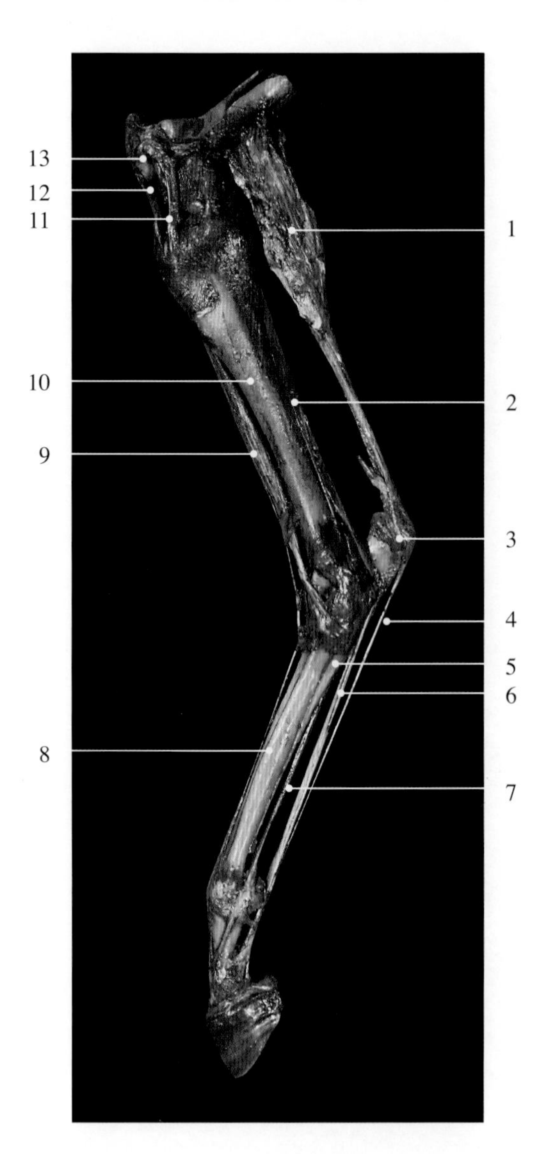

图3-7-36　马右侧小腿部肌内侧观（干制标本）

1. 腓肠肌内侧头 medial head of gastrocnemius muscle
2. 趾深屈肌 deep digital flexor muscle
3. 跟结节 calcaneal tuberosity
4. 趾浅屈肌腱 superficial digital flexor tendon
5. 小跖骨 minus metatarsal bone
6. 趾深屈肌腱 deep digital flexor tendon
7. 悬韧带 suspensory ligament
8. 大跖骨 major metatarsal bone
9. 胫骨前肌 cranial tibial muscle
10. 胫骨 tibia
11. 膝内侧（直）韧带 medial patellar ligament
12. 膝中间（直）韧带 intermediate patellar ligament
13. 膝盖骨 kneecap，patella

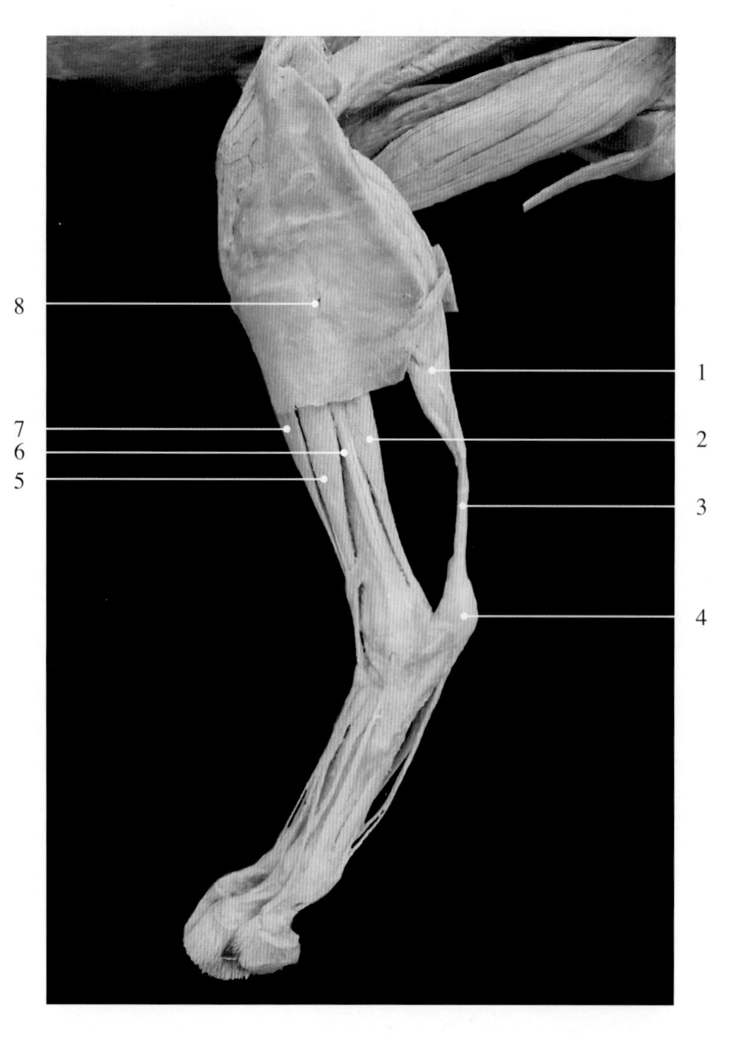

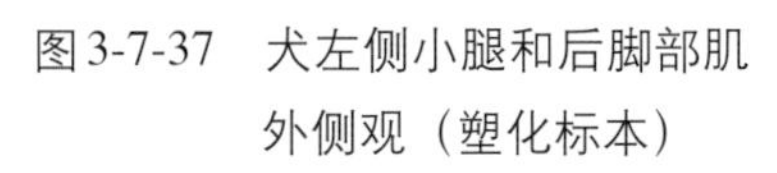
图3-7-37　犬左侧小腿和后脚部肌外侧观（塑化标本）

1. 腓肠肌 gastrocnemius muscle
2. 趾深屈肌 deep digital flexor muscle
3. 跟（总）腱 common calcaneal tendon
4. 跟结节 calcaneal tuberosity
5. 趾长伸肌 long digital extensor muscle
6. 腓骨长肌 long fibular muscle
7. 胫骨前肌 cranial tibial muscle
8. 小腿筋膜 crural fascia

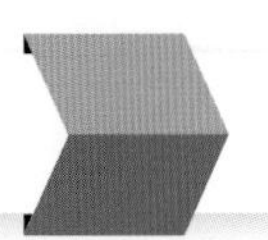

图3-7-38 牛后脚部肌腱背侧观

1. 第3腓骨肌 3rd fibular muscle
2. 趾长伸肌腱和趾内侧伸肌腱 long digital extensor tendon and medial digital extensor tendon
3. 趾内侧伸肌腱 medial digital extensor tendon
4. 趾长伸肌腱 long digital extensor tendon
5. 第3趾伸肌腱 3rd digital extensor tendon
6. 第4趾伸肌腱 4th digital extensor tendon
7. 趾外侧伸肌腱 lateral digital extensor tendon

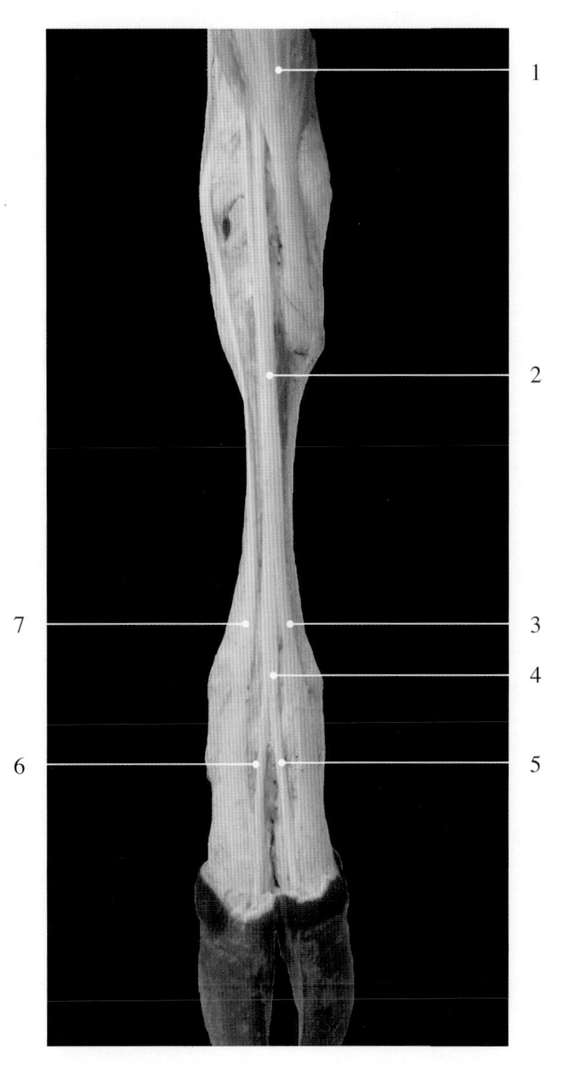

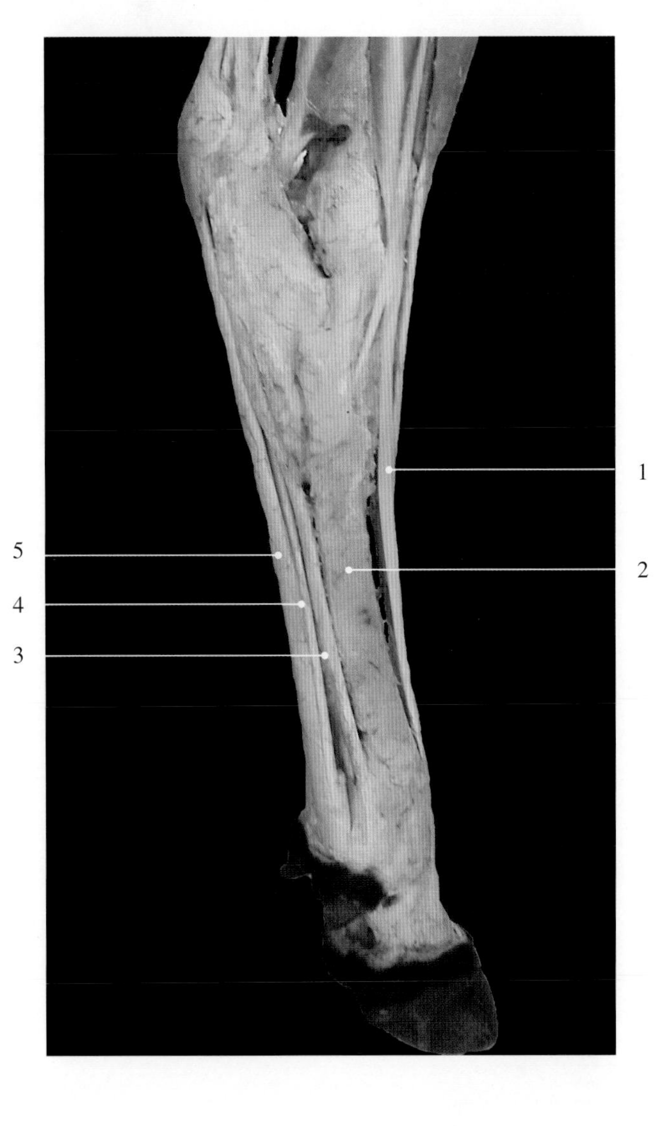

图3-7-39 牛后脚部肌腱外侧观

1. 趾外侧伸肌腱 lateral digital extensor tendon
2. 跖骨 metatarsal bone
3. 悬韧带 suspensory ligament
4. 趾深屈肌腱 deep digital flexor tendon
5. 趾浅屈肌腱 superficial digital flexor tendon

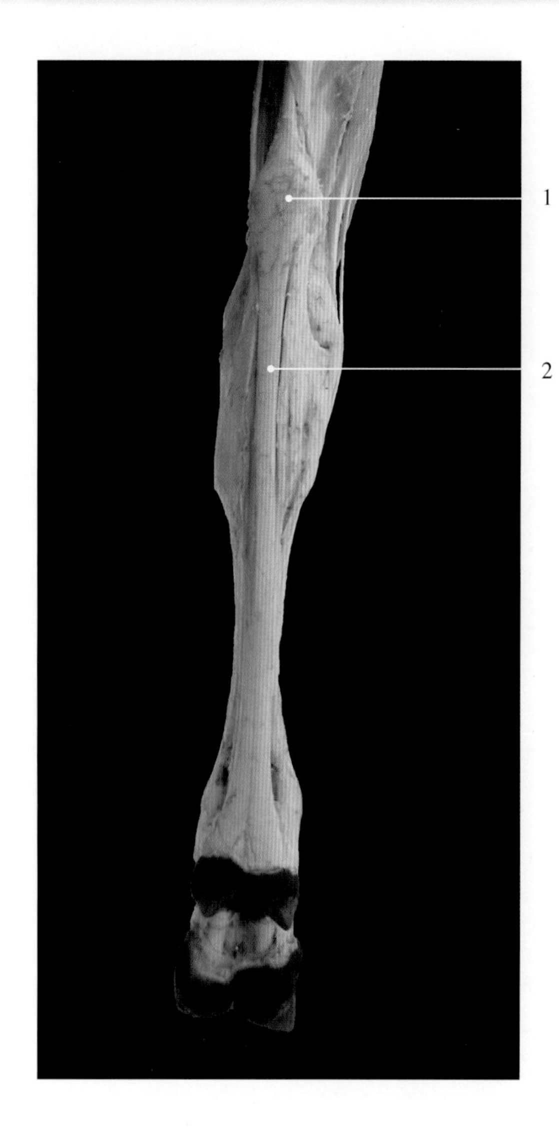

图3-7-40　牛后脚部肌腱跖侧观

1. 跟结节 calcaneal tuberosity
2. 趾浅屈肌腱 superficial digital flexor tendon

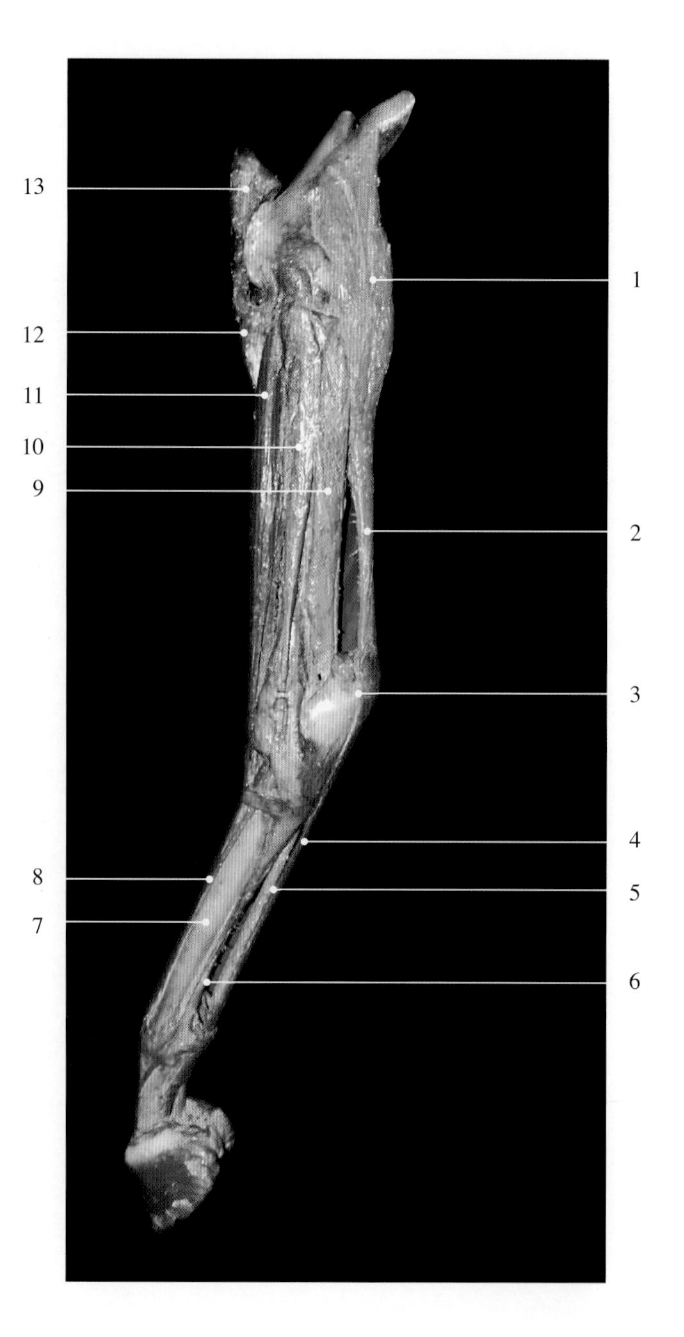

图3-7-41　后肢小腿部及后脚部肌腱外侧观比较—马

1. 腓肠肌 gastrocnemius muscle
2. 跟（总）腱 common calcaneal tendon
3. 跟结节 calcaneal tuberosity
4. 趾浅屈肌腱 superficial digital flexor tendon
5. 趾深屈肌腱 deep digital flexor tendon
6. 悬韧带 suspensory ligament
7. 大跖骨 major metatarsal bone
8. 趾长伸肌腱 long digital extensor tendon
9. 趾深屈肌 deep digital flexor muscle
10. 趾外侧伸肌 lateral digital extensor muscle
11. 趾长伸肌 long digital extensor muscle
12. 胫骨前肌 cranial tibial muscle
13. 膝盖骨 kneecap，patella

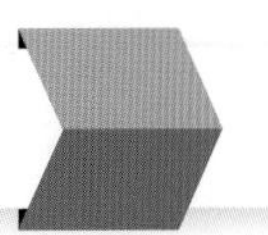

图3-7-42 后肢小腿部及后脚部肌腱外侧观比较—牛

1. 膝盖骨 kneecap, patella
2. 腓骨长肌 long fibular muscle
3. 胫骨前肌 cranial tibial muscle
4. 第3腓骨肌 3rd fibular muscle
5. 趾长伸肌 long digital extensor muscle
6. 趾长伸肌腱 long digital extensor tendon
7. 趾外侧伸肌腱 lateral digital extensor tendon
8. 跖骨 metatarsal bone
9. 趾深屈肌腱 deep digital flexor tendon
10. 趾浅屈肌腱 superficial digital flexor tendon
11. 跟结节 calcaneal tuberosity
12. 跟（总）腱 common calcaneal tendon
13. 趾深屈肌 deep digital flexor muscle
14. 趾外侧伸肌 lateral digital extensor muscle
15. 腓肠肌 gastrocnemius muscle

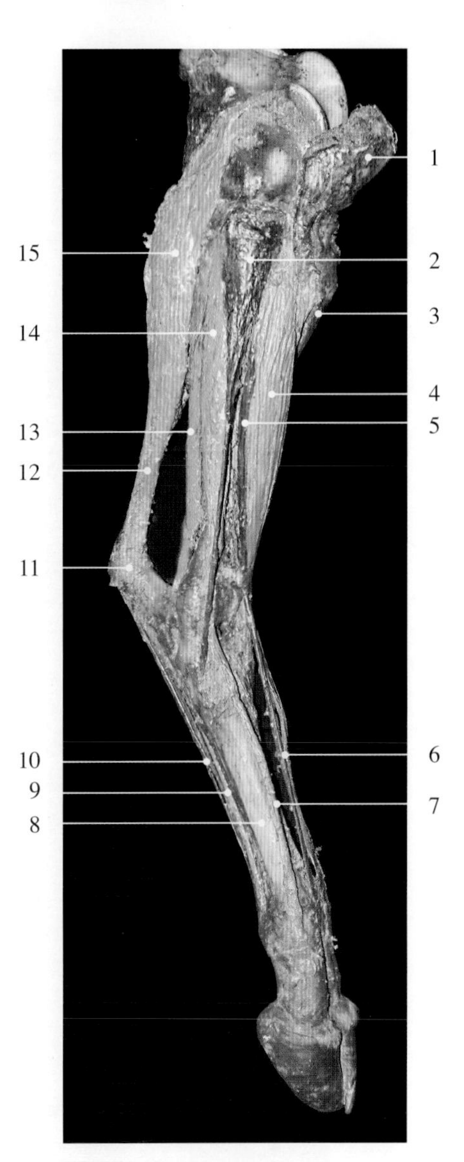

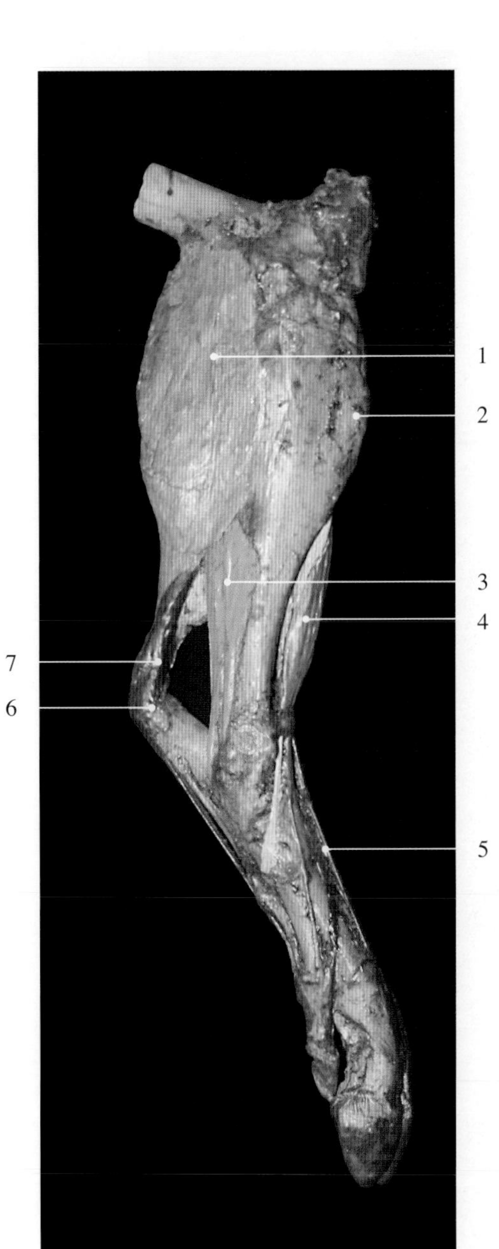

图3-7-43 后肢小腿部及后脚部肌腱内侧观比较—猪

1. 腓肠肌 gastrocnemius muscle
2. 胫骨嵴 tibial crest
3. 趾深屈肌 deep digital flexor muscle
4. 胫骨前肌 cranial tibial muscle
5. 趾长伸肌腱 long digital extensor tendon
6. 跟结节 calcaneal tuberosity
7. 跟（总）腱 common calcaneal tendon

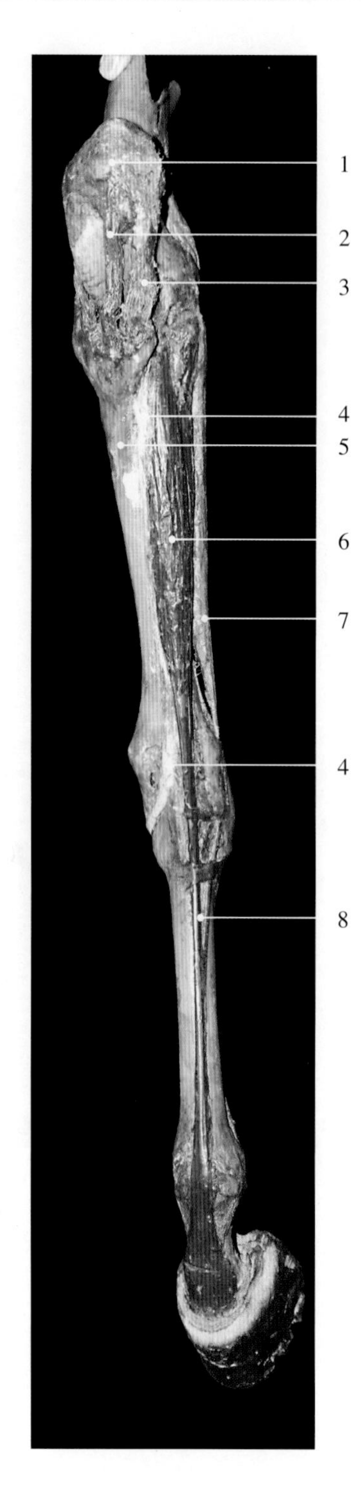

图3-7-44　后肢小腿部及后脚部肌腱背侧观比较—马

1. 膝盖骨 kneecap，patella
2. 膝中间（直）韧带 intermediate patellar ligament
3. 膝外侧（直）韧带 lateral patellar ligament
4. 胫骨前肌 cranial tibial muscle
5. 胫骨嵴 tibial crest
6. 趾长伸肌 long digital extensor muscle
7. 趾外侧伸肌 lateral digital extensor muscle
8. 趾长伸肌腱 long digital extensor tendon

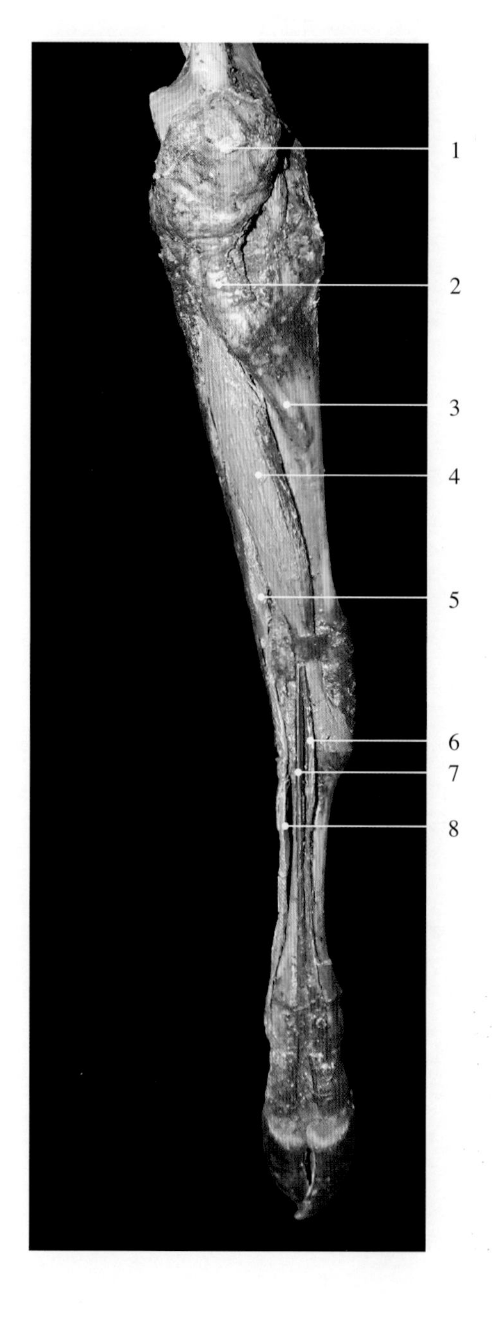

图3-7-45　后肢小腿部及后脚部肌腱背侧观比较—牛

1. 膝盖骨 kneecap，patella
2. 膝中间（直）韧带 intermediate patellar ligament
3. 胫骨嵴 tibial crest
4. 第3腓骨肌 3rd fibular muscle
5. 趾外侧伸肌 lateral digital extensor muscle
6. 趾外侧伸肌腱 lateral digital extensor tendon
7. 趾长伸肌腱 long digital extensor tendon
8. 趾外侧伸肌腱 lateral digital extensor tendon

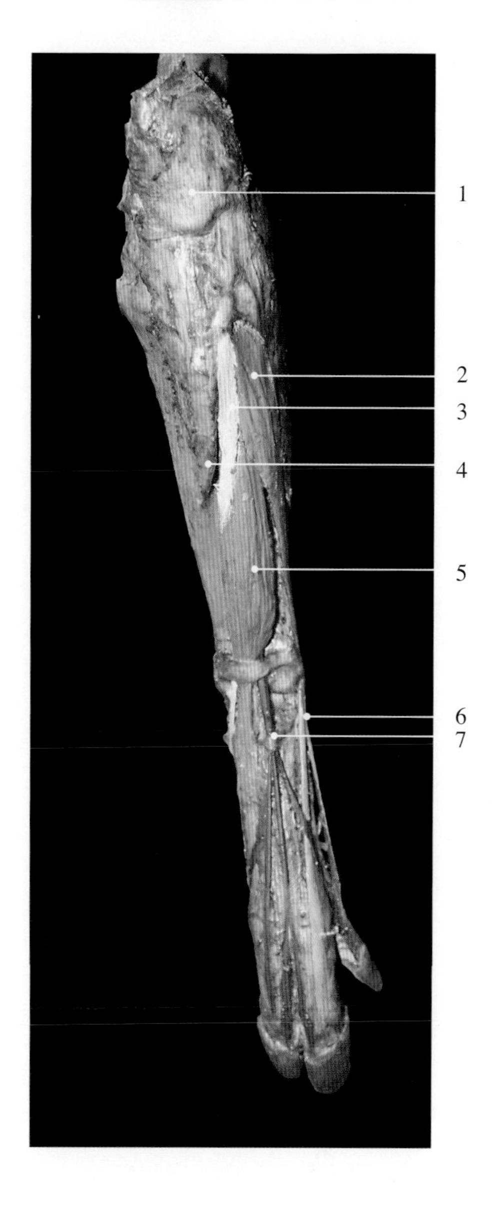

图3-7-46　后肢小腿部及后脚部肌腱背侧观比较—猪

1. 膝盖骨 kneecap，patella
2. 趾外侧伸肌 lateral digital extensor muscle
3. 胫骨前肌 cranial tibial muscle
4. 胫骨嵴 tibial crest
5. 第3腓骨肌 third fibular muscle
6. 趾外侧伸肌腱 lateral digital extensor tendon
7. 趾长伸肌腱 long digital extensor tendon

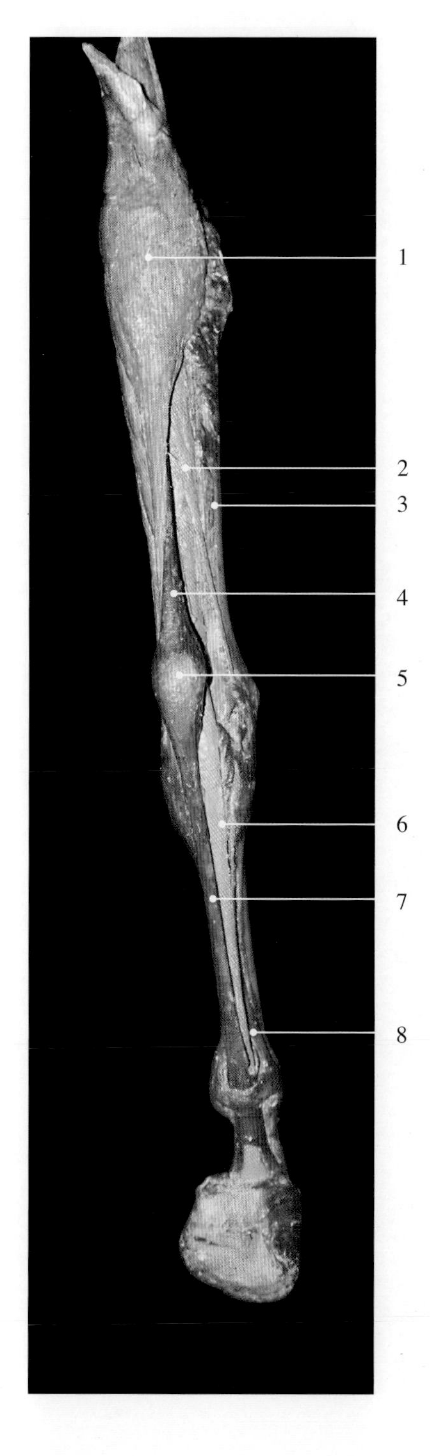

图3-7-47　后肢小腿部及后脚部肌腱跖侧观比较—马

1. 腓肠肌 gastrocnemius muscle
2. 趾深屈肌 deep digital flexor muscle
3. 胫骨 tibia
4. 趾浅屈肌 superficial digital flexor muscle
5. 跟结节 calcaneal tuberosity
6. 趾深屈肌腱 deep digital flexor tendon
7. 趾浅屈肌腱 superficial digital flexor tendon
8. 悬韧带 suspensory ligament

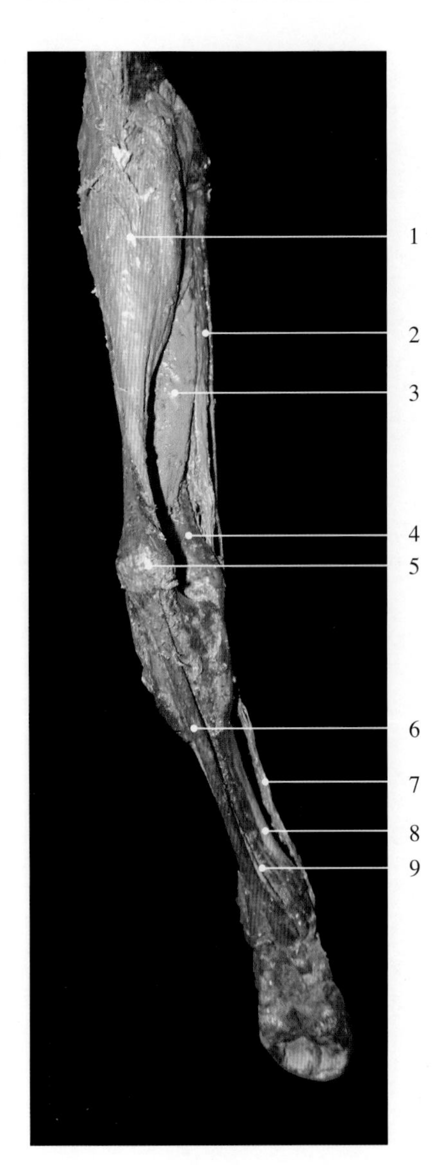

图3-7-48　后肢小腿部及后脚部肌腱跖侧观比较—牛

1. 腓肠肌 gastrocnemius muscle
2. 趾外侧伸肌 lateral digital extensor muscle
3. 趾深屈肌 deep digital flexor muscle
4. 胫骨 tibia
5. 跟结节 calcaneal tuberosity
6. 趾浅屈肌腱 superficial digital flexor tendon
7. 趾外侧伸肌腱 lateral digital extensor tendon
8. 跖骨 metatarsal bone
9. 趾深屈肌腱 deep digital flexor tendon

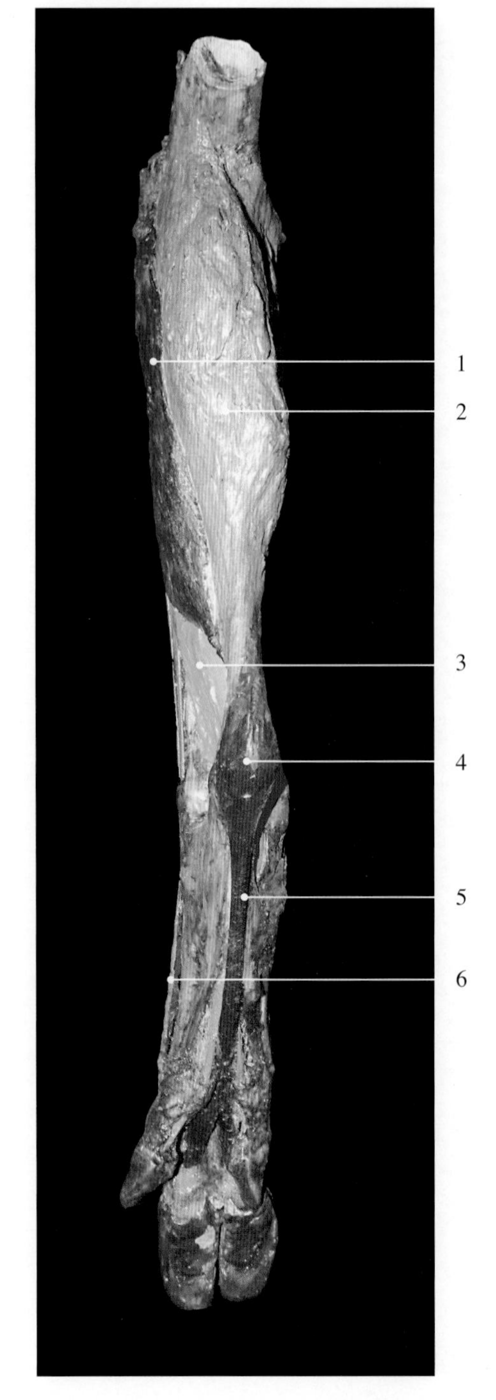

图3-7-49　后肢小腿部及后脚部肌腱跖侧观比较—猪

1. 腓骨长肌 long fibular muscle
2. 腓肠肌 gastrocnemius muscle
3. 趾深屈肌 deep digital flexor muscle
4. 跟结节 calcaneal tuberosity
5. 趾浅屈肌腱 superficial digital flexor tendon
6. 趾外侧伸肌腱 lateral digital extensor tendon

第四章
内脏概论

内脏概论图谱

内脏（viscera）从广义上是指机体内部的器官，但从狭义上是指绝大部分位于体腔（胸腔、腹腔和骨盆腔）内的器官，一般包括消化、呼吸、泌尿和生殖四个器官系统。内脏各系统均由一套连续的管道和一个或多个实质性器官组成，以其一端或两端的开口与外界环境相通，具有摄取和排出某种物质的作用，参与动物体的新陈代谢和生殖活动，以维持个体生存和延续种属。

一、内脏器官结构

根据内脏器官的基本结构，可分为管状器官和实质性器官两大类。

1.管状器官 呈管状或囊状，内部有较大而明显的空腔，以一端或两端直接或间接与体外相通，管壁从内向外依次由黏膜、黏膜下层、肌层和外膜（或浆膜）组成。如消化道、呼吸道、泌尿和生殖管道。

（1）黏膜（mucosa）构成管壁的最内层，正常黏膜呈淡红色或鲜红色，柔软而湿润，有一定的伸展性，空虚状态下常形成皱褶。黏膜又分为3层，由内向外依次为黏膜上皮、固有层和黏膜肌层。

①黏膜上皮（epithelium）位于黏膜的内表面，由不同的上皮组织构成，是执行该器官机能活动的主要部分。上皮的种类应所在部位和功能而异，如口腔、食管、肛门和阴道等处的上皮细胞为复层扁平上皮，有保护和抗磨损作用；呼吸道上皮为假复层柱状纤毛上皮，有运动和保护作用；输尿管、膀胱和尿道上皮为变移上皮，有适应器官扩张和收缩作用。

②黏膜固有层（mucosa proper layer）由结缔组织构成，含有小血管、淋巴管和神经纤维等。有些器官的黏膜固有层内还含有淋巴组织、淋巴小结和腺体等。黏膜固有层有支持、固定和营养上皮及转运物质的作用。

③黏膜肌层（muscular mucous membrane）是黏膜的最外层，为位于固有层与黏膜下层之间较薄的平滑肌。黏膜肌层收缩时可使黏膜形成皱褶，促进黏膜的血液循环、物质吸收和腺体分泌物的排出。

（2）黏膜下层（submucosa layer）位于肌层与黏膜肌层之间，由疏松结缔组织构成，有连结肌层和黏膜肌层的作用，并使黏膜有一定的活动性，在富有伸展性的器官（如胃、膀胱等）特别发达。黏膜下层内有较大的血管、淋巴管和黏膜下神经丛，有些器官的黏膜下层内分布有淋巴组织和腺体（食管腺、十二指肠腺）。

（3）肌层（muscular layer）主要由平滑肌构成，一般可分为内环行肌和外纵行肌，两层之间有少量结缔组织和肌间神经丛。纵行肌收缩可使管道缩短、管腔变大，环行肌收缩可使管腔缩小，两肌层交替收缩时，可使内容物按一定的方向移动。一些部位的肌层由横纹肌构成，如咽和食管等。

（4）浆膜（serous membrane）或外膜（tunica externa）位于管状器官的最外层，是一薄层疏松结缔组织，称为外膜。在体腔内的管状器官，外膜表面被覆一层间皮，称浆膜。间皮由一层扁平细胞组成，是浆膜执行其机能活动的主要部分，能分泌少量的浆液，具有润滑作用，可减少内脏器官之间运动时产生的摩擦。

2. 实质性器官 实质性器官无特定的空腔，均由实质（parenchyma）和间质（stroma）组成。包括肺、肝、胰、肾和卵巢等。其中有些器官，如肝、胰等属于腺体，以导管开口于管状器官。实质是实质性器官的结构和功能的主要部分，如睾丸的实质为细精管和睾丸网，肺的实质由肺内各级支气管和无数的肺泡组成。间质由结缔组织构成，被覆于器官的外表面，称为被膜，被膜深入实质内将器官分隔成许多小叶，如肝小叶。

分布于实质性器官的血管、神经、淋巴管及该器官的导管出入器官处常为一凹陷，此处称为该器官的"门"，如肝门、肾门和肺门等。

二、体腔

体腔（body cavity）是由中胚层形成的腔隙，容纳大部分内脏器官，即指机体内部的腔洞，一般包括胸腔、腹腔和骨盆腔。

1. 胸腔 （thoracic cavity）位于胸部，是胸廓内的腔洞，由骨骼（胸椎、肋、胸骨）、肌肉和皮肤围成，呈截顶的圆锥形腔体。锥尖向前，称为胸腔前口，由第1胸椎、第1对肋和胸骨柄组成；锥底向后，称为胸腔后口，呈倾斜的卵圆形，较大，由最后1个胸椎、最后一对肋骨、肋弓和胸骨的剑状软骨组成。胸腔借膈与腹腔隔开，内有心、肺、气管、食管和大血管等器官。

2. 腹腔 （abdominal cavity）位于胸腔的后方，为最大的体腔，前壁为膈，顶壁为腰椎、腰肌和膈脚，两侧壁和底壁主要为腹壁肌及其腱膜，后端与骨盆腔相通。腹腔内容纳胃、肠、肝、胰、肾、输尿管和子宫（部分）等器官。禽类的膈不发达，胸、腹腔的界线不明显。

3. 骨盆腔 （pelvic cavity）为最小的体腔，可视为腹腔向后的延续。骨盆腔的顶壁为荐骨和前3个尾椎，两侧壁为髂骨和荐结节阔韧带，底壁为耻骨和坐骨。骨盆腔前口呈卵圆形，由荐骨岬、髂骨和耻骨前缘组成，骨盆腔以骨盆前口与腹腔相通；骨盆腔后口由尾椎、荐结节阔韧带后缘、坐骨结节和坐骨弓围成。骨盆腔内有直肠、输尿管和膀胱，公畜有输精管、尿生殖道骨盆部和副性腺；母畜有子宫（后部）和阴道。

三、浆膜和浆膜腔

浆膜为衬于体腔内面和折转覆盖在内脏器官外表面的一层薄膜。浆膜衬于体壁内面的部分为浆膜壁层；浆膜壁层折转覆盖在内脏器官外表面的部分为浆膜脏层。浆膜壁层和脏层之间的腔隙称为浆膜腔，腔内有少量浆液，起润滑作用，用以减少内脏器官活动时的摩擦。浆膜按部位分为胸膜和腹膜（peritoneum）。

1. 胸膜和胸膜腔 衬在胸腔内的浆膜称为胸膜（pleura），胸膜分别覆盖在肺的表面、胸壁内面、纵隔侧面及膈的前面。例如，临床上的胸膜炎，就是位于胸腔内的浆膜发生的炎症。胸膜被覆于肺表面的部分称肺胸膜，即胸膜脏层。被覆于胸壁内面、纵隔侧面及膈的前面部分称壁胸膜，即胸膜壁层。胸膜壁层按部位不同又分为衬附于胸腔侧壁的肋胸膜、膈前面的膈胸膜及参与构成纵隔的纵隔胸膜，而被覆于心包外面的纵隔胸膜特称为心包胸膜。胸膜壁层和脏层在肺根处互相移行，共同围成两个胸膜腔（pleural cavity）。胸膜腔正常情况下为负压，使两层胸膜紧密相贴在一起，这种负压状态对于牵拉肺，使其开张膨大具有关键作用。胸膜腔内有胸膜分泌的少量浆液，称胸膜液，有减少呼吸时两层胸膜摩擦的作用。

2. 腹膜和腹膜腔 腹膜（peritoneum）为衬附于腹腔和骨盆腔内面和折转覆盖在腹腔和骨盆腔内脏器

官外表面的浆膜，衬于腹腔和骨盆腔内面的部分为腹膜壁层；覆盖于腹腔和骨盆腔内脏器官表面的部分为腹膜脏层。腹膜壁层与脏层互相移行，两层之间的腔隙为腹膜腔（peritoneal cavity）。在正常情况下，腹膜腔内仅有少量浆液，起润滑作用，可减少内脏器官之间的摩擦，而在腹膜有炎症时，腹膜的分泌增加，造成大量液体积蓄在腹膜腔内，这种病理现象称为腹水。此外，腹膜还具有吸收作用，所以在治疗某些疾病，或者进行手术麻醉，必要时可以把药物注射到腹膜腔内。通常所说的腹腔注射，实际上是把药物注射到腹膜腔内。

腹膜从体壁移行到内脏器官表面，或者从一个器官移行至另一器官之间，形成各种形式的腹膜褶，分别称为系膜、网膜、韧带和皱褶，它们不仅对内脏器官起着连结和固定作用，而且也是血管、神经、淋巴管等进出脏器的途径。系膜（mesenterium）指连于腹腔顶壁与肠管之间宽而长的腹膜褶，如空肠系膜、直肠系膜等。网膜（omentum）为连于胃与其他脏器之间的腹膜褶，如大网膜和小网膜。韧带和皱褶为连于腹腔、骨盆腔壁与脏器之间或脏器与脏器之间短而窄的腹膜褶，如回盲韧带、肝左右三角韧带、子宫阔韧带、尿生殖褶等。

四、内脏图谱

内脏图谱见图4-1至图4-31。

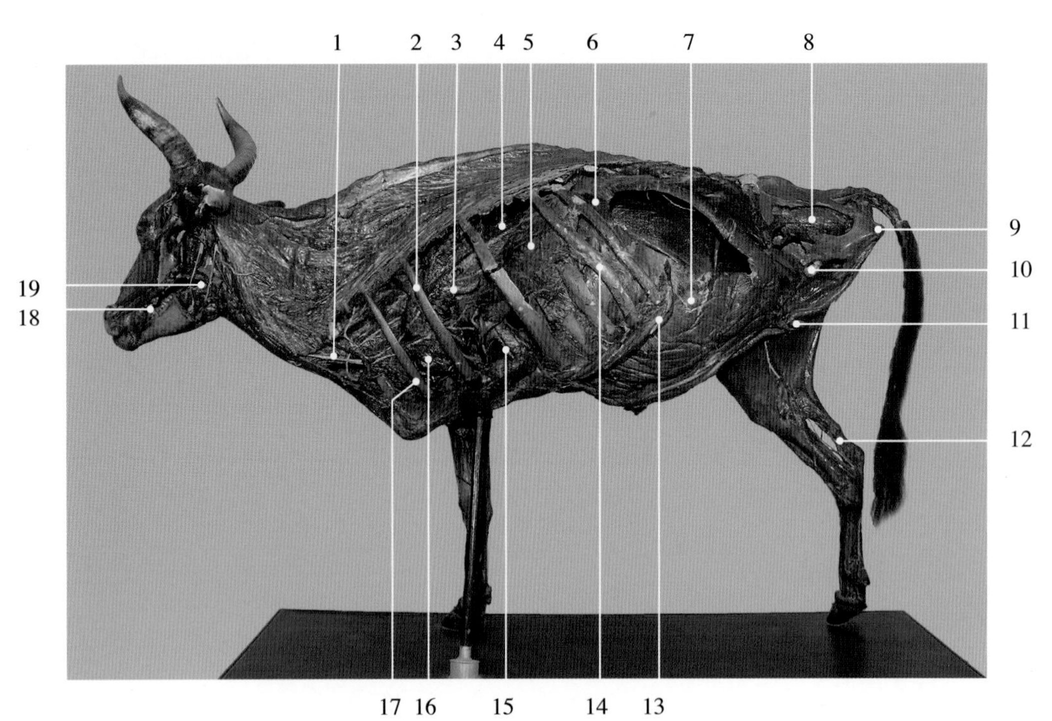

图4-1 牛内脏器官左侧观（干制标本）

1. 迷走交感干 vagosympathetic trunk
2. 第5肋 5th rib
3. 食管 esophagus
4. 胸主动脉 thoracic aorta
5. 脾 spleen
6. 肝 liver
7. 瘤胃 rumen
8. 直肠 rectum
9. 坐骨结节 ischial tuberosity
10. 髋臼 acetabulum
11. 阴茎乙状弯曲 sigmoid flexure of the penis
12. 跟（总）腱 common calcaneal tendon
13. 肋弓 costal arch
14. 第11肋 11th rib
15. 网胃 reticulum
16. 心脏 heart
17. 第3肋 3rd rib
18. 口腔 oral cavity
19. 咽 pharynx

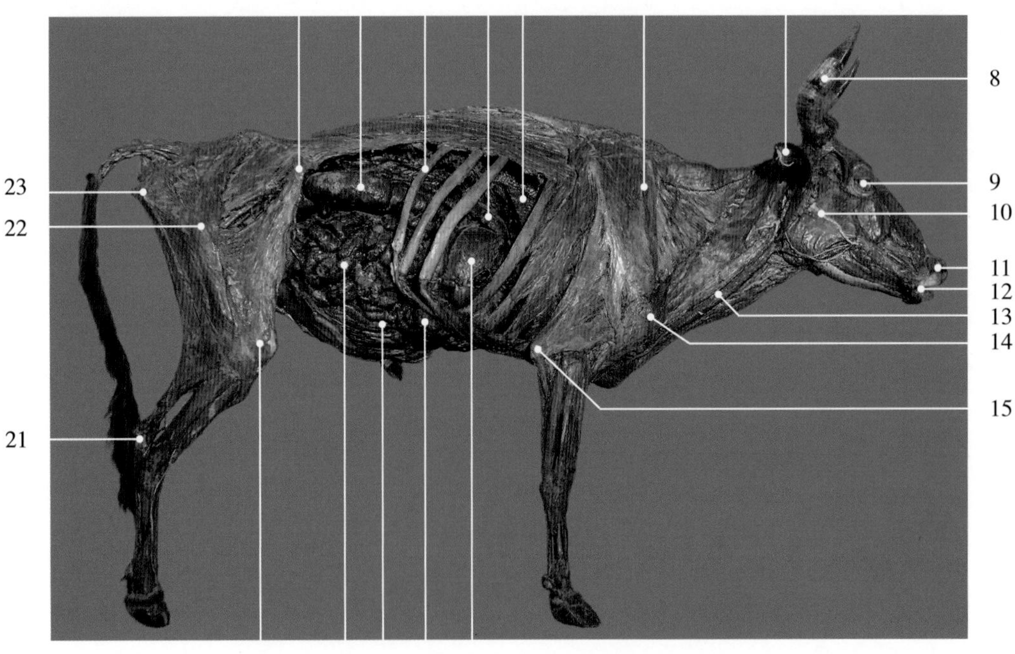

图4-2 牛内脏器官右侧观（干制标本）

1. 髋结节 coxal tuberosity
2. 盲肠 caecum
3. 第13肋 13th rib
4. 肝 liver
5. 肺 lung
6. 肩胛冈 spine of scapula
7. 外耳 external ear
8. 角 horn
9. 眼 eye
10. 面神经 facial nerve
11. 鼻孔 nostril，nasal opening
12. 口裂 oral fissure
13. 颈静脉 jugular vein
14. 肩关节 shoulder joint
15. 肘突 olecranon tuber
16. 瓣胃 omasum
17. 皱胃 abomasum
18. 结肠 colon
19. 空肠 jejunum
20. 膝关节 stifle joint
21. 跟结节 calcanean tuberosity
22. 髋关节 hip joint
23. 坐骨结节 ischial tuberosity

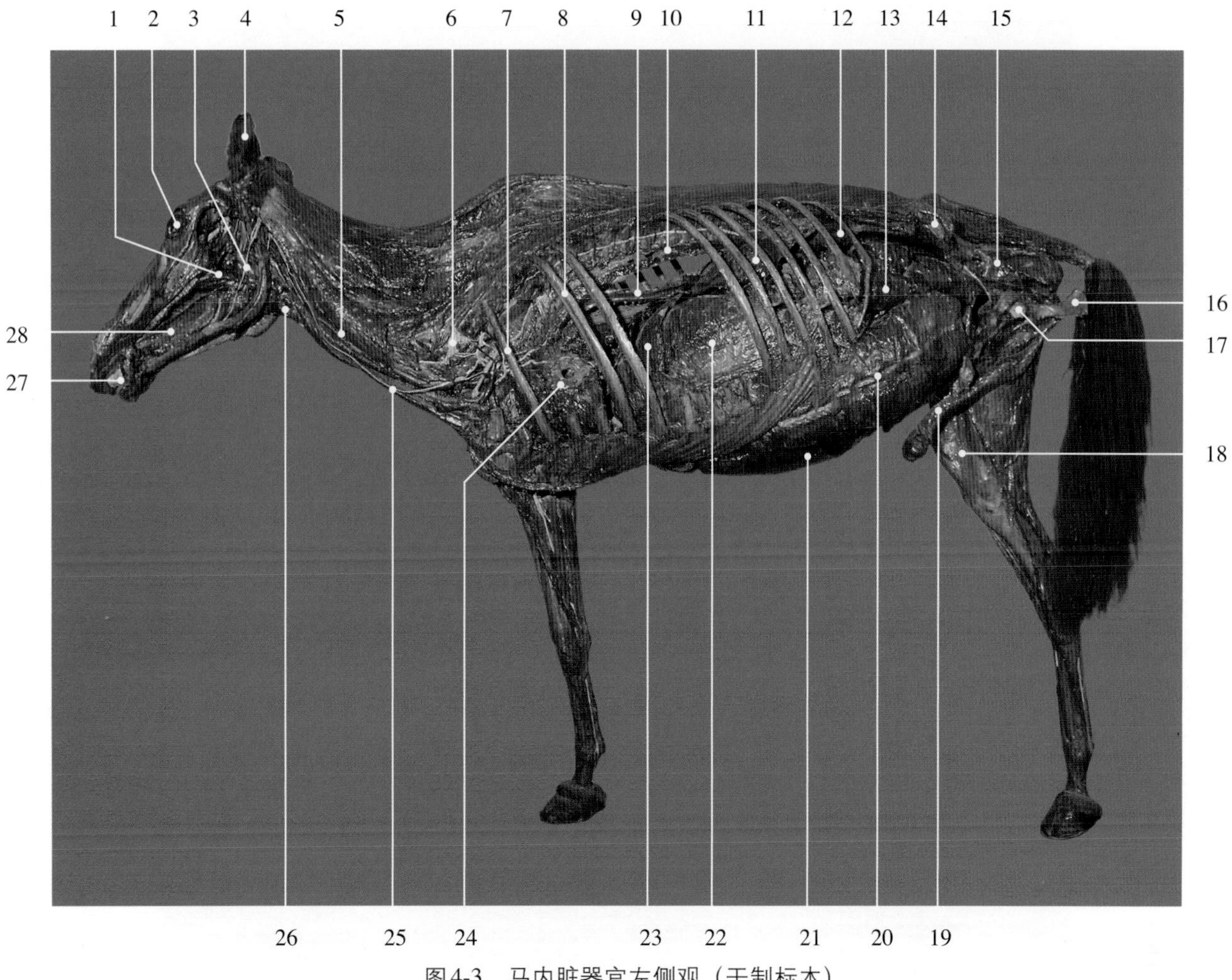

图4-3　马内脏器官左侧观（干制标本）

1. 咽 pharynx
2. 眼 eye
3. 下颌齿槽神经 inferior alveolar nerve
4. 外耳 external ear
5. 食管 esophagus
6. 臂神经丛 brachial plexus
7. 第3肋 3rd rib
8. 第6肋 6th rib
9. 食管 esophagus
10. 胸主动脉 thoracic aorta
11. 胃和脾 stomach and spleen
12. 肾 kidney
13. 小结肠 small colon
14. 髋结节 coxal tuberosity
15. 直肠 rectum
16. 坐骨结节 ischial tuberosity
17. 髋臼 acetabulum
18. 膝关节 stifle joint
19. 阴茎 penis
20. 左下大结肠 left ventral colon
21. 盲肠尖 apex of caecum
22. 左上大结肠 left dorsal colon
23. 肝 liver
24. 心脏 heart
25. 迷走交感干 vagosympathetic trunk
26. 喉 larynx
27. 口腔 oral cavity
28. 舌 tongue

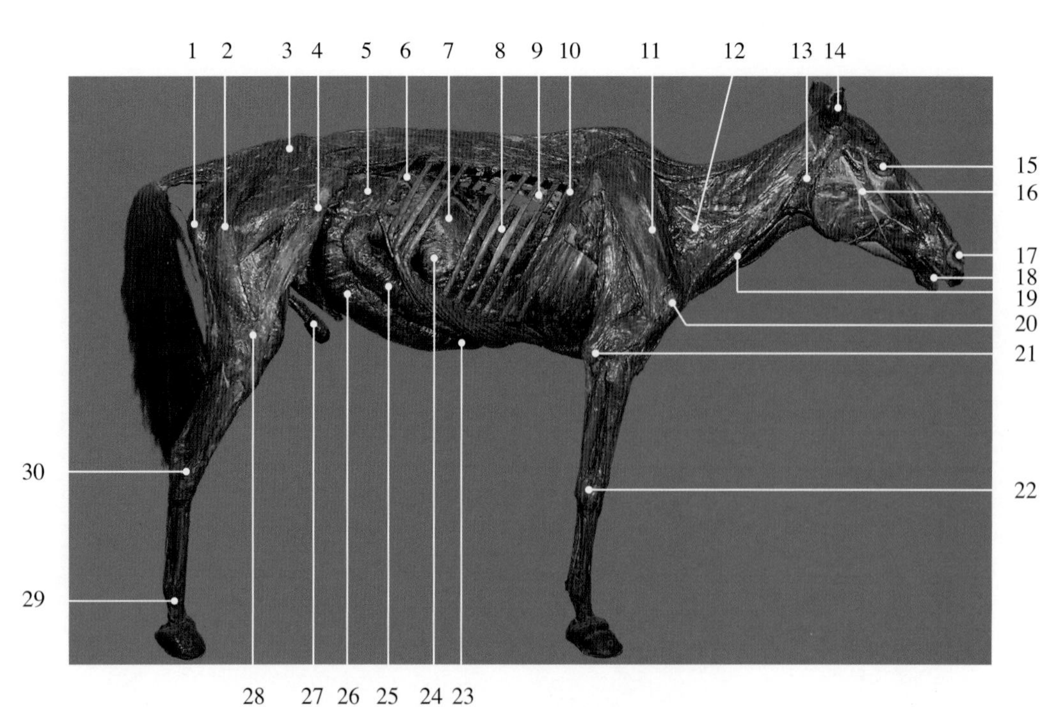

图4-4　马内脏器官右侧观（干制标本）

1. 坐骨结节 ischial tuberosity
2. 髋关节 hip joint
3. 荐结节 sacraltuber
4. 髋结节 coxal tuberosity
5. 盲肠底 caecal base
6. 十二指肠 duodenum
7. 肝 liver
8. 肺 lung
9. 食管 esophagus
10. 第8肋 8th rib
11. 肩胛冈 spine of scapula
12. 颈腹侧锯肌 cervical part of ventral serrate muscle
13. 腮腺 parotid gland
14. 外耳 external ear
15. 眼 eye
16. 面神经 facial nerve
17. 鼻孔 nostril，nasal opening
18. 口腔 oral cavity
19. 颈静脉 jugular vein
20. 肩关节 shoulder joint
21. 肘关节 elbow joint
22. 腕关节 carpal joint
23. 盲肠尖 apex of caecum
24. 右上大结肠 right dorsal colon
25. 右下大结肠 right ventral colon
26. 盲肠体 caecal body
27. 阴茎 penis
28. 膝关节 stifle joint
29. 系关节 fetlock joint
30. 跗关节 tarsal joint

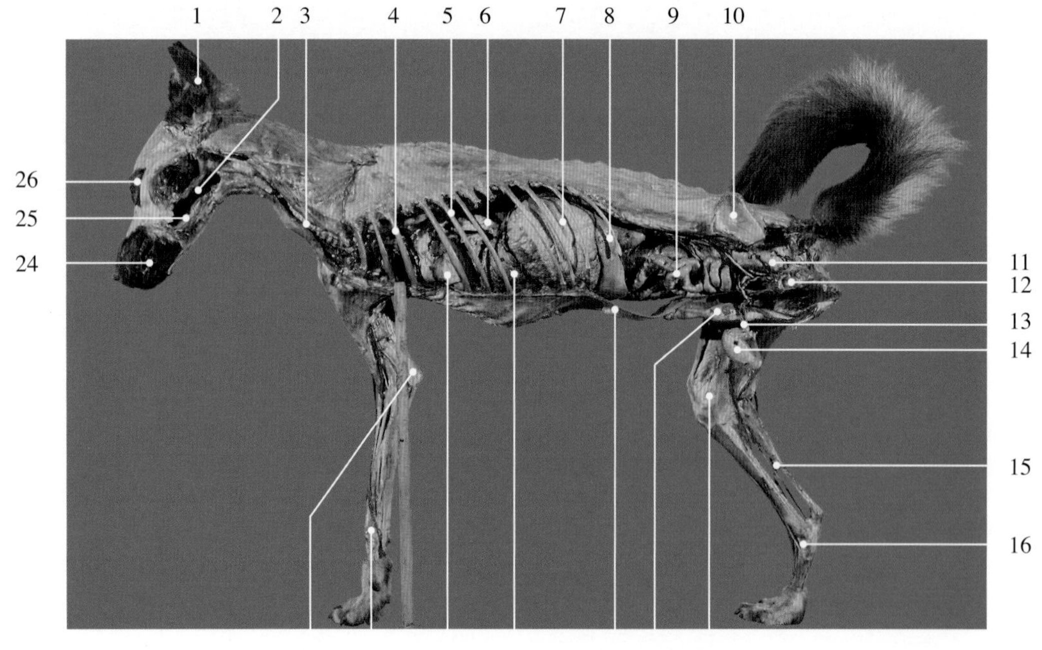

图4-5　犬内脏器官左侧观（干制标本）

1. 外耳 external ear
2. 咽 pharynx
3. 气管 trachea
4. 第3肋 3rd rib
5. 第6肋 6th rib
6. 左肺 left lung
7. 胃 stomach
8. 脾 spleen
9. 空肠 jejunum
10. 髂骨 ilium
11. 直肠 rectum
12. 髋臼 acetabulum
13. 精索 spermatic cord
14. 睾丸 testis
15. 跟（总）腱 common calcaneal tendon
16. 跗关节 tarsal joint
17. 膝关节 stifle joint
18. 阴茎 penis
19. 腹直肌 rectus abdominis muscle
20. 肝 liver
21. 心脏 heart
22. 腕关节 carpal joint
23. 肘关节 elbow joint
24. 口腔 oral cavity
25. 舌 tongue
26. 眼 eye

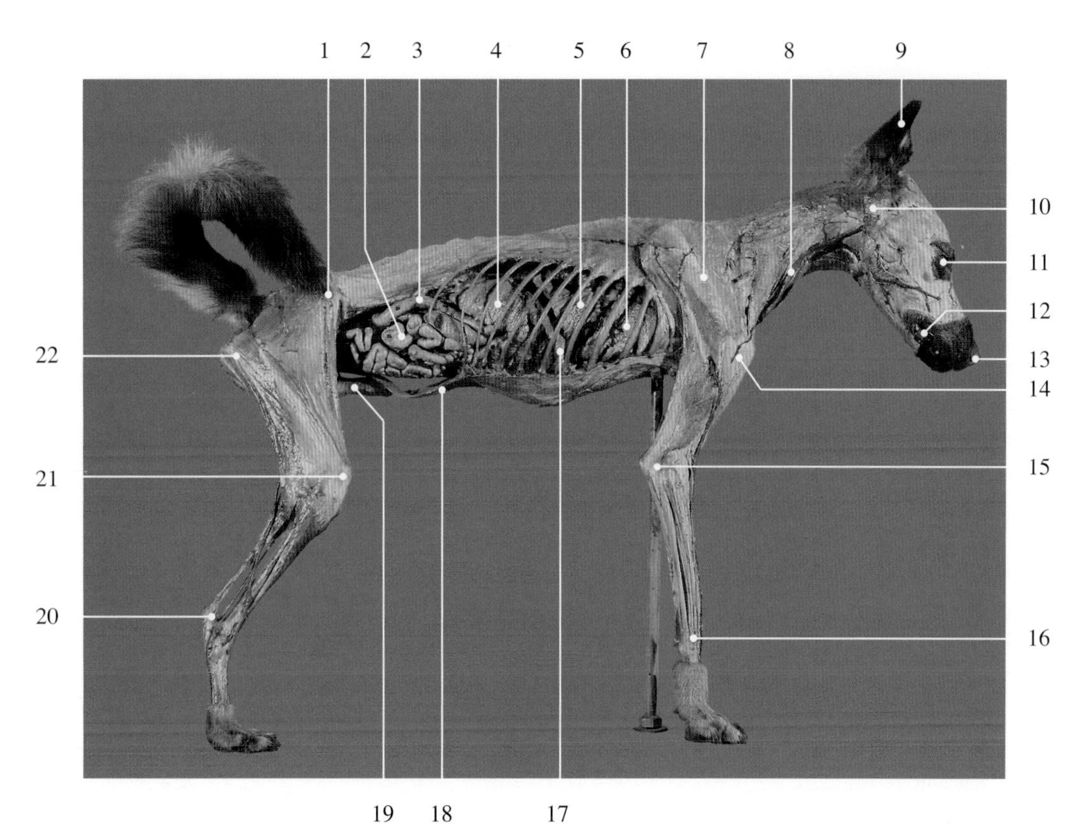

图4-6 犬内脏器官右侧观（干制标本）

1. 髋结节 coxal tuberosity
2. 空肠 jejunum
3. 结肠 colon
4. 肝 liver
5. 右肺膈叶 diaphragm lobe of right lung
6. 右肺心叶 cardiac lobe of right lung
7. 肩胛冈 spine of scapula
8. 颈静脉 jugular vein
9. 外耳 external ear
10. 腮腺 parotid gland
11. 眼 eye
12. 口腔 oral cavity
13. 鼻孔 nostril，nasal opening
14. 肩关节 shoulder joint
15. 肘关节 elbow joint
16. 腕关节 carpal joint
17. 胃 stomach
18. 腹直肌 rectus abdominis muscle
19. 阴茎 penis
20. 跟结节 calcanean tuberosity
21. 膝关节 stifle joint
22. 坐骨结节 ischial tuberosity

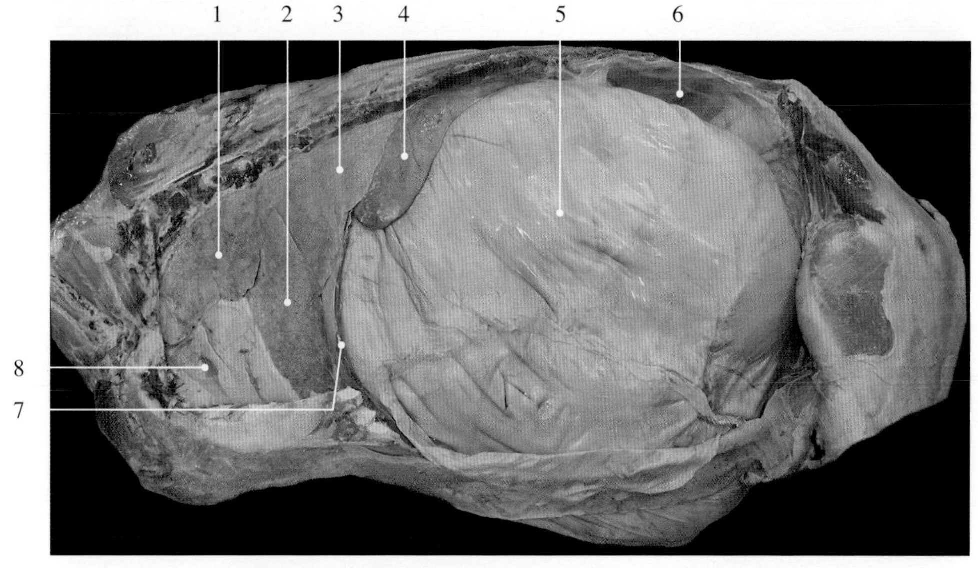

图4-7 牛胸、腹腔内脏器官左侧观（固定标本）

1. 左肺尖叶 apex lobe of left lung
2. 左肺心叶 cardiac lobe of left lung
3. 左肺膈叶 diaphragmatic lobe of left lung
4. 脾 spleen
5. 瘤胃 rumen
6. 左肾 left kidney
7. 膈 diaphragm
8. 心脏 heart

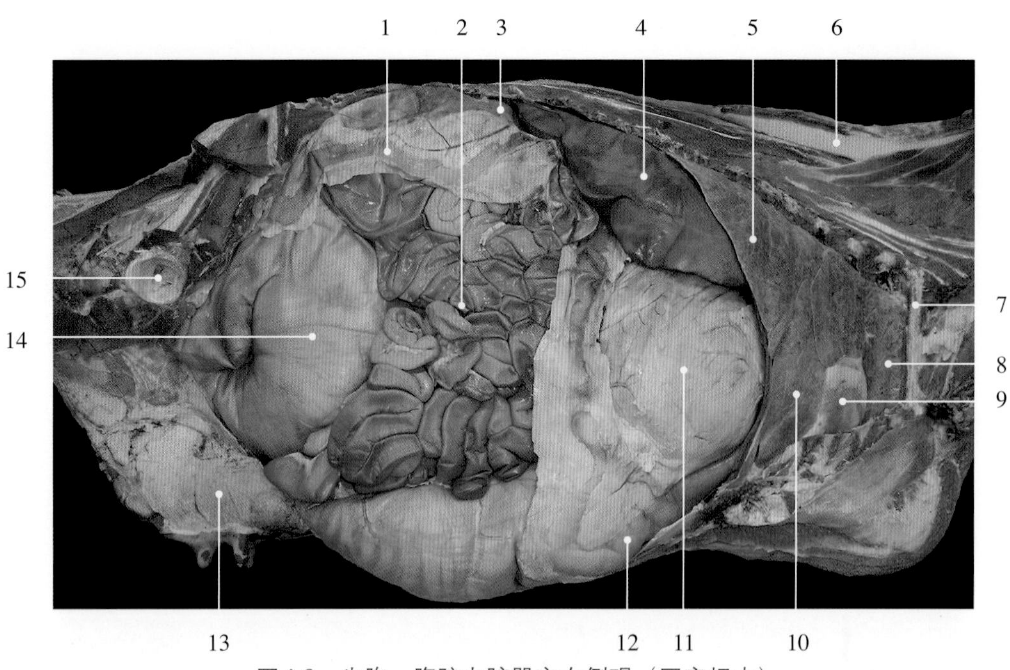

图4-8　牛胸、腹腔内脏器官右侧观（固定标本）

1. 十二指肠 duodenum
2. 空肠 jejunum
3. 右肾 right kidney
4. 肝 liver
5. 右肺膈叶 diaphragm lobe of right lung
6. 项韧带 nuchal ligament
7. 第1肋 1st rib
8. 右肺尖叶 apex of right lung
9. 心脏 heart
10. 右肺心叶 cardiac lobe of right lung
11. 瓣胃 omasum
12. 皱胃 abomasum
13. 乳房 mamma/udder
14. 孕子宫 gravid uterus
15. 髋臼 acetabulum

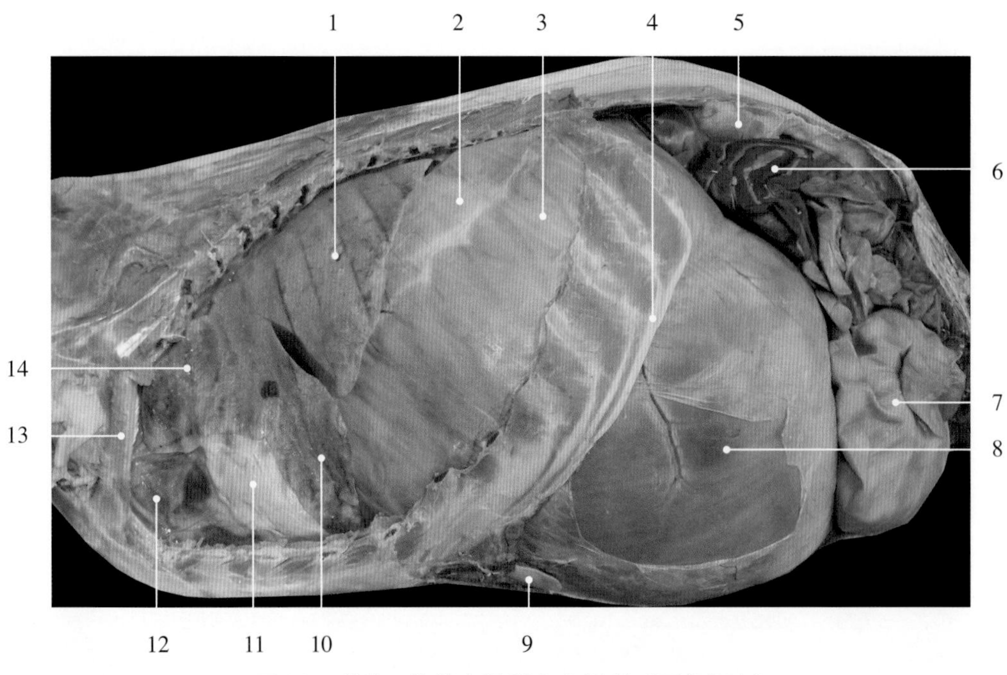

图4-9　羊胸、腹腔内脏器官左侧观（固定标本）

1. 左肺膈叶 diaphragmatic lobe of left lung
2. 膈中心腱 central tendon of diaphragm
3. 膈肉质缘 pulpa part of diaphragm
4. 肋弓 costal arch
5. 左肾 left kidney
6. 结肠 colon
7. 孕子宫 gravid uterus
8. 瘤胃 rumen
9. 剑状软骨 xiphoid cartilage
10. 左肺心叶 cardiac lobe of left lung
11. 心脏 heart
12. 胸腺 thymus
13. 第1肋 1st rib
14. 左肺尖叶 apex lobe of left lung

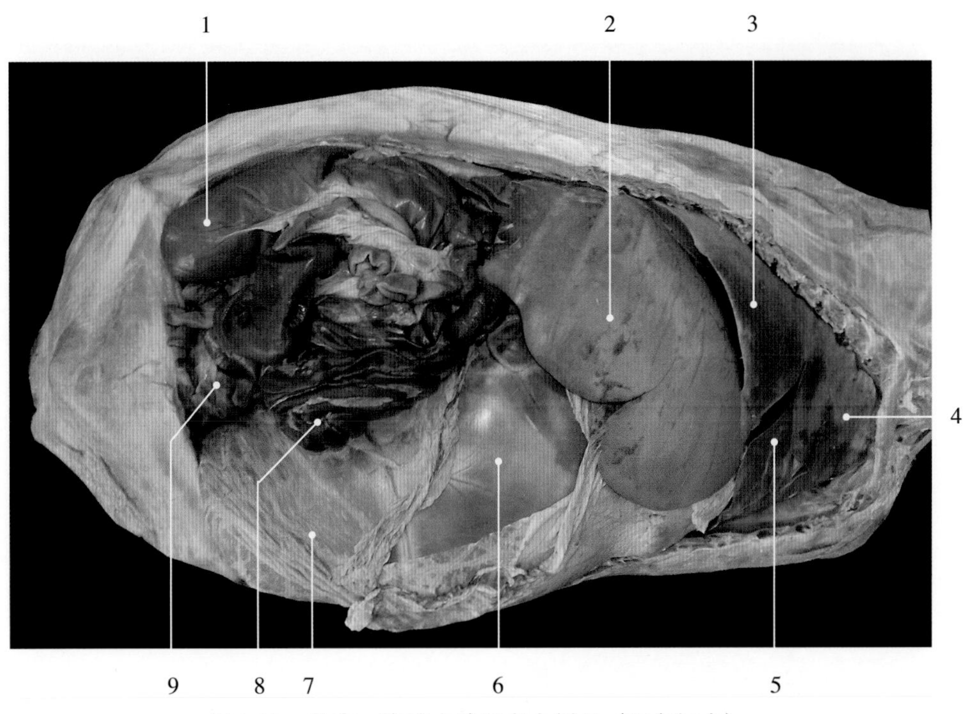

图4-10　羊胸、腹腔内脏器官右侧观（固定标本）

1. 盲肠 caecum
2. 肝 liver
3. 右肺膈叶 diaphragm lobe of right lung
4. 右肺尖叶 apex of right lung
5. 右肺心叶 cardiac lobe of right lung
6. 瘤胃 rumen
7. 大网膜 greater omentum
8. 结肠 colon
9. 空肠 jejunum

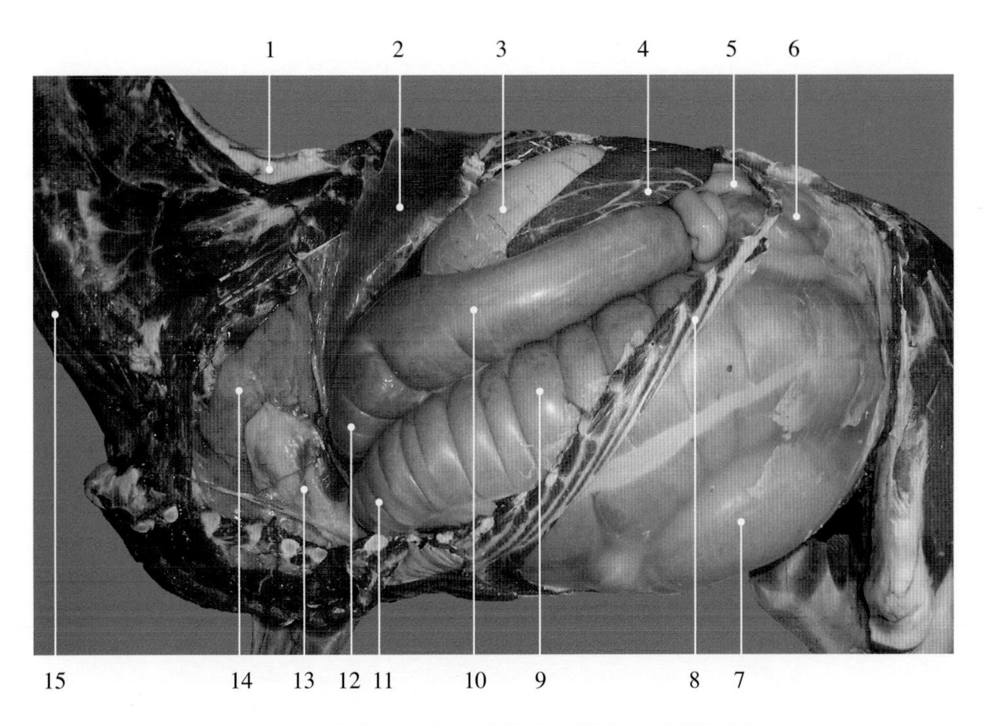

图4-11　驴胸、腹腔内脏器官左侧观（新鲜标本）

1. 项韧带 nuchal ligament
2. 膈 diaphragm
3. 胃 stomach
4. 脾 spleen
5. 空肠 jejunum
6. 小结肠 small colon
7. 盲肠 caecum
8. 肋弓 costal arch
9. 左下大结肠 left ventral colon
10. 左上大结肠 left dorsal colon
11. 胸骨曲 sternal flexure
12. 膈曲 diaphragmatic flexure
13. 心脏 heart
14. 左肺 left lung
15. 颈静脉 jugular vein

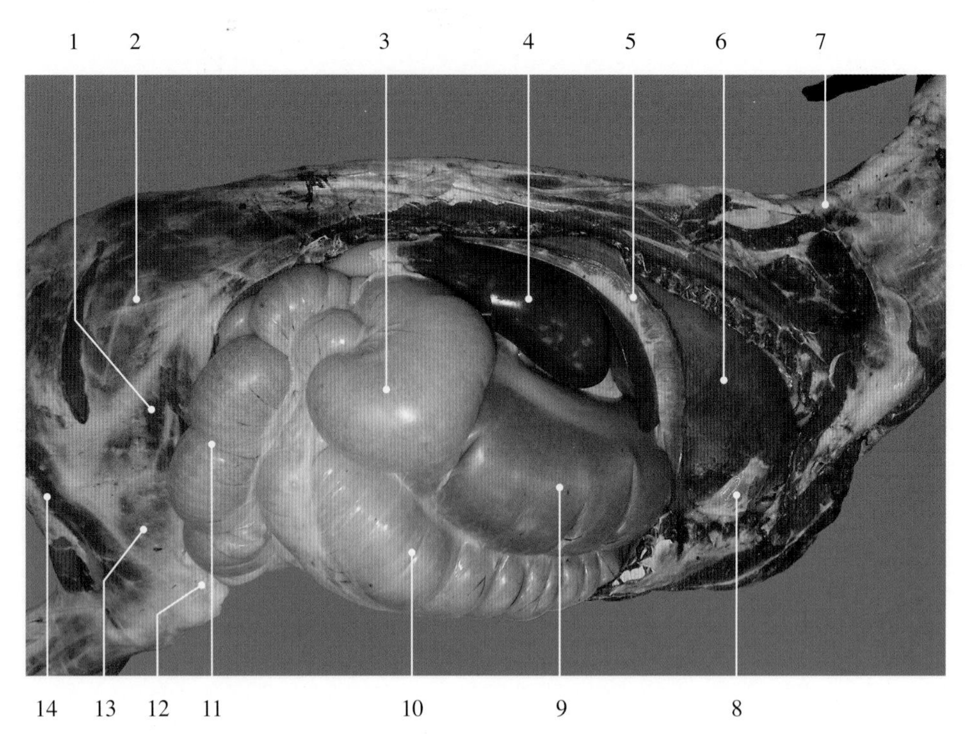

图4-12　驴胸、腹腔内脏器官右侧观（新鲜标本）

1. 阔筋膜张肌 tensor muscle of the fascia lata
2. 臀肌 gluteus muscle
3. 盲肠底 caecal base
4. 肝 liver
5. 膈 diaphragm
6. 右肺 right lung
7. 项韧带 nuchal ligament
8. 心脏 heart
9. 右上大结肠 right dorsal colon
10. 右下大结肠 right ventral colon
11. 盲肠体 caecal body
12. 膝关节 stifle joint
13. 股四头肌 quadriceps femoris muscle
14. 股二头肌 biceps femoris muscle

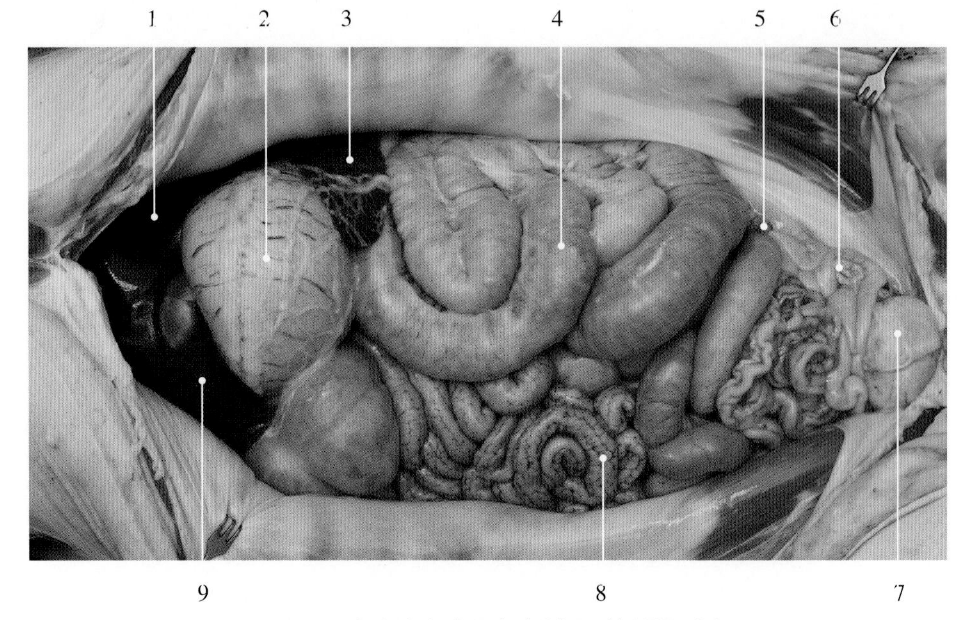

图4-13　猪腹腔内脏器官腹侧观（新鲜标本）

1. 肝左叶 left hepatic lobe
2. 胃及大网膜 stomach and greater omentum
3. 脾 spleen
4. 结肠 colon
5. 左侧卵巢 left ovary
6. 左侧子宫角 left uterus horn
7. 膀胱 urinary bladder
8. 空肠 jejunum
9. 肝右叶 right hepatic lobe

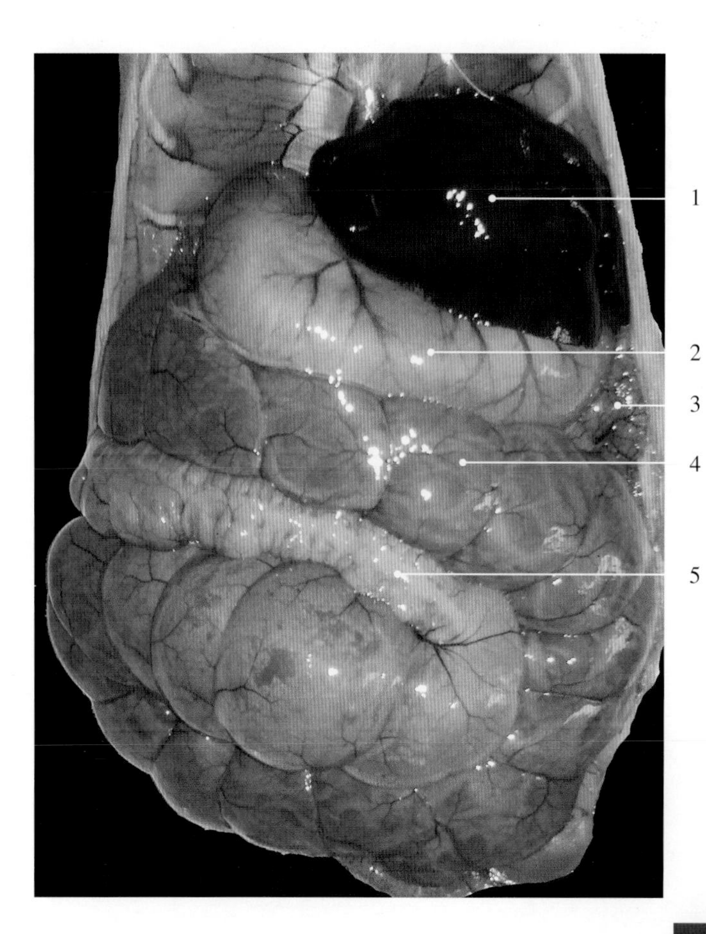

图4-14 兔腹腔内脏器官腹侧观（新鲜标本）

1. 肝 liver
2. 胃 stomach
3. 小肠 small intestine
4. 盲肠 caecum
5. 结肠 colon

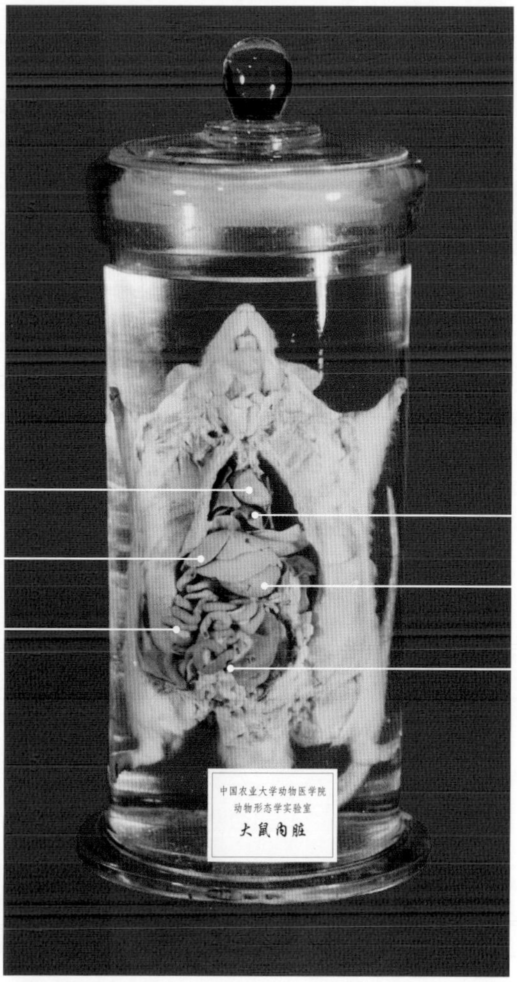

图4-15 大鼠腹腔内脏器官腹侧观（固定标本）

1. 肺 lung
2. 胃 stomach
3. 大肠 large intestine
4. 小肠 small intestine
5. 肝 liver
6. 心脏 heart

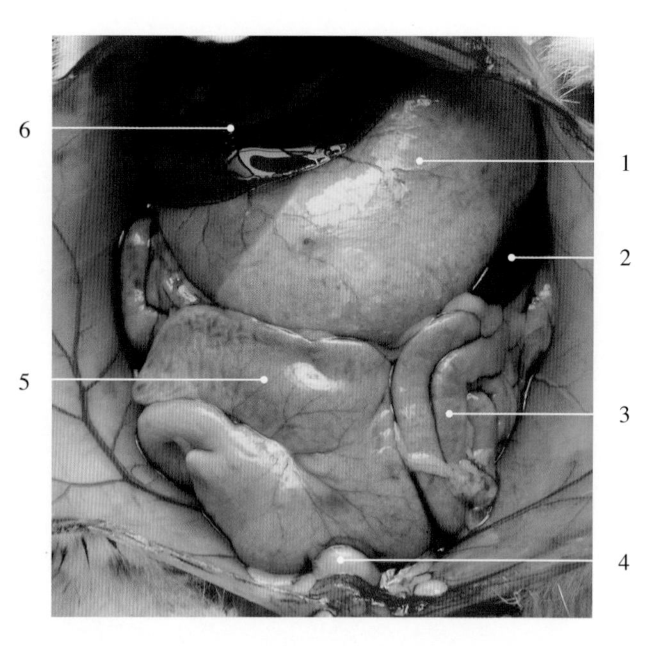

图4-16 大鼠腹腔内脏器官腹侧观（新鲜标本）

1. 胃 stomach
2. 脾 spleen
3. 小肠 small intestine
4. 膀胱 urinary bladder
5. 盲肠 caecum
6. 肝 liver

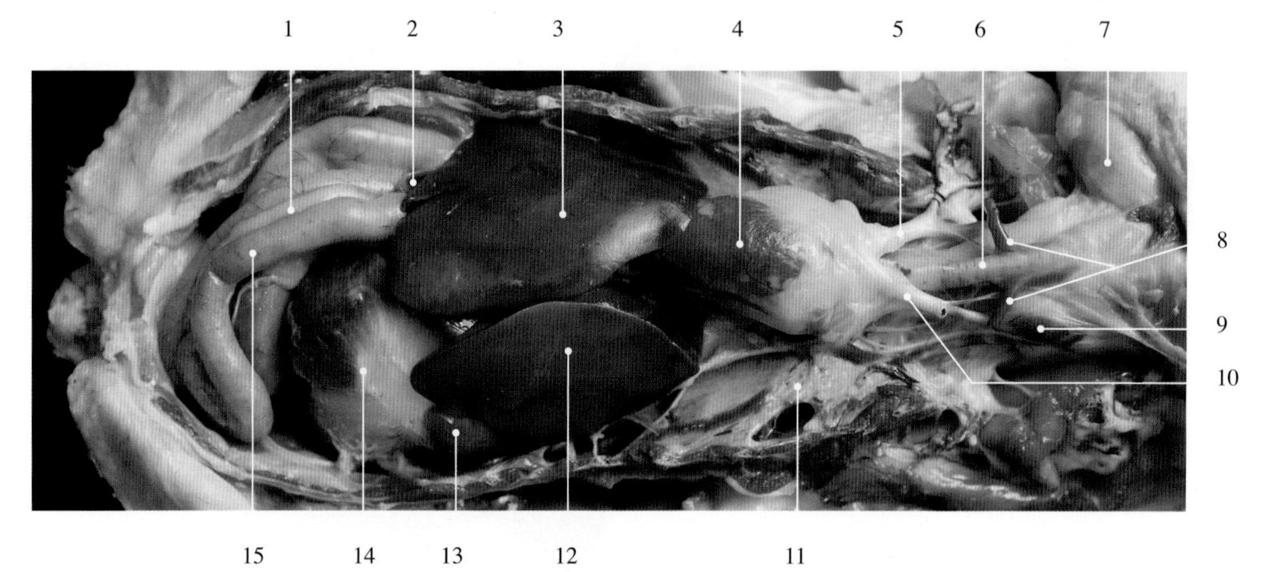

图4-17 鸡胸、腹腔内脏器官腹侧观（新鲜标本）

1. 胰 pancreas
2. 胆囊 gall bladder
3. 肝右叶 right hepatic lobe
4. 心脏 heart
5. 右臂头动脉 right brachiocephalic artery
6. 气管 trachea
7. 嗉囊 crop
8. 气管肌 tracheal muscles
9. 甲状腺 thyroid gland
10. 左臂头动脉 left brachiocephalic artery
11. 左肺 left lung
12. 肝左叶 left hepatic lobe
13. 腺胃 glandular stomach
14. 肌胃 muscular stomach
15. 十二指肠 duodenum

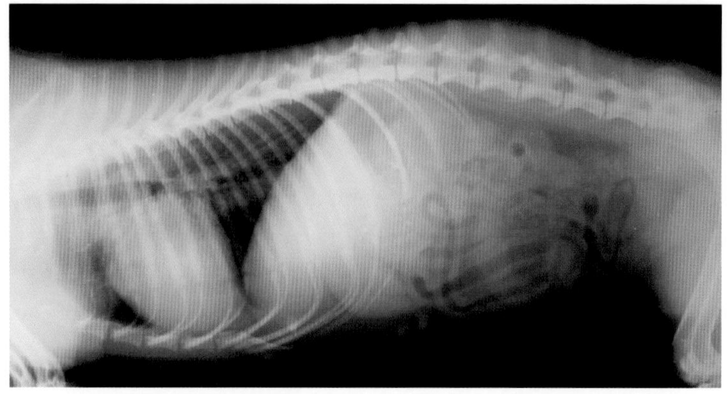

图4-18 犬胸、腹腔器官X光片（左侧位）

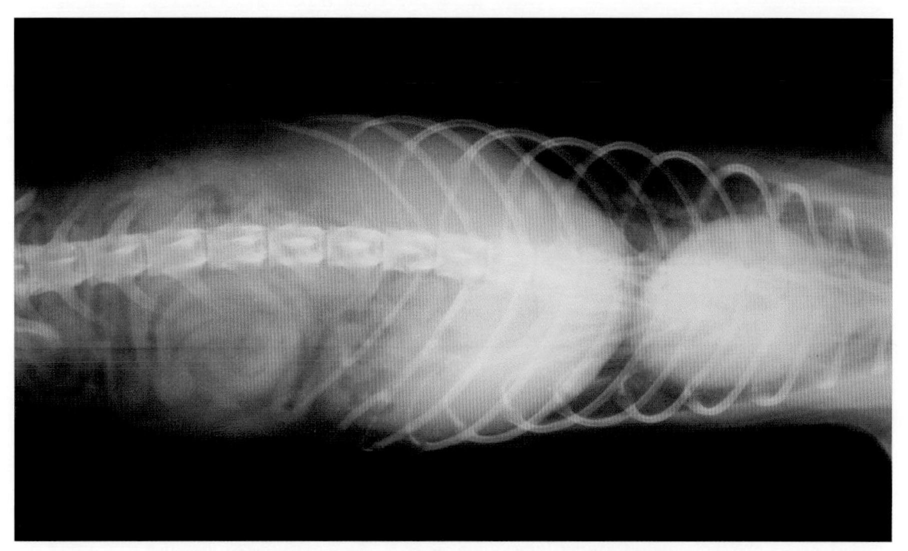

图4-19　犬胸、腹腔器官X光片（背侧位）

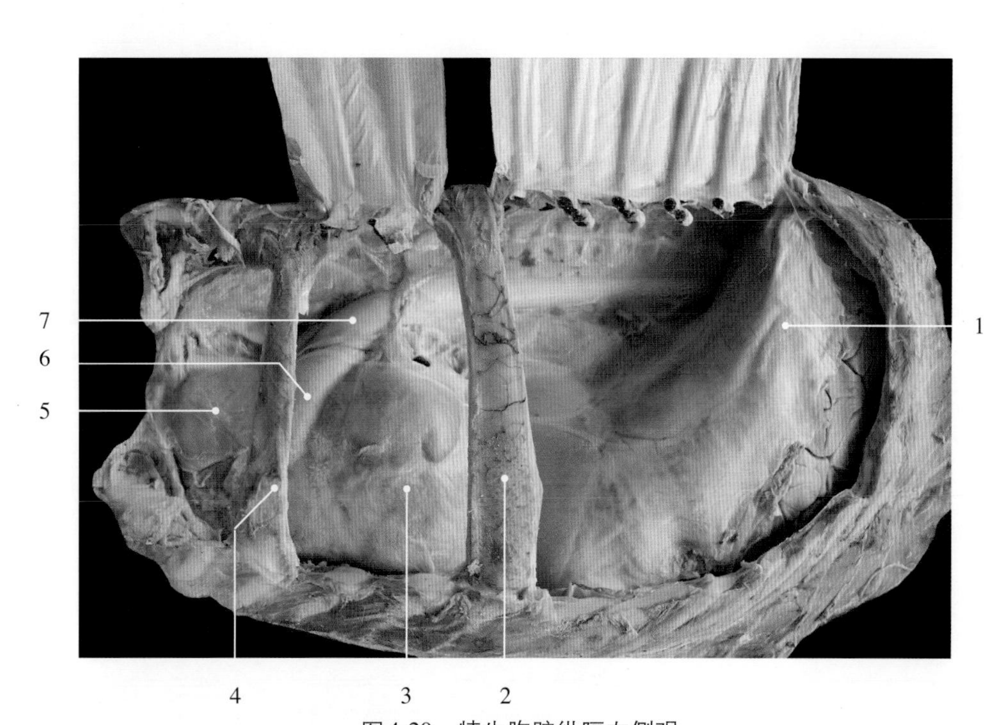

图4-20　犊牛胸腔纵隔左侧观

纵隔（mediastinum）位于胸腔正中矢状面上，略偏左，由左、右两层纵隔胸膜及夹于其间的器官（气管、食管、前腔静脉、主动脉、心和心包等）组成。纵隔以肺根为界分为背侧纵隔和腹侧纵隔，后者又以心和心包为界分为心前纵隔和心后纵隔。

1. 膈 diaphragm
2. 第6肋 6th rib
3. 心脏 heart
4. 第3肋 3rd rib
5. 胸腺 thymus
6. 肺动脉 pulmonary artery
7. 主动脉 aorta

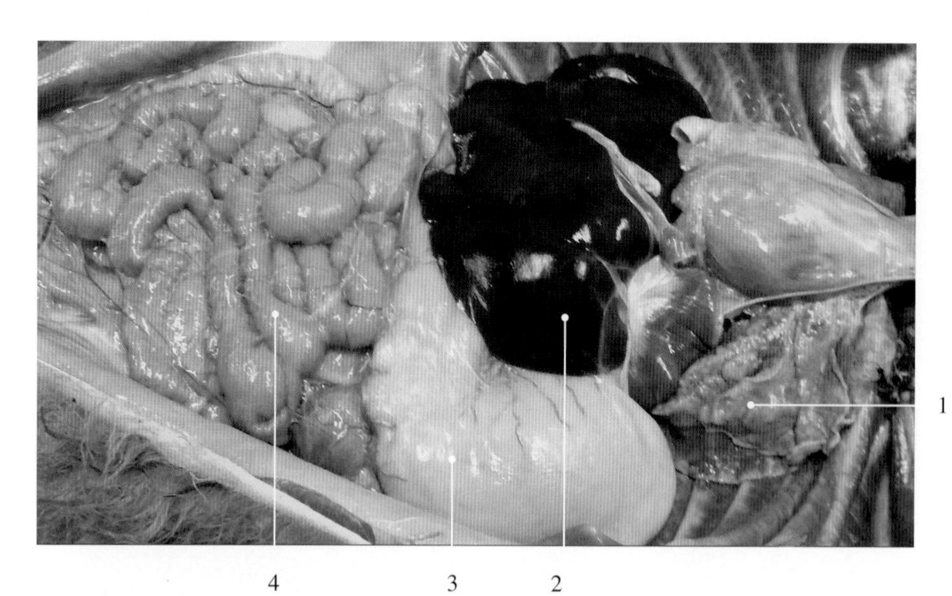

图4-21　管状器官和实质性器官（猕猴）

1. 实质性器官-肺 parenchymatous organ-lung
2. 实质性器官-肝 parenchymatous organ-liver
3. 管状器官-胃 fistulae-stomach
4. 管状器官-肠 fistulae-intestine

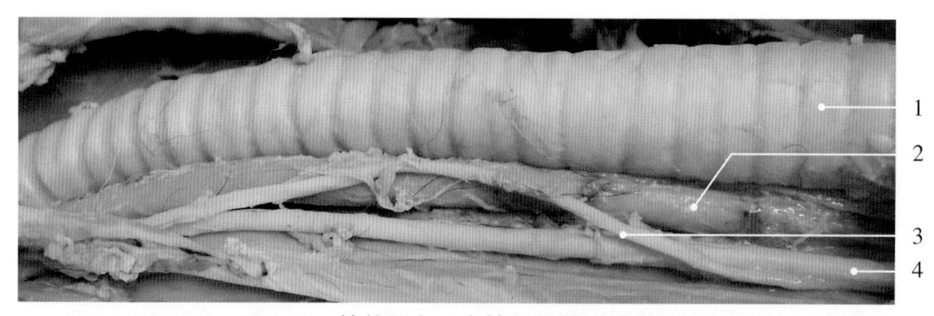

图4-22　管状器官—食管与气管（犊牛）

1. 气管 trachea
2. 食管 esophagus
3. 迷走交感干 vagosympathetic trunk
4. 颈总动脉 common carotid artery

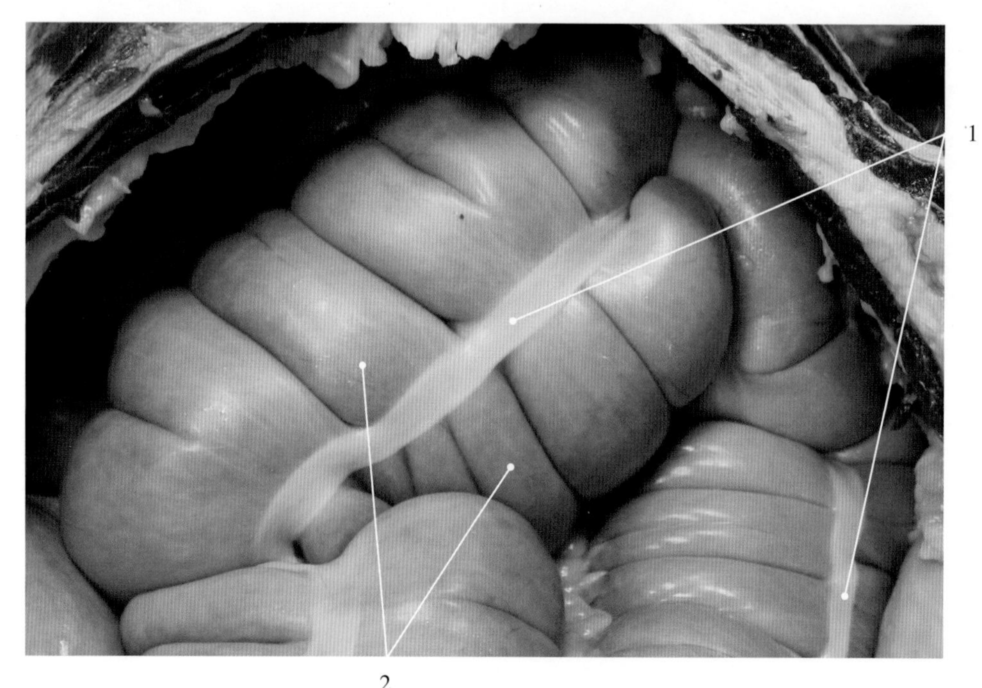

图4-23　管状器官—大结肠（驴）

1. 纵肌带 longitudinal muscle strand
2. 盲肠袋 caecal sacculation

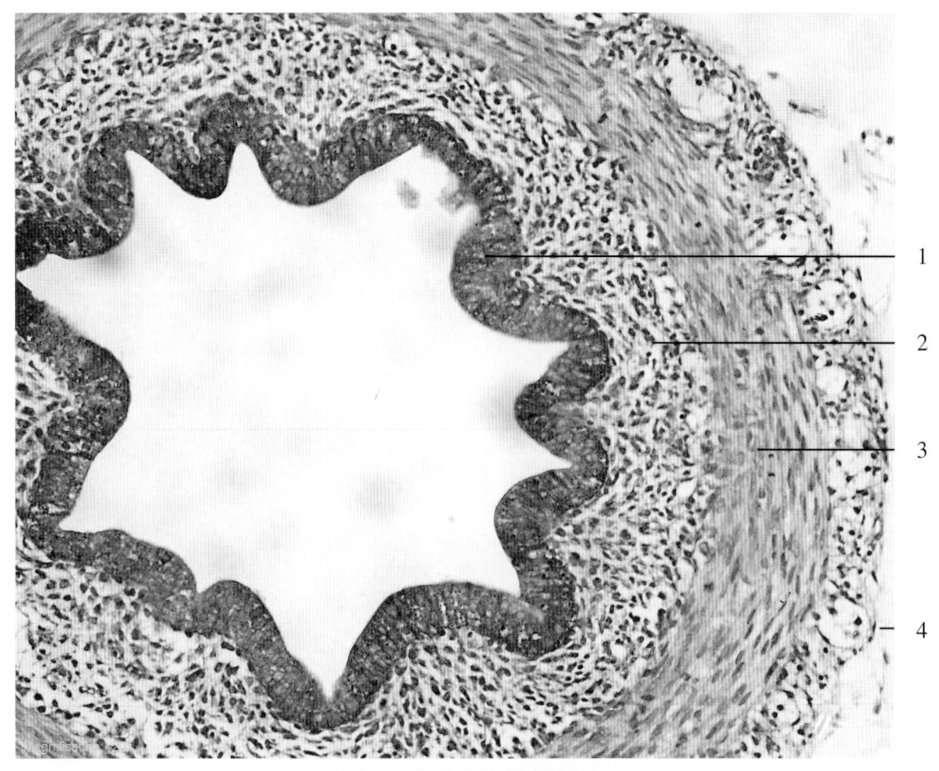

图4-24 管状器官管壁结构

1. 黏膜 mucosa
2. 黏膜下层 submucosa layer
3. 肌肉层 muscular layer
4. 浆膜（外膜）serous membrane（tunica externa）

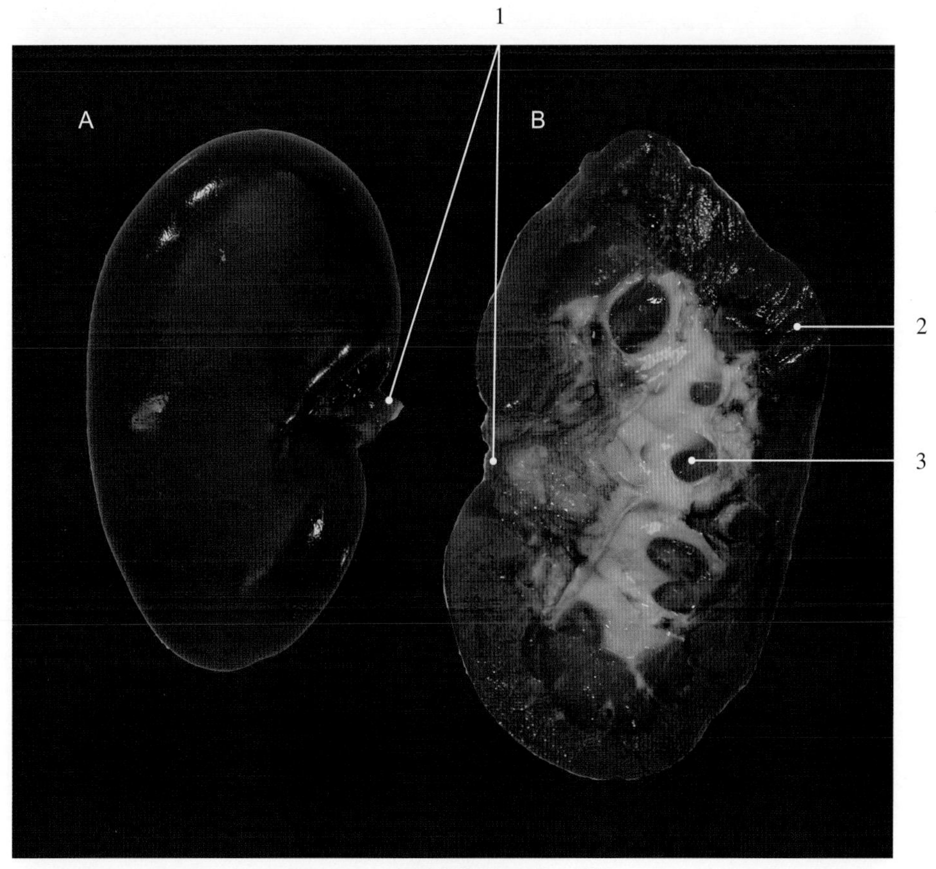

图4-25 实质性器官—肾（猪）

A. 外表面 B. 纵切面

1. 肾门 renal hilum 2. 皮质 cortex 3. 髓质 medulla

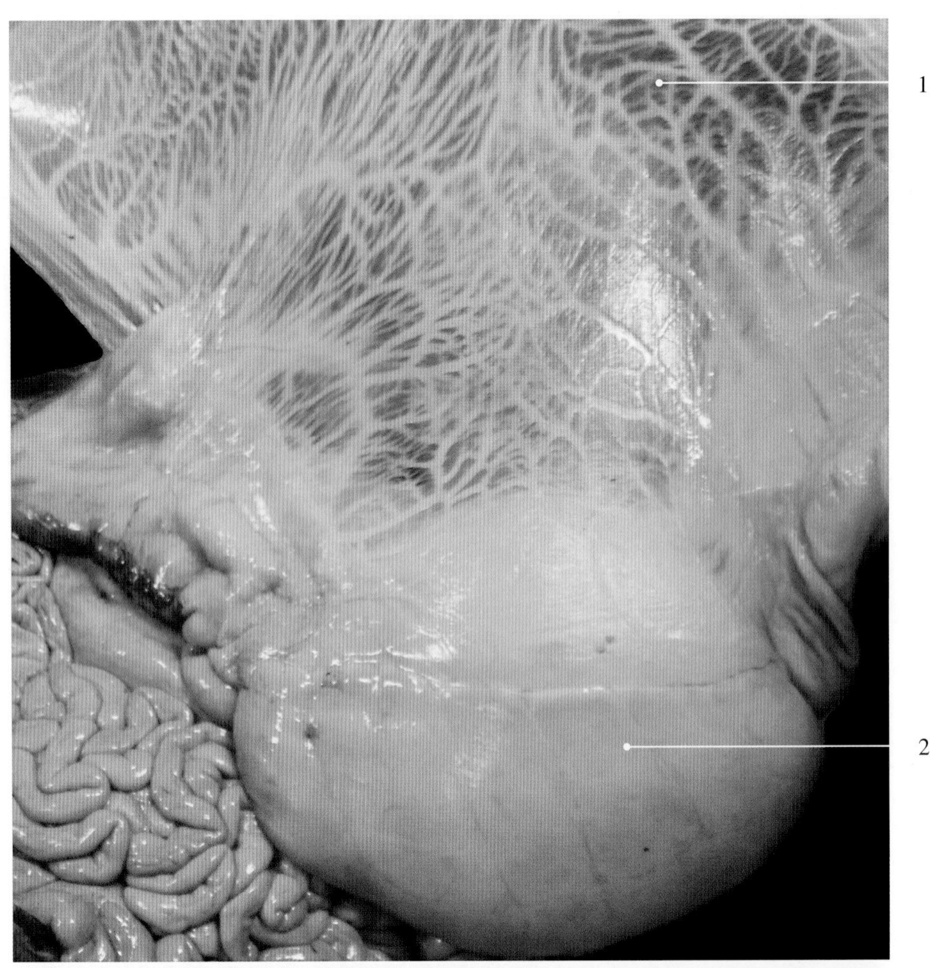

图4-26　大网膜（犊牛）

1. 大网膜 greater omentum　　2. 胃（皱胃）stomach (abomasum)

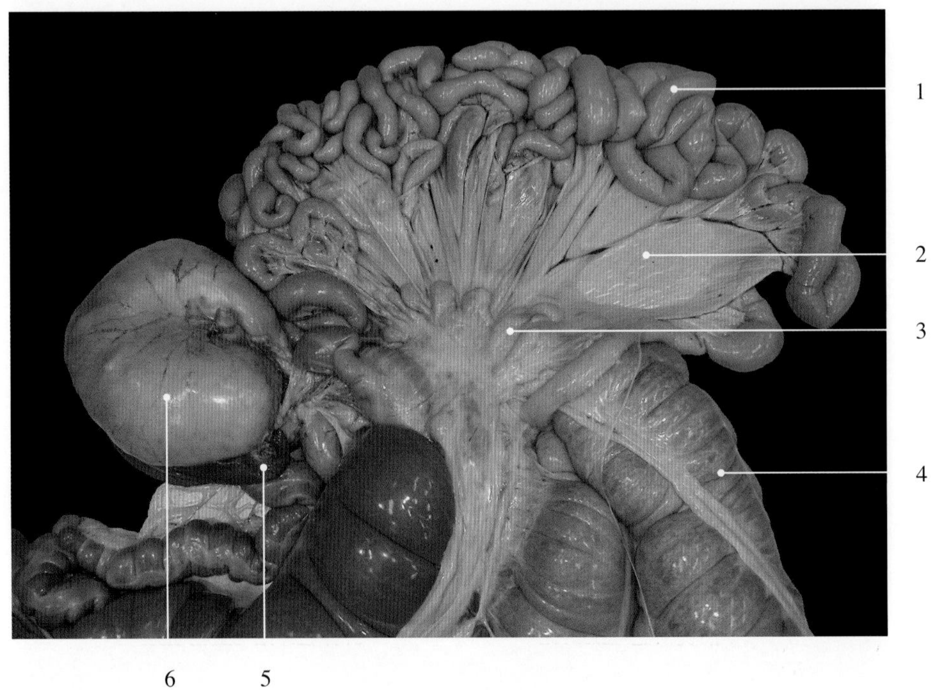

图4-27　肠系膜（驴）

1. 小肠 small intestine
2. 肠系膜 mesenterium
3. 肠系膜淋巴结 mesenteric lymph node
4. 大肠（大结肠）large intestine (large colon)
5. 脾 spleen
6. 胃 stomach

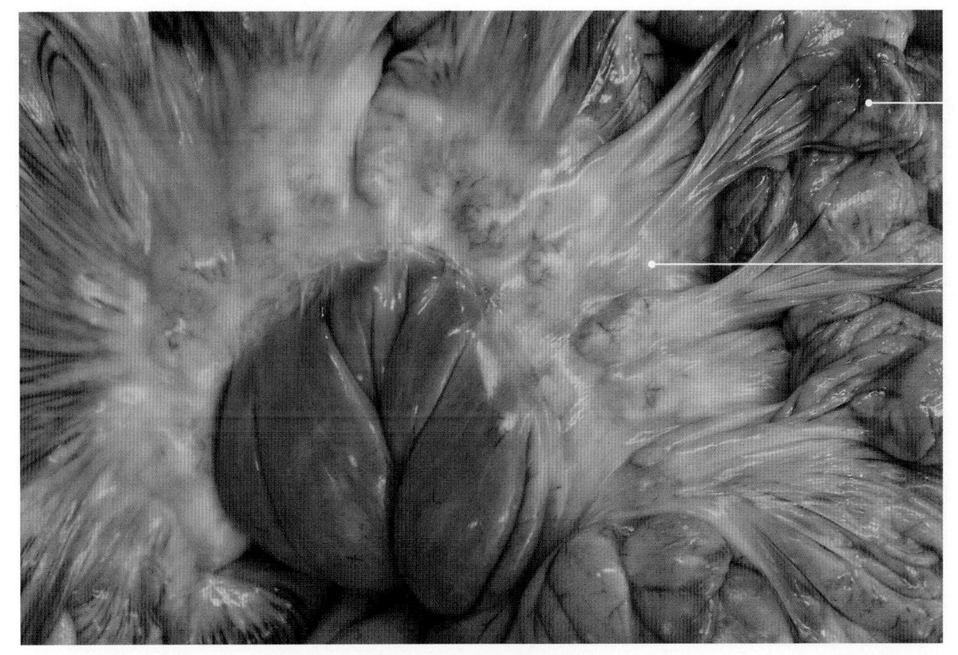

图4-28　肠系膜（猪）

1. 空肠 jejunum
2. 肠系膜及其淋巴结 mesenterium and mesenteric lymph node

图4-29　大鼠肠系膜铺片（铁苏木精、活性艳红染色）

1. 肥大细胞 mast cell
2. 胶原纤维 collagen fiber
3. 弹性纤维 elastic fiber

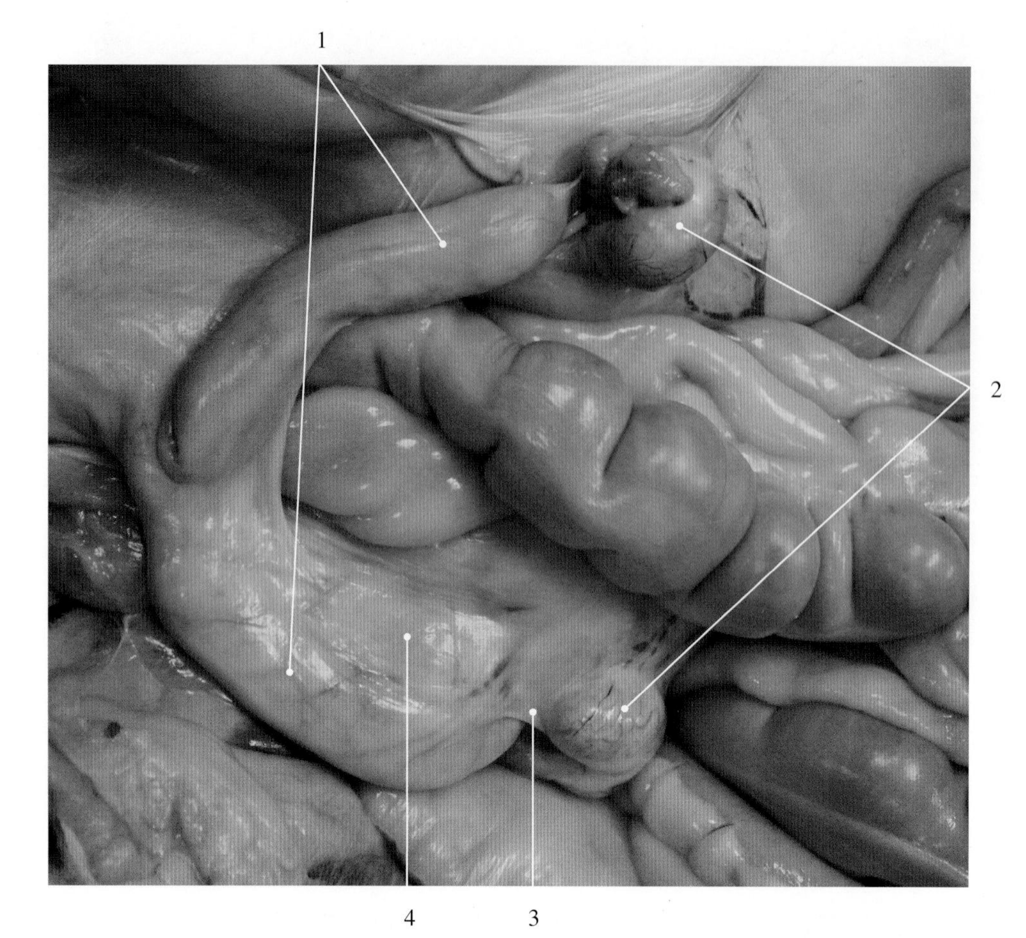

图4-30　卵巢固有韧带（驴）

1. 子宫角 uterine horn
2. 卵巢 ovary
3. 卵巢固有韧带 proper ligament of ovary
4. 子宫阔韧带 broad ligament of uterus

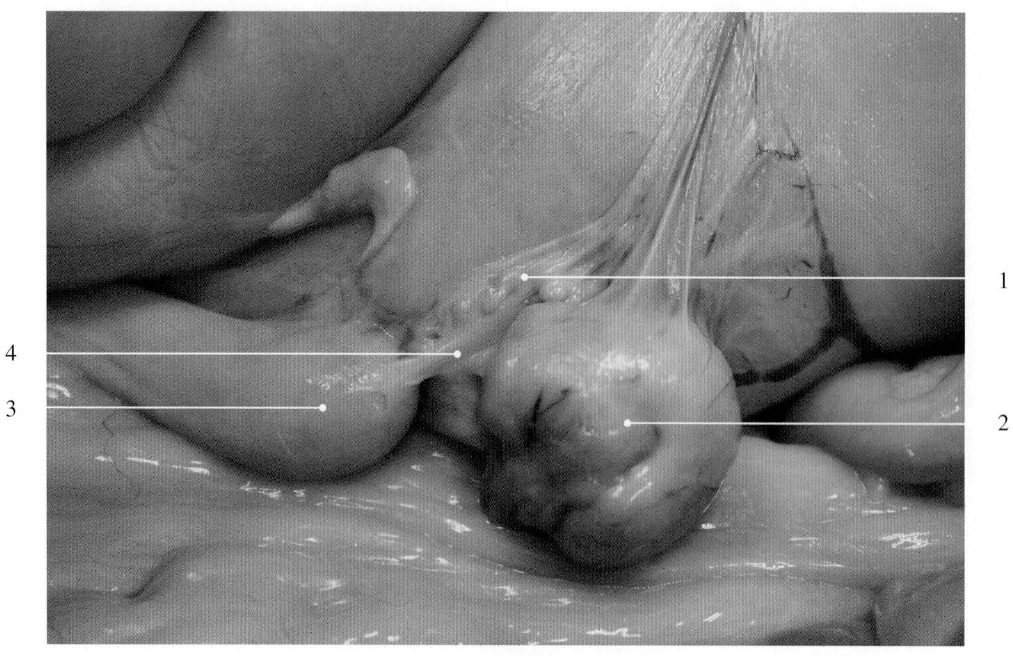

图4-31　卵巢固有韧带（放大）

1. 输卵管 uterine tube
2. 卵巢 ovary
3. 子宫角 uterine horn
4. 卵巢固有韧带 proper ligament of ovary

第五章 消化系统

消化系统图谱

动物有机体在其整个生命活动过程中，要不断地从外界获取营养物质，以供新陈代谢的需要。消化系统由一系列完成采食、咀嚼、吞咽、饮水、输送、分泌、消化、吸收和排泄功能的器官组成。所谓消化，即指将摄入的食物经过物理、化学和微生物作用，分解为结构简单的小分子物质的过程。吸收则是将消化后的小分子物质摄入血液和淋巴的过程。消化系统（digestive system）包括消化管（digestive tract）和消化腺（digestive gland）。消化管包括口腔、咽、食管、胃、肠和肛门。消化腺包括壁内腺和壁外腺。壁内腺存在于消化管壁中，如食管腺、胃腺和肠腺等。壁外腺包括唾液腺（腮腺、颌下腺、舌下腺等）、肝及胰。

一、口腔

口腔（oral cavity）是消化管的起始部，前壁为唇，侧壁为颊，顶壁为硬腭，底壁的大部分被舌所占据。前端经口裂（oral fissure）与外界相通，向后与咽相通。口腔可分为口腔前庭（vestibule of mouth）和固有口腔（oral cavity proper）两部分。

（一）唇

牛上唇（lip）短厚，不灵活，其中部及两鼻孔间无毛而湿润，为鼻唇镜（nasolabial planum）。羊上唇仅有极窄的唇镜，并具有人中（philtrum）。猪口裂大，上唇与鼻连为一体构成吻突（snout，rostral disc），内有一吻骨。马唇薄而灵活，表面有被毛和长的触毛，上唇正中有一条浅缝为人中。犬口裂大，上下唇有被毛，下唇近口角处有锯齿状黏膜，具有人中。

（二）颊

牛颊（cheek）黏膜有许多尖端向后的锥状乳头，沿颊肌分布有颊腺，腺管直接开口于黏膜；马的唇和颊部黏膜薄，常有色素斑。犬、猫颊短。

（三）硬腭

硬腭（hard palate）形成固有口腔的顶壁，向后与软腭相延续。牛、羊的硬腭黏膜角化，硬腭正中为腭缝，腭缝两侧的横行隆起为腭褶（palatine fold），腭缝前端为切齿乳头（incisive papilla），两侧有切齿管（incisive duct），通鼻腔。牛（羊）因不具有上切齿，硬腭前端部平坦而高度角化，称为齿枕（dental pillow），又称齿板

（dental plate）或齿垫（dental pad），代替了上切齿的功能。牛腭褶12条，羊腭褶6条，腭褶的游离缘有尖端向后的锯齿状乳头，高度角化。猪腭褶多达22条。马的腭缝两侧有16～18条腭褶，幼驹的切齿乳头两侧有切齿管，成年已不明显。犬的腭褶有7～10条，猫的为7～8条。

（四）口腔底

口腔底大部分被舌占据。牛口腔底黏膜具有一对舌下肉阜（sublingual caruncle），为颌下腺和单口舌下腺的共同开口。猪舌系带有2条，舌下肉阜小，位于舌系带，颌下腺管开口于舌系带。马口腔底的前部、舌尖下面的一对舌下肉阜为颌下腺管的开口。犬舌系带下具有舌下肉阜，为颌下腺和单口舌下腺的开口。

（五）舌

舌（tongue）为一肌性器官，分为舌尖、舌体和舌根等三部分，表面覆有黏膜，黏膜角质化形成舌乳头。牛舌体背侧隆起形成舌圆枕（lingual torus），腹侧面有2条舌系带（lingual frenulum）。牛舌乳头有丝状乳头（filiform papilla）、豆状乳头（lentiform papilla）、锥状乳头（coniform papilla）、轮廓乳头（vallate papilla）和菌状乳头（fungiform papilla），具有味觉、搅拌等功能。猪舌长而狭，舌尖薄，舌体具有一层柔软而细密的丝状乳头，2～3个轮廓乳头，菌状乳头小，两侧最密。舌体后端两边具有一对叶状乳头。舌根有软而尖端向后的锥状乳头。马舌窄长，舌尖扁平，舌体稍大，柔软而灵活，舌表面有丝状乳头、菌状乳头、轮廓乳头和叶状乳头。犬舌细长，舌背部中央有舌正中沟，舌表面有一层短而尖的丝状乳头，一对叶状乳头，4～6个轮廓乳头，少量菌状乳头，在舌根部背侧有尖端向后的锥状乳头。

（六）齿

齿（tooth）嵌合于上、下颌骨及切齿骨的齿槽内，是体内最坚硬的器官。上、下列齿排列形成弓状，称为上、下齿弓。根据齿的功能、位置和形态结构，可将齿分为切齿（incisor）、犬齿（canine tooth）和颊齿（cheek tooth）。颊齿又分为前臼齿（premolar）和臼齿（molar）。牛、羊无上切齿，犬齿缺如。除臼齿之外，其余各齿均要在一定年龄更换一次，在更换前的齿称乳齿（deciduous tooth），更换后的齿称为恒齿（permanent tooth）。猪上、下切齿每侧各有3枚，上切齿较小，下切齿较大，中间齿最大，边齿最小。马具有上、下切齿，每侧切齿由内向外依次称为门齿、中间齿和隅齿，个别母马下颌可具有犬齿。犬的各齿均为短冠齿，有明显的齿颈。犬的切齿小，犬齿长而发达，上颌的第4前臼齿以及下颌的第1臼齿在颊齿中最大，称为割齿（shearing tooth），担负着切割肉食的主要作用。上、下前臼齿在口闭合时不接触，其间隙称为前臼齿运载间隙。

$$\text{牛恒齿齿式：}2\left[\frac{0(I)\ 0(C)\ 3(P)\ 3(M)}{4(I)\ 0(C)\ 3(P)\ 3(M)}\right]=32\text{枚}$$

$$\text{牛乳齿齿式：}2\left[\frac{0(I)\ 0(C)\ 3(P)\ 0(M)}{4(I)\ 0(C)\ 3(P)\ 0(M)}\right]=20\text{枚}$$

$$\text{猪恒齿齿式：}2\left[\frac{3(I)\ 1(C)\ 4(P)\ 3(M)}{3(I)\ 1(C)\ 4(P)\ 3(M)}\right]=44\text{枚}$$

$$\text{猪乳齿齿式：}2\left[\frac{3(I)\ 1(C)\ 3(P)\ 0(M)}{3(I)\ 1(C)\ 3(P)\ 0(M)}\right]=28\text{枚}$$

$$\text{公马恒齿齿式：}2\left[\frac{3(I)\ 1(C)\ 3/4(P)\ 3(M)}{3(I)\ 1(C)\ \ 3(P)\ \ 3(M)}\right]=40/42\text{枚}$$

$$\text{母马恒齿齿式：}2\left[\frac{3(I)\ 0(C)\ 3(P)\ 3(M)}{3(I)\ 0(C)\ 3(P)\ 3(M)}\right]=36\text{枚}$$

$$\text{马乳齿齿式：}2\left[\frac{3(I)\ 0(C)\ 3(P)\ 0(M)}{3(I)\ 0(C)\ 3(P)\ 0(M)}\right]=24\text{枚}$$

$$\text{犬恒齿齿式：}2\left[\frac{3(I)\ 1(C)\ 4(P)\ 2(M)}{3(I)\ 1(C)\ 4(P)\ 3(M)}\right]=42\text{枚}$$

$$犬乳齿齿式：2\left[\frac{3(I)\ 1(C)\ 3(P)\ 0(M)}{3(I)\ 1(C)\ 3(P)\ 0(M)}\right]=28枚$$

$$猫恒齿齿式：2\left[\frac{3(I)\ 1(C)\ 3(P)\ 1(M)}{3(I)\ 1(C)\ 2(P)\ 1(M)}\right]=30枚$$

$$猫乳齿齿式：2\left[\frac{3(I)\ 1(C)\ 3(P)\ 0(M)}{3(I)\ 1(C)\ 2(P)\ 0(M)}\right]=26枚$$

（七）唾液腺

唾液腺（salivary gland）分布于口腔周围，分为小唾液腺和大唾液腺两类，前者如颊腺、唇腺、舌腺等壁内腺，直接位于黏膜下；后者如腮腺、颌下腺和舌下腺，以较长的腺管开口于口腔，其中腮腺为马属动物最大的唾液腺。

1. 腮腺（parotid gland） 牛腮腺位于耳的下方，下颌骨后缘，咬肌与皮肤之间，腮腺管由腺体深部向下进入下颌间隙，沿咬肌前缘走向颊部，开口于第二上臼齿相对的颊黏膜上。羊的腮腺管沿咬肌外面直向前行，开口于第二上臼齿相对的颊黏膜上。猪腮腺发达，腮腺管开口于第4上前臼齿相对的颊黏膜上。马的腮腺小叶明显。

2. 颌下腺（submandibular gland） 牛颌下腺比腮腺大，自寰椎窝向前下方延伸至下颌角内，其腺管开口于舌下肉阜。猪颌下腺较小，腺管在多口舌下腺的深面向前延伸，开口于舌系带附着处。马颌下腺比腮腺小，后端位于寰椎窝，前端位于舌根外侧，颌下腺管开口于舌下肉阜。犬的颌下腺管自腺体的深面离开，向前沿舌体下方前行，开口于舌下肉阜。

3. 舌下腺（sublingual gland） 牛的舌下腺位于舌体与下颌骨体之间的黏膜下，分上、下两部，上部为多口舌下腺（polystomatic sublingual gland），以20余条小腺管开口于舌体腹外侧的口腔底部；下部为单口舌下腺（monostomatic sublingual gland ），位于上部的前下方，腺管伴随颌下腺管开口于舌下肉阜。猪的单口舌下腺各小叶的腺管汇集为一条舌下腺大管，与颌下腺管相伴开口于舌系带附着处；多口舌下腺位置靠前，以8 ~ 10条舌下腺小管开口于舌体两侧的口腔底黏膜上。马舌下腺只有多口舌下腺，腺管有30余条，直接开口于舌下外侧隐窝。犬的舌下腺与猪、牛相似，分为多口舌下腺和单口舌下腺。

4. 颧腺（zygomatic gland） 为肉食兽所特有。犬的颧腺位于眼球腹侧、颧骨颧突的深面，有4 ~ 5条腺管开口于最后颊齿附近，在腮腺管开口处后方。

二、咽与软腭

（一）咽

咽（pharynx）是消化管与呼吸道的共同通道。由于软腭的伸入，咽腔被分为三个部分，即鼻咽部、口咽部和喉咽部。咽通过鼻咽部与一对鼻后孔和一对咽鼓管相通，通过口咽部与口腔相通，后端经喉口和食管口通喉腔和食管。

猪咽狭长，鼻咽部正中有矢状的咽中隔，其侧壁上有咽漏斗；喉咽部的喉口及会厌向前突出，在其侧面形成凹陷的梨状隐窝。

马的咽较牛的略长，在咽鼓管咽口后方的正中、黏膜向后上方形成一盲囊，深约2.5cm，为咽隐窝（pharyngeal recess）。马属动物的咽鼓管在颅底和咽后壁之间形成一膨大的黏膜囊，为咽鼓管囊（guttural pouch）。

犬咽较短。

（二）软腭

牛的软腭（soft palate）为硬腭后缘向咽腔延伸出的肌性黏膜瓣，前缘附着于硬腭，侧缘附着于咽侧壁黏膜，后缘游离，呈月牙形，弓向前方，称为腭咽弓（palatopharyngeal arch）。软腭腹侧面与舌根两侧有弯曲的黏膜褶，称腭舌弓（palatoglossal arch）。在口咽部侧壁上，腭咽弓与腭舌弓之间为一凹陷，称为扁桃体窝，内含腭扁桃体（palatine tonsil）。

猪软腭厚而短，软腭腹侧面有一浅矢状沟，沟的两侧是腭扁桃体。

马软腭发达，其游离缘围绕会厌基部，将口咽部与鼻咽部隔开。软腭游离缘向后沿咽侧壁延伸到食管口的上方，并与对侧的相互会合，为腭咽弓。软腭两侧以短而厚的黏膜褶连于舌根两侧，为腭舌弓。在腭舌弓之后，黏膜稍隆凸为腭扁桃体。

犬的软腭较厚较长，因而其下方的咽峡（口咽部）也较狭长。在咽峡侧壁上，腭舌弓的后方，形成明显深陷的扁桃体窝，窝内有腭扁桃体。

三、食管和胃

（一）食管

牛（羊）食管（esophagus）起于咽止于胃，可分为颈、胸、腹三部。颈段食管起自咽的后方、喉的背侧，至颈中部渐偏至气管左侧。进入胸腔时又位于气管的背侧。在纵隔内越过心基背侧和主动脉弓右侧，经膈的食管裂孔进入腹腔。腹段食管很短，开口于胃。食管肌层全长均由横纹肌组成，食管壁内缺食管腺，仅起始部有少量食管腺分布。

猪的食管短而直，始终位于气管的背侧。肌层几乎全部为横纹肌，仅腹腔段有平滑肌分布。

马的食管起于喉与气管的背侧，至颈中部渐偏至气管的左侧。胸段位于纵隔内，腹段短。食管肌层前部由横纹肌构成，在气管分叉之后转为平滑肌，且逐渐增厚。食管外膜在颈段为疏松结缔组织，在胸、腹段为浆膜。

犬、猫食管起于咽，起始部在喉的背侧，呈环形缩细状，称为咽食管阈（pharyngoesophageal limen）为肉食兽所特有。走向同牛、马。犬肌层全长均为横纹肌，猫食管前2/3是横纹肌，后1/3是平滑肌。黏膜下层含有食管腺（esophageal gland），犬、猫食管腺发达，分布于食管全长。

（二）胃

1.复胃（complex stomach） 牛、羊属于反刍兽，其胃（stomach）属于复胃或多室胃类型，也称反刍胃，分为瘤胃、网胃、瓣胃和皱胃4个部分。其中皱胃与单室胃的结构功能相当，称为真胃，而前3个胃黏膜无腺体，称为前胃（forestomach），与反刍兽消化纤维素有关。

（1）瘤胃（rumen） 是成年牛四个胃中最大的，占据整个腹腔的左侧半，表面有沟，将瘤胃分为背囊（dorsal sac）和腹囊（ventral sac），又由于前、后沟很深，在背囊前端形成瘤胃房，后端形成后背盲囊，腹囊前端形成瘤胃隐窝，后端形成后腹盲囊。瘤胃的入口称贲门，接食管。贲门周围与网胃无明确界限，形成一个穹隆，称为瘤胃前庭。瘤网胃口（ruminoreticular opening）为其出口，位于贲门的左腹侧，向前通入网胃。瘤胃黏膜壁内不含腺体，表面有密集的瘤胃乳头，以腹囊和两个盲囊最为发达。

（2）网胃（reticulum） 是牛最小的一个胃。网胃入口为瘤网胃口，出口为网瓣胃口（reticulo-omasal opening），网瓣胃口上有爪状乳头（unguiform papilla）。网胃壁黏膜角化，形成多边形网格状皱褶。网胃肌层发达，收缩时几乎完全闭合，与反刍时逆呕有关。网胃沟（reticular groove）位于网胃右侧壁黏膜上，起自贲门向下延伸到网瓣胃口，也称食管沟，在牛长18 ～ 20cm，羊10cm。

（3）瓣胃（omasum） 分瓣胃弯（omasal curvature）和瓣胃底（omasal fundus），在瓣胃底的上部和下部各有网瓣胃口和瓣皱胃口（omasoabomasal opening），分别通网胃和皱胃。瓣胃的黏膜形成大小不等的瓣叶，按大小分为大、中、小和最小四级。在瓣胃底的黏膜无瓣叶附着，形成瓣胃沟（omasal groove），它与最大一级的瓣叶游离缘围成一个无瓣叶分布的瓣胃管（omasal canal），是流体食物进入皱胃的直接通道。

（4）皱胃（abomasum） 分为皱胃底（fundus of abomasum ）、皱胃体（body of abomasum ）和幽门部（pyloric part）3部分，以幽门通十二指肠。牛皱胃胃底部和大部分胃体形成12片左右大的皱胃旋褶（spiral plica of abomasum），黏膜内含3种壁内腺，即贲门腺、胃底腺和幽门腺。

2.单胃 猪胃为单室混合型胃，胃左端后上方突出一圆锥状的胃憩室（gastric diverticulum）。猪胃贲门位于胃小弯左侧面。幽门位于右季肋部，其内腔有一鞍形黏膜隆起，为幽门圆枕（torus pyloricus），具有关闭幽门的作用。胃黏膜分为有腺部和无腺部。无腺部小，仅分布于贲门周围，黏膜苍白，向上可延伸至胃憩室。黏膜内无腺体，以明显的界线与有腺部分开。有腺部面积大，分为贲门腺区、胃底腺区和幽门腺区。

马胃为单室混合型胃，位于腹腔前部，膈的后方，其腹缘即使在饱食状态下也不达于腹腔底壁。胃的黏膜由一褶缘（margo plicatus）分为无腺部和有腺部。胃的肌层可分3层，外层为纵行纤维层，中层为环行肌仅存在于有腺部，内层为斜行肌，仅分布于无腺部。

犬胃为单室腺型胃，无前胃部。胃容积比较大，可分为胃底部、胃体和幽门部3部分。胃底部为贲门左背侧圆顶状的部分，胃体为胃的主体，在胃底部下方角切迹（angular incisure）左侧。各部黏膜内均含有腺体，分为贲门腺区、胃底腺区和幽门腺区，其中贲门腺区为环绕贲门的一窄环带。胃底腺区大，约占全胃的2/3。幽门腺区位于幽门部黏膜。

四、肠

（一）小肠

小肠（small intestine）前端起于幽门，后端止于盲肠，可分为十二指肠（duodenum）、空肠（jejunum）和回肠（ileum）3部分。

牛十二指肠起自幽门，延伸于右季肋部区和腰区，可分为三部三曲，即前部、十二指肠前曲（cranial duodenal flexure）、降部（descending portion）、十二指肠后曲（caudal duodenal flexure）、升部（ascending portion）和十二指肠空肠曲（duodenal jejunal flexure）。十二指肠黏膜下组织中有十二指肠腺（duodenal gland）。空肠大部分位于右季肋部、右髂部和右腹股沟部，形成无数肠袢以空肠系膜附着于结肠盘周缘。回肠以回肠口（ileal orifice）开口于盲肠腹侧壁，回肠壁内含有派伊尔氏斑（Peyer's patches）。

猪十二指肠分为三部三曲，前部不形成乙状袢。空肠大部分仍位于腹腔右侧，形成肠袢悬于肠系膜下。回肠短而直，管壁稍厚，末端突入盲肠腔内，形成回肠乳头（ileal papilla）。

马十二指肠分为前部、降部和升部，前部有两个曲，即十二指肠壶腹（duodenal bulb）和肝门曲（portal flexure），肝门曲内有胰管和肝总管的开口，为十二指肠憩室（duodenal diverticulum），在憩室对侧黏膜有十二指肠小乳头（minor duodenal papilla），为副胰管的开口处（驴无）。空肠系于空肠系膜上，位置变化大，占据腹腔左半部的背侧。回肠以回肠口突入盲肠，回肠口周围有回肠乳头。在回肠与盲肠之间有回盲韧带相连。

犬肠管呈袢状盘曲，位于肝和胃的后方。十二指肠粗短，分为前部、前曲、降部、后曲、升部和十二指肠空肠曲。空肠形成肠袢，以较长的空肠系膜悬于腰下。回肠短，开口于回结口（ileal-colic orifice），口的黏膜形成回肠乳头（ileal papilla），其肌层相对较厚。

（二）大肠

大肠（large intestine）包括盲肠（caecum）、结肠（colon）和直肠（rectum），以肛门（anus）开口于外界。

牛盲肠呈圆筒状，盲端钝圆游离。结肠分为升结肠、横结肠和降结肠。升结肠（ascending colon）最长，又分为初袢、旋袢和终袢。旋袢沿矢状平面盘曲成圆盘状，顺序分为向心回、中央曲和离心回。横结肠（transverse colon）短，降结肠（descending colon）为横结肠的直接延续。直肠不形成明显的直肠壶腹（rectal ampulla）。

猪盲肠短而直，具3列盲肠袋（caecal sacculation），3条盲肠带（caecal band）。结肠分为升结肠、横结肠和降结肠，升结肠分为结肠旋袢和结肠终袢，旋袢呈螺旋状盘曲成结肠圆锥，由向心回和离心回组成，向心回较粗，具有2列结肠袋和2条结肠纵肌带。结肠其余部分较细，无结肠袋和结肠带。直肠有直肠壶腹。肛门不向外突出。

马盲肠发达，逗点状，分为盲肠底（caecal base）、盲肠体（caecal body）和盲肠尖（caecal apex），表面有4条盲肠带和盲肠袋。结肠分为升结肠、横结肠和降结肠，升结肠起始于盲结口，盘曲成双层马蹄铁形，可分为四部三曲，即右下大结肠（right ventral colon）、胸骨曲（sternal flexure）、左下大结肠（left ventral colon）、骨盆曲（pelvic flexure）、左上大结肠（left dorsal colon）、膈曲（diaphragmatic flexure）和右上大结肠（right dorsal colon）。降结肠有2条结肠带和2列结肠袋。直肠有直肠壶腹。

犬的大肠既无肠袋也无纵肌带。盲肠小而短，盲结口（caecocolic orifice）狭窄。结肠分为升结肠、横结肠和降结肠，以升结肠最短。

五、肝和胰

（一）肝

牛（羊）肝（liver）位于右季肋部，膈的后方。牛（羊）肝扁而厚，分叶不明显，但可由胆囊（gall bladder）和圆韧带切迹（round ligament incisure）将肝分为左叶（left hepatic lobe）、中叶（middle hepatic lobe）和右叶（right hepatic lobe），其中的中叶被肝门分为背侧的尾叶（caudate lobe）和腹侧的方叶（quadrate lobe）。牛（羊）肝边缘有左三角韧带（left triangular ligament）、右三角韧带（right triangular ligament）、冠状韧带（coronary ligament）、圆韧带（round ligament）和镰状韧带（falciform ligament）。牛胆囊较大，羊的较细长。胆囊分为胆囊底（fundus of gall bladder）、胆囊体（body of gall bladder）和胆囊颈（neck of gall bladder）3部分。肝管（hepatic duct）出肝门后，以锐角与胆囊管（cystic duct）会合，形成较粗的胆总管（common bile duct），开口于十二指肠乙状曲的第二曲，开口处的十二指肠大乳头（major duodenal papilla）不明显。羊的胆总管与胰管合成一条总管，开口于十二指肠内。

猪肝分叶明显，由左向右分别是左外叶、左内叶、右内叶和右外叶，其中右内叶脏面有胆囊，右内叶内侧有不发达的中叶。中叶又以肝门分为尾叶和方叶。猪的尾状突（caudate process）较小，不与肾接触。胆囊管在肝门处与肝管会合形成胆总管，开口于十二指肠乳头。

马肝斜位于膈的后方，表面有左、右冠状韧带、镰状韧带和左、右三角韧带将肝固定在膈的腹腔面上。马肝分为左叶、中叶和右叶。右叶间切迹处无胆囊，胆汁经肝总管直接注入十二指肠。中叶被肝门分为尾叶和方叶。

犬肝较大，分叶明显，即左外叶、左内叶、方叶、右内叶、右外叶。在左外叶和右外叶的脏面有明显的乳头突（papillary process）和尾状叶。胆囊延续为一胆囊管，由胆囊管和肝管会合为胆总管，与胰管共同开口于十二指肠大乳头。

（二）胰

牛胰（pancreas）可分为胰体（pancreatic body）、左叶（left pancreatic lobe）和右叶（right pancreatic lobe）3部分。胰右叶发达而较长，左叶较宽，胰体位于肝的脏面，其背侧面形成胰环（pancreatic ring）或称胰切迹（pancreatic incision），门静脉由此通过。胰管只有一条，属副胰管（accessory pancreatic duct），自胰右叶末端走出，开口形成十二指肠小乳头（minor duodenal papilla）。羊的胰管属主胰管，从胰体走出，与胆总管会合成总管进入十二指肠乙状袢。

猪胰位于胃小弯后上方，十二指肠左侧，分为胰体和左、右两叶。胰管（pancreatic duct）由右叶走出，开口于十二指肠。

马胰分3叶，即左叶、中叶（胰体）和右叶，左、右叶间有胰环，供门静脉通过。胰管自胰体走出与肝总管分别开口于十二指肠憩室。副胰管小，自胰管或左支分出，开口于十二指肠憩室对侧的黏膜上。

犬胰腺呈V形片状，分为两个细长的分叶，二叶于幽门处以锐角会合，会合处形成胰体。胰管分主胰管和副胰管，主胰管较细，与穿行于十二指肠内的胆总管合并开口于十二指肠大乳头，或开口于胆总管处附近；副胰管较粗，开口于十二指肠小乳头。

六、腹膜结构

1.大网膜（greater omentum） 可分为浅、深两层。牛大网膜浅层起自瘤胃左纵沟，深层起自瘤胃右纵沟，与浅叶在瘤胃后沟处会合形成网膜囊（omental bursa）。在两叶网膜与瘤胃右侧壁之间，大网膜形成一兜带所围成的空间称网膜上隐窝，内含大部分肠管。

2.小网膜（lesser omentum）　起自肝的脏面，抵止于皱胃小弯和十二指肠前部，在肝与十二指肠间形成一个网膜孔，为网膜囊向腹膜腔的开口。

3.总肠系膜　牛（羊）的大肠及小肠以一总肠系膜悬挂于腹腔顶壁，总肠系膜的两层浆膜由脊柱向下左、右分开，其间夹有全部结肠和部分盲肠，以及肠系膜前后脉管、植物性神经和淋巴结、淋巴管等，其中旋袢构成了一个圆形的结肠袢。

七、消化系统图谱

1. **消化系统组成**　图5-1-1至图5-1-5。
2. **口腔**　图5-2-1至图5-2-68。
3. **咽及腭**　图5-3-1至图5-3-10。
4. **食管及胃**　图5-4-1至图5-4-74。
5. **肠**　图5-5-1至图5-5-40。
6. **肝**　图5-6-1至图5-6-25。
7. **胰**　图5-7-1至图5-7-6。
8. **网膜**　图5-8-1至图5-8-7。

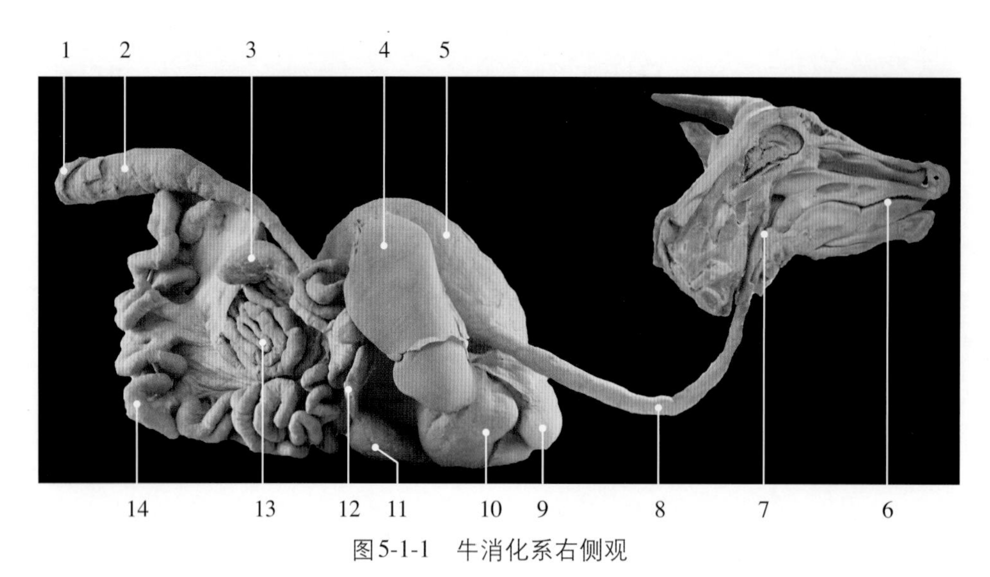

图5-1-1　牛消化系右侧观

1. 肛门 anus
2. 直肠 rectum
3. 盲肠 caecum
4. 肝 liver
5. 瘤胃 rumen
6. 口腔 oral cavity
7. 咽 pharynx
8. 食管 esophagus
9. 网胃 reticulum
10. 瓣胃 omasum
11. 皱胃 abomasum
12. 十二指肠 duodenum
13. 结肠 colon
14. 空肠 jejunum

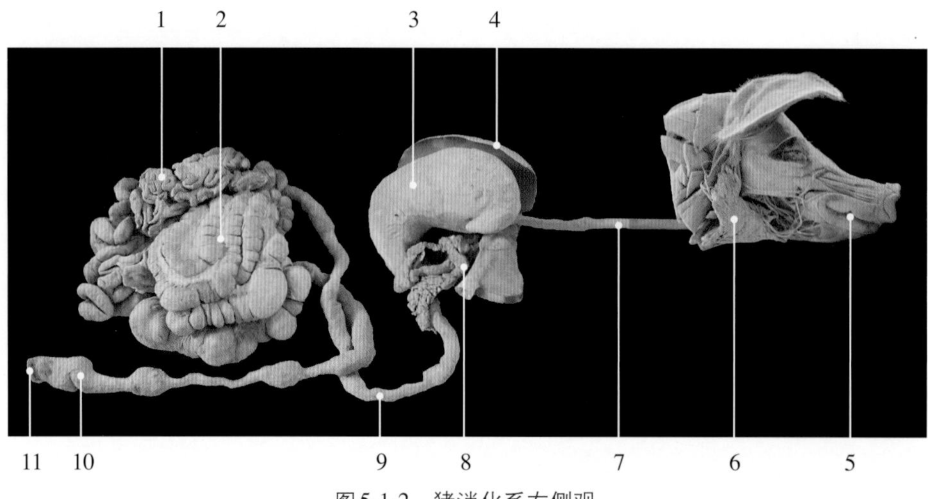

图5-1-2　猪消化系右侧观

1. 空肠 jejunum
2. 结肠 colon
3. 胃 stomach
4. 肝 liver
5. 口腔 oral cavity
6. 腮腺 parotid gland
7. 食管 esophagus
8. 胰 pancreas
9. 十二指肠 duodenum
10. 直肠 rectum
11. 肛门 anus

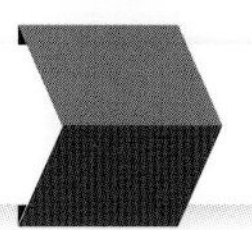

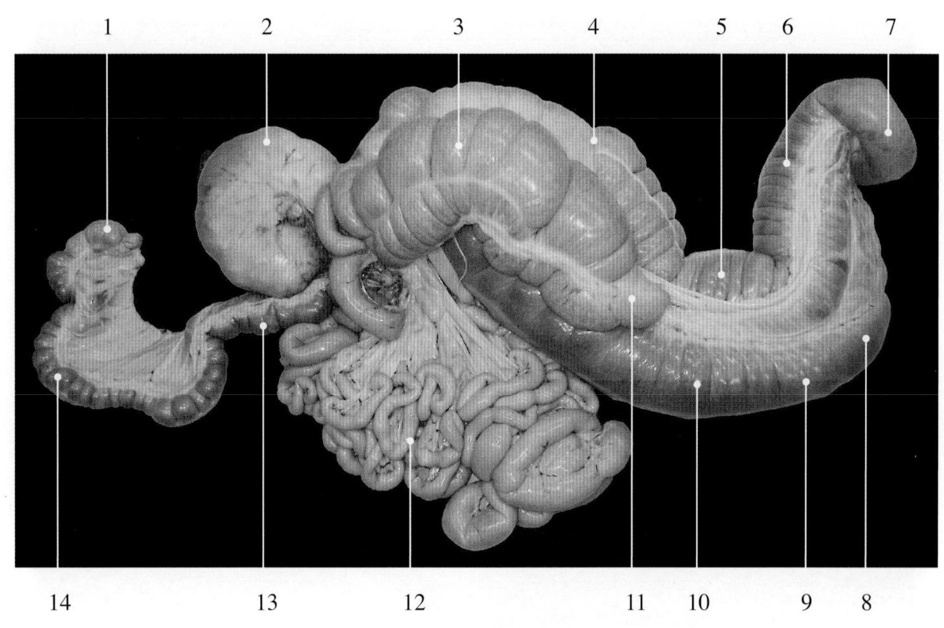

图5-1-3　驴腹腔内脏

1. 直肠　rectum
2. 胃　stomach
3. 盲肠体　caecal body
4. 右下大结肠　right ventral colon
5. 胸骨曲　sternal flexure
6. 左下大结肠　left ventral colon
7. 骨盆曲　pelvic flexure
8. 左上大结肠　left dorsal colon
9. 膈曲　diaphragmatic flexure
10. 右上大结肠　right dorsal colon
11. 盲肠尖　apex of caecum
12. 空肠　jejunum
13. 横结肠　transverse colon
14. 降结肠　descending colon

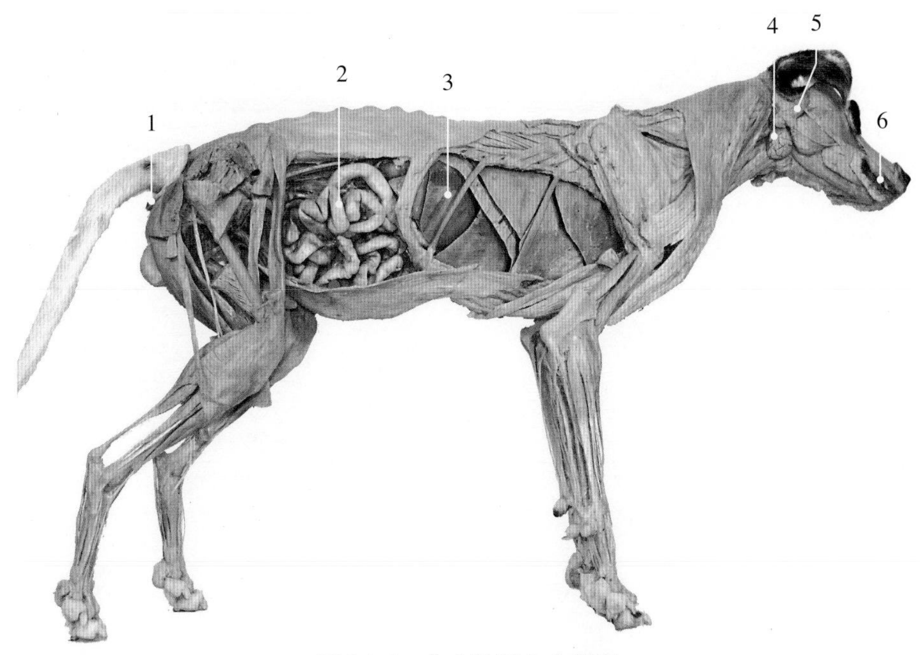

图5-1-4　犬内脏器官右侧观

1. 肛门　anus
2. 肠　intestine
3. 肝　liver
4. 颌下腺　submandibular gland
5. 腮腺　parotid gland
6. 口腔　oral cavity

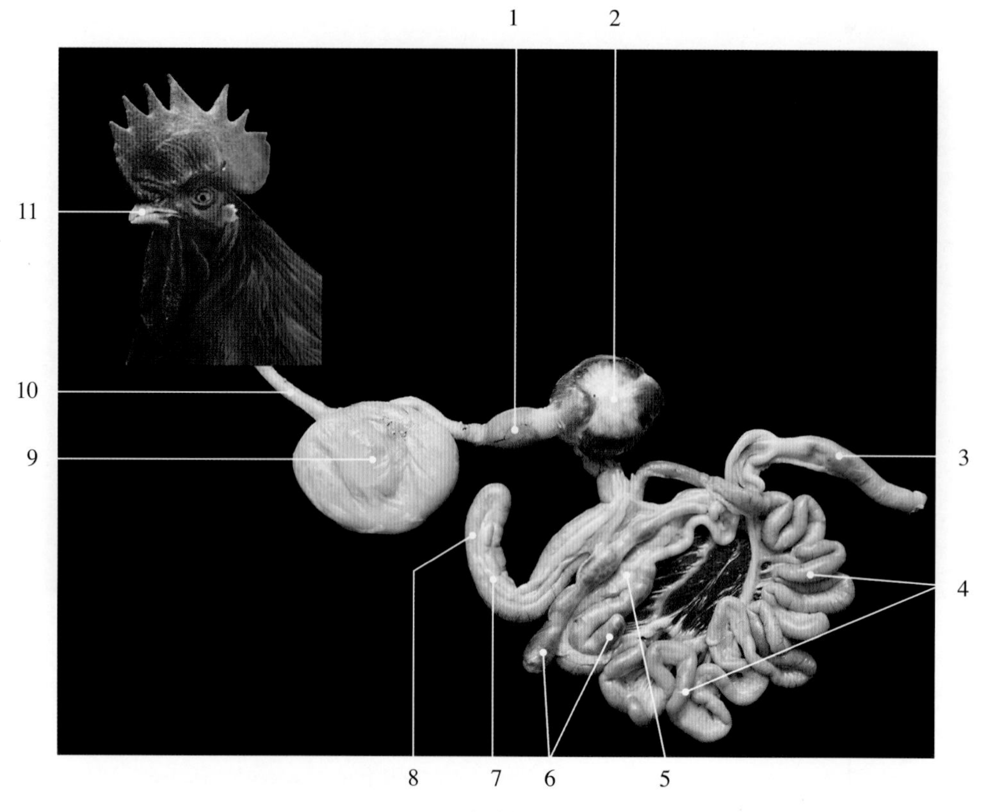

图5-1-5　鸡消化系统组成

1. 腺胃 glandular stomach
2. 肌胃 muscular stomach
3. 直肠 rectum
4. 空肠 jejunum
5. 回肠 ileum
6. 盲肠 caecum
7. 胰 pancreas
8. 十二指肠 duodenum
9. 嗉囊 crop
10. 食管 esophagus
11. 口腔 oral cavity

图5-2-1　犊牛鼻唇镜

鼻唇镜深层有鼻唇腺，腺管直接开口于鼻唇镜表面，分泌清亮的浆液。

1. 鼻孔 nostril，nasal opening　2. 鼻唇镜 nasolabial planum　3. 下唇 lower lip

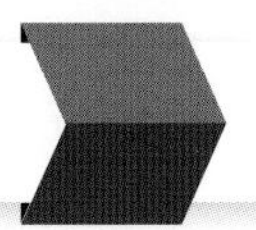

图5-2-2　羊鼻镜

1. 鼻孔 nostril，nasal opening　2. 鼻镜 nasal plate　3. 下唇 lower lip

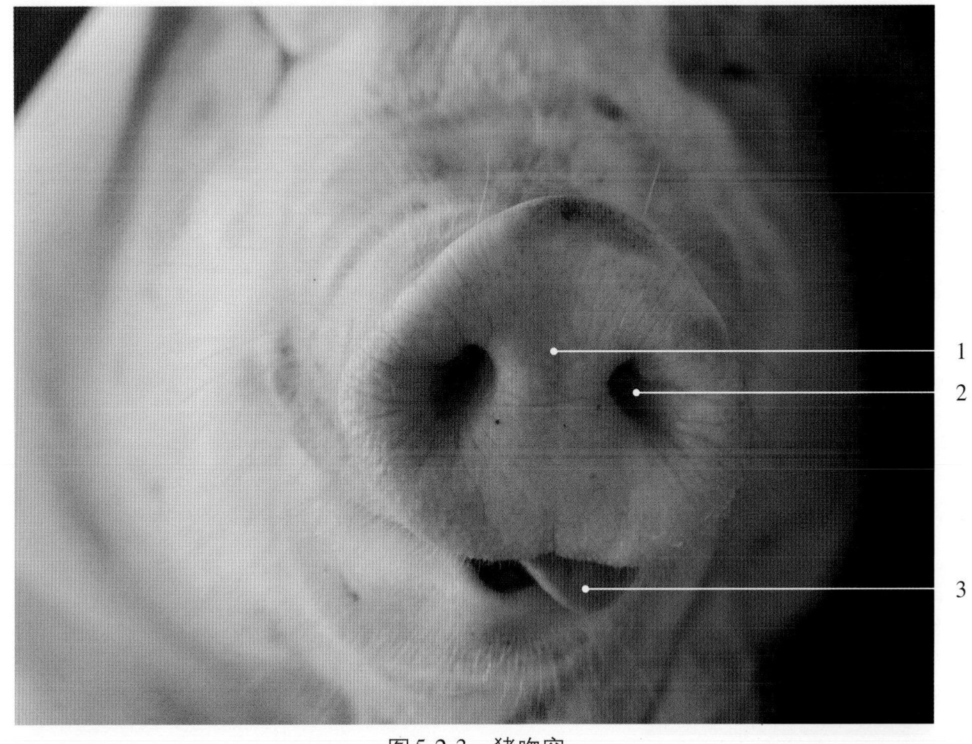

图5-2-3　猪吻突

1. 吻突 snout，rostral disc　2. 鼻孔 nostril，nasal opening　3. 舌 tongue

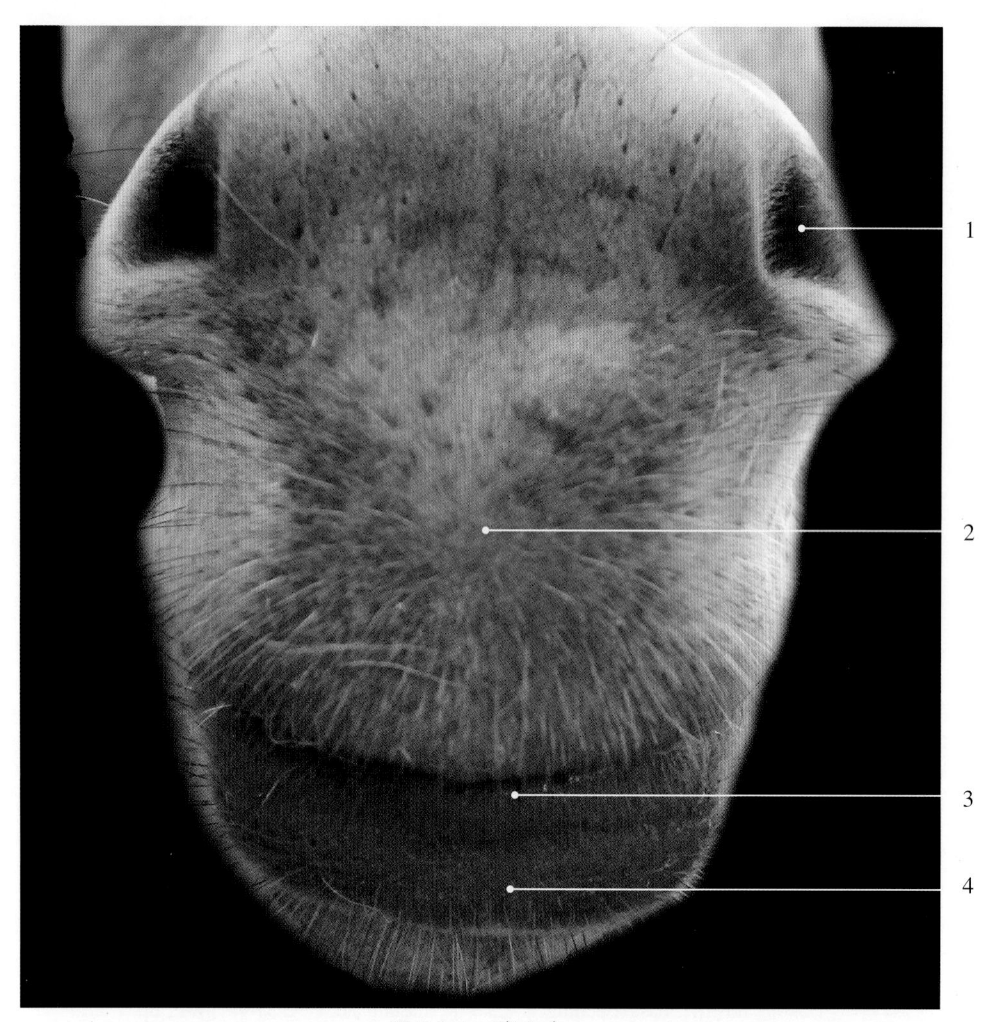

图5-2-4　驴人中

1. 鼻孔　nostril，nasal opening　　3. 上唇　upper lip
2. 人中　philtrum　　4. 下唇　lower lip

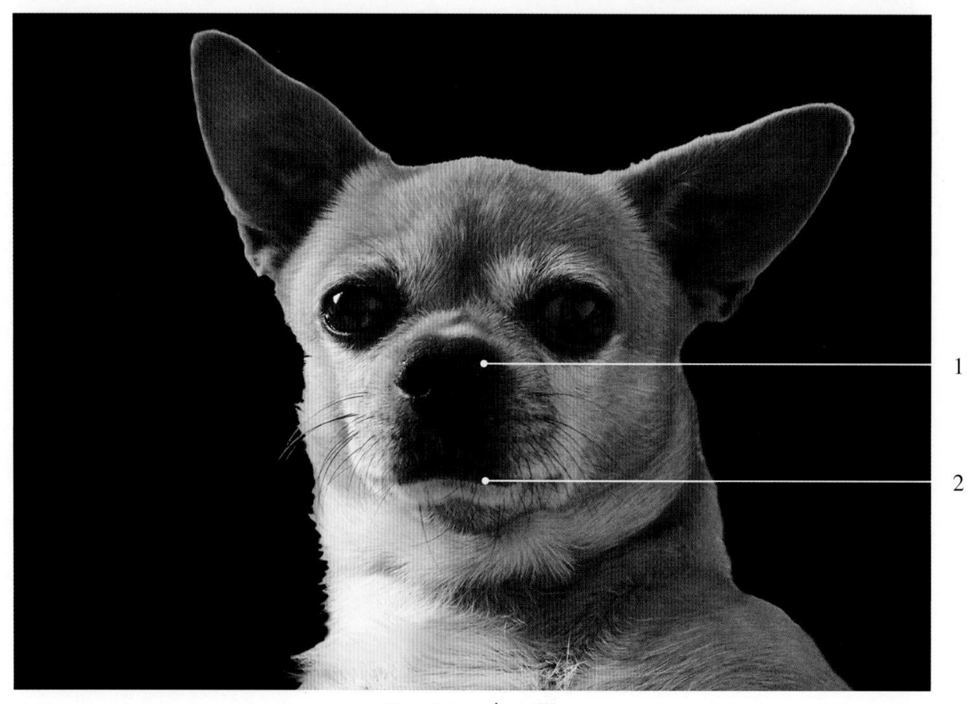

图5-2-5　犬　唇

1. 鼻　nose　　2. 唇　lip

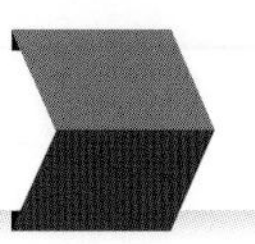

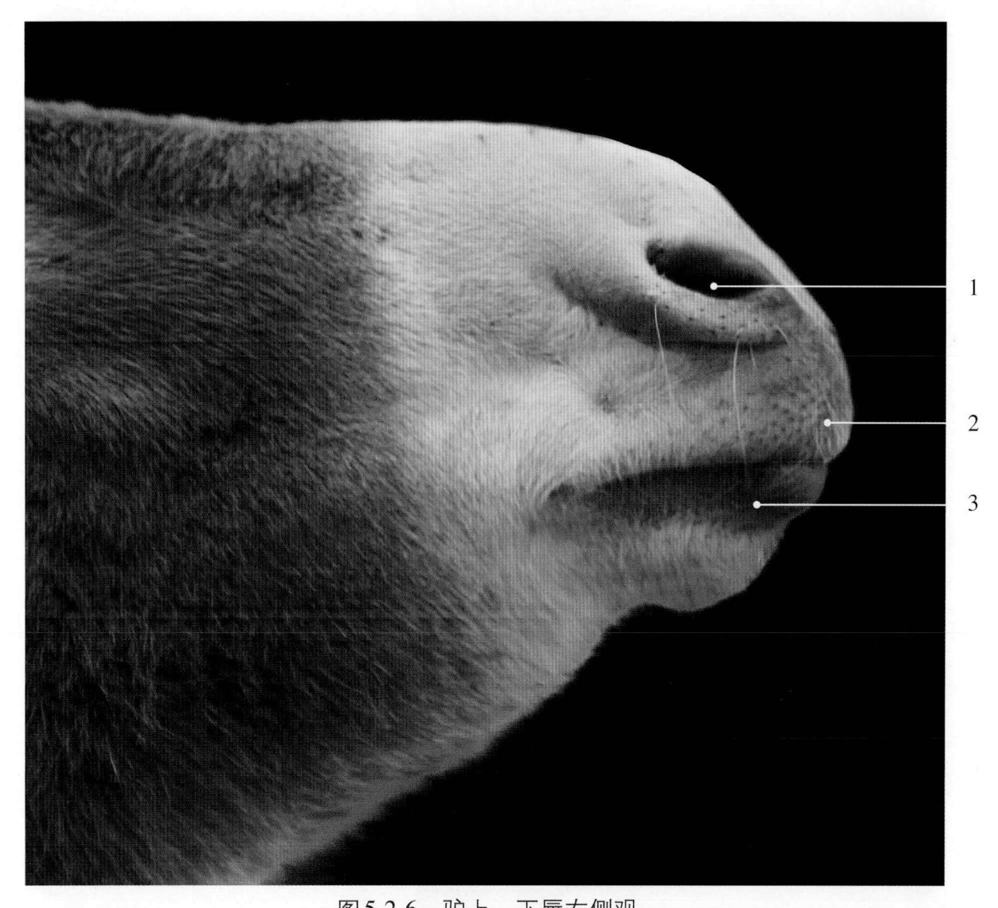

图5-2-6　驴上、下唇右侧观

1. 鼻孔　nostril，nasal opening　　2. 上唇　upper lip　　3. 下唇　lower lip

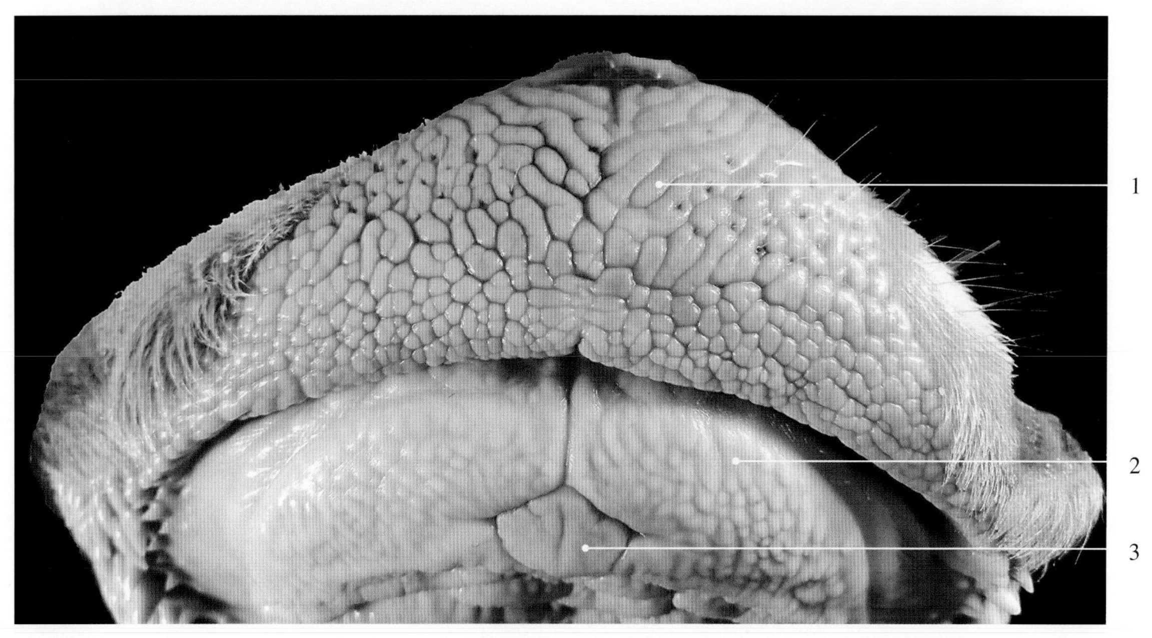

图5-2-7　牛上唇

1. 上唇　upper lip　　2. 齿板　dental plate　　3. 切齿乳头　incisive papilla

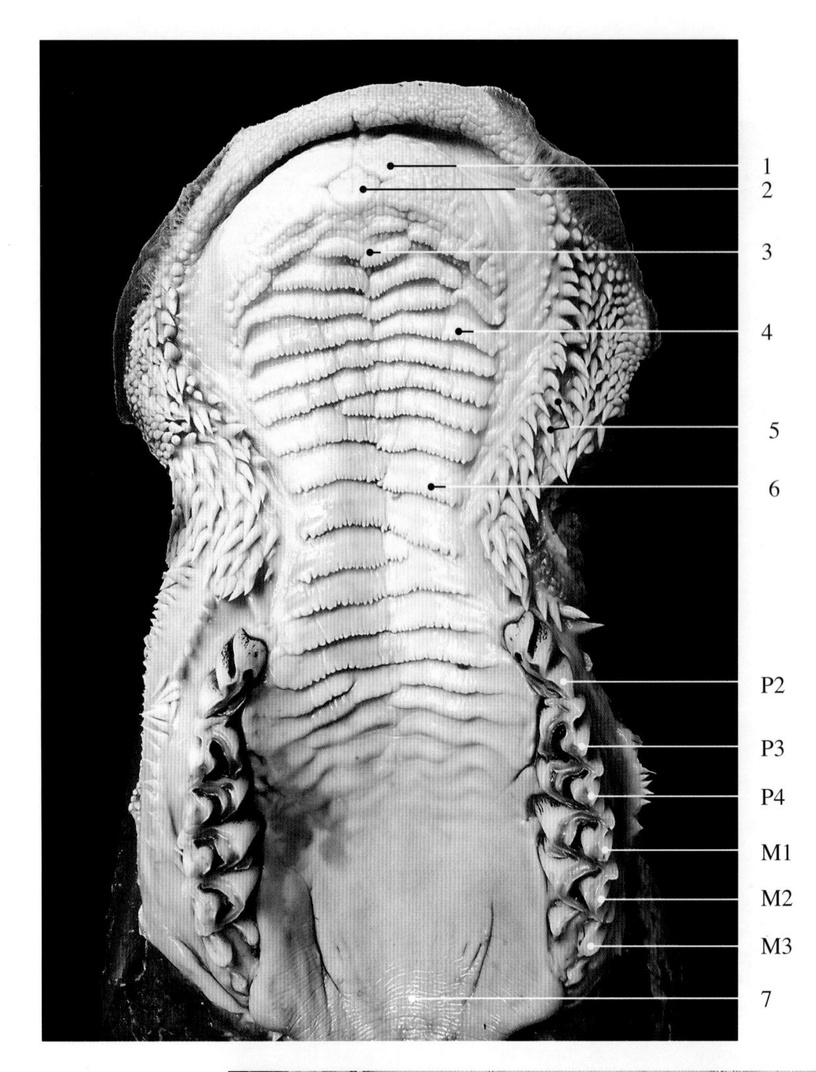

图5-2-8　牛上腭

1. 齿板 dental plate
2. 切齿乳头 incisive papilla
3. 腭缝 palatine raphe
4. 腭褶 palatine fold
5. 锥状乳头 coniform papilla
6. 硬腭 hard palate
P2 第2前臼齿 2nd premolar
P3 第3前臼齿 3rd premolar
P4 第4前臼齿 4th premolar
M1 第1臼齿 1st molar
M2 第2臼齿 2nd molar
M3 第3臼齿 3rd molar
7. 软腭 soft palate

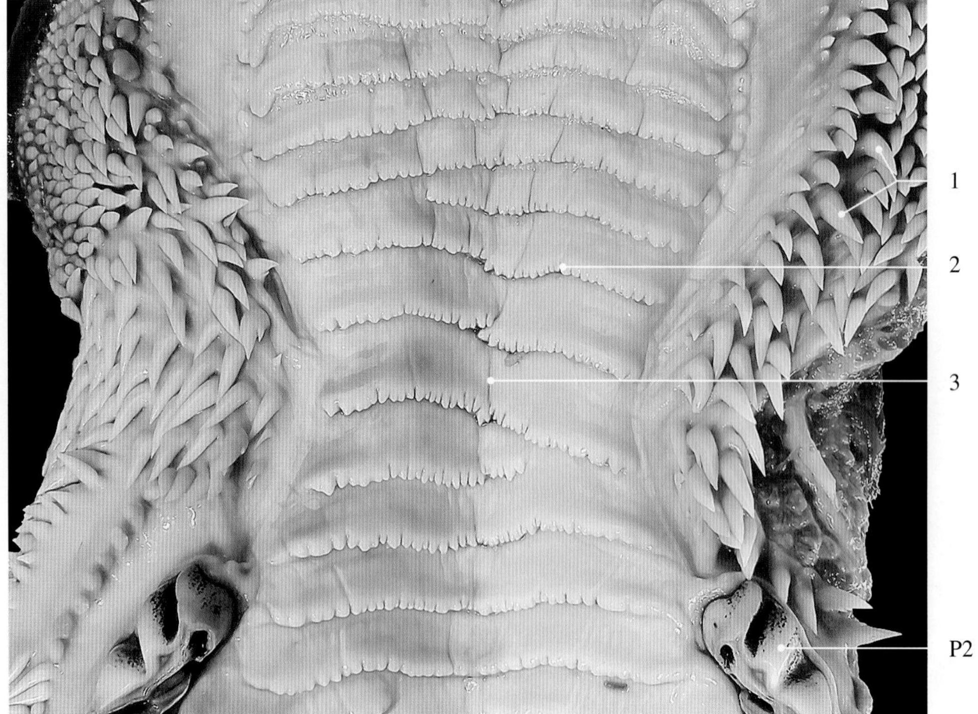

图5-2-9　牛硬腭腭褶

1. 锥状乳头 coniform papilla　3. 腭缝 palatine raphe
2. 腭褶 palatine fold　P2 第2前臼齿 2nd premolar

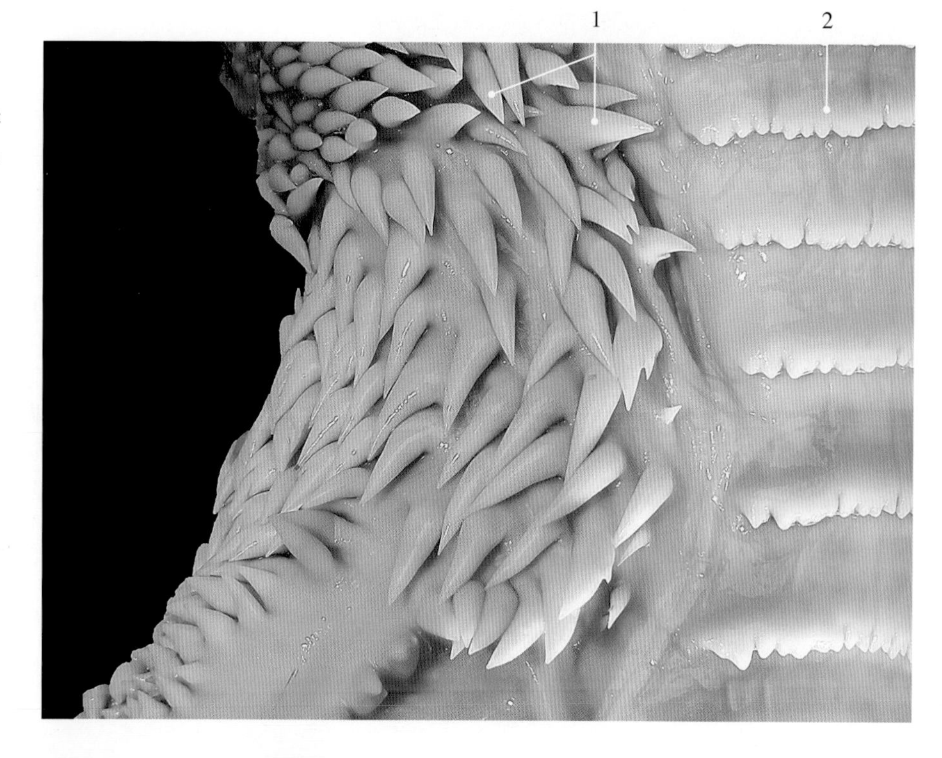

图5-2-10 牛颊锥状乳头

1. 锥状乳头 coniform papilla
2. 腭褶 palatine fold

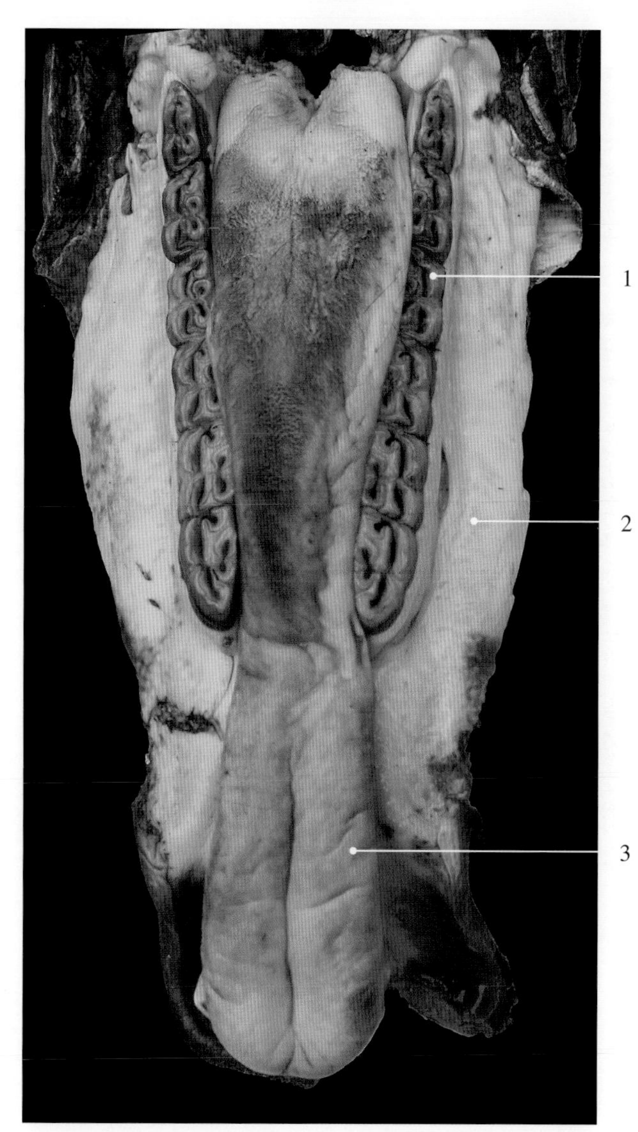

图5-2-11 驴舌及颊

1. 齿 tooth
2. 颊 cheek
3. 舌 tongue

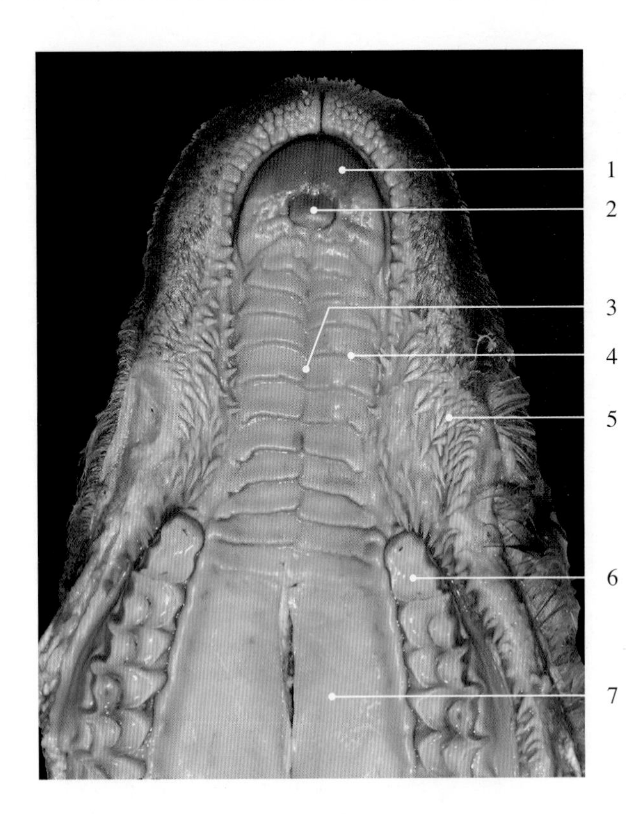

图5-2-12　牛硬腭及颊

由于牛（羊）不具有上切齿，硬腭前端部平坦而高度角化，形成齿枕，又称切齿板，代替了上切齿的功能。

1. 齿枕 dental pillow
2. 切齿乳头 incisive papilla
3. 腭缝 palatine raphe
4. 腭褶 palatine fold
5. 颊乳头 buccal papilla
6. 第1上前臼齿 1st upper premolar
7. 软腭 soft palate

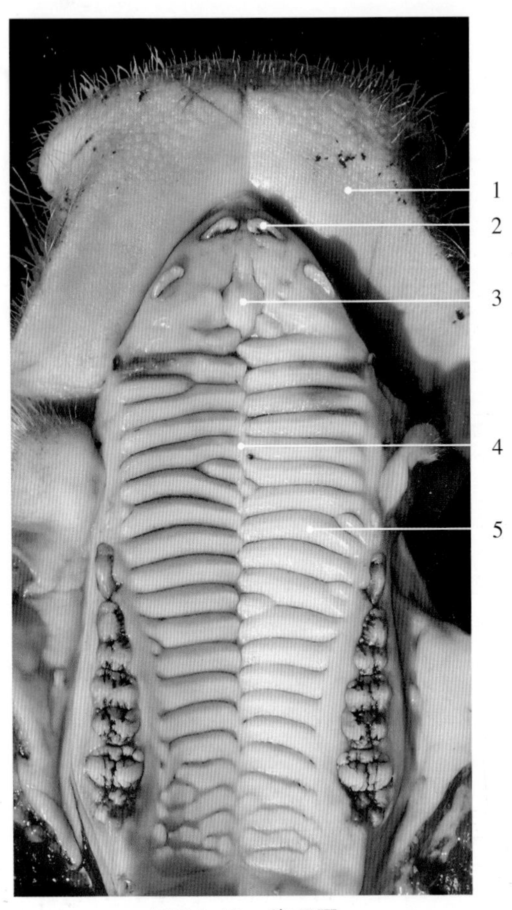

图5-2-13　猪硬腭

1. 上唇 upper lip
2. 门齿 1st incisor
3. 切齿乳头 incisive papilla
4. 腭缝 palatine raphe
5. 腭褶 palatine fold

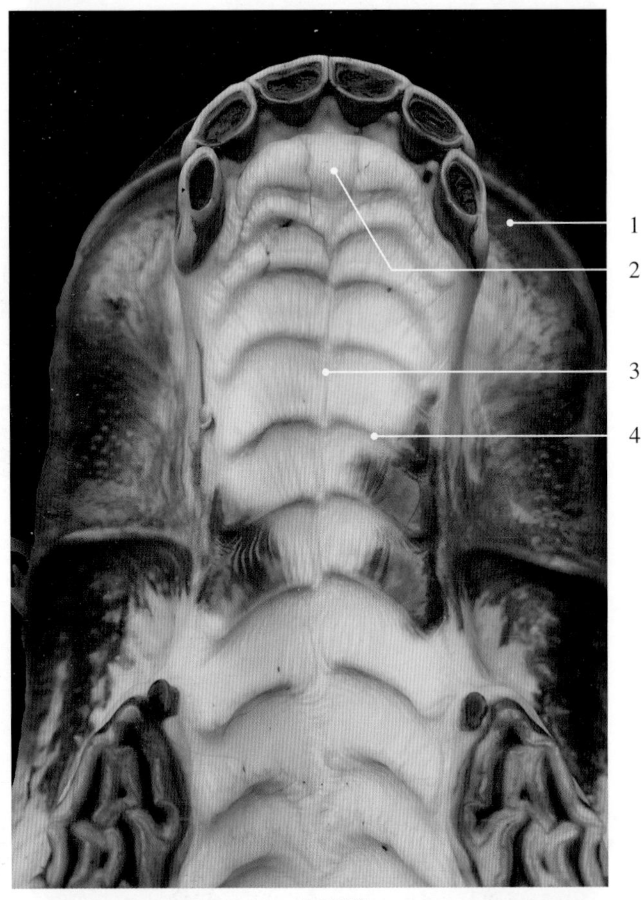

图5-2-14　驴硬腭

1. 上唇 upper lip
2. 切齿乳头 incisive papilla
3. 腭缝 palatine raphe
4. 腭褶 palatine fold

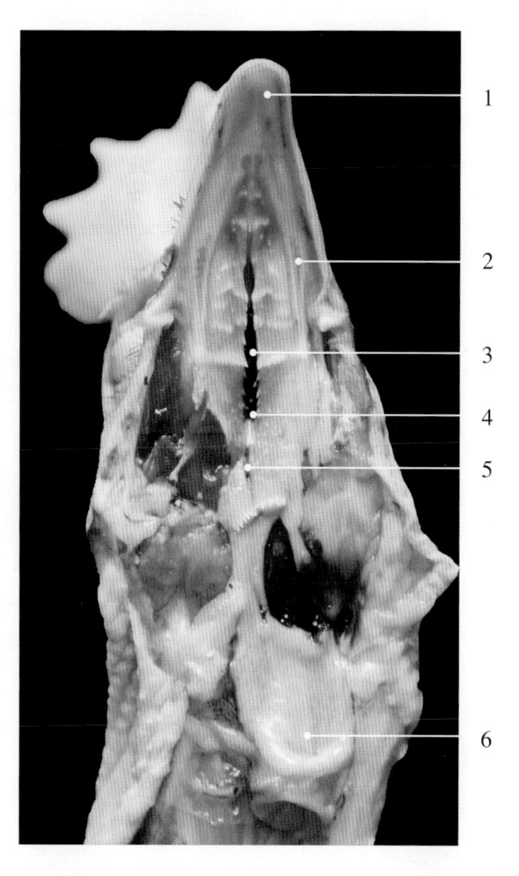

图5-2-15　鸡上腭

1. 上喙 upper bill
2. 唾液腺导管开口 salivary duct openings
3. 腭裂 cleft palate
4. 鼻后孔 posterior nasal apertures
5. 咽鼓管漏斗 pharyngotympanic tube infundibulum
6. 食管 esophagus

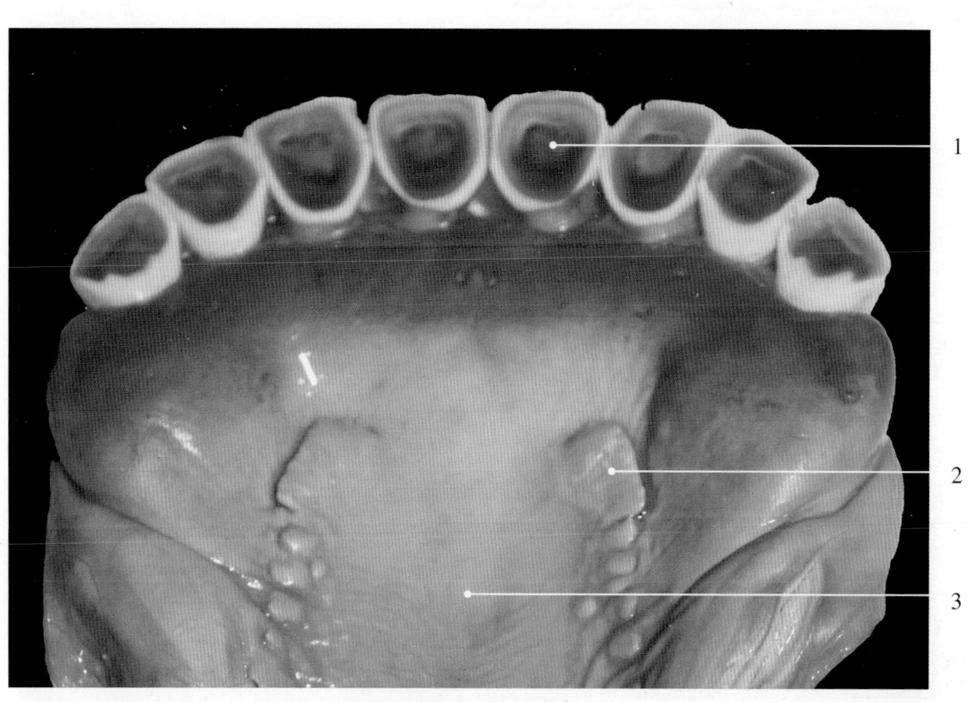

图5-2-16　牛口腔底

1. 门齿 1st incisor
2. 舌下肉阜 sublingual caruncle
3. 口腔底 floor of the oral cavity

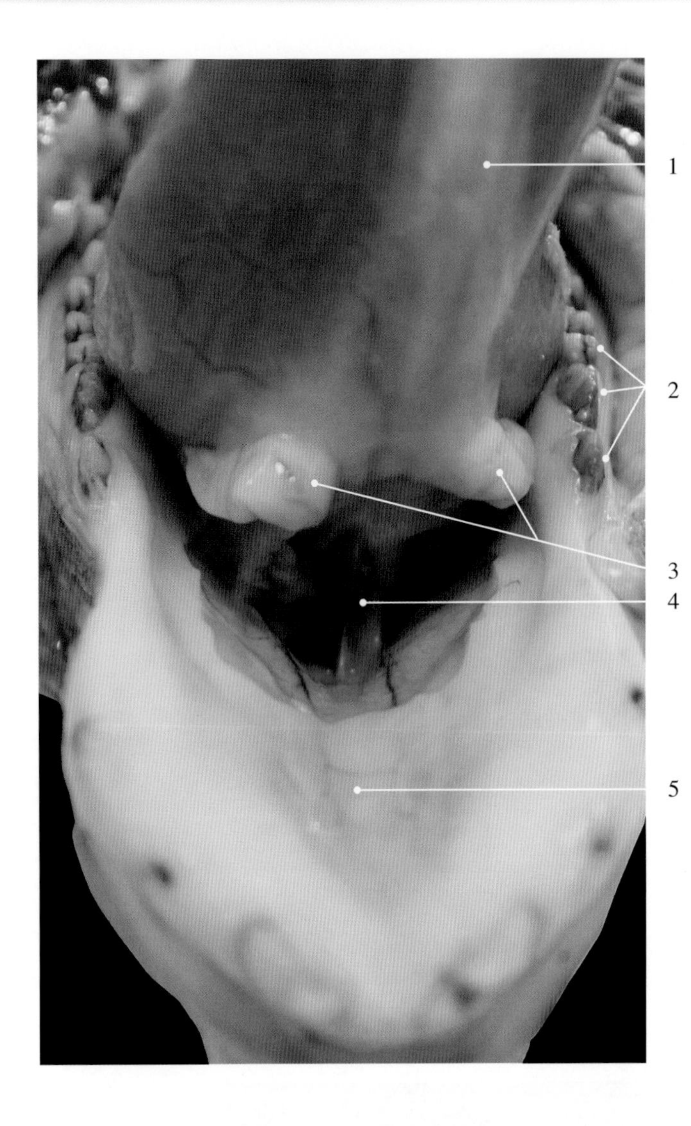

图5-2-17　猪口腔底

1. 舌底 base of tongue
2. 前臼齿 premolar
3. 舌系带 lingual frenulums
4. 舌下静脉 sublingual vein
5. 口腔底 floor of the oral cavity

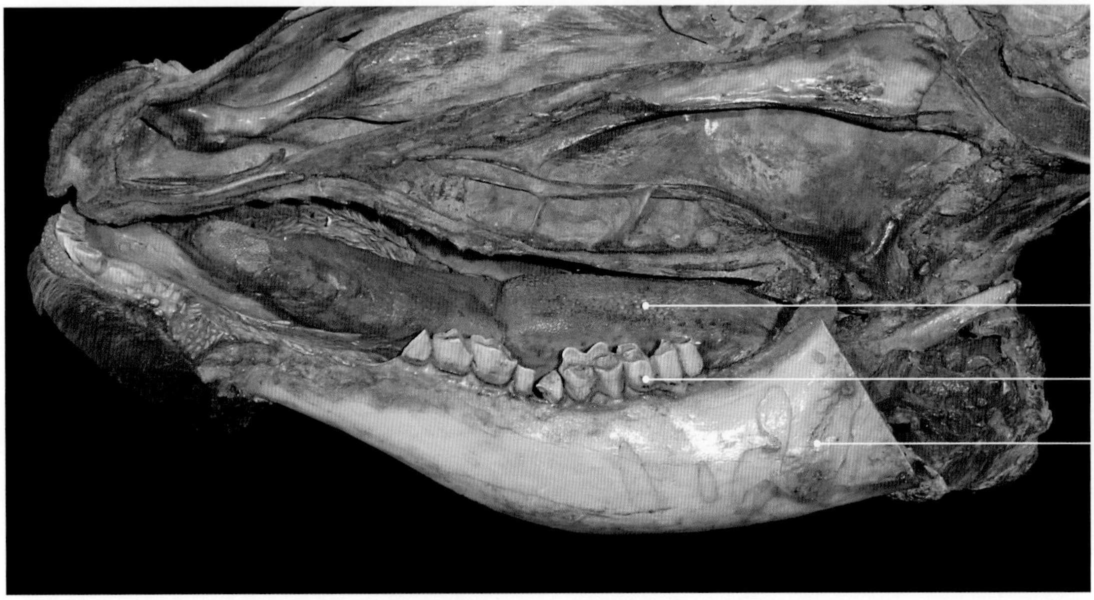

图5-2-18　牛舌位置

1. 舌 tongue
2. 齿 tooth
3. 下颌骨 mandible

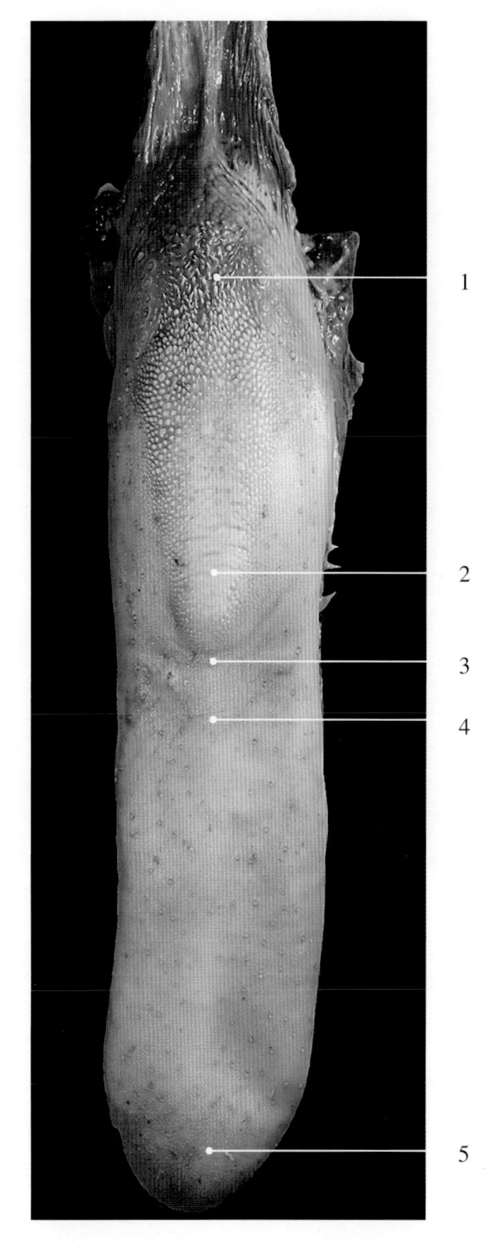

图5-2-19 牛舌背侧观

1. 舌根 lingual root
2. 舌圆枕 lingual torus
3. 舌隐窝 lingual fossa
4. 舌体 lingual body
5. 舌尖 lingual apex

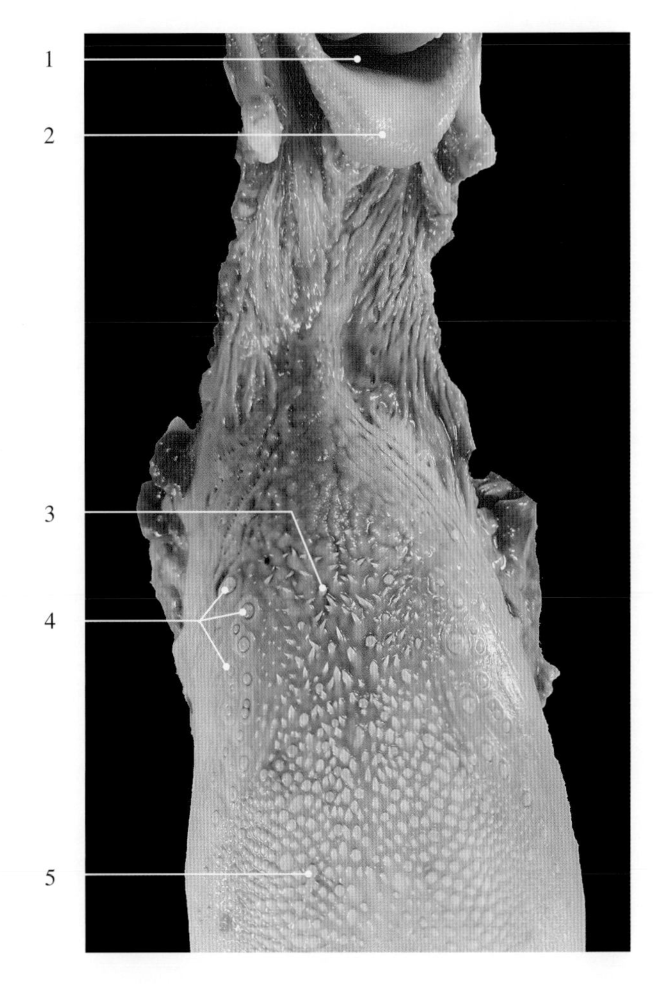

图5-2-20 牛舌根1

1. 喉口 laryngeal entrance
2. 会厌 epiglottis
3. 锥状乳头 coniform papilla
4. 轮廓乳头 vallate papilla
5. 豆状乳头 lentiform papilla

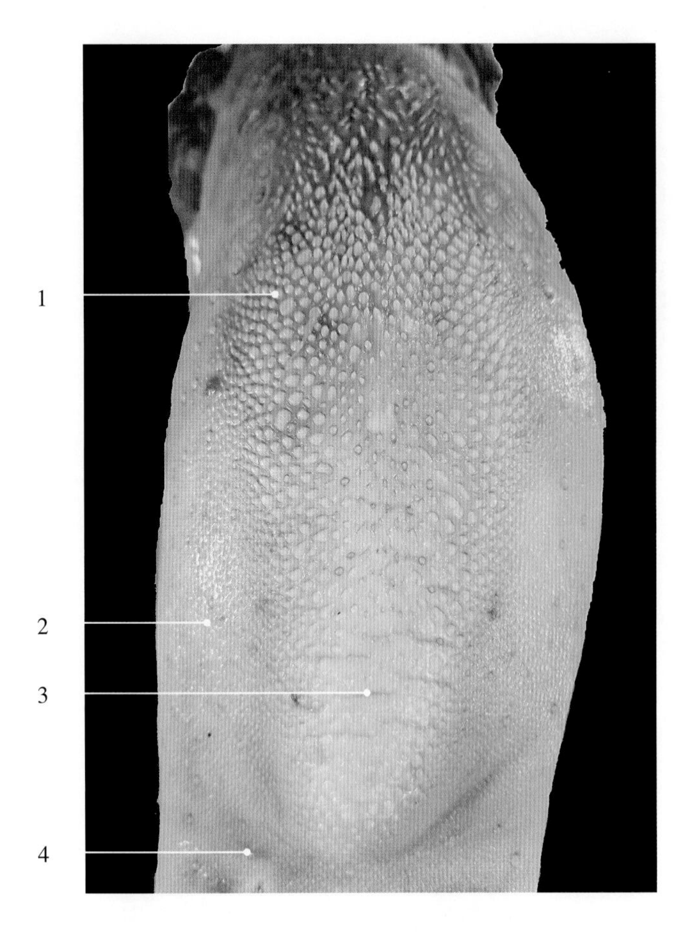

图5-2-21　牛舌根2

1. 豆状乳头 lentiform papilla
2. 丝状乳头 filiform papilla
3. 舌圆枕 lingual 2torus
4. 舌隐窝 lingual fossa

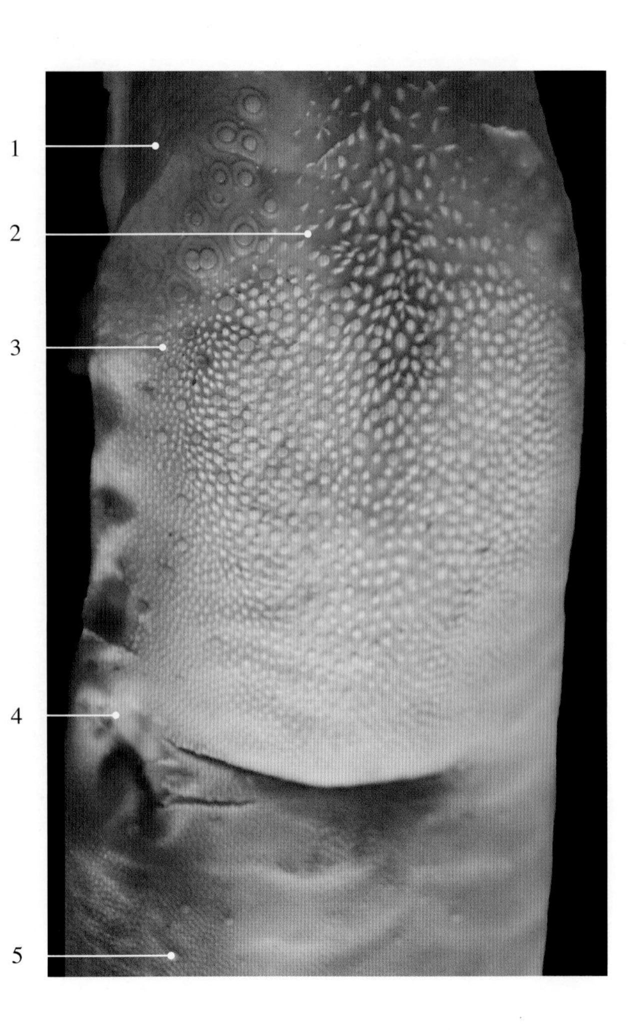

图5-2-22　犊牛舌乳头（固定标本）

1. 轮廓乳头 vallate papilla
2. 锥状乳头 coniform papilla
3. 豆状乳头 lentiform papilla
4. 丝状乳头 filiform papilla
5. 菌状乳头 fungiform papilla

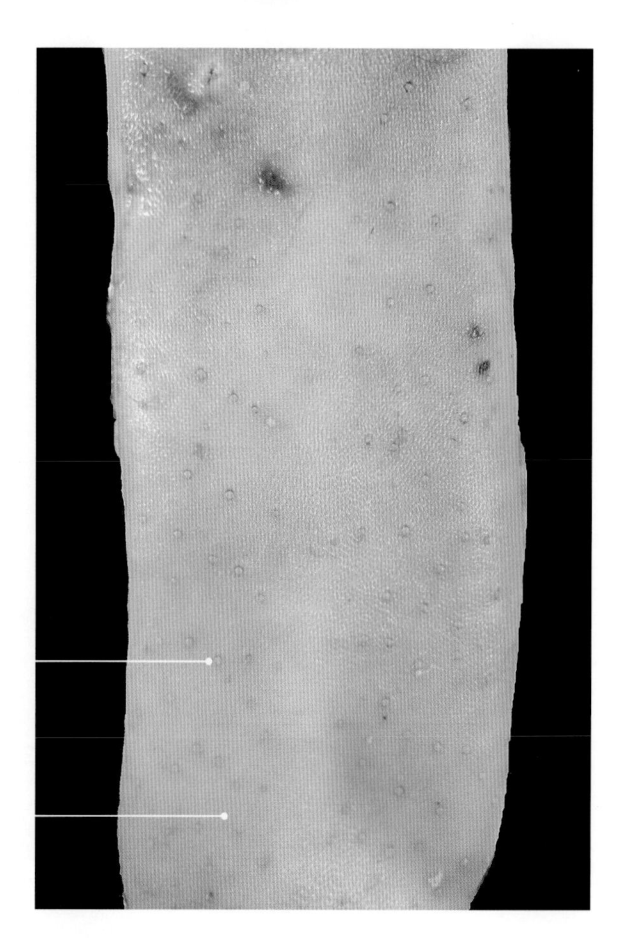

图5-2-23　牛舌体

1. 菌状乳头 fungiform papilla
2. 丝状乳头 filiform papilla

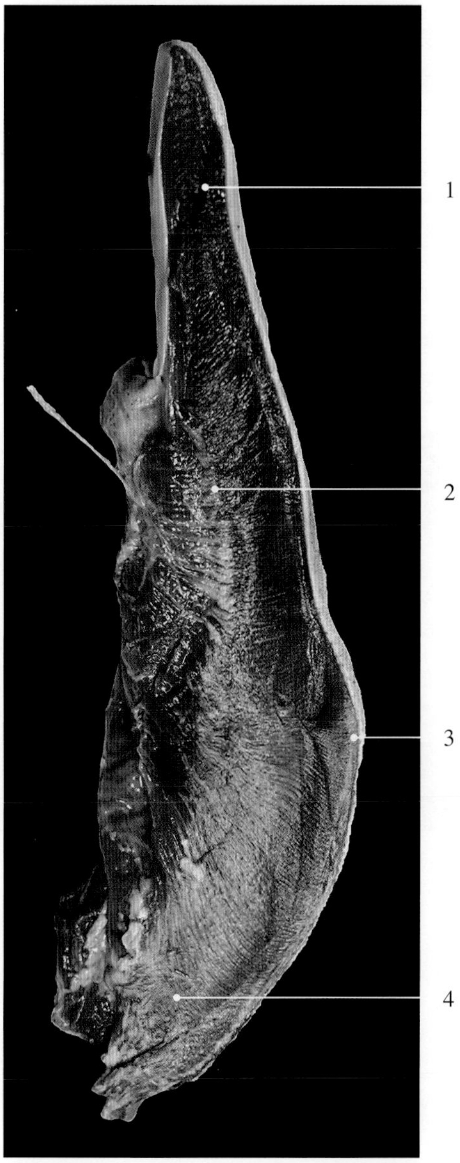

1
2
3
4

图5-2-24　牛舌矢状面

1. 舌尖 lingual apex
2. 舌体 lingual body
3. 舌圆枕 lingual torus
4. 舌根 lingual root

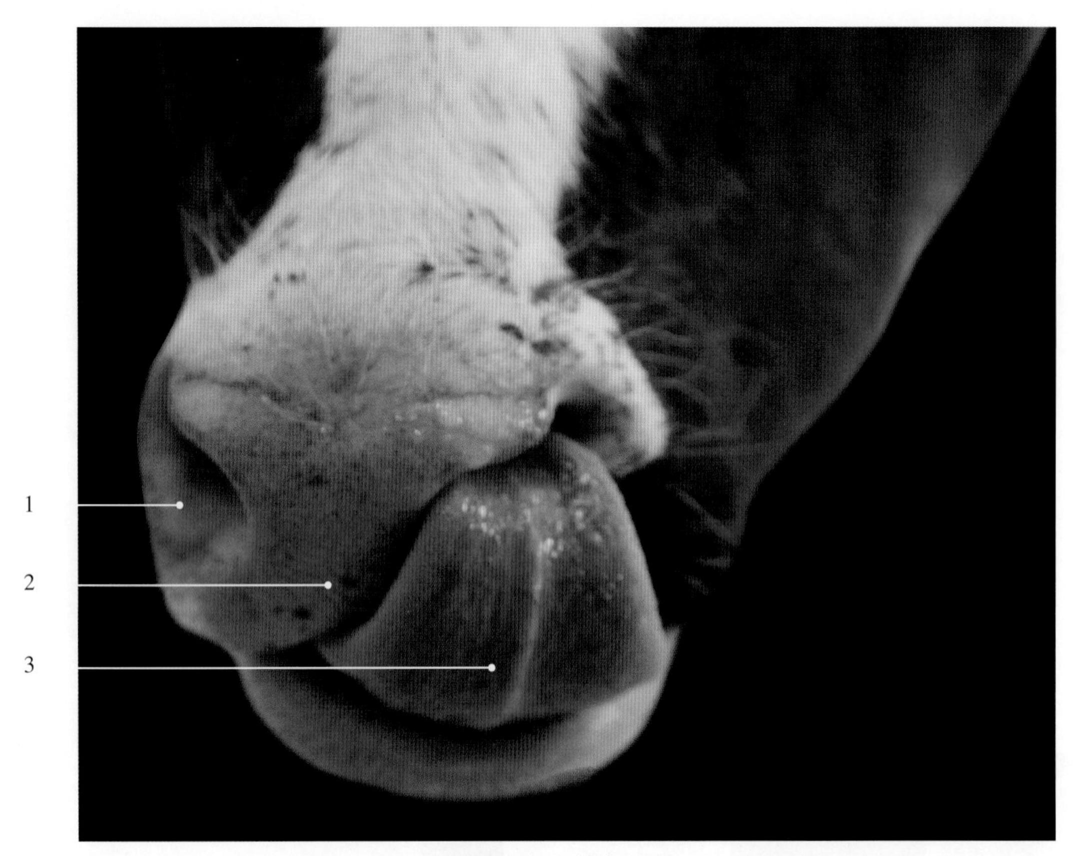

图5-2-25　犊牛舌尖

1. 鼻孔　nostril，nasal opening
2. 鼻唇镜　nasolabial planum
3. 舌尖　lingual apex

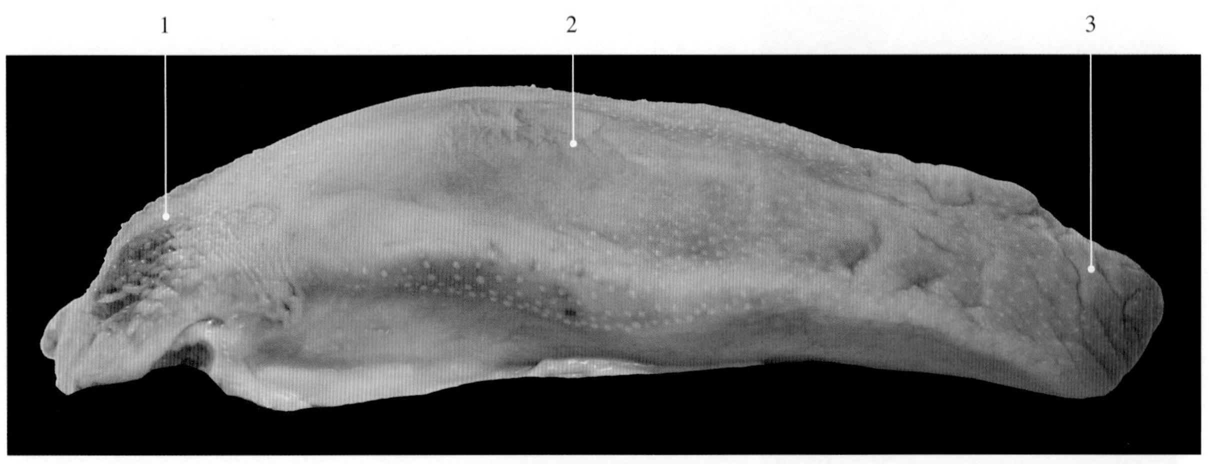

图5-2-26　猪舌外侧观

1. 舌根　lingual root
2. 舌体　lingual body
3. 舌尖　lingual apex

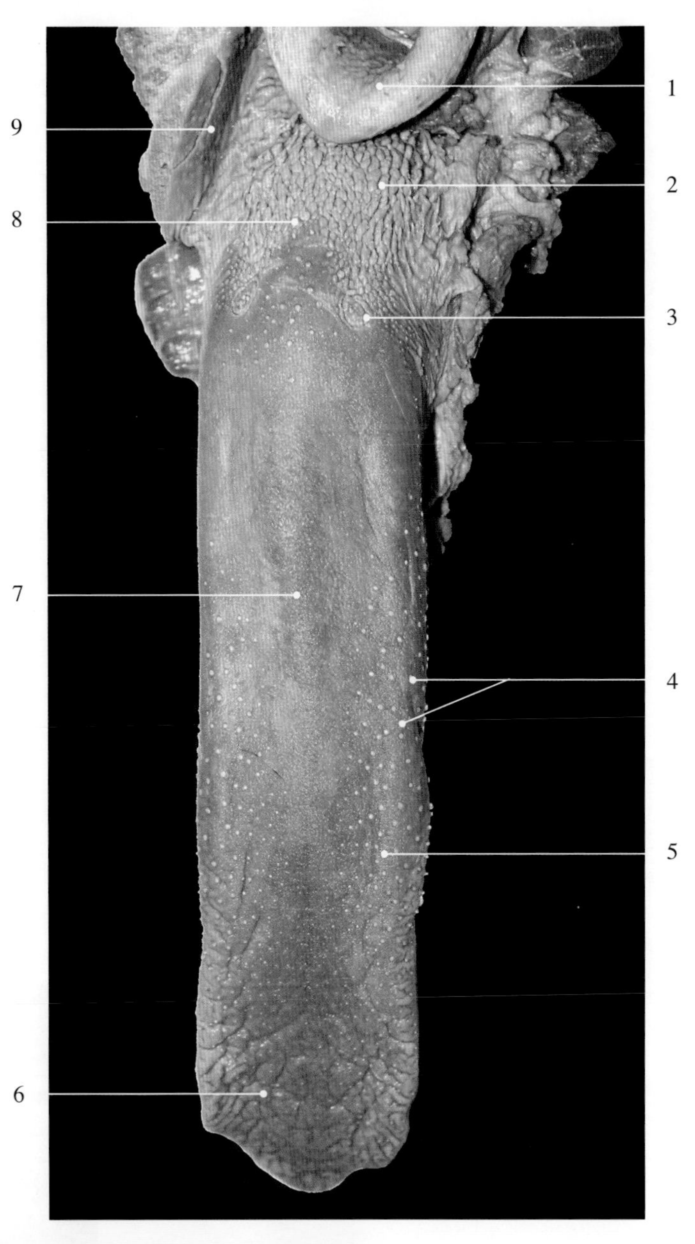

图5-2-27　猪舌背侧观

1. 喉口 laryngeal entrance
2. 锥状乳头 coniform papilla
3. 轮廓乳头 vallate papilla
4. 菌状乳头 fungiform papilla
5. 丝状乳头 filiform papilla
6. 舌尖 lingual apex
7. 舌体 lingual body
8. 舌根 lingual root
9. 腭扁桃体 palatine tonsil

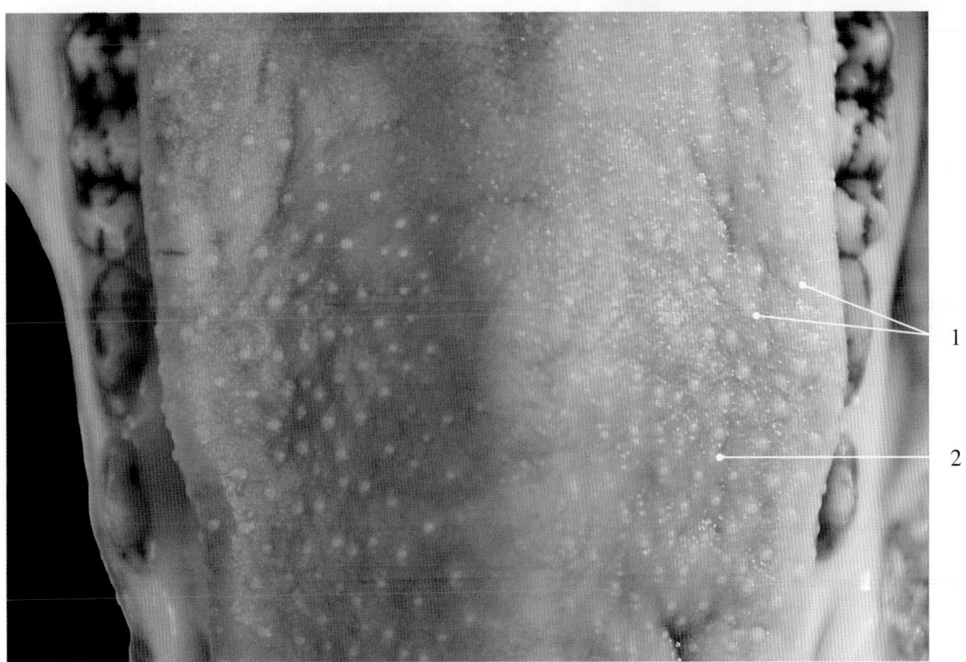

图5-2-28　猪舌体

1. 菌状乳头 fungiform papilla
2. 丝状乳头 filiform papilla

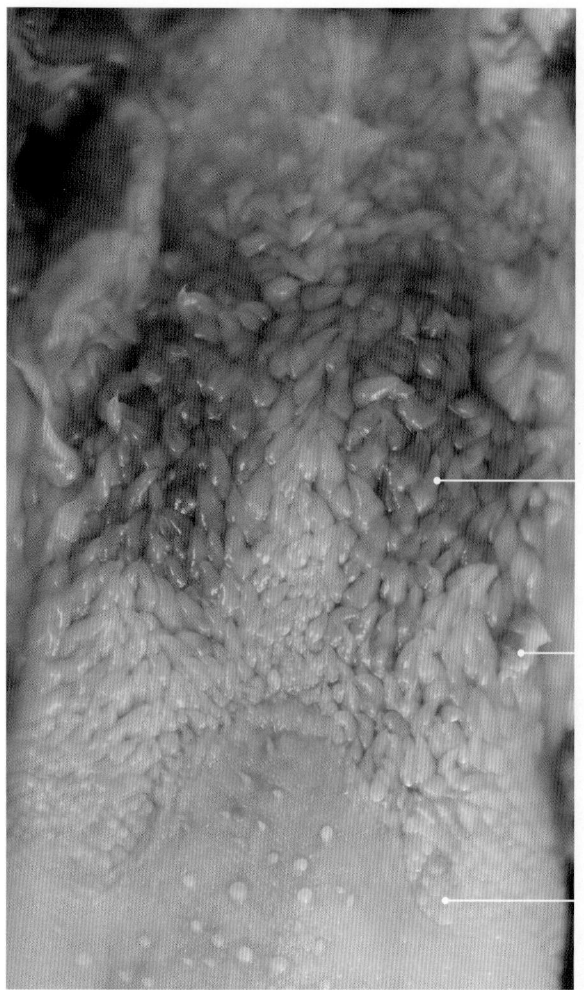

图5-2-29　猪舌根部乳头

1. 锥状乳头　coniform papilla
2. 叶状乳头　foliate papilla
3. 轮廓乳头　vallate papilla

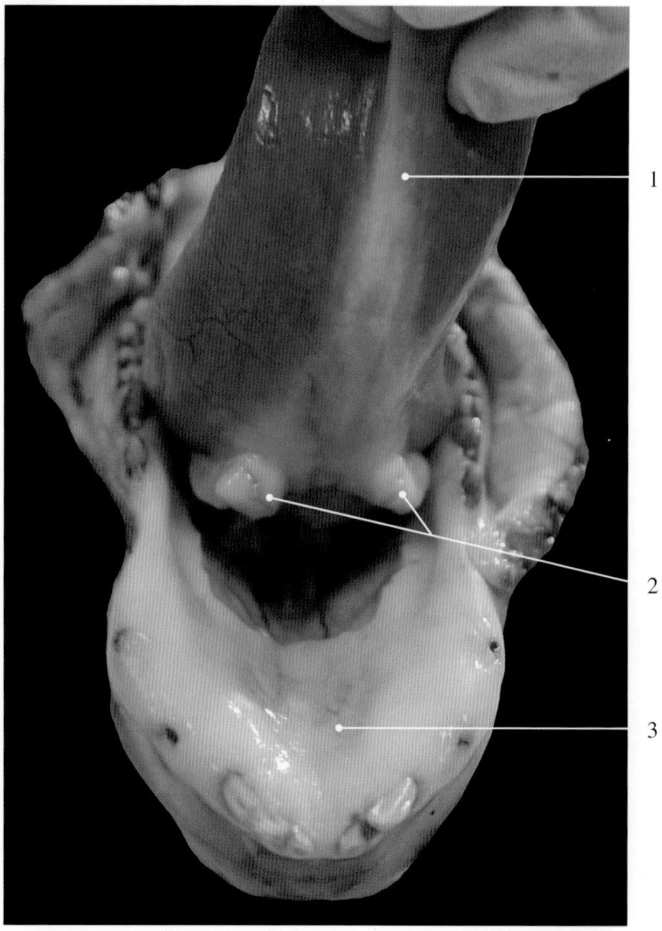

图5-2-30　猪舌底

1. 舌底　base of tongue
2. 舌系带（断端）lingual frenulums
3. 口腔底　floor of the oral cavity

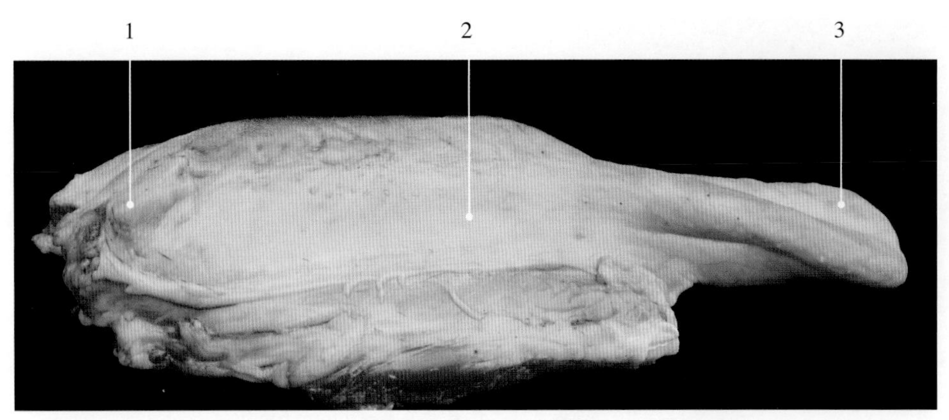

图5-2-31　驴舌外侧观

1. 舌根 lingual root　　2. 舌体 lingual body　　3. 舌尖 lingual apex

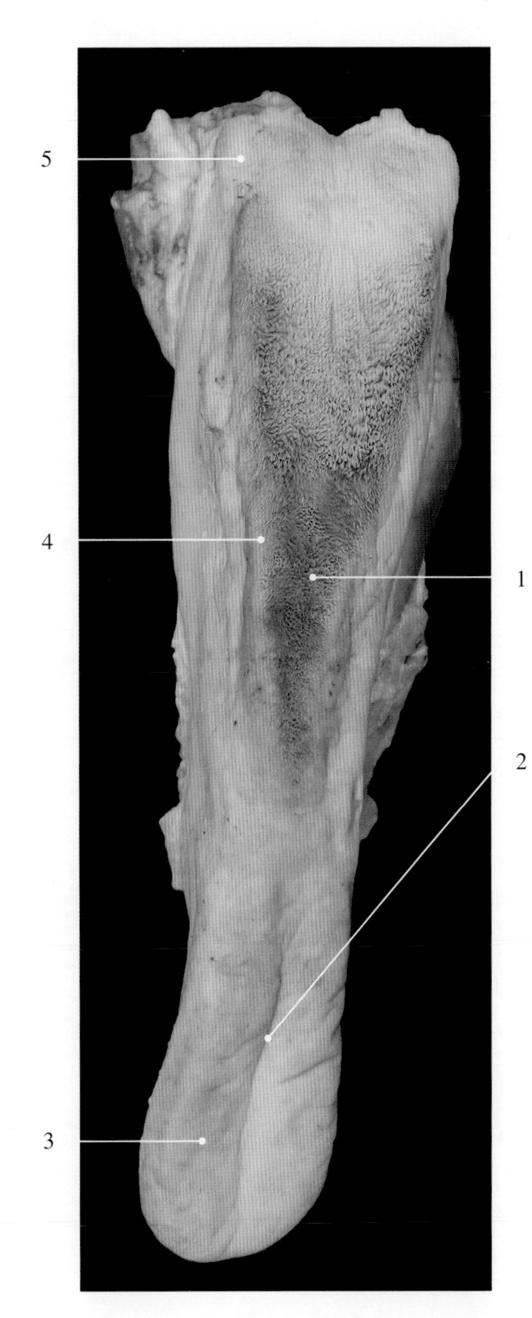

图5-2-32　驴舌背侧观

1. 舌苔 coated tongue
2. 正中沟 median groove
3. 舌尖 lingual apex
4. 舌体 lingual body
5. 舌根 lingual root

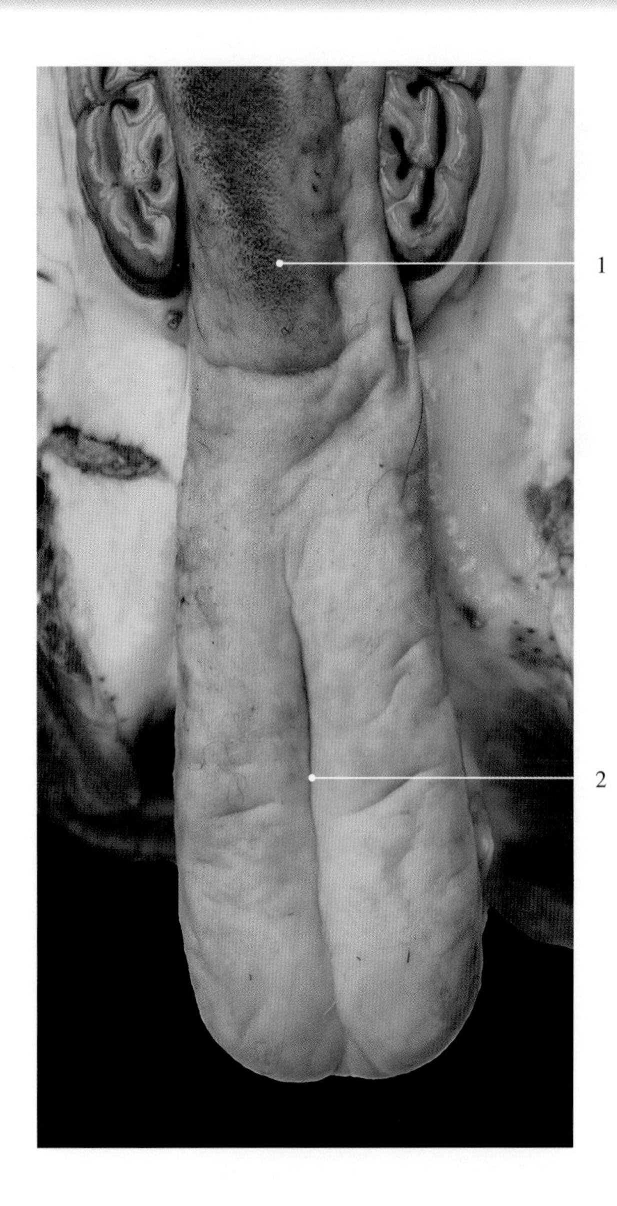

图5-2-33　驴舌尖

1. 丝状乳头 filiform papilla
2. 正中沟 median groove

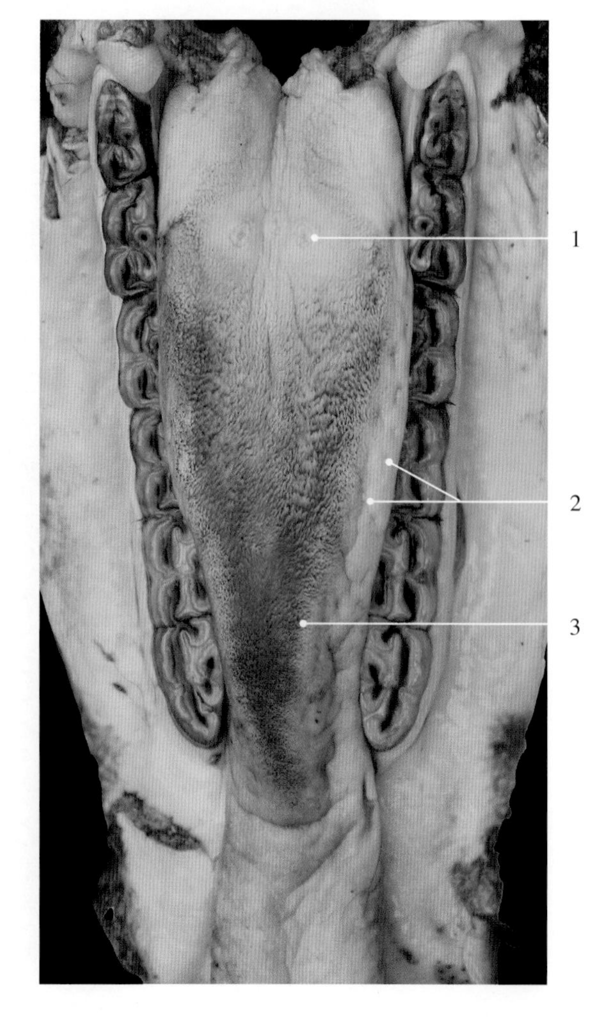

图5-2-34　驴舌乳头

1. 轮廓乳头 vallate papilla
2. 菌状乳头 fungiform papilla
3. 丝状乳头 filiform papilla

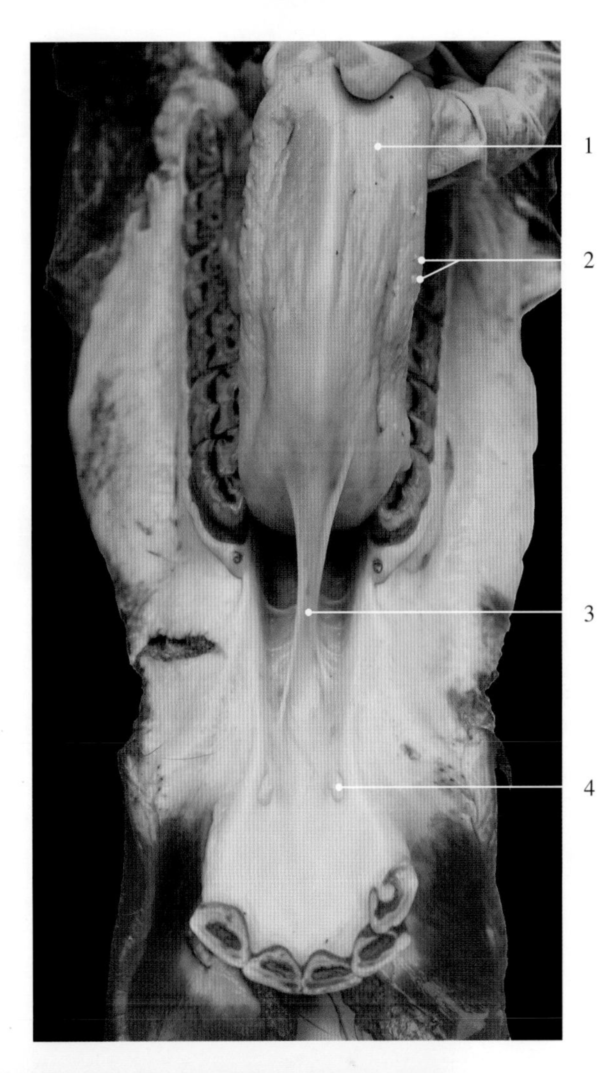

图5-2-35 驴舌底

1. 舌尖 lingual apex
2. 菌状乳头 fungiform papilla
3. 舌系带 lingual frenulum
4. 舌下肉阜 sublingual caruncle

图5-2-36 犬 舌

1. 人中 philtrum 2. 正中沟 median groove 3. 犬齿 canine tooth

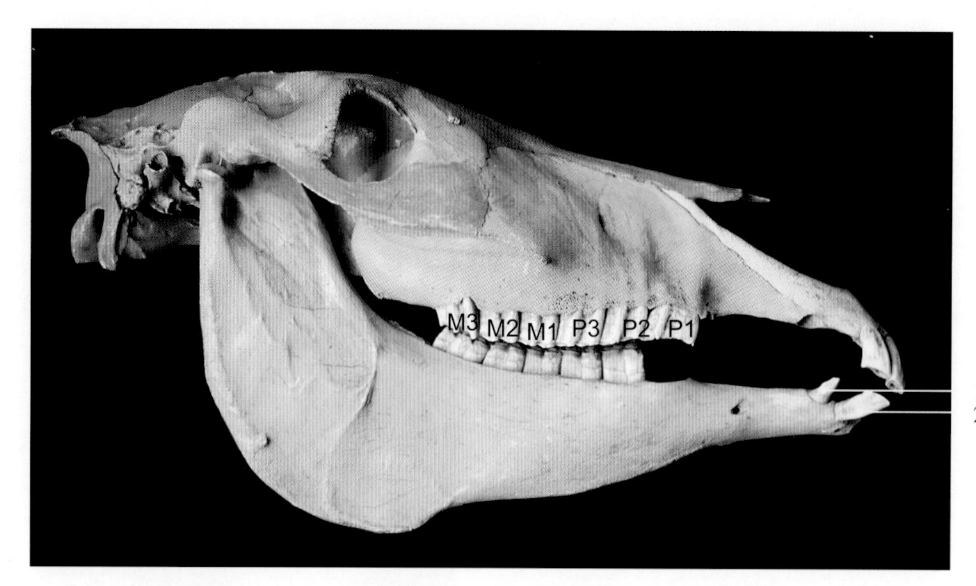

图5-2-37 公马齿外侧观

1. 犬齿 canine tooth
2. 切齿 incisor
P1 第1前臼齿 1st premolar
P2 第2前臼齿 2nd premolar
P3 第3前臼齿 3rd premolar
M1 第1臼齿 1st molar
M2 第2臼齿 2nd molar
M3 第3臼齿 3rd molar

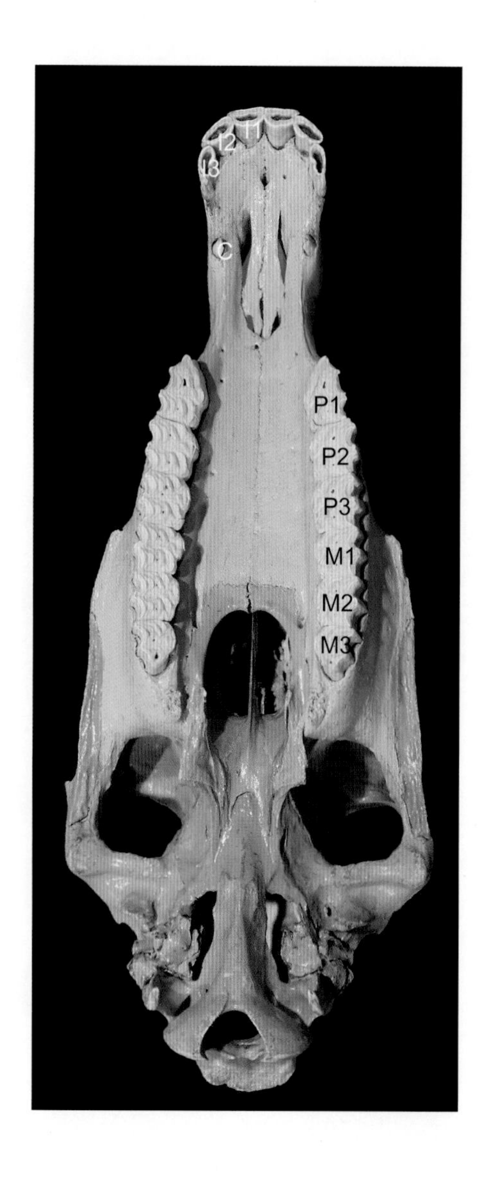

图5-2-38 公马上齿弓磨面

I1 门齿 1st incisor
I2 中间齿 2nd incisor
I3 隅齿 3rd incisor
C 犬齿 canine tooth
P1 第1前臼齿 1st premolar
P2 第2前臼齿 2nd premolar
P3 第3前臼齿 3rd premolar
M1 第1臼齿 1st molar
M2 第2臼齿 2nd molar
M3 第3臼齿 3rd molar

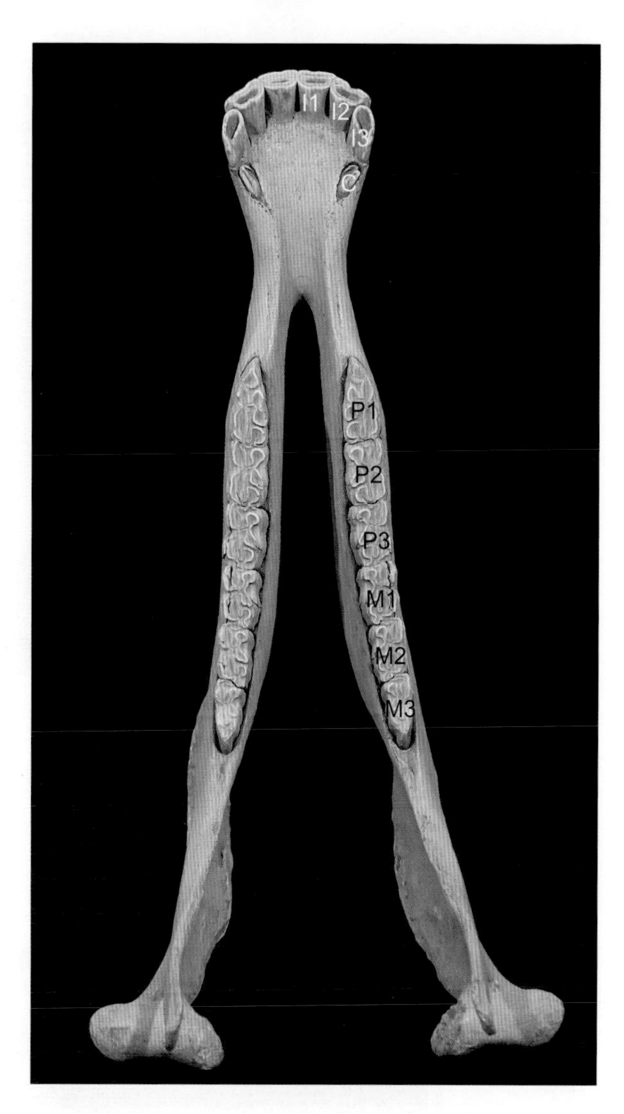

图5-2-39 公马下齿弓磨面

I1 门齿 1st incisor
I2 中间齿 2nd incisor
I3 隅齿 3rd incisor
C 犬齿 canine tooth
P1 第1前臼齿 1st premolar
P2 第2前臼齿 2nd premolar
P3 第3前臼齿 3rd premolar
M1 第1臼齿 1st molar
M2 第2臼齿 2nd molar
M3 第3臼齿 3rd molar

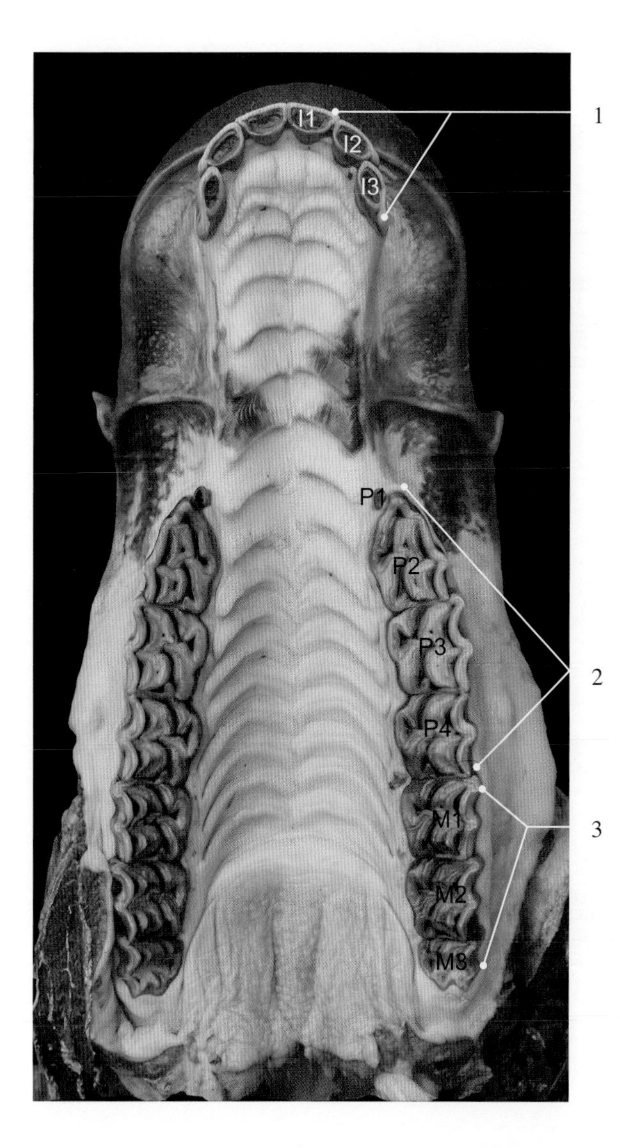

图5-2-40 驴上齿弓磨面

1. 切齿 incisor
2. 前臼齿 premolar
3. 臼齿 molar
I1 门齿 1st incisor
I2 中间齿 2nd incisor
I3 隅齿 3rd incisor
P1 第1前臼齿 1st premolar
P2 第2前臼齿 2nd premolar
P3 第3前臼齿 3rd premolar
P4 第4前臼齿 4th premolar
M1 第1臼齿 1st molar
M2 第2臼齿 2nd molar
M3 第3臼齿 3rd molar

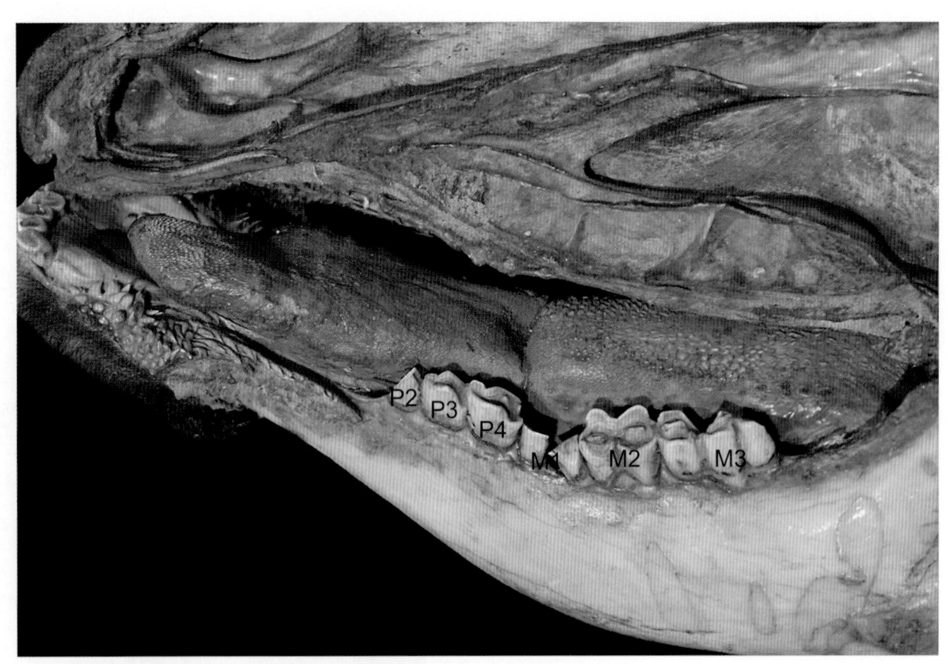

图5-2-41　牛齿外侧观

P2 第2前臼齿　2nd premolar　　P4 第4前臼齿　4th premolar　　M2 第2臼齿　2nd molar
P3 第3前臼齿　3rd premolar　　M1 第1臼齿　1st molar　　M3 第3臼齿　3rd molar

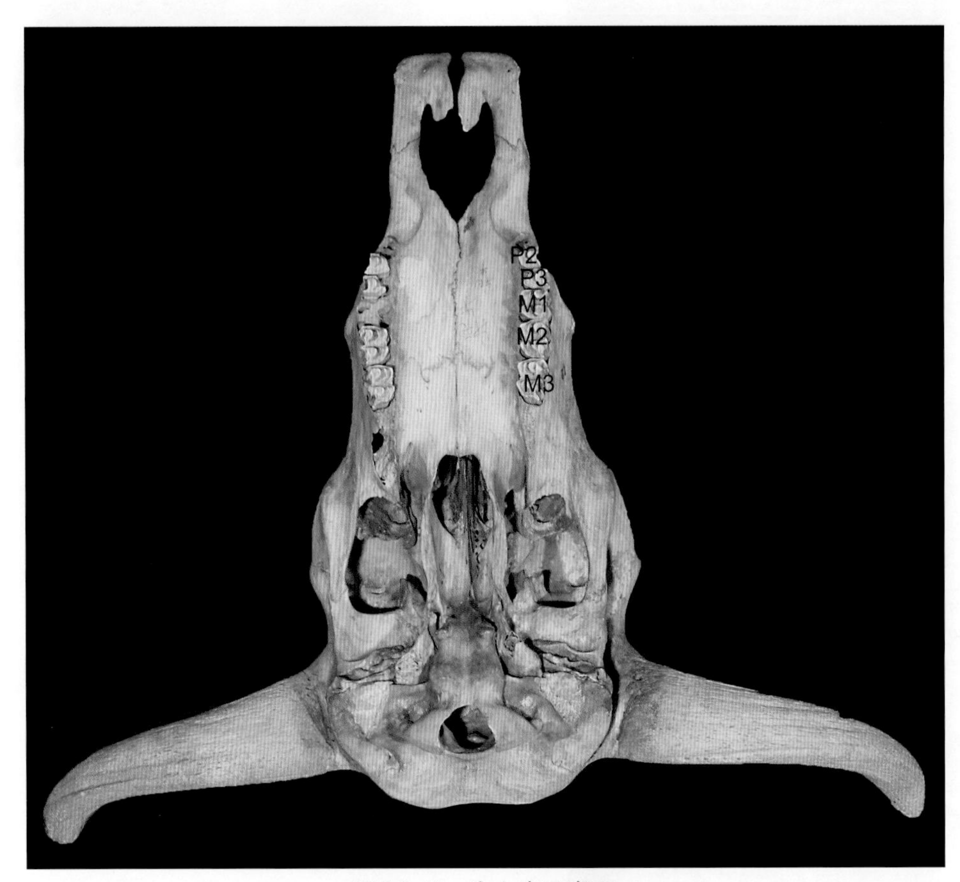

图5-2-42　牛上齿弓磨面

P2 第2前臼齿　2nd premolar　　M1 第1臼齿　1st molar　　M3 第3臼齿　3rd molar
P3 第3前臼齿　3rd premolar　　M2 第2臼齿　2nd molar

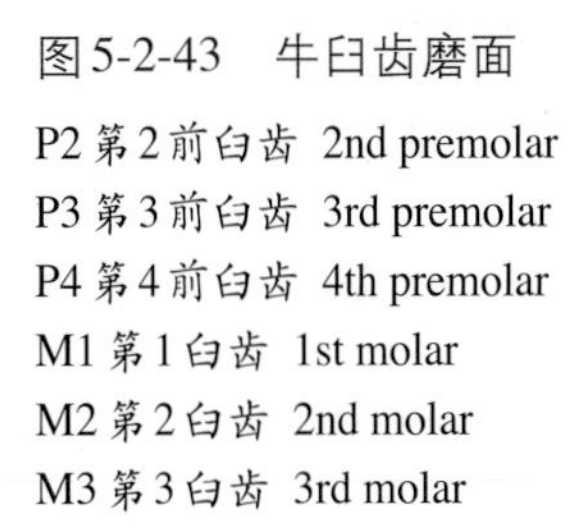

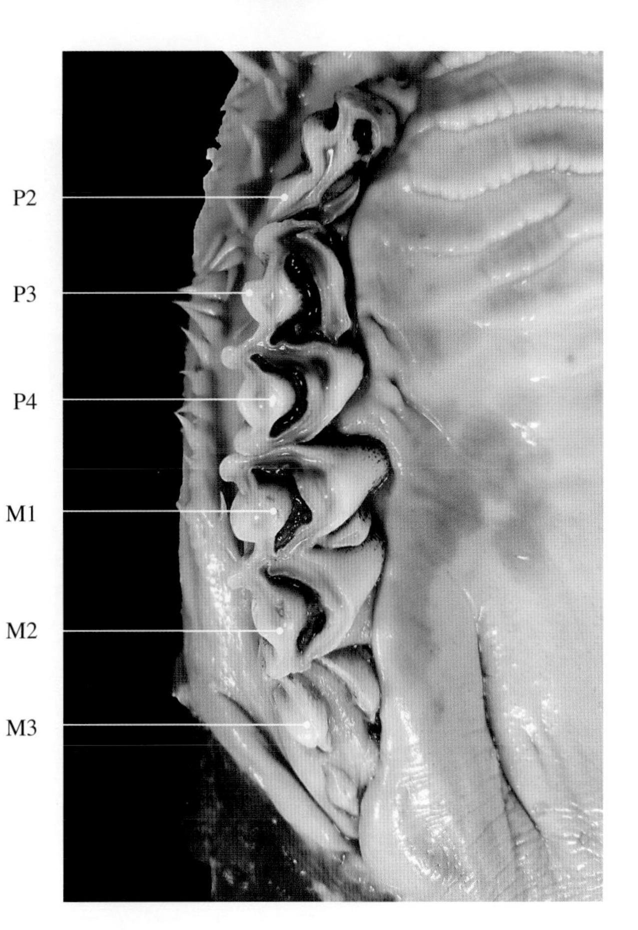

图5-2-43　牛臼齿磨面

P2 第2前臼齿 2nd premolar
P3 第3前臼齿 3rd premolar
P4 第4前臼齿 4th premolar
M1 第1臼齿 1st molar
M2 第2臼齿 2nd molar
M3 第3臼齿 3rd molar

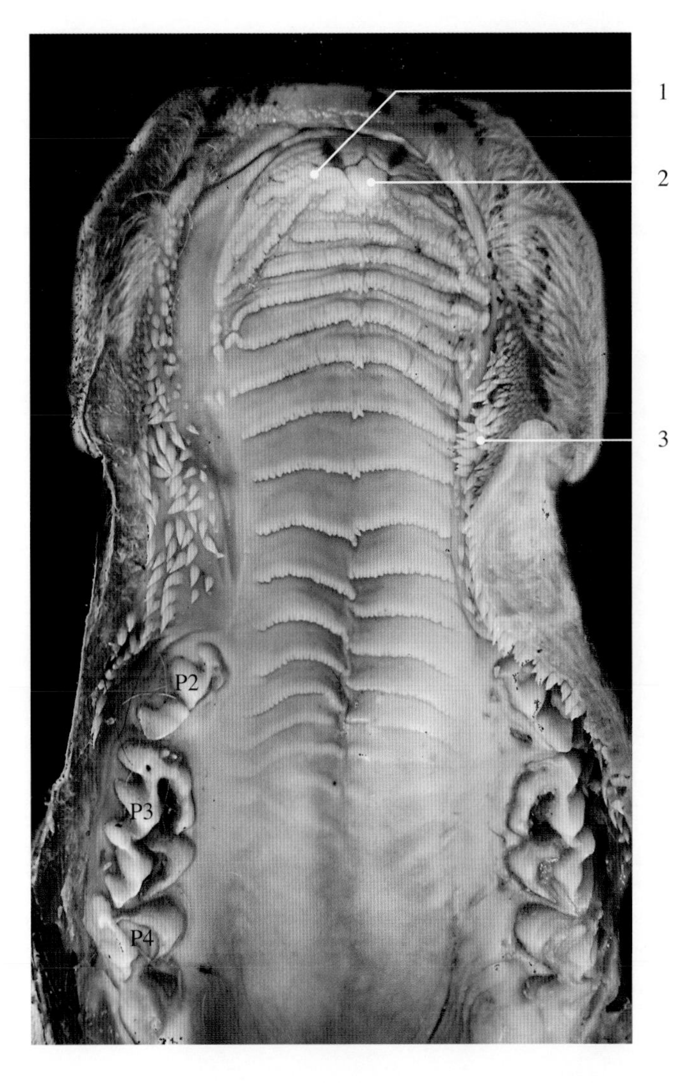

图5-2-44　犊牛硬腭

1. 齿枕 dental pillow
2. 切齿乳头 incisive papilla
3. 颊上的锥状乳头 coniform papilla with cheek
P2 第2前臼齿 2nd premolar
P3 第3前臼齿 3rd premolar
P4 第4前臼齿 4th premolar

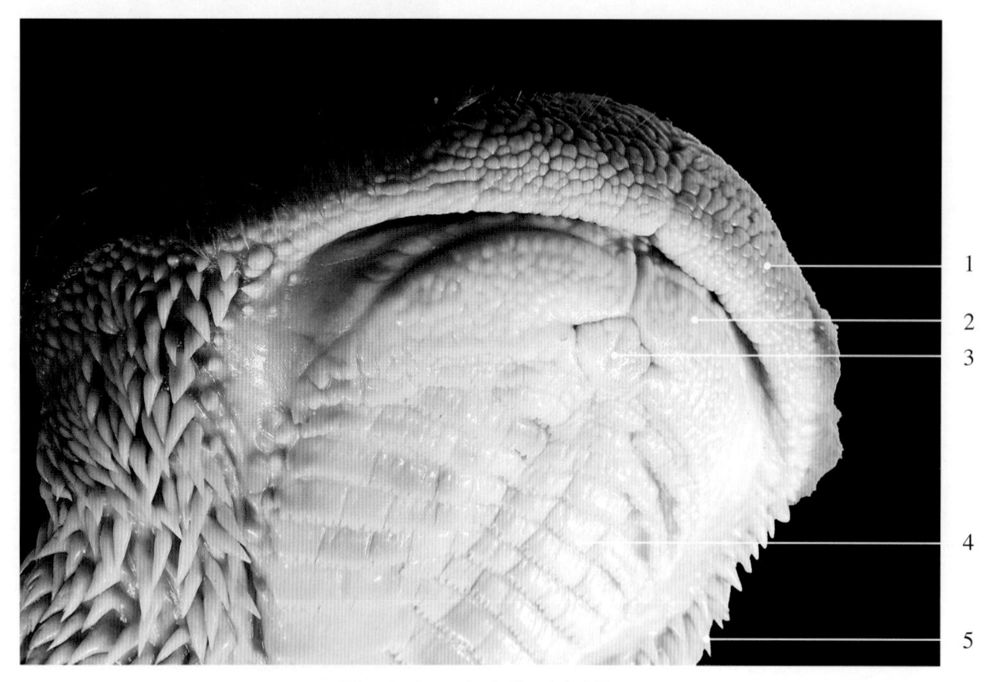

图5-2-45　牛齿枕（齿板）

1. 上唇 upper lip
2. 齿板 dental plate
3. 切齿乳头 incisive papilla
4. 硬腭及腭褶 hard palate and palatine fold
5. 锥状乳头 coniform papilla

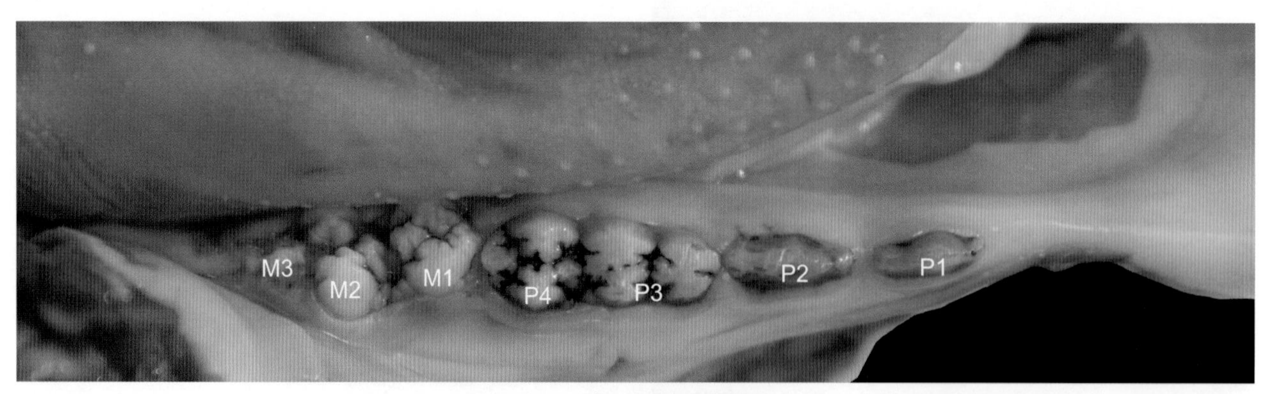

图5-2-46　猪下颌前臼齿和臼齿

P1 第1前臼齿 1st premolar
P2 第2前臼齿 2nd premolar
P3 第3前臼齿 3rd premolar
P4 第4前臼齿 4th premolar
M1 第1臼齿 1st molar
M2 第2臼齿 2nd molar
M3 第3臼齿 3rd molar

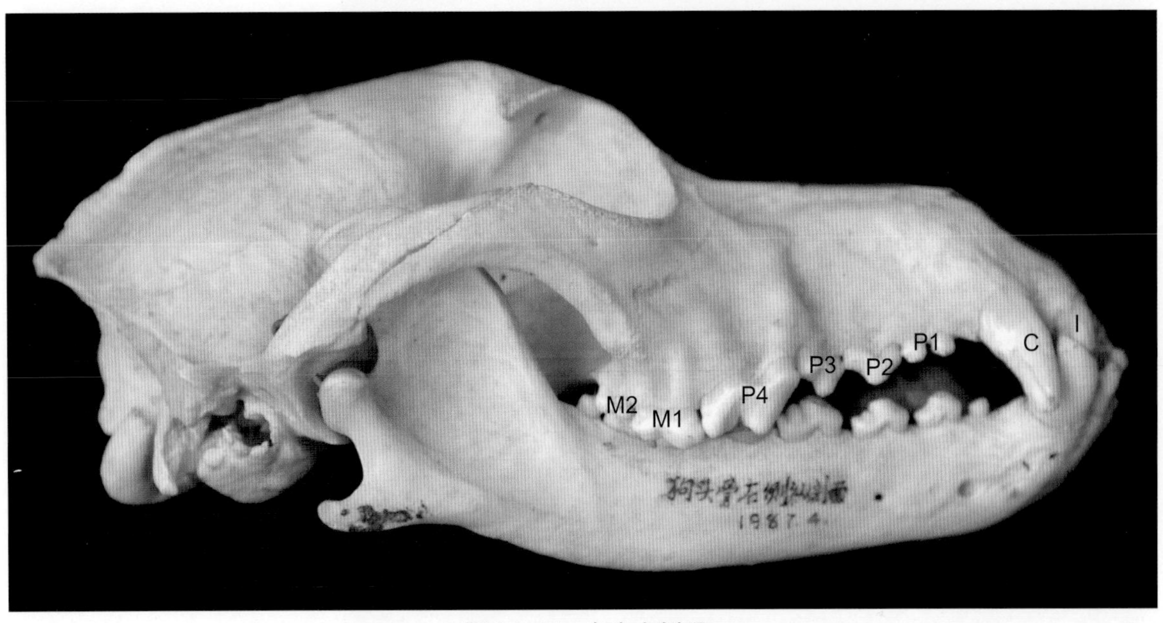

图5-2-47 犬齿右侧观

I 切齿 incisor
C 犬齿 canine tooth
P1 第1前臼齿 1st premolar
P2 第2前臼齿 2nd premolar
P3 第3前臼齿 3rd premolar
P4 第4前臼齿 4th premolar
M1 第1臼齿 1st molar
M2 第2臼齿 2nd molar

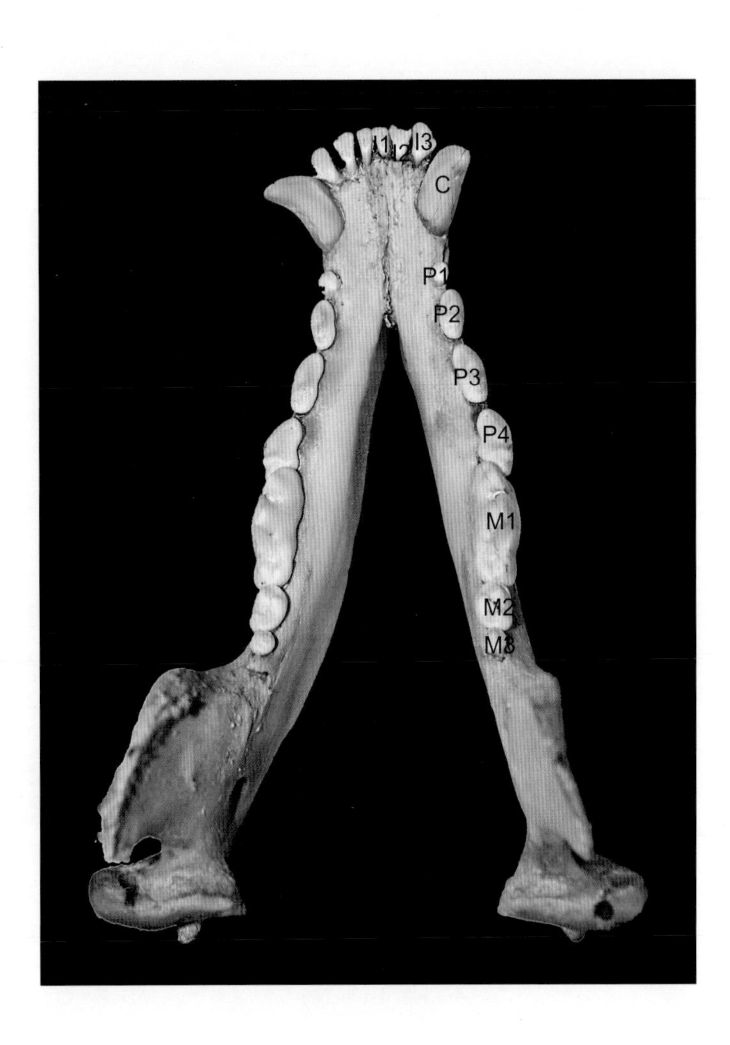

图5-2-48 犬下齿弓磨面

I1 门齿 1st incisor
I2 中间齿 2nd incisor
I3 隅齿 3rd incisor
C 犬齿 canine tooth
P1 第1前臼齿 1st premolar
P2 第2前臼齿 2nd premolar
P3 第3前臼齿 3rd premolar
P4 第4前臼齿 4th premolar
M1 第1臼齿 1st molar
M2 第2臼齿 2nd molar
M3 第3臼齿 3rd molar

图5-2-49　猕猴齿

I1 门齿　1st incisor
I2 中间齿　2nd incisor
C 犬齿　canine tooth

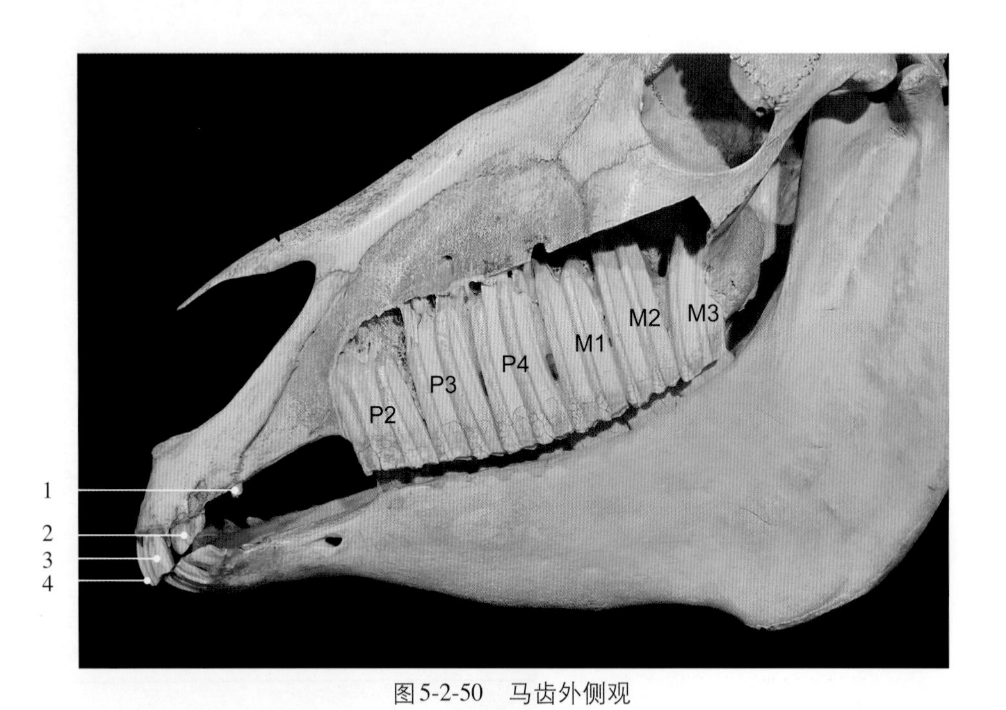

图5-2-50　马齿外侧观

1. 犬齿　canine tooth
2. 隅齿　3rd incisor
3. 中间齿　2nd incisor
4. 门齿　1st incisor
P2 第2前臼齿　2nd premolar
P3 第3前臼齿　3rd premolar
P4 第4前臼齿　4th premolar
M1 第1臼齿　1st molar
M2 第2臼齿　2nd molar
M3 第3臼齿　3rd molar

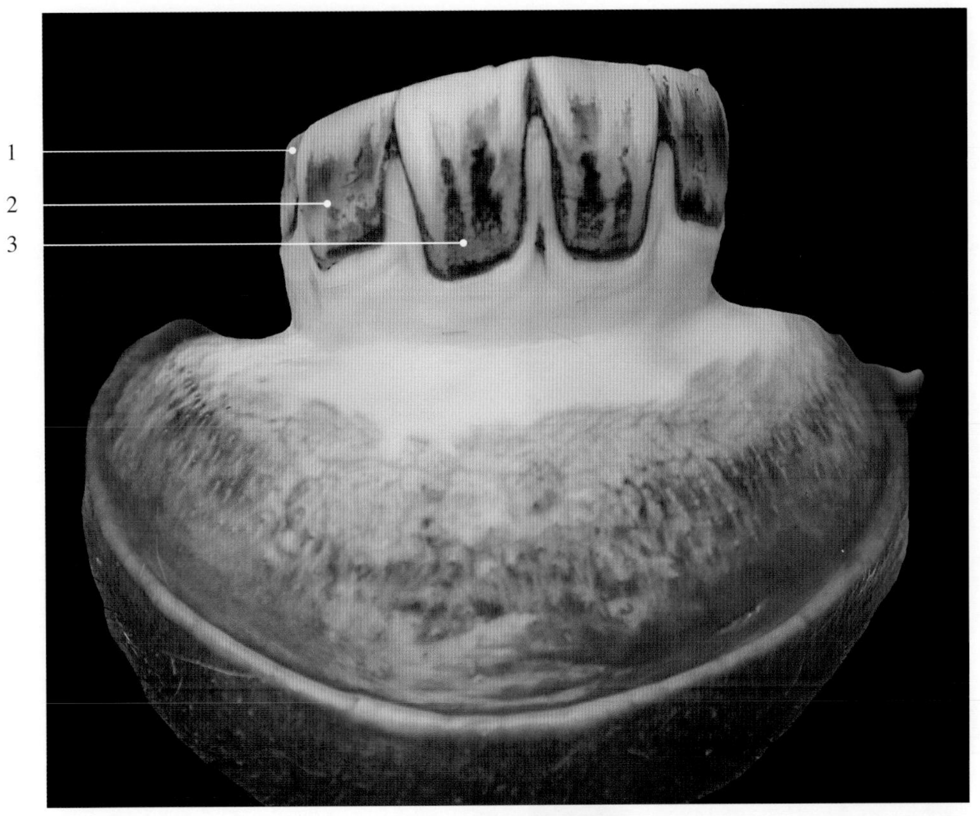

图5-2-51　驴下切齿

1. 隅齿 3rd incisor　2. 中间齿 2nd incisor　3. 门齿 1st incisor

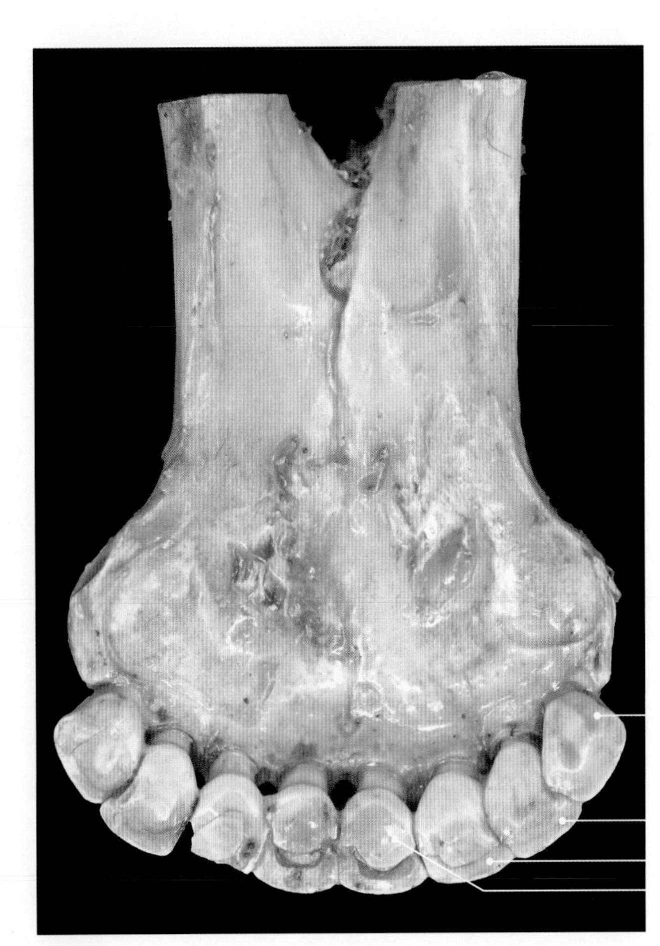

图5-2-52　牛下切齿内侧观

1. 隅齿 4th incisor
2. 外中间齿 3rd outer incisor
3. 内中间齿 2nd inner incisor
4. 门齿 1st incisor

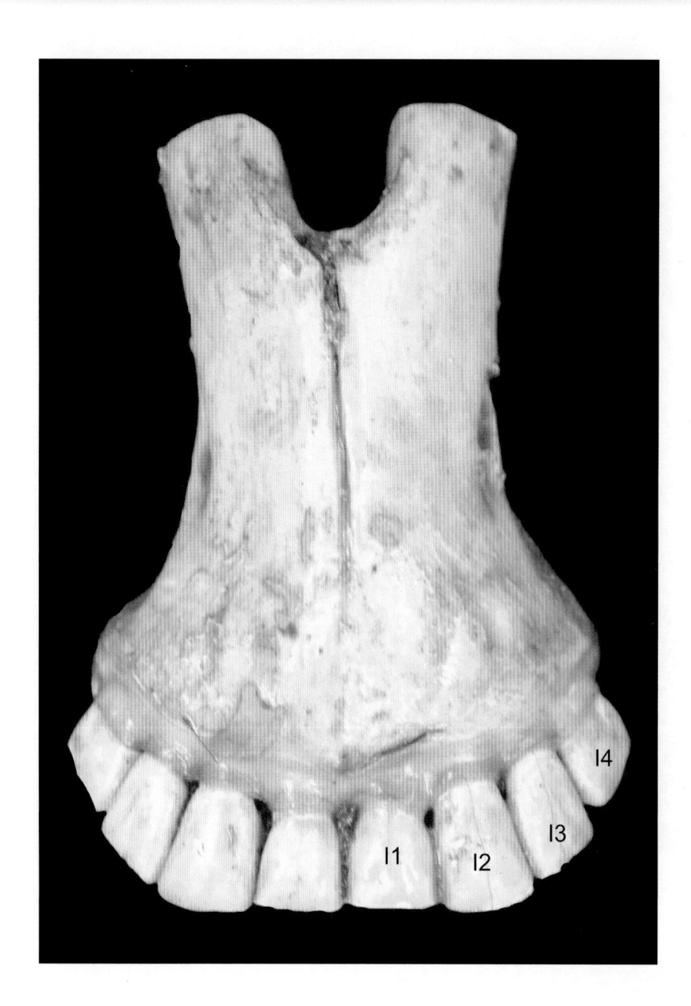

图5-2-53　牛下切齿外侧观

I1 门齿　1st incisor
I2 内中间齿　2nd inner incisor
I3 外中间齿　3rd outer incisor
I4 隅齿　4th incisor

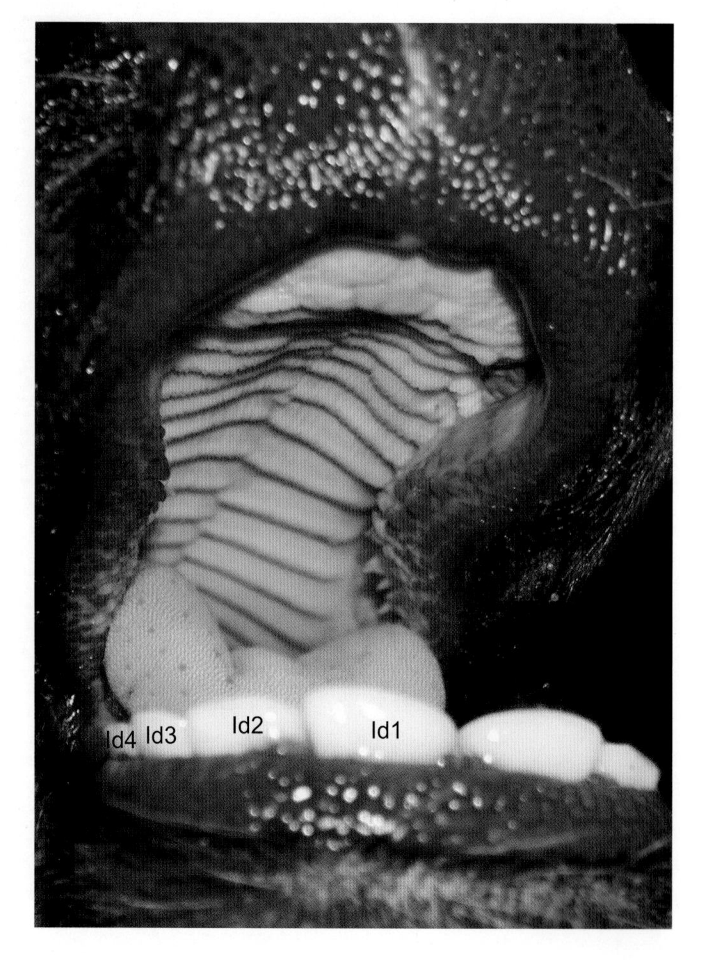

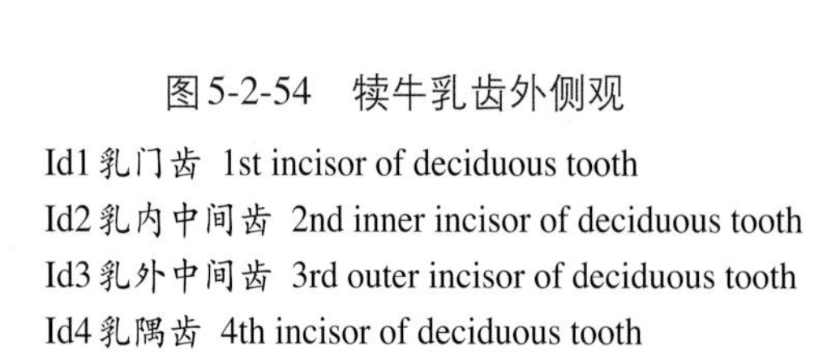

图5-2-54　犊牛乳齿外侧观

Id1 乳门齿　1st incisor of deciduous tooth
Id2 乳内中间齿　2nd inner incisor of deciduous tooth
Id3 乳外中间齿　3rd outer incisor of deciduous tooth
Id4 乳隅齿　4th incisor of deciduous tooth

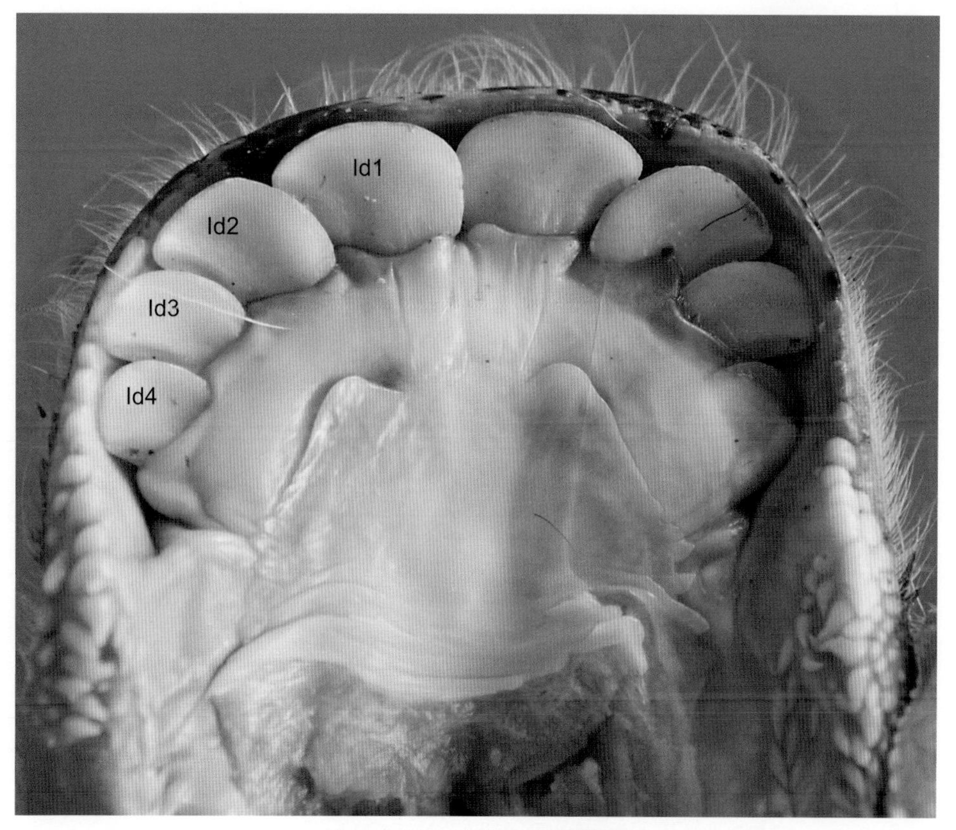

图5-2-55 犊牛乳齿内侧观

Id1 乳门齿 1st incisor of deciduous tooth
Id2 乳内中间齿 2nd inner incisor of deciduous tooth
Id3 乳外中间齿 3rd outer incisor of deciduous tooth
Id4 乳隅齿 4th incisor of deciduous tooth

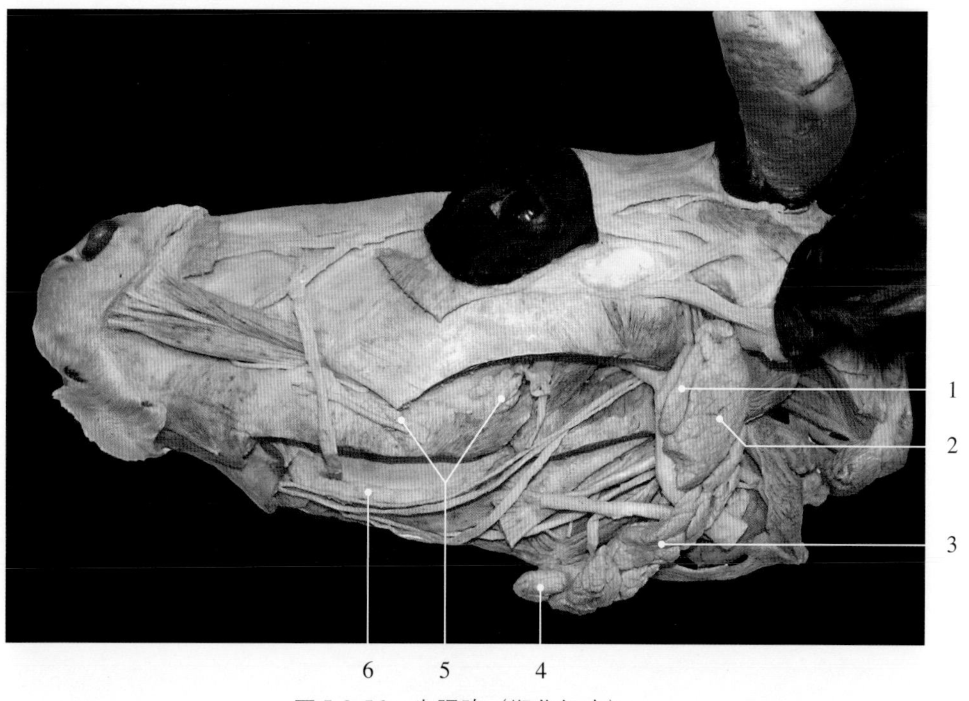

图5-2-56 牛腮腺（塑化标本）

牛腮腺管由腺体深部向下延伸，进入下颌间隙，伴随面动、静脉从下颌骨的血管切迹处沿咬肌前缘走向颊部，开口于第二上臼齿相对的颊黏膜上。

1. 腮腺淋巴结 parotid lymph node
2. 腮腺 parotid gland
3. 颌下腺 submandibular gland
4. 下颌淋巴结 mandibular lymph node
5. 颊腺 buccal gland
6. 舌下腺 sublingual gland

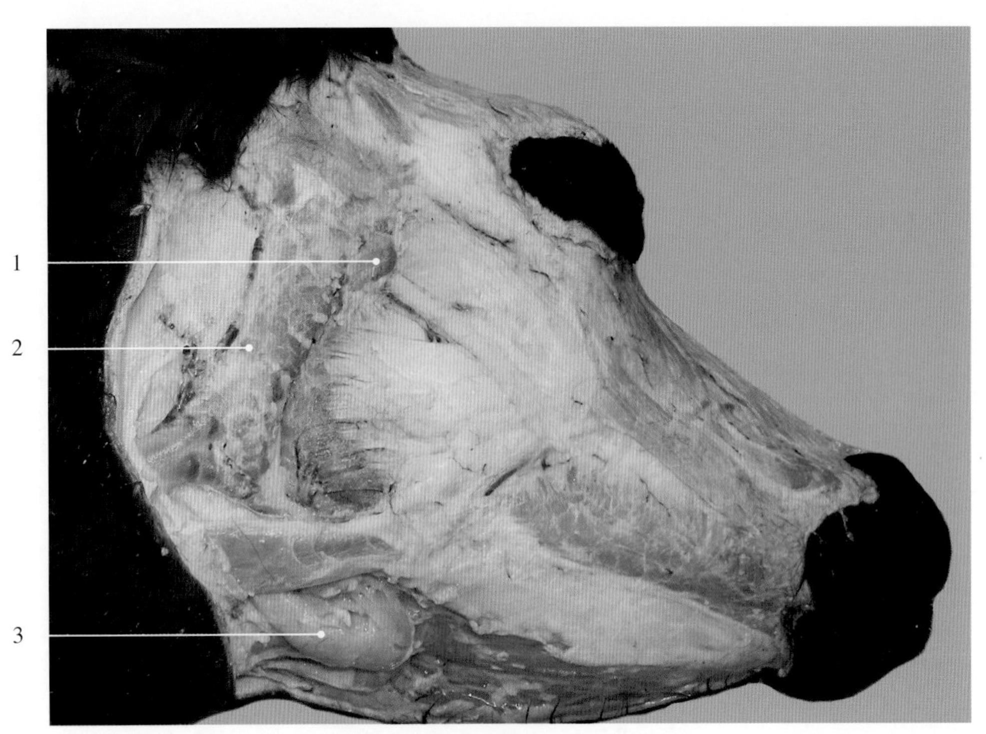

图5-2-57　牛腮腺（固定标本）

1. 腮腺淋巴结 parotid lymph node　　3. 颌下腺 submandibular gland
2. 腮腺 parotid gland

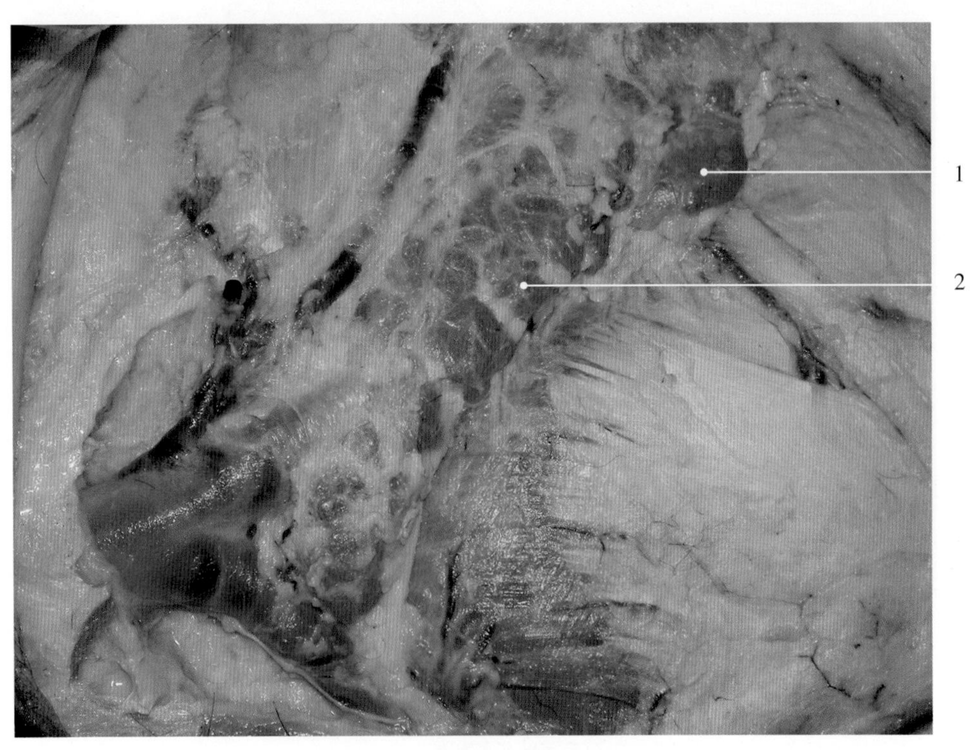

图5-2-58　牛腮腺（局部放大）

1. 腮腺淋巴结 parotid lymph node　　2. 腮腺 parotid gland

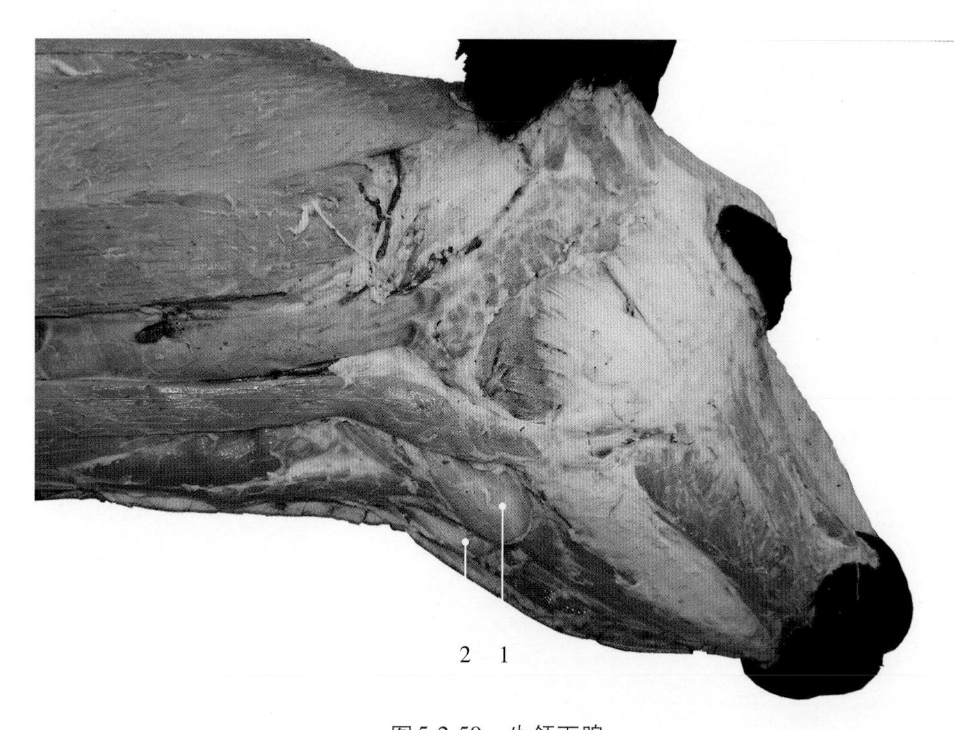

图5-2-59 牛颌下腺

1. 下颌淋巴结 mandibular lymph node 2. 颌下腺 submandibular gland

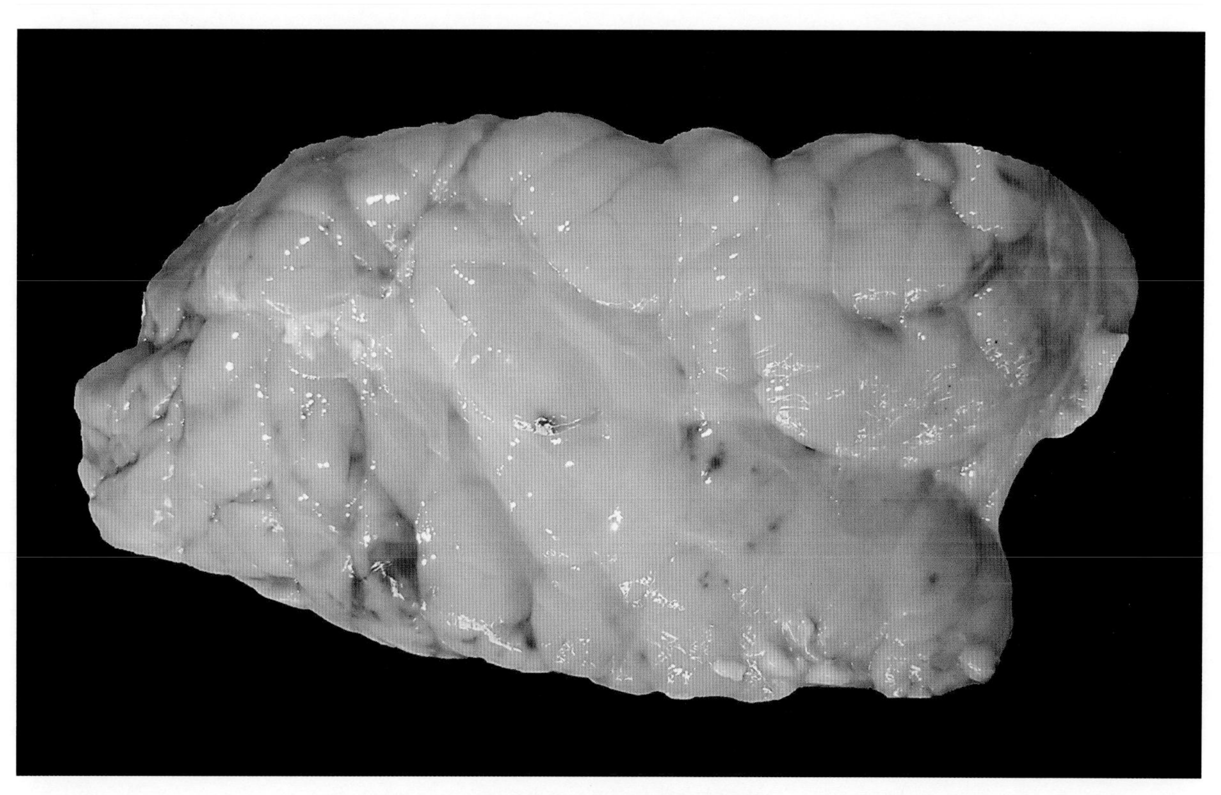

图5-2-60 牛颌下腺内侧观

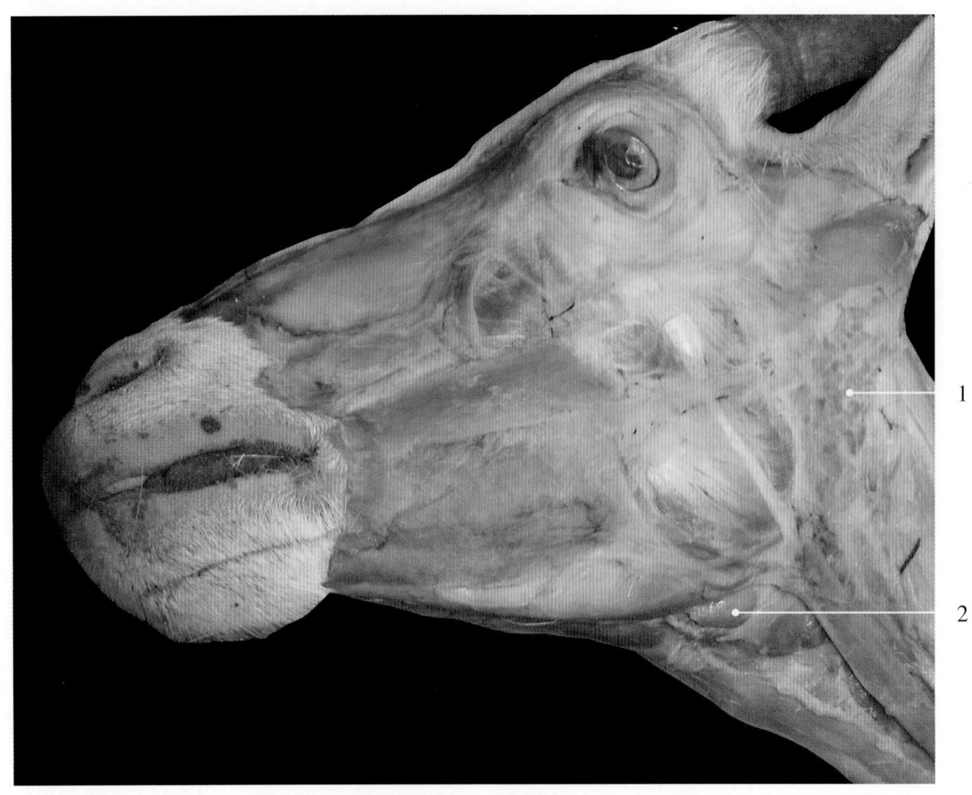

图5-2-61　羊腮腺

1. 腮腺 parotid gland
2. 下颌淋巴结 mandibular lymph node

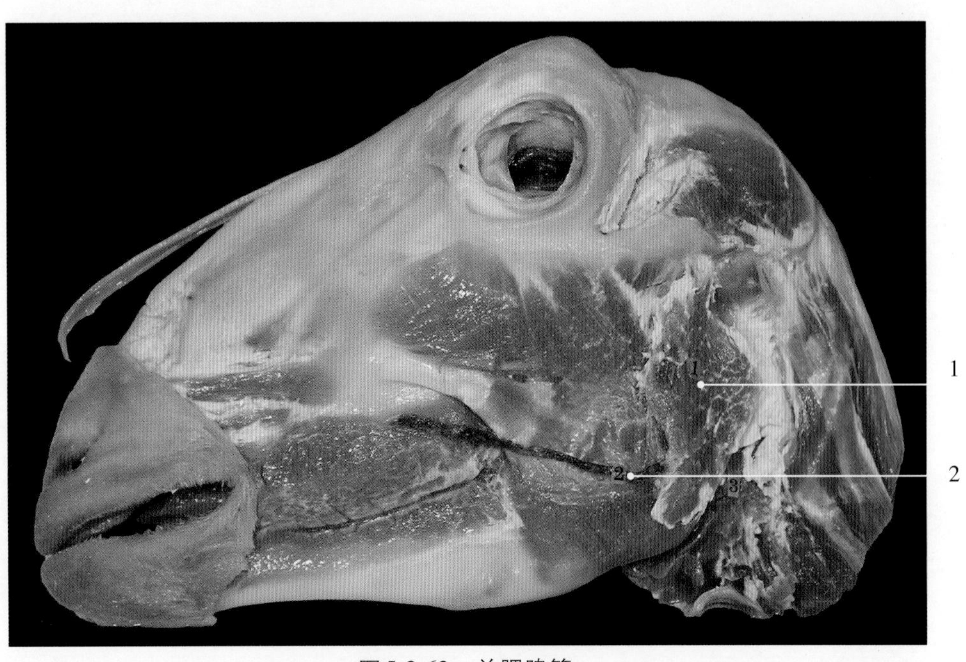

图5-2-62　羊腮腺管

羊的腮腺管沿咬肌外面直向前行，开口于第2上臼齿相对的颊黏膜上。

1. 腮腺 parotid gland　　2. 腮腺管 parotid duct

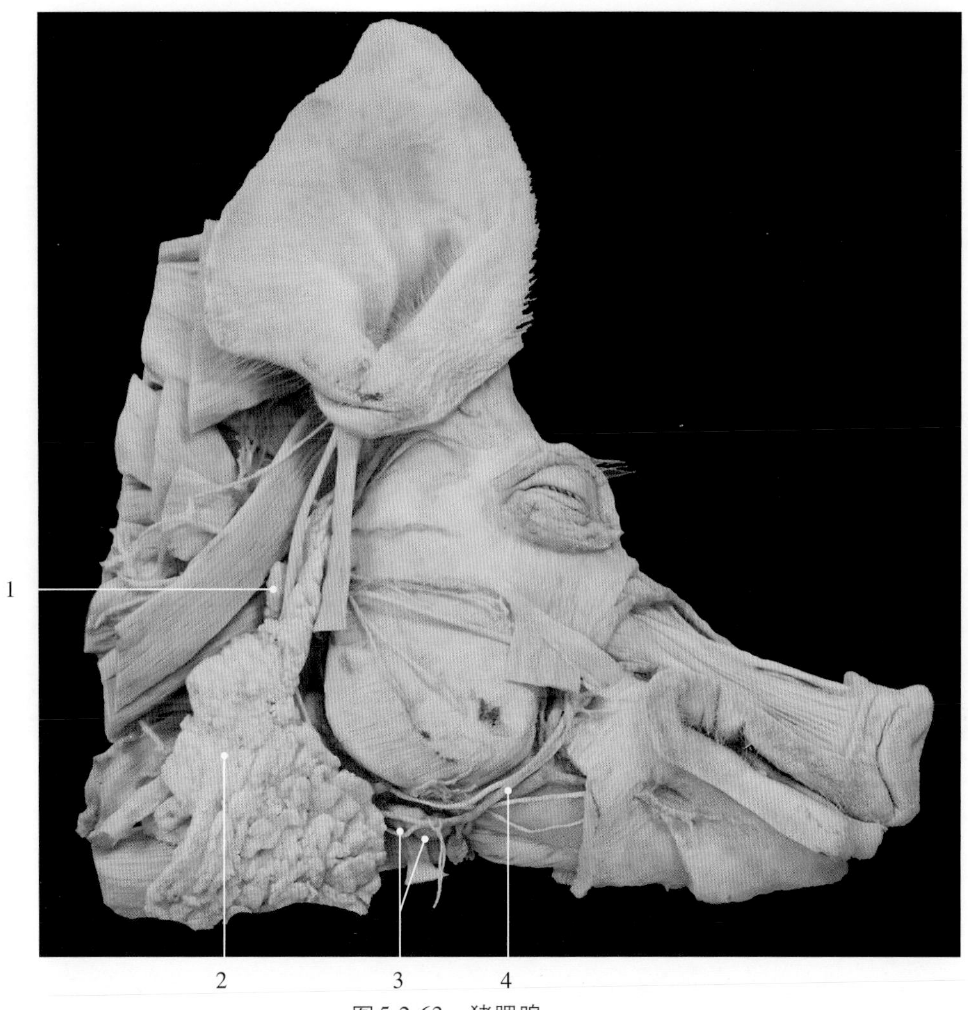

图5-2-63　猪腮腺

1. 咽后外侧淋巴结 lateral retropharyngeal lymph node
2. 腮腺 parotid gland
3. 下颌淋巴结 mandibular lymph nodes
4. 腮腺管 parotid duct

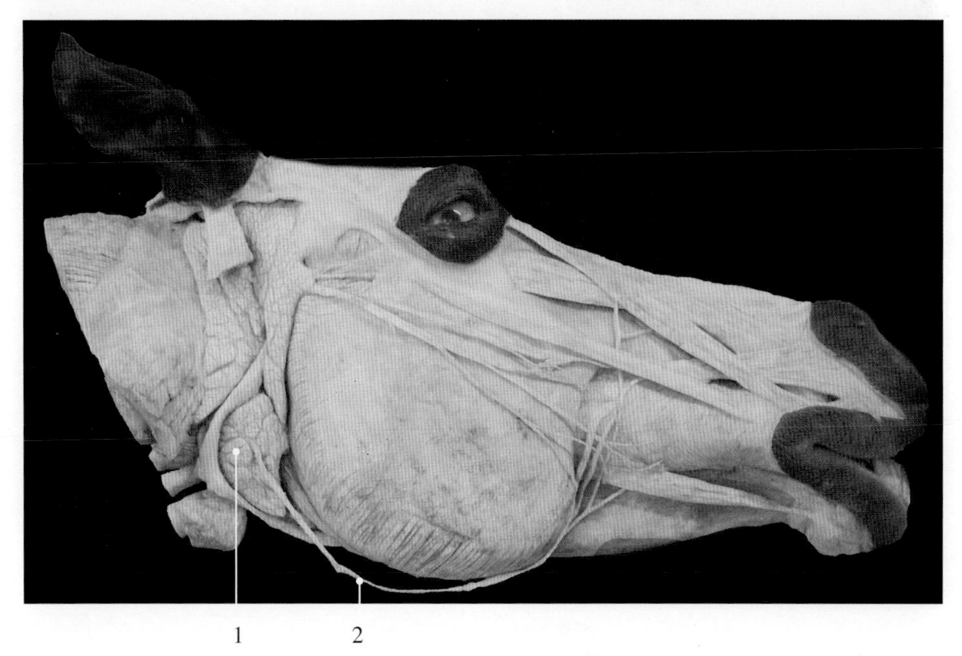

图5-2-64　马腮腺和腮腺管

马腮腺管在腺体的下部由3～4条小支合成，从腮腺前缘向前下方伸延，随舌面静脉沿下颌骨腹缘内侧前行，越过下颌骨血管切迹至面部皮下，沿咬肌前缘上行，开口于颊黏膜的腮腺乳头。

1. 腮腺 parotid gland　　2. 腮腺管 parotid duct

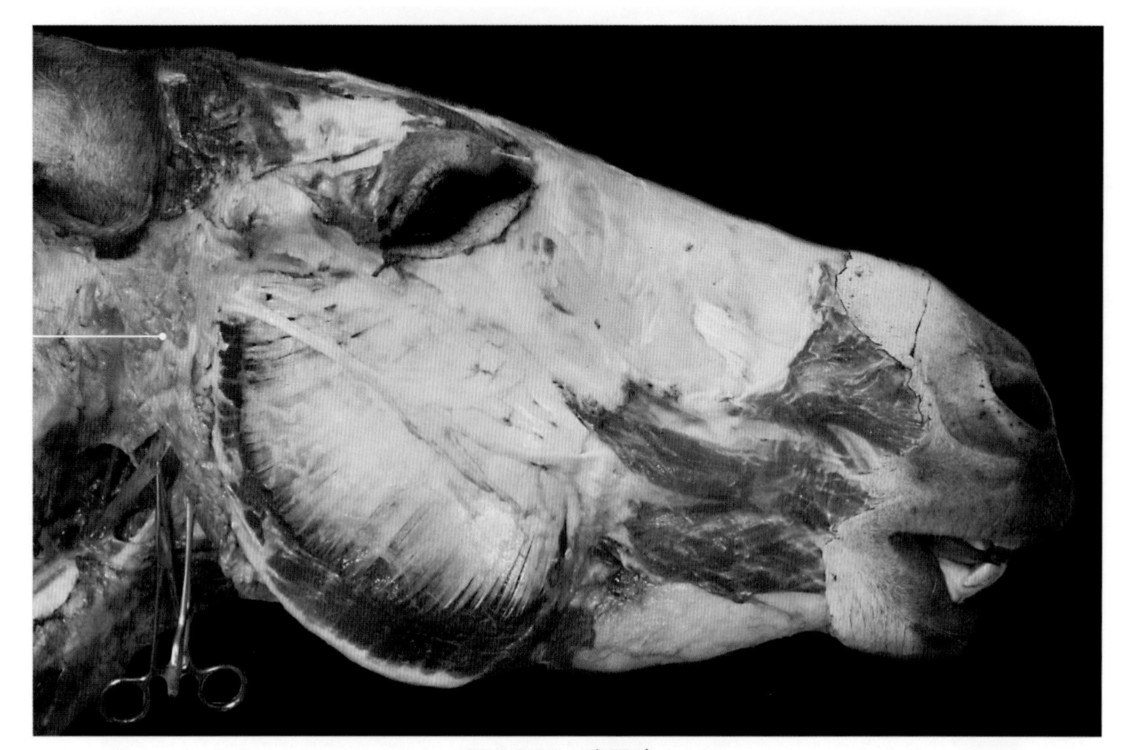

图5-2-65　驴腮腺

1. 腮腺　parotid gland

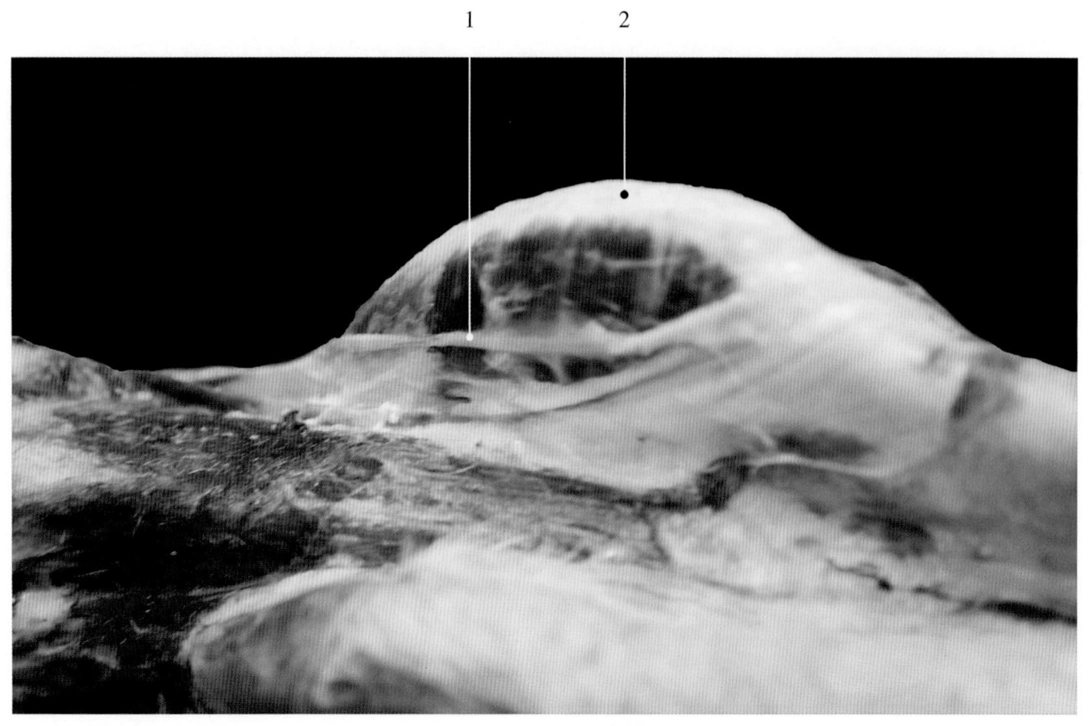

图5-2-66　驴腮腺管

1. 腮腺管　parotid duct　　2. 下颌骨　mandible

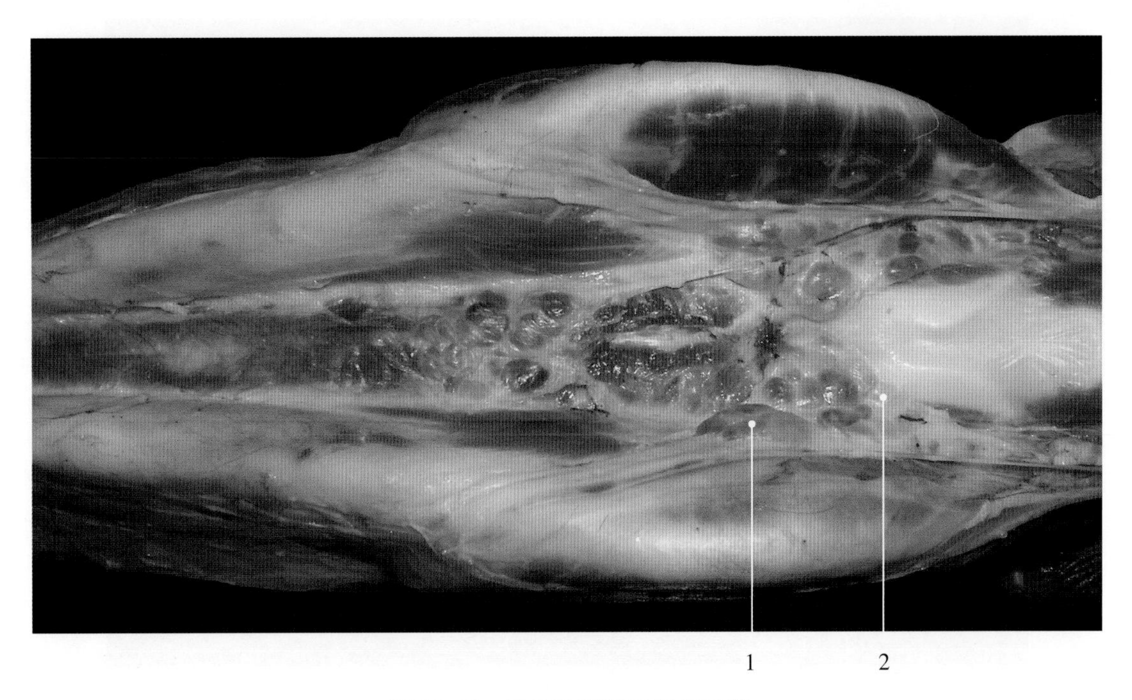

图5-2-67　驴下颌淋巴结及颌下腺

1. 下颌淋巴结 mandibular lymph node
2. 颌下腺 submandibular gland

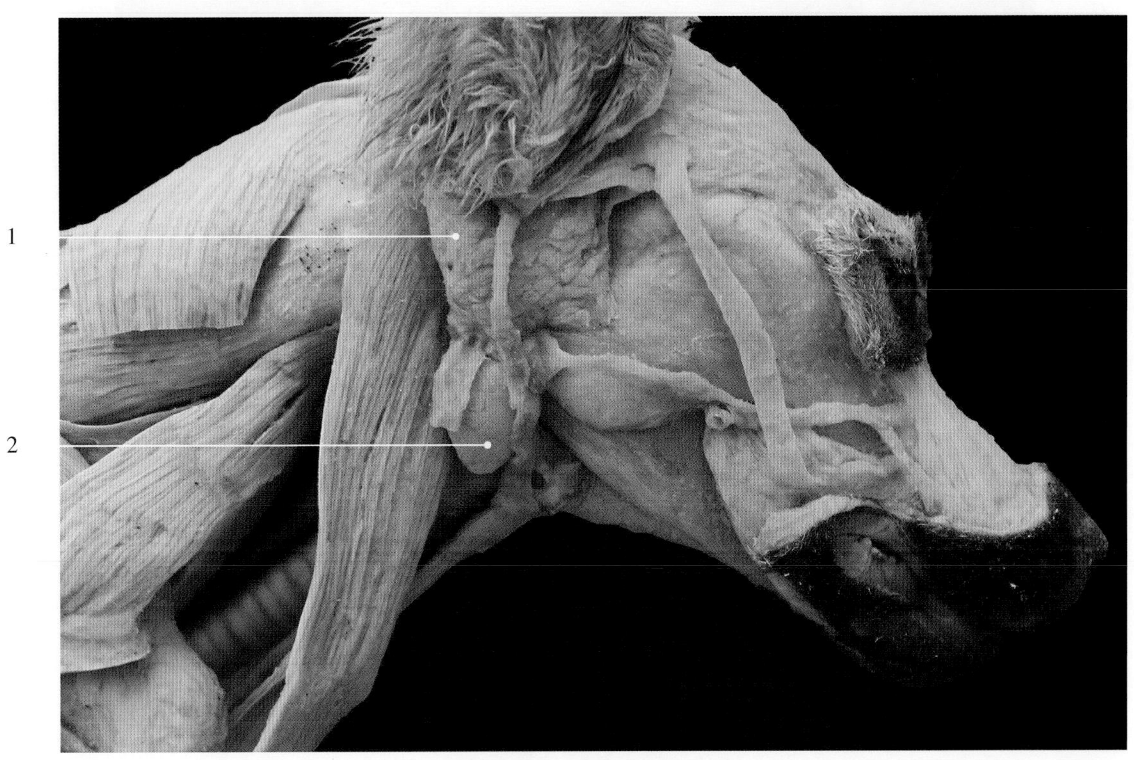

图5-2-68　犬腮腺和颌下腺

1. 腮腺 parotid gland
2. 颌下腺 submandibular gland

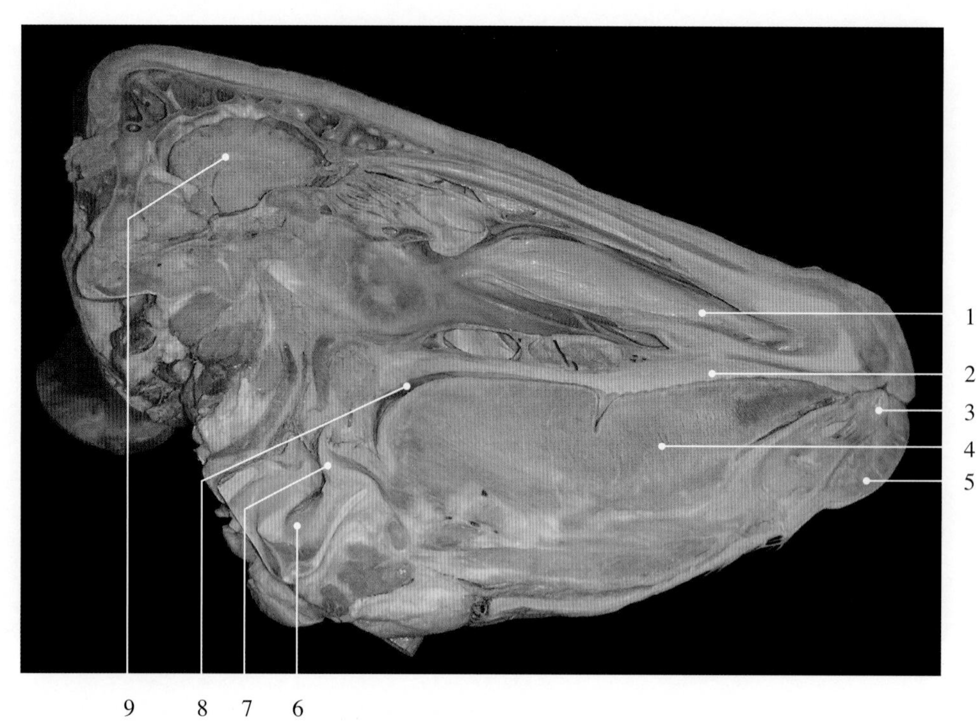

图5-3-1　牛咽1

1. 鼻甲　nasal concha
2. 硬腭及腭褶　hard palate and palatine fold
3. 切齿　incisor
4. 舌　tongue
5. 下唇　lower lip
6. 喉　larynx
7. 会厌　epiglottis
8. 软腭　soft palate
9. 脑　brain

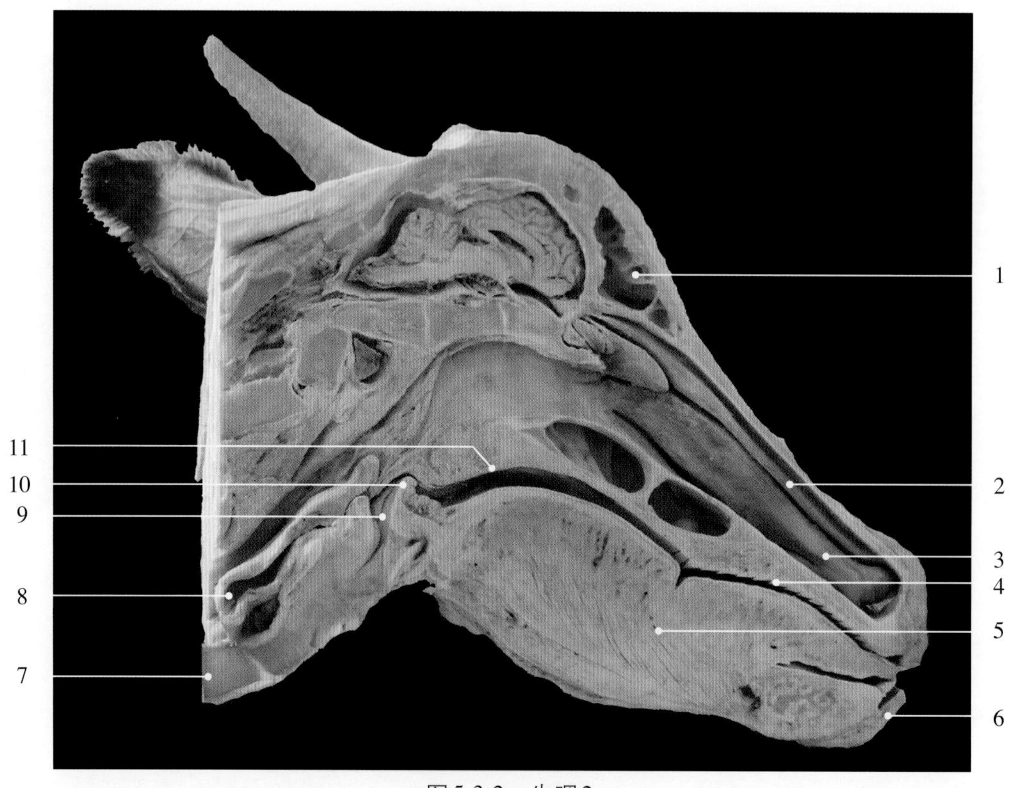

图5-3-2　牛咽2

1. 鼻旁窦　paranasal sinus
2. 上鼻甲　dorsal nasal concha
3. 下鼻甲　ventral nasal concha
4. 硬腭及腭褶　hard palate and palatine fold
5. 舌　tongue
6. 下唇　lower lip
7. 气管　trachea
8. 食管　esophagus
9. 喉　larynx
10. 会厌　epiglottis
11. 软腭　soft palate

图5-3-3　犊牛喉口

1. 舌 tongue
2. 腭扁桃体 palatine tonsil
3. 会厌 epiglottis
4. 喉口 laryngeal entrance
5. 小角突 corniculate process
6. 甲状腺 thyroid gland
7. 气管 trachea

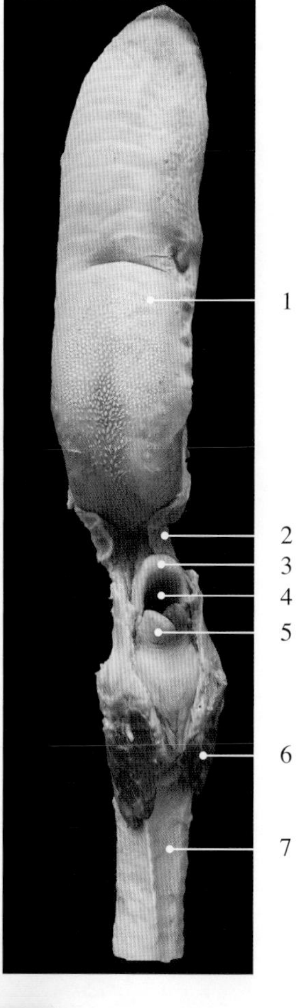

图5-3-4　猪咽（塑化标本）

1. 脊髓 spinal cord
2. 软腭 soft palate
3. 食管 esophagus
4. 气管 trachea
5. 喉 larynx
6. 会厌 epiglottis
7. 下唇 lower lip
8. 舌 tongue
9. 硬腭及腭褶 hard palate and palatine fold
10. 鼻甲 nasal concha
11. 鼻旁窦 paranasal sinuses

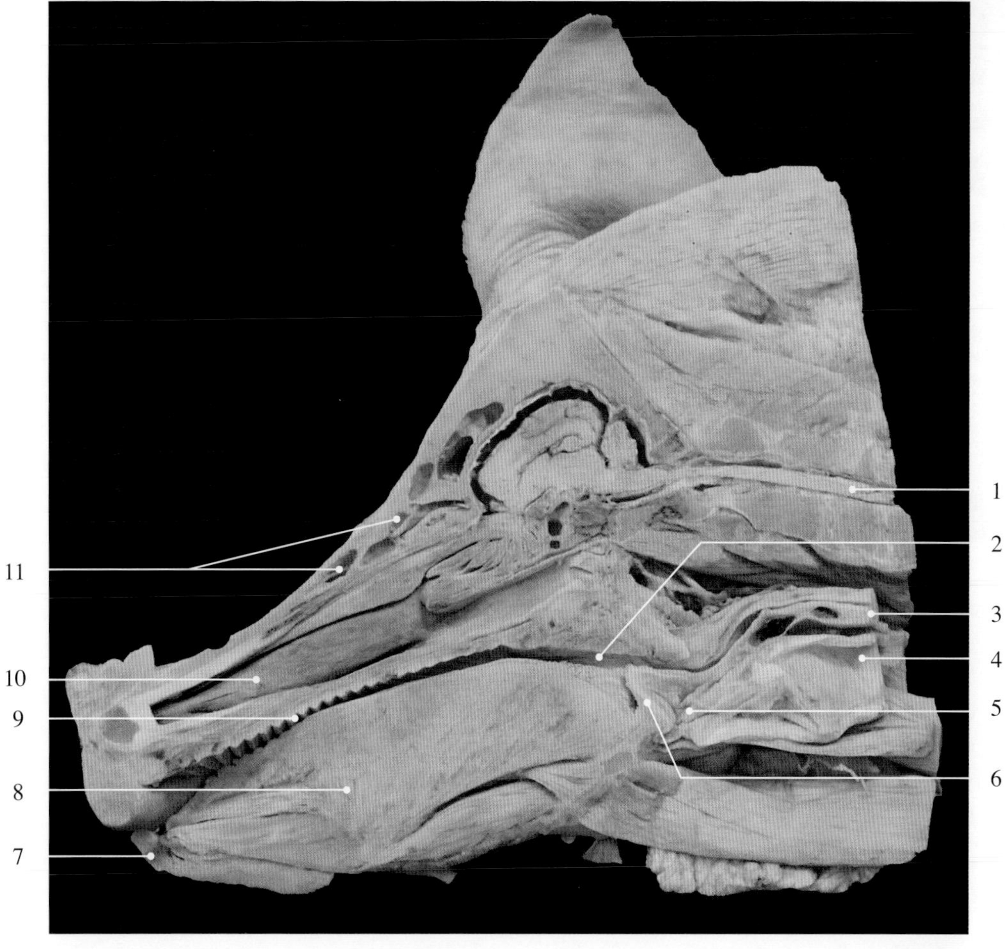

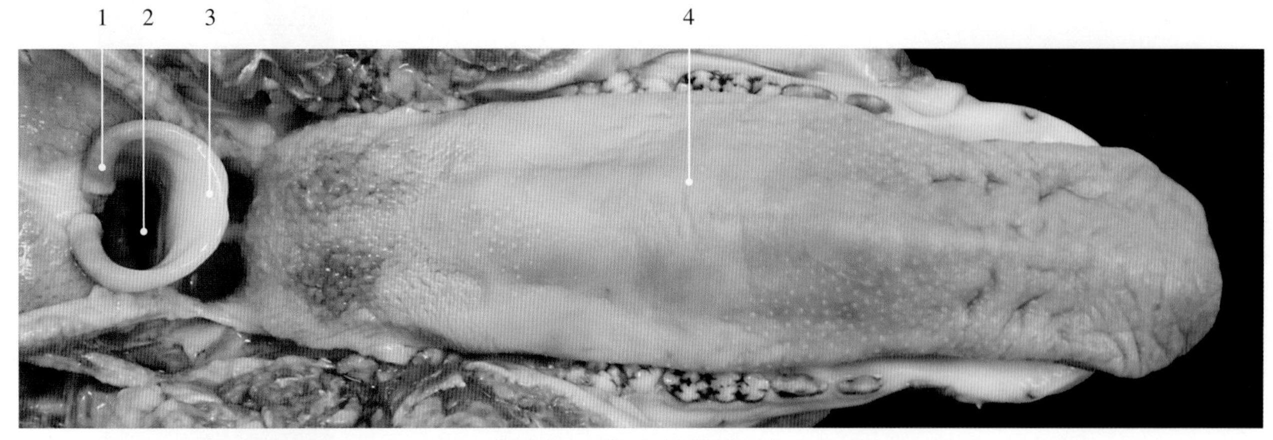

图5-3-5　猪咽（新鲜标本）

1. 小角突 corniculate process
2. 喉口 laryngeal entrance
3. 会厌 epiglottis
4. 舌 tongue

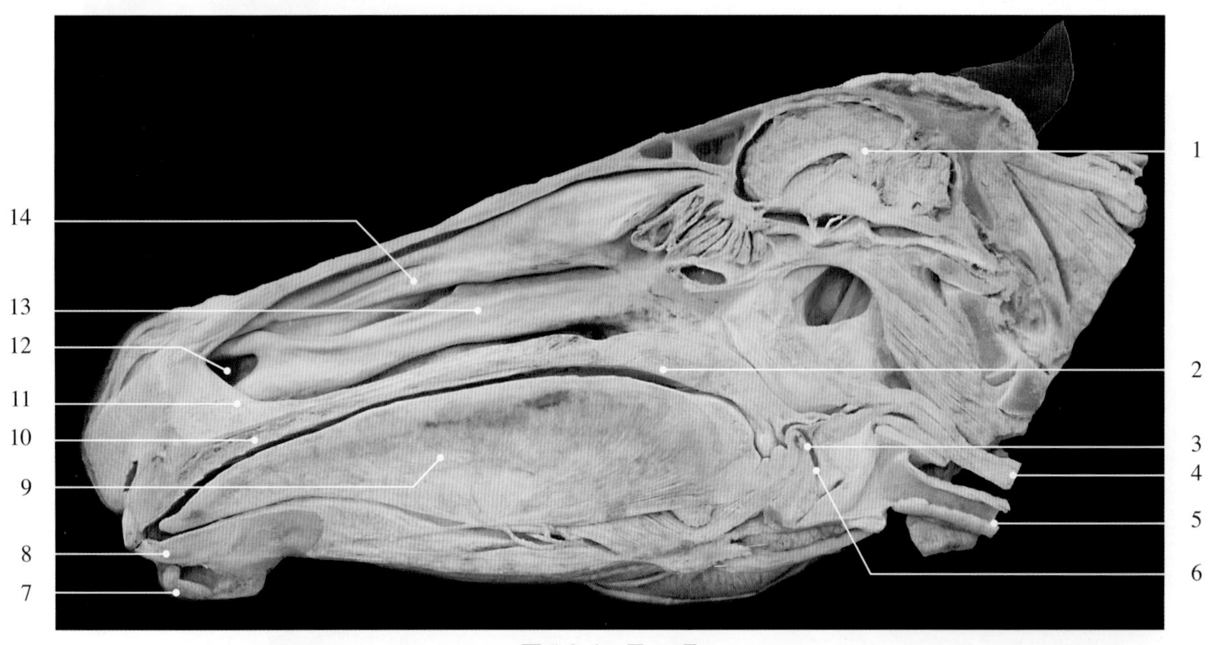

图5-3-6　马　咽

1. 脑 brain
2. 软腭 soft palate
3. 会厌 epiglottis
4. 食管 esophagus
5. 气管 trachea
6. 喉 larynx
7. 下唇 lower lip
8. 切齿 incisor
9. 舌 tongue
10. 硬腭及腭褶 hard palate and palatine fold
11. 鼻中隔 nasal septum
12. 鼻孔 nostril，nasal opening
13. 下鼻甲 ventral nasal concha
14. 上鼻甲 dorsal nasal concha

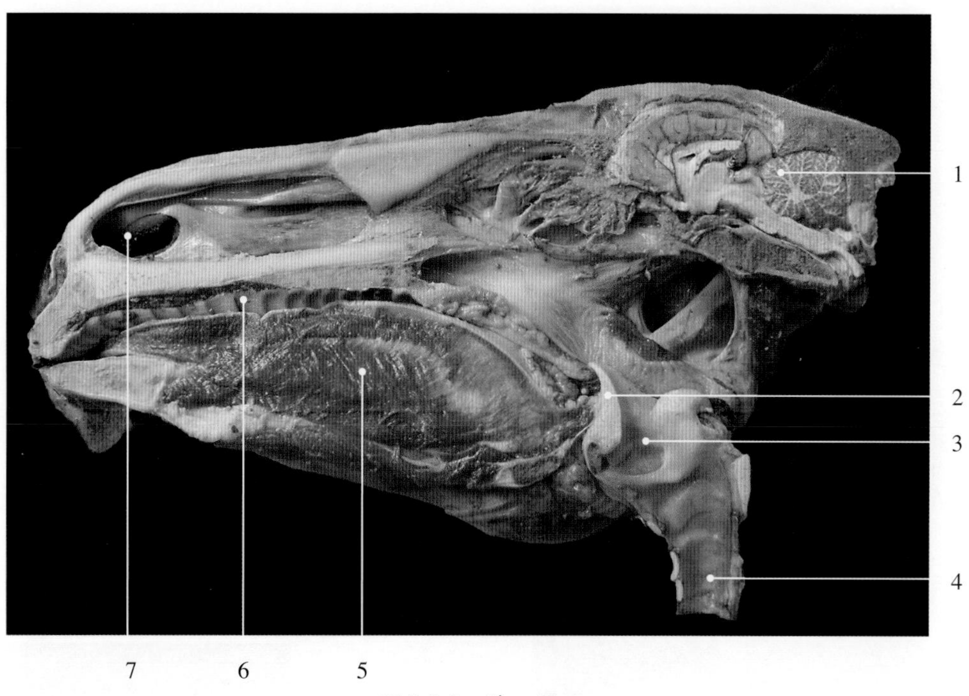

图5-3-7　驴　咽

1. 脑 brain
2. 会厌 epiglottis
3. 喉 larynx
4. 气管 trachea
5. 舌 tongue
6. 硬腭及腭褶 hard palate and palatine fold
7. 鼻孔 nostril，nasal opening

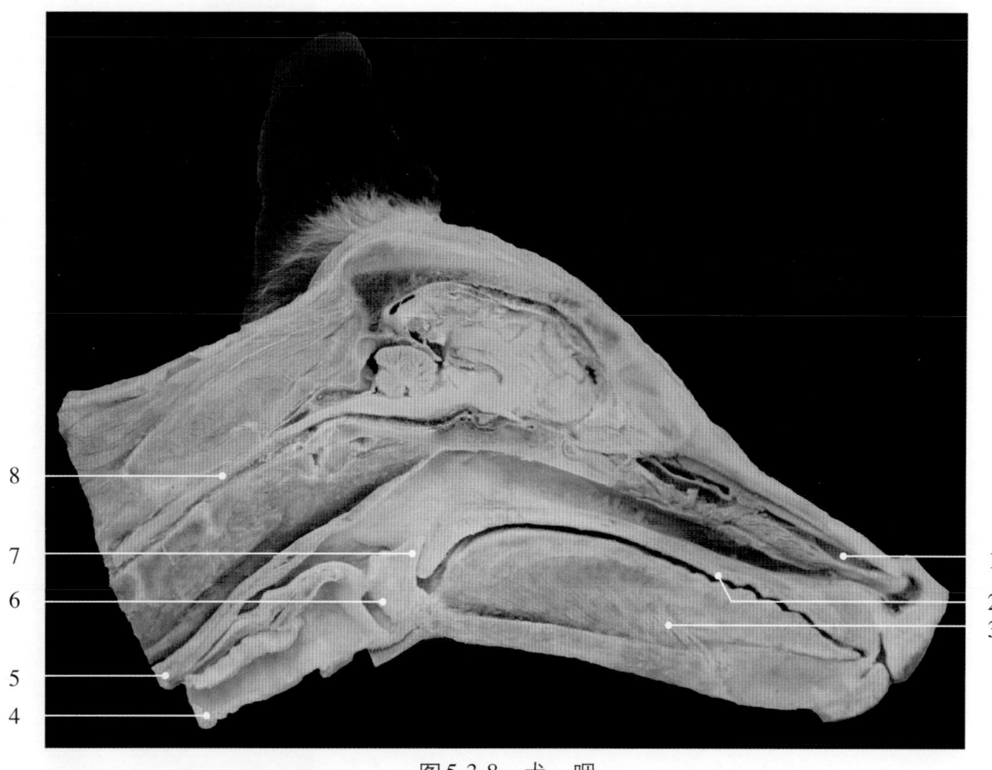

图5-3-8　犬　咽

1. 鼻腔 hard palate
2. 硬腭及腭褶 hard palate and palatine fold
3. 舌 tongue
4. 气管 trachea
5. 食管 esophagus
6. 喉 larynx
7. 会厌 epiglottis
8. 脊髓 spinal cord

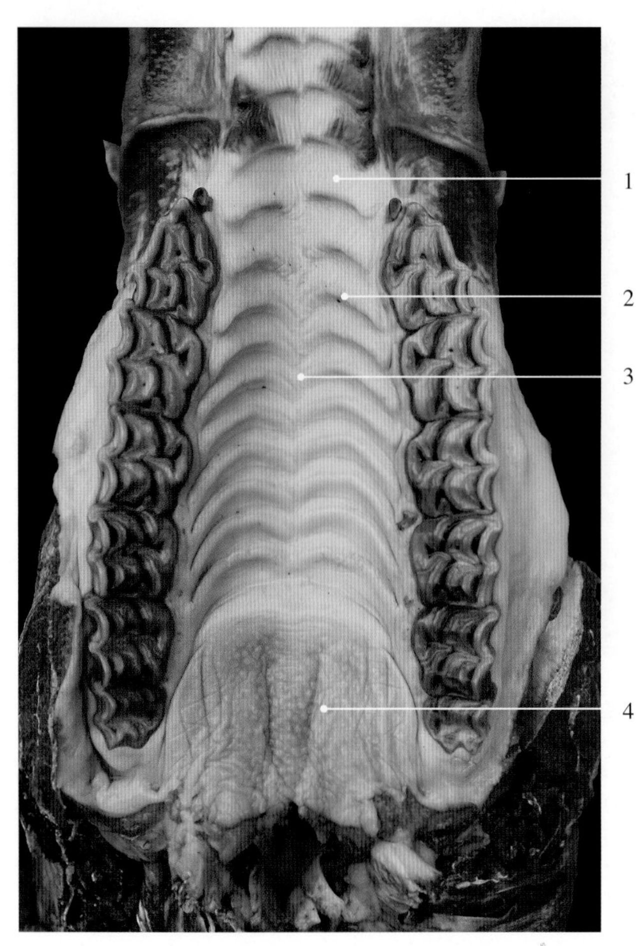

图5-3-9　驴硬腭及软腭

1. 硬腭 hard palate
2. 腭褶 palatine fold
3. 腭缝 palatine raphe
4. 软腭 soft palate

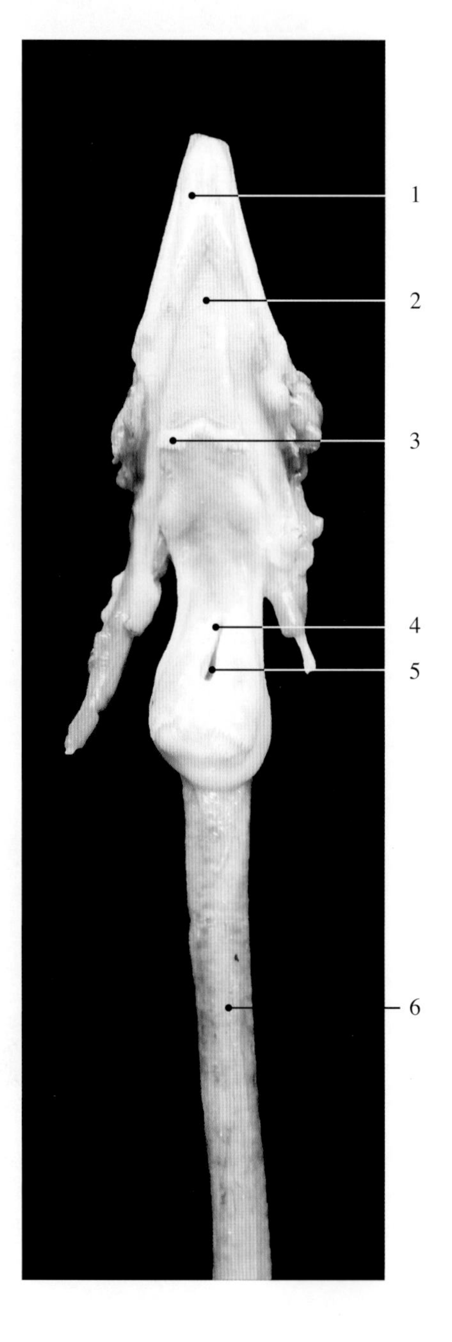

图5-3-10　鸡　咽

1. 下喙 lower bill
2. 舌 tongue
3. 舌乳头 tongue papilla
4. 喉 larynx
5. 喉口 laryngeal entrance
6. 气管 trachea

图5-4-1 马颈部横切面

1. 棘突 spinous process
2. 椎体 vertebral body
3. 食管 esophagus
4. 气管 trachea
5. 颈静脉 jugular vein
6. 颈总动脉 common carotid artery
7. 横突 transverse process

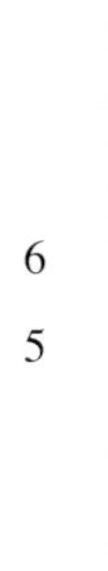

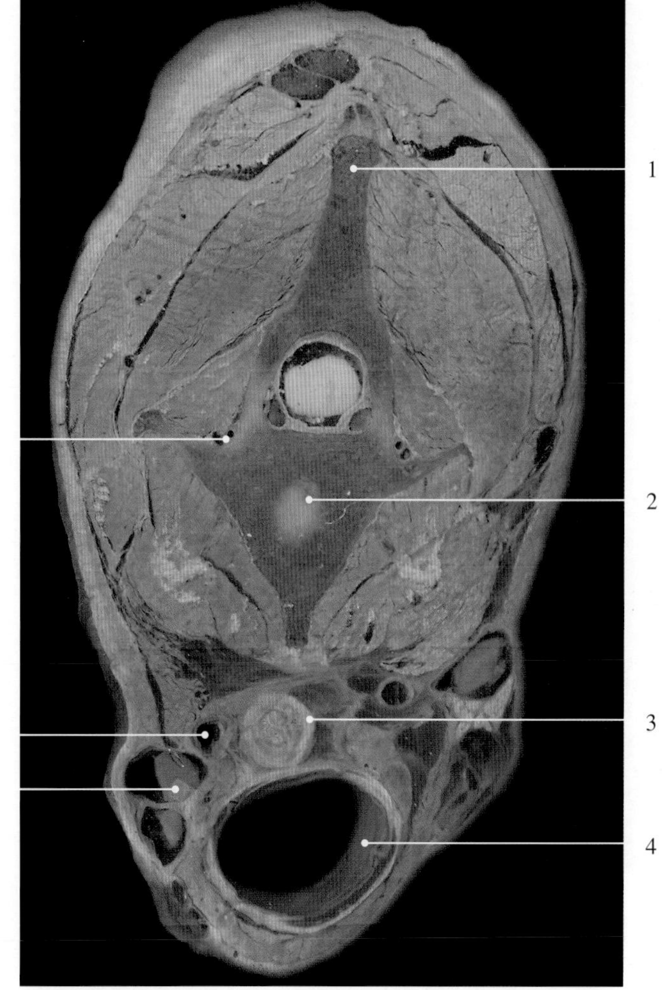

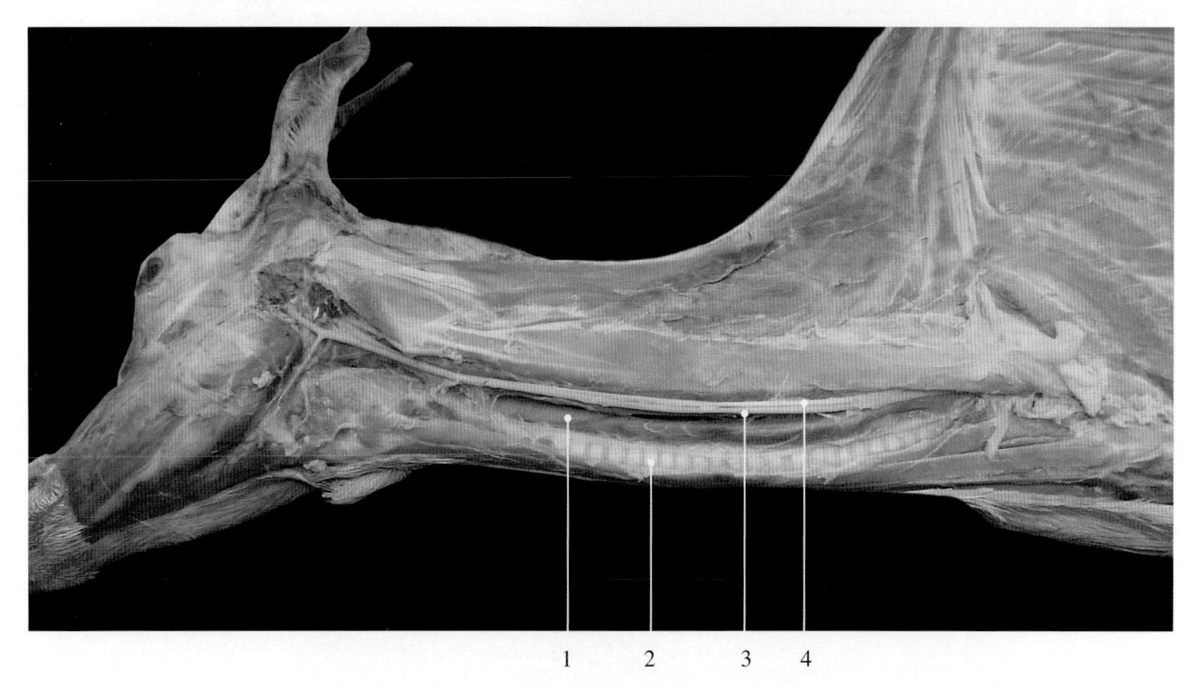

图5-4-2 羊食管

1. 食管 esophagus
2. 气管 trachea
3. 颈总动脉 common carotid artery
4. 迷走交感干 vagosympathetic trunk

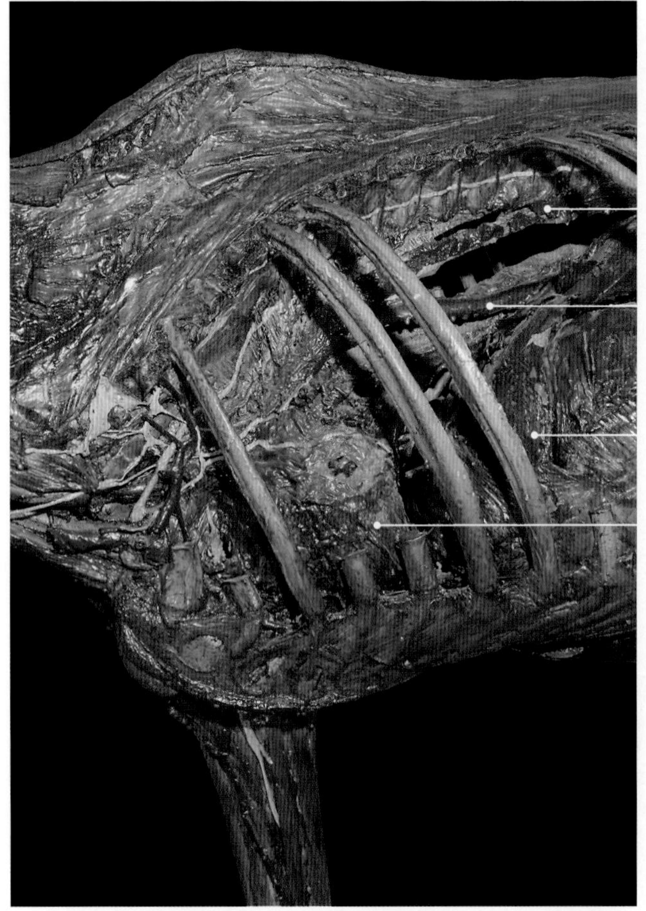

图5-4-3 马胸腔左侧观

1. 主动脉 aorta
2. 食管 esophagus
3. 膈 diaphragm
4. 心脏 heart

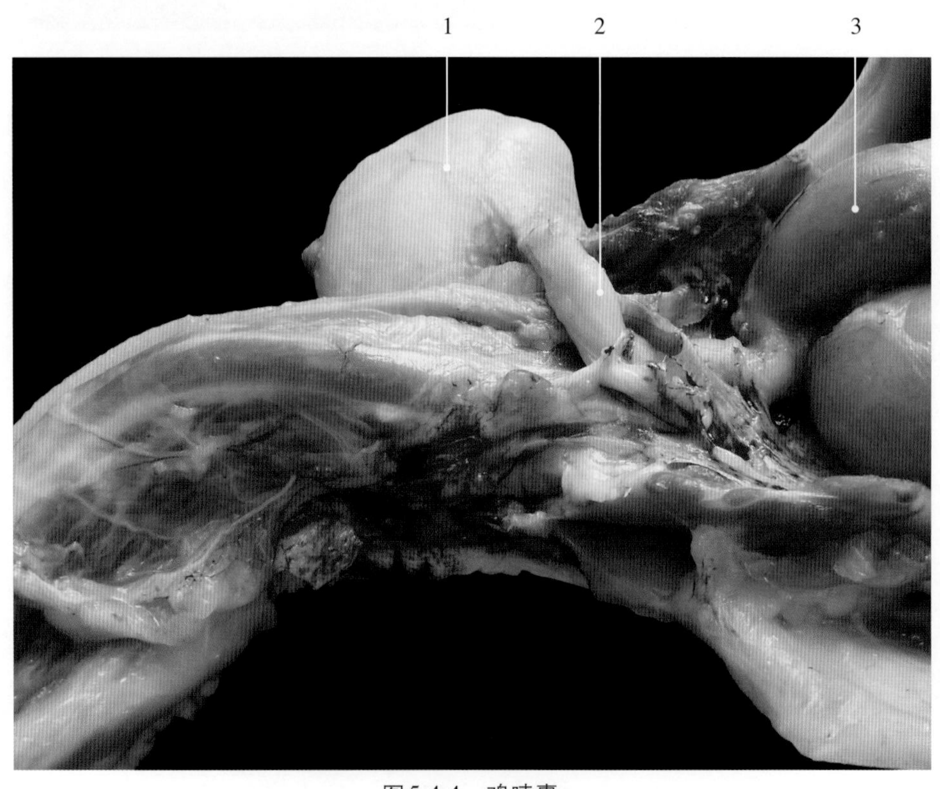

图5-4-4 鸡嗉囊

1. 嗉囊 crop
2. 食管 esophagus
3. 腺胃 glandular stomach

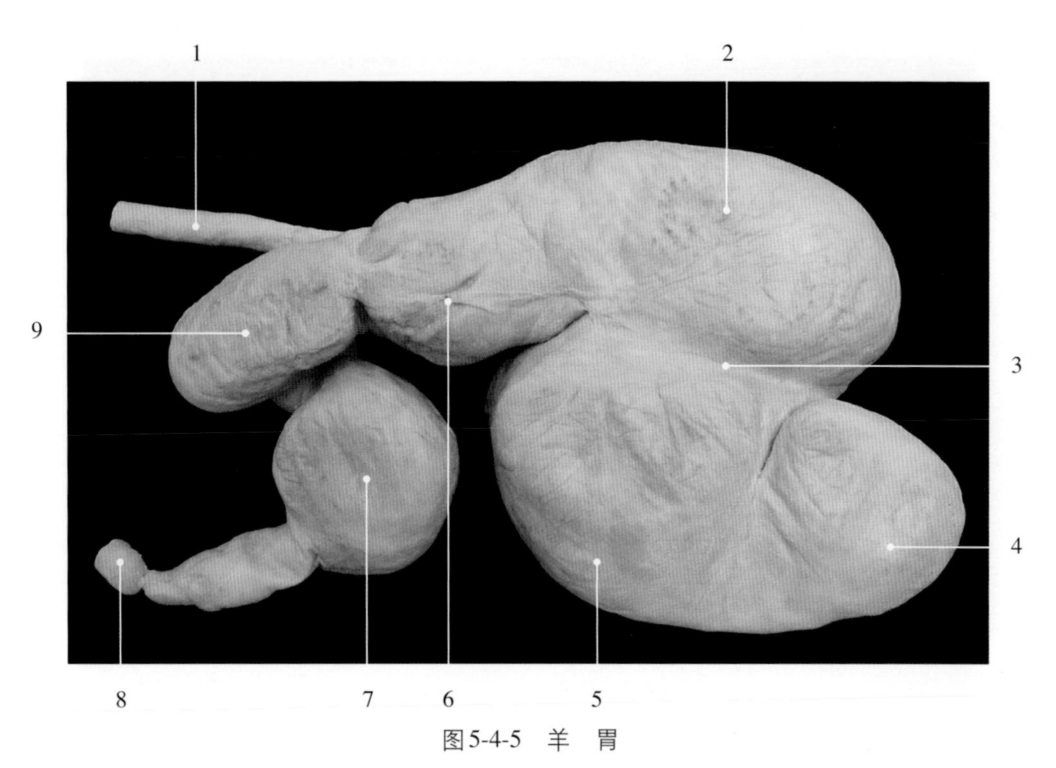

图5-4-5　羊　胃

1. 食管　esophagus
2. 背囊　dorsal sac
3. 左纵沟　left longitudinal groove
4. 后腹盲囊　caudoventral blind sac
5. 腹囊　ventral sac
6. 前背盲囊　cranodorsal blind sac
7. 皱胃　abomasum
8. 十二指肠　duodenum
9. 网胃　reticulum

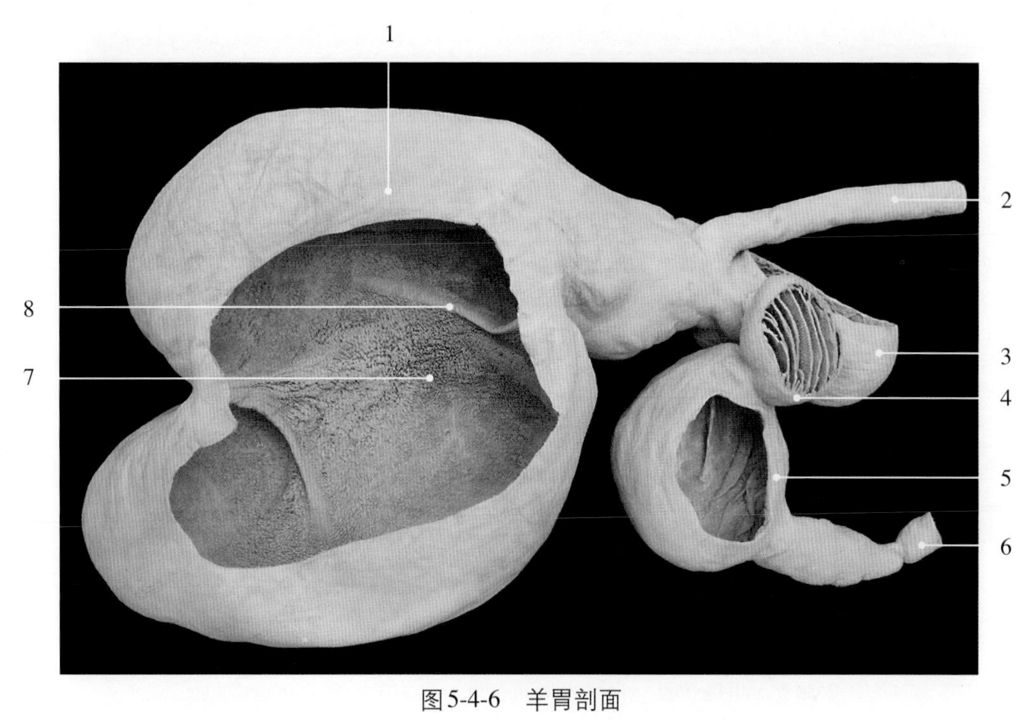

图5-4-6　羊胃剖面

1. 瘤胃　rumen
2. 食管　esophagus
3. 网胃　reticulum
4. 瓣胃　omasum
5. 皱胃　abomasum
6. 十二指肠　duodenum
7. 瘤胃乳头　ruminal papilla
8. 肉柱　pillar

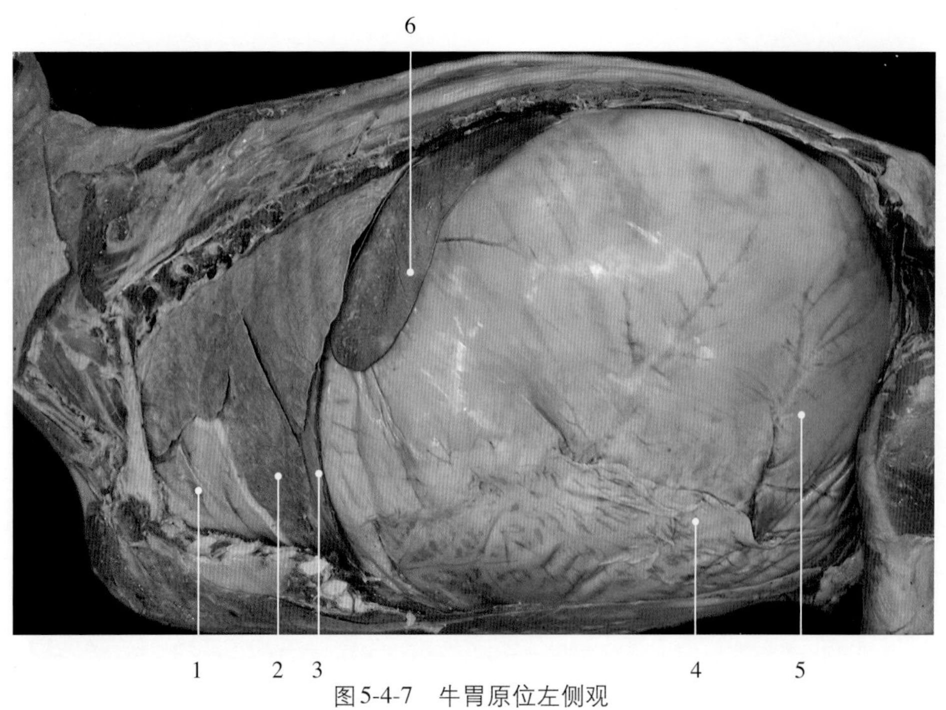

图5-4-7　牛胃原位左侧观

1. 心脏 heart
2. 肺 lung
3. 膈 diaphragm
4. 大网膜 greater omentum
5. 瘤胃 rumen
6. 脾 spleen

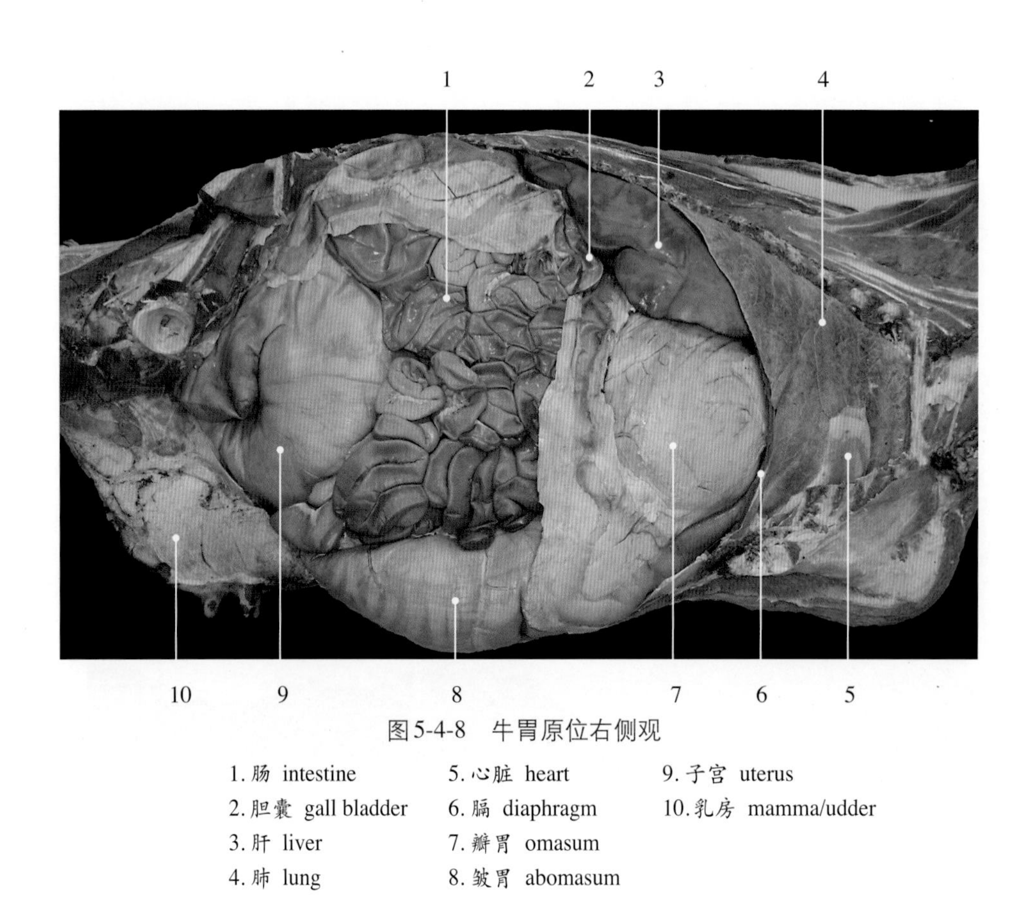

图5-4-8　牛胃原位右侧观

1. 肠 intestine
2. 胆囊 gall bladder
3. 肝 liver
4. 肺 lung
5. 心脏 heart
6. 膈 diaphragm
7. 瓣胃 omasum
8. 皱胃 abomasum
9. 子宫 uterus
10. 乳房 mamma/udder

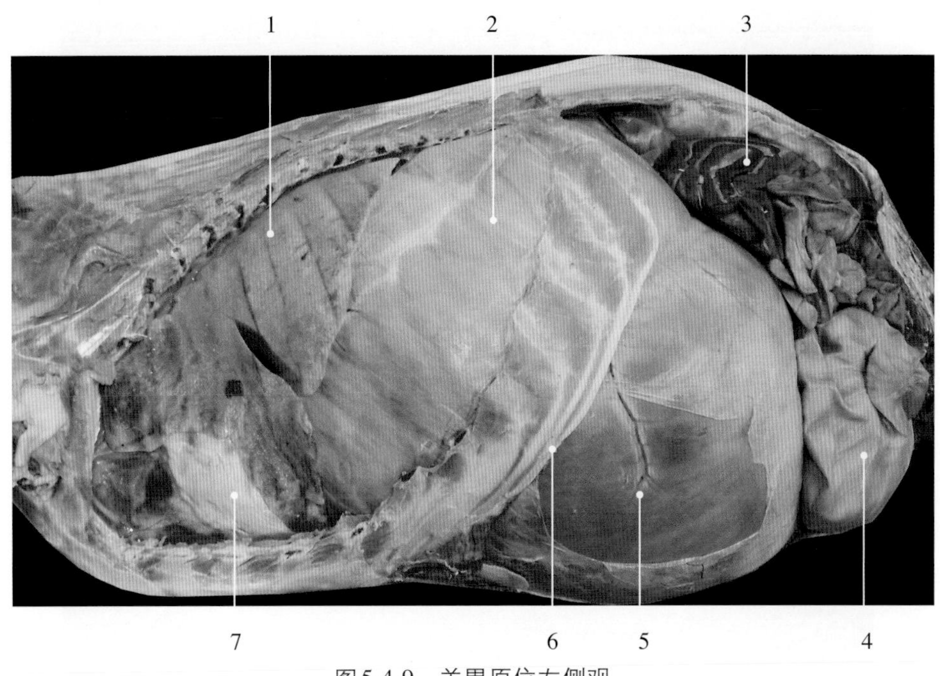

图5-4-9　羊胃原位左侧观

1. 肺 lung
2. 膈 diaphragm
3. 肠 intestine
4. 子宫 uterus
5. 瘤胃 rumen
6. 肋弓 costal arch
7. 心脏 heart

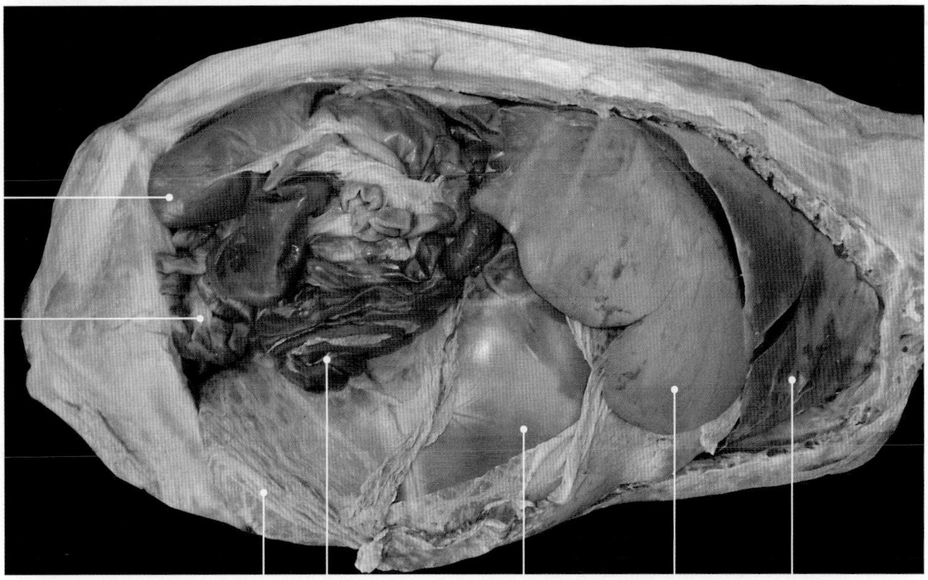

1
2
3　4　5　6　7

图5-4-10　羊胃原位右侧观

1. 盲肠 caecum
2. 空肠 jejunum
3. 大网膜 greater omentum
4. 结肠袢 colon loop
5. 胃 stomach
6. 肝 liver
7. 肺 lung

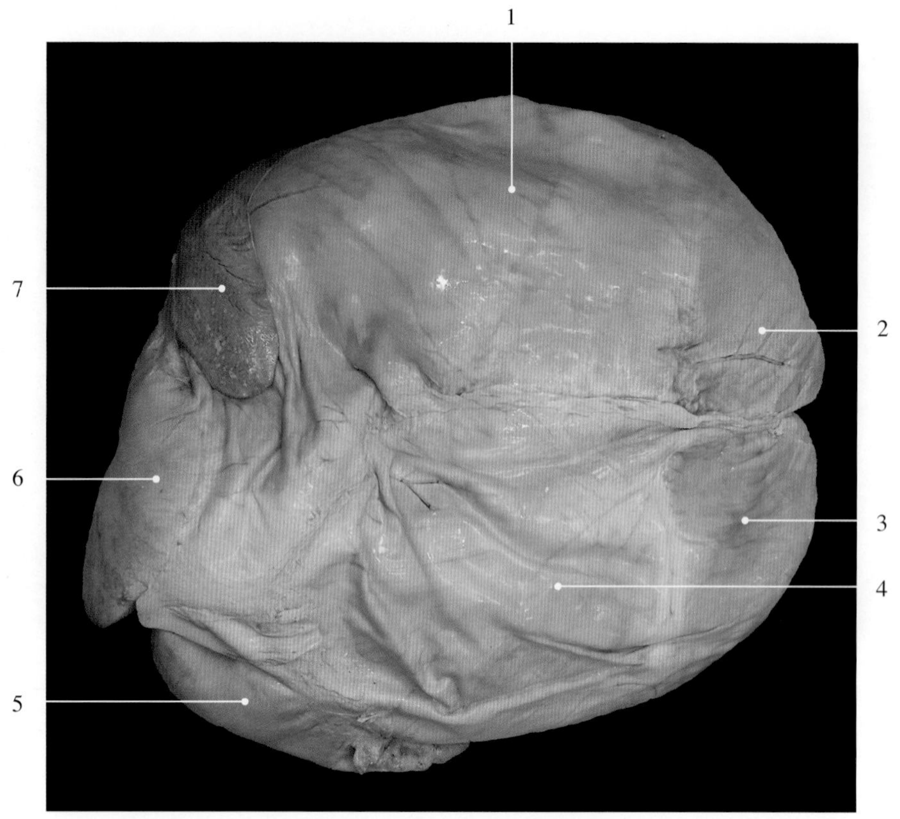

图5-4-11　牛胃左侧观（固定标本）

1. 背囊 dorsal sac
2. 后背盲囊 caudodorsal blind sac
3. 后腹盲囊 caudoventral blind sac
4. 腹囊 ventral sac
5. 皱胃 abomasum
6. 网胃 reticulum
7. 脾 spleen

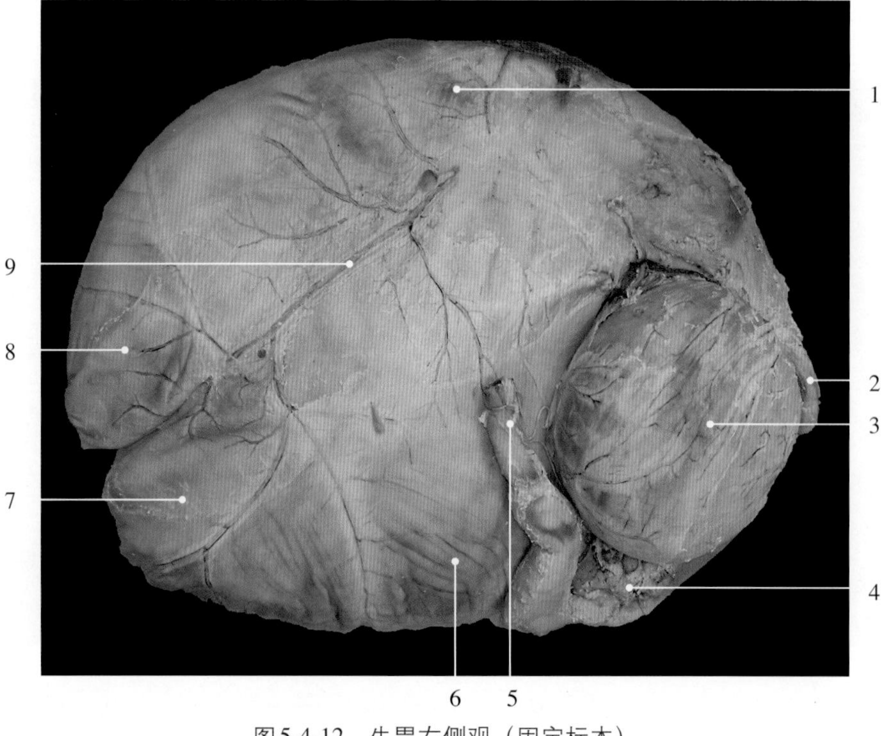

图5-4-12　牛胃右侧观（固定标本）

1. 背囊 dorsal sac
2. 网胃 reticulum
3. 瓣胃 omasum
4. 皱胃 abomasum
5. 十二指肠 duodenum
6. 腹囊 ventral sac
7. 后腹盲囊 caudoventral blind sac
8. 后背盲囊 caudodorsal blind sac
9. 右纵沟 right longitudinal groove

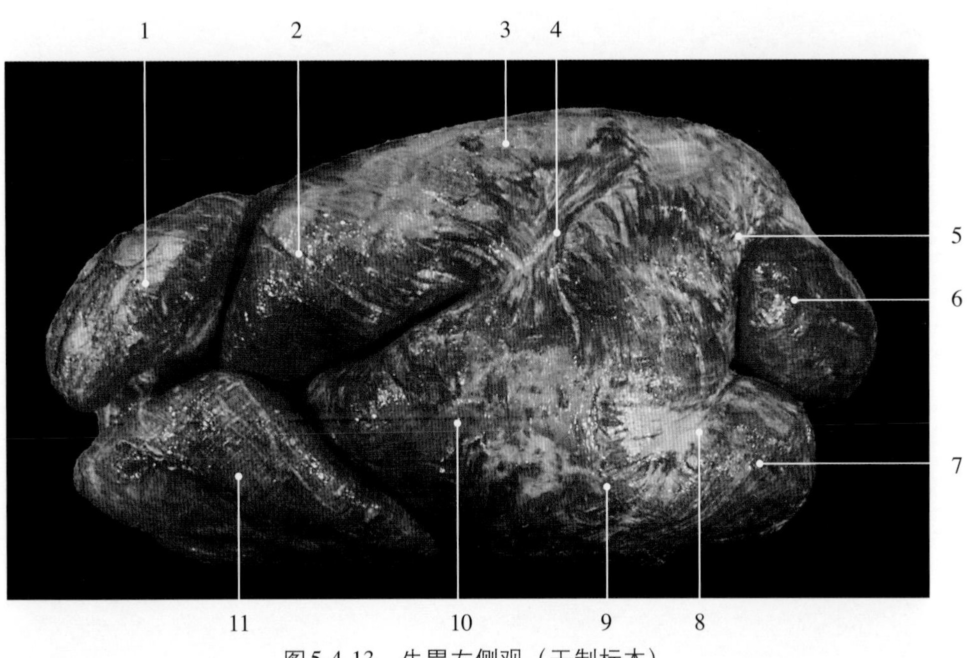

图5-4-13　牛胃左侧观（干制标本）

1. 网胃 reticulum
2. 前背盲囊 cranodorsal blind sac
3. 背囊 dorsal sac
4. 左纵沟 left longitudinal groove
5. 后背冠状沟 caudodorsal coronary groove
6. 后背盲囊 caudodorsal blind sac
7. 后腹盲囊 caudoventral blind sac
8. 后腹冠状沟 caudoventral coronary groove
9. 腹囊 ventral sac
10. 前腹盲囊 cranoventral blind sac
11. 皱胃 abomasum

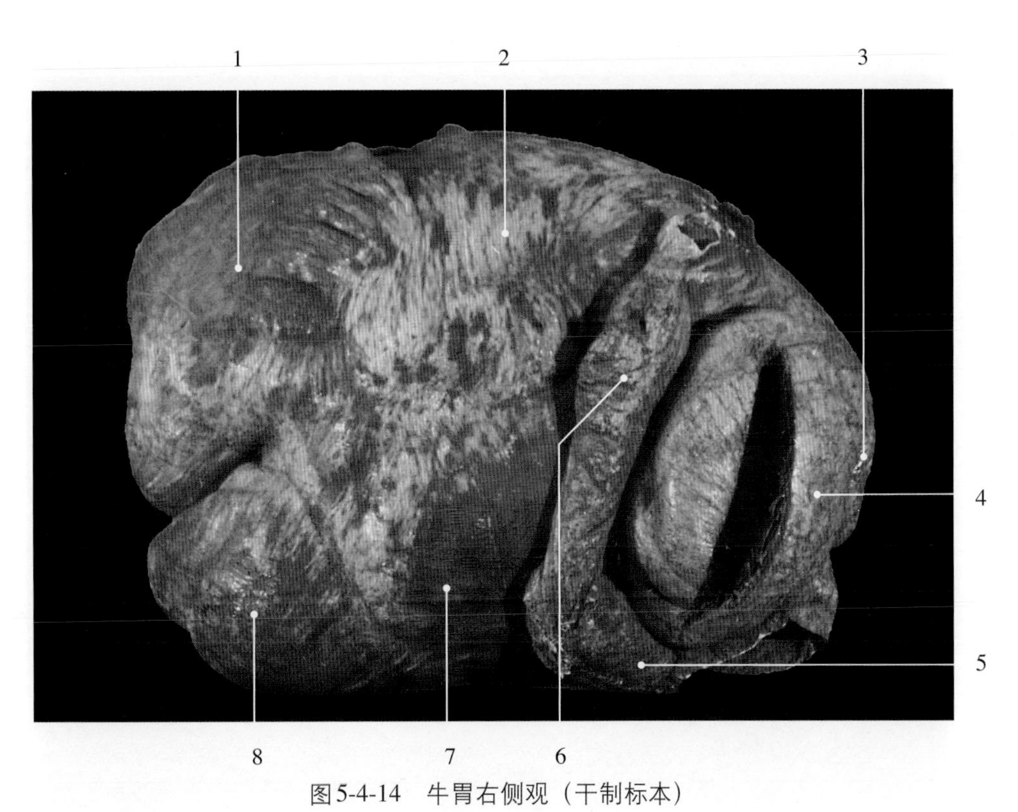

图5-4-14　牛胃右侧观（干制标本）

1. 后背盲囊 caudodorsal blind sac
2. 背囊 dorsal sac
3. 网胃 reticulum
4. 瓣胃 omasum
5. 皱胃 abomasum
6. 十二指肠 duodenum
7. 腹囊 ventral sac
8. 后腹盲囊 caudoventral blind sac

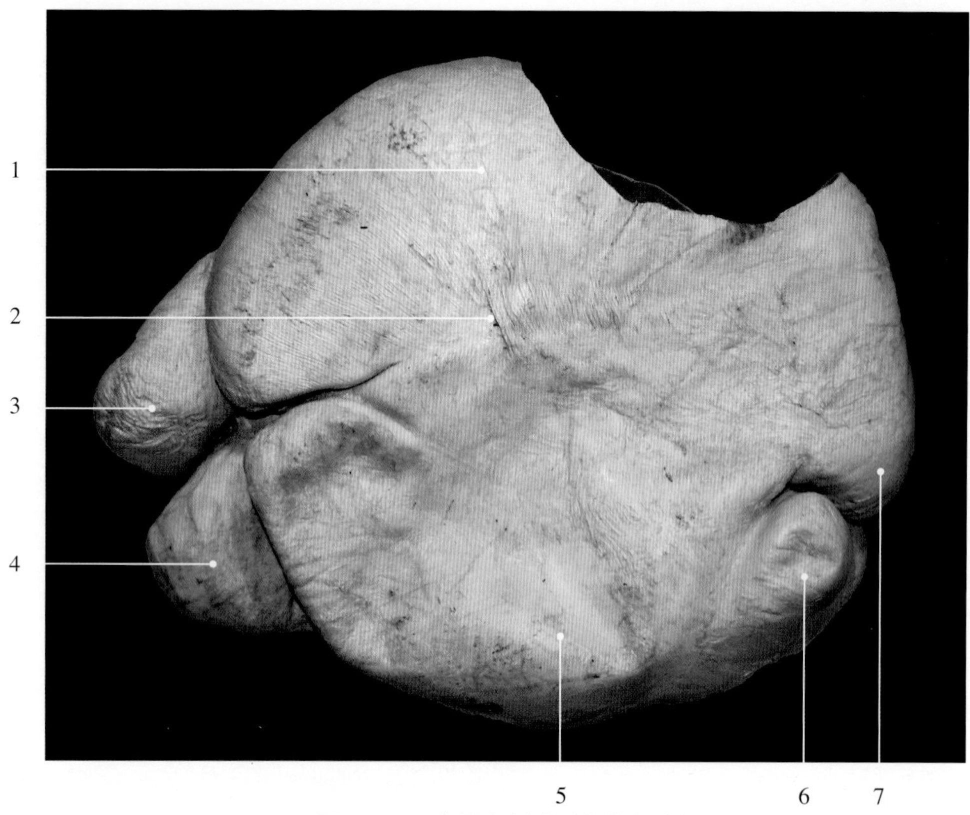

图5-4-15　牛胃左侧观（塑化标本）

1. 背囊 dorsal sac
2. 左纵沟 left longitudinal groove
3. 网胃 reticulum
4. 皱胃 abomasum
5. 腹囊 ventral sac
6. 后腹盲囊 caudoventral blind sac
7. 后背盲囊 caudodorsal blind sac

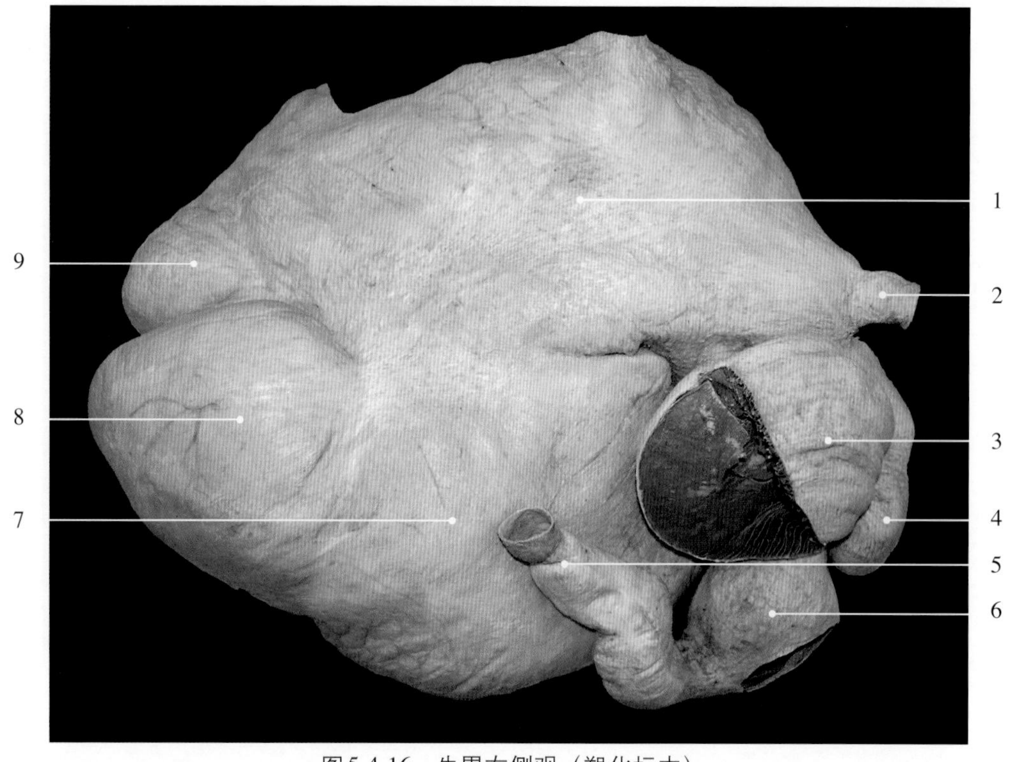

图5-4-16　牛胃右侧观（塑化标本）

1. 背囊 dorsal sac
2. 食管 esophagus
3. 瓣胃 omasum
4. 网胃 reticulum
5. 十二指肠 duodenum
6. 皱胃 abomasum
7. 腹囊 ventral sac
8. 后腹盲囊 caudoventral blind sac
9. 后背盲囊 caudodorsal blind sac

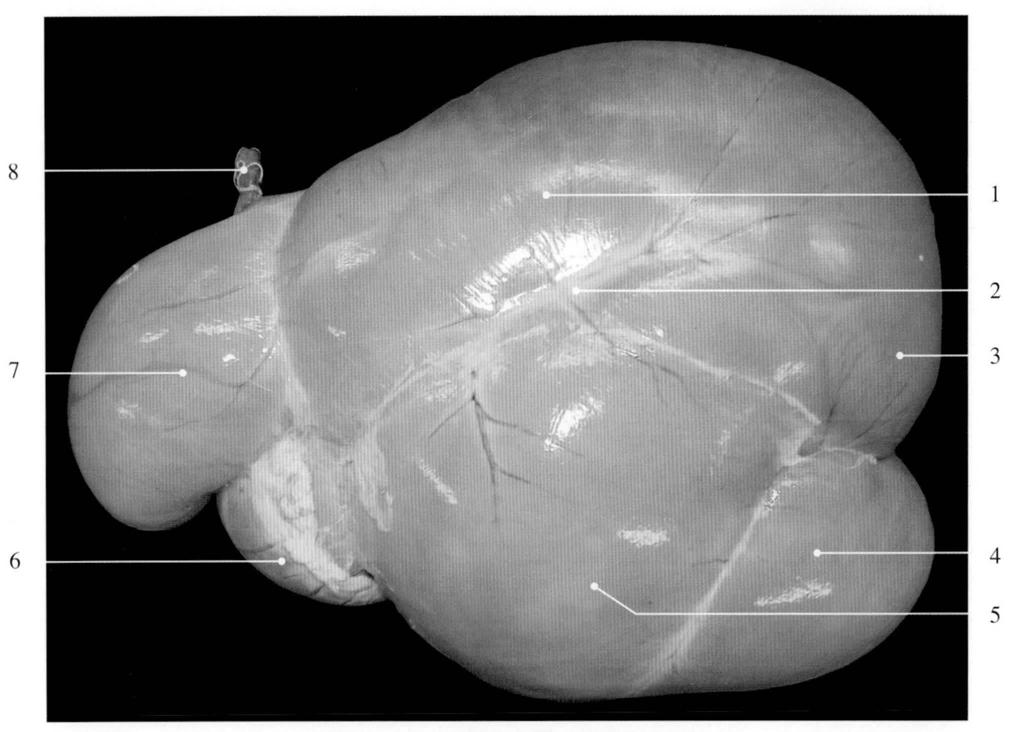

图5-4-17　羊胃左侧观（新鲜标本）

1. 背囊 dorsal sac
2. 左纵沟 left longitudinal groove
3. 后背盲囊 caudodorsal blind sac
4. 后腹盲囊 caudoventral blind sac
5. 腹囊 ventral sac
6. 皱胃 abomasum
7. 网胃 reticulum
8. 食管 esophagus

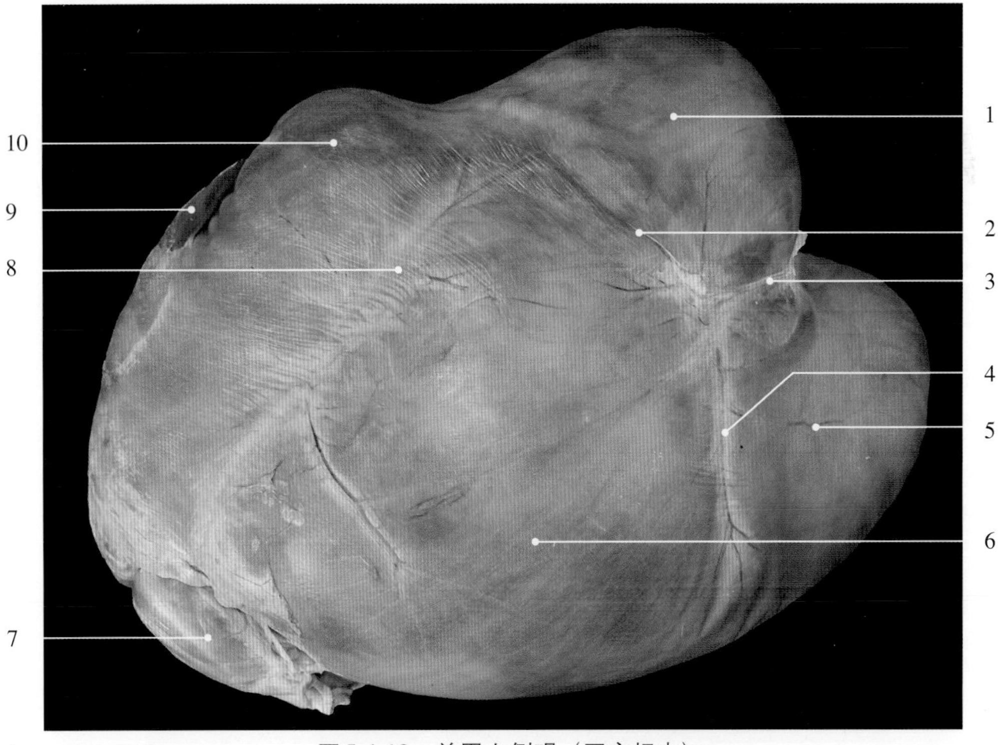

图5-4-18　羊胃左侧观（固定标本）

1. 后背盲囊 caudodorsal blind sac
2. 后背冠状沟 caudodorsal coronary groove
3. 后沟 caudal groove
4. 后腹冠状沟 caudoventral coronary groove
5. 后腹盲囊 caudoventral blind sac
6. 腹囊 ventral sac
7. 网胃 reticulum
8. 左纵沟 left longitudinal groove
9. 脾 spleen
10. 背囊 dorsal sac

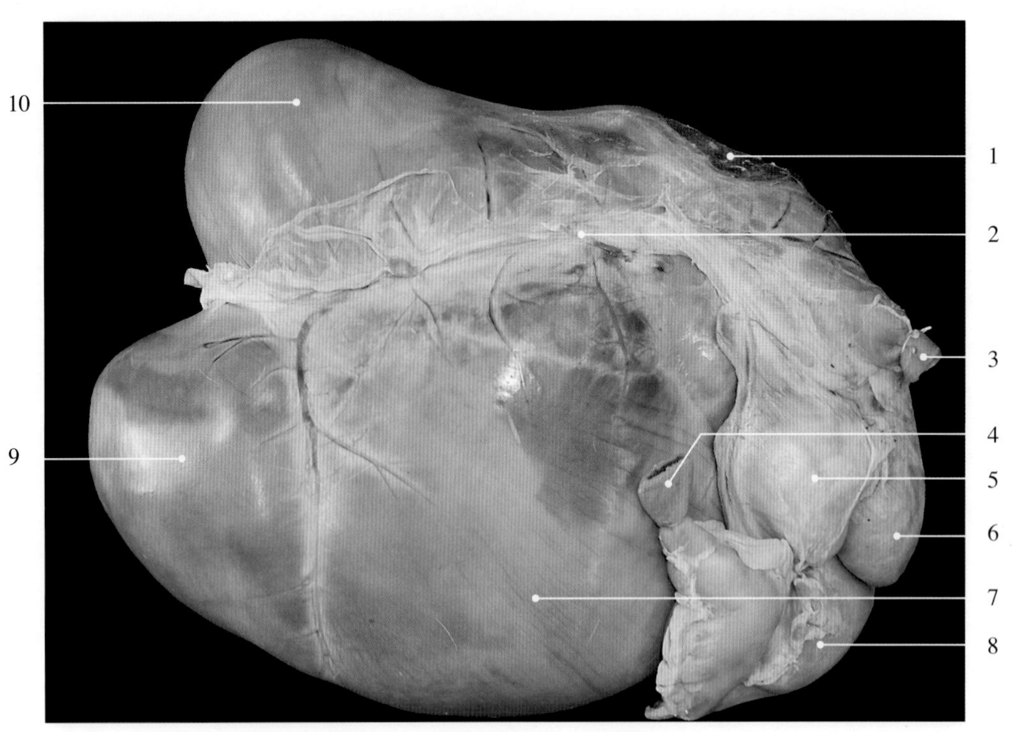

图5-4-19　羊胃右侧观（固定标本）

1. 脾 spleen
2. 右纵沟 right longitudinal groove
3. 食管 esophagus
4. 十二指肠 duodenum
5. 瓣胃 omasum
6. 网胃 reticulum
7. 腹囊 ventral sac
8. 皱胃 abomasum
9. 后腹盲囊 caudoventral blind sac
10. 后背盲囊 caudodorsal blind sac

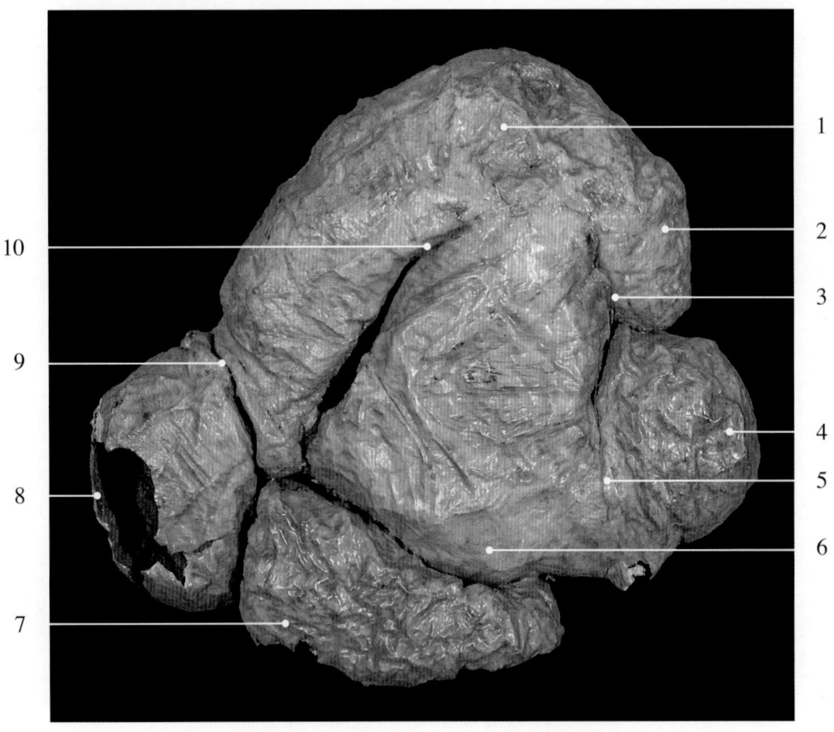

图5-4-20　羊胃左侧观（干制标本）

1. 背囊 dorsal sac
2. 后背盲囊 caudodorsal blind sac
3. 后背冠状沟 caudodorsal coronary groove
4. 后腹盲囊 caudoventral blind sac
5. 后腹冠状沟 caudoventral coronary groove
6. 腹囊 ventral sac
7. 皱胃 abomasum
8. 网胃 reticulum
9. 瘤网沟 ruminoreticular groove
10. 左纵沟 left longitudinal groove

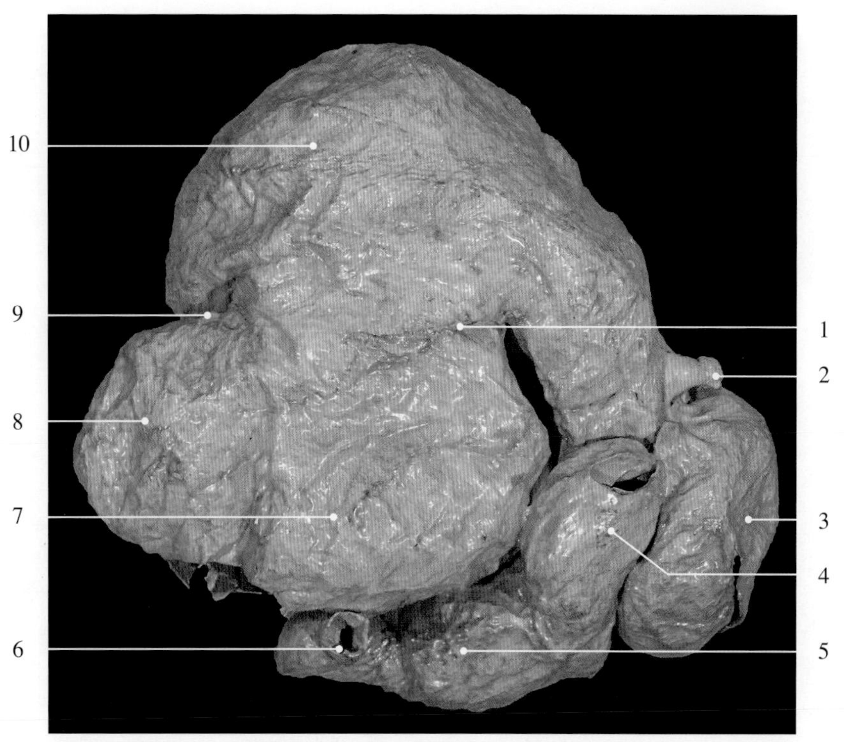

图5-4-21　羊胃右侧观（干制标本）

1. 右纵沟 right longitudinal groove
2. 食管 esophagus
3. 网胃 reticulum
4. 瓣胃 omasum
5. 皱胃 abomasum
6. 十二指肠 duodenum
7. 腹囊 ventral sac
8. 后腹盲囊 caudoventral blind sac
9. 后沟 caudal groove
10. 背囊 dorsal sac

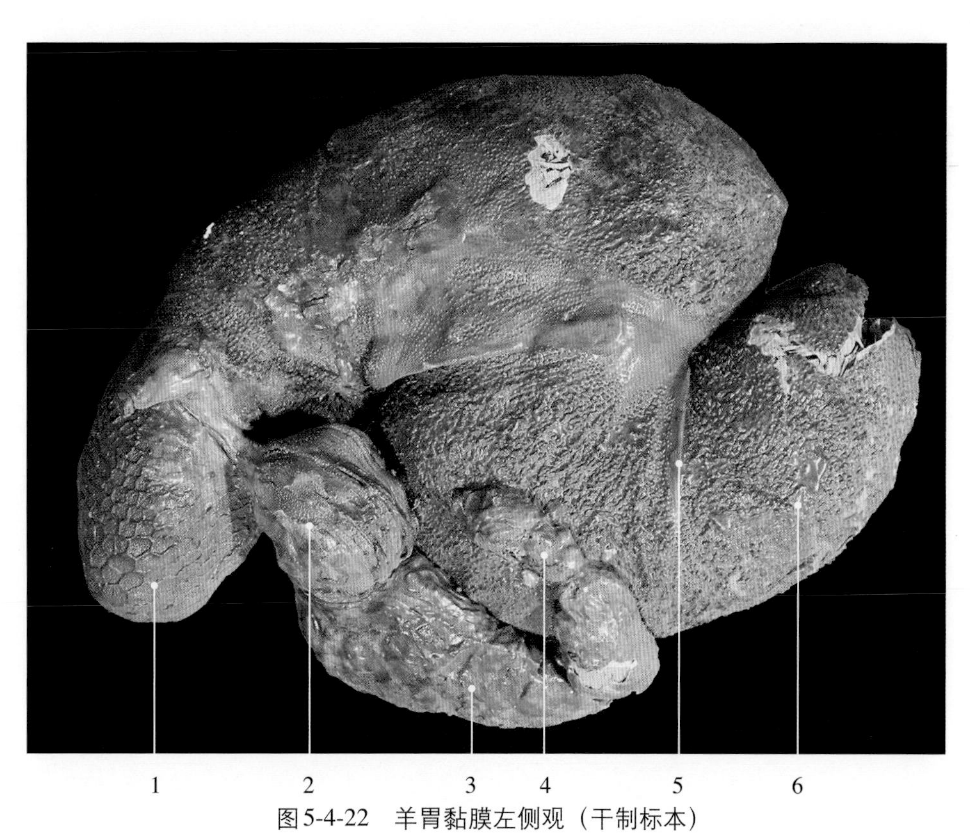

图5-4-22　羊胃黏膜左侧观（干制标本）

1. 网胃黏膜 mucous membrane of reticulum
2. 瓣胃黏膜 mucous membrane of omasum
3. 皱胃黏膜 mucous membrane of abomasum
4. 十二指肠 duodenum
5. 肉柱 pillar
6. 瘤胃黏膜 mucous membrane of rumen

图5-4-23　羊胃黏膜右侧观（干制标本）

1. 瘤胃黏膜 mucous membrane of rumen
2. 肉柱 pillar
3. 皱胃黏膜 mucous membrane of abomasum
4. 网胃黏膜 mucous membrane of reticulum

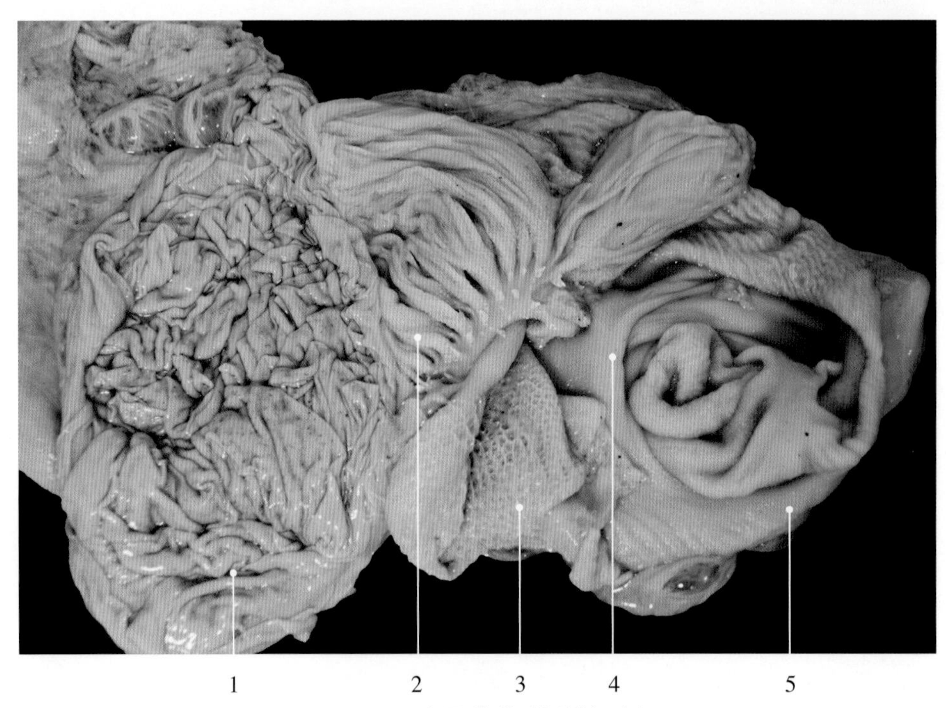

图5-4-24　牛胃黏膜（新鲜标本）

1. 皱胃黏膜 mucous membrane of abomasum
2. 瓣胃黏膜 mucous membrane of omasum
3. 网胃黏膜 mucous membrane of reticulum
4. 肉柱 pillar
5. 瘤胃黏膜 mucous membrane of rumen

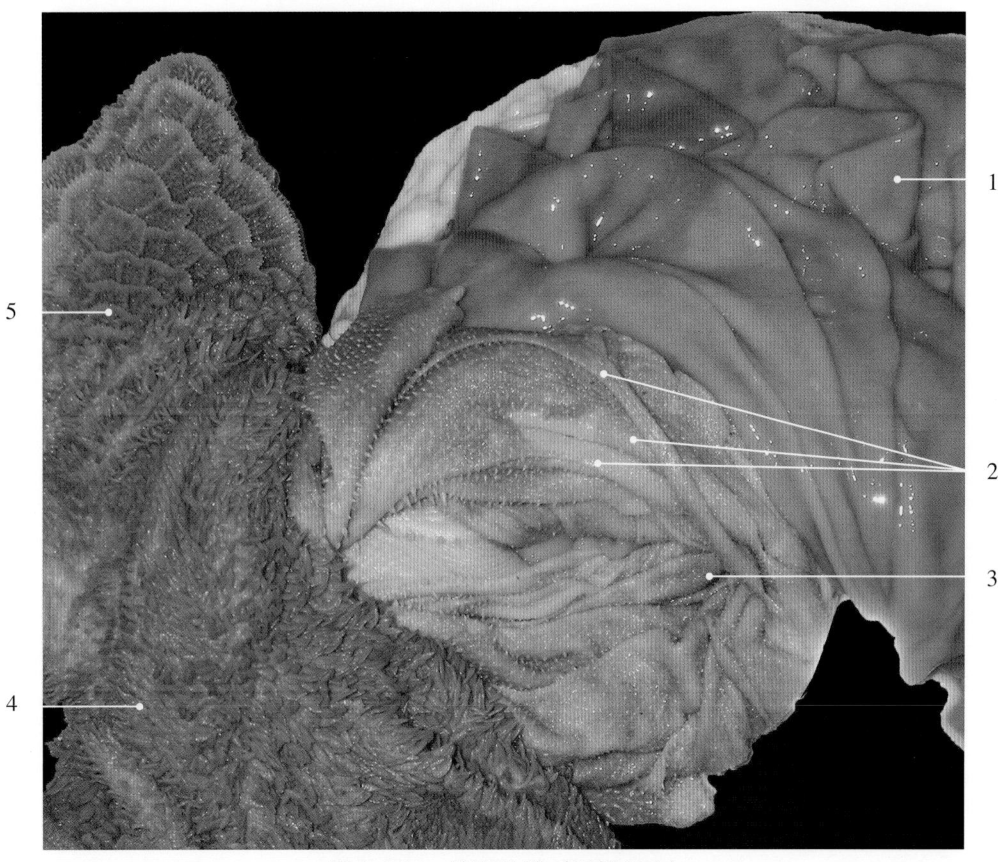

图5-4-25　羊胃黏膜（新鲜标本）

1. 皱胃黏膜 mucous membrane of abomasum
2. 瓣胃叶 omasal lamina
3. 瓣皱口 omasoabomasal opening
4. 瘤胃黏膜（瘤胃乳头）mucous membrane of rumen (ruminal papilla)
5. 网胃黏膜 mucous membrane of reticulum

图5-4-26　羊瘤胃切开（示瘤胃乳头）

1. 瘤胃乳头 ruminal papilla　　2. 瘤胃内容物 rumen contents

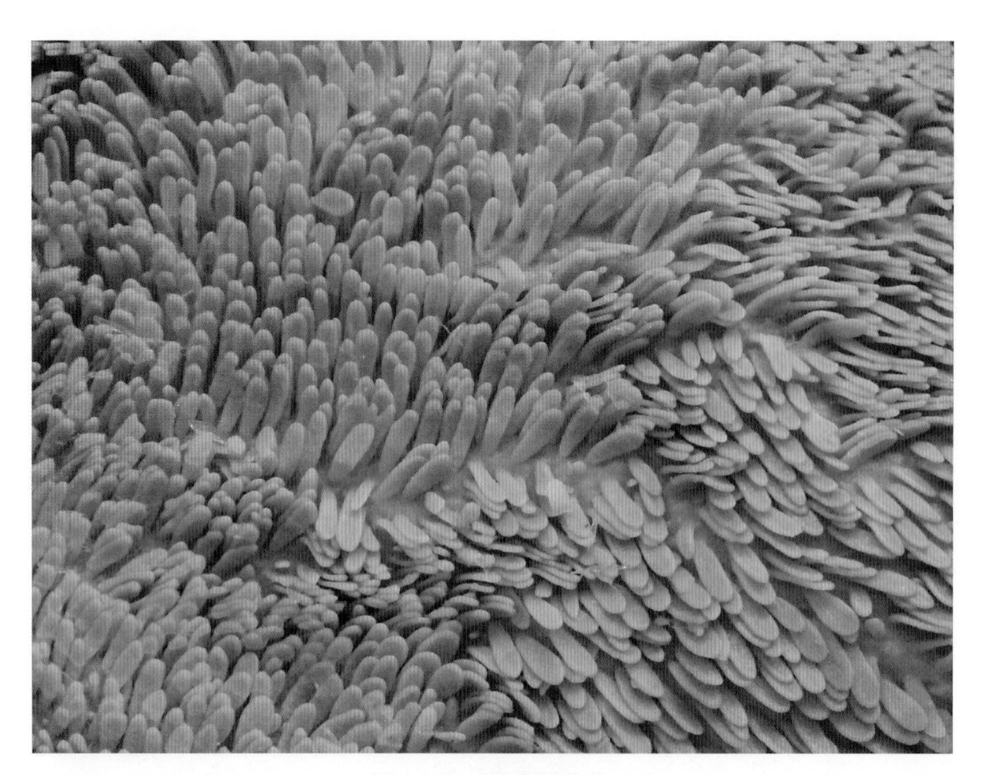

图5-4-27　羊瘤胃乳头

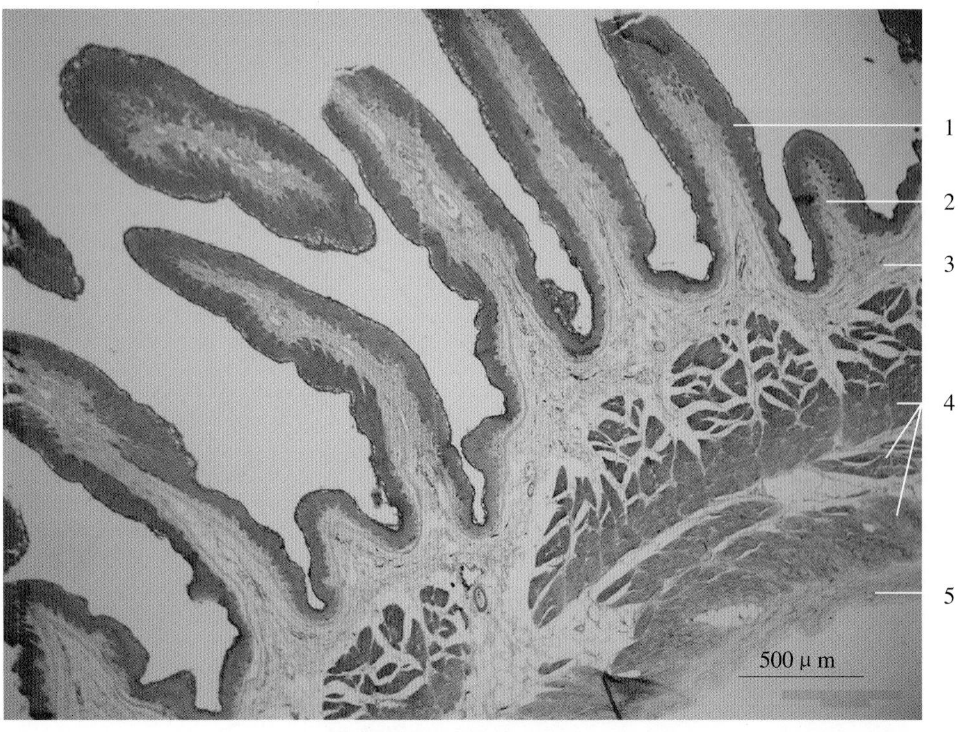

图5-4-28　瘤胃乳头切片

1. 角质化复层扁平上皮 keratotic stratified squamous epithelium
2. 固有层 proper lamina
3. 黏膜下层 submucosa layer
4. 肌层 muscular layer
5. 浆膜 serous membrane

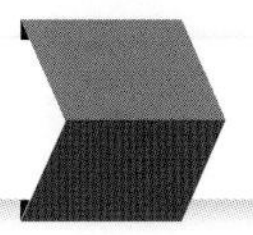

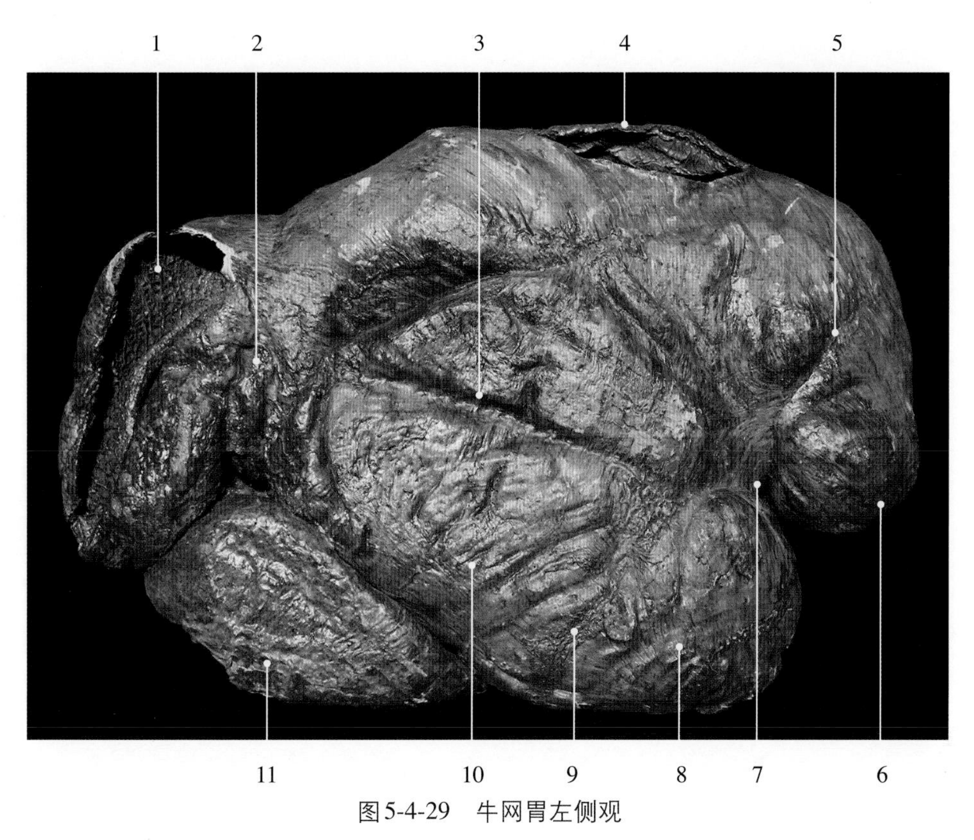

图5-4-29　牛网胃左侧观

1. 网胃 reticulum
2. 瘤网沟 ruminoreticular groove
3. 左纵沟 left longitudinal groove
4. 背囊 dorsal sac
5. 后背冠状沟 caudodorsal coronary groove
6. 后背盲囊 caudodorsal blind sac
7. 后沟 caudal groove
8. 后腹盲囊 caudoventral blind sac
9. 后腹冠状沟 caudoventral coronary groove
10. 腹囊 ventral sac
11. 皱胃 abomasum

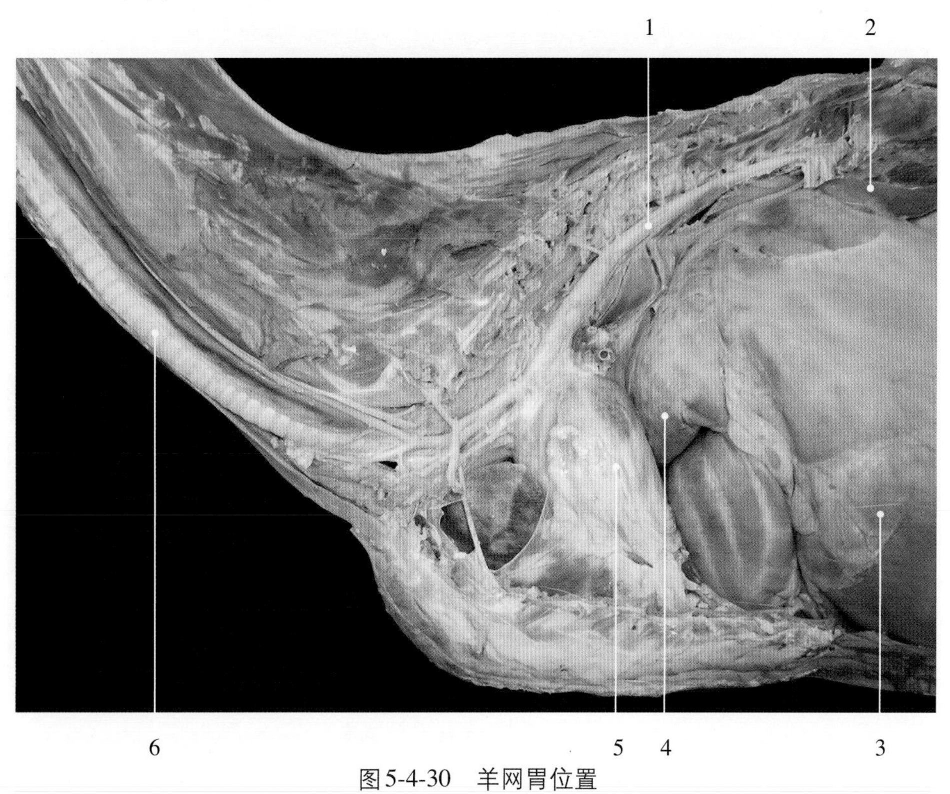

图5-4-30　羊网胃位置

1. 主动脉 aorta
2. 脾 spleen
3. 瘤胃 rumen
4. 网胃 reticulum
5. 心脏 heart
6. 气管 trachea

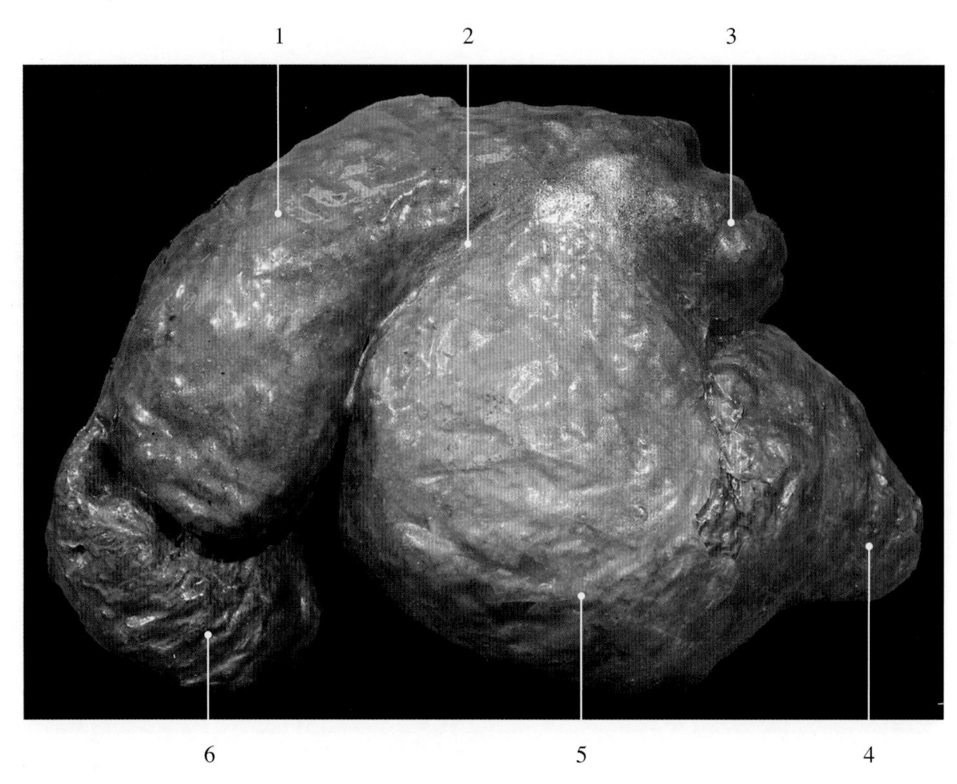

图5-4-31　羊胃左侧观（干制标本）

1. 背囊 dorsal sac
2. 左纵沟 left longitudinal groove
3. 后背盲囊 caudodorsal blind sac
4. 后腹盲囊 caudoventral blind sac
5. 腹囊 ventral sac
6. 网胃 reticulum

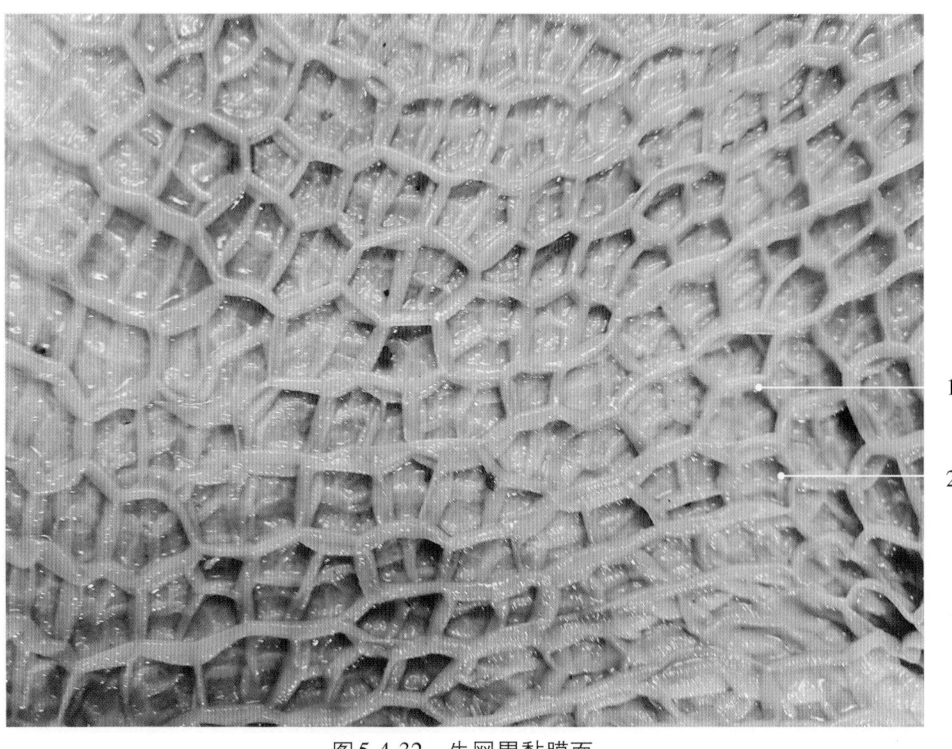

图5-4-32　牛网胃黏膜面

1. 嵴 ridge　　2. 房 cell

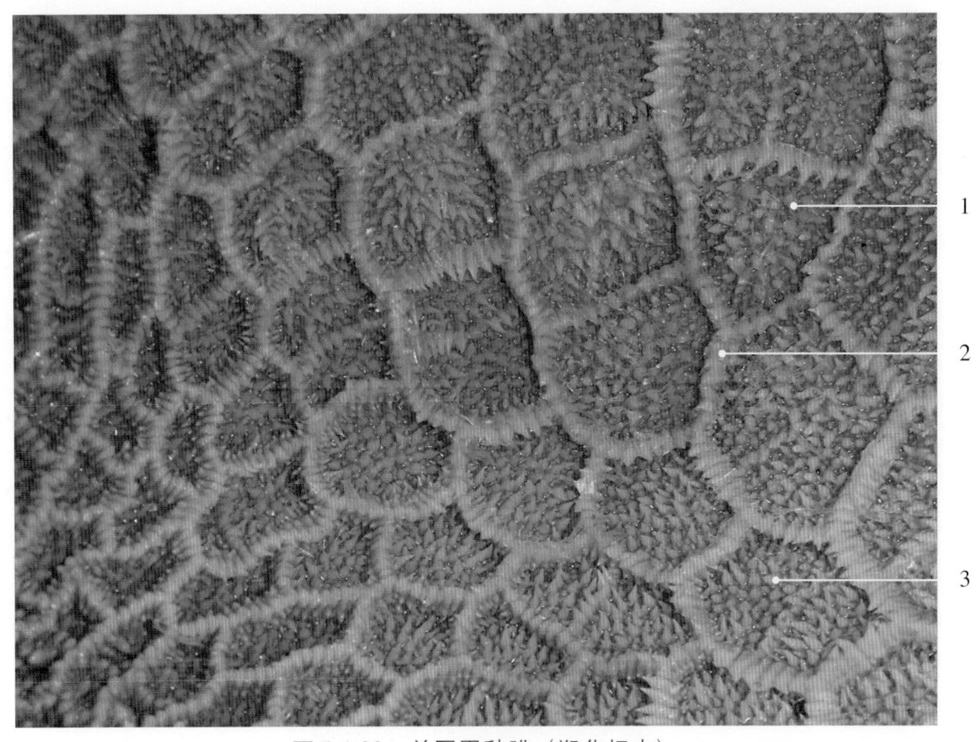

图5-4-33　羊网胃黏膜（塑化标本）

1. 房 cell　　2. 嵴 ridge　　3. 乳头 papilla

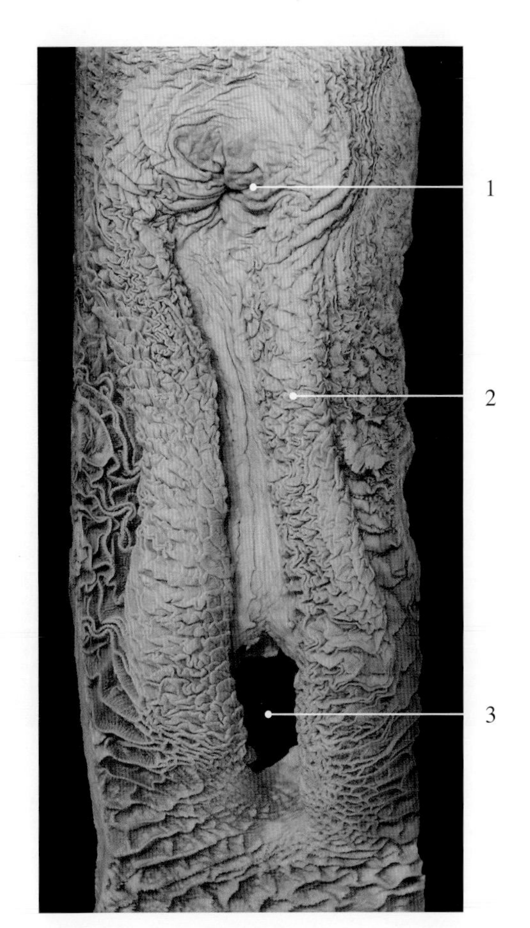

图5-4-34　牛食管沟（固定标本）

1. 贲门 cardia
2. 食管沟唇 esophageal groove lip
3. 网瓣胃口 reticuloomasal opening

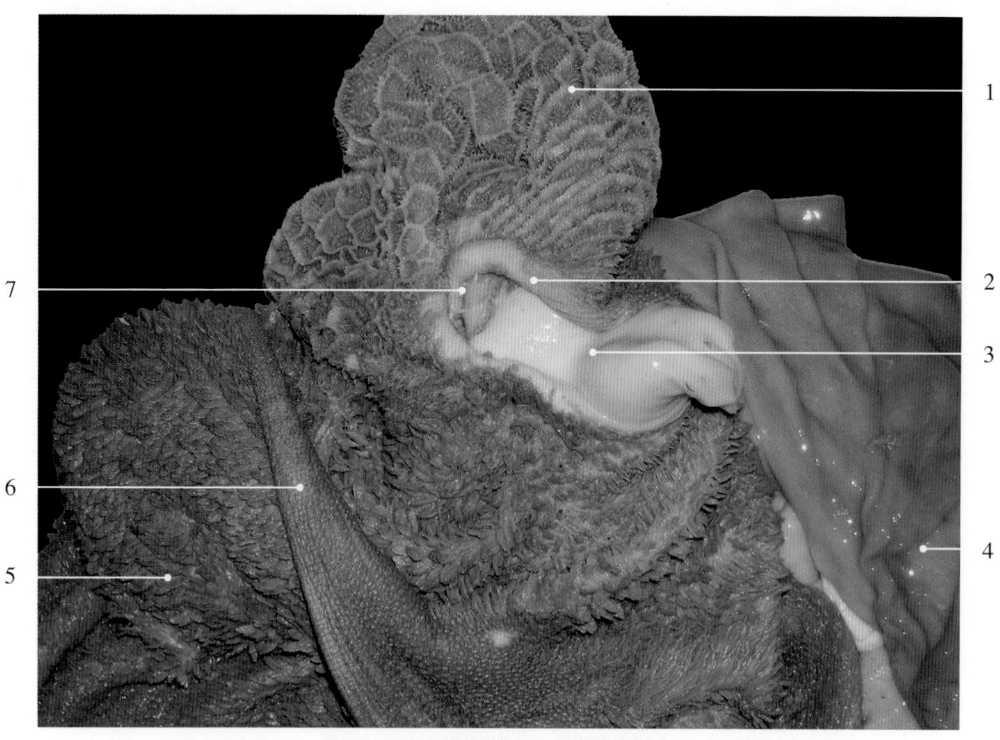

图5-4-35　羊食管沟（新鲜标本）

1. 网胃黏膜 mucous membrane of reticulum
2. 食管沟唇 esophageal groove lip
3. 食管沟 esophageal groove
4. 皱胃 abomasum
5. 瘤胃黏膜 mucous membrane of rumen
6. 瘤胃肉柱 rumen pillar
7. 网瓣胃口 reticuloomasal opening

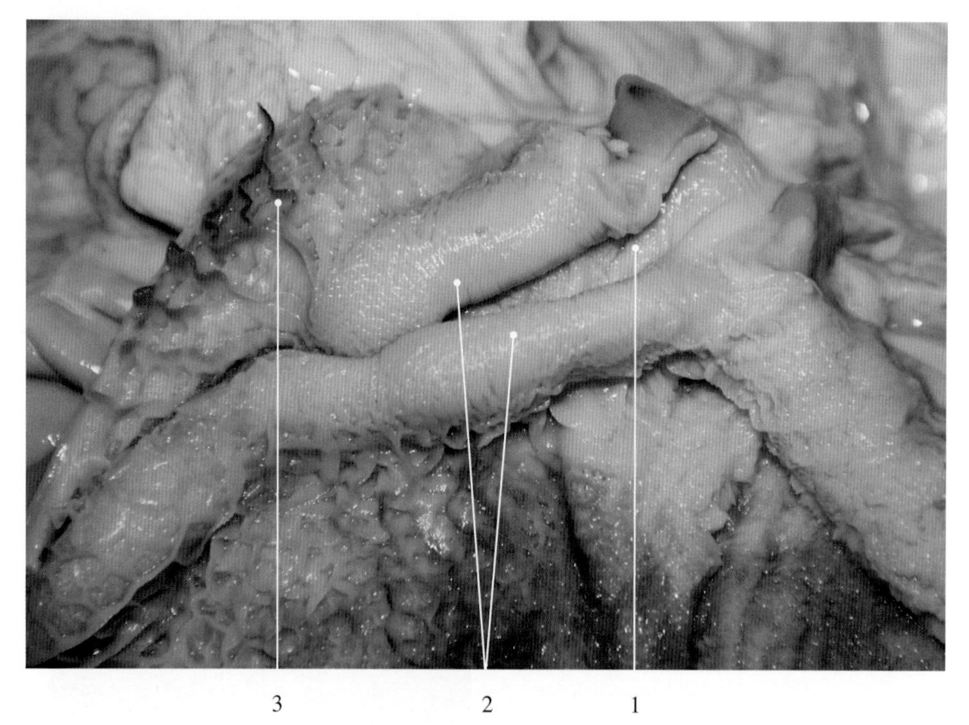

图5-4-36　犊牛食管沟（新鲜标本）

1. 食管沟 esophageal groove
2. 食管沟唇 esophageal groove lips
3. 网胃黏膜 mucous membrane of reticulum

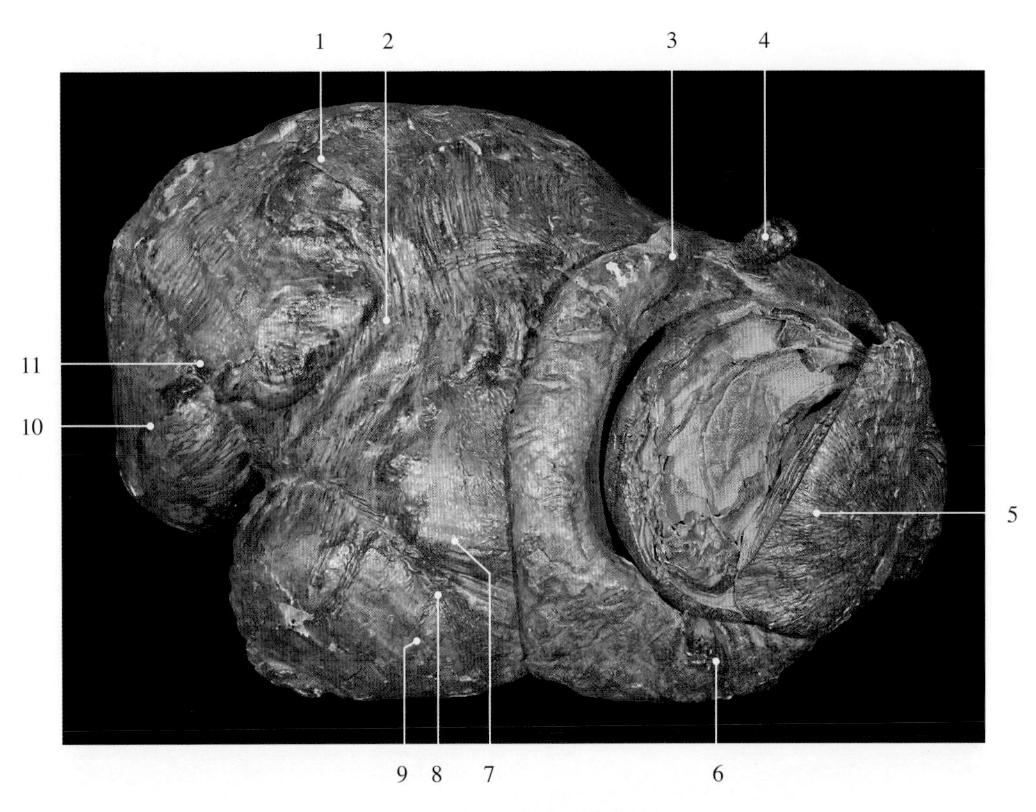

图5-4-37 牛瓣胃右侧观

1. 瘤胃背囊 dorsal sac of rumen
2. 右纵沟 right longitudinal groove
3. 十二指肠 duodenum
4. 食管 esophagus
5. 瓣胃 omasum
6. 皱胃 abomasum
7. 瘤胃腹囊 ventral sac of rumen
8. 后腹冠状沟 caudoventral coronary groove
9. 后腹盲囊 caudoventral blind sac
10. 后背盲囊 caudodorsal blind sac
11. 后背冠状沟 caudodorsal coronary groove

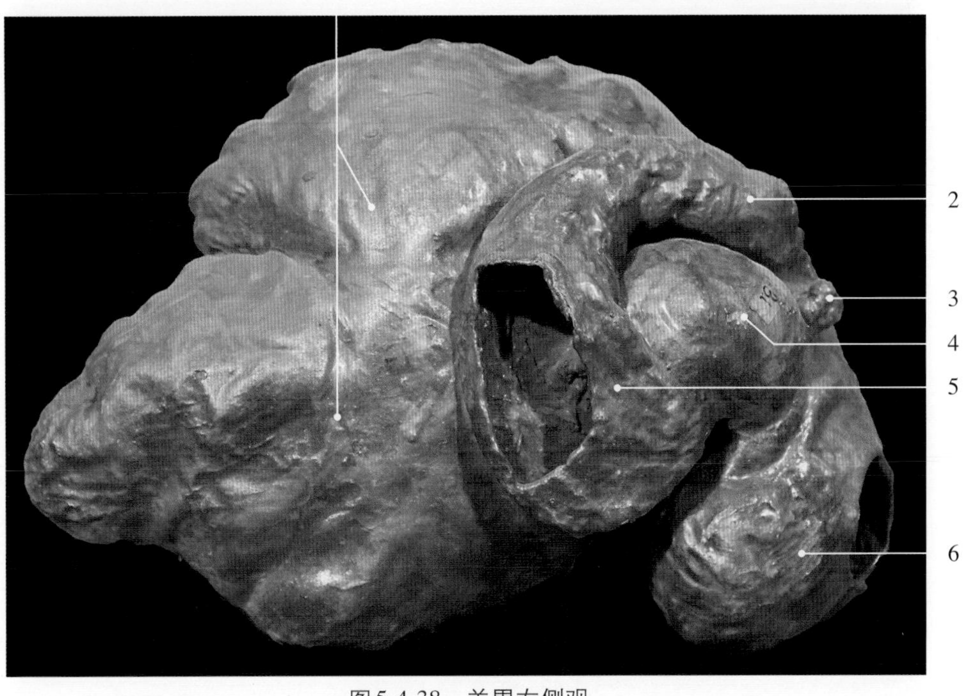

图5-4-38 羊胃右侧观

1. 瘤胃 rumen
2. 十二指肠 duodenum
3. 食管 esophagus
4. 瓣胃 omasum
5. 皱胃 abomasum
6. 网胃 reticulum

图5-4-39 牛瓣胃（固定标本）

1. 瓣胃叶 omasal lamina　　2. 瓣胃乳头 omasal papilla

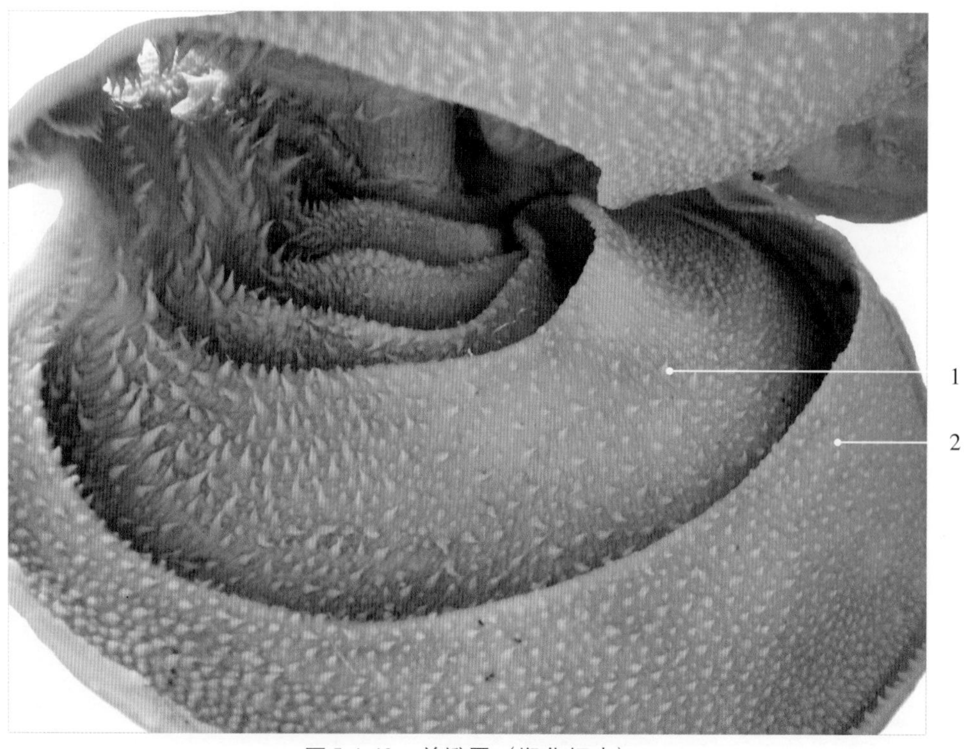

图5-4-40 羊瓣胃（塑化标本）

1. 瓣胃乳头 omasal papilla　　2. 瓣胃叶 omasal lamina

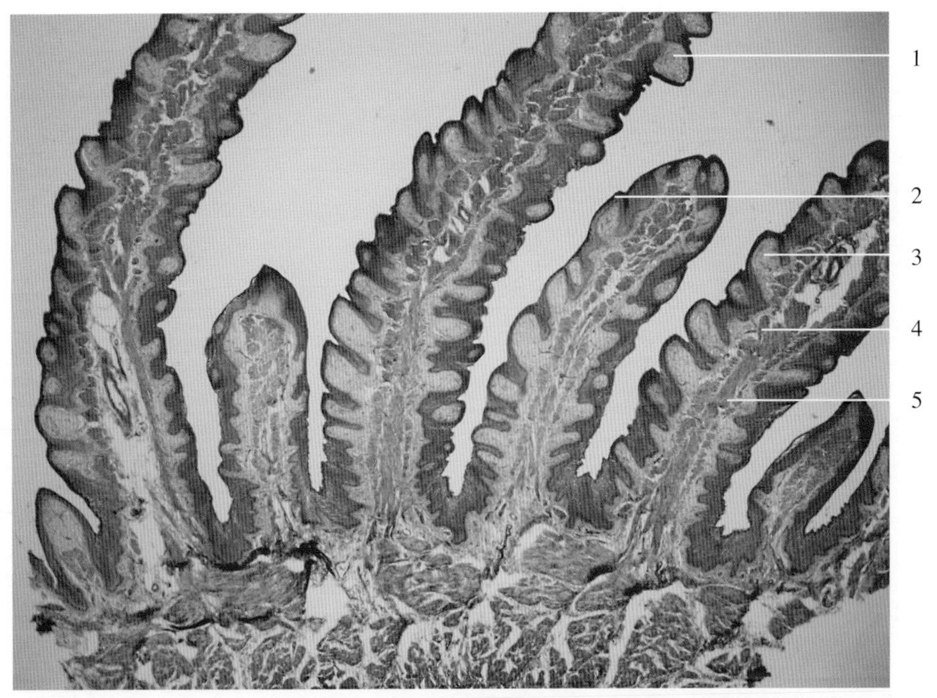

图5-4-41 瓣胃组织切片

1. 乳头 papilla
2. 角质化复层扁平上皮 keratotic stratified squamous epithelium
3. 固有层 proper lamina
4. 黏膜肌层 muscular mucous membrane
5. 肌层平滑肌 smooth muscle in muscular layer

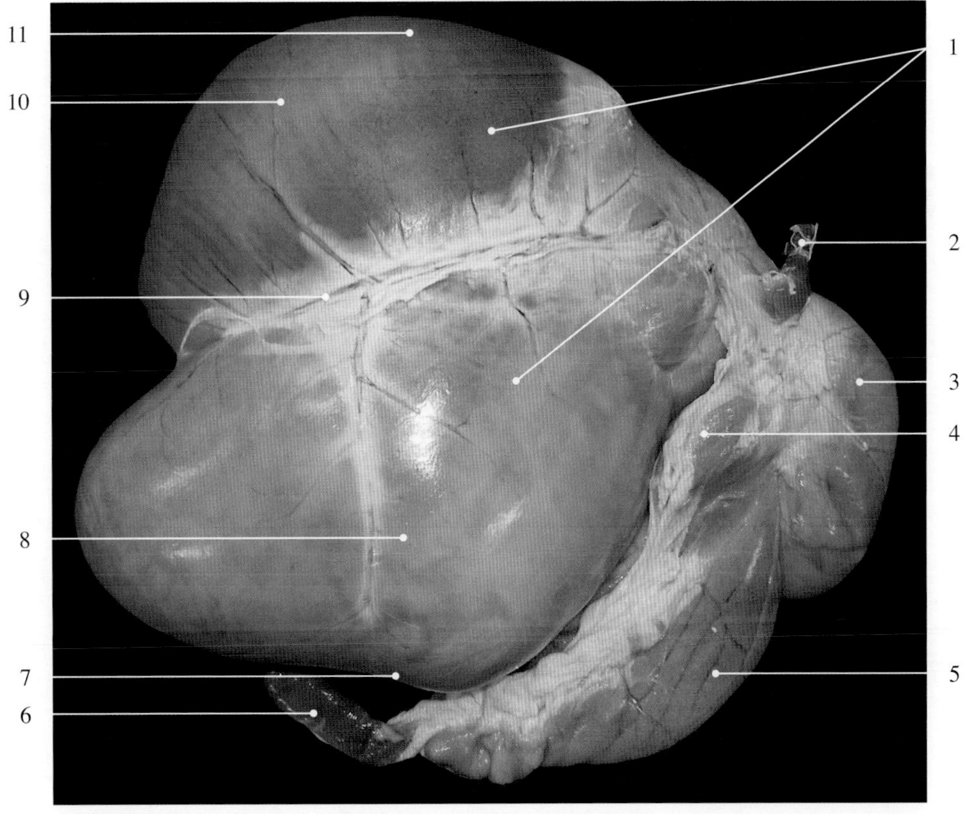

图5-4-42 羊皱胃（新鲜标本）

1. 瘤胃 rumen
2. 食管 esophagus
3. 网胃 reticulum
4. 瓣胃 omasum
5. 皱胃 abomasum
6. 十二指肠 duodenum
7. 腹侧弯 ventral curvature
8. 腹囊 ventral sac
9. 右纵沟 right longitudinal groove
10. 背囊 dorsal sac
11. 背侧弯 dorsal curvature

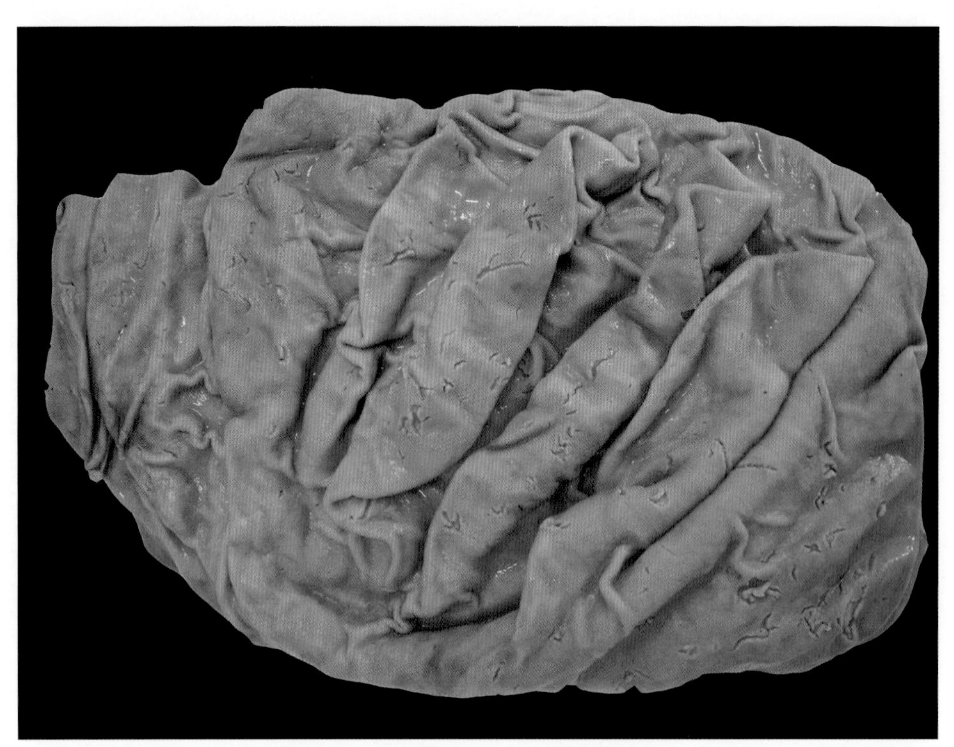

图5-4-43　牛皱胃黏膜（固定标本）

图5-4-44　犊牛皱胃黏膜（新鲜标本）

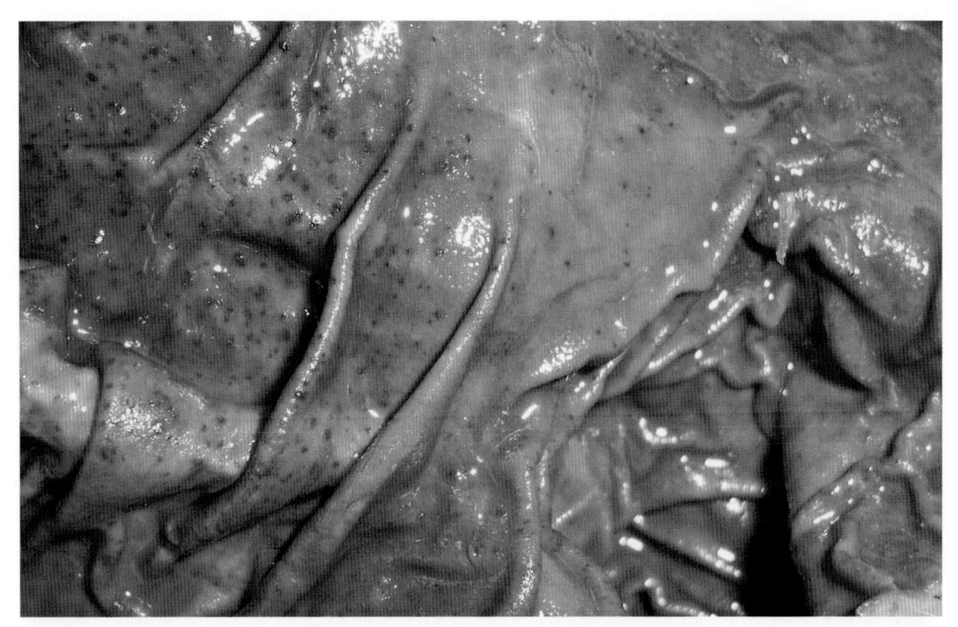

图5-4-45　犊牛皱胃黏膜（固定标本）

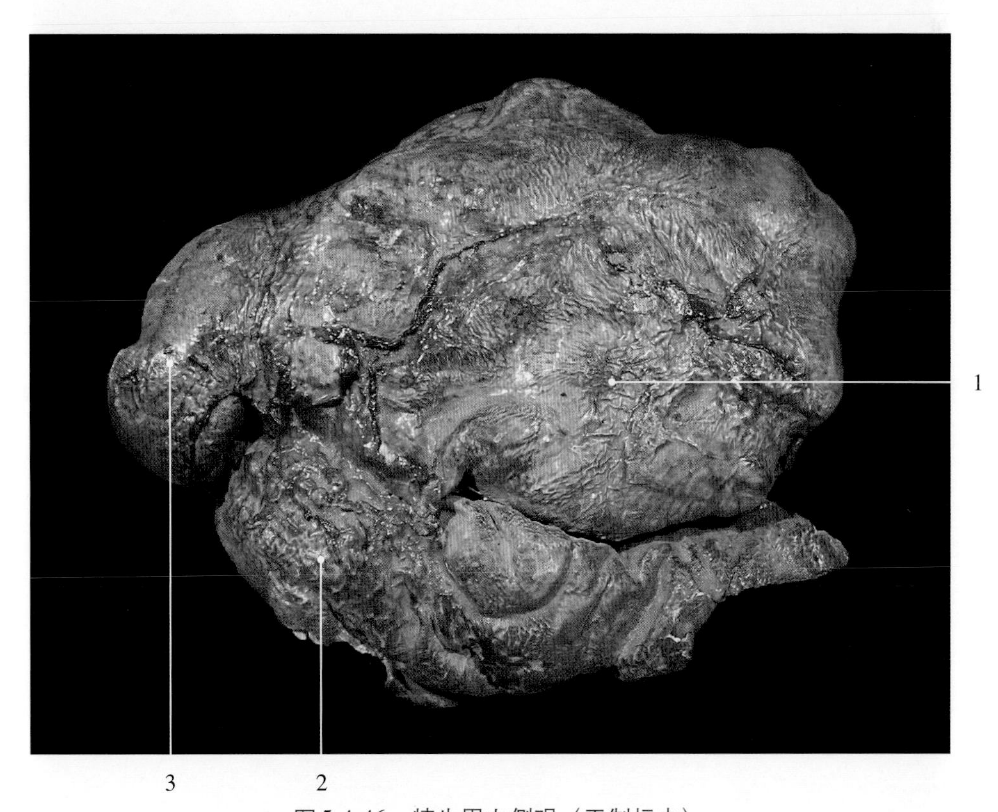

图5-4-46　犊牛胃左侧观（干制标本）

初生的犊牛（羔羊）以消化乳汁为主，前三个胃不发挥作用，皱胃的相对容积较大，10～12周后，犊牛逐渐摄食部分饲草，瘤胃和网胃发育加快，但瓣胃仍较小。4个月后，随着消化植物性纤维的能力的出现，瘤胃、网胃和瓣胃容积迅速增大，瘤胃和网胃的容积约达瓣胃和皱胃容积的4倍。1岁之后，瓣胃与皱胃的容积几乎相等，四个胃容积比例接近成年。

1. 瘤胃 rumen　　2. 皱胃 abomasum　　3. 网胃 reticulum

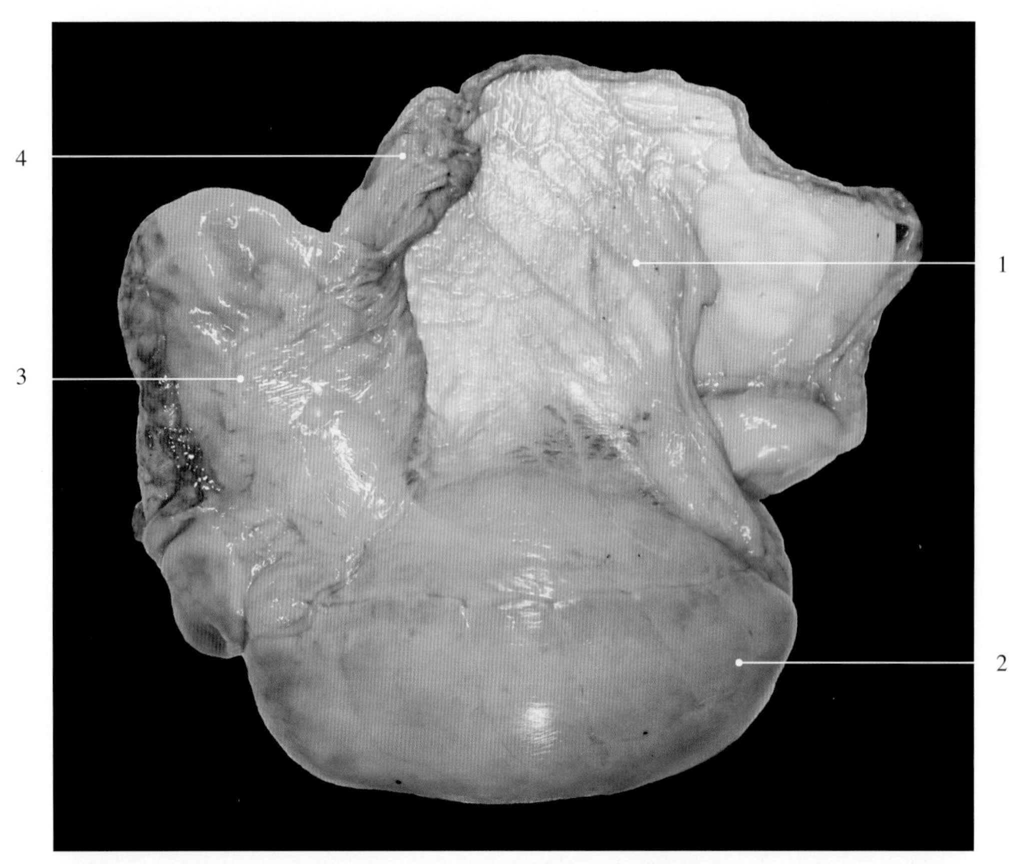

图5-4-47　犊牛胃右侧观（新鲜标本）

1. 小网膜 lesser omentum　　3. 皱胃 abomasum
2. 瘤胃 rumen　　4. 十二指肠 duodenum

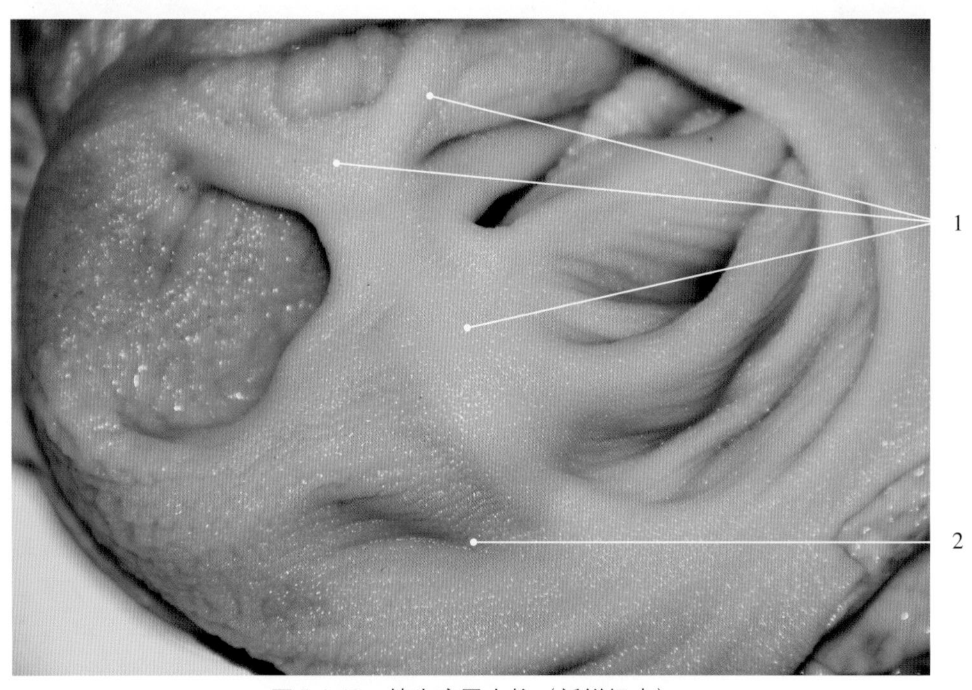

图5-4-48　犊牛瘤胃肉柱（新鲜标本）

1. 瘤胃肉柱 rumen pillars
2. 瘤胃黏膜 mucous membrane of rumen

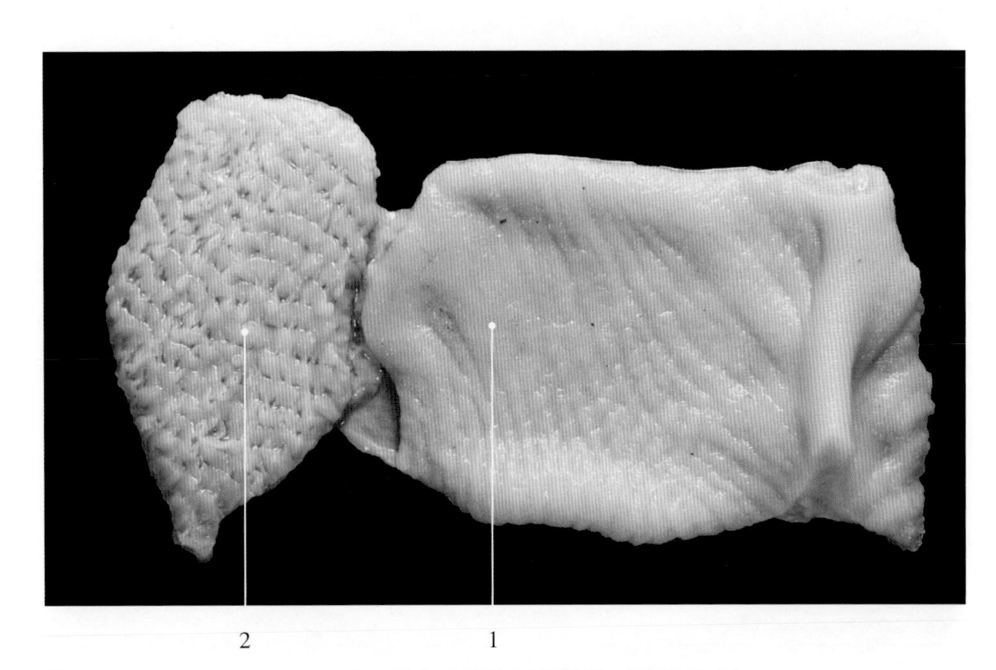

图5-4-49　犊牛瘤胃和网胃黏膜（新鲜标本）

1. 瘤胃　rumen
2. 网胃黏膜　mucous membrane of reticulum

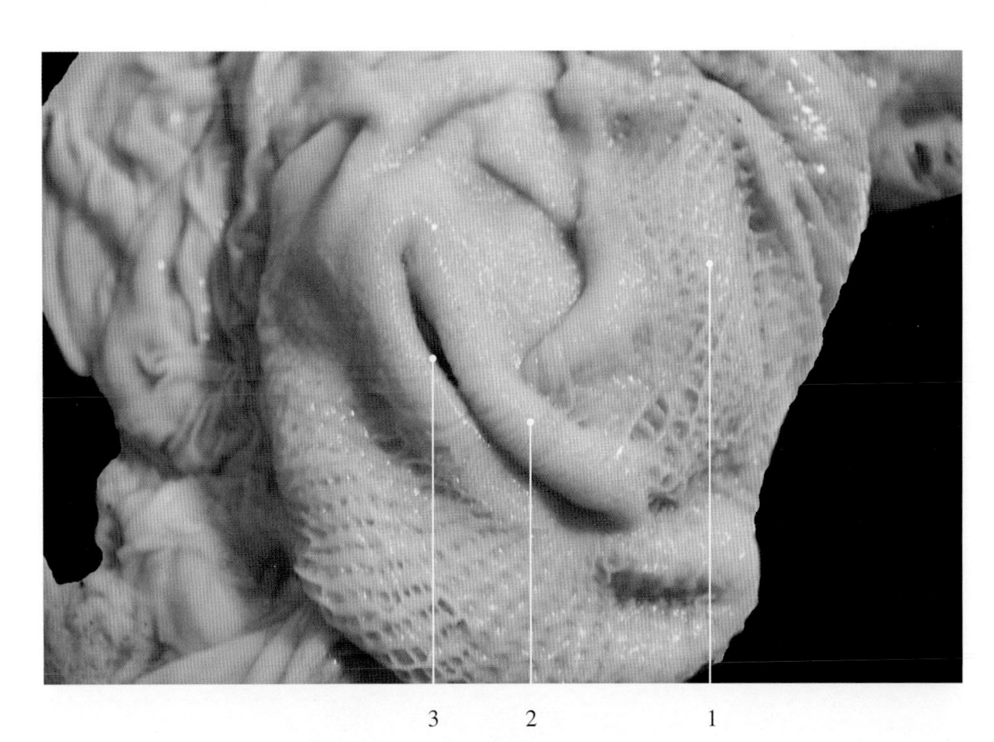

图5-4-50　犊牛食管沟（新鲜标本）

1. 网胃黏膜　mucous membrane of reticulum
2. 食管沟唇　esophageal groove lip
3. 食管沟　esophageal groove

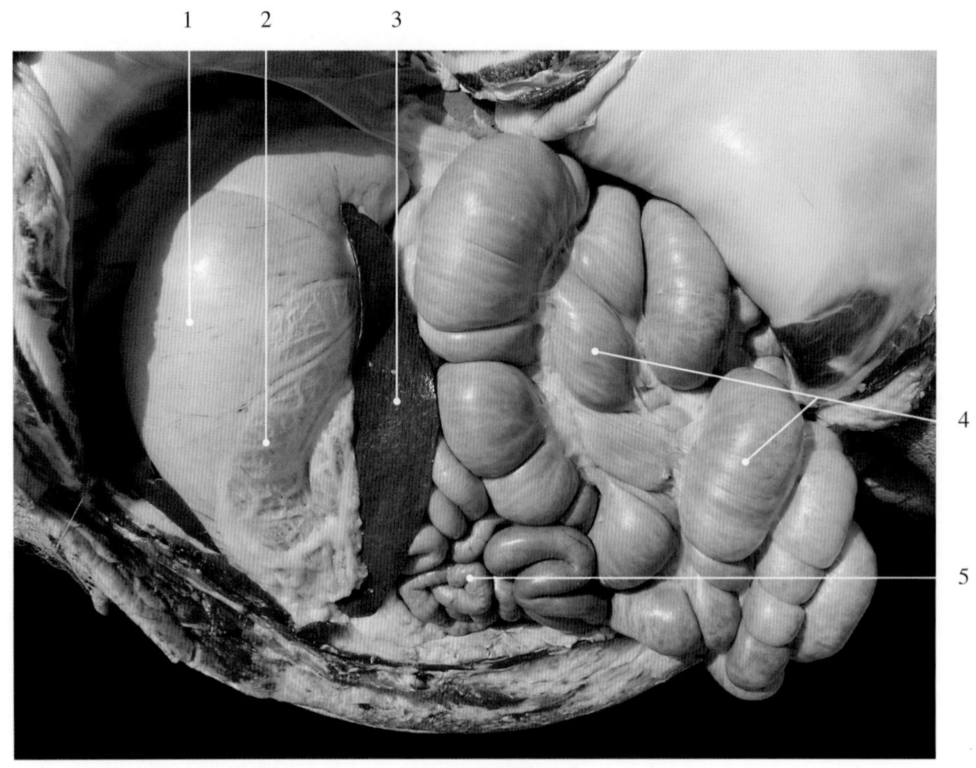

图5-4-51　猪胃原位

1. 胃　stomach
2. 大网膜　greater omentum
3. 脾　spleen
4. 结肠　colon
5. 空肠　jejunum

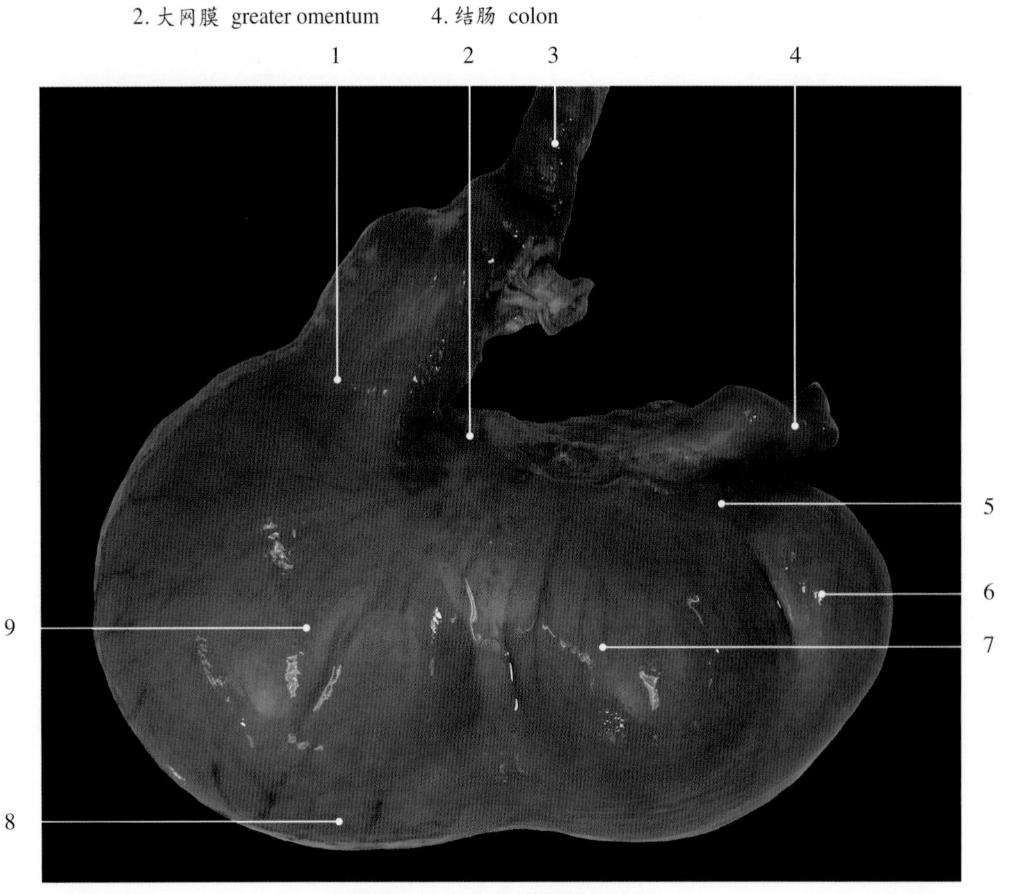

图5-4-52　猪胃（新鲜标本）

1. 幽门部　pyloric portion
2. 胃小弯　lesser curvature of stomach
3. 十二指肠　duodenum
4. 食管　esophagus
5. 贲门部　cardiac region
6. 胃憩室　gastric diverticulum
7. 胃体　body of stomach
8. 胃大弯　greater curvature of stomach
9. 胃底部　fundus of stomach

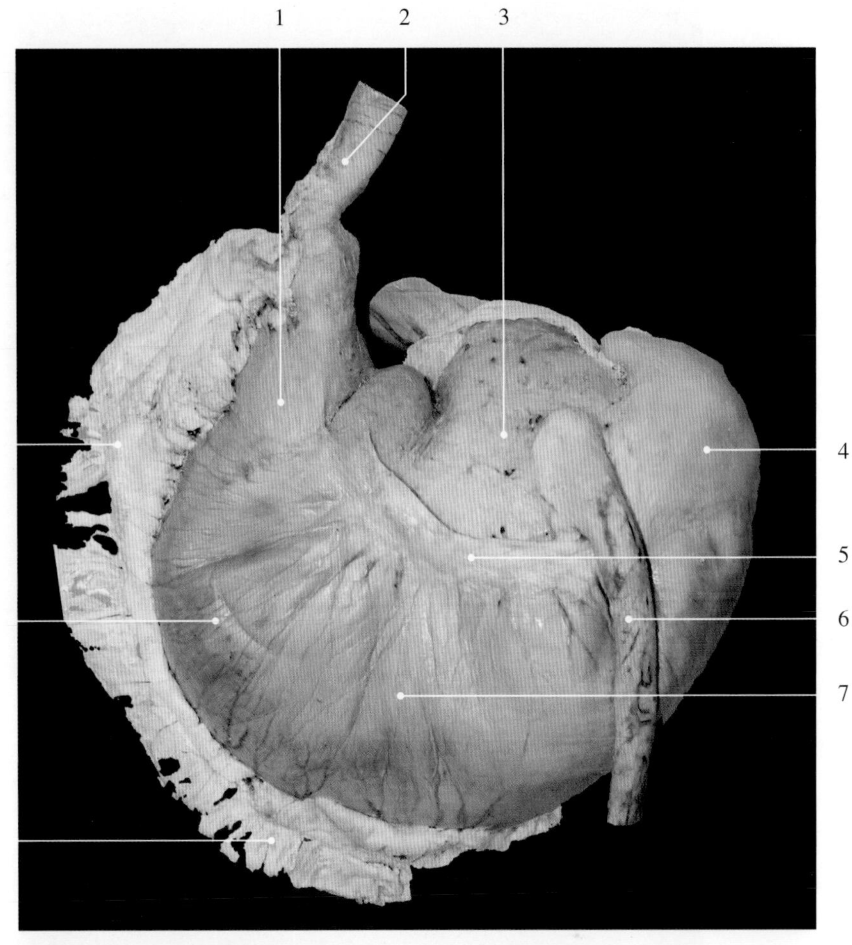

图5-4-53　猪胃（塑化标本）

1. 幽门部　pyloric portion
2. 十二指肠　duodenum
3. 贲门部　cardiac region
4. 胃憩室　gastric diverticulum
5. 小网膜　lesser omentum
6. 食管　esophagus
7. 胃体　body of stomach
8. 大网膜　greater omentum
9. 胃底部　fundus of stomach

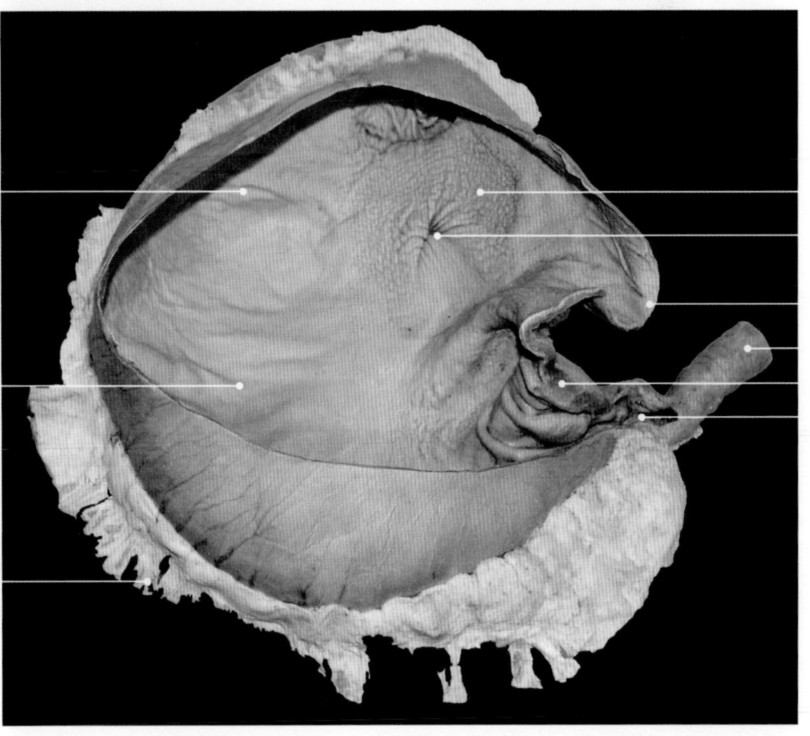

图5-4-54　猪胃黏膜（塑化标本）

1. 无腺部　non-glandular part
2. 贲门　cardia
3. 胃憩室　gastric diverticulum
4. 十二指肠　duodenum
5. 幽门圆枕　torus pyloricus
6. 幽门　pylorus
7. 大网膜　greater omentum
8. 胃底腺区　region of fundic gland
9. 贲门腺区　region of cardiac gland

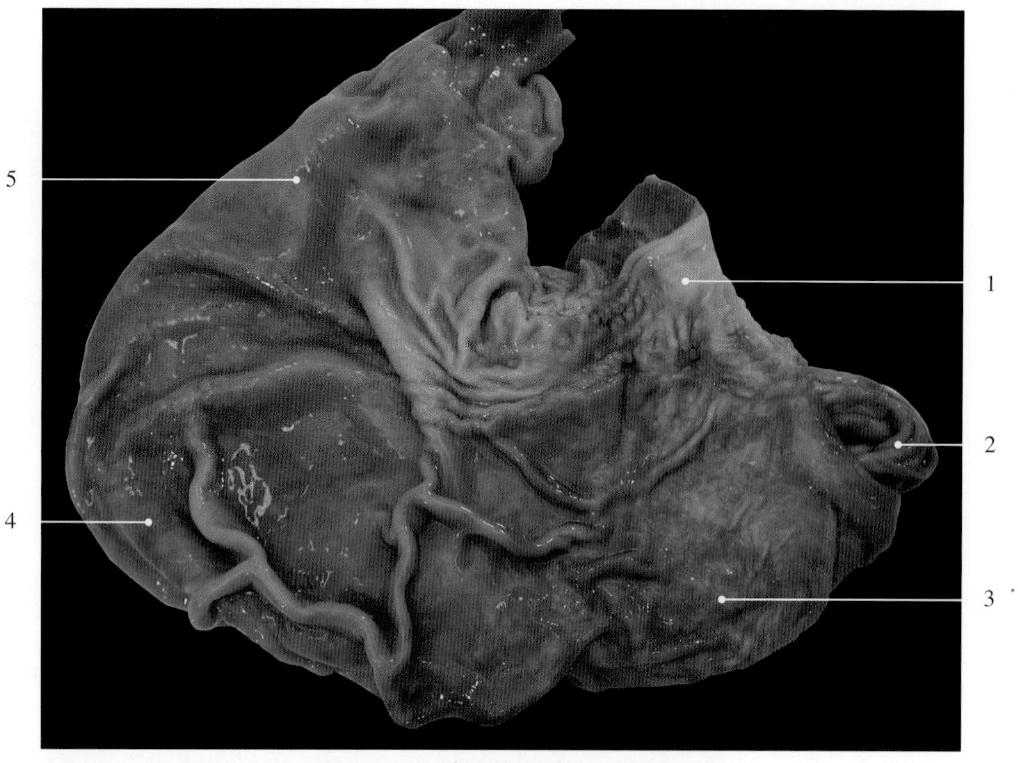

图5-4-55　猪胃黏膜（新鲜标本）

1. 无腺部　non-glandular part
2. 胃憩室　gastric diverticulum
3. 贲门腺区　region of cardiac gland
4. 胃底腺区　region of fundic gland
5. 幽门腺区　region of pyloric gland

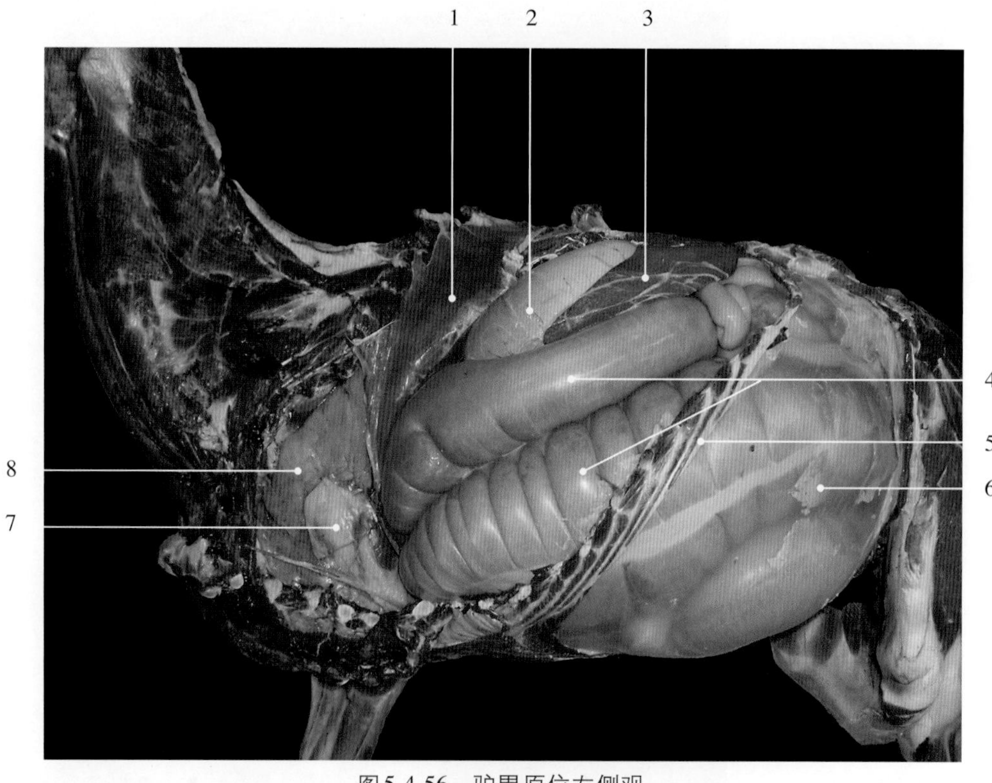

图5-4-56　驴胃原位左侧观

1. 膈　diaphragm
2. 胃　stomach
3. 脾　spleen
4. 结肠　colon
5. 肋弓　costal arch
6. 腹膜　peritoneum
7. 心脏　heart
8. 肺　lung

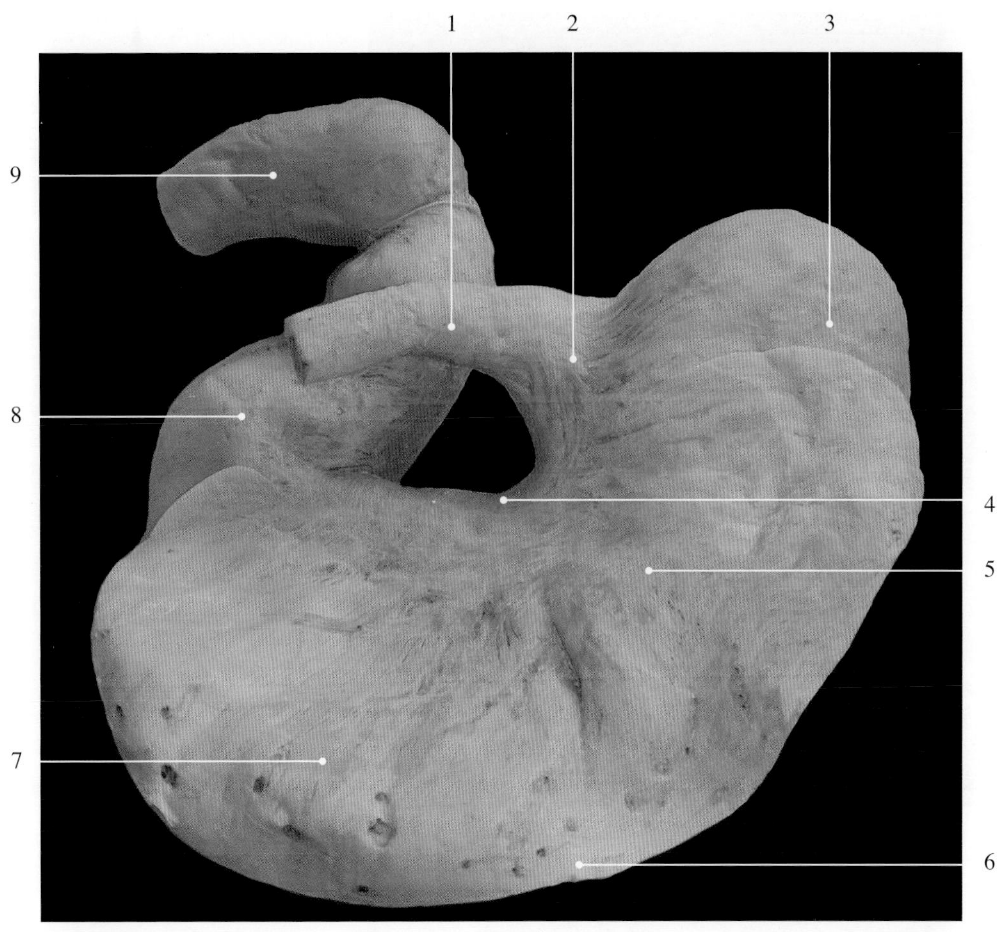

图5-4-57 马胃（塑化标本）

1. 食管 esophagus
2. 贲门 cardia
3. 胃盲囊 saccus caecus of stomach
4. 胃小弯 lesser curvature of stomach
5. 胃体 body of stomach
6. 胃大弯 greater curvature of stomach
7. 胃底部 fundus of stomach
8. 幽门窦 pyloric antrum
9. 十二指肠 duodenum

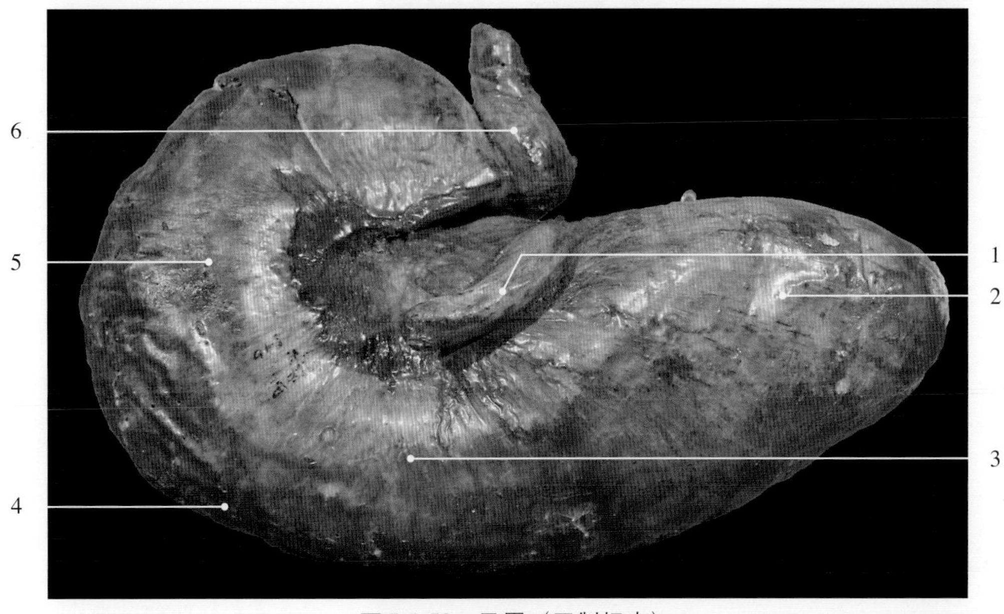

图5-4-58 马胃（干制标本）

1. 食管 esophagus
2. 胃盲囊 saccus caecus of stomach
3. 胃体 body of stomach
4. 胃大弯 greater curvature of stomach
5. 胃底部 fundus of stomach
6. 十二指肠 duodenum

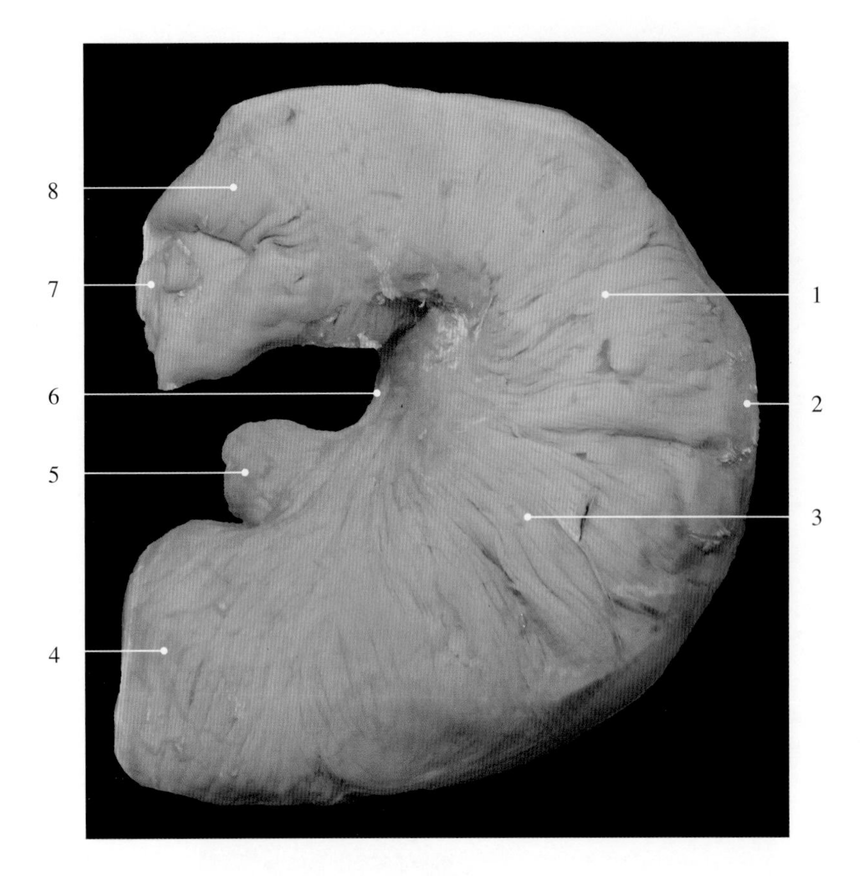

图5-4-59　驴胃（固定标本）

1. 胃底部 fundus of stomach
2. 胃大弯 greater curvature of stomach
3. 胃体 body of stomach
4. 胃盲囊 saccus caecus of stomach
5. 食管 esophagus
6. 胃小弯 lesser curvature of stomach
7. 十二指肠 duodenum
8. 幽门窦 pyloric antrum

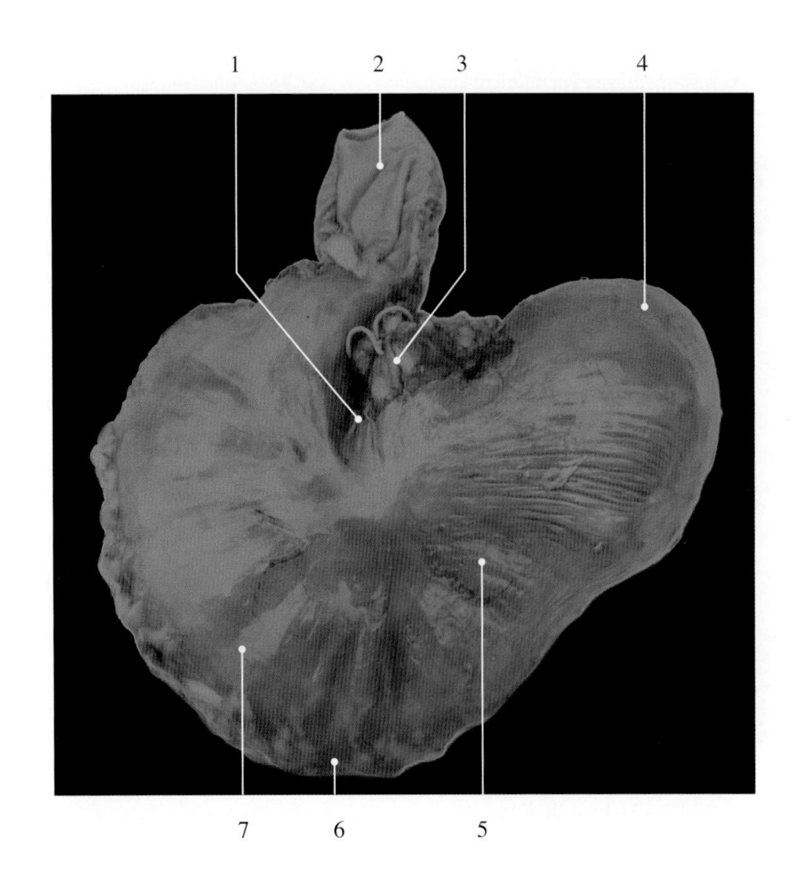

图5-4-60　驴胃（新鲜标本）1

1. 胃小弯 lesser curvature of stomach
2. 十二指肠 duodenum
3. 食管 esophagus
4. 胃盲囊 saccus caecus of stomach
5. 胃体 body of stomach
6. 胃大弯 greater curvature of stomach
7. 胃底部 fundus of stomach

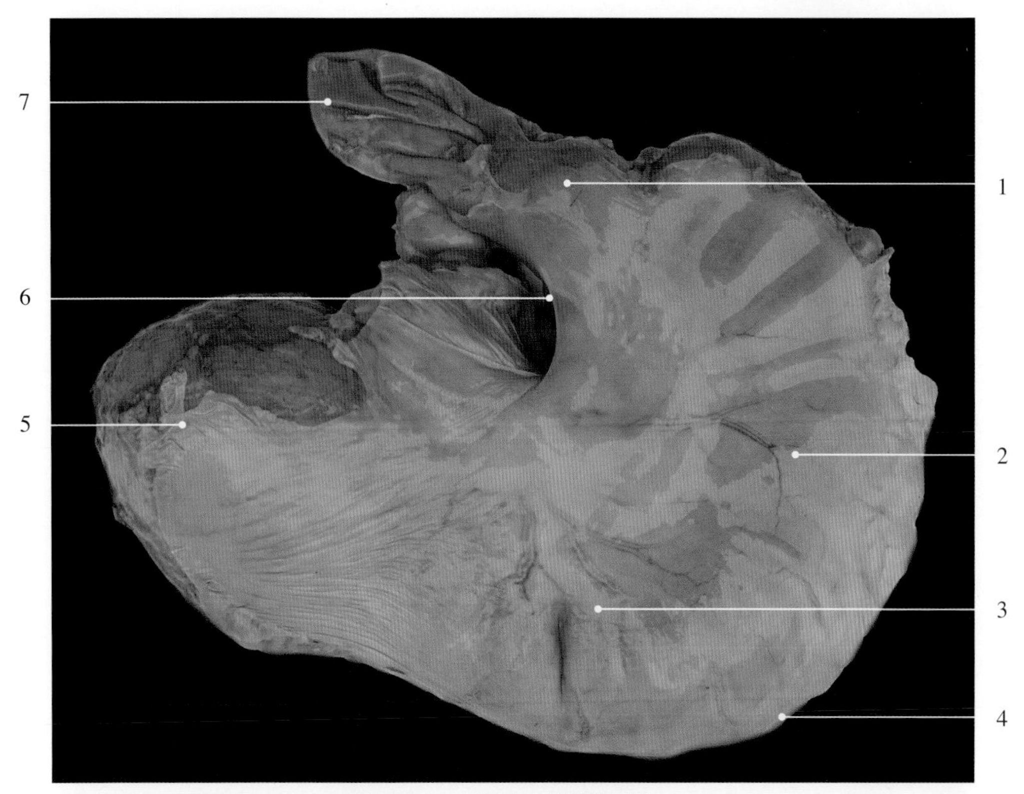

图5-4-61　驴胃（新鲜标本）2

1. 幽门窦　pyloric antrum
2. 胃底部　fundus of stomach
3. 胃体　body of stomach
4. 胃大弯　greater curvature of stomach
5. 胃盲囊　saccus caecus of stomach
6. 胃小弯　lesser curvature of stomach
7. 十二指肠　duodenum

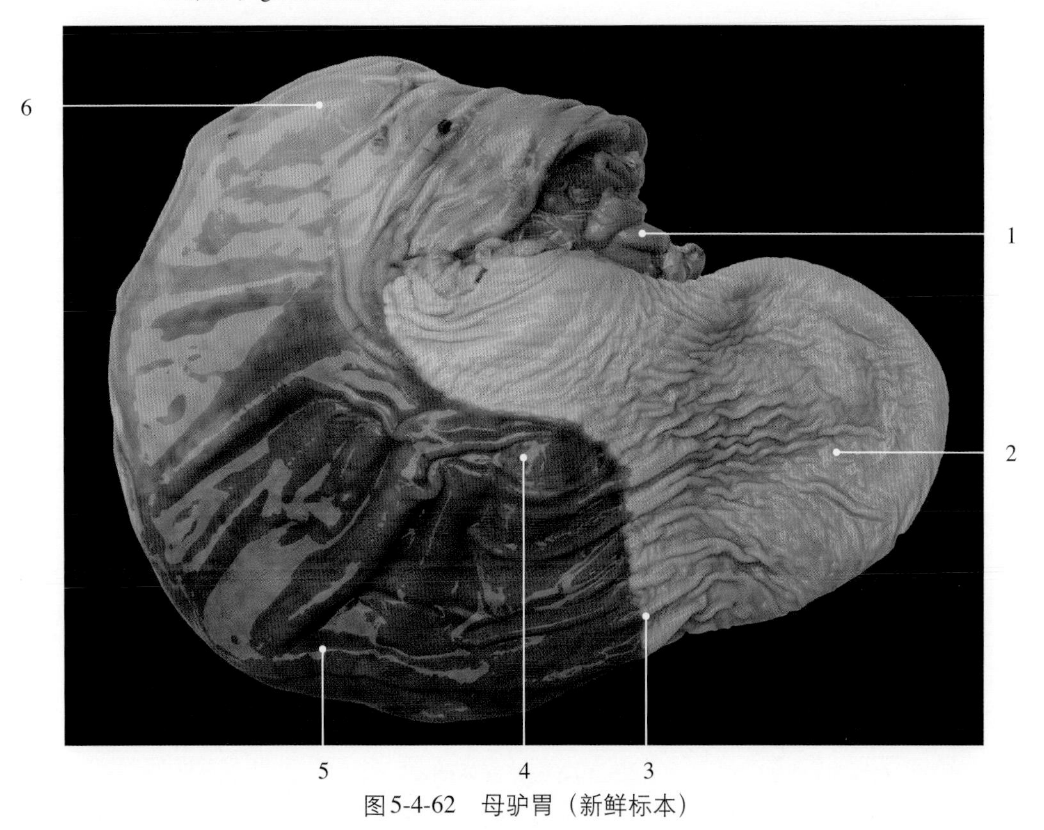

图5-4-62　母驴胃（新鲜标本）

1. 十二指肠黏膜　mucous membrane of duodenum
2. 无腺部　non-glandular part
3. 褶缘　margo policatus
4. 贲门腺区　region of cardiac gland
5. 胃底腺区　region of fundic gland
6. 幽门腺区　region of pyloric gland

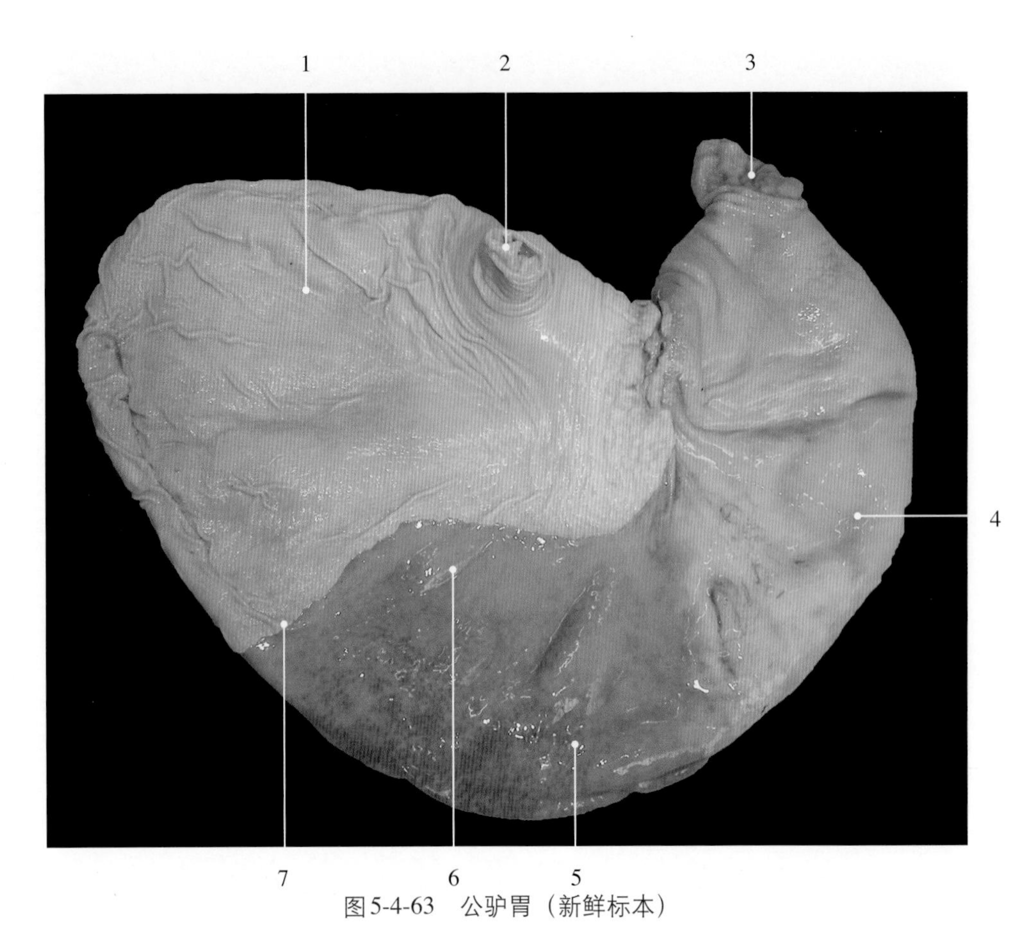

图5-4-63　公驴胃（新鲜标本）

1. 无腺部　non-glandular part
2. 食管　esophagus
3. 十二指肠黏膜　mucous membrane of duodenum
4. 幽门腺区　region of pyloric gland
5. 胃底腺区　region of fundic gland
6. 贲门腺区　region of cardiac gland
7. 褶缘　margo policatus

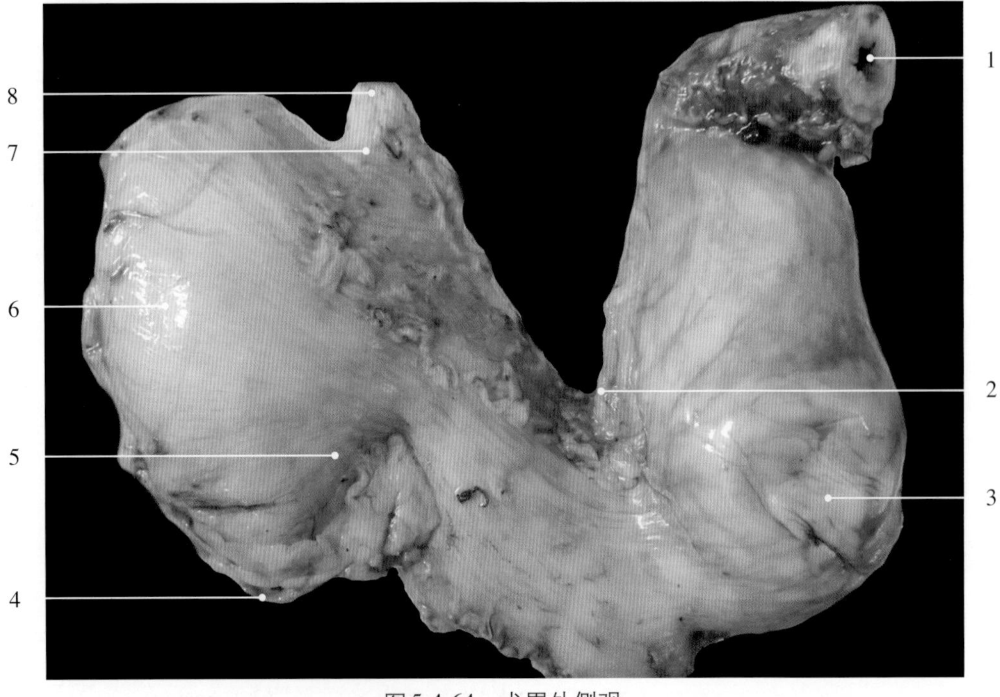

图5-4-64　犬胃外侧观

1. 十二指肠　duodenum
2. 胃小弯　lesser curvature of stomach
3. 幽门部　pyloric portion
4. 胃大弯　greater curvature of stomach
5. 胃体部　body of stomach
6. 胃底　fundus of stomach
7. 贲门部　cardiac region
8. 食管　esophagus

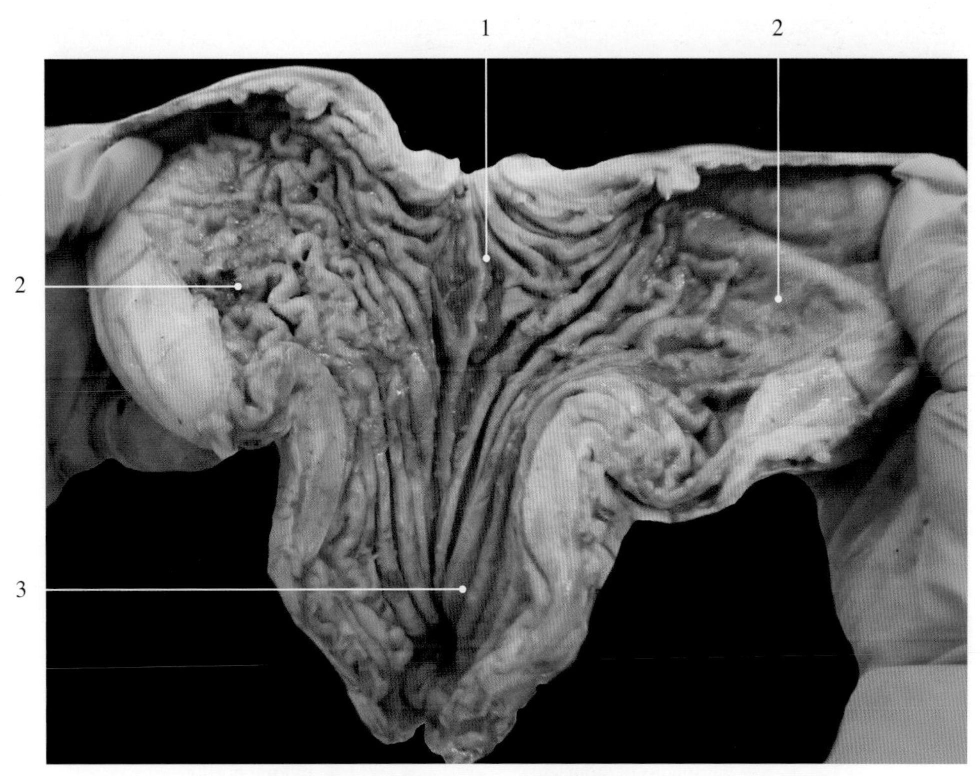

图5-4-65　犬胃黏膜1

1. 贲门腺区　region of cardiac gland　　3. 幽门腺区　region of pyloric gland
2. 胃底腺区　region of fundic gland

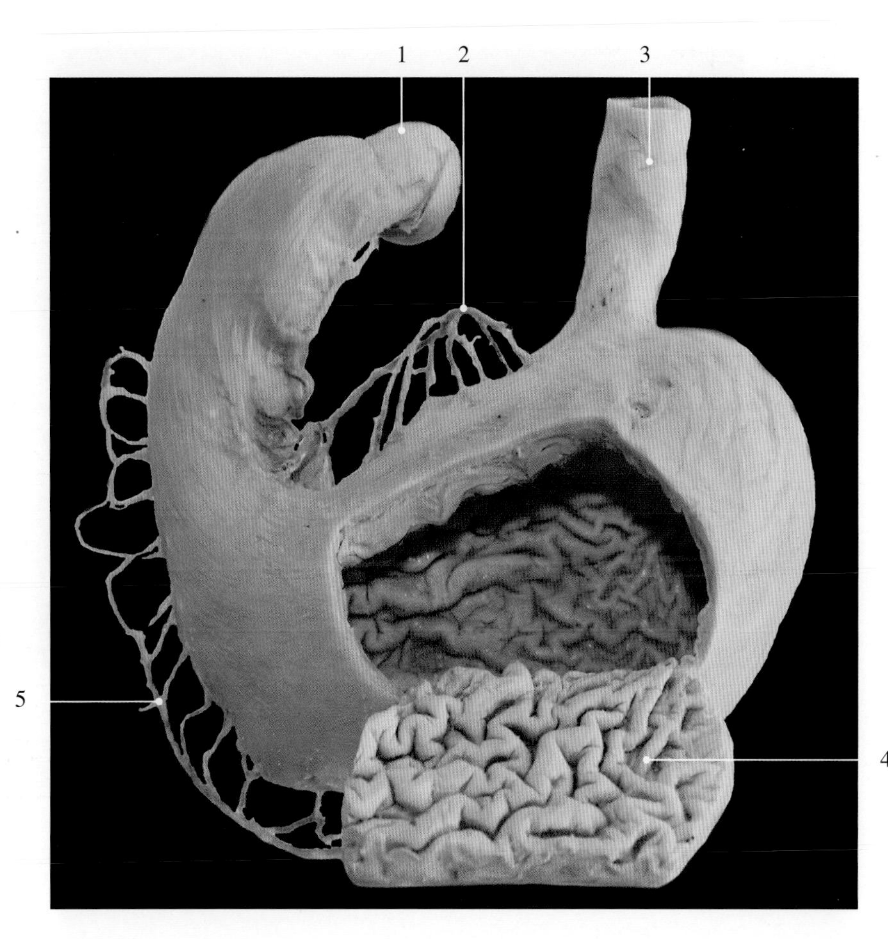

图5-4-66　犬胃黏膜2

1. 十二指肠　duodenum
2. 胃左动脉　left gastric artery
3. 食管　esophagus
4. 胃黏膜　gastric mucous membrane
5. 胃网膜右动脉　right gastroepiploic artery

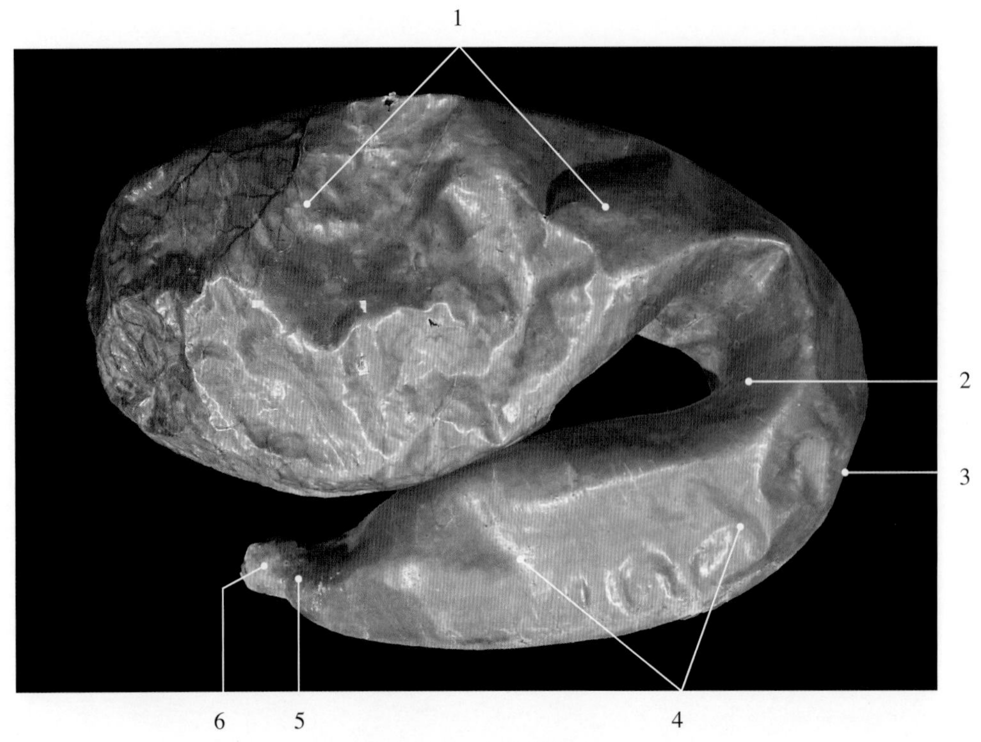

图5-4-67　大熊猫胃1

1. 胃底部 fundus of stomach
2. 胃小弯 lesser curvature of stomach
3. 胃大弯 greater curvature of stomach
4. 幽门部 pyloric portion
5. 幽门 pylorus
6. 十二指肠 duodenum

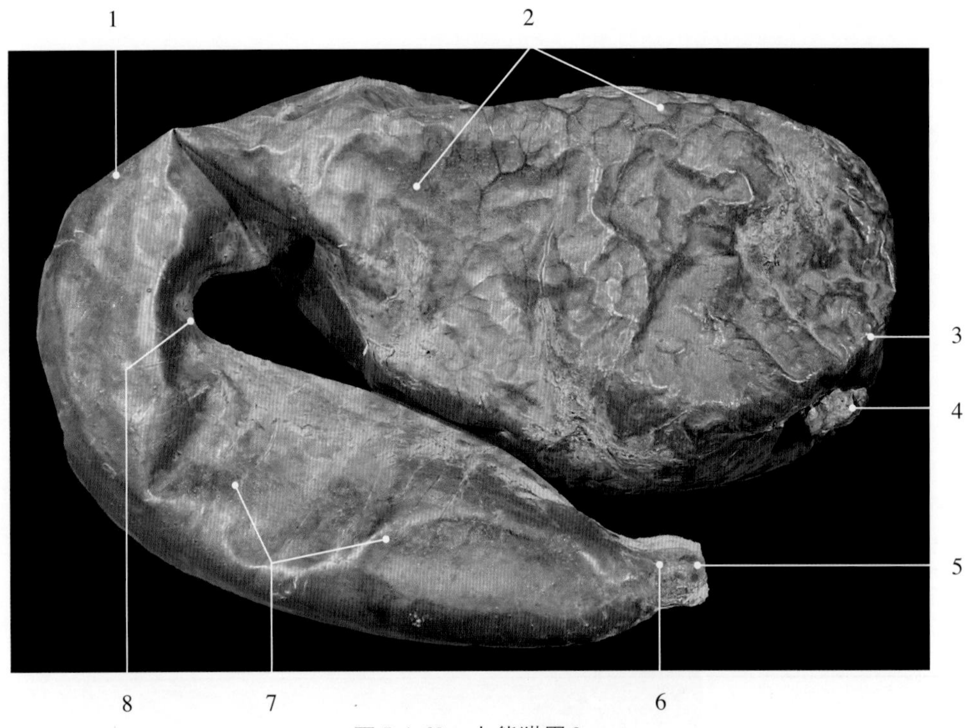

图5-4-68　大熊猫胃2

1. 胃大弯 greater curvature of stomach
2. 胃底部 fundus of stomach
3. 贲门 cardia
4. 食管 esophagus
5. 十二指肠 duodenum
6. 幽门 pylorus
7. 幽门部 pyloric portion
8. 胃小弯 lesser curvature of stomach

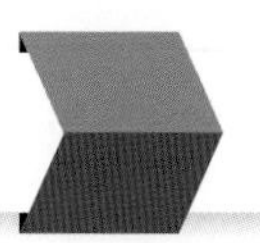

图5-4-69　猕猴胃黏膜（新鲜标本）

1. 肠黏膜 intestine mucous membrane
2. 幽门腺区 region of pyloric gland
3. 胃底腺区 region of fundic gland
4. 食管 esophagus
5. 贲门腺区 region of cardiac gland

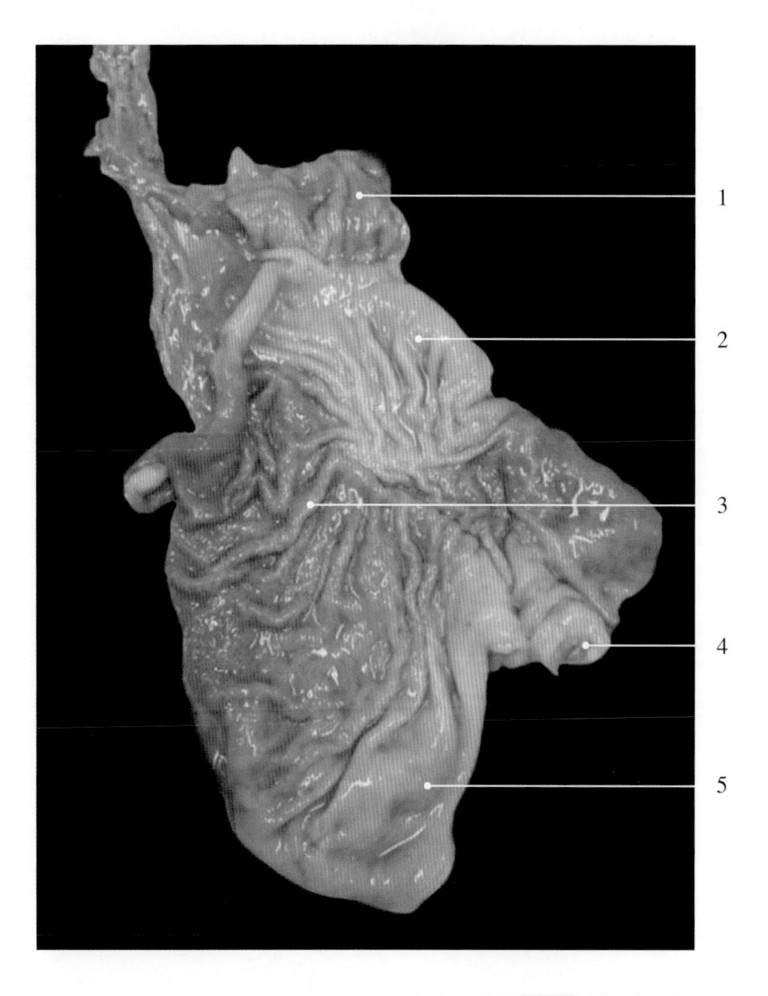

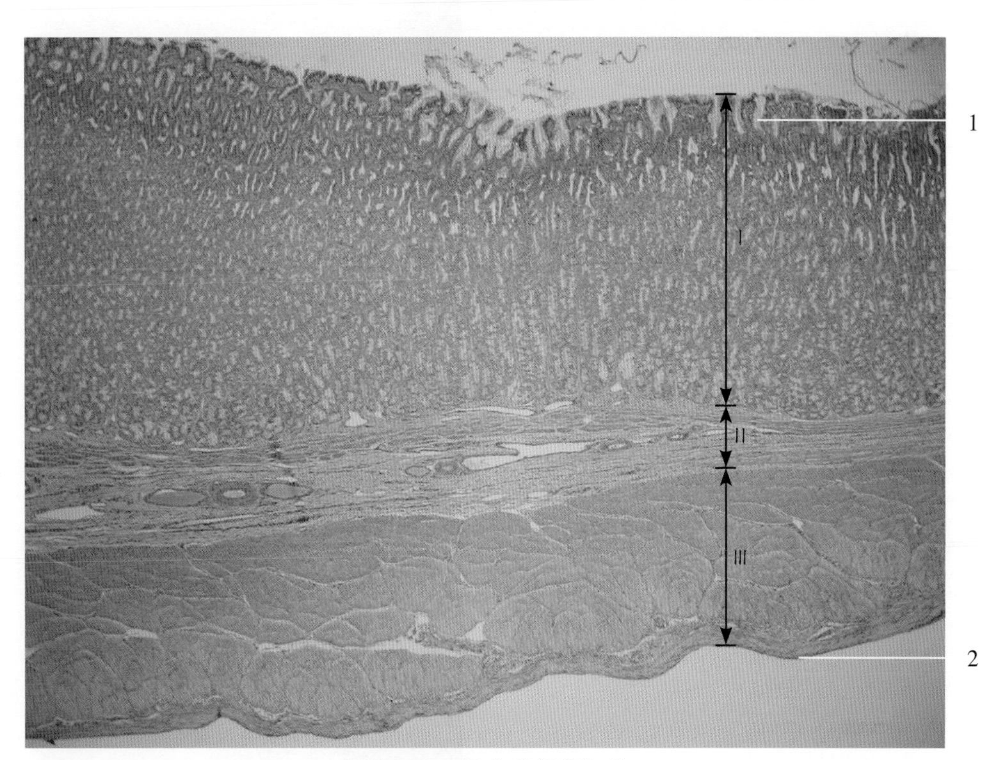

图5-4-70　胃底腺组织切片

1. 胃小凹 gastric pit
2. 浆膜 serous membrane
I. 黏膜层 mucous layer
II. 黏膜下层 submucosa layer
III. 肌层 muscular layer

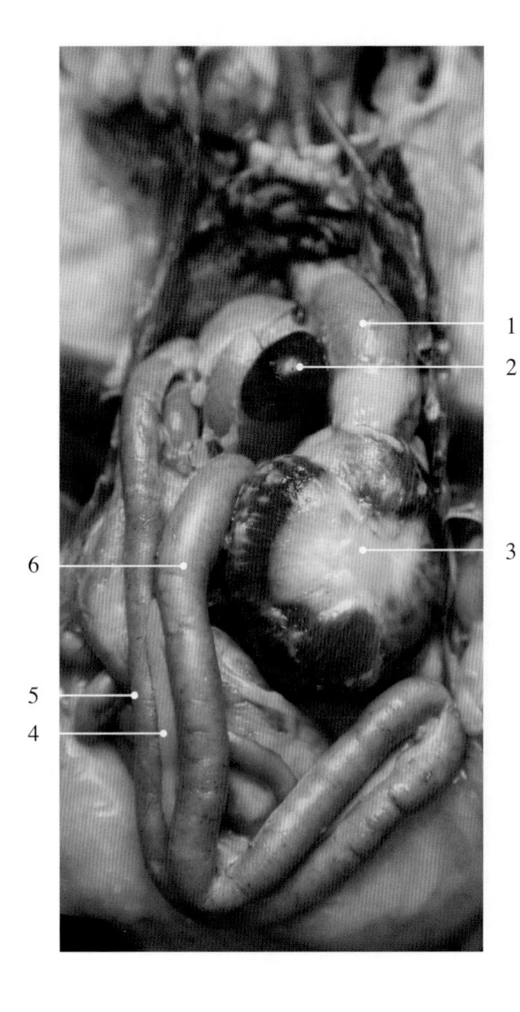

图5-4-71　鸡胃原位

1. 腺胃 glandular stomach
2. 脾 spleen
3. 肌胃 muscular stomach
4. 胰腺 pancreas
5. 十二指肠升袢 ascending duodenum
6. 十二指肠降袢 descending duodenum

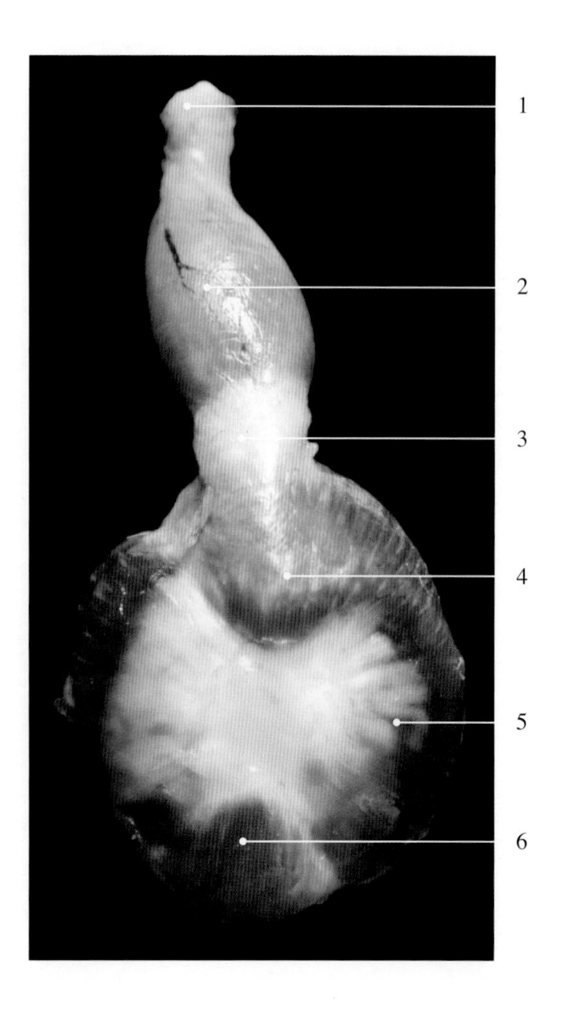

图5-4-72　鸡腺胃和肌胃

1. 食管 esophagus
2. 腺胃 glandular stomach
3. 中间带（胃峡）intermediate zone (stomach gap)
4. 前盲囊 cranial blind sac
5. 肌胃 muscular stomach
6. 后盲囊 caudal blind sac

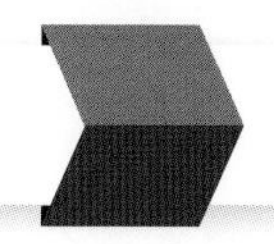

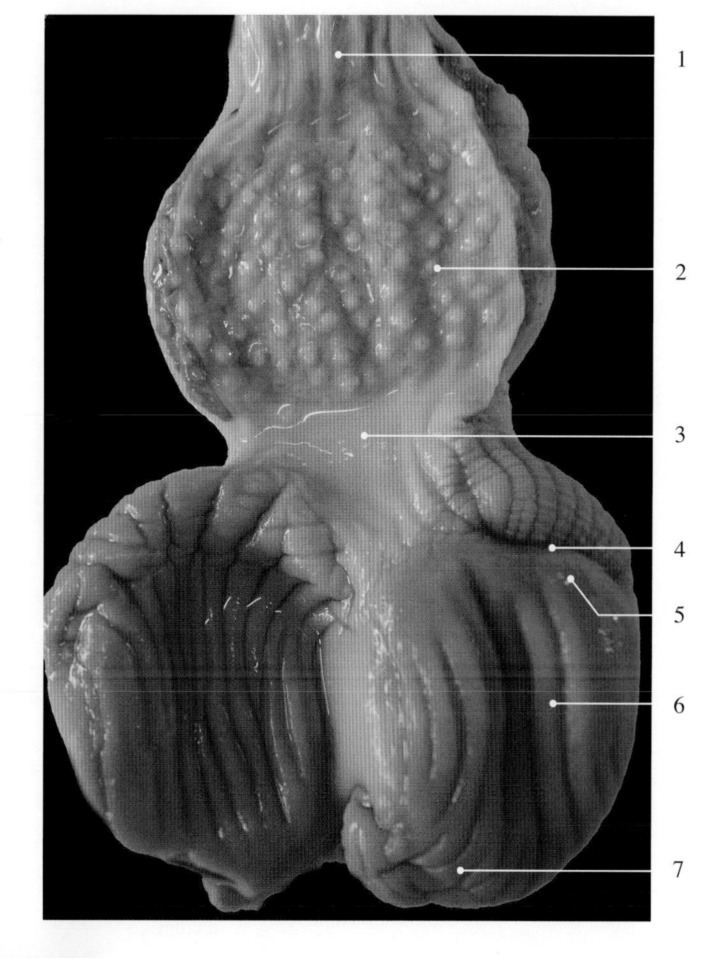

图5-4-73　鸡胃黏膜

1. 食管黏膜 mucous membrane of esophagus
2. 腺胃乳头 papilla of glandular stomach
3. 中间带（胃峡）intermediate zone (stomach gap)
4. 幽门口（十二指肠口）pyloric opening (duodenal opening)
5. 前盲囊 cranial blind sac
6. 胃角质层 stomach corneum layer
7. 后盲囊 caudal blind sac

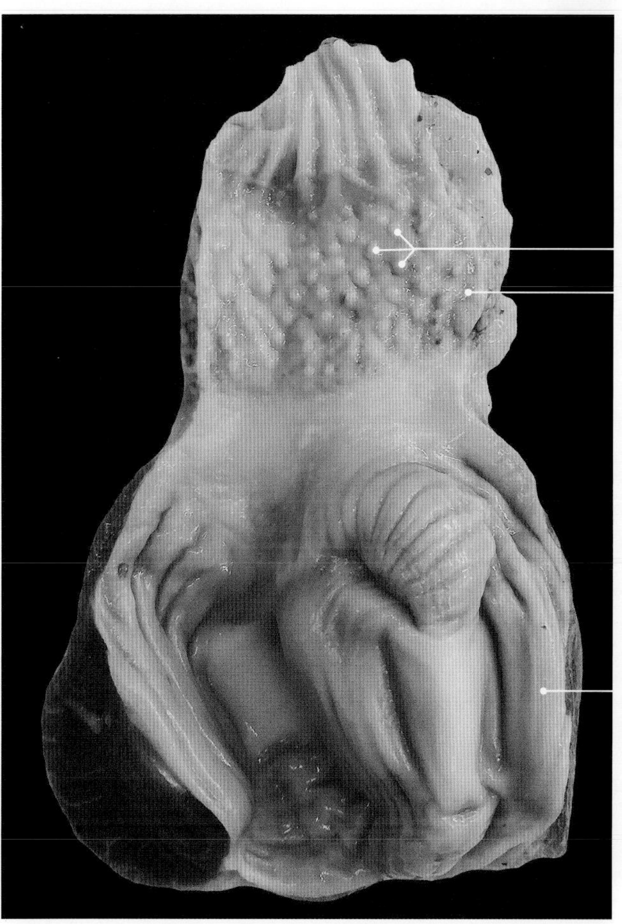

图5-4-74　鸡胃剖开（去除鸡内金）

1. 腺胃乳头 papilla of glandular stomach
2. 腺胃 glandular stomach
3. 肌胃 muscular stomach

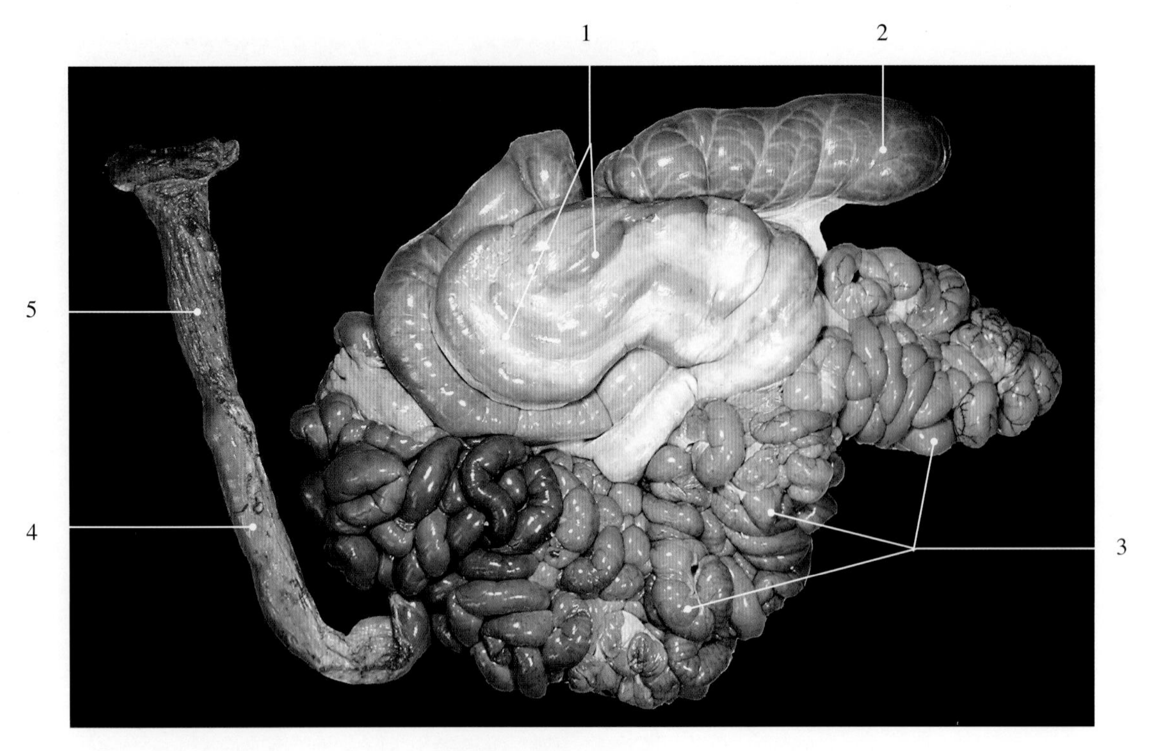

图5-5-1 牛 肠

1. 结肠袢 colon loop
2. 盲肠 caecum
3. 空肠 jejunum
4. 降结肠 descending colon
5. 直肠 rectum

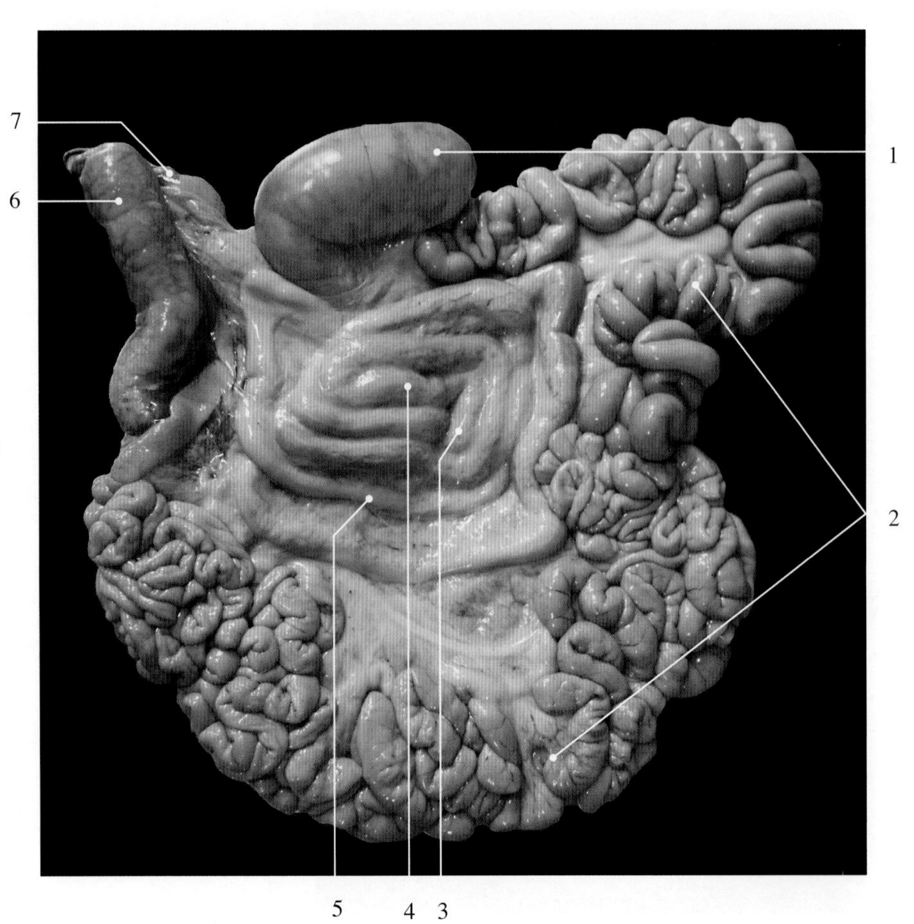

图5-5-2 犊牛肠1（新鲜标本）

1. 盲肠 caecum
2. 空肠 jejunum
3. 中央曲 central flexure
4. 向心回 centripetal coils
5. 离心回 centrifugal coils
6. 直肠 rectum
7. 十二指肠 duodenum

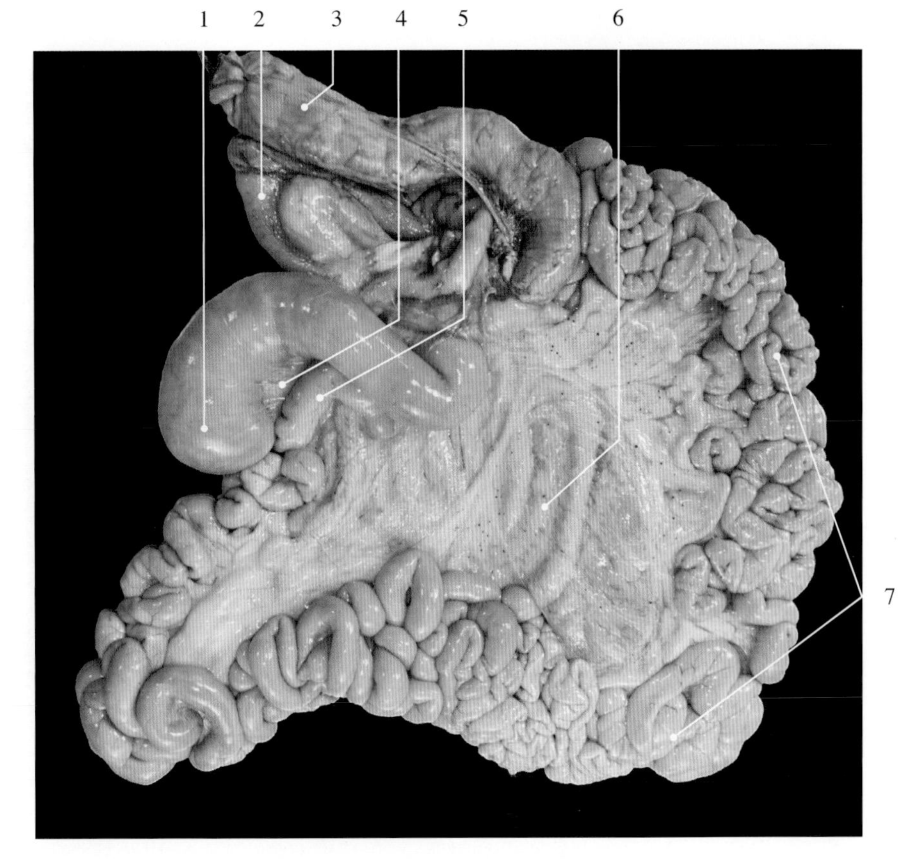

图5-5-3 犊牛肠2（新鲜标本）

1. 盲肠 caecum
2. 十二指肠 duodenum
3. 直肠 rectum
4. 回盲韧带 ileocecal fold
5. 回肠 ileum
6. 结肠 colon
7. 空肠 jejunum

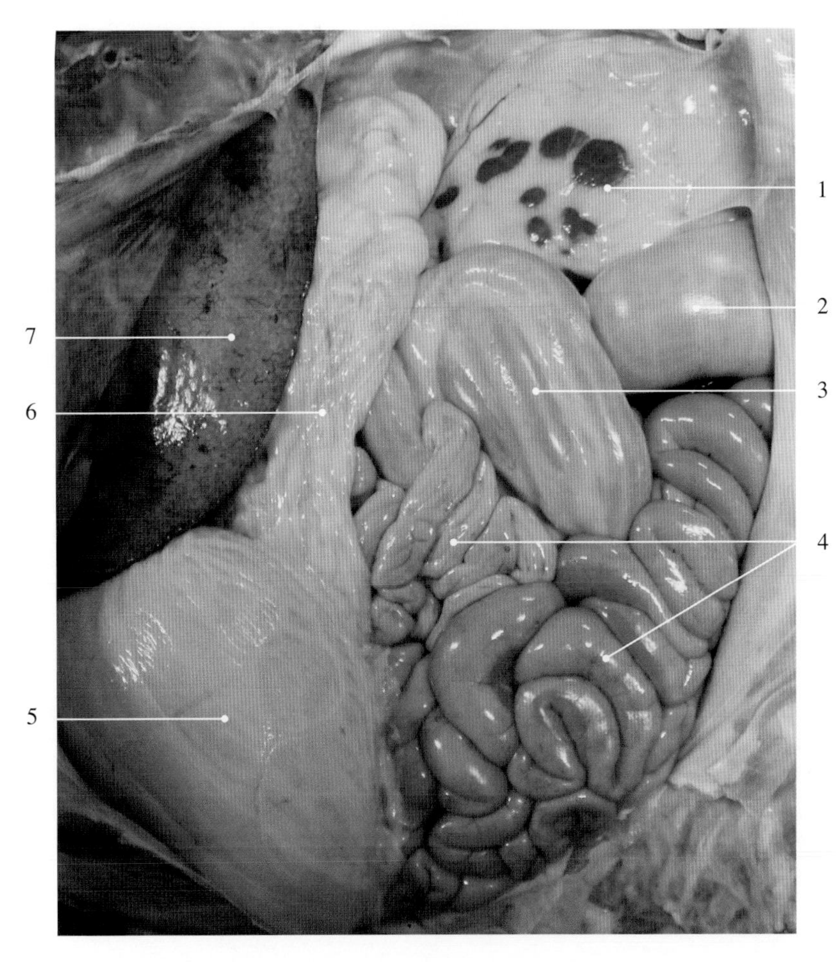

图5-5-4 犊牛肠原位

1. 肾脂囊及肾 renal adipose capsule and kidney
2. 盲肠 caecum
3. 结肠袢 colon loop
4. 空肠 jejunum
5. 胃 stomach
6. 大网膜 greater omentum
7. 脾 spleen

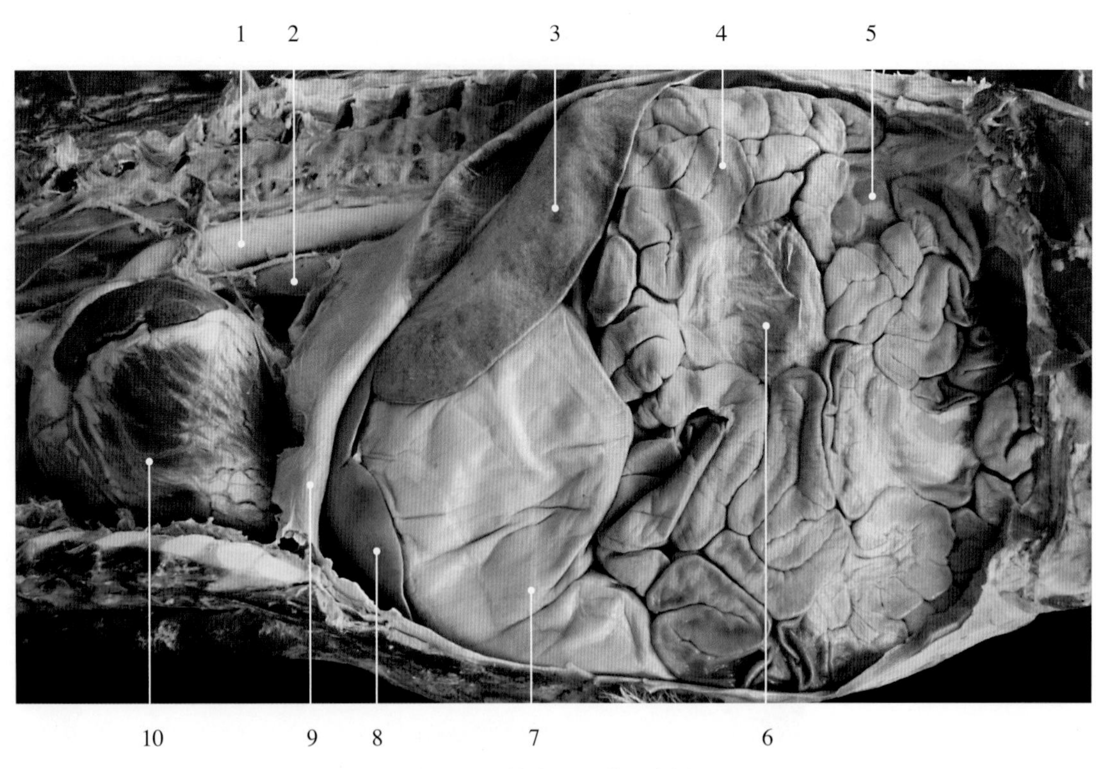

图5-5-5　犊牛肠原位左侧观

1. 主动脉 aorta
2. 食管 esophagus
3. 脾 spleen
4. 空肠 jejunum
5. 肾 kidney
6. 结肠 colon
7. 瘤胃 rumen
8. 肝 liver
9. 膈 diaphragm
10. 心脏 heart

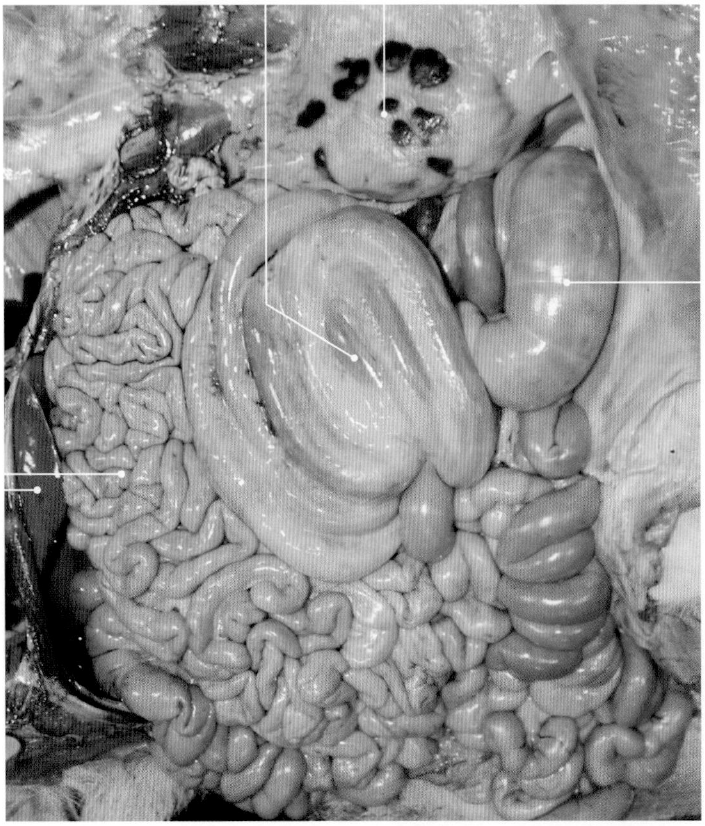

图5-5-6　犊牛肠原位（切除胃）

1. 结肠袢 colon loop
2. 肾脂囊及肾 renal adipose capsule and kidney
3. 盲肠 caecum
4. 肝 liver
5. 空肠 jejunum

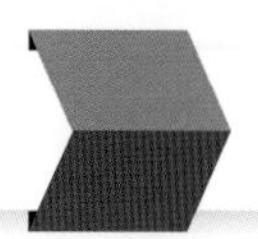

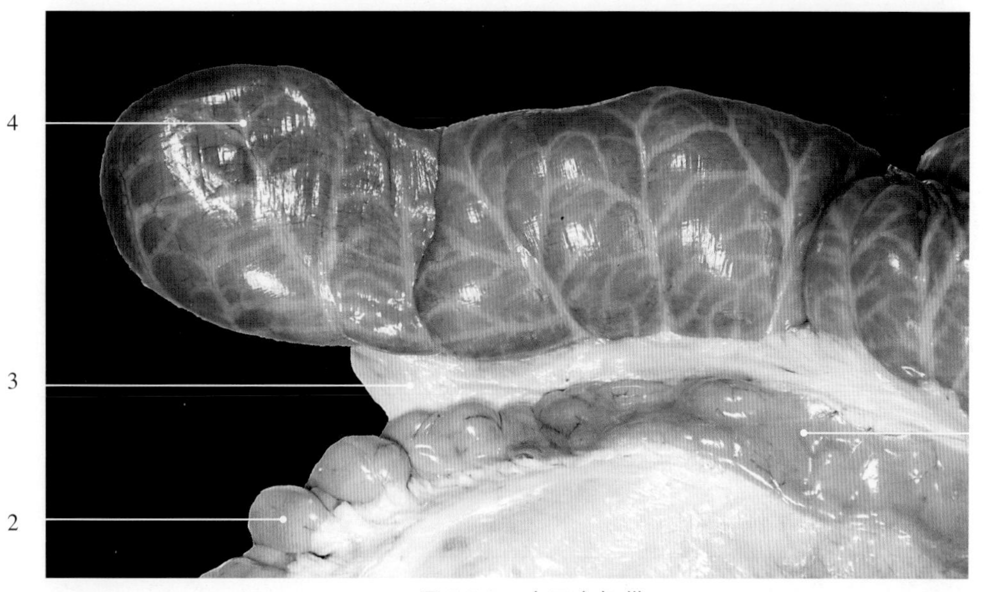

图5-5-7　牛回盲韧带

1. 回肠 ileum
2. 结肠 colon
3. 回盲韧带 ileocecal fold
4. 盲肠 caecum

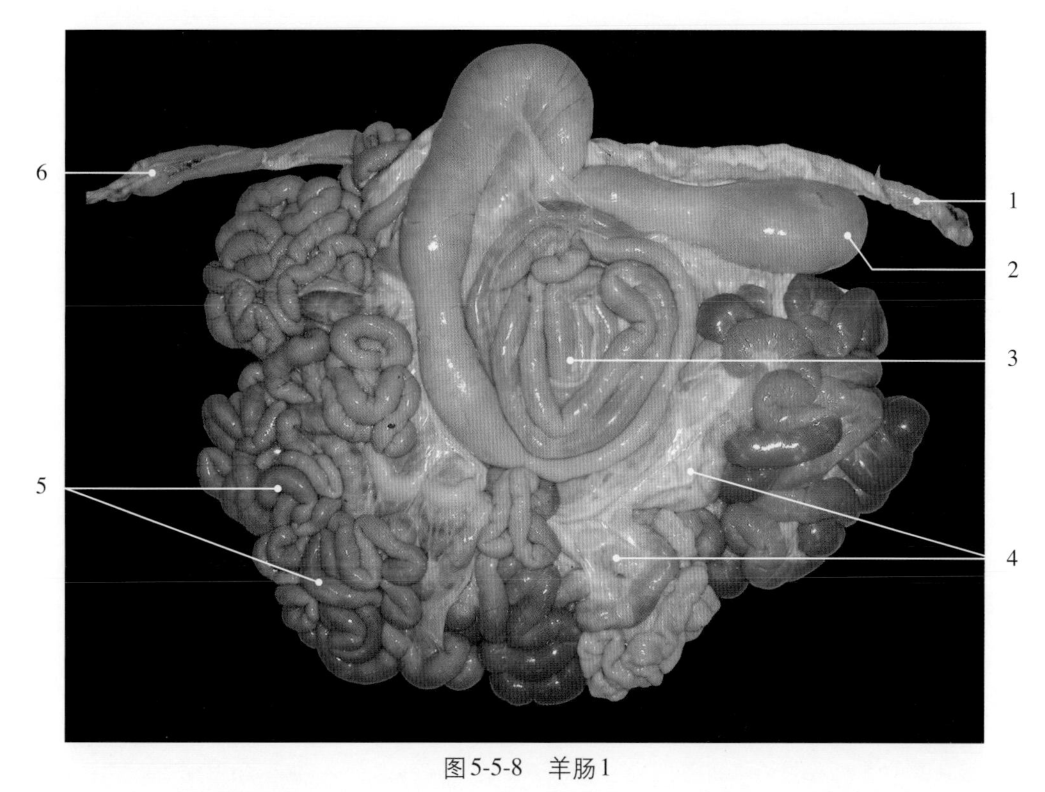

图5-5-8　羊肠1

1. 直肠 rectum
2. 盲肠 caecum
3. 结肠袢 colon loop
4. 空肠淋巴结 jejunal lymph nodes
5. 空肠 jejunum
6. 十二指肠 duodenum

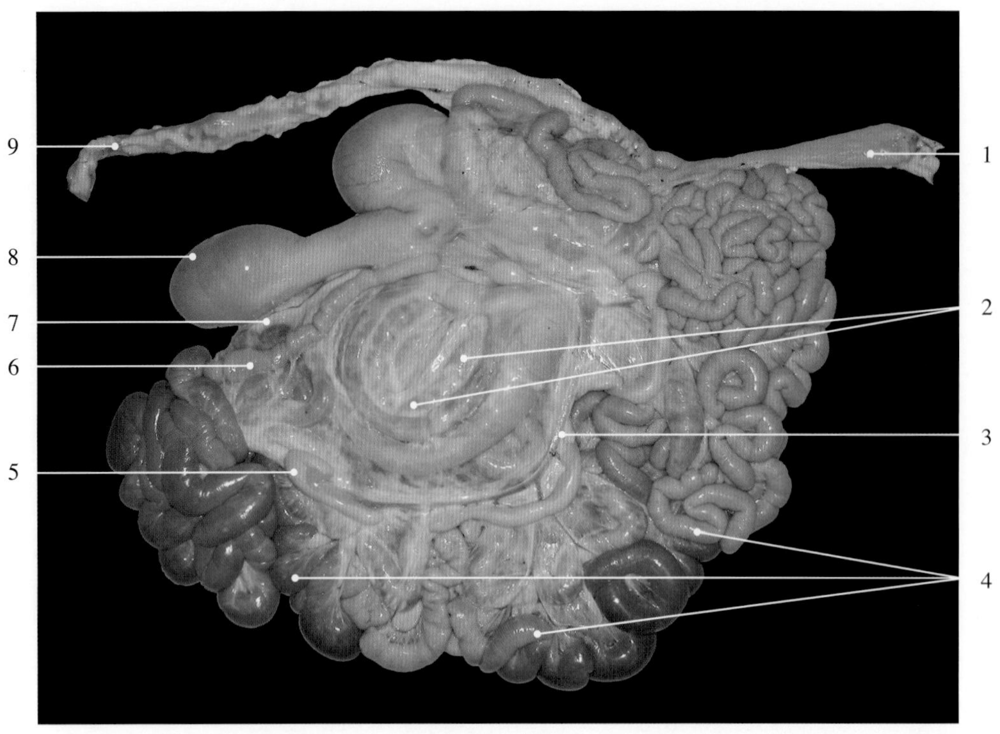

图5-5-9　羊肠2

1. 十二指肠 duodenum
2. 结肠 colon
3. 空肠动脉 jejunal artery
4. 空肠 jejunum
5. 空肠淋巴结 jejunal lymph node
6. 回肠 ileum
7. 回盲韧带 ileocecal fold
8. 盲肠 caecum
9. 直肠 rectum

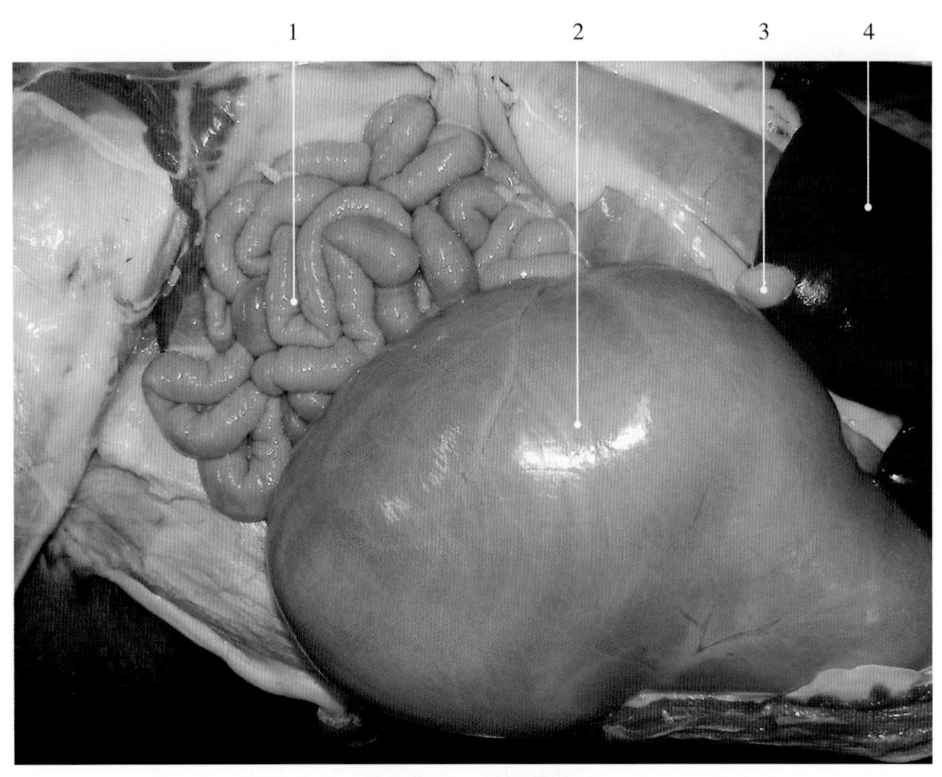

图5-5-10　羊肠原位

1. 肠 intestine
2. 瘤胃 rumen
3. 胆囊 gall bladder
4. 肝 liver

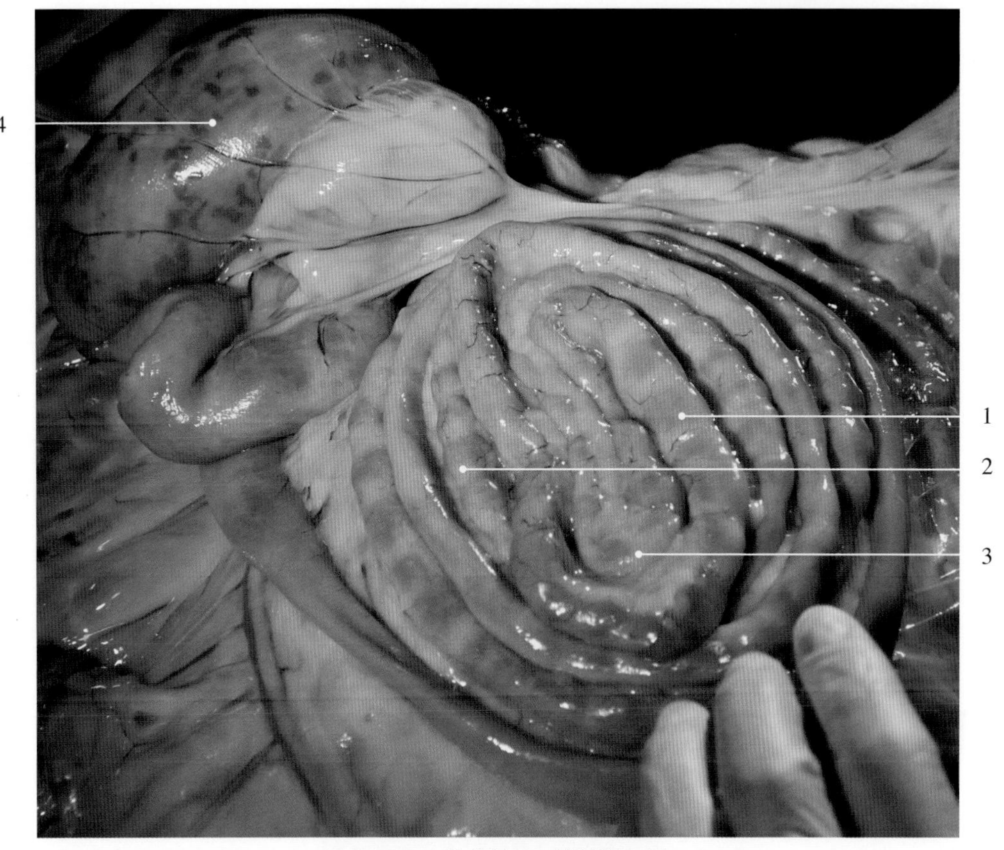

图5-5-11　羊升结肠（新鲜标本）

1. 向心回 centripetal coils　　3. 中央曲 central flexure
2. 离心回 centrifugal coils　　4. 盲肠 caecum

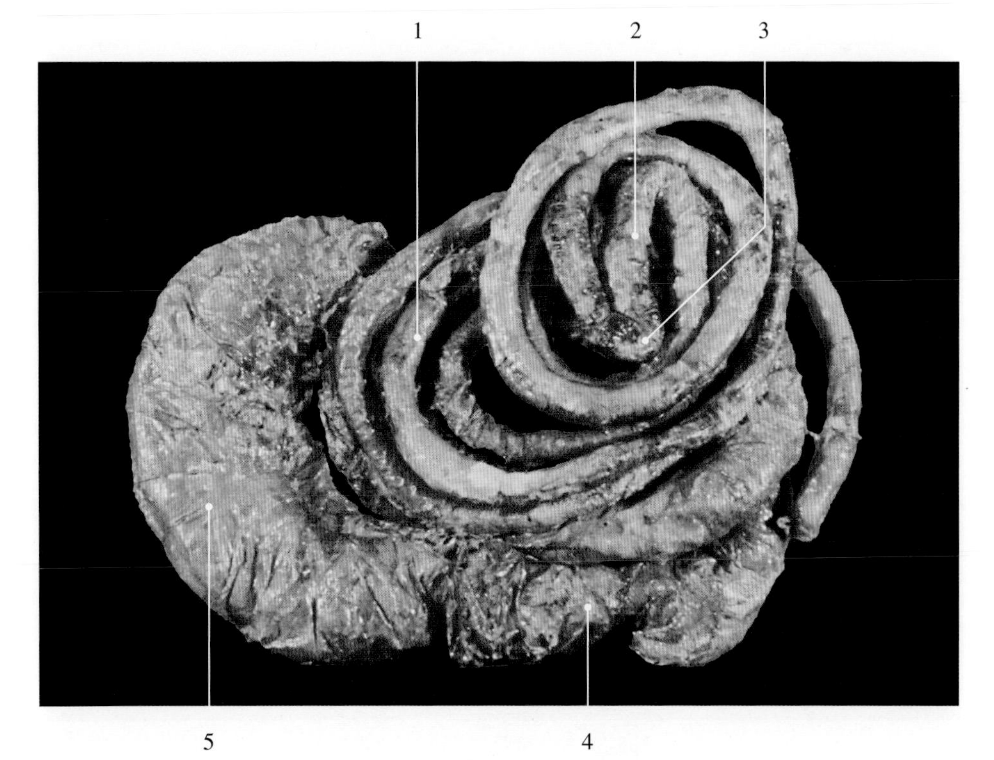

图5-5-12　羊结肠（干制标本）

1. 离心回 centrifugal coils　　4. 结肠初袢 proximal loop of colon
2. 向心回 centripetal coils　　5. 盲肠 caecum
3. 中央曲 central flexure

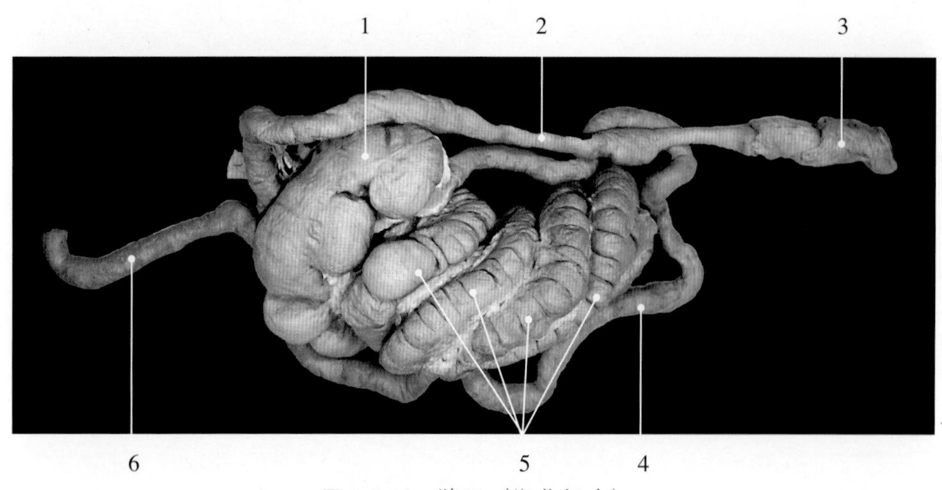

图5-5-13　猪肠（塑化标本）

1. 盲肠 caecum
2. 降结肠 descending colon
3. 直肠 rectum
4. 空肠 jejunum
5. 结肠袢 colon loop
6. 十二指肠 duodenum

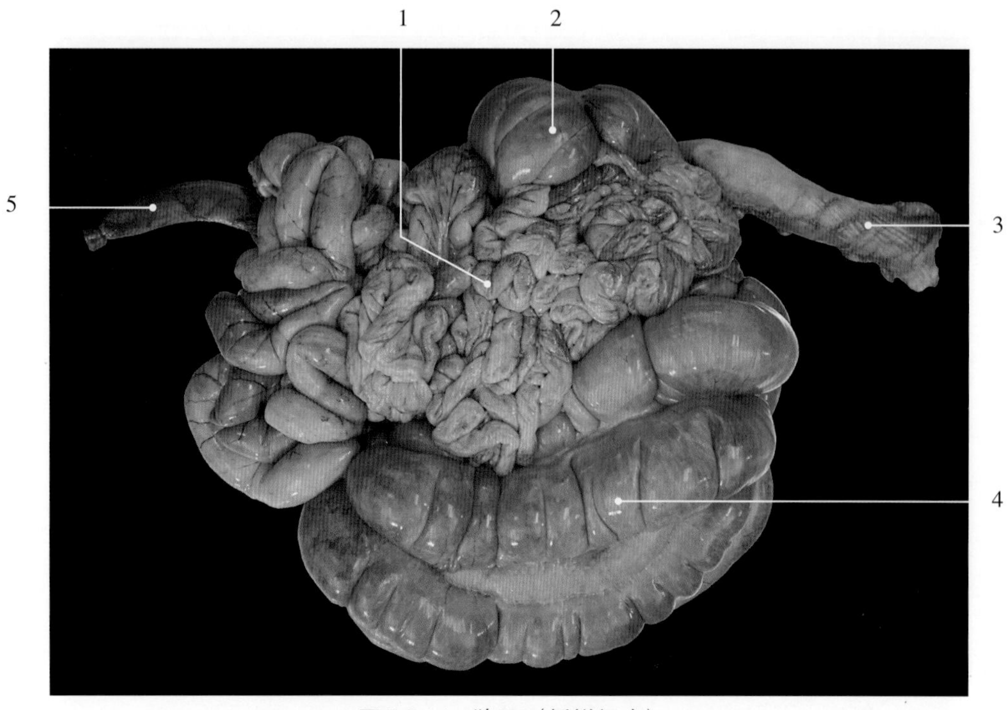

图5-5-14　猪肠（新鲜标本）

1. 空肠 jejunum
2. 盲肠 caecum
3. 直肠 rectum
4. 结肠 colon
5. 十二指肠 duodenum

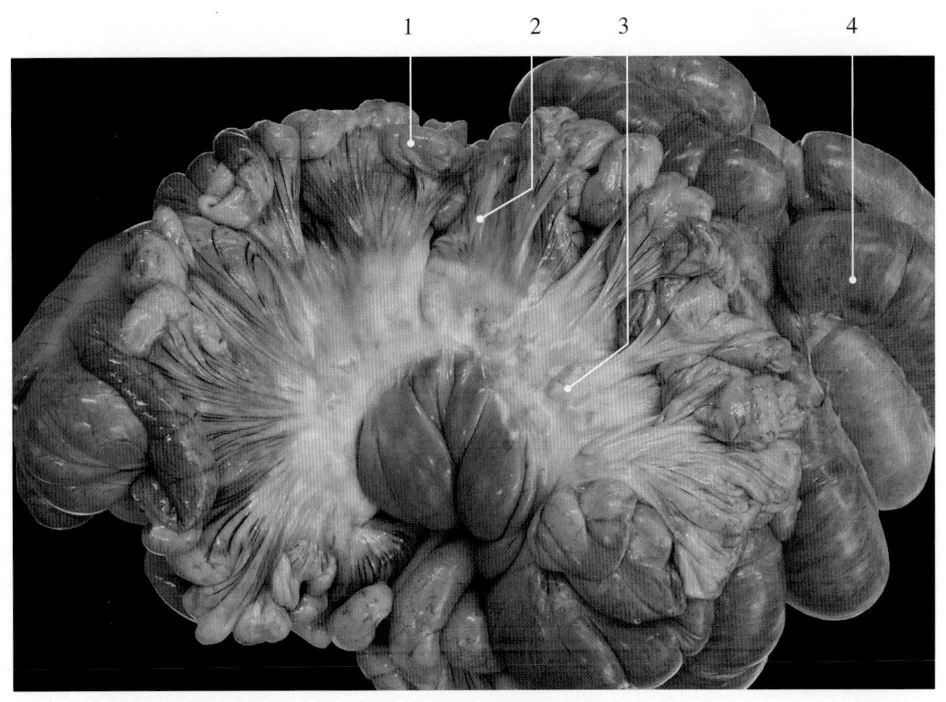

图5-5-15　公猪空肠

1. 空肠 jejunum
2. 空肠系膜 mesojejunum
3. 空肠淋巴结 jejunal lymph node
4. 结肠 colon

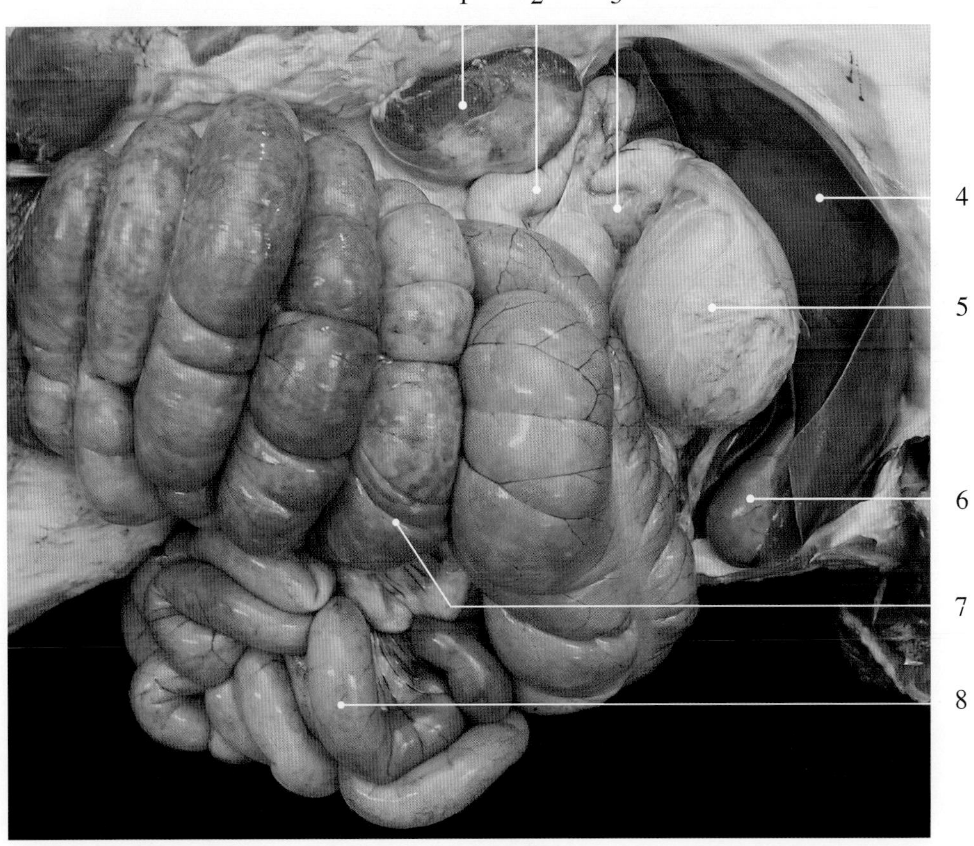

图5-5-16　猪结肠原位

1. 肾 kidney
2. 十二指肠 duodenum
3. 胰腺 pancreas
4. 肝 liver
5. 胃 stomach
6. 胆囊 gall bladder
7. 结肠袢 colon loop
8. 空肠 jejunum

图5-5-17　猪结肠（新鲜标本）

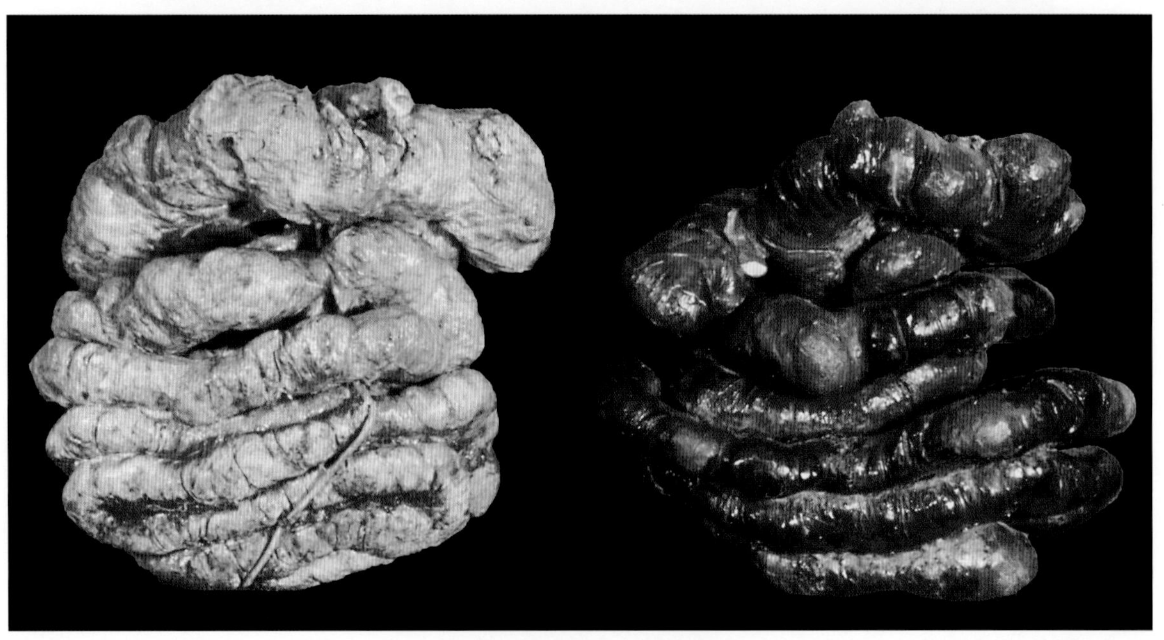

图5-5-18　猪结肠（干制标本）

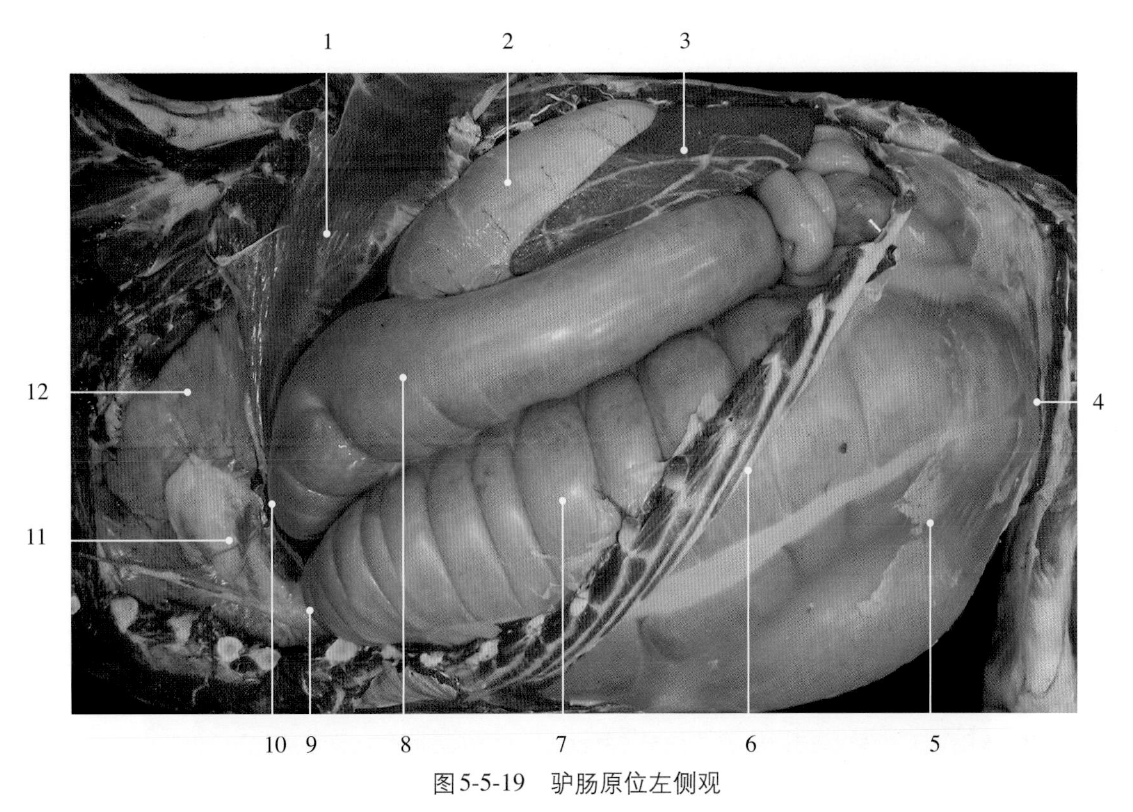

图5-5-19　驴肠原位左侧观

1. 膈 diaphragm
2. 胃 stomach
3. 脾 spleen
4. 骨盆曲 pelvic flexure
5. 腹膜 peritoneum
6. 肋弓 costal arch
7. 左下大结肠 left ventral colon
8. 左上大结肠 left dorsal colon
9. 胸骨曲 sternal flexure
10. 膈曲 diaphragmatic flexure
11. 心脏 heart
12. 肺 lung

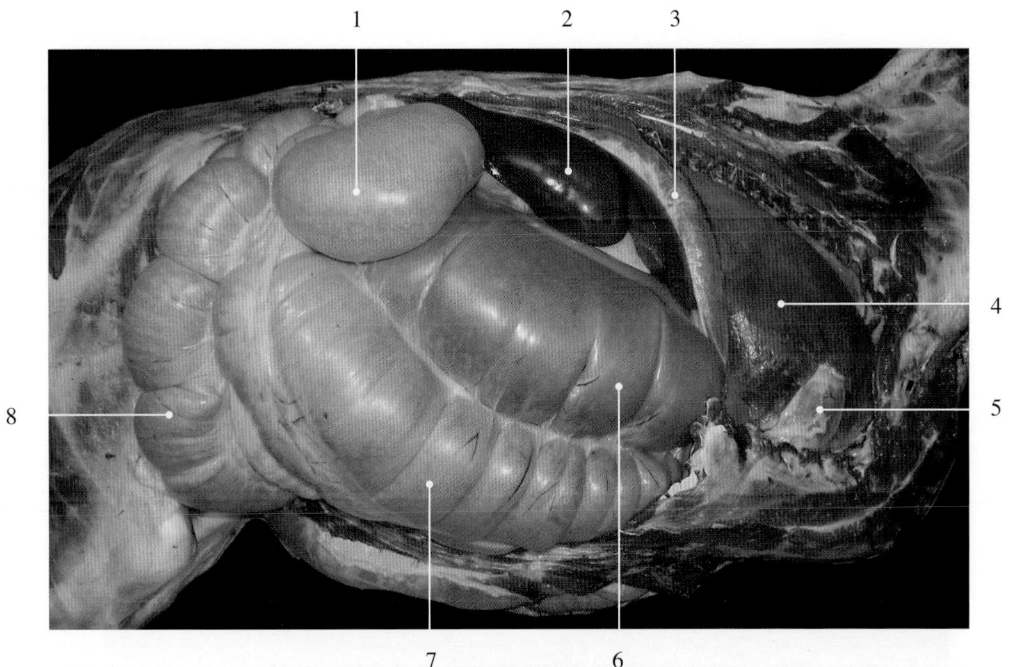

图5-5-20　驴肠原位右侧观

1. 盲肠底 caecal base
2. 肝 liver
3. 膈 diaphragm
4. 肺 lung
5. 心脏 heart
6. 右上大结肠 right dorsal colon
7. 右下大结肠 right ventral colon
8. 盲肠体 caecal body

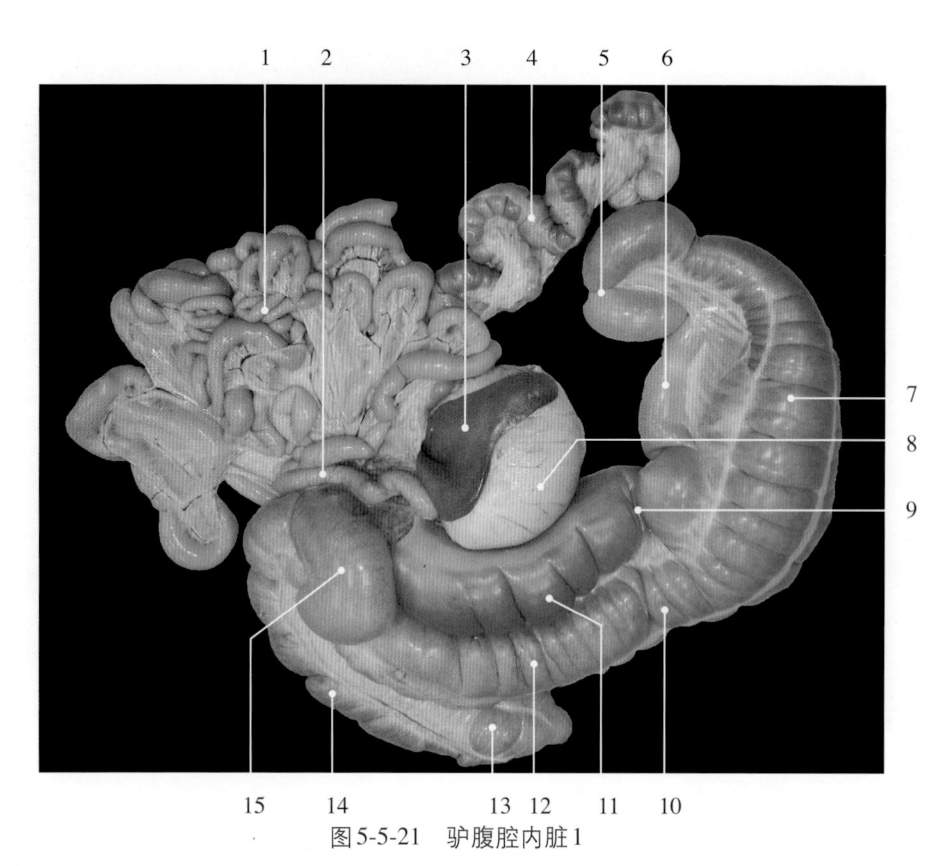

图5-5-21　驴腹腔内脏1

1. 空肠 jejunum
2. 十二指肠 duodenum
3. 脾 spleen
4. 降结肠 descending colon
5. 骨盆曲 pelvic flexure
6. 左上大结肠 left dorsal colon
7. 左下大结肠 left ventral colon
8. 胃 stomach
9. 膈曲 diaphragmatic flexure
10. 胸骨曲 sternal flexure
11. 右上大结肠 right dorsal colon
12. 右下大结肠 right ventral colon
13. 盲肠尖 apex of caecum
14. 盲肠体 caecal body
15. 盲肠底 caecal base

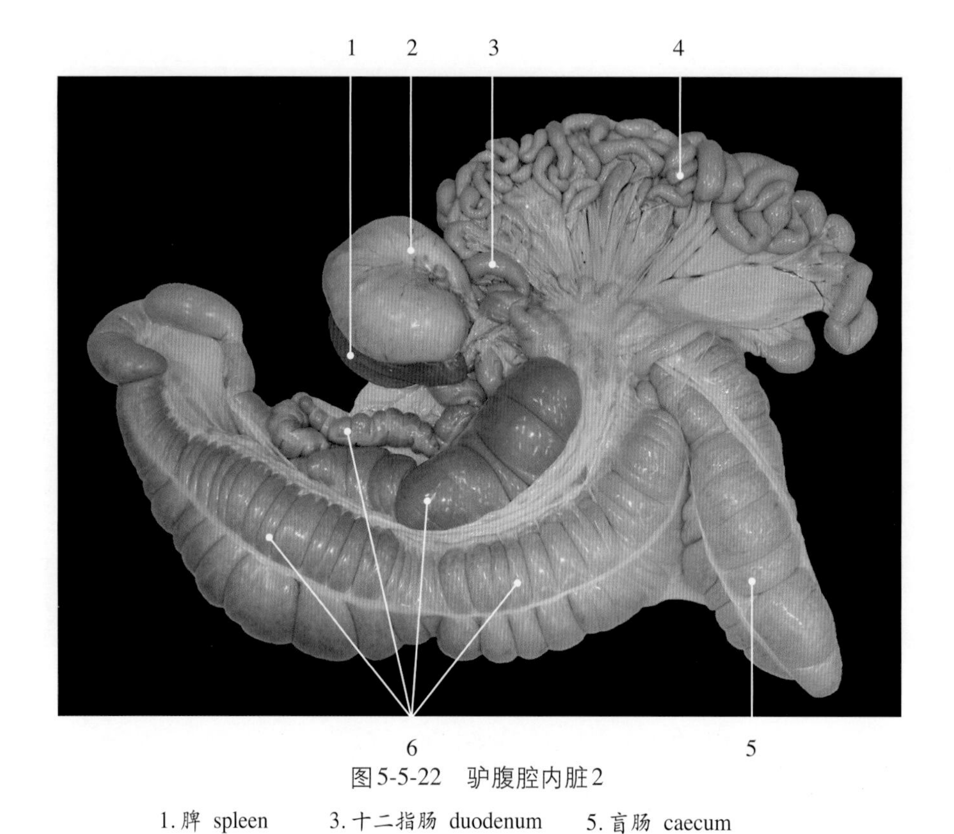

图5-5-22　驴腹腔内脏2

1. 脾 spleen
2. 胃 stomach
3. 十二指肠 duodenum
4. 空肠 jejunum
5. 盲肠 caecum
6. 结肠 colon

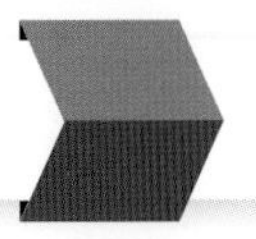

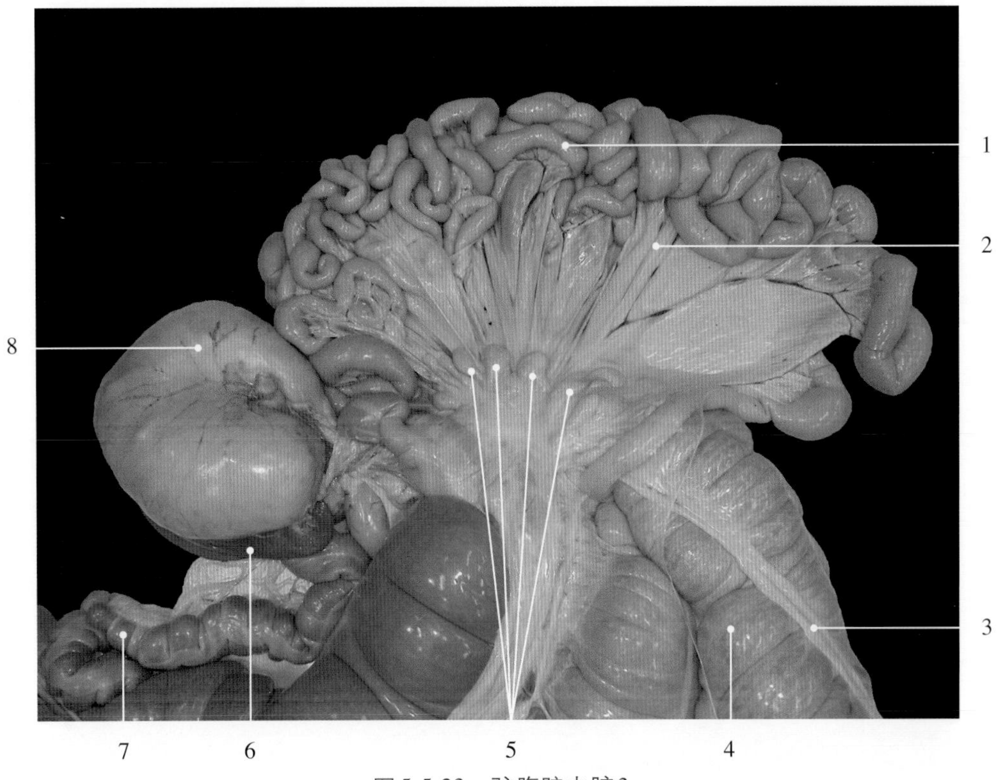

图5-5-23　驴腹腔内脏3

1. 空肠 jejunum
2. 空肠系膜 mesojejunum
3. 结肠带 colic band
4. 结肠袋 sacculation of colon
5. 空肠淋巴结 jejunal lymph nodes
6. 脾 spleen
7. 降结肠 descending colon
8. 胃 stomach

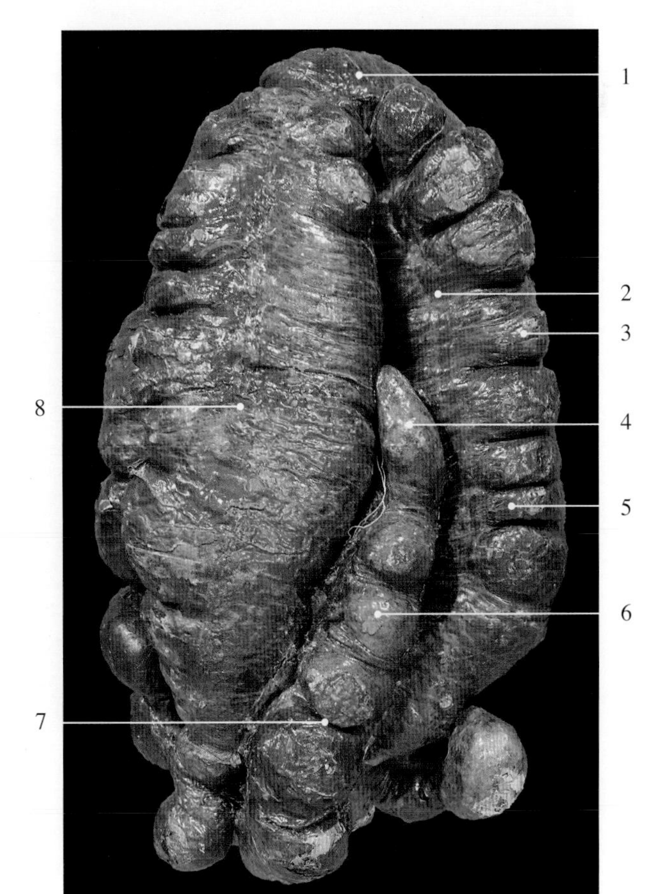

图5-5-24　马盲肠与结肠腹侧观

1. 胸骨曲 sternal flexure
2. 结肠带 colic band
3. 结肠袋 sacculation of colon
4. 盲肠尖 apex of caecum
5. 左下大结肠 left ventral colon
6. 盲肠袋 caecal sacculation
7. 盲肠体 caecal body
8. 右下大结肠 right ventral colon

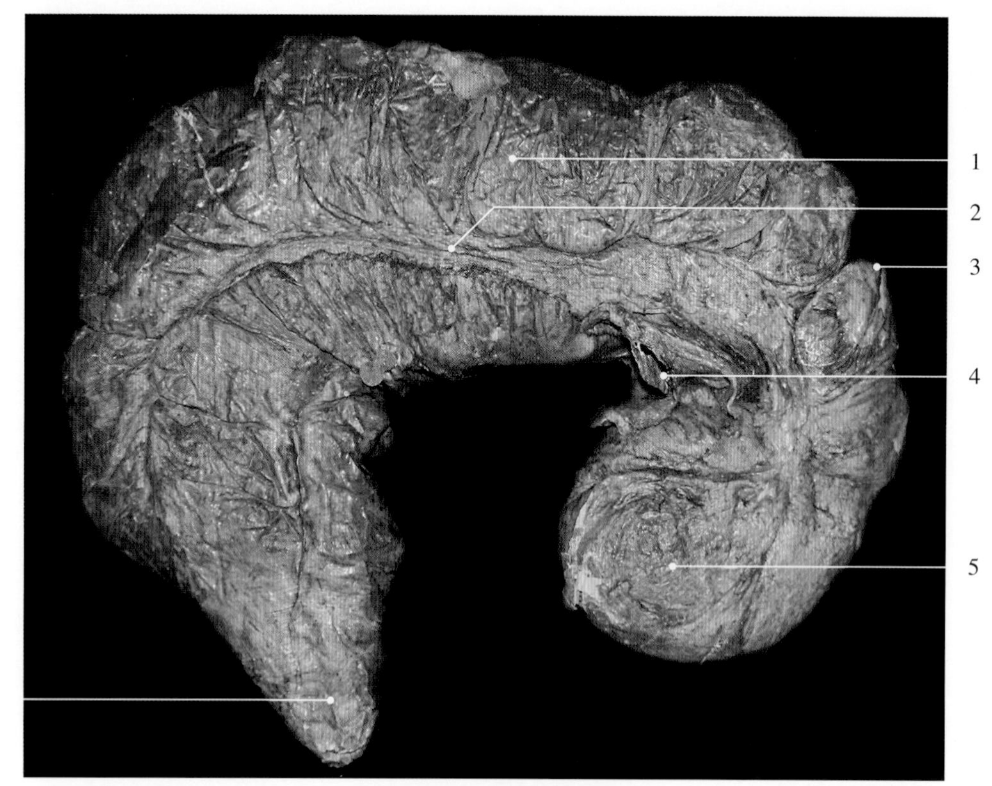

图5-5-25　马盲肠背侧观

1. 盲肠体 caecal body
2. 盲肠带 caecal band
3. 盲肠大弯 greater curvature of caecum
4. 盲肠小弯 lesser curvature of caecum
5. 盲肠底 caecal base
6. 盲肠尖 apex of caecum

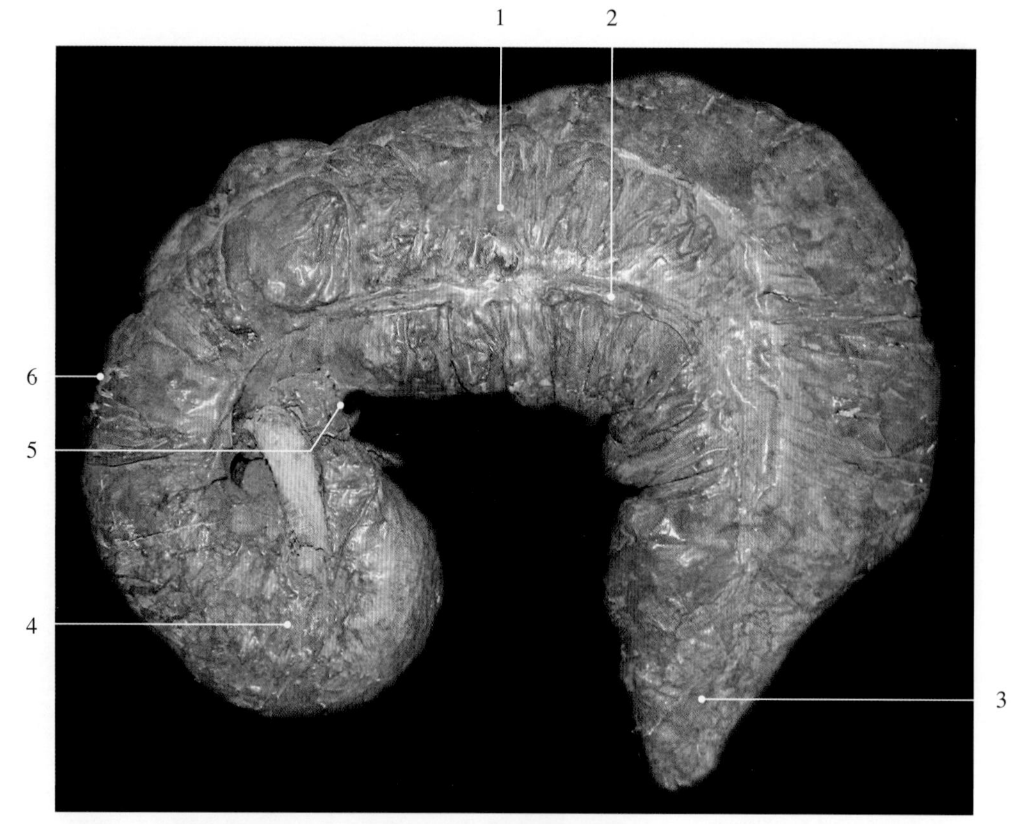

图5-5-26　马盲肠腹侧观

1. 盲肠体 caecal body
2. 盲肠带 caecal band
3. 盲肠尖 apex of caecum
4. 盲肠底 caecal base
5. 盲肠小弯 lesser curvature of caecum
6. 盲肠大弯 greater curvature of caecum

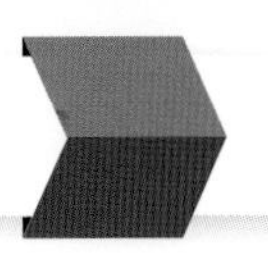

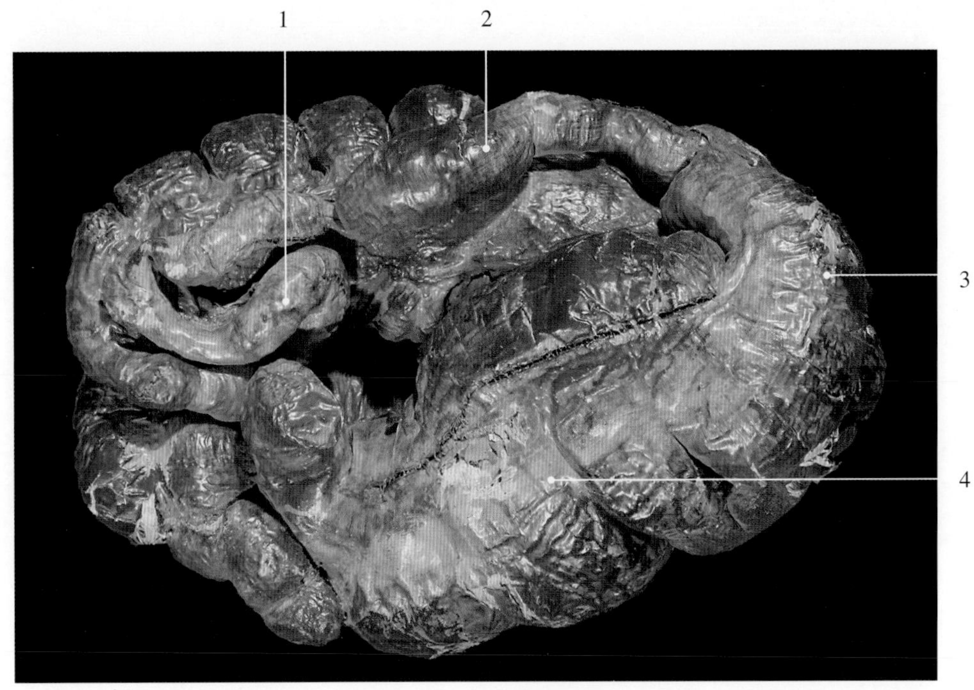

图5-5-27　马结肠背侧观

1. 骨盆曲　pelvic flexure
2. 左上大结肠　left dorsal colon
3. 膈曲　diaphragmatic flexure
4. 右上大结肠　right dorsal colon

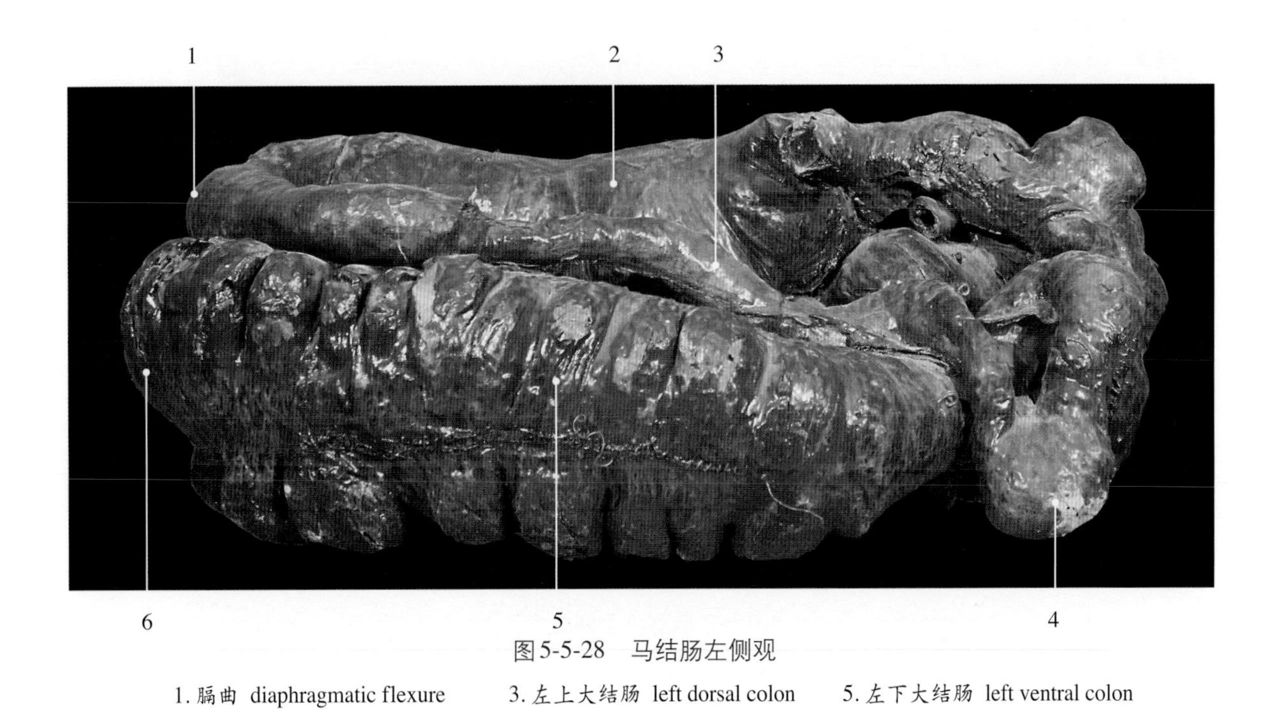

图5-5-28　马结肠左侧观

1. 膈曲　diaphragmatic flexure
2. 右上大结肠　right dorsal colon
3. 左上大结肠　left dorsal colon
4. 骨盆曲　pelvic flexure
5. 左下大结肠　left ventral colon
6. 胸骨曲　sternal flexure

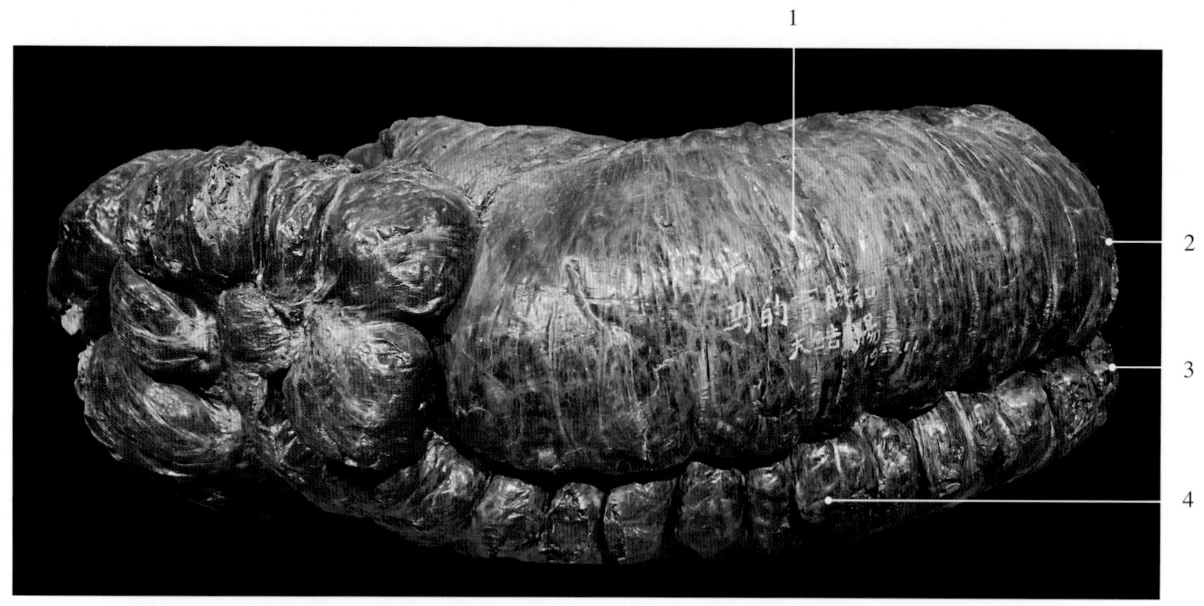

图5-5-29　马结肠右侧观

1. 右上大结肠 right dorsal colon
2. 膈曲 diaphragmatic flexure
3. 胸骨曲 sternal flexure
4. 右下大结肠 right ventral colon

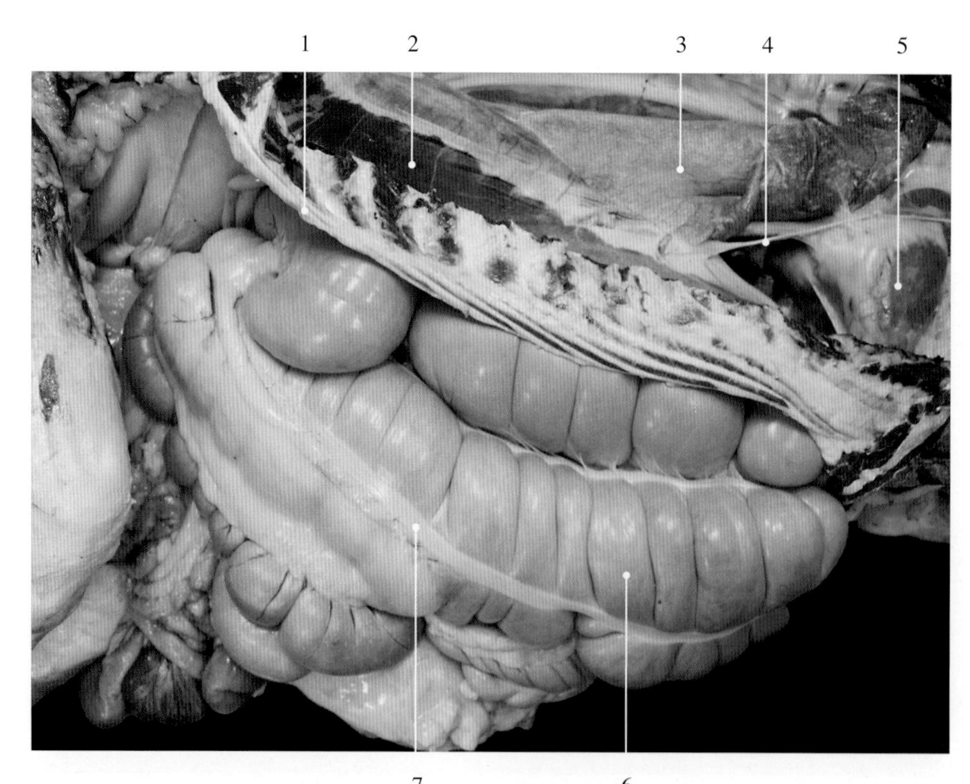

图5-5-30　驴肠带及肠袋

1. 肋弓 costal arch
2. 膈 diaphragm
3. 肺 lung
4. 膈神经 phrenic nerve
5. 心脏 heart
6. 结肠袋 sacculation of colon
7. 结肠带 colic band

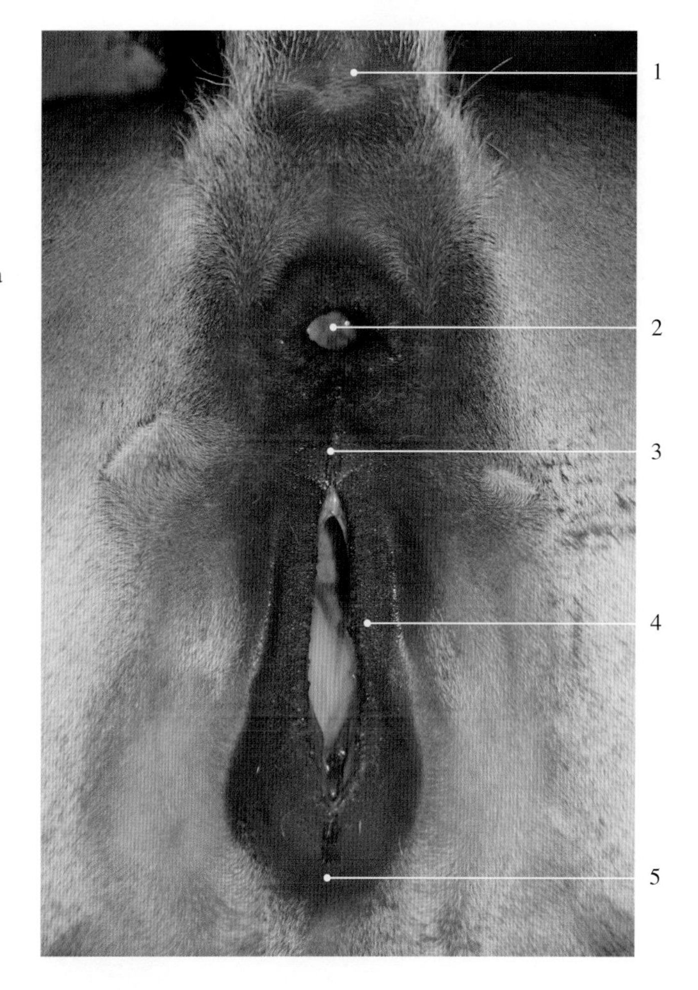

图5-5-31　驴肛门

1. 尾根 root of tail
2. 肛门 anus
3. 阴唇背侧联合 dorsal commissure of labia
4. 阴唇 vulva labium
5. 阴唇腹侧联合 ventral commissure of labia

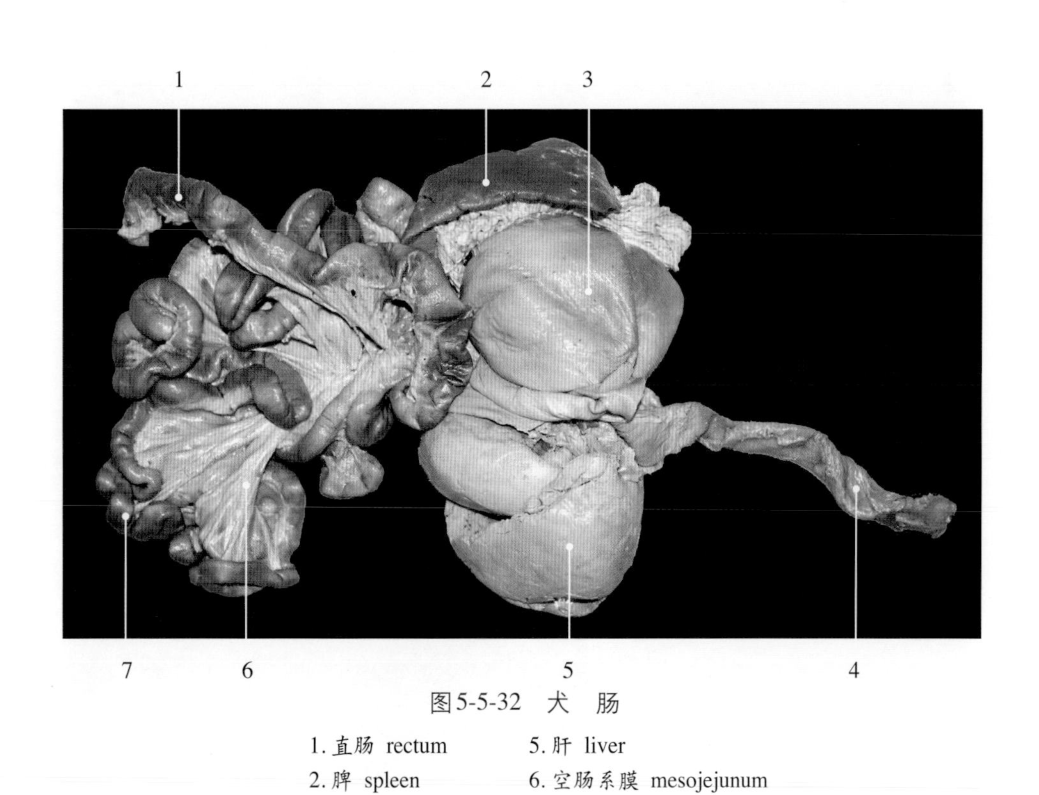

图5-5-32　犬　肠

1. 直肠 rectum
2. 脾 spleen
3. 胃 stomach
4. 食管 esophagus
5. 肝 liver
6. 空肠系膜 mesojejunum
7. 空肠 jejunum

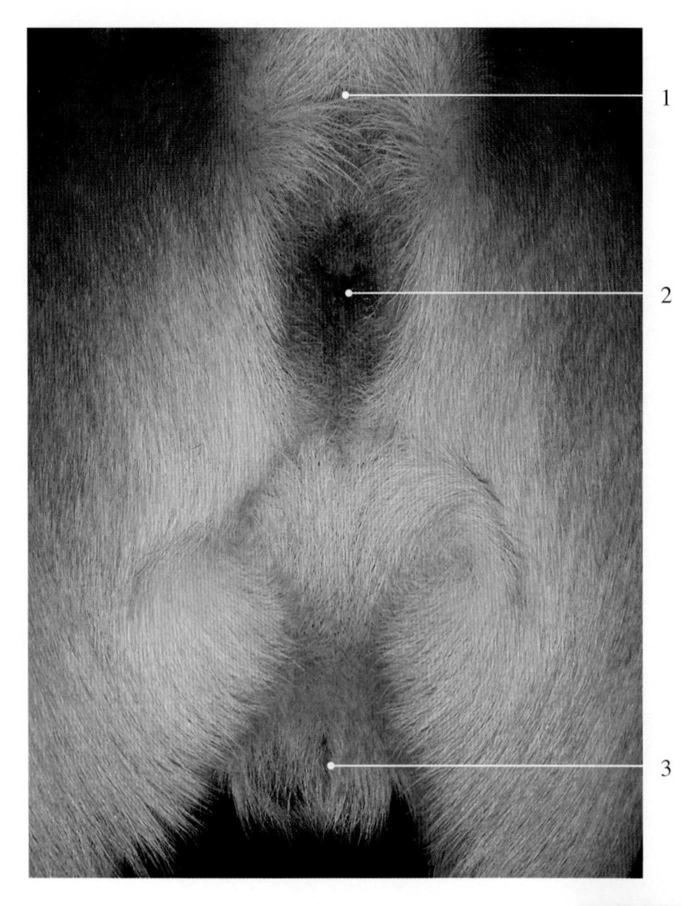

图5-5-33　犬肛门

1. 尾根 root of tail
2. 肛门 anus
3. 阴囊 scrotum

图5-5-34　鸡十二指肠

1. 心脏 heart
2. 肝 liver
3. 脾 spleen
4. 肌胃 muscular stomach
5. 十二指肠升袢 ascending duodenum
6. 胰腺 pancreas
7. 十二指肠降袢 descending duodenum

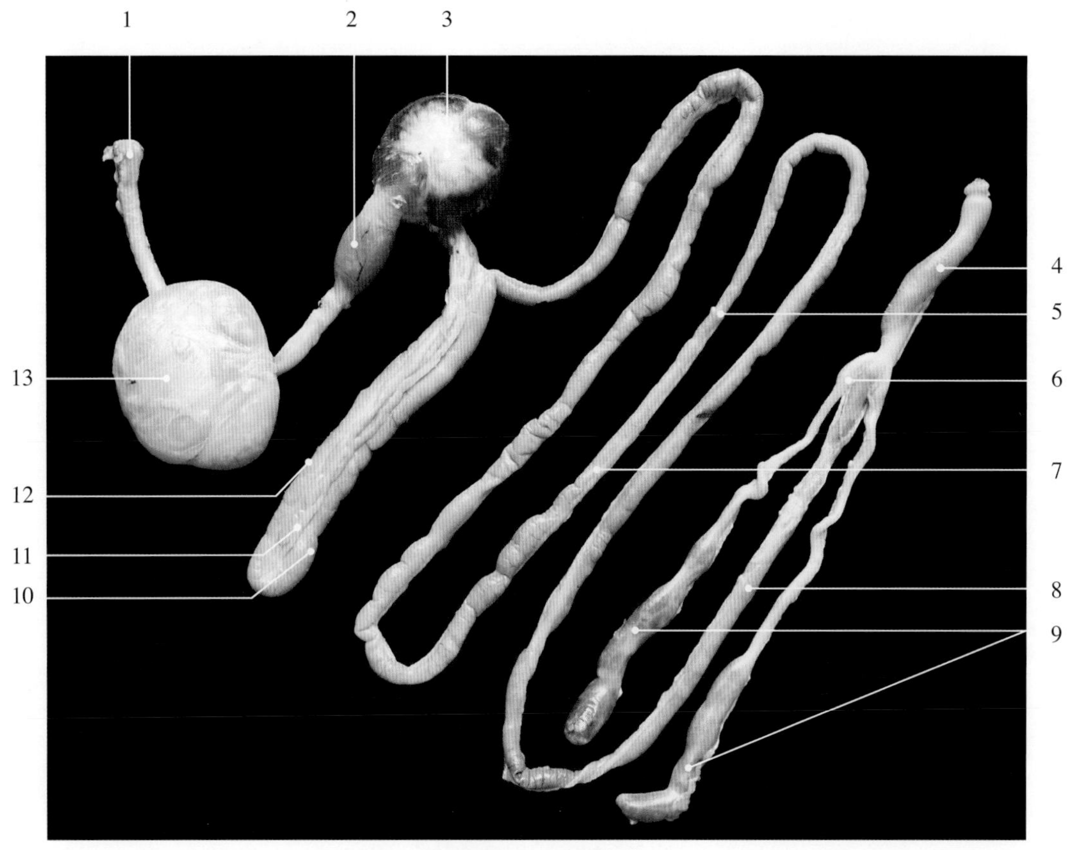

图5-5-35 鸡消化管

1. 食管 esophagus
2. 腺胃 glandular stomach
3. 肌胃 muscular stomach
4. 直肠 rectum
5. 卵黄囊蒂 yolk stalk
6. 盲肠扁桃体 caecal tonsil
7. 空肠 jejunum
8. 回肠 ileum
9. 盲肠 caecum
10. 十二指肠升袢 ascending duodenum
11. 胰腺 pancreas
12. 十二指肠降袢 descending duodenum
13. 嗉囊 crop

图5-5-36 猪各肠段黏膜

A. 十二指肠 duodenum
B. 空肠 jejunum
C. 回肠 ileum
D. 盲肠 caecum
E. 结肠 colon
F. 直肠 rectum

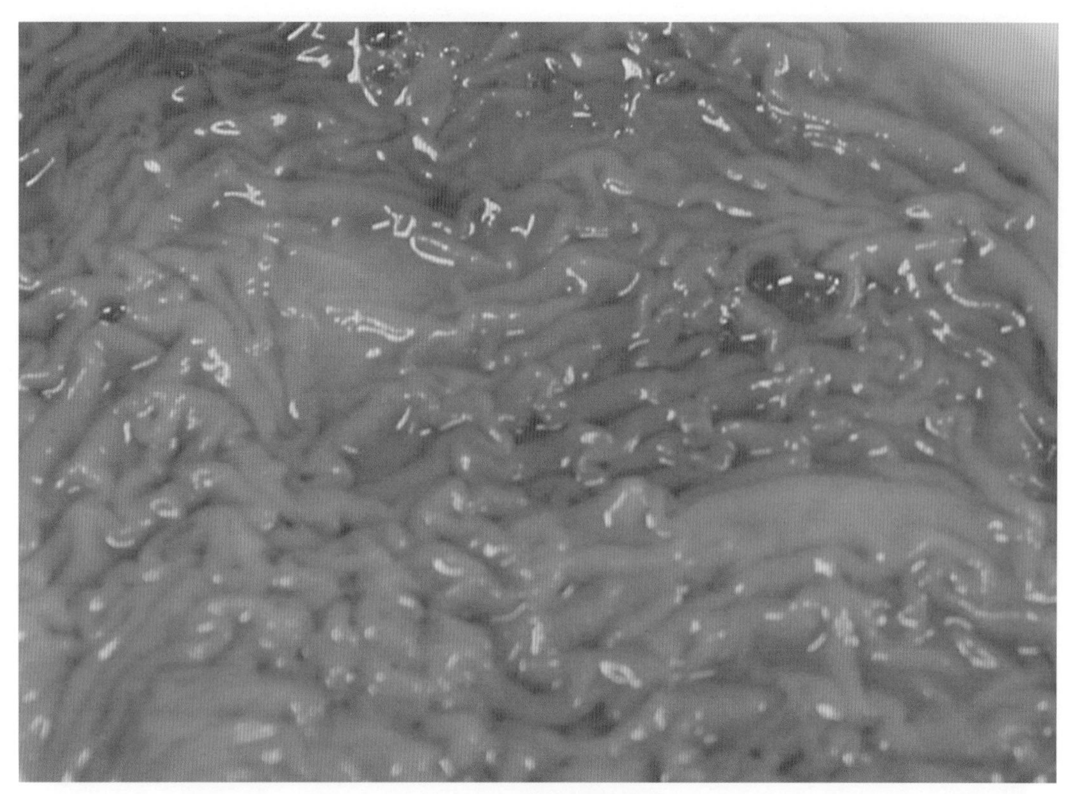

图5-5-37　犊牛盲肠黏膜

图5-5-38　猪直肠黏膜

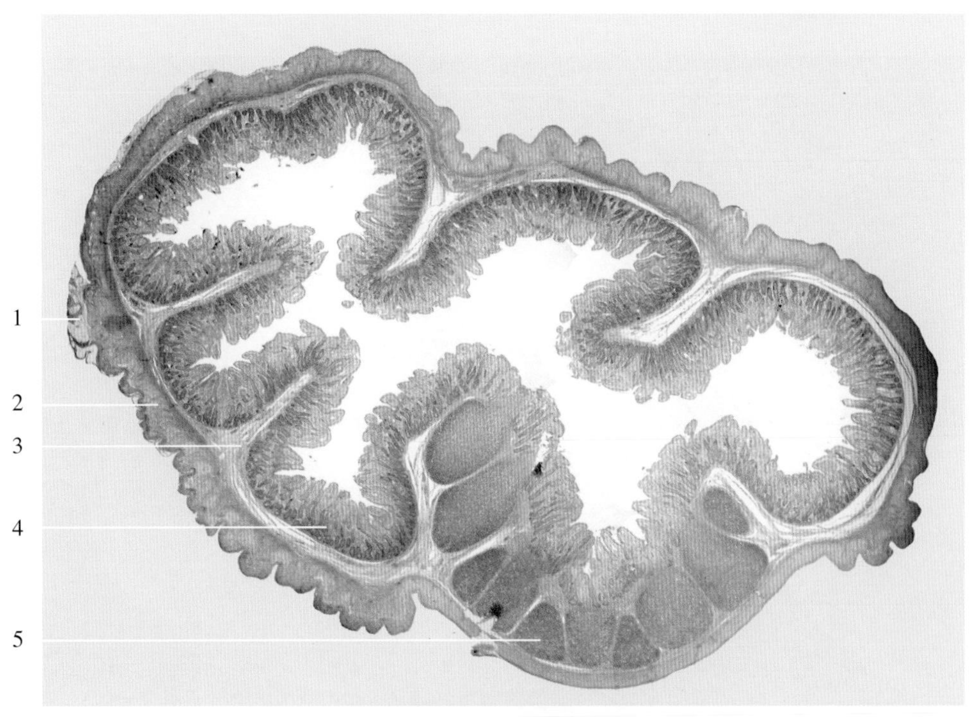

图5-5-39　空肠组织切片

1. 浆膜 serous membrane
2. 肌层 muscular layer
3. 黏膜下层 submucosa layer
4. 黏膜 mucosa
5. 淋巴滤泡 lymphatic follicle

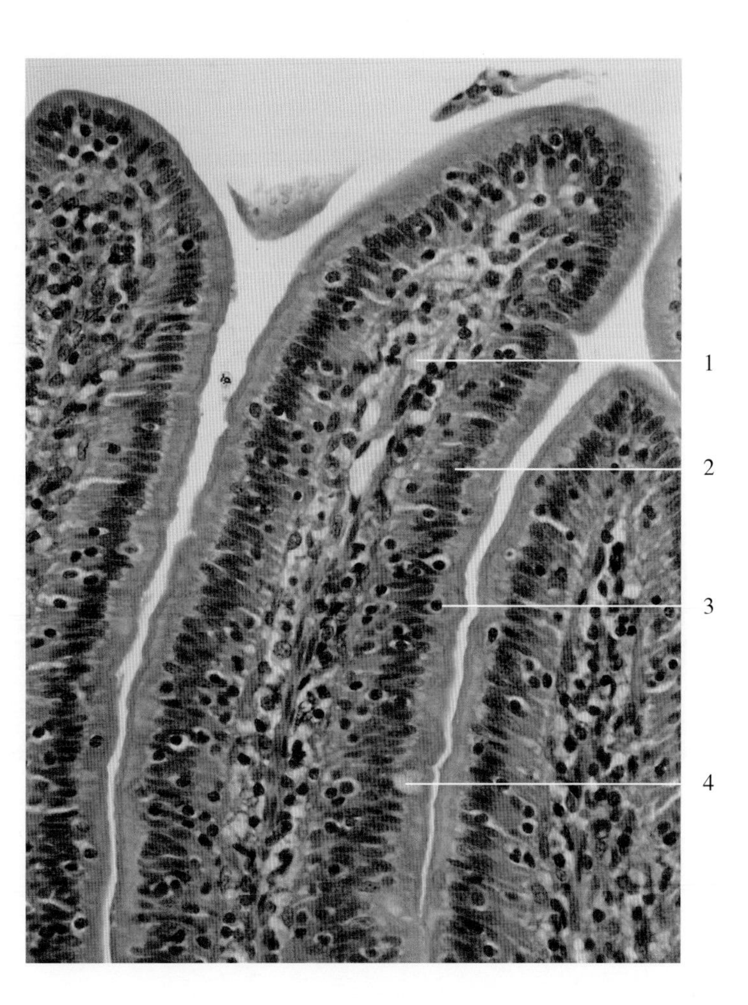

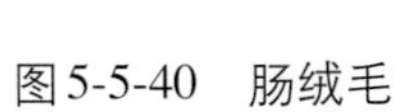
图5-5-40　肠绒毛

1. 固有层 proper lamina
2. 黏膜上皮 epithelium
3. 上皮内淋巴细胞 intraepithelial lymphocyte
4. 杯状细胞 goblet cell

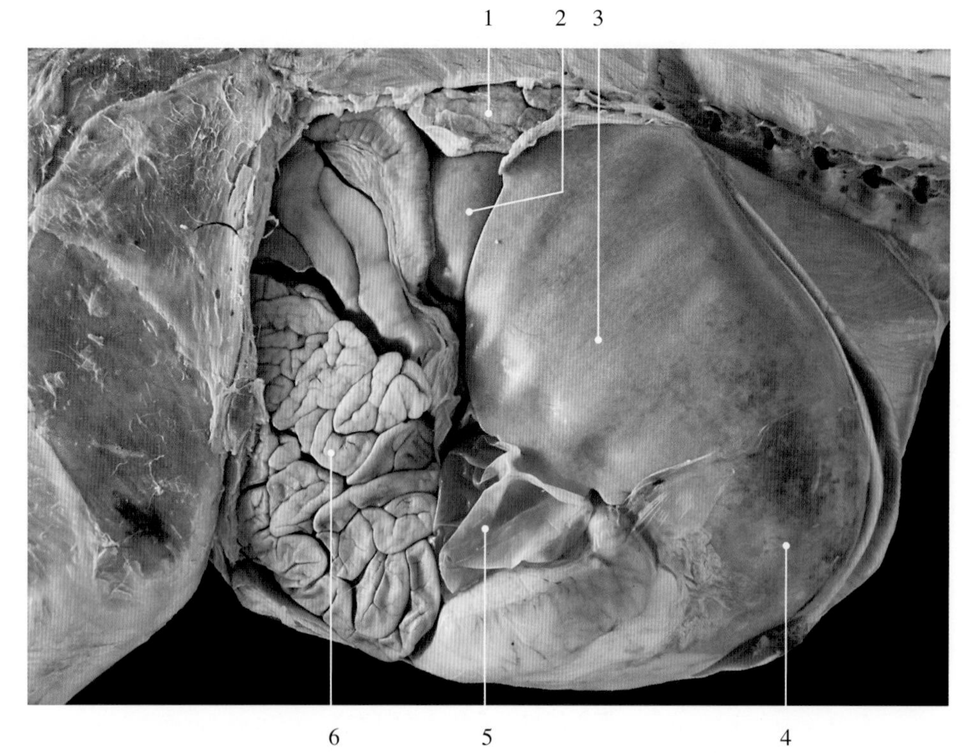

图5-6-1　犊牛肝原位右侧观

1. 肾脂囊　renal adipose capsule
2. 肝尾状突　caudate process
3. 肝右叶　right hepatic lobe
4. 肝左叶　left hepatic lobe
5. 胆囊　gall bladder
6. 小肠　small intestine

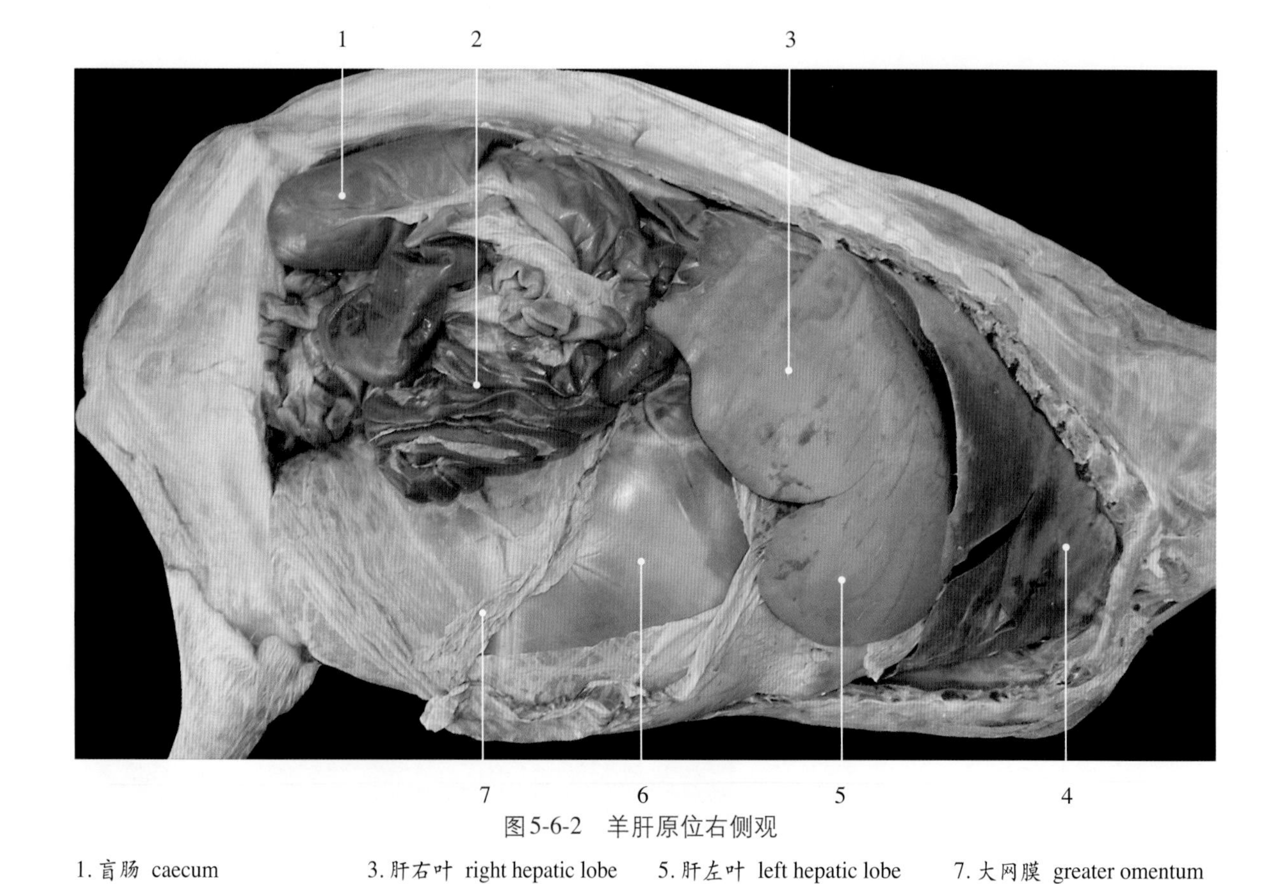

图5-6-2　羊肝原位右侧观

1. 盲肠　caecum
2. 结肠　colon
3. 肝右叶　right hepatic lobe
4. 肺　lung
5. 肝左叶　left hepatic lobe
6. 瘤胃　rumen
7. 大网膜　greater omentum

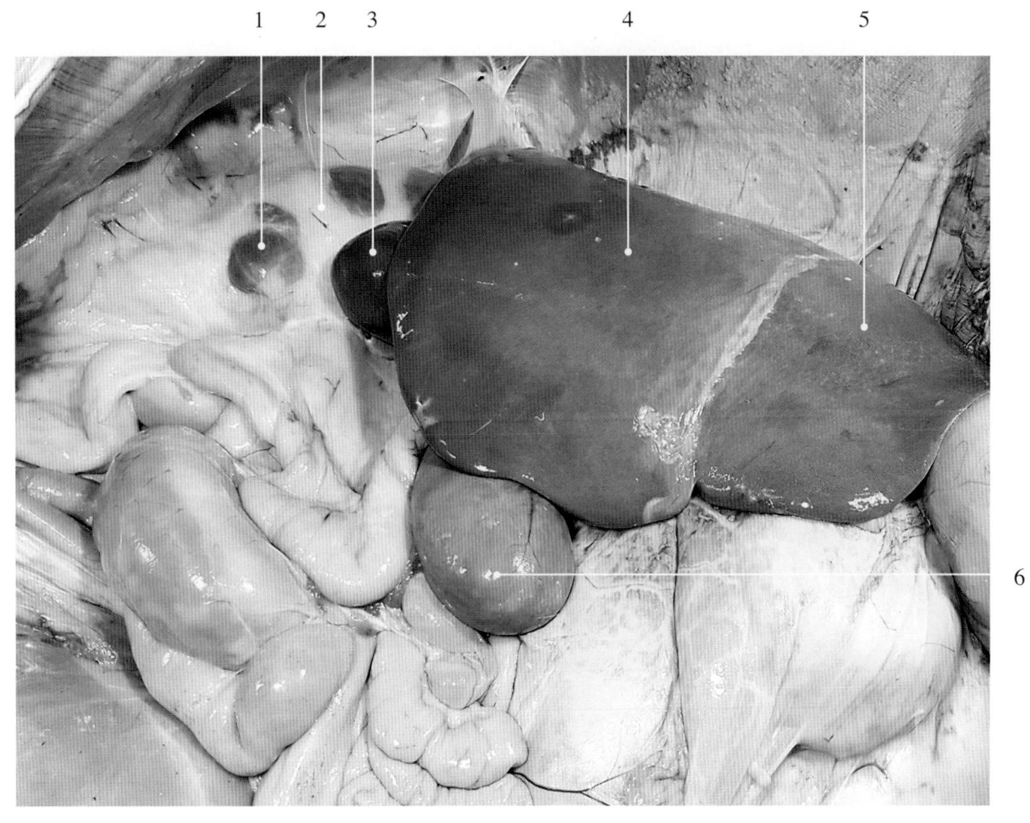

图5-6-3　牛肝原位

1. 肾　kidney
2. 肾脂囊　renal adipose capsule
3. 肝尾状突　caudate process
4. 肝右叶　right hepatic lobe
5. 肝左叶　left hepatic lobe
6. 胆囊　gall bladder

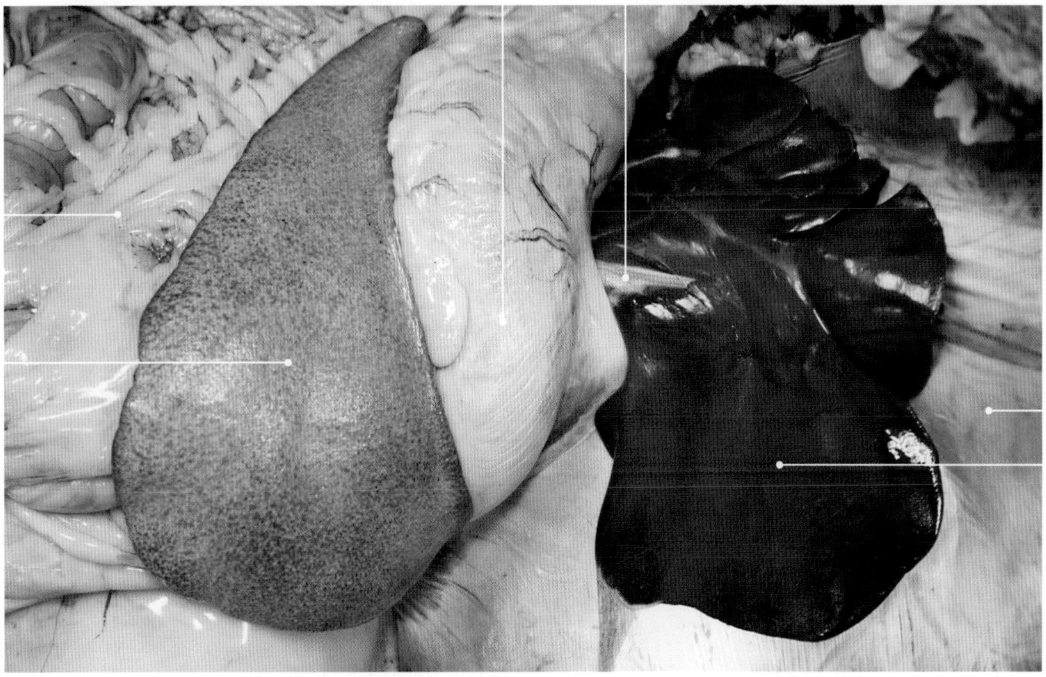

图5-6-4　驴肝、脾和胃原位

1. 胃　stomach
2. 肝门　hepatic porta
3. 膈　diaphragm
4. 肝（脏面）liver (visceral surface)
5. 脾　spleen
6. 大网膜　greater omentum

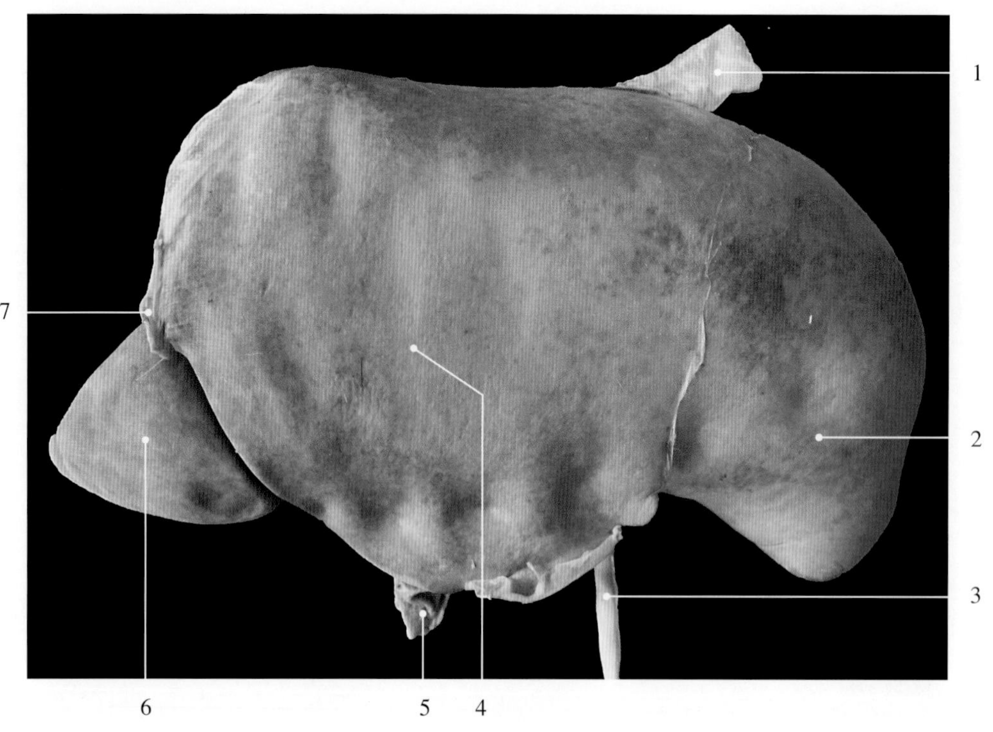

图5-6-5 犊牛肝膈面（固定标本）

1. 后腔静脉 caudal vena cava
2. 肝左叶 left hepatic lobe
3. 镰状韧带和圆韧带 falciform ligament and round ligament
4. 肝右叶 right hepatic lobe
5. 胆囊 gall bladder
6. 肝尾状突 caudate process
7. 右三角韧带 right triangular ligament

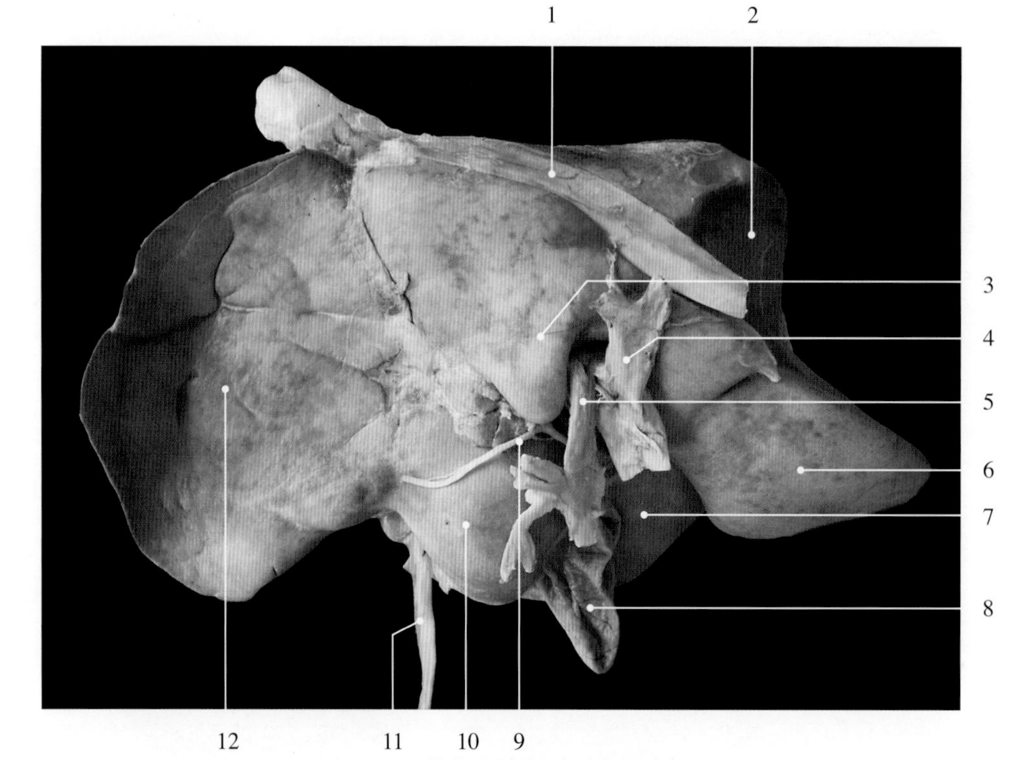

图5-6-6 犊牛肝脏面（固定标本）

1. 后腔静脉 caudal vena cava
2. 肾压迹 renal impression
3. 乳头突 papillary process
4. 门静脉 portal vein
5. 肝动脉 hepatic artery
6. 肝尾状突 caudate process
7. 肝右叶 right hepatic lobe
8. 胆囊 gall bladder
9. 肝神经 hepatic nerve
10. 肝方叶 quadrate hepatic lobe
11. 镰状韧带和圆韧带 falciform ligament and round ligament
12. 肝左叶 left hepatic lobe

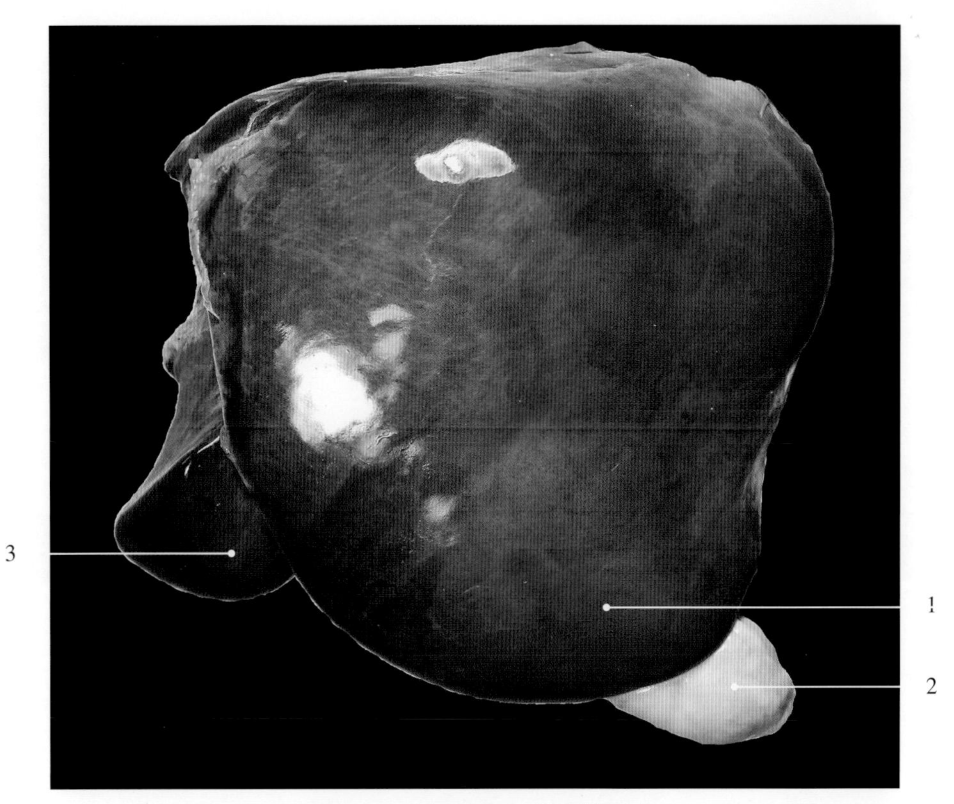

图5-6-7 牛肝膈面（新鲜标本）

1. 肝右叶 right hepatic lobe　2. 胆囊 gall bladder　3. 肝尾状突 caudate process

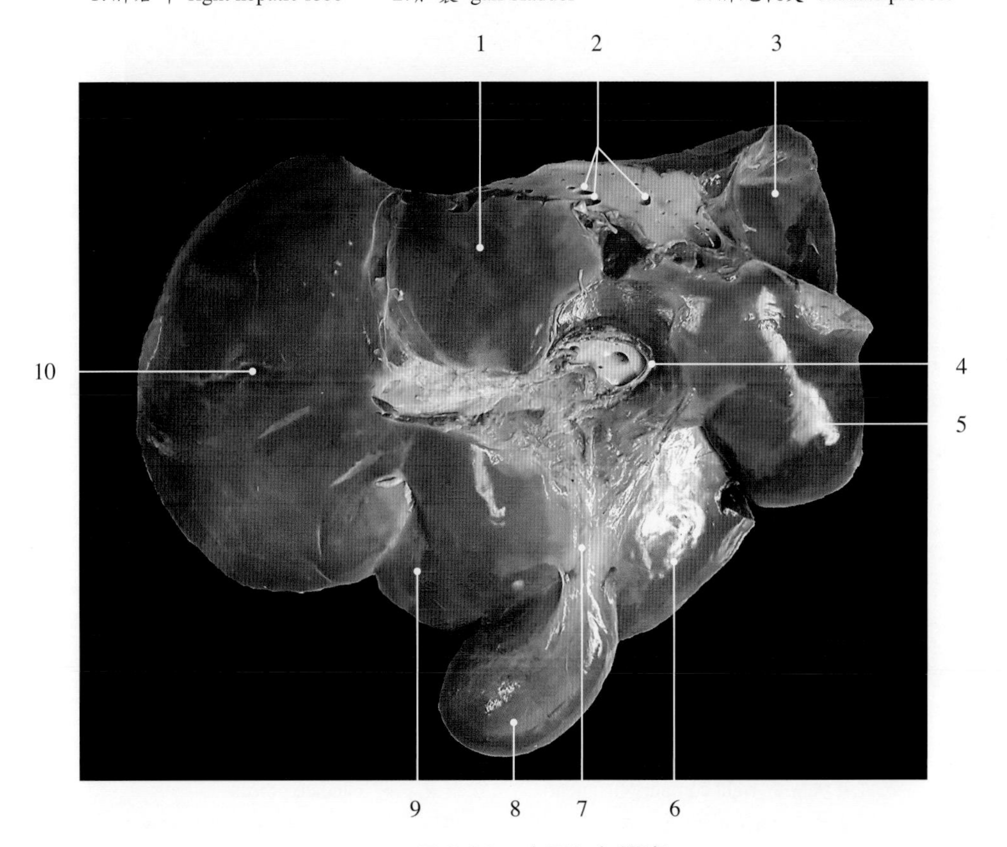

图5-6-8 牛肝门与胆囊

1. 乳头突 papillary process
2. 肝静脉 hepatic vein
3. 肾压迹 renal impression
4. 肝门 hepatic porta
5. 肝尾状突 caudate process
6. 肝右叶 right hepatic lobe
7. 胆囊管 cystic duct
8. 胆囊 gall bladder
9. 肝方叶 quadrate hepatic lobe
10. 肝左叶 left hepatic lobe

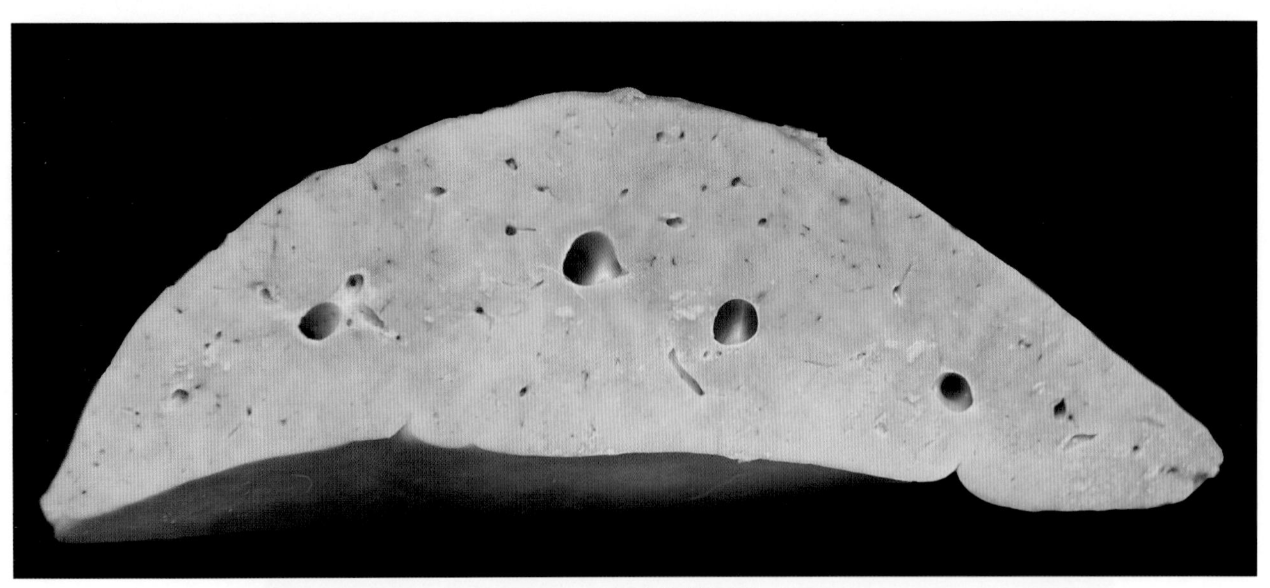

图5-6-9　犊牛肝横切面

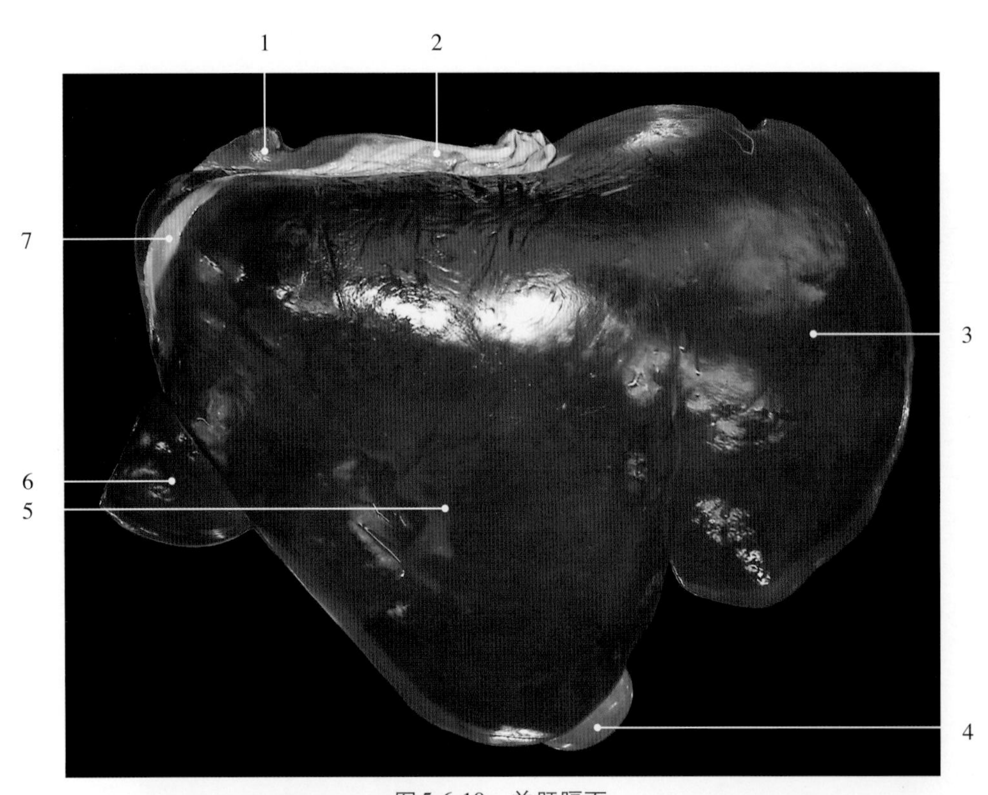

图5-6-10　羊肝膈面

1. 膈 diaphragm
2. 右冠状韧带 right coronary ligament
3. 肝左叶 left hepatic lobe
4. 胆囊 gall bladder
5. 肝右内叶 right hepatic lobe
6. 肝尾状突 caudate process
7. 右三角韧带 right triangular ligament

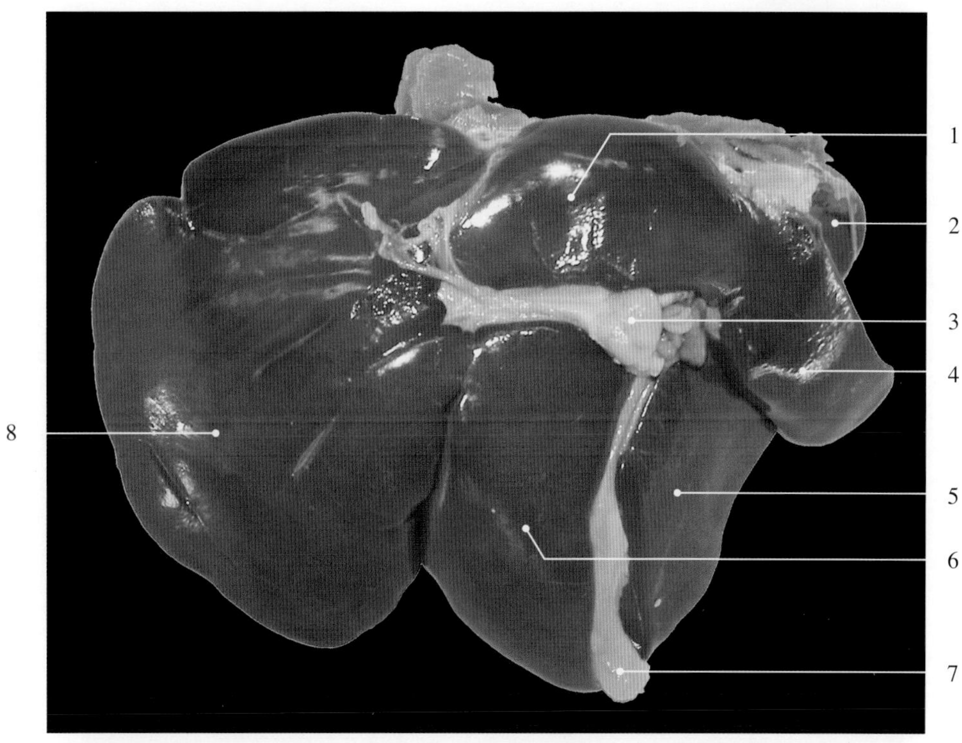

图5-6-11　羊肝脏面

1. 肝尾叶　caudate hepatic lobe
2. 肾压迹　renal impression
3. 肝门　hepatic porta
4. 肝尾状突　caudate process
5. 肝右内叶　right medial hepatic lobe
6. 肝方叶　quadrate hepatic lobe
7. 胆囊　gall bladder
8. 肝左叶　left hepatic lobe

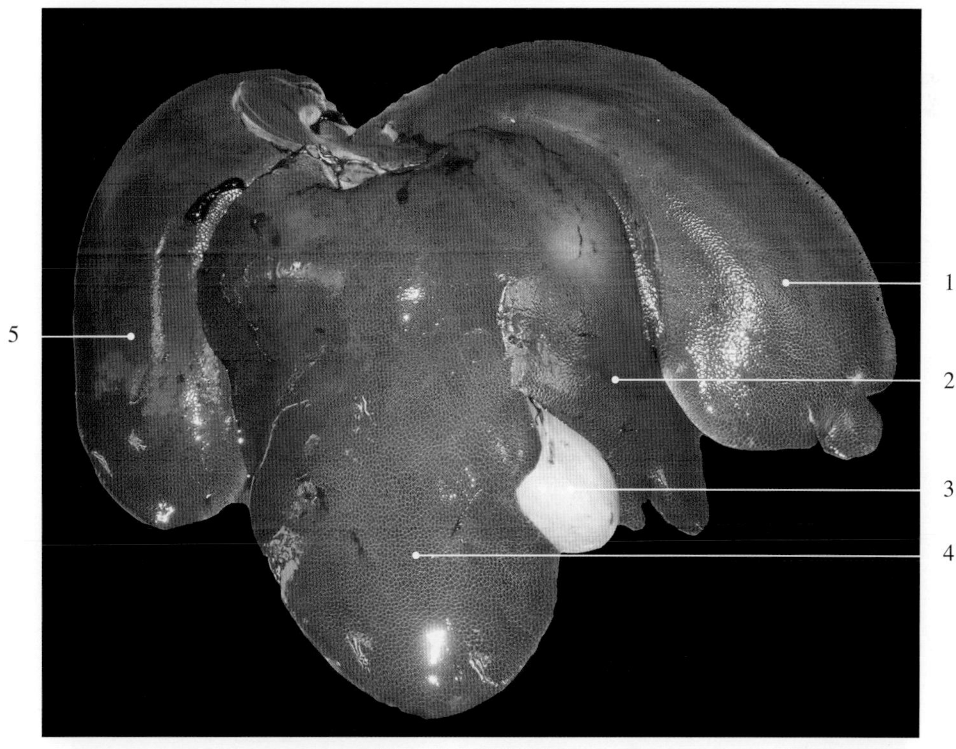

图5-6-12　猪肝膈面

1. 肝左外叶　left lateral hepatic lobe
2. 肝左内叶　left medial hepatic lobe
3. 胆囊　gall bladder
4. 肝右内叶　right medial hepatic lobe
5. 肝右外叶　right lateral hepatic lobe

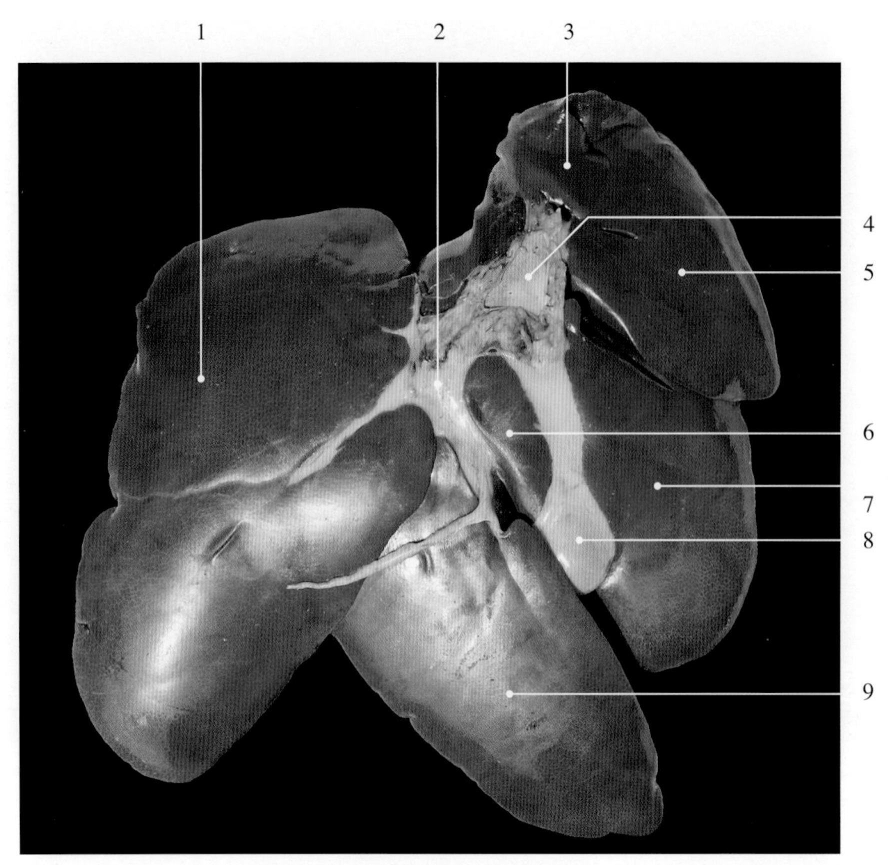

图5-6-13　猪肝脏面（新鲜标本）

1. 肝左外叶　left lateral hepatic lobe
2. 肝门　hepatic porta
3. 肝尾叶　caudate hepatic lobe
4. 门静脉　portal vein
5. 肝右外叶　right lateral hepatic lobe
6. 肝方叶　quadrate hepatic lobe
7. 肝右内叶　right medial hepatic lobe
8. 胆囊　gall bladder
9. 肝左内叶　left medial hepatic lobe

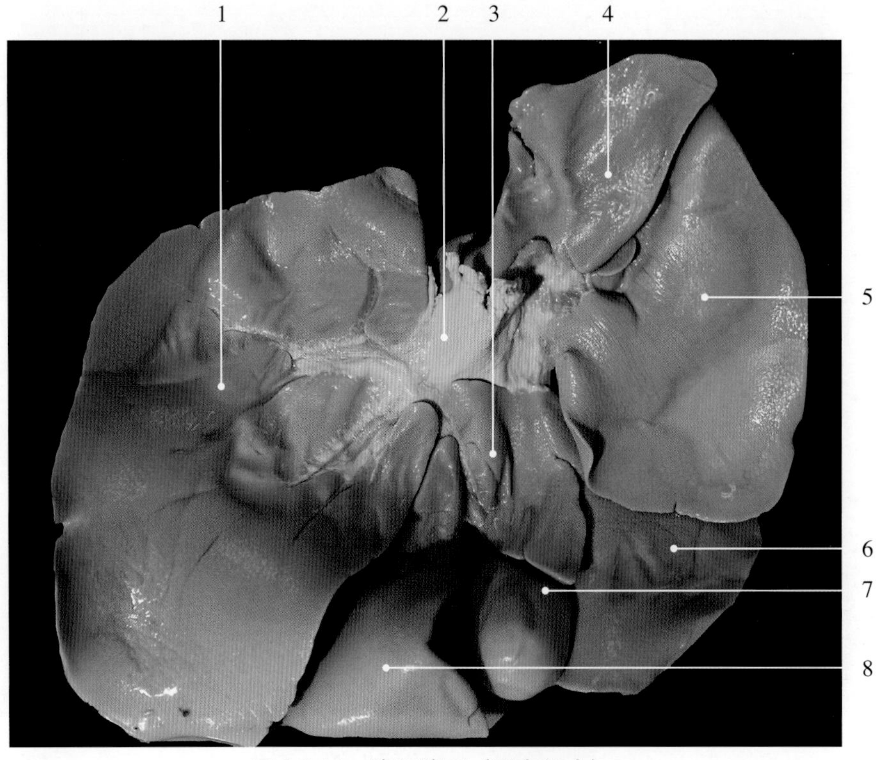

图5-6-14　猪肝脏面（固定标本）

1. 肝左外叶　left lateral hepatic lobe
2. 肝门　hepatic porta
3. 肝方叶　quadrate hepatic lobe
4. 肝尾叶　caudate hepatic lobe
5. 肝右外叶　right lateral hepatic lobe
6. 肝右内叶　right medial hepatic lobe
7. 胆囊　gall bladder
8. 肝左内叶　left medial hepatic lobe

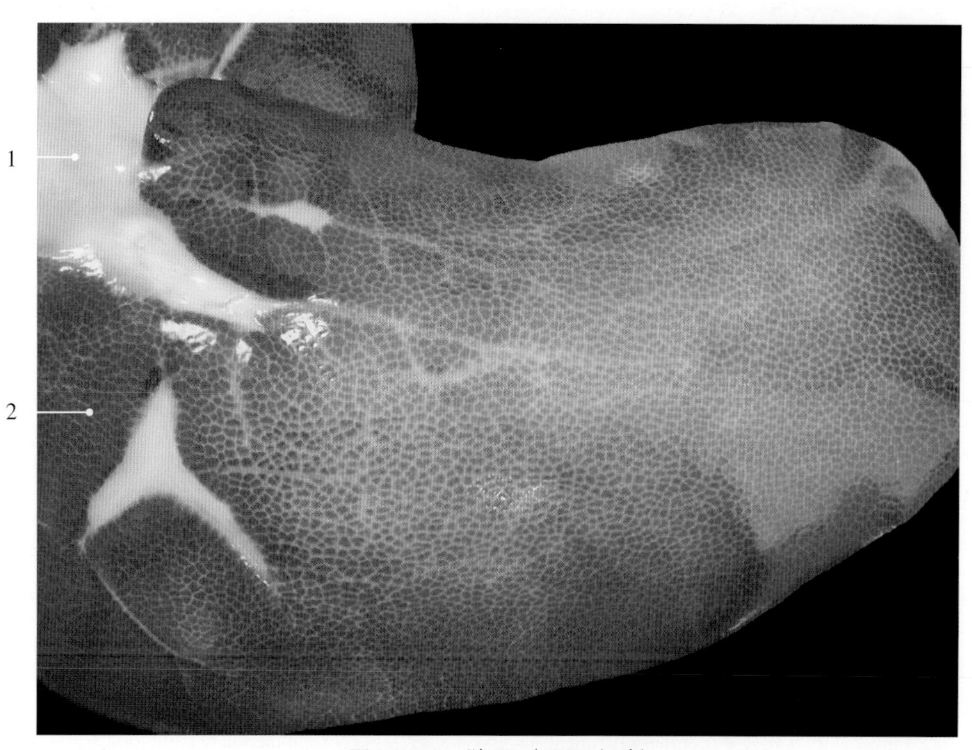

图5-6-15　猪肝（示肝小叶）

1. 肝门　hepatic porta　　　2. 肝小叶　hepatic lobule

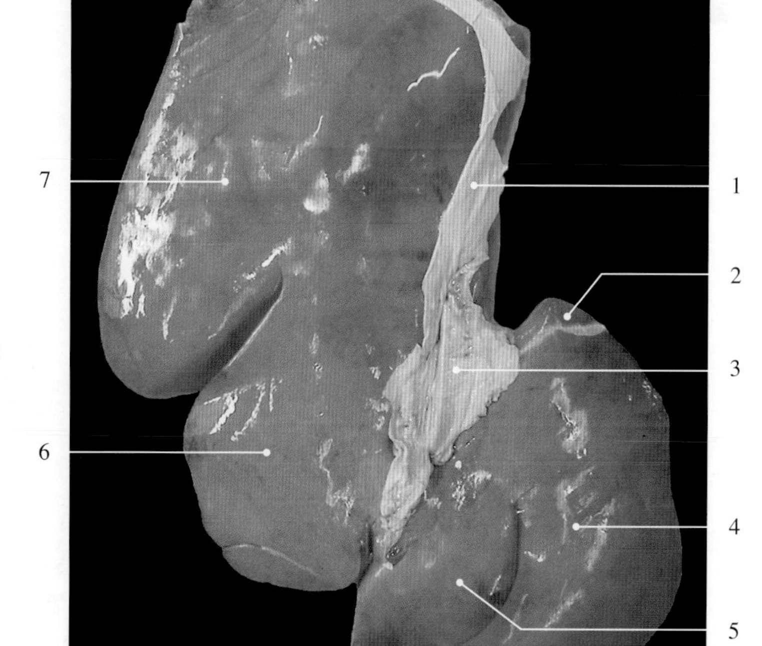

图5-6-16　驴肝膈面

1. 右冠状韧带　right coronary ligament
2. 左三角韧带附着线　right triangular ligament adhesive line
3. 后腔静脉　caudal vena cava
4. 肝左外叶　left lateral hepatic lobe
5. 肝左内叶　left medial hepatic lobe
6. 肝方叶　quadrate hepatic lobe
7. 肝右叶　right hepatic lobe
8. 右三角韧带　right triangular ligament

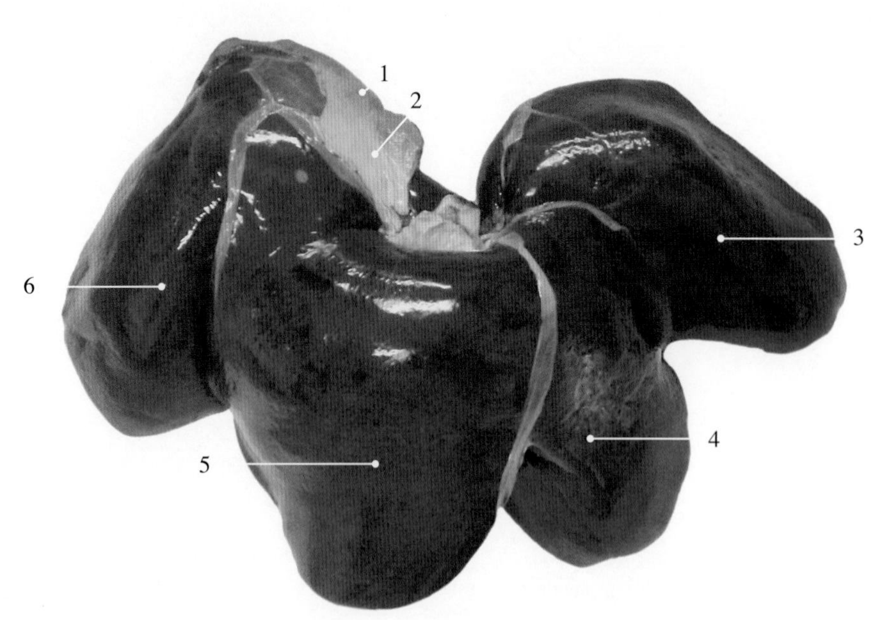

图5-6-17　猕猴肝膈面

1. 膈 diaphragm
2. 冠状韧带 coronary ligament
3. 肝左外叶 left lateral hepatic lobe
4. 肝左内叶 left medial hepatic lobe
5. 肝右内叶 right medial hepatic lobe
6. 肝右外叶 right lateral hepatic lobe

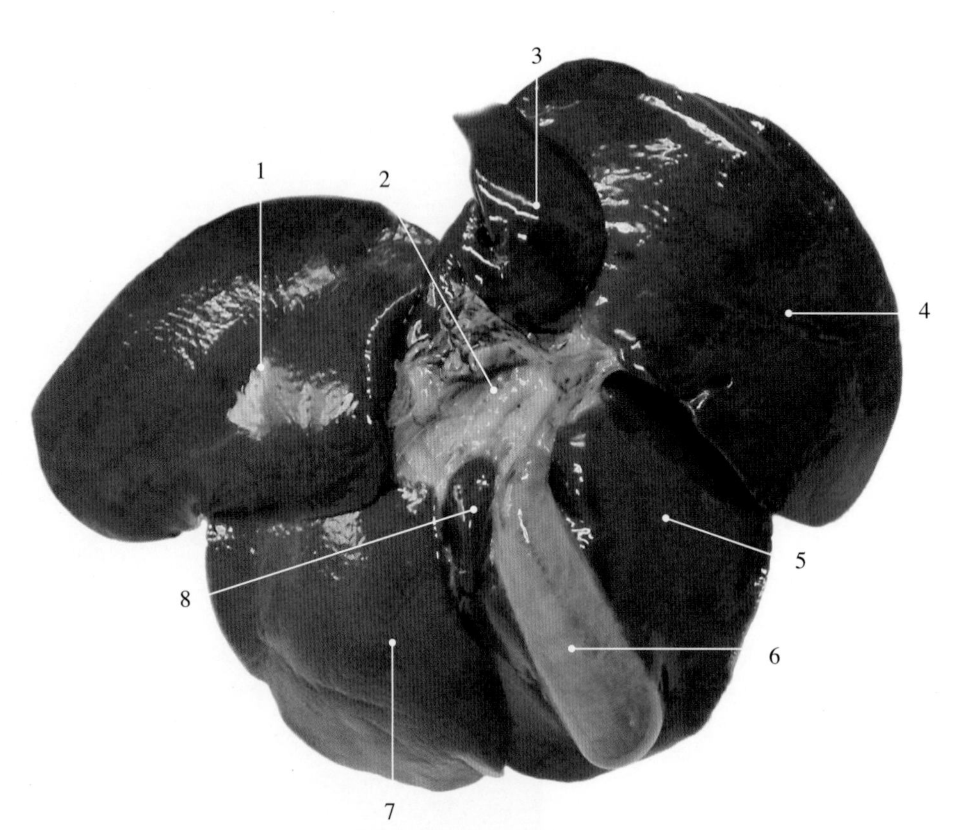

图5-6-18　猕猴肝脏面

1. 肝左外叶 left lateral hepatic lobe
2. 肝门 hepatic porta
3. 肝尾叶 caudate hepatic lobe
4. 肝右外叶 right lateral hepatic lobe
5. 肝右内叶 right medial hepatic lobe
6. 胆囊 gall bladder
7. 肝左内叶 left medial hepatic lobe
8. 肝方叶 quadrate hepatic lobe

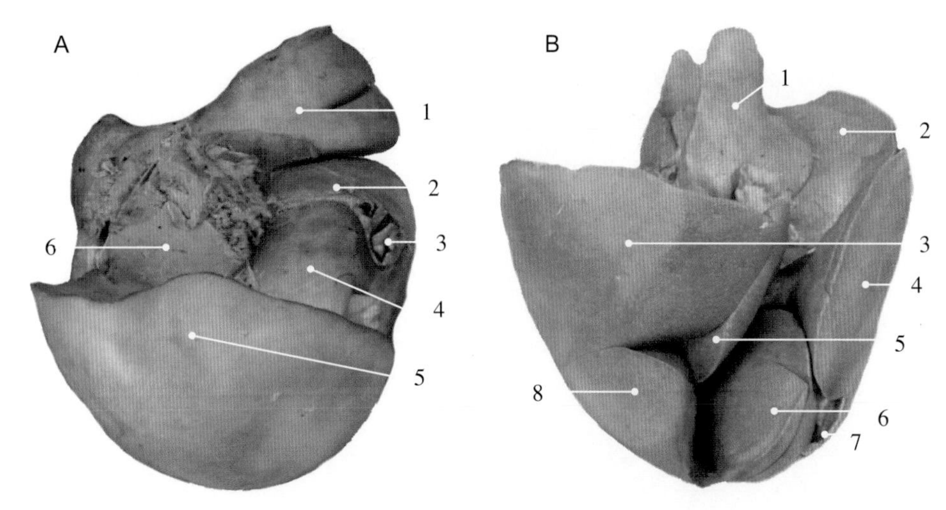

图5-6-19 犊牛和犬肝脏比较

A.犊牛肝脏
1. 肝尾状突 caudate process
2. 肝右叶 right hepatic lobe
3. 胆囊 gall bladder
4. 肝方叶 quadrate hepatic lobe
5. 肝左叶 left hepatic lobe
6. 乳头突 papillary process

B. 犬肝脏
1. 肝尾叶 caudate hepatic lobe
2. 肝右外叶 right lateral hepatic lobe
3. 肝左外叶 left lateral hepatic lobe
4. 肝右内叶 right medial hepatic lobe
5. 肝乳头突 papillary process of liver
6. 肝方叶 quadrate hepatic lobe
7. 胆囊 gall bladder
8. 肝左内叶 left medial hepatic lobe

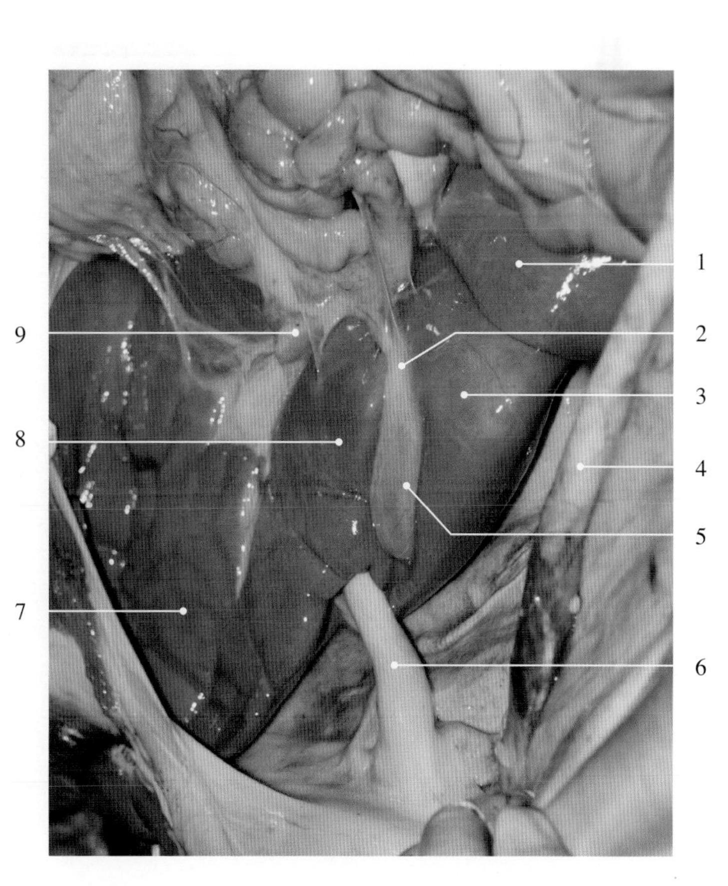

图5-6-20 犊牛肝圆韧带

1. 肝尾叶 caudate hepatic lobe
2. 胆囊管 cystic duct
3. 肝右叶 right hepatic lobe
4. 膀胱圆韧带（脐静脉）round ligament of urinay bladder (umbilical vein)
5. 胆囊 gall bladder
6. 肝镰状韧带及肝圆韧带（脐动脉）falciform ligament of liver and round ligament of liver (umbilical artery)
7. 肝左叶 left hepatic lobe
8. 肝方叶 quadrate hepatic lobe
9. 肝门淋巴结 hepatic portal lymph node

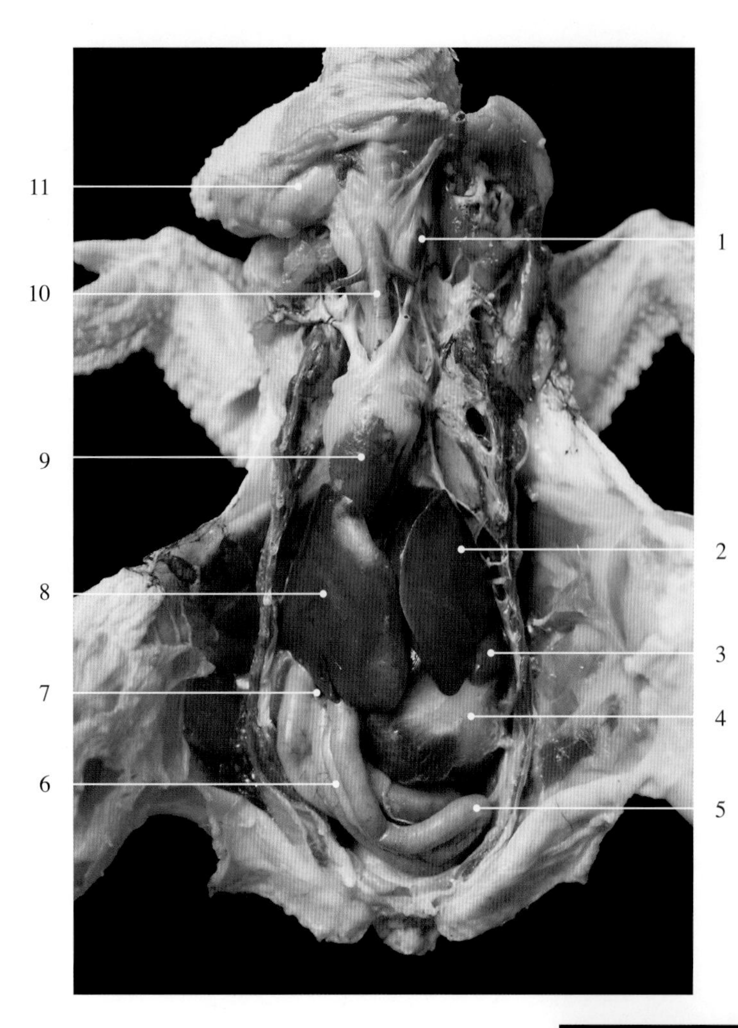

图5-6-21　鸡肝原位

1. 甲状腺 thyroid gland
2. 肝左叶 left hepatic lobe
3. 脾 spleen
4. 肌胃 muscular stomach
5. 十二指肠 duodenum
6. 胰腺 pancreas
7. 胆囊 gall bladder
8. 肝右叶 right hepatic lobe
9. 心脏 heart
10. 气管 trachea
11. 嗉囊 crop

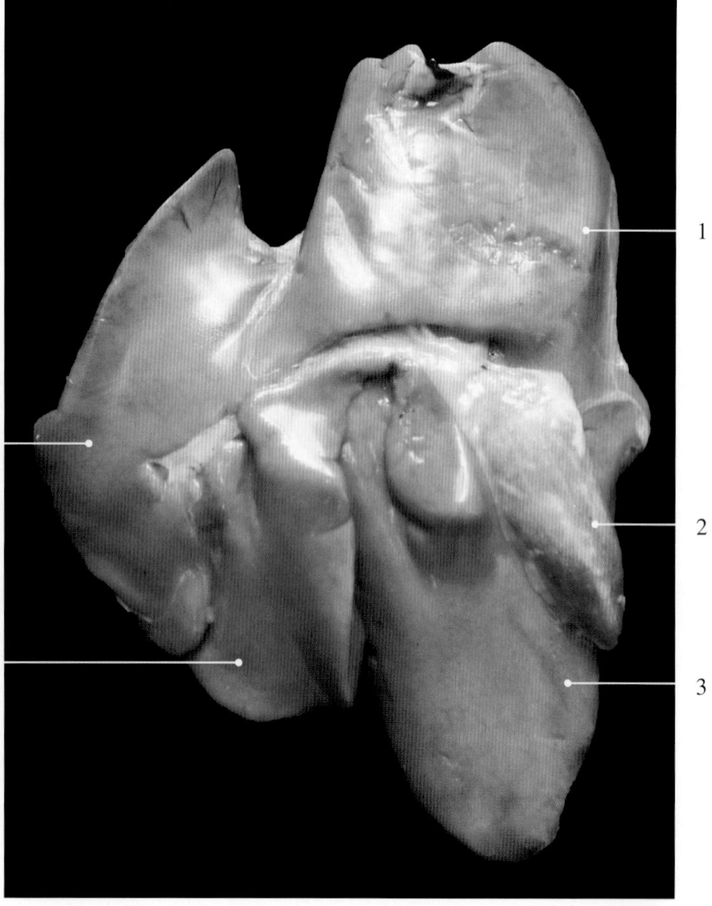

图5-6-22　鸡肝脏面

1. 肝右外叶 right lateral hepatic lobe
2. 胆囊 gall bladder
3. 肝右内叶 right medial hepatic lobe
4. 肝左内叶 left medial hepatic lobe
5. 肝左外叶 left lateral hepatic lobe

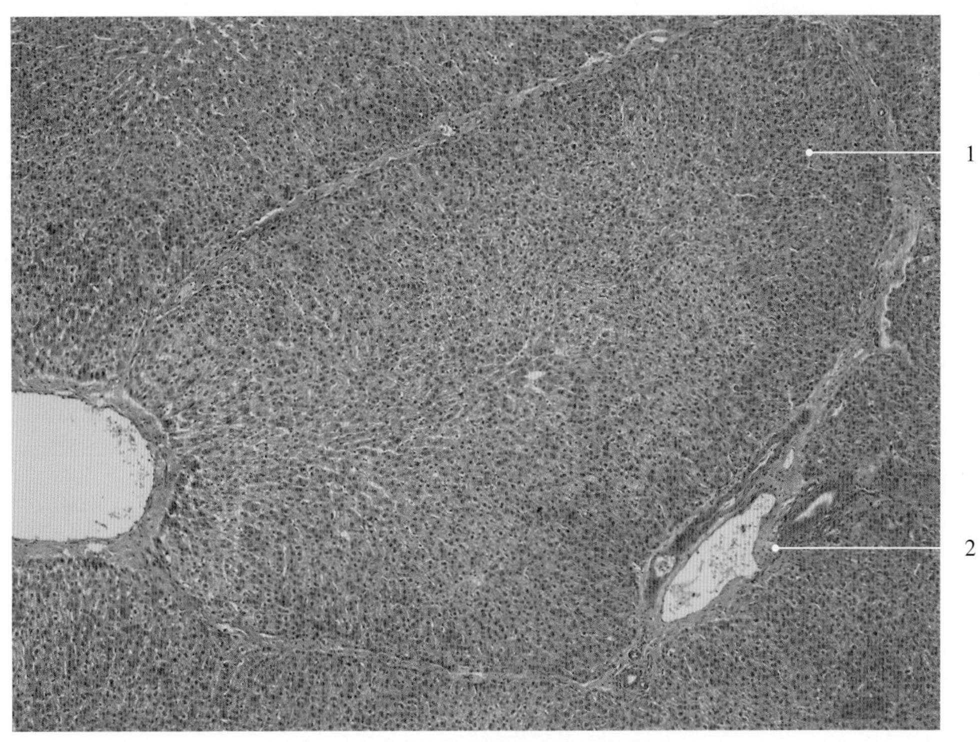

图5-6-23　肝组织切片

1. 肝小叶 hepatic lobule
2. 门管区 portal area

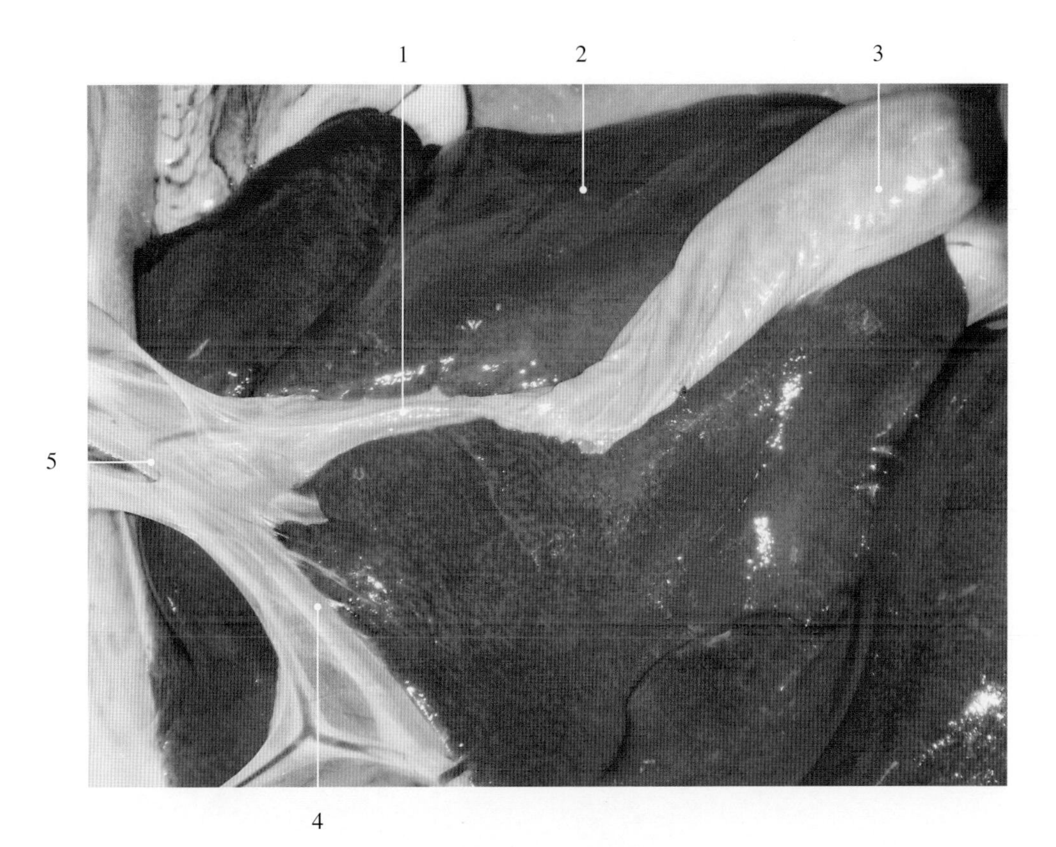

图5-6-24　羊胆管

1. 胆囊管 cystic duct
2. 肝右叶 right hepatic lobe
3. 胆囊 gall bladder
4. 左肝管 left hepatic duct
5. 胆管 bile duct

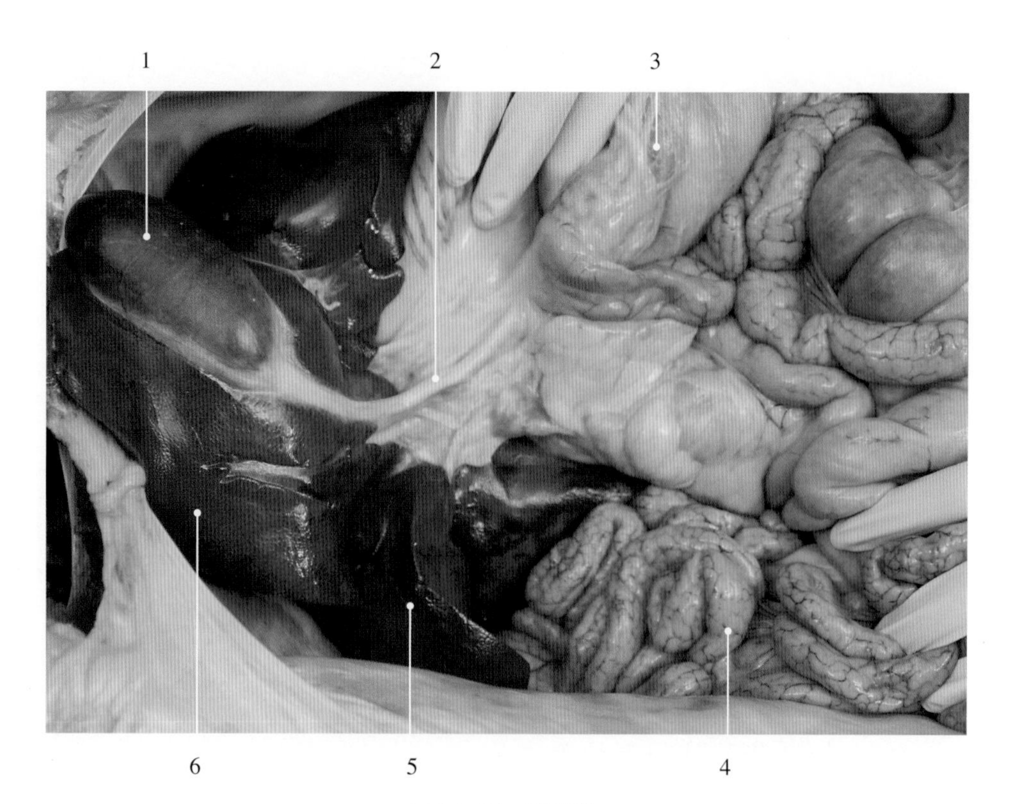

图5-6-25　猪胆管

1. 胆囊　gall bladder
2. 胆囊管　cystic duct
3. 大网膜　greater omentum
4. 空肠　jejunum
5. 肝右外叶　right lateral hepatic lobe
6. 肝右内叶　right medial hepatic lobe

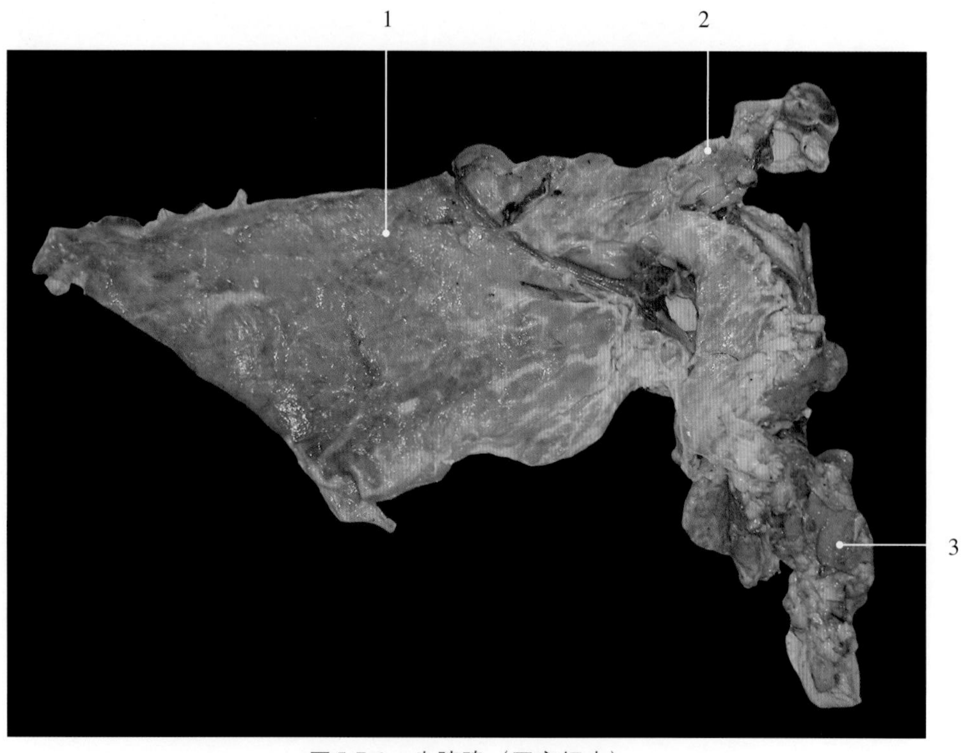

图5-7-1　牛胰腺（固定标本）

1. 胰右叶　right pancreatic lobe
2. 胰体　pancreatic body
3. 胰左叶　left pancreatic lobe

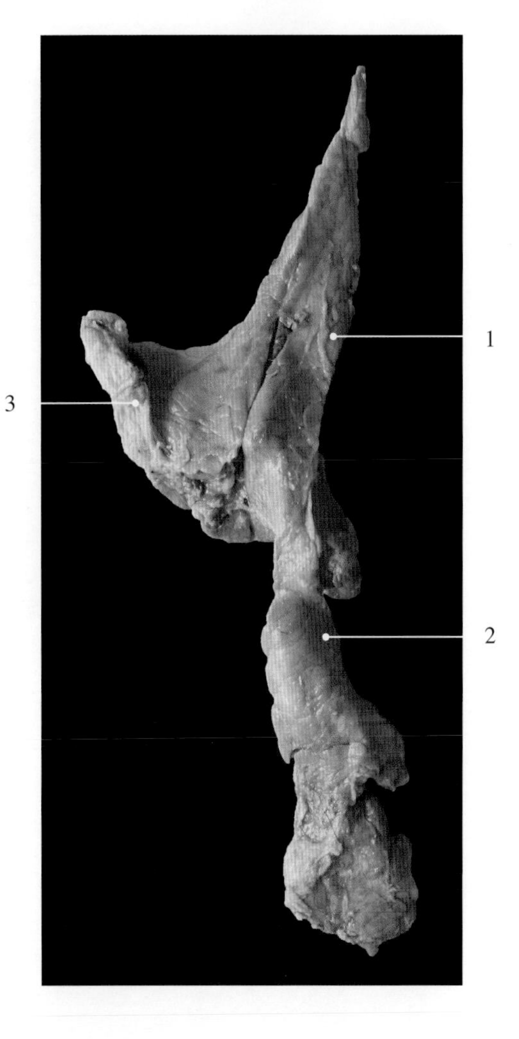

图5-7-2　犊牛胰腺（固定标本）

1. 胰体 pancreatic body
2. 胰左叶 left pancreatic lobe
3. 胰右叶 right pancreatic lobe

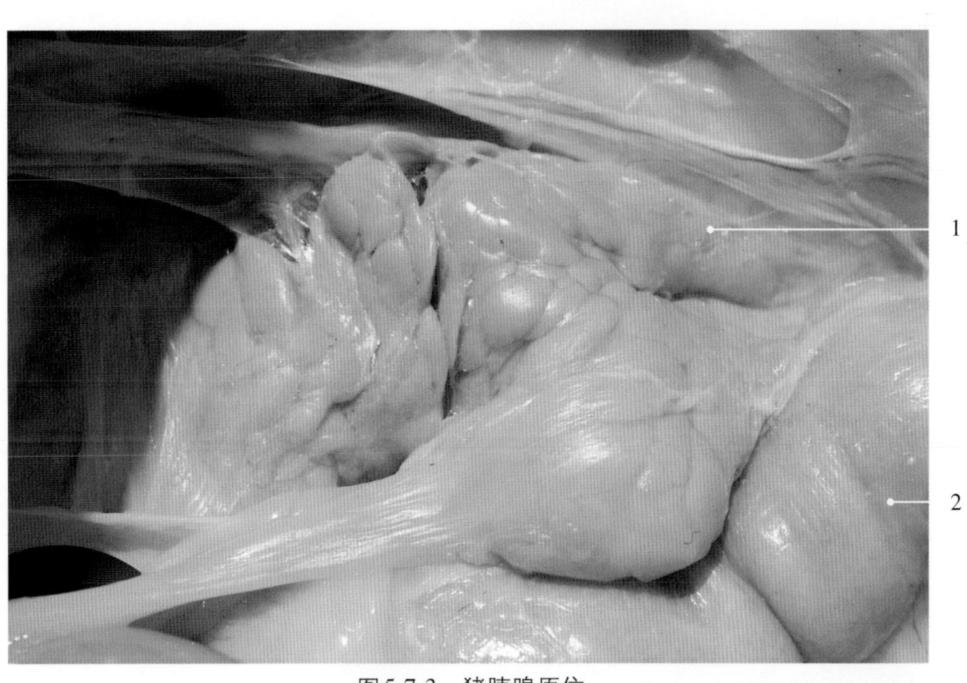

图5-7-3　猪胰腺原位

1. 胰腺 pancreas　　2. 十二指肠 duodenum

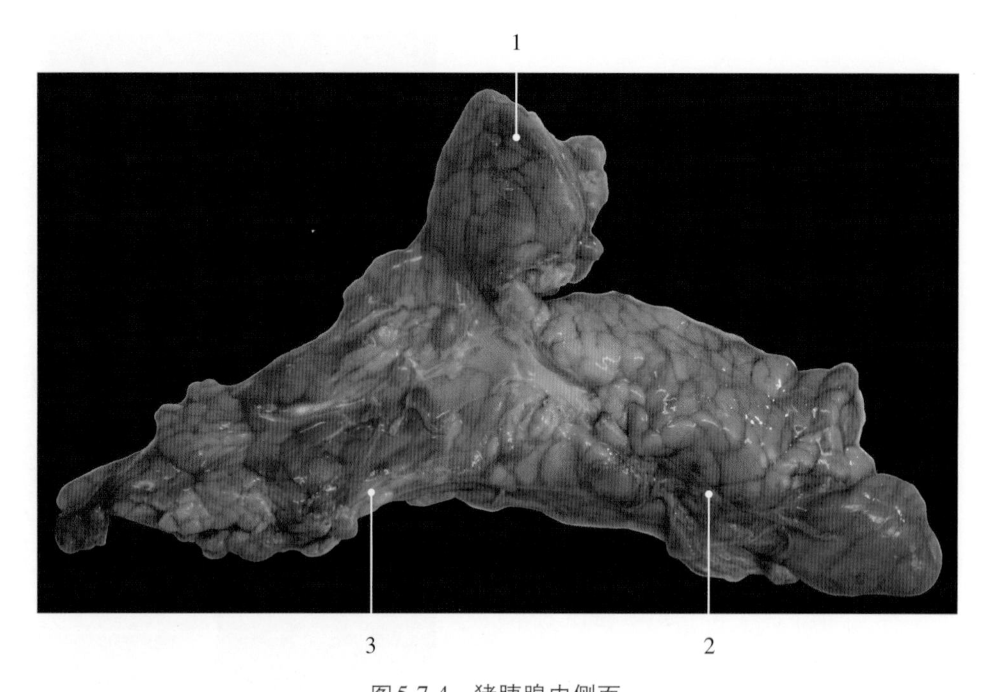

图5-7-4 猪胰腺内侧面

1. 胰右叶 right pancreatic lobe　2. 胰左叶 left pancreatic lobe　3. 胰体 pancreatic body

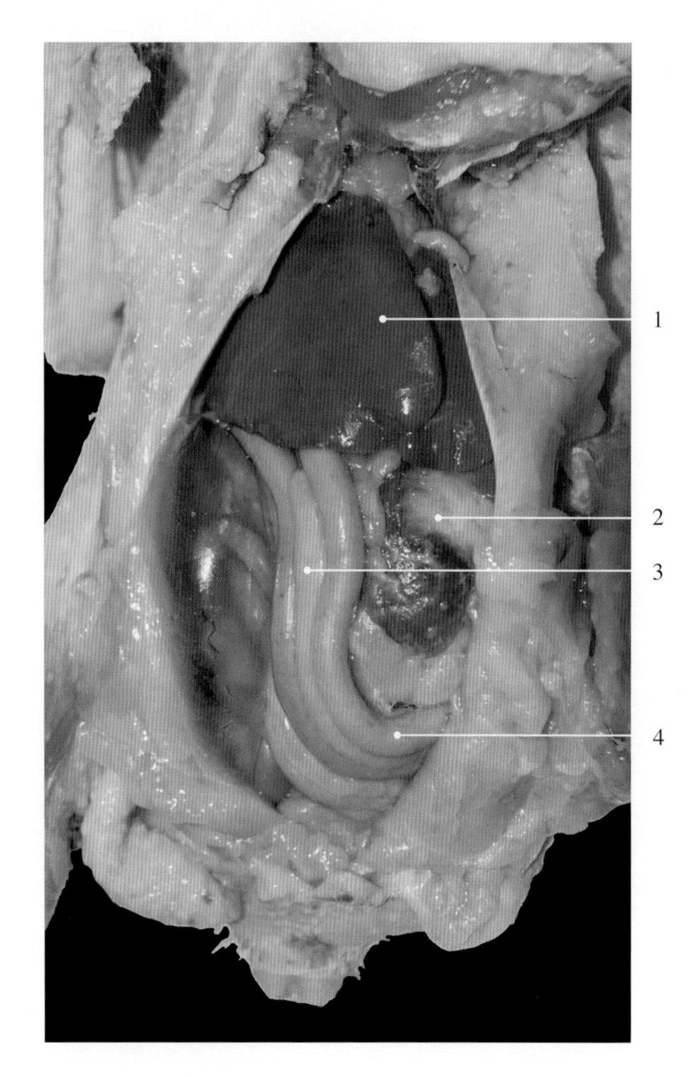

图5-7-5 鸡胰腺原位

1. 肝 liver
2. 肌胃 muscular stomach
3. 胰 pancreas
4. 十二指肠 duodenum

图5-7-6　胰组织切片

1. 胰腺腺泡 alveolus of pancreas　2. 胰岛 pancreatic islet

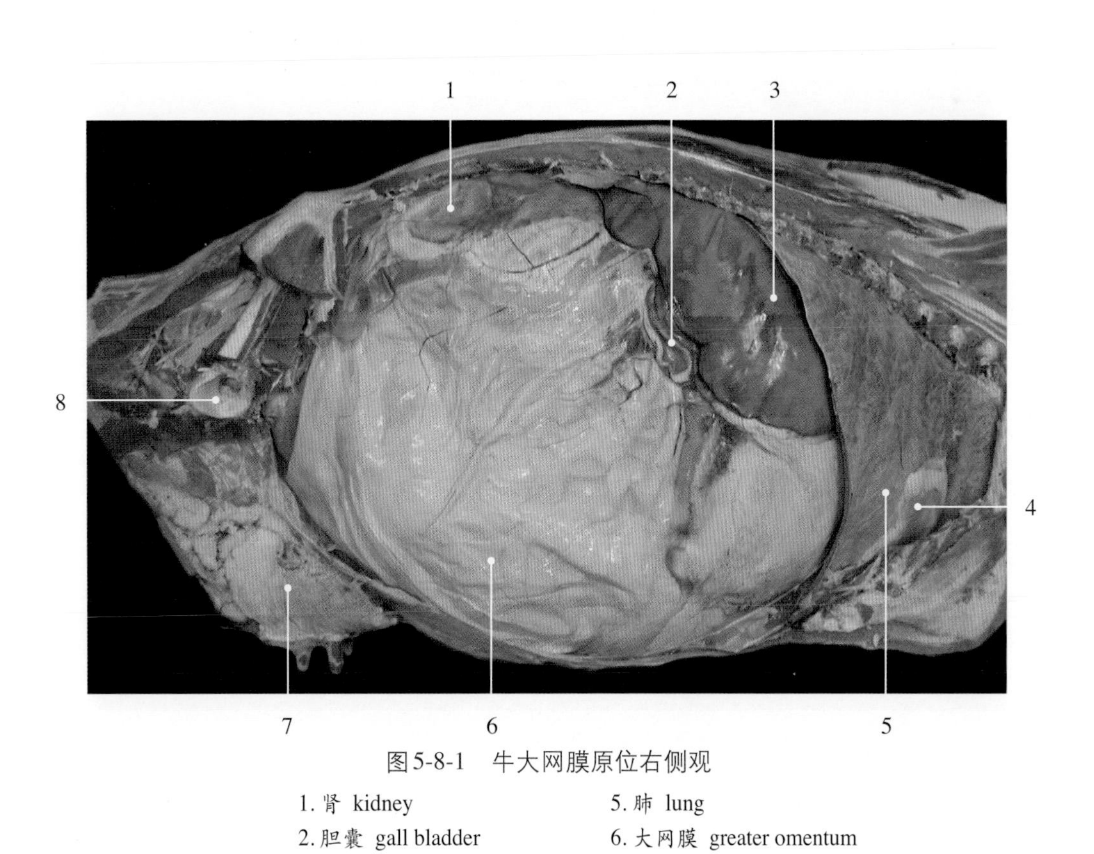

图5-8-1　牛大网膜原位右侧观

1. 肾 kidney
2. 胆囊 gall bladder
3. 肝 liver
4. 心脏 heart
5. 肺 lung
6. 大网膜 greater omentum
7. 乳房 mamma/udder
8. 髋臼 acetabulum

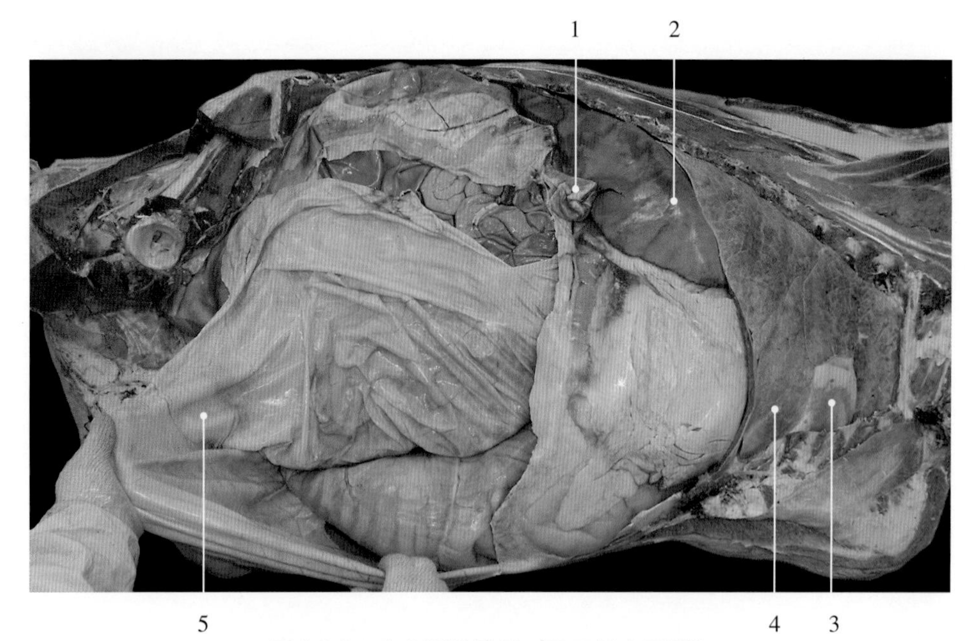

图5-8-2　牛大网膜掀开（示双层大网膜）

1. 胆囊 gall bladder
2. 肝 liver
3. 心脏 heart
4. 肺 lung
5. 大网膜（展开，示双层）greater omentum (unfolded, double layer)

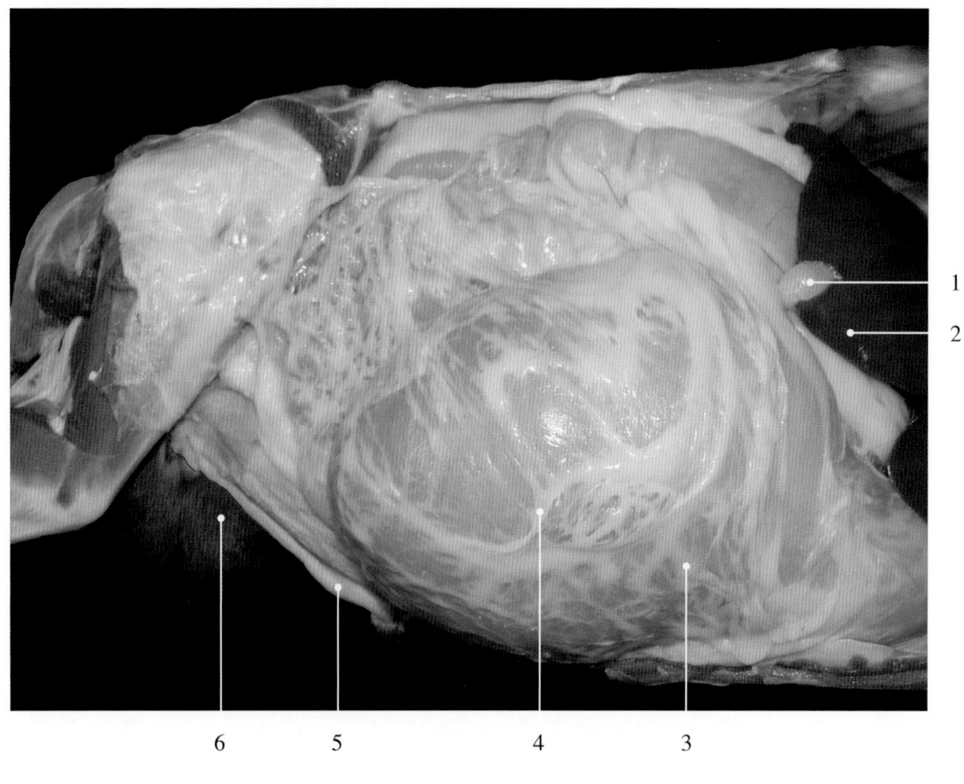

图5-8-3　羊大网膜原位右侧观（新鲜标本）

1. 胆囊 gall bladder
2. 肝 liver
3. 瘤胃 rumen
4. 大网膜 greater omentum
5. 阴茎 penis
6. 阴囊 scrotum

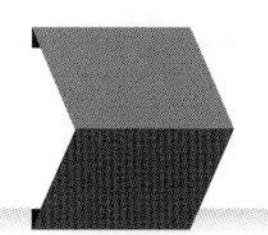

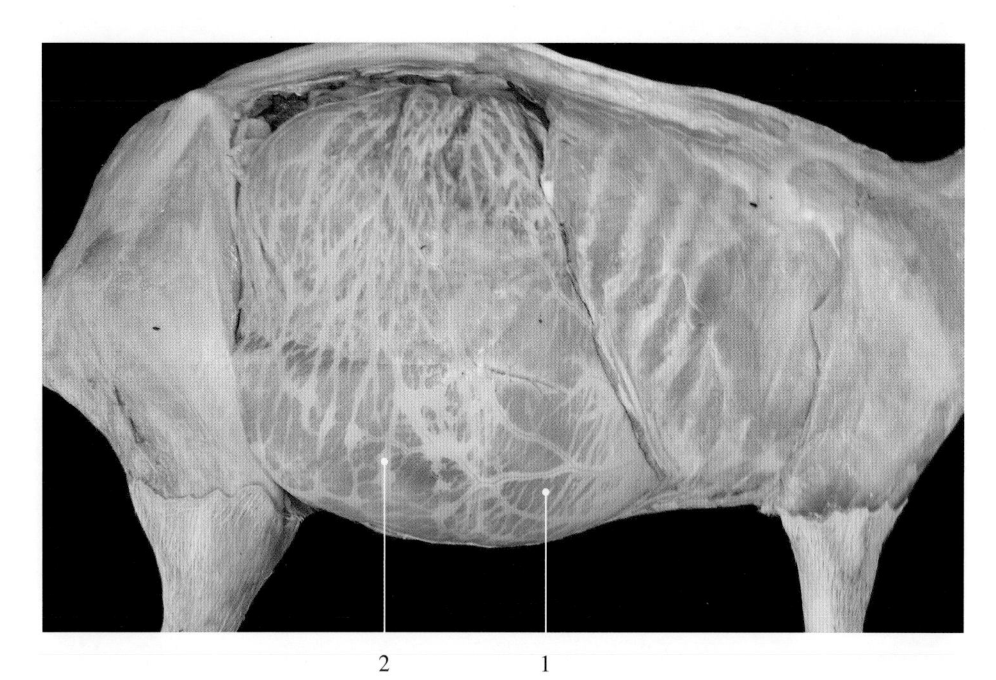

图5-8-4　羊大网膜原位右侧观（固定标本）

1. 瘤胃 rumen
2. 大网膜 greater omentum

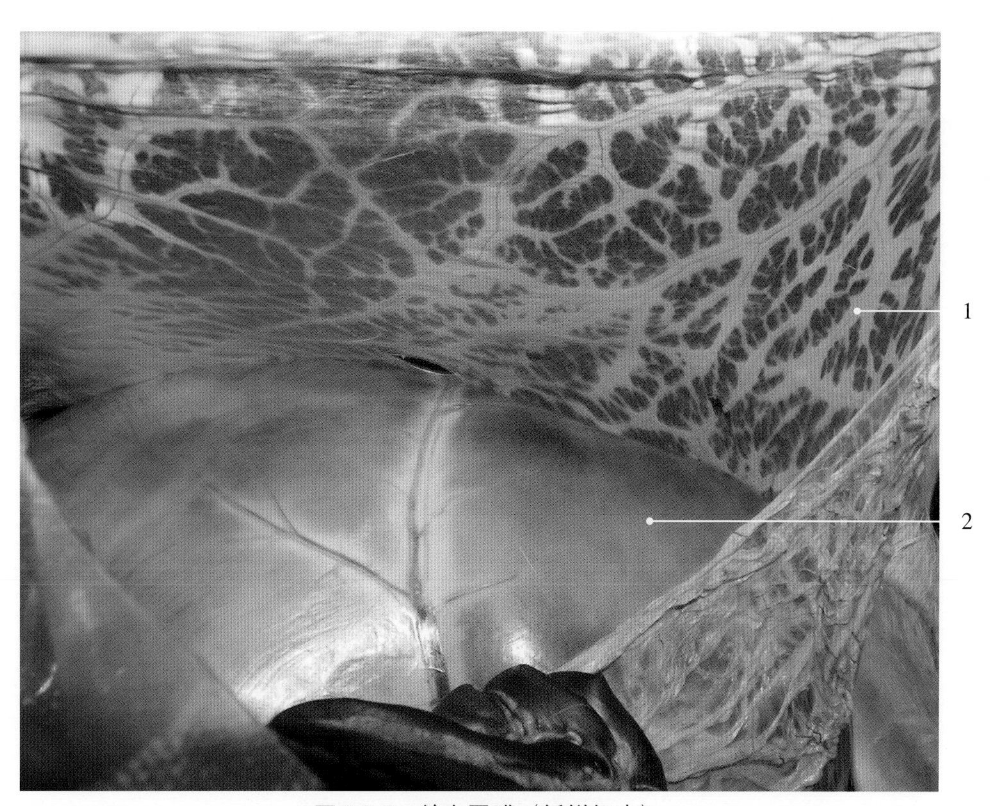

图5-8-5　羊大网膜（新鲜标本）

1. 大网膜 greater omentum
2. 瘤胃 rumen

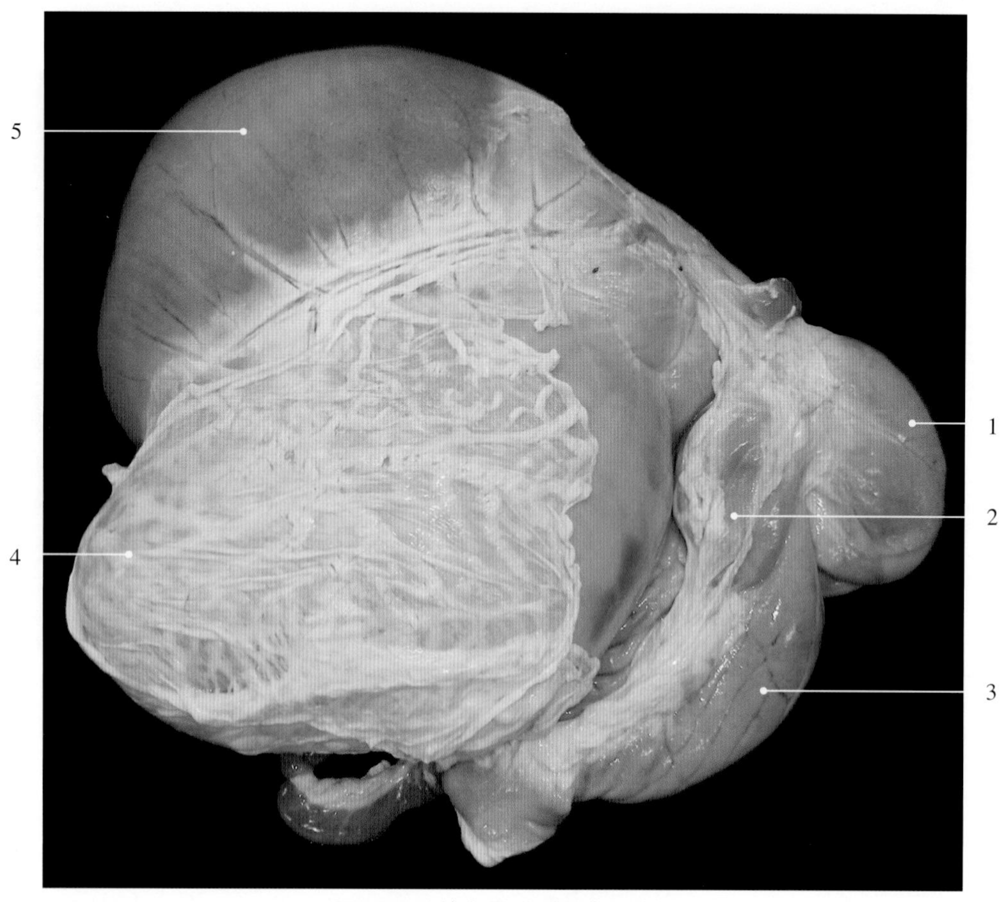

图5-8-6　羊大网膜（固定标本）

1. 网胃 reticulum
2. 瓣胃 omasum
3. 皱胃 abomasum
4. 大网膜 greater omentum
5. 瘤胃 rumen

图5-8-7　猪大网膜原位

1. 胃 stomach
2. 大肠 large intestine
3. 小肠 small intestine
4. 脾 spleen
5. 大网膜 greater omentum

第六章
呼吸系统

呼吸系统图谱

呼吸系统（respiratory system）可分为呼吸道和气体交换场所。

呼吸道（respiratory tract）是气体进出肺的通道，包括外鼻（external nose）、鼻腔 (nasal cavity)、鼻咽部（nasopharynx）、喉（larynx）、气管（thachea）和支气管（bronchus）。临床上，通常以环状软骨为界，将鼻、咽、喉称上呼吸道，喉、气管和肺称下呼吸道。呼吸道的特征是由骨或软骨构成支架，围成管腔，以保证气体出入通畅。

肺（lung）是进行气体交换的场所，总面积很大，有利于气体交换。

胸膜和纵隔是呼吸系统的辅助装置。

呼吸器官大部被覆呼吸道黏膜，即具黏液性假复层柱状纤毛上皮。有些区域，如鼻孔、喉和会厌等处由于需要更强的抵抗力，则被覆复层扁平上皮。鼻腔后部的嗅区被覆嗅黏膜。气体交换部位被覆单层扁平上皮。

一、外鼻

鼻孔（nostrils）为外鼻的前端、鼻腔的入口，由内、外侧鼻翼围成。鼻孔的形状、大小及被皮特征具种属差异性。家畜鼻孔表面皮肤无毛，与周围有毛的皮肤界线清晰，但马除外，其鼻孔周围的皮肤常有触须。马的鼻孔大，呈逗点状，鼻翼灵活。羊的鼻孔之间常形成鼻镜（nasal plate），其中间有正中沟，即人中，向腹侧把上唇分成两部分，其表面有大量细沟，个体不同，被认为类似人类指纹，可用作个体识别标志。牛的鼻孔小，呈不规则的椭圆形，位于鼻唇镜的两侧，鼻翼厚而不灵活。牛的鼻孔前部皮肤特化形成平滑无毛的鼻唇镜（nasolabial plate），其黏膜由复层角化上皮构成，内含大量确保黏膜湿润的浆液腺。猪的鼻孔小，呈卵圆形，位于吻突前端的平面上，鼻翼不灵活。猪鼻口处呈圆盘状，多动，称吻突或吻，吻突内有吻骨支撑，表面皮肤特化，形成吻镜（rostral plate），表面具触毛和确保吻镜湿润的黏液腺。小反刍动物、犬和猫的鼻孔周围的皮肤亦无毛；肉食动物的鼻表面被鼻外侧腺和黏膜内的一些小腺体所湿润。兽医临床上可根据鼻（唇）镜的湿润或者干燥程度判断动物是否发病。

二、鼻腔

鼻腔分为鼻前庭和固有鼻腔。

1. **鼻前庭**（nasal vestibule） 为鼻腔前部被覆皮肤的部分，相当于内、外侧鼻翼所围成的空间。鼻翼由鼻软骨（nasal cartilages）支撑，软骨的形状、大小、数量因动物种属不同而存在差异。鼻软骨附着在鼻中隔的前端，并从该处向腹侧和背侧延伸形成鼻背外侧软骨和鼻腹外侧软骨，二者决定鼻孔开口形状。除马外，所有家畜的鼻背外侧和腹外侧软骨皆相互连结。有些家畜的鼻外侧软骨还分出一个鼻外侧副软骨。在鼻前庭的外侧，靠近鼻黏膜的皮肤上有鼻泪管口（nasolacrimal orifice）。

马的鼻背外侧软骨向前延伸得不远，鼻腹外侧软骨不明显或缺失，鼻孔内的宽大空间以鼻翼软骨（nasal alar cartilages）支撑。由于鼻背侧壁无软骨支撑，可自由活动，必要时可允许鼻孔向背侧扩张。鼻翼软骨呈逗点状，将鼻孔分为腹侧的真鼻孔，通鼻腔；背侧的伪鼻孔，通向位于鼻切齿骨切迹（nasoincisive notch）内，且表面覆有皮肤的鼻盲囊/憩室（nasal diverticulum）。该结构特征决定了胃管导饲时鼻胃管必须由鼻孔腹侧穿行。西方国家采用鼻部整形手术和黏附鼻翼支板的方法来维持竞技类马匹鼻翼软骨的充分开张。牛、羊、猪和犬无鼻憩室。

2. **固有鼻腔**(nasal cavity proper) 固有鼻腔从鼻前庭一直延伸至筛骨筛板，被鼻中隔分成左右两部分。鼻甲（conchae nasales）突入鼻腔的内部，以增加呼吸表面积。嗅觉高度发达的动物，如犬的鼻甲发育得更加完好，进一步增加了嗅觉表面积。嗅觉表面积和嗅觉感受细胞数量的增加使得犬比人的嗅觉更为敏锐。鼻黏膜下存在由多重吻合静脉构成的血管丛。鼻甲是表面覆有鼻黏膜的软骨性或骨性的卷曲状鼻甲骨，占据鼻腔大部。鼻甲的排列方式复杂，具有种属特异性。鼻甲把鼻腔分成若干鼻道，这些鼻道皆起自靠近鼻中隔的总鼻道（common nasal meatus）。家畜有3个鼻道，包括上鼻道（dorsal nasal meatus）、中鼻道（medium nasal meatus）和下鼻道（ventral nasal meatus）。上鼻道位于鼻腔顶壁和上鼻甲之间，与鼻腔顶部相通，是空气与嗅觉黏膜接触的直接通道；中鼻道位于上、下鼻甲骨之间，通鼻旁窦；下鼻道是空气进入咽的主要通道，位于下鼻甲和鼻腔底部之间。

三、喉和气管

喉是一个双侧对称的管状、软骨器官，连通咽和气管。喉保护气管的入口，防止异物被吸入下呼吸道。喉也是重要的发声器官。喉壁由喉软骨及与其相连的肌肉和韧带组成，前接舌器，后连气管。喉壁围成喉腔（cavity of the larynx），喉腔依靠声带（vocal folds）进行收缩。

喉是由双侧对称的喉软骨（laryngeal cartilage）组成，包括会厌软骨（epiglottic cartilage）、甲状软骨（thyroid cartilage）、杓状软骨（arytenoid cartilages）和环状软骨（annular cartilage）。喉软骨彼此借关节、韧带和纤维相连，构成喉的支架。会厌软骨是形成会厌的基础。

喉腔中部为声门，包括背侧由杓状软骨围成的软骨间部和腹侧由声带围成的膜间部。膜间部形成通往咽的狭窄通道，称声门裂（glottic cleft）。

气管(trachea)：从喉的环状软骨开始直至其分支，是一系列由韧带连结的C形透明软骨。气管环开口于背侧，形状随家畜种属而变化。牛、羊的气管较短，软骨环缺口游离的两端重叠，形成向背侧突出的气管嵴（tracheal ridge）。气管在分支为左、右支气管之前，还在气管的右侧壁上分出一个气管支气管（tracheal bronchus），又称右尖叶支气管，到右肺尖叶。马的气管软骨环背侧两端游离，不相接触，而由弹性纤维膜所封闭。猪的气管软骨环缺口游离的两端重叠或互相接触。犬的气管软骨环背侧两端互不相接，由一层横行平滑肌相连结。

C形软骨两端由横向的气管肌和结缔组织相连。这使得气管环全部被一纵向纤维带连结起来。不同动物气管软骨的数量不同：马48 ~ 60个，牛48 ~ 60个，绵羊48 ~ 60个，山羊48 ~ 60个，猪29 ~ 36个，犬42 ~ 46个，猫38 ~ 43个。

气管表面被覆呼吸道黏膜，黏膜由假复层柱状纤毛上皮构成，整段气管均有黏液腺分布。颈段气管的外层覆有外膜，胸段为浆膜。外膜为疏松结缔组织，把气管固定于毗邻器官。喉后神经从气管外膜内穿过。

气管起于喉，经颈棘肌和颈最长肌腹侧的颈腹侧间隙到达胸腔前口，于第5肋间隙水平处的心基背侧分支。猪和反刍动物在气管杈前端分出一支独立的气管支气管，通向右肺尖叶。

相对于食管位置而言，颈段气管位于颈部正中位置。其腹侧与舌骨长肌相连，两侧有颈总动脉和迷走交感神经干通过。

四、肺

左、右肺(lung)大体相似，二者在气管杈处相连。肺是质地柔软、有弹性的充气器官。其颜色取决于肺中血液的含量：放血后的动物肺呈苍白色或橘红色；血液充盈时呈深红色。肺占据胸腔大部，其双侧表面均由相应胸膜囊所包裹。脏胸膜（肺胸膜）和壁胸膜之间有一个狭小的充液间隙，可以减轻呼吸时的摩擦。

肺分为肋面，隆凸，与胸侧壁相对；纵隔面，与胸腔纵隔相对；膈面，与膈相对。

纵隔面（mediastinal surface）和肋面在背侧以厚而圆的背侧缘（钝缘）相连，在腹侧以薄的腹侧缘（锐缘）相连。背侧缘位于肋骨和椎骨之间的凹槽内。腹侧缘于心脏处向内凹陷，形成心切迹，该结构允许心包与胸腔侧壁相接。纵隔面为肺内侧面，该面较平，与纵隔接触，有心压迹(cardiac impression)及食管和大血管的压迹。在心压迹的后上方有肺门（hilum of lung），是支气管、血管、淋巴管和神经出入肺的地方。出入肺门的上述结构被结缔组织包裹成束，称为肺根（root of the lung）。

膈面和肋面在底缘处相连，与纵隔面在纵隔缘处相连。肺的顶端向前延伸，同胸膜一起穿过胸腔前口进入颈腹侧部。

鉴别各种动物肺的最简单方法就是根据肺叶和肺小叶的分叶程度来区分。反刍动物和猪的肺分叶和肺小叶明显。马的肺几乎不分叶，肺小叶的轮廓也极不清晰。肉食动物的肺有深的裂缝，分叶明显，但肺小叶轮廓不清（表6-1）。

表6-1　不同动物肺叶比较

动物	左肺	右肺
马	前叶	前叶
	后叶	后叶
		副叶
牛、山羊和绵羊	前叶	前叶（可再分前、后两部）
	中叶	中叶
	后叶	后叶
		副叶
猪	前叶	前叶
	中叶	中叶
	后叶	后叶
		副叶
犬和猫	前叶	前叶
	中叶	中叶
	后叶	后叶
		副叶

注：仿Ellenberger和Baum（1943）。

肺通过其与气管、血管、纵隔和胸膜的连结固定于原位，这些分支与肺韧带的结构在背内侧将肺与纵隔、膈相连。

肺由被膜和实质构成。被膜为肺表面的一层浆膜，称肺胸膜（pulmonary pleura），其深部为结缔组织，内含血管、神经、淋巴管、弹性纤维和平滑肌，结缔组织伸入肺的实质内，将实质分为一些肺段（pulmonary segmentum）和许多肺小叶(lobules of lung)。肺小叶呈多边锥体形，锥底朝向肺的表面，锥顶朝向肺门。

肺的实质由肺内导管部和呼吸部组成。导管部为支气管经肺门入肺后反复分支，依次为肺叶支气管（lobar bronchus）、肺段支气管(segmental bronchus)、细支气管(bronchiole)和终末细支气管，统称为支气管树(bronchial tree)，是气体在肺内流通的管道。

每一肺段支气管及其分支，和所属的肺组织共同构成一个支气管肺段，简称肺段。肺段略呈锥体形，相邻肺段间以薄层结缔组织相隔。牛、羊右肺有13个肺段，左肺有9个肺段。马的右肺有11个肺段，左肺有9个肺段。

呼吸部由终末细支气管的逐级分支组成，包括呼吸性细支气管（respiratory bronchiole）、肺泡管(alveolar duct)、肺泡囊(alveolar sac)和肺泡(alveoli)，其作用是与血液进行气体交换，即肺呼吸。

五、呼吸系统图谱

1. **呼吸系统的组成**　图6-1-1至图6-1-7。
2. **鼻**　图6-2-1至图6-2-25。
3. **喉和气管**　图6-3-1至图6-3-17。
4. **肺**　图6-4-1至图6-4-36。
5. **气囊**　图6-5-1至图6-5-5。

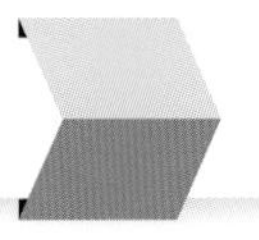

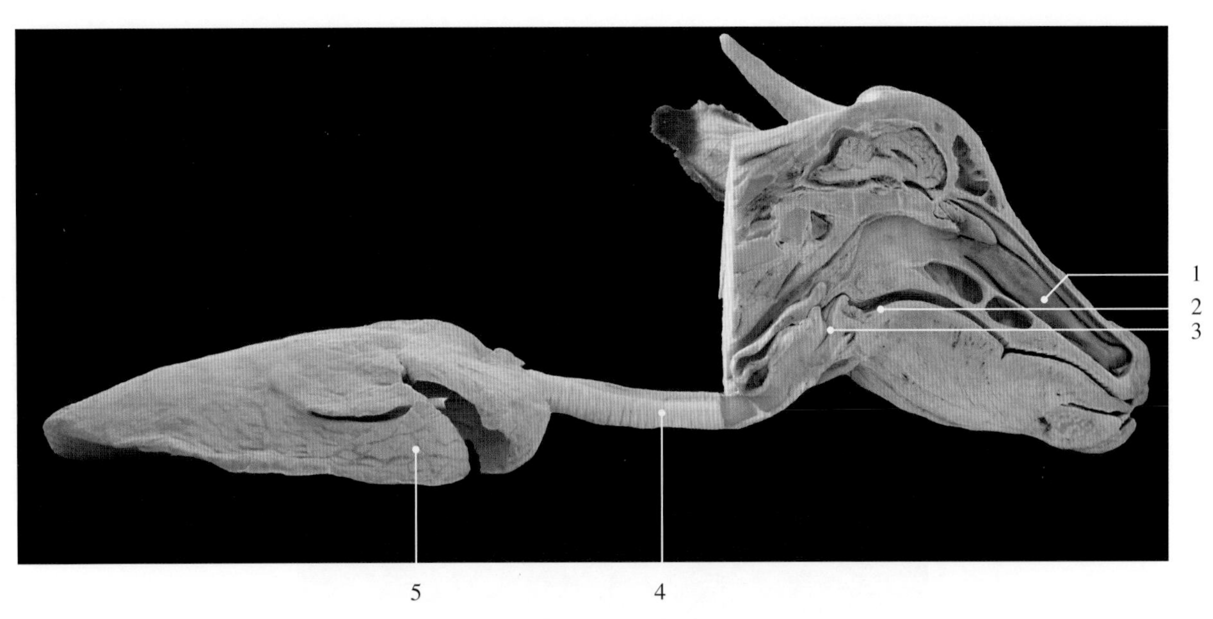

图6-1-1　牛呼吸系统组成（塑化标本）

1. 鼻 nose　　4. 气管 trachea
2. 咽 pharynx　　5. 肺 lung
3. 喉 larynx

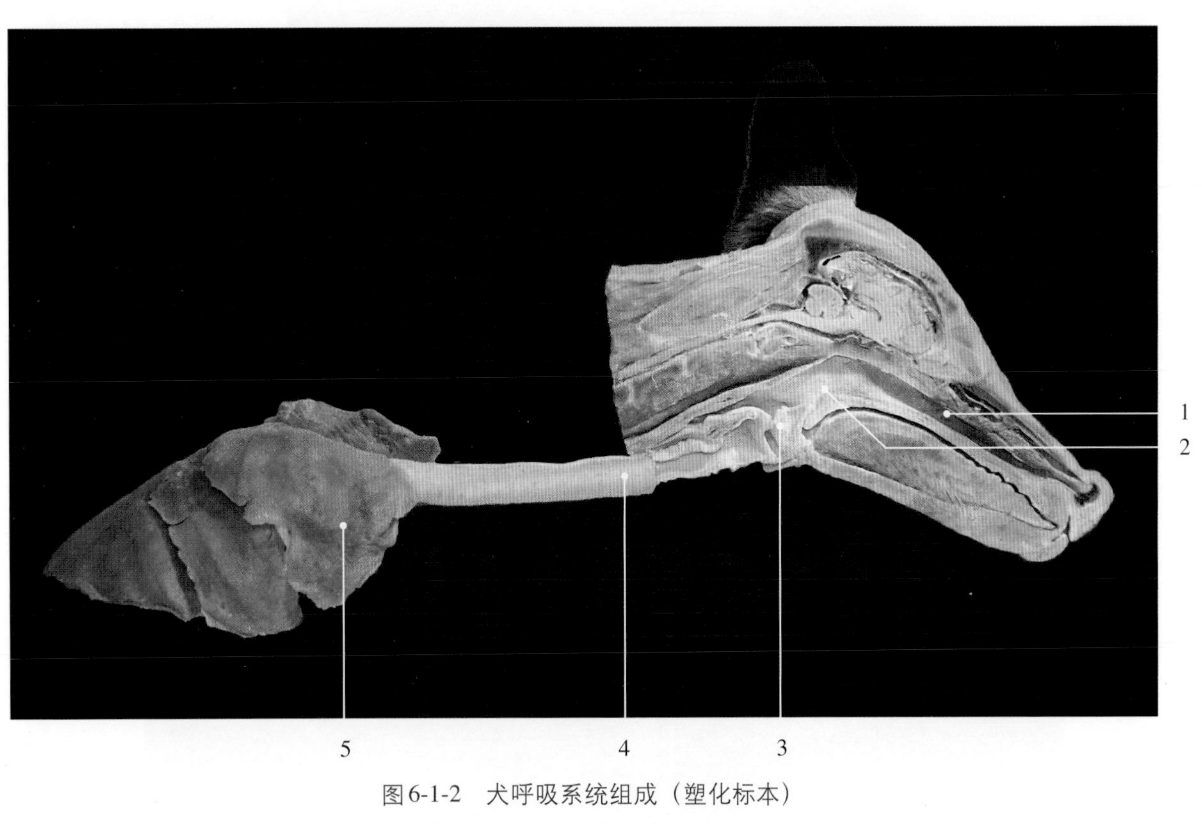

图6-1-2　犬呼吸系统组成（塑化标本）

1. 鼻 nose　　4. 气管 trachea
2. 咽 pharynx　　5. 肺 lung
3. 喉 larynx

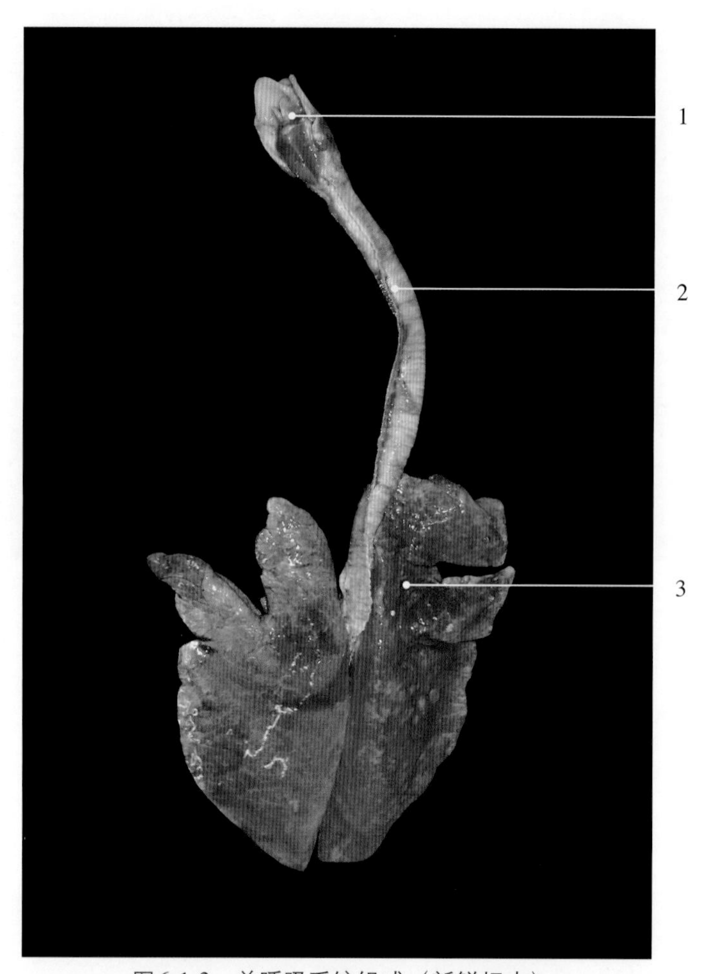

图6-1-3 羊呼吸系统组成（新鲜标本）

1. 喉 larynx 2. 气管 trachea 3. 肺 lung

图6-1-4 驴呼吸系统组成（肺壁面）

1. 喉 larynx 2. 气管 trachea 3. 肺 lung

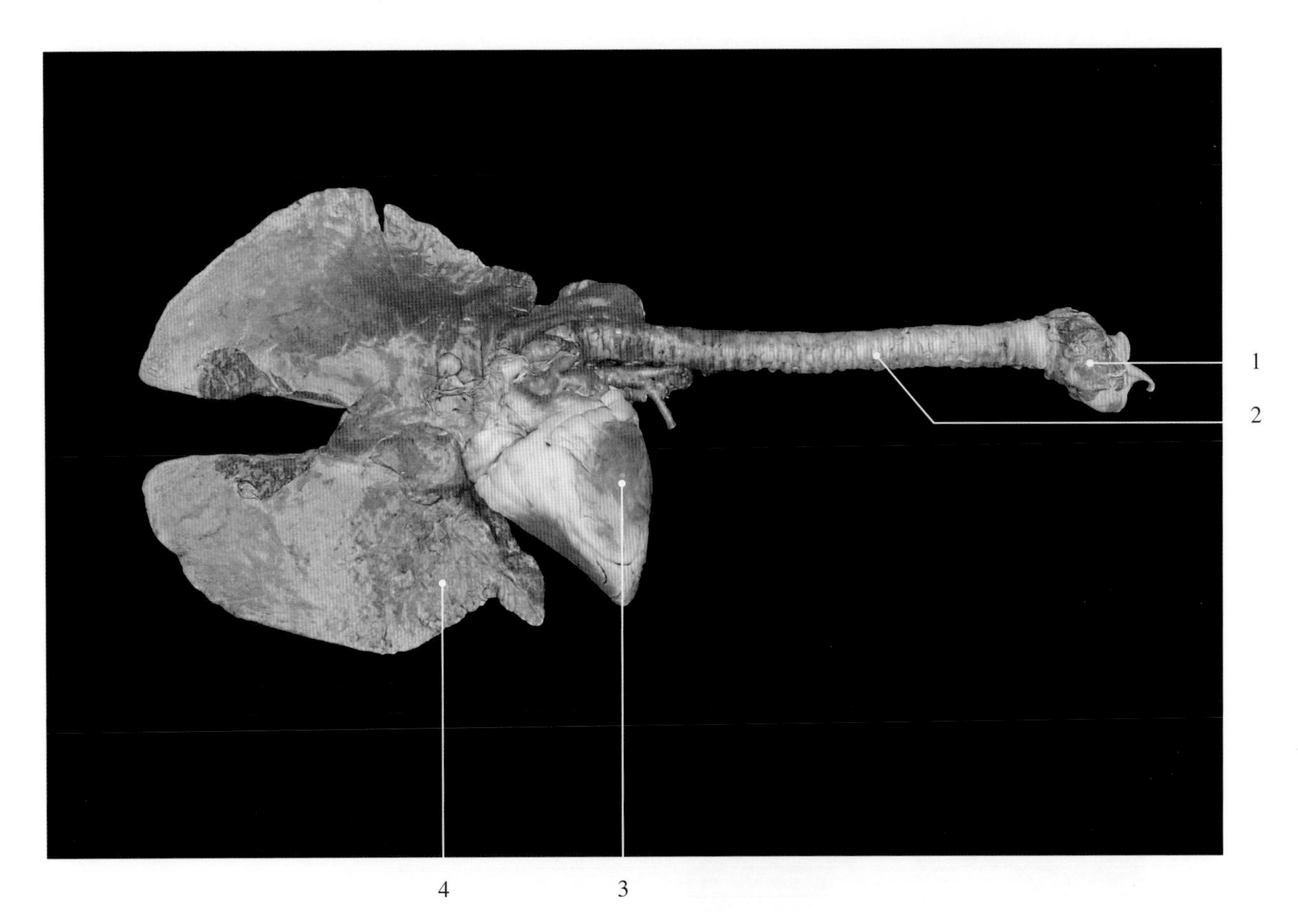

图6-1-5　驴呼吸系统组成（肺脏面）

1. 喉 larynx　2. 气管 trachea　3. 心脏 heart　4. 肺 lung

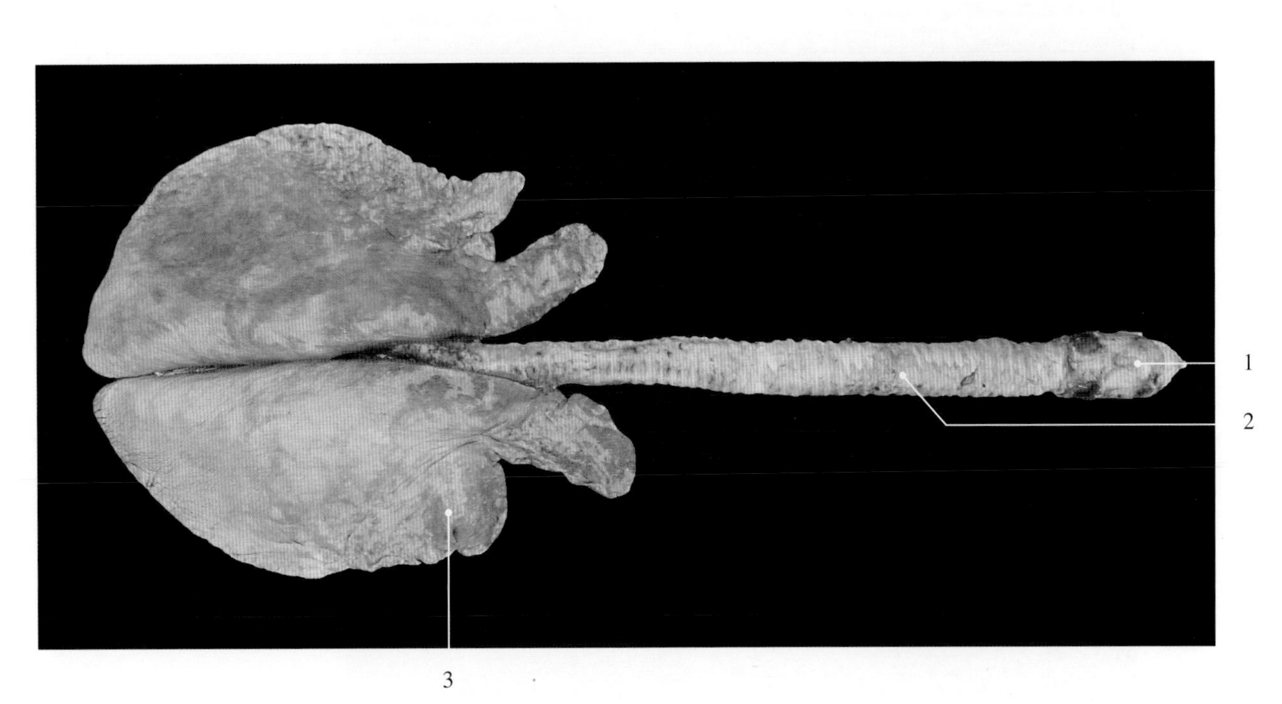

图6-1-6　驴呼吸系统组成（去心脏，肺壁面）

1. 喉 larynx　2. 气管 trachea　3. 肺 lung

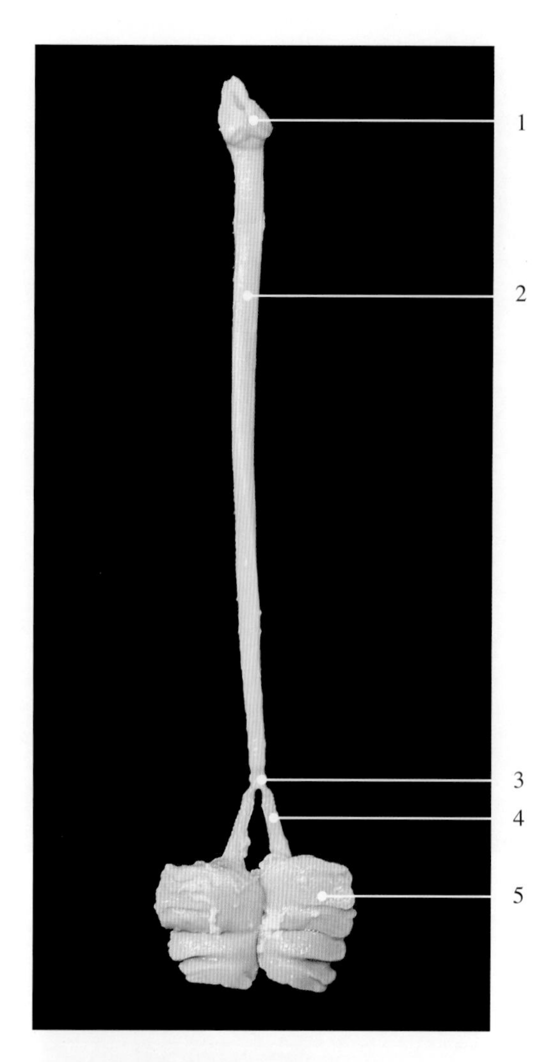

图6-1-7　鸡呼吸系统组成（固定标本）

1. 喉 larynx
2. 气管 trachea
3. 鸣管 syrinx
4. 支气管 bronchus
5. 肺 lung

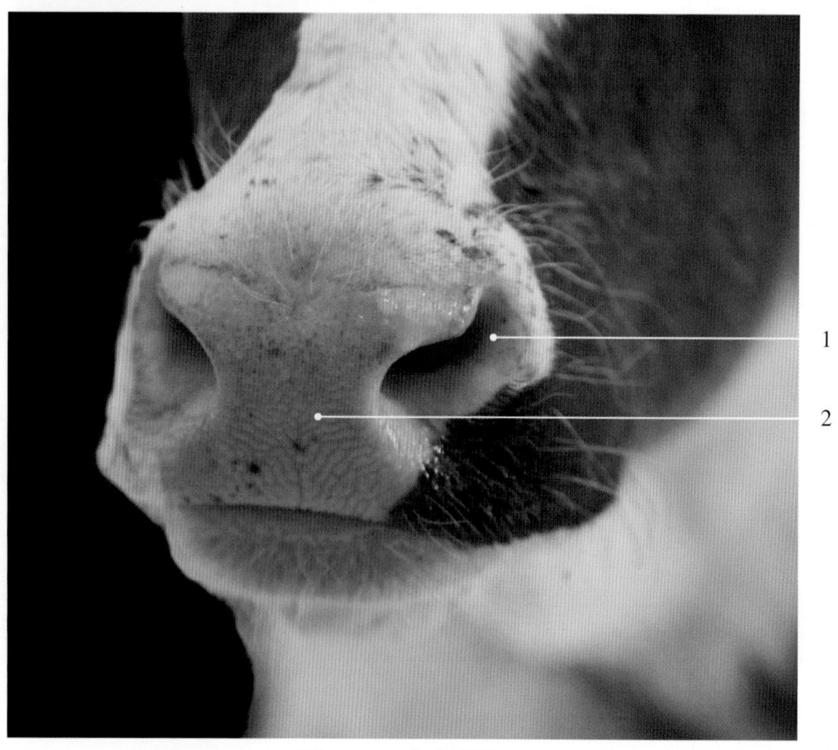

图6-2-1　牛鼻唇镜

1. 鼻孔 nostril, nasal opening　2. 鼻唇镜 nasolabial plate

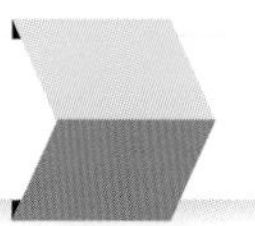

图6-2-2 羊鼻镜

1. 鼻孔 nostril, nasal opening　3. 人中 philtrum
2. 鼻镜 nasal plate　4. 唇 lip

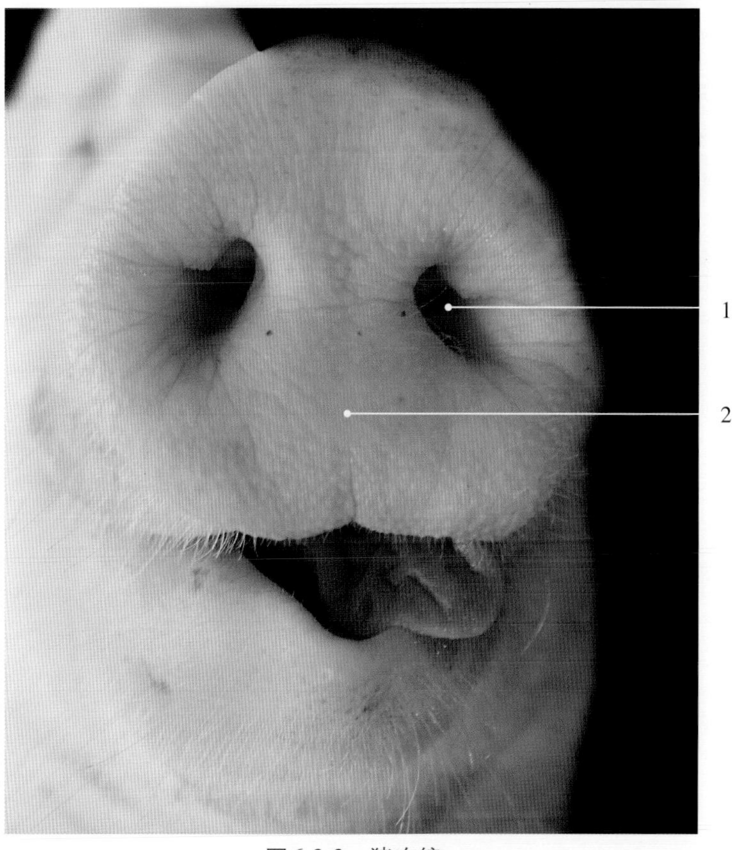

图6-2-3 猪吻镜

1. 鼻孔 nostril, nasal opening　2. 吻镜 rostral plate

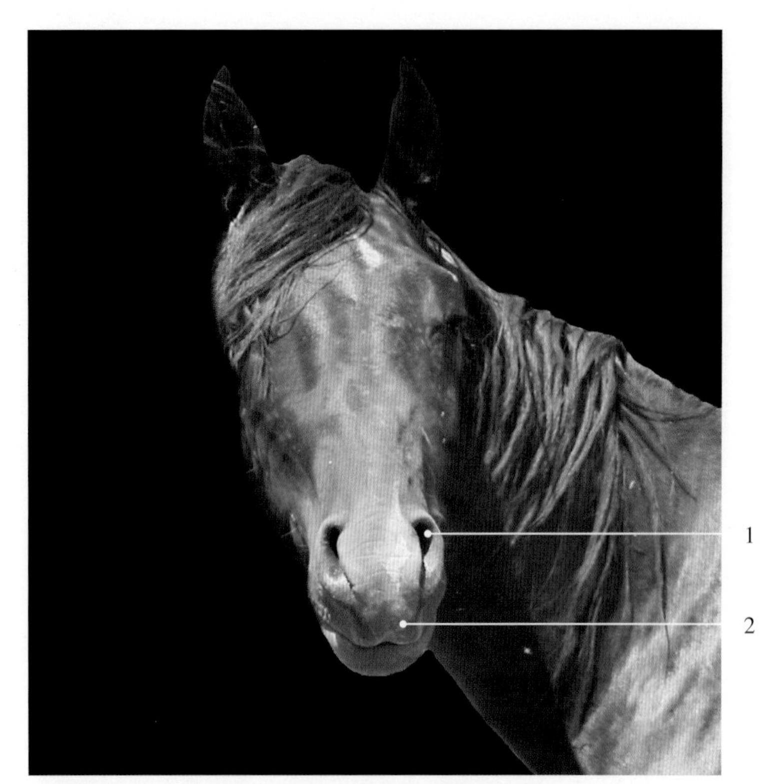

图6-2-4　马　鼻

1. 鼻孔　nostril，nasal opening　　2. 唇　lip

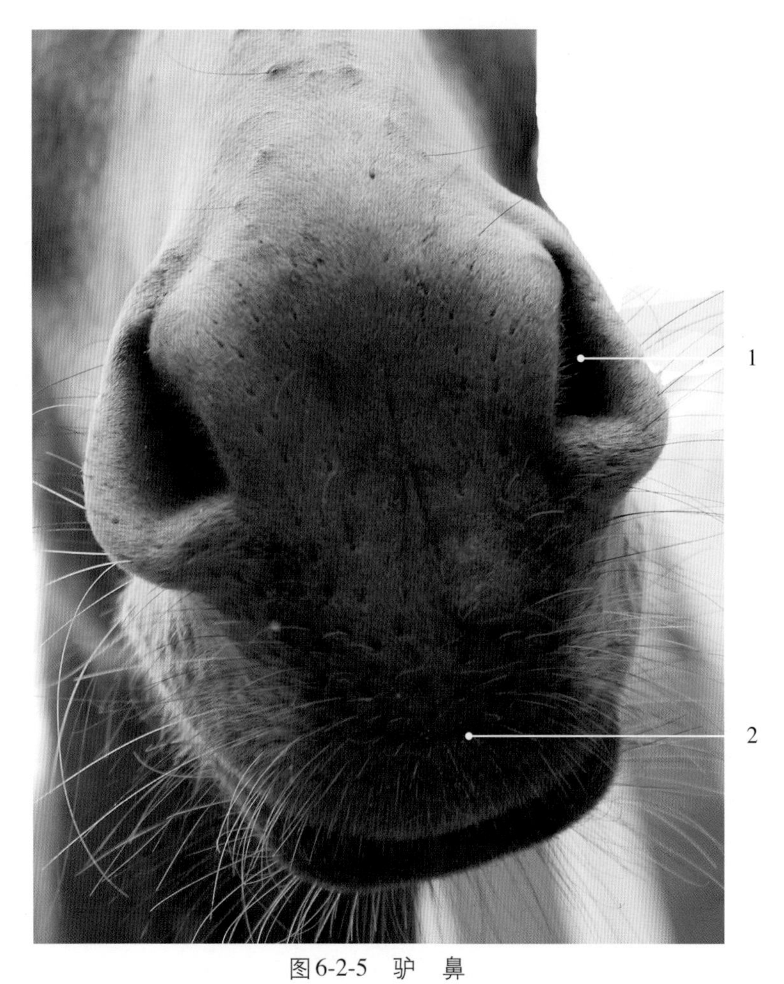

图6-2-5　驴　鼻

1. 鼻孔　nostril，nasal opening　　2. 唇　lip

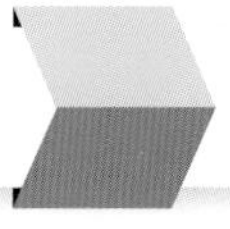

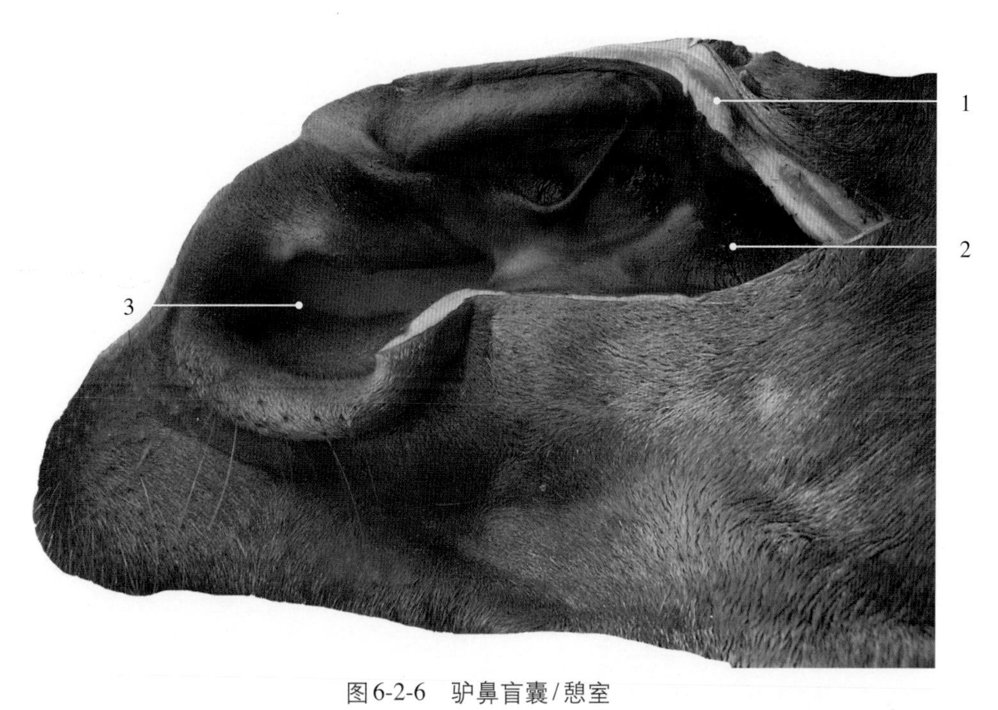

图6-2-6　驴鼻盲囊/鼿室

1. 鼻翼 nasal ala　2. 鼻盲囊/鼿室 nasal diverticulum　3. 鼻孔 nostril, nasal opening

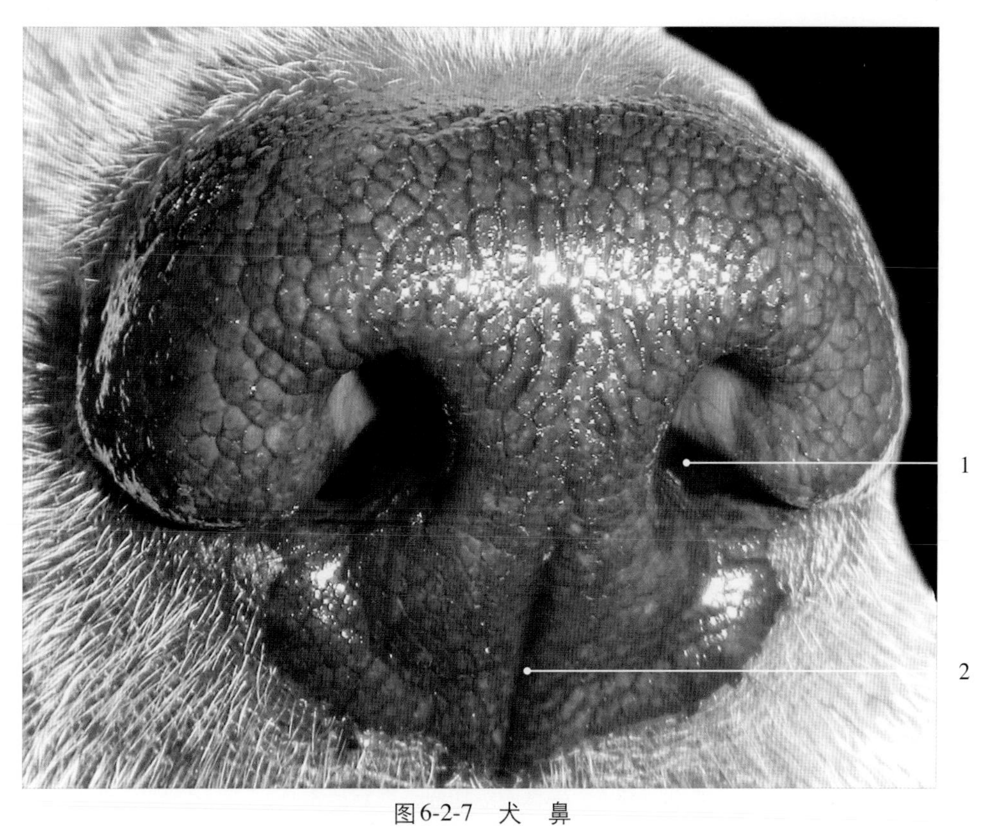

图6-2-7　犬　鼻

1. 鼻孔 nostril, nasal opening　2. 人中 philtrum

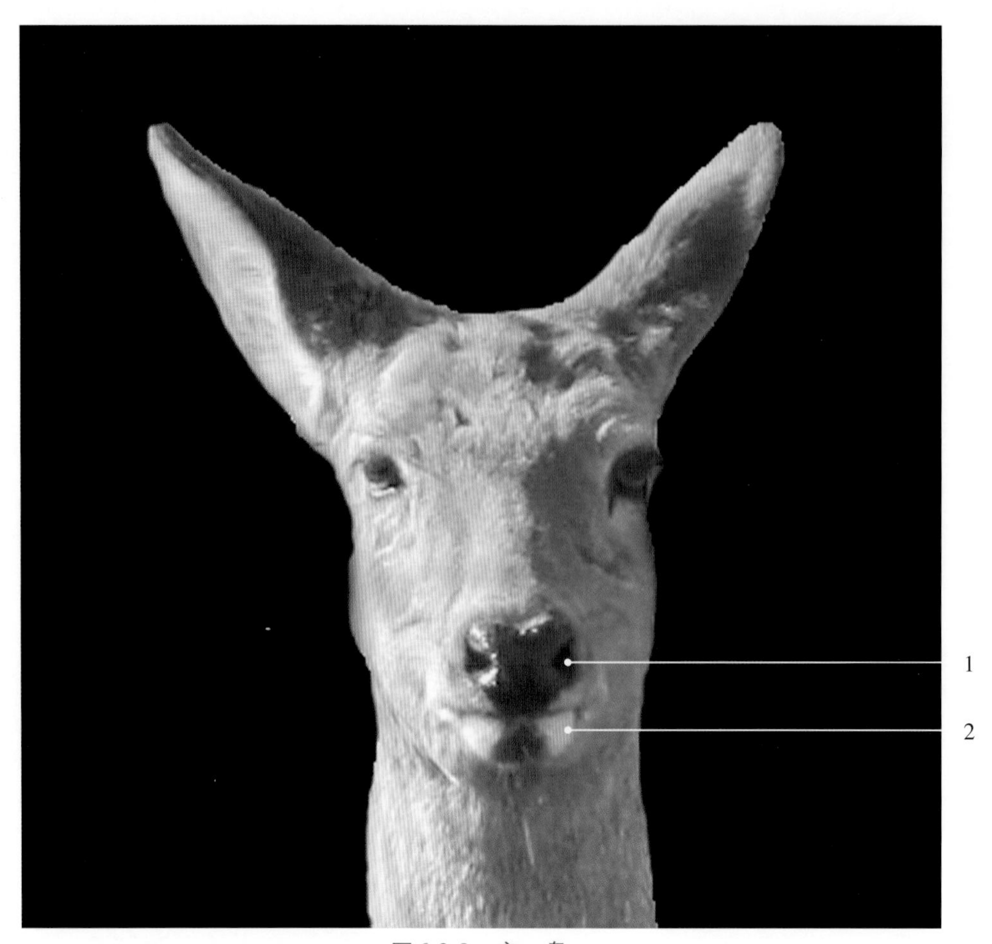

图6-2-8　鹿　鼻

1. 鼻孔 nostril，nasal opening
2. 鼻唇镜 nasolabial plate

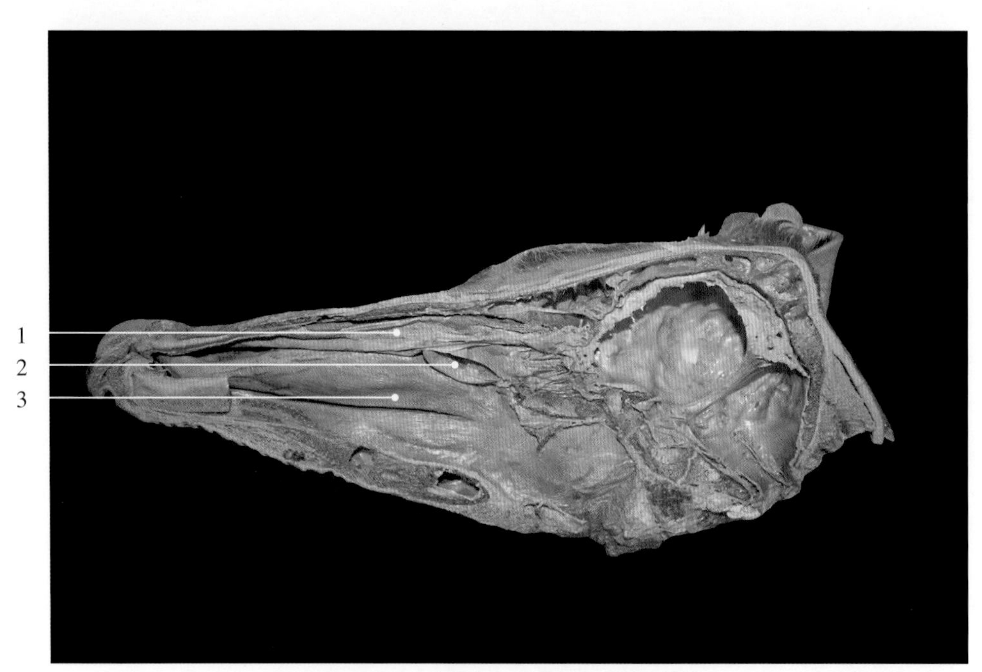

图6-2-9　牛鼻腔纵切面（固定标本）

1. 上鼻甲 dorsal nasal concha　　3. 下鼻甲 ventral nasal concha
2. 筛鼻甲 ethmoidal nasal concha

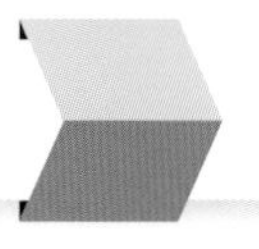

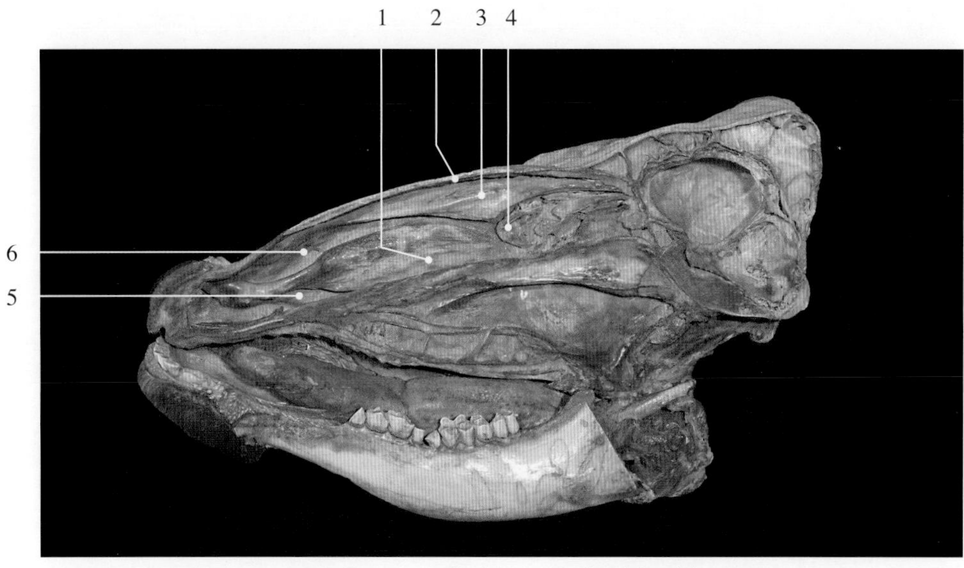

图6-2-10 牛鼻腔纵切面（干制标本）

1. 下鼻甲 ventral nasal concha
2. 上鼻道 dorsal nasal meatus
3. 上鼻甲 dorsal nasal concha
4. 筛鼻甲 ethmoidal nasal concha
5. 下鼻道 ventral nasal meatus
6. 中鼻道 medium nasal meatus

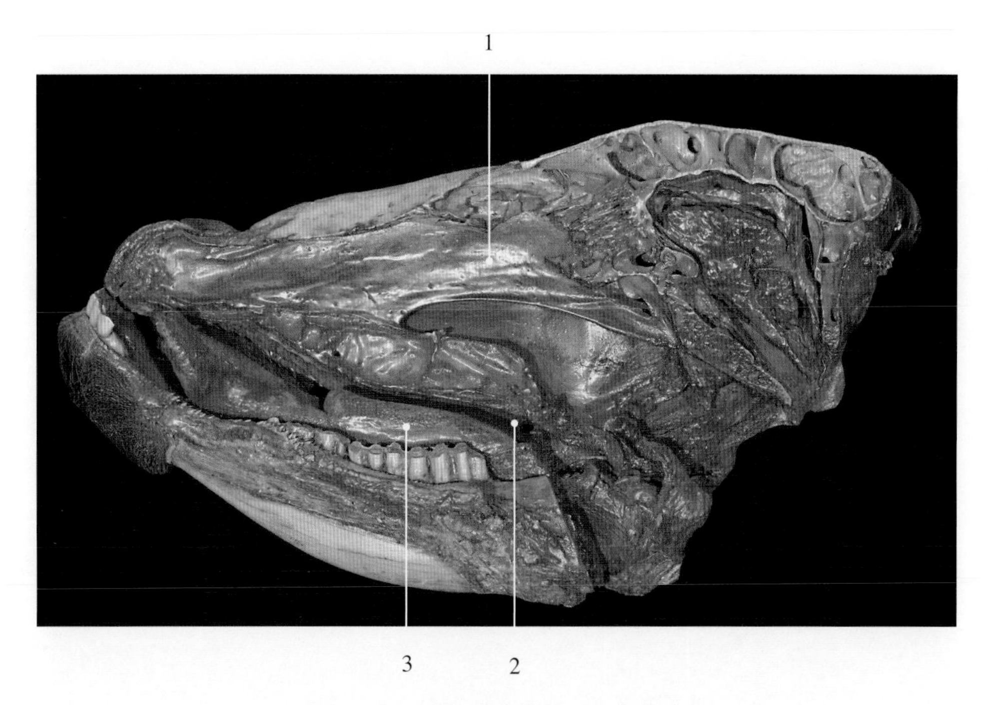

图6-2-11 牛鼻腔纵切面（干制标本）

1. 鼻中隔软骨 nasal septum cartilage 2. 口腔 oral cavity 3. 舌 tongue

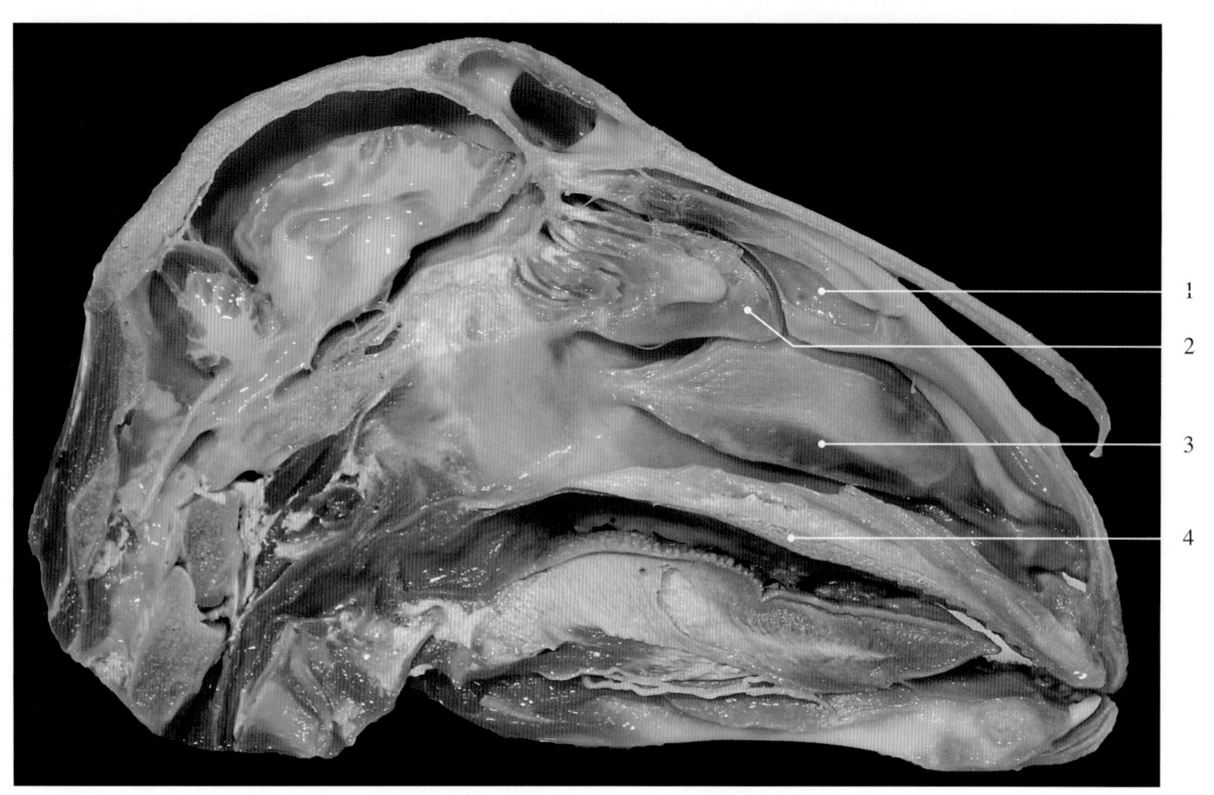

图6-2-12　羊鼻腔纵切面（固定标本）

1. 上鼻甲 dorsal nasal concha
2. 筛鼻甲 ethmoidal nasal concha
3. 下鼻甲 ventral nasal concha
4. 上颌和硬腭 maxillary, hard palate

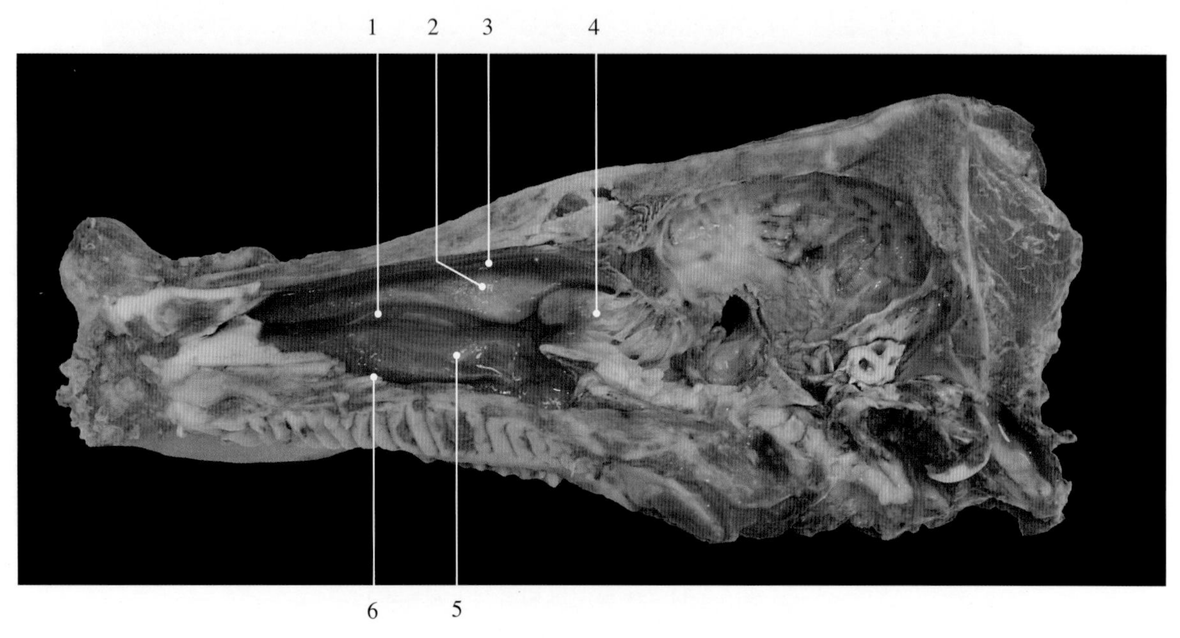

图6-2-13　猪鼻腔纵切面（新鲜标本）

1. 中鼻道 medium nasal meatus
2. 上鼻甲 dorsal nasal concha
3. 上鼻道 dorsal nasal meatus
4. 筛鼻甲 ethmoidal nasal concha
5. 下鼻甲 ventral nasal concha
6. 下鼻道 ventral nasal meatus

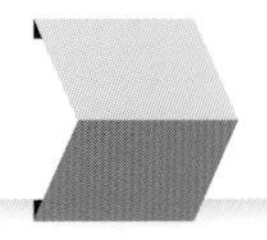

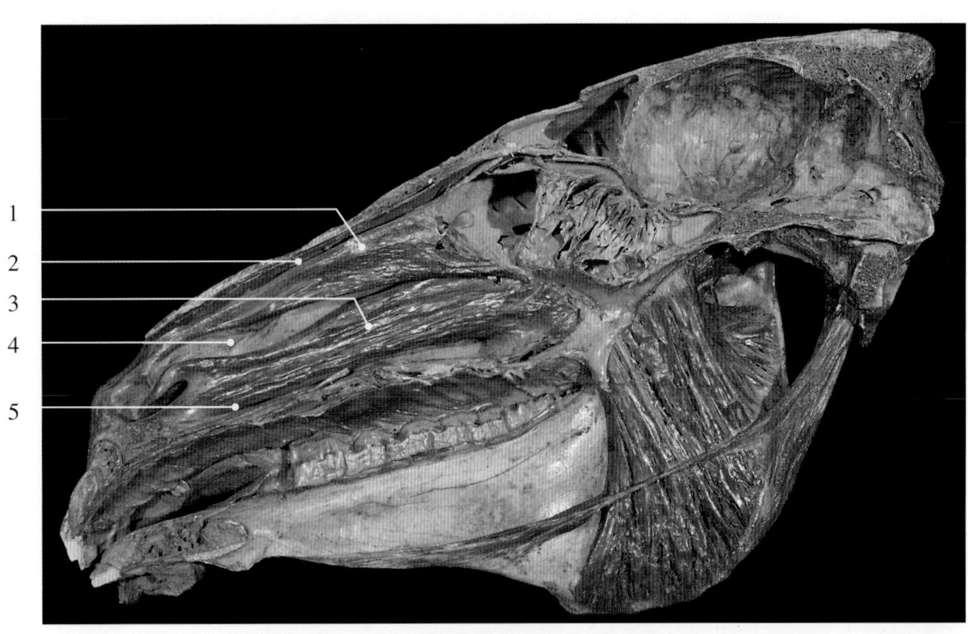

图6-2-14 马鼻腔纵切面（干制标本）

1. 上鼻甲 dorsal nasal concha
2. 上鼻道 dorsal nasal meatus
3. 下鼻甲 ventral nasal concha
4. 中鼻道 medium nasal meatus
5. 下鼻道 ventral nasal meatus

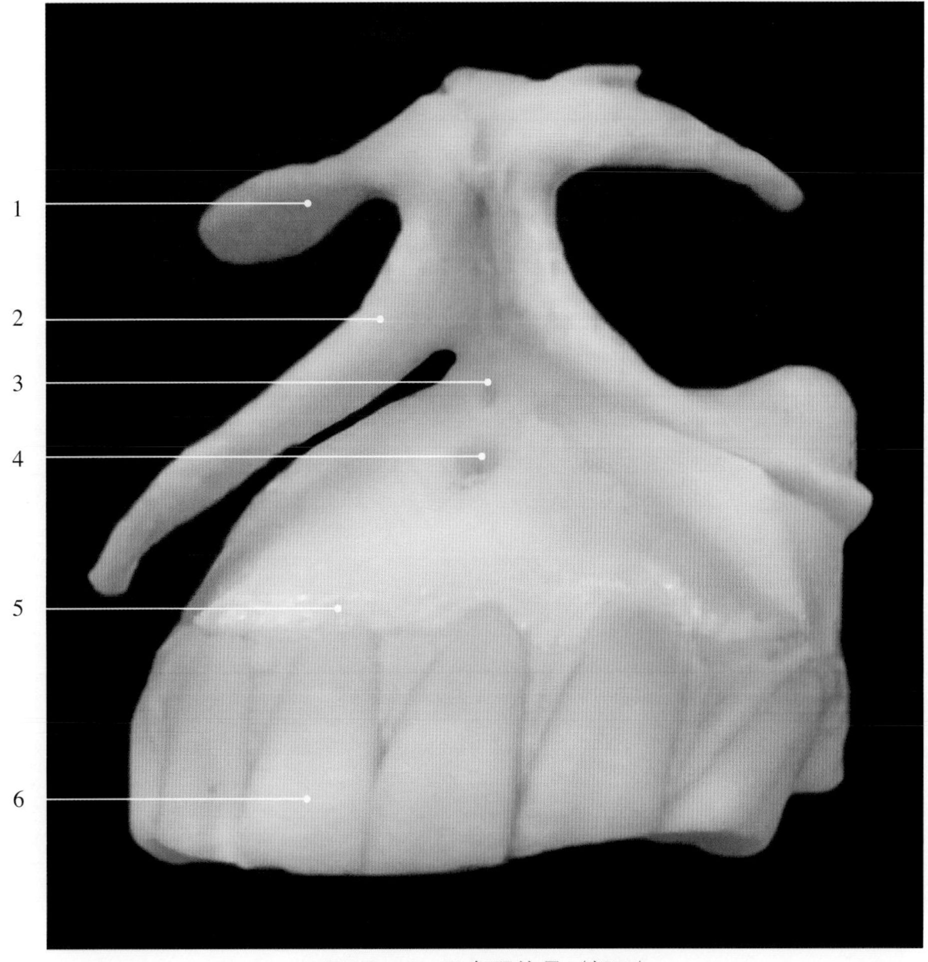

图6-2-15 马鼻翼软骨（额面）

1. 鼻翼软骨板 plate of alar cartilage
2. 鼻翼软骨角 horn of alar cartilage
3. 鼻中隔 nasal septum
4. 内切齿孔 interincisive canal
5. 切齿骨 incisive bone
6. 切齿 incisor

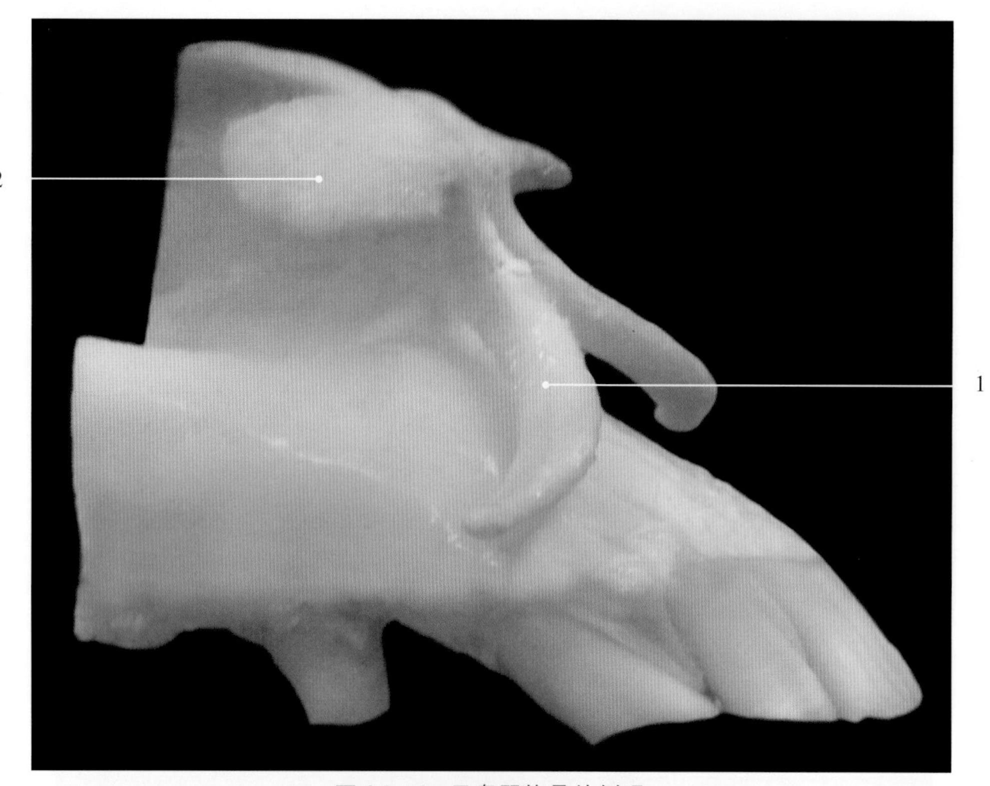

图6-2-16　马鼻翼软骨外侧观

1. 鼻翼软骨角　horn of alar cartilage
2. 鼻翼软骨板　plate of alar cartilage

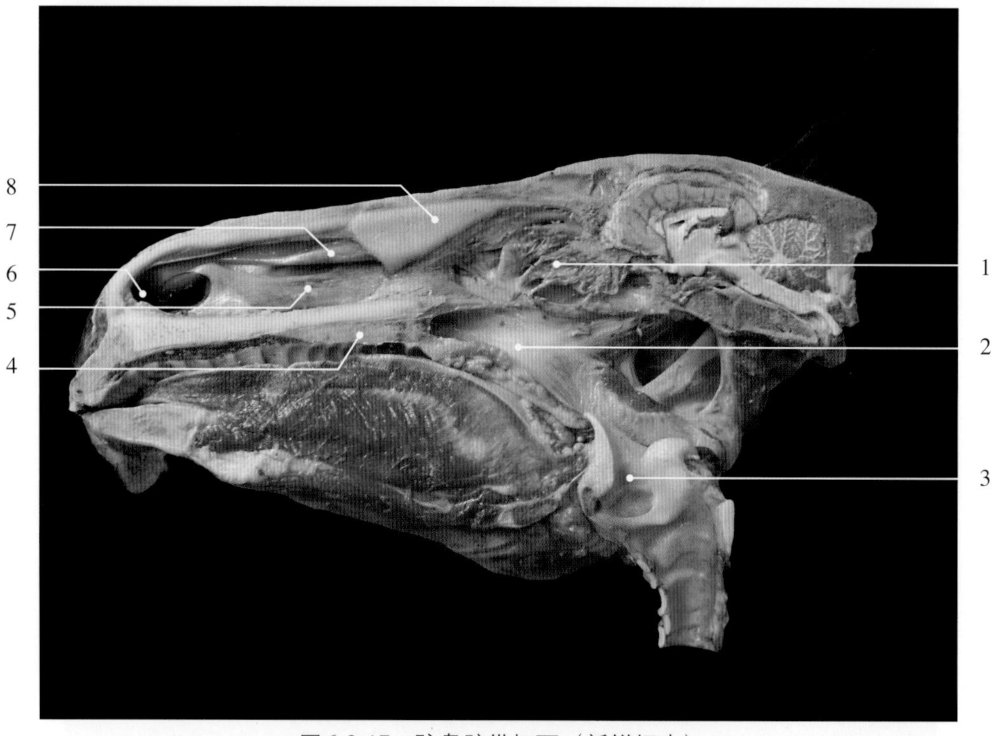

图6-2-17　驴鼻腔纵切面（新鲜标本）

1. 筛鼻甲　ethmoidal nasal concha
2. 咽　pharynx
3. 喉　larynx
4. 上颌骨腭突　palatine process of the maxillary bone
5. 下鼻甲　ventral nasal concha
6. 鼻孔　nostril，nasal opening
7. 上鼻甲　dorsal nasal concha
8. 鼻中隔　nasal septum

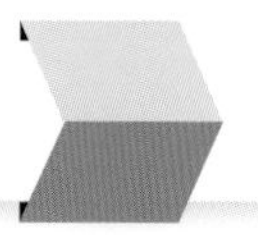

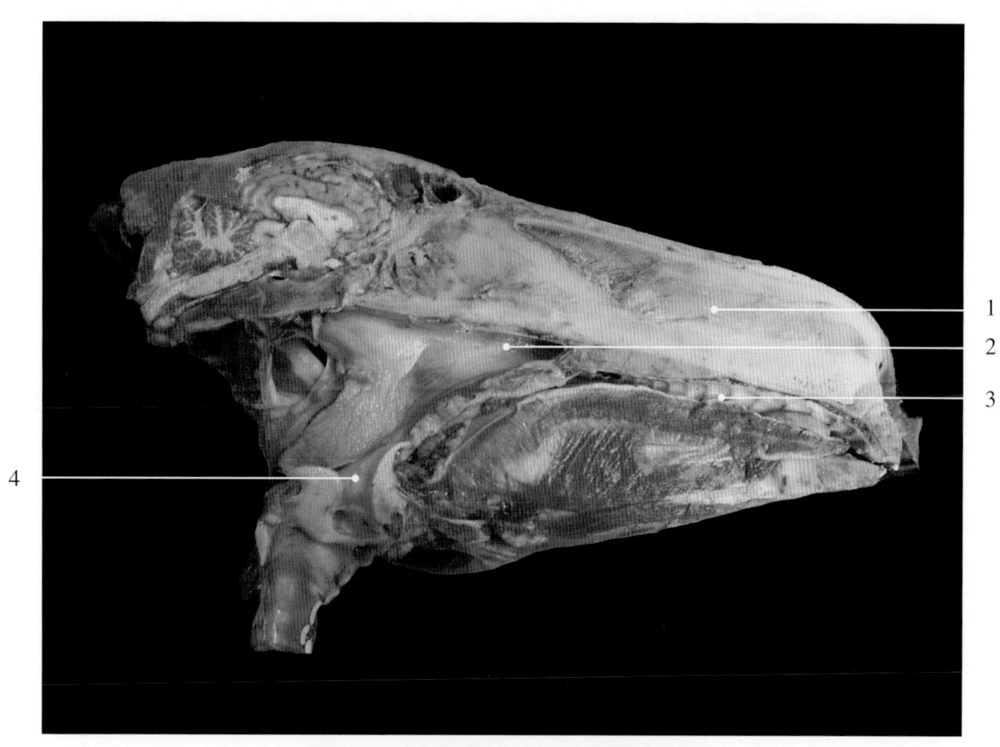

图6-2-18 驴鼻腔纵切面（新鲜标本）

1. 鼻中隔 nasal septum
2. 咽 pharynx
3. 口腔 oral cavity
4. 喉 larynx

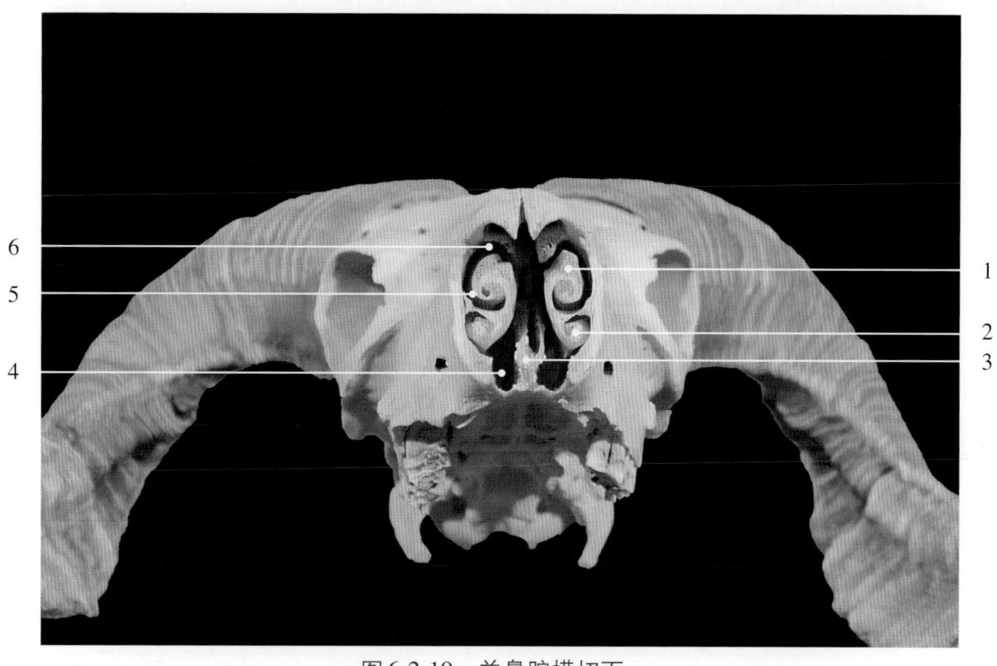

图6-2-19 羊鼻腔横切面

1. 上鼻甲 dorsal nasal concha
2. 下鼻甲 ventral nasal concha
3. 鼻中隔 nasal septum
4. 下鼻道 ventral nasal meatus
5. 中鼻道 medium nasal meatus
6. 上鼻道 dorsal nasal meatus

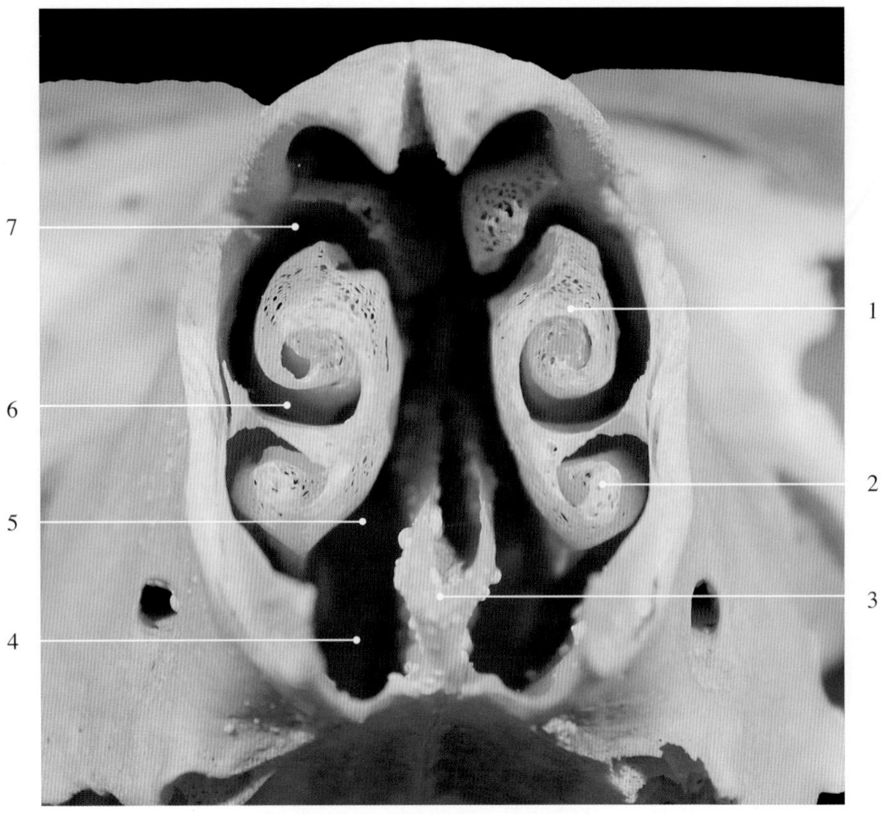

图6-2-20　羊鼻腔横切面（放大）

1. 上鼻甲　dorsal nasal concha
2. 下鼻甲　ventral nasal concha
3. 鼻中隔　nasal septum
4. 下鼻道　ventral nasal meatus
5. 总鼻道　common nasal meatus
6. 中鼻道　medium nasal meatus
7. 上鼻道　dorsal nasal meatus

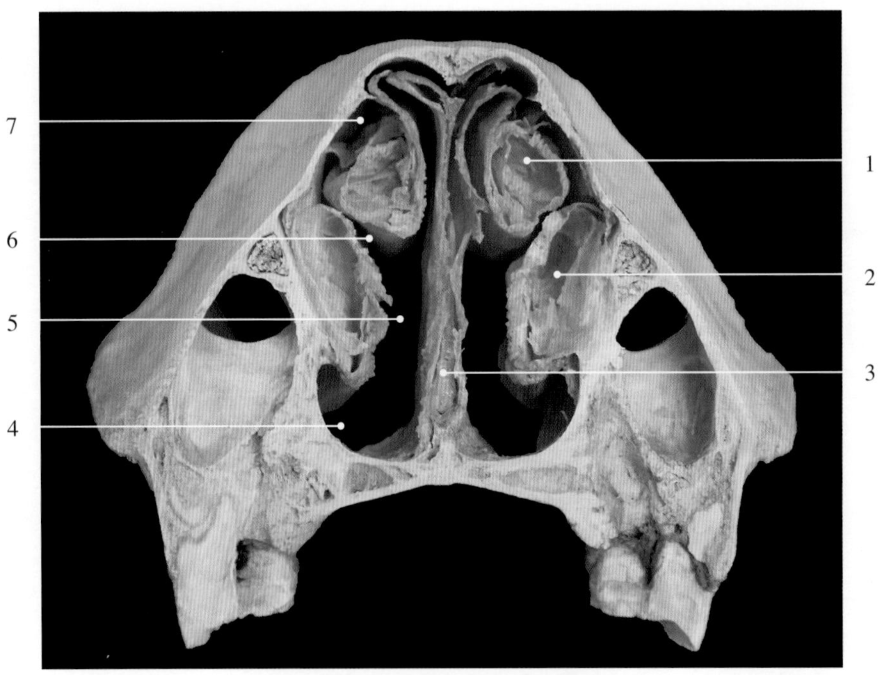

图6-2-21　马鼻腔横切面头侧观

1. 上鼻甲　dorsal nasal concha
2. 下鼻甲　ventral nasal concha
3. 鼻中隔　nasal septum
4. 下鼻道　ventral nasal meatus
5. 总鼻道　common nasal meatus
6. 中鼻道　medium nasal meatus
7. 上鼻道　dorsal nasal meatus

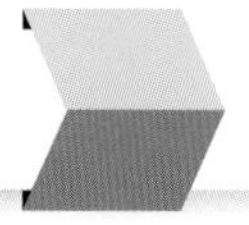

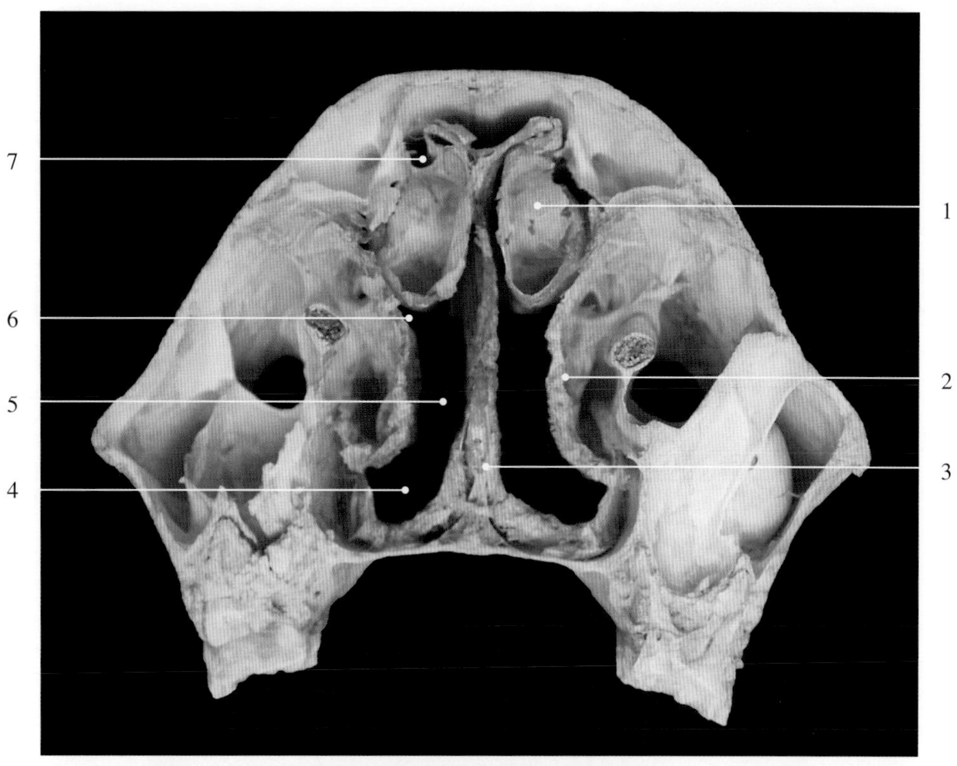

图6-2-22 马鼻腔横切面尾侧观

1. 上鼻甲 dorsal nasal concha
2. 下鼻甲 ventral nasal concha
3. 鼻中隔 nasal septum
4. 下鼻道 ventral nasal meatus
5. 总鼻道 common nasal meatus
6. 中鼻道 medium nasal meatus
7. 上鼻道 dorsal nasal meatus

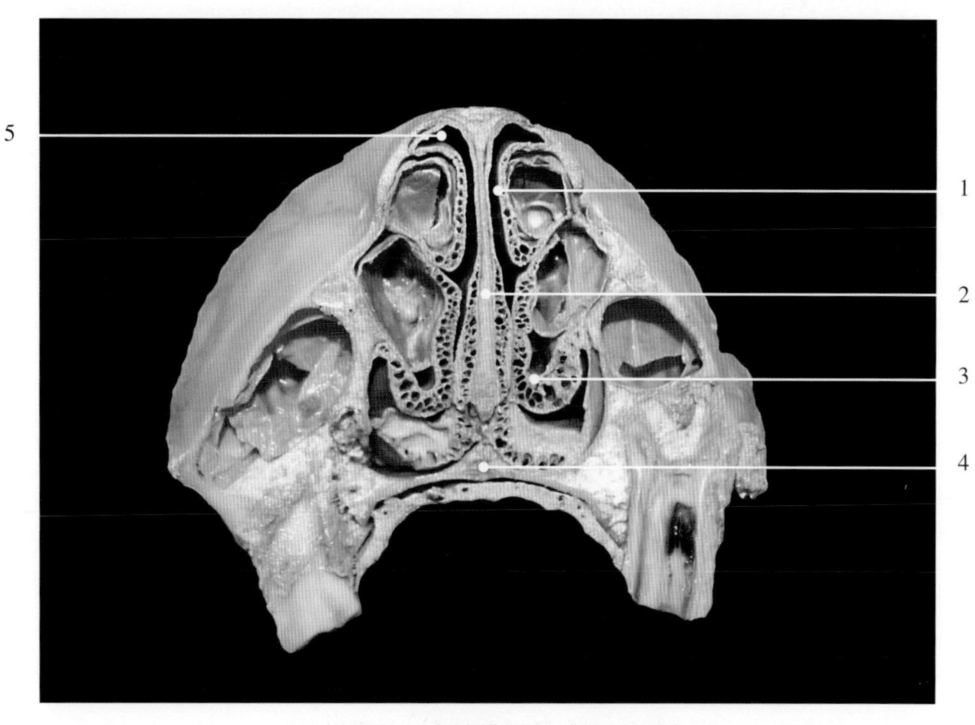

图6-2-23 马鼻腔横切面（固定标本）

1. 上鼻甲 dorsal nasal concha
2. 鼻中隔 nasal septum
3. 下鼻甲 ventral nasal concha
4. 上颌骨 maxillary bone
5. 上鼻道 dorsal nasal meatus

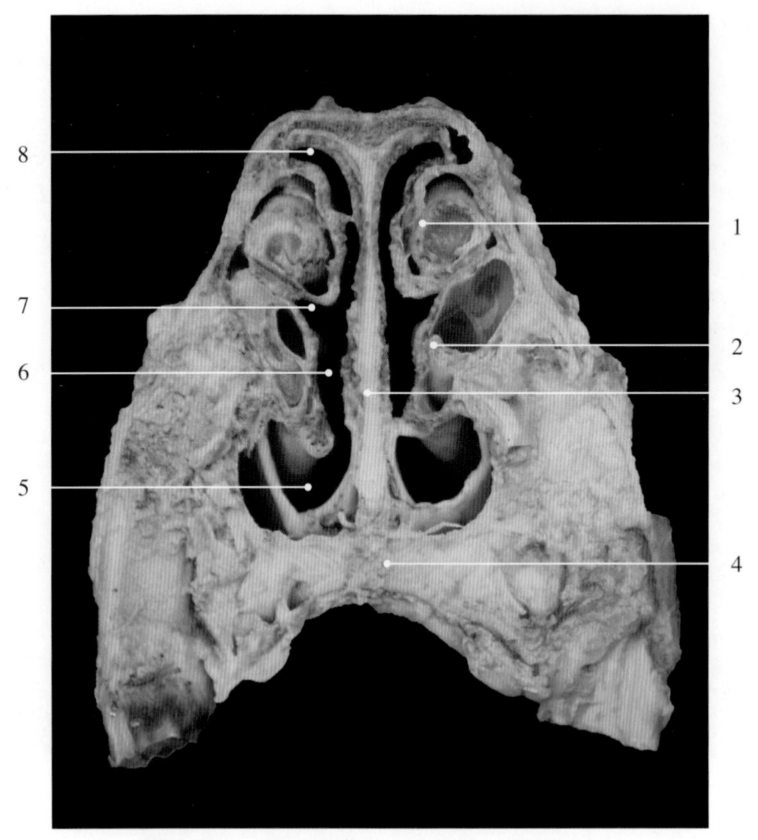

图6-2-24 驴鼻腔横切面头侧观（新鲜标本）

1. 上鼻甲 dorsal nasal concha
2. 下鼻甲 ventral nasal concha
3. 鼻中隔 nasal septum
4. 上颌骨 maxillary bone
5. 下鼻道 ventral nasal meatus
6. 总鼻道 common nasal meatus
7. 中鼻道 medium nasal meatus
8. 上鼻道 dorsal nasal meatus

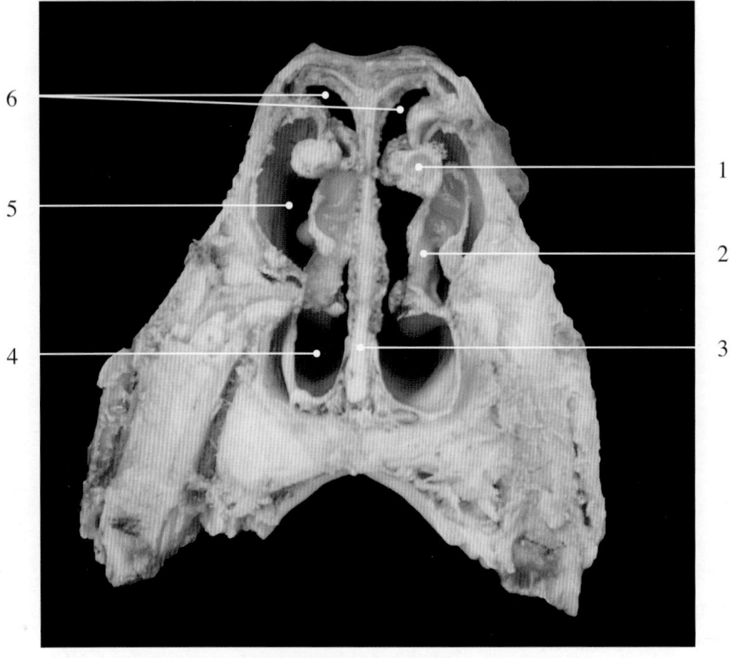

图6-2-25 驴鼻腔横切面尾侧观（新鲜标本）

1. 上鼻甲 dorsal nasal concha
2. 下鼻甲 ventral nasal concha
3. 鼻中隔 nasal septum
4. 下鼻道 ventral nasal meatus
5. 中鼻道 medium nasal meatus
6. 上鼻道 dorsal nasal meatus

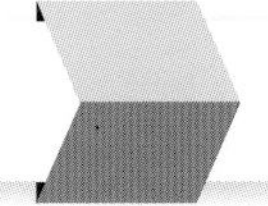

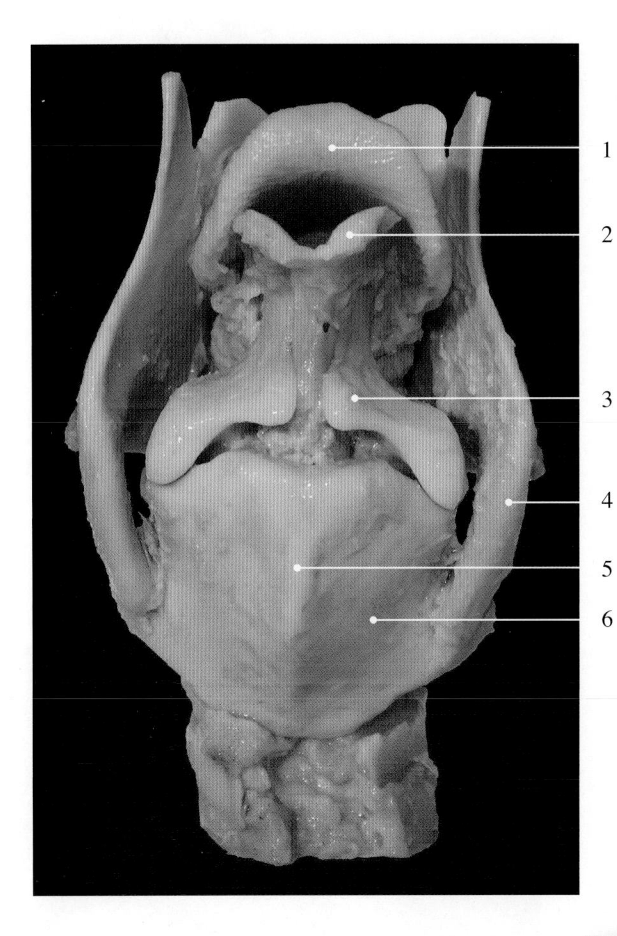

图6-3-1　牛喉软骨背侧观（固定标本）

1. 会厌软骨 epiglottic cartilage
2. 小角突 corniculate process
3. 杓状软骨 arytenoid cartilage
4. 甲状软骨 thyroid cartilage
5. 环状软骨正中嵴 median crest of annular cartilage
6. 环状软骨板 lamina of annular cartilage

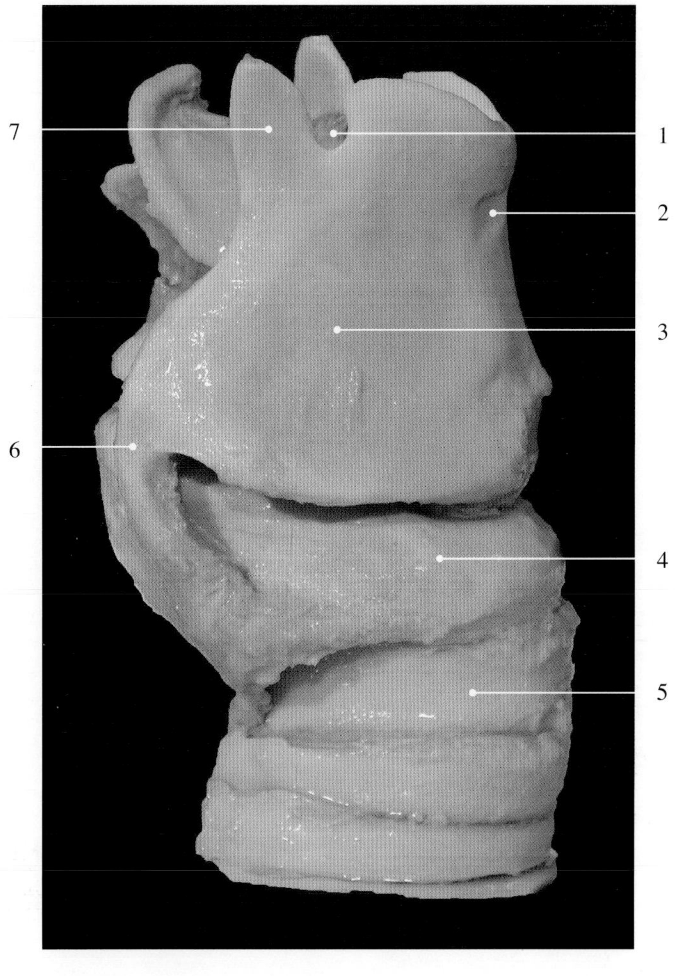

图6-3-2　牛喉软骨右侧观（固定标本）

1. 甲状切迹 thyroid cartilage notch
2. 甲状软骨体 thyroid cartilage body
3. 甲状软骨板 lamina of thyroid cartilage
4. 环状软骨 annular cartilage
5. 气管 trachea
6. 甲状软骨后突 caudal process of thyroid cartilage
7. 甲状软骨前突 rostral process of thyroid cartilage

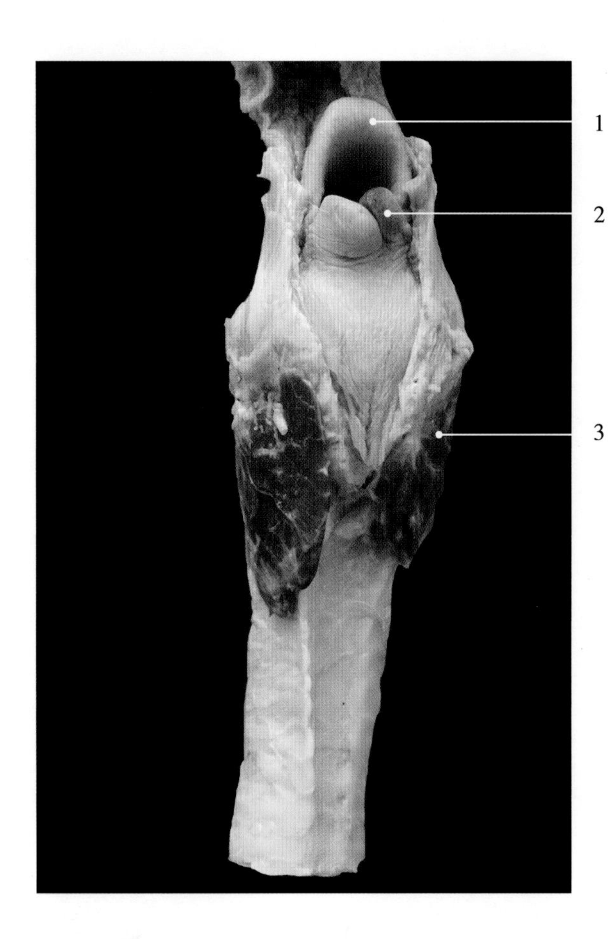

图6-3-3　犊牛喉软骨（固定标本）

1. 会厌软骨 epiglottic cartilage
2. 杓状软骨 arytenoid cartilage
3. 甲状腺 thyroid gland

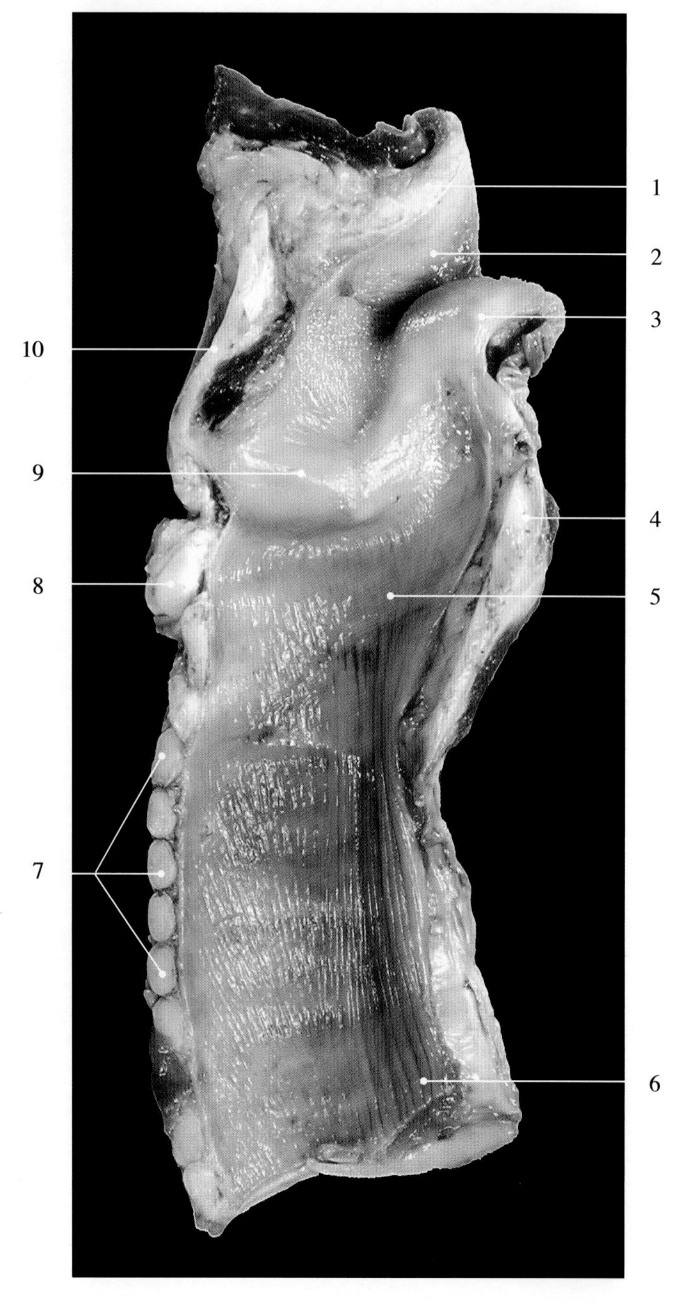

图6-3-4　牛喉矢状面观

1. 会厌软骨 epiglottic cartilage
2. 喉前庭 vestibule of the larynx
3. 杓状软骨 arytenoid cartilage
4. 环状软骨 annular cartilage
5. 喉后腔 caudal laryngeal cavity
6. 气管黏膜 tracheal mucosa
7. 气管软骨 tracheal cartilage
8. 环状软骨 annular cartilage
9. 声带 vocal folds
10. 甲状软骨 thyroid cartilage

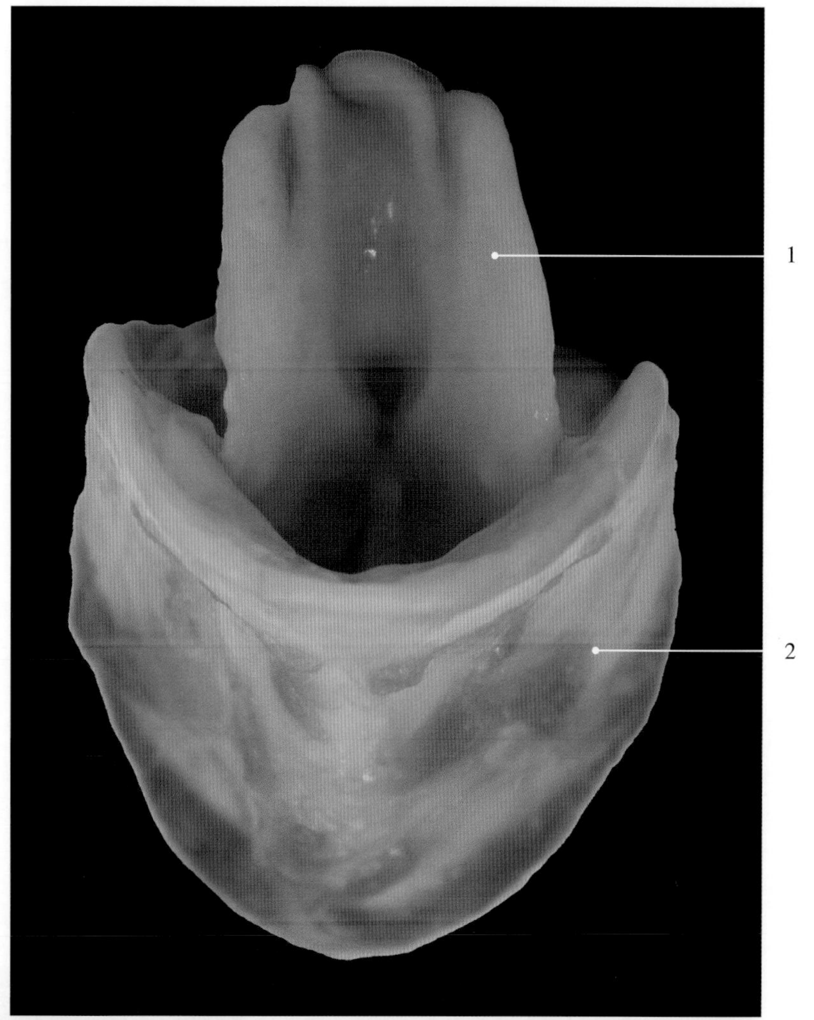

图6-3-5 猪喉口（新鲜标本）

1. 会厌软骨 epiglottic cartilage
2. 环状软骨 annular cartilage

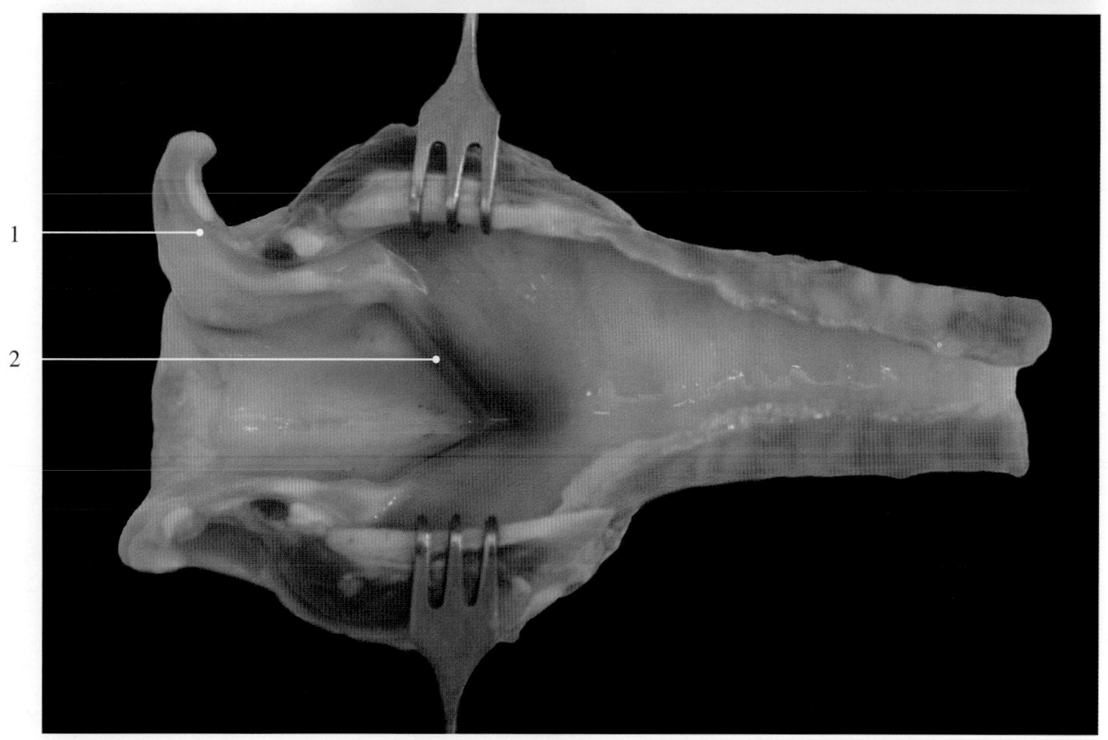

图6-3-6 猪喉黏膜（新鲜标本）

1. 杓状软骨 arytenoid cartilage　2. 声韧带 vocal ligament

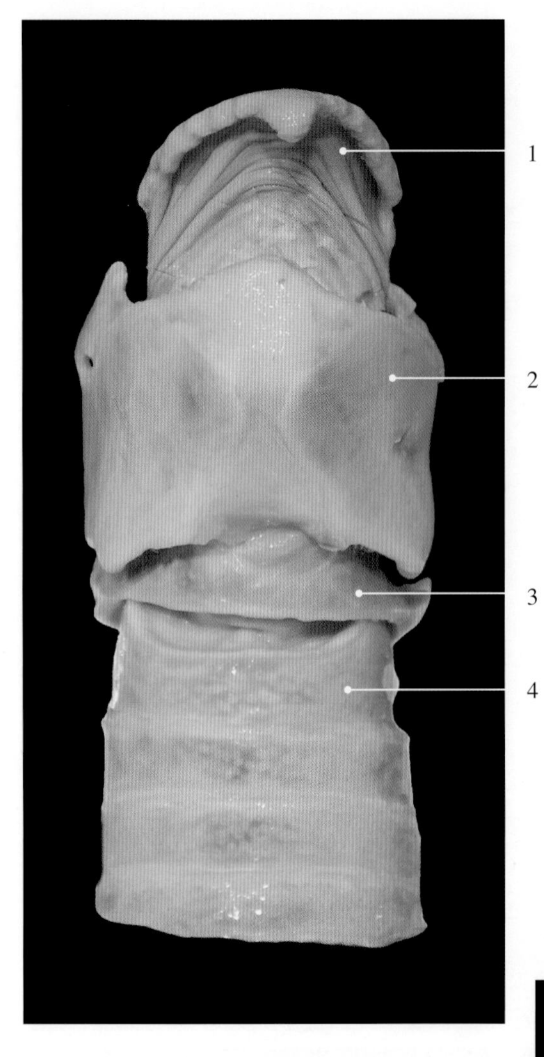

图6-3-7　马喉软骨腹侧观（固定标本）

1. 会厌软骨 epiglottic cartilage
2. 甲状软骨 thyroid cartilage
3. 环状软骨 annular cartilage
4. 气管 trachea

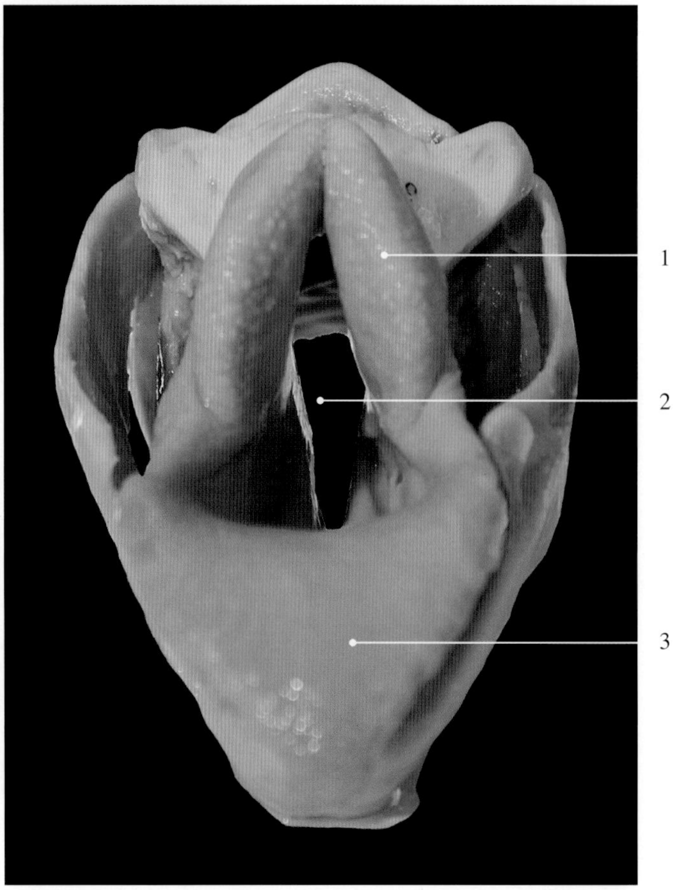

图6-3-8　马喉软骨头侧观（固定标本）

1. 杓状软骨 arytenoid cartilage
2. 喉口 laryngeal entrance
3. 会厌软骨 epiglottic cartilage

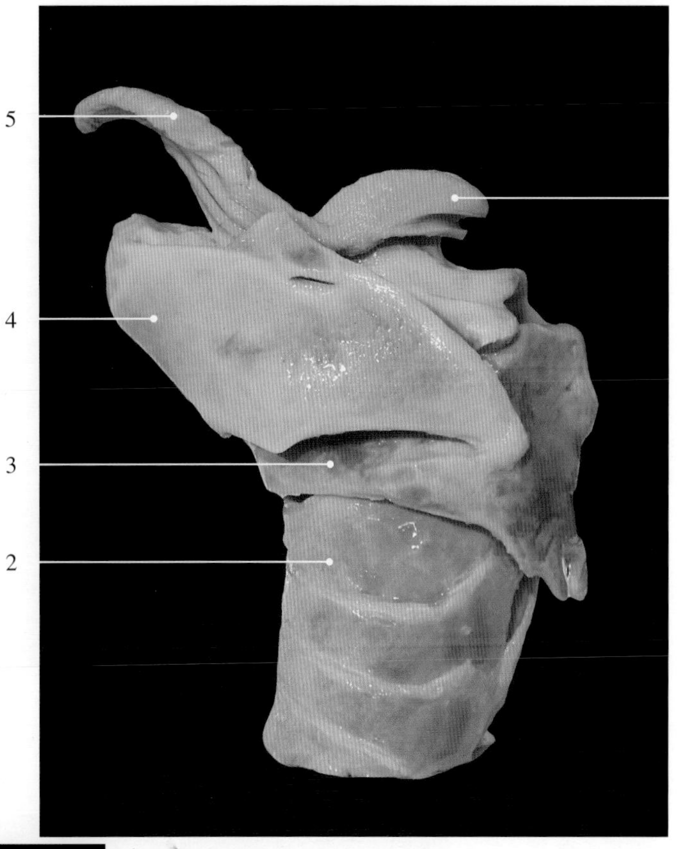

图6-3-9 马喉软骨左侧观（固定标本）

1. 杓状软骨 arytenoid cartilage
2. 气管 trachea
3. 环状软骨 annular cartilage
4. 甲状软骨 thyroid cartilage
5. 会厌软骨 epiglottic cartilage

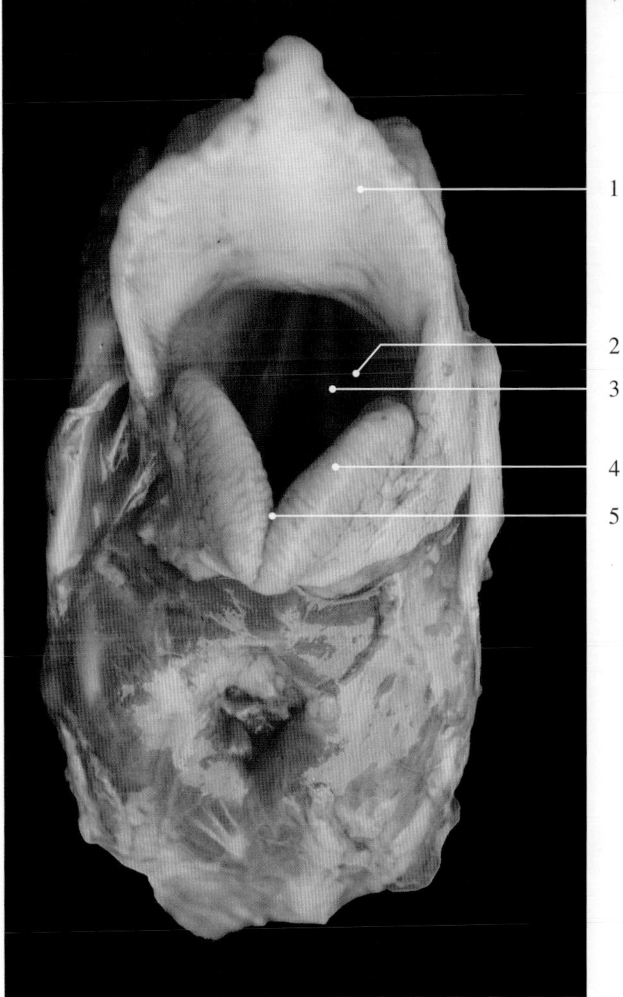

图6-3-10 驴喉口

1. 会厌软骨 epiglottic cartilage
2. 喉口 laryngeal entrance
3. 声韧带 vocal ligament
4. 杓状会厌襞 aryepiglottic fold
5. 杓间切迹 interarytenoid notch

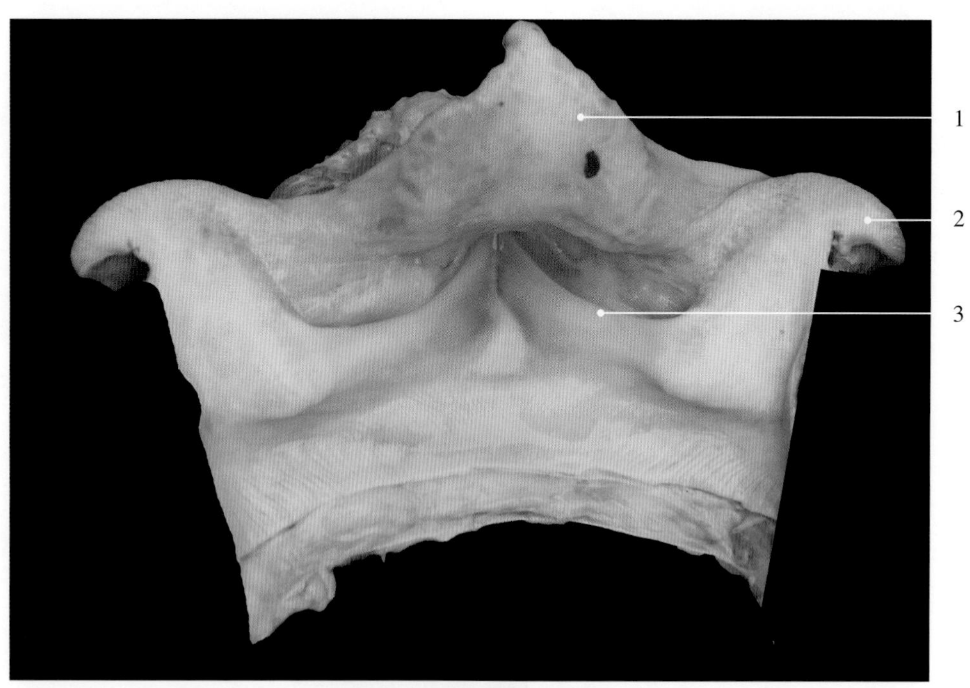

图6-3-11　驴声韧带（切开）

1. 会厌软骨 epiglottic cartilage　2. 杓状软骨 arytenoid cartilage　3. 声韧带 vocal ligament

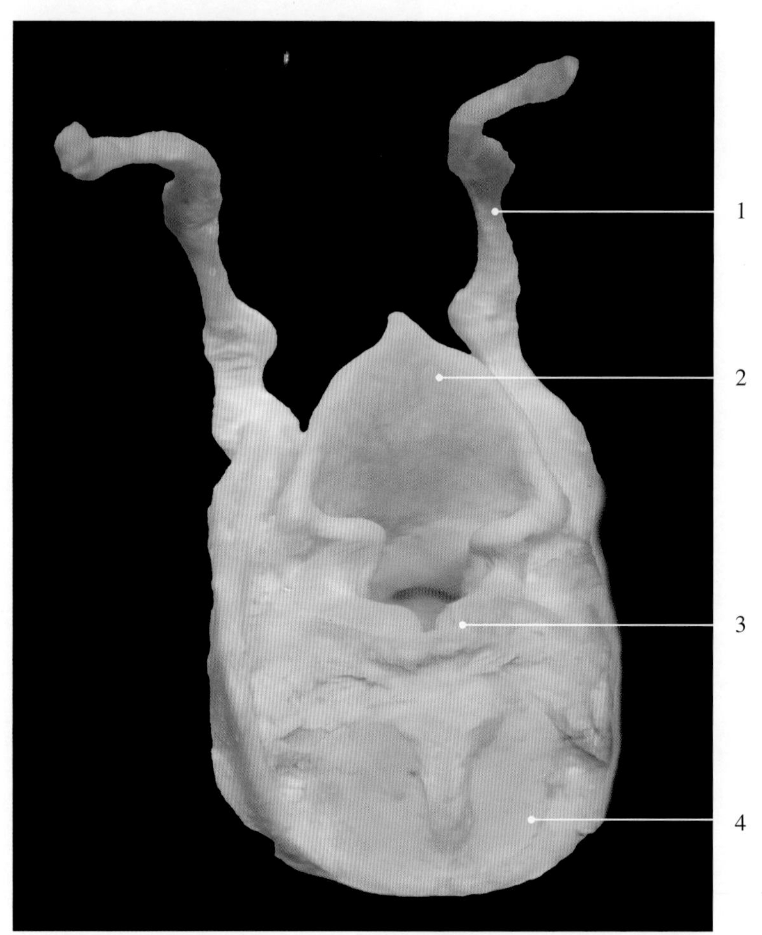

图6-3-12　犬喉软骨

1. 舌骨 hyoid bone　3. 杓状软骨 arytenoid cartilage
2. 会厌软骨 epiglottic cartilage　4. 环状软骨 annular cartilage

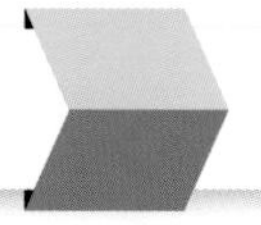

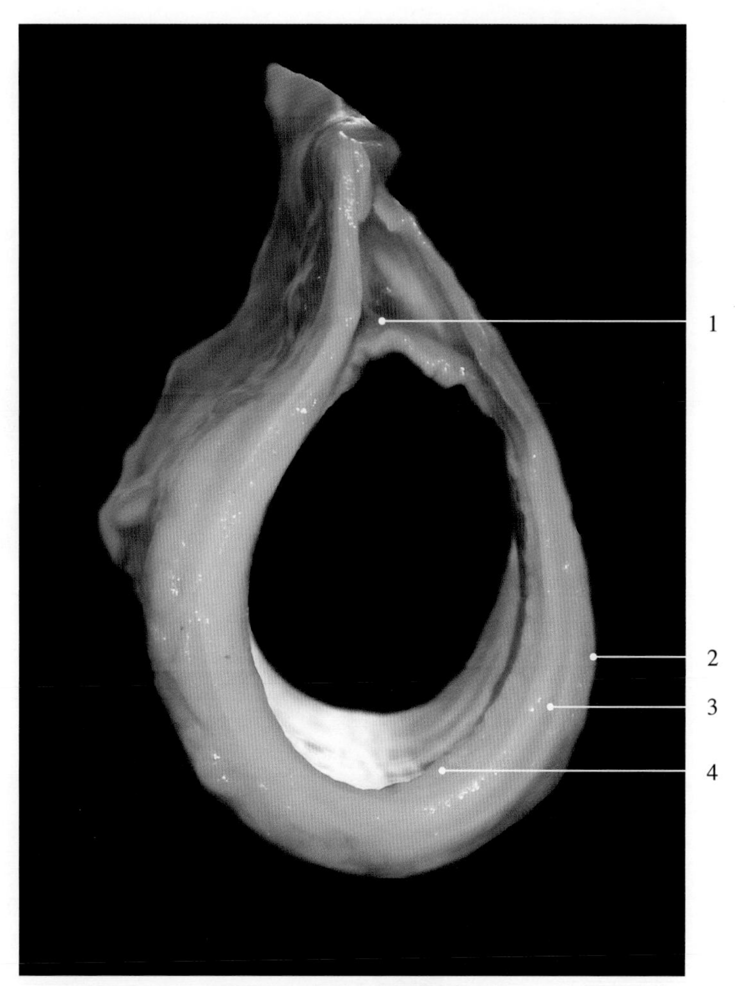

图6-3-13 犊牛气管软骨环

1. 气管肌 tracheal muscle
2. 外膜 tunica externa
3. 气管软骨 tracheal cartilage
4. 黏膜 mucosa

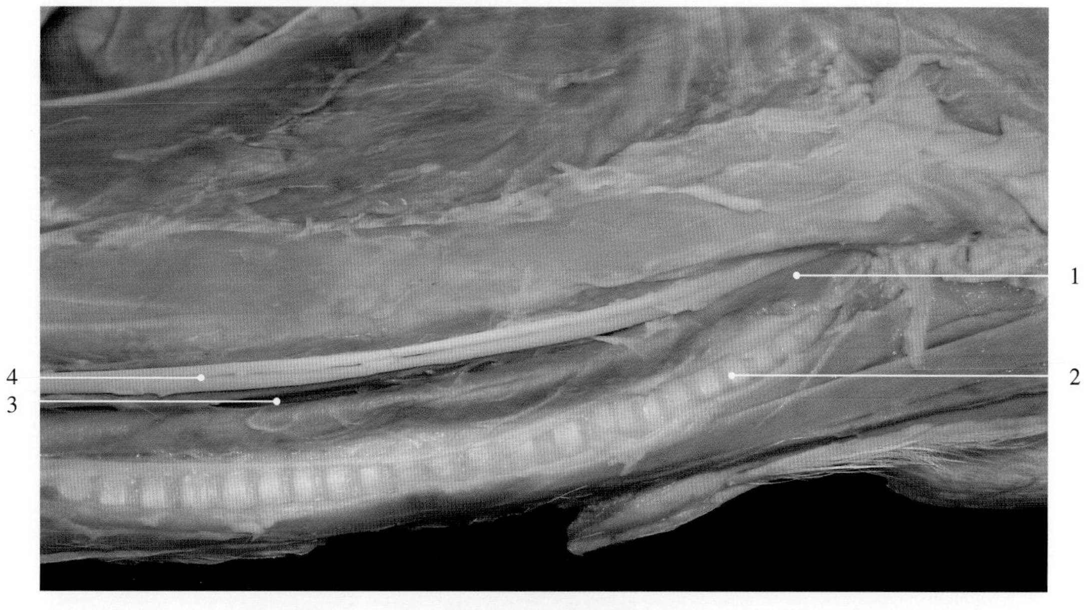

图6-3-14 羊气管和食管关系

1. 食管 esophagus
2. 气管 trachea
3. 颈静脉沟 jugular vein groove
4. 迷走交感干和颈总动脉 vagosympathetic trunk and common carotid artery

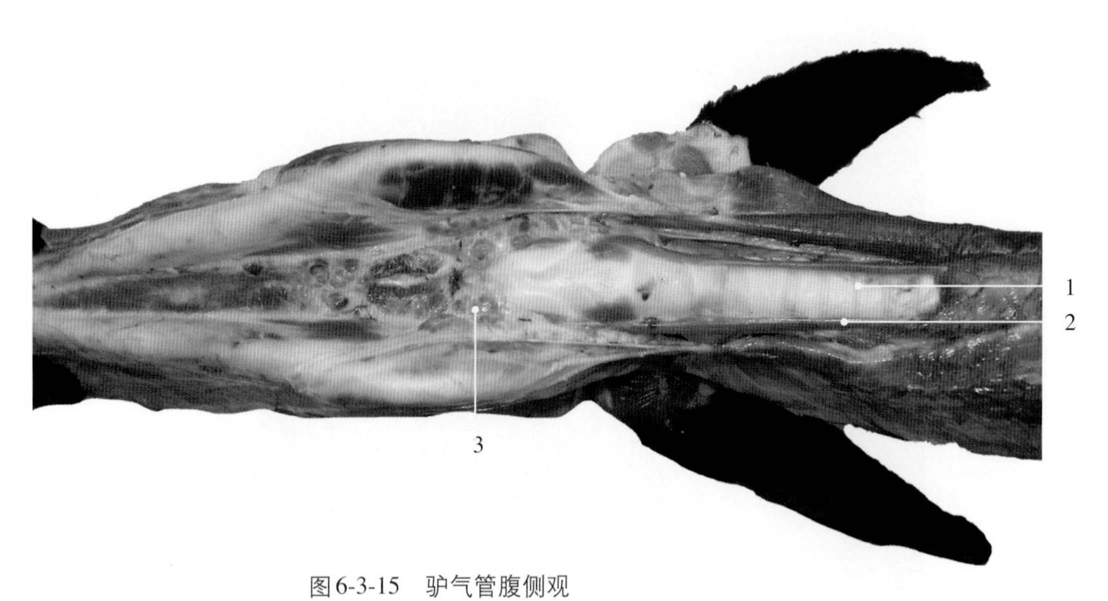

图6-3-15 驴气管腹侧观

1. 气管 trachea
2. 胸骨甲状肌 sternothyroid muscle
3. 颌下腺 submandibular gland

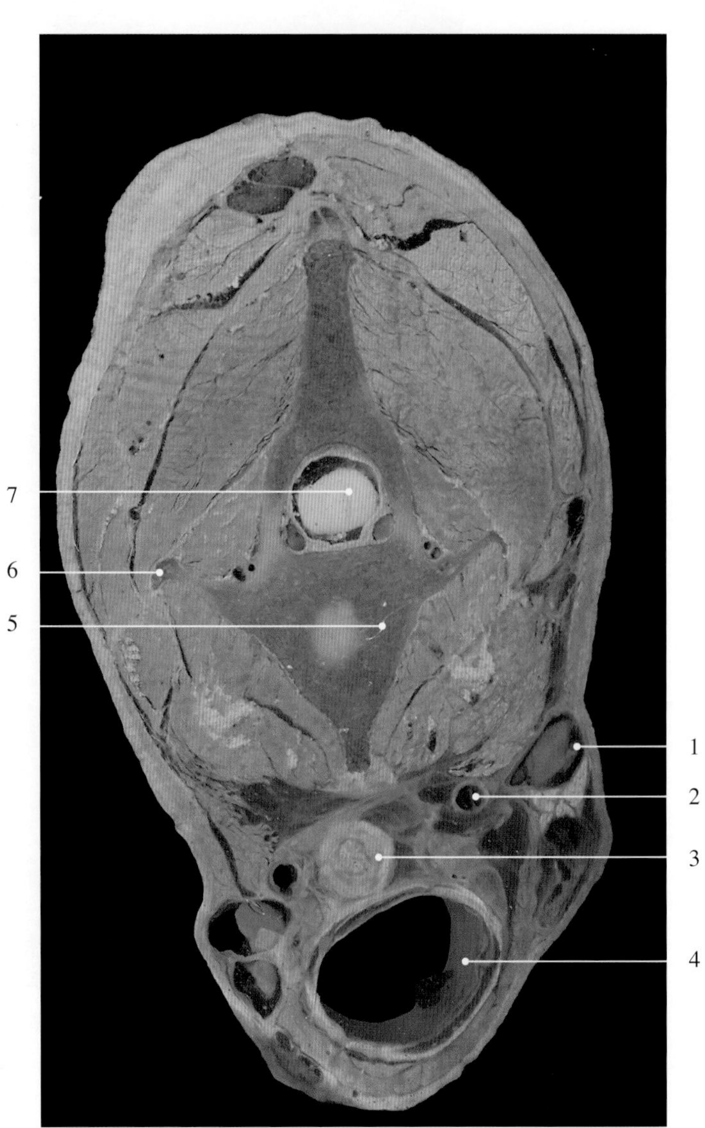

图6-3-16 马颈横切面（示气管相对位置）

1. 颈静脉 jugular vein
2. 颈总动脉 common carotid artery
3. 食管 esophagus
4. 气管 trachea
5. 椎体 vertebral body
6. 横突 transverse process
7. 脊髓 spinal cord

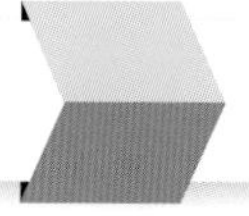

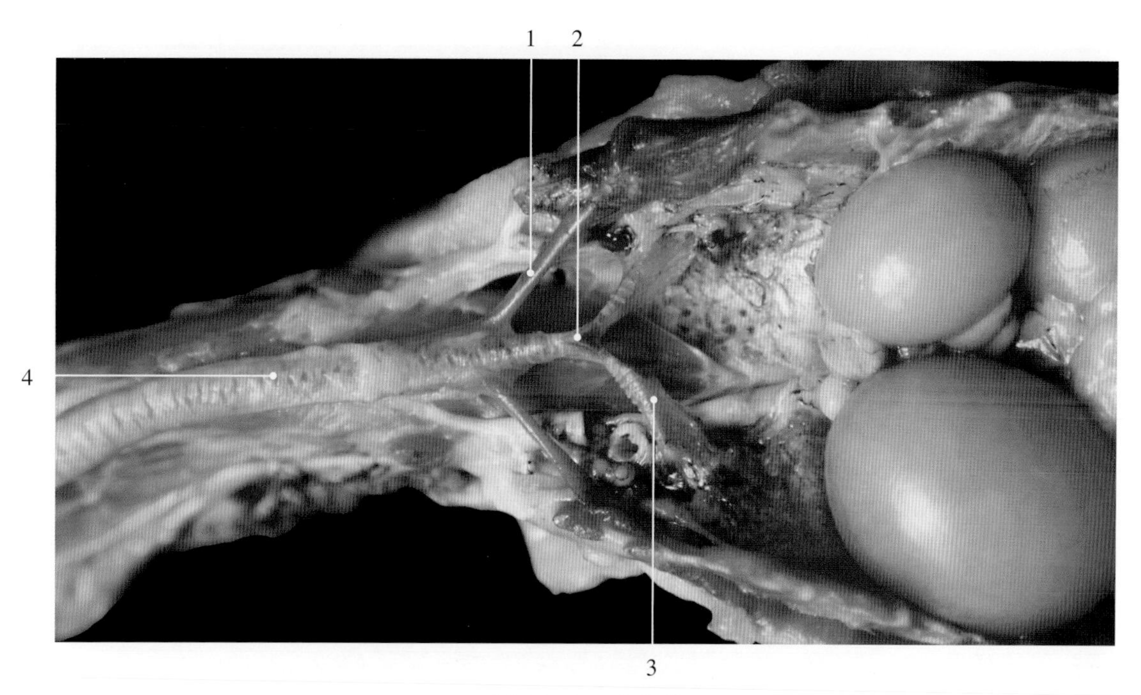

图6-3-17　鸡鸣管

1. 胸骨气管肌 sternotrachea muscle
2. 鸣管 syrinx
3. 支气管 bronchus
4. 气管 trachea

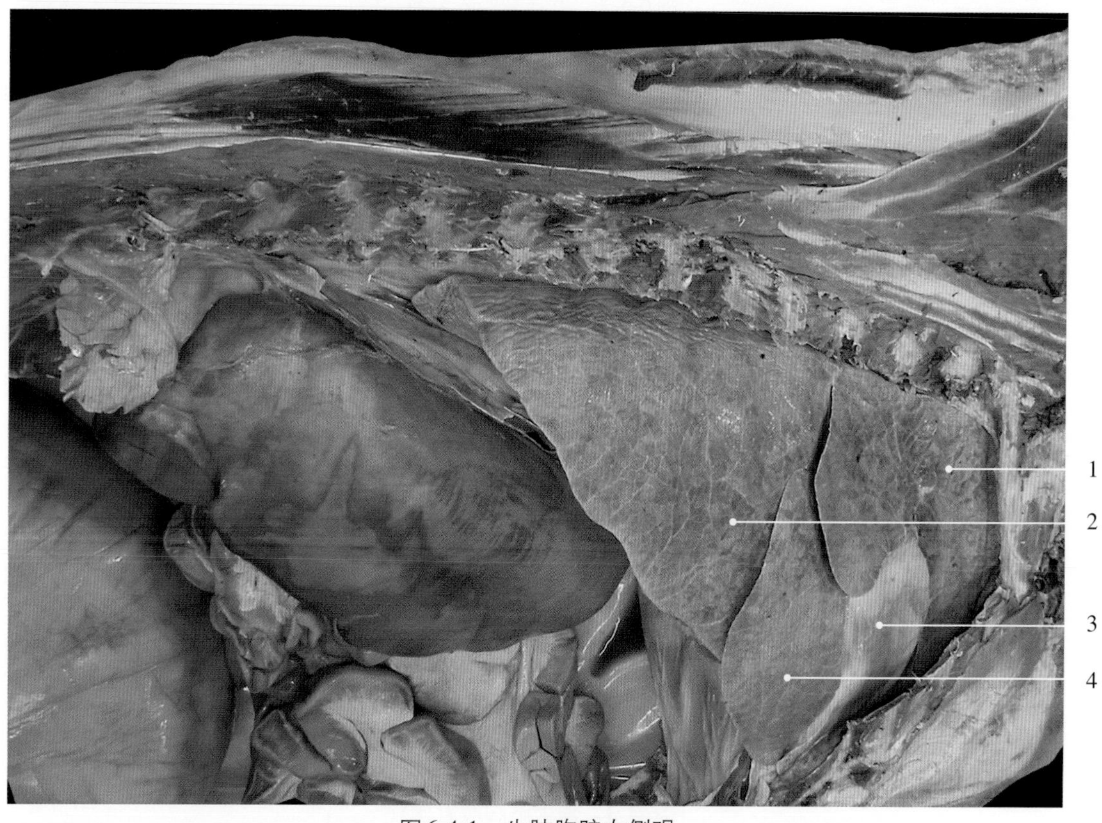

图6-4-1　牛肺胸腔右侧观

1. 右前叶/右尖叶 right cranial lobe / right apical lobe
2. 右后叶/右膈叶 right caudal lobe / right diaphragmatic lobe
3. 心脏 heart
4. 右中叶/右心叶 right median lobe / right cardiac lobe

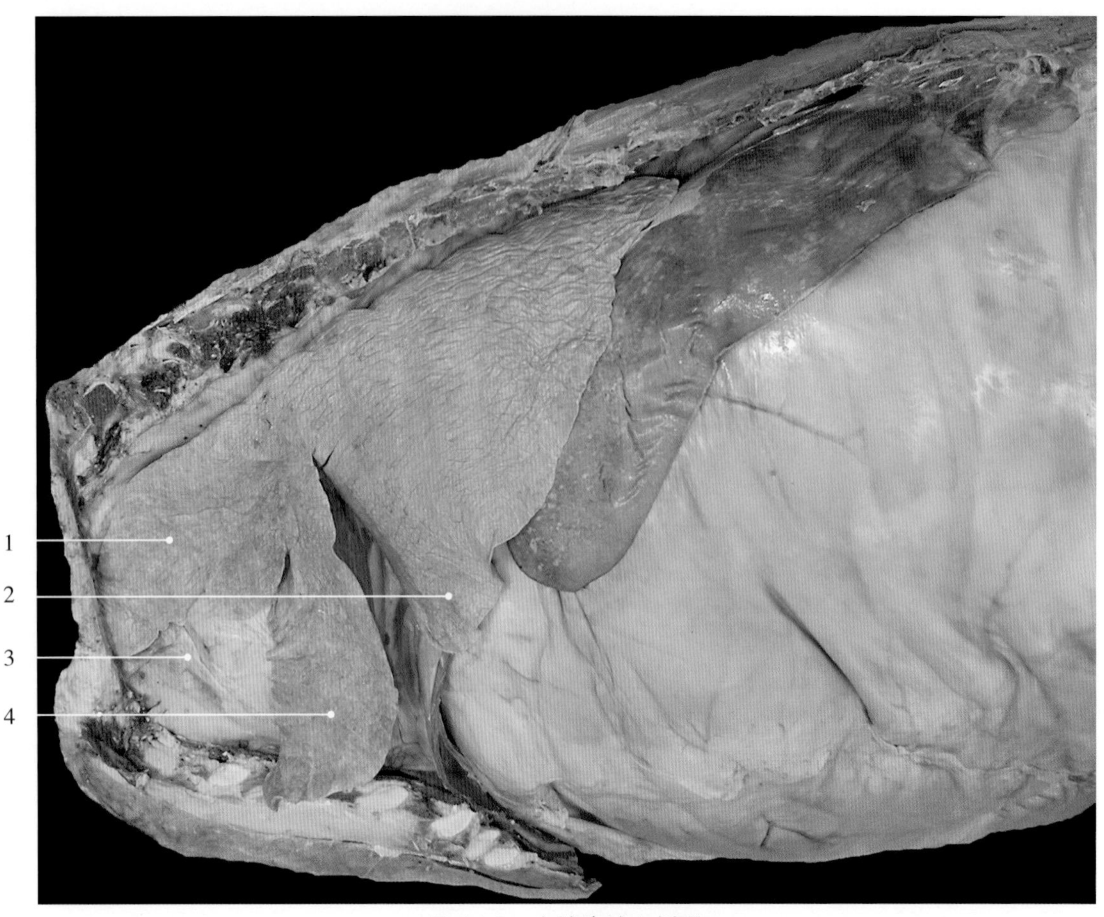

图6-4-2　牛肺胸腔左侧观

1. 左前叶/左尖叶　left cranial lobe / left apical lobe
2. 左后叶/左膈叶　left caudal lobe / left diaphragmatic lobe
3. 心脏　heart
4. 左中叶/左心叶　left median lobe / left cardiac lobe

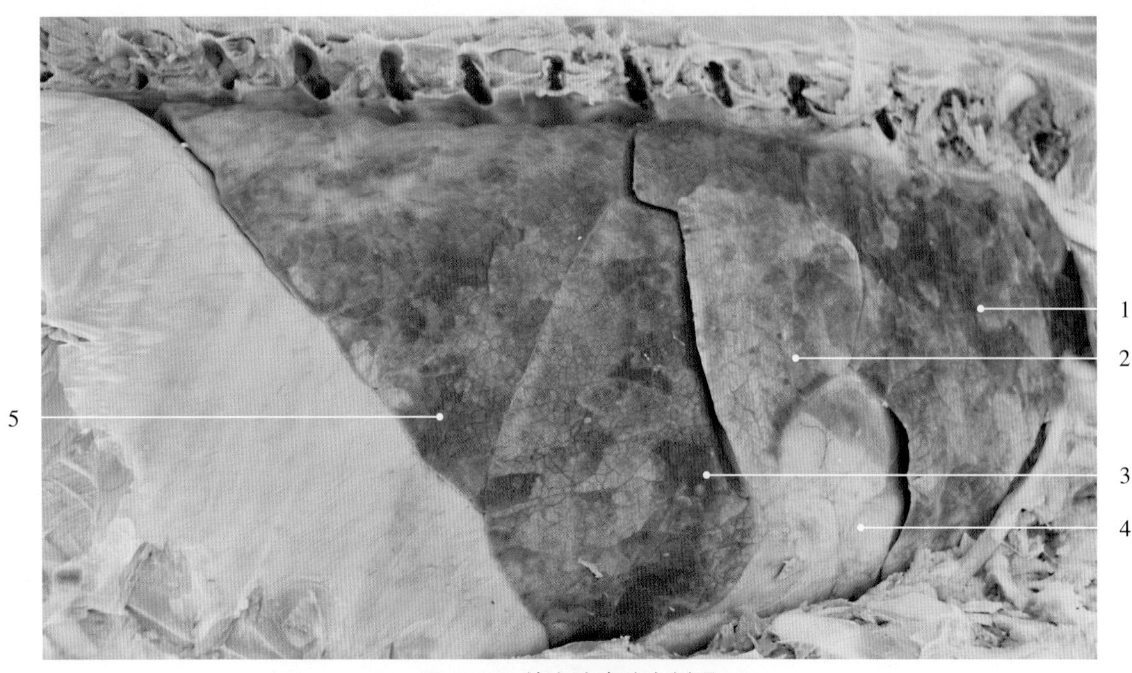

图6-4-3　犊牛肺胸腔右侧观

1. 右前叶前部　foreside of right cranial lobe
2. 右前叶后部　rearward of right cranial lobe
3. 右中叶　right median lobe
4. 心脏　heart
5. 右后叶　right caudal lobe

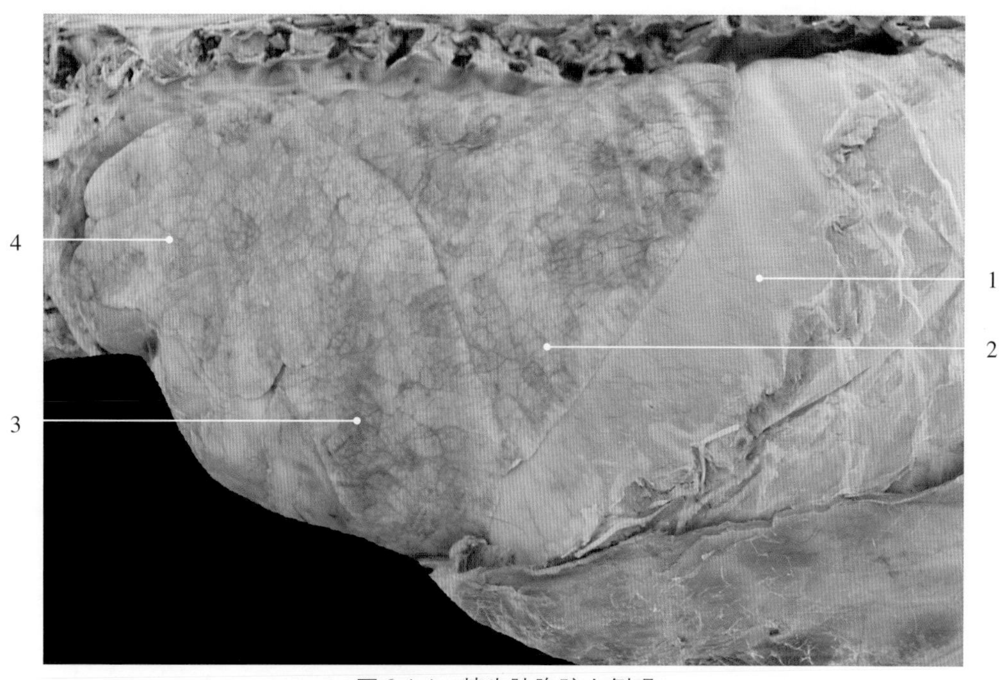

图6-4-4　犊牛肺胸腔左侧观

1. 膈 diaphragm　　3. 左中叶 left median lobe
2. 左后叶 left caudal lobe　　4. 左前叶 left cranial lobe

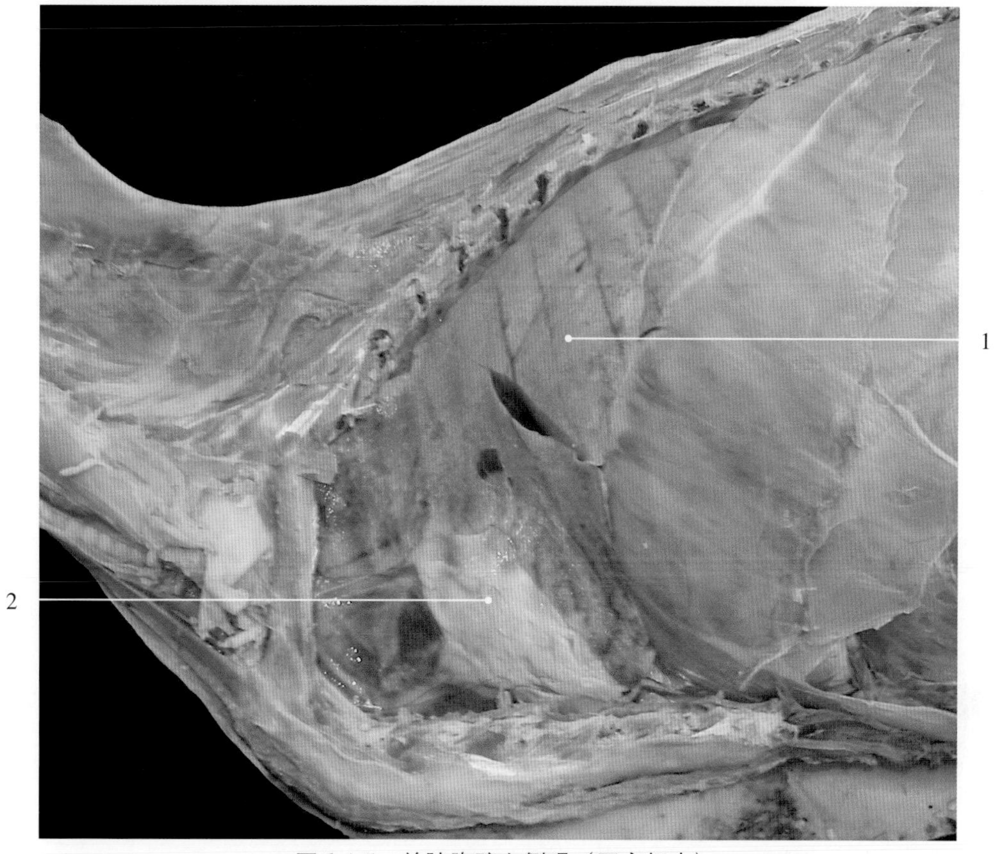

图6-4-5　羊肺胸腔左侧观（固定标本）

1. 肺 lung　　2. 心脏 heart

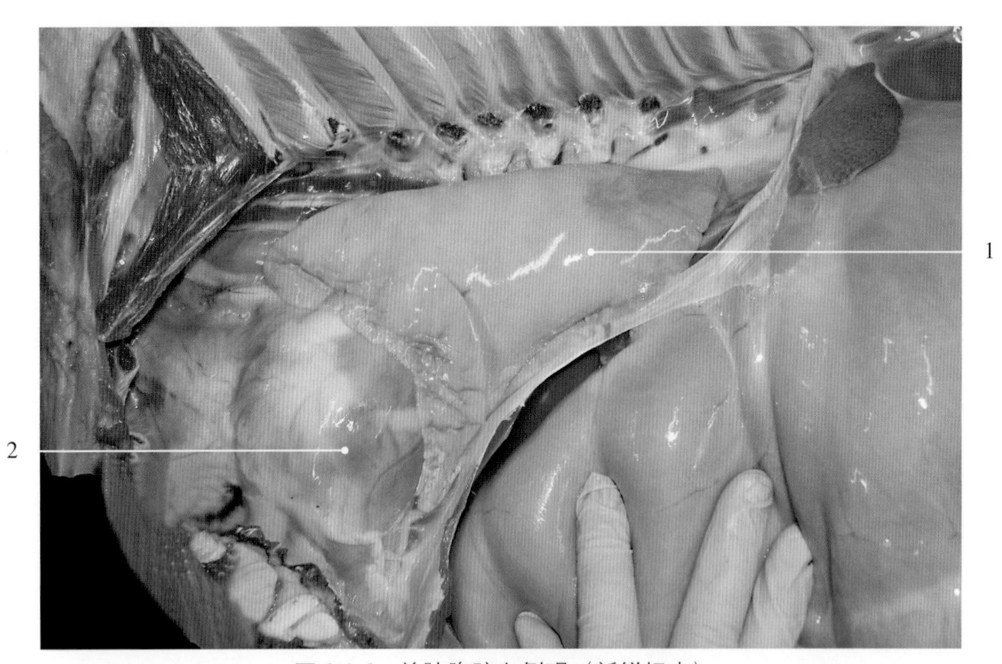

图6-4-6　羊肺胸腔左侧观（新鲜标本）

1. 肺 lung　　2. 心脏 heart

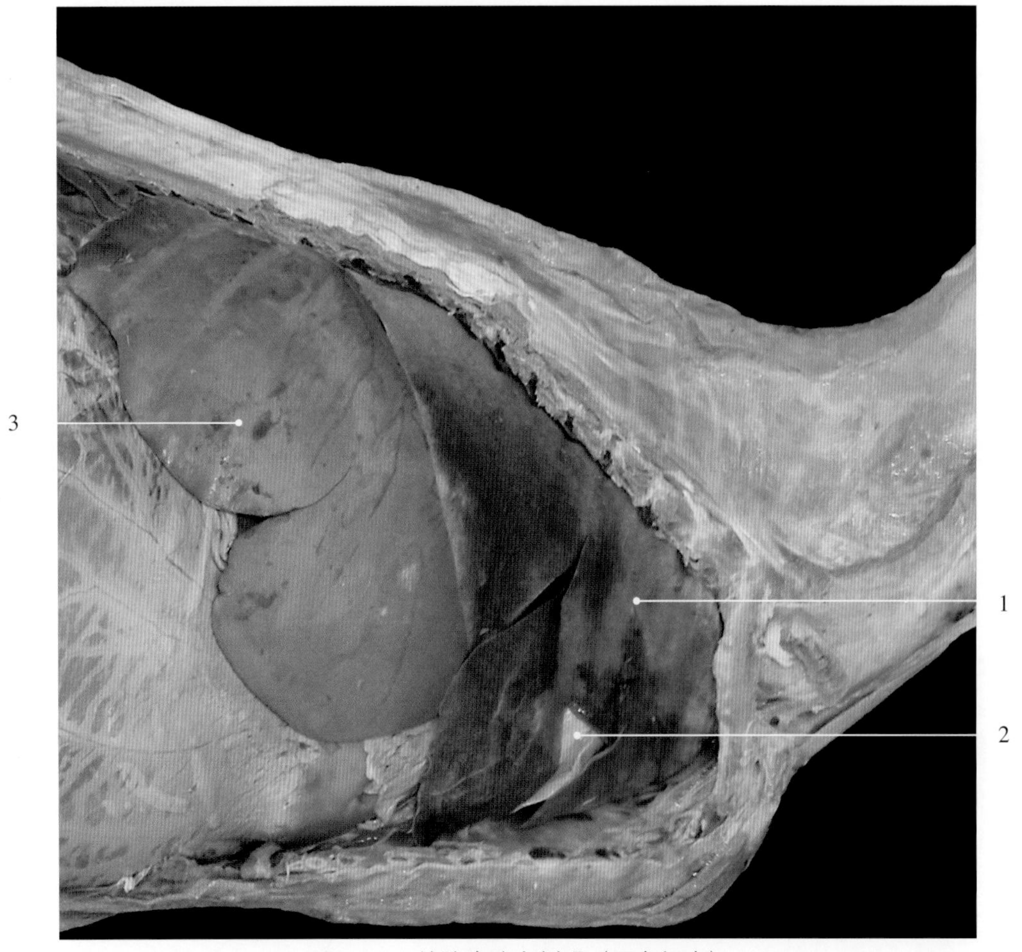

图6-4-7　羊肺胸腔右侧观（固定标本）

1. 肺 lung
2. 心脏 heart
3. 肝 liver

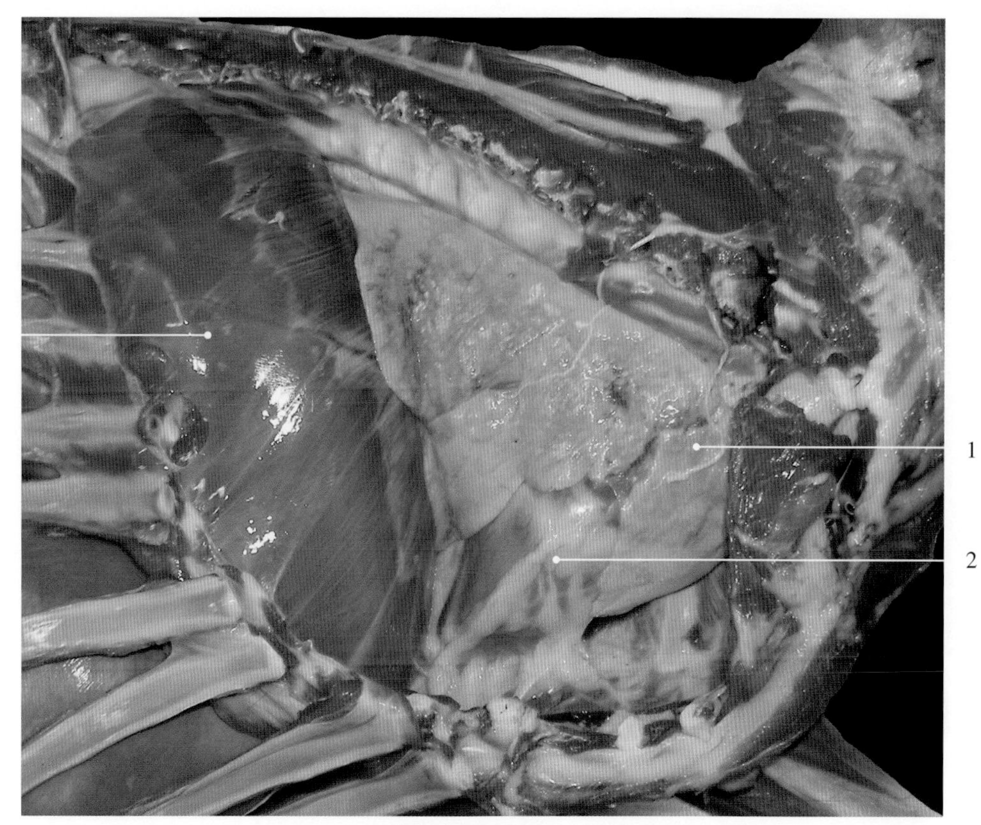

图6-4-8 羊肺胸腔右侧观（新鲜标本）

1. 肺 lung
2. 心脏 heart
3. 膈 diaphragm

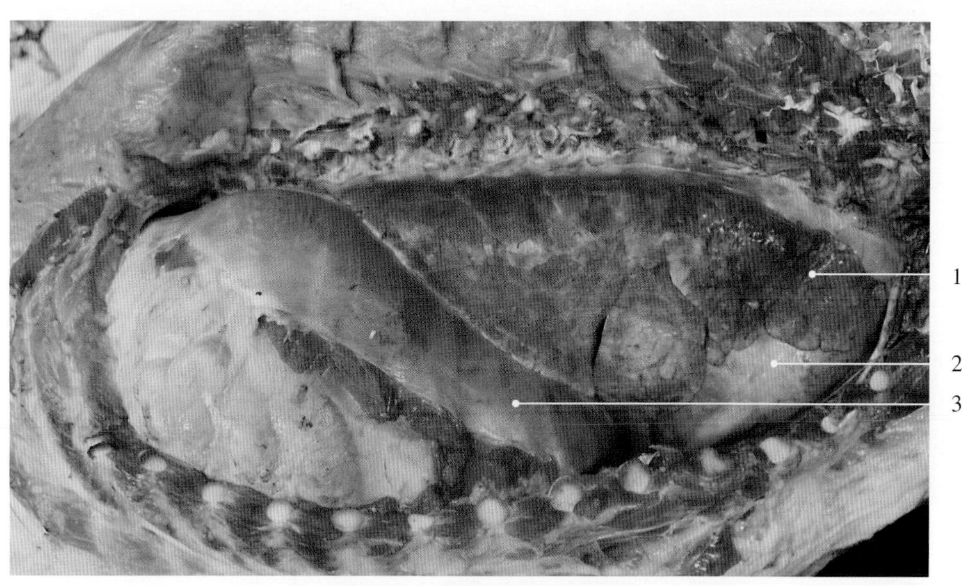

图6-4-9 猪肺胸腔右侧观

1. 肺 lung　2. 心脏 heart　3. 膈 diaphragm

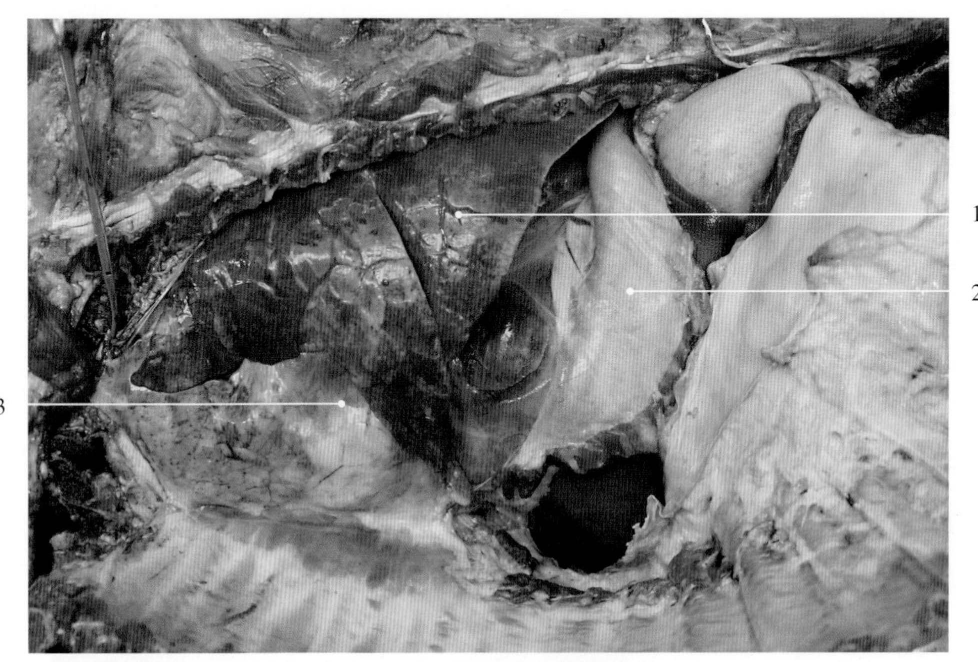

图6-4-10　猪肺胸腔左侧观

1. 肺 lung　　2. 膈 diaphragm　　3. 心脏 heart

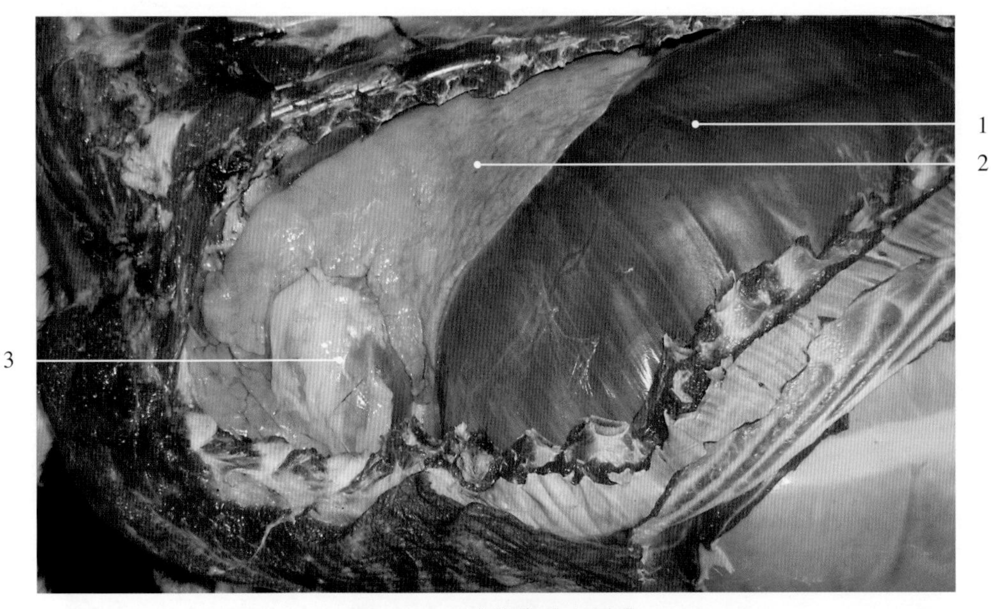

图6-4-11　驴肺胸腔左侧观

1. 膈 diaphragm　　2. 肺 lung　　3. 心脏 heart

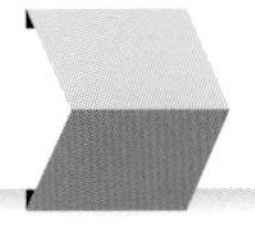

图6-4-12　公驴肺胸腔右侧观

1. 膈 diaphragm　　3. 心脏 heart
2. 肺 lung

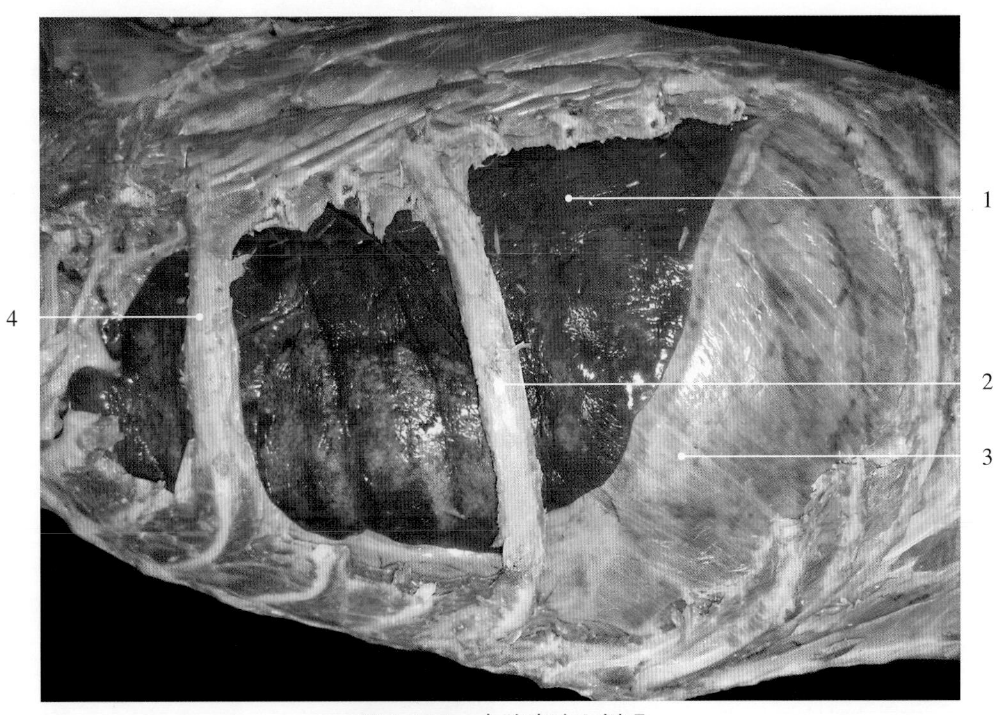

图6-4-13　犬肺胸腔左侧观

1. 肺 lung　　3. 膈 diaphragm
2. 第6肋 6th rib　　4. 第3肋 3rd rib

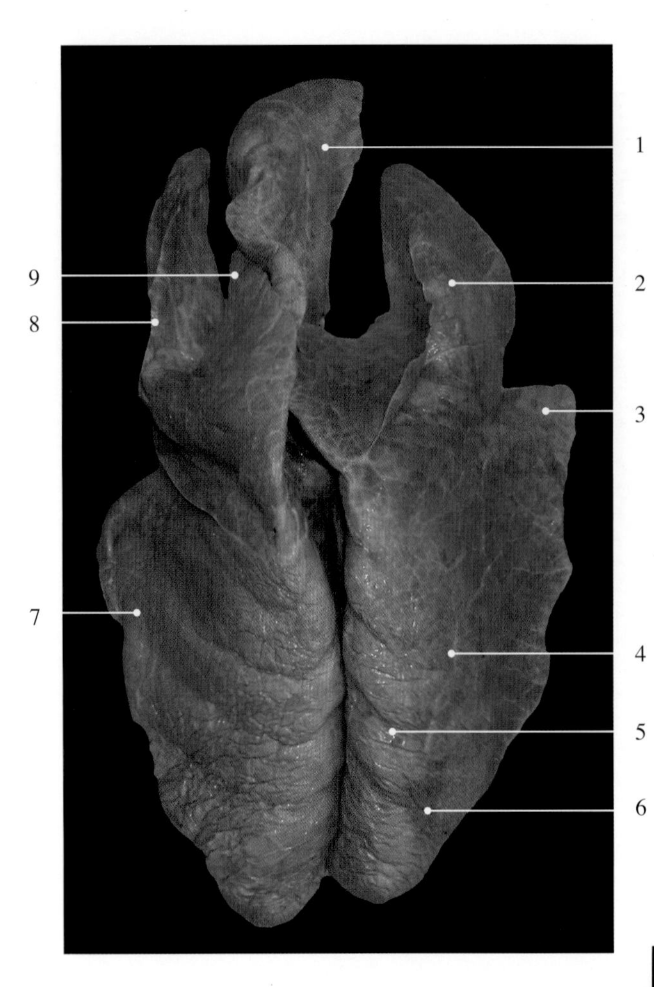

图6-4-14　牛肺壁面

1. 右前叶 / 右尖叶　r ght cranial lobe / right apical lobe
2. 右中叶 / 右心叶　r ht median lobe / right cardiac lobe
3. 右后叶前部 / 右膈 前部　foreside of right caudal lobe/ foreside of right di hragmatic lobe
4. 肋面　costal surfac
5. 肋压迹　rib impress
6. 右后叶后部 / 右膈叶 部　rearward of right caudal lobe/ rearward of right dia ragmatic lobe
7. 左后叶 / 左膈叶　left dal lobe / left diaphragmatic lobe
8. 左中叶 / 左心叶　left ian lobe / left cardiac lobe
9. 左前叶 / 左尖叶　lef l lobe / left apical lobe

图6-4-15　犊牛肺壁面

1. 右前叶 / 右尖叶　right cranial lobe / right apical lobe
2. 右中叶 / 右心叶　right median lobe / right cardiac lobe
3. 右后叶 / 右膈叶　right caudal lobe / right diaphragmatic lobe
4. 左后叶 / 左膈叶　left caudal lobe / left diaphragmatic lobe
5. 左中叶 / 左心叶　left median lobe / left cardiac lobe
6. 左前叶 / 左尖叶　left cranial lobe / left apical lobe

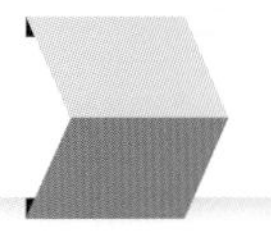

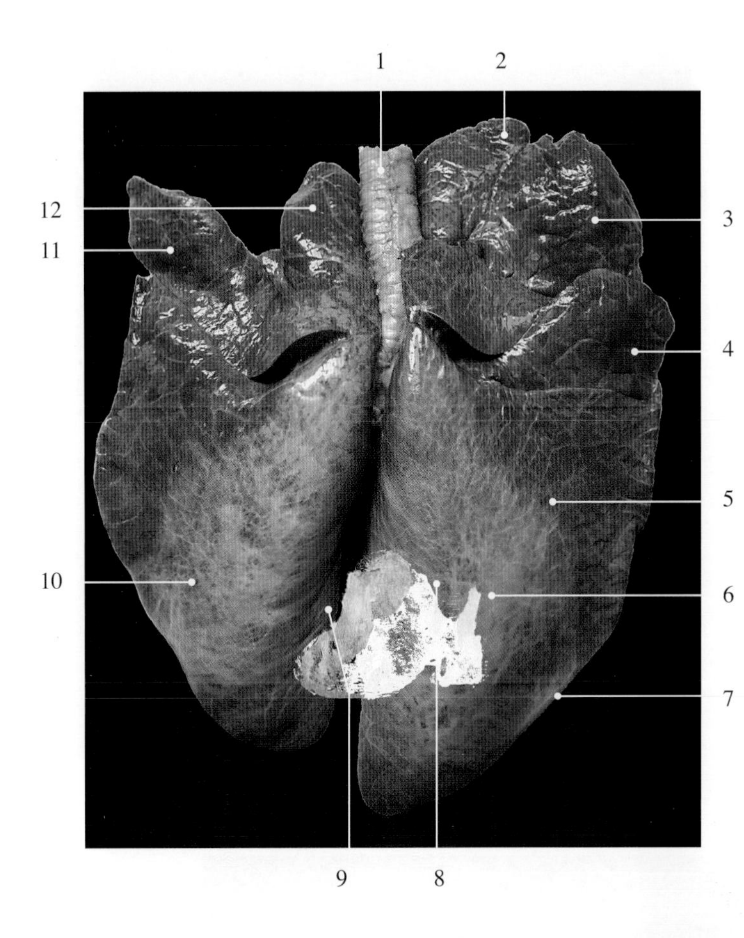

图6-4-16　牛肺壁面

1. 气管 trachea
2. 右前叶前部/右尖叶前部 cranial part of right cranial lobe / cranial part of right apical lobe
3. 右前叶后部/右尖叶后部 caudal part of right cranial lobe / caudal part of right apical lobe
4. 右中叶/右心叶 right middle lobe / right cardiac lobe
5. 右后叶/右膈叶 right caudal lobe / right diaphragmatic lobe
6. 肋面 costal surface
7. 腹侧缘/锐缘 ventral border / incisive margin
8. 背侧缘/钝缘 dorsal border / blunt margin
9. 纵隔面 mediastinal surface
10. 左后叶/左膈叶 left caudal lobe / left diaphragmatic lobe
11. 左中叶/左心叶 left middle lobe / left cardiac lobe
12. 左前叶/左尖叶 left cranial lobe / left apical lobe

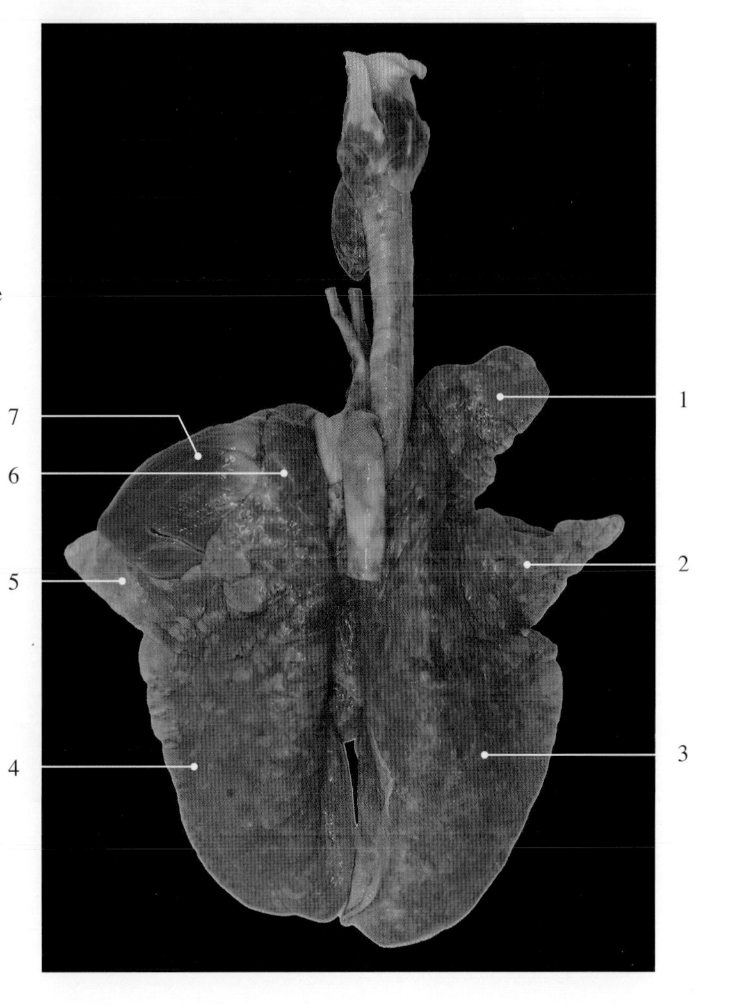

图6-4-17　猪心肺壁面

1. 右前叶/右尖叶 right cranial lobe / right apical lobe
2. 右中叶/右心叶 right median lobe / right cardiac lobe
3. 右后叶/右膈叶 right caudal lobe / right diaphragmatic lobe
4. 左后叶/左膈叶 left caudal lobe / left diaphragmatic lobe
5. 左中叶/左心叶 left median lobe / left cardiac lobe
6. 左前叶/左尖叶 left cranial lobe / left apical lobe
7. 心脏 heart

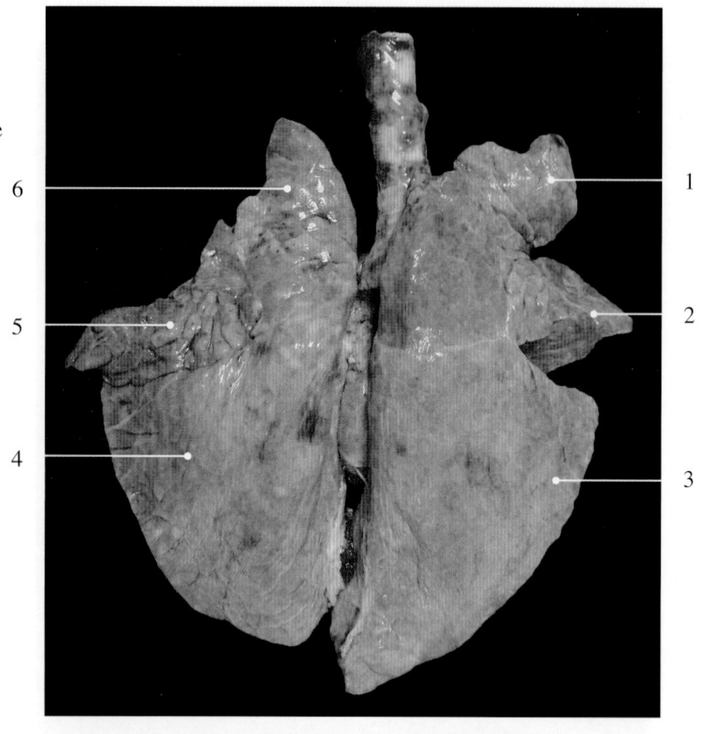

图6-4-18　猪肺壁面

1. 右前叶/右尖叶 right cranial lobe / right apical lobe
2. 右中叶/右心叶 right median lobe / right cardiac lobe
3. 右后叶/右膈叶 right caudal lobe / right diaphragmatic lobe
4. 左后叶/左膈叶 left caudal lobe / left diaphragmatic lobe
5. 左中叶/左心叶 left median lobe / left cardiac lobe
6. 左前叶/左尖叶 left cranial lobe / left apical lobe

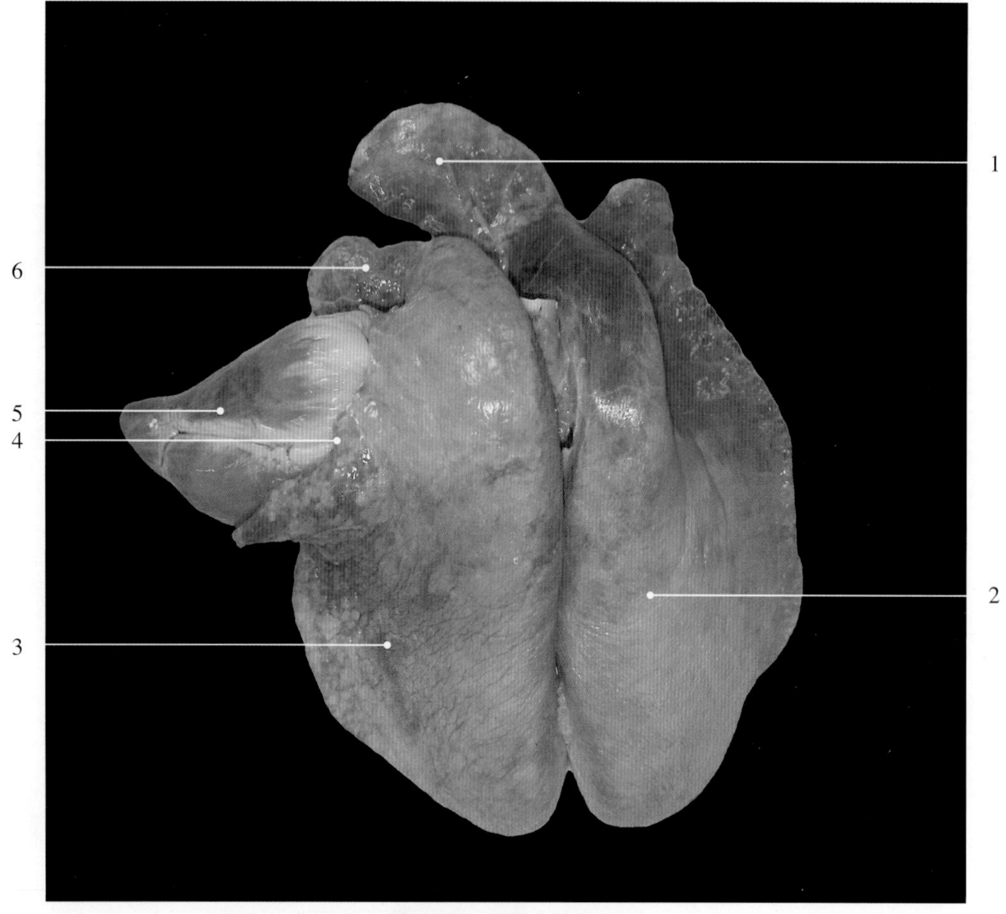

图6-4-19　驴心肺壁面

1. 右前叶/右尖叶 right cranial lobe / right apical lobe
2. 右后叶/右膈叶 right caudal lobe / right diaphragmatic lobe
3. 左后叶/左膈叶 left caudal lobe / left diaphragmatic lobe
4. 心压迹 cardiac impression
5. 心脏 heart
6. 左前叶/左尖叶 left cranial lobe / left apical lobe

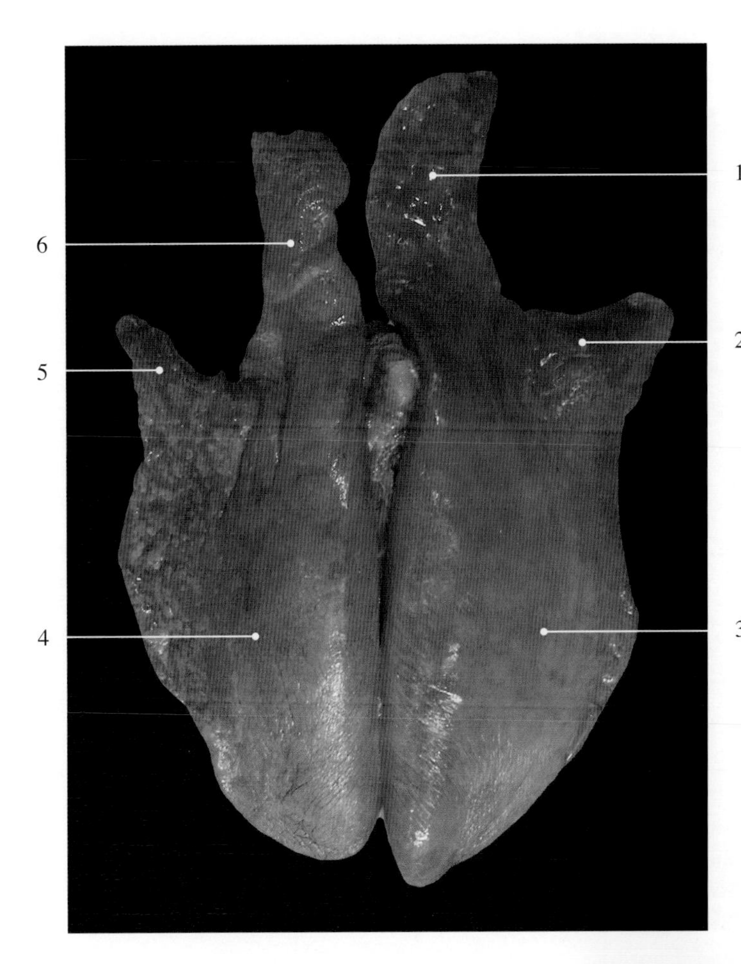

图6-4-20 驴肺壁面

1. 右前叶/右尖叶 right cranial lobe / right apical lobe
2. 右中叶/右心叶 right median lobe / right cardiac lobe
3. 右后叶/右膈叶 right caudal lobe / right diaphragmatic lobe
4. 左后叶/左膈叶 left caudal lobe / left diaphragmatic lobe
5. 左中叶/左心叶 left median lobe / left cardiac lobe
6. 左前叶/左尖叶 left cranial lobe / left apical lobe

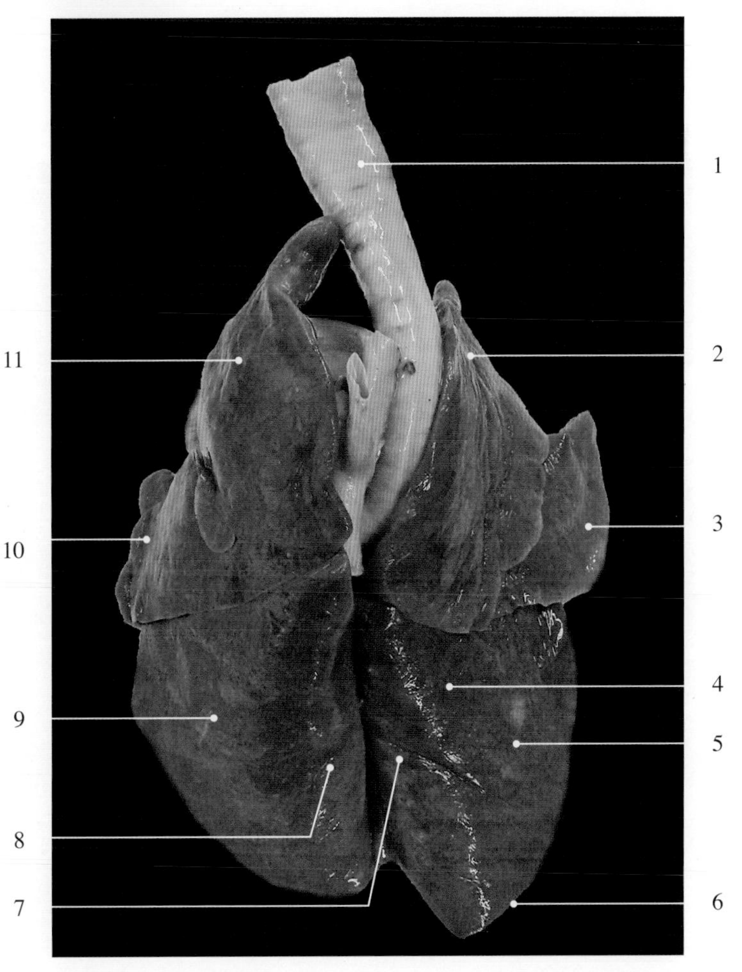

图6-4-21 犬肺壁面

1. 气管 trachea
2. 右前叶/右尖叶 right cranial lobe / right apical lobe
3. 右中叶/右心叶 right middle lobe / right cardiac lobe
4. 肋面 costal surface
5. 右后叶/右膈叶 right caudal lobe / right diaphragmatic lobe
6. 腹侧缘/锐缘 ventral border / incisive margin
7. 纵隔面 mediastinal surface
8. 背侧缘/钝缘 dorsal border / blunt margin
9. 左后叶/左膈叶 left caudal lobe / left diaphragmatic lobe
10. 左中叶/左心叶 left middle lobe / left cardiac lobe
11. 左前叶/左尖叶 left cranial lobe / left apical lobe

图6-4-22　牛肺脏面

1. 右前叶前部/右尖叶前部 cranial part of right cranial lobe / cranial part of right apical lobe
2. 气管 trachea
3. 左前叶/左尖叶 left cranial lobe / left apical lobe
4. 左中叶/左心叶 left middle lobe / left cardiac lobe
5. 肺门淋巴结 hilus pulmonis lymphatic nodes
6. 左后叶/左膈叶 left caudal lobe / left diaphragmatic lobe
7. 纵隔面 mediastinal surface
8. 锐缘 incisive margin
9. 膈面 diaphragmatic surface
10. 右后叶/右膈叶 right caudal lobe / right diaphragmatic lobe
11. 副叶 accessory lobe
12. 右中叶/右心叶 right middle lobe/ right cardiac lobe
13. 右前叶后部/右尖叶后部 caudal part of right cranial lobe / caudal part of right apical lobe

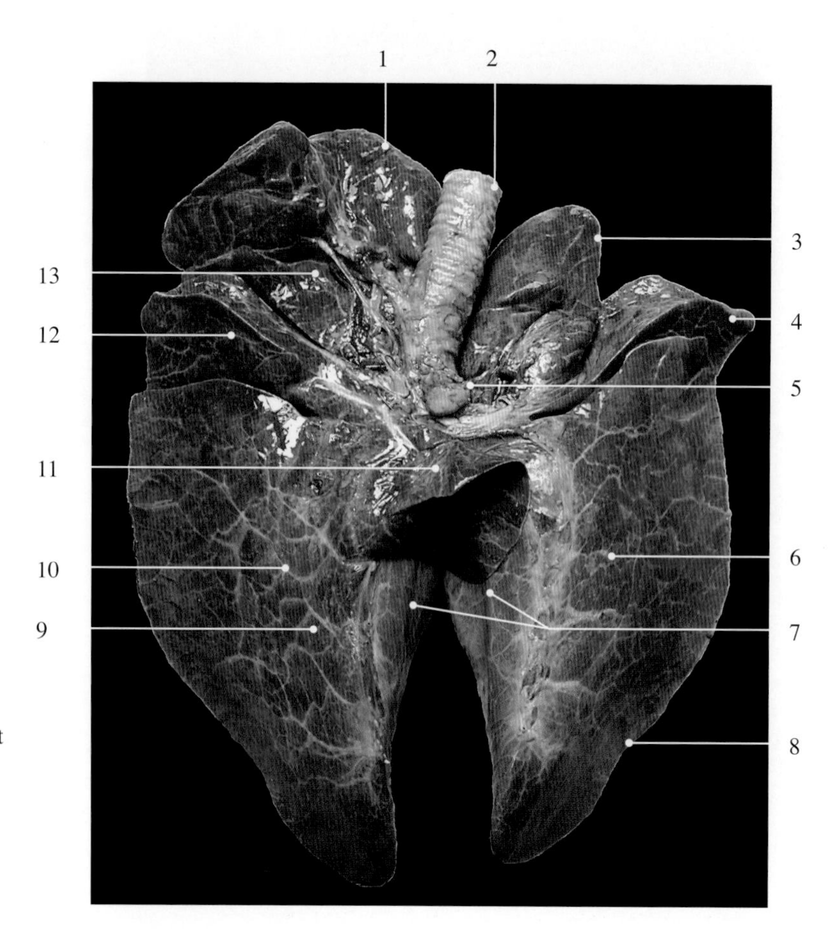

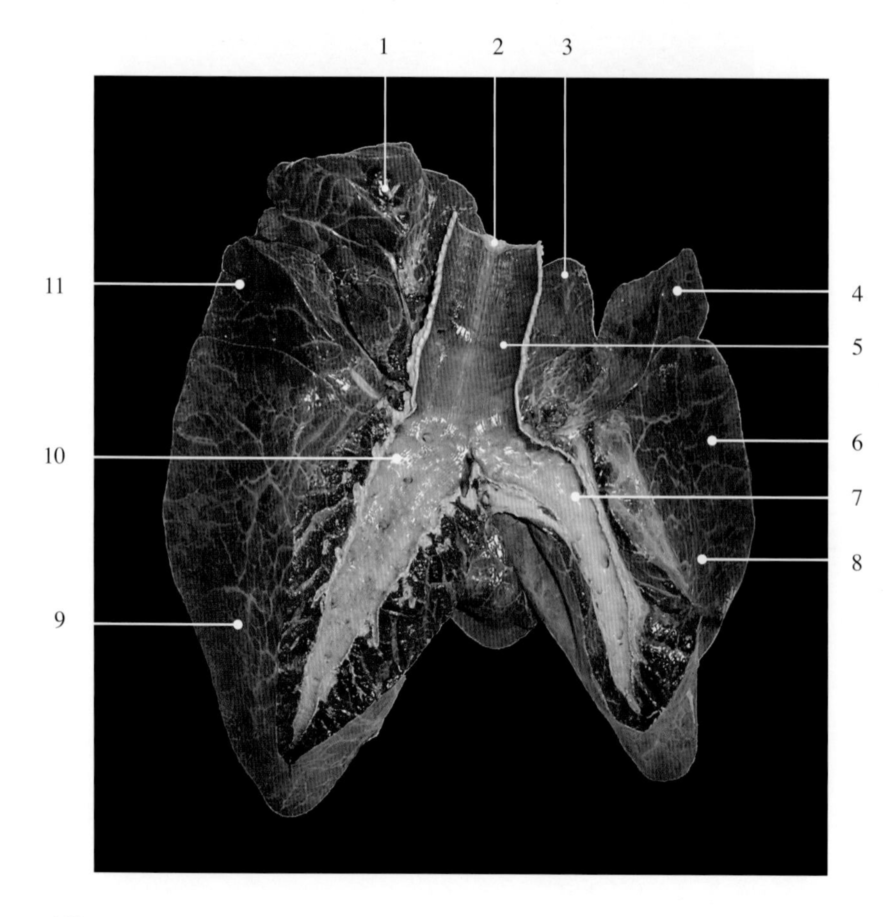

图6-4-23　牛肺气管、支气管与肺剖面

1. 右前叶前部/右尖叶前部 cranial part of right cranial lobe / cranial part of right apical lobe
2. 气管 trachea
3. 左前叶/左尖叶 left cranial lobe / left apical lobe
4. 左中叶/左心叶 left middle lobe / left cardiac lobe
5. 气管黏膜 tracheal mucosa
6. 左后叶/左膈叶 left caudal lobe / left diaphragmatic lobe
7. 左主支气管 left principal bronchus
8. 膈面 diaphragmatic surface
9. 右后叶/右膈叶 right caudal lobe / right diaphragmatic lobe
10. 右主支气管 right principal bronchus
11. 右中叶/右心叶 right middle lobe/ right cardiac lobe

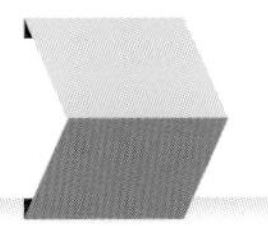

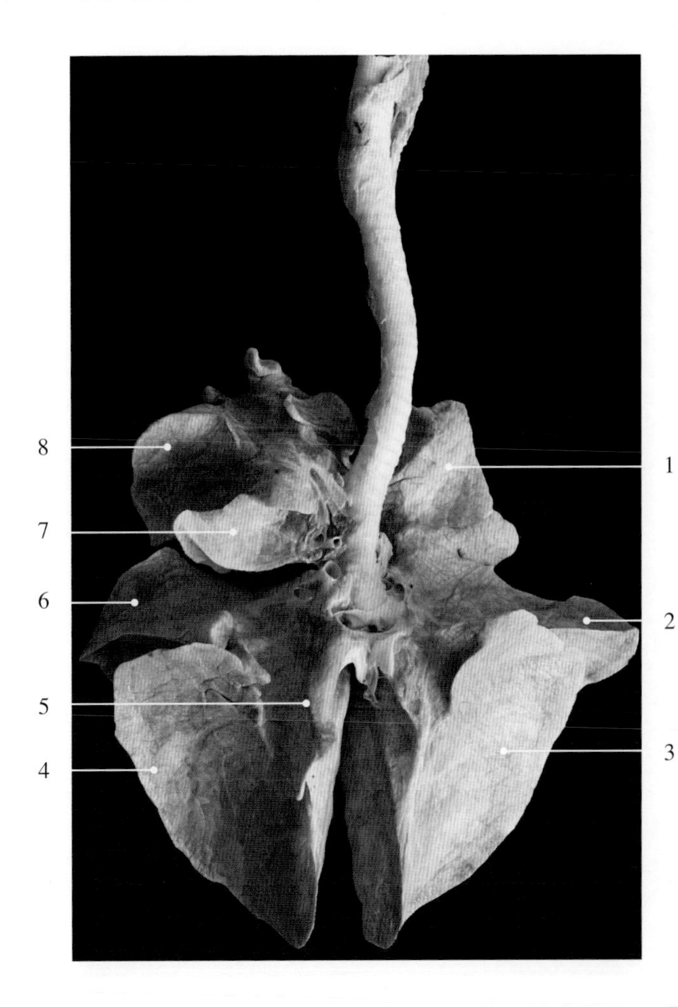

图6-4-24　犊牛肺脏面

1. 左前叶/左尖叶　left cranial lobe / left apical lobe
2. 左中叶/左心叶　left median lobe / left cardiac lobe
3. 左后叶/左膈叶　left caudal lobe / left diaphragmatic lobe
4. 右后叶/右膈叶　right caudal lobe / right diaphragmatic lobe
5. 副叶　accessory lobe
6. 右中叶/右心叶　right median lobe / right cardiac lobe
7. 右前叶后部/右尖叶后部
   rearward of right cranial lobe / rearward of right apical lobe
8. 右前叶前部/右尖叶前部
   foreside of right cranial lobe / foreside of right apical lobe

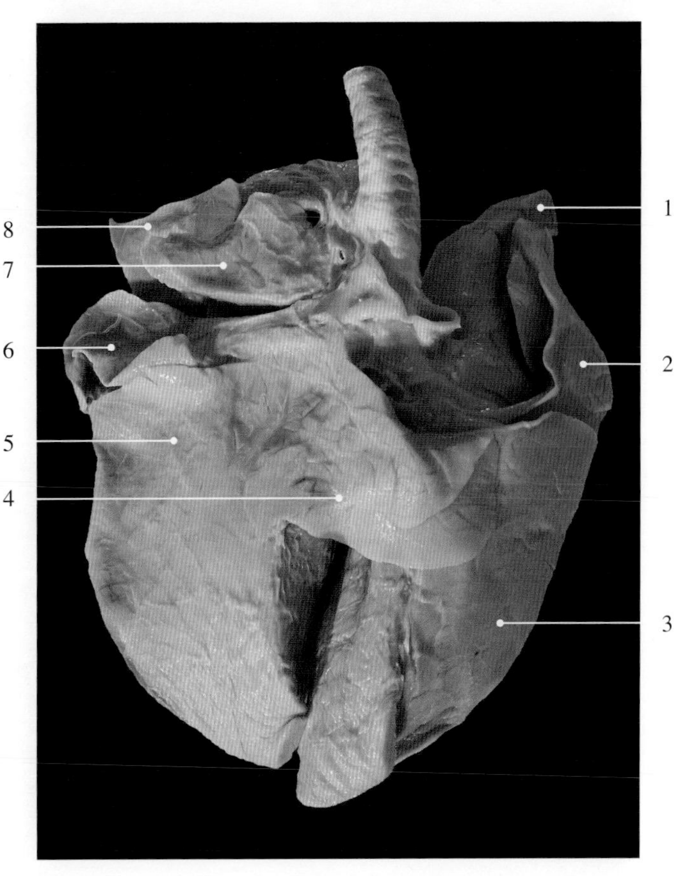

图6-4-25　羊肺脏面

1. 左前叶/左尖叶　left cranial lobe / left apical lobe
2. 左中叶/左心叶　left median lobe / left cardiac lobe
3. 左后叶/左膈叶　left caudal lobe / left diaphragmatic lobe
4. 副叶　accessory lobe
5. 右后叶/右膈叶　right caudal lobe / right diaphragmatic lobe
6. 右中叶/右心叶　right median lobe / right cardiac lobe
7. 右前叶后部/右尖叶后部
   rearward of right cranial lobe / rearward of right apical lobe
8. 右前叶前部/右尖叶前部
   foreside of right cranial lobe / foreside of right apical lobe

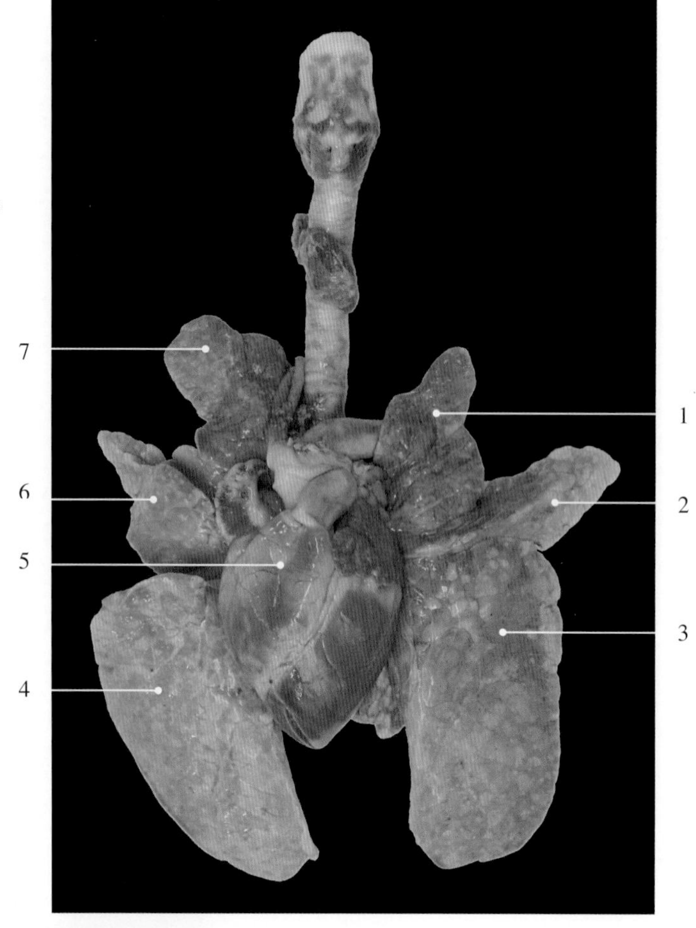

图6-4-26 猪肺脏面和心

1. 左前叶/左尖叶 left cranial lobe / left apical lobe
2. 左中叶/左心叶 left median lobe / left cardiac lobe
3. 左后叶/左膈叶 left caudal lobe / left diaphragmatic lobe
4. 右后叶/右膈叶 right caudal lobe / right diaphragmatic lobe
5. 心脏 heart
6. 右中叶/右心叶 right median lobe / right cardiac lobe
7. 右前叶/右尖叶 right cranial lobe / right apical lobe

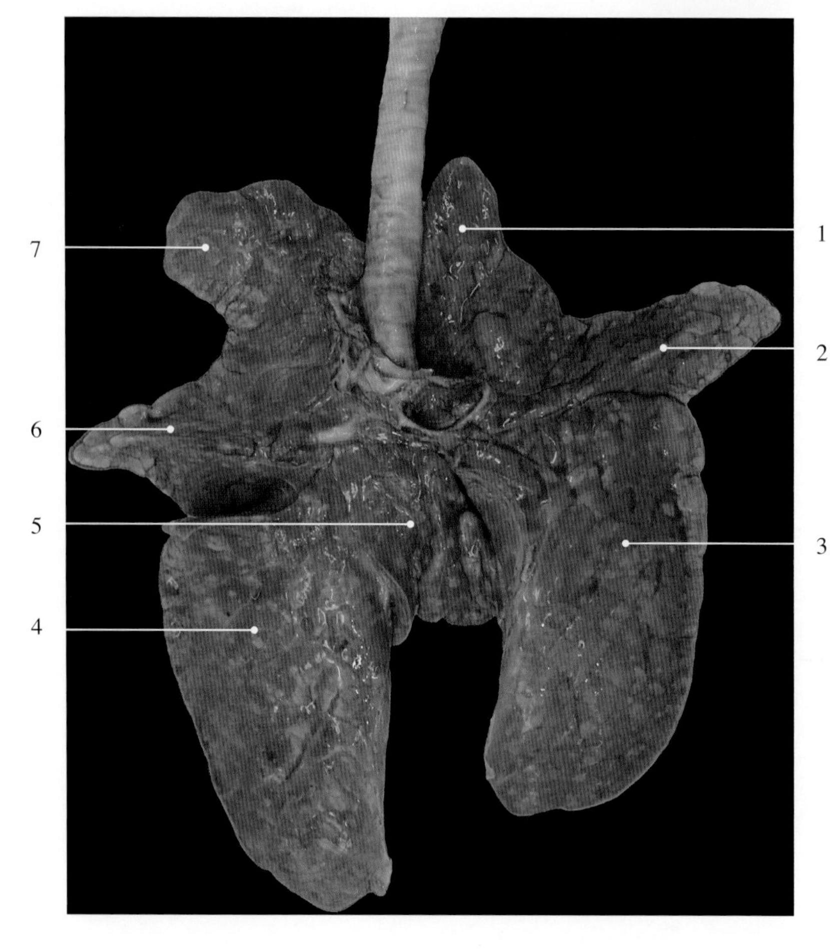

图6-4-27 猪肺腹侧观

1. 左前叶/左尖叶 left cranial lobe/ left apical lobe
2. 左中叶/左心叶 left median lobe/left cardiac lobe
3. 左后叶/左膈叶 left caudal lobe/left diaphragmatic lobe
4. 右后叶/右膈叶 right caudal lobe/ right diaphragmatic lobe
5. 副叶 accessory lobe
6. 右中叶/右心叶 right median lobe/right cardiac lobe
7. 右前叶/右尖叶 right cranial lobe /right apical lobe

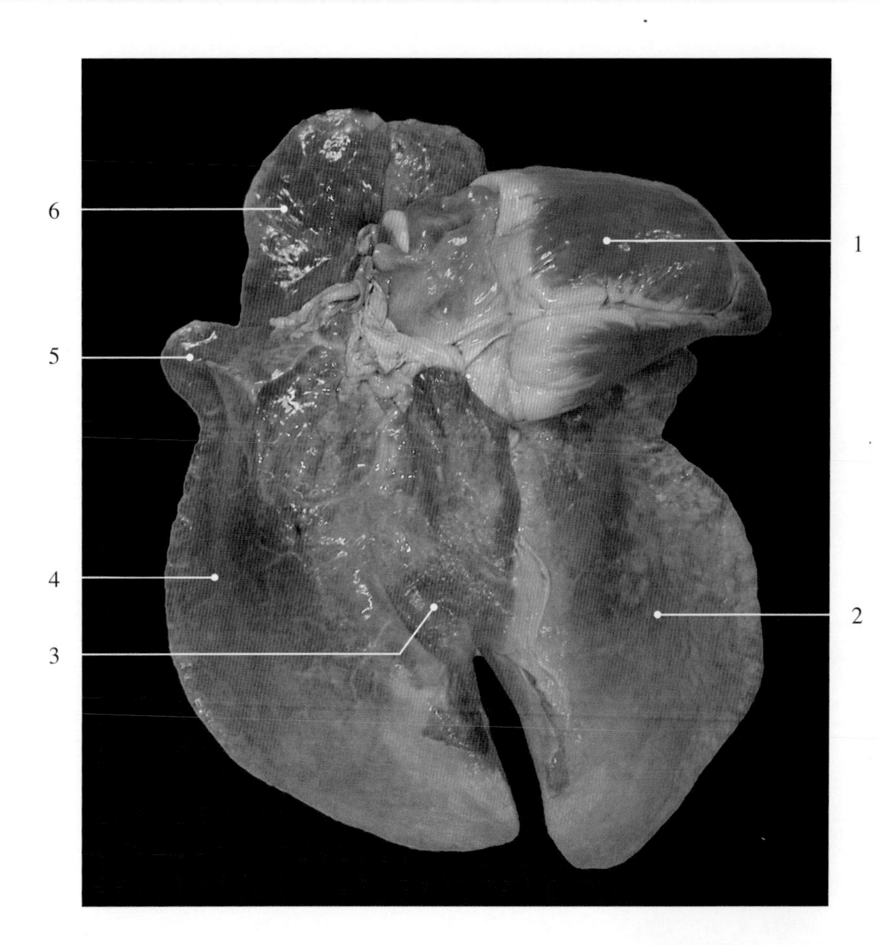

图6-4-28　驴心肺脏面

1. 心脏 heart
2. 左后叶/左膈叶 left caudal lobe / left diaphragmatic lobe
3. 副叶 accessory lobe
4. 右后叶/右膈叶 right caudal lobe / right diaphragmatic lobe
5. 右中叶/右心叶 right median lobe / right cardiac lobe
6. 右前叶/右尖叶 right cranial lobe / right apical lobe

7
6
5
4
1
2
3

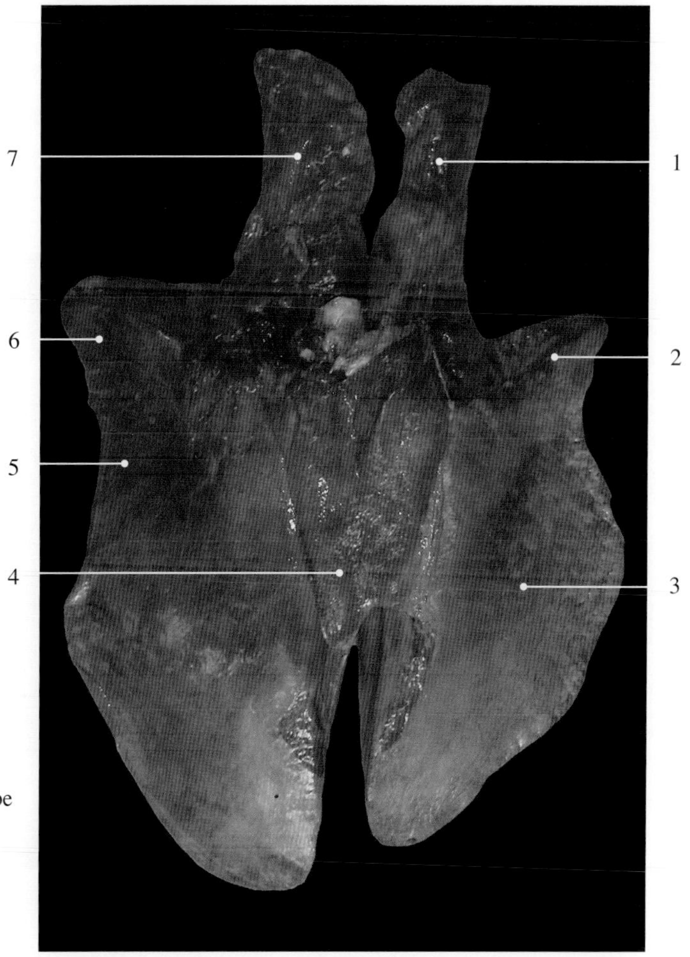

图6-4-29　驴肺脏面

1. 左前叶/左尖叶 left cranial lobe / left apical lobe
2. 左中叶/左心叶 left median lobe / left cardiac lobe
3. 左后叶/左膈叶 left caudal lobe / left diaphragmatic lobe
4. 副叶 accessory lobe
5. 右后叶/右膈叶 right caudal lobe / right diaphragmatic lobe
6. 右中叶/右心叶 right median lobe / right cardiac lobe
7. 右前叶/右尖叶 right cranial lobe / right apical lobe

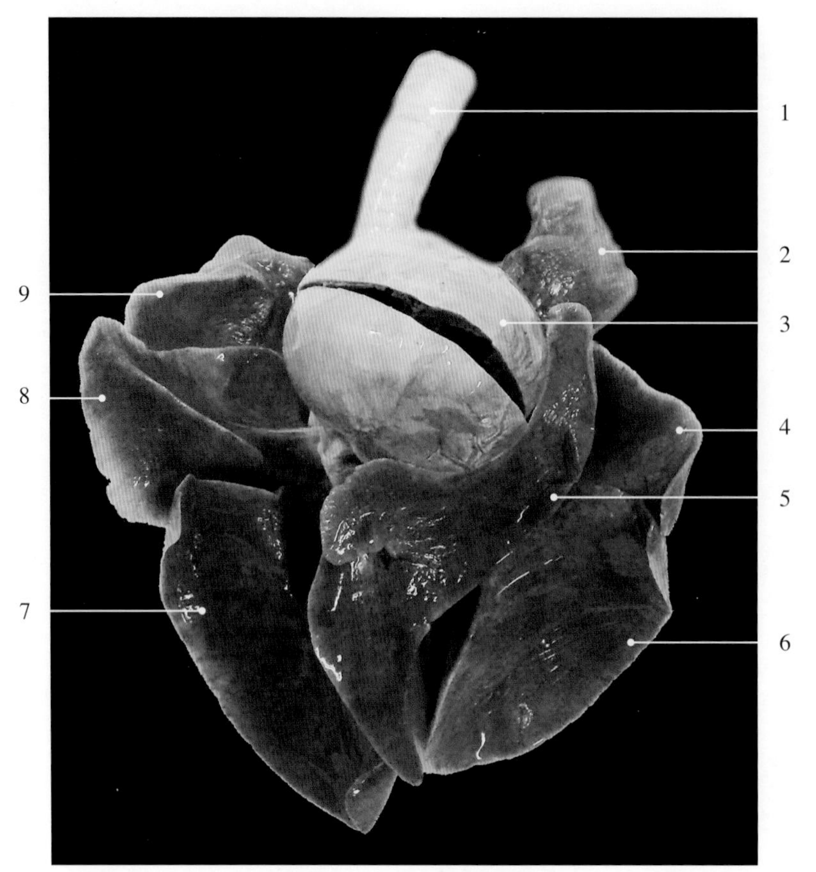

图6-4-30　犬肺脏面和心

1. 气管　trachea
2. 左前叶/左尖叶　left cranial lobe / left apical lobe
3. 心脏，切开　heart, sectioned
4. 左中叶/左心叶　left middle lobe / left cardiac lobe
5. 副叶　accessory lobe
6. 左后叶/左膈叶　left caudal lobe / left diaphragmatic lobe
7. 右后叶/右膈叶　right caudal lobe / right diaphragmatic lobe
8. 右中叶/右心叶　right middle lobe/ right cardiac lobe
9. 右前叶/右尖叶　right cranial lobe / right apical lobe

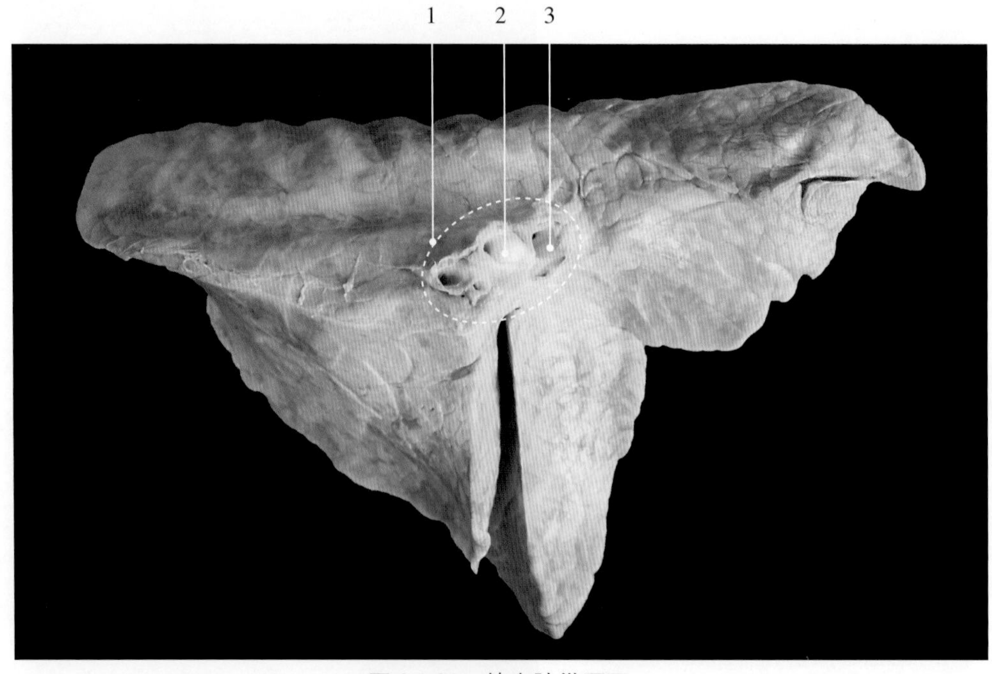

图6-4-31　犊牛肺纵隔面

1. 肺门　hilum of lung　　2. 支气管　bronchus　　3. 肺动脉　pulmonary artery

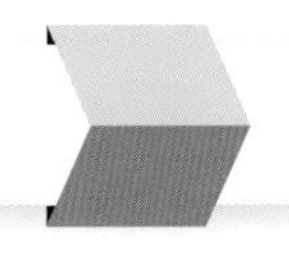

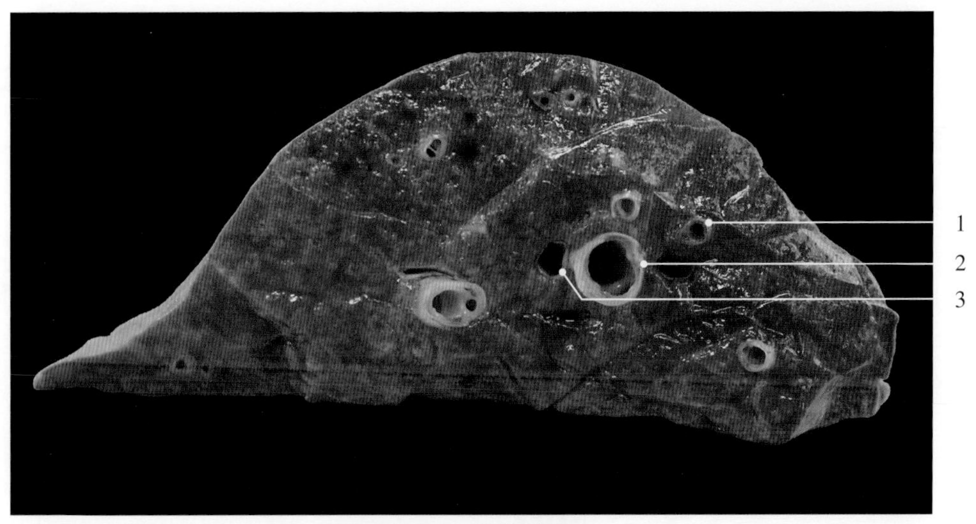

图6-4-32 猪肺横切面

1. 肺动脉分支 ramus of pulmonary artery 3. 肺静脉分支 ramus of pulmonary vein
2. 肺叶支气管 lobar bronchus

图6-4-33 绵羊肺（铸型标本）

1. 气管 trachea 2. 肺动脉 pulmonary artery

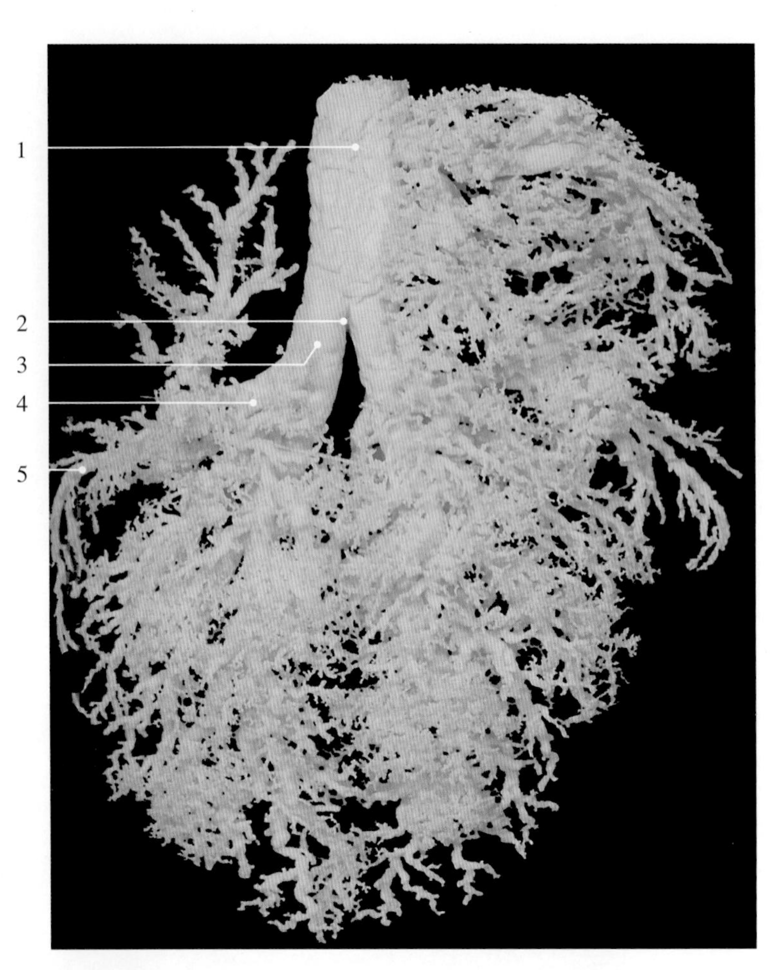

图6-4-34　猪支气管树（铸型标本）

1. 气管　trachea
2. 气管分支处　divaricate site of trachea
3. 主支气管　main bronchus
4. 肺叶支气管　lobar bronchus
5. 节段性支气管　segmental bronchus

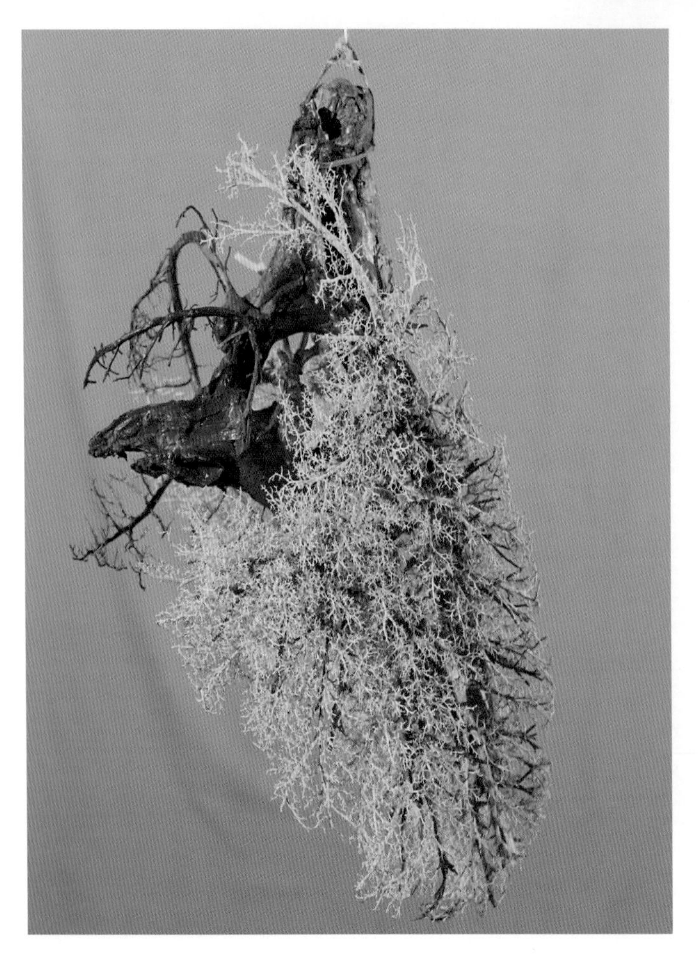

图6-4-35　马肺支气管树左侧观（铸型标本）

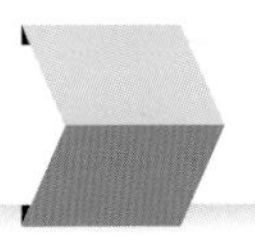

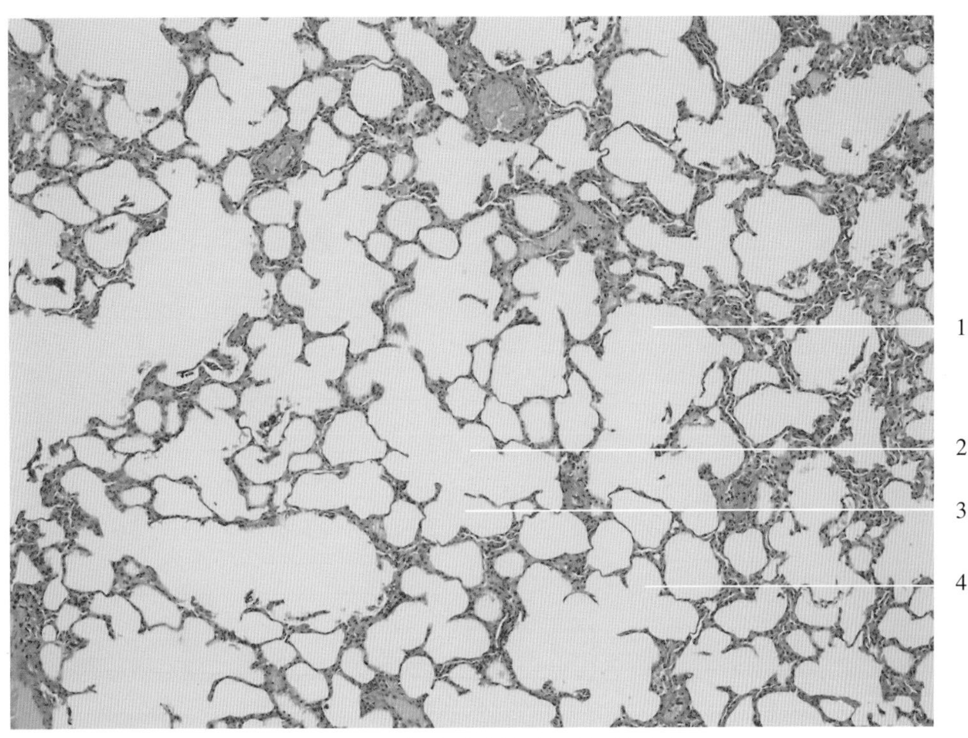

图6-4-36　猴肺组织学切片（HE染色）

1. 呼吸性细支气管 respiratory bronchiole　3. 肺泡囊 alveolar sac
2. 肺泡管 alveolar duct　4. 肺泡 alveoli of lung

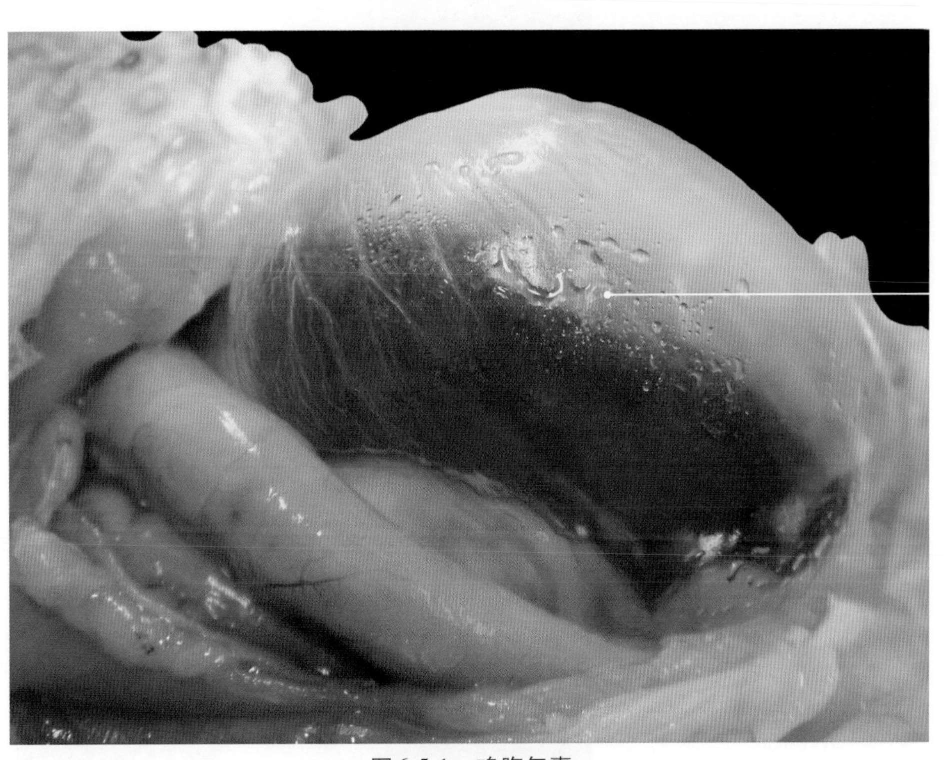

图6-5-1　鸡腹气囊

1. 腹气囊 abdominal airsal

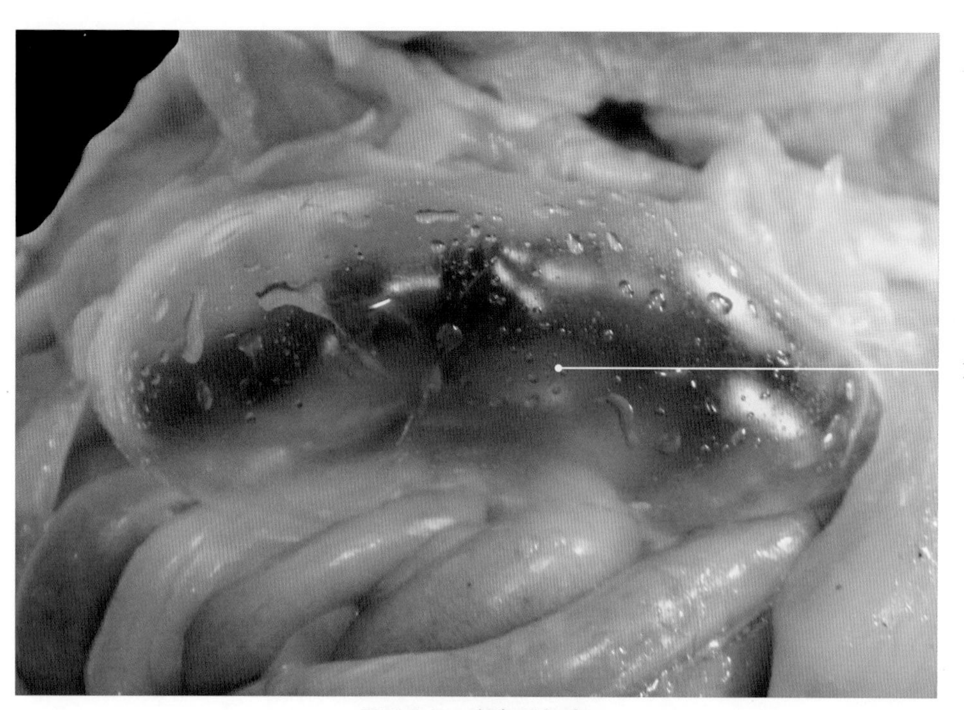

图6-5-2　鸡胸后气囊

1. 胸后气囊 thoracal caudal airsal

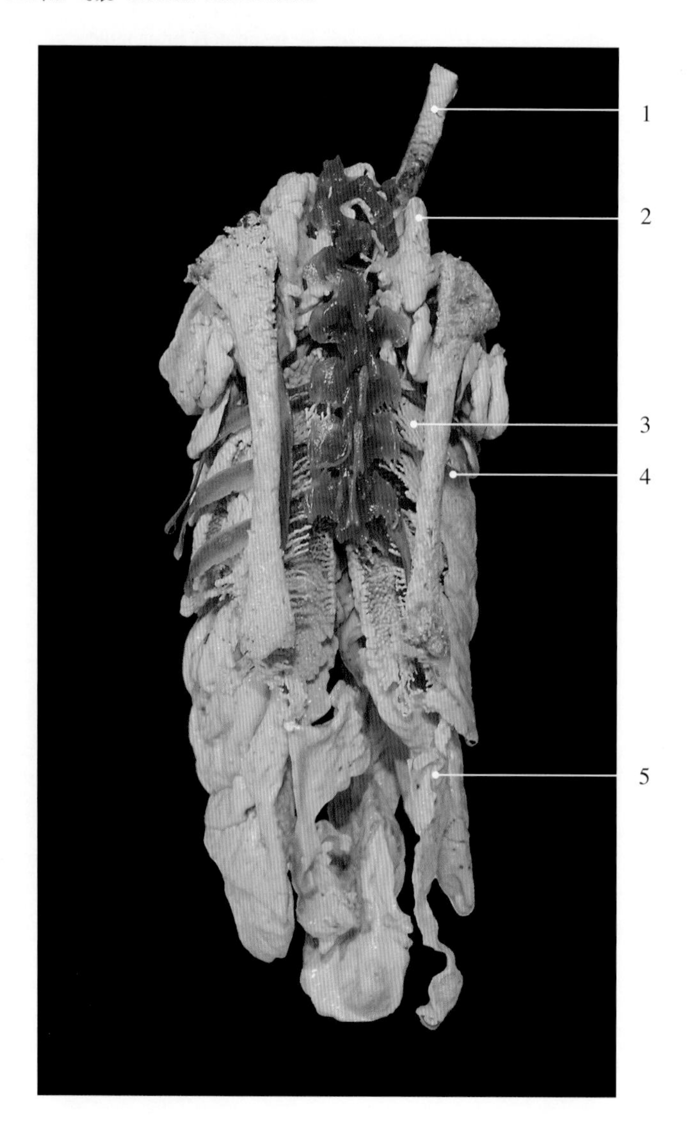

图6-5-3　北京鸭气囊背侧观

1. 气管 trachea
2. 颈气囊 cervical airsal
3. 肺 lung
4. 肋 rib
5. 胸后气囊 thoracal caudal airsal

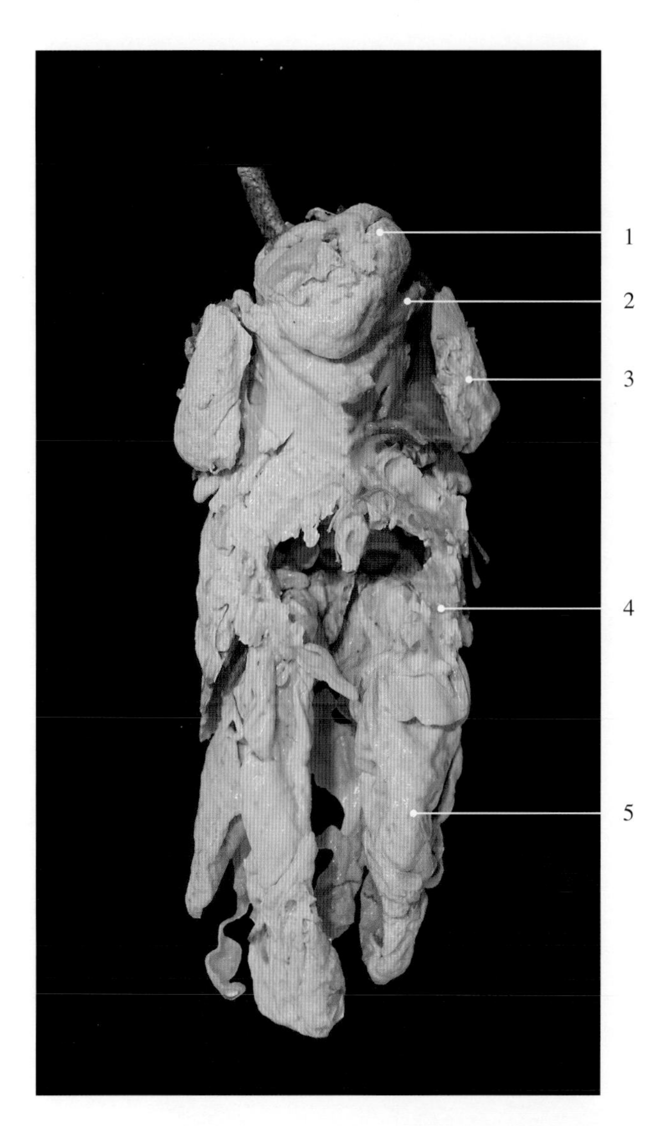

图6-5-4　北京鸭气囊腹侧观

1. 锁骨间气囊 interclavicle airsal
2. 颈气囊 cervical airsal
3. 胸前气囊 thoracal cranial air sac
4. 胸后气囊 thoracal caudal airsal
5. 腹气囊 abdominal airsal

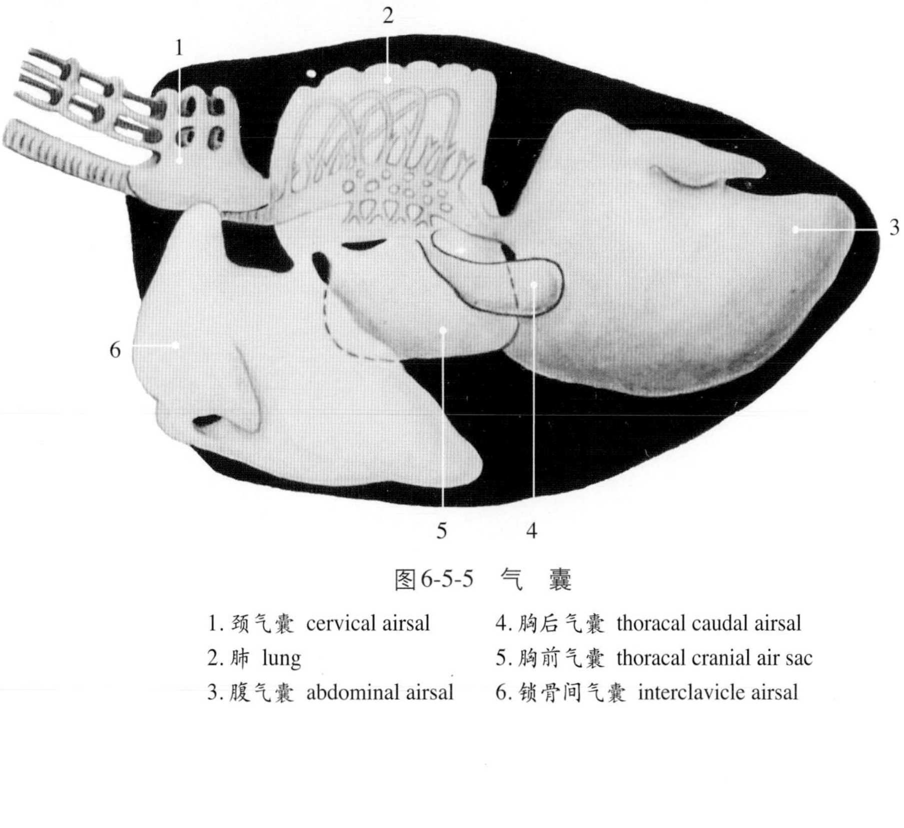

图6-5-5　气　囊

1. 颈气囊 cervical airsal
2. 肺 lung
3. 腹气囊 abdominal airsal
4. 胸后气囊 thoracal caudal airsal
5. 胸前气囊 thoracal cranial air sac
6. 锁骨间气囊 interclavicle airsal

第七章
泌尿系统

泌尿系统图谱

泌尿系统包括肾、输尿管、膀胱和尿道。

一、肾的一般结构

肾（kidney）是成对的实质性器官，左右各一，位于最后几个胸椎和前3个腰椎的腹侧，腹主动脉和后腔静脉的两侧。营养状况良好的动物，肾周围有脂肪包裹，叫肾脂囊或脂肪囊（adipose capsule）。肾的内侧缘中部凹陷，叫肾门（renal hilum），是输尿管、血管（肾动脉和肾静脉）、淋巴管和神经出入肾的地方。肾门深入肾内形成肾窦（renal sinus），是由肾实质围成的腔隙，以容纳肾盏和肾盂等。肾的表面包有一层薄而坚韧的纤维膜，称为纤维囊（fibrous capsule），亦称被膜。健康动物肾的纤维囊容易剥离。

肾的实质由若干个肾叶组成。每个肾叶分为浅部的皮质和深部的髓质。肾皮质（renal cortex）因富于血管，故新鲜标本呈红褐色，切面上有许多细小颗粒状小体，叫肾小体（renal corpuscle）。肾髓质（renal medulla）颜色较浅，切面上可见许多纵向条纹，它是由许多肾小管构成。呈圆锥形的髓质部分叫作肾锥体（renal pyramid）。伸入相邻肾锥体之间的皮质，在肾的切面上称为肾柱（renal column）。肾锥体的顶（末端）形成肾乳头（renal papilla），乳头上有许多乳头孔（papillary foramen），形成筛区（cribriform area），与肾盏或肾盂相对。

动物种类不同，肾叶的合并程度不同，由此可分出各种不同的肾类型。有沟多乳头肾，这种肾仅肾叶中间部合并，肾表面有沟，内部有分离的乳头，如牛肾；平滑多乳头肾，肾叶的皮质部完全合并，但内部仍有单独存在的乳头，如猪肾；平滑单乳头肾，肾叶的皮质部和髓质部完全合并，肾乳头连成嵴状，如马肾、羊肾、犬肾和骆驼肾。鲸、熊、水獭等动物的肾则由许多独立的肾叶组成，属复肾。

二、肾的类型及形态特点

（一）牛肾

牛的右肾呈长椭圆形，上下稍扁，位于第12肋间隙至第2 ~ 3腰椎横突的腹侧。前端位于肝的肾压迹内。肾门位于肾腹侧面的前部，接近内侧缘。左肾呈三棱形，前端较小，后端大而钝圆，因其有较长的系膜，故位置不固定。当瘤胃充满时，左肾横过体正中线到右侧，位于右肾的后下方。瘤胃空虚时，则左肾的一部分，仍位于左侧，初生牛犊由于瘤胃不发达，左、右肾位置近于对称。

牛肾属于有沟多乳头肾。肾叶大部分融合一起，肾的表面有沟，肾乳头单个存在。肾乳头孔流出的尿液汇入输尿管的起始部。输尿管的起始端，在肾窦内形成前、后两条集合管。每条集合管又分出许多分枝，分枝的末端膨大形成肾小盏，每个肾小盏包围着一个肾乳头。无明显的肾盂。

（二）猪肾

猪肾属于平滑多乳头肾。肾叶的皮质部完全合并，但髓质则分开，肾乳头单独存在。每个肾乳头与一个肾小盏相对，肾小盏汇入两个肾大盏，后者汇成肾盂，延接输尿管。左、右肾呈豆形，较长扁。两侧肾位置对称，位于最后胸椎和前3个腰椎横突腹侧。右肾前端不与肝相接。

（三）马肾

马肾属于平滑单乳头肾，不仅肾叶之间的皮质部完全合并，而且相邻肾叶髓质部之间也完全合并，肾乳头融合成嵴状，称为肾嵴。肾盂呈漏斗状，中部稍宽，肾盂两端接裂隙状终隐窝（terminal recess）。肾盂延接输尿管。

右肾略大，呈钝角三角形，位于最后2 ～ 3肋骨椎骨端及第1腰椎横突的腹侧。右肾前端与肝相接，在肝上形成明显的肾压迹。左肾呈豆形，位置偏后，位于最后肋骨和前2或3个腰椎横突的腹侧。

（四）羊肾和犬肾

羊肾和犬肾均属于平滑单乳头肾。两肾均呈豆形，羊的右肾位于最后肋骨至第2腰椎下，左肾在瘤胃背囊的后方，第4 ～ 5腰椎下。犬的右肾位置比较固定，位于前三个腰椎椎体的腹侧，有的前缘可达最后胸椎。左肾位置变化较大，当胃近于空虚时，肾的位置相当于2 ～ 4腰椎椎体下方。当胃内食物充满时，左肾更向后移，左肾的前端约与右肾后端相对应。羊和犬的肾除在中央纵轴为肾总乳头突入肾盂外，在总乳头两侧尚有多个肾嵴，肾盂除有中央的腔外，并形成相应的隐窝。

三、输尿管

输尿管（ureter）是把肾脏生成的尿液输送到膀胱的细长管道，左、右各一条，起于集合管（牛）或肾盂（马、猪、羊、犬），出肾门后，沿腹腔顶壁向后伸延。左侧输尿管在腹主动脉的外侧，右侧输尿管在后腔静脉的外侧，横过髂内动脉的腹侧面进入骨盆腔。母畜输尿管大部分位于子宫阔韧带的背侧部，公畜的输尿管在骨盆腔内位于尿生殖褶中，与输精管相交叉，向后伸达膀胱颈的背侧，斜向穿入膀胱壁。

四、膀胱

随着贮存尿液量的不同，膀胱（urinary bladder）的形状，大小和位置均有变化。膀胱空虚时，呈梨状，约拳头大小（马、牛），位于骨盆腔内。充满尿液时，顶端可突入腹腔内。公畜的膀胱，背侧与直肠、尿生殖褶，输精管末端，精囊腺及前列腺相接。母畜的膀胱背侧接子宫和阴道。

膀胱可分为膀胱顶（膀胱尖）、膀胱体和膀胱颈3部分。输尿管在膀胱壁内斜向延伸一段距离，在靠近膀胱颈的部位开口于膀胱背侧壁。这种结构特点可防止尿液逆流。膀胱颈延接尿道。在膀胱两侧与盆腔侧壁之间有膀胱侧韧带。在膀胱侧韧带的游离缘有一圆索状物，称为膀胱圆韧带（round ligament of urinary bladder），是胎儿时期脐动脉的遗迹。

牛的膀胱比马的长，充满尿液时，可达腹腔底壁。猪的膀胱比较大，充满尿液时大部分突入腹腔内。

五、尿道

1.雌性尿道 较短，位于阴道腹侧，前端与膀胱颈相接，后端开口于尿生殖前庭起始部的腹侧壁，为尿道外口。牛有明显的尿道下憩室（suburethral diverticulum）。

2.雄性尿道 较长，同雄性生殖道。

六、泌尿系统图谱

1. **泌尿系统的组成**　图7-1-1至图7-1-10。

2. **肾**　图7-2-1至图7-2-40。

3. **输尿管和膀胱**　图7-3-1至图7-3-9。

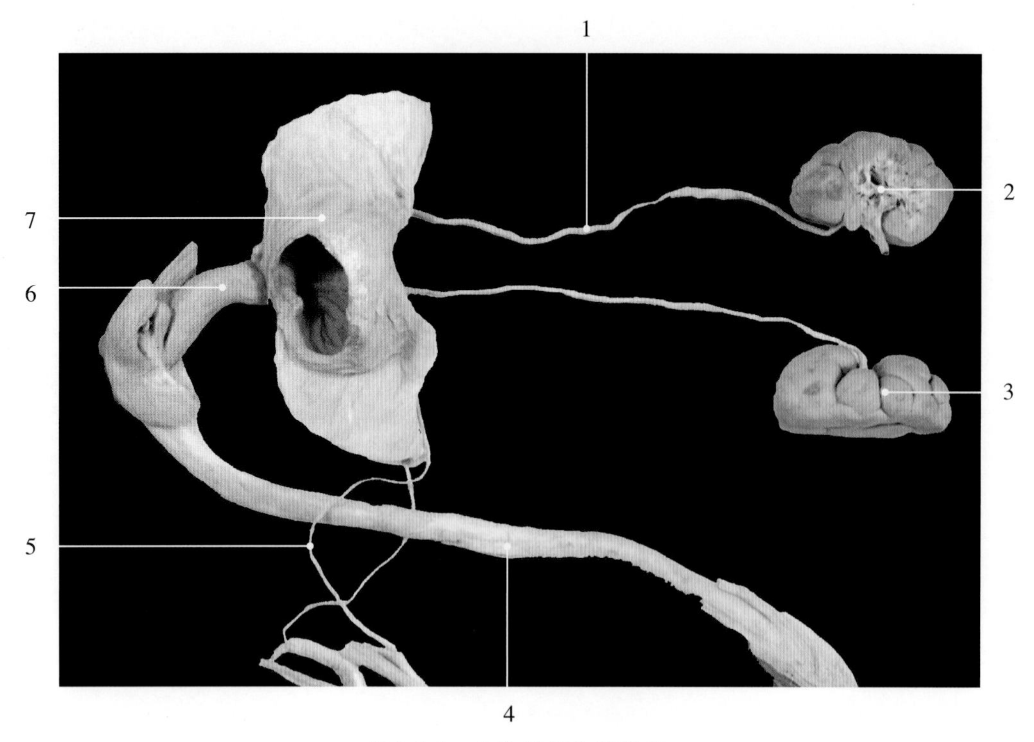

图7-1-1　公牛泌尿生殖器官

1. 输尿管 ureter
2. 肾，切开 kidney, sectioned
3. 肾 kidney
4. 尿生殖道阴茎部 penile part of urogenital tract
5. 输精管 deferent duct
6. 尿生殖道骨盆部 pelvis part of urogenital tract
7. 膀胱 urinary bladder

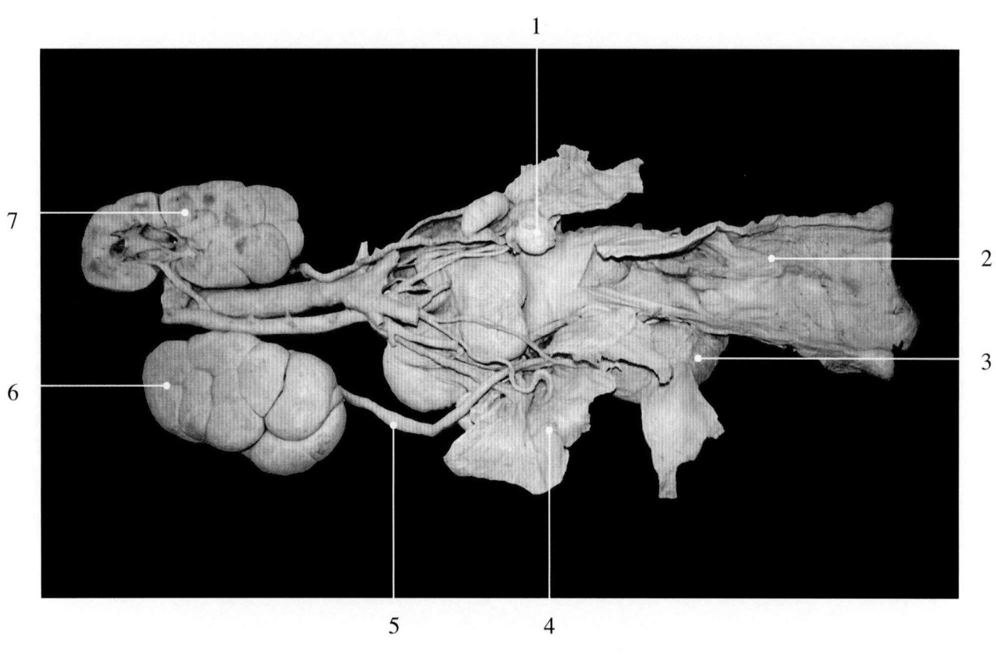

图7-1-2　母牛泌尿生殖器官

1. 卵巢 ovary
2. 尿生殖前庭 urogenital vestibulum
3. 膀胱 urinary bladder
4. 输卵管伞 fimbria of uterine tube
5. 输尿管 ureter
6. 左肾 left kidney
7. 右肾 right kidney

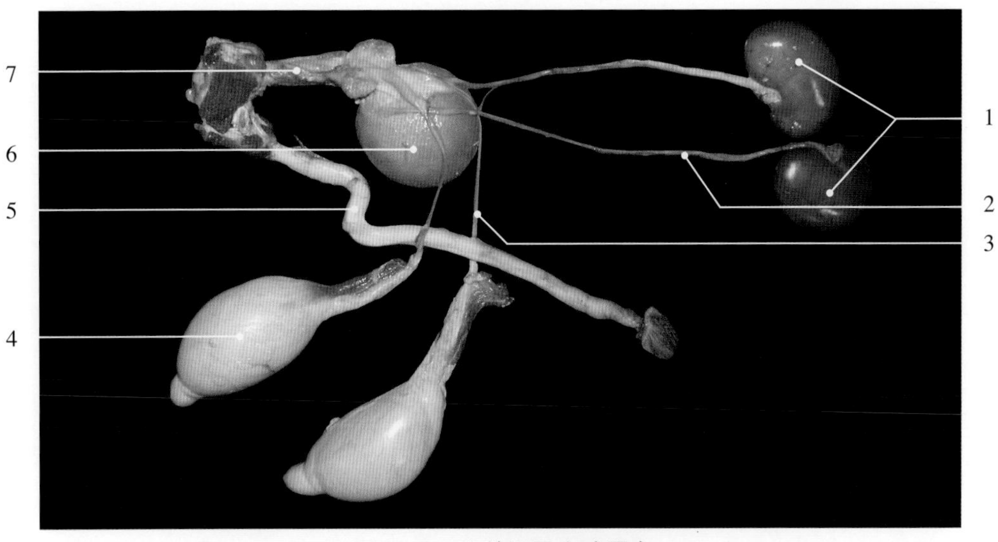

图7-1-3 公羊泌尿生殖器官

1. 肾 kidney
2. 输尿管 ureter
3. 输精管 deferent duct
4. 睾丸 testis
5. 尿生殖道阴茎部 penile part of urogenital tract
6. 膀胱 urinary bladder
7. 尿生殖道骨盆部 pelvis part of urogenital tract

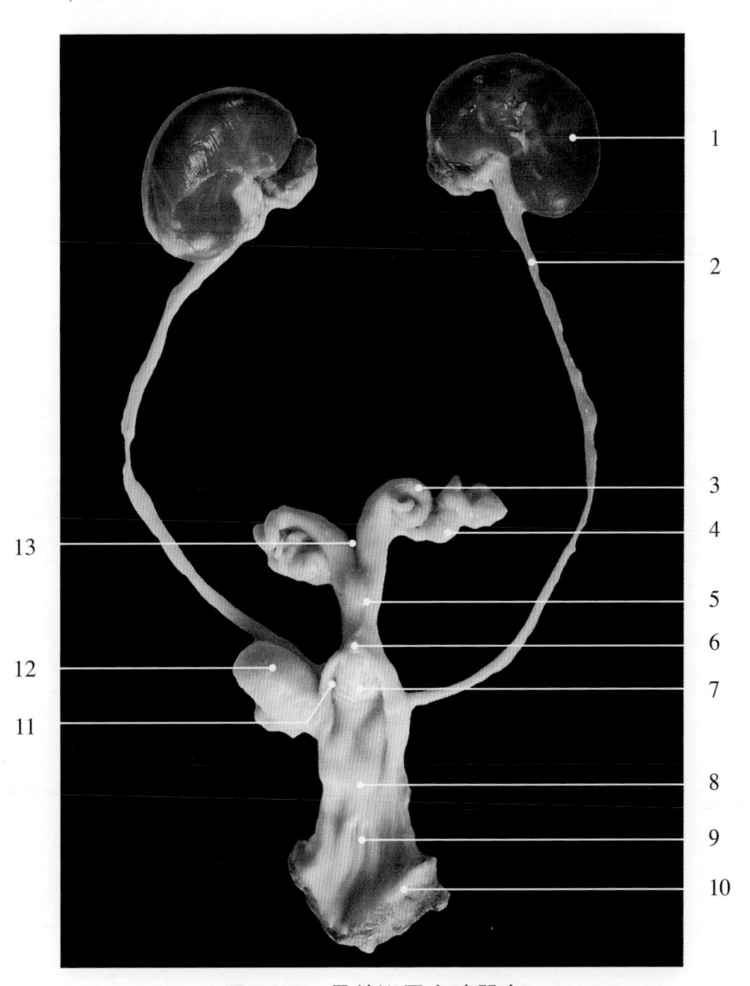

图7-1-4 母羊泌尿生殖器官

1. 肾 kidney
2. 输尿管 ureter
3. 子宫角 uterine horn
4. 卵巢 ovary
5. 子宫体 uterine body
6. 子宫颈 uterine cervix
7. 子宫颈外口 external uterine ostium
8. 阴道 vagina
9. 尿生殖前庭 urogenital vestibulum
10. 阴唇 vulva labium
11. 阴道穹隆 fornix of vagina
12. 膀胱（空虚）膀胱 urinary bladder (empty)
13. 角间韧带 intercornual ligament

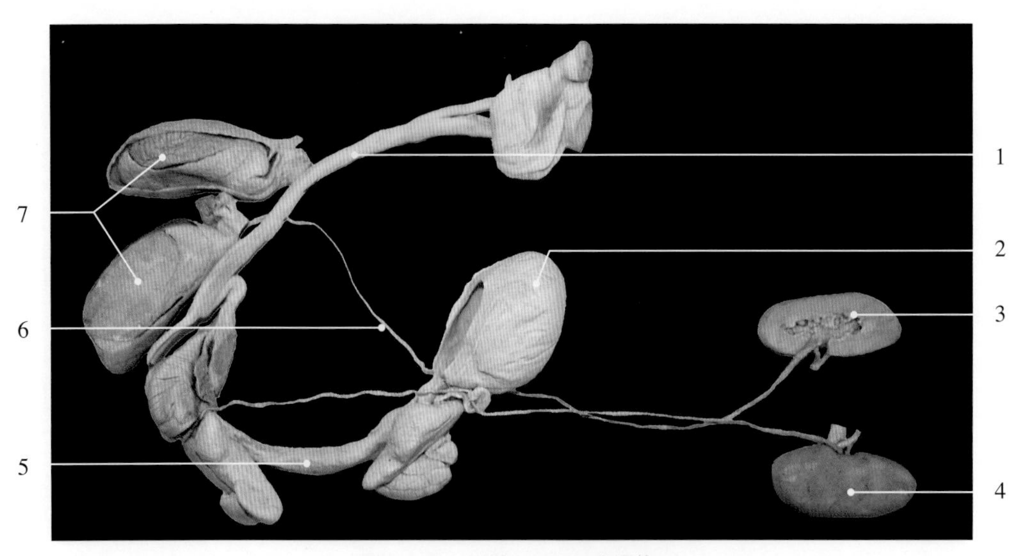

图7-1-5　公猪泌尿生殖器官

1. 尿生殖道阴茎部 penile part of urogenital tract
2. 膀胱 urinary bladder
3. 肾，切开 kidney, sectioned
4. 肾 kidney
5. 尿生殖道骨盆部 pelvis part of urogenital tract
6. 输精管 deferent duct
7. 睾丸 testis

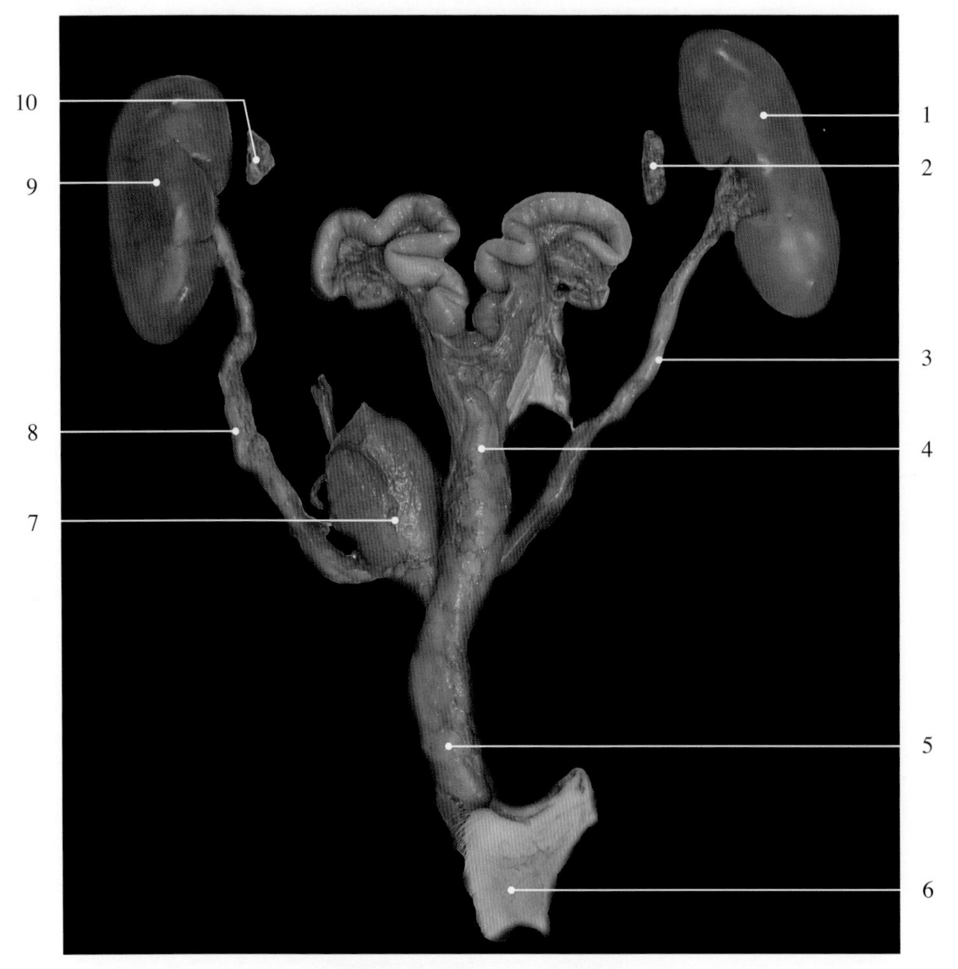

图7-1-6　母猪泌尿生殖器官

1. 右肾 right kidney
2. 右肾上腺 right adrenal gland
3. 右输尿管 right ureter
4. 子宫 uterus
5. 尿生殖前庭 urogenital vestibulum
6. 阴门 vulva
7. 膀胱 bladder
8. 左输尿管 left ureter
9. 左肾 left kidney
10. 左肾上腺 left adrenal gland

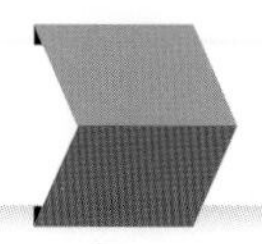

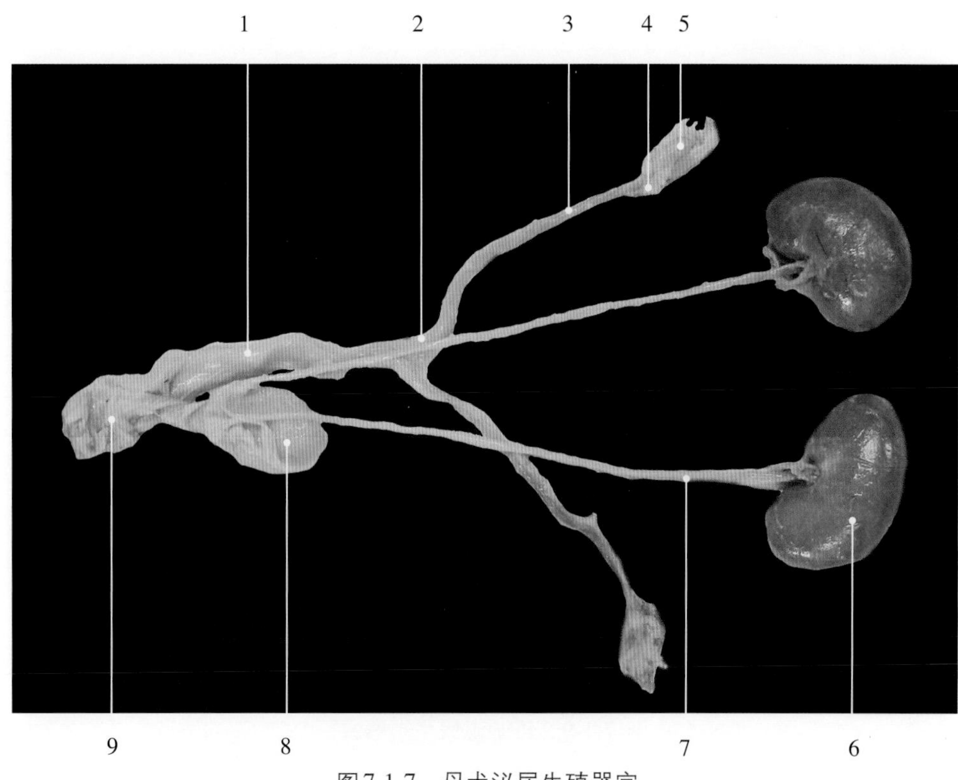

图7-1-7　母犬泌尿生殖器官

1. 阴道 vagina
2. 子宫体 uterine body
3. 子宫角 uterine horn
4. 输卵管 uterine tube
5. 卵巢 ovary
6. 肾 kidney
7. 输尿管 ureter
8. 膀胱 urinary bladder
9. 尿生殖前庭 urogenital vestibulum

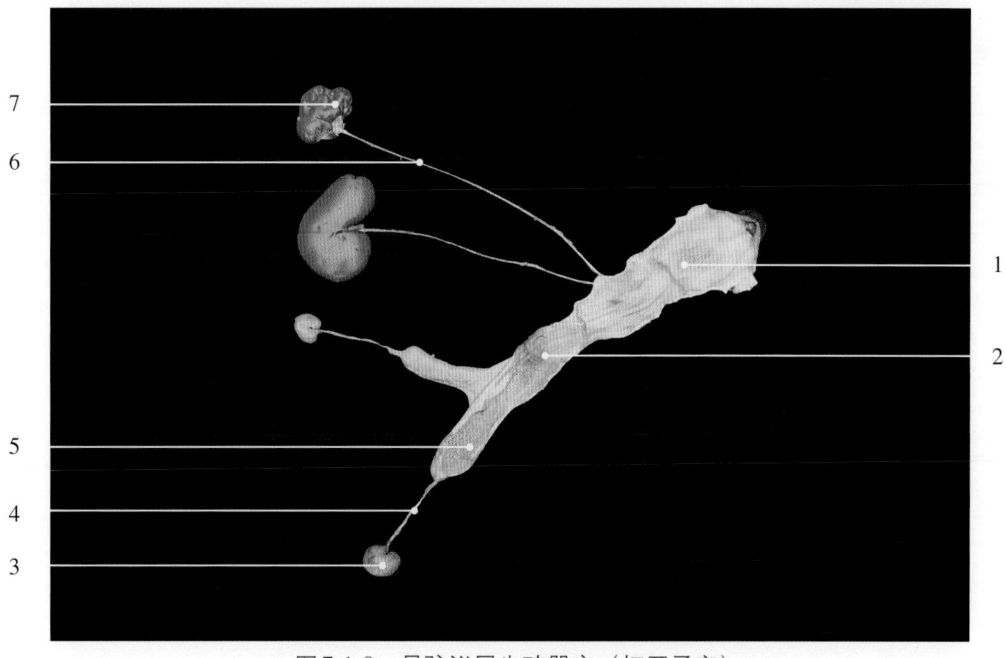

图7-1-8　母驴泌尿生殖器官（切开子宫）

1. 尿生殖前庭 urogenital vestibulum
2. 阴道 vagina
3. 卵巢 ovary
4. 输卵管 uterine tube
5. 子宫角 uterine horn
6. 输尿管 ureter
7. 肾 kidney

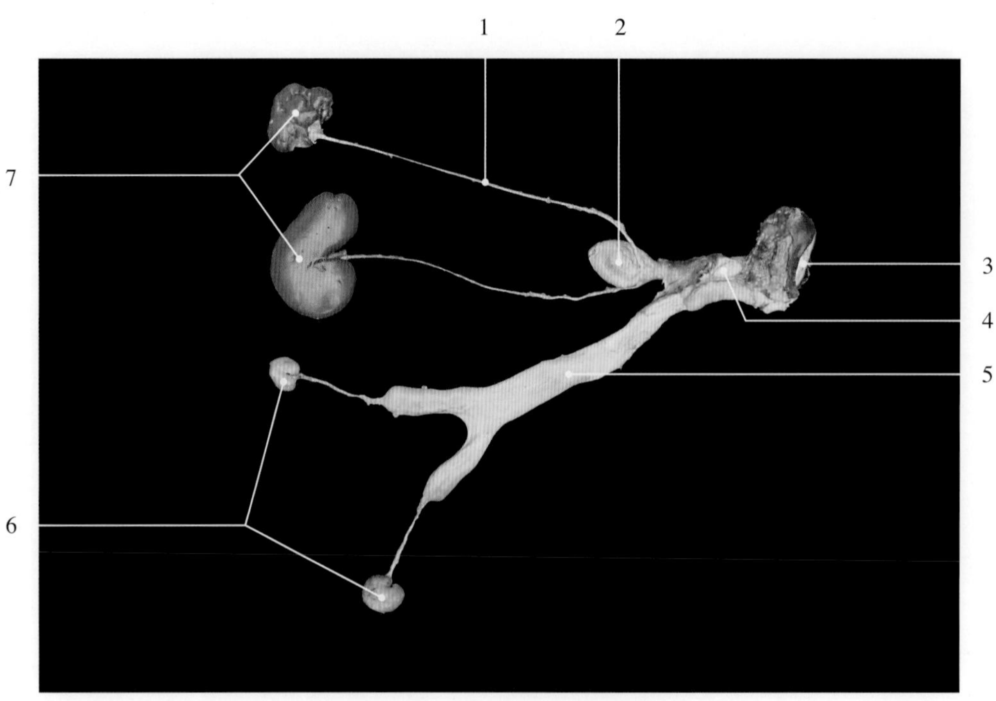

图7-1-9　母驴泌尿生殖器官

1. 输尿管 ureter
2. 膀胱 urinary bladder
3. 阴门 vulva
4. 尿生殖前庭 urogenital vestibulum
5. 子宫 uterus
6. 卵巢 ovary
7. 肾 kidney

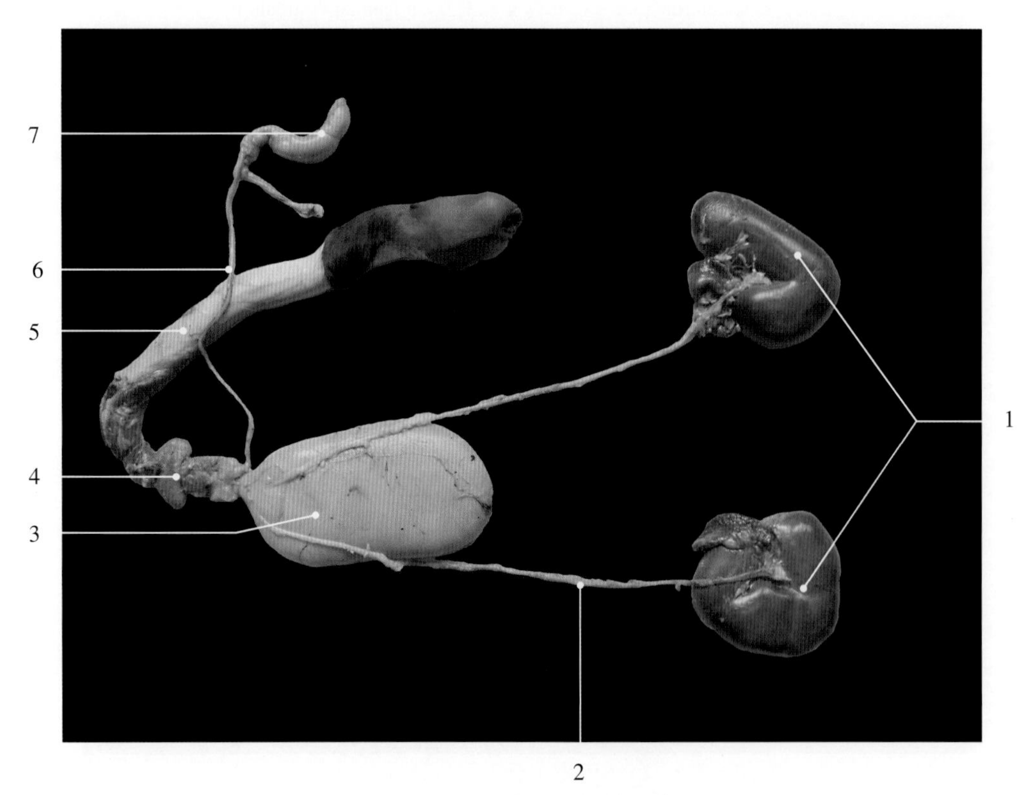

图7-1-10　公驴泌尿生殖器官

1. 肾 kidney
2. 输尿管 ureter
3. 膀胱 urinary bladder
4. 尿生殖道骨盆部 pelvis part of urogenital tract
5. 尿生殖道阴茎部 penile part of urogenital tract
6. 输精管 deferent duct
7. 睾丸 testis

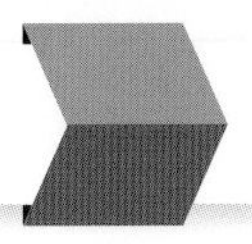

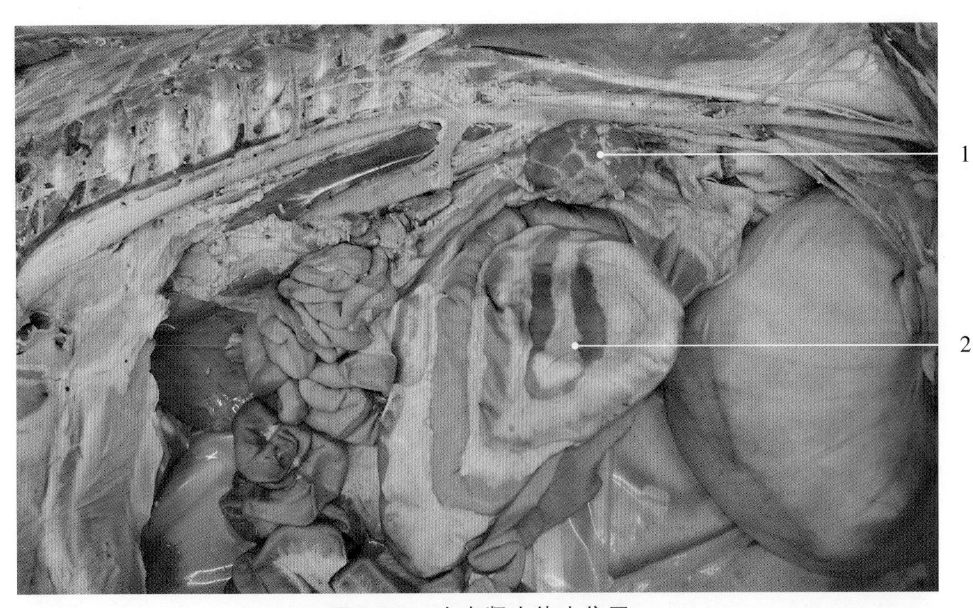

图7-2-1　牛右肾在体内位置

1. 右肾 right kidney　　2. 结肠 colon

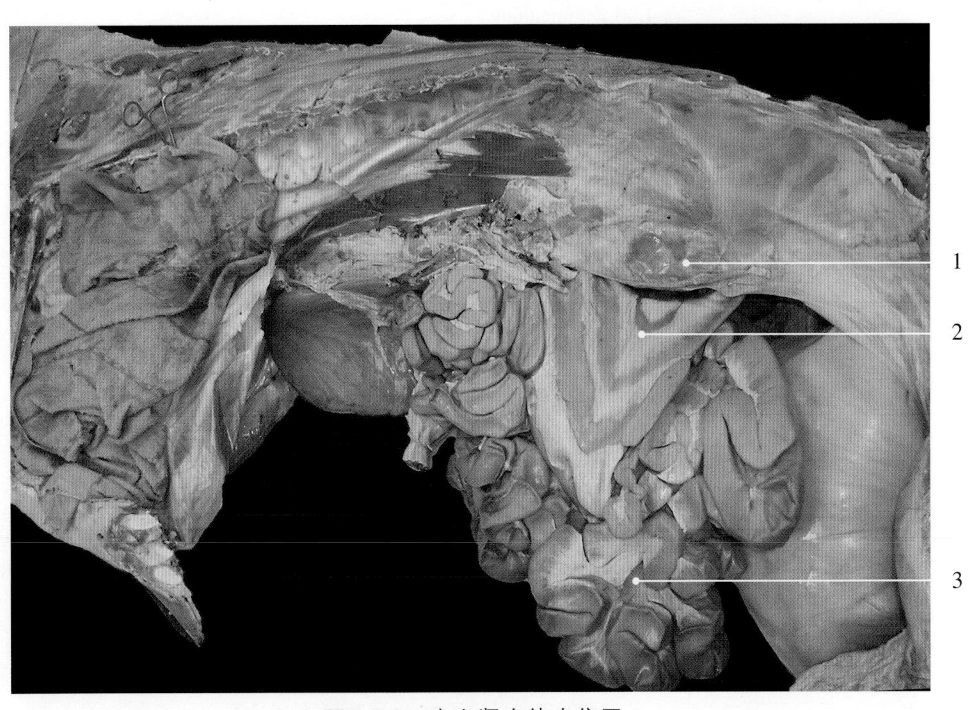

图7-2-2　牛左肾在体内位置

1. 左肾 left kidney　　2. 结肠 colon　　3. 小肠 small intestine

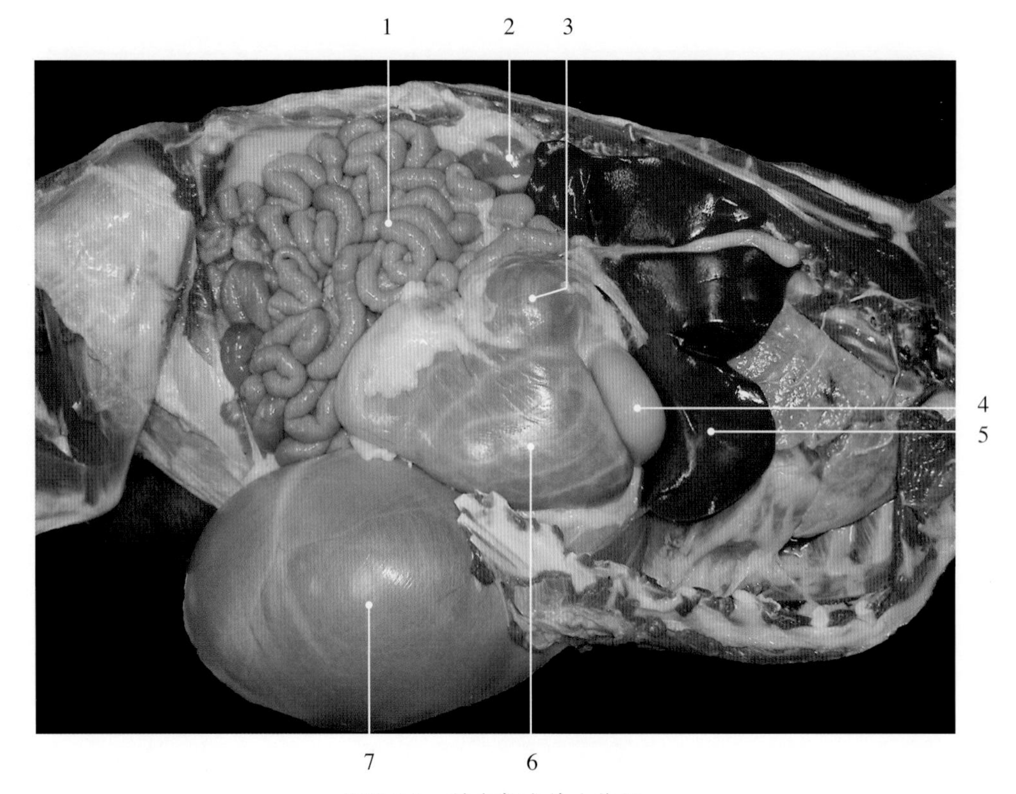

图7-2-3　羊右肾在体内位置

1. 小肠　small intestine
2. 右肾　right kidney
3. 瓣胃　omasum
4. 网胃　reticulum
5. 肝　liver
6. 皱胃　abomasum
7. 瘤胃　rumen

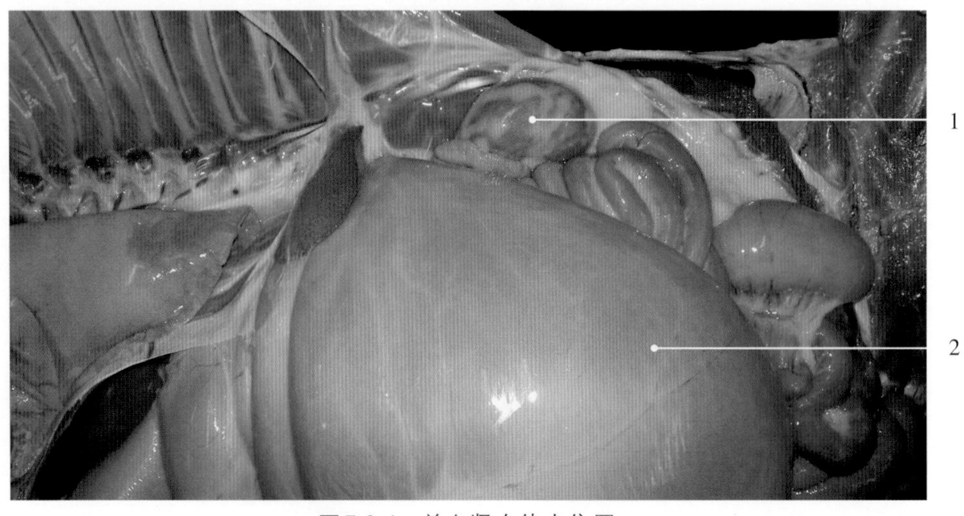

图7-2-4　羊左肾在体内位置

1. 左肾　left kidney
2. 瘤胃　rumen

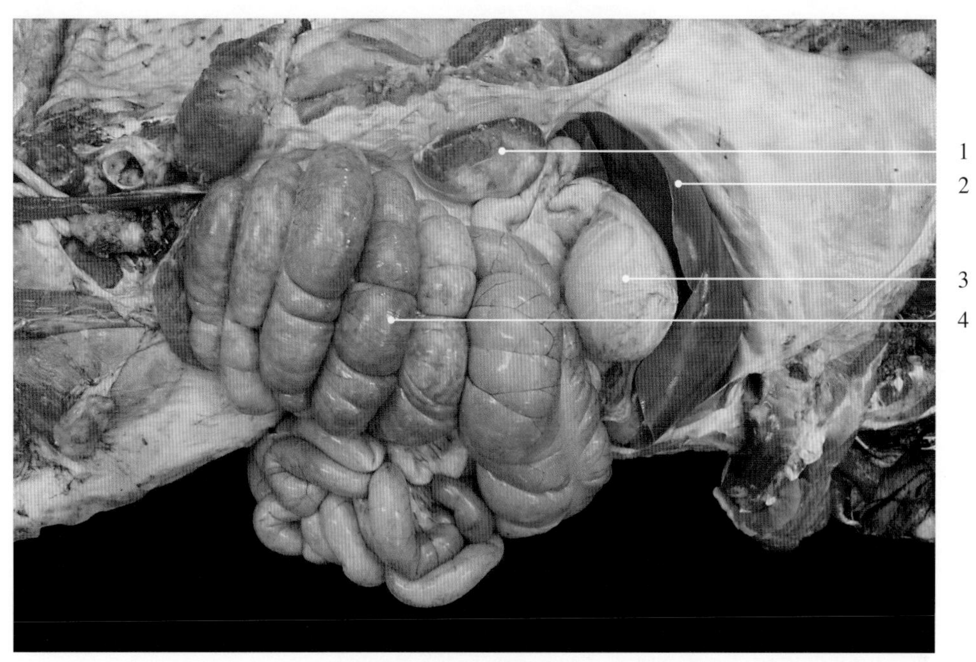

图7-2-5　猪右肾

1. 右肾 right kidney　　3. 胃 stomach
2. 肝 liver　　4. 结肠 colon

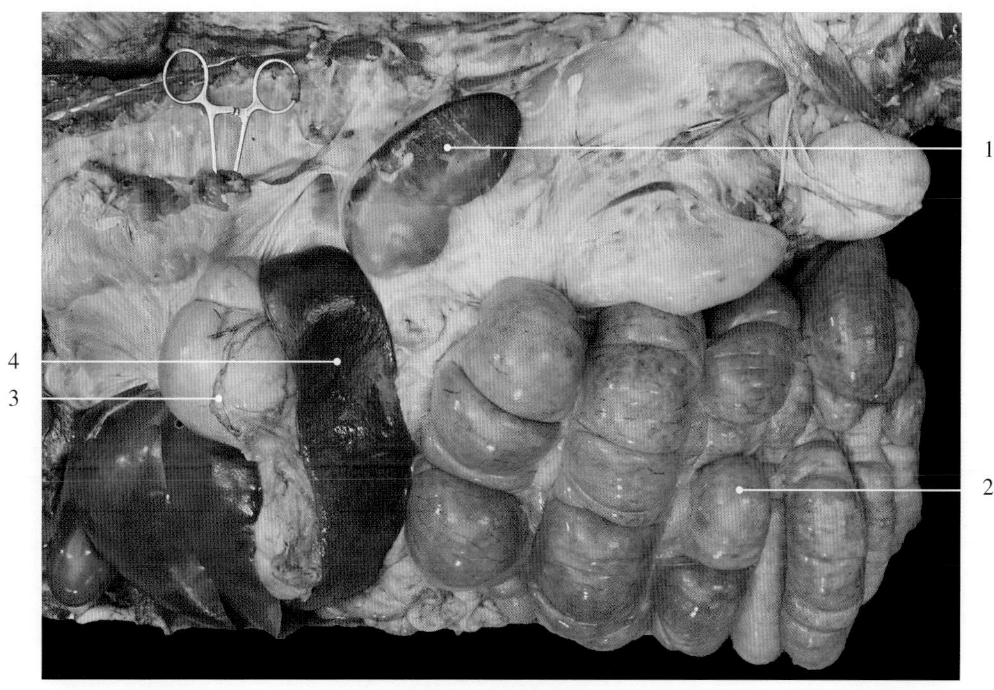

图7-2-6　猪左肾

1. 肾 kidney　　3. 胃 stomach
2. 结肠 colon　　4. 脾 spleen

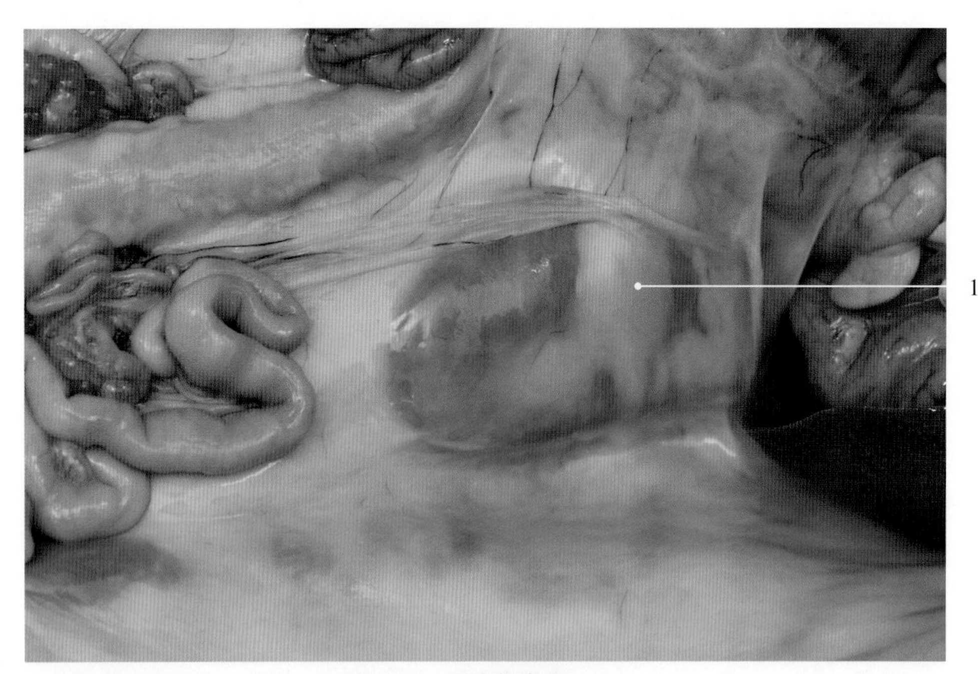

图7-2-7　母猪肾脂囊

1. 肾脂囊 renal adipose capsule

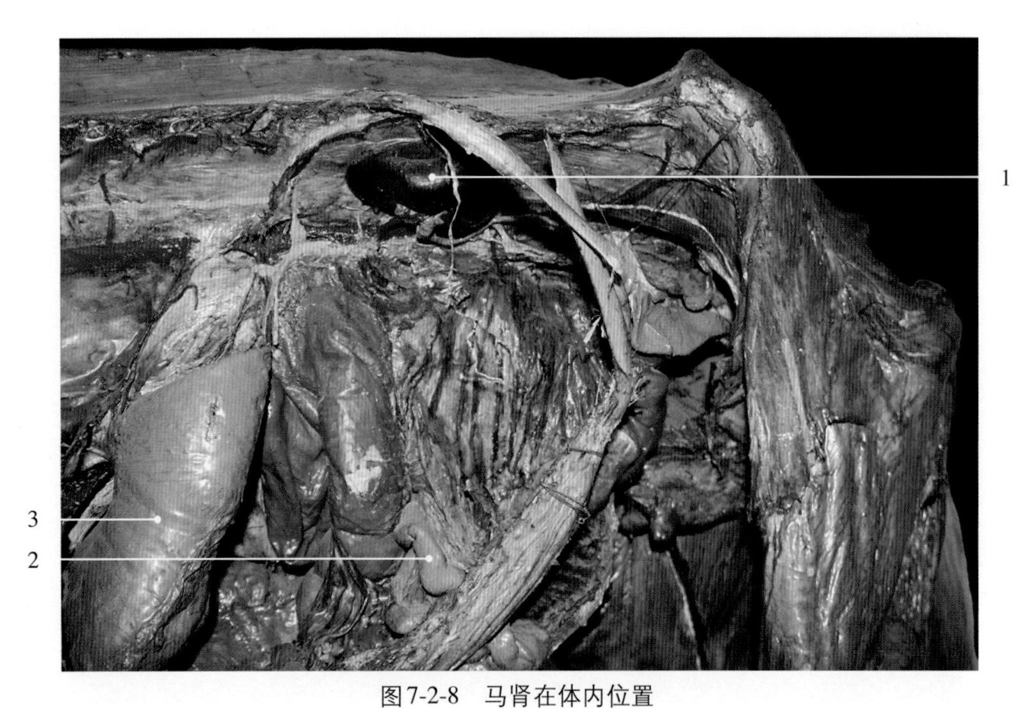

图7-2-8　马肾在体内位置

1. 肾 kidney　2. 子宫 uterus　3. 胃 stomach

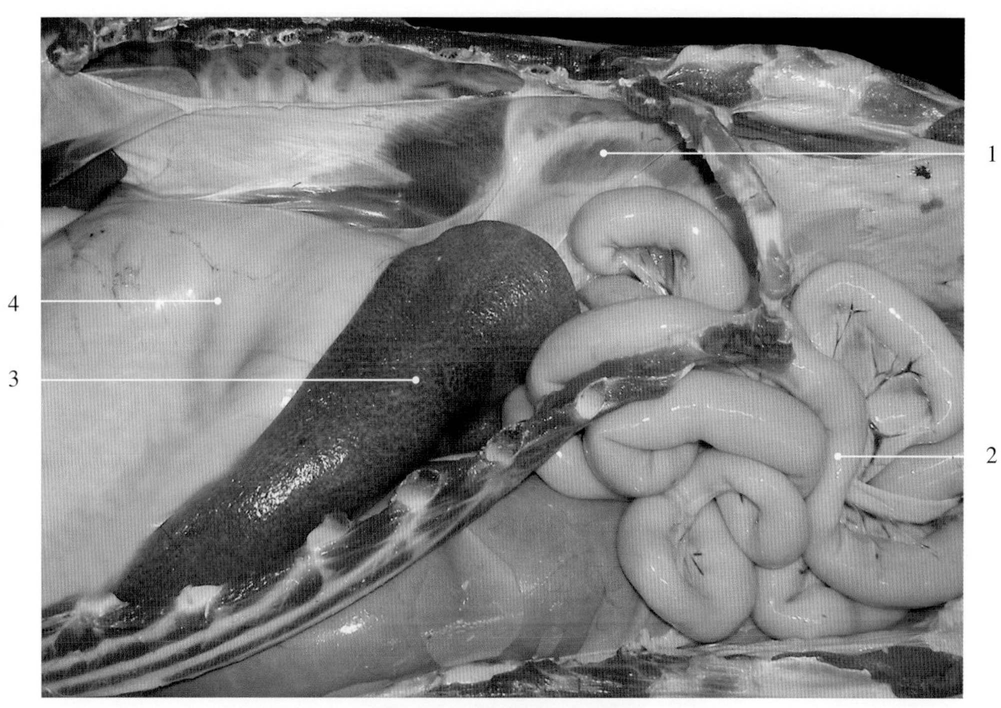

图7-2-9　驴肾在体内位置

1. 肾 kidney　　3. 脾 spleen
2. 小肠 small intestine　　4. 胃 stomach

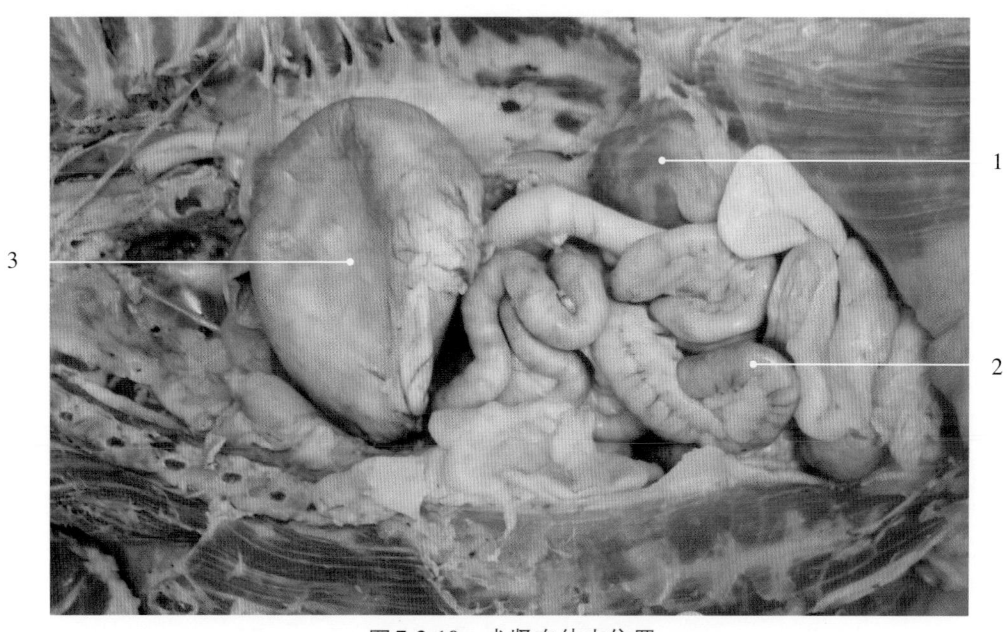

图7-2-10　犬肾在体内位置

1. 肾 kidney　　2. 肠 intestine　　3. 胃 stomach

图7-2-11　鸡肾在体内位置

1. 前肾 cranial kidney　2. 中肾 median kidney　3. 后肾 caudal kidney

图7-2-12　牛肾壁面

1. 输尿管 ureter　2. 被膜 capsule

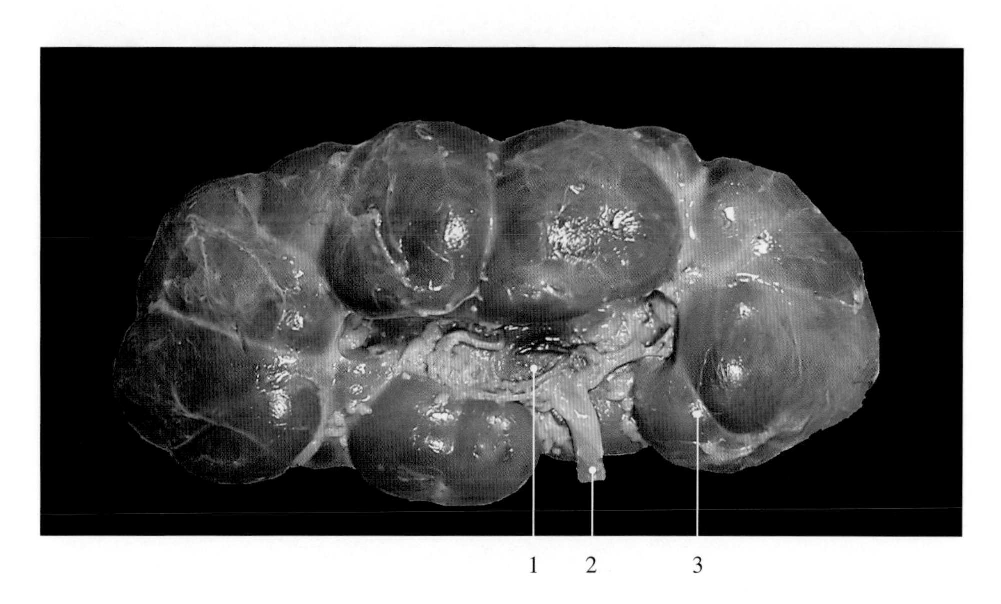

图7-2-13　牛肾脏面

1. 肾门 renal hilum　　3. 被膜 capsule

2. 输尿管 ureter

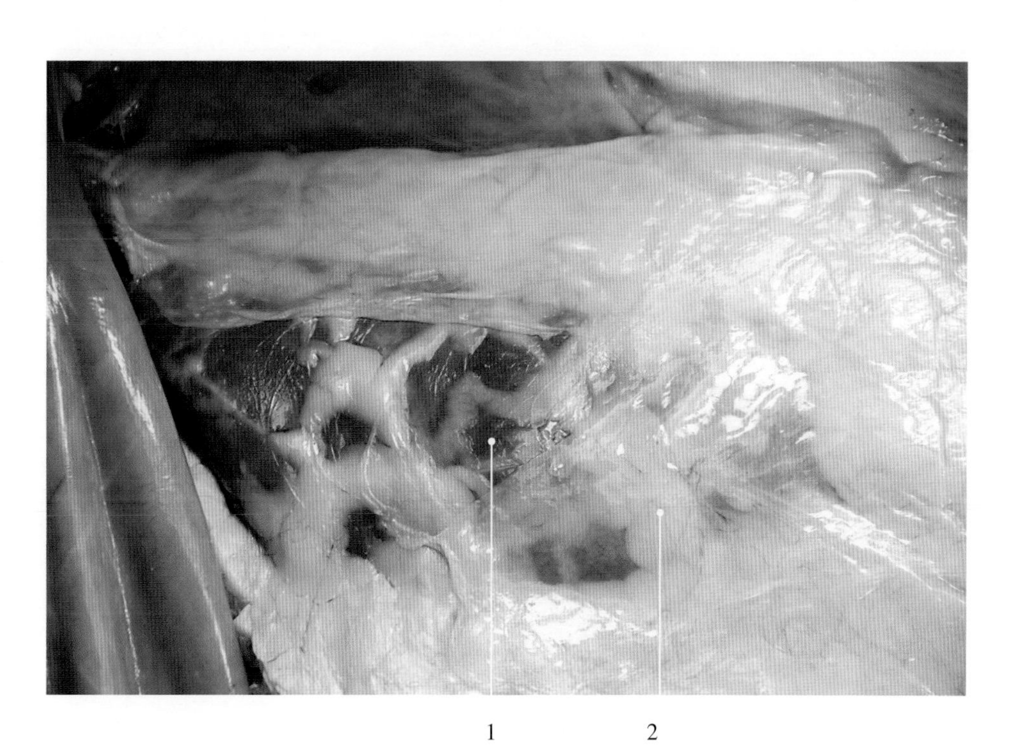

图7-2-14　牛肾脂囊

1. 肾 kidney　　2. 脂肪囊 adipose capsule

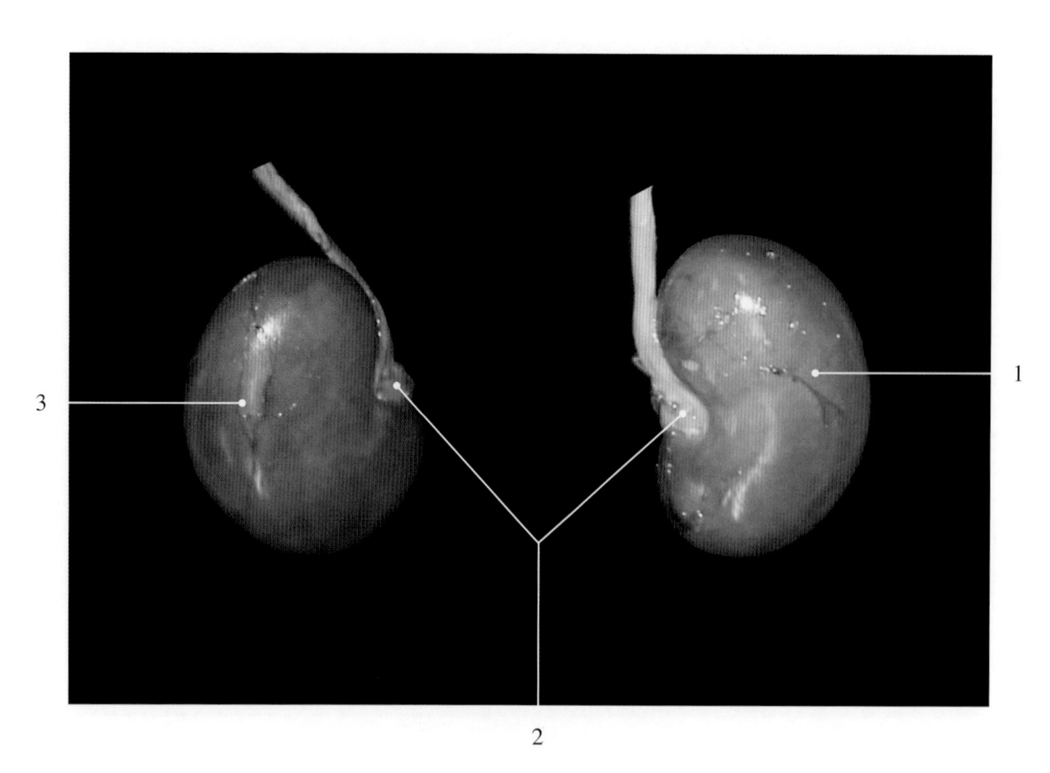

图7-2-15　羊肾外形

1. 右肾 right kidney　2. 肾门 renal hilum　3. 左肾 left kidney

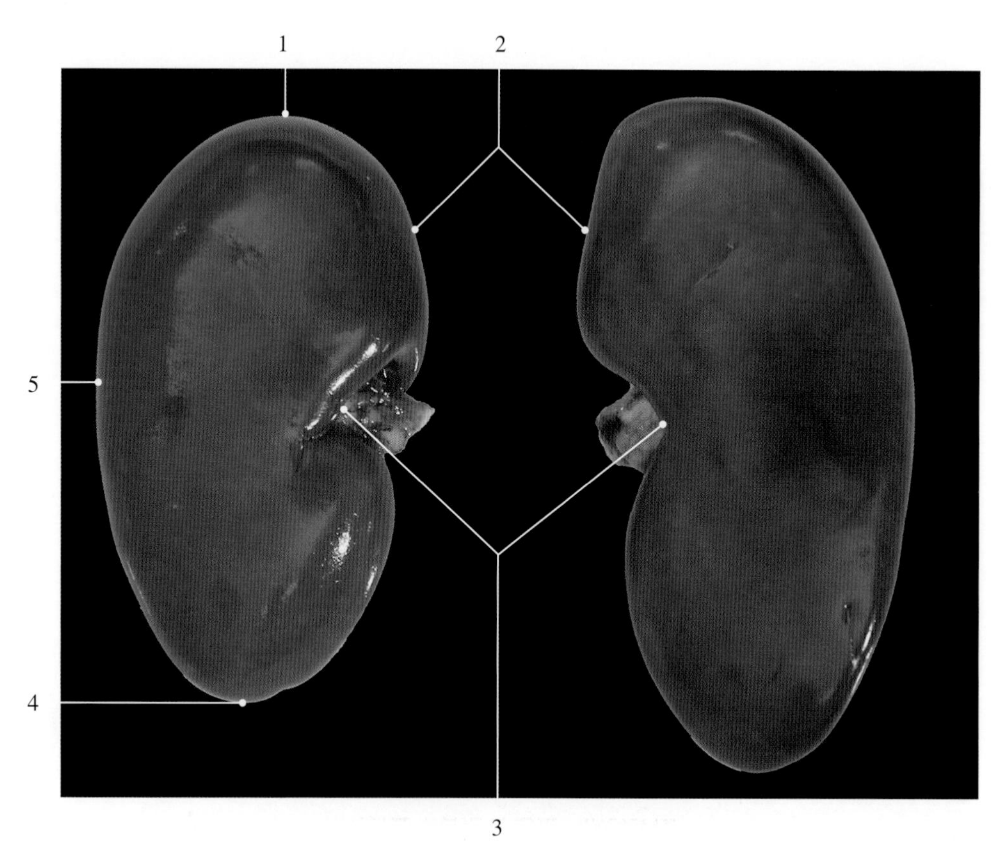

图7-2-16　公猪肾

1. 前缘 cranial border
2. 内侧缘 medial border / medial margin
3. 肾门 renal hilum
4. 后缘 caudal border
5. 外侧缘 lateral border / exterior border

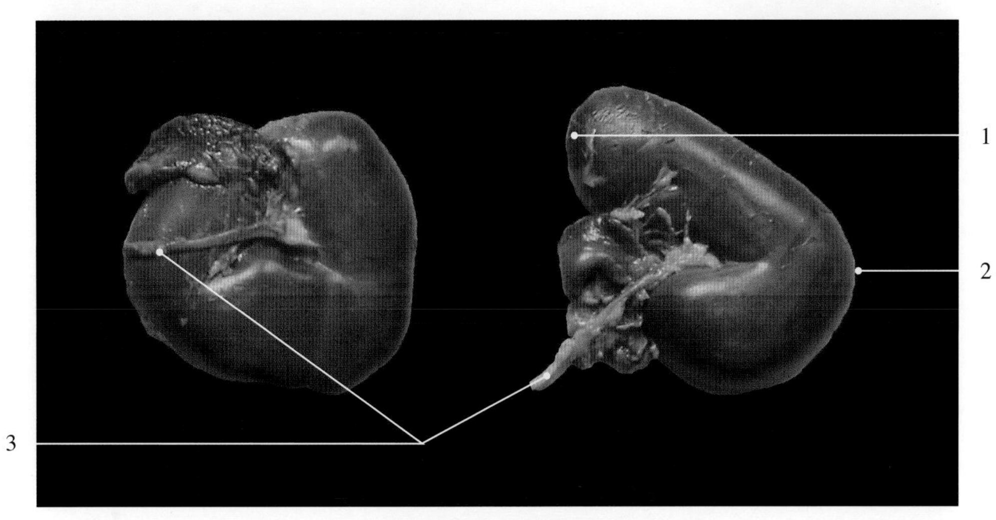

图7-2-17 驴肾形态

1. 内侧缘 medial border / medial margin
2. 外侧缘 lateral border / exterior border
3. 输尿管 ureter

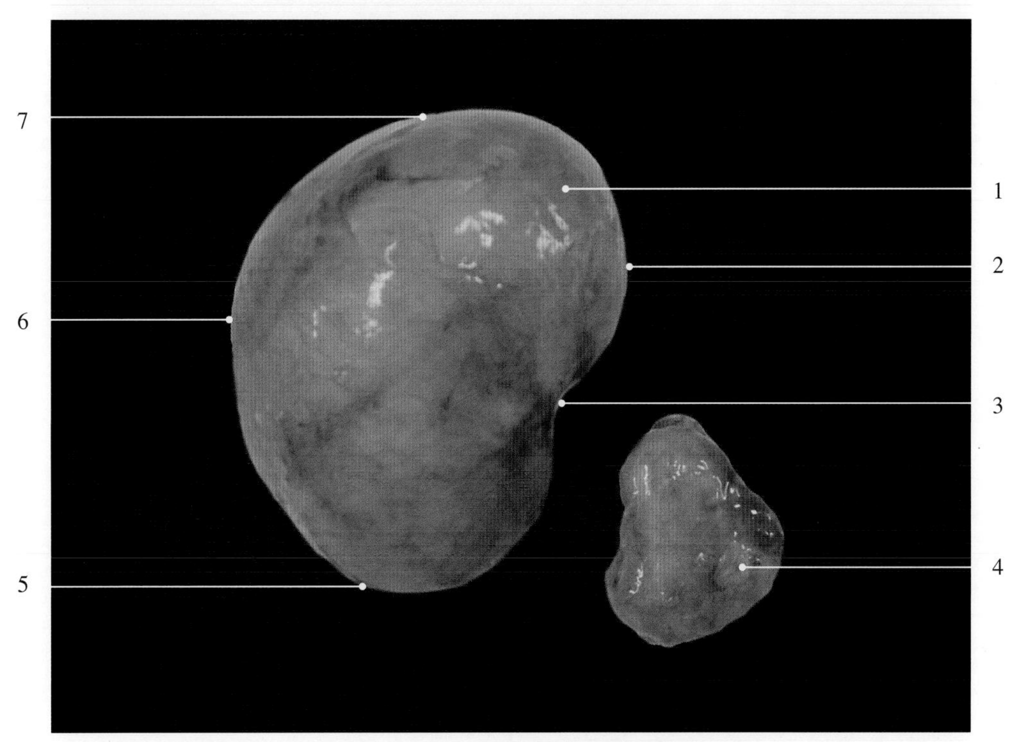

图7-2-18 猕猴肾和肾上腺形态

1. 肾 kidney
2. 内侧缘 medial border / medial margin
3. 肾门 renal hilum
4. 肾上腺 adrenal gland
5. 后缘 caudal border
6. 外侧缘 lateral border / exterior border
7. 前缘 cranial border

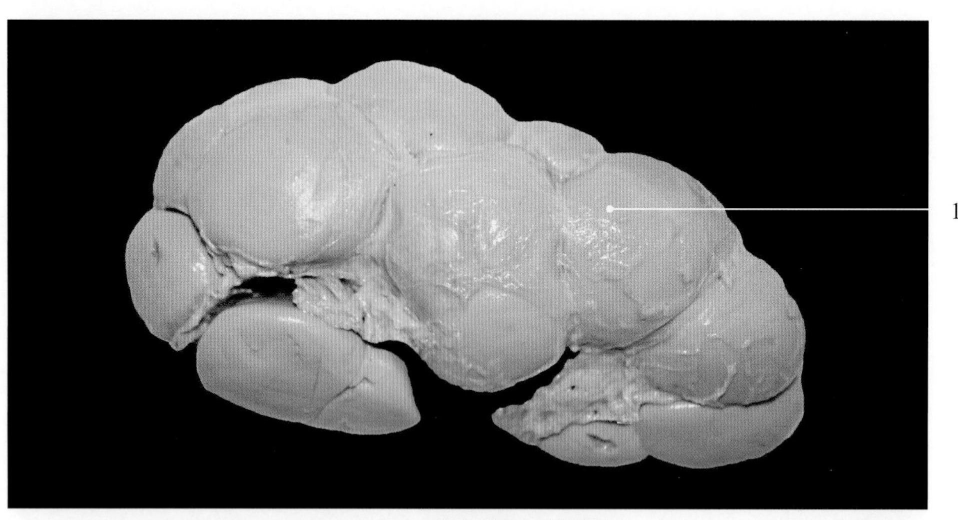

图7-2-19　熊肾外形（复肾）

熊肾为复肾，去除肾被膜后，肾叶轮廓十分清楚，由14～16个肾叶组成，肾叶多呈六棱柱形或略呈圆柱形。

1. 肾叶　renal lobule

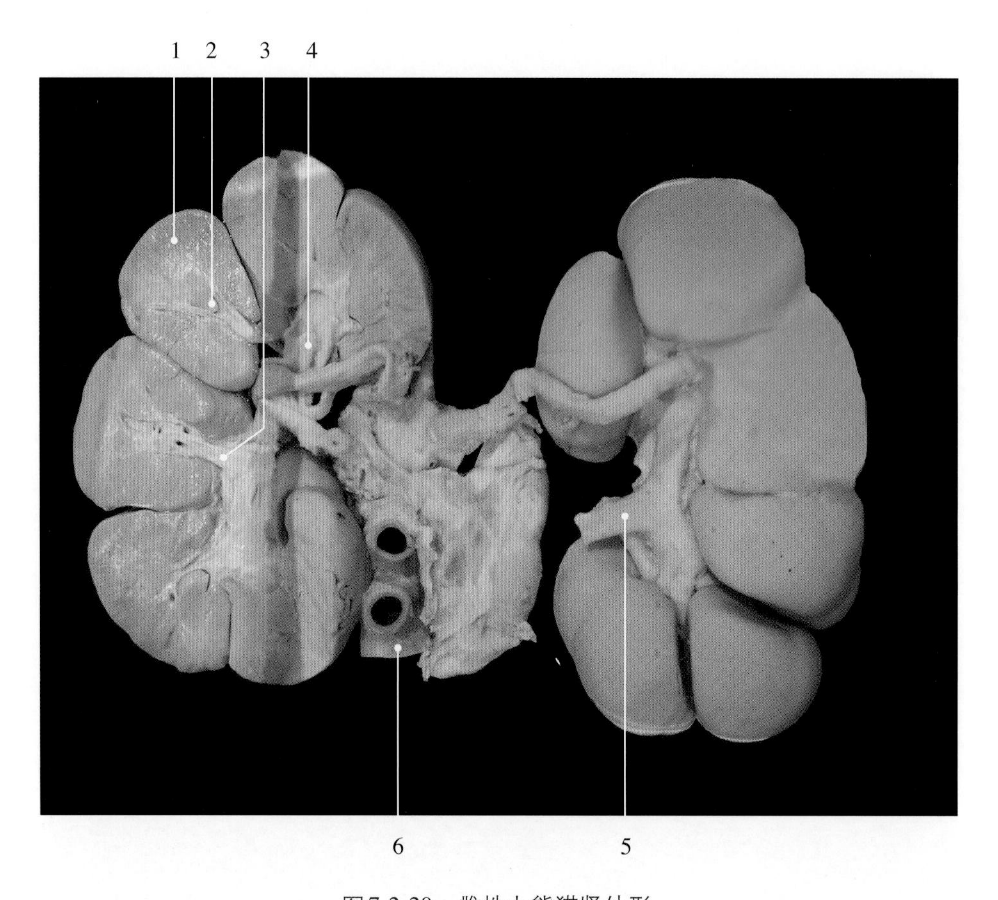

图7-2-20　雌性大熊猫肾外形

大熊猫肾是由多个小的、完全独立的肾叶组成，数量不等，6～11个。肾乳头呈明显的圆柱状突起，每个肾乳头对着一个肾盏，一般同一个肾叶中的肾盏，都会归于一条肾盏管，自肾叶通出。各肾叶的肾盏管，又分别联合成2～3条大的肾盏管，在肾窦外会合成Y形，会合处的膨大部，即为输尿管的起始部。

1. 肾叶　renal lobule
2. 肾乳头　renal papilla
3. 肾盏管　renal calyceal duct
4. 大肾盏管　greater renal calyceal duct
5. 肾动脉　renal artery
6. 腹主动脉　abdominal aorta

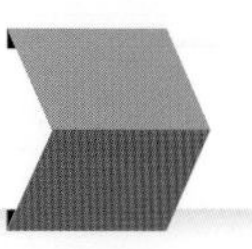

图7-2-21　牛肾矢状面

1. 肾盏 renal calix
2. 肾乳头 renal papilla
3. 肾皮质 renal cortex
4. 肾髓质 renal medulla
5. 被膜 capsule
6. 肾窦 renal sinus
7. 集收管 collection tube

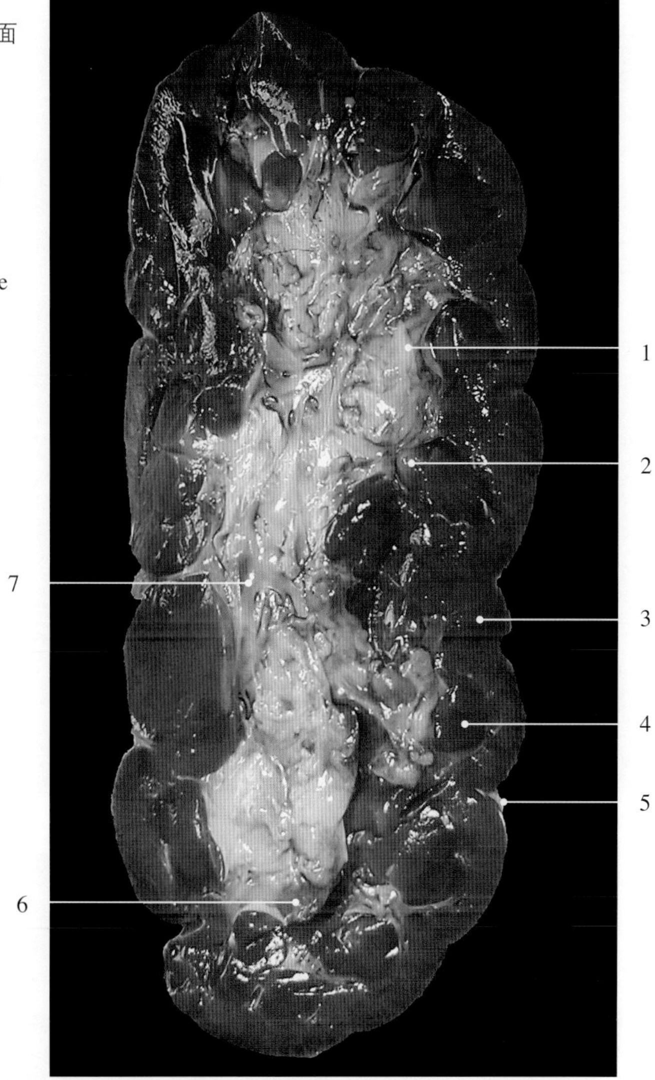

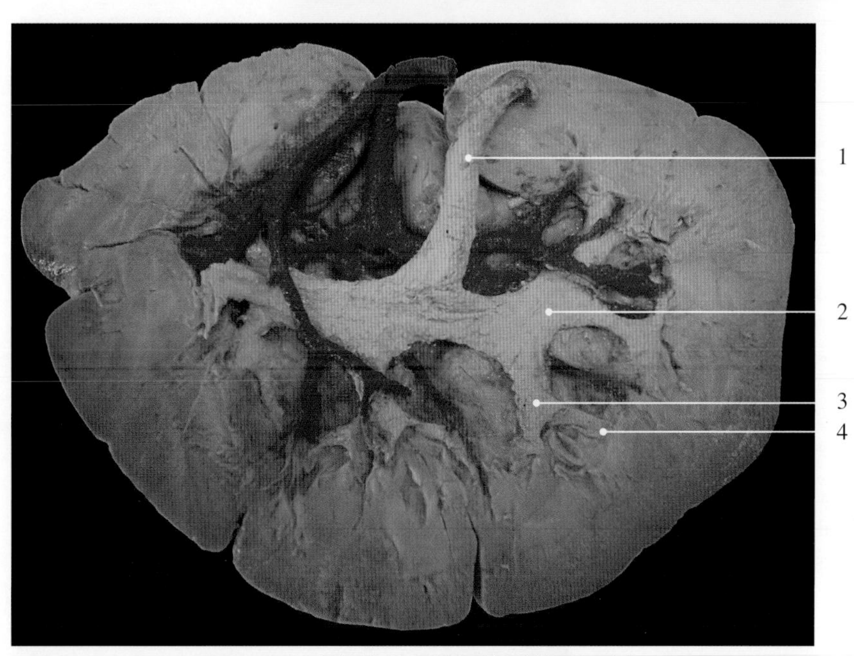

图7-2-22　牛肾纵切面输尿管（铸型标本）

1. 输尿管 ureter
2. 集合管 collecting tubule
3. 集合管分支 ramus of collecting duct
4. 肾小盏 minor renal calyx

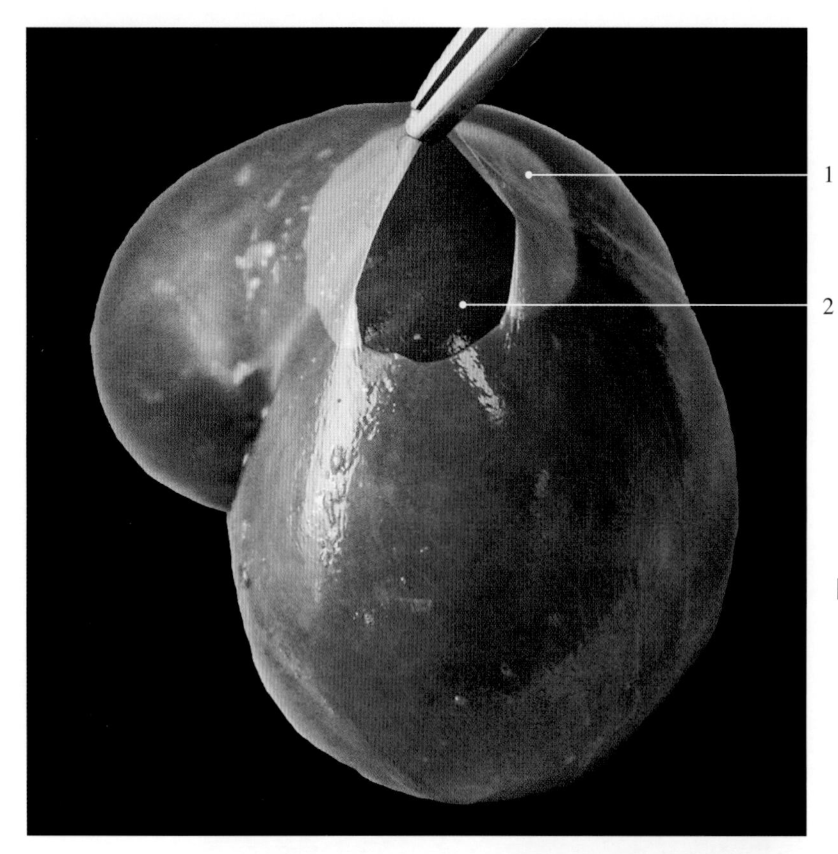

图7-2-23　羊肾被膜

1. 被膜 capsule
2. 皮质 cortex

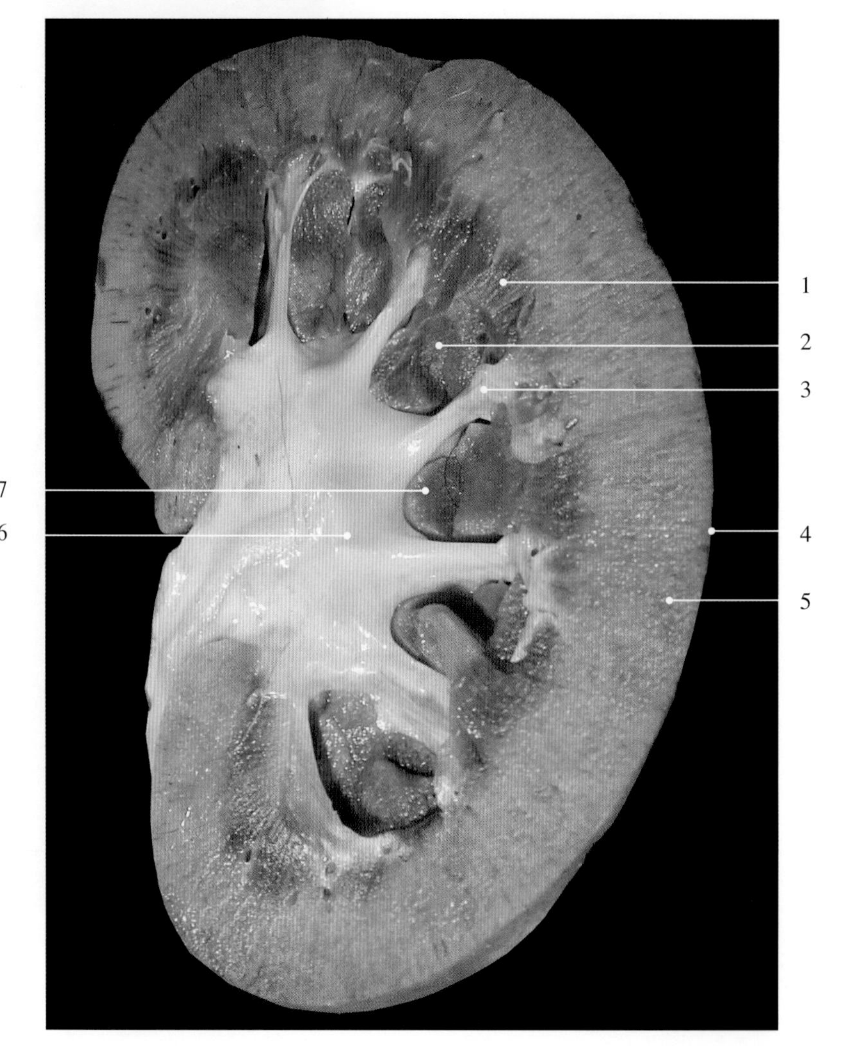

图7-2-24　羊肾矢状面（固定标本）

1. 肾髓质外区 external zone of renal medulla
2. 肾髓质内区 internal zone of renal medulla
3. 肾盂隐窝 recess of the renal pelvis
4. 被膜 capsule
5. 肾皮质 renal cortex
6. 肾盂 renal pelvis
7. 肾假乳头 renal pseudo papilla

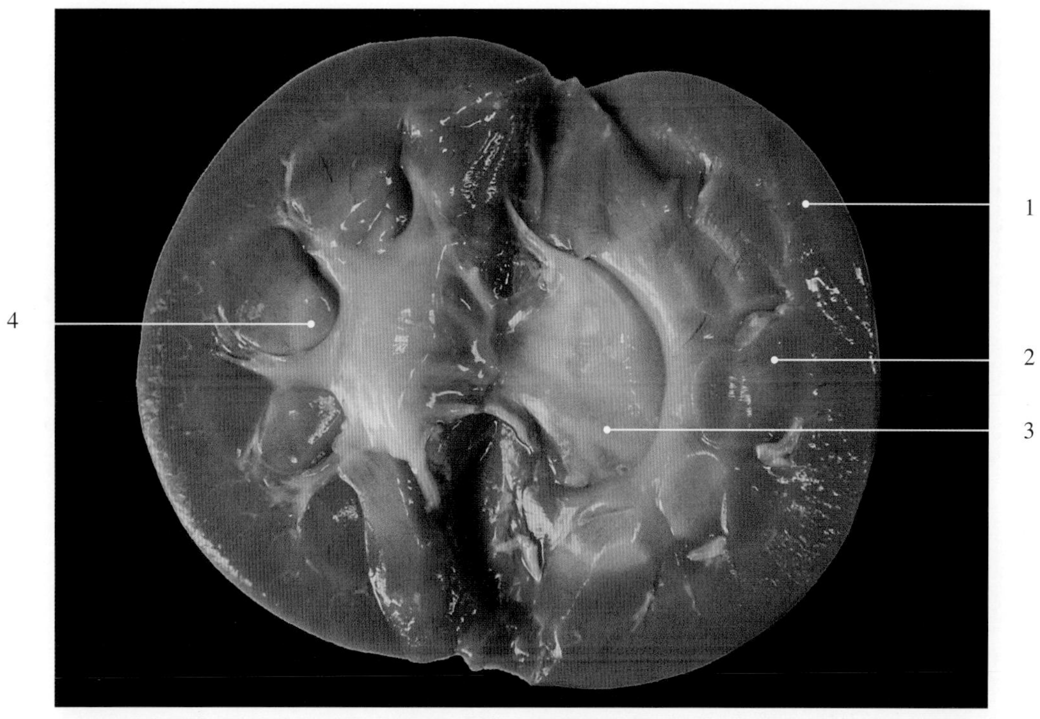

图7-2-25 羊肾纵切面

1. 肾皮质 renal cortex
2. 肾髓质 renal medulla
3. 肾盂 renal pelvis
4. 肾假乳头 renal pseudo papilla

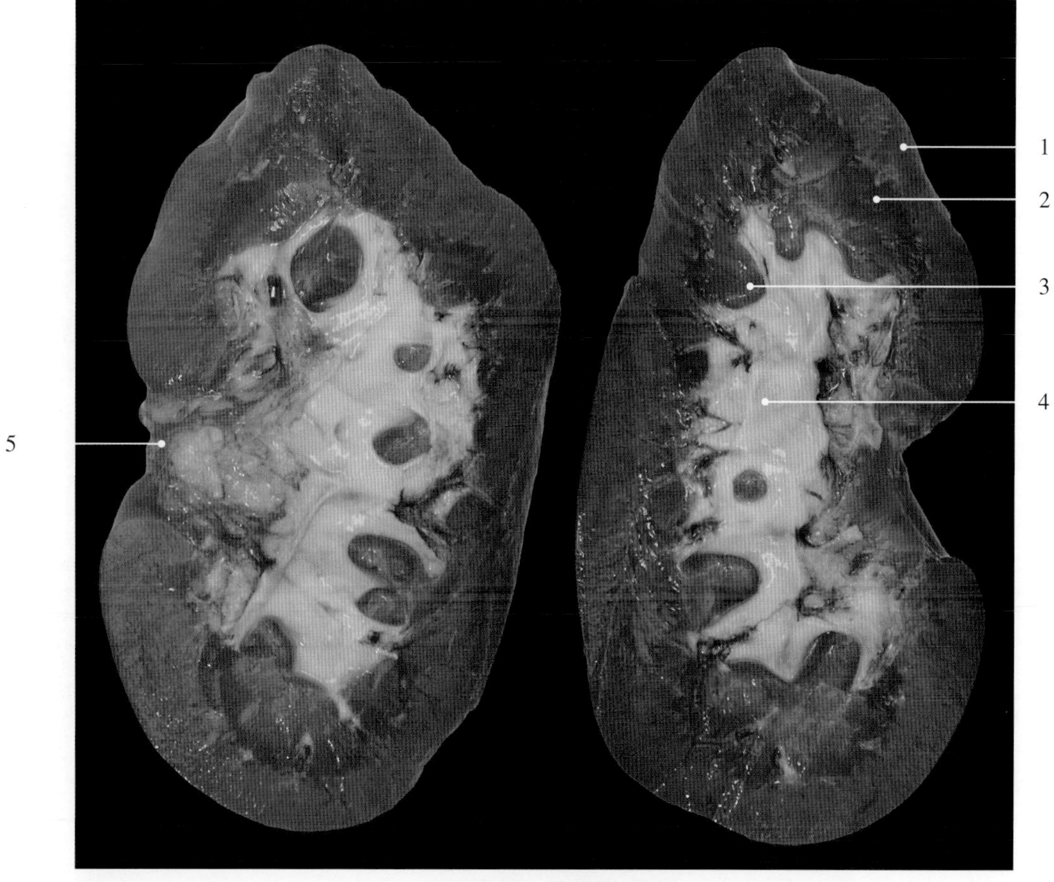

图7-2-26 猪肾纵切面

1. 肾皮质 renal cortex
2. 肾髓质 renal medulla
3. 肾乳头 renal papilla
4. 肾盂 renal pelvis
5. 肾门 renal hilum

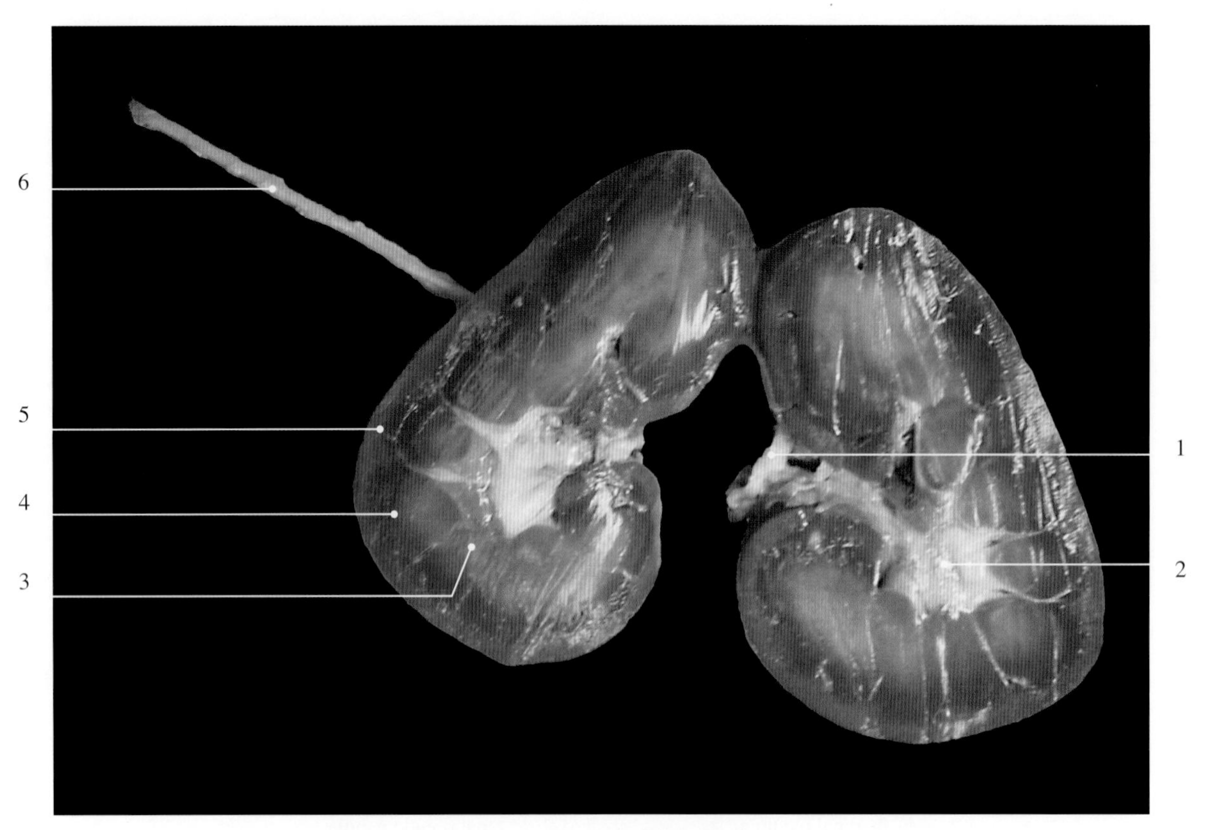

图7-2-27　公驴肾纵切面

1. 肾门 renal hilum
2. 肾盂 renal pelvis
3. 肾髓质内区 internal zone of renal medulla
4. 肾髓质外区 external zone of renal medulla
5. 肾皮质 renal cortex
6. 输尿管 ureter

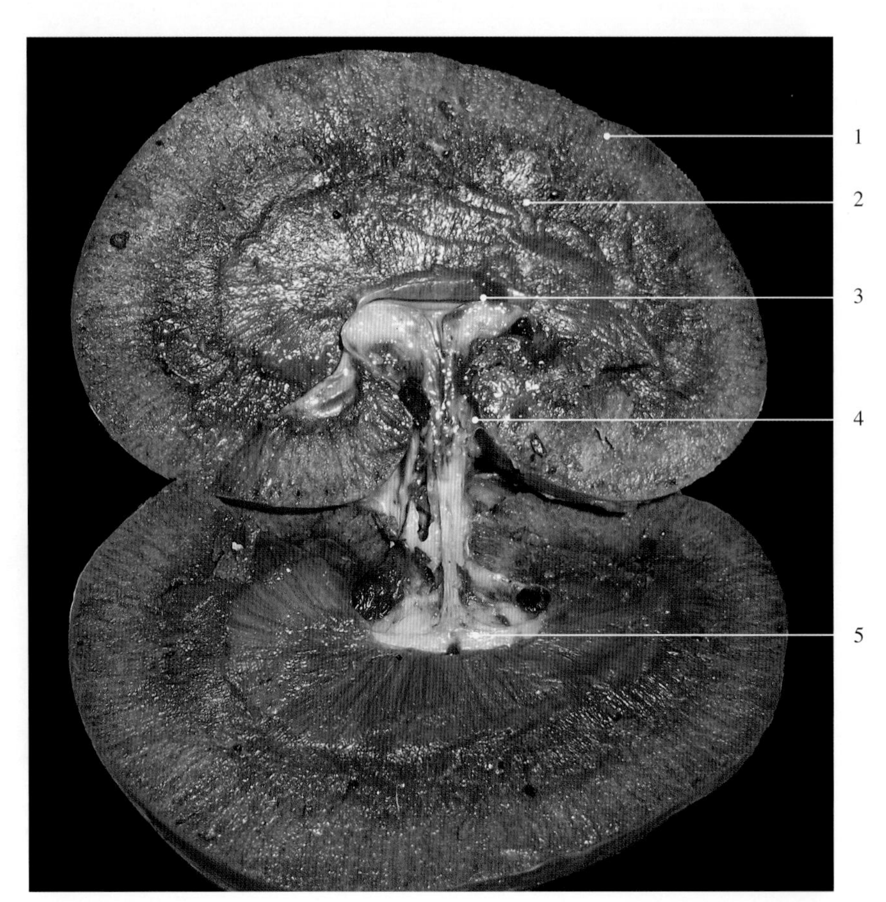

图7-2-28　犬肾纵切面

1. 肾皮质 renal cortex
2. 肾髓质 renal medulla
3. 肾嵴 renal crest
4. 肾门 renal hilum
5. 肾盂 renal pelvis

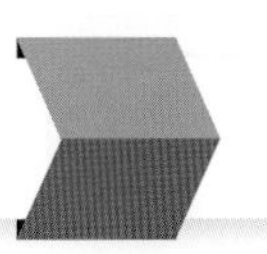

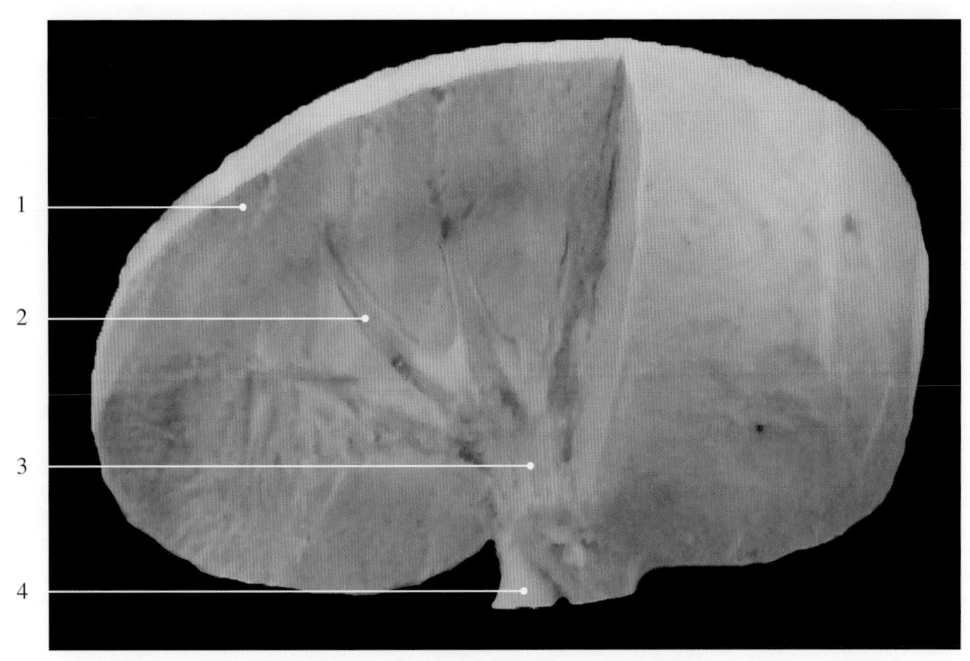

图7-2-29　犬肾纵切面（固定标本）

1. 肾实质　renal parenchyma　　3. 肾盂　renal pelvis
2. 隐窝　recess　　4. 输尿管　ureter

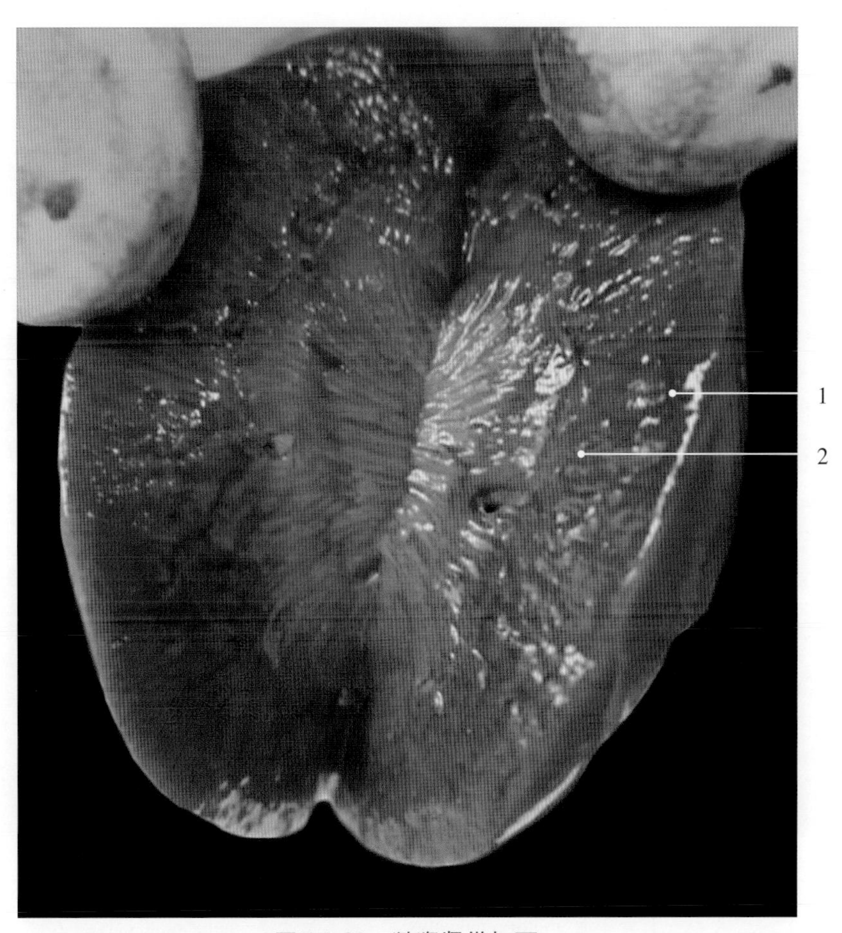

图7-2-30　猕猴肾纵切面

1. 肾皮质　renal cortex　　2. 肾髓质　renal medulla

图7-2-31　牛肾（铸型标本）

1. 输尿管 ureter
2. 肾静脉 renal vein
3. 小叶间静脉 interlobular vein
4. 小叶间动脉 interlobular artery
5. 肾小盏 minor renal calyx

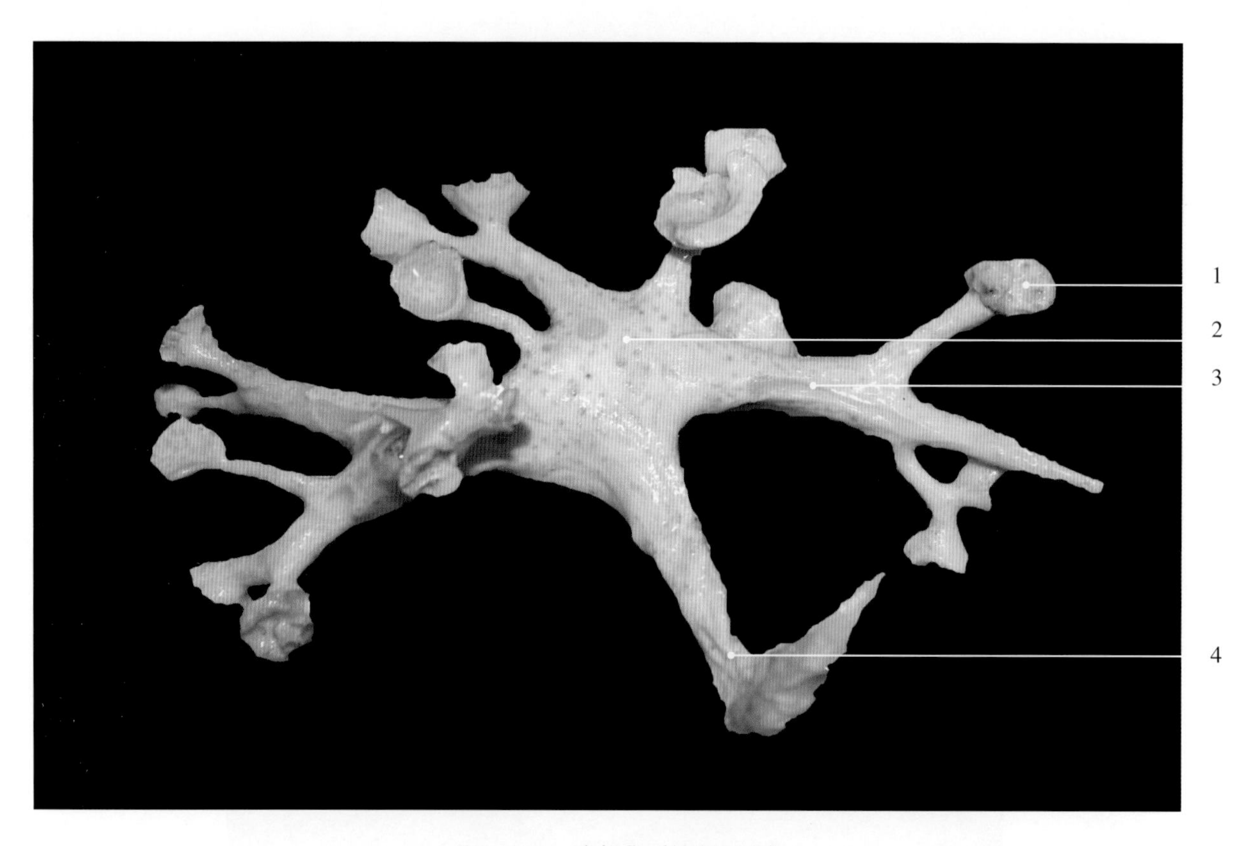

图7-2-32　猪肾盏（铸型标本）

1. 肾小盏 minor renal calyx
2. 肾盂 renal pelvis
3. 肾大盏 major renal calyx
4. 输尿管 ureter

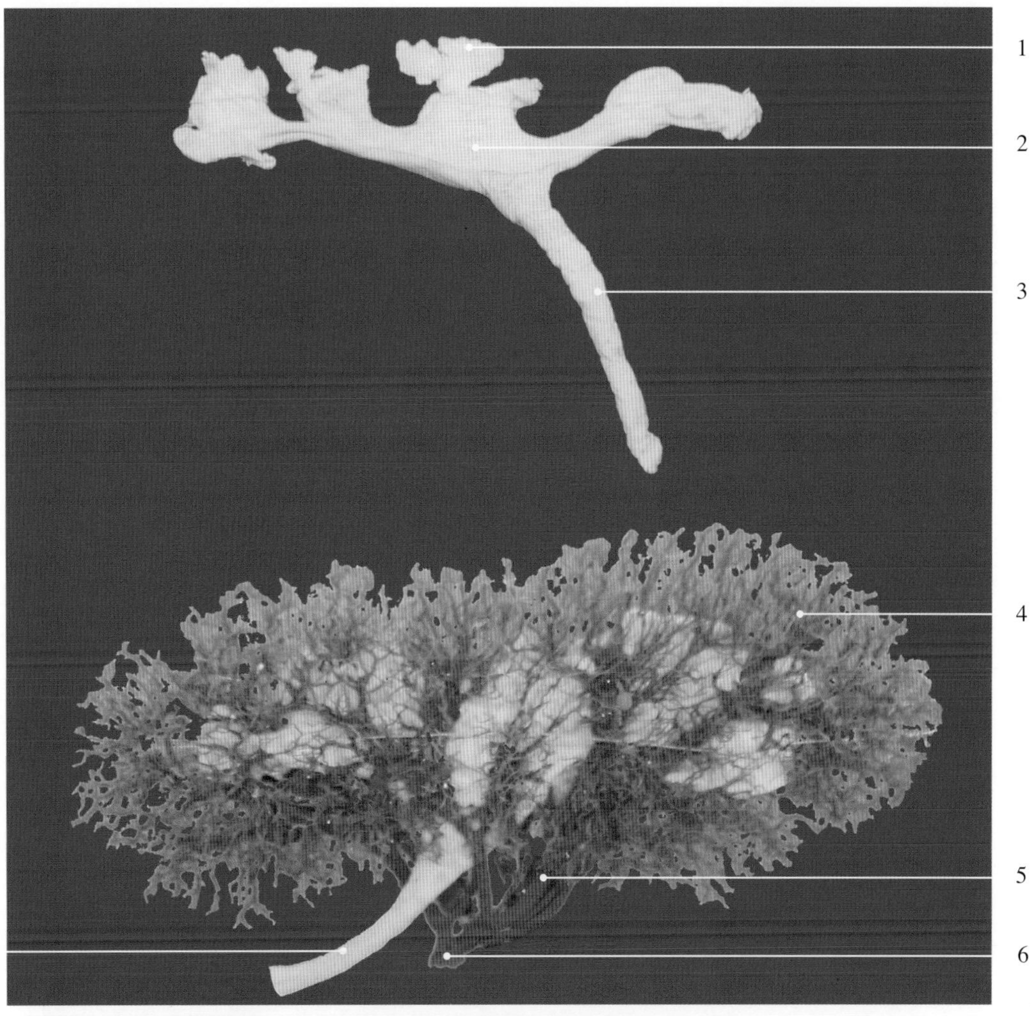

图7-2-33 猪肾（铸型标本）

1. 肾小盏 minor renal calyx
2. 肾盂 renal pelvis
3. 输尿管 ureter
4. 肾皮质内血管球和小叶间动脉 glomerulus and interlobar arteries in cortex
5. 小叶间动脉 interlobar artery
6. 肾动脉 renal artery

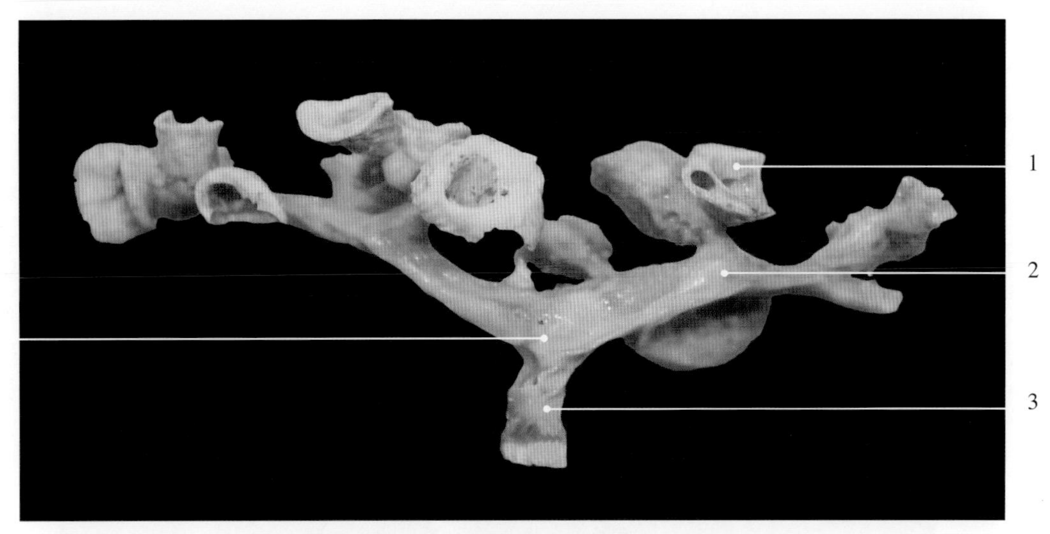

图7-2-34 猪肾盏和肾盂

1. 肾小盏 minor renal calyx
2. 肾大盏 major renal calyx
3. 输尿管 ureter
4. 肾盂 renal pelvis

图7-2-35　马肾（铸型标本）

1. 小叶间动、静脉 interlobular artery, vein
2. 小叶间动脉 interlobar artery
3. 肾动脉 renal artery
4. 输尿管 ureter
5. 终隐窝 terminal recess
6. 肾盂 renal pelvis
7. 弓状动脉 arcuate artery

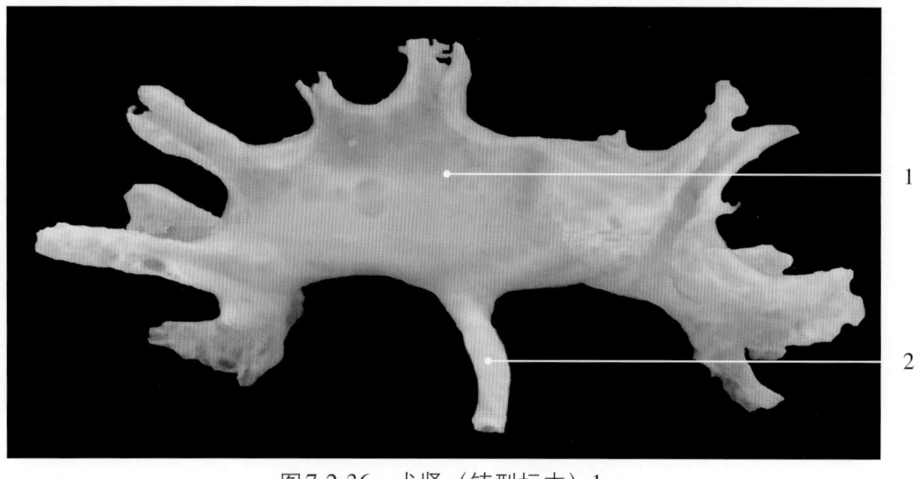

图7-2-36　犬肾（铸型标本）1

1. 肾盂 renal pelvis　　2.输尿管 ureter

图7-2-37　犬肾（铸型标本）2

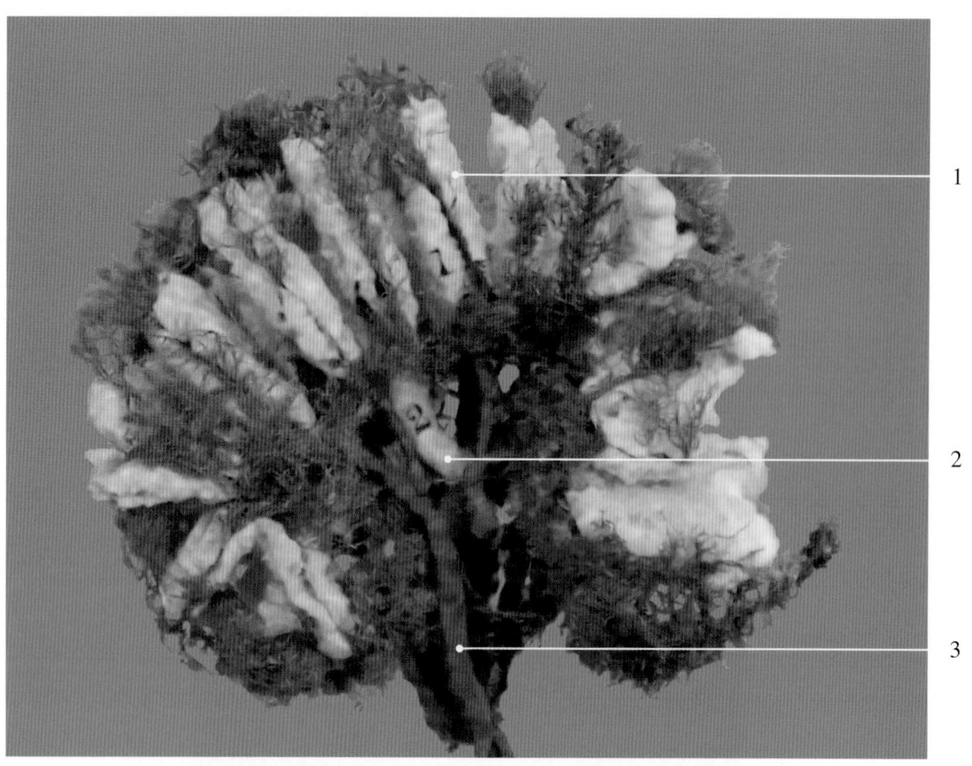

图7-2-38　长颈鹿肾（铸型标本）

1. 肾盂隐窝 recess of the renal pelvis　2. 输尿管 ureter　3. 肾动脉 renal artery

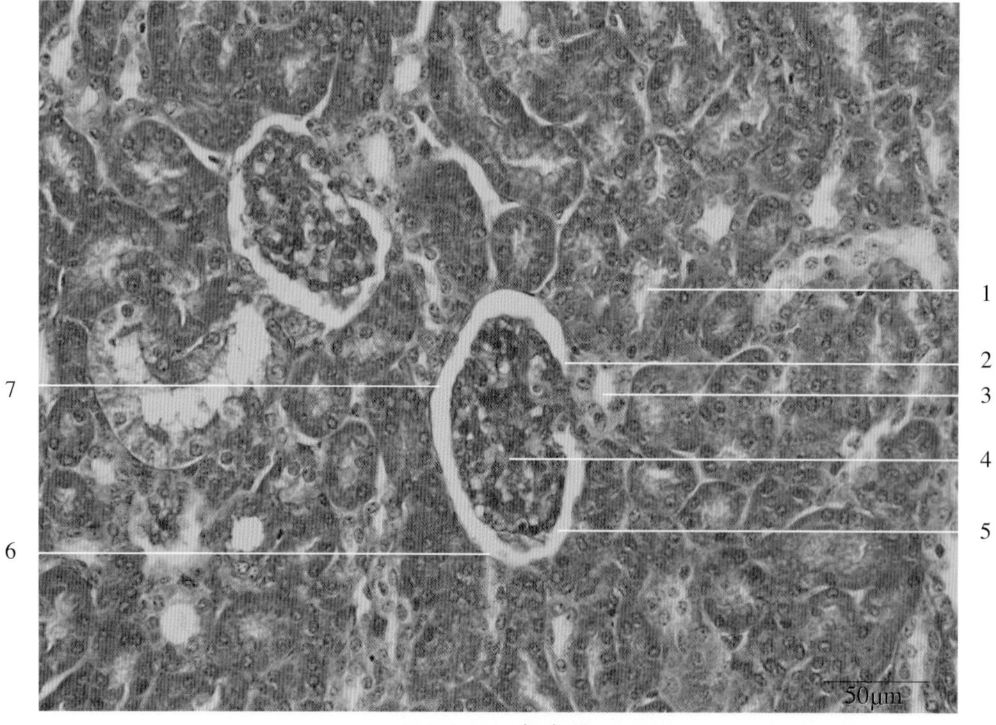

图7-2-39　肾皮质

1. 近曲小管 proximal convoluted tubule
2. 血管极 vascular pole
3. 远曲小管 distal convoluted tubule
4. 血管球 glomerulus
5. 肾小囊 glomerular capsule
6. 肾小囊壁层 parietal layer of renal capsule
7. 尿极 urinary pole

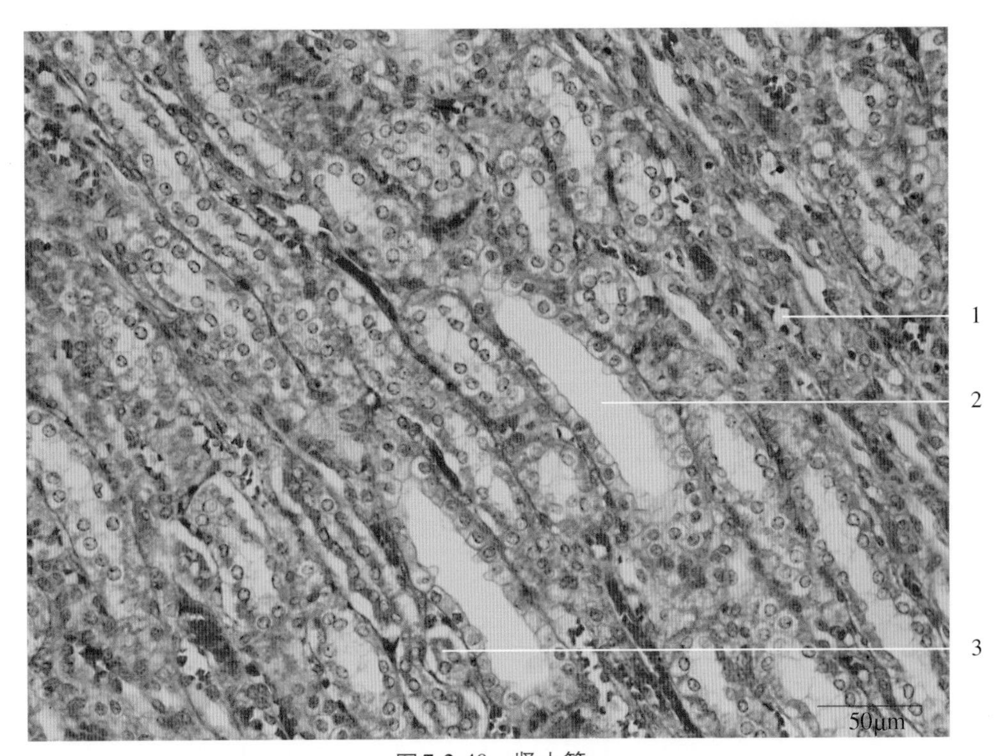

图7-2-40　肾小管

1. 毛细血管 blood capillary　　2. 集合管 collecting tubule　　3. 细段 thin segment

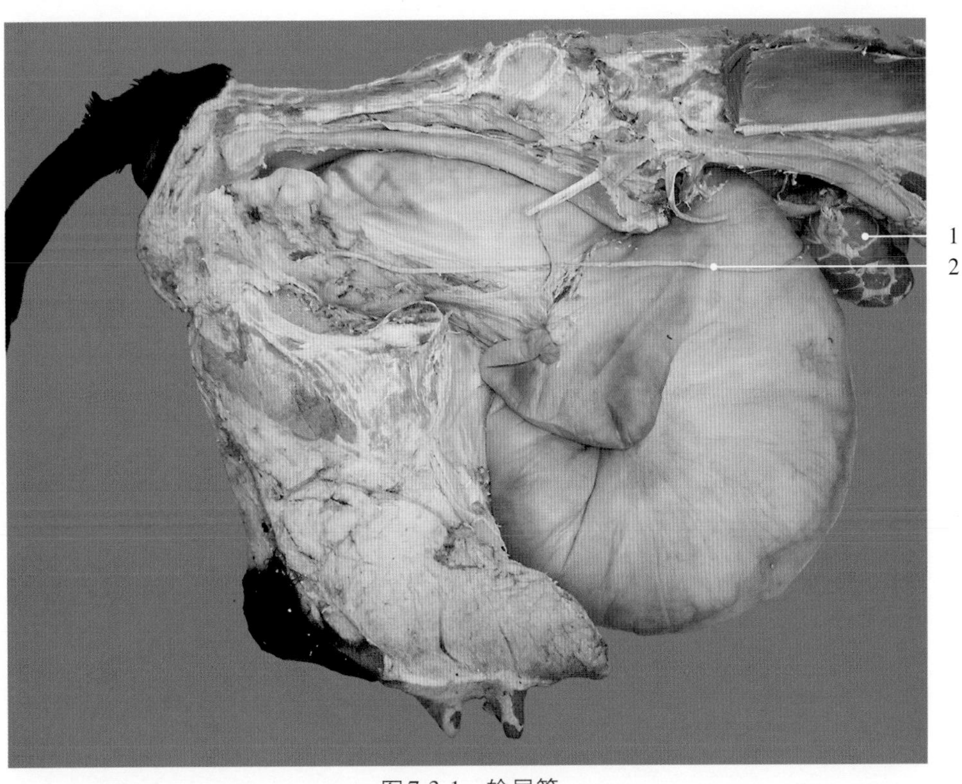

图7-3-1　输尿管

1. 肾 kidney　　2. 输尿管 ureter

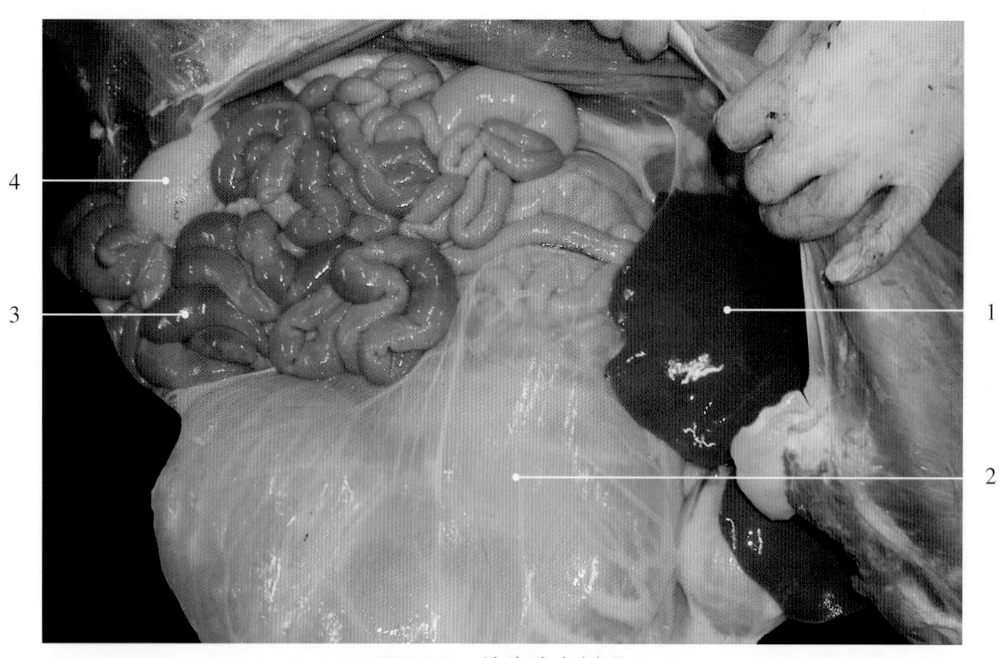

图7-3-2　羊膀胱右侧观

1. 肝 liver　　3. 小肠 small intestine
2. 大网膜 greater omentum　　4. 膀胱 urinary bladder

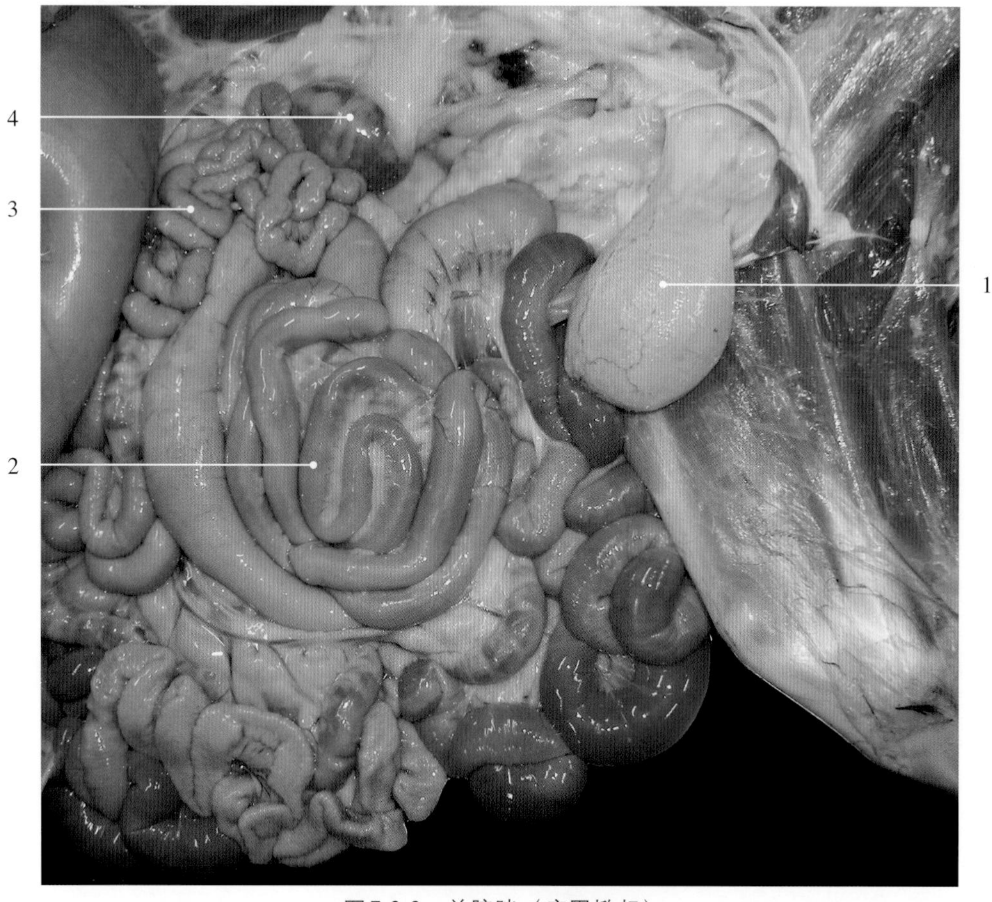

图7-3-3　羊膀胱（瘤胃掀起）

1. 膀胱 urinary bladder　2. 结肠 colon　3. 空肠 jejunum　4. 肾 kidney

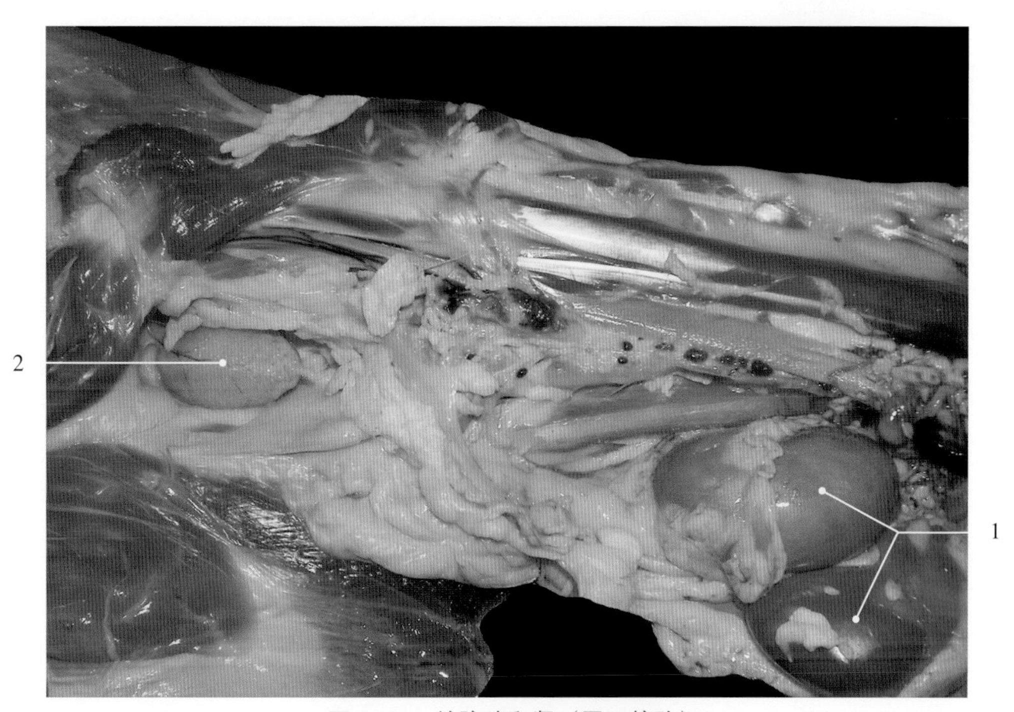

图7-3-4　羊膀胱和肾（胃肠摘除）

1. 肾 kidneys　　2. 膀胱 urinary bladder

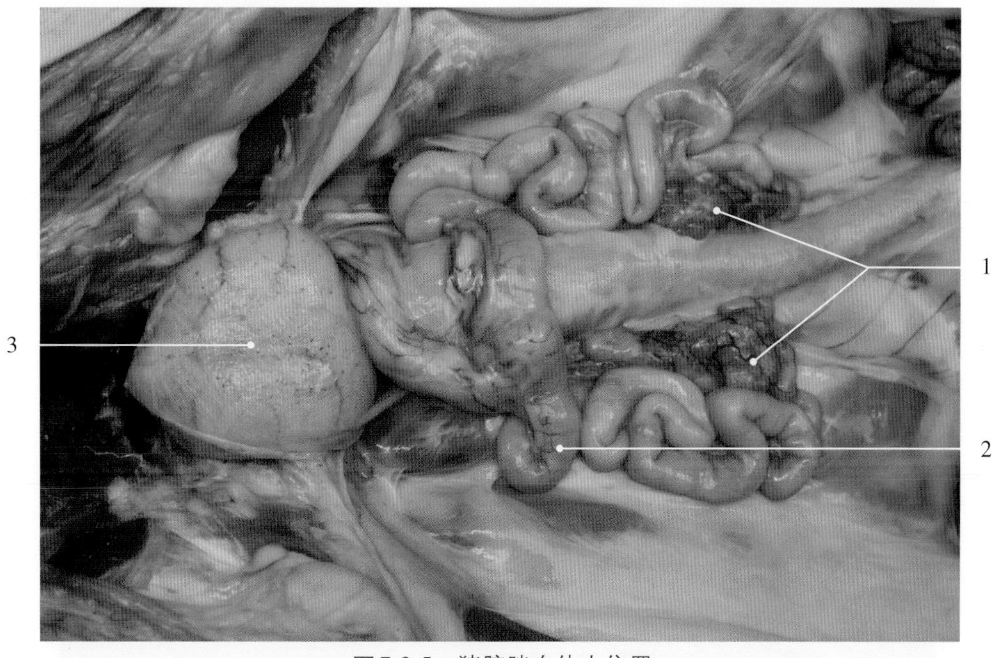

图7-3-5　猪膀胱在体内位置

1. 卵巢 ovary　2. 子宫 uterus　3. 膀胱 urinary bladder

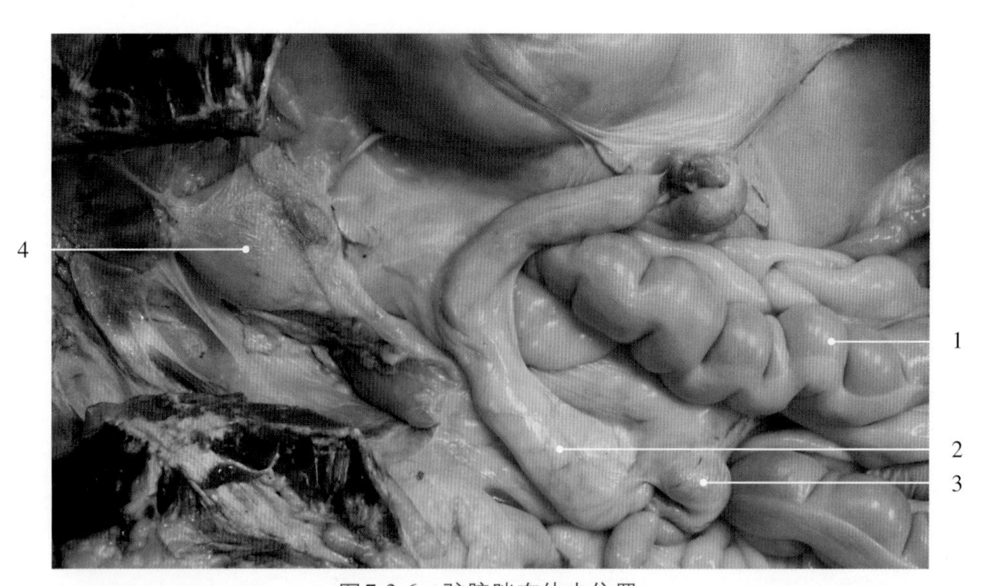

图7-3-6　驴膀胱在体内位置

1. 结肠 colon　2. 子宫 uterus　3. 卵巢 ovary　4. 膀胱 urinary bladder

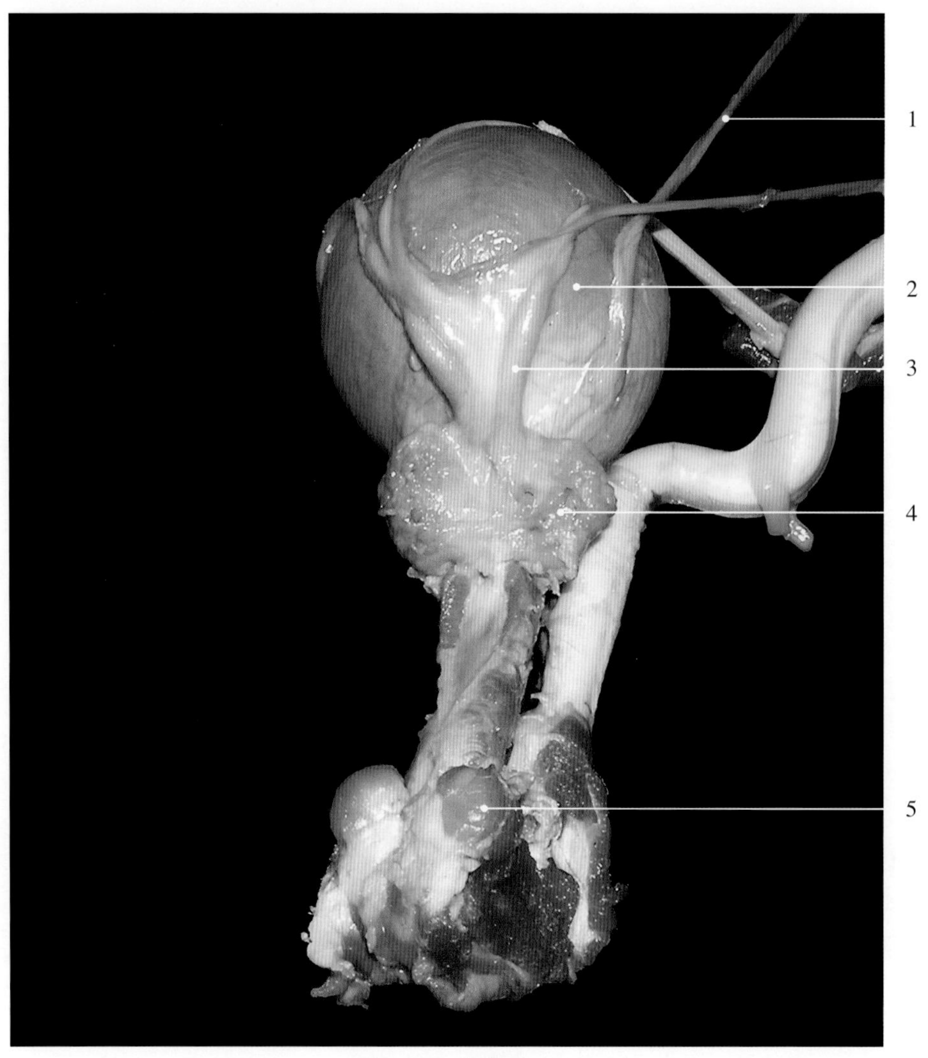

图7-3-7　羊膀胱

1. 输尿管 ureter　2. 膀胱 urinary bladder　3. 输精管壶腹 ampulla of deferent duct　4. 精囊腺 vesicle gland　5. 尿道球腺 bulbourethral gland

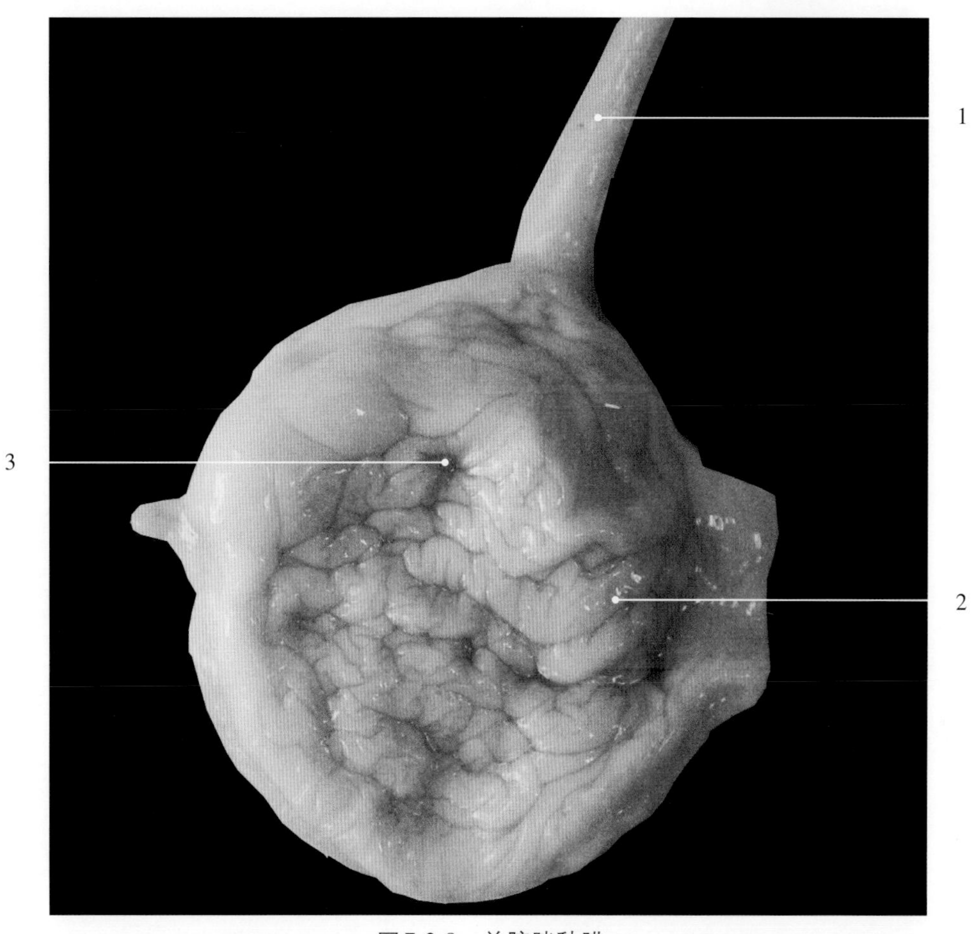

图7-3-8　羊膀胱黏膜

1.输尿管 ureter　　3.输尿管口 ureteral ostium
2.膀胱黏膜 bladder mucosa

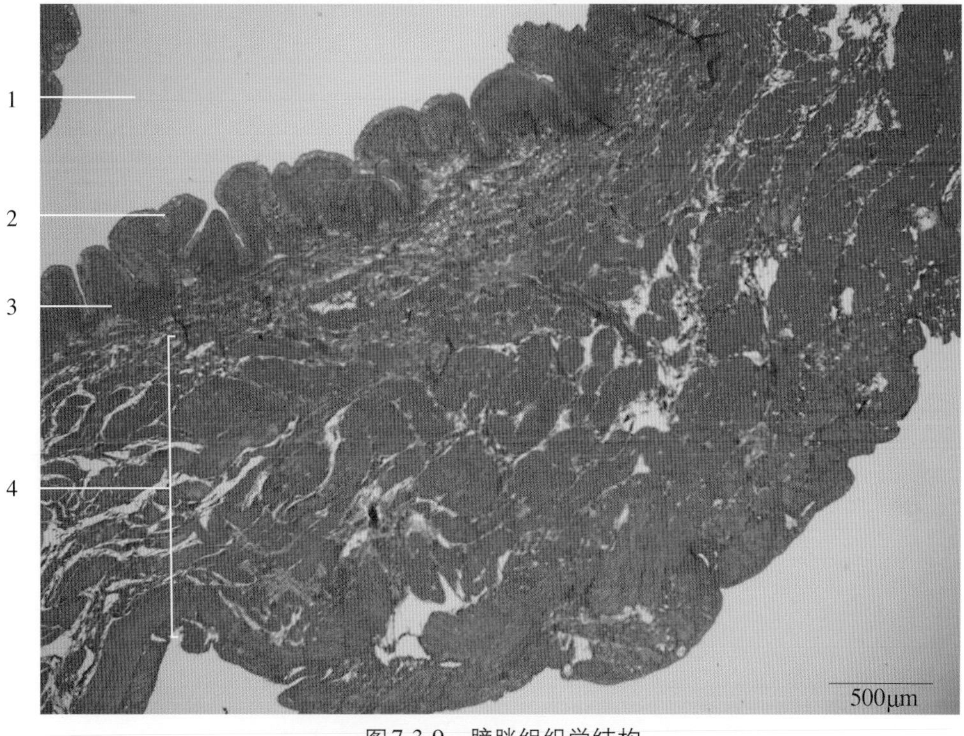

图7-3-9　膀胱组织学结构

1. 膀胱腔 urinary bladder cavity　　3. 固有层 lamina propria
2. 变移上皮 transitional epithelium　　4. 肌层 muscular layer

第八章
雄性生殖系统

雄性生殖系统图谱

公畜生殖器官由睾丸、附睾、输精管、精索、阴囊、尿生殖道、副性腺、阴茎和包皮组成。

一、睾丸和附睾

（一）睾丸

睾丸（testis）是公畜的主要性器官，位于阴囊内，左右各一。有产生精子和分泌雄性激素的作用，后者可促进第二性征的出现和其他生殖器官的发育。

睾丸一般呈椭圆形，表面光滑。一侧有附睾附着，称为附睾缘，另一侧为游离缘。血管和神经进入的一端为睾丸头，接附睾头，另一端为睾丸尾，以睾丸固有韧带（proper ligament of testis）与附睾尾相连。

1. **牛（羊）的睾丸**　位于两股部之间的阴囊内，呈长椭圆形，长轴与地面垂直，上端为睾丸头，下端为睾丸尾，附睾位于睾丸的后缘。牛睾丸实质呈黄色，羊的为白色。

2. **马的睾丸**　位置与牛的相近似，呈椭圆形，长轴与地面平行，睾丸头向前，附睾位于睾丸的背侧。睾丸实质呈淡棕色。

3. **猪的睾丸**　很大，斜位于肛门腹侧（会阴部）。长轴斜向后上方，睾丸头朝向前下方，附睾位于睾丸的背上缘。睾丸实质呈淡灰色，但因品种差异有深浅之分。

4. **犬的睾丸**　比较小，呈卵圆形，白色，长轴亦斜向后上方，位置与猪的相似。

睾丸表面覆有光滑的浆膜，称固有鞘膜（proper vagina tunica）。鞘膜深面为厚而坚韧的结缔组织白膜。白膜发出许多结缔组织间隔，将睾丸实质分割成许多锥形的睾丸小叶，并沿睾丸纵轴集中形成网状的睾丸纵隔。每一睾丸小叶内含有数条迂曲的精曲小管（contorted seminiferous tubule），小管壁的生殖上皮可产生精子；小管之间为睾丸间质，含有间质细胞，间质细胞分泌雄性激素，主要是睾丸酮。在靠近纵隔处，精曲小管变成直而短的精直小管（straight seminiferous tubule），它们进入睾丸纵隔后，相互吻合形成睾丸网。从睾丸网发出10余条睾丸输出小管，穿出睾丸头，形成附睾头。

（二）附睾

附睾（epididymis）是贮存精子和精子进一步成熟的地方。附睾附着于睾丸的附睾缘，分为附睾头（head of

the epididymis）、附睾体（body of the epididymis）和附睾尾（tail of the epididymis）三部分。附睾头膨大，由睾丸输出小管构成。输出小管会合成一条较粗而长的附睾管，盘曲而成附睾体和附睾尾，在附睾尾处管径增大，最后延续为输精管。附睾尾也膨大，借睾丸固有韧带与睾丸尾相连，借附睾尾韧带（又称阴囊韧带）与阴囊相连。在附睾的表面也被覆有固有鞘膜和薄的白膜。

二、输精管和精索

（一）输精管

输精管（deferent duct）为运送精子的管道。起始于附睾管（由附睾尾进入精索后缘内侧的输精管褶中），经腹股沟管上行进入腹腔，随即向后进入骨盆腔，末端与精囊腺导管合并成短的射精管（马）或与精囊腺导管一同（牛、羊、猪）开口于尿生殖道起始部背侧壁的精阜上。

马、牛、羊的输精管末段在膀胱的背侧呈纺锤形膨大，形成输精管壶腹（ampulla of deferent duct），其黏膜内有壶腹腺分布。猪、犬的输精管壶腹不明显。

（二）精索

精索（spermatic cord）为一扁平的圆锥形索状结构，由进入睾丸的脉管、神经、提睾肌和输精管等组成，外面包以固有鞘膜。精索基部较宽，附着于睾丸和附睾上，向上逐渐变细，顶端达腹股沟管内口（腹环）。

三、阴囊

阴囊（scrotum）为袋状的腹壁囊，借助腹股沟管与腹腔相通，相当于腹腔的突出部，内有睾丸、附睾和部分精索。阴囊壁的结构与腹壁相似，由外向内为皮肤、肉膜、阴囊筋膜及提睾肌和总鞘膜。

马、牛、羊的阴囊位于两股之间。马的阴囊呈前、后水平位；牛、羊的阴囊长轴垂直，阴囊颈明显；猪、犬的阴囊斜位于肛门腹侧（会阴部），与周围界限不明显。

四、尿生殖道

尿生殖道（urogenital tract）为尿液和精液排出的共同通道，起于膀胱颈，沿骨盆腔底壁向后伸延，绕过坐骨弓，再沿阴茎腹侧的尿道沟向前伸延，以尿道外口开口于外界。

尿生殖道分骨盆部和阴茎部两部分，两部间以坐骨弓为界。在交界处，尿生殖道内腔变细，称为尿道峡（urethral isthmus）。尿道峡是临床上尿道结石或尿道阻塞的常发病部位。

1.尿生殖道骨盆部　是指自膀胱颈到骨盆腔后口的一段，位于骨盆腔底壁与直肠之间。在骨盆部起始处背侧壁的黏膜上，有一圆形隆起，称为精阜（seminal hillock）。精阜上有一对小孔，为输精管及精囊腺导管的共同开口。此外，在盆部黏膜的表面，还有前列腺和尿道球腺的开口。家畜中以公猪的尿生殖道骨盆部为最长，牛、羊次之，马的较短。

2.尿生殖道阴茎部　是尿道经坐骨弓至阴茎腹侧的一段，末端开口在阴茎头，开口处称尿道外口（external urethral orifice）。在尿道峡后方尿生殖道壁上的海绵体层稍变厚，形成尿道球（urethral bulb），又称阴茎球（penis bulb）。

五、副性腺

副性腺（accessory genital glands）包括精囊腺、前列腺和尿道球腺3种，有的动物还包括输精管壶腹。犬的副性腺无精囊腺和尿道球腺，只有前列腺。

（一）精囊腺

精囊腺（vesicle gland）一对，位于膀胱颈背侧的尿生殖褶中，在输精管壶腹的外侧。每侧精囊腺导管与同侧输精管共同开口于精阜。

1.牛（羊）的精囊腺　为致密的腺体组织，呈分叶状，表面凹凸不平。左、右侧腺体大小、形状常不对称。其导管与输精管一同开口于精阜。

2.马的精囊腺　呈梨形囊状，壁薄而腔大，表面光滑。囊壁由腺体组织构成。其导管与同侧输精管合并成射精管，开口于精阜。

3.猪的精囊腺　特别发达，长约15cm以上，呈棱形三面体，淡红色，由许多腺小叶组成。其导管单独或与输精管一同开口于精阜。

（二）前列腺

前列腺（prostate gland）位于尿生殖道起始部背侧，以多数小孔开口于精阜周围。前列腺因年龄而有变化，幼龄时较小，到性成熟期增长较大，老龄时又逐渐退化。

1.牛（羊）的前列腺　呈淡黄色，分为腺体部和扩散部。腺体部较小，横位于尿生殖道起始部的背侧。扩散部发达，几乎分布在整个尿生殖道骨盆部海绵层和尿道肌之间，其背侧部厚，腹侧部薄。前列腺管多，成行开口于尿生殖道骨盆部黏膜，有两列位于精阜后方的两黏膜褶之间，另外两列在褶的外侧。羊的前列腺无腺体部，仅有扩散部。

2.马的前列腺　发达，呈蝴蝶形，由左、右两侧叶和中间的峡部构成。每侧前列腺导管有15 ~ 20条，穿过尿道壁，开口于精阜外侧。

3.猪的前列腺　与牛的相似，亦分腺体部和扩散部。腺体部较小，位于尿生殖道起始部背侧，被精囊腺所遮盖。扩散部很发达，占据尿生殖道骨盆部黏膜与尿道肌之间的海绵层内，切面上呈黄色。两部分均有许多导管，腺体部开口于精阜外侧，扩散部直接开口于尿生殖道骨盆部背侧黏膜。

4.犬的前列腺　大而坚实，呈球状，淡黄色，被一正中沟为分为左、右两叶。其导管多条，开口于尿生殖道骨盆部。

（三）尿道球腺

尿道球腺（bulbourethral gland）一对，位于尿生殖道骨盆部末端，坐骨弓附近。

1.牛的尿道球腺　较小，略呈半球形（羊的稍大），位于尿生殖道骨盆部后端的背外侧。外面包有厚的被膜，并部分的被球海绵体肌覆盖，每侧腺体发出一条导管，开口于尿生殖道盆部后端背侧的半月状黏膜褶内。此半月状黏膜褶在对公牛导尿时常会造成一定困难。

2.马的尿道球腺　呈卵圆形，表面被覆尿道肌，每侧腺体有6 ~ 8条导管，开口于尿生殖道盆部末端背侧的两列小乳头上。

3.猪的尿道球腺　很发达，呈圆柱形，大猪长达12cm，位于尿生殖道盆部后2/3部的两侧，每侧腺体各有一条导管，在坐骨弓处开口于尿生殖道盆部背侧半月形黏膜褶所围成的盲囊内。

六、阴茎

阴茎（penis）为公畜的排尿、排精和交配器官，位于腹底壁皮下，起自坐骨弓，经两股之间，沿中线向前伸达脐区。

阴茎分为阴茎根、阴茎体和阴茎头3部分。

1.牛的阴茎　呈圆柱状，长而细，成年公牛长约90cm。阴茎体在阴囊的后方形成乙状弯曲，勃起时伸直。阴茎头长而尖，自左向右扭转，游离端形成阴茎头帽。尿道外口位于阴茎头前端的尿道突（urethral process）上。

羊的阴茎与牛的基本相似，但阴茎头最前端的阴茎头冠很发达，尿道突细而长，绵羊的长达3 ~ 4cm，呈S状弯曲，山羊的直而稍短。

2.马的阴茎　长约50cm，呈左、右略扁的圆柱状，粗大、平直。阴茎头膨大，后缘或基部形成阴茎头冠（glans corona），其上有阴茎头窝（fossa of the glans penis），窝内有一短的尿道突，尿道突上有尿道外口。

3.猪的阴茎　与牛的相似，但乙状曲在阴囊的前方。阴茎头尖细，呈螺旋状扭转。尿道外口呈裂隙状，位于阴茎头前端的腹外侧。

4.犬的阴茎　在阴茎前部有阴茎骨（penis bone），长约10cm以上（体型较大的犬），是由两部分阴茎海绵体骨化而成。阴茎头很长，覆盖在全阴茎骨的表面，它的前部呈圆柱状，游离端为一尖端。阴茎头的起始部膨大，称龟头球，内有勃起组织。

七、包皮

包皮（prepuce）为下垂于腹底壁的皮肤折转而形成的管状鞘，有容纳和保护阴茎的作用。包皮的游离缘围成包皮口（preputial opening），包皮口位于脐后稍后方，开口朝前，周围有长毛。包皮外层为腹壁皮肤，在包皮口向包皮腔折转，形成包皮内层。两层之间含有前后两对发达的包皮肌，可将包皮向前向后牵引。

1. **牛的包皮**　长而狭窄，包皮口在脐部稍后方，大小通常仅容一指通过，周围有一簇粗而硬的长毛。具有两对较发达的包皮肌。

2. **马的包皮**　有两层，分别称为内包皮和外包皮，当勃起时展平。外包皮较长，其游离缘围成包皮口或包皮外口。内包皮直接包于阴茎头之外，比外包皮短小，游离缘围成包皮环（preputial ring）或包皮内口。

3. **猪的包皮**　包皮口狭窄，周围也有粗硬的长毛。包皮腔很长，前宽后窄，前部背侧壁上有一圆孔，通向椭圆形的包皮憩室/盲囊（preputial diverticulum）。憩室内常聚集有腐败的余尿和脱落的上皮细胞，具有特殊的腥臭味，在猪屠宰后，应将其切除，以免污染肉品。

4. **犬的包皮**　为完整的皮肤套，包围着龟头球。包皮外层是皮肤，内层薄，呈粉红色，内层与龟头球紧密结合。包皮中分布着淋巴结，尤其在包皮腔底部多而明显。

八、雄性生殖系统图谱

1. **雄性生殖系统的组成**　图8-1-1至图8-1-13。
2. **睾丸和附睾**　图8-2-1至图8-2-17。
3. **副性腺**　图8-3-1至图8-3-9。
4. **阴囊和阴茎**　图8-4-1至图8-4-19。

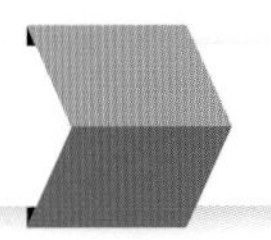

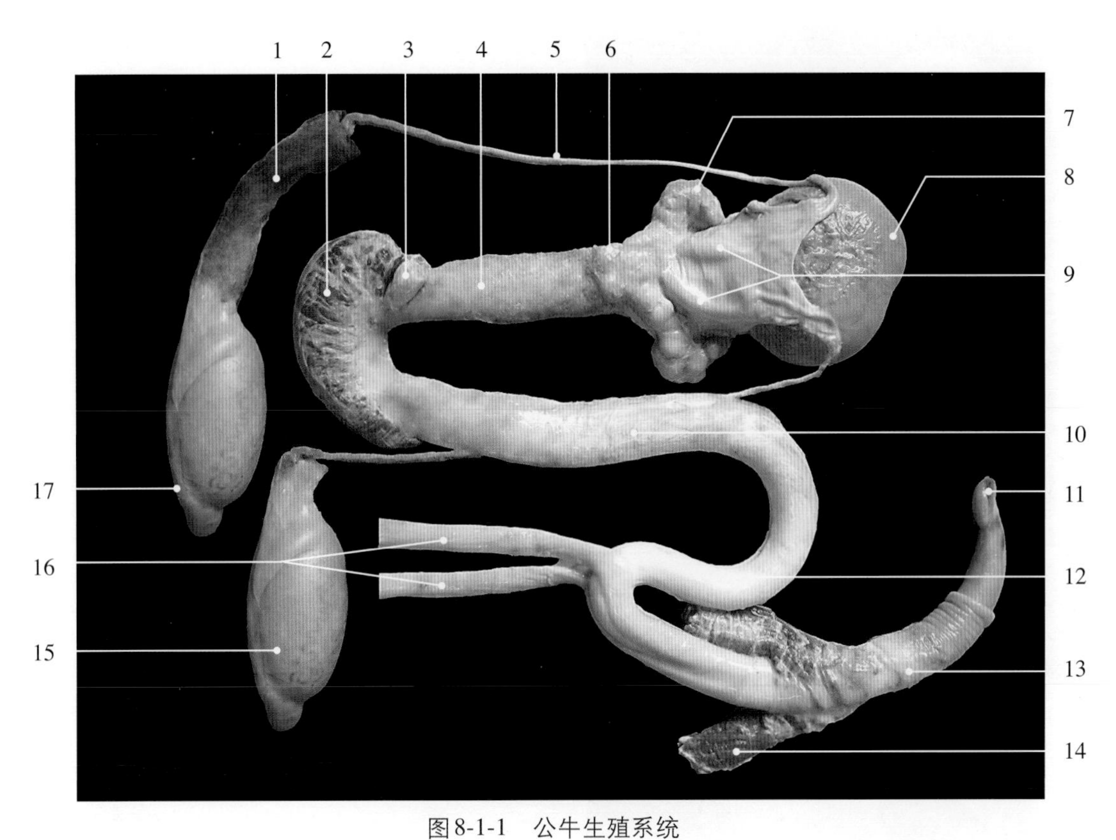

图8-1-1　公牛生殖系统

1. 精索　spermatic cord
2. 坐骨海绵体肌　ischiocavernosus muscle
3. 尿道球腺　bulbourethral gland
4. 尿生殖道骨盆部　pelvis part of urogenital tract
5. 输精管　deferent duct
6. 前列腺　prostate gland
7. 精囊腺　vesicle gland
8. 膀胱　urinary bladder
9. 输精管壶腹　ampulla of deferent duct
10. 尿生殖道阴茎部　penile part of urogenital tract
11. 阴茎头　head of penis
12. 阴茎乙状弯曲　sigmoid flexure of the penis
13. 阴茎　penis
14. 包皮缩肌　retractor muscle of the prepuce
15. 睾丸　testis
16. 阴茎缩肌　retractor muscle of the penis
17. 附睾　epididymis

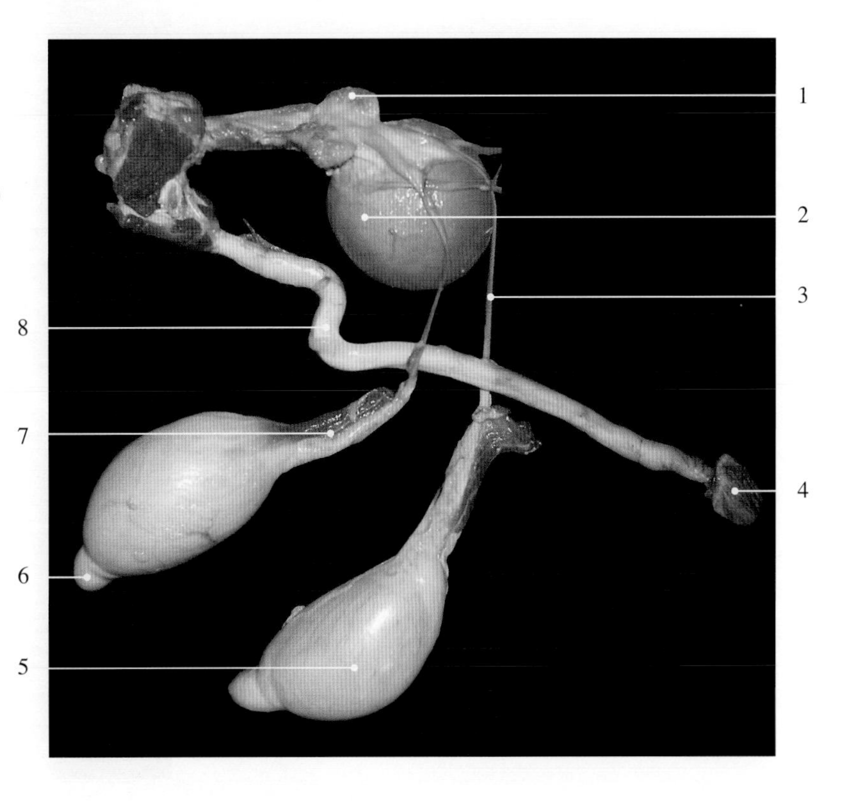

图8-1-2　公羊泌尿生殖器官（新鲜标本）

1. 精囊腺　vesicle gland
2. 膀胱　urinary bladder
3. 输精管　deferent duct
4. 包皮　prepuce
5. 睾丸　testis
6. 附睾　epididymis
7. 精索　spermatic cord
8. 乙状弯曲　sigmoid flexure

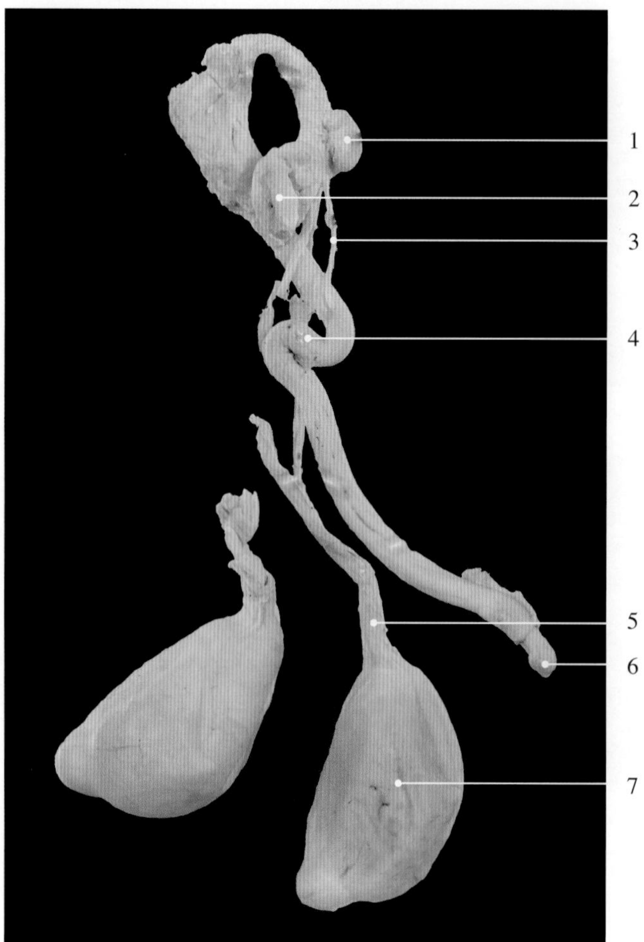

图8-1-3　公羊生殖器官右侧观（固定标本）

1. 精囊腺　vesicle gland
2. 膀胱　urinary bladder
3. 输精管　deferent duct
4. 乙状弯曲　sigmoid flexure
5. 精索　spermatic cord
6. 阴茎头　head of penis
7. 睾丸　testis

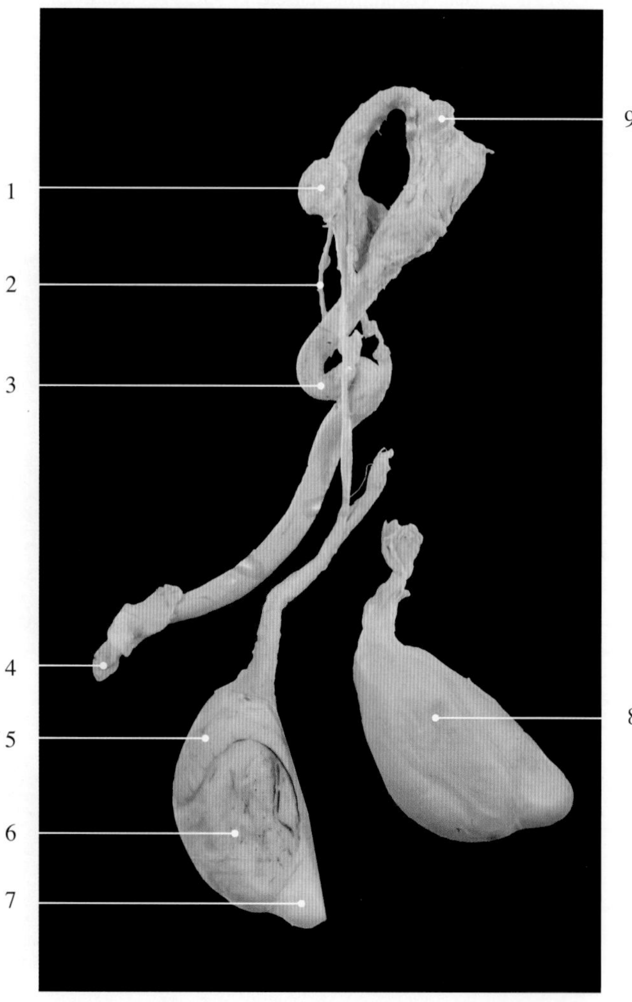

图8-1-4　公羊生殖器官左侧观（固定标本）

1. 精囊腺　vesicle gland
2. 输精管　deferent duct
3. 乙状弯曲　sigmoid flexure
4. 阴茎头　head of penis
5. 附睾头　head of the epididymis
6. 睾丸（去固有鞘膜）testis, removed proper vagina tunica
7. 附睾尾　tail of the epididymis
8. 睾丸（带固有鞘膜）testis, including proper vagina tunica
9. 尿道球腺　bulbourethral gland

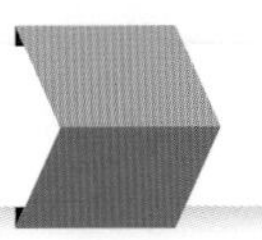

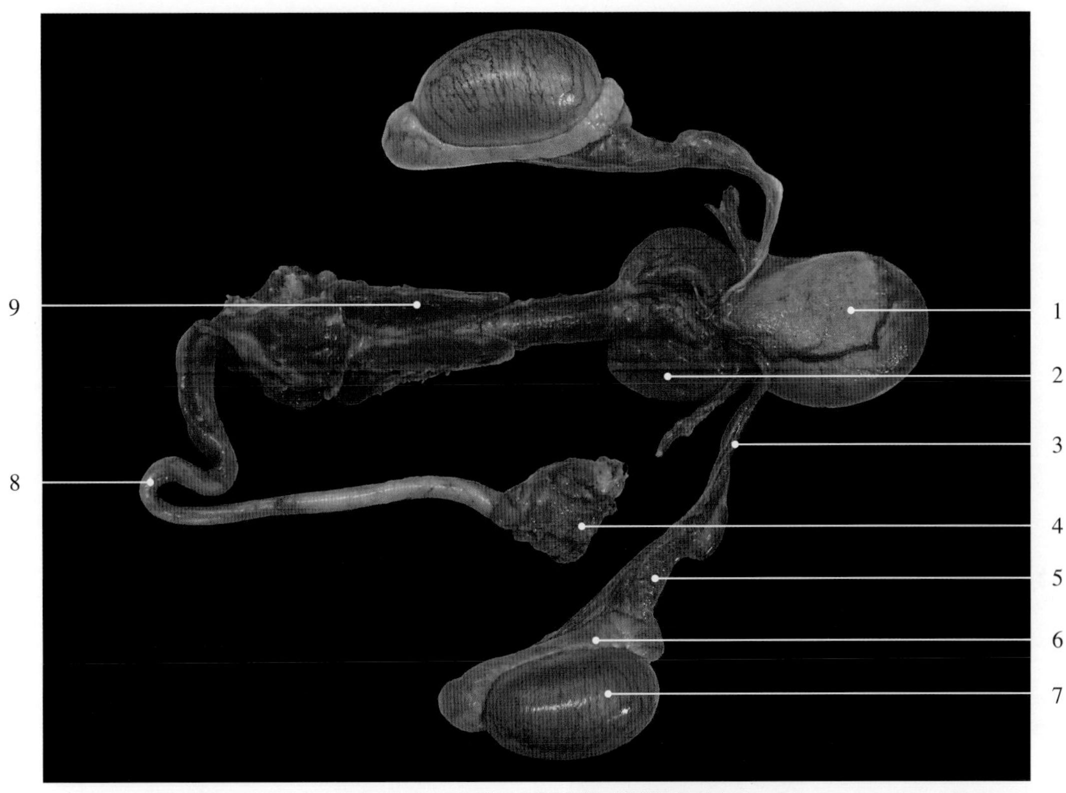

图8-1-5　公猪生殖系统（新鲜标本）

1. 膀胱 urinary bladder
2. 精囊腺 vesicle gland
3. 输精管 deferent duct
4. 睾丸 testis
5. 附睾 epididymis
6. 精索 spermatic cord
7. 包皮憩室/盲囊 preputial diverticulum
8. 乙状弯曲 sigmoid flexure
9. 尿道球腺 bulbourethral gland

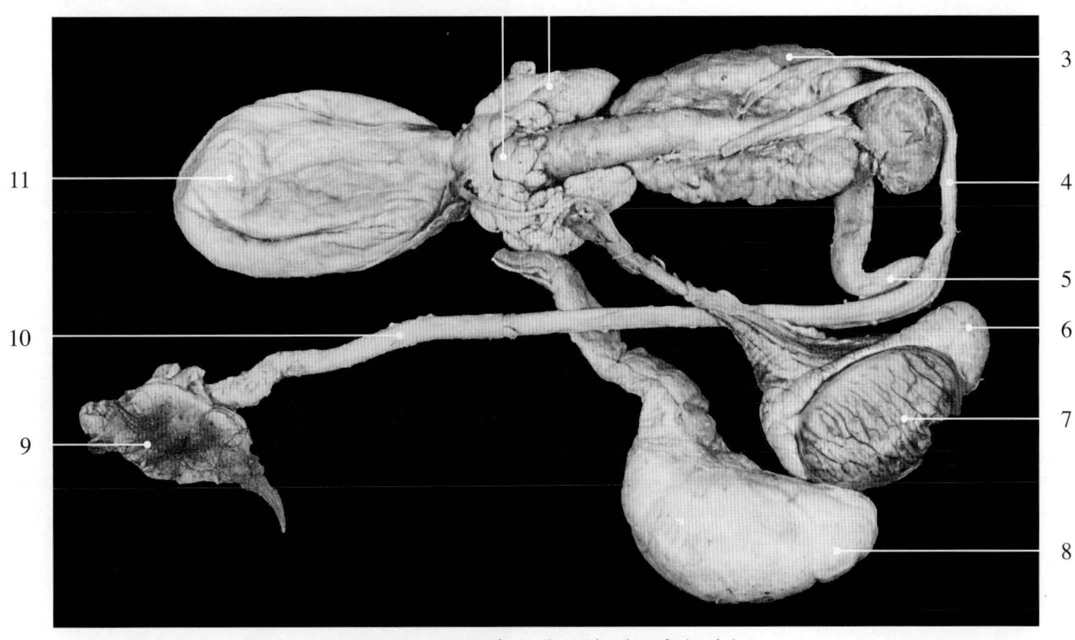

图8-1-6　公猪生殖系统（固定标本）

1. 前列腺体部 corpus of prostate gland
2. 精囊腺 vesicle gland
3. 尿道球腺 bulbourethral gland
4. 阴茎缩肌 retractor penis muscle
5. 乙状弯曲 sigmoid flexure
6. 附睾 epididymis
7. 睾丸 testis
8. 睾丸（带固有鞘膜）testis, including proper vagina tunica
9. 包皮 prepuce
10. 阴茎 penis
11. 膀胱 urinary bladder

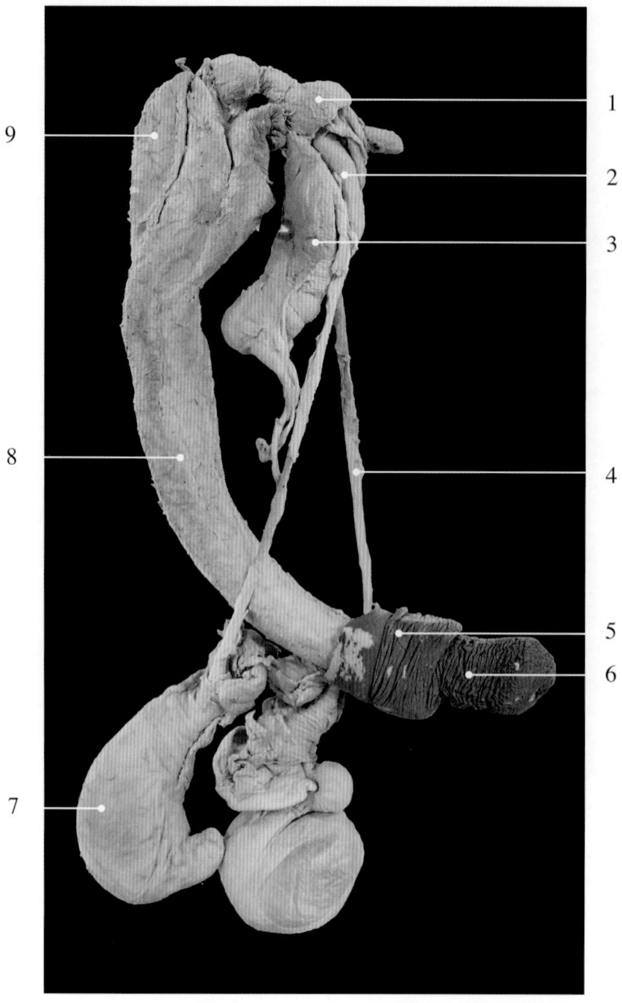

图8-1-7　公驴生殖器官右侧观（固定标本）

1. 精囊腺 vesicle gland
2. 输精管壶腹 ampulla of deferent duct
3. 膀胱 urinary bladder
4. 输精管 deferent duct
5. 包皮 prepuce
6. 阴茎头 head of penis
7. 睾丸 testis
8. 阴茎 penis
9. 坐骨海绵体肌 ischiocavernosus muscle

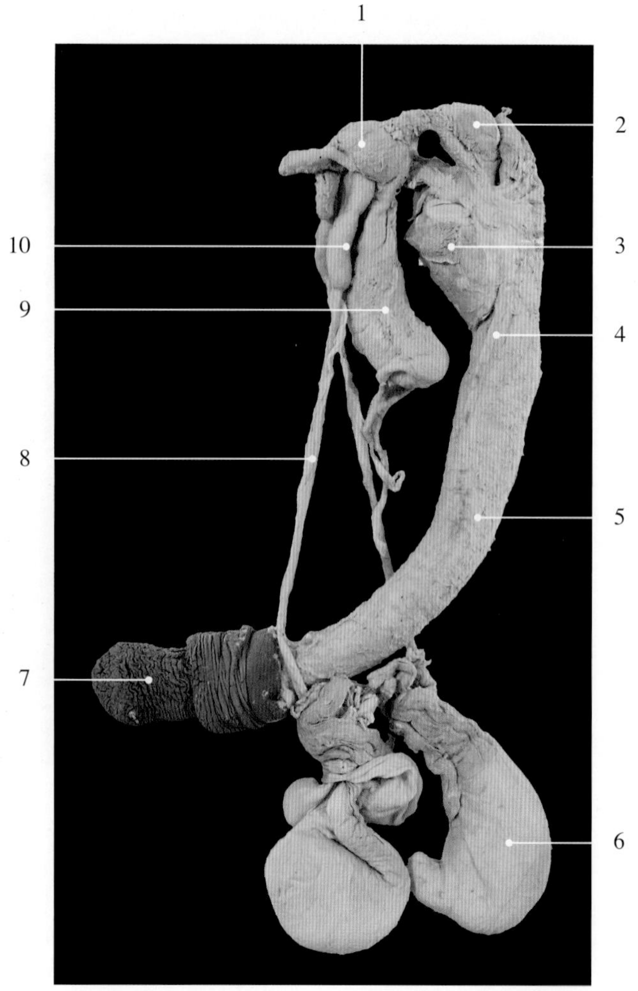

图8-1-8　公驴生殖器官左侧观（固定标本）

1. 精囊腺 vesicle gland
2. 尿道球腺 bulbourethral gland
3. 坐骨海绵体肌 ischiocavernosus muscle
4. 阴茎缩肌 retractor penis muscle
5. 阴茎 penis
6. 睾丸 testis
7. 阴茎头 head of penis
8. 输精管 deferent duct
9. 膀胱 urinary bladder
10. 输精管壶腹 ampulla of deferent duct

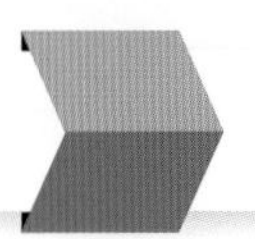

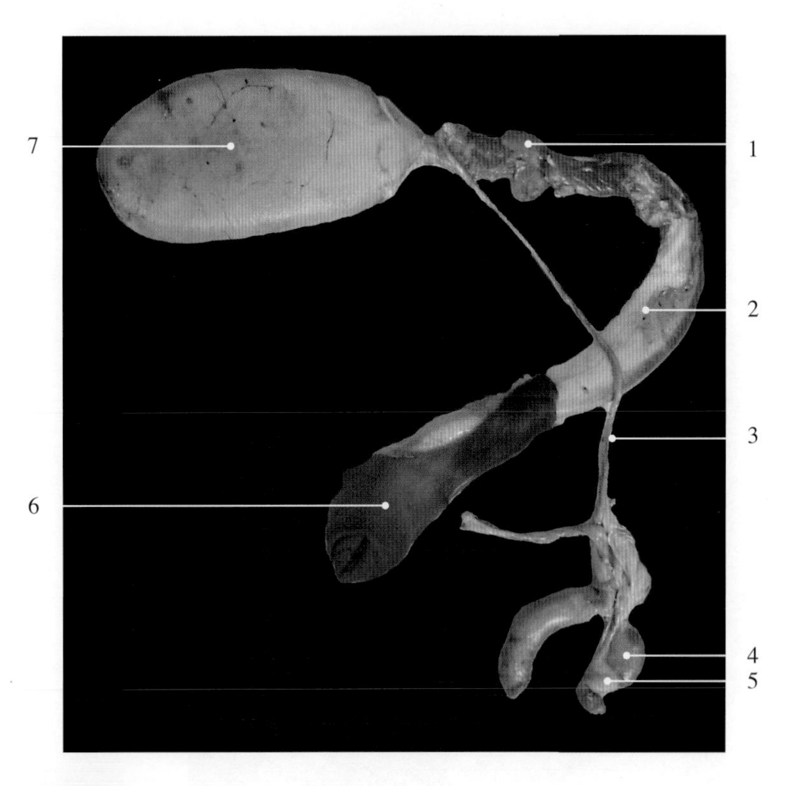

图8-1-9　公驴生殖器官（新鲜标本）

1. 精囊腺 vesicle gland
2. 阴茎 penis
3. 输精管 deferent duct
4. 睾丸 testis
5. 附睾 epididymis
6. 包皮 prepuce
7. 膀胱 urinary bladder

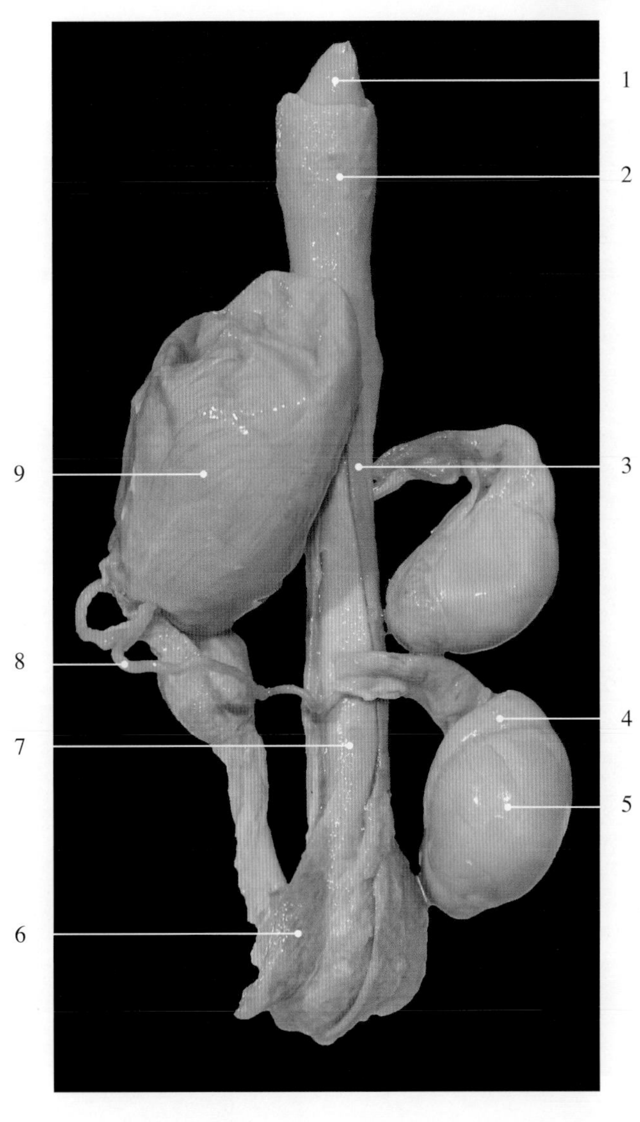

图8-1-10　公犬生殖器官

1. 阴茎头/游离端 head of penis/free end
2. 阴茎头/龟头球 head of penis/bulbus glandis
3. 阴茎缩肌 retractor penis muscle
4. 附睾头 head of the epididymis
5. 睾丸 testis
6. 坐骨海绵体肌 ischiocavernosus muscle
7. 阴茎 penis
8. 输精管 deferent duct
9. 膀胱 urinary bladder

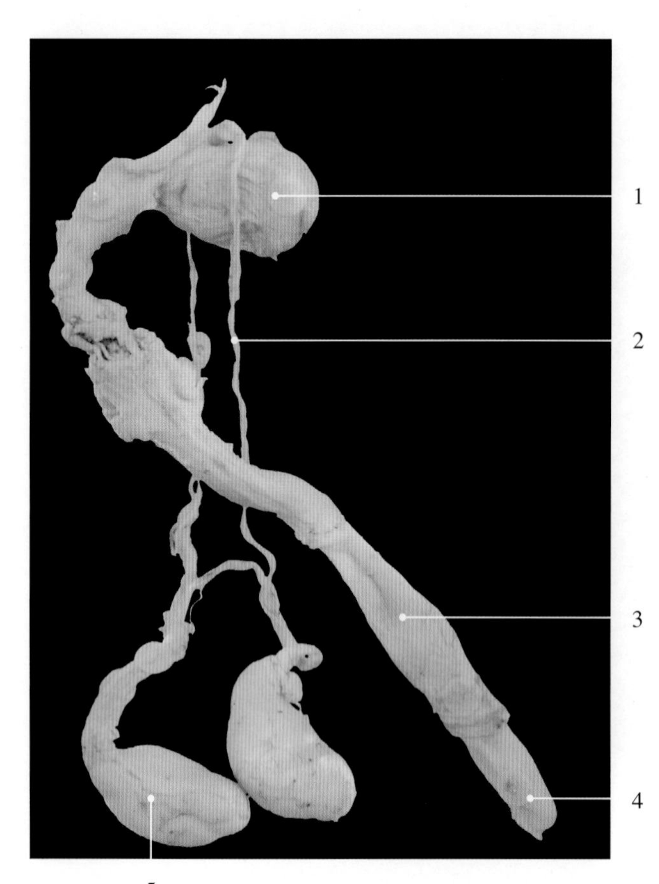

图8-1-11　公貉生殖器官右侧观（固定标本）

1. 膀胱 urinary bladder
2. 输精管 deferent duct
3. 阴茎 penis
4. 阴茎头 head of penis
5. 睾丸 testis

图8-1-12　公貉生殖器官左侧观（固定标本）

1. 膀胱 urinary bladder
2. 输精管 deferent duct
3. 阴茎 penis
4. 阴茎头 head of penis
5. 附睾 epididymis
6. 睾丸 testis

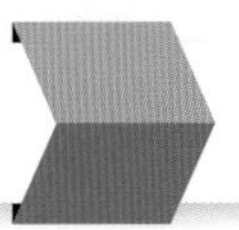

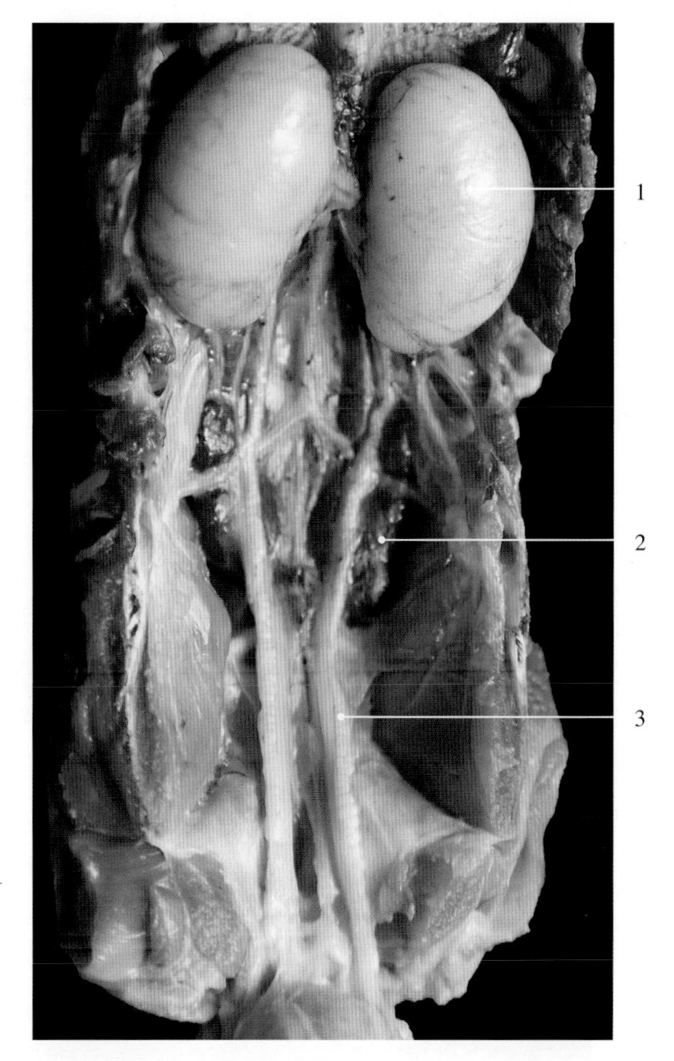

图8-1-13 公鸡生殖器官（新鲜标本）

1. 睾丸 testis
2. 肾 kidney
3. 输精管 deferent duct

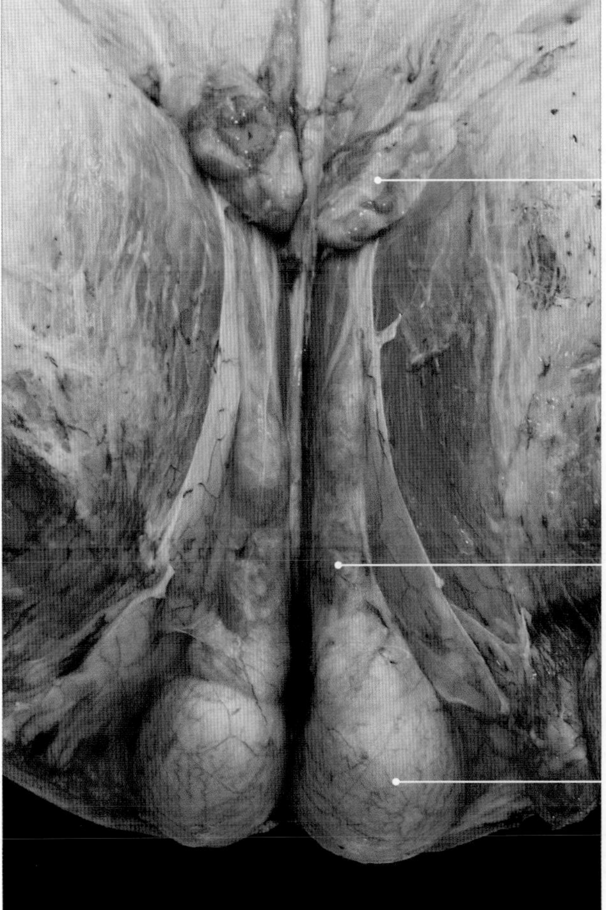

图8-2-1 猪睾丸位置

1. 阴囊淋巴结 scrotal lymph node
2. 精索 spermatic cord
3. 睾丸 testis

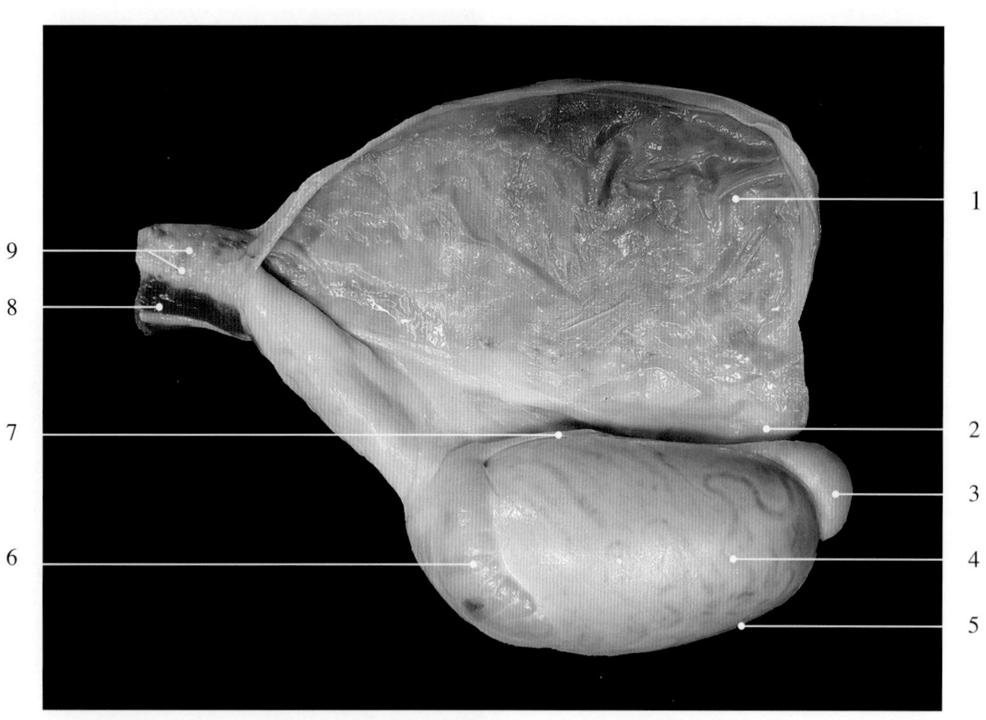

图8-2-2　牛睾丸、睾丸鞘膜和精索

1. 鞘膜 vaginal tunic
2. 阴囊韧带（附睾尾韧带）scrotal ligament (ligament of the tail epididymis)
3. 附睾尾 tail of the epididymis
4. 睾丸 testis
5. 睾丸游离缘 free margin of the testis
6. 附睾头 head of the epididymis
7. 附睾体 body of the epididymis
8. 提睾肌 cremaster muscle
9. 精索 spermatic cord

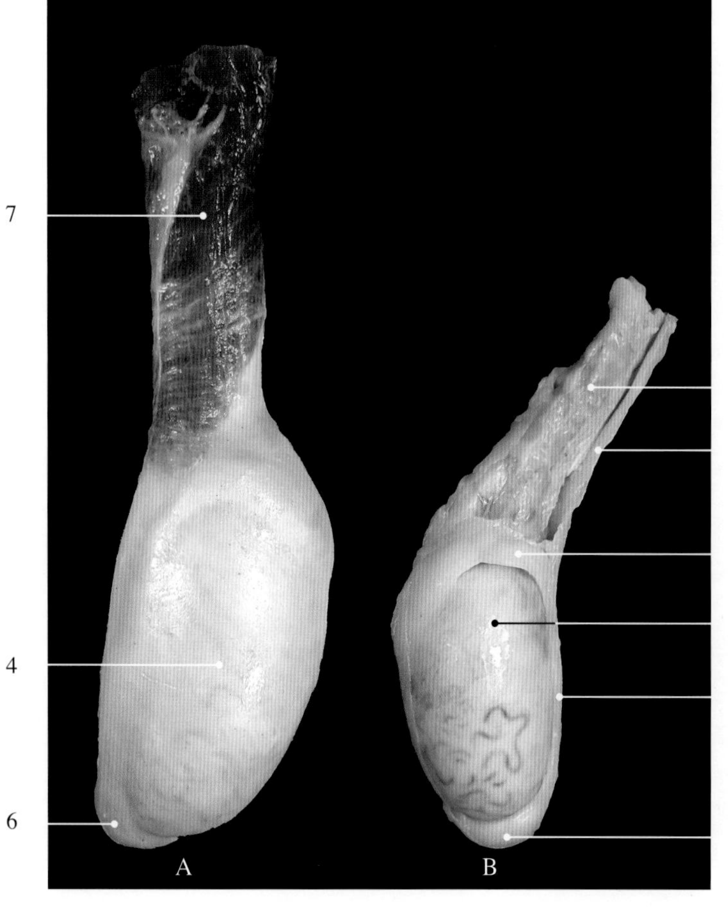

图8-2-3　牛睾丸

A. 成年牛睾丸
B. 犊牛睾丸
1. 精索 spermatic cord
2. 鞘膜 vaginal tunic
3. 附睾头 head of the epididymis
4. 睾丸 testis
5. 附睾体 body of the epididymis
6. 附睾尾 tail of the epididymis
7. 提睾肌 cremaster muscle

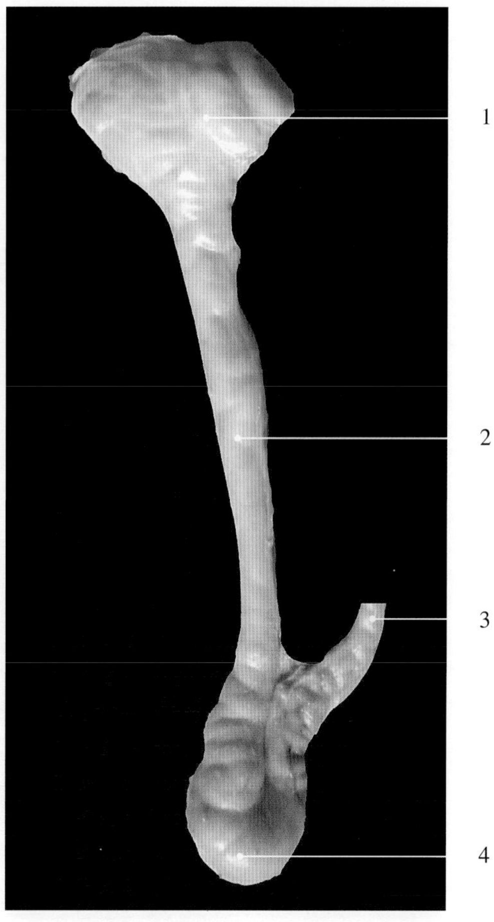

图8-2-4　牛附睾

1. 附睾头 head of the epididymis
2. 附睾体 body of the epididymis
3. 输精管 deferent duct
4. 附睾尾 tail of the epididymis

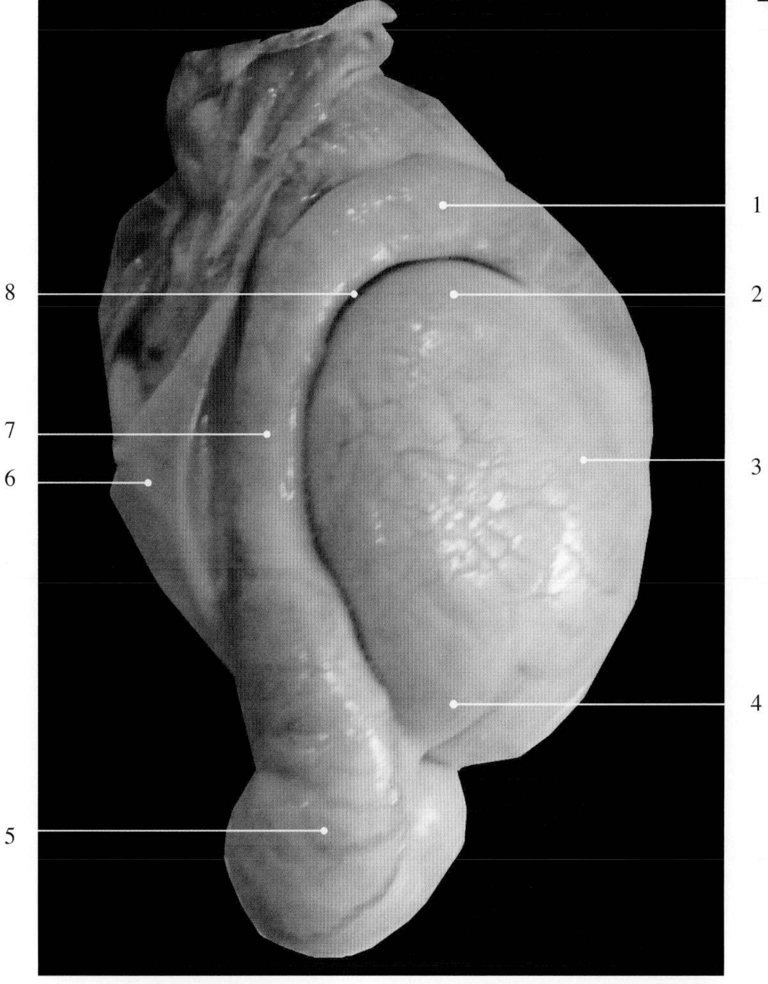

图8-2-5　羊睾丸

1. 附睾头 head of the epididymis
2. 睾丸头 head of testis
3. 睾丸体 body of testis
4. 睾丸尾 tail of testis
5. 附睾尾 tail of the epididymis
6. 总鞘膜 communis vagina tunica
7. 附睾体 body of the epididymis
8. 固有鞘膜 proper vagina tunica

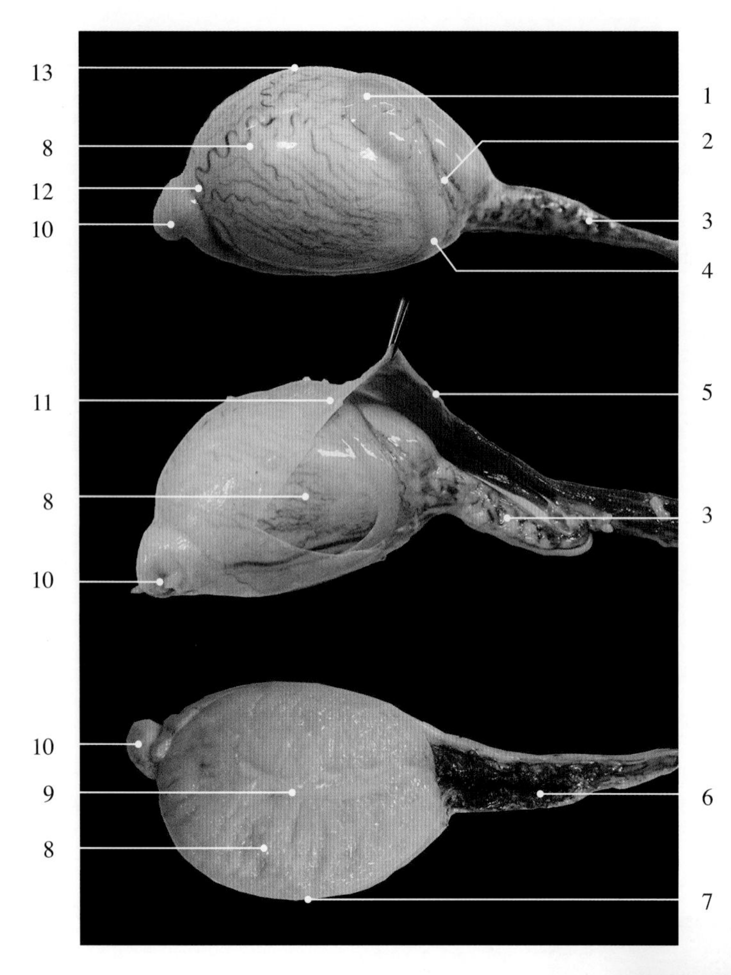

图8-2-6　山羊睾丸、附睾和精索

1. 附睾头 head of the epididymis
2. 睾丸头 head of the testis
3. 精索 spermatic cord
4. 附睾体 body of the epididymis
5. 提睾肌 cremaster muscle
6. 睾丸动脉和蔓状丛 testicular artery and pampiniform plexus
7. 白膜 tunica albuginea
8. 睾丸 testis
9. 睾丸纵隔 mediastinum of testis
10. 附睾尾 tail of the epididymis
11. 鞘膜 vaginal tunic
12. 睾丸尾 tail of testis
13. 睾丸游离缘 margo liber of testis

图8-2-7　猪睾丸、附睾和精索1

1. 睾丸头 head of testis
2. 附睾体 body of the epididymis
3. 睾丸体 body of testis
4. 游离缘 margo liber
5. 附睾缘 margo epididymis
6. 睾丸尾 tail of testis
7. 附睾尾 tail of the epididymis
8. 附睾头 head of the epididymis
9. 精索 spermatic cord

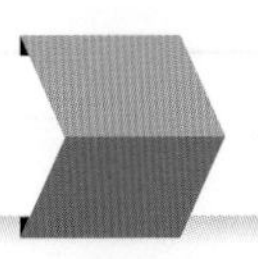

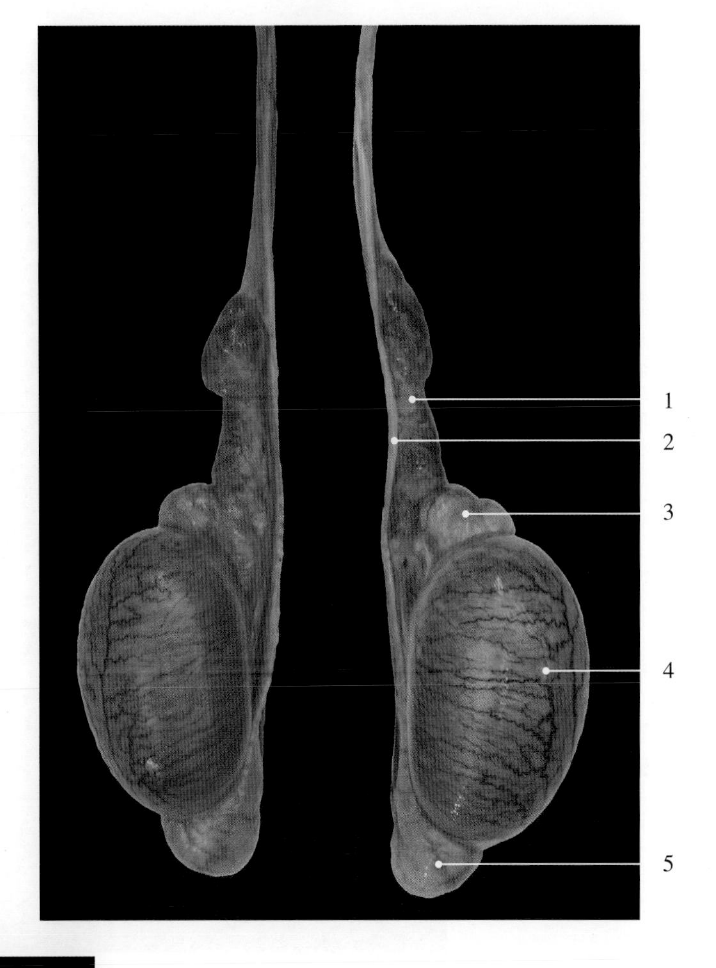

图8-2-8　猪睾丸、附睾和精索2

1. 精索 spermatic cord
2. 输精管 deferent duct
3. 附睾头 head of the epididymis
4. 睾丸 testis
5. 附睾尾 tail of the epididymis

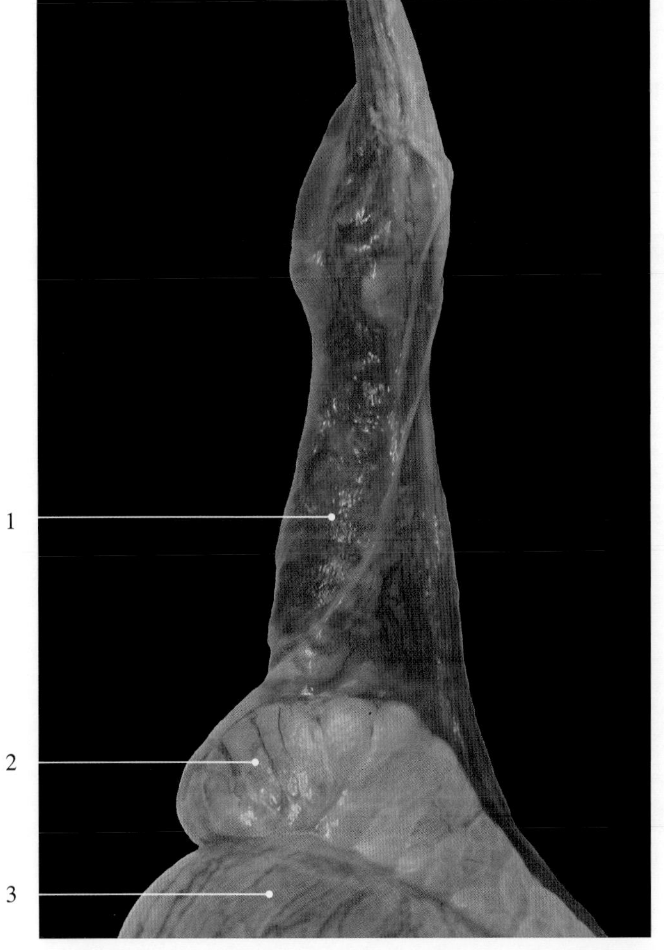

图8-2-9　猪精索蔓状丛

1. 精索内睾丸动脉和蔓状丛 testicular artery and pampiniform plexus in spermatic cord
2. 附睾头 head of the epididymis
3. 睾丸头 head of testis

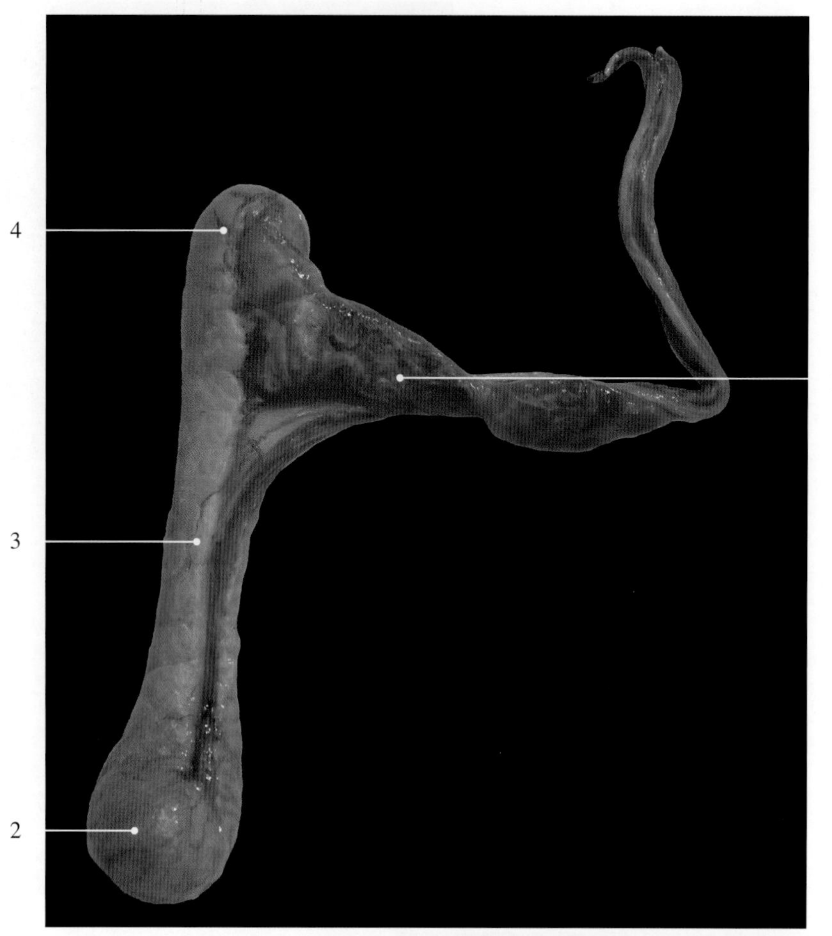

图8-2-10 猪附睾

1. 精索内睾丸动脉和蔓状丛 testicular artery and pampiniform plexus in spermatic cord
2. 附睾尾 tail of the epididymis
3. 附睾体 body of the epididymis
4. 附睾头 head of the epididymis

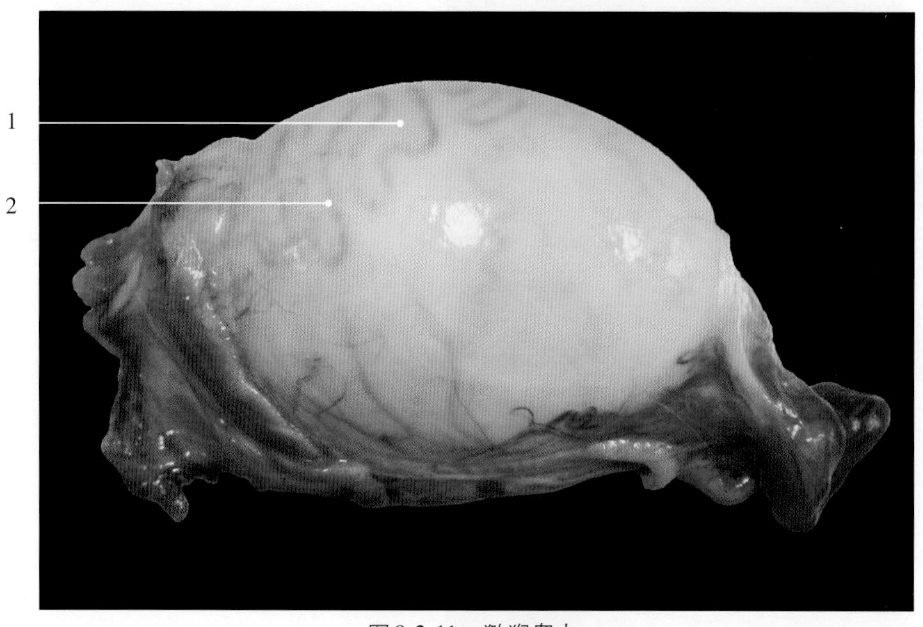

图8-2-11 猕猴睾丸

1. 睾丸游离缘 margo liber of testis
2. 睾丸静脉 testicular vein

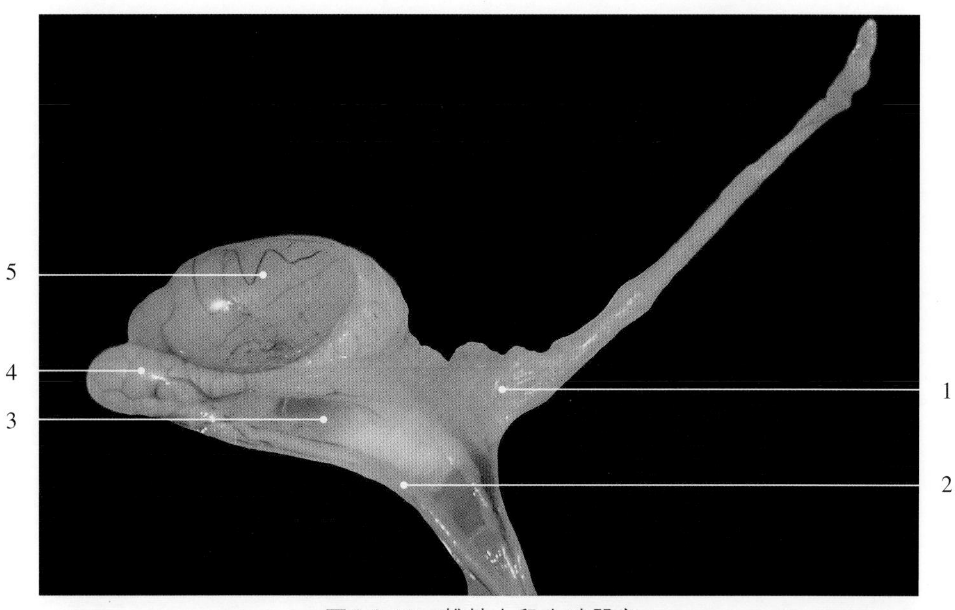

图8-2-12　雄性大鼠生殖器官

1. 睾丸动脉和蔓状丛 testicular artery and pampiniform plexus
2. 输精管 deferent duct
3. 睾丸系膜 mesorchium of testis
4. 附睾 epididymis
5. 睾丸 testis

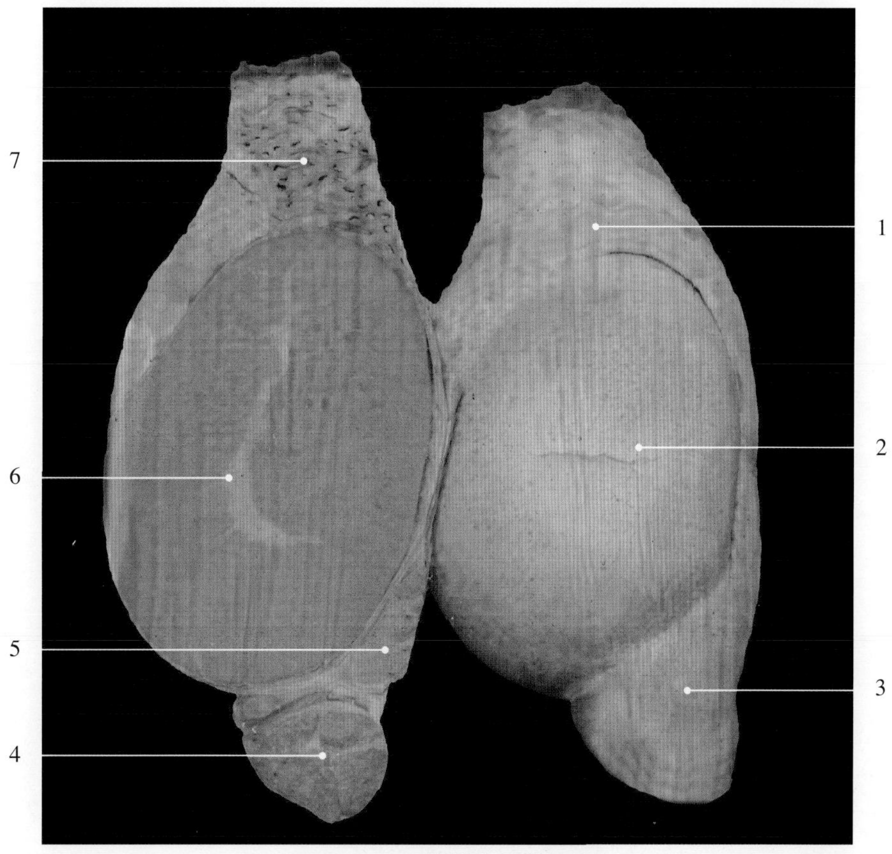

图8-2-13　绵羊睾丸横切面

1. 附睾头 head of the epididymis
2. 睾丸 testis
3. 附睾尾 tail of the epididymis
4. 附睾尾切面　section of tail of the epididymis
5. 附睾体 body of the epididymis
6. 睾丸纵隔 mediastinum of testis
7. 睾丸动脉和蔓状丛 testicular artery and pampiniform plexus

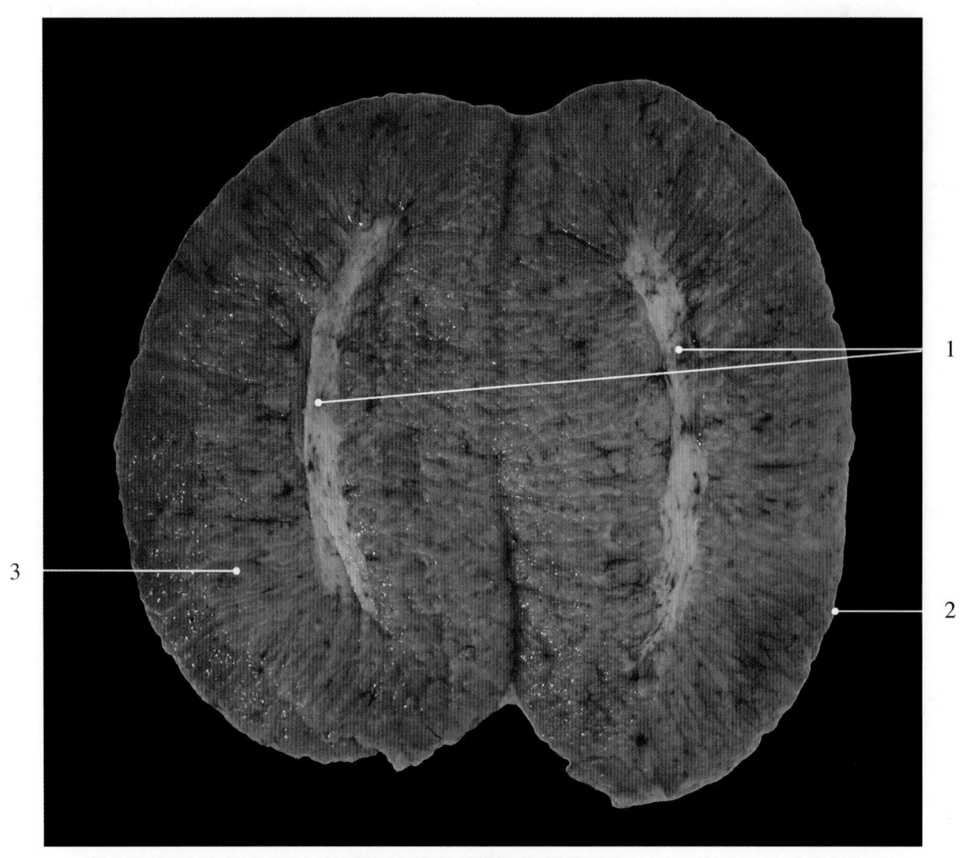

图8-2-14　猪睾丸矢状面

1. 睾丸纵隔和睾丸网 mediastinum of testis and testicular rete　　3. 睾丸 testis
2. 白膜 tunica albuginea

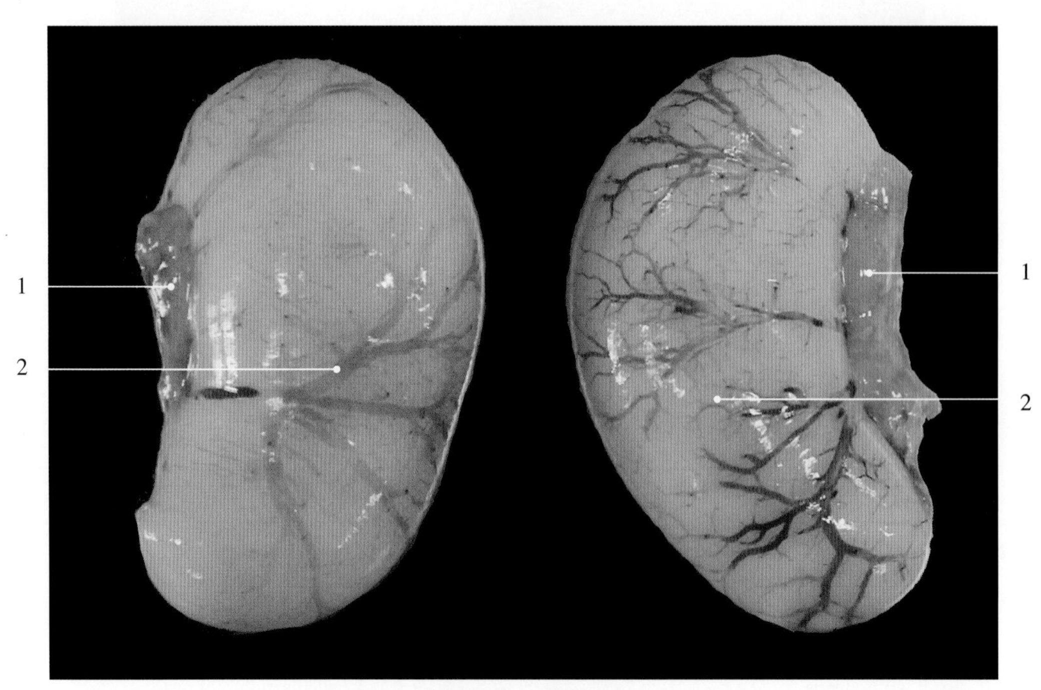

图8-2-15　鸡睾丸

1. 附睾 epididymis　　2. 睾丸 testis

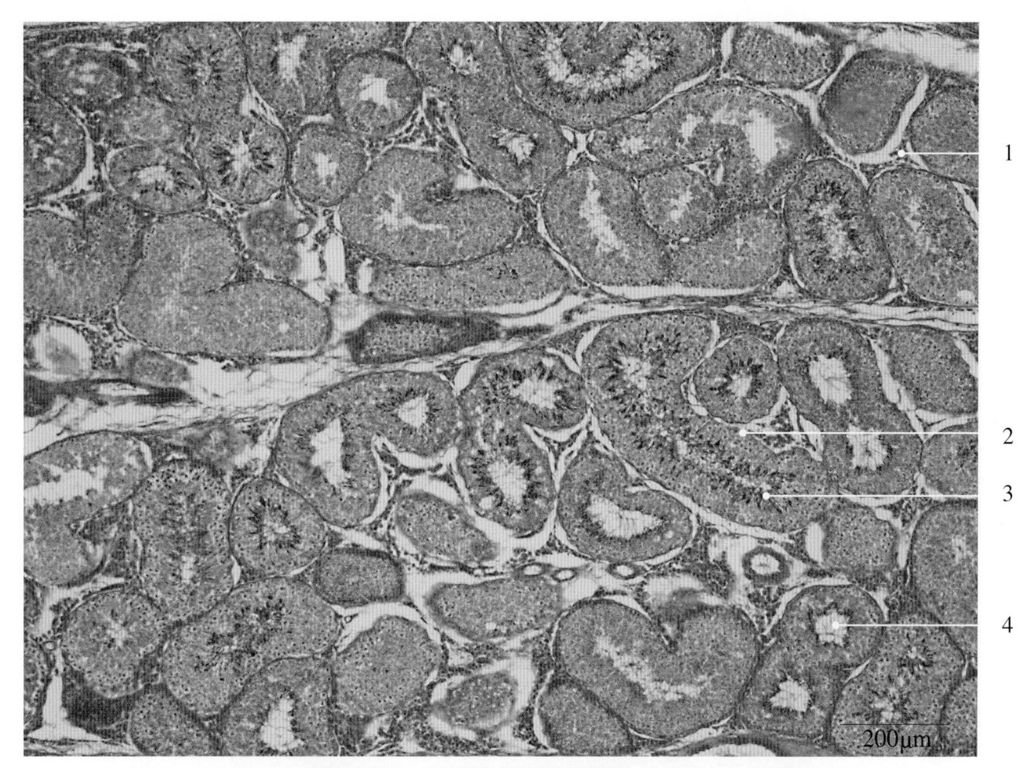

图8-2-16　猪睾丸组织学结构

1. 间质细胞 stromal cell
2. 精曲小管 contorted seminiferous tubule
3. 精子细胞 germ cell
4. 管腔 cavity

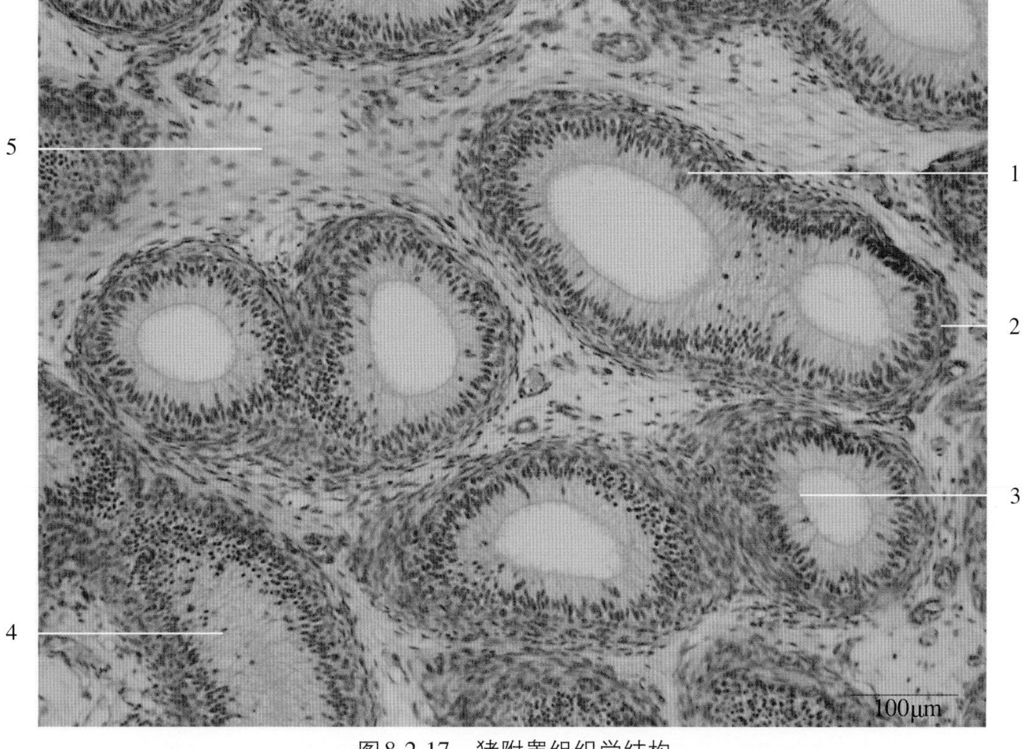

图8-2-17　猪附睾组织学结构

1. 假复层上皮 pseudostratified epithelium
2. 平滑肌 smooth muscle
3. 静纤毛 stereocilium
4. 精子 sperm
5. 疏松结缔组织 loose connective tissue

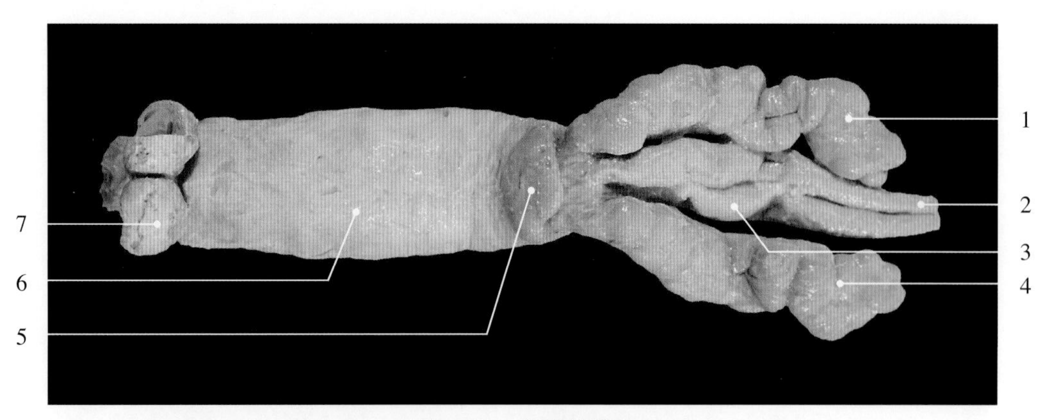

图8-3-1　牛副性腺1

1. 左侧精囊腺 left vesicle gland
2. 输精管 deferent duct
3. 输精管壶腹 ampulla of deferent duct
4. 右侧精囊腺 right vesicle gland
5. 前列腺体部 corpus of prostate gland
6. 尿道及尿道肌 urethra and urethral muscle
7. 尿道球腺 bulbourethral gland

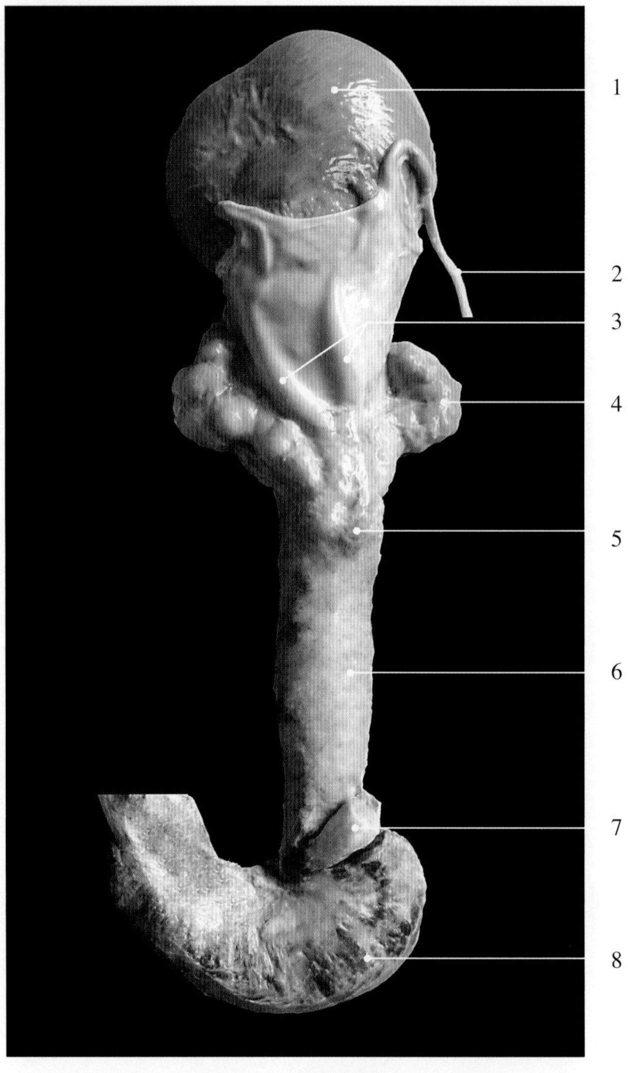

图8-3-2　牛副性腺2

1. 膀胱 urinary bladder
2. 输精管 deferent duct
3. 输精管壶腹 ampulla of deferent duct
4. 精囊腺 vesicle gland
5. 前列腺 prostate gland
6. 尿生殖道骨盆部 pelvis part of urogenital tract
7. 尿道球腺 bulbourethral gland
8. 坐骨海绵体肌 ischiocavernosus muscle

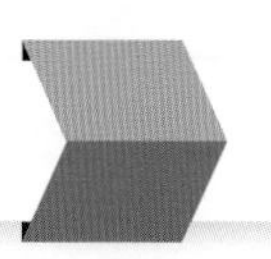

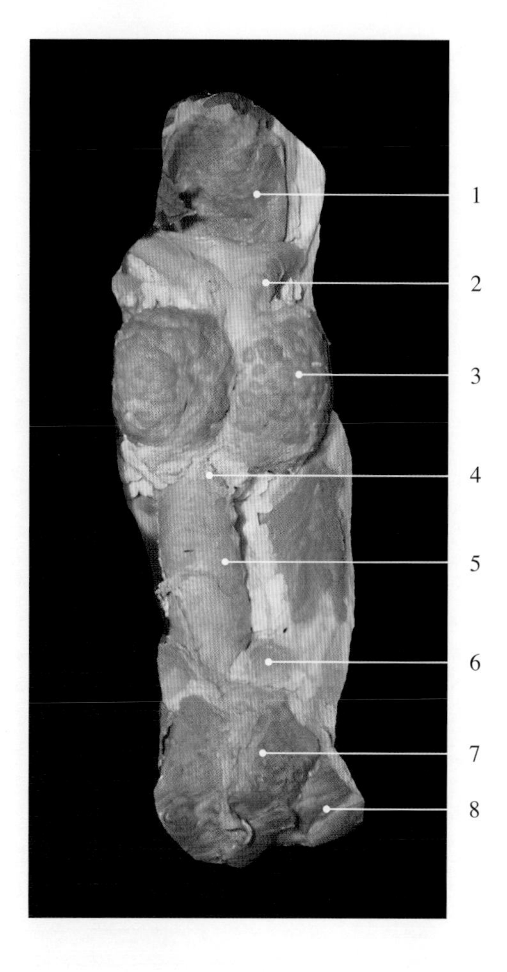

图8-3-3　羊副性腺（固定标本）

1. 膀胱 urinary bladder
2. 输精管壶腹 ampulla of deferent duct
3. 精囊腺 vesicle gland
4. 前列腺扩散部 spread part of prostate gland
5. 尿道及尿道肌 urethra and urethral muscle
6. 尿道球腺 bulbourethral gland
7. 球海绵体肌 bulbocavernous muscle
8. 坐骨海绵体肌 ischiocavernosus muscle

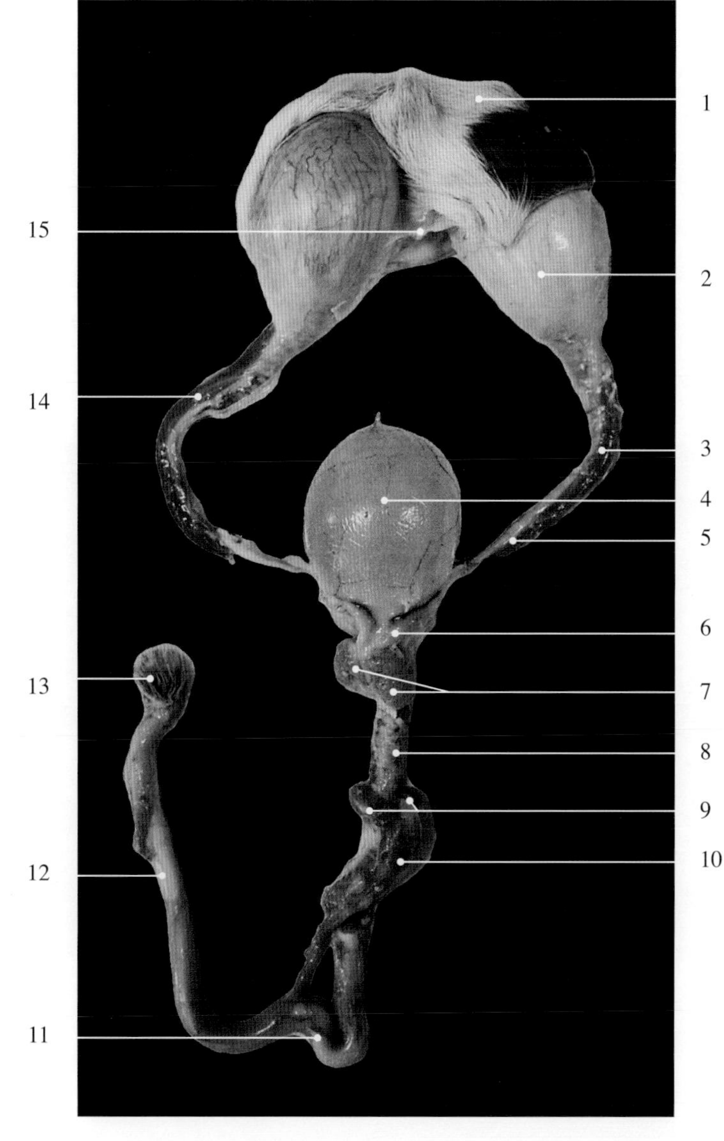

图8-3-4　羊副性腺

1. 阴囊 scrotum
2. 睾丸 testis
3. 精索 spermatic cord
4. 膀胱 urinary bladder
5. 输精管 deferent duct
6. 输精管壶腹 ampulla of deferent duct
7. 精囊腺 vesicle gland
8. 尿生殖道骨盆部 pelvis part of urogenital tract
9. 尿道球腺 bulbourethral gland
10. 坐骨海绵体肌 ischiocavernosus muscle
11. 阴茎乙状弯曲 sigmoid flexure of the penis
12. 阴茎 penis
13. 包皮 prepuce
14. 提睾肌 cremaster muscle
15. 阴囊中隔 scrotal septum

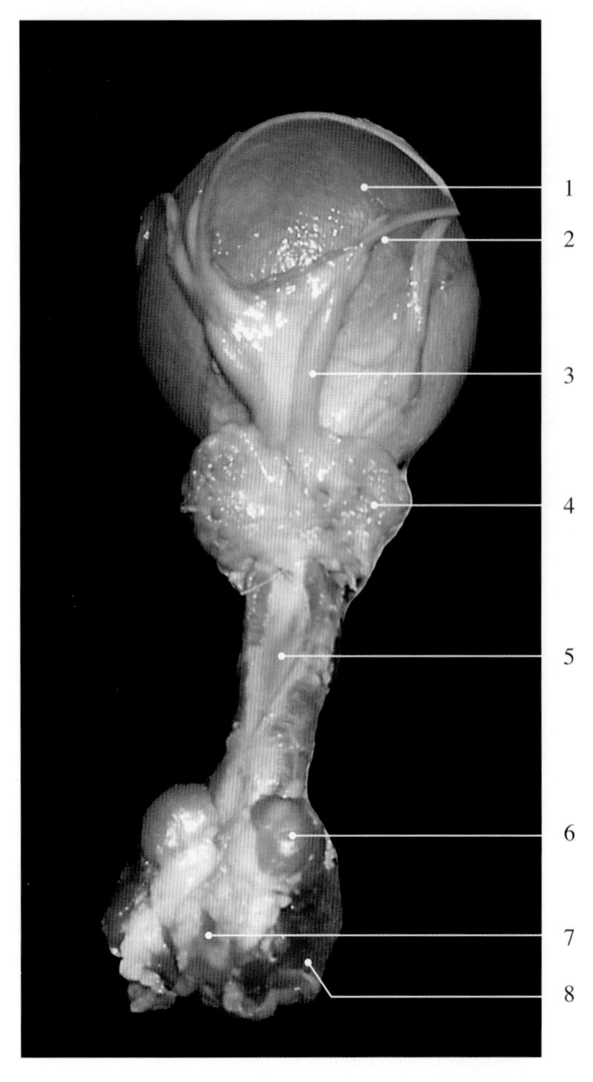

图8-3-5　羊副性腺（新鲜标本）

1. 膀胱 urinary bladder
2. 输精管 deferent duct
3. 输精管壶腹部（壶腹腺）ampulla of the deferent duct（ampullae gland）
4. 精囊腺 vesicle gland
5. 尿生殖道骨盆部 pelvis part of urogenital tract
6. 尿道球腺 bulbourethral gland
7. 球海绵体肌 bulbocavernous muscle
8. 坐骨海绵体肌 ischiocavernosus muscle

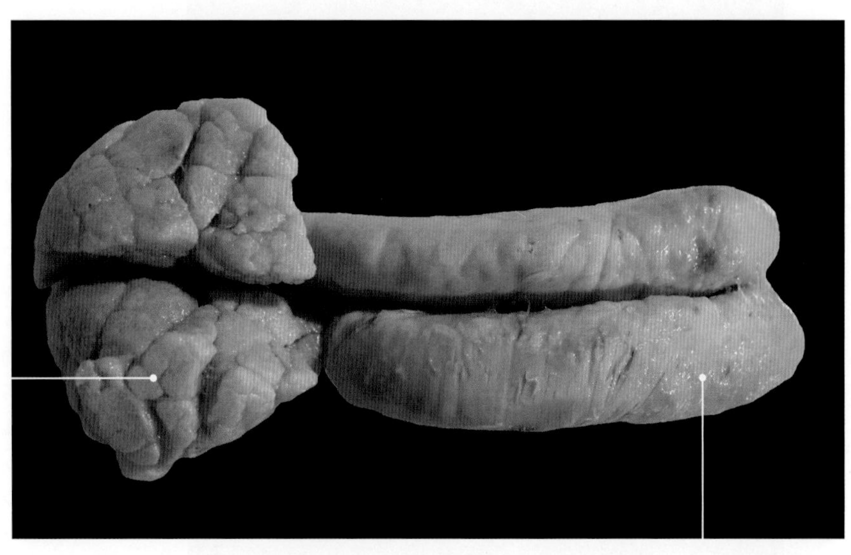

图8-3-6　猪副性腺（固定标本）

1. 精囊腺 vesicle gland
2. 尿道球腺 bulbourethral gland

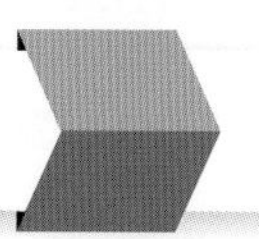

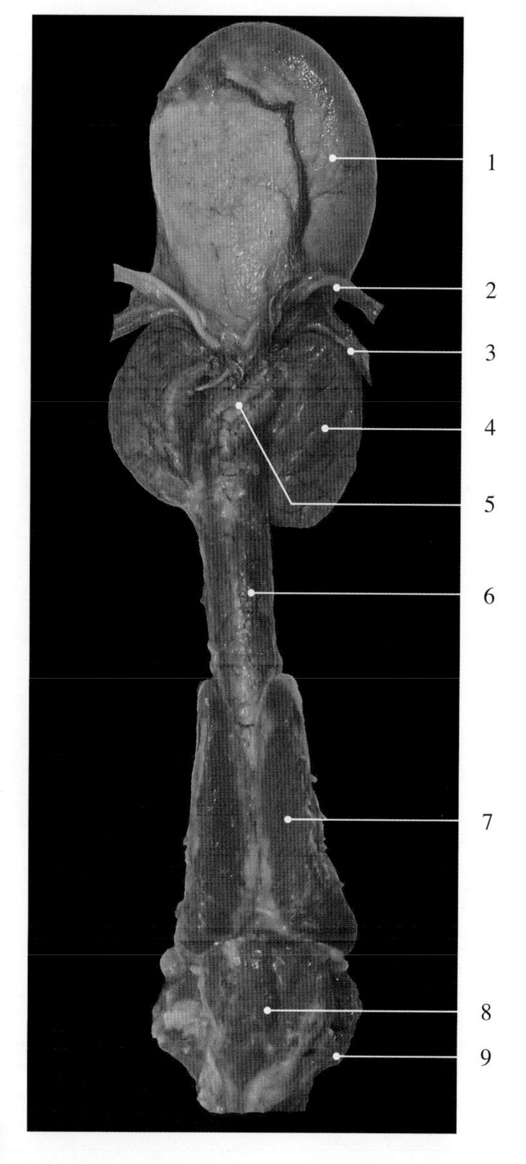

图8-3-7 猪副性腺（新鲜标本）

1. 膀胱 urinary bladder
2. 输精管 deferent duct
3. 输尿管 ureter
4. 精囊腺 vesicle gland
5. 前列腺体部 corpus of prostate gland
6. 尿生殖道骨盆部 pelvis part of urogenital tract
7. 尿道球腺 bulbourethral gland
8. 球海绵体肌 bulbocavernous muscle
9. 坐骨海绵体肌 ischiocavernosus muscle

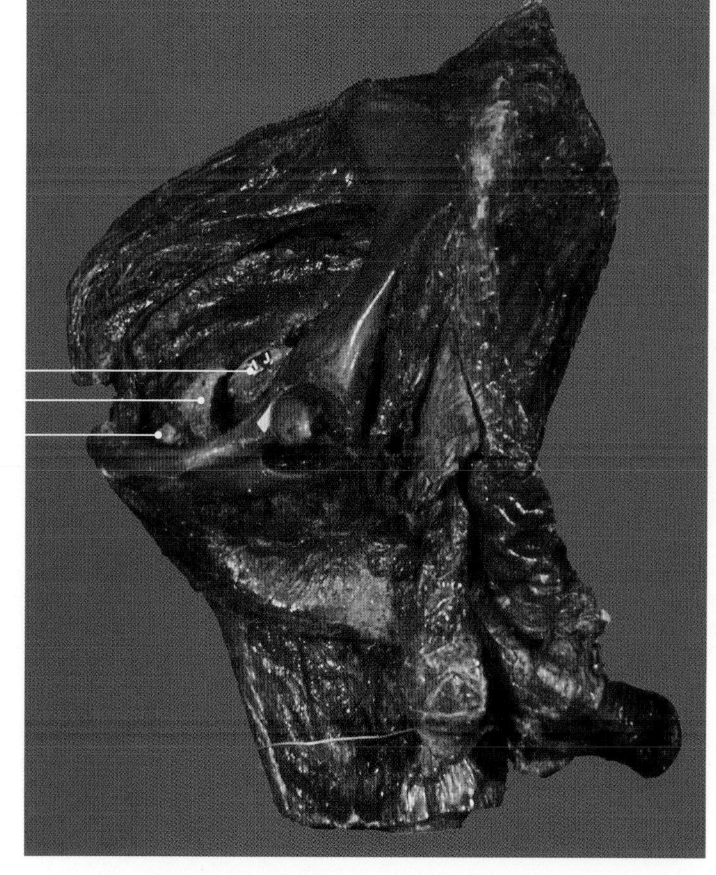

图8-3-8 马副性腺

1. 精囊腺 vesicle gland
2. 前列腺 prostate gland
3. 尿道球腺 bulbourethral gland

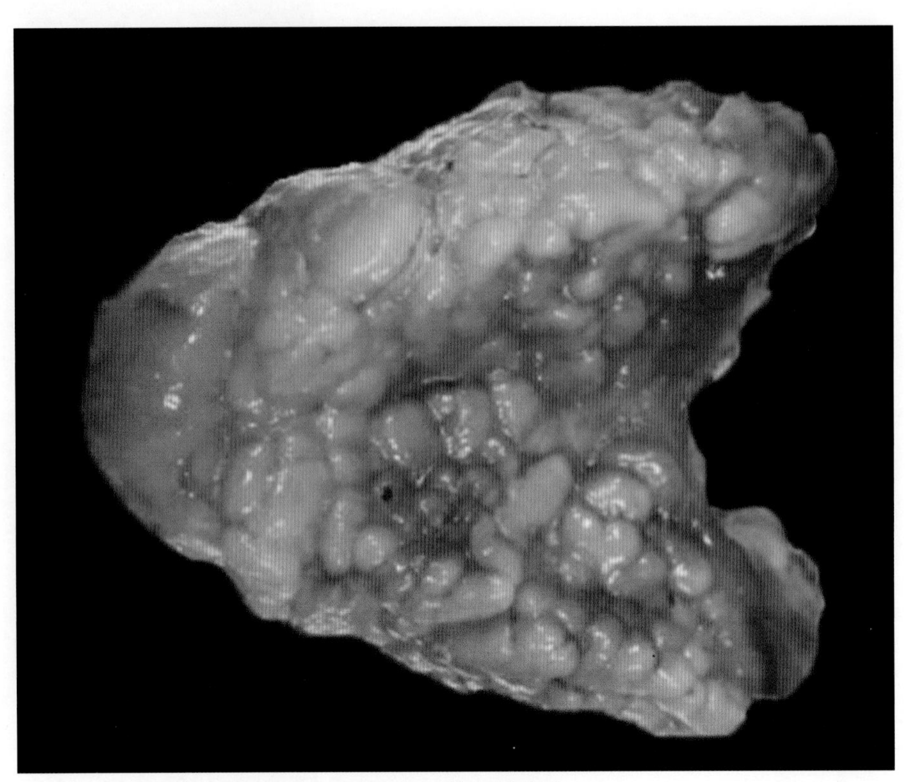

图8-3-9　猕猴精囊腺

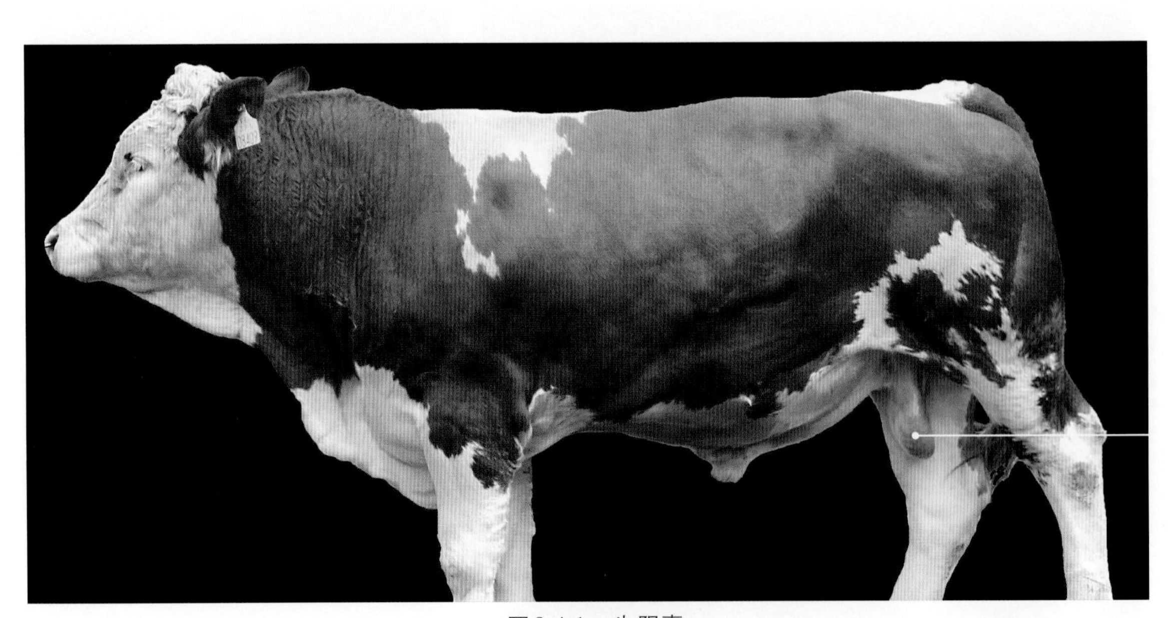

图8-4-1　牛阴囊

1. 阴囊 scrotum

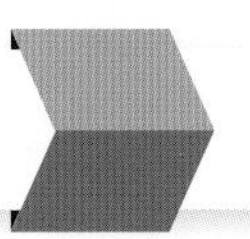

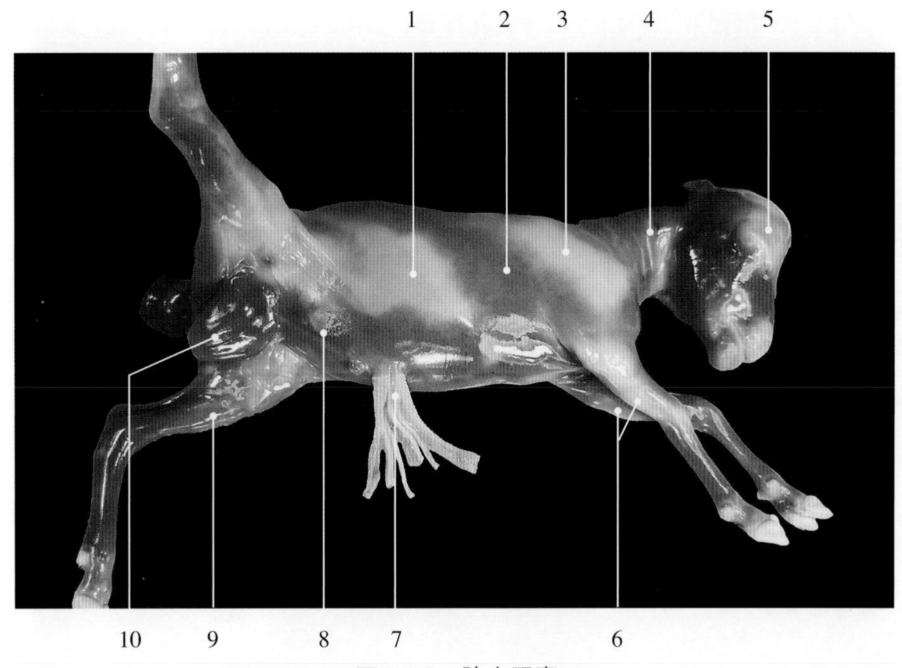

图8-4-2　胎牛阴囊

1.腹部 abdomen
2.胸部 thorax
3.肩部 shoulder
4.颈部 cervical part
5.头部 head
6.前肢 forelimb
7.脐带 umbilical cord
8.阴茎 penis
9.后肢 hindlimb
10.阴囊 scrotum

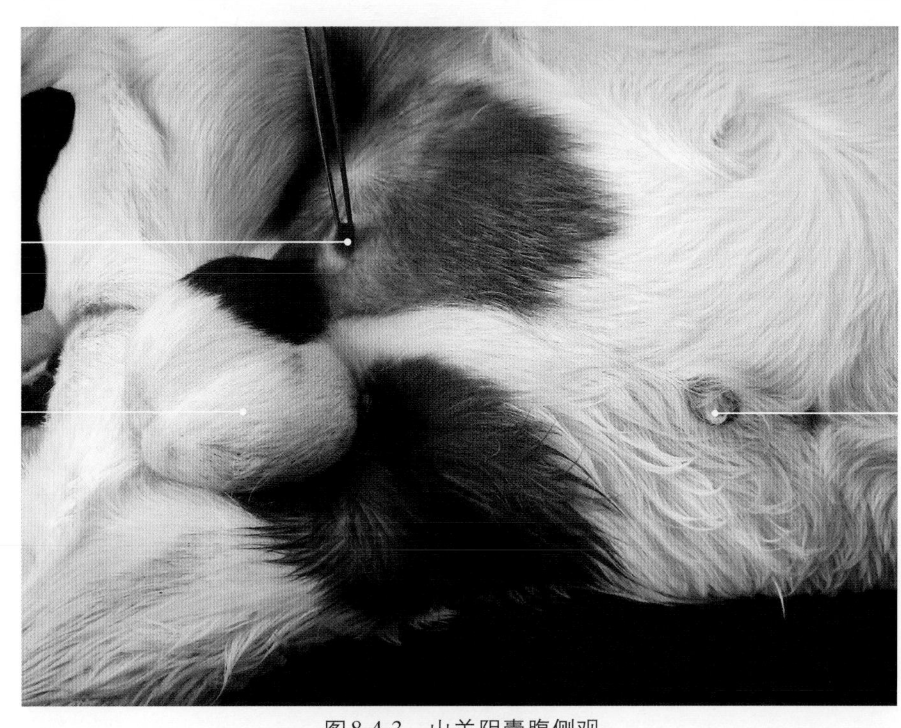

图8-4-3　山羊阴囊腹侧观

1. 脐部 umbilical region
2. 阴囊 scrotum
3. 乳头 teat

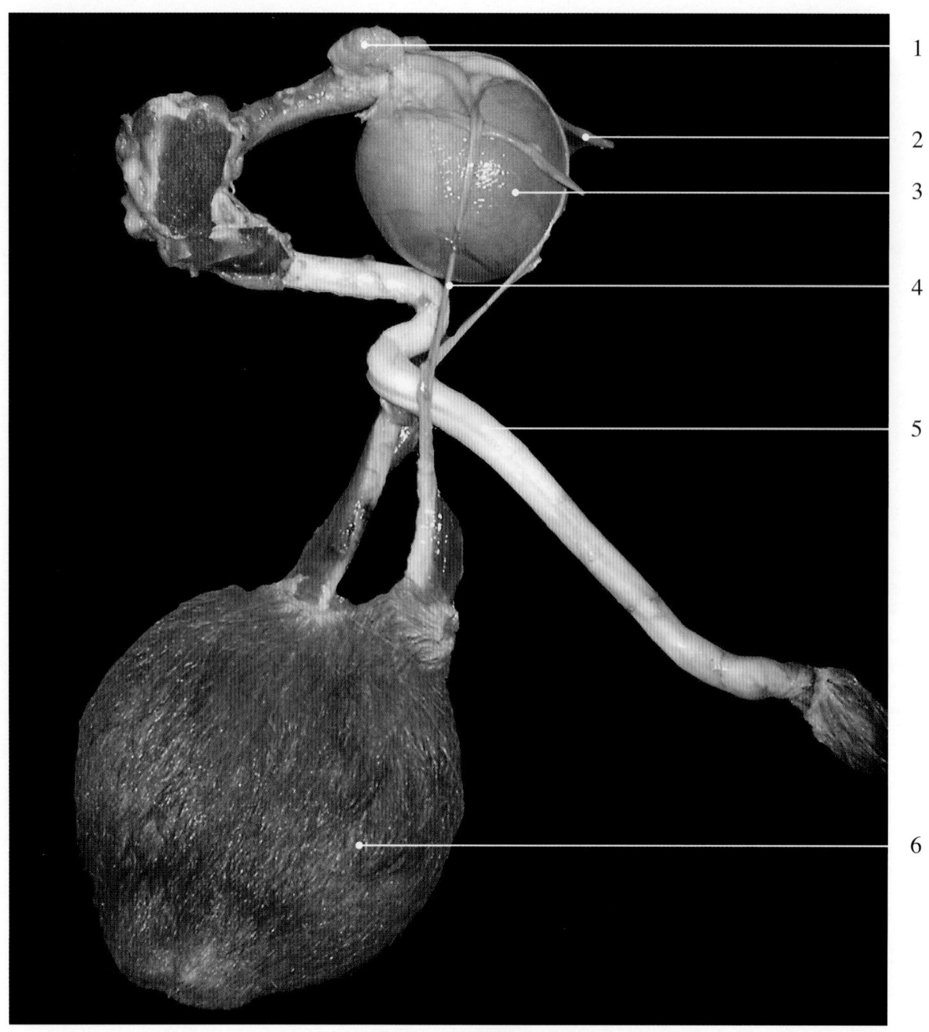

图8-4-4　羊阴囊

1. 精囊腺 vesicle gland　3. 膀胱 urinary bladder　5. 阴茎 penis
2. 输尿管 ureter　4. 输精管 deferent duct　6. 阴囊 scrotum

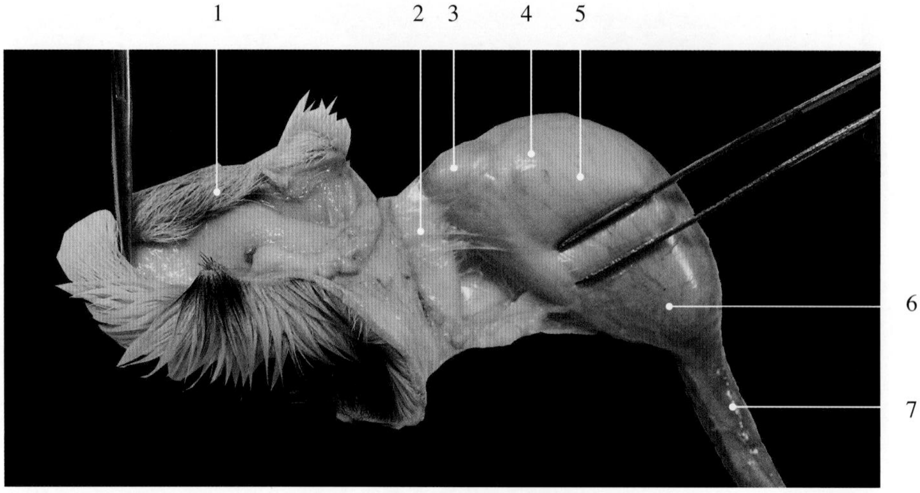

1 2 3 4 5 6 7

图8-4-5　山羊阴囊韧带

1. 阴囊 scrotum
2. 阴囊韧带（附睾尾韧带）scrotal ligament (ligament of the tail epididymis)
3. 附睾尾 tail of the epididymis
4. 睾丸尾 tail of testis
5. 睾丸体 body of testis
6. 睾丸头 head of testis
7. 精索 spermatic cord

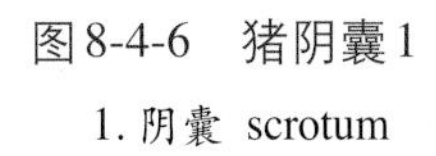
图8-4-6　猪阴囊1
1. 阴囊 scrotum

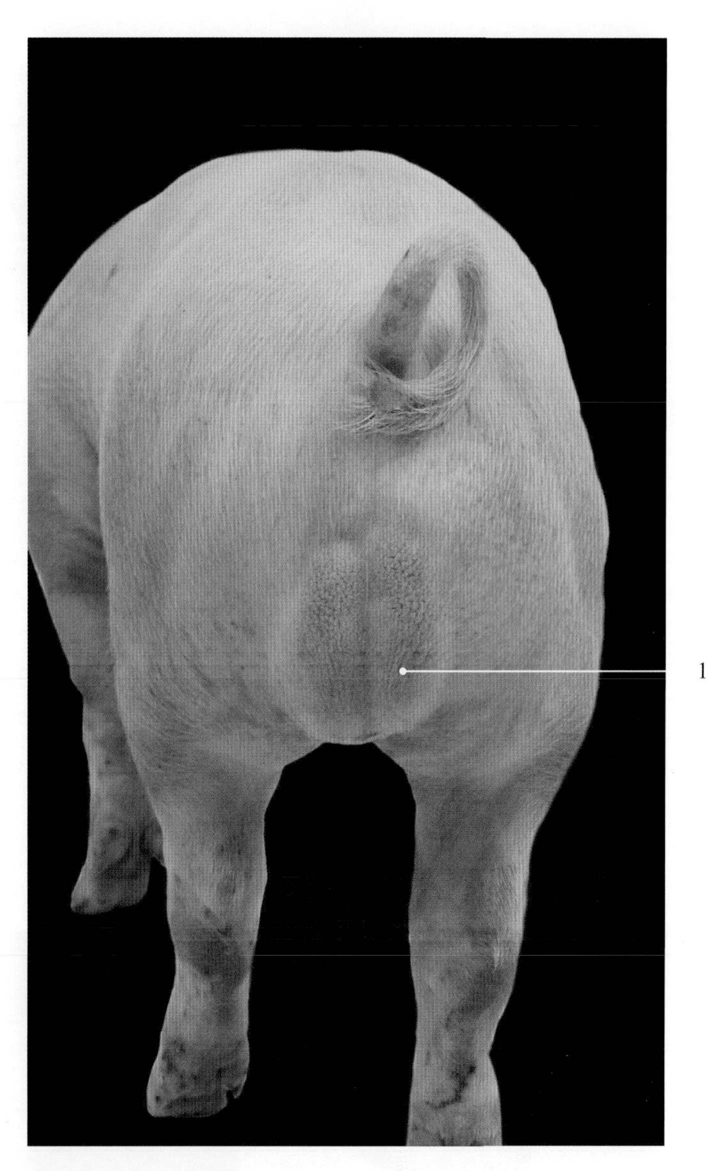

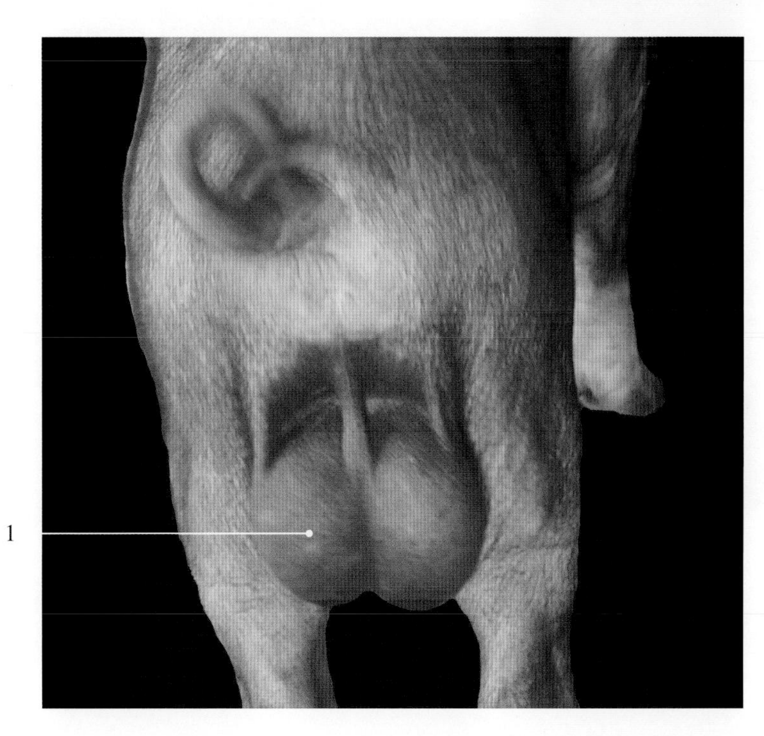

图8-4-7　猪阴囊2
1. 阴囊 scrotum

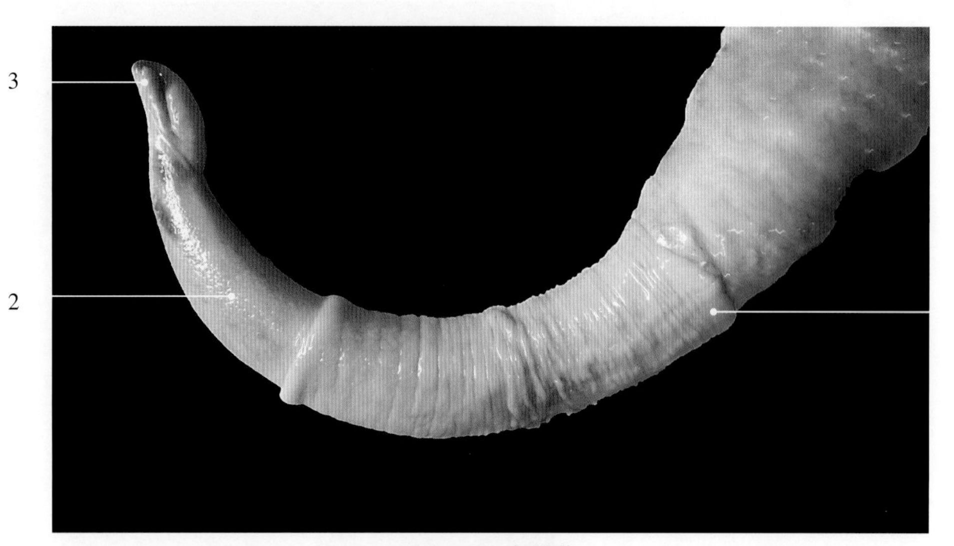

图8-4-8　牛阴茎

1. 包皮褶 preputial fold
2. 阴茎头 head of penis
3. 尿道突 urethral process

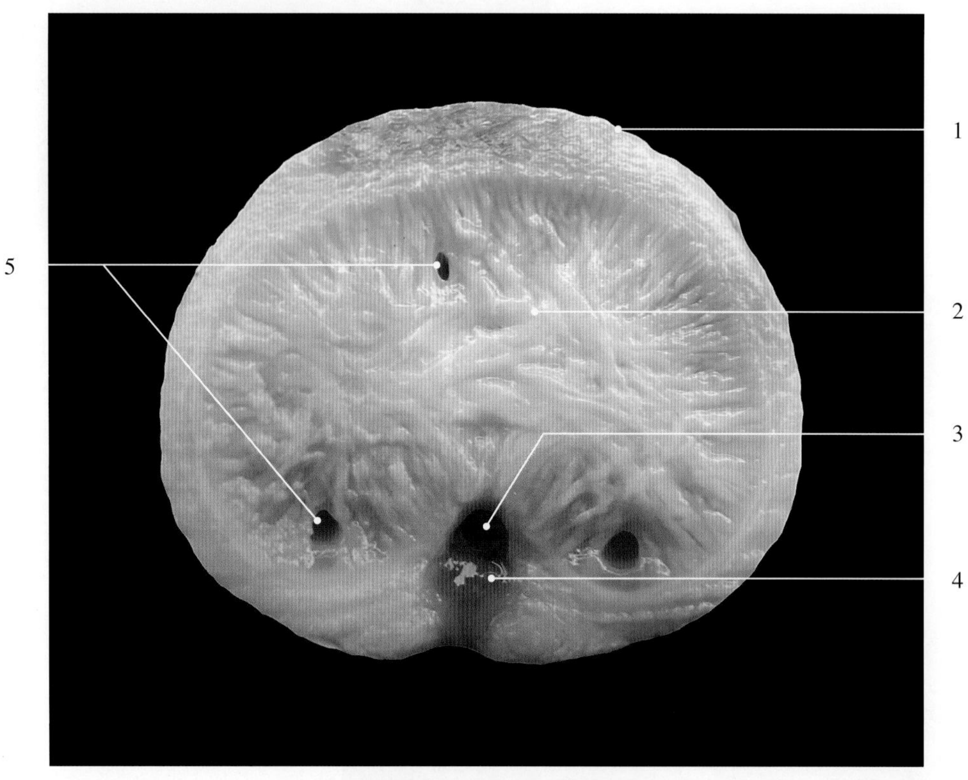

图8-4-9　牛阴茎横断面

1. 白膜 tunica albuginea
2. 阴茎海绵体 cavernous body of the penis
3. 尿道 urethra
4. 尿道海绵体 cavernous body of the urethra
5. 阴茎海绵体血管 blood vessels in cavernous body of the penis

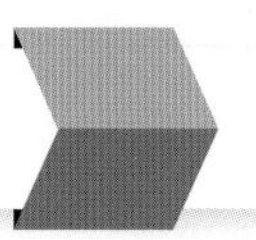

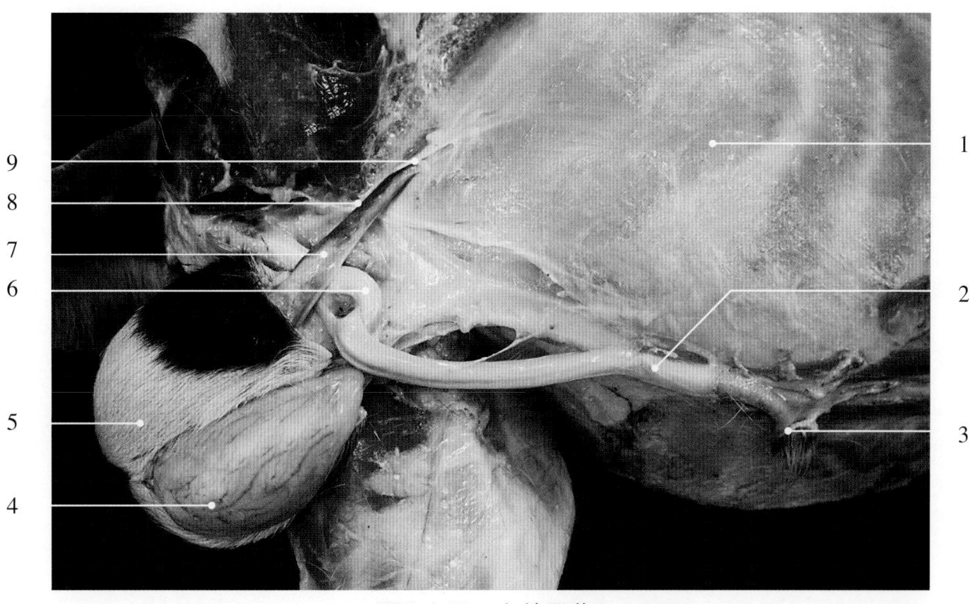

图8-4-10 山羊阴茎1

1. 腹外斜肌 external oblique abdominal muscle
2. 阴茎 penis
3. 包皮 prepuce
4. 睾丸 testis
5. 阴囊 scrotum
6. 阴茎乙状弯曲 sigmoid flexure of the penis
7. 精索 spermatic cord
8. 提睾肌 cremaster muscle
9. 腹股沟管皮下环 superficial ring of inguinal canal

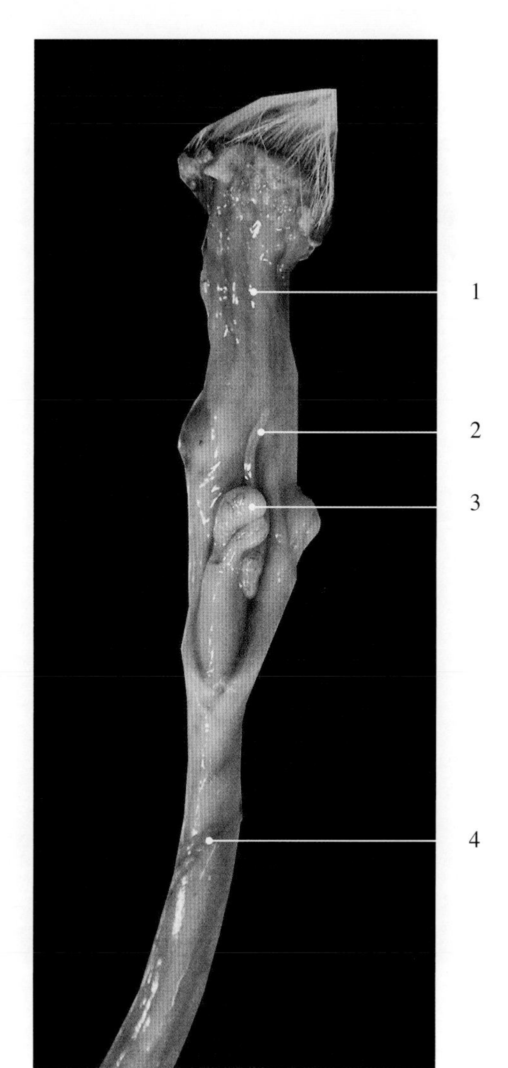

图8-4-11 山羊阴茎2

1. 包皮 prepuce
2. 尿道突 urethral process
3. 阴茎头 head of penis
4. 阴茎 penis

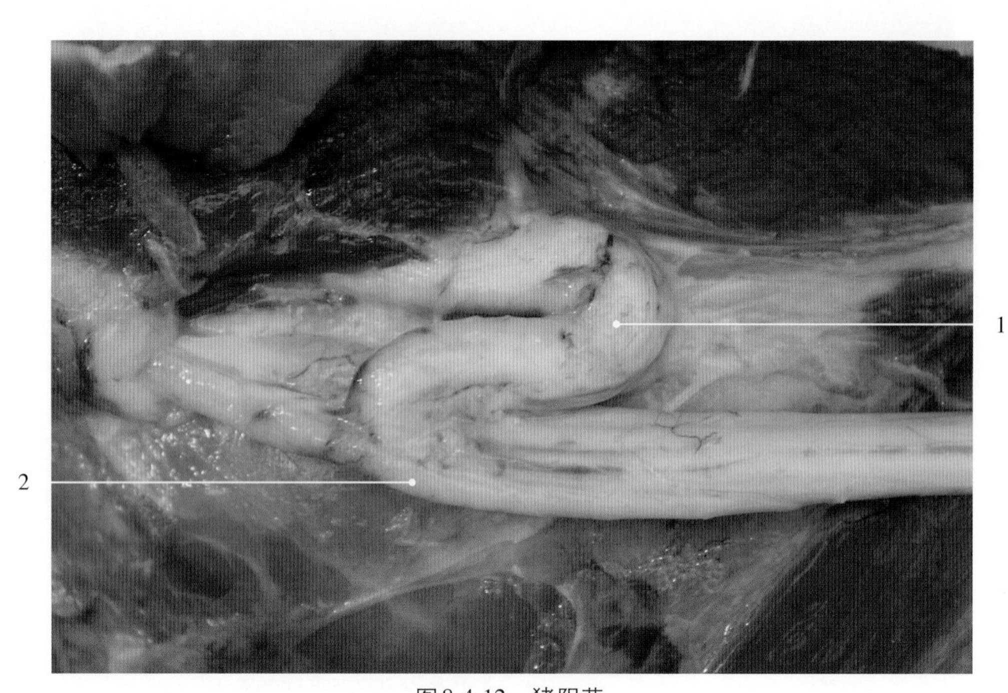

图8-4-12　猪阴茎

1. 乙状弯曲 sigmoid flexure　　2. 阴茎缩肌 retractor penis muscle

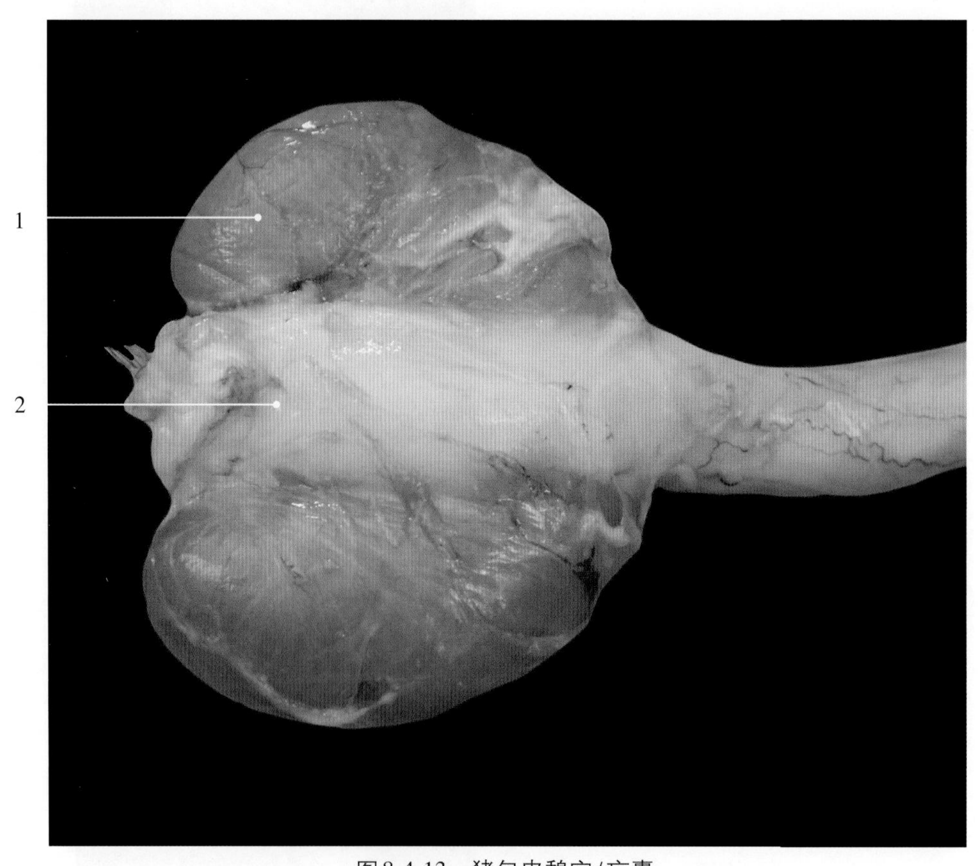

图8-4-13　猪包皮憩室/盲囊

1. 包皮憩室/盲囊 preputial diverticulum　　2. 阴茎 penis

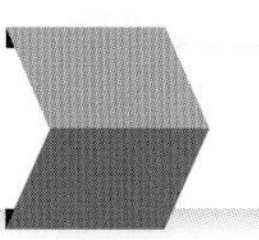

图8-4-14　不同家畜阴茎头比较

猪阴茎游离端围绕其纵轴呈螺旋状扭转，阴茎头顶端尖细，尿道外口呈裂隙状。

牛阴茎头长而尖，自左向右扭转，游离端形成阴茎头帽，前端有尿道突，为尿道外口的开口。

羊的阴茎头冠很发达，尿道突细而长，山羊的直而稍短；绵羊的更长，达3～4cm，呈S状弯曲。

马阴茎头膨大，呈蘑菇状，有阴茎头冠，是阴茎中最宽大处，阴茎头冠之后，通向阴茎体的部位缩细形成阴茎颈，阴茎头冠游离端有特征性的阴茎头窝，尿道突开口于此。

1. 猪 swine　　3. 山羊 goat
2. 牛 ox　　4. 马 horse

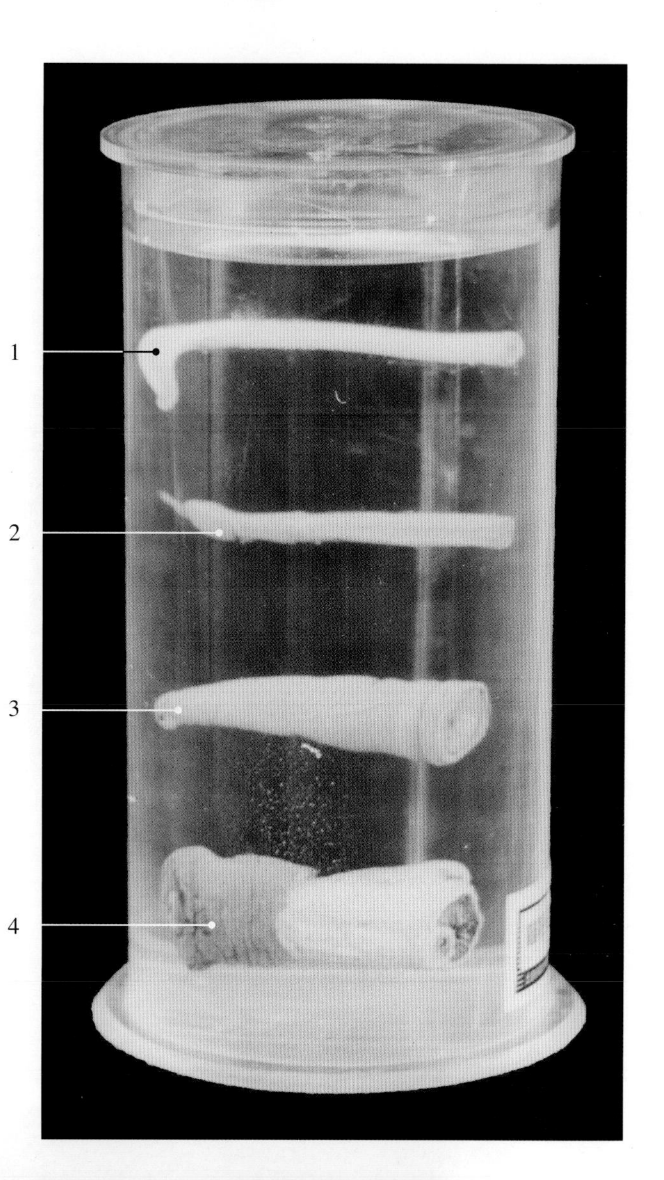

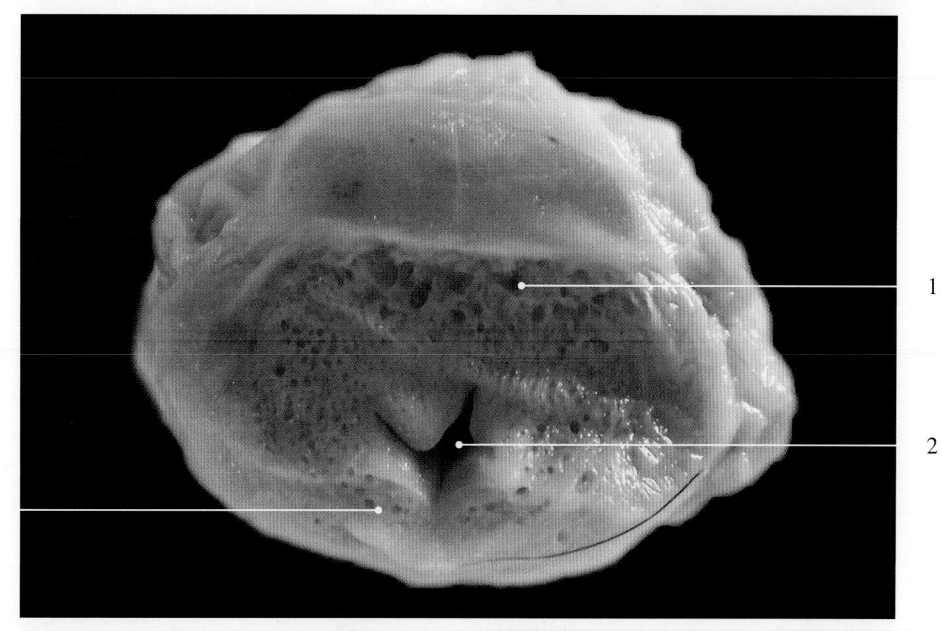

图8-4-15　犬阴茎横断面

1. 阴茎海绵体 cavernous body of the penis　　3. 尿道海绵体 cavernous body of the urethra
2. 尿道 urethra

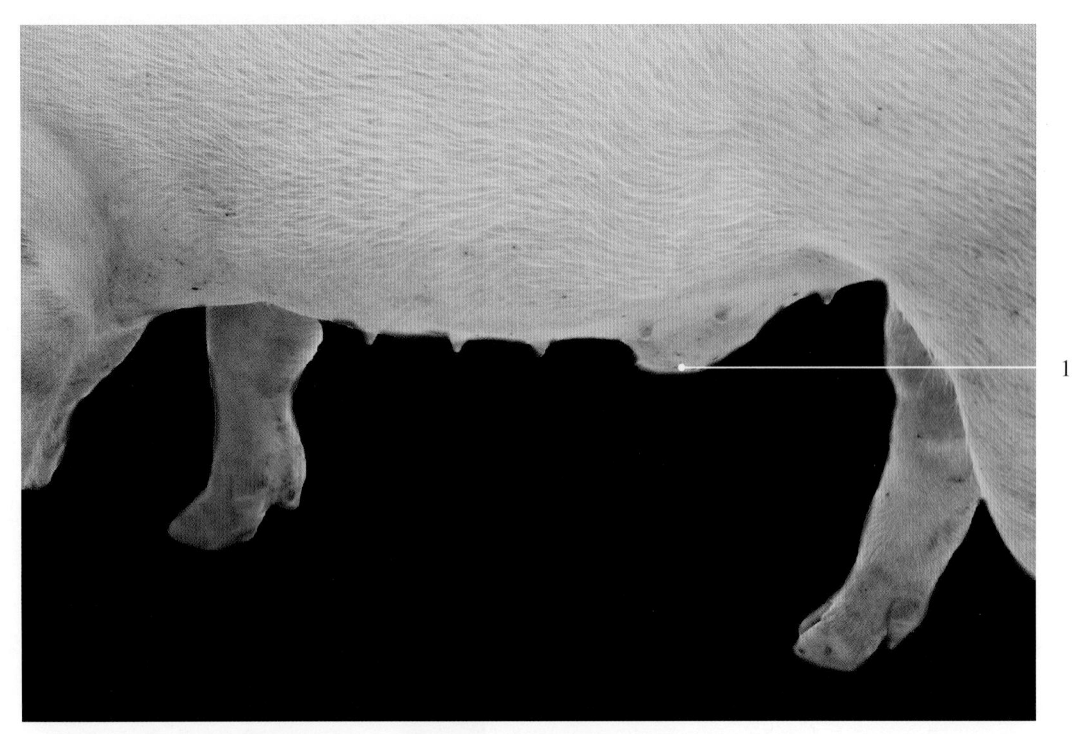

图8-4-16　猪包皮左侧观

1. 包皮 prepuce

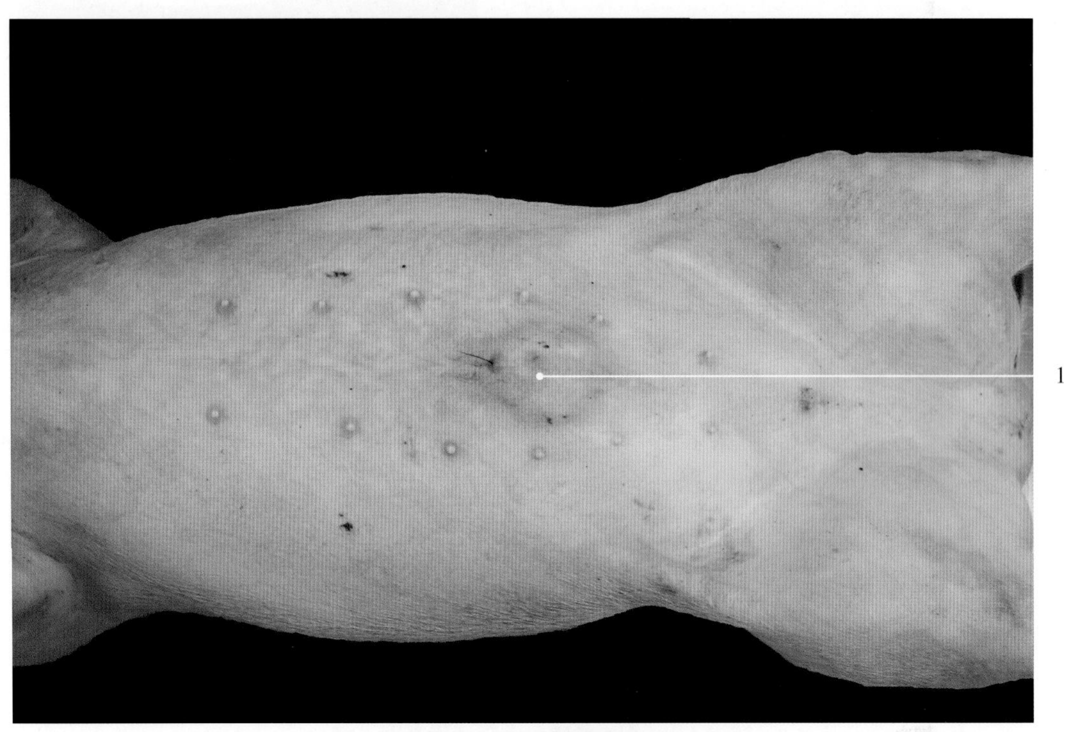

图8-4-17　猪包皮腹侧观

1. 包皮 prepuce

图8-4-18　公犬腹侧观

1. 阴囊 scrotum　2. 包皮 prepuce

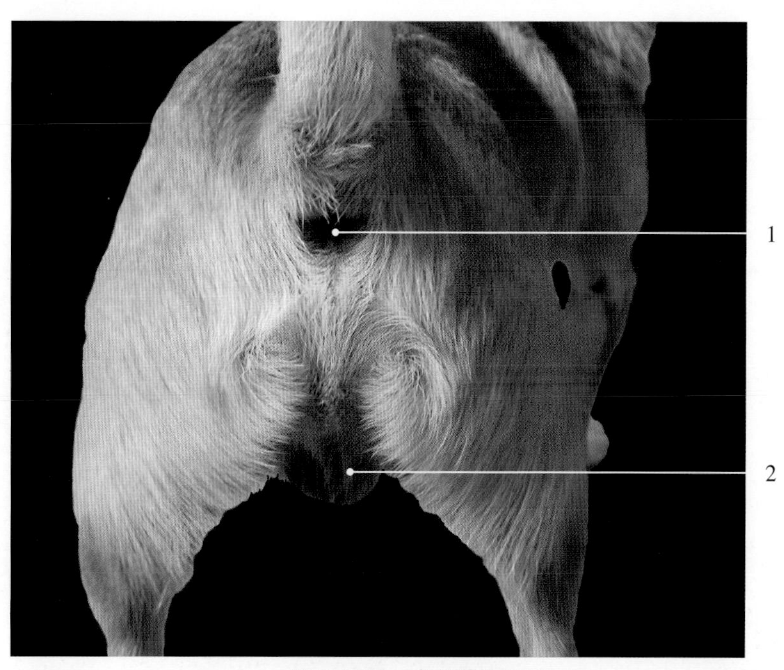

图8-4-19　犬阴囊尾侧观

1. 肛门 anus　　2. 阴囊 scrotum

第九章 雌性生殖系统

雌性生殖系统图谱

母畜生殖器官包括卵巢、输卵管、子宫、阴道、尿生殖前庭和阴门。

一、卵巢

卵巢（ovary）是产生卵子和分泌雌性激素的器官。母畜种类不同，卵巢的形态和结构均不相同。犬和猫的卵巢位于肾后方的腹腔背侧部，其位置不会随着发育而改变。其他家畜卵巢的位置在个体发育的过程中会有不同程度下行迁移［卵巢下降（descensus ovariorum）］，反刍动物的卵巢下降最大，几乎接近于腹底壁，前缘位于盆腔入口。猪的卵巢可下降到腹腔的中部，马的卵巢位于距腹腔背侧壁8 ～ 10cm处。卵巢系膜将卵巢系于腰下部或骨盆腔前口处。卵巢的前端为输卵管端，与输卵管伞相邻，卵巢的后端为子宫端，借卵巢固有韧带与子宫角相连。卵巢固有韧带是位于卵巢后端与子宫角之间的浆膜褶，位于输卵管的内侧。卵巢固有韧带与输卵管系膜之间形成卵巢囊（ovarian bursa）。卵巢的背侧缘有卵巢系膜附着，称为卵巢系膜缘或附着缘，此缘缺腹膜，有血管、淋巴管和神经进出，称为卵巢门（ovarian hilum）。腹侧缘为游离缘。卵巢的解剖特征之一是没有排卵管道，成熟的卵细胞定期由卵巢表面破壁排出。排出的卵细胞经腹膜腔落入输卵管的起始部。

母牛的卵巢呈侧扁的卵圆形，右侧常较大，水牛的略小。母羊的较圆、较小。性成熟后，成熟的卵泡和黄体可突出于卵巢的表面。卵巢一般位于骨盆腔前口两侧附近。未经产母牛的卵巢稍向后移，多位于骨盆腔内；经产母牛的卵巢位于腹腔内，耻骨前缘的下方。母牛的卵巢囊宽大。

母马的卵巢呈蚕豆形，表面光滑，大部分被覆浆膜。卵巢借卵巢系膜悬于腰下部肾的后方，约在第4或第5腰椎横突腹侧。马属动物卵巢的游离缘有一凹陷部，称为排卵窝（ovulation fossa），成熟的卵泡由此排出卵细胞。

母猪的卵巢一般比较大，呈卵圆形，其位置、形态、大小因年龄和个体不同而有较大变化。性成熟前的小母猪，卵巢较小，表面光滑，位于荐骨岬两侧稍后方，腰小肌腱附近，位置比较固定。接近性成熟时，卵巢体积增大，表面有突出的卵泡，呈桑葚状。卵巢位置稍下垂前移，位于髋结节前缘横切面的腰下部。性成熟后，经产母猪卵巢变得更大，表面因有卵泡、黄体突出而呈结节状。卵巢位于髋结节前缘前方约4cm的横切面上，包于发达的卵巢囊内。

母犬的卵巢呈长椭圆形，稍扁平。性成熟后卵巢内含有不同发育阶段的卵泡，表面呈现凹凸不平。左右侧卵巢与同侧肾脏后端相距1 ～ 2cm或相邻接。卵巢完全被卵巢囊包裹，卵巢囊的腹侧有裂口。

母禽生殖器官包括卵巢和输卵管。卵巢仅左侧发育正常，右侧的在胚胎早期发生过程中即停滞而退化。左侧卵巢以系膜和结缔组织附着于左肾前部及肾上腺腹侧，雏禽卵巢为扁平椭圆形，表面呈颗粒状，卵泡很小，呈灰色或白色。随年龄增长和性活动，卵泡不断发育生长，并贮积大量卵黄，逐渐突出卵巢表面，直至以细柄相连，因而卵巢呈葡萄状。较大的成熟卵泡，在产卵期常有4 ～ 5个。停产时，卵巢萎缩，直到下次产卵期，卵泡再开始生长。禽类的卵泡在发育过程中，也发生大量的闭锁现象。较大的卵泡在萎缩时，细胞膜和卵泡膜破裂，卵黄外溢可被卵巢吸收。当左侧卵巢机能衰退或丧失时，右侧未发育的生殖腺有时重新发育，成为睾丸。在这种情况下，即发生所谓性逆转现象。

哺乳动物卵巢的一般结构可分为被膜、皮质和髓质。被膜包括生殖上皮和白膜。卵巢表面除卵巢系膜附着部外，都覆盖着一层生殖上皮（马属动物仅在排卵窝处分布，其余部分由浆膜代替）。在生殖上皮的下面为一层由致密结缔组织构成的白膜。卵巢的实质分为皮质和髓质，一般皮质在外，髓质在内。而马属动物卵巢的皮质和髓质位置倒置，皮质在内靠近排卵窝。皮质是由基质、处于不同发育阶段的卵泡、闭锁卵泡和黄体等构成。髓质为富含弹性纤维、血管、淋巴管和神经等的疏松结缔组织。

二、输卵管

母畜输卵管是连结卵巢和子宫角之间的一对弯曲的管道，被输卵管系膜包围固定，输卵管系膜位于卵巢外侧，是连结卵巢系膜和子宫阔韧带的浆膜褶。输卵管具有收集、输送卵细胞的功能，也是卵细胞受精的场所。

输卵管的前端扩大呈漏斗状，称为输卵管漏斗（infundibulum of uterine tube），漏斗的边缘不规则，呈伞状，称输卵管伞（fimbria of uterine tube）。漏斗中央深处有一口为输卵管腹腔口（ovarian open of uterine tube），与腹膜腔相通，卵细胞由此进入输卵管。输卵管的前段管径最粗，称为输卵管壶腹（ampulla of uterine tube），卵细胞常在此受精，之后进入子宫着床。后段较短，细而直，管壁较厚，称输卵管峡（isthmus of uterine tube），末端以输卵管子宫口与子宫角相连通。

母禽左侧输卵管发育完全，在成禽为一条长而弯曲的管道，从卵巢向后延伸到泄殖腔，幼禽较细而直，成禽在停止产卵期间也萎缩。它以系膜（背侧韧带）悬挂在腹腔背侧偏左，系膜内含有平滑肌纤维，沿输卵管腹侧形成一个游离的腹侧韧带。游离缘短，含丰富的平滑肌，向后固定于阴道。输卵管根据形态和功能，可顺序分为5个部分：即漏斗部（伞部）、膨大部（卵白分泌部）、峡部、子宫部和阴道部。末端通入泄殖腔，开口于泄殖道左侧壁。漏斗部（infundibulum）是输卵管的最前部，呈漏斗状，朝向卵巢，以接纳排出的卵子；漏斗部中央有缝状的输卵管腹腔口，边缘薄而呈伞状，漏斗迅速变细，形成漏斗管，管壁内具有漏斗管腺，其分泌物用以形成卵系带，漏斗也是精、卵相遇而受精的部位。膨大部（magnum）又称卵白分泌部，是输卵管最长和弯曲最多的一段，产蛋期的膨大部最粗、最长，呈灰白色，有纵行皱褶，壁内有大量腺体，分泌物形成蛋白，它以短而细的峡部与子宫部相连结。峡部（isthmus）略细而短，具有一窄的透明带，峡部的分泌物构成内、外两层壳膜。子宫部（uterine part）也称壳腺部，呈囊状，较峡部粗大，壁较厚，卵在此部存留时间最长，以形成坚硬的卵壳。阴道部（vaginal part）是输卵管的最后一段，弯曲呈S形的短袢，先从子宫部折转向前，再转向后，最后开口于泄殖道的左侧，其分泌物形成卵壳外面的一薄层角质。在阴道壁内存在阴道腺，不参与卵壳的形成，而是母禽贮存精子的部位，以延长受精时间。

输卵管管壁由黏膜、肌层和浆膜构成。黏膜形成纵的输卵管褶，其上具有纤毛；肌层主要是环形平滑肌；浆膜包围在输卵管的外面，并形成输卵管系膜。

三、子宫

母畜子宫（uterus）是有腔的肌质器官，壁较厚，胎儿在此发育成长。各种哺乳动物的子宫形态不一致，可以分为双子宫、双角子宫和单子宫。多数家畜属双角子宫，如单胎的马，多胎的猪、犬等。

双角子宫（uterus bicornis）指子宫前部为成对的子宫角，后不完全合并为子宫体，腔内无分隔，以子宫颈开口于阴道。分为子宫角（uterine horn）、子宫体（uterine body）和子宫颈（uterine cervix）三部分。子宫角为子宫的前部，呈弯曲的圆筒状，常位于腹腔内。其前端以输卵管子宫口与输卵管相通，向后延续为子宫体。子宫体位于骨盆腔内，一部分伸入腹腔内，呈圆筒状，向后延续为子宫颈。子宫颈为子宫后段的缩细部，位于骨盆腔内，壁很厚，黏膜形成许多纵褶，内腔狭窄，称为子宫颈管（cervical canal of uterus）。前端以子宫颈内口与子宫体相通，子宫颈外口（uterine external ostium）向后通阴道。子宫颈向后突入阴道的部分，称为子宫颈阴道部（vaginal part of cervix）。子宫颈管平时闭合，发情时稍松弛，分娩时扩大。子宫的形态、大小、位置和结构，因畜种、年龄、个体、性周期以及妊娠时期等不同而有很大差异。

子宫被子宫阔韧带（broad ligament of uterus）所固定。后者为一宽厚的腹膜褶，内有丰富的结缔组织、血管、神经及淋巴管。子宫阔韧带的外侧前部有一发达的浆膜褶，称为子宫圆韧带（round ligament of uterus）。

（一）牛、羊的子宫

牛、羊的子宫角长，前部呈绵羊角状，后部由结缔组织和肌组织构成伪体，其表面被以浆膜，子宫体很短。子宫颈黏膜突起互相嵌合成螺旋状，子宫颈阴道部呈菊花瓣状，其中央有子宫颈外口。子宫角和子宫体内膜上有特殊的隆起为子宫肉阜（uterine caruncle）。牛的子宫肉阜为圆形隆起，100多个，排成四列。羊的子宫肉阜呈纽扣状，中央凹陷，60多个。

（二）马的子宫

马的子宫呈Y形，子宫角少弯曲呈弓形，子宫角约与子宫体等长，子宫颈阴道部明显，呈现花冠状黏膜褶。

（三）猪的子宫

猪的子宫有很长的子宫角和不发达的子宫体，子宫角形成袢状弯曲类似小肠，子宫颈长，子宫颈管也呈螺旋状，无子宫颈阴道突。

（四）犬的子宫

犬的子宫为双角多胎，子宫角长直而细，子宫体短但明显，子宫颈很短但肌层发达。

四、阴道

阴道（vagina）是母畜的交配器官和产道，呈扁管状，位于骨盆腔内，在子宫后方，向后延接尿生殖前庭，其背侧与直肠相邻，腹侧与膀胱及尿道相邻。有些家畜的阴道前部由于子宫颈阴道部突入，形成陷窝状的阴道穹窿（vaginal fornix）。牛和马的阴道宽阔，周壁较厚。牛的阴道穹窿呈半环状，马的呈环状。猪的阴道腔直径很大，无阴道穹窿。犬的阴道比较长，前端尖细，肌层很厚，主要为环行肌组成。

五、尿生殖前庭

尿生殖前庭（urogenital vestibulum）是交配器官和产道，也是尿液排出的经路。位于骨盆腔内，直肠的腹侧，其前接阴道，在前端腹侧壁上有一条横行黏膜褶称为阴瓣（hymen），可作为前庭与阴道的分界；后端以阴门与外界相通。阴道前庭比阴道短，大部分位于坐骨弓后方，并向后下方倾斜开口于阴门，在使用阴道窥镜或其他器械时就要充分考虑到生殖道的这种曲轴特点。在尿生殖前庭的腹侧壁上，靠近阴瓣的后方有尿道外口（external urethral orifice），两侧有前庭小腺（lesser vestibular gland）的开口。前庭两侧壁内有前庭大腺（greater vestibular gland），开口于前庭侧壁。

母牛的阴瓣不明显，在尿道外口腹侧有尿道下憩室（suburethral diverticulum），长约3cm。给母牛导尿时，应注意勿使导管误入尿道下憩室。幼龄母马阴瓣发达，经产老龄母马阴瓣常不明显。母猪的阴瓣为一环形褶。犬的尿道开口于一小隆起，两侧各有一个凹沟，在进行膀胱导管插入术时不要将其误认为是阴蒂窝。

六、阴门

阴门（vulva）位于肛门腹侧，由左、右两阴唇（vulva labium）构成，两阴唇间的裂缝称为阴门裂（vulval slit）。阴唇上、下两端的联合，分别称为阴唇背侧联合和阴唇腹侧联合。在腹侧联合前方有一阴蒂窝（clitoral fossa），内有阴蒂（clitoris），相当于公畜的阴茎。牛的阴唇背侧联合圆而腹侧联合尖，其下方有一束长毛。马的阴唇前方的前庭壁上，有发达的前庭球（vestibular bulb），长6 ~ 8cm，相当于公马的阴茎海绵体，马的阴蒂较发达。猪的阴蒂细长，突出于阴蒂窝的表面。犬的阴蒂窝大，有一黏膜褶向后延展，盖在阴蒂的表面，褶的中央部有一向外突出的部分，常被误认为阴蒂。

七、雌性尿道

较短，位于阴道腹侧，前端与膀胱颈相接，后端开口于尿生殖前庭起始部的腹侧壁，为尿道外口。牛有明显的尿道下憩室。

八、雌性生殖系统图谱

1. **雌性生殖系统的组成**　图9-1-1至图9-1-9。
2. **卵巢和输卵管**　图9-2-1至图9-2-14。
3. **子宫**　图9-3-1至图9-3-20。
4. **阴道和阴门**　图9-4-1至图9-4-9。

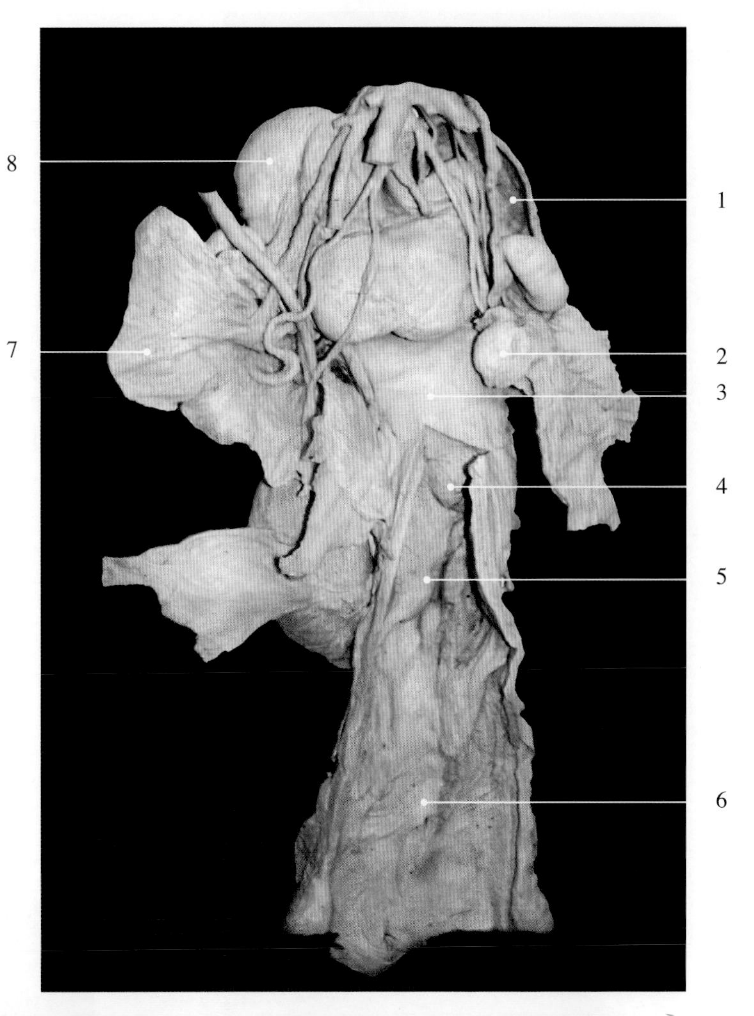

图9-1-1　母牛生殖器官

1. 子宫角黏膜 mucous membrane of uterus horn
2. 卵巢 ovary
3. 子宫体 uterine body
4. 子宫颈阴道部 vaginal part of cervix
5. 阴道 vagina
6. 尿生殖前庭 urogenital vestibulum
7. 输卵管伞 fimbria of uterine tube
8. 子宫角 uterine horn

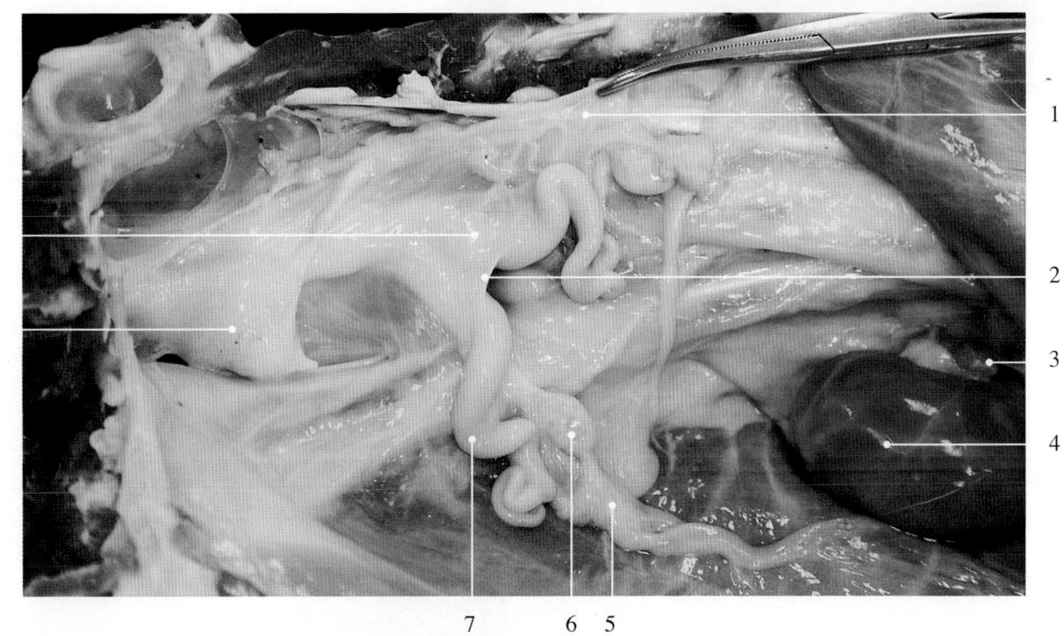

图9-1-2　山羊子宫在体内的位置

1. 子宫阔韧带 broad ligament of uterus
2. 角间韧带 intercornual ligament
3. 肾上腺 adrenal gland
4. 肾 kidney
5. 输卵管 uterine tube
6. 卵巢 ovary
7. 子宫角 uterine horn
8. 膀胱（空虚）膀胱 urinary bladder (empty)
9. 子宫体 uterine body

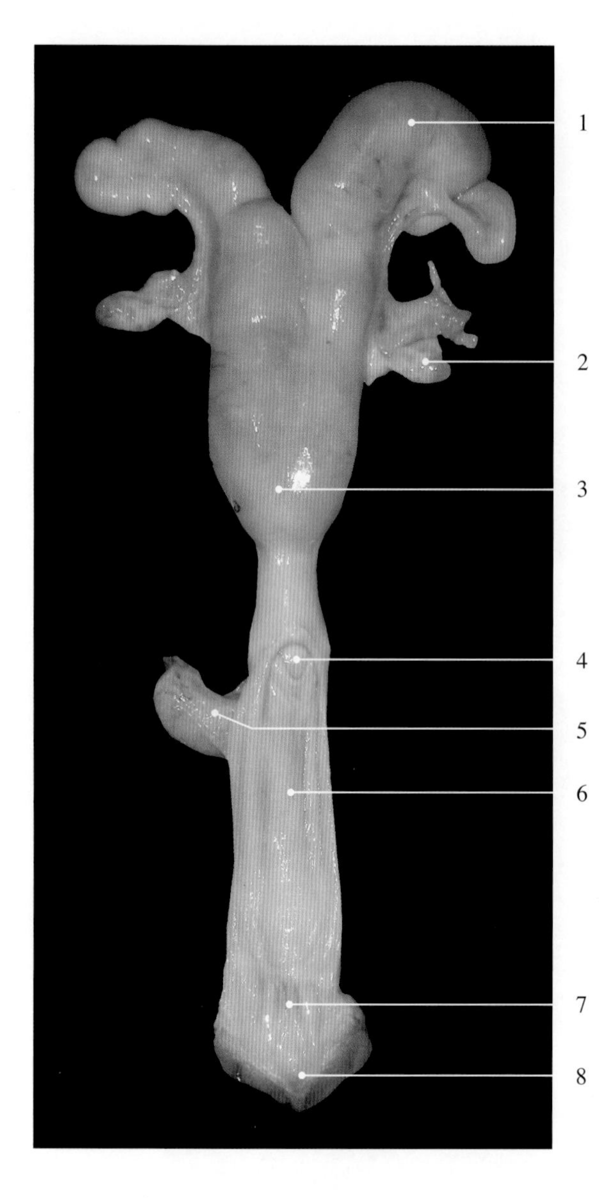

图9-1-3 母羊生殖系统

1. 子宫角 uterine horn
2. 卵巢 ovary
3. 子宫体 uterine body
4. 子宫颈阴道部 vaginal part of cervix
5. 膀胱 urinary bladder
6. 阴道 vagina
7. 尿生殖前庭 urogenital vestibulum
8. 阴蒂 clitoris

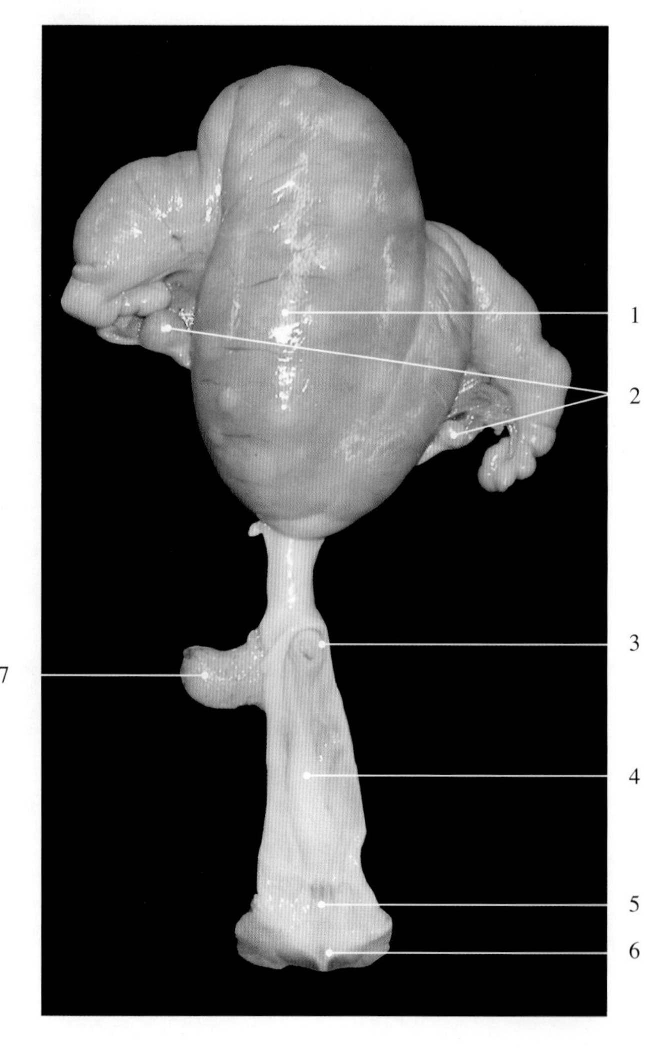

图9-1-4 妊娠羊生殖系统

1. 子宫角，含胎儿 uterine horn, containing fetus
2. 卵巢 ovary
3. 子宫颈阴道部 vaginal part of cervix
4. 阴道 vagina
5. 尿生殖前庭 urogenital vestibulum
6. 阴蒂 clitoris
7. 膀胱 urinary bladder

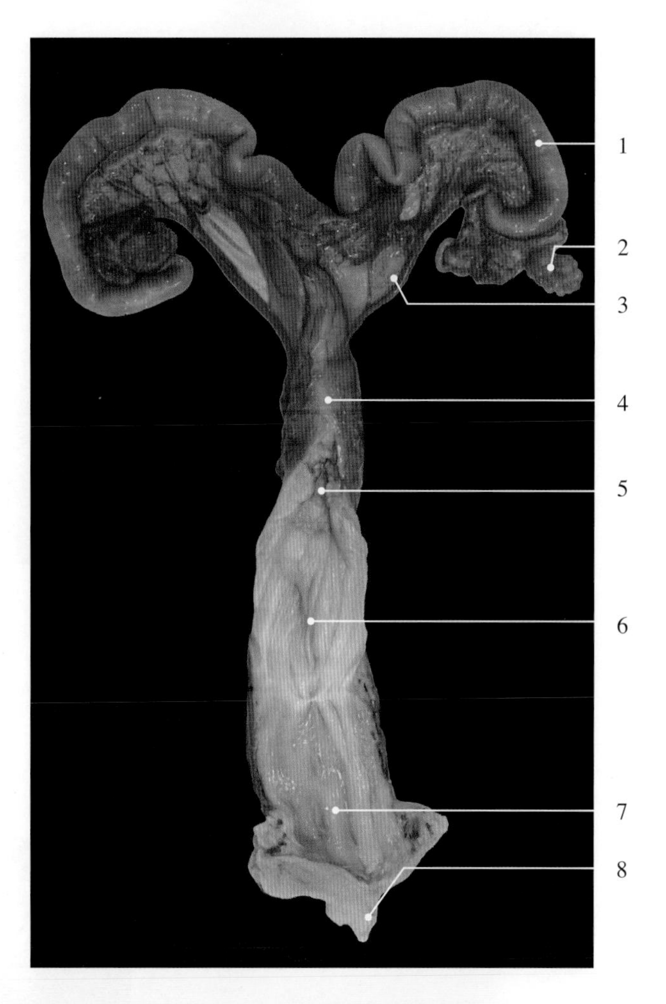

图9-1-5　母猪生殖系统（新鲜标本）

1. 子宫角　uterine horn
2. 卵巢　ovary
3. 子宫阔韧带　broad ligament of uterus
4. 子宫体　uterine body
5. 子宫颈　uterine cervix
6. 阴道　vagina
7. 尿生殖前庭　urogenital vestibulum
8. 阴蒂　clitoris

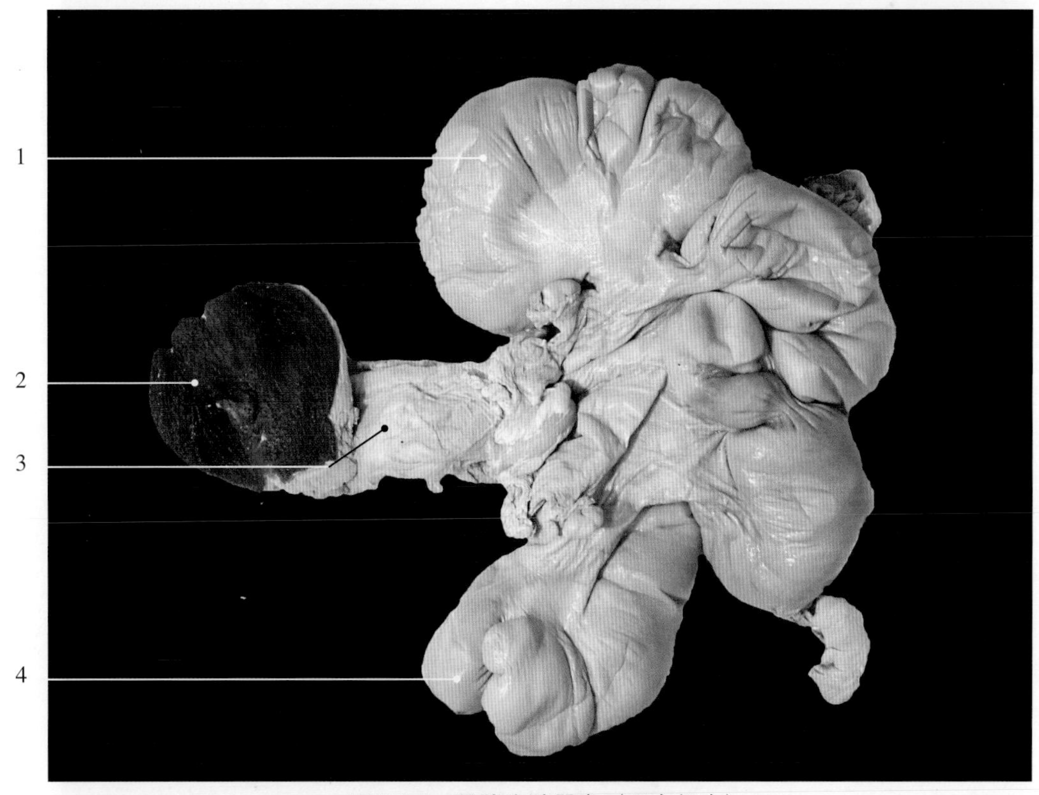

图9-1-6　母猪生殖器官（固定标本）

1. 左侧子宫角　left uterus horn
2. 阴门　vulva
3. 阴道　vagina
4. 右侧子宫角　right uterus horn

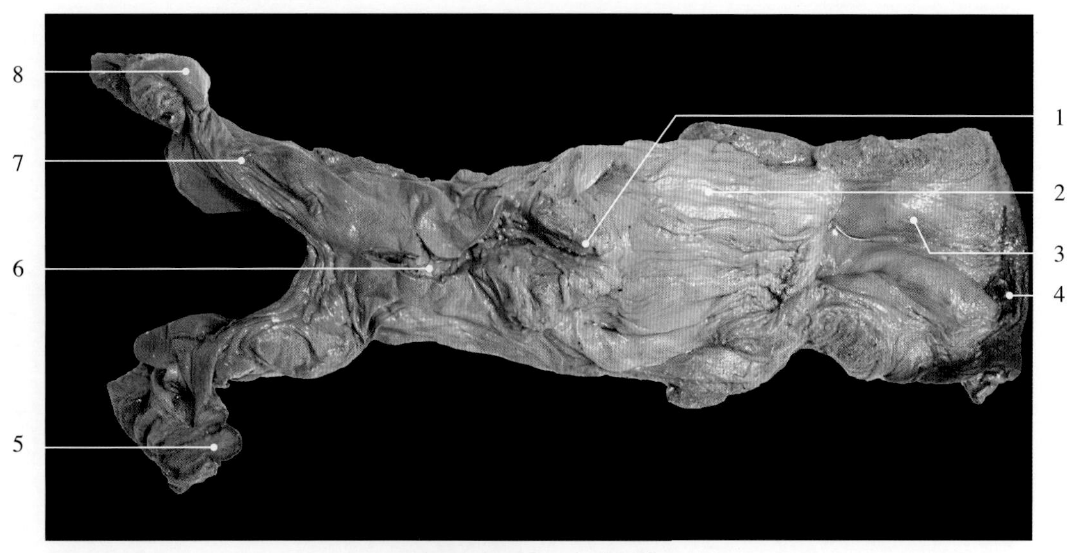

图9-1-7　母马生殖系统

1. 子宫颈阴道部 vaginal part of cervix
2. 阴道 vagina
3. 尿生殖前庭 urogenital vestibulum
4. 阴蒂 clitoris
5. 卵巢，切开 ovary, section
6. 子宫体 uterine body
7. 子宫角 uterine horn
8. 卵巢囊 ovarian bursa

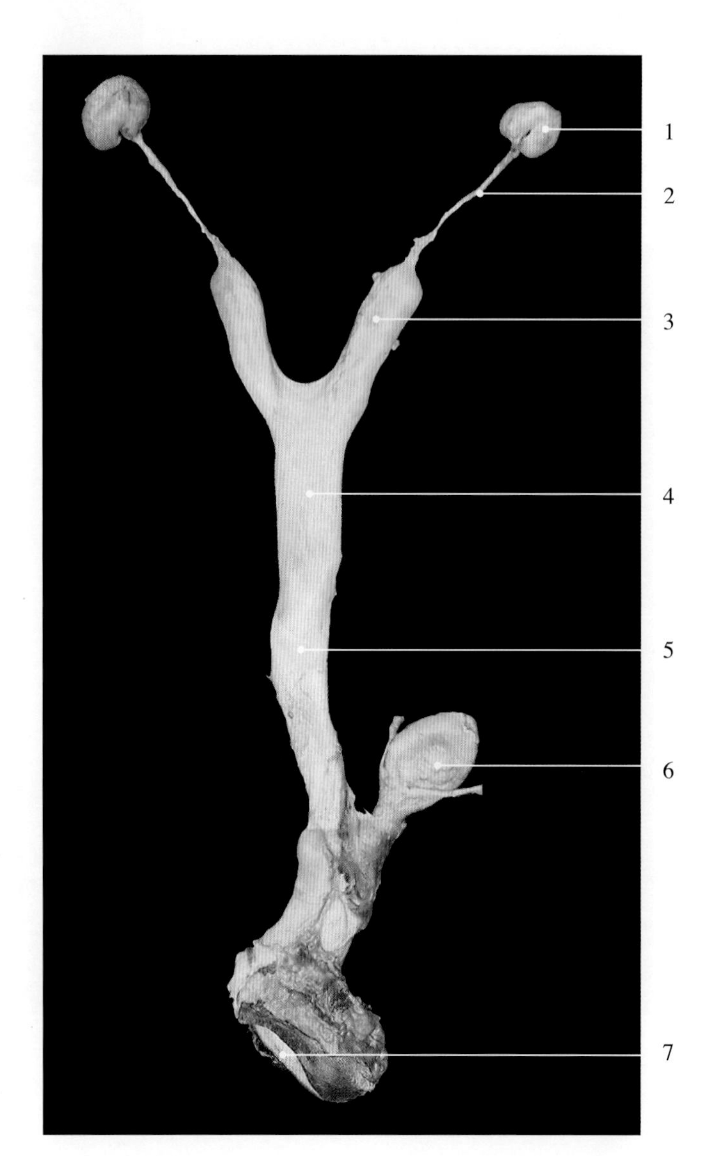

图9-1-8　母驴生殖系统

1. 卵巢 ovary
2. 输卵管 uterine tube
3. 子宫角 uterine horn
4. 子宫体 uterine body
5. 阴道 vagina
6. 膀胱 urinary bladder
7. 阴门 vulva

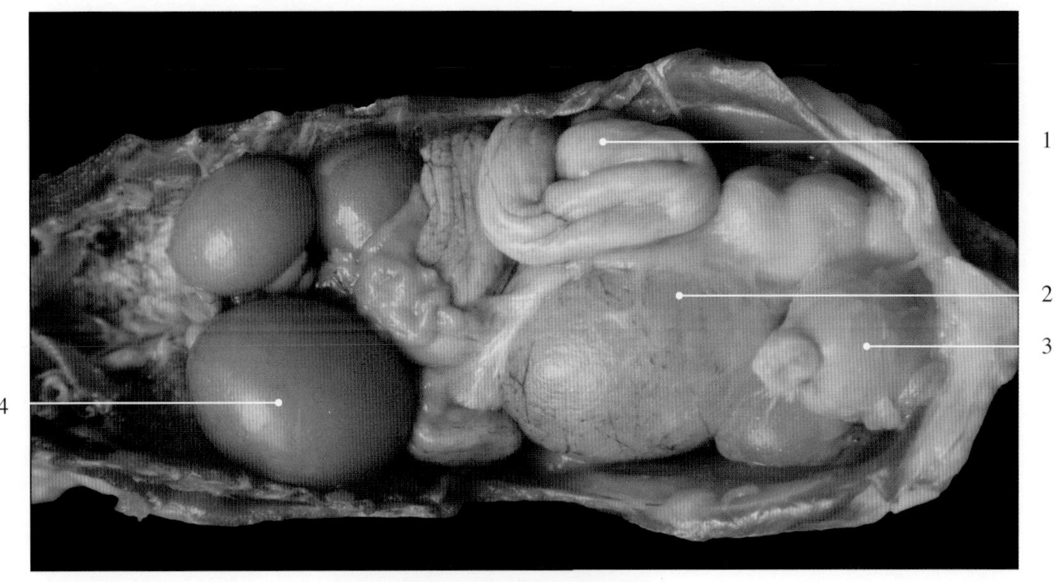

图9-1-9　母鸡生殖系统

1. 输卵管 uterine tube
2. 含鸡蛋的子宫部 uterine part, containing egg
3. 泄殖腔 cloacal chamber
4. 卵巢 ovary

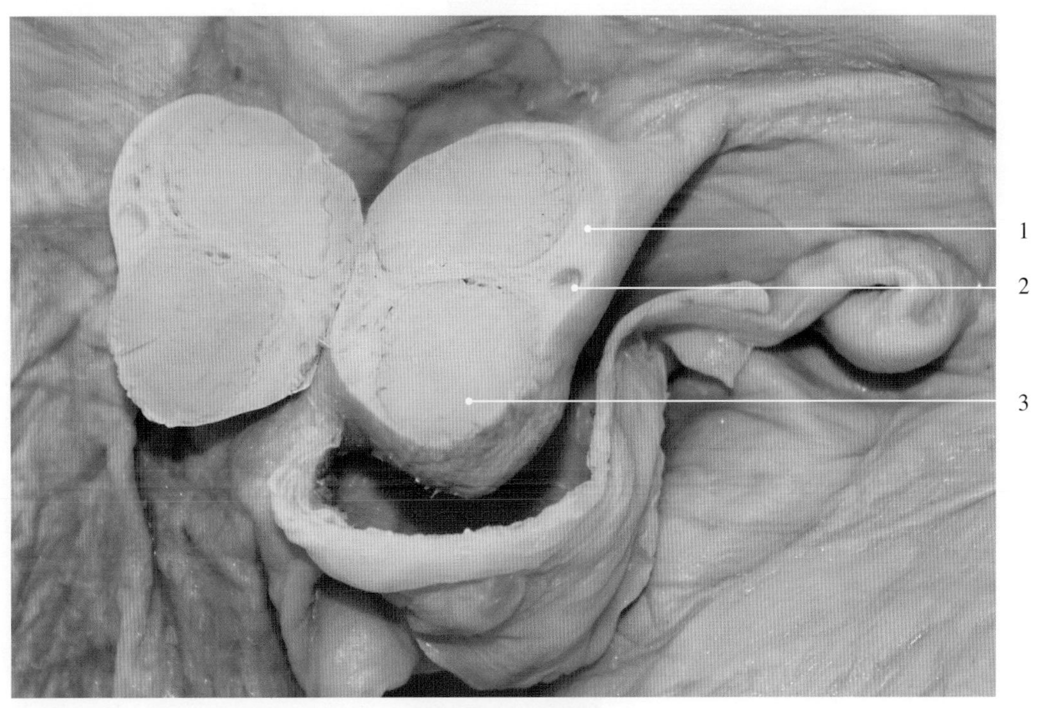

图9-2-1　牛卵巢

1. 卵巢，切开 ovary, sectioned
2. 卵泡 follicle
3. 黄体 corpus luteum

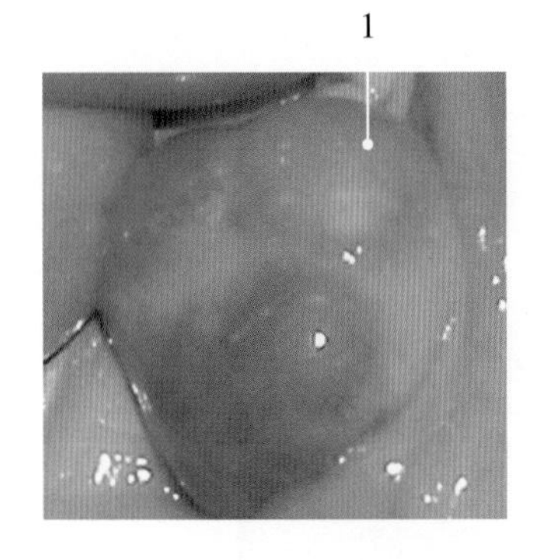

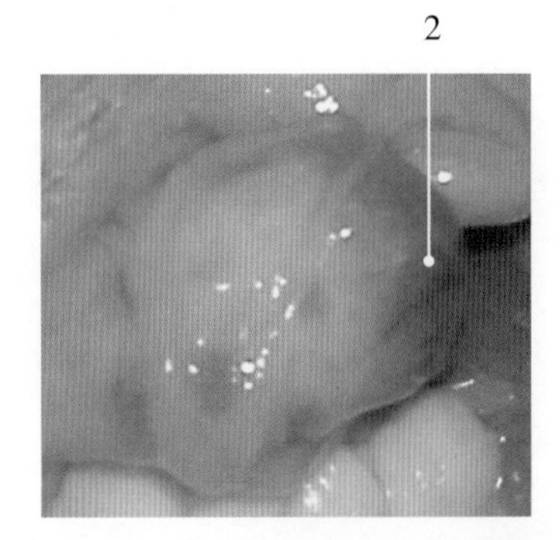

图9-2-2　羊卵巢

1. 退化中的黄体 degenerating corpus luteum
2. 卵泡 follicle

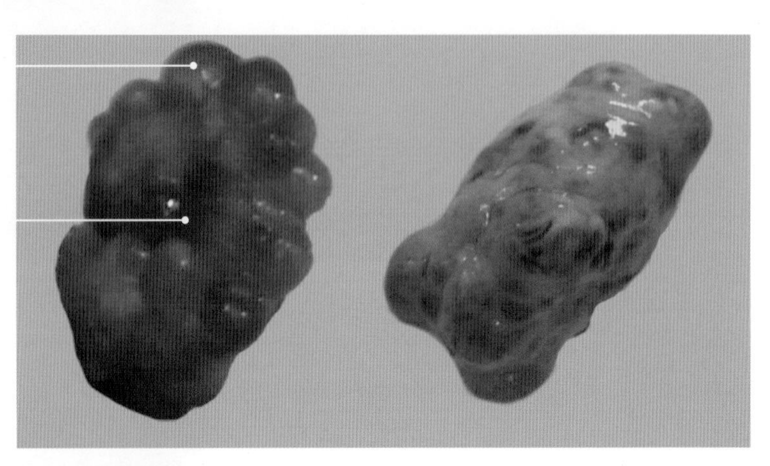

图9-2-3　猪卵巢

1. 卵泡 follicle
2. 出血灶 site of hemorrhage

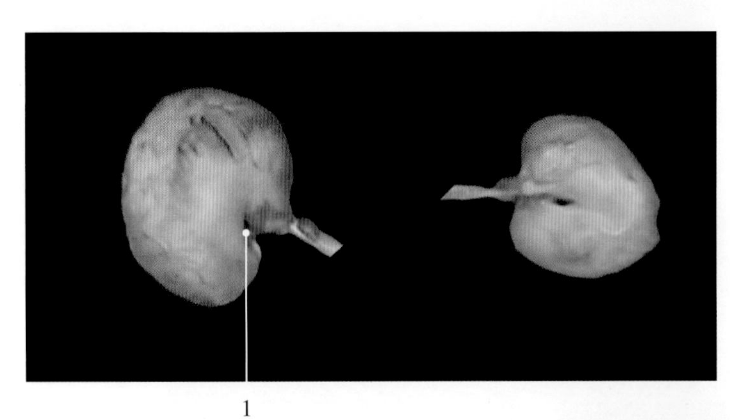

图9-2-4　驴卵巢

1. 排卵窝 ovulation fossa

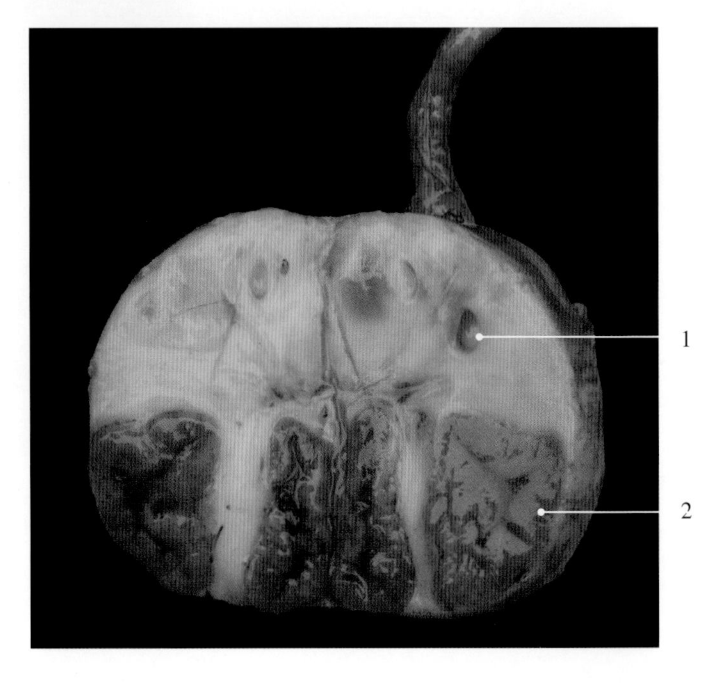

图9-2-5　驴卵巢（切开）

1. 卵泡 follicle
2. 红体 corpus hemorrhagicum

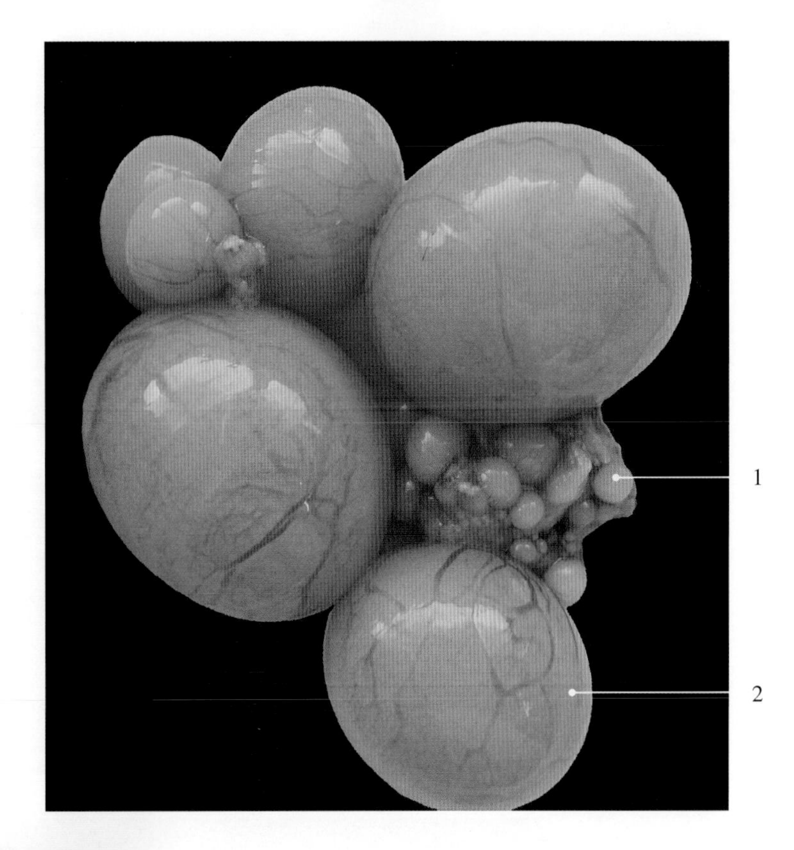

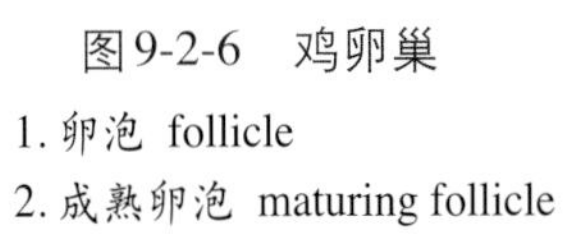
图9-2-6　鸡卵巢

1. 卵泡 follicle
2. 成熟卵泡 maturing follicle

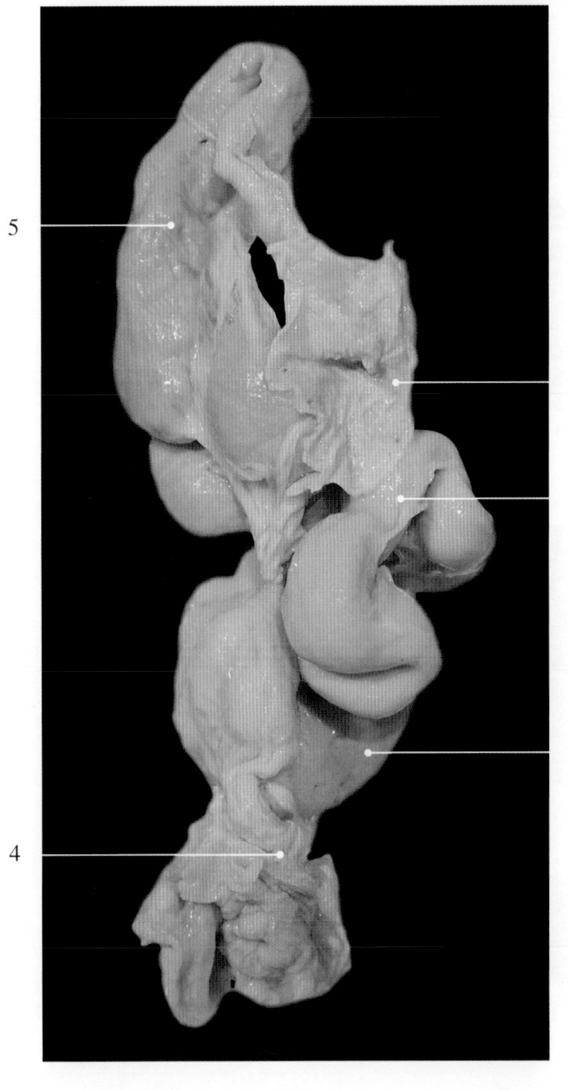

图9-2-7　鸡输卵管1

1. 漏斗部　infundibulum
2. 峡部 isthmus
3. 子宫部　uterine part
4. 阴道部 vaginal part
5. 膨大部　magnum

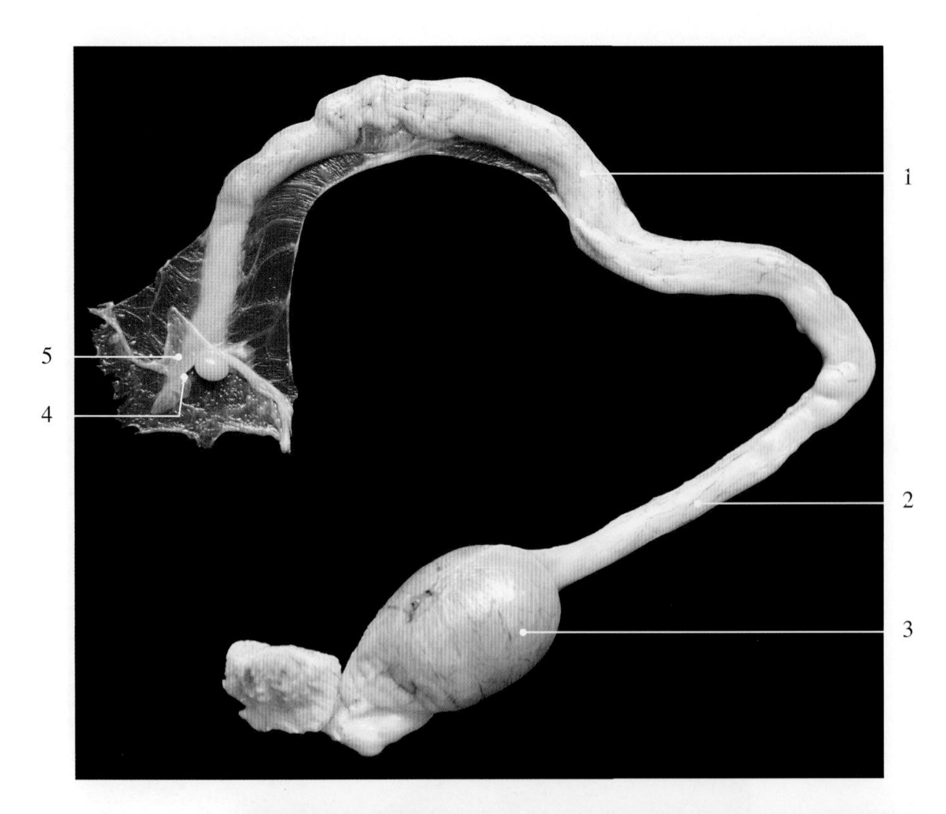

图9-2-8　鸡输卵管2

1. 膨大部 magnum
2. 峡部 isthmus
3. 子宫部 uterine part
4. 输卵管腹腔口 ovarian open of uterine tube
5. 漏斗部 infundibulum

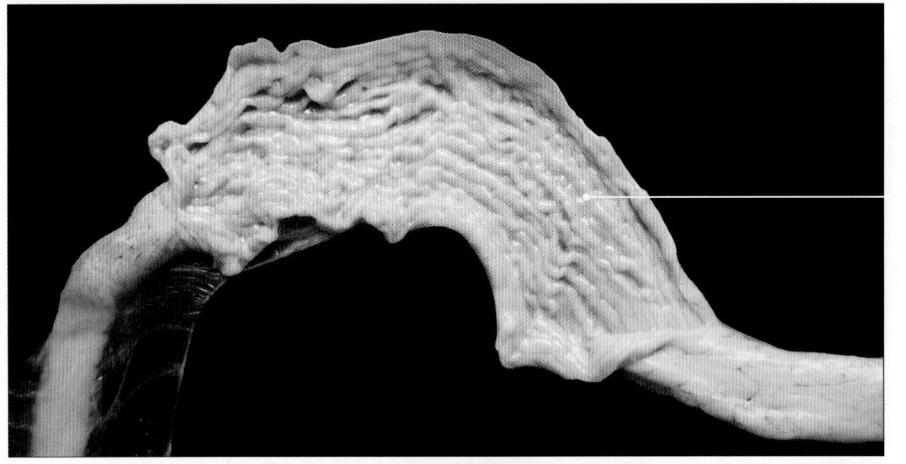

图9-2-9　鸡输卵管黏膜

1. 黏膜 mucosa

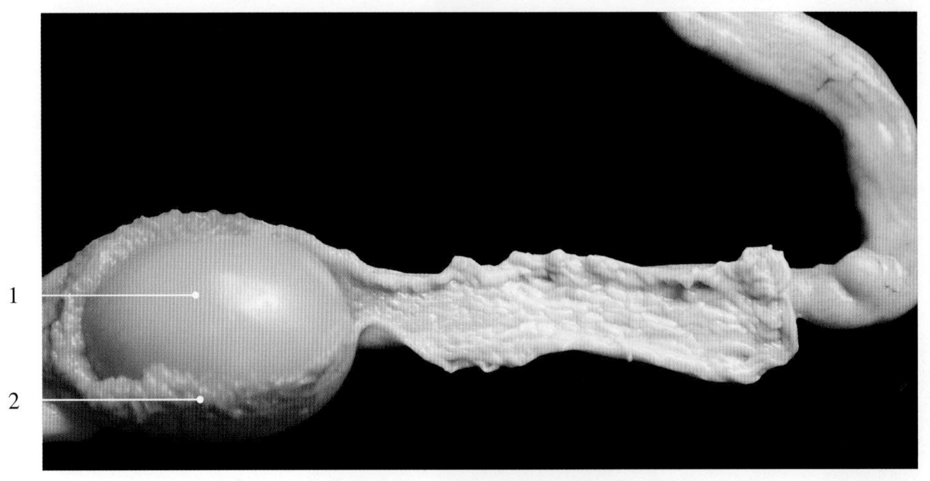

图9-2-10　鸡输卵管子宫部1

1. 鸡蛋 egg　　2. 子宫部 uterine part

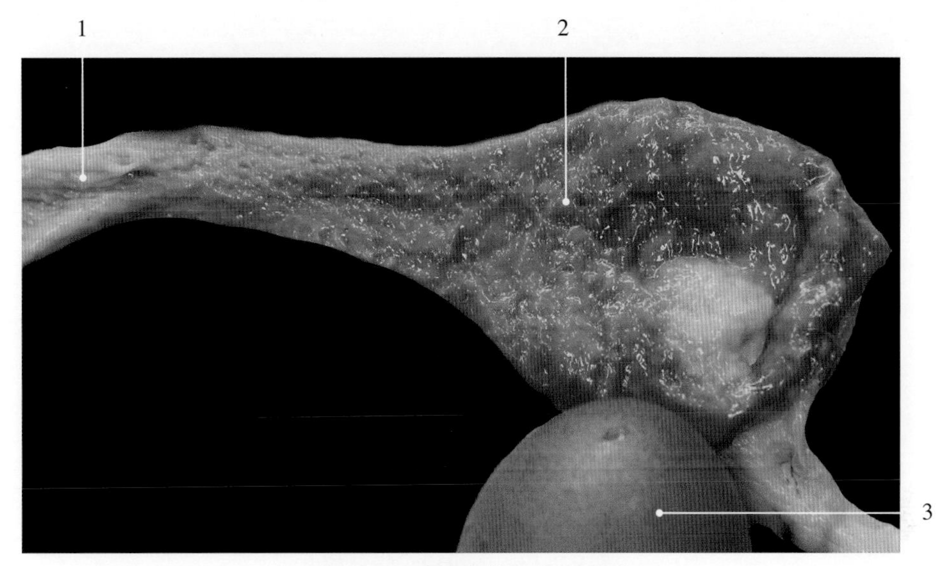

图9-2-11　鸡输卵管子宫部黏膜

1. 峡部 isthmus
2. 子宫部 uterine part
3. 卵（鸡蛋）egg

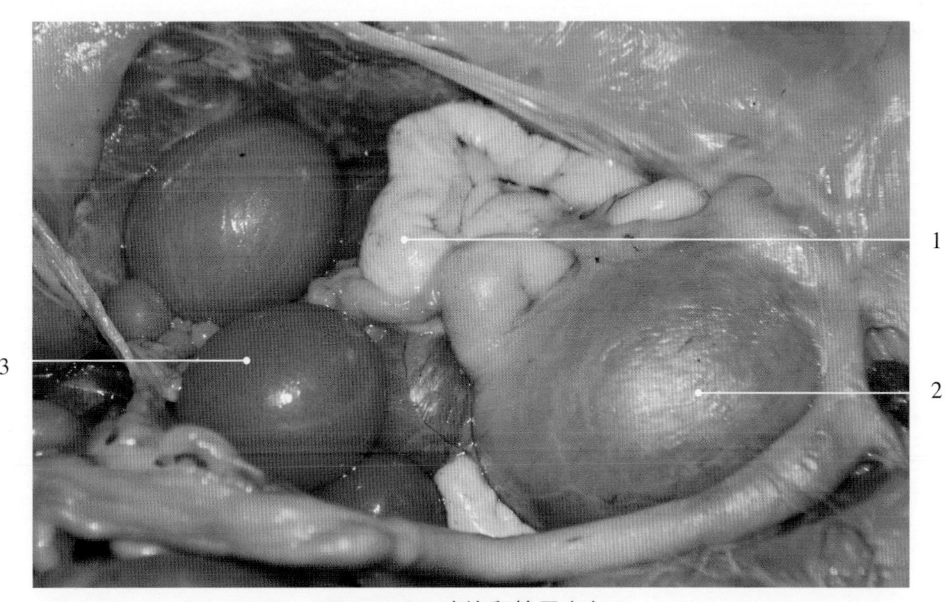

图9-2-12　鸡输卵管子宫部2

1. 膨大部 magnum
2. 子宫部 uterine part
3. 卵巢 ovary

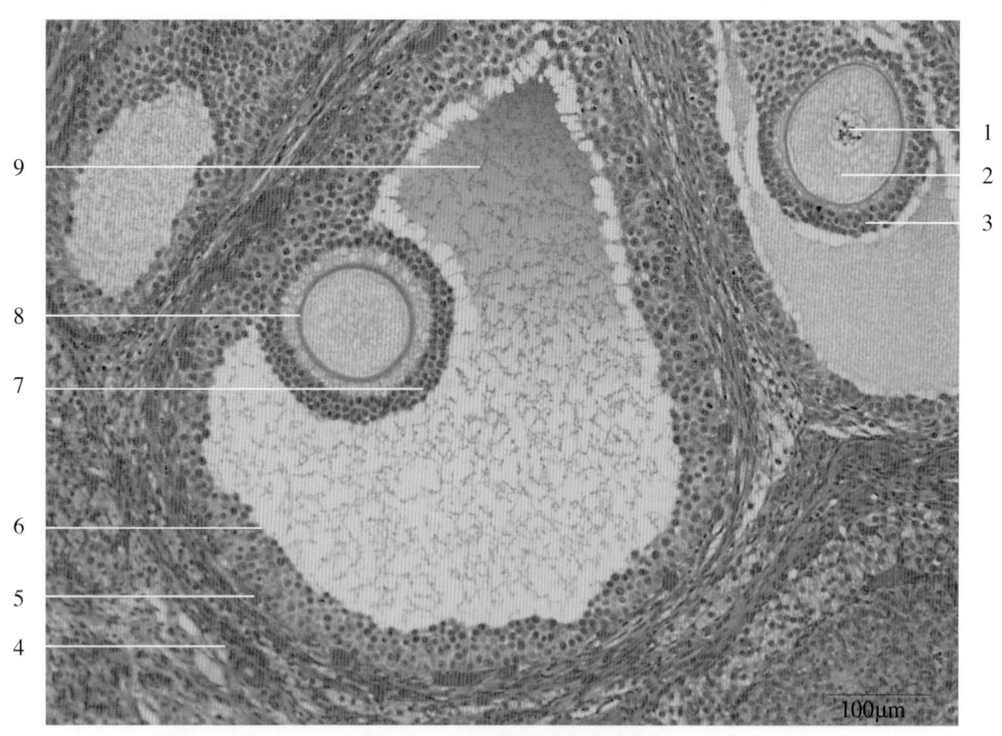

图9-2-13　卵巢组织学结构1

1. 卵母细胞，细胞核　oocyte, nucleolus
2. 卵母细胞，细胞质　oocyte, cytoplasm
3. 颗粒细胞　granular cell
4. 卵泡膜外膜　tunica externa theca folliculi
5. 卵泡膜内膜　tunica interna theca folliculi
6. 颗粒膜　granular films
7. 卵丘　cumulus oophorus
8. 透明带　zona pellucida
9. 卵泡腔　follicular antrum

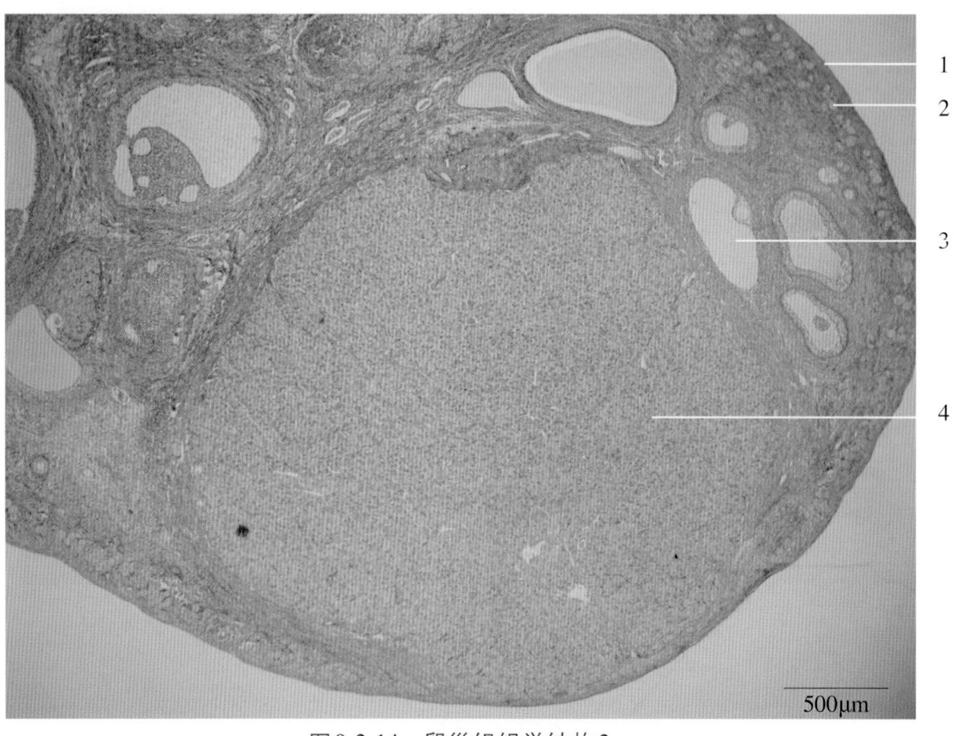

图9-2-14　卵巢组织学结构2

1. 生殖上皮　germinal epithelium
2. 原始卵泡　primordial follicle
3. 次级卵泡　secondary follicle
4. 黄体　*corpus luteum*

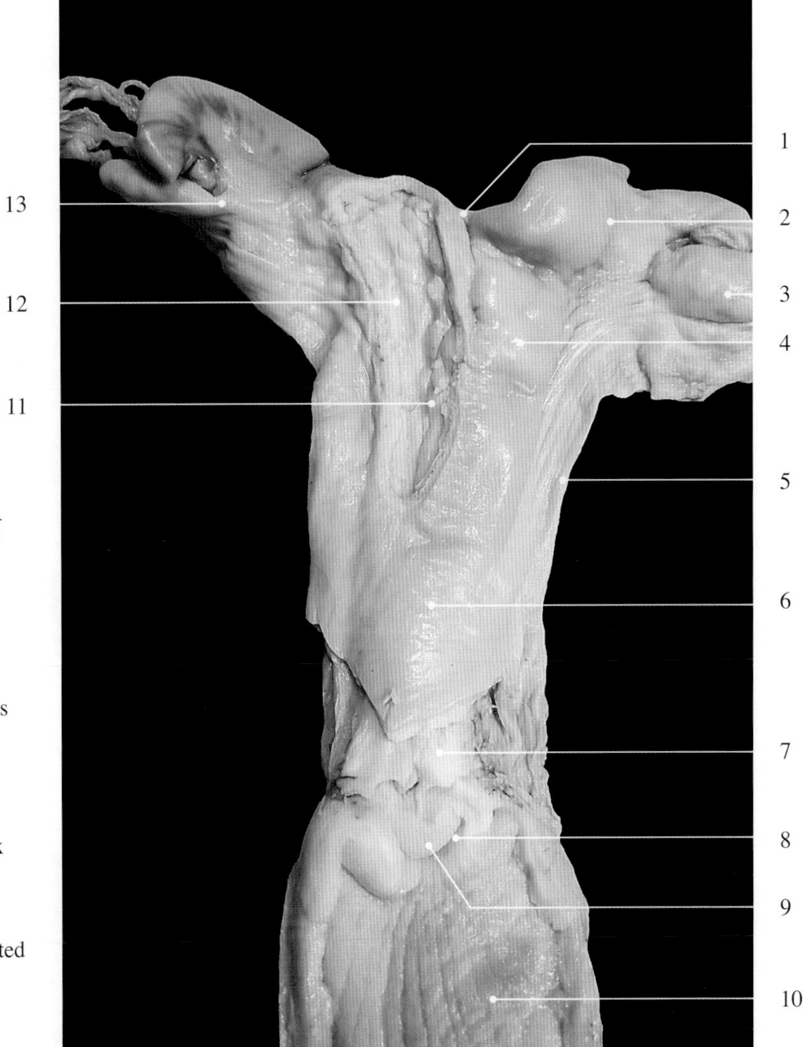

图9-3-1　牛子宫与阴道剖面

1. 角间韧带 intercornual ligament
2. 子宫角 uterine horn
3. 卵巢 ovary
4. 伪体 pseudobody
5. 子宫阔韧带 broad ligament of uterus
6. 子宫体 uterine body
7. 子宫颈 uterine cervix
8. 阴道穹隆 vaginal fornix
9. 子宫颈阴道部 vaginal part of cervix
10. 阴道，切开 vagina, dissected
11. 子宫肉阜 uterine caruncle
12. 子宫角，切开 uterine horn, dissected
13. 输卵管 uterine tube

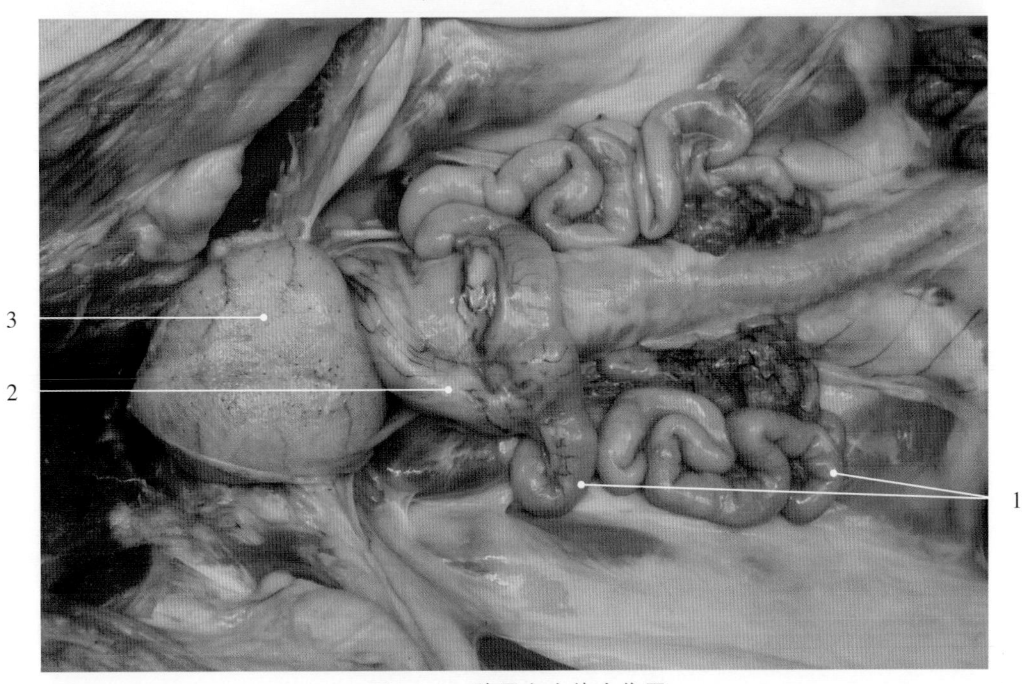

图9-3-2　猪子宫在体内位置

1. 子宫角 uterine horn　　2. 子宫体 uterine body　　3. 膀胱 urinary bladder

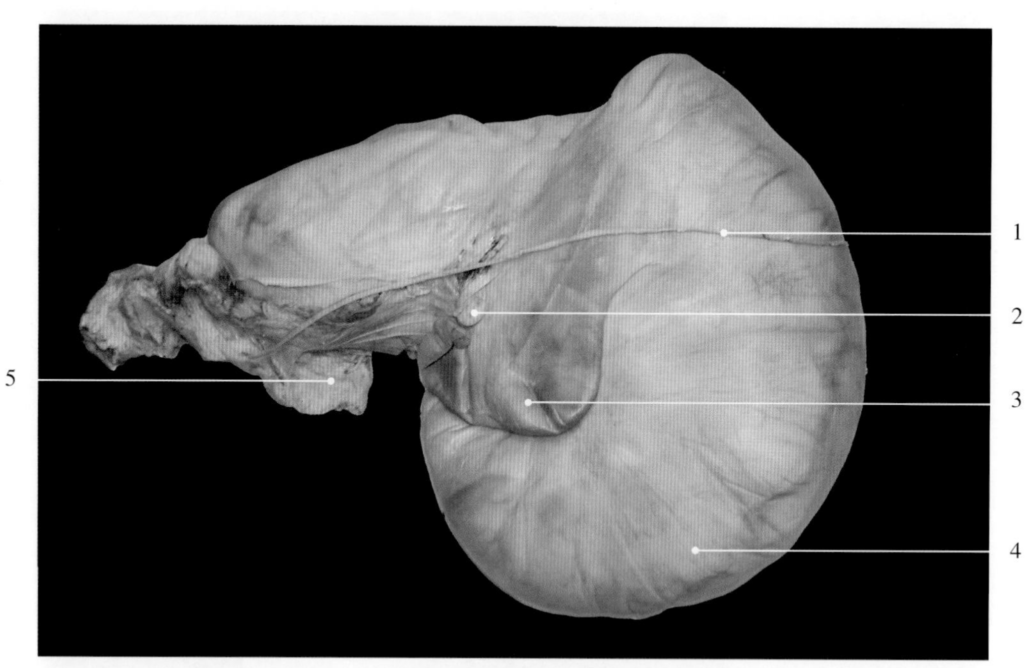

图9-3-3　牛妊娠子宫

1. 输尿管 ureter
2. 卵巢 ovary
3. 子宫角 uterine horn
4. 含胎儿子宫 uterus, containing fetus
5. 膀胱 urinary bladder

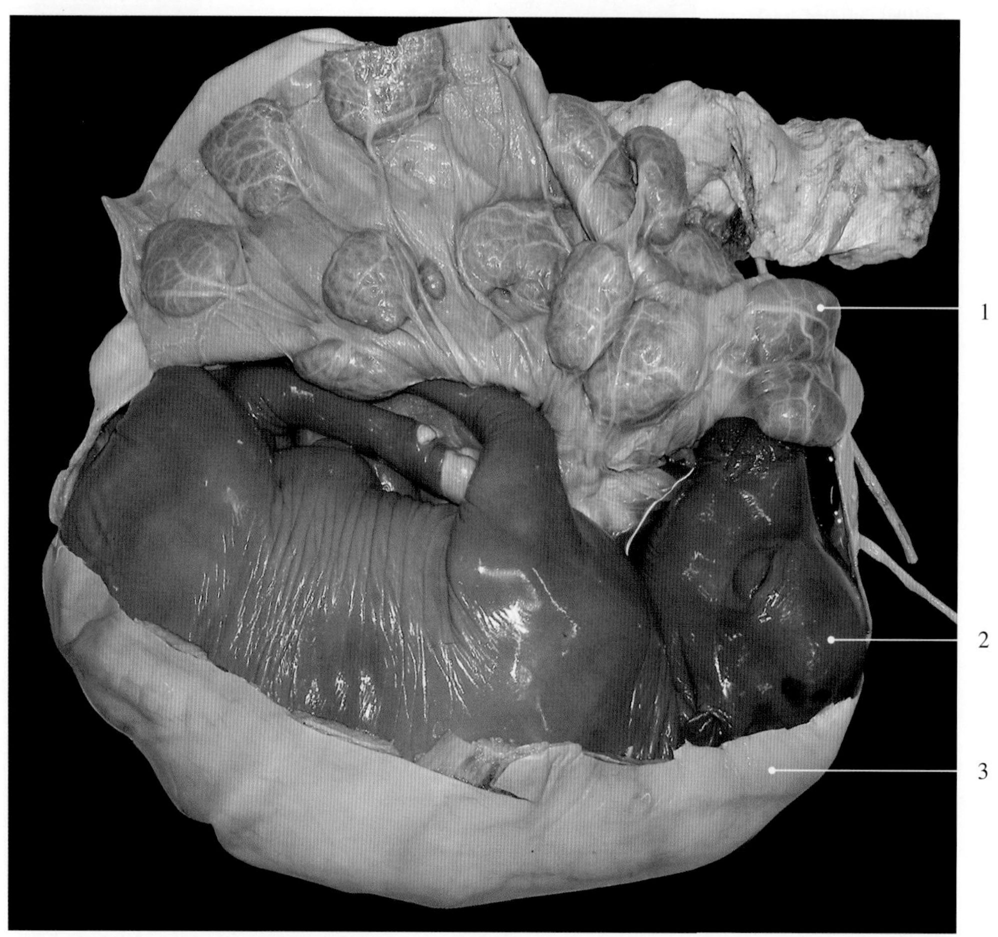

图9-3-4　牛子宫肉阜及胎儿

1. 胎盘，子宫肉阜 placenta, uterine caruncle
2. 胎儿 fetus
3. 子宫角 uterine horn

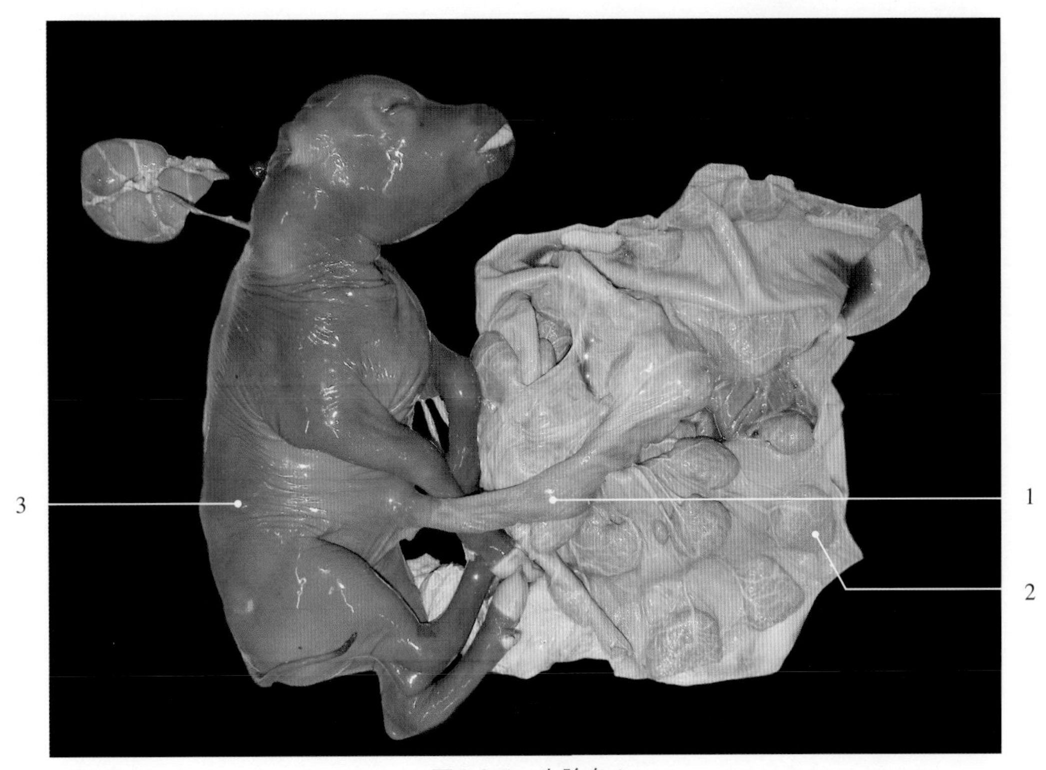

图9-3-5 牛胎盘1

1. 脐带 umbilical cord
2. 胎盘，子宫肉阜 placenta, uterine caruncle
3. 胎儿 fetus

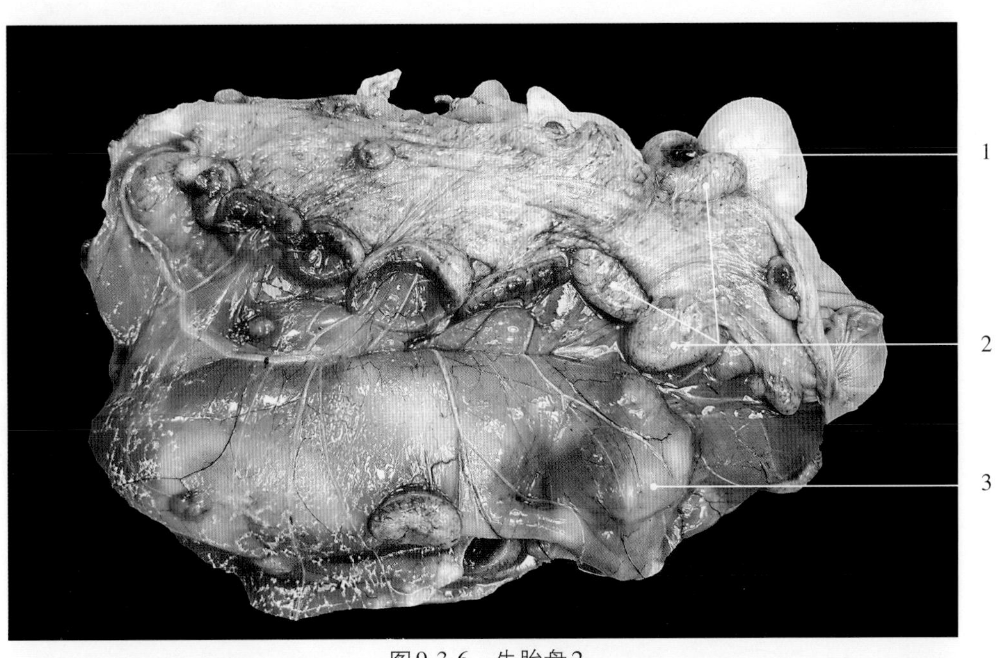

图9-3-6 牛胎盘2

1. 子宫角 uterine horn
2. 子宫肉阜，胎盘 uterine caruncle, placenta
3. 胎儿及胎膜 foetus and foetal membrane

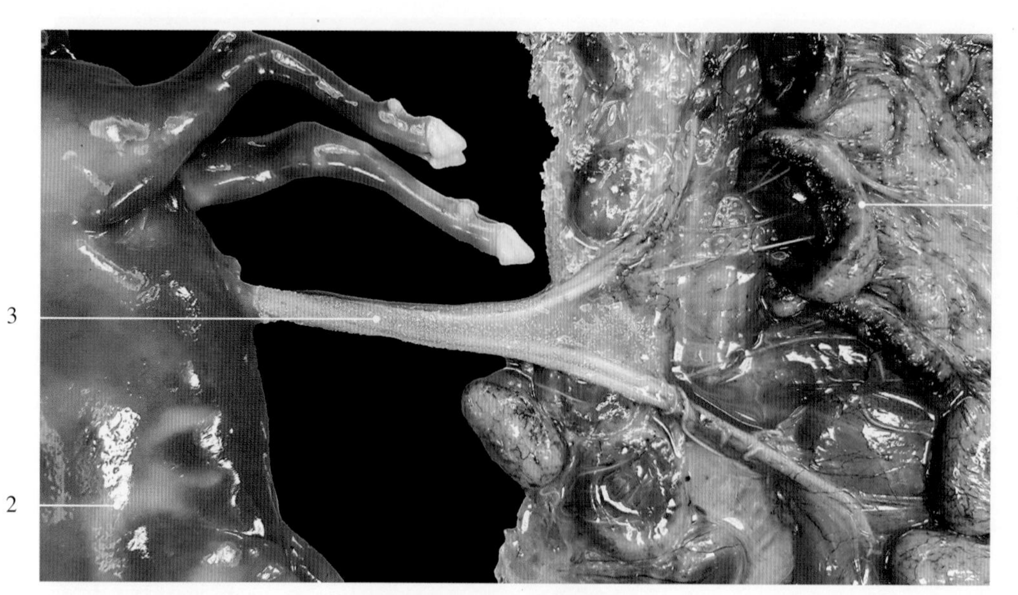

图9-3-7 胎牛脐带和胎盘

1. 子宫肉阜，胎盘 uterine caruncle, placenta　3. 脐带 umbilical cord
2. 胎儿 foetus

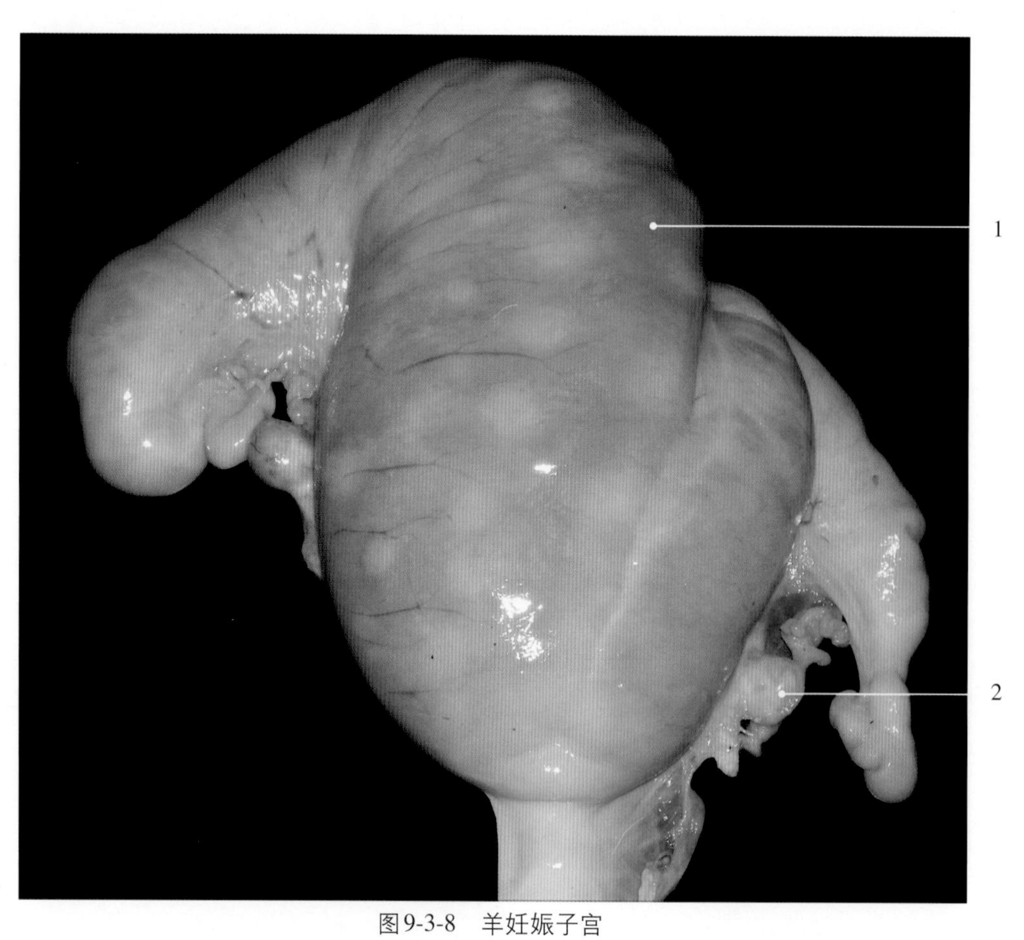

图9-3-8 羊妊娠子宫

1. 子宫角，含胎儿 uterine horn, containing fetus　2. 卵巢 ovary

图9-3-9　羊胎盘

1. 胎盘　placenta
2. 子宫角　uterine horn
3. 卵巢　ovary
4. 膀胱　urinary bladder
5. 子宫颈阴道部　vaginal part of cervix

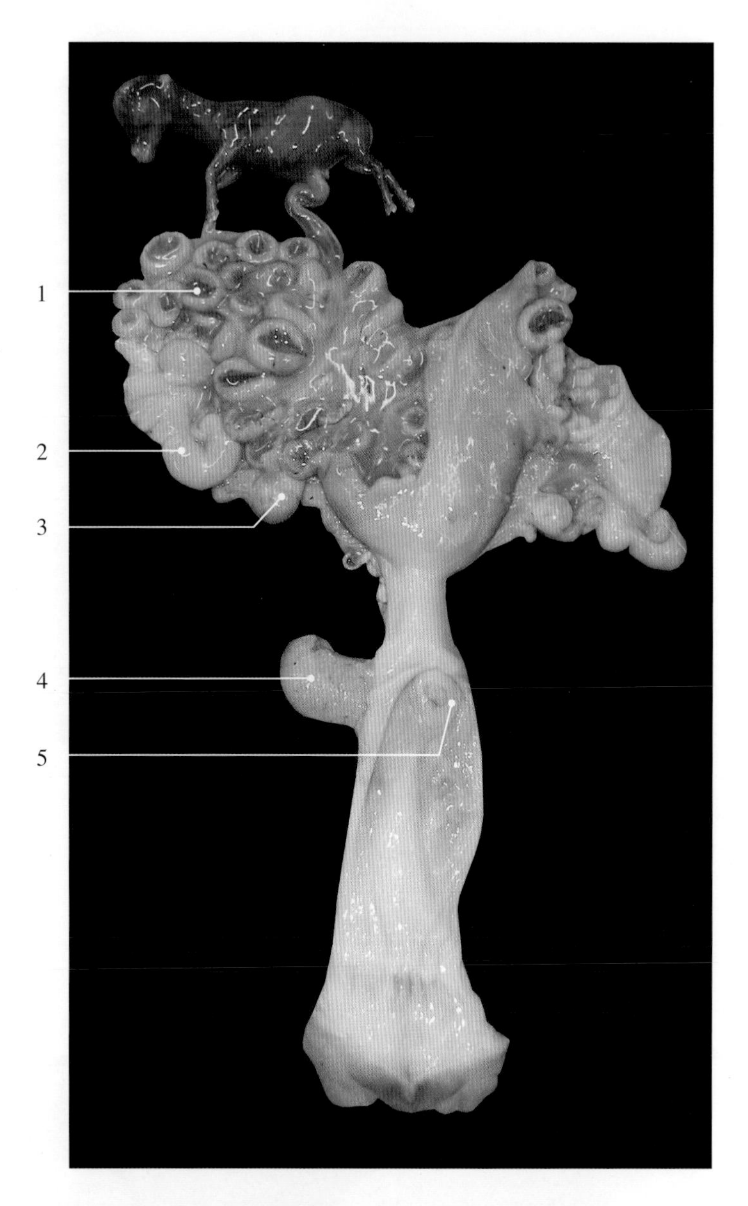

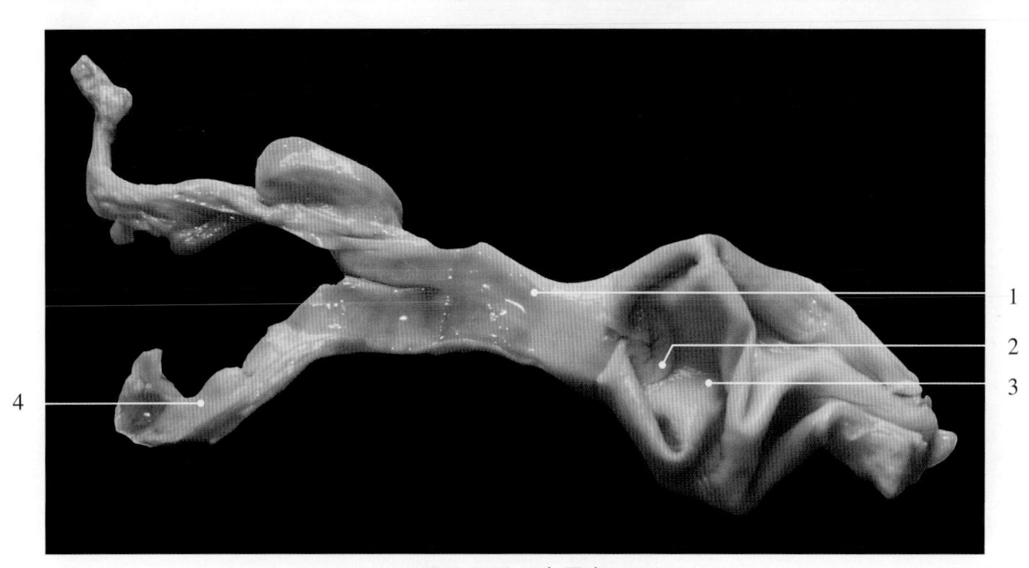

图9-3-10　牛子宫

1. 子宫体　uterine body
2. 子宫颈阴道部　vaginal part of cervix
3. 阴道　vagina
4. 子宫角　uterine horn

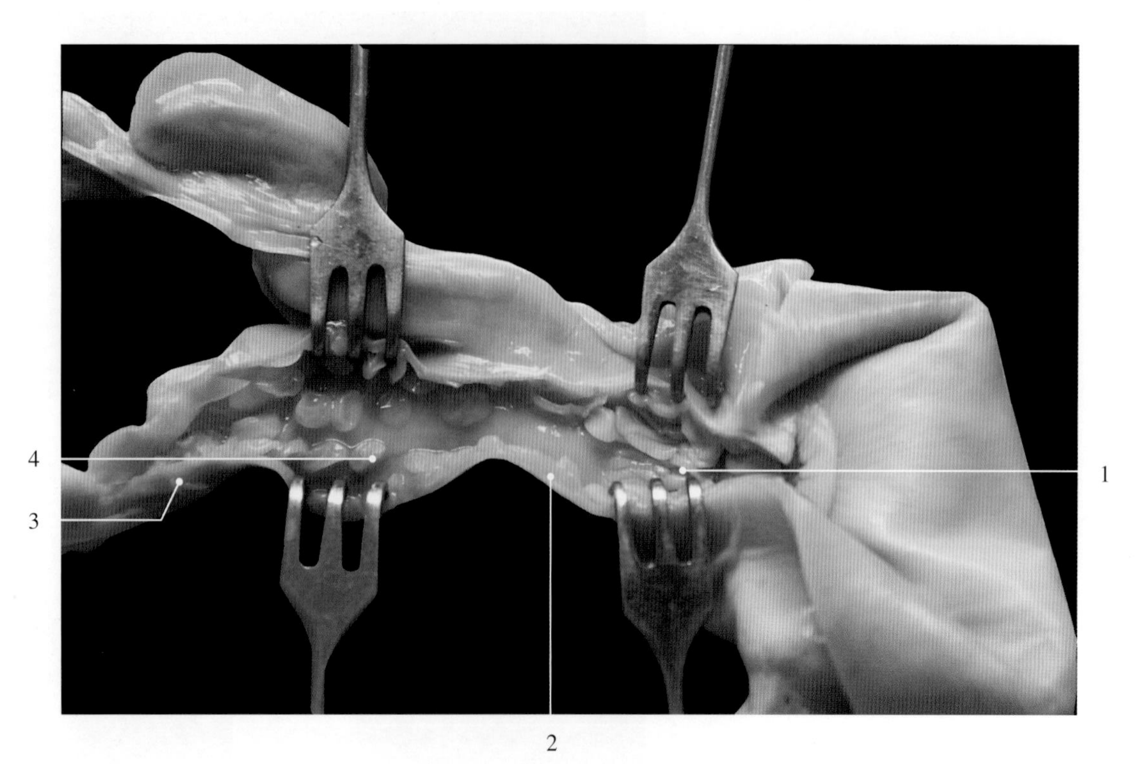

图9-3-11　牛子宫肉阜

1. 子宫颈　uterine cervix　　3. 子宫角　uterine horn
2. 子宫体　uterine body　　4. 子宫肉阜　uterine caruncle

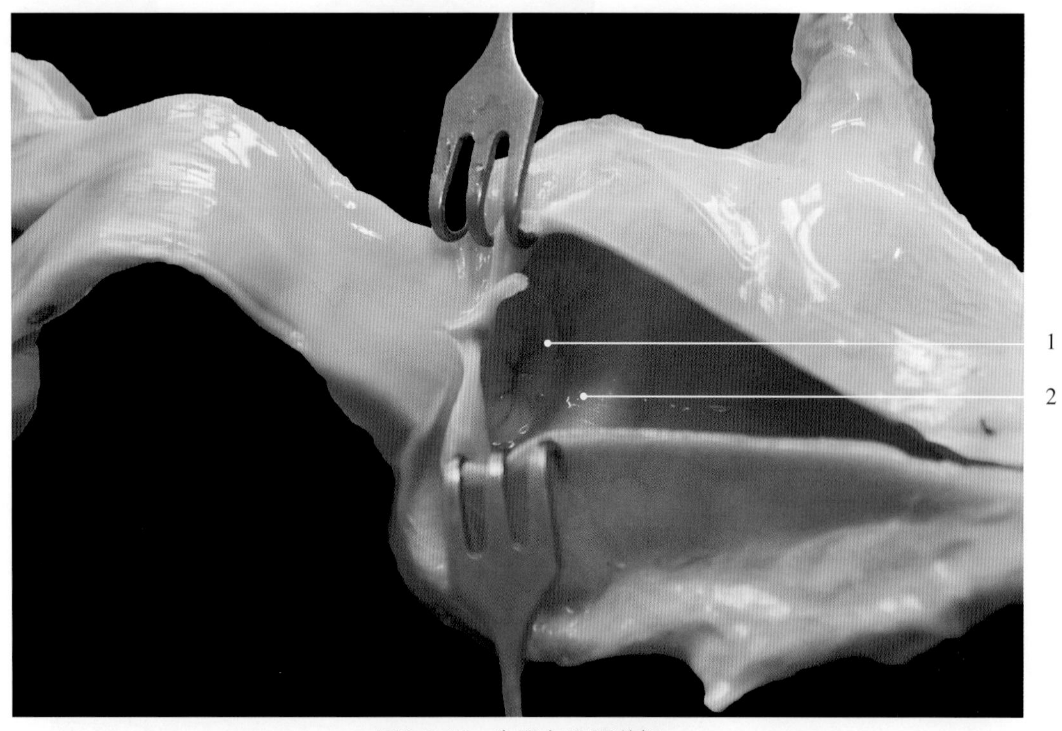

图9-3-12　牛子宫颈阴道部

1. 子宫颈阴道部　vaginal part of cervix　　2. 阴道穹窿　vaginal fornix

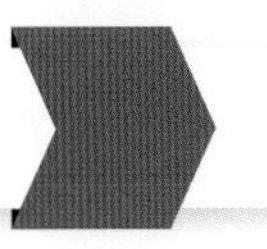

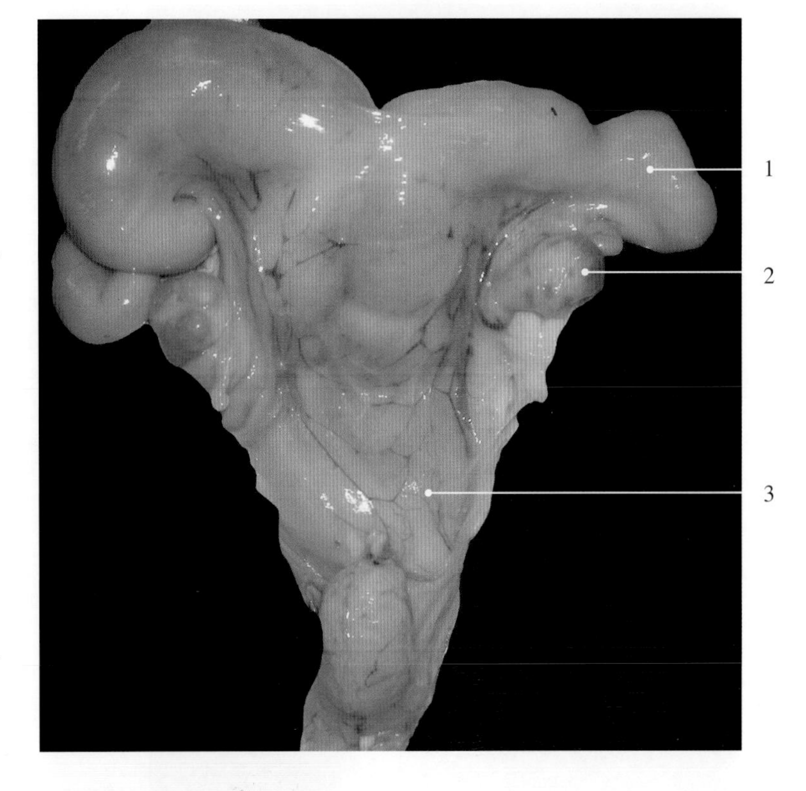

图9-3-13　羊子宫1

1. 子宫角 uterine horn
2. 卵巢 ovary
3. 子宫体 uterine body

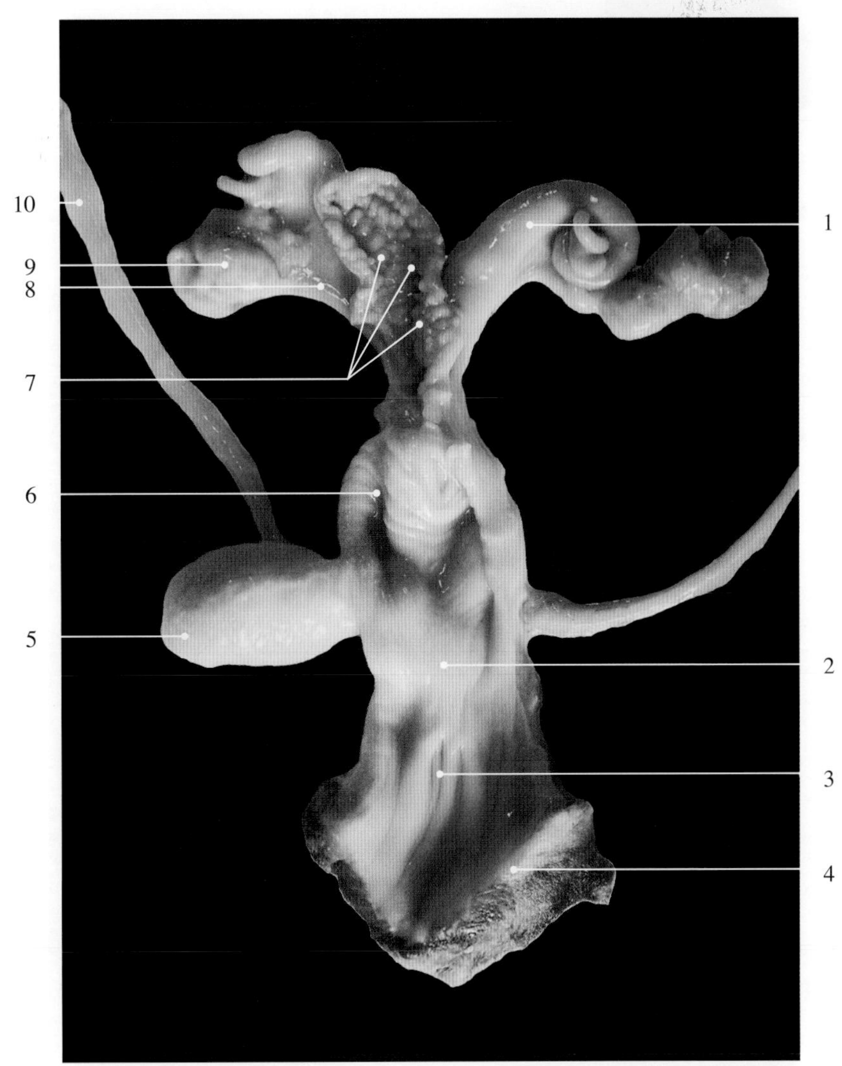

图9-3-14　羊子宫2

1. 子宫角 uterine horn
2. 阴道 vagina
3. 尿生殖前庭 urogenital vestibulum
4. 阴唇 vulva labium
5. 膀胱 urinary bladder
6. 阴道穹隆 vaginal fornix
7. 子宫肉阜 uterine caruncle
8. 输卵管 uterine tube
9. 卵巢 ovary
10. 输尿管 ureter

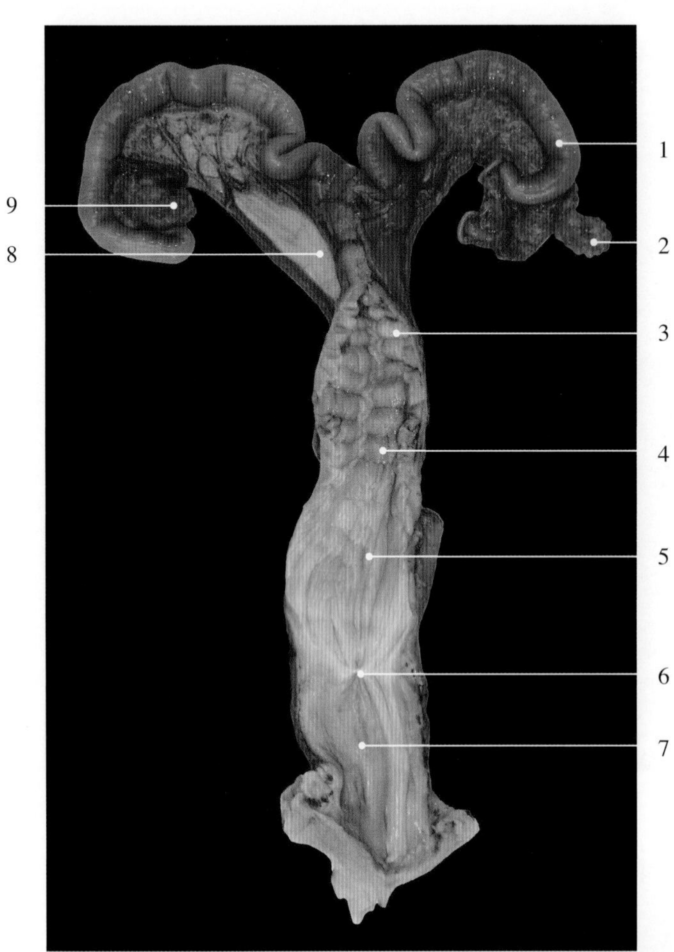

图9-3-15　猪子宫

1. 子宫角　uterine horn
2. 卵巢　ovary
3. 子宫体黏膜　mucous membrane of uterus body
4. 子宫颈　uterine cervix
5. 阴道　vagina
6. 阴瓣　hymen
7. 尿生殖前庭　urogenital vestibulum
8. 子宫阔韧带　broad ligament of uterus
9. 卵巢囊　ovarian bursa

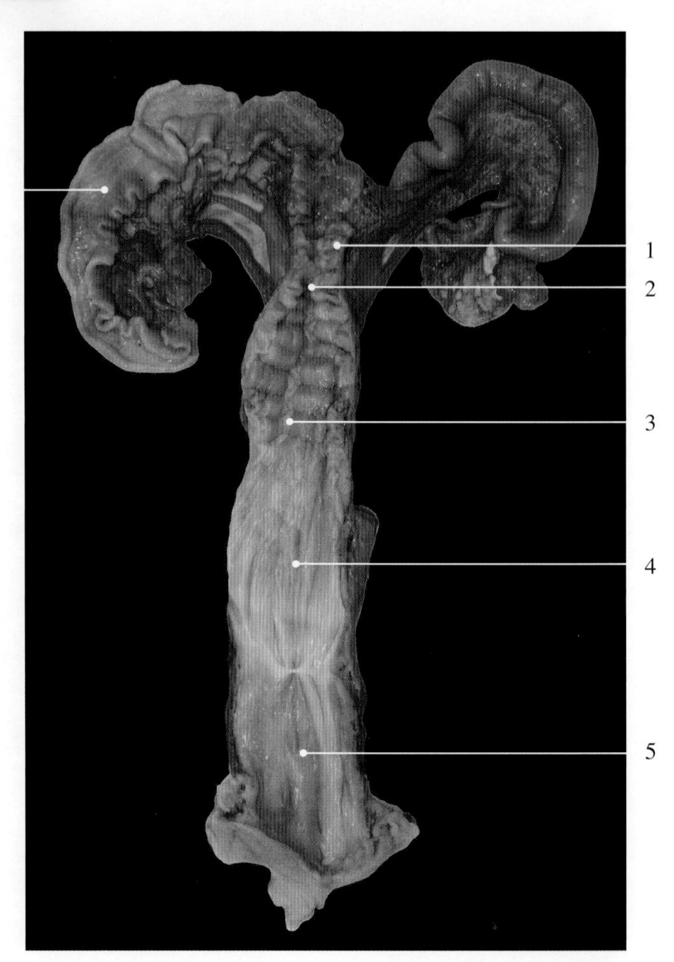

图9-3-16　猪子宫黏膜

1. 子宫体　uterine body
2. 子宫颈内口　uterine internal ostium
3. 子宫颈外口　uterine external ostium
4. 阴道　vagina
5. 尿生殖前庭　urogenital vestibulum
6. 子宫角黏膜　mucous membrane of uterus horn

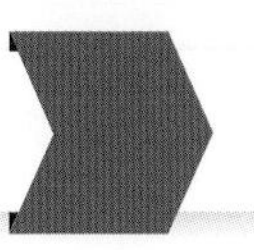

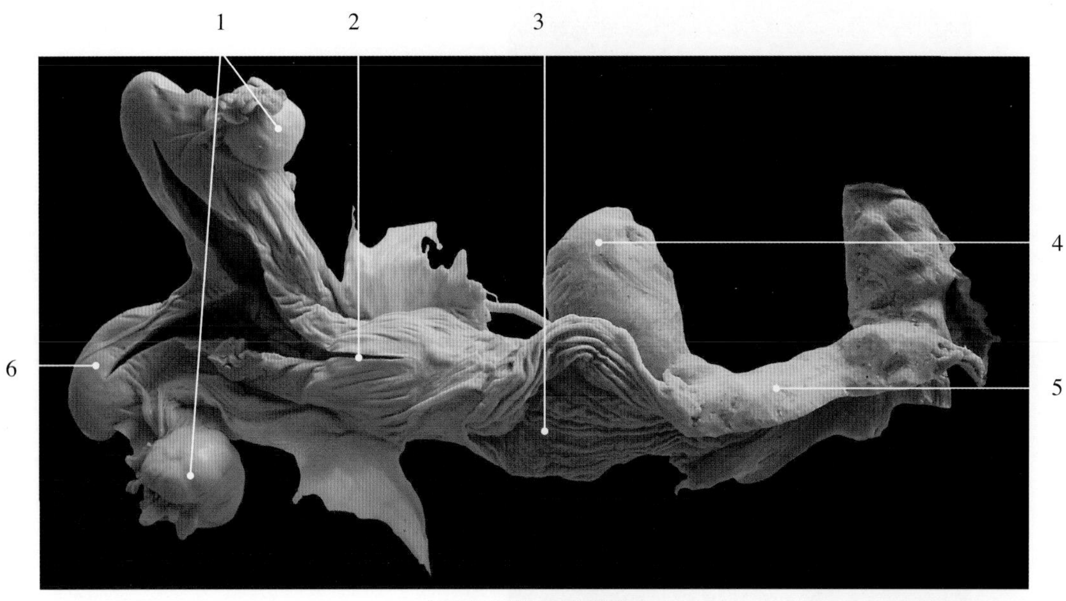

图9-3-17　马子宫

1. 卵巢　ovary
2. 子宫体　uterine body
3. 阴道　vagina
4. 膀胱　urinary bladder
5. 尿生殖前庭　urogenital vestibulum
6. 子宫角　uterine horn

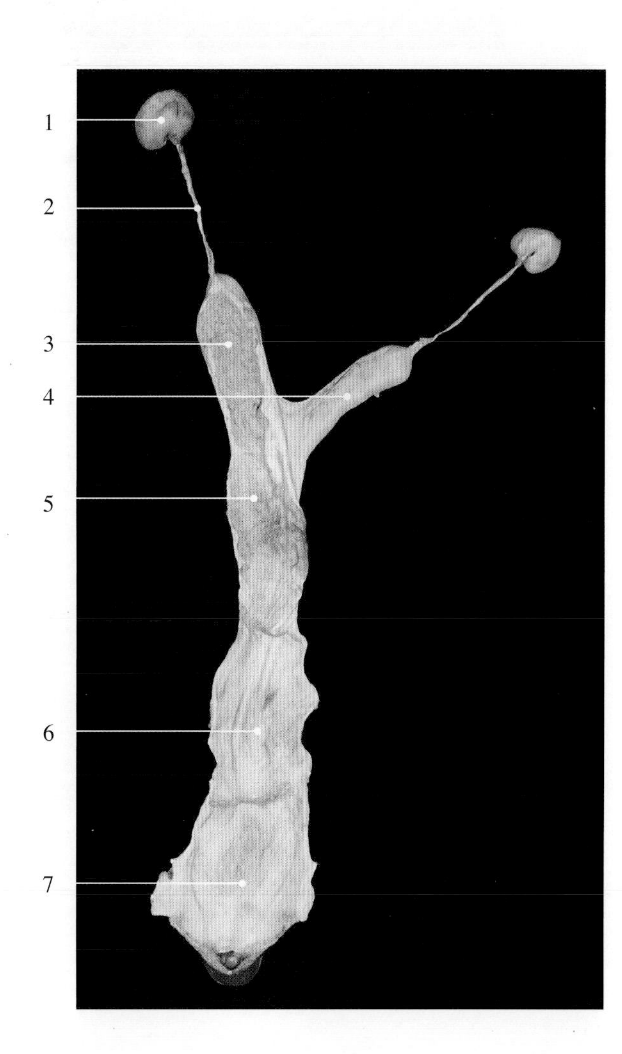

图9-3-18　驴子宫黏膜

1. 卵巢　ovary
2. 输卵管　uterine tube
3. 子宫角黏膜　mucous membrane of uterus horn
4. 子宫角　uterine horn
5. 子宫体　uterine body
6. 阴道　vagina
7. 尿生殖前庭　urogenital vestibulum

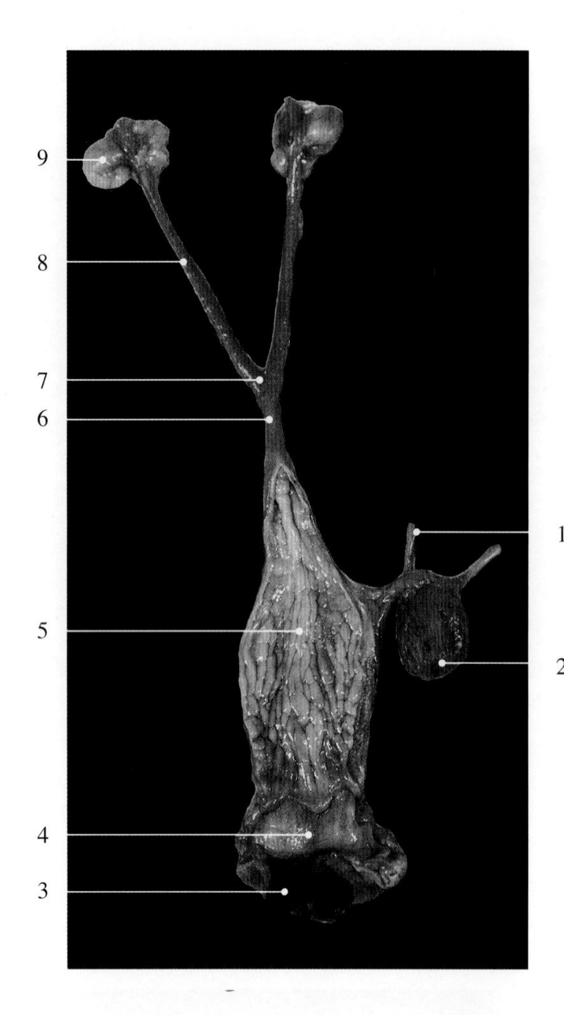

图9-3-19　犬子宫

1. 输尿管 ureter
2. 膀胱（空虚）urinary bladder (empty)
3. 阴唇 vulva labium
4. 尿生殖前庭 urogenital vestibulum
5. 阴道，剖开 vagina, dissected
6. 子宫颈 uterine cervix
7. 子宫体 uterine body
8. 子宫角 uterine horn
9. 卵巢 ovary

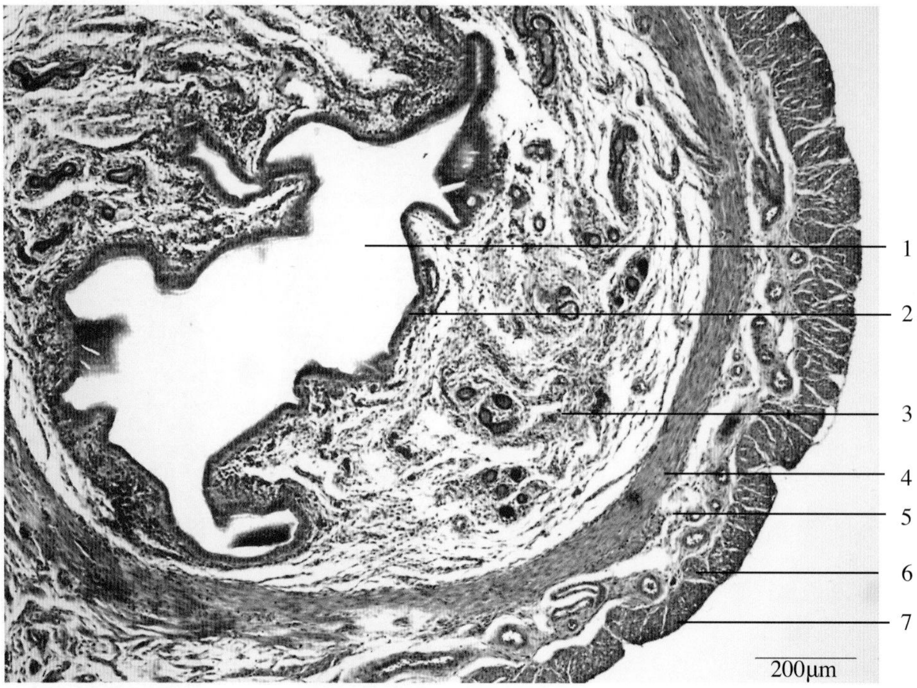

1
2
3
4
5
6
7
200μm

图9-3-20　大鼠子宫管壁组织结构

1. 子宫腔　uterine cavity
2. 腔上皮　luminal epithelium
3. 子宫内膜　endometrium
4. 环行肌　circular muscle
5. 斜形肌 oblique muscle
6. 纵行肌　longitudinal muscle
7. 外膜 tunica externa

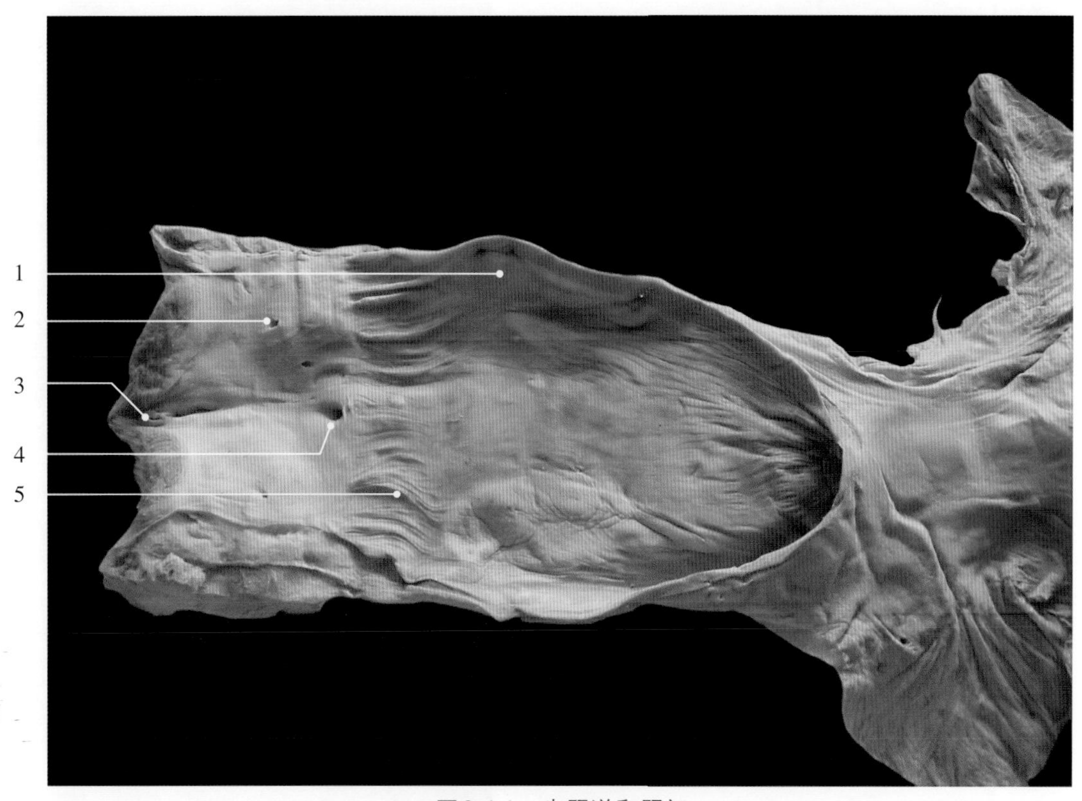

图9-4-1　牛阴道和阴门

1. 阴道 vagina
2. 前庭大腺开口 greater vestibular gland openings
3. 阴蒂 clitoris
4. 尿道外口 external urethral orifice
5. 阴瓣 hymen

1　　2

图9-4-2　牛阴门

1. 阴蒂 clitoris　　2. 阴唇 vulva labium

图9-4-3　羊阴道（新鲜标本）

1. 阴道 vagina
2. 阴瓣 hymen
3. 尿生殖前庭 urogenital vestibulum

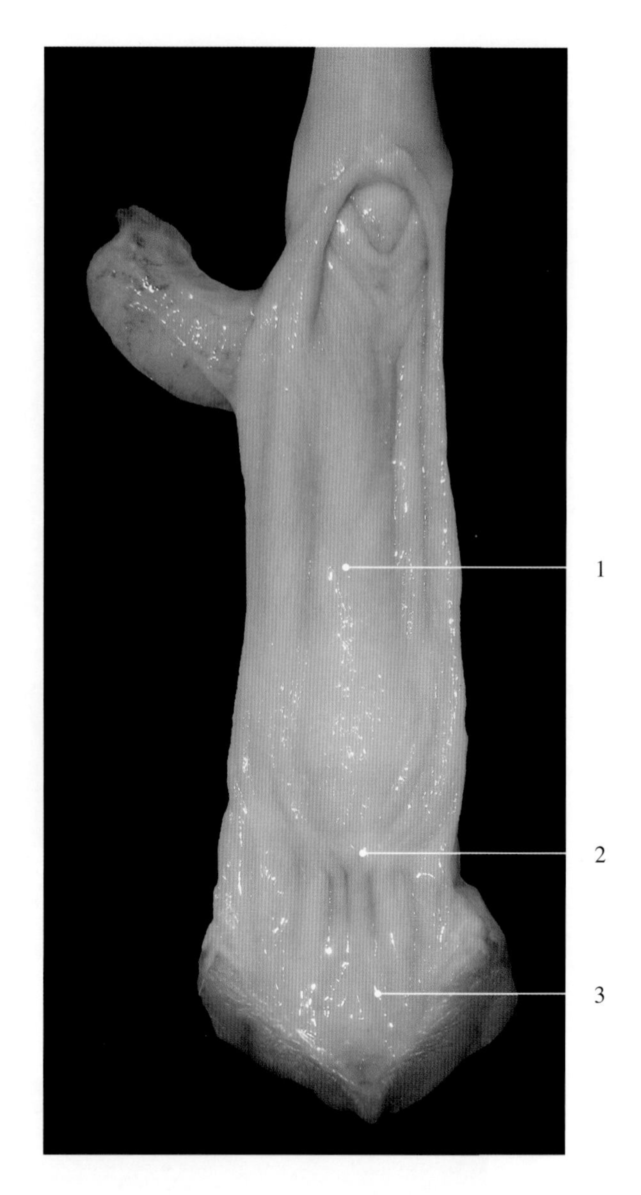

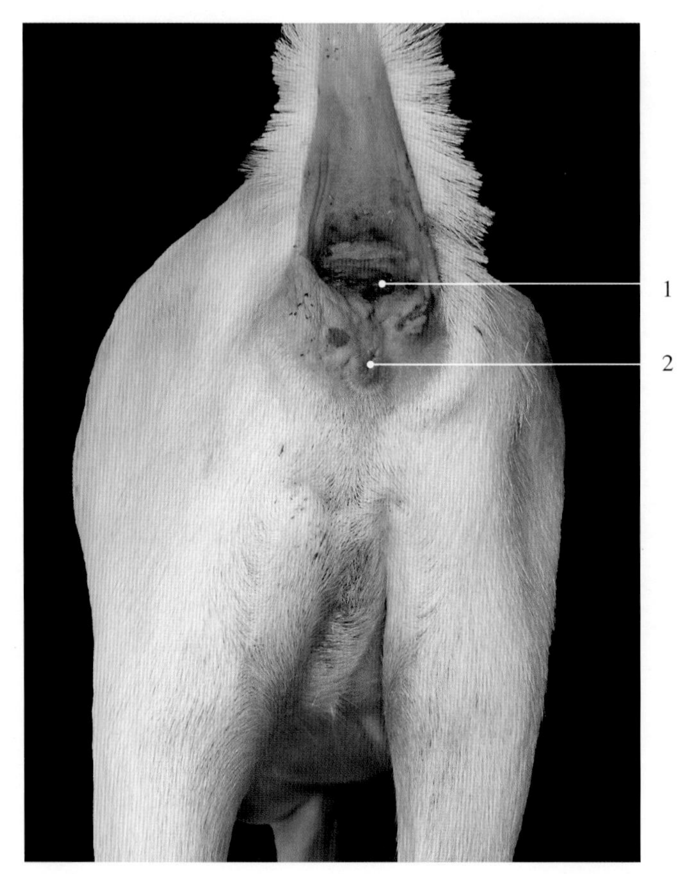

图9-4-4　羊阴门和肛门

1. 肛门 anus
2. 阴门 vulva

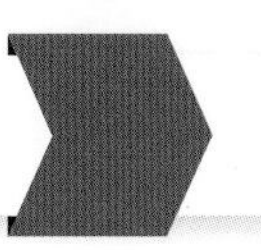

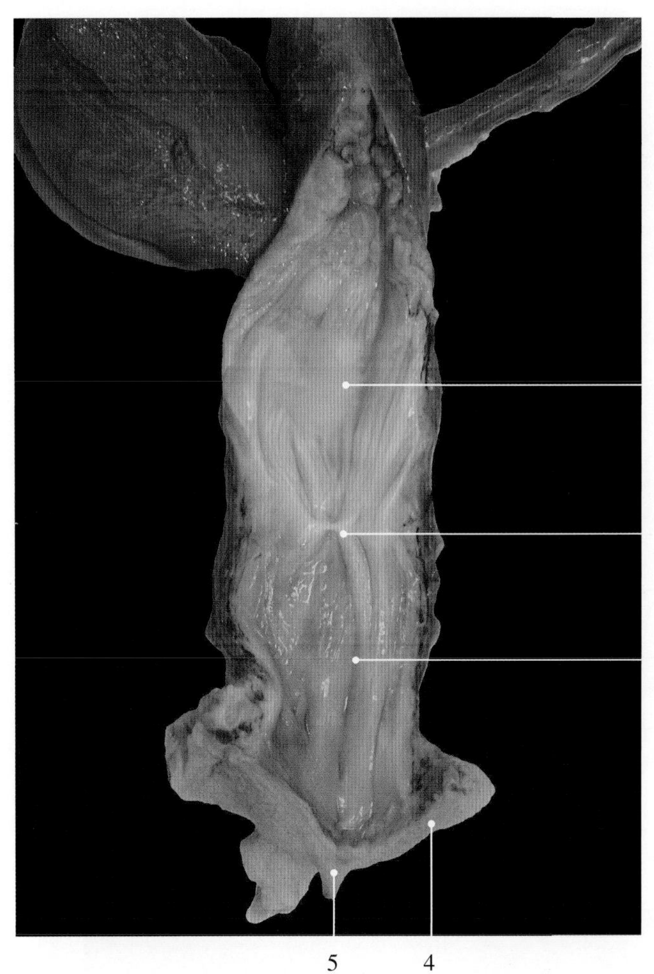

图9-4-5　猪尿生殖前庭

1. 阴道 vagina
2. 阴瓣 hymen
3. 尿生殖前庭 urogenital vestibulum
4. 阴唇 vulva labium
5. 阴蒂 clitoris

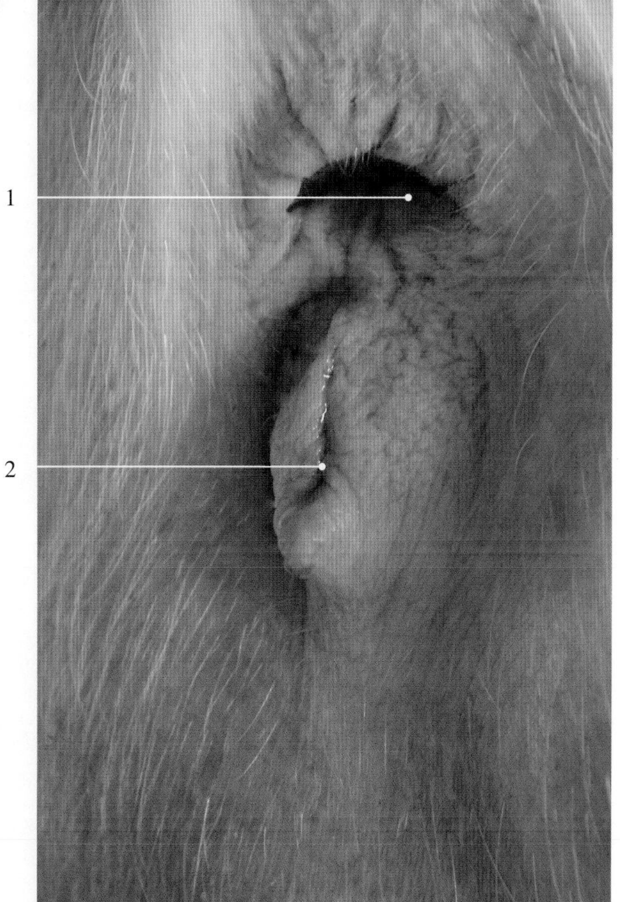

图9-4-6　猪阴门

1. 肛门 anus
2. 阴门 vulva

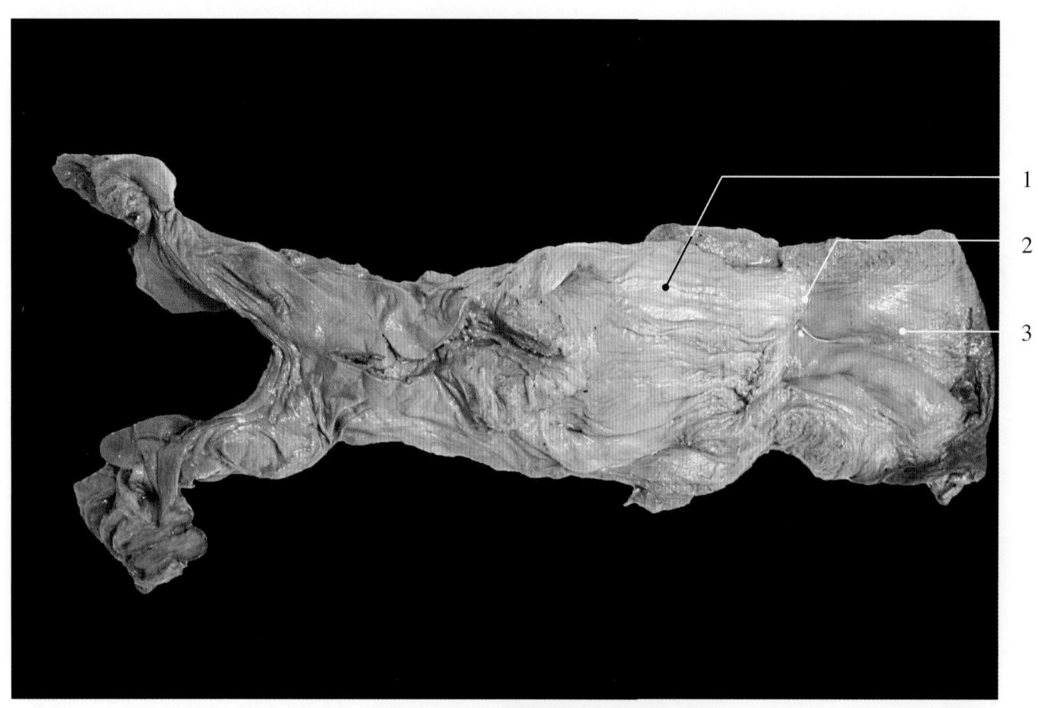

图9-4-7　母马尿生殖道

1. 阴道 vagina
2. 阴瓣 hymen
3. 尿生殖前庭 urogenital vestibulum

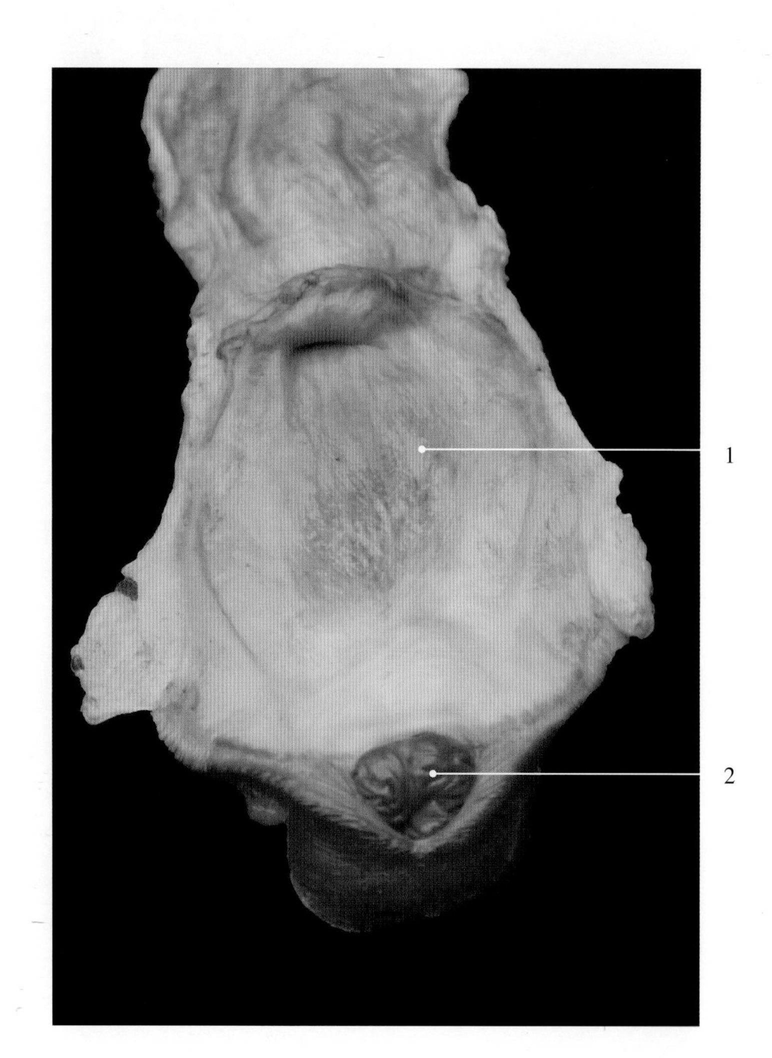

图9-4-8　驴尿生殖前庭

1. 尿生殖前庭 urogenital vestibulum
2. 阴蒂 clitoris

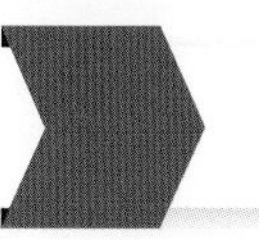

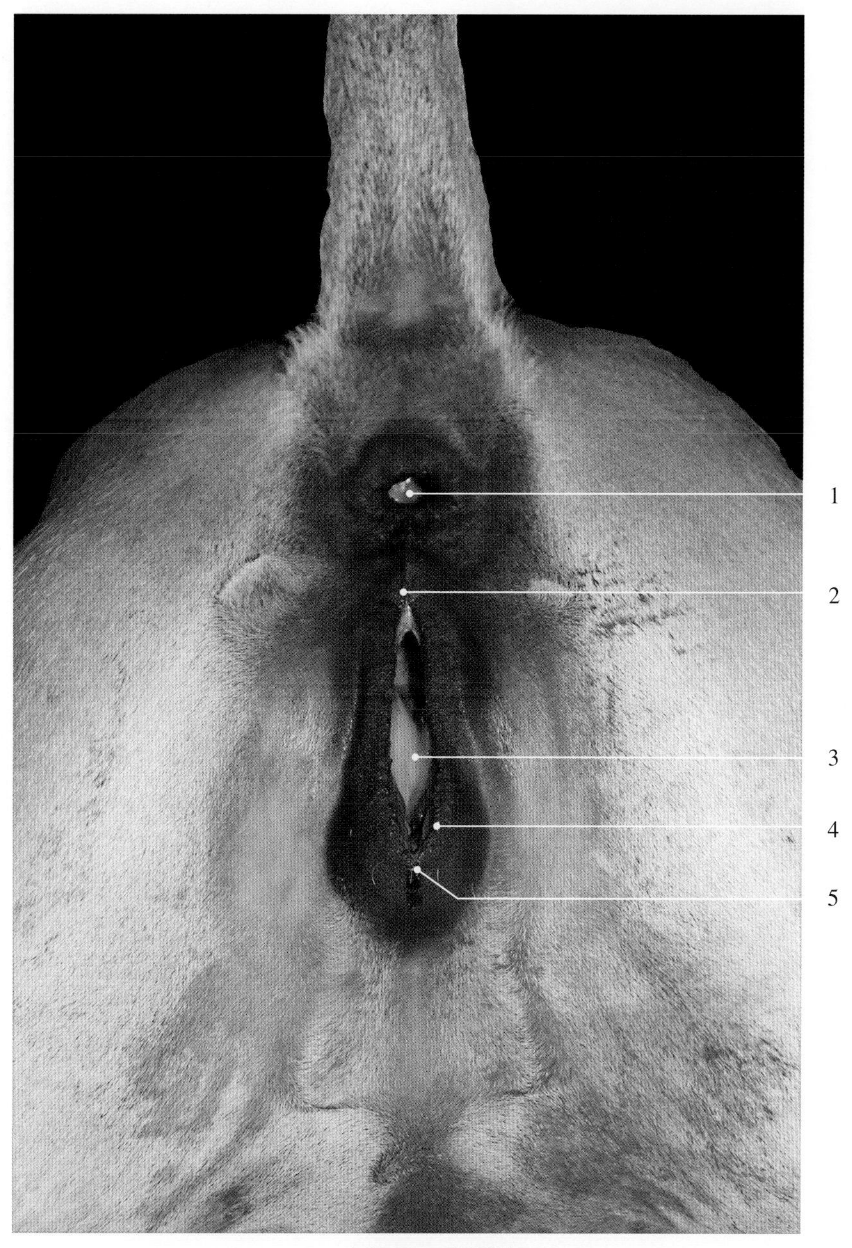

图9-4-9 驴阴门

1. 肛门 anus
2. 背侧联合 dorsal commissure
3. 阴门裂 vulval slit
4. 阴唇 vulva labium
5. 腹侧联合 ventral commissure

第十章
心血管系统

心血管系统图谱

心血管系统（cardiovascular system）由心脏、动脉、毛细血管和静脉构成，管腔内充满血液。

一、心脏

心脏（heart）是血液循环的动力器官。在神经体液的调节下，能够进行节律性的收缩和舒张，推动血液按一定的方向流动。

（一）心脏的位置和形态

心脏为中空的肌质器官，外有心包（pericardium）包裹。心脏表面有3条沟，即冠状沟（coronary groove）、左纵沟［锥旁室间沟（paraconal interventricular groove）］和右纵沟（窦下室间沟，subsinuosal interventricular groove），可作为心腔的外表分界。牛、羊左心室的心后缘稍前方还有一条纵行的副沟（accessory groove），又称中间沟（intermedial groove），向下伸向心尖。在冠状沟、室间沟和中间沟内有营养心脏的血管，并填充有脂肪。

心脏位于纵隔（mediastinum）内，夹于左、右肺之间，约在胸腔下2/3，第3～6肋骨（或肋间隙）之间，略偏左侧。

（二）心腔的结构

心腔被纵走的房间隔（interatrial septum）和室中隔（interventricular septum）分为互不相通的左、右两半，每半又分为上部的心房（atrium）和下部的心室（ventricle）。因此，心腔分为左心房、左心室、右心房和右心室4个腔，同侧的心房与心室经房室口（atrioventricular orifice）相通。

1.右心房（right atrium） 位于右心室的背侧，构成心基的右前背侧部，接纳来自前、后腔静脉和冠状窦的血液，壁薄腔大，由腔静脉窦（sinus venarum cavarum）和右心耳（right auricle）组成。腔静脉窦为体循环静脉的入口部，背侧壁及后壁分别有前、后腔静脉口，两腔静脉口之间有半月形的静脉间结节（intervenous tubercle）。在后腔静脉口附近的房间隔上，有一凹窝，称卵圆窝（oval fossa），为胚胎时期卵圆孔（oval foramen）的遗迹。右心耳为锥形盲囊，内有梳状肌（pectinate muscle）。

2.右心室（right ventricle） 位于右心房腹侧，心室的右前部，不达心尖，上部有2个开口，即右房室口（right atrioventricular orifice）和肺动脉口（orifice of the pulmonary trunk）。右心室接受来自右心房的静脉血

(deoxygenated blood)，通过动脉圆锥把血液泵入肺动脉干（pulmonary trunk)，进而把血运送到肺。

3.左心房（left atrium） 位于左心室的背侧，构成心基的左后部，接受来自肺静脉的动脉血。左心房背侧壁的后部，有5 ～ 8个肺静脉口（orifice of pulmonary vein)。左心耳（left auricle）位于左心房前部，其盲端向前伸达肺干后方，腔内有梳状肌。

4.左心室（left ventricle） 位于左心房腹侧，向下伸达心尖，其心室壁比右心室壁厚。上部有2个开口，即主动脉口（aortic orifice）和左房室口（left atrioventricular orifice)。左心室接受来自肺的动脉血，并通过主动脉把血液运送到身体的绝大部分。

（三）心壁的构造

心壁由心外膜、心肌和心内膜构成。

1.心外膜（epicardium） 为覆盖心外表面的浆膜，即心包浆膜的脏层。

2.心肌（myocardium） 为心壁的中层，最厚，由心肌纤维组成，被房室口纤维环分为心房肌和心室肌两个独立的肌系，因此心房和心室可分别收缩和舒张。

3.心内膜（endocardium） 为紧贴心肌内表面的光滑薄膜，与心底血管的内膜相连续。其深面有血管、淋巴管、神经和心脏传导系的分支。在房室口和动脉口折叠形成房室瓣（atrioventricular valve)、主动脉瓣（aortic valve）和肺动脉瓣（pulmonary valve)；瓣膜表面为内皮，内部为致密结缔组织。右房室口的房室瓣又称三尖瓣(tricuspid valve)，左房室口的房室瓣又称二尖瓣（bicuspid or mitral valve)。肺动脉瓣和主动脉瓣，也称半月瓣(semilunar valves)。

（四）心传导系统

心传导系统（conduction system of heart）由特殊的心肌纤维所组成，能自发性地产生和传导兴奋，使心肌进行有规律的收缩和舒张。心传导系统包括窦房结（sinuatrial node)、房室结（atrioventricular node)、房室束(atrioventricular bundle）和浦肯野纤维（Purkinje fibers)。

（五）心的血管和淋巴管

心本身的血液循环称冠状循环（coronary circulation)，由冠状动脉、毛细血管和心静脉组成。

1.冠状动脉（coronary artery） 为心的营养动脉，分左冠状动脉（left coronary artery）和右冠状动脉(right coronary artery)，分别起始于主动脉根部，经左、右心耳与肺动脉干之间穿出，沿冠状沟和室间沟走行，分支分布于心房和心室，在心肌内形成丰富的毛细血管网。

2.心静脉（cardiac vein） 包括冠状窦及其属支、心右静脉和心最小静脉。冠状窦（coronary sinus）位于冠状沟内，经冠状窦口注入右心房，其属支有心大静脉（great cardiac vein）和心中静脉（middle cardiac vein)。心右静脉（right cardiac vein）有数支，沿右心室上行注入右心房。心最小静脉（smallest cardiac vein）行于心肌内的小静脉，直接开口于各心腔，或者主要是开口于右心房梳状肌之间。

（六）心包

心包（pericardium）为包在心外的锥形囊，其内有少量心包液（pericardial fluid)，腹侧以胸骨心包韧带(stenopericardiac ligament）附着于胸骨后部，具有保护心脏的作用。心包发炎导致心包液增多和心包增厚，通过超声检查，可检测到无回声区域，为心包积液。

（七）血液在心内的流向

体循环（systemic circulation）血液流动的方向为：左心房→左心室→主动脉及其属支→全身毛细血管网→全身静脉→前腔静脉和后腔静脉→右心房。

肺循环（pulmonary circulation）血液流动的方向为：右心房→右心室→肺动脉干及其属支→肺毛细血管网→肺静脉→左心房。

二、动脉

动脉（artery）是将血液由心运送到全身各部的血管。起始于心，主动脉和肺动脉干在行程中如树枝状反复分支，管径越分越细，最后移行为毛细血管。

体循环（systemic circulation）的动脉包括主动脉及其各级分支。主动脉（aorta）起始于左心室的主动脉口，在肺动脉干与左、右心房之间上升，称升主动脉（ascending aorta），出心包后向后向上呈弓状延伸至第6胸椎腹侧，称主动脉弓（aortic arch）。主动脉弓向后延续为降主动脉（descending aorta），细分为胸主动脉和腹主动脉。胸主动脉（thoracic aorta）沿胸椎腹侧向后延伸至膈，穿过膈上的主动脉裂孔（aortic foramen / hiatus）后为腹主动脉（abdominal aorta），沿腰椎腹侧向后伸延，在第5或第6腰椎腹侧分为左、右髂外动脉（external iliac artery）、左、右髂内动脉（internal iliac artery）及荐中动脉（median sacral artery）。升主动脉起始处膨大形成主动脉球（aortic bulb），内面有3个主动脉窦（aortic sinus），从此处分出冠状动脉，供应心的血液。

（一）主动脉弓

从主动脉弓凸面向前分出臂头动脉干（brachiocephalic trunk），供给前肢、颈部、头部和胸廓腹侧部的血液。臂头动脉干沿气管腹侧与前腔静脉之间向前延伸，至第1（牛）或第2（马）肋间隙处分出左锁骨下动脉（left subclavian artery），在胸前口处分出双颈动脉干（bicarotid trunk）后，延续为右锁骨下动脉（right subclavian artery）。

1. 双颈动脉干及其分支　双颈动脉干起于臂头动脉干，向前延伸，为分布于头颈部的动脉主干，在胸前口处气管腹侧分为左、右颈总动脉（common carotid artery）。颈总动脉位于颈静脉沟（jugular vein groove）深部，其分支有甲状腺后动脉（caudal thyroid artery）、甲状腺前动脉（cranial thyroid artery），供给甲状腺血液。在寰枕关节腹侧，颈总动脉分为3大支，即枕动脉（occipital artery）、颈内动脉（internal carotid artery）和颈外动脉（external carotid artery）。在颈总动脉分叉处或附近有颈动脉窦（carotid sinus）和颈动脉体（carotid body）。

2. 锁骨下动脉及其分支　锁骨下动脉（subclavian artery）自臂头动脉干或主动脉弓（猪、犬左锁骨下动脉）分出后向前、向下和向外侧呈弓状延伸，绕过第1肋骨前缘移行为腋动脉。锁骨下动脉在胸腔内的分支有肋颈动脉干（costocervical trunk）、胸廓内动脉（internal thoracic artery）和颈浅动脉（superficial cervical artery）。

（二）前肢的动脉

锁骨下动脉为前肢的动脉主干，绕过第1肋骨前缘延续为腋动脉。前肢动脉根据其位置分为腋动脉（axillary artery）、臂动脉（brachial artery）、正中动脉（median artery）和指总动脉（common digital artery）。

1. 腋动脉分支　包括胸廓外动脉（external thoracic artery）、肩胛上动脉（suprascapular artery）、肩胛下动脉（subscapular artery）和旋肱前动脉（anterior humeral circumflex artery）。

2. 臂动脉分支　包括臂深动脉（deep brachial artery）、尺侧副动脉（collateral ulnar artery）、二头肌动脉（bicipital artery）、肘横动脉（transverse cubital artery）和骨间总动脉（common interosseous artery）。

3. 正中动脉分支　包括前臂深动脉（deep antebrachial artery）、桡动脉（radial artery）和掌浅弓（superficial palmar arch）。

（三）胸主动脉及其分支

胸主动脉（thoracic aorta）是主动脉弓的直接延续，其侧支分为壁支和脏支，壁支为成对的肋间背侧动脉（dorsal intercostal artery）、肋腹背侧动脉（dorsal costoabdominal artery），分布于胸壁、膈及腹前部的肌肉和皮肤；脏支为支气管食管动脉（bronchoesophageal artery），分布于肺和食管等。

（四）腹主动脉及其分支

腹主动脉（abdominal aorta）是胸主动脉的直接延续，其侧支分为壁支和脏支，壁支主要为成对的腰动脉（lumbar artery）；脏支有不成对的腹腔动脉（celiac artery）、肠系膜前动脉（cranial mesenteric artery）和肠系膜后动脉（caudal mesenteric artery），成对的肾动脉（renal artery）、睾丸动脉（testicular artery）或卵巢动脉（ovarian artery）。

（五）髂内动脉及其分支

髂内动脉（internal iliac artery）为骨盆部的动脉主干，成对，其主要分支有脐动脉（umbilical artery）、髂腰动脉（iliolumbar artery）、臀前动脉（cranial gluteal artery）、前列腺动脉（prostatic artery）或阴道动脉（vaginal artery）、臀后动脉（caudal gluteal artery）、闭孔动脉（obturator artery）和阴部内动脉（internal pudendal artery），分布于荐臀部的肌肉、皮肤和骨盆腔内的器官。

（六）后肢的动脉

髂外动脉是后肢的动脉主干，按部位顺次为髂外动脉（external iliac artery）、股动脉（femoral artery）、腘动脉（popliteal artery）、胫前动脉（cranial tibial artery）、足背动脉（dorsal pedal artery）和跖背侧第3动脉（dorsal metatarsal Ⅲ）。

（七）荐中动脉及其分支

荐中动脉（median sacral artery）为腹主动脉的延续干，沿荐骨腹侧正中向后延伸，分出荐支分布于脊髓和附近的肌肉，主干向后伸达尾椎腹侧称尾正中动脉（caudal median artery），分支分布于尾部。该动脉在第4、5尾椎腹侧浅出至皮下，可在此触摸脉搏，是牛的诊脉部位。

三、静脉

静脉（vein）是将血液由全身各部运输到心的血管。起始于毛细血管，逐渐汇聚成小、中和大静脉，最后注入心房。静脉及其属支与动脉及其分支伴行，管腔大，管壁薄，在尸体标本上常塌陷，含有淤血。有些部位的静脉内有瓣膜，尤其是四肢部的静脉瓣较多，有防止血液倒流的作用。

体循环的静脉包括心静脉、奇静脉、前腔静脉和后腔静脉。

1. **奇静脉（azygos vein）** 为收集大部分胸壁、气管、食管和腹壁前部血液回流的静脉主干，其属支有第1、2对腰静脉、肋腹背侧静脉、肋间背侧静脉（前几对除外）、食管静脉和支气管静脉。

2. **前腔静脉（cranial vena cava）** 为收集头、颈、前肢和部分胸壁和腹壁血液回流的静脉干，其属支有颈内静脉（internal jugular vein）、颈外静脉（external jugular vein）、锁骨下静脉（subclavian vein）、肋颈静脉（costocervical vein）和胸廓内静脉（internal thoracic vein）。

3. **后腔静脉（caudal vena cava）** 为收集腹部、骨盆部、尾部及后肢血液汇流的静脉干，沿途有腰静脉（lumbar vein）、肝静脉（hepatic vein）、肾静脉（renal vein）、睾丸静脉（testicular vein）或卵巢静脉（ovarian vein）、髂总静脉（common iliac vein）等汇入。

四、胎儿血液循环

（一）胎儿心血管系统的结构特点

1. **脐动脉（umbilical artery）和脐静脉(umbilical vein)** 脐动脉为髂内动脉（牛、猪、犬）或阴部内动脉（马）的分支，沿膀胱侧韧带至膀胱顶，再沿腹底壁前行至脐孔，经脐带至胎盘，分支形成毛细血管网，与母体子宫的毛细血管网进行物质交换。脐静脉（牛、犬各有2条，马、猪各有1条）起始于胎盘毛细血管网，经脐带由脐孔进入胎儿腹腔，沿肝镰状韧带前行，经肝圆韧带切迹入肝。

2. **静脉导管（venous catheter）** 见于牛和食肉动物，为脐静脉在肝内的一个小分支，连结脐静脉与后腔静脉。脐静脉血约有1/9经此旁道绕过肝。

3. **卵圆孔(oval foramen)** 为房间隔上的裂孔，沟通左、右心房，孔的左侧有瓣膜，保证血液只能从右心房流向左心房。

4. **动脉导管（arterial catheter）** 位于肺动脉干与主动脉之间。由右心室入肺动脉干的血液大部分经动脉导管流入主动脉。

（二）胎儿血液循环的径路

胎盘毛细血管经脐静脉（血氧饱和度为80%）入肝，经肝窦、肝静脉或静脉导管到后腔静脉（血氧饱和度为67%），与身体后躯的静脉血（氧饱和度26%）相混合，然后流入右心房，大约3/5的血液经卵圆孔进入左心房、左心室，再经臂头干到头颈部及前肢。头颈部及前肢的静脉血由前腔静脉（血氧饱和度为31%）回流到右心房、右心室，然后进入肺动脉干，约有4/5的血液经动脉导管流入主动脉弓，再经胸主动脉、腹主动脉到躯体后部，然后由髂内动脉（牛）或阴部内动脉（马）的分支脐动脉到达胎盘。腹主动脉内的血液约有2/3进入脐动脉。由此可见，胎儿的动脉血液为混合血，但各部血液的混合程度不同，到头颈部、前肢的血含氧和营养物质较丰富，以适应胎儿发育的需要。

（三）出生后心血管系统的变化

1.脐动脉、脐静脉和静脉导管退化 由于脐带切断，胎盘循环终止，脐动脉与脐静脉肌系的痉挛性收缩足以使其闭合，脐动脉（膀胱顶至脐）退化形成膀胱圆韧带（round ligament of urinary bladder），脐静脉退化形成肝圆韧带（round ligament of liver），静脉导管退化成为静脉导管索（ligamentum venosum）。

2.卵圆孔封闭 由于肺循环开放，自肺静脉流入左心房的血液大量增加，左心房压力增高，压迫卵圆孔瓣膜紧贴房中隔，从而使卵圆孔封闭形成卵圆窝。于是形成独立而连续的体循环和肺循环模式。

3.动脉导管退化 出生后动脉导管收缩闭合，形成动脉韧带（arterial ligament）。

五、心血管系统图谱

1. 心脏 图10-1-1至图10-1-90。

2. 血液循环 图10-2。

3. 体循环—动脉 图10-3-1至图10-3-52。

4. 体循环—静脉 图10-4-1至图10-4-55。

5. 胎儿血液循环 图10-5-1至图10-5-6。

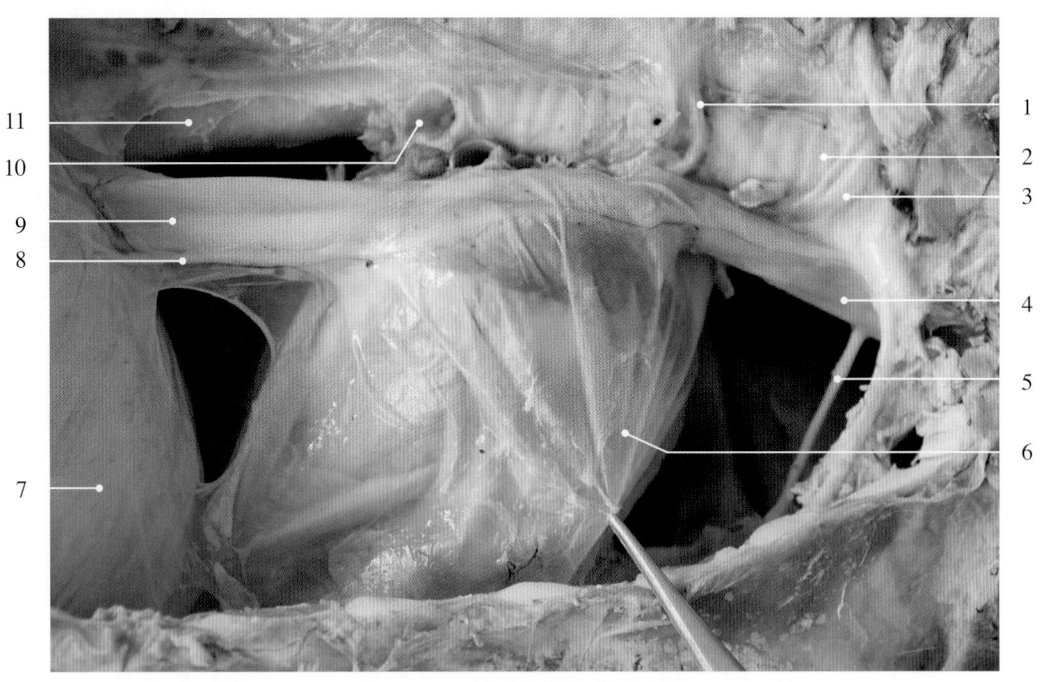

图10-1-1　犊牛心脏位置右侧观

1. 肋颈静脉 costocervical vein
2. 气管 trachea
3. 椎静脉 vertebral vein
4. 前腔静脉 cranial vena cava
5. 胸廓内静脉 internal thoracic vein
6. 心包 pericardium
7. 膈 diaphragm
8. 膈神经 phrenic nerve
9. 后腔静脉 caudal vena cava
10. 右支气管断端 section of right bronchus
11. 食管 esophagus

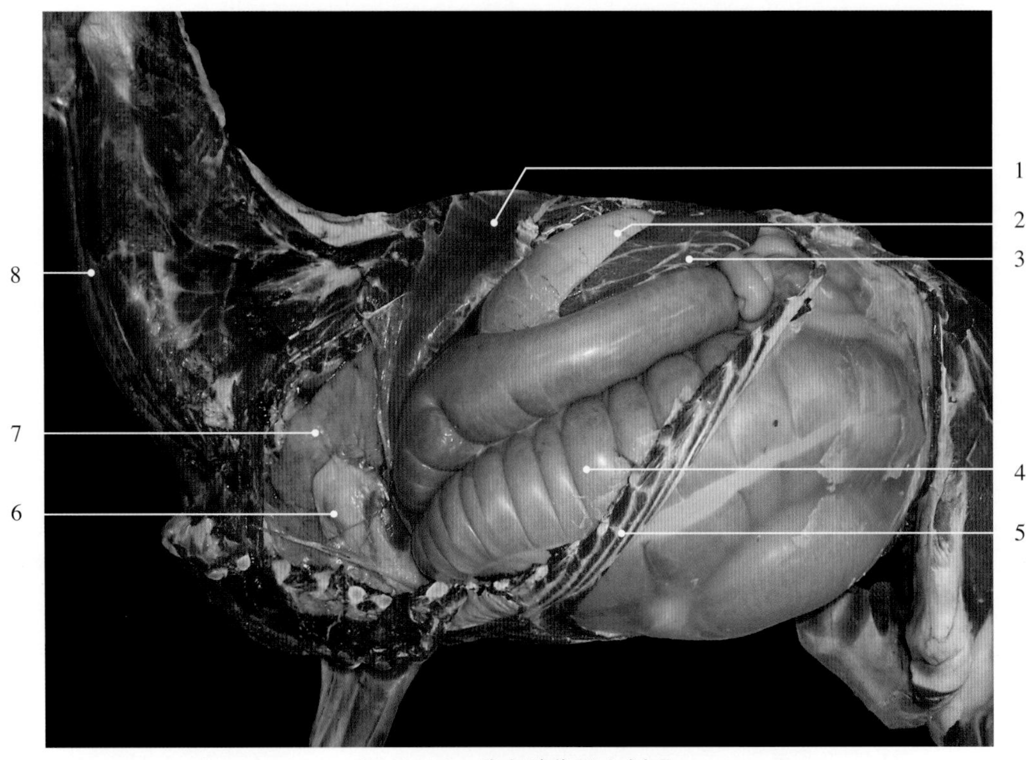

图10-1-2　驴心脏位置左侧观

1. 膈 diaphragm
2. 胃 stomach
3. 脾 spleen
4. 大肠 large intestine
5. 肋弓 costal arch
6. 心脏 heart
7. 左肺 left lung
8. 颈静脉 jugular vein

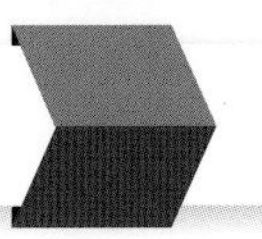

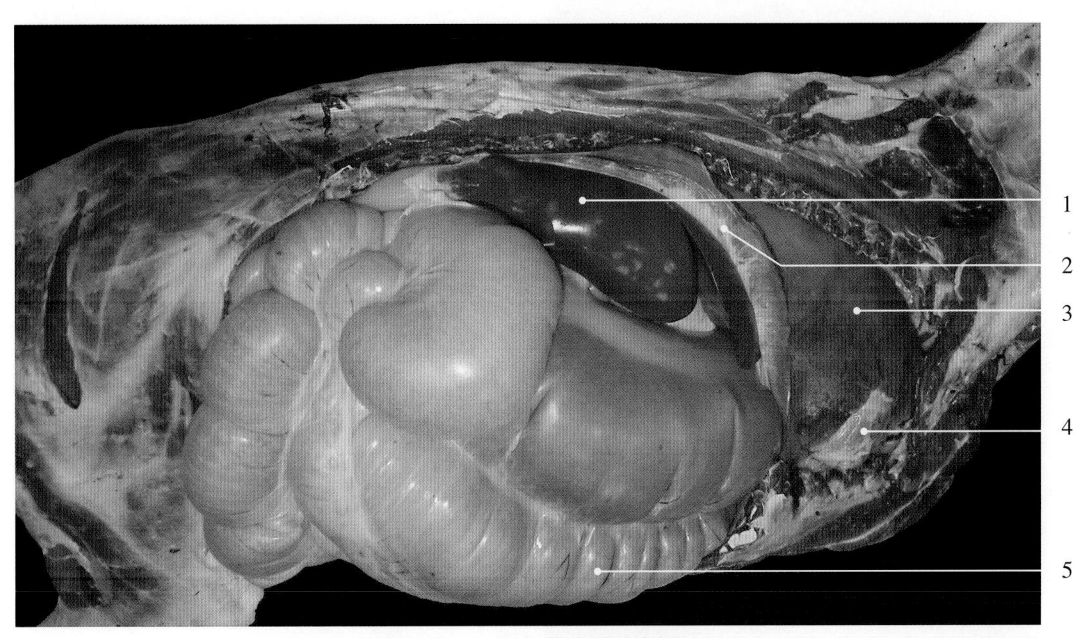

图10-1-3　驴心脏位置右侧观

1. 肝 liver
2. 膈 diaphragm
3. 右肺 right lung
4. 心脏 heart
5. 大肠 large intestine

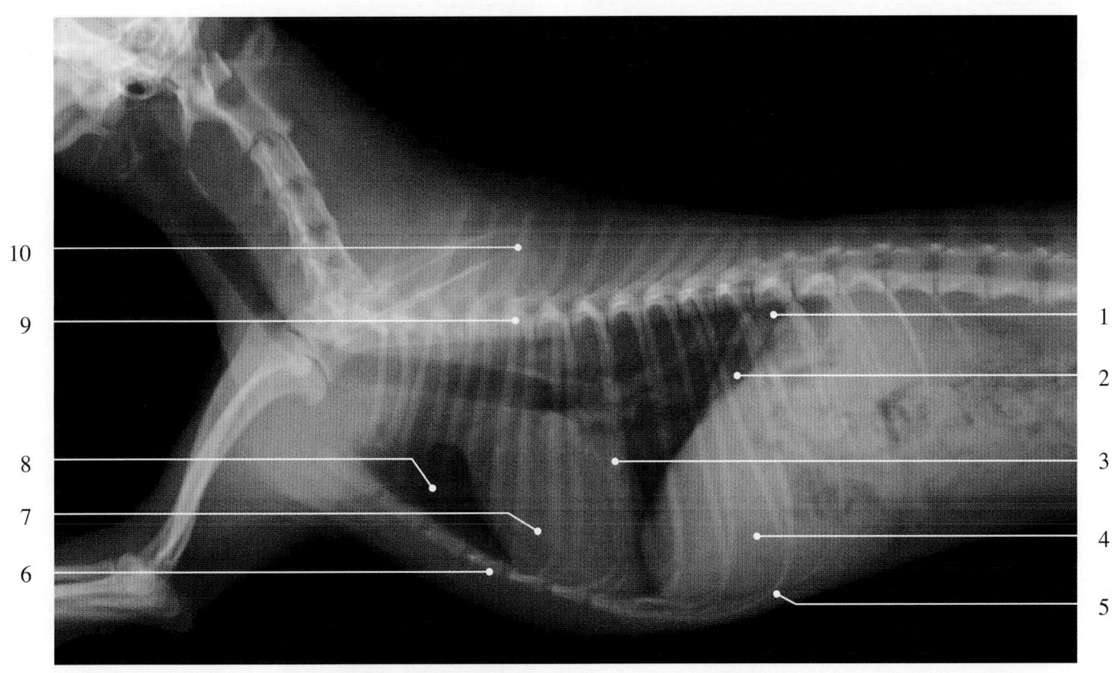

图10-1-4　犬心脏位置X光片（左侧位）

1. 肋膈隐窝 costodiaphragmatic recess
2. 膈 diaphragm
3. 真肋 true rib
4. 肝 liver
5. 假肋 false rib
6. 胸骨 breast bone, sternum
7. 心脏 heart
8. 肺 lung
9. 椎体 vertebral body
10. 棘突 spinous process

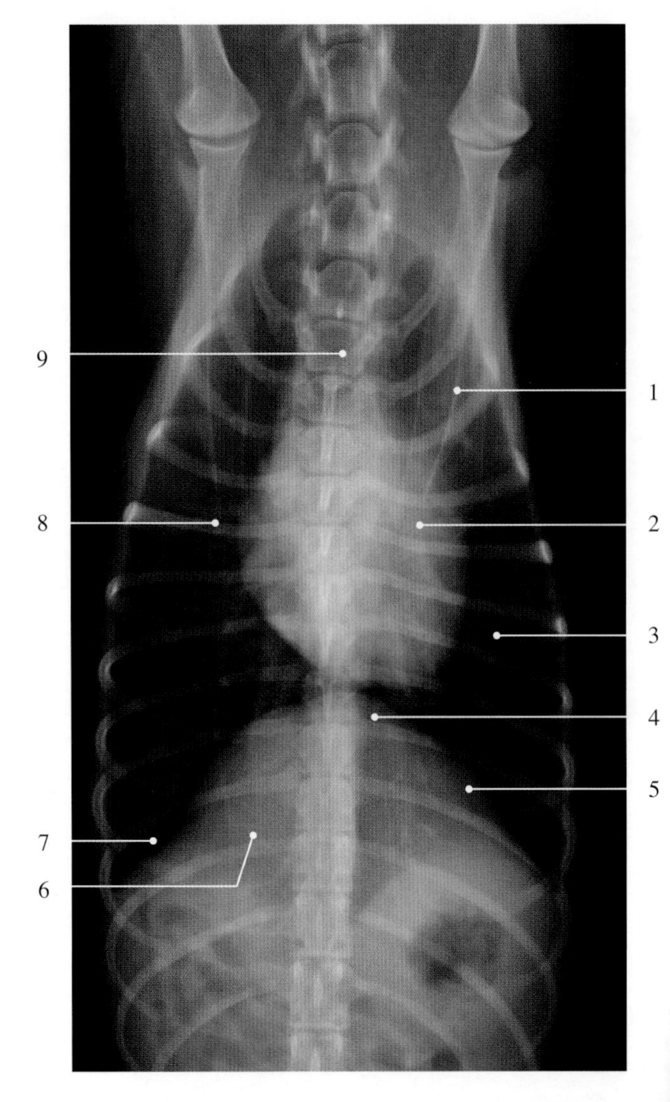

图10-1-5　犬心脏位置X光片（腹侧位）

1. 肩胛骨 scapula
2. 心脏 heart
3. 肺 lung
4. 膈顶 diaphragmatic dome
5. 膈 diaphragm
6. 肝 liver
7. 肋膈隐窝 costodiaphragmatic recess
8. 肋 rib
9. 椎体 vertebral body

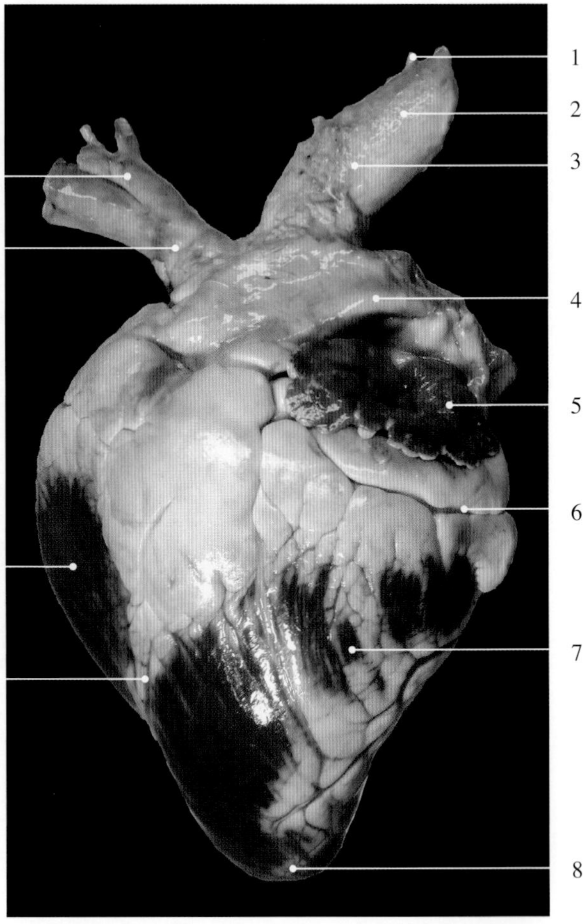

图10-1-6　牛心脏左侧观

1. 肋间动脉 intercostal artery
2. 主动脉 aorta
3. 主动脉弓 aortic arch
4. 肺动脉干 pulmonary trunk
5. 左心耳 left auricle
6. 冠状沟 coronary groove
7. 左心室 left ventricle
8. 心尖 cardiac apex
9. 锥旁室间沟 paraconal interventricular groove
10. 右心室 right ventricle
11. 臂头动脉干 brachiocephalic trunk
12. 左锁骨下动脉 left subclavian artery

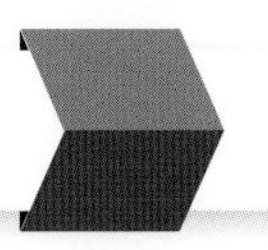

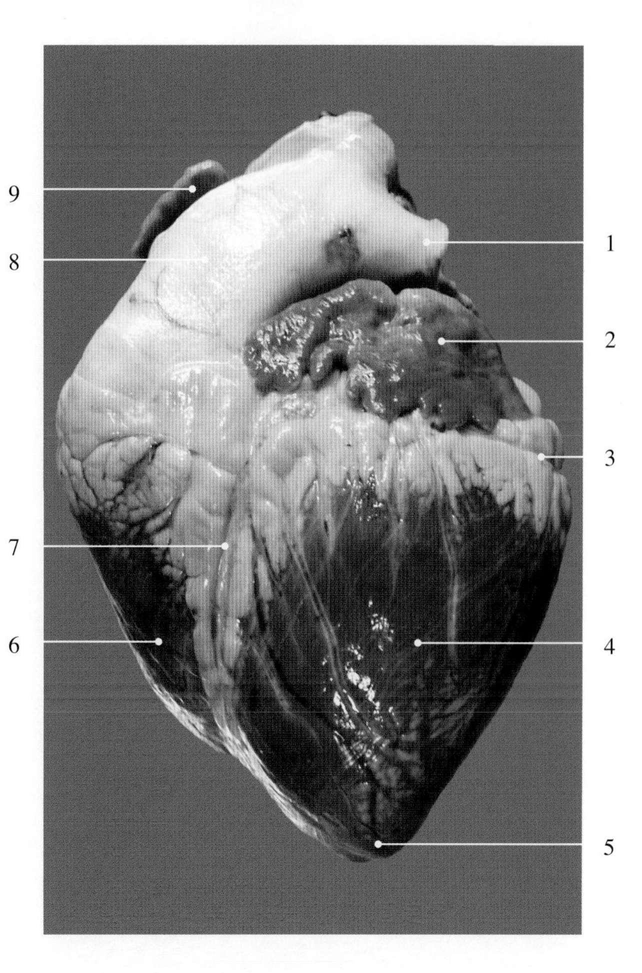

图 10-1-7　犊牛心脏左侧观

1. 左肺动脉 left pulmonary artery
2. 左心耳 left auricle
3. 冠状沟 coronary groove
4. 左心室 left ventricle
5. 心尖 cardiac apex
6. 右心室 right ventricle
7. 锥旁室间沟 paraconal interventricular groove
8. 肺动脉干 pulmonary trunk
9. 右心耳 right auricle

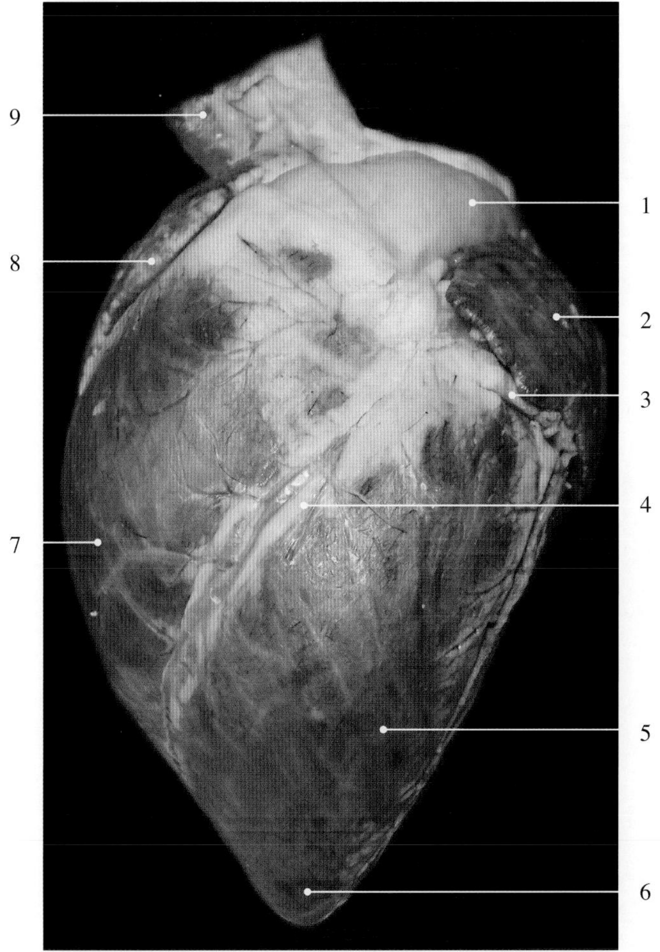

图 10-1-8　羊心脏左侧观（固定标本）

1. 肺动脉干 pulmonary trunk
2. 左心耳 left auricle
3. 冠状沟 coronary groove
4. 锥旁室间沟 paraconal interventricular groove
5. 左心室 left ventricle
6. 心尖 cardiac apex
7. 右心室 right ventricle
8. 右心耳 right auricle
9. 前腔静脉 cranial vena cava

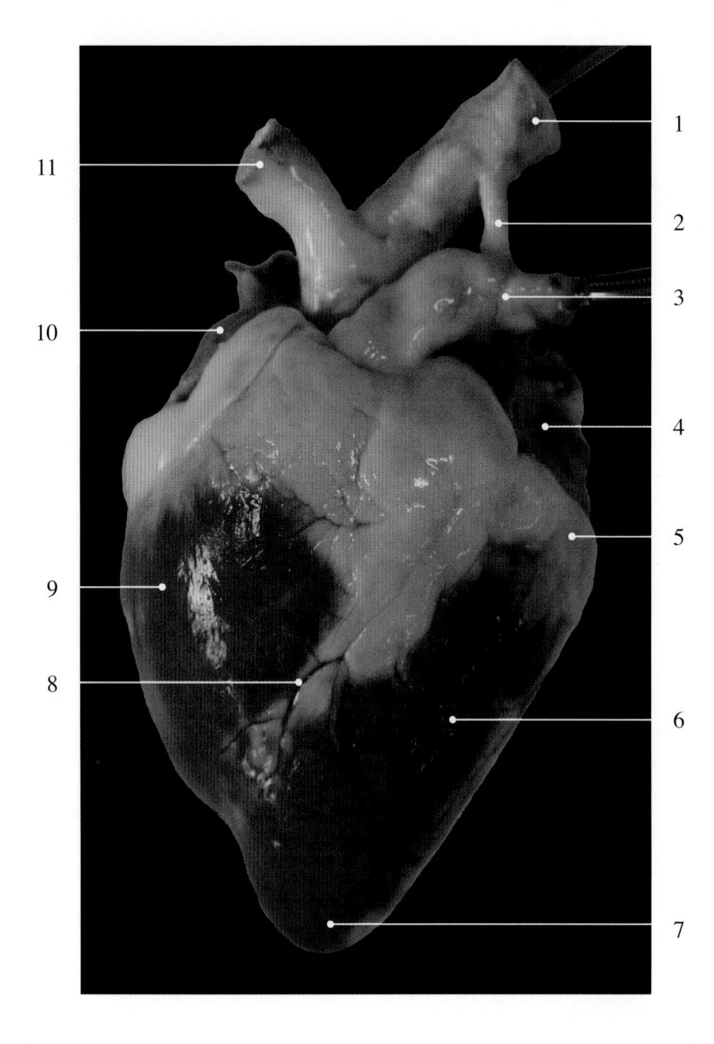

图10-1-9　波尔山羊心脏左侧观（新鲜标本）

1. 主动脉 aorta
2. 动脉韧带 arterial ligament
3. 肺动脉 pulmonary artery
4. 左心耳 left auricle
5. 冠状沟 coronary groove
6. 左心室 left ventricle
7. 心尖 cardiac apex
8. 锥旁室间沟 paraconal interventricular groove
9. 右心室 right ventricle
10. 右心耳 right auricle
11. 臂头动脉干 brachiocephalic trunk

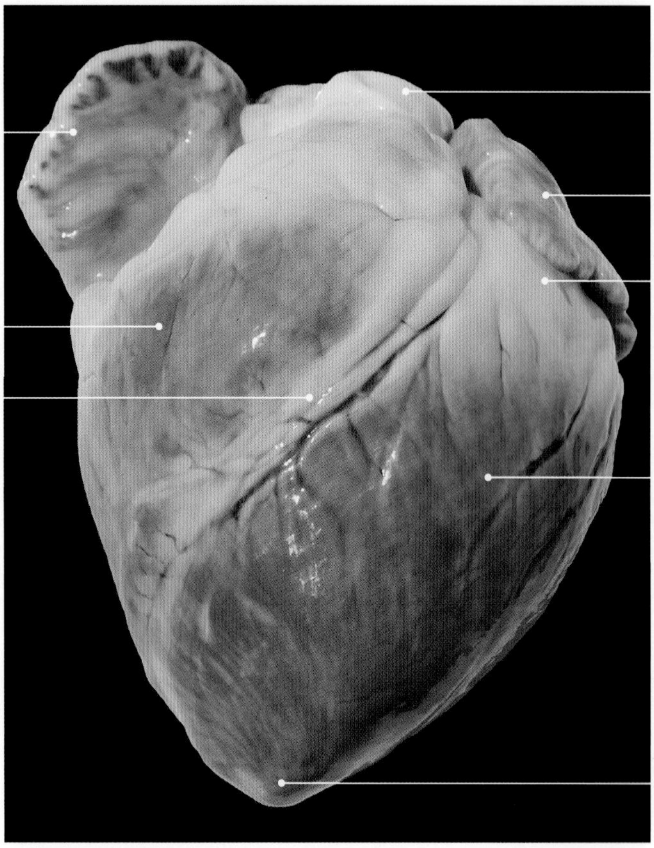

图10-1-10　猪心脏左侧观

1. 肺动脉干 pulmonary trunk
2. 左心耳 left auricle
3. 冠状沟 coronary groove
4. 左心室 left ventricle
5. 心尖 cardiac apex
6. 锥旁室间沟 paraconal interventricular groove
7. 右心室 right ventricle
8. 右心耳 right auricle

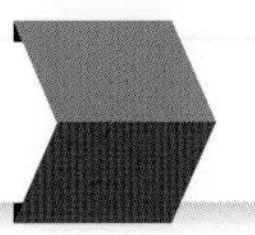

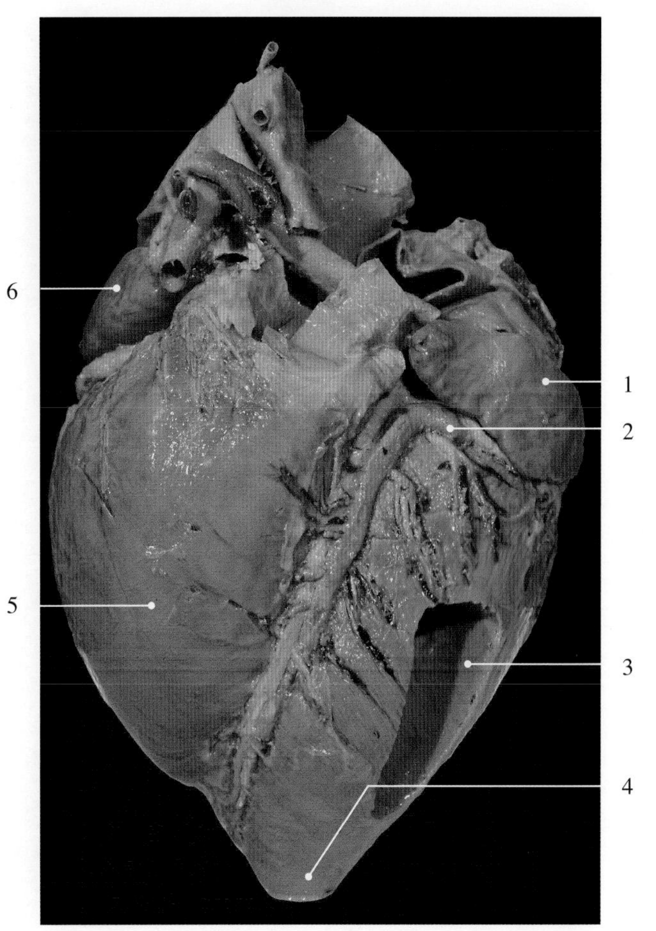

图 10-1-11　马心脏左侧观

1. 左心耳 left auricle
2. 左冠状静脉 left coronary vein
3. 左心室壁 left ventricular wall
4. 心尖 cardiac apex
5. 右心室 right ventricle
6. 右心耳 right auricle

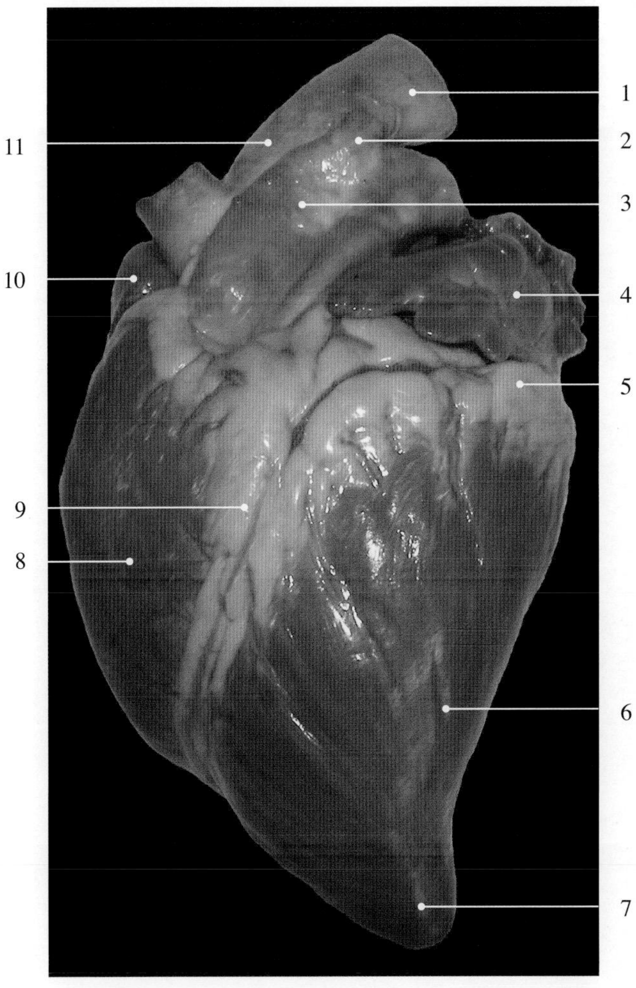

图 10-1-12　驴心脏左侧观

1. 主动脉 aorta
2. 动脉韧带 arterial ligament
3. 肺动脉干 pulmonary trunk
4. 左心耳 left auricle
5. 冠状沟 coronary groove
6. 左心室 left ventricle
7. 心尖 cardiac apex
8. 右心室 right ventricle
9. 锥旁室间沟 paraconal interventricular groove
10. 右心耳 right auricle
11. 主动脉弓 aortic arch

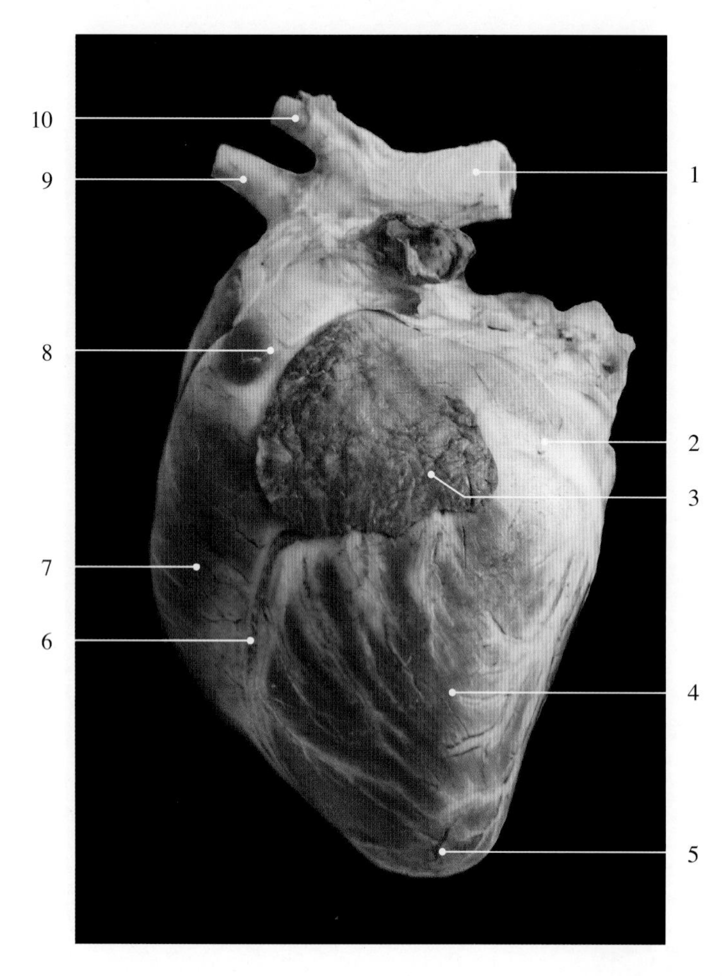

图10-1-13　犬心脏左侧观

1. 主动脉 aorta
2. 冠状沟 coronary groove
3. 左心耳 left auricle
4. 左心室 left ventricle
5. 心尖 cardiac apex
6. 锥旁室间沟 paraconal interventricular groove
7. 右心室 right ventricle
8. 肺动脉干 pulmonary trunk
9. 臂头动脉干 brachiocephalic trunk
10. 左锁骨下动脉 left subclavian artery

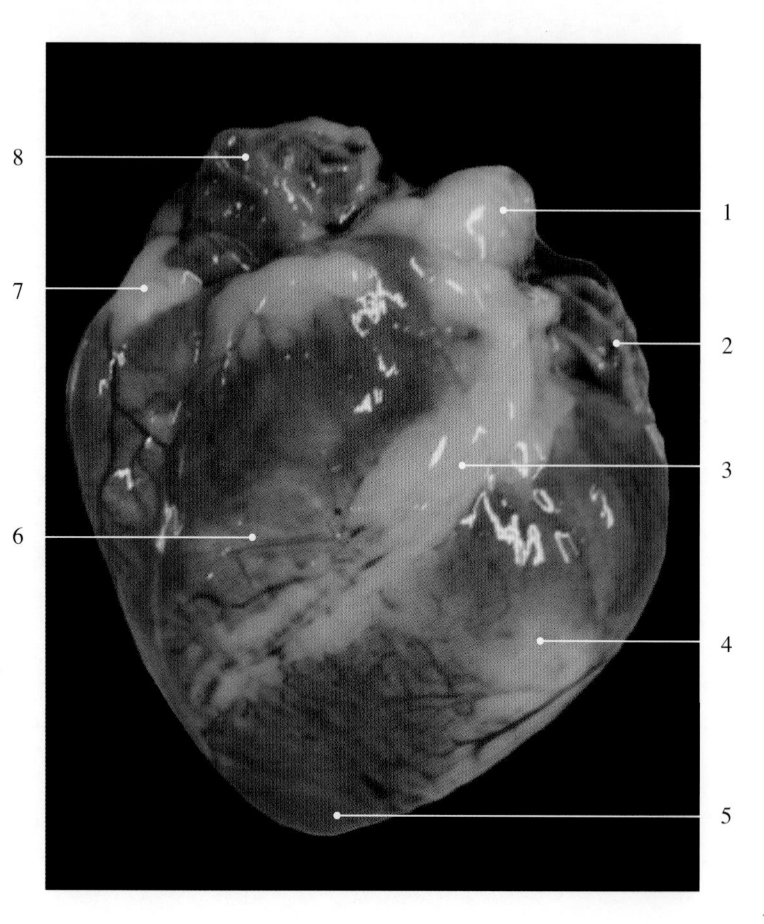

图10-1-14　猕猴心脏左侧观

1. 肺动脉干 pulmonary trunk
2. 左心耳 left auricle
3. 锥旁室间沟 paraconal interventricular groove
4. 左心室 left ventricle
5. 心尖 cardiac apex
6. 右心室 right ventricle
7. 冠状沟 coronary groove
8. 右心耳 right auricle

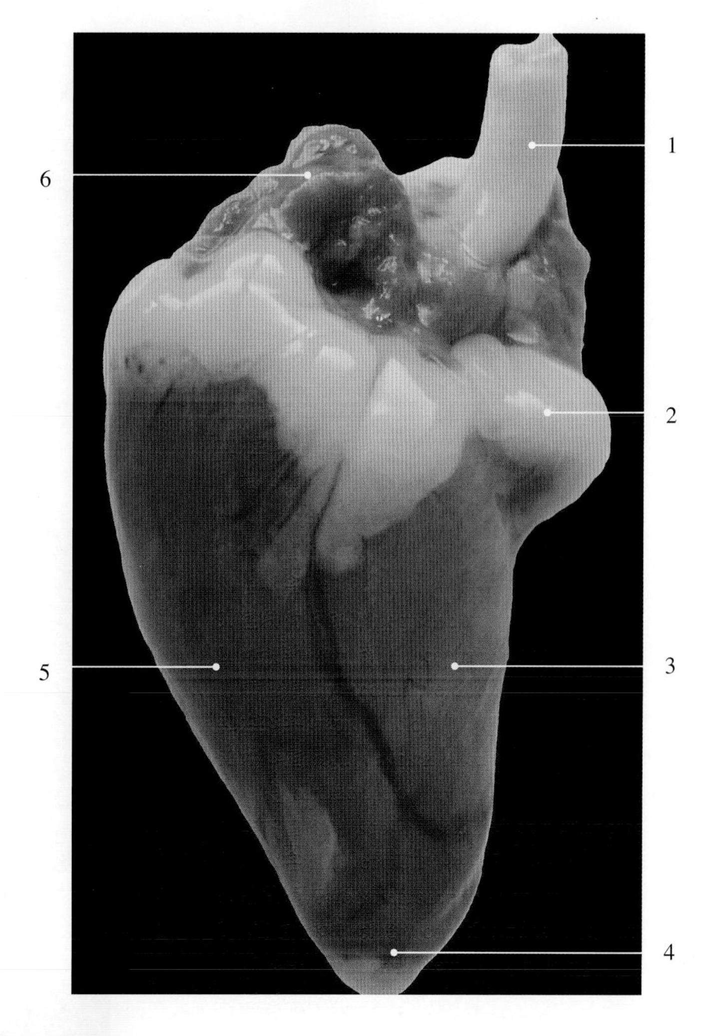

图10-1-15 鸡心脏左侧观

1. 主动脉 aorta
2. 冠状沟 coronary groove
3. 左心室 left ventricle
4. 心尖 cardiac apex
5. 右心室 right ventricle
6. 右心耳 right auricle

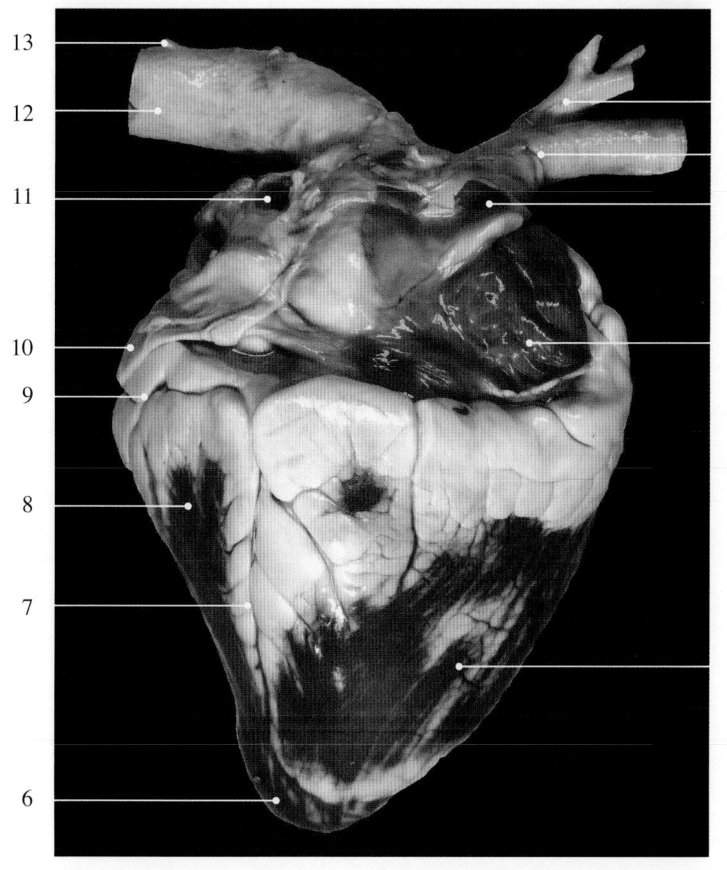

图10-1-16 牛心脏右侧观

1. 左锁骨下动脉 left subclavian artery
2. 臂头动脉干 brachiocephalic trunk
3. 前腔静脉口 cranial venal cava opening
4. 右心耳 right auricle
5. 右心室 right ventricle
6. 心尖 cardiac apex
7. 窦下室间沟 subsinuosal interventricular groove
8. 左心室 left ventricle
9. 冠状沟 coronary groove
10. 后腔静脉（塌陷）caudal vena cava (collapsed)
11. 肺静脉 pulmonary vein
12. 主动脉 aorta
13. 肋间动脉 intercostal artery

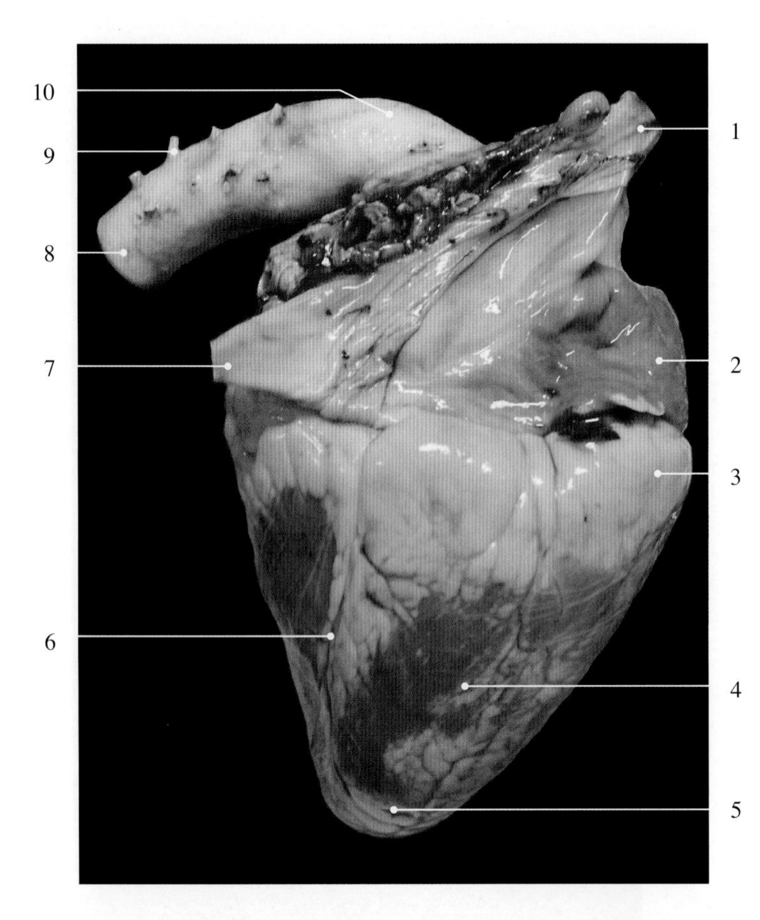

图10-1-17　犊牛心脏右侧观

1. 前腔静脉 cranial vena cava
2. 右心耳 right auricle
3. 冠状沟 coronary groove
4. 右心室 right ventricle
5. 心尖 cardiac apex
6. 窦下室间沟 subsinuosal interventricular groove
7. 后腔静脉 caudal vena cava
8. 主动脉 aorta
9. 肋间动脉 intercostal artery
10. 主动脉弓 aortic arch

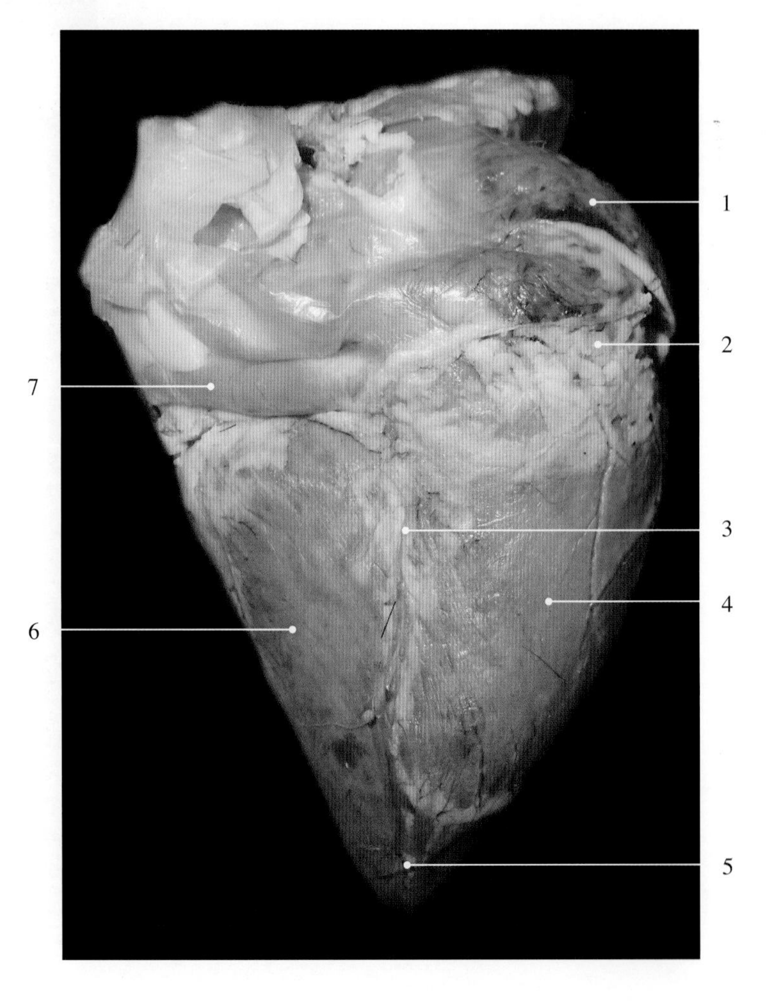

图10-1-18　羊心脏右侧观（固定标本）

1. 右心耳 right auricle
2. 冠状沟 coronary groove
3. 窦下室间沟 subsinuosal interventricular groove
4. 右心室 right ventricle
5. 心尖 cardiac apex
6. 左心室 left ventricle
7. 心大静脉 great cardiac vein

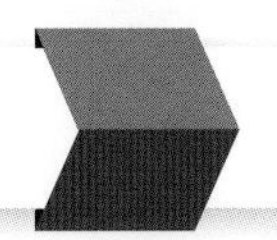

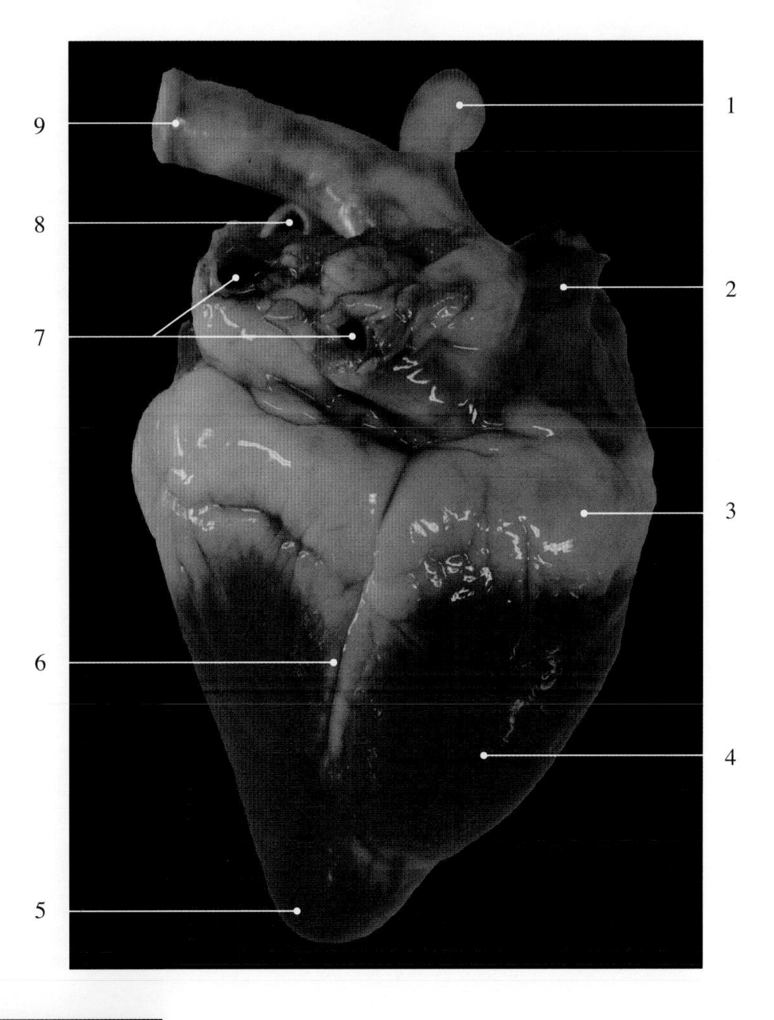

图 10-1-19　波尔山羊心脏右侧观（新鲜标本）

1. 臂头动脉干 brachiocephalic trunk
2. 右心耳 right auricle
3. 冠状沟 coronary groove
4. 右心室 right ventricle
5. 心尖 cardiac apex
6. 窦下室间沟 subsinuosal interventricular groove
7. 肺静脉 pulmonary vein
8. 肺动脉 pulmonary artery
9. 主动脉 aorta

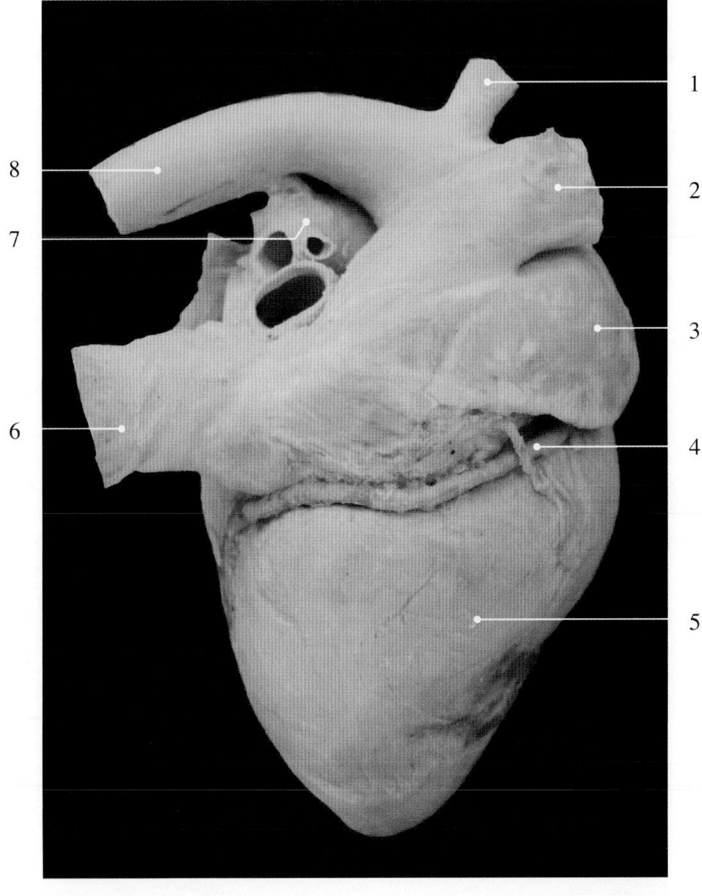

图 10-1-20　猪心脏右侧观

1. 臂头动脉干 brachiocephalic trunk
2. 前腔静脉 cranial vena cava
3. 右心耳 right auricle
4. 冠状动脉右旋支 right circumflex branch of coronary artery
5. 右心室 right ventricle
6. 后腔静脉 caudal vena cava
7. 肺动脉干 pulmonary trunk
8. 主动脉 aorta

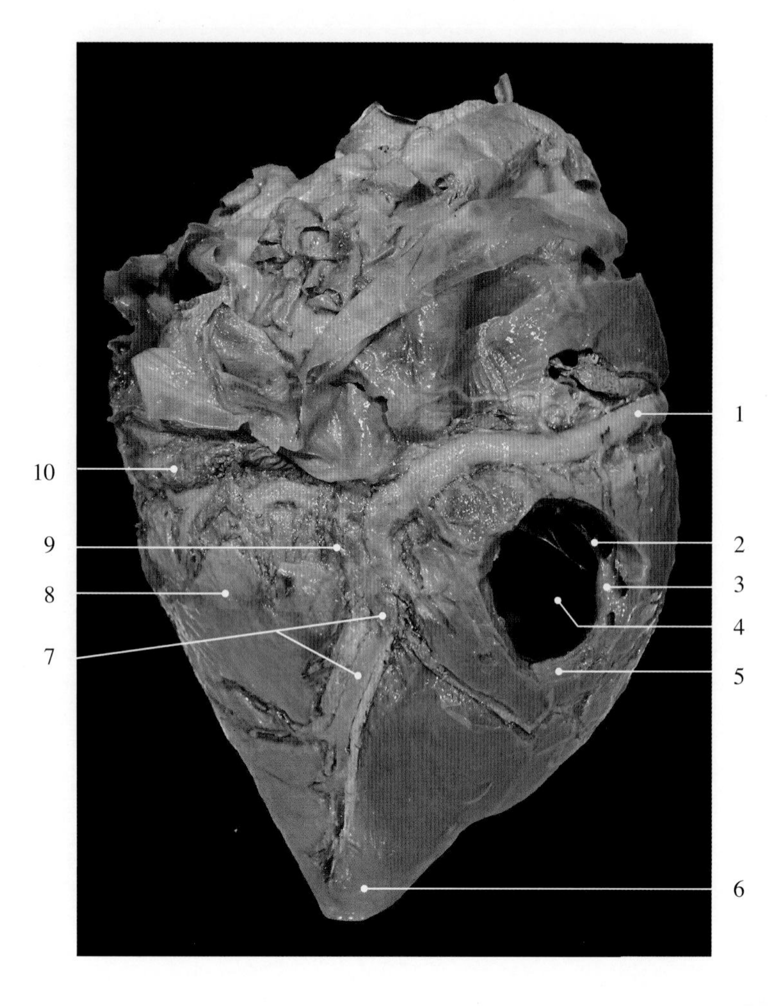

图10-1-21　马心脏右侧观

1. 冠状动脉右旋支 right circumflex branch of coronary artery
2. 腱索 chordae tendineae
3. 乳头肌 papillary muscle
4. 右心室 right ventricle
5. 右心室壁 right ventricular wall
6. 心尖 cardiac apex
7. 右冠状动脉及心中静脉 right coronary artery and middle cardiac vein
8. 左心室 left ventricle
9. 窦下室间沟 subsinuosal interventricular groove
10. 心大静脉 great cardiac vein

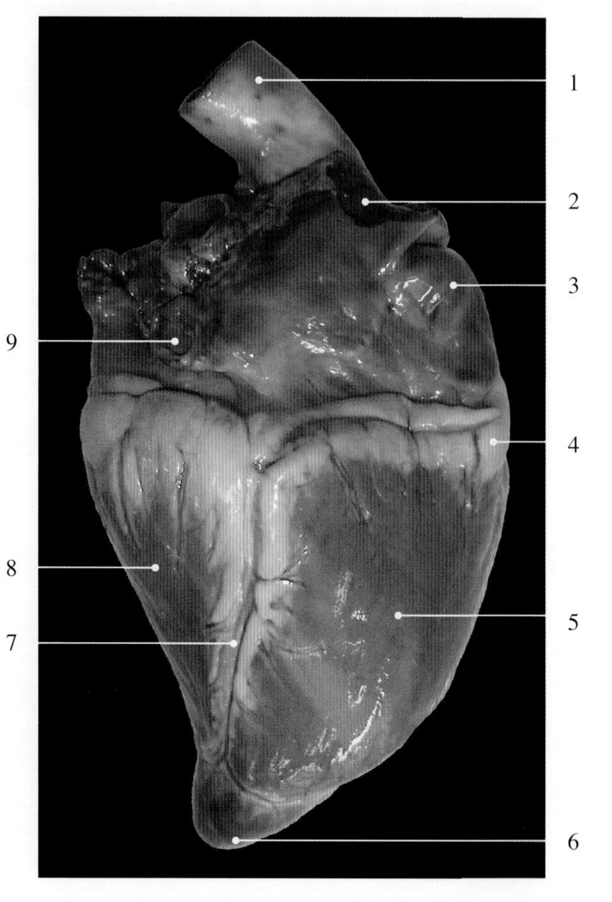

图10-1-22　驴心脏右侧观

1. 主动脉 aorta
2. 前腔静脉 cranial vena cava
3. 右心耳 right auricle
4. 冠状沟 coronary groove
5. 右心室 right ventricle
6. 心尖 cardiac apex
7. 窦下室间沟 subsinuosal interventricular groove
8. 左心室 left ventricle
9. 后腔静脉 caudal vena cava

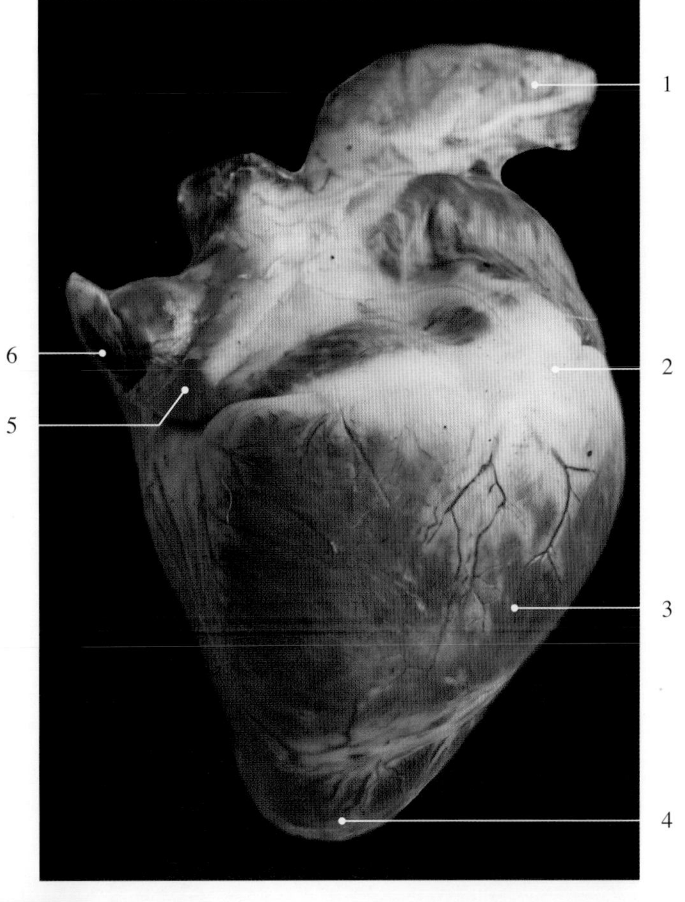

图10-1-23 犬心脏右侧观

1. 前腔静脉 cranial vena cava
2. 冠状沟 coronary groove
3. 右心室 right ventricle
4. 心尖 cardiac apex
5. 右肺静脉 right pulmonary vein
6. 左肺静脉 left pulmonary vein

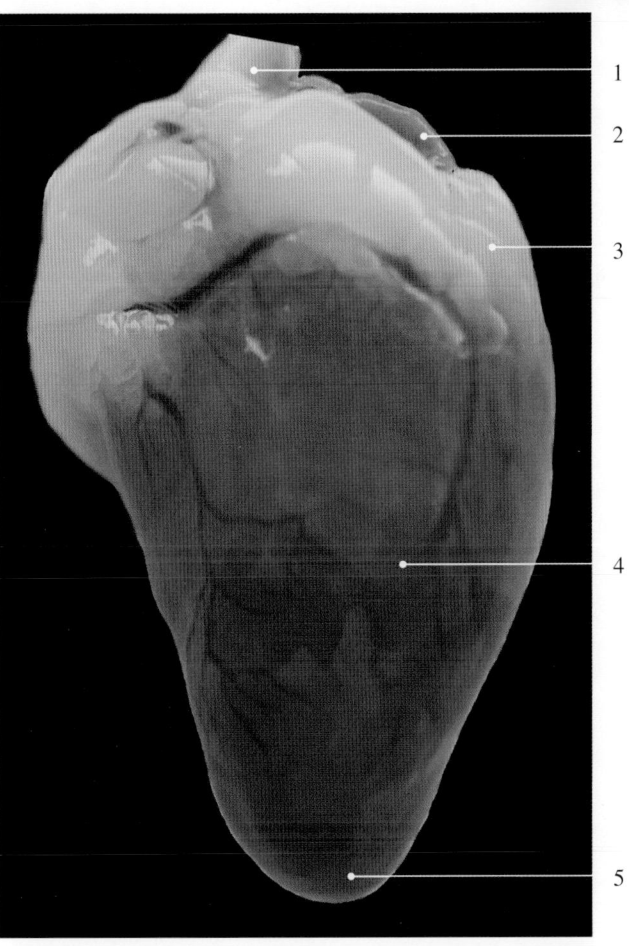

图10-1-24 鸡心脏右侧观

1. 主动脉 aorta
2. 右心耳 right auricle
3. 冠状沟 coronary groove
4. 右心室 right ventricle
5. 心尖 cardiac apex

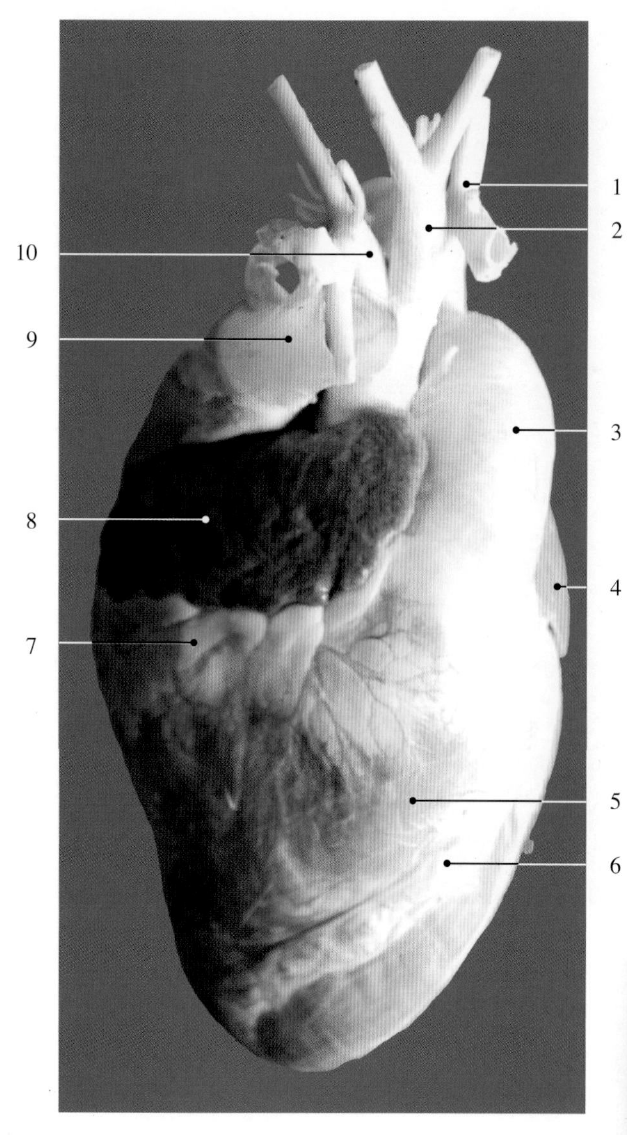

图 10-1-25　犊牛心脏前面观

1. 左锁骨下动脉 left subclavian artery
2. 双颈动脉干 bicarotid trunk
3. 肺动脉干 pulmonary trunk
4. 左心耳 left auricle
5. 右心室 right ventricle
6. 锥旁室间沟 paraconal interventricular groove
7. 冠状沟 coronary groove
8. 右心耳 right auricle
9. 前腔静脉 cranial vena cava
10. 右锁骨下动脉 right subclavian artery

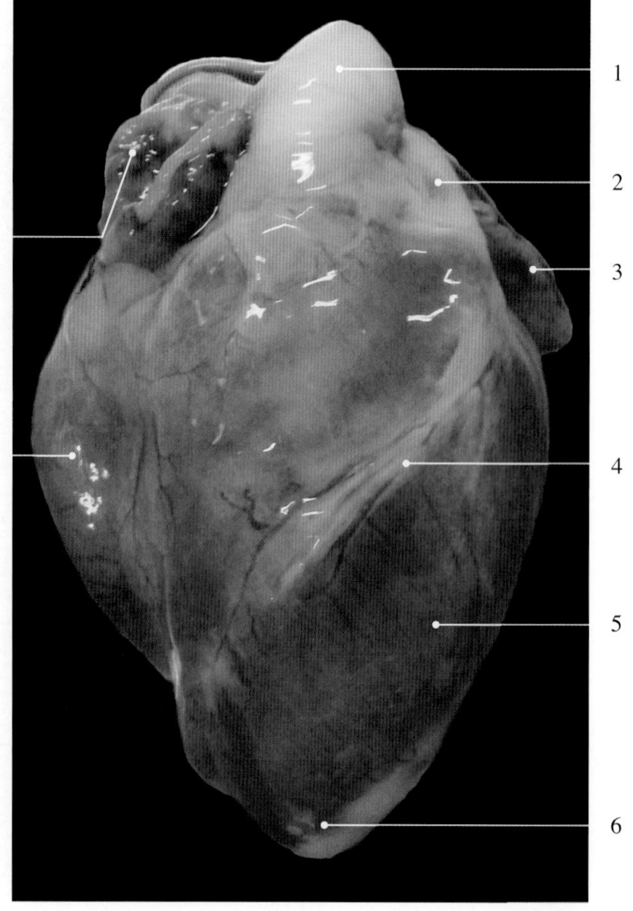

图 10-1-26　猕猴心脏前面观

1. 主动脉 aorta
2. 肺动脉干 pulmonary trunk
3. 左心耳 left auricle
4. 锥旁室间沟 paraconal interventricular groove
5. 左心室 left ventricle
6. 心尖 cardiac apex
7. 右心室 right ventricle
8. 右心耳 right auricle

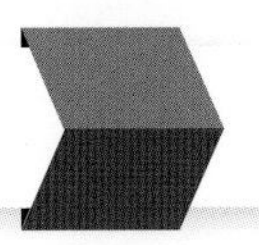

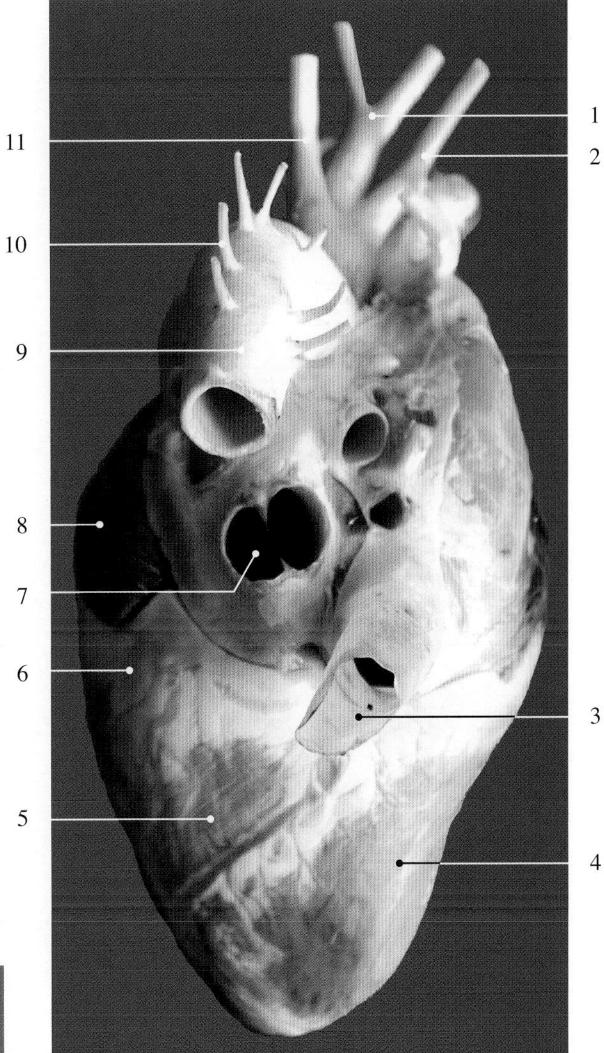

图 10-1-27　犊牛心脏后面观

1. 双颈动脉干 bicarotid trunk
2. 右锁骨下动脉 right subclavian artery
3. 后腔静脉 caudal vena cava
4. 右心室 right ventricle
5. 左心室 left ventricle
6. 冠状沟 coronary groove
7. 肺静脉 pulmonary vein
8. 左心耳 left auricle
9. 主动脉 aorta
10. 肋间动脉 intercostal artery
11. 左锁骨下动脉 left subclavian artery

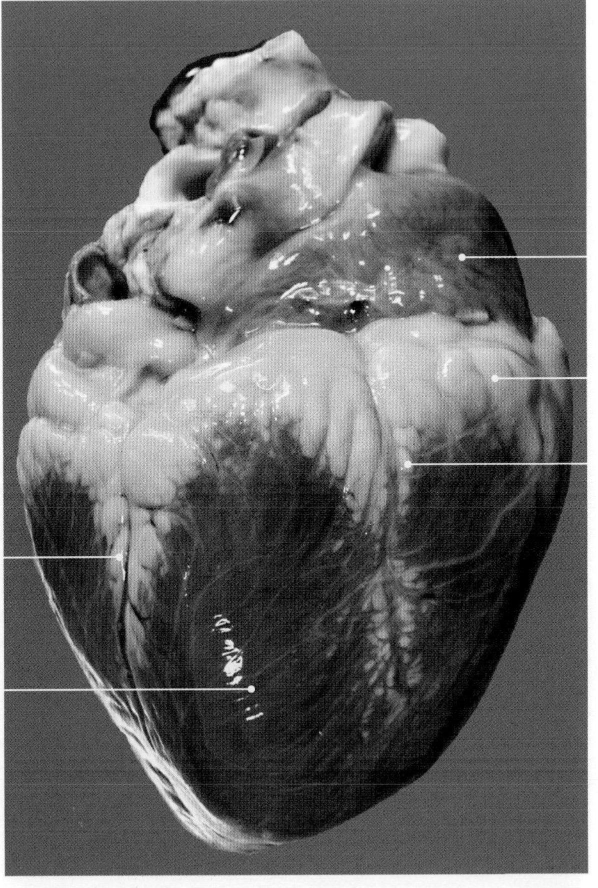

图 10-1-28　犊牛心脏后面观（示副沟）

1. 左心耳 left auricle
2. 冠状沟 coronary groove
3. 副沟 accessory groove
4. 左心室 left ventricle
5. 锥旁室间沟 paraconal interventricular groove

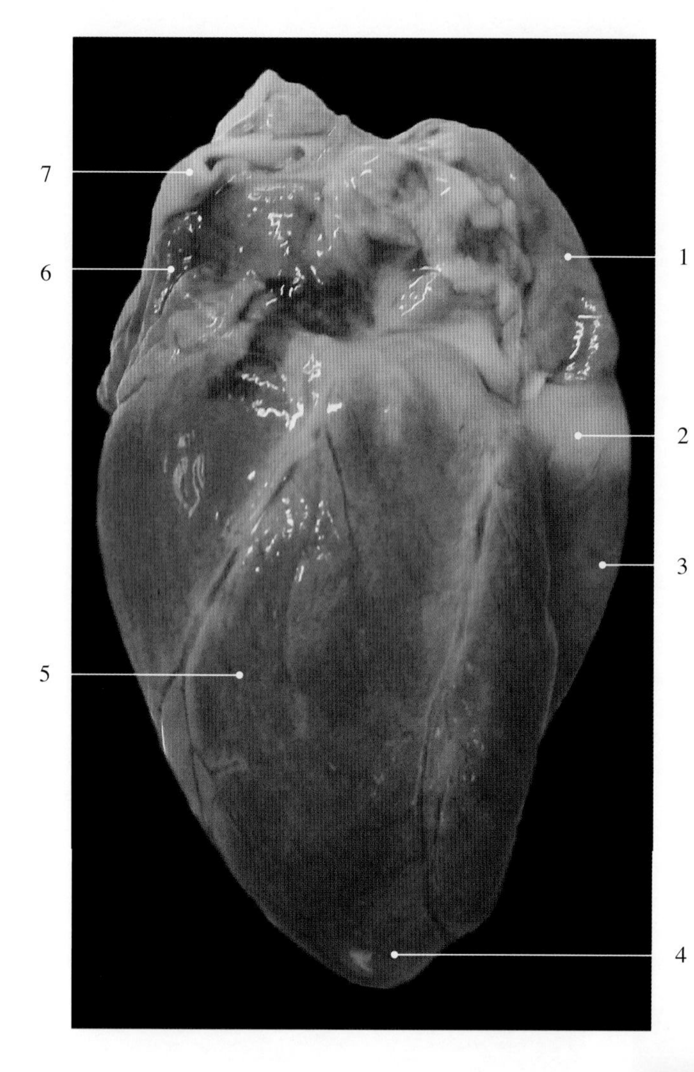

图10-1-29 猕猴心脏后面观

1. 右心耳 right auricle
2. 冠状沟 coronary groove
3. 右心室 right ventricle
4. 心尖 cardiac apex
5. 左心室 left ventricle
6. 左心耳 left auricle
7. 肺动脉干 pulmonary trunk

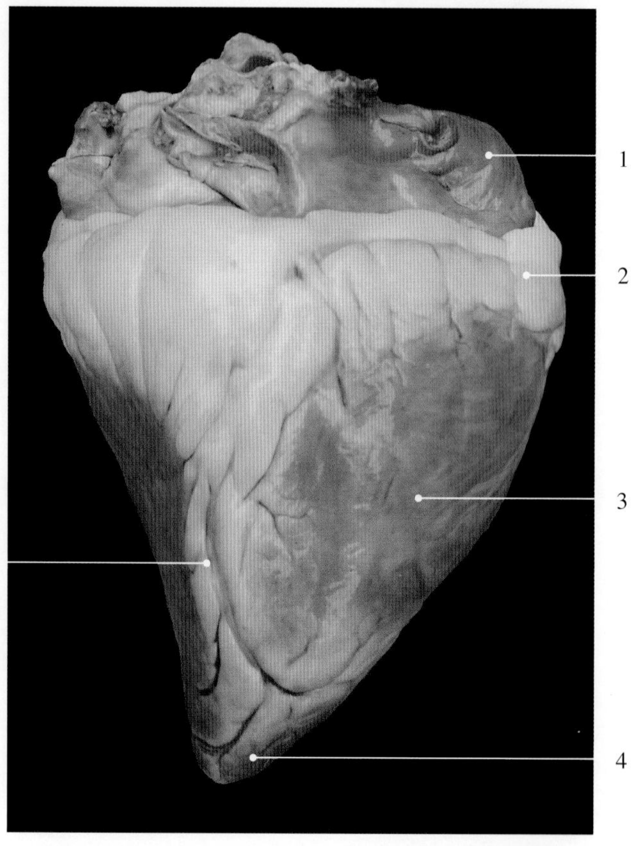

图10-1-30 驴心冠状沟右侧观

1. 右心耳 right auricle
2. 冠状沟 coronary groove
3. 右心室 right ventricle
4. 心尖 cardiac apex
5. 窦下室间沟 subsinuosal interventricular groove

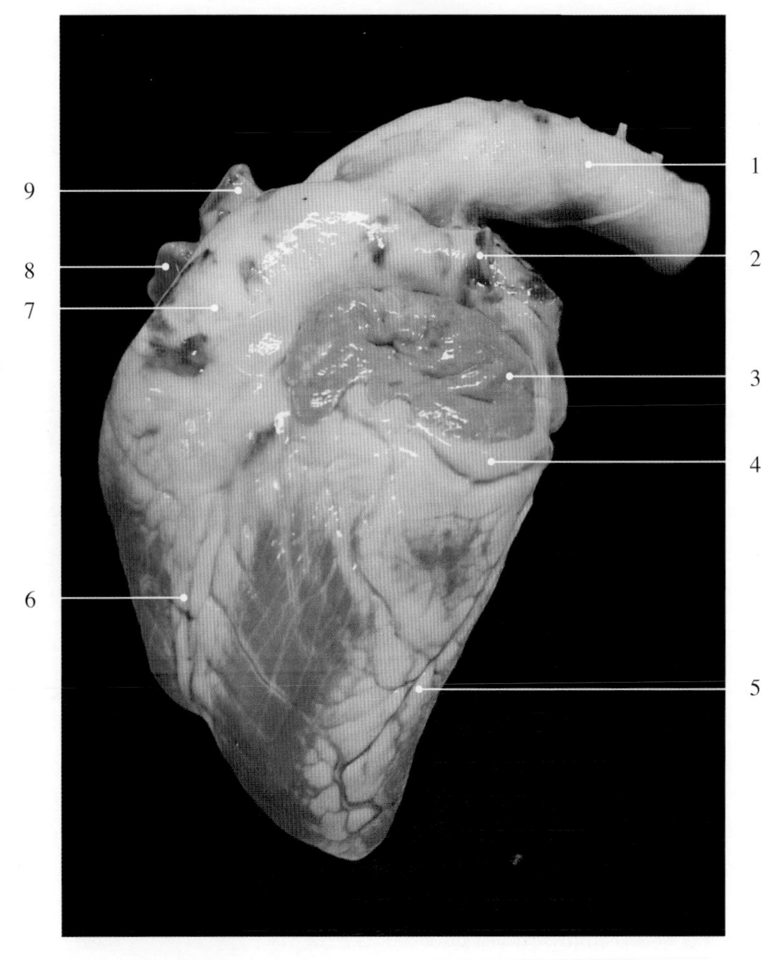

图 10-1-31　犊牛心脏冠状沟左侧观

1. 主动脉弓　aortic arch
2. 左肺动脉　left pulmonary artery
3. 左心耳　left auricle
4. 冠状沟　coronary groove
5. 副沟　accessory groove
6. 锥旁室间沟　paraconal interventricular groove
7. 肺动脉干　pulmonary trunk
8. 右心耳　right auricle
9. 臂头动脉干　brachiocephalic trunk

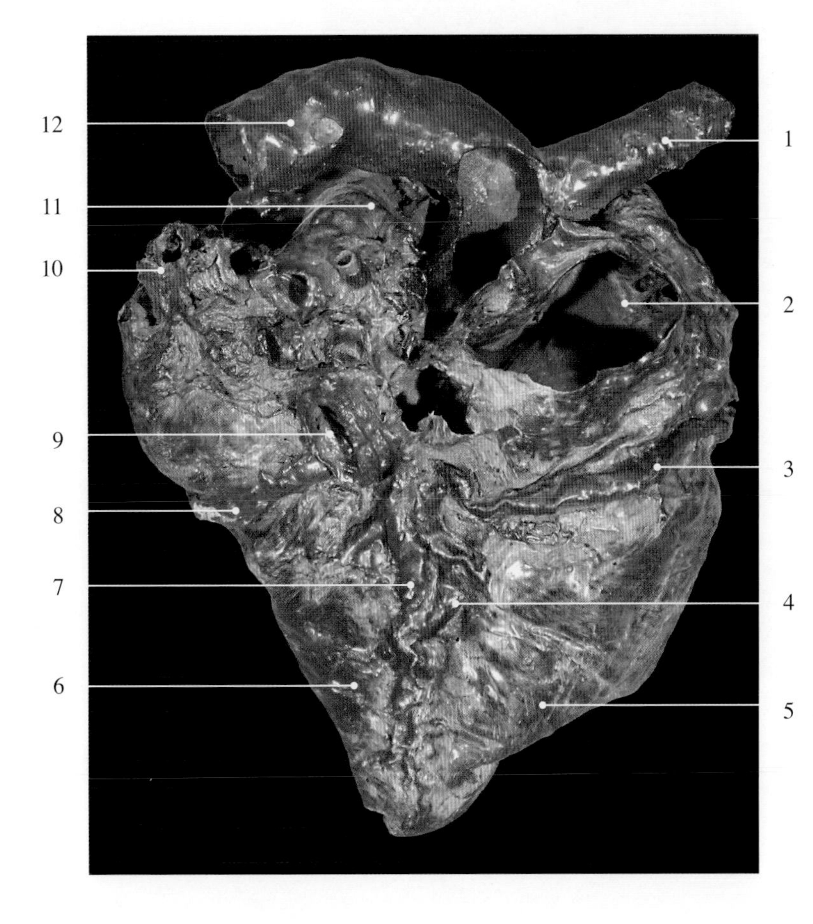

图 10-1-32　马心脏冠状沟右侧观

1. 臂头动脉干　brachiocephalic trunk
2. 右心耳　right auricle
3. 右冠状动脉　right coronary artery
4. 右冠状动脉窦下室间支　subsinuosal interventricular branch of right coronary artery
5. 右心室　right ventricle
6. 左心室　left ventricle
7. 心中静脉　middle cardiac vein
8. 心大静脉　great cardiac vein
9. 后腔静脉　caudal vena cava
10. 肺静脉　pulmonary vein
11. 肺动脉干　pulmonary trunk
12. 主动脉　aorta

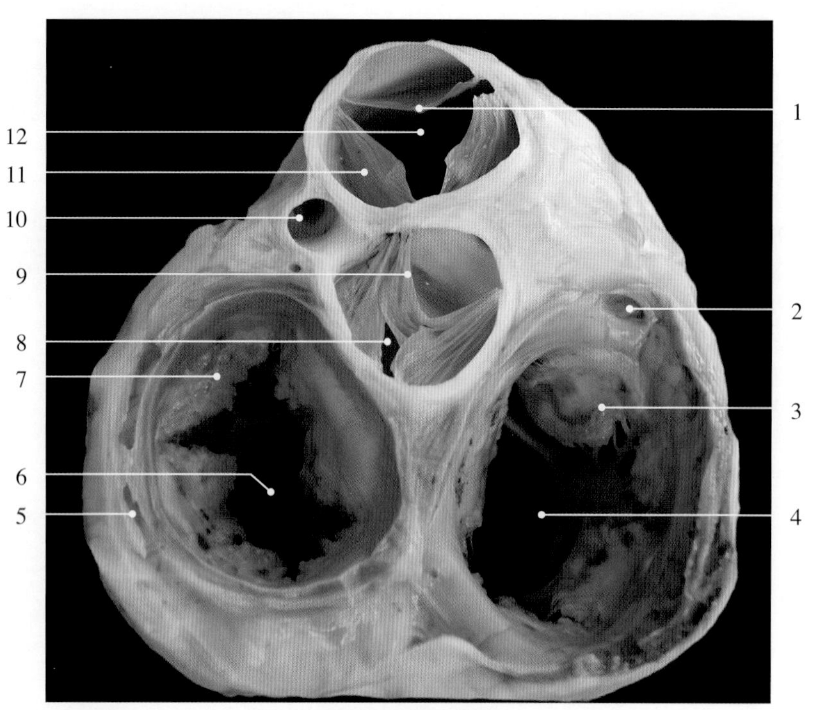

图10-1-33　犊牛心脏冠状面（固定标本）

1. 瓣膜结 valvular node
2. 心中静脉 middle cardiac vein
3. 右房室瓣（三尖瓣）right atrioventricular valve（tricuspid valve）
4. 右房室口 right atrioventricular orifice
5. 心大静脉 great cardiac vein
6. 左房室口 left atrioventricular orifice
7. 左房室瓣（二尖瓣）left atrioventricular valve（mitral valve）
8. 主动脉口 aortic orifice
9. 主动脉瓣（半月瓣）aortic valve（semilunar valve）
10. 左冠状动脉 left coronary artery
11. 肺动脉瓣（半月瓣）pulmonary valve（semilunar valve）
12. 肺动脉口 orifice of the pulmonary trunk

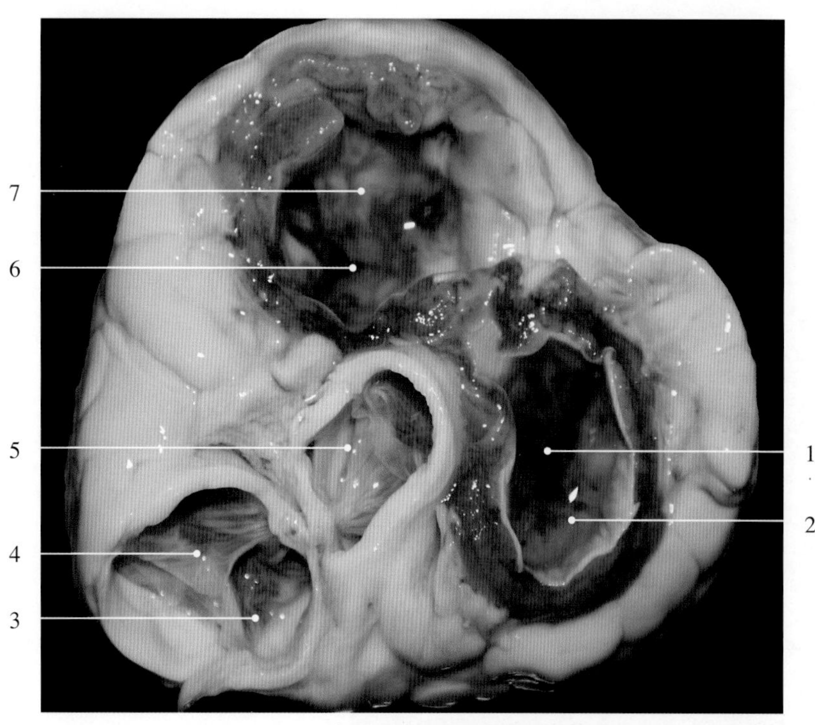

图10-1-34　犊牛心脏冠状面（新鲜标本）

1. 左房室口 left atrioventricular orifice
2. 左房室瓣（二尖瓣）left atrioventricular valve（mitral valve）
3. 肺动脉瓣 pulmonary valve
4. 肺动脉口 orifice of the pulmonary trunk
5. 主动脉口 aortic orifice
6. 右房室口 right atrioventricular orifice
7. 右房室瓣（三尖瓣）right atrioventricular valve（tricuspid valve）

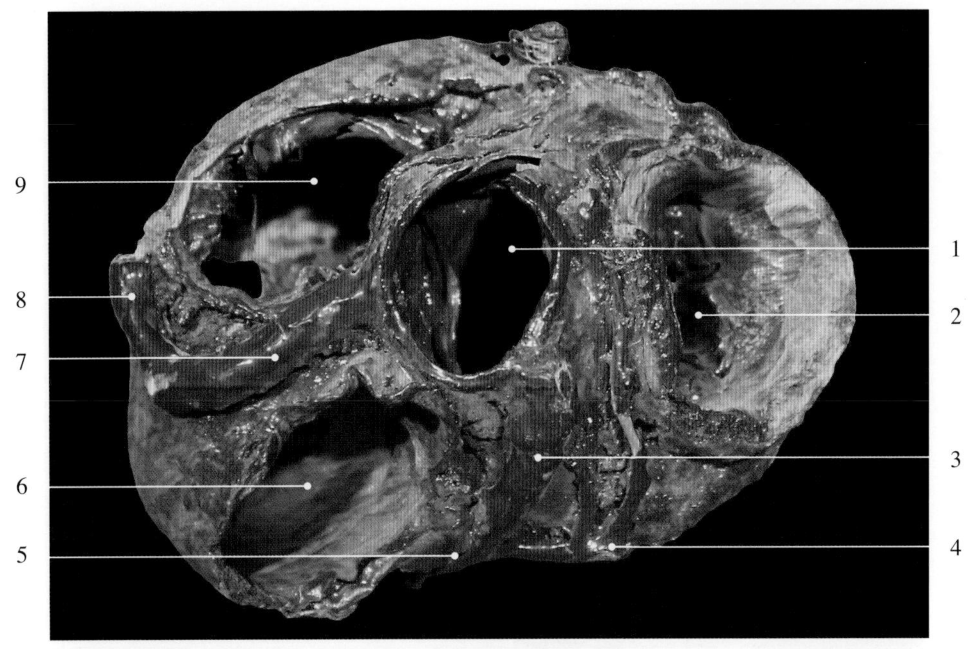

图10-1-35 马心脏冠状面

1. 主动脉口 aortic orifice
2. 左房室口 left atrioventricular orifice
3. 左冠状动脉 left coronary artery
4. 左冠状动脉左旋支 left circumflex branch of left coronary artery
5. 左冠状动脉锥旁室间支 paraconal interventricular branch of left coronary artery
6. 肺动脉口 orifice of the pulmonary trunk
7. 右冠状动脉 right coronary artery
8. 右冠状动脉右旋支 right circumflex branch of right coronary artery
9. 右房室口 right atrioventricular orifice

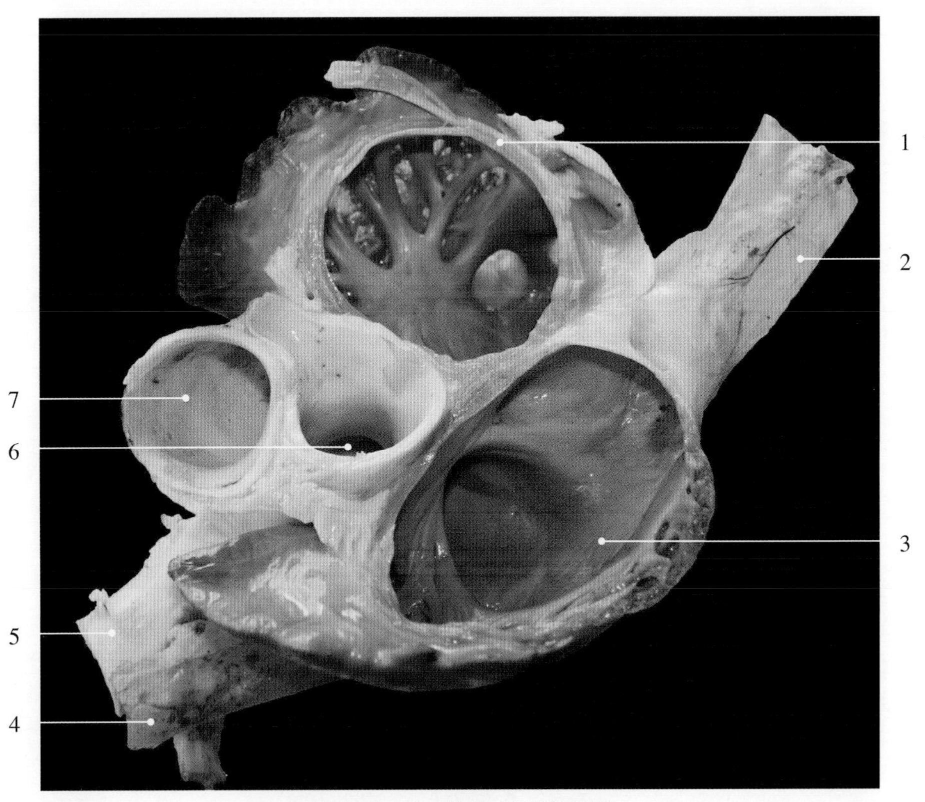

图10-1-36 犊牛心耳腹侧观

1. 左心耳 left auricle
2. 前腔静脉 cranial vena cava
3. 右心耳 right auricle
4. 后腔静脉 caudal vena cava
5. 主动脉 aorta
6. 主动脉口 aortic orifice
7. 肺动脉口 orifice of the pulmonary trunk

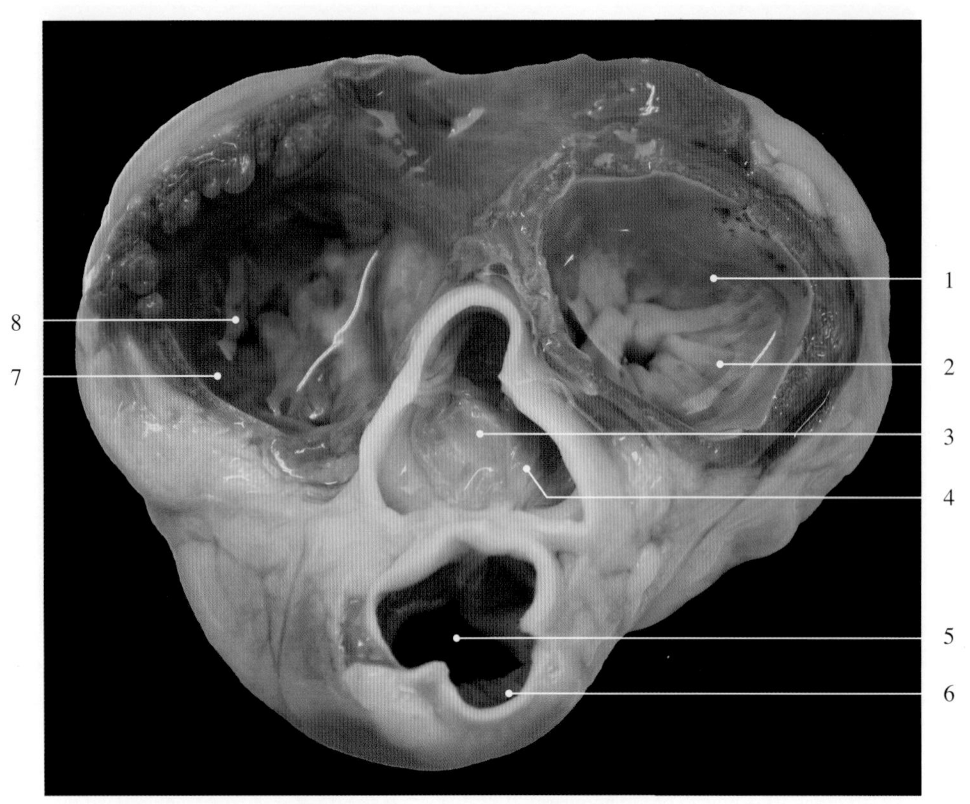

图10-1-37 猪心脏房室口及瓣膜

1. 左房室口 left atrioventricular orifice
2. 二尖瓣 mitral valve
3. 主动脉口 aortic orifice
4. 主动脉瓣 aortic valve
5. 肺动脉口 orifice of the pulmonary trunk
6. 肺动脉瓣 pulmonary valve
7. 右房室口 right atrioventricular orifice
8. 三尖瓣 tricuspid valve

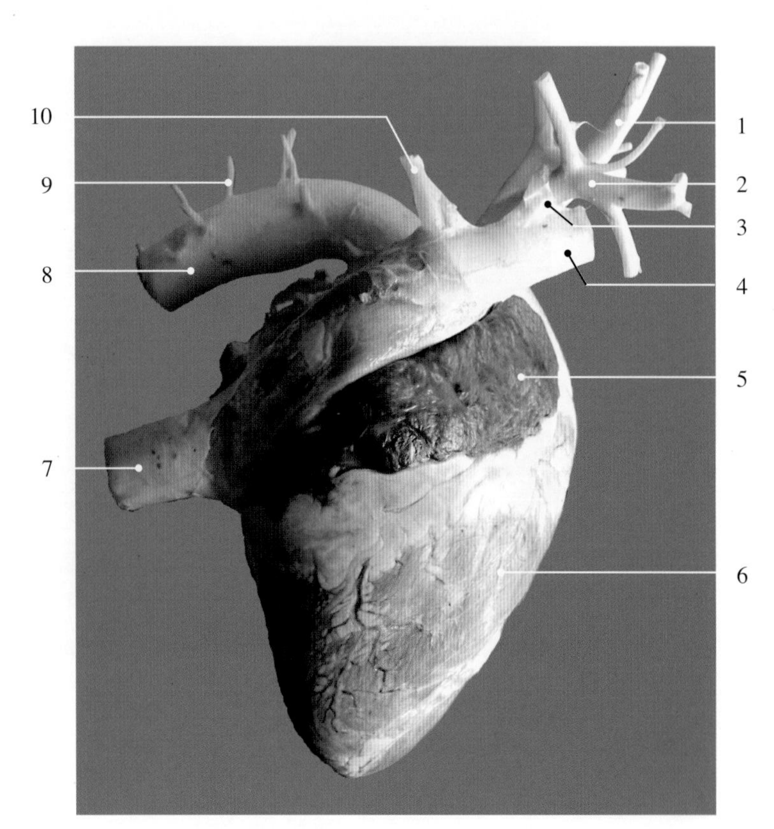

图10-1-38 犊牛心基部大血管

1. 双颈动脉干 bicarotid trunk
2. 右锁骨下动脉 right subclavian artery
3. 椎静脉 vertebral vein
4. 前腔静脉 cranial vena cava
5. 右心房 right atrium
6. 右心室 right ventricle
7. 后腔静脉 caudal vena cava
8. 主动脉 aorta
9. 肋间动脉 intercostal artery
10. 肋颈静脉 costocervical vein

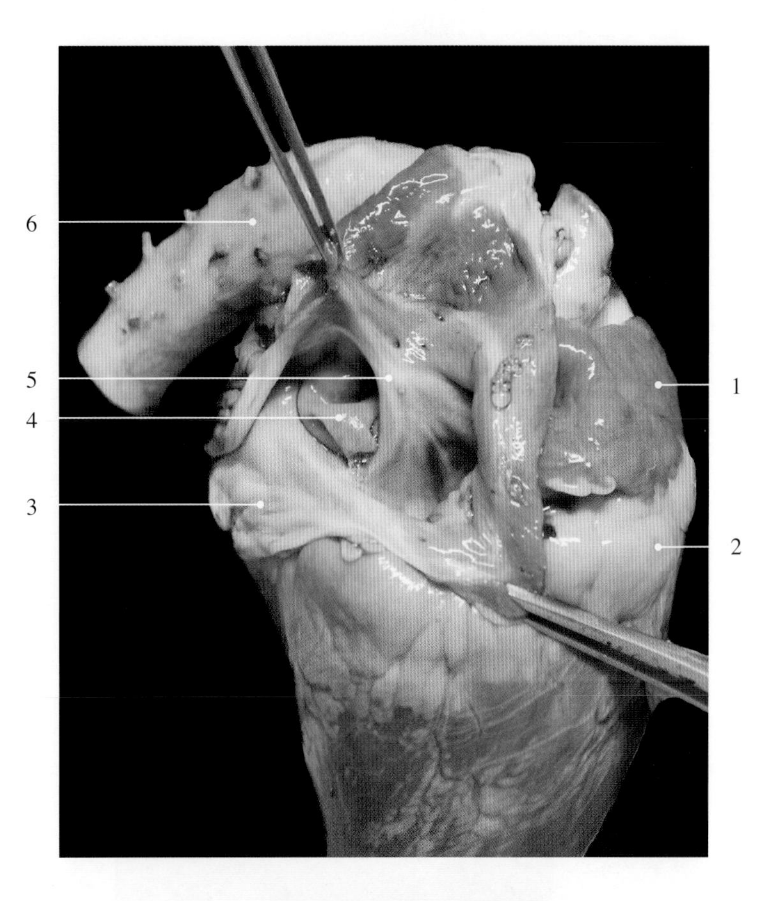

图 10-1-39　犊牛心脏静脉间嵴

1. 右心耳　right auricle
2. 冠状沟　coronary groove
3. 后腔静脉　caudal vena cava
4. 卵圆窝　oval fossa
5. 静脉间嵴　crista intervenosa
6. 主动脉弓　aortic arch

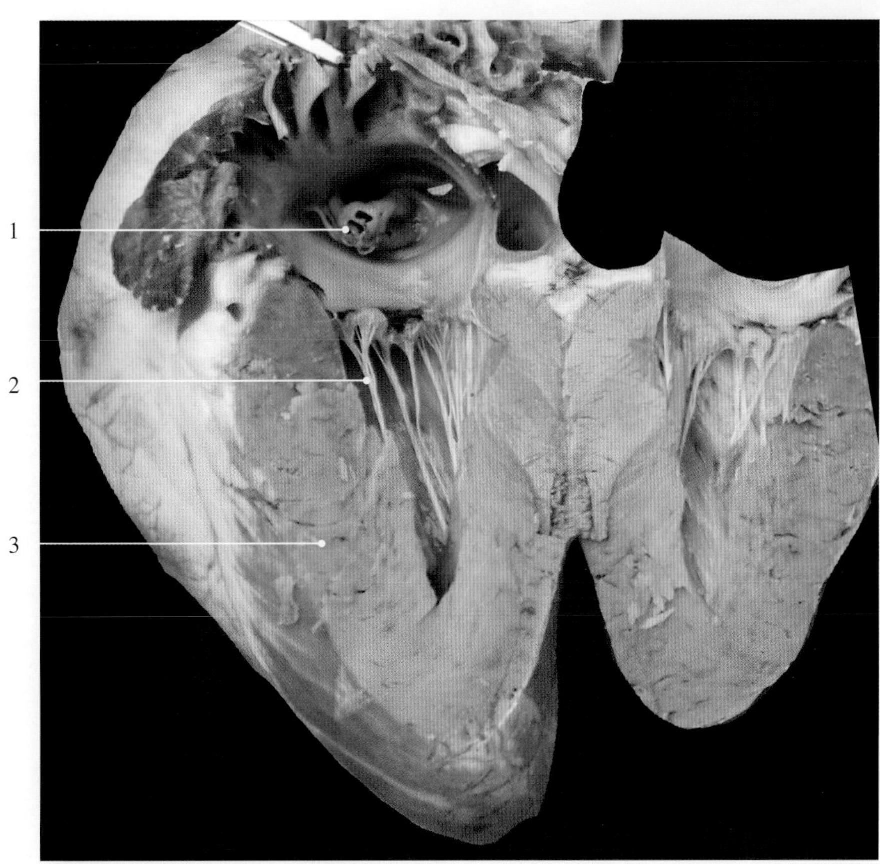

图 10-1-40　犊牛心脏卵圆窝

1. 卵圆窝　oval fossa
2. 腱索　chordae tendineae
3. 左心室壁　left ventricular wall

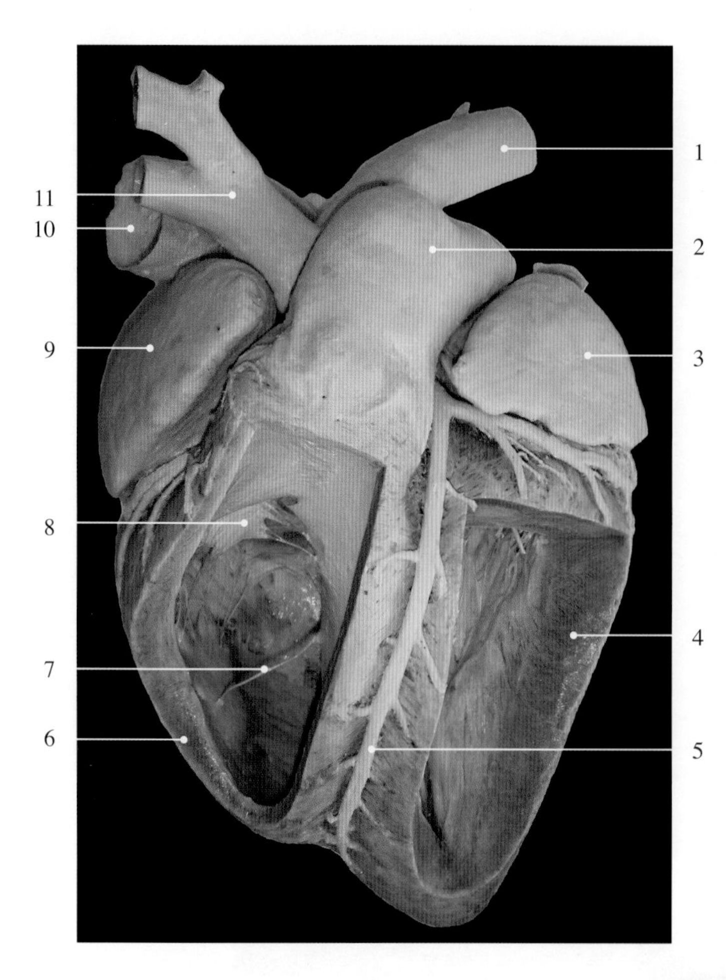

图10-1-41　马心室壁

1. 主动脉 aorta
2. 肺动脉干 pulmonary trunk
3. 左心耳 left auricle
4. 左心室壁 left ventricular wall
5. 左冠状动脉锥旁室间支 paraconal interventricular branch of left coronary artery
6. 右心室壁 right ventricular wall
7. 隔缘肉柱（心横肌）septomarginal trabecula (transverse muscle of heart)
8. 三尖瓣 tricuspid valve
9. 右心耳 right auricle
10. 前腔静脉 cranial vena cava
11. 臂头动脉干 brachiocephalic trunk

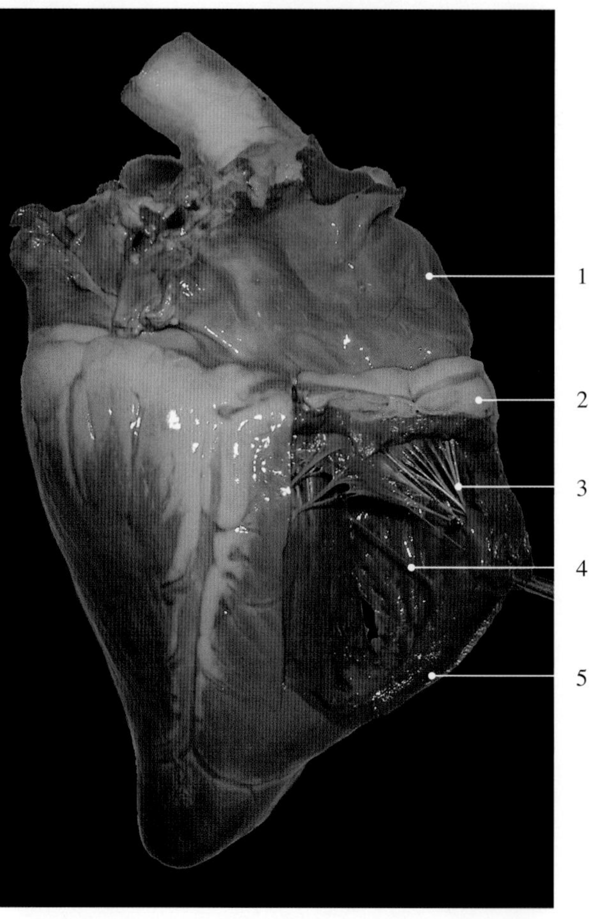

图10-1-42　驴右心室壁

1. 右心耳 right auricle
2. 冠状沟 coronary groove
3. 腱索 chordae tendineae
4. 隔缘肉柱（心横肌）septomarginal trabecula (transverse muscle of heart)
5. 右心室壁 right ventricular wall

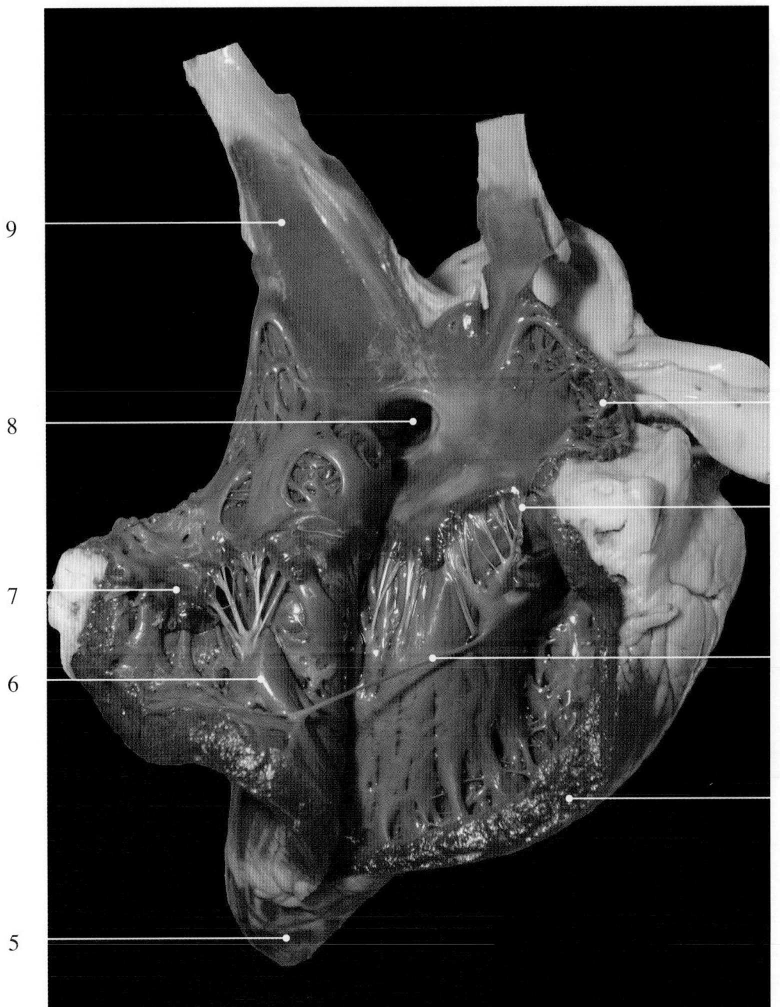

图10-1-43　牛右心腔（剖开）

1. 右心耳梳状肌 pectinate muscles in the right auricle
2. 腱索 chordae tendineae
3. 心横肌（隔缘肉柱）transverse muscle of heart (septomarginal trabecula)
4. 右心室壁 right ventricular wall
5. 心尖 cardiac apex
6. 乳头肌 papillary muscle
7. 瓣膜（三尖瓣）valve (tricuspid valve)
8. 腔静脉窦口 sinus opening of the venae cavae
9. 后腔静脉管壁 caudal vena cava wall

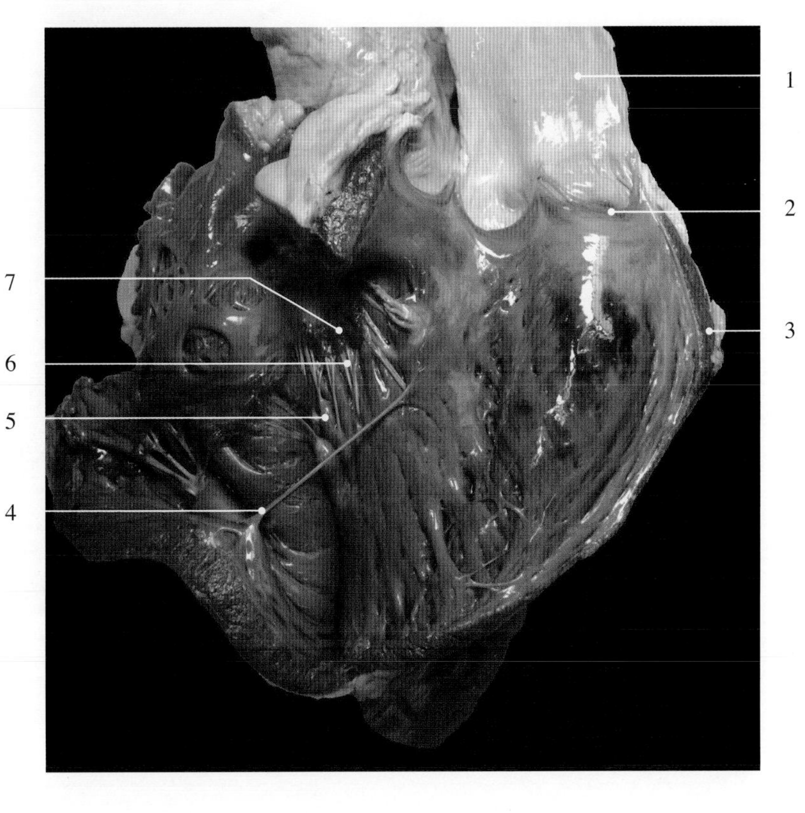

图10-1-44　牛右心室腱索和乳头肌

1. 肺动脉管壁 pulmonary artery wall
2. 肺动脉瓣 pulmonary valve
3. 右心室壁 right ventricular wall
4. 心横肌（隔缘肉柱）transverse muscle of heart (septomarginal trabecula)
5. 乳头肌 papillary muscle
6. 腱索 chordae tendineae
7. 三尖瓣 tricuspid valve

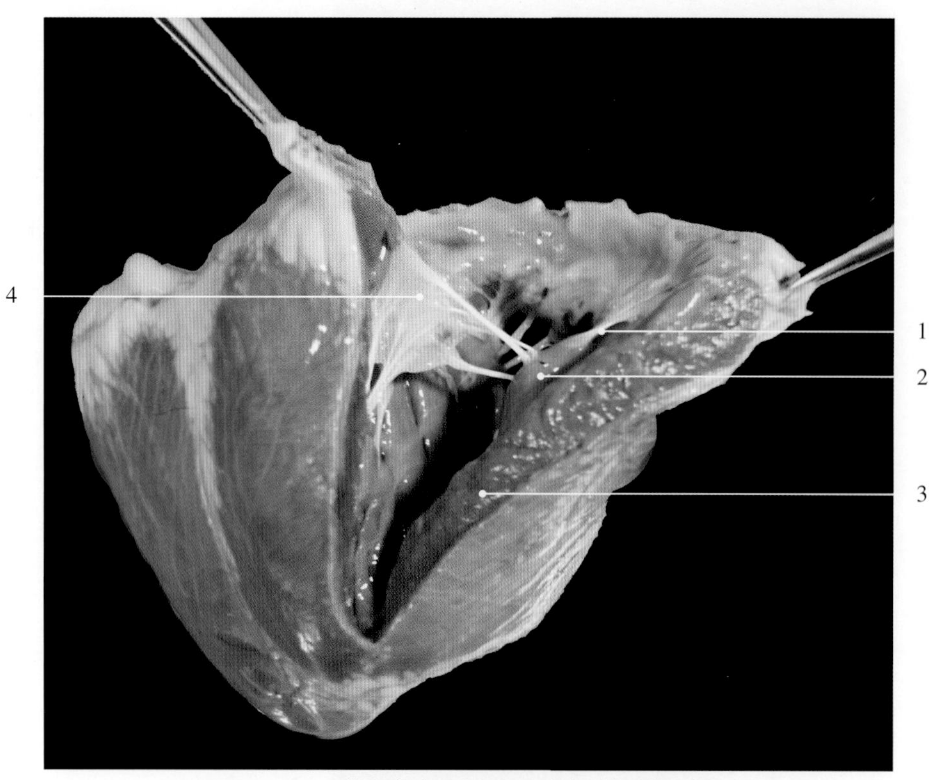

图10-1-45　犊牛右心室瓣膜及腱索（新鲜标本）

1. 腱索 chordae tendineae
2. 乳头肌 papillary muscle
3. 右心室壁 right ventricular wall
4. 三尖瓣 tricuspid valve

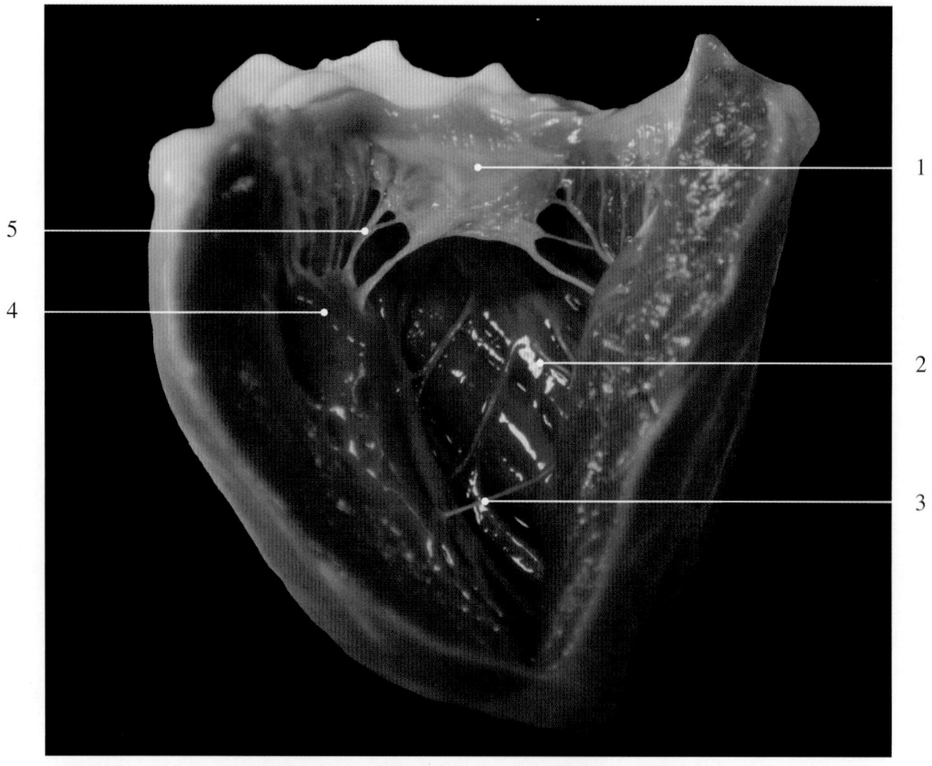

图10-1-46　波尔山羊左心室瓣膜及腱索

1. 二尖瓣 mitral valve
2. 左心室壁 left ventricular wall
3. 心横肌（隔缘肉柱）transverse muscle of heart（septomarginal trabecula）
4. 乳头肌 papillary muscle
5. 腱索 chordae tendineae

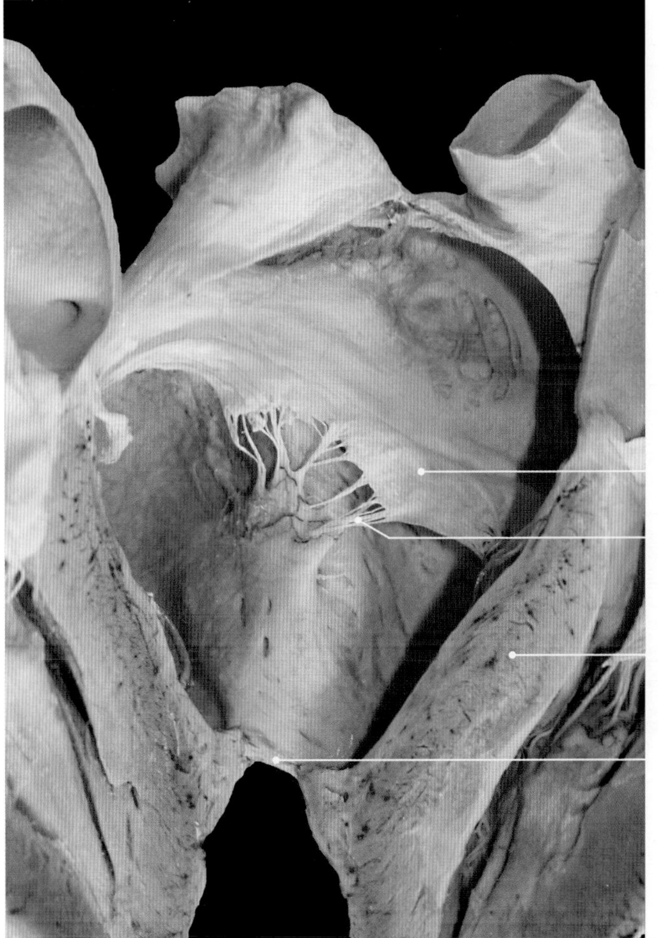

图10-1-47　猪右心室瓣膜及腱索

1. 三尖瓣 tricuspid valve
2. 腱索 chordae tendineae
3. 室中隔 interventricular septum
4. 右心室壁 right ventricular wall

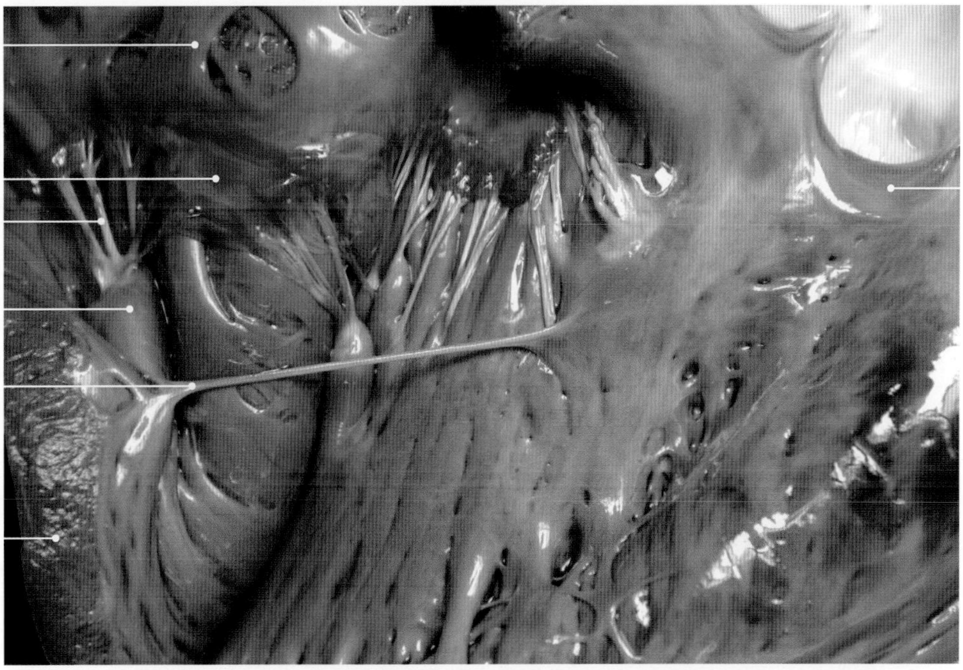

图10-1-48　母牛右心室乳头肌

1. 肺动脉瓣 pulmonary valve
2. 右心室壁 right ventricular wall
3. 心横肌（隔缘肉柱）transverse muscle of heart（septomarginal trabecula）
4. 乳头肌 papillary muscle
5. 腱索 chordae tendineae
6. 瓣膜（三尖瓣）valve（tricuspid valve）
7. 右心耳梳状肌 pectinate muscles in the right auricle

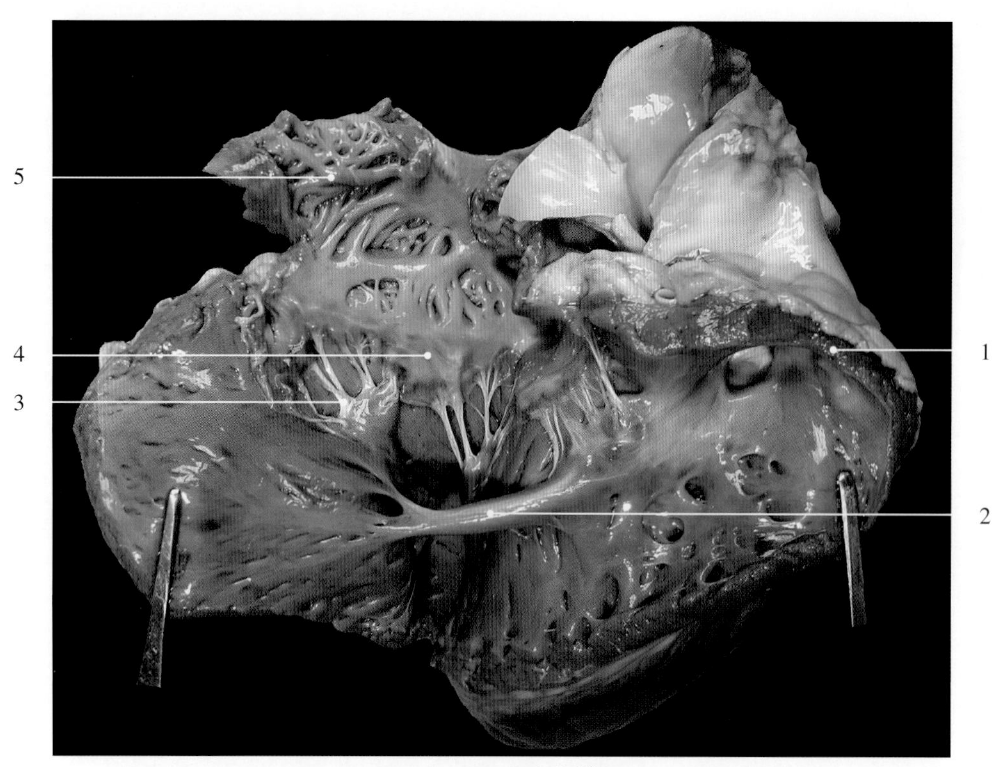

图10-1-49　公牛心横肌

1. 右心室壁 right ventricular wall
2. 心横肌（隔缘肉柱）transverse muscle of heart (septomarginal trabecula)
3. 腱索 chordae tendineae
4. 瓣膜（三尖瓣）valve (tricuspid valve)
5. 右心耳梳状肌 pectinate muscles in the right auricle

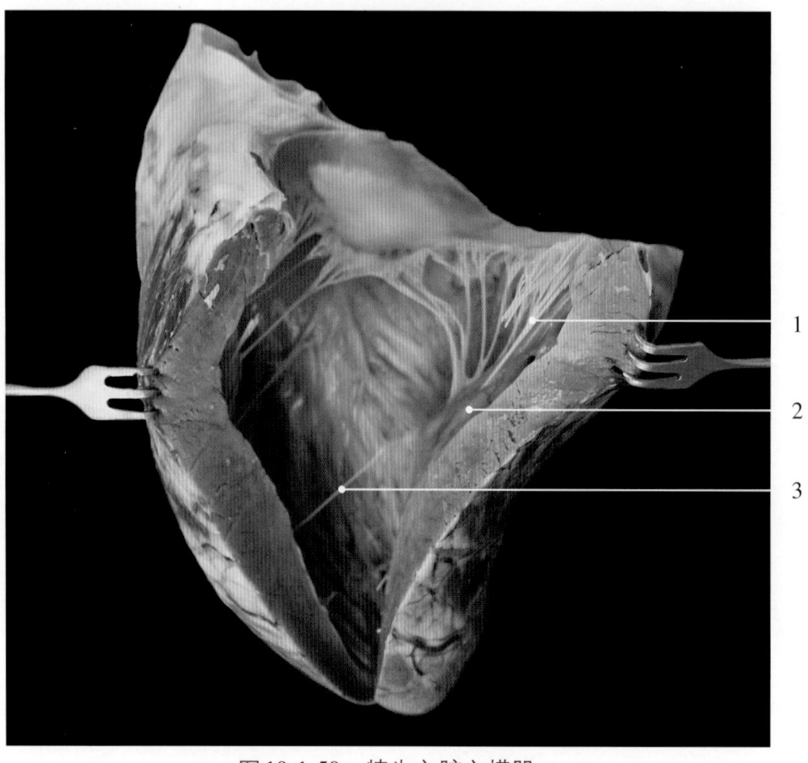

图10-1-50　犊牛心脏心横肌

1. 腱索 chordae tendineae
2. 乳头肌 papillary muscle
3. 心横肌 transverse muscle of heart

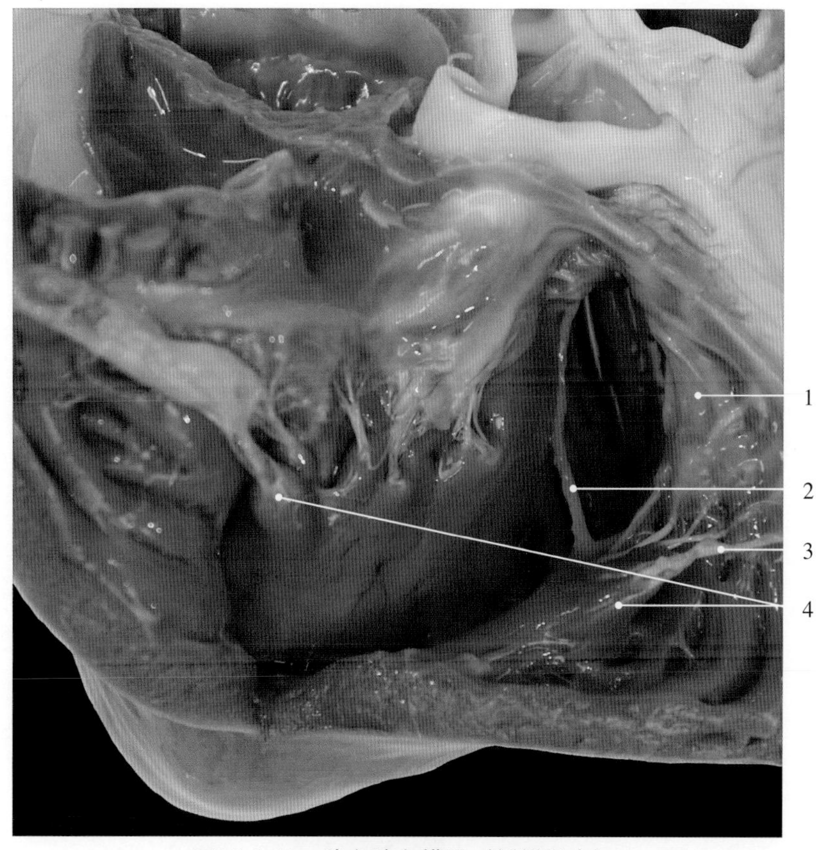

图 10-1-51　猪心脏心横肌（新鲜标本）

1. 三尖瓣 tricuspid valve
2. 心横肌 transverse muscle of heart
3. 腱索 chordae tendineae
4. 乳头肌 papillary muscles

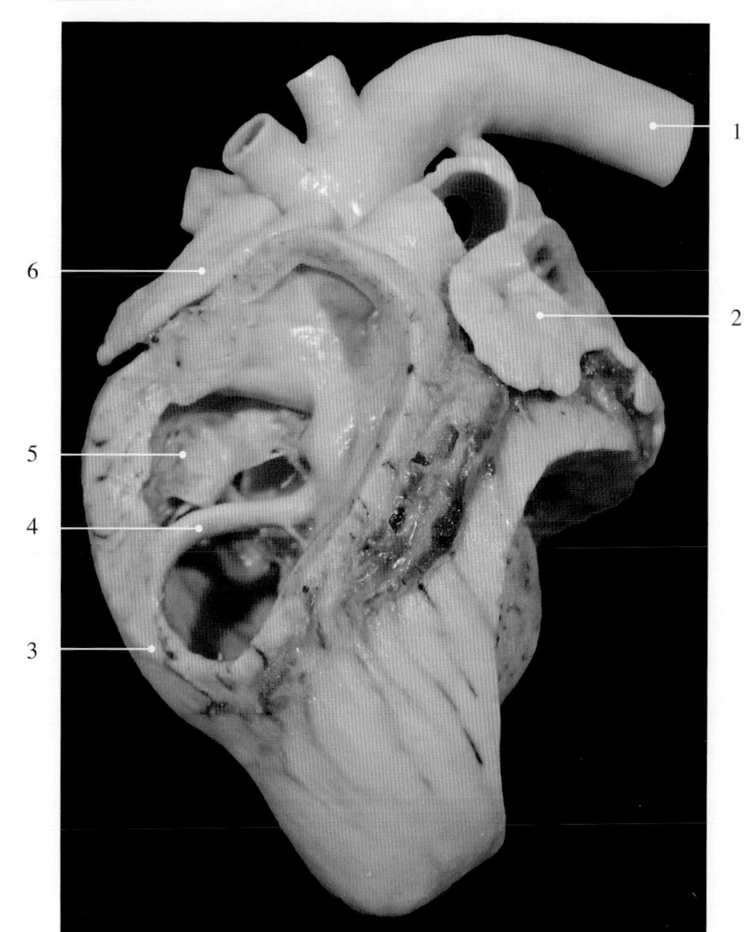

图 10-1-52　猪心脏心横肌（塑化标本）

1. 主动脉 aorta
2. 左心耳 left auricle
3. 右心室壁 right ventricular wall
4. 心横肌 transverse muscle of heart
5. 三尖瓣 tricuspid valve
6. 右心耳 right auricle

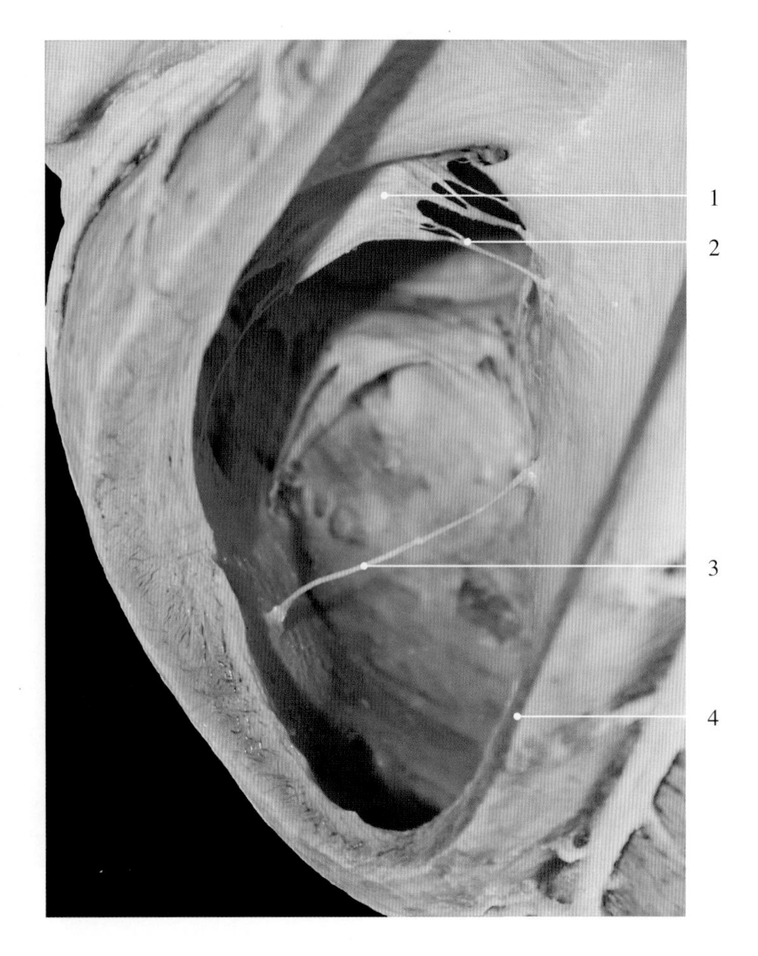

图 10-1-53　马心脏心横肌

1. 三尖瓣 tricuspid valve
2. 腱索 chordae tendineae
3. 心横肌 transverse muscle of heart
4. 右心室壁 right ventricular wall

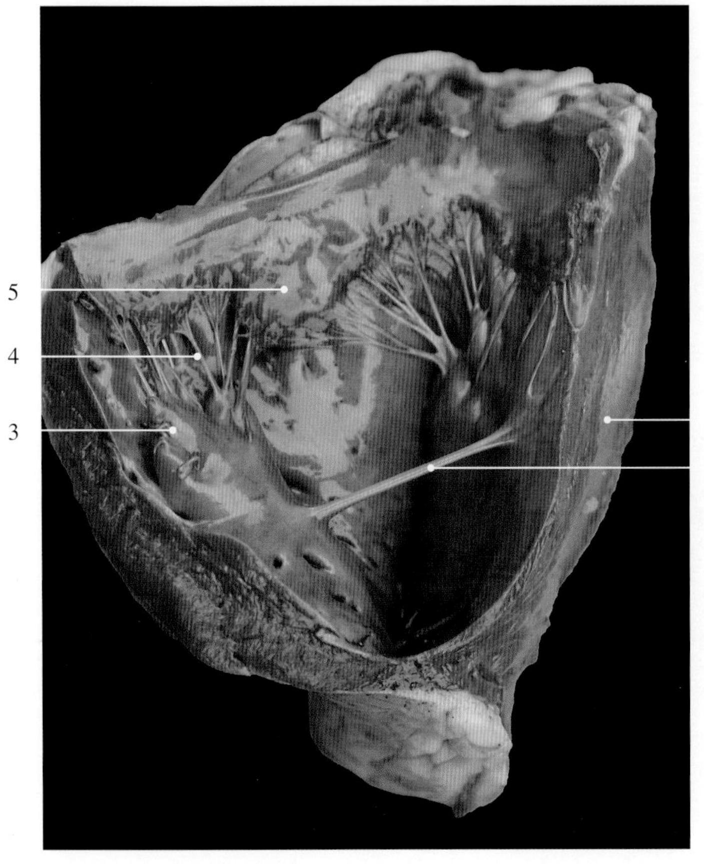

图 10-1-54　驴心脏心横肌

1. 右心室壁 right ventricular wall
2. 心横肌 transverse muscle of heart
3. 乳头肌 papillary muscle
4. 腱索 chordae tendineae
5. 三尖瓣 tricuspid valve

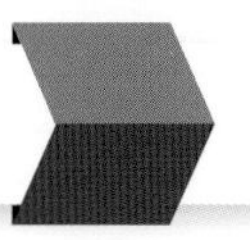

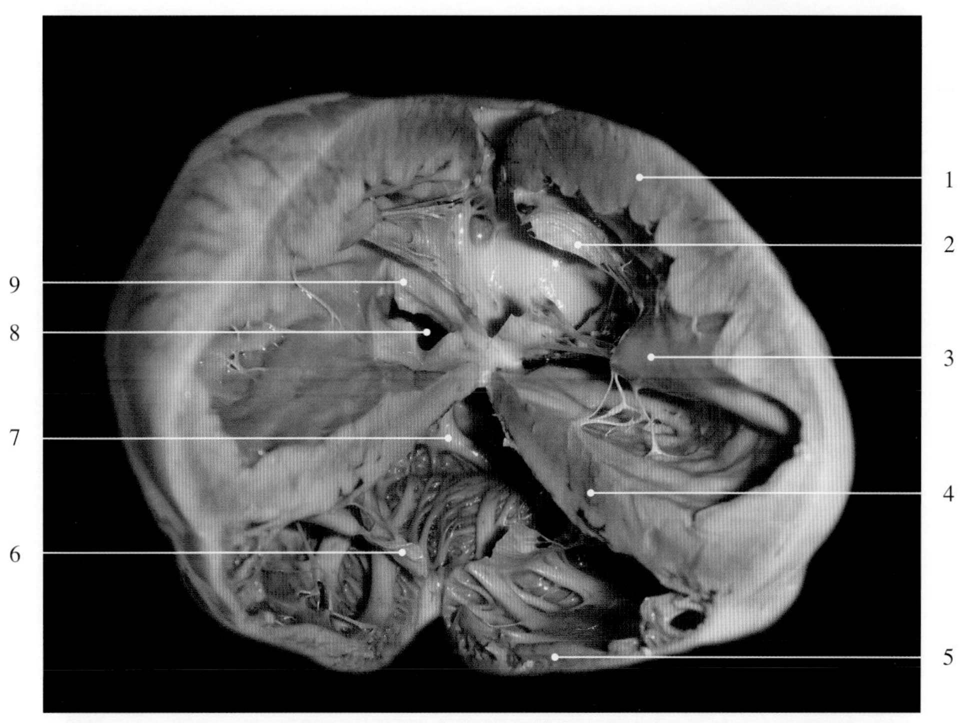

图 10-1-55　犬心腔（从心尖切开）

1. 左心室壁　left ventricular wall
2. 瓣膜（二尖瓣）valve (mitral valve)
3. 乳头肌　papillary muscle
4. 室间隔　interventricular septum
5. 右心室壁　right ventricular wall
6. 三尖瓣及乳头肌　tricuspid valve and papillary muscle
7. 心横肌（隔缘肉柱）transverse muscle of heart (septomarginal trabecula)
8. 主动脉口　aortic orifice
9. 主动脉瓣　aortic valve

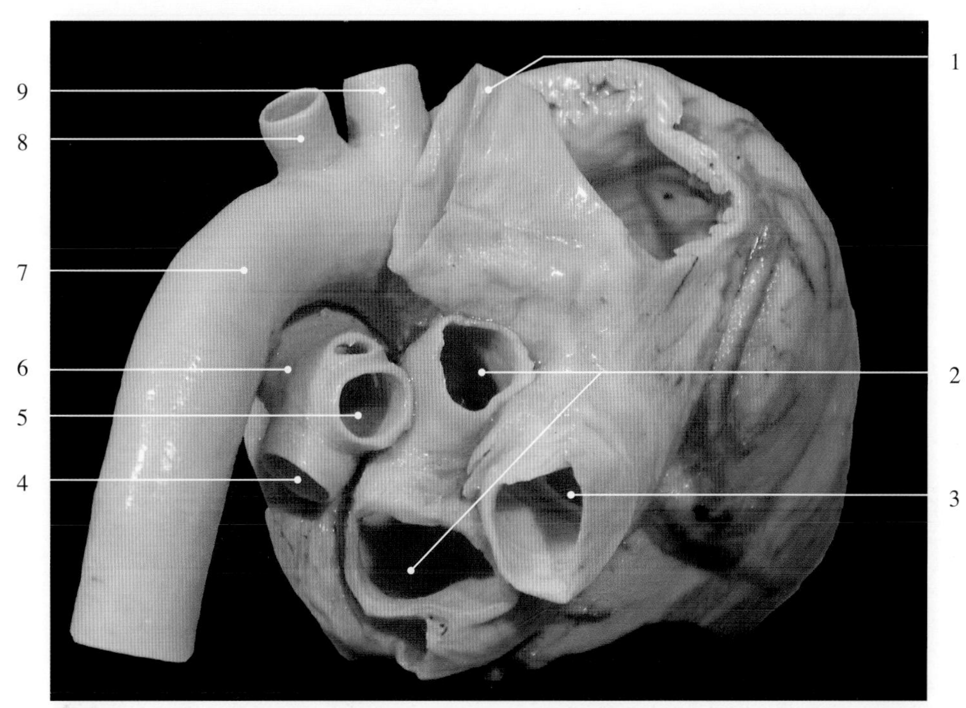

图 10-1-56　猪右心室肺动脉口

1. 前腔静脉　cranial vena cava
2. 肺静脉　pulmonary veins
3. 后腔静脉　caudal vena cava
4. 左肺动脉　left pulmonary artery
5. 右肺动脉　right pulmonary artery
6. 肺动脉干　pulmonary trunk
7. 主动脉弓　aortic arch
8. 左锁骨下动脉　left subclavian artery
9. 臂头动脉　brachiocephalic artery

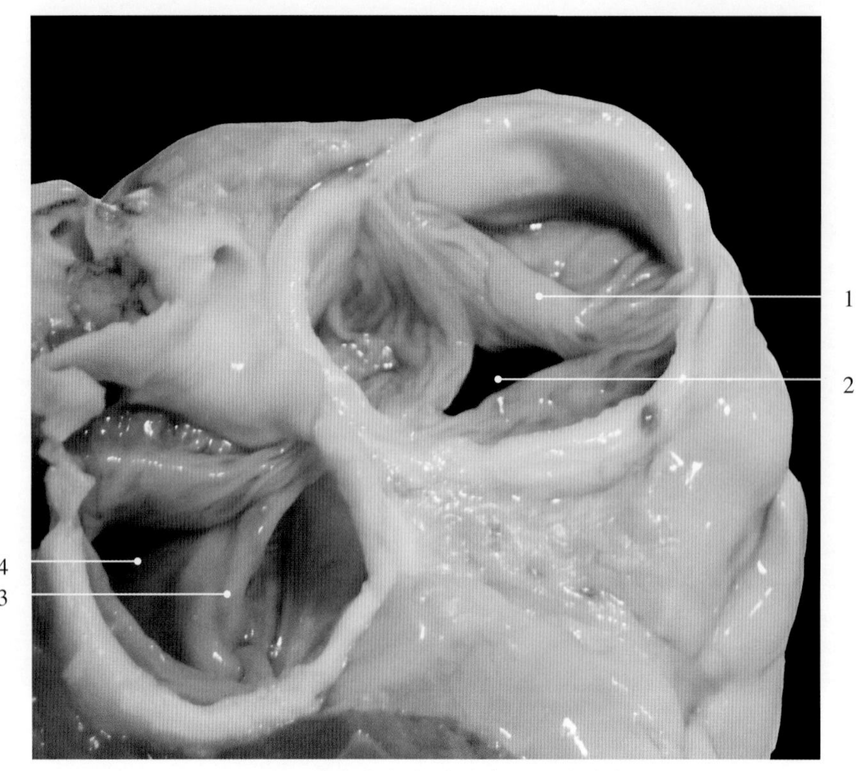

图10-1-57　犊牛右心室肺动脉口和肺动脉瓣

1. 肺动脉瓣 pulmonary valve
2. 肺动脉口 orifice of the pulmonary trunk
3. 主动脉瓣 aortic valve
4. 主动脉口 aortic orifice

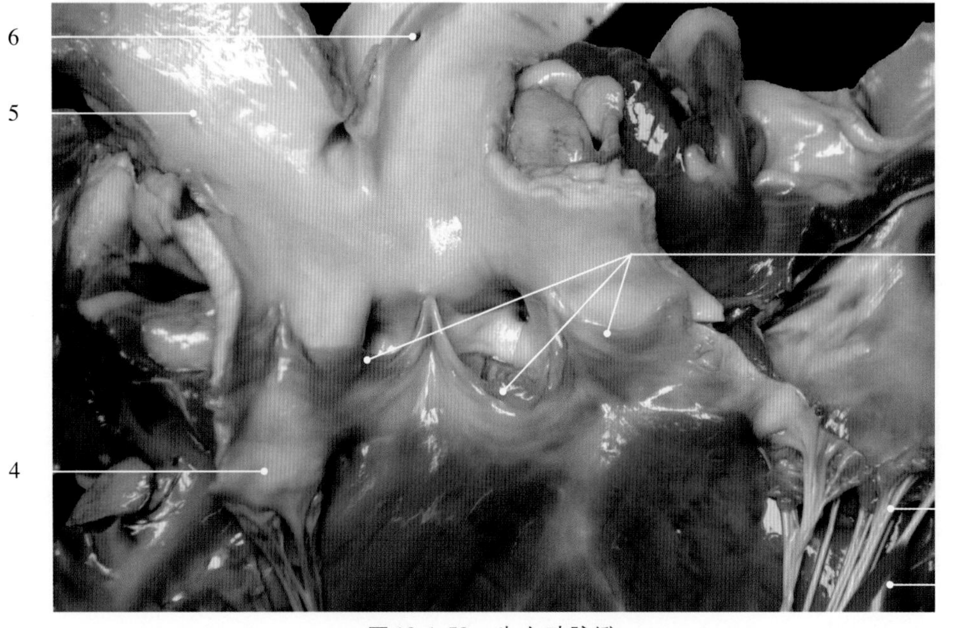

图10-1-58　牛主动脉瓣

1. 主动脉瓣（半月瓣）aortic valve（semilunar valve）
2. 腱索 chordae tendineae
3. 乳头肌 papillary muscle
4. 瓣膜（二尖瓣）valve (mitral valve)
5. 主动脉管壁 aortic wall
6. 肋间动脉 intercostal artery

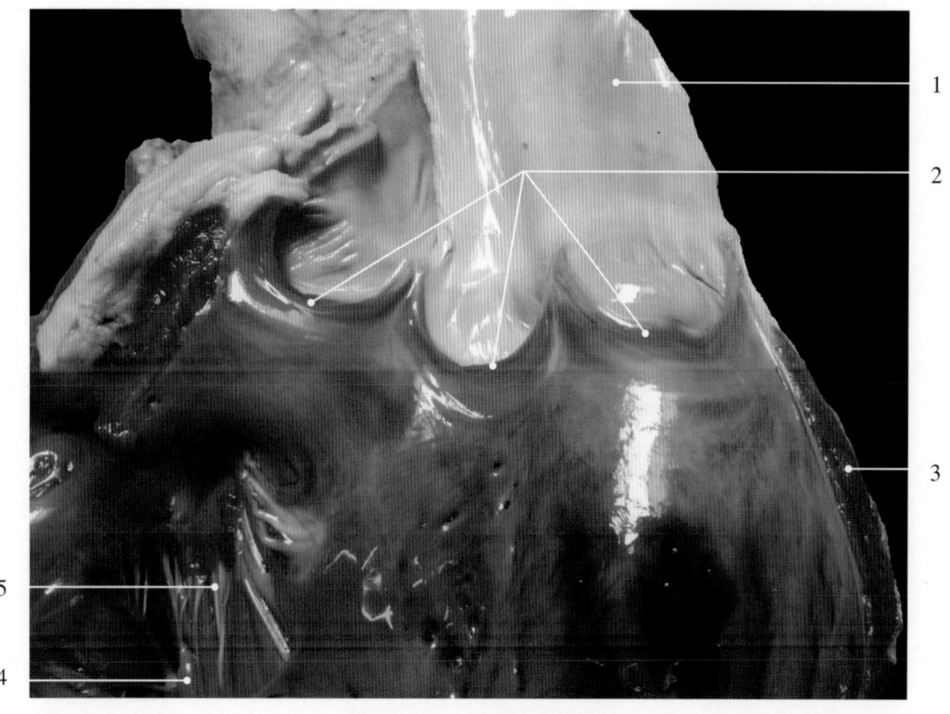

图10-1-59　牛肺动脉瓣

1. 肺动脉管壁 pulmonary artery wall
2. 肺动脉瓣（半月瓣）pulmonary valve（semilunar valve）
3. 右心室壁 right ventricular wall
4. 乳头肌 papillary muscle
5. 腱索 chordae tendineae

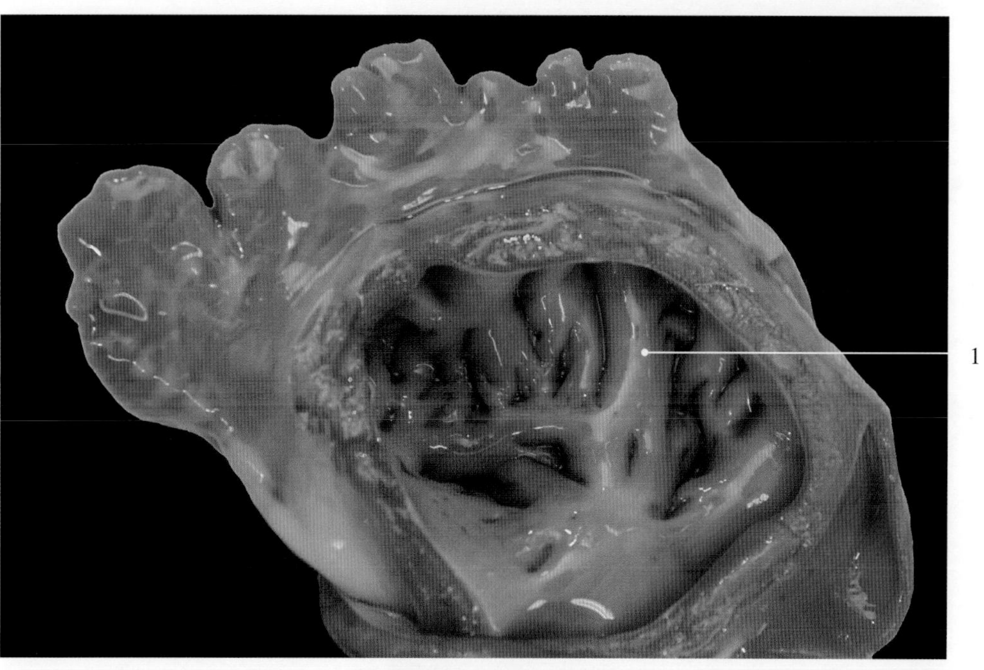

图10-1-60　猪左心耳

1. 梳状肌 pectinate muscle

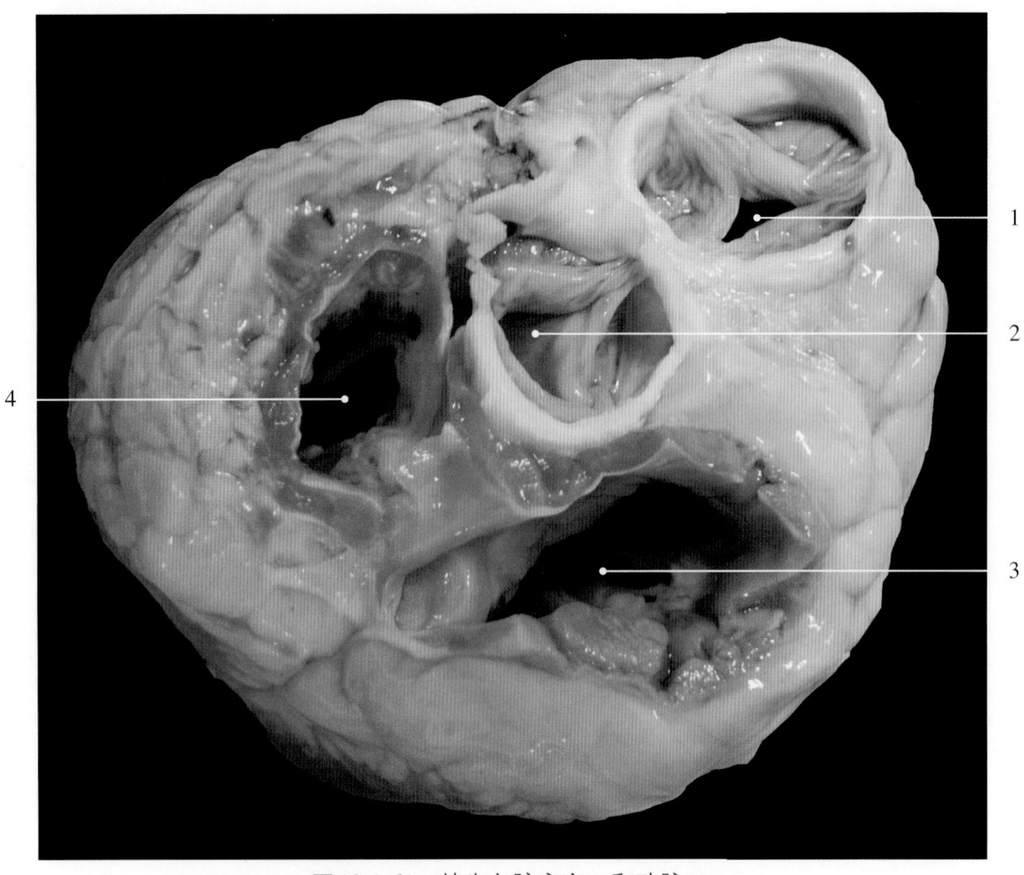

图10-1-61　犊牛心脏房室口和动脉口

1. 肺动脉口 orifice of the pulmonary trunk
2. 主动脉口 aortic orifice
3. 右房室口 right atrioventricular orifice
4. 左房室口 left atrioventricular orifice

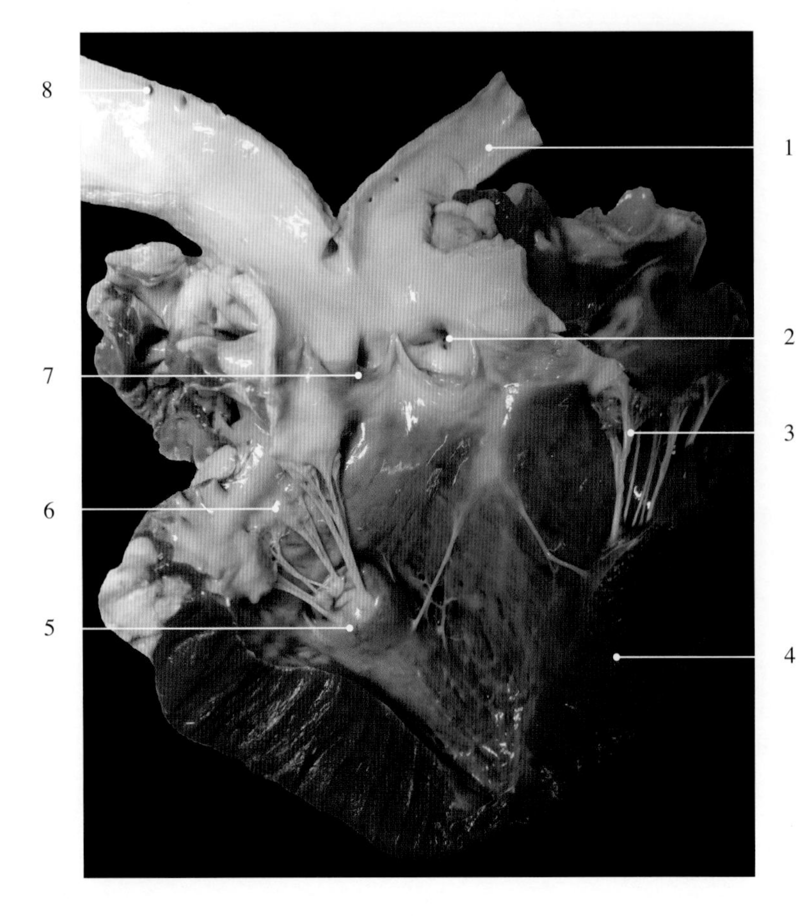

图10-1-62　牛左心腔（剖开）

1. 主动脉管壁 aortic wall
2. 冠状动脉口 coronary ostium
3. 腱索 chordae tendineae
4. 左心室壁 left ventricular wall
5. 乳头肌 papillary muscle
6. 瓣膜（二尖瓣）valve (mitral valve)
7. 主动脉瓣 aortic valve
8. 肋间动脉 intercostal artery

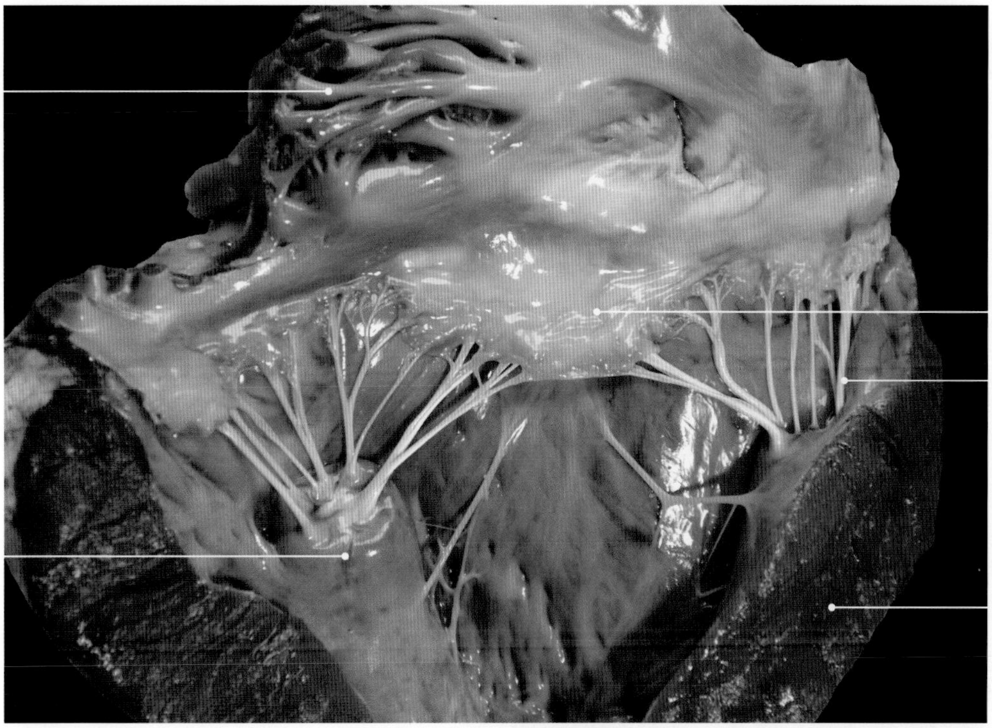

5
1
2
4
3

图 10-1-63　牛二尖瓣

1. 瓣膜（二尖瓣）valve (mitral valve)
2. 腱索 chordae tendineae
3. 左心室壁 left ventricular wall
4. 乳头肌 papillary muscle
5. 左心耳梳状肌 pectinate muscles in the left auricle

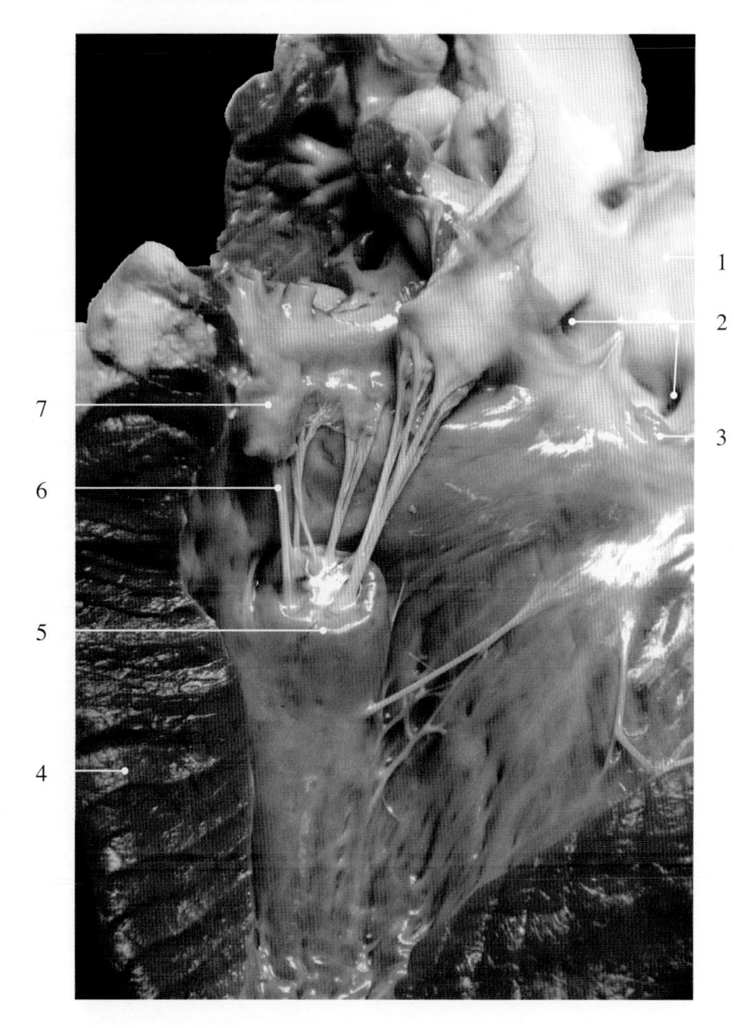

图 10-1-64　牛左心室乳头肌和腱索

1. 主动脉管壁 aortic wall
2. 冠状动脉口 coronary ostium
3. 主动脉瓣 aortic valve
4. 左心室壁 left ventricular wall
5. 乳头肌 papillary muscle
6. 腱索 chordae tendineae
7. 瓣膜（二尖瓣）valve (mitral valve)

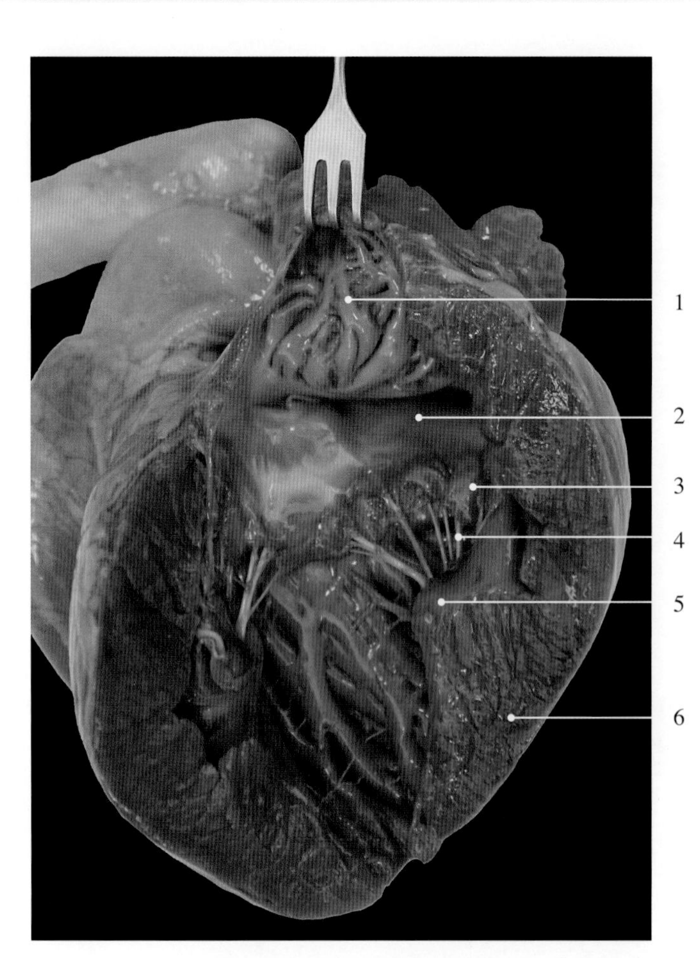

图10-1-65　猪心脏左房室口

1. 左心耳 left auricle
2. 左房室口 left atrioventricular orifice
3. 二尖瓣 mitral valve
4. 腱索 chordae tendineae
5. 乳头肌 papillary muscle
6. 左心室壁 left ventricular wall

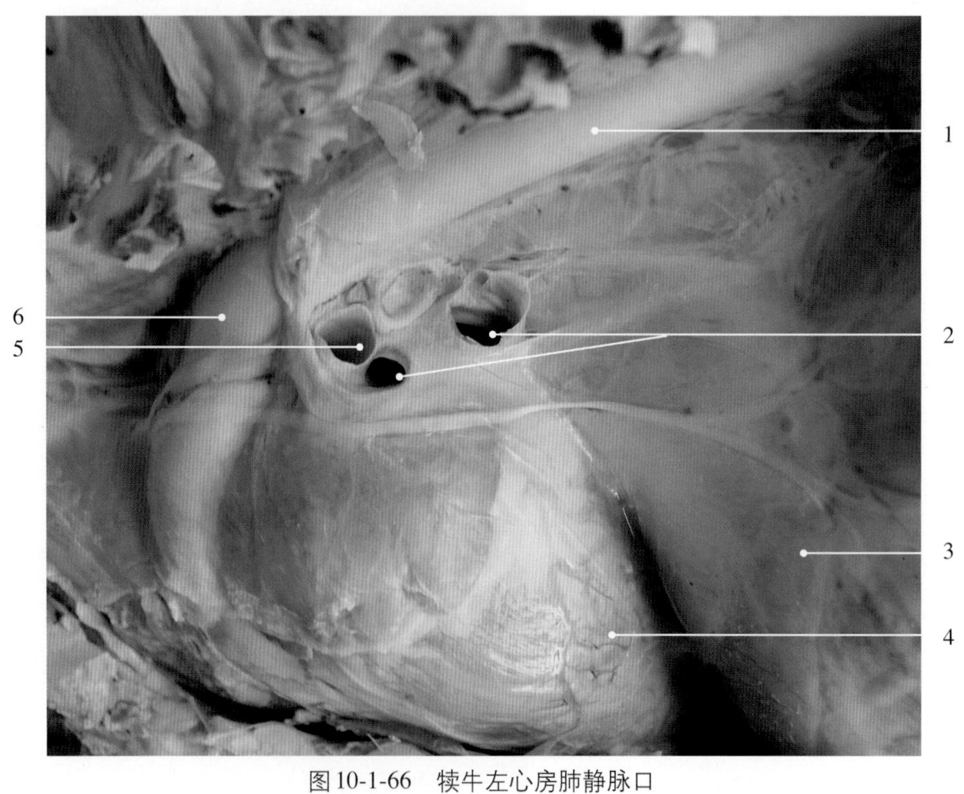

图10-1-66　犊牛左心房肺静脉口

1. 主动脉 aorta
2. 肺静脉 pulmonary veins
3. 膈 diaphragm
4. 心脏 heart
5. 左肺动脉 left pulmonary artery
6. 主动脉弓 aortic arch

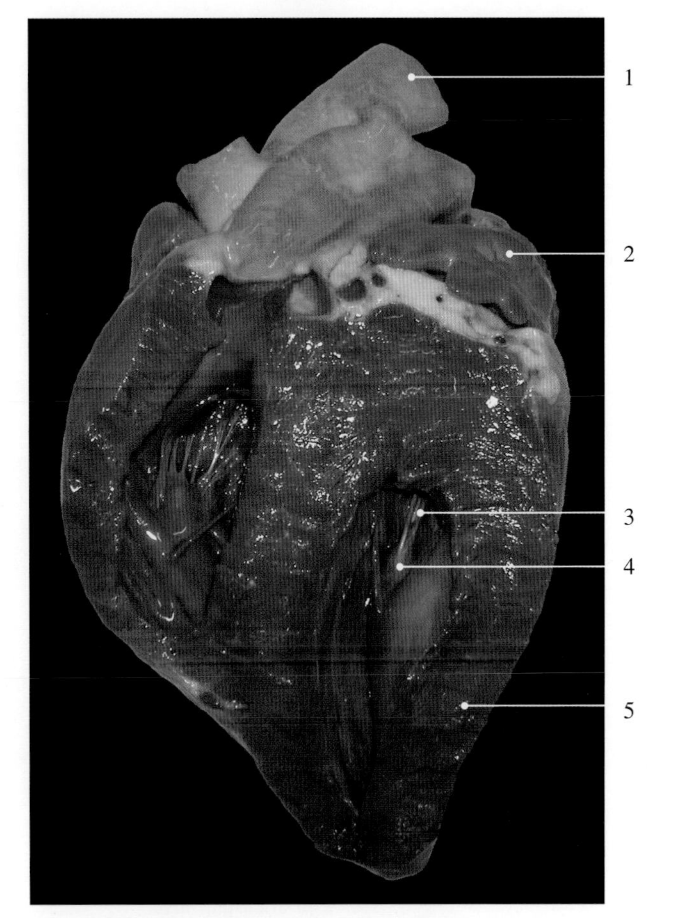

图10-1-67　驴左心室壁

心壁的厚度和结构反映了心脏每个具体部位所承受的负荷。有些疾病如瓣膜狭窄或闭锁不全和扩张性心肌病，心肌将发生肥大和/或扩张。心室扩大通过X线摄影或超声检查可观察到。

1. 主动脉 aorta
2. 左心耳 left auricle
3. 腱索 chordae tendineae
4. 乳头肌 papillary muscle
5. 左心室壁 left ventricular wall

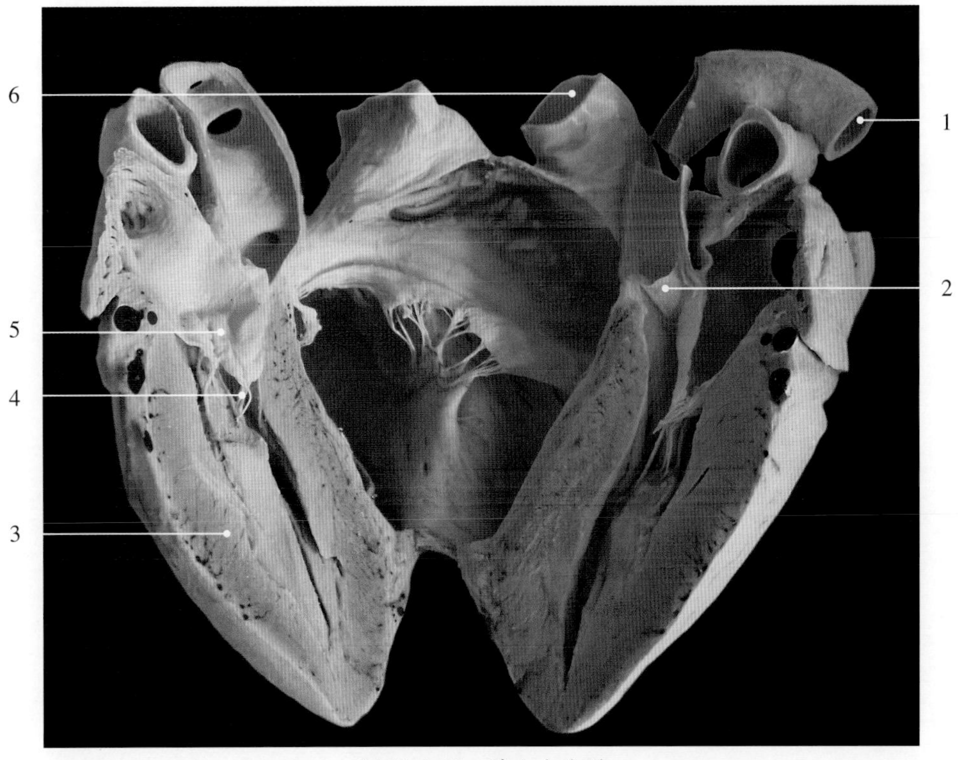

图10-1-68　猪左心室壁

1. 主动脉 aorta
2. 主动脉瓣 aortic valve
3. 左心室壁 left ventricular wall
4. 腱索 chordae tendineae
5. 二尖瓣 mitral valve
6. 后腔静脉 caudal vena cava

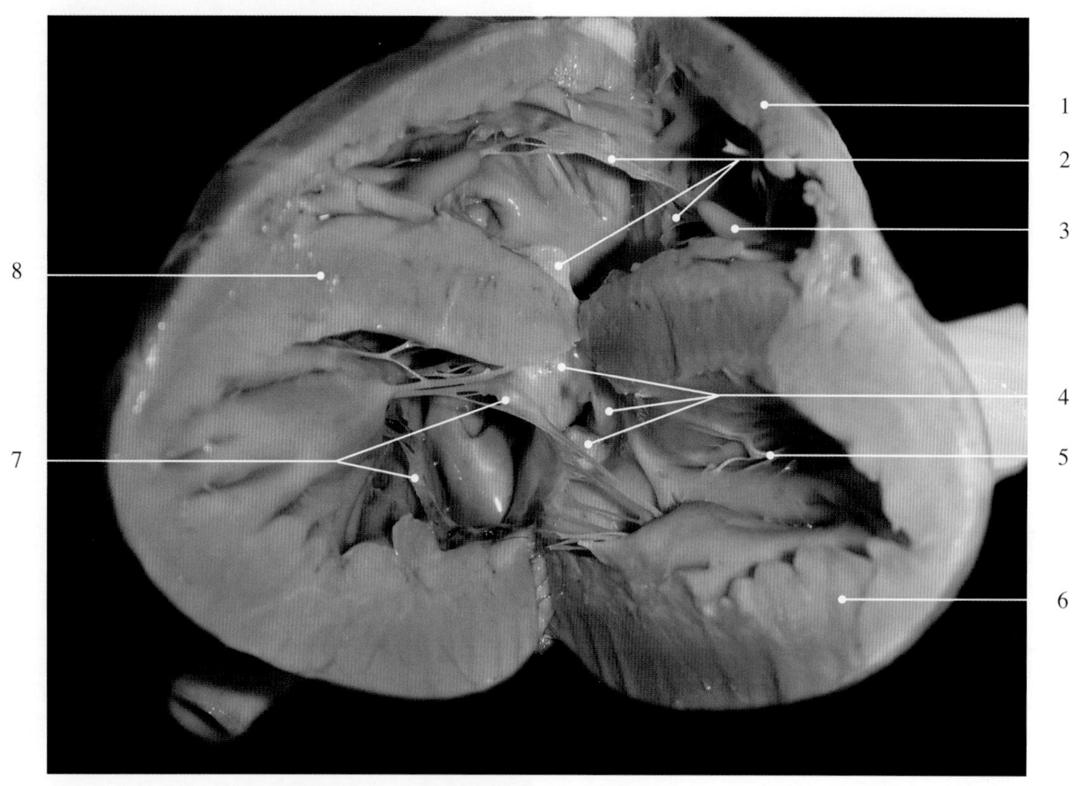

图10-1-69　犬心室壁

1. 右心室壁 right ventricular wall
2. 三尖瓣 tricuspid valve
3. 乳头肌 papillary muscle
4. 主动脉瓣 aortic valve
5. 腱索 chordae tendineae
6. 左心室壁 left ventricular wall
7. 二尖瓣 mitral valve
8. 室间隔 interventricular septum

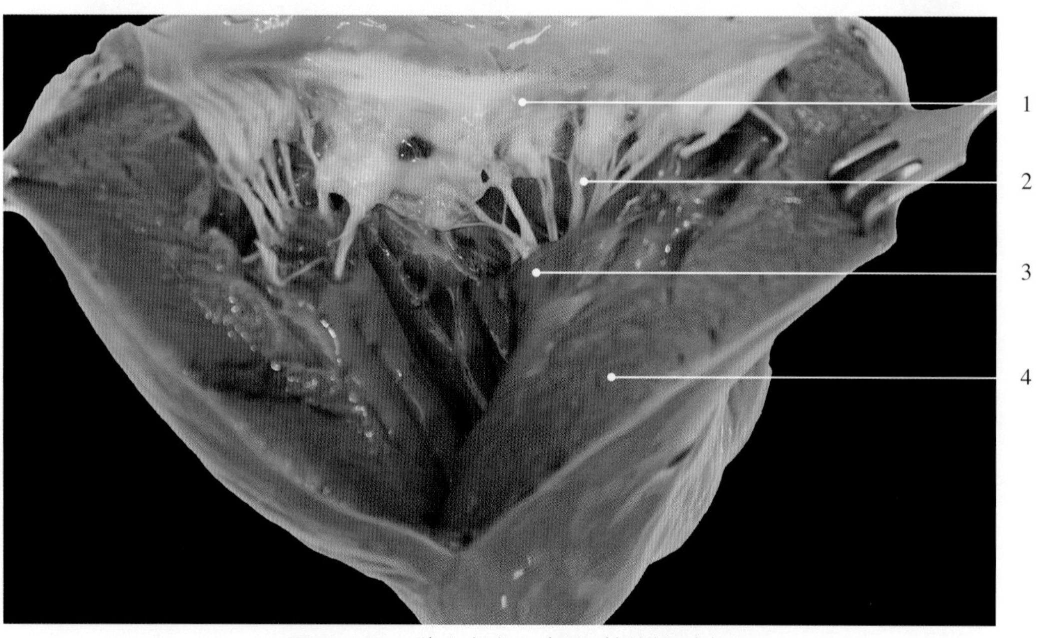

图10-1-70　猪左心室二尖瓣（新鲜标本）

1. 二尖瓣 mitral valve
2. 腱索 chordae tendineae
3. 乳头肌 papillary muscle
4. 左心室壁 left ventricular wall

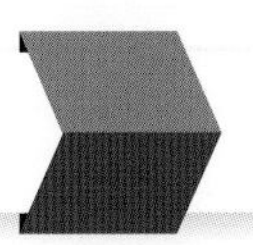

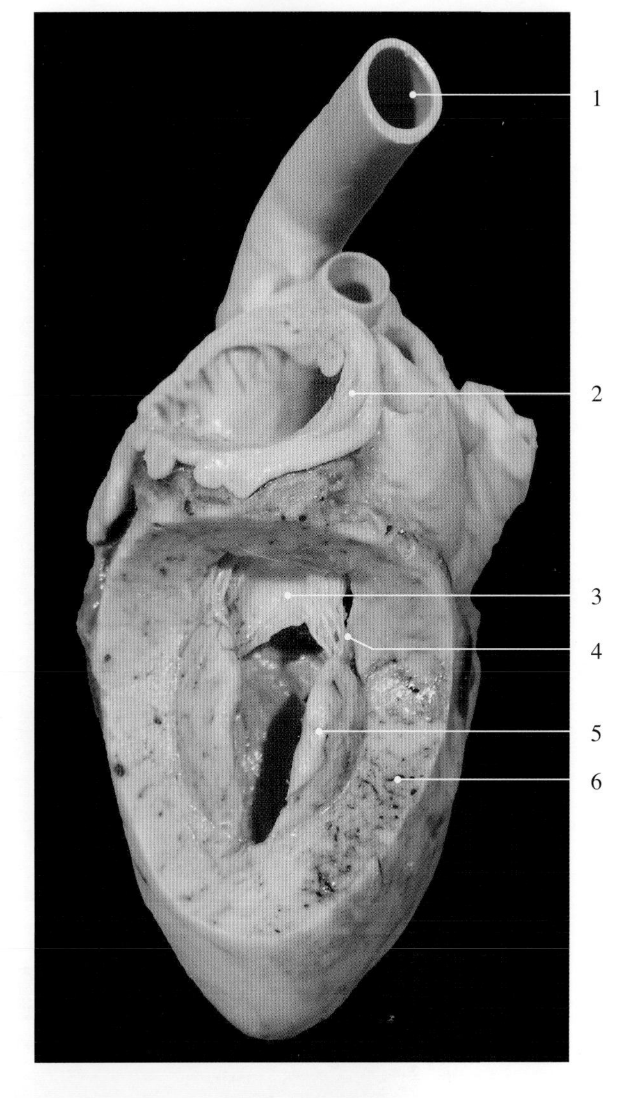

图 10-1-71　猪左心室二尖瓣（塑化标本）

1. 主动脉 aorta
2. 左心耳 left auricle
3. 二尖瓣 mitral valve
4. 腱索 chordae tendineae
5. 乳头肌 papillary muscle
6. 左心室壁 left ventricular wall

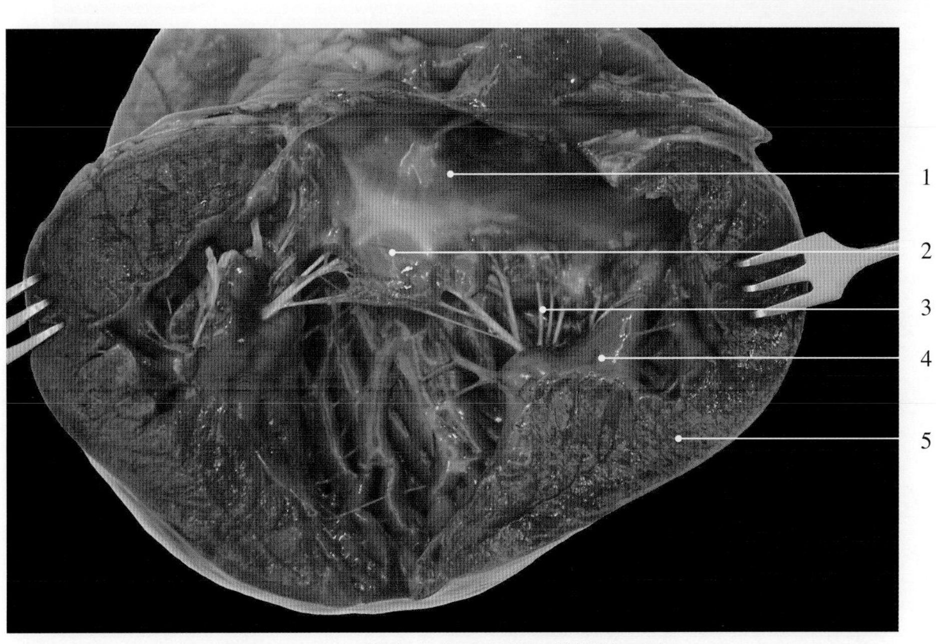

图 10-1-72　猪左心室乳头肌（新鲜标本）

1. 房室口 atrioventricular orifice
2. 二尖瓣 mitral valve
3. 腱索 chordae tendineae
4. 乳头肌 papillary muscle
5. 左心室壁 left ventricular wall

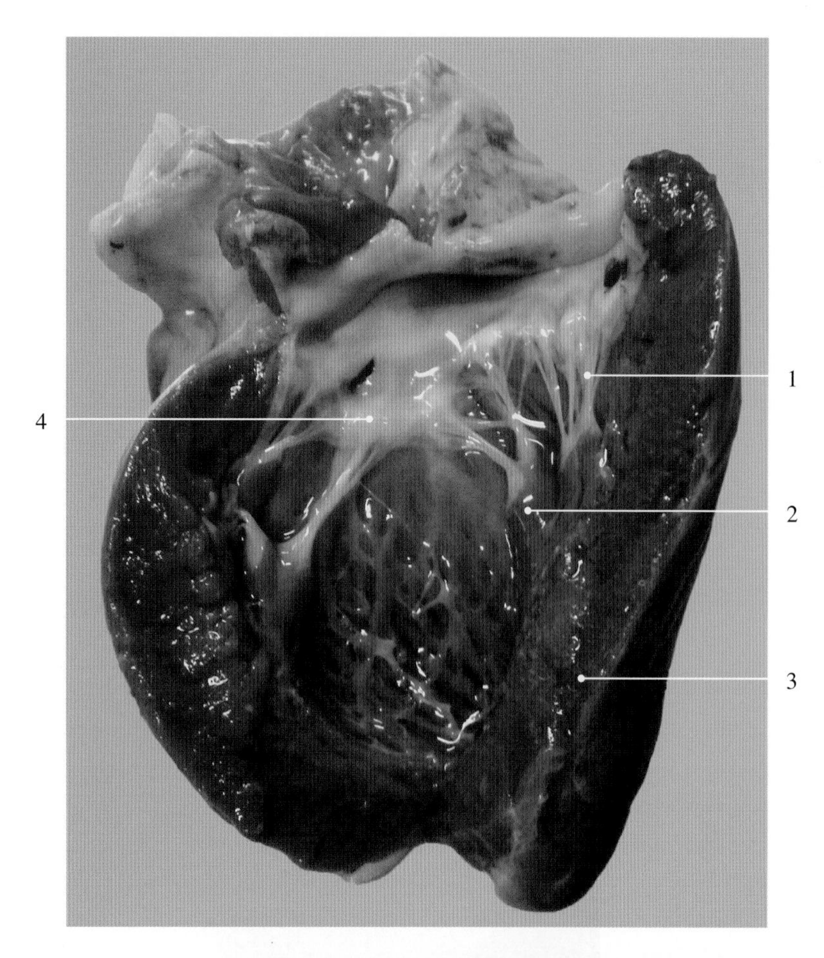

图10-1-73 猕猴左心室乳头肌

1. 腱索 chordae tendineae
2. 乳头肌 papillary muscle
3. 左心室壁 left ventricular wall
4. 二尖瓣 mitral valve

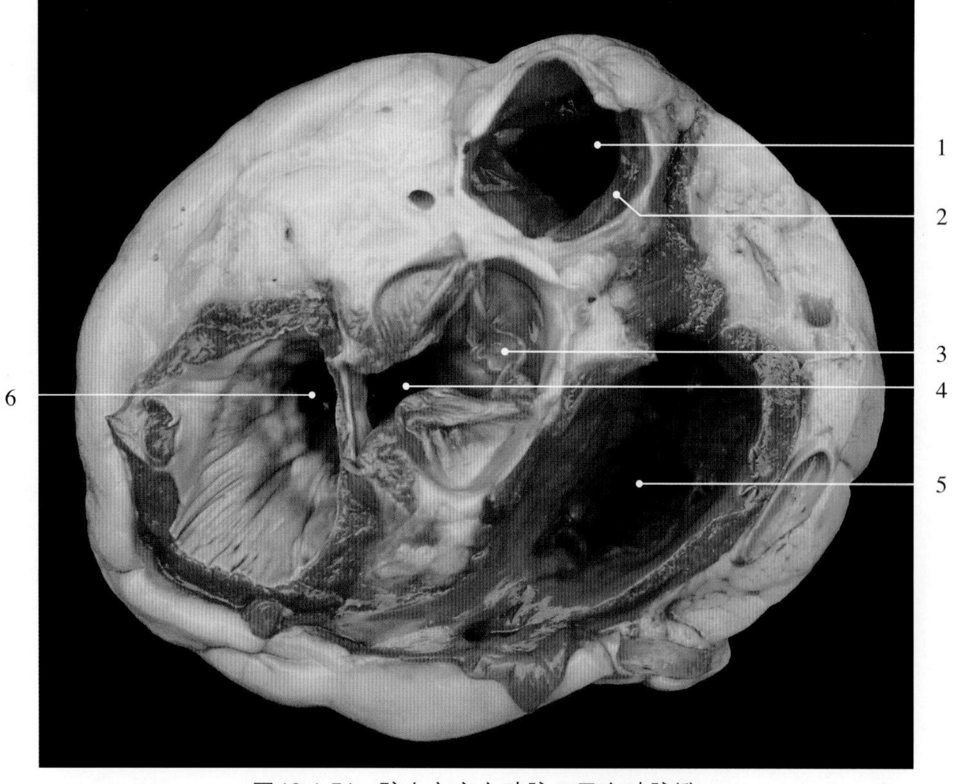

图10-1-74 驴左心室主动脉口及主动脉瓣

1. 肺动脉口 orifice of the pulmonary trunk
2. 肺动脉瓣 pulmonary valve
3. 主动脉瓣 aortic valve
4. 主动脉口 aortic orifice
5. 右房室口 right atrioventricular orifice
6. 左房室口 left atrioventricular orifice

图10-1-75　猪左心室主动脉口及主动脉瓣

1. 主动脉瓣 aortic valves
2. 主动脉 aorta

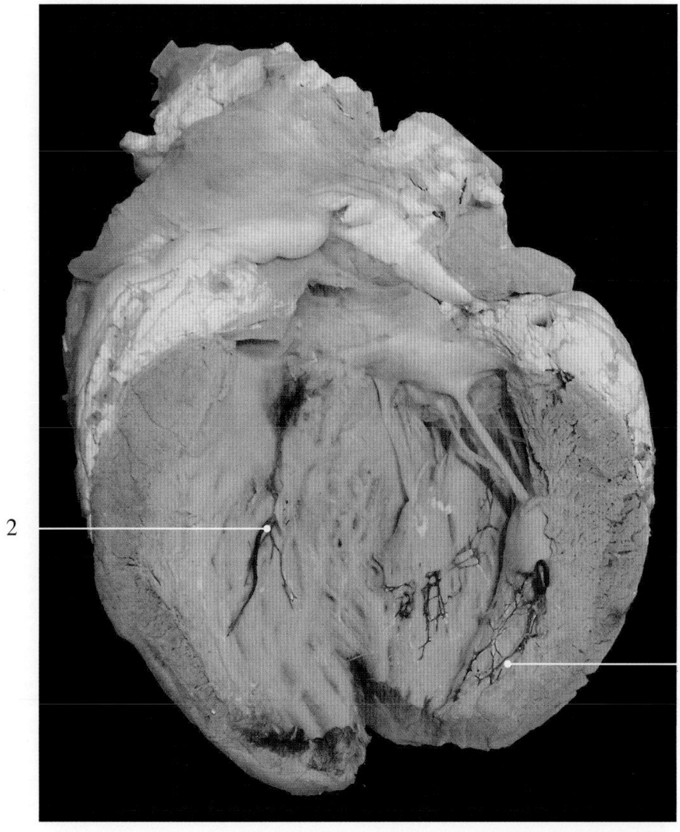

图10-1-76　心脏传导系统

一般认为，窦房结的兴奋性最高，能自动产生节律性的兴奋，传至心房肌，使心房收缩；同时经心房肌传至房室结，再经房室束及其分支和浦肯野纤维传至心室肌，使心室收缩。如果心传导系统发生功能障碍，就会出现心律失常等症状。

1. 浦肯野纤维 Purkinje fibers
2. 左房室束 left atrioventricular bundle

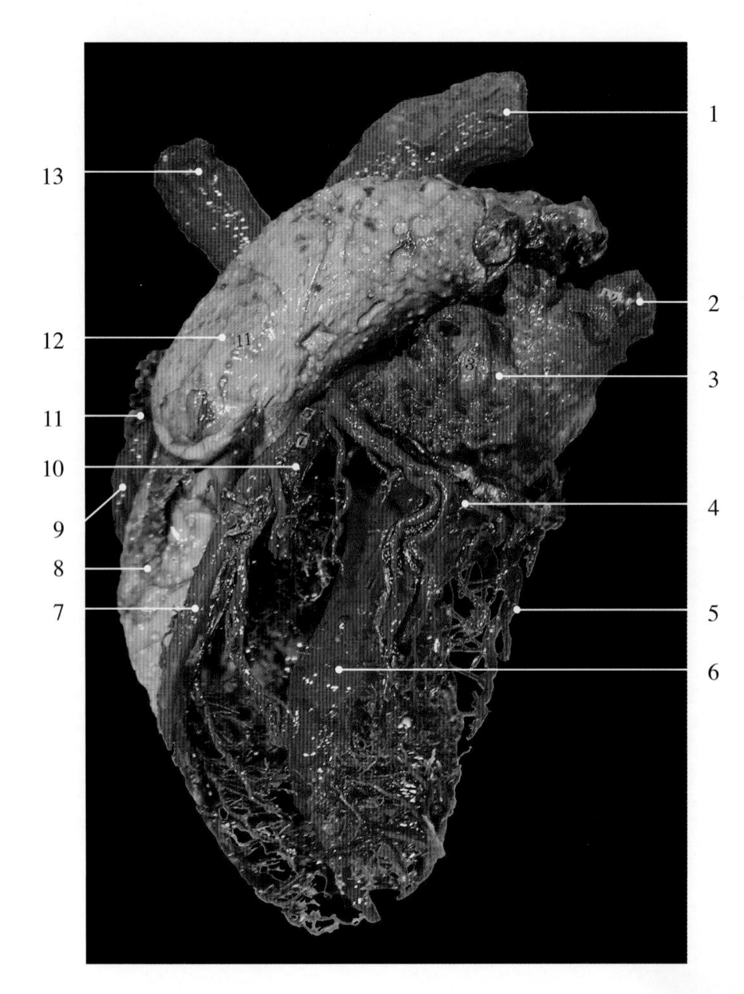

图10-1-77　马心脏血管左侧观（铸型标本）

1. 主动脉 aorta
2. 肺静脉 pulmonary vein
3. 左心耳 left auricle
4. 左旋支 left circumflex branch
5. 心室缘支 ventricular branch
6. 左心室 left ventricle
7. 锥旁室间支 paraconal interventricular branch
8. 右心室 right ventricle
9. 右旋支 right circumflex branch
10. 心中静脉 middle cardiac vein
11. 右心耳 right auricle
12. 肺动脉干 pulmonary trunk
13. 臂头动脉干 brachiocephalic trunk

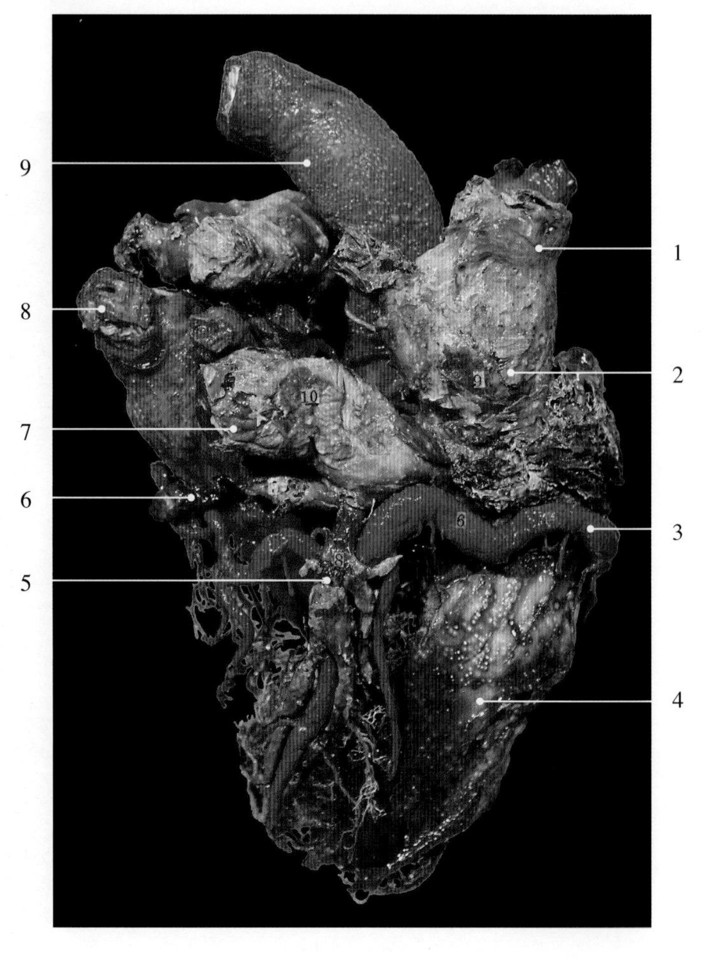

图10-1-78　马心脏血管右侧观（铸型标本）

1. 前腔静脉 cranial vena cava
2. 静脉窦 venous sinus
3. 右旋支 right circumflex branch
4. 右心室 right ventricle
5. 心中静脉 middle cardiac vein
6. 心大静脉 great cardiac vein
7. 后腔静脉 caudal vena cava
8. 肺静脉 pulmonary vein
9. 主动脉 aorta

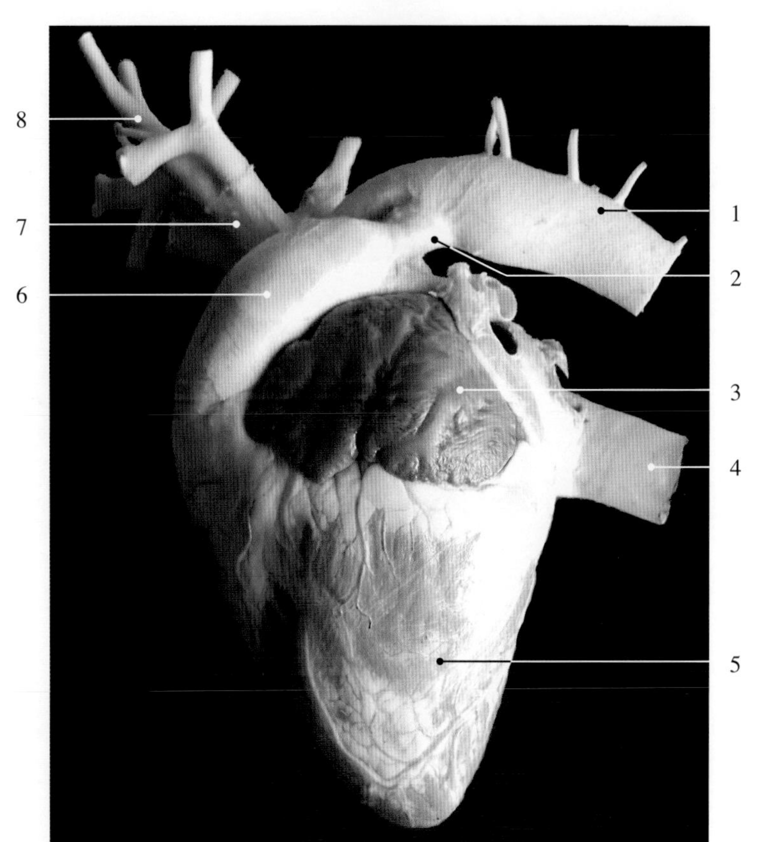

图 10-1-79　犊牛心脏动脉韧带左侧观

1. 主动脉 aorta
2. 动脉韧带 arterial ligament
3. 左心耳 left auricle
4. 后腔静脉 caudal vena cava
5. 左心室 left ventricle
6. 肺动脉干 pulmonary trunk
7. 臂头动脉干 brachiocephalic trunk
8. 双颈动脉干 bicarotid trunk

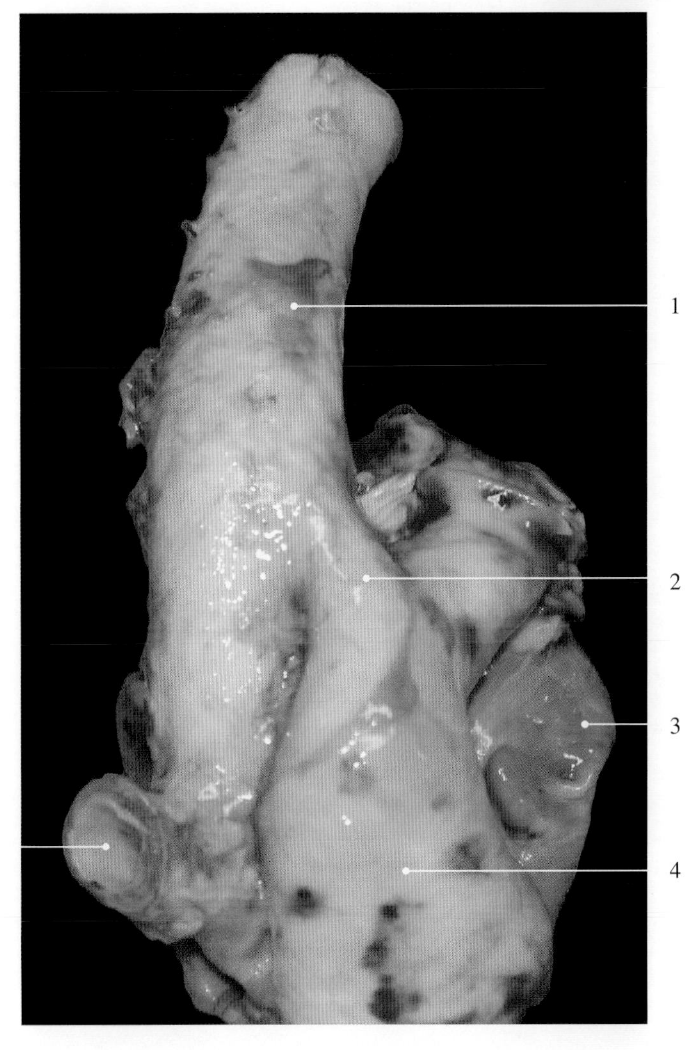

图 10-1-80　犊牛心脏动脉韧带背侧观

1. 主动脉 aorta
2. 动脉韧带 arterial ligament
3. 左心耳 left auricle
4. 肺动脉干 pulmonary trunk
5. 臂头动脉干 brachiocephalic trunk

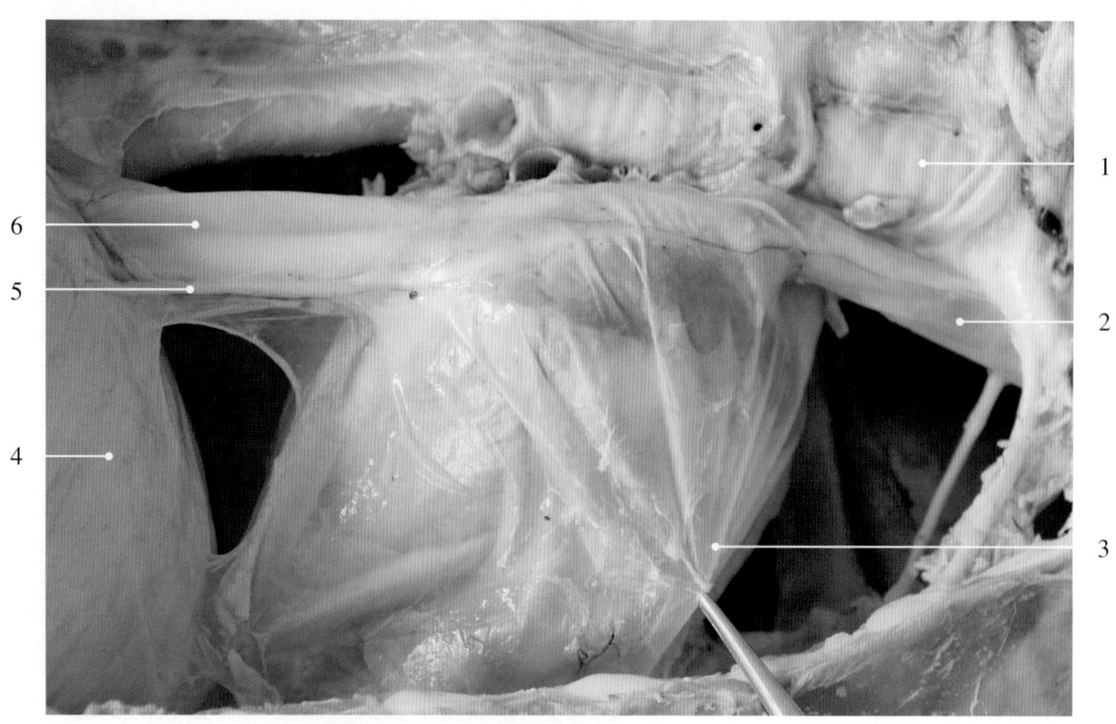

图10-1-81　犊牛心包

1. 气管 trachea
2. 前腔静脉 cranial vena cava
3. 心包 pericardium
4. 膈 diaphragm
5. 膈神经 phrenic nerve
6. 后腔静脉 caudal vena cava

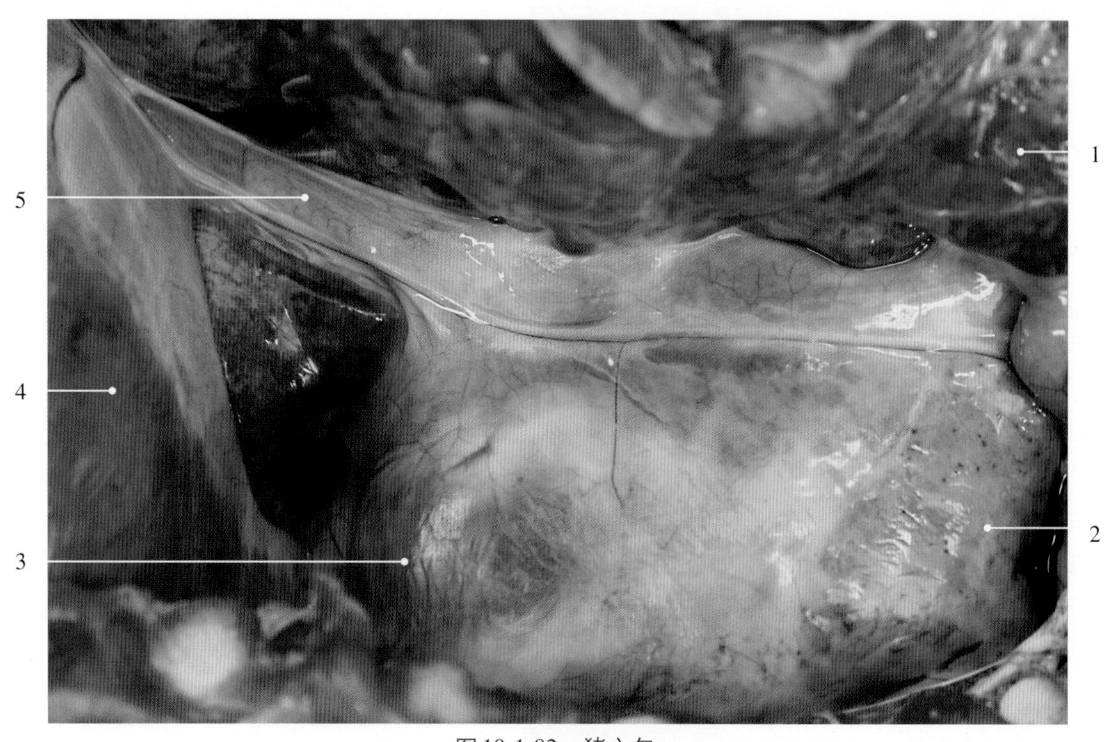

图10-1-82　猪心包

1. 肺 lung
2. 胸腺 thymus
3. 心包 pericardium
4. 膈 diaphragm
5. 后腔静脉 caudal vena cava

图 10-1-83　猪心包切开

1. 心脏 heart　　2. 心包 pericardium

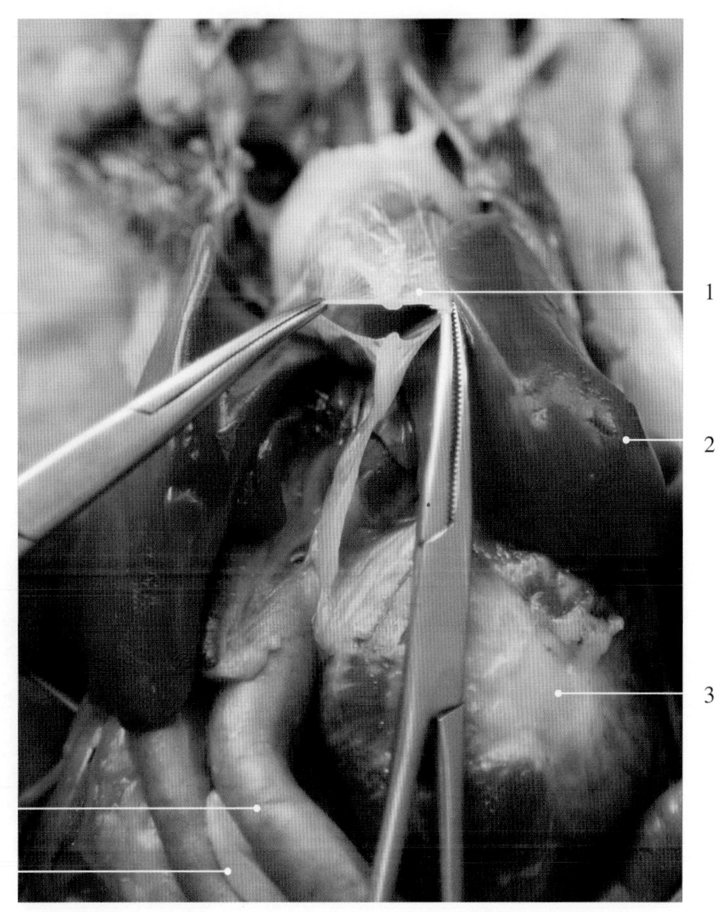

图 10-1-84　鸡心包

1. 心包 pericardium
2. 肝 liver
3. 肌胃 muscular stomach
4. 胰腺 pancreas
5. 十二指肠 duodenum

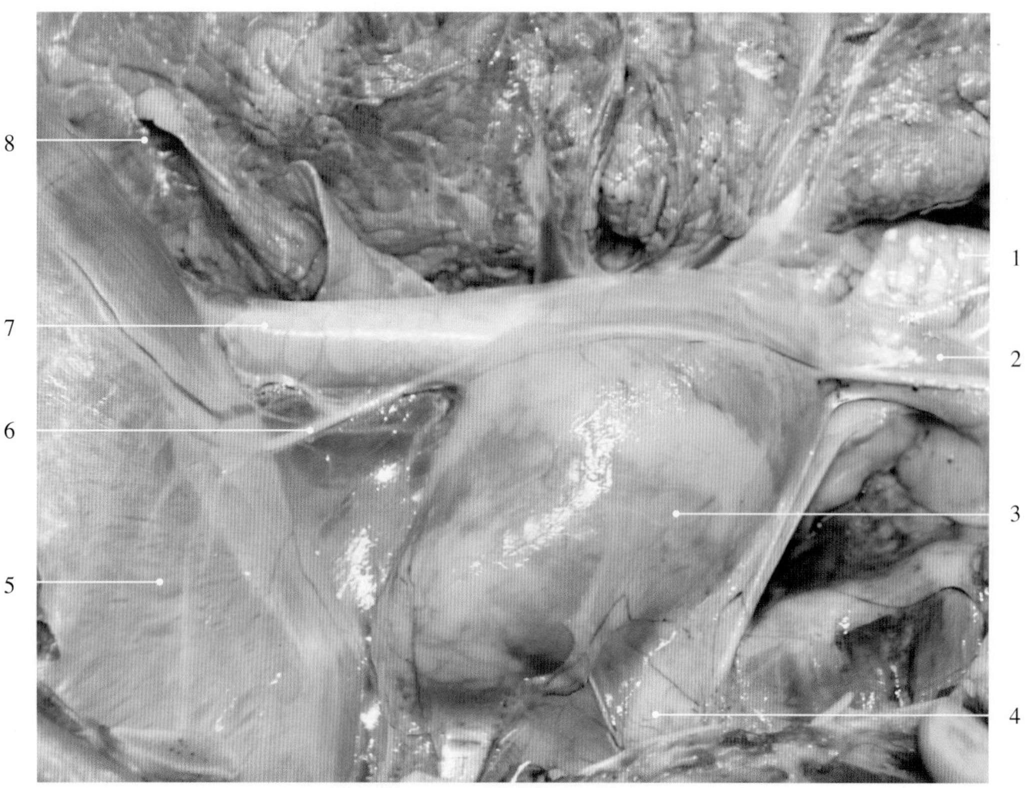

图10-1-85　犊牛胸骨心包韧带1

1. 气管 trachea
2. 前腔静脉 cranial vena cava
3. 心脏 heart
4. 胸骨心包韧带 stenopericardiac ligament
5. 膈 diaphragm
6. 膈神经 phrenic nerve
7. 后腔静脉 caudal vena cava
8. 肺 lung

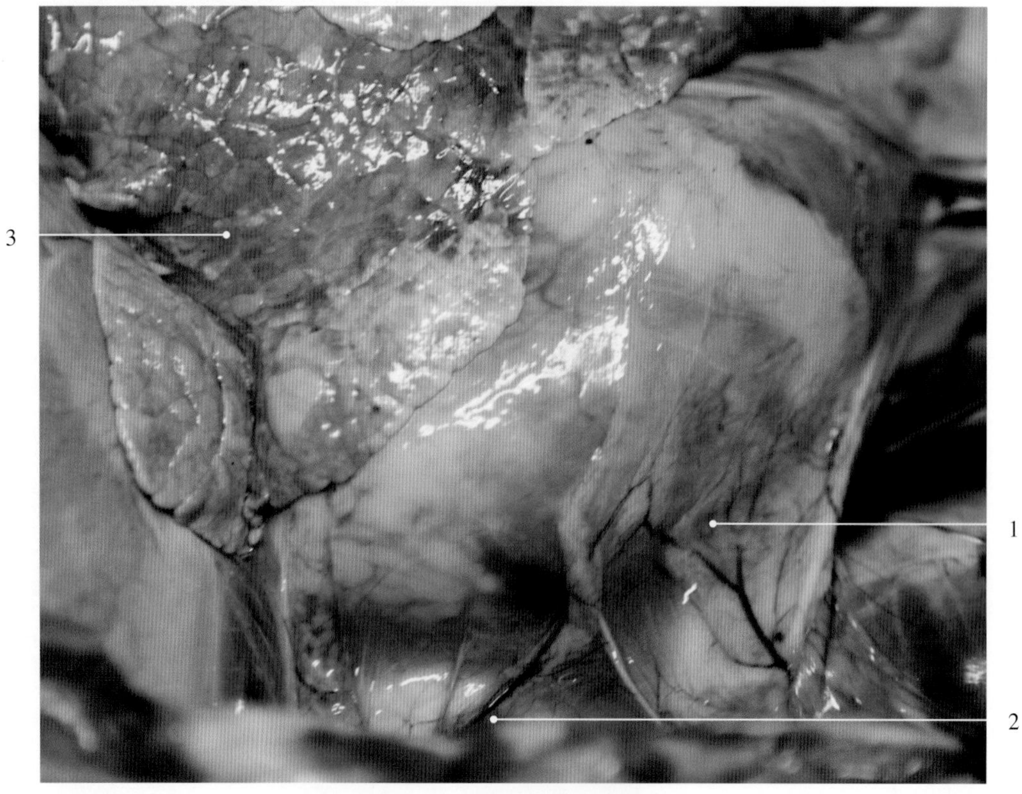

图10-1-86　犊牛胸骨心包韧带2

1. 心包 pericardium
2. 胸骨心包韧带 stenopericardiac ligament
3. 肺 lung

图 10-1-87　驴胸骨心包韧带

1. 肺 lung
2. 膈神经 phrenic nerve
3. 心脏 heart
4. 胸骨心包韧带 stenopericardiac ligament
5. 胸骨 breast bone, sternum

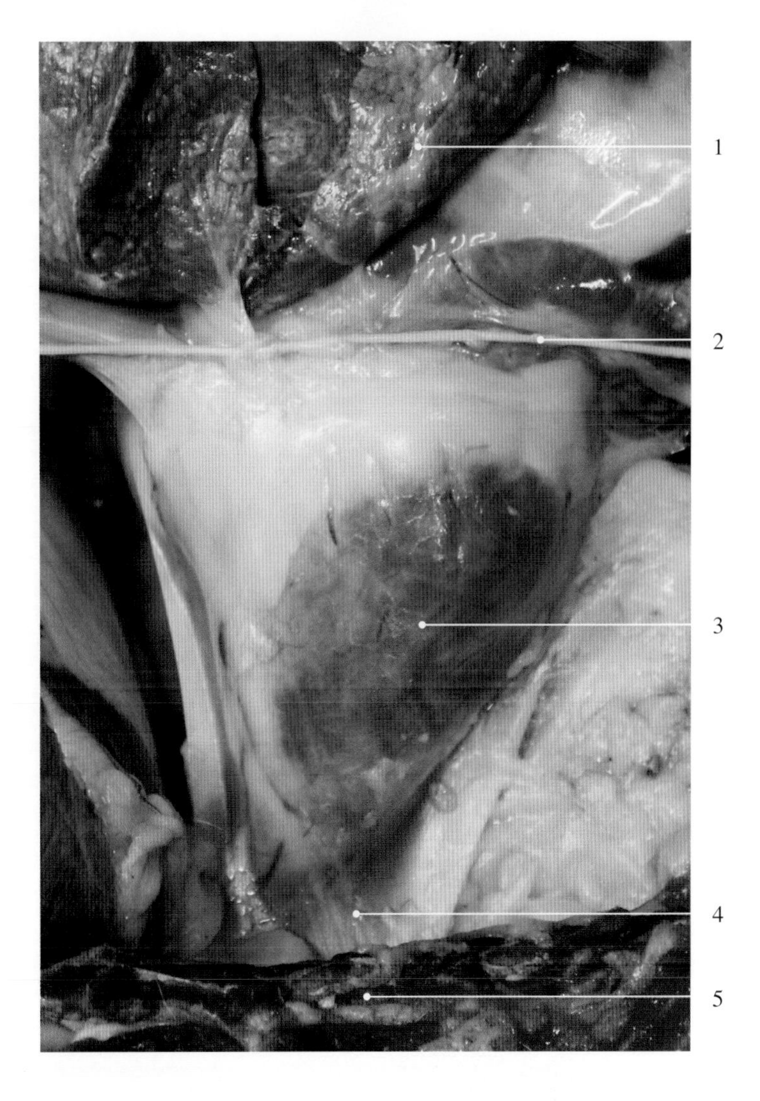

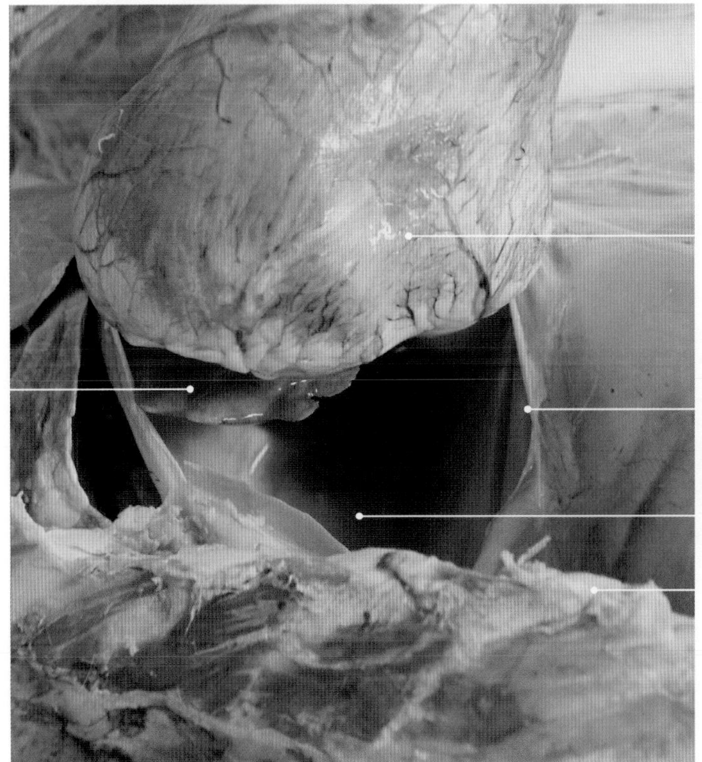

图 10-1-88　犊牛心包液（固定标本）

1. 心脏 heart
2. 心包 pericardium
3. 心包液 pericardial fluid
4. 胸骨 breast bone, sternum
5. 心耳 auricle

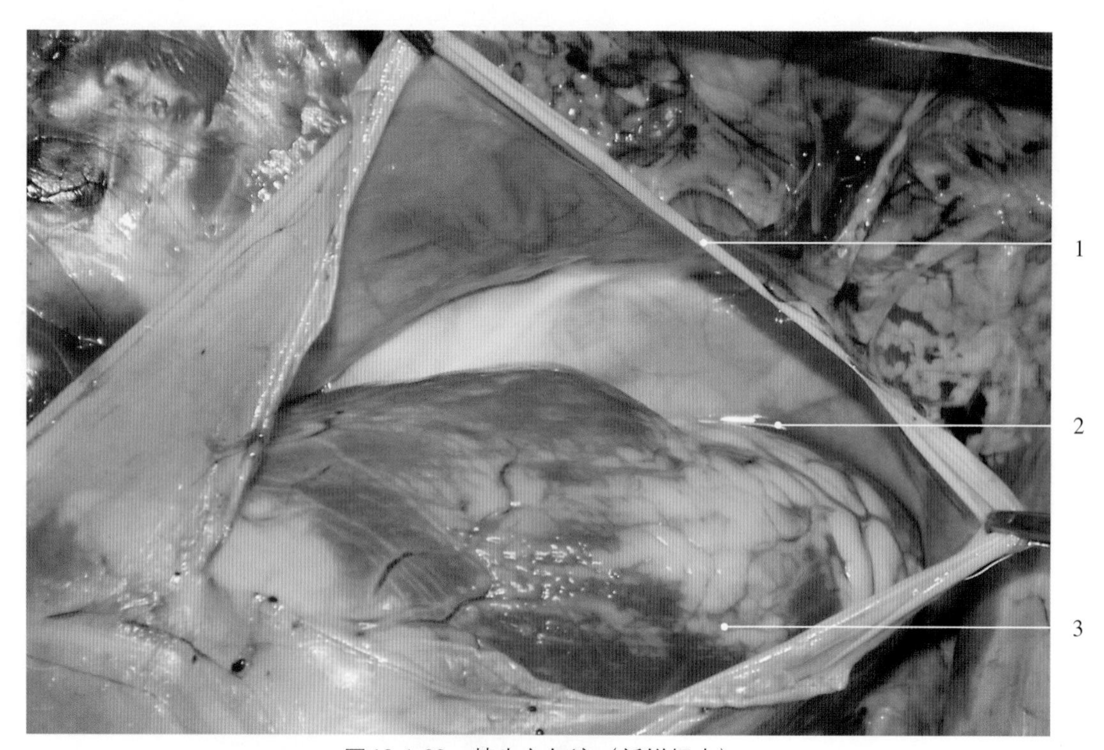

图10-1-89 犊牛心包液（新鲜标本）

1. 心包 pericardium 2. 心包液 pericardial fluid 3. 心脏 heart

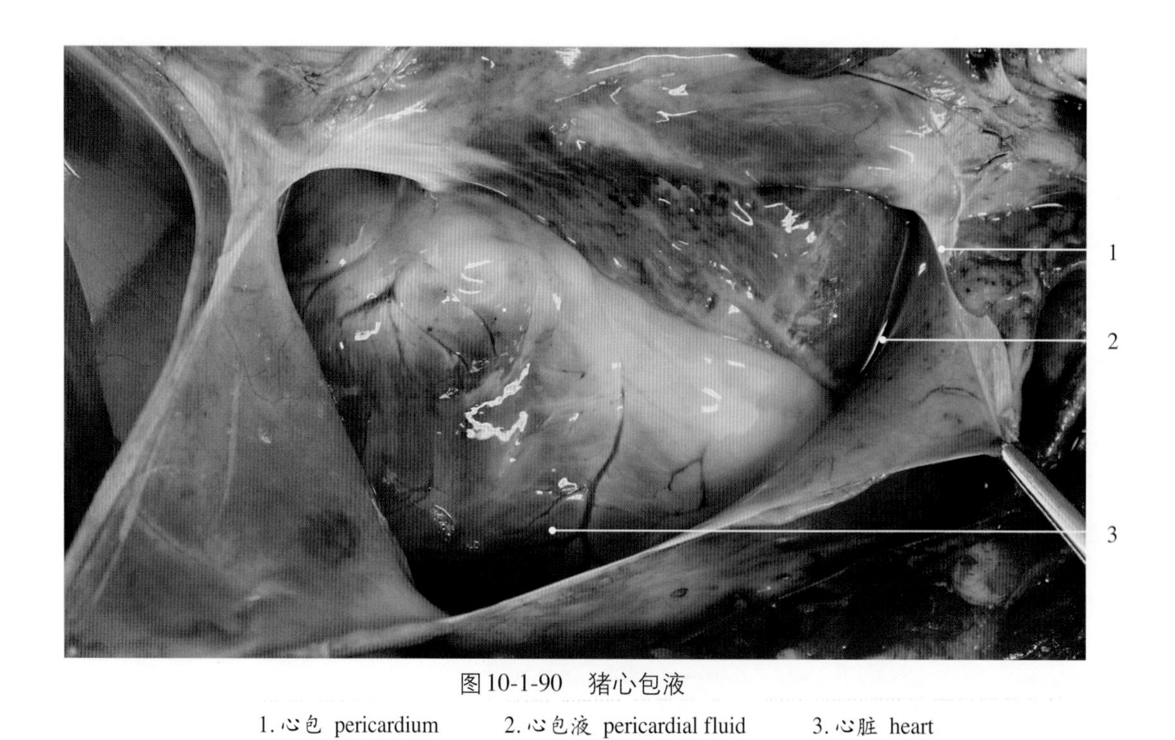

图10-1-90 猪心包液

1. 心包 pericardium 2. 心包液 pericardial fluid 3. 心脏 heart

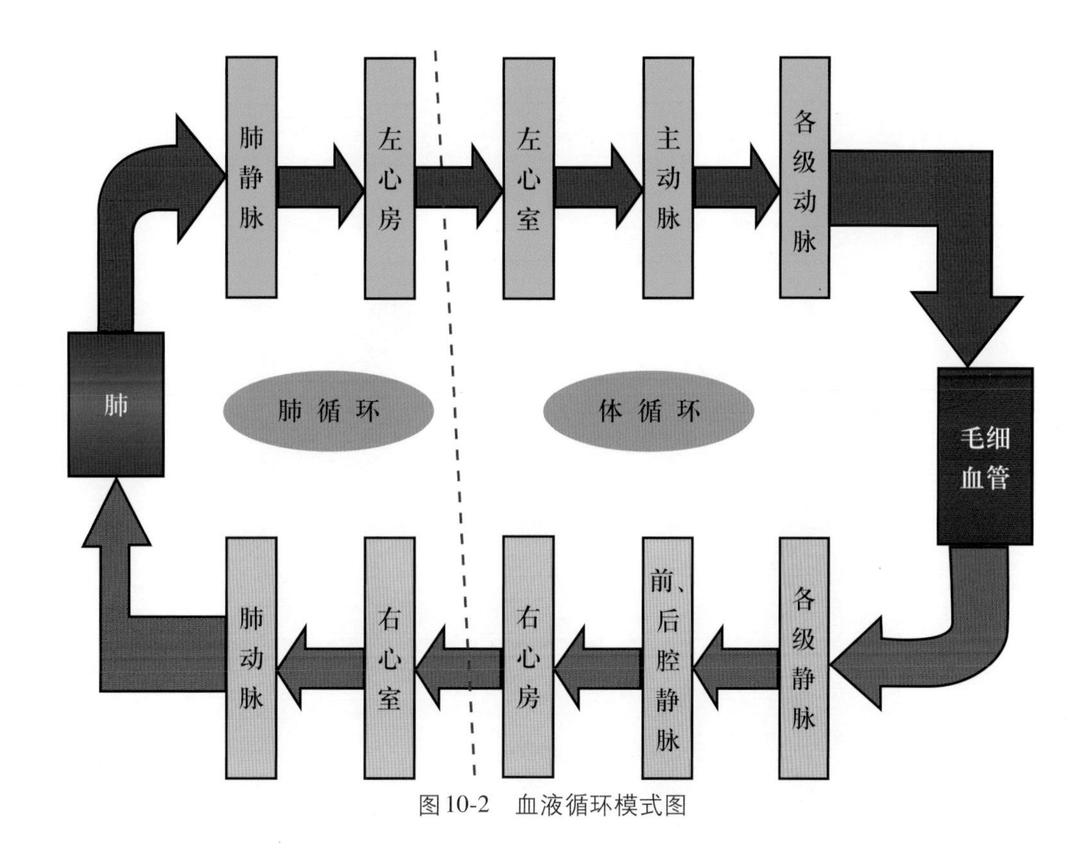

图10-2　血液循环模式图

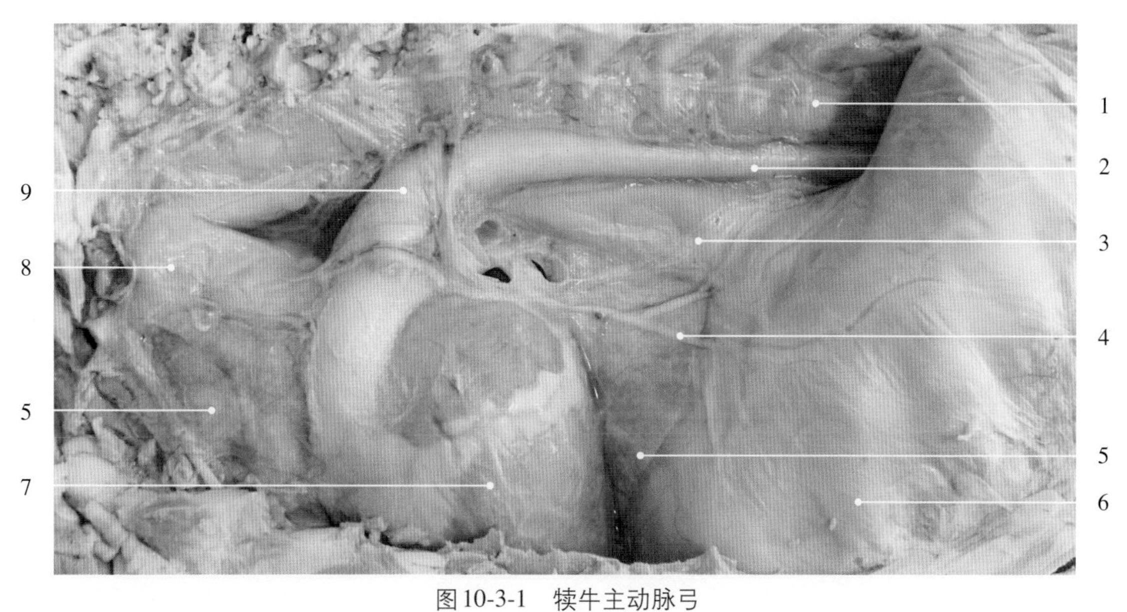

图10-3-1　犊牛主动脉弓

1. 交感神经干 sympathetic trunk
2. 胸主动脉 thoracic aorta
3. 食管 esophagus
4. 膈神经 phrenic nerve
5. 肺 lung
6. 膈 diaphragm
7. 心脏 heart
8. 胸腺 thymus
9. 主动脉弓 aortic arch

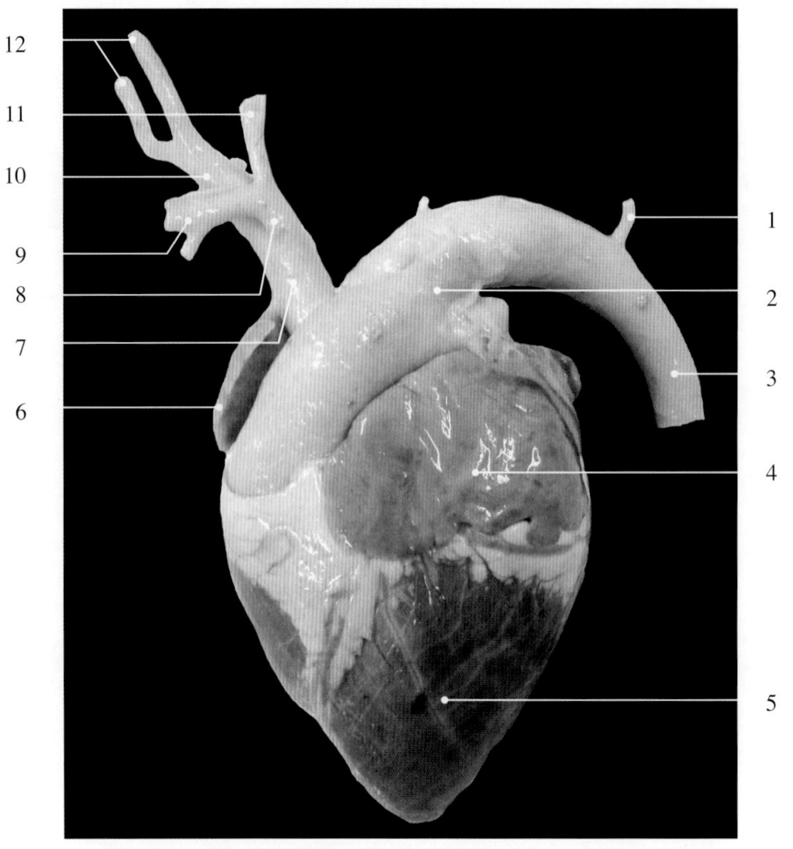

图10-3-2　牛主动脉弓

1. 肋间动脉　intercostal artery
2. 主动脉弓　aortic arch
3. 胸主动脉　thoracic aorta
4. 左心耳　left auricle
5. 左心室　left ventricle
6. 右心耳　right auricle
7. 臂头动脉干　brachiocephalic trunk
8. 左锁骨下动脉　left subclavian artery
9. 腋动脉　axillary artery
10. 双颈动脉干　bicarotid trunk
11. 肋颈动脉干　costocervical trunk
12. 左右颈总动脉　left and right common carotid arteries

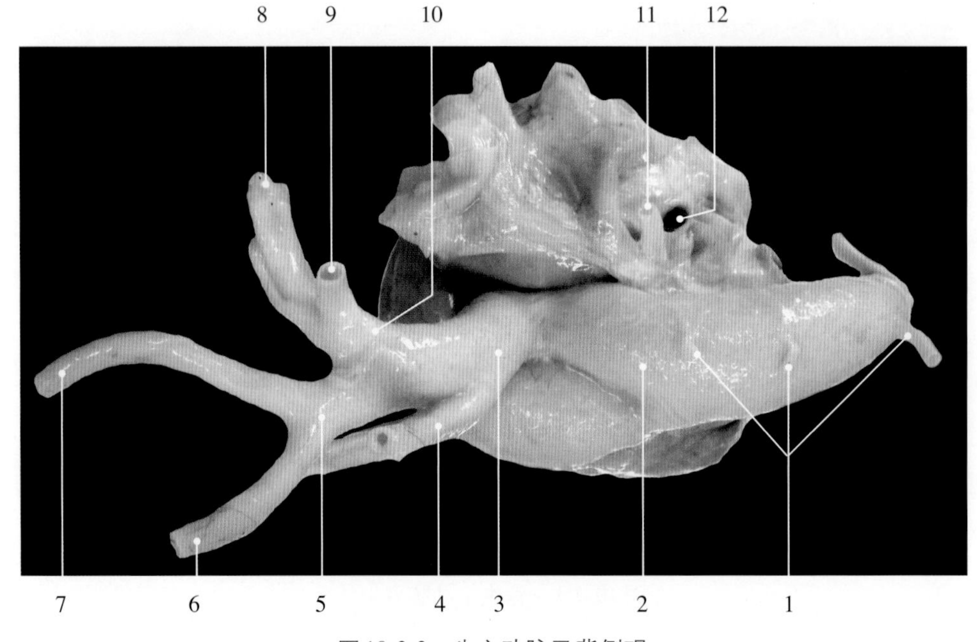

图10-3-3　牛主动脉弓背侧观

1. 肋间动脉　intercostal artery
2. 主动脉弓　aortic arch
3. 臂头动脉干　brachiocephalic trunk
4. 左锁骨下动脉　left subclavian artery
5. 双颈动脉干　bicarotid trunk
6. 左颈总动脉　left common carotid artery
7. 右颈总动脉　right common carotid artery
8. 右侧腋动脉　right axillary artery
9. 肋颈动脉干　costocervical trunk
10. 右锁骨下动脉　right subclavian artery
11. 左奇静脉　left azygos vein
12. 肺静脉口　pulmonary vein ostium

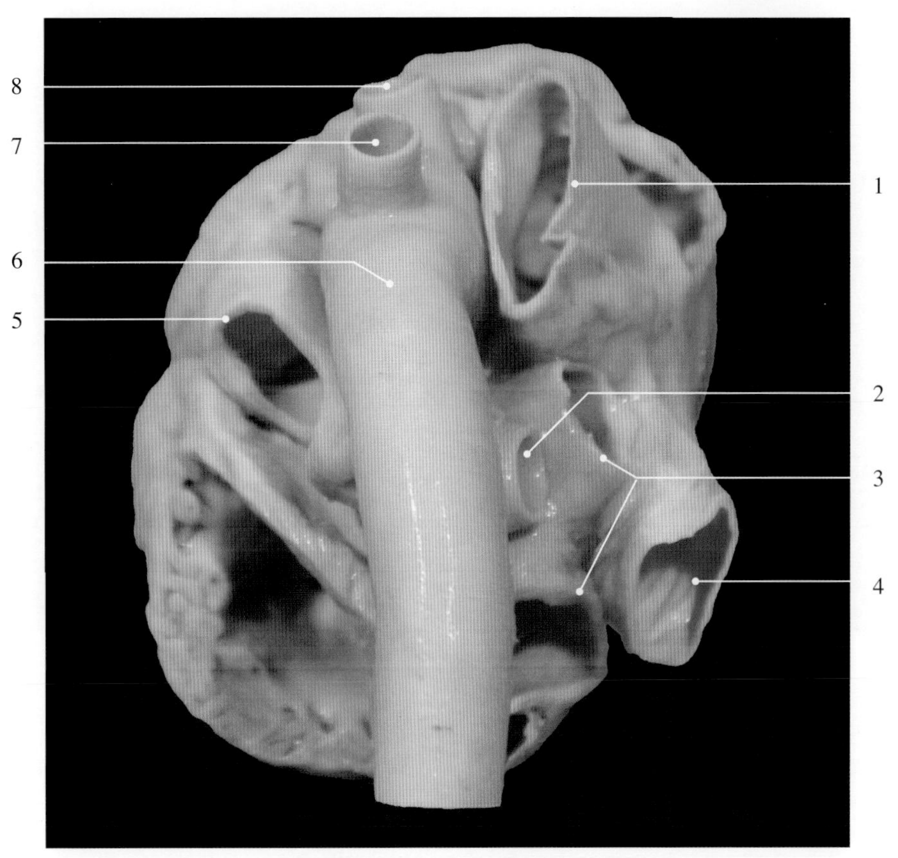

图10-3-4　猪主动脉弓

1. 前腔静脉 cranial vena cava
2. 右肺动脉 right pulmonary artery
3. 肺静脉 pulmonary veins
4. 后腔静脉 caudal vena cava
5. 肺动脉干 pulmonary trunk
6. 主动脉弓 aortic arch
7. 左锁骨下动脉 left subclavian artery
8. 臂头动脉 brachiocephalic artery

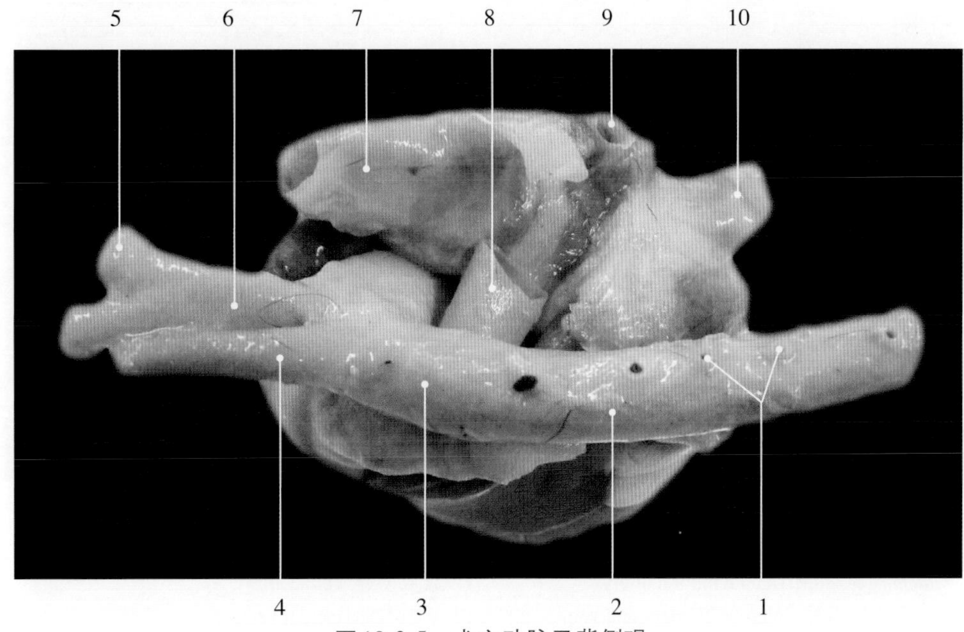

图10-3-5　犬主动脉弓背侧观

1. 肋间动脉 intercostal artery
2. 胸主动脉 thoracic aorta
3. 主动脉弓 aortic arch
4. 左锁骨下动脉 left subclavian artery
5. 右锁骨下动脉 right subclavian artery
6. 臂头动脉干 brachiocephalic trunk
7. 前腔静脉 cranial vena cava
8. 肺动脉干 pulmonary trunk
9. 右奇静脉口 right azygos vein ostium
10. 后腔静脉 caudal vena cava

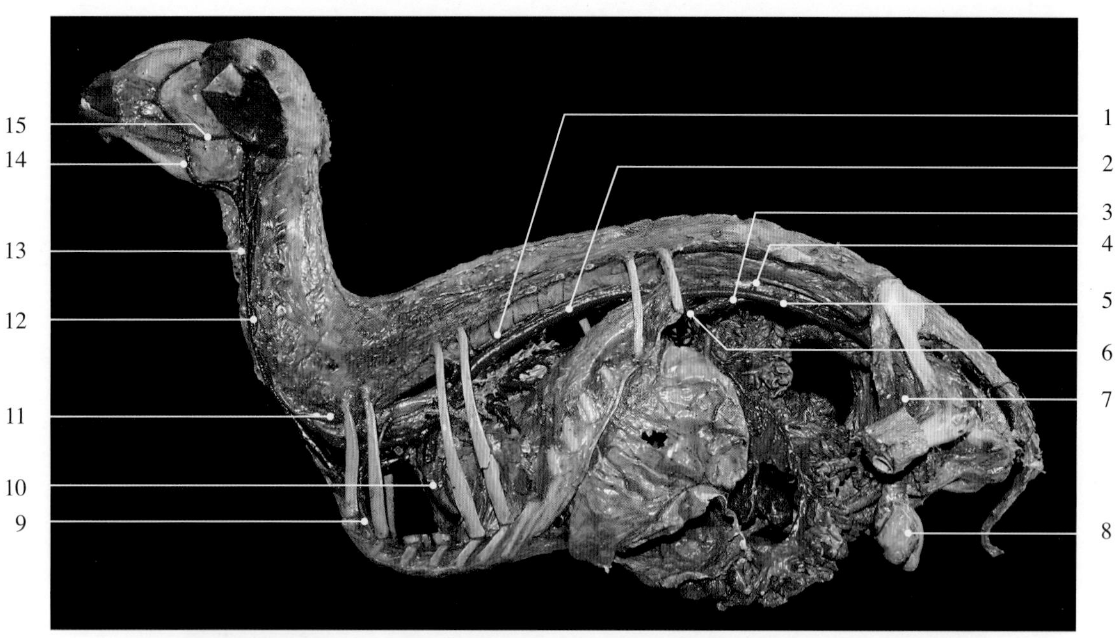

图10-3-6 犊牛全身血管左侧观

1. 左奇静脉 left azygos vein
2. 胸主动脉 thoracic aorta
3. 肾动脉 renal artery
4. 腰动脉 lumbar artery
5. 腹主动脉 abdominal aorta
6. 肠系膜前动脉 cranial mesenteric artery
7. 髂外动脉 external iliac artery
8. 睾丸 testis
9. 胸廓内动脉 internal thoracic artery
10. 心脏 heart
11. 椎动脉 vertebral artery
12. 颈总动脉 common carotid artery
13. 颈外静脉 external jugular vein
14. 面静脉 facial vein
15. 面动脉 facial artery

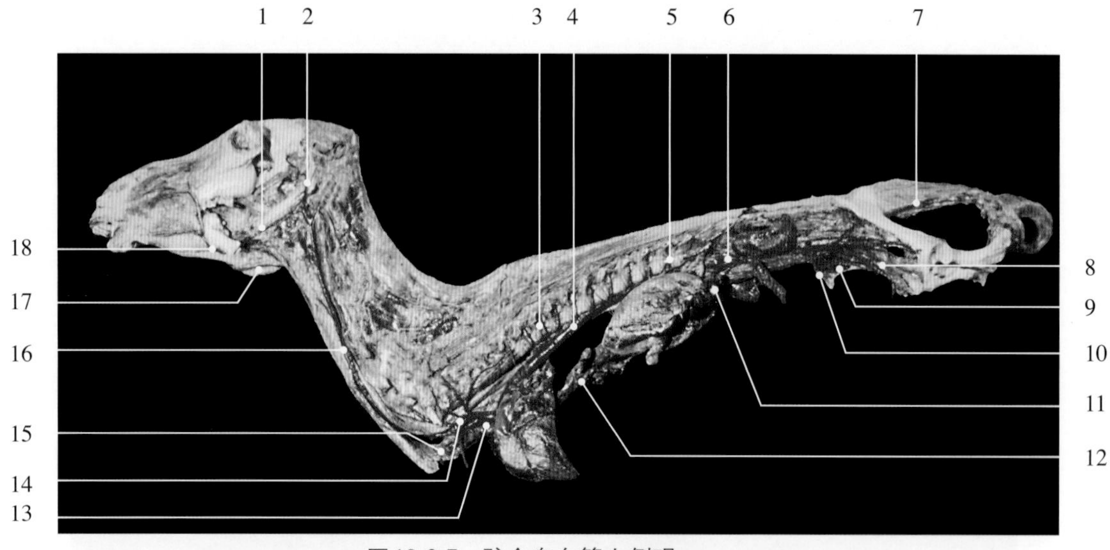

图10-3-7 驴全身血管左侧观

1. 舌面干 linguofacial trunk
2. 颞浅动脉 superficial temporal artery
3. 肋间动、静脉 intercostal artery and vein
4. 胸主动脉 thoracic aorta
5. 腰动、静脉 lumbar artery and vein
6. 腹主动脉 abdominal aorta
7. 荐中动脉 median sacral artery
8. 髂外动、静脉 external iliac artery and vein
9. 旋髂深动脉 deep iliac circumflex artery
10. 肠系膜后动脉 caudal mesenteric artery
11. 腹腔动脉 celiac artery
12. 后腔静脉 caudal vena cava
13. 臂头动脉干 brachiocephalic trunk
14. 左锁骨下动脉 left subclavian artery
15. 前腔静脉 cranial vena cava
16. 颈总动脉 common carotid artery
17. 面静脉 facial vein
18. 面动脉 facial artery

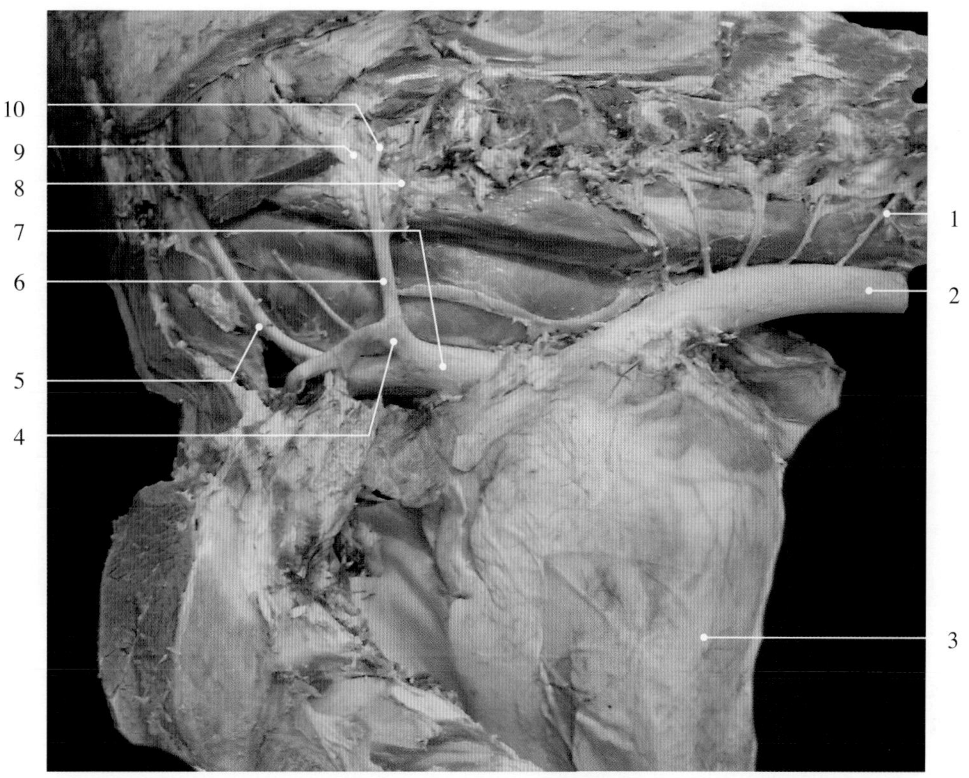

图 10-3-8　牛臂头动脉分支

1. 肋间动脉 intercostal artery
2. 胸主动脉 thoracic aorta
3. 心脏 heart
4. 左锁骨下动脉 left subclavian artery
5. 双颈动脉干 bicarotid trunk
6. 肋颈动脉干 costocervical trunk
7. 臂头动脉干 brachiocephalic trunk
8. 肋间最上动脉 supreme intercostal artery
9. 颈深动脉 deep cervical artery
10. 肩胛背侧动脉 dorsal scapular artery

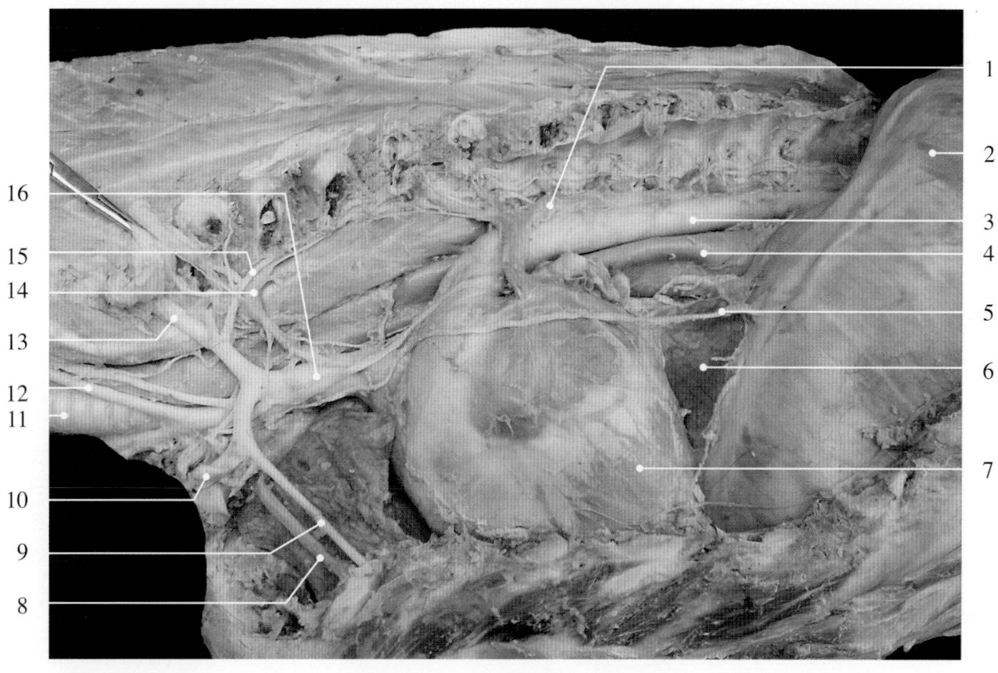

图 10-3-9　牛左锁骨下动脉分支

1. 左奇静脉 left azygos vein
2. 膈 diaphragm
3. 胸主动脉 thoracic aorta
4. 食管 esophagus
5. 膈神经 phrenic nerve
6. 肺 lung
7. 心脏 heart
8. 胸廓内静脉 internal thoracic vein
9. 胸廓内动脉 internal thoracic artery
10. 腋动脉 axillary artery
11. 气管 trachea
12. 颈总动脉 common carotid artery
13. 肋颈动脉干 costocervical trunk
14. 星状神经节 stellate ganglion
15. 肋间最上动脉 supreme intercostal artery
16. 臂头动脉干 brachiocephalic trunk

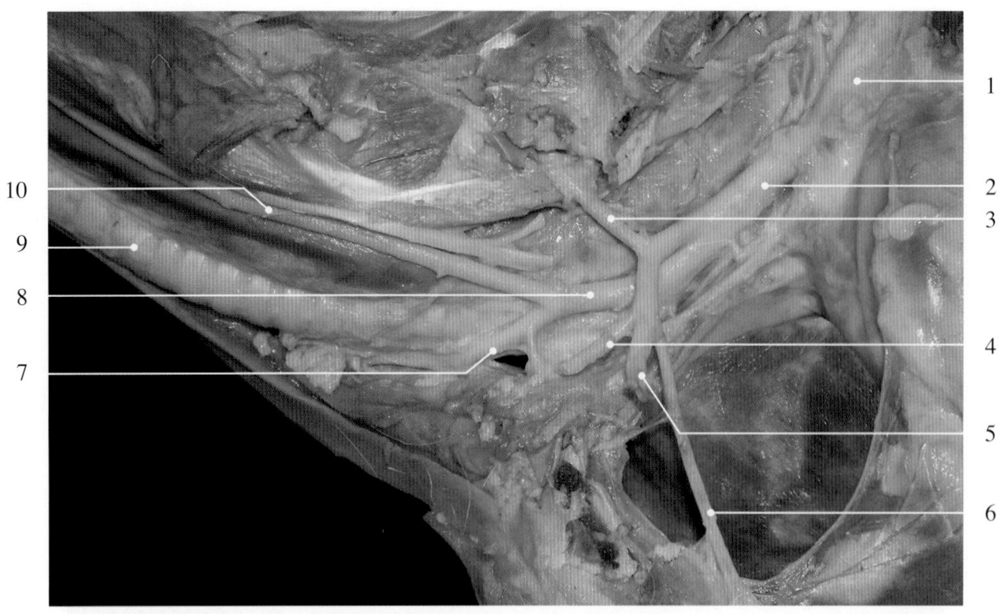

图10-3-10　羊左锁骨下动脉分支

1. 胸主动脉　thoracic aorta
2. 臂头动脉干　brachiocephalic trunk
3. 肋颈动脉干　costocervical trunk
4. 颈浅动脉　superficial cervical artery
5. 腋动脉　axillary artery
6. 胸廓内动脉　internal thoracic artery
7. 右颈总动脉　right common carotid artery
8. 双颈动脉干　bicarotid trunk
9. 气管　trachea
10. 左颈总动脉　left common carotid artery

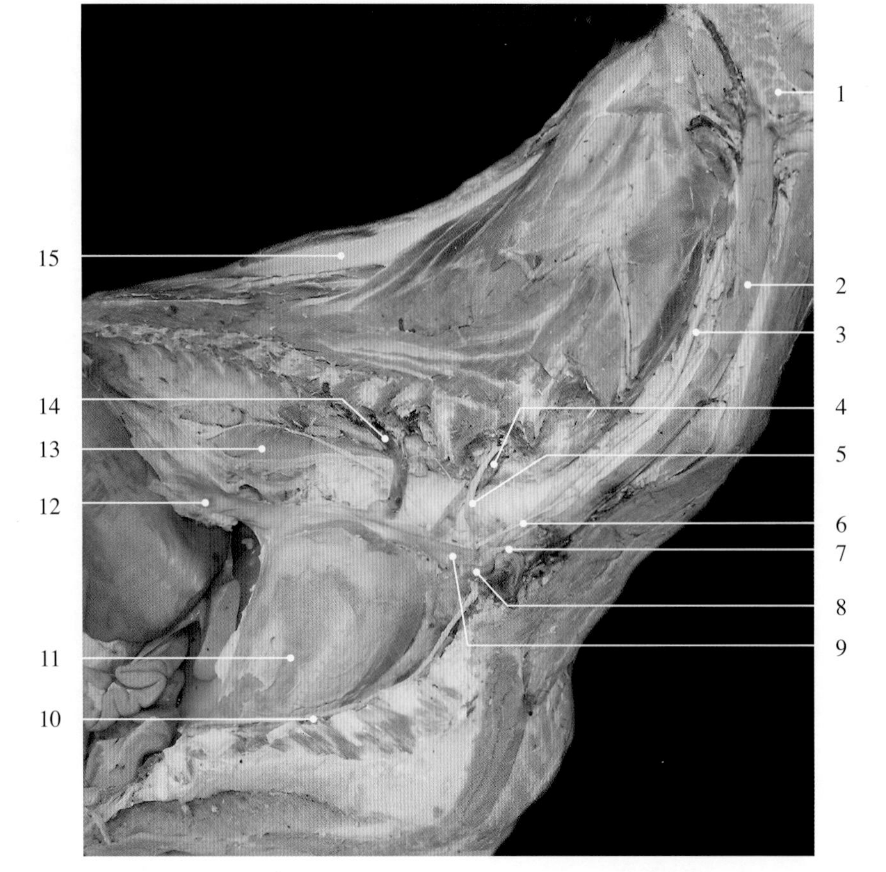

图10-3-11　牛颈总动脉

1. 腮腺　parotid gland
2. 颈外静脉　external jugular vein
3. 颈总动脉　common carotid artery
4. 椎静脉　vertebral vein
5. 肋颈动脉干　costocervical trunk
6. 迷走交感干　vagosympathetic trunk
7. 颈浅动脉　superficial cervical artery
8. 腋动脉　axillary artery
9. 前腔静脉　cranial vena cava
10. 胸廓内动脉　internal thoracic artery
11. 心脏　heart
12. 后腔静脉　caudal vena cava
13. 食管　esophagus
14. 肋颈静脉　costocervical vein
15. 项韧带　nuchal ligament

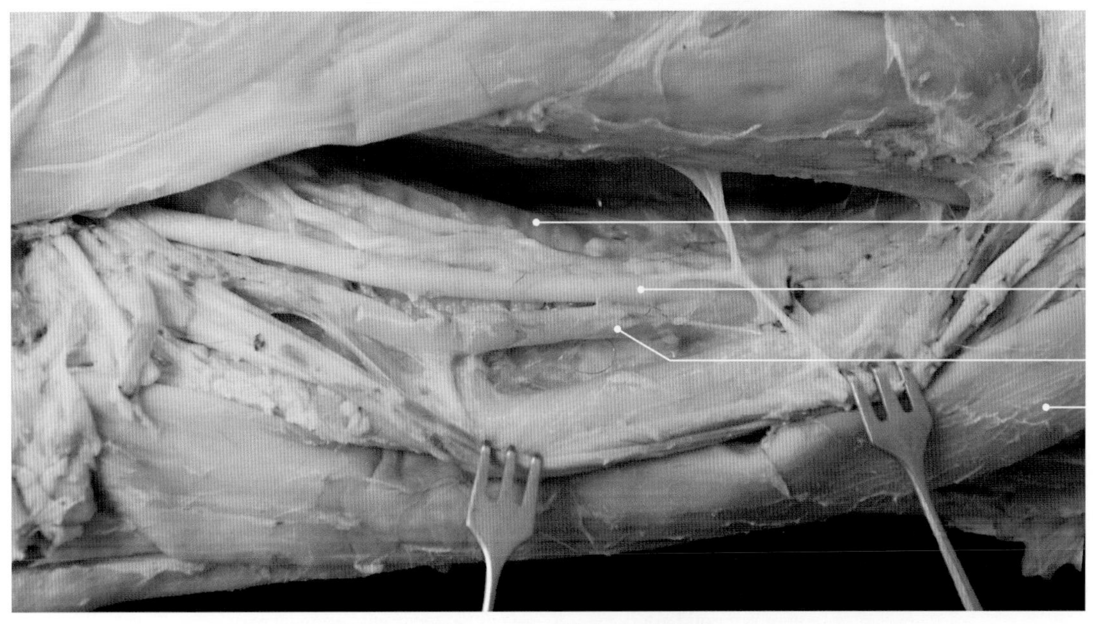

图 10-3-12　犊牛颈总动脉

1. 气管　trachea
2. 颈总动脉　common carotid artery
3. 颈外静脉　external jugular vein
4. 胸头肌　sternocephalic muscle

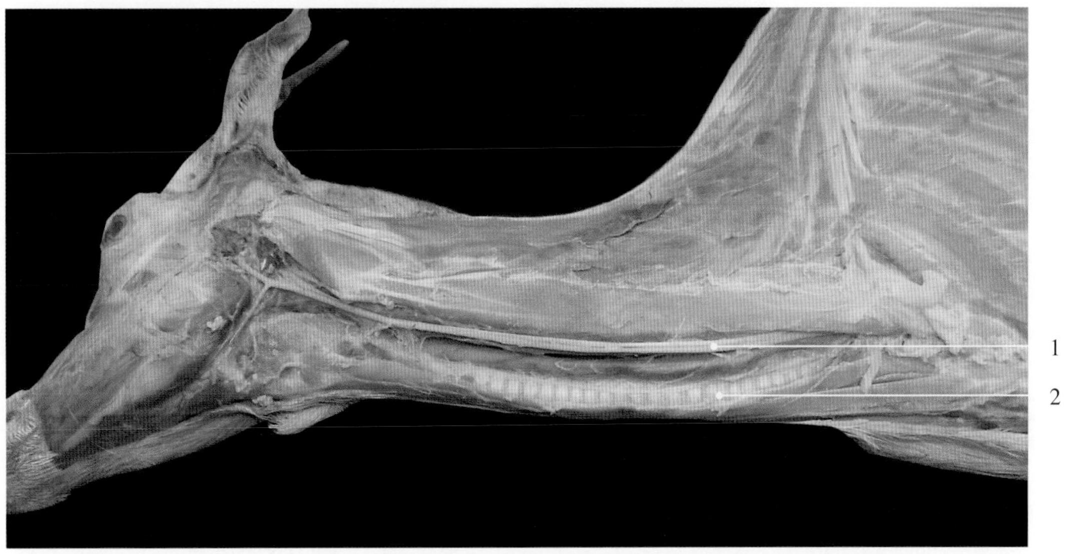

图 10-3-13　羊颈总动脉 1

1. 颈总动脉及迷走交感干　common carotid artery and vagosympathetic trunk
2. 气管　trachea

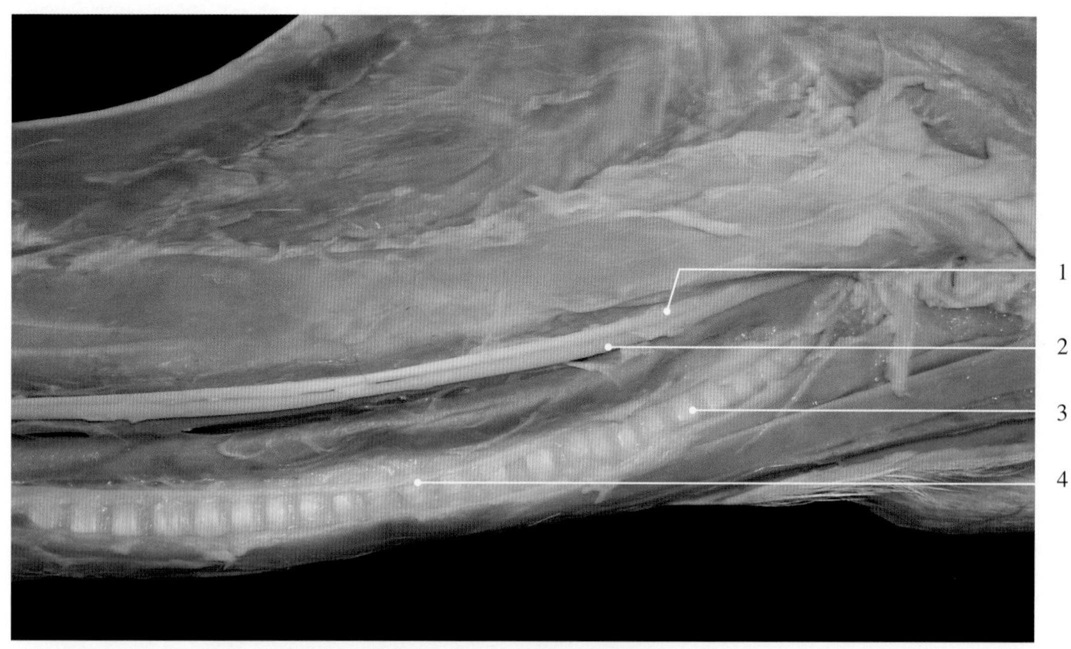

图10-3-14　羊颈总动脉2

1. 迷走交感干 vagosympathetic trunk
2. 颈总动脉 common carotid artery
3. 气管 trachea
4. 喉返神经 recurrent laryngeal nerve

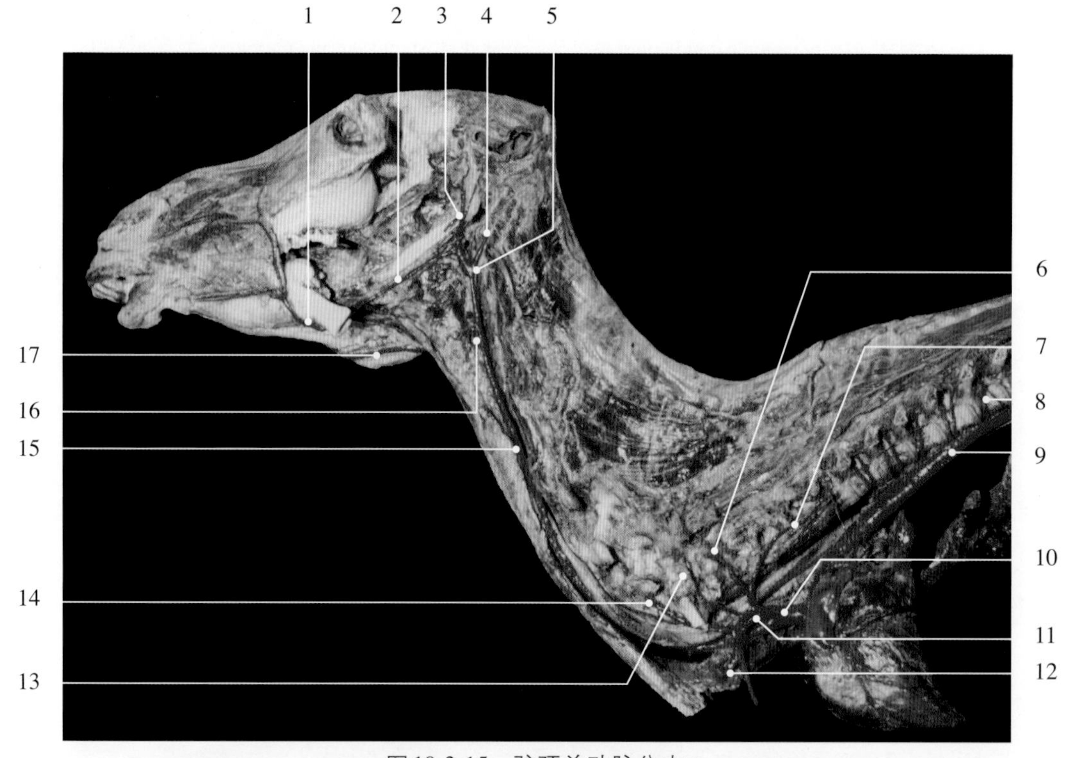

图10-3-15　驴颈总动脉分支

1. 面动脉 facial artery
2. 舌面干 linguofacial trunk
3. 颞浅动脉 superficial temporal artery
4. 颈内动脉 internal carotid artery
5. 颈动脉体和颈动脉窦 carotid body and carotid sinus
6. 肩胛背侧动脉 dorsal scapular artery
7. 肋间最上动脉 supreme intercostal artery
8. 肋间动、静脉 intercostal artery and vein
9. 胸主动脉 thoracic aorta
10. 臂头动脉干 brachiocephalic trunk
11. 左锁骨下动脉 left subclavian artery
12. 腋动脉 axillary artery
13. 颈深动脉 deep cervical artery
14. 椎动脉 vertebral artery
15. 颈总动脉 common carotid artery
16. 喉前动脉及甲状腺前动脉 cranial laryngeal artery and cranial thyroid artery
17. 面静脉 facial vein

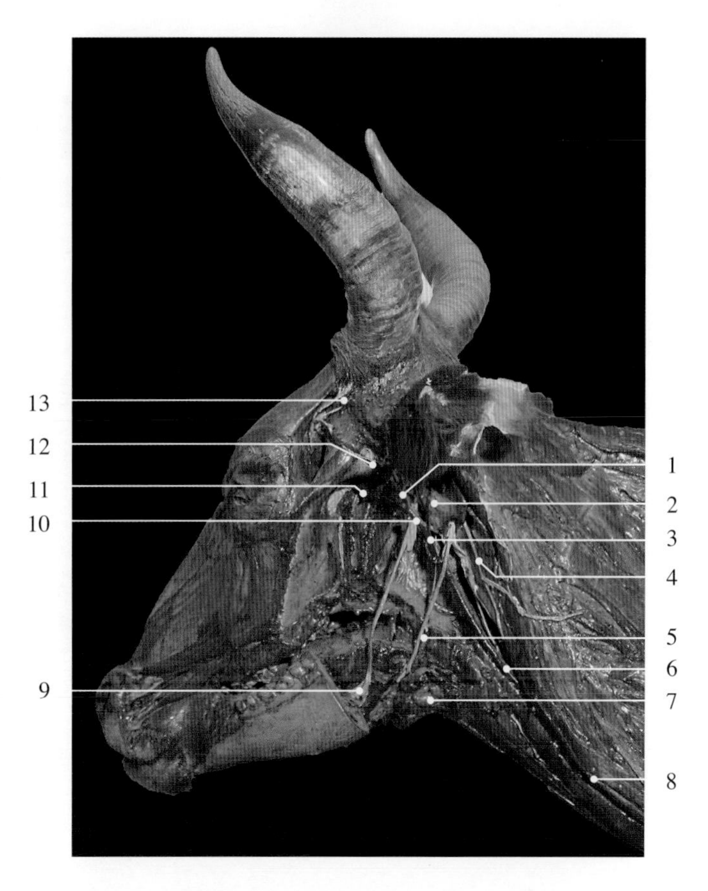

图 10-3-16 牛颈总动脉分支

1. 耳后动脉 posterior auricular artery
2. 枕动脉 occipital artery
3. 颈动脉体和颈动脉窦 carotid body and carotid sinus
4. 副神经 accessory nerve（Ⅺ）
5. 舌下神经 hypoglossal nerve
6. 颈总动脉 common carotid artery
7. 下颌淋巴结 mandibular lymph node
8. 食管 esophagus
9. 下颌齿槽神经 inferior alveolar nerve
10. 颈外动脉 external carotid artery
11. 上颌动脉 maxillary artery
12. 颞浅动脉 superficial temporal artery
13. 角动脉 horn artery

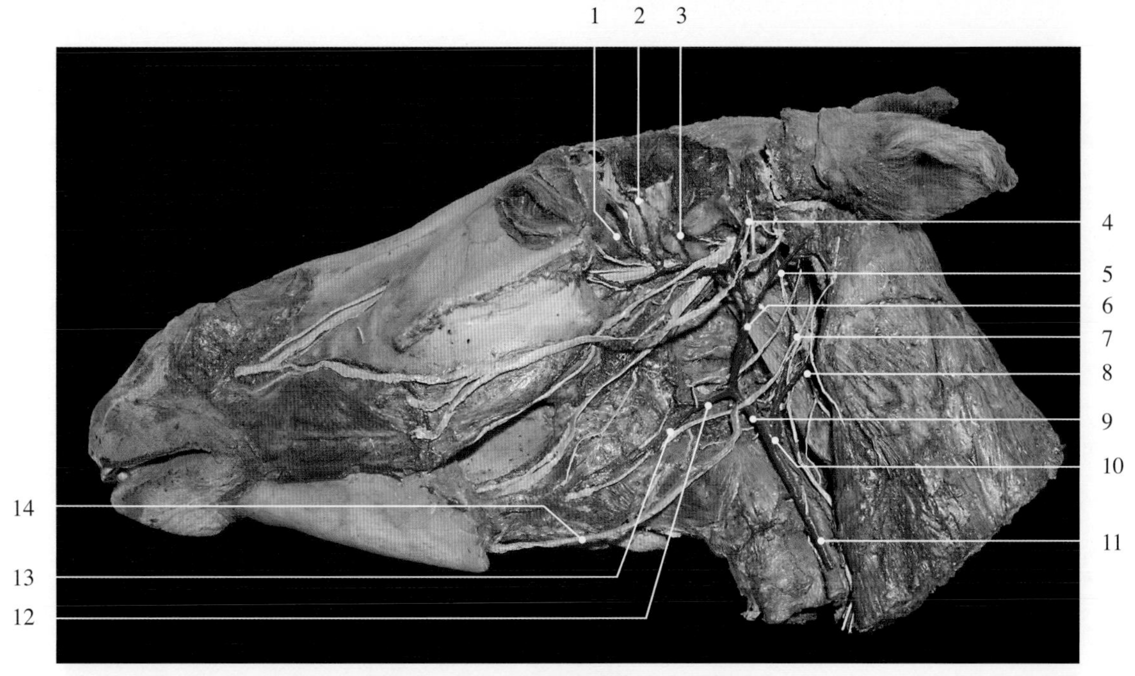

图 10-3-17 马颈总动脉分支左侧观

1. 筛动脉 ethmoidal artery
2. 眶上动脉 supraorbital artery
3. 颞深动脉 deep temporal artery
4. 耳前动脉 anterior auricular artery
5. 耳后动脉 posterior auricular artery
6. 颞浅动脉 superficial temporal artery
7. 颈内动脉 internal carotid artery
8. 枕动脉 occipital artery
9. 颈外动脉 external carotid artery
10. 颈动脉体和颈动脉窦 carotid body and carotid sinus
11. 颈总动脉 common carotid artery
12. 舌面干 linguofacial trunk
13. 面动脉 facial artery
14. 下颌齿槽神经 inferior alveolar nerve

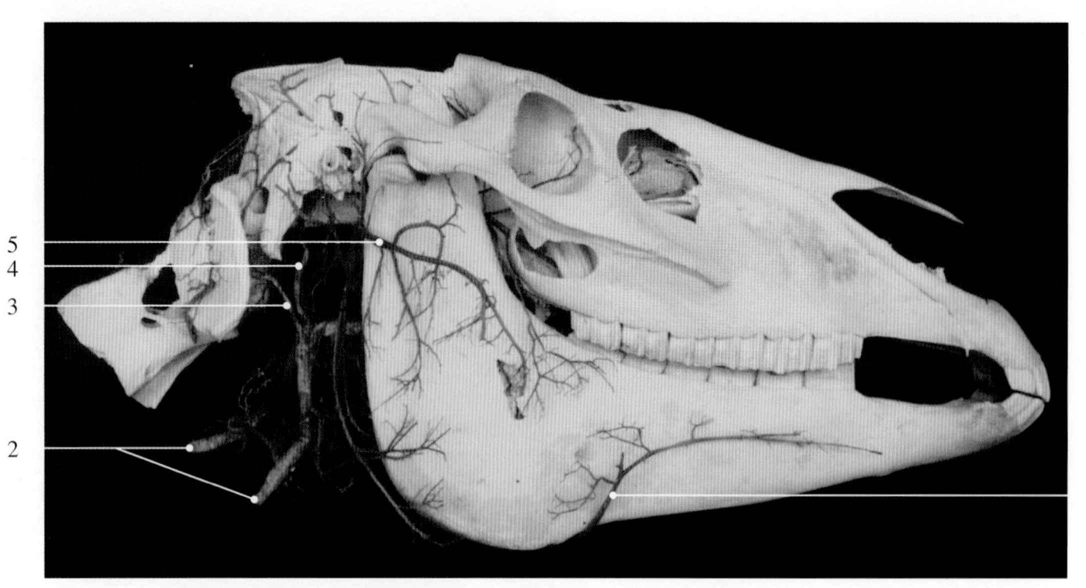

图10-3-18　马颈总动脉分支右侧观

1. 面动脉 facial artery
2. 左、右颈总动脉 left and right common carotid artery
3. 枕动脉 occipital artery
4. 颈内动脉 internal carotid artery
5. 面横动脉 transverse facial artery

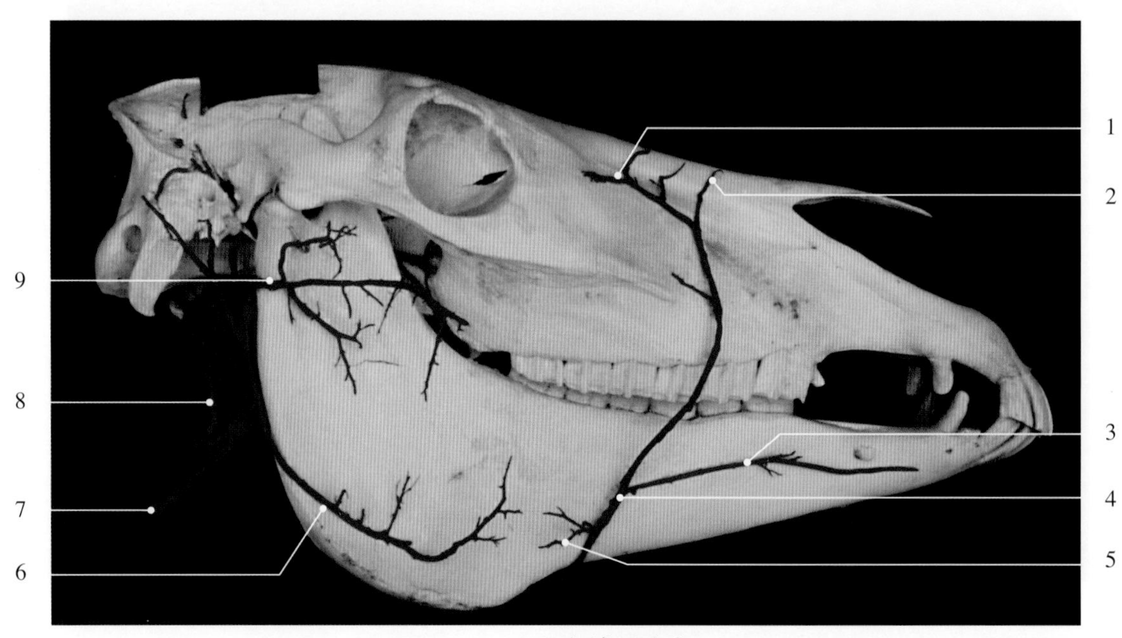

图10-3-19　马面部浅层动脉

1. 眼角动脉 canthus artery
2. 鼻背侧动脉 dorsal nasal artery
3. 下唇动脉 inferior labial artery
4. 面动脉 facial artery
5. 肌支 muscular branch
6. 咬肌动脉 masseteric artery
7. 颈总动脉 common carotid artery
8. 枕动脉 occipital artery
9. 面横动脉 transverse facial artery

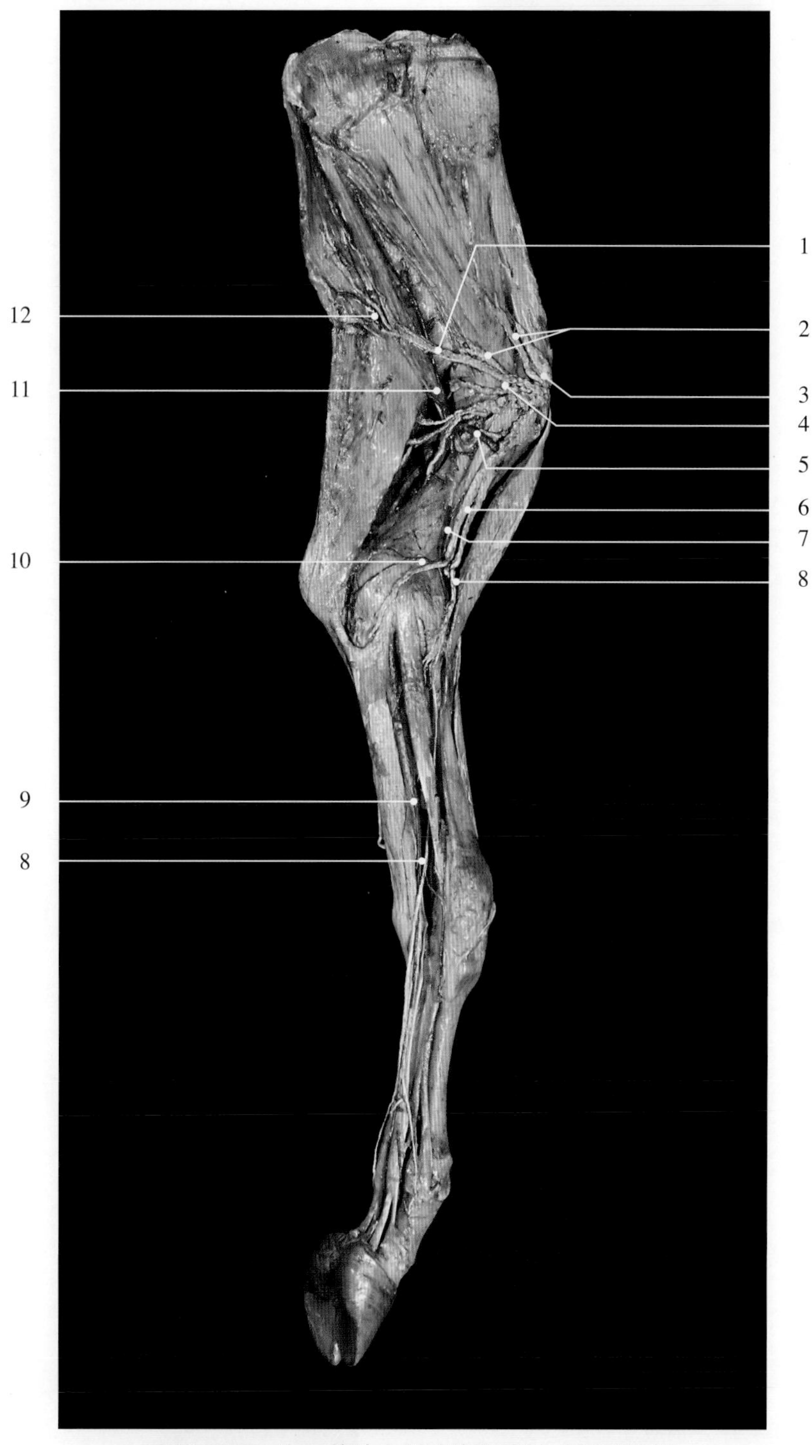

图10-3-20　牛左前肢内侧动脉和神经（干制标本）

1. 胸长神经 long thoracic nerve
2. 肩胛下神经 subscapular nerves
3. 肩胛上神经 suprascapular nerve
4. 腋神经 axillary nerve
5. 腋动脉 axillary artery
6. 尺神经 ulnar nerve
7. 臂动脉 brachial artery
8. 正中神经 median nerve
9. 正中动脉 median artery
10. 尺侧副动脉 collateral ulnar artery
11. 肩胛下动脉 subscapular artery
12. 胸背动脉 thoracodorsal artery

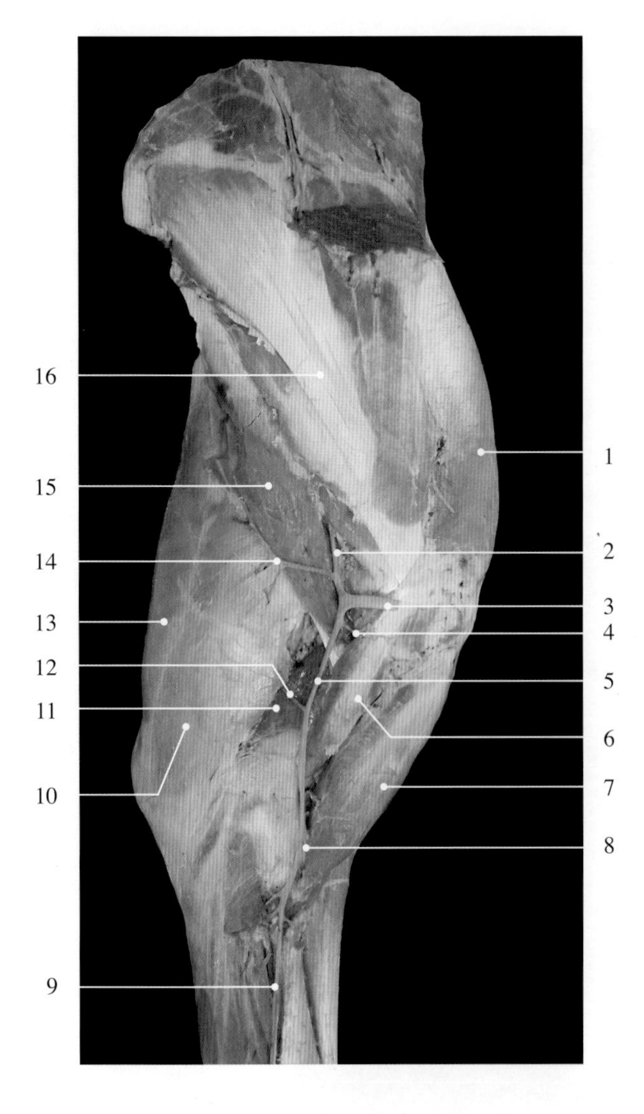

图10-3-21　牛左前肢内侧动脉（固定标本）

1. 冈上肌 supraspinatus muscle
2. 肩胛下动脉 subscapular artery
3. 腋动脉 axillary artery
4. 旋肱前动脉 anterior humeral circumflex artery
5. 臂动脉 brachial artery
6. 喙臂肌 coracobrachial muscle
7. 臂二头肌 biceps brachii muscle
8. 桡侧副动脉 collateral radial artery
9. 正中动脉 median artery
10. 臂三头肌长头 long head of triceps brachii muscle
11. 臂三头肌内侧头 medial head of triceps brachii muscle
12. 臂深动脉 deep brachial artery
13. 前臂筋膜张肌 tensor muscle of antebrachial fascia
14. 胸背动脉 thoracodorsal artery
15. 大圆肌 major teres muscle
16. 肩胛下肌 subscapular muscle

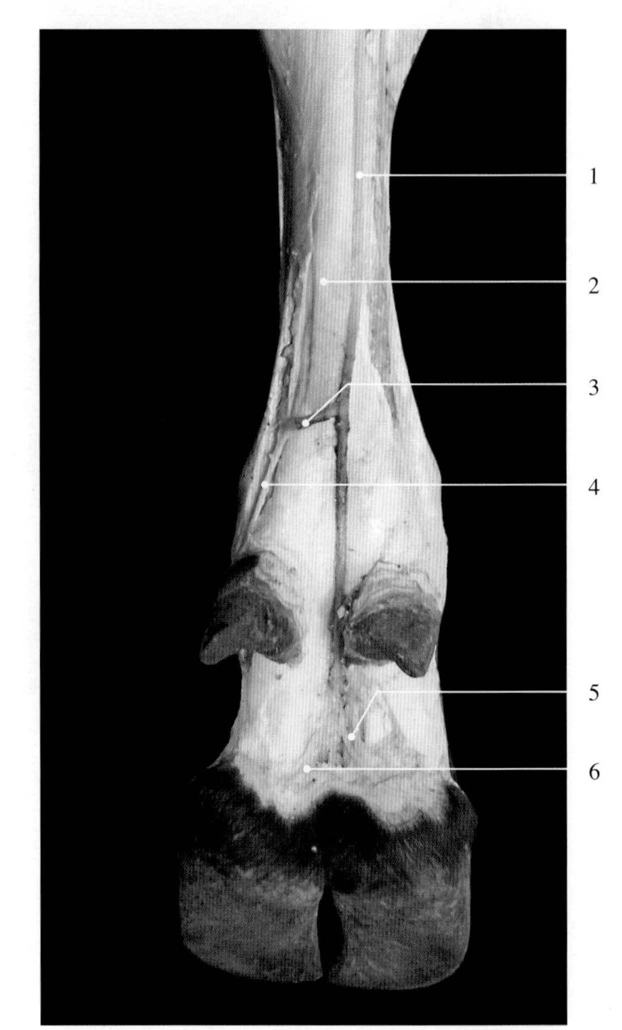

图10-3-22　牛左前肢动脉掌侧观

1. 指掌侧总动脉 common palmar digital artery
2. 指浅屈肌腱 superficial digital flexor tendon
3. 动脉吻合支 anastomotic branch of artery
4. 指掌远轴侧固有动脉 abaxial palmar digital proper artery
5. 第3指掌轴侧固有神经及动脉 3rd axial palmar digital proper nerve and artery
6. 第4指掌轴侧固有神经及动脉 4th axial palmar digital proper nerve and artery

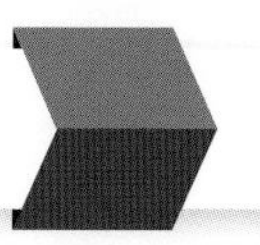

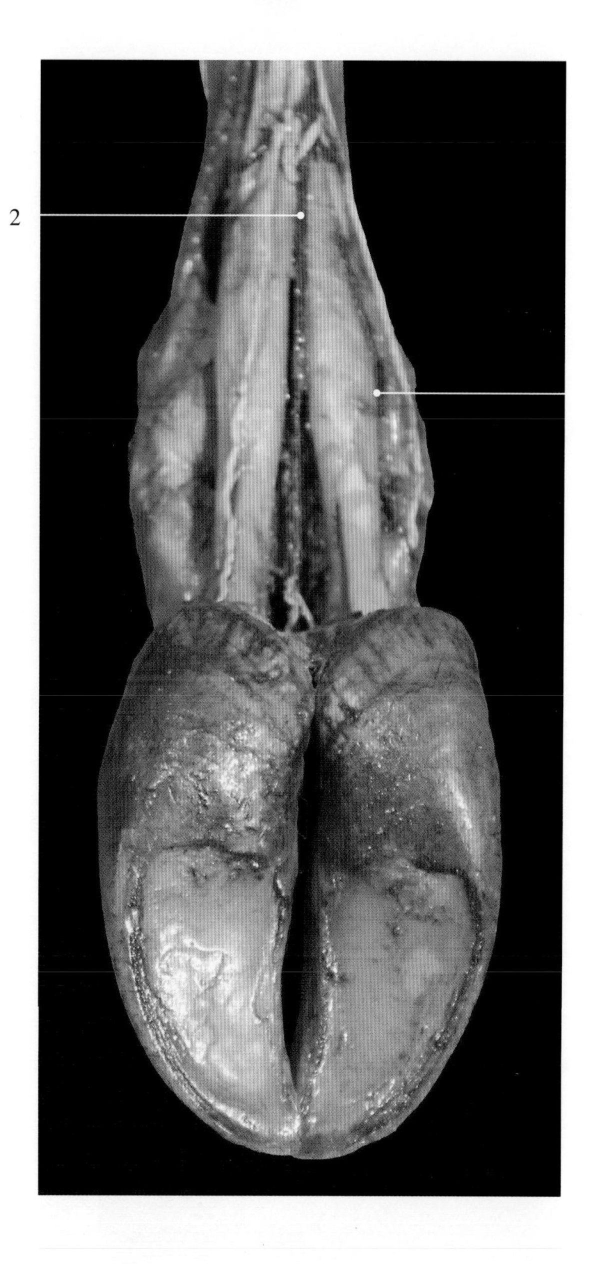

图 10-3-23　牛前肢指部动脉掌侧观

1. 指掌远轴侧固有动脉 abaxial palmar digital proper artery
2. 指掌侧总动脉 common palmar digital artery

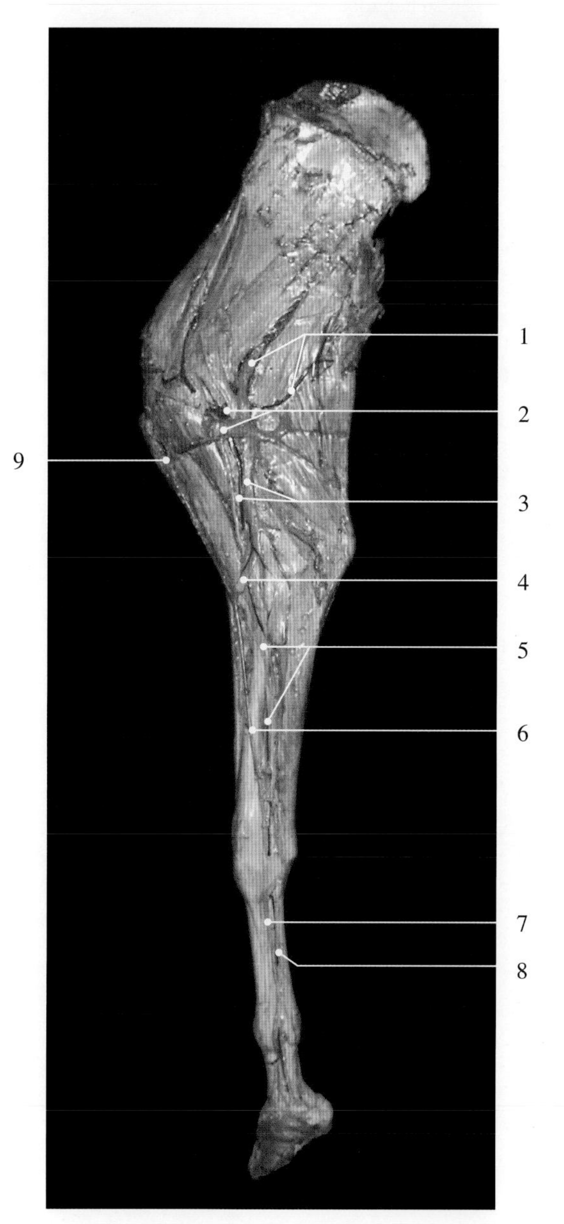

图 10-3-24　马右前肢内侧血管

1. 肩胛下动、静脉 subscapular artery and vein
2. 腋动、静脉 axillary artery and vein
3. 臂动、静脉 brachial artery and vein
4. 肘正中静脉 median cubital vein
5. 正中动、静脉 median artery and vein
6. 副头静脉 accessory cephalic vein
7. 指掌侧总静脉 common palmar digital vein
8. 指掌侧总动脉 common palmar digital artery
9. 头静脉 cephalic vein

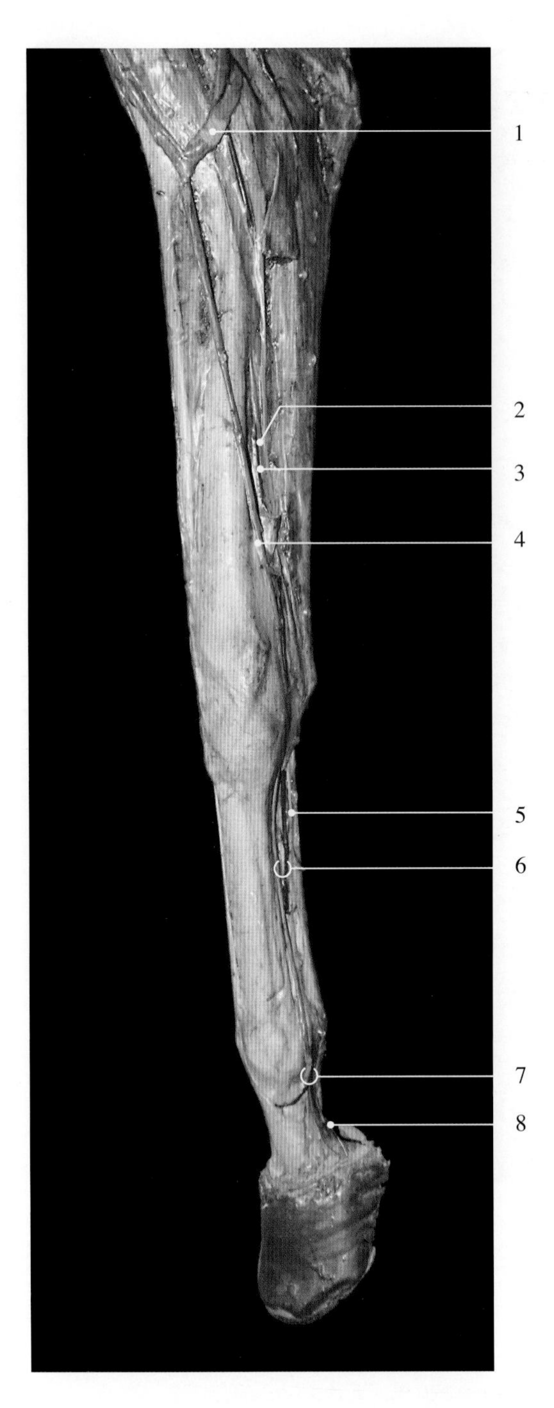

图10-3-25 马右前肢前臂部及前脚部内侧血管

1. 肘正中静脉 median cubital vein
2. 正中静脉 median vein
3. 正中动脉 median artery
4. 副头静脉 accessory cephalic vein
5. 指掌侧神经 palmar digital nerve
6. 指掌侧总动、静脉 common palmar digital artery and vein
7. 指掌内侧动、静脉 internal palmar digital artery and vein
8. 指掌内侧神经 internal palmar digital nerve

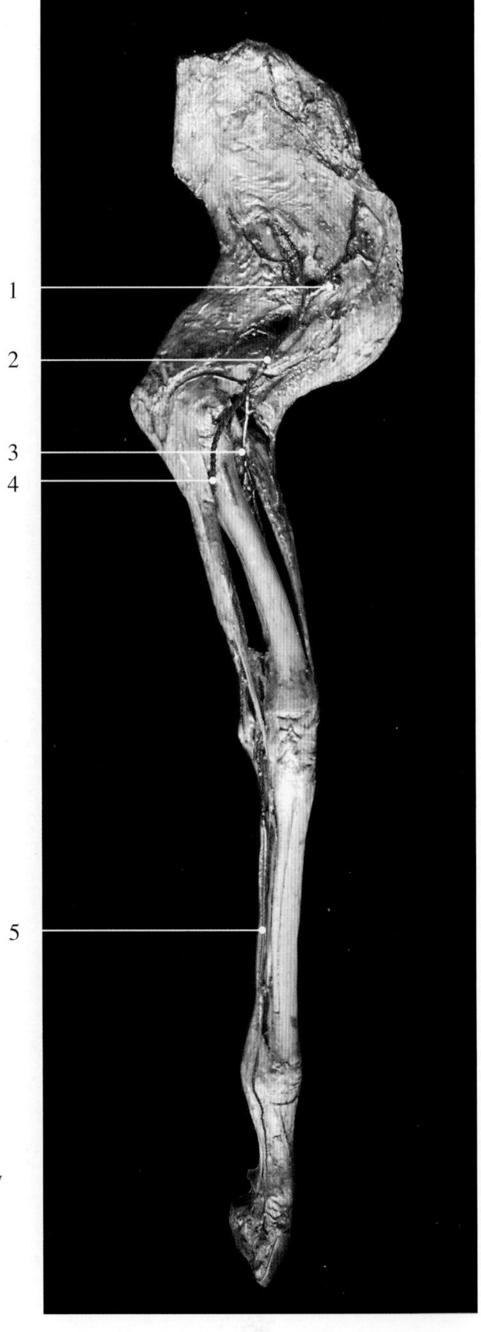

图10-3-26 驴左前肢内侧动脉

1. 腋动脉 axillary artery
2. 臂动脉 brachial artery
3. 桡侧副动脉 collateral radial artery
4. 正中动脉 median artery
5. 指总动脉 common digital artery

图10-3-27 驴左前肢肩部和臂部内侧动脉

1. 肩胛背侧动脉 dorsal scapular artery
2. 旋肩胛动脉 circumflex scapular artery
3. 肩胛下动脉 subscapular artery
4. 臂深动脉 deep brachial artery
5. 臂动脉 brachial artery
6. 尺侧副动脉 collateral ulnar artery
7. 桡侧副动脉 collateral radial artery
8. 正中动脉 median artery
9. 腋动脉 axillary artery
10. 肩胛上动脉 suprascapular artery

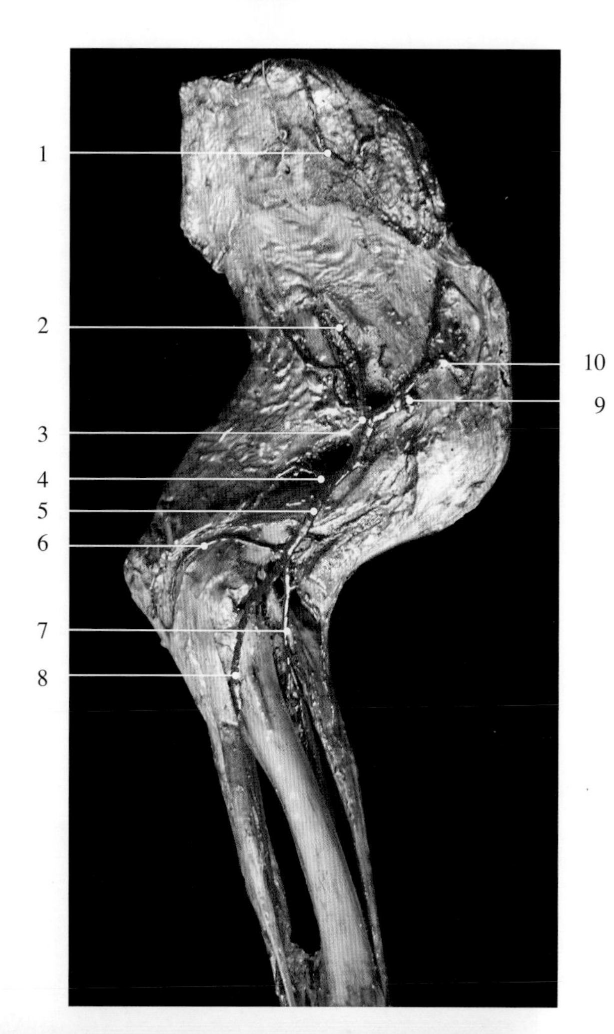

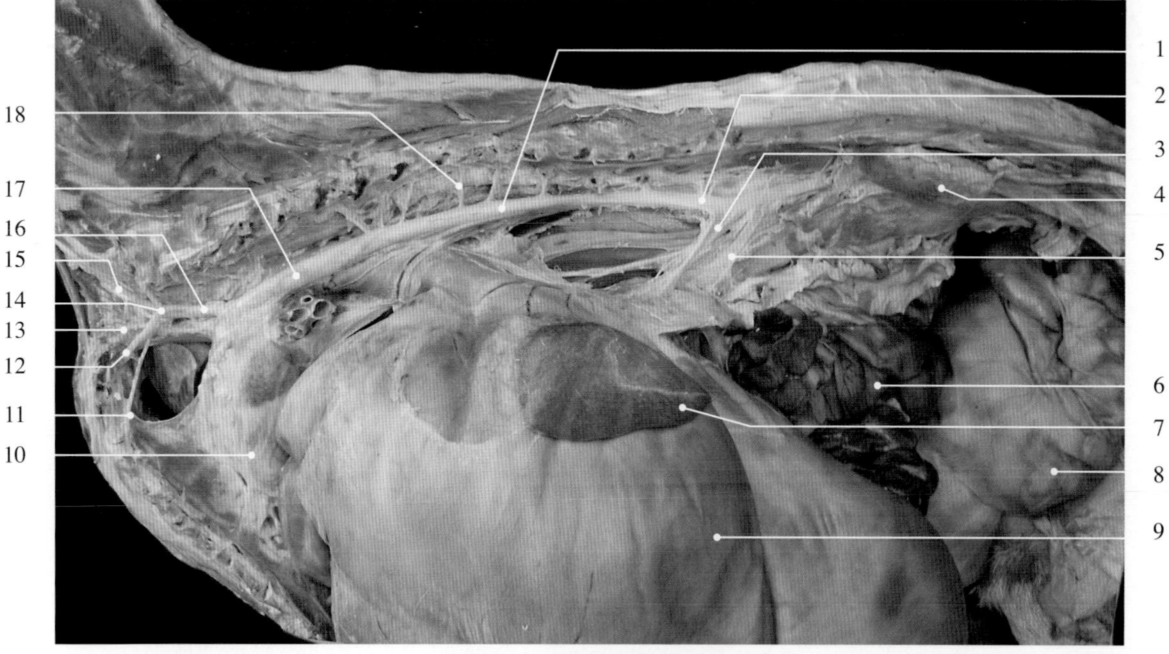

图10-3-28 羊主动脉分支

1. 胸主动脉 thoracic aorta
2. 腹主动脉 abdominal aorta
3. 腹腔动脉 celiac artery
4. 肾 kidney
5. 肠系膜前动脉 cranial mesenteric artery
6. 空肠 jejunum
7. 脾 spleen
8. 子宫 uterus
9. 瘤胃 rumen
10. 心脏 heart
11. 胸廓内动脉 internal thoracic artery
12. 腋动脉 axillary artery
13. 颈浅动脉 superficial cervical artery
14. 左锁骨下动脉 left subclavian artery
15. 颈总动脉 common carotid artery
16. 臂头动脉干 brachiocephalic trunk
17. 主动脉弓 aortic arch
18. 肋间动脉 intercostal artery

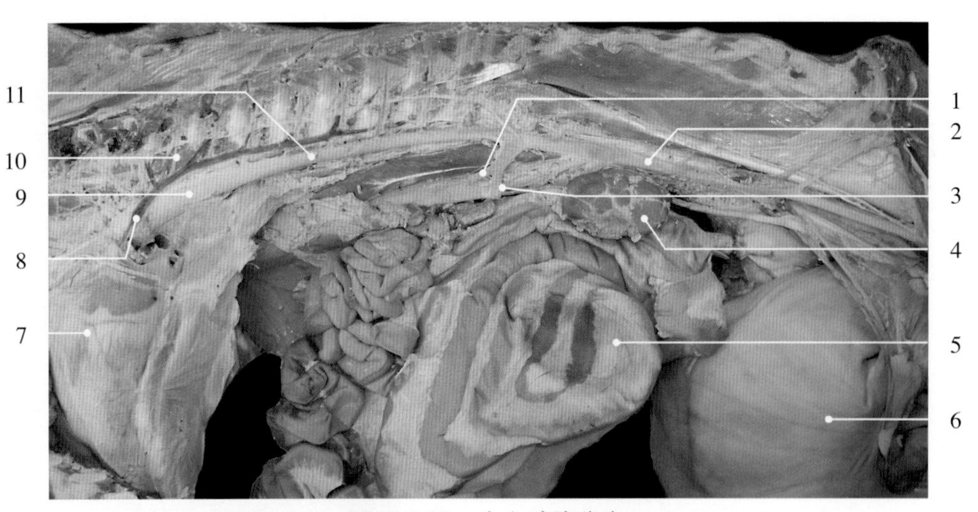

图10-3-29　牛主动脉分支

1. 腹腔动脉 celiac artery
2. 腹主动脉 abdominal aorta
3. 肠系膜前动脉 cranial mesenteric artery
4. 肾 kidney
5. 结肠 colon
6. 子宫 uterus
7. 心脏 heart
8. 左奇静脉 left azygos vein
9. 主动脉弓 aortic arch
10. 肋间动脉 intercostal artery
11. 胸主动脉 thoracic aorta

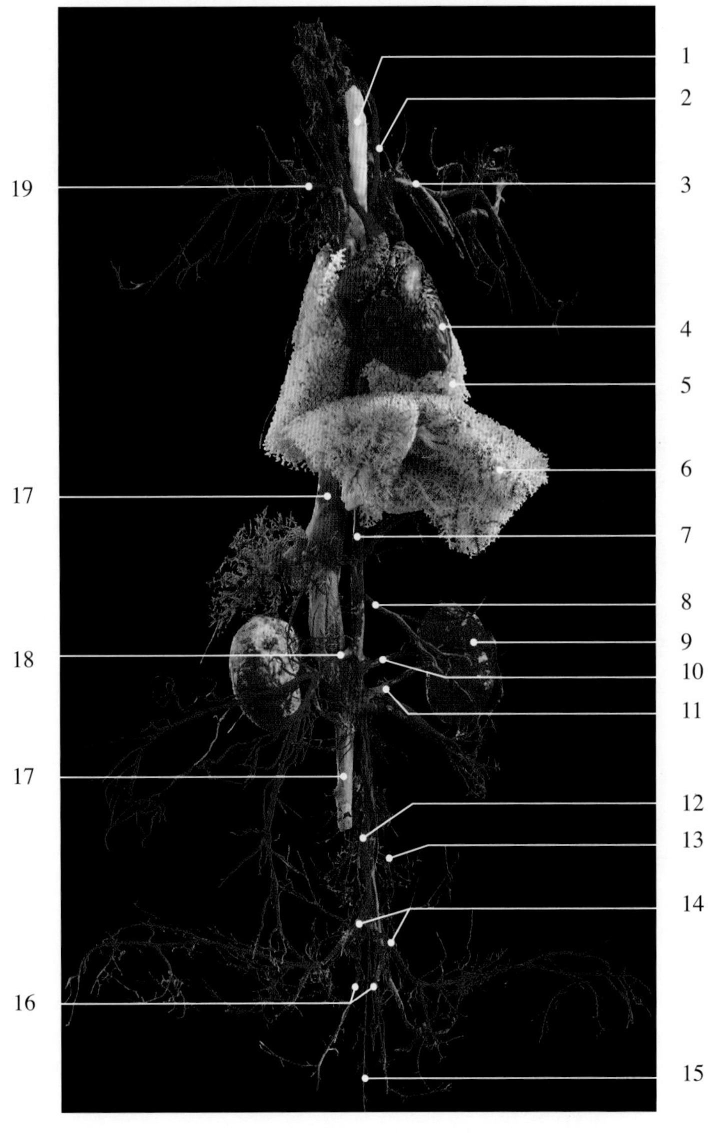

图10-3-30　兔主动脉分支

1. 气管 trachea
2. 颈总动脉 common carotid artery
3. 左锁骨下动、静脉及分支 left subclavian artery, vein and their branches
4. 心脏 heart
5. 肺 lung
6. 肝 liver
7. 腹主动脉 abdominal aorta
8. 腹腔动脉 celiac artery
9. 肾 kidney
10. 肾动脉 renal artery
11. 肾静脉 renal vein
12. 肠系膜后动脉 caudal mesenteric artery
13. 睾丸动脉 testicular artery
14. 髂外动脉 external iliac artery
15. 荐中动脉 median sacral artery
16. 髂内动脉 internal iliac artery
17. 后腔静脉 caudal vena cava
18. 肠系膜前动脉及分支 cranial mesenteric artery and its branches
19. 右锁骨下动脉及分支 right subclavian artery and its branches

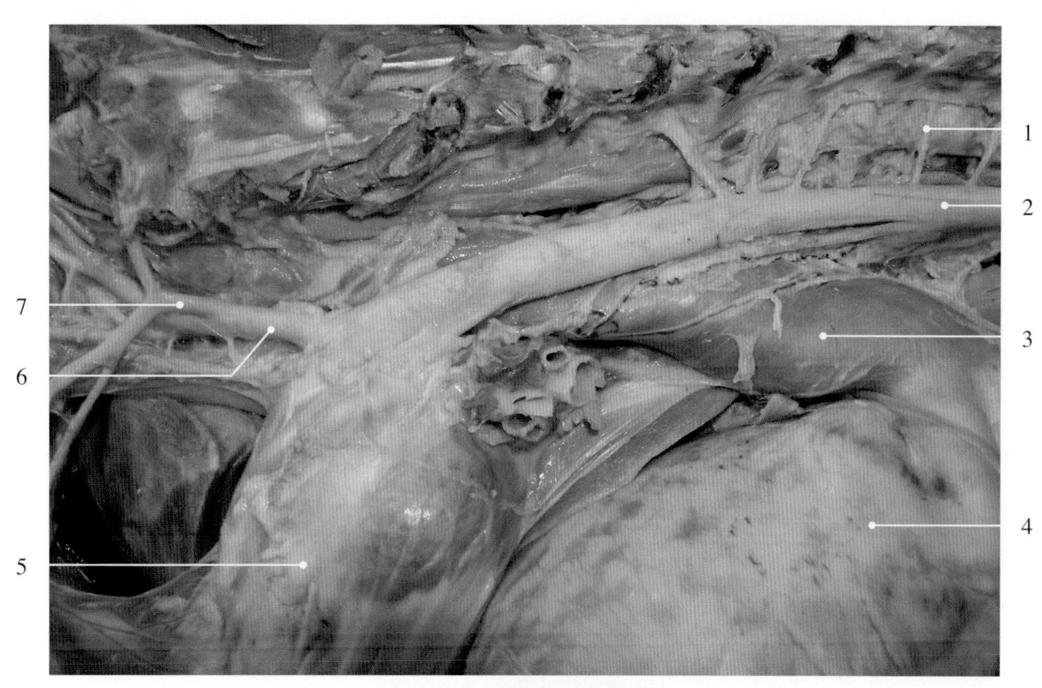

图10-3-31　羊胸主动脉分支

1. 肋间动脉 intercostal artery
2. 胸主动脉 thoracic aorta
3. 食管 esophagus
4. 膈 diaphragm
5. 心脏 heart
6. 臂头动脉干 brachiocephalic trunk
7. 左锁骨下动脉 left subclavian artery

图10-3-32　猪胸主动脉分支

1. 胸主动脉 thoracic aorta
2. 支气管食管动脉 bronchoesophageal artery
3. 食管 esophagus
4. 肺 lung
5. 左奇静脉 left azygos vein

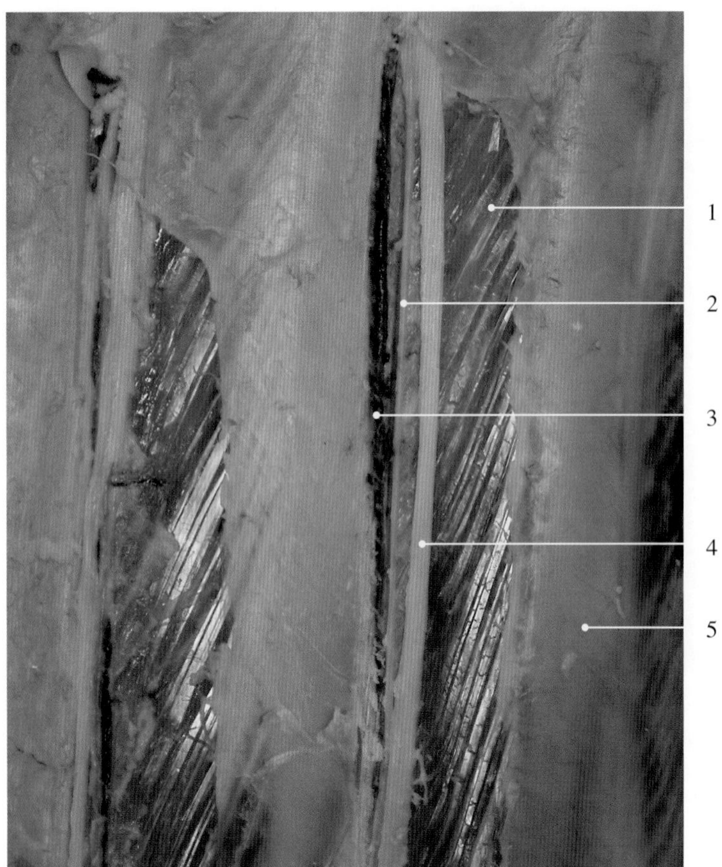

图 10-3-33　牛肋间血管及神经

1. 肋间内肌 internal intercostal muscle
2. 肋间动脉 intercostal artery
3. 肋间静脉 intercostal vein
4. 肋间神经 intercostal nerve
5. 肋 rib

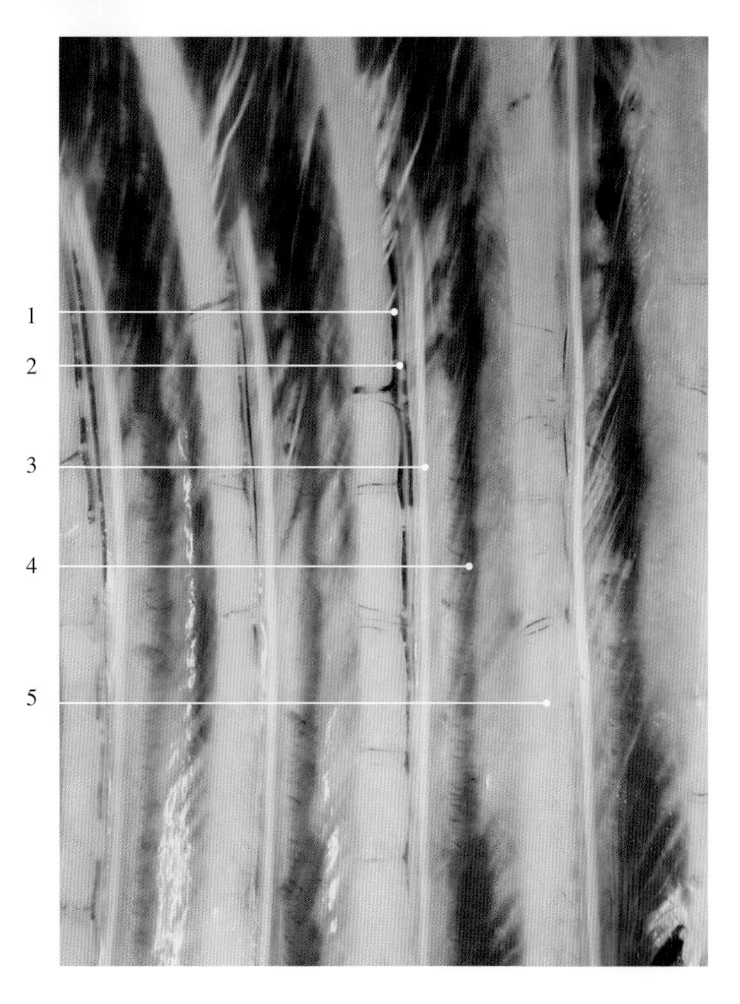

图 10-3-34　驴肋间血管及神经

1. 肋间静脉 intercostal vein
2. 肋间动脉 intercostal artery
3. 肋间神经 intercostal nerve
4. 肋间内肌 internal intercostal muscle
5. 肋 rib

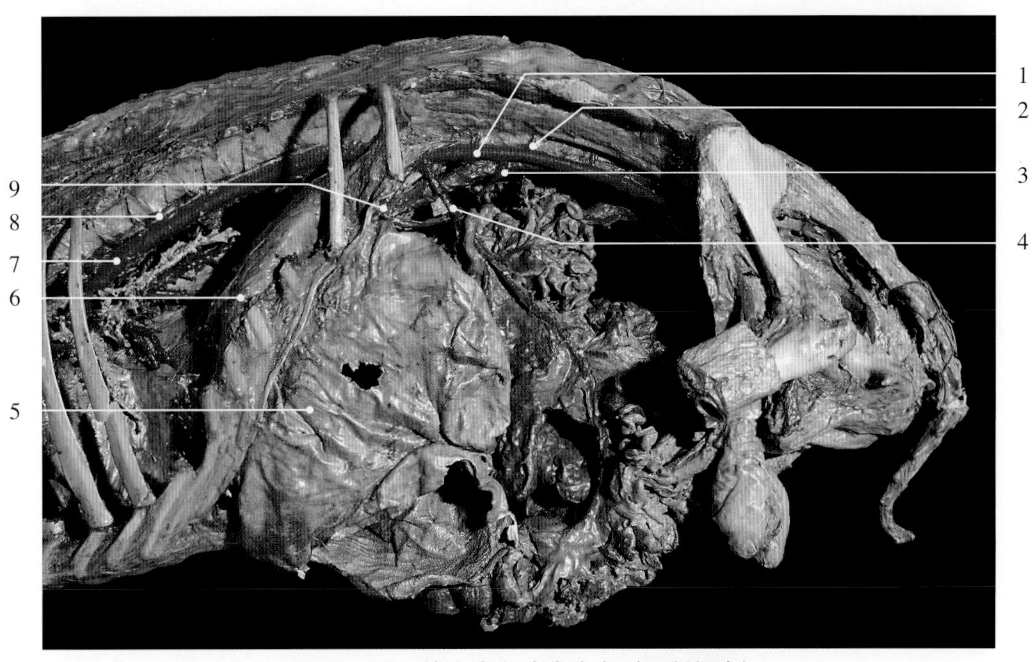

图10-3-35　犊牛腹主动脉分支（干制标本）

1. 腹主动脉 abdominal aorta
2. 腰动脉 lumbar artery
3. 肾动脉 renal artery
4. 肠系膜前动脉 cranial mesenteric artery
5. 瘤胃 rumen
6. 膈 diaphragm
7. 胸主动脉 thoracic aorta
8. 左奇静脉 left azygos vein
9. 腹腔动脉 celiac artery

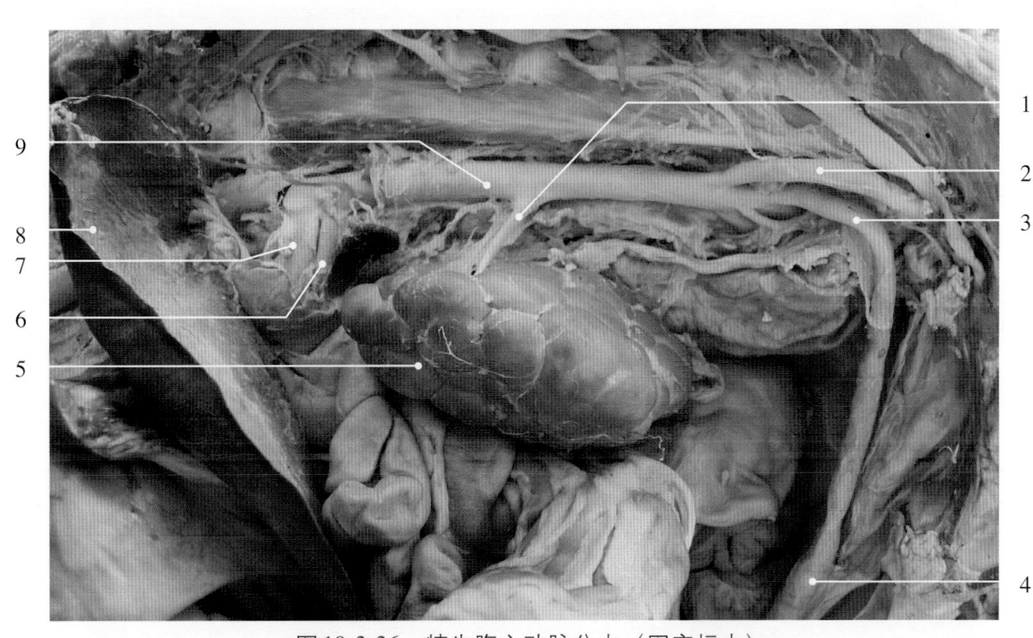

图10-3-36　犊牛腹主动脉分支（固定标本）

1. 肾动脉 renal artery
2. 髂外动脉 external iliac artery
3. 髂内动脉 internal iliac artery
4. 脐动脉 umbilical artery
5. 肾 kidney
6. 肠系膜前动脉 cranial mesenteric artery
7. 腹腔动脉 celiac artery
8. 肝 liver
9. 腹主动脉 abdominal aorta

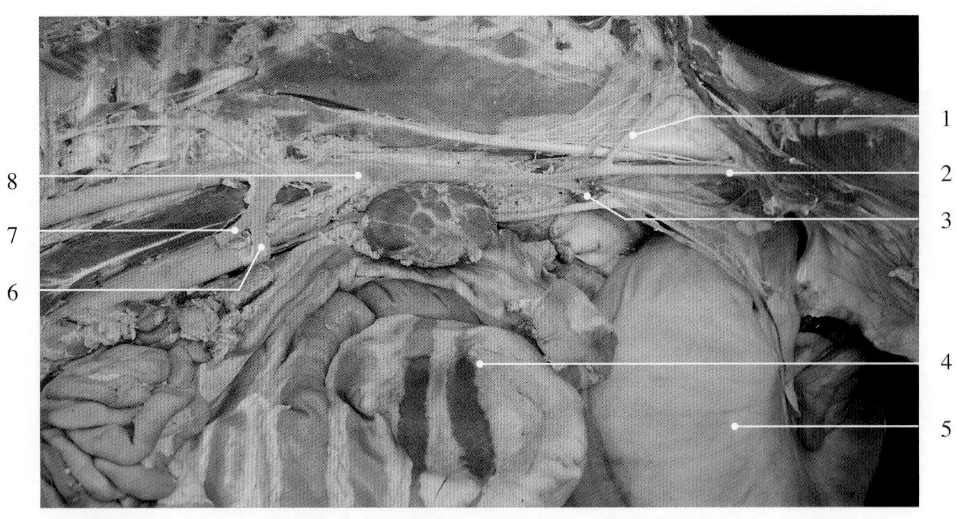

图10-3-37　母牛腹主动脉分支（摘除瘤胃）

1. 髂内动脉 internal iliac artery
2. 荐中动脉 median sacral artery
3. 髂外动脉 external iliac artery
4. 结肠 colon
5. 子宫 uterus
6. 肠系膜前动脉 cranial mesenteric artery
7. 腹腔动脉 celiac artery
8. 腹主动脉 abdominal aorta

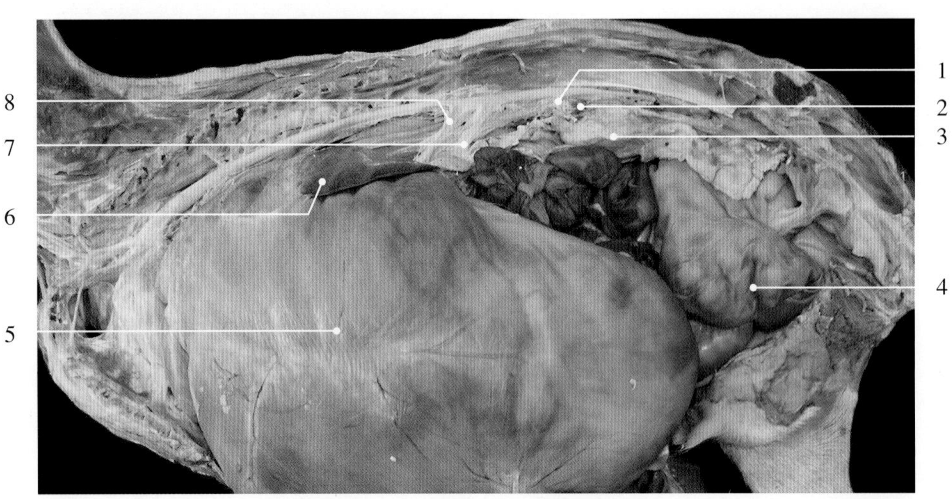

图10-3-38　母羊腹主动脉分支1

1. 肾动脉 renal artery
2. 肾上腺 adrenal gland
3. 肾 kidney
4. 子宫 uterus
5. 瘤胃 rumen
6. 脾 spleen
7. 肠系膜前动脉 cranial mesenteric artery
8. 腹腔动脉 celiac artery

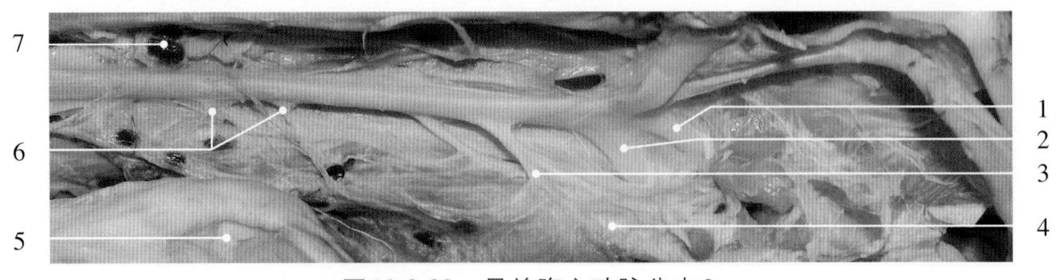

图10-3-39　母羊腹主动脉分支2

1. 髂内动脉 internal iliac artery
2. 髂外动脉 external iliac artery
3. 肠系膜后动脉 caudal mesenteric artery
4. 直肠 rectum
5. 肾 kidney
6. 子宫卵巢动脉 uteroovarian arteries
7. 血淋巴结 hemolymph node

图10-3-40 母羊腹主动脉分支3

1. 左肾 left kidney
2. 肾静脉 renal vein
3. 肾动脉 renal artery
4. 腹主动脉 abdominal aorta
5. 卵巢 ovary
6. 子宫角 uterine horn
7. 左侧输尿管 left ureter
8. 膀胱 urinary bladder
9. 髋臼 acetabulum
10. 右侧输尿管 right ureter
11. 血淋巴结 hemolymph node
12. 后腔静脉 caudal vena cava
13. 肾门淋巴结 renal hilus lymph nodes
14. 右肾 right kidney

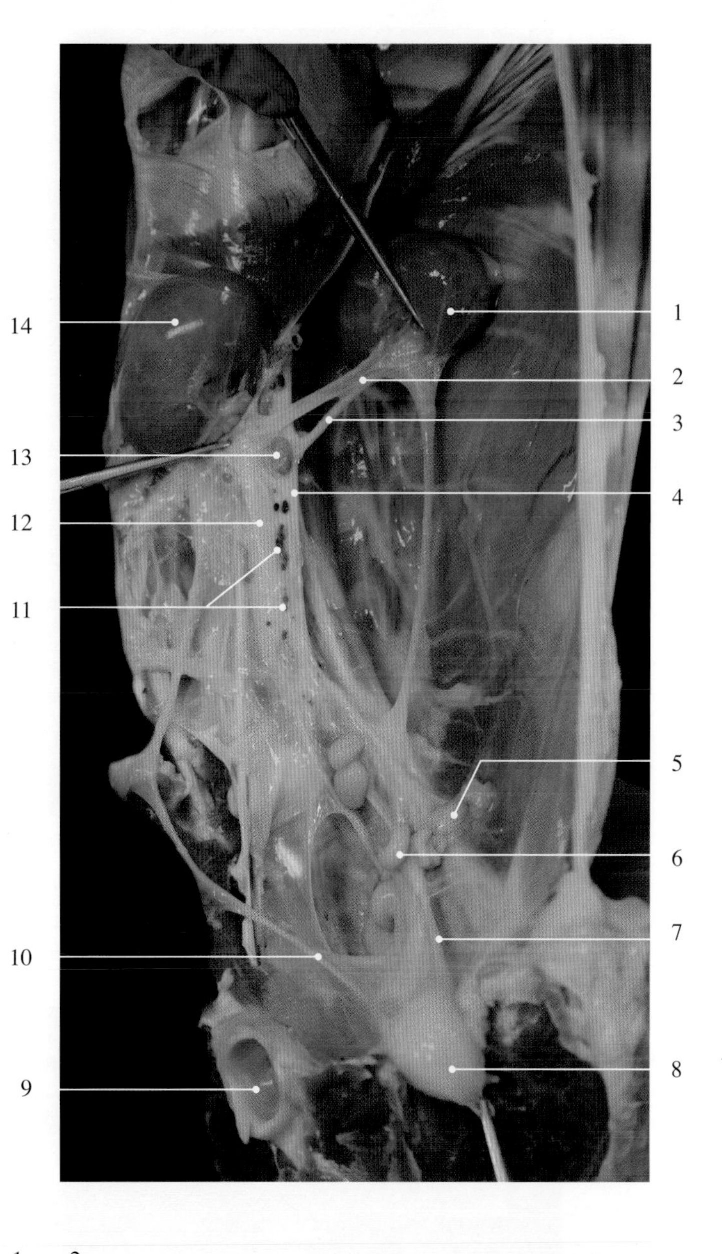

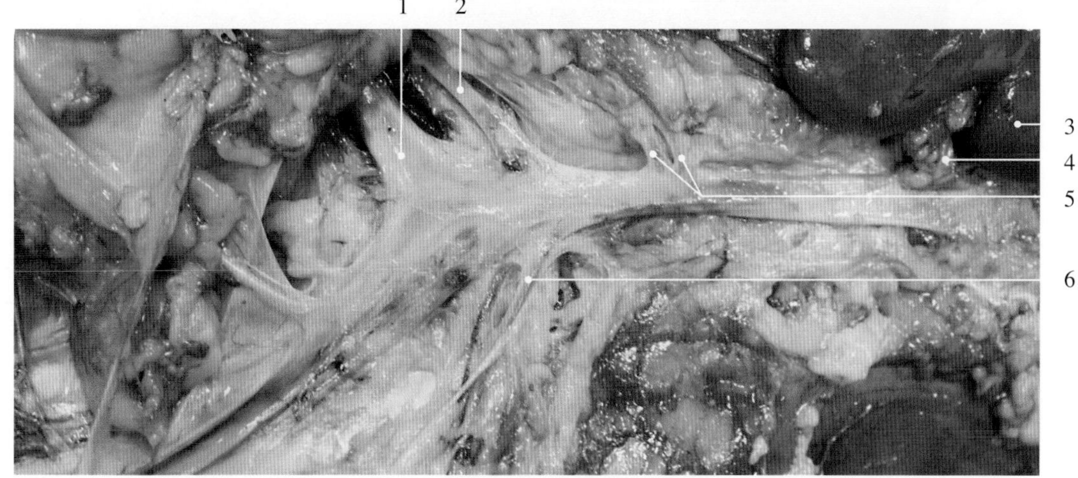

图10-3-41 母驴腹主动脉分支

1. 髂内动脉 internal iliac artery
2. 髂外动脉 external iliac artery
3. 肾 kidney
4. 肾动脉 renal artery
5. 子宫卵巢动脉 uteroovarian artery
6. 肠系膜后动脉 caudal mesenteric artery

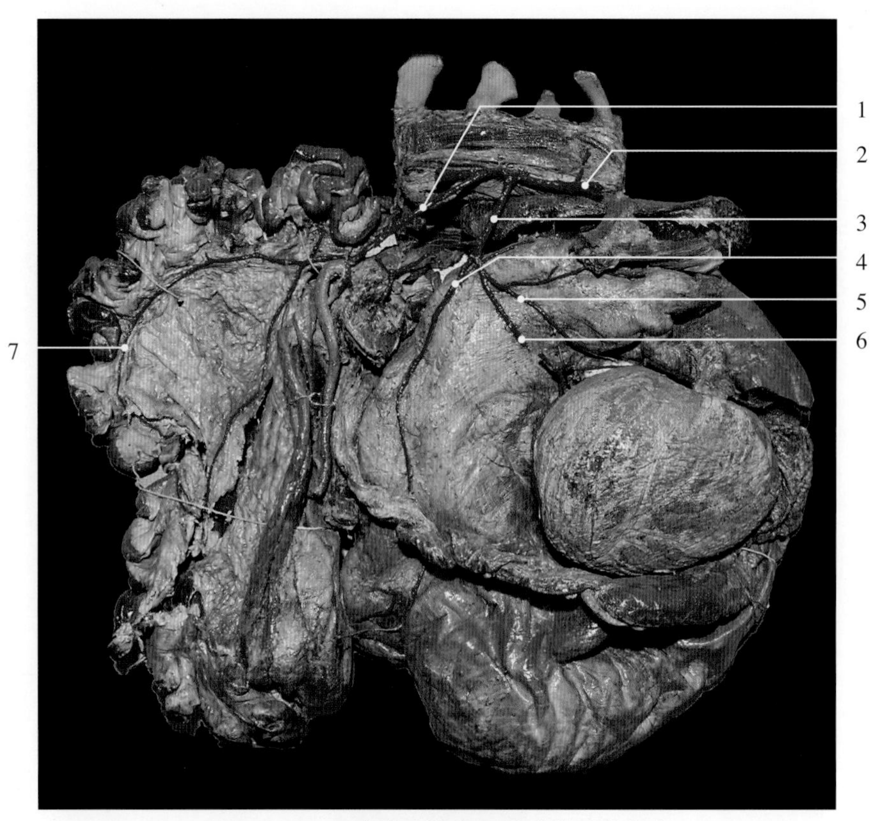

图10-3-42　马腹腔动脉和肠系膜前动脉分支

1. 肠系膜前动脉 cranial mesenteric artery
2. 腹主动脉 abdominal aorta
3. 腹腔动脉 celiac artery
4. 脾动脉 splenic artery
5. 肝动脉 hepatic artery
6. 胃左动脉 left gastric artery
7. 空肠动脉 jejunal artery

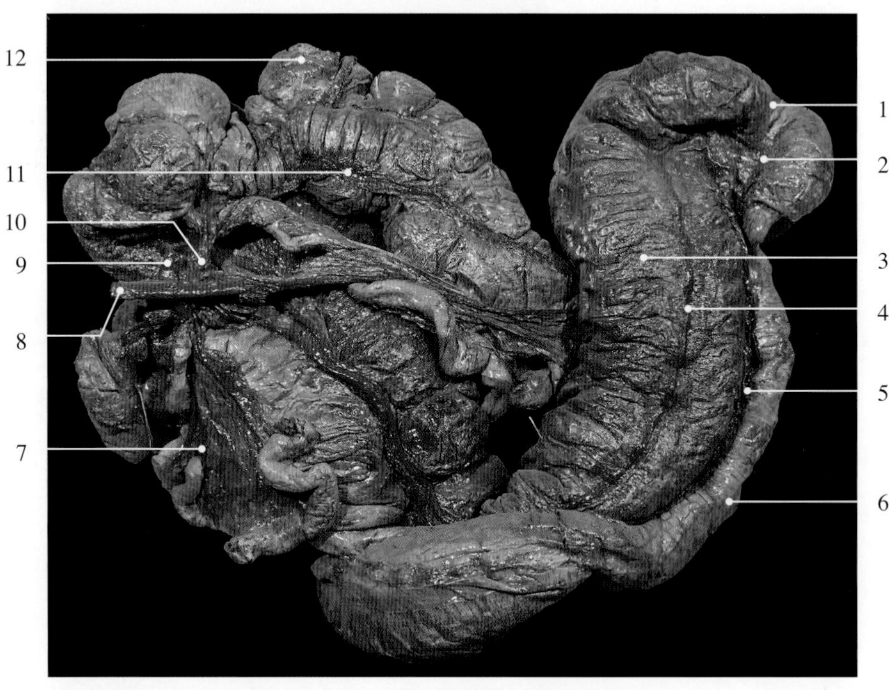

图10-3-43　马肠系膜前动脉分支1

1. 骨盆曲 pelvic flexure
2. 骨盆曲吻合 inosculation of pelvic flexure
3. 左下大结肠 left ventral colon
4. 结肠支 colic branch
5. 结肠左动脉 left colic artery
6. 左上大结肠 left dorsal colon
7. 空肠动脉 jejunal artery
8. 腹主动脉 abdominal aorta
9. 腹腔动脉 celiac artery
10. 肠系膜前动脉 cranial mesenteric artery
11. 盲肠内侧动脉 internal caecal artery
12. 盲肠 caecum

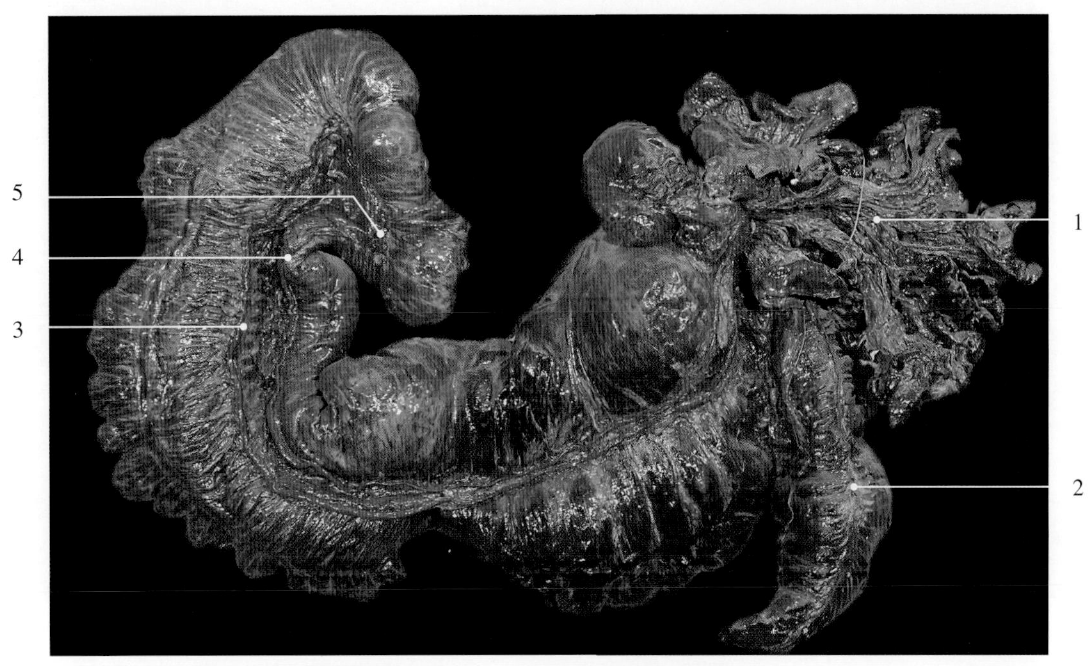

图10-3-44　马肠系膜前动脉分支2

1. 空肠动脉 jejunal artery
2. 盲肠内侧动脉 internal caecal artery
3. 结肠支 colic branch
4. 结肠左动脉 left colic artery
5. 骨盆曲吻合 inosculation of pelvic flexure

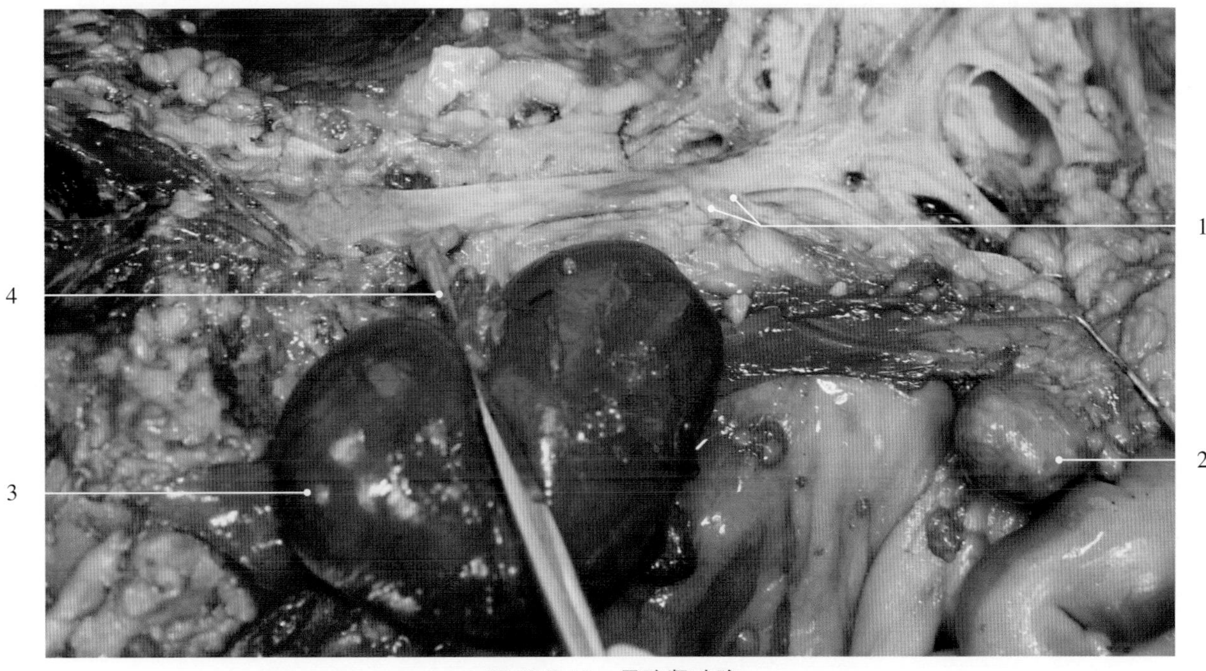

图10-3-45　母驴肾动脉

1. 子宫卵巢动脉 uteroovarian arteries
2. 卵巢 ovary
3. 肾 kidney
4. 肾动脉 renal artery

图10-3-46 牛肾血管（铸型标本）

1. 输尿管 ureter
2. 肾小盏 minor renal calyx
3. 肾动脉 renal artery
4. 肾静脉 renal vein

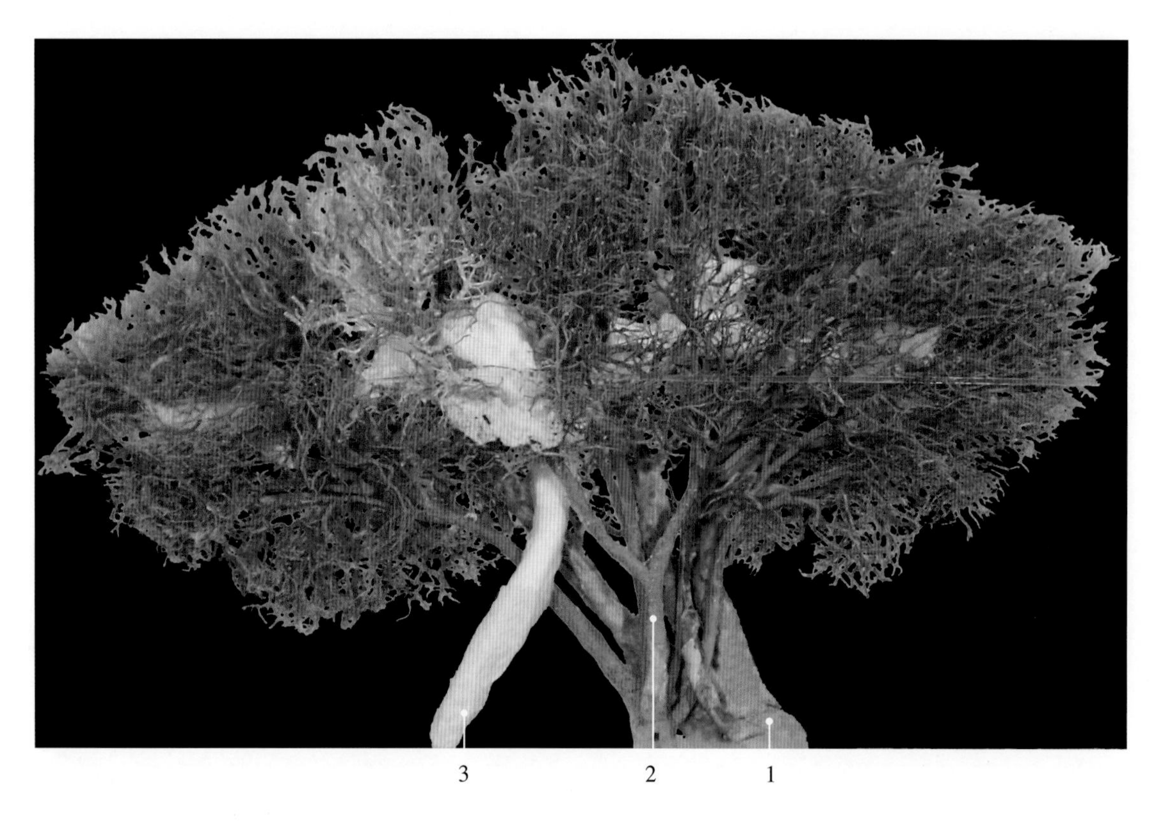

图10-3-47 猪肾血管（铸型标本）1

1. 肾静脉 renal vein 2. 肾动脉 renal artery 3. 输尿管 ureter

图10-3-48　猪肾血管（铸型标本）2

1. 肾静脉 renal vein
2. 肾动脉 renal artery
3. 输尿管 ureter
4. 肾盂 renal pelvis

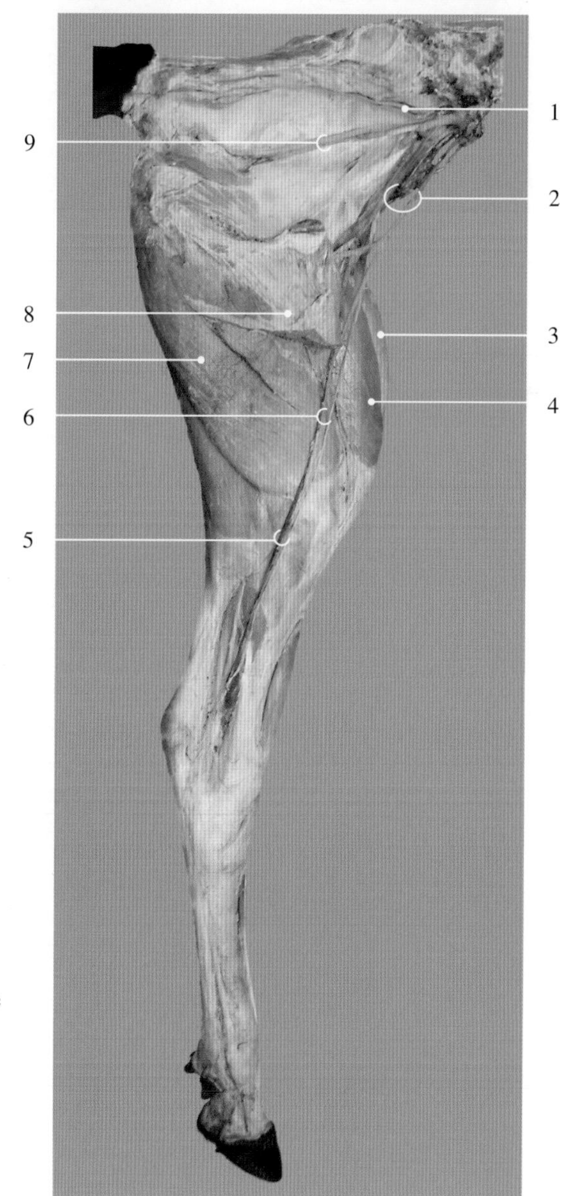

图10-3-49　牛后肢内侧血管

1. 荐中动脉 median sacral artery
2. 髂外动、静脉 external iliac artery and vein
3. 股直肌 straight femoral muscle
4. 股内侧肌 medial vastus muscle
5. 隐动、静脉及神经 saphenous artery, vein and nerve
6. 股动、静脉及神经 femoral artery, vein and nerve
7. 半膜肌 semimembranous muscle
8. 股薄肌 gracilis muscle
9. 髂内动、静脉 internal iliac artery and vein

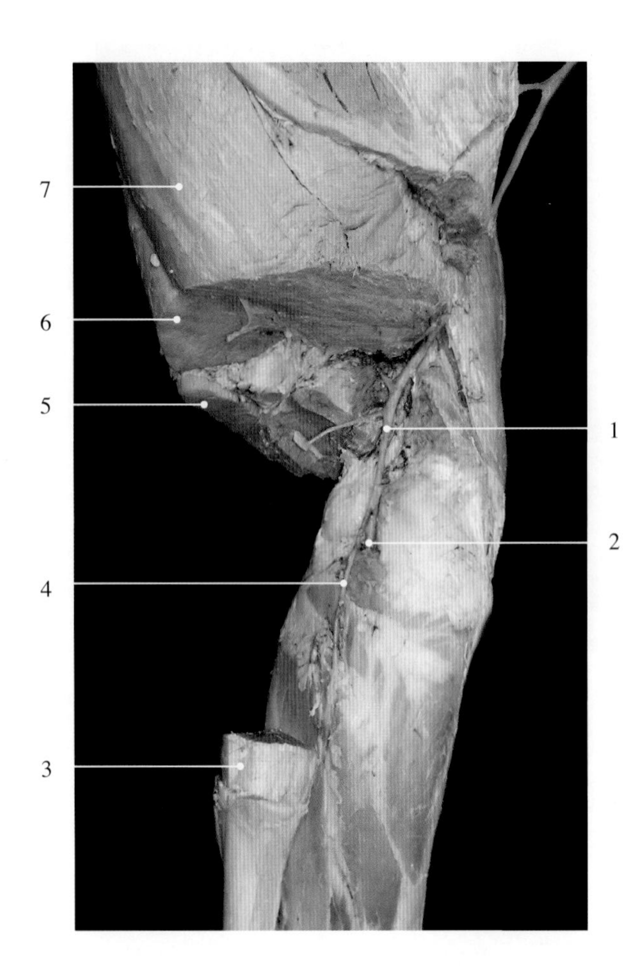

图10-3-50　牛左后肢内侧小腿部动脉

1. 腘动脉 popliteal artery
2. 胫前动脉 cranial tibial artery
3. 腓肠肌断端 section of gastrocnemius muscle
4. 胫后动脉 caudal tibial artery
5. 股二头肌断端 section of biceps femoris muscle
6. 半腱肌断端 section of semitendinous muscle
7. 半膜肌 semimembranous muscle

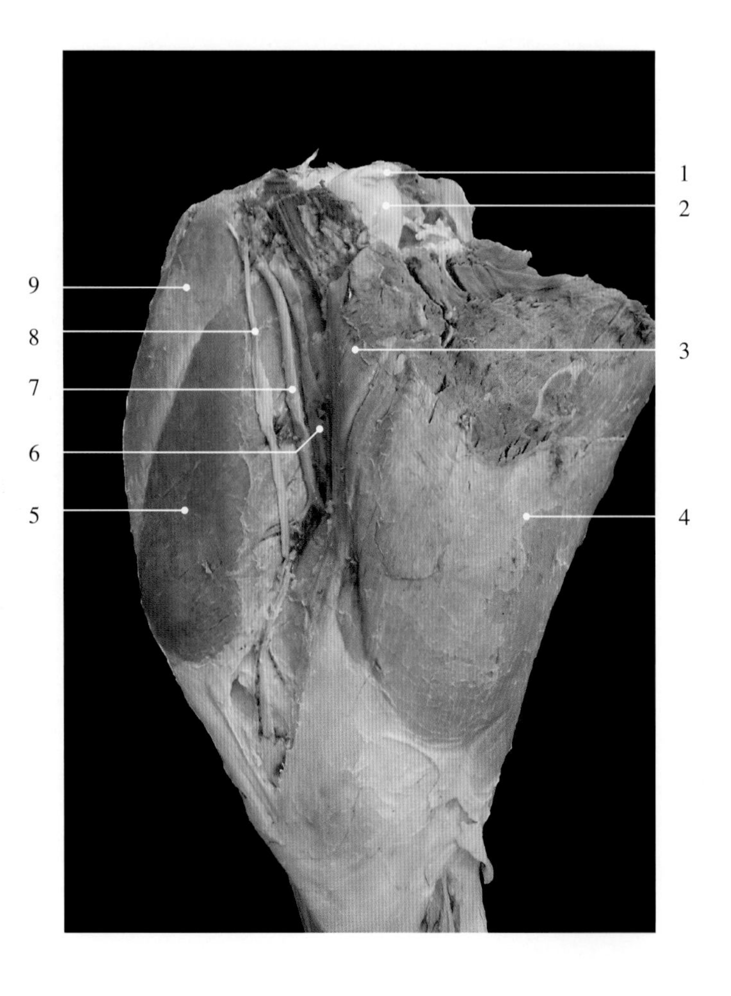

图10-3-51　牛右后肢内侧血管

1. 股骨头韧带 ligament of femoral head
2. 股骨头 femoral head
3. 耻骨肌 pectineal muscle
4. 股薄肌 gracilis muscle
5. 股内侧肌 medial vastus muscle
6. 股静脉 femoral vein
7. 股动脉 femoral artery
8. 股神经 femoral nerve
9. 股直肌 straight femoral muscle

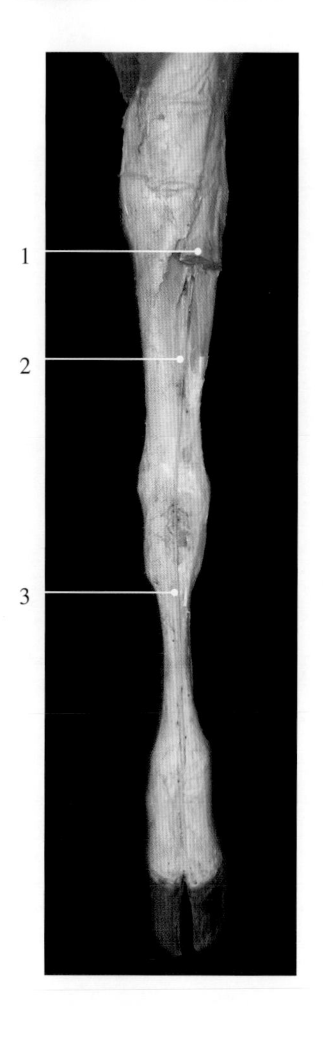

图 10-3-52　牛右后肢小腿背侧动脉

1. 胫骨前肌 cranial tibial muscle
2. 胫前动脉 cranial tibial artery
3. 跖背外侧动脉 lateral dorsal metatarsal artery

图 10-4-1　犊牛全身血管右侧观

1. 面静脉 facial vein
2. 颈外静脉 external jugular vein
3. 胸主动脉 thoracic aorta
4. 后腔静脉 caudal vena cava
5. 颈总动脉 common carotid artery
6. 膈 diaphragm
7. 前腔静脉 cranial vena cava
8. 髂总静脉 common iliac vein

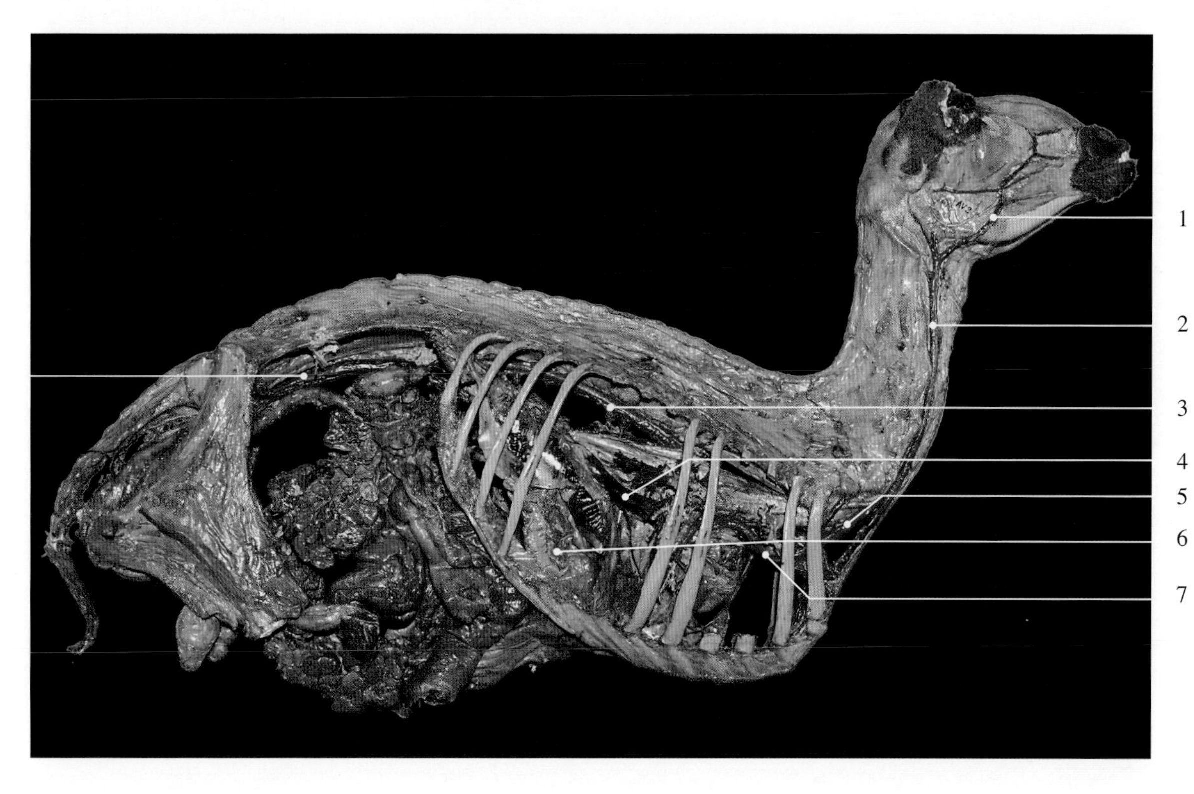

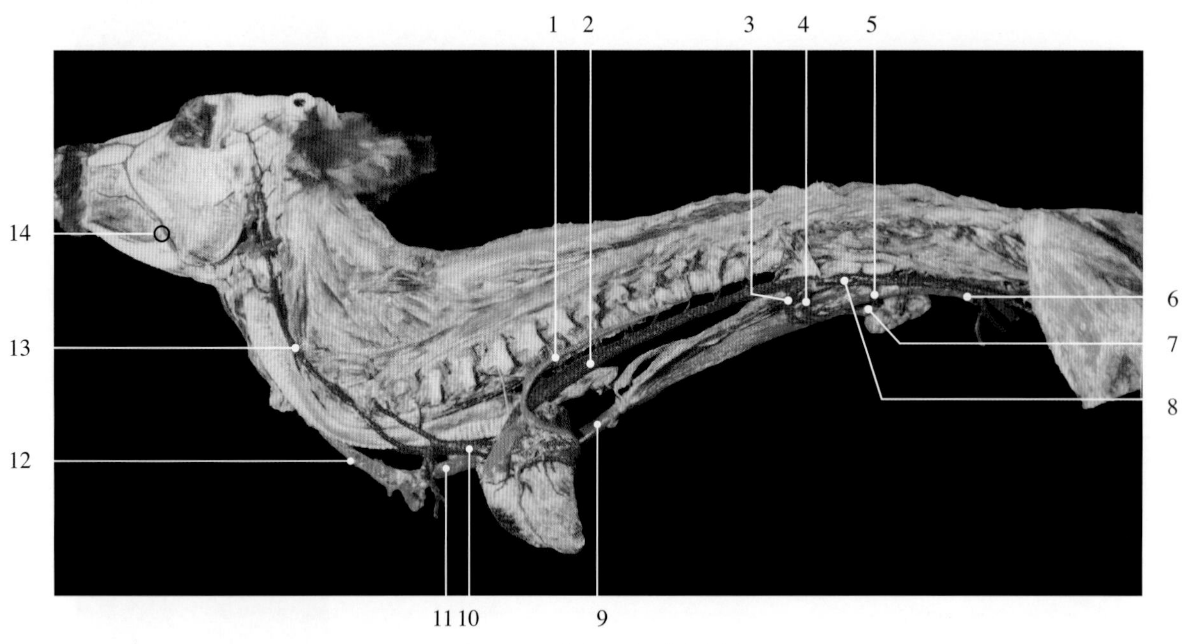

图10-4-2　牛躯干血管左侧观

1. 奇静脉 azygos vein
2. 胸主动脉 thoracic aorta
3. 腹腔动脉 celiac artery
4. 肠系膜前动脉 cranial mesenteric artery
5. 肾动脉 renal artery
6. 髂总静脉 common iliac vein
7. 肾静脉 renal vein
8. 腹主动脉 abdominal aorta
9. 后腔静脉 caudal vena cava
10. 臂头动脉干 brachiocephalic trunk
11. 前腔静脉 cranial vena cava
12. 颈外静脉 external jugular vein
13. 颈总动脉 common carotid artery
14. 面动、静脉 facial artery and vein

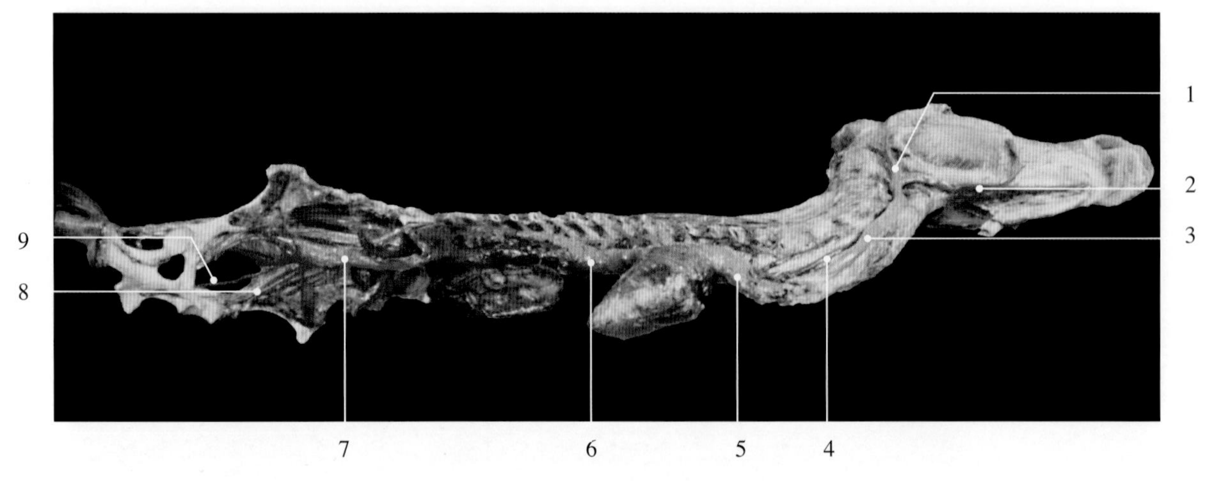

图10-4-3　驴全身血管右侧观

1. 上颌静脉 maxillary vein
2. 面静脉 facial vein
3. 颈静脉 jugular vein
4. 颈总动脉 common carotid artery
5. 前腔静脉 cranial vena cava
6. 后腔静脉 caudal vena cava
7. 髂总静脉 common iliac vein
8. 髂外动、静脉 external iliac artery and vein
9. 髂内动脉 internal iliac artery

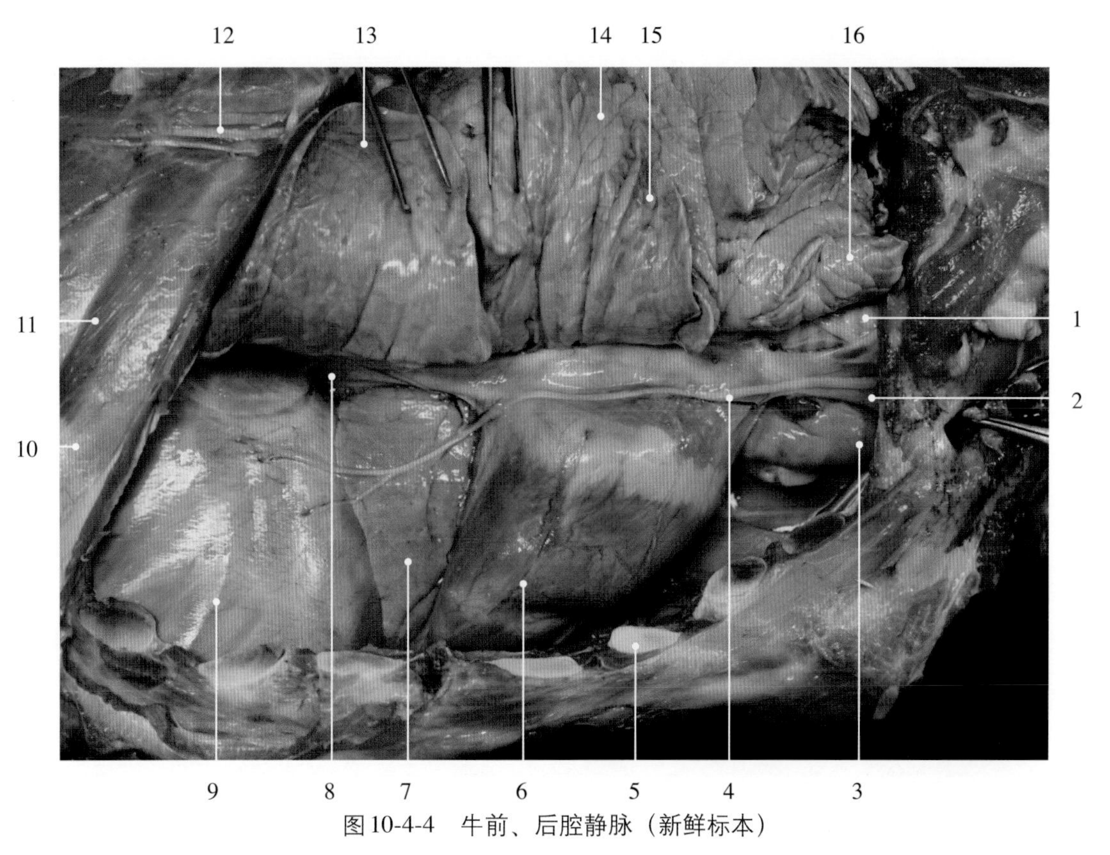

图10-4-4 牛前、后腔静脉（新鲜标本）

1. 气管 trachea
2. 前腔静脉 cranial vena cava
3. 胸腺 thymus
4. 膈神经 phrenic nerve
5. 肋软骨断端 section of costal cartilage
6. 心包 pericardium
7. 左肺膈叶 diaphragmatic lobe of left lung
8. 后腔静脉 caudal vena cava
9. 膈 diaphragm
10. 肋骨 costal bone
11. 肋间外肌 external intercostal muscle
12. 髂肋肌 iliocostal muscle
13. 右肺膈叶 diaphragm lobe of right lung
14. 右肺心叶 cardiac lobe of right lung
15. 副叶 accessory lobe
16. 右肺尖叶 apex of right lung

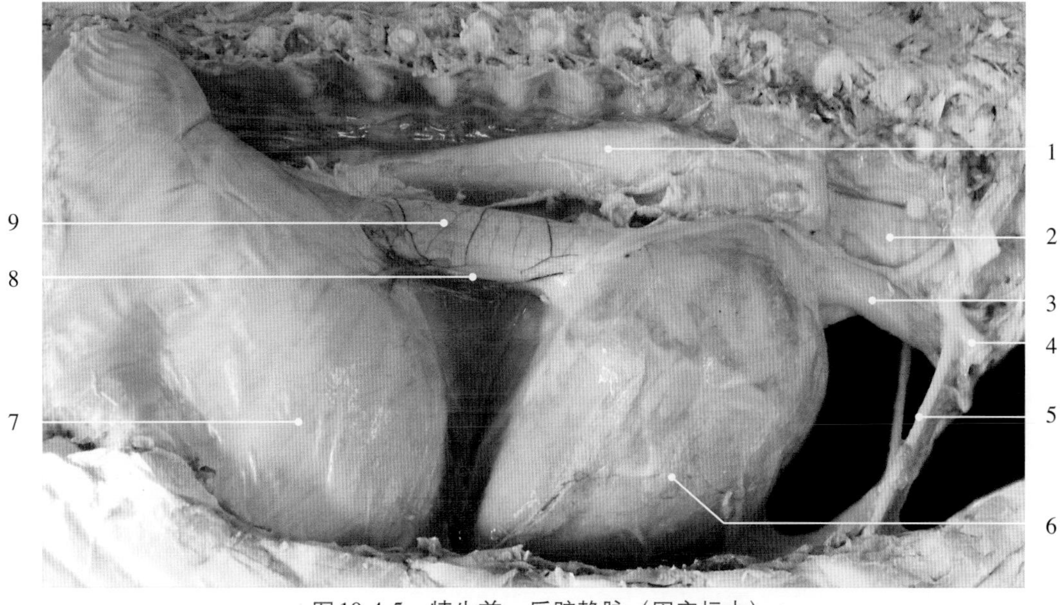

图10-4-5 犊牛前、后腔静脉（固定标本）

1. 食管 esophagus
2. 气管 trachea
3. 前腔静脉 cranial vena cava
4. 腋动脉 axillary artery
5. 胸廓内动脉 internal thoracic artery
6. 心脏 heart
7. 膈 diaphragm
8. 膈神经 phrenic nerve
9. 后腔静脉 caudal vena cava

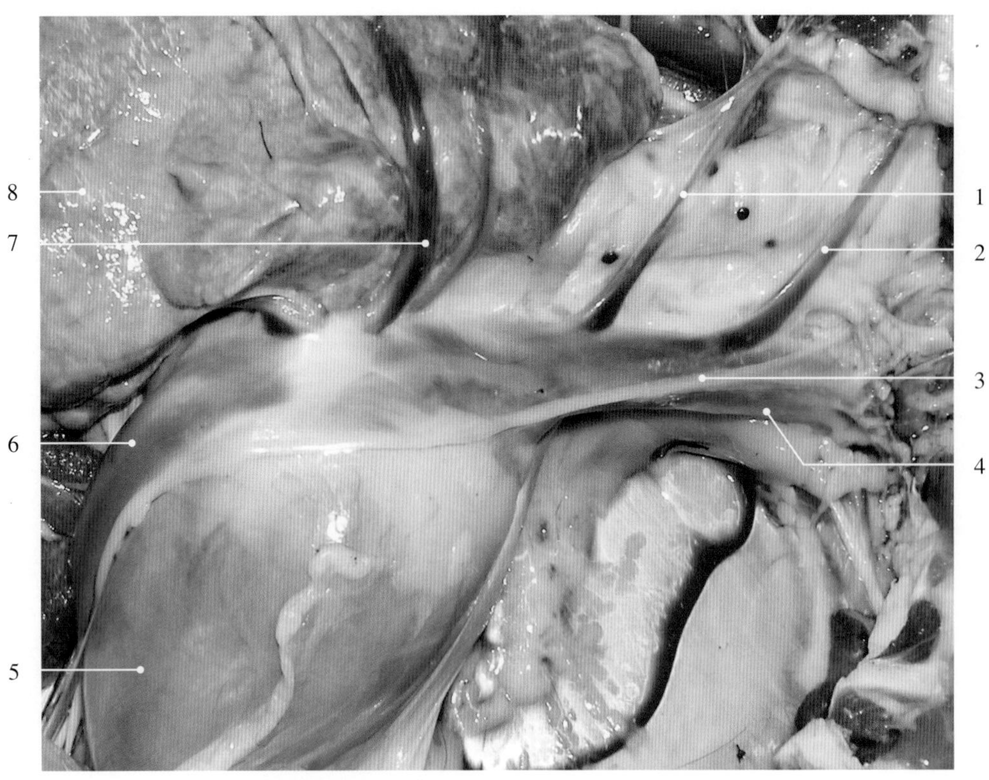

图10-4-6　羊前、后腔静脉（新鲜标本）

1. 肋颈静脉 costocervical vein
2. 椎静脉 vertebral vein
3. 膈神经 phrenic nerve
4. 前腔静脉 cranial vena cava
5. 心脏 heart
6. 后腔静脉 caudal vena cava
7. 肺静脉 pulmonary vein
8. 肺 lung

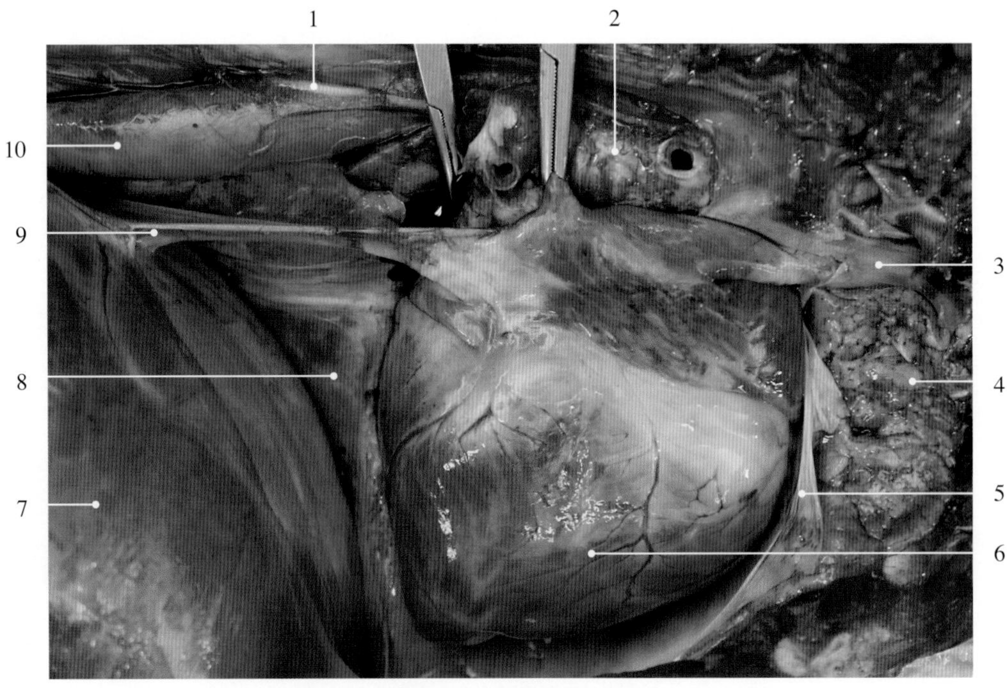

图10-4-7　猪前、后腔静脉（新鲜标本）

1. 迷走神经背侧支 dorsal branch of vagus nerve
2. 气管 trachea
3. 前腔静脉 cranial vena cava
4. 胸腺 thymus
5. 心包 pericardium
6. 心脏 heart
7. 膈 diaphragm
8. 纵隔 mediastinum
9. 后腔静脉 caudal vena cava
10. 食管 esophagus

图 10-4-8　驴前、后腔静脉（新鲜标本）

1. 肺 lung
2. 前腔静脉 cranial vena cava
3. 膈神经 phrenic nerve
4. 心脏 heart
5. 后腔静脉 caudal vena cava
6. 膈 diaphragm
7. 交感神经干 sympathetic trunk

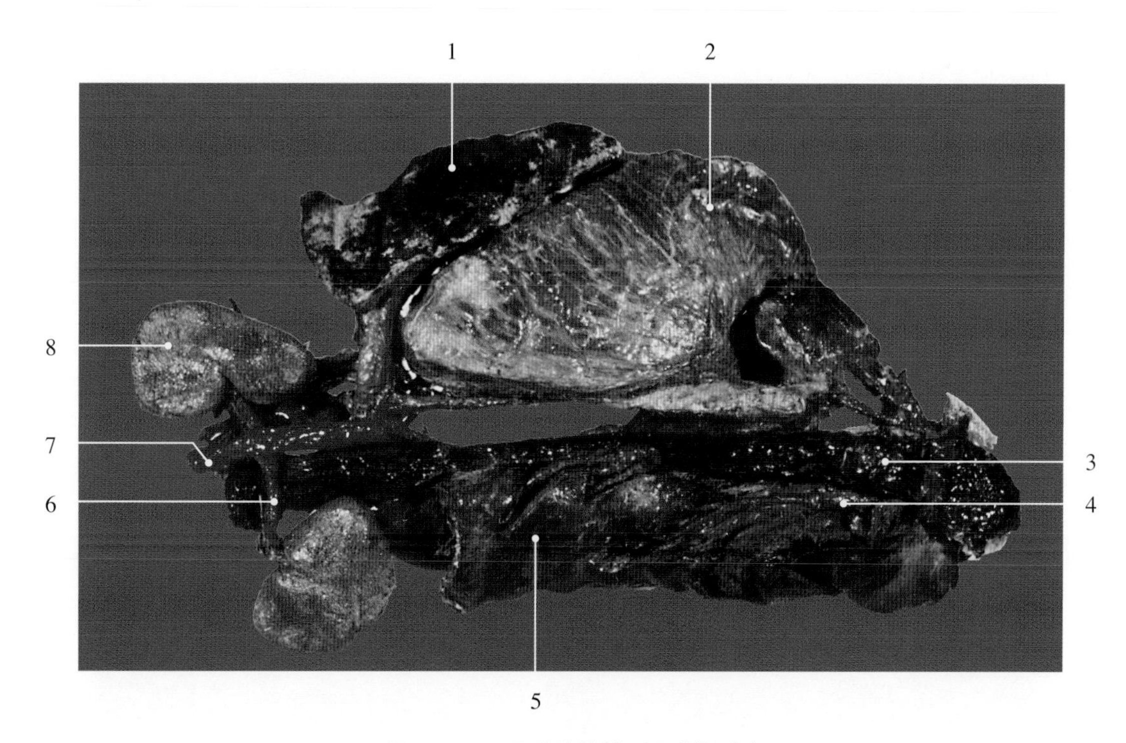

图 10-4-9　马后腔静脉（干制标本）

1. 脾 spleen
2. 胃 stomach
3. 后腔静脉 caudal vena cava
4. 肝静脉 hepatic vein
5. 肝 liver
6. 肾动脉 renal artery
7. 腹主动脉 abdominal aorta
8. 肾 kidney

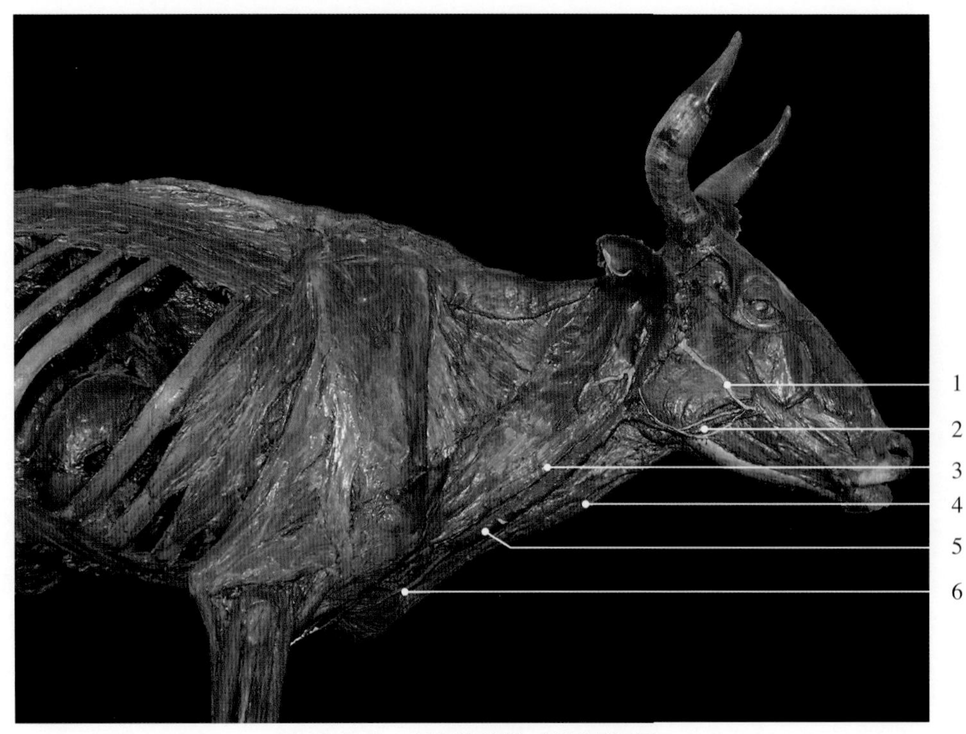

图10-4-10　牛颈外静脉（干制标本）

1. 面神经 facial nerve
2. 面静脉 facial vein
3. 臂头肌 brachiocephalic muscle
4. 胸头肌 sternocephalic muscle
5. 颈外静脉 external jugular vein
6. 头静脉 cephalic vein

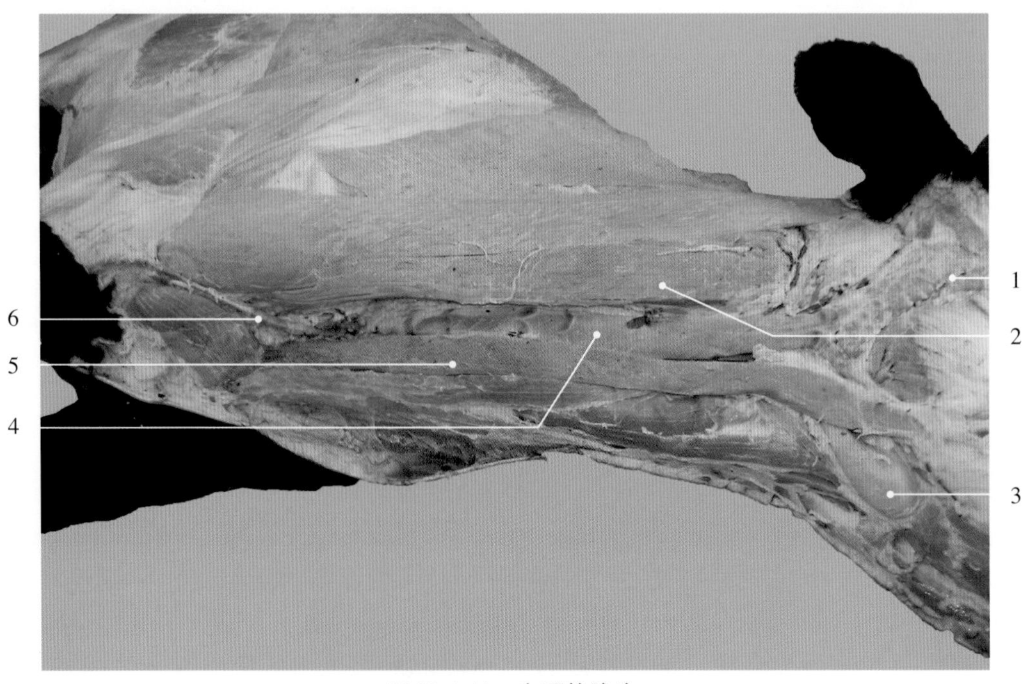

图10-4-11　牛颈静脉沟

1. 腮腺 parotid gland
2. 臂头肌 brachiocephalic muscle
3. 颌下腺 submandibular gland
4. 颈外静脉 external jugular vein
5. 胸头肌 sternocephalic muscle
6. 头静脉 cephalic vein

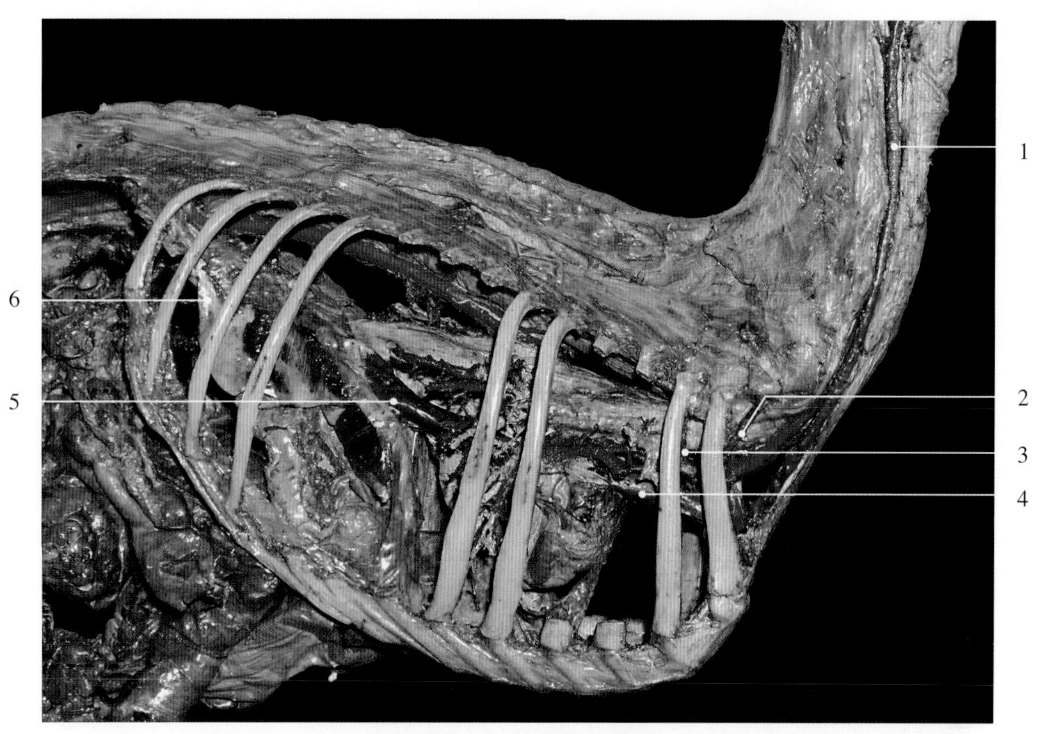

图10-4-12　犊牛颈外静脉

1. 颈外静脉 external jugular vein
2. 椎静脉 vertebral vein
3. 肋颈静脉 costocervical vein
4. 前腔静脉 cranial vena cava
5. 后腔静脉 caudal vena cava
6. 肝 liver

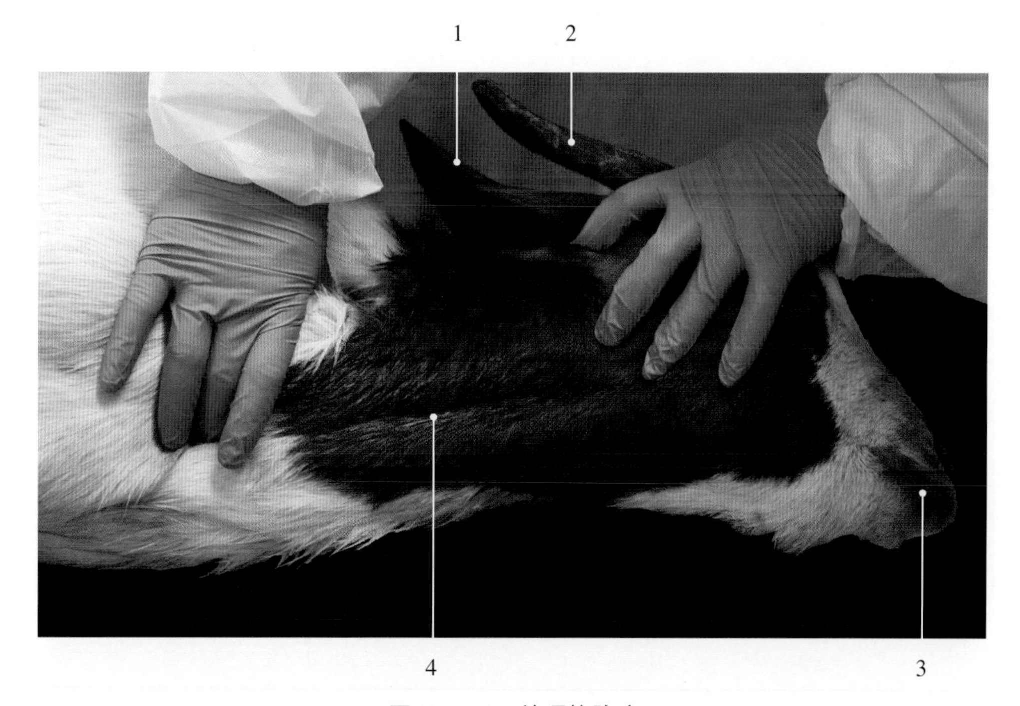

图10-4-13　羊颈静脉沟

1. 耳 ear
2. 角 horn
3. 唇 lip
4. 颈静脉沟 jugular vein groove

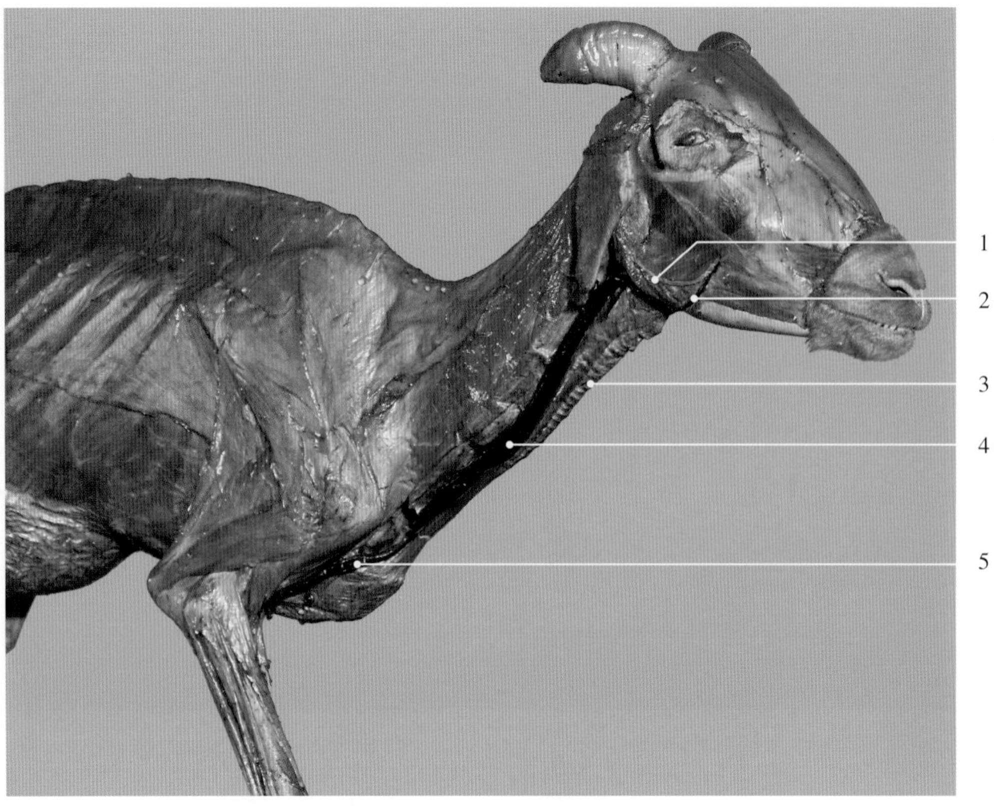

图10-4-14　羊颈外静脉

1. 腮腺管　parotid duct
2. 面静脉　facial vein
3. 气管　trachea
4. 颈外静脉　external jugular vein
5. 头静脉　cephalic vein

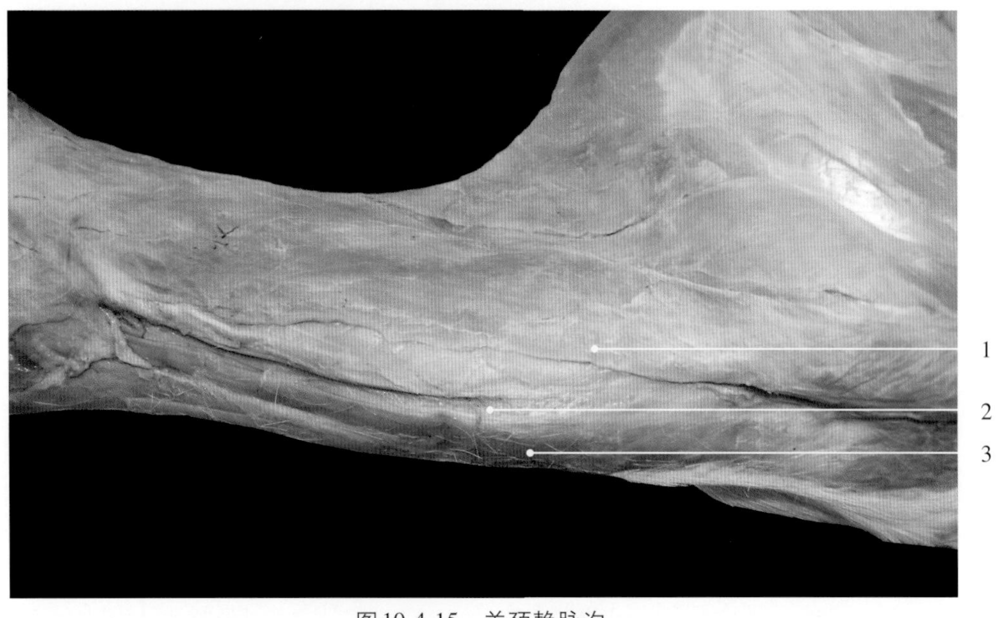

图10-4-15　羊颈静脉沟

1. 臂头肌　brachiocephalic muscle
2. 颈静脉沟　jugular vein groove
3. 胸头肌　sternocephalic muscle

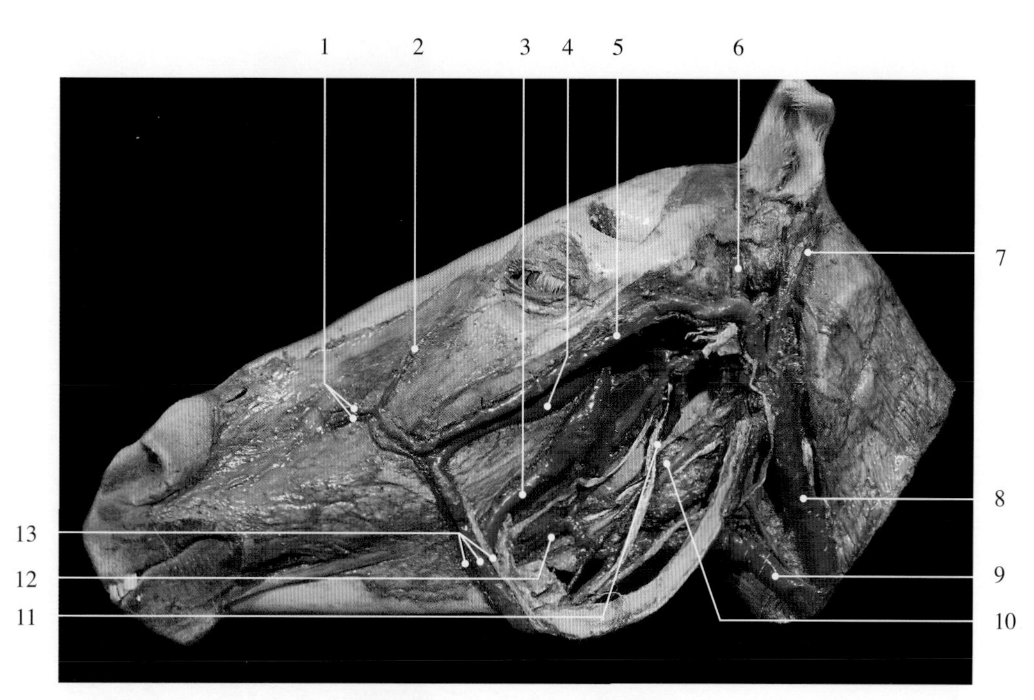

图10-4-16　马头部主要静脉

1. 鼻背侧动、静脉 dorsal nasal artery and vein
2. 眼眶角静脉 angular oculi vein
3. 颊静脉 buccal vein
4. 面深静脉 deep facial vein
5. 面横静脉 transverse facial vein
6. 颞浅静脉 superficial temporal vein
7. 枕静脉 occipital vein
8. 上颌静脉 maxillary vein
9. 舌面静脉 linguofacial vein
10. 舌面干 linguofacial trunk
11. 下颌齿槽动脉 alveolar mandibular artery
12. 舌下静脉 sublingual vein
13. 面动、静脉及腮腺管 facial artery, vein and parotid duct

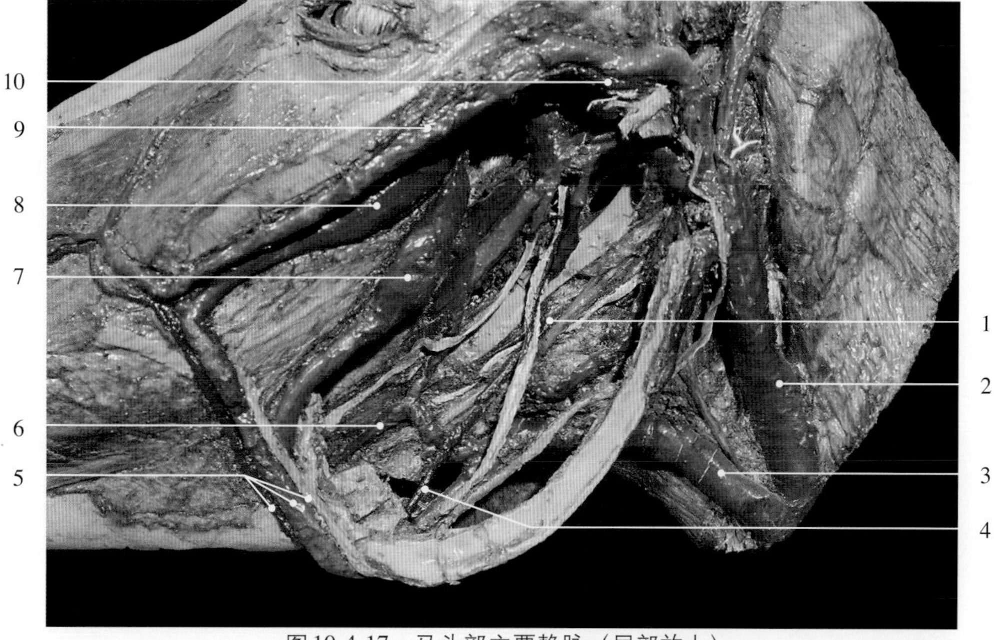

图10-4-17　马头部主要静脉（局部放大）

1. 舌面干 linguofacial trunk
2. 上颌静脉 maxillary vein
3. 舌面静脉 linguofacial vein
4. 面动脉 facial artery
5. 面动、静脉及腮腺管 facial artery, facial vein and parotid duct
6. 舌下静脉 sublingual vein
7. 颊静脉窦 buccal sinus
8. 面深静脉窦 deep facial sinus
9. 面横静脉 transverse facial vein
10. 面横动脉 transverse facial artery

图10-4-18　马下颌部主要静脉

1. 下颌骨 mandible
2. 颏下静脉 submental vein
3. 面横静脉 transverse facial vein
4. 舌面静脉 linguofacial vein
5. 腮腺管 parotid duct
6. 面动、静脉 facial artery and vein

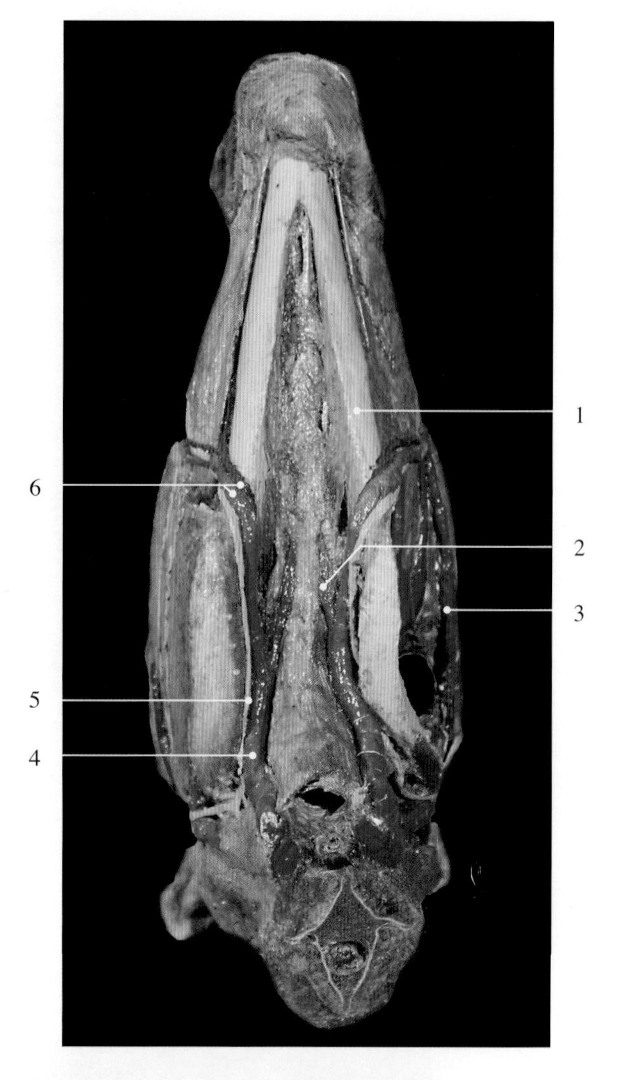

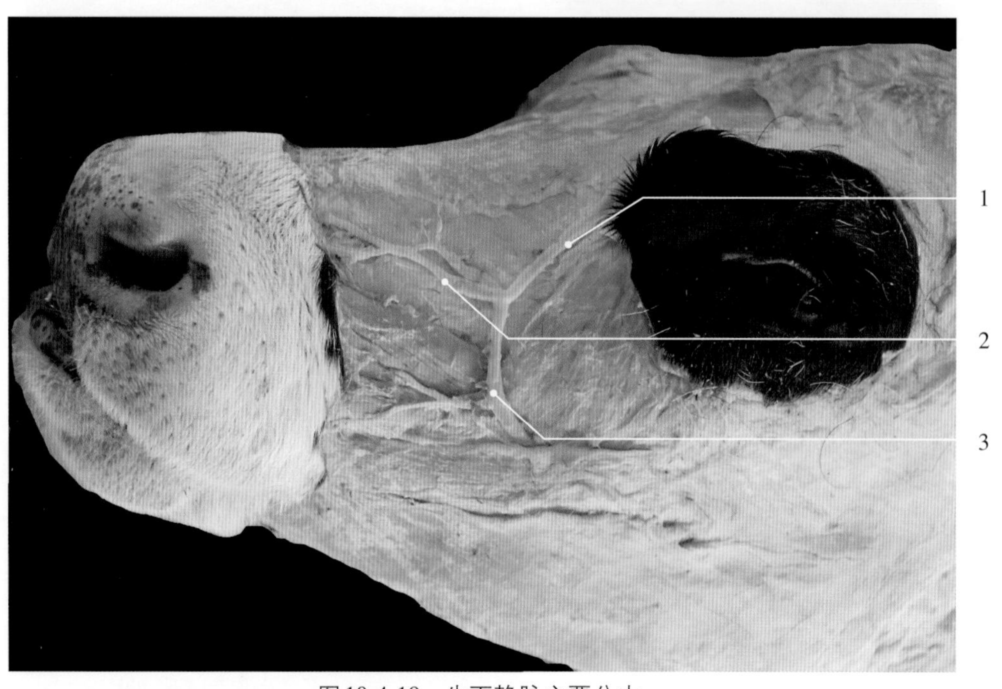

图10-4-19　牛面静脉主要分支

1. 眼眶角静脉 angular oculi vein
2. 鼻静脉 nasal vein
3. 面静脉 facial vein

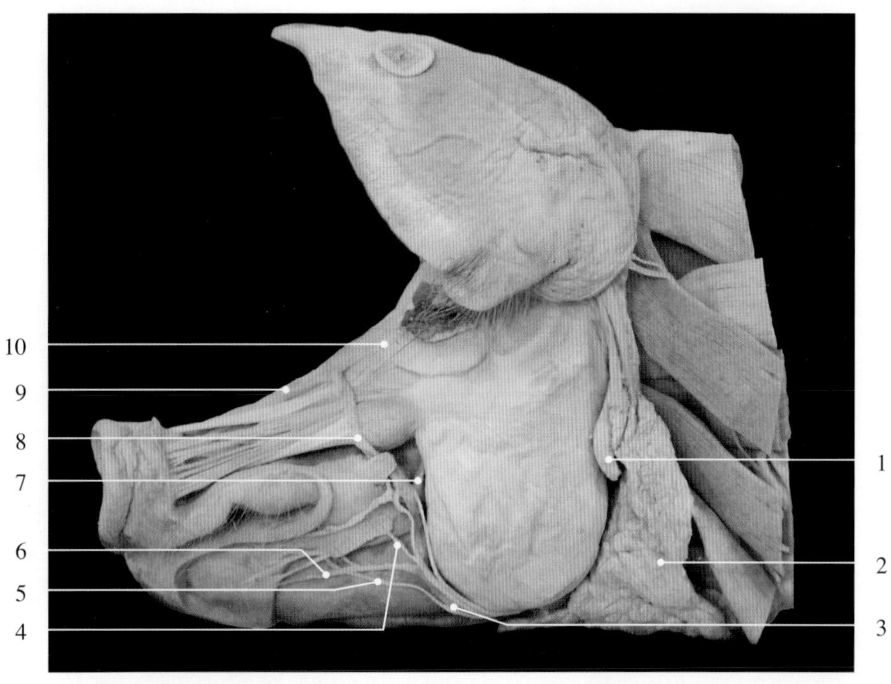

图10-4-20　猪面静脉主要分支

1. 腮腺淋巴结 parotid lymph node
2. 腮腺 parotid gland
3. 面静脉 facial vein
4. 腮腺管 parotid duct
5. 下唇动脉 inferior labial artery
6. 下唇静脉 inferior labial vein
7. 面深静脉 deep facial vein
8. 面静脉 facial vein
9. 鼻背侧静脉 dorsal nasal vein
10. 额静脉 frontal vein

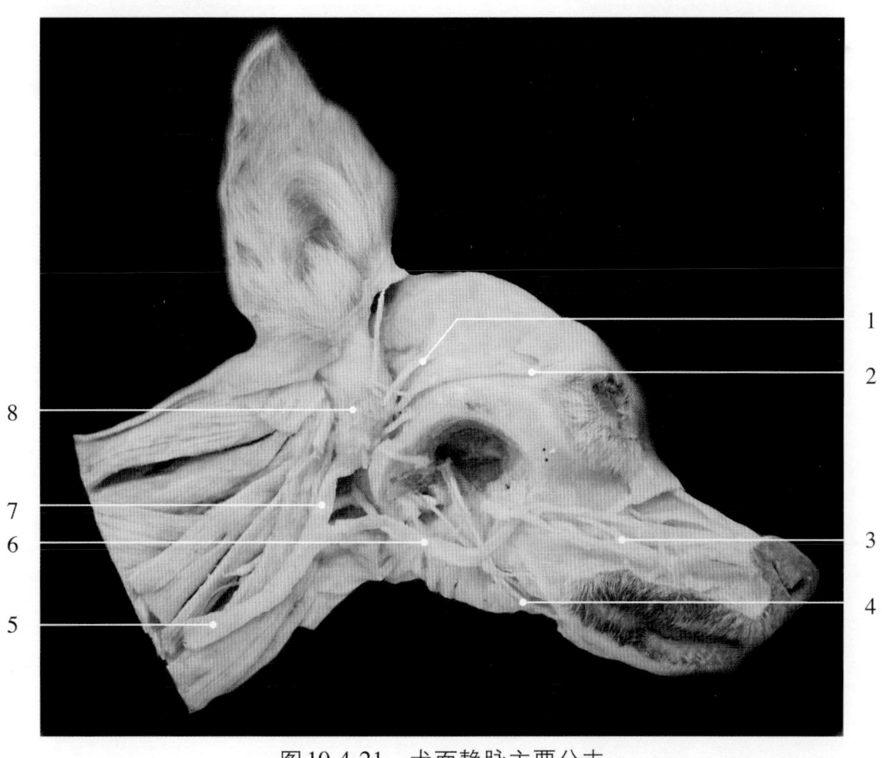

图10-4-21　犬面静脉主要分支

1. 颞浅静脉 superficial temporal vein
2. 眼眶角静脉 angular oculi vein
3. 眶下神经 infraorbital nerve
4. 下颌齿槽神经 inferior alveolar nerve
5. 颈外静脉 external jugular vein
6. 面静脉 facial vein
7. 上颌静脉 maxillary vein
8. 腮腺 parotid gland

图10-4-22　马左前肢内侧静脉

1. 肩胛下静脉 subscapular vein
2. 肩胛上静脉 suprascapular vein
3. 腋静脉 axillary vein
4. 臂静脉 brachial vein
5. 吻合支 anastomotic branch
6. 头静脉 cephalic vein
7. 正中静脉 median vein
8. 指掌内侧总动、静脉 internal common palmar digital artery and vein
9. 指掌内侧动、静脉 internal palmar digital artery and vein
10. 尺侧副静脉 collateral ulnar vein
11. 胸外静脉 lateral thoracic vein
12. 胸背静脉 thoracodorsal vein

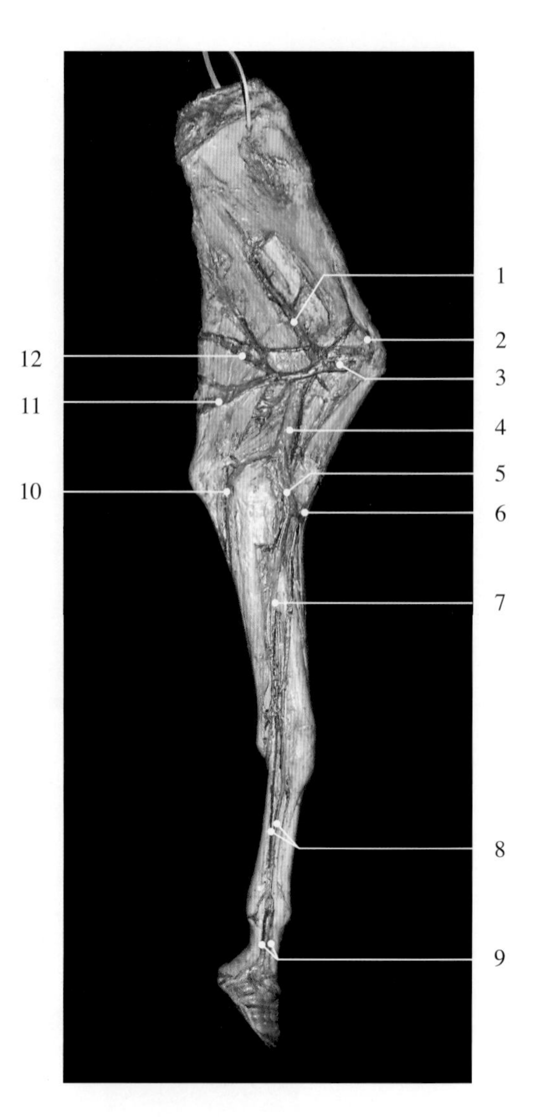

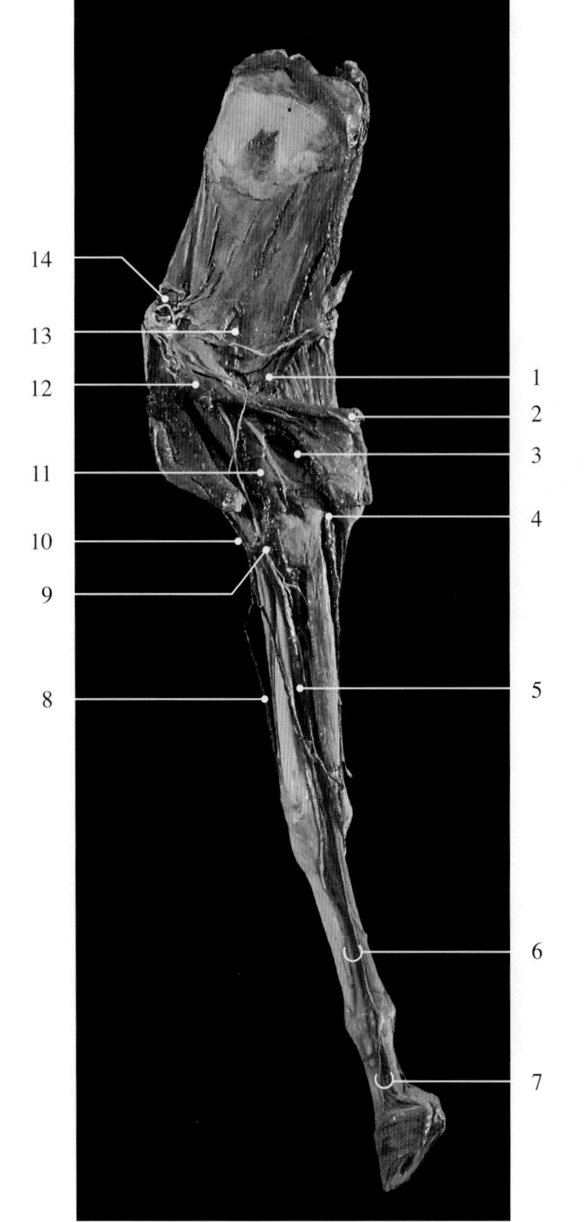

图10-4-23　马右前肢内侧静脉

1. 胸背静脉 thoracodorsal vein
2. 胸外静脉 lateral thoracic vein
3. 臂深静脉 profound brachial vein
4. 尺侧副静脉 collateral ulnar vein
5. 正中静脉 median vein
6. 指掌内侧总动、静脉 internal common palmar digital artery and vein
7. 指掌内侧动、静脉 internal palmar digital artery and vein
8. 副头静脉 accessory cephalic vein
9. 吻合支 anastomotic branch
10. 头静脉 cephalic vein
11. 臂静脉 brachial vein
12. 腋静脉 axillary vein
13. 肩胛下静脉 subscapular vein
14. 肩胛上静脉 suprascapular vein

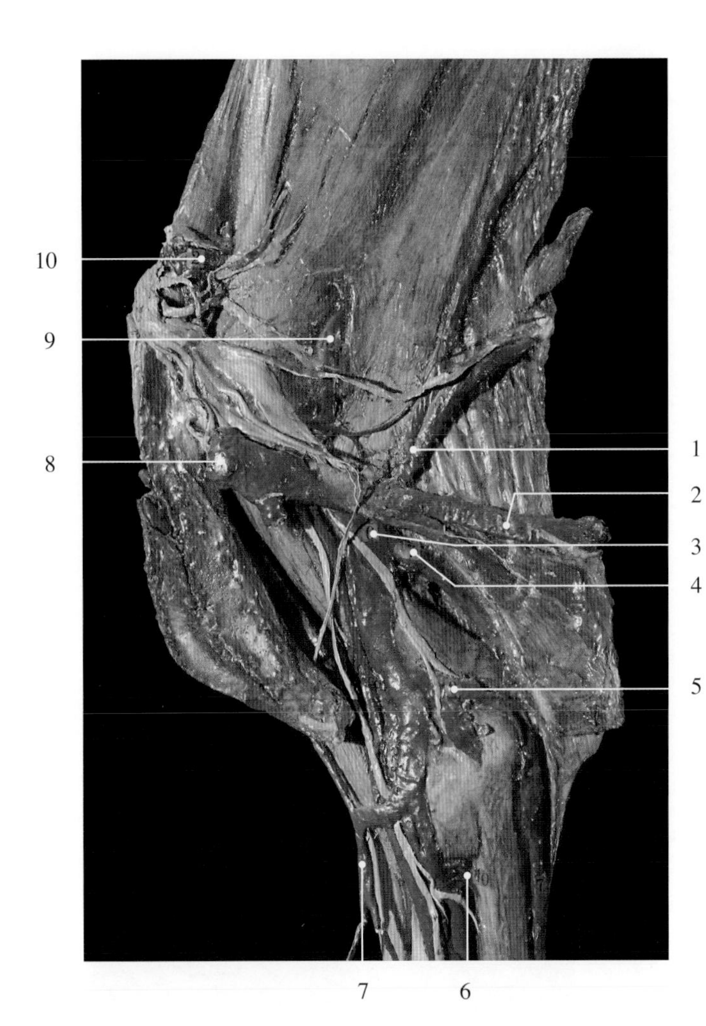

图10-4-24 马右前肢臂部内侧静脉

1. 胸背静脉 thoracodorsal vein
2. 胸外静脉 lateral thoracic vein
3. 臂静脉 brachial vein
4. 臂深静脉 profound brachial vein
5. 尺侧副静脉 collateral ulnar vein
6. 副头静脉 accessory cephalic vein
7. 骨间总静脉 common interosseous vein
8. 腋静脉 axillary vein
9. 肩胛下静脉 subscapular vein
10. 肩胛上静脉 suprascapular vein

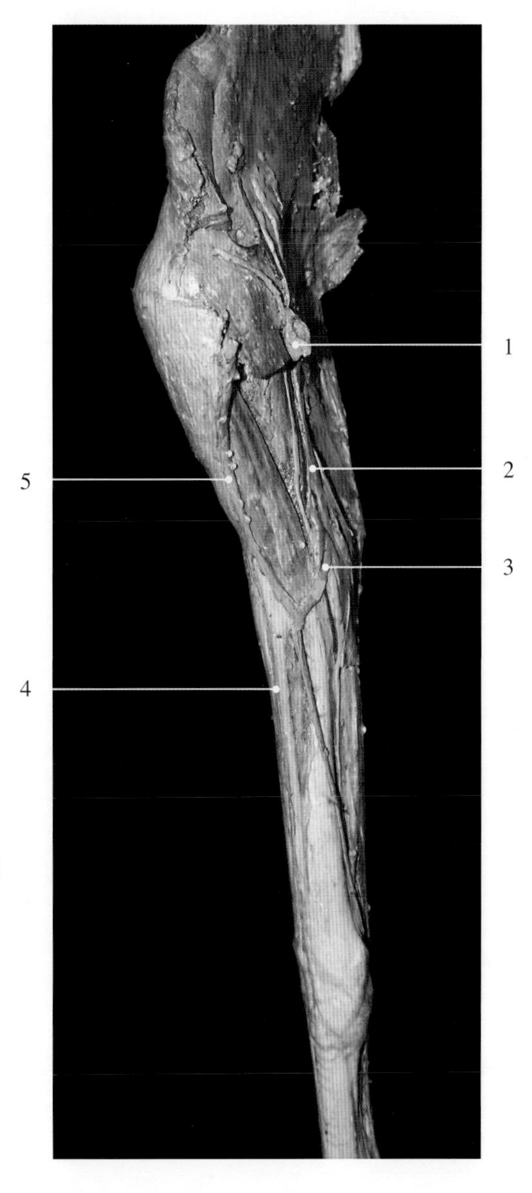

图10-4-25 马右前肢前臂部及前脚部内侧静脉前面观

1. 腋静脉 axillary vein
2. 臂静脉 brachial vein
3. 吻合支 anastomotic branch
4. 副头静脉 accessory cephalic vein
5. 头静脉 cephalic vein

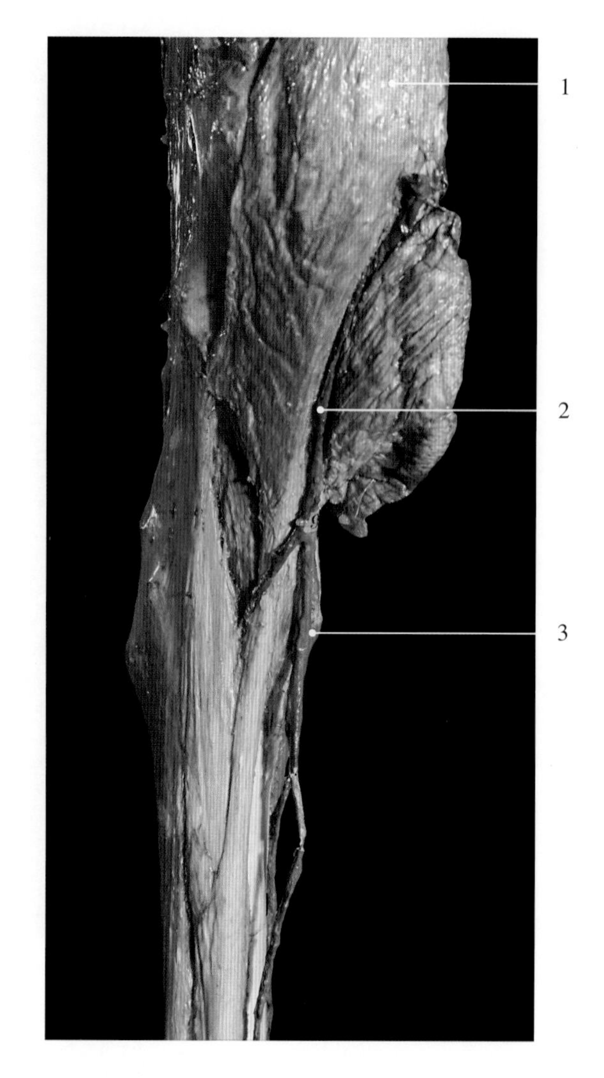

图10-4-26　马右前肢前臂部外侧静脉

1. 臂二头肌 biceps brachii muscle
2. 头静脉 cephalic vein
3. 副头静脉 accessory cephalic vein

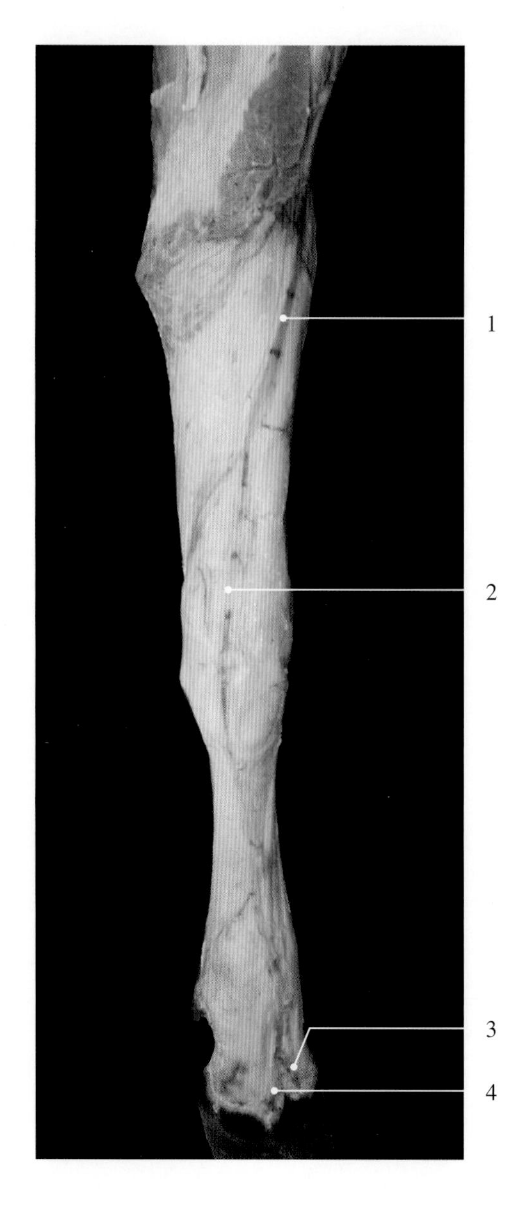

图10-4-27　牛左前肢内侧静脉（固定标本）

1. 头静脉 cephalic vein
2. 副头静脉 accessory cephalic vein
3. 第4指轴侧静脉 4th axial vein
4. 第3指背侧固有静脉 3rd dorsal propia vein

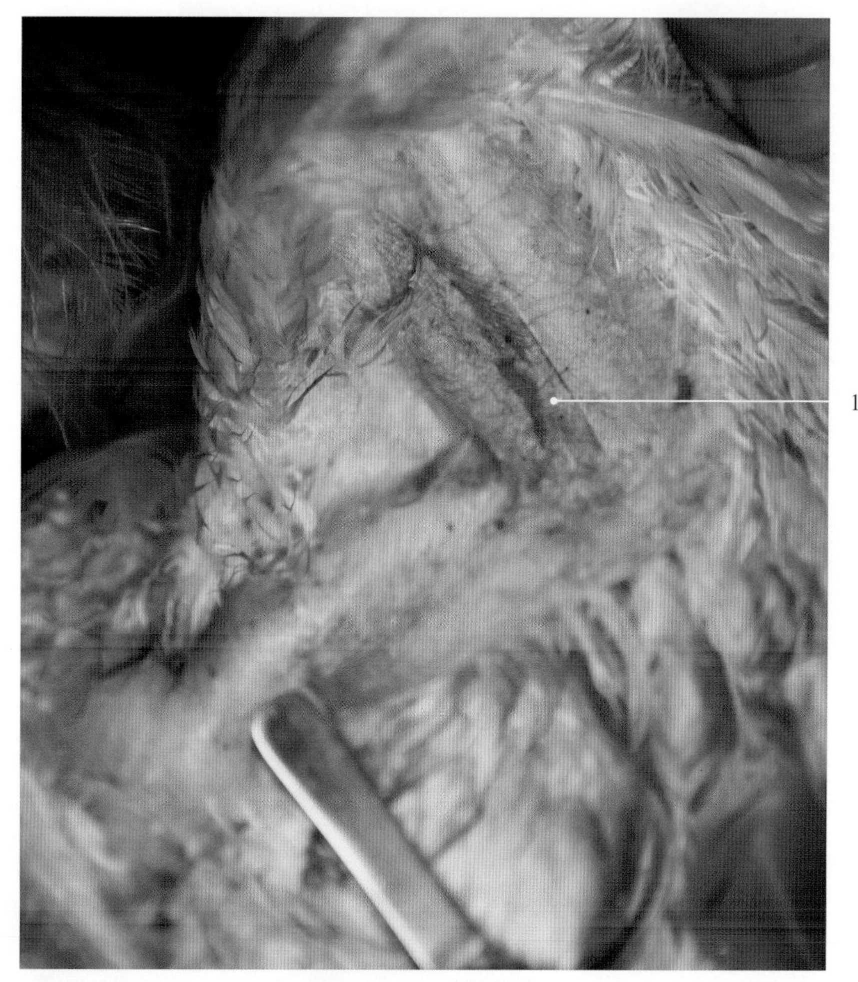

图10-4-28　鸡翅静脉

1. 翅静脉 wing vein

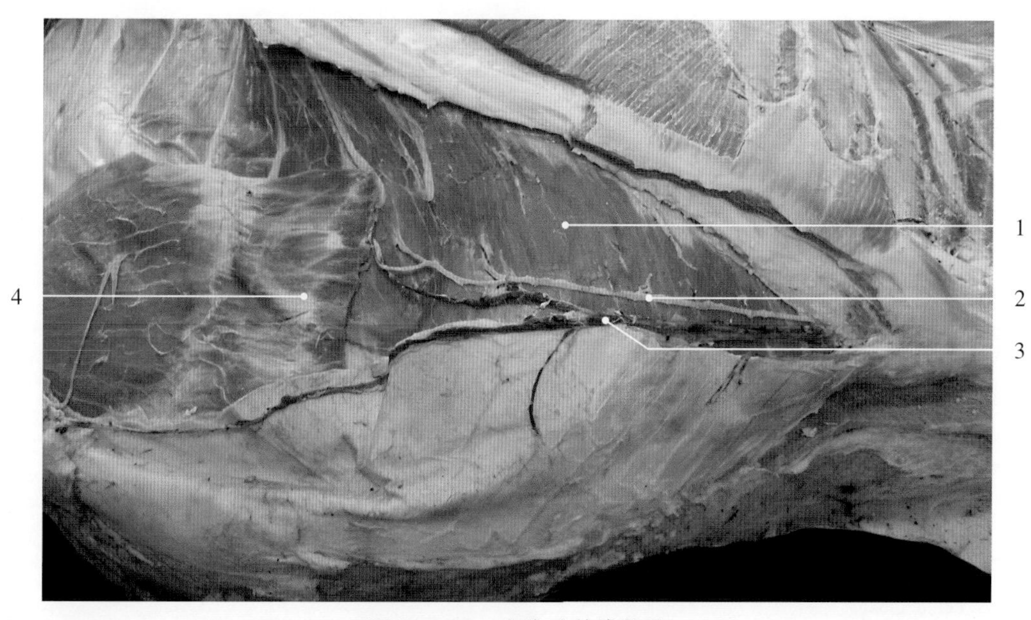

图10-4-29　牛腹壁前浅静脉

1. 腹横肌 transversus abdominis muscle
2. 腹壁前浅动脉 superficial anterior epigastric artery
3. 腹壁前浅静脉 superficial anterior epigastric vein
4. 腹直肌 rectus abdominis muscle

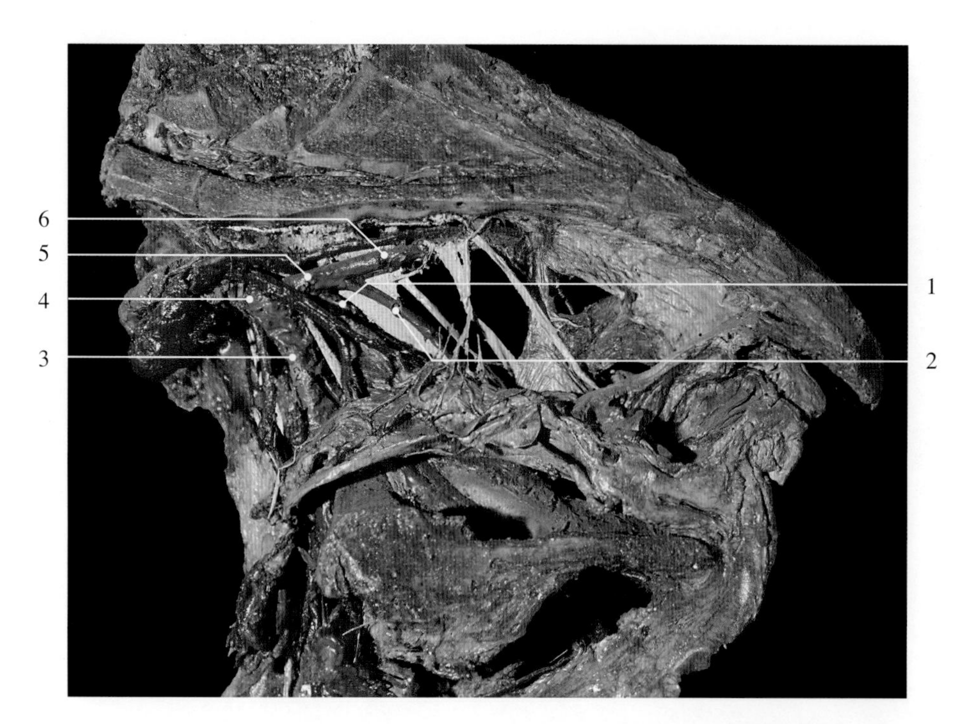

图10-4-30 马骨盆部静脉

1. 臀前静脉 cranial gluteal vein
2. 阴部内静脉 internal pudendal vein
3. 髂外静脉 external iliac vein
4. 髂总静脉 common iliac vein
5. 髂内静脉 internal iliac vein
6. 荐外侧静脉 lateral sacral vein

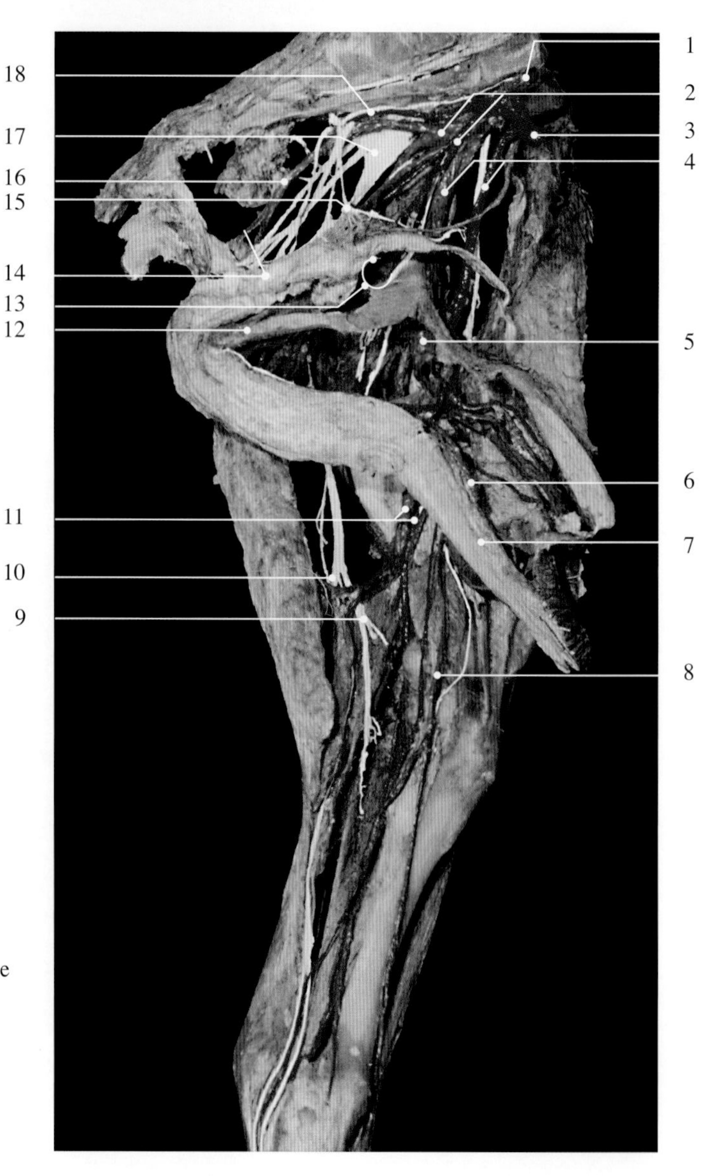

图10-4-31 马骨盆及后肢血管、神经

1. 髂总静脉 common iliac vein
2. 髂内动、静脉 internal iliac artery and vein
3. 腹主动脉 abdominal aorta
4. 髂外动、静脉 external iliac artery and vein
5. 阴部外静脉 external pudendal vein
6. 阴茎背侧静脉 dorsal penile vein
7. 阴茎 penis
8. 隐静脉 saphenous vein
9. 腓总神经 common peroneal nerve
10. 胫神经 tibial nerve
11. 股动、静脉 femoral artery and vein
12. 骨盆联合 symphysis pelvis
13. 闭孔动、静脉及神经 obturator artery, vein and nerve
14. 直肠 rectum
15. 盆神经丛 pelvic plexus
16. 荐外侧静脉 lateral sacral vein
17. 坐骨神经 sciatic nerve
18. 荐外侧动脉 lateral sacral artery

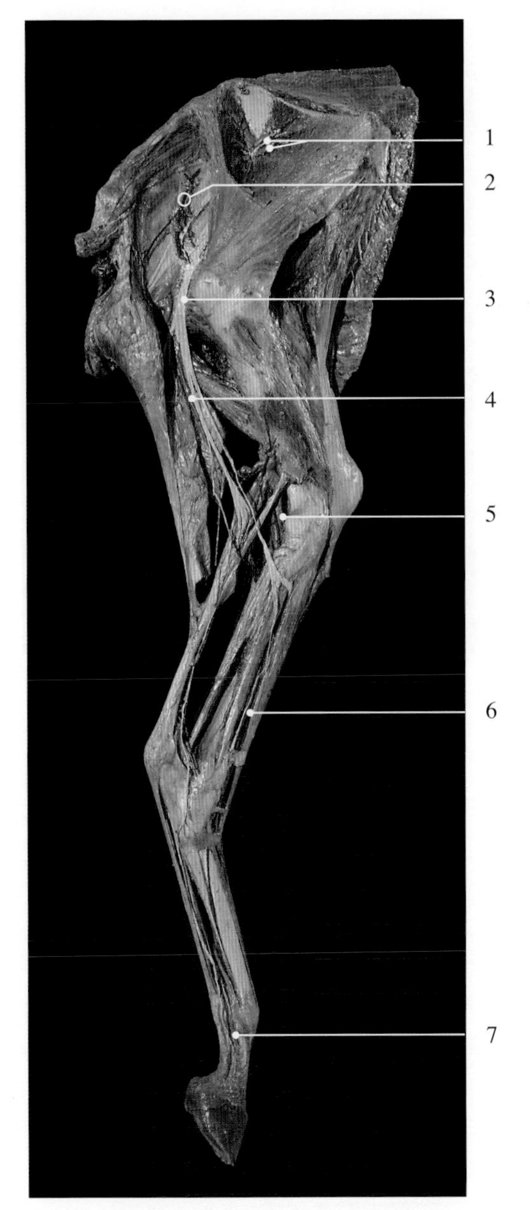

图 10-4-32　马右后肢外侧静脉

1. 臀前动、静脉 cranial gluteal artery and vein
2. 臀后动、静脉 caudal gluteal artery and vein
3. 坐骨神经 sciatic nerve
4. 股后静脉 caudal femoral vein
5. 腘静脉 popliteal vein
6. 胫前静脉 cranial tibial vein
7. 趾跖外侧静脉 lateral plantar digital vein

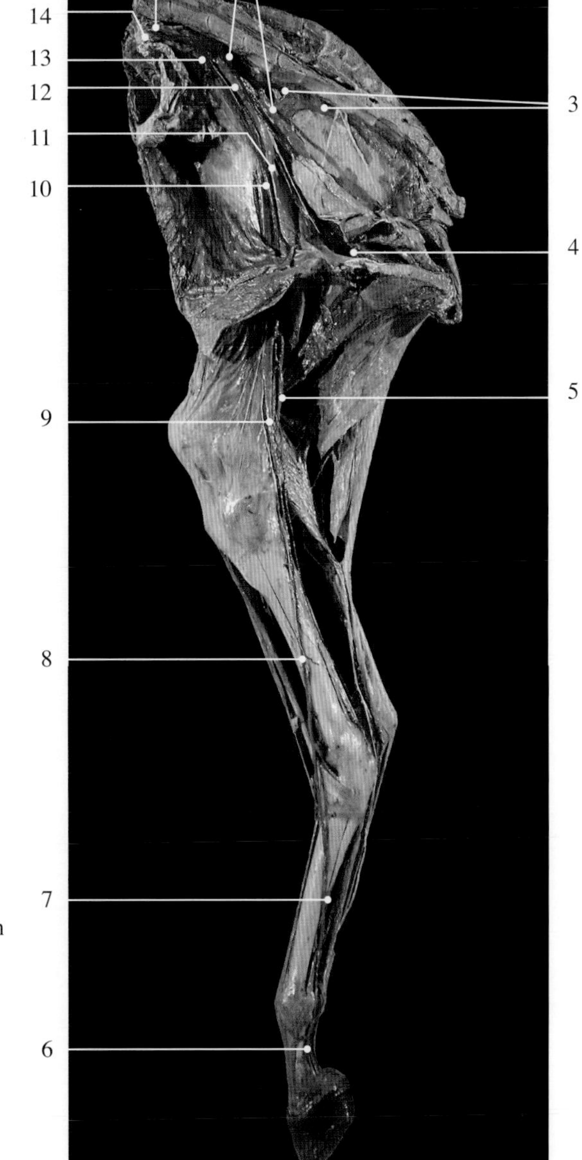

图 10-4-33　马右后肢内侧静脉

1. 腹主动脉 abdominal aorta
2. 髂内动、静脉 internal iliac artery and vein
3. 荐外侧动、静脉 lateral sacral artery and vein
4. 股深动、静脉 deep femoral artery and vein
5. 外侧隐静脉 lateral saphenous vein
6. 趾跖内侧静脉 interal plantar digital vein
7. 趾背侧第 2 总静脉 2nd common dorsal digital vein
8. 内侧隐静脉 medial saphenous vein
9. 腘静脉 popliteal vein
10. 股动脉 femoral artery
11. 股静脉 femoral vein
12. 髂外静脉 external iliac vein
13. 髂外动脉 external iliac artery
14. 髂总静脉 common iliac vein

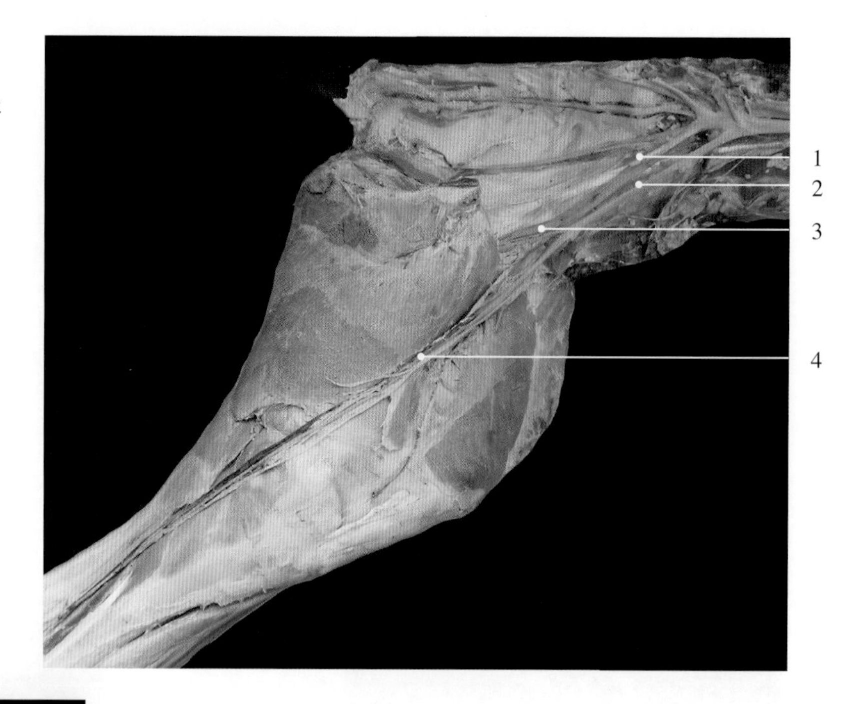

图10-4-34　牛左后肢内侧静脉

1. 髂内静脉 internal iliac vein
2. 髂外静脉 external iliac vein
3. 股深静脉 deep femoral vein
4. 股静脉 femoral vein

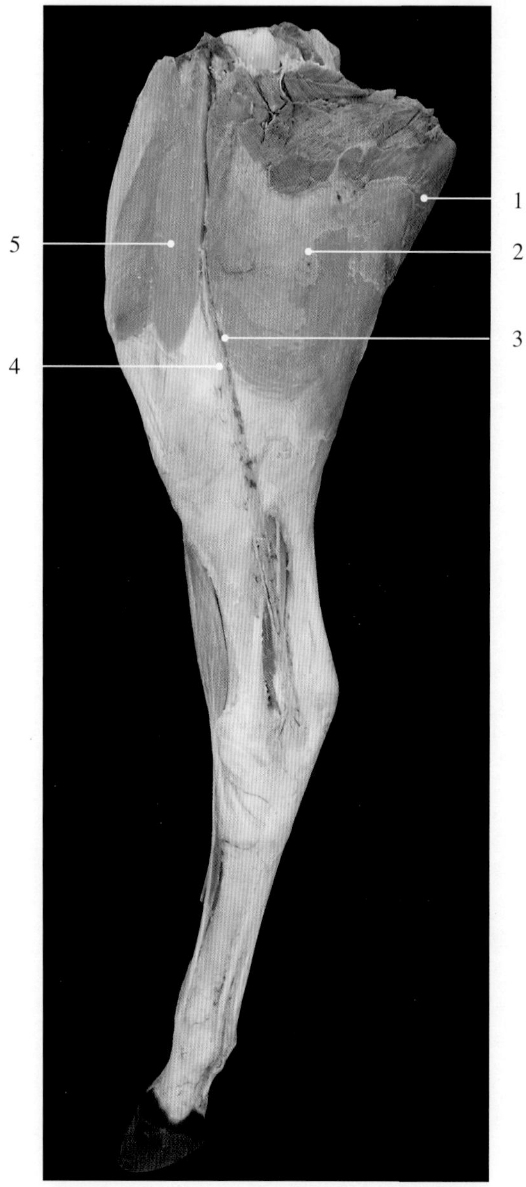

图10-4-35　牛右后肢内侧静脉

1. 半腱肌 semitendinous muscle
2. 股薄肌 gracilis muscle
3. 股静脉 femoral vein
4. 股动脉和股神经 femoral artery and nerve
5. 缝匠肌 sartorius muscle

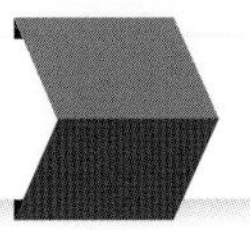

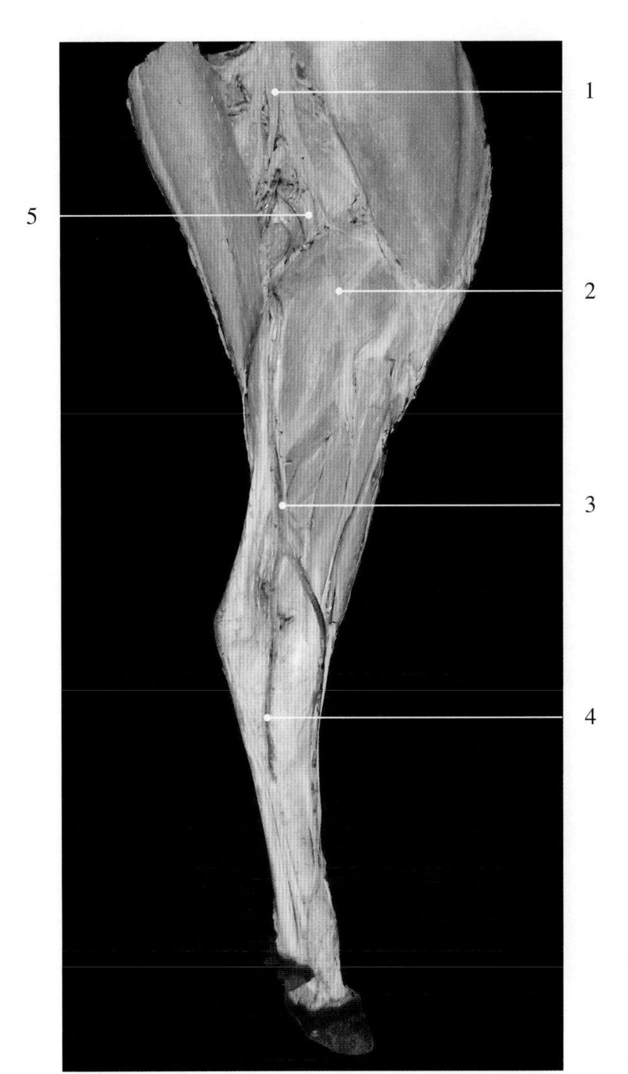

图10-4-36　牛隐静脉

1. 坐骨神经 sciatic nerve
2. 腓总神经 common peroneal nerve
3. 外侧隐静脉 lateral saphenous vein
4. 趾背侧第2总静脉 2nd common dorsal digital vein
5. 胫神经 tibial nerve

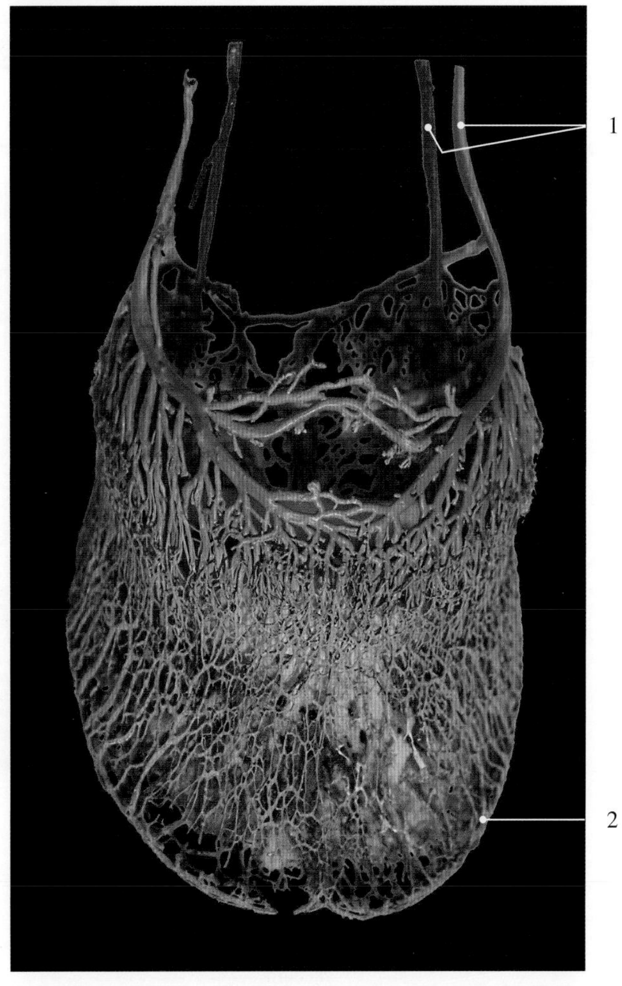

图10-4-37　马蹄部血管背侧观

1. 趾跖侧动、静脉 plantar digital artery and vein
2. 蹄底缘动、静脉 sole artery and vein

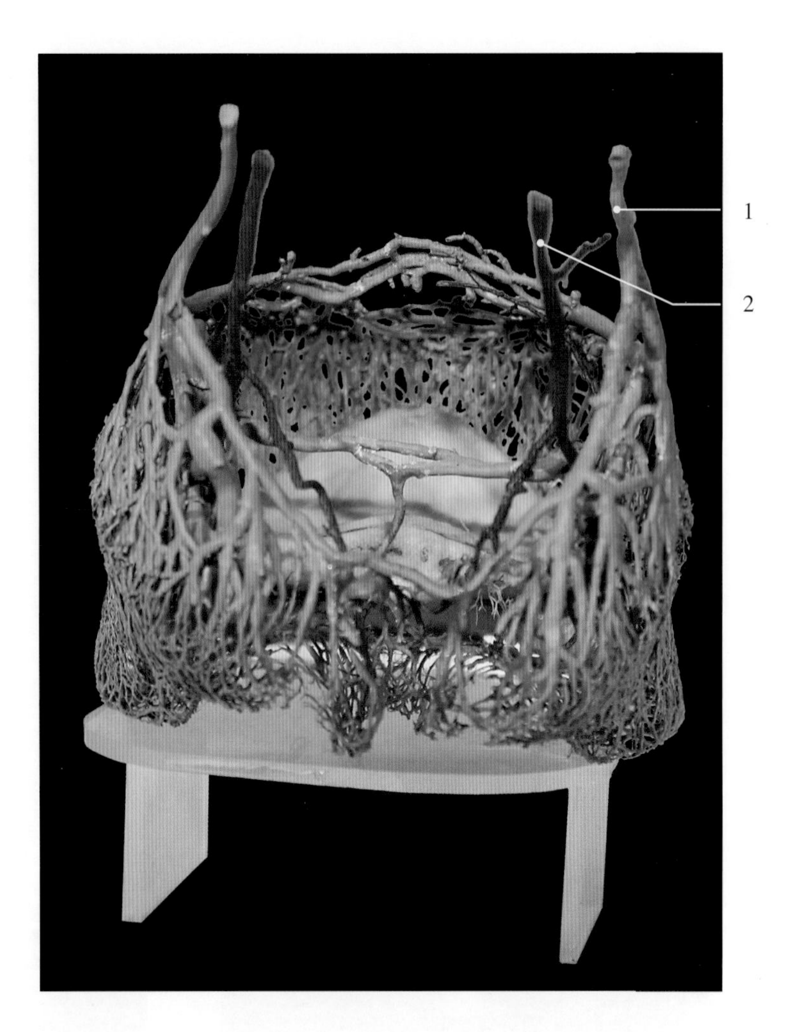

图10-4-38　马蹄部血管后面观

1. 趾跖侧静脉 plantar digital vein
2. 趾跖侧动脉 plantar digital artery

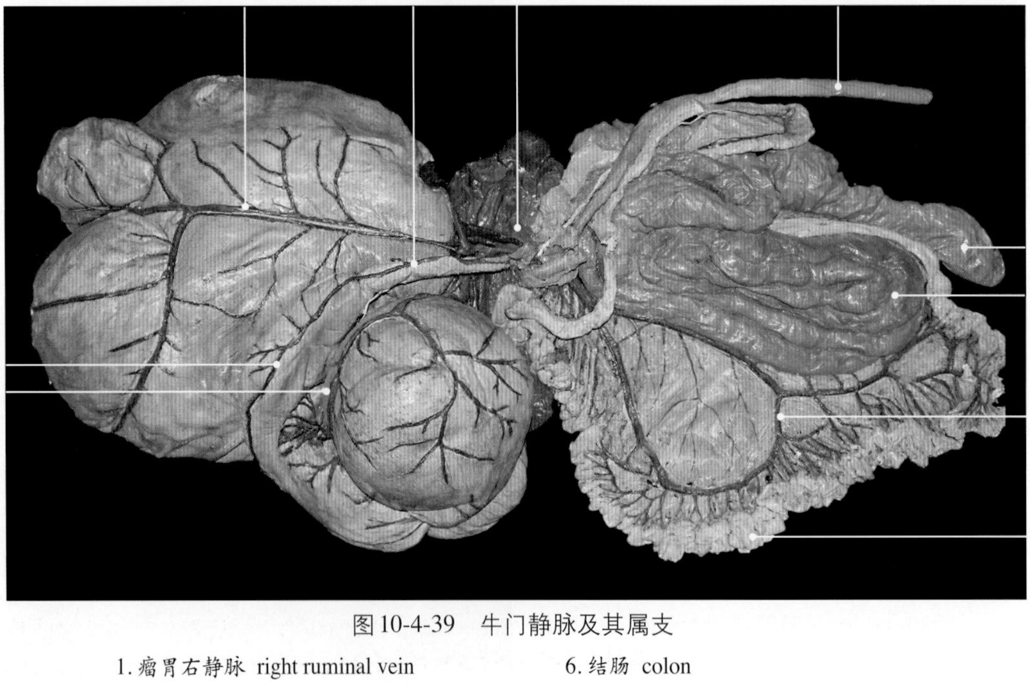

图10-4-39　牛门静脉及其属支

1. 瘤胃右静脉 right ruminal vein
2. 胃网膜右静脉 right gastroepiploic vein
3. 肝门静脉 hepatic portal vein
4. 直肠 rectum
5. 盲肠 caecum
6. 结肠 colon
7. 空肠动、静脉 jejunal artery and vein
8. 空肠 jejunum
9. 胃右静脉 right gastric vein
10. 胃网膜左静脉 left gastroepiploic vein

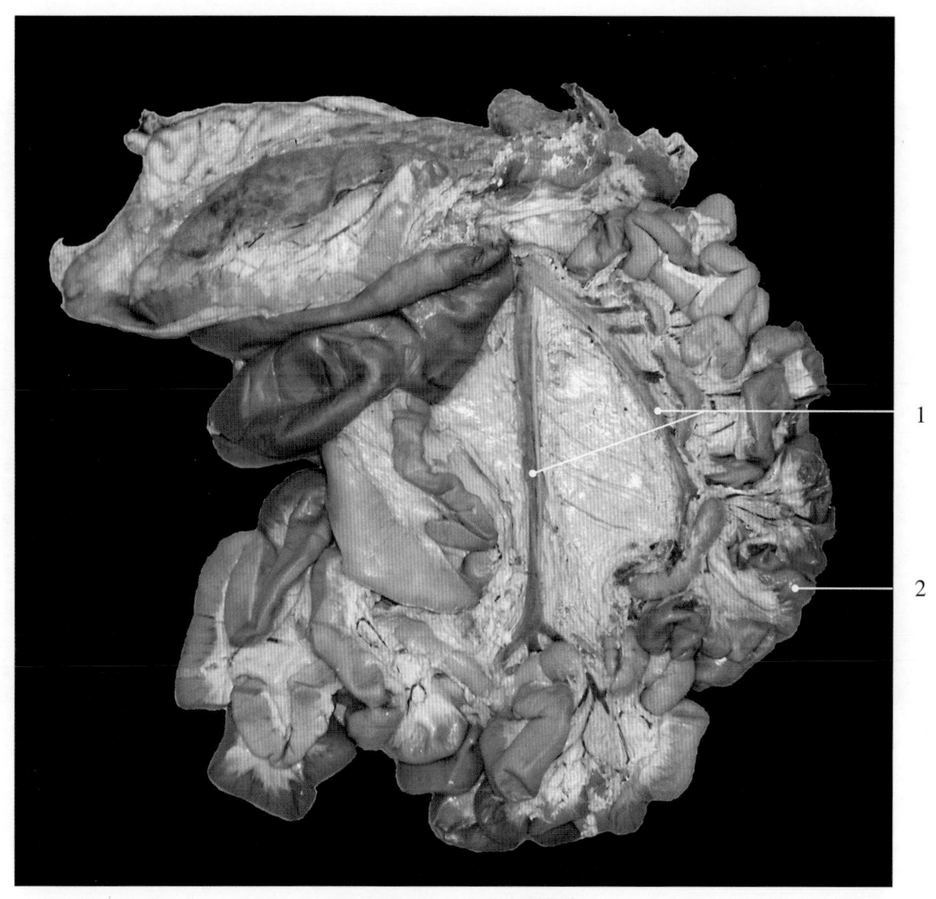

图10-4-40　牛空肠静脉

1. 空肠静脉 jejunal veins　　2. 空肠 jejunum

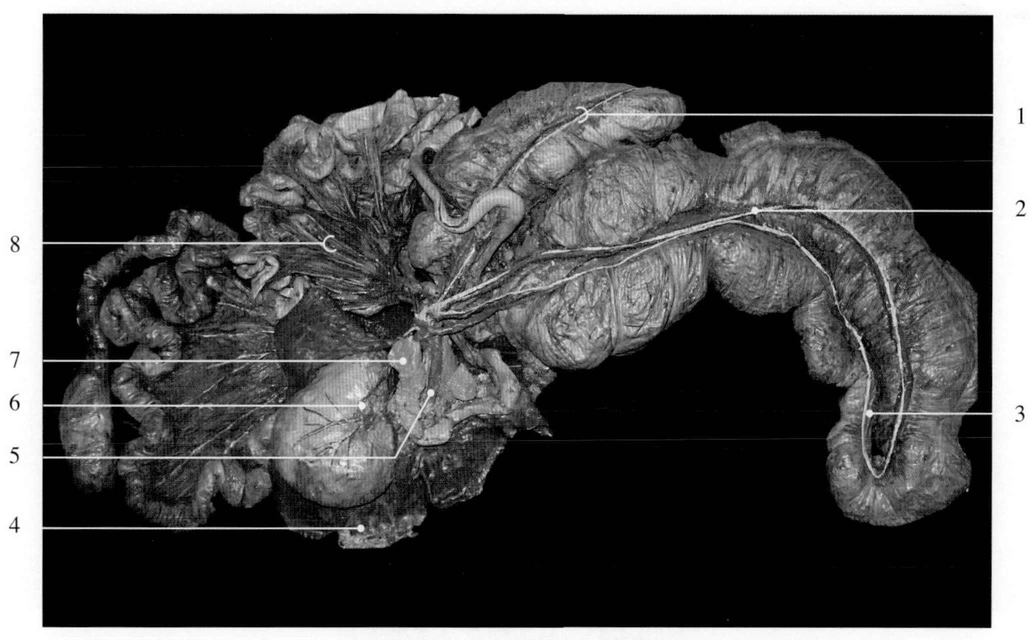

图10-4-41　马门静脉及其属支1

1. 盲肠动、静脉 caecal artery and vein
2. 结肠右动、静脉 right colic artery and vein
3. 结肠左动、静脉 left colic artery and vein
4. 肝 liver
5. 肝门静脉 hepatic portal vein
6. 胃后静脉 caudal gastric vein
7. 胰腺 pancreas
8. 空肠动、静脉 jejunal artery and vein

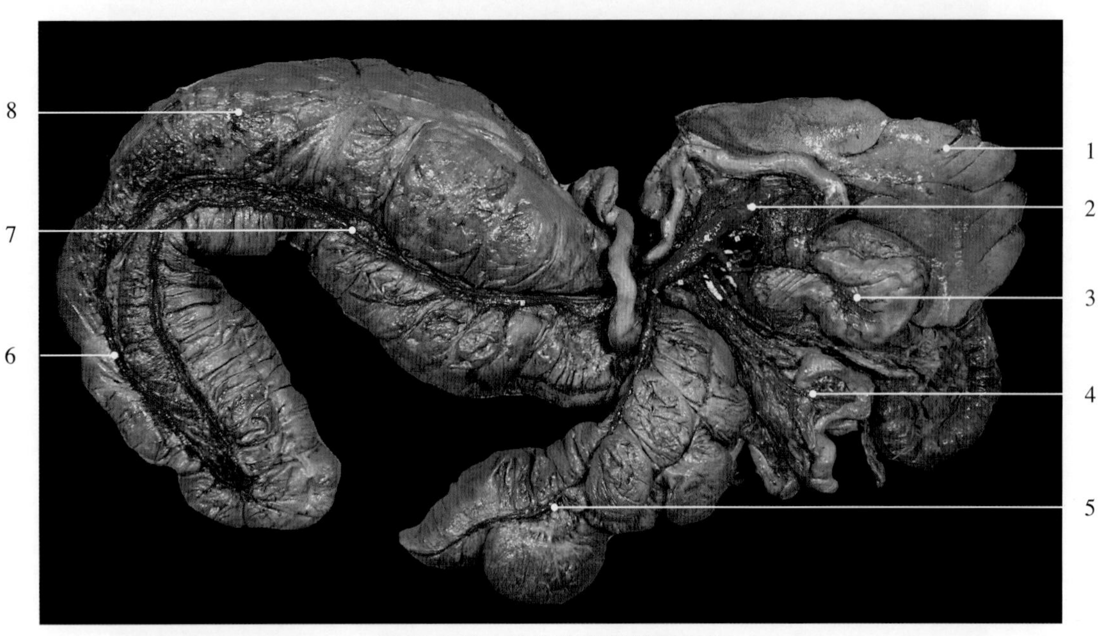

图10-4-42　马门静脉及其属支2

1. 肝　liver
2. 肝门静脉　hepatic portal vein
3. 胃后静脉　caudal gastric vein
4. 空肠静脉　jejunal vein
5. 盲肠静脉　caecal vein
6. 结肠左动、静脉　left colic artery and vein
7. 结肠右动、静脉　right colic artery and vein
8. 结肠　colon

图10-4-43　马门静脉及其属支3

1. 空肠静脉　jejunal vein
2. 盲肠静脉　caecal vein
3. 结肠右静脉　right colic vein
4. 结肠左静脉　left colic vein

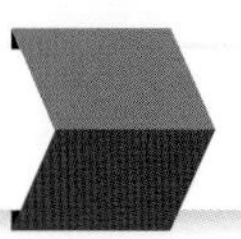

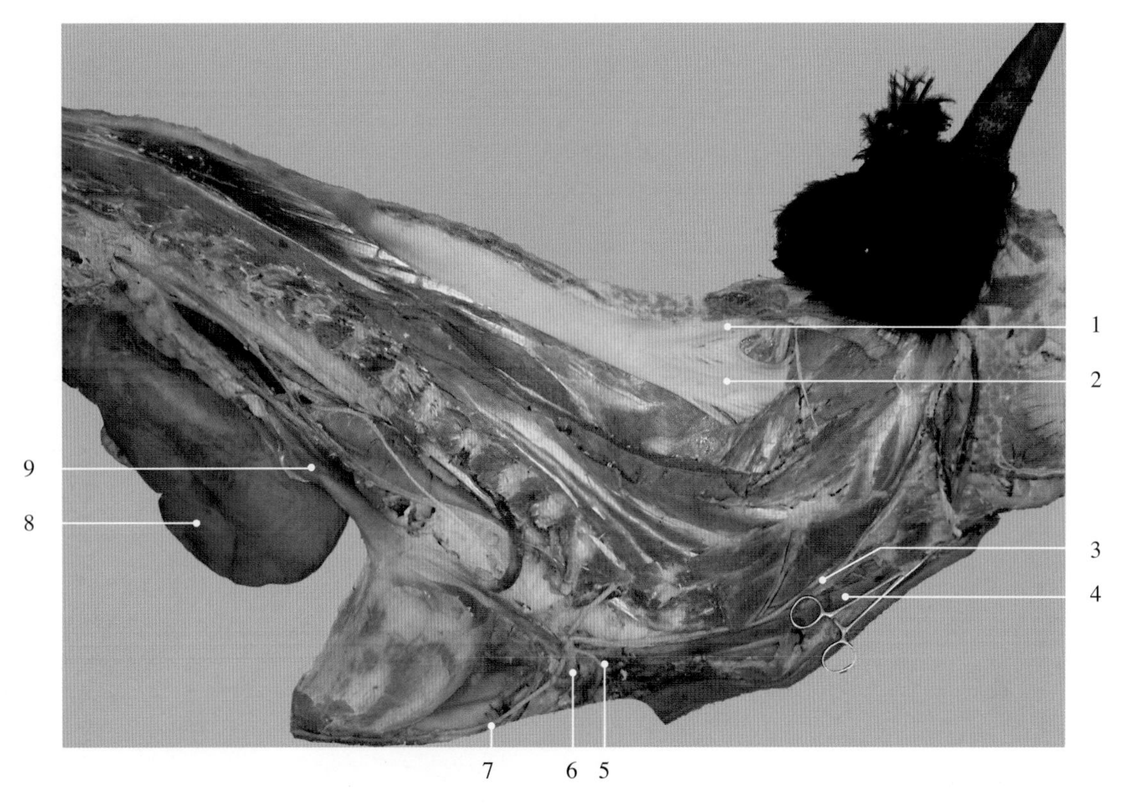

图 10-4-44　牛后腔静脉及肝

1. 项韧带索状部 funicular part of nuchal ligament
2. 项韧带板状部 membranous part of nuchal ligament
3. 颈总动脉及迷走交感干 common carotid artery and vagosympathetic trunk
4. 颈外静脉 external jugular vein
5. 颈浅动脉 superficial cervical artery
6. 腋动脉 axillary artery
7. 胸廓内动脉 internal thoracic artery
8. 肝 liver
9. 后腔静脉 caudal vena cava

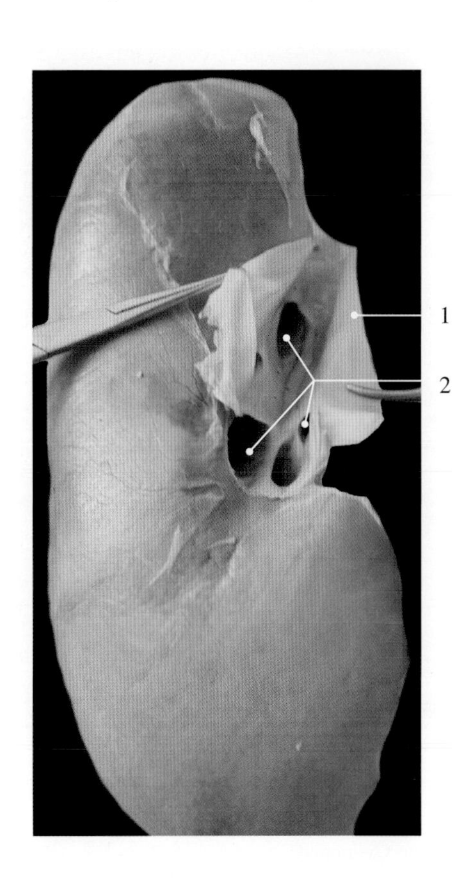

图 10-4-45　犊牛后腔静脉及肝静脉（固定标本）

1. 后腔静脉（切开）caudal vena cava（sectioned）
2. 肝静脉 hepatic veins

图10-4-46　牛后腔静脉及肝静脉1（新鲜标本）

1. 肝静脉 hepatic veins

2. 后腔静脉（切开）caudal vena cava（sectioned）

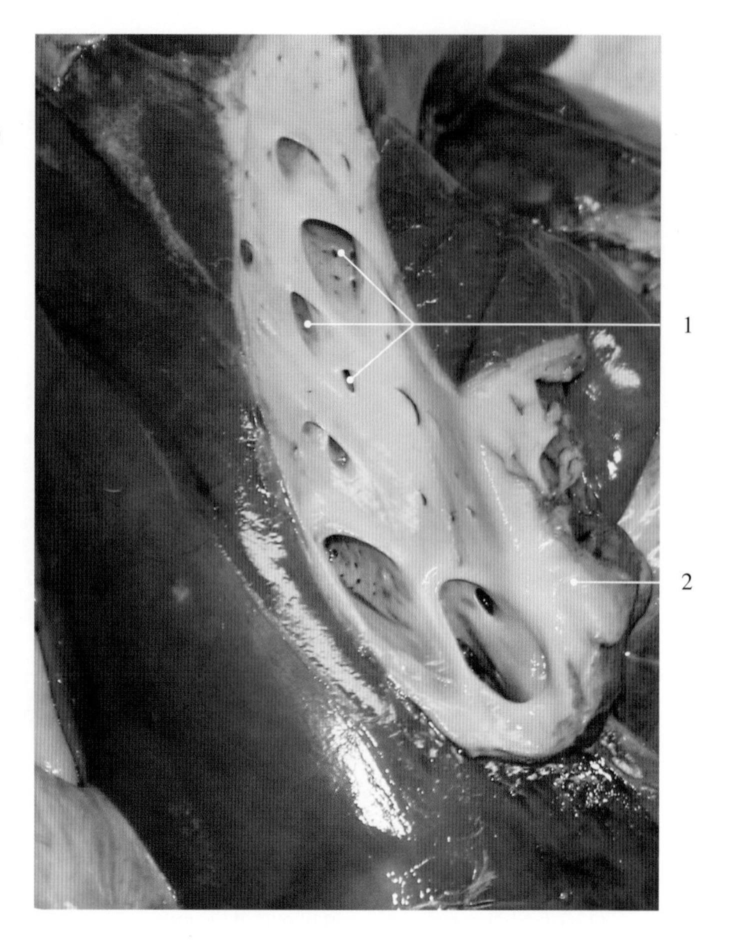

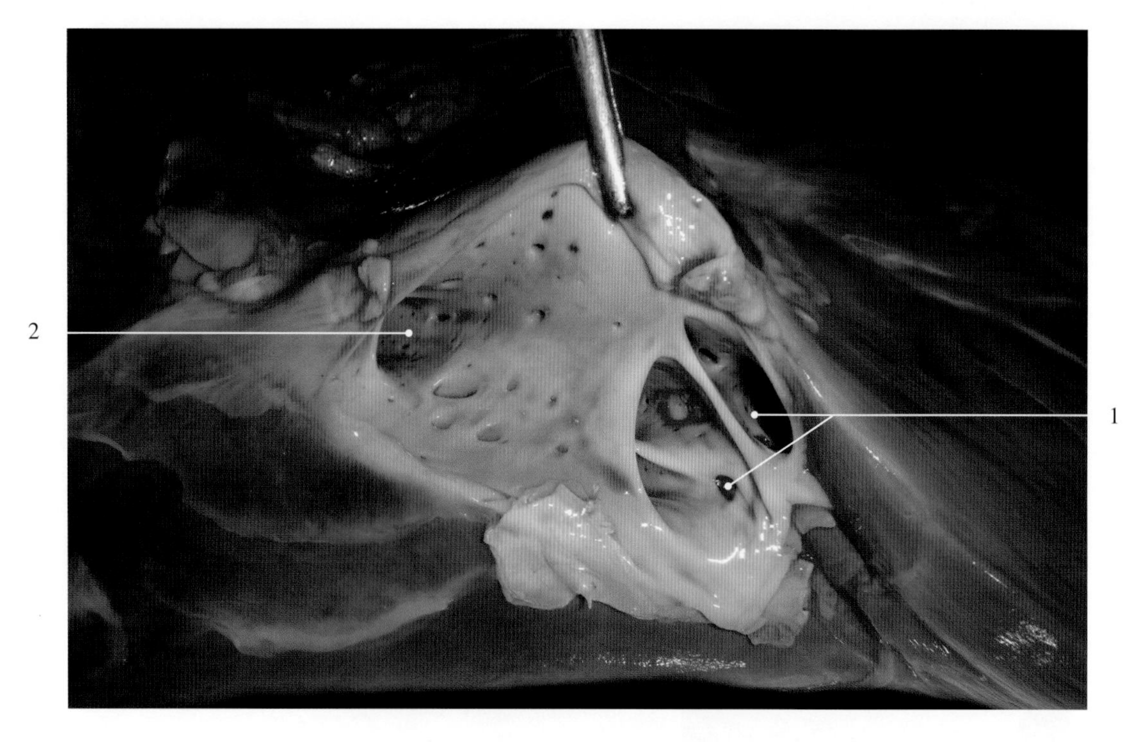

图10-4-47　牛后腔静脉及肝静脉2（新鲜标本）

1. 肝静脉 hepatic vein

2. 后腔静脉（切开） caudal vena cava（sectioned）

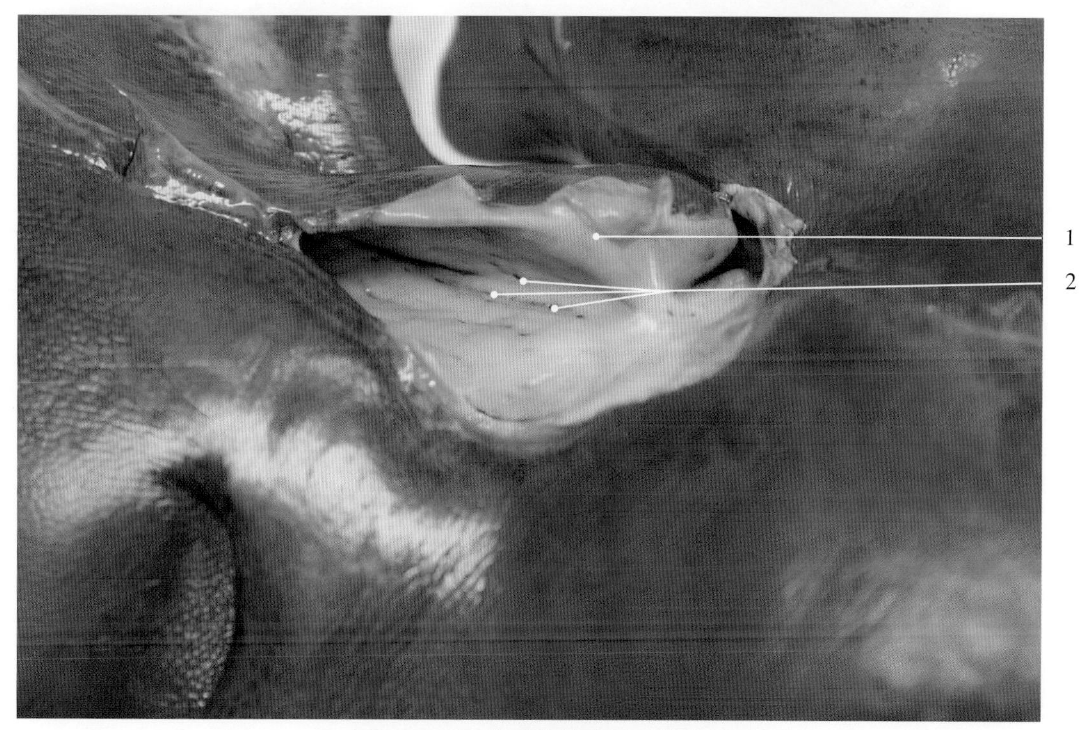

图 10-4-48　猪后腔静脉及肝静脉

1. 后腔静脉（切开）caudal vena cava（sectioned）
2. 肝静脉　hepatic veins

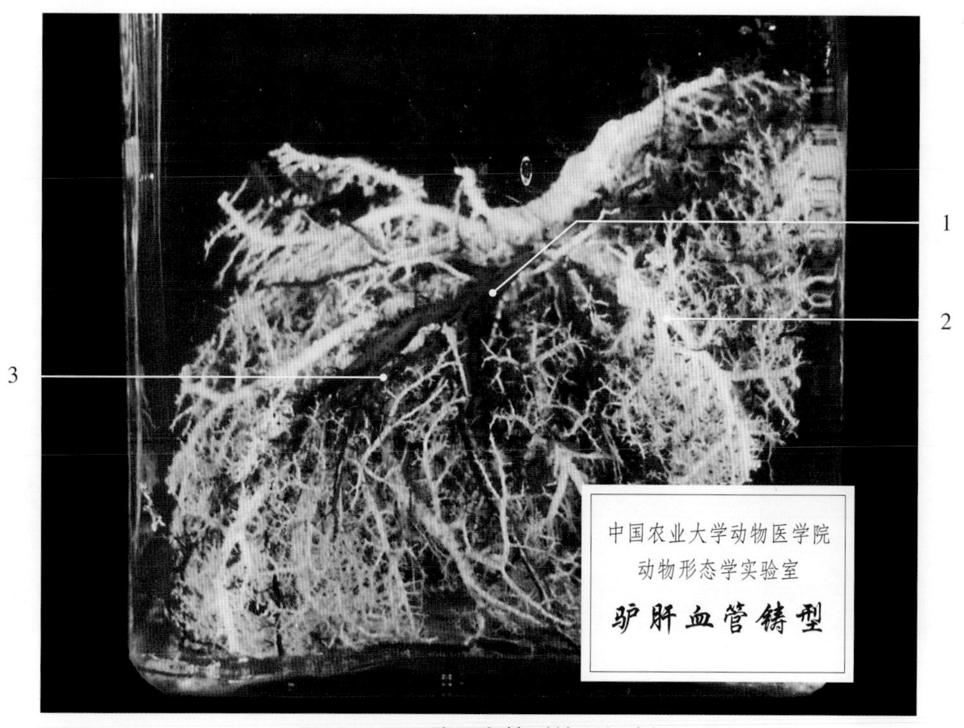

图 10-4-49　驴肝血管（铸型标本）

1. 肝静脉　hepatic vein
2. 胆管系统　bile duct system
3. 肝动脉　hepatic artery

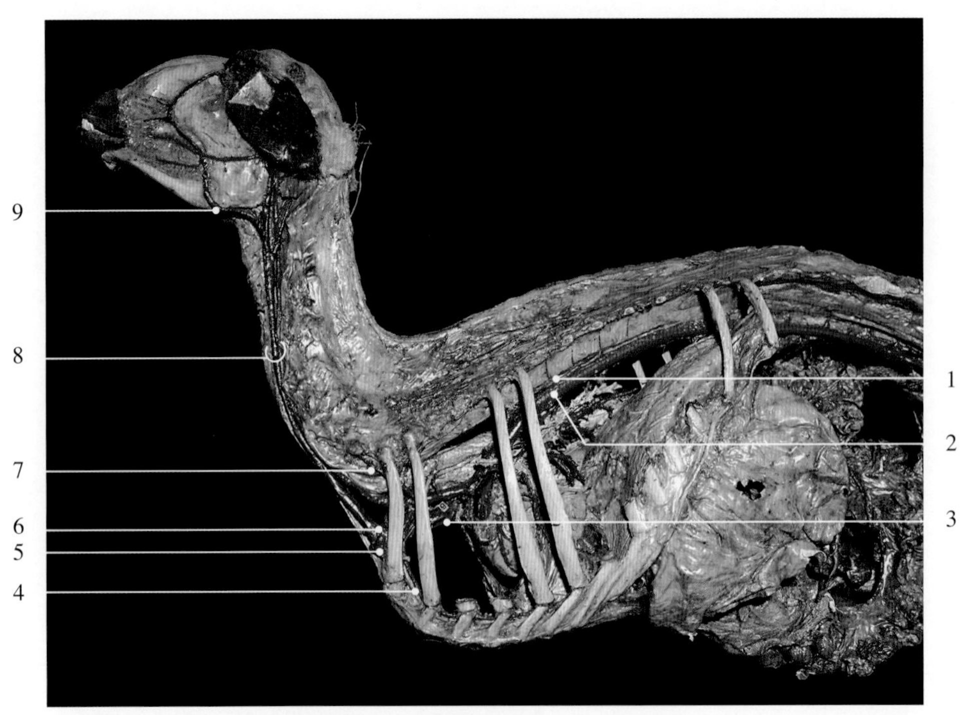

图10-4-50　犊牛左奇静脉（干制标本）

牛左奇静脉起于第1、2腰椎腹侧，经膈主动脉裂孔入胸腔，沿胸主动脉左背侧缘向前延伸，然后向下越过主动脉左侧注入右心房冠状窦。

1. 左奇静脉 left azygos vein
2. 胸主动脉 thoracic aorta
3. 前腔静脉 cranial vena cava
4. 胸廓内动脉 internal thoracic artery
5. 腋动脉 axillary artery
6. 颈浅动脉 superficial cervical artery
7. 椎动脉 vertebral artery
8. 颈总动脉和颈外静脉 common carotid artery and external jugular vein
9. 面静脉 facial vein

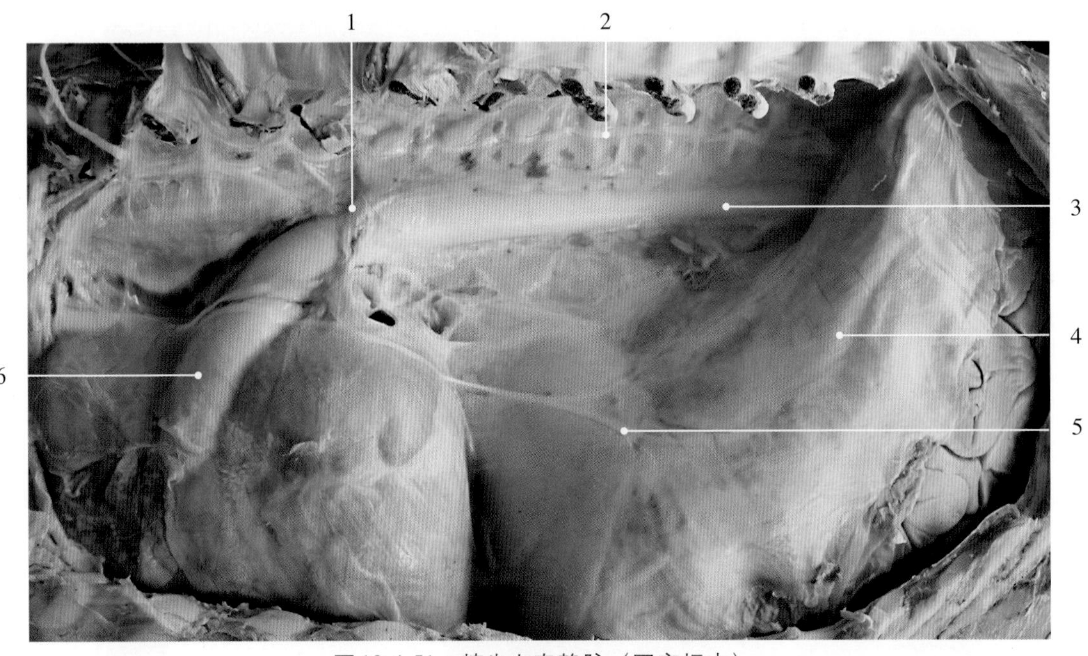

图10-4-51　犊牛左奇静脉（固定标本）

1. 左奇静脉 left azygos vein
2. 交感神经干 sympathetic trunk
3. 胸主动脉 thoracic aorta
4. 膈 diaphragm
5. 膈神经 phrenic nerve
6. 肺动脉 pulmonary artery

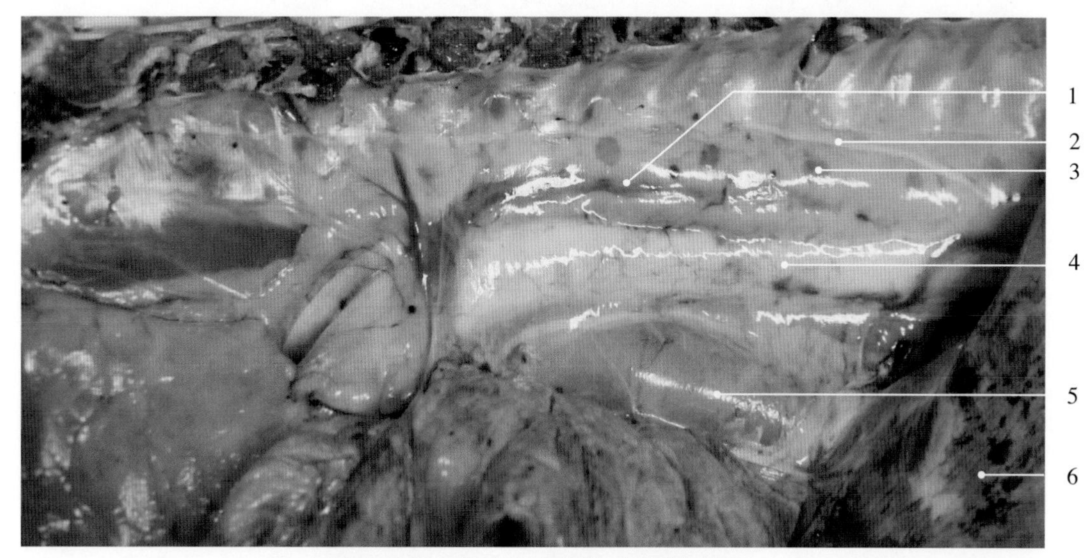

图 10-4-52　犊牛左奇静脉（新鲜标本）

1. 左奇静脉 left azygos vein
2. 交感神经干 sympathetic trunk
3. 血淋巴结 hemolymph node
4. 胸主动脉 thoracic aorta
5. 食管 esophagus
6. 膈 diaphragm

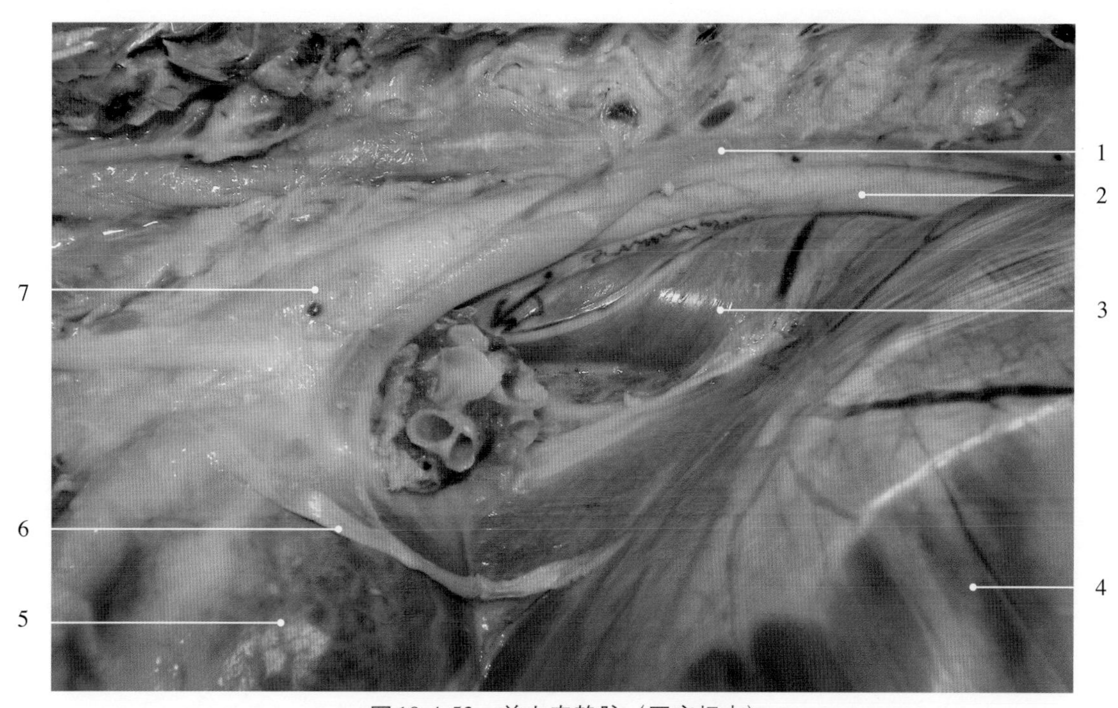

图 10-4-53　羊左奇静脉（固定标本）

1. 左奇静脉 left azygos vein
2. 胸主动脉 thoracic aorta
3. 食管 esophagus
4. 膈 diaphragm
5. 心脏 heart
6. 膈神经 phrenic nerve
7. 主动脉弓 aortic arch

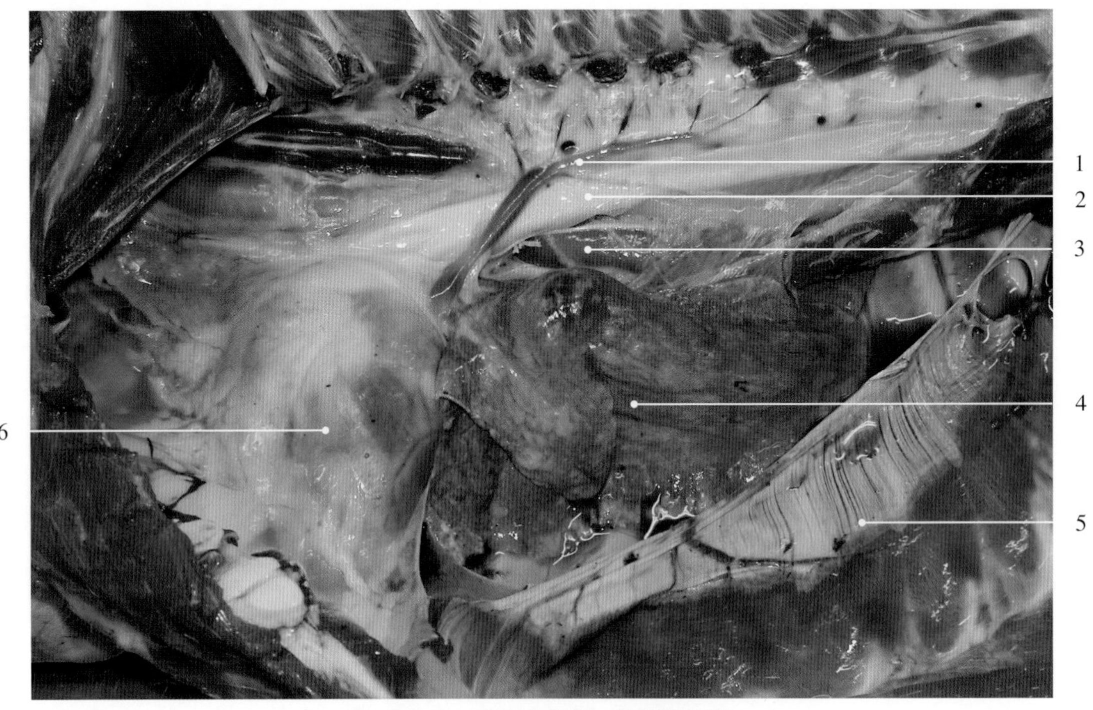

图10-4-54　羊左奇静脉（新鲜标本）

1. 左奇静脉 left azygos vein
2. 胸主动脉 thoracic aorta
3. 食管 esophagus
4. 肺 lung
5. 膈 diaphragm
6. 心脏 heart

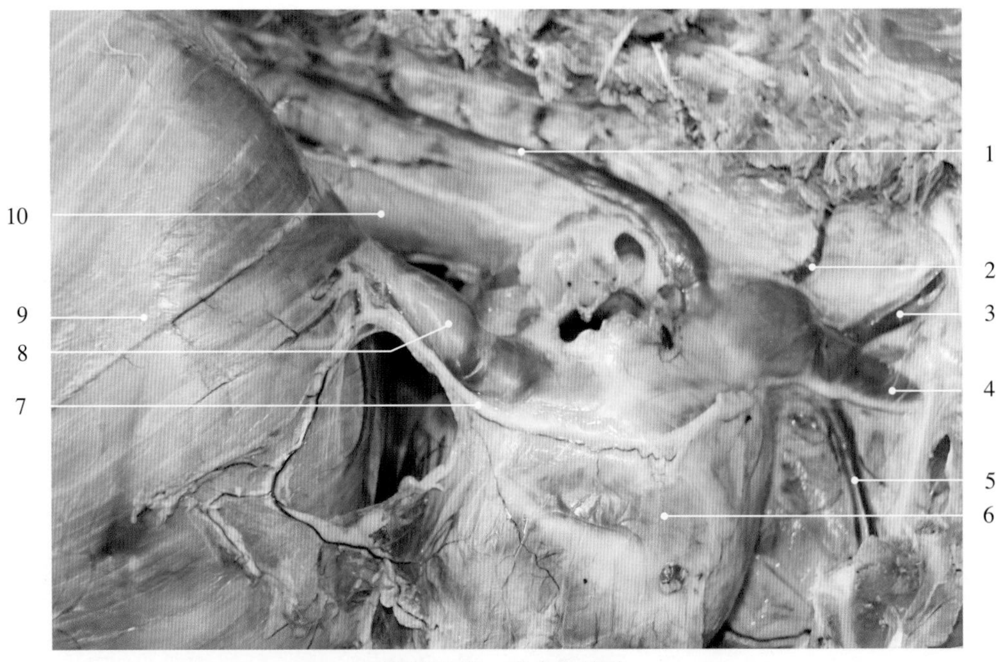

图10-4-55　犬右奇静脉

右奇静脉沿胸主动脉右背侧伴胸导管前行，在第6胸椎附近向下横过食管、气管右侧面注入前腔静脉或右心房。

1. 右奇静脉 right azygos vein
2. 肋颈静脉 costocervical vein
3. 椎静脉 vertebral vein
4. 前腔静脉 cranial vena cava
5. 胸廓内静脉 internal thoracic vein
6. 心脏 heart
7. 膈神经 phrenic nerve
8. 后腔静脉 caudal vena cava
9. 膈 diaphragm
10. 食管 esophagus

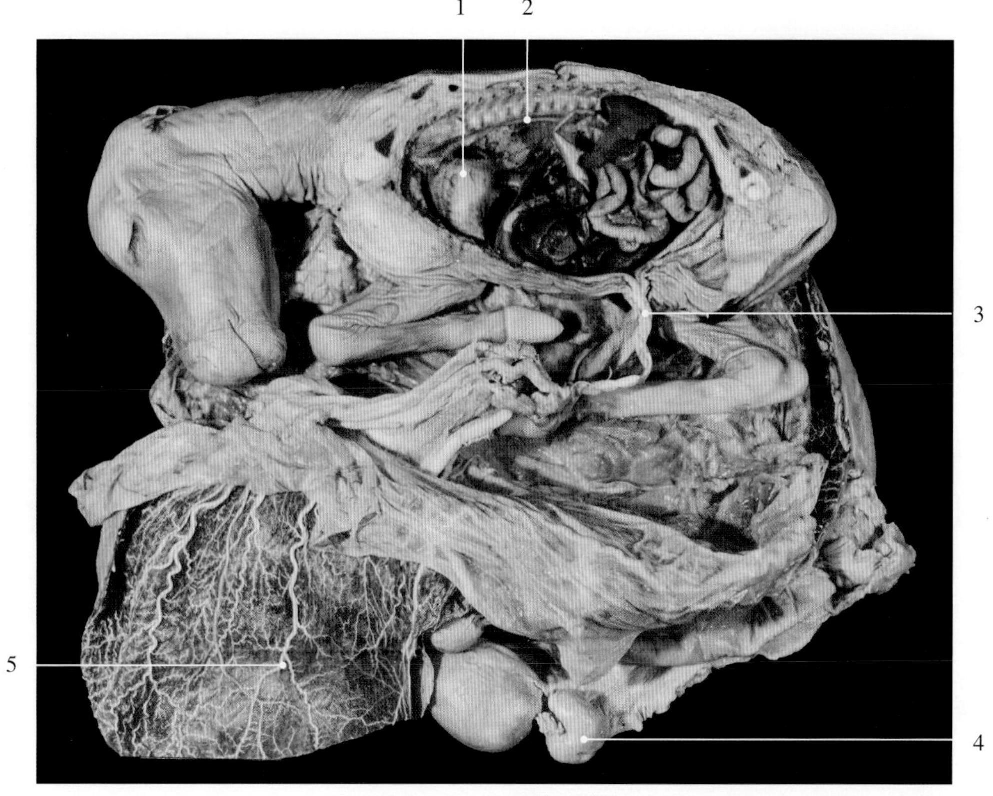

图 10-5-1 马胚胎及胎衣

1. 心脏 heart
2. 主动脉 aorta
3. 脐带 umbilical cord
4. 卵巢 ovary
5. 胎衣 afterbirth

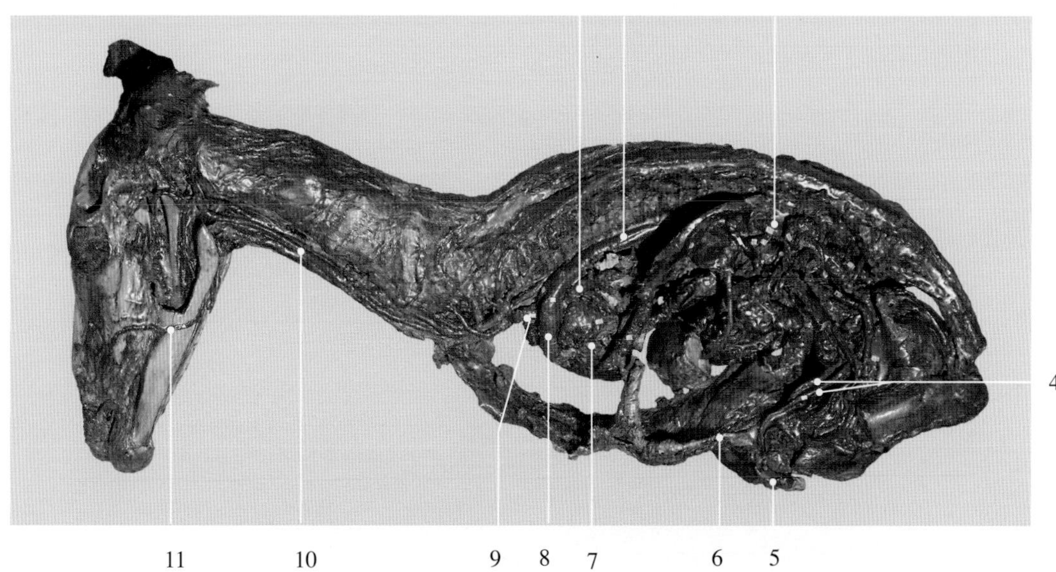

图 10-5-2 驴胎儿血液循环左侧观

1. 肺动脉 pulmonary artery
2. 胸主动脉 thoracic aorta
3. 腹主动脉 abdominal aorta
4. 脐动脉 umbilical arteries
5. 脐带 umbilical cord
6. 脐静脉 umbilical vein
7. 心脏 heart
8. 主动脉弓 aortic arch
9. 臂头动脉干 brachiocephalic trunk
10. 颈总动脉 common carotid artery
11. 面动脉 facial artery

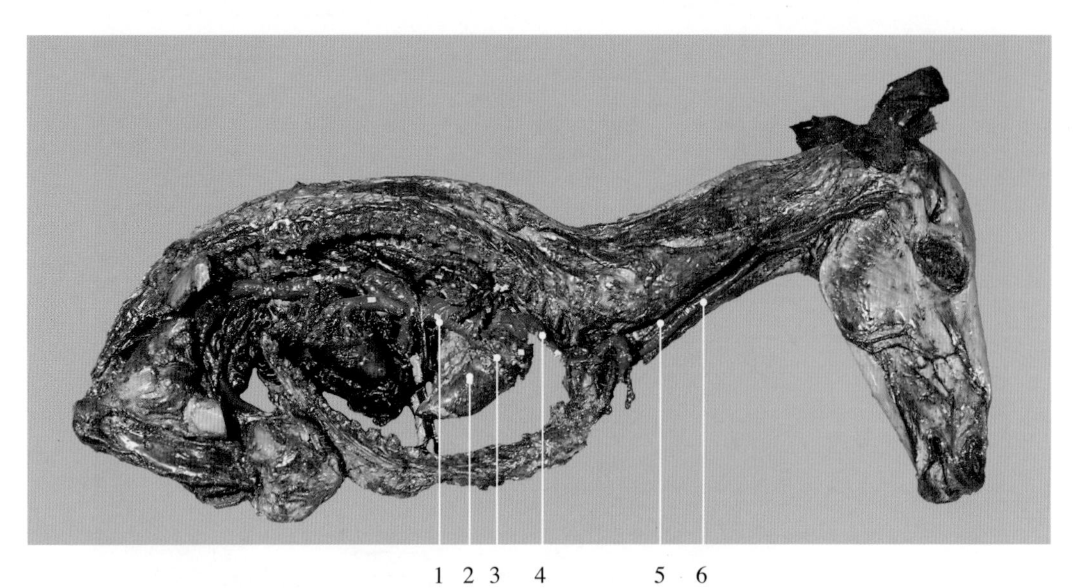

图10-5-3　驴胎儿血液循环右侧观

1. 后腔静脉 caudal vena cava
2. 心脏 heart
3. 冠状动脉 coronary artery
4. 前腔静脉 cranial vena cava
5. 颈总动脉 common carotid artery
6. 颈外静脉 external jugular vein

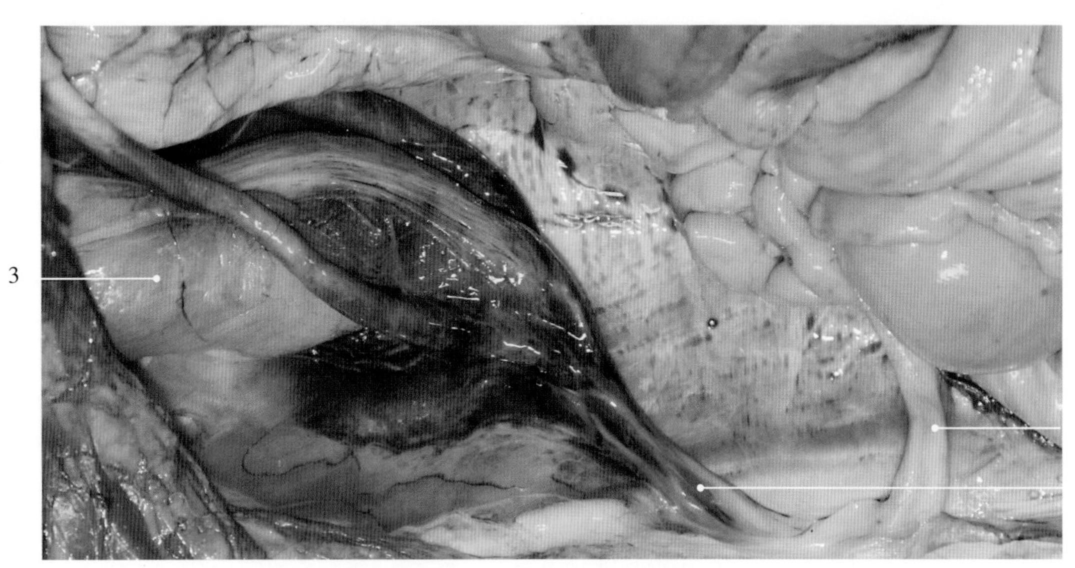

图10-5-4　犊牛脐带右侧观

1. 脐静脉 umbilical vein
2. 脐动脉 umbilical artery
3. 膀胱 urinary bladder

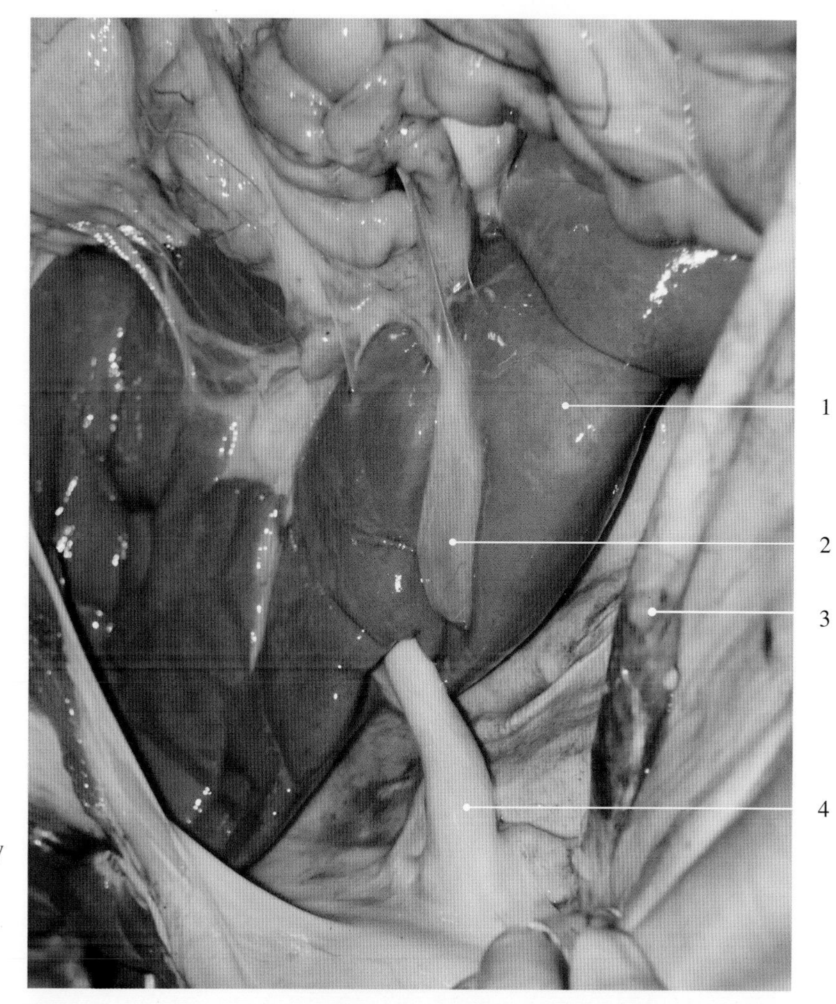

图10-5-5　犊牛脐静脉

1. 肝　liver
2. 胆囊　gall bladder
3. 脐动脉　umbilical artery
4. 脐静脉　umbilical vein

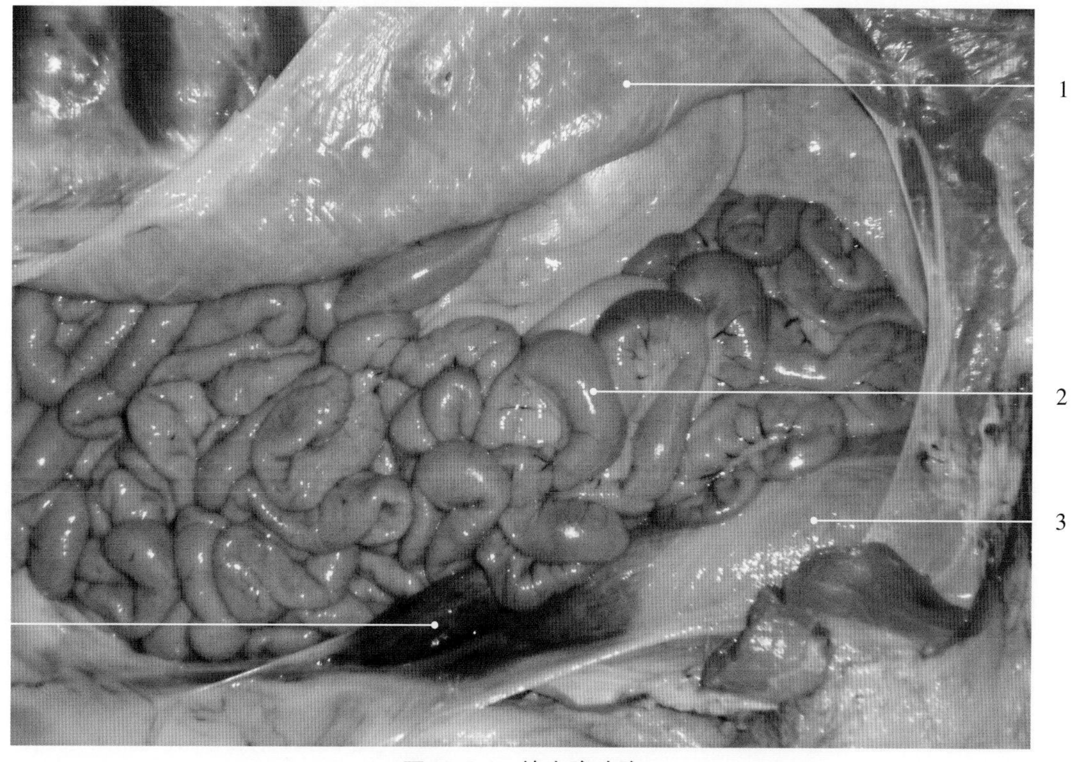

图10-5-6　犊牛脐动脉

1. 腹壁肌　muscles of abdominal wall
2. 小肠　small intestine
3. 膀胱　urinary bladder
4. 脐动脉　umbilical artery

第十一章 淋巴系统

淋巴系统图谱

淋巴系统（lymphatic system）由淋巴管、淋巴组织、淋巴器官和淋巴组成。淋巴管（lymphatic vessel）是起始于组织间隙，最后注入静脉的管道系统；淋巴组织（lymphatic tissue）为含有大量淋巴细胞的网状组织，包括弥散淋巴组织、淋巴孤结和淋巴集结；被膜包裹淋巴组织即形成淋巴器官（lymphatic organ）。淋巴组织（器官）可产生淋巴细胞（lymphocyte），参与免疫活动，因而淋巴系统是机体内主要的防卫系统。此外，淋巴系统的免疫活动还协同神经及内分泌系统，参与机体神经体液调节，共同维持代谢平衡、生长发育和繁殖等。

淋巴系统与心血管系统有着密切的联系。血液经动脉输送到毛细血管时，其中一部分液体经毛细血管动脉端滤出，进入组织间隙形成组织液。组织液与周围组织细胞进行物质交换后，大部分渗入毛细血管静脉端，少部分则渗入毛细淋巴管，成为淋巴（lymph）。淋巴在淋巴管内向心流动，最后注入静脉。淋巴是无色透明或微黄色的液体，由淋巴浆和淋巴细胞组成。在未通过淋巴结的淋巴内，没有淋巴细胞，只有通过淋巴结后才含有淋巴细胞。小肠绒毛内的毛细淋巴管尚可吸收脂肪，其淋巴呈乳白色，称为乳糜（chyle）。淋巴管周围的动脉搏动、肌肉收缩、呼吸时胸腔压力变化对淋巴管的影响和新淋巴的不断产生，可促使淋巴管内的淋巴向心流动，最后经淋巴导管进入前腔静脉，形成淋巴循环，以协助体液回流。因此，可将淋巴循环看作血液循环的辅助部分。在淋巴管的通路上有许多淋巴结。

一、淋巴管

淋巴管为淋巴液通过的管道，根据汇集顺序、管径大小及管壁薄厚，可分为毛细淋巴管、淋巴管、淋巴干和淋巴导管。

1.毛细淋巴管（lymph capillary） 以盲端起始于组织间隙，起始部稍膨大；毛细淋巴管的管径较毛细血管的大，粗细不匀，彼此吻合成网；管壁只有一层内皮细胞，通常无基膜和外膜细胞，且相邻细胞以叠瓦状排列，细胞之间裂隙多而宽。因此，通透性也比毛细血管大。

2.淋巴管（lymphatic vessel） 由毛细淋巴管汇集而成，管壁较薄，管径较细，瓣膜多，管径粗细不均，常呈串珠状；在淋巴管的行程中，通常要通过一个或多个淋巴结。淋巴管按所在位置，可分为浅层淋巴管和深层淋巴管，二者以深筋膜为界。在浅、深层淋巴管之间有吻合支相通连。此外，根据淋巴液对淋巴结的流向，淋巴管还可分成输入淋巴管（afferent lymph vessel）和输出淋巴管（efferent lymph vessel）。

3.淋巴干（lymphatic trunk） 为身体一个区域内大的淋巴集合管，由淋巴管汇集而成，多与大血管伴行。主要淋巴干有气管淋巴干（tracheal lymphatic trunk）、腰淋巴干（lumbar lymphatic trunk）和内脏淋巴干（visceral lymphatic trunk），其中内脏淋巴干由肠淋巴干和腹腔淋巴干会合形成，注入乳糜池（cisterna chyli），有时两者分别单独注入乳糜池。

4.淋巴导管（lymphatic duct） 为全身最大的淋巴集合管，由淋巴干汇集而成，包括胸导管（thoracic duct）和右淋巴导管（right lymphatic duct）。

二、淋巴组织

淋巴组织是富含淋巴细胞的网状组织，即在网状细胞的网眼中充满淋巴细胞，并含有少量的单核细胞和浆细胞。淋巴组织可因淋巴细胞的聚集程度和方式不同，分为弥散淋巴组织（diffuse lymphatic tissue）和淋巴小结（lymphatic nodule），后者包括淋巴孤结和淋巴集结。

三、淋巴器官

淋巴器官是以淋巴组织为主构成的实质性器官，根据发生和机能特点，可分为中枢淋巴器官（central lymphatic organ）和周围淋巴器官（peripheral lymphatic organ）。

中枢淋巴器官又称初级淋巴器官（primary lymphatic organ），包括胸腺、骨髓（哺乳动物）和腔上囊（鸟类）。在胚胎发育过程中出现较早，其原始淋巴细胞来源于骨髓的干细胞，在胸腺内胸腺素的作用下，分化成T淋巴细胞。腔上囊是B淋巴细胞成熟的器官，哺乳动物没有腔上囊。中枢淋巴器官发育较早，退化亦较快。一般认为动物性成熟后即逐渐退化，其中的T淋巴细胞和B淋巴细胞逐渐转移到周围淋巴器官。

周围淋巴器官也称次级淋巴器官（secondary lymphatic organ），包括淋巴结、脾、扁桃体、血淋巴结等。周围淋巴器官发育较迟，其淋巴细胞最初由中枢淋巴器官迁移而来，定居在特定区域内，在抗原的刺激下可进行分裂分化。其中T淋巴细胞形成具有特异性的免疫淋巴细胞，起细胞免疫作用；B淋巴细胞转化为能产生抗体的浆细胞，参与体液免疫反应。

1.胸腺（thymus） 位于胸腔前部纵隔内及颈部气管两侧，呈红色或粉红色。奇蹄类和食肉类动物的胸腺主要在胸腔内；猪和反刍动物的胸腺除胸部外，颈部也很发达，向前可到喉部。胸腺的大小和结构随年龄有很大变化。在幼畜发达，到性成熟期最大，以后逐渐萎缩退化，到老龄时几乎全被脂肪组织代替。

2.脾（spleen） 是动物体内最大的淋巴器官，位于腹前部、胃的左侧，反刍动物位于瘤胃背囊的左前方，禽类位于腺胃右侧。脾的表面包以结缔组织构成的被膜。被膜伸入脾实质内形成小梁，小梁互相吻合形成网状支架。脾的实质为脾髓，分白髓和红髓。白髓呈灰白色，由淋巴细胞聚集而成；红髓位于白髓周围，是富于血管的弥散淋巴组织。脾可产生淋巴细胞和巨噬细胞，参与机体免疫活动，同时脾还具有造血、灭血、滤血、贮血等功能。

3.淋巴结（lymph node） 大小不一，直径从1 mm到几厘米不等。淋巴结一侧凹陷为淋巴结门，是输出淋巴管、血管及神经出入之处；另一侧隆凸，有多条输入淋巴管进入（猪淋巴结输入管和输出管的位置正好相反）。淋巴结是位于淋巴管径路上唯一的淋巴器官。淋巴结的数量很多，有浅、深之分，多沿血管径路散布，单个或群聚于躯体的较安全部位，如腋窝、关节屈侧、内脏器官门及大血管附近。局部淋巴结肿大，常反映其汇流区域有病变，尤其是畜体主要浅在淋巴结对临床诊断和兽医卫生检疫有重要意义。淋巴结的主要功能是产生淋巴细胞，过滤淋巴，清除侵入体内的细菌和异物，参与免疫反应，是机体重要的防卫器官，同时又是造血器官。

4.扁桃体（tonsil） 位于舌、软腭和咽的黏膜下组织内，形状和大小因动物种类而不同，仅有输出管，注入附近的淋巴结，没有输入管。

5. **血淋巴结（hemolymph node）** 一般呈圆形或卵圆形，紫红色，直径5～12 mm，结构似淋巴结，但无淋巴输入管和输出管，其中充盈血液而非淋巴。血淋巴结主要分布于主动脉附近，胸、腹腔脏器的表面和血液循环的通路上，有滤血的作用。血淋巴结多见于牛、羊，灵长类和马属动物也有分布。

四、淋巴中心和淋巴结

哺乳动物中，一个淋巴结或淋巴结群常位于身体的同一部位，并汇集几乎相同区域的淋巴，这个淋巴结或淋巴结群就是该区域的淋巴中心（lymph centre）。偶蹄类家畜全身有18个淋巴中心，单蹄类有19个淋巴中心。

淋巴中心和淋巴结的命名，主要根据其所在部位或引流区域。全身的淋巴中心可分属于7个部位，即头部、颈部、前肢、胸腔、腹腔、腹壁、骨盆壁和后肢。

1. 头部淋巴中心和淋巴结

（1）下颌淋巴中心（mandibular lymph centre） 即下颌淋巴结（mandibular lymph node），位于下颌间隙，牛的在下颌间隙后部，其外侧与颌下腺前端相邻；在猪位置更靠后，表面有腮腺覆盖；在马则与血管切迹相对。主要引流头下半部的皮肤和肌肉、口腔、鼻腔下半部以及唾液腺的淋巴，输出淋巴管主要汇入咽后外侧淋巴结。该淋巴结是兽医卫生检验和兽医临床诊断中的重要淋巴结。

（2）腮腺淋巴中心（parotid lymph centre） 即腮腺淋巴结（parotid lymph node），位于颞下颌关节后下方，部分或全部被腮腺覆盖。引流头上半部皮肤、肌肉及鼻腔后部、唇、颊、外耳、眼部的淋巴，输出淋巴管主要汇入咽后内、外侧淋巴结。

（3）咽后淋巴中心（retropharyngeal lymph centre） 有咽后内侧淋巴结和咽后外侧淋巴结，位于咽后背外侧至寰椎翼腹侧及腮腺和颌下腺的深层。输入淋巴管来自口腔、咽、喉、唾液腺、鼻部、外耳等处，输出淋巴管形成左、右气管淋巴干。

2. 颈部淋巴中心和淋巴结

（1）颈浅淋巴中心（superficial cervical lymph centre） 即颈浅淋巴结（superficial cervical lymph node），又称肩前淋巴结，在肩关节前上方，被臂头肌和肩胛横突肌（牛）覆盖。猪的颈浅淋巴结分背侧和腹侧两组，背侧淋巴结相当于其他家畜的颈浅淋巴结，腹侧淋巴结则位于腮腺后缘和胸头肌之间。输入淋巴管来自颈部、胸壁和前肢，输出淋巴管分别汇入胸导管和右淋巴导管。

（2）颈深淋巴中心（deep cervical lymph centre） 有颈深前淋巴结（cranial deep cervical lymph node）、颈深中淋巴结（middle deep cervical lymph node）（猪缺此淋巴结）、颈深后淋巴结（caudal deep cervical lymph node），分别位于气管前、中、后段的两侧，输入淋巴管收集颈部肌肉、甲状腺、气管、食管以及肩臂部的淋巴，输出淋巴管注入右淋巴导管或胸导管。

3. 前肢淋巴中心和淋巴结 前肢仅有一个腋淋巴中心（axillary lymph centre），牛有两群淋巴结，即腋固有淋巴结（proper axillary lymph node）和第1肋腋淋巴结（lymph node of the first rib）。马有肘淋巴结（cubital lymph node），猪只有第1肋腋淋巴结。腋固有淋巴结位于肩关节后方，大圆肌远端内侧面；第1肋腋淋巴结位于肩关节的前内侧，第1肋或第1肋间的胸骨端，胸深肌深面。肘淋巴结位于肘关节内侧面。输入淋巴管引流前肢、胸下壁和腹底壁前部皮肤的淋巴。输出淋巴管汇入颈深后淋巴结、气管淋巴干、颈静脉或胸导管。

4. 胸腔淋巴中心和淋巴结 胸腔内有4个淋巴中心，即胸背侧淋巴中心（dorsal thoracic lymph centre）、胸腹侧淋巴中心（ventral thoracic lymph centre）、纵隔淋巴中心（mediastinal lymph centre）和支气管淋巴中心（bronchial lymph centre）。

5. 腹腔内脏淋巴中心和淋巴结 腹腔内脏淋巴中心有3个，即腹腔淋巴中心（coeliac lymph centre）、肠系膜前淋巴中心（cranial mesenteric lymph centre）和肠系膜后淋巴中心（caudal mesenteric lymph centre）。

6. 腹壁和骨盆壁的淋巴中心和淋巴结 腹壁和骨盆壁有4个淋巴中心，即腰淋巴中心（lumbar lymph centre）、荐髂淋巴中心（iliosacral lymph centre）、腹股沟淋巴中心（inguinofemoral lymph centre）和坐骨淋巴中心（ischial lymph centre）。

7.后肢淋巴中心和淋巴结 后肢淋巴中心有腘淋巴中心（popliteal lymph centre）和髂股淋巴中心（iliofemoral lymph centre）。

五、淋巴系统图谱

1. 淋巴循环径路及其与心血管系统的关系 图11-1。

2. 胸腺 图11-2-1至图11-2-10。

3. 脾 图11-3-1至图11-3-24。

4. 淋巴结 图11-4-1至图11-4-37。

5. 乳糜管及胸导管 图11-5-1至图11-5-3。

6. 法氏囊 图11-6-1至图11-6-3。

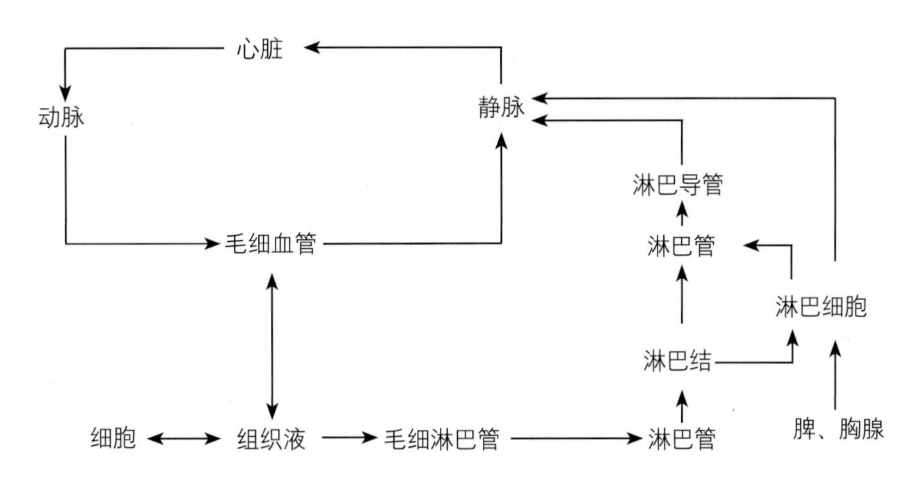

图11-1　淋巴循环径路及其与心血管系统的关系

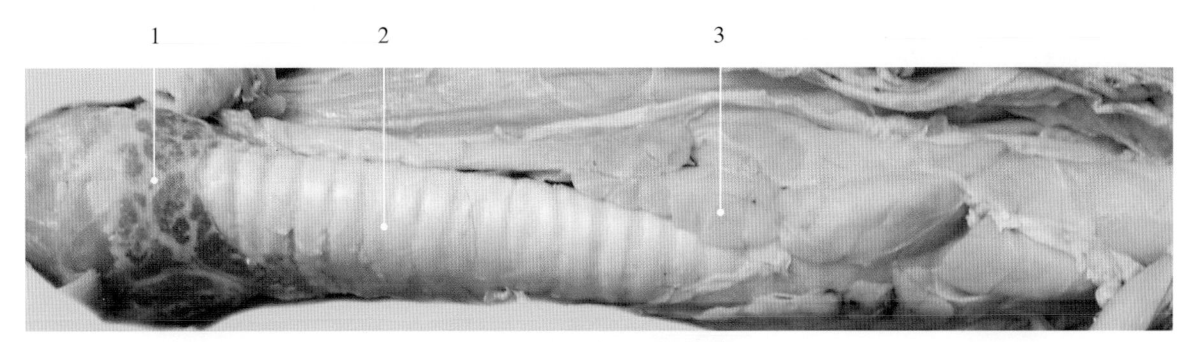

图11-2-1　犊牛颈部胸腺1

1. 甲状腺 thyroid gland　　3. 胸腺 thymus
2. 气管 trachea

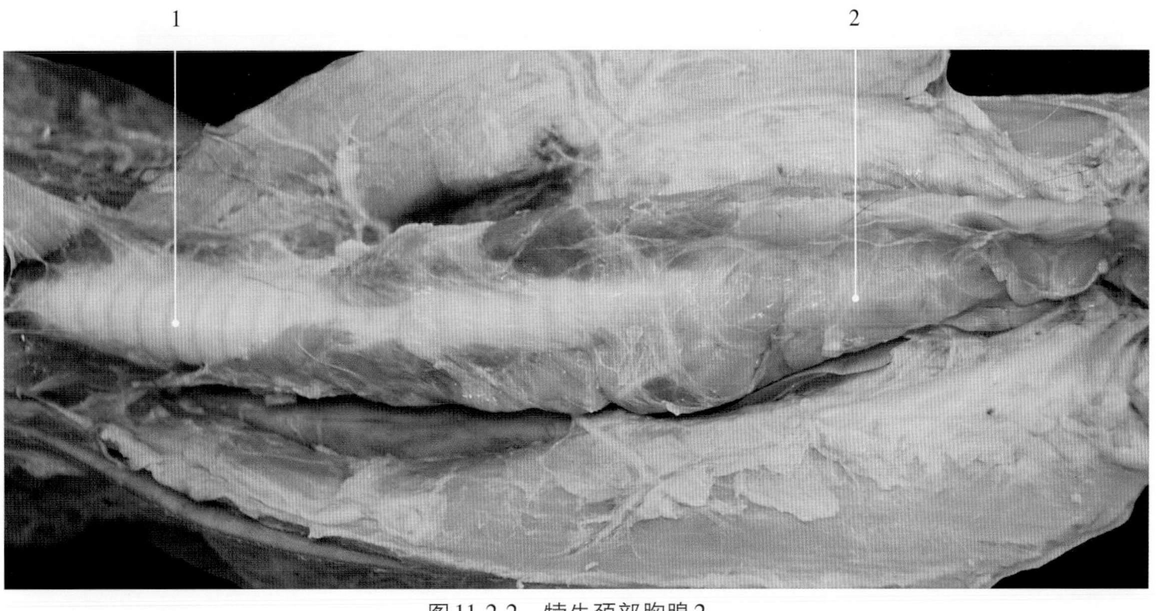

图11-2-2　犊牛颈部胸腺2

1. 气管 trachea　　2. 胸腺 thymus

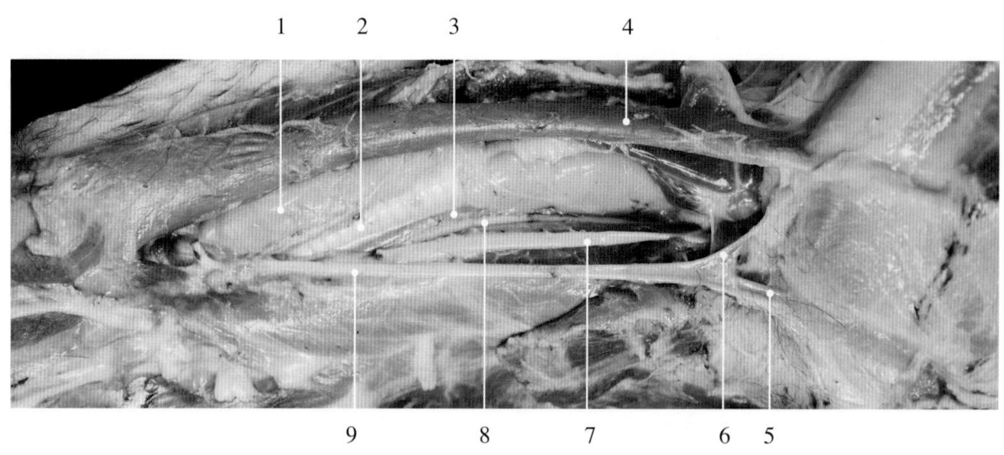

图11-2-3 牛颈部胸腺

1. 胸腺 thymus
2. 气管 trachea
3. 颈内静脉 internal jugular vein
4. 胸头肌 sternocephalic muscle
5. 上颌静脉 maxillary vein
6. 舌面静脉 linguofacial vein
7. 颈动脉 carotid artery
8. 迷走交感干 vagosym pathetic trunk
9. 颈外静脉 external jugular vein

图11-2-4 牛心脏与胸部胸腺

1. 肺，右尖叶 lung, right apical lobe
2. 前腔静脉 cranial vena cava
3. 臂头动脉干 brachiocephalic trunk
4. 胸腺 thymus
5. 心脏 heart
6. 膈 diaphragm
7. 后腔静脉 caudal vena cava
8. 心包，外翻 pericardium, opened

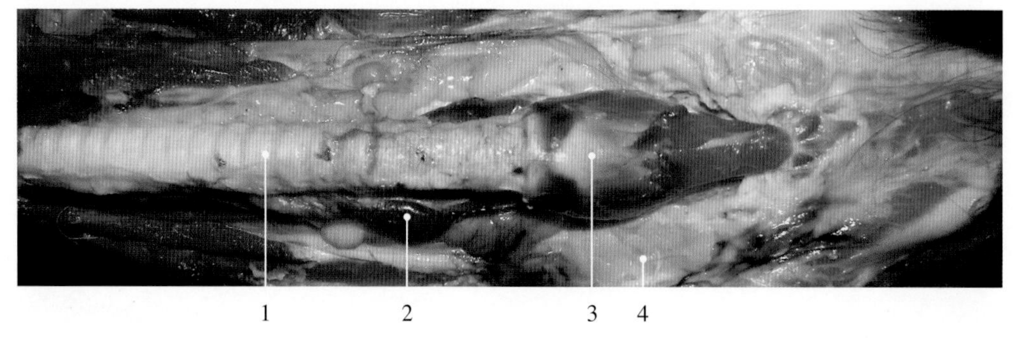

图11-2-5 公羊颈部胸腺1

1. 气管 trachea
2. 甲状腺 thyroid gland
3. 喉 larynx
4. 胸腺 thymus

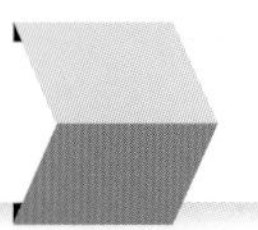

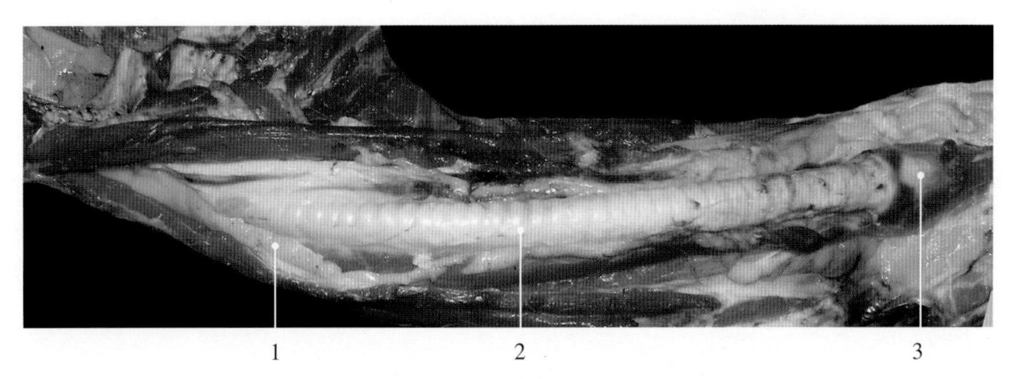

图11-2-6　公羊颈部胸腺2

1.胸腺 thymus　　2.气管 trachea　　3.喉 larynx

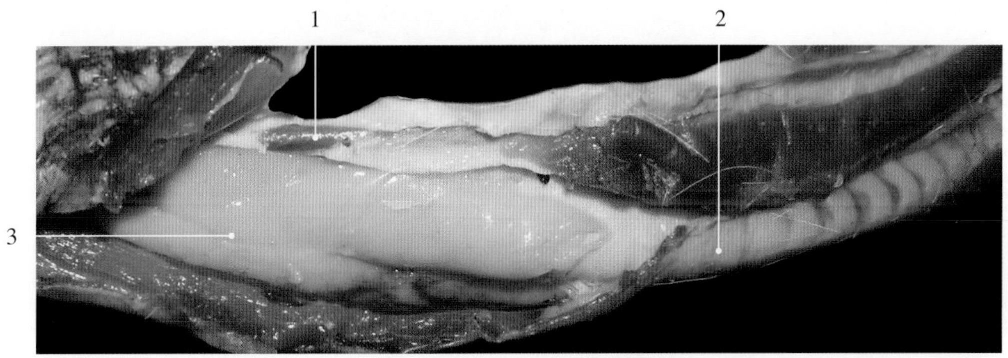

图11-2-7　公羊颈部胸腺3

1.颈外静脉 external jugular vein　　2.气管 trachea　　3.胸腺 thymus

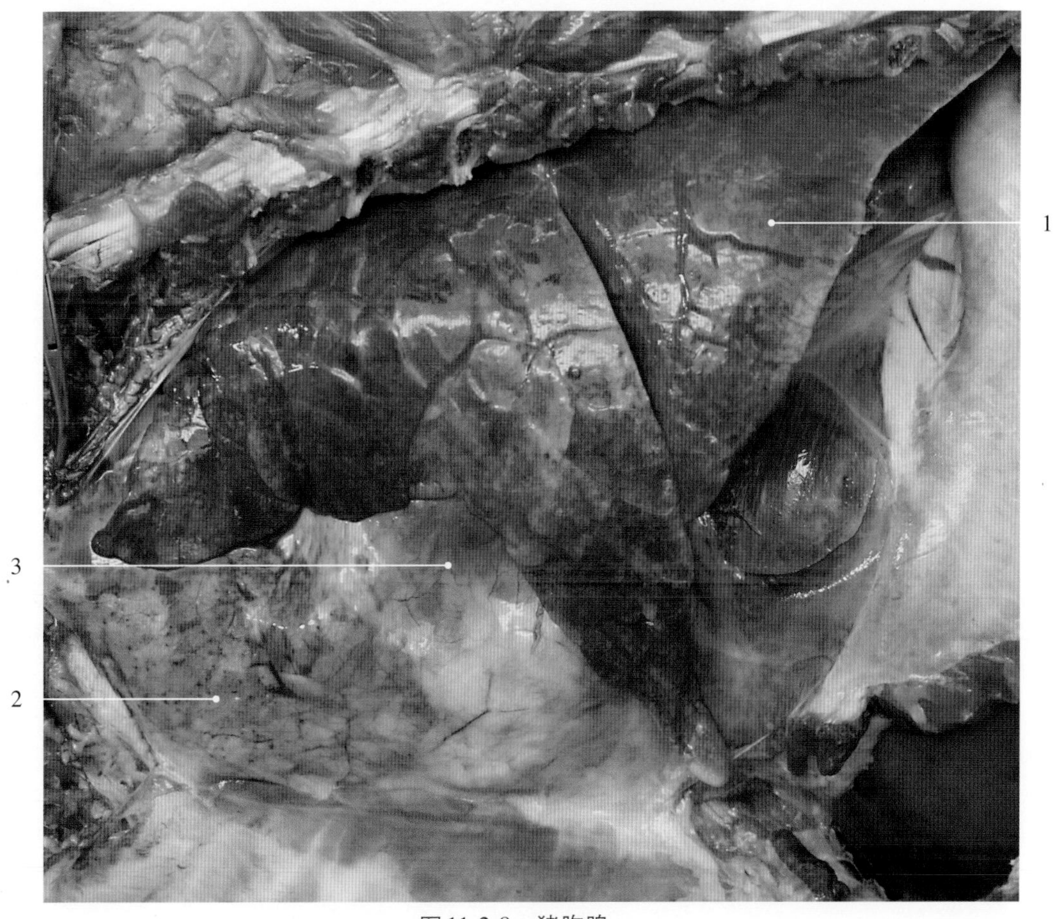

图11-2-8　猪胸腺

1.肺 lung　　2.胸腺 thymus　　3.心脏 heart

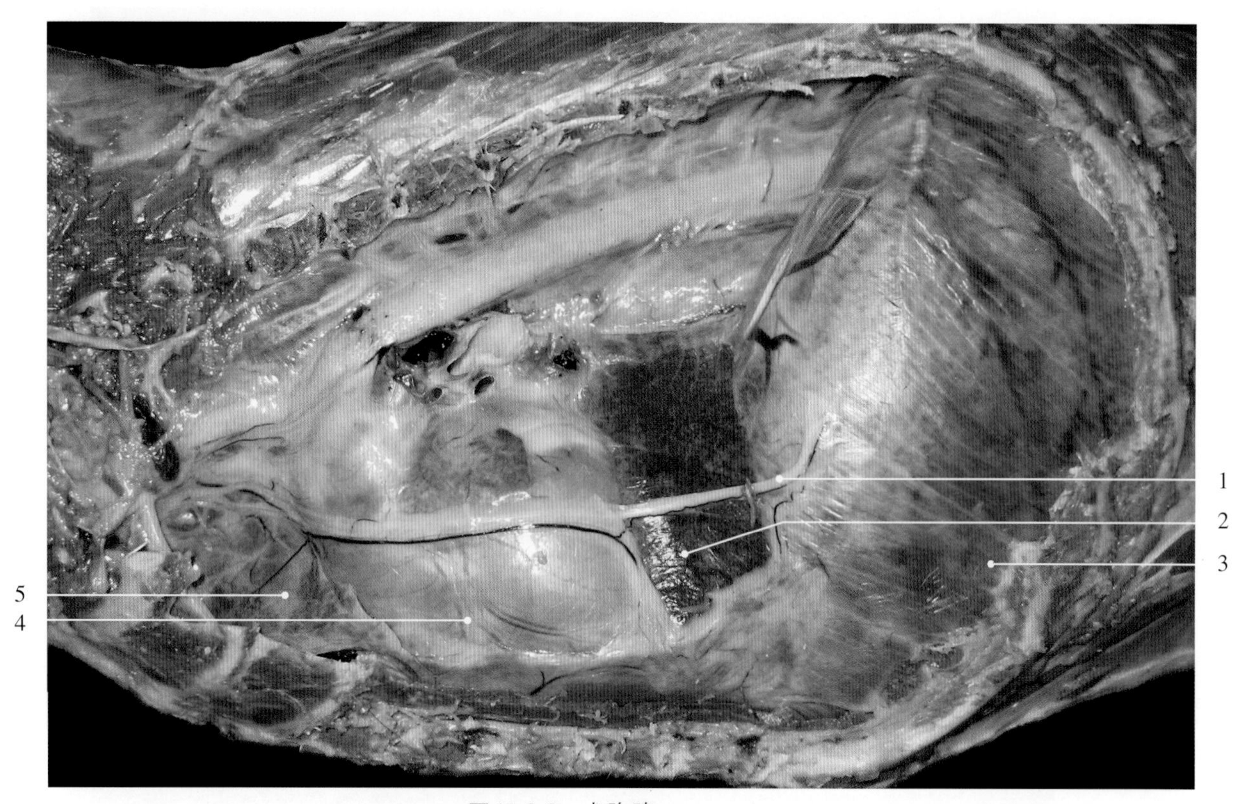

图11-2-9　犬胸腺

1. 膈神经 phrenic nerve
2. 肺 lung
3. 膈 diaphragm
4. 心脏 heart
5. 胸腺 thymus

图11-2-10　鸡胸腺

1. 颈神经 cervical nerve
2. 胸腺 thymus

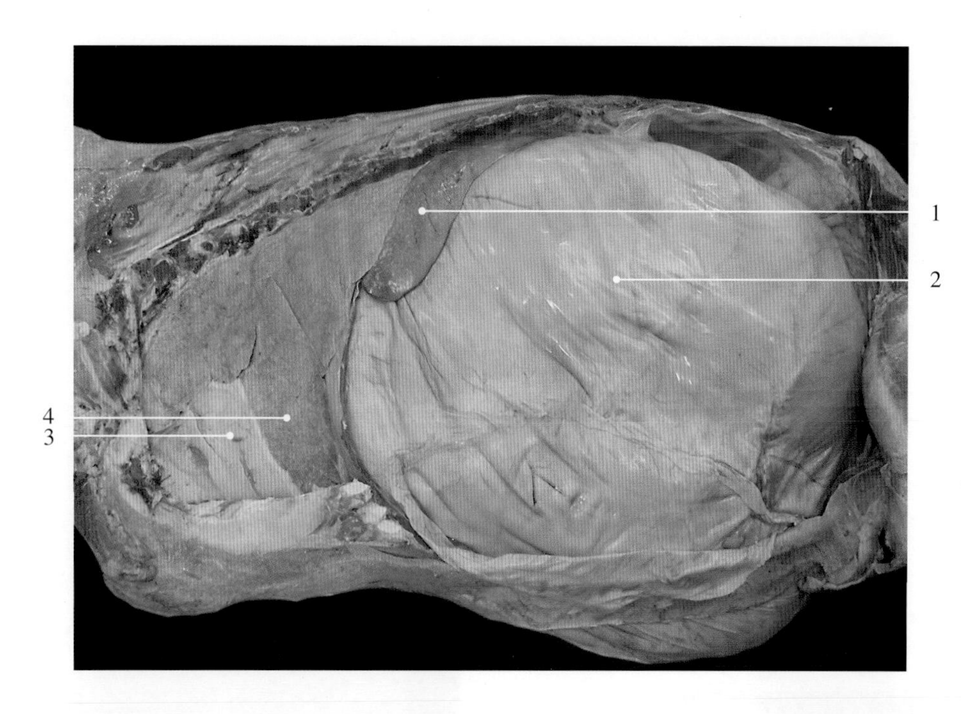

图 11-3-1　牛脾位置

1. 脾 spleen
2. 瘤胃 rumen
3. 心脏 heart
4. 肺 lung

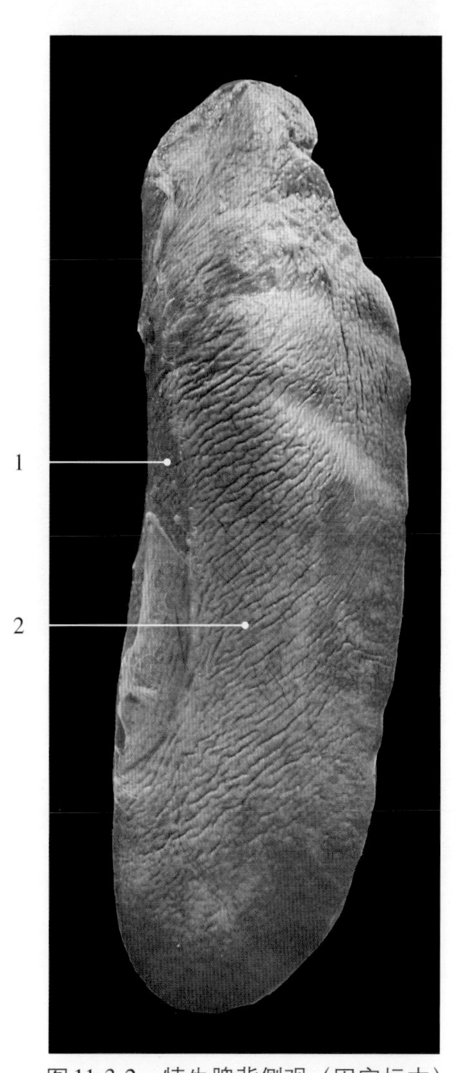

图 11-3-2　犊牛脾背侧观（固定标本）

1. 贴着瘤胃的区域 zone of adhesion with the rumen
2. 被腹膜覆盖的游离部 liberal part covered by the peritoneum

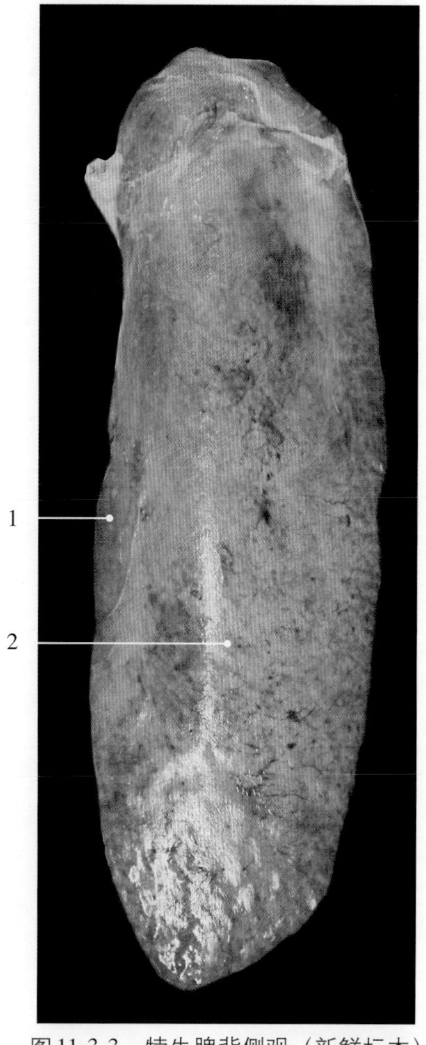

图 11-3-3　犊牛脾背侧观（新鲜标本）

1. 贴着瘤胃的区域 zone of adhesion with the rumen
2. 被腹膜覆盖的游离部 liberal part covered by the peritoneum

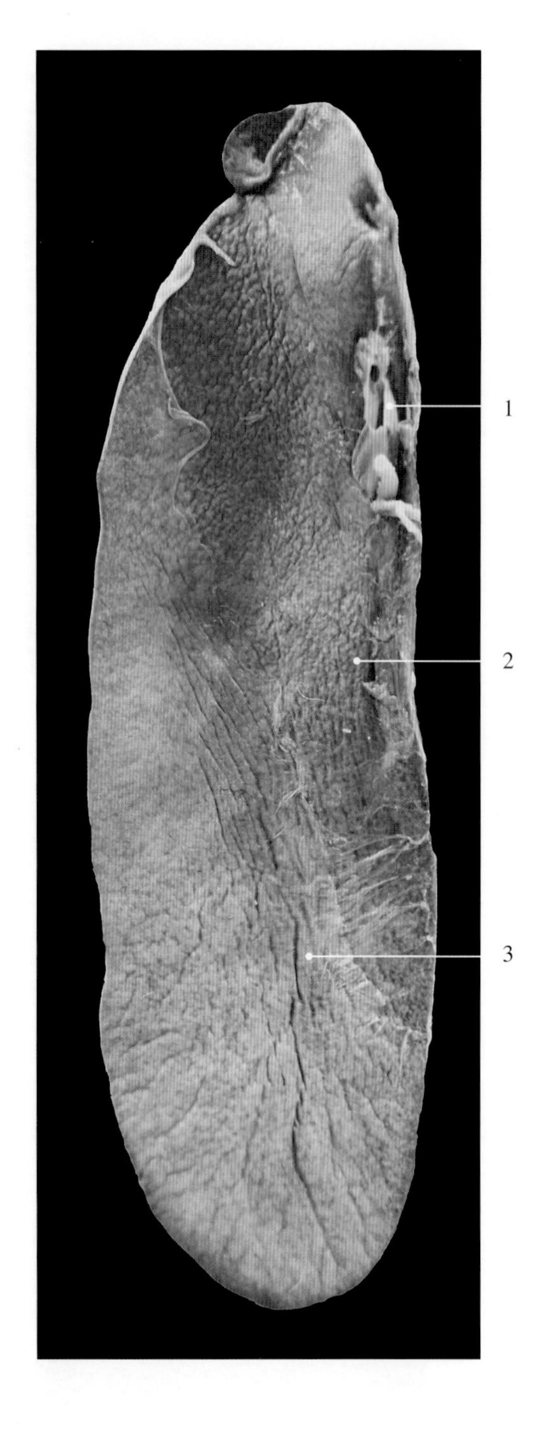

图11-3-4　犊牛脾腹侧观（固定标本）

1. 脾门 hilum of spleen
2. 贴着瘤胃的区域 zone of adhesion with the rumen
3. 被腹膜覆盖的游离部 liberal part covered by the peritoneum

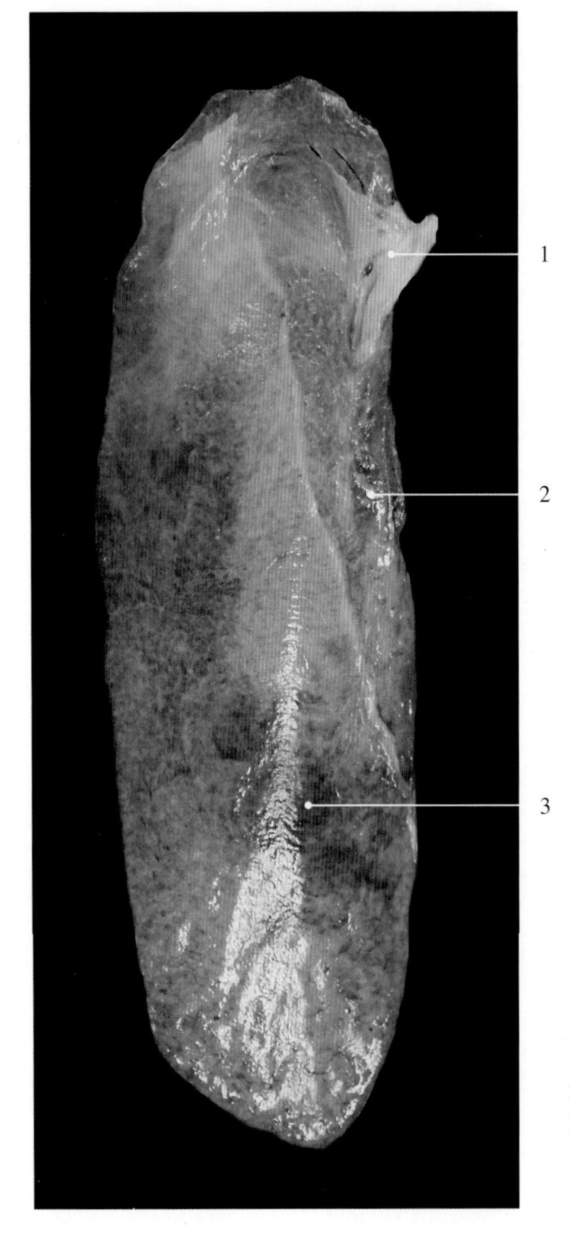

图11-3-5　犊牛脾腹侧观（新鲜标本）

1. 脾动脉 splenic artery
2. 贴着瘤胃的区域 zone of adhesion with the rumen
3. 被腹膜覆盖的游离部 liberal part covered by the peritoneum

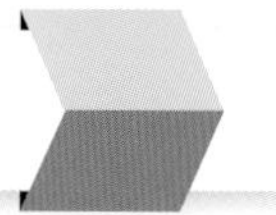

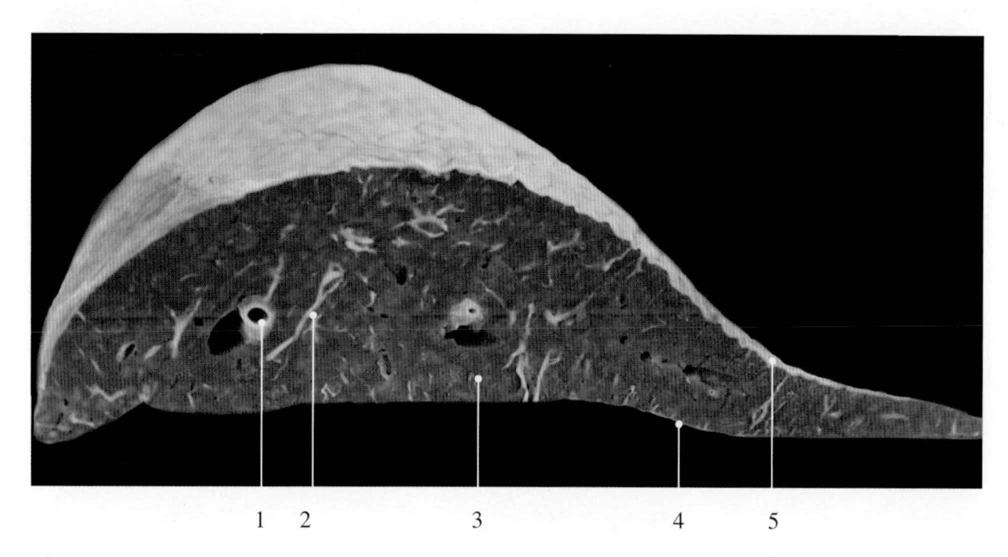

图 11-3-6 犊牛脾横切面（固定标本）

1. 小梁血管 vessel of the trabeculae
2. 小梁结缔组织 connective tissue of the trabeculae
3. 脾红髓 spleen red pulp
4. 脏面 visceral surface
5. 膈面 diaphragmatic surface

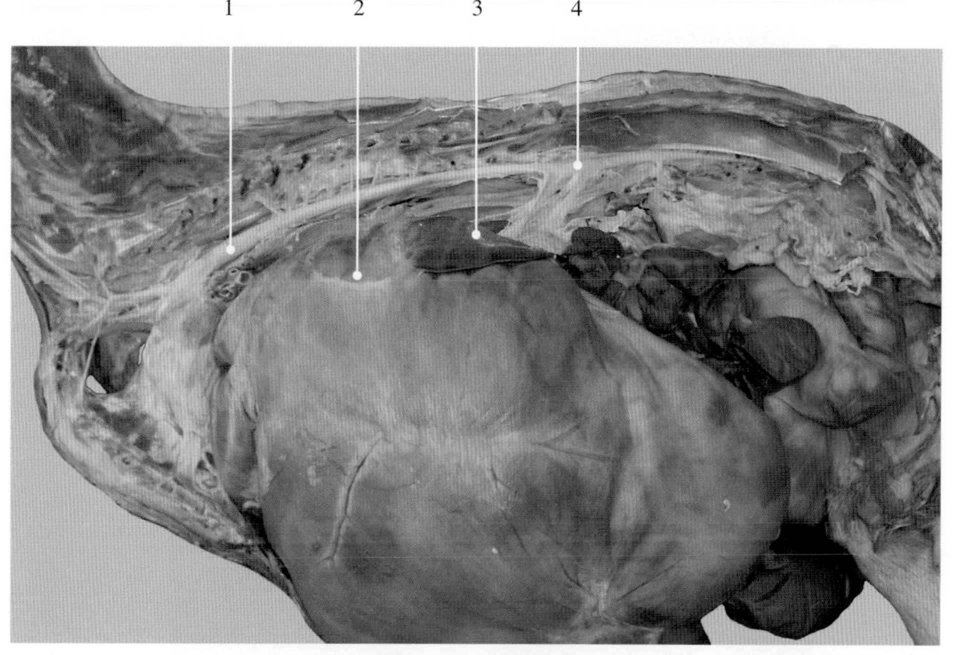

图 11-3-7 羊脾位置

1. 主动脉弓 aortic arch
2. 瘤胃 rumen
3. 脾 spleen
4. 腹主动脉 abdominal aorta

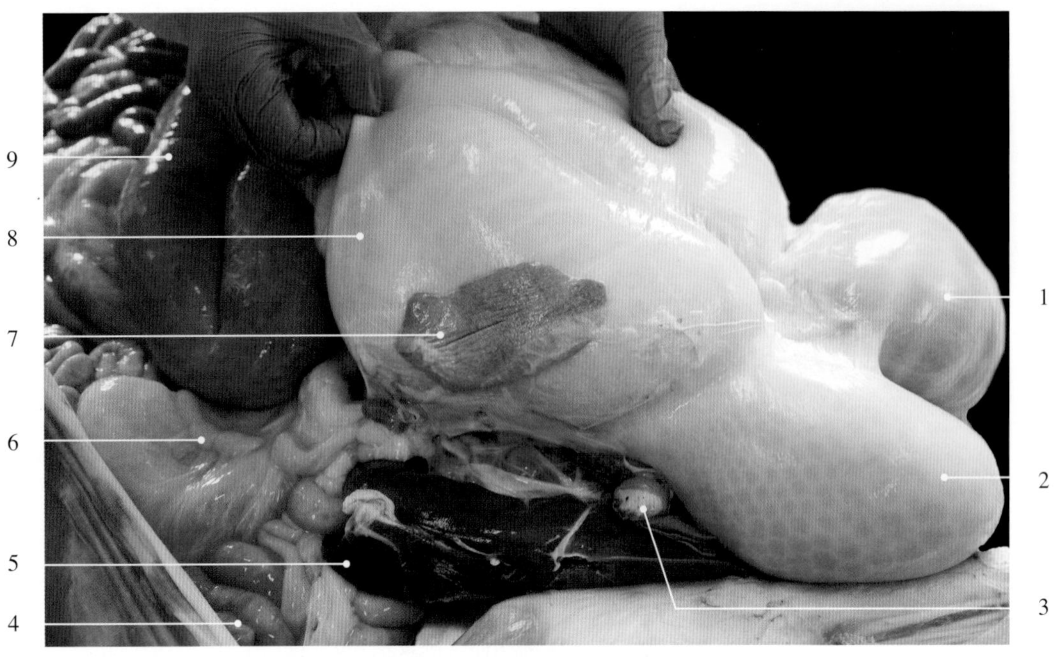

图11-3-8　波尔山羊脾的位置（新鲜标本）

1. 瓣胃　omasum
2. 网胃　reticulum
3. 食管断端　oesophagus (severed)
4. 小肠　small intestine
5. 肝　liver
6. 肠系膜淋巴结　mesenteric lymph nodes
7. 脾　spleen
8. 瘤胃　rumen
9. 大肠　large intestine

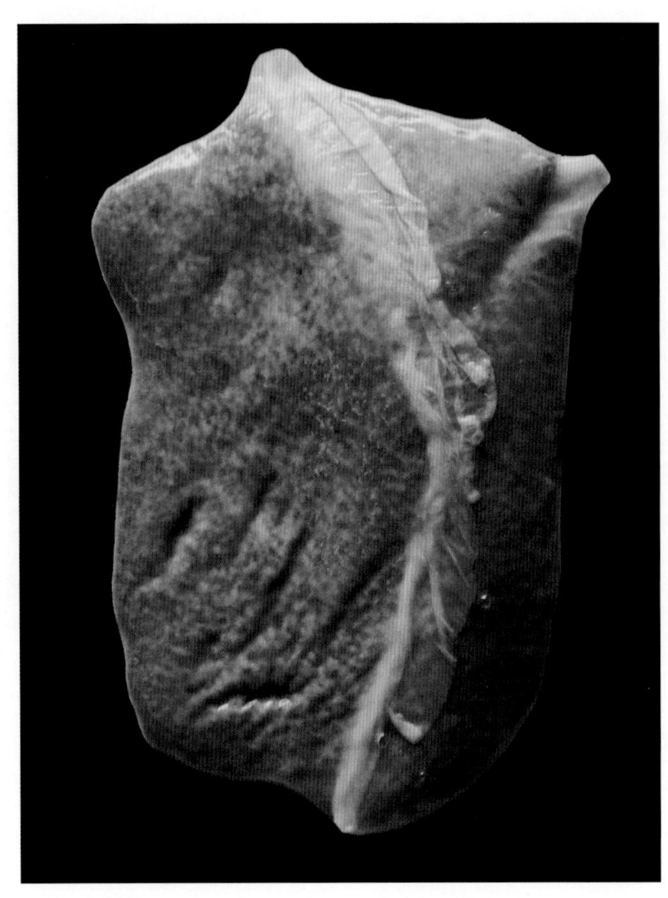

图11-3-9　波尔山羊脾脏腹侧观

图11-3-10　猪脾位置（新鲜标本）

1. 大网膜 greater omentum　　2. 脾 spleen

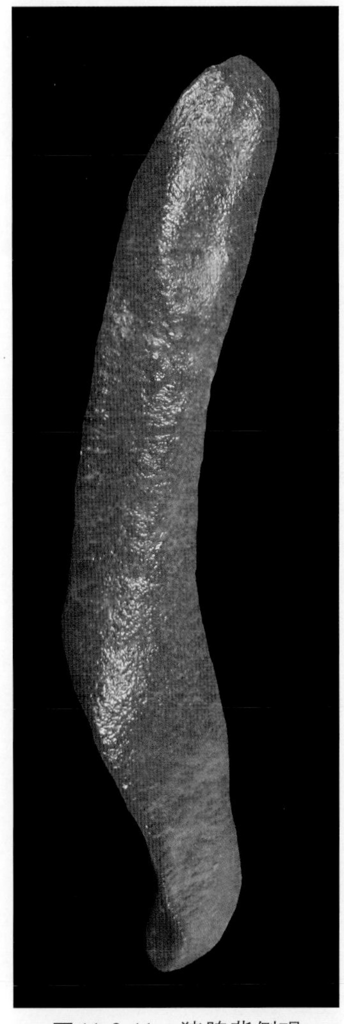

图11-3-11　猪脾背侧观

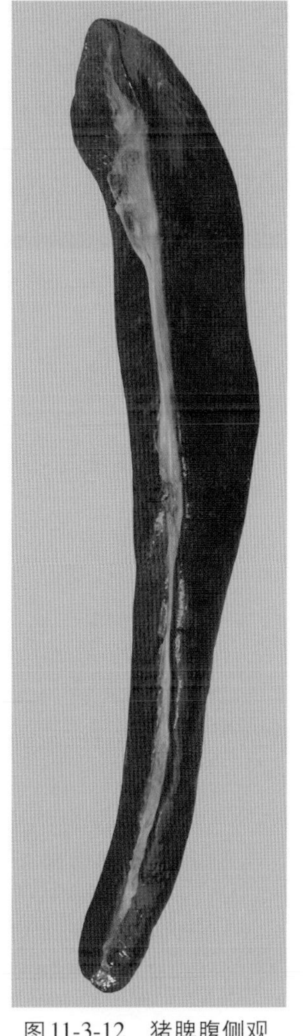

图11-3-12　猪脾腹侧观

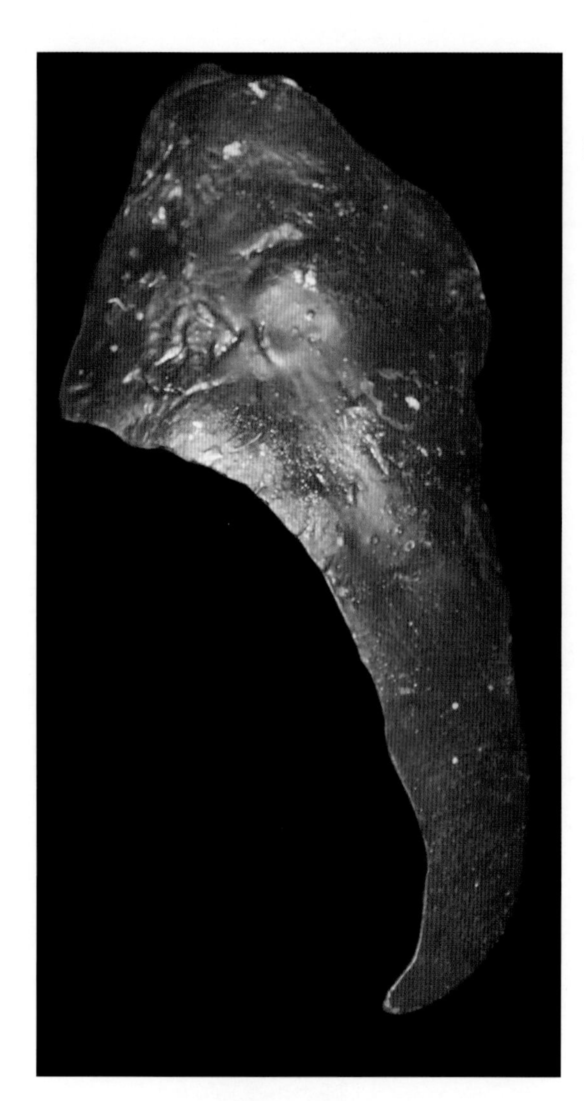

图11-3-13　马脾背侧观

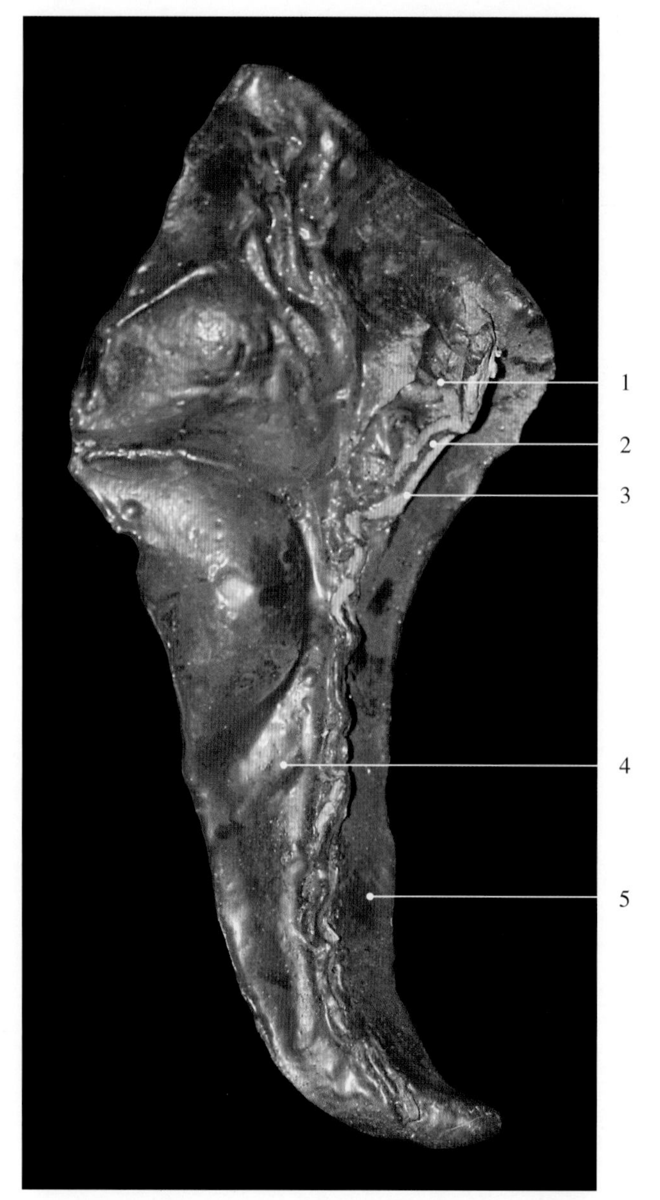

图11-3-14　马脾腹侧观

1. 脾静脉 splenic vein
2. 脾动脉 splenic artery
3. 脾神经 splenic nerve
4. 肠面 intestinal surface
5. 胃面 gastric surface

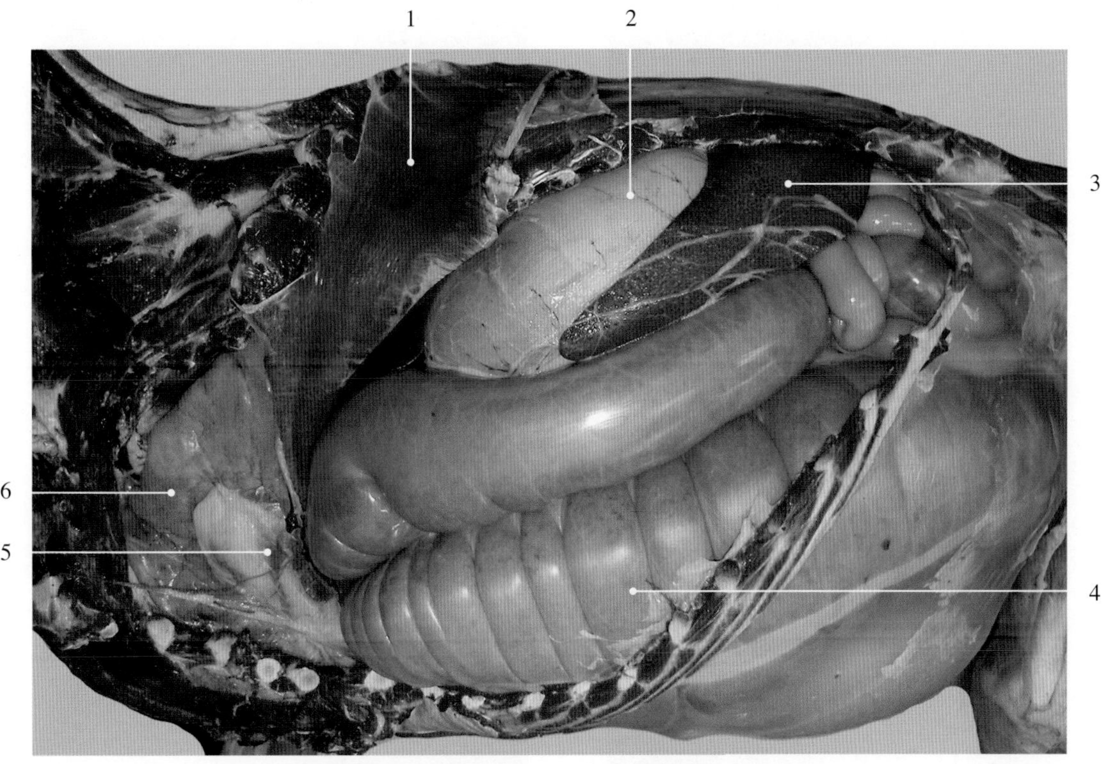

图11-3-15　驴脾位置

1. 膈　diaphragm
2. 胃　stomach
3. 脾　spleen
4. 结肠　colon
5. 心脏　heart
6. 肺　lung

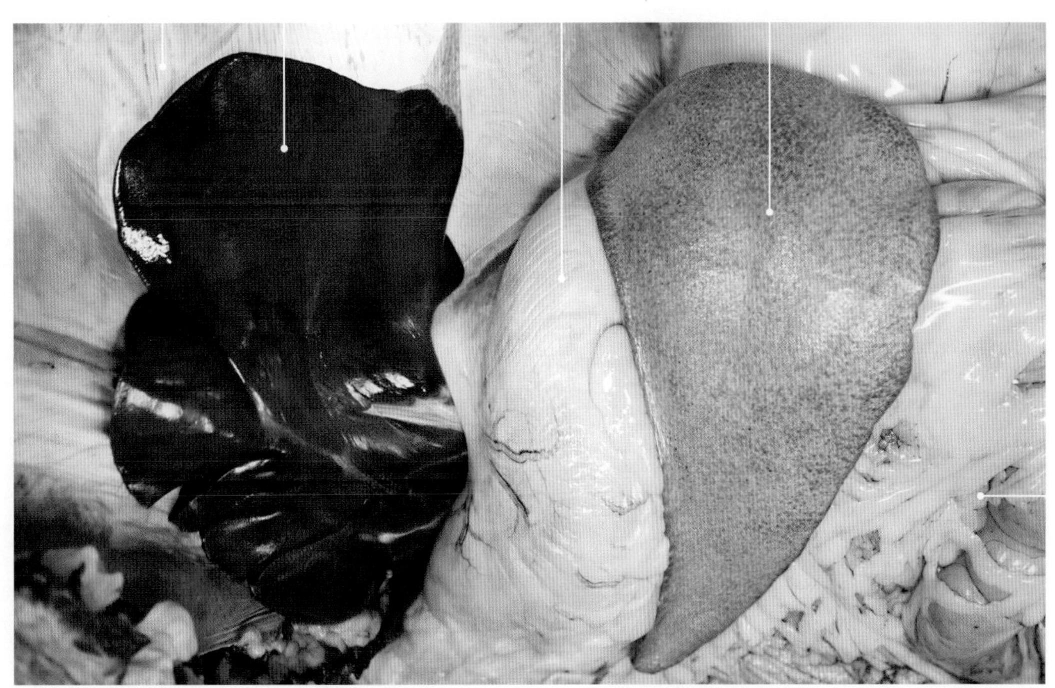

图11-3-16　驴肝和脾位置

1. 膈　diaphragm
2. 肝脏面　visceral surface of the liver
3. 胃　stomach
4. 脾　spleen
5. 大网膜　greater omentum

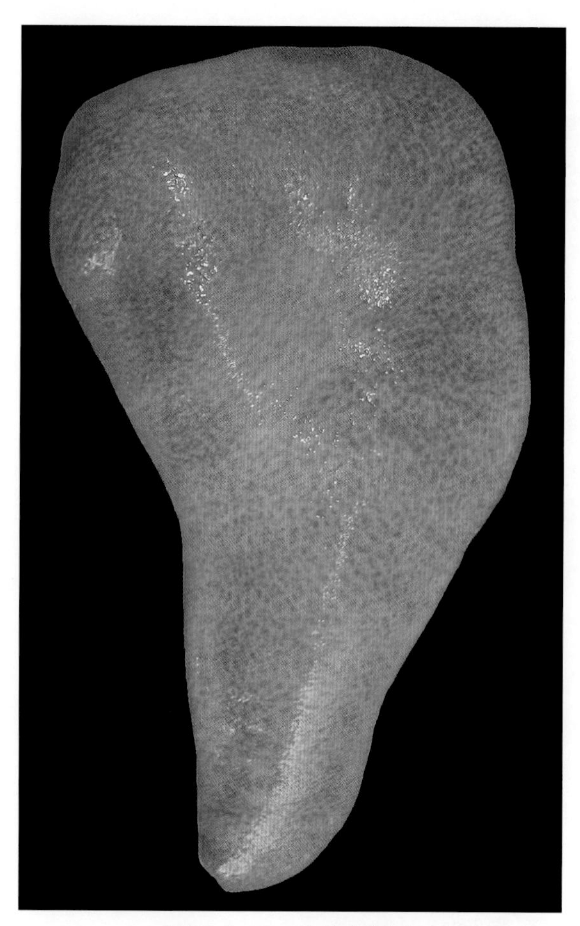

图 11-3-17　驴脾背侧观

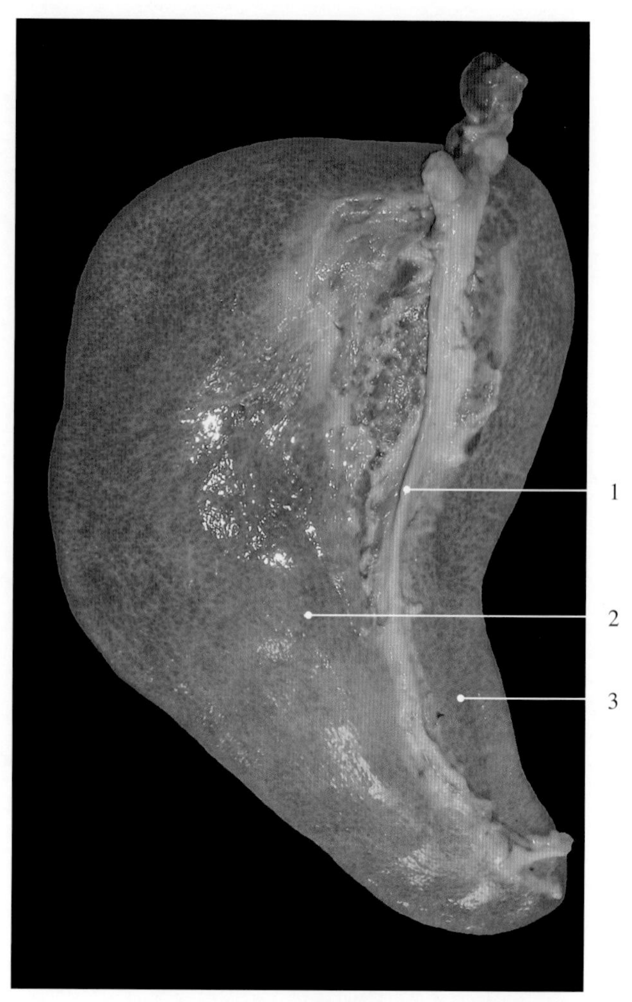

图 11-3-18　驴脾腹侧观

1. 脾动脉 splenic artery
2. 肠面 intestinal surface
3. 胃面 gastric surface

图 11-3-21　麋鹿胚胎脾脏腹侧观

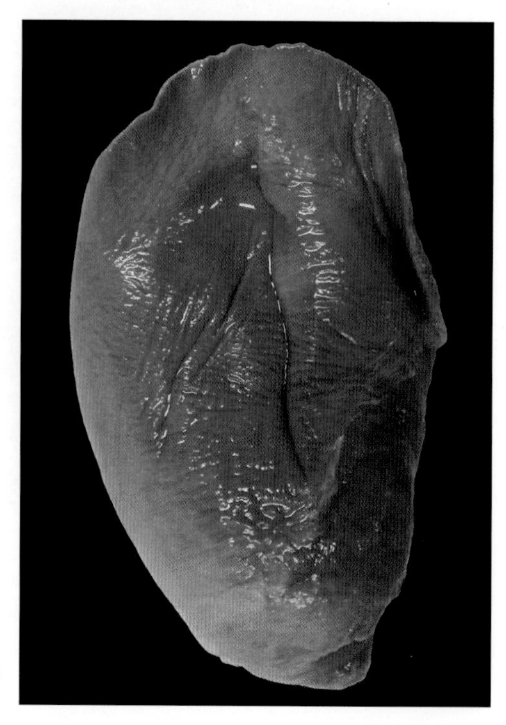

图 11-3-20　麋鹿胚胎脾脏背侧观

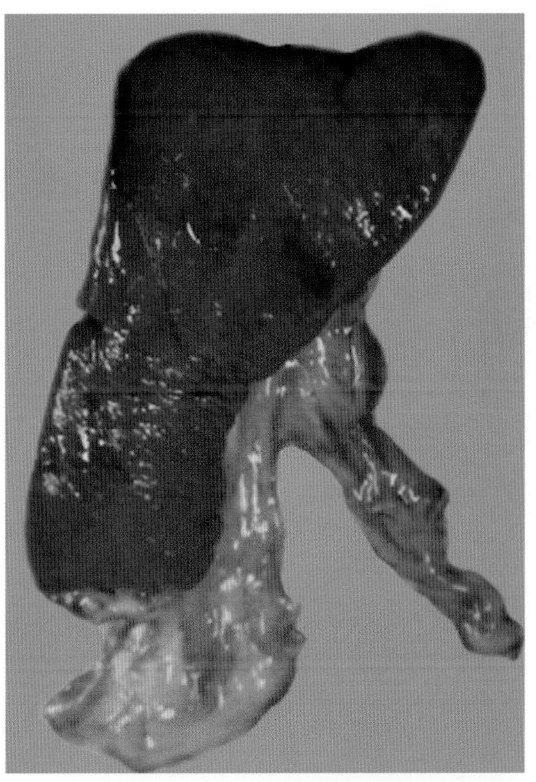

图 11-3-19　猕猴脾背侧观

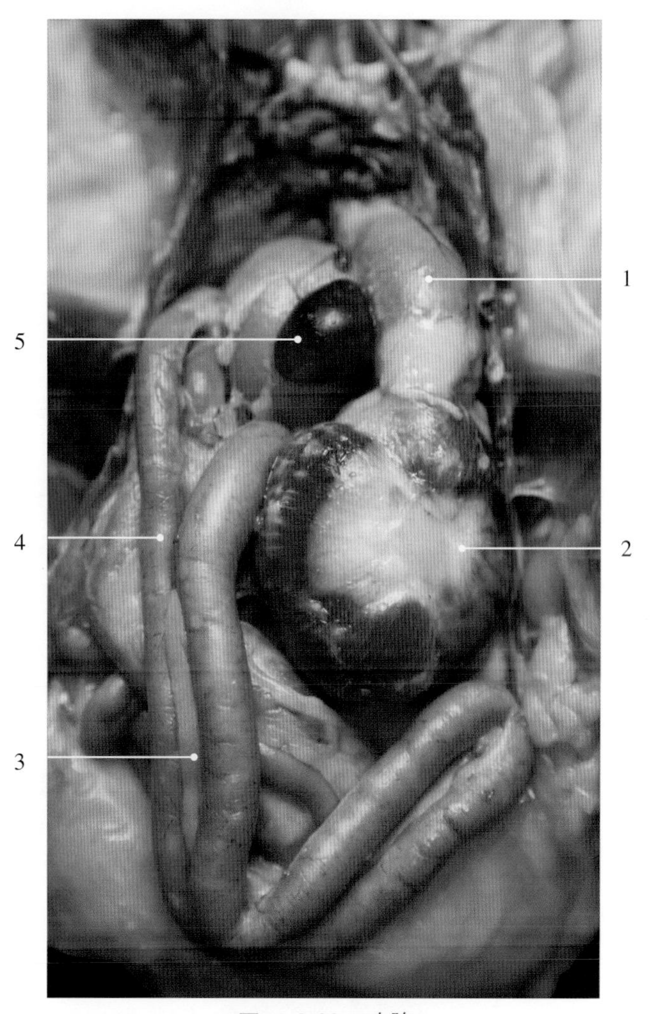

图 11-3-22　鸡脾 1

1. 腺胃　glandular stomach
2. 肌胃　muscular stomach
3. 胰腺　pancreas
4. 十二指肠　duodenum
5. 脾　spleen

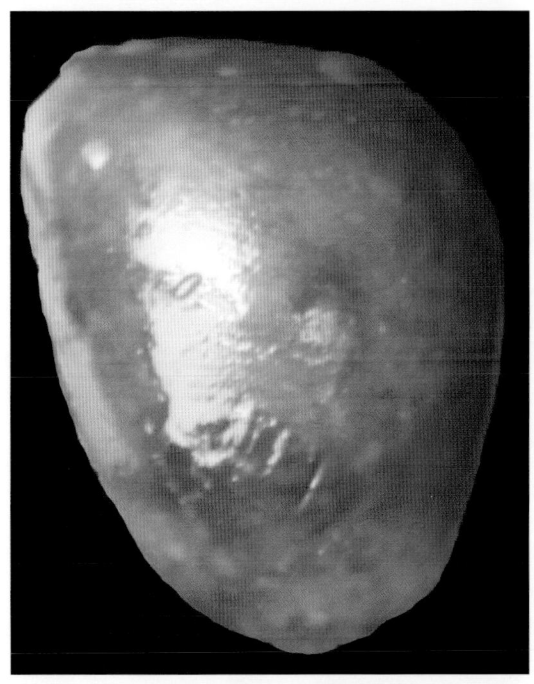

图 11-3-23　鸡脾 2

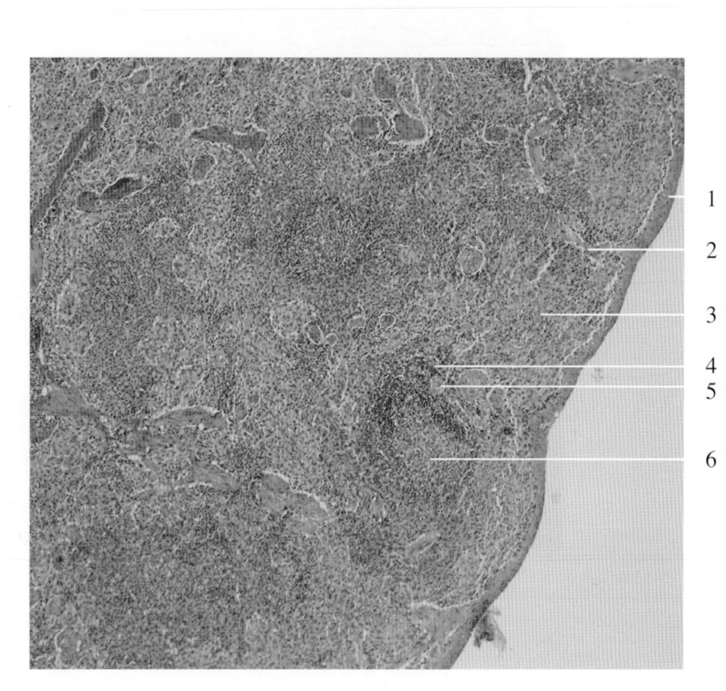

图 11-3-24　脾组织结构

1. 被膜　capsule
2. 小梁　trabeculum
3. 红髓　spleen red pulp
4. 动脉周围淋巴鞘　periarterial lymphatic sheath
5. 中央动脉　central artery
6. 脾小结　spleen nodule

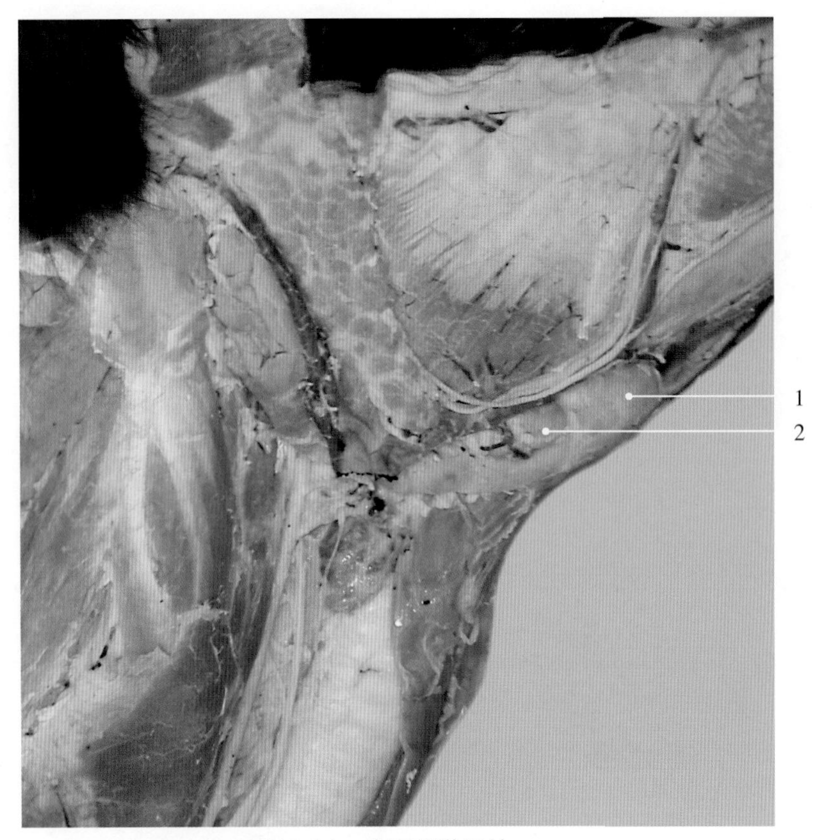

图11-4-1　牛下颌淋巴结

1. 颌下腺 submandibular gland　　2. 下颌淋巴结 mandibular lymph node

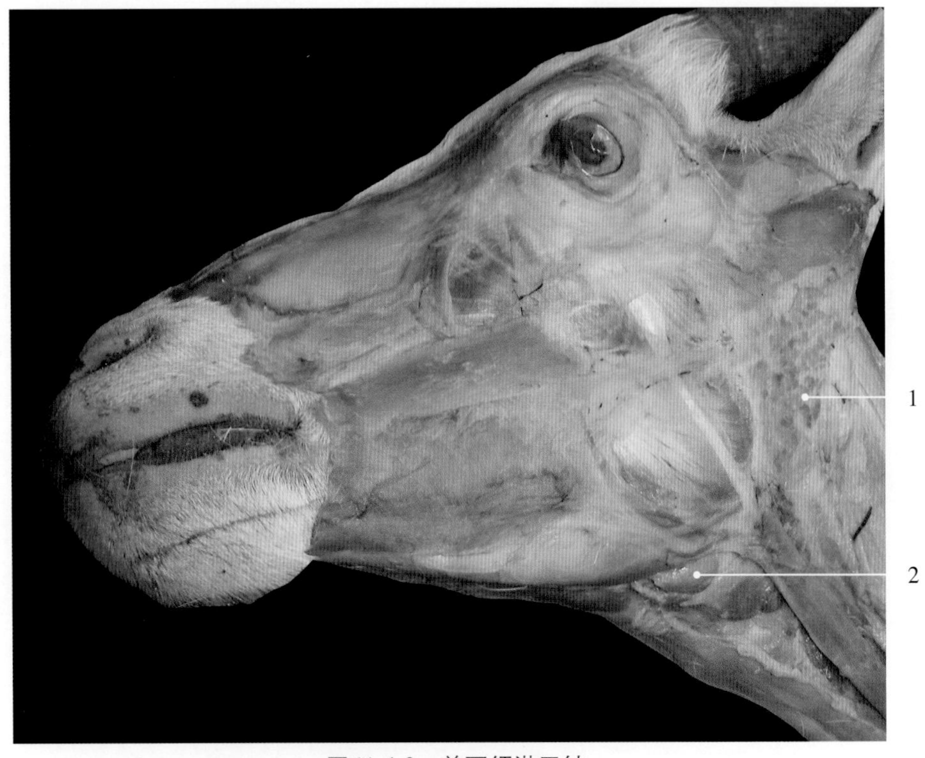

图11-4-2　羊下颌淋巴结

1. 腮腺 parotid gland　　2. 下颌淋巴结 mandibular lymph node

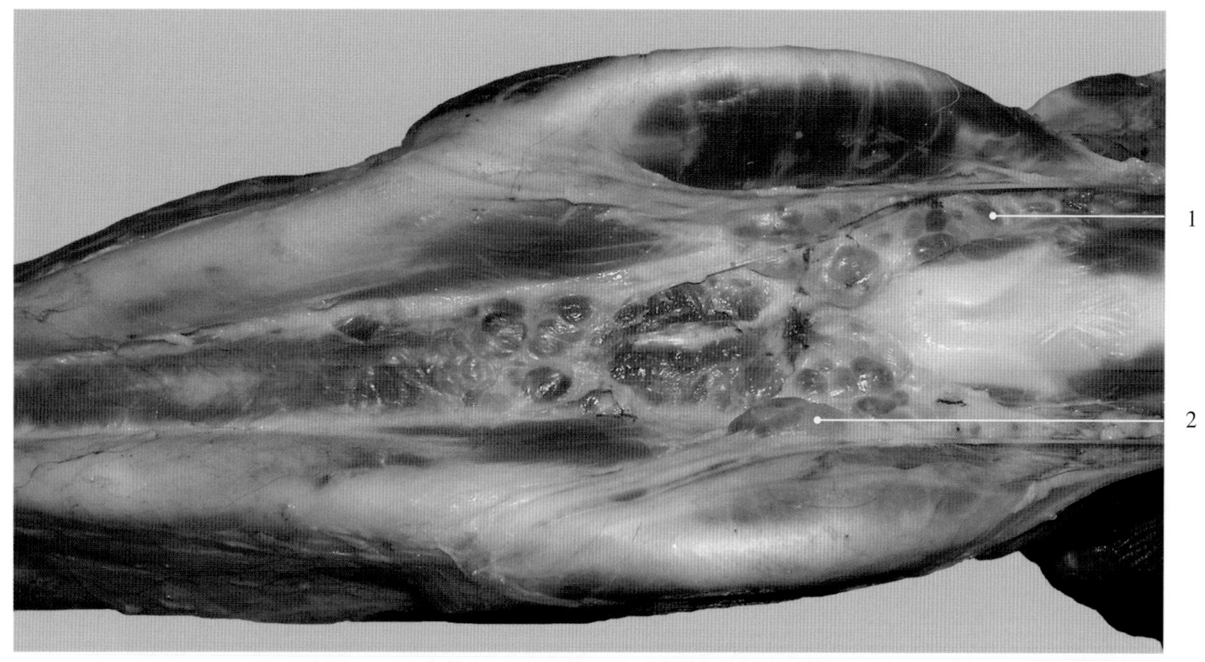

图11-4-3　驴下颌淋巴结及颌下腺

1. 颌下腺 submandibular gland　　2. 下颌淋巴结 mandibular lymph node

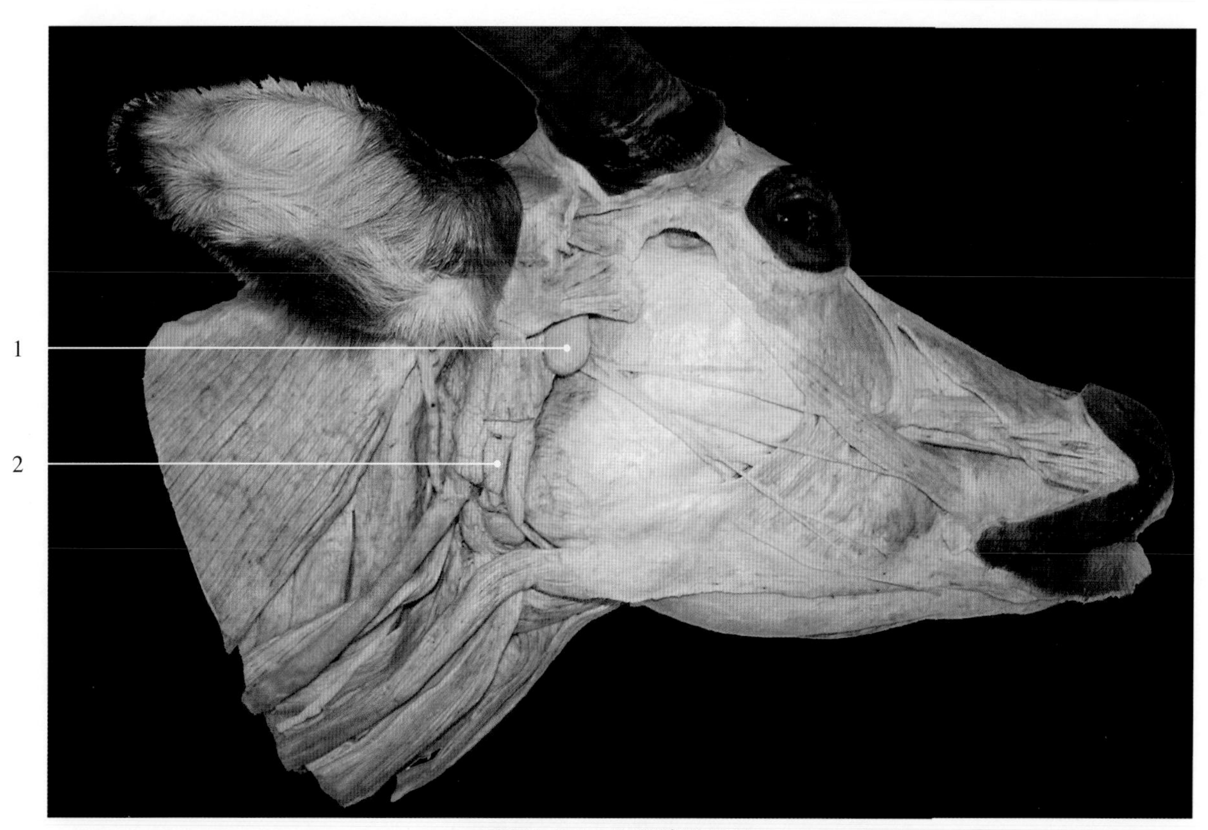

图11-4-4　牛腮腺淋巴结

1. 腮腺淋巴结 parotid lymph node　　2. 腮腺 parotid gland

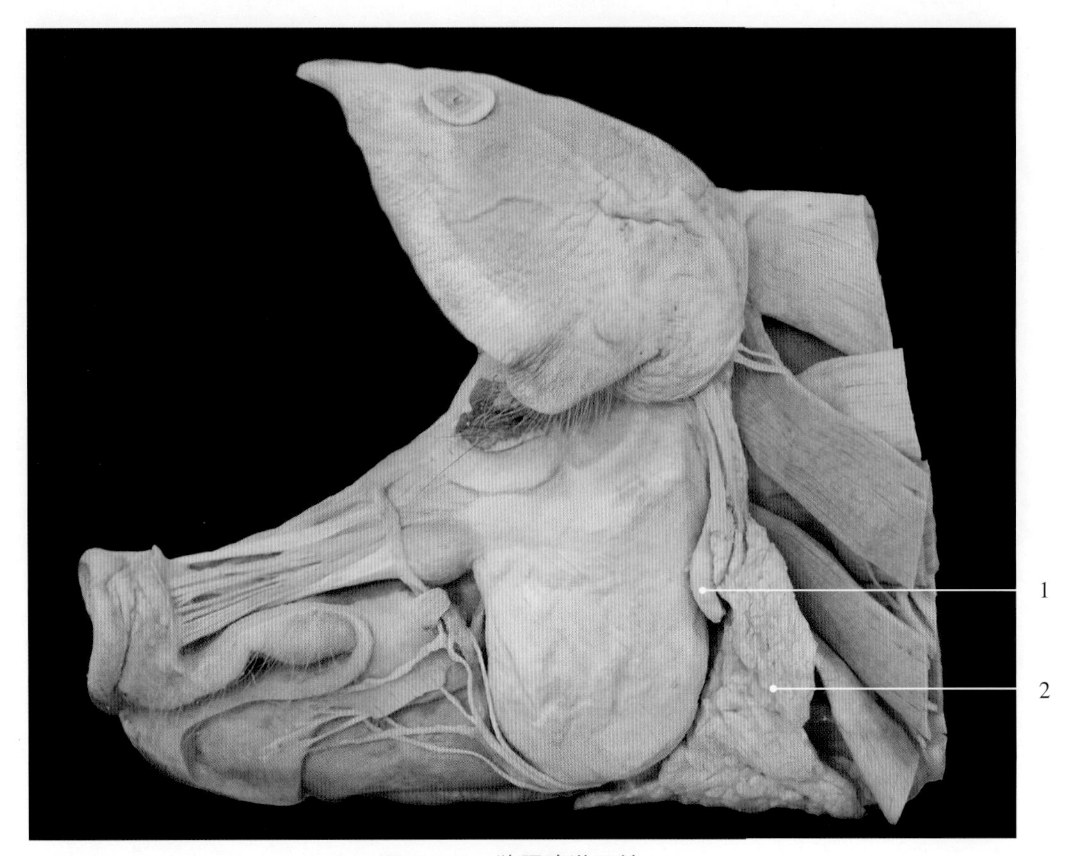

图11-4-5 猪腮腺淋巴结

1. 腮腺淋巴结 parotid lymph node　　2. 腮腺 parotid gland

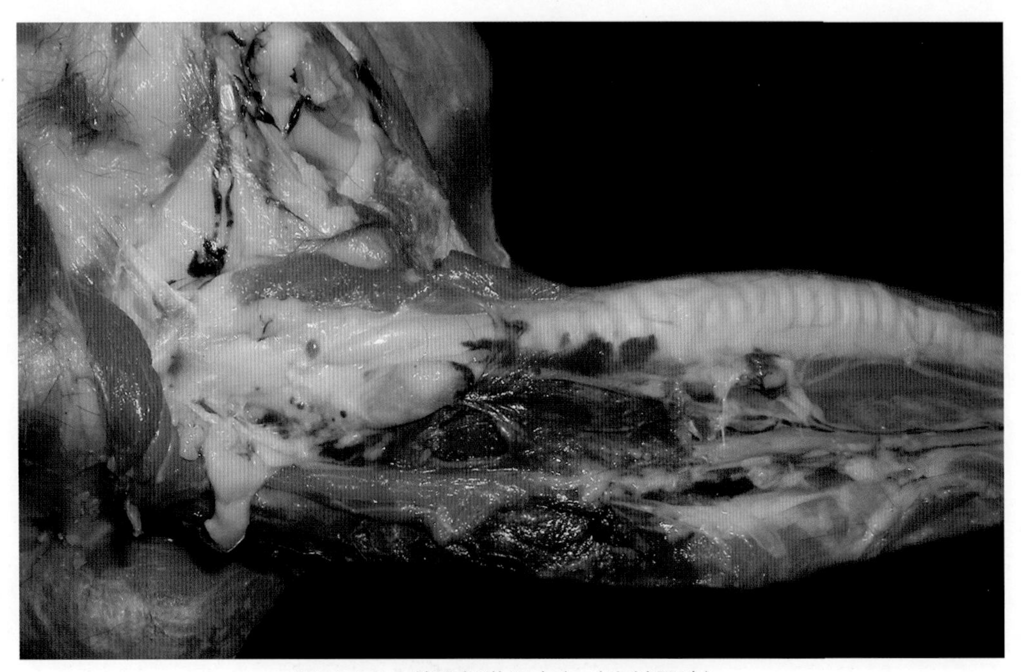

图11-4-6 羊颈部淋巴中心（注射墨汁）

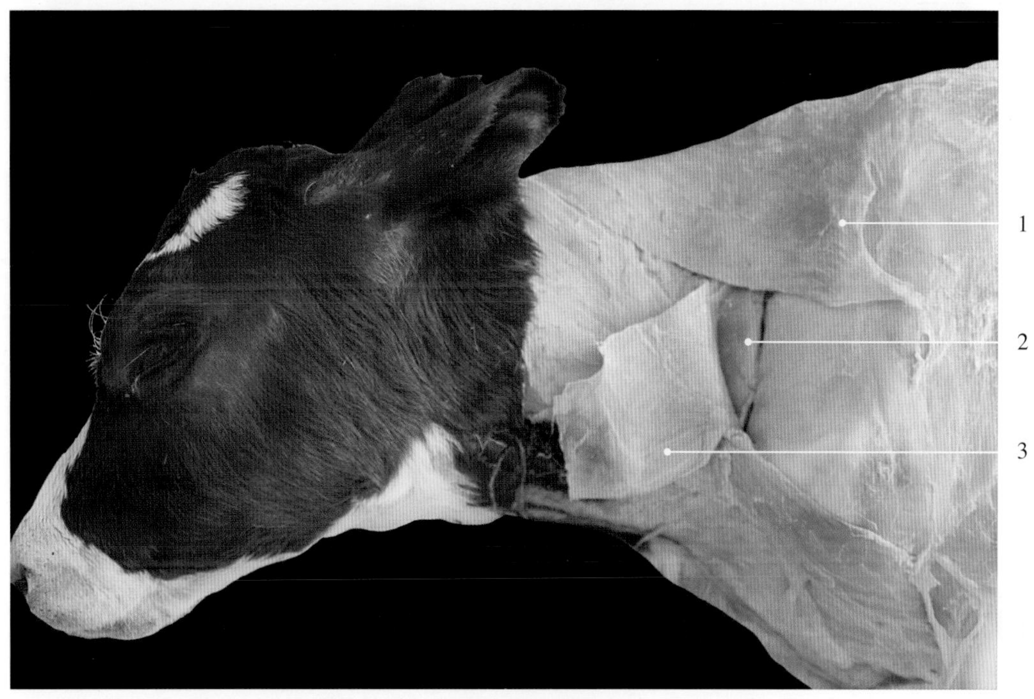

图11-4-7 犊牛颈浅淋巴结1

1. 斜方肌 trapezius muscle
2. 颈浅淋巴结 superficial cervical lymph node
3. 肩胛横突肌 omotransverse muscle

图11-4-8 犊牛颈浅淋巴结2

1. 斜方肌 trapezius muscle
2. 颈浅淋巴结 superficial cervical lymph node
3. 冈上肌 supraspinous muscle
4. 肩胛横突肌 omotransverse muscle

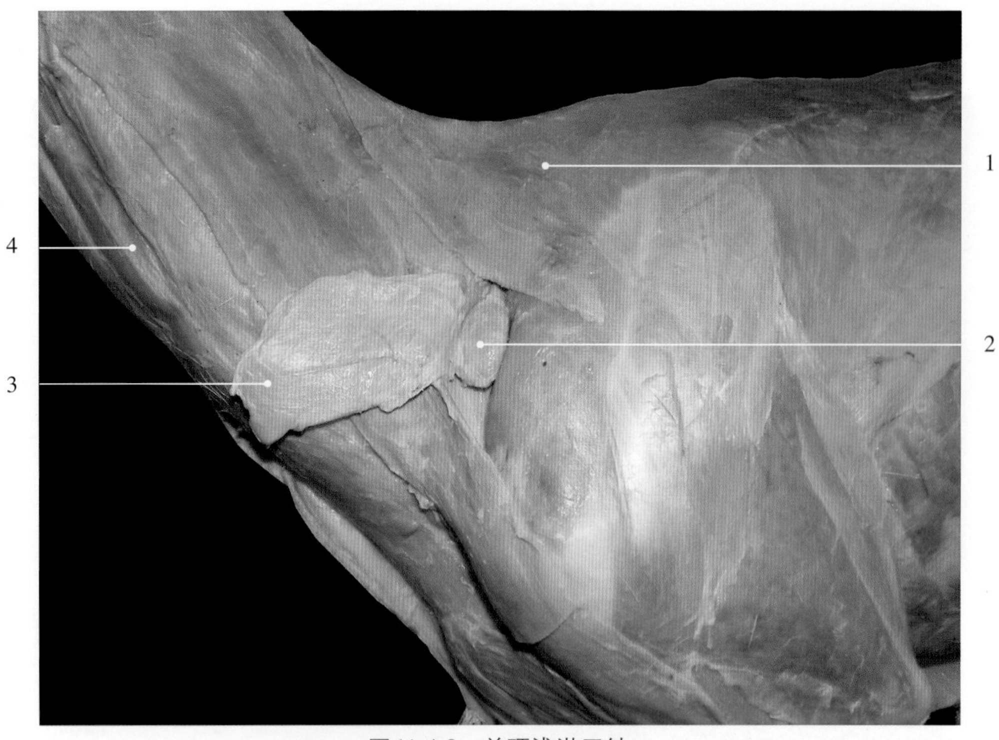

图11-4-9　羊颈浅淋巴结

1. 斜方肌 trapezius muscle
2. 颈浅淋巴结 superficial cervical lymph node
3. 肩胛横突肌 omotransverse muscle
4. 颈静脉沟 jugular vein groove

图11-4-10　牛腋淋巴结

1. 腋神经 axillary nerve
2. 肩胛下神经 subscapular nerves
3. 桡神经 radial nerve
4. 胸背神经 thoracodorsal nerve
5. 胸腹侧锯肌 thoracic part of ventral serrate muscle
6. 腋淋巴结 axillary lymph node
7. 腋静脉 axillary vein
8. 腋动脉 axillary artery
9. 正中神经 median nerve
10. 尺神经 ulnar nerve

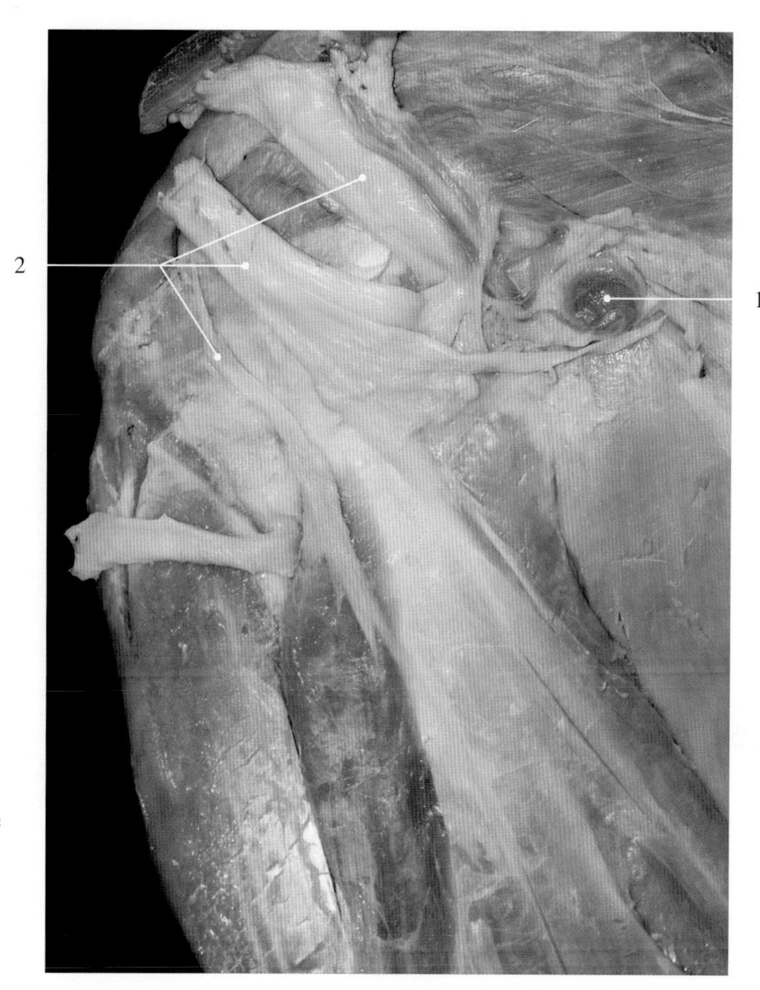

图11-4-11　羊腋淋巴结

1. 腋淋巴结 axillary lymph node
2. 臂神经丛 brachial plexus

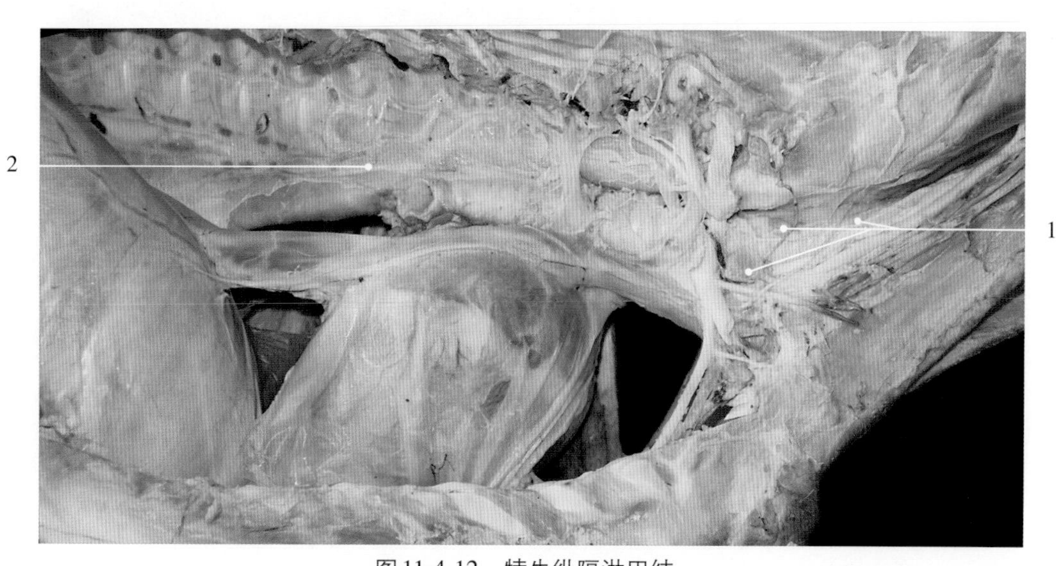

图11-4-12　犊牛纵隔淋巴结

1. 纵隔前淋巴结 cranial mediastinal lymph nodes
2. 纵隔后淋巴结 caudal mediastinal lymph node

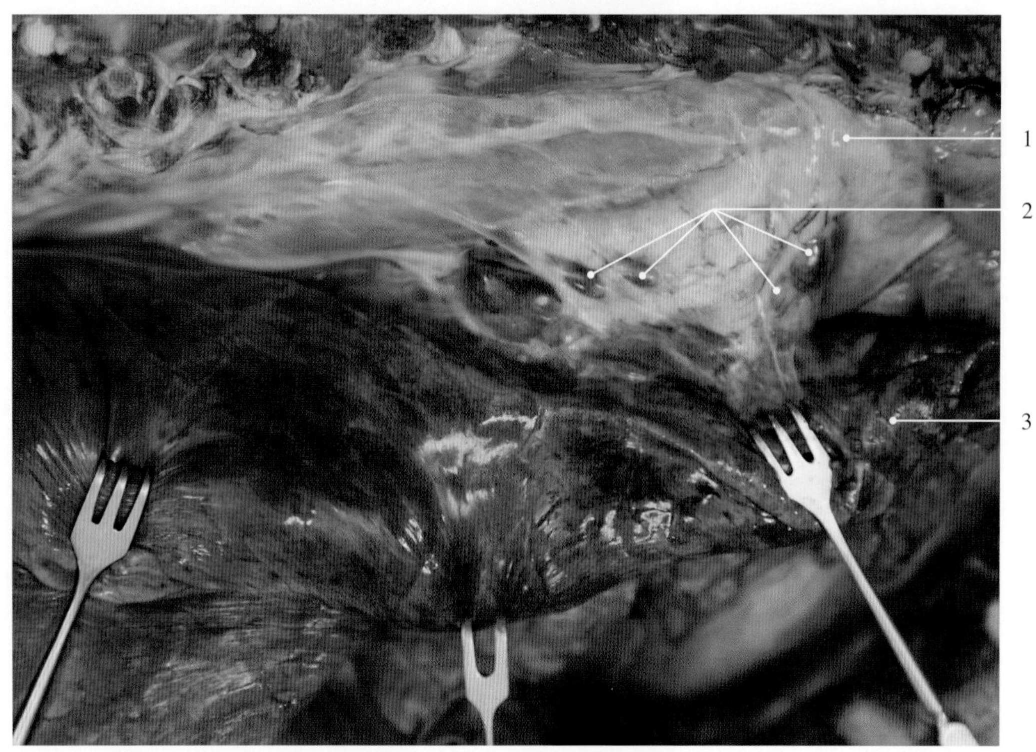

图11-4-13　猪气管支气管淋巴结

1. 气管 trachea
2. 气管与支气管淋巴结 tracheo-bronchial lymph nodes
3. 肺 lung

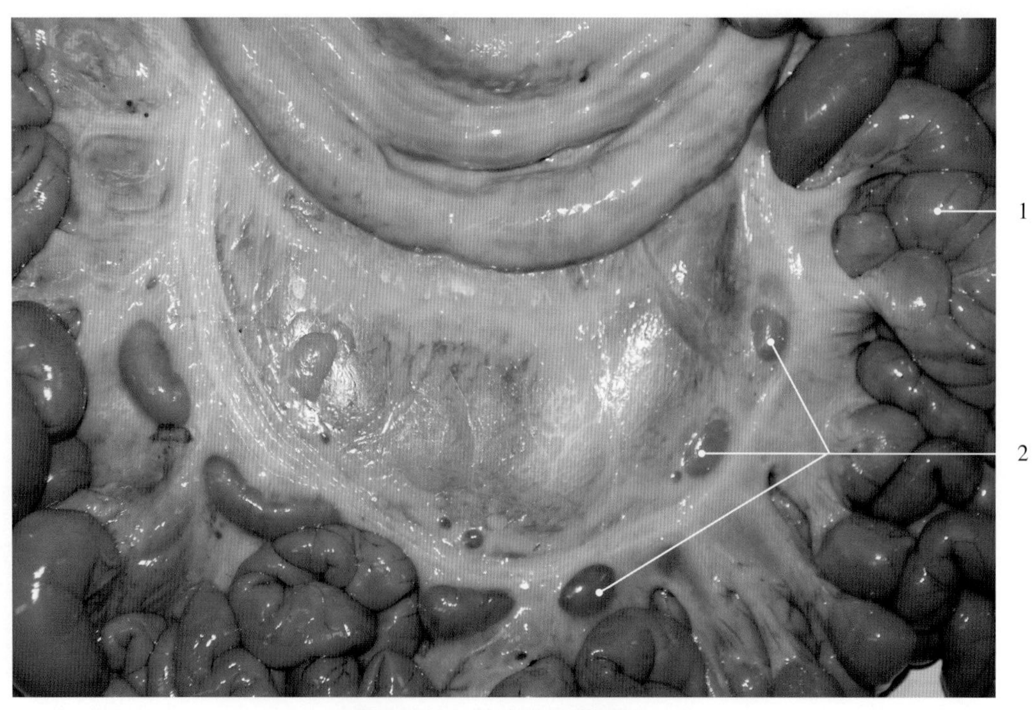

图11-4-14　犊牛空肠淋巴结

1. 空肠 jejunum　　2. 空肠淋巴结 jejunal lymph nodes

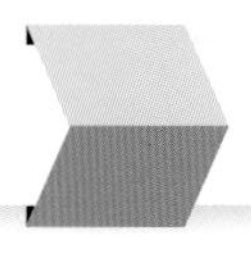

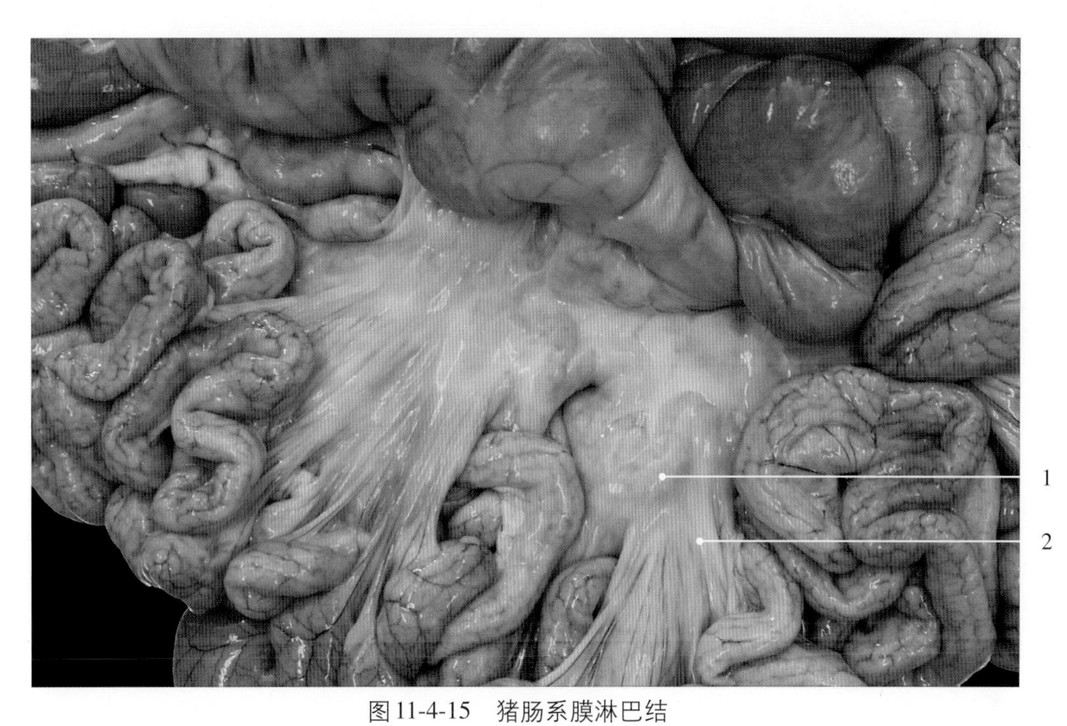

图11-4-15　猪肠系膜淋巴结

1. 肠系膜淋巴结 mesenteric lymph nodes　2. 肠系膜 mesentery

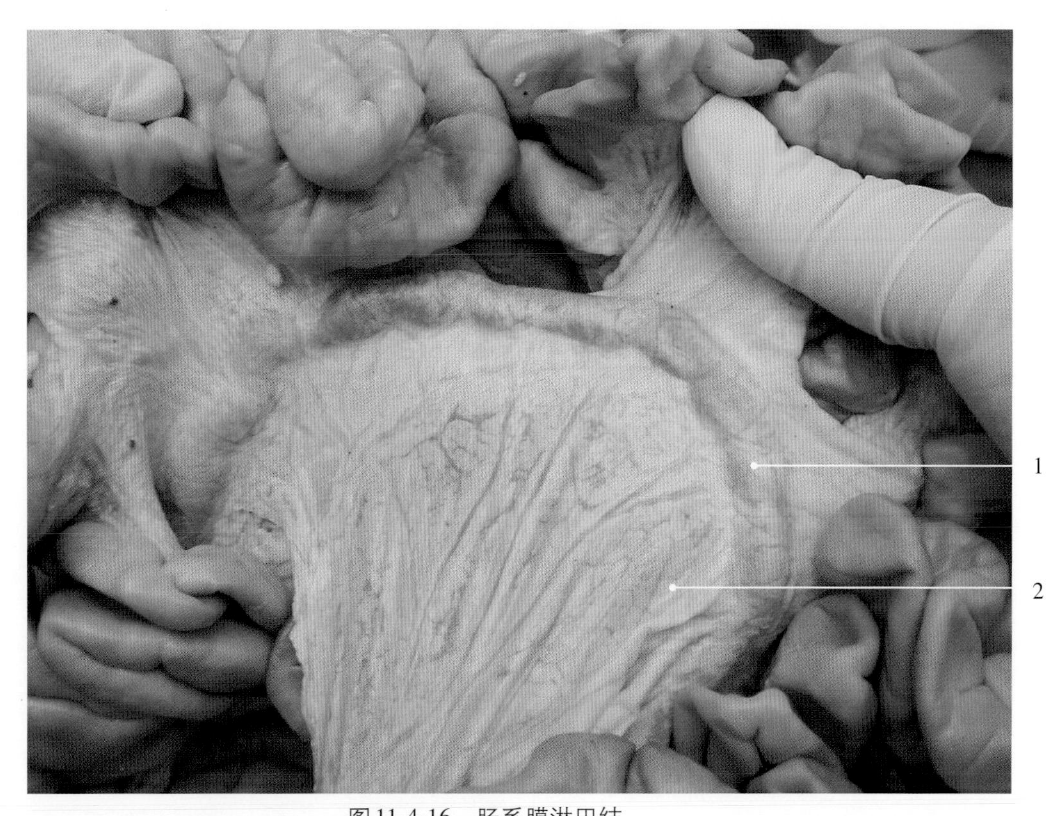

图11-4-16　肠系膜淋巴结

1. 肠系膜淋巴结 mesenteric lymph nodes　2. 肠系膜 mesentery

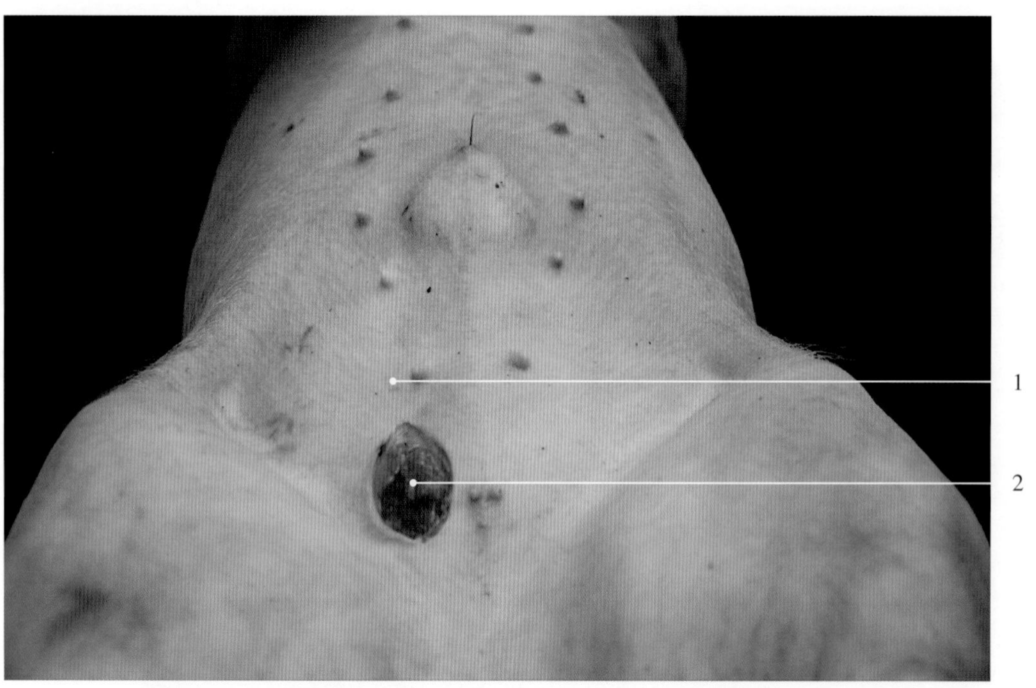

图11-4-17　猪阴囊淋巴结（皮肤切开）

1. 腹壁皮肤 abdominal skin
2. 阴囊淋巴结 scrotal lymph node

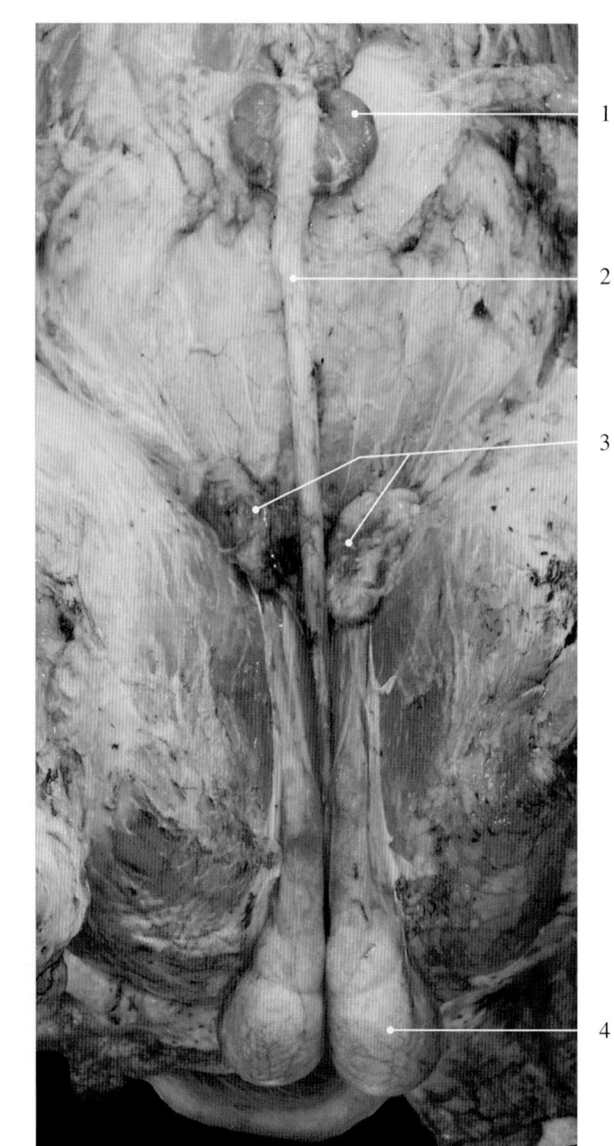

图11-4-18　猪阴囊淋巴结（剥离皮肤）

1. 包皮憩室/盲囊 preputial diverticulum
2. 阴茎 penis
3. 阴囊淋巴结 scrotal lymph nodes
4. 睾丸 testis

图11-4-19　羊阴囊淋巴结（注射墨汁）

1. 淋巴管 lymphatic vessel
2. 阴囊淋巴结 scrotal lymph node
3. 阴囊 scrotum

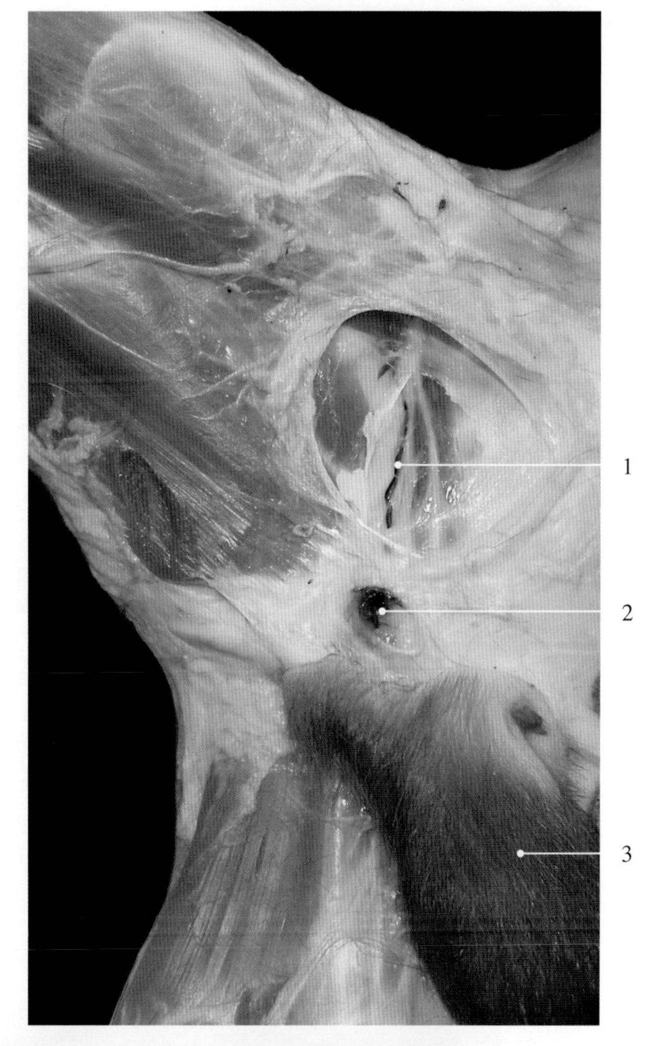

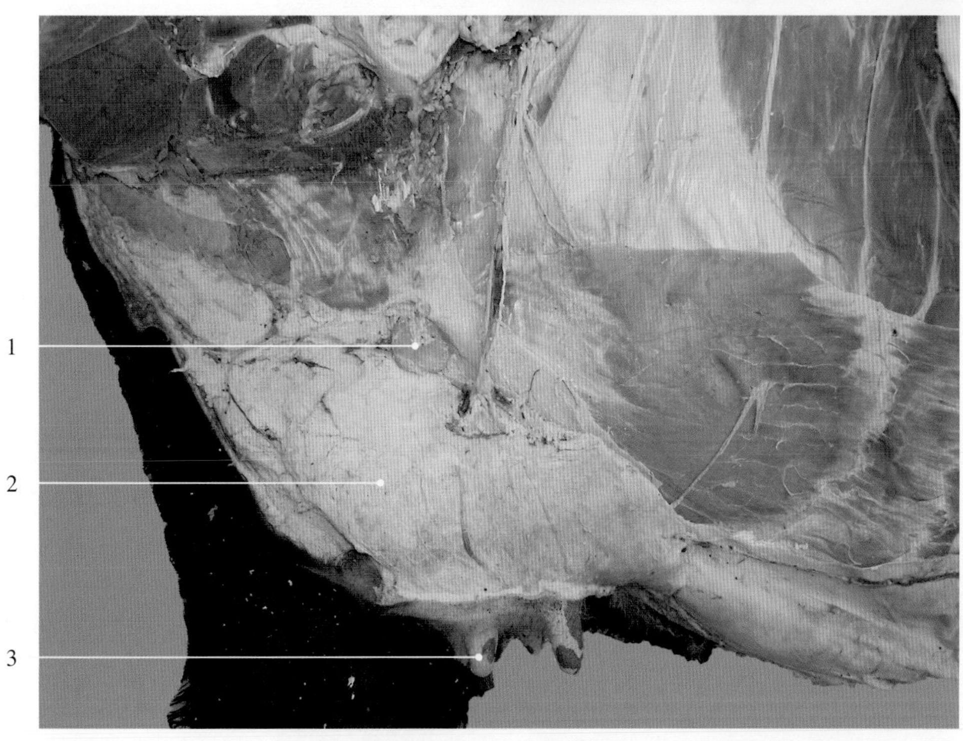

图11-4-20　牛乳房淋巴结

1. 乳房淋巴结 mammary lymph node　　3. 乳头 teat
2. 乳房 mamma / udder

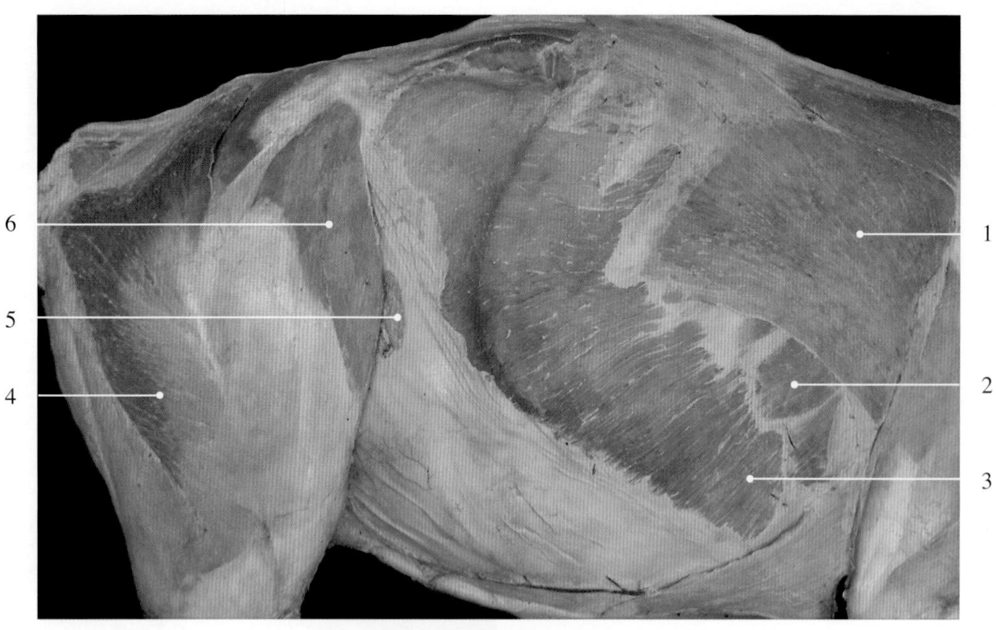

图 11-4-21　牛髂下淋巴结

1. 背阔肌 broadest muscle of the back
2. 胸腹侧锯肌 thoracic portion of ventral serrate muscle
3. 腹外斜肌 external oblique abdominal muscle
4. 臀股二头肌 glutaeofemorales biceps muscle
5. 髂下淋巴结 subiliac lymph node
6. 阔筋膜张肌 tensor muscle of the fascia lata

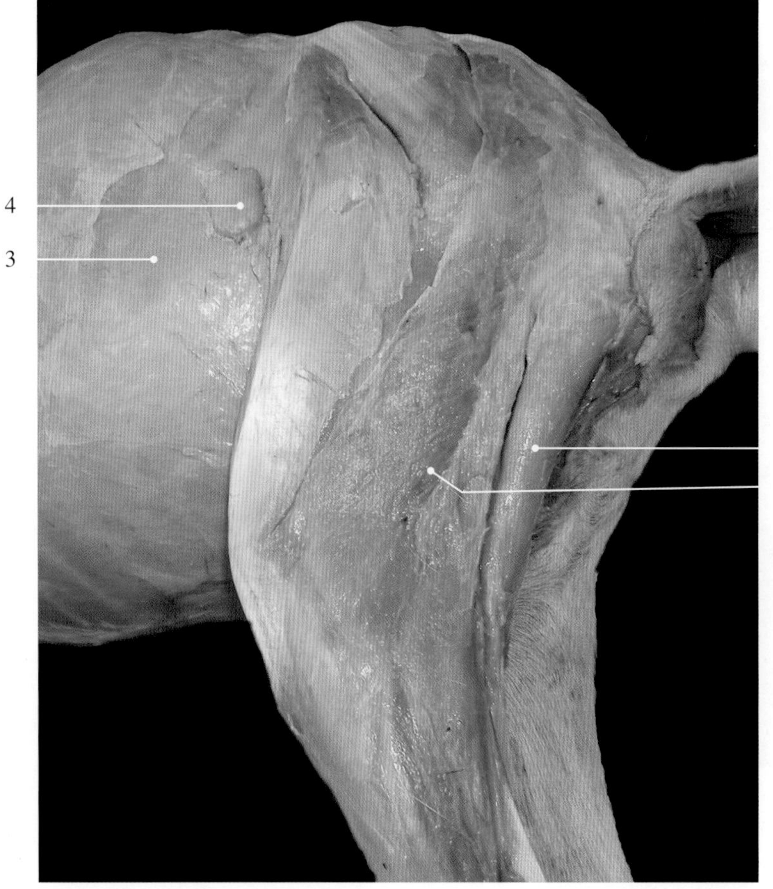

图 11-4-22　羊髂下淋巴结

1. 半腱肌 semitendinous muscle
2. 股二头肌 biceps femoris muscle
3. 腹外斜肌 external oblique abdominal muscle
4. 髂下淋巴结 subiliac lymph node

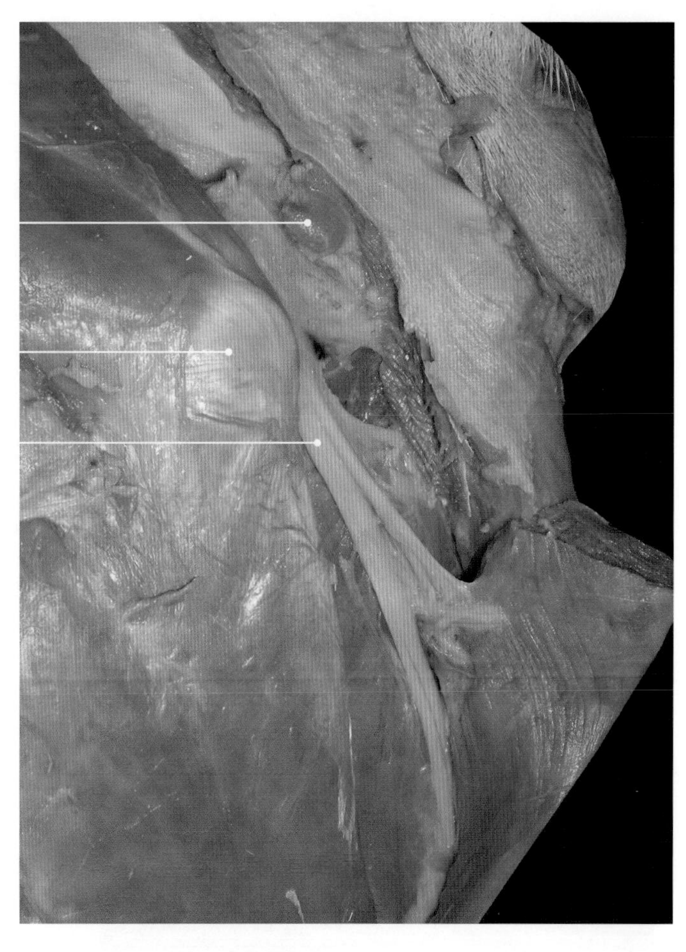

图 11-4-23　羊坐骨淋巴结

1. 坐骨淋巴结 ischial lymph node
2. 髋关节 hip joint
3. 坐骨神经 sciatic nerve

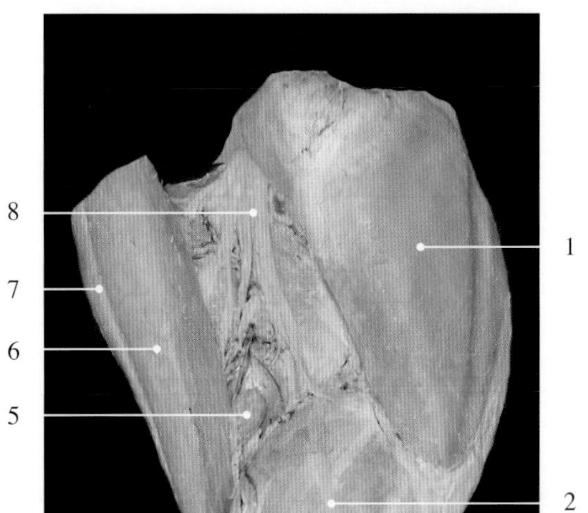

图 11-4-24　牛腘淋巴结（固定标本）

1. 股四头肌 quadriceps femoris muscle
2. 腓总神经 common peroneal nerve
3. 腓肠肌 gastrocnemius muscle
4. 外侧隐静脉 lateral saphenous vein
5. 腘淋巴结 popliteal lymph node
6. 半腱肌 semitendinous muscle
7. 半膜肌 semimembranous muscle
8. 坐骨神经 sciatic nerve

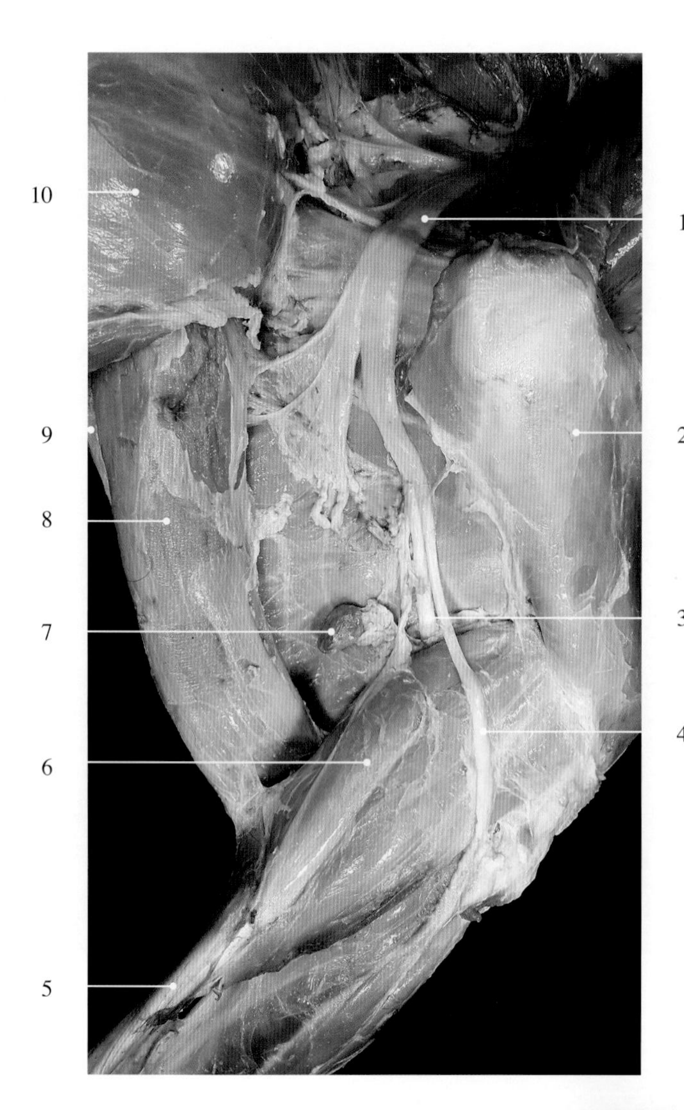

图11-4-25　牛腘淋巴结（新鲜标本）

1. 坐骨神经 sciatic nerve sciatic nerve
2. 股四头肌 quadriceps femoris muscle
3. 胫神经 tibial nerve
4. 腓总神经 common peroneal nerve
5. 跟（总）腱 common calcaneal tendon
6. 腓肠肌 gastrocnemius muscle
7. 腘淋巴结 popliteal lymph node
8. 半腱肌 semitendinous muscle
9. 半膜肌 semimembranous muscle
10. 股二头肌 biceps femoris muscle

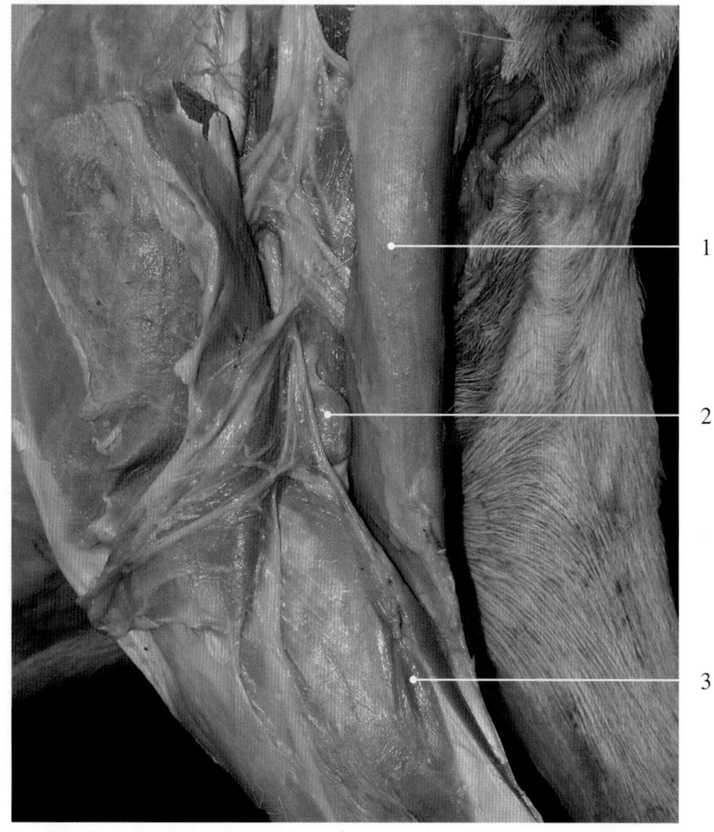

图11-4-26　羊腘淋巴结（固定标本）

1. 半腱肌 semitendinous muscle
2. 腘淋巴结 popliteal lymph node
3. 腓肠肌 gastrocnemius muscle

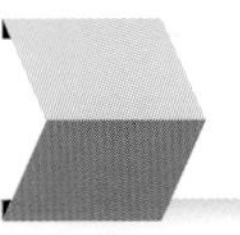

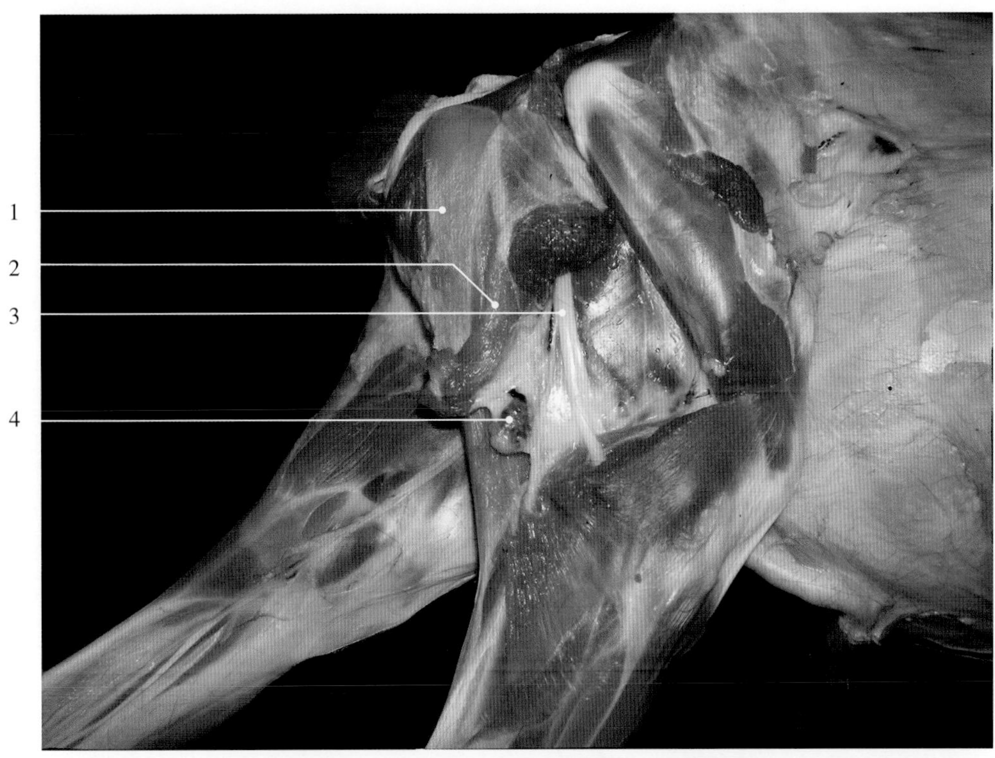

图 11-4-27 羊腘淋巴结（注射墨汁，新鲜标本）

1. 半腱肌 semitendinous muscle
2. 股二头肌 biceps femoris muscle
3. 坐骨神经 sciatic nerve
4. 腘淋巴结 popliteal lymph node

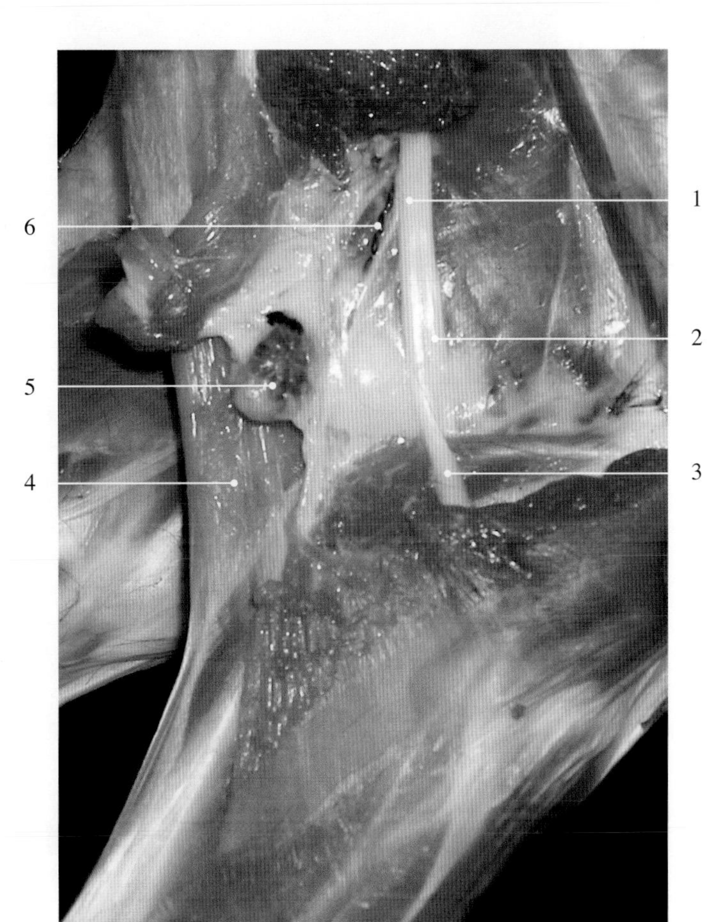

图 11-4-28 羊腘淋巴结（注射墨汁，局部放大）

1. 坐骨神经 sciatic nerve
2. 胫神经 tibial nerve
3. 腓总神经 common peroneal nerve
4. 半腱肌 semitendinous muscle
5. 腘淋巴结 popliteal lymph node
6. 淋巴管 lymphatic vessel

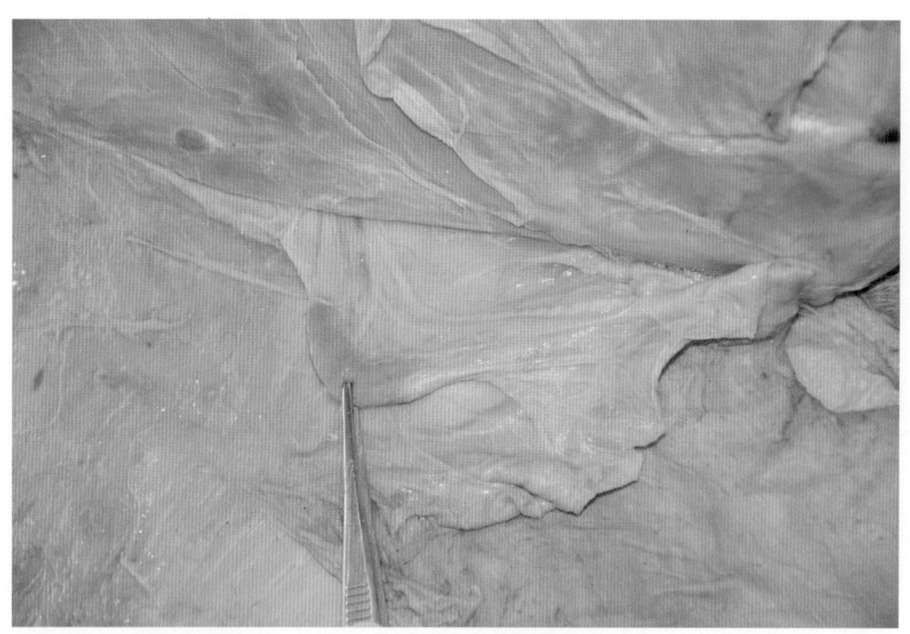

图11-4-29　犊牛左后肢髂下淋巴结

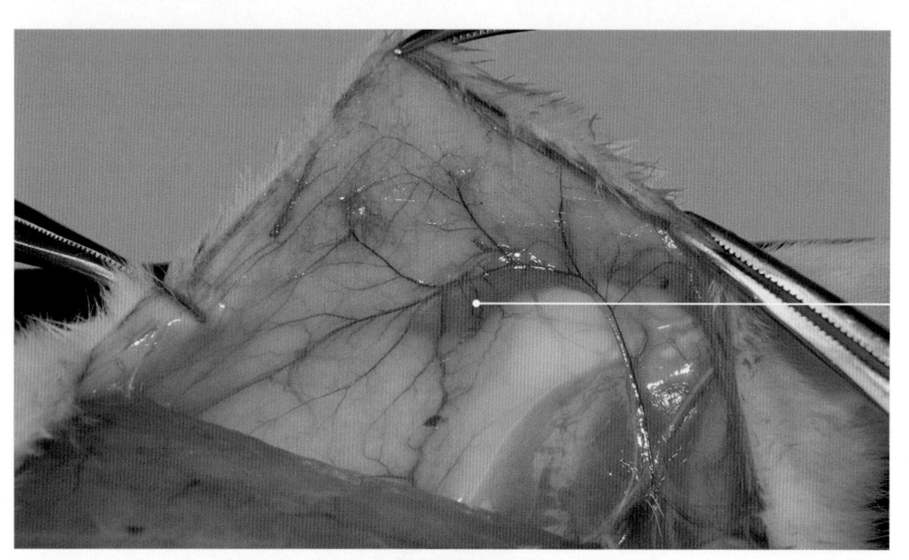

图11-4-30　大鼠倒数第二对乳上淋巴结

1. 淋巴结 lymph node

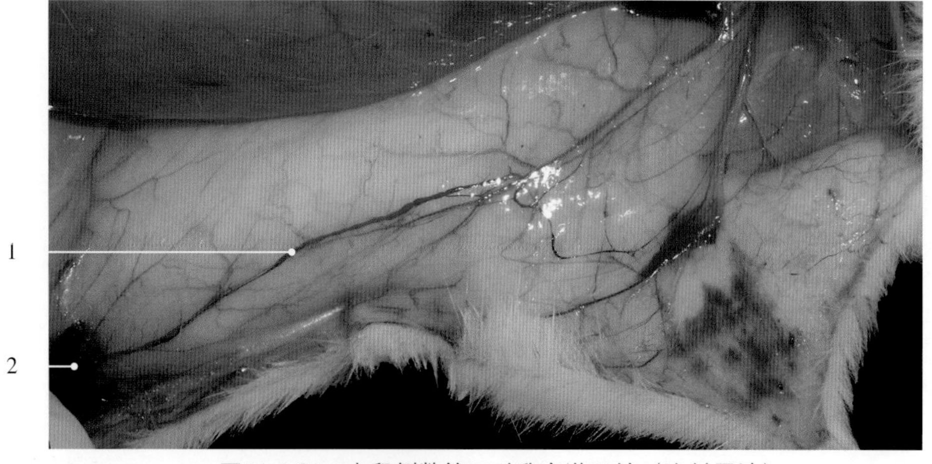

图11-4-31　大鼠倒数第二对乳旁淋巴结（注射墨汁）

1. 淋巴管 lymphatic vessel　　2. 淋巴结 lymph node

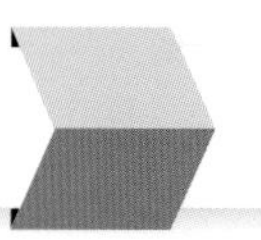

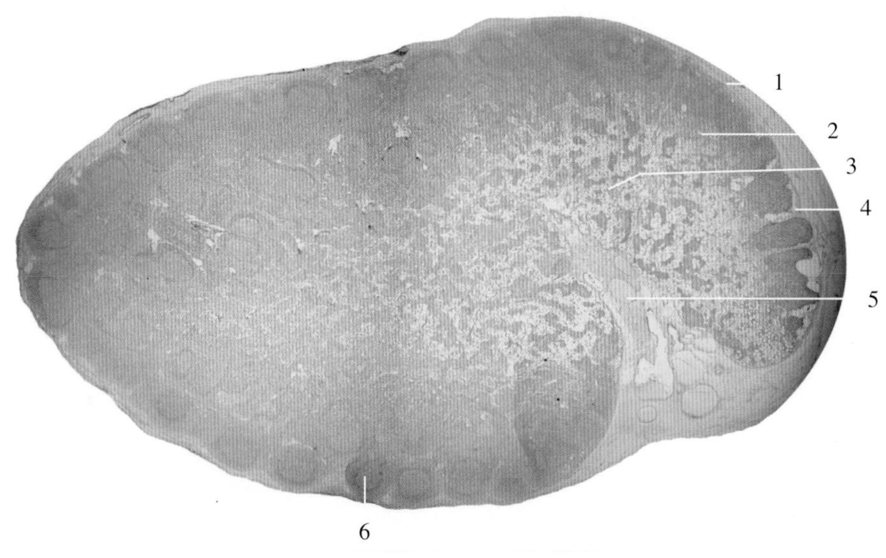

图 11-4-32　羊淋巴结组织结构 1

1. 被膜 capsule　3. 髓质 medulla　5. 淋巴结门 hilum of lymph node
2. 皮质 cortex　4. 小梁 trabeculum　6. 淋巴小结 lymphatic nodule

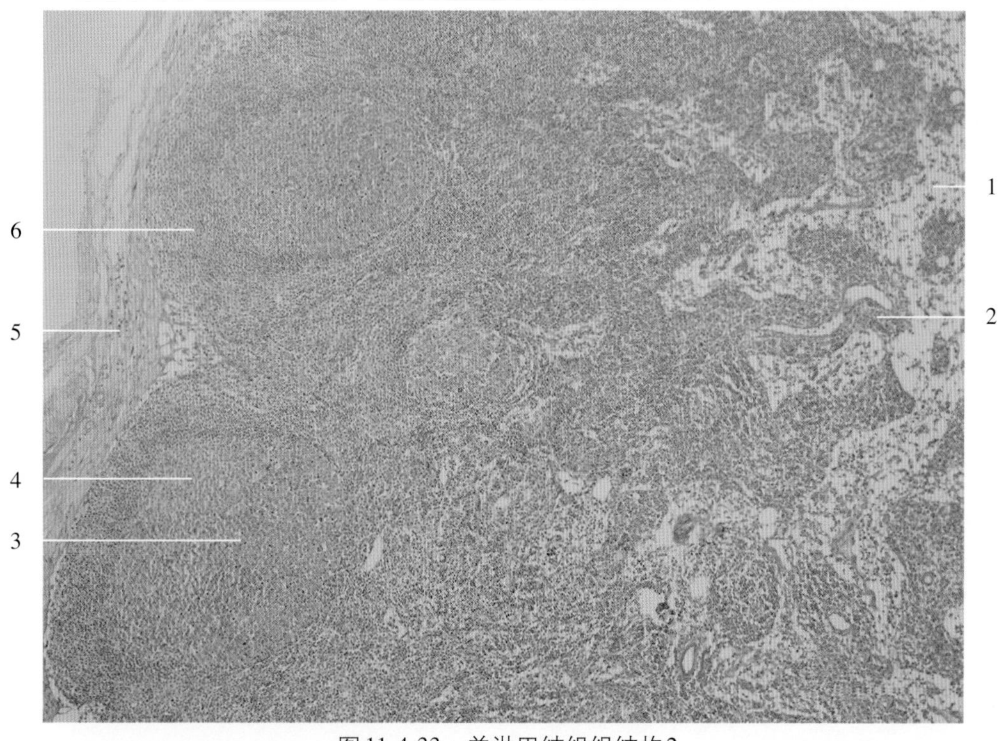

图 11-4-33　羊淋巴结组织结构 2

1. 髓窦 medullary sinus　3. 生发中心 germinal centre　5. 被膜 capsule
2. 髓索 medullary cord　4. 淋巴小结 lymphatic nodule　6. 皮质 cortex

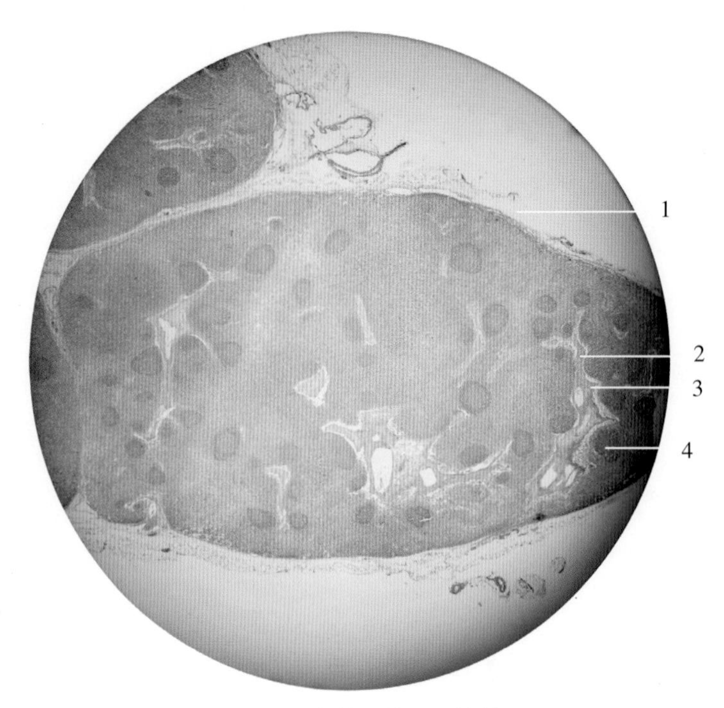

图11-4-34　猪淋巴结组织结构1

1. 被膜 capsule
2. 小梁周围淋巴窦 peritrabecular sinus
3. 小梁 trabeculum
4. 淋巴小结 lymphatic nodule

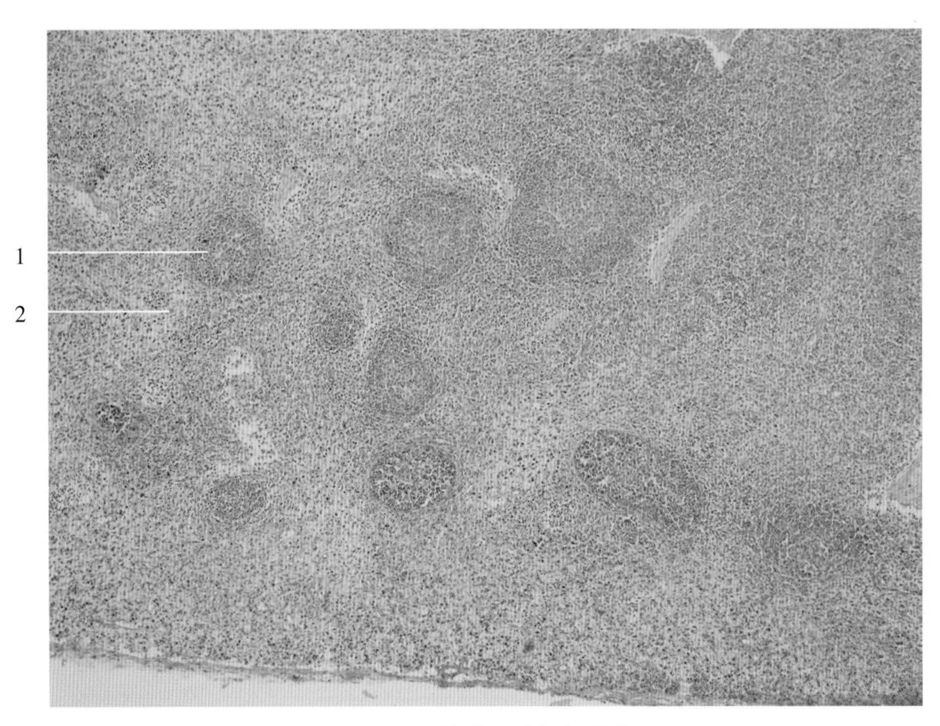

图11-4-35　猪淋巴结组织结构2

1. 淋巴小结 lymphatic nodule
2. 弥散淋巴组织 diffuse lymphatic tissue

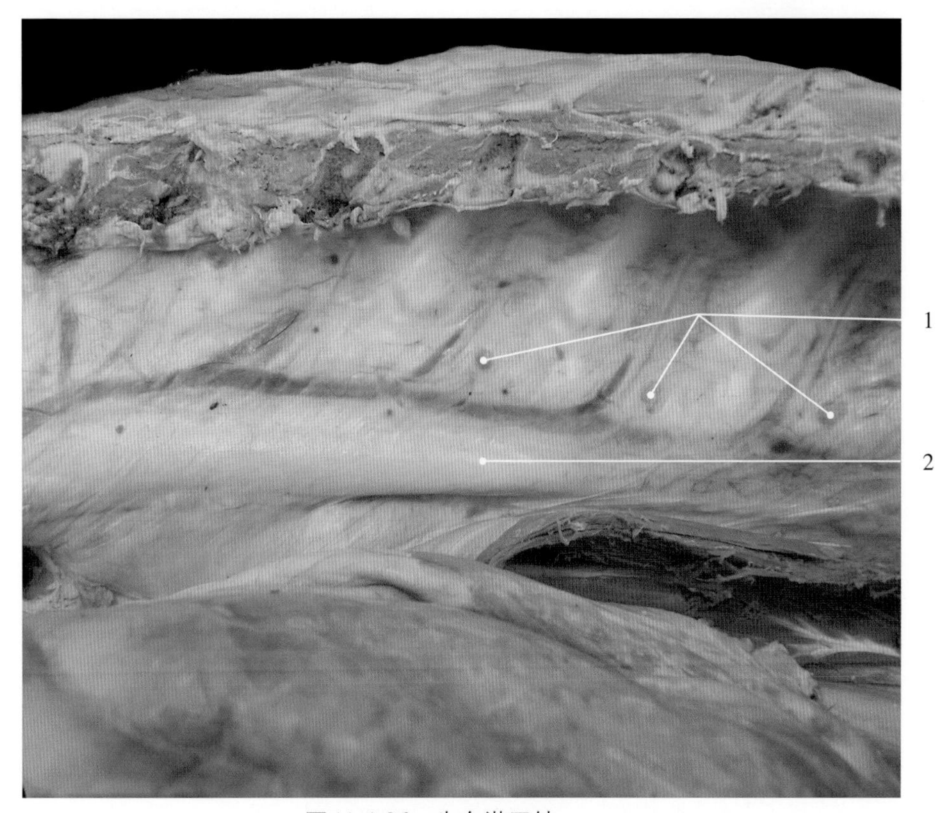

图11-4-36 牛血淋巴结

1. 血淋巴结 hemolymph nodes
2. 主动脉 aorta

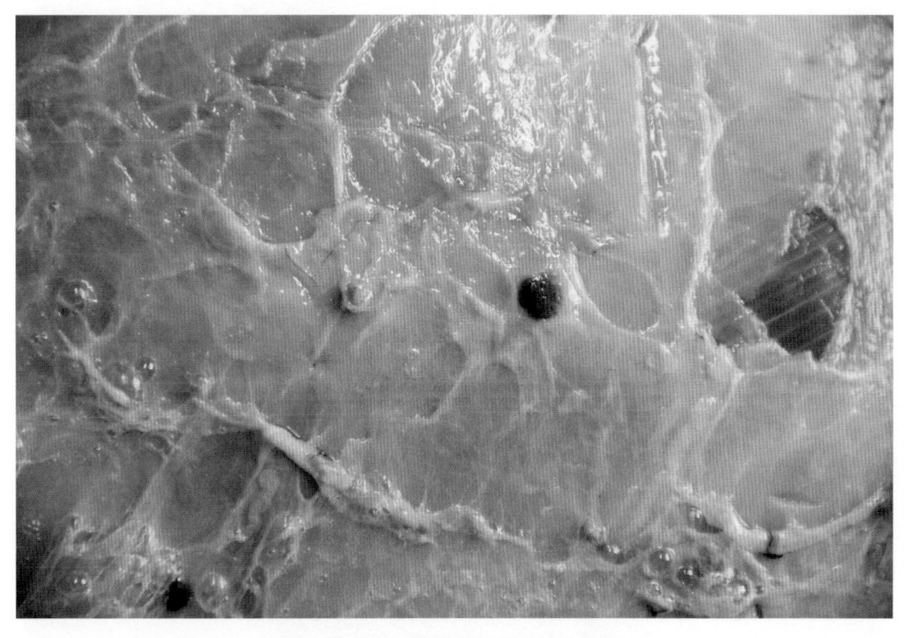

图11-4-37 牛腹壁皮下血淋巴结

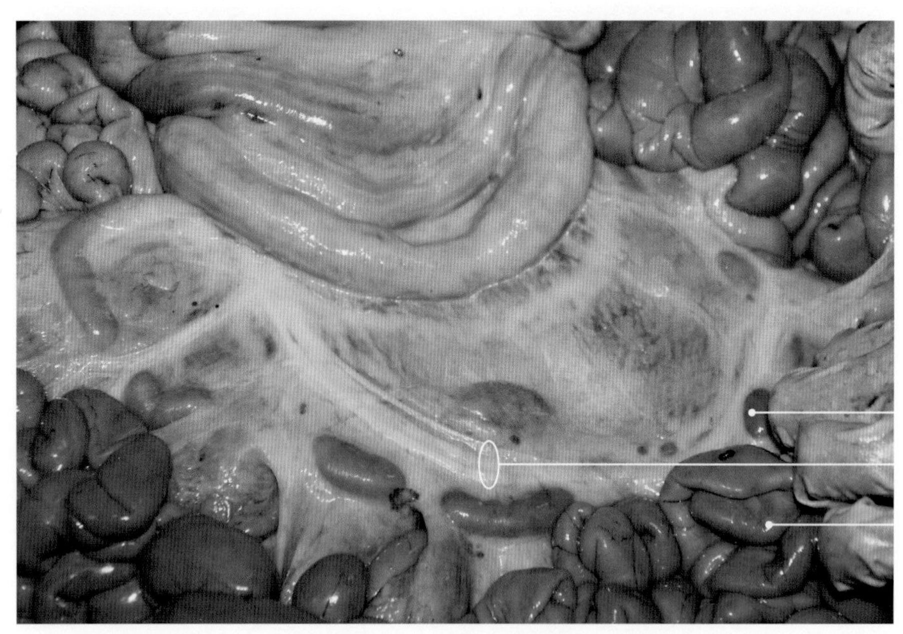

图11-5-1　犊牛乳糜管

小肠绒毛内的毛细淋巴管常为1～2条较直小管，因收集小肠吸收的脂肪微粒而使淋巴呈乳色，故称乳糜管（lacteal）。

1. 空肠淋巴结 jejunal lymph node　　3. 空肠 jejunum
2. 乳糜管 lacteal

1　2　3

5　4

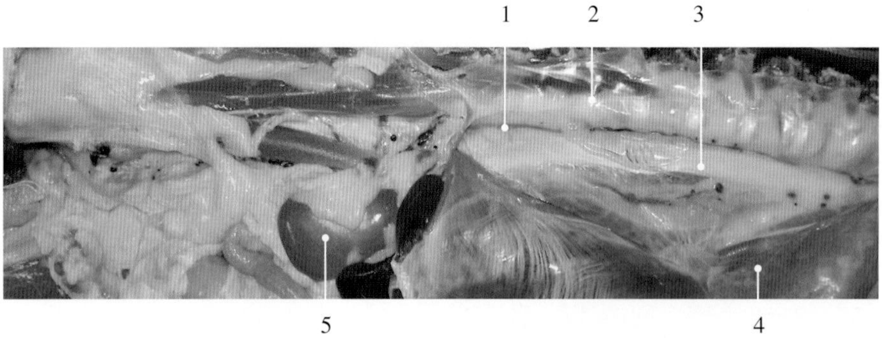

图11-5-2　羊胸导管（注射墨汁）1

1. 胸导管 thoracic duct　　4. 肺 lung
2. 交感神经干 sympathetic trunk　　5. 肾 kidney
3. 主动脉 aorta

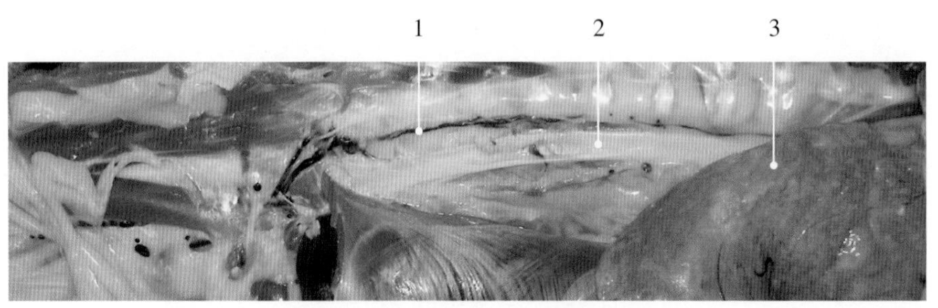

图11-5-3　羊胸导管（注射墨汁）2

1. 胸导管 thoracic duct　　3. 肺 lung
2. 主动脉 aorta

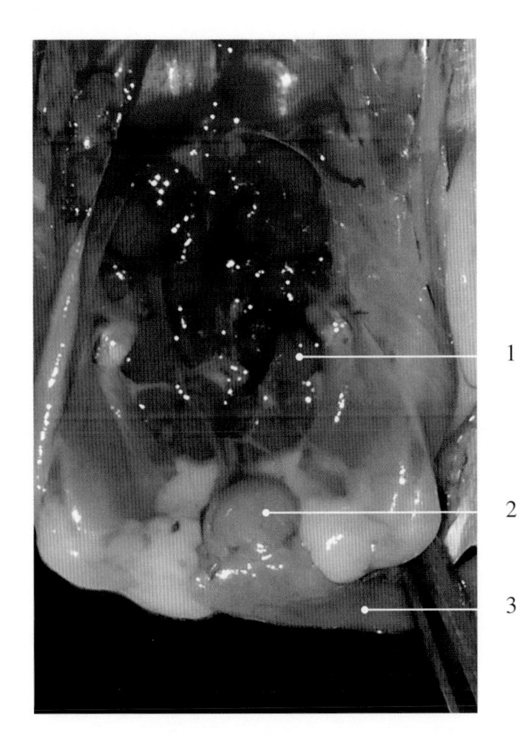

图11-6-1　鸡法氏囊

1. 肾 kidney
2. 法氏囊 bursa of Fabricius
3. 直肠 rectum

图11-6-2　鸡法氏囊剖开

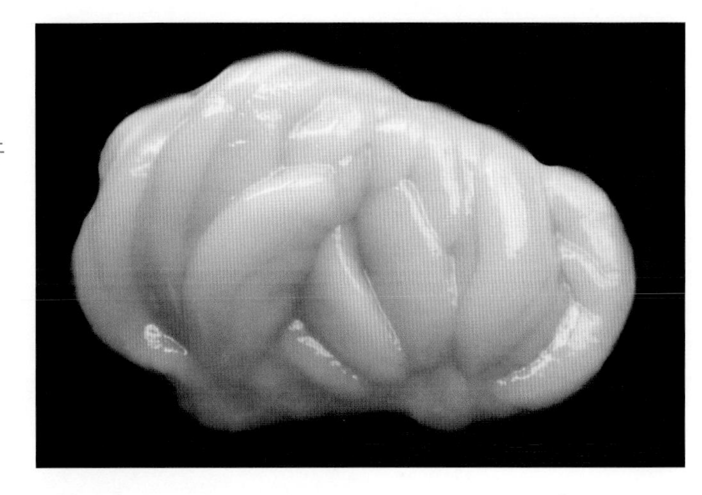

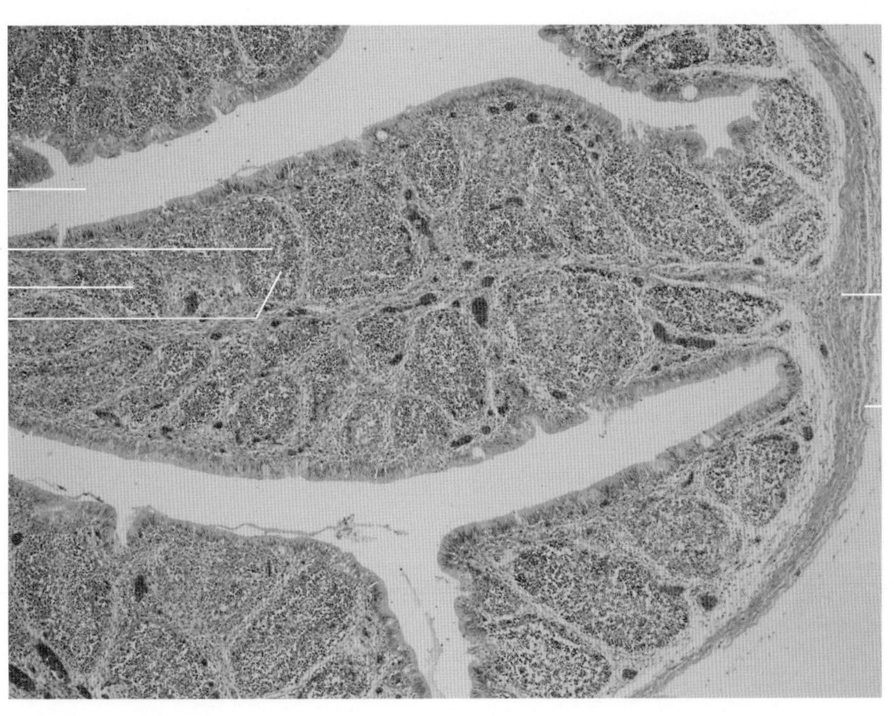

图11-6-3　鸡法氏囊组织结构

1. 肌层 muscular layer
2. 被膜 capsule
3. 皮质 cortex
4. 囊小结 bursa nodule
5. 髓质 medulla
6. 法氏囊腔 cavity of bursa

第十二章
神经系统

神经系统图谱

一、神经系统结构与组成

神经系统（nervous system）是动物体内起主导作用的调节机构，在内分泌、免疫和感觉器官的配合下，通过对各种刺激的应答反应，调节和协调机体与环境、体内各个器官系统之间的活动。神经系统的功能体现在两大方面，一方面使机体适应外界环境的变化；另一方面协调机体内各系统、各器官、器官内各组织的活动，使机体成为统一的整体。动物体的运动与平衡，动物体内内脏的活动、血液的分布、代谢产物的排泄等均受神经系统的控制和调节。因此，一旦神经系统发生异常，将导致平衡失调、肌肉松弛或代谢障碍等，甚至危及动物的生命。

（一）神经系统的基本结构

神经系统的基本结构是神经组织。神经组织由神经细胞和神经胶质细胞构成。神经细胞是神经系统构造和功能的基本单位，故亦称神经元（neuron）。神经元分胞体和突起两部分。胞体也称核周体（perikaryon），是神经元的营养和代谢中心、信息整合中心和神经递质合成中心，由细胞核、细胞质和细胞膜组成。胞质中除含有一般的细胞器外，富含尼氏体（nissl body）和神经原纤维（neurofibril）。突起由细胞体发出，可分为树突（dendrite）和轴突（axon）两种。轴突的起始部稍凸起称轴丘（axon hillock），其内无尼氏体分布。神经元之间相互接触并发生功能联系的点，称突触（synapse）。神经胶质细胞（glial cell）是神经系统的辅助成分，简称神经胶质（neuroglia）。神经纤维可划分为有髓鞘的有髓神经纤维（myelinated nerve fiber）和无髓鞘的无髓神经纤维（nonmyelinated nerve fiber）。

（二）神经系统的组成

神经系统按其结构和机能可分为中枢神经系统（central nervous system）和周围神经系统（peripheral nervous system）。中枢神经系统包括脑和脊髓。周围神经系统包括脑神经（cranial nerve）、脊神经（spinal nerve）和植物性神经（vegetative nerve）或自主神经（autonomic nerve）。植物性神经又分为交感神经（sympathetic nerve）和副交感神经（parasympathetic nerve）。

二、中枢神经系统

（一）脊髓

1.脊髓（spinal cord） 位于椎管内，自枕骨大孔后缘向后伸延至荐部，分为颈髓、胸髓、腰髓、荐髓和尾髓；位于颈髓后部和胸髓前部的称颈膨大（cervical intumescence），由其发出的脊神经形成臂神经丛，分布于前肢；位于腰荐髓间的称腰膨大（lumbar intumescence），发出的脊神经分布于骨盆腔及后肢；腰膨大之后的脊髓逐渐缩细形成圆锥状，称为脊髓圆锥（medullary cone）；自脊髓圆锥向后的细丝称为终丝（terminal filament），其中央由软膜构成，外面包裹的硬膜附着于尾椎椎体的背侧，有固定脊髓的作用；在脊髓圆锥和终丝的周围被荐神经和尾神经包围，此结构称马尾（cauda equina）。脊髓内部中央有细长纵走的中央管（central canal），前通第4脑室，后达终丝的起始部，在脊髓圆锥内扩张呈梭形称终室（last loculus）。中央管内含脑脊髓液（cerebrospinal fluid）。在脊髓内部中央周围的是灰质（grey matter），灰质外面是白质（white matter）。

2.脊膜（spinal meninges） 是包裹脊髓外面的三层结缔组织膜，由内向外依次为脊软膜（spinal pia mater）、脊蛛网膜（spinal arachnoid）和脊硬膜（spinal dura mater）。

3.脊髓的血管 脊髓腹侧动脉位于腹正中裂的脊软膜中。脊髓的静脉有两条，统称静脉窦，位于脊柱背侧纵韧带的两侧，两条静脉间有很多的交通支。

（二）脑

脑（brain）位于颅腔，可分为大脑（cerebrum）、小脑（cerebellum）和脑干（brain stem）三部分。

1.脑干 由后向前依次分为延髓、脑桥、中脑，是脊髓向前的直接延续。脑干从前向后依次发出第3～12对脑神经，大脑、小脑、脊髓之间要通过脑干进行联系。

（1）延髓（medulla oblongata） 其后端在枕骨大孔处接脊髓，前端连脑桥；腹侧部位于枕骨基底部上，背侧部大部分为小脑所遮盖。延髓内有第6～12对脑神经，第5对脑神经（三叉神经）感觉核的一部分、薄束核、楔束核、下橄榄核及网状结构等。

（2）脑桥（pons） 位于延髓的前端和中脑的后方，小脑的腹侧。脑桥由腹侧部和背侧部组成。背侧面凹，为第4脑室（4th ventricle）底壁的前部，脑室的前外侧壁为结合臂（brachium conjunctivum cerebelli）或小脑前脚（rostral cerebellar peduncles）；脑室顶壁为前髓帆（rostral medullary velum）。脑桥腹侧有发达的横行纤维，分为背侧的被盖(tegmentum)和腹侧及两侧的基底部。基底部呈横行隆起，由纵行和横行纤维构成。横行纤维主要是自两侧向上伸入小脑中脚（middle cerebellar peduncles）或脑桥臂（brachium pontis）。

（3）中脑（mesencephalon） 位于脑桥和间脑之间，其脑室是中脑（导）水管（aqueduct of the mesencephalon），它将中脑分为背侧的四叠体（quadrigeminal plate）和腹侧的大脑脚（cerebral peduncles）。

2.间脑（diencephalon） 位于中脑的前方，前外侧被大脑半球所遮盖；腹侧的前端为视交叉，后端为乳头体的后缘，内有第3脑室（3rd ventricle）。间脑背侧的前界是室间孔，后界为前丘的前端。间脑一般划分为上丘脑（epithalamus）、丘脑（thalamus）、后丘脑（metathalamus）、底丘脑（ventral thalamus）和下丘脑（hypothalamus）。

3.小脑（cerebellum） 位于大脑后方，在延髓和脑桥的背侧。小脑的表面有许多平行的横沟和两条平行的纵沟。横沟深浅不一，浅的横沟将小脑表面分隔成小脑回，深的横沟将小脑分成许多小叶。纵沟将小脑分隔为两侧的小脑半球（cerebellar hemisphere）和中央的蚓部（vermis）。小脑腹面的两侧部有小脑脚（cerebellar peduncle）。

4.大脑（cerebrum）或称端脑（telencephalon） 位于脑干前背侧，后端以大脑横裂（cerebral transverse fissure）与小脑分开，背侧正中的大脑纵裂（cerebral longitudinal fissure）将大脑分为左、右大脑半球（cerebral hemisphere），纵裂的底是连结两半球的横行宽纤维板，即胼胝体（corpus callosum）。每个大脑半球包括大脑皮质、白质、嗅脑和基底核。大脑半球内有侧脑室（lateral ventricle）。

5.脑膜和脑脊髓液 脑的外面包有3层膜，由外向内依次为脑硬膜（encephalic dura mater）、脑蛛网膜

(encephalic arachnoid)和脑软膜(encephalic pia mater)。脑室(ventricle)系统由侧脑室(每个大脑半球各有一个)、第3脑室、中脑水管和第4脑室组成，其内含有脑脊髓液。脑脊髓液(cerebrospinal fluid)为无色透明液体，由侧脑室、第3脑室和第4脑室的脉络丛产生。脑脊液具有营养脑、脊髓的作用，并对维持脑组织的渗透压和颅内压的相对恒定及减少外力震荡有重要作用。

6.脑血管　在马和犬，脑的血液供给主要来自成对的颈内动脉。在猫和反刍动物，颈内动脉在出生后很短的时间内就会闭合，脑的血液供给主要来自上颌动脉的分支。

脑的静脉会于脑硬膜中的静脉窦，经大脑上静脉入颞浅静脉，和(或)经大脑下静脉入枕静脉。

三、周围神经系统

周围神经系统(peripheral nervous system)是指脑和脊髓以外的由神经元胞体和神经纤维组成的神经干、神经丛、神经节和神经末梢装置。周围神经系统可划分为脊神经、脑神经和植物性神经，是中枢神经与外周各器官间联系的结构基础。

周围神经根据分布位置的不同，可分为躯体神经(somatic nerve)和内脏神经(visceral nerve)。躯体神经分布于体表和骨骼肌，自脊髓发出的为脊神经(spinal nerve)，自脑发出的为脑神经(cranial nerve)。内脏神经分布于内脏、腺体和心血管，又称植物性神经(vegetative nerve)，根据其功能不同，又分为交感神经(sympathetic nerve)和副交感神经(parasympathetic nerve)。

(一)脊神经

脊神经(spinal nerve)在椎间孔附近由背侧根(感觉根)和腹侧根(运动根)聚集而成。背侧根与腹侧根会合之前有一膨大，属感觉神经节，主要由假单极神经元(pseudounipolar neuron)的胞体聚集而成，称脊神经节(spinal ganglion)。脊神经按部位分为颈神经、胸神经、腰神经、荐神经和尾神经。

1.颈神经(cervical nerve)　分背侧支和腹侧支。背侧支又分为内侧支和外侧支，分别穿行头半棘肌的内侧面，或头最长肌、颈最长肌和夹肌之间，最终分布于颈部背、外侧的肌肉和皮肤；腹侧支自前向后逐渐变粗，前4或5对颈神经的腹侧支小，分布于颈部腹外侧的肌肉和皮肤，如耳大神经(great auricular nerve)和颈横神经(transverse nerve of neck)，后3对颈神经的腹侧支较大，参与组成臂神经丛和膈神经(phrenic nerve)。

2.胸神经(thoracic nerve)　分背侧支和腹侧支。背侧支又分为内侧支和外侧支，内侧支分布于背多裂肌和棘肌等背部深层肌肉；外侧支分布于背最长肌和背髂肋肌，并从髂肋肌沟穿出后成为背皮神经，分布到背部皮肤、胸壁上方1/3部的皮肤。腹侧支称为肋间神经(intercostal nerve)，主要分布于肋间肌。第1和2胸神经的腹侧支主要参与形成臂神经丛。最后胸神经(last thoracic nerve)的腹侧支，又称为肋腹神经(costoabdominal nerve)，分布于腹部的皮肤，也分出分支到乳腺。

3.臂神经丛(brachial plexus)　由第6～8颈神经腹侧支和第1、2胸神经腹侧支组成，主要分布于前肢的肌肉和皮肤以及部分肩带肌、胸腔和腹腔侧壁。其主要分支有肩胛上神经(suprascapular nerve)、肩胛下神经(subscapular nerve)、腋神经(axillary nerve)、胸肌神经(pectoral nerve)、肌皮神经(musculocutaneous nerve)、桡神经(radial nerve)、尺神经(ulnar nerve)和正中神经(median nerve)等。

4.腰神经(lumbar nerve)　分背侧支和腹侧支。背侧支又分为内侧支和外侧支，内侧支在背腰最长肌深面分布于多裂肌等；外侧支有肌支至背腰最长肌，主干穿出背腰最长肌和臀中肌，分布于腰臀部的皮肤。第1～4腰神经腹侧支形成髂腹下神经(iliohypogastric nerve)、髂腹股沟神经(ilioinguinal nerve)、生殖股神经(genitofemoral nerve)和股外侧皮神经(lateral femoral cutaneous nerve)。第4～6腰神经腹侧支参与构成腰荐神经丛。

5.荐神经(sacral nerve)　分背侧支和腹侧支。背侧支经荐背侧孔出椎管，分布于臀部的皮肤以及尾根部的肌肉、皮肤。腹侧支经荐腹侧孔出椎管，第1、2荐神经的腹侧支参与构成腰荐神经丛；第3～4对荐神经的腹侧支形成阴部神经(pudendal nerve)与直肠后神经(caudal rectal nerve)；最后一对荐神经腹侧支分布于尾的腹侧。

6.**腰荐神经丛**（lumbosacral plexus） 由第4～6腰神经和第1～2荐神经腹侧支构成，位于腰荐部腹侧，其分支有股神经（femoral nerve）、坐骨神经（sciatic nerve）、闭孔神经（obturator nerve）、臀前神经（cranial gluteal nerve）和臀后神经（caudal gluteal nerve），主要分布于后肢。

7.**尾神经**（coccygeal nerve） 分背侧支和腹侧支，背侧支相互吻合形成尾背侧神经伸至尾尖，腹侧支相互吻合形成尾腹侧神经伸至尾尖。分别分布于尾背、腹侧的肌肉和皮肤。

（二）脑神经

脑神经（cranial nerve）是指与脑相连的周围神经，共12对，按其与脑相连的前后顺序及其功能、分布和行程而命名。脑神经通过颅骨上的孔或裂进出颅腔，主要分布于头部和颈部。

1.**嗅神经**（olfactory nerve） 为传导嗅觉的感觉神经，起于鼻腔嗅区黏膜中的嗅细胞，其中枢突聚集成嗅丝，穿过筛板，入颅腔连结嗅球。

2.**视神经**（optic nerve） 为传导视觉的感觉神经，由眼球视网膜节细胞的轴突构成，经视神经孔入颅腔，将视觉冲动传至大脑皮质。

3.**动眼神经**（oculomotor nerve） 由来自运动核的躯体传出纤维和副交感核的内脏传出神经组成，支配眼球和上眼睑的运动，并参与瞳孔和晶状体对光反射的调节。

4.**滑车神经**（trochlear nerve） 为运动神经，起于中脑的滑车神经核，由脑干背侧发出，分布于眼球背侧斜肌，参与调节眼球的运动。

5.**三叉神经**（trigeminal nerve） 为最粗大的脑神经，属混合神经，由眼神经（ophthalmic nerve）、上颌神经（maxillary nerve）和下颌神经（mandibular nerve）组成。

6.**外展神经**（abducent nerve） 为运动神经，起于延髓内的外展神经核，分布于眼球外直肌和眼球退缩肌，参与调节眼球的运动。

7.**面神经**（facial nerve） 属混合神经，自延髓斜方体外侧发出，分布于面肌群和头部除腮腺以外的腺体，如泪腺、鼻腺和腭腺。

8.**前庭耳蜗神经**（vestibulocochlear nerve） 属感觉神经，连斜方体的外侧缘，自内耳道进入内耳。传导听觉和平衡觉，分为前庭神经（vestibular nerve）和耳蜗神经（cochlear nerve）。

9.**舌咽神经**（glossopharyngeal nerve） 属混合神经。自延髓的腹外侧缘发出，其根在前庭耳蜗神经根后方与迷走神经根的前面，经颈静脉孔出颅腔。主要分布于舌、咽部的肌肉和味蕾。

10.**迷走神经**（vagus nerve） 为混合神经，起于延髓的腹外侧面、舌咽神经根后方，是脑神经中行程最远、分布区域最广的神经。

11.**副神经**（accessory nerve） 为运动神经，由两根组成，颅根起自延髓腹外侧缘，脊髓根由前部颈段脊髓腹侧柱发出的腹根分支组成，分布于喉、咽肌、胸头肌、斜方肌。

12.**舌下神经**（hypoglossal nerve） 为运动神经，起自延髓的舌下神经核，自延髓腹侧下橄榄体的外侧缘发出，经舌下神经孔出颅腔，分布于舌肌和舌骨肌。

（三）植物性神经系统

植物性神经系统（vegetative nervous system）又称自主神经系统（autonomic nervous system）或内脏神经系统（visceral nervous system），是指分布到内脏器官、血管和皮肤的平滑肌、心肌和腺体的神经。

1.**交感神经**（sympathetic nerve） 交感神经干（sympathetic trunk）由两条椎神经节链所组成，位于脊柱的腹外侧，左右对称，可分为颈部、胸部、腰部和荐尾部。

（1）颈部交感神经干 由前部胸段脊髓发出的节前神经纤维构成，沿气管的背外侧向前伸延至颅腔底面，在颈部与迷走神经并行，合称迷走交感干（vagosympathetic trunk），并与颈总动脉一起包在结缔组织鞘内。颈部交感干上有颈前神经节（cranial cervical ganglion）、颈中神经节（middle cervical ganglion）和颈后神经节（caudal cervical ganglion）3个神经节。

（2）胸部交感神经干 紧贴于胸椎椎体外侧，分布于胸壁的血管、平滑肌、腺体、主动脉、食管、气管和支气管，并参与心和肺神经丛。胸部交感神经干还发出内脏大神经（greater splanchnic nerve）和内脏小神经（lesser splanchnic nerve）。

（3）腰部交感神经干 位于腰椎椎体两侧，沿腰小肌内侧缘向后伸延，有2～5个腰神经节，发出节后神经纤维组成灰交通支返回腰神经。腰部交感干还发出腰内脏神经（lumbar splanchnic nerve），连于肠系膜后神经节。腹腔内有两个主要神经节，即腹腔肠系膜前神经节（coeliac and cranial mesenteric ganglion）和肠系膜后神经节（caudal mesenteric ganglion）。其中，肠系膜后神经节还分出一对腹下神经（hypogastric nerve），参与构成盆神经丛。

（4）荐尾部交感干 沿荐骨骨盆面向后伸延并逐渐变细，前部的神经节较大，后部的变小，节后神经纤维组成灰交通支连荐神经和尾神经。

2. 副交感神经（parasympathetic nerve） 分为颅部副交感神经和荐部副交感神经。

（1）颅部副交感神经 其节前神经纤维位于动眼神经、面神经、舌咽神经和迷走神经内。

（2）荐部副交感神经 主要形成1～2条盆神经（pelvic nerve），与来自肠系膜后神经节的腹下神经一起构成盆神经丛（pelvic plexus），主要分布于结肠末段、直肠、膀胱、前列腺和阴茎（公畜）或子宫和阴道（母畜）。

3. 肠神经系统 由胃肠道中位于内环肌与外纵肌之间的肌间神经丛（myenteric nerve plexus）、位于黏膜肌外围的黏膜下神经丛（submucosal nerve plexus）和位于肌层外围的浆膜下层神经丛（subserosal nerve plexus）组成。

4. 内脏感觉（传入）神经 内脏感觉（传入）神经元与躯体神经相似，属假单极神经元，胞体位于脑和脊神经节内，其外周突随交感和副交感神经而分布，中枢突到脑干的有关感觉核和脊髓灰质背侧柱。

四、神经系统图谱

1. 神经元 图12-1。

2. 脊髓 图12-2-1至图12-2-9。

3. 脑 图12-3-1至图12-3-60。

4. 脑神经 图12-4-1至图12-4-21。

5. 脊神经 图12-5-1至图12-5-48。

6. 植物性神经 图12-6-1至图12-6-20。

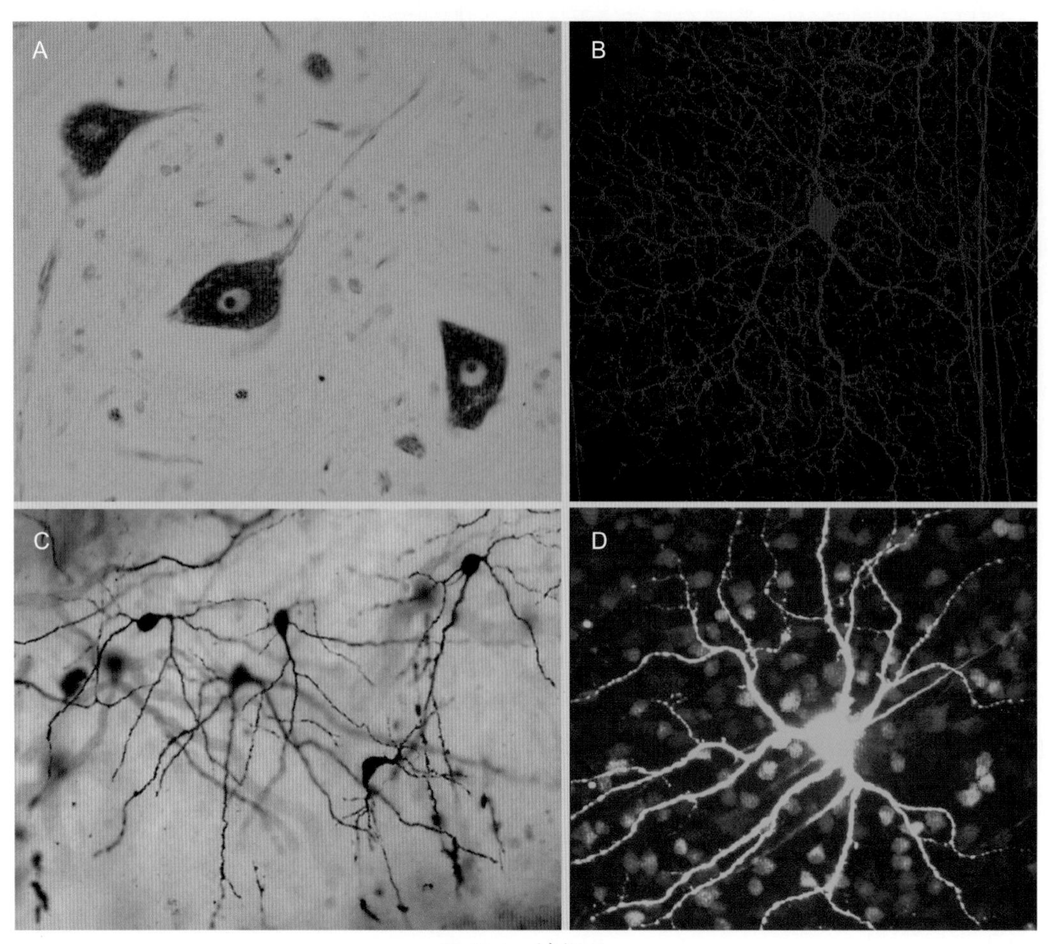

图12-1　神经元

A. 大脑皮层神经元 尼氏染色 cerebral cortex neurons, Nissl staining
B. 视网膜神经节细胞 DiI染色 retinal ganglion cell, DiI staining
C. 锥体细胞 银染 pyramidal cells, silver staining
D. 视网膜神经节细胞 细胞内注射 retinal ganglion cell, intracellular injection

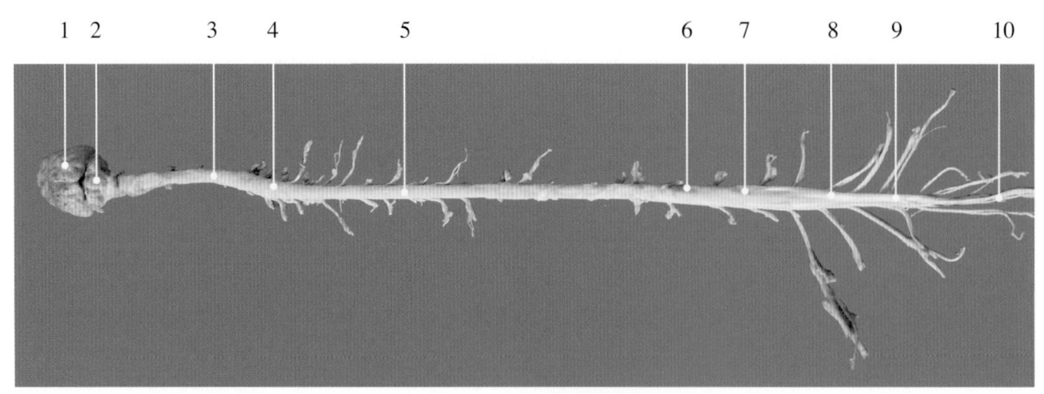

图12-2-1　羊脑和脊髓

1. 大脑 cerebrum
2. 小脑 cerebellum
3. 颈段脊髓 cervical part of the spinal cord
4. 颈膨大 cervical intumescence
5. 胸段脊髓 thoracic part of the spinal cord
6. 腰段脊髓 lumbal part of the spinal cord
7. 腰膨大 lumbar intumescence
8. 荐段脊髓 sacral part of the spinal cord
9. 尾段脊髓 caudal part of the spinal cord
10. 马尾 cauda equina

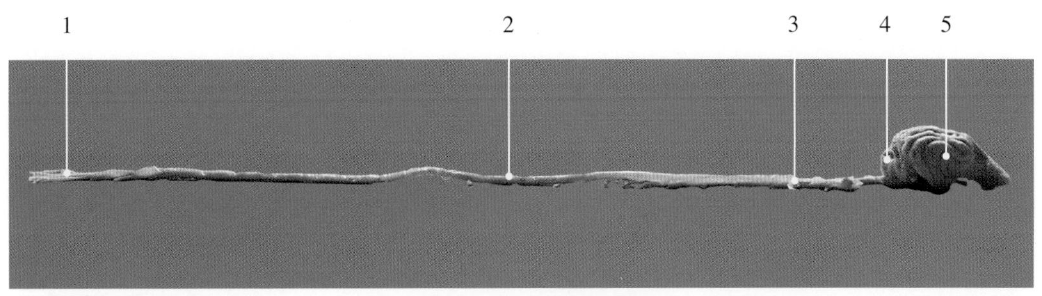

图12-2-2　犬脑和脊髓

1. 马尾 cauda equina
2. 胸段脊髓 thoracic part of the spinal cord
3. 颈段脊髓 cervical part of the spinal cord
4. 小脑 cerebellum
5. 大脑 cerebrum

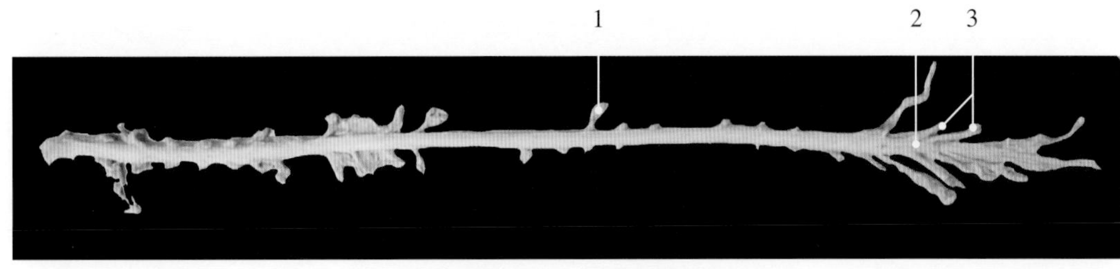

图12-2-3　犊牛脊髓

1. 脊髓神经节 dorsal ganglion of spinal cord
2. 脊髓圆锥 medullary cone
3. 腰荐神经 lumbosacral nerves

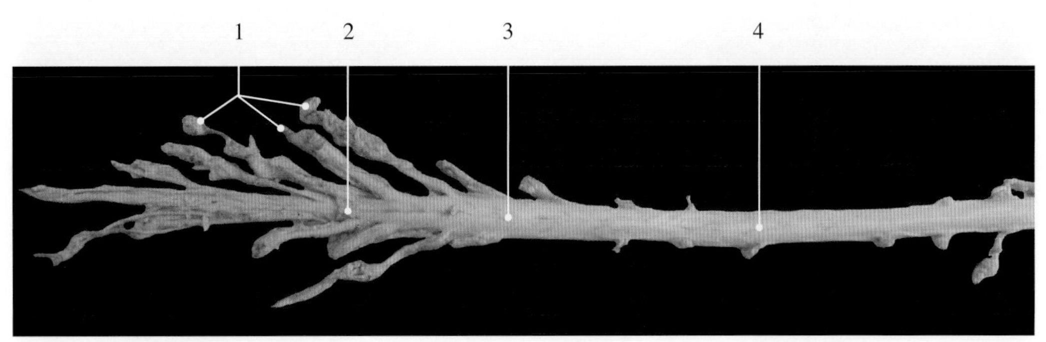

图12-2-4　牛马尾

1. 腰荐神经 lumbosacral nerves
2. 脊髓圆锥 medullary cone
3. 腰膨大 lumbar intumescence
4. 腰段脊髓 lumbal part of the spinal cord

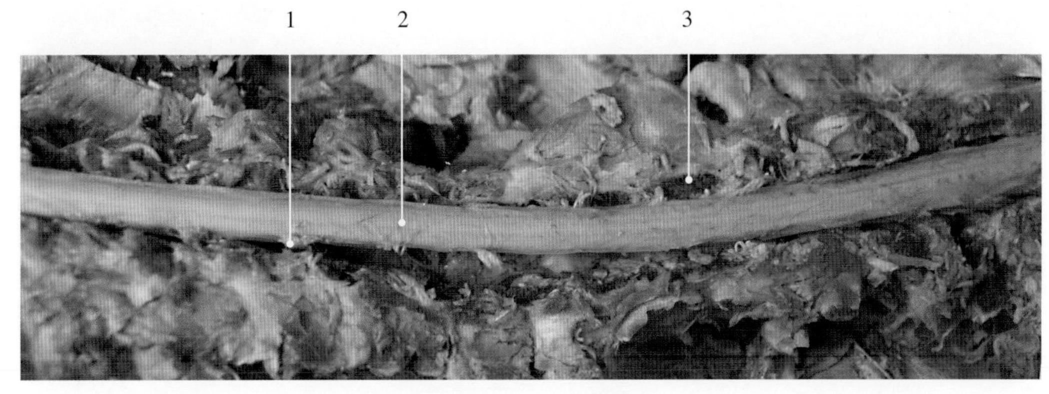

图12-2-5　牛脊髓原位

1. 脊神经节 spinal ganglion
2. 脊髓 spinal cord
3. 椎弓 vertebral arch

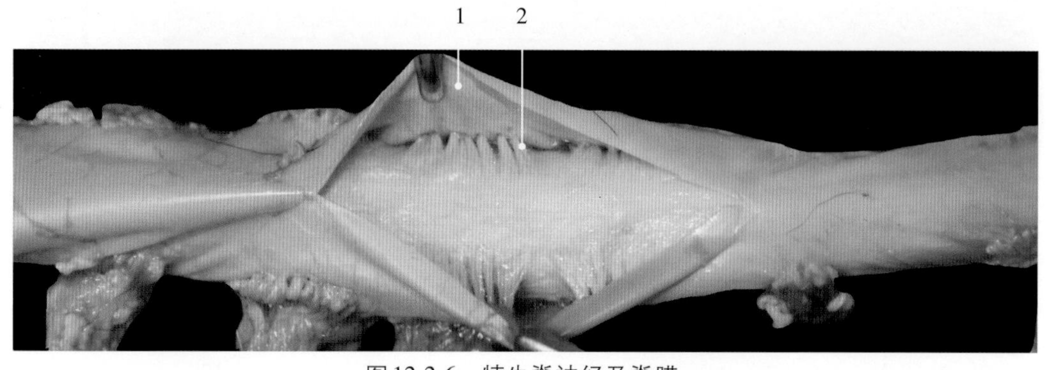

图12-2-6　犊牛脊神经及脊膜

1. 脊膜 spinal meninges　2. 脊神经背侧根 dorsal root of the spinal nerves

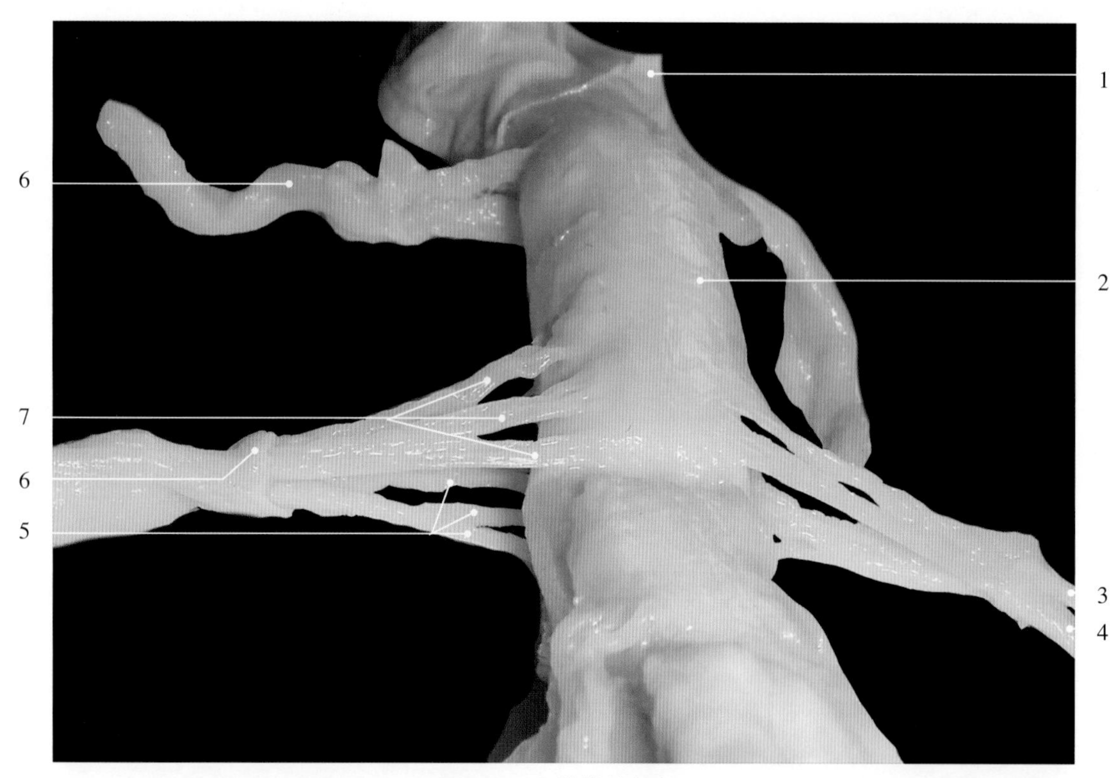

图12-2-7　猪脊神经根

1. 脊膜 spinal meninges
2. 脊髓 spinal cord
3. 脊神经背侧支 dorsal branch of the spinal nerves
4. 脊神经腹侧支 ventral branch of the spinal nerves
5. 脊神经腹侧根 ventral root of the spinal nerves
6. 脊神经节 spinal ganglion
7. 脊神经背侧根 dorsal root of the spinal nerves

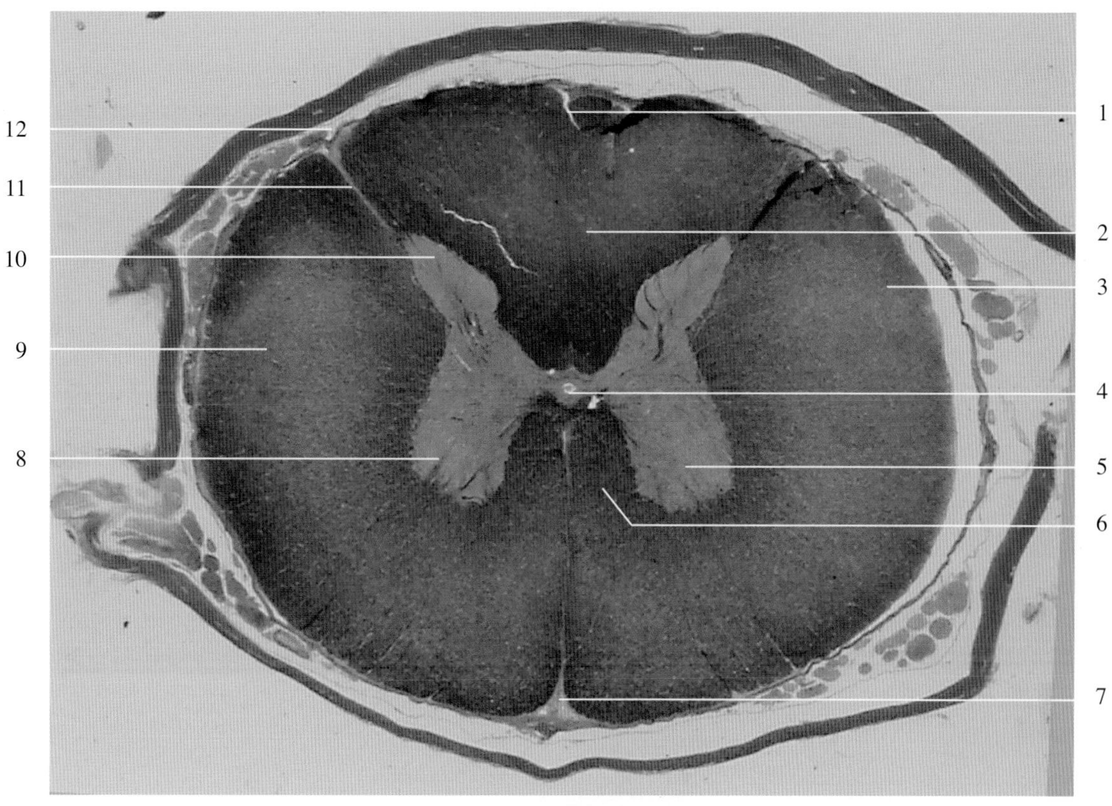

图12-2-8　脊髓横切面

1. 背正中沟 dorsal median groove
2. 背侧索 dorsal funiculus
3. 白质 white matter
4. 中央管 central canal
5. 灰质 grey matter
6. 腹侧索 ventral funiculus
7. 腹正中裂 ventral median fissure
8. 腹侧角 ventral horn
9. 外侧索 lateral funiculus
10. 背侧角 dorsal horn
11. 背侧根 doral rootlet
12. 背外侧沟 dorsolateral groove

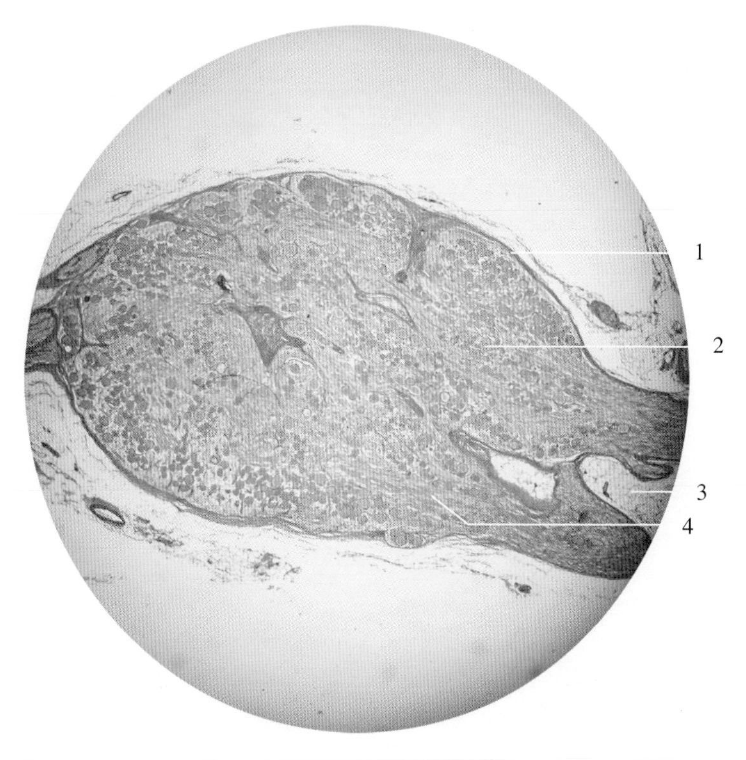

图12-2-9　脊神经节

1. 被膜 capsule
2. 假单极神经元 pseudounipolar neuron
3. 脂肪组织 adipose tissue
4. 神经纤维 nerve fiber

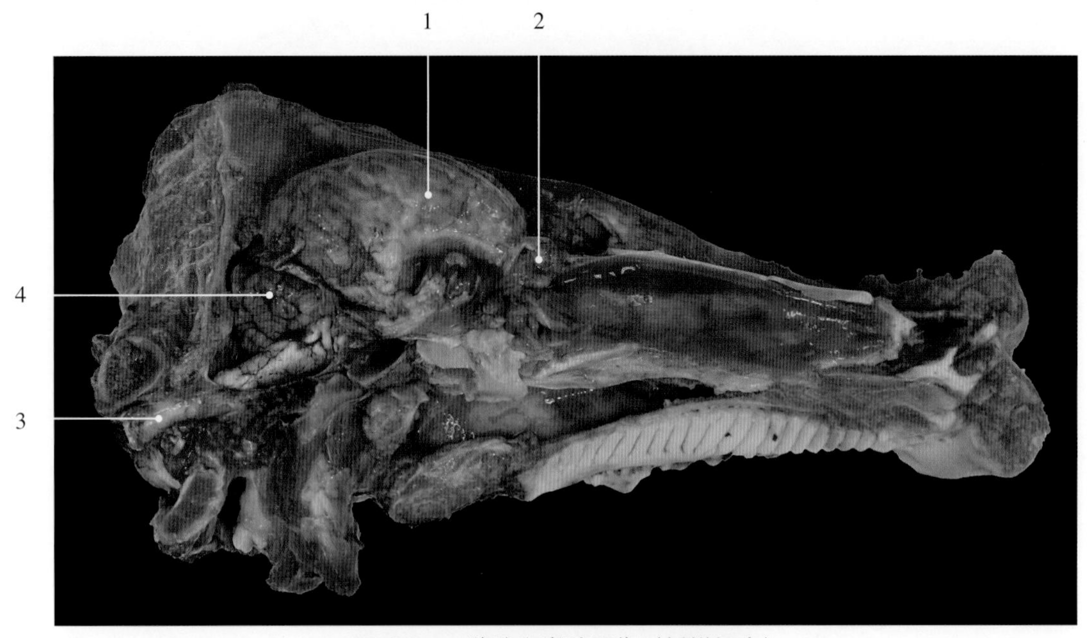

图12-3-1　猪脑和脊髓原位（新鲜标本）

1. 大脑　cerebrum　　3. 脊髓　spinal cord
2. 嗅球　olfactory bulb　　4. 小脑　cerebellum

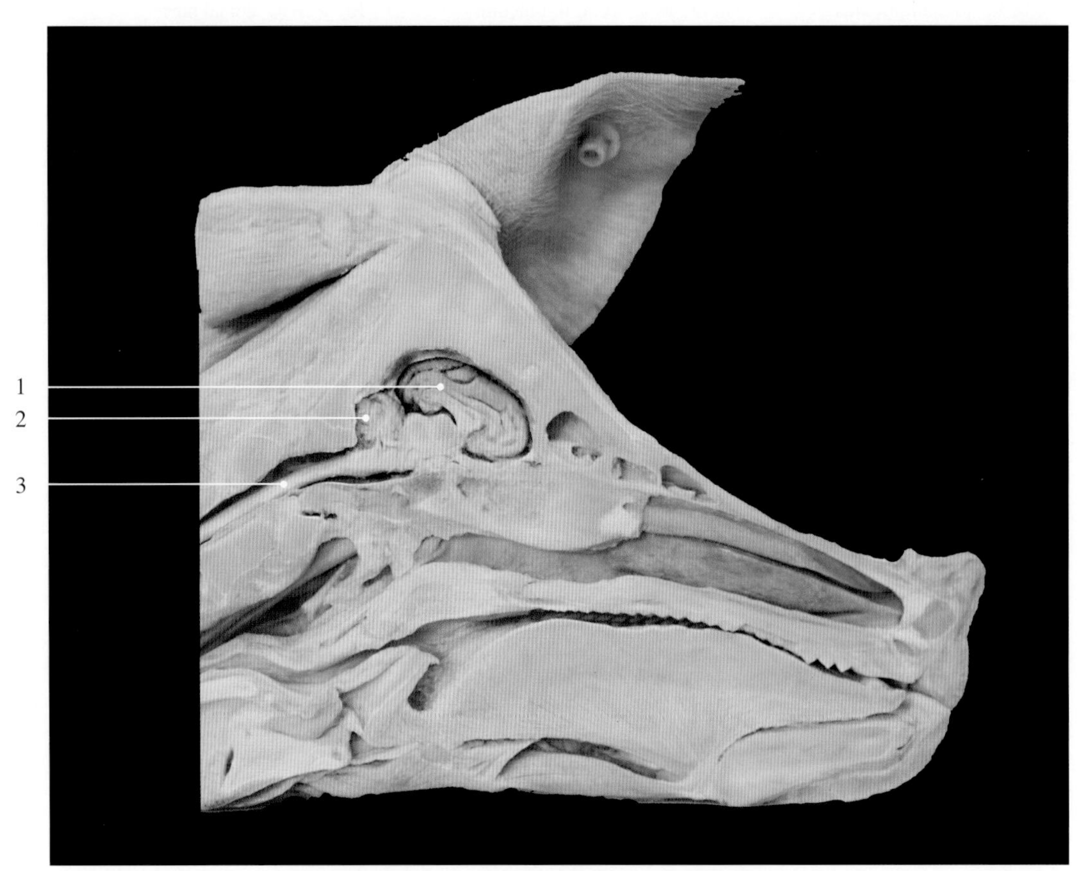

图12-3-2　猪脑和脊髓原位（塑化标本）

1. 大脑　cerebrum　　2. 小脑　cerebellum　　3. 脊髓　spinal cord

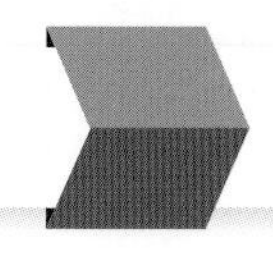

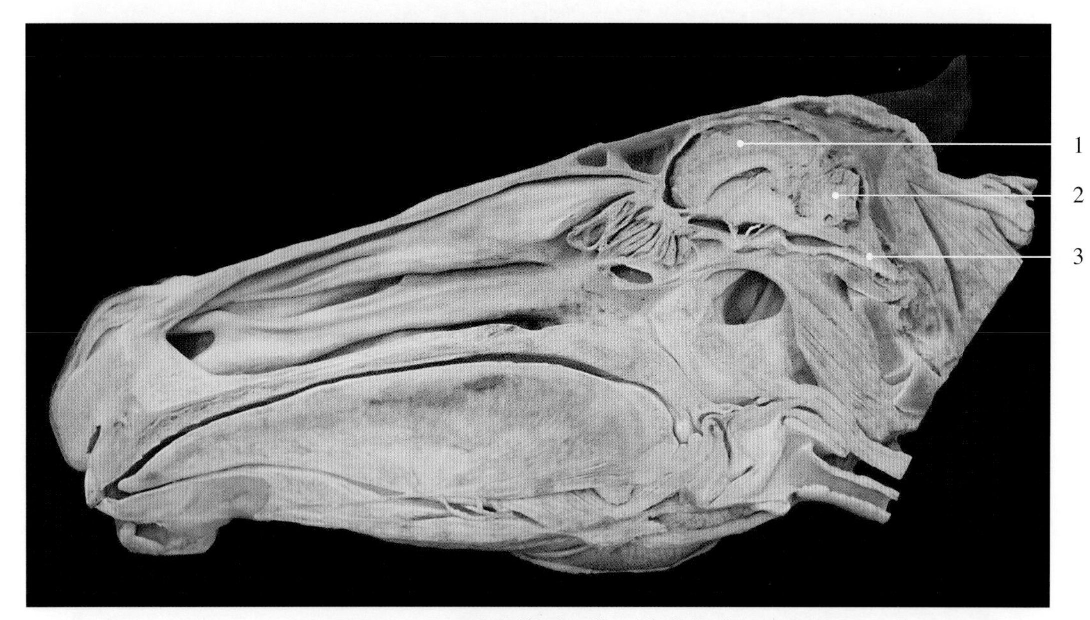

图 12-3-3　马脑和脊髓原位（塑化标本）

1. 大脑 cerebrum　2. 小脑 cerebellum　3. 延髓 medulla oblongata

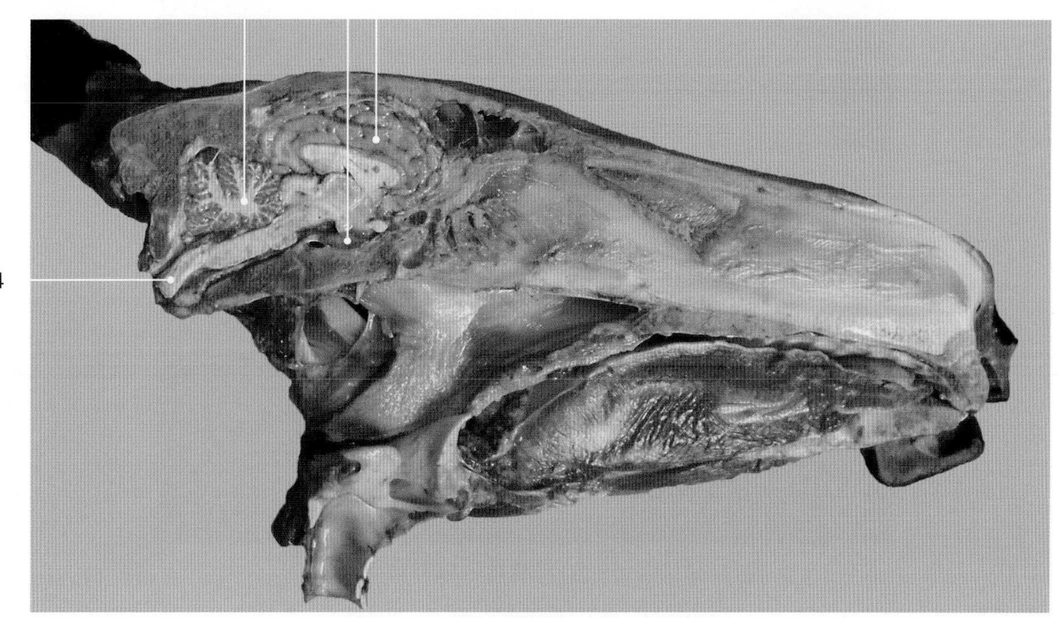

图 12-3-4　驴脑和脊髓原位（新鲜标本）

1. 小脑 cerebellum　3. 大脑 cerebrum
2. 垂体 pituitary gland　4. 脊髓 spinal cord

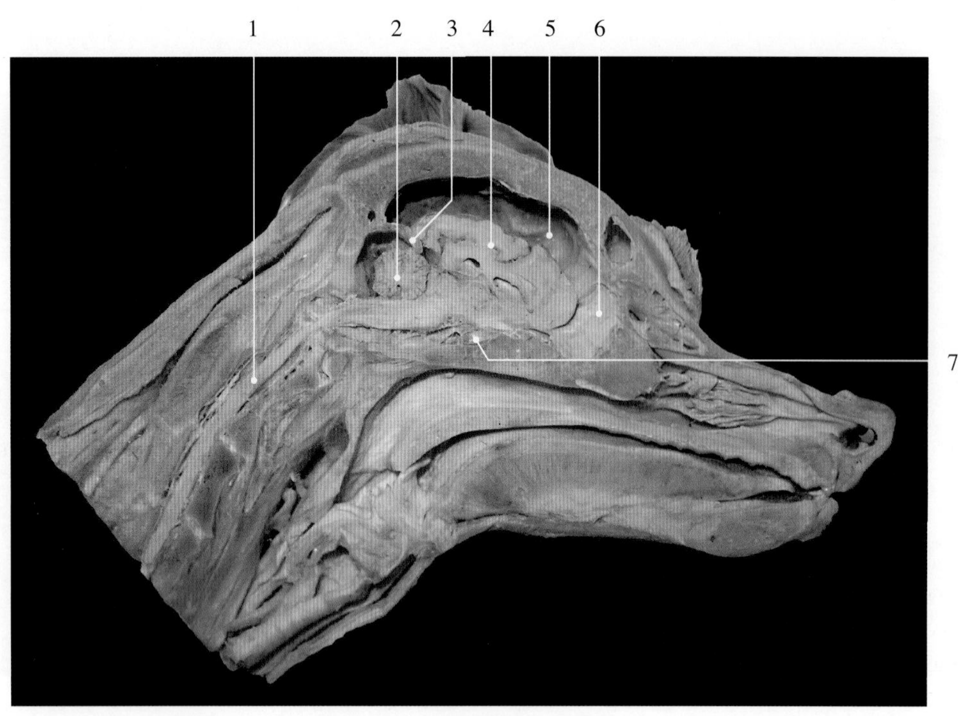

图12-3-5　犬脑正中矢状面

1. 脊髓 spinal cord
2. 小脑 cerebellum
3. 松果体 pineal body / pineal gland
4. 大脑 cerebrum
5. 颅腔 cranial cavity
6. 嗅球 olfactory bulb
7. 垂体 pituitary gland

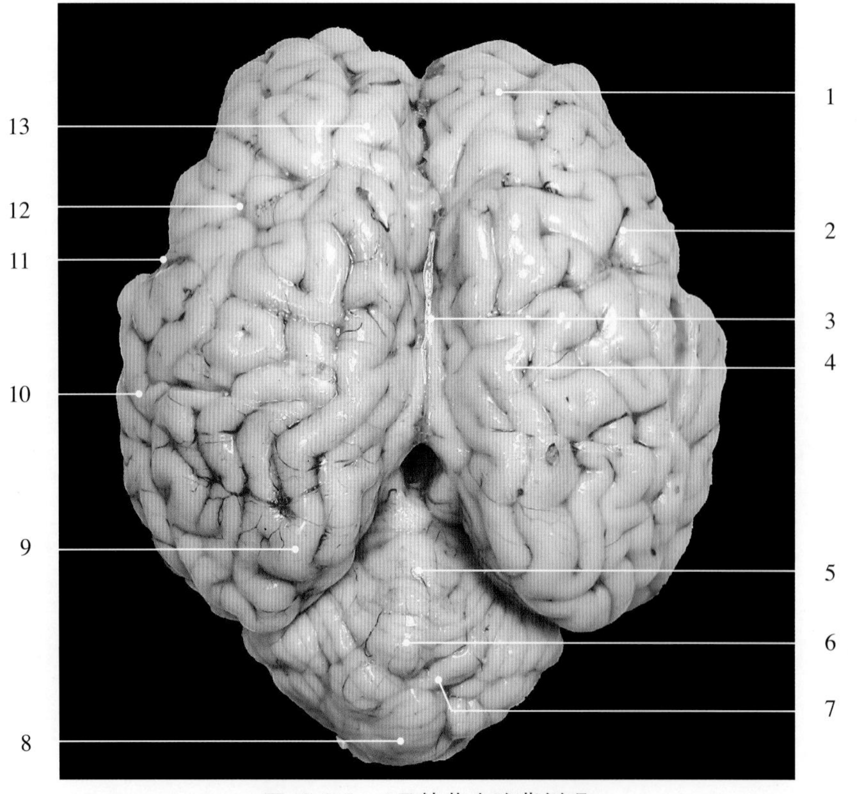

图12-3-6　4月龄黄牛脑背侧观

1. 额叶 frontal lobe
2. 上薛氏中沟 middle part of suprasylvius sulcus
3. 大脑纵裂 cerebral longitudinal fissure
4. 顶叶 parietal lobe
5. 山顶（小脑）culmen
6. 山坡（小脑）declive
7. 蚓叶和蚓结节 folium of vermis and tuber of vermis
8. 蚓锥体 pyramid of vermis
9. 枕叶 occipital lobe
10. 颞叶 temporal lobe
11. 薛氏裂 sylvian fissure
12. 上薛氏前沟 rostral suprasylvian groove
13. 十字前回 precruciate gyrus

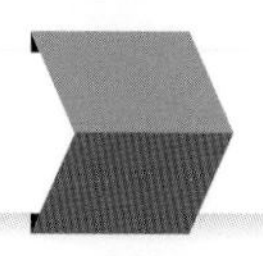

图12-3-7　犊牛脑背侧观

1. 额叶　frontal lobe
2. 冠沟　coronary groove
3. 十字后回　postcruciate gyrus
4. 上薛氏中沟　middle part of suprasylvius sulcus
5. 顶叶　parietal lobe
6. 大脑纵裂　cerebral longitudinal fissure
7. 缘回内侧部　medial part of marginal gyrus
8. 内缘沟　endomarginal groove
9. 山顶（小脑）culmen
10. 山坡（小脑）declive
11. 蚓叶和蚓结节　folium of vermis and tuber of vermis
12. 蚓锥体　pyramid of vermis
13. 延髓　medulla oblongata
14. 枕叶　occipital lobe
15. 颞叶　temporal lobe
16. 薛氏裂　sylvian fissure
17. 上薛氏前沟　rostral suprasylvian groove
18. 十字前回　precruciate gyrus

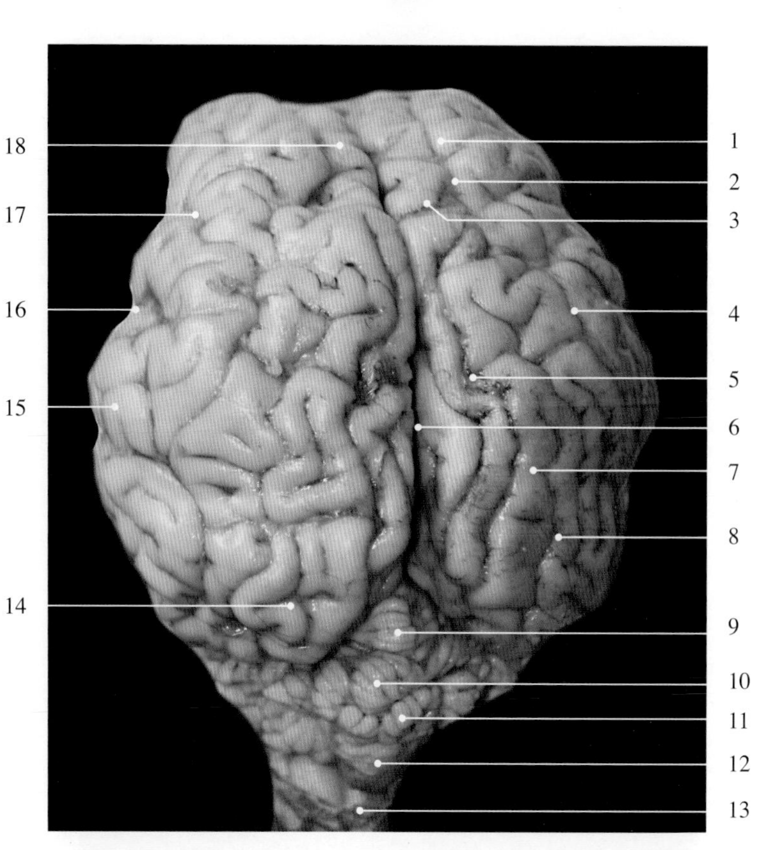

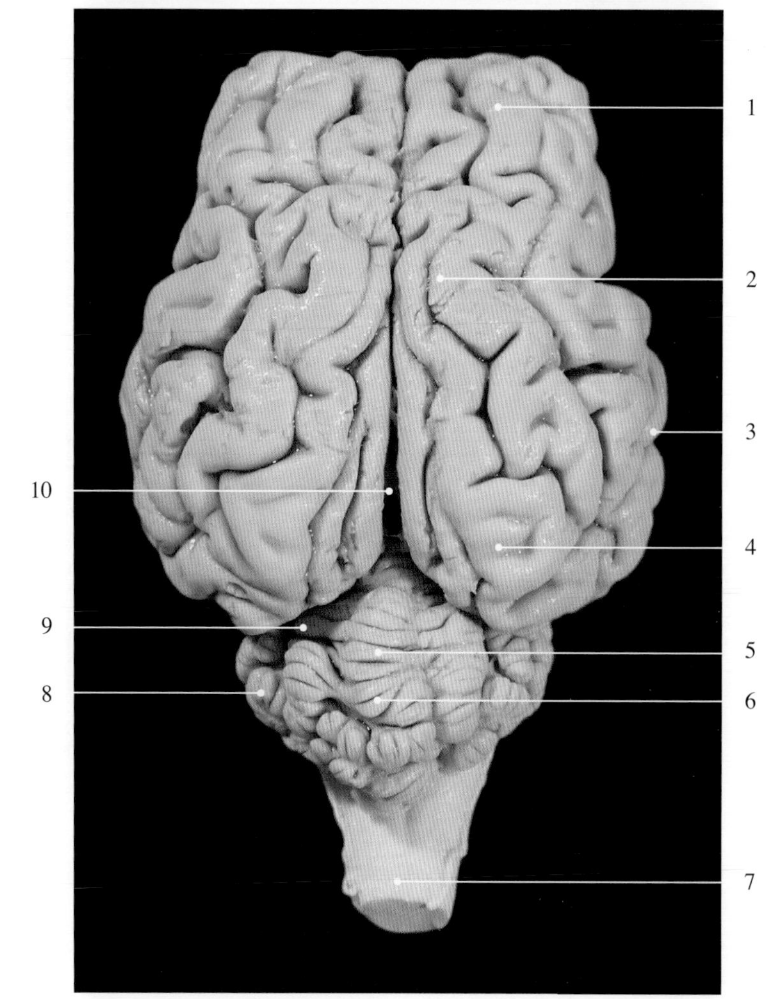

图12-3-8　绵羊脑背侧观

1. 额叶　frontal lobe
2. 顶叶　parietal lobe
3. 颞叶　temporal lobe
4. 枕叶　occipital lobe
5. 前叶　anterior lobe
6. 小脑蚓部　vermis cerebelli
7. 延髓　medulla oblongata
8. 小脑半球　cerebellar hemisphere
9. 大脑横裂　cerebral transverse fissure
10. 大脑纵裂　cerebral longitudinal fissure

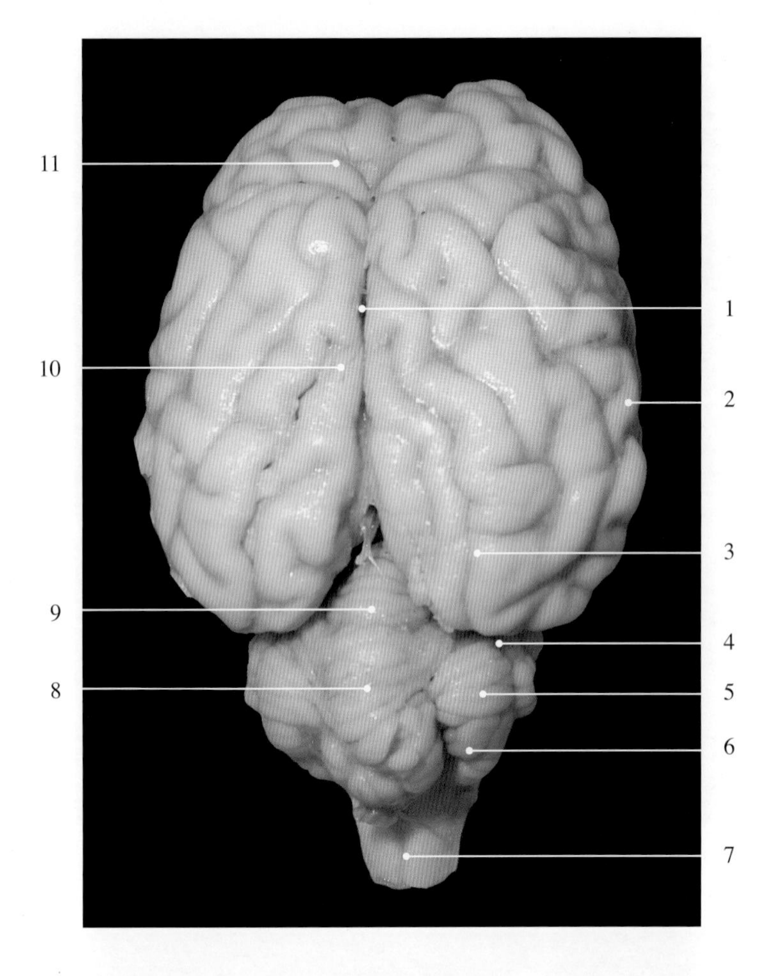

图 12-3-9　山羊脑背侧观

1. 大脑纵裂 cerebral longitudinal fissure
2. 颞叶 temporal lobe
3. 枕叶 occipital lobe
4. 大脑横裂 cerebral transverse fissure
5. 小脑半球 cerebellar hemisphere
6. 后叶 posterior lobe
7. 延髓 medulla oblongata
8. 小脑蚓部 vermis cerebelli
9. 前叶 anterior lobe
10. 顶叶 parietal lobe
11. 额叶 frontal lobe

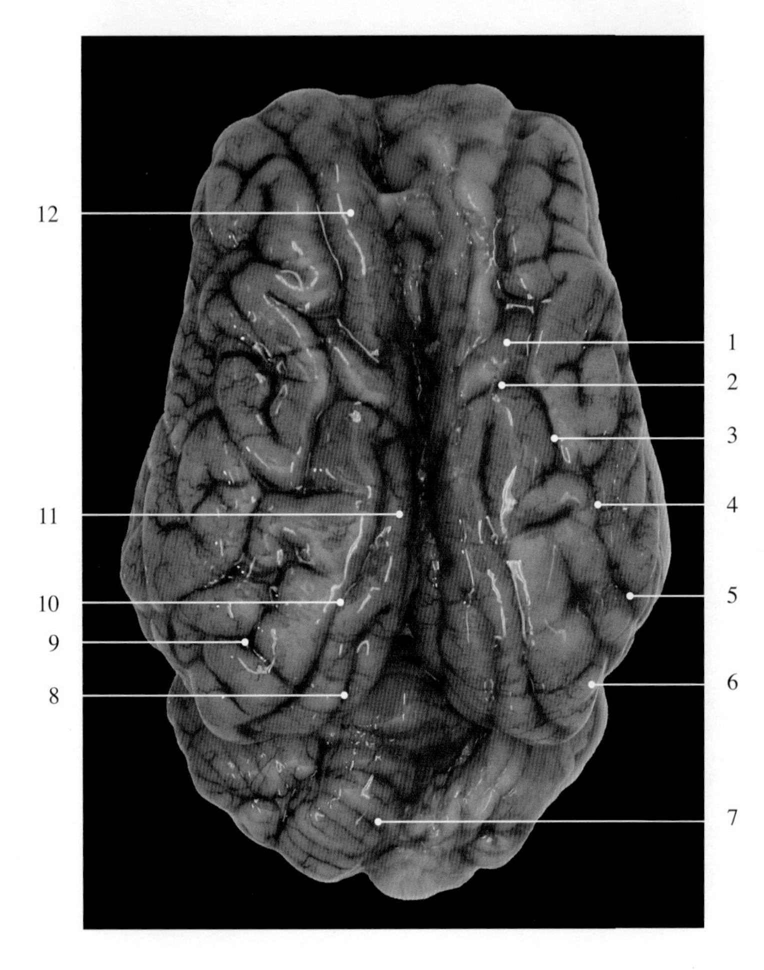

图 12-3-10　猪脑背侧观

1. 十字回 cruciate gyrus
2. 冠沟 coronary groove
3. 上薛氏前沟与冠沟的交通部 commissure between rostral suprasylvian groove and coronary groove
4. 上薛氏中沟 middle part of suprasylvius sulcus
5. 上薛氏后沟 caudal suprasylvian groove
6. 外缘回 ectomarginal gyrus
7. 小脑 cerebellum
8. 内缘沟 endomarginal groove
9. 外缘沟 ectomarginal groove
10. 缘沟 marginal groove
11. 缘回 gyrus marginalis
12. 乙状回 gyrus sigmoideus

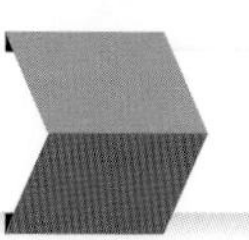

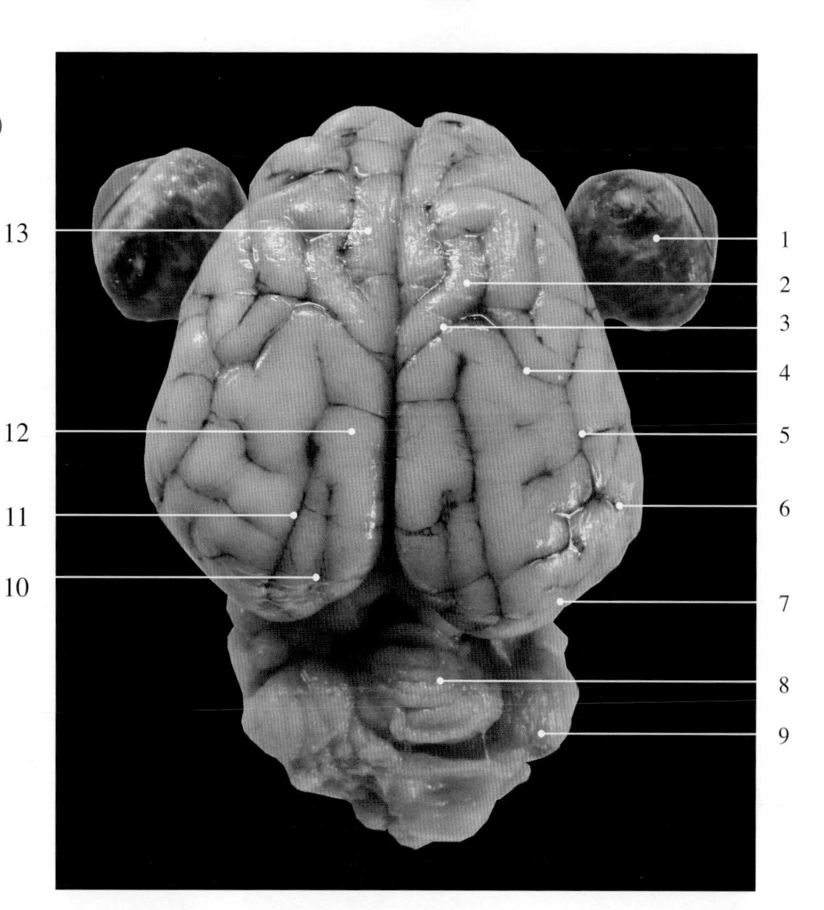

图 12-3-11　猪脑背侧观（固定标本）

1. 眼球 eye ball
2. 十字回 cruciate gyrus
3. 冠沟 coronary groove
4. 上薛氏前沟与冠沟的交通部 commissure between rostral suprasylvian groove and coronary groove
5. 上薛氏中沟 middle part of suprasylvius sulcus
6. 上薛氏后沟 caudal suprasylvian groove
7. 外缘回 ectomarginal gyrus
8. 小脑蚓部 vermis cerebelli
9. 小脑半球 cerebellar hemisphere
10. 内缘沟 endomarginal groove
11. 缘沟 marginal groove
12. 缘回 gyrus marginalis
13. 乙状回 gyrus sigmoideus

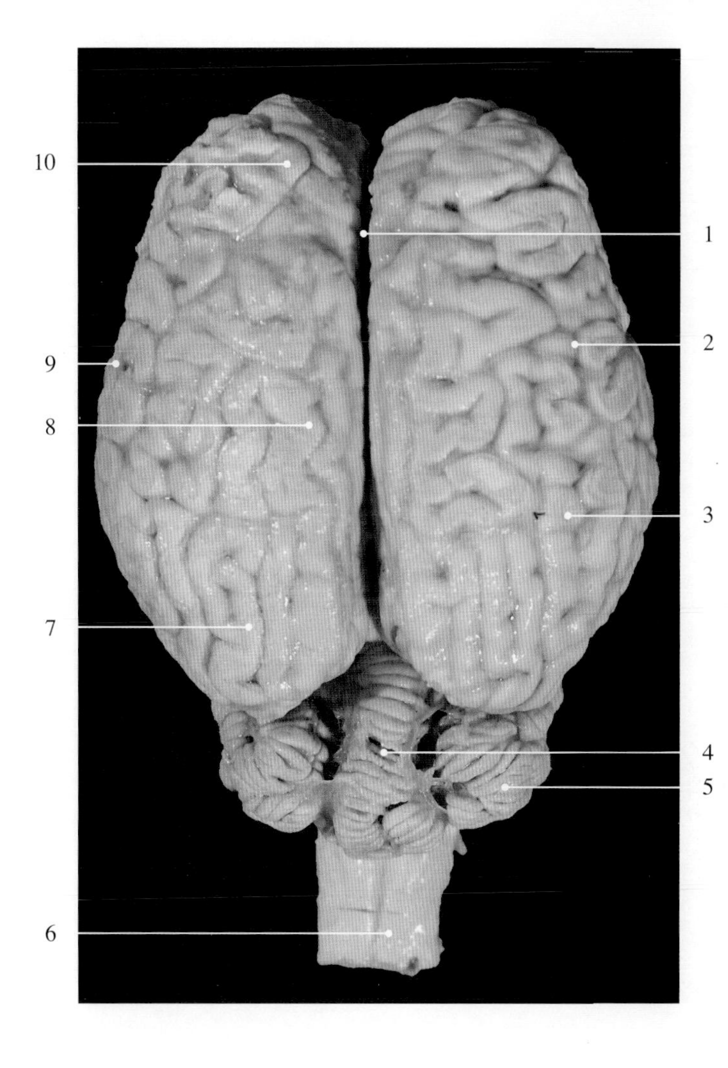

图 12-3-12　马脑背侧观

1. 大脑纵裂 cerebral longitudinal fissure
2. 脑沟 sulcus
3. 脑回 gyrus
4. 小脑蚓部 vermis cerebelli
5. 小脑半球 cerebellar hemisphere
6. 延髓 medulla oblongata
7. 枕叶 occipital lobe
8. 顶叶 parietal lobe
9. 颞叶 temporal lobe
10. 额叶 frontal lobe

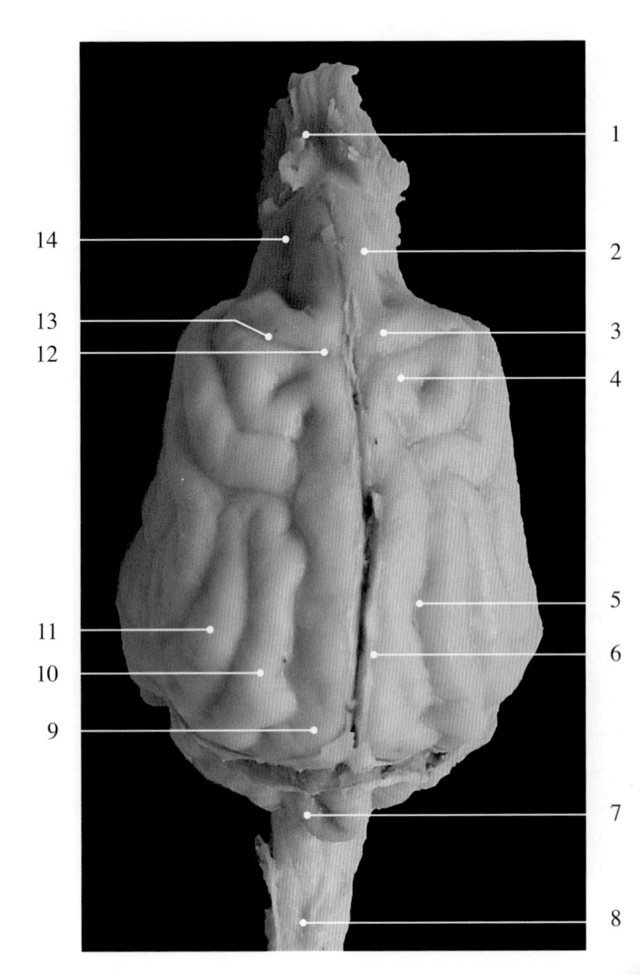

图12-3-13 犬脑背侧观

1. 嗅球 olfactory bulb
2. 前端回 rostral gyrus
3. 十字前回 precruciate gyrus
4. 十字后回 postcruciate gyrus
5. 缘沟 marginal groove
6. 内缘沟 endomarginal groove
7. 小脑 cerebellum
8. 脊髓 spinal cord
9. 内缘回 endomarginal gyrus
10. 缘回 gyrus marginalis
11. 外缘回 ectomarginal gyrus
12. 十字沟 cruciate groove
13. 十字前沟 precruciate groove
14. 前端沟 rostral groove

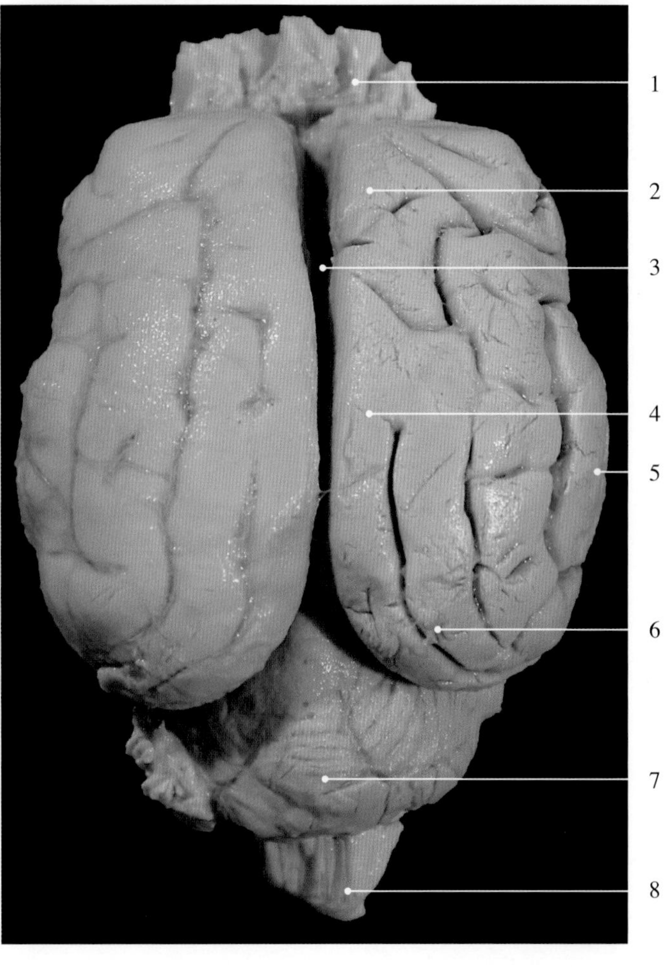

图12-3-14 虎脑背侧观

1. 嗅球 olfactory bulb
2. 额叶 frontal lobe
3. 大脑纵裂 cerebral longitudinal fissure
4. 顶叶 parietal lobe
5. 颞叶 temporal lobe
6. 枕叶 occipital lobe
7. 小脑 cerebellum
8. 延髓 medulla oblongata

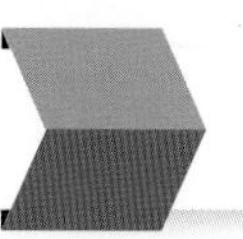

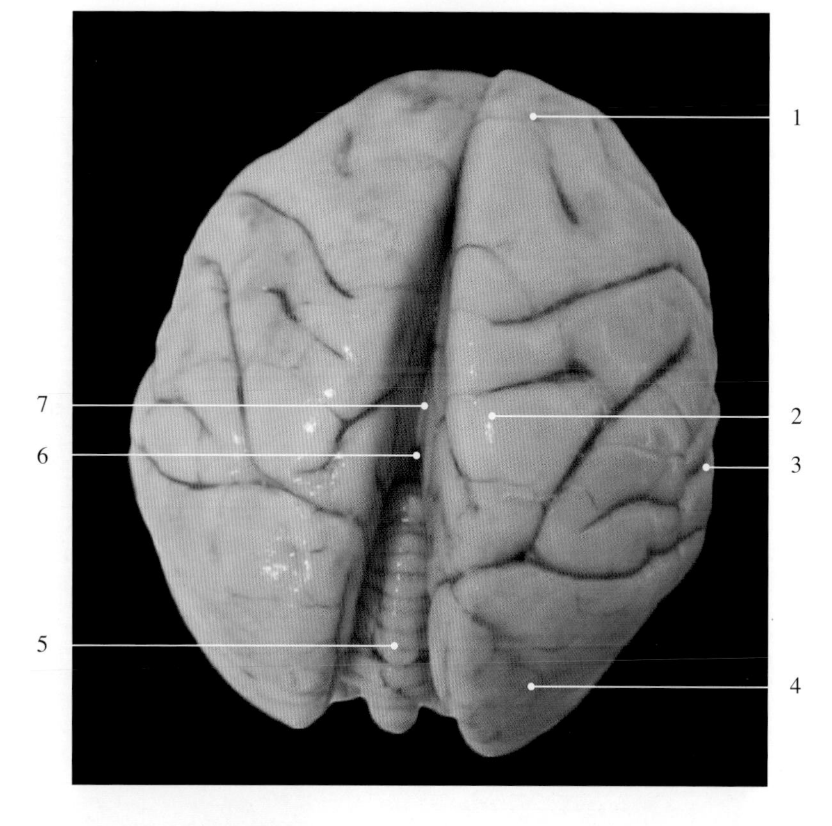

图12-3-15　猕猴脑背侧观

1. 额叶　frontal lobe
2. 顶叶　parietal lobe
3. 颞叶　temporal lobe
4. 枕叶　occipital lobe
5. 小脑蚓部　vermis cerebelli
6. 大脑纵裂　cerebral longitudinal fissure
7. 胼胝体　corpus callosum

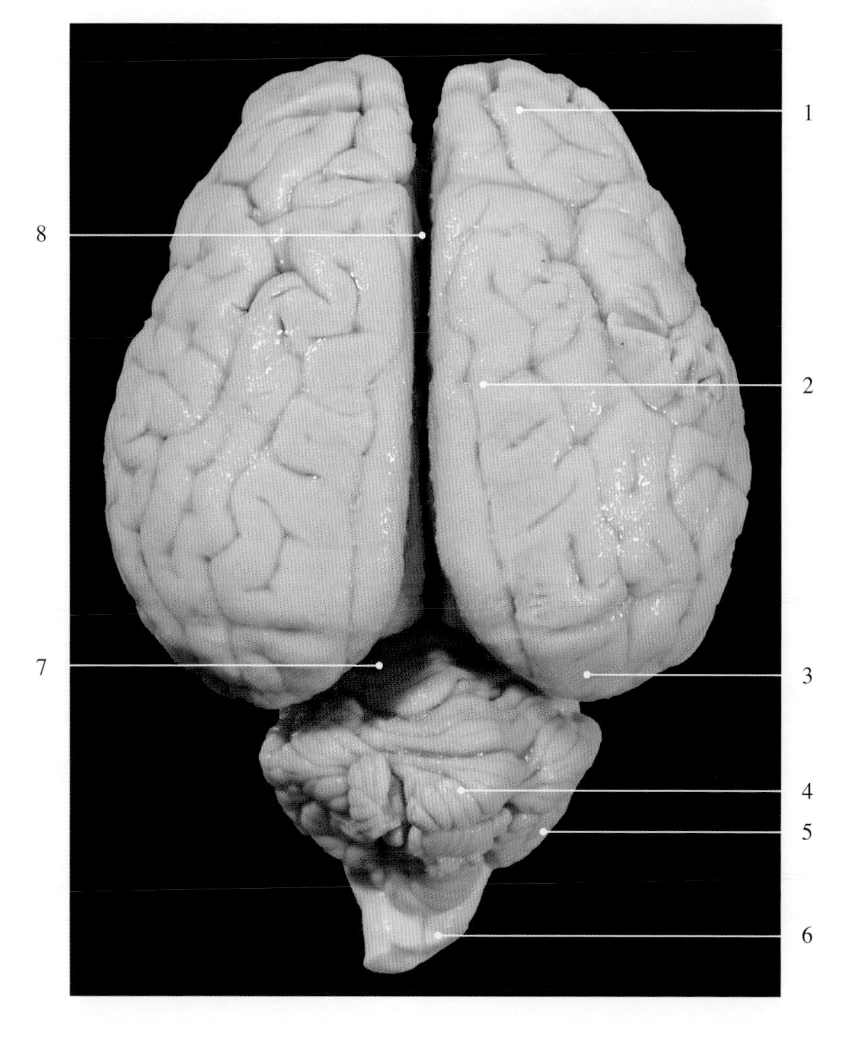

图12-3-16　长颈鹿脑背侧观

1. 额叶　frontal lobe
2. 顶叶　parietal lobe
3. 枕叶　occipital lobe
4. 小脑蚓部　vermis cerebelli
5. 小脑半球　cerebellar hemisphere
6. 延髓　medulla oblongata
7. 大脑横裂　cerebral transverse fissure
8. 大脑纵裂　cerebral longitudinal fissure

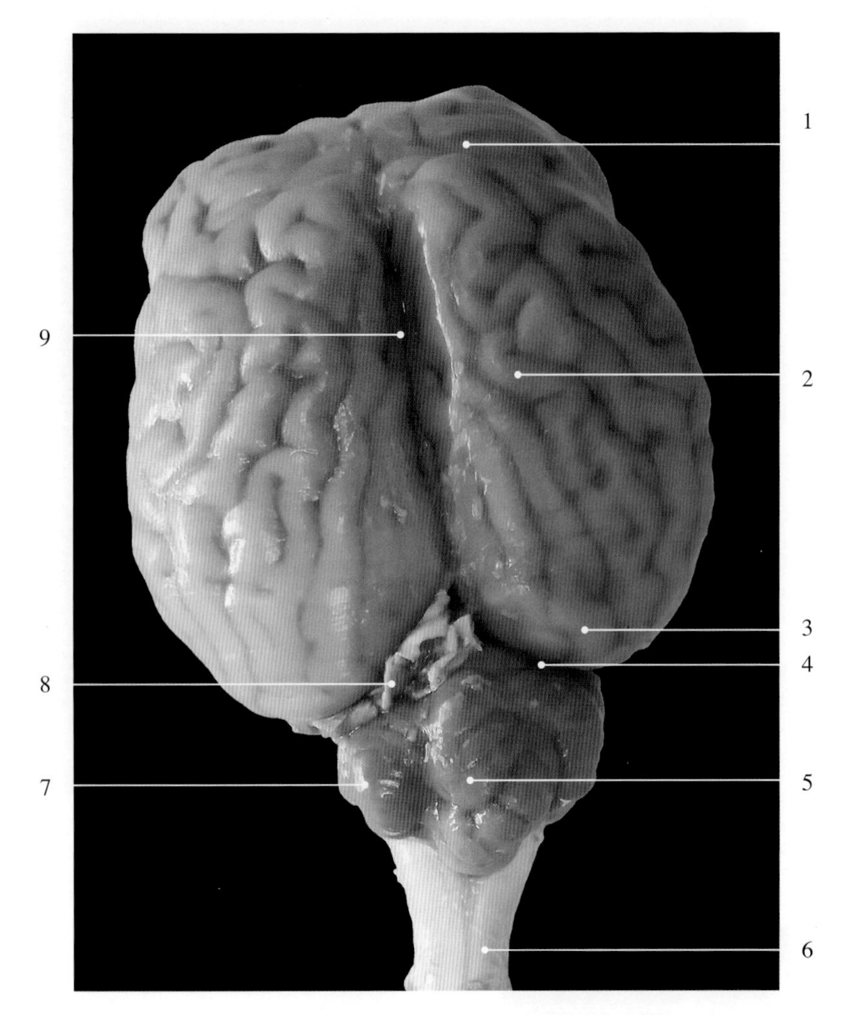

图12-3-17　1岁麋鹿脑背侧观（新鲜标本）

1. 额叶 frontal lobe
2. 顶叶 parietal lobe
3. 枕叶 occipital lobe
4. 大脑横裂 cerebral transverse fissure
5. 小脑蚓部 vermis cerebelli
6. 脊髓 spinal cord
7. 小脑半球 cerebellar hemisphere
8. 脑膜 meninges
9. 大脑纵裂 cerebral longitudinal fissure

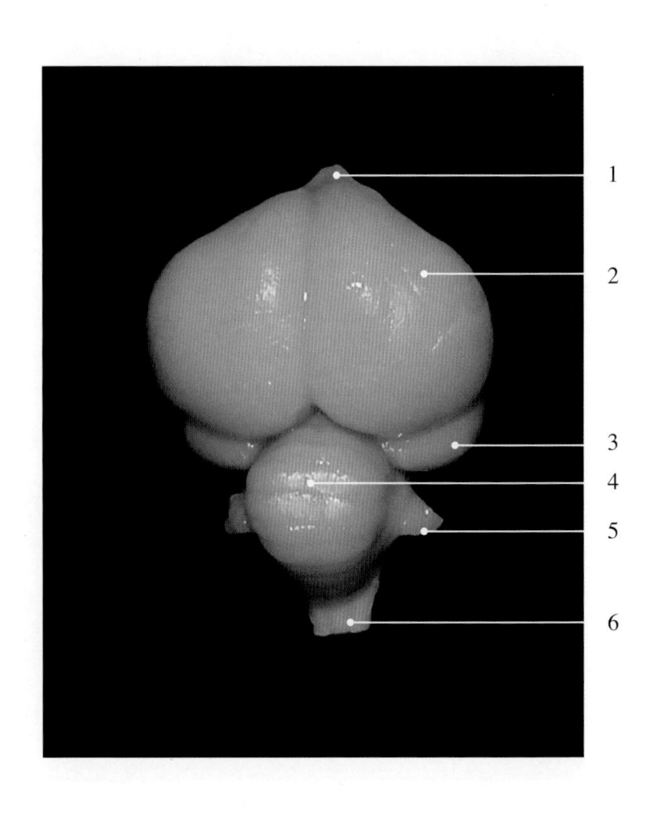

图12-3-18　鸡脑背侧观

1. 嗅球 olfactory bulb
2. 大脑半球 cerebral hemisphere
3. 视顶盖 optic tectum
4. 小脑蚓部 vermis cerebelli
5. 小脑绒球 flocculus cerebelli
6. 延髓 medulla oblongata

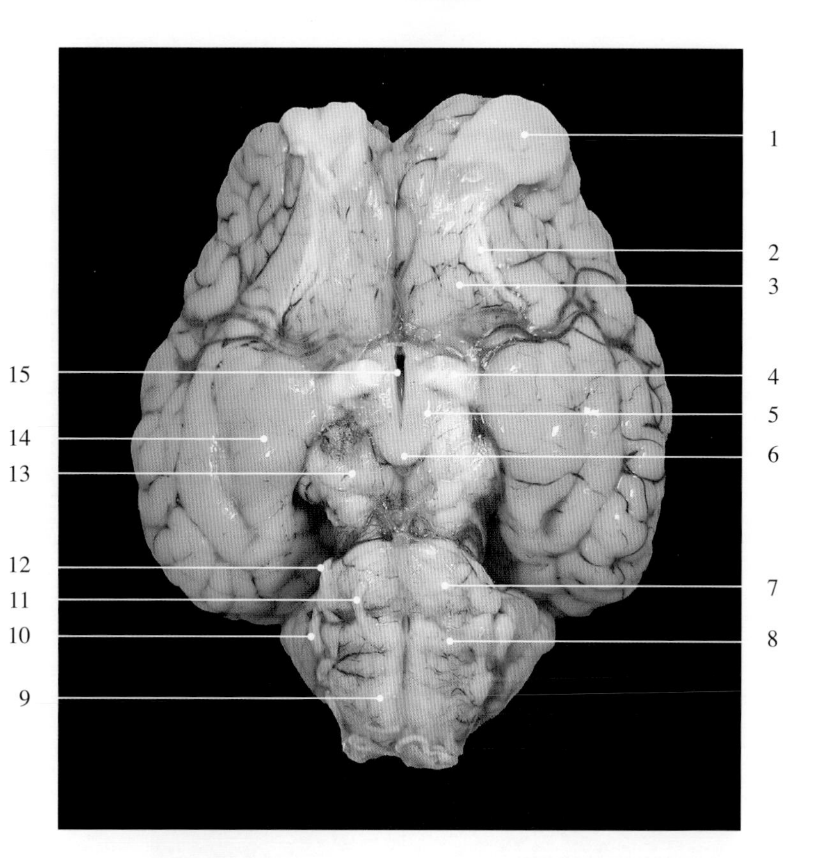

图12-3-19 4月龄黄牛脑腹侧观

1. 嗅球 olfactory bulb
2. 外侧嗅束 lateral olfactory tract
3. 嗅三角 olfactory trigonum
4. 视束 optic tract
5. 灰结节 tuber cinereum
6. 乳头体 mamillary body
7. 脑桥 pons
8. 斜方体 trapezoid body
9. 锥体 pyramid
10. 面神经（VII）facial nerve（Ⅶ）
11. 外展神经（VI）abducent nerve（Ⅵ）
12. 三叉神经（V）trigeminal nerve（Ⅴ）
13. 大脑脚 cerebral peduncle
14. 梨状叶 piriform lobe
15. 漏斗 infundibulum

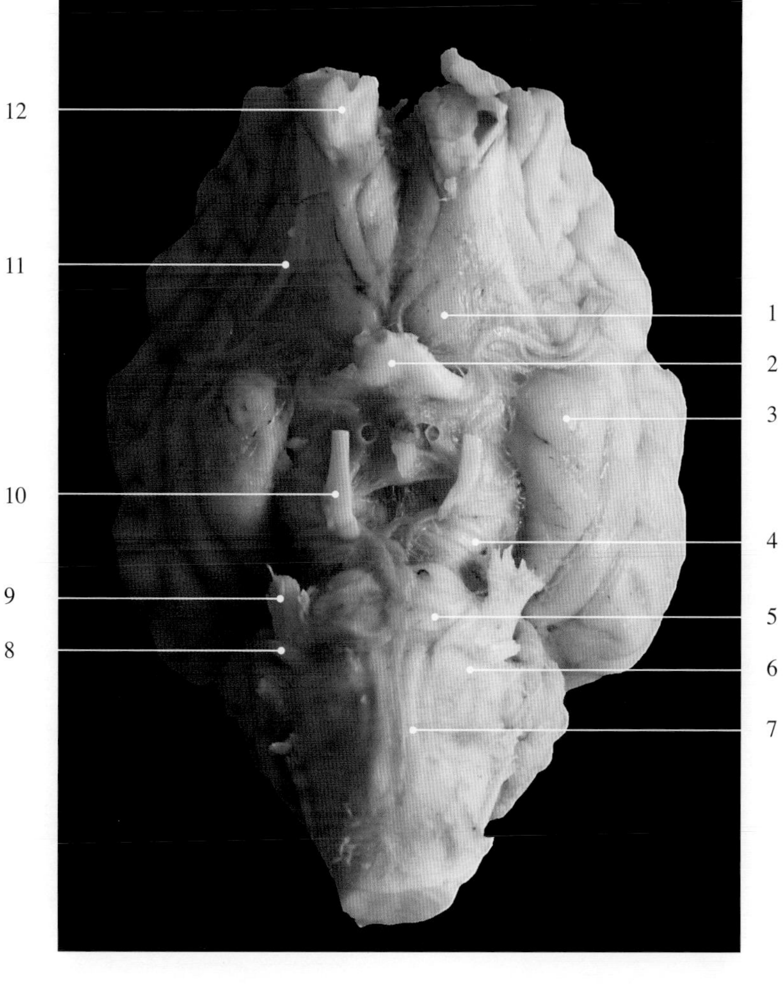

图12-3-20 犊牛脑腹侧观

1. 嗅三角 olfactory trigonum
2. 视交叉 optic chiasma
3. 梨状叶 piriform lobe
4. 大脑脚 cerebral peduncle
5. 脑桥 pons
6. 斜方体 trapezoid body
7. 锥体 pyramid
8. 面神经 facial nerve（Ⅶ）
9. 三叉神经 trigeminal nerve（Ⅴ）
10. 动眼神经 oculomotor nerve（Ⅲ）
11. 外侧嗅束 lateral olfactory tract
12. 嗅球 olfactory bulb

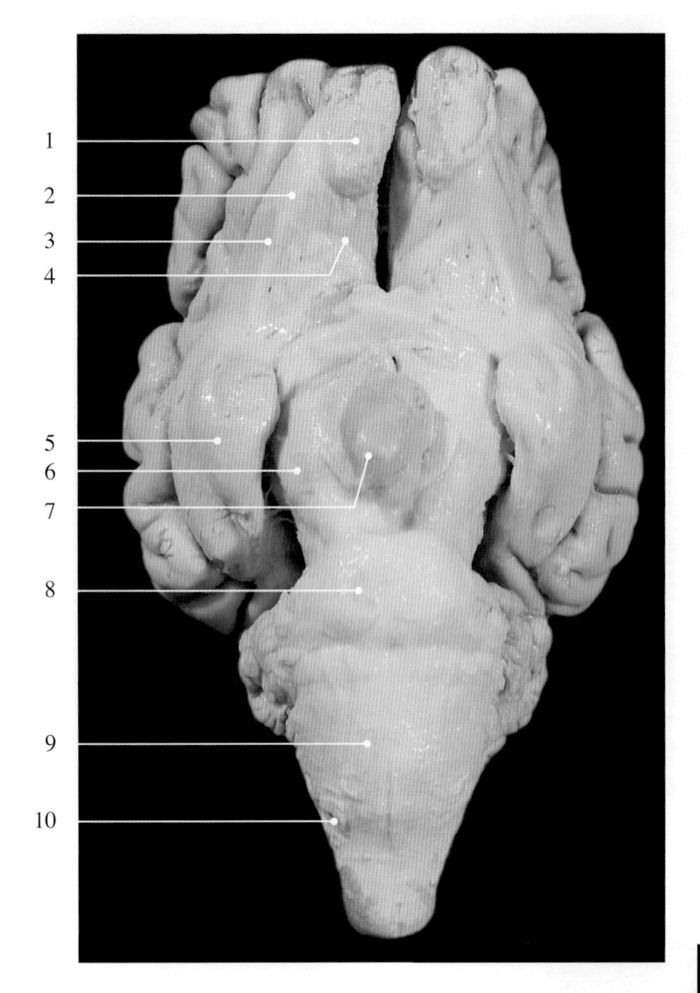

图12-3-21 绵羊脑腹侧观

1. 嗅球 olfactory bulb
2. 嗅束 olfactory tract
3. 外侧嗅束 lateral olfactory tract
4. 内侧嗅束 medial olfactory tract
5. 梨状叶 piriform lobe
6. 大脑脚 cerebral peduncle
7. 垂体 pituitary gland
8. 脑桥 pons
9. 延髓 medulla oblongata
10. 舌下神经 hypoglossal nerve (Ⅻ)

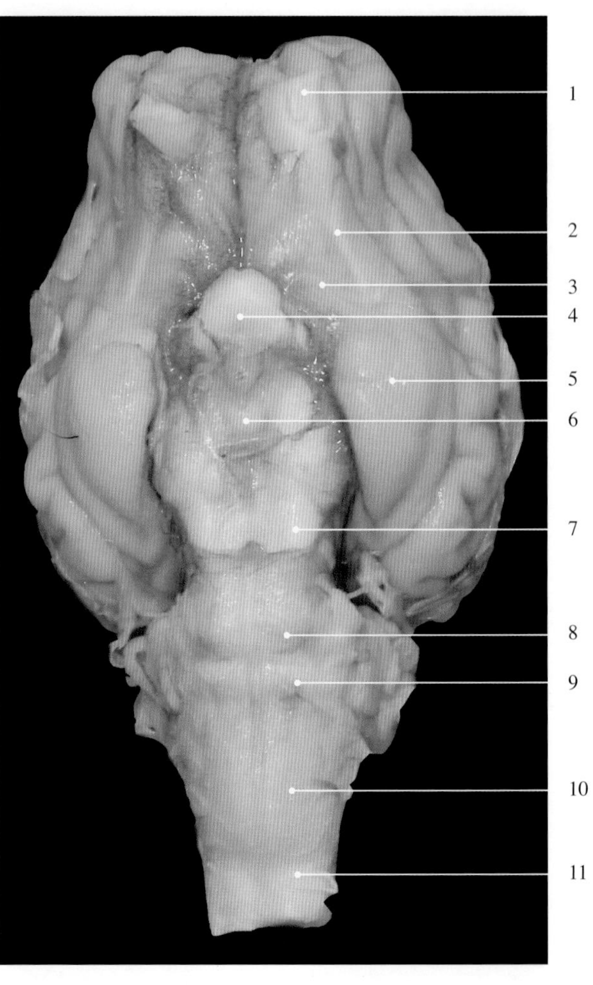

图12-3-22 山羊脑腹侧观

1. 嗅球 olfactory bulb
2. 外侧嗅束 lateral olfactory tract
3. 嗅三角 olfactory trigonum
4. 视交叉 optic chiasma
5. 梨状叶 piriform lobe
6. 乳头体 mamillary body
7. 大脑脚 cerebral peduncle
8. 脑桥 pons
9. 斜方体 trapezoid body
10. 延髓 medulla oblongata
11. 脊髓 spinal cord

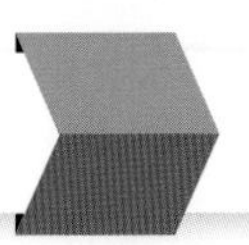

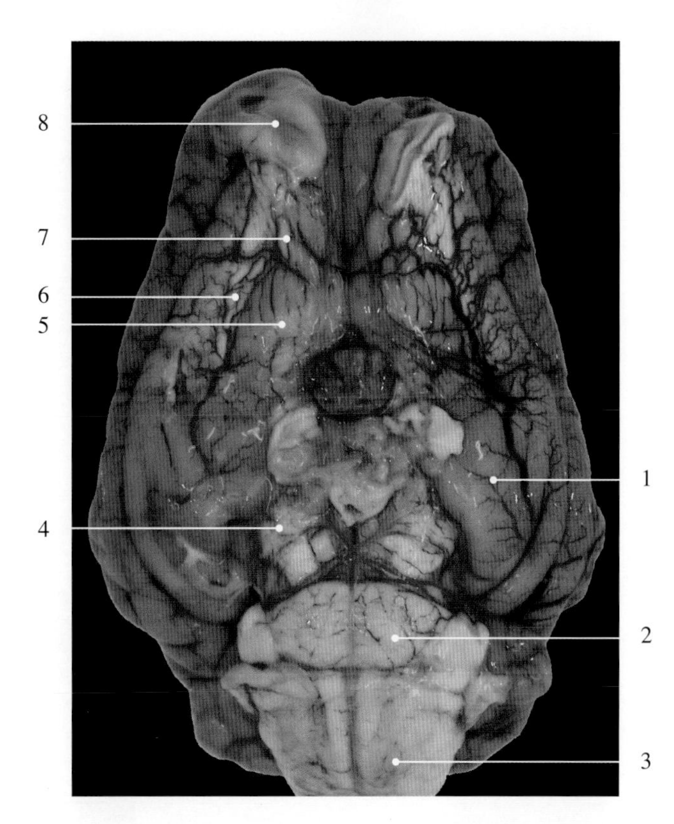

图 12-3-23 猪脑腹侧观（新鲜标本）

1. 梨状叶 piriform lobe
2. 脑桥 pons
3. 延髓 medulla oblongata
4. 大脑脚 cerebral peduncle
5. 嗅三角 olfactory trigonum
6. 外侧嗅束 lateral olfactory tract
7. 内侧嗅束 medial olfactory tract
8. 嗅球 olfactory bulb

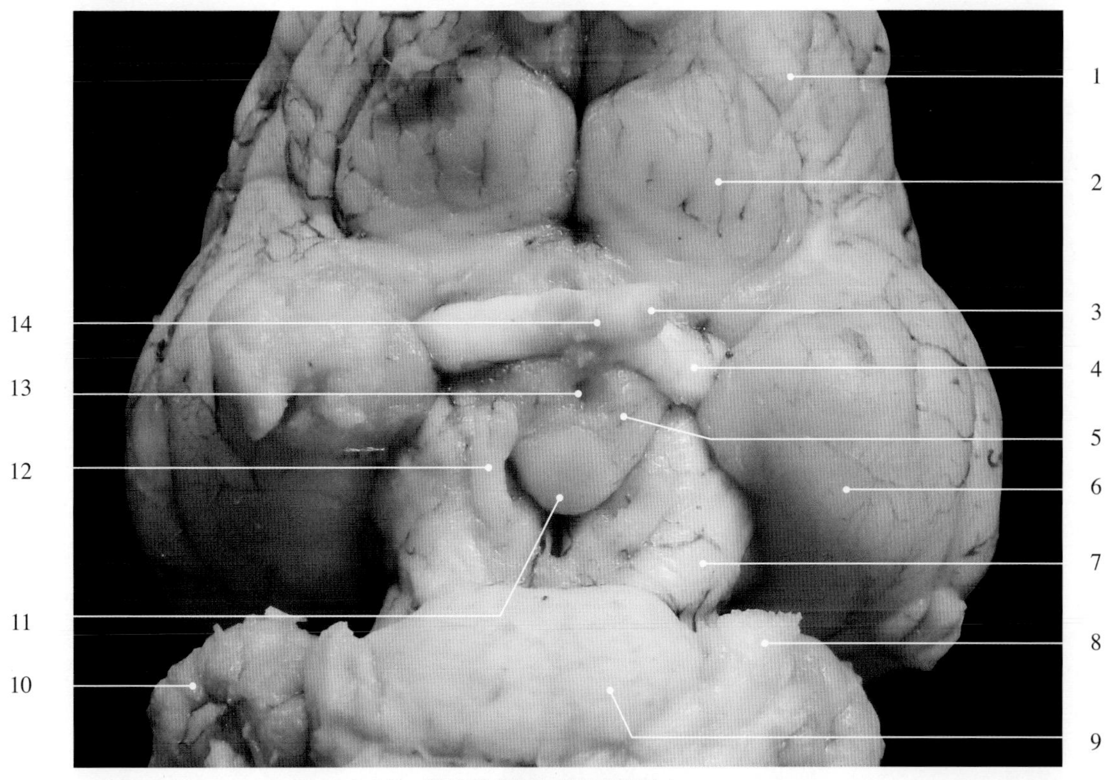

图 12-3-24 猪脑腹侧观（固定标本）

1. 外侧嗅束 lateral olfactory tract
2. 嗅三角 olfactory trigonum
3. 视神经（Ⅱ）optic nerve (Ⅱ)
4. 视束 optic tract
5. 灰结节 tuber cinereum
6. 梨状叶 piriform lobe
7. 大脑脚 cerebral peduncle
8. 三叉神经（Ⅴ）trigeminal nerve (Ⅴ)
9. 脑桥 pons
10. 小脑半球 cerebellar hemisphere
11. 乳头体 mamillary body
12. 动眼神经（Ⅲ）oculomotor nerve（Ⅲ）
13. 漏斗 infundibulum
14. 视交叉 optic chiasma

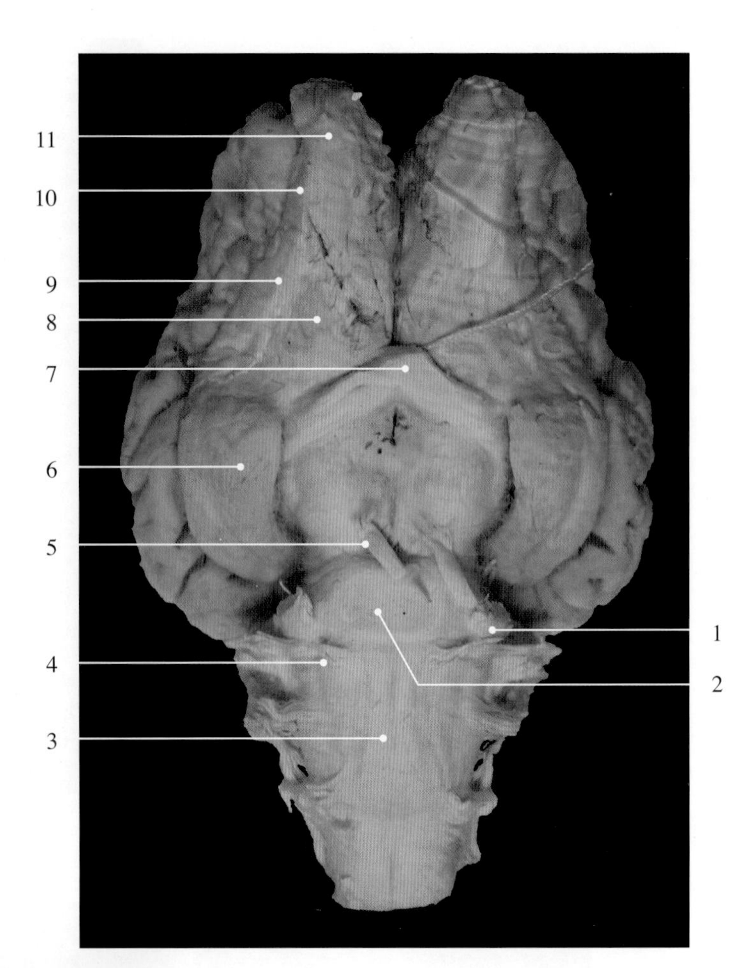

图 12-3-25　马脑腹侧面

1. 三叉神经 trigeminal nerve (V)
2. 脑桥 pons
3. 锥体 pyramid
4. 斜方体 trapezoid body
5. 动眼神经 oculomotor nerve（Ⅲ）
6. 梨状叶 piriform lobe
7. 视交叉 optic chiasma
8. 嗅三角 olfactory trigonum
9. 外侧嗅束 lateral olfactory tract
10. 嗅束 olfactory tract
11. 嗅球 olfactory bulb

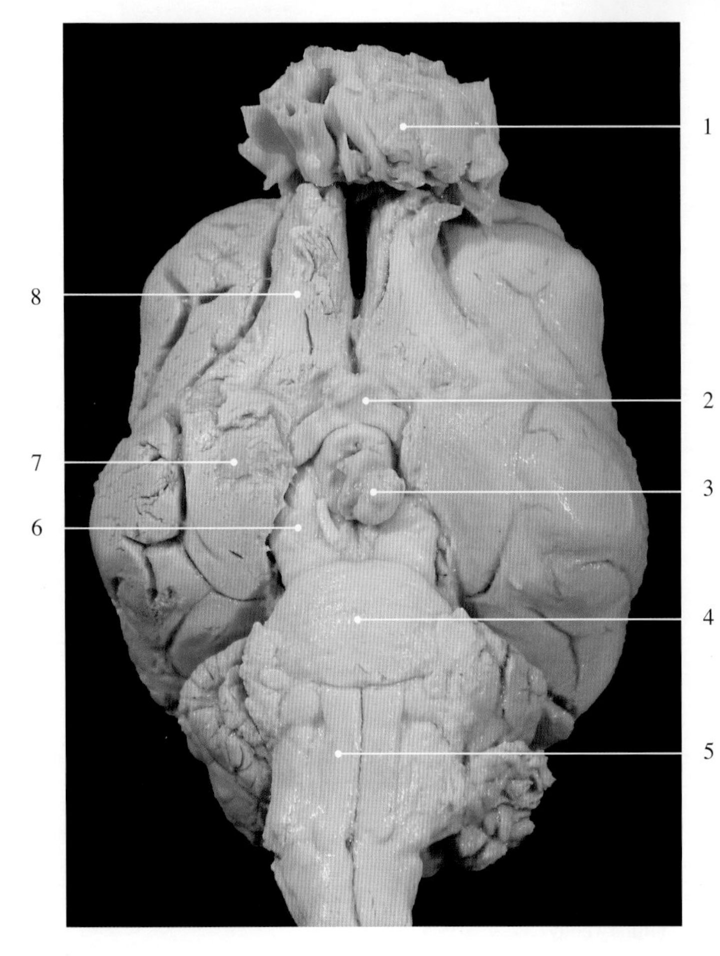

图 12-3-26　虎脑腹侧观

1. 嗅球 olfactory bulb
2. 视交叉 optic chiasma
3. 垂体 pituitary gland
4. 脑桥 pons
5. 延髓 medulla oblongata
6. 大脑脚 cerebral peduncle
7. 梨状叶 piriform lobe
8. 嗅束 olfactory tract

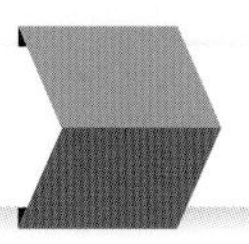

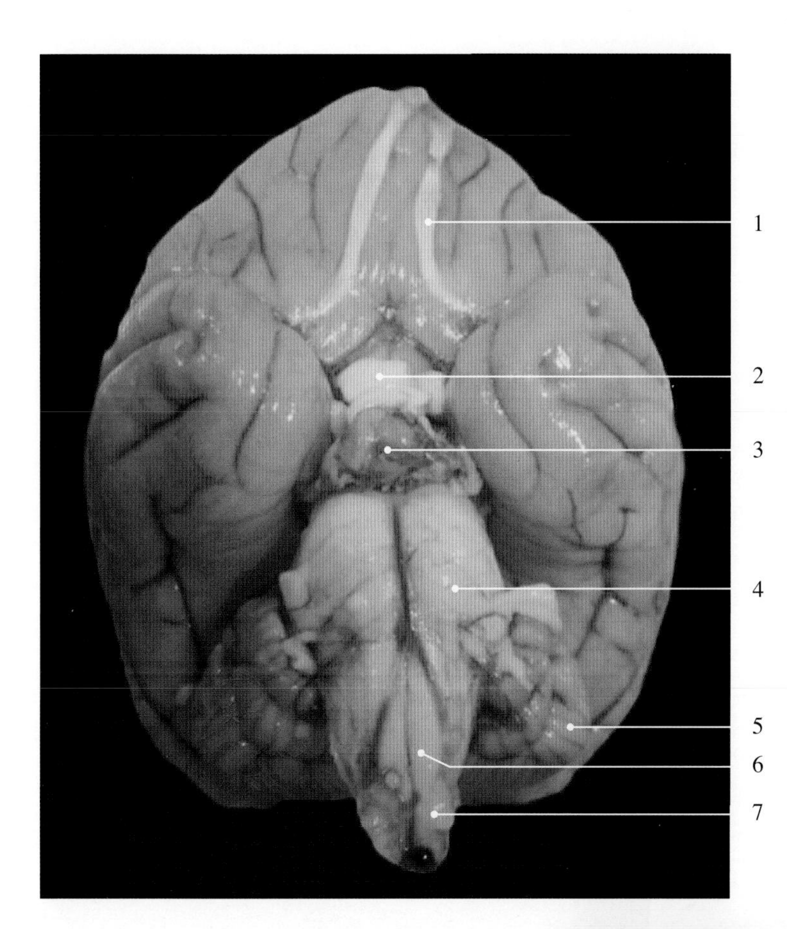

图 12-3-27　猕猴脑腹侧观

1. 嗅束 olfactory tract
2. 视交叉 optic chiasma
3. 垂体 pituitary gland
4. 脑桥 pons
5. 小脑半球 cerebellar hemisphere
6. 延髓 medulla oblongata
7. 脊髓 spinal cord

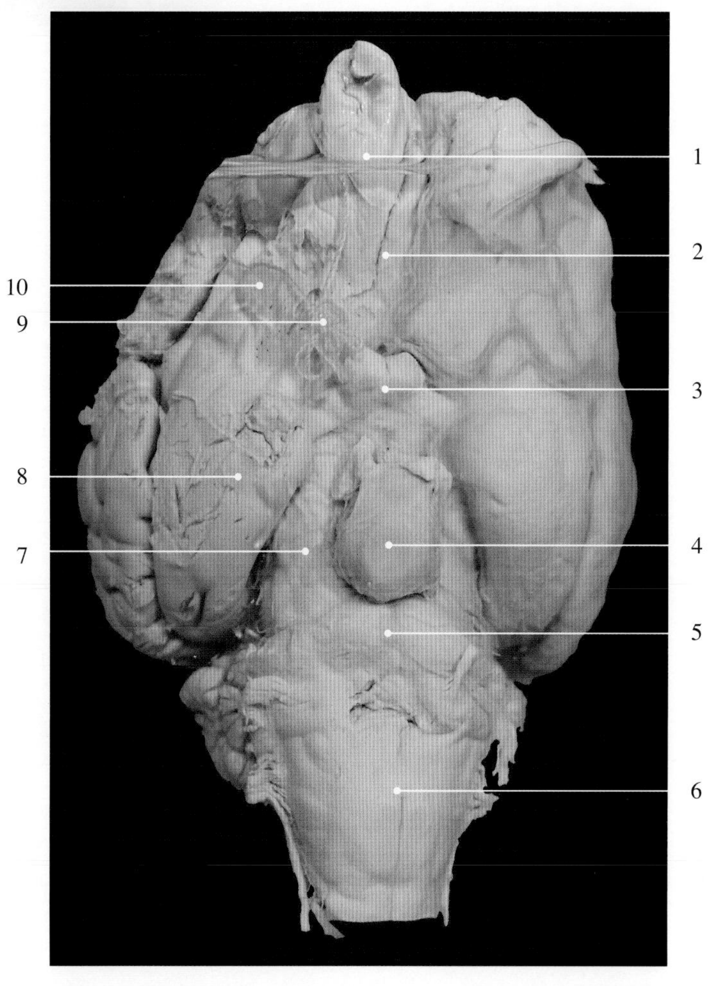

图 12-3-28　鹿脑腹侧观

1. 嗅球 olfactory bulb
2. 内侧嗅束 medial olfactory tract
3. 视交叉 optic chiasma
4. 垂体 pituitary gland
5. 脑桥 pons
6. 延髓 medulla oblongata
7. 大脑脚 cerebral peduncle
8. 梨状叶 piriform lobe
9. 嗅三角 olfactory trigonum
10. 外侧嗅束 lateral olfactory tract

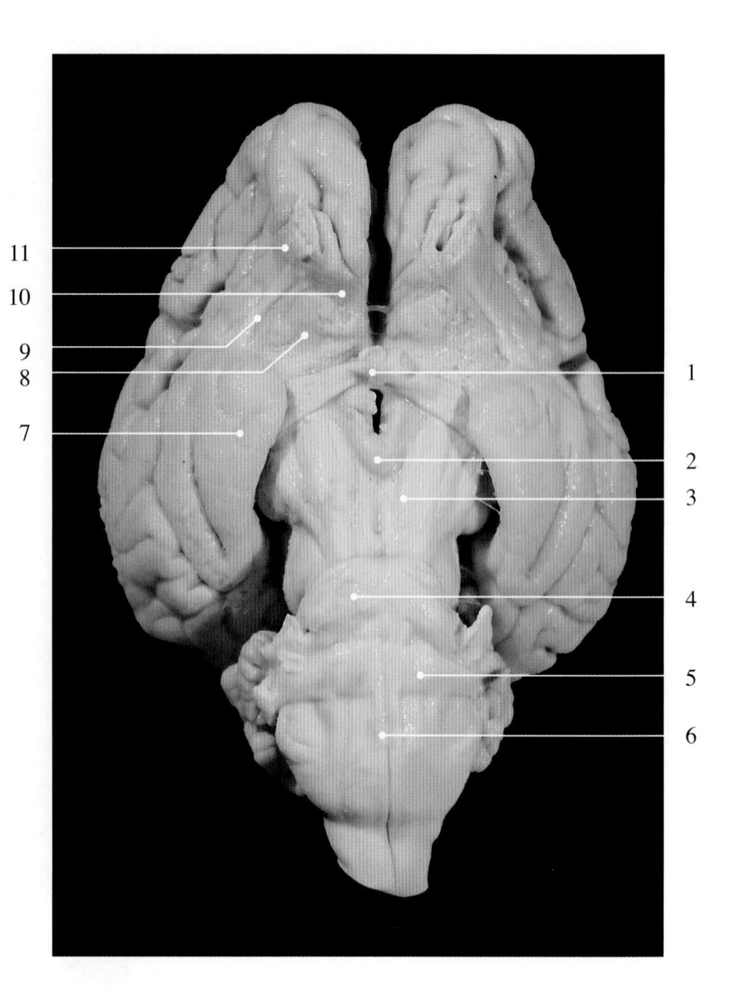

图12-3-29　长颈鹿脑腹侧观

1. 视交叉 optic chiasma
2. 乳头体 mamillary body
3. 大脑脚 cerebral peduncle
4. 脑桥 pons
5. 斜方体 trapezoid body
6. 锥体 pyramid
7. 梨状叶 piriform lobe
8. 嗅三角 olfactory trigonum
9. 外侧嗅束 lateral olfactory tract
10. 内侧嗅束 medial olfactory tract
11. 嗅束 olfactory tract

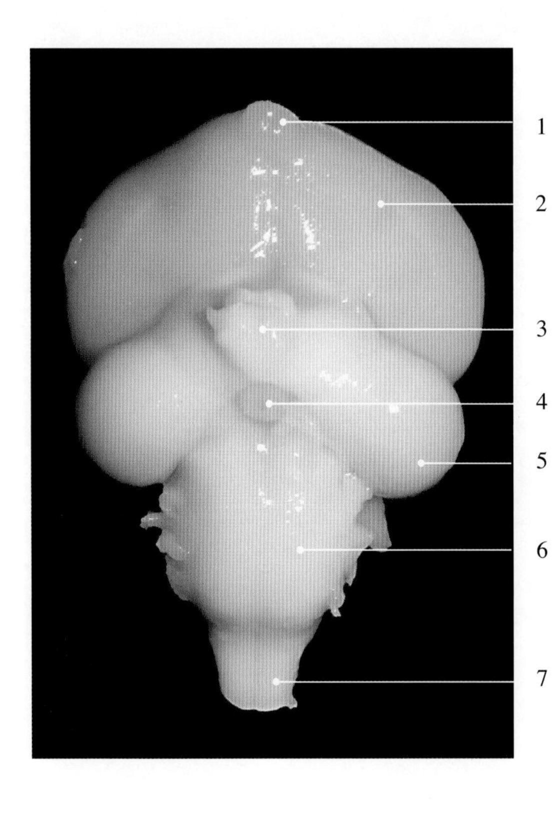

图12-3-30　鸡脑腹侧观

1. 嗅球 olfactory bulb
2. 大脑半球 cerebral hemisphere
3. 视交叉 optic chiasma
4. 漏斗部 infundibulum
5. 视顶盖 optic tectum
6. 延髓 medulla oblongata
7. 脊髓 spinal cord

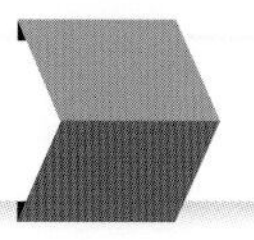

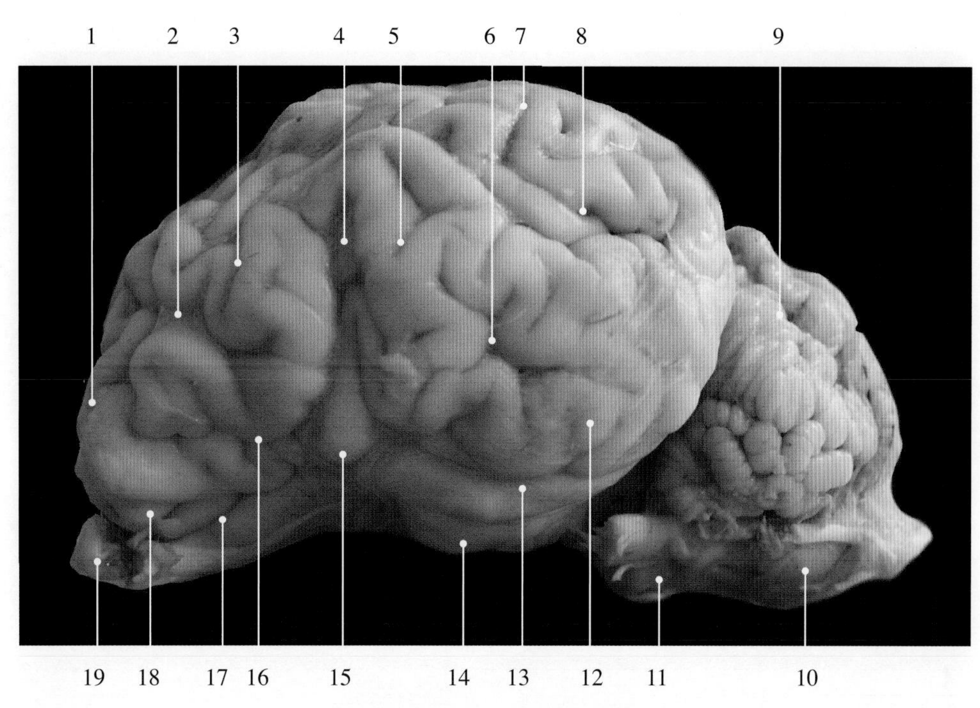

图 12-3-31　牛脑外侧观

1. 冠沟 coronary groove
2. 对角沟 diagonal groove
3. 上薛氏前沟 rostral suprasylvian groove
4. 薛氏裂 sylvian fissure
5. 斜沟 oblique groove
6. 外薛氏沟 ectosylvian groove
7. 外缘沟 ectomarginal groove
8. 上薛氏后沟 caudal suprasylvian groove
9. 小脑 cerebellum
10. 延髓 medulla oblongata
11. 脑桥 pons
12. 薛氏后回 caudal sylvian gyrus
13. 外侧嗅沟后部 caudal part of lateral olfactory groove
14. 梨状叶 piriform lobe
15. 薛氏回 sylvian gyrus
16. 薛氏前回 rostral sylvian groove
17. 外侧嗅沟前部 rostral part of lateral olfactory groove
18. 前薛氏沟 presylvian groove
19. 嗅球 olfactory bulb

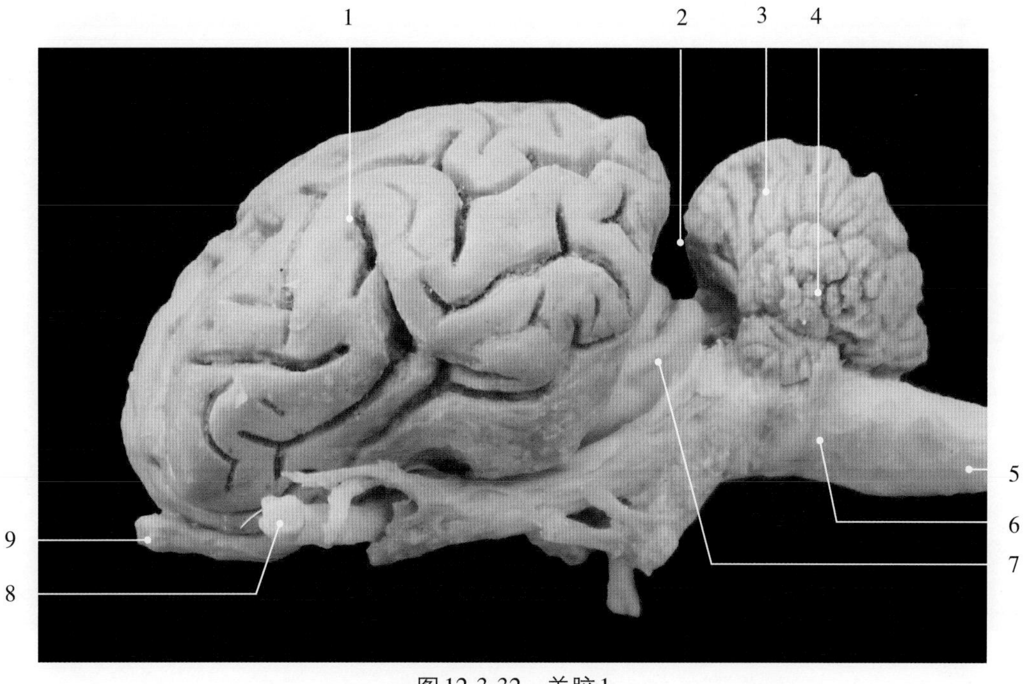

图 12-3-32　羊脑 1

1. 大脑半球 cerebral hemisphere
2. 大脑横裂 cerebral transverse fissure
3. 小脑蚓部 vermis cerebelli
4. 小脑半球 cerebellar hemisphere
5. 脊髓 spinal cord
6. 延髓 medulla oblongata
7. 中脑 mesencephalon
8. 视神经 optic nerve（Ⅱ）
9. 嗅球 olfactory bulb

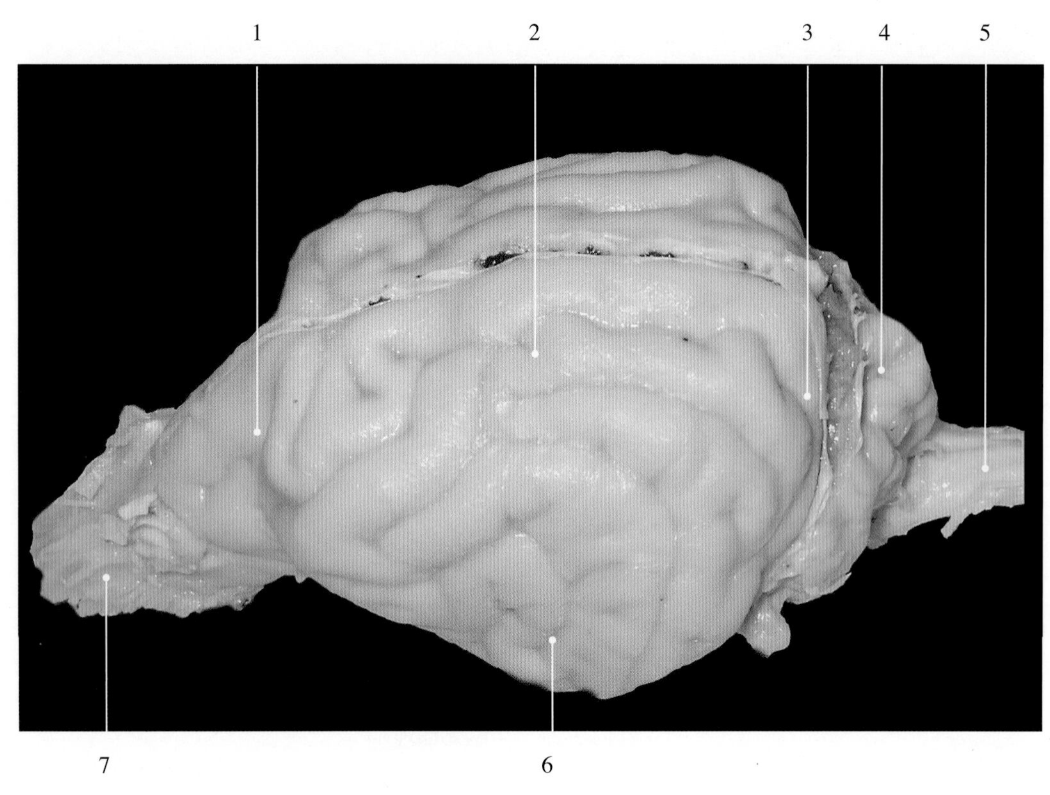

图12-3-33 犬脑外侧观

1. 额叶 frontal lobe
2. 顶叶 parietal lobe
3. 枕叶 occipital lobe
4. 小脑 cerebellum
5. 延髓 medulla oblongata
6. 颞叶 temporal lobe
7. 嗅球 olfactory bulb

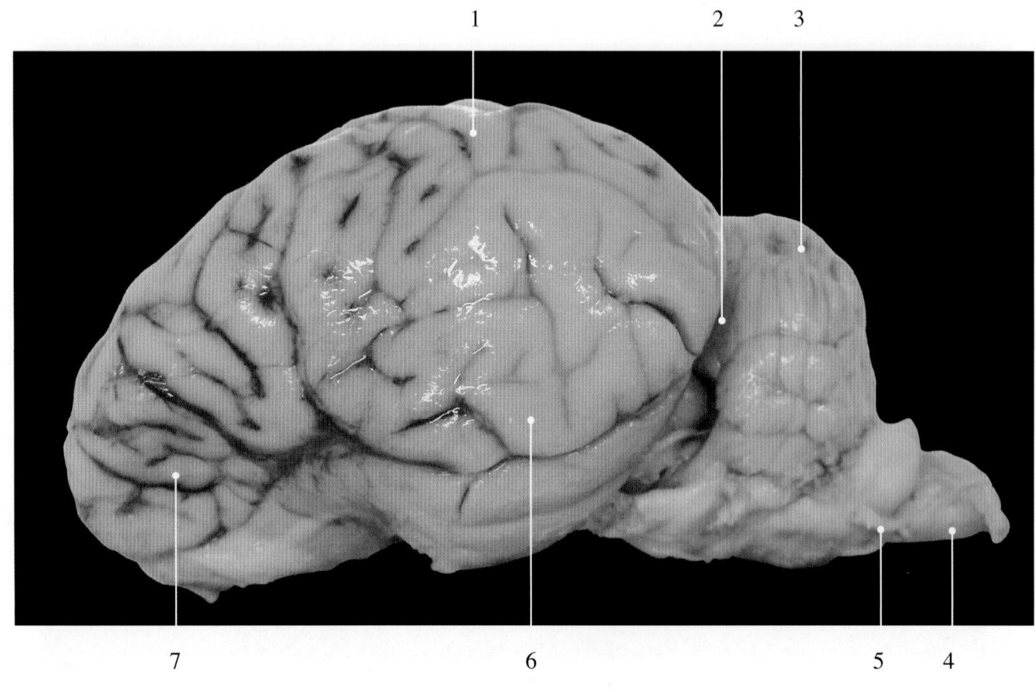

图12-3-34 麋鹿胚胎脑

1. 顶叶 parietal lobe
2. 大脑横裂 cerebral transverse fissure
3. 小脑 cerebellum
4. 脊髓 spinal cord
5. 延髓 medulla oblongata
6. 颞叶 temporal lobe
7. 额叶 frontal lobe

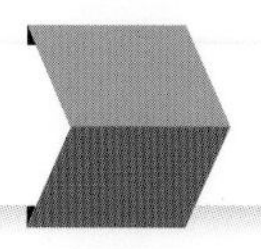

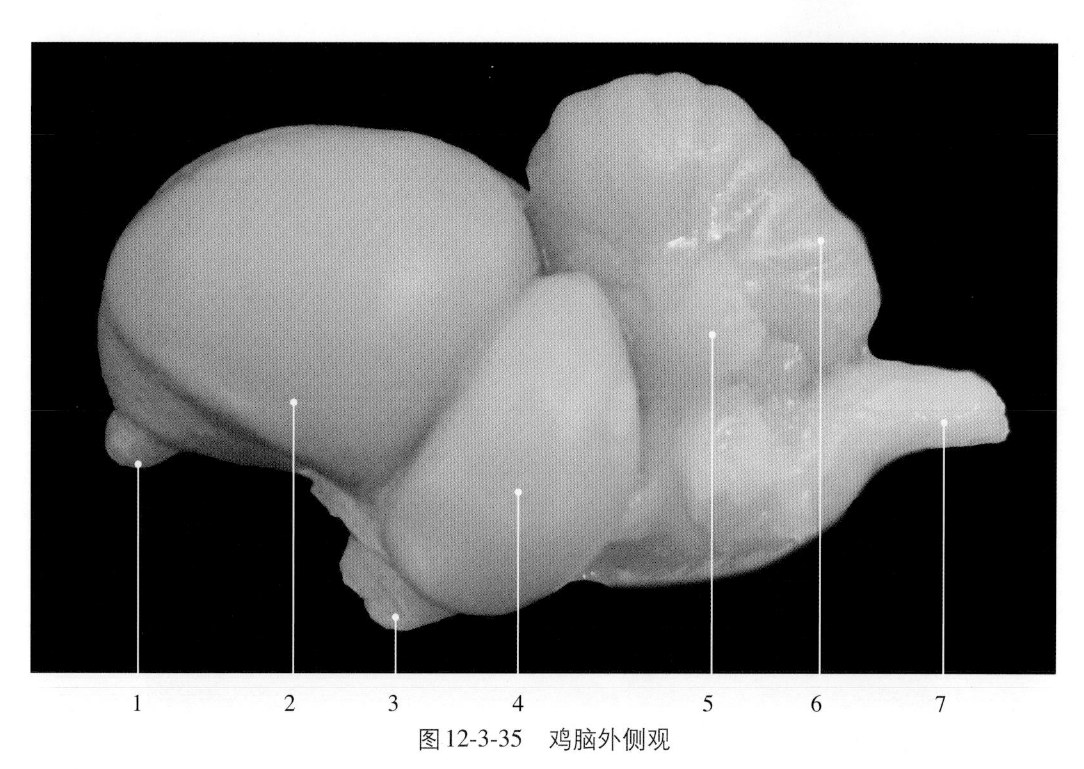

图 12-3-35　鸡脑外侧观

1. 嗅球 olfactory bulb
2. 大脑半球 cerebral hemisphere
3. 视交叉 optic chiasma
4. 视顶盖 optic tectum
5. 小脑绒球 flocculus cerebelli
6. 小脑蚓部 vermis cerebelli
7. 延髓 medulla oblongata

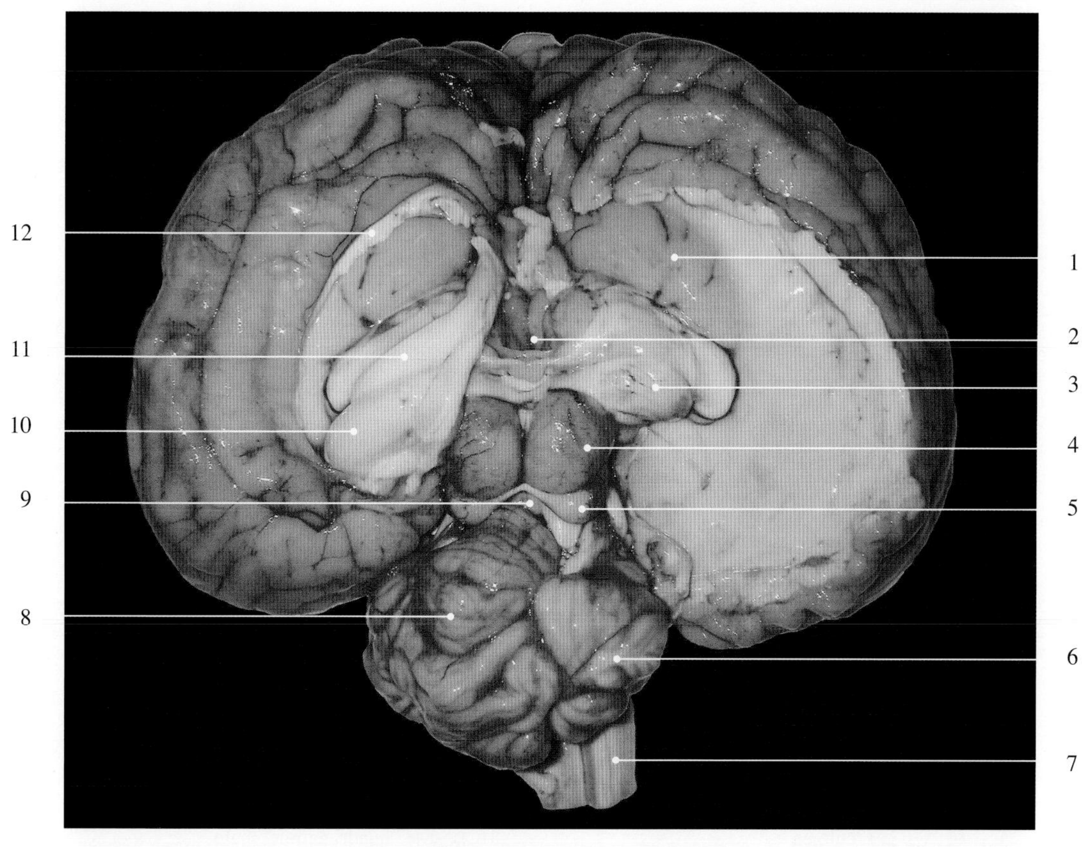

图 12-3-36　牛脑矢状面（新鲜标本）

1. 纹状体 corpus striatum
2. 第3脑室 3rd ventricle
3. 丘脑 thalamus
4. 前丘 rostral colliculus
5. 后丘 caudal colliculus
6. 小脑半球 cerebellar hemisphere
7. 延髓 medulla oblongata
8. 小脑蚓部 vermis cerebelli
9. 中脑导水管 aqueduct of the mesencephalon
10. 海马 hippocampus
11. 尾状核 caudate nucleus
12. 胼胝体 corpus callosum

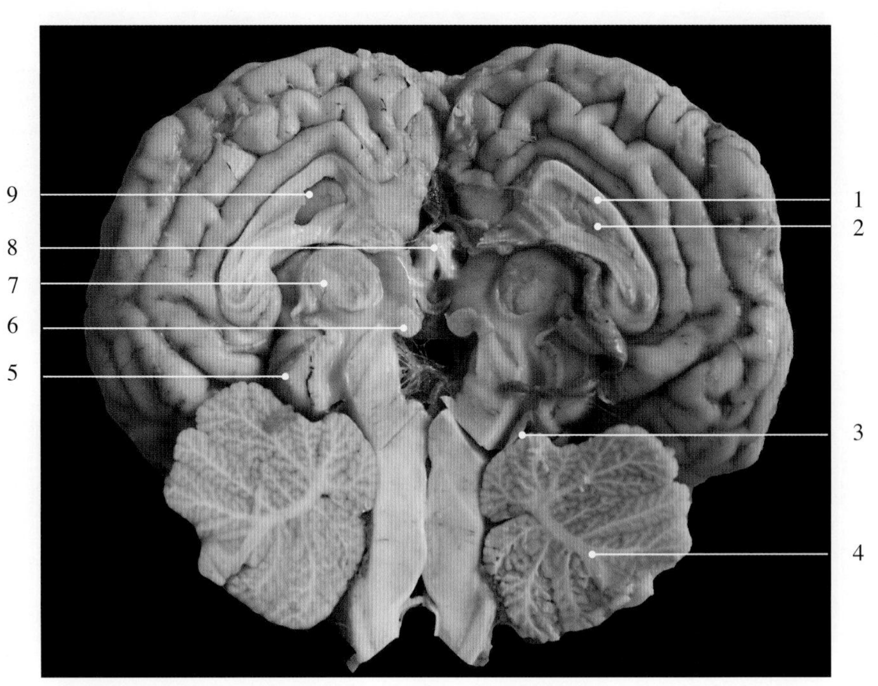

图12-3-37　犊牛脑正中矢状面

1. 胼胝体 corpus callosum
2. 透明隔 pellucid septum
3. 前髓帆 rostral medullary velum
4. 小脑髓树 cerebellum with tree of life
5. 四叠体 quadrigeminal plate
6. 乳头体 mamillary body
7. 丘脑间黏合 interthalamic adhesion
8. 视交叉 optic chiasma
9. 侧脑室 lateral ventricle

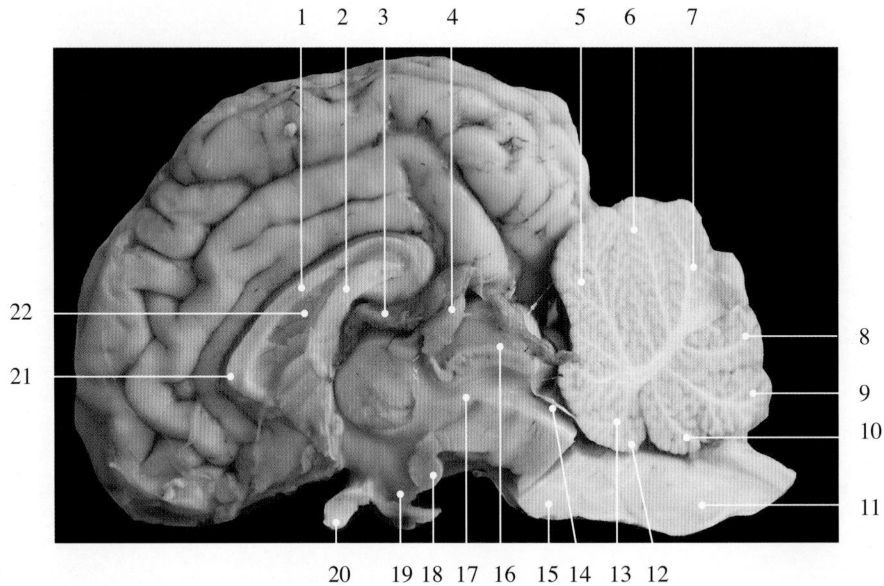

图12-3-38　犊牛脑正中矢状面

1. 胼胝体干 trunk of corpus callosum
2. 穹隆 fornix
3. 第3脑室脉络丛 choroid plexus of 3rd ventricle
4. 松果体 pineal body / pineal gland
5. 山顶（小脑）culmen
6. 山坡（小脑）declive
7. 蚓叶和蚓结节 folium of vermis and tuber of vermis
8. 蚓锥体 pyramid of vermis
9. 蚓垂 uvula of vermis
10. 小脑小结 nodule of cerebellum
11. 延髓 medulla oblongata
12. 小脑小舌 cerebellar lingula
13. 中央小叶 central lobule
14. 前髓帆 rostral medullary velum
15. 脑桥 pons
16. 四叠体 quadrigeminal plate
17. 中脑导水管 aqueduct of the mesencephalon
18. 乳头体 mamillary body
19. 灰结节 tuber cinereum
20. 视交叉 optic chiasma
21. 胼胝体膝 genu of corpus callosum
22. 透明隔 pellucid septum

图12-3-39　羊脑正中矢状面

1. 视交叉 optic chiasma
2. 灰结节 tuber cinereum
3. 乳头体 mamillary body
4. 第3脑室 3rd ventricle
5. 胼胝体膝 genu of corpus callosum
6. 透明隔 pellucid septum
7. 胼胝体干 trunk of corpus callosum
8. 第3脑室脉络丛 choroid plexus of 3rd ventricle
9. 大脑脚 cerebral peduncle
10. 四叠体 quadrigeminal plate
11. 大脑横裂 cerebral transverse fissure
12. 前髓帆 rostral medullary velum
13. 小脑 cerebellum
14. 延髓 medulla oblongata
15. 第4脑室 4th ventricle
16. 脑桥 pons
17. 松果体 pineal body / pineal gland
18. 丘脑间黏合 interthalamic adhesion
19. 侧脑室 lateral ventricle

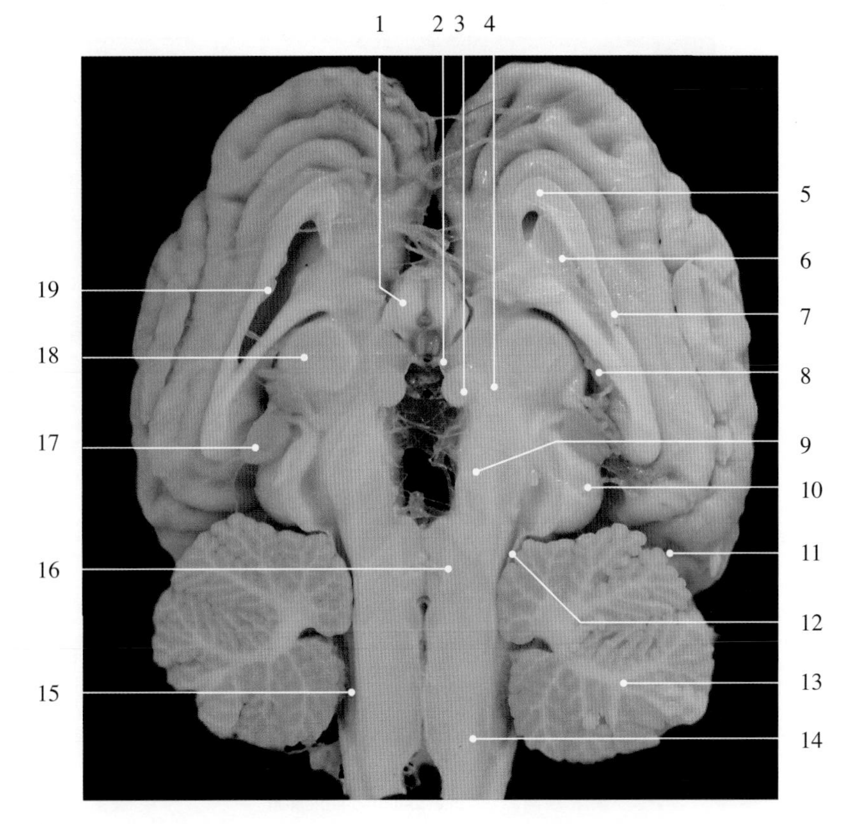

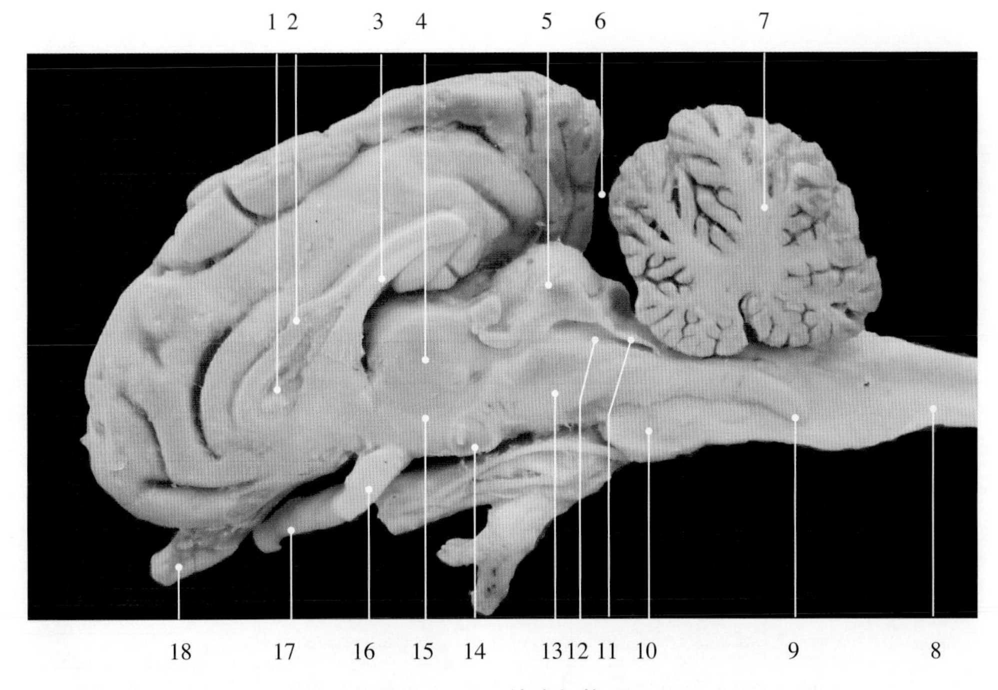

图12-3-40　羊脑矢状面

1. 侧脑室 lateral ventricle
2. 胼胝体 corpus callosum
3. 穹隆 fornix
4. 丘脑间黏合 interthalamic adhesion
5. 四叠体 quadrigeminal plate
6. 大脑横裂 cerebral transverse fissure
7. 小脑 cerebellum
8. 脊髓 spinal cord
9. 延髓 medulla oblongata
10. 脑桥 pons
11. 前髓帆 rostral medullary velum
12. 中脑导水管 aqueduct of the mesencephalon
13. 大脑脚 cerebral peduncle
14. 乳头体 mamillary body
15. 第3脑室 3rd ventricle
16. 视交叉 optic chiasma
17. 视神经 optic nerve（II）
18. 嗅球 olfactory bulb

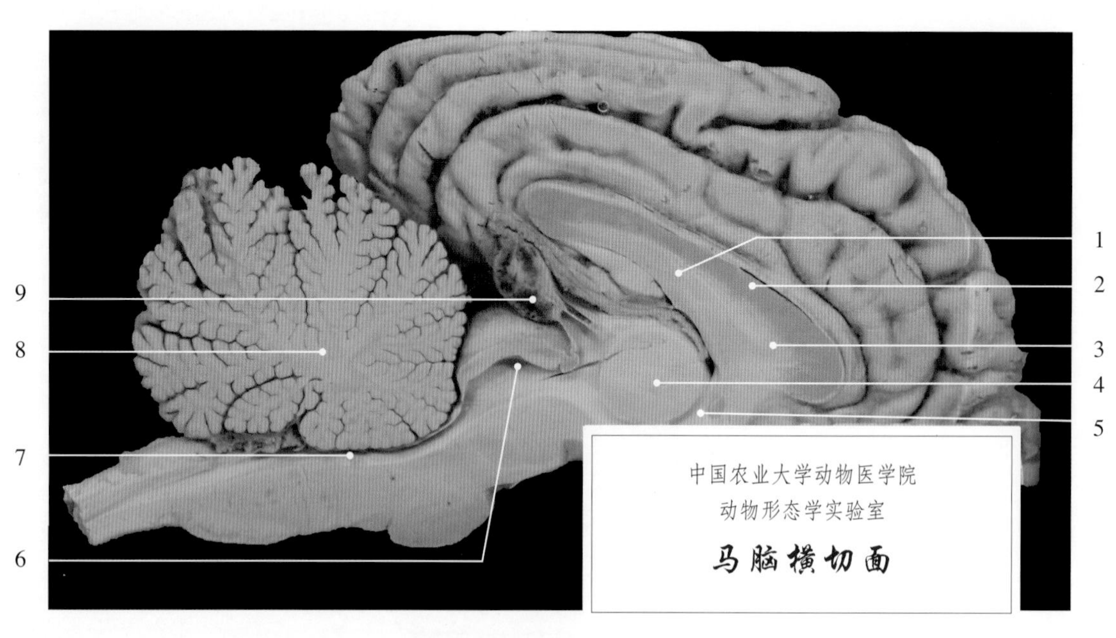

图12-3-41　马脑正中矢状面

1. 穹隆 fornix
2. 胼胝体 corpus callosum
3. 透明隔 pellucid septum
4. 丘脑间黏合 interthalamic adhesion
5. 第3脑室 3rd ventricle
6. 中脑导水管 aqueduct of the mesencephalon
7. 第4脑室 4th ventricle
8. 小脑 cerebellum
9. 松果体 pineal body / pineal gland

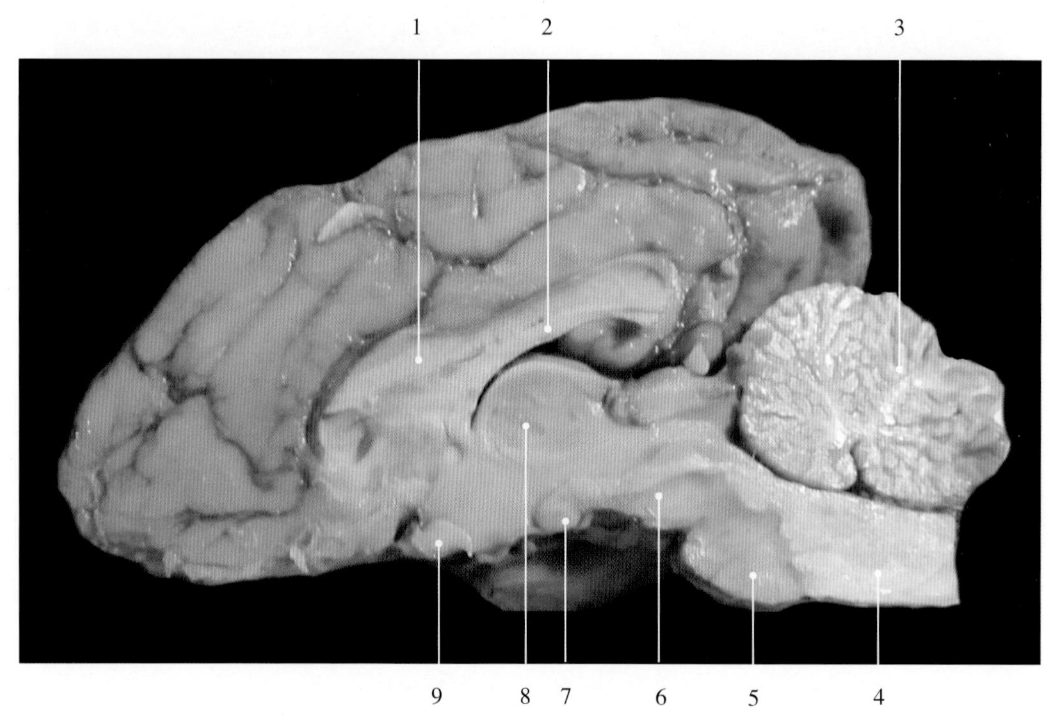

图12-3-42　犬脑矢状面

1. 胼胝体 corpus callosum
2. 穹隆 fornix
3. 小脑 cerebellum
4. 延髓 medulla oblongata
5. 脑桥 pons
6. 大脑脚 cerebral peduncle
7. 乳头体 mamillary body
8. 丘脑间黏合 interthalamic adhesion
9. 视交叉 optic chiasma

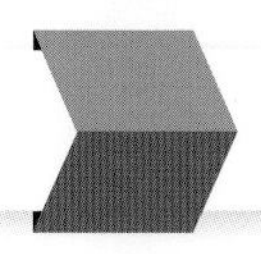

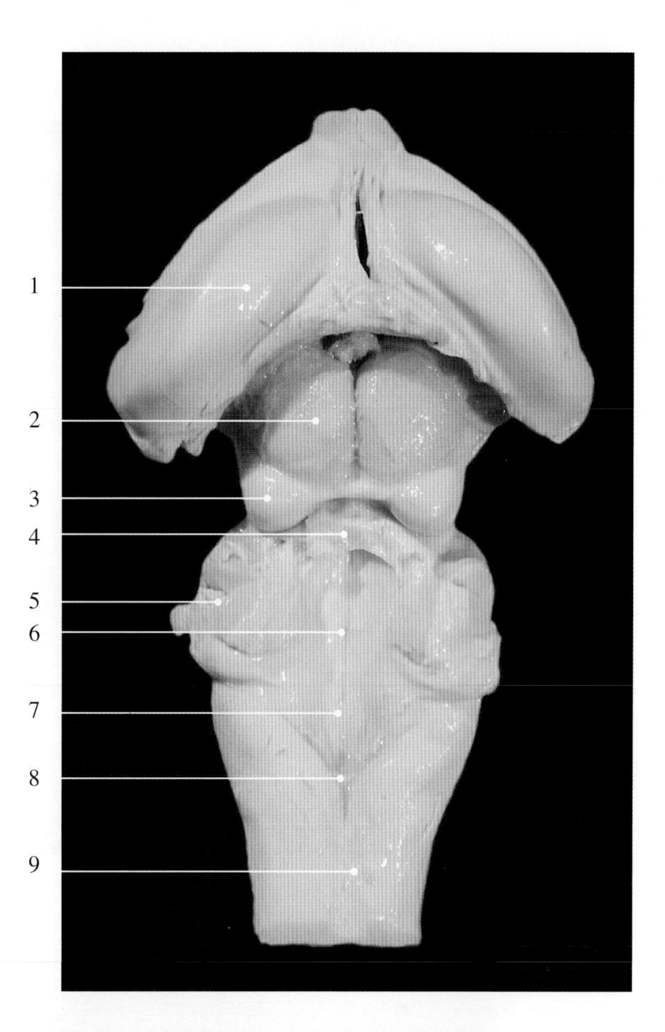

图12-3-43　牛脑干

1. 海马 hippocampus
2. 前丘 rostral colliculus
3. 后丘 caudal colliculus
4. 前髓帆 rostral medullary velum
5. 小脑脚 cerebellar peduncle
6. 正中沟 median groove
7. 菱形窝 rhomboid fossa
8. 闩 obex
9. 延髓 medulla oblongata

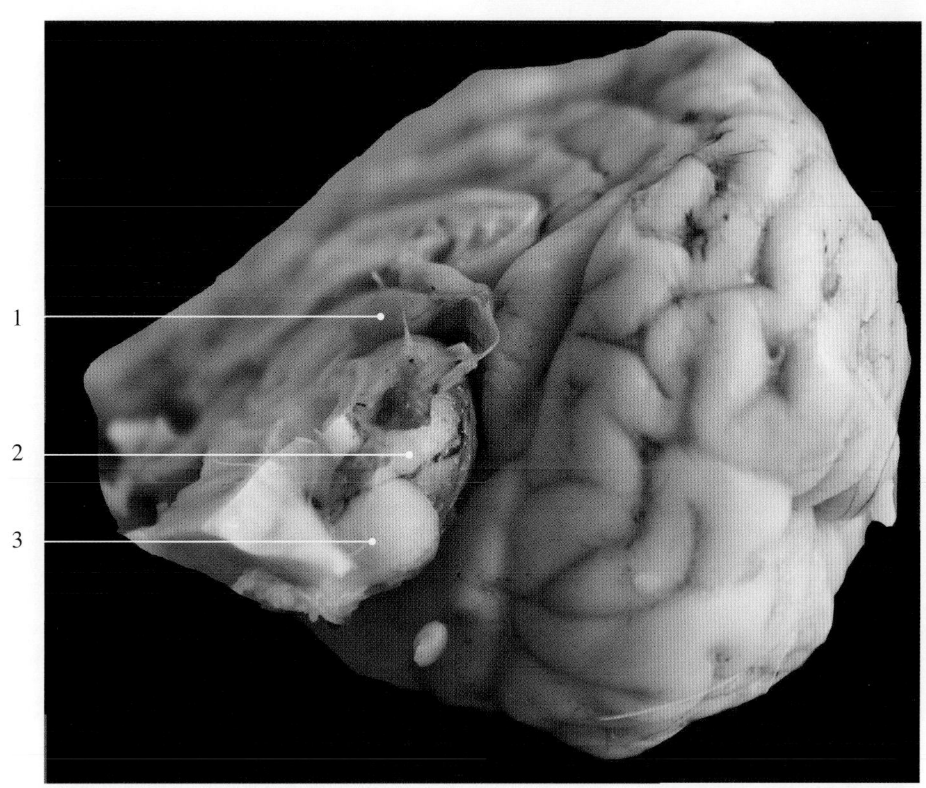

图12-3-44　犊牛脑中脑丘（右半部，后面观）

1. 松果体 pineal body / pineal gland　2. 前丘 rostral colliculus　3. 后丘 caudal colliculus

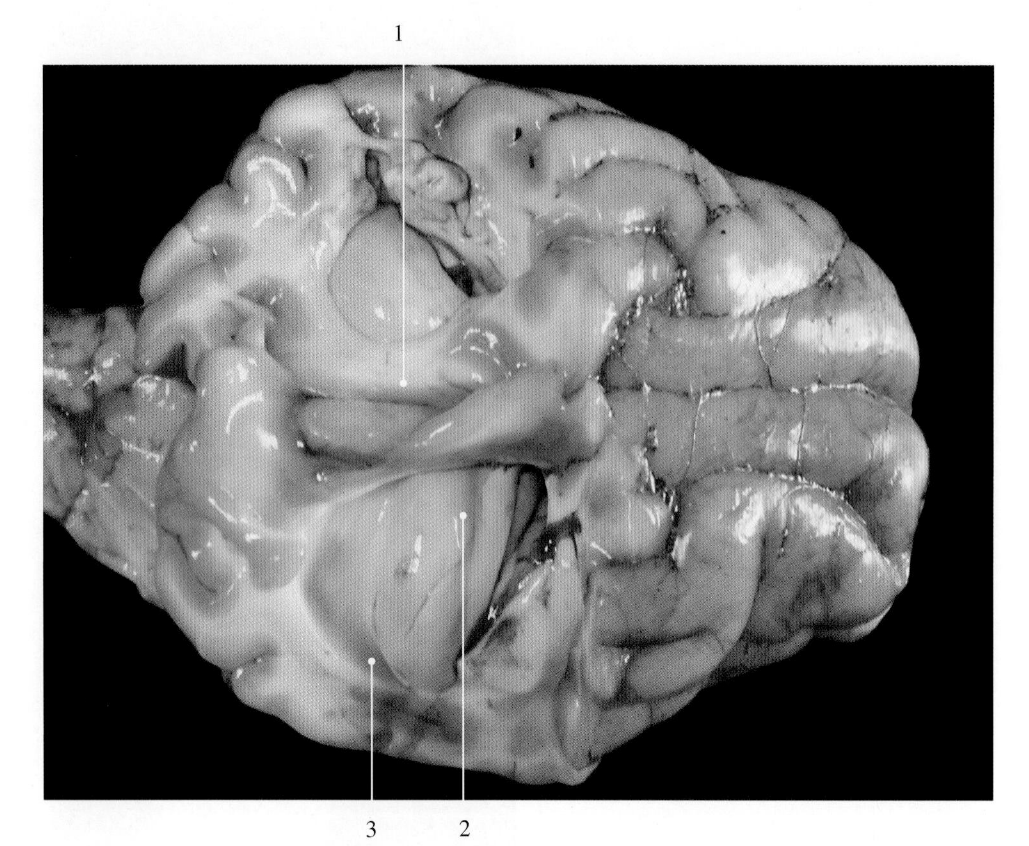

图12-3-45　五指山小型猪海马背侧观

1. 胼胝体 corpus callosum　2. 海马 hippocampus　3. 侧脑室 lateral ventricle

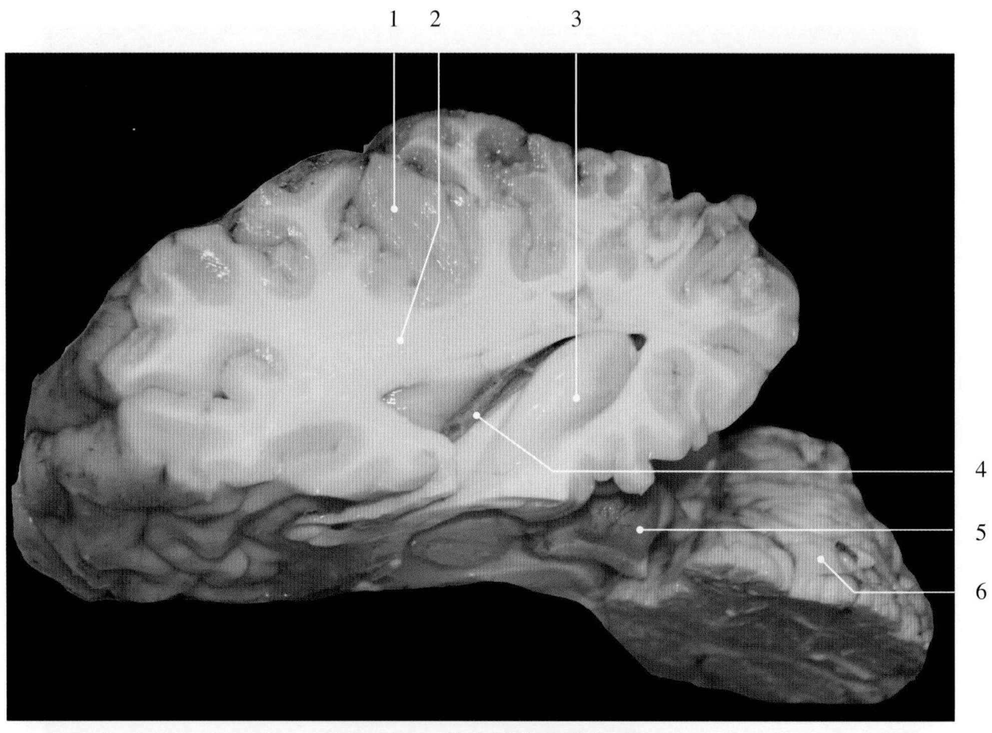

图12-3-46　犊牛脑海马背侧观

1. 大脑皮质 cerebral cortex
2. 大脑髓质 cerebral medullary substance
3. 海马 hippocampus
4. 脉络丛及侧脑室 choroid plexus and lateral ventricle
5. 前丘 rostral colliculus
6. 小脑 cerebellum

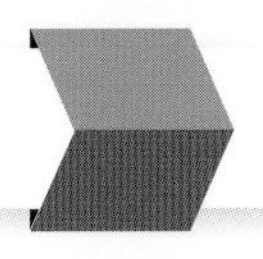

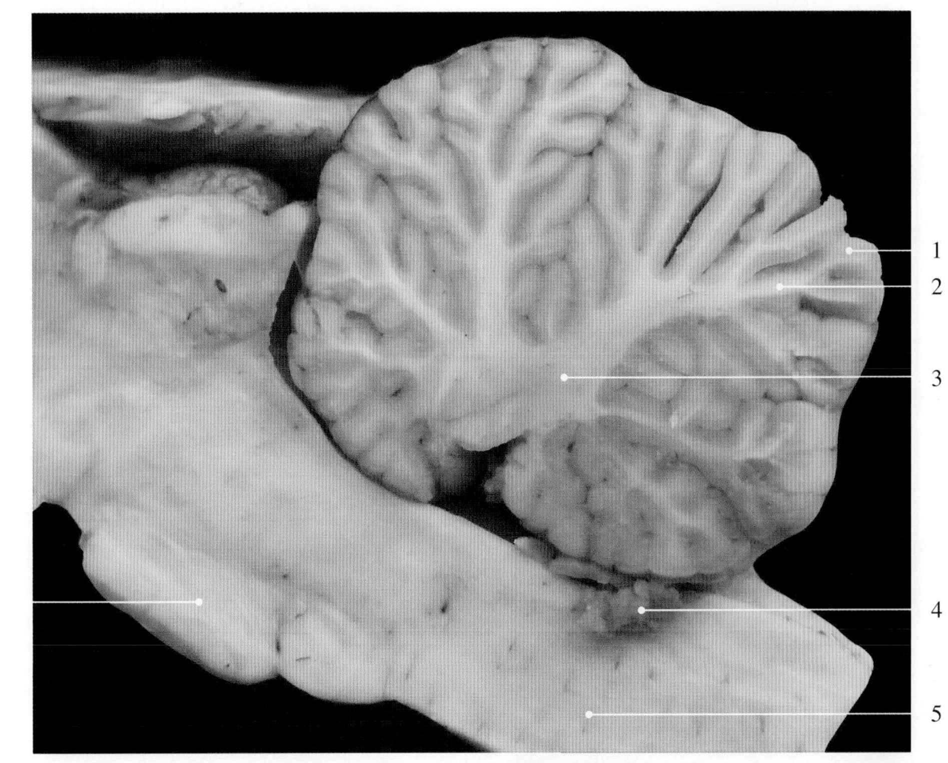

图12-3-47　犬小脑髓树正中矢面

1. 小脑皮质 cerebellar cortex
2. 小脑髓质 medulla of cerebellum
3. 小脑髓树 cerebellum with tree of life
4. 第4脑室脉络丛 choroid plexus of 4th ventricle
5. 延髓 medulla oblongata
6. 脑桥 pons

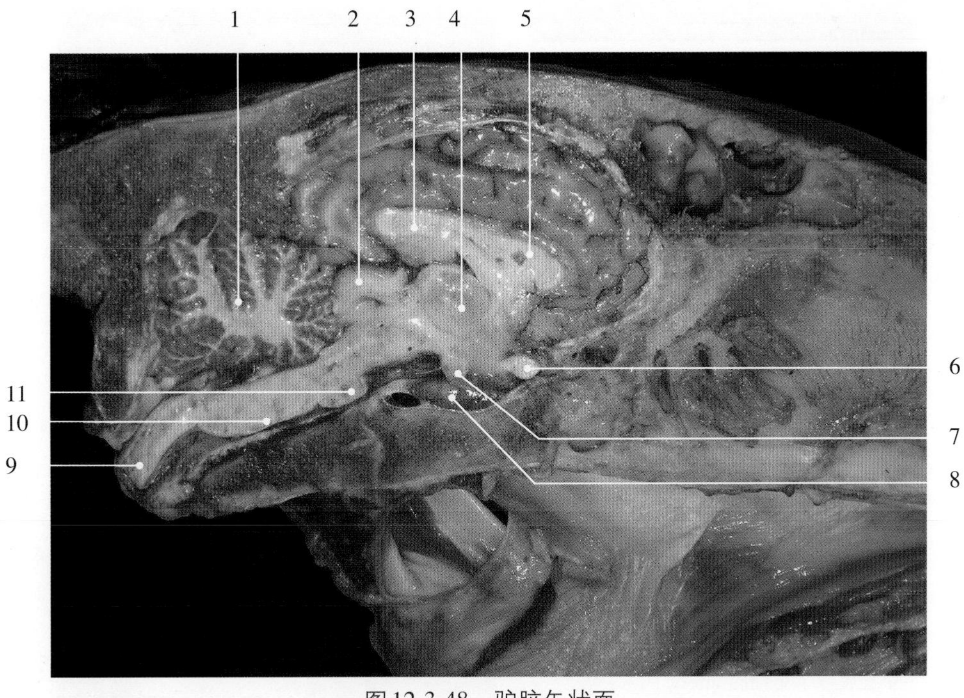

图12-3-48　驴脑矢状面

1. 小脑 cerebellum
2. 四叠体 quadrigeminal plate
3. 穹隆 fornix
4. 丘脑间黏合 interthalamic adhesion
5. 胼胝体 corpus callosum
6. 视神经 optic nerve（Ⅱ）
7. 乳头体 mamillary body
8. 垂体 pituitary gland
9. 脊髓 spinal cord
10. 延髓 medulla oblongata
11. 脑桥 pons

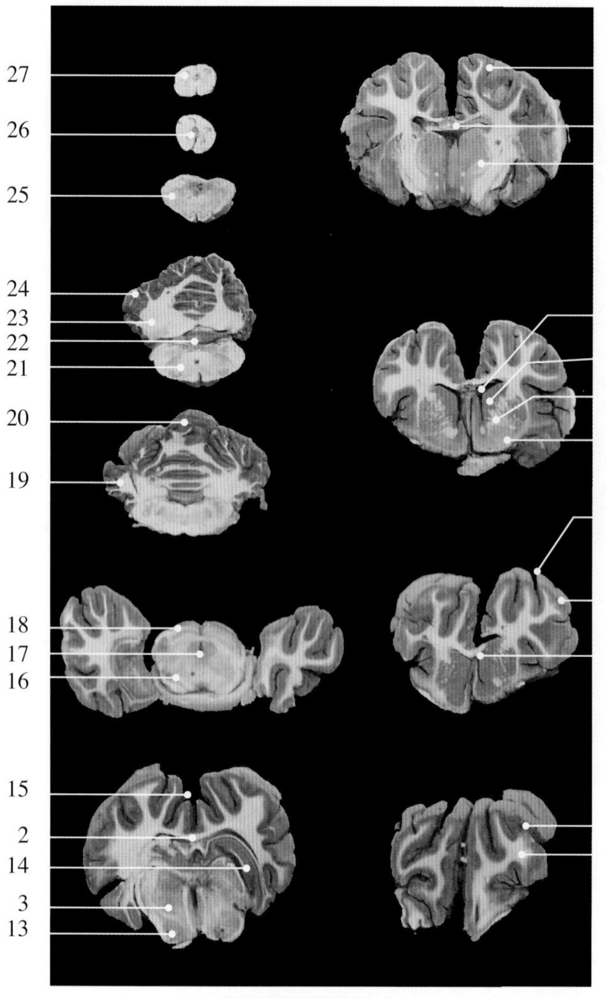

图12-3-49　小型猪脑横切面

1. 大脑 cerebrum
2. 胼胝体 corpus callosum
3. 丘脑 thalamus
4. 侧脑室 lateral ventricle
5. 尾状核 caudate nucleus
6. 内囊 internal capsule
7. 豆状核 lenticular nucleus
8. 纹状体 corpus striatum（5、6、7合称）
9. 脑沟 sulcus
10. 脑回 gyrus
11. 大脑灰质 cerebral gray matter
12. 大脑白质 cerebral white matter
13. 下丘脑 hypothalamus
14. 海马 hippocampus
15. 大脑纵裂 cerebral longitudinal fissure
16. 大脑脚 cerebral peduncle
17. 中脑导水管 aqueduct of the mesencephalon
18. 四叠体 quadrigeminal plate
19. 小脑半球 cerebellar hemisphere
20. 小脑蚓部 vermis cerebelli
21. 延髓开张部 patulous part of medulla oblongata
22. 第4脑室底 bottom of 4th ventricle
23. 小脑白质 cerebellar white matter
24. 小脑灰质 cerebellar gray matter
25. 延髓 medulla oblongata
26. 脊髓中央管 spinal canal
27. 脊髓灰质 grey matter of spinal cord

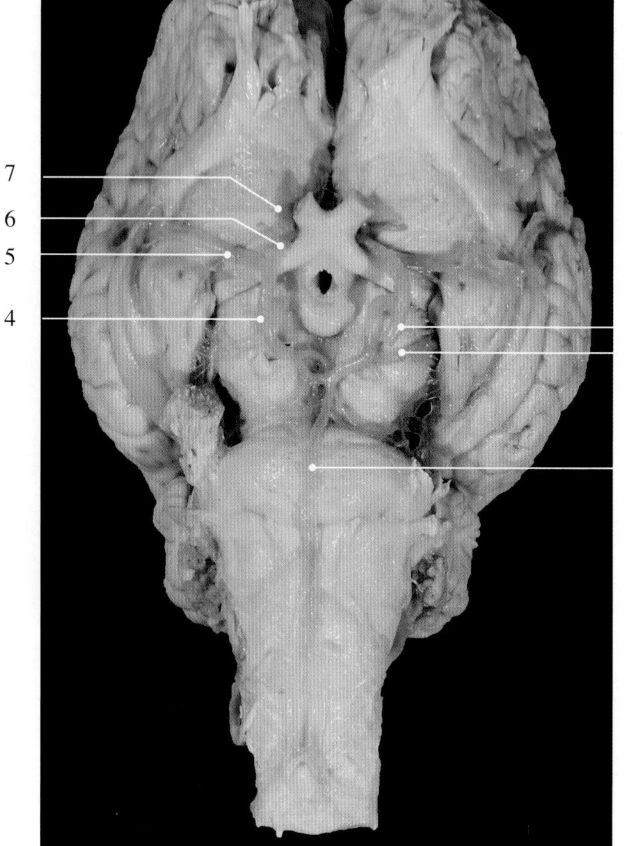

图12-3-50　马脑血管腹侧观

1. 颈内动脉 internal carotid artery
2. 大脑后动脉 caudal cerebral artery
3. 基底动脉 basilar artery
4. 动脉环 arterial circle
5. 大脑中动脉 middle cerebral artery
6. 动脉环的大脑前动脉 rostral cerebral artery of the arterial circle
7. 胼胝体动脉 corpus callosum artery

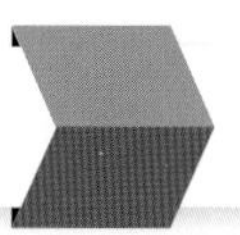

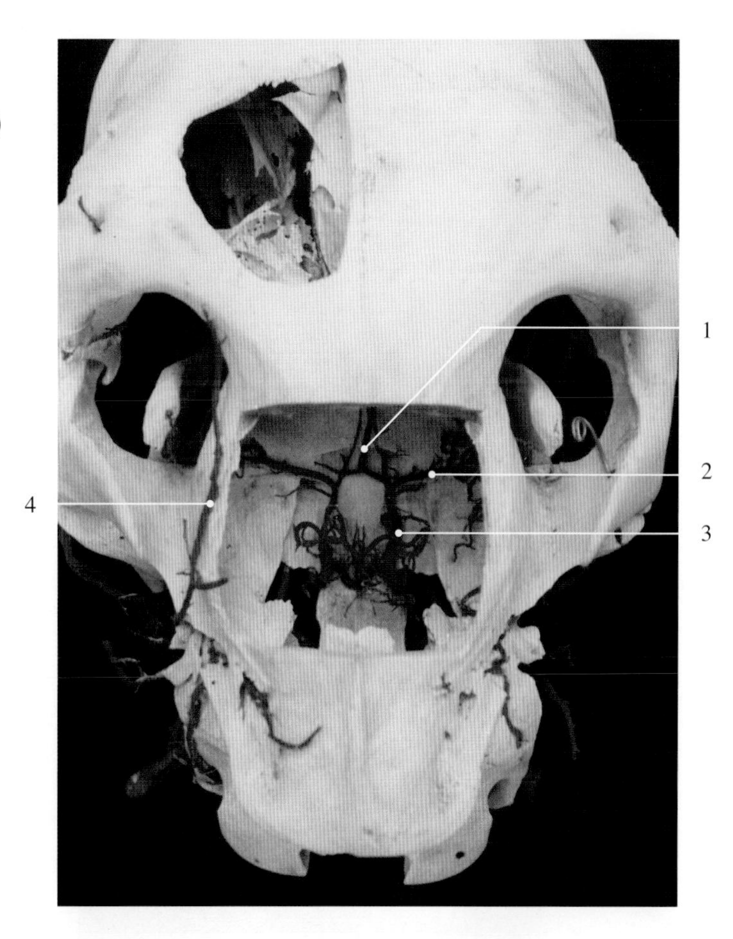

图12-3-51　马动脉环（背侧观，铸型标本）

1. 胼胝体动脉 corpus callosum artery
2. 大脑中动脉 middle cerebral artery
3. 动脉环 arterial circle
4. 颞浅动脉 superficial temporal artery

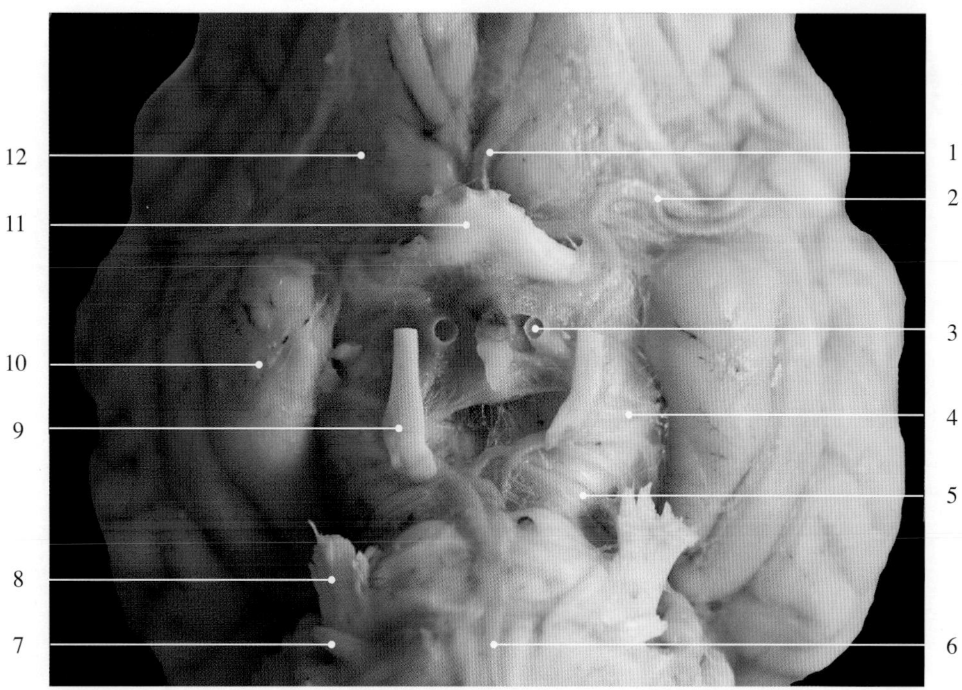

图12-3-52　犊牛脑血管腹侧观

1. 胼胝体动脉 corpus callosum artery
2. 大脑中动脉 middle cerebral artery
3. 上颌动脉 maxillary artery
4. 大脑后动脉 caudal cerebral artery
5. 小脑前动脉 rostral cerebellar artery
6. 基底动脉 basilar artery
7. 面神经 facial nerve (Ⅶ)
8. 三叉神经 trigeminal nerve (Ⅴ)
9. 动眼神经 oculomotor nerve (Ⅲ)
10. 梨状叶 piriform lobe
11. 视交叉 optic chiasma
12. 嗅三角 olfactory trigonum

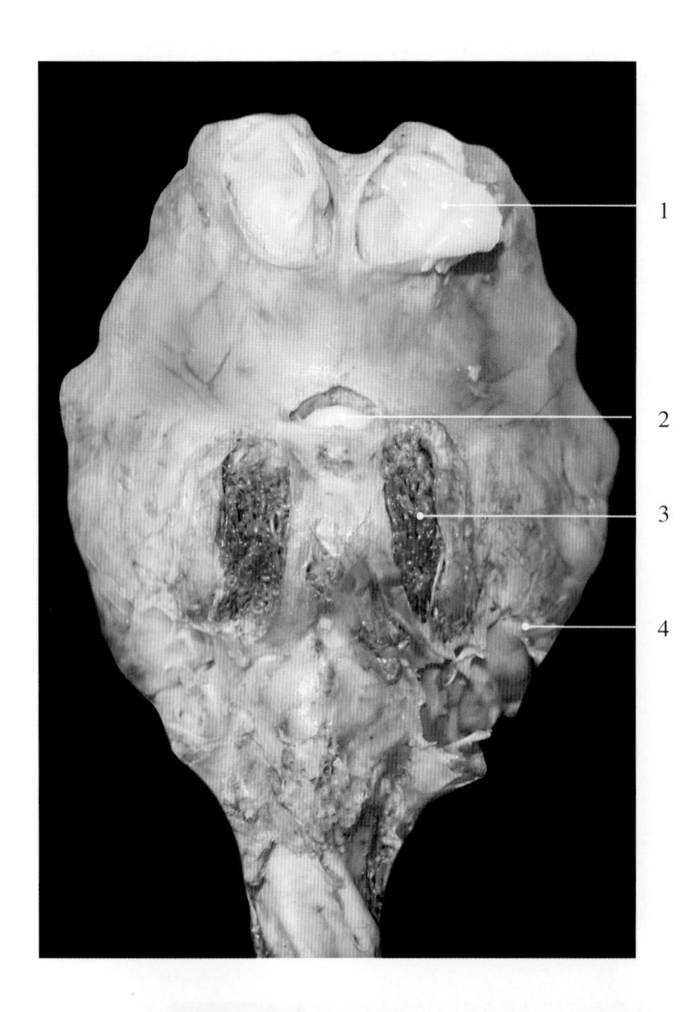

图12-3-53　牛硬膜外异网

1. 嗅球　olfactory bulb
2. 视交叉　optic chiasma
3. 硬膜外异网　epidural rete mirabile
4. 脑硬膜　encephalic dura mater

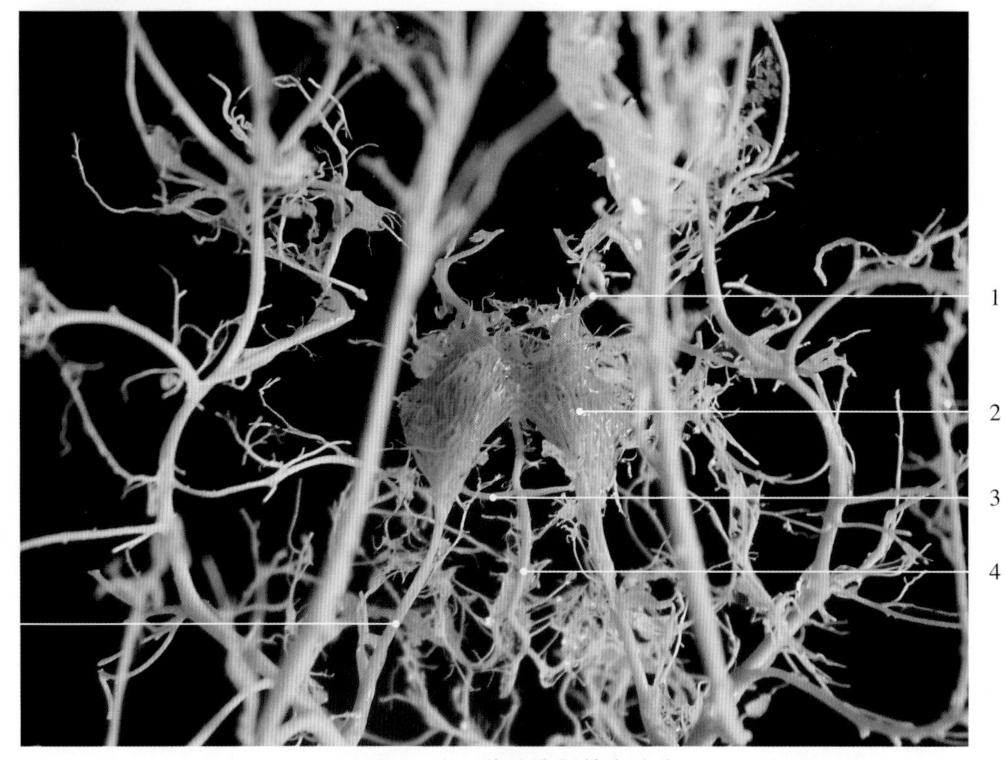

图12-3-54　小型猪脑腹侧基底动脉

1. 动脉环　arterial circle
2. 硬膜外异网　epidural rete mirabile
3. 小脑后动脉　caudal cerebellar artery
4. 基底动脉　basilar artery
5. 颈内动脉　internal carotid artery

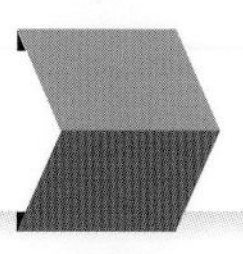

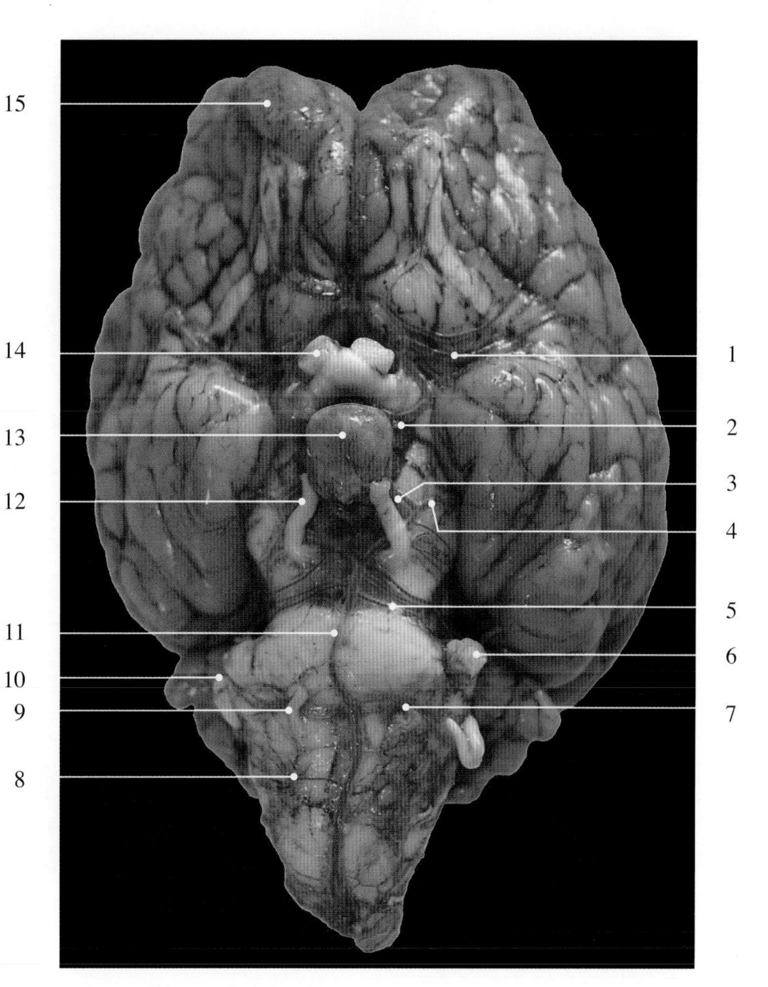

图 12-3-55　羊驼脑血管腹侧观

1. 大脑中动脉 middle cerebral artery
2. 颈内动脉 internal carotid artery
3. 动脉环 arterial circle
4. 大脑后动脉 caudal cerebral artery
5. 小脑前动脉 rostral cerebellar artery
6. 三叉神经（Ⅴ）trigeminal nerve（Ⅴ）
7. 小脑后动脉 caudal cerebellar artery
8. 椎动脉分支 vertebral artery branch
9. 外展神经（Ⅵ）abducent nerve（Ⅵ）
10. 面神经（Ⅶ）facial nerve（Ⅶ）
11. 基底动脉 basilar artery
12. 动眼神经（Ⅲ）oculomotor nerve（Ⅲ）
13. 垂体 pituitary gland
14. 视神经（Ⅱ）optic nerve（Ⅱ）
15. 嗅球 olfactory bulb

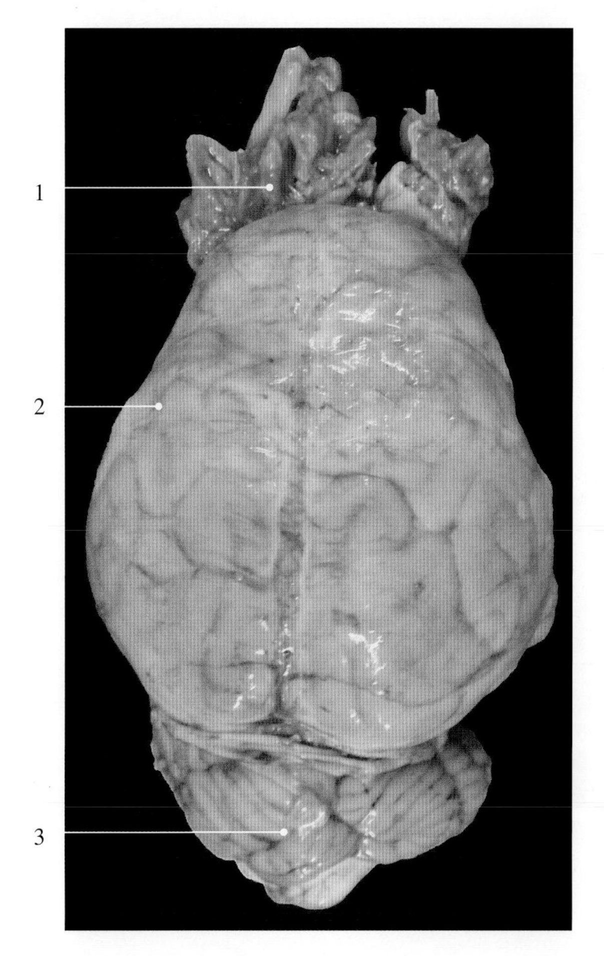

图 12-3-56　猪脑背侧观

1. 嗅球 olfactory bulb
2. 大脑 cerebrum
3. 小脑 cerebellum

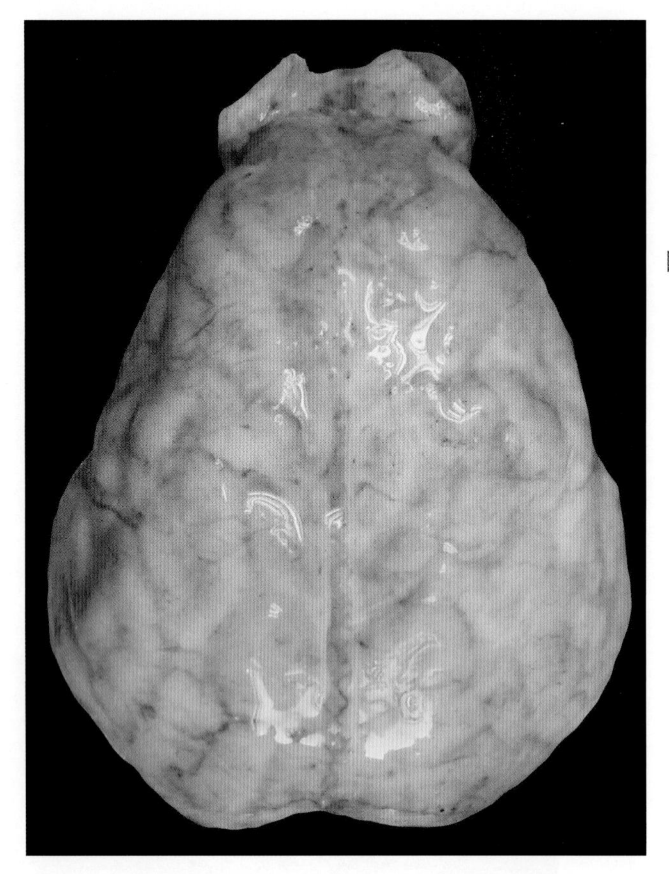

图12-3-57　五指山小型猪脑膜（新鲜标本）

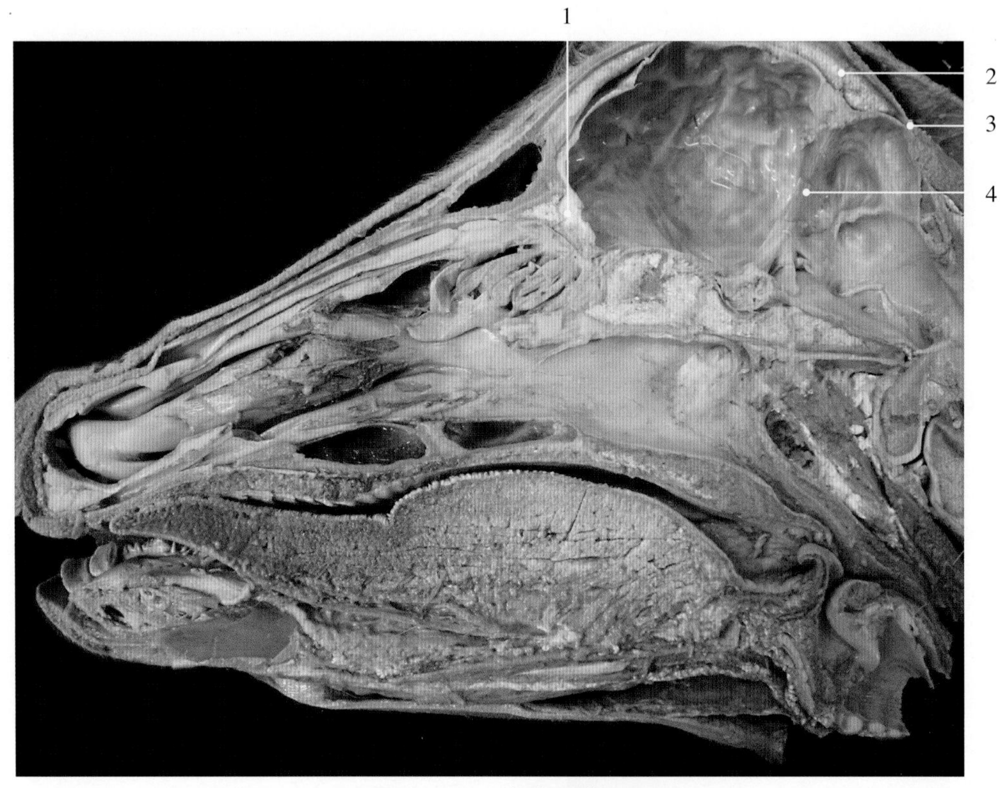

图12-3-58　牛脑硬膜

1. 筛板 cribriform plate
2. 顶骨 parietal bone
3. 脑硬膜 encephalic dura mater
4. 小脑幕 tentorium of cerebellum

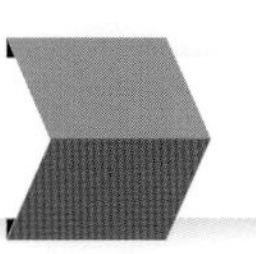

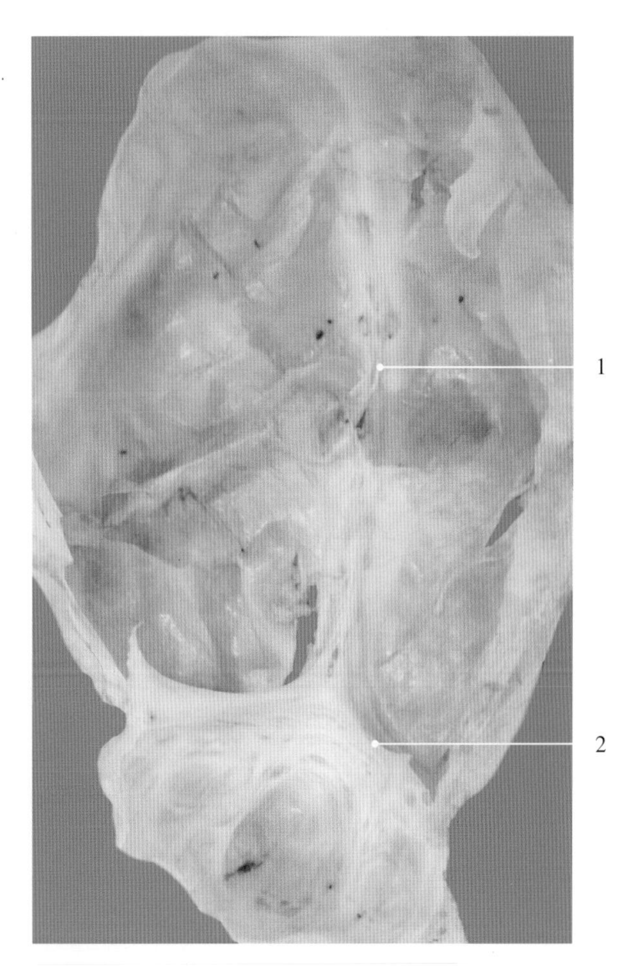

图 12-3-59　羊脑背侧硬膜腹侧观

1. 大脑镰 cerebral falx
2. 小脑幕 tentorium of cerebellum

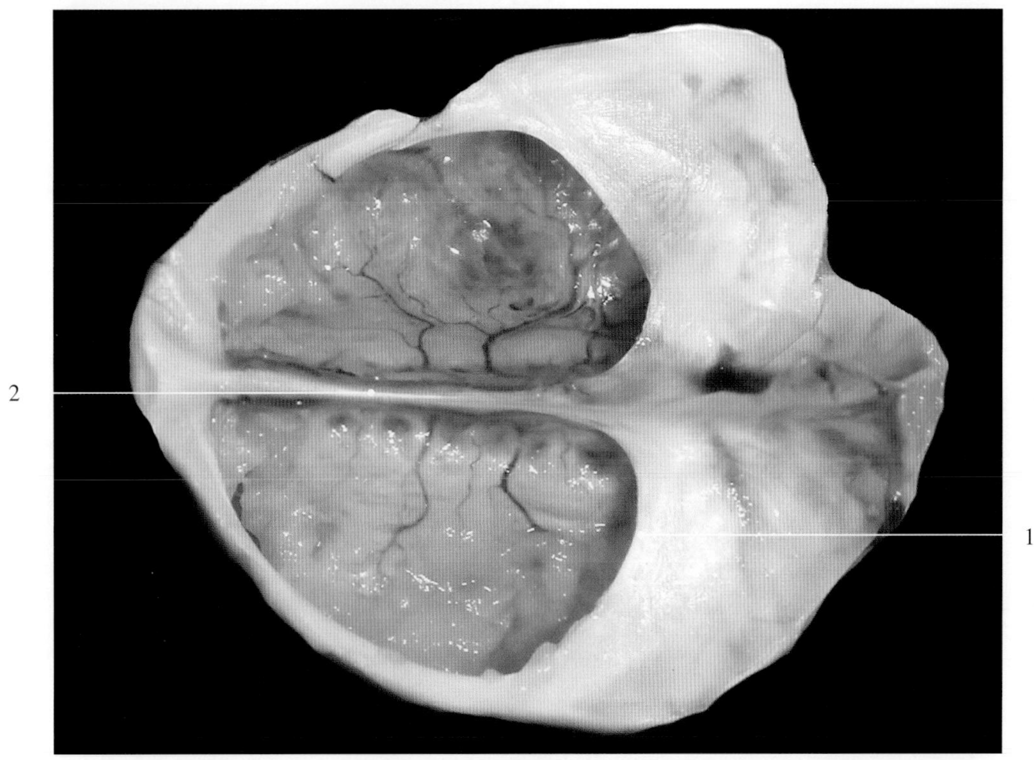

图 12-3-60　猪硬脑膜腹侧观

1. 大脑镰 cerebral falx
2. 小脑幕 tentorium of cerebellum

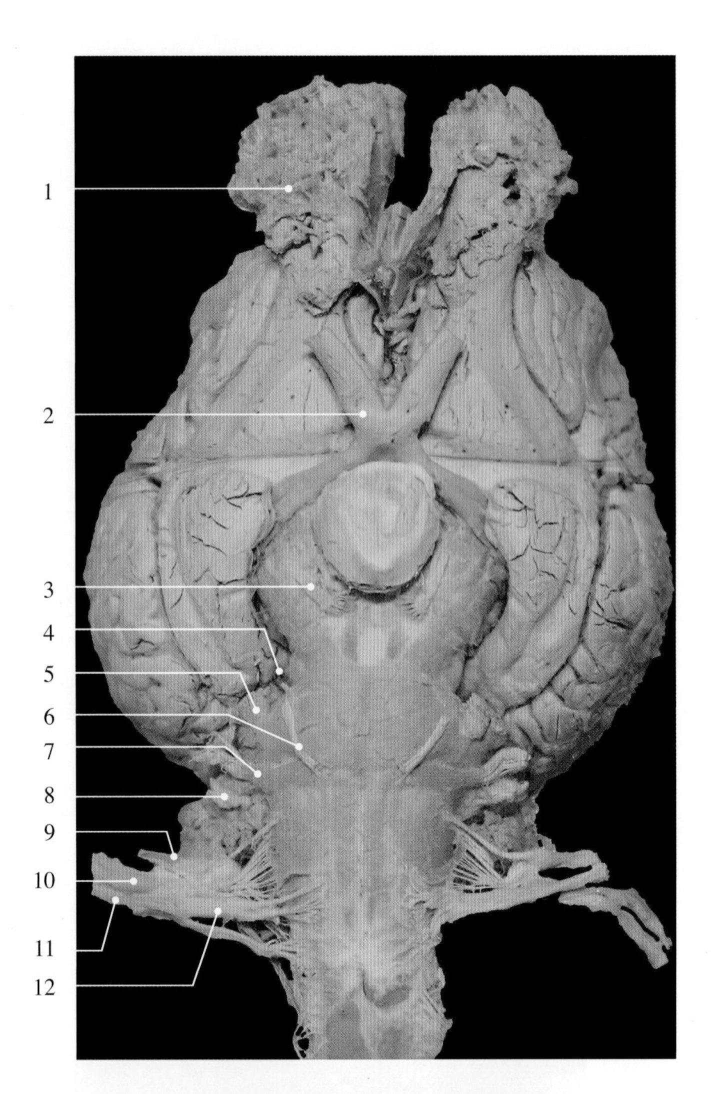

图12-4-1　马脑神经

马的舌咽神经通过喉囊的内侧间隔，与舌下神经走在一个共同的皱襞内。喉囊炎能够引起该神经损伤，症状为吞咽困难。

马的舌下神经通过喉囊的内侧间隔，与舌咽神经走在一个共同的皱襞内，越过颈内动脉，与舌面动脉干伴行至舌根。喉囊发生传染性疾病或者原发性损伤可能引起此神经损伤，症状为舌麻痹。

1. 嗅神经　olfactory nerve（Ⅰ）
2. 视神经　optic nerve（Ⅱ）
3. 动眼神经　oculomotor nerve（Ⅲ）
4. 滑车神经　trochlear nerve（Ⅳ）
5. 三叉神经　trigeminal nerve（Ⅴ）
6. 外展神经　abducent nerve（Ⅵ）
7. 面神经　facial nerve（Ⅶ）
8. 前庭耳蜗神经　vestibulocochlear nerve（Ⅷ）
9. 舌咽神经　glossopharyngeal nerve（Ⅸ）
10. 迷走神经　vagus nerve（Ⅹ）
11. 副神经　accessory nerve（Ⅺ）
12. 舌下神经　hypoglossal nerve（Ⅻ）

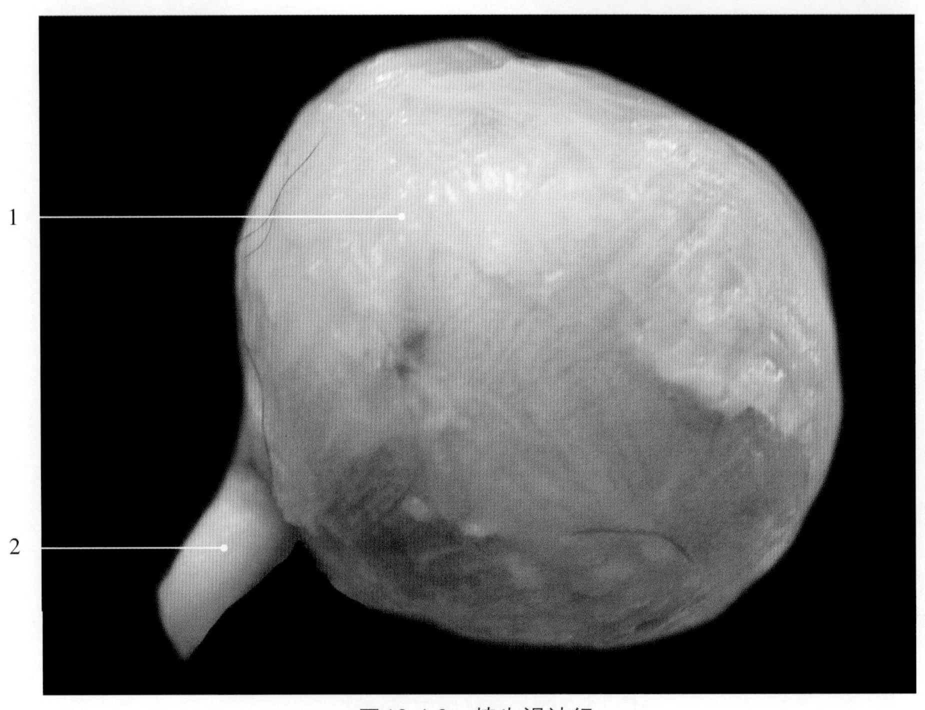

图12-4-2　犊牛视神经

1. 眼球　eye ball　　2. 视神经　optic nerve（Ⅱ）

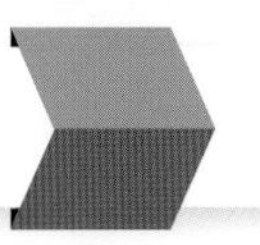

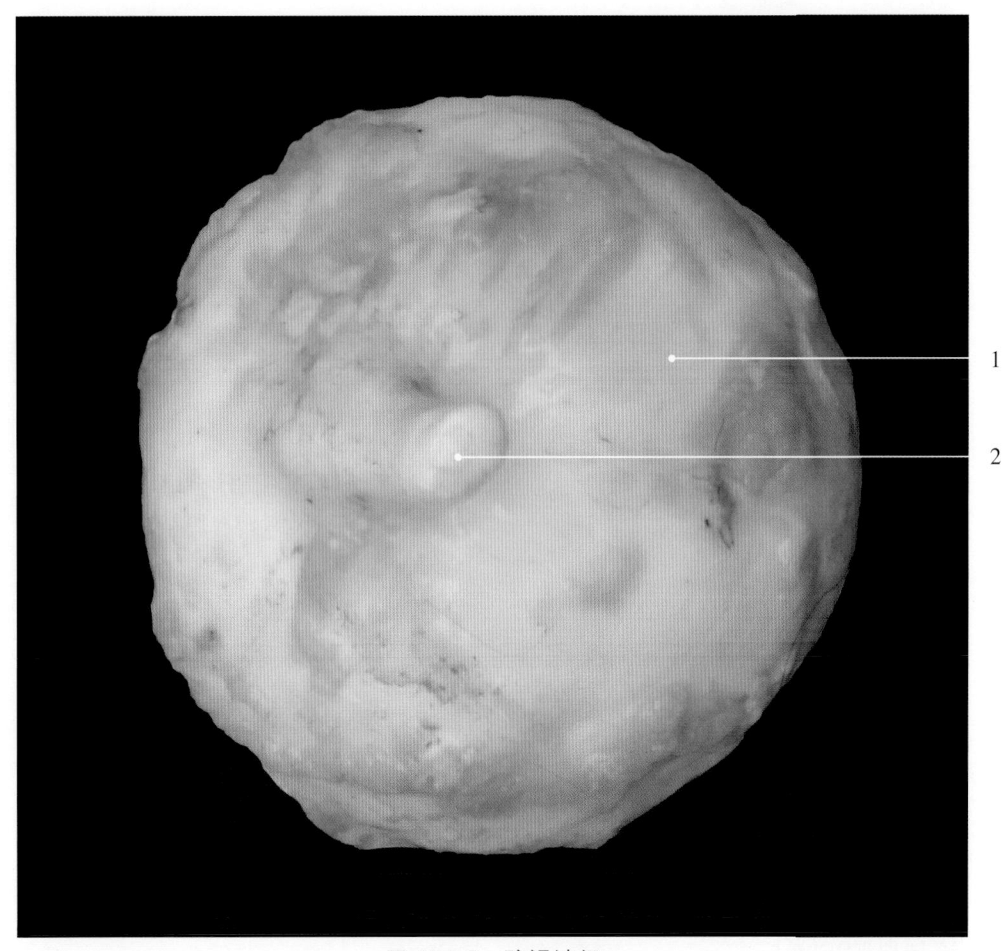

图12-4-3　驴视神经

1. 眼球 eye ball　　2. 视神经 optic nerve（Ⅱ）

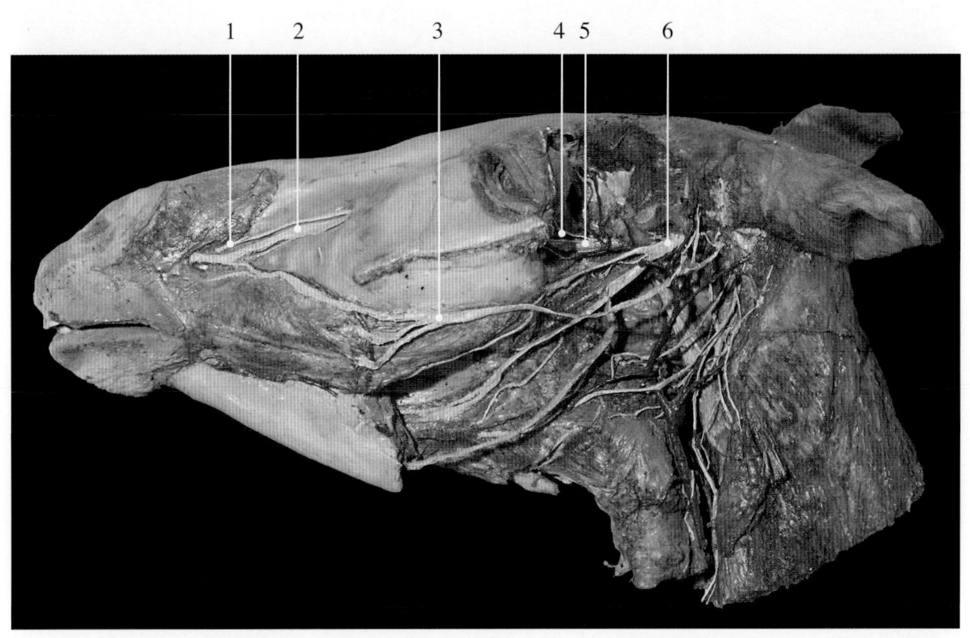

图12-4-4　马三叉神经-眼神经和上颌神经主要分支

1. 鼻外侧神经 lateral nasal nerve　　4. 眼神经 ophthalmic nerve
2. 眶下神经 infraorbital nerve　　5. 上颌神经 maxillary nerve
3. 面神经 facial nerve（Ⅶ）　　6. 下颌神经 mandibular nerve

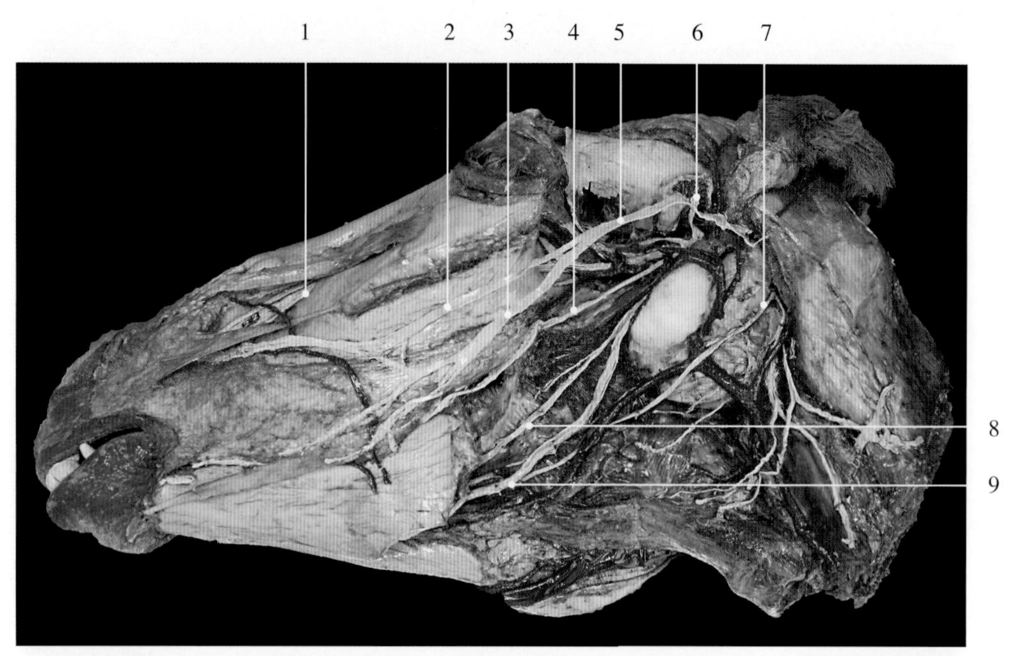

图12-4-5 马三叉神经-下颌神经主要分支

三叉神经损伤引起咀嚼肌麻痹，其特征是颌下垂。这种情况在犬中最为常见。在许多病例中，经常与舌下神经麻痹同时发生，导致患病动物的舌由口腔脱出。最常见的病因是脑脓肿、脑损伤和狂犬病。

1. 眶下神经 infraorbital nerve
2. 面神经颊背侧支 dorsal buccal branch of facial nerve
3. 面神经颊腹侧支 ventral buccal branch of facial nerve
4. 颊神经 buccal nerve
5. 面神经 facial nerve (Ⅶ)
6. 下颌神经 mandibular nerve
7. 舌下神经 hypoglossal nerve（Ⅻ）
8. 舌神经 lingual nerve
9. 下颌齿槽神经 inferior alveolar nerve

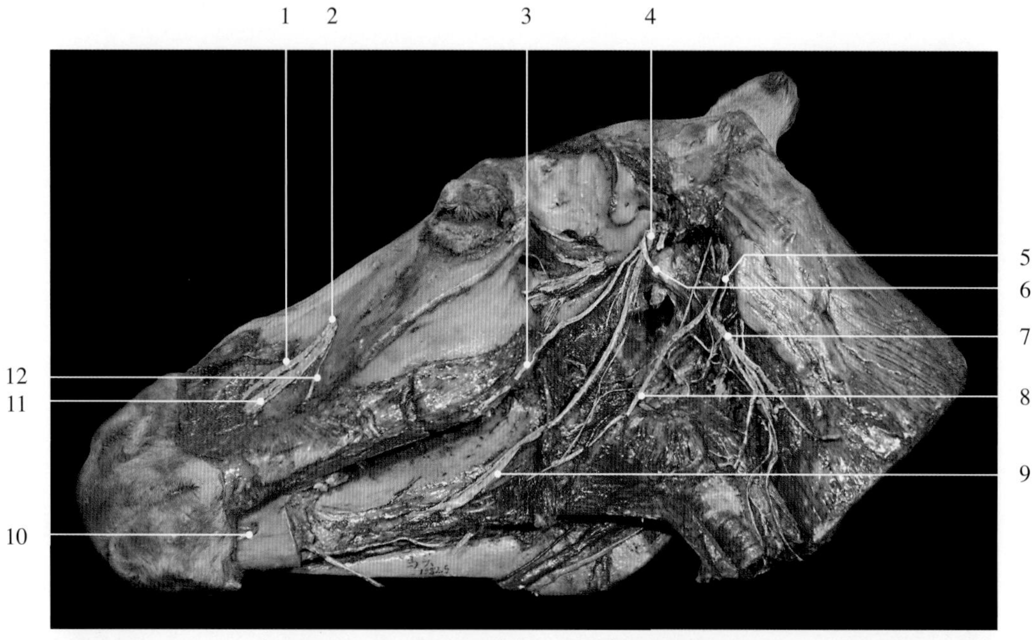

图12-4-6 马三叉神经-下颌神经主要分支

1. 鼻外侧神经 lateral nasal nerve
2. 眶下神经 infraorbital nerve
3. 颊神经 buccal nerve
4. 耳神经及三叉神经的下颌神经 auricular nerve and mandibular nerve
5. 舌咽神经 glossopharyngeal nerve（Ⅸ）
6. 颞浅神经 superficial temporal nerve
7. 迷走神经 vagus nerve（Ⅹ）
8. 舌下神经 hypoglossal nerve（Ⅻ）
9. 下颌齿槽神经 inferior alveolar nerve
10. 颏神经 mental nerve
11. 鼻前神经 rostral nasal nerve
12. 上颌神经上唇支 suerior labial branch of maxillary nerve

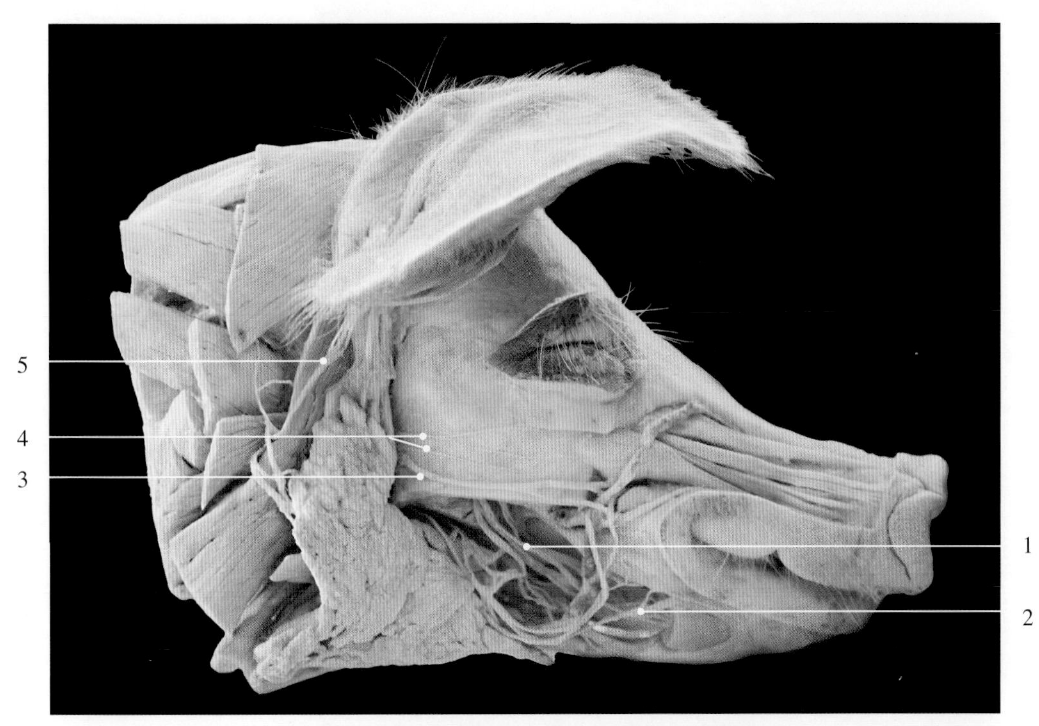

图12-4-7　猪三叉神经-上颌和下颌神经主要分支

1. 下颌神经下唇支 lower labial branch of mandibular nerve
2. 下颌齿槽神经 inferior alveolar nerve
3. 面神经颊背侧支 dorsal buccal branch of facial nerve
4. 耳颞神经 auriculotemporal nerves
5. 耳后神经 caudal auricular nerve

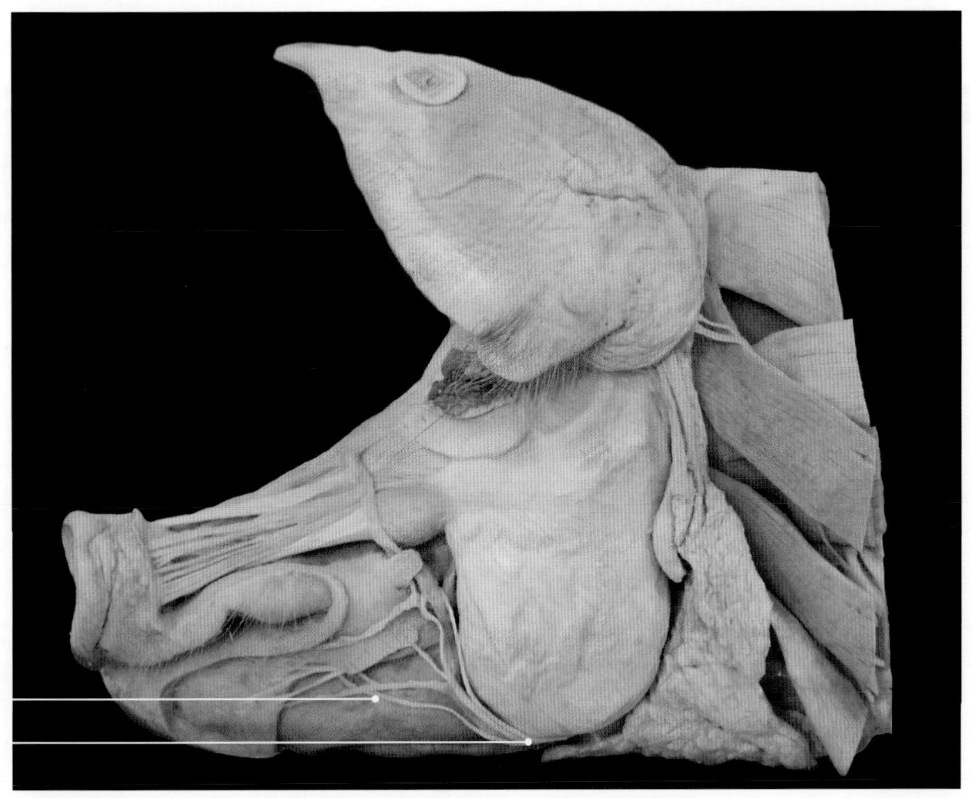

图12-4-8　猪三叉神经-下颌神经主要分支

1. 面神经颊腹侧支 ventral buccal branch of facial nerve　2. 下颌神经下唇支 lower labial branch of mandibular nerve

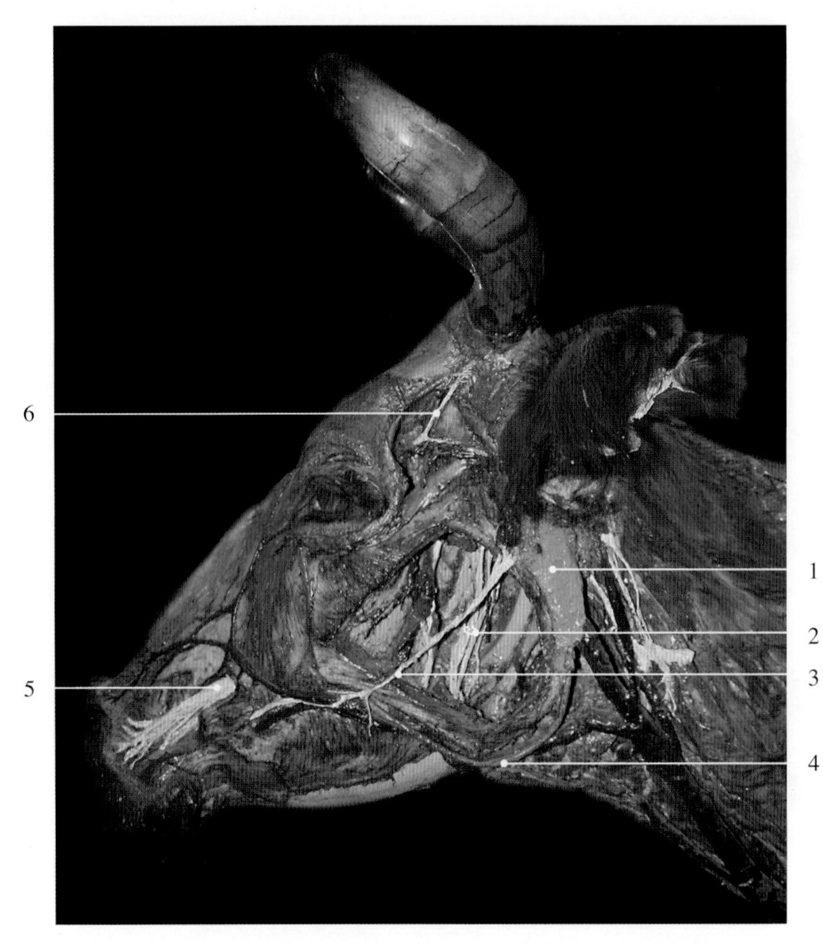

图12-4-9　牛面神经1

1. 腮腺 parotid gland
2. 三叉神经属支 branch of trigeminal nerve
3. 面神经 facial nerve（Ⅶ）
4. 腮腺管 parotid duct
5. 眶下神经 infraorbital nerve
6. 耳前神经 rostral auricular nerve

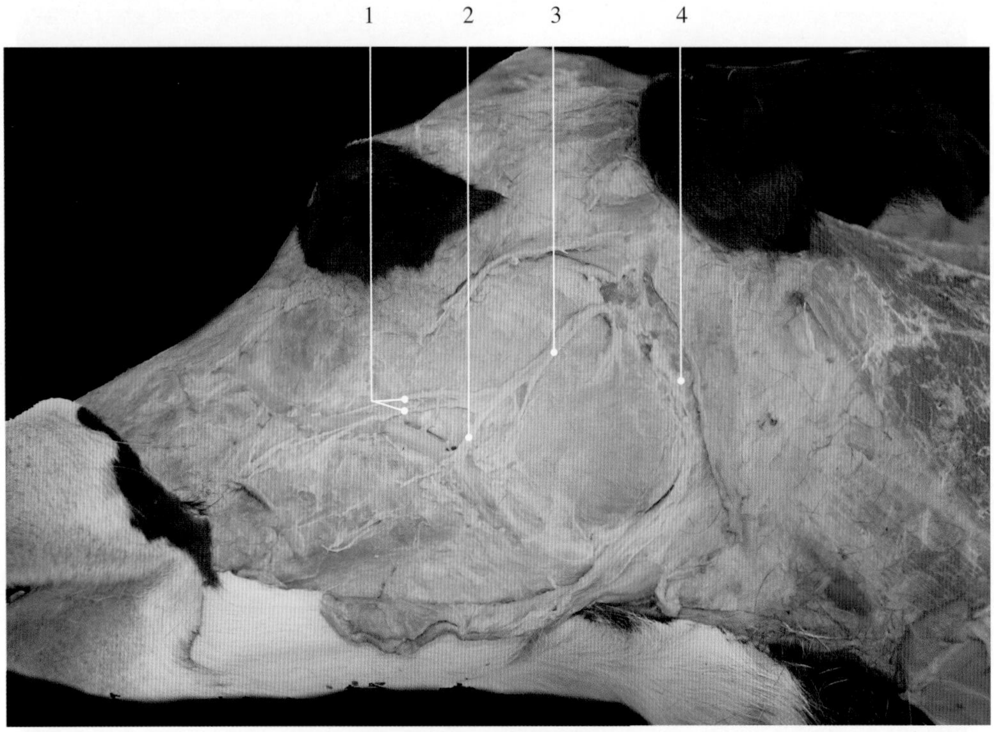

1　2　3　4

图12-4-10　牛面神经2

1. 面神经颊背侧支 dorsal buccal branch of facial nerve
2. 面神经颊腹侧支 ventral buccal branch of facial nerve
3. 面神经 facial nerve（Ⅶ）
4. 腮腺 parotid gland

图12-4-11 马面神经1

面神经麻痹的临床表现完全取决于损伤的部位。损伤如果发生在面神经的中枢部会影响整个面部，导致耳、眼睑、鼻和唇的肌肉麻痹，以及泪腺和唾液腺的分泌活动减弱或丧失。更常见的是周围部的损伤，如发生在中耳或颅外部，可引起单侧的颜面肌麻痹，表现为不对称的口、鼻下垂和闭眼能力丧失。在人类表现出对声音的敏感性增强（听觉过敏）。马位于皮下的神经如果受到过紧笼头的压力也将受到损伤，可能会引起唇和颊部肌肉的麻痹。

1. 耳神经及三叉神经 auricular nerve and trigeminal nerve
2. 舌下神经 hypoglossal nerve（Ⅻ）
3. 面神经颊腹侧支 ventral buccal branch of facial nerve
4. 上颌神经上唇支 suerior labial branch of maxillary nerve
5. 鼻前神经 rostral nasal nerve
6. 鼻外侧神经 lateral nasal nerve
7. 眶下神经 infraorbital nerve
8. 面神经颊背侧支 dorsal buccal branch of facial nerve
9. 面神经 facial nerve（Ⅶ）

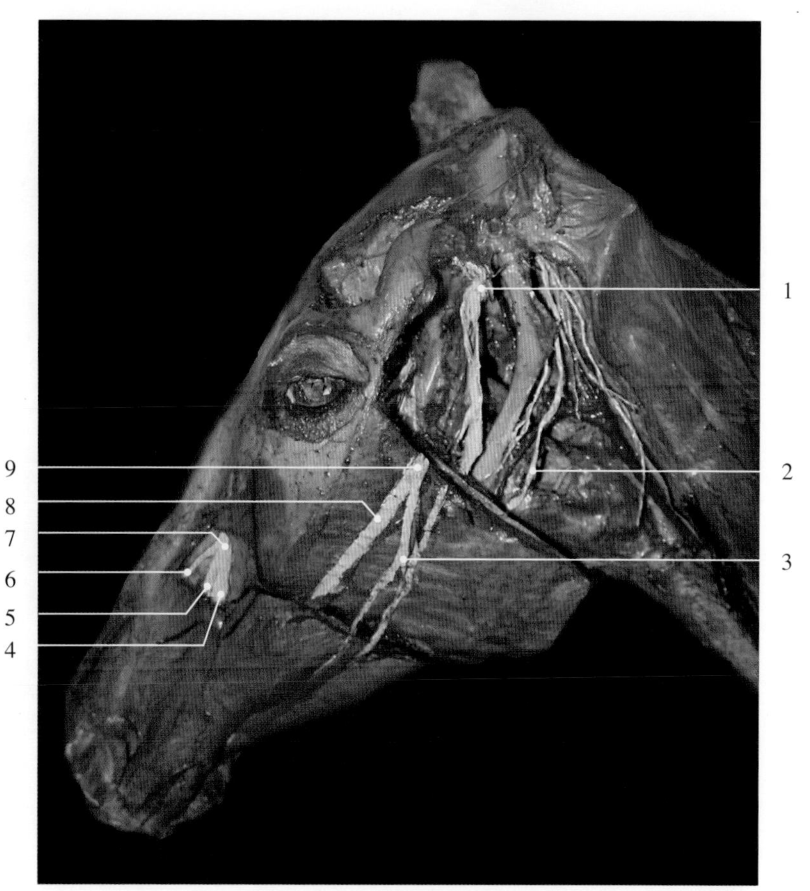

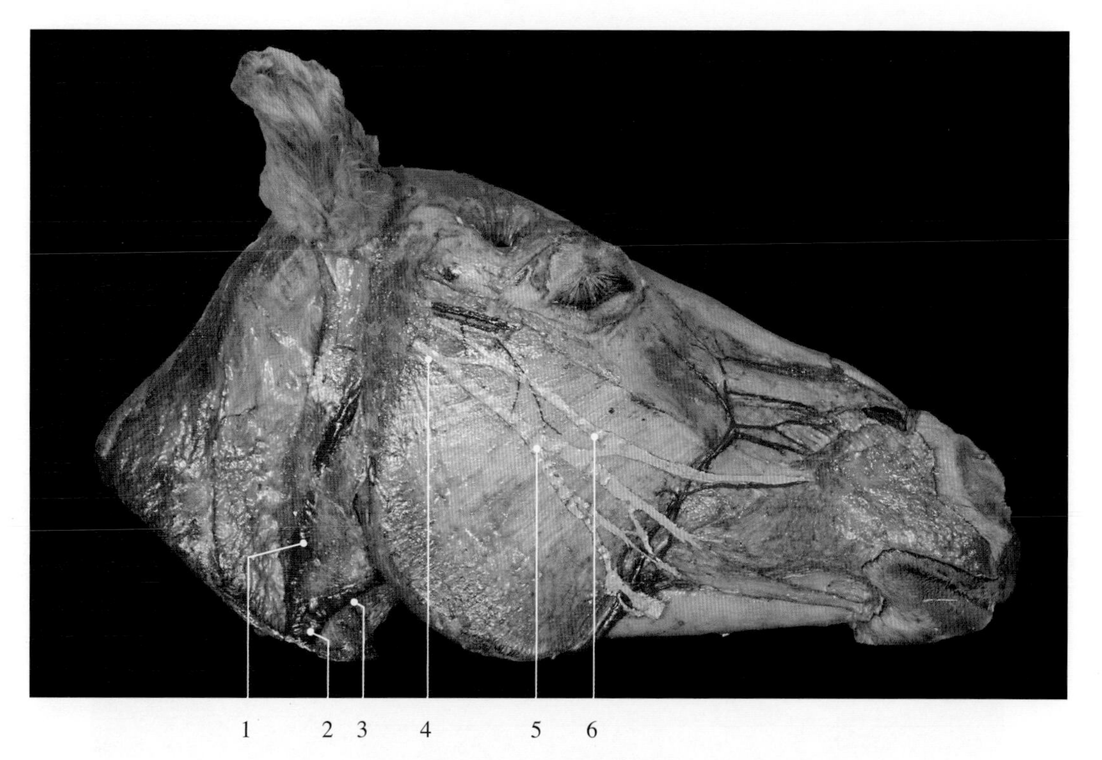

图12-4-12 马面神经2

1. 上颌静脉 maxillary vein
2. 颈静脉 jugular vein
3. 舌面静脉 linguofacial vein
4. 面神经 facial nerve（Ⅶ）
5. 面神经颊腹侧支 ventral buccal branch of facial nerve
6. 面神经颊背侧支 dorsal buccal branch of facial nerve

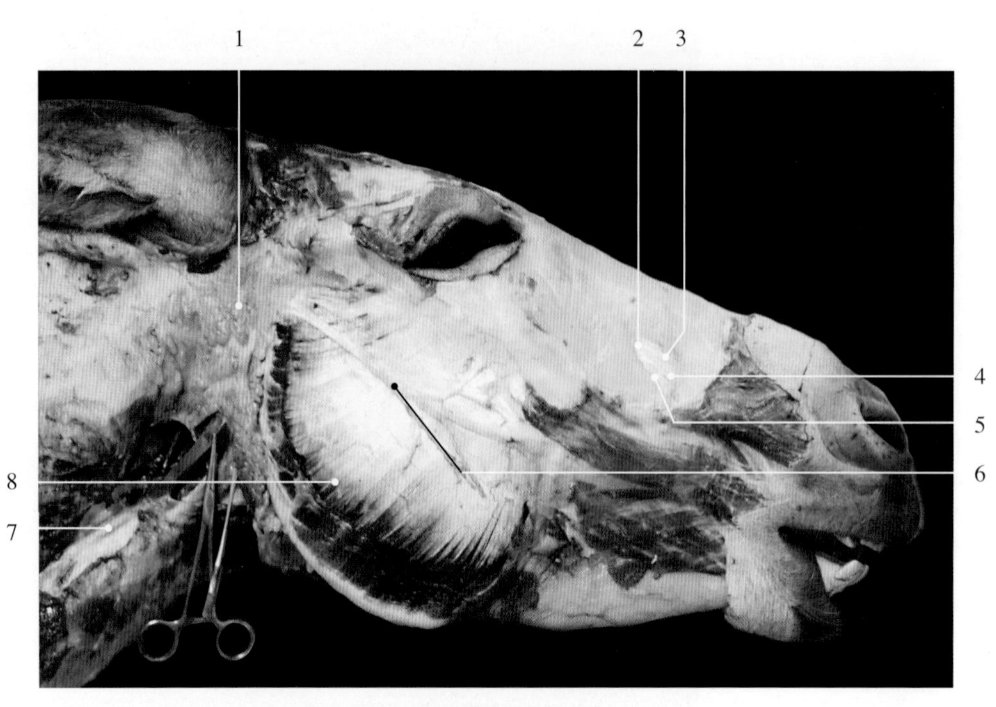

图12-4-13　驴面神经

1. 腮腺　parotid gland
2. 眶下神经　infraorbital nerve
3. 鼻外侧神经　lateral nasal nerve
4. 鼻前神经　rostral nasal nerve
5. 上颌神经上唇支　suerior labial branch of maxillary nerve
6. 面神经　facial nerve（Ⅶ）
7. 颈静脉　jugular vein
8. 咬肌　masseter muscle

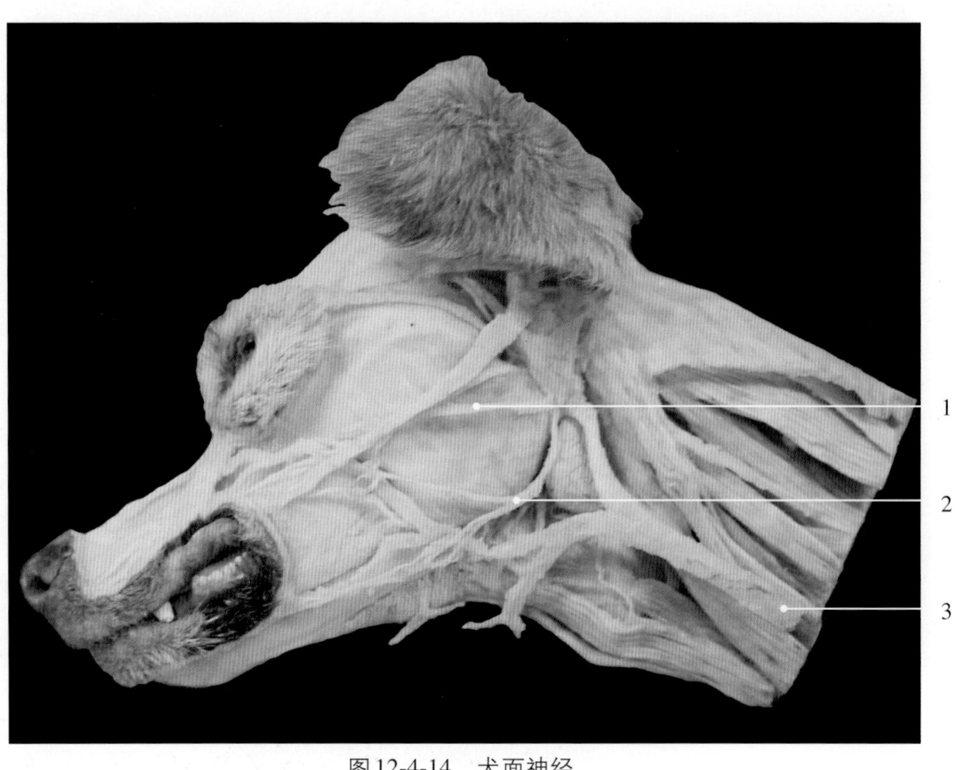

图12-4-14　犬面神经

1. 面神经颊背侧支　dorsal buccal branch of facial nerve
2. 面神经颊腹侧支　ventral buccal branch of facial nerve
3. 颈外静脉　external jugular vein

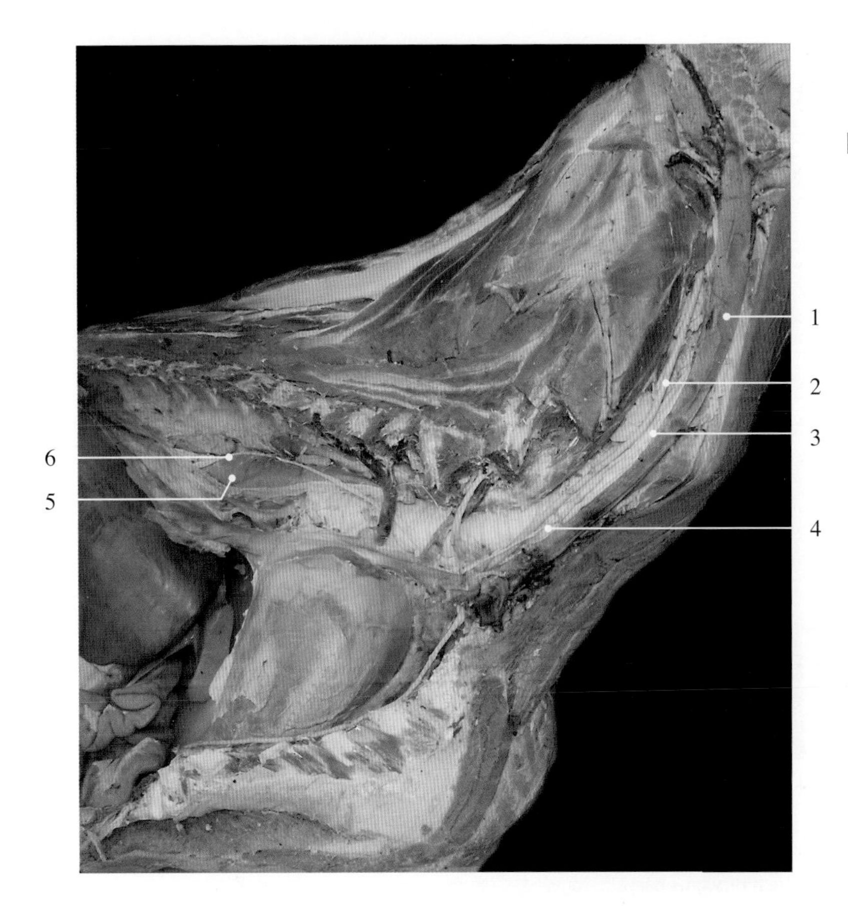

图12-4-15 牛右侧迷走神经及颈动脉

1. 颈外静脉 external jugular vein
2. 颈总动脉 common carotid artery
3. 迷走交感干 vagosympathetic trunk
4. 喉返神经 recurrent laryngeal nerve
5. 食管 esophagus
6. 迷走神经背侧支 dorsal branch of vagus nerve

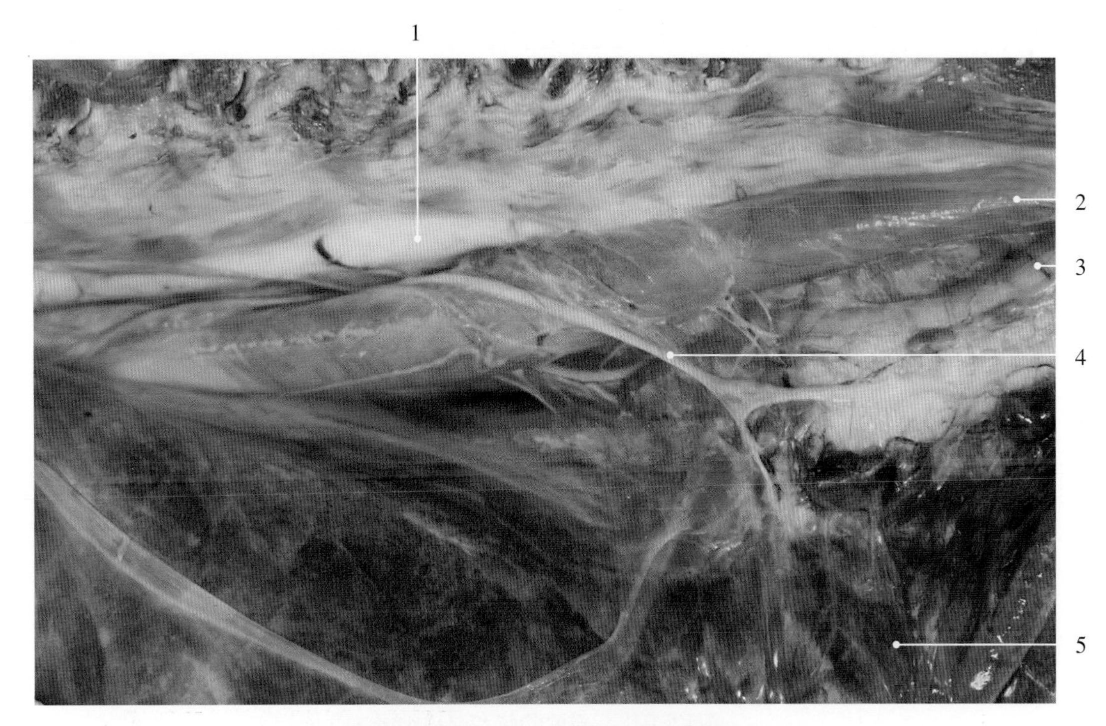

图12-4-16 公猪右侧迷走神经背侧支

1. 主动脉 aorta
2. 食管 esophagus
3. 气管 trachea
4. 迷走神经背侧支 dorsal branch of vagus nerve
5. 肺 lung

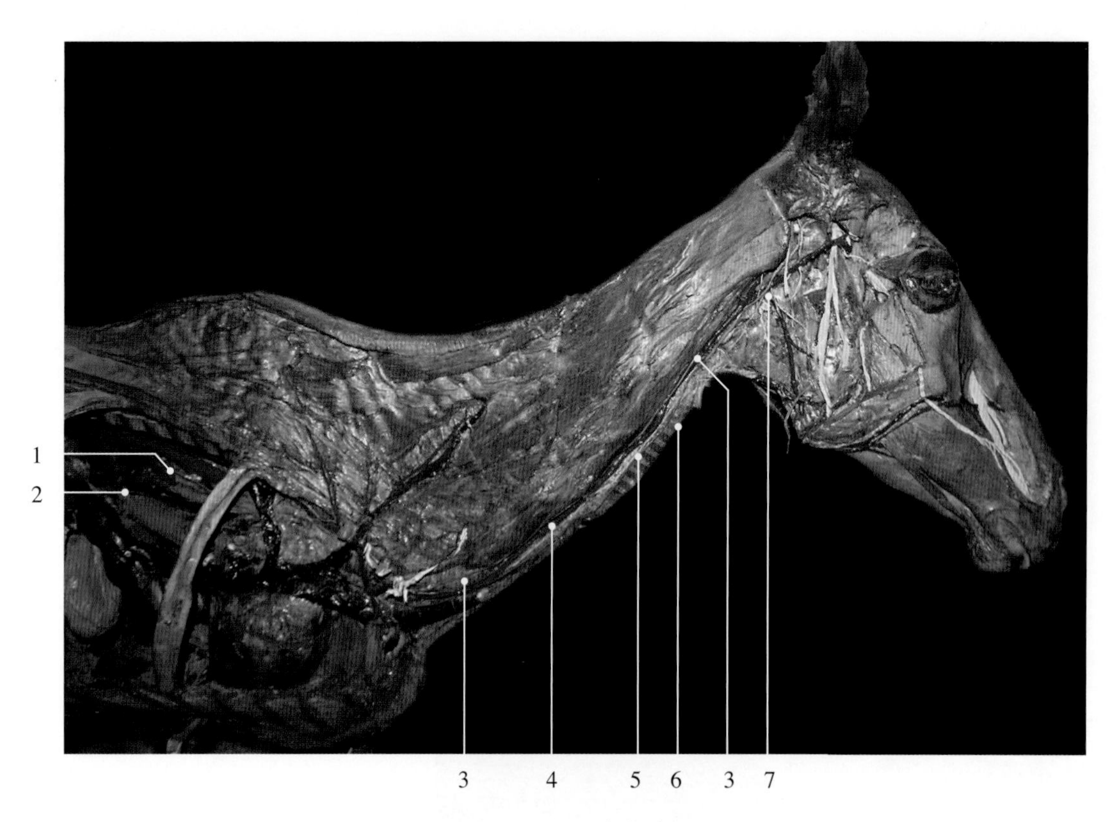

图12-4-17　马迷走神经

1. 迷走神经腹侧支　ventral branch of vagus nerve
2. 迷走神经背侧支　dorsal branch of vagus nerve
3. 喉返神经　recurrent laryngeal nerve
4. 颈总动脉　common carotid artery
5. 迷走交感干　vagosympathetic trunk
6. 气管　trachea
7. 迷走神经　vagus nerve

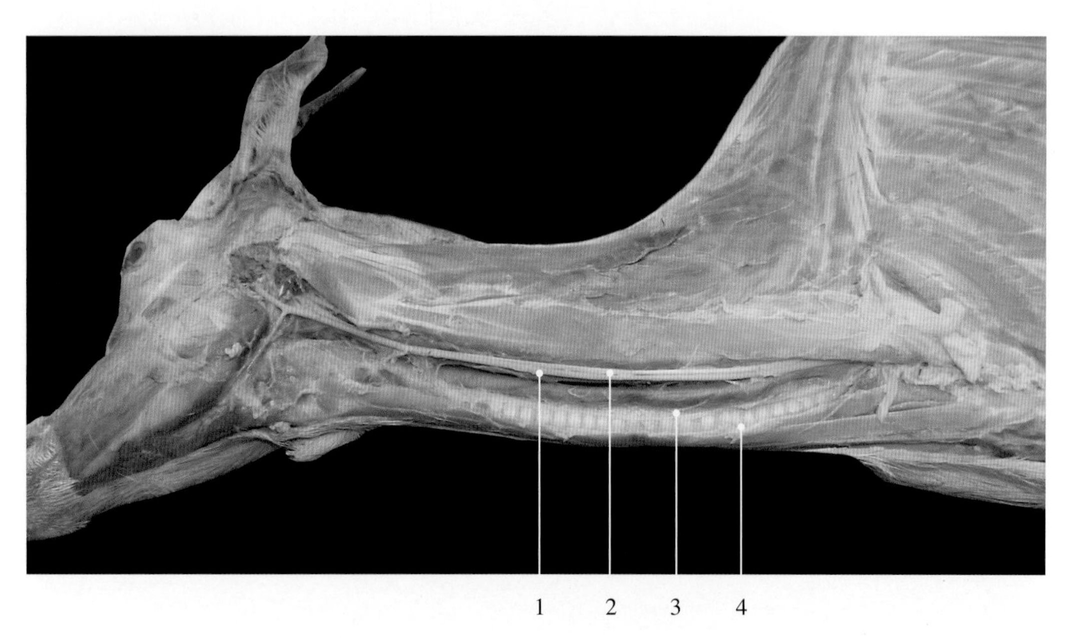

图12-4-18　羊颈动脉和喉返神经

1. 颈总动脉　common carotid artery
2. 迷走交感干　vagosympathetic trunk
3. 喉返神经　recurrent laryngeal nerve
4. 气管　trachea

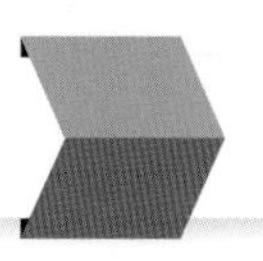

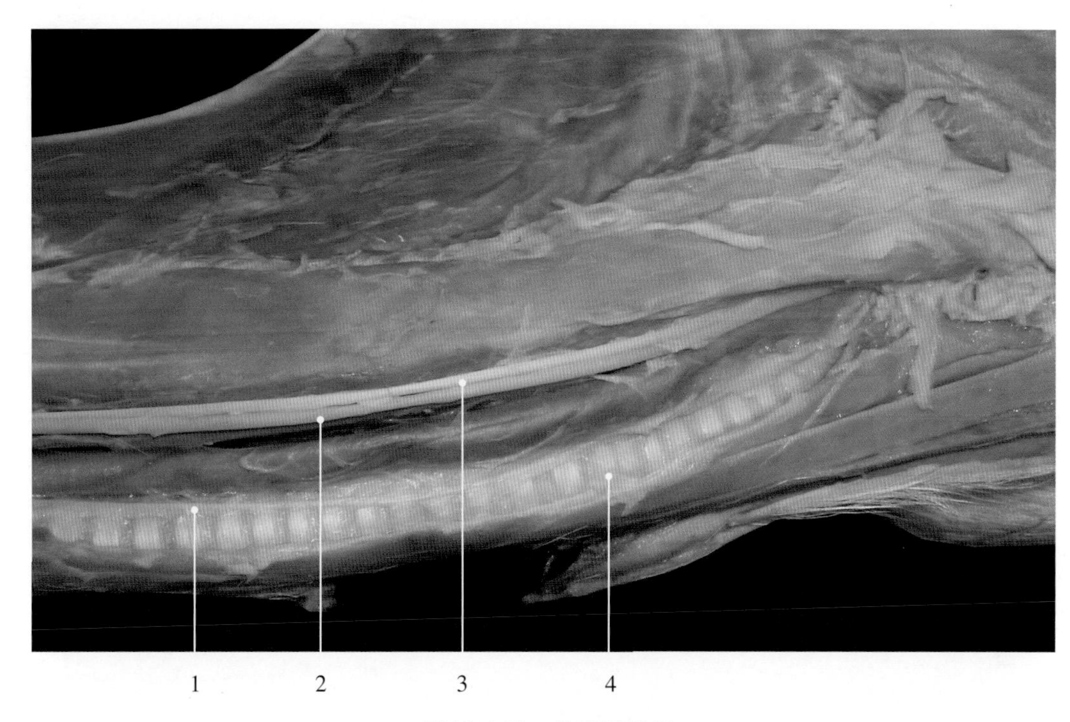

图12-4-19　羊喉返神经

1. 喉返神经 recurrent laryngeal nerve　　3. 迷走交感干 vagosympathetic trunk
2. 颈总动脉 common carotid artery　　4. 气管 trachea

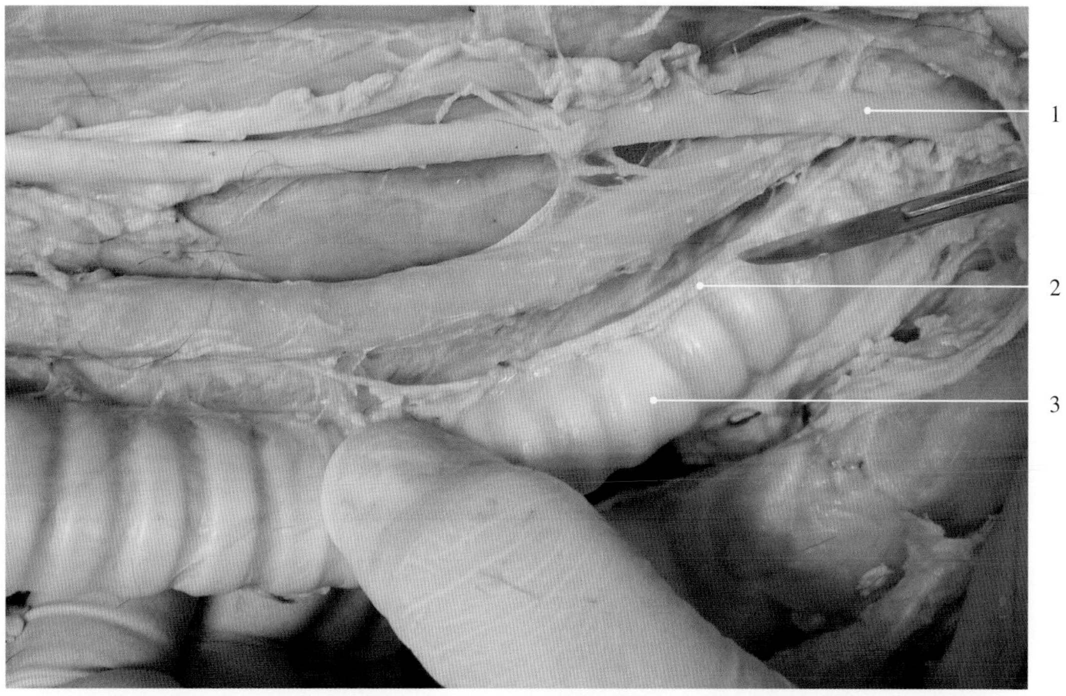

图12-4-20　犊牛喉返神经

1. 颈总动脉 common carotid artery　　3. 气管 trachea
2. 喉返神经 recurrent laryngeal nerve

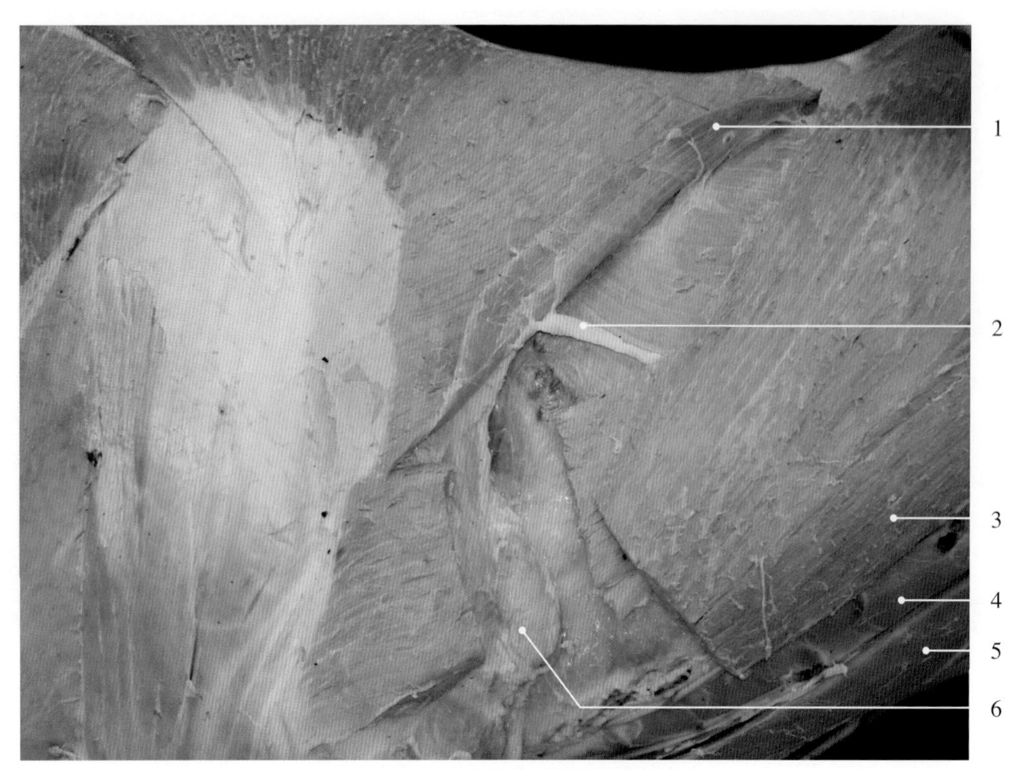

图 12-4-21　牛颈浅淋巴结和副神经

1. 斜方肌 trapezius muscle
2. 副神经 accessory nerve（Ⅺ）
3. 臂头肌 brachiocephalic muscle
4. 颈外静脉 external jugular vein
5. 胸头肌 sternocephalic muscle
6. 颈浅淋巴结 superficial cervical lymph node

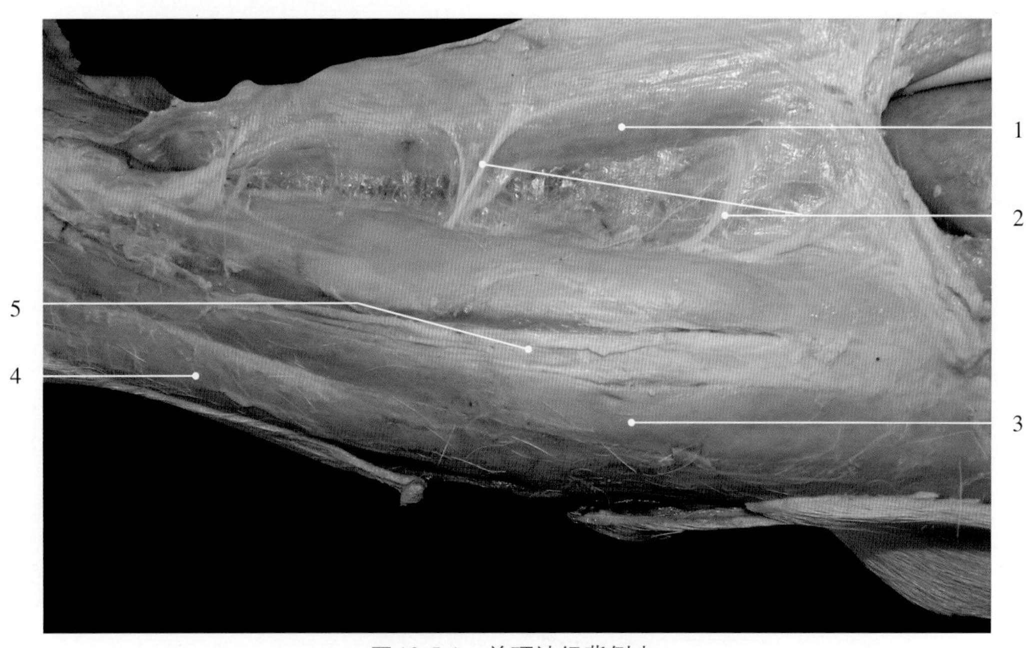

图 12-5-1　羊颈神经背侧支

1. 臂头肌 brachiocephalic muscle
2. 颈神经 cervical nerves
3. 胸头肌 sternocephalic muscle
4. 胸骨甲状舌骨肌 sternothyrohyoid muscle
5. 颈外静脉 external jugular vein

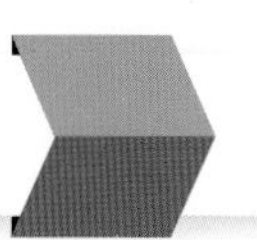

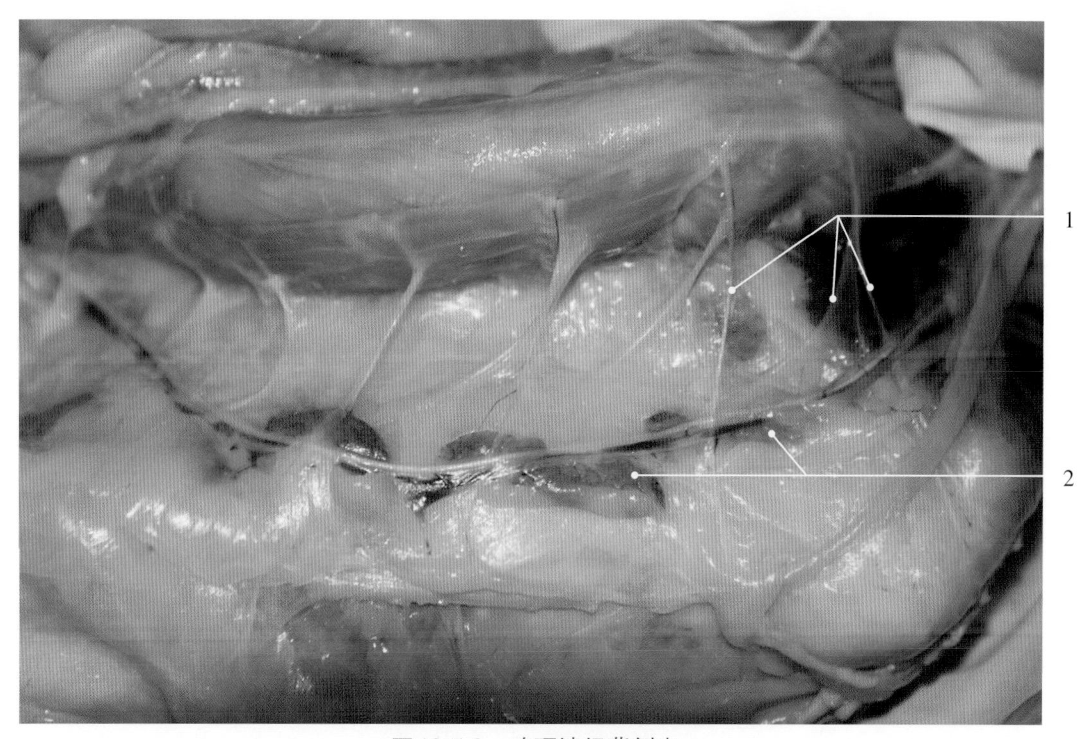

图 12-5-2　鸡颈神经背侧支

1. 颈神经背侧支 cervical nerve dorsal branches　　2. 胸腺 thymus

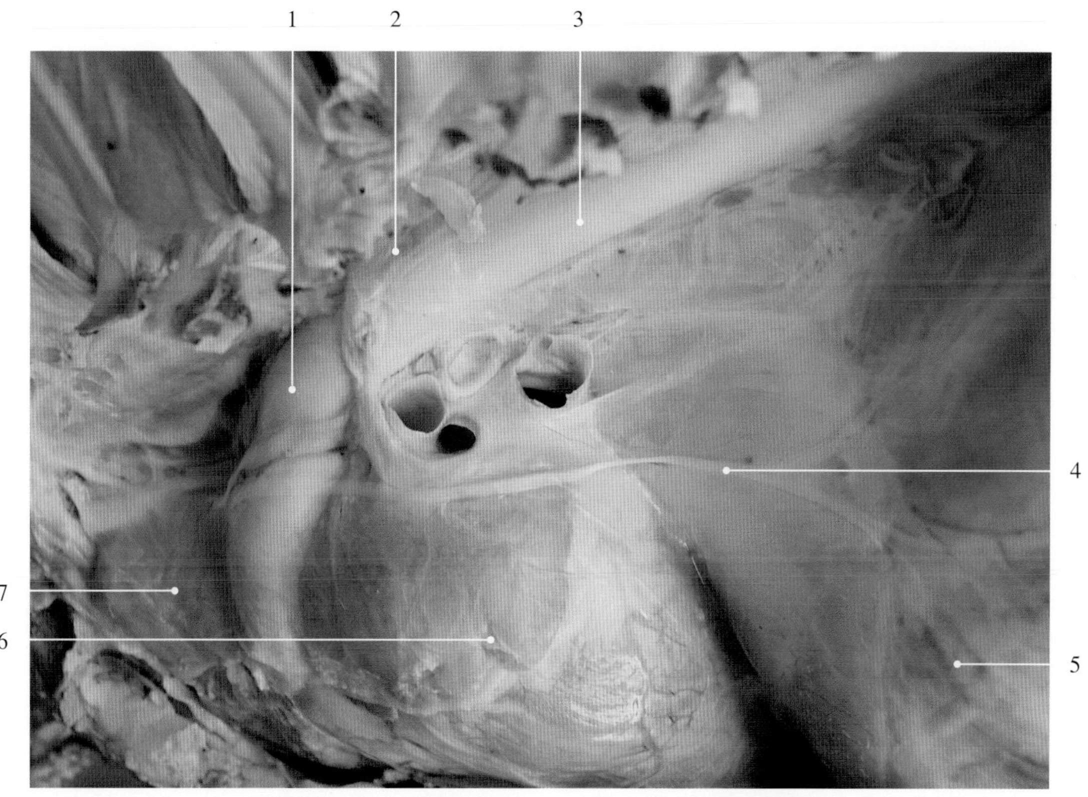

图 12-5-3　牛胸腔左侧观（示膈神经，固定标本）

1. 主动脉弓 aortic arch　　5. 膈 diaphragm
2. 奇静脉 azygos vein　　6. 心脏 heart
3. 胸主动脉 thoracic aorta　　7. 胸腺 thymus
4. 膈神经 phrenic nerve

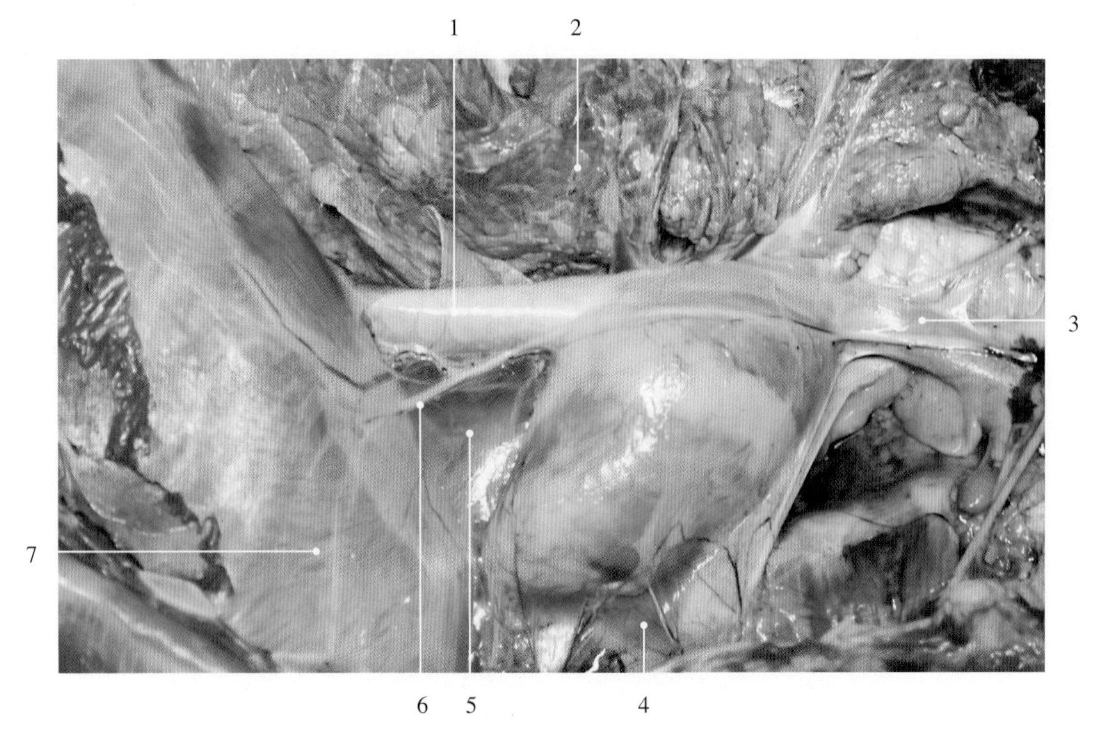

图12-5-4　犊牛胸腔右侧观（示膈神经，新鲜标本）

1. 后腔静脉 caudal vena cava
2. 肺 lung
3. 前腔静脉 cranial vena cava
4. 胸骨心包韧带 stenopericardiac ligament
5. 纵隔 mediastinum
6. 膈神经 phrenic nerve
7. 膈 diaphragm

图12-5-5　马胸腔左侧观（示膈神经）

1. 奇静脉 azygos vein
2. 胸主动脉 thoracic aorta
3. 膈 diaphragm
4. 膈神经 phrenic nerve
5. 心脏 heart
6. 臂头动脉干 brachiocephalic trunk
7. 迷走神经 vagus nerve

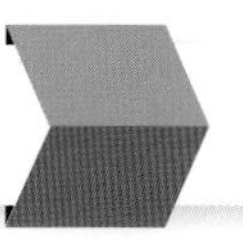

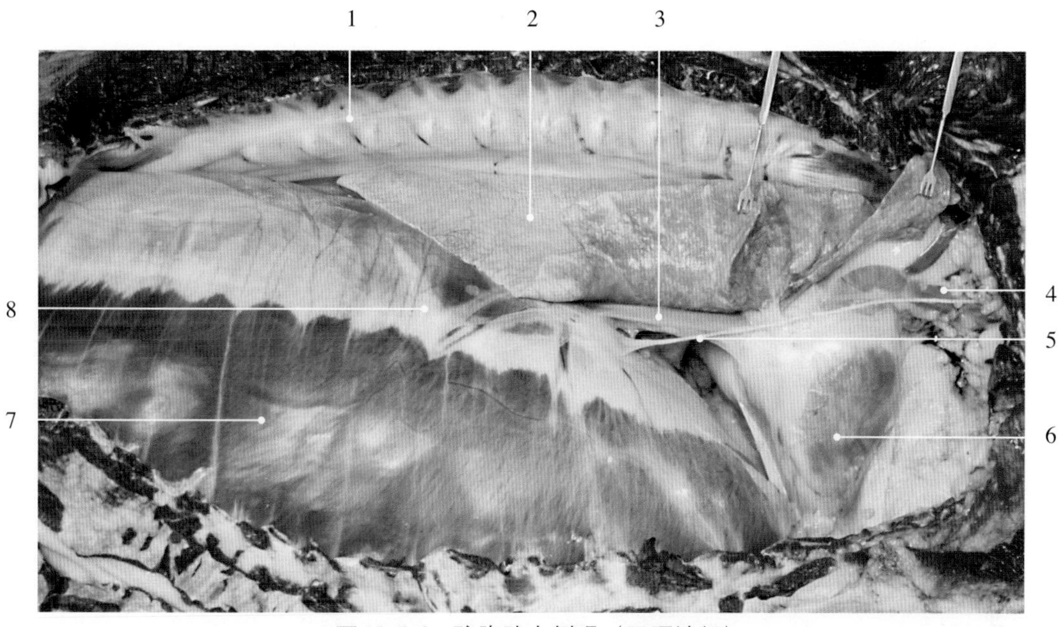

图 12-5-6　驴胸腔右侧观（示膈神经）

1. 交感神经干 sympathetic trunk
2. 肺 lung
3. 后腔静脉 caudal vena cava
4. 前腔静脉 cranial vena cava
5. 心脏 heart
6. 膈神经 phrenic nerve
7. 膈肉质缘 pulpa part of diaphragm
8. 膈中心腱 central tendon of diaphragm

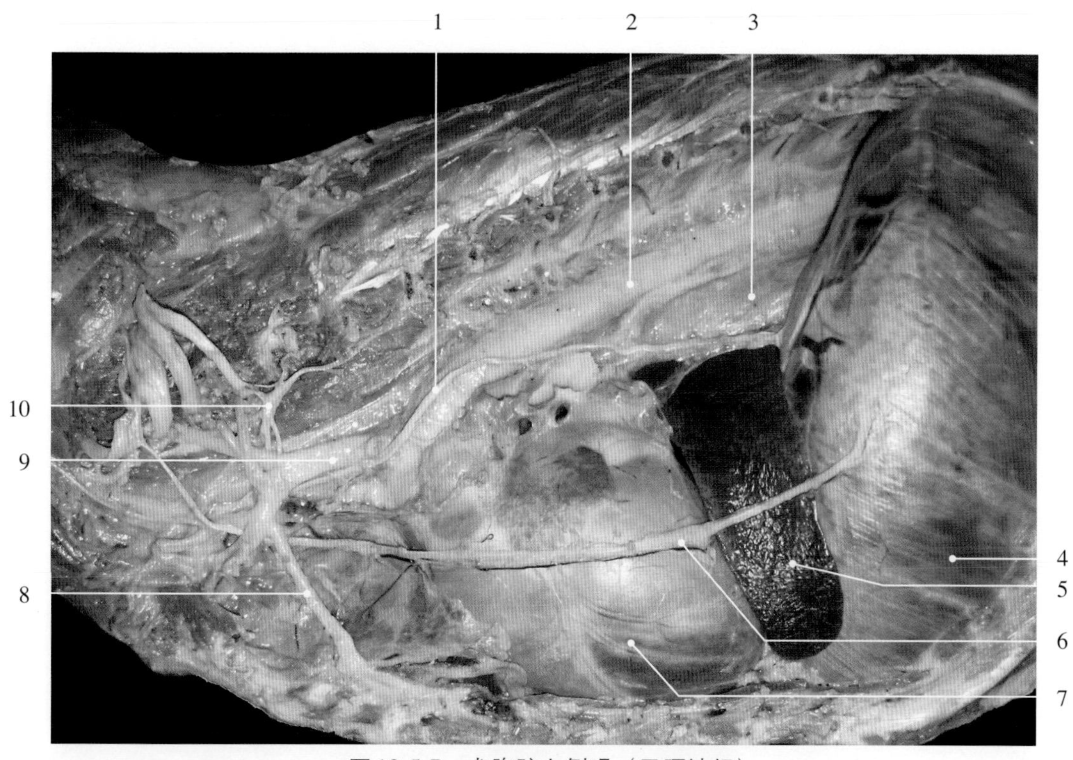

图 12-5-7　犬胸腔左侧观（示膈神经）

1. 迷走神经腹侧支 ventral branch of vagus nerve
2. 胸主动脉 thoracic aorta
3. 食管 esophagus
4. 膈 diaphragm
5. 脾 spleen
6. 膈神经 phrenic nerve
7. 心脏 heart
8. 胸廓内动脉 internal thoracic artery
9. 臂头动脉干 brachiocephalic trunk
10. 星状神经节 stellate ganglion

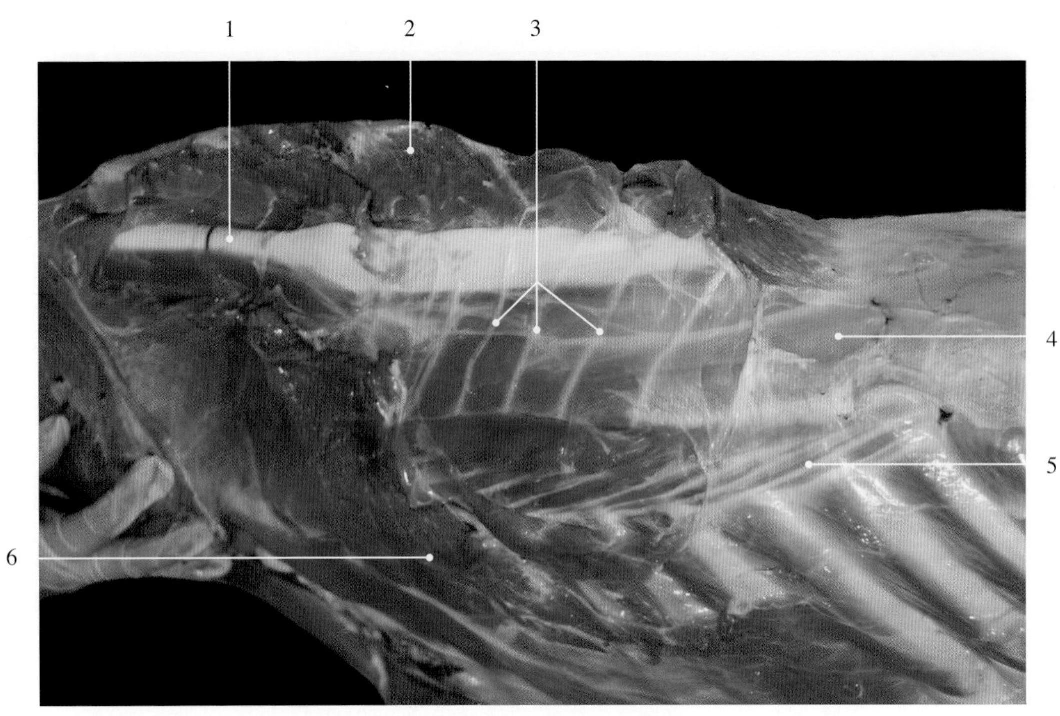

图 12-5-8　犊牛胸神经背侧支

1. 项韧带索状部 funicular part of nuchal ligament
2. 夹肌 splenius muscle
3. 胸神经背侧支 thoracic nerve dorsal branches
4. 背腰最长肌 dorsal-lumbus longest muscle
5. 髂肋肌 iliocostal muscle
6. 腹侧锯肌 ventral serrate muscle

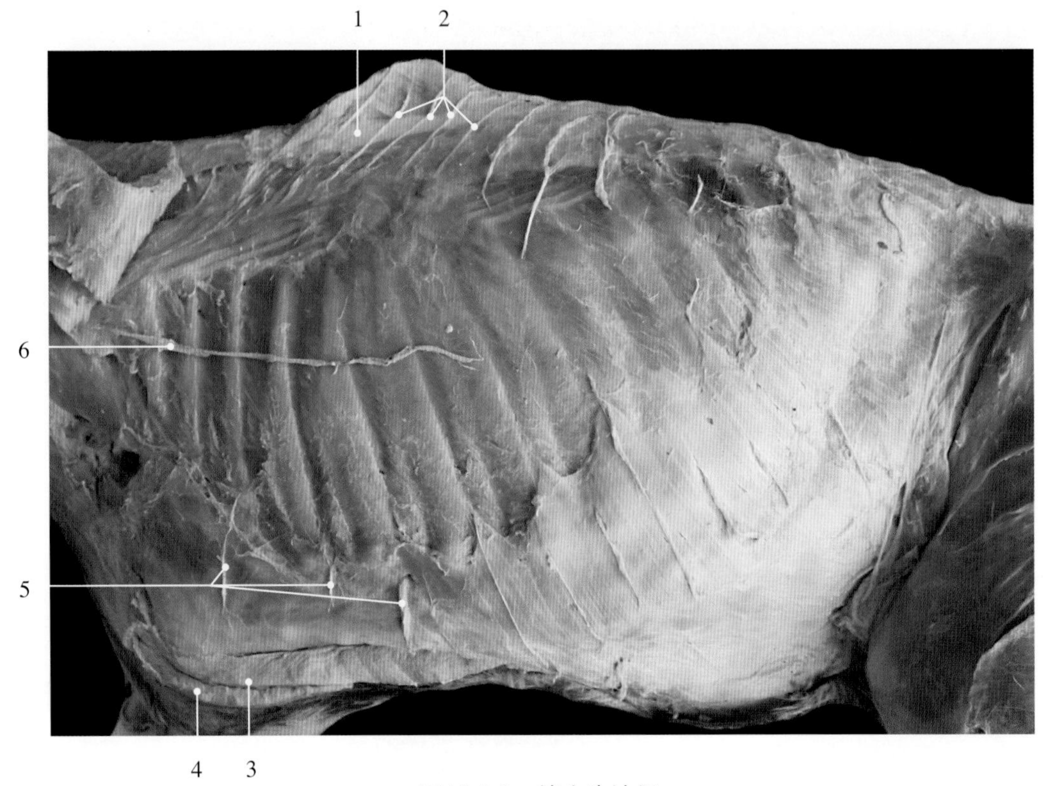

图 12-5-9　犊牛胸神经

1. 项韧带索状部 funicular part of nuchal ligament
2. 胸神经背侧支 thoracic nerve dorsal branches
3. 胸深肌 deep pectoral muscle
4. 胸浅肌 superficial pectoral muscle
5. 肋间神经 intercostal nerves
6. 胸背神经 thoracodorsal nerve

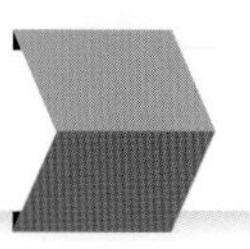

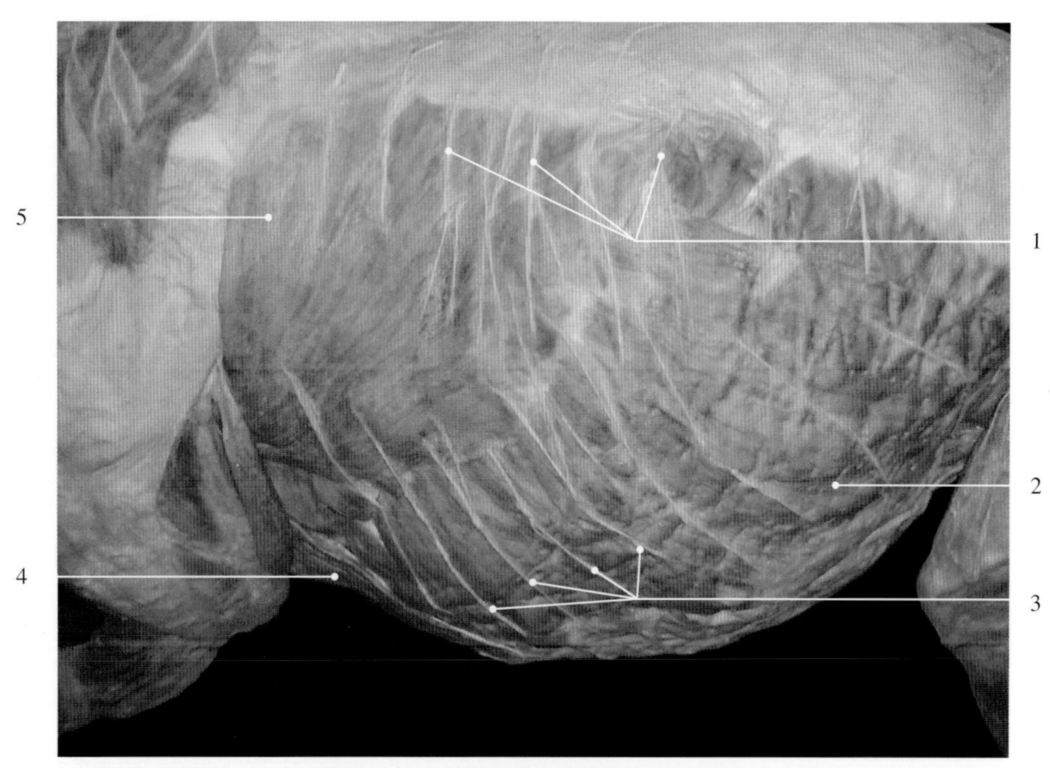

图12-5-10　羊胸神经分支（塑化标本）

1. 肋间神经背外侧皮支 dorsolateral cutaneous branches of intercostal nerve
2. 腹外斜肌 external oblique abdominal muscle
3. 肋间神经腹外侧皮支 ventrolateral cutaneous branches of intercostal nerve
4. 胸肌 pectoral muscle
5. 背阔肌 broadest muscle of the back

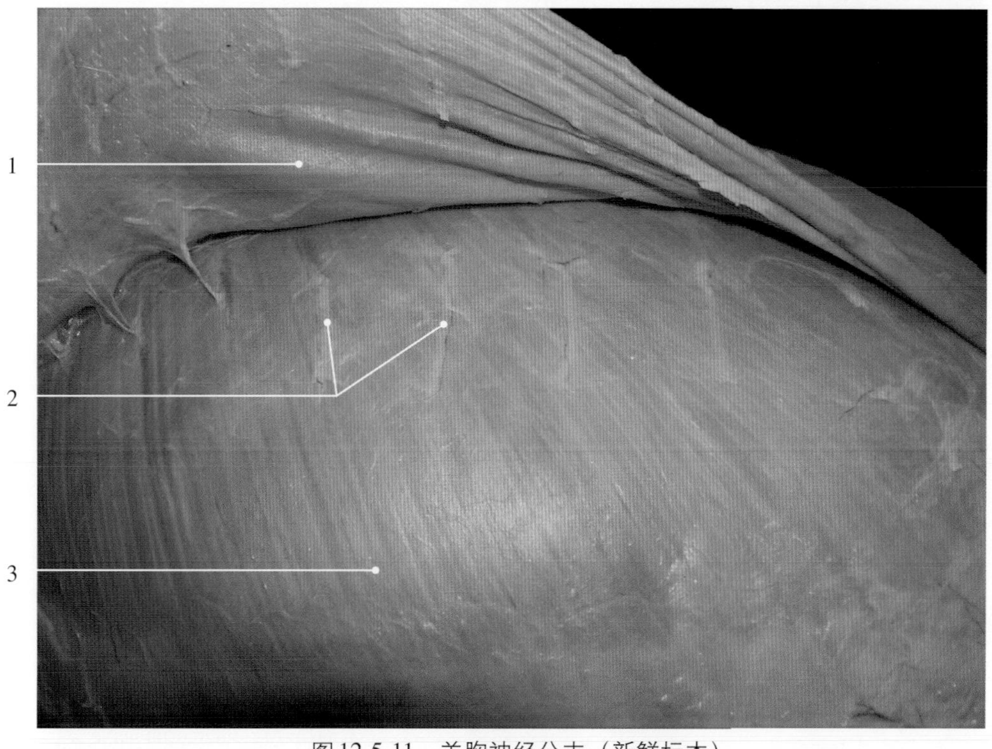

图12-5-11　羊胸神经分支（新鲜标本）

1. 皮肌 cutaneous muscle
2. 肋间神经背外侧皮支 dorsolateral cutaneous branches of intercostal nerve
3. 腹外斜肌 external oblique abdominal muscle

图12-5-12　牛胸侧壁（示肋间神经）

1. 肋间静脉 intercostal vein
2. 肋间动脉 intercostal artery
3. 肋间神经 intercostal nerve
4. 肋间内肌 internal intercostal muscle

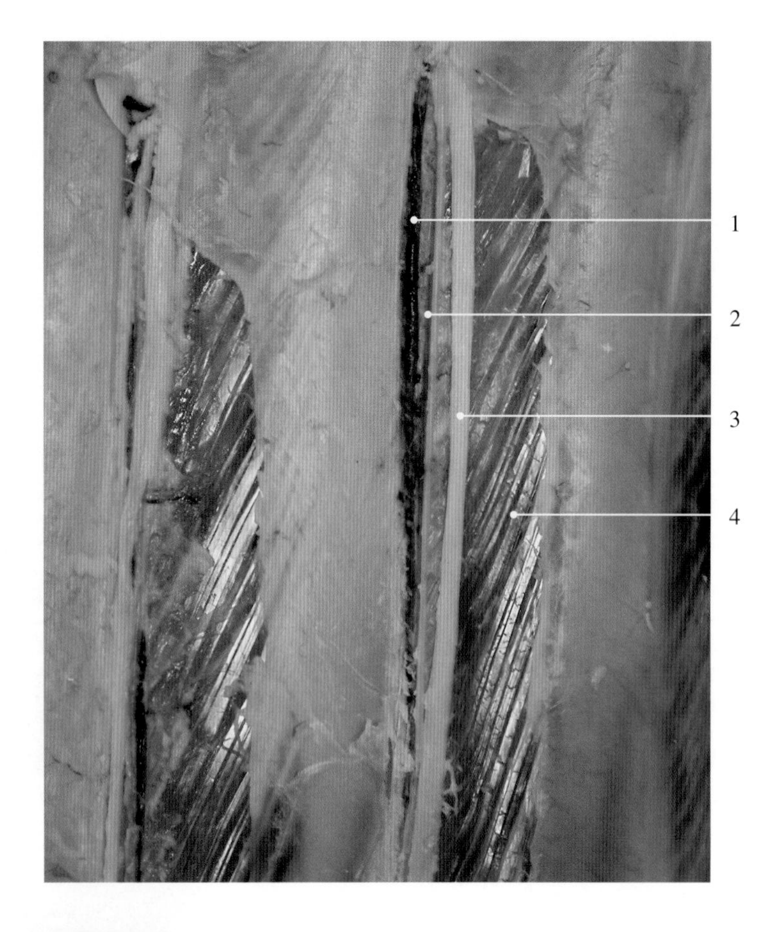

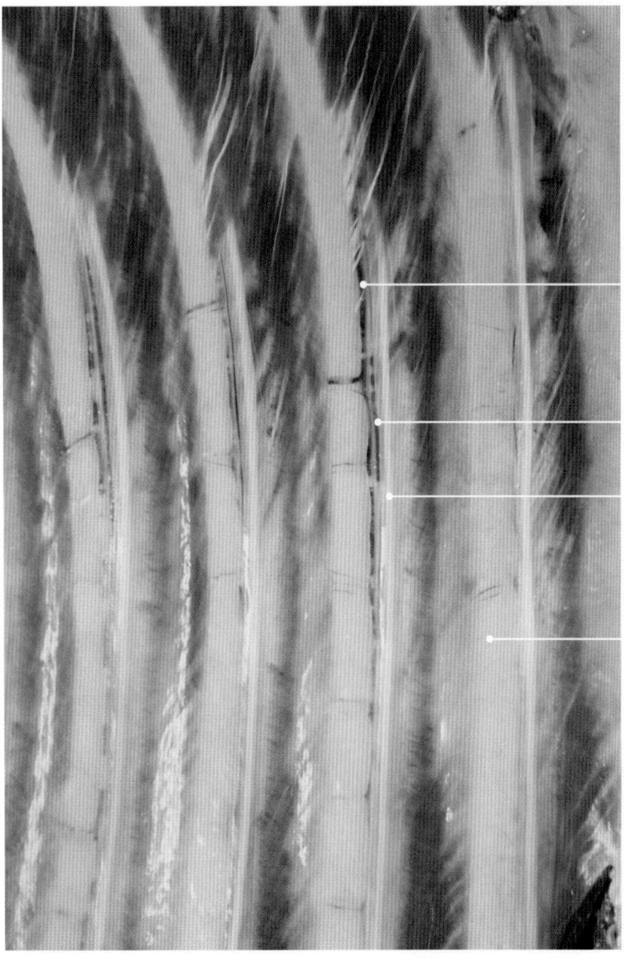

图12-5-13　驴胸侧壁（示肋间神经）

1. 肋间静脉 intercostal vein
2. 肋间动脉 intercostal artery
3. 肋间神经 intercostal nerve
4. 肋 rib

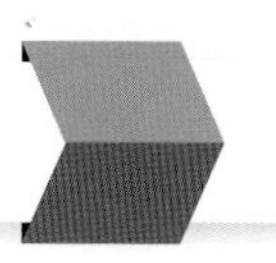

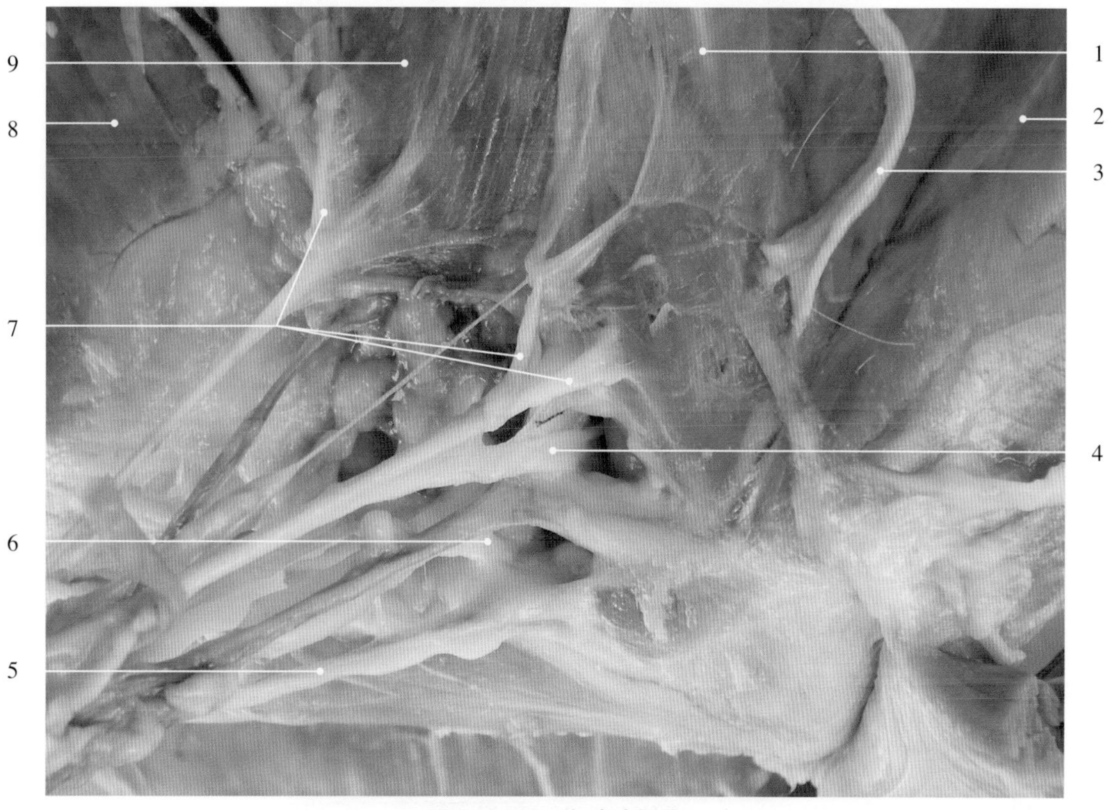

图12-5-14　牛臂神经丛

肩胛上神经由臂神经丛的前部发出，纤维来自第6、7、8颈神经的腹侧支，经肩胛下肌与冈上肌之间进入，绕过肩胛骨前缘，至肩胛骨的外侧面，分布于冈上肌、冈下肌及肩胛骨。因其位置关系，肩胛上神经与肩胛骨紧密接触，所以肩胛上神经易受压迫损伤，发生肩胛上神经麻痹，通常导致它所支配的肌肉萎缩。站立的动物出现肩胛外展，且这种现象（“肩脱臼”）在运动过程中表现得更加明显。这种状况在马最为常见，在临床上被称为“马肩肌萎缩症”。它通常是由外伤引起的，即当肢体过分外展或强烈收缩时，牵拉神经抵住肩胛骨。

1. 肩胛下肌　subscapular muscle
2. 冈上肌　supraspinous muscle
3. 肩胛上神经　suprascapular nerve
4. 腋神经　axillary nerve
5. 正中神经　median nerve
6. 桡神经　radial nerve
7. 肩胛下神经　subscapular nerves
8. 背阔肌　broadest muscle of the back
9. 大圆肌　major teres muscle

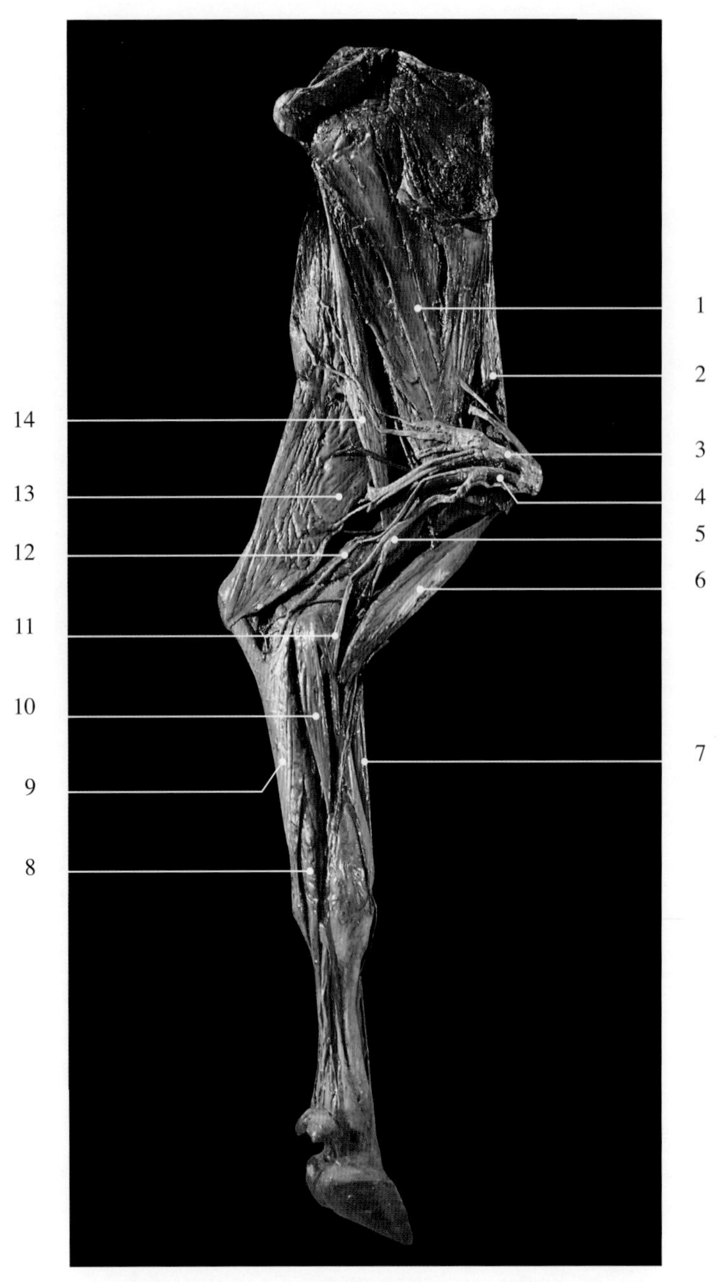

图12-5-15　牛左前肢臂神经丛（干制标本）1

动物前肢桡神经易受压迫，导致桡神经麻痹，其临床症状由损伤的位置决定，即损伤部位越接近神经近端，症状越严重，预后也就越不良。臂中部近侧桡神经损伤，通常导致肘部伸肌的麻痹和腕部、指部伸肌麻痹及皮肤的感觉缺失，受伤的动物不能固定肘关节，因此表现为不能负重的拖指跛行；发生于桡骨远端的桡神经损伤，可导致腕和指伸肌（腕桡侧伸肌、腕尺侧伸肌、指总伸肌）的麻痹，使患病动物指关节贴地，并试图以指背侧面着地站立。

1. 肩胛下肌　subscapular muscle
2. 冈上肌　supraspinous muscle
3. 臂神经丛　brachial plexus
4. 腋动脉　axillary artery
5. 肌皮神经　musculocutaneous nerve
6. 臂二头肌　biceps brachii muscle
7. 腕桡侧伸肌　radial extensor muscle of the carpus
8. 指深屈肌　deep digital flexor muscle
9. 腕尺侧屈肌　ulnar flexor muscle of the carpus
10. 腕桡侧屈肌　radial flexor muscle of the carpus
11. 正中神经　median nerve
12. 尺神经　ulnar nerve
13. 臂三头肌　triceps brachii muscle
14. 大圆肌　major teres muscle

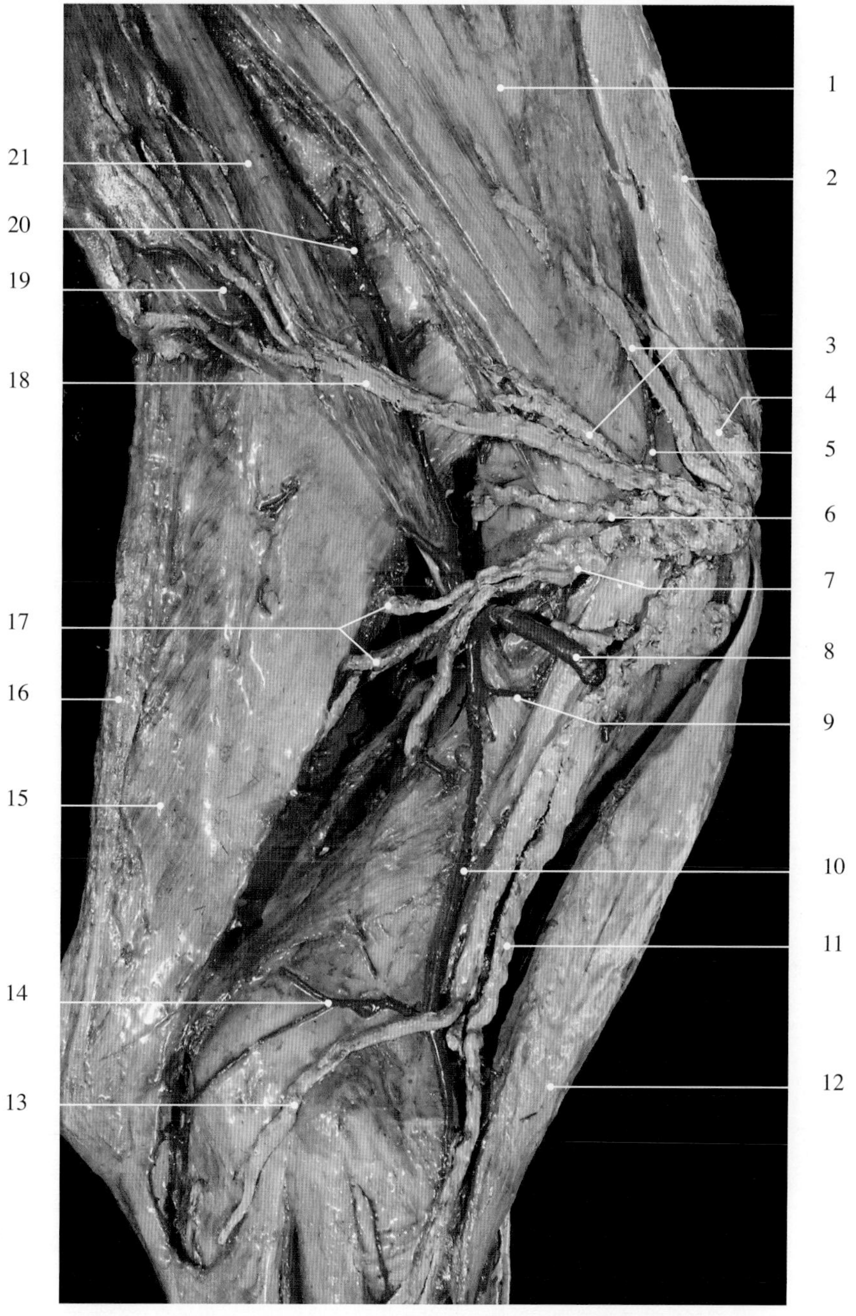

图12-5-16　牛左前肢臂神经丛（干制标本）2

1. 肩胛下肌 subscapular muscle
2. 冈上肌 supraspinous muscle
3. 肩胛下神经 subscapular nerves
4. 肩胛上神经 suprascapular nerve
5. 肩胛上动脉 suprascapular artery
6. 腋神经 axillary nerve
7. 桡神经 radial nerve
8. 腋动脉 axillary artery
9. 旋肱前动脉 cranial circumflex humeral artery
10. 臂动脉 brachial artery
11. 正中神经 median nerve
12. 臂二头肌 biceps brachii muscle
13. 尺神经 ulnar nerve
14. 尺侧副动脉 collateral ulnar artery
15. 臂三头肌 triceps brachii muscle
16. 前臂筋膜张肌 tensor muscle of antebrachial fascia
17. 桡神经肌支 muscular branches of radial nerve
18. 胸背神经 thoracodorsal nerve
19. 胸背动脉 thoracodorsal artery
20. 肩胛下动脉 subscapular artery
21. 大圆肌 major teres muscle

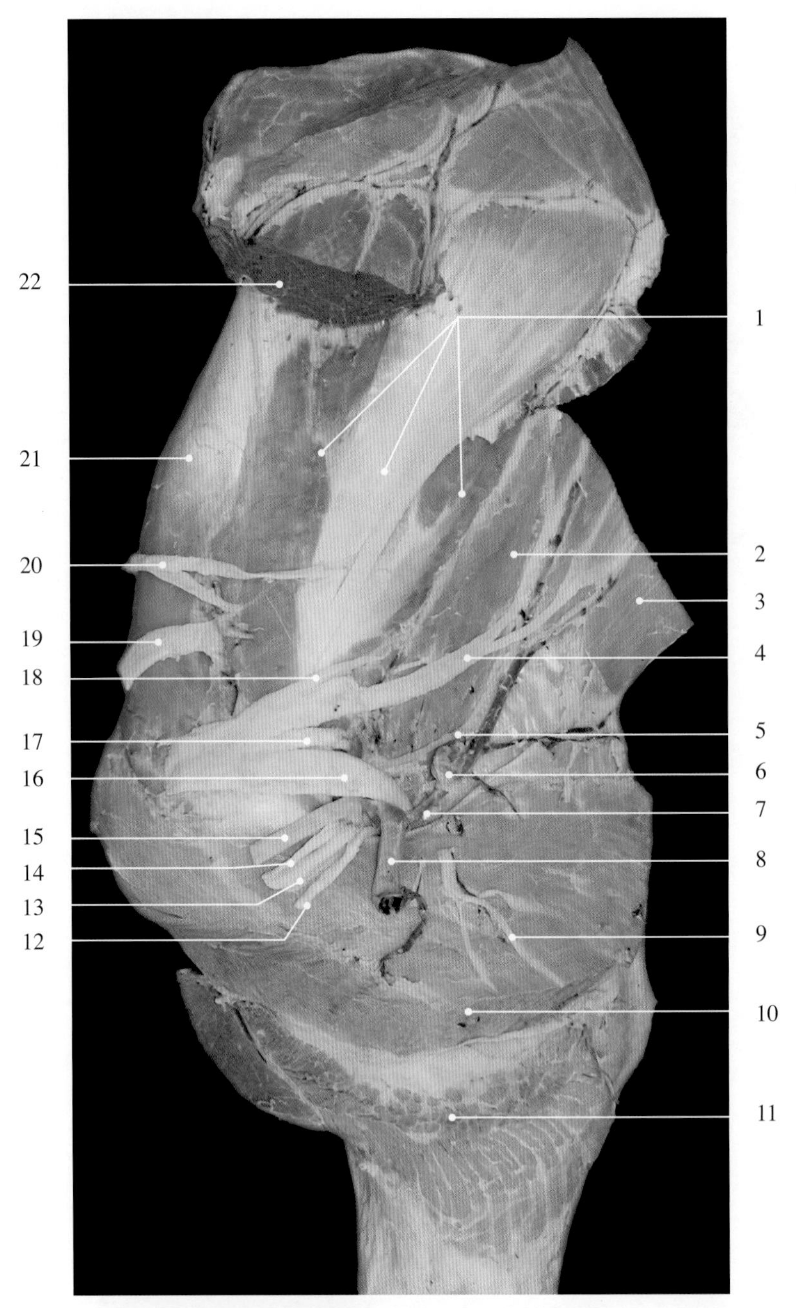

图12-5-17　牛右前肢臂神经丛（固定标本）1

动物前肢肌皮神经的损伤较少见，但一旦该神经损伤将使肘部的主要屈肌瘫痪。然而，桡神经也有分支分布于臂肌，因此肌皮神经的损伤可以由桡神经补偿。前臂内侧部的皮肤丧失感觉将有助于诊断肌皮神经损伤。

1. 肩胛下肌 subscapular muscles
2. 大圆肌 major teres muscle
3. 背阔肌 broadest muscle of the back
4. 胸背神经 thoracodorsal nerve
5. 胸背动脉 thoracodorsal artery
6. 腋淋巴结 axillary lymph node
7. 胸背静脉 thoracodorsal vein
8. 腋静脉 axillary vein
9. 胸肌后神经 caudal pectoral nerve
10. 胸深肌 deep pectoral muscle
11. 胸浅肌 superficial pectoral muscle
12. 尺神经 ulnar nerve
13. 正中神经 median nerve
14. 肌皮神经 musculocutaneous nerve
15. 腋动脉 axillary artery
16. 桡神经 radial nerve
17. 腋神经 axillary nerve
18. 胸长神经 long thoracic nerve
19. 肩胛上神经 suprascapular nerve
20. 肩胛下神经 subscapular nerve
21. 冈上肌 supraspinous muscle
22. 腹侧锯肌 ventral serrate muscle

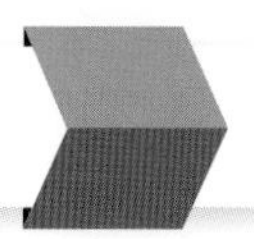

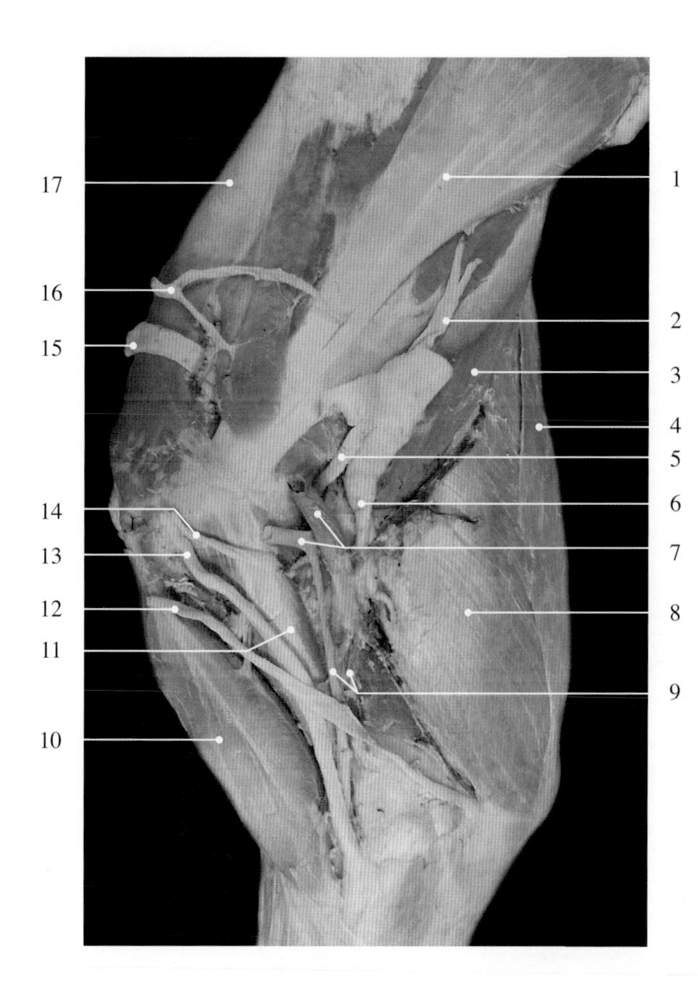

图 12-5-18　牛右前肢臂神经丛（固定标本）2

1. 肩胛下肌　subscapular muscle
2. 胸背神经　thoracodorsal nerve
3. 大圆肌　major teres muscle
4. 前臂筋膜张肌　tensor muscle of antebrachial fascia
5. 腋神经　axillary nerve
6. 桡神经　radial nerve
7. 腋动、静脉　axillary artery and vein
8. 臂三头肌　triceps brachii muscle
9. 臂动、静脉　brachial artery and vein
10. 臂二头肌　biceps brachii muscle
11. 喙臂肌　coracobrachial muscle
12. 尺神经　ulnar nerve
13. 正中神经　median nerve
14. 肌皮神经　musculocutaneous nerve
15. 肩胛上神经　suprascapular nerve
16. 肩胛下神经　subscapular nerve
17. 冈上肌　supraspinous muscle

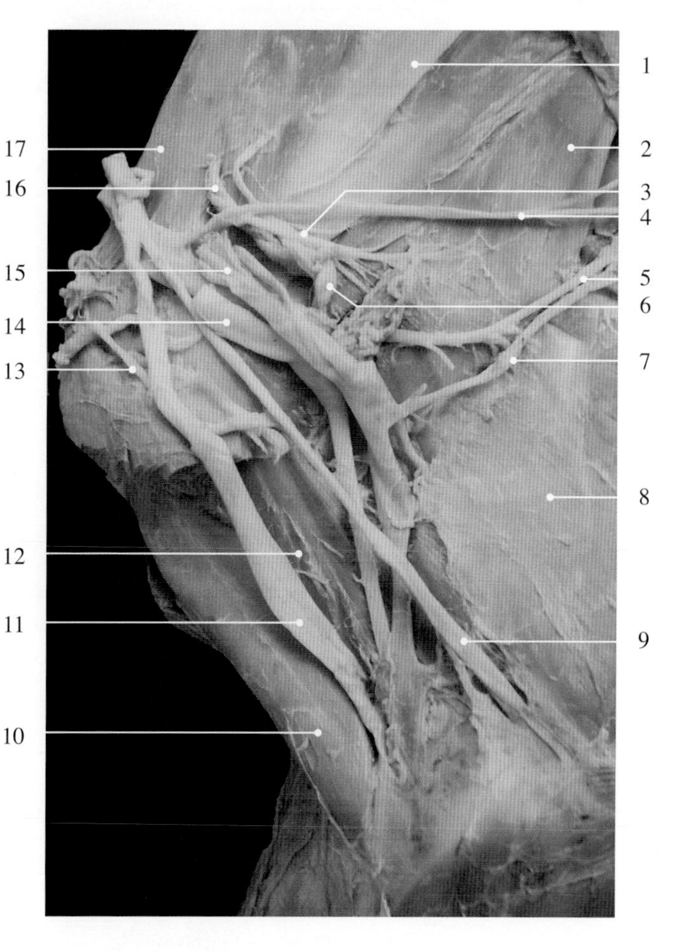

图 12-5-19　牛右前肢臂神经丛（固定标本）3

1. 肩胛下肌　subscapular muscle
2. 大圆肌　major teres muscle
3. 肩胛下神经　subscapular nerve
4. 胸背神经　thoracodorsal nerve
5. 胸背动脉　thoracodorsal artery
6. 腋淋巴结　axillary lymph node
7. 胸背静脉　thoracodorsal vein
8. 臂三头肌　triceps brachii muscle
9. 尺神经　ulnar nerve
10. 臂二头肌　biceps brachii muscle
11. 正中神经　median nerve
12. 喙臂肌　coracobrachial muscle
13. 肌皮神经　musculocutaneous nerve
14. 腋动脉　axillary artery
15. 腋静脉　axillary vein
16. 肩胛上神经　suprascapular nerve
17. 冈上肌　supraspinous muscle

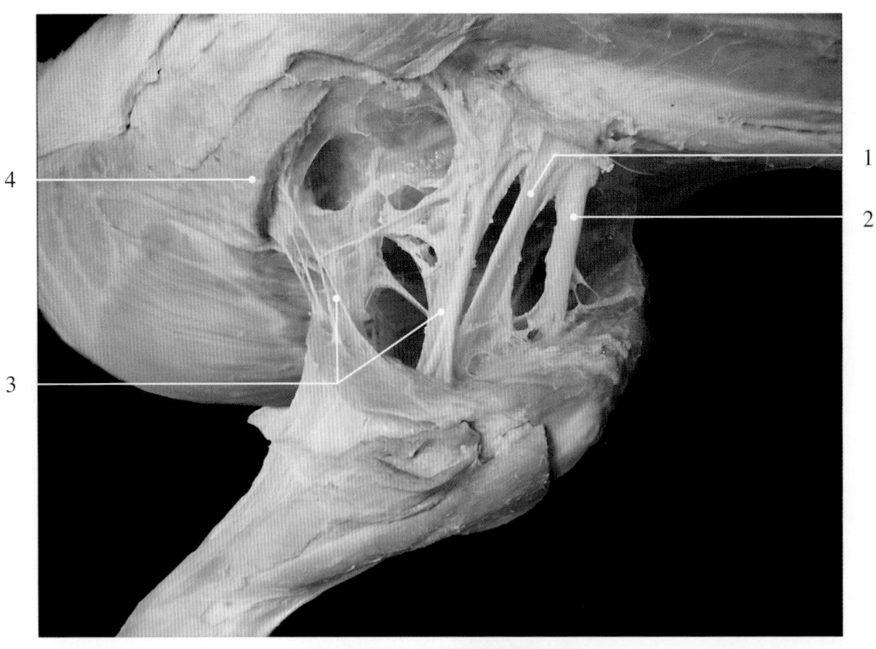

图12-5-20　羊臂神经丛1

1. 腋静脉 axillary vein
2. 腋动脉 axillary artery
3. 臂神经丛 brachial plexus
4. 胸肌 pectoral muscle

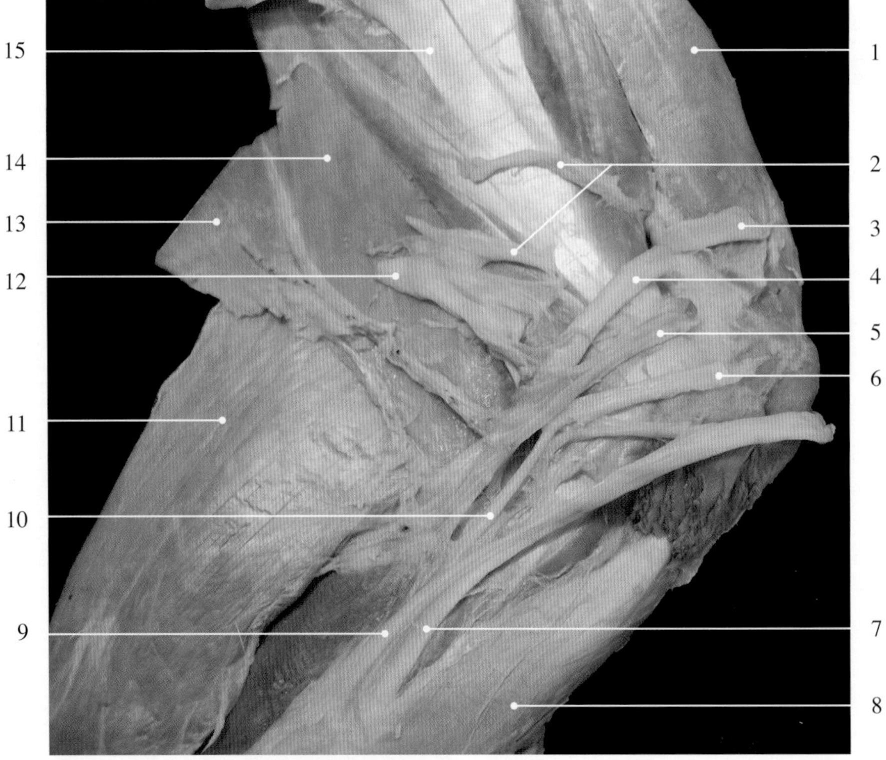

图12-5-21　羊臂神经丛2

1. 冈上肌 supraspinous muscle
2. 肩胛下神经 subscapular nerves
3. 肩胛上神经 suprascapular nerve
4. 桡神经 radial nerve
5. 腋静脉 axillary vein
6. 腋动脉 axillary artery
7. 正中神经 median nerve
8. 臂二头肌 biceps brachii muscle
9. 尺神经 ulnar nerve
10. 臂动脉 brachial artery
11. 臂三头肌 triceps brachii muscle
12. 腋神经 axillary nerve
13. 背阔肌 broadest muscle of the back
14. 大圆肌 major teres muscle
15. 肩胛下肌 subscapular muscle

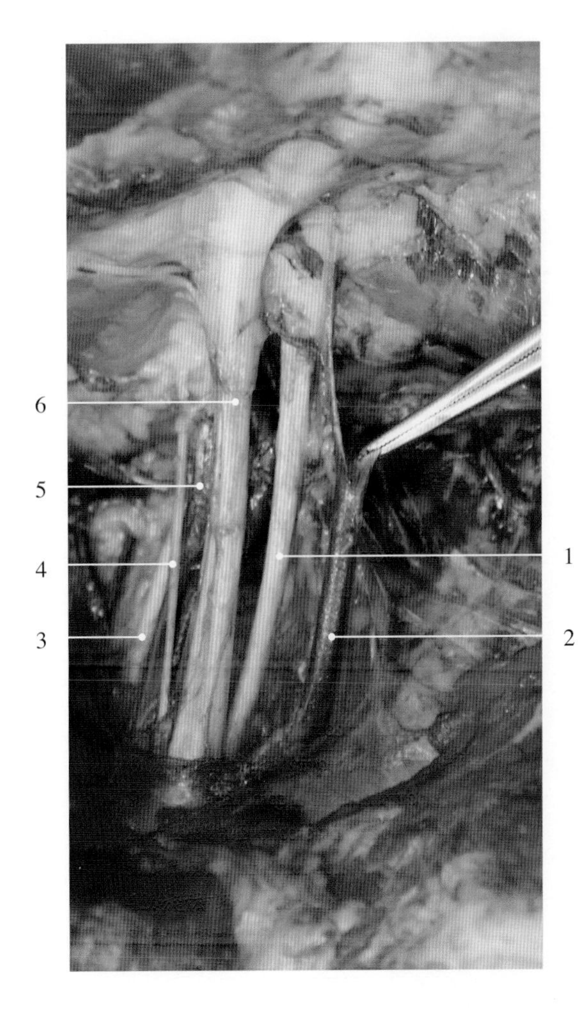

图 12-5-22　猪臂神经丛

1. 桡神经 radial nerve
2. 腋大静脉 major axillary vein
3. 腋动脉 axillary artery
4. 尺神经 ulnar nerve
5. 腋小静脉 minor axillary vein
6. 正中神经 median nerve

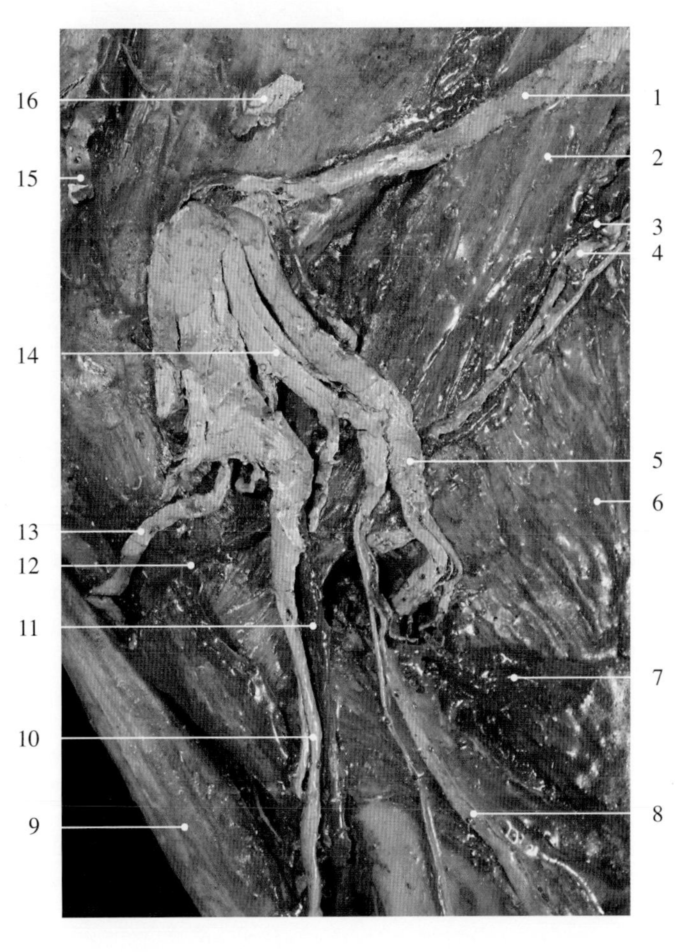

图 12-5-23　马右前肢臂神经丛 1

1. 胸长神经 long thoracic nerve
2. 大圆肌 major teres muscle
3. 胸背动脉 thoracodorsal artery
4. 胸背神经 thoracodorsal nerve
5. 桡神经 radial nerve
6. 臂三头肌 triceps brachii muscle
7. 臂深动脉 deep brachial artery
8. 尺神经 ulnar nerve
9. 臂二头肌 biceps brachii muscle
10. 正中神经 median nerve
11. 臂动脉 brachial artery
12. 旋肱前动脉 cranial circumflex humeral artery
13. 肌皮神经 musculocutaneous nerve
14. 腋神经 axillary nerve
15. 肩胛上神经 suprascapular nerve
16. 肩胛下神经 subscapular nerve

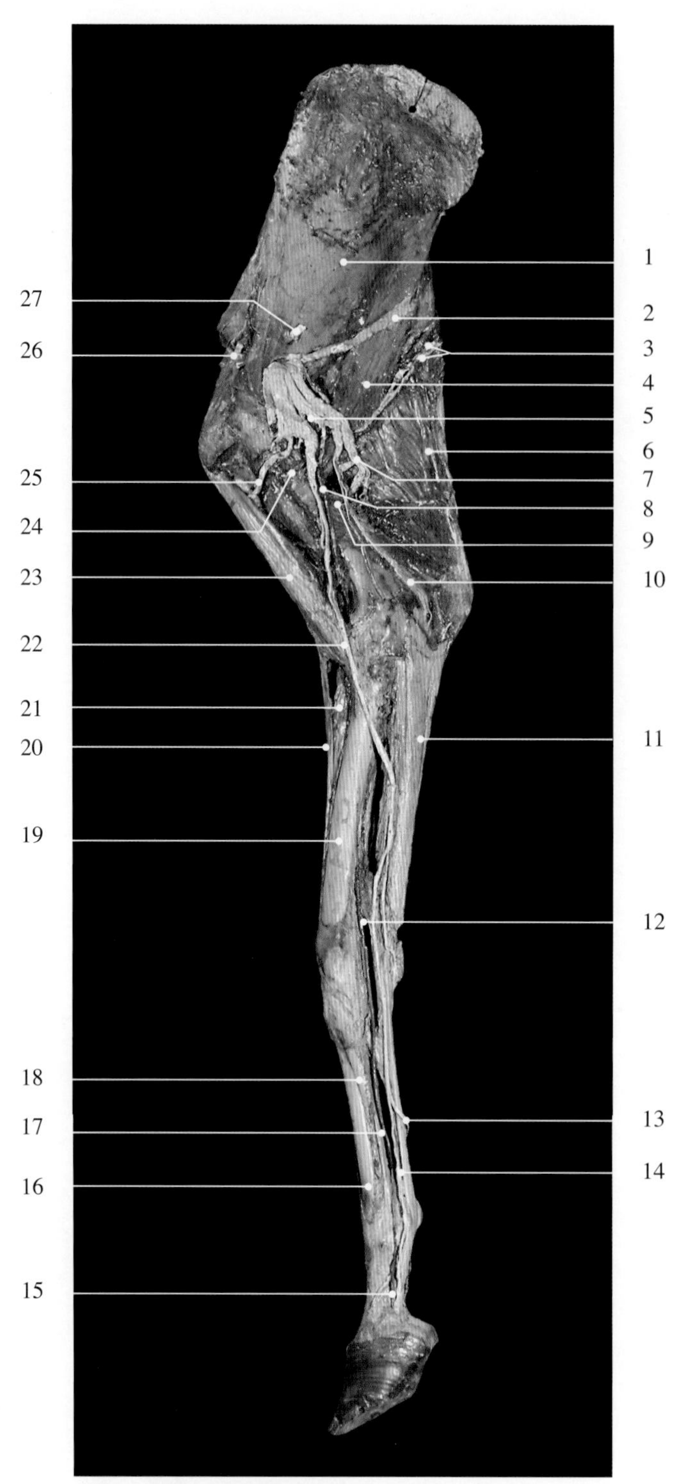

图12-5-24　马右前肢臂神经丛2

1. 肩胛下肌 subscapular muscle
2. 胸长神经 long thoracic nerve
3. 胸背神经和胸背动脉 thoracodorsal nerve and artery
4. 大圆肌 major teres muscle
5. 腋神经 axillary nerve
6. 臂三头肌 triceps brachii muscle
7. 桡神经 radial nerve
8. 臂动脉 brachial artery
9. 臂深动脉 deep brachial artery
10. 尺神经 ulnar nerve
11. 腕尺侧屈肌 ulnar flexor muscle of the carpus
12. 正中动脉 median artery
13. 掌外侧神经 lateral palmar nerve
14. 掌内侧神经 medial palmar nerve
15. 指内侧动脉 medial digital artery
16. 大掌骨 major metacarpal bone
17. 掌心动脉 palmar metacarpal artery
18. 小掌骨 lesser metacarpal bone
19. 桡骨 radius
20. 臂桡肌 brachioradial muscle
21. 腕桡侧伸肌 radial extensor muscle of the carpus
22. 正中神经 median nerve
23. 臂二头肌 biceps brachii muscle
24. 旋肱前动脉 cranial circumflex humeral artery
25. 肌皮神经 musculocutaneous nerve
26. 肩胛上神经 suprascapular nerve
27. 肩胛下神经 subscapular nerve

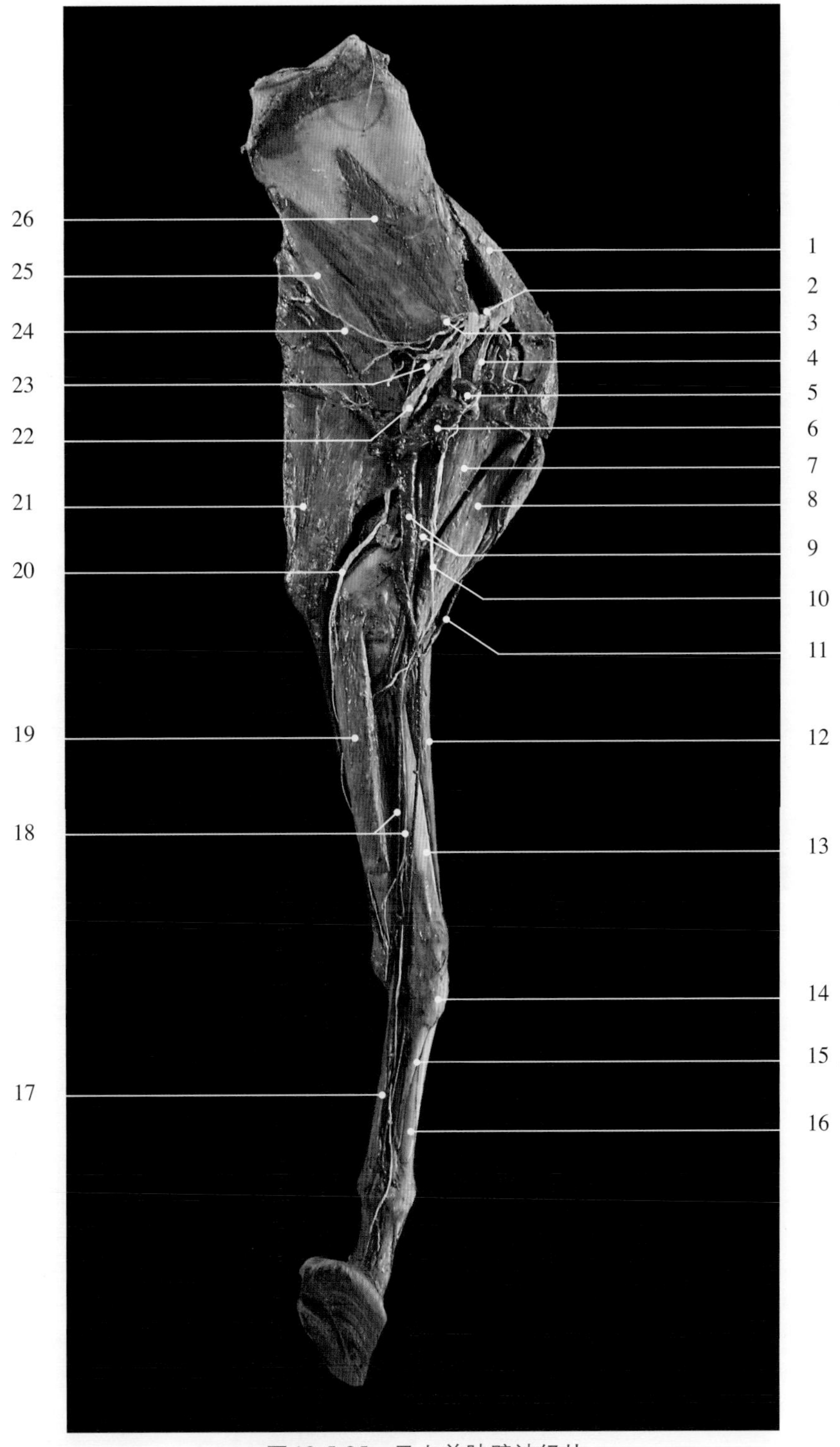

图12-5-25 马左前肢臂神经丛

1. 冈上肌 supraspinous muscle
2. 肩胛上神经 suprascapular nerve
3. 肩胛下神经 subscapular nerve
4. 肌皮神经 musculocutaneous nerve
5. 腋动脉 axillary artery
6. 腋静脉 axillary vein
7. 喙臂肌 coracobrachial muscle
8. 臂二头肌 biceps brachii muscle
9. 臂动、静脉 brachial artery and vein
10. 正中神经 median nerve
11. 头静脉 cephalic vein
12. 腕桡侧伸肌 radial extensor muscle of the carpus
13. 桡骨 radius
14. 腕骨 carpal bone
15. 小掌骨 lesser metacarpal bone
16. 大掌骨 major metacarpal bone
17. 指掌侧总动脉 common palmar digital artery
18. 正中动、静脉 median artery and vein
19. 腕尺侧屈肌 ulnar flexor muscle of the carpus
20. 尺神经 ulnar nerve
21. 臂三头肌 triceps brachii muscle
22. 桡神经 radial nerve
23. 腋神经 axillary nerve
24. 胸背神经 thoracodorsal nerve
25. 大圆肌 major teres muscle
26. 肩胛下肌 subscapular muscle

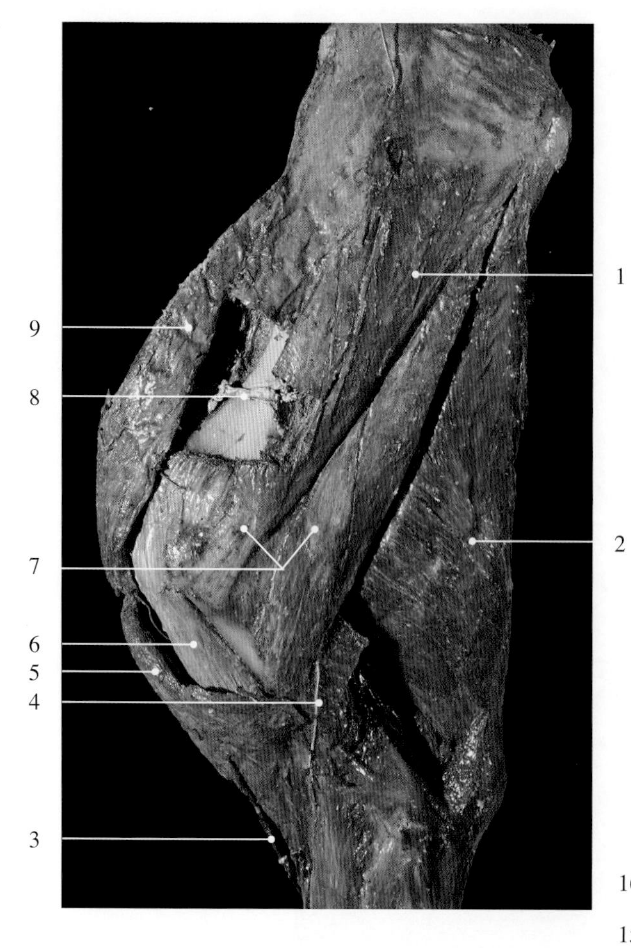

图12-5-26　马左前肢外侧神经

1. 冈下肌 infraspinous muscle
2. 臂三头肌 triceps brachii muscle
3. 头静脉 cephalic vein
4. 臂神经皮支 cutaneous branch of brachial nerve
5. 臂头肌 brachiocephalic muscle
6. 臂二头肌 biceps brachii muscle
7. 三角肌 deltoid muscle
8. 肩胛上神经 suprascapular nerve
9. 冈上肌 supraspinous muscle

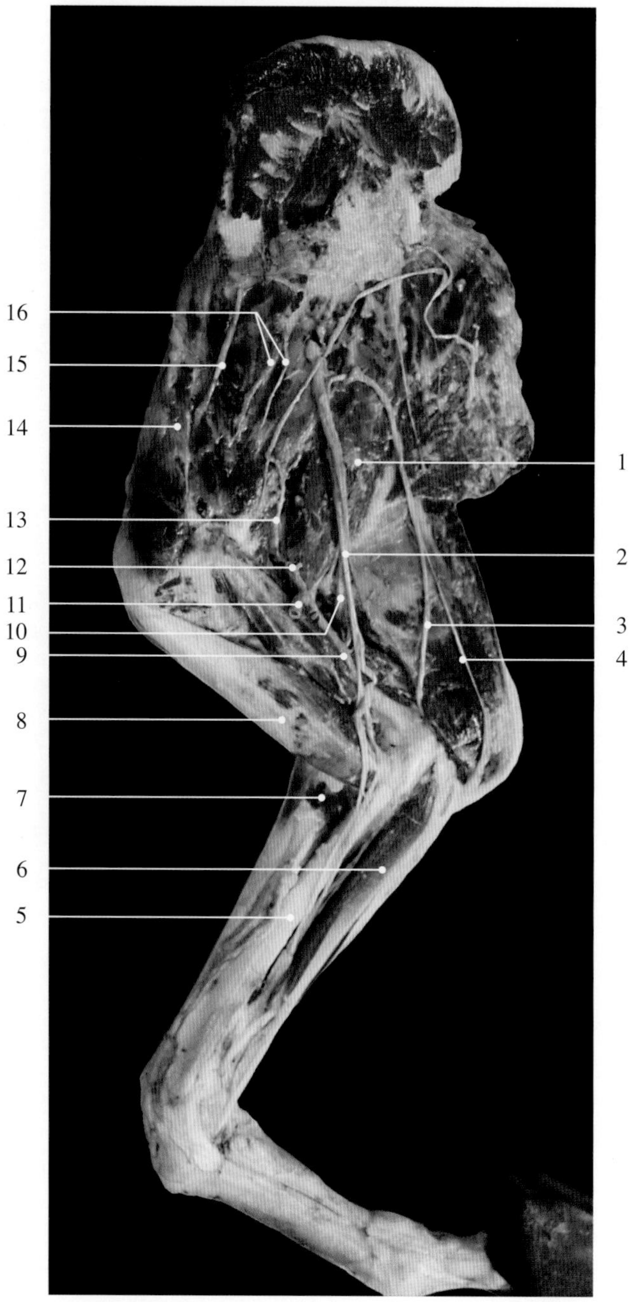

图12-5-27　驴右前肢臂神经丛

1. 大圆肌 major teres muscle
2. 正中神经 median nerve
3. 尺神经深支 deep branch of ulnar nerve
4. 尺神经浅支 superficial branch of ulnar nerve
5. 桡骨 radius
6. 腕桡侧屈肌 radial flexor muscle of the carpus
7. 腕桡侧伸肌 radial extensor muscle of the carpus
8. 臂二头肌 biceps brachii muscle
9. 臂动脉 brachial artery
10. 桡神经 radial nerve
11. 腋动脉 axillary artery
12. 肩胛下动脉 subscapular artery
13. 腋神经 axillary nerve
14. 冈上肌 supraspinous muscle
15. 肩胛上神经 suprascapular nerve
16. 肩胛下神经 subscapular nerves

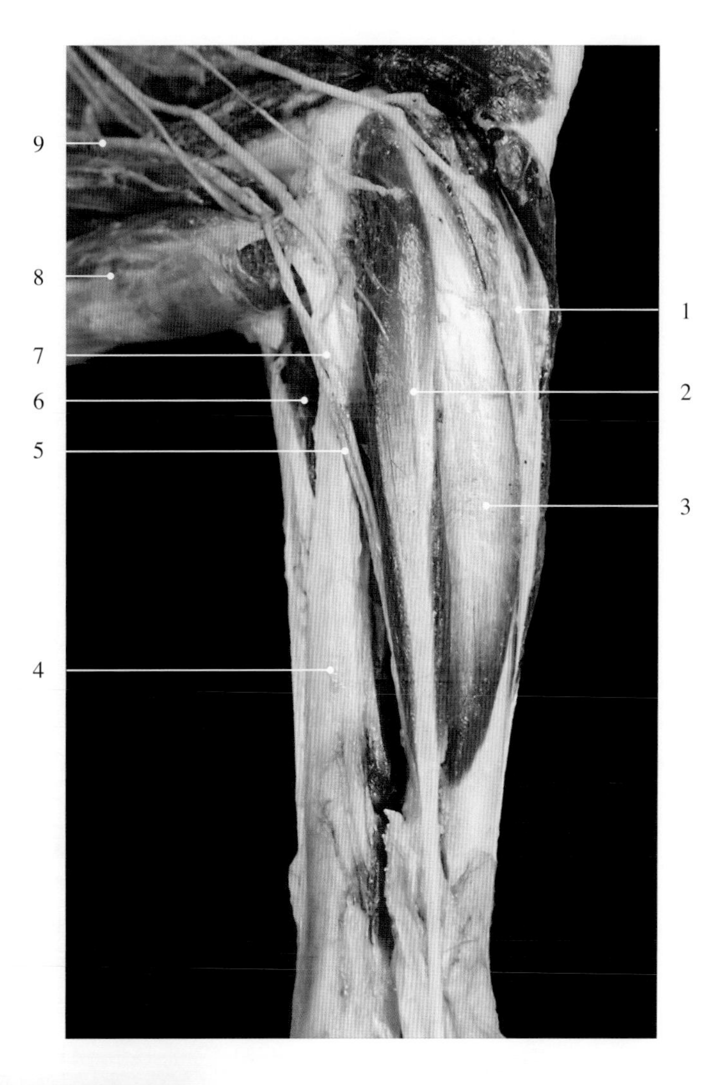

图 12-5-28 马右前肢前臂部神经

1. 尺神经 ulnar nerve
2. 腕桡侧屈肌 radial flexor muscle of the carpus
3. 腕尺侧屈肌 ulnar flexor muscle of the carpus
4. 桡骨 radius
5. 正中动脉 median artery
6. 腕桡侧伸肌 radial extensor muscle of the carpus
7. 正中神经 median nerve
8. 臂二头肌 biceps brachii muscle
9. 臂动脉 brachial artery

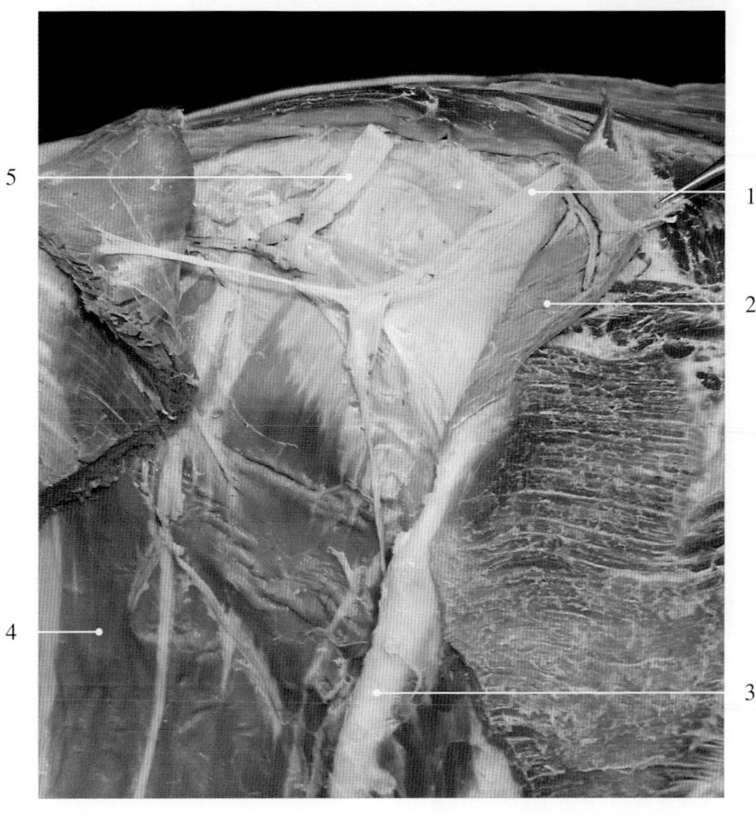

图 12-5-29 牛腰神经腹侧支

1. 最后肋间神经 the last intercostal nerve
2. 腹内斜肌 internal oblique abdominal muscle
3. 第 13 肋 13th rib
4. 腹横肌 transverse abdominal muscle
5. 髂腹下神经 iliohypogastric nerve

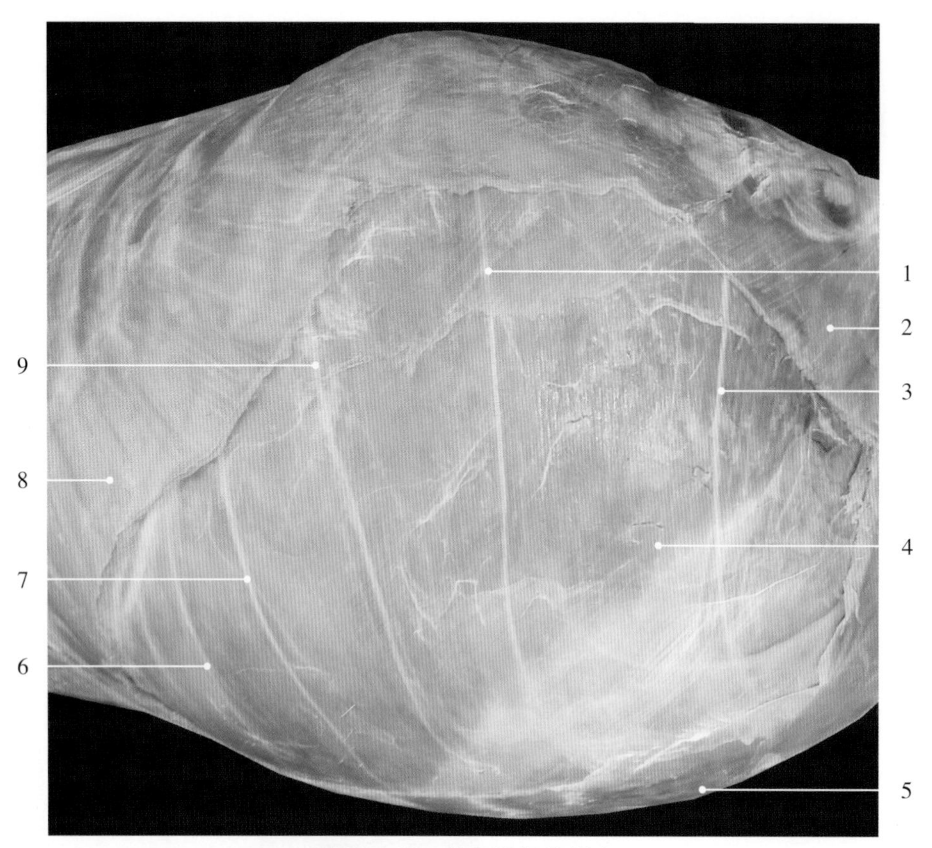

图 12-5-30 羊腰神经腹侧支

1. 髂腹下神经 iliohypogastric nerve
2. 腹内斜肌 internal oblique abdominal muscle
3. 髂腹股沟神经 ilioinguinal nerve
4. 腹横肌 transverse abdominal muscle
5. 腹直肌 rectus abdominis muscle
6. 第11肋间神经 11th intercostal nerve
7. 第12肋间神经 12th intercostal nerve
8. 腹外斜肌 external oblique abdominal muscle
9. 肋腹神经 costoabdominal nerve

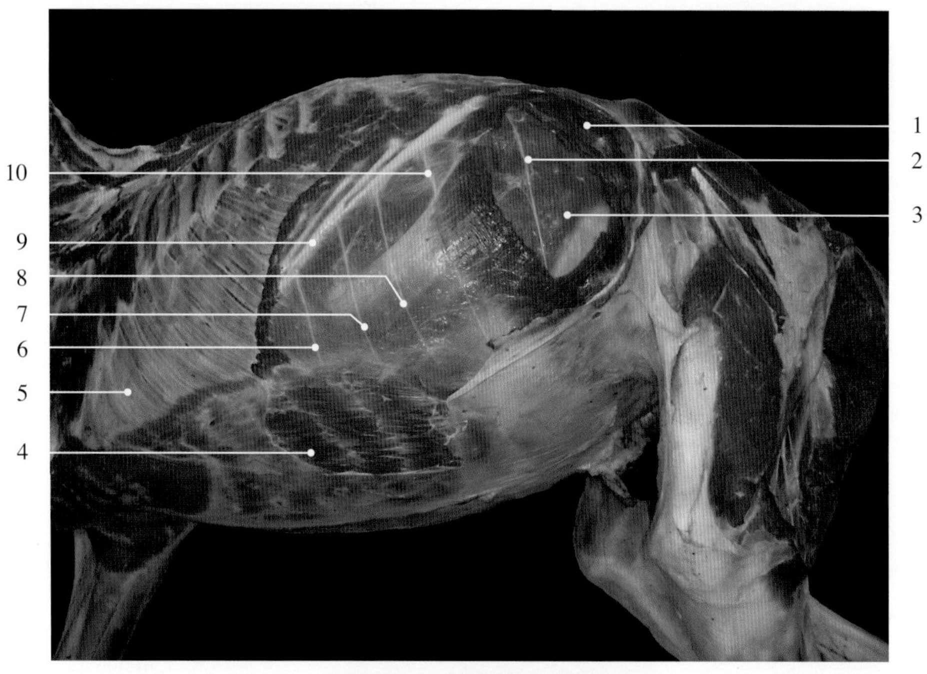

图 12-5-31 驴腰神经腹侧支

1. 腹内斜肌 internal oblique abdominal muscle
2. 肋腹神经 costoabdominal nerve
3. 腹横肌 transverse abdominal muscle
4. 腹直肌 rectus abdominis muscle
5. 腹外斜肌 external oblique abdominal muscle
6. 第13肋间神经 13th intercostal nerve
7. 第14肋间神经 14th intercostal nerve
8. 第15肋间神经 15th intercostal nerve
9. 肋弓 costal arch
10. 第16肋间神经 16th intercostal nerve

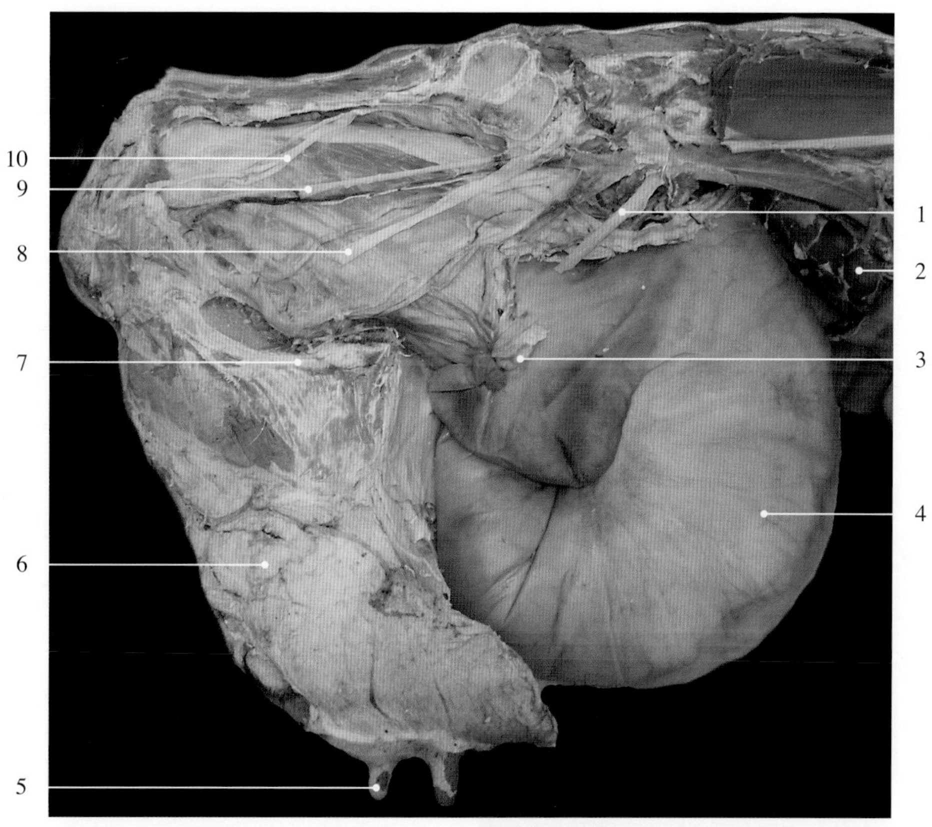

图12-5-32　牛荐神经腹侧支

股神经在耻骨梳附近通过，此处容易受机械损伤。如动物麻醉之后到苏醒过程或骨盆骨折后的康复过程中股四头肌的过度伸展，是导致股神经损伤的最常见原因，股神经损伤导致股四头肌瘫痪，妨碍了膝关节的固定而使后肢无法支撑体重。

1. 股神经 femoral nerve
2. 肾 kidney
3. 卵巢 ovary
4. 子宫角 uterine horn
5. 乳头 teat
6. 乳房 mamma / udder
7. 骨盆联合 pelvic symphysis
8. 闭孔神经 obturator nerve
9. 阴部神经 pudendal nerve
10. 直肠后神经 caudal rectal nerve

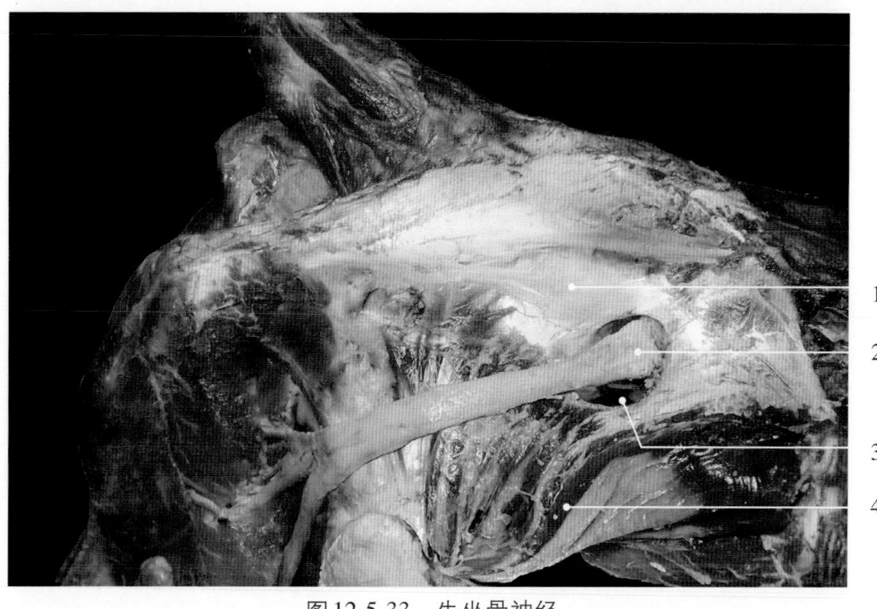

图12-5-33　牛坐骨神经

1. 荐结节阔韧带 broad sacrotuberous ligament
2. 坐骨神经 sciatic nerve
3. 坐骨大孔 greater sciatic foramen
4. 臀深肌 deep gluteal muscle

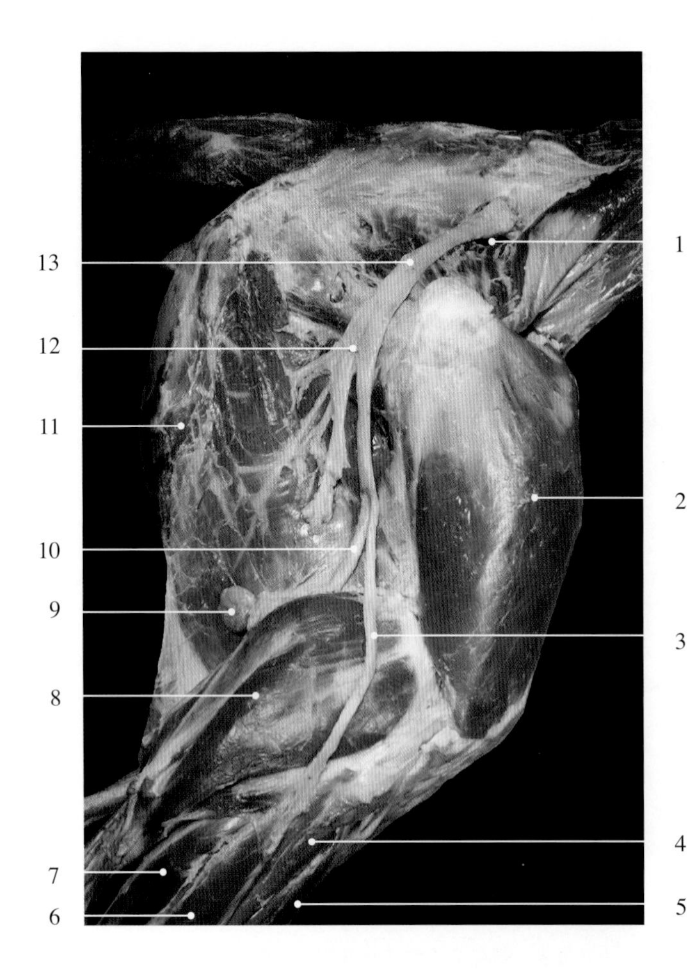

图12-5-34　牛右后肢深层肌

1. 坐骨大孔 greater sciatic foramen
2. 股外侧肌 lateral vastus muscle
3. 腓总神经 common peroneal nerve
4. 腓骨长肌 long fibular muscle
5. 第3腓骨肌 3rd fibular muscle
6. 趾外侧伸肌 lateral digital extensor muscle
7. 趾深屈肌 deep digital flexor muscle
8. 腓肠肌 gastrocnemius muscle
9. 腘淋巴结 popliteal lymph node
10. 胫神经 tibial nerve
11. 半腱肌 semitendinous muscle
12. 坐骨神经肌支 muscular branch of sciatic nerve
13. 坐骨神经 sciatic nerve

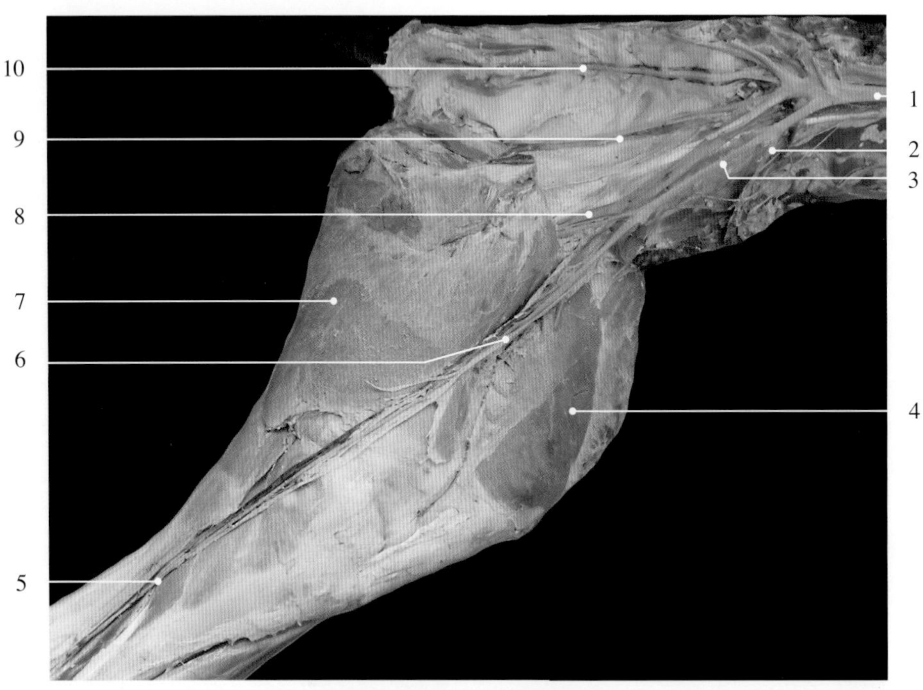

图12-5-35　牛股神经

1. 腹主动脉 abdominal aorta
2. 旋髂深动脉 deep iliac circumflex artery
3. 髂外动、静脉 external iliac artery and vein
4. 股四头肌 quadriceps femoris muscle
5. 隐动、静脉及神经 saphenous artery, vein and nerve
6. 股动、静脉及神经 femoral artery, vein and nerve
7. 股薄肌 gracilis muscle
8. 股深动、静脉 deep femoral artery and vein
9. 髂内动、静脉 internal iliac artery and vein
10. 荐中动、静脉 median sacral artery and vein

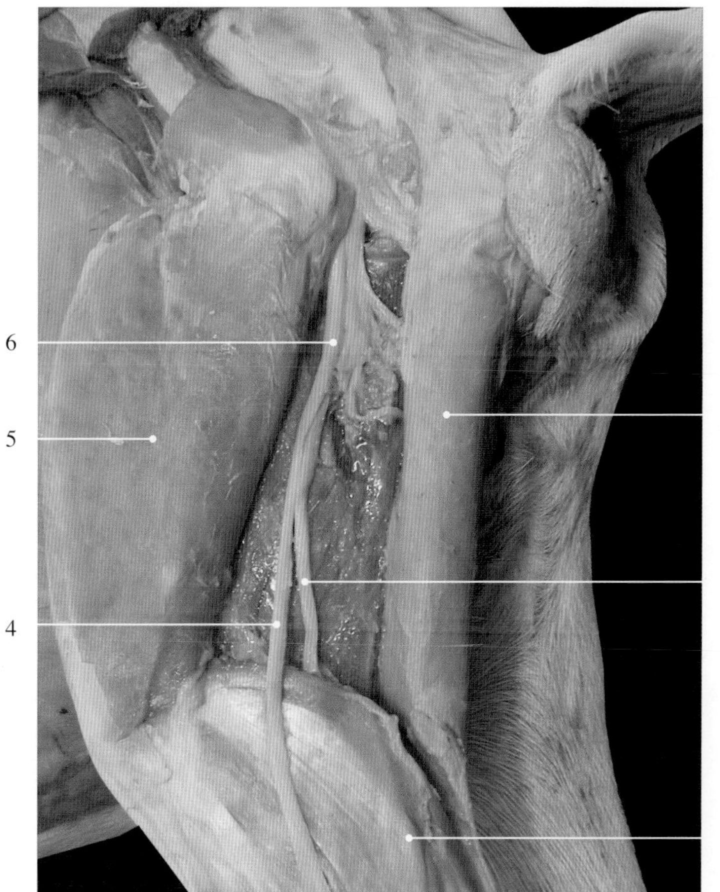

图12-5-36　羊坐骨神经1

1. 半腱肌 semitendinous muscle
2. 胫神经 tibial nerve
3. 腓肠肌 gastrocnemius muscle
4. 腓总神经 common peroneal nerve
5. 股四头肌 quadriceps femoris muscle
6. 坐骨神经 sciatic nerve

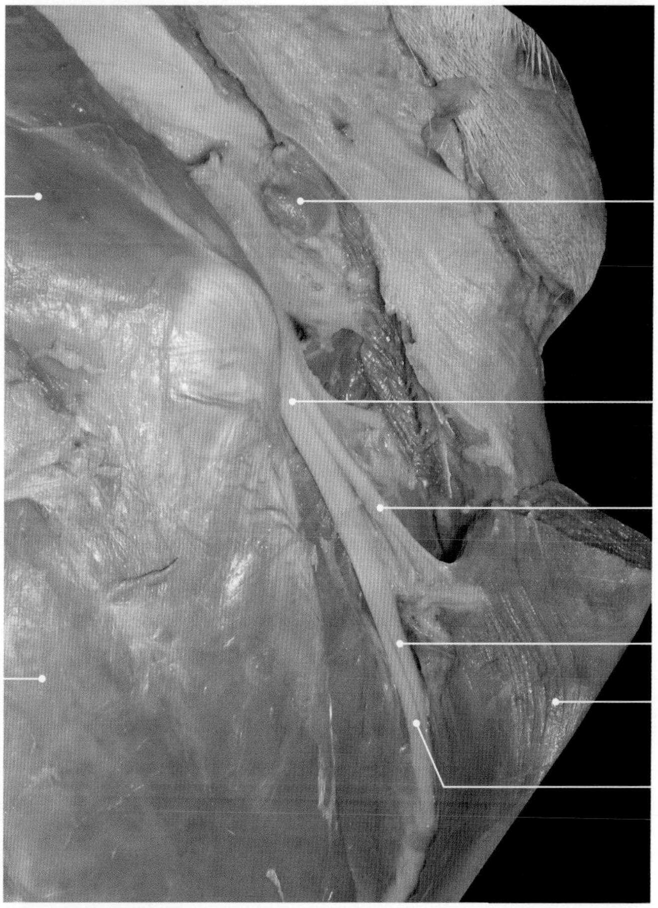

图12-5-37　羊坐骨神经2

1. 坐骨淋巴结 ischial lymph node
2. 坐骨神经 sciatic nerve
3. 坐骨神经肌支 muscular branch of sciatic nerve
4. 胫神经 tibial nerve
5. 半腱肌 semitendinous muscle
6. 腓总神经 common peroneal nerve
7. 股四头肌 quadriceps femoris muscle
8. 臀深肌 deep gluteal muscle

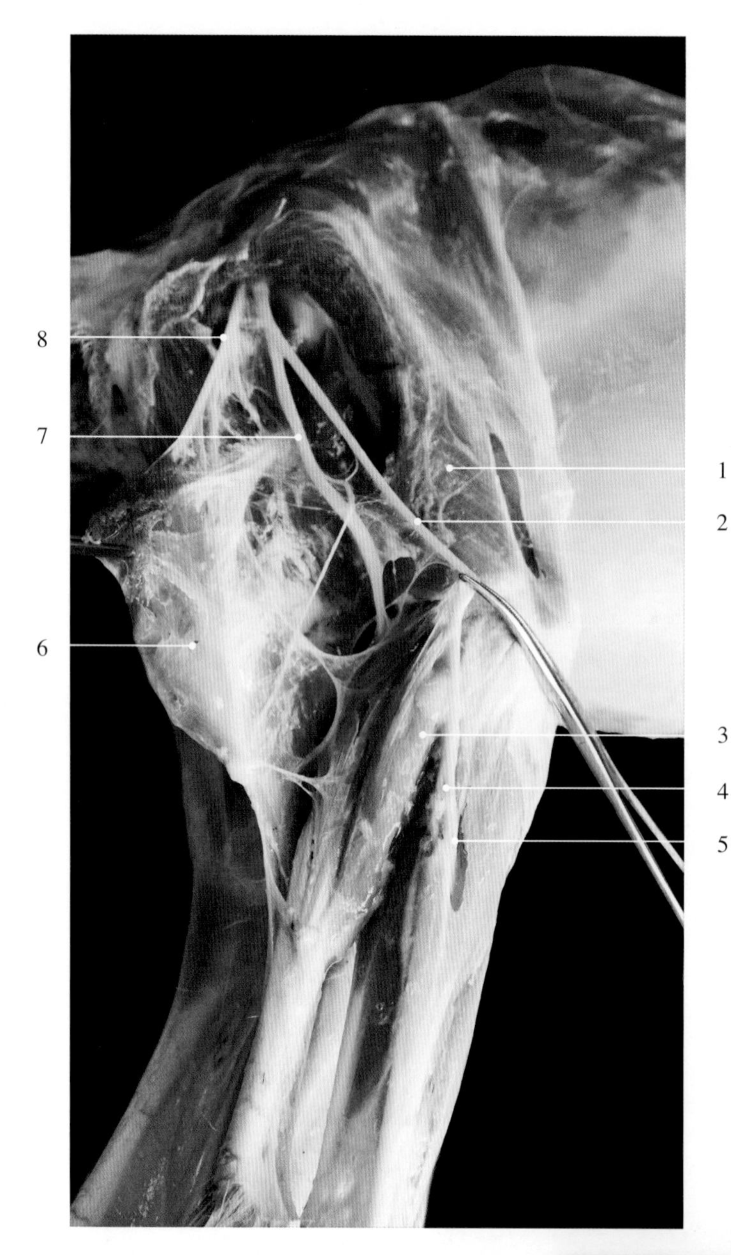

图12-5-38 波尔山羊坐骨神经

1. 股四头肌 quadriceps femoris muscle
2. 腓总神经 common peroneal nerve
3. 腓骨长肌 long fibular muscle
4. 腓深神经 deep fibular nerve
5. 腓浅神经 superficial fibular nerve
6. 半腱肌 semitendinous muscle
7. 胫神经 tibial nerve
8. 坐骨神经肌支 muscular branch of sciatic nerve

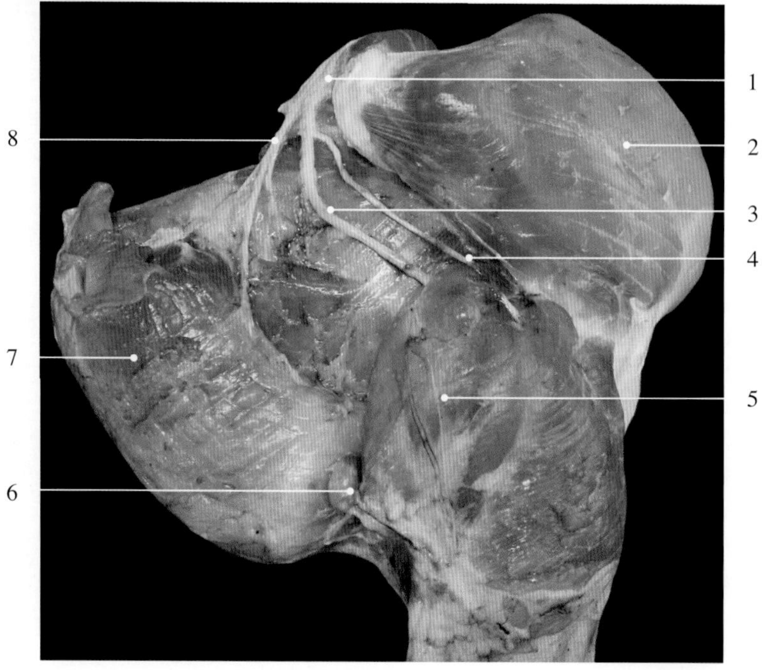

图12-5-39 猪坐骨神经

1. 坐骨神经 sciatic nerve
2. 股四头肌 quadriceps femoris muscle
3. 胫神经 tibial nerve
4. 腓总神经 common peroneal nerve
5. 腓肠肌 gastrocnemius muscle
6. 腘淋巴结 popliteal lymph node
7. 半腱肌 semitendinous muscle
8. 坐骨神经肌支 muscular branch of sciatic nerve

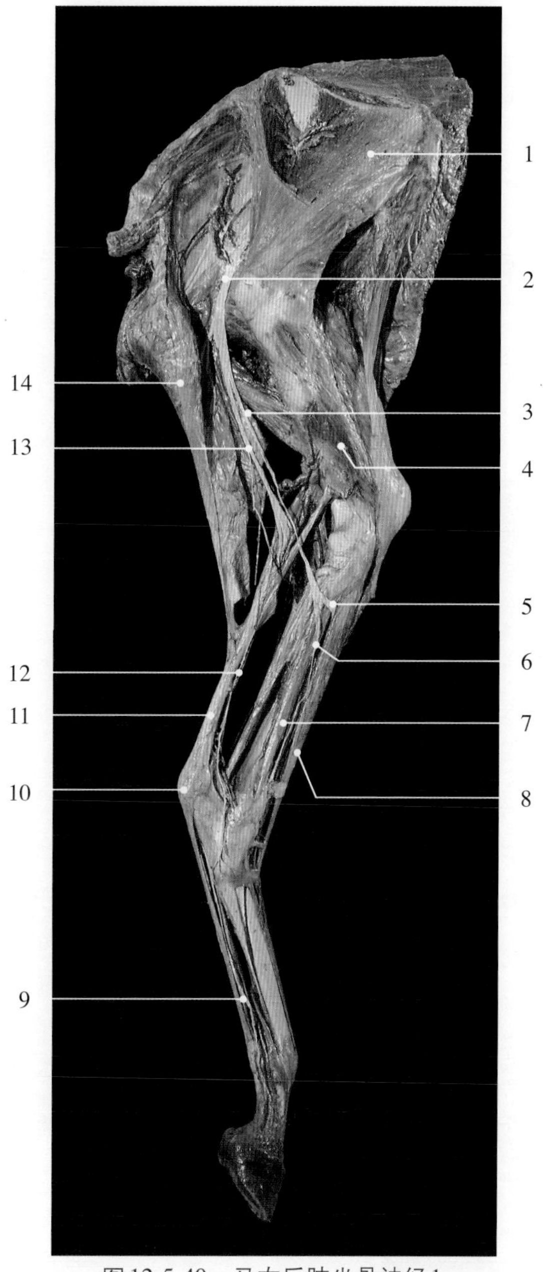

图 12-5-40　马右后肢坐骨神经 1

1. 臀深肌 deep gluteal muscle
2. 坐骨神经 sciatic nerve
3. 腓总神经 common peroneal nerve
4. 股四头肌 quadriceps femoris muscle
5. 腓深神经 deep fibular nerve
6. 腓浅神经 superficial fibular nerve
7. 腓骨长肌 long fibular muscle
8. 趾长伸肌 long digital extensor muscle
9. 跖外侧神经 lateral plantar nerve
10. 跟结节 calcaneal tuberosity
11. 跟（总）腱 common calcaneal tendon
12. 小腿后皮神经 caudal cutaneoussural nerve
13. 胫神经 tibial nerve
14. 半腱肌 semitendinous muscle

图12-5-41　马右后肢坐骨神经2

1. 股四头肌 quadriceps femoris muscle
2. 腓深神经 deep fibular nerve
3. 跖外侧神经 lateral plantar nerve
4. 外侧隐静脉 lateral saphenous vein
5. 腓浅神经 superficial fibular nerve
6. 小腿跖侧皮神经 plantar cutaneoussural nerve
7. 胫神经 tibial nerve
8. 坐骨神经肌支 muscular branch of sciatic nerve
9. 坐骨结节 ischial tuberosity

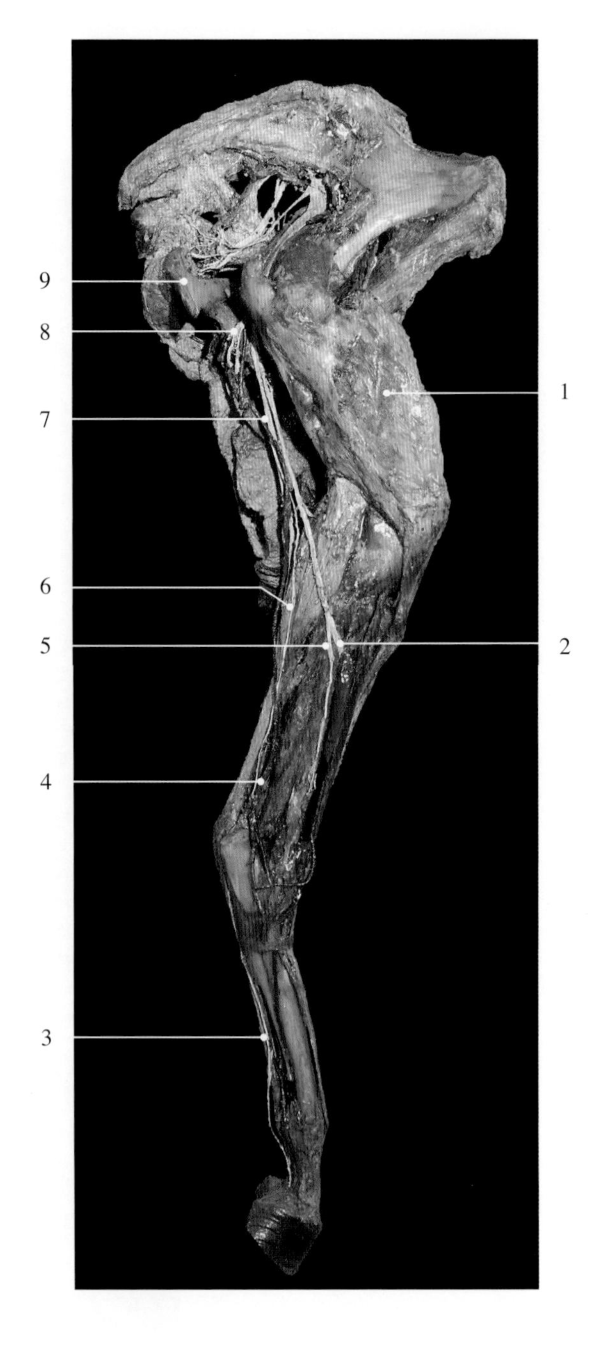

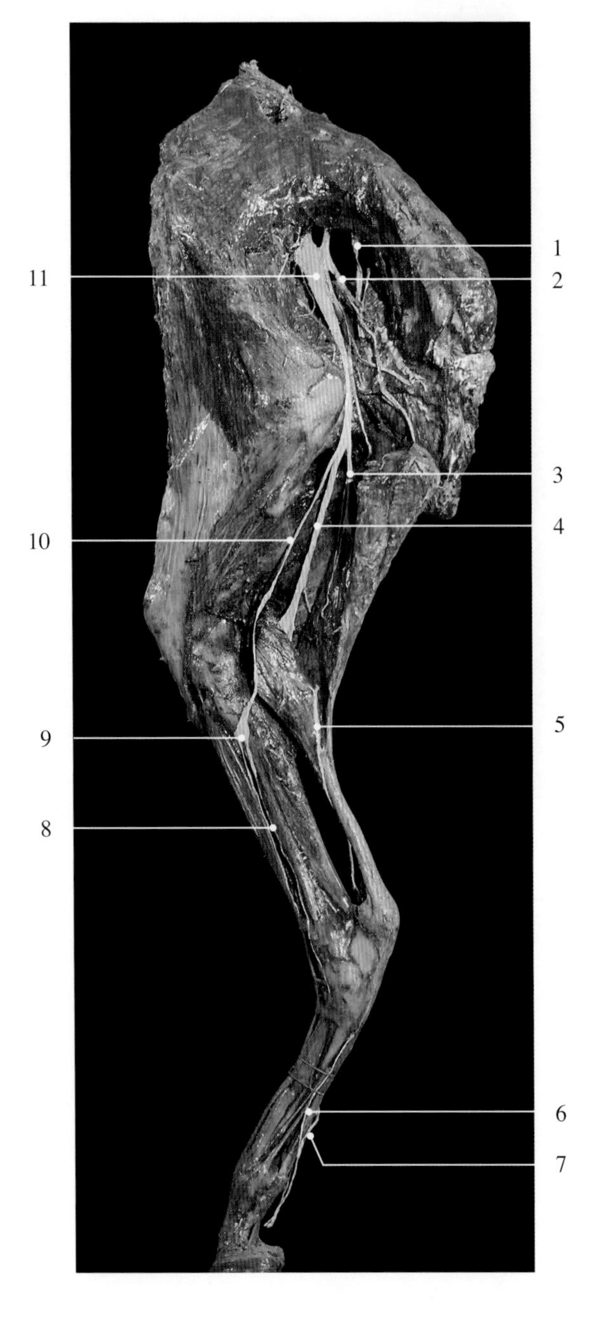

图12-5-42　马左后肢坐骨神经

1. 阴部神经 pudendal nerve
2. 股后皮神经 caudal cutaneous femoral nerve
3. 坐骨神经肌支 muscular branch of sciatic nerve
4. 胫神经 tibial nerve
5. 小腿跖侧皮神经 plantar cutaneoussural nerve
6. 跖外侧神经 lateral plantar nerve
7. 跖内侧神经 medial plantar nerve
8. 腓浅神经 superficial fibular nerve
9. 腓深神经 deep fibular nerve
10. 腓总神经 common peroneal nerve
11. 坐骨神经 sciatic nerve

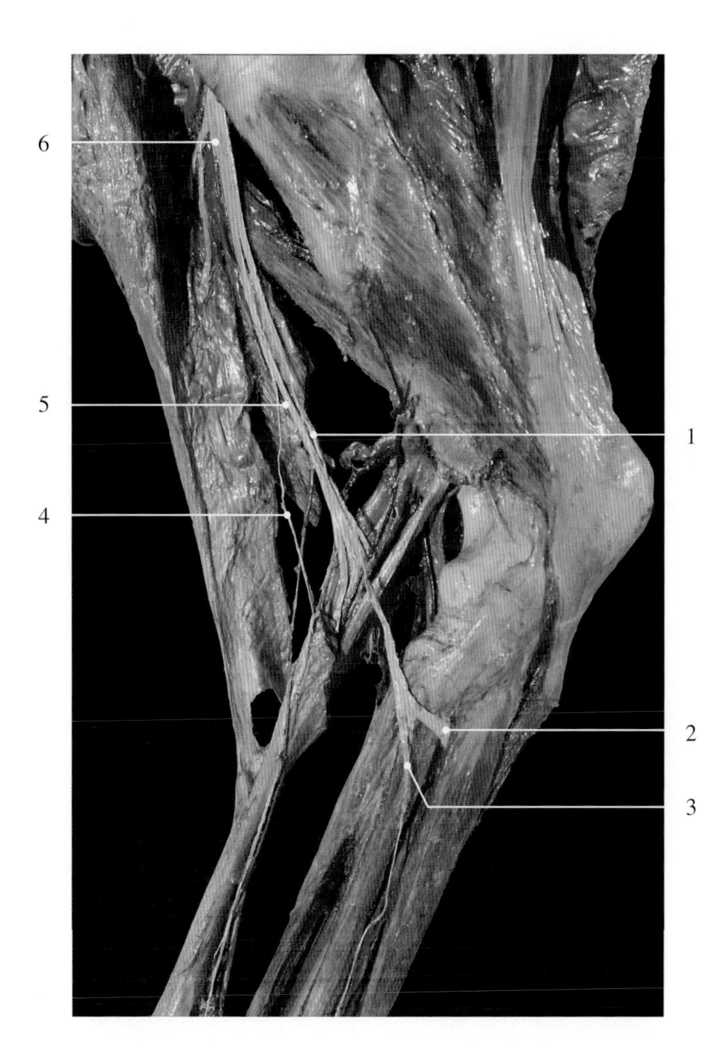

图 12-5-43　马坐骨神经分支

1. 腓总神经 common peroneal nerve
2. 腓深神经 deep fibular nerve
3. 腓浅神经 superficial fibular nerve
4. 小腿跖侧皮神经 plantar cutaneoussural nerve
5. 胫神经 tibial nerve
6. 坐骨神经 sciatic nerve

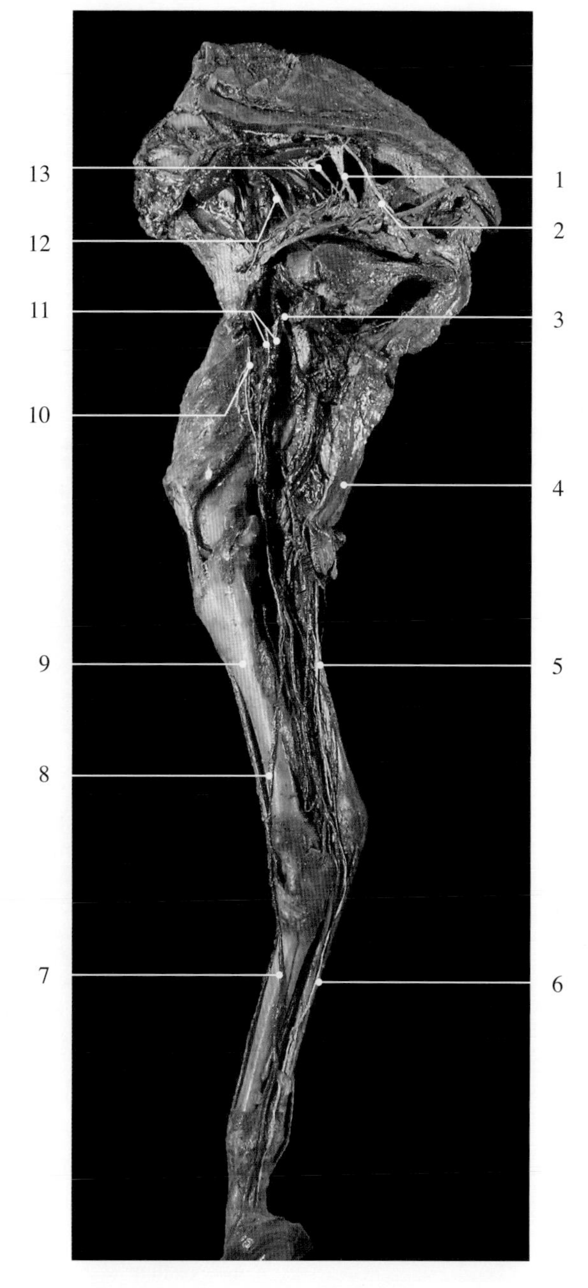

图 12-5-44　马右后肢股神经分支

1. 阴部神经与臀后神经 pudendal nerve and caudal gluteal nerve
2. 直肠后神经 caudal rectal nerve
3. 股深动脉 deep femoral artery
4. 阴茎 penis
5. 小腿跖侧皮神经 plantar cutaneoussural nerve
6. 跖内侧神经 medial plantar nerve
7. 跖背内侧静脉 plantar dorsal and medial vein
8. 隐静脉 saphenous vein
9. 胫骨 tibia
10. 股神经 femoral nerve
11. 股动、静脉 femoral artery and vein
12. 闭孔神经 obturator nerve
13. 股后皮神经 caudal cutaneous femoral nerve

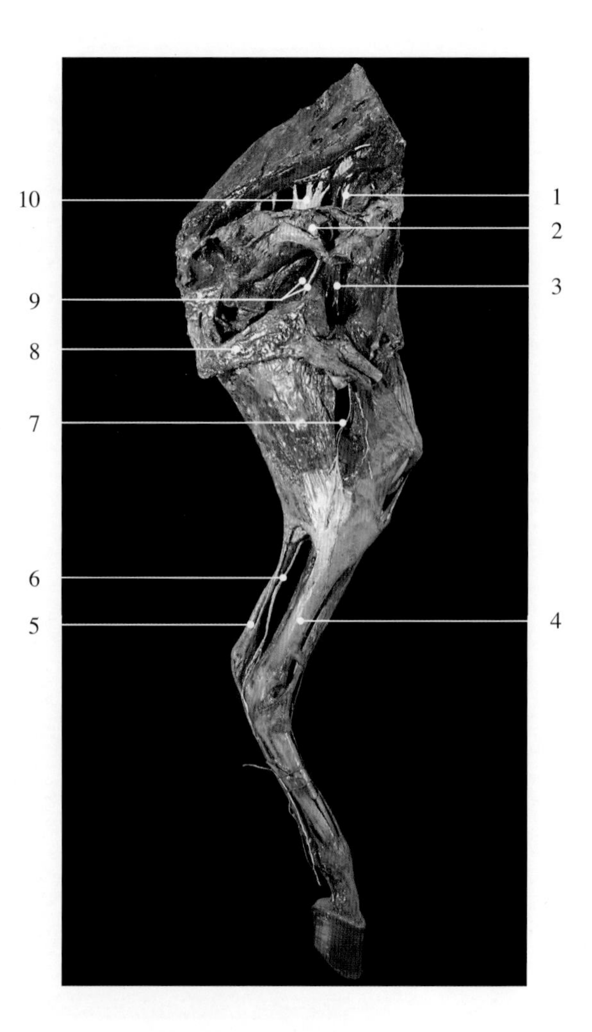

图12-5-45　马左后肢股神经分支

1. 股神经 femoral nerve
2. 直肠 rectum
3. 股动脉 femoral artery
4. 胫骨 tibia
5. 跟（总）腱 common calcaneal tendon
6. 胫神经 tibial nerve
7. 隐神经 saphenous nerve
8. 骨盆联合 pelvic symphysis
9. 闭孔动脉及神经 obturator artery and nerve
10. 坐骨神经 sciatic nerve

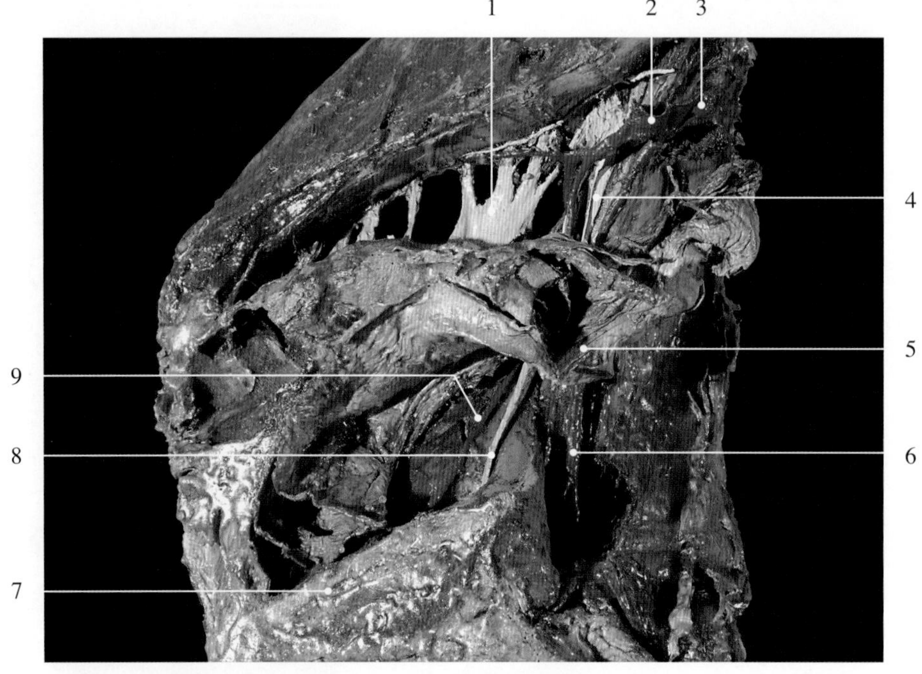

图12-5-46　马骨盆部神经

1. 坐骨神经 sciatic nerve
2. 髂内动脉 internal iliac artery
3. 髂外动脉 external iliac artery
4. 股神经 femoral nerve
5. 直肠 rectum
6. 股动脉 femoral artery
7. 骨盆联合 pelvic symphysis
8. 闭孔神经 obturator nerve
9. 闭孔动脉 obturator artery

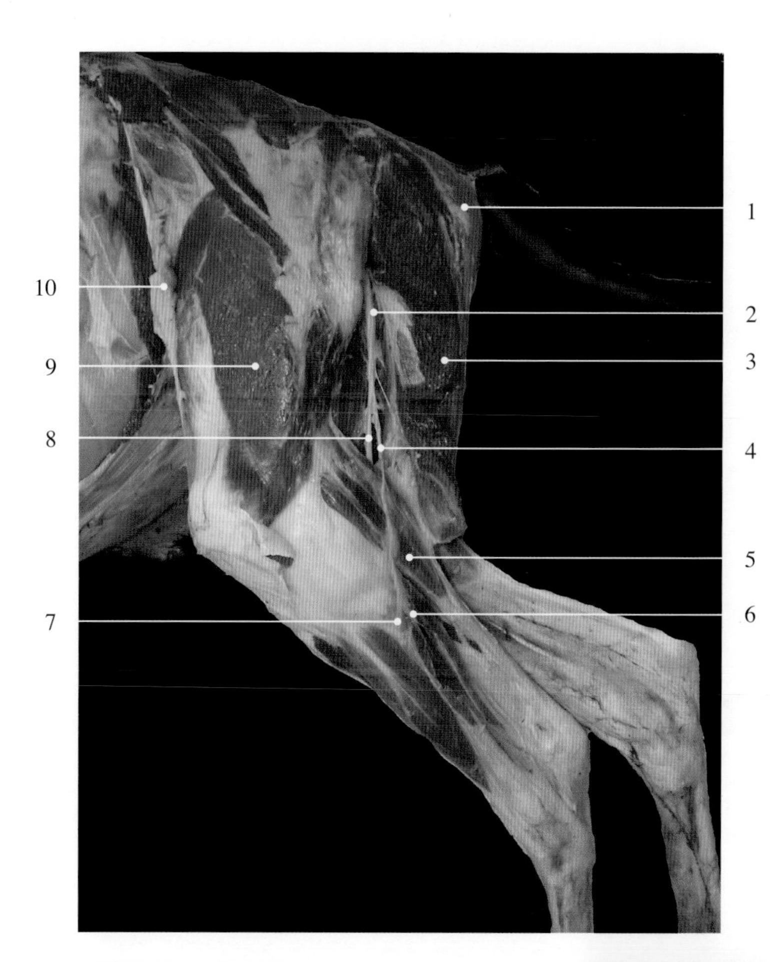

图12-5-47　驴坐骨神经分支

1. 半腱肌 semitendinous muscle
2. 坐骨神经 sciatic nerve
3. 股二头肌 biceps femoris muscle
4. 腓总神经 common peroneal nerve
5. 腓肠肌 gastrocnemius muscle
6. 腓浅神经 superficial fibular nerve
7. 腓深神经 deep fibular nerve
8. 胫神经 tibial nerve
9. 股外侧肌 lateral vastus muscle
10. 髂下淋巴结 subiliac lymph node

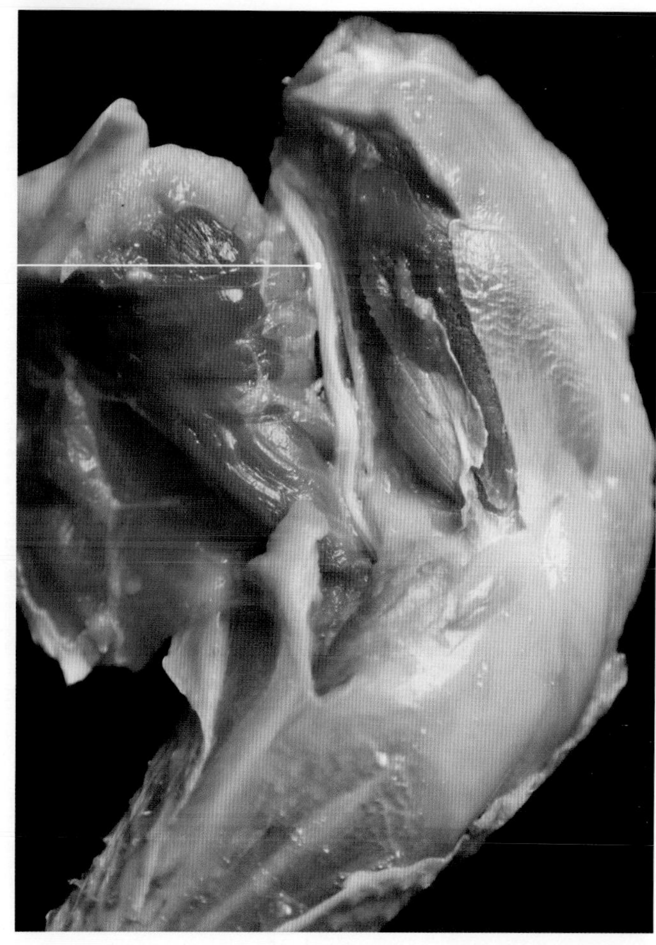

图12-5-48　鸡坐骨神经

1. 坐骨神经 sciatic nerve

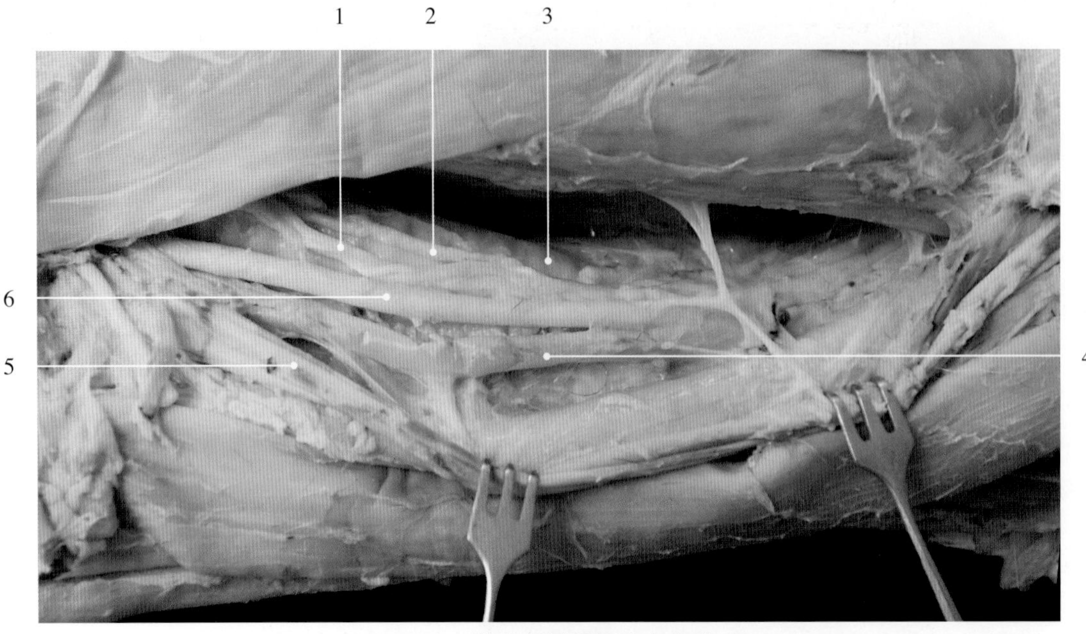

图12-6-1　犊牛右侧颈部迷走交感干

1. 迷走交感干 vagosympathetic trunk
2. 喉返神经 recurrent laryngeal nerve
3. 气管 trachea
4. 颈内静脉 internal jugular vein
5. 颈外静脉 external jugular vein
6. 颈总动脉 common carotid artery

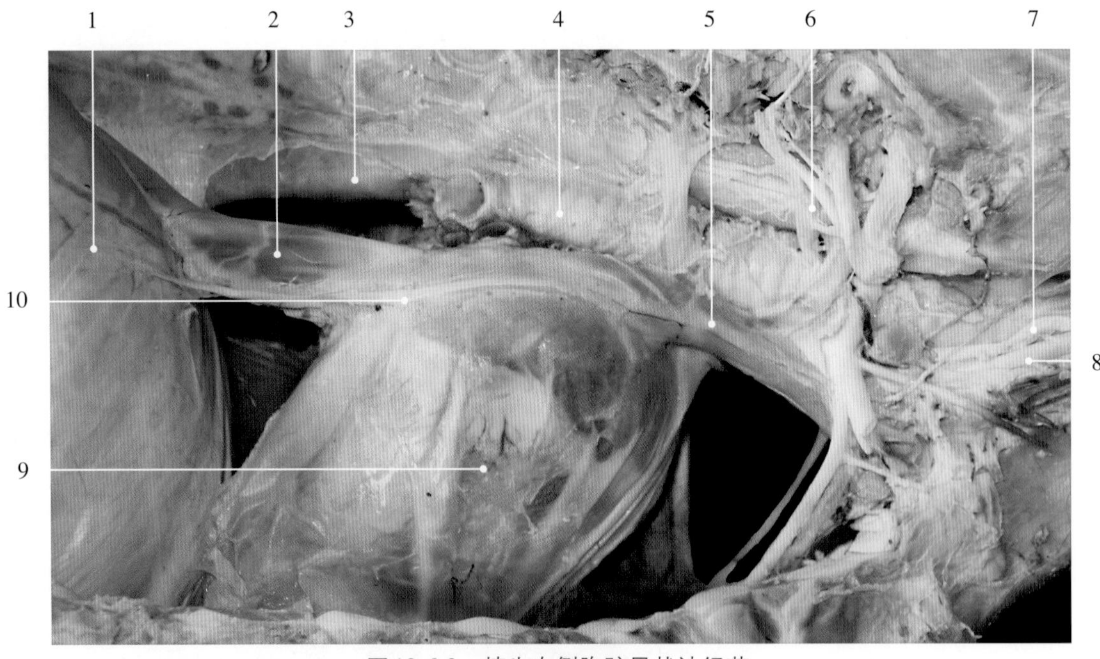

图12-6-2　犊牛右侧胸腔星状神经节

1. 膈 diaphragm
2. 后腔静脉 caudal vena cava
3. 食管 esophagus
4. 气管 trachea
5. 前腔静脉 cranial vena cava
6. 星状神经节 stellate ganglion
7. 迷走神经 vagus nerve
8. 右颈总动脉 right common carotid artery
9. 心脏 heart
10. 膈神经 phrenic nerve

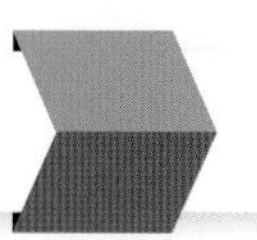

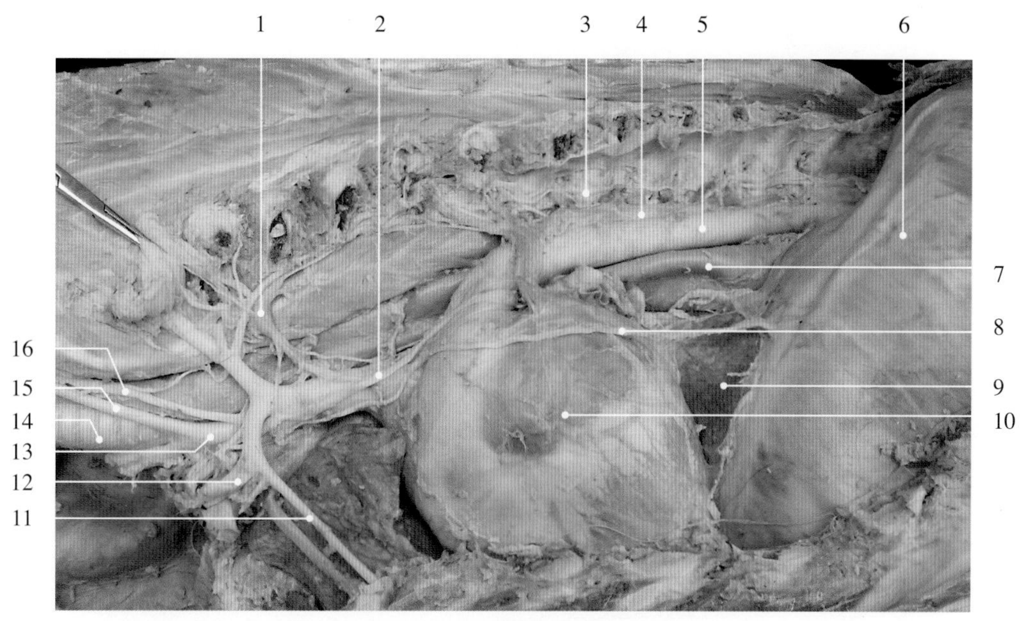

图12-6-3 牛左侧胸腔星状神经节

1. 星状神经节 stellate ganglion
2. 迷走神经 vagus nerve
3. 交感神经干 sympathetic trunk
4. 奇静脉 azygos vein
5. 胸主动脉 thoracic aorta
6. 膈 diaphragm
7. 食管 esophagus
8. 膈神经 phrenic nerve
9. 肺 lung
10. 心脏 heart
11. 胸廓内动脉 internal thoracic artery
12. 腋动脉 axillary artery
13. 双颈动脉干 truncus caroticus
14. 气管 trachea
15. 左颈总动脉 left common carotid artery
16. 迷走交感干 vagosympathetic trunk

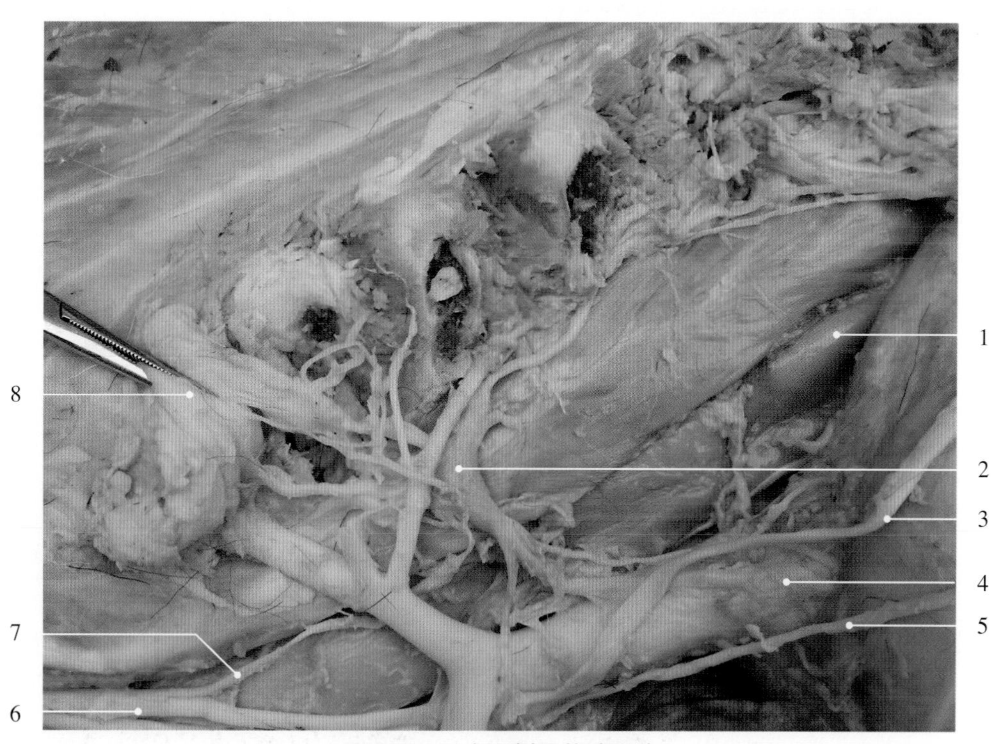

图12-6-4 牛左侧星状神经节

1. 食管 esophagus
2. 星状神经节 stellate ganglion
3. 迷走神经 vagus nerve
4. 臂头动脉干 brachiocephalic trunk
5. 膈神经 phrenic nerve
6. 迷走交感干 vagosympathetic trunk
7. 喉返神经 recurrent laryngeal nerve
8. 臂神经丛 brachial plexus

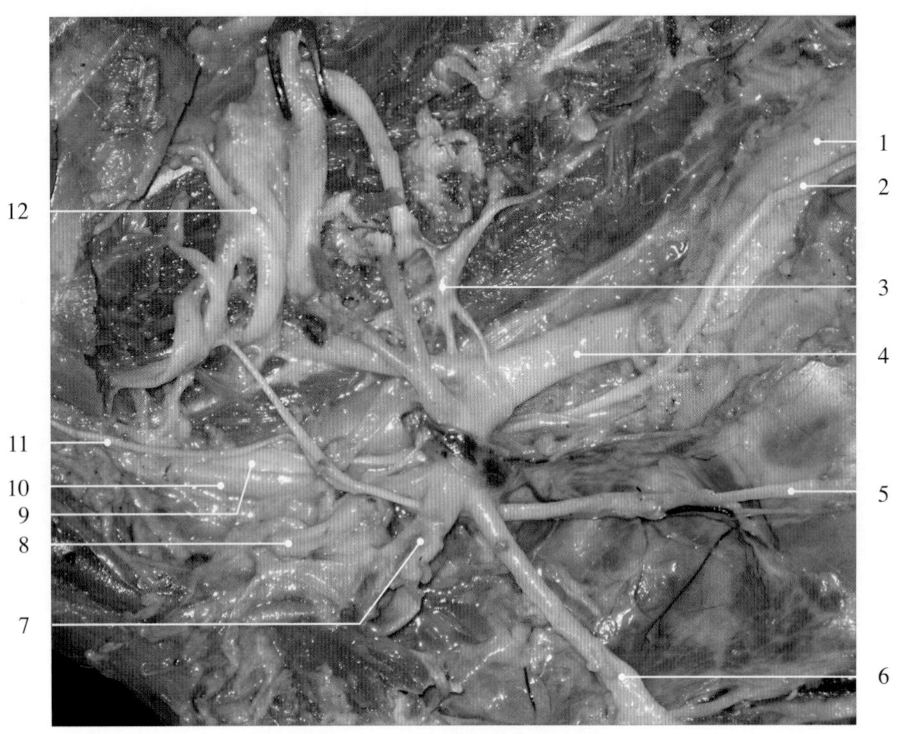

图 12-6-5　犬左侧胸腔星状神经节

1. 胸主动脉 thoracic aorta
2. 迷走神经 vagus nerve
3. 星状神经节 stellate ganglion
4. 左锁骨下动脉 left subclavian artery
5. 膈神经 phrenic nerve
6. 胸廓内动脉 internal thoracic artery
7. 腋动脉 axillary artery
8. 颈浅动脉 superficial cervical artery
9. 迷走交感干 vagosympathetic trunk
10. 颈总动脉 common carotid artery
11. 喉返神经 recurrent laryngeal nerve
12. 臂神经丛 brachial plexus

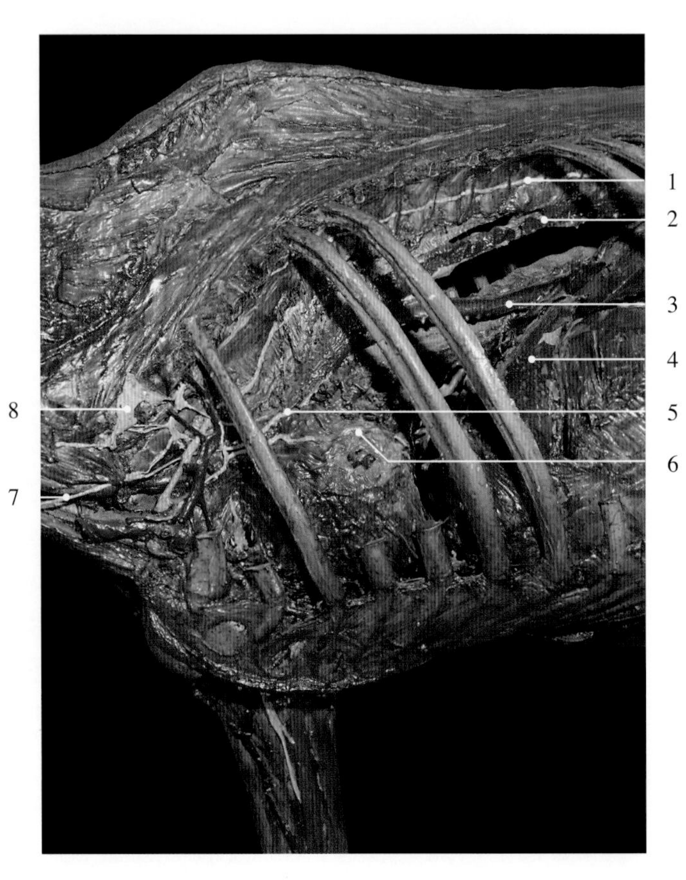

图 12-6-6　马迷走神经

1. 交感神经干 sympathetic trunk
2. 胸主动脉 thoracic aorta
3. 食管 esophagus
4. 膈 diaphragm
5. 迷走神经 vagus nerve
6. 膈神经 phrenic nerve
7. 迷走交感干 vagosympathetic trunk
8. 臂神经丛 brachial plexus

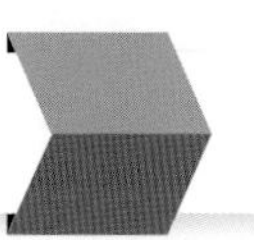

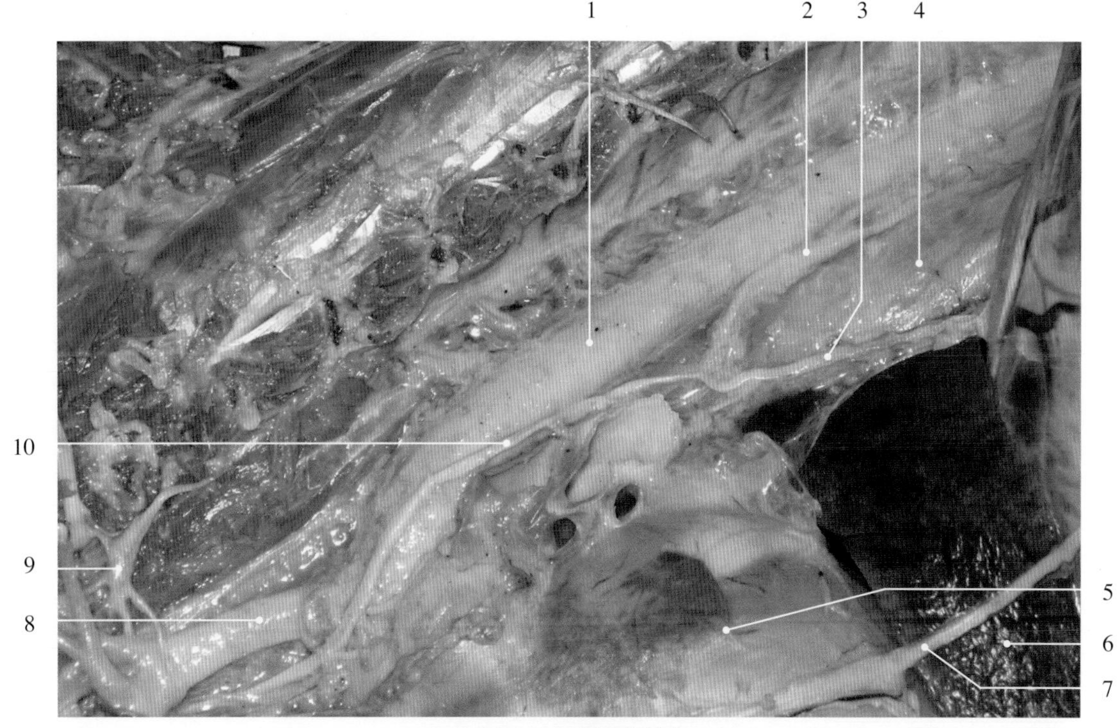

图 12-6-7　犬迷走神经

1. 主动脉 aorta
2. 迷走神经背侧支 dorsal branch of vagus nerve
3. 迷走神经腹侧支 ventral branch of vagus nerve
4. 食管 esophagus
5. 心脏 heart
6. 肺 lung
7. 膈神经 phrenic nerve
8. 臂头动脉干 brachiocephalic trunk
9. 星状神经节 stellate ganglion
10. 迷走神经 vagus nerve

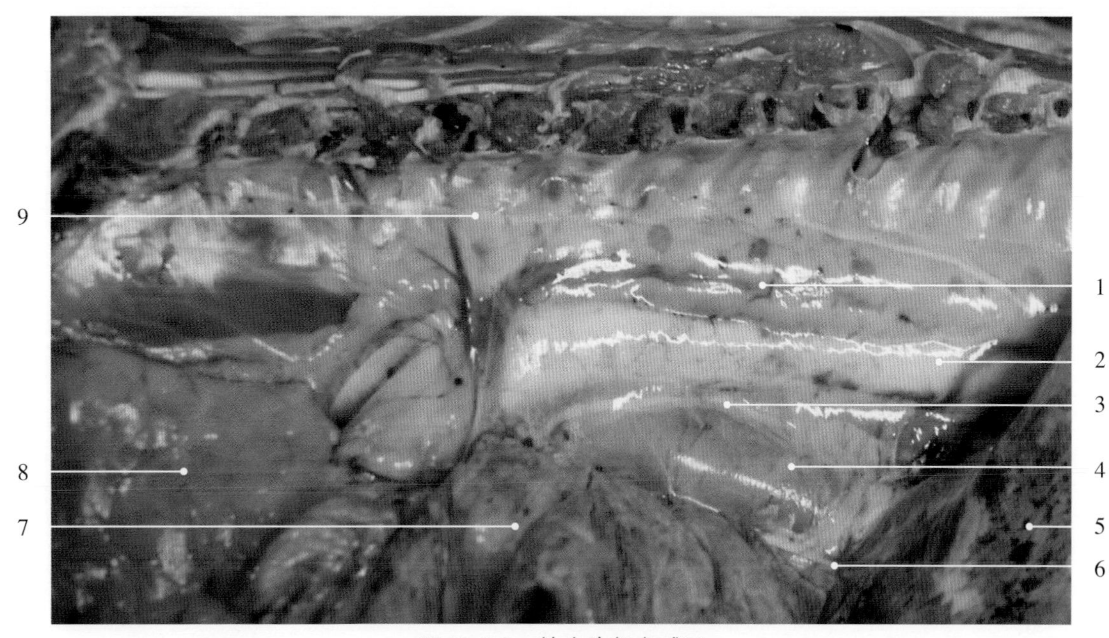

图 12-6-8　犊牛胸部交感干

1. 奇静脉 azygos vein
2. 主动脉 aorta
3. 迷走神经背侧支 dorsal branch of vagus nerve
4. 食管 esophagus
5. 膈 diaphragm
6. 迷走神经腹侧支 ventral branch of vagus nerve
7. 肺 lung
8. 胸腺 thymus
9. 交感神经干 sympathetic trunk

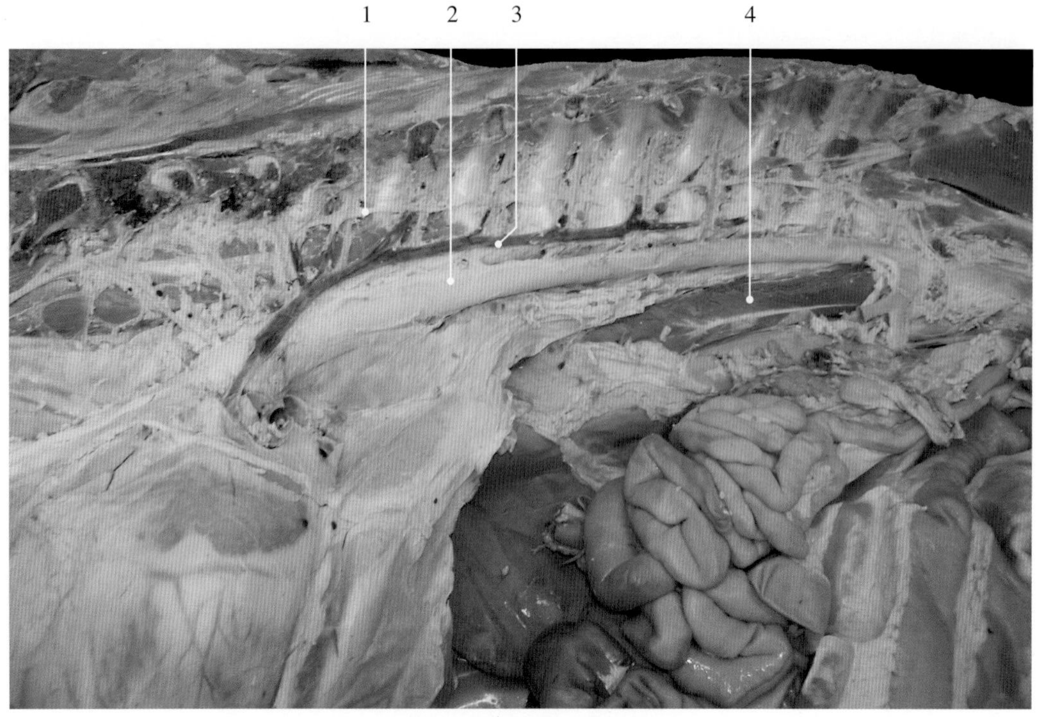

图12-6-9 牛胸部交感干

1. 交感神经干 sympathetic trunk
2. 主动脉 aorta
3. 奇静脉 azygos vein
4. 膈 diaphragm

图12-6-10 驴胸部交感干1

1. 交感神经干 sympathetic trunk
2. 胸主动脉 thoracic aorta
3. 肺 lung
4. 迷走神经 vagus nerve
5. 心脏 heart
6. 膈 diaphragm

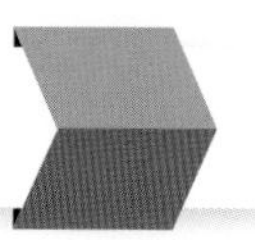

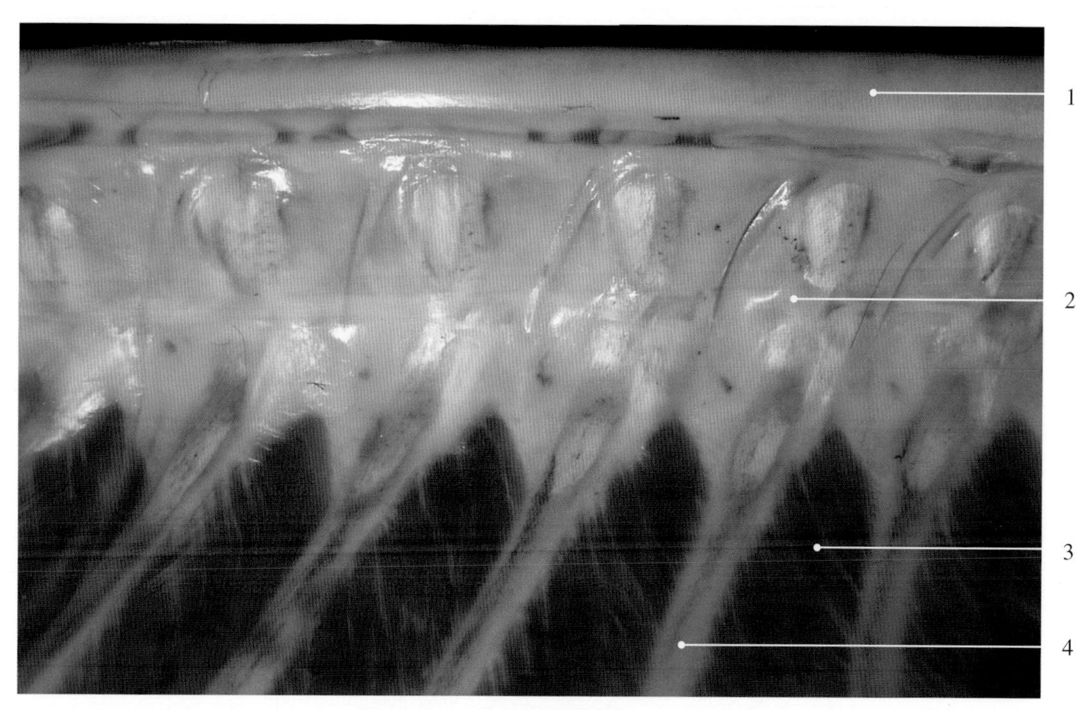

图 12-6-11　驴胸部交感干 2

1. 主动脉 aorta
2. 交感神经干 sympathetic trunk
3. 肋间内肌 internal intercostal muscle
4. 肋 rib

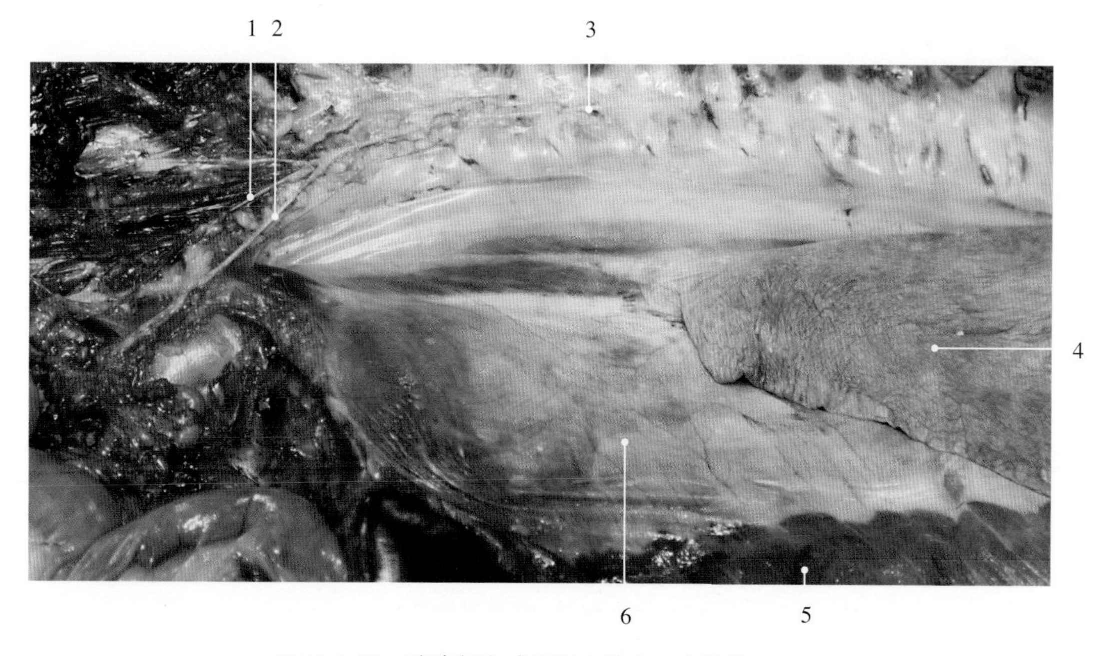

图 12-6-12　驴胸部交感干和内脏大、小神经

1. 内脏小神经 lesser splanchnic nerve
2. 内脏大神经 greater splanchnic nerve
3. 胸交感神经干 thoracic part of sympathetic trunk
4. 肺 lung
5. 膈肉质缘 pulpa part of diaphragm
6. 膈中心腱 central tendon of diaphragm

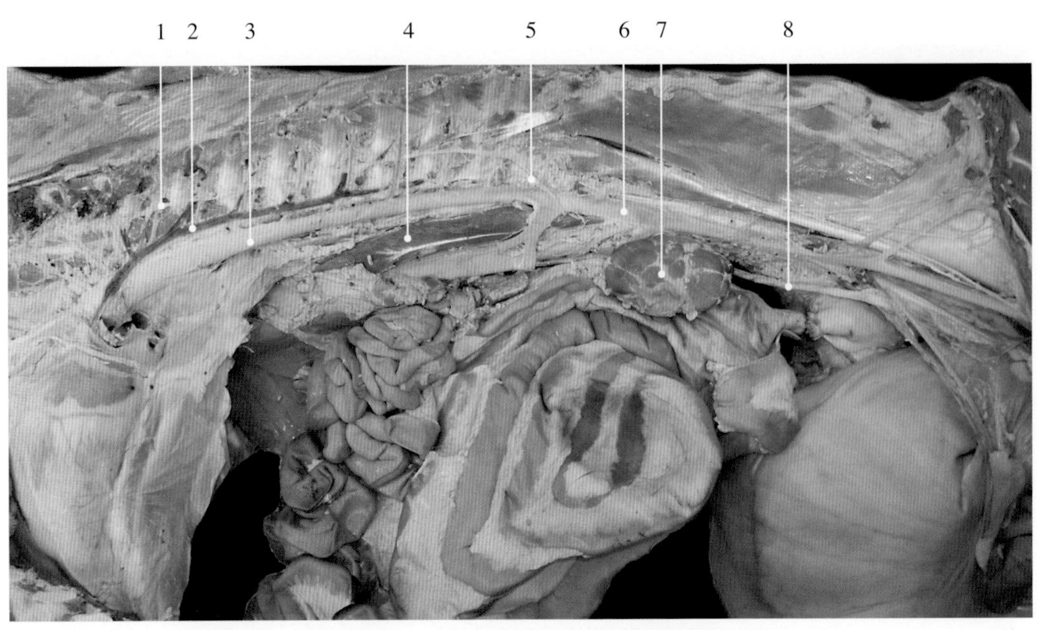

图12-6-13　牛胸腰部交感干和内脏大神经

1. 交感神经干 sympathetic trunk
2. 奇静脉 azygos vein
3. 胸主动脉 thoracic aorta
4. 膈 diaphragm
5. 内脏大神经 greater splanchnic nerve
6. 腹主动脉 abdominal aorta
7. 肾 kidney
8. 输尿管 ureter

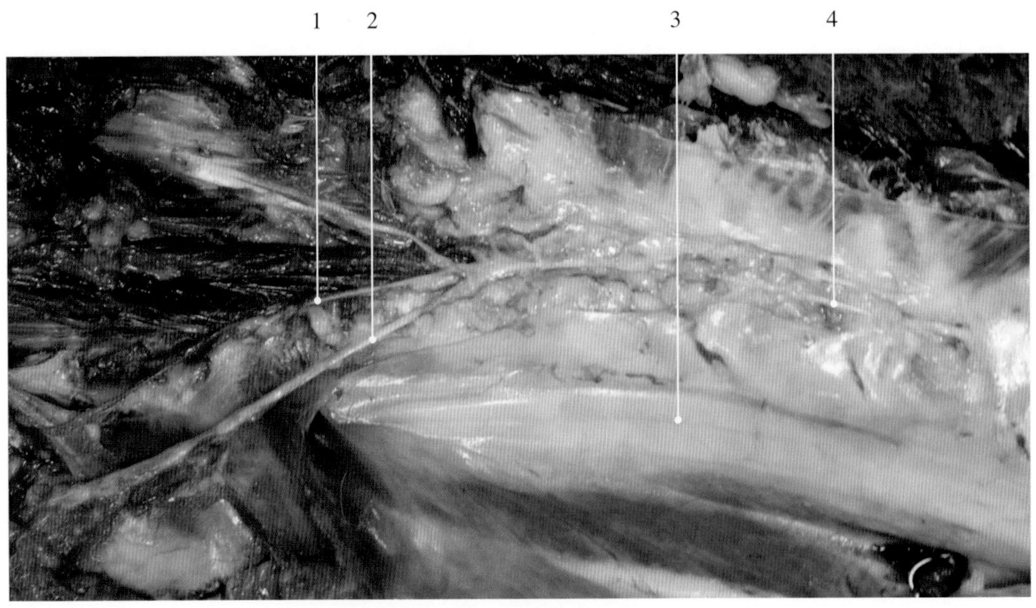

图12-6-14　驴内脏大神经

1. 内脏小神经 lesser splanchnic nerve
2. 内脏大神经 greater splanchnic nerve
3. 胸主动脉 thoracic aorta
4. 胸交感神经干 thoracic part of sympathetic trunk

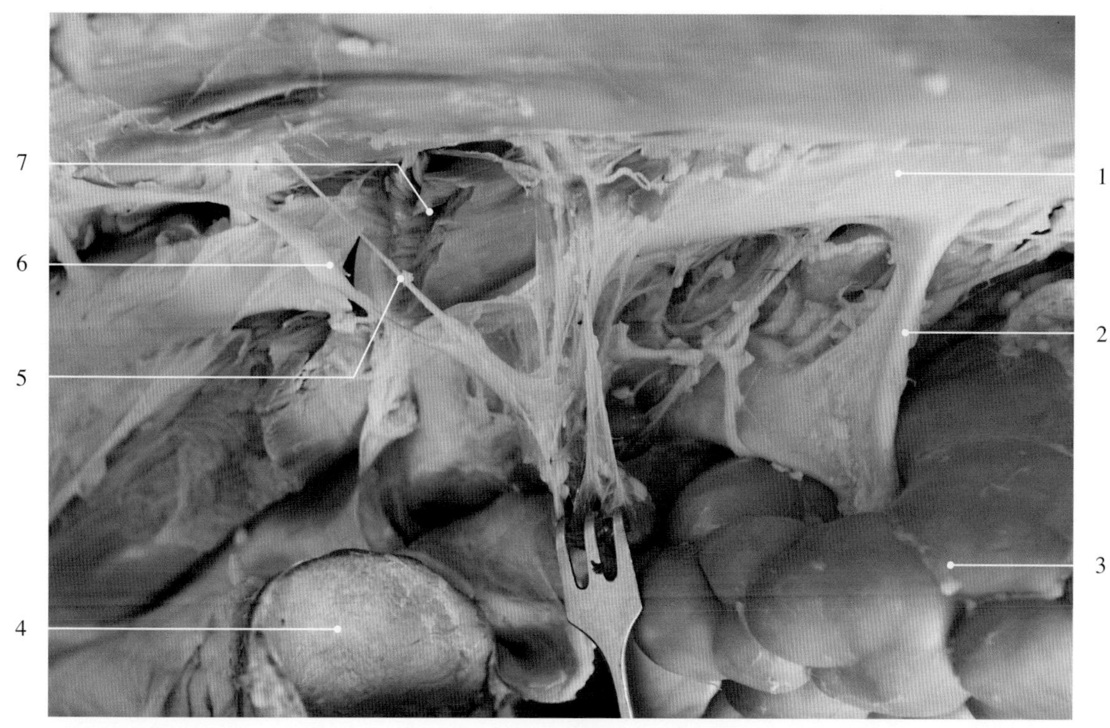

图12-6-15　牛内脏大、小神经

1. 腹主动脉 abdominal aorta
2. 肾动脉 renal artery
3. 肾 kidney
4. 脾 spleen
5. 内脏小神经 lesser splanchnic nerve
6. 内脏大神经 greater splanchnic nerve
7. 膈 diaphragm

图12-6-16　牛腹腔肠系膜前神经节

1. 内脏小神经 lesser splanchnic nerve
2. 内脏大神经 greater splanchnic nerve
3. 膈 diaphragm
4. 肝 liver
5. 腹腔肠系膜前神经节及神经丛 coeliac and cranial mesenteric ganglions and plexus
6. 肾动脉 renal artery

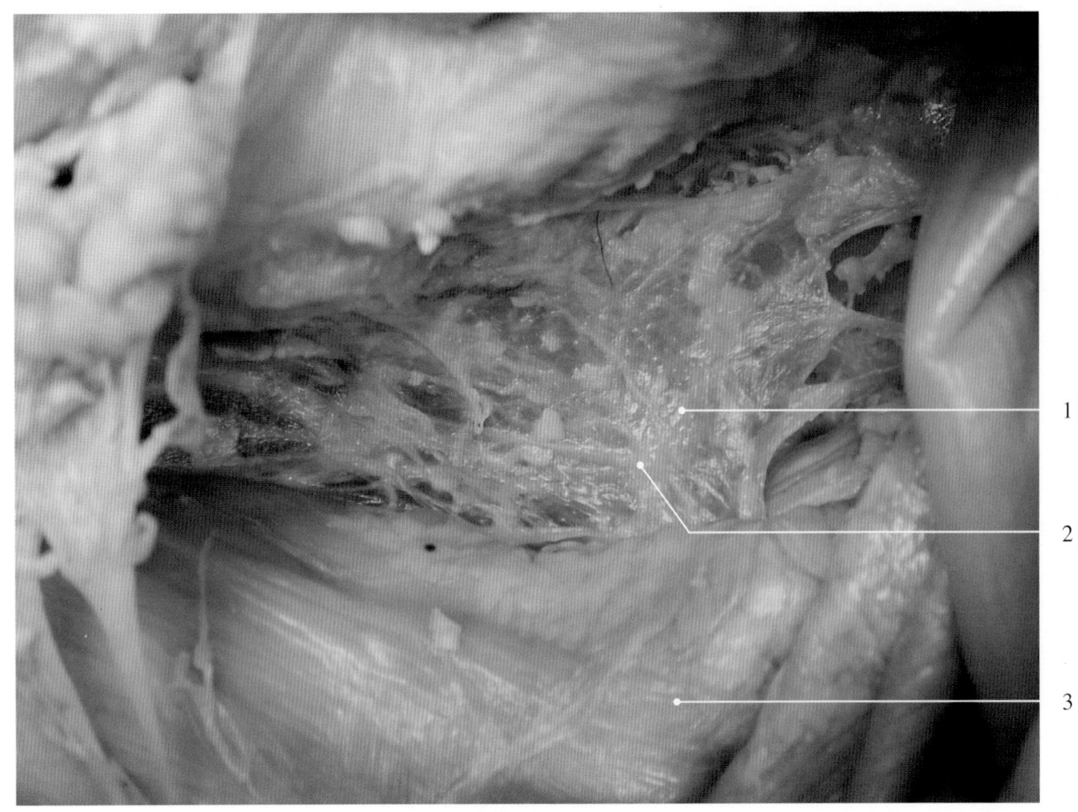

图12-6-17　犊牛盆神经丛

1. 盆神经丛 pelvic plexus　　3. 直肠 rectum
2. 盆神经节 pelvic ganglion

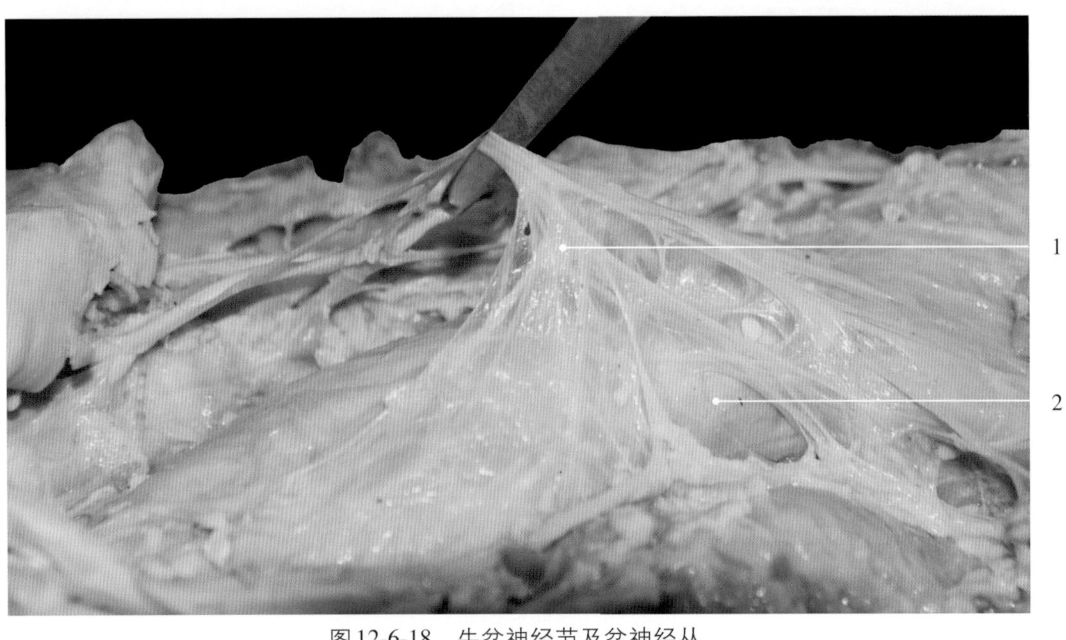

图12-6-18　牛盆神经节及盆神经丛

1. 盆神经节及盆神经丛 pelvic ganglion and plexus　　2. 直肠 rectum

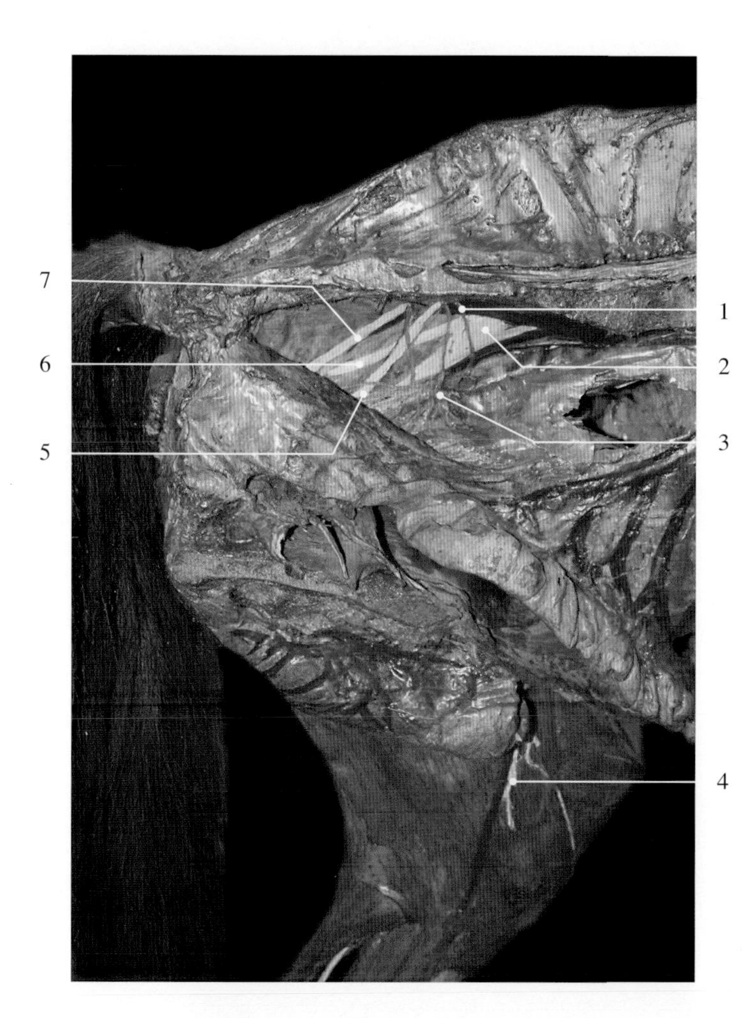

图12-6-19　马盆神经丛1

1. 盆神经 pelvic nerve
2. 坐骨神经 sciatic nerve
3. 盆神经节及盆神经丛 pelvic ganglion and plexus
4. 隐神经 saphenous nerve
5. 阴部神经 pudendal nerve
6. 股后皮神经 caudal cutaneous femoral nerve
7. 直肠后神经 caudal rectal nerve

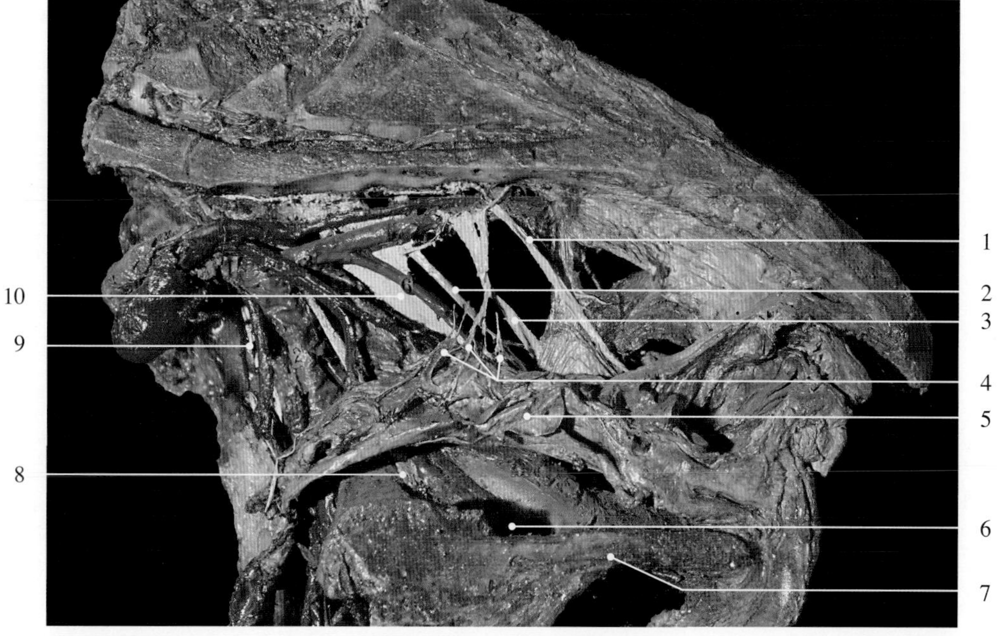

图12-6-20　马盆神经丛2

1. 直肠后神经 caudal rectal nerve
2. 股后皮神经 caudal cutaneous femoral nerve
3. 阴部神经与臀后神经 pudendal nerve and caudal gluteal nerve
4. 盆神经丛 pelvic plexus
5. 直肠 rectum
6. 闭孔 obturator foramen
7. 骨盆联合 pelvic symphysis
8. 闭孔神经 obturator nerve
9. 股神经 femoral nerve
10. 坐骨神经 sciatic nerve

第十三章 内分泌系统

内分泌系统图谱

内分泌系统（endocrine system）由内分泌器官、内分泌组织和内分泌细胞组成。内分泌系统有4种存在形式：①形成独立的内分泌器官，如垂体、甲状腺、甲状旁腺、肾上腺、松果体；②存在于其他器官内的内分泌细胞群（内分泌组织），如胰岛、黄体、肾小球旁器等；③散在分布的内分泌细胞，如消化道黏膜内的内分泌细胞等；④兼具内分泌功能的器官、组织和细胞，如胎盘、胸腺、心肌、血管内皮细胞和各种免疫细胞等。

内分泌腺（endocrine gland）是内分泌器官的主要组成部分，其与外分泌腺的主要区别是无输出导管，腺细胞的分泌物直接进入血液或淋巴，随血液循环运输到全身。内分泌腺细胞分泌的物质称为激素（hormone）。

一、内分泌器官

1. 垂体（pituitary gland，hypophysis） 是身体内最复杂的内分泌腺，所产生的激素不但与身体骨骼和软组织的生长有关，而且可影响其他内分泌腺（甲状腺、肾上腺、性腺）的活动。垂体位于丘脑下部的腹侧，为一卵圆形小体，其形状、大小在各种家畜略有不同。垂体借漏斗连于下丘脑，呈椭圆形，位于蝶骨体上面的垂体窝内，外包坚韧的硬脑膜。

根据垂体发生和结构特点，垂体可分为腺垂体和神经垂体两大部分。腺垂体包括远侧部、结节部和中间部；位于后方的神经垂体较小，由第三脑室底向下突出形成。神经垂体由神经部和漏斗部组成。

牛的垂体较大，远侧部和中间部之间有垂体腔；猪的垂体较小，同牛一样具有垂体腔；马的垂体如蚕豆大，远侧部和中间部之间无垂体腔；犬、猫的垂体较小，呈圆形，有垂体腔。

2. 甲状腺（thyroid gland） 一般位于喉后方，3 ～ 5气管环的两侧面和腹侧面，由左、右两个侧叶（lateral lobe）和中间的腺峡（isthmus ）组成，棕红色。甲状腺外覆有纤维囊，称甲状腺被囊（tunic of the thyroid gland），此囊伸入腺组织将腺体分成大小不等的小叶，囊外包有颈深筋膜（气管浅层），在甲状腺侧叶与环状软骨之间常有韧带样的结缔组织相连结，故吞咽时，甲状腺可随吞咽而前后移动。

甲状腺由许多滤泡组成，滤泡由单层立方的腺上皮细胞环绕而成，中心为滤泡腔。腺上皮细胞是甲状腺激素合成和释放的部位，滤泡腔内充满均匀的胶状物，是甲状腺激素复合物，也是甲状腺激素的贮存库。甲状腺主要分泌甲状腺素（thyroxine），主要促进骨骼、脑和生殖器官的生长发育。若没有甲状腺激素，垂体的生长激素（growth hormone，GH）也不能发挥作用，而且甲状腺激素缺乏时，垂体生成和分泌生长激素也减少。所以，先天性或幼龄时缺乏甲状腺激素引起呆小病。此外，甲状腺的滤泡旁细胞或者C细胞还分泌降钙素（calcitonin），有增强成骨细胞活性，促进骨组织钙化，可降低血钙等作用。

牛甲状腺的侧叶呈扁三角形，腺峡较发达，由腺组织构成。绵羊甲状腺呈长椭圆形，山羊甲状腺的两侧叶不对称，二者腺峡均较细。猪的甲状腺位于胸前口气管的腹侧面，腺峡与左右侧叶连成一个整体。马甲状腺侧叶呈卵圆形，腺峡细且由结缔组织构成。犬的甲状腺位于气管前部，在第6～7气管环的两侧；腺体呈红褐色，包括两个侧叶和两叶之间的腺峡，侧叶呈卵圆形。鸡甲状腺为一对，无腺峡，位于胸腔入口处气管的两侧，迷走神经结状节附近，呈椭圆形，棕红色。

3. **甲状旁腺**（parathyroid gland） 较小，呈圆形或椭圆形，位于甲状腺附近或埋于甲状腺实质内。甲状旁腺表面覆有薄层的结缔组织被膜，被膜的结缔组织携带血管、淋巴管和神经伸入腺内，成为小梁，将腺分为不完全的小叶。小叶内腺实质细胞排列成索或团状，其间有少量结缔组织和丰富的毛细血管。腺细胞有主细胞和嗜酸性细胞。主细胞分泌甲状旁腺素，以胞吐方式释放入毛细血管；嗜酸性细胞较主细胞大，数量少，常聚集成群，其功能目前尚不清楚。甲状旁腺素主要功能是影响体内钙与磷的代谢，若甲状旁腺分泌功能低下，血钙浓度降低，容易出现抽搐症；如果功能亢进，则引起骨质过度吸收，容易发生骨折。甲状旁腺功能失调会引起血中钙与磷的比例失常。

牛甲状旁腺有内、外两对，外甲状旁腺位于甲状腺前方，颈总动脉附近，内甲状旁腺位于甲状腺内侧面的背侧缘附近。羊的甲状旁腺位于甲状腺之内。猪的甲状旁腺只有一对，通常位于甲状腺前方，有胸腺时则埋于胸腺内，色深、质硬。马的甲状旁腺有前、后两对，前一对呈球形，多数位于甲状腺前半部与气管之间，少数位于甲状腺背侧缘或甲状腺内；后一对呈扁椭圆形，常位于颈后部气管的腹侧。犬、猫、兔等甲状旁腺有两对小腺体，体积似粟粒，位于甲状腺前端附近或包于甲状腺内。鸡甲状旁腺紧位于甲状腺之后。

4. **肾上腺**（adrenal gland） 一对，分别位于左、右肾的前内侧缘附近。牛的右侧肾上腺呈心形，位于右肾前端内侧；左侧肾上腺呈肾形，位于左肾前方。羊的左、右肾上腺均为扁椭圆形。猪的肾上腺长而窄，表面有沟，位于肾内侧缘的前方。马的肾上腺呈扁椭圆形，位于肾内侧缘稍前上方，一般右肾上腺较大。犬两侧肾上腺的形态位置有所不同，右肾上腺略呈菱形，位于右肾内缘前部与后腔静脉之间；左肾上腺较大，为不正的梯形，前宽后窄，背腹扁平，位于左肾前端内侧与腹主动脉之间；肾上腺皮质部呈黄褐色，髓质部为深褐色。鸡肾上腺有一对，呈卵圆形或三角锥状，黄色或橘黄色，肉眼难以区分皮质部和髓质部，皮质与髓质交错混合分布。

肾上腺实质可分为周围的皮质和中央的髓质两部分。皮质占腺体大部分，从外往内可分为球状带、束状带和网状带三部分。球状带细胞分泌盐皮质激素，主要代表为醛固酮，调节电解质和水盐代谢；束状带细胞分泌糖皮质激素，主要代表为可的松和氢化可的松，调节糖、脂肪和蛋白质的代谢；网状带分泌雄激素，但分泌量较少。髓质分泌肾上腺素和去甲肾上腺素，可使小动脉收缩，心跳加快，血压升高。

5. **松果体**（pineal body，pineal gland） 位于丘脑和四叠体之间的红褐色卵圆形小体，由于其位于第3脑室顶，故又称为脑上腺（*epiphysis*），其一端借细柄与第3脑室顶相连，第3脑室凸向柄内形成松果体隐窝。

松果体表面被以由软脑膜延续而来的结缔组织被膜，被膜随血管伸入实质内，将实质分为许多不规则小叶，小叶主要由松果体细胞（pinealocyte）、神经胶质细胞和神经纤维等组成。松果体细胞内含有丰富的5-羟色胺，它在特殊酶的作用下转变为褪黑激素（melatonin）。

二、内分泌组织

内分泌组织包括胰岛、睾丸内的内分泌组织、卵巢内的内分泌组织以及其他内分泌组织或细胞，如心房壁内的一些细胞可分泌心房肽（atrial natriuretic peptide，ANP），消化道内有胃肠内分泌细胞可分泌胃肠道激素。

三、内分泌系统图谱

1. **垂体**　图 13-1-1 至图 13-1-6。
2. **甲状腺**　图 13-2-1 至图 13-2-9。
3. **甲状旁腺**　图 13-3-1 至图 13-3-3。
4. **肾上腺**　图 13-4-1 至图 13-4-5。
5. **松果体**　图 13-5-1 至图 13-5-3。

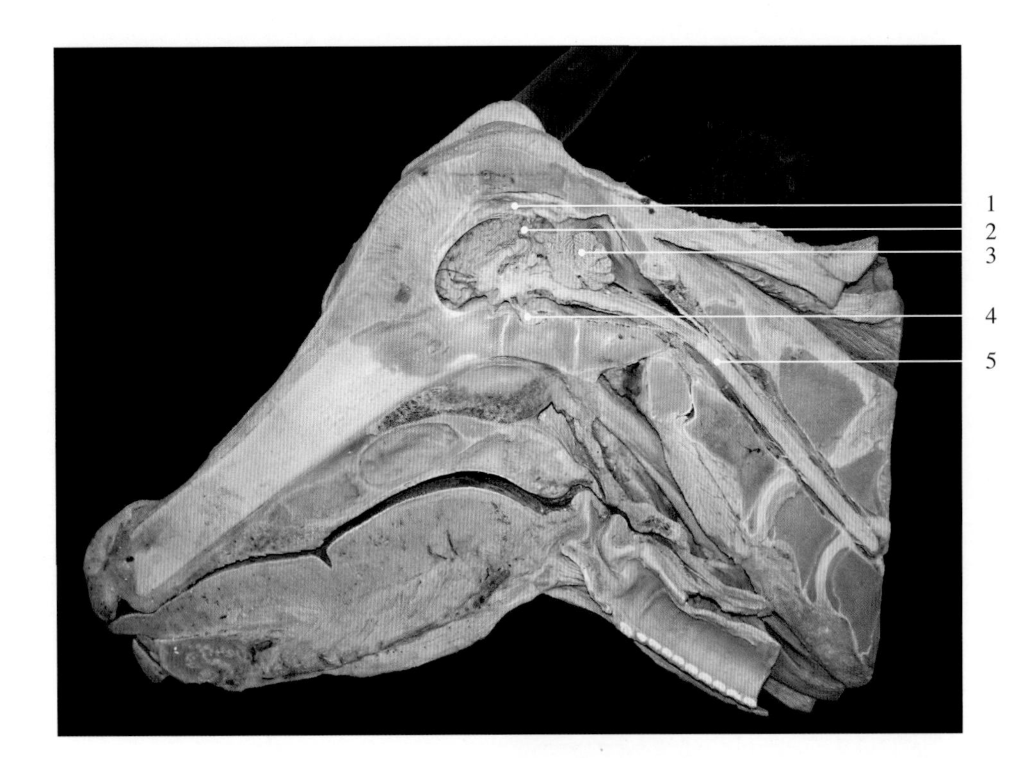

图13-1-1　牛垂体

1. 颅腔 cranial cavity
2. 大脑 cerebrum
3. 小脑 cerebellum
4. 垂体 pituitary gland
5. 脊髓 spinal cord

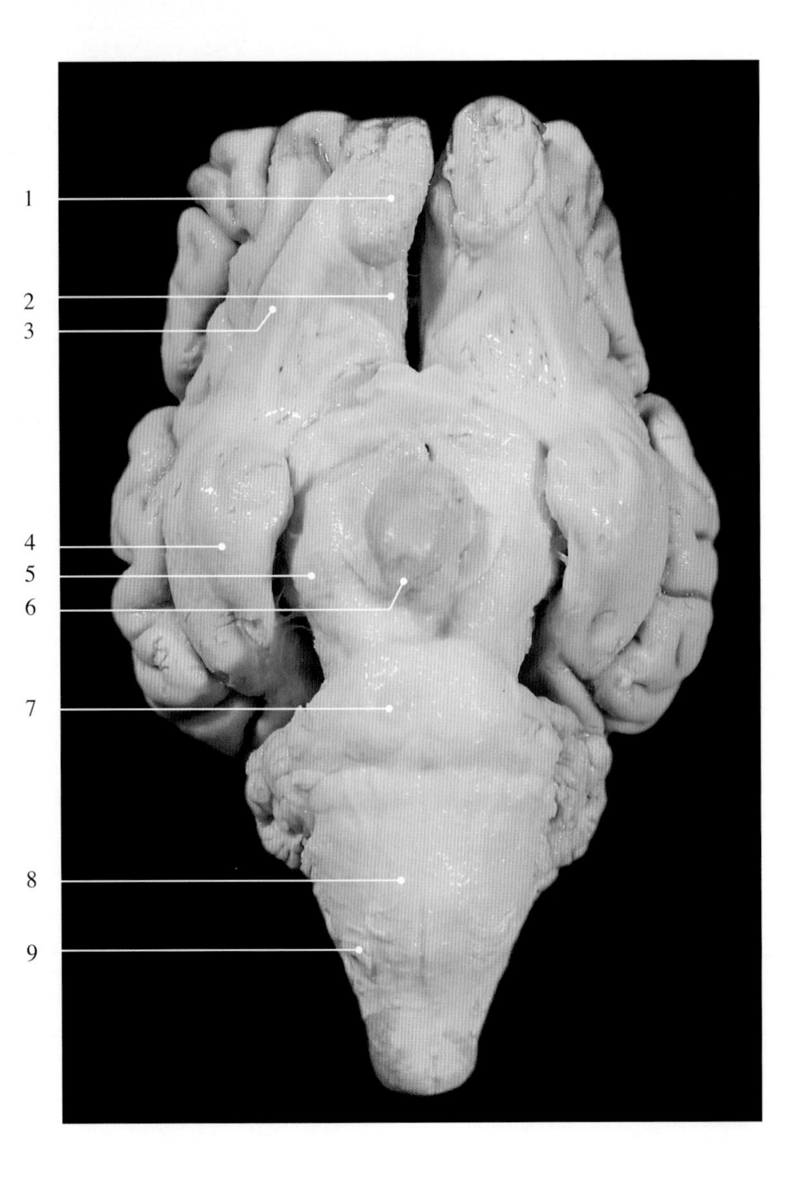

图13-1-2　绵羊垂体

1. 嗅球 olfactory bulb
2. 内侧嗅束 medial olfactory tract
3. 外侧嗅束 lateral olfactory tract
4. 梨状叶 piriform lobe
5. 大脑脚 cerebral peduncle
6. 垂体 pituitary gland
7. 脑桥 pons
8. 锥体束 pyramidal tract
9. 舌下神经根 hypoglossal nerve root

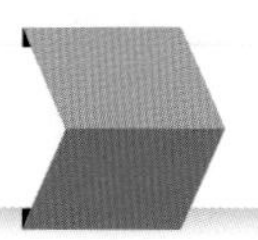

图13-1-3　马垂体

1. 嗅球 olfactory bulb
2. 嗅束 olfactory tract
3. 内侧嗅束 medial olfactory tract
4. 嗅三角 olfactory trigonum
5. 外侧嗅束 lateral olfactory tract
6. 大脑脚 cerebral peduncle
7. 脑桥 pons
8. 延髓 medulla oblongata
9. 垂体 pituitary gland
10. 梨状叶 piriform lobe
11. 视交叉 optic chiasma

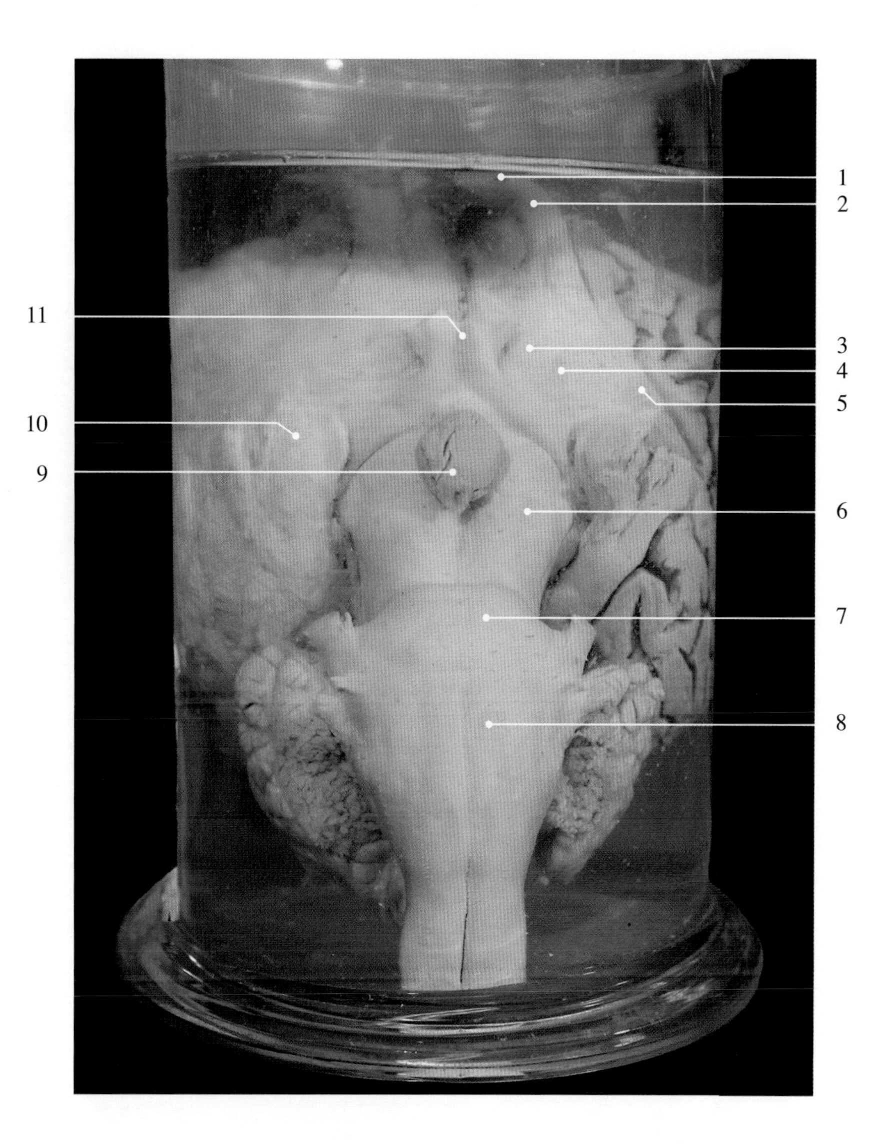

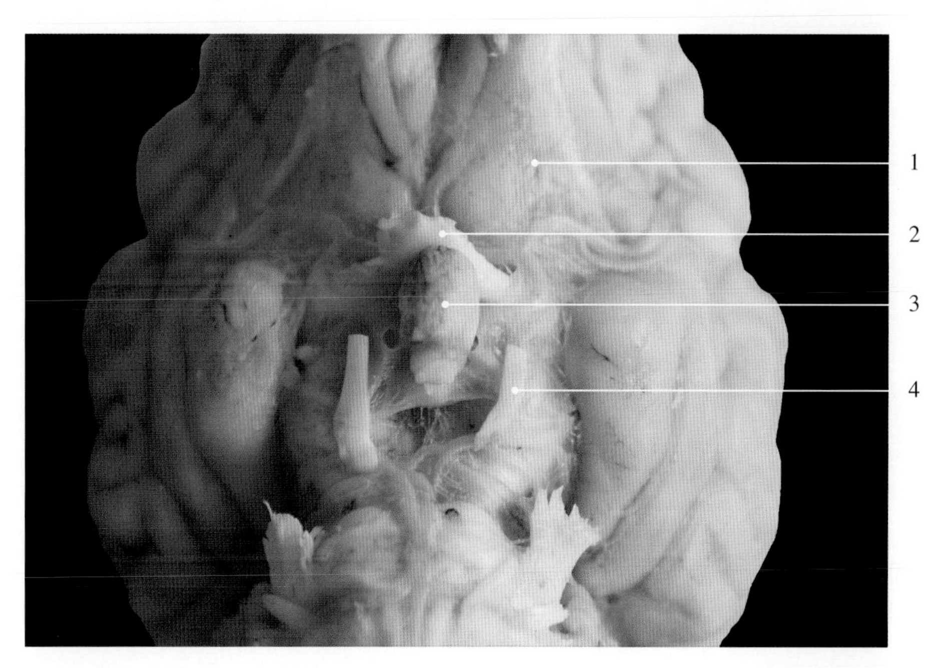

图13-1-4　犊牛垂体

1. 嗅三角 olfactory trigonum
2. 视交叉 optic chiasma
3. 垂体 pituitary gland
4. 动眼神经 oculomotor nerve（Ⅲ）

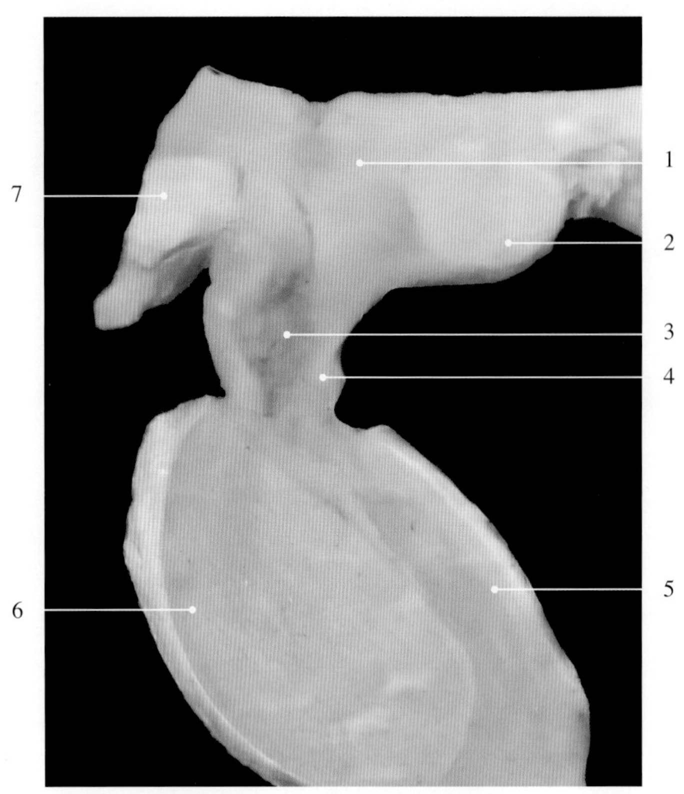

图13-1-5　下丘脑-垂体矢状面

1. 下丘脑 hypothalamus
2. 乳头体 mamillary body
3. 漏斗部 infundibulum
4. 灰结节 tuber cinereum
5. 神经垂体 neurohypophysis
6. 腺垂体 adenohypophysis
7. 视交叉 optic chiasma

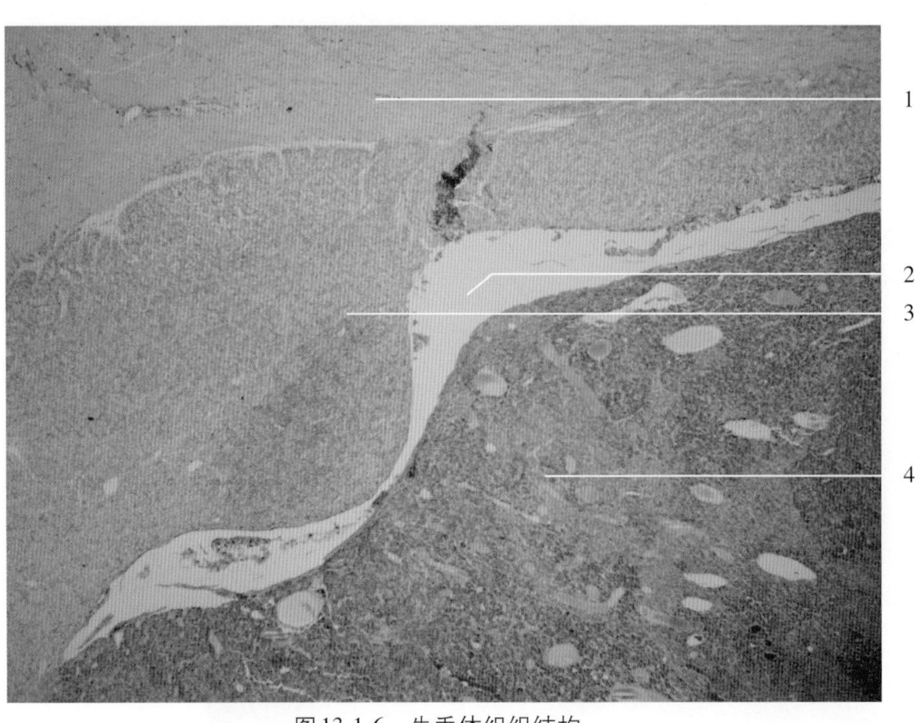

图13-1-6　牛垂体组织结构

1. 垂体漏斗部 infundibular part of adenohypophysis
2. 垂体腔 hypophyseal cavity
3. 垂体中间部 intermediate part of adenohypophysis
4. 垂体远侧部 distal part of the neurohypophysis

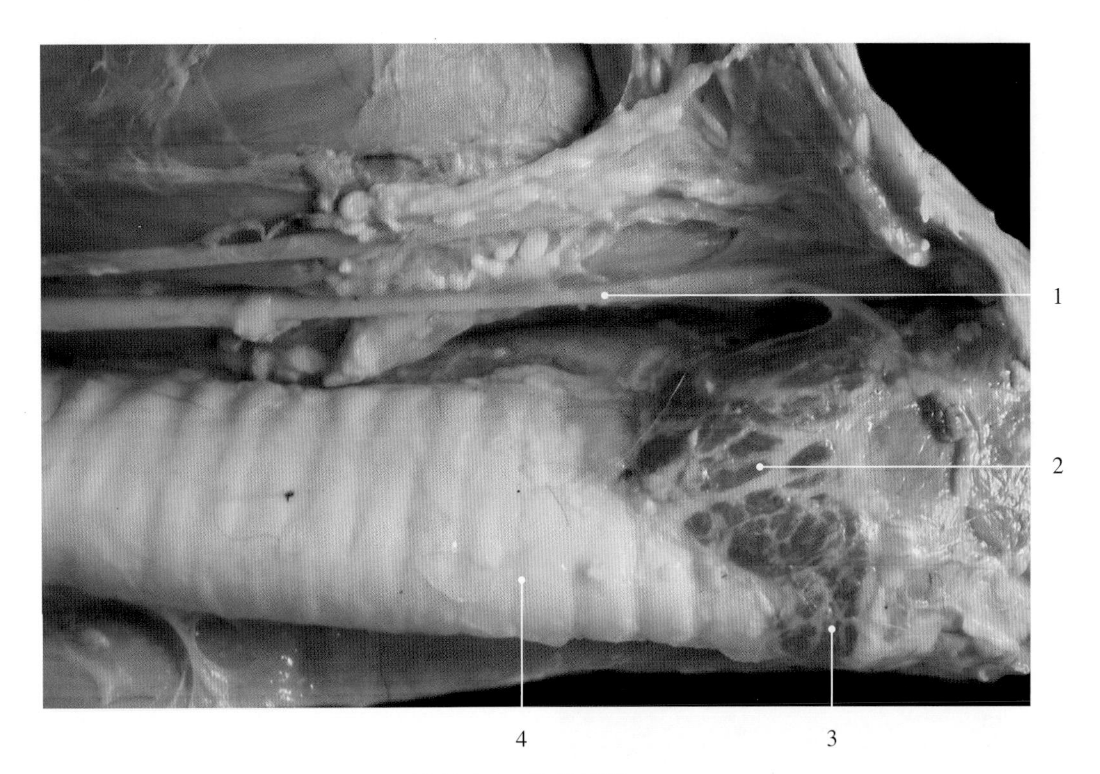

图 13-2-1　牛甲状腺

1. 迷走交感干 vagosympathetic trunk
2. 甲状腺右叶 right lobe of thyroid gland
3. 甲状腺腺峡 isthmus of thyroid gland
4. 气管 trachea

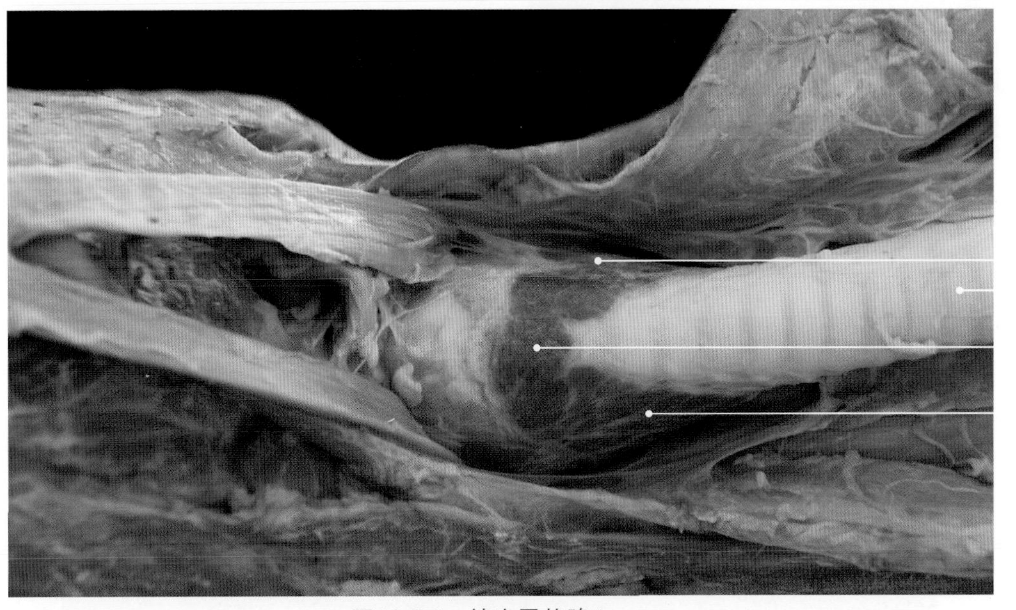

图 13-2-2　犊牛甲状腺 1

1. 甲状腺左叶 left lobe of thyroid gland
2. 气管 trachea
3. 甲状腺腺峡 isthmus of thyroid gland
4. 甲状腺右叶 right lobe of thyroid gland

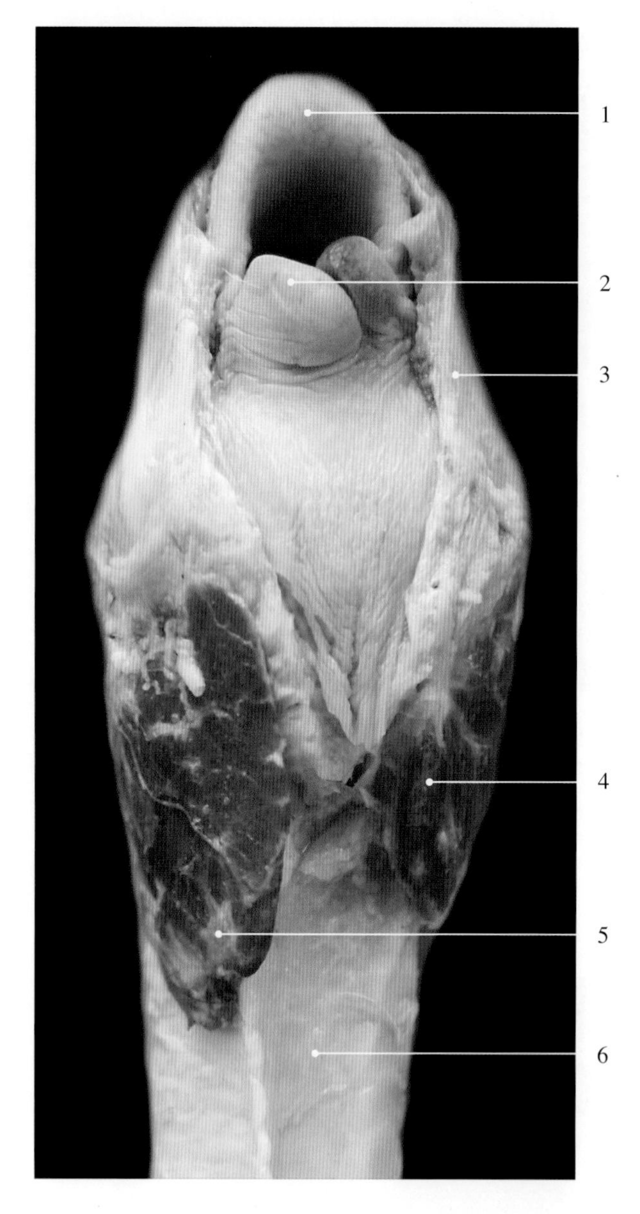

图13-2-3　犊牛甲状腺2

1. 会厌软骨 epiglottic cartilage
2. 杓状软骨 arytenoid cartilage
3. 甲状软骨 thyroid cartilage
4. 甲状腺左叶 left lobe of thyroid gland
5. 甲状腺右叶 right lobe of thyroid gland
6. 气管背侧面 dorsal surface of trachea

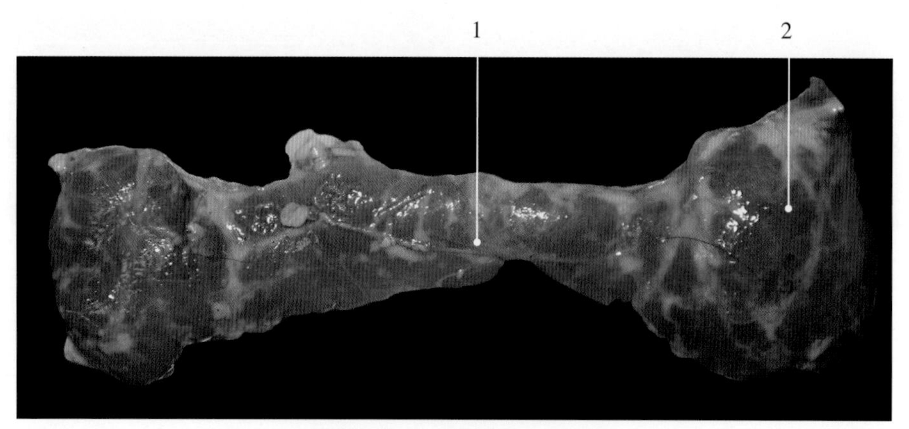

图13-2-4　犊牛甲状腺3

1. 腺峡 isthmus　　2. 左叶 left lobe

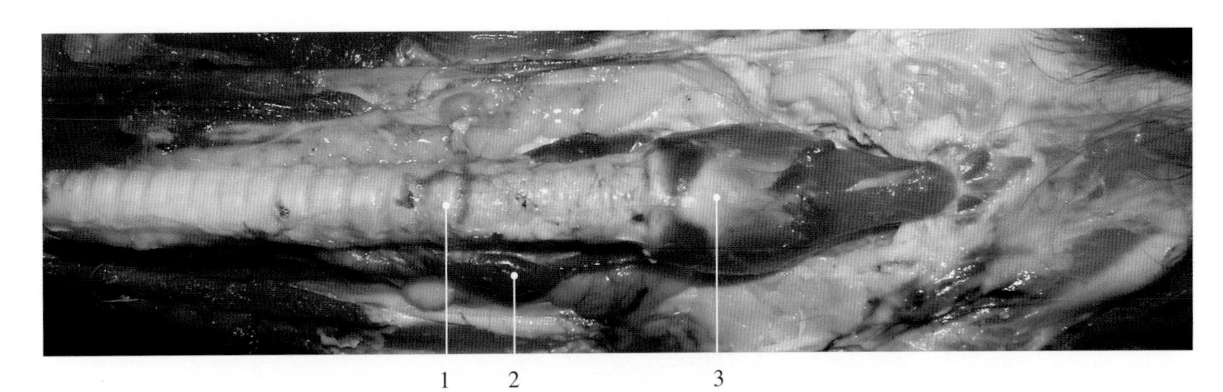

图13-2-5　羊甲状腺

1. 气管 trachea
2. 甲状腺 thyroid gland
3. 甲状软骨 thyroid cartilage

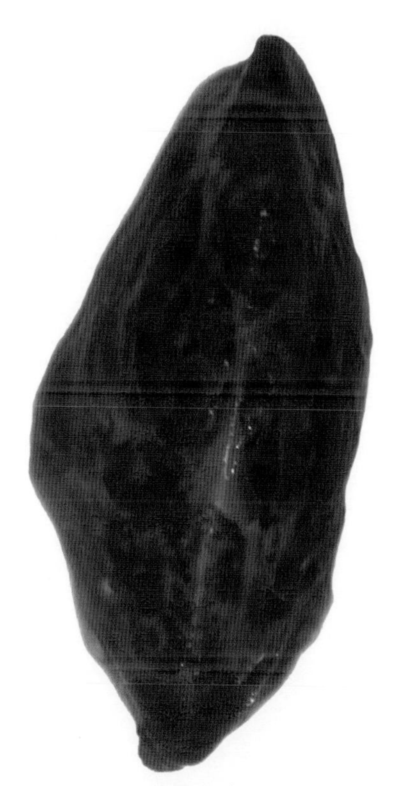

图13-2-6　猪甲状腺

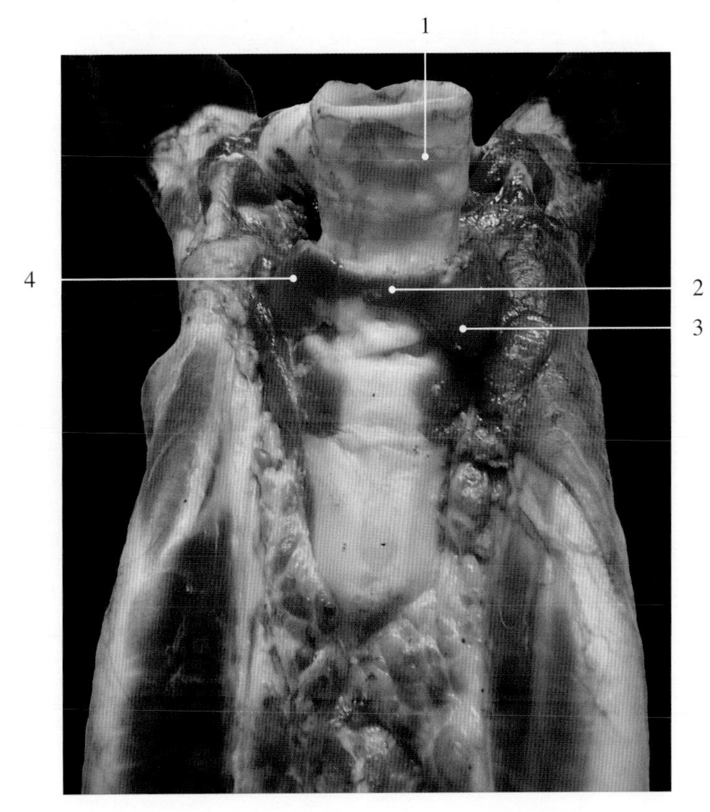

图13-2-7　驴甲状腺

1. 气管 trachea
2. 甲状腺腺峡 isthmus of thyroid gland
3. 甲状腺左叶 left lobe of thyroid gland
4. 甲状腺右叶 right lobe of thyroid gland

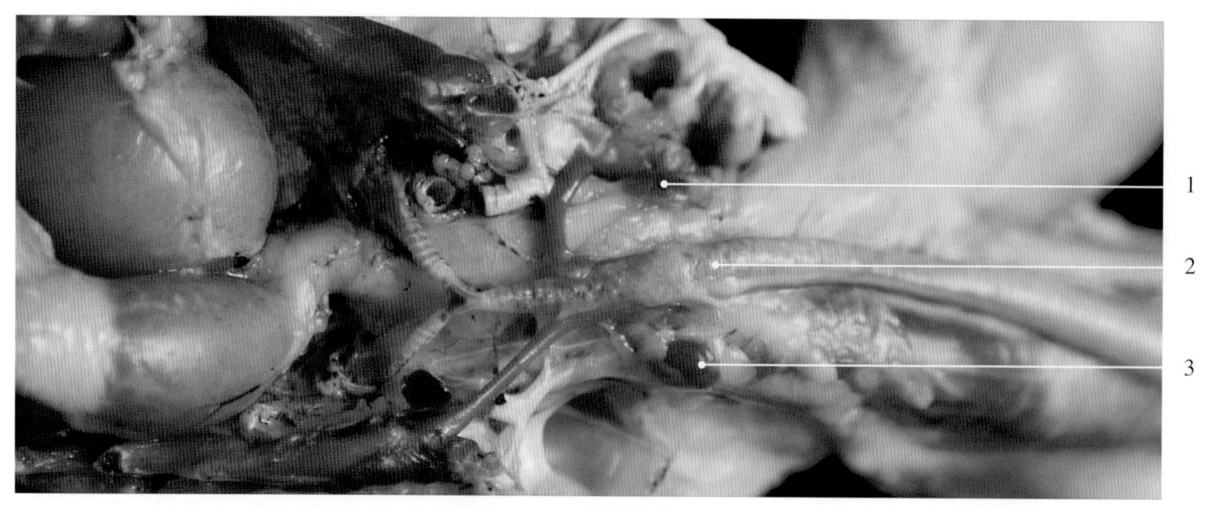

图 13-2-8　鸡甲状腺

1. 甲状腺右叶 right lobe of thyroid gland　3. 甲状腺左叶 left lobe of thyroid gland
2. 气管 trachea

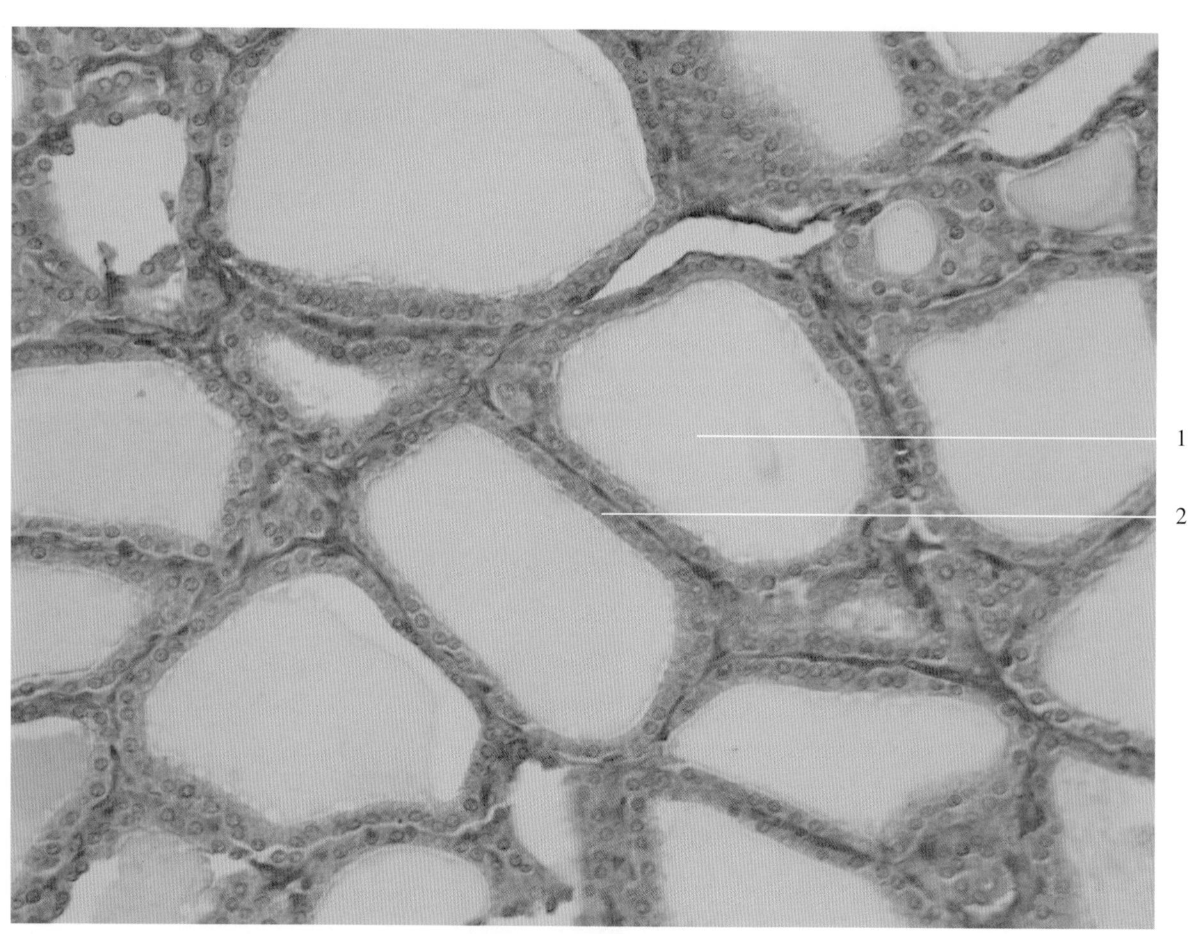

图 13-2-9　甲状腺组织结构

1. 胶质 colloid　2. 滤泡上皮细胞 follicular epithelial cell

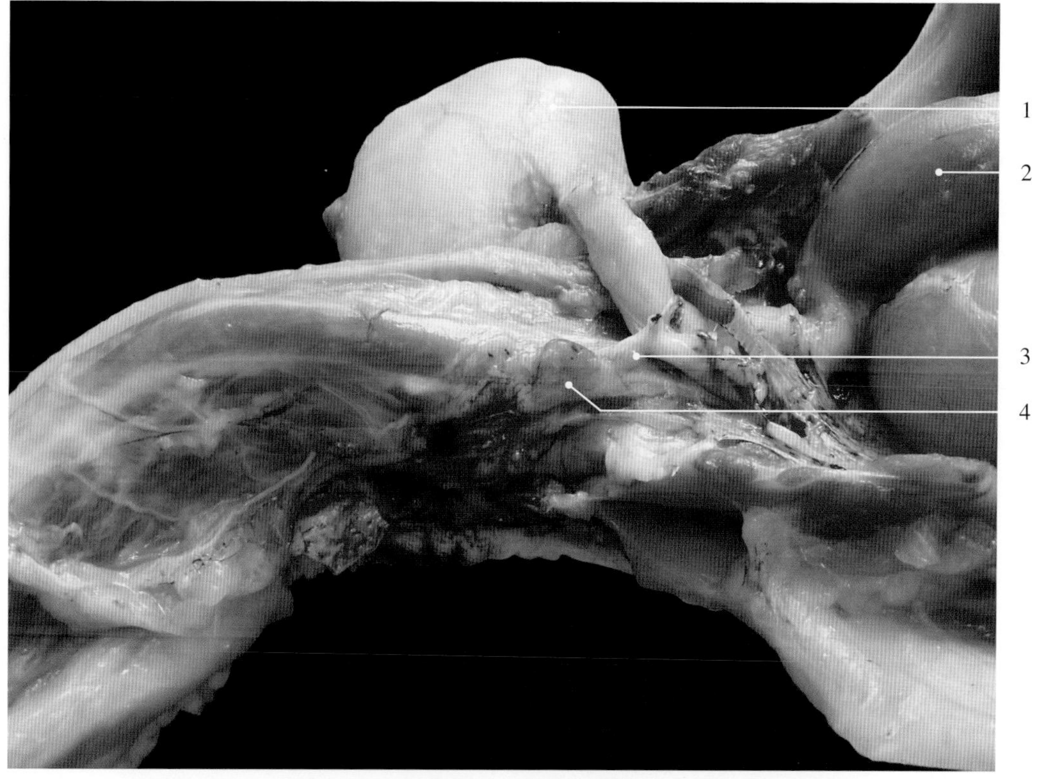

图 13-3-1　鸡甲状旁腺

1. 嗉囊 crop
2. 腺胃 glandular stomach
3. 甲状旁腺 parathyroid gland
4. 甲状腺 thyroid gland

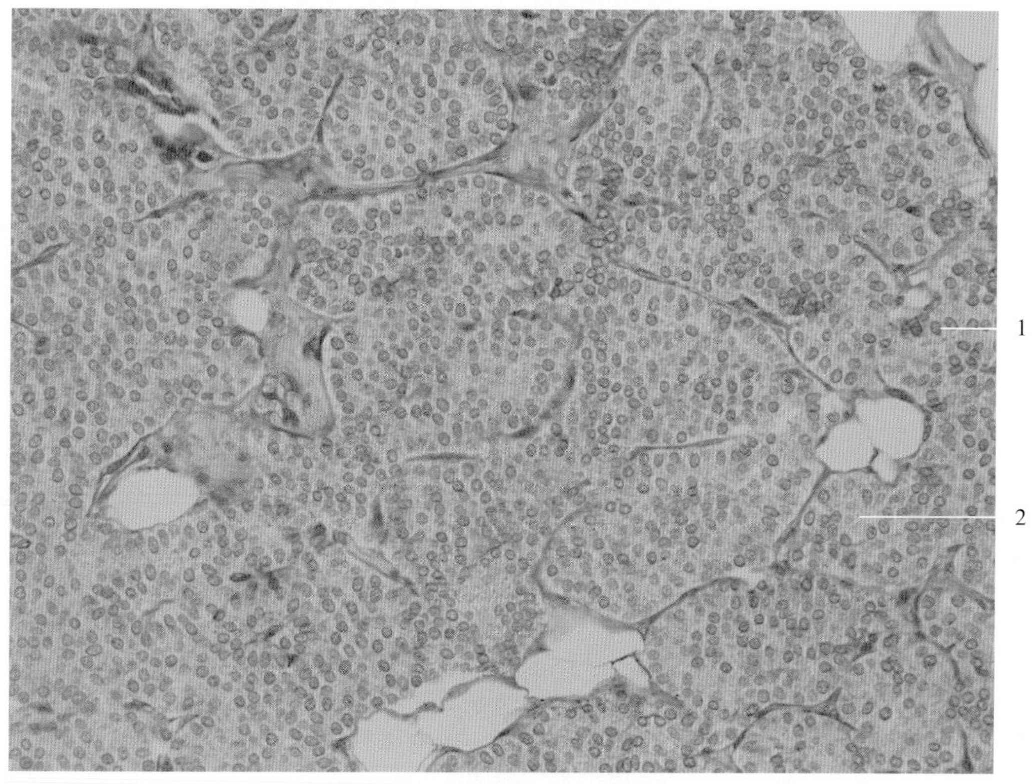

图 13-3-2　甲状旁腺组织结构

1. 主细胞 principal (chief) cell
2. 基质 matrix

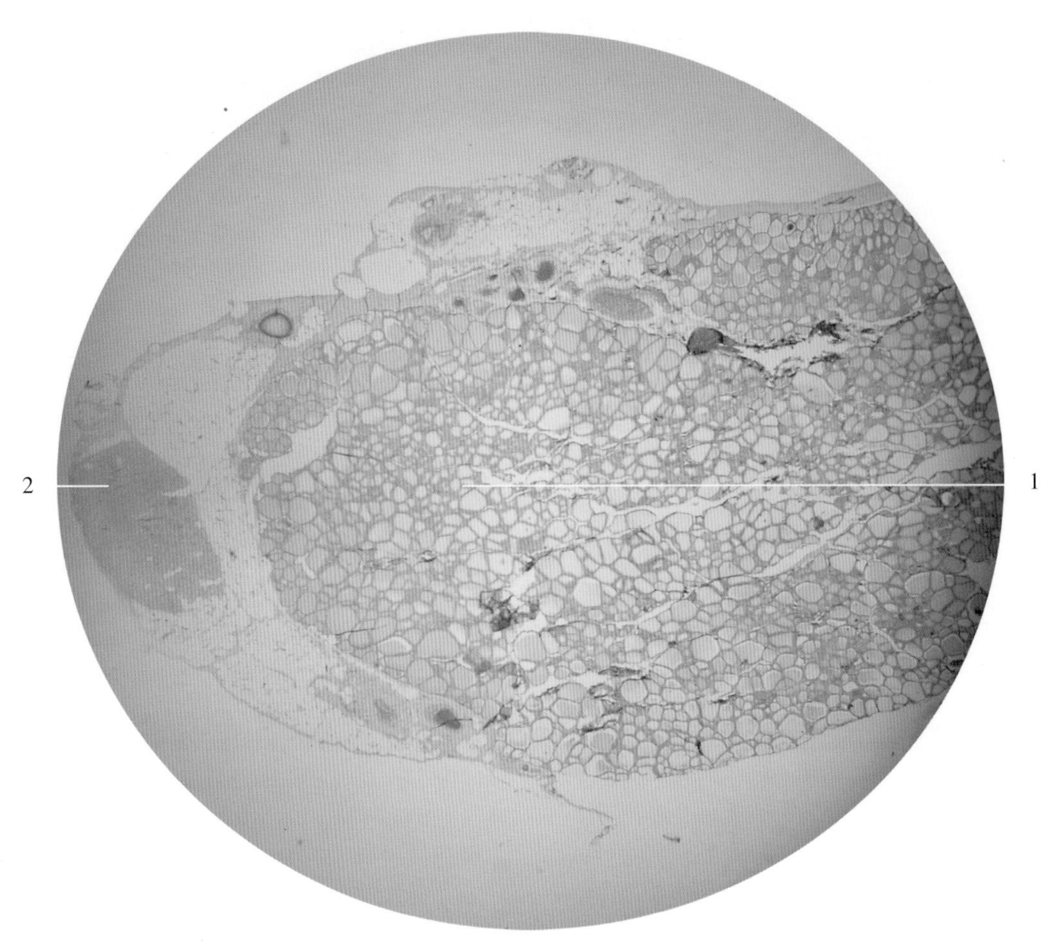

图13-3-3　甲状腺与甲状旁腺

1. 甲状腺 thyroid gland
2. 甲状旁腺 parathyroid gland

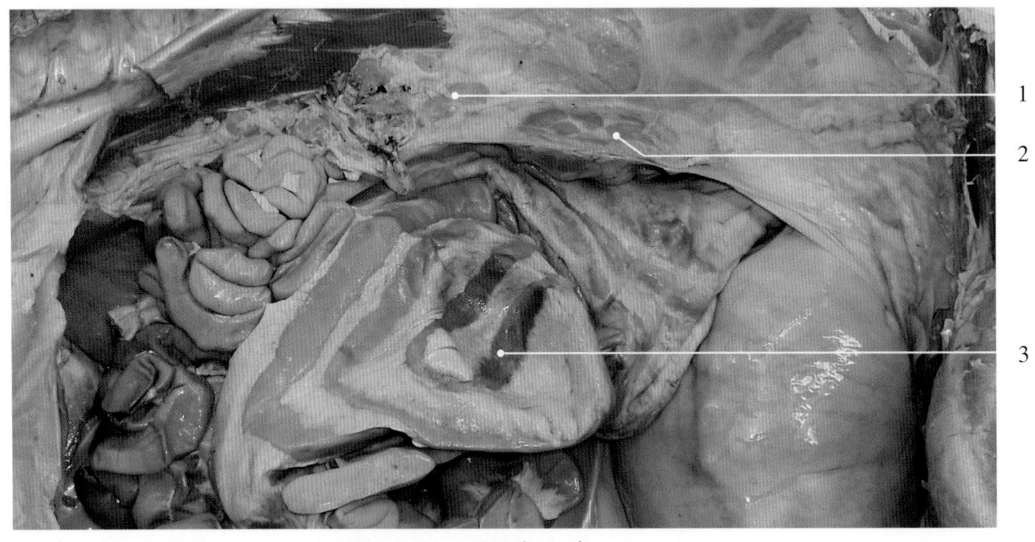

图13-4-1　母牛肾上腺

1. 肾上腺 adrenal gland　　3. 结肠 colon
2. 肾 kidney

图13-4-2　犊牛肾上腺

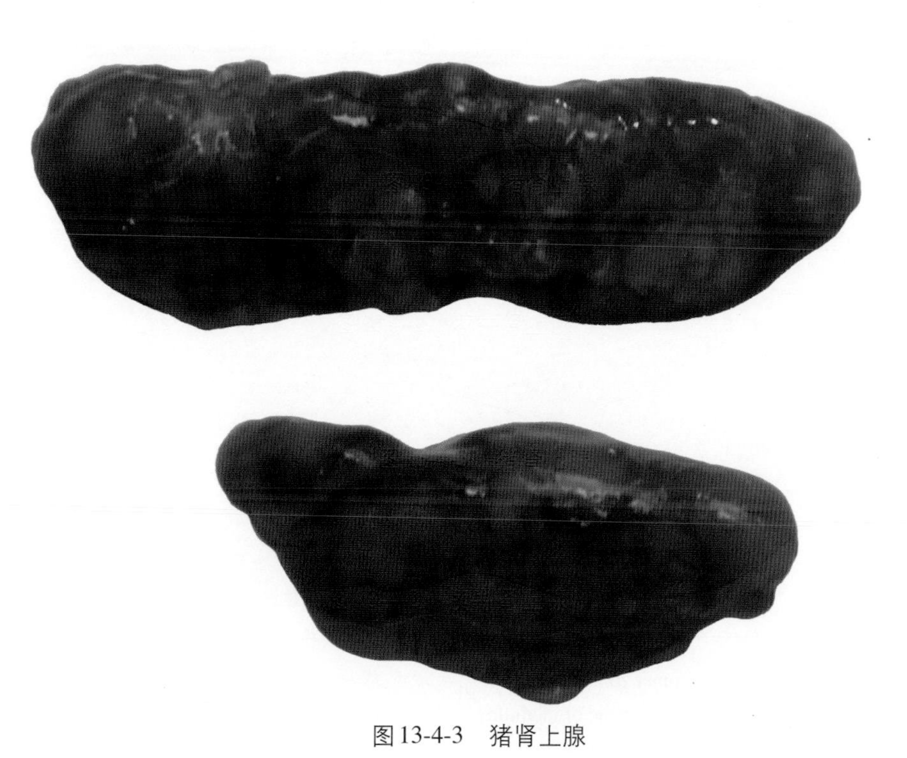

图13-4-3　猪肾上腺

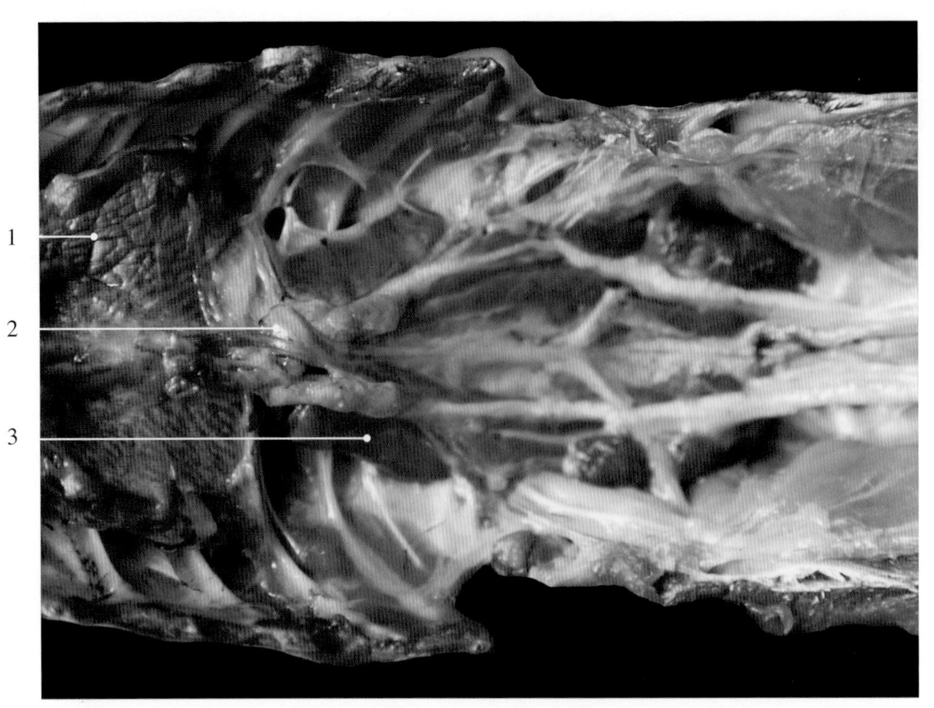

图13-4-4　鸡肾上腺

1. 肺 lung
2. 肾上腺 adrenal gland
3. 肾 kidney

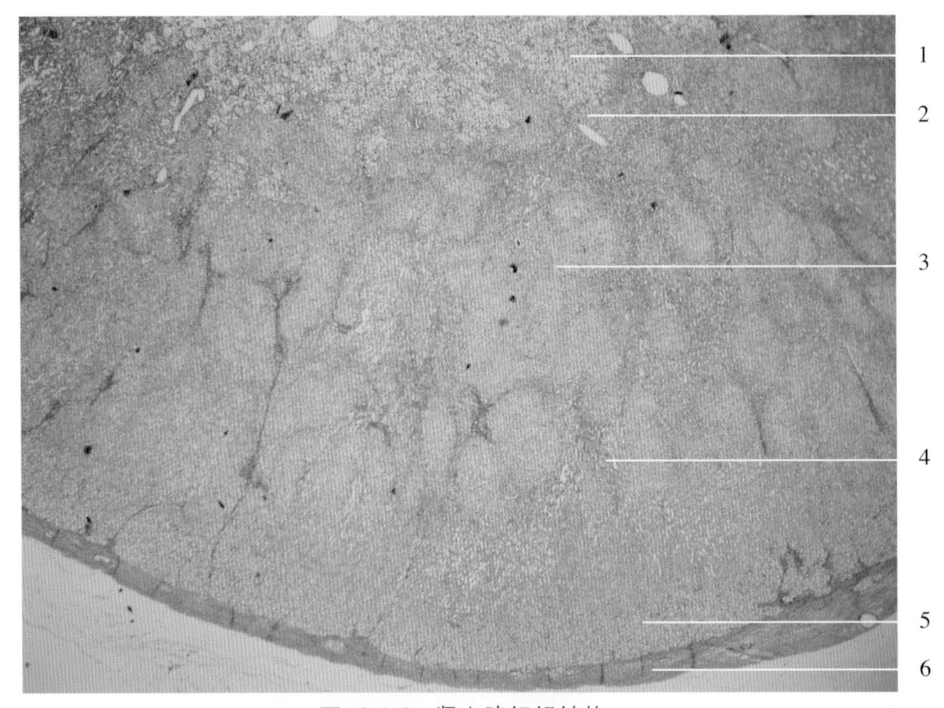

图13-4-5　肾上腺组织结构

1. 髓质内区 inner zone of medulla
2. 髓质外区 outer zone of medulla
3. 网状带 zona reticularis
4. 束状带 zona fasciculata
5. 球状带，多形带 zona glomerulosa, zona multiformis
6. 被膜 capsule

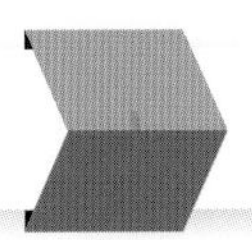

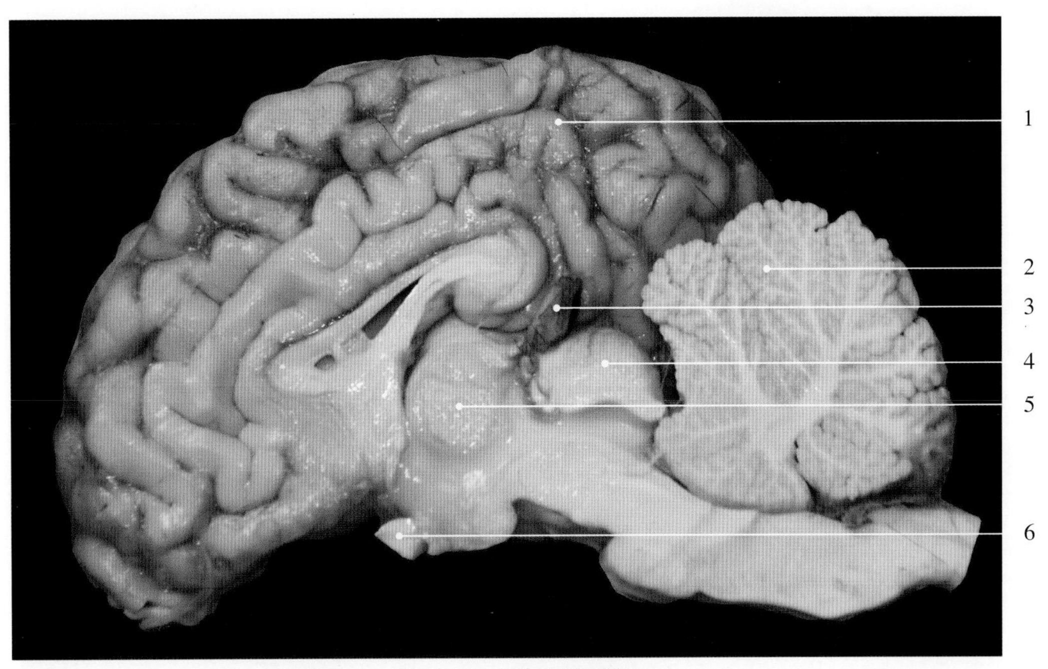

图13-5-1　犊牛松果体

1. 大脑 cerebrum
2. 小脑 cerebellum
3. 松果体 pineal body/pineal gland
4. 中脑 mesencephalon
5. 丘脑间黏合 interthalamic adhesion
6. 视神经 optic nerve（Ⅱ）

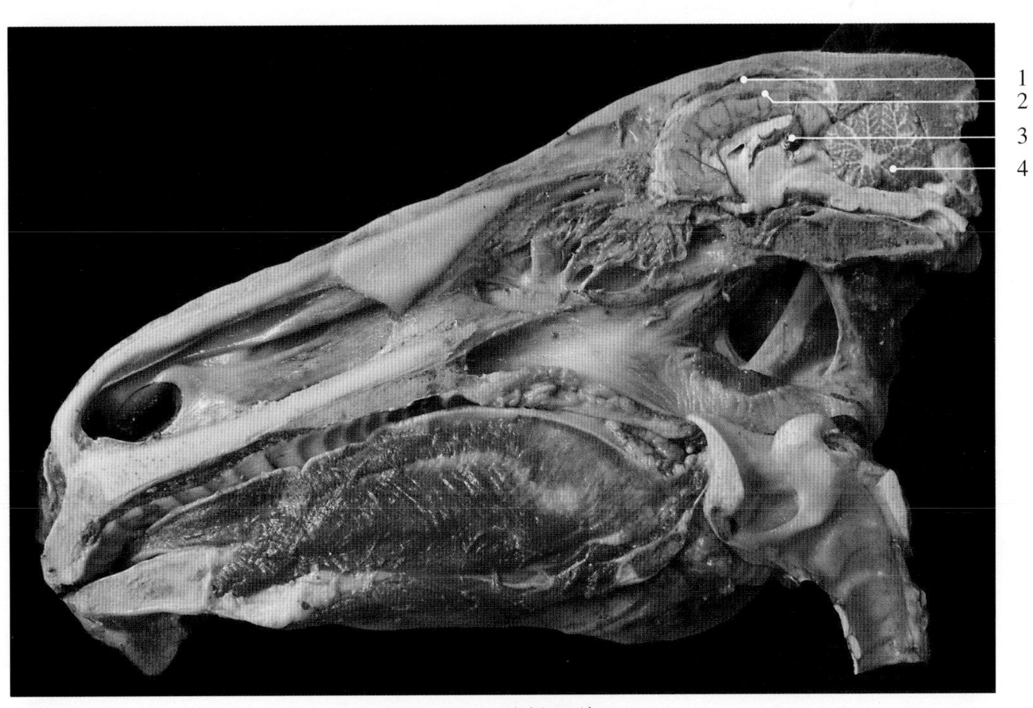

图13-5-2　驴松果体1

1. 颅腔 cranial cavity
2. 大脑 cerebrum
3. 松果体 pineal body / pineal gland
4. 小脑 cerebellum

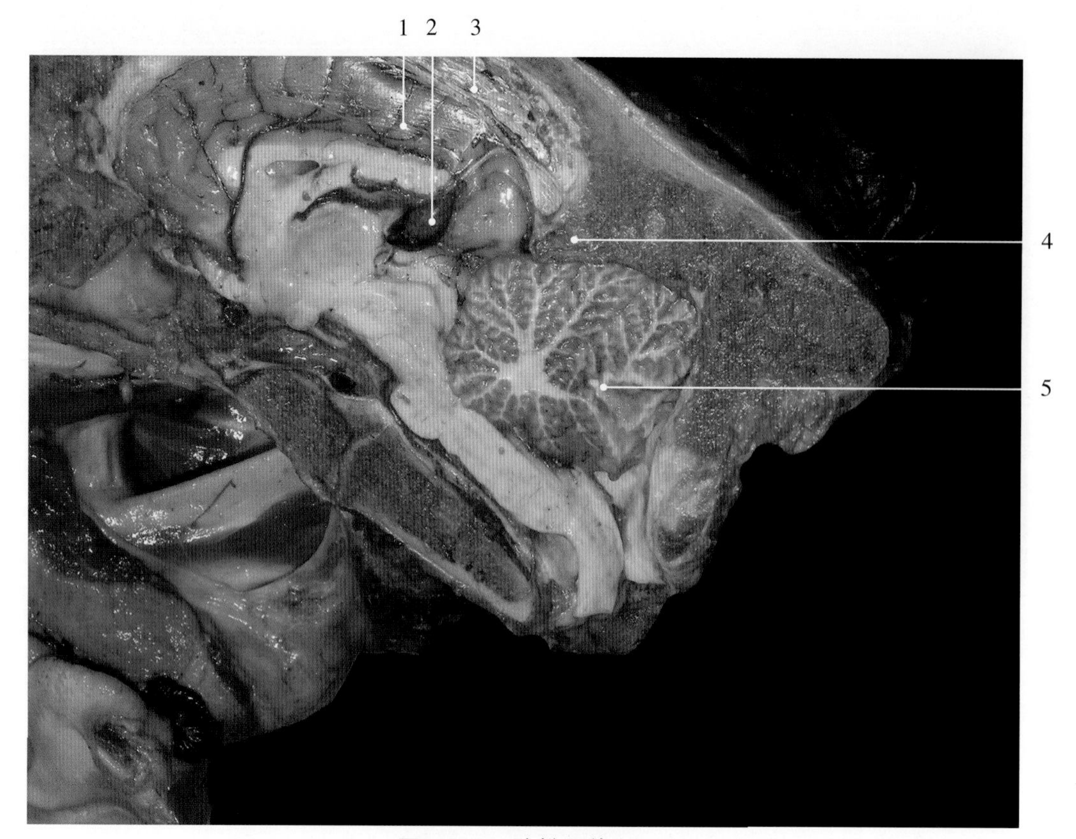

图13-5-3　驴松果体2

1. 大脑 cerebrum
2. 松果体 pineal body/pineal gland
3. 脑膜 meninges
4. 顶间骨 interparietal bone
5. 小脑 cerebellum

第十四章 感觉器官

感觉器官图谱

感觉器官（sense organs）是由感受器和附属器构成。感受器是感觉神经末梢的特殊装置，广泛分布于身体各器官和组织内。感受器的功能是接受机体内、外环境各种不同的刺激，并将刺激转变为神经冲动，经过感觉神经传入中枢神经，最后到达大脑皮质，产生相应的感觉。

一、视觉器官

视觉器官（visual organ）又称眼（eye），由眼球和附属器官构成。能感受光波的刺激，经视神经传到中枢而产生视觉。

（一）眼球

眼球（eye ball）是视觉器官的主要部分，位于眼眶内，后端有视神经与脑相连。眼球近似球形，由眼球壁和眼球内容物组成。

1.眼球壁 从外向内由纤维膜、血管膜和视网膜3层构成。

（1）纤维膜（fibrous membrane，fibrous tunic）又叫白膜，由致密结缔组织构成，厚而坚韧，具有保护眼球内容物的作用。位于眼球壁外层（形成眼球的外壳），分为后部的巩膜和前部的角膜两部分。

①巩膜（sclera）占纤维膜的后4/5，具有保护眼球和维持眼球形状的作用。巩膜前部与角膜相连结的地方为角膜巩膜缘（corneoscleral junction），呈环状，其深面有巩膜静脉窦，是眼房水流出的通道，有调节眼压的作用。如果眼房水不能顺利流出，眼压就会增加，动物就会变为青光眼。巩膜的后腹侧，视神经纤维穿出的部位有巩膜筛板（cribriform plate of sclera）。

②角膜（cornea）占纤维膜的前1/5，无色透明，具有折光作用。角膜前面隆凸，后面凹陷。周缘较厚，中部薄，嵌入巩膜中。角膜主要由平行排列的胶原纤维组成，呈板层状。角膜的最高点称为角膜顶，其外周为角膜缘。角膜内无血管（其营养由角膜周围的血管供给），但分布有丰富的感觉神经末梢，故感觉灵敏。角膜发炎时应及时治疗，否则会造成角膜混浊，影响视力。

（2）血管膜（vascular tunic）是眼球壁的中层，位于纤维膜与视网膜之间，富有血管和色素细胞，具有输送营养和吸收眼内分散光线的作用，并形成暗的环境，有利于视网膜对光色的感应。血管膜由后向前分为脉络膜、睫状体和虹膜3部分。

①脉络膜（choroid） 呈暗褐色，衬于巩膜的内面，与巩膜疏松相连（除猪以外）。在脉络膜的后部内面，视神经乳头上方，有呈青绿色而带金属光泽的三角形区，称为照膜（tapetum lucidum）。

②睫状体（ciliary body） 位于脉络膜和虹膜之间，是血管膜中部的增厚部分，呈环带形围于晶状体周围（宽约1 cm）形成睫状环。睫状环可分为内部的睫状突和外部的睫状肌。睫状突是睫状体内表面许多呈放射状排列的皱褶，有100 ~ 110个。睫状肌由平滑肌构成，位于睫状体的外部，肌纤维起于角膜与巩膜连结处，向后止于睫状环。在注视近或远距离的物体时，睫状肌能调节晶状体的形状变化。

③虹膜（iris） 位于血管膜的前部，在晶状体之前，呈圆盘状（可从眼球前面透过角膜看到）。虹膜的颜色因色素细胞多少和分布不同而有差异，一般为棕色。虹膜的周缘连于睫状体，其中央有一孔以透过光线，称为瞳孔（pupil）。

（3）视网膜（retina） 又叫神经膜，位于眼球壁内层，分为视部和盲部。

①视部（retina optic part） 具有感光作用，衬于脉络膜的内面，且与其紧密相连，薄而柔软。生活时略呈淡红色，死后混浊，变为灰白色，易于从脉络膜上脱落。

②盲部（retina caeca part） 位于睫状体和虹膜的内面，很薄，无感光作用，外层为色素上皮，内层无神经元。被覆于睫状体内面的叫视网膜睫状体部（retina ciliary part）。被覆在虹膜内面的叫视网膜虹膜部（retina iridal part）。

2.眼球内容物 是眼球内一些无色透明的折光结构，包括晶状体、眼房水和玻璃体。其作用是与角膜一起组成眼的折光系统，将通过眼球的光线经过曲折，使焦点集中在视网膜上，形成影像。

（1）晶状体（crystalline lens） 位于虹膜与玻璃体之间，富有弹性，外面包有一弹性囊。晶状体周缘借着睫状小带连于睫状突。睫状肌的收缩和弛缓，可以改变睫状小带对晶状体的拉力，从而改变晶状体的凸度，以调节视力。晶状体混浊时，影响光线进入眼内到达视网膜，使动物看不清物体，便发生了白内障（cataract）。

（2）眼房和眼房水 眼房（eye chamber）是位于角膜后面和晶状体前面之间的空隙，被虹膜分为眼前房和眼后房，两者以瞳孔相交通。眼房水（*aqueous humor*）为眼房里的无色透明液体，由睫状突和虹膜产生，在眼前房的周缘渗入巩膜静脉窦而至眼静脉。

（3）玻璃体（vitreous body） 位于晶状体与视网膜之间，是无色透明的半流动状胶体，外包一层很薄的透明膜，叫玻璃体膜。玻璃体除有折光作用外，还有支持视网膜的作用。

（二）眼的附属器官

眼的附属器官（adnexa of eye）有眼睑、泪器、眼球肌和眶骨膜等，它们对眼球有保护、运动和支持作用。

1.眼睑（eyelid） 为覆盖于眼球前方的皮肤褶，分为上眼睑和下眼睑。上眼睑和下眼睑间形成眼裂（rima oculi）。眼睑的外面为皮肤，中间主要为眼轮匝肌，内面衬着一薄层湿润而富有血管的膜，称为睑结膜（palpebral conjunctiva）。睑结膜还折转覆盖在眼球巩膜的前部，称这部分结膜为球结膜（bulbar conjunctiva）。睑结膜与球结膜共同称为眼结膜，正常时眼结膜呈淡粉红色，在某些疾病时常发生变化，可作为诊断的依据（如感冒发烧时充血变红，肠炎时黄染变红，贫血或大失血时变苍白等）。当眼睑闭合时，结膜合成一完整的结膜囊（conjunctival sac）。眼睑缘长有睫毛。

第三眼睑（third eyelid），又称瞬膜（nictitating membrance），是位于内眼角的半月状结膜皱褶，褶内有三角形软骨板。瞬膜内含一T形软骨，在马、猪和猫为弹性软骨，犬和反刍动物为透明软骨。瞬膜内含有许多淋巴结（结膜淋巴小结），当眼球受到慢性感染时，淋巴结肿大。家畜发生破伤风时，一刺激即瞬膜外露。瞬膜外露是破伤风病的主要症状之一。

2.泪器（lacrimal apparatus） 由泪腺和泪道所组成。

（1）泪腺（lacrimal gland）位于额骨眶上突的基部、眼球的背外侧。呈扁平卵圆形，长约5 cm，宽约3 cm，以数条输出管开口于上眼睑结膜。泪腺分泌泪液，有湿润和清洁结膜及角膜的作用。

（2）泪道（lacrimal passages）是泪液排出的通道，分泪管、泪囊和鼻泪管3段。

3.眼球肌（muscle of eye ball） 是一些使眼球灵活运动的横纹肌，位于眶骨膜内，均起始于视神经孔周围的眼眶壁，止于眼球巩膜，包括眼球退缩肌（retractor muscles of eye ball）、眼球直肌（straight muscles of eye ball）、眼球斜肌（oblique muscles of eye ball）和上睑提肌（levator muscle of upper eyelid）。

4.眶骨膜（orbital periosteum） 为眼眶内衬一层致密坚韧的圆锥状纤维鞘，又称眼鞘，包围着眼球、眼肌、眼的血管和神经及泪腺。它源于骨膜，其内、外间隙中充填着大量脂肪，与眼眶和眶骨膜一起构成眼的保护器官。

二、位听器官

位听器官包括位觉器官（position sense organ）和听觉器官（auditory organ）两部分。这两部分机能虽然不同，而结构上难以分开。位听器官由外耳、中耳和内耳3部分构成。外耳收集声波，中耳传导声波，内耳是听觉感受器和位置觉感受器所在地。

1.外耳（external ear） 包括耳郭、外耳道和鼓膜3部分。

（1）耳郭（auricle） 也叫耳廓，以耳郭软骨为基础，内、外均覆有皮肤。其形状、大小因动物种类不同而异，一般呈圆筒状。耳郭背面隆凸称为耳背，与耳背相对应的凹面称为耳舟。耳郭前、后缘向上会合形成耳尖，耳郭下部叫耳根，在腮腺深部连于外耳道。

（2）外耳道（external auditory meatus） 是从耳郭基部到鼓膜的通道，外口大、内口小，内口朝向中耳。由软骨性外耳道和骨性外耳道两部分构成。外侧部是软骨性外耳道，其上部与耳郭软骨相接，下部固着于骨性外耳道的外口。内侧部是骨性外耳道即颞骨的外耳道，呈漏斗状，长2.5 ~ 3.5cm，内面衬有皮肤。在软骨管部的皮肤含有皮脂腺和耵聍腺（ceruminous gland）。后者为变异的汗腺，分泌耳蜡，又叫耵聍。

（3）鼓膜（tympanic membrane） 位于外耳道底部，是外耳和中耳的分界。鼓膜厚约0.2 mm，分三层，外层为表皮层，来自外耳道皮肤；中层为纤维层，由致密胶质纤维构成；内层为黏膜层，为鼓室黏膜的延续部分。

2.中耳（middle ear） 由鼓室、听小骨和咽鼓管组成。

（1）鼓室（tympanic cavity） 是颞骨里一个含有空气的骨腔，内面被覆黏膜。鼓室的外侧壁是鼓膜，与外耳道隔开；内侧壁为骨质壁或迷路壁，与内耳为界。在内侧壁上有一隆起称为岬（promontory），岬的前方有前庭窗（*fenestra vestibuli*, vestibular window），被镫骨底及环状韧带封闭；岬的后方有蜗窗（*fenestra cochleae*, cochlear window），被第二鼓膜所封闭。鼓室的前下方有孔通咽鼓管。

（2）听小骨（ossicula auditory） 位于鼓室内，共有3块，由外向内依次为锤骨（malleus）、砧骨（incus）和镫骨（stapes）。它们彼此以关节连成一个骨链，一端以锤骨柄附着于鼓膜，另一端以镫骨底的环状韧带附着于前庭窗。鼓膜接受声波而振动，再经此骨链将声波传递到内耳。

（3）咽鼓管（eustachian tube） 又称耳咽管（auditory tube），为连结于咽和鼓室之间一个沟状管道，起自鼓室而开口于咽腔。

3.内耳（Internal ear） 又称迷路（因结构复杂而得名），位于岩颞骨岩部内，分为骨迷路和膜迷路两部分。它们是盘曲于鼓室内侧骨质内的骨管，在骨管内套有膜管。骨管称骨迷路；膜管称膜迷路。膜迷路内充满内淋巴，在膜迷路与骨迷路之间充满外淋巴，它们起着传递声波刺激和感受动物体位置变动刺激的作用。

（1）骨迷路（osseous labyrinth，bony labyrinth） 位于鼓室内侧的骨质内，由前庭、3个骨质半规管和耳蜗3部分构成。

①前庭（vestibule） 为位于骨迷路中部较为扩大的空腔，呈球形，向前下方与耳蜗相通，向后上方与骨半规管相通。前庭的外侧壁(即鼓室的内侧壁)上有前庭窗和蜗窗；内侧壁是构成内耳道底的部分，壁上有前庭嵴，嵴的前方有一球囊隐窝（spherical recess）；后方有一椭圆囊隐窝（elliptical recess）；后下方有一前庭小管内口。

②骨半规管（bony semicircular canals） 位于前庭的后上方，由3个彼此互相垂直的半环形骨管组成，按其

位置分别称为前半规管、后半规管和外半规管。每个半规管的一端膨大，称为骨壶腹（*osseous ampulla*）；另一端称为骨脚（bony crura）。

③耳蜗（cochlea） 位于前庭的前下方，由一耳蜗螺旋管围绕蜗轴（由骨松质构成）盘旋数圈而成，呈圆锥形。管的起端与前庭相通，盲端终止于蜗顶。沿蜗轴向螺旋管内发出骨螺旋板，将螺旋管不完全地分隔为前庭阶和鼓室阶两部分。

（2）膜迷路（membranous labyrinth） 为套于骨迷路内，互相通连的膜性囊和管（由纤维组织构成，内面衬有单层上皮），形状与骨迷路相似，由椭圆囊、球囊、膜半规管和耳蜗管组成。

①椭圆囊（utricule） 位于前庭的椭圆隐窝内，与3个膜半规管相通。

②球囊（saccule）位于前庭的球状隐窝内，一端与椭圆囊相通，另一端与耳蜗管相通。

③膜半规管（membranous semicircular duct） 套于骨半规管内，与骨半规管的形状一致，膜壶腹和膜脚均开口于椭圆囊。在椭圆囊、球囊和膜半规管壶腹的壁上，均有一增厚的部分，分别形成椭圆囊斑（maculae of utricule）、球囊斑（maculae of saccule）和壶腹嵴（ampullary crest）。

④耳蜗管（cochlear duct） 位于耳蜗螺旋管内，与耳蜗螺旋管的形状一致。一端与球囊相通连，另一端终止于蜗顶。在耳蜗管的基底膜上有感觉上皮的隆起，称为螺旋器（spiral organ），又称柯蒂氏器（Corti's organ），为听觉感受器，声波经一系列途径传到耳蜗后，由耳蜗管内的螺旋器将其转化为神经冲动，再经前庭耳蜗神经的耳蜗支传到脑，而产生听觉。

三、感觉器官图谱

1. **眼球** 图14-1-1至图14-1-6。
2. **眼球壁** 图14-2-1至图14-2-13。
3. **眼球内容物** 图14-3-1至图14-3-8。
4. **眼的附属器官** 图14-4-1至图14-4-2。
5. **耳** 图14-5-1至图14-5-8。

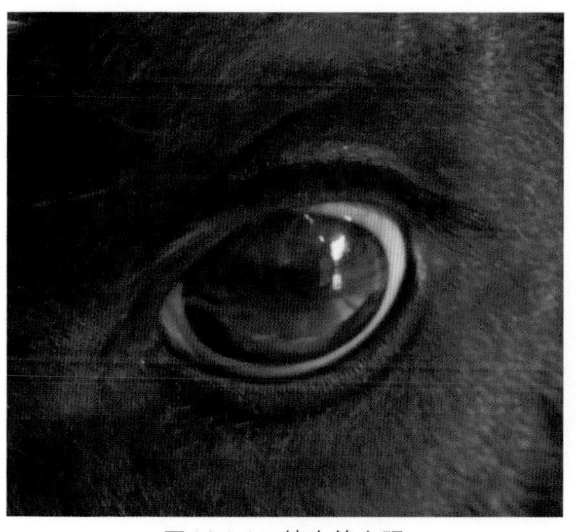
图14-1-1　犊牛的左眼

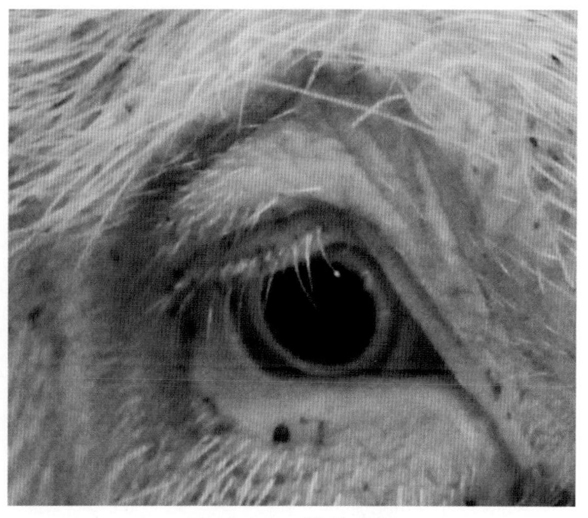
图14-1-2　猪的右眼

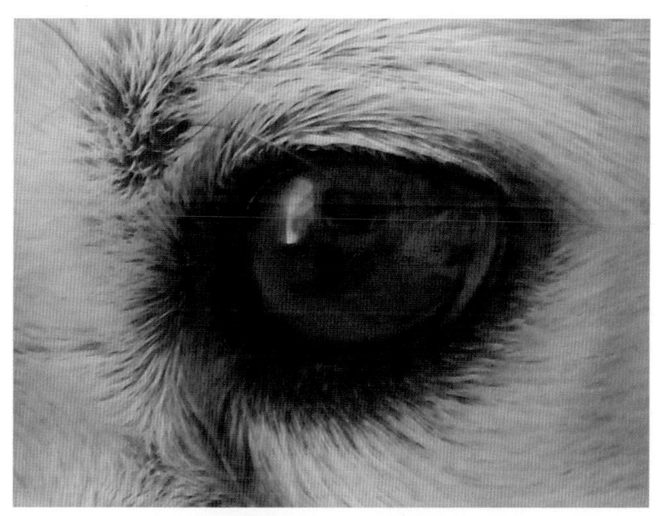
图14-1-3　犬的左眼

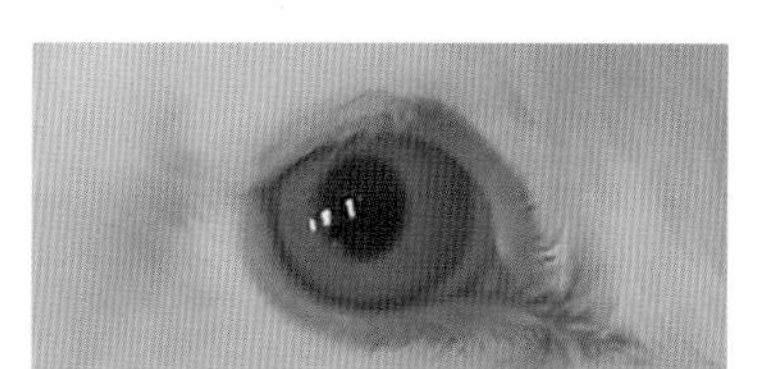
图14-1-4　兔的右眼

图14-1-5　鸡的右眼

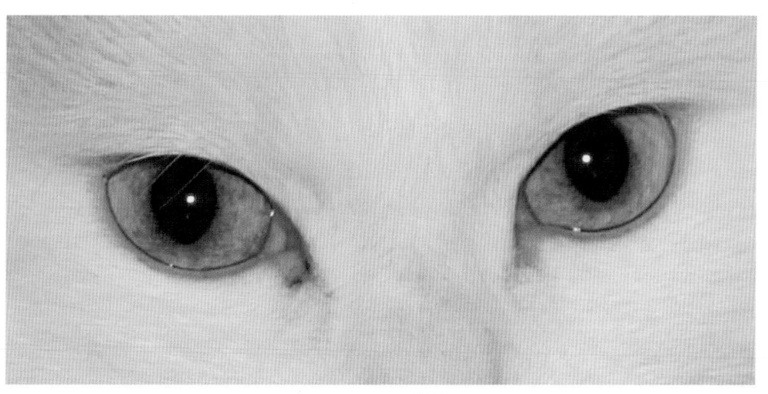
图14-1-6　猫的眼

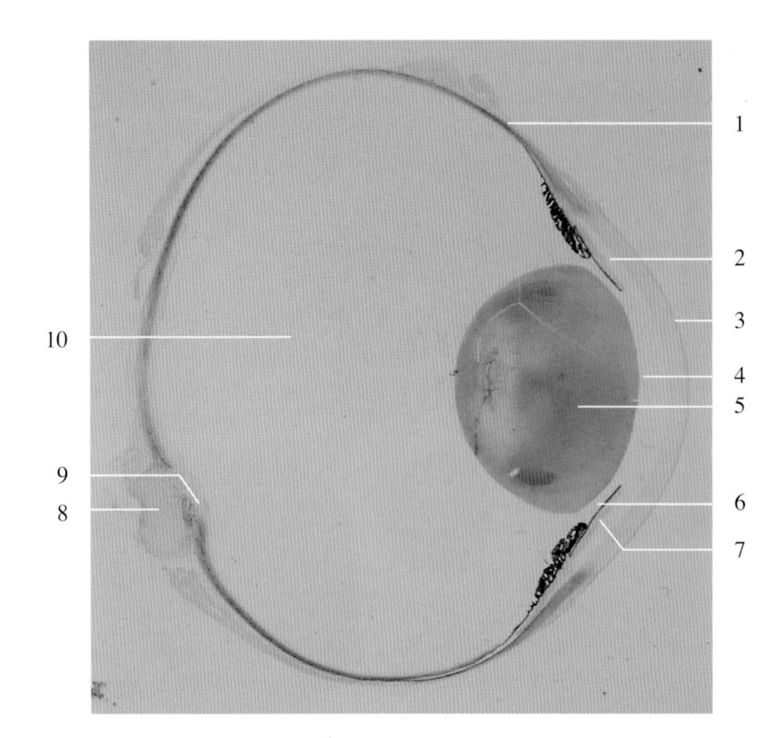

图14-2-1　眼球横切面

1. 巩膜　sclera
2. 眼前房　anterior chamber of the eye
3. 角膜　cornea
4. 瞳孔　pupil
5. 晶状体　crystalline lens
6. 眼后房　posterior chamber of the eye
7. 巩膜　sclera
8. 视神经　optic nerve（Ⅱ）
9. 视神经乳头　papilla of optic nerve
10. 玻璃体　vitreous body

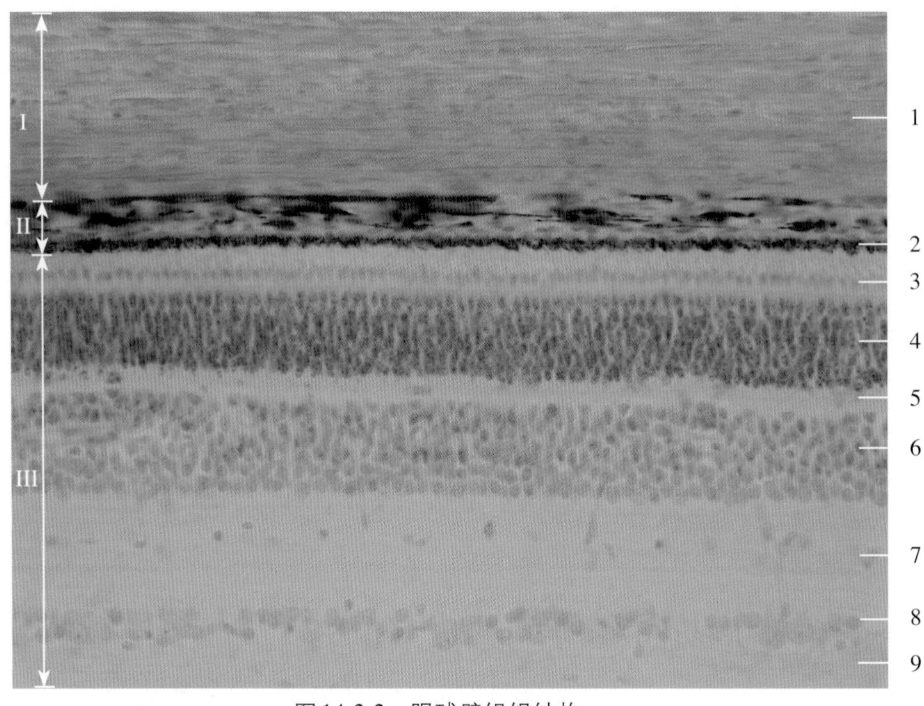

图14-2-2　眼球壁组织结构

视网膜的外层是色素上皮层，内层是神经层。神经层由浅向深部由三级神经元构成。最浅层为感光细胞，有两种细胞，即视锥细胞（cone cells）和视杆细胞（rod cells）。前者有感强光和辨别颜色的能力；后者有感弱光的能力。第二级神经元为双极细胞（bipolar cells），是中间神经元。第三级为多极神经元，称为视网膜神经节细胞（retinal ganglion cells），其轴突向视神经乳头聚集，形成视神经（optic nerve）。

Ⅰ. 纤维膜　fibrous membrane
Ⅱ. 脉络膜　choroid
Ⅲ. 视网膜　retina
1. 巩膜　sclera
2. 色素上皮层　pigment epithelial layer
3. 视锥和视杆层　cone and rod cell layer
4. 外颗粒层　outer nuclear layer
5. 外网状层　outer plexform layer
6. 内颗粒层　inner nuclear layer
7. 内网状层　inner plexiform layer
8. 神经节细胞层　ganglion cell layer
9. 神经纤维层　nerve fiber layer

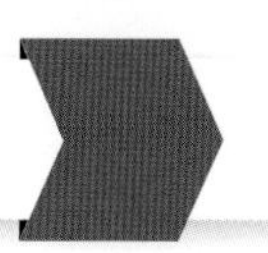

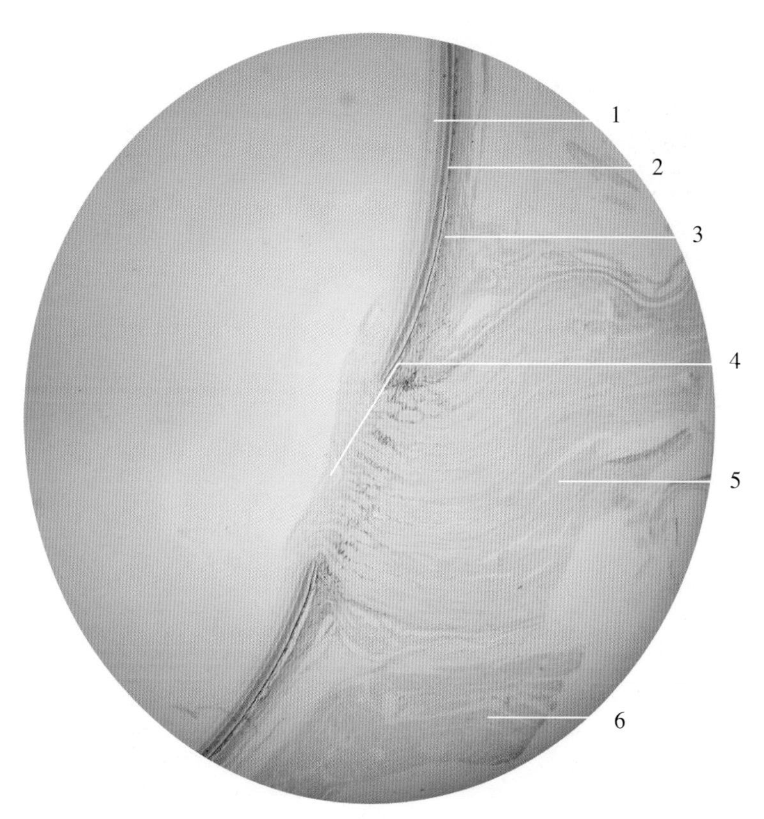

图14-2-3　视神经乳头

1. 视网膜 retina　3. 巩膜 sclera　5. 视神经 optic nerve（Ⅱ）
2. 脉络膜 choroid　4. 筛区 cribriform area　6. 眼球肌 muscle of eye ball

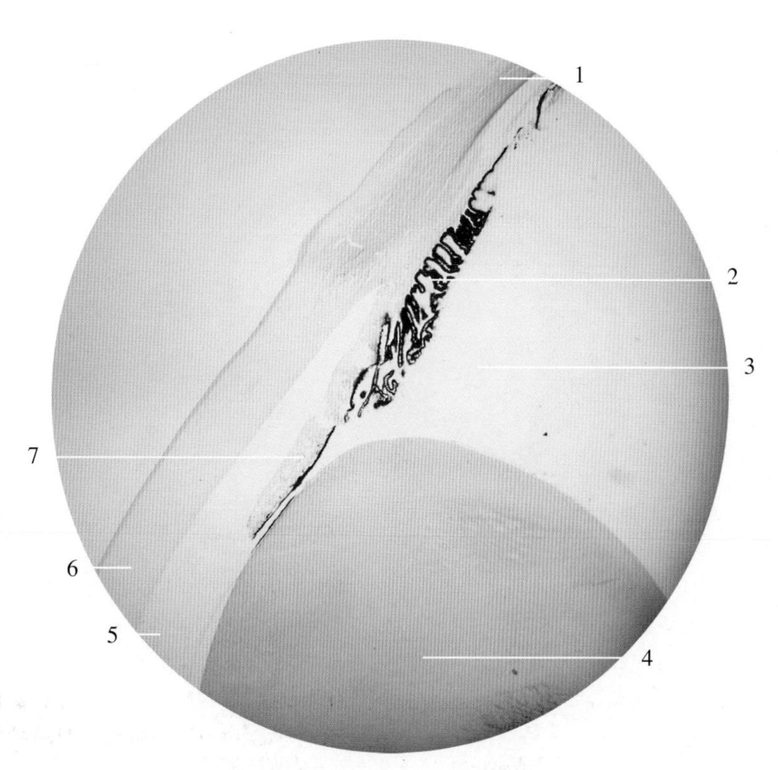

图14-2-4　眼球前部组织结构

1. 巩膜 sclera　5. 眼前房 anterior chamber of eye
2. 睫状体 ciliary body　6. 角膜 cornea
3. 眼后房 posterior chamber of eye　7. 虹膜 iris
4. 晶状体 crystalline lens

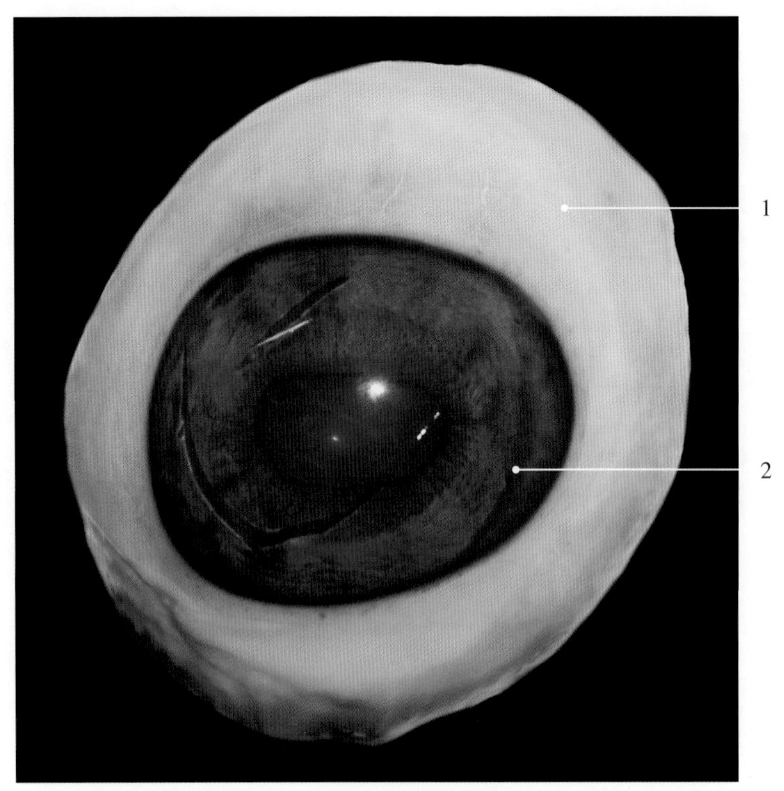

图14-2-5　犊牛眼球纤维膜

1. 巩膜　sclera　　2. 角膜　cornea

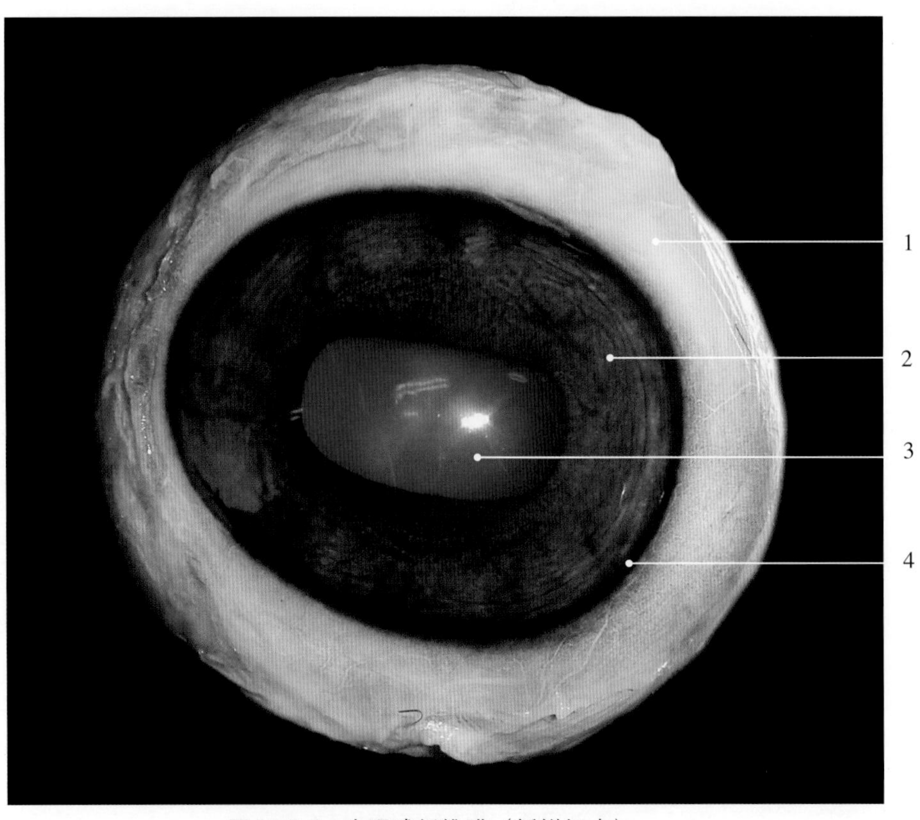

图14-2-6　牛眼球纤维膜（新鲜标本）

1. 巩膜　sclera　　3. 瞳孔　pupil
2. 角膜　cornea　　4. 角膜巩膜缘　corneoscleral junction

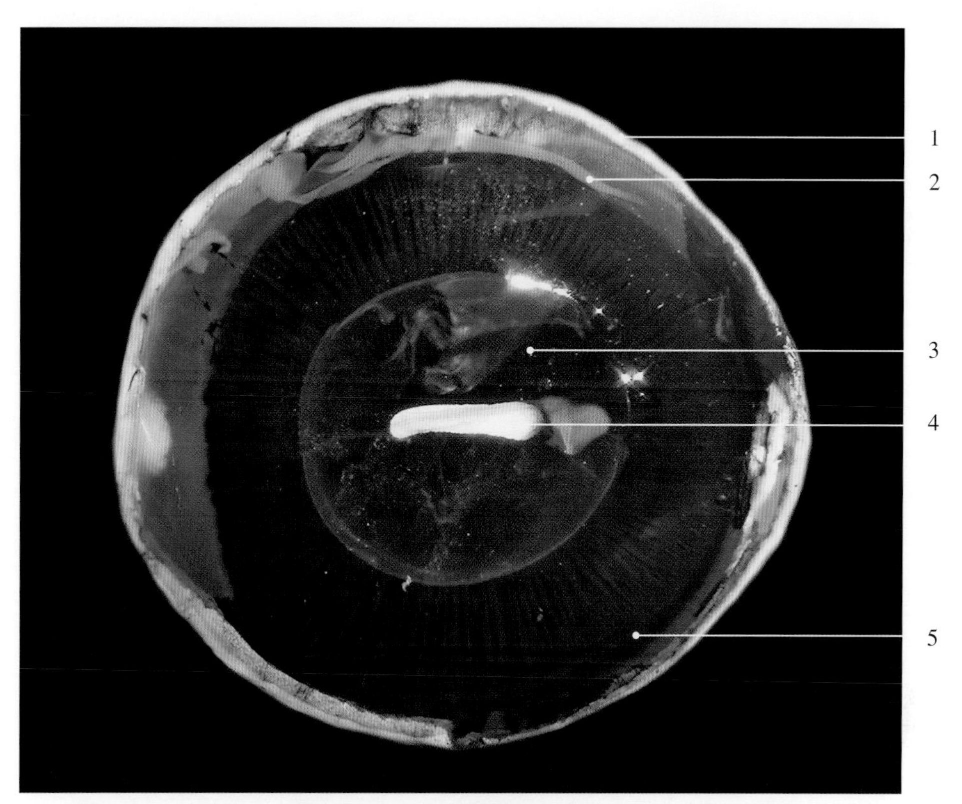

图14-2-7　牛虹膜和睫状体

1. 巩膜 sclera　4. 瞳孔 pupil
2. 视网膜 retina　5. 睫状体 ciliary body
3. 虹膜 iris

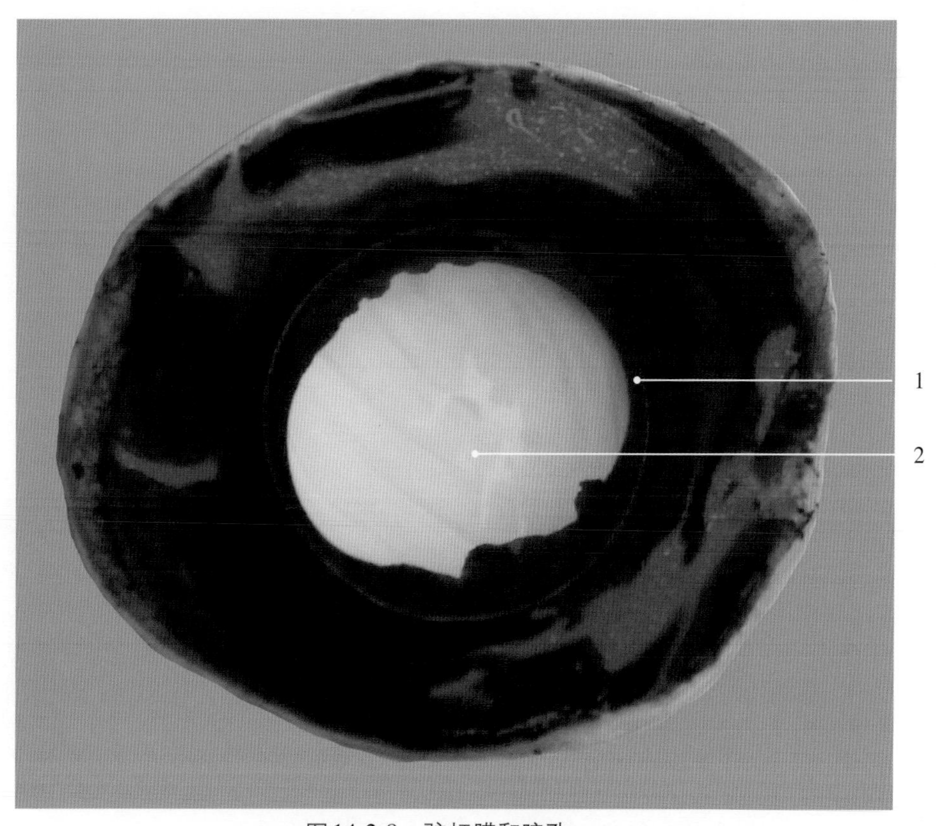

图14-2-8　驴虹膜和瞳孔

1. 虹膜 iris　2. 瞳孔 pupil

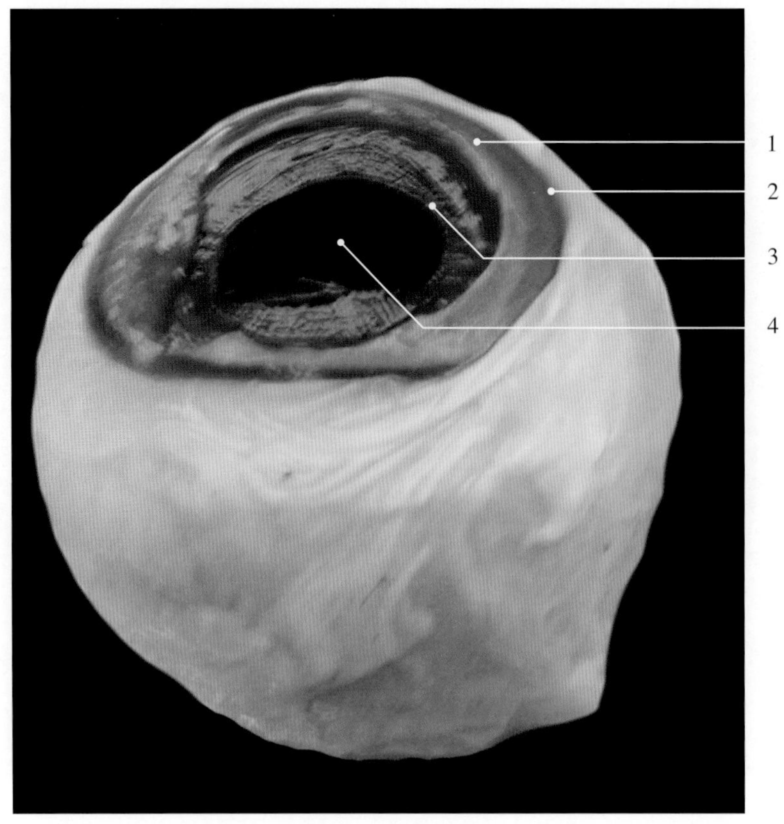

图14-2-9　犊牛瞳孔

1. 角膜 cornea
2. 角膜巩膜缘 corneoscleral junction
3. 虹膜 iris
4. 瞳孔 pupil

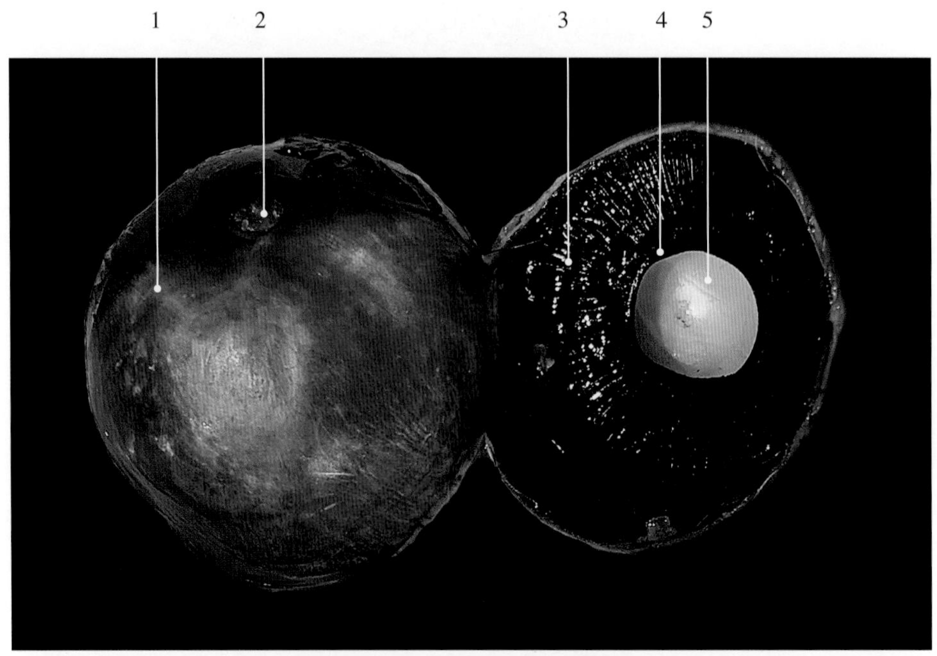

图14-2-10　牛眼球壁血管膜

1. 照膜 tapetum lucidum
2. 视神经乳头 papilla of optic nerve
3. 睫状体 ciliary body
4. 虹膜 iris
5. 瞳孔 pupil

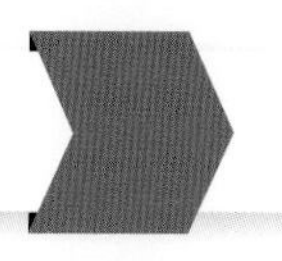

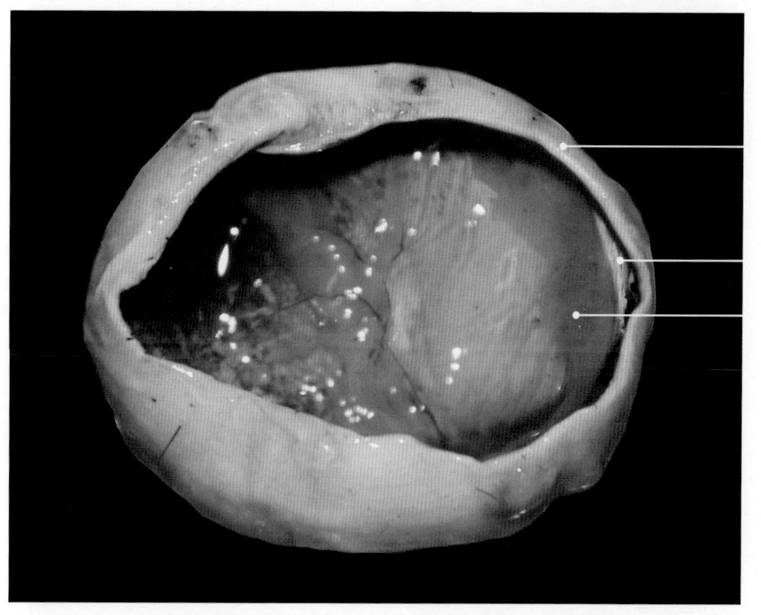

图 14-2-11 牛的视网膜

1. 巩膜 sclera　　3. 视网膜 retina
2. 照膜 tapetum lucidum

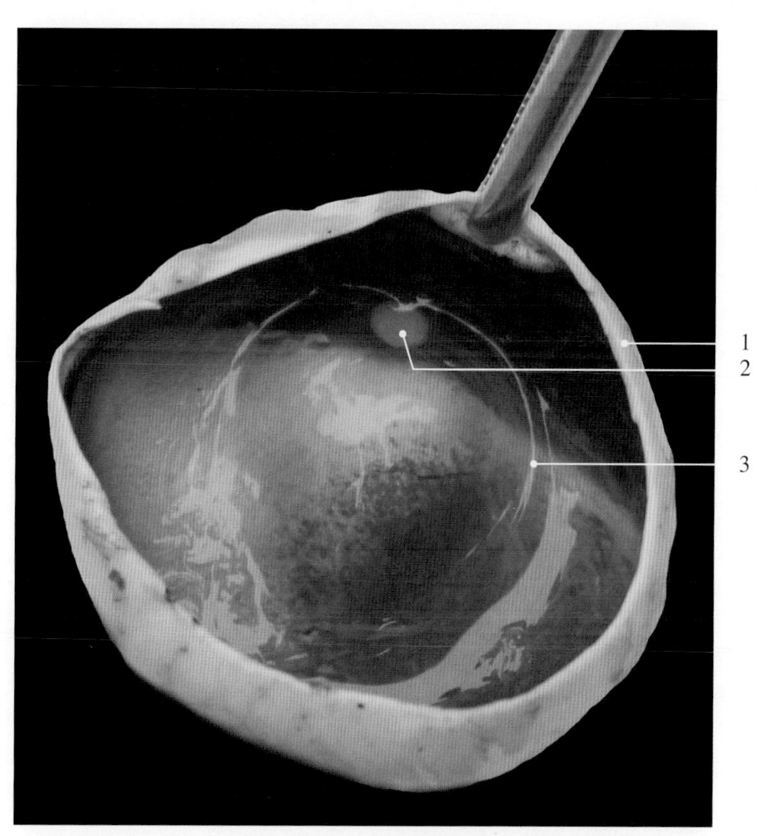

图 14-2-12 驴的视网膜

视神经乳头（papilla of optic nerve），为一卵圆形白斑，表面略凹，是视神经纤维穿出视网膜的地方，没有感光能力，又称盲点（blind spot）。

1. 巩膜 sclera　　3. 视网膜 retina
2. 视神经乳头 papilla of optic nerve

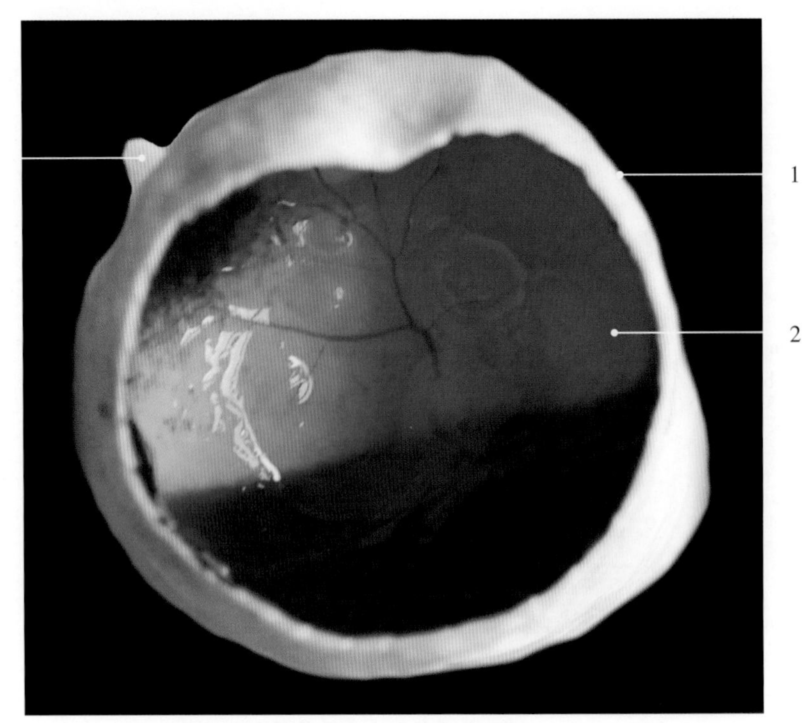

图14-2-13　犊牛的照膜

照膜由透明细胞组成的反射层（含锌和半胱氨酸）。由于照膜区域的视网膜没有色素，所以反光很强，有加强对视网膜刺激的作用，有助于动物在暗光情况下对光的感应。除了猪以外，所有家畜都有照膜。肉食动物的照膜为细胞膜（细胞毯），而草食动物的为纤维膜（纤维毯）。动物的种属不同，照膜的颜色亦不同（牛和马为蓝绿色，犬为绿色，猫为黄色），所以动物眼睛的虹彩亦不同。

1. 巩膜　sclera
2. 照膜　tapetum lucidum
3. 视神经　optic nerve（Ⅱ）

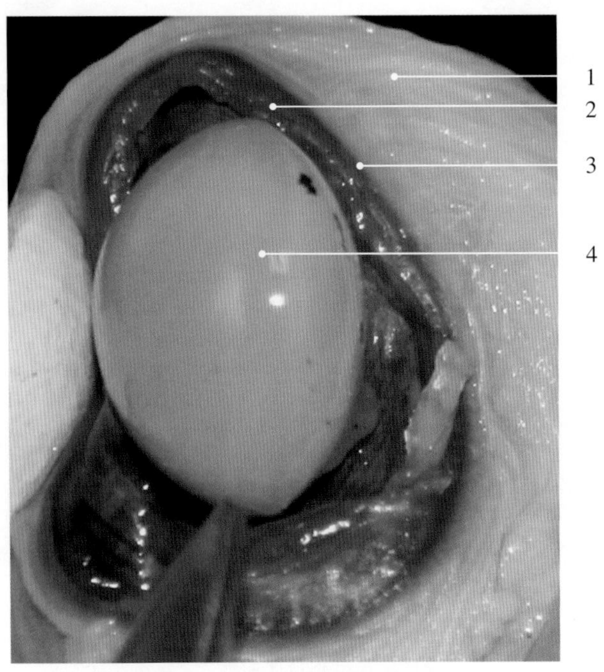

图14-3-1　牛的晶状体外侧观

1. 巩膜　sclera
2. 角膜　cornea
3. 角膜巩膜缘　corneoscleral junction
4. 晶状体　crystalline lens

图14-3-2　牛晶状体（新鲜标本）

1. 晶状体 crystalline lens
2. 玻璃体 vitreous body

图14-3-3　牛晶状体（示睫状小带）

睫状小带，又叫晶状体悬韧带，它可将睫状突与晶状体连结在一起。

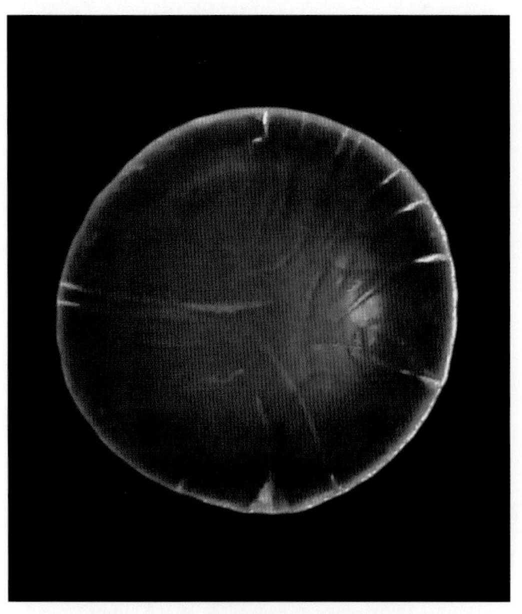

图14-3-4　犬晶状体（固定标本）

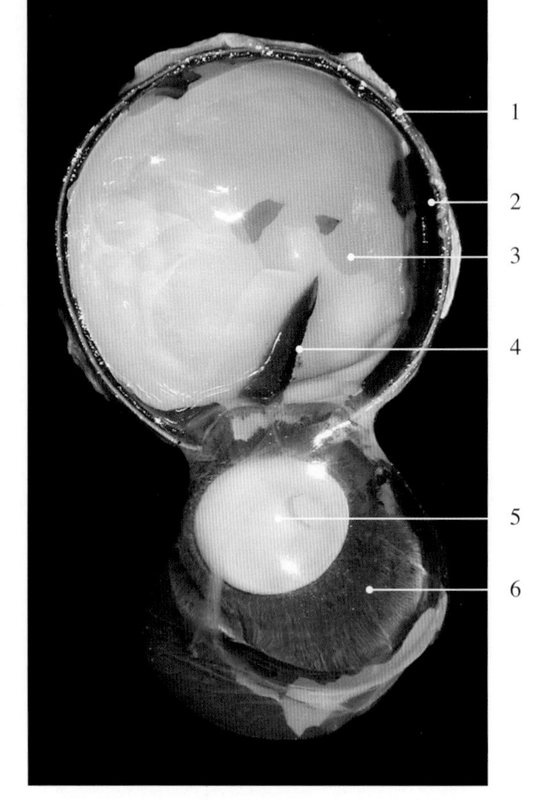

图14-3-5　鸡眼球纵切面

1. 巩膜 sclera
2. 脉络膜 choroid
3. 视网膜 retina
4. 栉膜 pecten
5. 晶状体 crystalline lens
6. 玻璃体 vitreous body

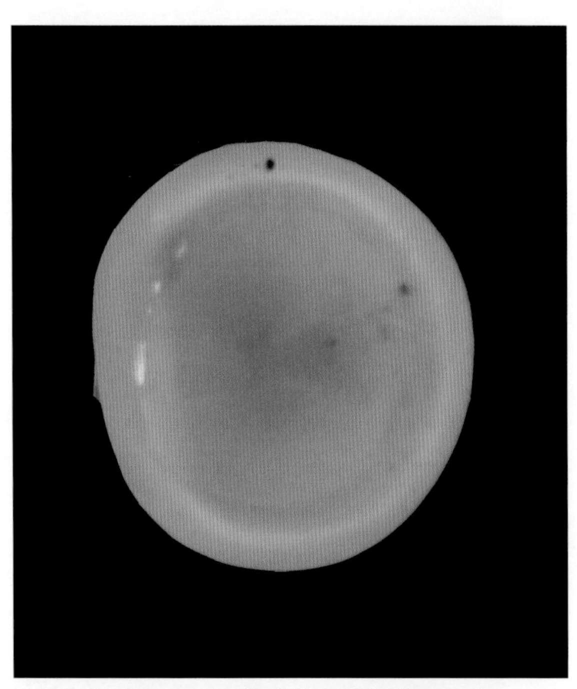

图14-3-6　犊牛的晶状体前面观

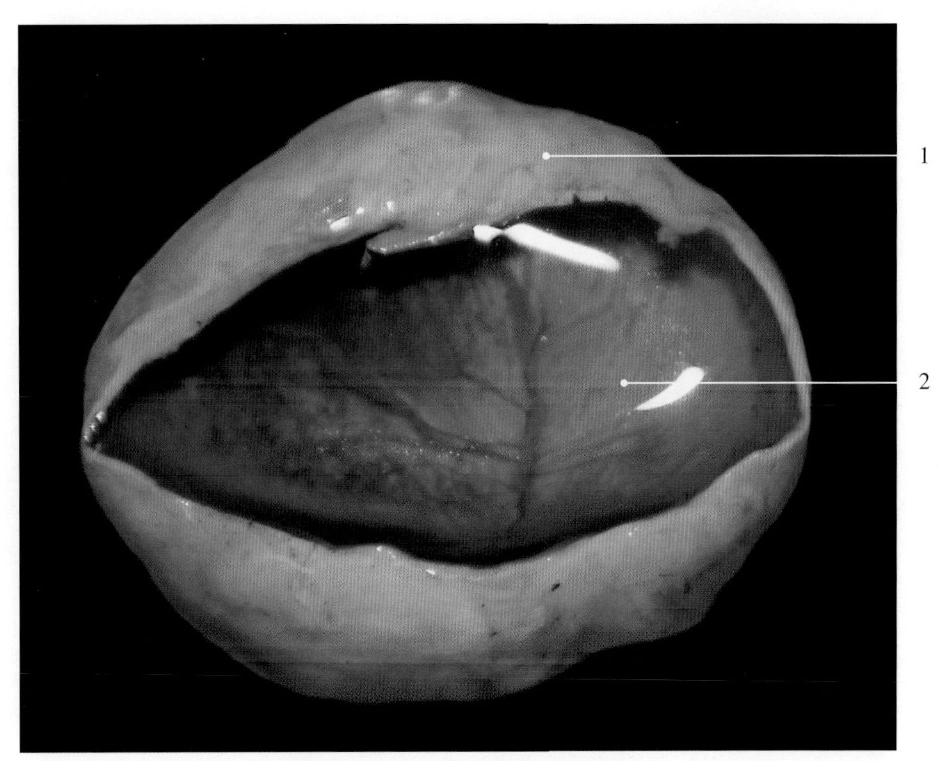

图 14-3-7　犊牛的玻璃体前面观

1. 巩膜 sclera　2. 玻璃体 vitreous body

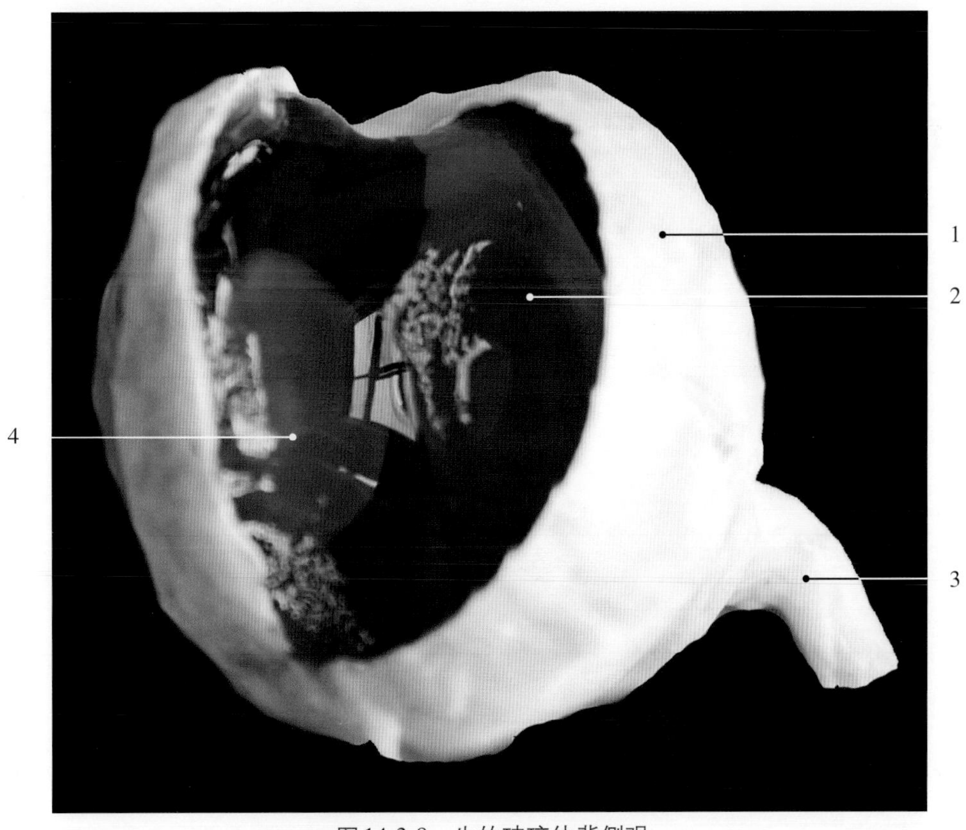

图 14-3-8　牛的玻璃体背侧观

1. 巩膜 sclera　3. 视神经 optic nerve（Ⅱ）
2. 玻璃体 vitreous body　4. 晶状体 crystalline lens

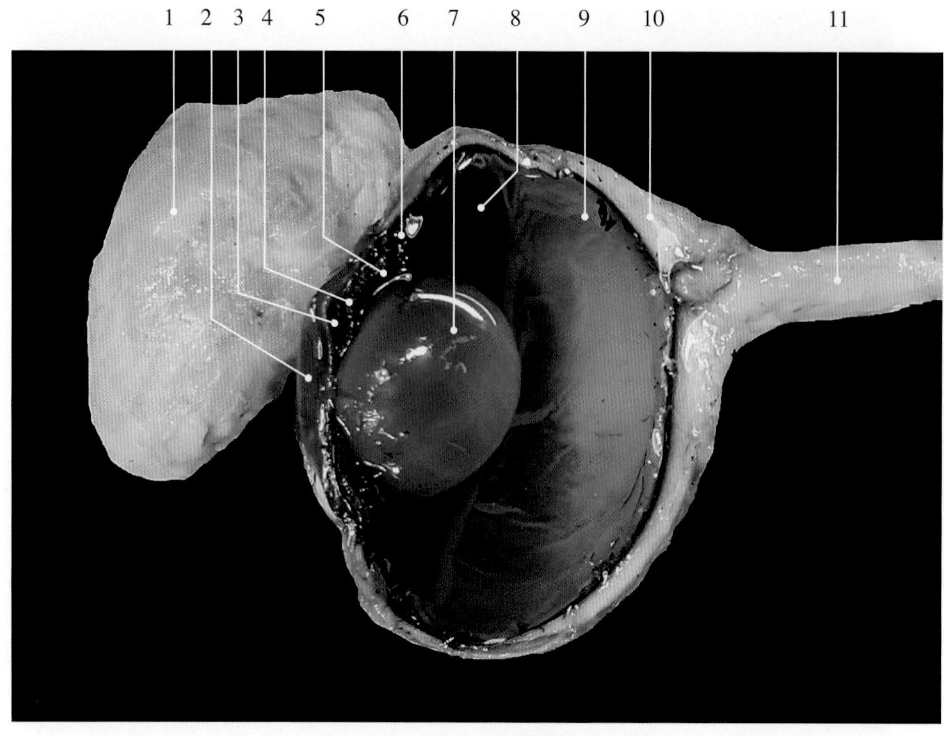

图 14-4-1　牛泪腺

1. 泪腺 lacrimal gland
2. 角膜 cornea
3. 眼前房 anterior chamber of eye
4. 虹膜 iris
5. 眼后房 posterior chamber of eye
6. 睫状体 ciliary body
7. 晶状体 crystalline lens
8. 玻璃体 vitreous body
9. 视网膜 retina
10. 巩膜 sclera
11. 视神经 optic nerve（Ⅱ）

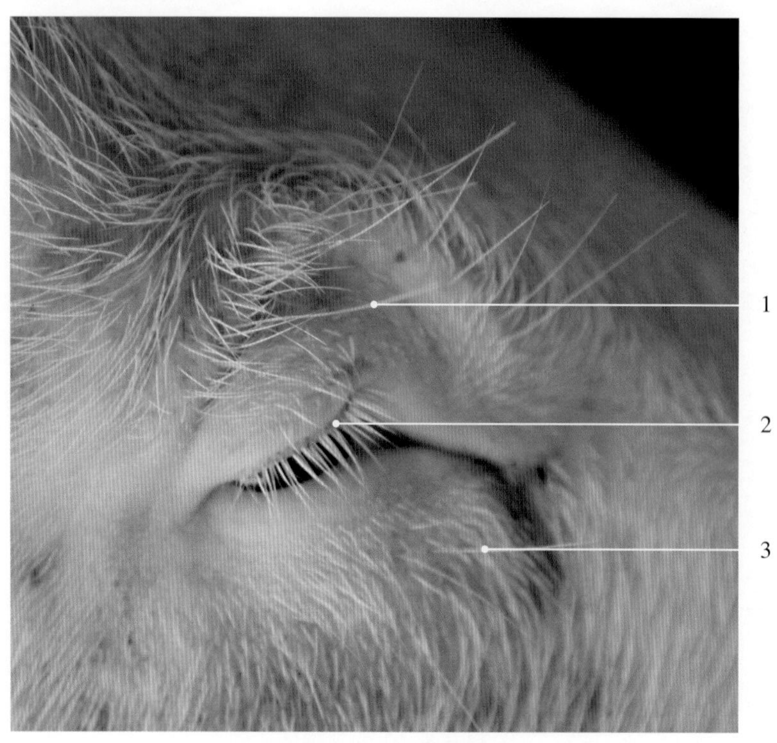

图 14-4-2　猪的眼睑

1. 眶上触毛 supraorbital tactile hair
2. 上眼睑及睫毛 superior eyelid and eyelash
3. 眶下触毛 infraorbital tactile hair

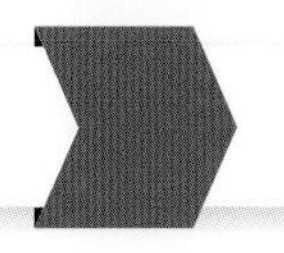

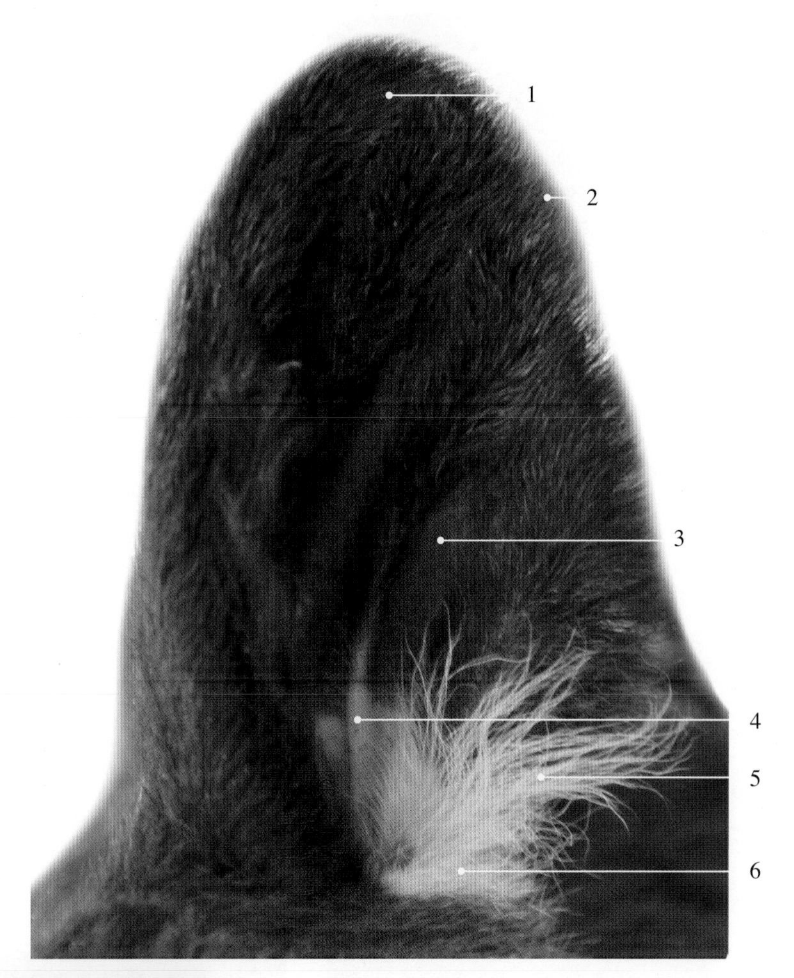

图 14-5-1　犊牛的耳郭

1. 耳尖 ear apex
2. 耳毛 tragi
3. 耳舟 scaphe
4. 对耳轮 anthelix
5. 耳屏毛 hairs of tragus around the ear
6. 耳根 sulcus auriculae posterior

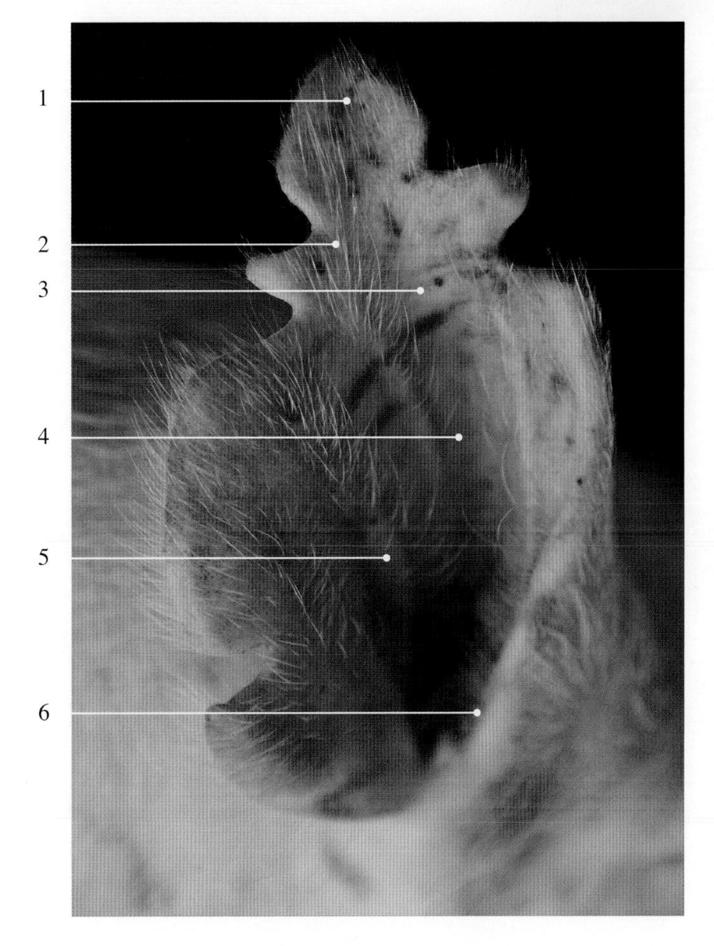

图 14-5-2　猪的耳郭

1. 耳尖 ear apex
2. 耳毛 tragi
3. 覆盖皮肤的耳郭 auricle, covered by skin
4. 耳舟 scaphe
5. 对耳轮 anthelix
6. 耳根 sulcus auriculae posterior

图14-5-3　驴的耳郭

1. 耳尖 ear apex
2. 耳毛 tragi

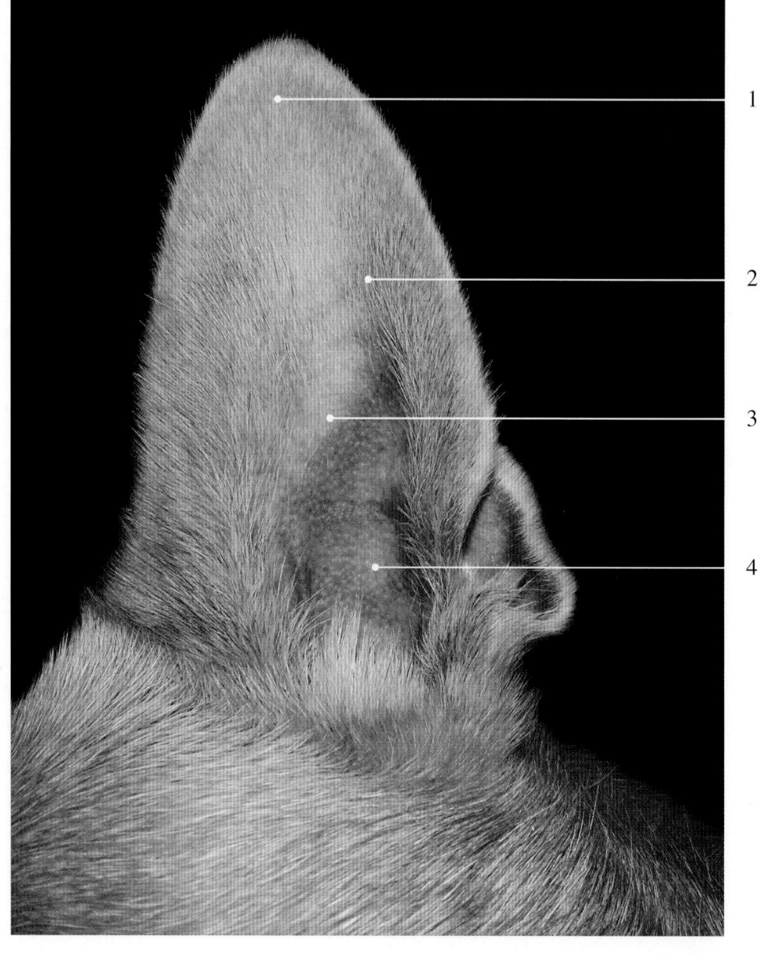

图14-5-4　犬的耳郭

1. 耳尖 ear apex
2. 耳毛 tragi
3. 覆盖皮肤的耳郭 auricle, covered by skin
4. 耳舟 scaphe

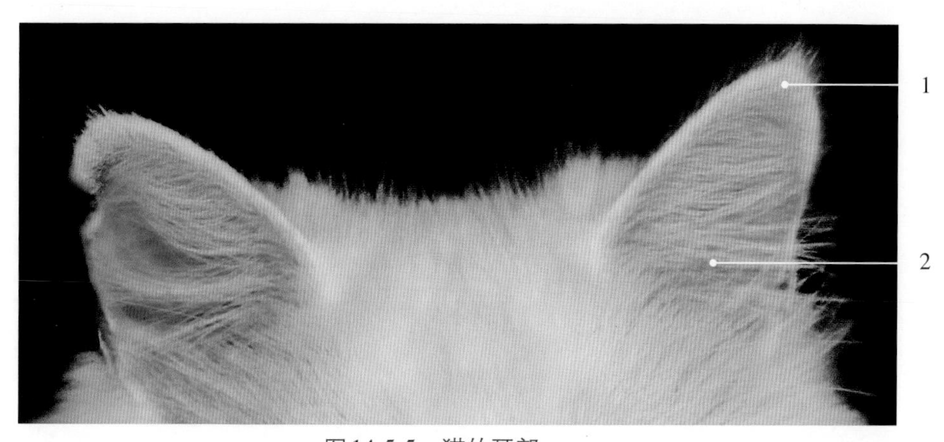

图14-5-5　猫的耳郭

1. 耳尖　ear apex　　2. 耳毛　tragi

图14-5-6　兔的耳郭

1. 耳尖　ear apex　　4. 耳舟　scaphe
2. 耳缘　margin of the ear　　5. 耳毛　tragi
3. 耳背　back of the ear

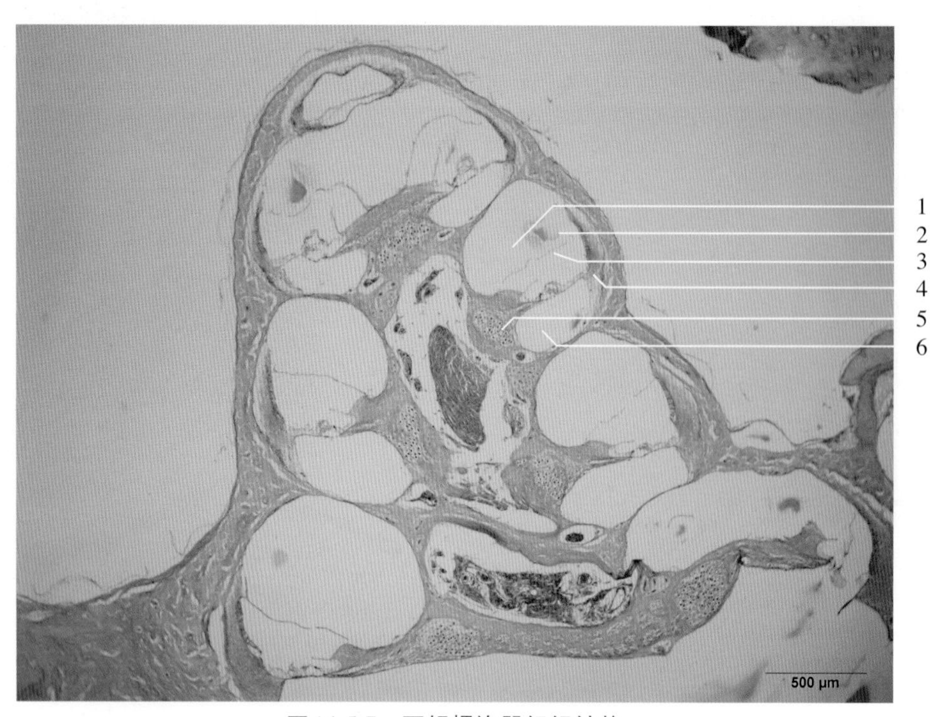

图14-5-7　耳蜗螺旋器组织结构

1. 前庭阶 *scala vestibuli*
2. 前庭膜 vestibular membrane
3. 膜蜗管 membranous cochlea
4. 螺旋韧带 spiral ligament
5. 螺旋状神经节 spiral ganglion
6. 鼓阶 *scala tympani*

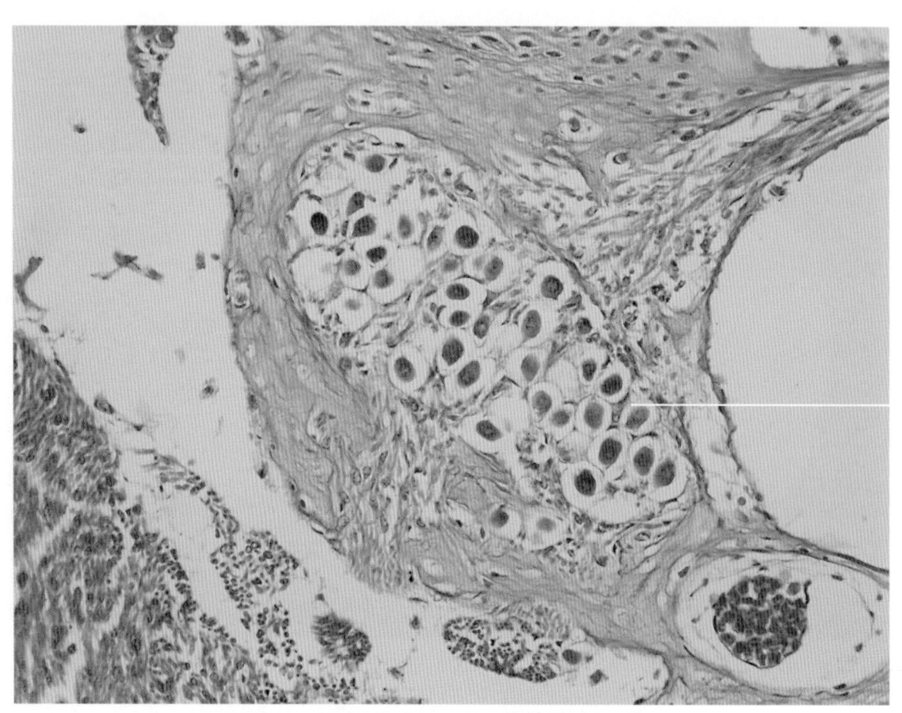

图14-5-8　耳蜗螺旋器组织结构（局部放大）

1. 螺旋状神经节 spiral ganglion

第十五章
被皮系统

被皮系统图谱

被皮系统（common integument system）包括皮肤和皮肤的衍生物。皮肤被覆于畜体表面，由复层扁平上皮和结缔组织构成，内含大量血管、淋巴管、汗腺以及丰富的感受器（如痛、温、触、压觉感受器）。因此，皮肤是畜体重要的感觉器官，并具有保护深部组织、防止体液蒸发、调节体温和排泄废物的功能。毛、汗腺、皮脂腺、乳腺、枕、蹄（爪）等，都是由皮肤衍变而成，故称为皮肤的衍生物。

一、皮肤

皮肤（skin）覆盖于动物体表，在天然孔（口裂、鼻孔、肛门和尿生殖道外口等）处与黏膜相接。皮肤一般可分为表皮、真皮和皮下组织3层。皮肤颜色因品种而异，与皮肤细胞内所含黑色素颗粒和类胡萝卜素有关。

1. **表皮（epidermis）** 为皮肤最表面的结构，由复层扁平上皮构成，由浅向深依次为角质层（horny layer）、透明层（clear layer）、颗粒层（granular layer）和生发层（malpighian layer）。生发层包括基底层和棘层。生发层与真皮相连，其细胞增殖能力很强，可不断产生新的细胞，以补充表层角化脱落的细胞；角质层由大量角化的扁平细胞堆积而成，细胞死亡后即脱落。表皮内有丰富的游离神经末梢，有接受疼痛刺激的功能，但表皮内无血管。

2. **真皮（dermis）** 位于表皮深层，是皮肤最厚也是最主要的一层，由致密结缔组织构成，坚韧且富有弹性，内有丰富的血管、淋巴管、神经和感受器。皮革就是由真皮鞣制而成的。临床上作皮内注射，就是把药物注入真皮内。

3. **皮下组织（subcutaneous tissue）** 位于真皮的深层，由疏松结缔组织构成，又称浅筋膜（superficial fascia）。皮下组织内有皮血管、皮神经和皮肌。在营养好的家畜还蓄积大量的脂肪，如猪膘。马、牛、羊颈侧部的皮下组织较发达，因此是常用的皮下注射部位。

禽皮肤较薄，常形成一些固定的皮肤褶，如翼部的翼膜，对飞翔起重要作用；水禽趾间的蹼有利于飞翔和划水。表皮薄，表层经常脱落。真皮也分浅、深两层；浅层为羽毛着生的部位，不形成乳头；深层有羽囊和羽肌，相当于家畜的毛囊和立毛肌；皮下组织疏松，许多部位含有脂肪组织，营养良好的禽（如鸭、鹅）特别发达。

二、毛

毛（hair）是一种角化的表皮结构，坚韧而有弹性，是温度的不良导体，具有保温作用。畜禽的毛具有重要的经济价值。

家畜的被毛（coat hair）遍布全身，并有粗毛与细毛之分。马、牛和猪的被毛多为短而直的粗毛，绵羊的被毛多为细毛。粗毛多分布于头部和四肢。在畜体的某些部位，还有一些特殊的长毛，如马颅顶部的鬣、颈部的鬃、尾部的尾毛和系关节后部的距毛，公山羊颏部的髯，猪颈背部猪鬃。此外，有些部位的毛在根部富有神经末梢，称触毛（tactile hair），如牛、马、羊和猫唇部的触毛。

羽毛是禽皮肤特有的衍生物，可分正羽、绒羽和纤羽三类。

毛是表皮的衍生物，由角化的上皮细胞构成。毛露于皮肤表面的部分称毛干（hair shafts），埋在皮肤内的部分称毛根（hair root），毛根末端膨大呈球状为毛球（hair bulb）。毛球细胞分裂能力强，是毛的生长点。毛球的顶端内陷呈杯状，真皮结缔组织伸入其内形成毛乳头（hair papilla），相当于真皮的乳头层，含有丰富的血管和神经，毛球可通过毛乳头获得营养物质。毛囊（hair follicle）包围于毛根周围，可分成表皮层和真皮层。表皮层由皮肤表皮向真皮内陷入，包围于毛根之外，称根鞘（root sheath）；真皮层构成结缔组织鞘，包于根鞘之外。在毛囊的一侧有一束斜行的平滑肌，称为立毛肌（arrectores pilorum），受交感神经支配，收缩时使毛竖立。

毛有一定寿命，生长到一定时期就会衰老脱落，为新毛所代替，即换毛（molting）。换毛的方式有两种，一种为持续性换毛，即换毛不受季节和时间的限制，如马的鬣毛、尾毛，猪鬃，绵羊的细毛等；另一种为季节性换毛，即每年春秋两季各进行一次换毛，如驼毛、兔毛。大部分家畜既有持续性换毛，又有季节性换毛，因而是一种混合性的换毛。

三、皮肤腺

家畜皮肤腺由表皮陷入真皮内形成，包括乳腺、汗腺和皮脂腺。禽皮肤没有乳腺、汗腺和皮脂腺，只有在尾综骨背侧有尾脂腺（除极少数陆禽外）。尾脂腺由两叶构成，鸡呈圆形，水禽为卵圆形，分泌物含有脂质，排入腺腔，经1 ~ 2支导管开口于总的尾脂腺乳头上。尾脂腺的分泌物可使羽毛润滑，起到防水浸湿的作用，因此水禽的尾脂腺较发达。

1.乳腺（mammary gland） 属复管泡状腺，为哺乳动物所特有。雌性动物和雄性动物虽都有乳腺，但只有雌性的能充分发育并具有泌乳能力。雌性动物的乳腺均形成较发达的乳房。乳房（mamma / udder）的最外面是薄而柔软的皮肤，其深面为一浅筋膜和一深筋膜。深筋膜的结缔组织伸入乳腺实质内，构成乳腺的间质，将腺实质分隔成许多腺叶和腺小叶。

（1）牛乳房 呈倒置圆锥状，悬吊于耻骨部腹下壁，可分紧贴腹壁的基部、中间的体部和游离的乳头部。乳房腹侧面中央有一前后纵行的乳房间沟，将乳房分成左、右两半，每半又由一不明显的横沟分为前、后两部，共形成4个乳丘，每部有一乳头，每个乳头有一个乳头管。左、右两侧乳腺的深筋膜在中线合并成乳房间隔（悬韧带），向上与腹黄膜相连。牛乳房与阴门裂之间呈线状毛流的皮肤纵褶称为乳镜（milk mirror），对鉴定产乳能力有重要意义。

（2）羊乳房 位置和结构与牛的相似，有1对圆锥形的乳头。

（3）猪乳房 成对排列于腹白线两侧，常有5 ~ 8对，每个乳房有1个乳头，每个乳头有2 ~ 3个乳头管。

（4）马乳房 有1对圆锥形的乳头，每个乳头有2 ~ 3个乳头管。

（5）犬、猫乳房 一般形成4或5对乳丘，对称排列于胸腹正中线两侧。

（6）兔乳房 位于胸腹正中线两侧，一般3 ~ 6对，每个乳头约有5条乳腺管开口。

（7）鼠乳房 位于胸腹正中线两侧，一般6对，包括胸部3对、腹部1对和腹股沟部2对。

2.汗腺（sweat gland） 为单管状腺，分泌部位于真皮，导管长而扭曲，多开口于毛囊，少数直接开口于皮肤表面。汗腺分泌汗液，起排泄废物和调节体温的作用。马的汗腺分布于全身皮肤。牛、绵羊和猪的面部与颈部汗腺发达，山羊汗腺不发达。犬和猫仅跖上蹼部发达。兔汗腺仅在唇上。鼠汗腺不发达。

3. 皮脂腺（sebaceous gland） 为分支泡状腺，位于真皮内，毛囊和立毛肌之间。在有毛的部位，其导管开口于毛囊；在无毛部位，则直接开口于皮肤表面。皮脂腺分泌脂质，有润滑皮肤和被毛的作用。

4. 其他特化的皮肤腺 在一些家畜，有的皮肤腺的分泌物是作为一种性气味和领地识别的标记。如：肛旁窦腺（perianal gland）为犬和猫肛窦壁上的皮脂腺和浆液腺；肛周腺（circumanal gland）为犬肛门附近的皮脂腺；尾腺（tail gland）为猫尾部背侧的皮脂腺和浆液腺，犬已退化；口周腺（circumoral gland）为猫唇的皮脂腺；枕腺（toric gland）为肉食动物足垫和马蹄叉的皮肤腺；腕腺（carpal gland）为猪前肢掌骨内侧表皮内陷，顶浆分泌，公、母猪均有，当公、母猪交配时，公猪利用此结构给母猪作上"标记"；耵聍腺（ceruminous gland）为耳道的腺体，顶浆分泌腺和皮脂腺生成耵聍，存在于所有家畜。

四、蹄

蹄（hoof）是家畜四肢的着地器官，位于指（趾）端。由皮肤演变而成，其结构似皮肤，也具有表皮、真皮和少量皮下组织。表皮因角质化而称角质层，构成蹄匣（hoof capsule，*capsula ungulae*），无血管和神经；真皮部含有丰富的血管和神经，呈鲜红色，感觉灵敏，通常称肉蹄（dermis of the hoof）。

牛、羊为偶蹄动物，每指（趾）端有4个蹄，直接与地面接触的两个称为主蹄（principal hoof），不与地面接触的两个称为悬蹄（dewclaw）。马为奇蹄兽，单蹄发达。猪蹄为偶蹄，有两个主蹄和两个悬蹄。犬的前肢有5个爪，后肢有4个爪；前肢的第1指已经退化，不接触地面。

五、角

反刍动物的额骨上常有一对骨质角突，其表面盖有皮肤衍生物，成为角（horn）。角分为角根（horn base）、角体（horn body）和角尖（horn apex）3部分。

六、家禽的冠、肉垂（肉髯）和耳叶

冠（comb）的表皮很薄，真皮厚，浅层含有丰富的窦状毛细血管，使冠呈红色；中间层为厚的纤维黏液组织，有维持冠直立作用，去势公鸡和停产母鸡黏液物质消失，冠也倾倒；冠中央由致密结缔组织构成，内含较大的血管。肉垂（肉髯，wattle）的构造与冠相似，但中央层为疏松结缔组织；耳叶（或耳垂，ear lobe）构造的特点是真皮不形成纤维黏液层，浅层无窦状毛细血管，但呈红色者例外。

家禽的鳞片、角质喙、爪和距都是由表皮角质层加厚形成。喙、爪和距的角质由于角蛋白高度钙化，因此更为坚硬。

七、被皮系统图谱

1. **皮肤**　图15-1-1至图15-1-10。
2. **毛**　图15-2-1至图15-2-13。
3. **乳腺**　图15-3-1至图15-3-21。
4. **蹄**　图15-4-1至图15-4-18。
5. **角**　图15-5-1至图15-5-10。
6. **腕腺和附蝉**　图15-6-1至图15-6-4。
7. **家禽皮肤衍生物**　图15-7-1至图15-7-14。

图15-1-1　牛的皮肤

图15-1-2　马的皮肤

图15-1-3　猪的皮肤

图15-1-4　犬的皮肤

图15-1-5　鸡的皮肤

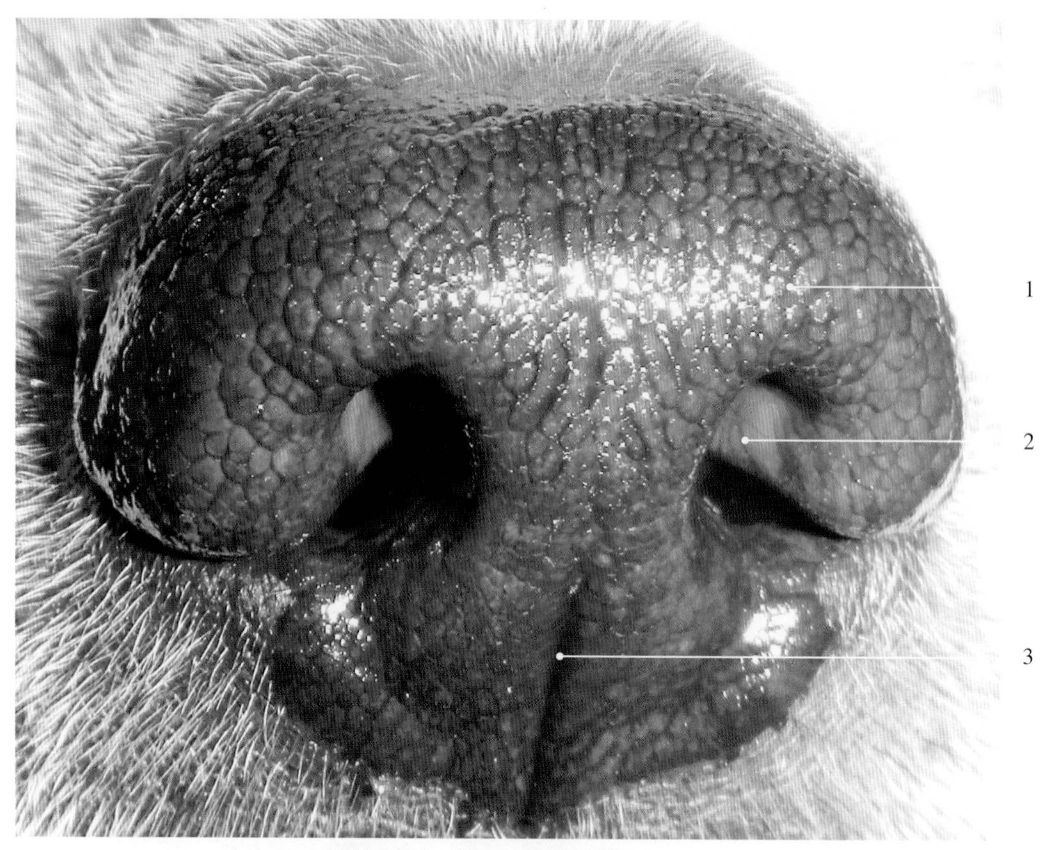

图15-1-6　犬的皮肤沟和嵴

1. 鼻唇镜 nasolabial planum　　3. 人中 philtrum
2. 鼻孔 nostril，nasal opening

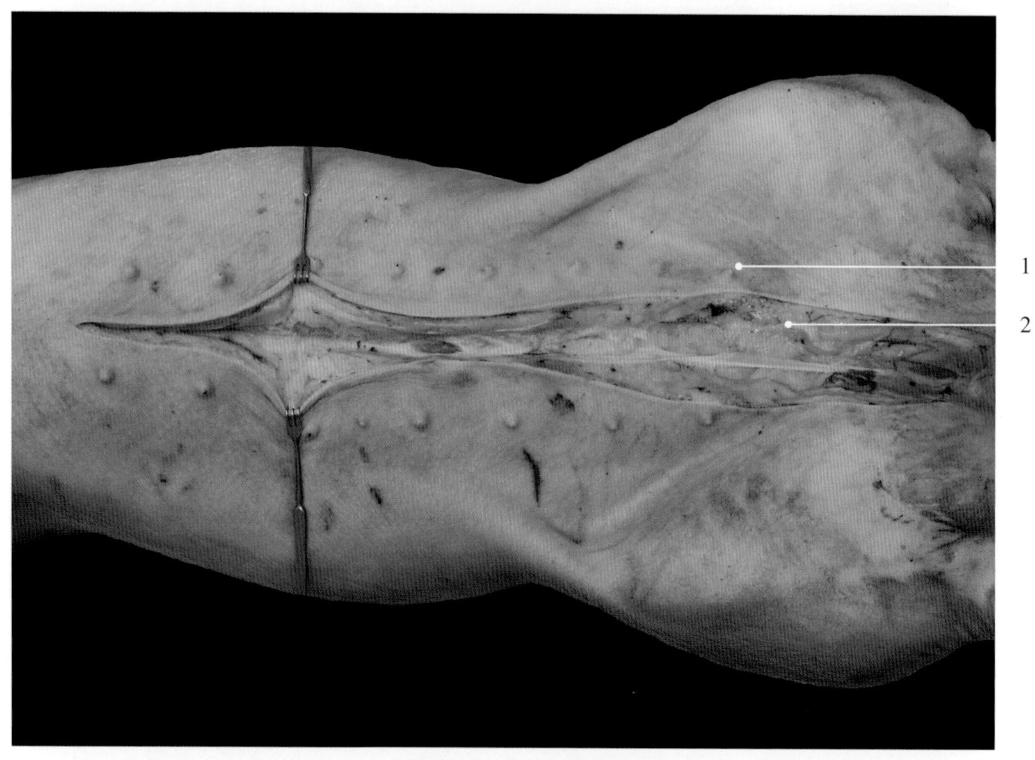

图15-1-7　猪皮下组织

1. 表皮 epidermis　　2. 皮下组织 subcutaneous tissue

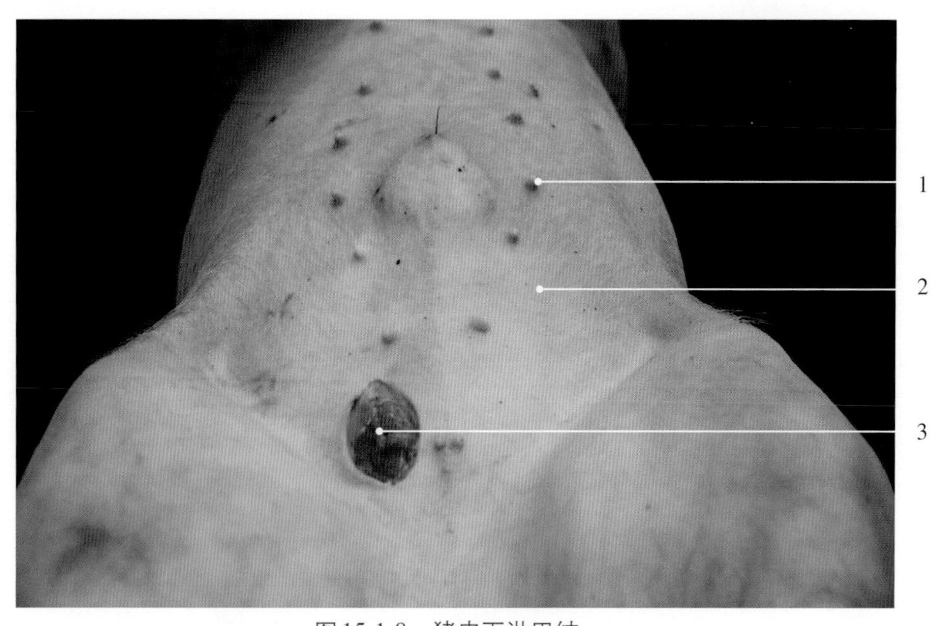

图15-1-8　猪皮下淋巴结

1. 乳头 teat　　3. 腹股沟浅淋巴结 superficial inguinal lymph node
2. 皮肤 skin

图15-1-9　无毛皮肤

1. 表皮 epidermis
2. 真皮 dermis
3. 皮下组织 subcutaneous tissue
4. 皮下脂肪 subcutaneous fat
5. 汗腺 sweat gland
6. 真皮乳头 dermal papilla
7. 角质层 horny layer

图15-1-10　有毛皮肤

1. 毛 hair
2. 表皮 epidermis
3. 真皮 dermis
4. 皮脂腺排泄管 excretory duct of sebaceous gland
5. 皮脂腺 sebaceous gland
6. 汗腺 sweat gland
7. 毛球 hair bulb

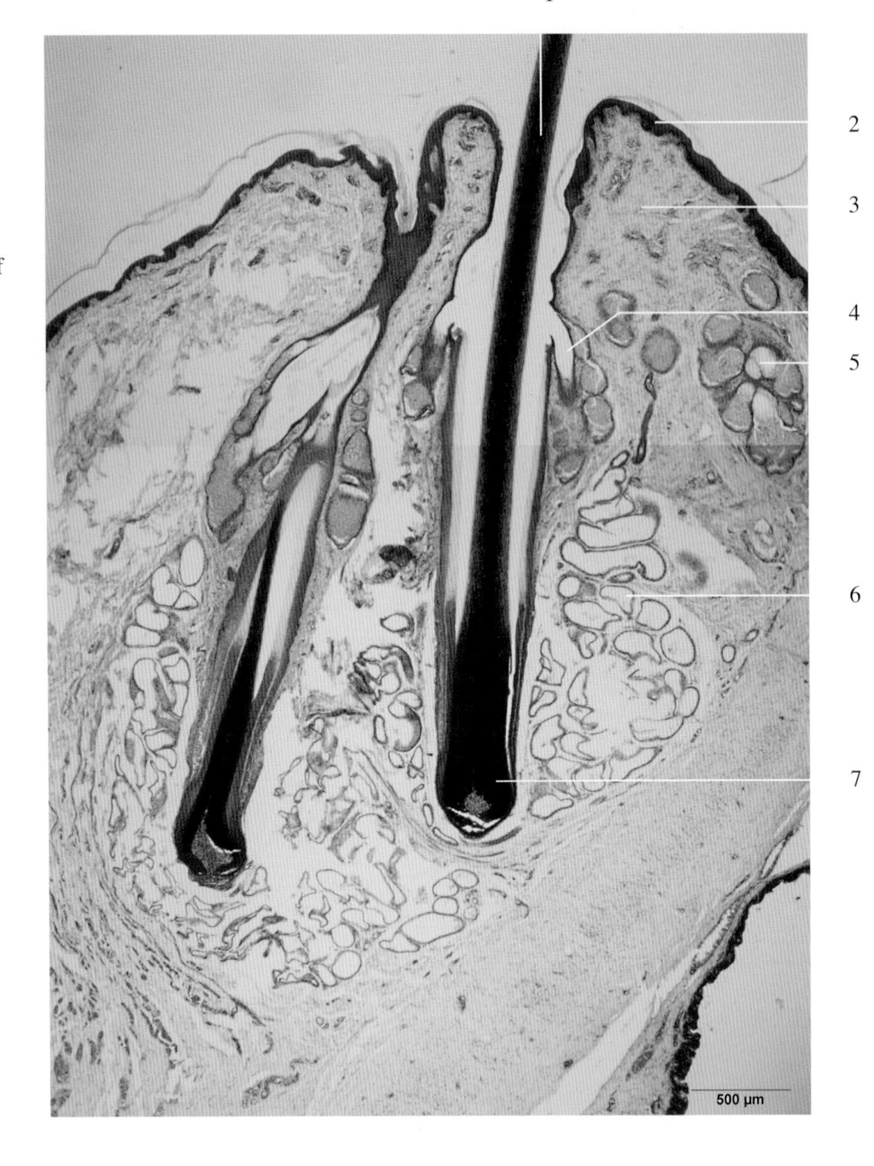

图15-2-1　猪腹壁毛流

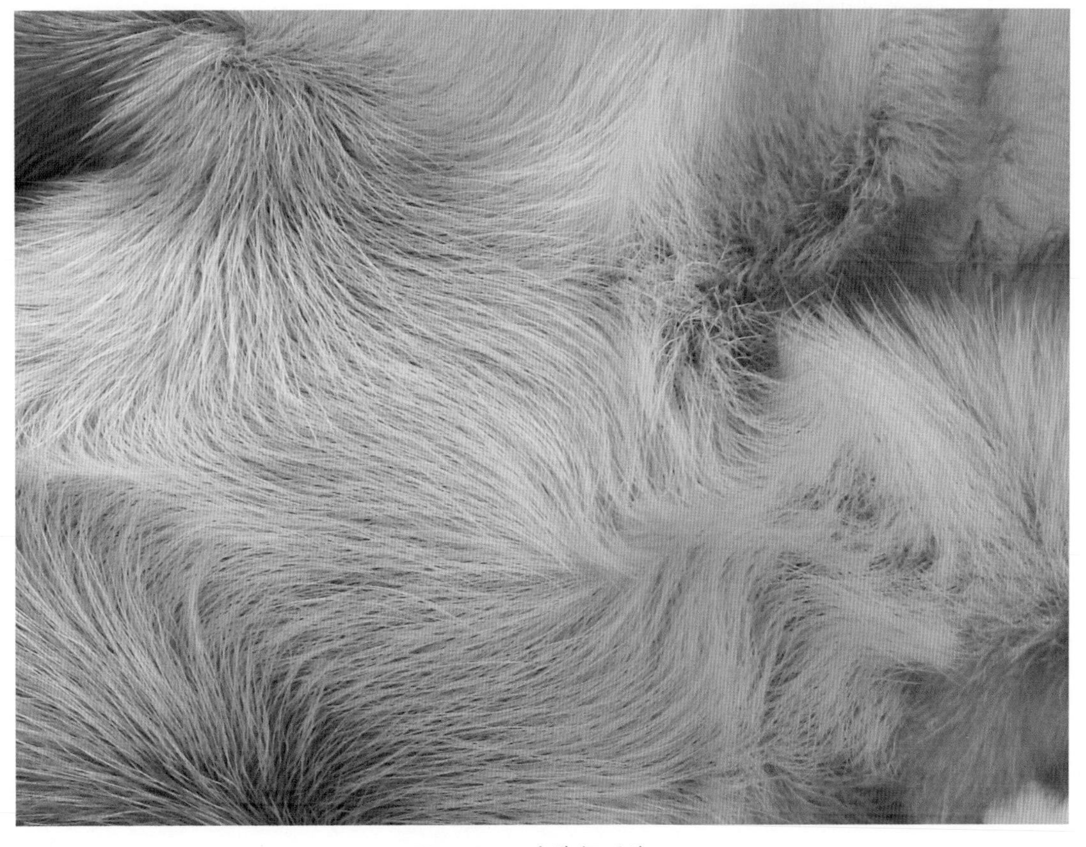

图15-2-2　犬胸部毛流

图15-2-3　犬腹部和骨盆部毛流

图15-2-4　牛头部旋涡毛流

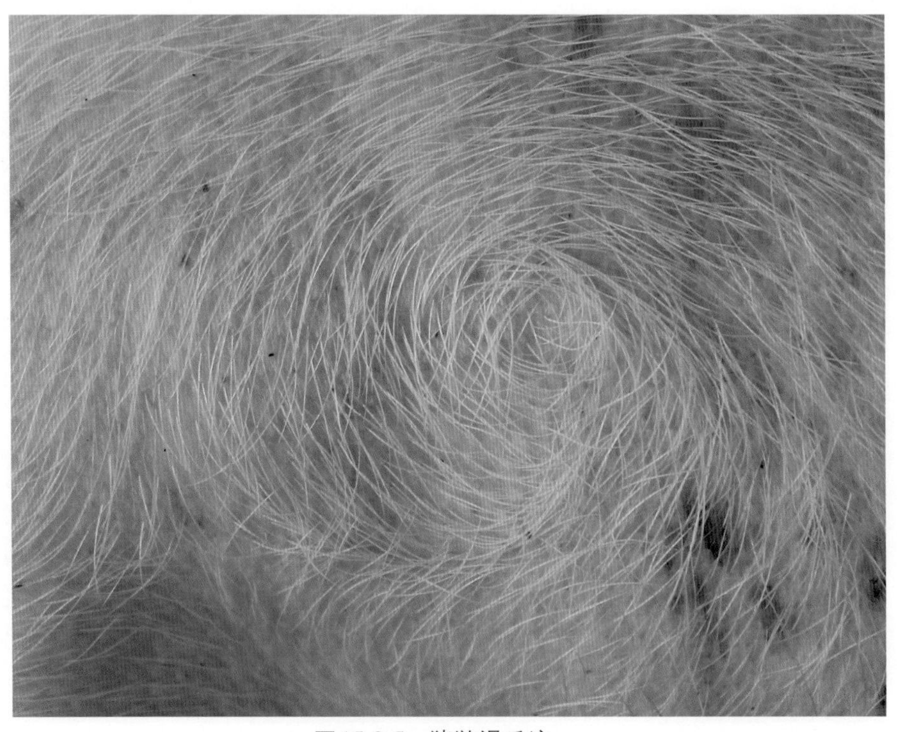

图15-2-5　猪旋涡毛流

图15-2-6　马　鬃

1. 马鬃 mane, horsehair

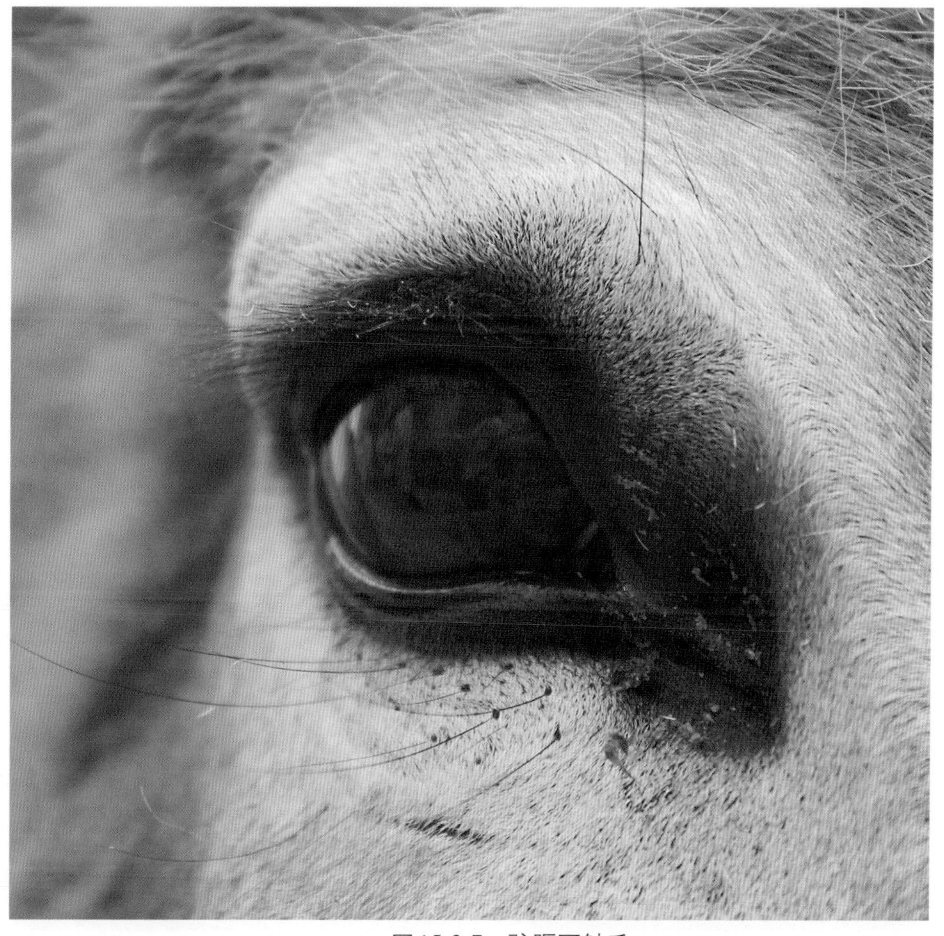

图15-2-7　驴眶下触毛

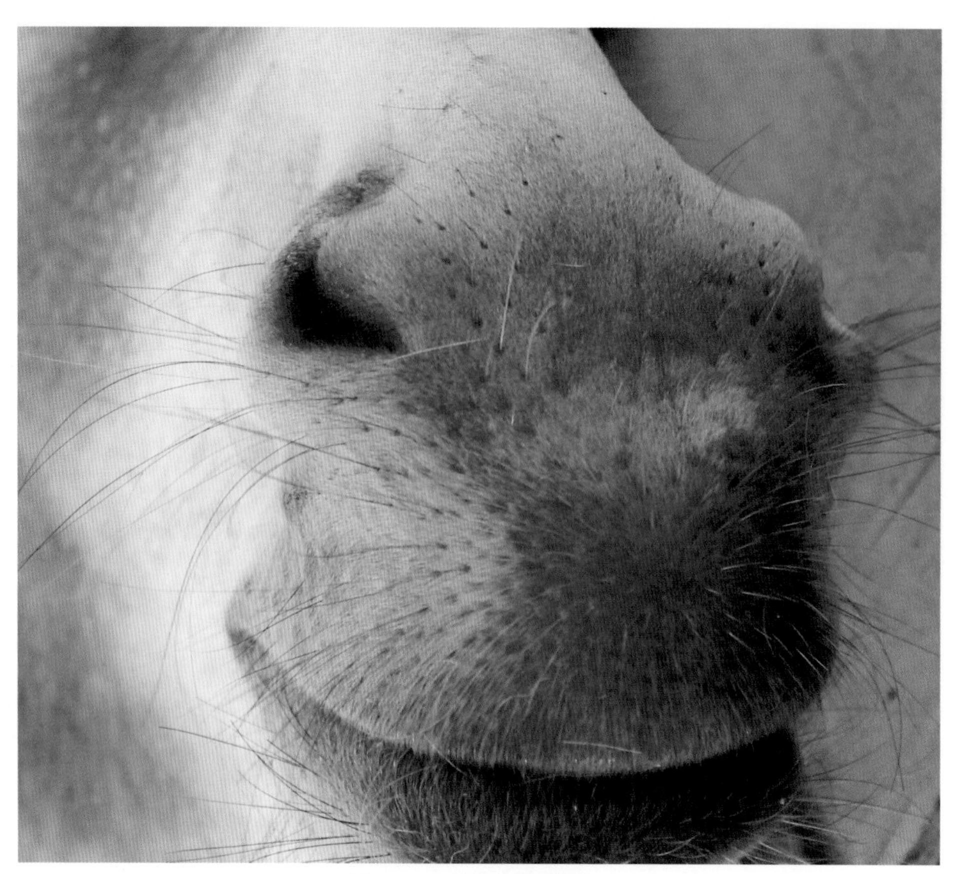

图15-2-8　驴上唇触毛

图15-2-9　犬唇触毛

图 15-2-10　猫触毛

图 15-2-11　母犬耳屏毛

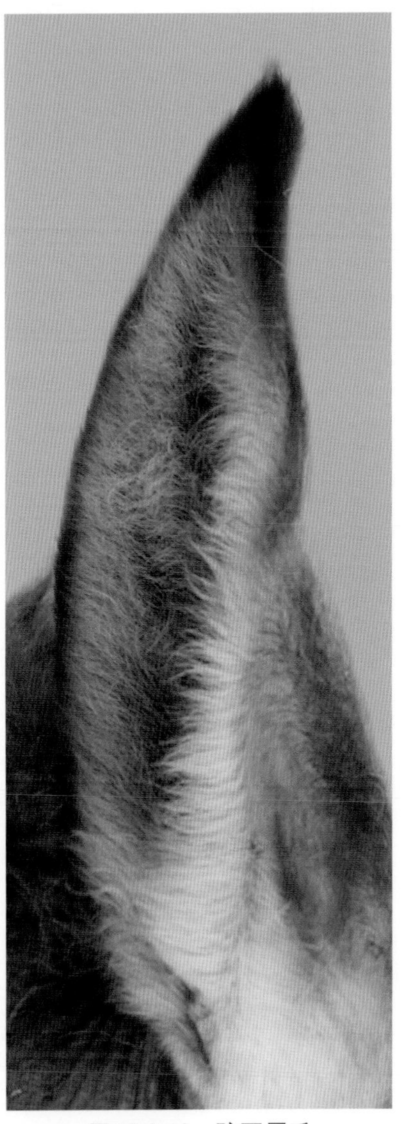

图 15-2-12　驴耳屏毛

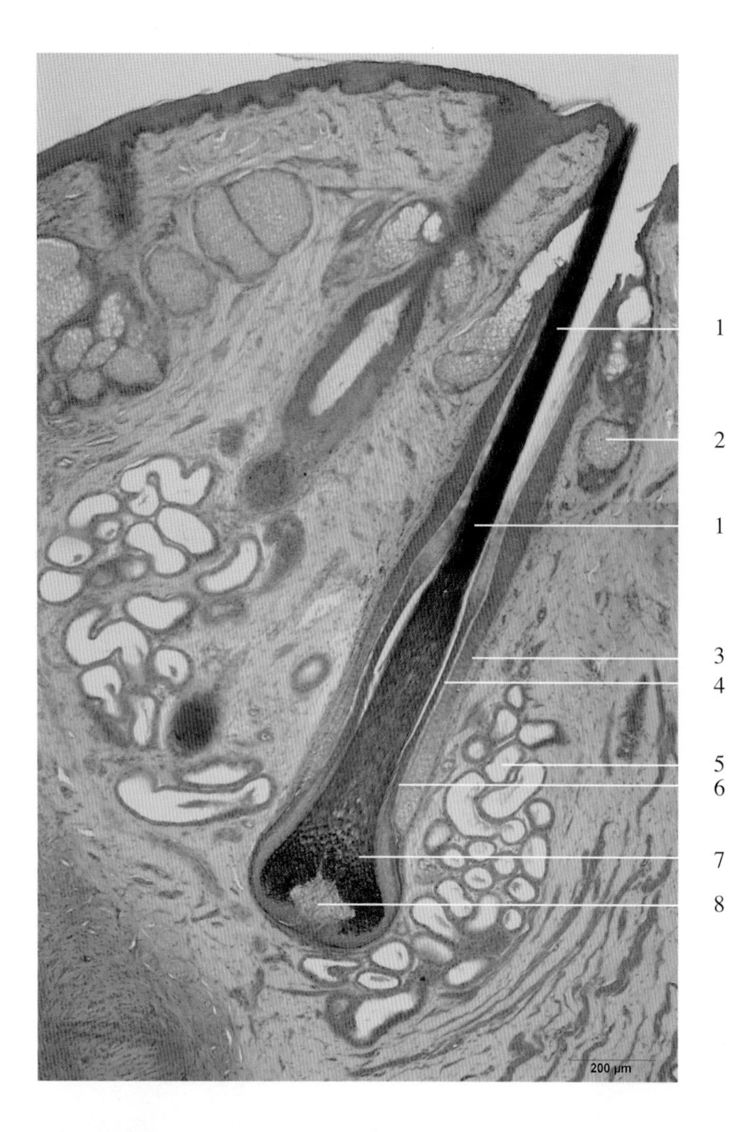

图 15-2-13　毛囊与毛根

1. 毛根 hair root
2. 皮脂腺 sebaceous gland
3. 外根鞘 external root sheath
4. 内根鞘 inner root sheath
5. 汗腺 sweat gland
6. 毛囊 hair follicle
7. 毛球 hair bulb
8. 毛乳头 hair papilla

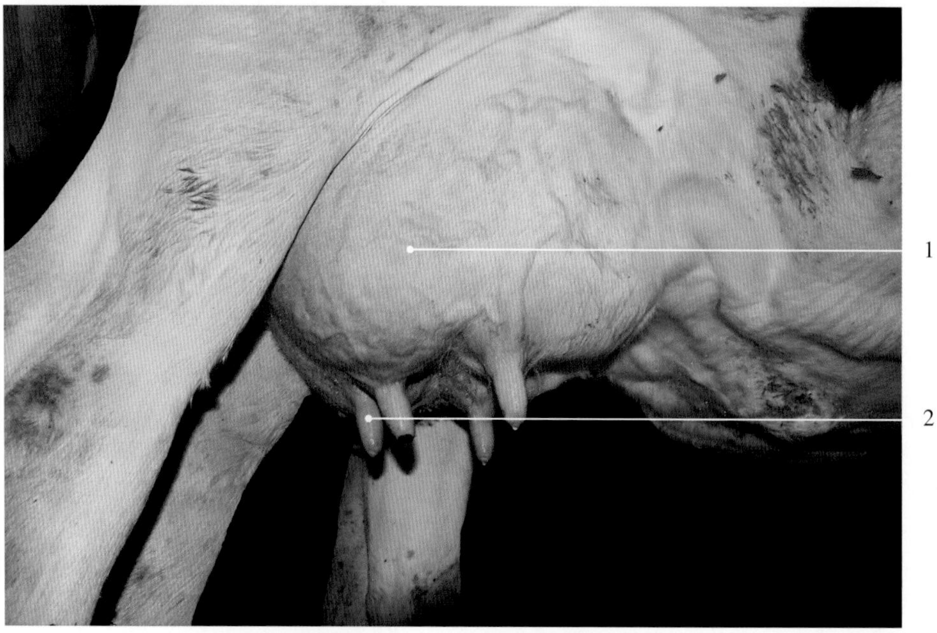

图 15-3-1　奶牛泌乳期乳房

1. 乳房体部 body of mamma
2. 乳头部 mammary papilla

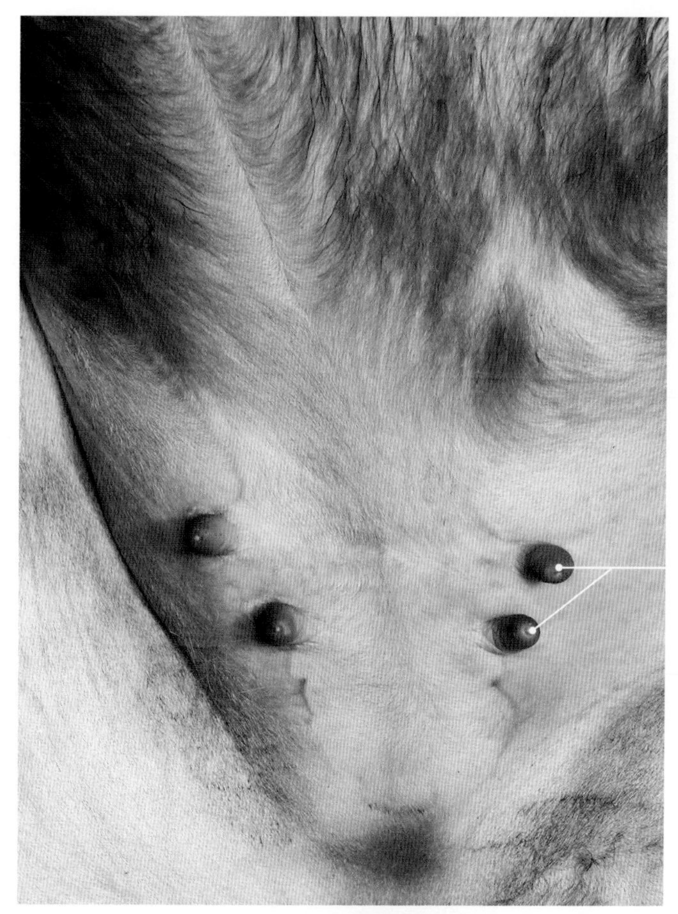

图15-3-2　黄牛静止期乳房

1. 乳头 teat

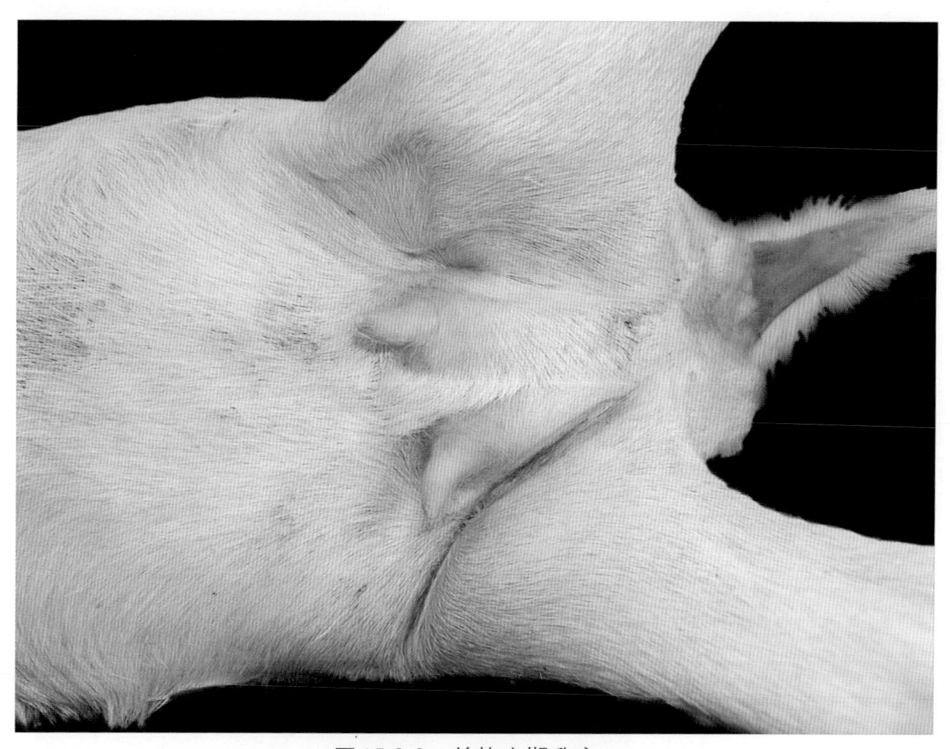

图15-3-3　羊静止期乳房

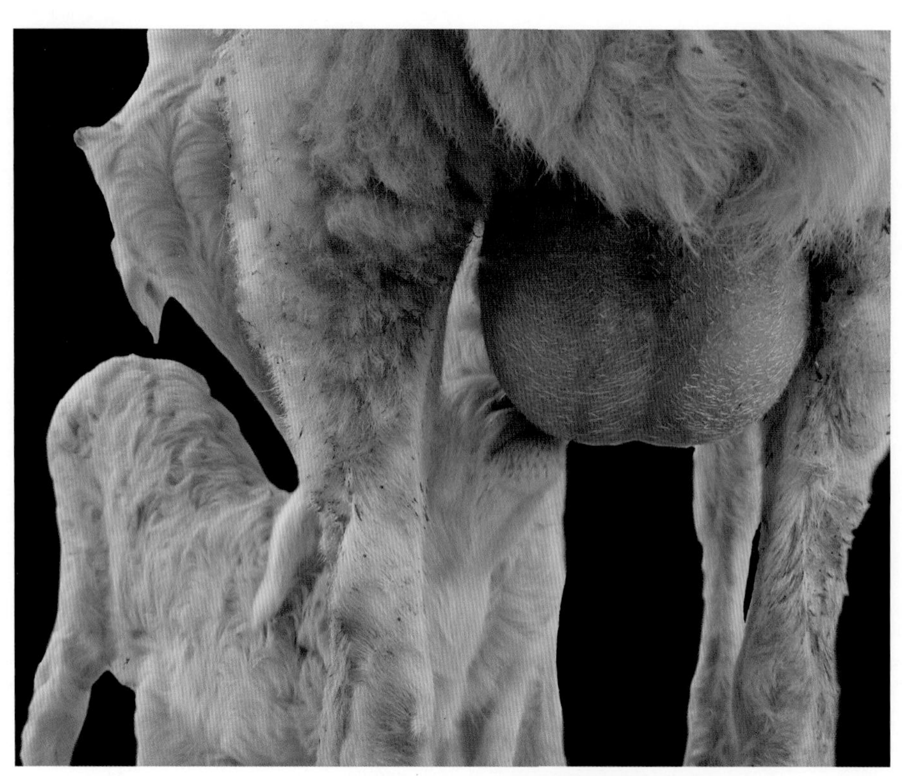

图15-3-4　羊泌乳期乳房

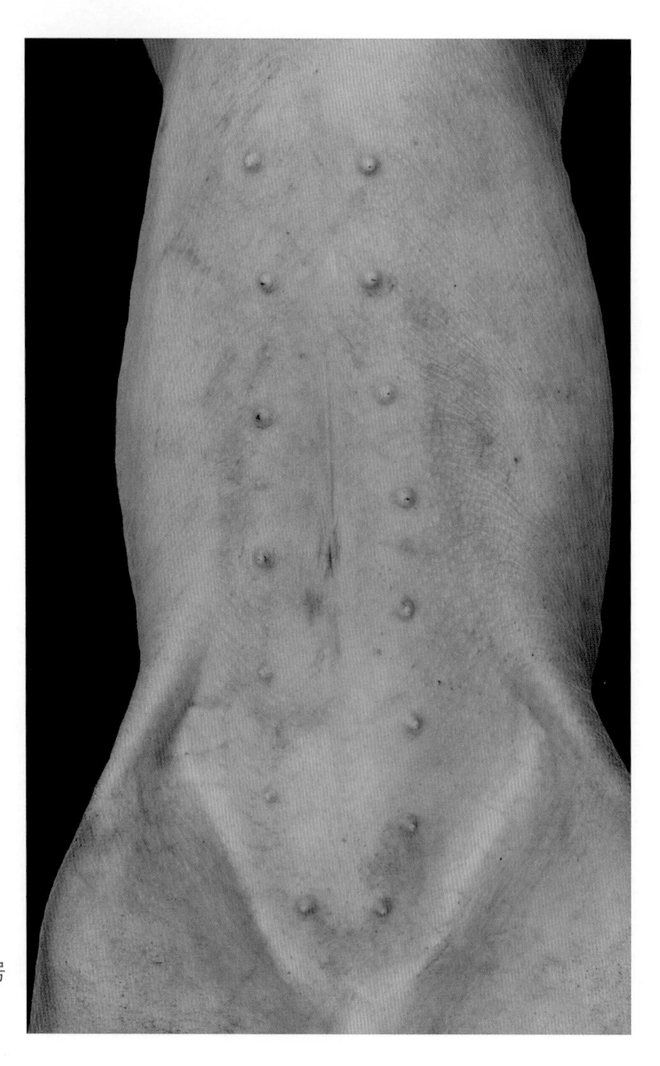

图15-3-5　猪静止期乳房

图15-3-6　猪泌乳期乳房

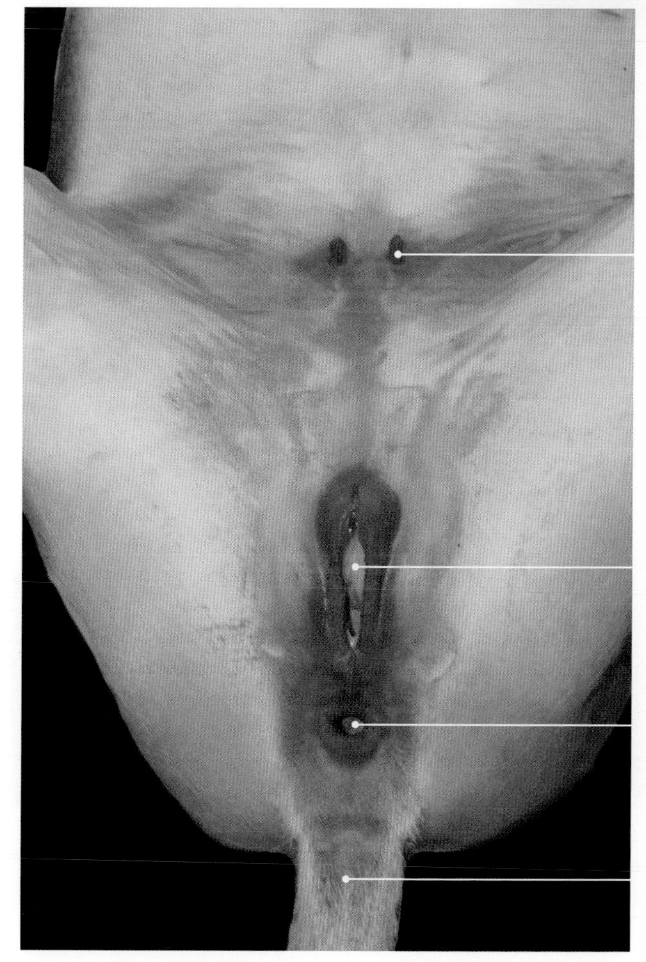

图15-3-7　母驴静止期乳房

1. 乳头 teat
2. 阴门 vulva
3. 肛门 anus
4. 尾根 root of tail

图15-3-8　犬静止期乳房

1. 乳头　teat

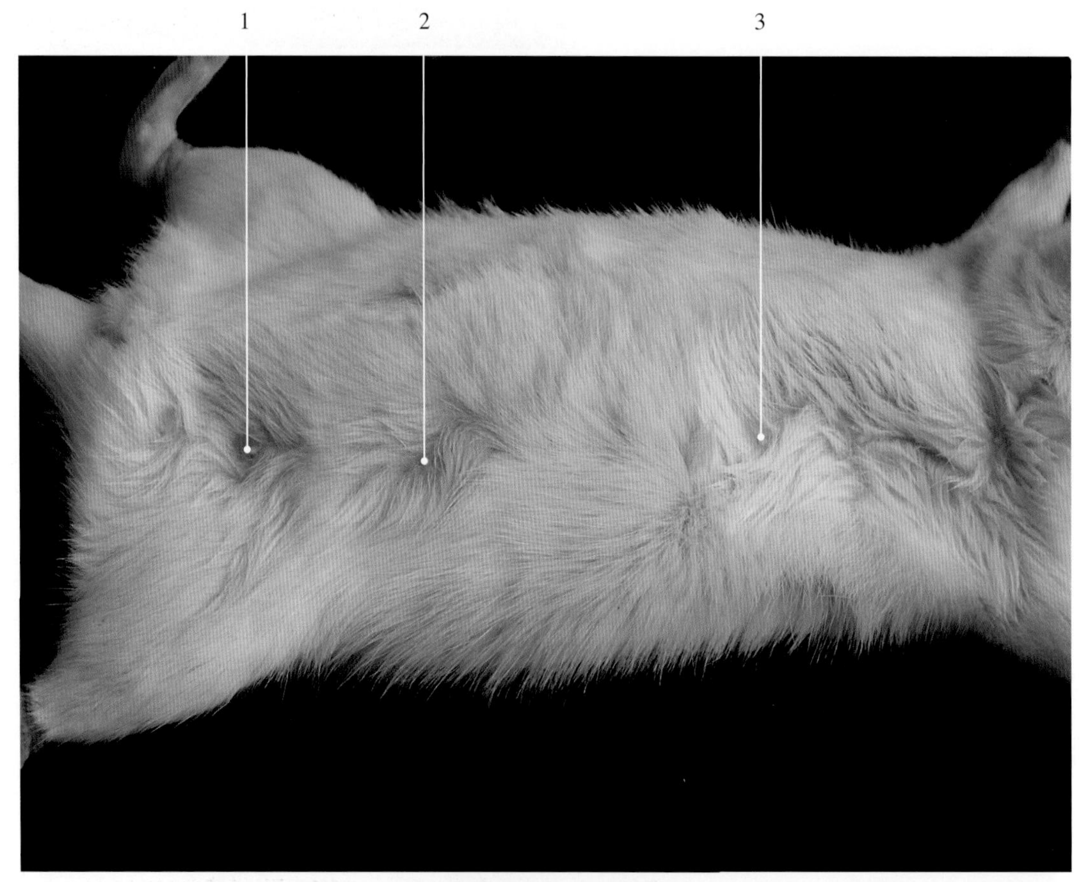

图15-3-9　大鼠静止期乳房

1. 腹股沟部乳房　inguinal part of mamma
2. 腹部乳房　abdominal part of mamma
3. 胸部乳房　thoracic part of udder

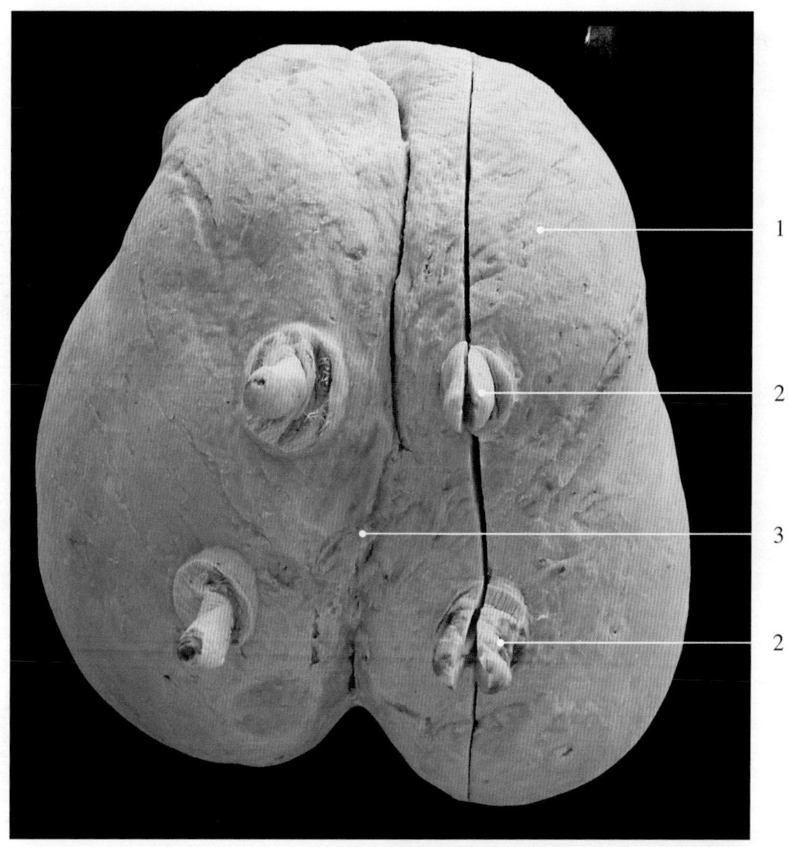

图 15-3-10　牛乳房整体腹侧观（塑化标本）

1. 乳房体部 body of mamma
2. 乳头部 mammary papilla
3. 乳房间沟 intermammary groove

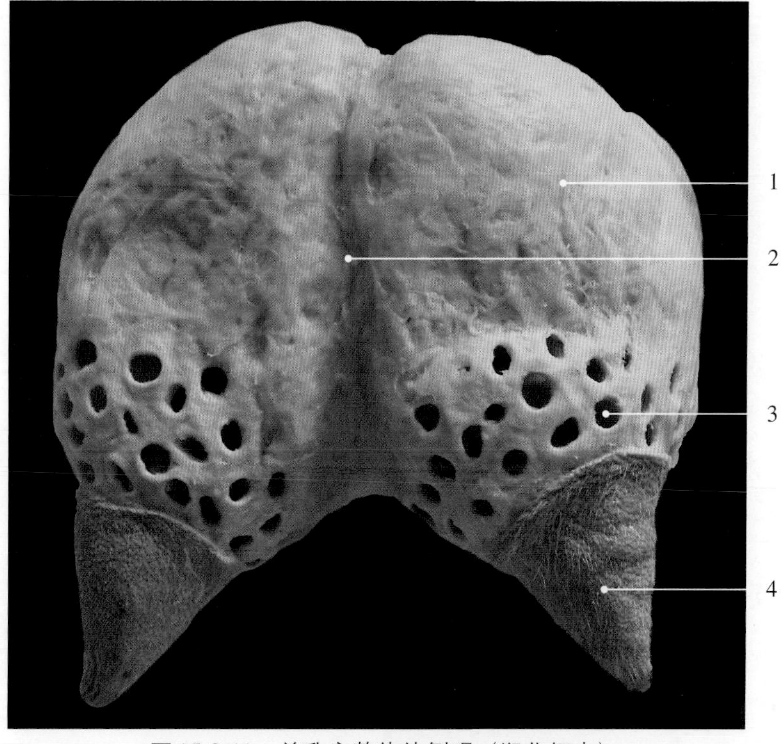

图 15-3-11　羊乳房整体外侧观（塑化标本）

1. 乳房体部 body of mamma
2. 乳房间沟 intermammary groove
3. 乳池 lactiferous sinus
4. 乳头部 mammary papilla

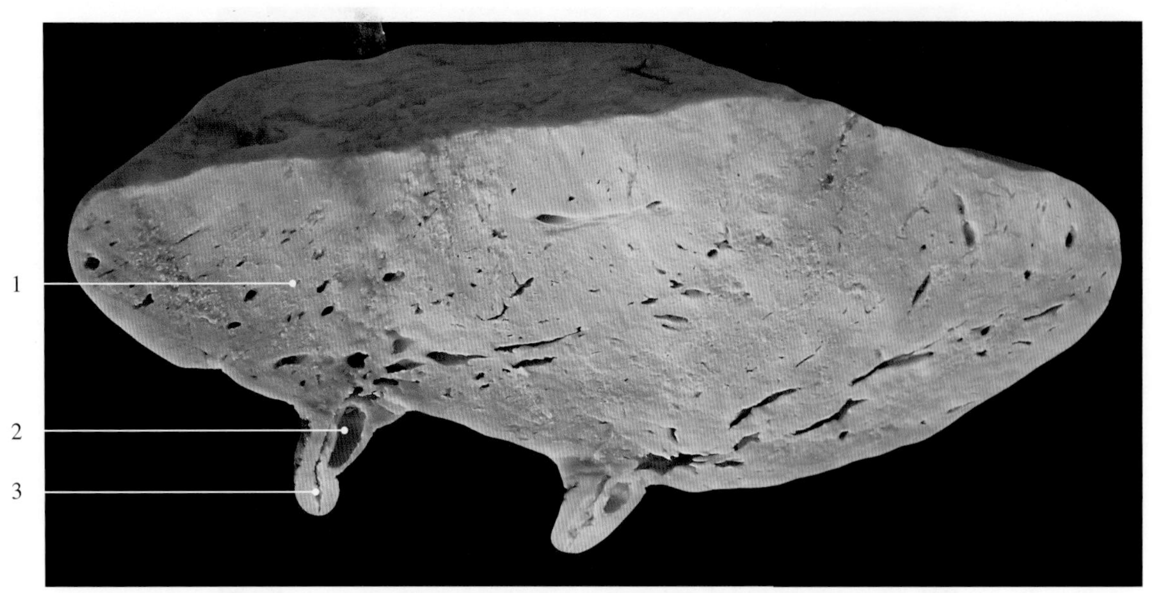

图15-3-12　牛乳房横切面（塑化标本）

1. 乳房实质 parenchyma of mamma
2. 乳池 lactiferous sinus
3. 乳头管 papillary duct

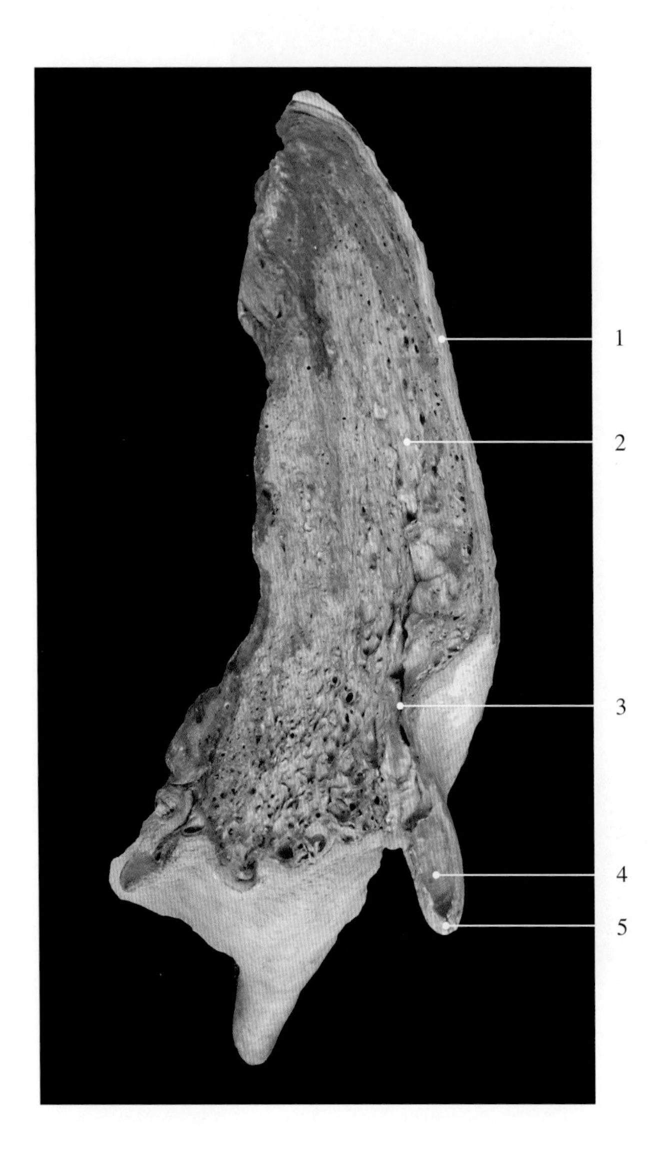

图15-3-13 牛乳房纵切面（干制标本）

1. 皮肤 skin
2. 腺小叶 glandular lobule
3. 腺乳池 gland sinus
4. 乳头乳池 teat sinus
5. 乳头管 papillary duct

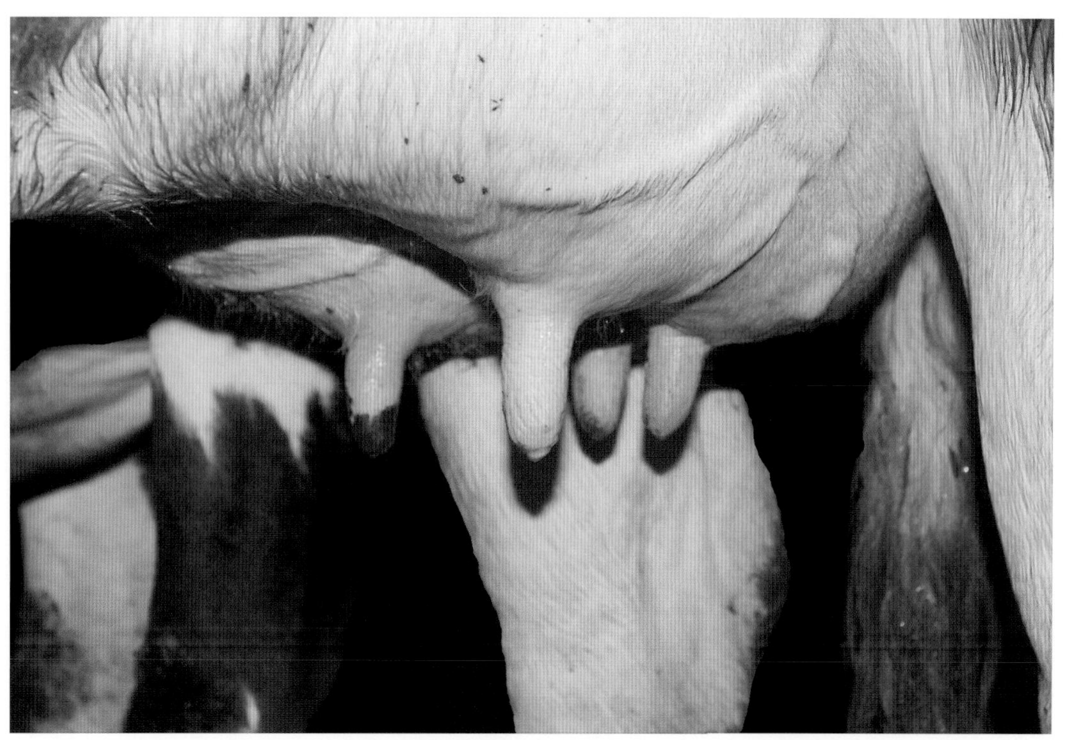

图15-3-14　牛乳头

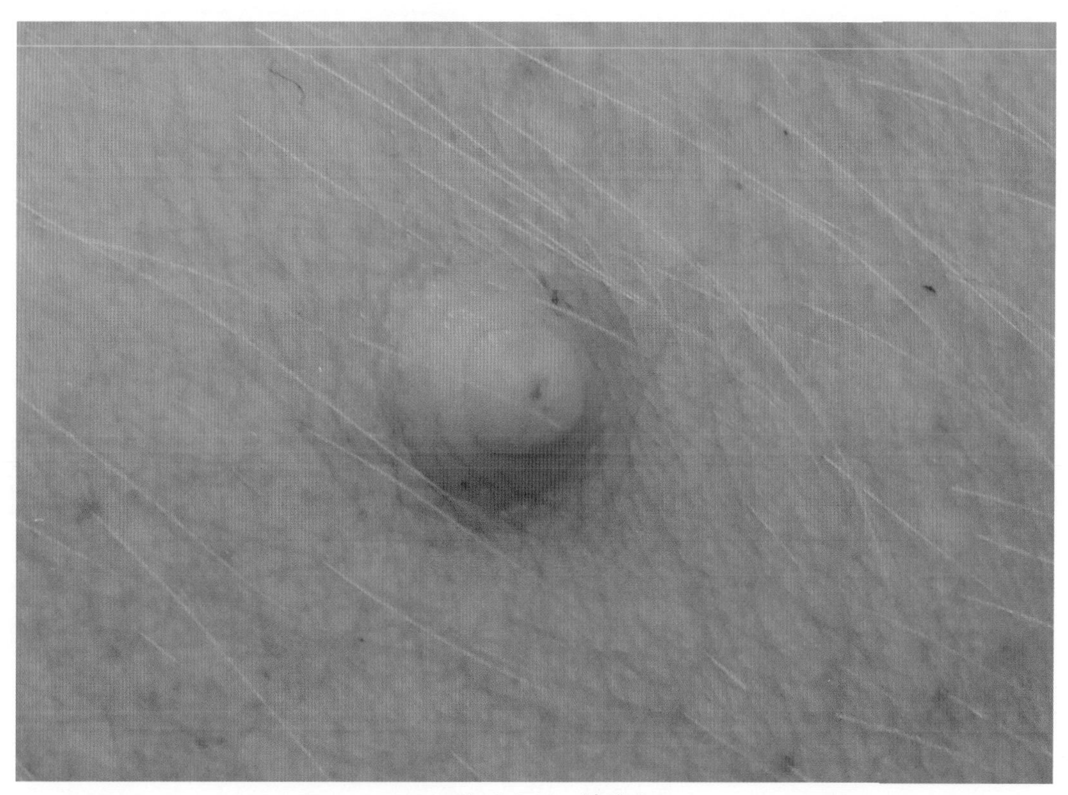

图15-3-15　猪乳头

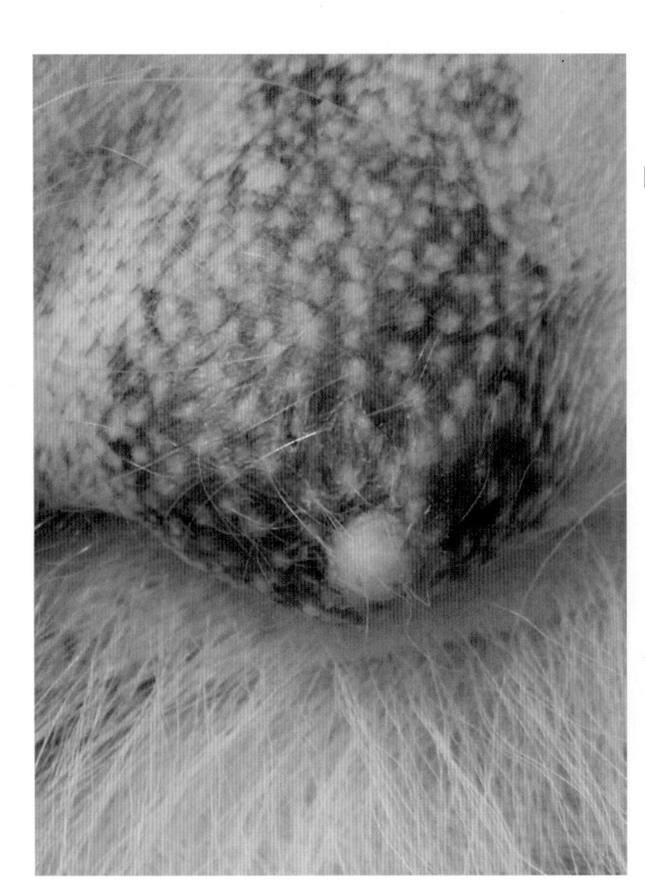

图15-3-16　犬乳头

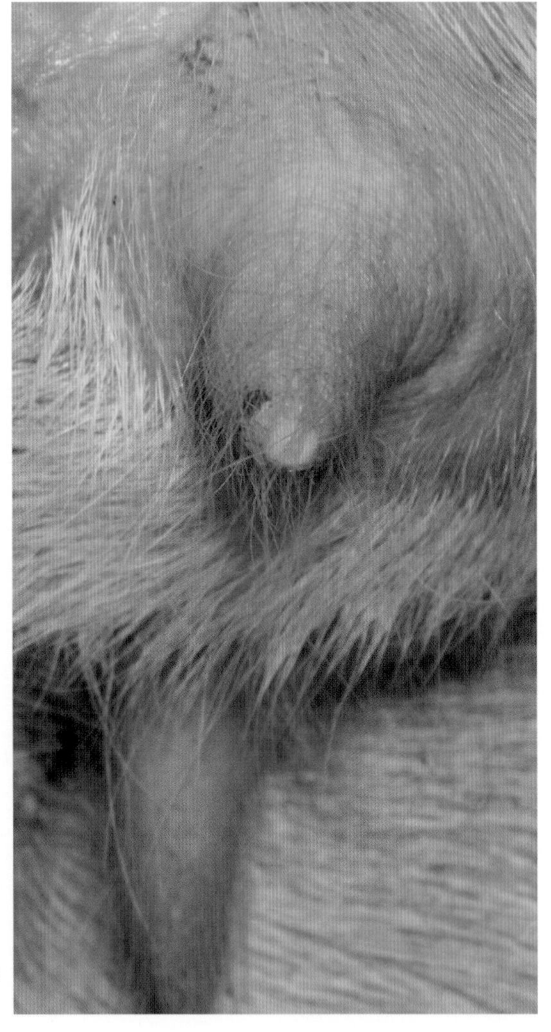

图15-3-17　羊乳头

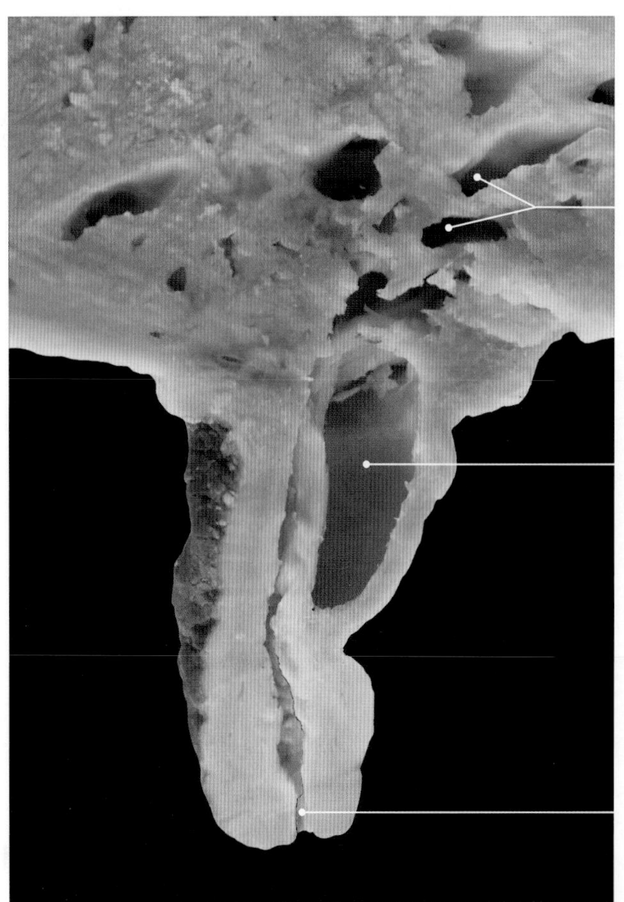

图 15-3-18　牛乳池（塑化标本）

1. 腺乳池 gland sinus
2. 乳头乳池 teat sinus
3. 乳头管 papillary duct

图 15-3-19　牛乳池（干制标本）

1. 皮肤 skin
2. 腺小叶 glandular lobule
3. 腺乳池 gland sinus
4. 乳头乳池 teat sinus
5. 乳头管 papillary duct

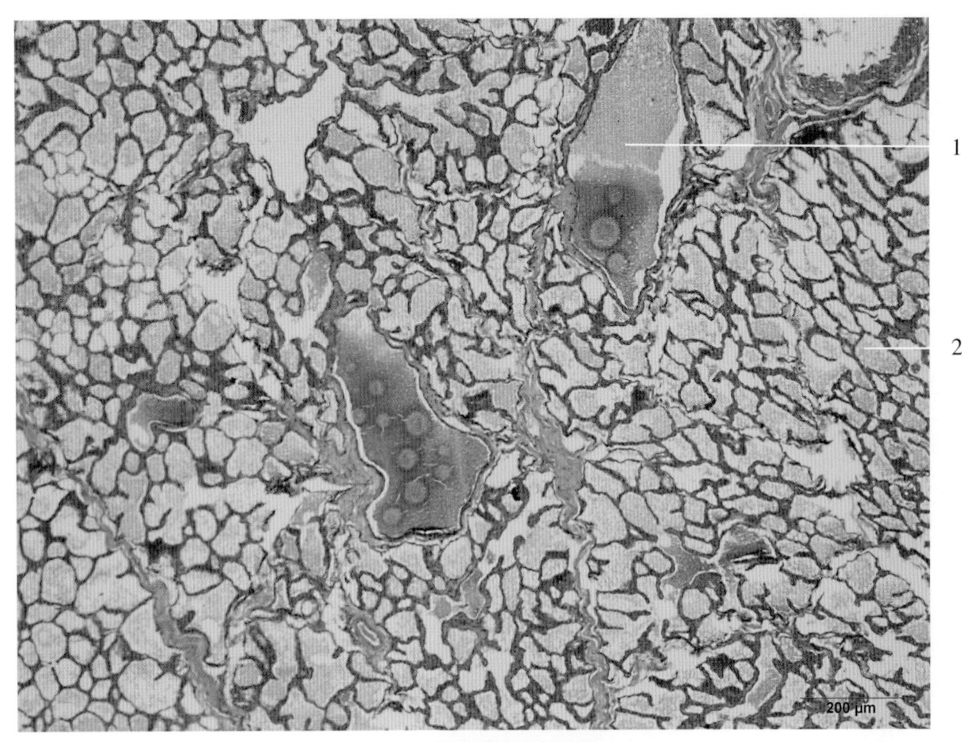

图15-3-20　泌乳期乳腺组织

乳腺实质由分泌部和导管部组成。分泌部包括腺泡和分泌小管，其周围有丰富的毛细血管网。导管部由许多小的输乳管会合成较大的输乳管，较大的输乳管再会合成乳道，开口于乳头（teat）上方的乳池（lactiferous sinus）。乳池为不规则的腔体，经乳头管（papillary duct）向外开口。

1. 小叶间导管 interlobar duct　　2. 腺泡 acinus

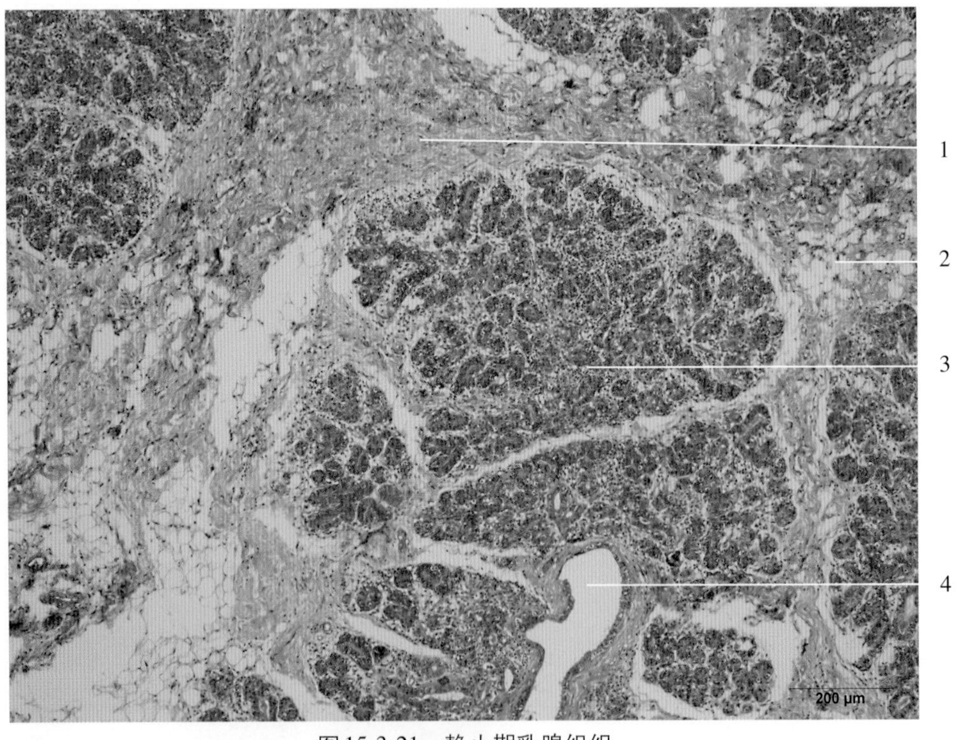

图15-3-21　静止期乳腺组织

1. 结缔组织 connective tissue　　3. 腺泡 acinus
2. 脂肪组织 adipose tissue　　4. 小叶间导管 interlobar duct

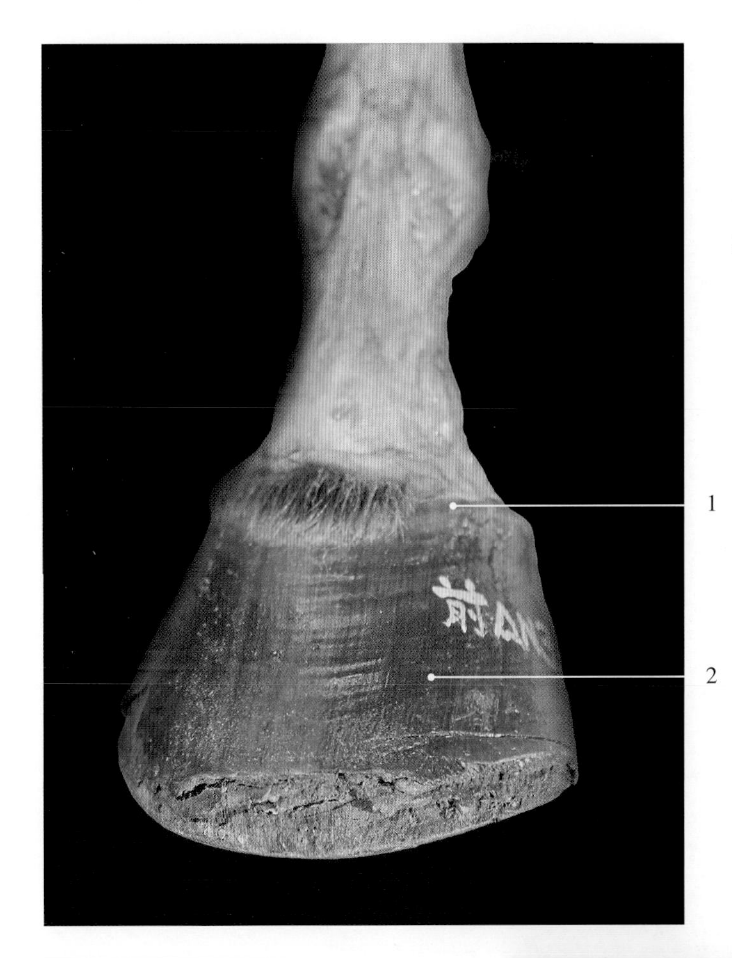

图 15-4-1　马蹄背侧观（示蹄匣）

1. 蹄缘 perioplic segment of hoof
2. 蹄匣角质壁 wall horn of hoof capsule

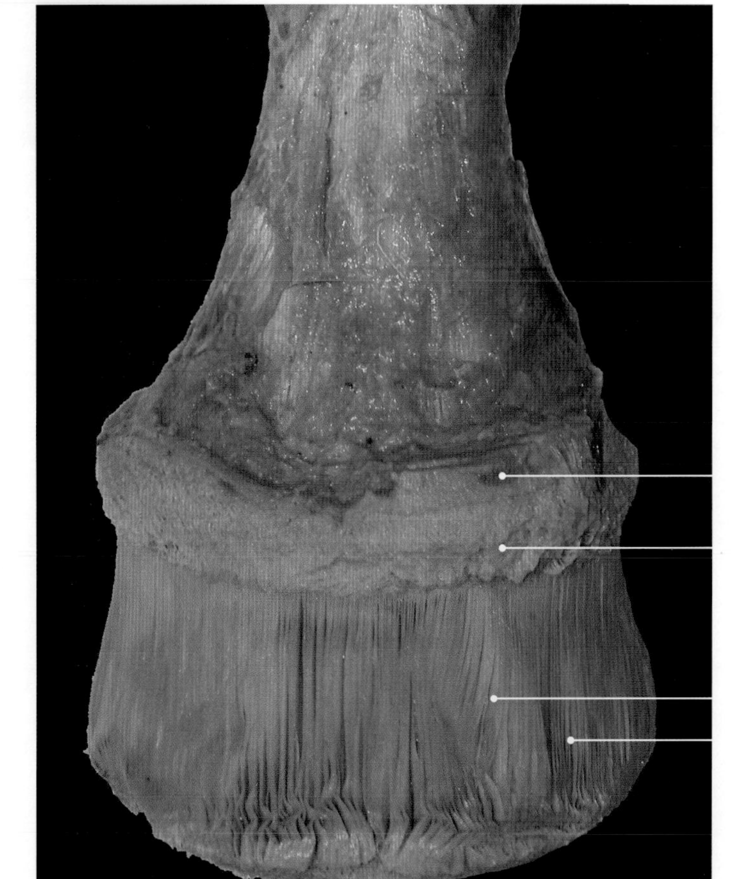

图 15-4-2　马蹄背侧观（示肉蹄）

1. 蹄真皮肉缘 perioplic segment of hoof dermis
2. 蹄真皮肉冠 coronary segment of hoof dermis
3. 蹄真皮肉壁 wall segment of hoof dermis
4. 蹄真皮肉叶 lamellae segment of hoof dermis

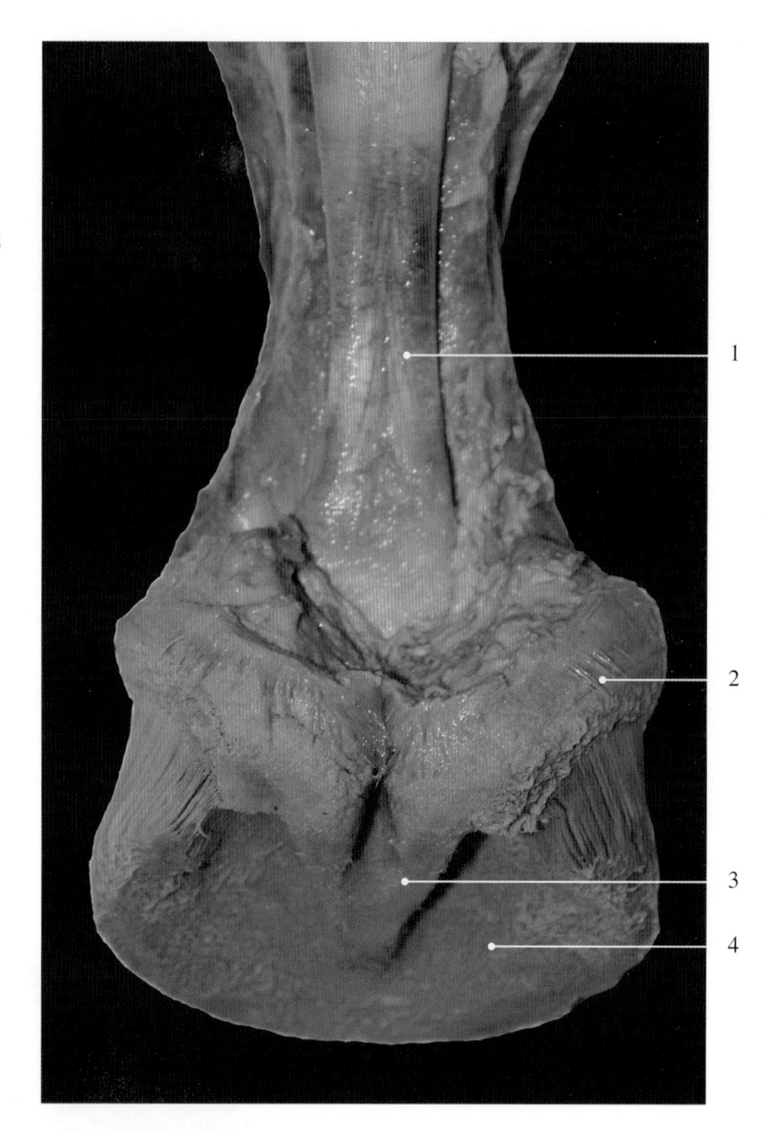

图15-4-3　马蹄底侧观（示肉蹄）

1. 屈肌腱 flexor tendon
2. 蹄真皮肉冠 coronary of hoof dermis
3. 蹄真皮肉叉 frog of hoof dermis
4. 蹄真皮肉底 sole of hoof dermis

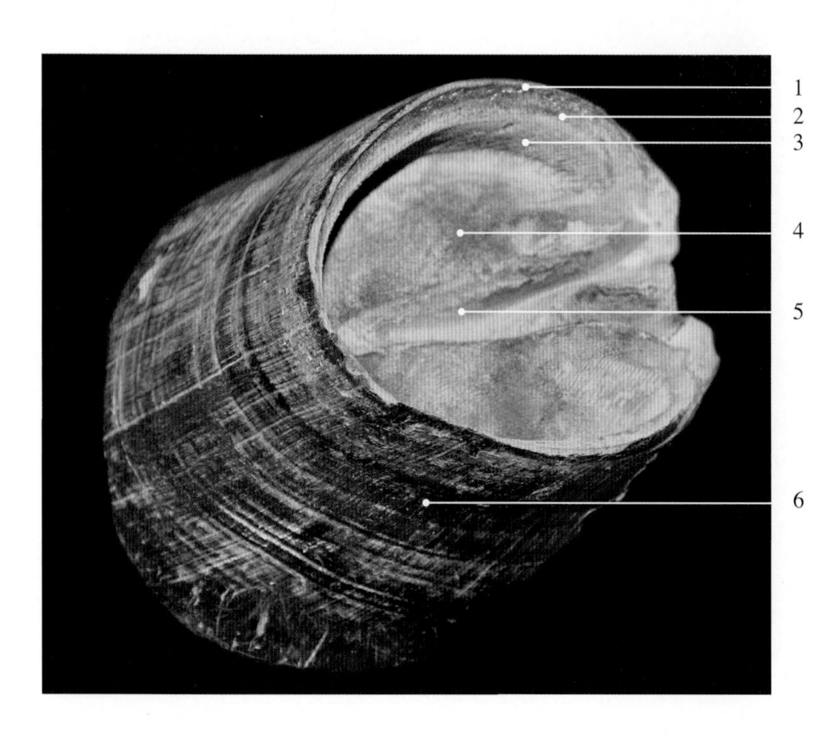

图15-4-4　马蹄匣外侧观

1. 蹄缘 perioplic segment of hoof
2. 蹄冠沟 groove of hoof coronary segment
3. 蹄壁小叶层 epidermal lamellae of hoof wall
4. 蹄底 sole of hoof
5. 蹄叉 frog of hoof
6. 蹄壁 wall of hoof

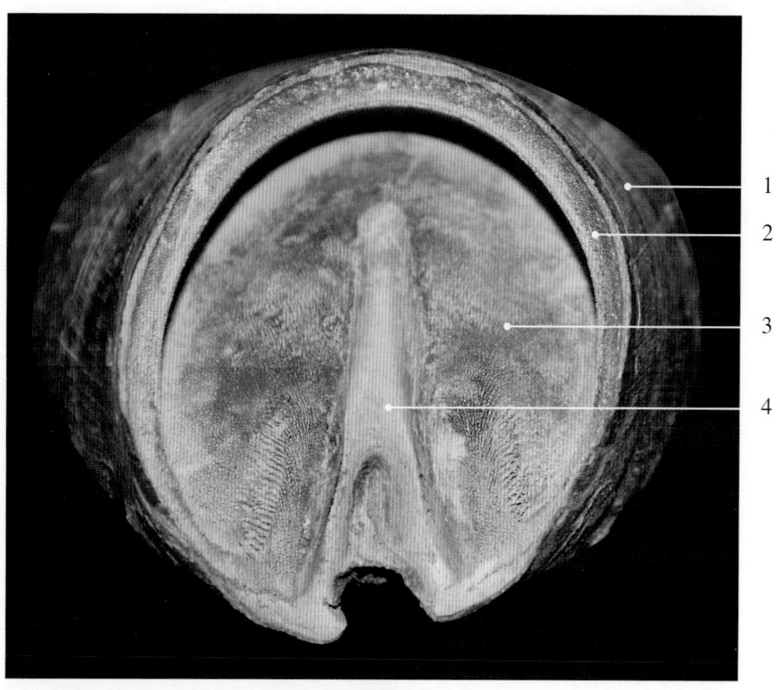

图 15-4-5　马蹄匣内侧观

1. 蹄壁 wall of hoof
2. 蹄缘 perioplic segment of hoof
3. 蹄底 sole of hoof
4. 蹄叉 frog of hoof

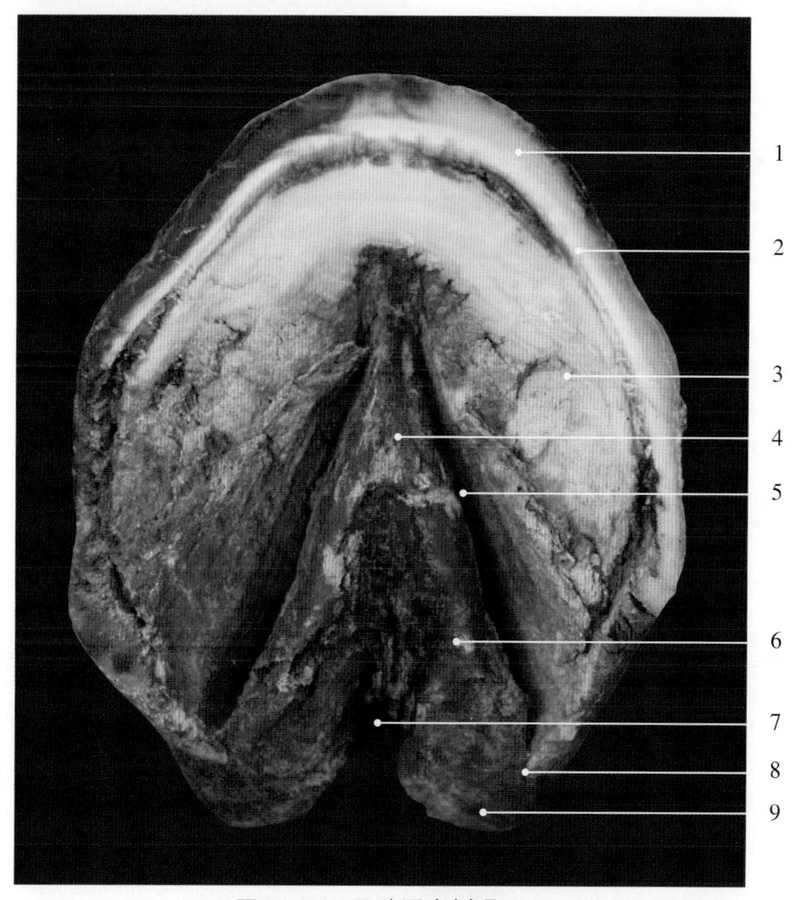

图 15-4-6　马蹄匣底侧观

1. 底缘 termination of hoof sole
2. 蹄白线 white zone of hoof
3. 蹄底 sole of hoof
4. 蹄叉 frog of hoof
5. 蹄叉侧沟 paracuneal groove of the frog
6. 蹄支 ramus of hoof
7. 蹄叉中沟 central groove of the frog
8. 蹄踵角 heel angle of hoof
9. 蹄球 bulb of hoof

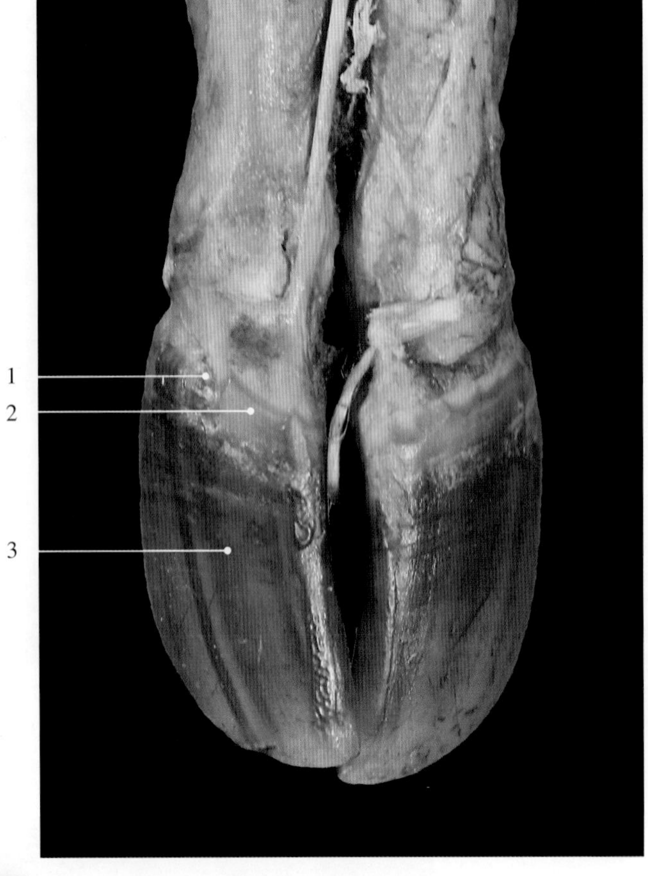

图15-4-7　牛蹄背侧观（示蹄匣）

1. 蹄缘 perioplic segment of hoof
2. 蹄冠 coronary segment of hoof
3. 蹄角质壁 horn wall of hoof

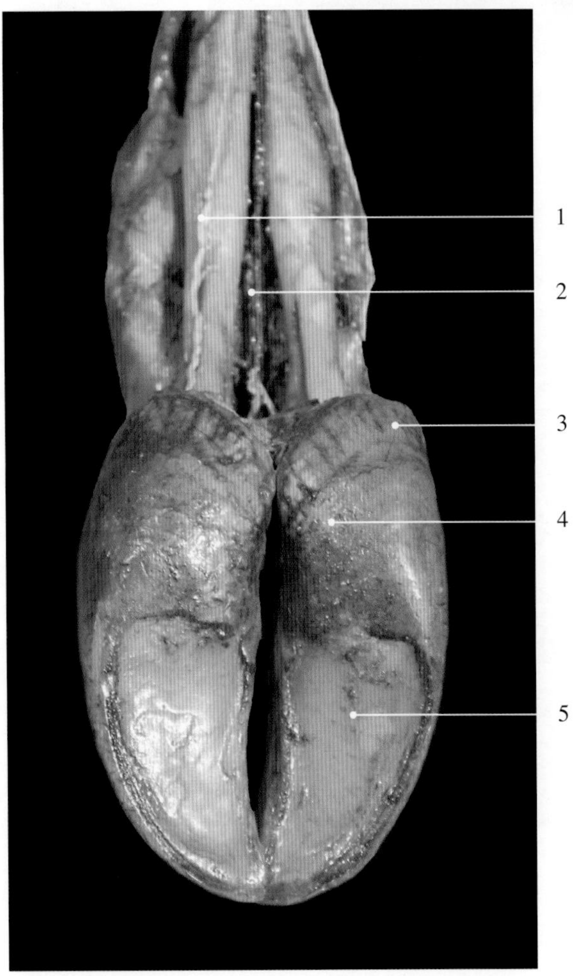

图15-4-8　牛蹄底侧观（示蹄匣）

1. 神经 nerve
2. 动脉 artery
3. 蹄冠 coronary segment of hoof
4. 蹄球 bulb of hoof
5. 蹄底 sole of hoof

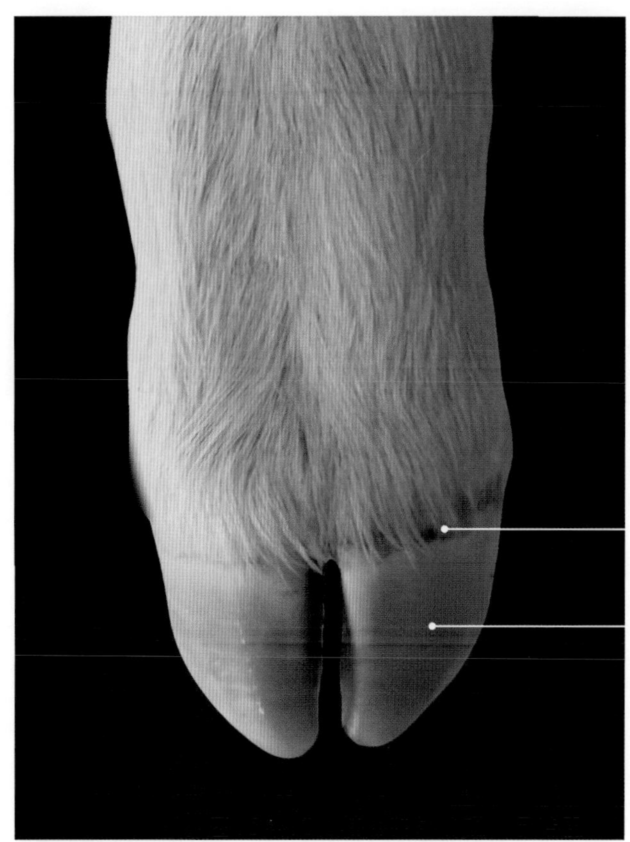

图 15-4-9　犊牛蹄背侧观（示蹄匣）

1. 蹄缘 perioplic segment of hoof
2. 蹄壁 wall of hoof

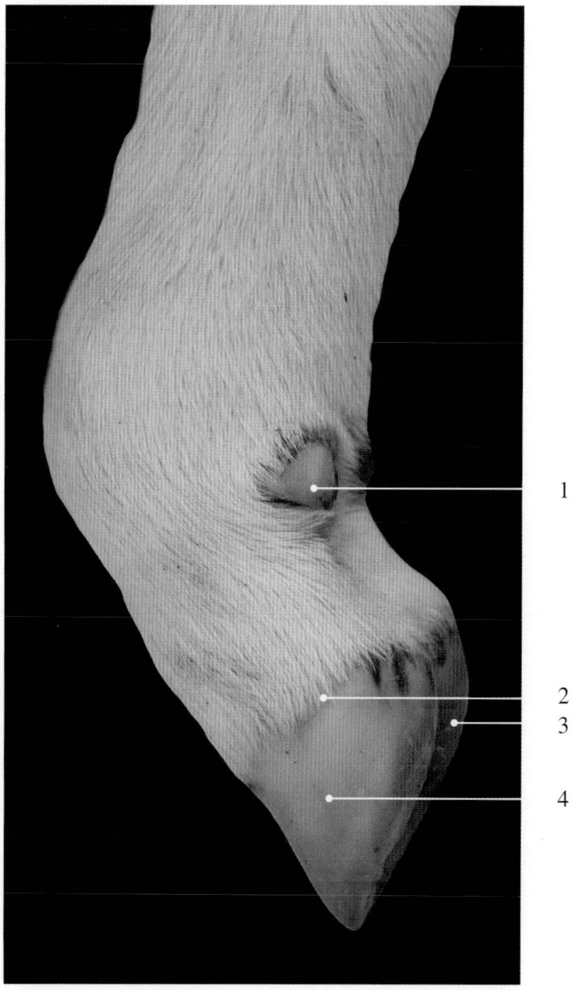

图 15-4-10　犊牛蹄外侧观（示蹄匣）

1. 悬蹄 dewclaw
2. 蹄缘 perioplic segment of hoof
3. 蹄底 sole of hoof
4. 蹄壁 wall of hoof

A　　B

图15-4-11　牛蹄匣

A. 远轴侧观　abaxial view

B. 轴侧观　axial view

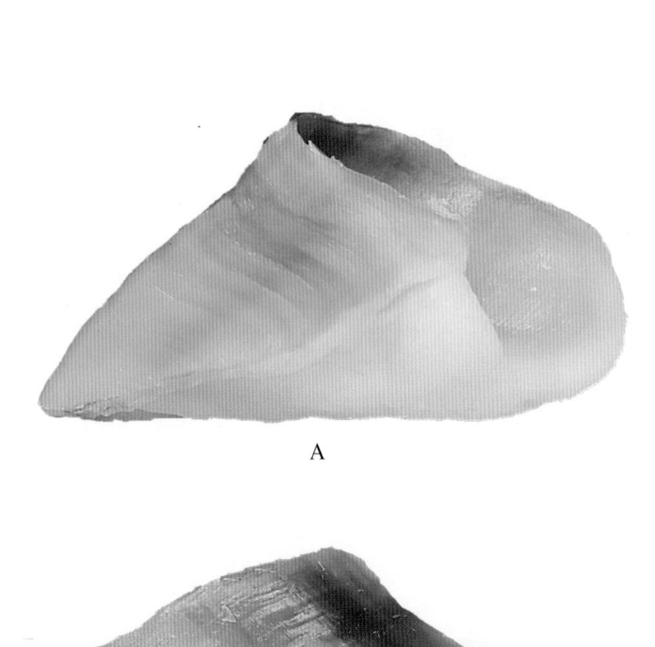

A

B

图15-4-12　4月龄黄牛蹄匣

A. 轴侧观　axial view

B. 远轴侧观　abaxial view

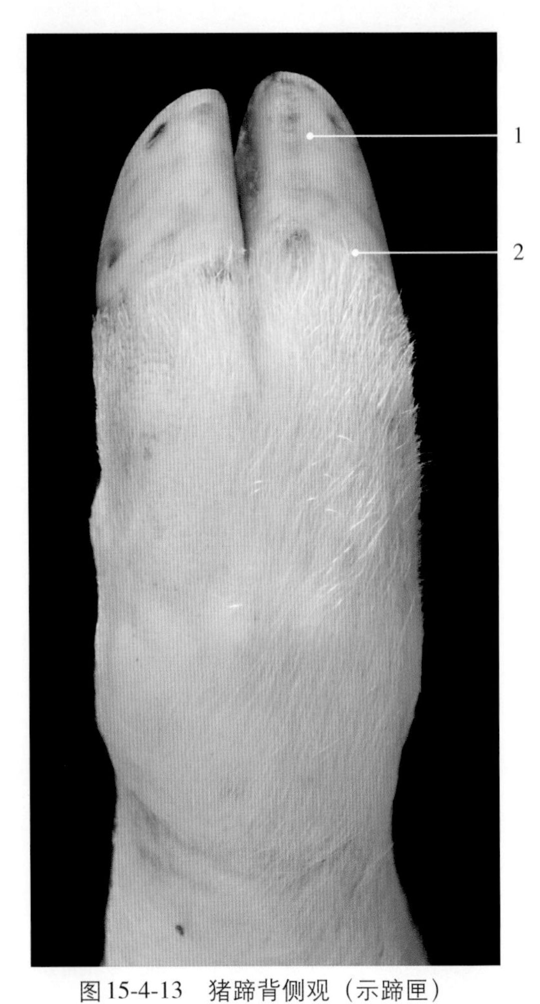

图15-4-13　猪蹄背侧观（示蹄匣）

1. 蹄壁　wall of hoof

2. 蹄缘　perioplic segment of hoof

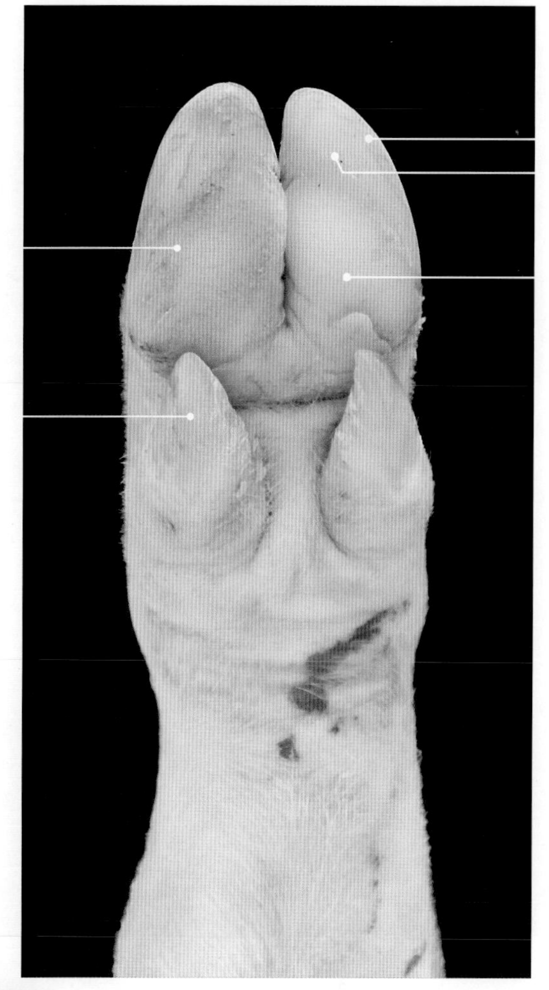

图 15-4-14　猪蹄底侧观（示蹄匣）

1. 蹄壁　wall of hoof
2. 蹄底　sole of hoof
3. 蹄球　bulb of hoof
4. 悬蹄　dewclaw
5. 主蹄　principal hoof

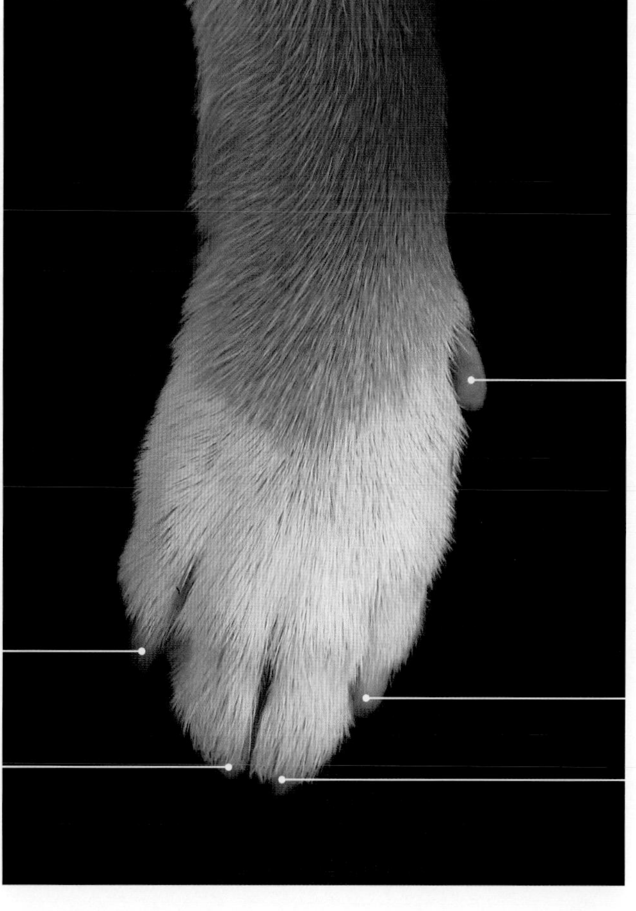

图 15-4-15　犬右前肢爪背侧观

1. 第 1 指　1st toe
2. 第 2 指　2nd toe
3. 第 3 指　3rd toe
4. 第 4 指　4th toe
5. 第 5 指　5th toe

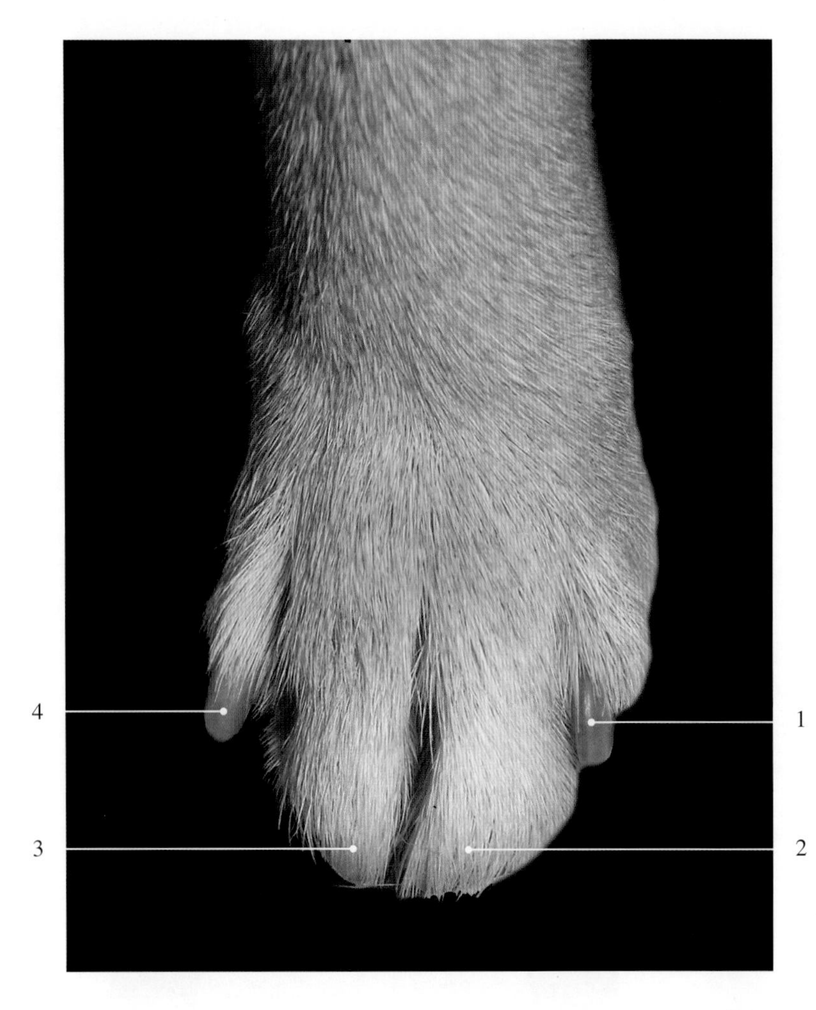

图15-4-16　犬右后肢爪背侧观

1. 第2趾 2nd digit
2. 第3趾 3rd digit
3. 第4趾 4th digit
4. 第5趾 5th digit

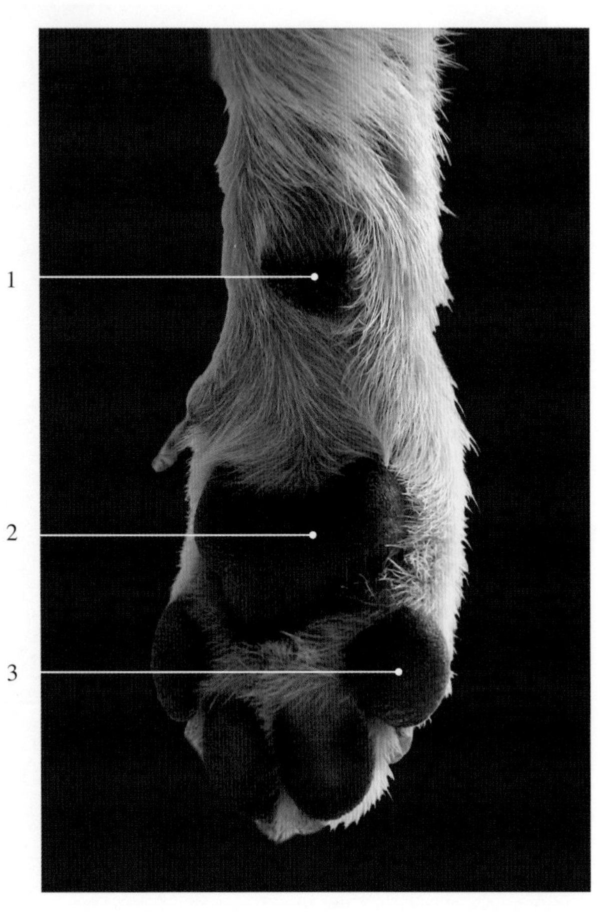

图15-4-17　犬右前肢指垫

1. 腕垫 arm pad
2. 掌垫 volar pad
3. 指垫 digital pad

图15-4-18　犬右后肢趾垫

1. 跗垫 tarsal pad
2. 趾垫 digital pad

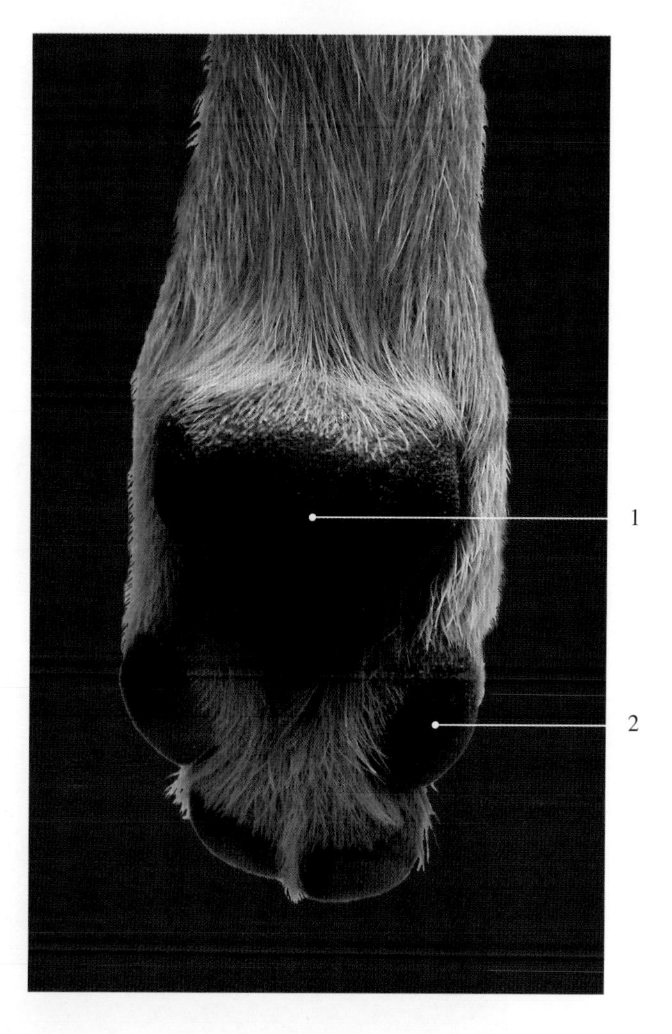

图15-5-1　牛角（活体）

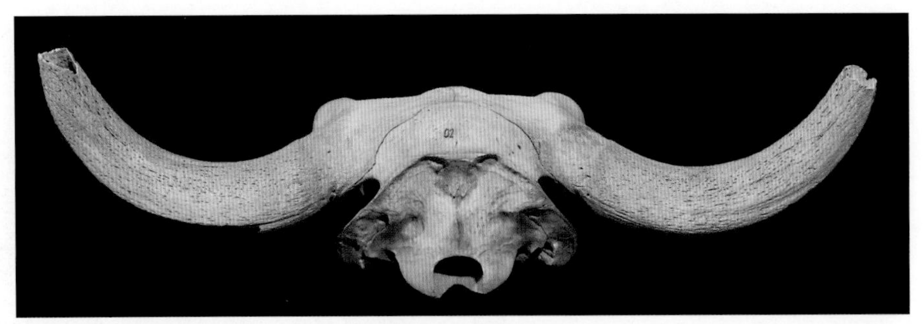

图15-5-2　牛角突

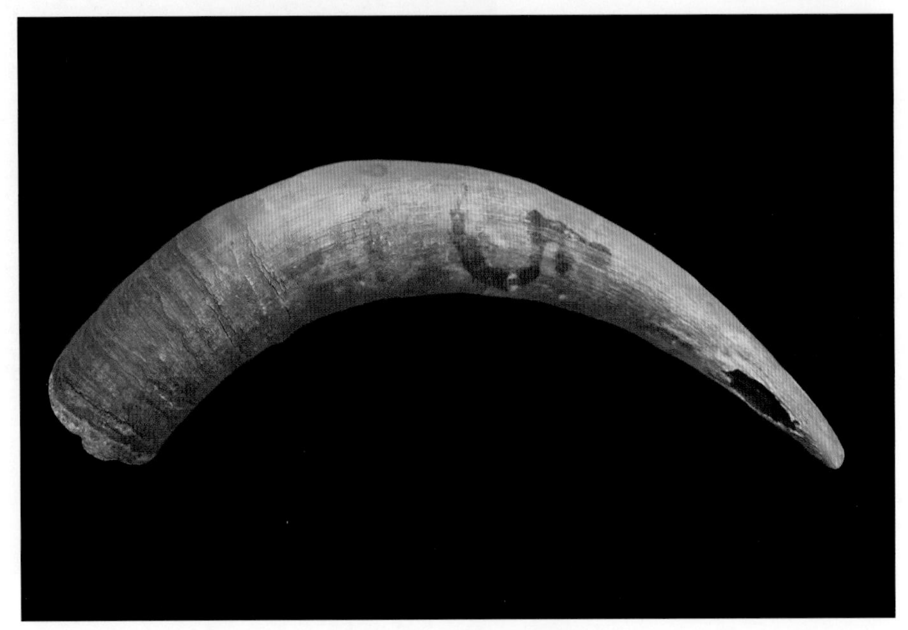

图15-5-3　牛角（离体）

图15-5-4　绵羊角（活体）

图15-5-5　山羊角（活体）

图15-5-6　波尔山羊角（活体）

图15-5-7　绵羊角

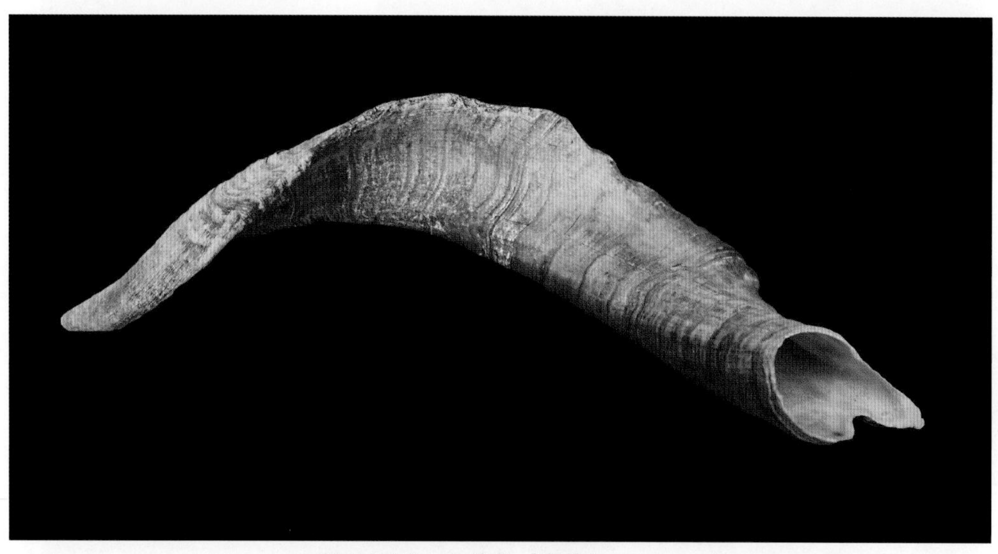

图15-5-8　山羊角（离体）

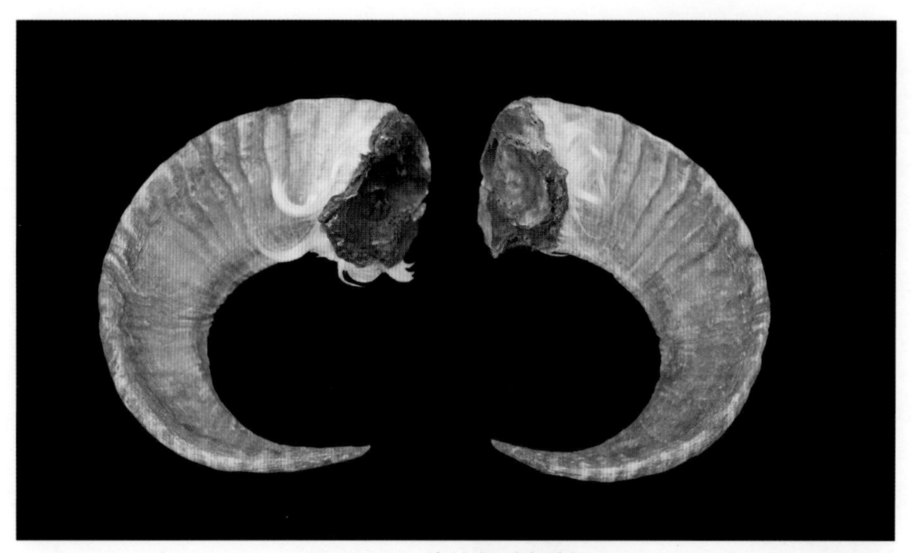

图 15-5-9　绵羊角（离体）

图 15-5-10　牦牛角（活体）

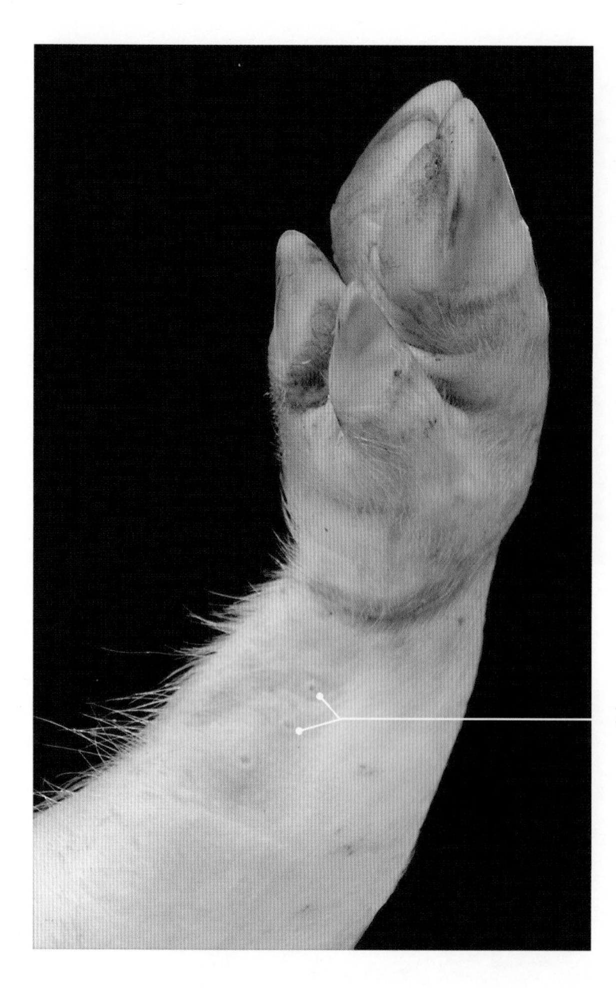

图 15-6-1　猪腕腺

1. 腕腺 carpal gland

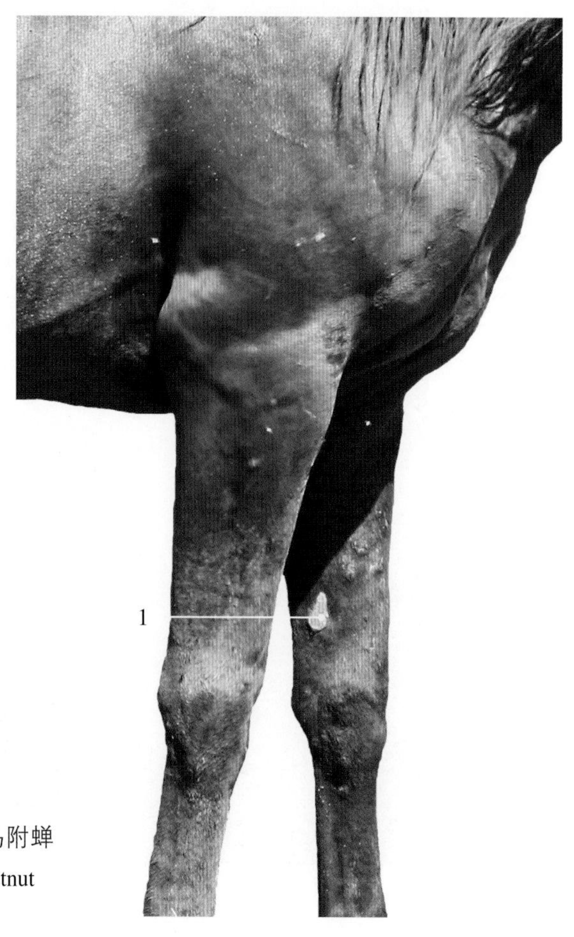

图 15-6-2　马附蝉

1. 附蝉 chestnut

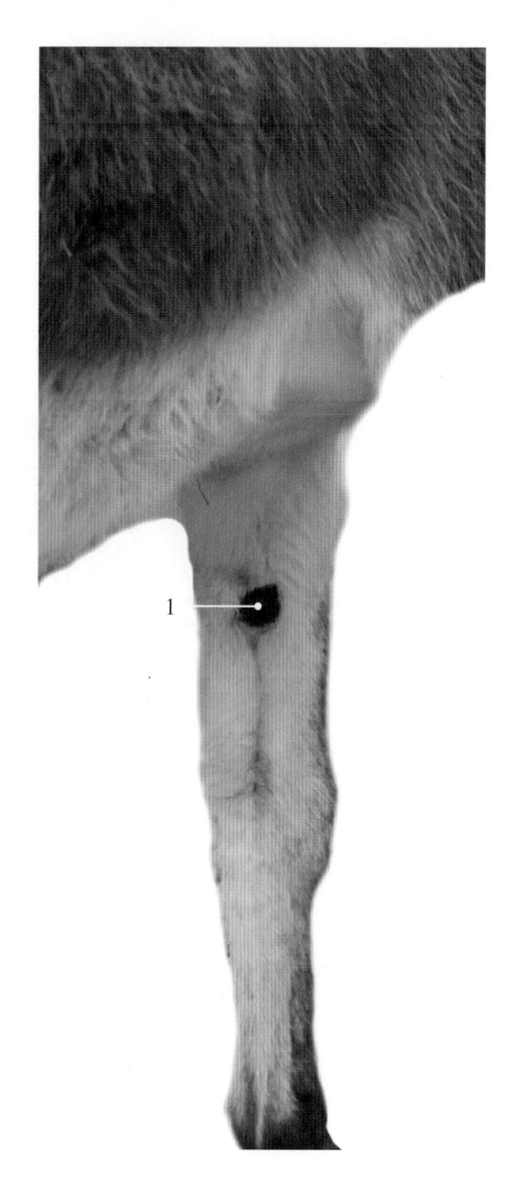

图 15-6-3　驴附蝉
1. 附蝉 chestnut

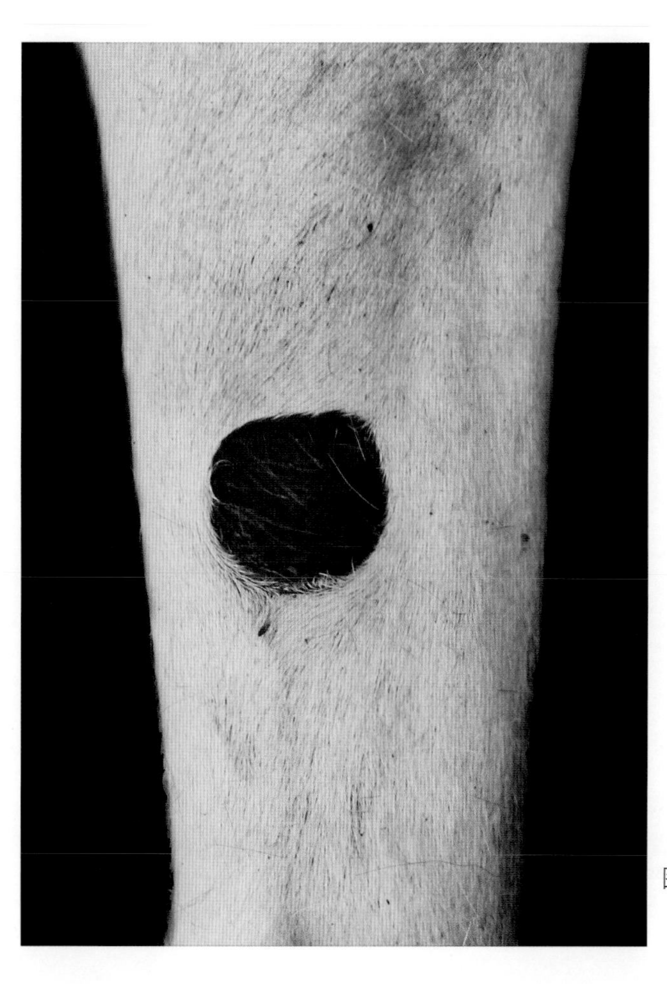

图 15-6-4　驴附蝉（放大）

图15-7-1　公鸡羽衣

1. 耳羽区 auricular pteryla
2. 颈背羽区，梳羽 dorsal cervical pteryla, penna pectinate
3. 翼覆羽 wing covert
4. 胸肌羽区 pectoral pteryla
5. 主翼区 primary pteryla
6. 腹羽区 ventral pteryla
7. 尾上大覆羽 upper main tail feather
8. 背羽区 dorsal pteryla
9. 主尾羽 major tail covert

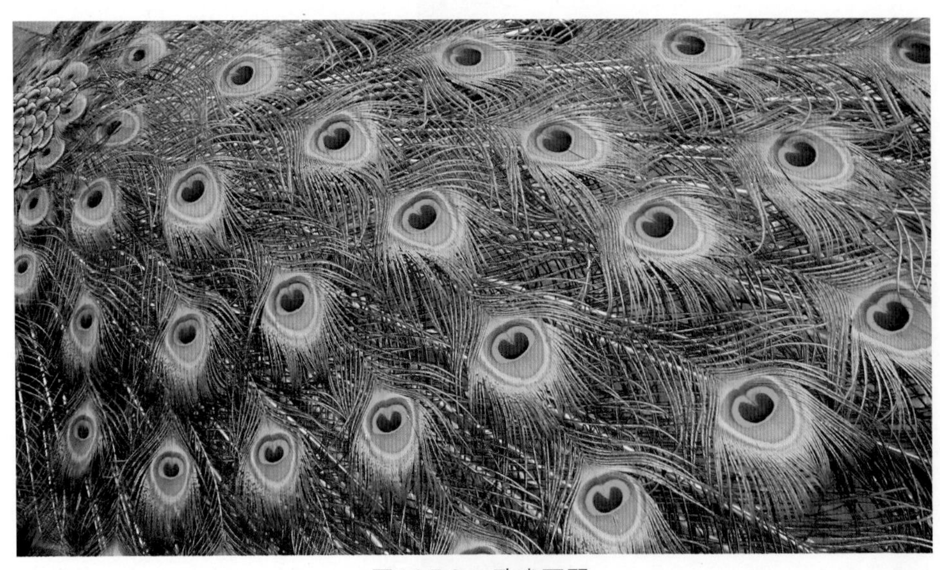

图15-7-2　孔雀覆羽

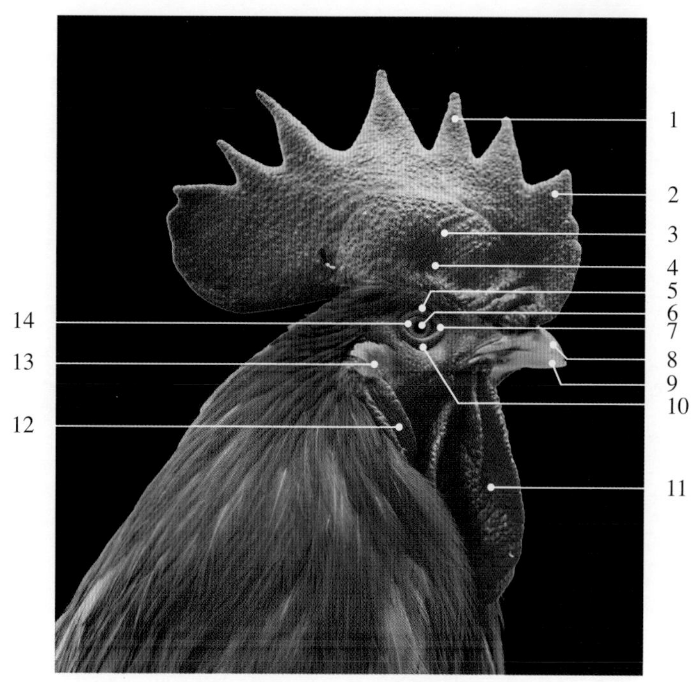

图 15-7-3　公鸡头部

1. 冠尖 point of comb
2. 冠叶 blade of comb
3. 冠体 body of comb
4. 冠基 base of comb
5. 上眼睑 superior eyelid
6. 瞳孔 pupil
7. 瞬膜，第 3 眼睑 nictitating membrane, 3rd eyelid
8. 上喙 upper bill
9. 下喙 lower bill
10. 下眼睑 lower eyelid
11. 肉垂（肉髯） wattle
12. 耳叶 ear lobe
13. 耳及耳羽 ear and ear covert
14. 虹膜 iris

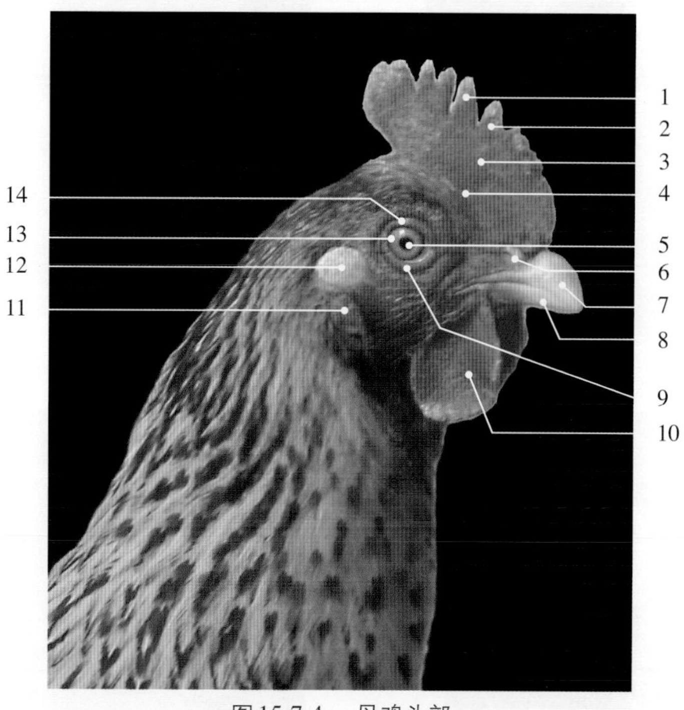

图 15-7-4　母鸡头部

1. 冠尖 point of comb
2. 冠叶 blade of comb
3. 冠体 body of comb
4. 冠基 base of comb
5. 瞳孔 pupil
6. 鼻孔 nostril, nasal opening
7. 上喙 upper bill
8. 下喙 lower bill
9. 下眼睑 lower eyelid
10. 肉垂（肉髯）wattle
11. 耳叶 ear lobe
12. 耳及耳羽 ear and ear covert
13. 虹膜 iris
14. 上眼睑 superior eyelid

图15-7-5　孔雀羽冠

1. 羽冠 crista, crest
2. 鼻孔 nostril，nasal opening
3. 喙 bill
4. 尾羽 tail covert

图15-7-6　火鸡肉垂（肉髯）

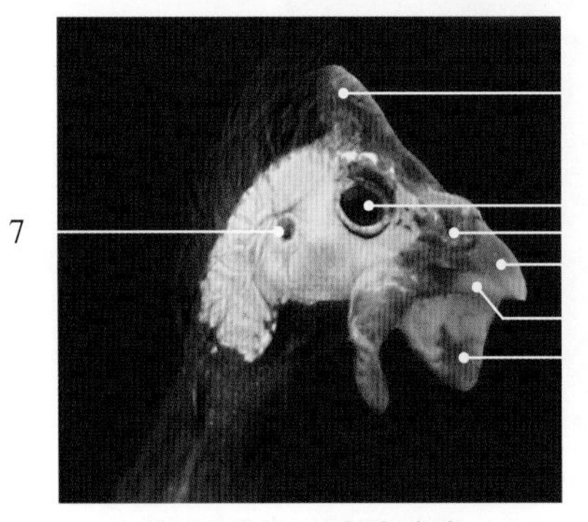

图15-7-7　珍珠鸡喙

1. 冠 comb
2. 眼 eye
3. 鼻孔 nostril，nasal opening
4. 上喙 upper bill
5. 下喙 lower bill
6. 肉垂（肉髯）wattle
7. 耳孔 external auditory canal

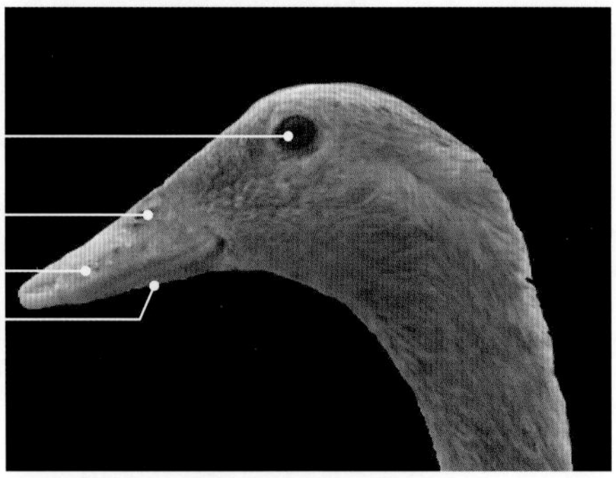

图15-7-8　鸭 喙

1. 眼 eye
2. 鼻孔 nostril，nasal opening
3. 上喙 upper bill
4. 下喙 lower bill

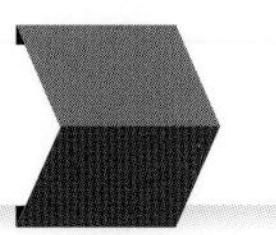

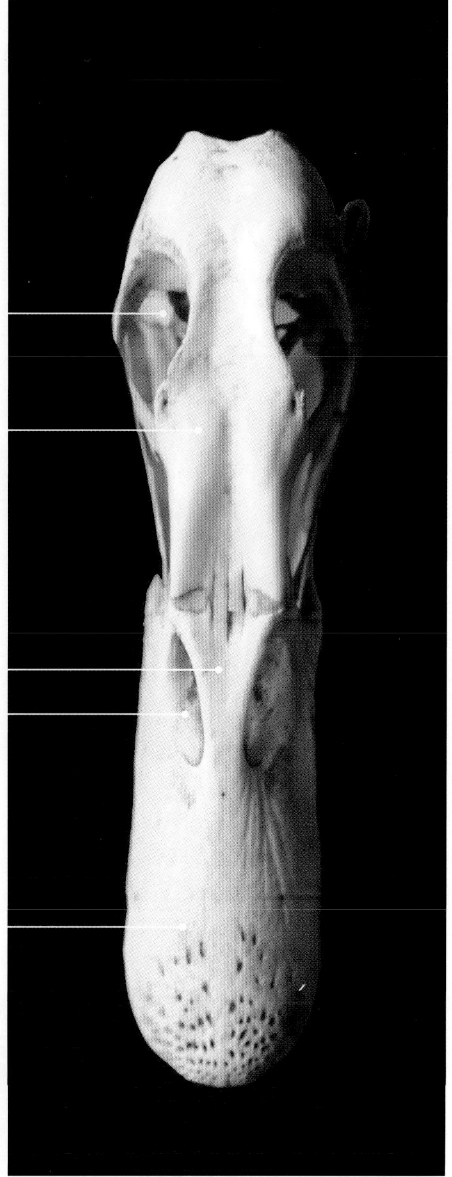

图15-7-9　北京鸭喙（骨质部）

1. 眼窝 orbital fossa
2. 额骨 frontal bone
3. 鼻骨 nostril，nasal bone
4. 鼻孔 nasal opening
5. 上颌骨 maxillary bone

图15-7-10　鸵鸟喙

1. 眼 eye
2. 鼻孔 nostril，nasal opening
3. 上喙 upper bill
4. 下喙 lower bill
5. 耳及耳羽 ear and ear covert

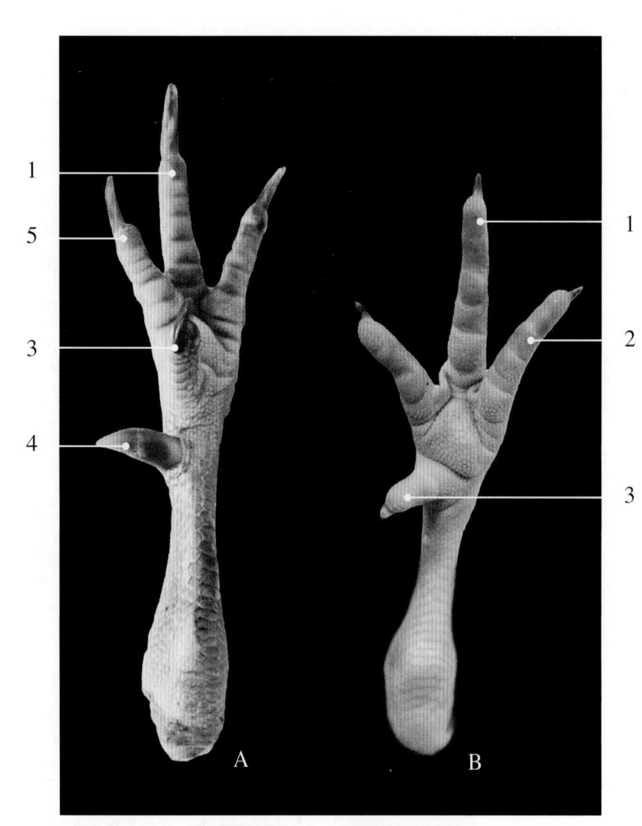

图15-7-11　鸡爪距侧观

A. 公鸡 cock
B. 母鸡 hen
1. 第3趾 3rd digit
2. 第4趾 4th digit
3. 第1趾 1st digit
4. 距 spur, calcar
5. 第2趾 2nd digi

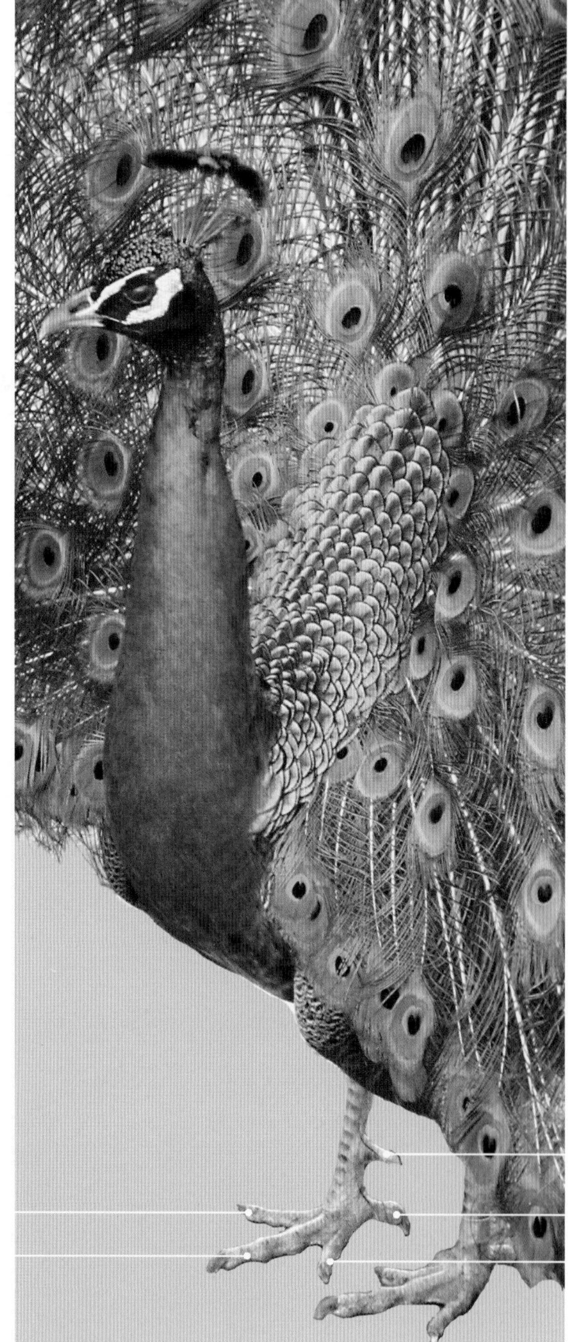

图15-7-12　孔雀爪和距

1. 距 spur, calcar
2. 第1趾 1st digit
3. 第2趾 2nd digit
4. 第3趾 3rd digit
5. 第4趾 4th digit

图15-7-13　鸵鸟足趾

1. 第4趾 4th digit
2. 第3趾 3rd digit

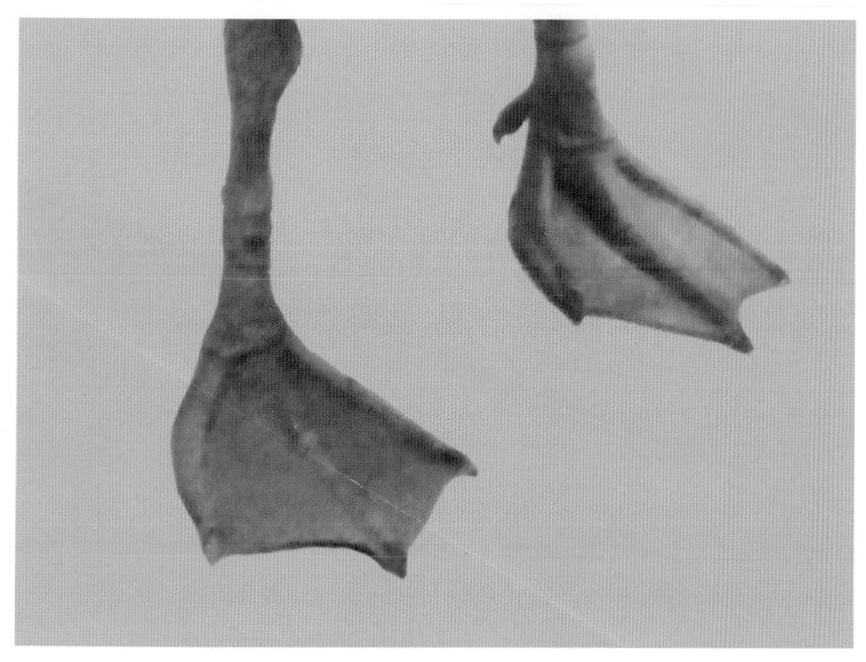

图15-7-14　斑头雁足蹼

参 考 文 献

巴查，等，2007. 兽医组织学彩色图谱. 陈耀星，等，译. 2版. 北京：中国农业大学出版社.

陈耀星，等，2010. 动物局部解剖学. 2版. 北京：中国农业大学出版社.

陈耀星，等，2010. 畜禽解剖学. 3版. 北京：中国农业大学出版社.

陈耀星，王子旭，等，2018. 猪解剖学与组织学彩色图谱. 北京：北京科学技术出版社.

董常生，等，2009. 家畜解剖学. 4版. 北京：中国农业出版社.

多恩，等，2021. 犬猫解剖学彩色图谱. 陈耀星，曹静，等，译. 2版. 沈阳：辽宁科学技术出版社.

柯尼希，等，2009. 家畜兽医解剖学教程与彩色图谱. 陈耀星，刘为民，等，译. 3版. 北京：中国农业大学出版社.

雷蒙德. R. 阿斯道恩，斯坦利. H. 多恩，2012. 反刍动物解剖学彩色图谱. 陈耀星，曹静，等，译. 北京：中国农业出版社.

林大成，等，1994. 北京鸭解剖. 北京：北京农业大学出版社.

彭克美，等，2010. 畜禽解剖学. 2版. 北京：高等,育出版社.

沈和湘，等，1997. 畜禽系统解剖学. 合肥：安徽科学技术出版社.

Ashdown RR, Done SH, Barnett SW, et al, 2010. Color Atlas of Veterinary Anatomy: the Ruminants. 2nd ed. Canada: Mosby, Inc.

Colville T, Bassert JM, 2008. Clinical Anatomy and Physiology for Veterinary Technicians. 2nd ed. Canada: Mosby, Inc.

Done SH, Goody PC, Evans SA, et al, 2009. Color Atlas of Veterinary Anatomy: the Dog and Cat. 2nd ed. Canada: Mosby, Inc.

Dyce KM, Sack WO, Wending CJG, 1987. Textbook of Veterinary Anatomy. Canada: WB Saunders Company.

Evans HE, de Lahunta A, 2013. Miller's Anatomy of the Dog. 4th ed. Elsevier health Company.

Evans HE, 1993. Miller's Anatomy of the Dog. 3rd ed. Philadelphia and London: W B Saunders Company.

Getty R, 1975. Sisson and Grossman's the anatomy of the domestic animals. 5th ed. Philadelphia and London: WB Saunders Company.

König HE, Liebich HG, 2007. Veterinary Anatomy of Domestic Mammals: Textbook and Color Atlas. Schattauer Verlag.

Popesko P, 1985. Atlas of Topographical Anatomy of the Domestic Animals. Philadelphia and London: WB Saunders Company.

World Association of Veterinary Anatomists, 1992. Nomina Anatomica Veterinaria. 4th. Ed. Zurich, Ithaca, Cornell University.

Koch T, 1960. Lehrbuch Der Veterinär-Anatomie: Bewegungsapparat. Germany: VEB Gustav Fischer Verlag.

Koch T, 1963. Lehrbuch Der Veterinär-Anatomie: Eingeweidelehre. Germany: VEB Gustav Fischer Verlag.